Fundamentos de Química Analítica

Dados Internacionais de Catalogação na Publicação (CIP)
(Câmara Brasileira do Livro, SP, Brasil)

Fundamentos de química analítica / Douglas A. Skoog...[
et al.] ; tradução técnica Robson Mendes Matos. -
9. ed atual. - São Paulo : Cengage Learning, 2021.

Outros autores: Donald M. West, F. James Holler,
Stanley R. Crouch
Título original: Fundamentals of chemistry
ISBN 978-85-221-1660-7
5. reimpr. da 2. ed. brasileira de 2014.

1. Química analítica 2. Química analítica - Problemas,
exercícios etc. I. Skoog, Douglas A.. II. West,
Donald M.. III. Holler, F. James. IV. Crouch,
Stanley R..

14-07894 CDD-543

Índice para catálogo sistemático:
1. Química analítica 543

Fundamentos de Química Analítica

Tradução da 9ª edição norte-americana

Douglas A. Skoog
Stanford University

Donald M. West
San Jose State University

F. James Holler
University of Kentucky

Stanley R. Crouch
Michigan State University

Tradução técnica das atualizações da 9ª edição:

Robson Mendes Matos
Professor Associado
Universidade Federal do Rio de Janeiro
Campus Macaé – Professor Aloísio Teixeira

CENGAGE

Austrália • Brasil • México • Cingapura • Reino Unido • Estados Unidos

CENGAGE

Fundamentos de química analítica – tradução da 9ª edição norte-americana
Douglas A. Skoog, Donald M. West, F. James Holler e Stanley R. Crouch

Gerente editorial: Noelma Brocanelli

Editora de desenvolvimento: Gisela Carnicelli

Supervisora de produção gráfica: Fabiana Alencar Albuquerque

Título original: Skoog and West's Fundamentals of Analytical Chemistry – 9. e.

ISBN-13: 978-1-285-05624-1; ISBN-10: 1-285-05624-8

Tradução técnica das atualizações da 9ª edição: Robson Mendes Matos

Tradução da edição anterior: Marco Tadeu Grassi

Revisão técnica da edição anterior: Celio Pasquini

Cotejo e revisão: Alice Kobayashi, Adriana Ribas, Daniel Plascak, Cristiane Morinaga, Carlos Villarruel, Fábio Gonçalves e Luicy Caetano de Oliveira

Analista de conteúdo e pesquisa: Javier Muniain

Diagramação: Cia. Editorial

Indexação: Casa Editorial Maluhy

Capa: Sergio Bergocce

Imagem de capa: Segey Nivens/Shutterstock

ISBN-13: 978-85-221-1660-7
ISBN-10: 85-221-1660-1

Cengage Learning
Condomínio E-Business Park
Rua Werner Siemens, 111 – Prédio 11 – Torre A – Conjunto 12
Lapa de Baixo – CEP 05069-900
São Paulo – SP
Tel.: (11) 3665-9900 – Fax: (11) 3665-9901
SAC: 0800 11 19 39

Para suas soluções de curso e aprendizado, visite **www.cengage.com.br**

Impresso no Brasil
Printed in Brazil
5. reimpr. – 2021

Sumário

PREFÁCIO

A nona edição de **Fundamentos de Química Analítica** é um livro-texto introdutório planejado basicamente para uma disciplina do curso de Química de um ou dois semestres. Desde a publicação da oitava edição, o escopo de Química Analítica continuou a evoluir e incluimos nesta edição muitas aplicações em Biologia, Medicina, Ciência dos Materiais, Ecologia, Ciência Forense e outras áreas correlatas. Como na edição anterior, incorporamos muitas aplicações de planilha de cálculo, exemplos e exercícios. Revisamos alguns tratamentos antigos para incorporar instrumentação e técnicas modernas. Em resposta aos comentários de muitos leitores e revisores, adicionamos um capítulo sobre espectrometria de massas para fornecer instruções detalhadas neste tópico vital tão cedo quanto possível no currículo de Química. Reconhecemos que as disciplinas de Química Analítica variam de instituição para instituição, que dependem da infraestrutura e instrumentação disponíveis. Portanto, planejamos esta edição de *Fundamentos de Química Analítica* de maneira que os professores possam aprender os conceitos de Química Analítica em diferentes níveis, em descrições, ilustrações, em destaques interessantes e relevantes.

Desde a produção da oitava edição deste livro, os deveres e responsabilidades no planejamento e escrita de uma nova edição decairam sobre nós dois (FJH e SRC). Ao fazermos as muitas alterações e melhoramentos citados anteriormente e no restante do prefácio, mantivemos a filosofia básica e a organização das oito edições anteriores e nos empenhamos para manter os mesmos altos padrões que caracterizaram estes textos.

OBJETIVOS

O objetivo principal deste livro é fornecer um fundamento completo nos princípios da química que são particularmente importantes para a química analítica. Em segundo lugar, queremos que os estudantes desenvolvam um apreço pela difícil tarefa de julgar a exatidão e a precisão de dados experimentais e de mostrar como esses julgamentos podem ser aprimorados pela aplicação de métodos estatísticos aos dados analíticos. Em terceiro lugar, objetivamos introduzir uma ampla gama de técnicas modernas e clássicas que sejam úteis na Química Analítica. Em quarto lugar, esperamos que, com o auxílio deste livro, os estudantes possam desenvolver as habilidades necessárias para resolver problemas analíticos quantitativos e, onde apropriado, usar as poderosas planilhas eletrônicas para resolver problemas, realizar cálculos e criar simulações de fenômenos químicos. Finalmente, pretendemos transmitir alguns conhecimentos laboratoriais que darão aos estudantes confiança em sua habilidade de obter dados analíticos de alta qualidade e que destacarão a importância de atenção aos detalhes na obtenção destes dados.

Abrangência e Organização

O material deste livro abrange tanto os aspectos fundamentais quanto os práticos da análise química. Organizamos os capítulos em Partes que agrupam tópicos correlatos. Há sete partes principais que sucedem a breve introdução do Capítulo 1.

- A **Parte I** abrange as ferramentas da Química Analítica e engloba sete capítulos. O Capítulo 2 discute os produtos químicos e os equipamentos utilizados no laboratório de analítica, incluindo muitas fotografias de operações analíticas. O Capítulo 3 é uma introdução tutorial ao uso de planilhas eletrônicas em química analítica. O Capítulo 4 revisa os cálculos básicos da Química Analítica, incluindo expressões de concentração e relações estequiométricas. Os Capítulos 5, 6 e 7 apresentam os tópicos em estatística e a análise de dados, que são importantes na Química Analítica e incorporam o uso extensivo de cálculos com planilhas eletrônicas. A Análise de variância, ANOVA, está incluída no Capítulo 7 e o Capítulo 8 fornece detalhes sobre a obtenção de amostras, padronização e calibração.

- A **Parte II** cobre os princípios e aplicações de sistemas em equilíbrio químico na análise quantitativa. O Capítulo 9 abrange os fundamentos dos equilíbrios químicos. O Capítulo 10 discute os efeitos de eletrólitos em sistemas em equilíbrio. A abordagem sistemática para resolver problemas de equilíbrio em sistemas complexos é o assunto do Capítulo 11.
- A **Parte III** agrupa vários capítulos que tratam da Química Analítica gravimétrica e volumétrica clássica. A análise gravimétrica é descrita no Capítulo 12. Nos Capítulos 13 a 17, consideramos a teoria e a prática dos métodos titulométricos de análise, incluindo as titulações ácido-base, as titulações de precipitação e as titulações complexométricas. Tirarmos vantagem da abordagem sistemática no estudo do equilíbrio e do uso de planilhas eletrônicas nos cálculos é muito útil.
- A **Parte IV** é dedicada aos métodos eletroquímicos. Após uma introdução à eletroquímica, no Capítulo 18, o Capítulo 19 descreve os inúmeros empregos dos potenciais de eletrodo. As titulações de oxidação/redução são o tema do Capítulo 20, enquanto o Capítulo 21 apresenta o uso de métodos potenciométricos para medir as concentrações de espécies moleculares e iônicas. O Capítulo 22 considera os métodos eletrolíticos quantitativos, como eletrogravimetria e coulometria, e o Capítulo 23 discute os métodos voltamétricos, incluindo voltametria de varredura linear e voltametria cíclica, voltametria de redissolução anódica e polarografia.
- A **Parte V** apresenta os métodos espectroscópicos de análise. A natureza da luz e sua interação com a matéria são exploradas no Capítulo 24. Instrumentos espectroscópicos e seus componentes são descritos no Capítulo 25. As várias aplicações dos métodos espectrométricos de absorção molecular são mostradas com algum detalhe no Capítulo 26, enquanto o Capítulo 27 é dedicado à espectroscopia de fluorescência molecular. O Capítulo 28 cobre os vários métodos espectrométricos atômicos, incluindo métodos de plasma e emissão de chama e espectroscopia de absorção atômica eletrotérmica e de chama. O Capítulo 29, sobre espectrometria de massas, é novo nesta edição e fornece uma introdução às fontes de ionização, analisadores de massas e detectores de íons. A espectrometria de massas tanto atômicas quanto moleculares estão incluídas.
- A **Parte VI** inclui cinco capítulos que tratam de separações cinéticas e analíticas. Investigamos os métodos cinéticos de análises no Capítulo 30. O Capítulo 31 introduz as separações analíticas, incluindo a troca iônica e os vários métodos cromatográficos. O Capítulo 32 discute a cromatografia de gás, enquanto a cromatografia de líquido de alta eficiência é apresentada no Capítulo 33. O capítulo final dessa parte, o 34, introduz alguns métodos variados de separação, incluindo a cromatografia em fluido supercrítico, eletroforese capilar e fracionamento por campo e fluxo.
- A **Parte VII** final consiste de quatro capítulos que tratam dos aspectos práticos da Química Analítica. Estes capítulos são publicados na página deste livro no site da Cengage. Consideramos amostras reais e as comparamos com amostras ideais no Capítulo 35. Os métodos de preparo de amostras são discutidos no Capítulo 36, enquanto as técnicas de decomposição e dissolução de amostras são abordadas no 37. O livro termina com o Capítulo 38, que fornece procedimentos detalhados para experimentos de laboratório que abrangem muitos dos princípios e aplicações discutidos nos capítulos anteriores.

FLEXIBILIDADE

Como o livro é dividido em Partes, há uma flexibilidade substancial na utilização do material. Muitas dessas partes podem ser consideradas de forma independente ou ainda abordadas em uma ordem diferente. Por exemplo, alguns professores podem querer trabalhar com os métodos espectroscópicos antes dos métodos eletroquímicos ou com os métodos de separação antes dos espectroscópicos.

DESTAQUES

Esta edição incorpora muitos destaques e métodos que pretendem aumentar a experiência de aprendizagem do estudante e que fornecem uma ferramenta versátil para o professor.

Equações Importantes. As equações que consideramos mais importantes foram destacadas com cores para enfatizar e facilitar a revisão.

Nível Matemático. Geralmente, os princípios da análise química desenvolvidos aqui são baseados em álgebra do ensino médio. Alguns dos conceitos apresentados requerem cálculo diferencial e integral básico.

Exemplos Trabalhados. Um grande número de exemplos serve de ajuda na compreensão dos conceitos em Química Analítica. Nesta edição, intitulamos os exemplos para uma identificação mais fácil, como na oitava edição, seguimos a prática de incluir unidades nos cálculos e usar o método de análise dimensional para verificar sua exatidão. Os exemplos também são modelos para a solução de problemas encontrados no final da maioria dos capítulos. Muitos deles utilizam cálculos com planilhas eletrônicas, como descrito a seguir. Onde apropriado, as soluções para os exemplos resolvidos estão claramente marcadas com a palavra **Resolução** para facilitar a identificação.

Cálculos com Planilhas Eletrônicas. Em todo o livro introduzimos planilhas para a resolução de problemas, análises gráficas e inúmeras outras aplicações. O Microsoft® Excel foi adotado como referência para esses cálculos, mas os professores podem facilmente adaptar os problemas para outros programas de planilha de cálculos e plataformas.

Questões e Problemas. Um amplo conjunto de questões e problemas foi incluído ao final da maioria dos capítulos. As respostas para aproximadamente metade dos problemas são fornecidas no final do livro. Muitos dos problemas são solucionados com a utilização de planilhas eletrônicas.

Problemas Desafiadores. A maior parte dos capítulos apresenta um problema desafiador ao final das questões e problemas habituais. Esses problemas têm a intenção de ser abertos, do tipo encontrado em pesquisas, sendo mais instigantes que o normal. Podem consistir em múltiplas etapas, dependentes de outro ou podem exigir pesquisa na literatura ou em sites para mais informações. Esperamos que esses problemas desafiadores estimulem discussões, estendendo os tópicos dos capítulos para novas áreas. Encorajamos os professores a utilizá-los de forma inovadora, como projetos em grupo, estudos dirigidos e discussões de estudo de casos. Uma vez que muitos problemas desafiadores são ilimitados e podem ter soluções múltiplas, não fornecemos as respostas ou explicações para eles.

Destaques. Uma série de Destaques presentes em quadros assinalados é encontrada em todo o livro. Esses textos contêm aplicações interessantes da Química Analítica no mundo moderno, deduções de equações, explicações sobre os aspectos teóricos mais difíceis ou ainda notas históricas.

Ilustrações e Fotos. Acreditamos que fotografias, desenhos, ilustrações e outros tipos de recursos visuais auxiliem enormemente o processo de aprendizagem. Assim sendo, incluímos um material visual novo e atualizado para auxiliar o estudante. As pranchas coloridas foram feitas exclusivamente para este livro pelo renomado fotógrafo químico Charles Winters, com o objetivo de ilustrar conceitos, equipamentos e procedimentos que são difíceis de ser representados por desenhos.

Legendas Amplas de Figuras. Quando conveniente, tentamos fazer as legendas das figuras bastante descritivas para que sua leitura represente um segundo nível de explanação para muitos dos conceitos. Em alguns casos, as figuras falam por si próprias, como aquelas publicadas na revista *Scientific American.*

Glossário. No final do livro, encontra-se um glossário que define os termos, as frases, as técnicas e as operações mais importantes aqui utilizadas. O glossário tem por objetivo dar aos estudantes um meio mais rápido de determinar um significado sem a necessidade de pesquisa no livro.

Apêndices e Páginas Finais. Os Apêndices incluem: um guia atualizado para a literatura em Química Analítica, tabelas de constantes químicas, potenciais de eletrodo e compostos químicos recomendados para a preparação de materiais padrão; seções sobre uso de logaritmos e notação exponencial e sobre normalidade e equivalente (termos que não são empregados no livro); e a derivação de equações de propagação de erros. As últimas páginas deste livro contêm um quadro colorido dos indicadores químicos, uma tabela periódica, uma tabela da IUPAC de 2009 de massas atômicas e uma tabela de massas molares de compostos de especial interesse em Química baseada nas massas atômicas de 2009.

NOVIDADES

Os leitores da oitava edição encontrarão inúmeras mudanças no conteúdo, bem como no estilo e formato da nona edição.

Conteúdo. Várias modificações no conteúdo foram feitas para fortalecer o livro.

- Muitos capítulos foram reforçados pela inclusão de exemplos com planilhas, aplicações e problemas. O Capítulo 3 apresenta um tutorial na construção e uso de planilhas eletrônicas.
- As definições de concentração molar foram atualizadas no Capítulo 4 para se adequarem ao uso atual da IUPAC e a terminologia associada incluindo *concentração molar (ou em quantidade de matéria) e concentração molar analítica* foi introduzida por todo o livro.
- Os capítulos sobre estatística (capítulos 5-7) foram atualizados e colocados em conformidade com a terminologia da estatística moderna. A Análise de Variância (ANOVA) foi incluída no Capítulo 7. A ANOVA é fácil de ser executada com planilhas eletrônicas modernas, além de ser muito útil na resolução de problemas analíticos.
- No Capítulo 8, as explicações sobre os métodos de padrão externo, padrão interno e adições de padrão foram elucidados, expandidos e descritos em mais detalhes. Foi dada atenção especial para o uso dos métodos dos mínimos quadrados na padronização e calibração.
- Uma nova introdução e explicação do balanço de massas foi escrita para o Capítulo 11.
- Uma explicação e uma observação à margem do texto foram adicionadas no fator gravimétrico.
- Uma nova característica de abordagem da equação-mestre foi adicionada ao Capítulo 14.

- O Capítulo 17 foi reescrito para incluir tanto titulações de precipitação quanto de complexação.
- Os capítulos 18, 19, 20 e 21, sobre células eletroquímicas e potenciais de célula, foram revisados para elucidar e unificar a discussão. O Capítulo 23 foi alterado para diminuir a ênfase em polarografia clássica. Agora, o capítulo inclui uma discussão sobre a voltametria cíclica.
- No Capítulo 25, a abordagem de detectores térmicos IV dá mais ênfase no detector piroelétrico DTGS.
- O Capítulo 29 introduz a espectrometria de massas tanto atômicas quanto moleculares e aborda as similaridades e diferenças destes métodos. A introdução da espectrometria de massas nos permite a separação dos capítulos (31-34) para colocar ênfase nas técnicas combinadas, como os métodos cromatográficos com detecção espectrométrica de massas.
- Os problemas desafiadores foram atualizados, aumentados e recolocados sempre que apropriado.
- As referências à literatura de Química Analítica foram atualizadas e corrigidas quando necessário.
- *Identificadores de Objeto Digital* (*DOI*, da sigla em inglês para *Digital Object Identifiers*) foram adicionados para a maioria das referências para a literatura primária. Os identificadores universais simplificam enormemente o trabalho de localizar artigos por um link no site www.doi.org. Um DOI pode ser digitado em um formulário na página da internet e então o identificador é submetido, o navegador transfere diretamente para o artigo na página on-line da editora. Por exemplo, 10.1351/goldbook.C01222 pode ser digitado no formulário e o navegador é redirigido para o artigo da IUPAC sobre concentração. Alternativamente, os DOI podem ser digitados diretamente no espaço em branco reservado para o endereço URL de qualquer navegador como http://dx.doi.org/10.1351/goldbook.C01222. Por favor, observe que estudantes e professores devem ter autorização para acessar a publicação de interesse.

Estilo e Formato. Continuamos fazendo mudanças no estilo e no formato para tornar o livro mais prazeroso de ler e mais amistoso ao estudante.

- Tentamos utilizar sentenças mais curtas, discurso mais direto e um estilo de redação mais coloquial em cada capítulo.
- As legendas mais descritivas de figuras são empregadas, quando apropriadas, para permitir ao estudante a compreensão da figura e de seu significado sem a necessidade de alternância entre o texto e a legenda.
- Os modelos moleculares são abundantemente utilizados na maioria dos capítulos para estimular o interesse pela beleza das estruturas moleculares e para reforçar os conceitos estruturais e a química descritiva apresentada na química geral e em disciplinas mais avançadas.
- Várias figuras novas substituíram figuras obsoletas de edições passadas.
- As fotografias, tiradas especificamente para este livro, são utilizadas quando apropriadas, para ilustrar técnicas, aparelhos e operações importantes.
- As notas escritas nas margens são amplamente usadas para enfatizar os conceitos discutidos recentemente ou para reforçar as informações relevantes.

AGRADECIMENTOS

Gostaríamos de agradecer os comentários e sugestões de muitos colaboradores que criticaram a oitava edição antes do nosso manuscrito ou que avaliaram esta obra em diversos estágios.

Lane Baker,
Indiana University
Heather Bullen,
Northern Kentucky University
Peter de Boves Harrington,
Ohio University
Jani Ingram,
Northern Arizona University
R. Scott Martin,
St. Louis University
Gary Rice,
College of William and Mary
Kathryn Severin,
Michigan State University
Dana Spence,
Michigan State University
Scott Waite,
University of Nevada, Reno

REVISORES

Em especial, agradecemos a atenção do Professor David Zellmer, da California State University, em Fresno, que atuou como um revisor rigoroso para o livro. O profundo conhecimento do Dave em Química Analítica, seu foco firme nos detalhes e sua coragem para resolução de problemas e planilhas de cálculos são um poderoso espólio para nossa equipe. Estamos especialmente em dívida com o falecido Bryan Walker, que, enquanto estudante na disciplina de Química Analítica de Dave Zellmer, com presteza relatou um número de erros que Dave (e nós) não havia (íamos) detectado na oitava edição. A personalidade agradável de Bryan, talento acadêmico e atenção aos detalhes inspiraram Dave na maneira como ele trabalhou conosco nesta edição. Estendemos um agradecimento especial a James Edwards da St. Louis University por conferir todas as respostas para as Questões e Problemas. Apreciamos também as belas palavras do professor Bill Vining da State University of New York, Oneonta, que preparou muitos tutorais on-line e Charles D. Winters, que contribuiu com muitas das novas fotos do livro e das pranchas coloridas.

Nossa equipe de redação contou com os serviços de uma bibliotecária eficiente, Srta. Jeanette Carver da University of Kentucky Science Library. Ela nos auxiliou de várias maneiras na produção deste livro, incluindo a verificação de referências, realizando buscas na literatura e organizando os empréstimos entre bibliotecas. Agradecemos sua competência, entusiàsmo e bom humor.

Somos gratos a muitos membros na Cengage, que nos deram apoio sólido durante a produção deste livro. O Editor de Aquisição Chris Simpson forneceu excelente liderança e encorajamento durante toda a duração do projeto. Este é quarto livro em que trabalhamos com a Editora de Desenvolvimento Sênior Sandi Kiselica. Como sempre, ela fez um trabalho maravilhoso de supervisionar e organizar o projeto, mantendo a continuidade e fazendo muitos comentários e sugestões importantes. Ela é simplismente a melhor no negócio e apreciamos sinceramente seu trabalho. Somos gratos ao nosso editor de texto, James Corrick, por sua consistência e atenção aos detalhes. Seu olhr aguçado e suas excelentes habilidades editoriais contribuíram significativamente para a qualidade do livro. Alicia Landsberg fez um excelente trabalho coordenando os vários materiais auxiliares e Jereny Glover, nossa pesquisadora de fotos, cuidou das muitas tarefas associadas com a obtenção de novas fotos garantindo autorizações para os gráficos. A Gerente de Projeto Erin Donahue da PreMediaGlobal manteve o projeto em andamento com lembranças diárias e frequente atualização no cronograma enquanto coordenava todo o processo de produção. Sua correlativa na Cengage foi a Gerente de Projeto de Conteúdo Jennifer Risden, que coordenou o processo editorial. Finalmente, agradecemos a Rebecca Berardy Schwartz, nossa editora de mídia para esta edição.

Esta é a primeira edição do *Fundamentos de Química Analítica* escrita sem a habilidade, a orientação e o conselho de nossos coautores seniores Douglas A. Skoog e Donald M. West. Doug morreu em 2008 e Don em 2011. Doug foi o mentor de Don enquanto ele era estudante de pós-graduação na Stanford University e eles começaram a escrever livros de Química Analítica em 1950. Eles produziram vinte edições de três livros *best-sellers* durante um período de 45 anos. O largo conhecimento de Don sobre Química Analítica e a consumada habilidade de escrever casada com a perícia organizacional e a atenção para detalhes de Don formou um incrível complemento. Ansiamos manter o alto padrão de excelência de Skoog e West à medida que continuamos a construir no legado deles. Em honra às suas contribuições manifestas para a filosofia, organização e escrita deste livro e muitos outros, decidimos elencar os nomes deles no título. Desde a publicação da oitava edição, a equipe perdeu outra parceira, Judith B. Skoog, esposa de Doug que morreu em 2010. Judy era uma assistente editorial de nível mundial que digitou e leu as provas de vinte edições de três livros (e a maioria dos manuais do professor), somando bem mais que 100.000 páginas. Sentimos falta de sua exatidão, velocidade, tenacidade, bom humor e amizade em produzir belos manuscritos.

Finalmente, somos profundamente gratos às nossas esposas Vicki Holler e Nicky Crouch pelos seus conselhos, paciência e apoio durante os vários anos escrevendo este livro e preparando-o para a produção.

F. James Holler
Stanley R. Crouch

A Natureza da Química Analítica

capítulo 1

A Química Analítica é uma ciência de medição que consiste em um conjunto de ideias e métodos poderosos que são úteis em todos os campos da ciência, engenharia e medicina. Alguns fatos excitantes que ilustram o potencial e a relevância da Química Analítica ocorreram, estão ocorrendo e vão ocorrer nas explorações espaciais da NASA no planeta Marte. Em 4 de julho de 1997, a nave espacial *Pathfinder* liberou o jipe-robô *Sojourner* para a superfície marciana. Instrumentos analíticos fornecem informações sobre a composição química de pedras e do solo. As investigações feitas pela nave espacial e pelo jipe sugeriram que Marte já foi aquecido e úmido com água líquida na superfície e vapor de água na atmosfera. Em janeiro de 2004, os jipes-robôs espaciais *Spirit* e *Oportunity* chegaram a Marte para uma missão de três meses. Um resultado importante do espectrômetro de raios-X de partícula alfa (APXS) e do espectrômetro de Mössbauer foi encontrar depósitos concentrados de sílica e, em um local diferente, altas concentrações de carbonato. O *Spirit* continuou a explorar e transmitir dados até 2010, superando até as previsões mais otimistas. Mais impressionante ainda, o *Oportunity* continua viajando pela superfície de Marte e, por volta de março de 2012, ele tinha coberto mais de 33 km explorando e transmitindo imagens de crateras e pequenas montanhas, entre outras.

No final de 2011, o Mars Science Laboratory foi lançado a bordo do jipe-robô *Curiosity*. Ele chegou em 6 de agosto de 2012 com instrumentos analíticos a bordo. O pacote químico e ótico inclui um espectrômetro de plasma induzido por laser (LIBS, veja o Capítulo 28) e um microgerador de imagens. O instrumento LIBS fornecerá a determinação de muitos elementos sem nenhuma preparação de amostra. Ele pode determinar a identificação e as quantidades

NASA/JPL-Caltech

Mars Science Laboratory a bordo do jipe-robô *Curiosity*.

NASA/JPL-Caltech

Curiosity observando o horizonte da cratera Gale marciano em agosto de 2012.

de elementos majoritários, minoritários e de traços e pode detectar minerais hidratados. O pacote de análise de amostras contém um espectrômetro de massas quadrupolar (Capítulo 29), um cromatógrafo (Capítulo 32) e um espectrômetro a laser ajustável (Capítulo 25). Seus objetivos são pesquisar fontes de compostos de carbono, procurar por compostos orgânicos importantes para a vida, revelar como vários elementos se apresentam química e isotopicamente, determinar a composição da atmosfera de Marte e pesquisar por gases nobres e isótopos de elementos leves.[1]

A **análise qualitativa** revela a *identidade* dos elementos e compostos de uma amostra.

A **análise quantitativa** indica a *quantidade* de cada substância presente em uma amostra.

Os **analitos** são os componentes de uma amostra a ser determinados.

Estes exemplos demonstram que ambas as informações quantitativas e qualitativas são requeridas em uma análise. A **análise qualitativa** estabelece a identidade química das espécies presentes em uma amostra. A **análise quantitativa** determina as quantidades relativas das espécies, ou **analitos**, em termos numéricos. Os dados dos vários espectrômetros dos jipes-robôs contêm ambos os tipos de informação. Como é comum com vários instrumentos analíticos, a cromatografia de gás e o espectrômetro de massas incorporam uma etapa de separação como uma parte necessária do processo analítico. Com algumas ferramentas analíticas, exemplificadas aqui pelos experimentos APXS e LIBS, a separação química dos vários elementos contidos em rochas é desnecessária uma vez que os métodos fornecem informações altamente seletivas. Neste livro, exploraremos métodos de análise quantitativa, métodos de separação e os princípios por trás das operações deles. Uma análise quantitativa é frequentemente uma parte integral da etapa de separação e determinar a identidade dos analitos é um adjunto essencial para a análise quantitativa.

1A O PAPEL DA QUÍMICA ANALÍTICA

A Química Analítica é empregada na indústria, na medicina e em todas as outras ciências. Para ilustrar, por exemplo, as concentrações de oxigênio e de dióxido de carbono são determinadas em milhões de amostras de sangue diariamente e usadas para diagnosticar e tratar doenças. As quantidades de hidrocarbonetos, óxidos de nitrogênio e monóxido de carbono presentes nos gases de descargas veiculares são determinadas para se avaliar a eficiência dos dispositivos de controle de emissão de poluentes. As medidas quantitativas de cálcio iônico no soro sanguíneo ajudam no diagnóstico de doenças da paratireoide em seres humanos. A determinação quantitativa de nitrogênio em alimentos indica o seu valor proteico e, desta forma, o seu valor nutricional. A análise do aço durante sua produção permite o ajuste nas concentrações de elementos, como o carbono, níquel e cromo, para que se possa atingir a resistência física, a dureza, a resistência à corrosão e a flexibilidade desejadas. O teor de mercaptanas no gás de cozinha deve ser monitorado com frequência, para garantir que este tenha um odor detestável a fim de alertar a ocorrência de vazamentos. Os fazendeiros planejam a programação da fertilização e a irrigação para satisfazer as necessidades das plantas durante a estação de crescimento, que são avaliadas a partir de análises quantitativas nas plantas e nos solos nos quais elas crescem.

As medidas analíticas quantitativas também desempenham um papel fundamental em muitas áreas de pesquisa na Química, Bioquímica, Biologia, Geologia, Física e outras áreas da ciência. Por exemplo, determinações quantitativas dos íons potássio, cálcio e sódio em fluidos biológicos de animais permitem aos fisiologistas estudar o papel desses íons na condução de sinais nervosos, assim como na contração e no relaxamento muscular. Os químicos

[1] Para detalhes sobre a missão do Mars Science Laboratory e o jipe-robô *Curiosity*, veja http://www.nasa.gov.

solucionam os mecanismos de reações químicas por meio de estudos da velocidade de reação. A velocidade de consumo de reagentes ou de formação de produtos, em uma reação química, pode ser calculada a partir de medidas quantitativas feitas em intervalos de tempo iguais. Os cientistas de materiais confiam muito nas análises quantitativas de germânio e silício cristalinos em seus estudos sobre dispositivos semicondutores cujas impurezas localizam-se na faixa de concentração de 1×10^{-6} a $1 \times 10^{-9}\%$. Os arqueólogos identificam a fonte de vidros vulcânicos (obsidiana) pelas medidas de concentração de elementos minoritários em amostras de vários locais. Esse conhecimento torna possível rastrear as rotas de comércio pré-históricas de ferramentas e armas confeccionadas a partir da obsidiana.

Muitos químicos, bioquímicos e químicos medicinais despendem bastante tempo no laboratório reunindo informações quantitativas sobre sistemas que são importantes e interessantes para eles. O papel central da Química Analítica nessa área do conhecimento, assim como em outras, está ilustrado na **Figura 1-1**. Todos os ramos da Química baseiam-se nas ideias e nas técnicas da Química Analítica. A Química Analítica tem uma função similar em relação a muitas outras áreas do conhecimento

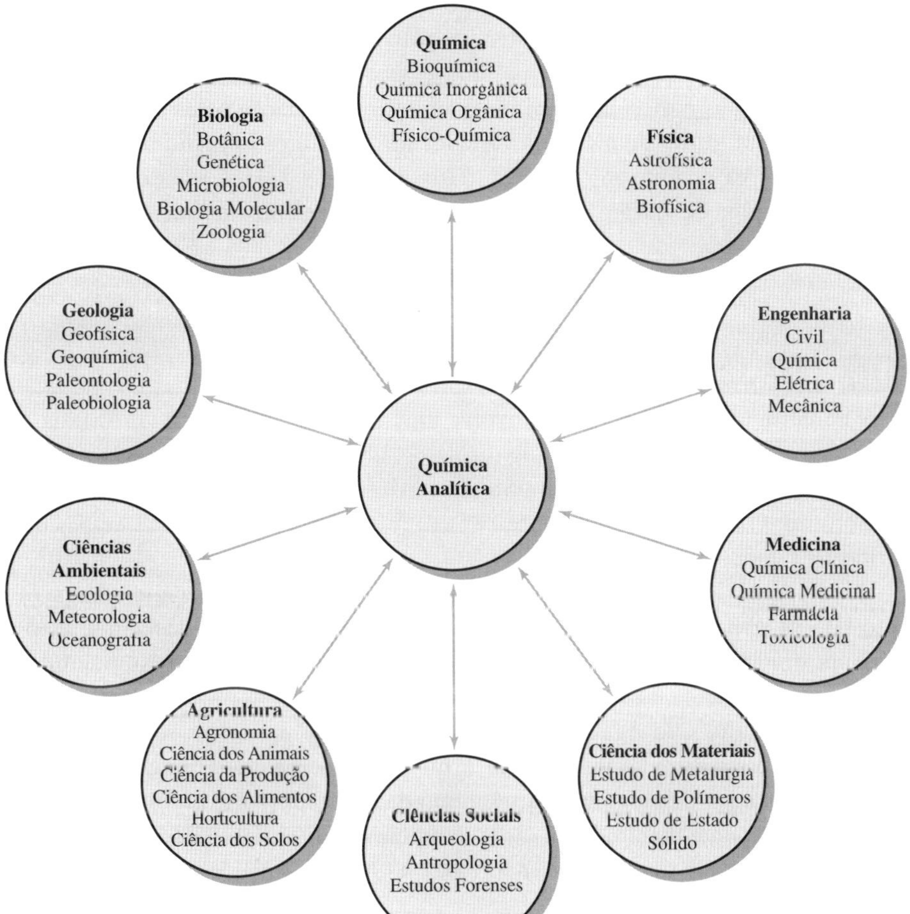

Figura 1-1 – Relações entre a Química Analítica, outras áreas da Química e outras ciências. A localização central da Química Analítica no diagrama representa sua importância e a abrangência de sua interação com muitas outras disciplinas.

listadas no diagrama. A Química é frequentemente denominada a *ciência central*; sua posição superior central e a posição central da Química Analítica na figura enfatizam essa importância. A natureza interdisciplinar da análise química a torna uma ferramenta vital em laboratórios médicos, industriais, governamentais e acadêmicos em todo o mundo.

1B MÉTODOS ANALÍTICOS QUANTITATIVOS

Calculamos os resultados de uma análise quantitativa típica a partir de duas medidas. Uma delas é a massa ou o volume de uma amostra que está sendo analisada. A outra é a medida de alguma grandeza que é proporcional à quantidade do analito presente na amostra, como massa, volume, intensidade de luz ou carga elétrica. Geralmente essa segunda medida completa a análise e classificamos os métodos analíticos de acordo com a natureza dessa medida final. Nos **métodos gravimétricos** determinamos a massa do analito ou de algum composto quimicamente a ele relacionado. Em um **método volumétrico**, mede-se o volume da solução contendo reagente em quantidade suficiente para reagir com todo o analito presente. Nos **métodos eletroanalíticos**, medimos as propriedades elétricas, como o potencial, a corrente, resistência e quantidade de carga elétrica. Nos **métodos espectroscópicos**, exploramos a interação entre a radiação eletromagnética e os átomos ou as moléculas ou ainda a emissão de radiação pelos analitos. Finalmente, em um grupo de métodos variados nós medimos as grandezas, como razão massa-carga de íons por espectrometria de massas, velocidade de decaimento radioativo, calor de reação, condutividade térmica de amostras, atividade ótica e índice de refração.

1C UMA ANÁLISE QUANTITATIVA TÍPICA

Uma análise quantitativa típica envolve uma sequência de etapas, mostrada no fluxograma da **Figura 1-2**. Em alguns casos, uma ou mais dessas etapas podem ser omitidas. Por exemplo, se a amostra for líquida, podemos evitar a etapa de dissolução. Os Capítulos 1 a 34 deste livro focalizam as três últimas etapas descritas na Figura 1-2.

Na etapa de determinação, medimos uma das propriedades mencionadas na Seção 1B. Na etapa de cálculo, encontramos a quantidade relativa do analito presente nas amostras. Na etapa final, avaliamos a qualidade dos resultados e estimamos sua confiabilidade.

Nos parágrafos que seguem, você vai encontrar um panorama sobre cada uma das nove etapas mostradas na Figura 1-2. Então, apresentaremos um estudo de caso para ilustrar o uso dessas etapas na resolução de um importante problema analítico prático. Os detalhes do estudo de caso prenunciam muitos dos métodos e ideias que você vai explorar em seus estudos envolvendo a Química Analítica.

1C-1 Escolha do Método

A primeira etapa essencial de uma análise quantitativa é a seleção do método, como mostrado na Figura 1-2. Algumas vezes a escolha é difícil e requer experiência, assim como intuição. Uma das primeiras questões que deve ser considerada no processo de seleção é o nível de exatidão requerido. Infelizmente, a alta confiabilidade quase

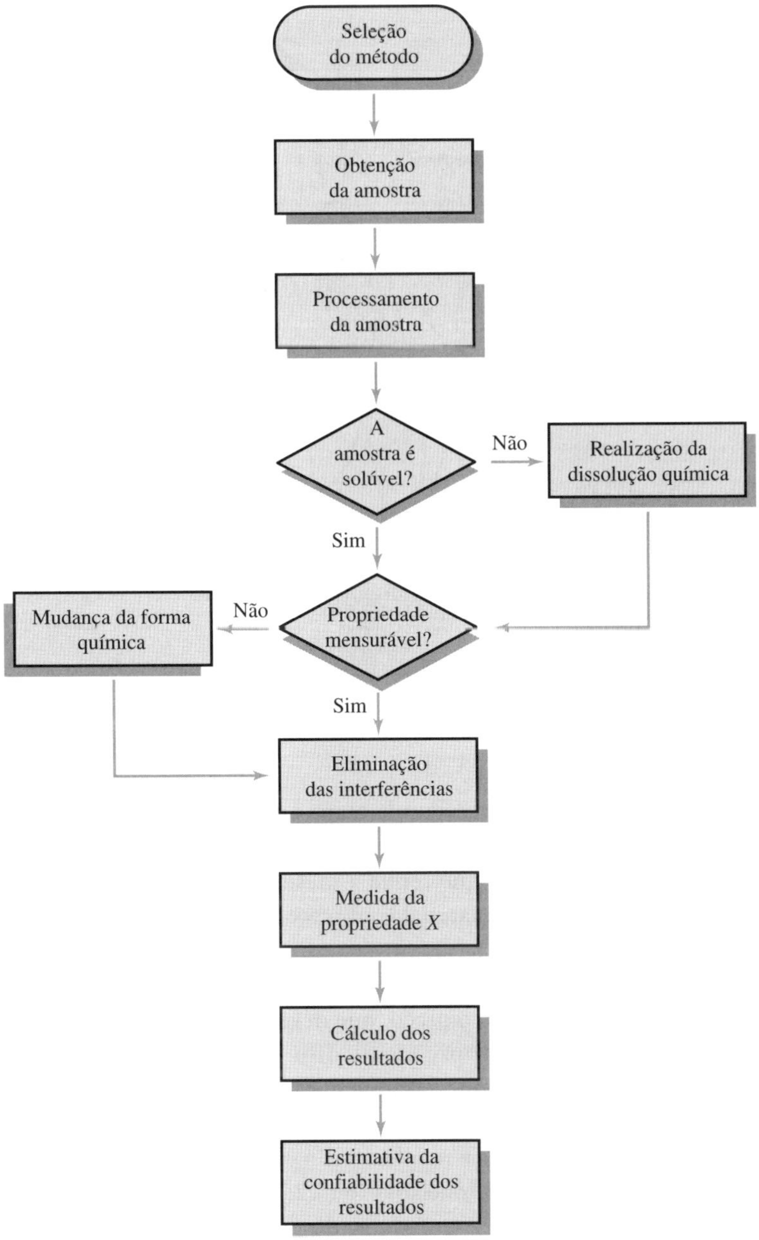

Figura 1-2 – Fluxograma mostrando as etapas envolvidas em uma análise quantitativa. Existe grande número de caminhos possíveis para percorrer as etapas. No exemplo mais simples, representado pela sequência vertical central, selecionamos um método, adquirimos e processamos a amostra, dissolvemos a amostra em um solvente apropriado, medimos uma propriedade do analito e estimamos a confiabilidade dos resultados. Dependendo da complexidade da amostra e do método escolhido, várias outras etapas podem ser necessárias.

sempre requer grande investimento de tempo. Geralmente, o método selecionado representa um compromisso entre a exatidão requerida e o tempo e recursos disponíveis para a análise.

Uma segunda consideração relacionada com o fator econômico é o número de amostras que serão analisadas. Se existem muitas amostras, podemos nos dar o direito de gastar um tempo considerável em operações preliminares, como montando e calibrando instrumentos e equipamentos e preparando soluções padrão. Se temos apenas uma única amostra, ou algumas poucas amostras, pode ser mais apropriado selecionar um procedimento que dispense ou minimize as etapas preliminares.

Finalmente, a complexidade e o número de componentes presentes na amostra sempre influenciam, de certa forma, a escolha do método.

"HOJE QUALQUER UM PRECISA SABER 'O QUE ESTÁ NO ALIMENTO?' 'O QUE ESTÁ NA ÁGUA?' 'O QUE ESTÁ NO AR?' ESTA É A VERDADEIRAMENTE A IDADE DE 'OURO' DA QUÍMICA ANALÍTICA."

1C-2 Obtenção da Amostra

Como ilustrado na Figura 1-2, a segunda etapa em uma análise quantitativa é a obtenção da amostra. Para gerar informações representativas, uma análise precisa ser realizada com uma amostra que tenha a mesma composição do material do qual ela foi tomada. Quando o material é amplo e **heterogêneo**, grande esforço é requerido para se obter uma amostra representativa. Considere, por exemplo, um vagão contendo 25 toneladas de minério de prata. O comprador e o vendedor do minério precisam concordar com o preço, que deverá ser baseado no teor de prata do carregamento. O minério propriamente dito é inerentemente heterogêneo, consistindo em muitos pedaços que variam em tamanho e igualmente no teor de prata. A **dosagem** desse carregamento será realizada em uma amostra que pesa cerca de um grama. Para que a análise seja significativa, a composição desta pequena amostra deve ser representativa das 25 toneladas (ou 22.700.000 g) do minério contido no carregamento. O isolamento de um grama do material que represente de forma exata a composição média de 23.000.000 g de toda a amostra é uma tarefa difícil, que exige manipulação cuidadosa e sistemática de todo o material do carregamento. A **amostragem** é o processo de coletar uma pequena massa de um material cuja composição represente exatamente o todo do material que está sendo amostrado. A amostragem é abordada em mais detalhes no Capítulo 8.

Um material é **heterogêneo** se suas partes constituintes podem ser distinguidas visualmente ou com o auxílio de um microscópio. O carvão, os tecidos animais e o solo são materiais heterogêneos.

Uma **dosagem** é o processo de determinar quanto de uma dada amostra é o material indicado pela sua descrição. Por exemplo, uma liga de zinco é dosada para se determinar seu teor de zinco e sua dosagem representa um valor numérico específico.

❯ *Analisam*-se amostras e *determinam*-se substâncias. Por exemplo, uma amostra de sangue é analisada para se determinar a concentração de várias substâncias tais como gases sanguíneos e glicose. Portanto, falamos em determinação de gases sanguíneos ou glicose e *não* em análise de gases sanguíneos ou glicose.

A coleta de espécimes de fontes biológicas representa um segundo tipo de problema de amostragem. A amostragem de sangue humano para a determinação de gases sanguíneos ilustra a dificuldade de obtenção de uma amostra representativa de um sistema biológico complexo. A concentração de oxigênio e dióxido de carbono no sangue depende de uma variedade de fatores fisiológicos e ambientais. Por exemplo, a aplicação de um torniquete de maneira incorreta ou movimento da mão pode causar flutuação na concentração de oxigênio no sangue. Uma vez que os médicos tomam suas decisões de vida ou morte baseados em resultados de determinações de análise de gases sanguíneos, procedimentos rigorosos têm sido desenvolvidos para a amostragem e o transporte de espécimes para os laboratórios clínicos. Esses procedimentos garantem que a amostra seja representativa do paciente no momento em que é coletada e que sua integridade seja preservada até que a amostra possa ser analisada.

Muitos problemas envolvendo amostragem são mais fáceis de ser resolvidos que os dois descritos neste momento. Não importando que a amostragem seja simples ou complexa, todavia, o analista deve ter a certeza de que a amostra de laboratório é representativa do todo antes de realizar a análise. Frequentemente, a amostragem é a etapa mais difícil em uma análise e a fonte dos maiores erros. O resultado analítico final nunca será de alguma forma mais confiável do que a confiabilidade da etapa de amostragem.

1C-3 O Processamento da Amostra

Como mostrado na Figura 1-2, a terceira etapa em uma análise é o processamento da amostra. Sob certas circunstâncias, nenhum processamento é necessário antes da etapa de medida. Por exemplo, uma vez que uma amostra de água é retirada de um córrego, um lago ou de um oceano, o pH da amostra pode ser medido diretamente. Na maior parte das vezes, porém, devemos processar a amostra em uma de várias formas. A primeira etapa no processamento da amostra é, frequentemente, a preparação da amostra de laboratório.

Preparação da Amostra de Laboratório

Uma amostra de laboratório sólida é triturada para diminuir o tamanho das partículas, misturada para garantir homogeneidade e armazenada por vários períodos antes do início da análise. A absorção ou liberação de água pode ocorrer durante cada uma das etapas, dependendo da umidade do ambiente. Como qualquer perda ou ganho de água altera a composição química de sólidos, é uma boa ideia secar as amostras logo antes do início da análise. Alternativamente, a umidade de uma amostra pode ser determinada no momento da análise, em um procedimento analítico à parte.

As amostras líquidas apresentam um conjunto de problemas ligeiramente diferentes, mas ainda assim relacionados, durante a etapa de preparação. Se essas amostras forem deixadas em frascos abertos, os solventes podem evaporar e alterar a concentração do analito. Se o analito for um gás dissolvido em um líquido, como em nosso exemplo sobre gases sanguíneos, o frasco da amostra deve ser mantido dentro de um segundo recipiente selado, talvez durante todo o procedimento analítico, para prevenir a contaminação por gases atmosféricos. Medidas especiais, incluindo a manipulação da amostra e a medida em atmosfera inerte, podem ser exigidas para preservar a integridade da amostra.

Definição das Réplicas de Amostras

A maioria das análises químicas é realizada em **réplicas de amostras** cujas massas ou volumes tenham sido determinados cuidadosamente por medições feitas com uma balança analítica ou com um dispositivo volumétrico preciso. As réplicas melhoram a qualidade dos resultados e fornecem uma medida da confiabilidade. As medidas quantitativas em réplicas são geralmente expressas em termos da média e vários testes estatísticos são executados para estabelecer a confiabilidade.

Réplicas de amostras são as porções de um material que possuem o mesmo tamanho e que são tratadas por um procedimento analítico ao mesmo tempo e da mesma forma.

Preparo de Soluções: Alterações Físicas e Químicas

A maioria das análises é realizada com soluções da amostra preparadas em um solvente adequado. Idealmente, o solvente deve dissolver toda a amostra, incluindo o analito, de forma rápida e completa. As condições da dissolução devem ser suficientemente brandas de forma que perdas do analito não venham a ocorrer. Em nosso fluxograma da Figura 1-2, perguntamos se a amostra é solúvel no solvente escolhido. Infelizmente, vários materiais que precisam ser analisados são insolúveis em solventes comuns. Os exemplos incluem os minerais à base de silício, os polímeros de alta massa molecular e as amostras de tecido animal. Com tais substâncias devemos seguir o fluxograma para a etapa à direita e realizar alguns tratamentos químicos drásticos. Converter analito em materiais dessa natureza em uma forma solúvel é, frequentemente, a tarefa mais difícil e demorada no processo analítico. A amostra pode necessitar de aquecimento em soluções aquosas de ácidos fortes, bases fortes, agentes oxidantes, agentes redutores ou alguma combinação desses reagentes. Pode ser necessária a ignição da amostra ao ar ou ao oxigênio para realizar sua fusão, sob elevadas temperaturas, na presença de vários fundentes. Uma vez que o analito esteja solubilizado, perguntamos se a amostra apresenta uma propriedade que seja proporcional à sua concentração e se podemos medi-la. Caso contrário, outras etapas químicas podem ser necessárias, como podemos observar na Figura 1-2, para converter o analito para uma forma que seja adequada para a etapa de medida. Por exemplo, na determinação de manganês em aço, o elemento deve ser oxidado para MnO_4^- antes da medida da absorbância da solução colorida (veja o Capítulo 26). Nesse momento da análise, pode-se prosseguir diretamente para a etapa de medida, porém, na maioria dos casos, devemos eliminar as interferências na amostra antes de realizar as medidas, como ilustrado no fluxograma.

1C-4 Eliminação de Interferências

Uma vez que temos a amostra em solução e convertemos o analito a uma forma apropriada para a medida, a próxima etapa será eliminar substâncias presentes na amostra que possam interferir na medida (veja a Figura 1-2). Poucas propriedades químicas e físicas de importância na química analítica são exclusivas de uma única substância química. Ao contrário, as reações usadas e as propriedades medidas são características de um grupo de elementos ou compostos. As espécies além do analito, que afetam a medida final, são chamadas **interferências** ou **interferentes**. Um plano deve ser traçado para se isolar os analitos das interferências antes que a medida final seja feita. Não há regras claras e rápidas para a eliminação de interferências; de fato, a resolução desse problema certamente pode ser o aspecto mais crítico de uma análise. Os capítulos 31 a 34 descrevem os métodos de separação.

Interferência ou **interferente** é uma espécie que causa um erro na análise pelo aumento ou atenuação (diminuição) da quantidade que está sendo medida.

1C-5 Calibração e Medida da Concentração

Todos os resultados analíticos dependem de uma medida final X de uma propriedade física ou química do analito, como mostrado na Figura 1-2. Essa propriedade deve variar de uma forma conhecida e reprodutível com a concentração c_A do analito. Idealmente, a medida da propriedade é diretamente proporcional à concentração. Isto é,

$$c_A = kX$$

onde k é uma constante de proporcionalidade. Com poucas exceções, os métodos analíticos requerem a determinação empírica de k com padrões químicos para os quais c_A é conhecido.[2] O processo de determinação de k é então uma etapa

A **matriz**, ou **matriz da amostra**, é o conjunto de todos os componentes da amostra na qual o analito está contido.

Técnicas ou reações que funcionam para um único analito são denominadas **específicas**. Técnicas ou reações que se aplicam a poucos analitos são chamadas **seletivas**.

[2] Duas exceções são os métodos gravimétricos, discutidos no Capítulo 12, e os métodos coulométricos, considerados no Capítulo 22. Em ambos os métodos, k pode ser calculada a partir de constantes físicas conhecidas.

importante na maioria das análises; essa etapa é chamada **calibração**. Os métodos de calibração são abordados com algum detalhamento no Capítulo 8.

Calibração é o processo de determinar a proporcionalidade entre a concentração do analito e uma quantidade medida.

1C-6 Cálculo dos Resultados

O cálculo das concentrações dos analitos a partir de dados experimentais é, em geral, relativamente fácil, particularmente com computadores. Essa etapa é apresentada na penúltima etapa do fluxograma da Figura 1-2. Esses cálculos são baseados nos dados experimentais crus (na forma em que foram originalmente obtidos) coletados na etapa de medida, nas características dos instrumentos de medida e na estequiometria das reações químicas. Muitos exemplos desses cálculos aparecem ao longo deste livro.

1C-7 Avaliação dos Resultados pela Estimativa da Confiabilidade

Como a etapa final na Figura 1-2 mostra, os resultados analíticos somente estão completos quando a confiabilidade deles for estimada. O analista deve prover alguma medida das incertezas associadas aos resultados quando se espera que os dados tenham algum significado. Os Capítulos 5, 6 e 7 apresentam métodos detalhados para a realização dessa importante etapa final do processo analítico.

❮ Um resultado analítico sem uma estimativa da confiabilidade não vale nada.

1D UM PAPEL INTEGRADO DA ANÁLISE QUÍMICA: SISTEMAS CONTROLADOS POR REALIMENTAÇÃO

Geralmente, a Química Analítica não é um fim em si mesma, mas sim parte de um cenário maior, no qual podemos usar os resultados analíticos para ajudar na manutenção ou na melhora da saúde de um paciente, para controlar a quantidade de mercúrio em peixes, para regular a qualidade de um produto, para determinar a situação de uma síntese ou para saber se existe vida em Marte. A análise química é o elemento de medida em todos esses exemplos e em muitos outros casos. Considere o papel da análise quantitativa na determinação e controle da concentração de glicose no sangue. O fluxograma da **Figura 1-3** ilustra o processo. Os pacientes que sofrem de diabetes insulino-dependentes desenvolvem hiperglicemia, que se manifesta quando a concentração de glicose no sangue fica acima da faixa normal de concentaçao entre 65 e 100 mg dL^{-1}. Iniciamos nosso exemplo estabelecendo que o estado desejado é aquele no qual o nível sanguíneo de glicose seja menor que 100 mg dL^{-1}. Muitos pacientes precisam monitorar seu nível de glicose no sangue submetendo periodicamente amostras a um laboratório de análises clínicas ou por medidas feitas por eles mesmos, usando um medidor eletrônico portátil de glicose.

A primeira etapa no processo de monitoração consiste em se determinar o estado real por meio da coleta de uma amostra de sangue do paciente e da medida do nível de glicose no sangue. Os resultados são mostrados e então o estado real é comparado com o desejado (veja a Figura 1-3). Se o nível medido de glicose no sangue estiver acima de 100 mg dL^{-1}, o nível de insulina no paciente, que é a quantidade de

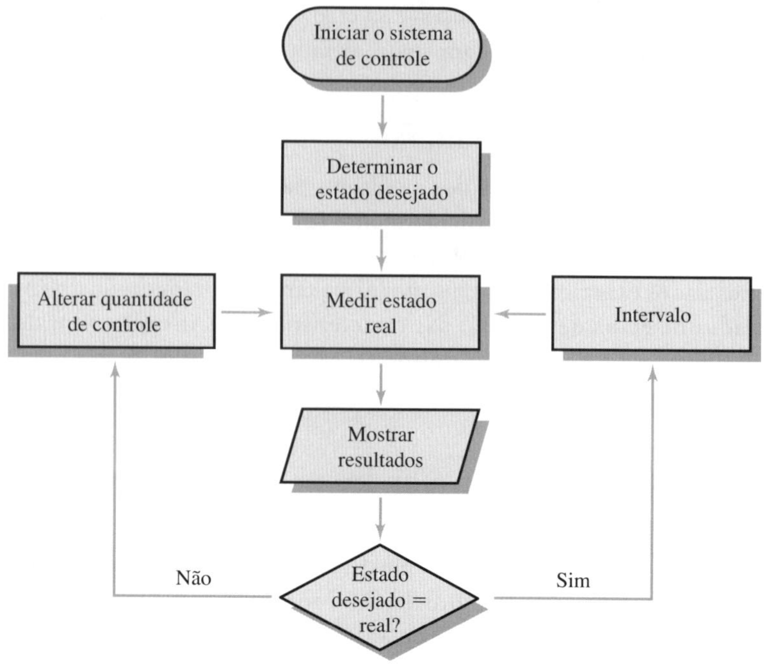

Figura 1-3 – Fluxograma de um sistema controlado por realimentação. O estado desejado é determinado, o estado real do sistema é medido e os dois estados são comparados. A diferença entre os dois estados é utilizada para alterar uma quantidade controlável que resulta em uma mudança no estado do sistema. As medidas quantitativas são novamente realizadas pelo sistema e a comparação é repetida. A nova diferença entre o estado desejado e o estado real é outra vez empregada para alterar o estado do sistema, se necessário. O processo cuida para que haja monitoração e respostas contínuas para a manutenção da quantidade controlável e, portanto, o estado real em níveis adequados. O texto descreve a monitoração e o controle da concentração de glicose no sangue como um exemplo de um sistema controlado por realimentação.

controle, deve ser aumentado por injeção ou administração oral. Depois de algum tempo, para permitir que a insulina faça efeito, o nível de glicose é novamente medido para determinar se o estado desejado foi alcançado. Se o nível estiver abaixo do valor limite crítico, o nível de insulina foi mantido, então não há a necessidade de se aplicar mais insulina. Após um tempo apropriado, o nível de glicose no sangue é novamente medido e o ciclo, repetido. Dessa forma, o nível de insulina no sangue do paciente e, portanto, o nível de glicose é mantido no, ou abaixo do, valor limite crítico, mantendo o metabolismo do paciente sob controle. O processo de medir e controlar continuamente é com frequência denominado **sistema controlado por realimentação** e o ciclo envolvendo medida, comparação e controle é chamado **ciclo de realimentação**. Essas ideias encontram vasta aplicação em sistemas biológicos e bioquímicos e sistemas mecânicos e eletrônicos. Desde a medida e o controle da concentração de manganês em aço até a manutenção dos níveis adequados de cloro em uma piscina, a análise química desempenha um papel central em uma ampla gama de sistemas.

DESTAQUE 1-1

Morte de cervos: um estudo de caso ilustrando o uso da química analítica na solução de um problema em toxicologia

A Química Analítica é uma ferramenta poderosa nas investigações ambientais. Neste destaque, descrevemos um estudo de caso no qual a análise quantitativa foi empregada para se determinar o agente que causava mortes em uma população de cervos-de-cauda-branca, habitantes de uma área em uma região selvagem em Kentucky. Vamos começar por uma descrição do problema e então mostrar como as etapas ilustradas na Figura 1-2 foram utilizadas para resolver o problema analítico. Este estudo de caso também mostra como a análise química é empregada em um contexto amplo, como parte essencial de um sistema de controle por realimentação, como descrito na Figura 1-3.

O cervo-de-cauda-branca proliferou em muitas partes do país.

O Problema

O incidente começou quando um guarda florestal encontrou um cervo-de-cauda-branca morto, próximo a um lago no território da Lakes National Recreation Area, na região oeste de Kentucky. O guarda florestal solicitou a ajuda de um químico do laboratório estadual de diagnóstico veterinário para encontrar a causa da morte, visando tentar prevenir futuras mortes de cervos.

O guarda e o químico inspecionaram cuidadosamente o local onde a carcaça do cervo em estado avançado de decomposição havia sido encontrada. Em decorrência do estado adiantado de decomposição, não foi possível coletar qualquer amostra de tecido. Poucos dias após o início das investigações, o guarda encontrou mais dois cervos mortos no mesmo local. O químico foi chamado ao local das mortes, onde o guarda e ele colocaram os cervos em um caminhão para transportá-los ao laboratório de diagnóstico veterinário. Os investigadores então conduziram um exame cuidadoso da área vizinha em uma tentativa de encontrar pistas para estabelecer a causa das mortes.

A busca cobriu cerca de 2 acres ao redor do lago. Os investigadores notaram que a grama nos arredores dos postes da linha de transmissão de energia estava seca e descolorida. Eles especularam que um herbicida poderia ter sido usado na grama. Um ingrediente comumente encontrado em herbicidas é o arsênio em alguma de suas várias formas, incluindo trióxido de arsênio, arsenito de sódio, metanoarsenato monossódico e metanoarsenato dissódico. O último composto é o sal dissódico do ácido metanoarsênico, $CH_3AsO(OH)_2$, que é muito solúvel em água e, assim, é usado como ingrediente ativo em muitos herbicidas. A atividade do herbicida metanoarsenato dissódico deve-se à sua reatividade ante a grupos sulfidrilas (S—H) do aminoácido cisteína. Quando a cisteína das enzimas de plantas reage com compostos de arsênio, a função da enzima é inibida e a planta finalmente morre. Infelizmente, efeitos químicos similares acontecem também em animais. Portanto, os investigadores coletaram as amostras da grama morta descolorida para fazer alguns testes em conjunto com as amostras de órgãos do cervo. Eles planejavam analisar as amostras para confirmar a presença de arsênio e, se houvesse, determinar sua concentração nas amostras.

Seleção do Método

Uma estratégia para a determinação de arsênio em amostras biológicas pode ser encontrada nos métodos publicados pela Association of Official Analytical Chemists (AOAC).[3] Nesse método, o arsênio é destilado como arsina, AsH_3, e depois determinado por medidas colorimétricas.

Processamento da Amostra: Obtendo Amostras Representativas

De volta ao laboratório, os cervos foram dissecados e seus rins, removidos para análise. Os rins foram escolhidos porque o patogênico suspeito (arsênio) é eliminado rapidamente do animal pelo trato urinário.

Processamento da Amostra: Preparação de uma Amostra de Laboratório

Cada rim foi cortado em pedaços, triturado e homogeneizado em um liquidificador de alta velocidade. Essa etapa serviu para reduzir o tamanho dos pedaços de tecido e para homogeneizar a amostra de laboratório resultante.

Processamento da Amostra: Definição das Réplicas de Amostras

Três amostras de 10 g do tecido homogeneizado de cada cervo foram colocadas em cadinhos de porcelana. Estas serviram como réplicas para a análise.

---

[3] *Official Methods of Analysis*, 18. ed., Método 973. 78. Washington, DC: Association of Official Analytical Chemists, 2005.

Fazendo Química: Dissolução das Amostras

Para se obter uma solução aquosa do analito para a análise, foi necessário converter sua matriz orgânica em dióxido de carbono e água pelo processo de **calcinação a seco**. Esse processo envolveu o aquecimento de cada cadinho e amostra cuidadosamente sobre uma chama até que a amostra parasse de produzir fumaça. O cadinho foi então colocado em uma mufla e aquecido a 555 °C por duas horas. A calcinação a seco serviu para liberar o analito do material orgânico e convertê-lo a pentóxido de arsênio. O sólido seco presente em cada cadinho foi então dissolvido em HCl diluído, que converteu o As_2O_5 ao solúvel H_3AsO_4.

Eliminando Interferências

O arsênio pode ser separado de outras substâncias que podem interferir na análise pela sua conversão à arsina, AsH_3, um gás incolor tóxico que é evolvido quando a solução de H_3AsO_3 é tratada com zinco. As soluções resultantes das amostras de cervos e grama foram combinadas com Sn^{2+} e uma pequena quantidade de íon iodeto foi adicionada para catalisar a redução do H_3AsO_4 para H_3AsO_3 de acordo com a seguinte reação:

$$H_3AsO_4 + SnCl_2 + 2HCl \rightarrow H_3AsO_3 + SnCl_4 + H_2O$$

O H_3AsO_3 foi então convertido a AsH_3 pela adição de zinco metálico como segue:

$$H_3AsO_3 + 3Zn + 6HCl \rightarrow AsH_3(g) + 3ZnCl_2 + 3H_2O$$

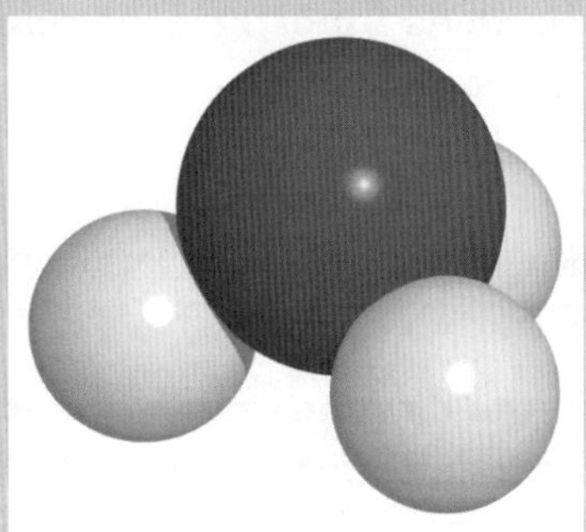

Ao longo deste texto, vamos apresentar modelos de moléculas que são importantes na Química Analítica. Aqui mostramos a arsina, AsH_3. A arsina é um gás incolor, extremamente tóxico, com um odor muito forte de alho. Os métodos analíticos envolvendo a geração de arsina devem ser conduzidos com atenção e ventilação adequada.

Toda a reação foi realizada em frascos equipados com rolhas e tubos de recolhimento para que a arsina pudesse ser coletada na solução de absorção, como mostrado na **Figura 1D-1**. O arranjo garantiu que as interferências permanecessem no frasco de reação e que apenas a arsina fosse coletada pelo absorvente em frascos transparentes especiais denominados cubetas.

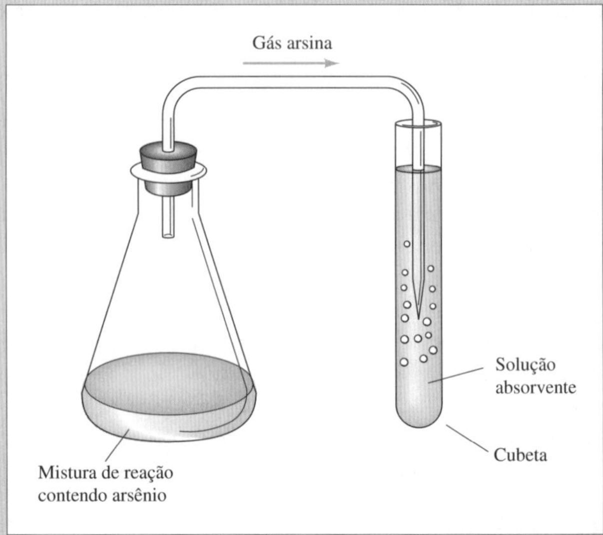

Figura 1D-1 – Um aparato de fácil construção para a geração de arsina, AsH_3.

A arsina borbulhada na solução contida na cubeta reagiu com o dietilditiocarbamato de prata para formar um complexo colorido de acordo com a seguinte equação:

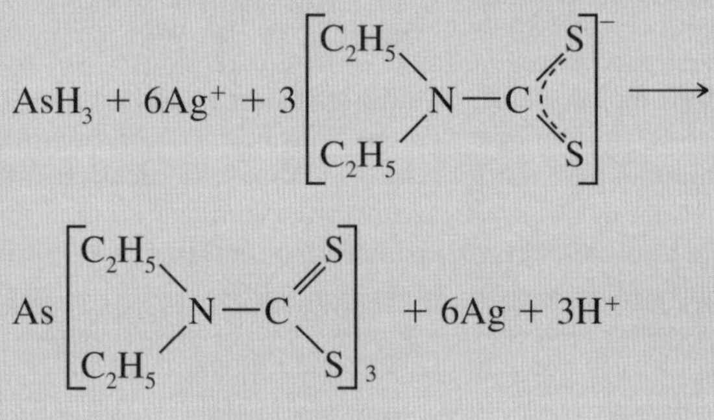

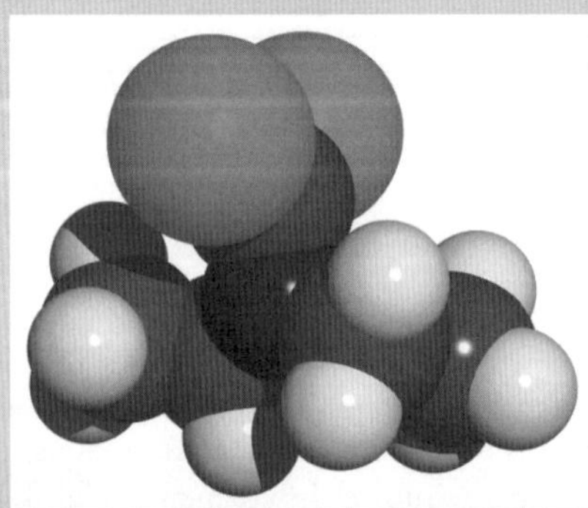

Modelo molecular para o dietilditiocarbamato. Esse composto é um reagente analítico utilizado na determinação de arsênio.

Medida da Quantidade do Analito

A quantidade de arsênio presente em cada amostra foi determinada ao se medir a intensidade da cor vermelha formada nas cubetas com um instrumento chamado espectrofotômetro. Como será discutido no Capítulo 26, um espectrofotômetro fornece um número chamado **absorbância**, que é diretamente proporcional à concentração da espécie responsável pela cor. Para usar a absorbância com finalidade analítica, uma curva analítica deve ser gerada pela medida da absorbância de várias soluções contendo concentrações conhecidas do analito. A parte superior da **Figura 1D-2** mostra que a cor se torna mais intensa à medida que a concentração de arsênio nos padrões aumenta, de 0 até 25 partes por milhão (ppm).

Calculando as Concentrações

As absorbâncias das soluções padrão contendo concentrações conhecidas de arsênio são lançadas em um gráfico para produzir uma curva analítica, apresentada na parte inferior da Figura 1D-2. Cada linha vertical, mostrada entre as partes superior e inferior da Figura 1D-2, relaciona uma solução ao seu ponto correspondente no gráfico. A intensidade da cor de cada solução é representada pela sua absorbância, que é colocada no eixo vertical do gráfico da curva analítica. Observe que as absorbâncias aumentam de 0 a 0,72 à medida que a concentração de arsênio aumenta de 0 até 25 partes por milhão. As concentrações de arsênio em cada solução padrão correspondem às linhas-guias verticais da curva analítica, como mostrado. Essa curva é então utilizada para determinar a concentração de duas das soluções desconhecidas mostradas à direita. Primeiro localizamos as absorbâncias das soluções desconhecidas no eixo das absorbâncias do gráfico e então lemos as concentrações correspondentes no eixo das concentrações. As linhas partindo das cubetas para a curva analítica mostram que as concentrações de arsênio nas amostras dos dois cervos eram de 16 ppm e 22 ppm, respectivamente.

O arsênio presente nos tecidos renais de um animal é tóxico em níveis superiores a cerca de 10 ppm, assim, é provável que os cervos tenham sido mortos pela ingestão de um composto contendo arsênio. Os testes também revelaram que as amostras de grama continham cerca de 600 ppm de arsênio. Esses níveis muito elevados de arsênio sugerem que a grama foi pulverizada com um herbicida à base de arsênio. Os investigadores concluíram que os cervos provavelmente morreram em decorrência da ingestão da grama contaminada.

Estimando a Confiabilidade dos Resultados

Os dados desses experimentos foram analisados empregando-se os métodos estatísticos descritos nos Capítulos 5 ao 8. Para cada uma das soluções padrão de arsênio e das amostras dos cervos, a média de três medidas de absorbância foi calculada. A absorbância média das réplicas é uma medida mais confiável da concentração de arsênio que uma única medida. A análise de mínimos quadrados foi utilizada para encontrar a melhor reta entre os pontos e para localizar as concentrações das amostras desconhecidas, juntamente com suas incertezas estatísticas e limites de confiança.

Conclusão

Nesta análise, a formação de um produto de reação altamente colorido serviu tanto para confirmar a provável presença de arsênio quanto para fornecer uma estimativa confiável da sua concentração nos cervos e na grama. Com base nesses resultados, os investigadores recomendaram que o uso de herbicidas contendo arsênio fosse suspenso na área de vida selvagem, para proteger os cervos e outros animais que podem comer as plantas no local.

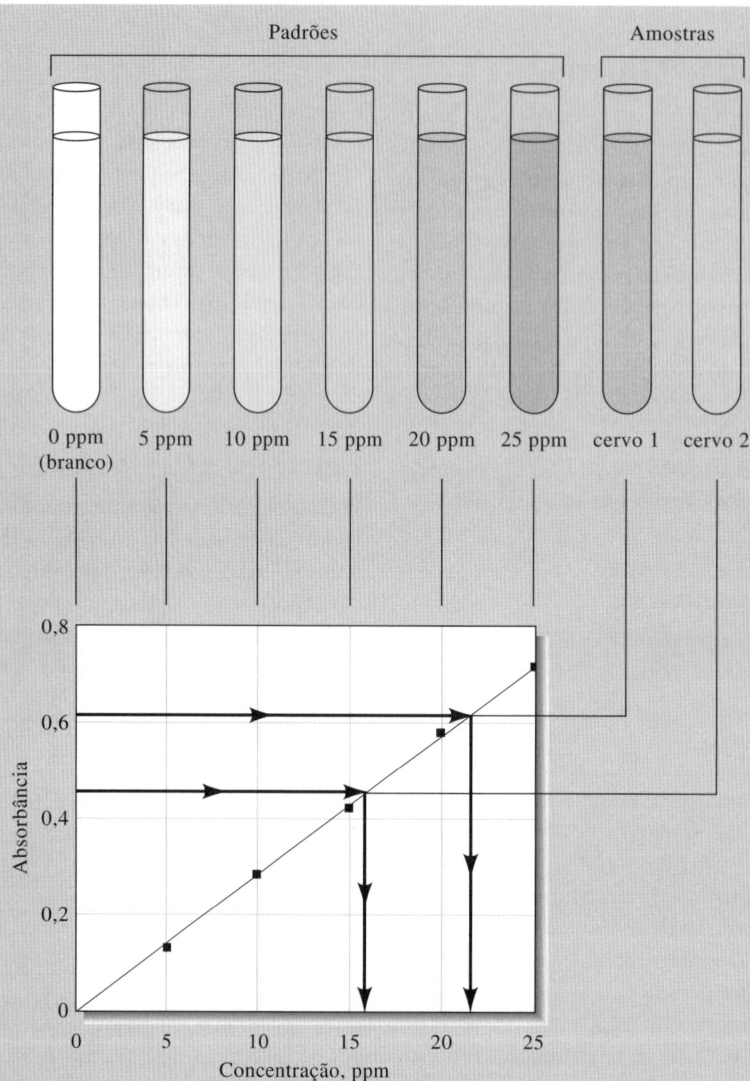

Figura 1D-2 – Construção e uso de uma curva analítica para determinar a concentração de arsênio. As absorbâncias das soluções das cubetas são medidas empregando-se um espectrofotômetro. Os valores de absorbância são então lançados em um gráfico em função das concentrações das soluções contidas nas cubetas, como ilustrado no gráfico. Finalmente, as concentrações das soluções desconhecidas são lidas a partir do gráfico, como mostrado pelas setas.

O estudo de caso do Destaque 1-1 ilustra como a análise química é utilizada para identificar e determinar quantidade de produtos químicos perigosos no meio ambiente. Muitos dos métodos e instrumentos da Química Analítica são empregados rotineiramente para gerar informações vitais em estudos ambientais e toxicológicos desse tipo. O fluxograma da Figura 1-3 pode ser aplicado neste estudo de caso. O estado desejável é a concentração de arsênio abaixo do nível tóxico. A análise química é usada para determinar o estado real ou a concentração de arsênio no meio ambiente e esse valor é comparado com a concentração desejável. A diferença é então utilizada para determinar ações apropriadas (como a diminuição no uso de herbicidas à base de arsênio) de forma que garanta que os cervos não sejam envenenados por quantidades excessivas de arsênio no meio ambiente, que neste exemplo é o sistema controlado. Muitos outros exemplos são dados no texto e em destaques por todo o livro.

PARTE I

Ferramentas da Química Analítica

capítulo 2

Produtos Químicos, Equipamentos e Operações Unitárias na Química Analítica

Fuse/Geometrized/JupiterImages

No coração da Química Analítica existe um conjunto essencial de operações e equipamentos que são necessários para o trabalho em laboratório na disciplina e que serve de base para seu crescimento e desenvolvimento. Na foto ao lado, uma estudante registra os dados de uma titulação em um caderno de laboratório para um experimento de determinação do teor de nitrogênio em uma amostra de matéria orgânica.

Neste capítulo vamos apresentar as ferramentas, as técnicas e os compostos químicos que são utilizados pelos químicos analíticos. O desenvolvimento dessas ferramentas iniciou-se há mais de dois séculos e continua nos dias atuais. Como a tecnologia da Química Analítica tem sido aprimorada com o advento das balanças eletrônicas, tituladores automáticos e instrumentos controlados por computador, a velocidade, a conveniência, a exatidão e a precisão dos métodos analíticos também têm sido aprimoradas. Por exemplo, a determinação da massa de uma amostra, que requeria entre 5 e 10 minutos há 40 anos, é agora realizada em poucos segundos. Os cálculos que demoravam de 10 a 20 minutos quando se utilizavam as tábuas de logaritmos agora podem ser feitos quase instantaneamente em uma planilha eletrônica de cálculo ou calculadora. Nossa experiência com essas brilhantes inovações tecnológicas frequentemente nos leva à impaciência com as técnicas, algumas vezes tediosas, da Química Analítica clássica. É essa impaciência que governa a busca pelo desenvolvimento de tecnologias melhores. Além disso, os métodos fundamentais têm sido com frequência modificados, no interesse da velocidade ou conveniência, sem sacrificar a exatidão ou a precisão.

Devemos enfatizar, entretanto, que muitas das operações unitárias encontradas no laboratório são eternas. Essas operações, comprovadas e confiáveis, têm evoluído gradativamente durante os últimos dois séculos. De tempos em tempos, as instruções fornecidas neste capítulo podem parecer, de certa forma, por demais orientadas. Embora tentemos explicar por que as operações unitárias são desenvolvidas da maneira como descrevemos, você poderá se sentir tentado a modificar um procedimento ou ignorar uma etapa aqui ou ali, para poupar tempo e esforço. Devemos precavê-lo contra a modificação de técnicas e procedimentos, a menos que você tenha discutido a modificação proposta com o seu professor e tenha considerado suas consequências cuidadosamente. Essas modificações podem provocar erros nos resultados, incluindo níveis inaceitáveis de exatidão e precisão; no pior caso possível, um acidente sério pode acontecer. Hoje em dia, o tempo requerido para se preparar uma solução cuidadosamente padronizada de hidróxido de sódio é praticamente o mesmo que há cem anos.

O domínio das ferramentas da Química Analítica lhe será útil em disciplinas da Química e em áreas científicas correlatas. Além disso, seus esforços serão premiados com a satisfação de ter realizado uma análise com altos níveis de boa prática analítica e com níveis de exatidão e precisão consistentes com as limitações da técnica.

2A SELEÇÃO E MANUSEIO DE REAGENTES E PRODUTOS QUÍMICOS

A pureza dos reagentes tem um peso importante na exatidão vinculada a qualquer análise. É, portanto, essencial que a qualidade de um reagente seja consistente com seu propósito de uso.

2A-1 Classificação de Produtos Químicos

Grau Reagente

Os produtos químicos com grau reagente estão de acordo com os padrões mínimos estabelecidos pelo Comitê de Reagentes Químicos da American Chemical Society (ACS)[1] e são utilizados onde for possível no trabalho analítico. Alguns fornecedores rotulam seus produtos com os limites máximos de impureza permitidos pelas especificações da ACS, enquanto outros mostram nos rótulos as concentrações verdadeiras para as várias impurezas.

Grau Padrão Primário

As qualidades requeridas para um **padrão primário**, além da extraordinária pureza, são discutidas na Seção 13A-2. Os reagentes com grau padrão primário foram cuidadosamente analisados pelo fornecedor e os resultados estão impressos no rótulo do frasco. O National Institute of Standards and Technology (NIST) é uma fonte excelente de padrões primários. Essa agência também prepara e vende **padrões de referência**, que são substâncias complexas analisadas exaustivamente.[2]

❮ O National Institute of Standards and Technology (NIST) é o nome atual do órgão anteriormente denominado National Bureau of Standards.

Reagentes Químicos para Uso Especial

Os produtos químicos que tenham sido preparados para uma aplicação específica também estão disponíveis. Entre eles estão incluídos os solventes para espectrofotometria e para cromatografia de líquido de alta eficiência. As informações pertinentes ao uso pretendido são fornecidas juntamente com esses reagentes. Os dados fornecidos para um solvente espectrofotométrico, por exemplo, podem incluir sua absorbância em comprimentos de onda selecionados e seu comprimento de onda de corte no ultravioleta.

2A-2 Regras para o Manuseio de Reagentes e Soluções

Uma análise química de alta qualidade requer reagentes e soluções com purezas conhecidas. Um frasco de um reagente com grau químico, aberto recentemente, pode ser utilizado normalmente, com confiança. Se essa mesma confiança pode ser

[1] Committee on Analytical Reagents, *Reagent Chemicals*, 10. ed., Washington, DC: American Chemical Society, 2000.

[2] O Standard Reference Materials Program (SRMP) do NIST comercializa milhares de materiais de referência. O NIST mantém um catálogo e uma lista de preços desses materiais em uma seção que está vinculada ao seu site principal, no endereço www.nist.gov. Materiais de referência podem ser adquiridos pela Internet.

justificada quando o frasco estiver pela metade, isso depende inteiramente da maneira como ele foi manuseado desde que foi aberto. As seguintes regras devem ser observadas para prevenir a contaminação acidental de reagentes e soluções:

1. Selecione o produto com o melhor grau disponível para o trabalho analítico. Quando for possível, utilize o menor frasco que seja suficiente para a operação.
2. Tampe todo e qualquer frasco *imediatamente* após a retirada de um produto químico; não confie em ninguém mais para fazer isso.
3. Segure a tampa dos frascos de reagentes entre seus dedos; nunca coloque a tampa sobre a mesa.
4. *Nunca devolva qualquer excesso de reagente ao frasco original, a menos que você seja instruído a fazê-lo.* O dinheiro economizado com a devolução de excessos raramente vale o risco de contaminar todo o frasco.
5. Nunca coloque espátulas, colheres ou facas em um frasco contendo um reagente sólido, a menos que você seja instruído a fazê-lo. Em vez disso, agite o frasco ainda fechado vigorosamente, ou bata-o suavemente sobre uma mesa de madeira para romper qualquer incrustação; então despeje a quantidade desejada. Ocasionalmente essas medidas não são eficientes e, nesses casos, uma colher de porcelana limpa deve ser utilizada.
6. Mantenha a estante de reagentes e a balança de laboratório limpas e bem organizadas. Limpe imediatamente qualquer derramamento.
7. Observe os regulamentos locais relacionados ao descarte de sobras de reagentes e soluções.

2B LIMPEZA E MARCAÇÃO DE MATERIAIS DE LABORATÓRIO

Uma análise química é normalmente realizada em duplicata ou triplicata. Assim, cada frasco que mantém uma amostra deve estar marcado para que seu conteúdo possa ser positivamente identificado. Os frascos, os béqueres e alguns cadinhos têm pequenas áreas gravadas, nas quais marcas semipermanentes podem ser feitas com um lápis.

Não seque a superfície interior de materiais de vidro ou porcelana, a menos que você seja instruído a fazê-lo.

Existem canetas especiais para marcar as superfícies de porcelana. A marca é gravada permanentemente durante a vitrificação, pelo aquecimento a altas temperaturas. Uma solução saturada de cloreto de ferro(III), embora não tão satisfatória quanto as preparações comerciais, também pode ser usada para a marcação.

Todo béquer, frasco ou cadinho que vão conter uma amostra devem ser completamente lavados antes de serem utilizados. O aparato precisa ser lavado com uma solução detergente, a quente, e então deve ser enxaguado – inicialmente com grandes quantidades de água corrente e, finalmente, inúmeras vezes com pequenas porções de água deionizada.[3] Um recipiente de vidro limpo de forma apropriada estará recoberto com um filme uniforme e contínuo de água. *Às vezes é necessário secar a superfície interna de um recipiente de vidro antes do seu uso.* A secagem é normalmente uma perda de tempo e sempre uma fonte potencial de contaminação.

Um solvente orgânico, como o etilmetilcetona ou a acetona, pode ser efetivo na remoção de filmes de gordura. Os fornecedores de produtos químicos também oferecem preparações comerciais para a eliminação desses filmes.

[3] As referências para água deionizada feitas neste capítulo são igualmente aplicáveis à água destilada.

2C EVAPORAÇÃO DE LÍQUIDOS

Frequentemente faz-se necessário diminuir o volume de uma solução que contenha um soluto não volátil. A **Figura 2-1** ilustra como o procedimento é realizado. A cobertura com vidro de relógio com frisos em relevo em sua face convexa permite que os vapores escapem e protege a solução remanescente de contaminação acidental. Utilizar espaçadores para afastar uma tampa de vidro convencional da boca do béquer é menos satisfatório do que usar o vidro de relógio especial mostrado.

Charles D. Winters

Figura 2-1 Arranjo para a evaporação de um líquido.

A evaporação é frequentemente difícil de ser controlada por causa da tendência de algumas soluções de se sobreaquecerem de forma localizada. O **borbulhamento** intenso e abrupto que resulta pode ser suficientemente vigoroso para causar a perda parcial da solução. O aquecimento cuidadoso e brando minimizará o perigo de tais perdas. Pérolas de vidro também podem prevenir o borbulhamento se o seu uso for permitido.

Algumas espécies indesejáveis podem ser eliminadas durante a evaporação. Por exemplo, cloreto e nitrato podem ser removidos de uma solução pela adição de ácido sulfúrico e pela evaporação até que grandes quantidades de fumos brancos de trióxido de enxofre sejam observadas (essa operação deve ser realizada na capela de exaustão). A ureia é eficiente na remoção do íon nitrato e óxidos de nitrogênio de soluções ácidas. O cloreto de amônio é removido com maior eficiência pela adição de ácido nítrico concentrado e evaporação da solução a um volume menor. O íon amônio é oxidado rapidamente quando aquecido; a solução é então evaporada até a secura.

Os constituintes orgânicos podem ser frequentemente eliminados de uma solução pela adição de ácido sulfúrico e aquecimento até o aparecimento de fumos de trióxido de enxofre (na capela); esse processo é conhecido como **calcinação úmida**. O ácido nítrico pode ser adicionado ao final do aquecimento para acelerar a oxidação dos últimos traços de matéria orgânica presentes.

A **borbulhamento** é a ebulição repentina, frequentemente violenta, que tende a espirrar a solução para fora do seu recipiente.

A mineralização por **calcinação úmida** consiste na oxidação dos constituintes orgânicos de uma amostra com reagentes oxidantes como o ácido nítrico, o ácido sulfúrico, o peróxido de hidrogênio, o bromo aquoso ou uma combinação desses reagentes.

2D MEDIDA DE MASSA

Na maioria das análises, uma *balança analítica* precisa ser utilizada para medir massas com alta exatidão. As *balanças de laboratório* menos exatas também são empregadas para as medidas de massa quando a demanda por confiabilidade não for crítica.

2D-1 Tipos de Balanças Analíticas

Uma **balança analítica** é um instrumento usado na determinação de massas com uma capacidade máxima que varia de 1 g até alguns quilogramas, com uma precisão de pelo menos 1 parte em 10^5 em sua capacidade máxima. A precisão e a exatidão de muitas balanças analíticas modernas excedem a 1 parte em 10^6 em sua capacidade total.

As balanças analíticas mais comumente encontradas (**macrobalanças**) têm uma capacidade máxima que varia entre 160 e 200 g. Com essas balanças, as medidas podem ser feitas com um desvio padrão de ±0,1 mg. As **balanças semimicroanalíticas** têm uma carga máxima de 10 a 30 g com uma precisão de ±0,01 mg. Uma **balança microanalítica** típica tem capacidade de 1 a 3 g e uma precisão de ±0,001 mg (1 mg).

As balanças analíticas evoluíram dramaticamente nas últimas décadas. A balança analítica tradicional tinha dois pratos ligados a cada uma das extremidades de um braço leve que ficava colocado sobre um cutelo localizado no centro do braço. O objeto a ser pesado era colocado em um dos pratos; pesos padrão suficientes eram

Uma **balança analítica** tem capacidade máxima que varia de 1 g a muitos quilogramas e precisão na sua capacidade máxima de ao menos 1 parte em 10^5.

Uma **macrobalança** é o tipo mais comum de balança analítica; ela suporta a carga máxima de 160 a 200 g e tem precisão de 0,1 mg.

Uma **balança semimicroanalítica** suporta a carga máxima de 10 a 30 g e tem precisão de 0,01 mg.

Uma **balança microanalítica** apresenta a carga máxima de 1 a 3 g e tem precisão de 0,001 mg, ou 1 mg.

então adicionados ao outro prato para reposicionar o braço em sua posição original. A pesagem com essa **balança de dois pratos** era tediosa e demorada.

A primeira **balança analítica de prato único** surgiu no mercado em 1946. A velocidade e conveniência de pesar com essa balança eram amplamente superiores ao que se podia realizar com a balança tradicional de dois pratos. Consequentemente, essa balança substituiu rapidamente a anterior na maioria dos laboratórios. A balança de prato único está sendo substituída atualmente pela balança analítica eletrônica, que não tem braço nem cutelo. Esse tipo de balança é discutido na Seção 2D-2. A conveniência, a exatidão e a capacidade de controle e manipulação de dados por computador das balanças analíticas asseguram que as balanças mecânicas de prato único vão eventualmente desaparecer de cena. O desenho e a operação das balanças de prato único são descritos resumidamente na Seção 2D-3.

2D-2 A Balança Analítica Eletrônica[4]

Levitar significa provocar a suspensão de um objeto no ar.

O **sistema servo** é um dispositivo no qual uma pequena corrente elétrica faz com que um sistema mecânico retorne à posição de nulo.

A **Figura 2-2** apresenta o diagrama e a foto de uma balança analítica eletrônica. O prato situa-se acima de um cilindro metálico oco que é circundado por uma bobina que se encaixa no polo interno de um ímã permanente. Uma corrente elétrica percorre a bobina e produz um campo magnético que segura, ou **levita**, o cilindro, o prato, o braço indicador e qualquer massa que esteja no prato. A corrente é ajustada para que o nível do braço indicador fique na posição de nulo quando o prato estiver vazio. A colocação de um objeto no prato provoca um movimento do próprio prato e do braço de controle para baixo, o que aumenta a quantidade de luz que incide na fotocélula do detector de nulo. A corrente que atinge a fotocélula é amplificada, alimentando a bobina, o que cria um campo magnético maior, fazendo com que o prato retorne para a posição original no detector do zero. Um dispositivo como este, no qual uma pequena corrente elétrica faz com que um sistema mecânico mantenha sua posição zero, é chamado **sistema servo**. A corrente requerida para manter o prato e o objeto na posição de nulo é diretamente proporcional à massa do objeto e é facilmente medida, transformada em sinal digital e apresentada no visor. As balanças

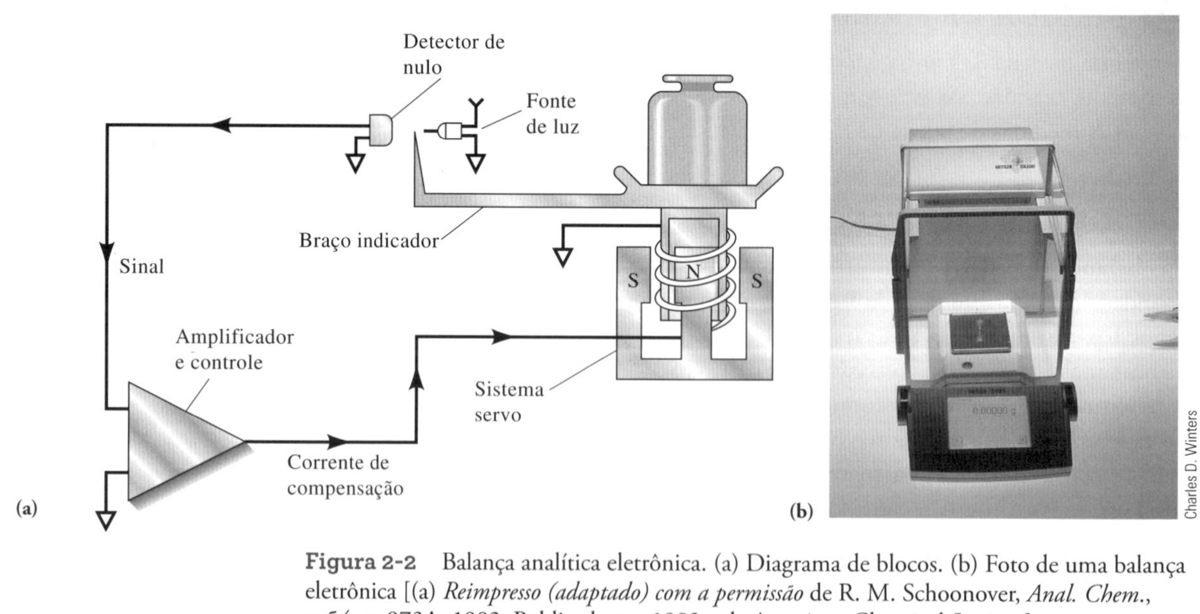

Figura 2-2 Balança analítica eletrônica. (a) Diagrama de blocos. (b) Foto de uma balança eletrônica [(a) *Reimpresso (adaptado) com a permissão* de R. M. Schoonover, *Anal. Chem.*, v. 54, p. 973A. 1982, Publicado em 1982 pela American Chemical Society.]

[4] Para uma discussão mais detalhada, veja R. M. Schoonover, *Anal. Chem.*, v. 54, p. 973A, **1982**, **DOI**:10,1021/ac00245a003.

eletrônicas são calibradas pesando-se uma massa padrão e ajustando-se a corrente de forma que a massa exata seja exibida no mostrador.

A **Figura 2-3** mostra as configurações de duas balanças analíticas eletrônicas. Em cada uma delas, o prato é ligado a um sistema confinado conhecido coletivamente como **célula**. A célula incorpora vários **flexores** que permitem movimentos limitados do prato e previne que forças de torção (resultantes de cargas localizadas fora do centro) perturbem o alinhamento do mecanismo da balança. Na posição nula, o braço fica paralelo ao horizonte gravitacional e cada pivô flexor permanece em uma posição relaxada.

A Figura 2-3a exibe uma balança eletrônica com o prato localizado abaixo da célula. Uma precisão maior é obtida com esse arranjo, em relação àquela do sistema de prato localizado acima da célula (prato superior), apresentado na Figura 2-3b. Mesmo assim, as balanças eletrônicas deste último tipo têm uma precisão que se iguala ou excede àquelas das melhores balanças mecânicas e, além disso, garantem fácil acesso ao prato da balança.

As balanças eletrônicas geralmente realizam um **controle de tara** automático que leva o mostrador à leitura igual a zero com um recipiente (como uma "barquinha" ou frasco de pesagem) sobre o prato. A maioria das balanças permite a tara de até 100% da sua capacidade. Algumas balanças eletrônicas apresentam capacidades e precisões duplas. Essa característica permite que sua capacidade seja reduzida daquela de uma macrobalança para aquela de uma semimicrobalança (30 g) com ganho correspondente na precisão para 0,01 mg. Esse tipo de balança é, na verdade, duas balanças em uma.

A **tara** é a massa de um frasco de amostra vazio. Tarar é o processo de ajuste da balança para apresentar leitura zero na presença da tara.

Fotografias de uma balança eletrônica moderna são mostradas nas pranchas coloridas 19 e 20.

Uma balança analítica eletrônica moderna provê uma velocidade e uma facilidade de uso sem precedentes. Por exemplo, um instrumento pode ser controlado por meio de toques em várias posições ao longo de uma única barra. Uma posição da barra liga ou desliga o instrumento, outra calibra automaticamente a balança com o uso de uma massa padrão ou um par de massas e uma terceira zera o mostrador, com ou sem um objeto sobre o prato. Medidas de massas confiáveis são obtidas com pouco ou mesmo sem nenhum treinamento.

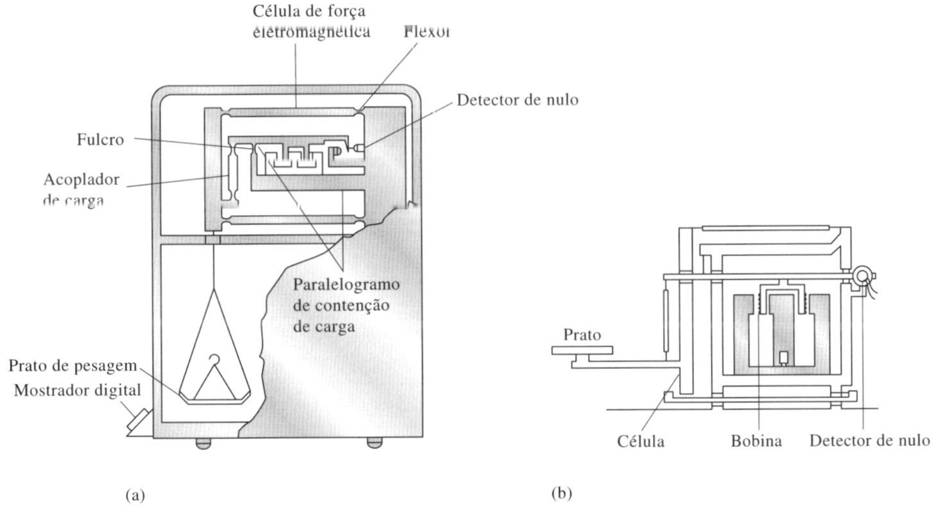

Figura 2-3 Balanças analíticas eletrônicas. (a) Configuração clássica com o prato abaixo da célula. (b) Configuração com prato acima da célula (prato superior). Em ambos os casos, o mecanismo fica abrigado em um gabinete dotado de janelas. [(*a*) *Reimpresso* (*adaptado*) *com a permissão* de R. M. Schoonover, *Anal. Chem.*, v. 54, p. 973A, 1982. Publicado em 1982 pela American Chemical Society. (*b*) *Reimpresso* de K. M. Lang. *Amer. Lab.*, v. 15, n. 3, p. 72, 1983. Copyright 1983 da International Scientific Communications, Inc.]

2D-3 A Balança Analítica Mecânica de Prato Único

Componentes

Os dois **cutelos** de uma balança mecânica são dispositivos de ágata ou safira, em forma de prisma, que mantêm uma posição de mínimo atrito com as duas superfícies planas contidas em **ganchos** que também são feitos de ágata ou safira.

Embora a balança mecânica de prato único não seja mais fabricada, muitos destes dispositivos rudimentares e confiáveis ainda são encontrados em laboratórios. Incluímos uma descrição desta balança para o propósito histórico e de referência. A **Figura 2-4** exibe um diagrama de uma balança mecânica típica de prato único. O fundamental nessa balança é o **braço** leve que é suportado em uma superfície plana por um **cutelo** em forma de prisma (*A*). Ligado à extremidade esquerda do braço está o prato que vai sustentar o objeto a ser pesado e um conjunto completo de pesos mantidos suspensos. Esses pesos podem ser levantados do braço, um de cada vez, por um arranjo mecânico que é acionado por botões de controle localizados no exterior do gabinete da balança. A extremidade à direita do braço segura o contrapeso de maneira que seu tamanho equilibre o prato e os pesos localizados na extremidade esquerda do braço.

Um segundo cutelo (*B*) está localizado próximo à extremidade esquerda do braço e suporta uma segunda superfície plana, a qual está localizada na parte interna de um **gancho** que une o prato ao braço de suporte. Os dois cutelos e suas superfícies planas são fabricados a partir de materiais extremamente duros (ágata ou safira sintética) e formam dois suportes que permitem movimentos do braço e do prato com mínimo atrito. O desempenho de uma balança mecânica depende de maneira crítica da perfeição desses dois suportes.

Para evitar danos aos cutelos e superfícies dos suportes, o sistema de travas de uma balança mecânica deve estar ligado em todos os momentos, com exceção da etapa de pesagem.

As balanças de prato único também são equipadas com uma **trava do braço** e uma **trava do prato**. A trava do braço é um dispositivo mecânico que levanta o braço de forma que o cutelo central não toque mais em sua superfície de sustentação e libere simultaneamente o gancho do contato com o cutelo externo. O objetivo de ambas as travas é o de prevenir danos aos suportes enquanto os objetos são colocados ou removidos do prato. Quando acionada, a trava do braço suporta a maior parte do peso do prato e de seu conteúdo e assim impede as oscilações. Ambas as travas são controladas por uma alavanca montada externamente ao gabinete da balança e devem estar acionadas quando a balança não estiver em uso.

Um **amortecedor** a ar está posicionado próximo à extremidade oposta à do prato. Esse dispositivo consiste em um pistão que se move em um cilindro concêntrico, ligado ao gabinete da balança. O ar que ocupa o cilindro sofre expansão e contração

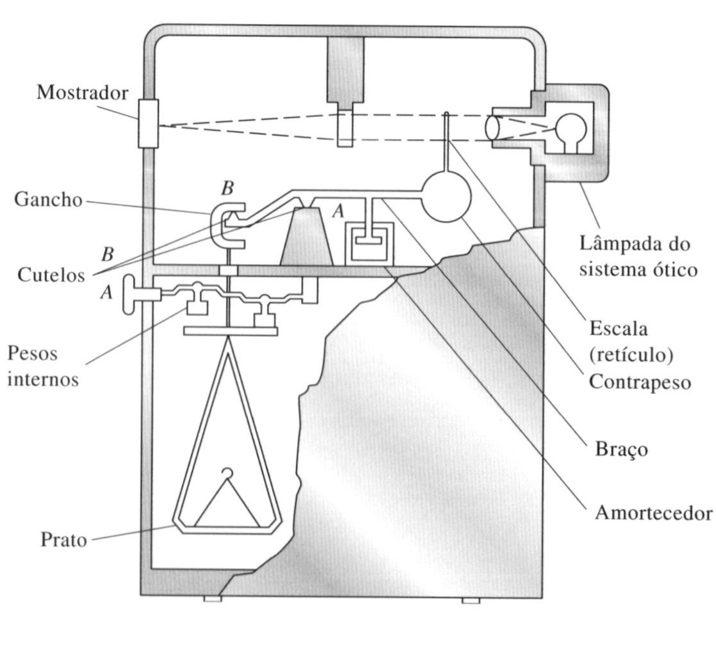

Figura 2-4 Balança analítica mecânica de prato único. [*Reimpresso (adaptado) com a permissão de* R. M. Schoonover, *Anal. Chem.*, n. 54, p. 973A, 1982. Publicado em 1982 pela American Chemical Society.]

quando o braço se movimenta; o braço retorna rapidamente ao repouso em função dessa oposição ao movimento.

Para diferenciar pequenas diferenças de massa (< 1 mg), as balanças analíticas devem ser protegidas de correntes de ar. Esses dispositivos ficam sempre inclusos em gabinetes com portas para que as amostras possam ser colocadas para pesar e removidas após a pesagem.

Pesagem com uma Balança de Prato Único

O braço de uma balança adequadamente ajustada apresenta uma posição essencialmente horizontal quando não existem objetos no prato e todos os pesos estão em seus lugares. Quando o prato e as travas estão liberados, o braço fica livre para girar em torno do cutelo. A colocação de um objeto no prato faz com que o lado esquerdo do braço se mova para baixo. Os pesos são então sistematicamente removidos, um a um, do braço da balança, até que o desbalanceamento seja menor que 100 mg. O ângulo de deflexão do braço, em relação à sua posição horizontal original, é diretamente proporcional aos pesos que precisam ser removidos para que o braço retorne à sua posição horizontal original. O sistema ótico mostrado na parte superior da Figura 2-4 mede esse ângulo de deflexão e o converte em miligramas. O **retículo**, que é uma pequena tela transparente montada no braço da balança, é marcado com uma escala que varia entre 0 e 100 mg. Um feixe de luz passa através da escala e de uma série de lentes de aumento, as quais por sua vez focalizam uma pequena parte da escala aumentada em uma placa de vidro recoberta localizada na parte frontal da balança, sendo possível ler essa escala com precisão de 0,1 mg.

O **papel glassine** é especialmente tratado através de um processo chamado calandragem. O processo começa quebrando as fibras da polpa do papel através do batimento. A polpa batida é então esprimida em moldes e seca em folhas. Estas folhas são então passadas através de séries alternadas de rolos de aço e fibra chamados supercalandras. Esta etapa, que transforma as fibras da polpa em folhas planas e na mesma direção, é repetida várias vezes. O produto final é um papel extremamente liso que pode ser usado como barreira de proteção de muitas espécies de graxa, ar e líquidos. O glassine é usado como um papel de intercalação na encadernação de livros, especialmente para proteger ilustrações finas contra o contato com as páginas de cobertura. O papel pode ser fabricado com pH neutro e pode prevenir estragos por derramamento, exposição ou atrito. Ele é usado no serviço de alimentação como uma barreira entre as camadas de produtos: carne, itens assados e queijos, por exemplo. Na Química, usamos o glassine como um papel de pesagem barato para amostras em pó ou granulada porque as partículas têm uma tendência pequena de aderir ao papel; é bastante leve e barato. Fitas estreitas de glassine são quase ideais para manusear frascos de pesagem ou quaisquer itens comuns que devem ser transferidos à mão para e do prato de pesagem.

Precauções no Uso de uma Balança Analítica

A balança analítica é um instrumento delicado que você precisa manusear com cuidado. Consulte seu professor para obter as instruções detalhadas com relação ao processo de pesagem em seu modelo específico de balança. Observe as seguintes regras gerais no trabalho com uma balança analítica, não obstante a marca ou modelo:

1. Centralize tanto quanto possível a carga no prato da balança.
2. Proteja a balança contra a corrosão. Os objetos a serem colocados sobre o prato devem ser limitados a metais inertes, plásticos inertes, materiais vítreos ou parecidos com vidro.
3. Observe as precauções especiais (veja Seção a 2E-6) para a pesagem de líquidos.
4. Consulte o professor se julgar que a balança precisa de ajustes.
5. Mantenha a balança e seu gabinete meticulosamente limpos. Um pincel feito de pêlos de camelo é útil na remoção de material derramado ou pocira.
6. Sempre deixe que um objeto que tenha sido aquecido retorne à temperatura ambiente antes de pesá-lo.
7. Utilize uma pinça, luvas ou uma fita de papel glassine para manusear objetos secos para previnir transferência de umidade para eles.

2D-4 Fontes de Erros na Pesagem[5]

Correção do Empuxo

O **erro devido ao empuxo** afetará os dados se a densidade do objeto que está sendo pesado diferir significativamente das massas padrão. Esse erro tem sua origem

Um **erro devido ao empuxo** é um erro de pesagem que ocorre quando o objeto que está sendo pesado apresenta uma densidade significativamente diferente daquela das massas padrão.

[5] Para informações adicionais, veja R. Battino e A. G. Williamson, *J. Chem. Educ.*, n. 61, p. 51, **1984**, **DOI**: 10.1021/ed061p51.

na diferença da força de flutuação exercida pelo meio (ar) no objeto e nas massas. A correção do empuxo para balanças eletrônicas[6] pode ser feita com a seguinte equação:

$$M_1 = M_2 + M_2\left(\frac{d_{ar}}{d_{obj}} - \frac{d_{ar}}{d_{massas}}\right) \qquad (2\text{-}1)$$

onde M_1 é a massa corrigida do objeto, M_2 é a massa dos padrões, d_{obj} é a densidade do objeto, d_{massas} é a densidade das massas padrão e d_{ar} é a densidade do ar deslocado por massas e objeto. O valor de d_{ar} é 0,0012 g cm^{-3}.

As consequências da Equação 2-1 são mostradas na **Figura 2-5**, na qual o erro relativo devido ao empuxo é representado graficamente em função da densidade dos objetos pesados ao ar utilizando-se massas de aço inoxidável. Observe que esse erro é de menos de 0,1% para objetos que têm uma densidade igual ou superior a 2 g cm^{-3}. Assim, raramente é necessário corrigir as massas da maioria dos sólidos. No entanto, o mesmo não se pode dizer dos sólidos de menor densidade, líquidos ou gases; para estes, os efeitos do empuxo são significativos e uma correção precisa ser aplicada.

A densidade das massas utilizadas nas balanças de prato único (ou para calibrar balanças analíticas) varia de 7,8 a 8,4 g cm^{-3}, dependendo do fabricante. O uso do valor 8 g cm^{-3} é satisfatório na maioria das vezes. Se uma exatidão maior se faz necessária, as especificações do fabricante para a balança normalmente fornecem os dados de densidade necessários.

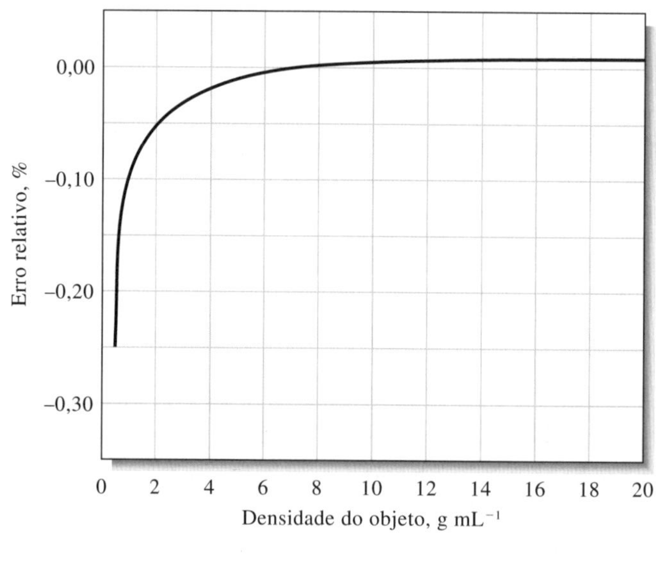

Figura 2-5 Efeito do empuxo em dados de pesagem (densidade dos pesos = 8 g cm^{-3}). Gráfico do erro relativo em função da densidade do objeto que está sendo pesado.

Efeitos da Temperatura

Sempre deixe os objetos aquecidos retornarem à temperatura ambiente antes de tentar pesá-los.

As tentativas de se pesar um objeto cuja temperatura é diferente daquela de seus arredores resultarão em erros significativos. Não esperar tempo suficiente para que um objeto aquecido retorne à temperatura ambiente é a fonte mais comum desse problema. Os erros devidos à diferença de temperatura têm duas fontes. Na primeira, as correntes de convecção dentro do gabinete da balança exercem um efeito de empuxo sobre o prato e o objeto. E na segunda, o ar aquecido aprisionado em um frasco fechado pesa menos que o mesmo volume de ar sob temperaturas mais baixas. Ambos os efeitos fazem com que a massa aparente do objeto seja menor. Esse erro pode

[6] As correções do empuxo para balanças mecânicas de prato único são diferentes daquelas das balanças eletrônicas. Para uma discussão detalhada das diferenças nas correções, veja M. R. Winward et al., *Anal. Chem.*, n. 49, p. 2126, **1977**, **DOI**: 10.1021/ac50021a062.

atingir valores tão grandes quanto 10 ou 15 mg para um típico cadinho de filtração de porcelana ou pesa-filtros típicos (**Figura 2-6**). Os objetos aquecidos precisam ser sempre resfriados até a temperatura ambiente antes de serem pesados.

EXEMPLO 2-1

Um frasco vazio pesou 7,6500 g e, após a introdução de um líquido orgânico com uma densidade de 0,92 g cm^{-3}, 9,9700 g. A balança era equipada com massas de aço inoxidável (d = 8,0 g/cm^{-3}). Corrija a massa da amostra devido ao efeito de empuxo.

Solução

A massa aparente do líquido é de 9,9700 − 7,6500 = 2,3200 g. A mesma força de empuxo age no frasco durante ambas as pesagens; assim, precisamos considerar apenas a força que age nos 2,3200 g do líquido. Substituindo-se 0,0012 g cm^{-3} da d_{ar}, 0,92 g cm^{-3} da d_{obj}, e 8,0 g cm^{-3} da d_{massas} na Equação 2-1, constatamos que a massa corrigida é

$$M_1 = 2{,}3200 + 2{,}3200\left(\frac{0{,}0012}{0{,}92} - \frac{0{,}0012}{8{,}0}\right) = 2{,}3227 \text{ g}$$

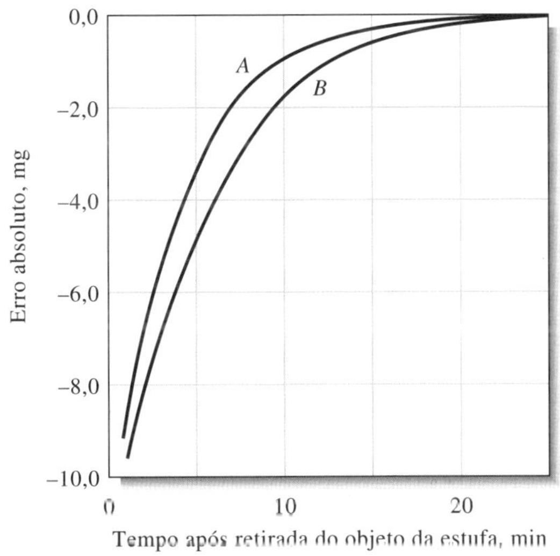

Figura 2-6 Efeito da temperatura sobre os dados de pesagem. Erros absolutos em função do tempo após o objeto ter sido removido de uma estufa a 110 °C. *A*: cadinho de filtração de porcelana. *B*: pesa-filtro contendo cerca de 7,5 g de KCl.

Outras Fontes de Erros

Um objeto de porcelana ou de vidro pode adquirir, ocasionalmente, uma carga estática suficiente para fazer com que a balança funcione de forma errática; esse problema é particularmente sério quando a umidade relativa é baixa. Descargas espontâneas ocorrem frequentemente após um curto período. Uma fonte de baixa intensidade de radioatividade (como um pincel especial que contenha uma quantidade minúscula de polônio) nos gabinetes da balança ionizará íons o suficiente para neutralizar a carga. Alternativamente, o objeto pode ser limpo com uma camurça levemente umedecida.

A escala ótica de balanças mecânicas de prato único deve ser verificada regularmente quanto à exatidão, particularmente sob condições de carga da balança que necessitem de toda a faixa da escala. Um peso padrão de 100 mg é utilizado nessa verificação.

2D-5 Balanças Auxiliares

As balanças menos precisas que as analíticas têm uso extensivo no laboratório analítico. Elas oferecem vantagens como rapidez, robustez, grande capacidade e conveniência. Balanças de baixa precisão devem ser usadas sempre que não haja necessidade de alta sensibilidade.

As balanças auxiliares do tipo de prato superior são particularmente convenientes. Uma balança de prato superior sensível vai acomodar de 150 a 200 g com uma precisão de cerca de 1 mg – uma ordem de grandeza menor que uma balança macroanalítica. Algumas balanças desse tipo toleram cargas tão grandes quanto 25.000 g, com uma precisão de $\pm$0,05 g. A maioria é equipada com um dispositivo de tara que traz a leitura da balança para o zero, com um frasco vazio colocado sobre o prato. Algumas são totalmente automáticas, não requerem ajustes manuais ou manuseio de massas e fornecem uma leitura digital da massa. As balanças de prato superior modernas são eletrônicas.

Utilize balanças auxiliares para determinação de massas que não demandem grande exatidão.

A balança de braço triplo, que é menos sensível que as típicas de prato superior, também é útil. Trata-se de uma balança de prato único com três dezenas de pesos que deslizam sobre escalas individuais calibradas. A precisão de uma balança de braço triplo pode ser uma ou duas ordens de grandeza menor que aquela para uma balança de prato superior, mas pode ser adequada para muitas operações de pesagem. Esse tipo de balança é simples, durável e barato.

2E EQUIPAMENTOS E MANIPULAÇÕES ASSOCIADOS À PESAGEM

A massa de muitos sólidos varia com a umidade, devido à sua tendência em absorver apreciáveis quantidades de água. Esse efeito é especialmente pronunciado quando uma grande área superficial fica exposta, como em reagentes químicos ou em uma amostra que tenha sido triturada até se tornar um pó fino. A primeira etapa em uma análise típica, então, é secar a amostra para que os resultados não sejam afetados pela umidade da atmosfera do ambiente.

Secagem ou **ignição** até massa constante é um processo no qual um sólido sofre um ciclo envolvendo etapas de aquecimento, resfriamento e pesagem até que seu peso torne-se constante na faixa de 0,2 a 0,3 mg.

Uma amostra, um precipitado ou um frasco são levados à massa constante por meio de um ciclo de calor (normalmente por uma ou mais horas) sob temperaturas apropriadas, o resfriamento e a pesagem. Esse ciclo é repetido tantas vezes quantas forem necessárias até que se obtenham massas sucessivas que concordem entre si na faixa de 0,2 a 0,3 mg. O estabelecimento de uma massa constante fornece alguma garantia de que o processo químico ou físico que ocorre durante o aquecimento (ou ignição) tenha se completado.

Charles D. Winters

Figura 2-7 Pesa-filtros.

2E-1 Pesa-filtros

Os **pesa-filtros** são convenientes para secar e armazenar sólidos. Duas variedades comuns destas cômodas ferramentas são mostradas na **Figura 2-7**. A porção esmerilhada da tampa do frasco mostrado à esquerda fica do lado de fora e não entra em contato com seu conteúdo; desse modo, elimina-se a possibilidade de parte da amostra ficar presa na superfície esmerilhada do vidro e subsequentemente ser perdida. A aspereza é a principal vantagem de usar frascos de pesagem de plástico em vez de vidro, mas o plástico é facilmente desgastado e não é tão fácil de limpar quanto o vidro.

2E-2 Dessecadores e Dessecantes

A secagem em estufa é a maneira mais comum de se remover umidade de sólidos. Essa abordagem não é apropriada para substâncias que se decompõem ou para aquelas das quais a água não é removida na temperatura da estufa.

Um **dessecador** é um dispositivo para a secagem de substâncias ou objetos.

Para minimizar a absorção de umidade, os materiais secos são armazenados em **dessecadores** enquanto se resfriam. A **Figura 2-8** apresenta os componentes de um dessecador típico. A base contém um agente químico de secagem, como o cloreto de cálcio anidro, o sulfato de cálcio anidro, o perclorato de magnésio anidro ou o pentóxido de fósforo. As superfícies de vidro entre a tampa e a base são revestidas levemente com graxa para garantir uma boa vedação quando a tampa é colocada.

Quando se remove ou se recoloca a tampa de um dessecador, faz-se uso de um movimento de deslizamento para minimizar a perturbação da amostra. Uma vedação é alcançada por uma pequena rotação e pressão sobre a tampa já posicionada.

Quando se coloca um objeto aquecido em um dessecador, o aumento da pressão devido ao aquecimento do ar aprisionado em seu interior pode ser suficiente para romper a vedação existente entre a tampa e a base. Ao contrário, se a vedação não for rompida, o resfriamento dos objetos aquecidos pode provocar o desenvolvimento de um vácuo parcial. Ambas as condições podem fazer com que o conteúdo do dessecador fique fisicamente perdido ou contaminado. Embora vá de encontro à finalidade do uso do dessecador, sempre permita que um resfriamento parcial ocorra antes da colocação da tampa. Também é útil romper a vedação uma ou duas vezes durante o resfriamento para minimizar a formação de vácuo excessivo. Finalmente, mantenha a tampa presa com seus polegares enquanto estiver movendo o dessecador de um lugar para outro.

Os materiais altamente higroscópicos devem ser armazenados em frascos contendo tampas justas, como os pesa-filtros; as tampas permanecem no lugar enquanto estiverem no dessecador. A maior parte dos outros sólidos pode ser armazenada destampada de forma segura.

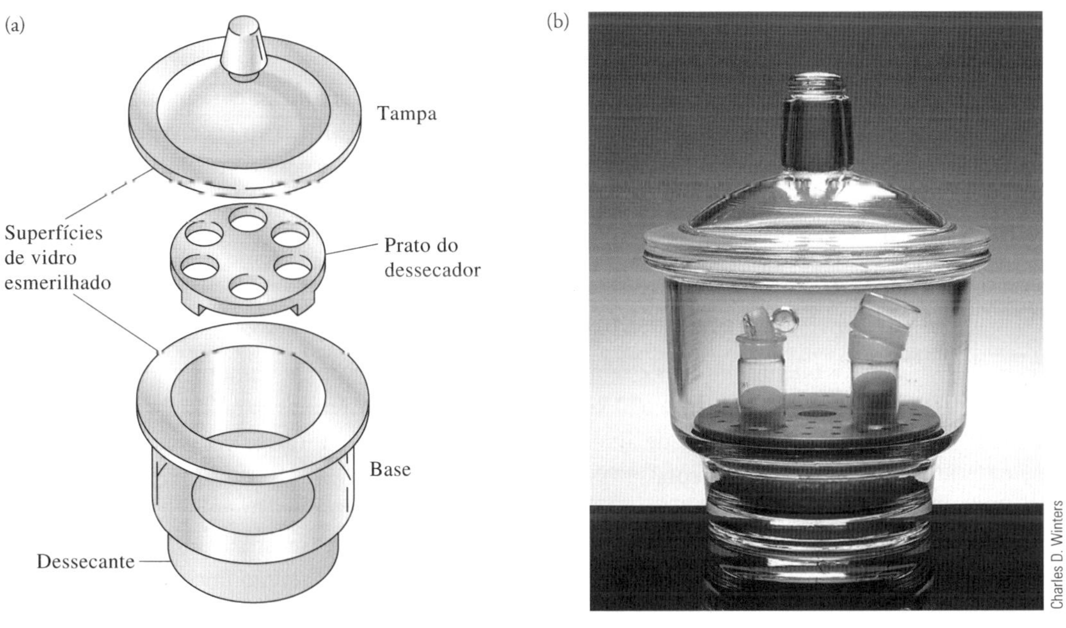

Figura 2-8 (a) Componentes de um dessecador típico. A base contém um agente químico de secagem, que normalmente é coberto com uma tela e um prato de porcelana com furos, para acomodar os pesa-filtros ou cadinhos. (b) Foto de um dessecador contendo pesa-filtros com sólidos secos.

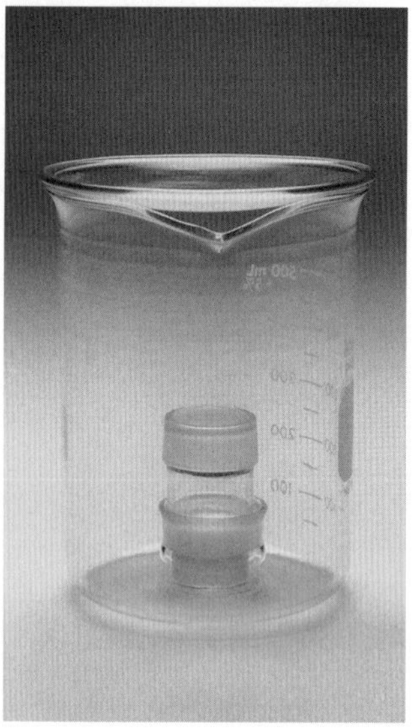

Charles D. Winters

Figura 2-9 Arranjo para a secagem de amostras.

2E-3 Manipulação de Pesa-filtros

O aquecimento entre 105°C e 110°C por uma hora é suficiente para remover a umidade da superfície da maior parte dos sólidos. A **Figura 2-9** mostra a maneira recomendada de secar uma amostra. O pesa-filtro está dentro de um béquer rotulado, que está tampado com um vidro de relógio. Esse arranjo protege a amostra de contaminação acidental e também permite o livre acesso do ar. Os cadinhos contendo precipitados que podem ficar livres de umidade por simples aquecimento podem ser tratados da mesma forma. O béquer que contém o pesa-filtro ou cadinho a ser seco precisa ser cuidadosamente marcado para identificação.

Evite tocar os objetos secos com os dedos porque quantidades detectáveis de água ou de gordura contidas na pele podem ser transferidas para o objeto. Ao contrário, use dedeiras de camurça, luvas de algodão limpas ou tiras de papel para manipular os objetos secos para pesagem. A **Figura 2-10** mostra como um pesa-filtro é manipulado com o auxílio de pinças e tira de papel.

2E-4 Pesagem por Diferença

A pesagem por diferença é um método simples para se determinar a massa de uma série de amostras. Primeiro, o pesa-filtro e seu conteúdo são pesados. Uma amostra é transferida do pesa-filtro para outro recipiente. Batidas suaves com a ponta dos dedos indicadores mantêm controle sobre a quantidade de amostra removida. Após a transferência, o primeiro frasco e o restante de seu conteúdo são pesados. A massa da amostra é a diferença entre as duas pesagens. É crucial que todo o sólido removido do frasco pesado seja transferido sem perda para o segundo recipiente.

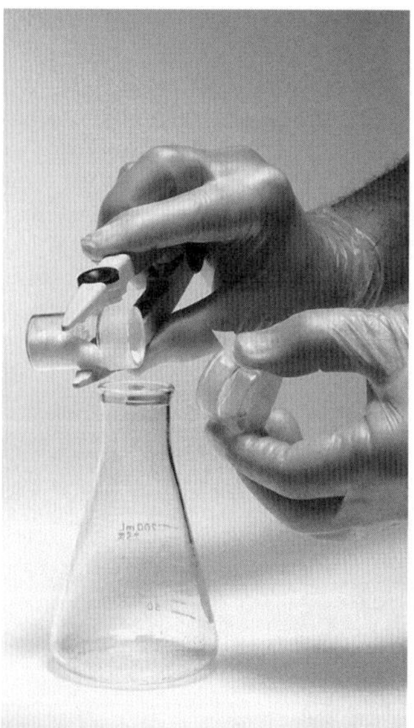

Charles D. Winters

Figura 2-10 Transferência quantitativa de uma amostra sólida. Observe o uso da pinça para segurar o pesa-filtro e de uma tira de papel para segurar a tampa e evitar o contato da pele com o vidro.

2E-5 Pesagem de Sólidos Higroscópicos

As substâncias higroscópicas absorvem umidade da atmosfera rapidamente e, portanto, necessitam de manuseio especial. Você precisa de um pesa-filtro para cada amostra a ser pesada. Coloque a quantidade necessária aproximada de amostra nos pesa-filtros individuais e aqueça-os pelo tempo adequado. Quando o aquecimento estiver terminado, tampe os pesa-filtros rapidamente e deixe-os resfriar em um dessecador. Pese um dos pesa-filtros após abri-lo momentaneamente para liberar qualquer vácuo. Esvazie rapidamente o conteúdo do pesa-filtro no frasco que vai receber a amostra, tampe imediatamente e pese novamente o pesa-filtro, juntamente com qualquer sólido que não tenha sido transferido. Repita o procedimento para cada amostra e determine a massa necessária por diferença.

2E-6 Pesagem de Líquidos

A massa de um líquido é sempre obtida por diferença. Os líquidos que não são corrosivos e relativamente não voláteis podem ser transferidos para frascos previamente pesados com tampas de ajuste perfeito (como os pesa-filtros); a massa do frasco é subtraída da massa total.

Um líquido volátil ou corrosivo deve ser selado em uma ampola de vidro pesada. A ampola é aquecida e o seu gargalo é então imerso na amostra; com o resfriamento, o líquido é sugado para o interior do bulbo. A ampola é então invertida e o gargalo, selado com uma pequena chama. A ampola e seu conteúdo, juntamente com qualquer vidro removido durante a vedação, são resfriados até atingirem a temperatura ambiente e pesados. Então a ampola é transferida para um frasco apropriado e é quebrada. Uma correção de volume devida ao vidro da ampola pode ser necessária, se o frasco coletor for do tipo volumétrico.

2F FILTRAÇÃO E IGNIÇÃO DE SÓLIDOS

Várias técnicas e arranjos experimentais permitem que os sólidos sejam filtrados e calcinados com contaminação e erros mínimos.

2F-1 Equipamentos

Cadinhos Simples

Os cadinhos simples servem apenas como frascos. Os cadinhos de porcelana, de óxido de alumínio, de silicatos e de platina mantêm massa constante – dentro dos limites do erro experimental – e são utilizados, principalmente, para converter precipitados em uma forma adequada para a pesagem. O sólido é primeiramente coletado em um filtro de papel. O filtro e seu conteúdo são então transferidos para um cadinho pesado e o papel é calcinado.

Os cadinhos simples de níquel, de ferro, de prata e de ouro são usados como frascos para fusão a altas temperaturas de amostras que não são solúveis em reagentes aquosos. Os ataques pela atmosfera e pelo próprio conteúdo podem provocar alterações de massa nesses cadinhos. Mais do que isso, esses ataques vão contaminar a amostra com espécies removidas dos cadinhos. Deve-se utilizar um cadinho cujos produtos vão oferecer a menor interferência em etapas subsequentes da análise.

Cadinhos de Filtração

Os cadinhos de filtração servem não somente como frascos, mas também como filtros. O vácuo é usado para acelerar a filtração. Um ajuste adequado entre o cadinho e o frasco de filtração é obtido com qualquer um dos inúmeros tipos de adaptadores de borracha (ver **Figura 2-11**). Um arranjo completo para filtração é mostrado na Figura 2-16. A coleta de um precipitado utilizando-se um cadinho de filtração é, frequentemente, mais rápida que com papel.

Os cadinhos de **vidro sinterizado** são produzidos com porosidades fina, média e grossa (marcados como *f*, *m* e *g*). O limite máximo de temperatura para um cadinho de vidro sinterizado é, normalmente, de cerca de 200°C. Os cadinhos de filtração feitos

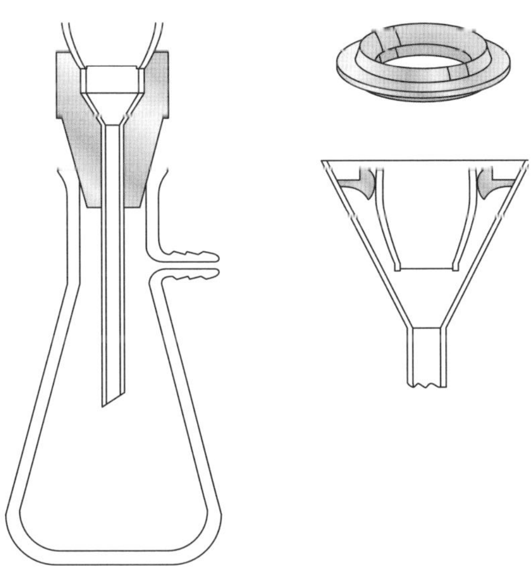

Figura 2-11 Adaptadores para cadinhos de filtração.

inteiramente de quartzo podem tolerar temperaturas substancialmente mais elevadas sem qualquer dano. O mesmo é verdadeiro para os cadinhos com porcelana não vitrificada ou com óxido de alumínio. Os últimos não são tão caros quanto os de quartzo.

Os **cadinhos de Gooch** têm o fundo perfurado, que suporta uma camada filtrante fibrosa. O amianto era usado como camada filtrante para os cadinhos de Gooch. As restrições atuais ao uso de amianto praticamente eliminaram seu uso. As camadas filtrantes de lã de vidro na forma de pequenos círculos têm sido utilizadas atualmente no lugar do amianto e são usadas aos pares para proteger contra a quebra durante a filtração. Elas podem tolerar temperaturas superiores a 500 °C e são bem menos higroscópicas que o amianto.

Papel de Filtro

O papel é um importante meio de filtração. O papel isento de cinzas é produzido a partir de fibras de celulose que foram tratadas com ácidos clorídrico e fluorídrico para remover impurezas metálicas e sílica; a amônia é então utilizada para neutralizar os ácidos. Os sais de amônio residuais presentes em muitos filtros podem ser suficientes para afetar a determinação de nitrogênio pelo método de Kjeldahl (veja a Seção 38C-11).

Todos os papéis tendem a absorver a umidade da atmosfera e o papel de filtro isento de cinzas não é exceção. Assim sendo, é necessário destruir o papel por calcinação se o precipitado coletado tiver de ser pesado. Tipicamente, discos de papel de filtro isento de cinzas de 9 ou 11 cm deixam um resíduo que pesa menos que 0,1 mg, que é desprezível na maioria das vezes. O papel de filtro isento de cinzas pode ser encontrado em várias porosidades.

Os precipitados gelatinosos, como o hidróxido de ferro(III), entopem os poros de qualquer camada filtrante. Um papel de filtro isento de cinzas de porosidade grosseira é mais eficiente na filtração desses sólidos, mas mesmo assim ocorre o entupimento. Esse problema pode ser minimizado pela mistura de uma dispersão de papel de filtro isento de cinzas com o precipitado antes da filtração. A polpa de papel de filtro encontra-se disponível e é oferecida na forma de tabletes por fornecedores de produtos químicos. Caso nenhuma polpa comercial esteja disponível, pode ser preparada por meio do tratamento de um pedaço de papel isento de cinzas com ácido clorídrico concentrado e enxaguando-se a massa restante para a remoção do ácido.

A **Tabela 2-1** resume as características de meios de filtração comuns. Nenhum deles satisfaz a todos os requisitos.

TABELA 2-1

Comparação dos Meios de Filtração para Análise Gravimétrica

Característica	Papel	Cadinho de Gooch, Camada Filtrante de Lã de Vidro	Cadinho de Vidro	Cadinho de Porcelana	Cadinho de Óxido de Alumínio
Velocidade da filtração	Lenta	Rápida	Rápida	Rápida	Rápida
Conveniência e facilidade de preparação	Problemática, inconveniente	Conveniente	Conveniente	Conveniente	Conveniente
Temperatura de ignição máxima, °C	Nenhuma	>500	200–500	1.100	1.450
Reatividade química	Carbono tem propriedades redutoras	Inerte	Inerte	Inerte	Inerte
Porosidade	Várias disponíveis	Várias disponíveis	Várias disponíveis	Várias disponíveis	Várias disponíveis
Conveniência com precipitados gelatinosos	Satisfatória	Inadequada, o filtro tende a entupir	Inadequada, o filtro tende a entupir	Inadequada, o filtro tende a entupir	Inadequada, o filtro tende a entupir
Custo	Baixo	Baixo	Alto	Alto	Alto

Equipamentos de Aquecimento

Muitos precipitados podem ser pesados diretamente após ter adquirido massa constante em uma estufa de secagem a baixa temperatura. Esse forno é eletricamente aquecido, sendo capaz de manter a temperatura constante na faixa de 1°C (ou menos). As temperaturas de trabalho máximas variam entre 140°C e 260°C, dependendo da marca e do modelo. Para muitos precipitados, 110°C é uma temperatura de secagem satisfatória. A eficiência de uma estufa de secagem aumenta enormemente pela circulação forçada de ar. A passagem de ar previamente seco através de uma estufa programada para operar sob pressão reduzida representa uma melhoria adicional.

Os fornos de micro-ondas de laboratório são muito populares atualmente. Onde aplicáveis, eles reduzem significativamente os ciclos de secagem. Por exemplo, as amostras de suspensões, que requerem de 12 a 16 h para a secagem em um forno convencional, podem ser secas entre cinco e seis minutos no forno de micro-ondas.[7] O tempo necessário para a secagem de precipitados de cloreto de prata, oxalato de cálcio e sulfato de bário, para análises gravimétricas, também é reduzido significativamente.[8]

Uma lâmpada de aquecimento comum pode ser utilizada para secar precipitados que tenham sido recolhidos em papel de filtro isento de cinzas e também para carbonizar o papel. O processo é finalizado de forma conveniente pela calcinação a altas temperaturas em mufla.

Os queimadores são fontes convenientes de calor intenso. A temperatura máxima alcançável depende do design do queimador e das propriedades de queima do combustível. Dos três queimadores de laboratório mais comuns, o queimador do tipo Meker é o que fornece as temperaturas mais elevadas, seguido dos queimadores do tipo Tirril e Bunsen.

Um forno elétrico potente (**mufla**) é capaz de manter temperaturas controladas de 1.100°C ou mais elevadas. As pinças longas e as luvas resistentes ao calor são necessárias para a proteção na transferência de objetos para ou da mufla.

2F-2 Filtração e Calcinação de Precipitados

Preparação dos Cadinhos

O cadinho usado na conversão do precipitado de uma forma adequada para pesagem deve manter – dentro dos limites dos erros experimentais – a massa constante durante a secagem ou calcinação. Em primeiro lugar, o cadinho deve ser limpo criteriosamente (os cadinhos de filtração são limpos de maneira conveniente por retrolavagem em um sistema de filtração) e depois deve ser submetido ao mesmo procedimento de aquecimento e resfriamento necessário ao precipitado. Esse processo deve ser repetido até que se atinja a massa constante isto é, até que as pesagens consecutivas apresentem diferença menor ou igual a 0,3 mg.

A retrolavagem de um cadinho de filtração é feita colocando-se o cadinho de cabeça para baixo no adaptador (Figura 2-11) e sugando a água através do cadinho invertido.

Filtração e Lavagem de Precipitados

As etapas envolvidas na filtração de um precipitado analítico são **decantação**, **lavagem** e **transferência**. Na decantação, a maior quantidade possível de líquido sobrenadante deve passar através do filtro, enquanto o sólido precipitado é mantido essencialmente em repouso no béquer em que foi formado. Esse procedimento acelera a velocidade de filtração retardando o tempo para que os poros do meio de filtração sejam entupidos

Decantação é o processo de verter um líquido suavemente de forma a não movimentar o sólido contido no fundo do recipiente.

[7] E. S. Beary, *Anal. Chem.*, n. 60, p. 742, **1988**, **DOI**: 10.1021/ac00159a003.

[8] R. Q. Thompson e M. J. Ghadradhi, *J. Chem. Educ.*, n. 70, p. 170, **1993**, **DOI**: 10.1021/ed070p170.

pelo precipitado. Um bastão de vidro é usado para direcionar o fluxo do líquido decantado (**Figura 2-12a**).

Quando o fluxo cessa, a gota de líquido que permanece no bico do béquer deve ser recolhida com o bastão de vidro e devolvida para o seu interior, onde se encontra o precipitado. O líquido de lavagem é adicionado ao béquer, sendo vigorosamente misturado com o precipitado. Deixa-se assentar o sólido e, então, esse líquido também é decantado através do filtro. Várias dessas lavagens podem ser necessárias, dependendo do precipitado. A maior parte das lavagens deve ser realizada antes que a totalidade do sólido seja transferida; essa técnica resulta em um precipitado lavado de maneira mais eficiente e em uma filtração mais rápida.

O processo de transferência está ilustrado na **Figura 2-12b**. A totalidade do precipitado é transferida do béquer para o filtro por jatos diretos do líquido de lavagem. Como na decantação e lavagem, um bastão de vidro direciona o fluxo do material para o meio de filtração.

Os últimos traços do precipitado que ficam aderidos à parte interna do béquer são removidos com um pequeno pedaço de um **tubo de borracha**, amassado em uma de suas extremidades. O lado aberto da outra extremidade do tubo é adaptado à ponta de um bastão de vidro e umedecido com o líquido de lavagem antes do seu uso. Qualquer sólido coletado com ele combina-se com a porção principal no filtro. Pequenos pedaços de papel isento de cinzas podem ser utilizados para retirar os últimos traços de precipitado de óxido hidratados da parede do béquer; esses papéis são calcinados juntamente com o papel no qual a maior parte do precipitado foi previamente recolhida.

Ascensão por capilaridade é um processo no qual um sólido se move para cima nas laterais de um recipiente ou papel filtro úmido.

Muitos precipitados possuem a exasperada propriedade de **ascensão por capilaridade** ou de se mover sobre uma superfície úmida, contra a força da gravidade. Os filtros nunca são enchidos acima de três quartos de sua capacidade, para prevenir a possível perda de precipitados por ascensão por capilaridade. A adição de uma pequena quantia de um detergente não iônico, como, por exemplo, o Triton X-100, ao líquido sobrenadante ou líquido de lavagem, pode ajudar a minimizar a ascensão por capilaridade.

❯ Não permita que um precipitado gelatinoso seque até que ele tenha sido completamente lavado.

Um precipitado gelatinoso precisa ser completamente lavado antes de ser deixado para secar. Esses precipitados encolhem e desenvolvem rachaduras à medida que secam. Adições sucessivas do líquido de lavagem simplesmente passam pelas rachaduras e resultam em pouca ou nenhuma lavagem.

Figura 2-12 (a) Lavagem por decantação. (b) Transferência do precipitado.

2F-3 Instruções para Filtração e Calcinação de Precipitados

Preparação do papel de filtro

A **Figura 2-13** mostra a sequência de dobra e fixação de um papel de filtro em um funil de haste de 60°. O papel é dobrado exatamente em sua metade (a), firmemente pressionado, e dobrado novamente (b). Um pequeno pedaço triangular de um dos cantos é rasgado paralelamente à segunda dobra (c). O papel então é aberto de maneira que o quarto inteiro forme um cone (d). O cone é ajustado no funil e a segunda dobra é amassada (e). A fixação se completa pelo umedecimento do cone com água de uma pisseta e com batidas *de leve* dadas com a ponta dos dedos (f). Não deve

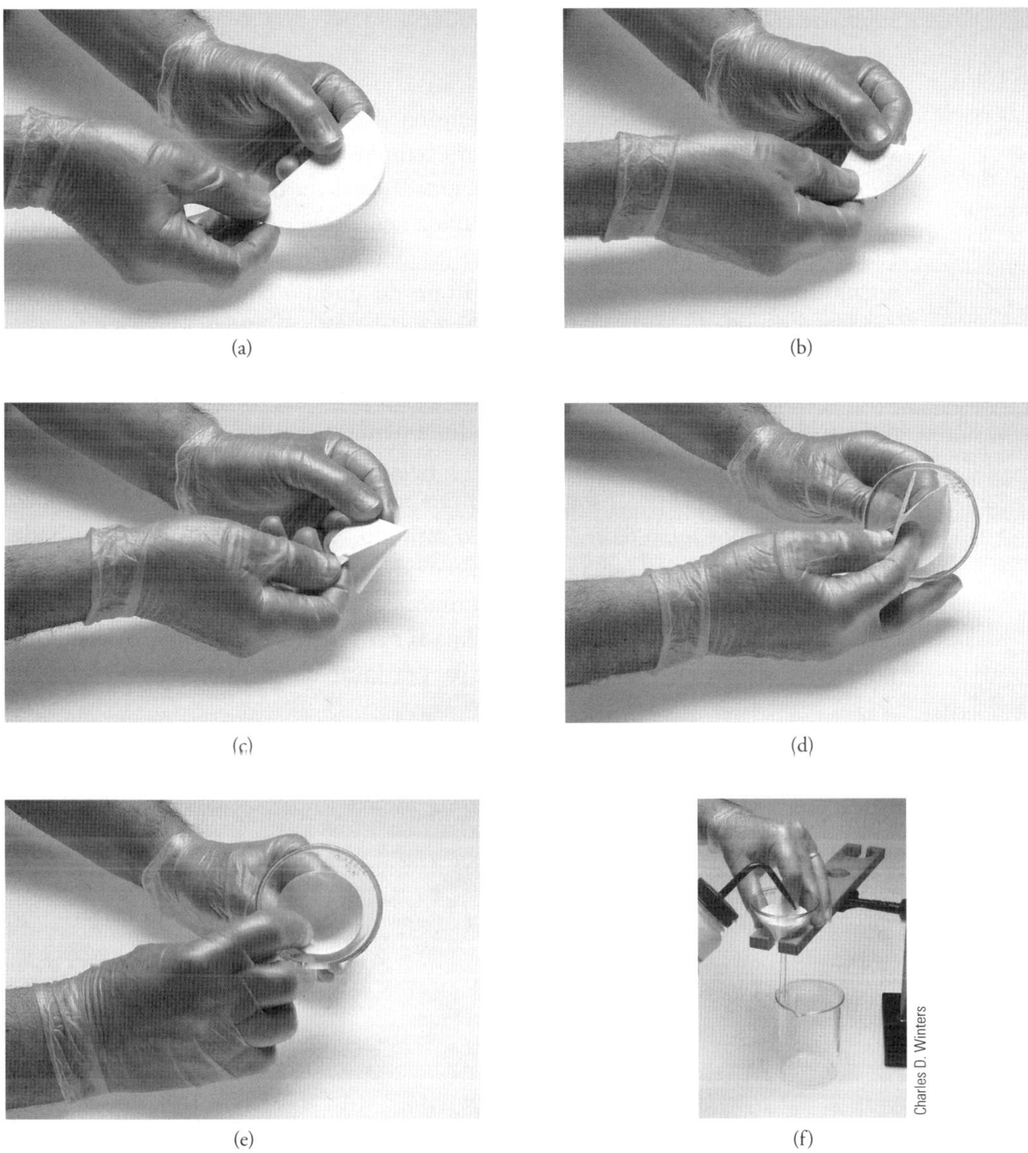

Figura 2-13 Dobra e fixação de um papel de filtro. (a) Dobre o papel exatamente em sua metade e pressione-o firmemente. (b) Dobre o papel uma segunda vez. (c) Rasgue um dos cantos do papel em uma linha paralela à segunda dobra. (d) Abra o papel na metade inteira para formar um cone. (e) Ajuste o cone firmemente no funil. Então (f) umedeça levemente o papel e bata delicadamente para fixar o papel no lugar.

haver vazamento de ar entre o funil e um cone adequadamente fixado; além disso, a haste do funil será preenchida com uma coluna contínua de líquido.

Transferência do Papel e do Precipitado para um Cadinho

Após a filtração e lavagem terem sido completadas, o filtro e seu conteúdo precisam ser transferidos do funil para um cadinho que tenha sido levado a massa constante. O papel de filtro isento de cinzas úmido tem baixa resistência e deve ser manuseado com cuidado durante a transferência. O perigo de rasgar é minimizado consideravelmente se o papel for deixado para secar um pouco antes de ser removido do funil.

A **Figura 2-14** ilustra o processo de transferência. A porção triplamente dobrada do papel de filtro é retirada do funil (a) para achatar o cone ao longo de sua extremidade superior (b); os cantos são então dobrados para dentro (c); a extremidade superior também é dobrada (d). Finalmente, o papel e seu conteúdo são colocados dentro do cadinho (e) de forma que a maior parte do precipitado fique próxima ao fundo do cadinho.

Calcinação de Filtros de Papel

Deve-se ter um queimador para cada cadinho. Você pode calcinar vários papéis de filtro ao mesmo tempo.

Se uma lâmpada de aquecimento for empregada, o cadinho é colocado em uma superfície limpa, não reativa, como, por exemplo, uma tela metálica coberta com papel-alumínio. Então a lâmpada é posicionada cerca de 1 cm acima da boca do cadinho e ligada. A carbonização ocorre rapidamente sem necessidade de muita atenção. O processo será consideravelmente acelerado se o papel for umedecido com apenas uma gota de uma solução de nitrato de amônio concentrada. O carbono residual é eliminado com um queimador, como descrito no próximo parágrafo.

Deve-se prestar muita atenção se um queimador for empregado para calcinar um papel de filtro, pois o queimador produz temperaturas muito mais elevadas que a lâmpada de aquecimento. Assim sendo, a perda mecânica do precipitado pode ocorrer se a umidade for expelida muito rapidamente nas etapas iniciais do aquecimento, ou se o papel pegar fogo. A redução parcial de alguns precipitados também pode ocorrer, por meio da reação com o carbono aquecido do papel carbonizado. Essa redução é um problema sério se a reoxidação após a calcinação for inconveniente. Essas dificuldades podem ser minimizadas posicionando-se o cadinho como ilustrado na **Figura 2-15**. A posição inclinada permite o acesso irrestrito de ar. Uma tampa de cadinho deve estar disponível para extinção de qualquer chama.

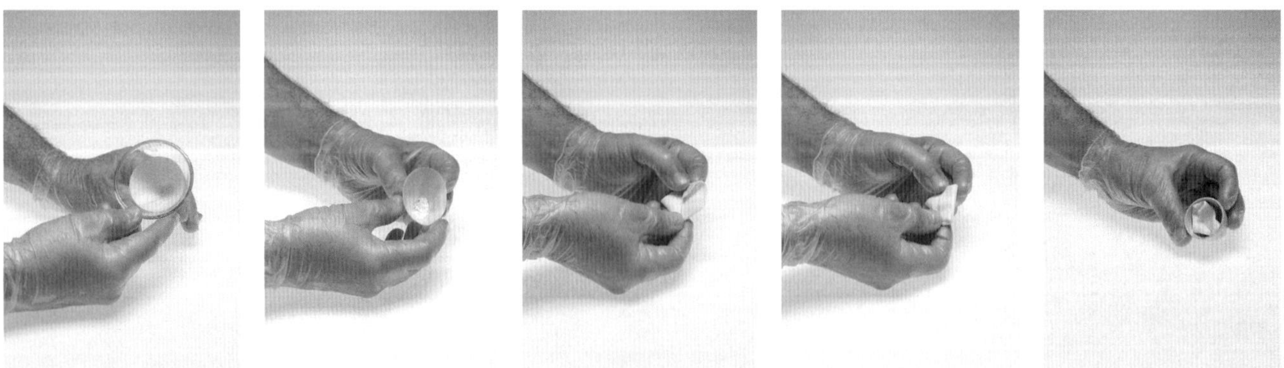

(a) (b) (c) (d) (e)

Charles D. Winters

Figura 2-14 Transferência do papel de filtro e precipitado de um funil para um cadinho. (a) Puxe a porção triplamente dobrada do cone para o lado oposto do funil. (b) Remova o cone do funil e achate-o ao longo de sua extremidade superior. (c) Dobre os cantos para dentro. (d) Dobre a extremidade superior do cone de forma que mantenha o precipitado dentro do papel. (e) Posicione suavemente o papel dobrado e seu conteúdo dentro do cadinho.

O aquecimento deve ter início com uma chama baixa. A temperatura é gradualmente aumentada tão logo a umidade evolva e o papel comece a carbonizar. A quantidade de fumaça liberada indica a intensidade do aquecimento que pode ser tolerada. Pequenas faíscas são normais. Um aumento significativo na fumaça indica que o papel está próximo de entrar em ignição e o aquecimento deve ser momentaneamente interrompido. Qualquer chama deve ser imediatamente extinta com uma tampa de cadinho. (A tampa pode tornar-se escura devido à condensação de produtos carbonáceos; esses produtos precisam ser removidos, em última instância, da tampa por calcinação para se confirmar a ausência de partículas do precipitado.) Quando não houver mais a liberação de fumaça, o aquecimento deve ser aumentado para eliminar o carbono residual. Um aquecimento forte, se necessário, pode ser realizado. Essa sequência usualmente precede a calcinação final do precipitado em uma mufla, na qual uma atmosfera redutora é igualmente indesejável.

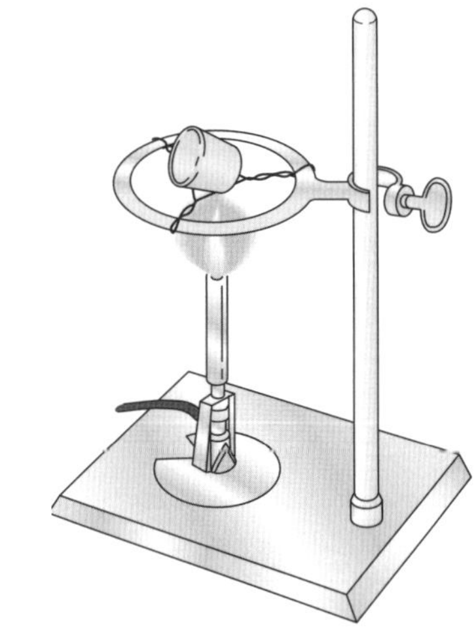

Figura 2-15 Calcinação de um precipitado. Pode-se observar a posição inicial adequada para a carbonização preliminar.

Uso de Cadinhos de Filtração

Um sistema de filtração a vácuo (**Figura 2-16**) é empregado quando um cadinho de filtração pode ser utilizado no lugar do papel. O frasco de contenção isola o frasco com o filtro da fonte de vácuo.

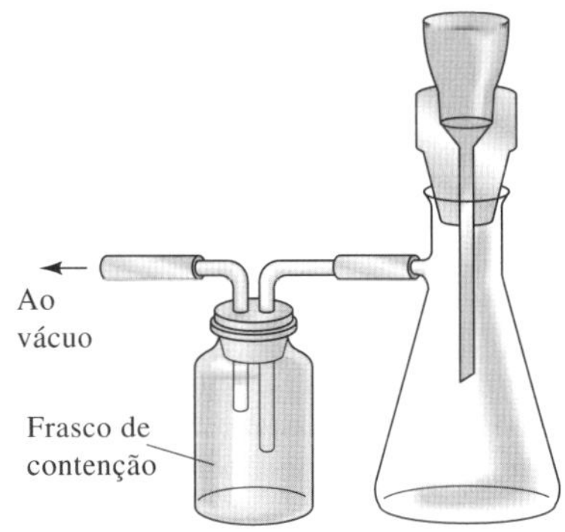

Figura 2-16 Sistema para filtração a vácuo. O frasco de contenção isola o frasco com o filtro da fonte de vácuo.

2F-4 Regras para Manipulação de Objetos Aquecidos

A adoção cuidadosa das seguintes regras vai minimizar a possibilidade de perda acidental de um precipitado:

1. Pratique manipulações pouco familiares antes de colocá-las em uso.
2. *Nunca* coloque um objeto aquecido na bancada; ao contrário, coloque-o sobre uma tela metálica ou uma placa de cerâmica resistente ao calor.
3. Deixe um cadinho que tenha sido submetido à chama intensa de um queimador ou a uma mufla resfriar momentaneamente (em uma tela metálica ou placa de cerâmica), antes de transferi-lo para o dessecador.
4. Mantenha garras e pinças usadas no manuseio de objetos aquecidos rigorosamente limpas. Particularmente, não deixe que suas pontas toquem a bancada.

2G MEDIDA DE VOLUME

A medida precisa de volume é tão importante para um método analítico quanto a medida precisa da massa.

2G-1 Unidades de Volume

A unidade de volume é o **litro** (L), definido como um decímetro cúbico. O **mililitro** (mL) corresponde a um milésimo de um litro (0,001 L) e é usado quando o litro representa uma unidade de volume inconvenientemente grande. O microlitro (μL) é 10^{-6} L ou 10^{-3} mL.

O **litro** corresponde a um decímetro cúbico. O **mililitro** é 10^{-3} L.

2G-2 O Efeito da Temperatura na Medida de Volumes

O volume ocupado por uma certa massa de líquido varia com a temperatura, assim como o dispositivo que abriga o líquido durante a medição. Em sua maioria, os dispositivos volumétricos de medida são feitos de vidro, que felizmente tem um pequeno coeficiente de expansão. Consequentemente, as variações no volume de um recipiente de vidro com a temperatura não precisam ser consideradas no trabalho analítico corriqueiro.

O coeficiente de expansão para uma solução aquosa diluída (aproximadamente 0,025% $(°C)^{-1}$) é tal que uma variação de 5°C tem um efeito mensurável na confiabilidade de medidas volumétricas normais.

As medidas volumétricas precisam ser relacionadas a alguma temperatura padrão, normalmente 20°C. A temperatura ambiente da maioria dos laboratórios é geralmente perto o suficiente de 20°C, de forma que não são necessárias as correções para a temperatura em medidas de volume de soluções aquosas. Em contraste, o coeficiente de expansão para líquidos orgânicos pode ser grande o suficiente para requerer correções para diferenças de temperatura de 1°C ou menos.

EXEMPLO 2-2

Uma amostra de 40,00 mL é tomada a partir de uma solução aquosa a 5°C; que volume ela ocuparia a 20°C?

$$V_{20°} = V_{5°} + 0{,}00025(20 - 5)(40{,}00) = 40{,}00 + 0{,}15 = 40{,}15 \text{ mL}$$

Tipos de materiais de vidro incluem os de Classe A e Classe B. O recipiente Classe A é fabricado com vidros Pyrex, borossilicato ou Kimax para as menores tolerâncias. As tolerâncias da Classe B (econômica) são aproximadamente duas vezes superiores às da Classe A.

2G-3 Aparatos para Medidas Precisas de Volume

O volume pode ser medido de maneira confiável com uma **pipeta**, uma **bureta** ou um **balão volumétrico**.

O equipamento volumétrico é marcado pelo fabricante para indicar não apenas a sua forma de calibração – geralmente TD para dispensar (*to deliver*) ou TC para conter (*to contain*) –, como também a temperatura na qual a calibração se aplica estritamente. As pipetas e as buretas são geralmente calibradas para dispensar volumes específicos, enquanto os balões volumétricos são calibrados para conter um volume específico.

Pipetas

As pipetas permitem a transferência de volumes precisamente conhecidos de um recipiente para outro. Tipos comuns de pipetas são mostrados na **Figura 2-17** e as informações relacionadas ao seu uso são dadas na **Tabela 2-2**. Uma pipeta **volumétrica** ou de **transferência** (Figura 2-17a) dispensa um volume fixo único, entre 0,5 e 200 mL. Muitas pipetas têm códigos coloridos para cada volume, para conveniência na identificação e manuseio. As **pipetas graduadas** (Figura 2-17b e c) são calibradas em unidades convenientes para permitir a liberação de qualquer volume até sua capacidade máxima, variando de 0,1 a 25 mL.

Todas as pipetas volumétricas e graduadas são primeiramente preenchidas até a marca de calibração pela abertura inferior, mas a maneira pela qual a transferência se completa depende do seu tipo específico. Como existe uma atração entre a maioria dos líquidos e o vidro, uma pequena quantidade de líquido costuma ficar retida na ponta da pipeta após esta ser esvaziada. Esse líquido residual nunca deve ser assoprado em uma pipeta volumétrica ou em algumas pipetas graduadas, mas pode ser assoprado em outros tipos de pipeta (Tabela 2-2).

As micropipetas portáteis Eppendorf (Figuras 2-17d e **2-18a**) dispensam volumes ajustáveis de líquidos na faixa de microlitros. Com essas pipetas, um volume

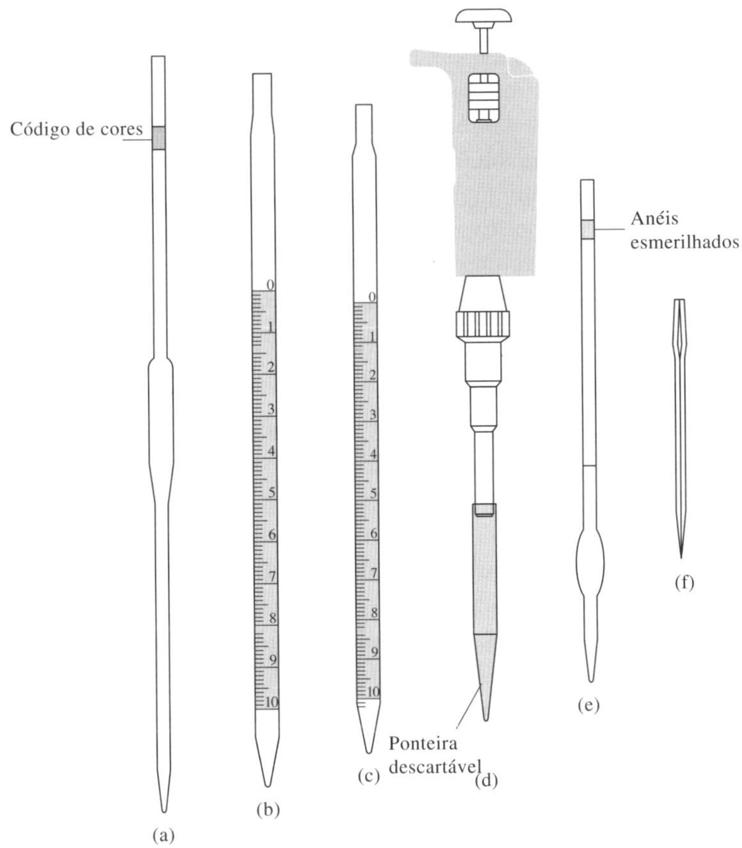

Figura 2-17 Pipetas típicas: (a) pipeta volumétrica, (b) pipeta de Mohr, (c) pipeta sorológica, (d) micropipeta Eppendorf, (e) pipeta de Ostwald-Folin e (f) pipeta lambda.

TABELA 2-2

Características de Pipetas

Nome	Tipo de Calibração*	Função	Capacidade Disponível, mL	Tipo de Drenagem
Volumétrica	TD	Liberação de volumes fixos	1–200	Livre
Mohr	TD	Liberação de volumes variáveis	1–25	Até a menor linha de calibração
Sorológica	TD	Liberação de volumes variáveis	0,1–10	Soprar a última gota**
Sorológica	TD	Liberação de volumes variáveis	0,1–10	Até a menor linha de calibração
Ostwald-Folin	TD	Liberação de volumes fixos	0,5–10	Soprar a última gota**
Lambda	TC	Conter um volume fixo	0,001–2	Lavar com solvente adequado
Lambda	TD	Liberação de volume fixo	0,001–2	Soprar a última gota**
Eppendorf	TD	Liberação de volumes fixos ou variáveis	0,001–1	Ponteira esvaziada por deslocamento de ar

* TD, para dispensar; TC, para conter.

** Um anel fosco próximo ao topo da pipeta indica que a última gota deve ser assoprada.

conhecido e ajustável de ar é deslocado da ponteira de plástico descartável pressionando-se o botão localizado na parte superior da pipeta até uma primeira parada. Esse botão opera um pistão provido de uma mola, que força o ar para fora da pipeta. O volume do ar deslocado pode variar em função do ajuste de um micrômetro digital localizado na parte frontal ou superior do dispositivo. A ponteira de plástico é então mergulhada no líquido e a pressão no botão, liberada, provocando a sucção do líquido para dentro da ponteira. Então a ponteira é colocada junto à parede do recipiente de coleta e o botão é novamente pressionado até a primeira parada. Após um segundo, o botão é pressionado até a segunda parada, que esvazia completamente a ponteira. A faixa de volumes e a precisão de pipetas típicas desse tipo

Tolerâncias de Pipetas de Transferência Classe A

Capacidade, mL	Tolerâncias, mL
0,5	±0,006
1	±0,006
2	±0,006
5	±0,01
10	±0,02
20	±0,03
25	±0,03
50	±0,05
100	±0,08

Faixa de Precisão de Micropipetas Eppendorf Típicas	
Faixa de Volume, μL	**Desvio Padrão, μL**
1–20	<0,04 a 2 μL <0,06 a 20 μL
10–100	<0,10 a 15 μL <0,15 a 100 μL
20–200	<0,15 a 25 μL <0,30 a 200 μL
100–1.000	<0,6 a 250 μL <1,3 a 1.000 μL
500–5.000	<3 a 1,0 mL <8 a 5,0 mL

Tolerâncias de Buretas Classe A	
Volume, mL	**Tolerâncias, mL**
5	±0,01
10	±0,02
25	±0,03
50	±0,05
100	±0,20

Tolerâncias de Balões Volumétricos Classe A	
Capacidade, mL	**Tolerâncias, mL**
5	±0,02
10	±0,02
25	±0,03
50	±0,05
100	±0,08
250	±0,12
500	±0,20
1.000	±0,30
2.000	±0,50

são mostradas na margem à direita. A exatidão e precisão de pipetas automáticas dependem de alguma forma da habilidade e experiência dos operadores e, portanto, devem ser calibradas para trabalhos mais importantes.

Inúmeras pipetas *automáticas* estão disponíveis para situações que demandam o escoamento repetido de um volume específico. Além disso, as micropipetas motorizadas, controladas por computador, encontram-se disponíveis hoje em dia (veja a **Figura 2-18b**). Esses dispositivos são programados para funcionar como pipetas, dispensadoras de múltiplos volumes, buretas e diluidores de amostras. O volume desejado é digitado usando um controle e botões e é exibido em um painel LCD. Um pistão motorizado dispensa o líquido. Volumes máximos variam de 10 μL a 20 mL.

Buretas

As buretas, assim como as pipetas graduadas, tornam possível o escoamento de qualquer volume até a capacidade máxima do dispositivo. A precisão alcançável com uma bureta é substancialmente maior que a precisão de uma pipeta.

Uma bureta consiste em um tubo calibrado para abrigo do titulante, mais uma torneira pela qual a vazão do titulante é controlada. Essa torneira é a principal fonte de diferenças entre as buretas. A torneira de pinça mais simples é composta por uma bolinha de vidro finamente ajustada, colocada em um tubo de borracha curto, que conecta a bureta e sua ponteira (**Figura 2-19a**). O líquido escoa pela conta de vidro apenas quando o tubo é deformado.

Uma bureta equipada com uma torneira de vidro depende do uso de um lubrificante aplicado entre as superfícies esmerilhadas da torneira e do tambor para uma vedação bem eficiente. Algumas soluções, notadamente de bases, provocam o emperramento da torneira quando permanecem na bureta por longos períodos. Consequentemente, as torneiras de vidro devem ser cuidadosamente limpas após cada uso. Muitas buretas fabricadas nas últimas décadas têm torneiras de Teflon®, que não

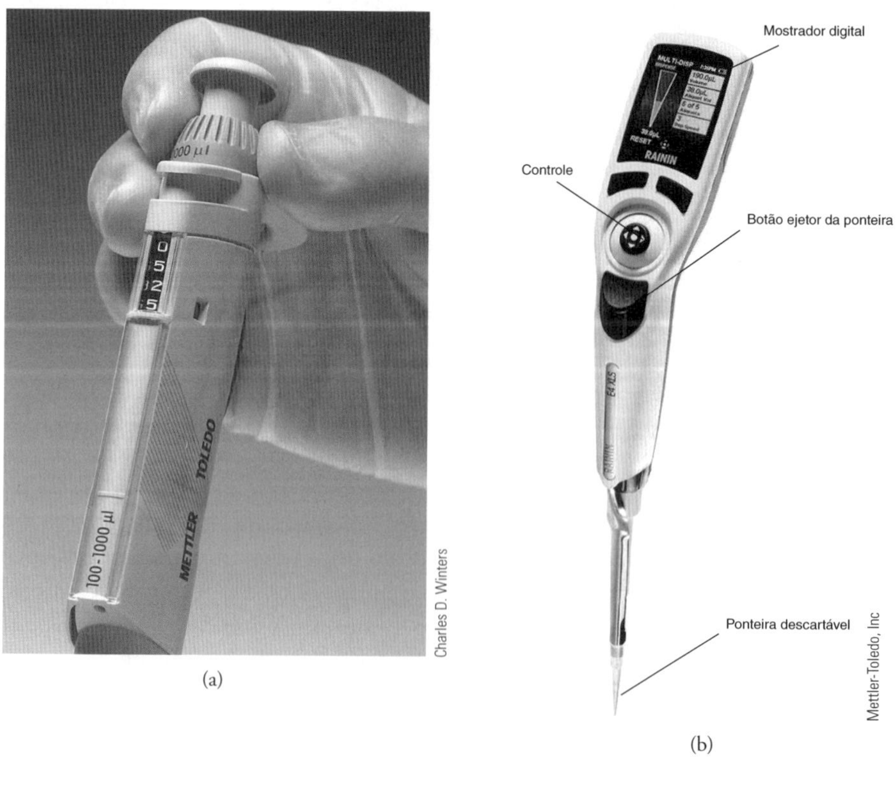

Figura 2-18 (a) Pipeta automática de volume variável, 100–1.000 μL. A 100 μL, a exatidão é de 3,0% e a precisão é de 0,6%. A 1.000 μL, a exatidão é de 0,6% e a precisão é de 0,2%. O volume é ajustado usando-se o botão, como apresentado na foto. O volume mostrado é de 525 μL.

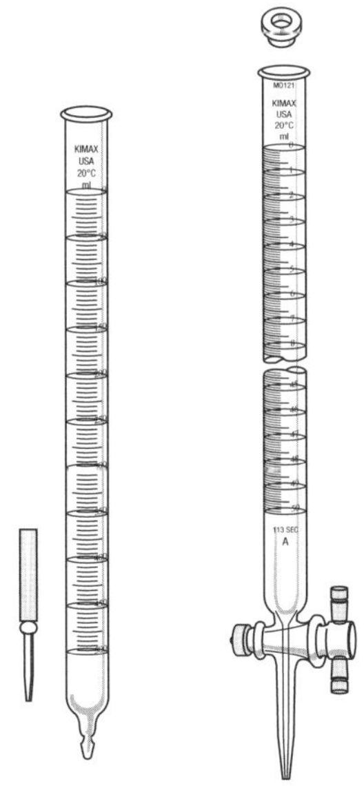

(a) (b)

Figura 2-19 Buretas: (a) válvula de pérola de vidro, (b) válvula de Teflon.

Charles D. Winters

Figura 2-20 Balões volumétricos típicos.

são afetadas pelos reagentes mais comuns e não requerem o uso de um lubrificante (**Figura 2-19b**).

Balões Volumétricos

Os balões volumétricos (**Figura 2-20**) são fabricados com capacidades que variam de 5 mL a 5 L e são geralmente calibrados para *conter* (TC) um volume específico quando preenchidos até uma linha gravada no gargalo do frasco. Eles são utilizados para a preparação de soluções padrão e para a diluição de amostras, a volumes fixos, antes da tomada de alíquotas com uma pipeta. Alguns também são calibrados para *dispensar* (TD) certos volumes; estes são distinguidos prontamente devido à presença de duas linhas de referência localizadas no gargalo. Se a dispensa do volume indicado for desejada, o frasco é preenchido até a linha superior.

2G-4 Utilização de Equipamentos Volumétricos

A marcação de volumes é realizada pelo fabricante nos equipamentos volumétricos limpos. O mesmo grau de limpeza é necessário, no laboratório, se essas marcas devem manter-se fiéis a seu valor indicado. Somente superfícies limpas de vidro formam um filme uniforme de líquido após um escoamento. A sujeira ou a gordura provocam rupturas nesse filme, portanto, se estão presentes quebras, a superfície está quase certamente suja.

Limpeza

Um breve banho em uma solução de detergente morna é normalmente suficiente para remover a gordura e a sujeira, responsáveis por rupturas do filme de água. Os banhos prolongados devem ser evitados, porque uma área áspera ou anel áspero tende a se formar na interface detergente/ar. Esse anel não pode ser removido, provocando a quebra do filme e tornando o equipamento inútil.

Após a limpeza, o aparato precisa ser completamente enxaguado com água de torneira e então com três ou quatro porções de água destilada. Raramente é necessário secar um material volumétrico.

Um **menisco** é a superfície curva de um líquido na sua interface com a atmosfera.

A **paralaxe** é o deslocamento aparente do nível de um líquido ou de um ponteiro, à medida que o observador muda de posição. A paralaxe ocorre quando um objeto pode ser visto a partir de uma posição que não seja a do ângulo correto para a sua observação.

Evitando a Paralaxe

A superfície superior de um líquido confinado em um tubo estreito exibe uma curvatura característica ou **menisco**. É uma prática comum o uso da base do menisco como ponto de referência na calibração e na utilização de equipamentos volumétricos. Esse mínimo pode ser estabelecido mais exatamente segurando-se um cartão opaco, ou um pedaço de papel, atrás da graduação do equipamento.

Na leitura de volumes, o olho precisa estar no nível da superfície do líquido, para evitar o erro devido à **paralaxe**, que é uma condição que faz com que o volume pareça menor que seu valor verdadeiro, se o menisco for visto de cima, e maior, se o menisco for visto de baixo (**Figura 2-21**).

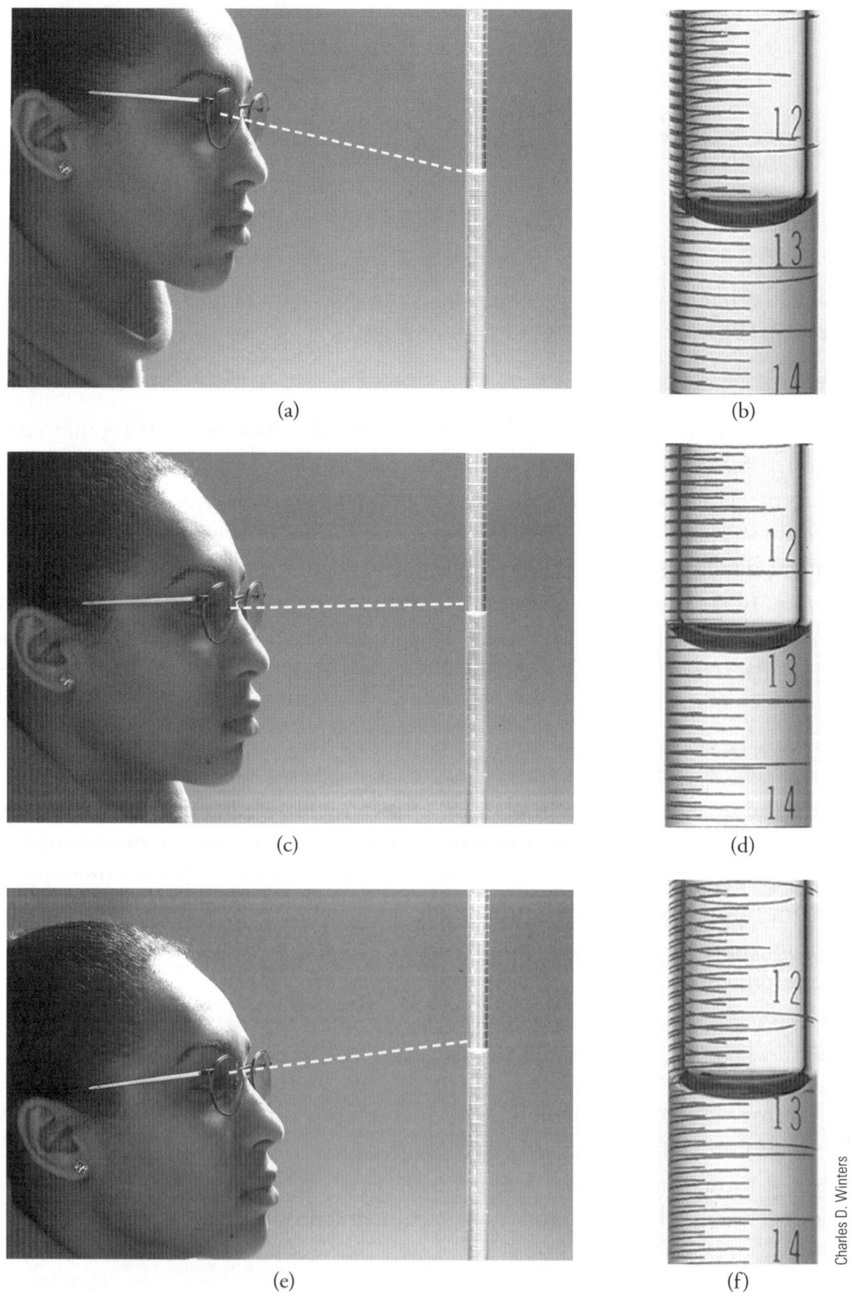

Figura 2-21 Leitura de uma bureta. (a) A estudante olha a bureta de uma posição *acima* da linha perpendicular a ela e faz uma leitura (b) de 12,58 mL. (c) A estudante olha a bureta de uma posição perpendicular a ela e faz uma leitura (d) de 12,62 mL. (e) A estudante olha a bureta de uma posição *abaixo* da linha perpendicular a ela e faz uma leitura (f) de 12,67 mL. Para evitar o problema da paralaxe, as leituras da bureta devem ser feitas consistentemente sobre a linha perpendicular a ela, como mostrado em (c) e (d).

2G-5 Instruções para Uso de uma Pipeta

As seguintes instruções são especificamente apropriadas para as pipetas volumétricas, mas podem ser modificadas para a utilização de outros tipos de pipetas.

O líquido é sugado para o interior da pipeta pela aplicação de um pequeno vácuo. *Nunca pipete com a boca porque há risco de ingerir acidentalmente o líquido que está sendo pipetado.* Em vez disto, use uma pêra (como mostrada ao lado) ou qualquer dispositivo similar disponível comercialmente.

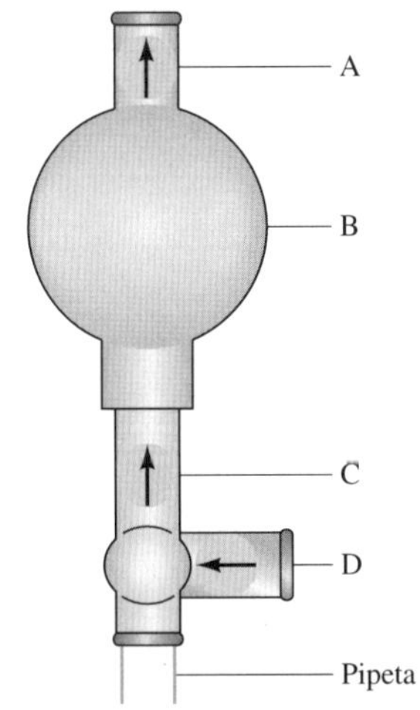

Muitos dispositivos para encher e esvaziar pipetas estão disponíveis no mercado. O dispositivo mostrado acima é oferecido por muitos fornecedores e fabricantes. Originalmente chamado de Propipette®, ele é um dispositivo muito prático para a tarefa. Ele consiste em um bulbo de borracha (B) ligado a três seções pequenas de tubo. Cada seção de tubo contém uma pequena bola inerte quimicamente (A, C e D) que funciona como uma válvula para permitir que o ar flua normalmente nas direções indicadas pelas setas. As válvulas são abertas apertando-se com o polegar e o dedo indicador. A base do dispositivo encaixa-se firmemente no topo de uma pipeta. A operação começa abrindo-se a válvula A e apertando o bulbo B para expelir o ar no bulbo. A válvula A é então fechada e a válvula C é aberta para puxar líquido para a pipeta até o nível desejado, após o que C é fechada. O nível de líquido é então ajustado na pipeta abrindo-se cuidadosamente a válvula D e, finalmente, o líquido da pipeta é dispensado abrindo-se completamente D.

Limpeza

Aspire uma solução de detergente para um nível de 2 a 3 cm acima da marca de calibração da pipeta. Escoe essa solução e então enxague a pipeta com várias porções de água corrente. Inspecione se há a quebra do filme; repita essa etapa do ciclo de limpeza, se necessário. Finalmente, encha a pipeta com água destilada até um terço de sua capacidade e gire-a cuidadosamente para que toda a sua superfície interior seja umedecida. Repita essa etapa pelo menos duas vezes.

Medida de uma Alíquota

Aspire um pequeno volume do líquido a ser amostrado para dentro da pipeta (veja a **Figura 2-22a**) e molhe completamente toda a sua superfície interior (veja a **Figura 2-22b**). Repita essa etapa com *pelo menos* duas porções adicionais. Então, encha cuidadosamente a pipeta até um nível acima da marca da graduação. Certifique-se de que não há bolhas no líquido ou espuma na superfície. Toque a ponta da pipeta na parede de um frasco de vidro como mostrado na **Figura 2-22c** (*não* o recipiente para o qual a alíquota está sendo transferida) e lentamente deixe o nível do líquido cair. Assim que o fundo do menisco coincidir exatamente com a marca graduada (**Figura 2-22d**), pare o fluxo. Remova a pipeta do balão volumétrico, incline-o até que o líquido seja sugado lentamente para a pipeta e limpe a ponta com um tecido sem fios como mostrado na **Figura 2-22e**. Então coloque a ponta da pipeta dentro do frasco receptor e deixe o líquido descer (**Figura 2-22f**). Quando o fluxo livre parar, encoste a ponta da pipeta na parede do frasco por uns 10 segundos (**Figura 2-22g**, **h**). Finalmente, retire a pipeta com um movimento giratório para remover qualquer líquido aderido à ponta. *O pequeno volume que permanece dentro da ponta da pipeta não deve ser soprado ou lavado para o frasco receptor.* Lave intensamente a pipeta após o uso.

Uma **alíquota** é uma fração medida do volume de uma amostra líquida.

2G-6 Instruções para Uso da Bureta

Uma bureta precisa ser muito bem limpa antes de seu uso; além disso, sua válvula não deve estar vazando.

Limpeza

Limpe perfeitamente o tubo da bureta com detergente e uma escova longa. Enxague completamente com água da torneira e então com água destilada. Verifique a ocorrência de quebra no filme de água. Repita o tratamento se necessário.

Lubrificação da Torneira de Vidro

Cuidadosamente, remova toda a graxa antiga da torneira de vidro e seu tambor com uma toalha de papel e seque ambas as partes completamente. Engraxe-a ligeiramente, tomando cuidado para evitar a área adjacente ao furo. Coloque a torneira no tambor e gire-a vigorosamente com uma leve pressão para dentro. Uma quantidade adequada de lubrificante foi empregada quando (1) a área de contato entre a torneira e o tambor mostra-se quase transparente, (2) a vedação ante o líquido é efetiva e (3) não há graxa no orifício da ponta da bureta.

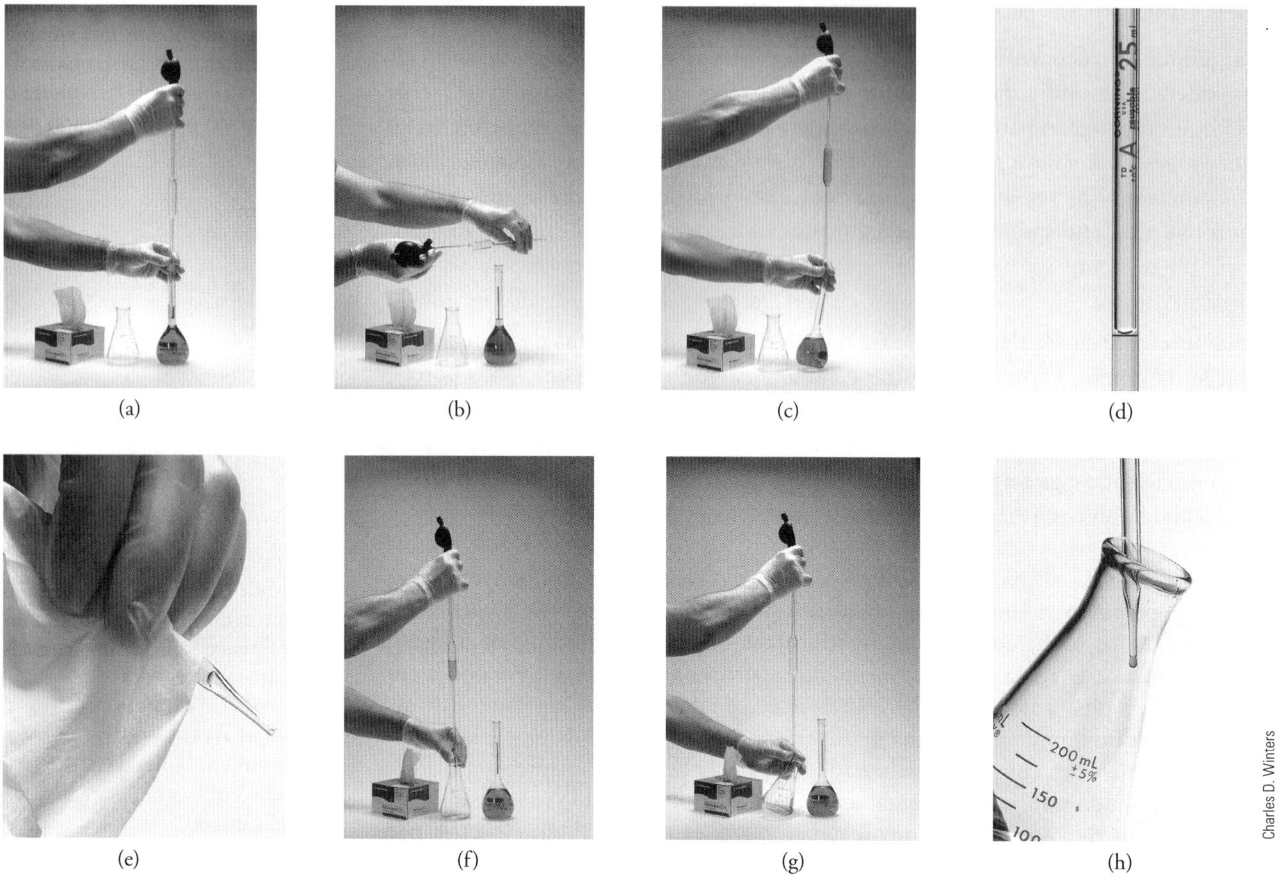

Figura 2-22 Escoamento de uma alíquota. (a) Aspire uma quantidade pequena do líquido para o interior da pipeta e (b) umedeça a superfície interior do vidro inclinando e girando a pipeta. Repita esse procedimento mais duas vezes. Então puxe o líquido para a pipeta de tal forma que ele esteja alguns centímetros acima da linha gravada na haste da pipeta. Enquanto mantém a ponta da pipeta contra a superfície interna do balão volumétrico (c), deixe o nível de líquido descer até que o fundo do menisco esteja alinhado com a linha (d). Remova a pipeta do balão volumétrico e incline-a (e) até que o líquido seja ligeiramente sugado para cima, e enxugue a ponta com um tecido sem fios como mostrado. Então, enquanto estiver segurando a pipeta verticalmente, (f) permita que o líquido escoe para o frasco coletor, até que uma pequena quantidade do líquido permaneça no interior da ponta da pipeta e uma gota permaneça em seu exterior. Finalmente, incline ligeiramente o frasco como mostrado em (g), e toque a ponta da pipeta na parede interna do frasco (h). Quando essa etapa for completada, uma pequena porção do líquido vai permanecer na pipeta. Não remova esse líquido remanescente. A pipeta é calibrada para dispensar de maneira reprodutível o volume indicado, quando essa pequena porção de líquido permanece na sua ponta.

Notas

1. Os filmes de graxa que não são afetados por soluções de limpeza podem ser removidos com solventes orgânicos, como acetona ou alcoóis. Uma lavagem completa com detergente deve ser feita após esse tratamento. O uso de lubrificantes de silicone não é recomendado, pois as contaminações causadas por essa preparação são difíceis – se não impossíveis – de serem removidas.
2. Enquanto o fluxo de líquido não for impedido, a obstrução parcial da ponta da bureta com a graxa de torneira não é uma questão séria. A remoção é mais bem realizada com solventes orgânicos. A obstrução durante uma titulação pode ser liberada por aquecimento *brando* da ponta da bureta com um fósforo aceso.

Leituras da bureta devem ser estimadas ao centésimo de mililitros. ❯

3. Antes de uma bureta ser utilizada novamente após sua remontagem, é aconselhável testar possíveis vazamentos. Simplesmente encha a bureta com água e certifique-se de que a leitura do volume não varie com o tempo.

Preenchimento

Tenha a certeza de que a torneira esteja fechada. Adicione 5 a 10 mL do titulante e, cuidadosamente, gire a bureta para molhar seu interior completamente. Deixe o líquido escoar pela ponta da bureta. *Repita esse procedimento pelo menos mais duas vezes.* Em seguida, encha a bureta bem acima da marca zero. Libere a ponta de bolhas de ar girando rapidamente a torneira e permitindo que pequenas quantidades do titulante sejam escoadas. Finalmente, baixe o nível do líquido bem próximo ou um pouco abaixo da marca zero. Deixe drenar (~1 min) e então registre a leitura do volume inicial, estimando-o ao centésimo de mililitro.

Titulação

A **Figura 2-23** ilustra o método preferido para a manipulação de uma torneira. Quando você posiciona sua mão, como mostrado, seu apoio na torneira tende a mantê-la fixa. Certifique-se de que a ponta da bureta esteja bem dentro do frasco de titulação. Introduza o titulante em incrementos de cerca de 1 mL. Gire (ou agite) constantemente para garantir uma mistura completa. Diminua o volume dos aumentos à medida que a titulação progride e adicione o titulante gota a gota à medida que você se aproxime do ponto final (Nota 2). Quando parecer que apenas mais algumas gotas são necessárias para se atingir o ponto final, enxague as paredes do recipiente (Nota 3). Deixe o titulante drenar da parede interna da bureta (pelo menos 30 segundos) até completar a titulação. Então, anote o volume final, novamente ao centésimo de mililitro mais próximo.

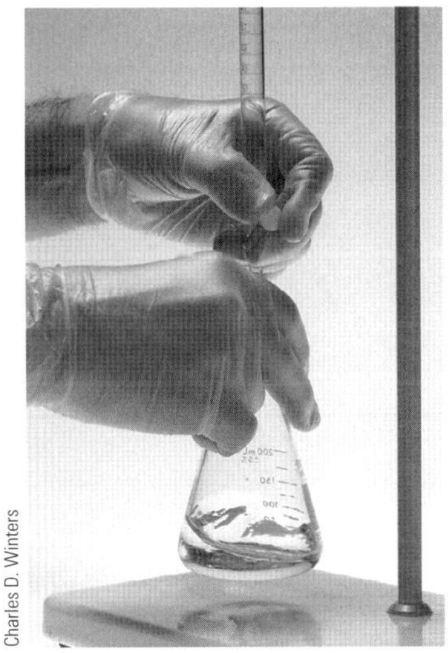

Charles D. Winters

Figura 2-23 Método recomendado para manipulação da torneira de uma bureta.

Notas

1. Quando não estão familiarizados com uma titulação em particular, muitos analistas preparam uma amostra extra. Nenhum cuidado é tomado com sua titulação, uma vez que sua função é revelar a natureza do ponto final e fornecer uma estimativa grosseira de quanto titulante se faz necessário. Esse sacrifício deliberado de uma amostra frequentemente resulta em uma economia global de tempo.
2. Incrementos menores que uma gota podem ser adicionados permitindo-se a formação de uma gota na ponta da bureta e então tocando a ponta na parede do frasco. Essa gota parcial é combinada com a totalidade do líquido como exposto na Nota 3.
3. Em vez de ser enxaguado, ao se aproximar do final da titulação, o frasco pode ser inclinado e girado para que todo o líquido agregue alguma gota aderida à superfície interna do frasco.

2G-7 Instruções para Uso de Balões Volumétricos

Antes de ser colocados em uso, os balões volumétricos precisam ser lavados com detergente e enxaguados completamente. Apenas raramente eles precisam ser secos. Se necessário, no entanto, a secagem é mais bem realizada prendendo se o frasco na posição invertida. A inserção de um tubo de vidro conectado a uma linha de vácuo acelera o processo.

Pesagem Direta em Balão Volumétrico

A preparação direta de soluções padrão requer a introdução de uma massa conhecida do soluto no balão volumétrico. A utilização de um funil para sólidos minimiza a possibilidade de perda do sólido durante a transferência. Enxague o funil perfeitamente; recolha a água das lavagens no balão volumétrico.

O procedimento anterior pode não ser apropriado se for necessário o aquecimento para a dissolução do soluto. Em vez disso, pese o sólido em um béquer ou outro recipiente, adicione o solvente, aqueça para dissolver o soluto e deixe a solução resfriar até a temperatura ambiente. Transfira essa solução quantitativamente para o balão volumétrico, como descrito na próxima seção.

O soluto deve estar completamente dissolvido antes de se diluir a solução até a marca.

Transferência Quantitativa de Líquidos para um Balão Volumétrico

Insira um funil no gargalo do balão volumétrico; use um bastão de vidro para direcionar o fluxo de líquido do béquer para o funil. Com o bastão, retire a última gota de líquido do béquer. Enxague o bastão e o interior do béquer com água destilada e transfira as águas de lavagem para o balão volumétrico, como antes. Repita o processo de enxágue *pelo menos* mais duas vezes.

Diluição até a Marca

Após o soluto ter sido transferido, encha o frasco até a metade e agite o conteúdo para apressar a dissolução. Adicione mais solvente e em seguida misture bem. Leve o líquido quase até a marca e deixe escorrer o líquido das paredes por algum tempo (~1 min). Em seguida, use um conta-gotas ou uma pipeta de Pasteur para fazer qualquer adição final necessária do solvente (veja a Nota a seguir). Tampe o frasco com firmeza e inverta-o repetidamente para garantir a completa mistura. Transfira o conteúdo para um frasco de armazenamento que esteja seco ou que tenha sido enxaguado com várias pequenas porções da solução do balão volumétrico.

Nota

Se, como acontece algumas vezes, o nível do líquido exceder a marca de calibração, a solução pode ser aproveitada, corrigindo-se para o excesso de volume. Use uma fita adesiva para marcar a posição do menisco. Após o frasco ter sido esvaziado, preencha-o com água de novo, cuidadosamente, até a marca do fabricante. Use uma bureta para determinar o volume adicional necessário para encher o frasco até que o menisco esteja na marca da fita colada. Esse volume precisa ser adicionado ao volume nominal do frasco quando a concentração da solução for calculada.

2H CALIBRAÇÃO DE VIDRARIA VOLUMÉTRICA

A vidraria volumétrica é calibrada pela medida da massa do líquido (geralmente água destilada ou deionizada) de densidade e na temperatura conhecidos, que é contida no (ou dispensada do) recipiente volumétrico. A correção para o empuxo precisa ser feita na realização da calibração (Seção 2D-4), uma vez que a densidade da água é bastante diferente daquelas dos pesos.

Os cálculos associados com a calibração consomem muito tempo se feitos manualmente, mas eles podem ser automatizados em uma planilha de tal forma que exijam um pouco mais de tempo que lançar os dados. Os dados brutos das massas são primeiramente corrigidos para o empuxo, com a Equação 2-1. Em seguida, o volume do aparato na temperatura de calibração (T) é obtido pela divisão da densidade do líquido, naquela temperatura, pela massa corrigida. Finalmente, esse volume é corrigido para a temperatura padrão de 20°C, assim como no Exemplo 2-2.

A **Tabela 2-3** é fornecida para auxiliar nos cálculos do empuxo. As correções para o empuxo, em relação a pesos de aço inoxidável ou latão (a diferença de densidade entre os dois é suficientemente pequena, podendo ser negligenciada) e para as variações no volume da água e recipientes de vidro, foram incorporadas nesses dados. A multiplicação pelo fator adequado, presente na Tabela 2-3, converte a massa de água na temperatura T para (1) o volume correspondente naquela temperatura ou (2) o volume a 20°C.

EXEMPLO 2-3

Uma pipeta de 25 mL dispensa 24,976 g de água pesados empregando-se massas de aço inoxidável a 25°C. Use os dados da Tabela 2-3 para calcular o volume dispensado pela pipeta a 25°C e a 20°C.

Solução

$$\text{A } 25°\text{C: } V = 24{,}976 \text{ g} \times 1{,}0040 \text{ mL g}^{-1} = 25{,}08 \text{ mL}$$

$$\text{A } 20°\text{C: } V = 24{,}976 \text{ g} \times 1{,}0037 \text{ mL g}^{-1} = 25{,}07 \text{ mL}$$

TABELA 2-3

Volume Ocupado por 1,000 g de Água, Pesado ao Ar, Empregando-se Massas Padrão de Aço Inoxidável*

	Volume, mL	
Temperatura, *T*, °C	**Em *T***	**Corrido para 20°C**
10	1,0013	1,0016
11	1,0014	1,0016
12	1,0015	1,0017
13	1,0016	1,0018
14	1,0018	1,0019
15	1,0019	1,0020
16	1,0021	1,0022
17	1,0022	1,0023
18	1,0024	1,0025
19	1,0026	1,0026
20	1,0028	1,0028
21	1,0030	1,0030
22	1,0033	1,0032
23	1,0035	1,0034
24	1,0037	1,0036
25	1,0040	1,0037
26	1,0043	1,0041
27	1,0045	1,0043
28	1,0048	1,0046
29	1,0051	1,0048
30	1,0054	1,0052

*Foram aplicadas as correções para o empuxo (pesos de aço inoxidável) e variações no volume do recipiente.

2H-1 Instruções Gerais para a Calibração

Todo o material volumétrico deve estar cuidadosamente livre de quebras de filme de água antes de ser calibrado. As buretas e as pipetas não precisam ser secas, mas os baloes volumétricos devem ser completamente escoados e secos à temperatura ambiente. A água usada na calibração deve estar em equilíbrio térmico com o ambiente. Essa condição é mais bem estabelecida pela aspiração prévia da água, anotando sua temperatura em intervalos frequentes e esperando até que não ocorram mais variações.

Embora uma balança analítica possa ser utilizada para a calibração, a pesagem até os miligramas mais próximos é perfeitamente satisfatória para todos os volumes, com exceção daqueles muito pequenos. Assim, uma balança de prato superior é mais conveniente que uma balança analítica. Os pesa-filtros ou *erlenmeyers*, bem fechados, podem ser empregados como coletores de líquidos de calibração.

Calibração de uma Pipeta Volumétrica

Determine a massa do recipiente tampado vazio até o miligrama mais próximo. Transfira a porção de água, sob equilíbrio térmico, para o recipiente usando a pipeta, pese o recipiente coletor e seu conteúdo (novamente, até o miligrama mais próximo) e calcule a massa de água dispensada a partir da diferença nas duas massas. Com o auxílio da Tabela 2-3, calcule o volume dispensado. Repita a calibração várias vezes; calcule o volume médio dispensado e seu desvio padrão.

Calibração de uma Bureta

Encha a bureta com a água mantida em equilíbrio térmico e certifique-se de que não haja bolhas aprisionadas na sua ponta. Deixe em repouso para escorrer a água pelas paredes por cerca de um minuto; então, baixe o nível do líquido até que a base do menisco alcance a marca de 0,00 mL. Toque a ponta da bureta na parede de um béquer para retirar alguma gota aderida. Espere dez minutos e verifique novamente o volume; se a torneira estiver bem fechada, não deverá ocorrer qualquer variação perceptível. Durante esse intervalo, pese (até o miligrama mais próximo) um *erlenmeyer* de 125 mL equipado com uma rolha de borracha.

Quando a torneira estiver bem fechada, transfira lentamente (a cerca de 10 mL min^{-1}) aproximadamente 10 mL de água para o frasco. Toque a ponta da bureta na parede do frasco. Espere um minuto, registre o volume que foi aparentemente dispensado e encha novamente a bureta. Pese o frasco e seu conteúdo até o miligrama mais próximo; a diferença entre essa massa e o valor inicial representa a massa de água escoada. Use a Tabela 2-3 para converter essa massa para o volume verdadeiro. Subtraia o volume aparente do verdadeiro. Essa diferença é a correção que deve ser aplicada no volume aparente para fornecer o valor verdadeiro. Repita a calibração até que uma concordância ao nível de $\pm$0,02 mL seja alcançada.

Começando novamente da marca zero, repita a calibração, escoando dessa vez cerca de 20 mL para o frasco coletor. Teste a bureta em intervalos de 10 mL em todo o seu volume. Prepare um gráfico da correção para ser aplicada em função do volume dispensado. A correção associada a qualquer volume escoado pode ser determinada a partir do gráfico.

Calibração de um Balão Volumétrico

Pese o frasco limpo e seco com precisão de um miligrama. Então, encha até a marca com água em equilíbrio térmico e pese novamente. Com o auxílio da Tabela 2-3, calcule o volume contido.

Calibração de um Balão Volumétrico em Relação a uma Pipeta

A calibração de um balão volumétrico em relação a uma pipeta representa um excelente método para a partição de uma amostra em alíquotas. Essas instruções relacionam-se a uma pipeta de 50 mL e a um balão volumétrico de 500 mL; outras combinações são igualmente convenientes.

Transfira cuidadosamente dez alíquotas de 50 mL da pipeta para o balão volumétrico de 500 mL seco. Marque a posição do menisco com uma etiqueta adesiva. Cubra com verniz para garantir que seja permanente. A diluição até a etiqueta permite que a mesma pipeta dispense precisamente uma alíquota de um décimo da solução do frasco. Observe que a recalibração é necessária se outra pipeta for utilizada.

2I O CADERNO DE LABORATÓRIO

Um caderno de laboratório é necessário para registrar as medidas e as observações relacionadas a uma análise. O caderno deve ser permanentemente mantido como uma única peça, com páginas numeradas consecutivamente (se necessário, as páginas devem ser numeradas à mão antes que qualquer registro seja feito). A maioria dos cadernos tem amplo espaço; não há a necessidade de congestionar registros.

As primeiras páginas devem ser reservadas para índice, que deve ser atualizado a cada registro feito.

2I-1 Manutenção de um Caderno de Laboratório

1. *Registre todos os dados e observações a caneta diretamente no caderno.* A organização é desejável, mas você não deve obtê-la transcrevendo dados para esse caderno de uma folha de papel ou de outro caderno. O risco de perder – ou de transferir incorretamente – algum dado crucial, comprometendo um experimento, é inaceitável.
2. Anteceda cada registro ou conjunto de registros com um cabeçalho ou legenda. Uma série de dados de pesagem de cadinhos vazios deve ter o cabeçalho "massas de cadinhos vazios" (ou algo similar), por exemplo, e a massa de cada cadinho deve ser identificada pelo mesmo número ou letra usada para identificá-lo.
3. Coloque a data em cada página do caderno, à medida que ele for sendo usado.
4. *Nunca* tente apagar ou modificar um registro incorreto. Em vez disso, risque-o com uma linha horizontal única e coloque o registro correto o mais próximo possível. Não escreva sobre números incorretos; com o tempo, isso pode tornar impossível distinguir entre o registro correto e o incorreto.
5. *Nunca* remova as páginas do caderno. Desenhe linhas diagonais sobre qualquer página que tenha de ser desconsiderada. Forneça um breve argumento para desconsiderar a página.

❮ Lembre-se de que você pode descartar um dado experimental *apenas se tiver a certeza de ter cometido um erro experimental.* Assim sendo, você deve anotar as observações experimentais cuidadosamente em seu caderno, tão logo elas sejam geradas.

❮ Uma anotação no caderno de laboratório jamais deve ser apagada; em vez disso, deve ser apenas riscada.

2I-2 Formato do Caderno de Laboratório

O professor deve ser consultado em relação ao formato a ser usado na manutenção do caderno de laboratório.[9] Em uma convenção, os dados e observações são gravados em páginas consecutivas à medida que eles ocorrem. A análise completa é então resumida na página seguinte (isto é, páginas das faces esquerda e direita). Como mostrado na **Figura 2-24**, a primeira dessas duas páginas deve conter as seguintes anotações:

1. O título do experimento ("Determinação Gravimétrica de Cloreto").
2. Um breve enunciado dos princípios nos quais a análise é baseada.
3. Um resumo completo dos dados de pesagem, volumétricos e/ou de resposta instrumental necessários para se calcular os resultados.
4. Um comentário sobre o melhor valor do conjunto de resultados e um relato de sua precisão.

A segunda página deve conter os seguintes itens:

1. As equações para as principais reações envolvidas na análise.
2. Uma equação mostrando como os resultados foram calculados.
3. Um resumo das observações que parecem dar sustentação à validade de um resultado específico ou de toda a análise. *Qualquer uma dessas anotações deve ter sido registrada originalmente no caderno no momento em que a observação foi feita.*

[9] Veja também Howard M. Kanare, *Writing the Laboratory Notebook*, Washington, DC: American Chemical Society, 1985.

08

Determinação Gravimétrica de Cloreto

O cloreto presente em uma amostra solúvel foi precipitado como AgCl e pesado como tal.

Massas das amostras	1	2	3
Massa do frasco com amostra, g	27,6115	27,2185	26,8105
– massa do frasco, g	27,2185	26,8105	26,4517
massa da amostra, g	0,3930	0,4080	0,3588
Massas dos cadinhos vazios	~~20,7925~~	~~22,8311~~	~~21,2488~~
	20,7926	22,8311	~~21,2482~~
			21,2483
Massa dos cadinhos com AgC1, g	~~21,4294~~	~~23,4920~~	~~21,8324~~
	~~21,4297~~	~~23,4914~~	21,8323
	21,4296	23,4915	
Massa de AgCl, g	0,6370	0,6604	0,5840
Porcentagem Cl^-	40,10	40,04	40,27
Porcentagem média Cl^-		40,14	

Desvio-padrão relativo 3,0 partes por mil

Data de início 10/01/03

Data do término 16/01/03

Figura 2-24 Página de dados do caderno de laboratório.

2J SEGURANÇA NO LABORATÓRIO

Existe necessariamente um grau de risco associado com qualquer trabalho em laboratório. Acidentes podem ocorrer e ocorrem. Aderência estrita às seguintes regras irão muito além de prevenir (ou minimizar o efeito de) acidentes:

1. Antes de começar a trabalhar no laboratório, aprenda a localização do lava-olhos mais próximo, do cobertor contra fogo, do chuveiro e do extintor de incêndio. Aprenda a usar corretamente esses equipamentos e não hesite em usá-los, se necessário.
2. ***Use óculos de segurança o tempo todo.*** O risco potencial de danos sérios e talvez permanentes faz com que seja obrigatório o uso de proteção para os olhos, o tempo todo, por estudantes, professores e visitantes. Os óculos de proteção devem ser colocados antes da entrada no laboratório e utilizados continuamente até a hora da saída. Danos sérios aos olhos têm ocorrido para as pessoas que estão desenvolvendo atividades tão inócuas quanto usar computadores ou escrever no caderno de laboratório. Incidentes como esses resultam da perda de controle, de terceiros, sobre um dado experimento. Os óculos para a correção da visão não são substitutos adequados para aqueles de proteção, como, por exemplo, os aprovados pelo Office of Safety and Health Administration (OSHA). Lentes de contato nunca devem ser usadas no laboratório porque os vapores podem reagir com elas, provocando um efeito danoso para os olhos.
3. A maior parte dos produtos químicos usados em laboratórios é tóxica; alguns são muito tóxicos e outros – tais como soluções de ácidos e bases concentradas – são altamente corrosivos. Evite o contato desses líquidos com a pele. Caso isso ocorra, lave *imediatamente* a área afetada com grandes quantidades de água. Se uma solução corrosiva for derramada sobre a roupa, remova o traje

imediatamente. Tempo é de grande importância; não fique preocupado com constrangimentos.

4. NUNCA realize um experimento sem autorização. Experimentos sem autorização são a causa de expulsão em muitas instituições.
5. Nunca trabalhe sozinho no laboratório; certifique-se de que haja sempre alguém à vista.
6. NUNCA leve comida ou bebida para o laboratório. NUNCA tome líquidos em recipientes de vidro de laboratório. NUNCA fume no laboratório.
7. Use sempre uma pêra de borracha ou outro dispositivo para aspirar líquidos em uma pipeta. NUNCA use a boca para fazer a sucção.
8. Use calçado adequado (não usar sandálias). Prenda os cabelos com uma rede apropriada. Um avental de laboratório vai dar alguma proteção e pode ser necessário.
9. Seja extremamente cuidadoso ao tocar objetos que tenham sido aquecidos, pois vidro quente se parece com vidro frio.
10. Sempre dê polimento a fogo à ponta de tubos de vidro recentemente cortados. NUNCA tente forçar a passagem de tubos de vidro por orifícios de rolhas. Em vez disso, tenha a certeza de que ambos, o tubo e o orifício, estejam úmidos com água contendo sabão. Proteja as mãos com várias camadas de uma toalha enquanto estiver inserindo o tubo de vidro em rolhas.
11. Utilize sempre a capela de exaustão quando os vapores tóxicos ou gases nocivos possam ser envolvidos. Seja cauteloso ao fazer testes para determinar odores; use sua mão para puxar os vapores em direção ao nariz.
12. Notifique imediatamente o professor em caso de ferimento.
13. Descarte as soluções e produtos químicos como orientado. É ilegal despejar soluções contendo metais pesados e solventes orgânicos na pia em muitas localidades; procedimentos alternativos são necessários para o descarte desses resíduos líquidos.

capítulo 3

Utilização de Planilhas de Cálculo na Química Analítica

Stephen Ausmus/US Department of Agriculture

Desde a forma como lidamos com nossas finanças, utilizando programas como o Quicken, até a maneira como nos comunicamos com nossos amigos, familiares e colegas, usando o Mozilla Thunderbird e o Microsoft® Outlook, o microcomputador tem revolucionado praticamente todos os aspectos de nossas vidas. Os físico-químicos usam aplicativos, como o Gaussian, GAMESS e MPQCC, para realizar cálculos quânticos. Os bioquímicos e químicos orgânicos utilizam programas de mecânica molecular, como, por exemplo, o Spartan, para prever e investigar as propriedades de moléculas. Os químicos inorgânicos empregam o ChemDraw para visualizar as moléculas. Alguns programas transcendem a especialização e são utilizados em um amplo espectro de áreas. Na Química Analítica, e em muitas outras áreas da ciência, as planilhas eletrônicas de cálculos fornecem um meio de armazenagem, análise e organização de dados textuais e numéricos. O Microsoft® Excel é um exemplo desse tipo de programa.

A revolução do computador pessoal tem produzido muitas ferramentas úteis para os estudantes, os químicos e outros cientistas e engenheiros. A planilha de cálculo é um dos melhores exemplos destas aplicações. Um dos maiores exemplos desses aplicativos é a planilha de cálculos, que é versátil, poderosa e fácil de usar. As planilhas eletrônicas são utilizadas na manutenção de registros, cálculos matemáticos, análise estatística, ajustes de curvas, construção de gráficos, análise financeira, gerenciamento de dados e uma variedade de outras tarefas, limitadas apenas pela imaginação do usuário. Os programas de planilhas de cálculo têm muitas funções embutidas para ajudar-nos a realizar tarefas em cálculos envolvendo a Química Analítica. Neste texto, apresentamos exemplos para ilustrar algumas dessas tarefas e mostramos planilhas reais para a sua realização. Usamos o Microsoft® Excel 2010 ou 2007 para estes exemplos e exercícios por causa da popularidade do programa e a ampla disponibilidade. Supomos do início ao fim que o Excel esteja configurado com as opções padrões como entregue pelo fabricante, a menos que especificamente observemos o contrário. Encontraremos muito mais exemplos, explicações mais elaboradas da metodologia e tratamentos expandidos de algumas das teorias da Química Analítica no livro auxiliar *Applications of Microsoft® Excel in Analytical Chemistry*, 2ª. ed.[1]

Neste capítulo, apresentamos algumas operações introdutórias, de planilha de cálculos incluindo a inserção de texto e dados, formatação de células e a realização de vários cálculos úteis. Em capítulos futuros, exploraremos como processar e exibir grandes quantidades de dados utilizando as funções numéricas, estatísticas e gráficas do Excel.

[1] Para mais informações sobre o uso de planilhas de cálculos em Química, veja S. R. Crouch e F. J. Holler, *Applications of Microsoft® Excel in Analytical Chemistry*, 2. ed., Belmont, CA: Brooks/Cole, 2014.

3A MANUTENÇÃO DE REGISTROS E REALIZAÇÃO DE CÁLCULOS

Na prática, aprendemos melhor fazendo do que lendo o que deve ser feito. Embora os fabricantes de softwares tenham feito grandes esforços para aprimorar a produção de manuais para seus produtos, é bem verdade que, geralmente, quando sabemos o suficiente para ler um manual de um programa eficientemente, não precisamos mais do manual. Com isso em mente, planejamos uma série de exercícios envolvendo planilha de cálculos, que estão envolvidos no contexto da Química Analítica. Introduzimos comandos e sintaxes apenas quando são necessários para realizar uma tarefa específica, de forma que, se você precisar de informações mais detalhadas, consulte as janelas de ajuda do Excel ou a documentação de seu programa. No Excel, a ajuda está disponível no ícone Ajuda no canto direito superior da tela ou pressionando **F1**. Em ambos os casos, uma nova janela se abre, permitindo que você digite questões e obtenha ajuda relacionada ao contexto.

3A-1 Iniciando

Neste livro, vamos considerar que você esteja familiarizado com o Windows®. Se você precisar de ajuda com o Windows, consulte o guia *Iniciando* ou a ajuda on-line disponível no Windows. Para começar o Excel, clique duas vezes no ícone do Excel, como mostrado na margem, ou use o botão **Iniciar** e clique em **Iniciar/Todos os Programas/Microsoft Office/Microsoft Office Excel 2010** (ou 2007 se você tem esta versão). A janela mostrada na **Figura 3-1** então aparece na tela do seu computador.

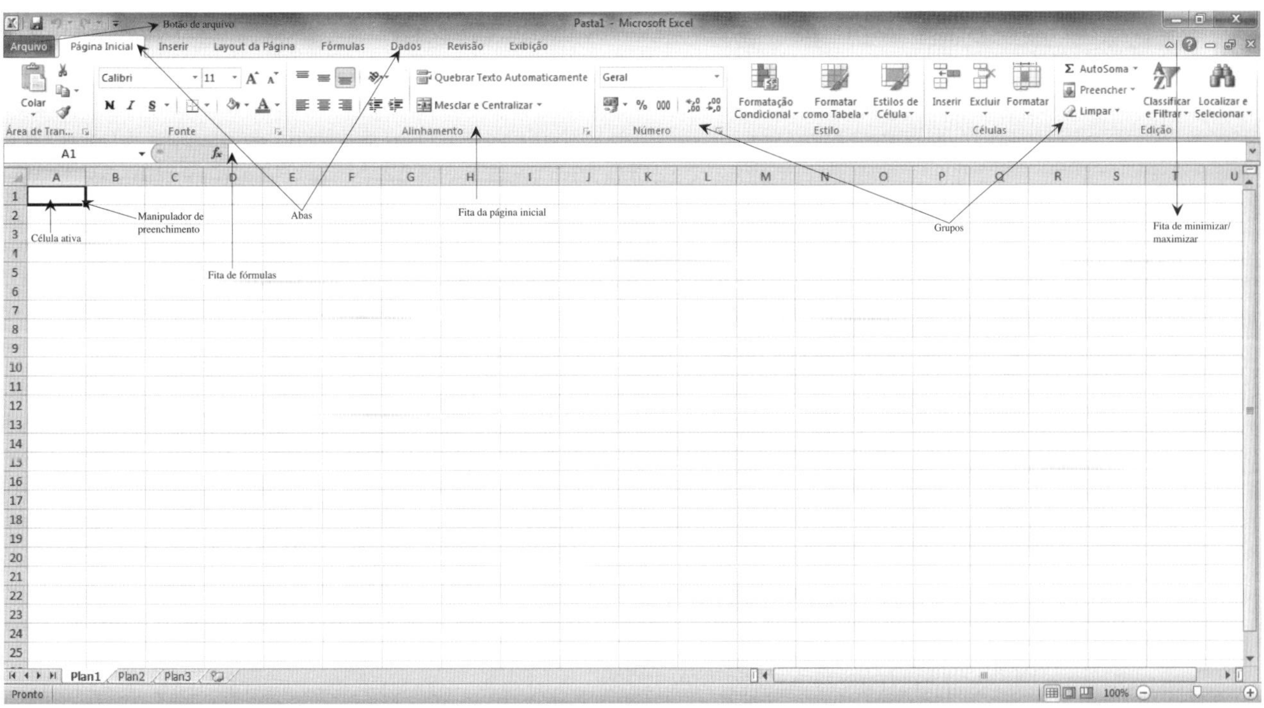

Captura de telas – Cortesia da Microsoft Corporation

Figura 3-1 Janela de abertura do Microsoft Excel. Observe a localização do botão Arquivo do menu de acesso rápido, da célula ativa e do cursor do mouse.

Versões do Excel anteriores ao Excel 2007 contêm menus tais como Arquivo, Editar, Visualizar, Inserir, Formatar e Ferramentas, dentre outros. Os menus e faixas de ferramentas foram completamente removidas do Excel 2007 e 2010 e substituídas pela *faixa*, um visual bidimensional de ícones e palavras. Cada aba, como Página Inicial, Inserir, Configurar página, Fórmulas, Dados, Revisão e Visualizar, traz uma faixa diferente com seus próprios conjuntos de ícones e descrições. Embora a faixa tome espaço, ela pode ser minimizada clicando na seta de minimizar faixa, inserindo **Ctrl+F1** ou clicando com o botão direito do mouse em qualquer lugar na faixa e selecionando Minimizar a Faixa a partir da lista que aparece. Para maximizar a área de trabalho, sugerimos que você opere com a faixa minimizada. O Excel 2007 não tem o botão Arquivo. Em vez disso, comandos como Salvar, Imprimir, Abrir, Fechar e Enviar estão localizados no botão Office à esquerda da aba Página Inicial.

Abaixo da faixa na Figura 3-1 está a *planilha de trabalho* consistindo em uma grade de *células* arranjadas em linhas e colunas. As linhas são rotuladas por 1, 2, 3 e assim por diante, e as colunas são rotuladas com A, B, C e assim por diante. Cada célula tem sua localização única especificada pelo seu endereço. Por exemplo, a *célula ativa*, que está rodeada por uma linha escura como mostrado na Figura 3-1, tem o endereço A1. O endereço da célula ativa é sempre mostrado na caixa exatamente acima da primeira coluna da pasta de trabalho exibida na *barra de fórmula*. Você pode verificar esta exibição da célula ativa clicando em várias células da pasta de trabalho. Um *livro de trabalho* é uma coleção de pasta de trabalhos e pode ser compreendido de várias planilhas de trabalhos disponíveis clicando as abas na base rotuladas Plan1, Plan2 e assim por diante. O termo *planilha de cálculo* é um termo genérico e normalmente se refere a uma pasta de trabalho.

3A-2 Calculando uma Massa Molar

Começamos construindo uma planilha para calcular a massa molar do ácido sulfúrico. Aqui você aprenderá como inserir texto e números, como formatar texto e dados, como inserir uma fórmula e como documentar uma planilha.

Digitação de Textos e Dados na Planilha

As células podem conter texto, números ou fórmulas. Vamos começar digitando algum texto na planilha. Clique na célula A1, e digite **Massa Molar do Ácido Sulfúrico** seguido pela tecla Enter [↵]. Este é o título da planilha. Observe que após inserir o título, a célula ativa passa a ser a A2. Nesta célula, digite **MA H**[↵] como um rótulo para indicar a massa atômica do hidrogênio. Em A3 digite **MA S**[↵], e em A4 digite **MA O**[↵]. Na célula A6, digite **Ácido Sulfúrico**[↵]. Na célula B2 à direita do rótulo **MA H**, coloque a massa atômica do hidrogênio, 1,00794. Da mesma forma, na célula B3, coloque a massa atômica do enxofre, 32,066, e na célula B4 coloque a massa atômica do oxigênio, 15,9994. À medida que você digita, os dados que você colocou aparecem na barra de fórmula. Se você cometer algum erro, clique com o mouse na barra de fórmula e façãs as correções necessárias. Formate o título da suas planilhas de cálculo na fonte em negrito de tal forma que você possa distingui-lo facilmente a partir do corpo da planilha. O procedimento pode ser feito selecionando a célula A1. Na fita de fórmula, selecione todo o título arrastando com o mouse sobre as palavras **Massa Molar do Ácido Sulfúrico**. Quando o título tiver sido selecionado, clique no botão Negrito (veja a margem) no grupo Fonte na aba Página Inicial. Esta ação fará com que o título apareça em fonte negrito.

Inserindo uma Equação

Na célula B6 inseriremos a fórmula que queremos que o Excel use para calcular a massa molar do ácido sulfúrico. Digite a seguinte fórmula na célula B6:

=2*B2+B3+4*B4 [↵]

A expressão que você acabou de digitar é chamada fórmula. No Excel, a fórmula começa com o sinal de igual [=] seguido pela expressão numérica desejada.

As fórmulas do Excel sempre iniciam com um sinal de igual, [=].

Esta fórmula calculará a massa molar do H_2SO_4 somando duas vezes a massa do hidrogênio (célula B2), a massa atômica do enxofre (célula B3) e quatro vezes a massa atômica do oxigênio (célula B4). O resultado deve ser como mostrado na **Figura 3-2**.

Observe na Figura 3-2 que o Excel apresenta a massa molar do ácido sulfúrico com cinco dígitos após a casa decimal. No Capítulo 6, abordaremos a convenção de algarismos significativos, que indica que a massa molar deve ser expressa apenas com três dígitos após a casa decimal, uma vez que a massa atômica do enxofre é conhecida apenas com este número de dígitos. Consequentemente, um resultado mais apropriado seria 98,079 para a massa molar do H_2SO_4. Para mudar o número de dígitos, exiba a faixa Página Inicial e então clique na célula B6. A partir do grupo Células, selecione o comando Formatar e Formatar Células... a partir do menu que aparece. A janela Formatar Células mostrada na **Figura 3-3** então aparece na tela.

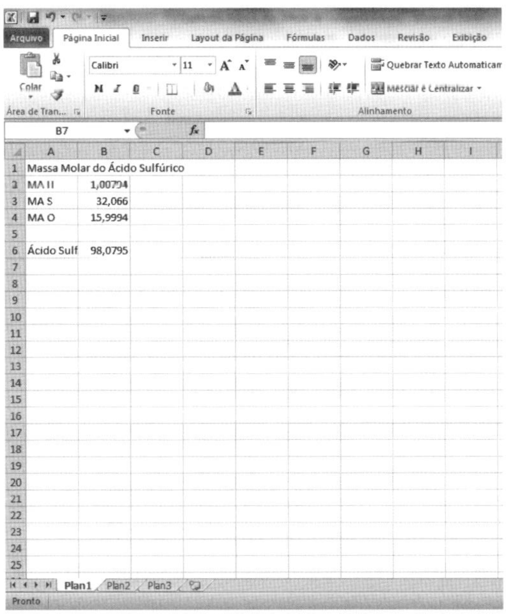

Figura 3-2 A planilha de cálculo do Excel para calcular a massa molar do ácido sulfúrico.

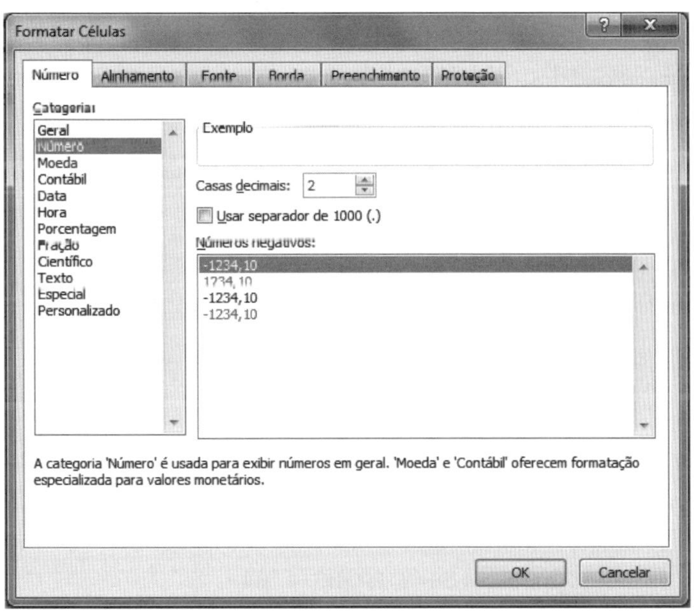

Figura 3-3 Janela de formatar células.

Selecione a aba Número e então Número na lista. Na caixa de casas Decimais selecione ou digite 3. Clique no botão OK. A célula B6 deve agora conter 98,079. Observe que o efeito de mudar o número de casas decimais pode ser pré-visualizado na Caixa Amostra na janela Formatar Células. Você também pode aumentar ou diminuir o número de casas decimais clicando no botão de Aumentar ou Diminuir Casas Decimais no grupo Número na faixa Página Inicial (veja a margem).

Documentando a Planilha de Trabalho

Uma vez que os resultados da planilha normalmente não contêm as equações colocadas ou não indicam quais células contêm os dados, é importante documentar o que foi feito. Existem vários esquemas de documentação diferentes, mas introduziremos um método simples para a documentação. Torne a célula A9 a célula ativa e digite **`Documentação`**[↵]. Coloque a fonte para esta célula em negrito. As células de B2 até B4 contêm valores de inserção, assim, na célula A10 digite **`Células B2:B4=dados do usuário`**[↵]. O dois pontos entre B2 e B4 especifica uma faixa. Portanto, B2:B4 significa a faixa de células de B2 até B4.

Na célula A11, digite

`Cell B6=2*B2+B3+4*B4` [↵]

Todas as fórmulas em uma planilha podem ser reveladas segurando-se a tecla (Ctrl) enquanto se aperta e solta a tecla de acento grave ` localizada à direita da letra P no teclado. Solte a tecla Ctrl. Para retornar aos resultados, repita a operação Ctrl + `.

A planilha agora aparece como mostrada na **Figura 3-4**. Esta documentação indica os dados digitados pelo usuário e mostra a fórmula colocada na célula B6 para calcular a massa molar do ácido sulfúrico. Em muitos casos, está evidente quais células contêm dados colocados pelo usuário. Desse modo, é comum que a seção de documentação contenha apenas fórmulas.

Se desejar, você pode salvar seu arquivo no disco rígido clicando no botão Arquivo (Office no Excel 2007) e escolher **Salvar Como**. Você pode salvar como Pasta de trabalho e vários outros formatos, incluindo um formato compatível com Excel 97-2003. Escolha **Pasta de Trabalho do Excel** e entre a localização e um nome para o arquivo como, por exemplo, **`massamolar`**. O Excel colocará automaticamente a extensão de arquivo **`.xlsx`** no nome do arquivo de tal forma que ele aparecerá como **`massamolar.xlsx`**. Escolhendo salvar em um formato compatível com Excel 97-2003, será colocada a extensão de arquivo **`.xls`** no arquivo.

3B EXEMPLOS MAIS COMPLEXOS

O Excel pode ser usado para operações mais complexas, incluindo funções numéricas, estatísticas e gráficas. Ilustraremos algumas destas operações neste capítulo.

	A	B	C	D
1	Massa Molar do Ácido Sulfúrico			
2	MA H	1,00794		
3	MA S	32,066		
4	MA O	15,9994		
5				
6	Ácido Sulf	98,0795		
7				
8				
9	**Documentação**			
10	Células B2:B4=inserções do usuário			
11	Célula B6=2*B2+B3+4*B4			

Figura 3-4 Planilha final para o cálculo da massa molar do ácido sulfúrico, incluindo a seção de documentação. Observe que omitimos a faixa do Excel e a barra de fórmula para deixar a figura mais clara.

3B-1 Um Exemplo de Caderno de Laboratório

Para nosso próximo exemplo, usaremos o Excel para efetuar algumas funções do caderno de laboratório ilustrado na Figura 2-24 para a determinação gravimétrica de cloreto. Com este exemplo, aprenderemos como mudar a largura das colunas, como fazer o preenchimento de células com o comando de autopreenchimento e como fazer cálculos mais complexos.

Inserindo Texto na Planilha

Clique na célula A1 e como título da planilha digite **`Determinação Gravimétrica de Cloreto`** seguido da tecla Enter[↵]. Continue a digitar o texto nas células da coluna A como mostrado a seguir.

```
Massa do Frasco mais a da amostra, g[↵]
Massa do Frasco menos a da amostra, g[↵]
Massa da Amostra, g[↵]
[↵]
Massas dos Cadinhos, com AgCl, g[↵]
Massas dos Cadinhos, vazios, g[↵]
Massa de AgCl, g[↵]
[↵]
%Cloreto[↵]
```

Quando você terminar de digitar o texto, a planilha deverá ser semelhante àquela mostrada na **Figura 3-5**.

Mudando a Largura da Coluna

Observe que os rótulos que você digitou na coluna A são mais largos que a coluna. Você pode mudar a largura da coluna colocando o cursor do mouse na borda entre a coluna A e a Coluna B, no cabeçalho da mesma, como mostrado na **Figura 3-6a**, e arrastar a borda para a direita de tal forma que o texto apareça na coluna como na **Figura 3-6b**.

	A	B	C	D
1	**Determinação Gravimétrica de Cloreto**			
2	Amostras			
3	Massa do Frasco mais a da amostra, g			
4	Massa do Frasco menos a da amostra, g			
5	Massa da Amostra, g			
6				
7	Massas dos Cadinhos, com AgCl, g			
8	Massas dos Cadinhos, vazios, g			
9	Massa de AgCl, g			
10				
11	%Cloreto			

Figura 3-5 Aparência da planilha após a digitação dos textos.

	A	B	C	D
1	**Determinação Gravimétrica de Cloreto**			
2	Amostras			
3	Massa do Frasco mais a da amostra, g			
4	Massa do Frasco menos a da amostra, g			
5	Massa da Amostra, g			
6				
7	Massas dos Cadinhos, com AgCl, g			
8	Massas dos Cadinhos, vazios, g			
9	Massa de AgCl, g			
10				
11	%Cloreto			
12				

	A	B
1	**Determinação Gravimétrica de Cloreto**	
2	Amostras	
3	Massa do Frasco mais a da amostra, g	
4	Massa do Frasco menos a da amostra, g	
5	Massa da Amostra, g	
6		
7	Massas dos Cadinhos, com AgCl, g	
8	Massas dos Cadinhos, vazios, g	
9	Massa de AgCl, g	
10		
11	%Cloreto	
12		

Figura 3-6 Alterando a largura da coluna. (a) Posicione o cursor do mouse no limite entre as colunas A e B e arraste para a direita até a posição mostrada em (b).

Inserindo Números na Planilha

Agora vamos digitar alguns dados numéricos na planilha. Clique na célula B2 e digite

```
1[↵]
27,6115[↵]
27,2185[↵]
```

Observe que não interessa para o Excel se você usa letras maiúsculas ou minúsculas para se referir às células em uma fórmula. O Excel as trata como letras maiúsculas.

Para encontrar a massa da amostra na célula B5, precisamos calcular a diferença entre o valor na célula B3 e aquele na célula B4, assim, digitamos

```
=b3−b4[↵]
```

Continue inserindo os dados para as amostras 2 e 3 de tal forma que a planilha apareça como mostrada na **Figura 3-7**.

	A	B	C	D
1	**Determinação Gravimétrica de Cloreto**			
2	Amostras	1	2	3
3	Massa do Frasco mais a da amostra, g	27,6115	27,2185	26,8105
4	Massa do Frasco menos a da amostra, g	27,2185	26,8105	26,4517
5	Massa da Amostra, g	0,393		
6				
7	Massas dos Cadinhos, com AgCl, g			
8	Massas dos Cadinhos, vazios, g			
9	Massa de AgCl, g			
10				
11	%Cloreto			

Figura 3-7 Inserção de dados de amostras para a determinação gravimétrica de cloreto.

Preenchendo as Células Usando o Comando de Autopreenchimento

As fórmulas para as células C5 e D5 são idênticas à fórmula na célula B5, exceto pelo fato de que as referências às células para os dados são diferentes. Na célula C5, queremos calcular a diferença entre os conteúdos das células C3 e C4, e na célula D5, queremos a diferença entre D3 e D4. Poderíamos digitar as fórmulas nas células C5 e D5 como fizemos para a célula B5, mas o Excel fornece uma maneira fácil de duplicar fórmulas, trocando automaticamente as referências às células para os valores apropriados para nós. Para duplicar uma fórmula nas células adjacentes a uma fórmula existente, simplesmente clique na célula contendo a fórmula, que é a célula B5 no nosso exemplo, então clique no comando de autopreenchimento (veja Figura 3-1) e arraste o canto do retângulo para a direita, de tal forma que ele circunde as células para onde você quer que a fórmula seja duplicada. Tente isto agora. Clique na célula B5, clique no comando de autopreenchimento e arraste para a direita para preencher as células C5 e D5. Quando você soltar o botão do mouse, a planilha deve estar parecida com aquela da **Figura 3-8**. Agora clique na célula B5 e veja a fórmula na barra de fórmula. Compare a fórmula com aquelas nas células C5 e D5. As referências às células que mudam são chamadas **referências relativas**.

❮ As referências relativas às células mudam quando você copia uma fórmula para uma outra célula. Por padrão, o Excel cria referências relativas a não ser que você o instrua a não fazer.

Agora insira os dados nas linhas 7 e 8 como mostrado na **Figura 3-9**. Em seguida, clique na célula B9 e digite a seguinte fórmula

=b7−b8 [↵]

❮ O comando de autopreenchimento permite que você copie o conteúdo de uma célula para outras células horizontalmente ou verticalmente, mas não ambos. Apenas clique no comando de autopreenchimento e arraste da célula atual para a última célula onde você quer que a célula atual seja copiada.

	A	B	C	D
1	**Determinação Gravimétrica de Cloreto**			
2	Amostras	1	2	3
3	Massa do Frasco mais a da amostra, g	27,6115	27,2185	26,8105
4	Massa do Frasco menos a da amostra, g	27,2185	26,8105	26,4517
5	Massa da Amostra, g	0,393	0,408	0,3588

Figura 3-8 Uso do comando de autopreenchimento para copiar fórmulas em células adjacentes de uma planilha. Neste exemplo, clicamos na célula B5, clicamos no comando de autopreenchimento e puxamos o retângulo para a direita para preencher as células C5 e D5. As fórmulas nas células B5, C5 e D5 são idênticas, mas as células de referência nas fórmulas referem-se aos dados nas colunas B, C e D, respectivamente.

	A	B	C	D
1	**Determinação Gravimétrica de Cloreto**			
2	Amostras	1	2	3
3	Massa do Frasco mais a da amostra, g	27,6115	27,2185	26,8105
4	Massa do Frasco menos a da amostra, g	27,2185	26,8105	26,4517
5	Massa da Amostra, g	0,393	0,408	0,3588
6				
7	Massas dos Cadinhos, com AgCl, g	21,4296	23,4915	21,8323
8	Massas dos Cadinhos, vazios, g	20,7926	22,8311	21,2483
9	Massa de AgCl, g			
10				
11	%Cloreto			

Figura 3-9 Inserindo os dados na planilha na preparação para calcular a massa de cloreto de prata seco nos cadinhos.

Novamente, clique na célula B9, depois, no autopreenchimento e o arraste pelas colunas C e D para copiar a fórmula para as células C9 e D9. A massa do cloreto de prata agora deve ser calculada para os três cadinhos.

Realização de Cálculos Complexos com o Excel

Como aprenderemos no Capítulo 12, a equação para encontrar a % de cloreto na amostra é

$$\% \text{ de cloreto} = \frac{\dfrac{\text{massa de AgCl}}{\text{massa molar de AgCl}} \times \text{massa molar de Cl}}{\text{massa da amostra}} \times 100\%$$

$$= \frac{\dfrac{\text{massa de AgCl}}{143{,}321 \text{ g mol}^{-1}} \times 35{,}4527 \text{ g mol}^{-1}}{\text{massa da amostra}} \times 100\%$$

Nossa tarefa neste momento é traduzir essa equação para uma fórmula do Excel e digitá-la na célula B11, como mostrado:

```
=B9*35.4527*100/143.321/B5[↵]
```

Uma vez que você tenha digitado a fórmula, dê um clique na célula B11 e arraste o autopreenchimento para copiar a fórmula para as células C11 e D11. A % de cloreto para as amostras 2 e 3 deverá aparecer neste instante na planilha, como exemplificado na **Figura 3-10**.

Documentando a Planilha

Agora podemos documentar a planilha, uma vez que nossos cálculos estão completos. Na célula A13, digite `Documentação[↵]`. As células de B2 até D5 e de B7 até D9 contêm valores inseridos pelo usuário. Na célula A14, insira `Células B2:D5 e B7:B9=inserção de dados[↵]`.

Agora queremos documentar os cálculos feitos nas células B5:D5, B9:D9 e B11:D11. Em vez de redigitar as fórmulas nestas células a partir do local de partida como fizemos no exemplo de massa molar, existe uma maneira fácil para copiá-las nas células de documentação. Este atalho também evita erros de digitação ao inserir as fórmulas. Para ilustrar, selecione a célula A15 e digite `Célula B5[↵]`. Agora

	A	B	C	D
1	**Determinação Gravimétrica de Cloreto**			
2	Amostras	1	2	3
3	Massa do Frasco mais a da amostra, g	27,6115	27,2185	26,8105
4	Massa do Frasco menos a da amostra, g	27,2185	26,8105	26,4517
5	Massa da Amostra, g	0,393	0,408	0,3588
6				
7	Massas dos Cadinhos, com AgCl, g	21,4296	23,4915	21,8323
8	Massas dos Cadinhos, vazios, g	20,7926	22,8311	21,2483
9	Massa de AgCl, g	0,637	0,6604	0,584
10				
11	%Cloreto	40,09464	40,03929	40,26242

Figura 3-10 Completando o cálculo de porcentagem de cloreto. Digite a fórmula na célula B11, clique no comando de autopreenchimento e arraste para a direita até a célula D11

	A	B	C	D
1	**Determinação Gravimétrica de Cloreto**			
2	Amostras	1	2	3
3	Massa do Frasco mais a da amostra, g	27,6115	27,2185	26,8105
4	Massa do Frasco menos a da amostra, g	27,2185	26,8105	26,4517
5	Massa da Amostra, g	0,393	0,408	0,3588
6				
7	Massas dos Cadinhos, com AgCl, g	21,4296	23,4915	21,8323
8	Massas dos Cadinhos, vazios, g	20,7926	22,8311	21,2483
9	Massa de AgCl, g	0,637	0,6604	0,584
10				
11	%Cloreto	40,09464	40,03929	40,26242
12				
13	**Documentação**			
14	Células B2:D4 e B7:D8=Dados inseridos			
15	Célula B5−B3-B4			
16	Célula B9=B7-B8			
17	Célula B11=B9*35,4527*100/143,321/B5			

Figura 3-11 Planilha completa com a documentação.

selecione a célula B5 e destaque a fórmula exibida na barra de fórmula. Clique no ícone Copiar no grupo Área de Transferência na aba Página Inicial, como mostrado ao lado. Para evitar que o Excel copie a fórmula mudando as referências de célula, clique na tecla Esc no teclado para cancelar a operação. O texto copiado, entretanto, ainda está na área de transferência do Windows. Agora selecione a célula A15 e posicione o cursor depois do B5 na barra de fórmula. Clique no ícone Colar como mostrado ao lado. Esta operação irá copiar a fórmula para a massa da amostra na célula A15 como uma série de texto. Nas células C5 e D5, a mesma fórmula é usada, exceto pelo fato de que as referências relativas mudaram para colunas C e D quando usamos o comando de autopreenchimento. Uma vez que a mesma fórmula é usada, a documentação não precisa incluir estas células. Na célula A16, digite **`Célula B9`**[↵]. Copie a fórmula da célula B9 como antes. Na Célula A17, digite **`Célula B11`**[↵] e copie a fórmula desta célula. Quando você tiver terminado, a planilha aparecerá como na **Figura 3-11**.

Copy

Paste

3B-2 Um Outro Exemplo de Análise Gravimétrica

Vamos agora usar algo do básico que aprendemos para resolver um problema de análise gravimétrica. Neste problema, iremos calcular a porcentagem de Fe e Fe_3O_4 em duas amostras de um minério de ferro. As amostras foram precipitadas como $Fe_2O_3 \cdot xH_2O$ e o resíduo foi aquecido para fornecer Fe_2O_3 puro.

Mais de Formatação de Célula

Primeiramente, selecione a célula A1 e digite um título, como **`Exemplo de Análise Gravimétrica`** em negrito. Você pode fazer isto antes digitando o título como fonte normal, selecionando o texto e clicando no botão de negrito (mostrado ao lado) ou pode clicar o botão Negrito antes de digitar, de tal forma que todas as digitações subsequentes na célula ativa aparecerão em negrito. Em

N

seguida, na célula A2 digite **Amostra** e coloque os números das amostras na célula B2 e C2. Na célula A3 digite **mppt**. Agora aprenderemos como fazer a abreviatura ppt aparecer como um índice inferior como em m_{ppt}. Selecione a célula A3. Na barra de fórmula, use o mouse para destacar (selecionar) o **ppt** do $\mathbf{m_{ppt}}$. Com o **ppt** destacado, clique com o botão da direita do mouse e selecione **Formatar Células** na lista. A janela de Formatar Células mostrada na **Figura 3-12** deverá aparecer.

Observe que uma vez que a célula A3 contém apenas texto, a aba Fonte aparecerá automaticamente na janela. Relembre do exemplo de massa molar que, quando existem números na célula ou uma célula inteira é selecionada, a janela Formatar Células contém abas para **Números**, **Alinhamento**, **Fonte**, **Bordas**, **Preenchimento** e **Proteção**. Selecione **Subscrito** na caixa **Efeitos** de tal modo que apareça uma marcação como mostrado. Clique no botão OK e observe que a célula A2 agora contém $\mathbf{m_{ppt}}$ como um rótulo para a massa de precipitado. Similarmente nas células A4, A5 e A6, digite $\mathbf{m_{amost}}$, $\mathbf{M_{Fe}}$ e $\mathbf{M_{O}}$ como rótulos para massa da amostra, massa atômica do ferro e massa atômica do oxigênio.

Inserindo os Dados

A primeira amostra analisada foi uma amostra de 1,1324 g, que deu um precipitado com massa de 0,5394 g. Na célula B3, insira o número 0,5394 para a massa do precipitado. Na célula B4 digite o número 1,1324 para a massa da amostra. Nas células B5 e B6 digite as massas atômicas do ferro (55,847) e oxigênio (15,9994). Sua planilha deve parecer como a da **Figura 3-13**.

Calculando as Massas Molares

Para obter as porcentagens desejadas, precisamos das massas molares de Fe_2O_3 e Fe_3O_4, além das massas atômicas do ferro e do oxigênio. Podemos usar o Excel para calcular essas massas molares. Na célula A8, digite $\mathbf{M_{Fe2O3}}$. Uma vez que o Excel não pode fazer índices inferiores de índices inferiores, Fe_2O_3 será usado como um índice inferior. Da mesma maneira, na célula A9, digite $\mathbf{M_{Fe3O4}}$. Colocaremos a massa molar calculada de Fe_2O_3 na célula B8 e a massa molar para o Fe_3O_4 na célula B9. Na célula B8, digite

```
=2*B5+3*B6 [↵]
```

e na B9, digite

```
=3*B5+4*B6 [↵]
```

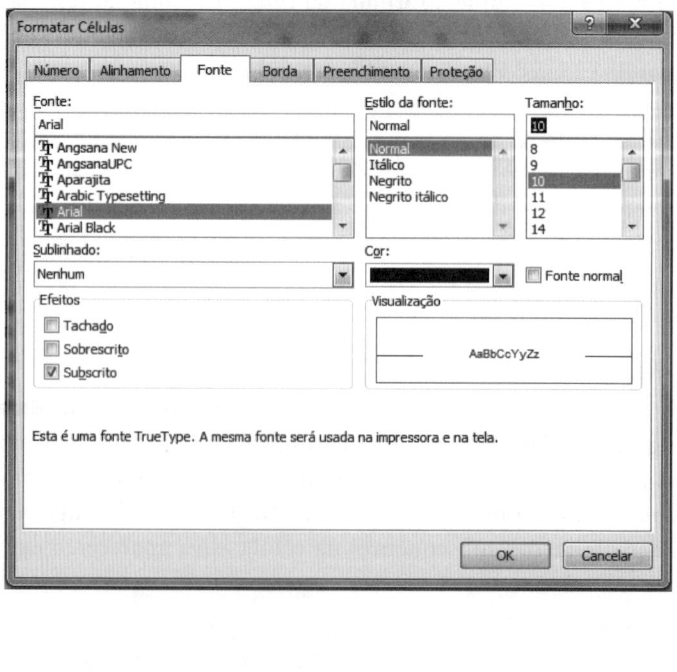

Figura 3-12 A janela Formatar Células para formatar um índice inferior.

	A	B	C
1	**Exemplo de análise gravimétrica**		
2	Amostra	1	2
3	m_{ppt}	0,5394	0,6893
4	m_{amos}	1,1324	1,4578
5	M_{Fe}	55,847	
6	M_O	15,9994	
7			

Figura 3-13 Inserções de dados para amostra 1 do exemplo de análise gravimétrica.

As massas molares de Fe_2O_3 (159,692) e Fe_3O_4 (231,539) devem aparecer nas células B8 e B9. Se mais de três dígitos além do ponto decimal são exibidos, altere o formato de número para mostrar três dígitos.

Calculando as Porcentagens

Nosso próximo objetivo é usar a massa da amostra, a massa do precipitado, as massas molares e a informação estequiométrica para calcular as porcentagens desejadas. Digite nas células A11 e A12 os rótulos **%Fe** e **%Fe$_3$O$_4$**. Para o Fe, a equação a seguir nos permite calcular a porcentagem.

$$\% \text{ Fe} = \frac{\dfrac{m_{\text{ppt}}}{\mathcal{M}_{\text{Fe}_2\text{O}_3}} \times 2\ \mathcal{M}_{\text{Fe}}}{m_{\text{amost}}} \times 100\%$$

Digite na célula B11 a fórmula

```
=B3/B8*2*B5/B4*100[↵]
```

O cálculo deve retornar o resultado 33,32 para a porcentagem de Fe. De novo, ajuste o número de algarismos significativos se muitos dígitos são mostrados.

Para o Fe_3O_4, a equação para a porcentagem é

$$\% \text{ Fe}_3\text{O}_4 = \frac{\dfrac{m_{\text{ppt}}}{\mathcal{M}_{\text{Fe}_2\text{O}_3}} \times \dfrac{2}{3} \times \mathcal{M}_{\text{Fe}_3\text{O}_4}}{m_{\text{amost}}} \times 100\%$$

Digite na célula B12 a fórmula

```
=B3/B8*2/3*B9/B4*100[↵]
```

Esta ação retornará o resultado 46,04 para a porcentagem de Fe_3O_4. Observe que, pelo fato de esses cálculos envolverem apenas multiplicações e divisões, não é necessário dizer ao Excel a ordem na qual se devem fazer os cálculos. *Esta hierarquia de operações* é necessária quando existe uma combinação de multiplicações ou divisões e adições ou subtrações.

Encontrando as Porcentagens para a Amostra 2: Usando Referências Absolutas

Para a Amostra 2, uma massa de amostra de 1,4578 g forneceu uma massa de precipitado de 0,6893 g. Insira estes valores nas células C3 e C4. Usaremos a mesma massa atômica para o Fe e as mesmas massas molares para o Fe_2O_3 e Fe_3O_4 nas células B8 e B9 para nosso cálculo das porcentagens. Consequentemente, não desejamos que as referências nas células B8 e B9 sejam referências relativas quando

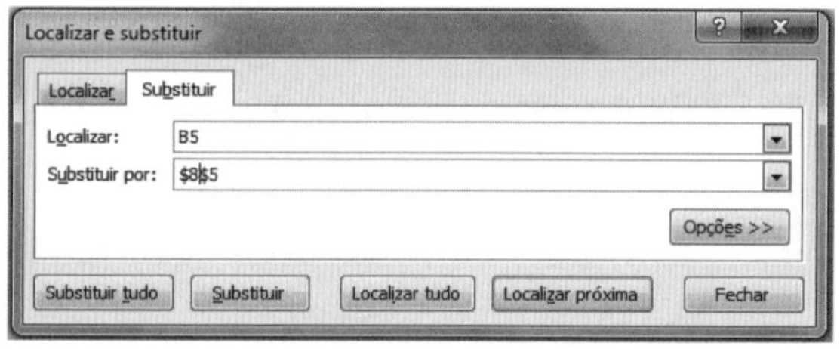

Figura 3-14 Localizando e substituindo um valor relativo por um valor absoluto.

copiarmos as fórmulas nas células C11 e C12. Podemos fazer uma referência a uma *referência absoluta* colocando um cifrão antes da letra da coluna e um segundo cifrão após o número da linha. Para mudar estas referências, usaremos as funções **Localizar e Substituir** do Excel. Com o cursor na célula A1, clique em **Localizar & Substituir** na fita Página Inicial. Escolha **Substituir**... no menu. Insira B5 na caixa **Localizar** e $B$5 na caixa **Substituir**, como mostrado na **Figura 3-14**. Repita para as referências B8 e B9. Como resultado, estas células se transformam em

`=B3/$B$8*2*$B$5/B4*100` para B11

`=B3/$B$8*2/3*$B$9/B4*100` para B12

Podemos então copiar esses resultados para as células C11 e C12 para calcular as porcentagens para a amostra 2. Clique na célula C11 após copiar e observe que apenas as referências relativas sem os sinais de cifrão mudaram para os valores da coluna C. A planilha final após adicionar a Documentação é mostrada na **Figura 3-15**. Salve sua planilha no disco com um nome de arquivo como **grav_analysis.xls.**

Neste capítulo, começamos a explorar o uso de planilhas na Química Analítica. Examinamos muitas destas operações básicas do uso de planilhas de cálculo, incluindo inserção de dados e texto e formatação, cálculos básicos e o uso de referências relativas e absolutas de célula. Em outras planilhas de cálculo deste livro e no nosso livro auxiliar *Applications of Microsoft® Excel in Analytical Chemistry*,[2] aprofundamos em técnicas que obtemos e aprendemos muito mais sobre o Excel.

	A	B	C	D
4	m_{amos}	1,1324	1,4578	
5	M_{Fe}	55,847		
6	M_O	15,9994		
7				
8	M_{Fe2O3}	159,6922		
9	M_{Fe3O4}	231,5386		
10				
11	%Fe	33,32	33,07	
12	$\%Fe_3O_4$	46,04	45,7	
13				
14	**Documentação**			
15	Célula B8=2*B5+3*B6			
16	Célula B9=3*B5+4*B6			
17	Célula B11= B3/$B$8*2*$B$5/B4*100			
18	Célula B12= B3/$B$8*2/3*$B$9/B4*100			

Figura 3-15 Planilha completa para o exemplo de análise gravimétrica.

[2] S. R. Crouch e F. J. Holler, *Applications of Microsoft® Excel* in *Analytical Chemistry*, 2. ed., Belmont, CA: Brooks/Cole, 2014.

TRABALHO NA WEB

Use um site de busca para localizar os formatos suportados pelo Excel 2010. Descreva os arquivos com extensões **.csv**, **.dbf** e **.ods**. Quais destes formatos podem ser abertos pelo Excel e em quais formatos ele pode salvar? Encontre formatos de arquivo que não são suportados em Excel 2010. O que é o formato **.wks**? Existem conversores que traduzirão um Lótus 1-2-3 em um arquivo Excel compatível?

QUESTÕES E PROBLEMAS

***3-1.** Descreva o uso das seguintes funções do Excel, após ler sobre elas no menu Ajuda do programa.
(a) RAIZ QUADRADA
(b) SOMA
(c) PI
(d) FATORIAL
(e) EXP
(f) LOG

3-2. Use o menu Ajuda do Excel para procurar o uso da função CONT.NUM. Utilize a função para determinar o número de dados em cada coluna da planilha da Figura 3-10. A função CONT.NUM é bastante útil para a determinação do número de dados registrados em uma dada área da planilha.

	A	B	C
1			
2		45	
3		22	
4		36	
5		27	
6		61	
7		23	
8		33	
9		48	
10		35	
11		55	
12		31	

3-3. Existem várias maneiras de documentar as inserções e cálculos de planilha. Use um site de busca para encontrar alguns destes métodos e os descreva em detalhes usando um exemplo de planilha.

3-4. Use a função **Encontrar/Substituir** do Excel para substituir todos os valores contendo 27 na planilha da Figura 3-10 por 26.

3-5. Insira os valores mostrados na planilha associada em uma planilha em branco. Use a ajuda para aprender sobre as operações **Classificar&Filtrar** do Excel. Faça o Excel classificar os números dos menores para os maiores.

3-6. Em seguida adicionaremos os números na coluna B na planilha que acompanha o Problema 3-5. Existem várias maneiras de realizar esta operação no Excel. Em uma célula no botão da coluna B, você pode invocar a função SOMA digitando `=SOMA(B2:B12)`. Esta ação retornará o valor 416. Você pode invocar a função AUTOSSOMA no grupo Editar na aba Página Inicial. Use o mouse para selecionar os valores a serem somados desta maneira e mostre que o mesmo resultado é encontrado pelo Excel. Na barra de fórmula, verifique que o AUTOSSOMA produz exatamente a mesma fórmula que aquela inserida manualmente.

*Ao final do ivro são fornecidas as respostas para as questões e problemas assinaladas com asterisco.

capítulo 4 Cálculos Empregados na Química Analítica

CSIRO Australia

O número de Avogadro é uma das constantes físicas mais importantes e é fundamental no estudo da Química. Um esforço global está sendo feito para determinar esse número com exatidão de 1 parte em 100 milhões. Várias esferas de silício ultrapuro têm sido fabricadas especificamente para essa tarefa, como mostrado na foto ao lado, e reivindica-se que elas sejam as mais perfeitas do mundo. O diâmetro de 10 cm da esfera é uniforme com precisão de 40 nm. Medindo-se o diâmetro, a massa, a massa molar do silício e a distância entre os átomos de silício, é possível calcular o número de Avogadro. Uma vez determinado, esse número pode ser usado para fornecer um novo padrão de massa – o quilograma de silício. Para mais informações, ver o Problema 4-41 e os Exercícios na Web.

Neste capítulo, vamos descrever vários métodos empregados para calcular os resultados de uma análise quantitativa. Começaremos apresentando o sistema SI de unidades e a distinção entre massa e peso. Então, vamos discutir o mol, a medida da quantidade de uma substância química. Em seguida, consideraremos as várias formas pelas quais a concentração é expressa. Finalmente, vamos tratar a estequiometria química. Provavelmente, você já estudou muito deste capítulo em disciplinas de Química Geral.

4A ALGUMAS UNIDADES IMPORTANTES

4A-1 Unidades SI

SI é o acrônimo para a expressão em francês Système International d'Unités.

Os cientistas ao redor do mundo adotam um sistema padronizado de medidas, conhecido como **Sistema Internacional de Unidades** (SI). Esse sistema está baseado nas sete unidades fundamentais apresentadas na **Tabela 4-1**. Inúmeras outras unidades úteis, como volt, hertz, coulomb e joule, têm sua origem a partir das unidades fundamentais.

A unidade angström, Å, que não pertence ao Sistema Internacional, é uma unidade de comprimento amplamente utilizada para expressar o comprimento de onda de radiações muito curtas, como raios X (1 Å = 0,1 nm = 10^{-10} m). Assim, a radiação deste tipo situa-se na faixa de 0,1 a 10 Å.

Para expressar quantidades medidas pequenas ou grandes, em termos de poucos dígitos, são usados prefixos juntamente com as unidades fundamentais e outras unidades. Como mostrado na **Tabela 4-2**, esses prefixos multiplicam as unidades por várias potências de 10. Por exemplo, o comprimento de onda da radiação do amarelo usado na determinação de sódio por fotometria de chama é de cerca de $5{,}9 \times 10^{-7}$ m, que pode ser expresso de forma mais compacta como 590 nm (nanômetros); o volume de um líquido injetado em uma coluna cromatográfica é frequentemente de cerca de 50×10^{-6} L, ou 50 μL (microlitros); ou a quantidade de memória de um disco rígido de 20×10^{9} bytes, ou 20 Gbytes (gigabytes).

TABELA 4-1

Unidades Fundamentais SI

Quantidade Física	Nome da Unidade	Abreviatura
Massa	quilograma	kg
Comprimento	metro	m
Tempo	segundo	s
Temperatura	kelvin	K
Quantidade de substância	mole	mol
Corrente elétrica	ampère	A
Intensidade luminosa	candela	cd

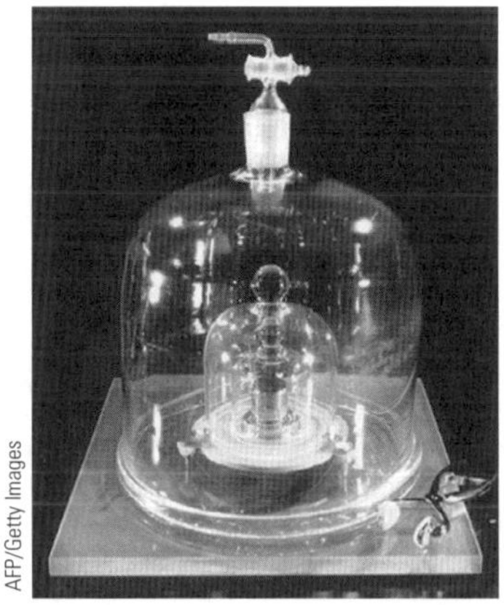

AFP/Getty Images

Por mais de um século, o quilograma tem sido definido como a massa de um único padrão de platina-irídio, mantido em um laboratório em Sèvres, na França. Infelizmente, o padrão é bastante impreciso em relação a outros padrões, tais como o metro, que é definido como a distância que a luz viaja em 1/299792458 segundo. Um consórcio mundial de metrologistas está trabalhando na determinação do número de Avogadro com 1 parte em 100 milhões, e esse número poderá então ser usado para definir o quilograma padrão como 1000/12 do número de Avogadro de átomos de carbono. Para obter mais informações sobre esse projeto, veja a foto de abertura deste capítulo e o Problema 4-41.

Na Química Analítica, frequentemente determinamos a quantidade de espécies químicas a partir das medidas de massa. Para tais medidas, as unidades métricas de quilogramas (kg), gramas (g), miligramas (mg) ou microgramas (μg) são usadas. Os volumes de líquidos são medidos em unidades de litros (L), mililitros (mL), microlitros (μL) e algumas vezes nanolitros (nL). O litro, a unidade SI de volume, é definida como exatamente 10^{-3} m^3. O mililitro é definido como 10^{-6} m^3 ou 1 cm^3.

4A-2 A Distinção entre Massa e Peso

É importante entender a diferença entre massa e peso. **Massa** é uma medida invariável da quantidade de matéria contida em um objeto. **Peso** é a força da atração entre um objeto e sua vizinhança, principalmente a Terra. Uma vez que a atração gravitacional varia dependendo da localização, o peso de um objeto depende de onde ele é avaliado. Por exemplo, um cadinho *pesa* menos em Denver que em Atlantic City (ambas as cidades estão aproximadamente na mesma latitude) porque a força atrativa entre o cadinho e a Terra é menor na altitude elevada de Denver. De maneira similar, o cadinho *pesa* mais em Seattle que no Panamá (ambas as cidades estão no nível do mar), porquanto a Terra é um tanto achatada nos polos e a força de atração aumenta

A **massa**, m, é a medida invariável da quantidade de matéria. O **peso**, P, é a força de atração gravitacional entre a matéria e a Terra.

TABELA 4-2

Prefixos para as Unidades

Prefixo	Abreviatura	Multiplicador
yotta-	Y	10^{24}
zetta-	Z	10^{21}
exa-	E	10^{18}
peta-	P	10^{15}
tera-	T	10^{12}
giga-	G	10^{9}
mega-	M	10^{6}
kilo-	k	10^{3}
hecto-	h	10^{2}
deca-	da	10^{1}
deci-	d	10^{-1}
centi-	c	10^{-2}
milli-	m	10^{-3}
micro-	μ	10^{-6}
nano-	n	10^{-9}
pico-	p	10^{-12}
femto-	f	10^{-15}
atto-	a	10^{-18}
zepto-	z	10^{-21}
yocto-	y	10^{-24}

NASA

A foto de Edwin "Buzz" Aldrin tirada por Neil Armstrong em julho de 1969. O reflexo de Armstrong pode ser visto no visor de Aldrin. As roupas vestidas por Armstrong e Aldrin durante a missão da Apolo 11 em 1969 parecem ser pesadas. Mas devido à massa da Lua ser apenas 1/81 da massa da Terra e a aceleração da gravidade ser apenas 1/6 daquela da Terra, o peso das roupas na Lua era apenas 1/6 do peso delas na Terra. A massa das roupas, entretanto, eram idênticas em ambas as localizações.

significativamente com a latitude. A *massa* do cadinho, entretanto, permanece constante a despeito de onde você a tenha medido.

O peso e a massa estão relacionados pela conhecida expressão

$$P = mg$$

onde P é peso de um objeto, m é a sua massa e g é a aceleração da gravidade.

Uma análise química sempre está baseada na massa. Assim, os resultados nunca dependerão da localidade. Uma balança é usada para comparar a massa de um objeto com a massa de um ou mais padrões. Como g afeta a ambos, igualmente, o objeto de massa desconhecida e os pesos padrão, a massa do objeto é idêntica à massa do padrão com a qual está sendo comparada.

A distinção entre massa e peso é frequentemente esquecida no uso comum e o processo de comparar as massas é normalmente chamado *pesagem*. Mais do que isso, os objetos com massa conhecida, assim como os resultados das pesagens, são frequentemente chamados *pesos*. Tenha sempre em mente, contudo, que dados analíticos são baseados na massa em vez do peso. Portanto, ao longo deste livro usaremos massa em lugar de peso para descrever as quantidades de substâncias ou objetos. Por outro lado, devido à ausência de uma palavra mais apropriada, usaremos "pesar" para o ato de determinar a massa de um objeto. Igualmente, com frequência utilizaremos "pesos" para expressar as massas padrão usadas na pesagem.

4A-3 O Mol

O **mol** é a unidade SI para a quantidade de matéria de substâncias químicas. Está sempre associado a entidades microscópicas específicas tais como átomos, moléculas, íons, elétrons, outras partículas ou grupos específicos de tais partículas representadas por uma fórmula química. É a quantidade da substância especificada que contém o mesmo número de partículas que o número de átomos de carbono em exatamente 12 gramas de ^{12}C. Este importante número é o de Avogadro $N_A = 6{,}022 \times 10^{23}$. A **massa molar** $\mathcal{M}$ de uma substância é a massa em gramas de 1 mol daquela substância. Calculamos as massas molares pela soma das massas atômicas de todos os átomos que aparecem em uma fórmula química. Por exemplo, a massa molar do formaldeído, CH_2O, é

$$\mathcal{M}_{CH_2O} = \frac{1\ \cancel{\text{mol de C}}}{\text{mol de } CH_2O} \times \frac{12{,}0\ \text{g}}{\cancel{\text{mol de C}}} + \frac{2\ \cancel{\text{mol de H}}}{\text{mol de } CH_2O} \times \frac{1{,}0\ \text{g}}{\cancel{\text{mol de H}}}$$
$$+ \frac{1\ \cancel{\text{mol de O}}}{\text{mol de } CH_2O} \times \frac{16{,}0\ \text{g}}{\cancel{\text{mol de O}}}$$
$$= 30{,}0\ \text{g mol}^{-1}\ CH_2O$$

e para a glicose, $C_6H_{12}O_6$, é

$$\mathcal{M}_{C_6H_{12}O_6} = \frac{6\ \cancel{\text{mol de C}}}{\text{mol de } C_6H_{12}O_6} \times \frac{12{,}0\ \text{g}}{\cancel{\text{mol de C}}} + \frac{12\ \cancel{\text{mol de H}}}{\text{mol de } C_6H_{12}O_6} \times \frac{1{,}0\ \text{g}}{\cancel{\text{mol de H}}}$$
$$+ \frac{6\ \cancel{\text{mol de O}}}{\text{mol de } C_6H_{12}O_6} \times \frac{16{,}0\ \text{g}}{\cancel{\text{mol de O}}} = 180{,}0\ \text{g mol}^{-1}\ C_6H_{12}O_6$$

Assim, 1 mol de formaldeído tem massa de 30,0 g e 1 mol de glicose tem massa de 180,0 g.

Courtesia de David Harbaugh

Um **mol** de uma espécie química é $6{,}022 \times 10^{23}$ átomos, moléculas, íons, elétrons, pares iônicos ou partículas subatômicas.

DESTAQUE 4-1

Unidades de Massa Atômica Unificada e o Mol

As massas dos elementos listados na tabela ao final deste livro são *massas relativas* em termos de unidades de *massa atômica unificadas* (u) ou *daltons* (Da). A unidade de massa atômica unificada (normalmente abreviada para massa atômica) está baseada em uma escala relativa cuja referência é o isótopo do carbono ^{12}C, ao qual foi *atribuída* exatamente a massa de 12 u. Assim, o u é, por definição, 1/12 da massa de um átomo neutro de ^{12}C. Então, a *massa molar* $\mathcal{M}$ do ^{12}C é definida como a massa em gramas de $6{,}022 \times 10^{23}$ átomos do isótopo de carbono-12, ou exatamente 12 g. Da mesma forma, a massa molar de outro elemento qualquer é a massa em gramas de $6{,}022 \times 10^{23}$ átomos do elemento e é numericamente igual à massa atômica do elemento em unidades u. Assim, a massa atômica do oxigênio de ocorrência natural é 15,9994 u e sua massa molar é 15,999 g.

Charles D. Winters

Aproximadamente um mol de diversos elementos. No sentido horário a partir da esquerda acima temos 64 g de pequenas esferas de cobre, 27 g de folhas de alumínio amassadas, 207 g de chumbo de espingarda, 24 g de limalha de magnésio, 52 g de pedaços de cromo e 32 g de enxofre em pó. Os béqueres na foto têm volume de 50 ml.

DESAFIO. Mostre que a relação interessante e útil que se segue está correta: 1 mol de unidades de massa atômica = $6{,}022 \times 10^{23}$ u = 1 g.

A quantidade de matéria n_X de uma espécie X de massa molar $\mathcal{M}_X$ é dado por

$$\text{quantidade de X} = n_X = \frac{m_X}{\mathcal{M}_X}$$

$$\text{mol X} = \frac{\text{g X}}{\text{g X (mol X)}^{-1}}$$

$$= \text{g X} \times \frac{\text{mol X}}{\text{g X}}$$

A quantidade de matéria em milimols (mmol) é dada por:

$$\text{mmol X} = \frac{\text{g X}}{\text{g X (mmol X)}^{-1}}$$

$$= \text{g X} \times \frac{\text{mmol X}}{\text{g X}}$$

Na realização de cálculos deste tipo, você deve incluir todas as unidades, assim como fazemos em todo este capítulo. Essa prática frequentemente revela erros na montagem das equações.

4A-4 O Milimol

Algumas vezes é mais conveniente fazer os cálculos com milimols (mmol) do que com o mol; o milimol é 1/1.000 do mol. A massa em gramas de um milimol, a massa milimolar (m$\mathcal{M}$), também é 1/1.000 da massa molar.

1 mmol = 10^{-3} mol e 10^3 mmol = 1 mol

4A-5 Cálculos da Quantidade de uma Substância em Mols ou Milimols

Os dois exemplos que seguem ilustram como a quantidade de matéria em mols e milimols de uma espécie pode ser determinada a partir da sua massa em gramas ou da massa de uma espécie quimicamente relacionada.

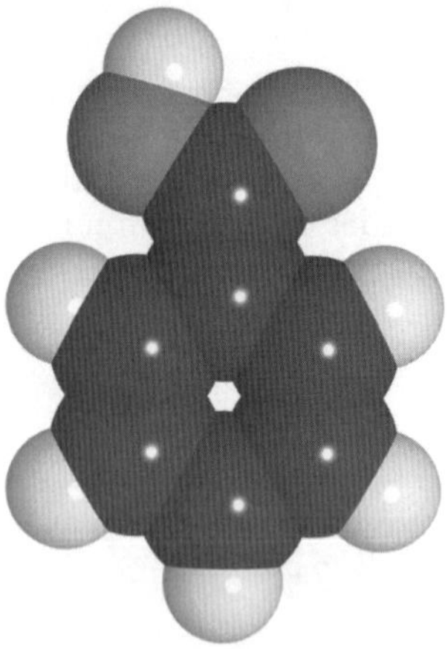

Modelo molecular do ácido benzoico, C_6H_5COOH. O ácido benzoico é encontrado largamente na natureza, particularmente em frutas vermelhas. É amplamente utilizado como conservante em alimentos, gorduras e sucos de frutas, como agente fixador no tingimento de tecidos e como padrão em calorimetria e análise ácido-base.

EXEMPLO 4-1

Encontre a quantidade de matéria de ácido benzoico ($\mathcal{M}$ = 122,1 g mol^{-1}) que está contida em 2,00 g do ácido puro.

Resolução

Se usarmos HBz para representar o ácido benzoico, podemos escrever que 1 mol de HBz tem uma massa de 122,1 g. Assim,

$$\text{quantidade de matéria de HBz} = n_{HBz} = 2{,}00\ \text{g HBz} \times \frac{1\ \text{mol HBz}}{122{,}1\ \text{g HBz}} \qquad (4\text{-}1)$$

$$= 0{,}0164\ \text{mol HBz}$$

Para obtermos a quantidade de matéria em milimols, dividimos pela massa milimolar (0,1221 g $mmol^{-1}$), isto é,

$$\text{quantidade de matéria de HBz} = 2{,}00\ \text{g HBz} \times \frac{1\ \text{mmol HBz}}{0{,}1221\ \text{g HBz}} = 16{,}4\ \text{mmol HBz}$$

EXEMPLO 4-2

Qual é a massa em gramas de Na^+ (22,99 g mol^{-1}) contida em 25,0 g de Na_2SO_4 (142,0 g mol^{-1})?

Resolução

A fórmula química nos diz que 1 mol de Na_2SO_4 contém 2 mols de Na^+, isto é,

$$\text{quantidade de matéria de Na}^+ = n_{Na^+} = \text{mol Na}_2\text{SO}_4 \times \frac{2\ \text{mol Na}^+}{\text{mol Na}_2\text{SO}_4}$$

Para obtermos a quantidade de matéria de Na_2SO_4, procedemos como no Exemplo 4-1:

$$\text{quantidade de matéria de Na}_2\text{SO}_4 = n_{Na_2SO_4} = 25{,}0\ \text{g Na}_2\text{SO}_4 \times \frac{1\ \text{mol Na}_2\text{SO}_4}{142{,}0\ \text{g Na}_2\text{SO}_4}$$

Combinando esta equação com a primeira, temos

$$\text{quant. de mat. de Na}^+ = n_{Na^+} = 25{,}0\ \text{g Na}_2\text{SO}_4 \times \frac{1\ \text{mol Na}_2\text{SO}_4}{142{,}0\ \text{g Na}_2\text{SO}_4} \times \frac{2\ \text{mol Na}^+}{\text{mol Na}_2\text{SO}_4}$$

Para encontrar a massa de sódio em 25,0 g de Na_2SO_4, multiplicamos a quantidade de matéria de Na^+ pela massa molar do Na^+, 22,99 g. Isto é,

$$\text{massa de Na}^+ = \text{mol Na}^+ \times \frac{22{,}99\ \text{g Na}^+}{\text{mol Na}^+}$$

Substituindo a equação anterior, temos a quantidade de massa em gramas de Na^+:

$$\text{massa de Na}^+ = 25{,}0\ \text{g Na}_2\text{SO}_4 \times \frac{1\ \text{mol Na}_2\text{SO}_4}{142{,}0\ \text{g Na}_2\text{SO}_4} \times \frac{2\ \text{mol Na}^+}{\text{mol Na}_2\text{SO}_4} \times \frac{22{,}99\ \text{g Na}^+}{\text{mol Na}^+}$$

$$= 8{,}10\ \text{g de Na}^+$$

DESTAQUE 4-2

O Método da Análise Dimensional para o Exemplo 4-2

Alguns estudantes e professores acham mais fácil escrever a solução do problema de forma que as unidades presentes no denominador de cada termo seguinte eliminem as unidades presentes no numerador do anterior, até que a resposta seja obtida. Esse método é denominado **método da análise dimensional**. Nesse caso, no Exemplo 4-2 a unidade da resposta é g Na^+ e a unidade dada é g Na_2SO_4. Assim, podemos escrever

$$25{,}0 \text{ g de } Na_2SO_4 \times \frac{\text{mol de } Na_2SO_4}{142{,}0 \text{ g de } Na_2SO_4}$$

Primeiro, elimina-se o mol do Na_2SO_4

$$25{,}0 \text{ g de } Na_2SO_4 \times \frac{\text{mol de } Na_2SO_4}{142{,}0 \text{ g de } Na_2SO_4} \times \frac{2 \text{ mol de } Na^+}{\text{mol de } Na_2SO_4}$$

e então elimina-se o mol do Na^+. Isto é,

$$25{,}0 \text{ g de } Na_2SO_4 \times \frac{1 \text{ mol de } Na_2SO_4}{142{,}0 \text{ g de } Na_2SO_4} \times \frac{2 \text{ mol de } Na^+}{\text{mol de } Na_2SO_4} \times \frac{22{,}99 \text{ g de } Na^+}{\text{mol de } Na^+} = 8{,}10 \text{ g de } Na^+$$

4B SOLUÇÕES E SUAS CONCENTRAÇÕES

Ao longo do curso da história, medidas e suas unidades correspondentes eram inventadas em nível local. Por necessidade de comunicação primitiva e tecnologia local, padrões eram quase inexistentes e conversões entre os muitos sistemas eram difíceis.[1] O resultado foi muitas maneiras distintas de expressar concentrações de soluções. Felizmente para nós, o advento da tecnologia das comunicações rápidas e o desenvolvimento de viagens eficientes forçou a globalização da ciência das medidas e, junto com ela, a definição de padrões globais de medidas. Nenhum campo tem gostado mais do benefício em relação a isto que a Química, em especial a Química Geral e Analítica. Mesmo assim, usamos vários métodos para expressar a concentração.

4B-1 Concentrações de Soluções

Nas páginas seguintes, descreveremos quatro maneiras fundamentais de expressar a concentração de solução: a concentração em quantidade de matéria, a concentração em porcentagem, a razão volumétrica diluente-solução e as funções p.

Concentração em Quantidade de Matéria

A **concentração em quantidade de matéria** (concentração molar) c_X de uma solução contendo a espécie química X é dada pela quantidade de matéria da espécie que está contida em 1 L de solução (*e não em 1 L do solvente*). Em termos de quantidade de matéria de soluto, n, e o volume de solução, V, escrevemos

$$c_x = \frac{n_X}{V} \tag{4-2}$$

$$\text{concentração em quantidade de matéria} = \frac{\text{quantidade de matéria do soluto}}{\text{volume em litros}}$$

[1] Em uma paródia de humor (e talvez *geeky*) da proliferação local de unidades de medida, o amigo de Robinson Crusoé, Sexta-Feira, mediu quantidades de matéria em esquilos e volume em bexigas de cabra. Veja J. E. Bissey, *J. Chem. Educ.*, v. 46, n. 8, p. 497, **1969**, **DOI**: 10.121/ed046p497.

A unidade da concentração em quantidade de matéria é **mol** por litro, simbolizado por **mol L^{-1}**. Concentração em quantidade de matéria é também a quantidade de matéria em milimols por mililitro de solução.

$$1\ \text{M} = 1\ \text{mol L}^{-1} = 1\ \frac{\text{mol}}{\text{L}} = 1\ \text{mmol mL}^{-1} = 1\ \frac{\text{mmol}}{\text{mL}}$$

EXEMPLO 4-3

Calcule a concentração em quantidade de matéria de etanol em uma solução aquosa que contém 2,30 g de C_2H_5OH (46,07 g mol L^{-1}) em 3,50 L de solução.

Resolução

Para calcular a concentração em quantidade de matéria, devemos encontrar tanto a quantidade de etanol quanto o volume da solução. O volume é dado como 3,50 L, logo, tudo que precisamos fazer é converter a massa de etanol para a quantidade correspondente em mols.

$$\text{quant. de mat. de } C_2H_5OH = n_{C_2H_5OH} = 2{,}30\ \text{g de } C_2H_5OH \times \frac{1\ \text{mol de } C_2H_5OH}{46{,}07\ \text{g de } C_2H_5OH} = 0{,}04992\ \text{mol de } C_2H_5OH$$

Para obtermos a concentração em concentração de matéria, $c_{C_2H_5OH}$, dividimos pelo volume. Assim,

$$c_{C_2H_5OH} = \frac{2{,}30\ \text{g de } C_2H_5OH \times \dfrac{1\ \text{mol de } C_2H_5OH}{46{,}07\ \text{g de } C_2H_5OH}}{3{,}50\ \text{L}}$$

$$= 0{,}0143\ \text{mol de } C_2H_5OH\ \text{L}^{-1} = 0{,}0143\ \text{mol L}^{-1}$$

Veremos que existem duas maneiras de expressar a concentração em quantidade de matéria: a concentração analítica em quantidade de matéria e a concentração de equilíbrio em quantidade de matéria. A distinção entre estas duas expressões está no fato de o soluto sofrer ou não alteração química no processo de solução.

Concentração analítica em quantidade de matéria é a quantidade de matéria total de um soluto, independentemente do estado químico, em 1 L de solução. A concentração analítica em quantidade de matéria descreve como uma solução de uma determinada concentração pode ser preparada.

Concentração Analítica em Quantidade de Matéria

A **concentração analítica em quantidade de matéria**, ou para o bem da simplificação, apenas **concentração analítica**, de uma solução fornece a quantidade de matéria *total* de um soluto em 1 litro de solução (ou a quantidade de matéria total em milimols em 1 mL). Em outras palavras, a concentração analítica em quantidade de matéria especifica uma receita através da qual a solução pode ser preparada independentemente de o que pode acontecer com o soluto durante o processo de solução. Observe que no Exemplo 4-3, a concentração em quantidade de matéria que calculamos é também a concentração analítica em quantidade de matéria $c_{C_2H_5OH} = 0{,}0143$ mol L^{-1} porque as moléculas do soluto etanol estão intactas após o processo de solução.

Em um outro exemplo, uma solução de ácido sulfúrico que tem uma concentração analítica de $c_{H_2SO_4} = 1{,}0$ mol L^{-1} pode ser preparada dissolvendo-se 1,0 mol, ou 98 g de H_2SO_4 em água e diluindo o ácido para exatamente 1,0 L. Como veremos, existem diferenças importantes entre os exemplos do etanol e do ácido sulfúrico.

Concentração de Equilíbrio em Quantidade de Matéria

A **concentração de equilíbrio em quantidade de matéria** ou apenas **concentração de equilíbrio**, se refere à concentração em quantidade de matéria de uma *espécie em particular* em uma solução em equilíbrio. Para especificar a concentração de equilíbrio em quantidade de matéria de uma espécie é necessário conhecer como o soluto se comporta quando é dissolvido em um solvente. Por exemplo, concentração de equilíbrio em quantidade de matéria do H_2SO_4 em uma solução, com uma concentração analítica de $c_{H_2SO_4}$ = 1,0 mol L^{-1}, é 0,0 mol L^{-1} porque o ácido sulfúrico está totalmente dissociado em uma mistura dos íons H^+, HSO_4^- e SO_4^{2-}; essencialmente, nenhuma molécula de H_2SO_4 está presente na solução. As concentrações de equilíbrio desses três íons são 1,01, 0,99 e 0,01 mol L^{-1}, respectivamente.

As concentrações de equilíbrio são frequentemente simbolizadas colocando-se colchetes antes e depois da fórmula química da espécie. Assim, para nossa solução de H_2SO_4, com uma concentração analítica de 1,0 mol L^{-1}, podemos escrever

$$[H_2SO_4] = 0{,}00 \text{ mol L}^{-1} \qquad [H^+] = 1{,}01 \text{ mol L}^{-1}$$

$$[HSO_4^-] = 0{,}99 \text{ mol L}^{-1} \qquad [SO_4^{2-}] = 0{,}01 \text{ mol L}^{-1}$$

Concentração de equilíbrio em quantidade de matéria é a concentração em quantidade de matéria de uma espécie em particular em uma solução.

No nosso estudo da Química, descobriremos que a terminologia constantemente evolui à medida que refinamos nosso entendimento do processo que estudamos e nos esforçamos para descrever com mais precisão. **Concentração em quantidade de matéria**, cujo sinônimo é concentração molar, é um exemplo de um termo que está rapidamente saindo de moda. Embora você ainda possa encontrar em algumas ocasiões, neste livro, evitamos o emprego deste termo.

A IUPAC recomenda, em termos gerais de **concentração** para expressar a composição de uma solução em relação ao seu volume, com quatro subtermos: **concentração em quantidade de matéria**, **concentração em massa**, **concentração em volume** e **concentração em número**. Concentração em quantidade de matéria, concentração analítica e de quantidade de matéria e concentração de equilíbrio em quantidade de matéria se encaixam nesta definição.

EXEMPLO 4-4

Calcular as concentrações em quantidade de matéria analítica e de equilíbrio para as espécies do soluto presentes em uma solução aquosa que contém 285 mg de ácido tricloroacético, Cl_3CCOOH (163,4 g/mol), em 10 mL (o ácido está 73% ionizado em água).

Resolução

Como no Exemplo 4-3, calculamos a quantidade de matéria de Cl_3CCOOH, o qual designamos como HA, e dividimos pelo volume da solução, 10,0 mL, ou 0,01000 L. Assim,

$$\text{quant. de HA} = n_{HA} = 285 \text{ mg de HA} \times \frac{1 \text{ g de HA}}{1.000 \text{ mg de HA}} \times \frac{1 \text{ mol de HA}}{163{,}4 \text{ g de HA}}$$

$$= 1{,}744 \times 10^{-3} \text{ mol de HA}$$

Então, a concentração analítica em quantidade de matéria, c_{HA} é

$$c_{HA} = \frac{1{,}744 \times 10^{-3} \text{ mol de HA}}{10{,}0 \text{ mL}} \times \frac{1.000 \text{ mL}}{1 \text{ L}} = 0{,}174 \frac{\text{mol de HA}}{\text{L}} = 0{,}174 \text{ mol L}^{-1}$$

Nessa solução, 73% do HA se dissocia, dando H^+ e A^-:

$$HA \rightleftharpoons H^+ + A^-$$

Então a concentração de equilíbrio HA é 27% de c_{HA}. Assim,

$$[HA] = c_{HA} \times (100 - 73)/100 = 0{,}174 \times 0{,}27 = 0{,}047 \text{ mol L}^{-1}$$

$$= 0{,}047 \text{ mol L}^{-1}$$

A concentração de equilíbrio A^- é igual a 73% da concentração analítica de HA. Isto é,

$$[A^-] = \frac{73 \text{ mol de A}^-}{100 \text{ mol de HA}} \times 0{,}174 \frac{\text{mol de HA}}{\text{L}} = 0{,}127 \text{ mol L}^{-1}$$

Neste exemplo, a *concentração analítica em quantidade de matéria* do H_2SO_4 é dada por

$$c_{H_2SO_4} = [SO_4^{2-}] + [HSO_4^-]$$

porque SO_4^{2-} e HSO_4^- são as únicas espécies que contêm sulfato na solução. As *concentrações de equilíbrio de quantidade de matéria* dos íons são $[SO_4^{2-}]$ e $[HSO_4^-]$.

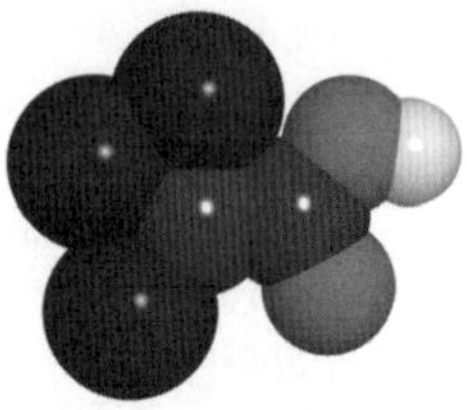

Modelo molecular do ácido tricloroacético, Cl_3CCOOH. A forte acidez do ácido tricloroacético é frequentemente atribuída ao efeito indutivo dos três átomos de cloro ligados ao final da molécula, em oposição ao próton ácido. A densidade eletrônica é removida para longe do grupo carboxilato, assim o ânion tricloroacetato, que é formado quando o ácido se dissocia, é estabilizado. O ácido é empregado na precipitação de proteínas e em preparações dermatológicas usadas na remoção de tecidos indesejados.

como 1 mol de H^+ é formado para cada mol de A^-, também podemos escrever

$$[H^+] = [A^-] = 0{,}127 \text{ mol L}^{-1}$$

e

$$c_{HA} = [HA] + [A^-] = 0{,}047 + 0{,}127 = 0{,}174 \text{ mol L}^{-1}$$

EXEMPLO 4-5

Descreva a preparação de solução aquosa de 2,00 L de $BaCl_2$ 0,108 mol L^{-1}, a partir do $BaCl_2 \cdot 2H_2O$ (244,3 g mol^{-1}).

Resolução

Para determinar o número de gramas do soluto a ser dissolvido e diluído para 2,00 L, observamos que 1 mol do di-hidratado gera 1 mol de BaC_{l2}. Portanto, para produzir essa solução vamos precisar de

$$2{,}00 \text{ L} \times \frac{0{,}108 \text{ mol de } BaCl_2 \cdot 2H_2O}{\text{L}} = 0{,}216 \text{ mol de } BaCl_2 \cdot 2H_2O$$

Então, a massa de $BaCl_2 \cdot 2H_2O$ é

$$0{,}216 \text{ mol de } BaCl_2 \cdot 2H_2O \times \frac{244{,}3 \text{ g de } BaCl_2 \cdot 2H_2O}{\text{mol de } BaCl_2 \cdot 2H_2O} = 52{,}8 \text{ g de } BaCl_2 \cdot 2H_2O$$

Dissolvem-se 52,8 g de $BaCl_2 \cdot 2H_2O$ em água e dilui-se para 2,00 L.

A quantidade de matéria da espécie A em uma solução de A é dado por

$$\text{quantidade de matéria de A} = n_A = c_A \times V_A$$

$$\text{quantidade de matéria de A} = \frac{\text{mol}_A}{\text{L}} \times \text{L}$$

em que V_A é o volume da solução em litros.

EXEMPLO 4-6

Descreva a preparação de 500 mL de uma solução de Cl^- 0,0740 mol L^{-1}, preparada a partir de $BaCl_2 \cdot 2H_2O$ (244,3 g mol^{-1}) sólido.

Resolução

$$\text{massa de } BaCl_2 \cdot 2H_2O = \frac{0{,}0740 \text{ mol de Cl}}{\text{L}} \times 0{,}500 \text{ L} \times \frac{1 \text{ mol de } BaCl_2 \cdot 2H_2O}{2 \text{ mol de Cl}}$$

$$\times \frac{244{,}3 \text{ g de } BaCl_2 \cdot 2H_2O}{\text{mol de } BaCl_2 \cdot 2H_2O} = 4{,}52 \text{ g de } BaCl_2 \cdot 2H_2O$$

Dissolvem-se 4,52 g de $BaCl_2 \cdot 2H_2O$ em água e dilui-se para 0,500 L ou 500 mL.

Concentração Porcentual

Com frequência os químicos expressam concentrações em termos de porcentagem (partes por cem). Infelizmente, essa prática pode ser uma fonte de ambiguidade, pois a composição porcentual de uma solução pode ser expressa de várias maneiras. Três métodos comuns são:

$$\text{porcentagem em massa (m/m)} = \frac{\text{massa do soluto}}{\text{massa da solução}} \times 100\%$$

$$\text{porcentagem em volume (v/v)} = \frac{\text{volume do soluto}}{\text{volume da solução}} \times 100\%$$

$$\text{porcentagem em massa/volume (m/v)} = \frac{\text{massa do soluto, g}}{\text{volume da solução, mL}} \times 100\%$$

Note que o denominador em cada uma das expressões refere-se à *solução* em vez de ao solvente. Observe também que as duas primeiras expressões não dependem das unidades empregadas (contanto, obviamente, que haja consistência entre o numerador e o denominador). Na terceira expressão, as unidades precisam ser definidas, uma vez que o numerador e o denominador têm diferentes unidades, que não podem ser canceladas. Das três expressões, apenas a porcentagem em massa tem a virtude de ser independente da temperatura.

> Porcentagem em peso deve ser chamada porcentagem em massa e abreviado como m/m. Na terminologia da IUPAC, porcentagem por massa é a concentração em massa.

A porcentagem em massa é frequentemente empregada para expressar a concentração de reagentes aquosos comerciais. Por exemplo, o ácido nítrico é vendido como uma solução 70% (m, m), o que significa que o reagente contém 70 g de HNO_3 por 100 g de solução (ver Exemplo 4-10).

A porcentagem em volume é comumente usada para especificar a concentração de um soluto preparado pela diluição de um composto líquido puro em outro líquido. Por exemplo, uma solução aquosa de metanol 5% (v, v) descreve *geralmente* uma solução preparada pela diluição de 5,0 mL de metanol puro em água suficiente para perfazer 100 mL.

> Na terminologia da IUPAC, porcentagem em volume é concentração em volume.

A porcentagem em massa/volume é geralmente empregada para indicar a composição de soluções aquosas diluídas de reagentes sólidos. Por exemplo, o nitrato de prata aquoso 5% (m, v) *normalmente* refere-se a uma solução preparada pela dissolução de 5 g de nitrato de prata em água suficiente para perfazer 100 mL de solução.

> Você sempre deve especificar o tipo de porcentual quando relata a concentração desta forma.

Para evitar incertezas, sempre especifique explicitamente o tipo de composição porcentual que está em discussão. Se essa informação inexiste, o usuário precisa decidir intuitivamente qual dos vários tipos está envolvido. O erro potencial resultante de uma opção incorreta é considerável. Por exemplo, uma solução de hidróxido de sódio comercial 50% (m/m) contém 763 g do reagente por litro, o que corresponde a 76,3% (m/v) de hidróxido de sódio.

> Na terminologia da IUPAC, partes por bilhão, partes por milhão e partes por mil são concentrações em massa.

Partes por Milhão e Partes por Bilhão

Para soluções muito diluídas, uma maneira conveniente de expressar a concentração é em **partes por milhão** (ppm):

$$c_{ppm} = \frac{\text{massa do soluto}}{\text{massa da solução}} \times 10^6 \text{ ppm}$$

onde c_{ppm} é a concentração em partes por milhão. As unidades da massa no numerador e no denominador precisam concordar para se cancelarem. Para soluções ainda mais diluídas, 10^9 ppb em vez de 10^6 ppm é empregada na equação anterior para fornecer o resultado em **partes por bilhão** (ppb). O termo **partes por mil** (ppmil) também é encontrado, especialmente em oceanografia.

> Uma regra útil para o cálculo envolvendo partes por milhão consiste em lembrar que para soluções aquosas diluídas, cujas densidades são aproximadamente 1,00 g mL^{-1}, 1 ppm = 1,00 mg L^{-1}. Isto é,
>
> $$c_{ppm} = \frac{\text{massa do soluto (g)}}{\text{massa da solução (g)}} \times 10^6 \text{ ppm}$$
>
> $$c_{ppm} = \frac{\text{massa do soluto (g)}}{\text{volume da solução (g)}} \text{ ppm} \qquad (4\text{-}3)$$

Em termos de unidades, temos

$$\frac{g}{g} = \frac{g}{g} \times \overbrace{\frac{g}{mL}}^{\text{Densidade da solução}} \times \overbrace{\frac{10^3\,mg}{1\,g}}^{\text{Fator de conversão}}$$

$$\times \overbrace{\frac{10^3\,mL}{1\,L}}^{\text{Fator de conversão}} = 10^6\,\frac{mg}{L}$$

Em outras palavras, a concentração em massa expressa em g/g é um fator 10^6 vezes maior que a concentração em massa expressa em mg L^{-1}. Consequentemente, se desejamos expressar a concentração em massa em ppm e as unidades estão em mg L^{-1}, simplesmente usamos ppm. Se ela está expressa em g/g, devemos multiplicar a razão por 10^6 ppm.

$$c_{ppb} = \frac{\text{massa do soluto (g)}}{\text{massa da solução (g)}} \times 10^9\,\text{ppb}$$

$$c_{ppb} = \frac{\text{massa do soluto } (\mu g)}{\text{massa da solução (g)}}\,\text{ppb}$$

Similarmente, se desejamos expressar a concentração em massa em ppb, convertemos as unidades para μg L^{-1} e usamos ppb.

EXEMPLO 4-7

Qual é a concentração em quantidade de matéria do K^+ em uma solução que contém 63,3 ppm de $K_3Fe(CN)_6$ (329,3 g/mol^{-1})?

Resolução

Uma vez que a solução é tão diluída, é razoável considerar que sua densidade é 1,00 g mL^{-1}. Portanto, de acordo com a Equação 4-2,

$$63{,}3\text{ ppm de } K_3Fe(CN)_6 = 63{,}3\text{ mg de } K_3Fe(CN)_6\ L^{-1}$$

$$\frac{\text{quant. de mat. de } K_3Fe(CN)_6}{L} = \frac{63{,}3\text{ mg de} K_3Fe(CN)_6}{L} \times \frac{1\text{ g de } K_3Fe(CN)_6}{1.000\text{ m de} K_3Fe(CN)_6}$$

$$\times \frac{1\text{ mol de } K_3Fe(CN)_6}{329{,}3\text{ g de } K_3Fe(CN)_6} = 1{,}922 \times 10^{-4}\,\frac{mol}{L}$$

$$= 1{,}922 \times 10^{-4}\text{ mol } L^{-1}$$

$$[K^+] = \frac{1{,}922 \times 10^{-4}\text{ mol de } K_3Fe(CN)_6}{L} \times \frac{3\text{ mol } K^+}{1\text{ mol de } K_3Fe(CN)_6}$$

$$= 5{,}77 \times 10^{-4}\,\frac{\text{mol de } K^+}{L} = 5{,}77 \times 10^{-4}\text{ mol } L^{-1}$$

Razões de Volumes Solução-Diluente

A composição de uma solução diluída é especificada, algumas vezes, em termos do volume de uma solução mais concentrada e do volume do solvente usado na sua diluição. O volume do primeiro é separado daquele do último por dois pontos. Assim, uma solução de HCl 1:4 contém quatro volumes de água para cada volume de ácido clorídrico concentrado. Esse método de notação é frequentemente ambíguo, uma vez que a concentração da solução original não é sempre óbvia para o leitor. Mais do que isso, sob certas circunstâncias, 1:4 significa diluir um volume com três volumes. Em função dessas incertezas, você deve evitar o uso das razões solução-diluente.

Funções p

Frequentemente os cientistas expressam a concentração de uma espécie em termos de **função p** ou **valor p**. O valor p é o logaritmo negativo (na base 10) da concentração em quantidade de matéria da espécie. Assim, para a espécie X,

$$pX = -\log\,[X]$$

A função p mais conhecida é pH, que é o negativo do logaritmo de $[H^+]$. Abordamos a natureza do H^+, sua natureza em solução aquosa e a representação alternativa H_3O^+ na Seção 9A-2.

Conforme mostrado nos exemplos que se seguem, valores p oferecem a vantagem de permitir que as concentrações, que variam de dez ou mais ordens de grandeza, sejam expressas em termos de números pequenos positivos.

EXEMPLO 4-8

Calcule o valor p para cada íon presente em uma solução que é 2,00 × 10^{-3} mol L^{-1} em NaCl e 5,4 × 10^{-4} mol L^{-1} em HCl.

Resolução

$$pH = -\log\,[H^+] = -\log\,(5{,}4 \times 10^{-4}) = 3{,}27$$

Para obtermos pNa, escrevemos

$$pNa = -\log[Na^+] = -\log\,(2{,}00 \times 10^{-3}) = -\log\,(2{,}00 \times 10^{-3}) = 2{,}699$$

A concentração total de Cl^- é dada pela soma das concentrações dos dois solutos:

$$[Cl^-] = 2{,}00 \times 10^{-3}\ \text{mol L}^{-1} + 5{,}4 \times 10^{-4}\ \text{mol L}^{-1}$$
$$= 2{,}00 \times 10^{-3}\ \text{mol L}^{-1} + 5{,}4 \times 10^{-3}\ \text{mol L}^{-1} = 2{,}54 \times 10^{-3}\ \text{mol L}^{-1}$$
$$\text{pCl} = -\log [Cl^-] = -\log 2{,}54 \times 10^{-3} = 2{,}595$$

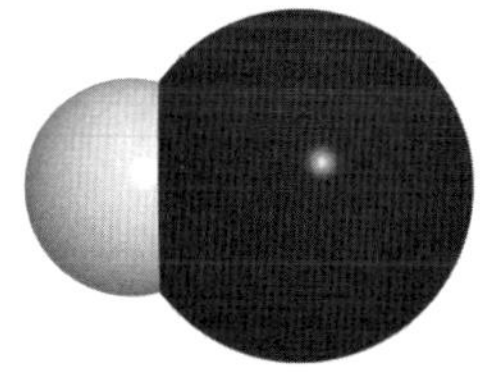

Modelo molecular do HCl. O cloreto de hidrogênio é um gás que consiste em moléculas diatômicas heteronucleares. O gás é extremamente solúvel em água; quando uma solução do gás é preparada, as moléculas se dissociam para formar o ácido clorídrico aquoso, o qual consiste em íons H_3O^+ e Cl^-. Veja Figura 9-1 e a discussão acompanhando a natureza do H_3O^+.

Observe que no Exemplo 4-8, e no seguinte, os resultados são arredondados de acordo com as regras listadas adiante.

EXEMPLO 4-9

Calcule a concentração em quantidade de matéria de Ag^+ em uma solução com pAg de 6,372.

Resolução

$$\text{pAg} = -\log[Ag^+] = 6{,}372$$
$$\log[Ag^+] = -6{,}372$$
$$[Ag^+] = 4{,}246 \times 10^{-7} \approx 4{,}246 \times 10^{-7}\ \text{mol L}^{-1}$$

4B-2 Densidade e Gravidade Específica de Soluções

Densidade e gravidade específica são termos relacionados muitas vezes encontrados na literatura analítica. A **densidade** de uma substância é a sua massa por unidade de volume e sua **gravidade específica** é a razão da sua massa e da massa de um volume igual de água a 4°C. A densidade apresenta unidades de quilogramas por litro ou gramas por mililitro no sistema métrico. A gravidade específica é adimensional e, portanto, não está vinculada a qualquer sistema específico de unidades. Por essa razão, a gravidade específica é largamente utilizada na descrição de itens comerciais (ver **Figura 4-1**). Uma vez que a densidade da água é aproximadamente 1,00 g mL^{-1} e como usamos o sistema métrico em todo este livro, a densidade e a gravidade específica são usadas de forma intercambiável. As gravidades específicas de alguns ácidos e bases concentrados são fornecidas na **Tabela 4-3**.

Densidade é a massa de uma substância por unidade de volume. Em unidades SI, a densidade é expressa em unidades kg L^{-1} ou, alternativamente, em g mL^{-1}.

Gravidade específica é a razão da massa de uma substância pela massa de um volume igual de água.

EXEMPLO 4-10

Calcular a concentração em quantidade de matéria de HNO3 (63,0 g/mol) em uma solução com uma gravidade específica de 1,42 e 70,5% em HNO3 (m/m).

Resolução

Vamos, primeiro, calcular a quantidade em gramas do ácido por litro da solução concentrada

$$\frac{\text{g de HNO}_3}{\text{L de reagente}} = \frac{1{,}42\ \text{kg de reagente}}{\text{L de reagente}} \times \frac{10^3\text{g de reagente}}{\text{kg de reagente}} \times \frac{70{,}5\ \text{g de HNO}_3}{100\text{g de reagente}} = \frac{1001\ \text{g de HNO}_3}{\text{L de reagente}}$$

Então,

$$c_{\text{HNO}_3} = \frac{1001\ \text{g de HNO}_3}{\text{L de reagente}} \times \frac{1\ \text{mol de HNO}_3}{63{,}0\ \text{g de HNO}_3} = \frac{15{,}9\ \text{mol de HNO}_3}{\text{L de reagente}} \approx 16\ \text{mol L}^{-1}$$

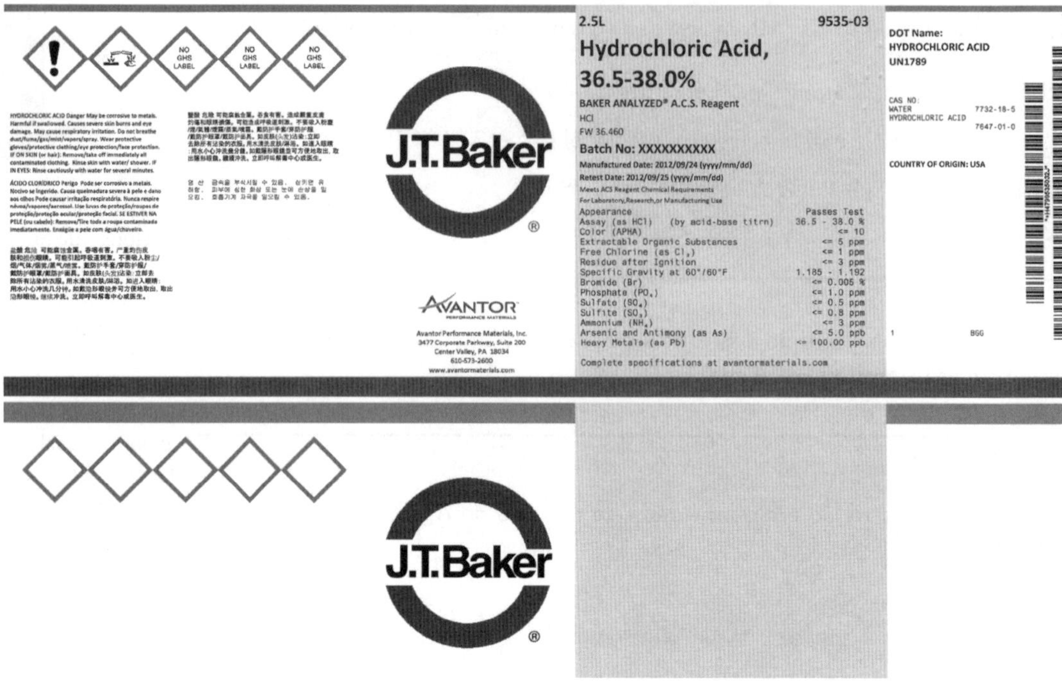

Figura 4-1 Rótulo de uma garrafa de ácido clorídrico grau de reagente. Observe que a gravidade específica do ácido sob a temperatura de 60° a 80°F é especificada no rótulo. (Rótulo fornecido pela *Mallinckrodt Baker, Inc., Phillipsburg, NJ 08865*)

TABELA 4-3

Gravidades Específicas de Ácidos e Bases Comerciais Concentrados

Reagente	Concentração, % (m/m)	Gravidade Específica
Ácido acético	99,7	1,05
Amônia	29,0	0,90
Ácido clorídrico	37,2	1,19
Ácido fluorídrico	49,5	1,15
Ácido nítrico	70,5	1,42
Ácido perclórico	71,0	1,67
Ácido fosfórico	86,0	1,71
Ácido sulfúrico	96,5	1,84

EXEMPLO 4-11

Descreva a preparação de 100 mL de HCl 6,0 mol L^{-1} a partir da solução concentrada, com uma gravidade específica de 1,18 e 37% (m/m) (em massa molar HCl: 36,5 g mol^{-1}).

Resolução

Procedendo como no Exemplo 4-10, primeiro calculamos concentração em quantidade de matéria do reagente concentrado. Então calculamos a quantidade de matéria do ácido que precisamos para a solução diluída. Finalmente, dividimos o segundo valor pelo primeiro para obter o volume de ácido concentrado requerido. Assim, para obter a concentração do reagente, escrevemos

$$c_{HNO_3} = \frac{1001 \text{ g de } HNO_3}{\text{L de reagente}} \times \frac{1 \text{ mol de } HNO_3}{63{,}0 \text{ g de } HNO_3} = \frac{15{,}9 \text{ mol de } HNO_3}{\text{L de reagente}} \approx 16 \text{ mol L}^{-1}$$

A quantidade da matéria de HCl requerida é dada por

$$\text{quant. de mat. HCl} = 100 \text{ mL} \times \frac{1 \text{ L}}{1000 \text{ mL}} \times \frac{6{,}0 \text{ mol de HCl}}{\text{L}} = 0{,}600 \text{ mol de HCl}$$

Finalmente, para obter o volume do reagente concentrado, escrevemos

$$\text{vol. de reagente concentrado} = 0{,}600 \text{ mol de HCl} \times \frac{1 \text{ L de reagente}}{12{,}0 \text{ mol de HCl}} = 0{,}0500 \text{ L ou } 50{,}0 \text{ mL}$$

Assim, diluem-se 50 mL do reagente concentrado para 600 mL.

A resolução para o Exemplo 4-11 baseia-se na relação útil que se segue, a qual será utilizada inúmeras vezes:

$$V_{conc} \times c_{conc} = V_{dil} \times c_{dil} \qquad (4\text{-}4)$$

onde os dois termos à esquerda são o volume e a concentração molar do ácido concentrado que está sendo utilizado para preparar uma solução diluída de volume e concentração dados pelos termos correspondentes à direita. Essa equação baseia-se no fato de que a quantidade de matéria do soluto presente na solução diluída deve ser igual a quantidade de matéria no reagente concentrado. Observe que o volume pode ser expresso em mililitros ou litros, desde que as mesmas unidades sejam empregadas para ambas as soluções.

A Equação 4-4 pode ser usada com as unidades L e mol L^{-1} ou mL e mmol mL^{-1}. Assim,

$$L_{conc} \times \frac{mol_{conc}}{L_{conc}} = L_{dil} \times \frac{mol_{dil}}{L_{dil}}$$

$$mL_{conc} \times \frac{mmol_{conc}}{mL_{conc}} = mL_{dil} \times \frac{mmol_{dil}}{mL_{dil}}$$

4C ESTEQUIOMETRIA QUÍMICA

A **estequiometria** é a relação quantitativa existente entre as quantidades de espécies químicas que reagem entre si. Esta seção fornece uma breve revisão da estequiometria e suas aplicações em cálculos químicos.

4C-1 Fórmulas Empíricas e Fórmulas Moleculares

Uma **fórmula empírica** fornece a razão mais simples de números inteiros de átomos que fazem parte de um composto químico. Em contraste, a **fórmula molecular** especifica o número de átomos presentes em uma molécula. Duas ou mais substâncias podem ter a mesma fórmula empírica, mas fórmulas moleculares diferentes. Por exemplo, CH_2O representa tanto a fórmula empírica quanto a fórmula molecular do formaldeído; também é a fórmula empírica para diversas substâncias, como o ácido acético, $C_2H_4O_2$, gliceraldeído, $C_3H_6O_3$ e glicose, $C_6H_{12}O_6$, assim como para mais de 50 outras substâncias que contêm seis ou menos átomos de carbono. Podemos calcular a fórmula empírica de um composto a partir de sua composição porcentual. Para determinar a fórmula molecular, temos que saber a massa molar do composto.

A **estequiometria** de uma reação é a relação entre a quantidade de matéria de reagentes e produtos conforme representada por uma equação balanceada.

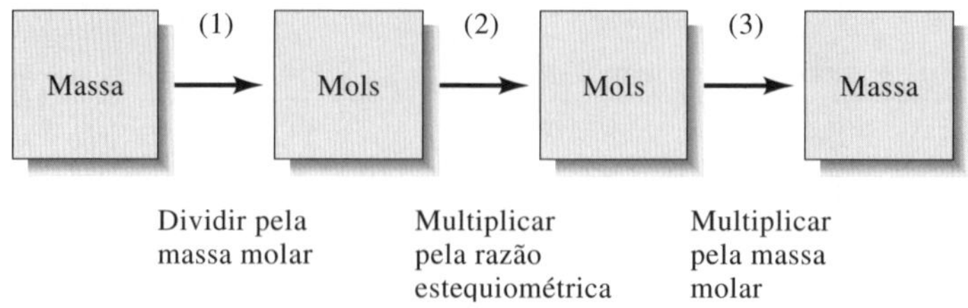

Figura 4-2 Fluxograma para a realização de cálculos estequiométricos. (1) Quando a massa de um reagente é dada, primeiramente, ela é convertida em quantidade de matéria, usando a massa molar. (2) Então, a razão estequiométrica fornecida pela equação química da reação é utilizada para encontrar o número de átomos do outro reagente que se combina com a substância original, ou com a quantidade de matéria em mols dos produtos que são formados. (3) Finalmente, a massa do outro reagente ou do produto é calculada a partir da sua massa molar.

Uma **fórmula estrutural** fornece informações adicionais. Por exemplo, os produtos químicos etanol e dimetil éter têm a mesma fórmula molecular C_2H_6O. Suas fórmulas estruturais, C_2H_5OH e CH_3OCH_3, revelam diferenças estruturais entre estes compostos que não são mostradas em sua fórmula molecular usual.

4C-2 Cálculos Estequiométricos

Uma equação química balanceada fornece as razões de combinação ou estequiométricas – em unidades de quantidade de matéria – de reagentes e seus produtos. Consequentemente, a equação

$$2\text{NaI}(aq) + \text{Pb(NO}_3)_2(aq) \rightarrow \text{PbI}_2(s) + 2\text{NaNO}_3(aq)$$

Normalmente o estado físico da substância, que aparece na equação, indicado pelas letras (*g*), (*l*), (*s*) e (*aq*), refere-se aos estados gasoso, líquido, sólido e solução aquosa, respectivamente.

indica que 2 mols de iodeto de sódio aquoso se combinam com 1 mol de nitrato de chumbo aquoso para produzir 1 mol de iodeto de chumbo sólido e 2 mols de nitrato de sódio aquoso.[2]

O Exemplo 4-12 demonstra como as massas em gramas, de reagentes e produtos, estão relacionados em uma reação química. Da mesma maneira, como mostrado na **Figura 4-2**, os cálculos desse tipo constituem um processo de três etapas envolvendo (1) transformação da massa conhecida de uma substância, em gramas, para a correspondente quantidade de matéria, (2) multiplicação da quantidade de matéria por um fator que considera a estequiometria e (3) conversão da quantidade de matéria para a unidade métrica requerida para a resposta.

EXEMPLO 4-12

(a) Qual a massa de $AgNO_3$ (169,9 g mol^{-1}) necessária para converter 2,33 g de Na_2CO_3 (106,0 g mol^{-1}) para Ag_2CO_3? (b) Qual a massa de Ag_2CO_3 (275,7 g mol^{-1}) que será formada?

Resolução

(a) $\text{Na}_2\text{CO}_3(aq) + 2\text{AgNO}_3(aq) \rightarrow \text{Ag}_2\text{CO}_3(s) + 2\text{NaNO}_3(aq)$

Etapa 1.

$$\text{quant. de matéria de Na}_2\text{CO}_3 = n_{\text{Na}_2\text{CO}_3} = 2{,}33 \text{ g de Na}_2\text{CO}_3 \times \frac{1 \text{ mol de Na}_2\text{CO}_3}{106{,}0 \text{ g de Na}_2\text{CO}_3}$$
$$= 0{,}02198 \text{ mol de Na}_2\text{CO}_3$$

[2] Neste exemplo, é vantajoso mostrar a reação em termos dos compostos químicos. Se desejarmos focalizar nossa atenção sobre as espécies que efetivamente reagem, a reação iônica líquida seria preferível:

$$2\text{I}^-(aq) + \text{Pb}^{2+}(aq) \rightarrow \text{PbI}_2(s)$$

Etapa 2. A equação balanceada mostra que

$$\text{quant. de mat. de } AgNO_3 = n_{AgNO_3} = 0{,}02198 \text{ mol de } Na_2CO_3 \times \frac{2 \text{ mol de } AgNO_3}{1 \text{ mol de } Na_2CO_3}$$

$$= 0{,}04396 \text{ mol de } AgNO_3$$

Nesta instância, razão estequiométrica é (2 mol de $AgNO_3$) / (1 mol de Na_2CO_3).

Etapa 3.

$$\text{massa de } AgNO_3 = 0{,}04396 \text{ mol de } AgNO_3 \times \frac{169{,}9 \text{ g de } AgNO_3}{\text{mol de } AgNO_3} = 7{,}47 \text{ g de } AgNO_3$$

(b) quantidade de matéria de Ag_2CO_3 = quantidade de matéria Na_2CO_3 = 0,02198 mol

$$\text{massa de } Ag_2CO_3 = 0{,}02198 \text{ mol de } Ag_2CO_3 \times \frac{275{,}7 \text{ g de } Ag_2CO_3}{\text{mol de } Ag_2CO_3} = 6{,}06 \text{ g de } Ag_2CO_3$$

EXEMPLO 4-13

Qual a massa de Ag_2CO_3 (275,7 g mol L^{-1}) formada quando 25,0 mL de AgNO3 0,200 mol L^{-1} são misturados com 50,0 mL de Na_2CO_3 0,0800 mol L^{-1}?

Resolução

A mistura dessas duas soluções resultará em uma (e apenas uma) das três alternativas que seguem:

(a) Um excesso de $AgNO_3$ permanecerá após a reação ter se completado.
(b) Um excesso de Na_2CO_3 permanecerá após a reação ter se completado.
(c) Não haverá excesso de nenhum reagente (isto é, a quantidade de matéria de Na_2CO_3 é exatamente igual a duas vezes a quantidade de matéria de $AgNO_3$).

Como primeiro passo, precisamos estabelecer qual das situações se aplica, calculando as quantidades de matéria de reagentes (em mols) disponíveis antes de as soluções serem misturadas.

As quantidades de matéria iniciais são

$$\text{quant. de mat. de } AgNO_3 = n_{AgNO_3} = 25{,}0 \text{ mL de } AgNO_3 \times \frac{1 \text{ L de } AgNO_3}{1000 \text{ mL de } AgNO_3}$$

$$\times \frac{0{,}200 \text{ mol de } AgNO_3}{\text{L de } AgNO_3} = 5{,}00 \times 10^{-3} \text{ mol de } AgNO_3$$

$$\text{quant. de mat. de } Na_2CO_3 = n_{Na_2CO_3} = 50{,}0 \text{ mL de } Na_2CO_3 \text{ sol.} \times \frac{1 \text{ L de } Na_2CO_3}{1000 \text{ mL de } Na_2CO_3}$$

$$\times \frac{0{,}0800 \text{ mol de } Na_2CO_3}{\text{L de } Na_2CO_3} = 4{,}00 \times 10^{-3} \text{ mol de } Na_2CO_3$$

Como cada íon CO_3^{2-} reage com dois íons $2 \times 4{,}00 \times 10^{-3} = 8{,}00 \times 10^{-3}$ mol de $AgNO_3$ é necessário para reagir com o Na_2CO_3. Uma vez que temos $AgNO_3$ em quantidade insuficiente, a situação (b) prevalece e a quantidade de matéria de Ag_2CO_3 produzida será limitada pela quantidade de $AgNO_3$ disponível. Assim,

$$\text{massa de } Ag_2CO_3 = 5{,}00 \times 10^{-3} \text{ mol de } AgNO_3 \times \frac{1 \text{ mol de } Ag_2CO_3}{2 \text{ mol de } AgNO_3}$$

$$\times \frac{275{,}7 \text{ g de } Ag_2CO_3}{\text{mol de } Ag_2CO_3} = 0{,}689 \text{ g de } Ag_2CO_3$$

EXEMPLO 4-14

Qual será a concentração analítica em quantidade de matéria de Na_2CO_3 na solução produzida quando 25,0 mL de $AgNO_3$ 0,200 mol L^{-1} são misturados com 50,0 mL de Na_2CO_3 de 0,0800 mol L^{-1}?

Resolução

No exemplo anterior, vimos que a formação de $5{,}00 \times 10^{-3}$ mol de $AgNO_3$ vai requerer $2{,}50 \times 10^{-3}$ mol de Na_2CO_3. A quantidade da matéria de Na_2CO_3 que não reage é dado por

$$n_{Na_2CO_3} = 4{,}00 \times 10^{-3} \text{ mol de } Na_2CO_3 - 5{,}00 \times 10^{-3} \text{ mol de } AgNO_3 \times \frac{1 \text{ mol de } Na_2CO_3}{2 \text{ mol de } AgNO_3} = 1{,}50 \times 10^{-3} \text{ mol de } Na_2CO_3$$

Por definição, a concentração em quantidade de matéria é a quantidade de matéria de Na_2CO_3/L. Assim,

$$c_{Na_2CO_3} = \frac{1{,}50 \times 10^{-3} \text{ mol de } Na_2CO_3}{(50{,}0 + 25{,}0) \text{ mL}} \times \frac{1000 \text{ mL}}{1 \text{ L}} = 0{,}0200 \text{ mol L}^{-1} \text{ de } Na_2CO_3$$

Neste capítulo, revimos muitos dos conceitos químicos básicos e dos conhecimentos necessários para um estudo efetivo da Química Analítica. Nos capítulos restantes deste livro você irá desenvolver seus conhecimentos alicerçando-se firmemente sobre esses fundamentos, à medida que você passar a explorar os métodos de análise química.

TRABALHO NA WEB

Este capítulo se iniciou com um destaque a respeito de esferas de silício praticamente perfeitas, que estão sendo utilizadas para se determinar o número de Avogadro. Quando esta medida estiver completa, o quilograma será redefinido da massa de um cilindro de Pt-Ir hospedado em Paris para a massa de um múltiplo conhecido do número de Avogadro de átomos de silício. Isto será chamado de **quilograma de silício.**

QUESTÕES E PROBLEMAS

4-1. Defina
- *(a) milimol.
- (b) massa molar.
- *(c) massa milimolar.
- (d) partes por milhão.

4-2. Qual é a diferença entre concentração das espécies em quantidade de matéria e concentração analítica em quantidade de matéria?

***4-3.** Dê dois exemplos de unidades derivadas de unidades fundamentais SI.

4-4. Simplifique as seguintes quantidades usando uma unidade com o prefixo apropriado:
- *(a) $3{,}2 \times 10^{8}$ Hz.
- (b) $4{,}56 \times 10^{-7}$ g.
- *(c) $8{,}43 \times 10^{7}$ μmol.
- (d) $6{,}5 \times 10^{10}$ s.
- *(e) $8{,}96 \times 10^{6}$ nm.
- (f) 48 000 g.

***4-5.** Mostre que um grama é um mol de unidades de massa atômica unificada.

4-6. Em uma das legendas de figuras, sugerimos que o quilograma padrão pode em breve ser definido como 1000/12 do número de Avogadro de átomos de carbono. Prove que esta afirmativa está correta matematicamente, e discuta as implicações desta nova definição do quilograma.

***4-7.** Encontre o número de íon de Na^+ em 2,92 g de Na_3PO_4.

4-8. Encontre o número de íon de K^+ em 3,41 mol de K_2HPO_4.

***4-9.** Encontre a quantidade de matéria do elemento indicado (em mols) em

(a) 8,75 g de $\mathbf{B}_2O_3$.
(b) 167,2 mg de $Na_2B_4\mathbf{O}_7 \cdot 10H_2O$.
(c) 4,96 g de $\mathbf{Mn}_3O_4$.
(d) 333 mg de $Ca\mathbf{C}_2O_4$.

4-10. Encontre a quantidade de matéria em milimols das espécies indicadas em
(a) 850 mg de $\mathbf{P}_2O_5$.
(b) 40,0 g de $\mathbf{CO}_2$.
(c) 12,92 g de $NaHC\mathbf{O}_3$.
(d) 57 mg de $\mathbf{Mg}NH_4PO_4$.

***4-11.** Encontre a quantidade de matéria em milimols do soluto em
(a) 2,00 L de $KMnO_4$ 0,0555 mol L^{-1}.
(b) 750 mL de KSCN $3{,}25 \times 10^{-3}$ mol L^{-1}.
(c) 3,50 L de uma solução que contém 3,33 ppm de $CuSO_4$.
(d) 250 mL de KCl 0,414 mol L^{-1}.

4-12. Encontre a quantidade de matéria em milimols de soluto em
(a) 226 mL de $HClO_4$ 0,320 mol L^{-1}.
(b) 25,0 L de K_2CrO_4 $8{,}05 \times 10^{-3}$ mol L^{-1}.
(c) 6,00 L de uma solução aquosa que contém 6,75 ppm de $AgNO_3$.
(d) 537 mL de KOH 0,0200 mol L^{-1}.

***4-13.** Qual é a massa em miligramas de
(a) 0,367 mol de HNO_3?
(b) 245 mmol de MgO?
(c) 12,5 mol de NH_4NO_3?
(d) 4,95 mol de $(NH_4)_2Ce(NO_3)_6$ (548,23 g mol^{-1})?

4-14. Qual é a massa em gramas de
(a) 3,20 mol de KBr?
(b) 18,9 mmol de PbO?
(c) 6,02 mol de $MgSO_4$?
(d) 10,9 mmol de $Fe(NH_4)_2(SO_4)_2 \times 6H_2O$?

4-15. Qual é a massa em miligramas de soluto em
*(a) 16,0 mL de sacarose (342 g mol^{-1}) 0,350 mol L^{-1}?
*(b) 1,92 L de H_2O_2 $3{,}76 \times 10^{-3}$ mol L^{-1}?
(c) 356 mL de uma solução que contém 2,96 ppm de $Pb(NO_3)_2$?
(d) 5,75 mL de KNO_3 0,0819 mol L^{-1}?

4-16. Qual é a massa em gramas de soluto em
*(a) 250 mL de H_2O_2 0,264 mol L^{-1}?
*(b) 37,0 mL de ácido benzoico (112 g mol^{-1}) $5{,}75 \times 10^{-4}$ mol L^{-1}?
(c) 4,50 L de uma solução que contém 31,7 ppm de $SnCl_2$?
(d) 11,7 mL de $KBrO_3$ 0,0225 mol L^{-1}?

4-17. Calcule o valor p para cada um dos seguintes íons indicados:
*(a) Na^+, Cl^- e OH^- em uma solução que é 0,0635 mol L^{-1} em NaCl e 0,0403 mol L^{-1} em NaOH.
(b) Ba^{2+}, Mn^{2+} e Cl^- em uma solução que é $4{,}65 \times 10^{-3}$ mol L^{-1} em $BaCl_2$ e 2,54 mol L^{-1} em $MnCl_2$.
*(c) H^+, Cl^- e Zn^{2+} em uma solução que é 0,400 mol L^{-1} em HCl e 0,100 mol L^{-1} em $ZnCl_2$.
(d) Cu^{2+}, Zn^{2+} e NO_3^- em uma solução que é $5{,}78 \times 10^{-2}$ mol L^{-1} em $Cu(NO_3)_2$ e 0,204 mol L^{-1} em $Zn(NO_3)_2$.
*(e) K^+, OH^- e $Fe(CN)_6^{4-}$ em uma solução que é $1{,}62 \times 10^{-7}$ mol L^{-1} em $K_4Fe(CN)_6$ e $5{,}12 \times 10^{-7}$ mol L^{-1} em KOH.
(f) H^+, Ba^{2+} e ClO_4^- em uma solução que é $2{,}35 \times 10^{-4}$ mol L^{-1} em $Ba(ClO_4)_2$ e $4{,}75 \times 10^{-4}$ mol L^{-1} em $HClO_4$.

4-18. Calcule a concentração em quantidade de matéria iônica do H_3O^+ em uma solução que tem um pH de
*(a) 4,31. *(c) 0,59. *(e) 7,62. *(g) −0,76.
(b) 4,48. (d) 13,89. (f) 5,32. (h) −0,42.

4-19. Calcule as funções p para cada íon em uma solução que é
*(a) 0,0300 mol L^{-1} em NaBr.
(b) 0,0200 mol L^{-1} em $BaBr_2$.
*(c) $5{,}5 \times 10^{-3}$ mol L^{-1} em $Ba(OH)_2$.
(d) 0,020 mol L^{-1} em HCl e 0,010 mol L^{-1} em NaCl.
*(e) $8{,}7 \times 10^{-3}$ mol L^{-1} em $CaCl_2$ e $6{,}6 \times 10^{-3}$ mol L^{-1} em $BaCl_2$.
(f) $2{,}8 \times 10^{-8}$ mol L^{-1} em $Zn(NO_3)_2$ e $6{,}6 \times 10^{-7}$ mol L^{-1} em $Cd(NO_3)_2$.

4-20. Converta as funções p dadas a seguir para concentrações em quantidades de matéria
*(a) pH = 1,020. (b) pOH = 0,0025.
*(c) pBr = 7,77. (d) pCa = −0,221.
*(e) pLi = 12,35. (f) pNO_3 = 0,034.
*(g) pMn = 0,135. (h) pCl = 9,67.

***4-21.** A água do mar contém uma média de $1{,}08 \times 10^3$ ppm de Na^+ e 270 ppm de SO_4^{2-}. Calcule
(a) as concentrações em quantidades de matéria de Na^+ e SO_4^{2-}, uma vez que a densidade média da água do mar é de 1,02 g mL^{-1}.
(b) pNa e pSO_4 para a água do mar.

4-22. O soro sanguíneo humano contém 300 mmol de hemoglobina (Hb) por litro de plasma e 2,2 mmol por litro de sangue total. Calcule
(a) a concentração em quantidade de matéria em cada um desses meios.
(b) o pHb no plasma no soro sanguíneo humano.

4-23. Uma solução foi preparada dissolvendo-se 5,76 g de $KCl \cdot MgCl_2 \cdot 6H_2O$ (277,85 g mol^{-1}) em água suficiente para perfazer 2,000 L. Calcule
(a) a concentração em quantidade de matéria analítica do $KCl \cdot MgCl_2$ nessa solução.
(b) a concentração em quantidade de matéria de Mg^{2+}.
(c) a concentração em quantidade de matéria de Cl^-.
(d) a porcentagem em massa/volume de $KCl \cdot MgCl_2 \cdot 6H_2O$.

(e) a quantidade de matéria em milimols de Cl^- em 25,0 mL dessa solução.
(f) ppm de K^+.
(g) pMg para a solução.
(h) pCl para a solução.

4-24. Uma solução foi preparada dissolvendo-se 1.210 mg de $K_3Fe(CN)_6$ (329,2 g mol^{-1}) em água suficiente para perfazer 775 mL. Calcule
(a) a concentração em quantidade de matéria analítica de $K_3Fe(CN)_6$.
(b) a concentração em quantidade de matéria de K^+.
(c) a concentração em quantidade de matéria de $Fe(CN)_6^{3-}$.
(d) a porcentagem em massa/volume de $K_3Fe(CN)_6$.
(e) em quantidade de matéria em milimols de K^+ em 50,0 mL dessa solução.
(f) ppm $Fe(CN)_6^{3-}$.
(g) pK para a solução.
(h) $pFe(CN)_6$ para a solução.

***4-25.** Uma solução de $Fe(NO_3)_3$ (241,86 g mol^{-1}) a 6,42% (m/m) tem uma densidade de 1,059 g mL^{-1}. Calcule
(a) a concentração em quantidade de matéria analítica de Fe $(NO_3)_3$ nessa solução.
(b) a concentração em quantidade de matéria de NO_3^- nessa solução.
(c) a massa em gramas de $Fe(NO_3)_3$ contida em cada litro dessa solução.

4-26. Uma solução de $NiCl_2$ (129,61 g mol^{-1}) a 12,5% (m/m) tem uma densidade de 1,149 g mL^{-1}. Calcule
(a) a concentração em quantidade de matéria de $NiCl_2$ nessa solução.
(b) a concentração em quantidade de matéria de Cl^- nessa solução.
(c) a massa em gramas de $NiCl_2$ contida em cada litro dessa solução.

***4-27.** Descreva a preparação de
(a) 500 mL de etanol (C_2H_5OH, 46,1 g mol^{-1}) a 4,75% (m/v).
(b) 500 g de etanol aquoso a 4,75% (m/m).
(c) 500 mL de etanol aquoso a 4,75% (v/v).

4-28. Descreva a preparação de
(a) 2,50 L de glicerol ($C_3H_8O_3$, 92,1 g mol^{-1}) aquoso a 21,0% (m/v).
(b) 2,50 kg de glicerol aquoso a 21,0% (m/m).
(c) 2,50 L de glicerol aquoso a 21,0% (v/v).

***4-29.** Descreva a preparação de 750 mL de H_3PO_4 6,00 mol L^{-1} a partir do reagente comercial com 86% (m/m) de H_3PO_4 e gravidade específica de 1,71.

4-30. Descreva a preparação de 900 mL de HNO_3 3,00 mol L^{-1} a partir do reagente comercial com 70,5% (m/m) de HNO_3 e gravidade específica de 1,42.

***4-31.** Descreva a preparação de
(a) 500 mL de $AgNO_3$ 0,0750 mol L^{-1} a partir do reagente sólido.
(b) 1,00 L de HCl 0,285 mol L^{-1}, a partir de uma solução 6,00 mol L^{-1} do reagente.
(c) 400 mL de uma solução com 0,0810 mol L^{-1} em K^+, a partir do reagente sólido $K_4Fe(CN)_6$.
(d) 600 mL de $BaCl_2$ a 3,00% (m/v) a partir de uma solução de $BaCl_2$ 0,400 mol L^{-1}.
(e) 2,00 L de $HClO_4$ 0,120 mol L^{-1} a partir do reagente comercial [71,0% $HClO_4$ (m/m), gr esp 1,67].
(f) 9,00 L de uma solução com 60,0 ppm de Na^+, a partir do Na_2SO_4 sólido.

4-32. Descreva a preparação de
(a) 5,00 L de $KMnO_4$ 0,0500 mol L^{-1} a partir do reagente sólido.
(b) 4,00 L de $HClO_4$ 0,250 mol L^{-1}, a partir de uma solução 8,00 mol L^{-1} do reagente.
(c) 400 mL de uma solução com 0,0250 mol L^{-1} de I^-, a partir do reagente sólido MgI_2.
(d) 200 mL de $CuSO_4$ a 1,00% (m/v) a partir de uma solução de $CuSO_4$ 0,365 mol L^{-1}.
(e) 1,50 L de NaOH 0,215 mol L^{-1} a partir do reagente comercial [50% NaOH (m/m), gr esp 1,525].
(f) 1,50 L de uma solução com 12,0 ppm de K^+, a partir do $K_4Fe(CN)_6$ sólido.

***4-33.** Que massa de $La(IO_3)_3$ (663,6 g mol^{-1}) sólido é formada quando 50,0 mL de La^{3+} 0,250 mol L^{-1} são misturados com 75,0 mL de IO_3^- 0,302 mol L^{-1}

4-34. Que massa de $PbCl_2$ (278,10 g mol^{-1}) sólido é formada quando 200 mL de Pb^{2+} 0,125 mol L^{-1} são misturados com 400 mL de Cl^- 0,175 mol L^{-1}?

***4-35.** Exatamente 0,2220 g de Na_2CO_3 puro foram dissolvidos em 100,0 mL de HCl 0,0731 mol L^{-1}.
(a) Que massa em gramas de CO_2 foi liberada?
(b) Qual é a concentração em quantidade de matéria do reagente em excesso (HCl ou Na_2CO_3)?

4-36. Exatamente 25,0 mL de uma solução de Na_3PO_4 0,3757 mol L^{-1} foram misturados com 100,0 mL de $HgNO_3$ 0,5151 mol L^{-1}.
(a) Que massa de Hg_3PO_4 sólido foi formada?
(b) Qual é a concentração em quantidade de matéria da espécie que não reagiu (Na_3PO_4 ou $HgNO_3$) após a reação ter sido completada?

***4-37.** Exatamente 75,00 mL de uma solução de Na_2SO_3 0,3132 mol L^{-1} foram tratados com 150,0 mL de $HClO_4$ 0,4025 mol L^{-1} e fervidos para remover o SO_2 formado.
(a) Qual foi a massa em gramas de SO_2 que foi liberada?
(b) Qual a concentração da espécie que não reagiu (Na_2SO_3 ou $HClO_4$) após a reação ter sido completada?

4-38. Qual é a massa de $MgNH_4PO_4$ que precipitou quando 200,0 mL de uma solução de $MgCl_2$ a 1,000% (m/v) foi tratada com 40,0 mL de Na_3PO_4 0,1753 mol L^{-1} e um excesso de $NH^+{}_4$? Qual era a concentração em quantidade de matéria do excesso de reagente (Na_3PO_4 ou $MgCl_2$) após a reação ter sido completada?

***4-39.** Que volume de $AgNO_3$ 0,01000 mol L^{-1} seria necessário para precipitar todo o I^- presente em 200,0 mL de uma solução que continha 24,32 ppmil de KI?

4-40. Exatamente 750,0 mL de uma solução que continha 480,4 ppm de $Ba(NO_3)_2$ foram misturados com 200,0 mL de uma solução que era 0,03090 mol L^{-1} em $Al_2(SO_4)_3$.

(a) Que massa de $BaSO_4$ sólido foi formada?

(b) Qual era a concentração em quantidade de matéria da espécie que não reagiu [$Al_2(SO_4)_3$ ou $Ba(NO_3)_2$]?

4-41. Exercício Desafiador: De acordo com Kenny et al.,[3] o número de Avogadro N_A pode ser calculado com base na seguinte equação, usando medidas realizadas em uma esfera fabricada a partir de um monocristal ultrapuro de silício.

$$N_A = \frac{n\mathcal{M}_{Si}V}{ma^3}$$

onde

N_A = número de Avogadro

n = número de átomos por célula unitária no retículo cristalino do silício = 8

$\mathcal{M}_{Si}$ = massa molar do silício

V = volume da esfera de silício

m = a massa da esfera

a = parâmetro do retículo cristalino = $d(220)\sqrt{2^2 + 2^2 + 0^2}$

(a) Derive a equação para o número de Avogadro.

(b) partir dos dados coletados por Andreas et al.[4] sobre a Esfera AVO28-S5 descritos na tabela a seguir, calcule a densidade do silício e sua incerteza. Você pode querer adiar o cálculo da incerteza até que tenha estudado o Capítulo 6.

Variável	Valor	Incerteza Relativa
Volume da esfera, cm^3	431,059059	23×10^{-9}
Massa da esfera, g	1000,087560	3×10^{-9}
Massa molar, g mol^{-1}	27,97697026	6×10^{-9}
Espaçamento de rede $d(220)$, pm	543,099624	11×10^{-9}

(c) Calcule o número de Avogadro e sua incerteza.

(d) Apresentamos os dados para apenas duas esferas de silício usadas nestes estudos. Procure os dados para a Esfera AVO28-S8 citada na nota 3 e calcule um segundo valor para N_A. Após você ter estudado o Capítulo 7, compare seus dois valores para N_A e decida se a diferença entre estes dois números é significativa. Se a diferença entre os dois valores não for estatisticamente significativa calcule um valor médio para o número de Avogadro determinado para as duas esferas e a incerteza da média.

(e) Qual das variáveis na tabela tem influência mais significativa no valor que você calculou? Por quê?

(f) Que métodos experimentais foram utilizados para fazer as medidas mostradas na tabela?

(g) Comente sobre as variáveis experimentais que podem contribuir para a incerteza em cada medida.

(h) Sugira maneiras por meio das quais a determinação do número de Avogadro poderia ser aprimorada.

(i) Utilize um site de busca na web para localizar a página do NIST sobre constantes físicas. Procure o valor aceitável do número de Avogadro e sua incerteza (2010 ou mais recente) e compare-os com seus valores calculados. Discuta quaisquer diferenças e sugira as causas possíveis para as discrepâncias.

(j) Quais as inovações tecnológicas das várias décadas passadas levaram à fácil disponibilidade de silício ultrapuro? Quais passos foram tomadas nos anos recentes para minimizar erros associados com as impurezas no silício usado para fabricar esferas quase perfeitas?[5]

[3] M. J. Kenny et al., IEEE Trans. Instrument. Meas., v. 50, p. 587, **2001**, **DOI**: 10.1109/19.918198.

[4] B. Andreas et al., *Phys Rev. Lett.*, v. 106, 030801, **2011**, **DOI**: 10.1103/Phys.Rev.Lett.106.030801.

[5] P. Becker et al., *Meas. Sci. Technol.*, v. 20, 092002, **2009**, **DOI**: 10.1088/0957-0233/20/9/092002.

capítulo 5

Erros nas Análises Químicas

ND/Roger Viollet/Getty Images

Algumas vezes os erros podem ser catastróficos, como o famoso acidente de trem ocorrido na estação de Montparnasse, em Paris. Em 22 de outubro de 1895, um trem que partiu de Granville, na França, atingiu a plataforma e as paredes da estação por causa de uma falha nos freios. A locomotiva caiu de uma altura de cerca de 10 metros, na rua abaixo, matando uma mulher. Felizmente, ninguém no trem ficou seriamente ferido, embora os passageiros tenham sido bastante sacudidos. A história do descarrilamento do trem foi retratada na história infantil *A invenção de Hugo Cabret*, de Brian Selznick (2007), e parte do pesadelo de Hugo no filme *Hugo* (2011), vencedor de 5 prêmios do Oscar em 2012.

Raramente os erros cometidos em uma análise química são tão drásticos, mas podem ter efeitos igualmente sérios, conforme será mostrado neste capítulo. Entre outras aplicações, os resultados analíticos são normalmente utilizados no diagnóstico de doenças, na avaliação de resíduos e poluentes perigosos, na solução de grandes crimes e no controle de qualidade de produtos industrializados. Os erros nesses resultados podem ter consequências pessoais e sociais sérias. Este capítulo descreve os vários tipos de erros encontrados nas análises químicas e os métodos que podemos utilizar para detectá-los.

As medidas invariavelmente envolvem erros e incertezas. Apenas alguns deles ocorrem devido a equívocos cometidos pelo analista. Mais comumente, os **erros** são causados por padronizações ou calibrações malfeitas ou variações aleatórias e incertezas nos resultados. Calibrações frequentes, padronizações e análises de amostras conhecidas podem ser usadas, algumas vezes, para minimizar todos esses fatores, exceto os erros aleatórios e as incertezas. Entretanto, os erros envolvidos nas medidas são uma parte inerente do mundo quantitativo em que vivemos. Por conta disso, é impossível realizar uma análise química que seja totalmente livre de erros ou incertezas. Apenas podemos desejar minimizar os erros e estimar sua grandeza com uma exatidão aceitável.[1] Neste capítulo e nos dois seguintes exploramos a natureza dos erros experimentais e seus efeitos sobre os resultados das análises químicas.

O termo **erro** tem dois significados ligeiramente diferentes. Em primeiro lugar, os erros referem-se às diferenças existentes entre um valor medido e o valor "verdadeiro" ou "conhecido". Em segundo, o erro geralmente denota a incerteza estimada, associada a uma medida ou a um experimento.

O efeito de erros em dados analíticos é ilustrado na **Figura 5-1**, que apresenta resultados para as determinações quantitativas de ferro. Seis porções iguais de uma solução aquosa contendo uma concentração "conhecida" de 20,00 ppm de ferro(III) foram analisadas

[1] Infelizmente, estas ideias não são amplamente entendidas. Por exemplo, quando perguntado pelo advogado de defesa Robert Shapiro no caso de O. J. Simpson qual a margem de erro em um teste sanguíneo, a promotora principal Marcia Clark respondeu que os laboratórios de testes do estado não tinham o porcentual de erro porque "eles não tinham cometido nenhum erro" (*San Francisco Chronicle*, 29 jun. 1994, p. 4).

exatamente da mesma forma.[2] Observe que os resultados variaram entre um valor mínimo de 19,4 ppm e um máximo de 20,3 ppm de ferro. O valor médio, ou a **média**, $\bar{x}$, dos dados é 19,78 ppm, que arredondamos para 19,8 ppm (ver Seção 6D-1 para arredondamento de números e a convenção de algarismos significativos).

O símbolo **ppm** representa partes por milhão, isto é, 20,00 partes de ferro(III) em um milhão de partes da solução. Para soluções aquosas, 20 ppm = 20 mg dL^{-1}.

Toda medida é influenciada por muitas incertezas, que se combinam para produzir uma dispersão dos resultados, como exposto na Figura 5-1. Uma vez que as incertezas nas medidas nunca podem ser completamente eliminadas, *os dados de medidas podem nos fornecer apenas uma estimativa do valor "verdadeiro"*. Contudo, a magnitude provável do erro envolvido em uma medida pode ser frequentemente avaliada. Assim, é possível definir os limites entre os quais o valor verdadeiro de uma grandeza mensurável está inserido, com um dado nível de probabilidade.

As incertezas nas medidas fazem os resultados de réplicas variarem.

É extremamente importante estimar a confiabilidade de dados experimentais sempre que coletamos resultados no laboratório, *porque os dados com qualidade desconhecida são inúteis*. Por outro lado, os resultados que podem não parecer especialmente exatos podem ser interessantes se os limites das incertezas forem conhecidos.

Infelizmente, não há um método simples e amplamente aplicável para a determinação da confiabilidade dos dados com certeza absoluta. Geralmente, a estimativa da qualidade de resultados experimentais requer tanto esforço quanto a própria coleta dos dados. A confiabilidade pode ser avaliada de várias maneiras. Experimentos planejados para revelar a presença de erros podem ser realizados. Padrões de composição conhecida podem ser analisados e os resultados podem ser comparados com as composições conhecidas. Alguns minutos consultando a literatura química podem revelar informações úteis sobre confiabilidade. A calibração de equipamentos normalmente aumenta a qualidade dos dados. Finalmente, testes estatísticos podem ser aplicados aos dados. Como nenhuma dessas opções é perfeita, em última instância precisamos fazer *julgamentos* acerca da provável exatidão de nossos resultados. Esses julgamentos tendem a tornar-se mais críticos e menos otimistas com a experiência. A garantia de qualidade de métodos analíticos e as maneiras de validar e relatar resultados são discutidas posteriormente na Seção 8E-3.

Uma das primeiras questões a serem respondidas, antes do início de uma análise, é "Qual é o maior erro que posso tolerar neste resultado?". A resposta para esta pergunta geralmente determina o método escolhido e o tempo requerido para completar a análise. Por exemplo, os experimentos para determinar se a concentração de mercúrio em uma amostra de água de rio excede um determinado valor podem ser feitos frequentemente de forma mais rápida que aqueles para determinar com precisão a sua concentração específica exata. Aumentar a exatidão de uma determinação por um fator de dez vezes pode tomar horas, dias ou até mesmo semanas de trabalho árduo. *Ninguém pode se dar ao luxo de perder tempo gerando dados mais confiáveis que o necessário para o trabalho que se quer realizar.*

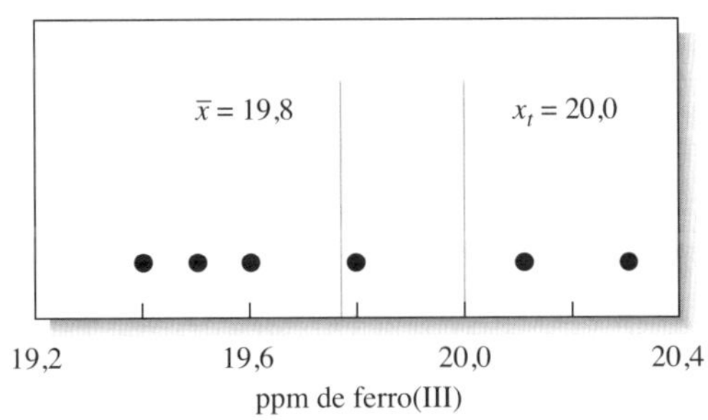

Figura 5-1 Resultados de seis réplicas de determinações de ferro em amostras aquosas de uma solução padrão contendo 20,00 ppm de ferro(III). O valor médio de 19,78 foi arredondado para 19,8 ppm (veja o Exemplo 5-1).

[2] Embora as concentrações verdadeiras nunca possam ser exatamente "conhecidas", há situações em que temos bastante certeza do valor, como quando este se refere a um padrão de referência altamente confiável.

5A ALGUNS TERMOS IMPORTANTES

Réplicas são amostras com aproximadamente o mesmo tamanho das que são submetidas à análise *exatamente* da mesma forma.

Para melhorar a confiabilidade e obter informações sobre a variabilidade dos resultados, são normalmente realizadas entre duas e cinco porções (**réplicas**) de uma amostra para realizar um procedimento analítico completo. Os resultados individuais obtidos para um conjunto de medidas raramente são iguais (Figura 5-1); assim, normalmente consideramos que o "melhor" resultado é o valor central do conjunto. Justificamos o esforço extra requerido para analisar réplicas de duas formas. Em primeiro lugar, o valor central de um conjunto deveria ser mais confiável que quaisquer dos resultados individuais. Normalmente, a média ou a mediana é usada como valor central do conjunto de réplicas de medidas. Em segundo, uma análise da variabilidade dos dados nos permite estimar as incertezas associadas ao resultado central.

5A-1 A Média e a Mediana

A **média** de dois ou mais resultados é o valor médio obtido a partir deles.

A medida mais amplamente usada como valor central é a **média**, $\bar{x}$. A média, também chamada **média aritmética**, ou simplesmente **média**, é obtida pela divisão da soma das medidas das réplicas pelo número de medidas do conjunto:

O símbolo $\sum x_i$ significa a soma de todos os valores x_i para as réplicas.

$$\bar{x} = \frac{\sum_{i=1}^{N} x_i}{N} \tag{5-1}$$

onde x_i representa os valores individuais de x que perfazem o conjunto de N réplicas de medidas.

A **mediana** é o valor central em um conjunto de dados que tenham sido organizados em ordem de magnitude. A mediana é usada de forma vantajosa quando um conjunto de dados contém um ***outlier***, um resultado que difere significativamente dos outros do conjunto. Um *outlier* pode ter um efeito significativo na média do conjunto, mas não tem efeito sobre a mediana.

A **mediana** é o resultado central quando as réplicas de dados são organizadas de acordo com uma sequência crescente ou decrescente de ordem. Existe um número igual de valores que são maiores e menores que a mediana. Para um número ímpar de resultados, a mediana pode ser encontrada arranjando os resultados em ordem e localizando o resultado do meio. Para um número par de resultados, o valor médio do par central é usado como mostrado no Exemplo 5-1.

Em casos ideais, a média e a mediana são idênticas, mas quando o número de medidas do conjunto é pequeno, normalmente seus valores diferem, como mostrado no Exemplo 5-1.

EXEMPLO 5-1

Calcule a média e a mediana para os dados mostrados na Figura 5-1.

Resolução

$$\text{média} = \bar{x} = \frac{19{,}4 + 19{,}5 + 19{,}6 + 19{,}8 + 20{,}1 + 20{,}3}{6} = 19{,}78 \approx 19{,}8 \text{ ppm de Fe}$$

Como o conjunto contém um número par de medidas, a mediana é a média do par central:

$$\text{mediana} = \frac{19{,}6 + 19{,}8}{2} = 19{,}7 \text{ ppm de Fe}$$

5A-2 Precisão

A **precisão** descreve a reprodutibilidade das medidas – em outras palavras, a proximidade entre os resultados que foram obtidos exatamente da mesma forma. Geralmente, a precisão de uma medida é prontamente determinada simplesmente pela repetição da medida em réplicas da amostra.

A **precisão** é a proximidade dos resultados em relação aos demais, obtidos exatamente da mesma forma.

Três termos são amplamente empregados para descrever a precisão de um conjunto de dados de réplicas: **desvio padrão**, **variância** e o **coeficiente de variação**. Os três são funções de quanto um resultado individual x_i difere da média, denominado **desvio em relação à média**, d_i.

$$d_i = |x_i - \bar{x}| \qquad (5\text{-}2)$$

Observe que os desvios em relação à média são calculados desconsiderando-se o sinal.

A relação entre o desvio da média e os três termos relacionados à precisão é apresentada na Seção 6B.

5A-3 Exatidão

A **exatidão** indica a proximidade da medida do valor verdadeiro, ou aceito, e é expressa pelo *erro*. A **Figura 5-2** ilustra as diferenças entre exatidão e precisão. Observe que a exatidão mede a concordância entre um resultado e o valor aceito. A *precisão*, por outro lado, descreve a concordância entre os vários resultados obtidos da mesma forma. Podemos determinar a precisão medindo as réplicas da amostra. A exatidão é com frequência mais difícil de ser determinada porque o valor verdadeiro é geralmente desconhecido. Então, um valor aceito precisa ser utilizado em seu lugar. A exatidão é expressa em termos do erro absoluto ou do erro relativo.

A **exatidão** é a proximidade de um valor medido em relação ao valor verdadeiro ou aceito.

O termo "absoluto" tem um significado diferente aqui do utilizado em Matemática. Um valor absoluto em Matemática significa a magnitude de um número ignorando-se o seu sinal. Da maneira como usado neste livro, o erro absoluto é a diferença entre um resultado *experimental e um valor aceito, incluindo-se o seu sinal.*

Erro Absoluto

O **erro absoluto** E, na medida de uma quantidade x, é dado pela equação

$$E = x_i - x_v \qquad (5\text{-}3)$$

onde x_v é o valor verdadeiro, ou aceito, da quantidade. Retornando aos dados mostrados na Figura 5-1, o erro absoluto do resultado imediatamente à esquerda do valor verdadeiro de 20,00 ppm é de $-0{,}2$ ppm de Fe; o resultado 20,1 ppm apresenta um erro de $+0{,}1$ ppm de Fe.

Observe que mantemos o sinal quando expressamos o erro. O sinal negativo, no primeiro caso, mostra que o resultado experimental é menor que o valor aceito, enquanto o sinal positivo, no segundo caso, indica que o resultado experimental é maior que o valor aceito.

O **erro absoluto** de uma medida é a diferença entre o valor medido e o valor verdadeiro. O sinal do erro absoluto lhe diz se o valor em questão é mais alto ou mais baixo. Se o resultado da medida for menor, o sinal é negativo; se for maior, o sinal
é positivo.

Erro Relativo

Em geral, o **erro relativo** E_r é frequentemente uma quantidade mais útil que o erro absoluto. O erro relativo porcentual é dado pela expressão

$$E_r = \frac{x_i - x_v}{x_v} \times 100\% \qquad (5\text{-}4)$$

O **erro relativo** de uma medida é o erro absoluto dividido pelo valor verdadeiro. Erros relativos podem ser expressos em termos porcentuais, partes por mil ou partes por milhão, dependendo da magnitude do resultado. Como usado neste capítulo, o erro relativo se refere ao erro absoluto relativo. Erros relativos aleatórios (incertezas relativas) são abordados nas Seções 6B e 8B.

O erro relativo também é expresso em partes por mil (ppmil). Por exemplo, o erro relativo para a média dos dados da Figura 5-1 é

$$E_r = \frac{19{,}8 - 20{,}0}{20{,}0} = -1\% \text{ ou } -10 \text{ ppmil}$$

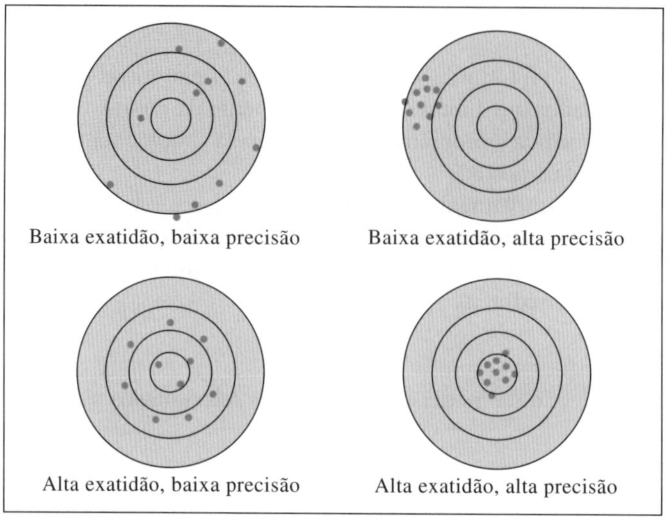

Figura 5-2 Ilustração da exatidão e precisão utilizando a distribuição de dardos em um alvo. Observe que temos resultados muito precisos (superior à direita) com uma média que não é exata e uma média exata (inferior à esquerda) com dados que são imprecisos.

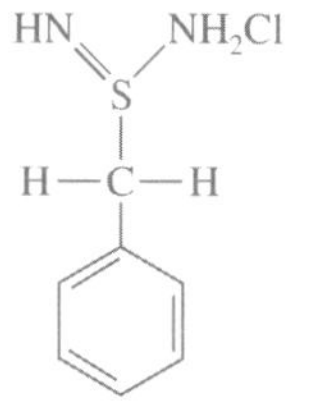

Cloreto de benzilisotioureia

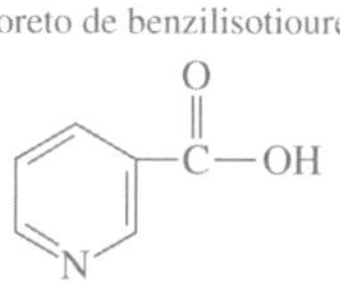

Ácido nicotínico

Pequenas quantidades de ácido nicotínico são comumente encontradas no chamado *niacina*, e ocorrem em todas as células vivas, sendo essenciais na nutrição de mamíferos. A vitamina é usada na prevenção e tratamento da pelagra.

5A-4 Tipos de Erros em Dados Experimentais

A precisão de uma medida é prontamente determinada pela comparação dos dados de réplicas cuidadosas de experimentos. Infelizmente, uma estimativa da exatidão não é tão fácil de ser obtida. Para determinar a exatidão, temos de conhecer o valor verdadeiro, que geralmente é o que se busca em uma análise.

Os resultados podem ser precisos sem ser exatos e exatos sem ser precisos. O perigo de considerar que resultados precisos também são exatos é ilustrado na **Figura 5-3**, que resume os resultados obtidos para a determinação de nitrogênio em dois compostos puros. Os pontos mostram os erros absolutos de réplicas de resultados obtidos por quatro analistas. Observe que o analista 1 obteve precisão e exatidão relativamente elevadas. O analista 2 teve uma precisão baixa, mas uma exatidão boa. Os resultados do analista 3 são surpreendentemente comuns. A precisão é excelente, mas existe um erro significativo na média numérica dos dados. Ambas, a precisão e a exatidão, são baixas nos resultados do analista 4.

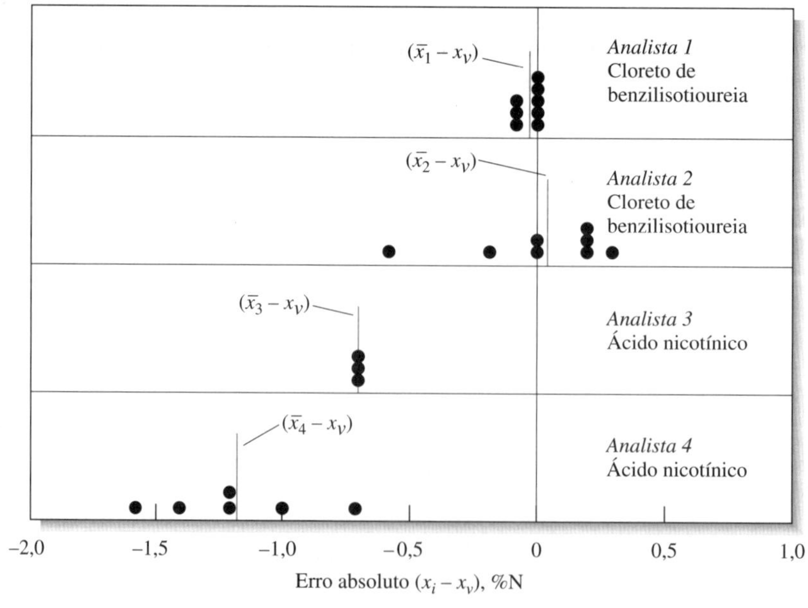

Figura 5-3 Erro absoluto na determinação de nitrogênio por micro-Kjeldahl. Cada ponto representa o erro associado a uma única determinação. Cada linha vertical rotulada $(\bar{x}_i - x_v)$ representa o desvio médio absoluto do conjunto de dados do valor verdadeiro. (Dados de C. O. Willits; C. L. Ogg, *J. Assoc. Offic. Anal. Chem.*, v. 32, p. 561, **1949**.)

As Figuras 5-1 e 5-3 sugerem que as análises químicas são afetadas por pelo menos dois tipos de erros. Um tipo, chamado **erro aleatório** (ou **indeterminado**), faz com que os dados se distribuam de forma mais ou menos simétrica em torno do valor médio. Veja novamente a Figura 5-3 e observe que a dispersão dos dados e, consequentemente, o erro aleatório para os analistas 1 e 3 são significativamente inferiores, quando comparados com os dos analistas 2 e 4. Em geral, o erro aleatório de uma medida é refletido por sua precisão. Os erros aleatórios são discutidos em detalhes no Capítulo 6.

Os **erros aleatórios**, ou **indeterminados**, afetam a precisão dos resultados.

Um segundo tipo de erro, denominado **erro sistemático** (ou **determinado**), faz com que a média de um conjunto de dados seja diferente do valor aceito. Por exemplo, a média dos resultados mostrados na Figura 5-1 tem um erro sistemático de cerca de −0,2 ppm de Fe. Os resultados dos analistas 1 e 2, na Figura 5-3, têm erros sistemáticos pequenos, mas os dados dos analistas 3 e 4 revelam erros sistemáticos de cerca de −0,7% e −1,2% para o nitrogênio. Geralmente, os erros sistemáticos presentes em uma série de réplicas de medidas fazem com que os resultados sejam muito baixos ou muito altos. Um exemplo de um erro sistemático é a perda do analito durante o aquecimento de uma amostra.

Os **erros sistemáticos**, ou **determinados**, afetam a exatidão dos resultados.

Um terceiro tipo de erro sistemático é o erro grosseiro. Os **erros grosseiros** diferem dos erros indeterminado e determinado. Ocorrem, normalmente, apenas de forma ocasional, são frequentemente grandes e podem causar resultados tanto altos quanto baixos. Esses erros são, com frequência, resultado de erros humanos. Por exemplo, se uma parte de um precipitado for perdida antes da pesagem, os resultados analíticos serão mais baixos. Tocar um pesa-filtro com os dedos quando sua massa já foi determinada como vazio fará a leitura da massa de um sólido pesado no frasco contaminado ser mais alta. Os erros grosseiros levam à ocorrência de ***outliers***, resultados que diferem marcadamente de todos os outros dados de um conjunto de réplicas de medidas. Não há evidência da ocorrência de erros grosseiros nas Figuras 5-1 e 5-3. Se um dos resultados exibidos na Figura 5-1 fosse, por exemplo, de 21,2 ppm de Fe, este poderia ser um valor *outlier*.

Um ***outlier*** é um resultado ocasional que ocorre em uma série de réplicas de medidas, que difere significativamente do restante dos resultados.

Vários testes estatísticos podem ser realizados para determinar se um resultado é um *outlier* (ver Seção 7D).

5B ERROS SISTEMÁTICOS

Os erros sistemáticos têm um valor definido e uma causa identificável e são da mesma ordem de grandeza para réplicas de medidas realizadas de maneira semelhante. Tais erros levam à ocorrência de um **viés** em um conjunto de resultados. Observe que o viés afeta todos os dados de um conjunto na mesma direção e que ele apresenta um sinal positivo ou negativo.

O **viés** representa o erro sistemático associado a uma análise. Tem um sinal negativo se o resultado for mais baixo e um sinal positivo no caso oposto.

5B-1 Fontes de Erros Sistemáticos

Existem três tipos de erros sistemáticos:

- **Erros instrumentais** – causados pelo comportamento não ideal de um instrumento, por calibrações falhas ou pelo uso em condições inadequadas.
- **Erros de método** – surgem do comportamento químico ou físico não ideal de sistemas analíticos.
- **Erros pessoais** – resultam da falta de cuidado, falta de atenção ou limitações pessoais do analista.

Erros Instrumentais

Todos os dispositivos de medida são fontes potenciais de erros sistemáticos. Por exemplo, pipetas, buretas e balões volumétricos podem conter ou dispensar quantidades levemente diferentes daquelas indicadas em suas graduações. Essas dificuldades têm origem na utilização de recipientes volumétricos de vidro em temperaturas diferentes daquelas nas quais foram calibrados, devido a deformações nas paredes dos recipientes, decorrentes do aquecimento durante a secagem, em decorrência de erros ocorridos na calibração original ou ainda por causa da presença de contaminantes na superfície interna dos frascos. A calibração elimina a maioria dos erros dessa natureza.

Os instrumentos eletrônicos também estão sujeitos a erros sistemáticos. Esses erros podem ter inúmeras origens. Por exemplo, os erros podem surgir devido ao decréscimo da voltagem de uma bateria, em decorrência do seu tempo de uso. Os erros também podem ocorrer se os instrumentos não forem calibrados frequentemente ou se forem calibrados incorretamente. O analista também pode utilizar um instrumento sob condições nas quais os erros sejam maiores. Por exemplo, um pHmetro usado em um meio fortemente ácido tende a apresentar um erro ácido, como será discutido no Capítulo 21. As variações de temperatura provocam alterações em inúmeros componentes eletrônicos, o que pode levar à ocorrência de modificações nas respostas e a erros. Alguns instrumentos são suscetíveis ao ruído induzido por fontes de corrente alternada (ca), e esse ruído pode influenciar a precisão e a exatidão. Em muitos casos, erros desse tipo são detectáveis e corrigíveis.

Erros de Método

O comportamento químico ou físico não ideal de reagentes e de reações nos quais uma análise está baseada, muitas vezes, introduz erros de método sistemáticos. Essas fontes de não idealidade incluem a lentidão de algumas reações, a incompletude de outras, a instabilidade de algumas espécies, a falta de especificidade da maioria dos reagentes e a possível ocorrência de reações paralelas que interferem no processo de medida. Por exemplo, um erro de método comum na análise volumétrica resulta do pequeno excesso de reagente necessário para provocar a mudança de cor do indicador que acusa o ponto de equivalência. A exatidão dessa análise é então limitada pelo próprio fenômeno que torna a titulação possível.

> Dos três tipos de erros sistemáticos encontrados em uma análise química, os erros de método são geralmente os mais difíceis de identificar e corrigir.

Outro exemplo de erro de método é ilustrado na Figura 5-3, na qual os resultados dos analistas 3 e 4 mostram um viés negativo, que pode ser consequência da natureza química da amostra, o ácido nicotínico. O método analítico empregado envolve a decomposição de amostras orgânicas em ácido sulfúrico concentrado a quente, que converte o nitrogênio presente na amostra em sulfato de amônio. Um catalisador, como o óxido de mercúrio ou um sal de selênio ou cobre, é muitas vezes adicionado para apressar a decomposição. A quantidade de amônia existente no sulfato de amônio é então determinada na etapa de medida. Os experimentos têm mostrado que os compostos contendo o anel piridina, como o ácido nicotínico, são decompostos de forma incompleta pelo ácido sulfúrico. Com os compostos desse tipo, o sulfato de potássio é utilizado para aumentar a temperatura de ebulição. As amostras contendo ligações N—O ou N—N precisam ser pré-tratadas ou submetidas a condições redutoras.[3] Sem essas precauções, são obtidos resultados mais baixos. É muito provável que os erros negativos$(\bar{x}_3 - x_v)$ e $(\bar{x}_4 - x_v)$, apontados na Figura 5-3, sejam erros sistemáticos causados pela decomposição incompleta das amostras.

---

[3] J. A. Dean, *Analytical Chemistry Handbook*, Nova York: McGraw-Hill, 1995, Seção 17, p. 17.4.

Os erros inerentes a um método são, com frequência, difíceis de ser detectados e, consequentemente, são os mais sérios entre os três tipos de erros sistemáticos.

Erros Pessoais

Muitas medidas demandam julgamentos pessoais. Os exemplos incluem a estimativa da posição de um ponteiro entre duas divisões de uma escala, a cor de uma solução no ponto final de uma titulação ou o nível de um líquido em relação à escala graduada de uma pipeta ou bureta (veja a Figura 6-5). Julgamentos desse tipo são muitas vezes objeto de erros sistemáticos, unidirecionais. Por exemplo, uma pessoa pode estimar a posição de um ponteiro de maneira consistentemente mais alta, enquanto outra pode ser ligeiramente lenta no disparo de um cronômetro. Ainda, uma terceira pode ser menos sensível a mudanças de cor. Um analista que é insensível a mudanças de cor tende a usar excesso de reagente em uma análise volumétrica. Os procedimentos analíticos sempre devem ser ajustados para que qualquer limitação física conhecida do analista provoque apenas erros pequenos e irrelevantes. A automação de procedimentos analíticos pode eliminar muitos erros deste tipo.

O daltonismo é um bom exemplo de uma limitação que pode causar um erro pessoal em uma análise volumétrica. Um famoso químico analítico daltônico convocava sua esposa para ir ao laboratório para ajudá-lo a detectar mudanças de cor no ponto final de titulações.

Uma fonte universal de erros pessoais é o *prejulgamento* ou *viés*. A maior parte de nós, não importa quão honestos sejamos, tem a tendência de estimar leituras de escalas na direção da melhoria da precisão em um conjunto de resultados. Alternativamente, podemos ter uma noção preconcebida do valor verdadeiro de uma medida. De forma inconsciente, fazemos com que os resultados se mantenham próximos a esse valor. O viés numérico é outra fonte de erros pessoais que varia consideravelmente de pessoa para pessoa. O viés numérico mais frequente encontrado na estimativa da posição de um ponteiro em uma escala é a preferência pelos números 0 e 5. Também é comum o prejulgamento favorecendo números pequenos em relação aos maiores e os números pares, em relação aos ímpares. De novo, instrumentos automatizados e computadorizados podem eliminar esta forma de *viés*.

Mostradores digitais e de computadores de pHmetros, balanças de laboratório e outros instrumentos eletrônicos eliminam o viés numérico, uma vez que não há julgamento envolvido na tomada de uma leitura. Entretanto, muitos deles produzem resultados com mais algarismos significativos que o necessário. O arredondamento de algarismos não significativos também pode ser uma causa de vieses (veja Seção 6D-1).

5B-2 O Efeito de Erros Sistemáticos em Resultados Analíticos

Os erros sistemáticos podem ser tanto **constantes** como **proporcionais**. A magnitude de um erro constante permanece essencialmente a mesma quando a grandeza da quantidade medida varia. Nos erros constantes, o erro absoluto permanece constante em relação ao tamanho da amostra, mas o erro relativo varia com o aumento ou diminuição do tamanho da amostra. Os erros proporcionais aumentam ou diminuem de acordo com o tamanho da amostra tomada para a análise. Nos erros proporcionais, o erro absoluto varia com a dimensão da amostra, mas o erro relativo permanece constante quando o tamanho da amostra é alterado.

Os **erros constantes** são independentes do tamanho da amostra que está sendo analisada. Os **erros proporcionais** diminuem ou aumentam na mesma proporção do tamanho da amostra.

Erros Constantes

O efeito de um erro constante torna-se mais crítico à medida que a grandeza da quantidade medida diminui. O efeito de perdas pela solubilidade nos resultados de uma análise gravimétrica, mostrados no Exemplo 5-2, ilustra esse comportamento.

O excesso de reagente necessário para provocar a mudança de cor durante uma titulação é outro exemplo de erro constante. Esse volume, geralmente pequeno, permanece o mesmo a despeito do volume total de reagente necessário para a titulação. De novo, o erro relativo dessa fonte torna-se mais crítico à medida que o volume necessário para titulação diminui. Uma maneira de reduzir o efeito do erro constante é aumentar o tamanho da amostra até que o erro se torne aceitável.

EXEMPLO 5-2

Suponha que 0,50 mg de um precipitado seja perdido como resultado de ele ter sido lavado com 200 mL do líquido de lavagem. Se o precipitado pesa 500 mg, o erro relativo devido à perda pela solubilidade é de $-(0{,}50/500) \times 100\%$ $= -0{,}1\%$. A perda da mesma quantidade de um precipitado pesando 50 mg resulta em um erro relativo de $-1{,}0\%$.

Erros Proporcionais

Uma causa comum de erros proporcionais é a presença de interferentes ou contaminantes na amostra. Por exemplo, um método amplamente utilizado na determinação de cobre baseia-se na reação de cobre(II) com iodeto de potássio para formar iodo (veja as Seções 20B-2, 38H-3 e 38H-4). A quantidade de iodo é então medida, sendo proporcional à quantidade de cobre. O ferro(III), se estiver presente, também libera iodo do iodeto de potássio. A menos que sejam tomadas as medidas que previnam essa interferência, resultados mais altos para a porcentagem de cobre serão observados, uma vez que o iodo será produzido devido à presença de cobre(II) e ferro(III) na amostra. A dimensão desse erro é determinada pela *fração* da contaminação devida ao ferro, a qual é independente do tamanho da amostra tomada para a análise. Se a quantidade de amostra for duplicada, por exemplo, a quantidade de iodo liberada por ambos, cobre e o contaminante ferro, também será duplicada. Assim, o valor da porcentagem de cobre obtida é independente da dimensão da amostra.

5B-3 Detecção de Erros Sistemáticos Instrumentais e Pessoais

Alguns erros sistemáticos instrumentais podem ser determinados e corrigidos pela calibração. A calibração periódica de equipamentos é sempre desejável devido à variação, com o tempo, da resposta da maioria dos instrumentos, resultante do envelhecimento do componente, da corrosão ou do mau uso. Muitos erros sistemáticos instrumentais envolvem interferências quando as espécies presentes na amostra afetam a resposta do analito. Uma simples calibração não corrige esses efeitos. Em vez disso, os métodos descritos na Seção 8D-3 podem ser usados quando interferências como essas ocorrerem.

> Após registrar uma leitura no caderno de laboratório, muitos cientistas costumam fazer uma segunda leitura e então verificam esta última em relação àquela que foi registrada, para assegurar a qualidade do registro.

A maioria dos erros pessoais pode ser minimizada pelo trabalho de laboratório cuidadoso e disciplinado. Um bom costume consiste em verificar sistematicamente as leituras de instrumentos, os registros no caderno de laboratório e os cálculos. Os erros devido a limitações do analista podem ser evitados pela escolha cuidadosa do método analítico ou usando o procedimento automatizado.

5B-4 Detecção de Erros Sistemáticos de Método

O viés em um método analítico é particularmente difícil de ser detectado. Podemos adotar um ou mais entre os procedimentos a seguir para reconhecer e tentar livrar um método analítico de um erro sistemático.

> Os **materiais de referência padrão (MRP)** (Standard reference materials – SRMs) são substâncias vendidas pelo National Institute of Standards and Technology (NIST) e certificados quanto a conter as concentrações especificadas para um ou mais analitos.

Análise de Amostras Padrão

A melhor maneira de estimar o viés de um método analítico é pela análise de **materiais de referência padrão (MRP)**, ou seja, materiais que contêm um ou mais analitos em níveis de concentração conhecidos. Os materiais de referência padrão são obtidos de várias formas.

Os materiais padrão podem ser preparados por meio de síntese. Neste processo, quantidades cuidadosamente medidas dos componentes puros de um material são medidos e misturados de forma que produza uma amostra homogênea cuja composição seja conhecida a partir das quantidades tomadas. A composição global de um material padrão sintético deve se aproximar bastante da composição das amostras que serão analisadas. Cuidados extremos precisam ser tomados para garantir que a concentração do analito seja exatamente conhecida. Infelizmente, um padrão sintético pode não revelar interferências inesperadas, assim a exatidão da determinação pode não ser conhecida. Além disso, essa estratégia muitas vezes não é prática.

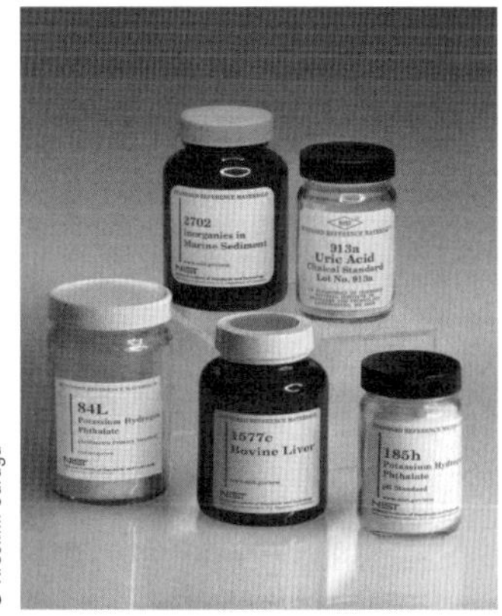

© Kresimir Juraga

Materiais de referência padrão do NIST.

Os materiais de referência padrão podem ser adquiridos a partir de inúmeras fontes governamentais e industriais. Por exemplo, o National Institute of Standards and Technology (NIST) (antigo National Bureau of Standards) oferece mais de 1.300 materiais de referência padrão, incluindo rochas e minerais, misturas de gases, vidros, misturas de hidrocarbonetos, polímeros, poeira urbana, água de chuva e sedimentos de rios.[4] As concentrações de um ou mais componentes desses materiais foram determinadas por uma das três maneiras que seguem: (1) pela análise por meio de um método de referência previamente validado; (2) pela análise por dois ou mais métodos de medida independentes e confiáveis; ou (3) pela análise por intermédio de uma rede de laboratórios cooperados, que são tecnicamente competentes, com um conhecimento completo sobre o material a ser testado. Vários outros fornecedores também oferecem materiais analisados para testes de métodos.[5]

Muitas vezes, a análise de materiais de referência padrão fornece resultados que diferem do valor aceito. Trata-se então de estabelecer se essa diferença ocorre devido a vieses ou erros aleatórios. Na Seção 7B-1 demonstraremos um teste estatístico que pode ajudá-lo a responder esta questão.

Análise Independente

Caso as amostras padrão não estejam disponíveis, um segundo método analítico, independente e confiável, pode ser usado em paralelo ao método que está sendo avaliado. O método independente deve diferir o máximo possível daquele que está sendo estudado. Esta prática minimiza a possibilidade de algum fator comum da amostra ter o mesmo efeito em ambos os métodos. Novamente, um teste estatístico precisa ser utilizado para determinar se qualquer diferença resulta de erros aleatórios associados aos dois métodos ou devido aos vieses do método em estudo (veja a Seção 7B-2).

❮ No uso de MRP muitas vezes é difícil distinguir o viés de erros aleatórios comuns.

Determinação do Branco

Um **branco** contém os reagentes e solventes usados na determinação, mas não o analito. Por vezes, vários dos constituintes da amostra são adicionados para simular o ambiente do analito, frequentemente denominado **matriz da amostra**. Em uma determinação do branco, todas as etapas da análise são desenvolvidas no material denominado branco. Os resultados são então aplicados na correção das medidas feitas com a amostra. Determinações do branco revelam erros que ocorrem devido a interferentes presentes nos reagentes e frascos usados na análise. Os brancos também são usados para corrigir dados de titulações, em função do volume do reagente necessário para provocar a mudança de cor do indicador.

Uma solução do **branco** contém o solvente e todos os reagentes usados na análise. Quando viável, os brancos também podem conter constituintes adicionados para simular a matriz da amostra.

O termo **matriz** refere-se ao conjunto de todos os constituintes de uma amostra.

[4] Veja U.S. Department of Commerce, *NIST Standard Reference Materials Catalog*, ed. 2011, NIST Special Publication 260. Washington, D.C.: U.S. Government Printing Office, 2011. Veja também: http://www.nist.gov.

[5] Por exemplo, na área de Ciências Clínicas e Biológicas, veja Sigma-Aldrich Chemical Co., 3050 Spruce St. St. Louis: MO 63103, ou Bio-Rad Laboratories, 1.000 Alfred Nobel Dr., Hercules, CA 94547.

Variações no Tamanho da Amostra

O Exemplo 5-2 demonstra que, com o aumento da grandeza da medida, o efeito de um erro constante diminui. Assim, os erros constantes podem muitas vezes ser detectados pela variação do tamanho da amostra.

QUESTÕES E PROBLEMAS

5-1. Explique a diferença entre
*(a) Erro aleatório e sistemático.
(b) Erro constante e proporcional.
*(c) Erro absoluto e relativo.
(d) Média e mediana.

***5-2.** Sugira duas fontes de erro sistemático e duas fontes de erro aleatório ao medir a largura de uma mesa de 3 m com uma régua de metal de 1 m.

5-3. Cite três tipos de erros sistemáticos.

***5-4.** Descreva pelo menos três erros sistemáticos que podem ocorrer na pesagem de um sólido em uma balança analítica.

***5-5.** Descreva pelo menos três maneiras pelas quais um erro sistemático pode ocorrer durante o uso de uma pipeta para transferir um volume conhecido de um líquido.

5-6. Como os erros sistemáticos de método podem ser detectados?

***5-7.** Que tipos de erros sistemáticos são detectados por meio da variação do tamanho da amostra?

5-8. Um método de análise gera massas de ouro que são mais baixas por um fator de 0,4 mg. Calcule o erro relativo porcentual provocado por esse resultado se a massa de ouro na amostra for
*(a) 500 mg.
(b) 250 mg.
*(c) 150 mg.
(d) 70 mg.

5-9. O método descrito no Problema 5-8 deve ser utilizado na análise de minérios que têm cerca de 1,2% em ouro. Que massa mínima deve ter uma amostra se o erro relativo resultante da perda de 0,4 mg não puder exceder
*(a) −0,1%? (b) −0,4%?
*(c) −0,8%? (d) −1,1%?

5-10. A mudança de cor de um indicador químico necessita de um volume adicional de 0,03 mL em uma titulação. Calcule o erro relativo porcentual se o volume total da titulação for
*(a) 50,00 mL. *(b) 10,0 mL.
*(c) 25,0 mL. (d) 30,0 mL.

5-11. Uma perda de 0,4 mg de Zn ocorre durante uma análise envolvendo este elemento. Calcule o erro porcentual relativo devido a essa perda se a massa de Zn na amostra for
*(a) 30 mg. (b) 150 mg.
*(c) 300 mg. (d) 500 mg.

5-12. Encontre a média e a mediana para cada um dos conjuntos de dados que seguem. Determine o desvio em relação à média para cada ponto dos conjuntos e encontre o desvio médio para cada conjunto. Use uma planilha eletrônica de cálculo, se desejar.
*(a) 0,0110 0,0104 0,0105
(b) 24,53 24,68 24,77 24,81 24,73
*(c) 188 190 194 187
(d) $4{,}52 \times 10^{-3}$ $4{,}47 \times 10^{-3}$
$4{,}63 \times 10^{-3}$ $4{,}48 \times 10^{-3}$
$4{,}53 \times 10^{-3}$ $4{,}58 \times 10^{-3}$
*(e) 39,83 39,61 39,25 39,68
(f) 850 862 849 869 865

5-13. Problema desafiador: Richards e Willard determinaram a massa molar do lítio e coletaram os seguintes dados.[6]

Experimento	Massa Molar, g mol^{-1}
1	6,9391
2	6,9407
3	6,9409
4	6,9399
5	6,9407
6	6,9391
7	6,9406

(a) Encontre a massa molar média determinada por esses pesquisadores.
(b) Encontre a mediana para a massa molar.
(c) Considerando que o valor atualmente aceito para a massa molar do lítio seja o valor verdadeiro, calcule o erro absoluto e o erro relativo percentual do valor determinado por Richards e Willard.

[6] T. W. Richards e H. H. Willard, *J. Am. Chem. Soc.*, v. 32, n. 4, **1910**, **DOI**:10.121/ja01919a002.

(d) Encontre na literatura química pelo menos três valores para a massa molar do lítio que tenham sido determinados desde 1910 e ordene-os cronologicamente em uma tabela ou planilha de cálculo juntamente com os valores, a partir de 1817, da tabela contida no artigo de Richards e Willard. Construa um gráfico de massa molar *versus* ano, para ilustrar como a massa molar do lítio tem mudado ao longo dos dois últimos séculos. Sugira possíveis razões pelas quais o valor mudou abruptamente em torno de 1830.

(e) Os experimentos incrivelmente detalhados descritos por Richards e Willard sugerem que é improvável que a massa molar do lítio varie muito. Discuta esta afirmativa à luz dos seus cálculos no item (c).

(f) Que fatores têm levado a alterações na massa molar desde 1910?

(g) Como você determinaria a exatidão de uma massa molar?

capítulo 6

Erros Aleatórios nas Análises Químicas

Museum of Science, Boston

As distribuições probabilísticas a serem discutidas neste capítulo são fundamentais para o uso da estatística no julgamento da confiabilidade de dados e para o teste de várias hipóteses. O quincunce na parte de cima da foto é um dispositivo mecânico que produz uma distribuição normal de probabilidade. A cada dez minutos, 30 mil bolas caem do centro superior da máquina, que tem um conjunto regular de pinos com os quais as bolas colidem aleatoriamente. Cada vez que uma bola bate em um pino, ela tem 50% de chance de cair para a esquerda ou para a direita. Após cada bola passar pelo arranjo de pinos, ela cai em um dos compartimentos verticais da caixa transparente. A altura da coluna de bolas em cada um é proporcional à probabilidade de cada bola cair em um dado compartimento.

Os erros aleatórios estão presentes em várias medidas independentemente de quão cuidadoso o analista é. Neste capítulo, vamos considerar as fontes de erros aleatórios, a determinação de sua grandeza e seus efeitos nos resultados calculados de uma análise química. Também vamos introduzir a convenção dos algarismos significativos e ilustrar seu uso na expressão de resultados analíticos.

6A A NATUREZA DOS ERROS ALEATÓRIOS

Os erros aleatórios, ou indeterminados, nunca podem ser totalmente eliminados e frequentemente são a principal fonte de incerteza em uma determinação. Os erros aleatórios são provocados por muitas variáveis incontroláveis que acompanham qualquer medida. A maioria dos fatores contribuintes do erro aleatório não pode ser claramente identificada. Mesmo que possamos identificar as fontes de erros aleatórios, é frequentemente impossível medi-las, porque a maioria delas é tão pequena que não pode ser detectada individualmente. O efeito cumulativo das incertezas individuais, entretanto, faz com que os resultados de réplicas flutuem aleatoriamente em torno da média do conjunto de dados. Por exemplo, o espalhamento dos dados das Figuras 5-1 e 5-3 é resultado direto do acúmulo de pequenas incertezas aleatórias. Representamos novamente os dados para nitrogênio Kjeldahl contidos na Figura 5-3 na forma de um gráfico de três dimensões mostrado na **Figura 6-1** para melhor visualizar a precisão e a exatidão de cada analista. Note que o erro aleatório nos resultados dos analistas 2 e 4 é muito maior que aqueles apresentados nos resultados dos analistas 1 e 3. Os resultados do analista 3 indicam uma precisão excepcional, mas uma baixa exatidão. Os resultados do analista 1 apontam uma excelente precisão e uma boa exatidão.

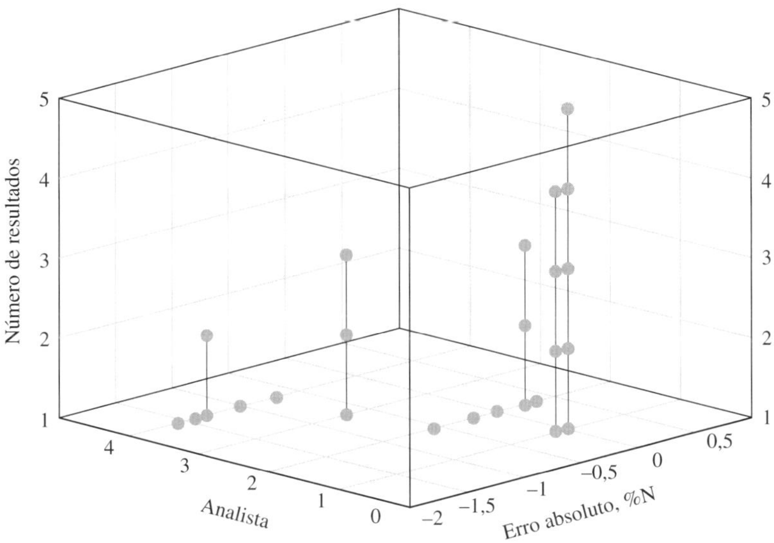

Figura 6-1 Gráfico tridimensional mostrando o erro absoluto na determinação de nitrogênio Kjeldahl por quatro analistas. Observe que os resultados do analista 1 são ambos precisos e exatos. Os resultados do analista 3 são precisos, mas o erro absoluto é grande. Os resultados dos analistas 2 e 4 são ambos imprecisos e inexatos.

6A-1 Fontes de Erros Aleatórios

Podemos ter uma ideia qualitativa de como pequenas incertezas não detectáveis produzem um erro aleatório detectável da seguinte maneira. Imagine uma situação na qual apenas quatro erros aleatórios se combinem para gerar um erro global. Vamos considerar que cada erro tenha uma probabilidade igual de ocorrer e que cada um possa fazer com que o resultado final seja alto ou baixo por uma quantidade fixa $\pm U$.

A **Tabela 6-1** mostra todas as possíveis maneiras pelas quais os quatro erros podem se combinar para dar os erros indicados em relação ao valor médio. Observe que apenas uma combinação leva a um desvio de $+4\ U$, quatro combinações dão um desvio de $+2\ U$ e seis fornecem um desvio de $0\ U$. Os erros negativos apresentam a mesma relação. Esta razão de 1:4:6:4:1 é a medida da probabilidade de um desvio de cada magnitude. Se fizermos um número suficientemente alto de medidas, podemos

❮ Em nosso exemplo, todas as incertezas têm a mesma magnitude. Essa restrição não é necessária para derivar a equação para uma curva gaussiana.

TABELA 6-1
Combinações Possíveis de Quatro Incertezas de Mesma Dimensão

Combinações das Incertezas	Magnitude do Erro Aleatório	Número de Combinações	Frequência Relativa
$+U_1+U_2+U_3+U_4$	$+4U$	1	1/16 = 0,0625
$-U_1+U_2+U_3+U_4$			
$+U_1-U_2+U_3+U_4$			
$+U_1+U_2-U_3+U_4$	$+2U$	4	4/16 = 0,250
$+U_1+U_2+U_3-U_4$			
$-U_1-U_2+U_3+U_4$			
$+U_1+U_2-U_3-U_4$			
$+U_1-U_2+U_3-U_4$			
$-U_1+U_2-U_3+U_4$	0	6	6/16 = 0,375
$-U_1+U_2+U_3-U_4$			
$+U_1-U_2-U_3+U_4$			
$+U_1-U_2-U_3-U_4$			
$-U_1+U_2-U_3-U_4$			
$-U_1-U_2+U_3-U_4$	$-2U$	4	4/16 = 0,250
$-U_1-U_2-U_3+U_4$			
$-U_1-U_2-U_3-U_4$	$-4U$	1	1/16 = 0,0625

esperar uma frequência de distribuição como aquela apresentada na **Figura 6-2a**. Observe que o eixo *y*, no gráfico, é a frequência relativa da ocorrência das cinco combinações possíveis.

A **Figura 6-2b** exibe a distribuição teórica para dez incertezas com a mesma dimensão. Novamente, vemos que a ocorrência de maior frequência é de um desvio zero em relação à média. No outro extremo, um desvio máximo de 10 *U* ocorre apenas cerca de uma vez em 500 resultados.

Quando o mesmo procedimento é aplicado a um número muito grande de erros individuais, isso resulta em uma curva com forma de sino como a mostrada na **Figura 6-2c**. Esse gráfico é chamado **curva gaussiana** ou **curva normal de erro**.

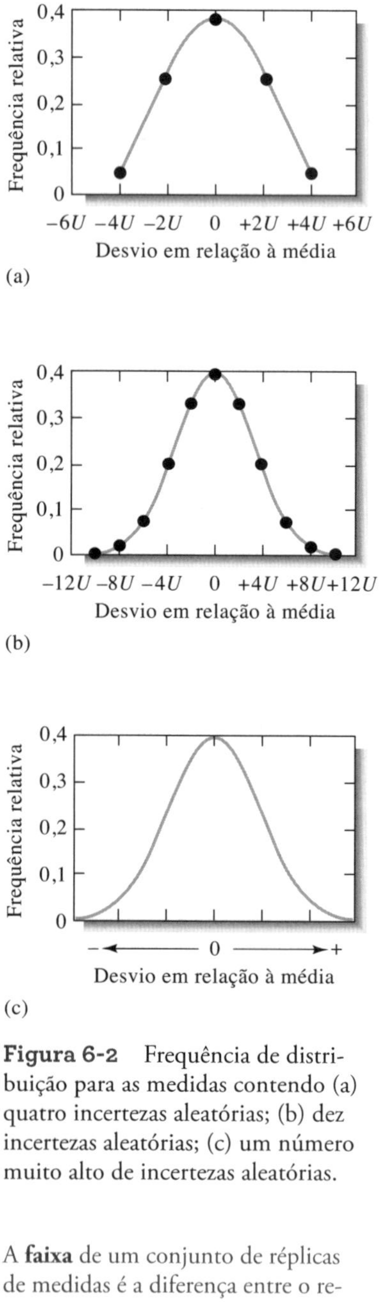

Figura 6-2 Frequência de distribuição para as medidas contendo (a) quatro incertezas aleatórias; (b) dez incertezas aleatórias; (c) um número muito alto de incertezas aleatórias.

A **faixa** de um conjunto de réplicas de medidas é a diferença entre o resultado mais alto e o mais baixo.

Um **histograma** é um gráfico de barras como o que está representado no gráfico *A* na Figura 6-3.

6A-2 Distribuição de Resultados Experimentais

A partir da experiência envolvendo um grande número de determinações, observamos que a distribuição de réplicas de dados da maioria dos experimentos analíticos quantitativos se aproxima da curva gaussiana mostrada na Figura 6-2c. Como exemplo, considere os dados contidos na planilha de cálculos da **Tabela 6-2**, para a calibração de uma pipeta de 10 mL.[1] Nesse experimento, um pequeno frasco e sua tampa foram pesados. Dez mililitros de água foram então transferidos para o frasco com a pipeta e este foi fechado. O frasco, a tampa e a água foram pesados novamente. A temperatura da água também foi medida para se determinar sua densidade. A massa de água foi então calculada tomando-se a diferença entre as duas massas. A massa de água, dividida pela sua densidade, representa o volume dispensado pela pipeta. O experimento foi repetido 50 vezes.

Os dados da Tabela 6-2 são aqueles típicos obtidos por um analista experiente a partir da pesagem até o miligrama mais próximo (que corresponde a 0,001 mL) em uma balança de prato superior, sendo cuidadoso no sentido de evitar erros sistemáticos. Mesmo assim, os resultados variaram entre 9,969 mL e 9,994 mL. Esse espalhamento dos dados em uma **faixa** de 0,025 mL resulta diretamente do acúmulo de todas as incertezas aleatórias envolvidas no experimento.

A informação contida na Tabela 6-2 é mais facilmente visualizada se os dados forem rearranjados em grupos de distribuição de frequência, como na **Tabela 6-3**. Nesse caso, contamos e agrupamos o número de dados que se encontram em séries de faixas adjacentes de 0,003 mL e calculamos o porcentual de medidas contidas em cada faixa. Observe que 26% dos resultados ocorrem na faixa de volume entre 9,981 e 9,983 mL. Este é o grupo que contém os valores médio e mediano de 9,982 mL. Observe também que mais da metade dos resultados estão na faixa de ±0,004 mL dessa média.

Os dados da distribuição de frequência da Tabela 6-3 estão representados como um gráfico de barras, ou **histograma** (rotulado como *A* na **Figura 6-3**). Podemos imaginar, com o aumento do número de medidas, que o histograma aproxima-se do formato de uma curva contínua, apontada como a curva *B* na Figura 6-3. Este gráfico mostra uma curva gaussiana, ou curva de erro normal, que se aplica a um conjunto infinitamente grande de dados. A curva gaussiana tem a mesma média (9,982 mL), a mesma precisão e a mesma área sob a curva que o histograma.

[1] Veja a Seção 38A-4 sobre um experimento de calibração de uma pipeta.

TABELA 6-2*

	A	B	C	D	E	F	G	H
1	Réplicas de Dados de Calibração de uma Pipeta de 10 mL*							
2	**Tentativa**	**Volume, mL**		**Tentativa**	**Volume, mL**		**Tentativa**	**Volume, mL**
3	1	9,988		18	9,975		35	9,976
4	2	9,973		19	9,980		36	9,990
5	3	9,986		20	9,994		37	9,988
6	4	9,980		21	9,992		38	9,971
7	5	9,975		22	9,984		39	9,986
8	6	9,982		23	9,981		40	9,978
9	7	9,986		24	9,987		41	9,986
10	8	9,982		25	9,978		42	9,982
11	9	9,981		26	9,983		43	9,977
12	10	9,990		27	9,982		44	9,977
13	11	9,980		28	9,991		45	9,986
14	12	9,989		29	9,981		46	9,978
15	13	9,978		30	9,969		47	9,983
16	14	9,971		31	9,985		48	9,980
17	15	9,982		32	9,977		49	9.984
18	16	9,983		33	9,976		50	9,979
19	17	9,988		34	9,983			
20	*Dados listados na ordem da obtenção							
21	Média	9,982		Máximo	9,994			
22	Mediana	9,982		Mínimo	9,969			
23	Desvio padrão	0,0056		Faixa	0,025			

*Para cálculos das grandezas estatísticas relacionadas no final da Tabela 6-2 no Excel, veja S. R. Crouch; F. J. Holler, *Applications of Microsoft® Excel in Analytical Chemistry*, 2. ed., Belmont, CA: Brooks/Cole, cap. 2.

Uma **curva gaussiana** ou **curva normal de erro** é uma curva que mostra a distribuição simétrica de dados ao redor da média de um conjunto infinito de dados como aqueles na Figura 6-2c.

As variações em medidas de réplicas, como aquelas indicadas na Tabela 6-2, resultam de numerosos erros aleatórios pequenos e individualmente indetectáveis que são provocados por variáveis incontroláveis associadas ao experimento. Esses pequenos erros normalmente tendem a cancelar uns aos outros, tendo assim um efeito mínimo sobre o valor médio. Ocasionalmente, entretanto, ocorrem na mesma direção, para produzir um grande erro líquido positivo ou negativo.

As fontes de incertezas aleatórias na calibração de uma pipeta incluem (1) julgamentos visuais, tais como o nível de água em relação à marca na pipeta e ao nível de mercúrio no termômetro; (2) variações no tempo de escoamento e no ângulo da pipeta, durante seu escoamento; (3) flutuações na temperatura, que afetam o volume da pipeta, a viscosidade do líquido e o desempenho da balança; e (4) vibrações e correntes de ar que causam pequenas variações nas leituras da balança. Indubitavelmente, existem muitas outras fontes de incertezas aleatórias nesse processo de calibração que não listamos aqui. Mesmo o processo simples de calibração de uma pipeta é afetado por muitas variáveis pequenas e incontroláveis. A influência cumulativa dessas variáveis é responsável pela distribuição dos resultados em torno da média.

TABELA 6-3

Distribuição de Frequência dos Dados da Tabela 6-2

Faixa de Volume, mL	Números na Faixa	% na Faixa
9,969 – 9,971	3	6
9,972 – 9,974	1	2
9,975 – 9,977	7	14
9,978 – 9,980	9	18
9,981 – 9,983	13	26
9,984 – 9,986	7	14
9,987 – 9,989	5	10
9,990 – 9,992	4	8
9,993 – 9,995	1	2
	Total = 50	Total = 100%

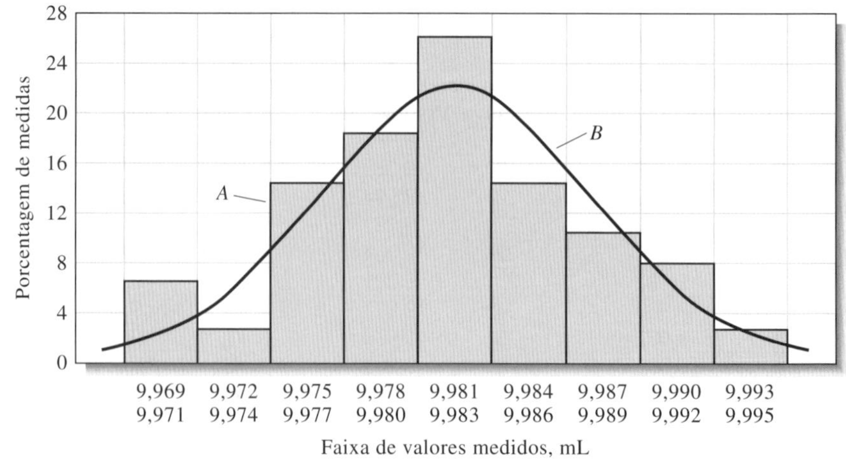

Figura 6-3 Histograma (*A*) mostrando a distribuição de 50 resultados contidos na Tabela 6-3 e uma curva gaussiana (*B*) para os dados, tendo a mesma média e desvio padrão que os dados do histograma.

6B TRATAMENTO ESTATÍSTICO DE ERROS ALEATÓRIOS

A análise estatística revela apenas a informação que já está presente em um conjunto de dados. *Nenhuma nova informação é criada* com a utilização de tratamentos estatísticos. Os métodos estatísticos permitem, contudo, categorizar e caracterizar os dados de diferentes maneiras e tomar decisões inteligentes e objetivas acerca da qualidade e interpretação dos dados.

Podemos utilizar métodos estatísticos para avaliar os erros aleatórios discutidos na seção anterior. Geralmente, baseamos as análises estatísticas na premissa de que os erros aleatórios contidos em resultados analíticos seguem uma distribuição gaussiana, ou normal, como aquela ilustrada pela Figura 6-2c, pela curva *B* da Figura 6-3, ou pela curva suave na Figura 6D-1. Os dados analíticos podem obedecer a outras distribuições que não a distribuição gaussiana. Por exemplo, os experimentos que produzem somente um resultado correto, ou um errado, fornecem dados que obedecem a uma distribuição binomial. Os experimentos envolvendo radioatividade ou contagem de fótons produzem resultados que seguem a distribuição de Poisson. Contudo, frequentemente utilizamos a distribuição gaussiana para representar de forma aproximada essas distribuições. A aproximação se torna melhor no limite de um grande número de experimentos. Como uma regra do polegar, se você tem mais que 30 resultados e os dados não estão altamente distorcidos, podemos seguramente usar a distribuição gaussiana. Assim, baseamos essa discussão inteiramente em erros aleatórios normalmente distribuídos.

DESTAQUE 6-1

Jogando Moedas: Uma Atividade para Ilustrar uma Distribuição Normal

Se você jogar uma moeda dez vezes, quantas vezes vai tirar cara? Tente e registre seus resultados. Repita o experimento. Seus resultados são os mesmos? Peça a um amigo ou colega de sua classe que faça o mesmo experimento e organize os resultados. A tabela a seguir contém os resultados obtidos por estudantes de várias turmas de química analítica durante o período de 1980 a 1998.

Número de caras	0	1	2	3	4	5	6	7	8	9	10
Frequência	1	1	22	42	102	104	92	48	22	7	1

Some seus resultados àqueles contidos na tabela e construa um histograma similar ao mostrado na Figura 6D-1. Encontre a média e o desvio padrão (veja a Seção 6B-3) para seus resultados e compare-os com os valores indicados no gráfico. A curva contínua na figura é aquela de erro normal para um número infinito de tentativas, com a mesma média e desvio padrão daqueles do conjunto de dados. Observe que a média de 5,06 é muito próxima do valor 5 que você iria prever com base nas leis da probabilidade. À medida que o número de tentativas aumenta, o formato do histograma se aproxima daquele da curva contínua e a média se aproxima de 5.

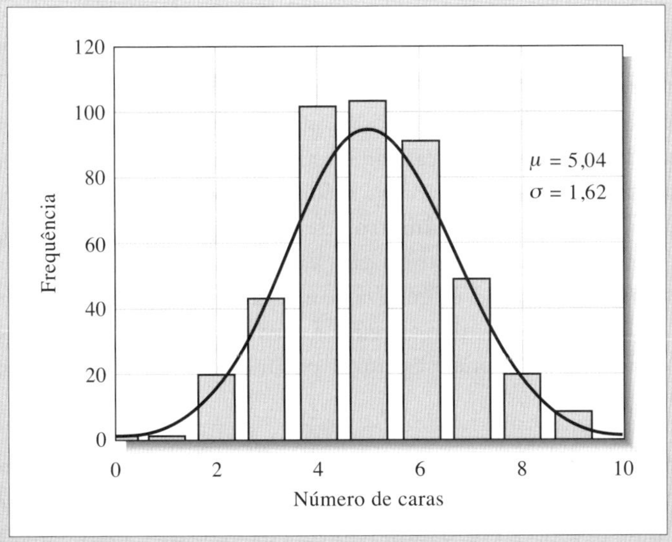

Figura 6D-1 Resultados de um experimento de jogar moedas realizado por 395 estudantes durante um período de 18 anos.

6B-1 Amostras e Populações

Tipicamente, em um estudo científico, inferimos informações sobre uma **população** ou **universo** a partir de observações feitas em um subconjunto, ou **amostra**. A população é a coleção de medidas de interesse e precisa ser cuidadosamente definida pelo analista. Em alguns casos, a população é finita e real, enquanto em outros é hipotética ou conceitual em sua natureza.

Uma **população** é a coleção de todas as medidas de interesse para o analista, enquanto uma **amostra** é um subconjunto de medidas selecionadas a partir da população.

Como um exemplo de uma população real, considere uma unidade de produção de comprimidos de multivitaminas que gera centenas de milhares de comprimidos. Embora a população seja finita, nós não teríamos, normalmente, o tempo e os recursos necessários para testar todos os comprimidos objetivando o controle de qualidade. Assim sendo, selecionamos uma amostra de comprimidos para análise de acordo com princípios de amostragem estatísticos (veja a Seção 8B). Então, inferimos as características da população a partir daquelas da amostra.

Em muitos dos casos encontrados na química analítica, a população é conceitual. Considere, por exemplo, a determinação de cálcio em um reservatório de água de uma cidade para medida da dureza da água. Neste exemplo, a população é o número de medidas muito grande, quase infinito, que poderia ser feito se analisássemos todo o reservatório de água. Similarmente, na determinação da glicose no sangue de um paciente diabético, hipoteticamente poderíamos fazer um número extremamente grande de medidas se usássemos todo o sangue. O subconjunto da população analisada em ambos os casos é a amostra. Novamente, inferimos características da população a partir daquelas obtidas com a amostra. Consequentemente, é importante definir a população sendo caracterizada.

❮ Não confunda **amostra estatística** com **amostra analítica**. Considere quatro amostras de água tiradas da mesma fonte e analisada no laboratório para cálcio. As quatro amostras analíticas resultam em quatro medidas selecionadas da população. Eles são, portanto, uma amostra estatística única. Essa é uma duplicação infeliz do termo amostra.

As leis da estatística têm sido desenvolvidas para as populações, mas elas podem ser usadas para amostras após modificações adequadas. Tais modificações são necessárias para pequenas amostras, uma vez que poucos dados não representam a população inteira. Na discussão que segue, primeiro descrevemos a estatística gaussiana das populações. Então, mostramos como essas relações podem ser modificadas e aplicadas para amostras pequenas de dados.

A equação de uma curva gaussiana normalizada tem a forma

$$y = \frac{e^{-(x-\mu)^2/2\sigma^2}}{\sigma\sqrt{2\pi}}$$

A média da amostra $\bar{x}$ é obtida a partir de

$$\bar{x} = \frac{\sum_{i=1}^{N} x_i}{N}$$

onde N é o número de medidas para o conjunto da amostra. A mesma equação é usada para calcular a média da população μ

$$\mu = \frac{\sum_{i=1}^{N} x_i}{N}$$

na qual N, agora, é o número total de medidas para a população.

6B-2 Propriedades das Curvas Gaussianas

A **Figura 6-4a** apresenta duas curvas gaussianas com as quais construímos um gráfico da frequência relativa y de vários desvios da média *versus* o desvio em relação à média. Como mostrado na margem, curvas como estas podem ser descritas por uma equação que contém apenas dois parâmetros, a **média da população** μ e o **desvio padrão da população**, σ. O termo **parâmetro** refere-se a quantidades, como μ e σ, que definem uma população ou a distribuição. Valores de dados tal qual x são **variáveis.** O termo **estatística** refere-se à estimativa de um parâmetro que é feita a partir de uma amostra de dados, como discutido a seguir. A média da amostra e o seu desvio padrão são exemplos de estatísticas que estimam os parâmetros μ e σ, respectivamente.

A Média da População μ e a Média da Amostra $\bar{x}$

Os estatísticos consideram útil saber diferenciar entre a média da amostra e a média da população. A média da amostra é a média aritmética de uma amostra limitada retirada de uma população de dados. A média da amostra é definida como a soma dos valores medidos dividida pelo número de medidas, como dado na Equação 5-1. Naquela equação, N representa o número de medidas do conjunto da amostra. A média da população μ, em contraste, é a verdadeira média para a população. Também é definida pela Equação 5-1, com o adendo de que N representa o número total de medidas da população. *Na ausência de erros sistemáticos, a média da população também é o valor verdadeiro para a quantidade medida.* Para enfatizar a diferença entre as duas médias, particularmente quando N for pequeno, $\bar{x}$ difere de μ porque um pequeno número de dados pode não representar exatamente sua população. Na maioria dos casos não conhecemos μ e precisamos inferir seu valor a partir de $\bar{x}$. A diferença provável entre $\bar{x}$ e μ decresce rapidamente à medida que o número de medidas que perfazem a amostra aumenta; usualmente, uma vez que N atinge 20 a 30, essa diferença é desprezível. Observe que a média da amostra é uma função estatística que estima o parâmetro da população μ.

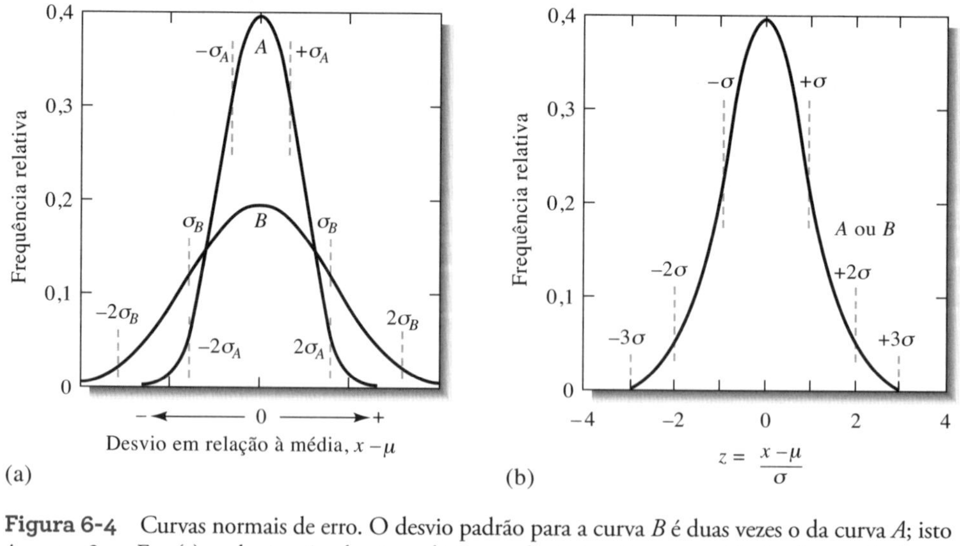

Figura 6-4 Curvas normais de erro. O desvio padrão para a curva B é duas vezes o da curva A; isto é, $\sigma_B = 2\sigma_A$. Em (a), a abscissa é o desvio padrão em relação à média, em unidades de medida ($x - \mu$). Em (b), a abscissa é o desvio em relação à média em unidades de σ. Para este gráfico, as duas curvas A e B aqui são idênticas.

O Desvio Padrão da População σ

O **desvio padrão da população** σ, que é uma medida da *precisão* de uma população de dados, é fornecido pela equação

$$\sigma = \sqrt{\frac{\sum_{i=1}^{N}(x_i - \mu)^2}{N}} \tag{6-1}$$

onde N é o número de dados que compõem a população.

As duas curvas mostradas na Figura 6-4a referem-se a duas populações de dados que diferem apenas em seus desvios padrão. O desvio padrão para o conjunto de dados que origina a curva mais larga, porém mais baixa, *B*, é o dobro daquele para as medidas que originam a curva *A*. A largura de cada curva é uma medida da precisão dos dois conjuntos de dados. Portanto, a precisão do conjunto de dados que gera a curva *A* é duas vezes melhor que aquela dos dados representados pela curva *B*.

A **Figura 6-4b** mostra outro tipo de curva de erro normal na qual o eixo x agora é uma nova variável z, definida como

$$z = \frac{(x - \mu)}{\sigma} \tag{6-2}$$

Observe que z é o desvio da média de um dado, isto é, o desvio relativo a um desvio padrão. Ou seja, quando $x - \mu = \sigma$, z é igual a um; quando $x - \mu = 2\sigma$, z é igual a dois; e assim por diante. Uma vez que z é o desvio em relação à média com respeito ao desvio padrão, um gráfico de frequência relativa *versus* z gera uma única curva gaussiana que descreve qualquer população de dados não importando o seu desvio padrão. Dessa forma, a Figura 6-4b é a curva de erro normal para ambos os dados usados para representar em gráfico as curvas *A* e *B* mostradas na Figura 6-4a.

A equação para a curva de erro gaussiana é

$$y = \frac{e^{-(x-\mu)^2/2\sigma^2}}{\sigma\sqrt{2\pi}} = \frac{e^{-z^2/2}}{\sigma\sqrt{2\pi}} \tag{6-3}$$

O quadrado do desvio padrão σ^2 também é importante devido ao fato de que essa grandeza toma parte na expressão matemática da curva gaussiana de erro. Essa quantidade é chamada **variância** (veja a Seção 6B-5).

Uma curva de erro normal tem várias propriedades: (a) a média ocorre no ponto central de frequência máxima, (b) existe uma distribuição simétrica de desvios positivos e negativos em torno do máximo e (c) existe um decaimento exponencial na frequência à medida que a magnitude do desvio aumenta. Dessa forma, pequenas incertezas são observadas muito mais frequentemente que as maiores.

Áreas sob uma Curva Gaussiana

O Destaque 6-2 mostra que, não obstante sua largura, 68,3% da área sob uma curva gaussiana, para uma população, estão contidos em um desvio padrão ($\pm 1\sigma$) em relação à média μ. Assim sendo, aproximadamente 68,3% dos resultados que constituem a população situam-se entre esses limites. Além disso, aproximadamente 95,4% de todos os dados estão dentro do intervalo de $\pm 2\sigma$ em relação à média e 99,7% estão dentro do intervalo $\pm 3\sigma$. As linhas tracejadas verticais encontradas na Figura 6-4 revelaram as áreas limitadas pelos intervalos $\pm 1\sigma$, $\pm 2\sigma$ e $\pm 3\sigma$.

Na ausência de erros sistemáticos, a média da população μ é o valor verdadeiro da quantidade medida.

A quantidade $(x_i - \mu)$ na Equação 6-1 é o desvio dos dados x_i em relação à média μ da população; compare com a Equação 6-4, que serve para uma amostra de dados.

A quantidade z representa o desvio de um resultado da média da população em relação ao desvio padrão (em unidades de desvio padrão). É comumente dado como uma variável em tabelas estatísticas, uma vez que é uma quantidade adimensional.

Por conta das relações de áreas como essas, o desvio padrão para uma população de dados torna-se uma ferramenta útil de previsão. Por exemplo, podemos afirmar que existem 68,3% de chances de que a incerteza aleatória de qualquer medida não seja superior a $\pm 1\sigma$. De maneira similar, existem 95,4% de chances de que o erro seja menor que $\pm 2\sigma$ e assim por diante. O cálculo da área sob uma curva gaussiana é descrito no Destaque 6-2.

DESTAQUE 6-2

Cálculo da Área sob uma Curva Gaussiana

Frequentemente nos referimos à área sob uma curva. No contexto da estatística, é importante que sejamos capazes de determinar a área sob uma curva gaussiana entre limites definidos. A área sob a curva, entre um par de limites, fornece a probabilidade de o valor medido ocorrer entre os dois limites. Surge assim uma questão de ordem prática: como determinamos a área sob a curva? A Equação 6-3 descreve a curva gaussiana em termos da média da população μ e o desvio padrão σ, ou das variáveis z. Vamos supor que queiramos saber a área sob a curva entre -1σ e $+1\sigma$ em relação à média. Em outras palavras, queremos a área entre $\mu - \sigma$ e $\mu + \sigma$.

Podemos realizar essa operação usando cálculos, uma vez que a integral de uma equação fornece a área sob a curva descrita pela equação. Nesse caso, queremos encontrar a integral definida entre $-\sigma$ e $+\sigma$.

$$\text{área} = \int_{-\sigma}^{\sigma} \frac{e^{-(x-\mu)^2/2\sigma^2}}{\sigma\sqrt{2\pi}}\,dx$$

É mais fácil utilizar a forma da Equação 6-3 com a variável z, assim, nossa equação torna-se

$$\text{área} = \int_{-1}^{1} \frac{e^{-z^2/2}}{\sqrt{2\pi}}\,dz$$

Uma vez que não há uma solução definida, a integral precisa ser avaliada numericamente. O resultado é

$$\text{área} = \int_{-1}^{1} \frac{e^{-z^2/2}}{\sqrt{2\pi}}\,dz = 0{,}683$$

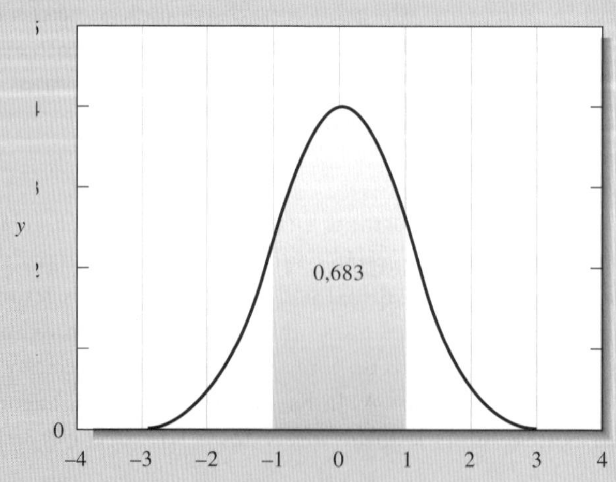

Curva mostrando a área de 0,683.

Da mesma forma, se queremos saber a área sob a curva gaussiana 2σ em ambos os lados da média, calculamos a seguinte integral:

$$\text{área} = \int_{-2}^{2} \frac{e^{-z^2/2}}{\sqrt{2\pi}}\,dz = 0{,}954$$

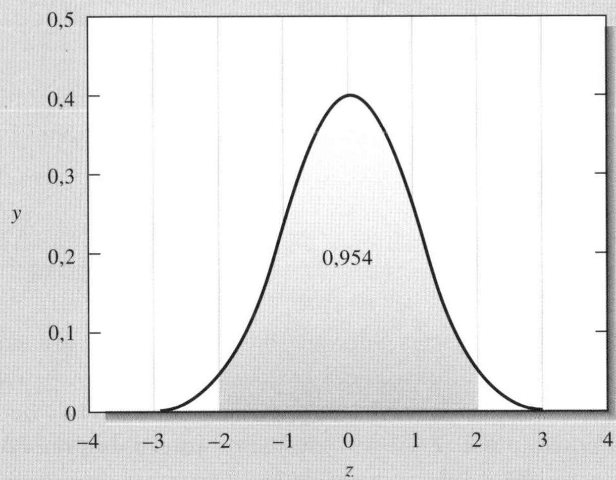

Curva mostrando a área de 0,954.

Para $\pm 3\sigma$, temos

$$\text{área} = \int_{-3}^{3} \frac{e^{-z^2/2}}{\sqrt{2\pi}}\,dz = 0{,}997$$

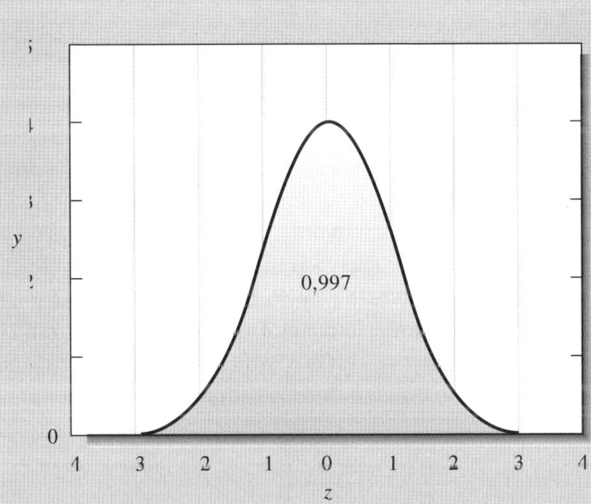

Curva mostrando a área de 0,997.

Finalmente, é importante saber a área sob toda a curva gaussiana, assim encontramos a seguinte integral:

$$\text{área} = \int_{-\infty}^{\infty} \frac{e^{-z^2/2}}{\sqrt{2\pi}}\,dz = 1$$

A partir das integrais podemos ver que as áreas sob uma curva gaussiana para um, dois e três desvios padrão em relação à média são, respectivamente, 68,3%, 95,4% e 99,7% da área total sob a curva.

6B-3 O Desvio Padrão da Amostra: Uma Medida da Precisão

A Equação 6-1 precisa ser modificada quando for aplicada a uma pequena amostra de dados. Assim, o **desvio padrão da amostra** s é dado pela equação

$$s = \sqrt{\frac{\sum_{i=1}^{N}(x_i - \bar{x})^2}{N-1}} = \sqrt{\frac{\sum_{i=1}^{N} d_i^2}{N-1}} \qquad (6\text{-}4)$$

A Equação 6-4 é aplicada para pequenos conjuntos de dados. Ela diz "Encontre os desvios em relação à média d_i, eleve-os ao quadrado, some-os, divida a soma por N – 1 e extraia a raiz quadrada". A quantidade $N - 1$ é chamada **número de graus de liberdade**. Geralmente, as calculadoras científicas trazem a função desvio padrão embutida. Muitas podem calcular tanto o desvio padrão σ da população s, quanto o desvio padrão da amostra s. Para qualquer conjunto pequeno de dados, você deve empregar o desvio padrão da amostra, s.

onde a quantidade $(x_i - \bar{x})$ representa o desvio d_i do valor x_i em relação à média. Observe que a Equação 6-4 difere da Equação 6-1 em duas maneiras. Primeiro, a média da amostra, $\bar{x}$, aparece no lugar da média da população, μ, no numerador. Segundo, N, que está na Equação 6-1, é substituído pelo **número de graus de liberdade** $(N - 1)$. Quando $N - 1$ é usado no lugar de N, s representa uma estimativa imparcial do desvio padrão da população σ. Se essa substituição não for feita, o valor de s calculado será menor, em termos porcentuais, que o verdadeiro desvio padrão σ; isto é, s apresentará uma tendência de ser menor (veja o Destaque 6-3).

A **variância da amostra** s^2 também é importante em cálculos estatísticos. É uma estimativa da variância da população σ^2, como será discutido na Seção 6B-5.

DESTAQUE 6-3

O Significado do Número de Graus de Liberdade

O número de graus de liberdade indica o número de resultados *independentes* que fazem parte do cálculo do desvio padrão. Quando μ for desconhecido, duas quantidades precisam ser extraídas de um conjunto de réplicas de resultados: $\bar{x}$ e s. Um grau de liberdade é utilizado para estabelecer $\bar{x}$, porque, mantidos os sinais, a soma dos desvios individuais precisa ser igual a zero. Dessa forma, quando $N - 1$ desvios tiverem sido calculados, o último deles será conhecido. Consequentemente, só $N - 1$ desvios fornecem uma medida independente da precisão do conjunto. A não utilização de $N - 1$ no cálculo do desvio padrão s, para uma amostra pequena, resulta, em média, em valores de s menores que os desvios padrão σ verdadeiros.

Uma Expressão Alternativa para o Desvio Padrão de Amostras

Para encontrar s em uma calculadora que não tenha a tecla de desvio padrão, a seguinte forma rearranjada é mais fácil de ser empregada, em vez da aplicação direta daquela equação:

$$s = \sqrt{\frac{\sum_{i=1}^{N} x_i^2 - \frac{\left(\sum_{i=1}^{N} x_i\right)^2}{N}}{N-1}} \qquad (6\text{-}5)$$

O Exemplo 6-1 ilustra o uso da Equação 6-5 para calcular s.

EXEMPLO 6-1

Os seguintes resultados foram obtidos para réplicas da determinação de chumbo em uma amostra de sangue: 0,752; 0,756; 0,752; 0,751 e 0,760 ppm de Pb. Calcule a média e o desvio padrão para esse conjunto de dados.

Resolução

Para utilizar a Equação 6-5, calculamos $\sum x_i^2$ e $(\sum x_i)^2/N$.

Amostra	x_i	x_i^2
1	0,752	0,565504
2	0,756	0,571536
3	0,752	0,565504
4	0,751	0,564001
5	0,760	0,577600
	$\sum x_i = 3{,}771$	$\sum x_i^2 = 2{,}844145$

$$\bar{x} = \frac{\sum x_i}{N} = \frac{3{,}771}{5} = 0{,}7542 \approx 0{,}754 \text{ ppm de Pb}$$

$$\frac{\left(\sum x_i\right)^2}{N} = \frac{(3{,}771)^2}{5} = \frac{14{,}220441}{5} = 2{,}8440882$$

Substituindo os valores na Equação 6-5 chega-se a

$$s = \sqrt{\frac{2{,}844145 - 2{,}8440882}{5-1}} = \sqrt{\frac{0{,}0000568}{4}} = 0{,}00377 \approx 0{,}004 \text{ ppm de Pb}$$

Observe no Exemplo 6-1 que a diferença entre $\sum x_i^2$ e $\left(\sum x_i\right)^2/N$ é muito pequena. Se tivéssemos arredondado esses números antes da subtração, um erro sério poderia ter ocorrido no cálculo do valor de s. Para evitar esse tipo de erro, *nunca arredonde um cálculo de desvio padrão antes de chegar ao final*. Além disso, e pela mesma razão, nunca use a Equação 6-5 para calcular o desvio padrão de números contendo cinco dígitos ou mais. Em vez disso, use a Equação 6-4.[2] Muitas calculadoras e computadores com a função desvio padrão empregam uma versão interna da Equação 6-5 nos cálculos. Você deve estar sempre alerta para erros de arredondamento nos cálculos de desvio padrão de valores que tenham cinco ou mais algarismos significativos.

Toda vez que você subtrai dois números grandes, aproximadamente iguais, a diferença geralmente terá uma incerteza alta. Consequentemente, você nunca deve arredondar um cálculo de desvio padrão antes do final.

À medida que $N \to \infty$, $\bar{x} \to \mu$ e $s \to \sigma$

Quando você realizar cálculos estatísticos, lembre-se de que, por causa da incerteza existente em $\bar{x}$, o desvio padrão da amostra pode diferir significativamente do desvio padrão da população. À medida que N torna-se maior, $\bar{x}$ e s tornam-se estimativas melhores para μ e σ.

[2] Na maioria dos casos, os dois ou três primeiros dígitos de um conjunto de dados são idênticos uns aos outros. Como uma alternativa, então, para a utilização da Equação 6-4, esses dígitos idênticos podem ser deixados de lado e os dígitos remanescentes podem ser usados na Equação 6-5. Por exemplo, o desvio padrão para os dados contidos no Exemplo 6-1 pode ser baseado em 0,052; 0,056; 0,052 e assim por diante (ou mesmo 52; 56; 52 etc.).

Erro Padrão da Média

Os valores de probabilidade para uma distribuição gaussiana calculados como áreas no Destaque 6-2 referem-se aos erros prováveis para uma *única* medida. Assim, existe uma probabilidade de 95,4% de que um único resultado de uma população estará contido no intervalo $\pm 2\sigma$ da média μ. Se uma série de réplicas de resultados, cada uma contendo N medidas, é tomada aleatoriamente a partir de uma população de resultados, a média de cada conjunto mostrará um menor espalhamento à medida que N aumenta. O desvio padrão de cada média é conhecido como **erro padrão da média** e é dado pelo símbolo s_m. O erro padrão é inversamente proporcional à raiz quadrada do número de dados N empregado para calcular a média, como dado pela Equação 6-6.

O **erro padrão da média**, s_m, é o desvio padrão de um conjunto de dados dividido pela raiz quadrada do número de dados do conjunto.

$$s_m = \frac{s}{\sqrt{N}} \quad (6\text{-}6)$$

A Equação 6-6 nos diz que a média de quatro medidas é mais precisa por $\sqrt{4} = 2$ do que medidas individuais do conjunto de dados. Por essa razão, o cálculo da média dos resultados é frequentemente utilizado para melhorar a precisão. Entretanto, a melhoria alcançada a partir do cálculo da média é limitada, de certa forma, devido à dependência da raiz quadrada de N mostrada na Equação 6-6. Por exemplo, para melhorar a precisão por um fator de 10 são necessárias pelo menos 100 vezes mais medidas. É melhor, se possível, diminuir s em vez de se calcular a média de mais resultados, uma vez que s_m é diretamente proporcional a s, mas apenas inversamente proporcional à *raiz quadrada de N*. Algumas vezes o desvio padrão pode ser diminuído, sendo mais preciso em operações individuais, pela mudança do procedimento e pelo uso de ferramentas de medida mais precisas.

6B-4 Confiabilidade de *s* como uma Medida da Precisão

No Capítulo 7 vamos descrever vários testes estatísticos que são usados para testar hipóteses, a fim de produzir intervalos de confiança para resultados e para rejeitar dados anômalos. A maioria desses testes baseia-se no desvio padrão da amostra. A probabilidade de que esses testes estatísticos forneçam resultados corretos aumenta à medida que a confiabilidade de s se torna maior. À medida que N contido na Equação 6-4 aumenta, para valores maiores que 20, s se torna uma estimativa melhor do desvio padrão da população, σ, e essas quantidades podem ser consideradas idênticas para a maioria dos propósitos. Por exemplo, se as 50 medidas presentes na Tabela 6-2 são divididas em 10 subgrupos de cinco, o valor de s varia muito de um grupo para outro (0,0023 – 0,0079 mL), embora a média dos valores de s calculados seja aquela do conjunto inteiro (0,0056 mL). Em contraste, os valores de s calculados para dois subconjuntos com 25 dados cada um são quase idênticos (0,0054 e 0,0058 mL).

DESAFIO: Construa uma planilha usando os dados da Tabela 6-2 e mostre que s é uma estimativa melhor de σ à medida que N se torna maior. Mostre também que s é aproximadamente igual a s para $N > 20$.

O aprimoramento rápido da confiabilidade de s, com o aumento de N, torna viável a obtenção de uma boa aproximação de σ, quando o método de medida não demanda muito tempo e quando uma quantidade suficiente de amostra está disponível. Por exemplo, se o pH de um grande número de soluções deve ser medido durante uma investigação, é útil avaliar s em uma série de experimentos preliminares. Essa medida é simples, requerendo apenas que um par de eletrodos lavados e secos seja imerso na solução teste e que o pH seja medido. Para determinar s, 20 a 30 porções de uma solução tampão de pH fixo podem ser medidas com todas as etapas do procedimento sendo seguidas exatamente. Normalmente, é válido considerar que os erros aleatórios nesse teste sejam os mesmos que aqueles das medidas subsequentes.

O valor de s, calculado a partir da Equação 6-4, é uma boa estimativa do valor para a população, σ.

Combinação de Dados para Melhorar a Confiabilidade de s

Se dispomos de vários subconjuntos de dados, é possível obter uma estimativa melhor do desvio padrão da população pela combinação dos dados do que usando apenas um conjunto de dados. Novamente, precisamos supor as mesmas fontes de erros aleatórios para todas as medidas. Essa consideração é geralmente válida se as amostras possuem composição similar e tiverem sido analisadas exatamente da mesma forma. Também precisamos considerar que as amostras sejam aleatoriamente retiradas da mesma população e tenham assim um mesmo valor para σ.

A estimativa combinada de σ, a qual chamamos s_{comb}, é uma média ponderada das estimativas individuais. Para calcular s_{comb}, os desvios em relação à média de cada um dos subconjuntos são elevados ao quadrado; os quadrados dos desvios de todos os subconjuntos são então somados e divididos pelo número de graus de liberdade apropriados. O s combinado é obtido pela extração da raiz quadrada do número resultante. Um grau de liberdade é perdido para cada um dos subconjuntos. Assim, o número de graus de liberdade para o s combinado é igual ao número total de medidas menos o número de subconjuntos. A Equação 6-7, no Destaque 6-4, fornece a equação completa para a obtenção de s_{comb} para t conjuntos de dados. O Exemplo 6-2 ilustra a aplicação desse tipo de cálculo.

DESTAQUE 6-4

Equação para Cálculo do Desvio Padrão Combinado

A equação para calcular o desvio padrão combinado a partir de vários conjuntos de dados tem a forma

$$s_{comb} = \sqrt{\frac{\sum_{i=1}^{N_1}(x_i - \bar{x}_1)^2 + \sum_{j=1}^{N_2}(x_j - \bar{x}_2)^2 + \sum_{k=1}^{N_3}(x_k - \bar{x}_3)^2 + \cdots}{N_1 + N_2 + N_3 + \cdots - N_t}} \qquad (6\text{-}7)$$

em que N_1 é o número de resultados contidos no conjunto 1, N_2 é aquele do conjunto 2 e assim por diante. O termo N_t é o número total de conjuntos de dados que estão sendo combinados.

EXEMPLO 6-2

Os níveis de glicose são monitorados rotineiramente em pacientes que sofrem de diabetes. As concentrações de glicose em um paciente com níveis levemente elevados de glicose foram determinadas em meses diferentes por meio de um método analítico espectrofotométrico. O paciente foi submetido a uma dieta com baixos teores de açúcar para reduzir os níveis de glicose. Os seguintes resultados foram obtidos durante um estudo para determinar a eficiência da dieta. Calcule a estimativa do desvio padrão combinado para o método.

Tempo	Concentração de Glicose, mg L^{-1}	Glicose Média, mg L^{-1}	Soma dos Quadrados dos Desvios da Média	Desvio Padrão
Mês 1	1 108, 1 122, 1 075, 1 099, 1 115, 1 083, 1 100	1 100,3	1 687,43	16,8
Mês 2	992, 975, 1022, 1 001, 991	996,2	1 182,80	17,2
Mês 3	788, 805, 779, 822, 800	798,8	1 086,80	16,5
Mês 4	799, 745, 750, 774, 777, 800, 758	771,9	2 950,86	22,2

Número total das medidas = 24   Soma total dos quadrados = 6.907,89

Resolução

Para o primeiro mês, a soma dos quadrados mostrada na penúltima coluna foi calculada como segue:

$$\text{Soma dos quadrados} = (1.108 - 1.100{,}3)^2 + (1.122 - 1.100{,}3)^2 + (1.075 - 1.100{,}3)^2 + (1.099 - 1.100{,}3)^2 + (1.115 - 1.100{,}3)^2 + (1.083 - 1.100{,}3)^2 + (1.100 - 1.100{,}3)^2 = 1.687{,}43$$

As outras somas dos quadrados foram obtidas de maneira similar. Então, o desvio padrão combinado é

$$s_{\text{comb}} = \sqrt{\frac{6.907{,}89}{24 - 4}} = 18{,}58 \approx 19 \text{ mg L}^{-1}$$

Observe que o valor combinado é uma estimativa melhor de σ do que qualquer valor individual de s mostrado na última coluna. Observe também que um grau de liberdade é perdido para cada um dos quatro conjuntos. Uma vez que permanecem 20 graus de liberdade, entretanto, o valor calculado de s pode ser considerado como uma boa estimativa de σ.

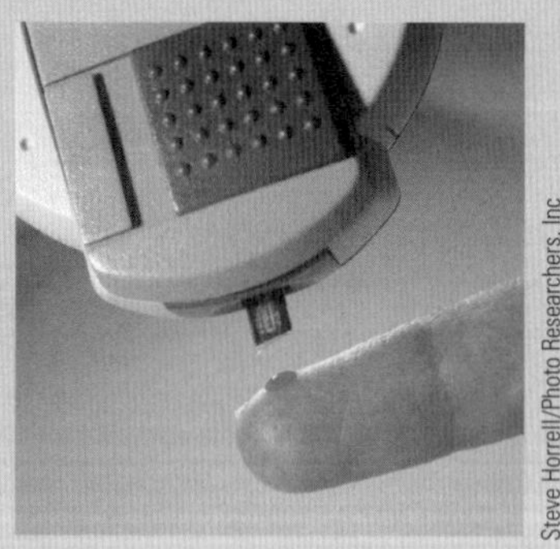

Um aparelho medidor de nível de glicose.

6B-5 Variância e Outras Medidas da Precisão

Embora os desvio padrão da amostra sejam normalmente usados para relatar a precisão de dados analíticos, frequentemente encontramos três outros termos.

Variância (s^2)

A **variância** s^2 é igual ao quadrado do desvio padrão da amostra.

A variância é o quadrado do desvio padrão. A **variância da amostra** s^2 é uma estimativa da variância da população σ^2 e é dada por

$$s^2 = \frac{\sum_{i=1}^{N}(x_i - \bar{x})^2}{N-1} = \frac{\sum_{i=1}^{N}(d_i)^2}{N-1} \tag{6-8}$$

Observe que o desvio padrão possui as mesmas unidades dos dados, enquanto a variância tem as unidades dos dados elevada ao quadrado. Cientistas tendem a empregar o desvio padrão, em vez da variância, como uma medida da precisão. É mais fácil relacionar medidas e suas precisões se ambos têm as mesmas unidades. A vantagem de usar a variância é que as mesmas são aditivas em muitas situações, como abordaremos mais tarde neste capítulo.

A União Internacional de Química Pura e Aplicada (IUPAC) recomenda que o símbolo s_r seja usado para expressar o desvio padrão relativo de amostras e σ_r para o desvio padrão relativo de populações. Em equações nas quais é enfadonho usar o DPR, vamos utilizar o s_r e σ_r.

Desvio Padrão Relativo (DPR) e Coeficiente de Variação (CV)

Frequentemente os cientistas representam o desvio padrão em termos relativos em vez de absolutos. Calculamos o desvio padrão relativo pela divisão do desvio padrão pelo valor da média do conjunto de dados. O desvio padrão relativo, DPR, é algumas vezes dado pelo símbolo s_r.

$$\text{DPR} = s_r = \frac{s}{\bar{x}}$$

O resultado é por vezes expresso em partes por mil (ppmil) ou em termos percentuais, multiplicando essa razão por 1.000 ppmil ou por 100%. Por exemplo,

$$\text{DPR em ppmil} = \frac{s}{\bar{x}} \times 1.000 \text{ ppmil}$$

O desvio relativo multiplicado por 100% é chamado **coeficiente de variação** (CV).

O **coeficiente de variação**, CV, é o desvio padrão relativo em termos porcentuais.

$$\text{CV} = \text{DPR em porcentagem} = \frac{s}{\bar{x}} \times 100\% \tag{6-9}$$

Desvios padrão relativos fornecem, muitas vezes, uma imagem mais clara da qualidade dos dados que os desvios padrão absolutos. Como um exemplo, suponha que uma determinação de cobre tenha um desvio padrão de 2 mg. Se a amostra tiver um valor médio de 50 mg de cobre, o CV para essa amostra é de 4% $\left(\frac{2}{50} \times 100\%\right)$. Para uma amostra contendo apenas 10 mg, o CV é de 20%.

Espalhamento ou Faixa (w)

O **intervalo de faixa** w é outro termo que algumas vezes é utilizado para descrever a precisão de um conjunto de réplicas de resultados. É a diferença entre o valor mais elevado e o valor mais baixo do conjunto. Dessa forma, a faixa dos dados na Figura 5-1 é (20,3 − 19,4) = 0,9 ppm de Fe. A faixa dos resultados relativos ao mês 1, no Exemplo 6-2, é 1.122 − 1.075 = 47 mg L^{-1} de glicose.

EXEMPLO 6-3

Para o conjunto de dados contido no Exemplo 6-1, calcule (a) a variância, (b) o desvio padrão relativo em partes por mil, (c) o coeficiente de variação e (d) a faixa.

Resolução

No Exemplo 6-1, encontramos

$$\bar{x} = 0{,}754 \text{ ppm de Pb} \quad \text{e} \quad s = 0{,}0038 \text{ ppm de Pb}$$

(a) $s^2 = (0{,}0038)^2 = 1{,}4 \times 10^{-5}$

(b) $\text{DPR} = \dfrac{0{,}0038}{0{,}754} = \times 1.000 \text{ ppt} = 5{,}0 \text{ ppmil}$

(c) $\text{CV} = \dfrac{0{,}0038}{0{,}754} \times 100\% = 0{,}50\%$

(d) $w = 0{,}760 - 0{,}751 = 0{,}009$ ppm de Pb

6C DESVIO PADRÃO DE RESULTADOS CALCULADOS

Muitas vezes precisamos estimar o desvio padrão de um resultado que tenha sido calculado a partir de dois ou mais dados experimentais, cada qual com um desvio padrão da amostra conhecido. Como apontado na **Tabela 6-4**, a maneira pela qual essas estimativas são feitas depende do tipo de cálculo envolvido. As relações apresentadas nessa tabela estão desenvolvidas no Apêndice 9.

TABELA 6-4

Propagação de Erros em Cálculos Aritméticos

Tipo de Cálculo	Exemplo*	Desvio padrão de y†	
Adição ou subtração	$y = a + b - c$	$s_y = \sqrt{s_a^2 + s_b^2 + s_c^2}$	(1)
Multiplicação ou divisão	$y = a \times b/c$	$\dfrac{s_y}{y} = \sqrt{\left(\dfrac{s_a}{a}\right)^2 + \left(\dfrac{s_b}{b}\right)^2 + \left(\dfrac{s_c}{c}\right)^2}$	(2)
Exponenciação	$y = a^x$	$\dfrac{s_y}{y} = x\left(\dfrac{s_a}{a}\right)$	(3)
Logaritmo	$y = \log_{10} a$	$s_y = 0{,}434\dfrac{s_a}{a}$	(4)
Antilogaritmo	$y = \text{antilog}_{10} a$	$\dfrac{s_y}{y} = 2{,}303\, s_a$	(5)

*a, b e c são variáveis experimentais com desvios padrão de s_a, s_b e s_c, respectivamente

†Essas relações são deduzidas no Apêndice 9. Os valores para s_y/y são valores absolutos se y for um número negativo.

6C-1 Desvio Padrão de uma Soma ou Diferença

Considere a soma

$$\begin{array}{rl} +\ 0{,}50 & (\pm\ 0{,}02) \\ +\ 4{,}10 & (\pm\ 0{,}03) \\ \underline{-\ 1{,}97} & (\pm\ 0{,}05) \\ 2{,}63 & \end{array}$$

onde os números entre parênteses representam os desvios padrão absolutos. Se os três desvios padrão individuais tivessem coincidentemente o mesmo sinal, o desvio padrão da soma seria tão grande quanto +0,02 + 0,03 + 0,05 = +0,10 ou −0,02 − 0,03 − 0,05 = −0,10. Por outro lado, é possível que os três desvios padrão pudessem se combinar para dar um valor acumulado igual a zero: −0,02 − 0,03 + 0,05 = 0 ou +0,02 + 0,03 − 0,05 = 0. Provavelmente, entretanto, o desvio padrão da soma estará contido entre esses dois extremos. A variância de uma soma ou diferença é igual à soma das variâncias individuais.[3] O valor mais provável para o desvio padrão de uma soma ou diferença pode ser encontrado extraindo-se a raiz quadrada da soma dos quadrados dos desvios padrão absolutos individuais. Assim, para o cálculo

$$y = a(\pm s_a) + b(\pm s_b) - c(\pm s_c)$$

a variância de y, s_y^2, é dada por

$$s_y^2 = s_a^2 + s_b^2 + s_c^2$$

Assim, o desvio padrão s_y do resultado é

$$s_y = \sqrt{s_a^2 + s_b^2 + s_c^2} \qquad (6\text{-}10)$$

Para uma soma ou uma diferença, o *desvio padrão absoluto da resposta* é a raiz quadrada da soma dos quadrados dos desvios padrão absolutos dos números utilizados no cálculo.

onde s_a, s_b e s_c são os desvios padrão dos três termos que compõem o resultado. Substituindo os desvios padrão do exemplo, temos

$$s_y = \sqrt{(\pm 0{,}02)^2 + (\pm 0{,}03)^2 + (\pm 0{,}05)^2} = \pm 0{,}06$$

e a soma deve ser igual a 2,63 (±0,06).

Daqui para adiante, neste capitulo, destacamos o dígito incerto, mostrando-o em negrito cinza.

6C-2 Desvio Padrão de um Produto ou Quociente

Considere o seguinte cálculo onde os números entre parênteses são, novamente, os desvios padrão absolutos:

$$\frac{4{,}10(\pm 0{,}02) \times 0{,}0050(\pm 0{,}0001)}{1{,}97(\pm 0{,}04)} = 0{,}010406(\pm ?)$$

Nessa situação o desvio padrão de dois dos números presentes nos cálculos é maior que o próprio resultado. Evidentemente, necessitamos de uma abordagem diferente para a multiplicação e divisão. Como mostrado na Tabela 6-4, o *desvio padrão relativo* de um produto ou quociente é determinado pelos *desvios padrão relativos* dos números que compõem o resultado calculado. Por exemplo, no caso de

[3] Veja P. R. Bevington e D. K. Robinson, *Data Reduction and Error Analysis for the Physical Sciences*, 3. ed., Nova York: McGraw-Hill, 2002, cap. 3.

$$y = \frac{a \times b}{c} \quad (6\text{-}11)$$

obtemos o desvio padrão relativo s_y/y do resultado pela soma dos quadrados dos desvios padrão relativos de a, b e c e extraindo a raiz quadrada da soma:

Para multiplicações ou divisões, o *desvio padrão relativo da resposta* é a raiz quadrada da soma dos quadrados dos *desvios padrão* relativos dos números que são multiplicados ou divididos.

$$\frac{s_y}{y} = \sqrt{\left(\frac{s_a}{a}\right)^2 + \left(\frac{s_b}{b}\right)^2 + \left(\frac{s_c}{c}\right)^2} \quad (6\text{-}12)$$

Aplicando essa equação ao exemplo numérico, temos

$$\frac{s_y}{y} = \sqrt{\left(\frac{\pm 0{,}02}{4{,}10}\right)^2 + \left(\frac{\pm 0{,}0001}{0{,}0050}\right)^2 + \left(\frac{\pm 0{,}04}{1{,}97}\right)^2}$$

$$= \sqrt{(0{,}0049)^2 + (0{,}0200)^2 + (0{,}0203)^2} = \pm 0{,}0289$$

Para encontrar o desvio padrão absoluto em um produto ou um quociente, inicialmente encontramos o desvio padrão relativo no resultado e, então, o multiplicamos pelo resultado.

Para completar o cálculo, precisamos encontrar o desvio padrão do resultado,

$$s_y = y \times (\pm 0{,}0289) = 0{,}0104 \times (\pm 0{,}0289) = \pm 0{,}000301$$

e podemos escrever a resposta e sua incerteza como 0,0104 (±0,0003). Observe que se y é um número negativo, devemos tratar s_y/y como um valor absoluto.

O Exemplo 6-4 demonstra o cálculo do desvio padrão do resultado para um cálculo mais complexo.

EXEMPLO 6-4

Calcule o desvio padrão do resultado de

$$\frac{[14{,}3(\pm 0{,}2) - 11{,}6(\pm 0{,}2)] \times 0{,}050(\pm 0{,}001)}{[820(\pm 10) + 1030(\pm 5)] \times 42{,}3(\pm 0{,}4)} = 1{,}725(\pm ?) \times 10^{-6}$$

Resolução

Primeiro, precisamos calcular o desvio padrão da soma e da diferença. Para a diferença, no numerador,

$$s_a = \sqrt{(\pm 0{,}2)^2 + (\pm 0{,}2)^2} = \pm 0{,}283$$

e para a soma, no denominador,

$$s_b = \sqrt{(\pm 10)^2 + (\pm 5)^2} = 11{,}2$$

Então, podemos reescrever a equação como

$$\frac{2{,}7(\pm 0{,}283) \times 0{,}050(\pm 0{,}001)}{1.850(\pm 11{,}2) \times 42{,}3(\pm 0{,}4)} = 1{,}725 \times 10^{-6}$$

Agora a equação contém apenas produtos e quocientes, e aplica-se à Equação 6-12. Assim,

$$\frac{s_y}{y} = \sqrt{\left(\pm\frac{0{,}283}{2{,}7}\right)^2 + \left(\pm\frac{0{,}001}{0{,}050}\right)^2 + \left(\pm\frac{11{,}2}{1.850}\right)^2 + \left(\pm\frac{0{,}4}{42{,}3}\right)^2} = 0{,}107$$

Para se obter o desvio padrão absoluto, escrevemos

$$s_y = y \times 0{,}107 = 1{,}725 \times 10^{-6} \times (\pm 0{,}107) = \pm 0{,}185 \times 10^{-6}$$

e arredondamos a resposta para $1{,}7(\pm 0{,}2) \times 10^{-6}$.

6C-3 Desvio Padrão em Cálculos Envolvendo Exponenciais

Considere a relação

$$y = a^x$$

onde o expoente x pode ser considerado livre de incertezas. Como mostrado na Tabela 6-4 e no Apêndice 9, o desvio padrão relativo em y é resultante de uma incerteza em a e é dado por

$$\frac{s_y}{y} = x\left(\frac{s_a}{a}\right) \qquad (6\text{-}13)$$

Portanto, o desvio padrão relativo do quadrado de um número é duas vezes o desvio padrão relativo do número, o desvio padrão relativo da raiz cúbica de um número é um terço daquele do número e assim por diante. O Exemplo 6-5 ilustra esse cálculo.

EXEMPLO 6-5

O produto de solubilidade K_{ps} para o sal de prata AgX é 4,0 (±0,4) × 10^{-8}. A solubilidade molar é

$$\text{solubilidade} = (K_{ps})^{1/2} = (4{,}0 \times 10^{-8})^{1/2} = 2{,}0 \times 10^{-4}\ \text{mol L}^{-1}$$

Qual é a incerteza na solubilidade calculada do AgX?

Resolução

Substituindo y = solubilidade, $a = K_{ps}$ e $x = ½$ na Equação 6-13, teremos

$$\frac{s_a}{a} = \frac{0{,}4 \times 10^{-8}}{4{,}0 \times 10^{-8}}$$

$$\frac{s_y}{y} = \frac{1}{2} \times \frac{0{,}4}{4{,}0} = 0{,}05$$

$$s_y = 2{,}0 \times 10^{-4} \times 0{,}05 = 0{,}1 \times 10^{-4}$$

$$\text{solubilidade} = 2{,}0\ (\pm 0{,}1) \times 10^{-4}\ \text{mol L}^{-1}$$

É importante observar que a propagação de erros quando se eleva um número a uma potência é diferente da propagação de um erro na multiplicação. Por exemplo, considere a incerteza no quadrado de 4,0 (±0,2). O erro relativo no resultado (16,0) é dado pela Equação 6-13:

$$\frac{s_y}{y} = 2\left(\frac{0{,}2}{4}\right) = 0{,}1 \text{ ou } 10\%$$

O resultado então é y = 16 (±2).

Considere agora a situação na qual y é o produto de dois números *medidos independentemente* que por acaso têm valores idênticos de a_1 = 4,0 (±0,2) e a_2 = 4,0 (±0,2). Aqui, o erro relativo do produto a_1a_2 = 16,0 é dado pela Equação 6-12:

$$\frac{s_y}{y} = \sqrt{\left(\frac{0{,}2}{4}\right)^2 + \left(\frac{0{,}2}{4}\right)^2} = 0{,}07 \text{ ou } 7\%$$

O desvio padrão relativo para $y = a^3$ *não* é o mesmo que o desvio padrão relativo para produto de três medidas independentes $y = abc$, em que $a = b = c$.

O resultado agora é $y = 16\ (\pm 1)$. A razão para a diferença entre esse resultado e o anterior é que, para as medidas que são independentes umas das outras, o sinal associado ao erro pode ser o mesmo ou diferente daquele do outro erro. Se forem os mesmos, o erro é idêntico àquele encontrado no primeiro caso, no qual o sinal *deve* ser o mesmo. Por outro lado, se um sinal for positivo e o outro, negativo, o erro relativo tende a ser cancelado. Assim, o erro provável para o caso de medidas independentes está contido em algum lugar entre o máximo (10%) e zero.

6C-4 Desvio Padrão de Logaritmos e Antilogaritmos

Os dois últimos registros contidos na Tabela 6-4 mostram que para $y = \log a$

$$s_y = 0{,}434\frac{s_a}{a} \qquad (6\text{-}14)$$

e para $y = \text{antilog } a$

$$\frac{s_y}{y} = 2{,}303 s_a \qquad (6\text{-}15)$$

Como mostrado, o desvio padrão *absoluto* de um logaritmo de um número é determinado pelo desvio padrão *relativo* do número; de modo oposto, o desvio padrão *relativo* do antilogaritmo de um número é determinado pelo desvio padrão *absoluto* do número. O Exemplo 6-6 ilustra esses cálculos.

EXEMPLO 6-6

Calcule os desvios padrão absolutos para os resultados dos seguintes cálculos. O desvio padrão absoluto para cada quantidade é dado entre parênteses.

(a) $y = \log[2{,}00(\pm 0{,}02) \times 10^{-4} = -3{,}6990 \pm ?$

(b) $y = \text{antilog}[1{,}200(\pm 0{,}003)] = 15{,}849 \pm ?$

(c) $y = \text{antilog}[45{,}4(\pm 0{,}3)] = 2{,}5119 \times 10^{45} \pm ?$

Resolução

(a) Tomando como base a Equação 6-14, vemos que precisamos multiplicar o desvio padrão relativo por 0,434:

$$s_y = \pm 0{,}434 \times \frac{0{,}02 \times 10^{-4}}{2{,}00 \times 10^{-4}} = \pm 0{,}004$$

Assim,

$$y = \log[2{,}00(\pm 0{,}02) \times 10^{-4}] = -3{,}699\ (\pm 0{,}004)$$

(b) Aplicando a Equação 6-15, temos

$$\frac{s_y}{y} = 2{,}303 \times (0{,}003) = 0{,}0069$$

$$s_y = 0{,}0069y = 0{,}0069 \times 15{,}849 = 0{,}11$$

Então,

$$y = \text{antilog}[1{,}200(\pm 0{,}003)] = 15{,}8 \pm 0{,}1$$

(c) $\frac{s_y}{y} = 2,303 \times (0,3) = 0,69$

$$s_y = 0,69y = 0,69 \times 2,5119 \times 10^{45} = 1,7 \times 10^{45}$$

Assim,

$$y = \text{antilog}[45,4(\pm 0,3)] = 2,5(\pm 1,7) \times 10^{45} = 3\ (\pm 2) \times 10^{45}$$

O Exemplo 6-6c demonstra que um erro absoluto grande está associado com o antilogaritmo de um número com poucos dígitos além da vírgula. Essa incerteza elevada se deve ao fato de os números à esquerda da vírgula servirem apenas para localizar a casa decimal (a *característica*). O erro grande no antilogaritmo resulta da incerteza relativamente elevada na *mantissa* do número (isto é, 0,4 ± 0,3).

6D APRESENTAÇÃO DE RESULTADOS CALCULADOS

Um resultado numérico não tem qualquer utilidade para os usuários dos dados, a menos que eles saibam alguma coisa sobre sua qualidade. Portanto, é sempre essencial indicar a melhor estimativa da confiabilidade de seus dados. Uma das melhores maneiras de indicar a confiabilidade é fornecer o intervalo de confiança em um nível de 90% ou 95%, como descrevemos na Seção 7A-2. Outro método consiste em relatar o desvio padrão absoluto ou o coeficiente de variação dos dados. Se um destes é relatado, é uma boa ideia indicar o número de dados que foram utilizados para se obter o desvio padrão para que o usuário tenha alguma noção da confiabilidade de s. Um indicador menos satisfatório, porém mais comum, da qualidade dos dados é a **convenção do algarismo significativo**.

6D-1 Algarismos Significativos

Muitas vezes indicamos a provável incerteza associada a uma medida experimental pelo arredondamento do resultado para que ele contenha apenas **algarismos significativos**. Por definição, os algarismos significativos em um número são todos os dígitos conhecidos como certos *mais o primeiro dígito incerto*. Por exemplo, quando se lê a escala de uma bureta de 50 mL, cuja seção está mostrada na **Figura 6-5**, você pode facilmente dizer que o nível de líquido é maior que 30,2 mL e menor que 30,3 mL. Você também pode estimar a posição do líquido entre as graduações de cerca de 0,02 mL. Então, usando a convenção do algarismo significativo, você deve descrever o volume dispensado como 30,24 mL, que tem quatro algarismos significativos. Observe que os primeiros três dígitos são certos e o último dígito (4) é o incerto.

Os **algarismos significativos** em um número são todos os dígitos certos mais o primeiro dígito incerto.

❮ Regras para a determinação do número de algarismos significativos:

1. Desconsidere todos os zeros iniciais.
2. Desconsidere todos os zeros finais, *a menos que eles sejam seguidos pela vírgula.*
3. Todos os algarismos remanescentes, incluindo algarismos entre dígitos diferentes de zero, são significativos.

O zero pode ou não ser significativo, dependendo da sua posição em um número. Um zero cercado por outros dígitos é sempre significativo (tal como em 30,24 mL) porque é lido diretamente e com certeza a partir de uma escala ou mostrador de um instrumento. Por outro lado, zeros que apenas localizam a casa decimal para nós não são significativos. Se escrevermos 30,24 mL como 0,03024 L, o número de algarismos significativos é o mesmo. A única função do zero antes do 3 é localizar as casas decimais, assim ele não é significativo. Zeros terminais ou finais podem ser ou não significativos. Por exemplo, se o volume de um béquer é expresso como 2,0 L, a presença do zero nos diz que o volume é conhecido até alguns décimos de um litro, então tanto o 2 quanto o zero são algarismos significativos. Se esse mesmo volume for expresso como 2.000 mL, a situação torna-se confusa. Os dois últimos zeros não são significativos porque a incerteza ainda é de alguns décimos de um litro, ou algumas centenas de mililitros. Para seguir a convenção dos algarismos significativos em um caso como este, use a notação científica e expresse o volume como $2,0 \times 10^3$ mL.

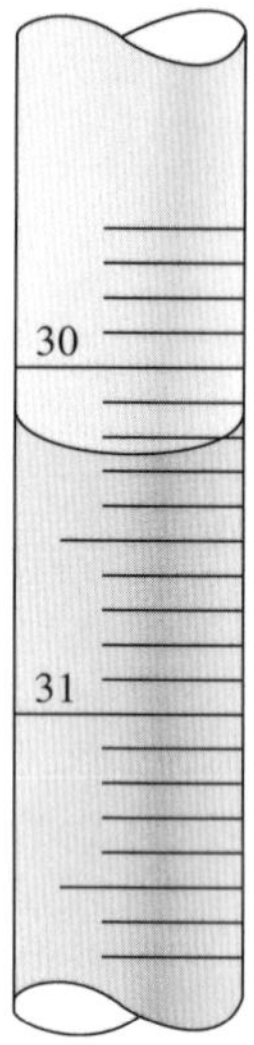

Figura 6-5 Seção de uma bureta mostrando o nível do líquido e o menisco.

6D-2 Algarismos Significativos em Cálculos Numéricos

Determinar o número de algarismos significativos apropriados em um resultado de uma combinação aritmética de dois ou mais números requer cuidado.[4]

Somas e Diferenças

Para a adição e a subtração, o número de algarismos significativos pode ser encontrado por meio da inspeção visual. Por exemplo, na expressão

$$3,4 + 0,020 + 7,31 = 10,730 \text{ (arredonde para 10,7)}$$
$$= 10,7 \text{ (arredondado)}$$

a segunda e a terceira casas decimais na resposta não podem ser significativas, porque em 3,4 a incerteza se encontra na primeira casa decimal. Dessa forma, o resultado deve ser arredondado para 10,7. Podemos generalizar e dizer que, para a adição e a subtração, o resultado deve ter o mesmo número de casas decimais que o número com o *menor* número de casas decimais. Observe que o resultado contém três algarismos significativos, embora dois dos números envolvidos tenham apenas dois algarismos significativos.

Produtos e Quocientes

Expresse os dados em notação científica para evitar confusão quanto aos zeros terminais serem ou não significativos.

Uma regra prática que às vezes é sugerida para a multiplicação e a divisão consiste em arredondar a resposta para que contenha o mesmo número de algarismos significativos que o número original com o menor número de algarismos significativos. Infelizmente, algumas vezes esse procedimento gera arredondamentos incorretos. Por exemplo, considere os dois cálculos

Como expressa a regra prática ou empírica, para a adição e a subtração, o resultado deve conter o mesmo número de casas decimais do número com o *menor* número de casas decimais.

$$\frac{24 \times 4,52}{100,0} = 1,08 \quad \text{e} \quad \frac{24 \times 4,02}{100,0} = 0,965$$

Se seguirmos a sugestão, a primeira resposta deveria ser arredondada para 1,1 e a segunda para 0,96. Um procedimento melhor é admitir a incerteza unitária no último dígito de cada número presente, por exemplo, no primeiro quociente, as incertezas relativas associadas a cada um desses números são 1/24, 1/452 e 1/1.000. Como a primeira incerteza relativa é muito maior que as outras duas, a incerteza relativa no resultado também é 1/24, e a incerteza absoluta então se torna

Quando estiver somando e subtraindo números descritos em notação científica, expresse os números na mesma potência de 10. Por exemplo,

$$\begin{aligned} 2,432 \times 10^6 &= 2,432 \times 10^6 \\ +6,512 \times 10^4 &= +0,06512 \times 10^6 \\ -1,227 \times 10^5 &= \underline{-0,1227 \times 10^6} \\ & 2,37442 \times 10^6 \\ &= 2,374 \times 10^6 \text{ (arredondado)} \end{aligned}$$

$$1,08 \times \frac{1}{24} = 0,045 \approx 0,04$$

Pelo mesmo argumento, a incerteza absoluta da segunda resposta é dada por

$$0,965 \times \frac{1}{24} = 0,040 \approx 0,04$$

O elo fraco na multiplicação e na divisão é o número de *algarismos significativos* no número com o menor número de algarismos significativos. *Utilize essa regra prática com cautela.*

Portanto, o primeiro resultado deve ser arredondado para três algarismos significativos, ou 1,08, mas o segundo deve ser arredondado para dois, isto é, 0,96.

[4] Para uma discussão extensiva da propagação de algarismos significativos, veja L. M. Schwartz, *J. Chem. Educ.*, v. 62, p. 693, **1985**, **DOI**: 10.1021/ed062p693.

Logaritmo e antilogaritmo

Seja especialmente cuidadoso no arredondamento de resultados de cálculos envolvendo logaritmos. As seguintes regras se aplicam para a maioria das situações ilustradas no Exemplo 6-7:

> O número de algarismos significativos na *mantissa*, ou os dígitos à direita da vírgula de um logaritmo, é o mesmo número de algarismos significativos no número original. Assim, log ($9,57 \times 10^4$) = 4,981. Como 9,57 tem três algarismos significativos, existem três dígitos à direita da vírgula no resultado.

1. Em um logaritmo de um número, mantenha tantos dígitos nas casas decimais, à direita, quanto existam no número original.
2. Em um antilogaritmo de um número, mantenha tantos dígitos quanto existam nas casas decimais no número original.[5]

EXEMPLO 6-7

Arredonde as seguintes respostas para que apenas dígitos significativos sejam mantidos: (a) $\log 4{,}000 \times 10^{-5} = -4{,}3979400$, e (b) antilog $12{,}5 = 3{,}162277 \times 10^{12}$

Resolução

(a) Seguindo a regra número 1, mantemos quatro dígitos à direita da vírgula:

$$\log 4{,}000 \times 10^{-5} = -4{,}3979$$

(b) Seguindo a regra número 2, podemos manter apenas um dígito:

$$\text{antilog } 12{,}5 = 3 \times 10^{12}$$

6D-3 Arredondamento de Dados

Sempre arredonde de forma apropriada os resultados calculados a partir de uma análise química. Por exemplo, considere as seguintes réplicas de resultados: 41,60; 41,46; 41,55; 41,61. A média para esse conjunto de dados é 41,555 e o desvio padrão é 0,069. Quando arredondamos a média, o resultado deve ser 41,55 ou 41,56? Uma boa regra a ser seguida quando se arredonda um número 5 é sempre arredondar para o número par mais próximo. Dessa forma eliminamos a tendência de arredondar em uma direção fixa. Em outras palavras, existe a mesma chance de que o número par mais próximo seja o mais alto ou o menor a cada ocasião em que se efetua o arredondamento. Dessa maneira, podemos expressar o resultado como 41,56 ± 0,07. Caso haja qualquer razão para duvidar da confiabilidade da estimativa do desvio padrão, podemos expressar o resultado como 41,6 ± 0,1.

> No arredondamento de um número terminado em 5, sempre arredonde de forma que o resultado termine com um número par. Assim, 0,635 é arredondado para 0,64 e 0,625 para 0,62.

Devemos observar que *raramente é justificável manter mais que um algarismo significativo no desvio padrão*, uma vez que o desvio padrão também contém erros. Para certos propósitos específicos, tais como o relato de incertezas de constantes físicas em artigos de pesquisa, pode ser útil manter dois algarismos significativos e certamente não há nada de errado em incluir um segundo dígito no desvio padrão. Contudo, é importante reconhecer que a incerteza geralmente está contida no primeiro dígito.[6]

6D-4 Expressão de Resultados de Cálculos Químicos

São encontrados dois casos quando se relatam resultados de cálculos químicos. Se os desvios padrão do valor que compõe o cálculo final são conhecidos, então aplicamos os

[5] D. E. Jones, *J. Chem. Educ.*, v. 49, p. 753, **1971**, **DOI**: 10.1021/ed049p753.

[6] Para mais detalhes sobre este tópico, acesse **http://www.chem.uky.edu/courses/che226/download/CI_for_sigma.html.**

métodos de propagação de erros contidos na Seção 6C e arredondamos os resultados para conter algarismos significativos. Entretanto, muitas vezes somos solicitados a realizar cálculos nos quais a precisão é indicada apenas pela convenção dos algarismos significativos. Considerações baseadas no bom senso precisam ser feitas quanto à incerteza de cada número. A partir dessas considerações, a incerteza no resultado final então é estimada usando os métodos apresentados na Seção 6C. Finalmente, o resultado é arredondado para que contenha apenas os algarismos significativos.

É especialmente importante postergar o arredondamento até que o cálculo seja completado. Pelo menos um dígito extra, depois dos algarismos significativos, deve ser mantido durante todos os cálculos de maneira que se evitem os *erros no arredondamento*. Algumas vezes esse dígito extra é chamado dígito "guarda". As calculadoras modernas geralmente mantêm vários dígitos extras que não são significativos e o usuário precisa ser cuidadoso no arredondamento apropriado de resultados finais para que apenas os algarismos significativos sejam incluídos. O Exemplo 6-8 ilustra esse procedimento.

EXEMPLO 6-8

Uma amostra de 3,4842 g de uma mistura sólida contendo ácido benzoico, C_6H_5COOH (122,123 g mol^{-1}), foi dissolvida e titulada com base até o ponto final na presença de fenolftaleína. O ácido consumiu 41,36 mL de NaOH 0,2328 mol L^{-1}. Calcule a porcentagem de ácido benzoico (HBz) na amostra.

Resolução

Como mostrado na Seção 13C-3, o cálculo toma a seguinte forma:

$$\%\text{HBz} = \frac{41{,}36\ \text{mL} \times 0{,}2328\ \frac{\text{mmol de NaOH}}{\text{mL de NaOH}} \times \frac{1\ \text{mmol de HBz}}{\text{mmol de NaOH}} \times \frac{122{,}123\,\text{g de HBz}}{1000\ \text{mmol de HBz}}}{3{,}842\,\text{g de amostra}}$$

$$\times\ 100\%$$

$$= 33{,}749\%$$

Dado que todas as operações são de multiplicação ou divisão, a incerteza relativa da resposta é determinada pelas incertezas relativas dos dados experimentais. Vamos estimar quais são essas incertezas.

1. A posição do nível de líquido na bureta pode ser estimada como ±0,02 mL (Figura 6-5). O desvio padrão do volume s_V será

$$s_V = \sqrt{(0{,}02)^2 + (0{,}02)^2} = 0{,}028\,\text{mL}$$

A incerteza relativa no volume s_V/V então fica

$$\frac{s_V}{V} = \frac{0{,}028}{41{,}36} \times 1.000\,\text{ppt} = 0{,}68\,\text{ppmil}$$

2. Geralmente a incerteza absoluta para uma massa obtida em uma balança analítica será da ordem de ±0,0001 g. Dessa forma, a incerteza relativa do denominador s_D/D é

$$\frac{0{,}0001}{3{,}4842} \times 1.000\text{ppt} = 0{,}029\,\text{ppmil}$$

3. Normalmente podemos considerar que a incerteza absoluta associada com a concentração de uma solução de um reagente é ±0,0001 e, assim, a incerteza relativa na concentração do NaOH, s_c/c, é

$$\frac{s_c}{c} = \frac{0,0001}{0,2328} \times 1.000\,\text{ppmil} = 0,43\,\text{ppmil}$$

4. A incerteza relativa na massa molar do HBz é várias ordens de grandeza menor que qualquer incerteza associada com os três valores experimentais e não será significativa. Observe, contudo, que devemos manter dígitos suficientes no cálculo para que a massa molar seja dada, pelo menos, com um dígito a mais (o dígito guarda) que qualquer um dos dados experimentais. Assim, usamos 122,123 no cálculo da massa molar (aqui estamos mantendo dois dígitos extras).
5. Nenhuma incerteza está associada com 100% e o 1.000 mmol de HBz, uma vez que esses números são exatos.

Substituindo as três incertezas relativas na Equação 6-12, obtemos

$$\frac{s_y}{y} = \sqrt{\left(\frac{0,028}{41,36}\right)^2 + \left(\frac{0,0001}{3,4842}\right)^2 + \left(\frac{0,0001}{0,2328}\right)^2}$$

$$= \sqrt{(0,00068)^2 + (0,000029)^2 + (0,00043)^2} = 8,02 \times 10^{-4}$$

$$s_y = 8,02 \times 10^{-4} \times y = 8,02 \times 10^{-4} \times 33,749 = 0,027$$

Portanto, a incerteza no resultado calculado é 0,03% de HBz e devemos relatar o resultado como 33,75% de HBz, ou melhor, 33,75 (6 0,03)% de HBz.

Devemos enfatizar que as decisões sobre o arredondamento são uma parte importante de *todo cálculo*. Tais decisões *não podem* ser baseadas no número de dígitos exibidos em uma leitura na tela de um computador ou no mostrador de uma calculadora.

Não há relação entre o número de dígitos mostrados em uma tela de computador ou calculadora e o verdadeiro número de algarismos significativos.

QUESTÕES E PROBLEMAS

6-1. Defina
*(a) erro padrão da média.
(b) coeficiente de variação.
*(c) variância.
(d) algarismos significativos.

6-2. Diferencie entre
*(a) parâmetro e estatística.
(b) média da população e média da amostra.
*(c) erro sistemático e aleatório.
(d) exatidão e precisão.

6-3. Faça a distinção entre
*(a) o desvio padrão da amostra e o desvio padrão de população.
(b) o significado da palavra “amostra” como é usado no sentido químico e no sentido estatístico.

6-4. O que é o erro padrão de uma média? Por que o desvio padrão da média é menor que o desvio padrão dos dados em um conjunto?

***6-5.** A partir de uma curva (normal) de erro gaussiana, qual a probabilidade de um resultado de uma população estar contido entre 0 e $+1\sigma$ em relação à média? Qual é a probabilidade de o resultado ocorrer entre $+1\sigma$ e $+2\sigma$ em relação à média?

6-6. A partir de uma curva de erro normal, encontre a probabilidade de um resultado estar fora dos limites de $\pm 2\sigma$ em relação à média. Qual é a probabilidade de um resultado ter um desvio mais negativo que -2σ em relação à média?

6-7. Considere os seguintes conjuntos de réplicas de medidas:

*A	B	*C	D	*E	F
9,5	55,35	0,612	5,7	20,63	0,972
8,5	55,32	0,592	4,2	20,65	0,943
9,1	55,20	0,694	5,6	20,64	0,986
9,3		0,700	4,8	20,51	0,937
9,1			5,0		0,954

Para cada conjunto de dados, calcule (a) a média; (b) a mediana; (c) a faixa; (d) o desvio padrão e (e) o coeficiente de variação.

6-8. Os valores aceitos como verdadeiros para os conjuntos dados do Problema 6-7 são os que seguem: *conjunto A, 9,0; conjunto B, 55,33; *conjunto C, 0,630; conjunto D, 5,4; *conjunto E, 20,58; e conjunto F, 0,965. Para a média de cada conjunto, calcule (a) o erro absoluto e (b) o erro relativo em partes por mil.

6-9. Estime o desvio padrão absoluto e o coeficiente de variação dos resultados dos seguintes cálculos. Arredonde cada resultado de maneira que contenham apenas algarismos significativos. Os números entre parênteses representam os desvios padrão absolutos.

*(a) $y = 3{,}95(\pm 0{,}03) + 0{,}993(\pm 0{,}001) - 7{,}025(\pm 0{,}001) = -2{,}082$

(b) $y = 15{,}57(\pm 0{,}04) + 0{,}0037(\pm 0{,}0001) + 3{,}59(\pm 0{,}08) = 19{,}1637$

*(c) $y = 29{,}2(\pm 0{,}3) \times 2{,}034(\pm 0{,}02) \times 10^{-17} = 5{,}93928 \times 10^{-16}$

(d) $y = 326(\pm 1) \times \dfrac{740(\pm 2)}{1{,}964(\pm 0{,}006)} = 122.830{,}9572$

*(e) $y = \dfrac{187(\pm 6) - 89(\pm 3)}{1.240(\pm 1) + 57(\pm 8)} = 7{,}5559 \times 10^{-2}$

(f) $y = \dfrac{3{,}56(\pm 0{,}01)}{522(\pm 3)} = 6{,}81992 \times 10^{-3}$

6-10. Estime o desvio padrão absoluto e o coeficiente de variação para os resultados dos seguintes cálculos. Arredonde cada resultado de maneira a incluir apenas os algarismos significativos. Os números entre parênteses expressam os desvios padrão absolutos.

*(a) $y = 1{,}02(\pm 0{,}02) \times 10^{-8} - 3{,}54(\pm 0{,}2) \times 10^{-9}$

(b) $y = 90{,}31(\pm 0{,}08) - 89{,}32(\pm 0{,}06) + 0{,}200(\pm 0{,}004)$

*(c) $y = 0{,}0040(\pm 0{,}0005) \times 10{,}28(\pm 0{,}02) \times 347(\pm 1)$

(d) $y = \dfrac{223(\pm 0{,}03) \times 10^{-14}}{1{,}47(\pm 0{,}04) \times 10^{-16}}$

*(e) $y = \dfrac{100(\pm 1)}{2(\pm 1)}$

(f) $y = \dfrac{1{,}49(\pm 0{,}02) \times 10^{-2} - 4{,}97(\pm 0{,}06) \times 10^{-3}}{27{,}1(\pm 0{,}7) + 8{,}99(\pm 0{,}08)}$

6-11. Calcule o desvio padrão absoluto e o coeficiente de variação para os resultados dos seguintes cálculos. Arredonde cada resultado de maneira que se incluam apenas os algarismos significativos. Os números entre parênteses expressam os desvios padrão absolutos.

*(a) $y = \log[2{,}00(\pm 0{,}03) \times 10^{-4}]$

(b) $y = \log[4{,}42(\pm 0{,}01) \times 10^{37}]$

*(c) $y = \text{antilog}[1{,}200(\pm 0{,}003)]$

(d) $y = \text{antilog}[49{,}54(\pm 0{,}04)]$

6-12. Calcule o desvio padrão absoluto e o coeficiente de variação para os resultados dos seguintes cálculos. Arredonde cada resultado de maneira que se incluam apenas os algarismos significativos. Os números entre parênteses expressam os desvios padrão absolutos.

*(a) $y = [4{,}17(\pm 0{,}03) \times 10^{-4}]^3$

(b) $y = [2{,}936(\pm 0{,}002)]^{1/4}$

***6-13.** O desvio padrão na medida do diâmetro d de uma esfera é $\pm 0{,}02$ cm. Qual é o desvio padrão no volume V calculado para a esfera se $d = 2{,}15$ cm?

6-14. O diâmetro interno de um tanque na forma de um cilindro aberto foi medido. Os resultados para quatro réplicas de medidas foram 5,2; 5,7; 5,3 e 5,5 m. As medidas da altura do tanque geraram os resultados 9,8; 9,9 e 9,6 m. Calcule o volume do tanque em litros e o desvio padrão para o resultado.

***6-15.** Em uma determinação volumétrica de um analito A, os dados obtidos e seus desvios padrão são os seguintes:

Leitura inicial da bureta	0,19 mL	0,02 mL
Leitura final da bureta	9,26 mL	0,03 mL
Massa da amostra	45,0 mg	0,2 mg

A partir desses dados, encontre o coeficiente de variação para o resultado final para a % de A que pode ser obtida usando-se a equação a seguir e suponha que não exista nenhuma incerteza na massa equivalente

$$\%\,A = \text{volume do titulante} \times \text{equivalente grama} \times 100\%/\text{massa da amostra}$$

6-16. No Capítulo 28, vamos discutir sobre a espectrometria de emissão atômica em plasma acoplado indutivamente (ICP). Nesse método, o número de átomos excitados a um nível específico de energia é uma função da temperatura. Para um elemento com energia de excitação E em joules (J), o sinal de emissão S medido no ICP pode ser escrito como

$$S = k'e^{-E/kT}$$

onde k' é a constante praticamente independente da temperatura, T é a temperatura absoluta em Kelvin (K) e k é a constante de Boltzmann ($1{,}3807 \times 10^{-23}$ J K^{-1}). Para um ICP de temperatura média de 6.500 K e para o cobre (Cu) com energia de excitação de $6{,}12 \times 10^{-19}$ J, com qual precisão deve-se controlar a temperatura para que o coeficiente de variação no sinal de emissão seja 1% ou menos?

***6-17.** No Capítulo 24 vamos mostrar que a espectrometria de absorção molecular quantitativa baseia-se na lei de Beer, que pode ser escrita como

$$-\log T = \varepsilon b c_X$$

onde T é a transmitância de uma solução contendo o analito X, b é a espessura da solução absorvente, c_X é a concentração molar de X e ε é uma constante determinada experimentalmente. Por meio da medida de uma série de soluções padrão de X, εb teve seu valor determinado como 3,312($\pm$12) mol L^{-1}, no qual o número entre parênteses representa o desvio padrão absoluto.

Uma solução de X de concentração desconhecida foi medida em uma célula idêntica àquela usada para determinar εb. As réplicas dos resultados foram T = 0,213, 0,216, 0,208 e 0,214. Calcule (a) a concentração molar do analito c_X; (b) o desvio padrão absoluto para c_X; e (c) o coeficiente de variação para c_X.

6-18. As análises de várias preparações alimentares envolvendo a determinação de potássio geraram os seguintes dados:

Amostra	Porcentagem K^+
1	6,02, 6,04, 5,88, 6,06, 5,82
2	7,48, 7,47, 7,29
3	3,90, 3,96, 4,16, 3,96
4	4,48, 4,65, 4,68, 4,42
5	5,29, 5,13, 5,14, 5,28, 5,20

As preparações foram aleatoriamente extraídas da mesma população.

(a) Encontre a média e o desvio padrão s para cada amostra.
(b) Obtenha o valor combinado s_{comb}.
(c) Por que s_{comb} é a melhor estimativa de σ que o desvio padrão de qualquer amostra?

***6-19.** Seis garrafas de vinho da mesma variedade foram analisadas para se determinar o conteúdo de açúcar residual, gerando os seguintes resultados:

Garrafa	Porcetagem(m/v) Açucar Residual
1	1,02, 0,84, 0,99,
2	1,13, 1,02, 1,17, 1,02
3	1,12, 1,32, 1,13, 1,20, 1,25
4	0,77, 0,58, 0,61, 0,71
5	0,73, 0,92, 0,90
6	0,73, 0,88, 0,72, 0,70

(a) Avalie o desvio padrão s para cada conjunto de dados.
(b) Combine os dados para obter um desvio padrão absoluto para o método.

6-20. Nove amostras de preparações ilícitas de heroína foram analisadas em duplicata por um método baseado em cromatografia de gás. As amostras podem ser consideradas como tendo sido retiradas aleatoriamente da mesma população. Combine os dados que seguem para estabelecer uma estimativa de s para o procedimento.

Amostra	Heroína, %	Amostra	Heroína, %
1	2,24, 2,27	6	1,07, 1,02
2	8,4, 8,7	7	14,4, 14,8
3	7,6, 7,5	8	21,9, 21,1
4	11,9, 12,6	9	8,8, 8,4
5	4,3, 4,2		

***6-21.** Calcule uma estimativa combinada de s a partir da seguinte análise espectrofotométrica de NTA (ácido nitrilotriacético) em águas do Rio Ohio:

Amostra	NTA, ppb
1	13, 19, 12, 7
2	42, 40, 39
3	29, 25, 26, 23, 30

capítulo 7

Tratamento e Avaliação Estatística de Dados

Cortesia da Norman Rockwell Family Agency

As consequências da ocorrência de erros em testes estatísticos muitas vezes são comparadas com as consequências de erros cometidos em procedimentos judiciais. A figura aqui é a capa de Norman Rockwell do *Saturday Evening Post*, *The Holdout*, de 14 de fevereiro de 1959. Na sala do júri, podemos cometer dois tipos de erro. Uma pessoa inocente pode ser condenada ou uma pessoa culpada pode ser absolvida. Em nosso sistema judiciário, consideramos um erro mais sério condenar uma pessoa inocente do que absolver um culpado.

Similarmente, em testes estatísticos utilizados para se determinar se duas quantidades são iguais, dois tipos de erros podem ser cometidos. Um erro tipo I ocorre quando rejeitamos a hipótese de que duas quantidades são iguais quando elas são estatisticamente idênticas. Um erro tipo II ocorre quando aceitamos que elas são iguais sem que sejam estatisticamente idênticas. As características destes erros em testes estatísticos e as maneiras pelas quais podemos minimizá-los estão entre os assuntos deste capítulo.

Os cientistas usam a análise estatística dos dados para avaliar a qualidade de medidas experimentais, para testar várias hipóteses e para desenvolver modelos para descrever resultados experimentais. As técnicas usadas para construir modelos matemáticos para calibração e outros propósitos serão abordados no Capítulo 8. Neste capítulo, consideramos várias das mais comuns aplicações de tratamento estatístico de dados. Estas aplicações incluem:

1. Definir o intervalo numérico ao redor da média de um conjunto de réplicas de resultados analíticos no qual se espera que a média da população possa estar contida, com uma certa probabilidade. Esse intervalo – chamado **intervalo de confiança** (IC) – relaciona-se ao desvio padrão da média.
2. Determinar o número de réplicas de medidas necessário para assegurar que uma média experimental esteja contida em uma certa faixa, com um dado nível de probabilidade.
3. Estimar a probabilidade de (a) uma média experimental e um valor verdadeiro ou (b) duas médias experimentais serem diferentes; isto é, se a diferença é real ou simplesmente o resultado de um erro aleatório. Esse teste é particularmente importante para se detectar a presença de erros sistemáticos em um método e para determinar se duas amostras são provenientes da mesma fonte.
4. Determinar, dentro de um dado nível de probabilidade, se a precisão de dois conjuntos de resultados é diferente.
5. Comparar as médias de mais de duas amostras para determinar se as diferenças nas médias são reais ou resultado de erros aleatórios. Esse processo é conhecido como **análise de variância**.
6. Decidir se rejeita ou mantém um resultado que parece ser um *outlier* em um conjunto de réplicas de medidas.

7A INTERVALOS DE CONFIANÇA

Na maioria das análises químicas quantitativas, o valor verdadeiro da média μ não pode ser determinado, porque um número imenso de medidas (aproximadamente infinito) seria necessário. Com a Estatística, entretanto, podemos estabelecer um intervalo ao redor da média $\bar{x}$ determinada experimentalmente, no qual se espera que a média da população μ esteja contida com um certo grau de probabilidade. Esse intervalo é conhecido como o **intervalo de confiança**. Algumas vezes, os limites do intervalo são chamados **limites de confiança**. Por exemplo, podemos dizer que é 99% provável que a média verdadeira da população de um conjunto de medidas da concentracão de potássio esteja contida no intervalo 7,25% ± 0,15% de K. Assim, a probabilidade de que a média se localize no intervalo de 7,10% a 7,40% de K é de 99%.

O **intervalo de confiança** para a média é a faixa de valores entre os quais se espera que a média da população μ esteja contida com uma certa probabilidade.

A amplitude do intervalo de confiança, que é calculado a partir do desvio padrão da amostra, depende do quão bem o desvio padrão s da amostra estima o desvio padrão σ da população. Se s for uma boa estimativa de σ, o intervalo de confiança pode ser significativamente mais estreito do que se a estimativa de σ for baseada apenas em poucos valores medidos.

7A-1 Determinação do Intervalo de Confiança quando σ é Conhecido ou σ é uma Boa Estimativa de σ

A **Figura 7-1** mostra uma série de cinco curvas normais de erro. Em cada uma delas, a frequência relativa está representada em forma de gráfico em funçao da quantidade z (veja a Equação 6-2), que é o desvio da média *dividido pelo desvio padrão da população*. As áreas sombreadas mostradas em cada gráfico estão contidas entre os valores de $-z$ e $+z$, que são indicados à esquerda e à direita das curvas. Os números contidos nas áreas sombreadas representam o porcentual da área total sob a curva, que está incluída entre os valores de z. Por exemplo, como mostrado na curva (a), 50% da área da curva gaussiana estão localizados entre $-0{,}67\sigma$ e $+0{,}67\sigma$. Prosseguindo para as curvas (b) e (c), vemos que 80% da área total estão contidos entre $-1{,}28\sigma$ e $+1{,}28\sigma$ e 90% estão localizados entre $-1{,}64\sigma$ e $+1{,}64\sigma$. Relações como estas nos permitem definir uma faixa de valores ao redor de um resultado medido entre os quais é provável que o valor verdadeiro esteja inserido com uma certa probabilidade, *desde que tenhamos uma estimativa razoável de* σ. Por exemplo, se temos um resultado x a partir de um conjunto de dados, com um desvio padrão de σ, podemos considerar que, em 90 de 100 vezes, a média verdadeira μ estará contida no intervalo $x \pm 1{,}64\sigma$ (veja a Figura 7-1c). A probabilidade é chamada **nível de confiança** (NC). Nesse exemplo da Figura 7-1c, o nível de confiança é de 90% e o intervalo de confiança varia de $-1{,}64\sigma$ a $+1{,}64\sigma$. A probabilidade de um resultado estar *fora* do intervalo de confiança é, muitas vezes, denominada **nível de significância**.

O **nível de confiança** é a probabilidade de que a média verdadeira esteja localizada em um certo intervalo. Muitas vezes é expresso em termos porcentuais.

Se fizermos uma única medida x a partir de uma distribuição com σ conhecido, podemos dizer que a média verdadeira deve estar inserida no intervalo $x \pm z\sigma$, com uma probabilidade dependente de z. Essa probabilidade é de 90% para $z = 1{,}64$; 95% para $z = 1{,}96$ e 99% para $z = 2{,}58$, como mostrado nas Figuras 7-1c, d e e. Encontramos uma expressão geral para o intervalo de confiança (IC) para a média verdadeira que está baseada na medida de um valor único de x por meio do rearranjo da Equação 6-2. (Lembre-se de que z pode ter valores positivos ou negativos.) Assim,

$$\text{IC para } \mu = x \pm z\sigma \tag{7-1}$$

Raramente, entretanto, estimamos a média verdadeira a partir de uma única medida. Em vez disso, usamos a média experimental $\bar{x}$ de N medidas como uma estimativa melhor de μ. Nesse caso, substituímos x na Equação 7-1 por $\bar{x}$ e σ pelo erro padrão da média, $\sigma/\sqrt{N}$. Isto é,

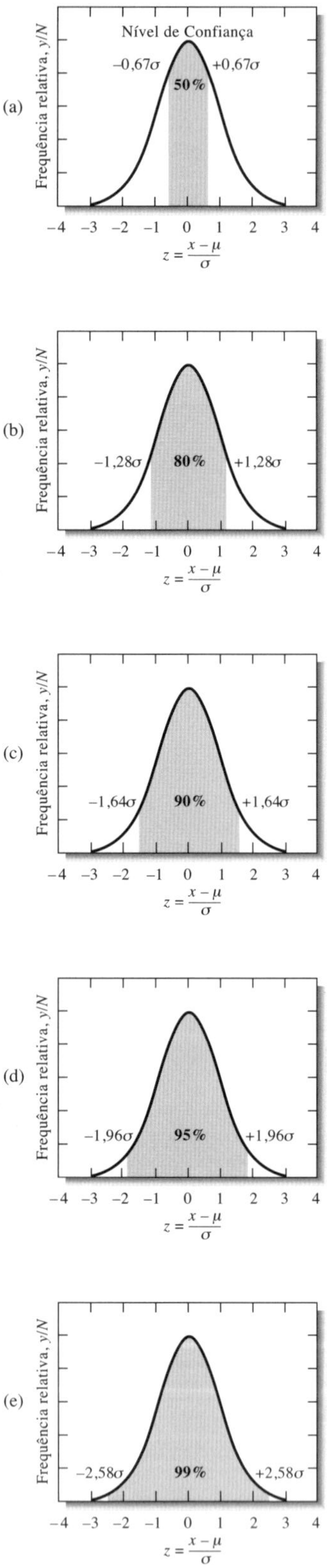

Figura 7-1 Áreas sob uma curva gaussiana para vários valores de $\pm z$.

$$\text{IC para } \mu = \bar{x} \pm \frac{z\sigma}{\sqrt{N}} \tag{7-2}$$

TABELA 7-1

Níveis de Confiança para Vários Valores de z

Nível de confiança, %	z
50	0,67
68	1,00
80	1,28
90	1,64
95	1,96
95,4	2,00
99	2,58
99,7	3,00
99,9	3,29

TABELA 7-2

Largura do Intervalo de Confiança como uma Função do Número Médio de Medidas

Número Médio de Medidas	Largura Relativa do Intervalo de Confiança
1	1,00
2	0,71
3	0,58
4	0,50
5	0,45
6	0,41
10	0,32

Os valores para z em vários níveis de confiança são encontrados na **Tabela 7-1** e a largura relativa do intervalo de confiança como função de N é mostrada na **Tabela 7-2**. Os exemplos de cálculos de limites de intervalos de confiança são fornecidos no Exemplo 7-1. O número de medidas necessário para atingir um determinado intervalo de confiança é calculado no Exemplo 7-2.

EXEMPLO 7-1

Determine os intervalos de confiança de 80% e 95% para (a) o primeiro registro no Exemplo 6-2 (1.108 mg L^{-1} de glicose) e (b) o valor médio (1.100,3 mg L^{-1}) para o mês 1, no mesmo exemplo. Considere $s = 19$ como uma boa estimativa de σ.

Resolução

(a) Da Tabela 7-1, podemos ver que $z = 1{,}28$ e 1,96 para os níveis de confiança de 80% e 95%, respectivamente. Substituindo na Equação 7-1, temos

$$\text{IC } 80\% = 1.108 \pm 1{,}28 \times 19 = 1.108 \pm 24{,}3 \text{ mg L}^{-1}$$

$$\text{IC } 95\% = 1.108 \pm 1{,}96 \times 19 = 1.108 \pm 37{,}2 \text{ mg L}^{-1}$$

Para esses cálculos, concluímos que é 80% provável que μ, a média da população (e, na *ausência de erros determinados*, o valor verdadeiro), está inserida no intervalo entre 1.083,7 a 1.132,3 mg L^{-1} de glicose. Além disso, é 95% provável que μ esteja localizado no intervalo entre 1.070,8 e 1.145,2 mg L^{-1}.

(b) Para as sete medidas,

$$\text{IC } 80\% = 1.100{,}3 \pm \frac{1{,}28 \times 19}{\sqrt{7}} = 1.100{,}3 \pm 9{,}2 \text{ mg L}^{-1}$$

$$\text{IC } 95\% = 1.100{,}3 \pm \frac{1{,}96 \times 19}{\sqrt{7}} = 1.100{,}3 \pm 14{,}1 \text{ mg L}^{-1}$$

Consequentemente, a partir da média experimental ($\bar{x} = 1.100{,}3$ mg L^{-1}), concluímos que existe uma possibilidade de 80% de que μ esteja localizado entre 1.091,1 e 1.109,5 mg L^{-1}) de glicose e 95% de possibilidade de que ele esteja localizado entre 1.086,2 e 1.114,4 mg L^{-1} de glicose. Observe que os intervalos são consideravelmente menores quando usamos médias experimentais ao invés de um único valor.

EXEMPLO 7-2

Quantas réplicas de medidas realizadas no mês 1, no Exemplo 6-2, são necessárias para decrescer o intervalo de confiança de 95% para 1.100,3 ± 10,0 mg L^{-1} de glicose?

Resolução

Queremos que o termo $\pm \frac{z\sigma}{\sqrt{N}}$ seja igual a ±10,0 mg L^{-1} de glicose.

$$\frac{z\sigma}{\sqrt{N}} = \frac{1{,}96 \times 19}{\sqrt{N}} = 10{,}0$$

$$\sqrt{N} = \frac{1{,}96 \times 19}{10{,}0} = 3{,}724$$

$$N = (3{,}724)^2 = 13{,}9$$

Assim, concluímos que são necessárias 14 medidas para fornecer uma chance ligeiramente superior a 95% de que a média da população esteja inserida entre ±10 mg L^{-1} de glicose da média experimental.

A Equação 7-2 nos diz que o intervalo de confiança para uma análise pode ser dividido por dois calculando-se quatro medidas. Dezesseis medidas vão estreitar o intervalo por um fator de 4 e assim por diante. Dessa forma, atingimos rapidamente um ponto a partir do qual a aquisição de dados adicionais não compensa o ganho no estreitamento do intervalo de confiança. Normalmente tomamos vantagem do ganho relativamente grande relacionado com a obtenção da média de quatro medidas, em vez de duas, mas raramente podemos nos permitir gastar tempo ou a quantidade de amostras necessárias para se obter intervalos de confiança mais estreitos, por meio de réplicas de medidas.

É essencial ter sempre em mente que intervalos de confiança baseados na Equação 7-2 aplicam-se somente *na ausência de erros sistemáticos e apenas se pudermos considerar que s é uma boa aproximação de σ*. Indicamos que s é uma boa estimativa de σ pelo uso do símbolo $s \rightarrow \sigma$ (s aproxima-se de σ).

7A-2 Determinação do Intervalo de Confiança Quando σ não for Conhecido

Frequentemente, as limitações no tempo ou na quantidade de amostra disponível nos impedem de fazer medidas suficientes para considerar s como uma boa estimativa de σ. Em tal caso, um conjunto único de réplicas de medidas precisa fornecer não apenas a média, como também uma estimativa da precisão. Como indicado anteriormente, o valor de s calculado a partir de um pequeno conjunto de dados pode ser bastante incerto. Assim, intervalos de confiança são necessariamente mais amplos quando precisamos utilizar um valor de s calculado com um pequeno número de medidas, como nossa estimativa de σ.

Para considerar a variabilidade de s, usamos o importante parâmetro estatístico t, que é definido exatamente da mesma forma que z (veja a Equação 6-2), exceto que s substitui σ. Para uma única medida com resultado x, podemos definir t como

A estatística t é muitas vezes chamada **t de Student**. Student foi o nome usado por W. S. Gossett, quando escreveu o artigo clássico sobre o t, que apareceu no periódico *Biometrika*, em 1908 (veja Destaque 7-1).

$$t = \frac{x - \mu}{s} \qquad (7\text{-}3)$$

TABELA 7-3

Valores de *t* para Vários Níveis de Probabilidade

Graus de Liberdade	80%	90%	95%	99%	99,9%
1	3,08	6,31	12,7	63,7	637
2	1,89	2,92	4,30	9,92	31,6
3	1,64	2,35	3,18	5,84	12,9
4	1,53	2,13	2,78	4,60	8,61
5	1,48	2,02	2,57	4,03	6,87
6	1,44	1,94	2,45	3,71	5,96
7	1,42	1,90	2,36	3,50	5,41
8	1,40	1,86	2,31	3,36	5,04
9	1,38	1,83	2,26	3,25	4,78
10	1,37	1,81	2,23	3,17	4,59
15	1,34	1,75	2,13	2,95	4,07
20	1,32	1,73	2,09	2,84	3,85
40	1,30	1,68	2,02	2,70	3,55
60	1,30	1,67	2,00	2,62	3,46
∞	1,28	1,64	1,96	2,58	3,29

Para a média de N medidas,

$$t = \frac{\bar{x} - \mu}{s/\sqrt{N}} \tag{7-4}$$

Assim como z na Equação 7-1, t depende do nível de confiança desejado. Mas t também depende do número de graus de liberdade presente no cálculo de s. A **Tabela 7-3** fornece valores de t para alguns graus de liberdade. Tabelas mais completas são encontradas em vários *manuais* de Matemática e Estatística. Observe que t se aproxima de z à medida que o número de graus de liberdade se torna maior.

O intervalo de confiança para a média $\bar{x}$ de N réplicas de medidas pode ser calculado pela Equação 7-5, que é similar à Equação 7-2 usando z:

$$\text{IC para } \mu = \bar{x} \pm \frac{ts}{\sqrt{N}} \tag{7-5}$$

O uso da Estatística t para intervalos de confiança é ilustrado no Exemplo 7-3.

DESTAQUE 7-1

W. S. Gossett ("Student")

William Gossett nasceu na Inglaterra em 1876. Ele frequentou o New College Oxford, onde obteve o grau de primeira classe tanto em Química quanto em Matemática. Após sua graduação em 1899, Gossett garantiu um lugar na cervejaria Guinness em Dublin, Irlanda. Em 1906, ele passou um tempo na University College em Londres estudando com o estatístico Karl Pearson, que foi famoso pelo seu trabalho no coeficiente de correlação. Enquanto estava na University College, Gossett estudou os limites das distribuições de Poisson e binominais, a distribuição amostral da média e do desvio padrão e vários outros tópicos. Quando ele retornou para a cervejaria, começou seus estudos clássicos em estatística de pequenas amostras de dados enquanto trabalhava no controle de qualidade. Uma vez que a Guinness não permitia que seus empregados publicassem seus trabalhos, Gossett começou a publicar seus resultados com o pseudônimo de "Student". Seu mais importante trabalho no teste t foi desenvolvido para determinar quão perto o conteúdo de levedura e álcool de vários

W. S. Gossett ("Student")

Originalmente publicada no *Journal of Eugenics* / Wikimedia Foundation

lotes de Guinness se aproximavam das quantidades padrão estabelecidas pela cervejaria. Ele descobriu a distribuição t através de estudos matemáticos e empíricos com números aleatórios. O artigo clássico sobre o teste t foi publicado sob o pseudônimo Student na *Biometrika*, v. 6, n. 1, **1908**. A estatística t é agora frequentemente chamada de t de Student. O trabalho de Gossett é um testemunho da interação entre ciência prática (controle de qualidade de cerveja) e a pesquisa teórica (estatística de pequenas amostras).

EXEMPLO 7-3

Um químico clínico obteve os seguintes dados para o teor alcoólico de uma amostra de sangue: % de C_2H_5OH: 0,084; 0,089 e 0,079. Calcule o intervalo de confiança a 95% para a média considerando (a) que os três resultados obtidos são a única indicação da precisão do método e (b) que, a partir da experiência prévia com centenas de amostras, sabemos que o desvio padrão do método $s = 0{,}005\%$ de C_2H_5OH é uma boa estimativa de σ.

Resolução

(a) $\sum x_i = 0{,}084 + 0{,}089 + 0{,}079 = 0{,}252$

$$\sum x_i^2 = 0{,}007056 + 0{,}007921 + 0{,}006241 = 0{,}021218$$

$$s = \sqrt{\frac{0{,}021218 - (0{,}252)^2/3}{3-1}} = 0{,}0050\%\ C_2H_5OH$$

Neste caso, $\bar{x} = 0{,}252/4 = 0{,}084$. A Tabela 7-3 indica que $t = 4{,}30$ para dois graus de liberdade em um limite de confiança de 95%. Assim, usando a Equação 7-5,

$$\text{IC } 95\% = x \pm \frac{ts}{\sqrt{N}} = 0{,}084 \pm \frac{4{,}30 \times 0{,}0050}{\sqrt{3}}$$

$$= 0{,}084 \pm 0{,}012\%\ C_2H_5OH$$

(b) Uma vez que $s = 0{,}0050\%$ é uma boa estimativa de σ, podemos usar z e a Equação 7-2

$$\text{IC } 95\% = \bar{x} \pm \frac{z\sigma}{\sqrt{N}} = 0{,}094 \pm \frac{1{,}96 \times 0{,}0050}{\sqrt{3}}$$

$$= 0{,}084 \pm 0{,}006\%\ C_2H_5OH$$

Observe que um conhecimento exato de σ diminui o intervalo de confiança de modo significativo mesmo se s e σ forem idênticos.

7B FERRAMENTAS ESTATÍSTICAS PARA O TESTE DE HIPÓTESES

O teste de hipóteses serve de base para muitas decisões tomadas em trabalhos científicos e de engenharia. Para explicar uma observação, um modelo hipotético é proposto e testado experimentalmente para se avaliar sua validade. Os testes de hipóteses que descrevemos são usados para determinar se os resultados destes experimentos sustentam o modelo. Se eles não sustentam nosso modelo, rejeitamos a hipótese e procuramos uma nova. Se houver concordância, o modelo hipotético serve de base para experimentos posteriores. Quando a hipótese é suportada por dados experimentais suficientes, ela se torna reconhecida como uma teoria útil até que novos dados possam contestá-la.

Os resultados experimentais raramente concordam *exatamente* com aqueles previstos por um modelo teórico. Como resultado, os cientistas e os engenheiros precisam julgar frequentemente se as diferenças numéricas são um resultado de uma diferença real (um erro sistemático) ou uma consequência de erros aleatórios inevitáveis em todas as medidas. Testes estatísticos são úteis no aprimoramento desses julgamentos.

Em estatística, uma **hipótese nula** postula que duas as mais quantidades observadas são iguais.

Testes deste tipo lançam mão da **hipótese nula**, a qual considera que as quantidades numéricas que estão sendo comparadas são, de fato, iguais. Então, utilizamos a distribuição de probabilidade para calcular a probabilidade de que as diferenças observadas são um resultado de erros aleatórios. Normalmente, se a diferença observada for maior ou igual à diferença que ocorreria 5 vezes em 100 devido a fatores aleatórios (um nível de significância de 0,05), a hipótese nula é considerada como questionável e a diferença, como significativa. Outros níveis de significância, como 0,01 (1%) ou 0,001 (0,1%), também podem ser adotados, dependendo da exatidão desejada no julgamento. Quando expresso como uma fração, ao nível de significância é frequentemente atribuído o símbolo α. O nível de confiança (NC) está relacionado com α por NC = $(1 - \alpha) \times 100\%$.

Os exemplos específicos de testes de hipóteses que os químicos usam com frequência incluem a comparação (1) da média de um conjunto de dados experimentais com aquilo que se acredita ser o valor verdadeiro; (2) da média com um valor previsto ou de corte (limite); (3) das médias ou dos desvios padrão de dois ou mais conjuntos de dados. As seções que seguem consideram alguns dos métodos usados para realizar tais comparações. A Seção 7C trata as comparações entre mais de duas médias (análise de variância).

7B-1 Comparação de uma Média Experimental com um Valor Conhecido

Existem muitos casos nos quais um cientista ou um engenheiro precisa comparar a média de um conjunto de dados com um valor conhecido. Em alguns casos, o valor conhecido representa o valor verdadeiro ou aceito, que se baseia em conhecimento ou experiência prévia. Um exemplo é a comparação de valores de medidas de colesterol com o valor certificado pelo NIST em uma amostra padrão de soro sanguíneo. Em outras situações, o valor conhecido pode ser um valor atribuído pela teoria ou pode ser um valor limite que usamos para tomar decisões sobre a presença ou ausência de algum constituinte. Um exemplo de um valor para tomada de decisão seria na comparação do nível de mercúrio em uma amostra de atum com o nível de toxicidade limite. Em todos os casos, utilizamos um **teste de hipótese** estatístico para tirar conclusões sobre a média da população μ e sua proximidade do valor conhecido, o qual denominamos μ_0.

Existem dois resultados contraditórios que consideramos em qualquer teste de hipótese. O primeiro, a hipótese nula H_0, afirma que $\mu = \mu_0$. O segundo, a hipótese alternativa H_a, pode ser descrita de diversas maneiras. Podemos rejeitar a hipótese nula em favor de H_a se μ for diferente de μ_0 ($\mu \neq \mu_0$). Outras hipóteses alternativas são $\mu > \mu_0$ ou $\mu < \mu_0$. Como um primeiro exemplo, suponha que estejamos interessados em determinar se a concentração de chumbo em uma descarga de água residual industrial excede à concentração máxima permitida de 0,05 ppm. Nosso teste de hipótese poderia ser representado como segue:

$$H_0: \mu = 0{,}05 \text{ ppm}$$

$$H_a: \mu > 0{,}05 \text{ ppm}$$

Como um exemplo diferente, suponha agora que experimentos realizados ao longo de um período de vários anos tenham determinado que a média de chumbo seja de 0,02 ppm. Recentemente, foram realizadas alterações no processo industrial e suspeitamos que os níveis médios de chumbo sejam atualmente diferentes de 0,02 ppm. Nesse caso, não nos preocupamos se é maior ou menor que 0,02 ppm. Nosso teste de hipótese poderia ser resumido:

$$H_0: \mu = 0{,}02 \text{ ppm}$$

$$H_a: \mu \neq 0{,}02 \text{ ppm}$$

Para aplicar o teste estatístico, um procedimento precisa ser implementado. Os elementos cruciais do procedimento de teste são o desenvolvimento de uma estatística do teste apropriada e a identificação de uma região de rejeição. A estatística do teste é formulada a partir dos dados nos quais basearemos nossa decisão de aceitar ou rejeitar H_0. A região de rejeição consiste em todos os valores da estatística do teste para os quais H_0 será rejeitado. A hipótese nula é rejeitada se a estatística do teste estiver inserida na região de rejeição. Para testes que considerem uma ou duas médias, a estatística do teste pode ser a estatística z se tivermos um grande número de medidas ou se conhecermos σ. Com muita frequência, entretanto, usamos a estatística do teste t para números pequenos de medidas com σ desconhecido. Na dúvida, a estatística do teste t deve ser utilizada.

Teste z para Grandes Amostras

Se um grande número de resultados encontra-se disponível, então s é uma boa estimativa de σ e o teste z é adequado. O procedimento que é usado é resumido a seguir:

1. Apresentar a hipótese nula: $H_0: \mu = \mu_0$
2. Formular o teste estatístico: $z = \dfrac{\bar{x} - \mu_0}{\sigma / \sqrt{N}}$
3. Determinar a hipótese alternativa H_a bem como a região de rejeição:

   Para $H_a: \mu \neq \mu_0$, rejeitar H_0 se $z \geq z_{crít}$ ou se $z \leq z_{crít}$ (teste de duas caudas)

   Para $H_a: \mu > \mu_0$, rejeitar H_0 se $z \geq z_{crít}$ (teste de uma cauda)

   Para $H_a: \mu < \mu_0$, rejeitar H_0 se $z \leq -z_{crít}$ (teste de uma cauda)

As regiões de rejeição estão ilustradas na **Figura 7-2** para um nível de confiança de 95%. Observe que, para $H_a: \mu \neq \mu_0$, podemos rejeitar tanto valores positivos de z quanto valores negativos de z que excedam os valores críticos. Esse teste é chamado teste de **duas caudas**, uma vez que a rejeição pode ocorrer para resultados em ambas as caudas da distribuição. Para um nível de confiança de 95%, a probabilidade de que z exceda $z_{crít}$ é de 0,025 em cada uma das caudas ou 0,05 no total. Portanto, existem apenas 5% de probabilidade de erros aleatórios gerarem valores de $z \geq z_{crít}$ ou $z \leq -z_{crít}$. O nível de significância global é $\alpha = 0{,}05$. A partir da Tabela 7-1, o valor crítico de z é 1,96 para esse caso.

Se em vez disso nossa hipótese alternativa é H_a: $\mu > \mu_0$, o teste é denominado **teste de uma cauda**. Nesse caso, podemos rejeitar apenas quando $z \geq z_{crít}$. Agora, para o nível de confiança de 95%, queremos que a probabilidade de que z exceda $z_{crít}$ seja de 5% ou a probabilidade total em ambas as caudas seja de 10%. O nível de significância global seria $\alpha = 0{,}10$ e o valor crítico a partir da Tabela 7-1 é 1,64. De maneira similar, se a hipótese alternativa for $\mu < \mu_0$, podemos rejeitar apenas quando $z \leq -z_{crít}$. O valor crítico de z é, novamente, 1,64 para esse teste de uma cauda.

O Exemplo 7-4 ilustra o uso do teste z para se determinar se a média de 35 valores concorda com o valor teórico.

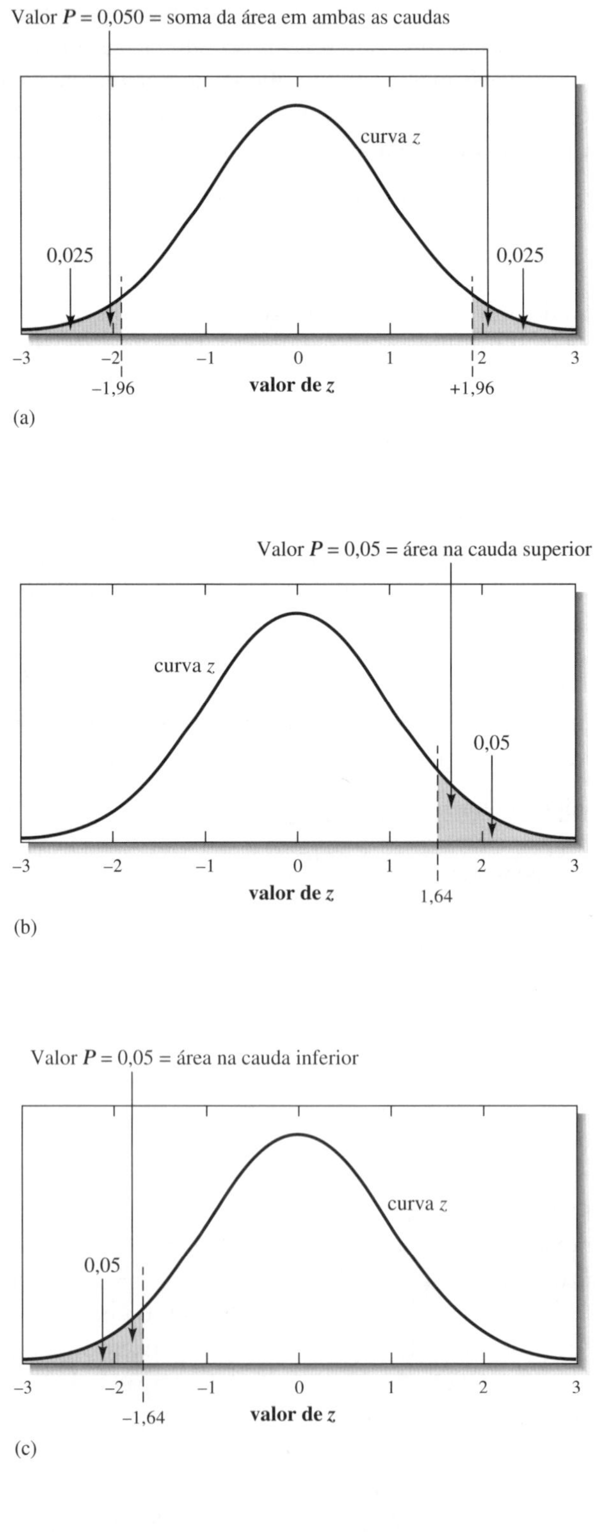

Figura 7-2 Regiões de rejeição para o nível de confiança de 95%. (a) Teste de duas caudas para H_a: $\mu \neq \mu_0$. Observe que o valor crítico de z é 1,96, como na Figura 7-1. (b) Teste de uma cauda para H_a: $\mu > \mu_0$. O valor crítico de z é igual a 1,64, assim 95% da área está à esquerda de $z_{crít}$ e 5% da área está à direita desse valor. (c) Teste de uma cauda para H_a: $\mu < \mu_0$. O valor crítico é, novamente, 1,64, dessa forma 5% da área está contida à esquerda de $-z_{crít}$.

EXEMPLO 7-4

Uma classe de 30 alunos determinou a energia de ativação de uma reação química como 116 kJ mol^{-1} (valor médio), com um desvio padrão de 22 kJ mol^{-1}. Os dados estão de acordo com o valor de 129 kJ mol^{-1} descrito na literatura em um nível de confiança de 95% e 99%? Estime a probabilidade de se obter uma média com valor igual àquele da literatura.

Resolução

Temos dados suficientes, assim s deve ser uma boa estimativa de σ. Consequentemente, μ_0 é o valor da literatura de 129 kJ mol^{-1} de tal forma que a hipótese nula é $\mu = 129$ kJ mol^{-1}. A hipótese alternativa é que $\mu \neq 129$ kJ mol^{-1}. Este é um teste de duas caudas. A partir da Tabela 7-1, $z_{\text{crít}} = 1{,}96$ para um nível de confiança de 95% e $z_{\text{crít}} = 2{,}58$ para 99%. A estatística do teste é calculada como segue:

$$z = \frac{\bar{x} - \mu_0}{\sigma/\sqrt{N}} = \frac{116 - 129}{22/\sqrt{30}} = -3{,}27$$

Como $z \leq -1{,}96$, rejeitamos a hipótese nula ao nível de confiança de 95%. Observe também que, como $z \leq -2{,}58$, também rejeitamos H_0 ao nível de confiança de 99%. Para estimar a probabilidade de se obter um valor médio $\mu = 116$ kJ mol^{-1}, precisamos encontrar a probabilidade de obter o valor de z de 3,27. A partir da Tabela 7-1, a probabilidade de se obter um valor de z tão grande devido a erros aleatórios é apenas de cerca de 0,2%. Tudo isso nos leva a concluir que a média obtida pelos estudantes é realmente diferente da média descrita na literatura e não apenas o resultado de erros aleatórios.

Teste t para uma Amostra Pequena

Para um número pequeno de resultados, usamos um procedimento similar ao teste z, exceto que a estatística do teste é a estatística t. De novo, testamos a hipótese nula H_0: $\mu = \mu_0$, em que μ_0 é um valor específico de μ, como um valor aceito, um valor teórico ou um valor de referência. O procedimento é:

1. Apresentar a hipótese nula: H_0: $\mu = \mu_0$
2. Formular a estatística do teste: $t = \dfrac{\bar{x} - \mu_0}{s/\sqrt{N}}$
3. Determinar a hipótese alternativa H_a bem como a região de rejeição:
   Para H_a: $\mu \neq \mu_0$, rejeitar H_0 se $t \geq t_{\text{crit}}$ ou se $t < -t_{\text{crít}}$ (teste de duas caudas)
   Para H_a: $\mu > \mu_0$, rejeitar H_0 se $t \geq t_{\text{crit}}$ (teste de uma cauda)
   Para H_a: $\mu < \mu_0$, rejeitar H_0 se $t \leq -t_{\text{crít}}$ (teste de uma cauda)

Como exemplo, considere o teste para verificar os erros sistemáticos em um método analítico de composição conhecida. Neste caso, uma amostra tal como um material de referência padrão é analisada. A determinação do analito no material fornece uma média experimental que é uma estimativa da média da população. Se o método analítico não apresenta os erros sistemáticos ou viés, os erros aleatórios deveriam produzir a distribuição de frequência mostrada na curva A na **Figura 7-3**. O método B tem algum erro sistemático, de forma que $\bar{x}_B$, que é uma estimativa de μ_B, difere do valor aceito μ_0. O viés é dado por

$$\text{Viés} = \mu_B - \mu_0 \tag{7-6}$$

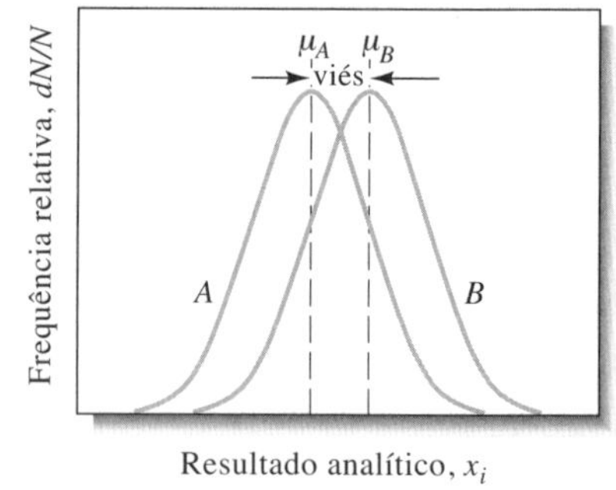

Figura 7-3 Ilustração de um erro sistemático em um método analítico. A curva *A* é a frequência de distribuição para o valor aceito, obtida por um método sem viés. A curva *B* ilustra a frequência de distribuição dos resultados por um método que pode ter um viés significativo devido a um erro sistemático.

No teste para viés, não sabemos inicialmente se a diferença entre a média experimental e o valor aceito é devido a erros aleatórios ou a um erro sistemático real. O teste *t* é usado para determinar a significância da diferença. O Exemplo 7-5 ilustra o uso do teste *t* para determinar se existe um viés no método.

EXEMPLO 7-5

Um novo procedimento para a determinação rápida de enxofre em querosene foi testado em uma amostra cujo teor de S era de 0,123% (μ_0 = 0,123% de S), determinado pela forma da sua preparação. Os resultados para % de S foram 0,112, 0,118, 0,115 e 0,119. Os dados indicam que existe um viés no método em um nível de confiança de 95%?

Resolução

A hipótese nula é H_0: $\mu = 0{,}123\%$ de S e a hipótese alternativa é H_a: $\mu \neq 0{,}123\%$ de S.

A probabilidade de uma diferença tão grande ocorre porque apenas erros aleatórios podem ser obtidos na função do Excel DIST.QUI (*x*; graus_liberdade) [DISTT(*x*; graus_liberdade;caudas) no Excel 2007], onde *x* é o valor de teste de *t*(4;375), graus_liberdade é 3 para o nosso caso e caudas = 2 (Excel 2007). O resultado é DIST.QUI(4;375;3) = 0,022. Consequentemente, é apenas 2,2% provável de se obter um valor tão grande por causa dos erros aleatórios. O valor crítico de *t* para um determinado nível de confiança pode ser obtido no Excel a partir de INV.QUI(probabilidade;graus_liberdade). No nosso caso, INV.QUI(0;053;3) = 3,1825.

$$\sum x_i = 0{,}112 + 0{,}118 + 0{,}115 + 0{,}119 = 0{,}464$$

$$\bar{x} = 0{,}464/4 = 0{,}116\%\ \text{S}$$

$$\sum x_i^2 = 0{,}012544 + 0{,}013924 + 0{,}013225 + 0{,}014161 = 0{,}53854$$

$$s = \sqrt{\frac{0{,}053854 - (0{,}464)^2/4}{4-1}} = \sqrt{\frac{0{,}000030}{3}} = 0{,}0032\%\ \text{S}$$

O teste estatístico agora pode ser calculado como

$$t = \frac{\bar{x} - \mu_0}{s/\sqrt{N}} = \frac{0{,}116 - 0{,}123}{0{,}0032/\sqrt{4}} = -4{,}375$$

Da Tabela 7-3, verificamos que o valor crítico de *t* para 3 graus de liberdade e nível de confiança de 95% é de 3,18. Dado que $t \leq -3{,}18$, concluímos que existe uma diferença significativa em um nível de confiança de 95% e que existe um viés no método. Observe que se fizermos o teste para um nível de confiança de 99%, $t_{\text{crít}} = 5{,}84$ (ver Tabela 7-3). Uma vez que $t = -4{,}375$ é maior que $-5{,}84$, poderíamos aceitar a hipótese nula em um nível de confiança de 99% e concluir que não há diferença significativa entre os valores experimental e aceito. Note que nesse caso a resposta depende do nível de confiança que está sendo usado. Como veremos, a escolha do nível de confiança depende de nosso desejo em aceitar um erro na resposta. O nível de significância (0,05 ou 0,01) representa a probabilidade de se ter um erro pela rejeição da hipótese nula (veja a Seção 7B-3).

Se fosse confirmado, por experimentos posteriores, que o método sempre fornece resultados baixos, poderíamos dizer que o método apresenta um **viés negativo**.

7B-2 Comparação de Duas Médias Experimentais

Frequentemente, cientistas precisam avaliar se uma diferença nas médias de dois conjuntos de dados é verdadeira ou se é o resultado de erros aleatórios. Em alguns casos, os resultados de análises químicas são usados para determinar se dois materiais são idênticos. Em outros, os resultados são usados para estabelecer se dois métodos analíticos fornecem os mesmos valores ou se dois analistas que utilizam o mesmo método obtêm as mesmas médias. Uma extensão desses procedimentos pode ser empregada para analisar dados pareados. Muitas vezes os dados são coletados aos pares para eliminar uma fonte de variabilidade, observando-se as diferenças existentes em cada par.

O Teste t para Diferenças nas Médias

Podemos testar para diferenças nas médias com o teste *z*, modificado para levar em conta uma comparação de dois conjuntos de dados, se temos números grandes de medidas em ambos os conjuntos de dados. Mais frequentemente, ambos os conjuntos contêm apenas poucos resultados e precisamos empregar o teste *t*. Para ilustrar, vamos considerar que N_1 réplicas de análises desenvolvidas pelo analista 1 forneceram um valor médio $\bar{x}_1$ e que N_2 análises feitas pelo analista 2 pelo mesmo método forneceram o valor médio $\bar{x}_2$. A hipótese nula declara que as duas médias são idênticas e que qualquer diferença é o resultado de erros aleatórios. Assim, podemos escrever H_0: $\mu_1 = \mu_2$. Com mais frequência, quando se testam as diferenças entre médias de resultados, a hipótese alternativa é H_a: $\mu_1 \neq \mu_2$, e o teste é de duas caudas. Entretanto, em algumas situações, poderíamos testar H_a: $\mu_1 > \mu_2$ ou H_a: $\mu_1 < \mu_2$ e usar um teste do tipo de uma cauda. Nesse caso, vamos considerar que o teste de duas caudas seja empregado.

Se os dados foram coletados da mesma maneira e os analistas foram ambos cuidadosos, seria seguro na maioria das vezes considerar que os desvios padrão de ambos os conjuntos são similares. Assim, ambos os s_1 e s_2 são estimativas do desvio padrão σ da população. Para se ter uma estimativa melhor de σ que aquela dada por s_1 e s_2 sozinhos, usamos o desvio padrão combinado (veja a Seção 6B-4). Da Equação 6-6, o desvio padrão da média do analista 1 é dado por $s_{m1} = \frac{s_1}{\sqrt{N_1}}$. A variância da média para o analista 1 é

$$s_{m1}^2 = \frac{s_1^2}{N_1}$$

Da mesma forma, a variância da média para o analista 2 é

$$s_{m2}^2 = \frac{s_2^2}{N_2}$$

No teste *t*, estamos interessados na diferença entre as médias, ou seja, $\bar{x}_1 - \bar{x}_2$. A variância da diferença s_d^2 entre as médias é dada por

$$s_d^2 = s_{m1}^2 + s_{m2}^2$$

O desvio padrão da diferença entre as médias pode ser encontrado extraindo-se a raiz quadrada, após a substituição dos valores de s_{m1}^2 e s_{m2}^2 anteriores.

$$\frac{s_d}{\sqrt{N}} = \sqrt{\frac{s_1^2}{N_1} + \frac{s_2^2}{N_2}}$$

Se agora fizermos uma consideração posterior de que o desvio padrão combinado s_{comb} é uma estimativa melhor de σ que s_1 ou s_2, podemos escrever

$$\frac{s_d}{\sqrt{N}} = \sqrt{\frac{s_{comb}^2}{N_1} + \frac{s_{comb}^2}{N_2}} = s_{comb}\sqrt{\frac{N_1 + N_2}{N_1 N_2}}$$

A estatística de teste t então é determinada por

$$t = \frac{\bar{x}_1 - \bar{x}_2}{s_{comb}\sqrt{\frac{N_1 + N_2}{N_1 N_2}}} \tag{7-7}$$

A estatística de teste é então comparada com o valor crítico de t obtido a partir da tabela, para o nível de confiança específico desejado. O número de graus de liberdade para se encontrar o valor crítico de t na Tabela 7-3 é $N_1 + N_2 - 2$. Se o valor absoluto da estatística de teste for menor que o valor crítico, a hipótese nula é aceita e não há diferença significativa entre as médias. Um valor de t maior que o valor crítico indica a existência de uma diferença significativa entre as médias. O Exemplo 7-6 ilustra o uso do teste t para determinar se dois barris de vinho são oriundos de diferentes fontes.

EXEMPLO 7-6

Em uma investigação forense, uma taça contendo vinho tinto e uma garrafa aberta foram analisadas para o teor de álcool para determinar se o vinho na taça veio da garrafa. Com base em seis análises, o teor médio do vinho da taça foi estabelecido como 12,61% de etanol. Quatro análises do vinho da garrafa forneceram uma média de 12,53% de álcool. As dez análises geraram um desvio padrão combinado s_{comb} = 0,070%. Os dados indicam uma diferença entre os vinhos?

Resolução

A hipótese nula é H_0: $\mu_1 = \mu_2$, e a hipótese alternativa, H_a: $\mu_1 \neq \mu_2$. Empregamos a Equação 7-7 para calcular a estatística de teste t.

$$t = \frac{\bar{x}_1 - \bar{x}_2}{s_{comb}\sqrt{\frac{N_1 + N_2}{N_1 N_2}}} = \frac{12{,}61 - 12{,}53}{0{,}07\sqrt{\frac{6 + 4}{6 \times 4}}} = 1{,}771$$

O valor crítico de t para $10 - 2 = 8$ graus de liberdade, em um nível de confiança de 95%, é 2,31. Como $1{,}771 < 2{,}31$, aceitamos a hipótese nula em um nível de confiança de 95% e concluímos que não há diferença no teor de álcool dos vinhos. A probabilidade de se ter um valor de t de 1,771 pode ser calculada usando a função do Excel DIST.QUI() e é DIST.QUI(1,771;8) = 0,11. Dessa forma, existem mais de 10% de chance de que poderíamos ter um erro dessa dimensão devido a um erro aleatório.

No Exemplo 7-6 nenhuma diferença significativa no teor de álcool dos dois vinhos foi detectada ao nível de probabilidade de 95%. Essa afirmativa equivale a dizer que μ_1 é igual a μ_2 com um certo grau de confiança. Entretanto, os testes não provam que os vinhos são provenientes da mesma fonte. Mais do que isso, é concebível que um vinho seja um merlot e o outro um cabernet sauvignon. Estabelecer com uma probabilidade razoável que os dois vinhos são idênticos requer testes extensivos de outras características, tais como sabor, odor, cor e índice de refração, assim como o teor de ácido tartárico, açúcar e o teor de elementos traço. Se as diferenças significativas não forem reveladas por todos esses testes e outros mais, então pode ser possível julgar o vinho da taça como originário da garrafa aberta. Em contraste, a obtenção de *uma* diferença significativa em qualquer dos testes poderia mostrar indiscutivelmente que os vinhos são diferentes. Assim, a determinação de uma diferença significativa por um único teste é muito mais reveladora que verificar que não existe diferença significativa em uma única característica.

Se existem boas razões para se acreditar que os desvios padrão de dois conjuntos de dados diferem, o **teste *t* para duas amostras** precisa ser usado.[1] Entretanto, o nível de significância para esse teste t é apenas aproximado e o número de graus de liberdade é mais difícil de ser calculado.

Dados Pareados

Os cientistas e os engenheiros muitas vezes fazem uso de pares de medidas da mesma amostra para minimizar fontes de variabilidade que não são de interesse. Por exemplo, dois métodos de determinação de glicose em soro sanguíneo serão comparados. O Método A pôde ser utilizado em amostras escolhidas aleatoriamente a partir de cinco pacientes e o Método B, em amostras de cinco outros pacientes. Poderia haver alguma variabilidade, entretanto, devido às diferenças nos níveis de glicose de cada paciente. Uma maneira mais adequada de se comparar os métodos seria pelo uso de ambos nas mesmas amostras e, então, focalizar nas diferenças.

Os testes t pareados usam o mesmo tipo de procedimento do teste t normal, exceto que analisamos pares de dados e computamos as diferenças, d_i. O desvio padrão agora é o desvio padrão da diferença nas médias. Nossa hipótese nula é H_0: $\mu_d = \Delta_0$, em que Δ_0 é um valor específico da diferença a ser testado, frequentemente zero. O valor da estatística de teste é

$$t = \frac{\bar{d} - \Delta_0}{s_d/\sqrt{N}}$$

onde $\bar{d}$ é a diferença média $= \sum d_i/N$. A hipótese alternativa poderia ser $\mu_d \neq \Delta_0$, $\mu_d > \Delta_0$ ou $\mu_d < \Delta_0$. Uma ilustração é dada no Exemplo 7-7.

EXEMPLO 7-7

Um novo procedimento automatizado para a determinação de glicose em soro sanguíneo (Método A) será comparado ao método estabelecido (Método B). Ambos os métodos são realizados em amostras de sangue dos mesmos pacientes para eliminar variabilidades entre os pacientes. Os resultados que seguem confirmam uma diferença entre os dois métodos em um nível de confiança de 95%?

[1] J. L. Devore, *Probability and Statistics for Engineering and the Sciences*, 8. ed., Boston: Brooks/Cole, 2012, pp. 357-361.

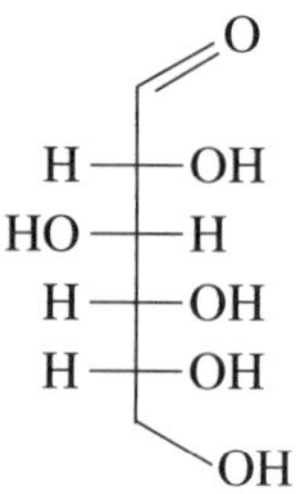

Fórmula estrutural da glicose, $C_6H_{12}O_6$.

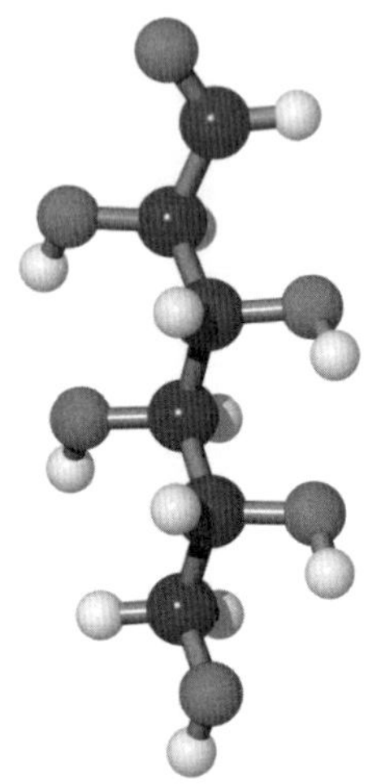

Modelo molecular da glicose.

	Paciente 1	Paciente 2	Paciente 3	Paciente 4	Paciente 5	Paciente 6
Glicose pelo Método A, mg L^{-1}	1.044	720	845	800	957	650
Glicose pelo Método B, mg L^{-1}	1.028	711	820	795	935	639
Diferença, mg L^{-1}	16	9	25	5	22	11

Resolução

Agora vamos testar as hipóteses apropriadas. Se μ_d é a diferença média verdadeira entre os métodos, queremos testar a hipótese nula H_0: $\mu_d = 0$ e a hipótese alternativa, H_a: $\mu_d \neq 0$. A estatística de teste é

$$t = \frac{\bar{d} - 0}{s_d/\sqrt{N}}$$

Da tabela, $N = 6$, $\sum d_i = 16 + 9 + 25 + 5 + 22 + 11 = 88$, $\sum d_i^2 = 1592$, e $\bar{d} = 88/6 = 14{,}67$. O desvio padrão da diferença s_d é dado pela Equação 6-5

$$s_d = \sqrt{\frac{1.592 - \frac{(88)^2}{6}}{6 - 1}} = 7{,}76$$

e a estatística de teste t é

$$t = \frac{14{,}67}{7{,}76/\sqrt{6}} = 4{,}628$$

A partir da Tabela 7-3, o valor crítico de t é 2,57 para o nível de confiança de 95% e 5 graus de liberdade. Uma vez que $t > t_{crít}$, rejeitamos a hipótese nula e concluímos que os dois métodos fornecem resultados diferentes.

Observe que se meramente calculássemos a média dos resultados do Método A ($\bar{x}_A = 836{,}0$ mg L^{-1}) e a média dos resultados do Método B ($\bar{x}_B = 821{,}3$ mg L^{-1}), a grande variação nos níveis de glicose existente entre os pacientes nos daria um valor grande de s_A (146,5) e s_B (142,7). Uma comparação entre as médias nos daria um valor de t de 0,176 e poderíamos aceitar a hipótese nula. Portanto, a grande variabilidade dos resultados entre os pacientes mascara as diferenças de interesse entre os métodos. O pareamento dos dados nos permite focalizar nas diferenças.

7B-3 Erros nos Testes de Hipóteses

Um **erro tipo I** ocorre quando H_0 é rejeitada, embora seja verdadeira. Em algumas áreas da ciência, um erro tipo I é chamado **falso negativo**. Um **erro tipo II** ocorre quando H_0 é aceita e, na realidade, é falsa. Algumas vezes essa situação é denominada **falso positivo**.

A escolha de uma região de rejeição para a hipótese nula é feita de maneira que podemos entender prontamente os erros envolvidos. Em um nível de confiança de 95%, por exemplo, existem 5% de chances de rejeitarmos a hipótese nula, embora possa ser verdadeira. Isso pode acontecer se houver a ocorrência de um resultado pouco usual que coloque nossa estatística de teste t ou z na região de rejeição. O erro que resulta da rejeição de H_0 quando esta é verdadeira é chamado **erro tipo I**. O nível de significância α dá a frequência de rejeição de H_0 quando ela é verdadeira.

O outro tipo de erro consiste em aceitar H_0 quando ela é falsa. Esse erro é denominado **erro tipo II**. A probabilidade de ocorrência de um erro tipo II é dada pelo símbolo β. Nenhum teste pode garantir que não vamos cometer um erro ou o outro. As probabilidades de ocorrência dos erros são o resultado do uso de uma amostra de dados que provoca interferência sobre a população. Em um primeiro momento, tornar α menor (0,01 em vez de 0,05) poderia parecer sensato para se minimizar a ocorrência dos erros tipo I. Entretanto, a diminuição dos valores de erros tipo I aumenta a ocorrência de erros tipo II, uma vez que eles são inversamente relacionados entre si.

Quando se pensa nos erros dos testes de hipóteses, é importante se considerar as consequências de se cometer erros tipo I ou tipo II. Se for muito mais provável que um erro tipo I tenha consequências mais sérias que um erro tipo II, é razoável escolher um valor pequeno de α. Por outro lado, em algumas situações os erros tipo II são sérios e, portanto, um valor grande de α é usado para que os valores de erros tipo II sejam mantidos sob controle. Como regra geral, o valor mais elevado de α que pode ser tolerado, para uma dada situação, deve ser empregado. Isso assegura o menor erro tipo II possível, enquanto mantém o erro tipo I dentro de limites aceitáveis. Para muitos casos na Química Analítica, um valor de α de 0,05 (nível de confidência de 95%) fornece um compromisso aceitável.

❮As consequências de se cometer erros nos testes de hipóteses são frequentemente comparadas com erros cometidos durante procedimentos judiciais. Dessa forma, condenar uma pessoa inocente é geralmente considerado um erro mais sério que deixar em liberdade uma pessoa culpada. Se tornamos menos provável que uma pessoa inocente seja condenada, tornamos mais provável que uma pessoa culpada seja considerada inocente.

7B-4 Comparação de Variâncias

Muitas vezes torna-se necessário comparar as variâncias (ou desvios padrão) de dois conjuntos de dados. Por exemplo, o teste *t* normal demanda que os desvios padrão dos conjuntos de dados que estão sendo comparados sejam iguais. Um teste estatístico simples, chamado teste *F*, pode ser utilizado para avaliar essa consideração sob a condição de que as populações sigam uma distribuição normal (gaussiana). O teste *F* também é empregado na comparação de mais de duas médias (veja a Seção 7C) e na análise de regressão linear (veja a Seção 8D-2).

O teste *F* está baseado na hipótese nula de que as variâncias das duas populações consideradas sejam iguais, H_0: $\sigma_1^2 = \sigma_2^2$. A estatística de teste *F*, que é definida como a razão entre as duas variâncias das amostras ($F = s_1^2/s_2^2$), é calculada e comparada com o valor crítico de *F* em um determinado nível de confiança. A hipótese nula é rejeitada se a estatística de teste difere muito de uma unidade.

Os valores críticos de *F* em um nível de significância de 0,05 são apresentados na **Tabela 7-4**. Observe que são fornecidos dois graus de liberdade, um associado ao numerador e outro associado ao denominador. A maioria dos manuais matemáticos apresenta tabelas mais extensas de valores *F*, em vários níveis de significância.

O teste *F* pode ser empregado tanto no modo de uma cauda quanto no de duas caudas. Para um teste do tipo uma cauda, verificamos a hipótese alternativa, na qual uma variância é maior que a outra. Portanto, a variância de um procedimento supostamente mais preciso é colocada no denominador e a variância do procedimento menos preciso é colocada no numerador. A hipótese alternativa é H_a: $\sigma_1^2 > \sigma_2^2$. Os valores críticos de *F* para um nível de confiança de 95% são dados na Tabela 7-4. Para um teste de duas caudas, determinaremos se as variâncias são diferentes, H_a: $\sigma_1^2 \neq \sigma_2^2$. Para essa aplicação, a maior variância sempre aparece no numerador. Essa colocação arbitrária da maior variância torna a resposta do teste mais incerta; assim, o nível de incerteza do valor de *F* presente na Tabela 7-4 se duplica de 5% para 10%. O Exemplo 7-8 ilustra o uso do teste *F* na comparação da precisão de medidas.

TABELA 7-4

Valores Críticos de F em um Nível de Probabilidade de 5% (Nível de Confiança de 95%)

Graus de Liberdade (Denominador)	Graus de Liberdade (Numerador)								
	2	**3**	**4**	**5**	**6**	**10**	**12**	**20**	**∞**
2	19,00	19,16	19,25	19,30	19,33	19,40	19,41	19,45	19,50
3	9,55	9,28	9,12	9,01	8,94	8,79	8,74	8,66	8,53
4	6,94	6,59	6,39	6,26	6,16	5,96	5,91	5,80	5,63
5	5,79	5,41	5,19	5,05	4,95	4,74	4,68	4,56	4,36
6	5,14	4,76	4,53	4,39	4,28	4,06	4,00	3,87	3,67
10	4,10	3,71	3,48	3,33	3,22	2,98	2,91	2,77	2,54
12	3,89	3,49	3,26	3,11	3,00	2,75	2,69	2,54	2,30
20	3,49	3,10	2,87	2,71	2,60	2,35	2,28	2,12	1,84
∞	3,00	2,60	2,37	2,21	2,10	1,83	1,75	1,57	1,00

EXEMPLO 7-8

Um método padrão usado na determinação dos níveis de monóxido de carbono (CO) em misturas gasosas apresenta, a partir de centenas de medidas, um desvio padrão de 0,21 ppm de CO. Uma modificação do método gera um valor de s de 0,15 ppm de CO para um conjunto de dados combinados, com 12 graus de liberdade. Uma segunda modificação, também baseada em 12 graus de liberdade, tem um desvio padrão de 0,12 ppm de CO. Ambas as modificações são significativamente mais precisas que o método original?

Resolução

Aqui testamos a hipótese nula H_0: $\sigma^2_{\text{padrão}} = \sigma^2_1$, em que $\sigma^2_{\text{padrão}}$ é a variância do método padrão e σ^2_1 é variância do método modificado. A hipótese alternativa, do tipo de uma cauda, é H_a: $\sigma^2_1 < \sigma^2_{\text{padrão}}$. Como uma melhoria do método está sendo reivindicada, as variâncias das modificações são colocadas no denominador. Para a primeira modificação

$$F_1 = \frac{s^2_{\text{padrão}}}{s^2_1} = \frac{(0,21)^2}{(0,15)^2} = 1,96$$

e para a segunda

$$F_2 = \frac{(0,21)^2}{(0,12)^2} = 3,06$$

Para o procedimento padrão, $s_{\text{padrão}}$ é uma boa estimativa de σ e o número de graus de liberdade do numerador pode ser tomado como infinito. Da Tabela 7-4, o valor crítico de F em um nível de confiança de 95% é $F_{\text{crít}} = 2,30$.

Como F_1 é menor que 2,30, não podemos rejeitar a hipótese nula para a primeira modificação. Concluímos que não há melhoria na precisão. Para a segunda modificação, entretanto, $F_2 > 2,30$. Então, rejeitamos a hipótese nula e concluímos que a segunda modificação parece fornecer uma precisão melhor ao nível de confiança de 95%. É interessante observar que se perguntássemos se a precisão da segunda modificação é significativamente melhor que a da primeira, o teste F nos diria que devemos aceitar a hipótese nula. Isto é,

$$F = \frac{s^2_1}{s^2_2} = \frac{(0,15)^2}{(0,12)^2} = 1,56$$

Nesse caso, $F_{\text{crít}} = 2,69$. Como $F < 2,69$, precisamos aceitar H_0 e concluir que os dois métodos fornecem precisões equivalentes.

7C ANÁLISE DE VARIÂNCIA

Na Seção 7B introduzimos métodos para comparar duas médias de amostras ou uma média de uma amostra e um valor conhecido. Nesta seção, vamos estender esses princípios para permitir a comparação entre mais de duas médias de populações. Os métodos usados para múltiplas comparações estão contidos na categoria geral da análise da variância, muitas vezes conhecida pelo acrônimo **ANOVA**. Esses métodos usam um teste único para determinar se há ou não diferenças entre as médias de populações em vez de comparações pareadas, como é feito com o teste *t*. Após a ANOVA indicar uma diferença potencial, procedimentos de **comparação múltipla** podem ser empregados para identificar quais médias específicas de populações diferem das outras. Os **métodos de planejamento experimental** tiram vantagem da ANOVA no planejamento e na realização de experimentos.

7C-1 Conceito da ANOVA

Em procedimentos envolvendo a ANOVA, detectamos diferenças em diversas médias de populações pela comparação das *variâncias*. Para comparar I médias de populações, $\mu_1, \mu_2, \mu_3, \cdots \mu_I$, a hipótese nula H_0 assume a forma

$$H_0: \mu_1 = \mu_2 = \mu_3 = \cdots = \mu_I$$

e a hipótese alternativa H_a é

$$H_a\text{: pelo menos dois dos } \mu_i \text{ são diferentes.}$$

Os exemplos a seguir são típicos da aplicação da ANOVA:

1. Existe uma diferença nos resultados de cinco análises para se determinar cálcio por meio de um método volumétrico?
2. Quatro solventes com composições diferentes terão influência no rendimento de uma síntese química?
3. Os resultados da determinação de manganês realizada por três métodos analíticos distintos são diferentes?
4. Há alguma diferença na fluorescência de um íon complexo em seis valores diferentes de pH?

Em cada uma dessas situações, as populações têm diferentes valores para uma característica comum denominada **fator** ou algumas vezes, **tratamento**. No caso de determinação de cálcio por um método volumétrico, o fator de interesse é o analista. Os valores diferentes do fator de interesse são chamados **níveis**. Para o exemplo do cálcio, existem cinco níveis correspondentes ao analista 1, analista 2, analista 3, analista 4 e analista 5. A comparação entre as várias populações é feita pela medida da **resposta** para cada item amostrado. No caso das determinações de cálcio, a resposta é a quantidade de Ca (em milimols) que cada analista estabeleceu. Para os quatro exemplos dados anteriormente, os fatores, os níveis e as respostas são os seguintes:

Fator	Níveis	Resposta
Analista	Analista 1, analista 2, analista 3, analista 4, analista 5	mmol de Ca
Solvente	Composição 1, composição 2, composição 3, composição 4	Rendimento da síntese, %
Métodos analíticos	Método 1, método 2, método 3	Concentração de Mn, ppm
pH	pH 1, pH 2, pH 3, pH 4, pH 5, pH 6	Intensidade de fluorescência

O fator pode ser considerado a variável independente, enquanto a resposta é a variável dependente. A Figura 7-4 ilustra como visualizar dados da ANOVA para os cinco analistas que determinam Ca em triplicata.

A análise de variância (ANOVA) é usada para testar se existe diferença nas médias de mais de duas populações.

O tipo de ANOVA mostrado na **Figura 7-4** é conhecido como de fator único ou de uma direção. Muitas vezes, vários fatores podem estar envolvidos, tais como em um experimento para determinar se o pH e a temperatura influenciam a velocidade de uma reação química. Nesse caso, esse tipo de ANOVA é conhecido como de dois fatores. Os procedimentos para lidar com múltiplos fatores são encontrados em livros de Estatística.[2] Aqui, consideramos apenas a ANOVA de um único fator.

Considere que os resultados em triplicata de cada analista, mostrados na Figura 7-4, foram obtidos para amostras aleatórias. Na ANOVA, os níveis dos fatores são muitas vezes chamados grupos. O princípio básico da ANOVA consiste em comparar as variações que ocorrem nos grupos. No nosso caso específico, os grupos (níveis dos fatores) são os diferentes analistas e esta é uma comparação da variação entre os analistas e a variação para cada analista. A **Figura 7-5** ilustra essa comparação. Quando H_0 é verdadeira, a variação entre as médias dos grupos encontra-se próxima da variação nos grupos. Quando H_0 é falsa, a variação entre as médias dos grupos é grande, se comparada com a variação dentro dos grupos.

A estatística de teste básica usada pela ANOVA é o *F*, descrita na Seção 7B-4. Aqui, um valor grande de *F*, comparado com o valor crítico descrito nas tabelas, pode nos fornecer a razão para rejeitar H_0 em favor da hipótese alternativa.

7C-2 ANOVA de Fator Único

Várias grandezas são importantes no teste da hipótese nula H_0: $\mu_1 = \mu_2 = \mu_3 = \mu_I$. As médias das amostras das *I* populações são $\bar{x}_1, \bar{x}_2, \bar{x}_3, \cdots \bar{x}_I$ e as variâncias das amostras são $s_1^2, s_2^2, s_3^2, \cdots s_I^2$. Estas são estimativas dos valores das populações correspondentes. Além disso, podemos calcular a média global $\bar{\bar{x}}$, que é a média de todos

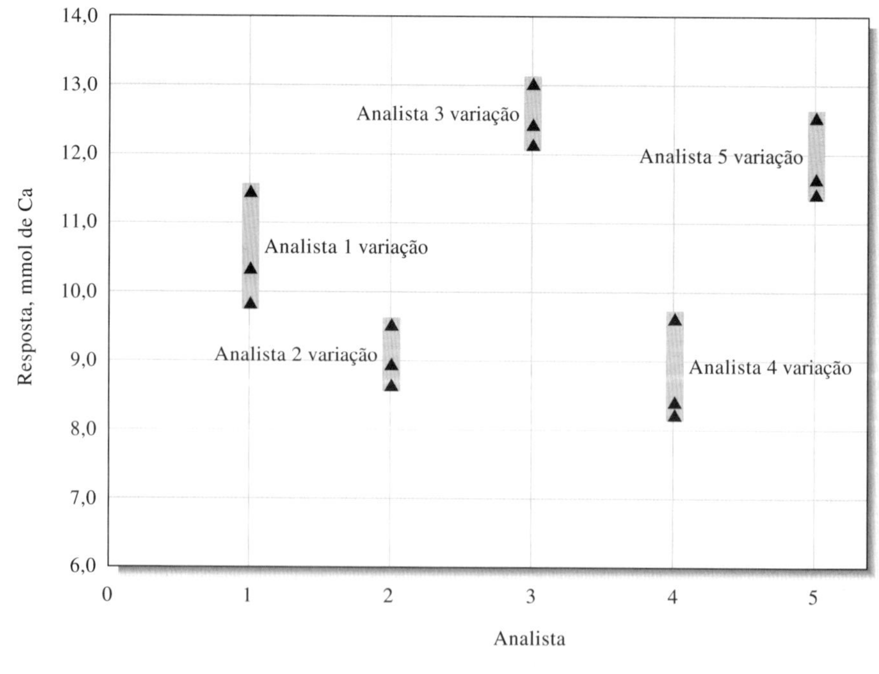

Figura 7-4 Representação gráfica dos resultados obtidos a partir da ANOVA da determinação de cálcio por cinco analistas. Cada analista fez a determinação em triplicata. O analista é considerado um fator, e o analista 1, o analista 2, o analista 3, o analista 4 e o analista 5 são níveis do fator.

[2] Veja, por exemplo, J. L. Devore, *Probability and Statistics for Engineering and the Sciences*, 8. ed., Boston: Brooks/Cole, 2012, cap. 11.

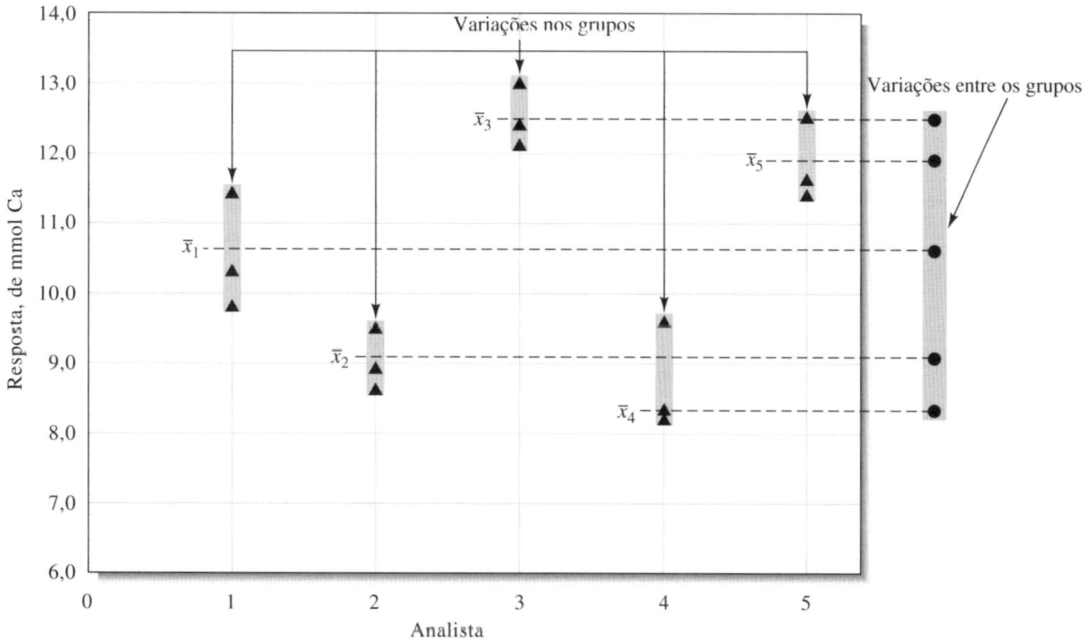

Figura 7-5 Representação gráfica do princípio da ANOVA. Os resultados de cada analista são considerados um grupo. Os triângulos (▲) representam resultados individuais e os círculos (●) representam as médias. Aqui a variação entre as médias dos grupos é comparada com aquelas dos grupos.

os dados. A média global pode ser calculada como a média ponderada das médias dos grupos individuais, como mostrado na Equação 7-8:

$$\bar{\bar{x}} = \left(\frac{N_1}{N}\right)\bar{x}_1 + \left(\frac{N_2}{N}\right)\bar{x}_2 + \left(\frac{N_3}{N}\right)\bar{x}_3 + \cdots + \left(\frac{N_I}{N}\right)\bar{x}_I \qquad (7\text{-}8)$$

onde N_1 é o número de medidas do grupo 1, N_2, o número correspondente ao grupo 2, e assim por diante. A média global também pode ser determinada pela soma de todos os dados e posterior divisão pelo número total de medidas N.

Para calcular a razão das variâncias, necessária no teste F, é preciso obter várias outras grandezas denominadas somas dos quadrados:

1. A soma dos quadrados devido ao fator (SQF):

$$\text{SQF} = N_1(\bar{x} - \bar{\bar{x}})^2 + N_2(x_2 - \bar{x})^2 + N_3(x_3 - \bar{x})^2 + \cdots + N_I(\bar{x}_I - \bar{x})^2 \qquad (7\text{-}9)$$

2. A soma dos quadrados devido ao erro (SQE):

$$\text{SQE} = \sum_{j=1}^{N_1}(x_{1j} - x_1)^2 + \sum_{j=1}^{N_2}(x_{2j} - x_2)^2 + \sum_{j=1}^{N_3}(x_{3j} - \bar{x}_3)^2 + \cdots + \sum_{j=1}^{N_I}(x_{ij} - \bar{x}_I)^2 \qquad (7\text{-}10)$$

Essas duas somas de quadrados são usadas para se obter a variação entre os grupos e dentro dos grupos. A soma dos quadrados dos erros está relacionada com as variâncias dos grupos individuais por

$$\text{SQE} = (N_1 - 1)s_1^2 + (N_2 - 1)s_2^2 + (N_3 - 1)s_3^2 + \cdots + (N_I - 1)s_I^2 \qquad (7\text{-}11)$$

3. A soma total dos quadrados (STQ) é obtida como o resultado da soma de SQF e SQE

$$\text{STQ} = \text{SQF} + \text{SQE} \tag{7-12}$$

A soma total dos quadrados também pode ser obtida a partir de $(N - 1)s^2$, em que s^2 é a variância da amostra para todos os dados.

Para aplicar os métodos da ANOVA precisamos fazer algumas considerações relacionadas com a população em estudo. Primeiro, os métodos da ANOVA usuais baseiam-se na consideração de que as variâncias são iguais. Isto é, as variâncias das I populações são consideradas como idênticas. Essa consideração é testada algumas vezes (teste de Hartley) pela comparação das variâncias máxima e mínima do conjunto com um teste F (veja a Seção 7B-4). Contudo, o teste de Hartley é bastante suscetível a desvios da distribuição normal. Como regra prática robusta, o maior valor de s não pode ser mais que duas vezes superior ao menor valor de s para que as variâncias possam ser consideradas iguais.[3] A transformação dos dados pelo uso de uma nova variável como $\sqrt{x}$ ou $\log x$ também pode ser empregada para fornecer populações com variâncias mais semelhantes. Segundo, considera-se que cada uma das I populações obedece a uma distribuição gaussiana. Para os casos nos quais essa última consideração não seja verdadeira, existem procedimentos de ANOVA independentes de distribuição que podem ser aplicados.

4. O número de graus de liberdade para cada uma das somas dos quadrados precisa ser obtido. A soma total dos quadrados STQ tem $N - 1$ graus de liberdade. Assim como STQ é a soma de SQF e SQE, o número total de graus de liberdade $N - 1$ pode ser decomposto em graus de liberdade associados com SQF e SQE. Dado que I grupos estão sendo comparados, SQF tem $I - 1$ graus de liberdade. Isso deixa $N - I$ graus de liberdade para SQE. Ou,

$$\text{STQ} = \text{SQF} + \text{SQE}$$
$$(N - 1) = (I - 1) + (N - I)$$

5. Dividindo-se as somas dos quadrados pelos seus graus de liberdade correspondentes, obtemos quantidades que são estimativas das variações entre grupos e dentro dos grupos. Essas quantidades são denominadas **valores médios quadrados** e definidas como

$$\text{Valor médio quadrado devido aos níveis do fator} = \text{MQF} = \frac{\text{SQF}}{I - 1} \tag{7-13}$$

$$\text{Valor médio quadrado do erro} = \text{MQE} = \frac{\text{SQE}}{N - I} \tag{7-14}$$

A quantidade MQE é uma estimativa da variância devida ao erro (σ_E^2), enquanto MQF é uma estimativa da variância do erro mais a variância entre os grupos ($\sigma_E^2 + \sigma_F^2$). Se o fator tem um efeito pequeno, a variância entre os grupos deve ser pequena comparada com a variância do erro. Assim, os dois quadrados médios devem ser praticamente idênticos sob tais circunstâncias. Se o efeito do fator for significativo, MQF é maior que MQE. A estatística de teste é o valor F, calculado como

$$F = \frac{\text{MQF}}{\text{MQE}} \tag{7-15}$$

[3] J. L. Devore, *Probability and Statistics for Engineering and the Sciences*, 8. ed., Boston: Brooks/Cole, 2012, p. 395.

Para completar o teste de hipótese, comparamos o valor de F calculado a partir da Equação 7-15 com o valor crítico contido na tabela em um nível de significância de α. Rejeitamos H_0 se o valor de F excede o valor crítico. Uma prática comum consiste em resumir os resultados do teste de ANOVA em uma **tabela ANOVA**, da maneira como segue:

Fonte da Variação	Soma dos Quadrados (SQ)	Graus de Liberdade (gl)	Quadrado Médio (QM)	Estimativa dos Quadrados Médios	F
Entre os grupos (efeito do fator)	SQF	$I-1$	$\text{MQF} = \frac{\text{SQF}}{I-1}$	$\sigma_E^2 + \sigma_F^2$	$\frac{\text{MQF}}{\text{MQE}}$
Nos grupos (erro)	SQE	$N-I$	$\text{MQE} = \frac{\text{SQE}}{N-1}$	σ_E^2	
Total	STQ	$N-1$			

O Exemplo 7-9 ilustra uma aplicação da ANOVA para a determinação de cálcio por cinco analistas. Os dados são aqueles utilizados para gerar as Figuras 7-4 e 7-5.

EXEMPLO 7-9

Cinco analistas determinaram cálcio por um método volumétrico e obtiveram as quantidades (em mmol de Ca) mostradas na tabela a seguir. As médias diferem significativamente em um nível de confiança de 95%?

Réplica nº	Analista 1	Analista 2	Analista 3	Analista 4	Analista 5
1	10,3	9,5	12,1	9,6	11,6
2	9,8	8,6	13,0	8,3	12,5
3	11,4	8,9	12,4	8,2	11,4

Resolução

Primeiro, podemos obter as médias e os desvios padrão para cada analista. A média para o analista 1 é $\bar{x}_1 = (10{,}3 + 9{,}8 + 11{,}4)/3 = 10{,}5$ mmol de Ca. As outras médias são obtidas da mesma maneira: $\bar{x}_2 = 9{,}0$ mmol de Ca, $\bar{x}_3 = 12{,}5$ mmol de Ca, $\bar{x}_4 = 8{,}7$ mmol de Ca e $\bar{x}_5 = 11{,}833$ mmol de Ca. Os desvios padrão são obtidos de acordo com o procedimento que está descrito na Seção 6B-3. Esses resultados podem ser resumidos da forma como segue:

	Analista 1	Analista 2	Analista 3	Analista 4	Analista 5
Média	10,5	9,0	12,5	8,7	11,833
Desvio padrão	0,818535	0,458258	0,458258	0,781025	0,585947

A média global é encontrada a partir da Equação 7-8, onde $N_1 = N_2 = N_3 = N_4 = N_5 = 3$ e $N = 15$:

$$\bar{\bar{x}} = \frac{3}{15}(\bar{x}_1 + \bar{x}_2 + \bar{x}_3 + \bar{x}_4 + \bar{x}_5) = 10{,}507 \text{ mmol Ca}$$

A soma dos quadrados entre os grupos é dada pela Equação 7-9:

$$\begin{aligned}\text{SQF} &= 3(10{,}5 - 10{,}507)^2 + 3(9{,}0 - 10{,}507)^2 + 3(12{,}5 - 10{,}507)^2 \\ &\quad + 3(8{,}7 - 10{,}507)^2 + 3(11{,}833 - 10{,}507)^2 \\ &= 33{,}80267\end{aligned}$$

Observe que o SQF está associado com (5 − 1) = 4 graus de liberdade.
A soma dos quadrados dos erros é mais fácil de ser encontrada a partir dos desvios padrão da Equação 7-11:

$$\begin{aligned}\text{SQE} &= 2(0{,}818535)^2 + 2(0{,}458258)^2 + 2(0{,}458258)^2 + \\ &\quad 2(0{,}781025)^2 + 2(0{,}585947)^2 \\ &= 4{,}086667\end{aligned}$$

A soma dos quadrados dos erros tem (15 – 5) = 10 graus de liberdade.

Agora podemos calcular os valores médios quadrados, MQF e MQE, a partir das Equações 7-13 e 7-14.

$$\text{MQF} = \frac{33{,}80267}{4} = 8{,}450667$$

$$\text{MQE} = \frac{4{,}086667}{10} = 0{,}408667$$

O valor de F obtido a partir da Equação 7-15 é

$$F = \frac{8{,}450667}{0{,}408667} = 20{,}68$$

A partir da Tabela 7-4 que contém valores de F, o valor crítico de F em um nível de confiança de 95% para 4 e 10 graus de liberdade é 3,48. Uma vez que F é maior que 3,48, rejeitamos H_0 em um nível de confiança de 95% e concluímos que existe diferença significativa entre os analistas. A tabela ANOVA é

Fonte de Variação	Soma dos Quadrados (SQ)	Graus de Liberdade (gl)	Quadrado Médio (QM)	F
Entre os grupos	33,80267	4	8,450667	20,68
Dentro dos grupos	4,086667	10	0,408667	
Total	37,88933	14		

7C-3 Determinação de Quais Resultados São Diferentes

Se diferenças significativas são indicadas pelo teste de ANOVA, muitas vezes estamos interessados na causa dessas diferenças. Uma média é diferente das outras? Todas as médias são diferentes? Existem diversos métodos para se determinar quais médias são significativamente diferentes. Um dos mais simples é o método denominado **diferença menos significativa**. Nesse método, calcula-se uma diferença que é avaliada como a menor diferença que é significativa. A diferença entre cada par de médias é então comparada com a diferença menos significativa para se determinar quais médias são diferentes.

Para um número igual de réplicas N_g em cada grupo, a diferença menos significativa é calculada da maneira como segue:

$$\text{DMS} = t\sqrt{\frac{2 \times \text{MQE}}{N_g}} \qquad \text{(7-16)}$$

onde MQE é o quadrado da média para o erro e o valor de t deve ter $N - 1$ graus de liberdade. O Exemplo 7-10 ilustra o procedimento.

EXEMPLO 7-10

Para os resultados do Exemplo 7-9, determine quais analistas diferem dos outros em um nível de confiança de 95%.

Resolução

Primeiro, vamos organizar as médias em ordem crescente: 8,7; 9,0; 10,5; 11,833 e 12,5. Cada analista realizou três repetições, então podemos usar a Equação 7-16. A partir da Tabela 7-3, nós obtemos um valor de t de 2,23 para um nível de confiança de 95% e 10 graus de liberdade. A aplicação da Equação 7-16 nos fornece

$$\text{DMS} = 2{,}23\sqrt{\frac{2 \times 0{,}408667}{3}} = 1{,}16$$

Agora calculamos as diferenças nas médias e as comparamos com 1,16. Para os vários pares:

$\bar{x}_{\text{maior}} - \bar{x}_{\text{menor}} = 12{,}5 - 8{,}7 = 3{,}8$ (uma diferença significativa).

$\bar{x}_{2^{\text{a}}\text{maior}} - \bar{x}_{\text{menor}} = 11{,}833 - 8{,}7 = 3{,}133$ (significativa).

$\bar{x}_{3^{\text{a}}\text{maior}} - \bar{x}_{\text{menor}} = 10{,}5 - 8{,}7 = 1{,}8$ (significativa).

$\bar{x}_{4^{\text{a}}\text{maior}} - \bar{x}_{\text{menor}} = 9{,}0 - 8{,}7 = 0{,}3$ (diferença não significativa).

Então continuamos testando cada par para determinar quais são diferentes. A partir destes cálculos, concluímos que os analistas 3, 5 e 1 diferem do analista 4, bem como do analista 2, que os analistas 3 e 5 diferem do analista 1 e que o analista 3 difere do analista 5.

7D DETECÇÃO DE ERROS GROSSEIROS

Existem situações em que um conjunto de dados contém um resultado anômalo que parece estar fora da faixa definida pelos erros aleatórios associada ao procedimento. Geralmente é considerado inadequado e, em alguns casos, não ético descartar dados sem que haja uma razão. No entanto, o resultado questionável, chamado de um ***outlier***, pode ser o resultado de um erro grosseiro não detectado. Portanto, é importante desenvolver um critério para decidir se mantemos ou rejeitamos o dado com valor anômalo. A escolha do critério para a rejeição de um resultado suspeito tem seus riscos. Se nosso padrão for muito rigoroso, de forma que seja bastante difícil rejeitar um resultado questionável, corremos o risco de manter um valor falso que tem um efeito exagerado sobre a média. Se definirmos um limite tolerante e, portanto, rejeitarmos um resultado facilmente, podemos estar descartando um valor que pertence verdadeiramente ao conjunto, introduzindo assim um viés nos resultados. Embora não exista uma regra universal para definir a questão da rejeição ou manutenção, o teste Q é geralmente reconhecido como um método adequado para a tomada de decisões.[4]

Um ***outlier*** é um resultado que é bem diferente dos outros no conjunto de dados e pode ser devido a um erro grosseiro.

7D-1 O Teste Q

O teste Q é um teste estatístico simples, amplamente utilizado para se decidir se um resultado suspeito deve ser mantido ou rejeitado.[5] Nesse teste, o valor absoluto da diferença entre o resultado questionável x_q e seu vizinho mais próximo x_p é dividido pela faixa f do conjunto inteiro para dar a grandeza Q:

---

[4] J. Mandel, em *Treatise on Analytical Chemistry*, 2. ed., I. M. Kolthoff e P. J. Elving, eds., Nova York: Wiley, 1978, pt. I, v. 1, pp. 282-289.

[5] R. B. Dean e W. J. Dixon, *Anal. Chem.*, v. 23, p. 636, **1951**, **DOI**: 10.1021/ac60052a025.

$$Q = \frac{|x_q - x_p|}{w} \tag{7-17}$$

Essa razão é então comparada com o valor crítico $Q_{crít}$, encontrado na **Tabela 7-5**. Se Q for maior que $Q_{crít}$, o resultado questionável pode ser rejeitado, com o grau de confiança indicado (**Figura 7-6**).

TABELA 7-5

Valores Críticos para o Quociente de Rejeição, Q*

Número de Observações	$Q_{crít}$ (Rejeitar se $Q > Q_{crít}$)		
	90% de Confiança	**95% de Confiança**	**99% de Confiança**
3	0,941	0,970	0,994
4	0,765	0,829	0,926
5	0,642	0,710	0,821
6	0,560	0,625	0,740
7	0,507	0,568	0,680
8	0,468	0,526	0,634
9	0,437	0,493	0,598
10	0,412	0,466	0,568

*Reimpresso adaptado com permissão de D. B. Rorabacher, *Anal. Chem.*, v. 63, p.139, **1991**, **DOI**: 10.1021/ac00002a010. Copyright 1991 American Chemical Society.

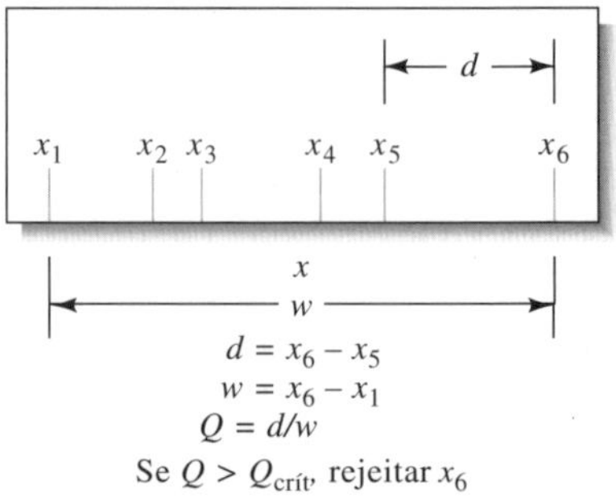

Figura 7-6 O teste Q para *outliers*.

EXEMPLO 7-11

A análise da água potável de uma cidade para arsênio produziu valores de 5,60; 5,64; 5,70; 5,69 e 5,81 ppm. O último valor parece anômalo; deve ser mantido ou rejeitado em um nível de confiança de 95%?

Resolução

A diferença entre 5,81 e 5,70 é 0,11%. A faixa (5,81 − 5,60) é 0,21%. Assim,

$$Q = \frac{0,11}{0,21} = 0,52$$

Para cinco medidas, $Q_{crít}$ é 0,71 a um nível de confiança de 95%. Como 0,52 < 0,71, devemos manter o *outlier* em um nível de confiança de 95%.

7D-2 Outros Testes Estatísticos

Vários outros testes estatísticos têm sido desenvolvidos para fornecer critérios para a rejeição ou manutenção de *outliers*. Esses testes, como o teste Q, consideram que a distribuição dos dados da população seja normal ou gaussiana. Infelizmente, essa condição não pode ser provada ou refutada para amostras que tenham menos de 50 resultados. Consequentemente, as regras estatísticas que são perfeitamente confiáveis para distribuições normais de dados devem ser *usadas com extrema cautela* quando aplicadas a amostras que contenham poucos dados. Discutindo o tratamento de pequenos conjuntos de dados, J. Mandel escreve: "Aqueles que acreditam que podem descartar observações com respaldo estatístico através do uso de regras estatísticas para a rejeição de valores anômalos estão simplesmente se iludindo".[6] Assim sendo, os testes estatísticos para pequenas amostras para a rejeição de resultados devem ser usados como auxílio ao bom senso.

❮ Seja extremamente cauteloso quando descartar dados por qualquer razão.

A aplicação às cegas de testes estatísticos para manter ou rejeitar uma medida suspeita presente em um pequeno conjunto de dados não parece ser mais segura que uma decisão arbitrária. A aplicação de uma boa avaliação baseada em ampla experiência com um método analítico é geralmente uma abordagem mais segura. No final, a única razão válida para rejeitar um resultado a partir de um pequeno conjunto de dados é o conhecimento seguro de que foi cometido um erro no processo de medida. Sem esse conhecimento, *uma abordagem cuidadosa para a rejeição de um* outlier *é prudente*.

7D-3 Recomendações para o Tratamento de *Outliers*

Há um número de recomendações para o tratamento de pequenos conjuntos de resultados que contenham um valor suspeito:

1. Reexamine cuidadosamente todos os dados relacionados com o resultado suspeito para ver se um erro grosseiro pode ter afetado seu valor. Essa recomendação demanda *um caderno de laboratório, mantido de forma adequada, contendo anotações cuidadosas sobre todas as observações* (veja a Seção 2I).
2. Se possível, estime a precisão que pode ser esperada a partir do procedimento empregado, para ter certeza de que o resultado suspeito é verdadeiramente questionável.
3. Repita a análise se houver quantidade suficiente de amostra e tempo disponíveis. A existência de concordância entre o dado obtido recentemente e aqueles do conjunto original pode validar a noção de que o resultado suspeito deve ser rejeitado. Além disso, se a manutenção ainda for indicada, o resultado questionável terá pouco efeito sobre a média em um conjunto mais amplo de dados.
4. Se mais dados não podem ser obtidos, aplique o teste Q no conjunto existente para ver se o resultado duvidoso deve ser mantido ou rejeitado com base na estatística.
5. Se o teste Q indica manutenção, considere a possibilidade de empregar a mediana do conjunto, em vez da média. A mediana tem a grande virtude de permitir a inclusão de todos os dados de um conjunto sem a influência indevida de um valor suspeito. Além disso, a mediana de um conjunto com distribuição normal de dados que contenha três medidas fornece uma estimativa melhor que a média do conjunto, calculada após a rejeição de um resultado.

[6] J. Mandel, em *Treatise on Analytical Chemistry*, 2. ed., I. M. Kolthoff e P. J. Elving, eds., Nova York: Wiley, 1978, pt. I, v. 1, p. 282.

QUESTÕES E PROBLEMAS

***7-1.** Descreva com suas próprias palavras por que o intervalo de confiança em relação à média de cinco medidas é menor que aquele para um único resultado.

7-2. Considerando um grande número de medidas de forma que s seja uma boa estimativa de σ, determine que nível de confiança foi usado para cada um dos intervalos de confiança.

(a) $\bar{x} \pm \dfrac{2{,}58s}{\sqrt{N}}$ (b) $\bar{x} \pm \dfrac{1{,}96s}{\sqrt{N}}$

(c) $\bar{x} \pm \dfrac{3{,}29s}{\sqrt{N}}$ (d) $\bar{x} \pm \dfrac{s}{\sqrt{N}}$

7-3. Discuta como o tamanho do intervalo de confiança da média é influenciada pelos seguintes aspectos (todos os outros fatores são constantes):
(a) O desvio padrão σ.
(b) O tamanho N da amostra.
(c) O nível de confiança.

7-4. Considere os seguintes conjuntos de réplicas de medidas:

*A	B	*C	D	*E	F
2,7	0,514	70,24	3,5	0,812	70,65
3,0	0,503	70,22	3,1	0,792	70,63
2,6	0,486	70,10	3,1	0,794	70,64
2,8	0,497		3,3	0,900	70,21
3,2	0,472		2,5		

Calcule a média e o desvio padrão para cada um dos seis conjuntos de dados. Calcule o intervalo de confiança de 95% para cada conjunto de dados. Qual o significado desse intervalo?

7-5. Calcule o intervalo de confiança de 95% para cada conjunto de dados do Problema 7-4 se s for uma boa estimativa de σ e tiver um valor de: *conjunto A, 0,30; conjunto B, 0,015; *conjunto C, 0,070; conjunto D, 0,20; *conjunto E, 0,0090 e conjunto F, 0,15.

7-6. O último resultado de cada conjunto de dados do Problema 7-4 pode ser um *outlier*. Aplique o teste Q (nível de confiança de 95%) para determinar se há ou não base estatística para a rejeição.

***7-7.** Um método baseado em absorção atômica, desenvolvido para a determinação de ferro presente em óleo usado de motores a jato, apresentou um desvio padrão s = 3,6 μg de Fe/mL, a partir de 30 análises realizadas em triplicata. Se s for uma boa estimativa de σ, calcule os intervalos de confiança de 95% e 99% para o resultado 18,5 μg de Fe/mL, se estiver baseado (a) em uma única análise, (b) na média de duas análises e (c) na média de quatro análises.

7-8. Um método baseado em absorção atômica, desenvolvido para a determinação de cobre em combustíveis, gerou um desvio padrão combinado s_{comb} = 0,27 μg de Cu/mL ($s \rightarrow \sigma$). A análise do óleo do motor de uma aeronave mostrou um teor de cobre de 7,91 μg de Cu/mL. Calcule os intervalos de confiança de 95% e 99% para o resultado se estiver baseado (a) em uma única análise, (b) na média de quatro análises e (c) na média de 16 análises.

***7-9.** Quantas réplicas de medidas são necessárias para diminuir os limites de confiança de 95% e 99% para a análise descrita no Problema 7-7 para ± 2,2 μg de Fe/mL?

7-10. Quantas réplicas de medidas são necessárias para diminuir os limites de confiança de 95% e 99% para a análise descrita no Problema 7-8 para ± 0,20 μg de Cu/mL?

***7-11.** Uma análise volumétrica de cálcio realizada em triplicata de uma amostra de soro sanguíneo, de um paciente que se acreditava estar sofrendo de hiperparatireoidismo, produziu os seguintes dados: mmol Ca/L = 3,15; 3,25 e 3,26. Qual o limite de confiança, a 95%, para a média dos dados, considerando:
(a) a ausência de informação prévia sobre a precisão da análise?
(b) $s \rightarrow \sigma$ = 0,056 mmol Ca/L?

7-12. Um químico obteve os seguintes dados para o porcentual de lindano em análises em triplicata de uma preparação de um inseticida: 7,23; 6,95 e 7,53. Calcule o intervalo de confiança, a 90%, da média para os três resultados, considerando que:
(a) a única informação sobre a precisão do método é a precisão para os três dados fornecidos.
(b) com base em uma longa experiência com o método, acredita-se que $s \rightarrow \sigma$ = 0,28% de lindano.

7-13. Um método padrão usado na determinação de glicose em soro sanguíneo apresenta um desvio padrão de 0,38 mg dL^{-1}. Se s = 0,38 mg dL^{-1} for uma boa estimativa de σ, quantas réplicas de determinações deveriam ser feitas para que a média da análise de uma amostra esteja contida
*(a) 0,3 mg dL^{-1} da média verdadeira 99% das vezes?
(b) 0,3 mg dL^{-1} da média verdadeira 95% das vezes?
(c) 0,2 mg dL^{-1} da média verdadeira 90% das vezes?

7-14. Para testar a qualidade do trabalho de um laboratório comercial, foram solicitadas análises em duplicata de uma amostra de ácido benzoico purificado (68,8% de C, 4,953% de H). Considera-se que o desvio padrão relativo do método seja $s_r \rightarrow \sigma$ = 4 ppmil para o carbono e 6 ppmil para o hidrogênio. As médias dos resultados fornecidos são 68,5% de C e 4,882% de H. Existe alguma indicação de ocorrência de erros sistemáticos em qualquer uma das análises a um nível de confiança de 95%?

***7-15.** Um promotor de um caso criminal apresentou como prova principal pequenos fragmentos de vidro encontrados fixados no casaco do acusado. Ele indicou que os fragmentos eram de composição idêntica a um vidro colorido raro belga quebrado durante o crime. As médias das análises em triplicata de cinco elementos presentes no vidro são mostradas na tabela. O réu tem base para clamar a existência de dúvida razoável sobre a acusação, levando em consideração os dados obtidos? Use o nível de confiança de 99% como critério para a dúvida.

	Concentração, ppm		Desvio Padrão
Elemento	**Da Roupa**	**Da Janela**	**$s \to \sigma$**
As	129	119	9,5
Co	0,53	0,60	0,025
La	3,92	3,52	0,20
Sb	2,75	2,71	0,25
Th	0,61	0,73	0,043

7-16. O esgoto e os poluentes industriais lançados em um corpo de água podem reduzir a concentração de oxigênio dissolvido e afetar negativamente espécies aquáticas. Em um estudo, foram feitas leituras semanais no mesmo local em um rio durante um período de dois meses.

Semana	O_2 dissolvido, ppm
1	4,9
2	5,1
3	5,6
4	4,3
5	4,7
6	4,9
7	4,5
8	5,1

Alguns cientistas consideram que 5,0 ppm é um nível de O_2 dissolvido que é limítrofe para a sobrevivência de peixes. Realize um teste estatístico para determinar se a média da concentração de O_2 dissolvido é menor que 5,0 ppm em um nível de confiança de 95%. Defina claramente as hipóteses nula e alternativa.

***7-17.** No Problema 7-16, a medida realizada na terceira semana é suspeita de ser um valor anômalo. Utilize o teste *Q* para determinar se o valor pode ser rejeitado em um nível de confiança de 95%.

7-18. Antes de concordar com a compra de uma grande quantidade de solvente, uma companhia quer ter evidências conclusivas de que o valor médio para a concentração de uma determinada impureza é menor que 1 ppb. Que hipóteses devem ser testadas? Quais os erros tipo I e II nessa situação?

***7-19.** Os níveis de um poluente presente em um rio localizado próximo a uma indústria química têm sido monitorados regularmente. O nível normal do poluente tem sido estabelecido com base em análises químicas realizadas em um período de vários anos. Recentemente, a companhia fez diversas alterações em sua planta que parecem estar aumentando o nível do poluente. A Agência de Proteção Ambiental (Environmental Protection Agency – EPA) quer provas conclusivas de que o nível de concentração do poluente não aumentou. Defina as hipóteses nula e alternativa e descreva os erros tipo I e II que podem ocorrer nessa situação.

7-20. Defina quantitativamente as hipóteses nula H_0 e alternativa H_a para as situações dadas a seguir e descreva os erros tipo I e II. Se essas hipóteses forem testadas estatisticamente, comente se um teste de uma cauda ou de duas caudas deveria estar envolvido em cada caso.

*(a) Os valores médios para determinações de Ca pelo método de eletrodo de íon seletivo e por uma titulação com EDTA diferem substancialmente.

(b) Dado que essa amostra forneceu uma concentração menor que os 7,03 ppm certificados pelo Instituto Nacional de Padrões e Tecnologia norte-americano, o NIST, um erro sistemático deve ter ocorrido.

*(c) Os resultados mostram que variações nos teores de impurezas observadas entre lotes de acetonitrila da marca X são menores que as da acetonitrila da marca Y.

(d) Os resultados de determinações obtidas por absorção atômica para Cd são menos precisos que os resultados obtidos eletroquimicamente.

***7-21.** A homogeneidade dos níveis de cloreto presente em uma amostra de água de um lago foi testada por meio de análises de porções retiradas do topo e do fundo da coluna de água, tendo apresentado os seguintes resultados, em ppm de Cl^-:

Topo	Fundo
26,30	26,22
26,43	26,32
26,28	26,20
26,19	26,11
26,49	26,42

(a) Aplique o teste *t* em um nível de confiança de 95% para determinar se o nível so cloreto do topo do lago é diferente do cloreto do fundo.

(b) Agora use o teste *t* pareado e determine se há diferença significativa entre os valores para o topo e fundo em um nível de confiança de 95%.

(c) Por que se chega a diferentes conclusões quando se usa o teste *t* pareado e quando apenas se combinam os dados e se usa o teste *t* normal para diferenças nas médias?

7-22. Dois métodos analíticos diferentes foram usados para determinar cloro residual em efluentes de esgoto. Ambos os métodos foram usados nas mesmas amostras, mas cada amostra foi coletada de vários locais, com tempos de contato diferentes com o efluente. Dois métodos foram usados para determinar a concentração de Cl em mg L^{-1}, e os resultados são mostrados na tabela a seguir:

Amostra	Método A	Método B
1	0,39	0,36
2	0,84	1,35
3	1,76	2,56
4	3,35	3,92
5	4,69	5,35
6	7,70	8,33
7	10,52	10,70
8	10,92	10,91

(a) Que tipo de teste *t* deve ser usado para comparar os dois métodos? Por quê?
(b) Os dois métodos fornecem resultados diferentes? Defina e teste as hipóteses apropriadas.
(c) A conclusão depende dos níveis de confiança de 90%, 95% ou 99% que forem empregados?

***7-23.** Sir William Ramsey, Lord Rayleigh, preparou amostras de nitrogênio por vários métodos diferentes. A densidade de cada amostra foi medida como a massa de gás necessária para encher um determinado frasco, sob uma certa temperatura e pressão. As massas de amostras de nitrogênio preparadas pela decomposição de vários compostos de nitrogênio foram 2,29280 g; 2,29940 g; 2,29849 g e 2,30054 g. As massas de "nitrogênio" preparadas pela remoção de oxigênio do ar de várias formas foram 2,31001 g; 2,31163 g e 2,31028 g. A densidade do nitrogênio preparado a partir de compostos de nitrogênio é significativamente diferente daquelas preparadas a partir do ar? Quais as chances de as conclusões estarem erradas? (O estudo dessa diferença levou à descoberta dos gases nobres por Sir Willian Ramsey, Lord Rayleigh.)

7-24. O teor de fósforo foi medido em três solos de diferentes locais. Cinco réplicas de medidas foram feitas para cada amostra de solo. Uma tabela ANOVA parcial é mostrada a seguir:

Fonte de Variação	SQ	gl	QM	F
Entre os solos	_____	_____	_____	_____
Nos solos	_____	_____	0,0081	
Total	0,374	_____		

(a) Preencha os campos vazios na tabela ANOVA.
(b) Defina as hipóteses nula e alternativa.
(c) Os três solos diferem nos teores de fósforo em um nível de confiança de 95%?

***7-25.** A concentração de ácido ascórbico em sucos de laranja de cinco marcas diferentes foi medida. Seis réplicas de amostras de cada marca foram analisadas. A seguinte tabela ANOVA parcial foi obtida.

Variação na Fonte	SQ	gl	QM	F
Entre os sucos	_____	_____	_____	8,45
Nos sucos	_____	_____	0,913	
Total	_____	_____		

(a) Preencha os campos vazios na tabela ANOVA.
(b) Defina as hipóteses nula e alternativa.
(c) Existe diferença na concentração de ácido ascórbico nos cinco sucos em um nível de confiança de 95%?

7-26. Cinco laboratórios diferentes participaram de um estudo interlaboratorial envolvendo determinações dos níveis de Fe em amostras de água. Os seguintes resultados são réplicas de determinações de ppm de Fe para os laboratórios A-E.

Resultado nº	Lab A	Lab B	Lab C	Lab D	Lab E
1	10,3	9,5	10,1	8,6	10,6
2	11,4	9,9	10,0	9,3	10,5
3	9,8	9,6	10,4	9,2	11,1

(a) Defina as hipóteses apropriadas.
(b) Os laboratórios diferem em um nível de confiança de 95%? E a um nível de confiança de 99% ($F_{crít}$ = 5,99)? E ao nível de confiança de 99,9% ($F_{crít}$ = 11,28)
(c) Que laboratórios são diferentes dos outros em um nível de confiança de 95%?

***7-27.** Quatro analistas realizaram conjuntos de réplicas de determinações de Hg nas mesmas amostras analíticas. Os resultados, expressos em ppb de Hg, são mostrados na tabela que segue:

Determinação	Analista 1	Analista 2	Analista 3	Analista 4
1	10,24	10,14	10,19	10,19
2	10,26	10,12	10,11	10,15
3	10,29	10,04	10,15	10,16
4	10,23	10,07	10,12	10,10

(a) Defina as hipóteses apropriadas.
(b) Os analistas diferem a um nível de confiança de 95%? E ao nível de confiança de 99% ($F_{crít}$ = 5,95)? E ao nível de confiança de 99,9% ($F_{crít}$ = 10,80)?
(c) Que analistas diferem dos outros a um nível de confiança de 95%?

7-28. Quatro projetos de células de fluorescência em fluxo distintos foram comparados para ver se eles eram significativamente diferentes. Os seguintes resultados representaram as intensidades relativas de fluorescência obtidas para quatro réplicas de medidas.

Medida nº	Projeto 1	Projeto 2	Projeto 3	Projeto 4
1	72	93	96	100
2	93	88	95	84
3	76	97	79	91
4	90	74	82	94

(a) Defina as hipóteses apropriadas.
(b) Os projetos das células em fluxo diferem a um nível de confiança de 95%?
(c) Se foram detectadas diferenças no item (b), quais projetos diferem dos outros a um nível de confiança de 95%?

***7-29.** Três métodos analíticos diferentes são comparados em relação à determinação de Ca em uma amostra biológica. O laboratório está interessado em saber se os métodos se diferem. Os resultados mostrados a seguir representam os resultados de Ca em ppm determinados por método de um eletrodo de íon seletivo (EIS).

Repetição nº	EIS	Titulação com EDTA	Absorção Atômica
1	39,2	29,9	44,0
2	32,8	28,7	49,2
3	41,8	21,7	35,1
4	35,3	34,0	39,7
5	33,5	39,2	45,9

(a) Defina as hipóteses apropriadas.
(b) Determine se existem diferenças significativas entre os três métodos a níveis de confiança de 95% e 99%.
(c) Se foi detectada a diferença a um nível de confiança de 95%, determine quais métodos diferem dos outros.

7-30. Aplique o teste *Q* aos conjuntos de dados que seguem para determinar se resultados anômalos devem ser mantidos ou rejeitados a um nível de confiança de 95%.
(a) 41,27, 41,61, 41,84, 41,70
(b) 7,295, 7,284, 7,388, 7,292

***7-31** Aplique o teste *Q* aos conjuntos de dados que seguem para determinar se resultados anômalos devem ser mantidos ou rejeitados a um nível de confiança de 95%.
(a) 85,10, 84,62, 84,70
(b) 85,10, 84,62, 84,65, 84,70

7-32. A determinação de fósforo no soro sanguíneo forneceu resultados de 4,40; 4,42; 4,60; 4,48 e 4,50 ppm de P. Determine se o resultado 4,60 ppm é um *outlier* ou se deve ser mantido a um nível de confiança de 95%.

7-33. Problema Desafiador. Os dados que seguem representam três conjuntos de dados para a massa atômica do antimônio obtidos a partir do trabalho de Willard e McAlpine:[7]

Conjunto 1	Conjunto 2	Conjunto 3
121,771	121,784	121,752
121,787	121,758	121,784
121,803	121,765	121,765
121,781	121,794	

(a) Determine a média e o desvio padrão para cada conjunto de dados.
(b) Estabeleça os intervalos de confiança para 95% para cada conjunto de dados.
(c) Determine se o valor 121,803 presente no primeiro conjunto é um *outlier* para aquele conjunto em um nível de confiança de 95%.
(d) Use o teste *t* para determinar se a média dos dados do conjunto 3 é idêntica àquela do conjunto 1 em um nível de confiança de 95%.
(e) As médias de todos os três conjuntos de dados devem ser comparadas a ANOVA. Defina a hipótese nula. Determine se as médias diferem a um nível de confiança de 95%.
(f) Combine os dados e determine uma média global e o desvio padrão combinado.
(g) Compare a média global dos 11 dados com o valor aceito atualmente. Relate o erro absoluto e o erro relativo porcentual considerando o valor aceito atualmente como o valor verdadeiro.

[6] H. H. Willard e R. K. McAlpine, *J. Am. Chem. Soc.*, v. 43, p. 797, **1921**, **DOI**: 10.1021/ja01437a010.

capítulo 8

Amostragem, Padronização e Calibração

© Bob Rowan; Progressive Image/CORBIS

Uma vez que uma análise química usa apenas uma pequena fração da amostra disponível, o processo de amostragem é uma importante operação. As frações de solos arenosos e argilosos, que são coletadas para análises, devem ser representativas de todo o material. Conhecer quanto da amostra deve ser coletado e como subdividi-la, posteriormente, para se obter a amostra de laboratório, são vitais no processo analítico. A amostragem, a padronização e a calibração são os pontos deste capítulo. Métodos estatísticos são uma parte integral dessas três operações.

No Capítulo 1, descrevemos um procedimento analítico típico do mundo real consistindo de várias etapas importantes. Em qualquer procedimento deste tipo, o método analítico específico selecionado depende de quanto de amostra está disponível e quanto de analito está presente. Aqui discutiremos uma classificação geral dos tipos de determinação baseados nesses fatores. Após a seleção do método específico a ser empregado, uma amostra representativa precisa ser coletada. No processo de amostragem, fazemos todos os esforços para selecionar uma pequena quantidade de material que represente de maneira exata todo o material que está sendo analisado. Usamos métodos analíticos para ajudar na seleção de uma amostra representativa. Uma vez que a amostra analítica foi obtida, ela deve ser processada de maneira segura para que mantenha a integridade sem perda de amostra ou a introdução de contaminantes. Muitos laboratórios usam métodos de manuseio automático da amostra, abordados aqui porque eles são confiáveis e de baixo custo. Uma vez que os métodos analíticos não são absolutos, os resultados devem ser comparados com aqueles obtidos em materiais padrão de composição exatamente conhecida. Alguns métodos exigem a comparação direta com padrões, enquanto outros necessitam de um procedimento de calibração indireto. Muita da nossa discussão foca em detalhes de padronização e calibração incluindo o uso de procedimentos estatísticos para construir modelos de calibração. Concluímos este capítulo com uma discussão dos procedimentos utilizados para comparar os métodos analíticos pelo uso de vários critérios de eficiência denominados **figuras de mérito**.

8A AMOSTRAS E MÉTODOS ANALÍTICOS

Muitos fatores estão envolvidos na escolha de um método analítico específico, como discutido na Seção 1C-1. Entre os fatores mais importantes estão a quantidade de amostra e a concentração do analito.

8A-1 Tipos de Amostras e Métodos

Às vezes, distinguimos um método de identificação de espécies, uma **análise qualitativa**, de um método que determina a quantidade de um constituinte, uma **análise quantitativa**. Os métodos quantitativos, como discutidos na Seção 1B, são classificados tradicionalmente como métodos gravimétricos, métodos volumétricos ou métodos instrumentais. Outra maneira de se distinguir os métodos baseia-se na dimensão da amostra e nos níveis dos constituintes.

Dimensão da Amostra

Como mostrado na **Figura 8-1**, o termo **macroanálise** é empregado para amostras cujas massas são maiores que 0,1 g. Uma **semimicroanálise** é realizada em uma amostra na faixa de 0,01 a 0,1 g, e as amostras para uma **microanálise** estão na faixa entre 10^{-4} e 10^{-2} g. Para amostras cuja massa é menor que 10^{-4} g, algumas vezes o termo **ultramicroanálise** é empregado.

Dimensão da Amostra	Tipo de Análise
$> 0{,}1$ g	Macro
0,01 a 0,1 g	Semimicro
0,0001 a 0,01 g	Micro
$< 10^{-4}$ g	Ultramicro

A partir da classificação contida na Figura 8-1, vemos que a análise de uma amostra de 1 g de solo utilizada para a determinação de um possível poluente poderia ser chamada macroanálise, e a análise de 5 mg de um pó suspeito de ser uma droga ilegal poderia ser uma microanálise. Um laboratório analítico típico processa amostras que variam da dimensão macro para a micro e até mesmo para a dimensão ultramicro. As técnicas empregadas para manusear amostras muito pequenas são bastante diferentes daquelas usadas para tratar macroamostras.

Tipos de Constituintes

Os constituintes determinados em um procedimento analítico podem abranger uma enorme faixa de concentração. Em alguns casos, os métodos analíticos são usados para determinar **constituintes majoritários**, os quais são aqueles presentes na faixa de 1% a 100% em massa. Muitos dos procedimentos gravimétricos e alguns volumétricos, que serão discutidos na Parte III, constituem exemplos de determinações de constituintes majoritários. Como mostrado na **Figura 8-2**, as espécies existentes na faixa de 0,01% a 1% são geralmente denominadas **constituintes minoritários**, enquanto aquelas presentes em quantidades entre 100 ppm (0,01%) e 1 ppb são chamadas **constituintes de traço**. Os componentes existentes em quantidades menores que 1 ppb são normalmente considerados como **constituintes de ultratraço**.

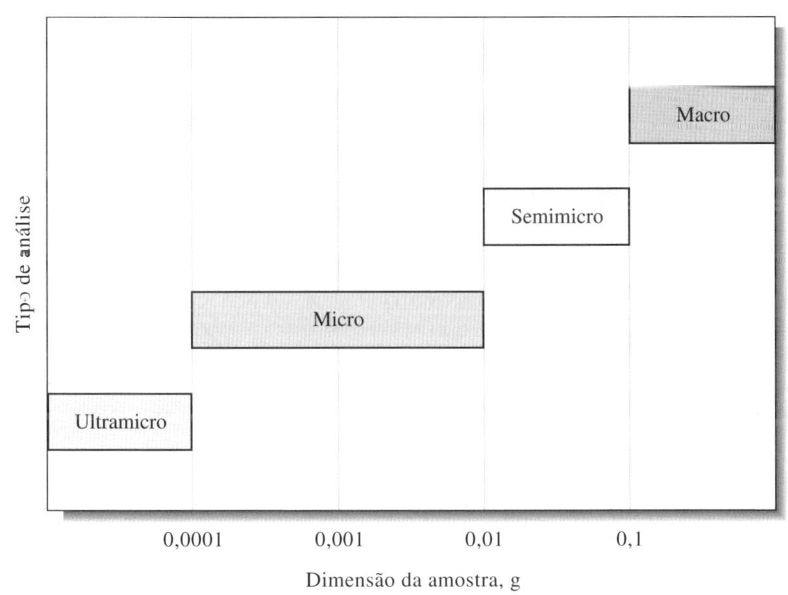

Figura 8-1 Classificação dos analitos pela dimensão da amostra.

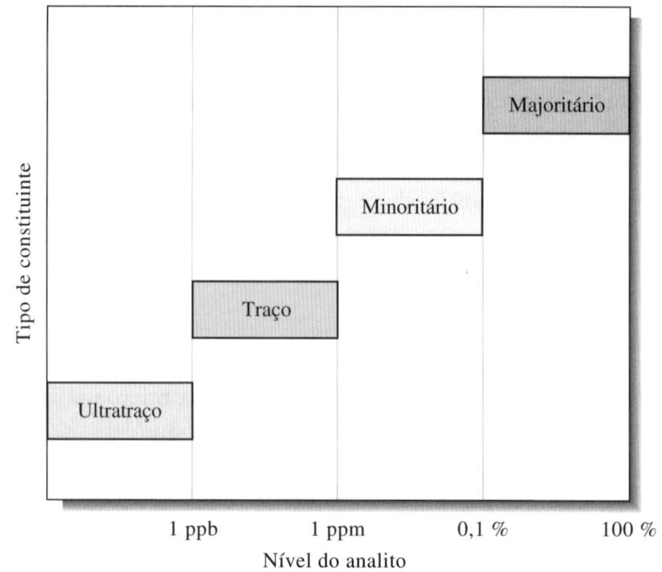

Figura 8-2 Classificação dos tipos de constituintes pelo nível do analito.

As determinações de Hg na faixa de ppb a ppm em amostras de 1 μL ($\approx$ 1 mg) de água de rio podem ser consideradas uma microanálise de um constituinte de traço. As determinações de constituintes de traço e de ultratraço são particularmente complexas devido à presença de interferentes e contaminações potenciais.

Nível do Analito	Tipo de Constituinte
1 to 100%	Majoritário
0,01 (100 ppm) a 1%	Minoritário
1 ppb a 100 ppm	Traço
< 1 ppb	Ultratraço

Em casos extremos, as determinações devem ser conduzidas em salas especiais, que são mantidas meticulosamente limpas e livres de poeira e outros contaminantes. Um problema geral em procedimentos envolvendo constituintes de traço é que a confiabilidade dos resultados geralmente decresce drasticamente com a diminuição do nível do analito. A **Figura 8-3** mostra como o desvio padrão entre laboratórios aumenta à medida que o nível do analito diminui. No nível de ultratraços de 1 ppb, o erro entre laboratório (%DPA) é aproximadamente 50%. Em níveis menores o erro aproxima-se de 100%.

8A-2 Amostras Reais

A análise de amostras reais é complicada devido ao efeito da matriz da amostra. A matriz pode conter espécies com propriedades químicas similares às do analito, as quais podem reagir com os mesmos reagentes, tal como o analito, ou podem provocar uma resposta instrumental que não é facilmente distinguida daquela do analito.

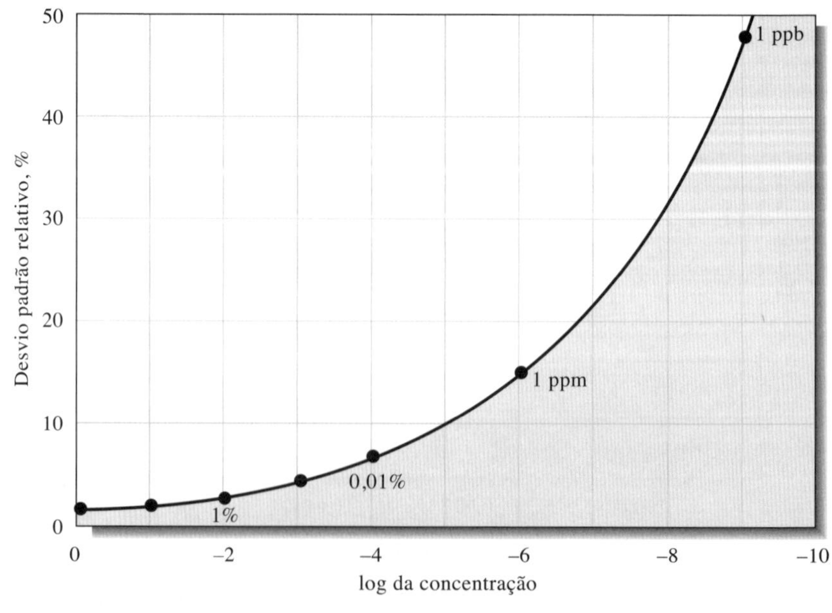

Figura 8-3 Erros interlaboratoriais em função da concentração do analito. Observe que o desvio padrão relativo aumenta drasticamente à medida que a concentração do analito diminui. Na faixa de ultratraço, o desvio padrão relativo se aproxima de 100%. (Reimpresso (adpatado) com permissão de W. Horozwitz, *Anal. Chem.*, v. 54, p. 67A-76A, **1982**, **DOI**:10.1021/1c00238a002. Copyright 1982 American Chemical Society.)

Esses efeitos interferem na determinação do analito. Se tais interferências são provocadas por espécies estranhas contidas na matriz, então frequentemente são chamadas **efeitos de matriz.** Esses efeitos podem ser induzidos não apenas pela amostra, como também por reagentes e solventes empregados no preparo da amostra para a determinação. A composição da matriz que contém o analito pode variar com o tempo, como no caso em que os materiais perdem água por desidratação, ou sofrem reações fotoquímicas durante seu armazenamento. Discutiremos os efeitos da matriz e outras interferências no contexto da padronização e métodos de calibração na Seção 8D-3.

Como discutido na Seção 1C, as amostras são *analisadas*, mas as espécies ou as concentrações são *determinadas*. Assim sendo, podemos discutir corretamente a *determinação* de glicose em soro sanguíneo ou a *análise* de soro sanguíneo para a determinação de glicose.

❮ Amostras são analisadas, mas os constituintes ou as concentrações são determinados.

8B AMOSTRAGEM

Uma análise química é frequentemente realizada em apenas uma pequena fração do material cuja composição seja de interesse, por exemplo alguns mililitros de água de um lago poluído. A composição dessa fração precisa refletir tão proximamente quanto possível a composição total do material, se for esperado que os resultados sejam significativos. O processo pelo qual uma fração *representativa* é coletada é denominado **amostragem**. Muitas vezes, a amostragem é a etapa mais difícil de todo o processo analítico e a que limita a exatidão do procedimento. Essa afirmação é especialmente verdadeira quando o material a ser analisado for constituído por um grande volume de um líquido não homogêneo, assim como um lago, ou um sólido não homogêneo, como um minério, um solo ou um pedaço de um tecido animal.

A **amostragem** é, muitas vezes, o aspecto mais difícil de uma análise.

A amostragem para uma análise química exige o uso de, necessariamente, estatística, uma vez que serão tiradas conclusões acerca de uma quantidade muito maior do material a partir de uma análise que envolve uma pequena amostra de laboratório. Esse é o mesmo processo que discutimos nos capítulos 6 e 7, examinando um número finito de itens retirados de uma população. A partir da observação da amostra, usamos ferramentas estatísticas, tais como a média e o desvio padrão, para tirar conclusões sobre a população. A literatura sobre a amostragem é extensiva;[1] forneceremos apenas uma breve introdução nesta seção.

8B-1 Obtenção de uma Amostra Representativa

O processo de amostragem precisa assegurar que os itens escolhidos sejam representativos de todo o material ou população. Os itens escolhidos para análise são muitas vezes chamados **unidades de amostragem** ou **incrementos de amostragem**. Por exemplo, nossa população pode ser de 100 moedas e podemos desejar conhecer a concentração média de chumbo na coleção de moedas. Nossa amostra deve ser composta por cinco moedas. Cada moeda é uma unidade de amostragem ou um incremento. No contexto estatístico, a amostra corresponde a várias pequenas partes tiradas de partes diferentes de todo o material. Para evitar confusão, geralmente os químicos chamam a coleção de unidades de amostragem ou os incrementos de amostragem de **amostra bruta**.

❮ As composições da **amostra bruta** e da **amostra de laboratório** precisam ser semelhantes à composição média de toda a massa de material a ser analisada.

[1] Veja, por exemplo, J. L. Devore e N. R. Farnum, *Applied Statistics for Engineers and Scientists*, 2. ed., Pacific Grove, CA: Duxbury Press 2005, cap. 4. J. C. Miller, *Statistics and Chemometrics for Analytical Chemistry*, 4. ed., Upper Saddle River, NJ: Prentice-Hall, 2000; B. W. Woodget e D. Cooper, *Samples and Standards*, Londres: Wiley, 1987; e F. F. Pitard, *Pierre Gy's Sampling Theory and Sampling Practice*, Boca Raton, FL: CRC Press, 1989.

Na *amostragem*, uma amostra da população é reduzida em tamanho para uma quantidade de material homogêneo que pode ser convenientemente manuseado no laboratório e cuja composição seja representativa da população.

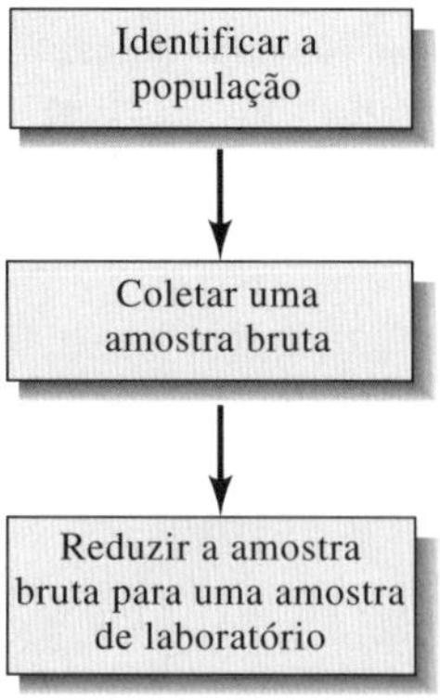

Figura 8-4 Etapas envolvidas na obtenção de uma amostra de laboratório. A amostra de laboratório consiste em alguns gramas até, no máximo, algumas centenas de gramas. Pode ser constituída de tão pouco quanto 1 parte em 10^7 ou 10^8 partes de todo o material.

Para as análises realizadas no laboratório, a amostra bruta é normalmente reduzida em tamanho para uma quantidade de material homogeneizado para se criar uma **amostra de laboratório**. Em alguns casos, como os de amostragem de pós, líquidos e gases, não temos itens obviamente discretos. Esses materiais podem não ser homogêneos e ser constituídos de partículas microscópicas de composições diferentes ou, no caso de líquidos, zonas onde as concentrações do analito diferem. Com esses materiais, podemos preparar a representatividade da amostra obtendo nossos incrementos a partir de diferentes regiões de todo o material. A **Figura 8-4** ilustra as três etapas normalmente envolvidas na obtenção da amostra de laboratório. A Etapa 1 é direta, com a população sendo tão diversa quanto uma cartela de frascos contendo comprimidos de vitaminas, um campo de trigo, o cérebro de um rato ou a lama do leito de um rio. As etapas números 2 e 3 são raramente simples e podem demandar um esforço enorme e engenhosidade.

Estatisticamente, os objetivos do processo de amostragem são:

1. Obter uma concentração média de analito que seja uma estimativa sem tendências da média da população. Esse objetivo pode ser atingido apenas se todos os membros da população tiverem uma probabilidade igual de estarem incluídos na amostra.
2. Obter uma variância, na concentração de analito medida, que seja uma estimativa sem vieses da variância da população, para que os limites de confiança válidos para a média possam ser encontrados e vários testes de hipóteses possam ser aplicados. Esse objetivo pode ser alcançado apenas se toda amostra possível puder ser igualmente coletada.

Ambos os objetivos requerem a obtenção de uma **amostra aleatória**. Aqui, o termo aleatório não sugere que as amostras sejam escolhidas de maneira casual. Em vez disso, um procedimento randômico é aplicado na obtenção dessa amostra. Por exemplo, considere que nossa amostra consista em 10 comprimidos farmacêuticos a serem tirados de 1.000 comprimidos de uma linha de produção. Uma maneira de garantir uma amostra aleatória é escolher os comprimidos a serem testados a partir de uma tabela com números aleatórios. Isso pode ser convenientemente gerado a partir de uma tabela de números aleatórios ou a partir de uma planilha de cálculo, como mostrado na **Figura 8-5**. Aqui, designaríamos um número de 1 a 1.000 para cada comprimido e usaríamos os números escolhidos aleatoriamente exibidos na coluna C da planilha, retirando para análise os comprimidos.

Figura 8-5 Geração de 10 números aleatórios de 1 a 1.000 por meio de uma planilha. A função número aleatório do Excel [=**ALEATÓRIO**()] gera números aleatórios entre 0 e 1. O multiplicador mostrado na documentação garante que os números gerados na coluna B estejam entre 1 e 1.000. Para se obter números inteiros, clique com o botão direito nas células selecionadas e escolha o comando Formatar/Células... a partir do menu que aparece. Então escolhemos Número e então 0 casas decimais. De tal forma que os números não mudam com todo recálculo, os números aleatórios na coluna B foram copiados e então colados como valores na coluna C usando o comando Colar Especial... na Fita Página Inicial. Na coluna C os números foram classificados em ordem crescente usando o comando do Excel Classificar Dados... na fita Dados.

	A	B	C
1	**Planilha para gerar números aleatórios entre 1 e 1.000**		
2		Números aleatórios ou randômicos	Números em ordem crescente
3		97	16
4		382	33
5		507	97
6		33	268
7		511	382
8		16	507
9		268	511
10		810	810
11		934	821
12		821	934
13			
14	**Documentação da planilha**		
15	Célula B3=ALEATÓRIO*(1.000-1)+1		

8B-2 Incertezas na Amostragem

No Capítulo 5 concluímos que tanto os erros sistemáticos quanto os erros aleatórios, contidos em dados analíticos, podem ser devido a causas instrumentais, do método e pessoais. A maioria dos erros sistemáticos pode ser eliminada de forma cuidadosa por meio da calibração e pelo uso apropriado de padrões, de controles e de materiais de referência. Os erros aleatórios, que estão representados na precisão dos dados, geralmente podem ser mantidos em níveis aceitáveis por intermédio do controle rigoroso das variáveis que influenciam as medidas. Os erros devido a amostragens inválidas são únicos no sentido de que não são controláveis pelo uso de brancos e padrões ou pelo controle rigoroso das variáveis experimentais. Por essa razão, os erros de amostragem são ordinariamente tratados separadamente das outras incertezas associadas a uma análise.

Para as incertezas aleatórias e independentes, o desvio padrão global s_g para uma medida analítica está relacionado com o desvio padrão do processo de amostragem s_a e com o desvio padrão do método s_m pela relação

$$s_g^2 = s_a^2 + s_m^2 \qquad (8\text{-}1)$$

Em muitos casos a variância do método será conhecida a partir de réplicas de medidas realizadas em uma única amostra de laboratório. Destas circunstâncias, s_a pode ser calculado a partir de medidas de s_g para uma série de amostras de laboratório, cada uma delas obtida de várias amostras brutas. Uma análise de variância (veja a Seção 7C) pode revelar se as variações entre as amostras (variâncias da amostragem mais medidas) são significativamente maiores que as variações nas amostras (variâncias das medidas).

Youden mostrou que, uma vez que a incerteza da medida tenha sido reduzida a um terço ou menos da incerteza da amostragem (isto é, $s_m \leq s_a/3$), melhorias adicionais na incerteza associada à medida são infrutíferas.[2] Como consequência, se a incerteza da amostragem for muito elevada e não puder ser melhorada, muitas vezes é interessante mudar para um método de análise menos preciso, porém mais rápido, assim mais amostras podem ser analisadas em um dado intervalo de tempo. Uma vez que o desvio padrão em relação à média é menor, por um fator de $\sqrt{N}$, a aquisição de mais amostras pode melhorar a precisão.

Quando $s_m \leq s_a/3$, não há razão para melhorar a precisão da medida. A Equação 8-1 mostra que s_g será predominantemente determinado pela incerteza da amostragem sob essas condições.

8B-3 A Amostra Bruta

Idealmente, a amostra bruta é uma réplica em miniatura da massa inteira do material a ser analisado. Deve corresponder ao todo do material em sua composição química e na distribuição do tamanho de partícula se a amostra é composta de partículas.

A amostra bruta é a coleção de unidades individuais de amostragem. Precisa ser representativa do todo em composição e na distribuição do tamanho das partículas.

Dimensão da Amostra Bruta

Por conveniência e economia, a amostra bruta não deve ser maior que o necessário. Basicamente, o tamanho da amostra bruta é determinado (1) pela incerteza que pode ser tolerada entre a composição da amostra bruta e a do todo, (2) pelo grau de heterogeneidade do todo e (3) pelo nível do tamanho de partícula no qual a heterogeneidade se inicia.[3]

O último ponto necessita ser detalhado. Uma solução homogênea bem misturada de um gás ou líquido é heterogênea apenas em uma escala molecular e a massa das moléculas governam o peso mínimo da amostra bruta. Um sólido particulado,

[2] W. J. Youden, *J. Assoc. Off. Anal. Chem.*, v. 50, p. 1007, **1981**.

[3] Para leitura de um artigo sobre peso em função do tamanho de partícula, veja G. H. Fricke; P. G. Mischler; F. P. Staffieri e C. L. Housmyer, *Anal. Chem.*, n. 59, p. 1213, **1987**, **DOI**:10.1021/ac00135a030.

como um minério ou um solo, representa uma situação oposta. Nesses materiais, os pedaços individuais do sólido diferem uns dos outros em composição. Aqui, a heterogeneidade desenvolve-se em partículas que podem ter dimensões da ordem de um centímetro ou mais, e que podem pesar vários gramas em massa. Entre esses extremos situam-se os materiais coloidais e os metais solidificados. Nos primeiros, a heterogeneidade é inicialmente encontrada na faixa de 10^{-5} cm ou menos. Em materiais coloidais, a heterogeneidade ocorre primeiramente nos grãos dos cristais.

Para obter uma amostra bruta verdadeiramente representativa, um certo número N de partículas precisa ser tomado. A magnitude desse número depende da incerteza que pode ser tolerada (ponto 1 acima) e quão heterogêneo o material é (ponto 2 acima). O número pode variar de algumas poucas partículas até 10^{12} partículas. A necessidade de um grande número de partículas não é de grande preocupação para gases e líquidos homogêneos uma vez que a heterogeneidade entre as partículas ocorre em um primeiro momento no nível molecular. Assim, mesmo uma quantidade muito pequena da amostra deverá conter mais que o número de partículas requerido. As partículas individuais de um sólido particulado podem pesar um grama ou mais, contudo, podem levar, algumas vezes, a amostras brutas que podem ter massa de várias toneladas. A amostragem de tais materiais é, no mínimo, um procedimento oneroso e que consome bastante tempo. Para minimizar custos é importante determinar as menores quantidades de material necessário para gerar a informação desejada.

> O número de partículas necessário para compor uma amostra bruta varia entre algumas poucas partículas e 10^{12} partículas.

As leis da probabilidade governam a composição de uma amostra bruta removida aleatoriamente de um material como um todo. Em função disso, é possível prever quanto uma fração selecionada de um todo é similar a esse todo. Como um exemplo idealizado, vamos presumir que uma mistura farmacêutica contém apenas dois tipos de partículas: partículas do tipo A contendo o ingrediente ativo e partículas do tipo B contendo apenas um material de enchimento não ativo. Todas as partículas são do mesmo tamanho. Desejamos coletar uma amostra bruta que permitirá determinarmos a porcentagem de partículas contendo o ingrediente ativo no material como um todo.

Suponha que a probabilidade de retirar aleatoriamente as partículas do tipo A seja p e de retirar aleatoriamente partículas do tipo B seja $(1 - p)$. Se N partículas da mistura forem retiradas, o valor mais provável para o número de partículas do tipo A é pN, enquanto o número mais provável de partículas do tipo B é $(1 - p)N$. Para essas populações binárias, a equação de Bernoulli[4] pode ser utilizada para calcular o desvio padrão do número de partículas do tipo A retiradas, σ_A.

$$\sigma_A = \sqrt{Np(1 - p)} \qquad (8\text{-}2)$$

O desvio padrão relativo σ_r de retirar partículas[5] do tipo A é σ_A/Np

> Usamos o símbolo σ_r para indicar o desvio padrão relativo de acordo com as recomendações da International Union of Pure and Applied Chemistry (Iupac) veja a nota 5. Você deve ter em mente que σ_r é uma razão.

$$\sigma_r = \frac{\sigma_A}{Np} = \sqrt{\frac{1 - p}{Np}} \qquad (8\text{-}3)$$

A partir da Equação 8-3 podemos obter o número de partículas necessário para alcançar um determinado desvio padrão, como mostrado na Equação 8-4.

$$N = \frac{1 - p}{p\sigma_r^2} \qquad (8\text{-}4)$$

[4] A. A. Benedetti-Pichler, em *Physical Methods in Chemical Analysis*, W. G. Berl, A. A. Benedetti-Pichler, *Essentials of Quantitative Analysis*, ed., Nova York: Ronald Press Academic Press, 1956, cap. 19. v. 3, pp. 183-194.

[5] *Compendium of Analytical Nomenclature: Definitive Rules*, 1997, Internacional Union of Pure and Applied Chemistry, preparado por J. Inczedy; T. Lengyel e A. M. Ure, Malden, MA: Blackwell Science, 1998, pp. 2-8.

Portanto, se por exemplo 80% das partículas são do tipo A ($p = 0{,}8$) e o desvio padrão relativo é 1% ($\sigma_r = 0{,}01$), o número de partículas que perfazem a amostra bruta deve ser

$$N = \frac{1 - 0{,}8}{0{,}8(0{,}01)^2} = 2.500$$

Neste exemplo, uma amostra aleatória contendo 2.500 partículas deve ser coletada. Um desvio padrão relativo de 0,1% necessitaria 250 mil partículas. Certamente, um número de partículas tão grande deve ser determinado medindo a massa das partículas, não por contagem.

Tornemos o problema mais realístico e consideremos que ambos os componentes presentes na mistura contenham o ingrediente ativo (analito), mas em diferentes porcentagens. As partículas do tipo A contêm uma porcentagem mais alta do analito, P_A, e as partículas do tipo B, uma menor quantidade, P_B. Além disso, a densidade média d das partículas difere das densidades d_A e d_B desses componentes. Devemos agora decidir qual é o número de partículas e, portanto, qual é a massa que devemos tomar para garantir que temos uma amostra com a porcentagem média global do ingrediente ativo P, com um desvio padrão relativo da amostragem de σ_r. A Equação 8-4 pode ser estendida para incluir estas condições:

$$N = p(1 - p)\left(\frac{d_A d_B}{d^2}\right)^2\left(\frac{P_A - P_B}{\sigma_r P}\right)^2 \qquad (8\text{-}5)$$

A partir dessa equação, vemos que as demandas de precisão são onerosas, em termos da dimensão requerida da amostra, por causa da relação quadrada inversa entre o desvio padrão relativo permissível e o número de partículas tomadas.

Podemos ver também que um grande número de partículas precisa ser tomado à medida que a porcentagem média P do ingrediente ativo se torna menor.

O grau de heterogeneidade, medido por $P_A - P_B$, tem uma grande influência no número de partículas necessário uma vez que N aumenta com o quadrado da diferença da composição dos dois componentes da mistura.

Podemos rearranjar a Equação 8-5 para calcular o desvio padrão relativo da amostragem, σ_r.

$$\sigma_r = \frac{|P_A - P_B|}{P} \times \frac{d_A d_B}{d^2}\sqrt{\frac{p(1 - p)}{N}} \qquad (8\text{-}6)$$

Se considerarmos que a massa m da amostra seja proporcional ao número de partículas e que as outras quantidades na Equação 8-6 sejam constantes, o produto de m e σ_r deve ser uma constante. Essa constante K_a é chamada constante de amostragem de Ingamells.[6] Portanto,

$$K_a = m \times (\sigma_r \times 100)^2 \qquad (8\text{-}7)$$

onde o termo $\sigma_r \times 100\%$ é o desvio padrão relativo em porcentagem. Além disso, quando $\sigma_r = 0{,}01$, $\sigma_r \times 100\% = 1\%$ e K_a é igual a m. Por conseguinte, podemos interpretar a constante de amostragem K_a como a massa mínima de amostra necessária para reduzir a incerteza associada à amostragem a 1%.

[6] C. O. Ingamells e P. Switzer, *Talanta*, v. 20, p. 547-568, **1973**, **DOI**:10.1016/0039-9140(73)80135-3.

Para simplificar o problema de definir a massa de uma amostra bruta de uma mistura com vários componentes, considere que a amostra seja uma mistura hipotética que contenha dois componentes.

O problema de se decidir sobre a massa da amostra bruta para uma substância sólida é normalmente ainda mais difícil do que esse exemplo, porque a maioria dos materiais não apenas contém mais que um componente, mas também apresenta uma faixa de tamanhos de partículas. Na maioria dos casos, o problema de componentes múltiplos pode ser solucionado dividindo-se a amostra em sistemas imaginários de dois componentes. Assim, com uma mistura real de substâncias, um componente selecionado pode ser todas as várias partículas contendo o analito e o outro pode ser todos os componentes residuais que contêm pouco ou nenhum analito. Após serem definidas as densidades médias e os porcentuais do analito para cada parte, o sistema é tratado como se tivesse apenas dois componentes.

O problema do tamanho de partícula variável pode ser manejado calculando-se o número de partículas que seria necessário se a amostra consistisse em partículas de um único tamanho. Então, a massa da amostra bruta seria determinada levando-se em consideração a distribuição do tamanho das partículas. Uma estratégia consiste em calcular a massa necessária considerando-se que todas as partículas sejam do tamanho da maior delas. Contudo, infelizmente, este procedimento não é muito eficiente, e para isso geralmente pede-se a retirada de uma massa maior de material que o necessário. Benedetti-Pichler fornece métodos alternativos para calcular a massa de uma amostra bruta a ser utilizada.[7]

Uma conclusão interessante a partir da Equação 8-5 é que o número de partículas contido em uma amostra bruta é independente do tamanho das partículas. A massa da amostra, certamente, aumenta diretamente com o volume (ou com o cubo do diâmetro da partícula), então a redução no tamanho da partícula de um dado material tem um grande efeito sobre a massa necessária da amostra bruta.

Uma grande quantidade de informações sobre uma substância precisa ser conhecida para se fazer uso da Equação 8-5. Felizmente, podem ser feitas estimativas razoáveis dos vários parâmetros da equação. Essas estimativas podem ser baseadas na análise qualitativa de uma substância, inspeção visual e informações da literatura sobre substâncias de origem similar. As medidas grosseiras das densidades de vários componentes também podem ser necessárias.

EXEMPLO 8-1

Um material de empacotamento de colunas cromatográficas consiste em uma mistura de dois tipos de componentes. Considere que a partícula média do material que está sendo amostrado seja aproximadamente esférica, com um raio de 0,5 mm. Grosseiramente, 20% das partículas parecem ser de cor rosa e são conhecidas por terem cerca de 30% em massa formada por uma fase estacionária polimérica ligada (o analito). As partículas rosas têm uma densidade de 0,48 g cm^{-3}. As partículas remanescentes possuem uma densidade de cerca de 0,24 g cm^{-3} e contêm pouco ou nenhuma fase estacionária polimérica. Que massa do material deve conter a amostra bruta se a incerteza da amostragem deve ser mantida abaixo de 0,5%, em termos relativos?

Resolução

Primeiro calculamos os valores médios para a densidade e para a porcentagem do polímero:

$$d = 0{,}20 \times 0{,}48 + 0{,}80 \times 0{,}24 = 0{,}288 \text{ g cm}^{-3}$$

$$P = \frac{(0{,}20 \times 0{,}48 \times 0{,}30) \text{ g de polímero cm}^{-3}}{0{,}288 \text{ g de amostra cm}^{-3}} \times 100\% = 0{,}10\%$$

[7]A. A. Benedetti-Pichler em *Physical Methods in Chemical Analysis*. W. G. Berl, ed., Nova York: Academic Press, 1956, v. 3, p. 192.

Substituindo-se então na Equação 8-5 temos

$$N = 0{,}20(1 - 0{,}20)\left[\frac{0{,}48 \times 0{,}24}{(0{,}288)^2}\right]^2\left(\frac{30 - 0}{0{,}005 \times 10{,}0}\right)^2$$

$$= 1{,}11 \times 10^5 \text{ partículas necessárias}$$

$$\text{massa da amostra} = 1{,}11 \times 10^5 \text{ partículas} \times \frac{4}{3}\pi(0{,}05)^3 \frac{\text{cm}^3}{\text{partículas}} \times \frac{0{,}288 \text{ g}}{\text{cm}^3}$$

$$= 16{,}7 \text{ g}$$

Amostragem de Soluções Homogêneas de Líquidos e Gases

Para soluções de líquidos ou gases, a amostra bruta pode ser relativamente pequena, porque elas são homogêneas até o nível molecular. Consequentemente, mesmo pequenos volumes de amostra vão conter mais partículas que o número calculado a partir da Equação 8-5. Quando possível, o líquido ou gás a ser analisado deve ser agitado imediatamente antes da amostragem para assegurar que a amostra bruta seja homogênea. Com grandes volumes de soluções, essa mistura pode ser impossível; então é melhor amostrar várias porções do recipiente com um "coletor de amostras", um frasco que pode ser aberto e preenchido em qualquer local desejado da solução. Esse tipo de amostragem é importante, por exemplo, na determinação de constituintes de líquidos expostos à atmosfera. Por exemplo, o teor de oxigênio da água do lago pode variar por um fator de 1.000 vezes ou mais em uma diferença de profundidade de poucos metros.

❮ Soluções bem misturadas de líquidos e gases requerem apenas uma amostra muito pequena porque são homogêneas até seu nível molecular.

Com o advento de sensores portáteis, em anos recentes, tem-se tornado comum levar o laboratório à amostra em vez de levar a amostra para o laboratório. A maioria dos sensores, entretanto, mede apenas concentrações locais e não determina a média ou é sensível a concentrações remotas.

No controle de processo e outras aplicações, as amostras de líquidos são coletadas das correntes em fluxo. É necessário ter cuidado para que a amostra coletada represente uma fração constante do fluxo total e que todas as porções da corrente sejam amostradas.

Os gases podem ser amostrados por vários métodos. Em alguns casos, um saco de amostragem é simplesmente aberto e preenchido com o gás; em outros, os gases podem ser absorvidos em um líquido ou adsorvidos na superfície de um sólido.

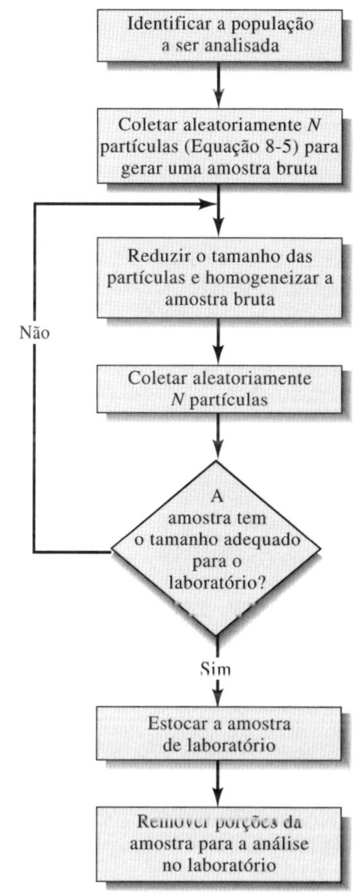

Figura 8-6 Etapas envolvidas na amostragem de um sólido particulado.

Amostragem de Sólidos Particulados

Muitas vezes é difícil obter uma amostra aleatória a partir de um material particulado. A amostragem aleatória pode ser mais bem realizada enquanto o material está sendo transferido. Os dispositivos mecânicos têm sido desenvolvidos especialmente para o manuseio de muitos tipos de materiais particulados. Os detalhes sobre a amostragem desses materiais estão além do escopo deste livro.

Amostragem de Metais e Ligas

As amostras de metais e ligas são obtidas por meio de limalhas, moagem ou perfuração. Em geral, não é seguro considerar que pedaços de um metal removido da superfície sejam representativos do todo, então os materiais sólidos do interior também precisam ser amostrados. No caso de alguns materiais, uma amostra representativa pode ser obtida serrando-se o material em intervalos aleatórios e coletando o pó residual como amostra. Alternativamente, o material pode ser perfurado, novamente a distâncias espaçadas aleatoriamente, com o material removido pela perfuração sendo coletado como amostra; a broca deve perfurar totalmente o bloco ou metade da espessura em cada um dos lados opostos. O material pode ser quebrado e misturado ou ainda fundido conjuntamente em um cadinho especial. Muitas vezes pode-se obter uma amostra granular vertendo-se o fundido em água destilada.

8B-4 Preparação de uma Amostra de Laboratório

A amostra de laboratório deveria ter o mesmo número de partículas que a amostra bruta.

Para os sólidos heterogêneos, a massa da amostra bruta pode variar na faixa de centenas de gramas até quilogramas, ou mais; portanto, torna-se necessária a redução da amostra bruta para uma amostra de laboratório finamente moída e homogênea, pesando no máximo algumas centenas de gramas. Como apresentado na **Figura 8-6**, esse processo envolve um ciclo de operações que inclui esmagar e moer, peneirar, misturar e dividir a amostra (normalmente em metades) para reduzir sua massa. Durante cada divisão, retém-se a massa da amostra que contém o número de partículas determinado a partir da Equação 8-5.

EXEMPLO 8-2

Um vagão de minério de chumbo contendo galena (≈ 70% de Pb) e outras partículas com pouco ou nenhum chumbo está para ser amostrado. A partir das densidades (galena 7,6 g cm^{-3}, outras partículas 3,5 g cm^{-3}, densidade média 3,7 g cm^{-3}) e da porcentagem aproximada do chumbo, a Equação 8-5 indica que $8{,}45 \times 10^5$ partículas são necessárias para manter o erro relativo da amostragem menor que 0,5%. As partículas parecem ser esféricas com um raio de 5 mm. Um cálculo requerido da massa, similar àquele da Equação 8-1, indica que a amostra bruta da massa é de cerca de $1{,}6 \times 10^6$ g (1,6 toneladas). A massa de amostra bruta precisa ser reduzida para uma amostra de laboratório de aproximadamente 100 g. Como isto pode ser feito?

Resolução

A amostra de laboratório contém o mesmo número de partículas que a amostra bruta, ou $8{,}45 \times 10^5$. A massa média de cada partícula, m_{med}, é então,

$$m_{med} = \frac{100 \text{ g}}{8{,}45 \times 10^5 \text{ partículas}} = 1{,}18 \times 10^{-4} \text{ g partícula}^{-1}$$

A massa média de uma partícula está relacionada com seu raio por meio da equação

$$m_{med} = \frac{4}{3}\pi r^3 \times \frac{3{,}7 \text{ g}}{\text{cm}^3}$$

Uma vez que $m_{med} = 1{,}18 \times 10^{-4}$ g partícula^{-1}, podemos achar o raio médio da partícula r:

$$r = \left(1{,}18 \times 10^{-4} \text{ g} \times \frac{3}{4\pi} \times \frac{\text{cm}^3}{3{,}7 \text{g}}\right)^{1/3} = 1{,}97 \times 10^{-2} \text{ cm ou } 0{,}2 \text{ mm}$$

Portanto, a amostra deve ser repetidamente moída, misturada e dividida até que as partículas tenham cerca de 0,2 mm de diâmetro.

As informações adicionais sobre os detalhes na preparação de amostras de laboratório podem ser encontradas no Capítulo 35 e na literatura.[8]

[8] *Standard Methods of Chemical Analysis*, F. J. Welcher, ed., Princenton, NJ: Van Nostrand, v. 2, parte A, pp. 21-55, 1963. Uma bibliografia extensa de informações específicas foi compilada por C. A. Bicking, em *Treatise on Analytica Chemistry*, 2. ed., I. M. Kothoff e P. J. Elving, eds., Nova York: Wiley, 1978, v. 1, p. 299.

8B-5 Número de Amostras de Laboratório

Uma vez que a amostra de laboratório esteja preparada, a questão que permanece é quantas amostras devem ser tomadas para a análise. Se tivermos reduzido a incerteza da medida para menos que 1/3 da incerteza de amostragem, a incerteza de amostragem se limitará à precisão da análise. Certamente, o número depende do intervalo de confiança que desejamos utilizar para descrever o valor médio e o desvio padrão do método. Se o desvio padrão da amostragem σ_a for conhecido a partir da experiência prévia, podemos usar os valores de z contidos na tabelas (ver Seção 7A-1).

$$\text{IC para } \mu = \bar{x} \pm \frac{z\sigma_a}{\sqrt{N}}$$

Normalmente, usamos uma estimativa de σ_s, e assim precisamos usar as tabelas contendo t em vez de z (Seção 7A-2).

$$\text{IC para } \mu = \bar{x} \pm \frac{ts_a}{\sqrt{N}}$$

O último termo dessa equação representa a incerteza absoluta que podemos tolerar a um nível de confiança específico. Se dividirmos esse termo pelo valor médio, $\bar{x}$, podemos calcular a incerteza relativa σ_r que é tolerada em um dado intervalo de confiança.

$$\sigma_r = \frac{ts_a}{\bar{x}\sqrt{N}} \qquad (8\text{-}8)$$

Se resolvermos a Equação 8-8 para o número de amostras N, obtemos

$$N = \frac{t^2 s_a^2}{\bar{x}^2 \sigma_r^2} \qquad (8\text{-}9)$$

Usando t, o emprego de t em vez de z na Equação 8-9 leva a uma complicação, já que o próprio t depende de N. Geralmente, contudo, podemos resolver a equação por iteração, como mostrado no Exemplo 8-3, e obter o número desejado de amostras.

EXEMPLO 8-3

A determinação de cobre em uma amostra de água do mar fornece um valor médio de 77,81 mg L^{-1} e um desvio padrão s_a de 1,74 mg L^{-1}. (Observação: Aqui os algarismos significativos foram mantidos porque esses resultados serão utilizados mais tarde em um cálculo.) Quantas amostras precisam ser analisadas para se obter um desvio padrão relativo de 1,7% no resultado, a um nível de confiança de 95%?

Resolução

Começamos considerando um número infinito de amostras corresponde a um valor de t de 1,96 em um nível de confiança de 95%. Dado que $\sigma_r = 0{,}017$, $s_a = 1{,}74$ e $\bar{x} = 77{,}81$, a Equação 8-9 gera

$$N = \frac{(1{,}96)^2 \times (1{,}74)^2}{(0{,}017)^2 \times (77{,}81)^2} = 6{,}65$$

Arredondamos esse resultado para sete amostras, encontramos o valor de t de 2,45 para 6 graus de liberdade. Usando este valor de t, calculamos um segundo valor para N que é 10,38. Agora se usamos 9 graus de liberdade e $t = 2{,}26$, o próximo valor é $N = 8{,}84$. A interação converge com um valor de N de aproximadamente 9. Observe que poderia ser uma boa estratégia reduzir a incerteza da amostragem; assim, menos amostras seriam necessárias.

8C MANUSEIO AUTOMÁTICO DE AMOSTRAS

O manuseio automático de amostras pode permitir maior velocidade analítica (mais análises por unidade de tempo), maior confiabilidade e menores custos que o manuseio manual de amostras.

Uma vez que a amostragem tenha sido completada e que o número de amostras e réplicas tenha sido escolhido, inicia-se o processamento da amostra (lembre-se da Figura 1-2). Muitos laboratórios estão usando métodos de manuseio automático de amostra porque eles são confiáveis e de baixo custo. Em alguns casos, o manuseio automático de amostras é utilizado apenas para algumas operações específicas, como dissolução de amostras e remoção de interferências; em outros, todas as etapas remanescentes no procedimento analítico são automatizadas. Descrevemos dois métodos diferentes para o manuseio automático baseado em uma abordagem em **batelada**, ou **discreto**, e aquele com base em uma abordagem que emprega **fluxo contínuo**.

Métodos Discretos

Os instrumentos automatizados que processam amostras de uma maneira discreta muitas vezes imitam as operações que seriam realizadas manualmente. Os robôs de laboratório são empregados para processar amostras em que pode ser perigoso para o homem estar envolvido ou em que um grande número de etapas de rotina é necessário. Pequenos robôs de laboratório adequados para estes propósitos têm sido comercializados desde a metade da década de 1980.[9] O sistema robótico é controlado por um computador que foi programado pelo usuário. Robôs podem ser usados para diluir, filtrar, separar, moer, centrifugar, homogeneizar, extrair e tratar amostras com reagentes. Eles também podem ser programados para aquecer e agitar amostras, dispensar volumes medidos de líquidos, injetar amostras em colunas cromatográficas, pesar amostras e transportá-las para a medida em instrumentos apropriados.

Alguns processadores discretos de amostras automatizam apenas a etapa de medida de todo o procedimento ou poucas etapas químicas e a etapa de medida. Um tipo, baseado no uso da força centrífuga, mistura amostras e reagentes e os transfere para um instrumento fotométrico, para a realização da medida. Outro tipo, com base em uma tecnologia que usa multicamadas de filmes, desenvolve uma série de reações químicas ou processos físicos de uma forma sequencial.[10]

Métodos em Fluxo Contínuo

Os dois tipos de analisadores em fluxo contínuo são o analisador em fluxo segmentado e o analisador por injeção em fluxo.

Nos métodos em fluxo contínuo, a amostra é inserida em um fluido transportador, no qual inúmeras operações podem ser desenvolvidas antes de transportá-las para o detector em fluxo. Assim sendo, esses sistemas funcionam como analisadores automáticos que podem realizar não apenas operações de processamento da amostra, mas também a etapa final de medida. Tais operações de processamento de amostra, como adição de reagentes, diluição, incubação, mistura, diálise, extração, e muitas outras, podem ser implementadas entre o ponto de introdução da amostra e a detecção. Existem dois tipos diferentes de sistemas em fluxo contínuo: analisadores em fluxo segmentado e analisadores por injeção em fluxo.

A **dispersão** é um alargamento de banda ou um fenômeno de mistura que é o resultado do acoplamento do escoamento do fluido com a difusão molecular. A **difusão** é o transporte de massa decorrente de um gradiente de concentração.

O analisador em fluxo segmentado divide a amostra em segmentos discretos separados por bolhas de gás, e pode ser visto na **Figura 8-7a**. Como apresentado na **Figura 8-7b**, as bolhas geram barreiras para prevenir que a amostra se espalhe ao longo do tubo, devido aos processos de dispersão. Portanto, as bolhas confinam a amostra e minimizam a contaminação entre diferentes amostras. Elas também aumentam a mistura entre as amostras e os reagentes. Os perfis de concentração do

[9] Para uma descrição de robôs de laboratório, veja G. J. Kost, ed., *Handbook of Clinical Automation, Robotics and Optimization*, Nova York: Wiley, 1996. J. R. Strimaitis, *J. Chem. Educ.*, v. 66, p. A8, **1989**, **DOI**:10.1021/ed066pA8, e v. 67, p. A20, **1990**, **DOI**:10.1021/ed067pA20; W. J. Hurst e J. W. Mortimer, *Laboratory Robotics*, Nova York: VCH Publishers, 1987.

[10] Para uma discussão mais extensiva de analisadores clínicos discretos, veja D. A. Skoog; F. J. Holler e S. R. Crouch, *Principles of Instrumental Analysis*, 6. ed., Belmont, CA: Brooks/Cole, 2007, p. 942-947.

analito são exibidos na **Figura 8-7c**. As amostras são introduzidas no amostrador como pequenas zonas de composição uniforme (plugues, à esquerda). Um alargamento devido à dispersão ocorre até o momento em que a amostra alcança o detector. Além disso, os sinais mostrados à direita da figura são usados normalmente para obter informações quantitativas sobre o analito. As amostras podem ser analisadas a uma velocidade de 30 a 120 amostras por hora.

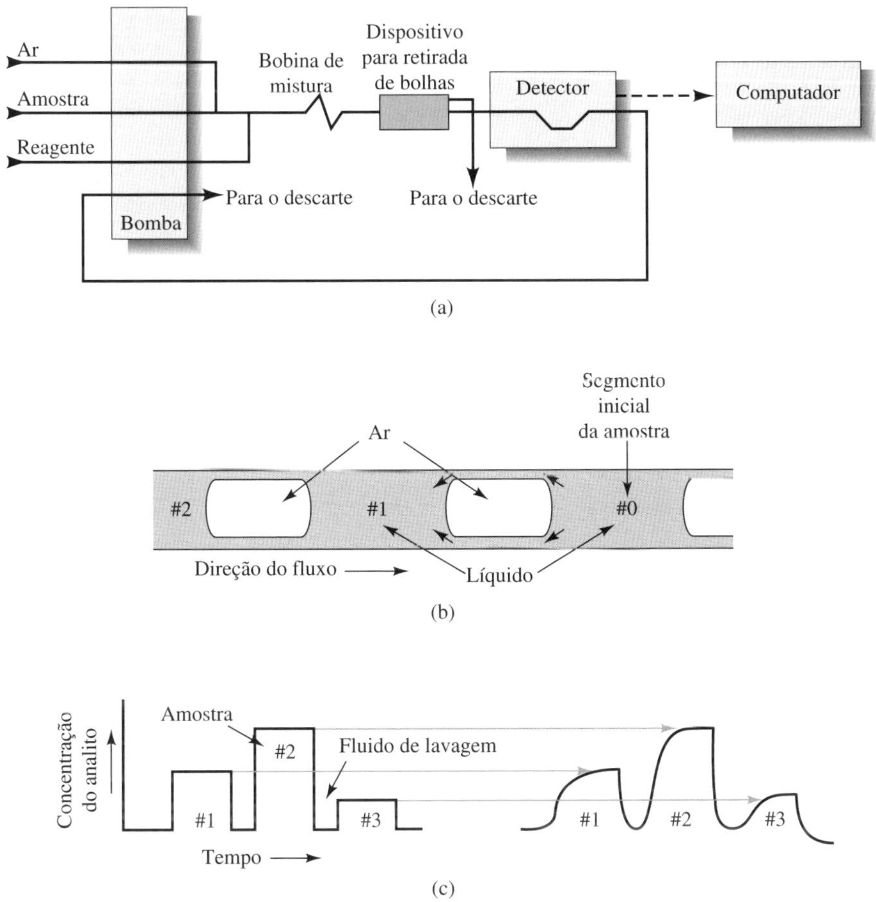

Figura 8-7 Analisador em fluxo contínuo segmentado. (a) As amostras são aspiradas a partir de frascos pelo amostrador e bombeadas para dentro do dispositivo, no qual são misturadas com um ou mais reagentes. O ar também é introduzido para segmentar as amostras com bolhas. Geralmente as bolhas são removidas por um dispositivo antes que o fluxo alcance o detector. A amostra segmentada é exibida mais detalhadamente em (b). As bolhas minimizam a dispersão da amostra, que pode causar alargamento das zonas e contaminação entre as diferentes amostras. Os perfis de concentração do analito no amostrador e no detector são apresentados em (c). Normalmente, a altura do pico da amostra está relacionada com a concentração do analito.

O sistema denominado análise por injeção em fluxo (do inglês *Flow Injection Analysis* – FIA) é um desenvolvimento mais recente.[11] Nesse processo, as amostras são injetadas a partir de uma alça de injeção em um fluido transportador contendo um ou mais reagentes, como mostrado na **Figura 8-8a**. A amostra dispersa-se de uma forma controlada antes de alcançar o detector, como ilustrado na **Figura 8-8b**. A injeção da amostra em uma corrente de reagente gera o tipo de resposta descrito à direita da figura. Nos sistemas FIA de zonas coalescentes, ambos, a amostra e o reagente, são injetados em fluxos transportadores e misturados em um misturador em forma de T. Tanto nos sistemas FIA normal quanto no de zonas coalescentes, a dispersão da amostra é controlada pela dimensão da amostra, a vazão do fluido transportador e o comprimento e o diâmetro do tubo. Também é possível parar o fluxo

[11] Para mais informações sobre FIA veja J. Ruzicka e E. H. Hansen, *Flow Injection Analysis*, 2. ed., Nova York: Wiley, 1988; M. Valcarcel e D. M. Luque de Castro, *Flow Injection Analysis: Principles and Applications*,Chichester, Inglaterra: Ellis Horwood, 1987; B. Karlberg e G. E. Pacey, *Flow Injection Analysis: A Practical Guide*, Nova York: Elsevier, 1989; M. Trojanowicz, *Flow Injection Analysis: Instrumentation and Applications*, River Edge, NJ: World Scientific Publication, 2000; E. A. G. Zagatto, C.C. Olivera, A. Townshend e P. J. Worsfold, *Flow Analysis with Spectrophotometric and Luminometric Detection*, Waltham MA: Elsevier, 2012.

quando a amostra alcança o detector, para permitir que perfis de concentração em função do tempo sejam medidos em métodos cinéticos (veja o Capítulo 30).

Os sistemas por injeção em fluxo também podem incorporar várias unidades de processamento de amostras, como módulos de extração com solventes, módulos de aquecimento e outros. Em sistemas FIA as amostras podem ser processadas a taxas que variam entre 60 e 300 amostras por hora. Desde a introdução da FIA em meados dos anos 1970, apareceram diversas variações da FIA normal. Estas incluem FIA reversa, análise por injeção sequencial e tecnologia de *lab-on-a-valve*.[12] Também têm sido relatados sistemas de FIA em miniatura usando microfluídicos, normalmente chamados tecnologia de *lab-on-a-chip* (veja o Destaque 8-1).

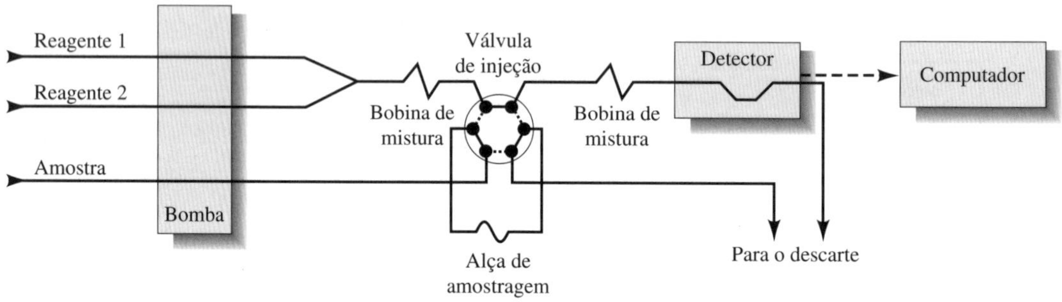

(a)

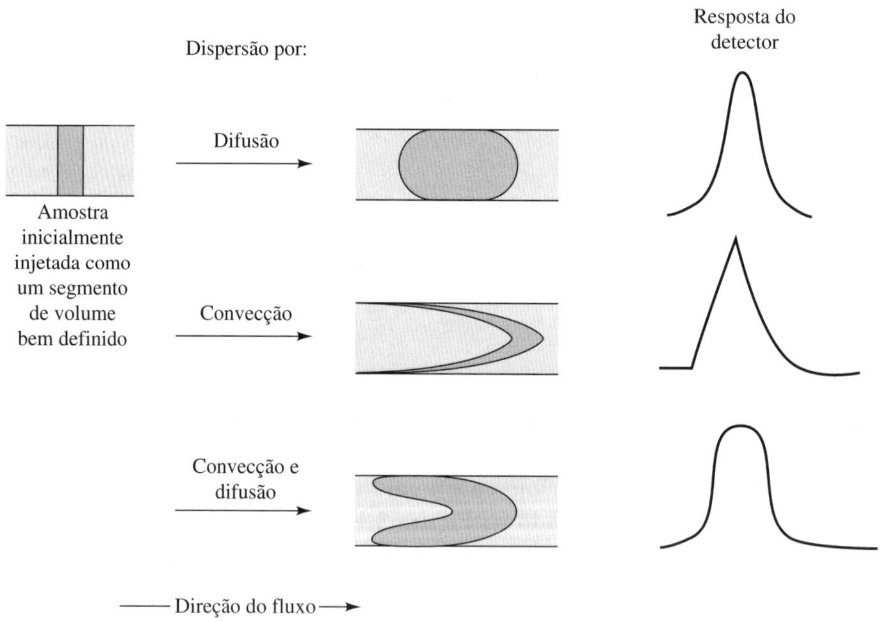

(b)

Figura 8-8 Analisador por injeção em fluxo. Em (a), a amostra é carregada a partir de um amostrador para uma alça de amostragem em uma válvula de amostragem. A válvula, mostrada na posição de carregamento da amostra, apresenta também uma segunda posição de injeção, identificada por linhas pontilhadas. Quando posicionada para injeção, a corrente líquida contendo o reagente flui através da alça de amostragem. A amostra e o reagente misturam-se e reagem na bobina de mistura antes de alcançar o detector. Nesse caso, a zona da amostra dispersa-se antes de atingir o detector. (b) O perfil de concentração resultante (resposta do detector) depende do grau de dispersão.

[12] Para mais informações de FIA, veja D. A. Skoog; F. J. Holler; S. R. Crouch, *Prinicples of Instrumental Analysis*. 6. ed., Belmont, CA: Brooks/Cole, 2007, pp. 939-940.

DESTAQUE 8-1

Lab-on-a-Chip

O desenvolvimento de sistemas microfluídicos nos quais as operações são minituarizadas à escala de um circuito integrado tem possibilitado a fabricação de um ***lab-on-a-chip*** ou **um sistema de análise total micro** (μ TAS).[13] A miniaturização das operações de laboratório para a escala de um chip promete reduzir os custos analíticos pela diminuição do consumo de reagentes, e produção de rejeitos pela automatização dos procedimentos e pelo aumento no número de análises por dia. Existem várias estratégias para implementar o conceito *lab-on-a-chip*. A de maior sucesso usa a mesma tecnologia da fotolitografia, como é usada para preparar circuitos eletrônicos integrados. Essa tecnologia é usada para produzir as válvulas, sistemas de propulsão e câmaras de reação necessárias para realizar as análises químicas. O desenvolvimento de dispositivos microfluídicos é uma área de pesquisa ativa que envolve cientistas e engenheiros de laboratórios acadêmicos e industriais.[14]

Primeiramente, canais de fluxo microfluídico e misturadores são acoplados com os sistemas e válvulas de propulsão de fluido de macroescala. A diminuição do tamanho dos canais de fluxo fluido mostrou grande promessa, mas as vantagens do baixo consumo de reagente e a automotização completa não foram constatadas. Entretanto, em desenvolvimentos mais recentes, sistemas monolíticos têm sido usados nos quais os sistemas de propulsão, misturados, canais de fluxo e válvulas estão integrados em uma única estrutura.[15]

Vários sistemas de propulsão de fluidos têm sido investigados por sistemas microfluídicos, incluindo eletroosmose (veja o Capítulo 34, bombas mecânicas microfabricadas e hidrogels que imitam músculos humanos. Tanto as técnicas de injeção em fluxo, quanto os métodos de separação como a cromatografia de líquido (veja o Capítulo 33), eletroforese capilar e cromatografia capilar eletrocinética (ver Capítulo 34), têm sido implementados. A **Figura 8D-1** mostra o esquema de uma microestrutura usada em FIA. A unidade monolítica é feita de duas camadas de siloxano de polidimetila (PDMS) que estão permanentemente unidas. Os canais fluídicos têm 100 μm de largura e 10 μm de altura. Todo o dispositivo tem apenas 2,0 cm por 2,0 cm. Uma cobertura de vidro permite uma visualização ótica dos canais por fluorescência excitada com um laser iônico de Ar.

Várias companhias de instrumento têm agora disponível analisadores de *lab-on-a-chip*. Um analisador comercial permite a análise de DNA, RNA, proteínas e células. Um outro dispositivo de microfluídicos comercial é usado para cromatografia de líquidos de nanofluxo e fornece uma interface para um detector de espectrometria de massas de eletrospray (veja Capítulo 29). Os analisadores de laboratório em um chip são previstos para triagem de drogas, para sequenciamento de DNA e para detecção de formas de vida na Terra, Marte e outros planetas. Estes dispositivos podem se tornar importantes à medida que a tecnologia amadurece.

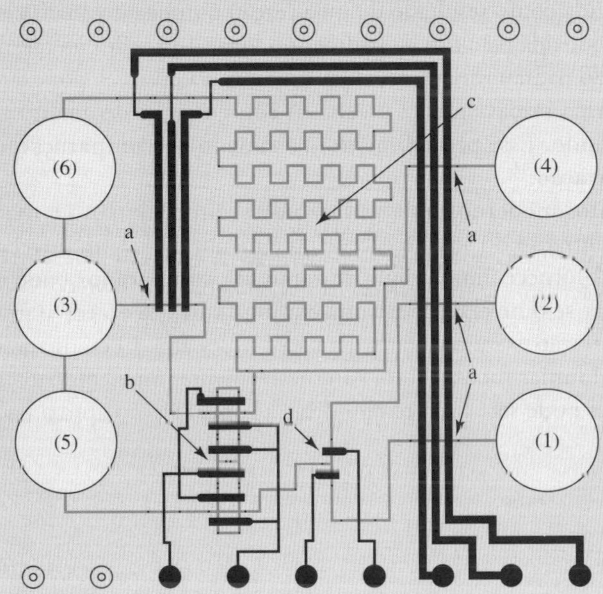

Figura 8D-1 Esboço de uma estrutura minifabricada para FIA. Os canais microfluídicos são mostrados em cinza, enquanto os canais de controle (bombas e válvulas) são mostrados em preto. Os componentes são (a) bomba peristáltica, (b) válvula de injeção, (c) câmara de mistura/reação e (d) seletor de amostra. Os círculos cinzas representam os reservatórios de fluidos. Os números (1) e (2) são amostras, (3) é o transportador, (4) o reagente e (5) e (6) são reservatórios de rejeitos. Toda a estutura tem 2,0 cm por 2,0 cm. (Reimpresso (adaptado) com permissão de A. M. Leach; A. R. Wheeler e R. N. Zare, *Anal. Chem.*, v. 75, p. 967, **2003**. Copyright 2003 American Chemical Society.)

[13] Para revisões destes sistemas, veja P. S. Dittrich; K. Tachikawa e A. Manz, *Anal. Chem.*, v. 78, p. 3887, **2006**, **DOI**:10.1021/1c0605602; T. Vilkner; D. Janasek e A. Manz, *Anal. Chem.*, 76, 3373, **2004**, **DOI**:10.1021/ac040063q; D. R. Reyes; D. Iossifidis; P. A. Auroux e A. Manz, *Anal. Chem.*, v. 74, p. 2623, **2002**, **DOI**:10.1021/ac0202435; P. A. Auroux e A. Manz, *Anal. Chem.*, v. 74, p. 2637, **2002**, **DOI**:10.1021/ac020239t.

[14] Veja N. A. Polson e M. A. Hayes, *Anal. Chem.*, v. 73, p. 313A. **2001**, **DOI**:10.1021/ac0124585.

[15] A. M. Leach; A. R. Wheeler e R. N. Zare, *Anal. Chem.*, v. 75, p. 967, **2003**, **DOI**:10.1021/1c026112l.

8D PADRONIZAÇÃO E CALIBRAÇÃO

Uma parte muito importante de todos os procedimentos analíticos é o processo de calibração e padronização. A **calibração** determina a relação entre a resposta analítica e a concentração do analito. Esta relação é normalmente determinada pelo uso de **padrões químicos**. Os padrões usados podem ser preparados a partir de reagentes purificados, se disponíveis, ou padronizados por métodos quantitativos clássicos (veja os Capítulos 12 a 17). Mais comumente, os padrões usados são preparados externamente para as soluções de analitos (métodos de padrão externo). No estudo de caso das mortes dos cervos do Destaque 1-1, a concentração de arsênio determinada pela calibração da escala de absorbância de um espectrofotômetro com soluções padrão externas com concentrações conhecidas de arsênio. Em alguns casos, é feita uma tentativa para reduzir as interferências de outros constituintes na matriz da amostra, chamadas de **concomitantes**, usando padrões adicionados à solução de analito (métodos de padrão interno ou métodos de adição de padrão) ou pela combinação ou modificação de matriz. Quase todos os métodos analíticos requerem algum tipo de calibração com padrões químicos. Os métodos gravimétricos (Capítulo 12) e alguns métodos coulométricos (Capítulo 22) estão entre os poucos métodos **absolutos** que não dependem da calibração com padrões químicos. Os tipos mais comuns de procedimentos de calibração são descritos nesta seção.

8D-1 Comparação com Padrões

Descrevemos agora dois tipos de métodos de comparação: a técnica de comparação direta e o procedimento de titulação.

Comparação Direta

Alguns procedimentos analíticos comparam uma propriedade do analito (ou o produto de uma reação com o analito) com um padrão, de maneira que a propriedade que está sendo avaliada se iguale com aquela do padrão. Por exemplo, nos primeiros colorímetros, a cor produzida como resultado de uma reação química do analito era comparada com aquela produzida pelo uso de padrões no lugar do analito na mesma reação. Se a concentração do padrão variava devido à diluição, era possível, por exemplo, combinar cores de forma razoavelmente precisa. A concentração do analito era então igual ao padrão diluído. Esse procedimento é chamado de **comparação de nulo** ou **método de igualização.**[16]

Em alguns instrumentos modernos uma variação desse procedimento é usada para determinar se a concentração do analito excede ou é menor que algum nível de referência. O Destaque 8-2 fornece um exemplo de como um **comparador** pode ser empregado para determinar se o nível de aflatoxina em uma amostra excede o nível que seria tóxico. A concentração exata de aflatoxina não é necessária. O comparador precisa apenas indicar qual limiar foi excedido. Alternativamente, uma comparação simples com vários padrões pode ser usada para indicar a concentração aproximada do analito.

[16] Veja H. V. Malmstadt e J. D. Winefordner, *Anal. Chim.* Acta, v. 20, p. 283, **1960**, **DOI**: 10.1016/0003-2670(59)80066-0; L. Ramaley e C. G. Enke, *Anal. Chim.*, v. 37, p. 1073, **1965**, **DOI**: 10.1021/ac60227a041.

DESTAQUE 8-2

Um Método Comparativo para Aflatoxinas[17]

As aflatoxinas são potenciais carcinogênicos produzidos por certos fungos que podem ser encontrados no milho, amendoim e outros alimentos. Eles não têm cor, odor nem sabor. A toxicidade das aflatoxinas foi revelada em consequência de uma "mortandade de perus" envolvendo mais de cem mil pássaros ocorrida na Inglaterra em 1960. Um método de detecção de aflatoxinas consiste em um imunoensaio baseado em ligação competitiva (veja o Destaque 11-2). No método de comparação, os anticorpos específicos para as aflatoxinas recobrem a base de um compartimento plástico ou cavidade microtituladora, em um arranjo, como mostrado na **Figura 8D-2**.

A aflatoxina comporta-se como o antígeno. Durante a análise, uma reação enzimática leva à formação de um produto azul. À medida que a concentração de aflatoxina na amostra aumenta, a cor azul diminui de intensidade. O instrumento de medida da cor é o comparador de fibra ótica básico exibido na **Figura 8D-3**. No módulo mostrado, o instrumento compara a intensidade da cor da amostra com aquela da solução de referência e indica se o nível de aflatoxina excede o nível limite. Em outro modo, uma série de padrões com concentrações crescentes é colocada no compartimento da referência. A concentração de aflatoxina na amostra é aquela entre os dois padrões com concentrações ligeiramente mais altas e ligeiramente mais baixas que a do analito, como mostrado pelos indicadores verde e vermelho dos diodos emissores de luz (LEDs).

Courtesia de Thermo Fisher Scientific Inc

Figure 8D-2 Placas de microtituladores. Vários tamanhos diferentes estão comercialmente disponíveis. Muitas são redes de 24 a 96 recipientes. Algumas podem ser cortadas em fita.

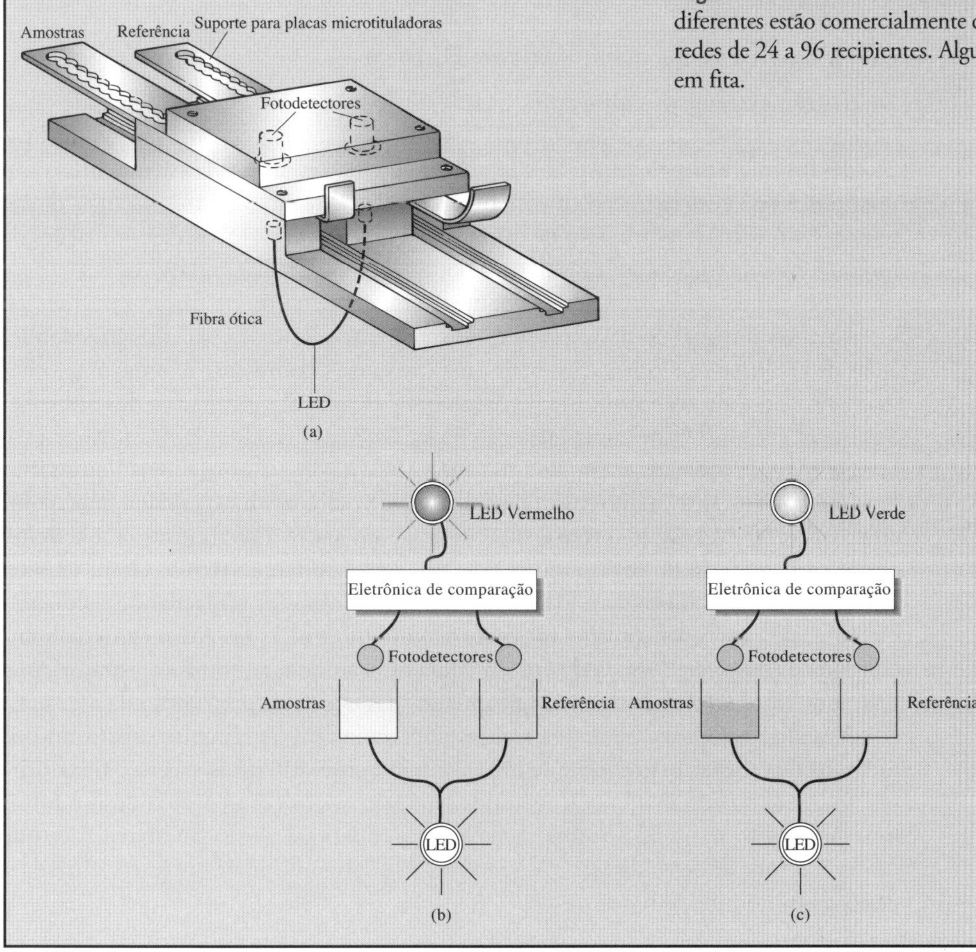

Figura 8D-3 Comparador ótico. (a) Uma fibra ótica que se divide em dois segmentos carrega a luz do diodo emissor de luz (LED) até as cavidades que contêm a amostra e a referência em um suporte para placa microtituladora. As amostras contendo quantidades desconhecidas do analito são colocadas no suporte de cavidades microtituladoras. Se a amostra contém mais aflatoxina que o padrão (b), a cavidade da amostra absorve menos luz que a do padrão a 650 nm. Um circuito eletrônico acende um LED vermelho para indicar uma quantidade perigosa de aflatoxina. Se a amostra tiver menos aflatoxina que o padrão (c), um LED verde se acende (lembre-se de que mais aflatoxina significa uma cor menos intensa).

[17]P. R. Kraus; A. P. Wade; S. R. Crouch; J. F. Holland e B. M. Miller, *Anal. Chem.*, v. 60, p. 1387, **1988**, **DOI**:10.1021/ac00165a007.

Titulações

As titulações estão entre os procedimentos analíticos mais exatos. Em uma titulação, o analito reage com um reagente padronizado (o titulante) em uma reação de estequiometria conhecida. Geralmente, a quantidade de titulante é variada até que a equivalência química seja alcançada, como indicado pela mudança de cor de um indicador químico ou pela mudança na resposta de um instrumento. A quantidade do reagente padronizado necessária para atingir a equivalência química pode ser relacionada com a quantidade de analito presente por meios da estequiometria. A titulação é um tipo de comparação química.

Por exemplo, na titulação do ácido forte HCl com a base forte NaOH, uma solução padronizada de NaOH é usada para determinar a quantidade de HCl existente. A reação é

$$HCl + NaOH \rightarrow NaCl + H_2O$$

A solução padronizada de NaOH é adicionada de uma bureta até que um indicador como a fenolftaleína mude de cor. Nesse ponto, chamado **ponto final**, a quantidade de matéria de NaOH adicionado é aproximadamente igual ao número de mols de HCl inicialmente presente.

O procedimento de titulação é bastante geral e pode ser empregado para uma variedade de determinações. Os capítulos 13 a 17 tratam os detalhes das titulações ácido-base, titulações de complexação e titulações de precipitação. As titulações baseadas nas reações de oxidação/redução são objeto do Capítulo 19.

8D-2 Calibração com Padrão Externo

No **padrão externo de calibração**, uma série de soluções padrão é preparada separadamente da amostra. Os padrões são usados para estabelecer a **função de calibração** de um instrumento, que é obtida pela análise da resposta do instrumento como uma função da concentração conhecida do analito. Idealmente, três ou mais dessas soluções são usadas no processo de calibração, embora em algumas determinações de rotina, uma calibração com dois pontos pode ser considerada confiável.

A função de calibração pode ser obtida graficamente ou na forma matemática. Geralmente, um gráfico da resposta do instrumento *versus* as concentrações conhecidas de analito é usado para produzir uma **curva de calibração**, algumas vezes chamada de **curva de trabalho**. Frequentemente é desejável que a curva de calibração seja linear em no mínimo uma faixa de concentrações de analito. Uma curva de calibração linear de absorbância *versus* concentração de analito é mostrada na **Figura 8-9**. Para métodos gráficos, uma linha reta é desenhada pelos pontos de dados (mostrados como círculos). A relação linear é então usada para *prever* a concentração desconhecida de uma solução de analito mostrada aqui com absorbância 0,505. Graficamente, esta previsão é feita localizando a absorbância na linha e então achando a concentração correspondente àquela absorbância (0,0044 mol L^{-1}). A concentração encontrada é então relacionada de volta à concentração do analito na amostra original aplicando-se os fatores de diluição apropriados das etapas de preparação da amostra.

A análise numérica de dados computadorizada tem largamente substituído os métodos de calibração gráfica, que hoje são raramente utilizados exceto para confirmação visual dos resultados. Os métodos estatísticos, tais como o método dos mínimos quadrados, são usados rotineiramente para encontrar a equação matemática que descreve a função de calibração. A concentração desconhecida é então encontrada a partir da função de calibração.

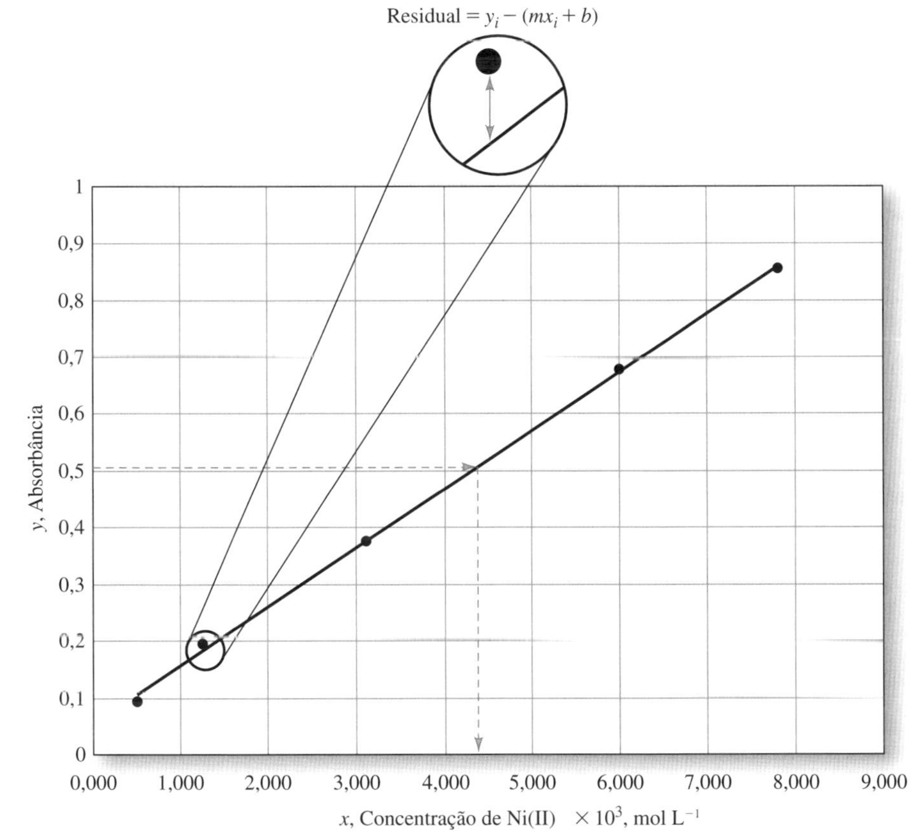

Figura 8-9 A curva de calibração de absorbância *versus* concentração de analito para uma série de padrões. Os dados para os padrões conhecidos são mostrados como círculos sólidos. A curva de calibração é usada de uma maneira inversa para obter a concentração desconhecida de uma solução com uma absorbância de 0,505. A absorbância é localizada na reta e então a concentração correspondente àquela absorbância é obtida extrapolando para o eixo x (linhas pontilhadas). Residuais são as distâncias no eixo y entre os pontos de dados e a linha prevista como mostrado na expansão.

O Método dos Mínimos Quadrados

Uma curva de calibração é mostrada na Figura 8-9 para a determinação de Ni(II) pela reação com excesso de tiocianato para formar um íon complexo interessante [$Ni(SCN)^+$]. A ordenada é o eixo da variável dependente, absorbância, enquanto a abscissa é a variável independente, concentração de Ni(II). Como é típico e normalmente desejável, o gráfico se aproxima de uma linha reta. Observe, contudo, que, devido aos erros indeterminados envolvidos no processo de medida, nem todos os dados caem exatamente na linha reta. Portanto, o analista precisa tentar traçar "a melhor" linha reta entre os pontos. A **análise de regressão** fornece um meio para a obtenção de forma objetiva dessa linha e também para especificar as incertezas associadas com o seu uso subsequente. Consideramos aqui apenas o **método dos mínimos quadrados** para dados bidimensionais.

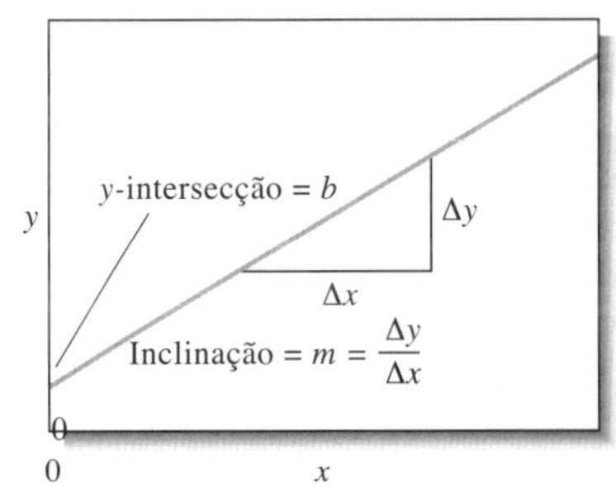

Figura 8-10 A inclinação e a intersecção de uma linha reta.

Considerações sobre o Método dos Mínimos Quadrados Duas considerações são feitas no uso do método dos mínimos quadrados. A primeira é que existe uma relação linear entre a resposta medida y (absorbância na Figura 8-9) e a concentração analítica do padrão x. A relação matemática que descreve essa consideração é denominada **modelo de regressão**, que pode ser representada como

$$y = mx + b$$

onde b é a intersecção (o valor de y quando x for zero) e m, a inclinação da linha (veja a **Figura 8-10**). Também consideramos que qualquer desvio de pontos individuais da linha reta é decorrente de erros na *medida*. Isto é, consideramos que não há erro nos valores de x dos pontos (concentrações). Ambas as considerações são apropriadas para

❮ O método linear dos mínimos quadrados supõe uma relação linear real entre a resposta y e a variável independente x. Além disso, ele supõe que não exista erros nos valores de x.

A análise linear dos mínimos quadrados fornece a você a equação para a melhor linha reta entre o conjunto de pontos x e y, quando os dados de x apresentam uma incerteza desprezível.

muitos métodos analíticos, mas tenha em mente o seguinte, sempre que existe uma incerteza significativa nos dados contidos em x, a análise linear dos mínimos quadrados pode não fornecer a melhor linha reta. Nesse caso, uma **análise de correlação** mais complexa pode ser necessária. Além disso, a análise dos mínimos quadrados simples pode não ser apropriada quando as incertezas nos valores de y variam significativamente em relação a x. Dessa forma, pode ser necessário aplicar diferentes pesos aos fatores e realizar uma **análise de mínimos quadrados ponderada**.

Obtenção da Linha dos Mínimos Quadrados O procedimento de mínimos quadrados pode ser ilustrado com a ajuda da curva de calibração para a determinação de Ni(II) mostrada na Figura 8-9. O tiocianato foi adicionado aos padrões de Ni(II) e as absorbâncias medidas como uma função da concentração de Ni(II). Os desvios verticais de cada ponto da linha reta são chamados **resíduos** como mostrado na expansão. A linha gerada pelo método dos mínimos quadrados é aquela que minimiza a soma dos quadrados dos resíduos para todos os pontos. Além de fornecer o melhor ajuste entre os pontos experimentais e a linha reta, o método fornece os desvios padrão para m e para b.

O método dos mínimos quadrados encontra a soma dos quadrados dos resíduos SS_{resid} e os minimiza de acordo com a técnica de cálculo de minimização.[18] O valor de SS_{resid} é obtido de

$$SS_{\text{resid}} = \sum_{i=1}^{N}[y_i - (b + mx_i)]^2$$

onde N é o número de pontos utilizado. O cálculo da inclinação e da intersecção é simplificado quando três quantidades são definidas, SS_{xx}, SS_{yy} e SS_{xy}, da maneira como segue:

As equações para S_{xx} e S_{yy} são os numeradores nas equações para a variância em x e para a variância em y. Da mesma forma, S_{xy} é o numerador na co-variância de x e y.

$$S_{xx} = \sum(x_i - \bar{x})^2 = \sum x_i^2 - \frac{(\sum x_i)^2}{N} \tag{8-10}$$

$$S_{yy} = \sum(y_i - \bar{y})^2 = \sum y_i^2 - \frac{(\sum y_i)^2}{N} \tag{8-11}$$

$$S_{xy} = \sum(x_i - \bar{x})(y_i - \bar{y}) = \sum x_i y_i - \frac{\sum x_i \sum y_i}{N} \tag{8-12}$$

onde x_i e y_i são pares individuais de dados para x e y; N é o número de pares; $\bar{x}$ e $\bar{y}$ referem-se aos valores médios para x e y; isto é $\bar{x} = \frac{\sum x_i}{N}$ e $\bar{y} = \frac{\sum y_i}{N}$.

Observe que S_{xx} e S_{yy} são a soma dos quadrados dos desvios em relação à média para valores individuais de x e y. As expressões apresentadas à extrema direita nas Equações 8-10 a 8-12 são mais convenientes quando uma calculadora sem uma função embutida de regressão está sendo usada.

Seis quantidades úteis podem ser derivadas a partir de S_{xx}, S_{yy} e S_{xy}, como segue:

1. A inclinação da reta, m:

$$m = \frac{S_{xy}}{S_{xx}} \tag{8-13}$$

[18] O procedimento envolve a diferenciação de SS_{resid} em relação ao primeiro m e então b igualando as derivadas a zero. Isso gera duas equações, chamadas equações normais, nos dois m e b desconhecidos. Então as equações são resolvidas para fornecer a melhor estimativa dos mínimos quadrados para estes parâmetros.

2. A interseção, b:

$$b = \bar{y} - m\bar{x} \tag{8-14}$$

3. O desvio padrão da regressão, s_r:

$$s_r = \sqrt{\frac{S_{yy} - m^2 S_{xx}}{N - 2}} \tag{8-15}$$

4. O desvio padrão da inclinação, s_m:

$$s_m = \sqrt{\frac{s_r^2}{S_{xx}}} \tag{8-16}$$

5. O desvio padrão da interseção, s_b:

$$s_b = s_r\sqrt{\frac{\sum x_i^2}{N\sum x_i^2 - (\sum x_i)^2}} = s_r\sqrt{\frac{1}{N - (\sum x_i)^2/\sum x_i^2}} \tag{8-17}$$

6. O desvio padrão dos resultados obtidos a partir da curva de calibração, s_c:

$$s_c = \frac{s_r}{m}\sqrt{\frac{1}{M} + \frac{1}{N} + \frac{(\bar{y}_c - \bar{y})^2}{m^2 S_{xx}}} \tag{8-18}$$

A Equação 8-18 fornece uma maneira de calcular o desvio padrão em relação à média $\bar{y}_c$ de um conjunto M de réplicas de análises de amostras desconhecidas, quando uma curva analítica que contém N pontos é empregada; lembre-se de que $\bar{y}$ é o valor médio de y para os N pontos da calibração. Essa equação é apenas uma aproximação e considera que a inclinação e a interseção sejam parâmetros independentes, o que não é rigorosamente verdadeiro.

O desvio padrão para a regressão s_r (veja a Equação 8-15) é o desvio padrão para y quando os desvios são medidos não em relação à média de y (como no caso comum), mas a partir da linha reta que resulta da previsão dos mínimos quadrados. O valor de s_r está relacionado a SS_{resid} por

$$s_r = \sqrt{\frac{\sum_{i=1}^{N}[y_i - (b + mx_i)]^2}{N - 2}} = \sqrt{\frac{SS_{resid}}{N - 2}}$$

Nessa equação, o número de graus de liberdade é $N - 2$, uma vez que um grau de liberdade é perdido no cálculo de m e o outro na determinação de b. O **desvio padrão da regressão** é muitas vezes chamado **erro padrão da estimativa**. E corresponde, grosseiramente, à grandeza do desvio típico de uma curva de regressão linear estimada. Os Exemplos 8-4 e 8-5 ilustram como essas quantidades são calculadas e utilizadas. Com computadores, os cálculos são normalmente feitos usando um programa de planilhas de cálculo, como o Microsoft® Excel.[19]

O **desvio padrão da regressão**, também denominado **erro padrão da estimativa**, é uma medida grosseira da magnitude do desvio típico de uma linha de regressão.

[19] Veja S. R. Crouch e F. J. Holler, *Aplications of Microsoft® Excel in Analytical Chemistry*, 2. ed., Belmont CA: Brooks-Cole, 2014, cap. 4.

EXEMPLO 8-4

Desenvolva uma análise de mínimos quadrados dos dados de calibração para a determinação de isooctano em uma mistura de hidrocarbonetos fornecidos pelas duas primeiras colunas da **Tabela 8-1**.

TABELA 8-1

Dados da Calibração para a Determinação Cromatográfica de Isooctano em uma Mistura de Hidrocarboneto

Porcentagem Molar de Isooctano, x_i	Área do Pico y_i	x_i^2	y_i^2	x_iy_i
0,352	1,09	0,12390	1,1881	0,38368
0,803	1,78	0,64481	3,1684	1,42934
1,08	2,60	1,16640	6,7600	2,80800
1,38	3,03	1,90440	9,1809	4,18140
1,75	4,01	3,06250	16,0801	7,01750
5,365	12,51	6,90201	36,3775	15,81992

As colunas 3, 4 e 5 da tabela contêm valores calculados de x_i^2, y_i^2, e x_iy_i, com suas somas aparecendo como a última entrada em cada coluna. Observe que o número de dígitos mantidos nos valores calculados deve ser o *máximo permitido pela calculadora ou pelo computador*; isto é, *o arredondamento não deve ser realizado até que os cálculos estejam terminados.*

Não faça arredondamentos até que os cálculos estejam completos.

Resolução

Agora substituímos os valores nas Equações 8-10, 8-11 e 8-12 e obtemos

$$S_{xx} = \sum x_i^2 - \frac{(\sum x_i)^2}{N} = 6{,}9021 - \frac{(5{,}365)^2}{5} = 1{,}14537$$

$$S_{yy} = \sum y_i^2 - \frac{(\sum y_i)^2}{N} = 36{,}3775 - \frac{(12{,}51)^2}{5} = 5{,}07748$$

$$S_{xy} = \sum x_i y_i - \frac{\sum x_i \sum y_i}{N} = 15{,}81992 - \frac{5{,}365 \times 12{,}51}{5} = 2{,}39669$$

A substituição destas quantidades nas Equações 8-13 e 8-14 gera

$$m = \frac{2{,}39669}{1{,}14537} = 2{,}0925 \approx 2{,}09$$

$$b = \frac{12{,}51}{5} - 2{,}0925 \times \frac{5{,}365}{5} = 0{,}2567 \approx 0{,}26$$

Portanto, a equação para a linha dos mínimos quadrados é

$$y = 2{,}09x + 0{,}26$$

A substituição na Equação 8-15 fornece o desvio padrão da regressão

$$s_r = \sqrt{\frac{S_{yy} - m^2 S_{xx}}{N-2}} = \sqrt{\frac{5{,}07748 - (2{,}0925)^2 \times 1{,}14537}{5-2}} = 0{,}1442 \approx 0{,}14$$

e a substituição na Equação 8-16 fornece o desvio padrão da inclinação,

$$s_m = \sqrt{\frac{s_r^2}{S_{xx}}} = \sqrt{\frac{(0{,}1442)^2}{1{,}14537}} = 0{,}13$$

Finalmente, encontramos o desvio padrão da interseção a partir da Equação 8-17:

$$s_b = 0{,}1442\sqrt{\frac{1}{5 - (5{,}365)^2/6{,}9021}} = 0{,}16$$

EXEMPLO 8-5

A curva analítica encontrada no Exemplo 8-4 foi utilizada para a determinação de isooctano em uma mistura de hidrocarbonetos. Uma área de pico de 2,65 foi obtida. Calcule a porcentagem molar de isooctano na mistura e o desvio padrão se a área foi (a) o resultado de uma única medida e (b) a média de quatro medidas.

Resolução

Em cada caso, a concentração desconhecida é encontrada a partir do rearranjo da equação dos mínimos quadrados para a linha, que fornece

$$x = \frac{y - b}{m} = \frac{y - 0{,}2567}{2{,}0925} = \frac{2{,}65 - 0{,}2567}{2{,}0925} = 1{,}144 \text{ mol \%}$$

Substituindo na Equação 8-18, obtemos:

$$s_c = \frac{0{,}1442}{2{,}0925}\sqrt{\frac{1}{1} + \frac{1}{5} + \frac{(2{,}65 - 12{,}51/5)^2}{(2{,}0925)^2 \times 1{,}145}} = 0{,}076 \text{ mol \%}$$

(b) Para a média de quatro medidas:

$$s_c = \frac{0{,}1442}{2{,}0925}\sqrt{\frac{1}{4} + \frac{1}{5} + \frac{(2{,}65 - 12{,}51/5)^2}{(2{,}0925)^2 \times 1{,}145}} = 0{,}046 \text{ mol \%}$$

Interpretação dos Resultados dos Mínimos Quadrados Quanto mais próximos os pontos estão da linha prevista pela análise dos mínimos quadrados, menores são os resíduos. A soma dos quadrados dos resíduos, SS_{resid}, é a medida da variação nos valores observados das variáveis dependentes (valores de y), que não são explicados pela relação linear prevista entre x e y.

$$SS_{resid} = \sum_{i=1}^{N} [y_i - (b + mx_i)]^2 \tag{8-19}$$

Também podemos definir a soma total dos quadrados, SS_{tot}, como

$$SS_{tot} = S_{yy} = \sum (y_i - \bar{y})^2 = \sum y_i^2 - \frac{\left(\sum y_i\right)^2}{N} \tag{8-20}$$

A soma total dos quadrados é a medida da variação total nos valores de y observados uma vez que os desvios são medidos a partir do valor médio de y.

Uma quantidade importante chamada **coeficiente de correlação** (R^2) mede a fração da variação observada em y que é explicada pela relação linear e é fornecida por

$$R^2 = 1 - \frac{SS_{resid}}{SS_{tot}} \tag{8-21}$$

Quanto mais próximo R^2 está da unidade, melhor o modelo linear explica as variações de y, como mostrado no Exemplo 8-6. A diferença entre SS_{tot} e SS_{resid} é a soma dos quadrados devido à regressão, SS_{regr}. Em contraste com SS_{resid}, SS_{regr} é uma medida da variação explicada. Podemos escrever,

$$SS_{regr} = SS_{tot} - SS_{resid} \quad \text{e} \quad R^2 = \frac{SS_{regr}}{SS_{tot}}$$

Uma regressão significativa é aquela na qual a variação nos valores de y decorrente da relação linear prevista é maior comparado àqueles erros (resíduos). Quando a regressão é significativa, ocorre um valor grande de F.

Dividindo-se a soma dos quadrados pelo número de graus de liberdade apropriado, podemos obter os valores médios da regressão e para os resíduos (erros) ao quadrado e então o valor de F. O valor de F fornece uma indicação da significância da regressão. É usado para testar a hipótese nula de que a variância total em y é igual a variância decorrente do erro. Um valor de F menor que o contido nas tabelas, a um dado nível de confiança, indica que a hipótese nula deve ser aceita e que a regressão não é significativa. Um valor grande de F indica que a hipótese nula deve ser rejeitada e que a regressão é significativa.

EXEMPLO 8-6

Encontre o coeficiente de correlação para os dados cromatográficos do Exemplo 8-4.

Resolução

Para cada valor de x_i, podemos encontrar um valor previsto de y_i a partir da relação linear. Vamos denominar os valores previstos de y_i e $\hat{y}_i$. Podemos escrever $\hat{y}_i = b + mx_i$ e construir uma tabela com os valores de y_i observados, os valores $\hat{y}_i$ previstos, os resíduos, $y_i - \hat{y}_i$, e os quadrados dos resíduos, $(y_i - \hat{y}_i)^2$. Somando os últimos valores obtemos SS_{resid}, como mostrado na Tabela 8-2.

TABELA 8-2

Obtenção da Soma dos Quadrados dos Resíduos

	x_i	y_i	$\hat{y}_i$	$y_i - \hat{y}_i$	$(y_i - \hat{y}_i)^2$
	0,352	1,09	0,99326	0,09674	0,00936
	0,803	1,78	1,93698	−0,15698	0,02464
	1,08	2,60	2,51660	0,08340	0,00696
	1,38	3,03	3,14435	−0,11435	0,01308
	1,75	4,01	3,91857	0,09143	0,00836
Somas	5,365	12,51			0,06240

Do Exemplo 8-4, o valor de $S_{yy} = 5{,}07748$. Assim,

$$R^2 = 1 - \frac{SS_{resid}}{SS_{tot}} = 1 - \frac{0{,}0624}{5{,}07748} = 0{,}9877$$

Isso mostra que mais de 98% da variação nas áreas dos picos podem ser explicados pelo modelo linear. Também podemos calcular SS_{regr} como

$$SS_{regr} = SS_{tot} - SS_{resid} = 5{,}07748 - 0{,}06240 = 5{,}01508$$

Vamos agora calcular o valor de F. Existem cinco pares xy usados para a análise. A soma total dos quadrados tem quatro graus de liberdade associados a ela, uma vez que um deles é perdido no cálculo da média dos valores de y. A soma dos quadrados devido aos resíduos possui três graus de liberdade, porque dois parâmetros m e b são estimados. Além disso, SS_{regr} tem apenas um grau de liberdade, pois corresponde à diferença entre SS_{tot} e SS_{resid}. Em nosso caso, podemos encontrar F de

$$F = \frac{SS_{regr}/1}{SS_{resid}/3} = \frac{5{,}01508/1}{0{,}0624/3} = 241{,}11$$

Esse valor de F bastante elevado tem uma pequena chance de ocorrer de forma aleatória, e consequentemente, concluímos que esta é uma regressão significativa.

Variáveis Transformadas Algumas vezes uma alternativa ao modelo linear simples é sugerida por uma relação teórica ou por meio do exame dos resíduos de uma regressão linear. Em alguns casos, a análise linear dos mínimos quadrados pode ser usada após uma das transformações simples mostradas na **Tabela 8-3**.

Embora a transformação de variáveis seja bastante comum, cuidado com as armadilhas inerentes neste processo. Mínimos quadrados lineares fornecem melhores estimativas das variáveis transformadas, mas estas podem não levar a bons resultados quando transformadas de volta para obter as estimativas dos parâmetros originais. Para os parâmetros originais, os **métodos de regressão não lineares**[20] podem fornecer melhores estimativas. Algumas vezes, a relação entre a resposta analítica e a concentração é inerentemente não linear. Em outros casos, as não linearidades surgem devido às soluções não se comportarem de maneira ideal. A transformação de variáveis não gera boas estimativas se os erros não são distribuídos de maneira normal. A estatística produzida pela ANOVA após a transformação sempre se refere às variáveis transformadas.

TABELA 8-3

Transformações para Linearizar Funções

Função	Transformação para Linearização	Equação Resultante
Exponencial: $y = be^{mx}$	$y' = \ln(y)$	$y' = \ln(b) + mx$
Potência: $y = bx^m$	$y' = \log(y), x' = \log(x)$	$y' = \log(b) + mx'$
Recíproca: $y = b + m\left(\frac{1}{x}\right)$	$x' = \frac{1}{x}$	$y = b + mx'$

Erros na Calibração com Padrão Externo

Quando os padrões externos são usados, considera-se que quando a mesma concentração do analito estiver presente na amostra e no padrão, a mesma resposta será obtida. Assim, a relação funcional da calibração entre a resposta e a concentração do analito também deve-se aplicar à amostra.

Normalmente, em uma determinação, a resposta original do instrumento não é utilizada. Em vez disso, a resposta analítica é corrigida por meio da medida de um **controle** (**branco**) (veja a Seção 5B-4). O **branco ideal** é idêntico à amostra, mas sem o analito. Na prática, com amostras complexas, é muito dispendioso ou impossível preparar um branco ideal e um ajuste deve ser feito. Muito frequentemente, um branco real é tanto um **branco do solvente**, contendo o mesmo solvente no qual a amostra foi dissolvida, como um **branco do reagente**, contendo o solvente mais os reagentes usados no preparo da amostra.

Mesmo com correções para o branco, vários fatores podem causar falhas nas considerações básicas do método do padrão externo. Os efeitos de matriz decorrentes da existência de espécies estranhas na amostra, que não estão presentes nos padrões ou no branco, podem fazer que os analitos e os padrões de igual concentração forneçam respostas diferentes. As diferenças em variáveis experimentais no momento da medida do branco, da amostra e dos padrões também podem invalidar uma calibração estabelecida. Mesmo quando a consideração básica é válida, os erros podem ocorrer devido à contaminação durante a amostragem ou nas etapas de preparação da amostra.

Para evitar os erros sistemáticos na calibração, os padrões precisam ser preparados de forma exata e seu estado químico precisa ser idêntico àquele do analito na amostra. Os padrões devem ser estáveis com relação à sua concentração, pelo menos durante o processo de calibração.

Os erros sistemáticos também podem ocorrer durante o processo de calibração. Por exemplo, se os padrões forem preparados incorretamente, um erro vai acontecer.

[20] Veja D. M. Bates e D. G. Wates, *Nonlinear Regression Analysis and Its Applications*. Nova York: Wiley, 1988.

A exatidão com a qual os padrões são preparados depende da exatidão das técnicas gravimétricas e volumétricas, assim como do equipamento utilizado. A forma química dos padrões precisa ser idêntica àquela do analito na amostra; o estado de oxidação, a isomeria ou a complexação do analito podem alterar a resposta. Uma vez preparadas, as concentrações dos padrões podem variar em decorrência da decomposição, da volatilização, ou da adsorção às paredes de recipientes. A contaminação dos padrões também pode resultar em concentrações mais elevadas que o esperado para o analito. Um erro sistemático pode ocorrer se existir alguma tendência no modelo de calibração. Por exemplo, os erros podem ocorrer se a função de calibração for obtida sem o uso de padrões suficientes para se obter boas estimativas estatísticas dos parâmetros.

A exatidão de uma determinação pode, algumas vezes, ser conferida analisando-se as amostras reais de uma matriz similar, mas com concentrações conhecidas de analito. O National Institute of Standards and Technology (NIST) e outras organizações fornecem amostras biológicas, geológicas, forenses e outros tipos com concentrações certificadas de várias espécies (veja Seção 5B-4 e 35B-4).

Os erros aleatórios também podem influenciar a exatidão dos resultados obtidos a partir de curvas analíticas. Da Equação 8-18, pode-se observar que o desvio padrão na concentração s_c do analito, obtido de uma curva analítica, é mínimo quando a resposta $\bar{y}_c$ se aproxima do valor médio $\bar{y}$. O ponto $\bar{x}, \bar{y}$, representa o centro da reta de regressão. Os pontos próximos desse valor são determinados com mais certeza que aqueles mais distantes da região central. A **Figura 8-11** mostra uma curva analítica com limites de confiança. Observe que as medidas feitas próximas do centro da curva fornecerão menor incerteza na concentração do analito que aquelas feitas nos extremos.

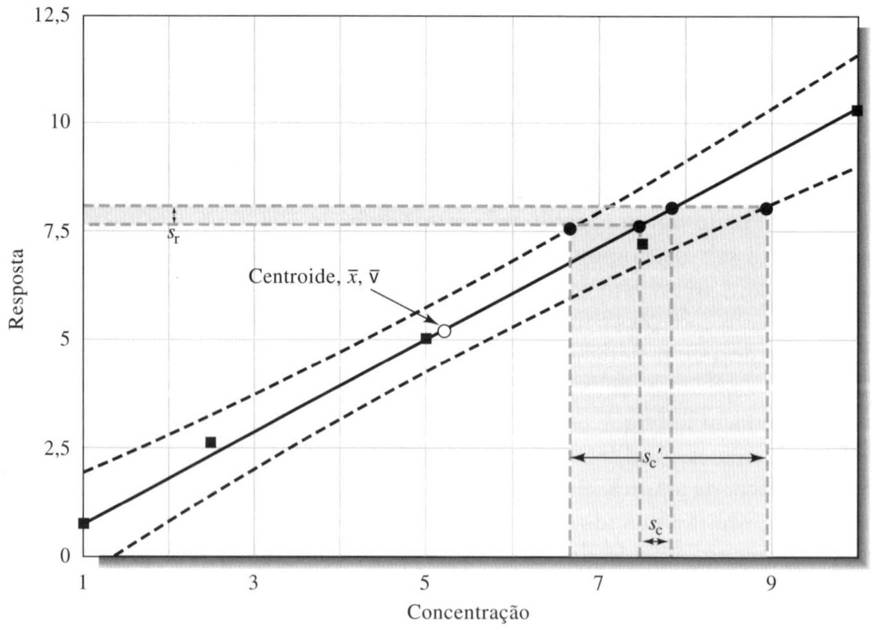

Figura 8-11 Efeito da incerteza da curva analítica. As linhas pontilhadas mostram os limites de confiança para as concentrações determinadas pela reta de regressão. Observe que as incertezas aumentam nas extremidades do gráfico. Normalmente, estimamos a incerteza na concentração do analito apenas por meio do desvio padrão da resposta. A incerteza na curva analítica aumenta a incerteza na concentração do analito de s_c até s_c', como mostrado.

8D-3 Minimização de Erros em Procedimentos Analíticos[21]

Existem diversas etapas que podem ser efetuadas para assegurar a exatidão em procedimentos analíticos. Amaioria delas depende da minimização ou correção de erros que podem ocorrer na etapa da medida. Devemos observar, entretanto, que a exatidão e a precisão globais de uma análise podem não estar limitadas pela etapa de medida, mas estar limitada por fatores como amostragem, preparo da amostra e calibração, como discutido anteriormente neste capítulo.

DESTAQUE 8-3

Calibração Multivariada

O procedimento dos mínimos quadrados descrito é um exemplo de um procedimento de calibração univariado porque apenas uma resposta é usada por amostra. O processo de relacionar respostas instrumentais múltiplas com um analito ou mistura de analitos é conhecido como **calibração multivariada.** Os métodos de calibração multivariada[22] têm-se tornado bastante populares nos anos recentes à medida que novos instrumentos que produzem respostas multidimensionais agora estão disponíveis (absorbâncias de várias amostras em múltiplos comprimentos de onda, espectros de massa de componentes separados cromatograficamente, e assim por diante). Esses métodos são bastante poderosos. Podem ser utilizados para determinar simultaneamente múltiplos componentes presentes em misturas e fornecer redundância em medidas para melhorar a precisão. Lembre-se de que a repetição de uma medida *N* vezes fornece uma melhora em 1N da precisão do valor médio. Esses métodos também podem ser usados para detectar a presença de interferências que não seriam identificadas em uma calibração univariada.

As técnicas multivariadas são **métodos inversos de calibração.** Nos métodos dos mínimos quadrados, muitas vezes chamados **métodos dos mínimos quadrados clássicos**, a resposta do sistema é modelada como uma função da concentração do analito. Nos métodos inversos, as concentrações são tratadas como funções das respostas. A última abordagem pode levar a vantagens de forma que as concentrações podem ser exatamente previstas, mesmo na presença de fontes de interferência química e física. Nos métodos clássicos, todos os componentes do sistema precisam ser considerados no modelo matemático produzido (equação da regressão).

Os métodos de calibração multivariada comuns são a **regressão linear múltipla,** a **regressão de mínimos quadrados parciais** e a **regressão de componentes principais.** Estas diferem exatamente na maneira pela qual as variações nos dados (respostas) são usadas para prever a concentração. Estão disponíveis no mercado programas de computador de várias empresas que realizam calibração multivariada. O uso de métodos estatísticos multivariados para a análise quantitativa é parte de uma disciplina da química chamada **quimiometria**.

A determinação multicomponente de Ni(II) e Ga(III) em misturas é um exemplo do uso da calibração multivariada.[23] Ambos os metais reagem com 4-(2-piridilazo)--resorcinol (PAR) para formar produtos coloridos. Os espectros de absorção dos produtos são ligeiramente diferentes e se formam em velocidades ligeiramente diferentes. Pode-se tirar vantagem dessas pequenas diferenças para realizar determinações simultâneas dos metais em misturas. No estudo citado, 16 misturas de padrões contendo os

[21] Para uma discussão mais extensiva, ver K. R. Beebe; R. J. Pell e M. B. Seasholtz, *Chemometrics: A Pratical Guide*, Nova York: Wiley, 1998, cap. 5; H. Martens e T. Naes, *Multivariate Calibration*, Nova York: Wiley, 1989; K. Varmuza e P. Filzmoser, *Introduction to Multivariate Statistical Analysis in Chemometrics*, Boca Raton, FL: CRC Press, 2009.

[22] T. F. Cullen e S. R. Crouch, *Anal. Chem. Acta*, v. 407, p. 135, **2000**, **DOI**: 10.1016/S0003-2670(99)00836-3.

[23] Para uma discussão mais extensiva sobre a minimização de erros, ver J. D. Ingle Jr. e S. R. Crouch, *Spectrochemical Analysis*, Upper Saddle River, NJ: Prentice-Hall, 1988, pp. 176-183.

dois metais foram empregadas para determinar o modelo de calibração. Um espectrofotômetro de multicanal (múltiplos comprimentos de onda) com arranjo de diodos de onda (Capítulo 25) coletou dados para 26 intervalos de tempo e 26 comprimentos de onda. As concentrações dos metais, na faixa de μmol L^{-1}, foram determinadas em misturas conhecidas em pH 8,5 através dos mínimos quadrados e regressão de componentes principais com erros relativos menores que 10%.

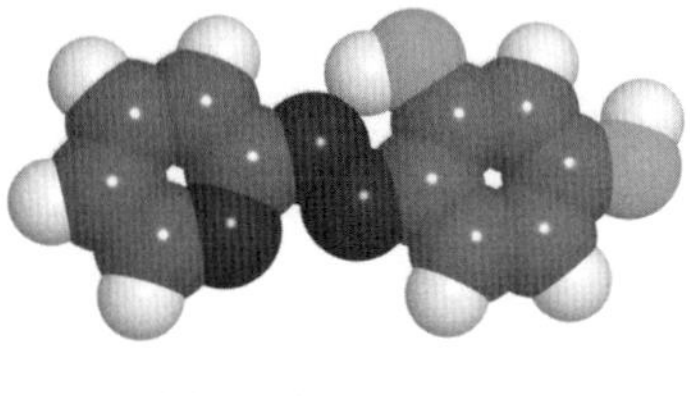

Modelo molecular do PAR.

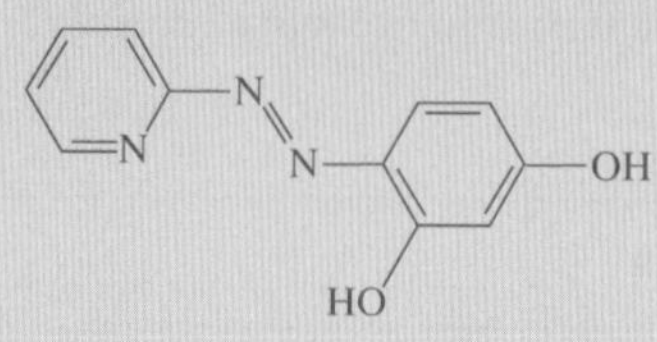

Fórmula estrutural do 4-(2-piridilazo)-resorcinol.

Separações

O tratamento da amostra realizado por métodos de separação é uma maneira importante de minimizar os erros devido a possíveis interferências da matriz da amostra. Técnicas como filtração, precipitação, diálise, extração com solvente, volatilização, troca iônica e cromatografia são todas úteis para tornar a amostra livre de potenciais constituintes interferentes. A maioria dos métodos de separação é, entretanto, lenta e pode aumentar as chances de que parte do analito seja perdida ou que a amostra seja contaminada. Em muitos casos, contudo, as separações são a única forma de eliminar espécies interferentes. Alguns instrumentos modernos incluem um sistema de pré-tratamento automático que contém uma etapa de separação (injeção em fluxo ou cromatografia).

Saturação, Modificação de Matriz e Mascaramento

O **método da saturação** envolve a adição da espécie interferente nas amostras, padrões e brancos para que o efeito da interferência se torne independente da concentração original da espécie interferente na amostra. Isso pode, entretanto, degradar a sensibilidade e a detectabilidade do analito.

Um **modificador de matriz** é uma espécie, não uma espécie interferente, adicionada às amostras, padrões e brancos em quantidades suficientes para provocar uma resposta analítica independente da concentração da espécie interferente. Por exemplo, uma solução-tampão pode ser adicionada para manter o pH dentro de limites, a despeito do pH da amostra. Algumas vezes um **agente mascarante** é adicionado de forma que reaja seletivamente com as espécies interferentes para formar um complexo que não interfere.

Em ambos os métodos é preciso tomar cuidado para que os reagentes adicionados não contenham quantidades significativas do analito ou de outras espécies interferentes.

Diluição e Equiparação de Matriz

Erros em procedimentos podem ser minimizados por meio da saturação com espécies interferentes pela adição de modificadores de matriz ou agentes mascarantes, pela diluição da amostra ou pela equiparação à matriz da amostra.

Algumas vezes o **método da diluição** pode ser útil se a espécie interferente não produz um efeito significativo abaixo de um certo nível de concentração. Com esse método, o efeito da interferência é minimizado simplesmente pela diluição da amostra. A diluição pode influenciar nossa habilidade de detectar o analito ou de medir sua resposta com exatidão e precisão, assim sendo, deve-se tomar cuidado no uso desse método.

O **método de equiparação de matriz** tenta duplicar a matriz da amostra pela adição dos constituintes majoritários da matriz aos padrões e ao branco. Por exemplo, na análise de amostras de água do mar para a determinação de metais traço, os padrões podem ser preparados em uma água do mar sintética contendo Na^+, K^+, Cl^-, Ca^{2+}, Mg^{2+} e outros componentes. As concentrações dessas espécies são bem conhecidas na água do mar e são praticamente constantes. Em alguns casos, o analito pode ser removido da matriz original da amostra e os componentes remanescentes podem ser usados para preparar padrões e brancos. De novo, precisamos ser cuidadosos para que os reagentes adicionados não contenham o analito ou provoquem efeitos de interferência adicionais.

Método do Padrão Interno

No **método do padrão interno**, uma quantidade conhecida da espécie que atua como referência é adicionada a todas as amostras, padrões e brancos. Então o sinal de resposta não é aquele do próprio analito, mas sim da *razão* entre o sinal do analito e o da espécie de referência. É preparada, como de maneira usual, uma curva analítica na qual o eixo *y* é a razão entre as respostas e o eixo *x*, a concentração do analito nos padrões. A **Figura 8-12** ilustra o uso do método do padrão interno para respostas na forma de pico.

Um **padrão interno** é uma espécie de referência, química ou fisicamente similar ao analito, que é adicionada a amostras, padrões e brancos. A razão entre as respostas do analito e a do padrão interno é representada em um gráfico *versus* a concentração do analito.

O método do padrão interno pode compensar certos tipos de erros se estes influenciam tanto o analito como a espécie de referência na mesma proporção. Por exemplo, se a temperatura influencia ambos, o analito e a espécie de referência, com a mesma intensidade, o uso da razão pode compensar as variações na temperatura. Para a compensação ocorrer, deve-se escolher uma espécie de referência que tenha propriedades químicas e físicas similares àquelas do analito. O uso de um padrão interno em espectrometria de chama é ilustrado no Exemplo 8-7.

Uma espécie de referência apropriada deve estar disponível para o método de padrão interno para compensar os erros. A espécie de referência não deve ter interferências únicas diferentes do analito. Não deve haver contaminação do analito nos materiais usados para preparar o padrão interno. Além disso, ambas as espécies devem estar presentes em concentrações que estejam nas partes lineares de suas curvas de calibração. Por causa da dificuldade em encontrar espécies de padrão interno apropriadas, o método do padrão interno não é comumente usado como os outros métodos de compensação de erros.

Método das Adições de Padrão

Usamos o **método das adições de padrão** quando for difícil ou impossível fazer uma cópia da matriz da amostra. Em geral, a amostra é "contaminada" com uma quantidade ou quantidades conhecidas padrão contendo o analito. No método das adições de padrão de um único ponto, duas porções da amostra são tomadas. Uma porção é medida como de costume, mas uma quantidade conhecida da solução padrão é adicionada à segunda porção. As respostas para as duas porções são então empregadas para calcular a concentração desconhecida, assumindo-se uma relação linear entre a resposta e a concentração do analito (ver Exemplo 8-8). No **método das adições múltiplas** são feitas as adições de quantidades conhecidas da solução padrão do analito a várias porções da amostra e uma curva analítica com as múltiplas adições é obtida.

No **método das adições de padrão**, uma quantidade conhecida da solução padrão contendo o analito é adicionada a uma porção da amostra. As respostas antes e depois da adição são medidas e posteriormente usadas para obter a concentração do analito. Alternativamente, as múltiplas adições são feitas a diversas porções da amostra. A adição de padrão considera uma resposta linear. A linearidade deve ser sempre confirmada ou o **método das adições múltiplas** deve ser empregado para se verificar a linearidade.

O método das adições múltiplas permite verificar se existe uma relação linear entre a resposta e a concentração do analito. Posteriormente discutiremos o método das adições múltiplas no Capítulo 26, em que ele é utilizado em conjunto com a espectroscopia de absorção molecular (Figura 26-8).

O método das adições de padrão é bastante poderoso quando utilizado adequadamente. Primeiro, precisamos ter uma boa medida do branco para que espécies estranhas não contribuam para a resposta analítica. Segundo, a curva analítica para o analito precisa ser linear na matriz da amostra. O método das múltiplas adições permite uma verificação dessa consideração. Uma desvantagem significativa do método das adições múltiplas é o tempo extra requerido para se fazer as adições e medidas. O principal benefício é a potencial compensação de efeitos de interferências complexas que podem ser desconhecidas para o usuário.

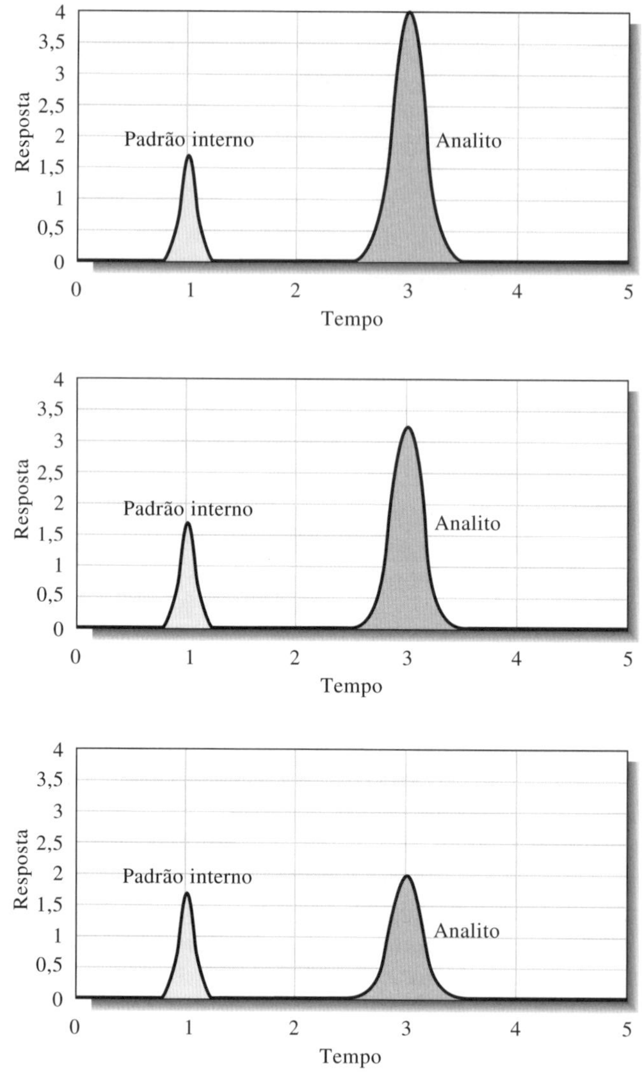

Figura 8-12 Ilustração do método do padrão interno. Uma quantidade fixa da espécie contida no padrão interno é adicionada a amostras, padrões e brancos. Os gráficos da curva analítica contêm a razão entre o sinal do analito e o do padrão interno contra a concentração do analito.

EXEMPLO 8-7

As intensidades das linhas de emissão em chama podem ser influenciadas por uma variedade de fatores instrumentais, incluindo a temperatura da chama, a vazão da solução e a eficiência do nebulizador. Podemos compensar as variações desses fatores pelo uso do método do padrão interno. Portanto, adicionamos a mesma quantidade do padrão interno a misturas contendo quantidades conhecidas do analito e de amostras com concentrações desconhecidas do analito. Então, tomamos a razão entre as intensidades da linha do analito e aquela do padrão interno. O padrão interno deve estar ausente na amostra a ser analisada.

Na determinação de sódio por emissão em chama, o lítio é frequentemente adicionado como um padrão interno. Os seguintes dados foram obtidos para soluções contendo Na e 1.000 ppm de lítio.

c_{Na}, ppm	Intensidade de Na, I_{Na}	Intensidade de Li, I_{Li}	I_{Na}/I_{Li}
0,10	0,11	86	0,00128
0,50	0,52	80	0,0065
1,00	1,8	128	0,0141
5,00	5,9	91	0,0648
10,00	9,5	73	0,1301
Amostra	4,4	95	0,0463

Um gráfico da intensidade de emissão de Na em relação a concentração de Na é mostrado na **Figura 8-13a**. Observe que existe alguma dispersão nos dados e que o valor de R^2 é 0,9816. Na **Figura 8-13b**, a razão entre as intensidades de emissão de Na e Li está contra a concentração de Na. Observe que a linearidade é melhorada como indicado pelo valor de R^2 de 0,9999. A razão de intensidade desconhecida (0,0463) está então localizada na curva e a concentração de Na correspondendo a esta razão é encontrada como 3,55 ± 0,05 ppm.

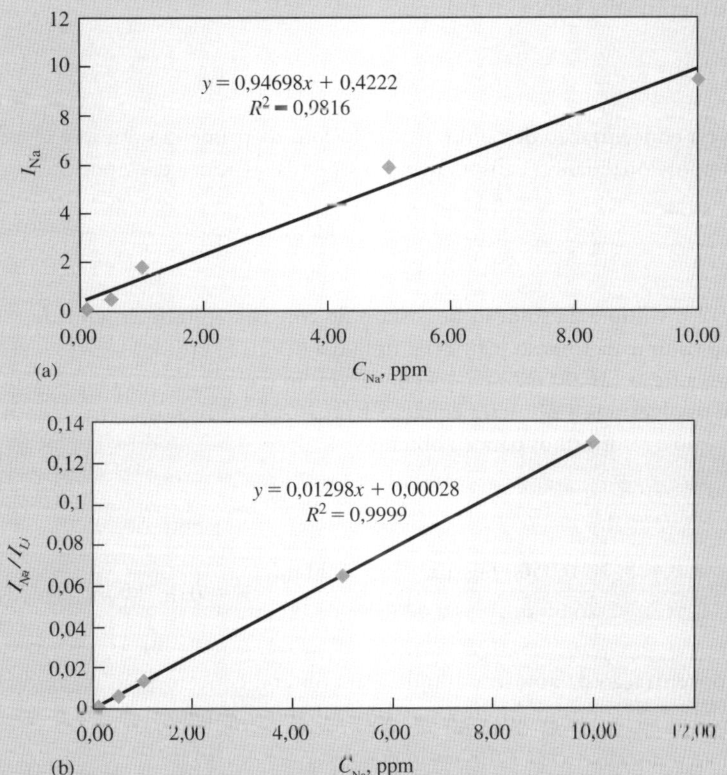

Figura 8-13 Em (a) a intensidade da emissão de chama é colocada no gráfico *versus* a concentração de Na em ppm. A curva de calibração de padrão interno é mostrada em (b), onde a razão das intensidades de Na em relação à de Li é colocada no gráfico contra a concentração de Na.

EXEMPLO 8-8

O método das adições de padrão de ponto único foi empregado na determinação de fosfato pelo método do azul de molibdênio. Uma amostra de 2,00 mL de urina foi tratada com os reagentes de azul de molibdênio para produzir uma espécie que absorve a 820 nm, após isso a amostra foi diluída para 100,00 mL. Uma alíquota de 25,00 mL proporcionou uma leitura no instrumento (absorbância) de 0,428 (solução 1). A adição de 1,00 mL de uma solução contendo

0,0500 mg de fosfato a uma segunda alíquota de 25,00 mL forneceu uma absorbância de 0,517 (solução 2). Utilize esses dados para calcular a concentração de fosfato, em miligramas por litro na amostra. Suponha que exista uma relação linear entre a absorbância e a concentração de fosfato e a realização de uma medida para o branco.

Modelo molecular para o íon fosfato (PO_4^{3-}).

Resolução

A absorção da primeira solução é dada por

$$A_1 = kc_d$$

em que c_d é a concentração desconhecida de fosfato na primeira solução e k, a constante de proporcionalidade. A absorbância da segunda solução é dada por

$$A_2 = \frac{kV_dc_d}{V_t} + \frac{kV_pc_p}{V_t}$$

na qual V_d é o volume da solução de fosfato de concentração desconhecida (25,00 mL), V_p é o volume da solução padrão de fosfato adicionada (1,00 mL), V_t é o volume total após a adição (26,00 mL) e c_p, a concentração da solução padrão (0,0500 mg mL^{-1}). Se resolvermos a primeira equação para k, substituirmos o resultado na segunda equação e resolvermos para c_d, obtemos

$$c_d = \frac{A_1c_pV_p}{A_2V_t - A_1V_d} =$$

$$= \frac{0{,}428 \times 0{,}0500 \text{ mg mL}^{-1} \times 1{,}00 \text{ mL}}{0{,}517 \times 26{,}00 \text{ mL} - 0{,}428 \times 25{,}00 \text{ mL}} = 0{,}00780 \text{ mg mL}^{-1}$$

Esta é a concentração da amostra diluída. Para obter a concentração na amostra de urina original, precisamos multiplicar por 100,00/2,00. Portanto,

$$\text{concentração de fosfato} = 0{,}00780 \text{ mg mL}^{-1} \times 100{,}00 \text{ mL}/2{,}00 \text{ mL}$$
$$= 0{,}390 \text{ mg mL}^{-1}$$

8E FIGURAS DE MÉRITO PARA MÉTODOS ANALÍTICOS

Os procedimentos analíticos são caracterizados por inúmeras figuras de mérito, como exatidão, precisão, sensibilidade, limite de detecção e faixa dinâmica. No Capítulo 5 discutimos os conceitos gerais de exatidão e precisão. Aqui, descrevemos aquelas figuras adicionais de mérito comumente utilizadas e discutimos a validação e a forma da relatar os resultados analíticos.

8E-1 Sensibilidade e Limite de Detecção

Muitas vezes o termo **sensibilidade** é usado na descrição de um método analítico. Infelizmente, é ocasionalmente empregado de maneira indiscriminada e incorreta. A definição mais frequentemente utilizada de sensibilidade é a **sensibilidade da calibração**, ou a variação no sinal de resposta pela variação da unidade de concentração do analito. A sensibilidade da calibração é, portanto, a inclinação da curva analítica, como mostrada na **Figura 8-14**. Se a curva analítica for linear, a sensibilidade será constante e independente da concentração. Se a curva analítica não for linear, a sensibilidade variará com a concentração e não terá um valor único.

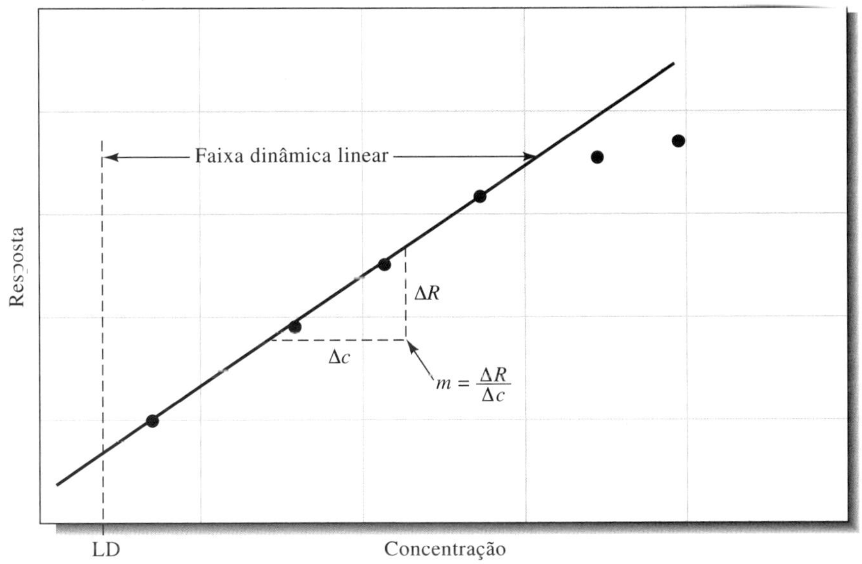

Figura 8-14 Curva analítica da resposta, R, *versus* a concentração, c. A inclinação da curva analítica é chamada sensibilidade da calibração, m. O limite de detecção, LD, representa a menor concentração que pode ser medida em um nível de confiança determinado.

A sensibilidade da calibração não indica quais as diferenças de concentração podem ser detectadas. O ruído presente nos sinais de resposta precisa ser considerado a fim de que se possa expressar quantitativamente as diferenças passíveis de serem detectadas. Por essa razão, algumas vezes o termo **sensibilidade analítica** é utilizado. A sensibilidade analítica é a razão entre a inclinação da curva analítica e o desvio padrão do sinal analítico a uma dada concentração do analito. A sensibilidade analítica é, em geral, fortemente dependente da concentração.

O **limite de detecção** (LD) é a menor concentração que pode ser distinguida com um certo nível de confiança. Toda técnica analítica tem um limite de detecção. Para os métodos que empregam uma curva analítica, o limite de detecção é definido em uma percepção prática pela Equação 8-22. É a concentração de analito que produz uma resposta igual a k vezes o desvio padrão do branco S_b:

$$\text{LD} = \frac{ks_b}{m} \qquad (8\text{-}22)$$

onde k é chamado de fator de confiança e m é a sensibilidade de calibração. O fator k normalmente é escolhido como sendo 2 ou 3. Um valor de k igual a 2 corresponde a um nível de confiança de 92,1%, enquanto um valor de k igual a 3 corresponde a um nível de confiança de 98,3%.[24]

Os limites de detecção relatados por pesquisadores ou por fabricantes de instrumentos podem não ser aplicáveis a amostras reais. Os valores descritos são geralmente

[24] Veja J. D. Ingle Jr. e S. R. Crouch, *Spectrochemical Analysis*, Upper Saddle River, NJ: Prentice Hall, 1988, p. 174.

obtidos a partir do uso de padrões ideais em instrumentos otimizados. Esses limites são úteis, entretanto, na comparação de métodos ou instrumentos.

8E-2 Faixa Dinâmica Linear

Muitas vezes a **faixa dinâmica linear** de um método analítico refere-se à faixa de concentração que pode ser determinada usando uma curva de calibração linear (veja a Figura 8-14). O limite inferior da faixa dinâmica é geralmente considerado como o limite de detecção. O limite superior da faixa é normalmente tomado como a concentração na qual o sinal analítico ou a inclinação da curva analítica desvia-se por uma quantidade específica. Em geral, um desvio de 5% da linearidade é considerado como o limite superior. Os desvios da linearidade são comuns em concentrações elevadas por causa da resposta não ideal de detectores ou devido a efeitos químicos. Algumas técnicas analíticas, como a absorção espectrofotométrica são lineares apenas em uma a duas ordens de grandeza. Outros métodos, tais como espectrometria de massas, exibem linearidade em quatro a cinco ordens de grandeza.

Uma curva analítica linear é preferida devido a sua simplicidade matemática e porque torna mais fácil a detecção de uma resposta anômala. Com uma curva analítica linear, podem ser empregados um número menor de padrões e um procedimento de regressão linear. As curvas analíticas não lineares podem ser utilizadas, porém mais padrões são necessários para se estabelecer a função de calibração do que com casos lineares. Uma faixa dinâmica linear ampla é desejável porque uma ampla faixa de concentração pode ser determinada sem a necessidade de diluição de amostras, que consome muito tempo e é uma fonte em potencial de erro. Em algumas determinações, é necessária apenas uma pequena faixa dinâmica. Por exemplo, na determinação de sódio no soro sanguíneo, é necessária apenas uma faixa pequena porque as variações do nível de sódio nos humanos é bastante limitada.

8E-3 Garantia de Qualidade de Resultados Analíticos

Quando os métodos analíticos são aplicados a problemas do mundo real, a qualidade dos resultados, assim como a qualidade do desempenho das ferramentas e instrumentos usados, precisa ser constantemente avaliada. As maiores atividades envolvidas são o controle de qualidade, a validação dos resultados e a apresentação de resultados.[25] Aqui descrevemos brevemente cada uma delas.

Gráficos de Controle

Um **gráfico de controle** consiste em um gráfico sequencial de alguma característica que é utilizada como critério de qualidade.

Um **gráfico de controle** é um gráfico sequencial de alguma característica que é importante na garantia de qualidade. O gráfico também mostra os limites estatísticos da variação que são permissíveis para a característica que está sendo medida.

Como um exemplo, considere a monitoração do desempenho de uma balança analítica. Ambas, a exatidão e a precisão da balança, podem ser monitoradas pela determinação periódica da massa de um padrão. Podemos determinar se as medidas em dias consecutivos estão dentro de certos limites da massa do padrão. Esses limites são chamados **limite superior de controle** (LSC) e **limite inferior de controle** (LIC). E são definidos como

$$\text{LSC} = \mu + \frac{3\sigma}{\sqrt{N}}$$

[25] Para mais informações, ver J. K. Taylor, Quality *Assurance of Chemical Measurements*, Chelsea, MI: Lewis Publishers, 1987.

$$LIC = \mu - \frac{3\sigma}{\sqrt{N}}$$

em que μ é a média da população para as medidas da massa; σ, o desvio padrão da população para as medidas; e N, o número de réplicas que são obtidas para cada amostra. A média da população e o desvio padrão para a massa padrão precisam ser estimados a partir de estudos preliminares. Observe que o LSC e o LIC representam três desvios padrão para cada lado da média da população e formam uma faixa na qual espera-se que a massa medida esteja contida em 99,7% das vezes.

A Figura 8-15 corresponde a um gráfico de controle típico para uma balança analítica. Os dados de massas foram coletados durante 24 dias consecutivos para uma massa padrão de 20,000 g certificada pelo NIST. A cada dia, cinco réplicas de determinações eram realizadas. A partir de experimentos independentes foram encontrados os valores da média da população e do desvio padrão, $\mu = 20{,}000$ g e $\sigma = 0{,}00012$ g, respectivamente. Para a média de cinco medidas, $3 \times \frac{0{,}00012}{\sqrt{5}} = 0{,}00016$. Assim, o valor do LSC é igual a 20,00016 g e o valor do LIC é igual a 19,99984 g. Com esses valores e as médias das massas para cada dia, o gráfico de controle exibido na **Figura 8-15** pôde ser construído. Enquanto o valor de média permanecer entre o LSC e o LIC, diz-se que a balança está sob **controle estatístico**. No 17º dia, a balança ficou fora desse controle e foi iniciada uma investigação para descobrir esta condição. Nesse exemplo, a balança não foi limpa de forma adequada naquele dia, havia poeira em seu prato. Desvios sistemáticos em relação à média são relativamente fáceis de observar em um gráfico de controle.

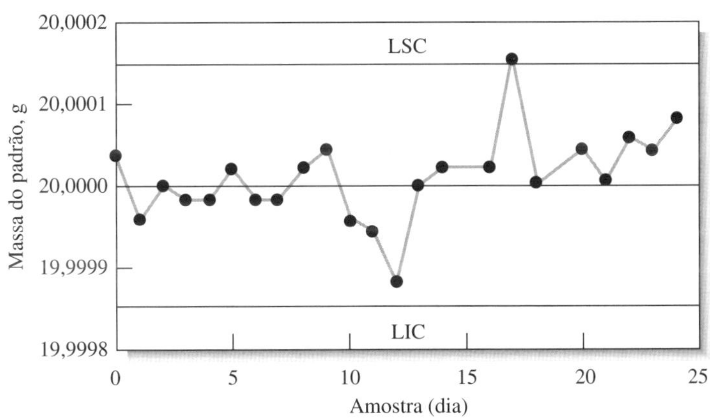

Figura 8-15 Gráfico de controle para uma balança analítica moderna. Os resultados parecem flutuar normalmente ao redor da média, exceto aquele obtido no 17º dia. Após investigações, concluiu-se que o valor questionável foi resultado do fato de o prato da balança não estar limpo.

Em outro exemplo, um gráfico de controle foi usado para monitorar a produção de medicamentos contendo peróxido de benzoíla, os quais são usados no tratamento de acne. O peróxido de benzoíla é um bactericida que é efetivo quando aplicado à pele como um creme ou gel contendo 10% do ingrediente ativo. Essas substâncias são reguladas pela agência governamental denominada Food and Drug Administration (FDA). As concentrações de peróxido de benzoíla precisam, portanto, ser monitoradas e mantidas sob controle estatístico. O peróxido de benzoíla é um agente oxidante que pode ser combinado com um excesso de iodeto para produzir iodo, que é titulado com uma solução padrão de tiossulfato de sódio para fornecer uma medida da concentração de peróxido de benzoíla na amostra.

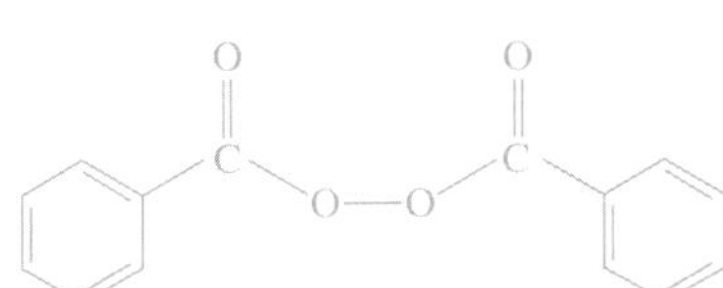

Fórmula estrutural do peróxido de benzoíla.

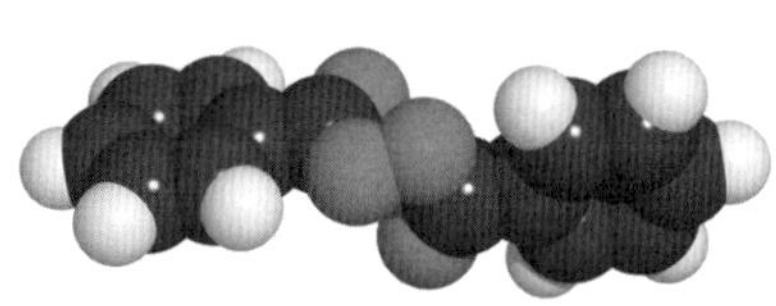

Modelo molecular do peróxido de benzoíla

O gráfico de controle da **Figura 8-16** mostra os resultados para 89 corridas da produção de um creme contendo uma concentração nominal de 10% em peróxido de benzoíla, medidos em dias consecutivos. Cada amostra é representada por um porcentual médio de peróxido de benzoíla determinado a partir dos resultados de cinco titulações de diferentes amostras analíticas do creme. O gráfico mostra que, até o 83º dia, o processo de produção estava sob controle estatístico, com flutuações aleatórias normais na quantidade de peróxido de benzoíla. No 83º dia, o sistema ficou fora de controle, com um drástico aumento sistemático no LIC. Esse aumento provocou uma preocupação considerável na planta de produção até que sua fonte foi descoberta e corrigida. Esses exemplos revelam como gráficos de controle são efetivos na apresentação de dados de controle de qualidade em uma variedade de situações.

Validação

A validação determina a adequação de uma análise no sentido de fornecer a busca por informações e pode ser aplicada às amostras, às metodologias e aos dados. Muitas vezes é feita pelo analista, como também por um supervisor.

Frequentemente, a validação de amostras é empregada: para aceitar amostras como membros de uma população que está sob estudo; para admitir amostras para medidas; para estabelecer a autenticidade de amostras; e para permitir uma nova amostragem, se necessário. No processo de validação, as amostras podem ser rejeitadas devido a questões relacionadas com sua identidade, com a manipulação das amostras ou o conhecimento de que o método de coleta das amostras não era apropriado ou inspirava dúvidas. Por exemplo, a contaminação de amostras de sangue a ser usada como prova em um exame forense, durante a coleta, seria uma razão para rejeição das amostras.

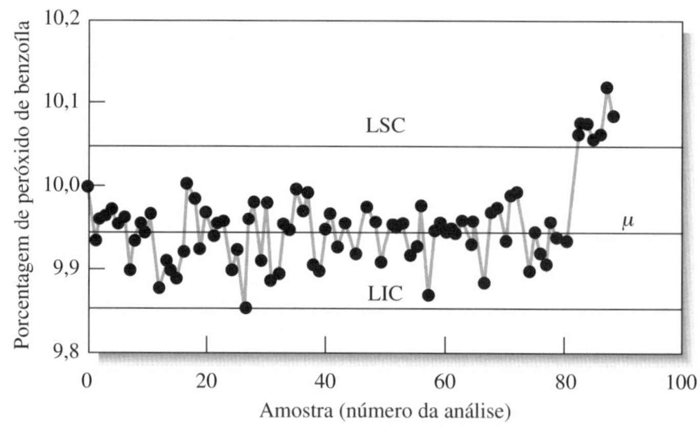

Figura 8-16 Um gráfico de controle para a monitoração da concentração de peróxido de benzoíla presente em uma preparação comercial para a acne. O processo de produção ficou fora de controle estatístico a partir da 83ª amostra e exibiu uma variação sistemática no valor médio da concentração.

Existem várias maneiras diferentes de validar os métodos analíticos. Algumas delas foram discutidas na Seção 5B-4. Os métodos mais comuns incluem a análise de materiais padrão de referência, quando disponíveis, a análise por um método analítico diferente, a análise de amostras fortificadas[26] e a análise de amostras sintéticas que têm composição química próxima da amostra real. Muitas vezes analistas individuais e de laboratórios precisam demonstrar a validade dos métodos e técnicas empregados.

A validação de dados é a última etapa antes da liberação dos resultados. Esse processo tem início com a validação das amostras e dos métodos utilizados. Então os dados são apresentados com limites de incerteza válidos, após uma verificação global

[26] NRT: O termo amostras fortificadas, utilizado no lugar de *spiked*, em inglês, significa que as amostras sofreram uma adição conhecida proposital do analito de tal forma que a recuperação do método analítico pode ser verificada.

ter sido realizada, com o intuito de eliminar erros na amostragem e no manuseio de amostras, na realização das análises, na identificação das amostras e nos cálculos empregados.

Apresentação de Resultados Analíticos

Os formatos e procedimentos específicos de apresentação variam de laboratório para laboratório. Entretanto, poucas recomendações gerais podem ser mencionadas aqui. Se apropriado, a apresentação deve seguir o procedimento de boas práticas de laboratório (BPL).[27]

Geralmente os resultados analíticos devem ser apresentados como um valor médio e o desvio padrão. Algumas vezes, o desvio padrão em relação à média é fornecido no lugar do desvio em relação ao conjunto de dados. Ambos são aceitáveis desde que esteja claro qual está sendo apresentado. Um intervalo de confiança para a média também deve ser informado. Normalmente, o limite de confiança de 95% representa um compromisso aceitável entre ser muito restritivo e muito permissivo. De novo, o intervalo e seu nível de confiança devem ser explicitamente mencionados. Os resultados de vários testes estatísticos realizados com os dados também devem ser incluídos, quando apropriado, assim como deve ser reportada a rejeição de qualquer valor, com o respectivo critério empregado na rejeição.

O algarismos significativos são importantes na apresentação dos resultados. Devem ser baseados na avaliação estatística dos dados. A convenção do número de algarismos significativos apresentada na Seção 6D-1 deve ser seguida quando possível e o arredondamento de dados deve ser feito com atenção às regras gerais.

A apresentação gráfica deve incluir barras de erros nos pontos, indicando, quando possível, as incertezas. Alguns programas computacionais para a produção de gráficos permitem que o usuário escolha diferentes limites para as barras de erro, de $\pm 1s, \pm 2s$, e assim por diante, enquanto outros programas escolhem automaticamente a dimensão das barras de erro. Quando apropriados, a equação de regressão e seus parâmetros estatísticos também devem ser apresentados.

A validação e a apresentação de resultados analíticos não são a parte mais glamourosa de uma análise, mas podem ser consideradas como uma das partes mais importantes. A validação fornece a confiança nas conclusões propostas. O relatório é, muitas vezes, a parte "visível" do procedimento, por ser trazido a público durante audiências, julgamentos, depósito de patentes e outros eventos.

TRABALHO NA WEB

Utilize um site de busca para encontrar o **método de adições de padrão.** Localize cinco técnicas instrumentais diferentes (por exemplo, espectrometria de absorção e cromatografia no estado gasoso) que usa o método de adições padrão e forneça referências para um site na web ou um periódico para cada técnica. Descreva um método em detalhes. Incluindo a técnica instrumental, o analito, a matriz da amostra e quaisquer procedimentos de tratamento de dados (adições únicas ou múltiplas).

[27] J. K. Taylor, *Quality Assurance in Chemical Measurements*, Chelsea, MI: Lewis Publishers, 1987, pp. 113-114.

QUESTÕES E PROBLEMAS

***8-1.** Uma amostra de rocha de 0,005 g deve ser analisada e deve-se determinar o ferro a nível de ppm. Determine o tipo de análise e o tipo de constituinte.

8-2. Qual é a função da etapa de amostragem em uma análise?

***8-3.** Descreva as etapas envolvidas na operação de amostragem.

8-4. Que fatores determinam a massa de uma amostra bruta?

***8-5.** Os seguintes resultados foram obtidos na determinação de cálcio em uma amostra de calcário do NIST: % CaO = 50,33; 50,22; 50,36; 50,21 e 50,44. Cinco amostras brutas foram obtidas de um vagão de calcário. Os valores de porcentagem média de CaO encontrados para as amostras brutas foram 49,53; 50,12; 49,60, 49,87 e 50,49. Calcule o desvio padrão relativo associado à etapa de amostragem.

8-6. Um recobrimento que pese pelo menos 3,00 mg é necessário para assegurar um tempo de prateleira adequado para um comprimido farmacêutico. Uma amostragem aleatória de 250 comprimidos revelou que 14 falharam no cumprimento do requisito.

(a) Use essa informação para estimar o desvio padrão relativo da medida.

(b) Qual é o intervalo de confiança, a 95%, para o número de comprimidos não satisfatórios?

(c) Considerando que a fração de rejeitados permaneça imutável, quantos comprimidos devem ser tomados para assegurar um desvio relativo de 5% na medida?

***8-7.** As alterações no método empregado para embalar comprimidos diminuíram a porcentagem de rejeição de 5,6% para 2,0%. Quantos comprimidos devem ser tomados para a inspeção se o desvio padrão relativo permitido para a medida for de

(a) 20%? (b) 12%? (c) 7%? (d) 2%?

8-8. A manipulação errada de uma carga de navio carregado com 750 caixas de vinho provocou a quebra de algumas garrafas. A seguradora propôs um reembolso de 20,8% do valor do carregamento, baseado em uma amostra de 250 garrafas na qual 52 estavam trincadas ou quebradas. Calcule:

(a) O desvio padrão relativo da avaliação da seguradora.

(b) O desvio padrão absoluto para as 750 caixas (12 garrafas por caixa).

(c) O intervalo de confiança, a 90%, para o número total de garrafas.

(d) A dimensão da amostragem aleatória necessária para se obter um desvio padrão relativo de 5,0%, considerando-se uma taxa de quebra de cerca de 21%.

***8-9.** Acredita-se que aproximadamente 15% das partículas contidas em um carregamento de um minério de prata são de argentinita, Ag_2S (d = 7,3 g cm^{-3}, 87% em Ag); o restante é silício (d = 2,6 g cm^{-3}) e essencialmente não contém prata.

(a) Calcule o número de partículas que deve ser tomado para a amostra bruta se for esperado que o desvio relativo devido à amostragem seja de 1% ou menos.

(b) Estime a massa da amostra bruta considerando que as partículas sejam esféricas e tenham um diâmetro médio de 3,5 mm.

(c) A amostra tomada para a análise deve pesar 0,500 g e deve conter o mesmo número de partículas que a amostra bruta. Que diâmetro devem ter as partículas para satisfazer estes critérios?

8-10. Na determinação de chumbo em uma amostra de pintura, sabe-se que a variância da amostra é de 10 ppm e a da medida é de 4 ppm. Dois esquemas de amostragem estão sendo considerados:

Esquema a: Tome cinco incrementos da amostra e misture-os. Realize uma análise em duplicata da amostra composta.

Esquema b: Tome três incrementos da amostra e realize uma análise em duplicata de cada um deles.

Que esquema de amostragem, se existir algum, deve ter a menor variância em relação à média?

***8-11.** Os dados na tabela que se segue representam a concentração de glicose no soro sanguíneo de um paciente adulto. Em quatro dias consecutivos, uma amostra de sangue foi coletada do paciente e analisada em triplicata. A variância para uma dada amostra é uma estimativa da variância da medida, enquanto a variância dia a dia reflete as variâncias da medida e da amostragem.

Dia	Concentração de Glicose, mg/100 mL		
1	62	60	63
2	58	57	57
3	51	47	48
4	54	59	57

(a) Desenvolva uma análise de variância e veja se as concentrações médias variam significativamente de um dia para o outro.

(b) Estime a variância da amostragem.

(c) Qual é a melhor maneira de diminuir a variância total?

8-12. O vendedor de uma lavra de mineração tomou uma amostra do minério que pesava 5,0 kg e que tinha um diâmetro médio de partícula de 5,0 mm. Uma inspeção revelou que cerca de 1% da amostra era de argentinita (ver Problema 8-9) e o restante tinha uma densidade de cerca de 2,6 g cm^3 e não continha prata. O potencial comprador insistiu em saber o conteúdo em prata da lavra com um erro relativo não superior a 5%. Determine se o vendedor forneceu uma amostra suficientemente grande para permitir tal avaliação. Dê os detalhes de sua análise.

***8-13.** Um método para a determinação do corticóide acetato de metilpredinisolona em solução, obtido de uma preparação farmacêutica, gerou um valor médio de 3,7 mg mL^{-1} com um desvio padrão de 0,3 mg mL^{-1}. Para finalidades de controle de qualidade, a incerteza relativa na concentração não deve ser maior que 3%. Quantas amostras de cada batelada devem ser analisadas para assegurar que o desvio padrão relativo não exceda a 7% em um nível de confiança de 95%?

8-14. A concentração do íon sulfato em águas naturais pode ser determinada pela medida da turbidez que resulta quando um excesso de $BaCl_2$ é adicionado a uma quantidade medida da amostra. Um turbidímetro, instrumento usado para essa análise, foi calibrado com uma série de padrões de soluções padrão de Na_2SO_4. Os seguintes dados foram obtidos na calibração:

c_x, mg SO_4^{2-}/L	Leitura do Turbidímetro, R
0,00	0,06
5,00	1,48
10,00	2,28
15,0	3,98
20,0	4,61

Considere que existe uma relação linear entre as leituras no instrumento e as concentrações.

(a) Construa um gráfico e trace visualmente uma linha reta entre os pontos.
(b) Calcule a inclinação e a intersecção da melhor linha reta pelo método dos mínimos quadrados.
(c) Compare a linha reta da relação determinada em (b) com aquela determinada em (a).
(d) Use a ANOVA e encontre o valor de R^2, o valor ajustado de R^2 e a significância da regressão. Comente sobre a interpretação desses valores.
(e) Compute a concentração de sulfato em uma amostra que gerou uma leitura de 2,84 no turbidímetro. Encontre o desvio padrão absoluto e o coeficiente de variação.
(f) Repita os cálculos para (e) considerando que 2,84 foi o valor médio de seis leituras no turbidímetro.

8-15. Os dados que seguem foram obtidos em uma calibração de um eletrodo íon-seletivo sensível a cálcio empregado para a determinação de pCa. Sabe-se que existe uma relação linear entre o potencial e pCa.

pCa = −log [Ca^{2+}]	*E*, mV
5,00	−53,8
4,00	−27,7
3,00	+2,7
2,00	+31,9
1,00	+65,1

(a) Construa um gráfico com os dados e trace visualmente uma linha através dos pontos.
*(b) Encontre a expressão dos mínimos quadrados para a melhor linha reta existente entre os pontos. Faça um gráfico com essa linha.
(c) Execute a ANOVA e apresente os parâmetros estatísticos dados pela tabela ANOVA. Comente sobre o significado da ANOVA.
*(d) Calcule pCa de uma solução de soro na qual o potencial medido do eletrodo foi de 15,3 mV. Encontre os desvios padrão absoluto e relativo para pCa se o resultado foi gerado a partir de uma única medida do potencial.
(e) Encontre os desvios padrão absoluto e relativo para pCa se a leitura em milivolts no item (d) foi a média de duas réplicas de medidas. Repita os cálculos baseando-se em uma média de oito medidas.

8-16. Os dados que seguem representam áreas relativas de picos obtidas para cromatogramas de soluções padrão de metilvinilcetona (MVC).

Concentração de MVK, mmol/L^{-1}	Área Relativa de Pico
0,500	3,76
1,50	9,16
2,50	15,03
3,50	20,42
4,50	25,33
5,50	31,97

(a) Determine os coeficientes da melhor linha reta obtida pelo método dos mínimos quadrados.
(b) Faça uma tabela ANOVA.
(c) Construa um gráfico contendo a linha dos mínimos quadrados e também os dados experimentais.
(d) Uma amostra contendo MVC gerou uma área relativa de pico de 12,9. Calcule a concentração de MVC nessa solução.
(e) Considere que o resultado obtido para o item (d) represente uma única medida ou a média de quatro medidas. Calcule os respectivos desvios padrão absoluto e relativo.
(f) Repita os cálculos dos itens (d) e (e) para uma amostra cuja área de pico é 21,3.

***8-17.** Os dados na tabela que segue foram obtidos durante uma determinação colorimétrica de glicose em soro sanguíneo.

Concentração de Glicose, mmol L^{-1}	Absorbância, A
0,0	0,002
2,0	0,150
4,0	0,294
6,0	0,434
8,0	0,570
10,0	0,704

(a) Considerando que existe uma relação linear, entre as variáveis, encontre os mínimos quadrados estimados para a inclinação e para o interseção com base nos mínimos quadrados.
(b) Quais os desvios padrão para a inclinação e a interseção? Qual é o erro padrão para a estimativa?
(c) Determine os intervalos de confiança, a 95%, para a inclinação e para o interseção.
(d) Uma amostra de soro forneceu uma absorbância de 0,413. Encontre o intervalo de confiança para a glicose na amostra a 95%.

8-18. Os dados na tabela a seguir representam o potencial de eletro E *versus* a concentração c.

E, mV	c, mol L^{-1}	E, mV	c, mol L^{-1}
106	0,20000	174	0,00794
115	0,07940	182	0,00631
121	0,06310	187	0,00398
139	0,03160	211	0,00200
153	0,02000	220	0,00126
158	0,01260	226	0,00100

(a) Transforme os dados em valores de E *versus* $-\log c$.
(b) Construa um gráfico de E *versus* $-\log c$ e encontre a estimativa dos mínimos quadrados para a inclinação e para o interseção. Escreva a equação dos mínimos quadrados.
(c) Encontre os limites de confiança para a inclinação e para o interseção a 95%.
(d) Use o teste F para comentar sobre a significância da regressão.
(e) Encontre o erro padrão para a estimativa, o coeficiente de correlação e o coeficiente de correlação múltiplo.

8-19. Foi realizado um estudo para determinar a energia de ativação E_A para uma reação química. A constante de velocidade k foi determinada em função da temperatura T e foram obtidos os dados contidos na tabela que segue.

T, K	k, s^{-1}
599	0,00054
629	0,0025
647	0,0052
666	0,014
683	0,025
700	0,064

Os dados devem estar de acordo com um modelo linear de forma $\log k = \log A - E_A/(2{,}303RT)$, em que A é um fator pré-exponencial e R é a constante universal dos gases.
(a) Ajuste os dados por meio de uma função linear de forma que $\log k = a - 1000b/T$.
*(b) Encontre a inclinação, o interseção e o erro padrão da estimativa.
*(c) Considerando que $E_A = -b \times 2{,}303R \times 1.000$, encontre a energia de ativação e seu desvio padrão. (Use $R = 1{,}987$ cal $mol^{-1}K^{-1}$)
*(d) Uma previsão teórica forneceu $E_A = 41{,}00$ kcal $mol^{-1}K^{-1}$. Teste a hipótese nula em que E_A seja igual a esse valor num nível de confiança de 95%.

8-20. A água pode ser determinada em amostras sólidas por espectroscopia no infravermelho. O conteúdo de água do sulfato de cálcio hidratado deve ser medido empregando-se carbonato de cálcio como padrão interno para compensar alguns erros sistemáticos do procedimento. Uma série de soluções padrão contendo sulfato de cálcio di-hidratado e uma quantidade constante conhecida do padrão interno é preparada. A solução com conteúdo desconhecido de água também é preparada contendo a mesma quantidade do padrão interno. A absorbância do composto di-hidratado é medida em um comprimento de onda ($A_{amostra}$) juntamente com aquela do padrão interno em outro comprimento de onda ($A_{padrão}$). Os seguintes resultados foram obtidos.

$A_{amostra}$	$A_{padrão}$	% de água
0,15	0,75	4,0
0,23	0,60	8,0
0,19	0,31	12,0
0,57	0,70	16,0
0,43	0,45	20,0
0,37	0,47	Desconhecida

(a) Construa um gráfico da absorbância da amostra ($A_{amostra}$) *versus* % de água e determine se o gráfico é linear a partir da regressão estatística.
(b) Faça um gráfico da razão $A_{amostra}/A_{padrão}$ *versus* % de água e comente se o uso do padrão interno melhora a linearidade obtida na parte (a). Se há melhoria na linearidade, explique por quê.
(c) Calcule a porcentagem de água na amostra desconhecida usando os dados do padrão interno.

8-21. O potássio pode ser determinado por espectrometria de emissão em chama (fotometria de chama) usando um padrão interno de lítio. Os seguintes dados foram obtidos para soluções padrão de KCl e uma solução desconhecida contendo uma quantidade constante de LiCl como padrão interno. Todas as intensidades foram corrigidas pela subtração da intensidade de emissão do branco.

c_K, ppm	Intensidade de Emissão de K	Intensidade de Emissão de Li
1,0	10,0	10,0
2,0	15,3	7,5
5,0	34,7	6,8
7,5	65,2	8,5
10,0	95,8	10,0
20,0	110,2	5,8
Amostra	47,3	9,1

(a) Construa um gráfico da intensidade de emissão de K *versus* a concentração de K e determine a linearidade a partir da regressão estatística.
(b) Faça um gráfico da razão da intensidade de K e da intensidade de Li *versus* a concentração de K e compare a linearidade resultante com aquela da parte (a). Por que o padrão interno melhora a linearidade?
*(c) Calcule a concentração de K na amostra.

8-22. O cobre foi determinado em uma amostra de água de rio por espectrometria de absorção atômica e pelo método das adições de padrão. Para a adição, 100,0 μL de uma solução de 1.000,0 μg mL^{-1} de um padrão de cobre foram adicionados a 100,0 mL de solução. Os seguintes dados foram obtidos:

Absorbância do branco do reagente = 0,020

Absorbância da amostra = 0,520

Absorbância da amostra mais adição – branco = 1,020

(a) Calcule a concentração de cobre na amostra.
(b) Estudos posteriores mostraram que o branco do reagente usado para obter esses dados foi inadequado e que a real absorbância do branco era de 0,100. Encontre a concentração de cobre utilizando o branco apropriado e determine o erro provocado pelo uso de um branco inadequado.

***8-23.** O método das adições de padrão foi empregado para determinar o nitrito em uma amostra de solo. Uma alíquota de 1,00 mL da amostra foi misturada com 24,00 mL de um reagente colorimétrico e o nitrito foi convertido para um produto colorido com uma absorbância corrigida pelo branco de 0,300. Para 50,00 mL da amostra original, 1,00 mL da solução padrão de 1,00 × 10^{-3} mol L^{-1} de nitrito foi adicionado. O mesmo procedimento de formação do composto colorido foi seguido e a nova absorbância foi de 0,530. Qual a concentração de nitrito na amostra original?

8-24. Os seguintes resultados de absorção atômica foram obtidos para a determinação de Zn em um comprimido de multivitaminas. Todos os valores de absorbância foram corrigidos por um branco apropriado (c_{Zn} = 0,0 ng mL^{-1}). O valor médio para o branco foi 0,0000 com um desvio padrão de 0,0047 unidades de absorção.

c_{Zn}, ng/mL	A
5,0	0,0519
5,0	0,0463
5,0	0,0485
10,0	0,0980
10,0	0,1033
10,0	0,0925
Amostra de comprimido	0,0672
Amostra de comprimido	0,0614
Amostra de comprimido	0,0661

(a) Encontre o valor médio de absorbância para os padrões de 5,0 e 10,0 ng mL^{-1} e para amostras de comprimidos. Determine os desvios padrão desses valores.
(b) Determine a melhor linha dos mínimos quadrados para os pontos de c_{Zn} = 0,0; 5,0 e 10,0 ng mL^{-1}. Encontre a sensibilidade da calibração e a sensibilidade analítica.
(c) Encontre o limite de detecção para um valor de k de 3. A que nível de confiança isto corresponde?
(d) Determine a concentração de Zn na amostra de comprimido e o desvio padrão da concentração.

8-25. Medidas de emissão atômica foram feitas para se determinar o sódio em uma amostra de soro sanguíneo. Os seguintes dados de intensidade de emissão foram obtidos para os padrões de 5,0 e 10,0 ng mL^{-1} e para a amostra de soro. Todas as intensidades de emissão foram corrigidas para qualquer emissão do branco. O valor médio para a intensidade do branco (c_{Na} = 0,0) foi 0,000 com um desvio padrão de 0,0071 (unidades arbitrárias).

c_{Na}, ng/mL	Intensidade de Emissão
5,0	0,51
5,0	0,49
5,0	0,48
10,0	1,02
10,0	1,00
10,0	0,99
Soro	0,71
Soro	0,77
Soro	0,78

(a) Determine os valores da intensidade de emissão média para os padrões de 5,0 e 10,0 ng mL^{-1} e para a amostra de soro sanguíneo. Encontre os desvios padrão desses valores.
(b) Encontre a melhor linha dos mínimos quadrados para os pontos de c_{Na} = 0,0, 5,0 e 10,0 ng mL^{-1}. Encontre a sensibilidade da calibração e a sensibilidade analítica.
*(c) Encontre o limite de detecção para um valor de k de 2 e 3. A que nível de confiança isto corresponde?
(d) Determine a concentração de Na na amostra de soro sanguíneo e o desvio padrão na concentração.

8-26. Os seguintes dados representam as medidas feitas em um processo por 30 dias. Foi feita uma medida a cada dia. Considerando que 30 medidas são suficientes para que $\bar{x} \to \mu$ e $s \to \sigma$, encontre a média dos valores, o desvio padrão e os limites de controle superior e inferior. Construa um gráfico com os pontos juntamente com as quantidades estatísticas e determine se o processo esteve sempre sob controle estatístico.

Dia	Valor	Dia	Valor	Dia	Valor
1	49,8	11	49,5	21	58,8
2	48,4	12	50,5	22	51,3
3	49,8	13	48,9	23	50,6
4	50,8	14	49,7	24	48,8
5	49,6	15	48,9	25	52,6
6	50,2	16	48,8	26	54,2
7	51,7	17	48,6	27	49,3
8	50,5	18	48,1	28	47,9
9	47,7	19	53,8	29	51,3
10	50,3	20	49,6	30	49,3

***8-27.** A seguinte tabela fornece as médias das amostras e desvios padrão para seis medidas da pureza de um polímero em um processo realizadas a cada dia. A pureza foi monitorada por 24 dias. Determine a média e o desvio padrão globais das medidas e construa um gráfico de controle com os limites de controle superior e inferior. Alguma das médias indica uma perda de controle estatístico?

Dia	Média	DP	Dia	Média	DP
1	96,50	0,80	13	96,64	1,59
2	97,38	0,88	14	96,87	1,52
3	96,85	1,43	15	95,52	1,27
4	96,64	1,59	16	96,08	1,16
5	96,87	1,52	17	96,48	0,79
6	95,52	1,27	18	96,63	1,48
7	96,08	1,16	19	95,47	1,30
8	96,48	0,79	20	96,43	0,75
9	96,63	1,48	21	97,06	1,34
10	95,47	1,30	22	98,34	1,60
11	97,38	0,88	23	96,42	1,22
12	96,85	1,43	24	95,99	1,18

8-28. Problema Desafiador. Zwanziger e Sârbu[28] conduziram um estudo para validar os métodos analíticos e instrumentos. Os seguintes dados são os resultados obtidos na determinação de mercúrio em resíduos sólidos por espectroscopia de absorção atômica usando dois métodos de preparação diferentes: um método de digestão por microondas e um método tradicional de digestão.

x, Concentração de Mercúrio, ppm (tradicional)	*y*, Concentração de Mercúrio, ppm (microondas)
7,32	5,48
15,80	13,00
4,60	3,29
9,04	6,84
7,16	6,00
6,80	5,84
9,90	14,30
28,70	18,80

(a) Efetue uma análise de mínimos quadrados com os dados da tabela considerando que o método tradicional (*x*) é a variável independente. Determine a inclinação, a interseção, o valor de R^2,o erro padrão e qualquer outro parâmetro estatístico relevante.

(b) Construa um gráfico com os resultados obtidos na parte (a) e forneça a equação para a reta de regressão.

(c) Agora considere que o método de digestão por microondas (*y*) é a variável independente; novamente desenvolva uma análise de regressão e determine os parâmetros estatísticos relevantes.

(d) Faça um gráfico com os dados da parte (c) e determine a equação da regressão.

(e) Compare a equação da regressão obtida em (b) com a equação obtida em (d). Por que essas equações são diferentes?

(f) Há algum conflito entre o procedimento que você acabou de desenvolver e as considerações do método dos mínimos quadrados? Que tipo de análise estatística seria mais apropriado que o dos mínimos quadrados para lidar com dados como estes?

(g) Veja a referência número 25 do artigo e compare seus resultados com aqueles apresentados no artigo para o Exemplo 4 da Tabela 2. Você notará que seus resultados para o item (d) diferem dos resultados dos autores. Qual é a explicação mais provável para essa discrepância?

(h) Quais outras técnicas para lidar com a comparação de métodos são sugeridas no artigo?

(i) O que está implícito quando comparamos dois métodos por regressão linear e a inclinação não é igual à unidade? O que está implícito quando a intersecção não é igual a zero?

[28] H. W. Zwanziger e C. Sârbu, *Anal. Chem.*, v. 70, p. 1277,**1998**, **DOI**: 10.1021/ac970926y.

PARTE II

Equilíbrios Químicos

capítulo 9

Soluções Aquosas e Equilíbrios Químicos

© Jim Roshan

A maioria das técnicas analíticas requer o estado de equilíbrio químico. No equilíbrio, as velocidades das reações direta e inversa são iguais. A foto à direita mostra a bela formação natural chamada "Niagara Congelada" no Parque Nacional Mammoth Cave, em Kentucky, Estados Unidos. À medida que a água infiltra lentamente sobre a superfície calcária da caverna, o carbonato de cálcio se dissolve, de acordo com o equilíbrio químico

$$CaCO_3(s) + Ca_2(g) + H_2O(l) \rightleftharpoons Ca^{2+}(aq) + 2HCO_3^-(aq)$$

Essa água torna-se saturada em carbonato de cálcio; conforme o dióxido de carbono é removido, a reação inversa torna-se favorecida e o calcário é depositado em formações cujas formas são governadas pelo caminho percorrido pela água corrente. As estalactites e estalagmites são exemplos de formações similares encontradas onde a água saturada em carbonato de cálcio goteja do teto para o chão de cavernas durante longos períodos de tempo.

Este capítulo fornece uma abordagem fundamental para o equilíbrio químico, incluindo cálculos de composições químicas e de concentrações de equilíbrio para sistemas ácido-base monopróticos. Abordamos também soluções tampão, que são extremamente importantes em muitas áreas da ciência e descrevemos as propriedades destas soluções.

9A A COMPOSIÇÃO QUÍMICA DE SOLUÇÕES AQUOSAS

A água é o solvente mais disponível na Terra; é facilmente purificada e não é tóxica. Portanto, é amplamente utilizada como meio para a realização de análises químicas.

9A-1 Classificação de Soluções de Eletrólitos

Um **sal** é produzido na reação de um ácido com uma base. Exemplos incluem NaCl, Na_2SO_4, e $NaOOCCH_3$ (acetato de sódio).

A maioria dos solutos que discutiremos são **eletrólitos**, os quais formam íons quando dissolvidos em água (ou em alguns outros solventes) e assim produzem soluções que conduzem eletricidade. Essencialmente, os **eletrólitos fortes** ionizam-se completamente em um solvente, enquanto os **eletrólitos fracos** ionizam-se apenas parcialmente. Essas características significam que uma solução de um eletrólito fraco não conduzirá eletricidade tão bem quanto uma solução contendo uma concentração igual de um eletrólito forte. A **Tabela 9-1** apresenta vários solutos que agem como eletrólitos fortes e fracos em água. Entre os eletrólitos fortes listados encontram-se ácidos, bases e **sais**.

TABELA 9-1
Classificação de Eletrólitos

Fortes	Fracos
1. Ácidos inorgânicos como HNO_3, $HClO_4$, H_2SO_4*, HCl, HI, HBr, $HClO_3$, $HBrO_3$	1. Muitos ácidos inorgânicos, incluindo H_2CO_3, H_3BO_3, H_3PO_4, H_2S, H_2SO_3
2. Hidróxidos alcalinos e alcalino-terrosos	2. A maioria dos ácidos orgânicos
3. A maioria dos sais	3. Amônia e a maioria das bases orgânicas
	4. Haletos, cianetos e tiocianatos e Hg, Zn e Cd

*H_2SO_4 é completamente dissociado para formar os íons HSO_4^- e H_3O^+ e, por essa razão, é considerado um eletrólito forte. Observe, entretanto, que o íon HSO_4^- é um eletrólito fraco, e está parcialmente dissociado para formar SO_4^{2-} e H_3O^+.

9A-2 Ácidos e Bases

Em 1923, J. N. Brønsted, na Dinamarca, e J. M. Lowry, na Inglaterra, propuseram independentemente uma teoria sobre o comportamento ácido-base que é especialmente útil na química analítica. De acordo com a teoria de Brønsted-Lowry, um **ácido** é um doador de próton e uma **base** é um receptor de próton. Para uma molécula se comportar como um ácido, ela necessita da presença de um receptor de próton (ou base). Da mesma forma, uma molécula que pode receber um próton comporta-se como uma base se estiver diante de um ácido.

Um **ácido** doa prótons; uma **base** aceita prótons.

Um ácido doa prótons apenas na presença de um receptor de próton (uma base). Da mesma forma, uma base recebe prótons somente diante de um doador de próton (um ácido).

Ácidos e Bases Conjugados

Um aspecto importante do conceito de Brønsted-Lowry é a ideia de que o produto formado quando um ácido fornece um próton é um potencial receptor de próton e é chamado de **base conjugada** do ácido original. Por exemplo, quando a espécie ácido$_1$ cede um próton, a espécie base$_1$ é formada, como mostrado pela reação.

$$\text{ácido}_1 \rightleftharpoons \text{base}_1 + \text{próton}$$

Uma **base conjugada** é formada quando um ácido cede um próton. Por exemplo, o íon acetato é a base conjugada do ácido acético; similarmente, o íon amônio é o ácido conjugado da base amônia.

Aqui, o ácido$_1$ e a base$_1$ formam um par **ácido-base conjugado**, ou apenas **par conjugado.**

Um **ácido conjugado** é formado quando uma base recebe um próton.

Similarmente, toda base recebe um próton para produzir um **ácido conjugado**. Isto é,

$$\text{base}_2 + \text{próton} \rightleftharpoons \text{ácido}_2$$

Quando esses dois processos são combinados, o resultado é uma reação ácido-base, ou de **neutralização**:

Uma substância age como um ácido apenas na presença de uma base e vice-versa.

$$\text{ácido}_1 + \text{base}_2 \rightleftharpoons \text{base}_1 + \text{ácido}_2$$

Esta reação ocorre até uma extensão que depende das tendências relativas das duas bases de receber um próton (ou dos dois ácidos de doar um próton). Os exemplos de relações ácido-base conjugados são apresentados nas Equações 9-1 a 9-4.

Muitos solventes são doadores de prótons ou receptores de prótons e assim podem induzir a comportamentos básicos ou ácidos em solutos dissolvidos neles. Por exemplo, em uma solução aquosa de amônia, a água pode doar um próton, agindo assim como um ácido em relação ao soluto NH_3:

$$\underset{\text{base}_1}{NH_3} + \underset{\text{ácido}_2}{H_2O} \rightleftharpoons \underset{\substack{\text{ácido}_1\\\text{conjugado}}}{NH_4^+} + \underset{\substack{\text{base}_2\\\text{conjugada}}}{OH^-} \qquad (9\text{-}1)$$

Nessa reação, a amônia (base$_1$) reage com a água, que é denominada ácido$_2$, para formar o ácido conjugado (ácido$_1$), que é o íon amônio, e o íon hidróxido, que é a base conjugada (base$_2$) da água, que, por sua vez, atua como ácido.

Por outro lado, a água age como um receptor de próton, ou base, em uma solução aquosa de ácido nitroso:

$$\underset{\text{base}_1}{H_2O} + \underset{\text{ácido}_2}{HNO_2} \rightleftharpoons \underset{\substack{\text{ácido}_1\\\text{conjugado}}}{H_3O^+} + \underset{\substack{\text{base}_2\\\text{conjugada}}}{NO_2^-} \tag{9-2}$$

A base conjugada do ácido HNO_2 é o íon nitrito. O ácido conjugado da água é o próton hidratado representado por H_3O^+. Essa espécie é chamada **íon hidrônio** e consiste em um próton ligado covalentemente a uma única molécula de água. Os hidratos superiores como $H_5O_2^+$, $H_9O_4^+$ e a estrutura em gaiola dodecaédrica mostrada na **Figura 9-1** também podem existir em uma solução aquosa de prótons. Por conveniência, entretanto, os químicos geralmente usam a notação H_3O^+ ou, mais simplesmente, H^+ quando escrevem equações químicas contendo o próton hidratado.

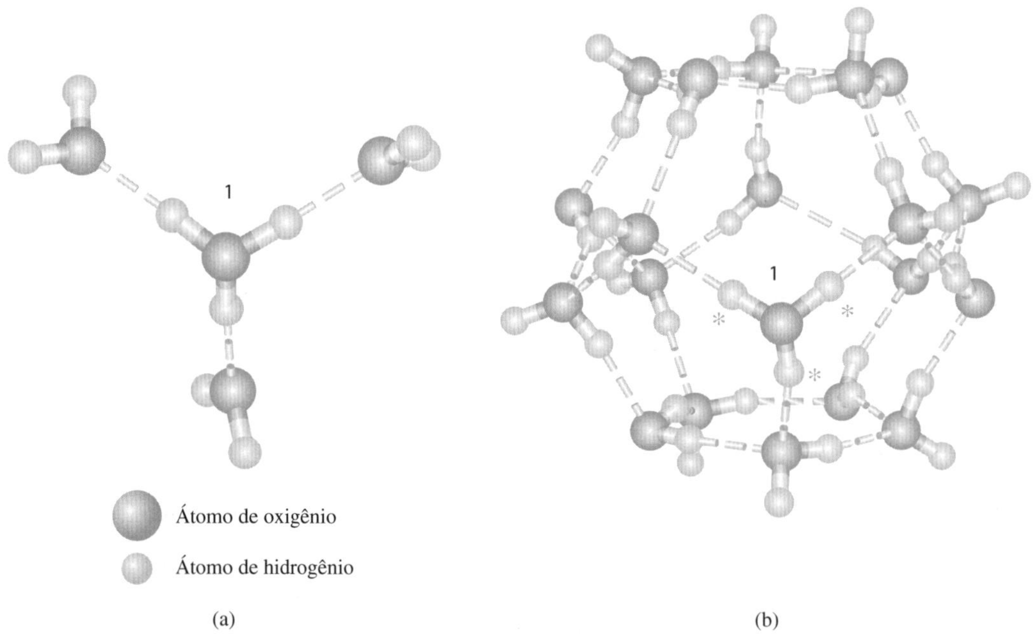

Figura 9-1 Estruturas possíveis para o íon hidrônio. (a) A espécie $H_9O_4^+$ foi observada no estado sólido e pode ser uma espécie importante em soluções aquosas. (b) A espécie $(H_2O)_{20}H^+$ exibe uma estrutura dodecaédrica. O próton extra na estrutura, que pode ser qualquer um dos três marcados com asterisco, está livre para se mover ao redor da superfície do dodecaedro através da transferência para uma molécula de água adjacente.

Um ácido que tenha doado um próton torna-se uma base conjugada capaz de aceitar um próton para regenerar o ácido original. Similarmente, uma base que recebeu um próton torna-se um ácido conjugado que pode doar um próton para formar a base original. Assim, o íon nitrito, a espécie produzida pela perda de um próton do ácido nitroso, é um potencial receptor de um próton de um doador adequado. É essa reação que faz com que uma solução de nitrito de sódio seja levemente alcalina:

$$\underset{\text{base}_1}{NO_2^-} + \underset{\text{ácido}_2}{H_2O} \rightleftharpoons \underset{\substack{\text{ácido}_1\\\text{conjugado}}}{HNO_2} + \underset{\substack{\text{base}_2\\\text{conjugada}}}{OH^-}$$

9A-3 Espécies Anfipróticas

As espécies que possuem ambas as propriedades ácidas e básicas são chamadas **anfipróticas**. Um exemplo é o íon di-hidrogeno fosfato, $H_2PO_4^-$, que se comporta como uma base na presença de um doador de próton como o H_3O^+.

$$\underset{\text{base}_1}{H_2PO_4^-} + \underset{\text{ácido}_2}{H_3O^+} \rightleftharpoons \underset{\text{ácido}_1}{H_3PO_4} + \underset{\text{base}_2}{H_2O}$$

Nesse caso, o H_3PO_4 é o ácido conjugado da base original. Na presença de um receptor de próton, como o íon hidróxido, entretanto, o $H_2PO_4^-$ comporta-se como um ácido e doa um próton para formar a base conjugada HPO_4^{2-}.

$$\underset{\text{ácido}_1}{H_2PO_4^-} + \underset{\text{base}_2}{OH^-} \rightleftharpoons \underset{\text{base}_1}{HPO_4^{2-}} + \underset{\text{ácido}_2}{H_2O}$$

Os aminoácidos simples são uma classe importante de compostos anfipróticos que contêm tanto grupos funcionais de um ácido fraco quanto de uma base fraca. Quando dissolvido em água, um aminoácido como a glicina sofre uma reação interna do tipo ácido-base para produzir um **zwitterion** – uma espécie que possui tanto uma carga positiva quanto uma carga negativa. Assim,

$$\underset{\text{glicina}}{NH_2CH_2COOH} \rightleftharpoons \underset{\text{zwitterion}}{NH_3^+CH_2COO^-}$$

Essa reação é análoga à reação ácido-base que ocorre entre um ácido carboxílico e uma amina:

$$\underset{\text{ácido}_1}{R'COOH} + \underset{\text{base}_2}{R''NH_2} \rightleftharpoons \underset{\text{base}_1}{R'COO^-} + \underset{\text{ácido}_2}{R''NH_3^+}$$

A água é o exemplo clássico de um **solvente anfiprótico** – isto é, um solvente que pode tanto agir como um ácido (Equação 9-1) quanto como uma base (Equação 9-2), dependendo do soluto. Outros solventes anfipróticos comuns são o metanol, o etanol e o ácido acético anidro. No metanol, por exemplo, os equilíbrios análogos àqueles mostrados nas Equações 9-1 e 9-2 são

$$\underset{\text{base}_1}{NH_3} + \underset{\text{ácido}_2}{CH_3OH} \rightleftharpoons \underset{\substack{\text{ácido}_1\\\text{conjugado}}}{NH_4^+} + \underset{\text{base}_2}{CH_3O^-} \qquad (9\text{-}3)$$

$$\underset{\text{base}_1}{CH_3OH} + \underset{\text{ácido}_2}{HNO_2} \rightleftharpoons \underset{\substack{\text{ácido}_1\\\text{conjugado}}}{CH_3OH_2^+} + \underset{\substack{\text{base}_2\\\text{conjugada}}}{NO_2^-} \qquad (9\text{-}4)$$

Svante Arrhenius (1859-1927), químico sueco, formulou muitas das ideias iniciais sobre a dissociação iônica em solução. Suas ideias não foram prontamente aceitas; de fato, ele teve a menor nota possível para ser aprovado em sua defesa de tese de doutorado. Em 1903, Arrhenius ganhou o Prêmio Nobel de química por suas ideias revolucionárias. Foi um dos primeiros cientistas a sugerir a relação entre a quantidade de dióxido de carbono na atmosfera e a temperatura global, um fenômeno que ficou conhecido como **efeito estufa**. Você pode desejar ler o artigo original de Arrhenius intitulado "On the Influence of Carbonic Acid in the Air upon the Temperature of the Ground", *London Edinburgh Dublin Philos. Mag. J. Sci.*, v. 41, p. 237-276, **1896**.

Um **zwitterion** é um íon que tem simultaneamente tanto uma carga positiva quanto uma carga negativa.

❮ A água pode agir tanto como um ácido quanto como uma base.

9A-4 Autoprotólise

Os solventes anfipróticos sofrem autoionização, ou **autoprotólise**, para formar um par de espécies iônicas. A autoprotólise é outro exemplo de comportamento ácido-base, como ilustrado pelas seguintes equações.

$$\begin{array}{lclcl}
\text{base}_1 & + & \text{ácido}_2 & \rightleftharpoons \text{ácido}_1 & + & \text{base}_2 \\
H_2O & + & H_2O & \rightleftharpoons H_3O^+ & + & OH^- \\
CH_3OH & + & CH_3OH & \rightleftharpoons CH_3OH_2^+ & + & CH_3O^- \\
HCOOH & + & HCOOH & \rightleftharpoons HCOOH_2^+ & + & HCOO^- \\
NH_3 & + & NH_3 & \rightleftharpoons NH_4^+ & + & NH_2^-
\end{array}$$

Solventes anfipróticos comportam-se como ácidos na presença de solutos básicos e como bases diante de solutos ácidos.

A **autoprotólise** (também chamada autoionização) é a reação espontânea de moléculas de uma substância para formar um par de íons.

O **íon hidrônio** é o próton hidratado formado quando a água reage com um ácido. Geralmente é representado como H_3O^+, embora existam vários hidratos superiores possíveis, como mostrado na Figura 9-1.

A extensão na qual a água sofre autoprotólise é pequena à temperatura ambiente. Assim, as concentrações dos íons hidrônio e hidróxido em água pura são apenas de cerca de 10^{-7} mol L^{-1}. Não obstante os pequenos valores dessas concentrações, essa reação de dissociação é de suma importância para a compreensão do comportamento das soluções aquosas.

9A-5 Forças de Ácidos e Bases

Neste livro, vamos usar o símbolo H_3O^+ nos capítulos que lidam com equilíbrios ácido-base e cálculos envolvendo equilíbrios ácido-base. Nos capítulos remanescentes, simplificaremos para a representação mais conveniente H^+, com a compreensão de que esse símbolo representa o próton hidratado.

As bases fortes comuns incluem NaOH, KOH, $Ba(OH)_2$ e o hidróxido de amônio quaternário R_4NOH, onde R é um grupo alquila como o CH_3 ou o C_2H_5.

Os ácidos fortes comuns incluem HCl, HBr, HI, $HClO_4$, HNO_3, o primeiro próton do H_2SO_4 e o ácido sulfônico orgânico RSO_3H.

A **Figura 9-2** mostra as reações de dissociação de alguns ácidos comuns em água. Os dois primeiros são *ácidos fortes* porque a reação com o solvente é suficientemente completa de forma que não restem moléculas do soluto não dissociadas na solução aquosa. Os outros são *ácidos fracos*, que reagem de forma incompleta com a água para gerar soluções que contêm quantidades significativas tanto do ácido original quanto da base conjugada. Observe que os ácidos podem ser catiônicos, aniônicos ou eletricamente neutros. O mesmo acontece com as bases.

Os ácidos apresentados na Figura 9-2 tornam-se progressivamente mais fracos de cima para baixo. Os ácidos perclórico e clorídrico dissociam-se completamente, mas apenas 1% do ácido acético ($HC_2H_3O_2$) sofre dissociação. O íon amônio é um ácido ainda mais fraco, sendo que apenas cerca de 0,01% desse íon dissocia-se para formar íons hidrônio e moléculas de amônia. Outra generalidade ilustrada na Figura 9-2 é que os ácidos mais fracos formam as bases conjugadas mais fortes, isto é, a amônia tem uma afinidade muito maior por prótons que qualquer base acima dela. Os íons perclorato e cloreto não têm afinidade por prótons.

A tendência de um solvente de aceitar ou doar prótons determina a força do soluto ácido ou básico dissolvido nele. Por exemplo, os ácidos perclórico e clorídrico são ácidos fortes em água. Se o ácido acético anidro, um receptor de prótons mais fraco, substituir a água *como solvente*, nenhum desses ácidos sofrerá uma dissociação total. Ao contrário, equilíbrios como os que seguem serão estabelecidos:

$$\underset{\text{base}_1}{CH_3COOH} + \underset{\text{ácido}_2}{HClO_4} \rightleftharpoons \underset{\text{ácido}_1}{CH_3\,COOH_2^{\,+}} + \underset{\text{base}_2}{ClO_2^{\,-}}$$

Ácido mais forte ↑ — Ácido mais fraco

$$HClO_4 + H_2O \longrightarrow H_3O^+ + ClO_4^-$$
$$HCl + H_2O \longrightarrow H_3O^+ + Cl^-$$
$$H_3PO_4 + H_2O \rightleftharpoons H_3O^+ + H_2PO_4^-$$
$$Al(H_2O)_6^{3+} + H_2O \rightleftharpoons H_3O^+ + AlOH(H_2O)_5^{2+}$$
$$HC_2H_3O_2 + H_2O \rightleftharpoons H_3O^+ + C_2H_3O_2^-$$
$$H_2PO_4^- + H_2O \rightleftharpoons H_3O^+ + HPO_4^{2-}$$
$$NH_4^+ + H_2O \rightleftharpoons H_3O^+ + NH_3$$

Base mais fraca ↓ — Base mais forte

Figura 9-2 Reações de dissociação e forças relativas de alguns ácidos comuns e suas bases conjugadas. Observe que o HCl e o $HClO_4$ dissociam-se completamente em água.

O ácido perclórico é, entretanto, consideravelmente mais forte que o ácido clorídrico nesse solvente. Portanto, o ácido acético age como um **solvente diferenciador** perante os dois ácidos, revelando as diferenças em suas acidezes. A água, por outro lado, é um **solvente nivelador** para os ácidos perclórico, clorídrico e nítrico porque todos os três dissociam-se completamente nesse solvente e não exibem diferenças em suas forças. Existem solventes diferenciadores e niveladores também para bases.

Em um **solvente diferenciador**, vários ácidos se dissociam em níveis diferentes e têm forças diferentes. Em um **solvente nivelador**, vários ácidos dissociam-se completamente e exibem a mesma força.

9B EQUILÍBRIO QUÍMICO

Muitas reações usadas na química analítica nunca resultam na completa conversão de reagentes em produtos. Ao contrário, elas procedem para um estado de **equilíbrio químico** no qual a razão das concentrações de reagentes e produtos é constante. As **expressões das constantes de equilíbrio** são equações *algébricas* que descrevem as relações de concentrações existentes entre reagentes e produtos no equilíbrio. Entre outras coisas, as expressões de constantes de equilíbrio permitem realizar o cálculo do erro em uma análise resultante da quantidade de analito que não reagiu e que resta quando o equilíbrio foi atingido.

Na discussão que segue cobrimos o uso de expressões de constante de equilíbrio para obter informações sobre os sistemas analíticos nos quais não mais que um ou dois equilíbrios estão presentes. O Capítulo 11 estende esses métodos para os sistemas contendo vários equilíbrios simultâneos. Esses sistemas complexos são frequentemente encontrados na química analítica.

De todos os ácidos listados na nota da margem da página anterior e na Figura 9-2, apenas o ácido perclórico é um ácido forte em metanol e etanol. Esses dois álcoois também são, portanto, solventes diferenciadores.

9B-1 O Estado de Equilíbrio

Considere a reação química

$$H_3AsO_4 + 3I^- + 2H^+ \rightleftharpoons H_3AsO_3 + I_3^- + H_2O \qquad (9\text{-}5)$$

Podemos seguir a velocidade dessa reação e a extensão na qual ela procede para a direita monitorando a aparição da cor vermelho-laranja do íon tri-iodeto I_3^-. (Os outros participantes da reação são incolores.) Por exemplo, se 1 mmol de ácido arsênico, H_3AsO_4, for adicionado a 100 mL de uma solução contendo 3 mmol de iodeto de potássio, a cor vermelha do íon tri-iodeto vai aparecer quase imediatamente. Em poucos segundos, a intensidade da cor torna-se constante, mostrando que a concentração de tri-iodeto tornou-se constante (ver as pranchas coloridas 1b e 2b).

Uma solução de intensidade de cor idêntica (e portanto com a mesma concentração de tri-iodeto) também pode ser produzida adicionando-se 1 mmol de ácido arsenioso, H_3AsO_3, a 100 mL de uma solução contendo 1 mmol de íon tri-iodeto (prancha colorida 1a). Nesse caso, a intensidade da cor é inicialmente maior que na primeira solução, mas decresce rapidamente como resultado da reação

$$H_3AsO_4 + I_3^- + H_2O \rightleftharpoons H_3AsO_3 + 3I^- + 2H^+$$

A posição final de um equilíbrio químico é independente do caminho para o estado de equilíbrio.

Finalmente, a cor das duas soluções torna-se idêntica. Muitas outras combinações dos quatro reagentes podem ser usadas para gerar soluções que são indistinguíveis das duas aqui descritas.

Os resultados dos experimentos mostrados nas pranchas coloridas 1 a 3 ilustram que a relação de concentração no equilíbrio químico (isto é, a *posição do equilíbrio*) é independente do caminho para o estado de equilíbrio. Entretanto, essa relação é alterada aplicando uma perturbação ao sistema. Tais perturbações incluem variações na temperatura, na pressão (se um dos reagentes ou produto for um gás), ou na concentração total de um reagente ou produto. Esses efeitos podem ser previstos qualitativamente a partir do **princípio de Le Châtelier**. Este princípio define que a posição do equilíbrio químico sempre se altera na direção que tende a minimizar o efeito da perturbação aplicada. Por exemplo, uma elevação na temperatura de um sistema altera a relação de concentração na direção que tende a absorver calor e um aumento na pressão favorece aqueles participantes que ocupam um volume total menor.

O **princípio de Le Châtelier** diz que a posição de um equilíbrio sempre é deslocada na direção que alivia a perturbação que é aplicada a um sistema.

O equilíbrio é um processo dinâmico. Embora as reações químicas aparentem parar no equilíbrio, na realidade, as quantidades de reagentes e produtos são constantes porque as velocidades das reações direta e inversa são exatamente as mesmas.

Em uma análise, o efeito de introduzir uma quantidade adicional de um reagente ou produto na mistura reacional é particularmente importante. Aqui, a perturbação resultante é minimizada por um deslocamento no equilíbrio na direção que tende a consumir a substância adicionada. Assim, para o equilíbrio que temos considerado (Equação 9-5), a adição de ácido arsênico (H_3AsO_4) ou de íons hidrogênio provoca um aumento da cor à medida que mais íons tri-iodeto e ácido arsenioso são formados. A adição de ácido arsenioso tem o efeito inverso. Um deslocamento do equilíbrio decorrente da variação na quantidade de um dos reagentes ou produtos participantes é chamado **efeito da ação das massas**.

O **efeito da ação das massas** representa um deslocamento na posição do equilíbrio provocada pela adição de um dos reagentes ou produtos a um sistema.

Os estudos teóricos e experimentais envolvendo os sistemas com reações que ocorrem em nível molecular mostram que as reações entre as espécies participantes continuam mesmo após o equilíbrio ter sido alcançado. A razão entre as concentrações de reagentes e produtos é constante porque as velocidades das reações direta e inversa são precisamente iguais. Em outras palavras, o equilíbrio químico é um estado dinâmico no qual as velocidades das reações direta e inversa são idênticas.

Termodinâmica química é um ramo da química que trata do fluxo de calor e energia nas reações químicas. A posição de um equilíbrio químico está relacionada a essas variações de energia.

9B-2 Expressões da Constante de Equilíbrio

As expressões da constante de equilíbrio *não* fornecem informações sobre se uma reação é rápida o suficiente para ser útil em um procedimento analítico.

A influência da concentração ou pressão (se os participantes forem gases) na posição de um equilíbrio químico é convenientemente descrita em termos quantitativos por uma *expressão da constante de equilíbrio*. Essas expressões têm origem na termodinâmica. Elas são muito importantes porque permitem que os químicos possam prever a direção e a extensão de reações químicas. Entretanto, uma expressão da constante de equilíbrio não fornece informações relacionadas à velocidade de reação. Na verdade, algumas vezes descobrimos reações que têm constantes de equilíbrio altamente favoráveis, mas que são de pouca utilidade analítica porque suas velocidades são muito lentas. Essa limitação pode, muitas vezes, ser superada pelo uso de catalisadores, que aumentam a aproximação da reação na direção do equilíbrio sem alterar sua posição.

Edgar Fahs Smith Collection/University of Pennsylvania

Cato Guldberg (1836-1902) e Peter Waage (1833-1900) foram químicos noruegueses cujos principais interesses encontravam-se na área da termodinâmica. Em 1864, esses cientistas foram os primeiros a propor a lei de ação das massas, que está representada na Equação 9-7.

Considere uma equação geral para um equilíbrio químico

$$wW + xX \rightleftharpoons yY + zZ \qquad (9\text{-}6)$$

onde as letras maiúsculas representam as fórmulas de reagentes e produtos participantes e as letras minúsculas em itálico representam os números inteiros pequenos necessários para balancear a equação. Portanto, a equação diz que w mols de W reagem com x mols de X para formar y mols de Y e z mols de Z. A expressão da constante de equilíbrio para essa reação é

$$K = \frac{[Y]^y[Z]^z}{[W]^w[X]^x} \qquad (9\text{-}7)$$

na qual os termos em colchete são:

1. Concentração molar se eles representam um soluto dissolvido.
2. Pressão parcial, em atmosferas, se eles são reagentes ou produtos na fase gasosa. Neste caso, muitas vezes substituimos os colchetes (digamos [Z] no caso da Equação 9-7) pelo símbolo p_z, que representa a pressão parcial do gás Z em atmosferas.

Na Equação 9-7, $[Z]^z$ é substituído por p_z em atmosferas se Z for um gás. Z não será incluído na equação se essa espécie for um sólido puro, um líquido puro ou o solvente em uma solução diluída.

Se um reagente ou produto na Equação 9-7 for um líquido puro, um sólido puro ou um solvente presente em excesso, o termo referente a essa espécie não aparece na expressão da constante de equilíbrio. Por exemplo, se a espécie Z apresentada na Equação 9-6 for o solvente H_2O, a expressão da constante de equilíbrio será simplificada para

$$K = \frac{[Y]^y}{[W]^w[X]^x}$$

Discutiremos a base para essa simplificação nas seções a seguir.

Na Equação 9-7, a constante K é uma grandeza numérica dependente da temperatura denominada *constante de equilíbrio*. Por convenção, as concentrações dos produtos, *na forma como a equação química está escrita*, são sempre colocadas no numerador e as concentrações dos reagentes estão sempre no denominador.

A Equação 9-7 é apenas uma forma aproximada de uma expressão da constante de equilíbrio termodinâmica. A forma exata é dada pela Equação 9-8 (mostrada à margem). Geralmente usamos a forma aproximada dessa equação porque isso é menos tedioso e consome menos tempo. Na Seção 10B mostramos quando o uso da Equação 9-7 pode levar a erros sérios em cálculos de equilíbrio e como a Equação 9-8 é modificada, nesses casos.

Lembre-se: a Equação 9-7 é apenas uma forma aproximada de uma expressão da constante de equilíbrio. A expressão exata tem a forma

$$K = \frac{a_Y^y a_Z^z}{a_W^w a_X^x} \qquad (9\text{-}8)$$

onde a_Y, a_Z, a_W e a_X são as *atividades* das espécies Y, Z, W e X (veja a Seção 10B).

9B-3 Tipos de Constantes de Equilíbrio em Química Analítica

A **Tabela 9-2** resume os tipos de equilíbrios químicos e as constantes de equilíbrio que são de importância na química analítica. As aplicações simples de algumas dessas constantes são ilustradas nas três seções a seguir.

TABELA 9-2

Equilíbrios e Constantes de Equilíbrios Importantes na Química Analítica

Tipo de Equilíbrio	Nome e Símbolo da Expressão da Constante	Exemplo Típico	Constante de Equilíbrio
Dissociação da água	Constante do produto iônico, K_w	$2H_2O \rightleftharpoons H_3O^+ + OH^-$	$K_w = [H_3O^+][OH^-]$
Equilíbrios heterogêneos entre uma substância pouco solúvel e seus íons em uma solução saturada	Produto de solubilidade, K_{ps}	$BaSO_4(s) \rightleftharpoons Ba^{2+} + SO_4^{2-}$	$K_{ps} = [Ba^{2+}][SO_4^{2-}]$
Dissociação de um ácido ou base fraca	Constante de dissociação, K_a ou K_b	$CH_3COOH + H_2O \rightleftharpoons H_3O^+ + CH_3COO^-$ $CH_3COO^- + H_2O \rightleftharpoons OH^- + CH_3COOH$	$K_a = \frac{[H_3O^+][CH_3COO^-]}{[CH_3COOH]}$ $K_b = \frac{[OH^-][CH_3COOH]}{[CH_3COO^-]}$
Formação de um íon complexo	Constante de formação, β_n	$Ni^{2+} + 4CN^- \rightleftharpoons Ni(CN)_4^{2-}$	$\beta_4 = \frac{[Ni(CN)_4^{2-}]}{[Ni^{2+}][CN^-]^4}$
Equilíbrio de oxidação-redução	K_{redox}	$MnO_4^- + 5Fe^{2+} + 8H^+ \rightleftharpoons Mn^{2+} + 5Fe^{3+} + 4H_2O$	$K_{redox} = \frac{[Mn^{2+}][Fe^{3+}]^5}{[MnO_4^-][Fe^{2+}]^5[H^+]^8}$
Equilíbrio de partição para um soluto entre solventes imiscíveis	K_d	$I_2(aq) \rightleftharpoons I_2(org)$	$K_d = \frac{[I_2]_{org}}{[I_2]_{aq}}$

9B-4 Aplicações da Constante do Produto Iônico da Água

As soluções aquosas contêm pequenas concentrações de íons hidrônio e hidróxido como consequência do resultado de dissociação

$$2H_2O \rightleftharpoons H_3O^+ + OH^- \qquad (9\text{-}9)$$

DESTAQUE 9-1

Constantes de Formação Parciais e Globais para Íons Complexos

A formação do $Ni(CN)_4^{2-}$ (Tabela 9-2) é típica no sentido de que ocorre em etapas, como mostrado. Observe que as **constantes de formação parciais** são representadas por K_1, K_2 e assim por diante.

$$Ni^{2+} + CN^- \rightleftharpoons Ni(CN)^+ \qquad K_1 = \frac{[Ni(CN)^+]}{[Ni^{2+}][CN^-]}$$

$$Ni(CN)^+ + CN^- \rightleftharpoons Ni(CN)_2 \qquad K_2 = \frac{[Ni(CN)_2]}{[Ni(CN)^+][CN^-]}$$

$$Ni(CN)_2 + CN^- \rightleftharpoons Ni(CN)_3 \qquad K_3 = \frac{[Ni(CN)_3^-]}{[Ni(CN)_2][CN^-]}$$

$$Ni(CN)_3^- + CN^- \rightleftharpoons Ni(CN)_4^{2-} \qquad K_4 = \frac{[Ni(CN)_4^{2-}]}{[Ni(CN)_3^-][CN^-]}$$

Constantes globais são representadas pelo símbolo β_n. Assim,

$$Ni^{2+} + 2CN^- \rightleftharpoons Ni(CN)_2 \qquad \beta_2 = K_1K_2 = \frac{[Ni(CN)_2]}{[Ni^{2+}][CN^-]^2}$$

$$Ni^{2+} + 3CN \rightleftharpoons Ni(CN)_3^- \qquad \beta_3 = K_1K_2K_3 = \frac{[Ni(CN)_3^-]}{[Ni^{2+}][CN^-]^3}$$

$$Ni^{2+} + 4CN^- \rightleftharpoons Ni(CN)_3^{2-} \qquad \beta_4 = K_1K_2K_3K_4 = \frac{[Ni(CN)_4^{2-}]}{[Ni^{2+}][CN^-]^4}$$

Uma constante de equilíbrio para essa reação pode ser escrita como mostrado na Equação 9-7:

$$K = \frac{[H_3O^+][OH^-]}{[H_2O]^2} \tag{9-10}$$

Se pegarmos o logaritmo negativo da Equação 9-11, descobrimos uma relação muito útil.

$$-\log K_w = -\log[H_3O^+] - \log[OH^-]$$

Pela definição da função p (veja a Seção 4B-1)

$$pK_w = pH + pOH \tag{9-12}$$

A 25 °C, pK_w = 14,00.

A concentração da água em soluções aquosas diluídas é enorme, especialmente quando comparada com as concentrações dos íon hidrônio e íon hidróxido. Como resultado, o termo $[H_2O]^2$ que está presente na Equação 9-10 pode ser considerado como constante, e então escrevemos

$$K[H_2O]^2 = K_w = [H_3O^+][OH^-] \tag{9-11}$$

em que a nova constante K_w recebe um nome especial, o **produto iônico da água**.

A 25 °C a constante do produto iônico da água é $1{,}008 \times 10^{-14}$. Por conveniência, usamos a aproximação de que à temperatura ambiente $K_w = 1{,}00 \times 10^{-14}$. A **Tabela 9-3** mostra como K_w depende da temperatura. A constante do produto iônico da água permite encontrar facilmente as concentrações dos íons hidrônio e hidróxido em soluções aquosas.

DESTAQUE 9-2

Por que $[H_2O]$ Não Aparece na Expressão da Constante de Equilíbrio para Soluções Aquosas

Em uma solução diluída, a concentração molar da água é

$$[H_2O] = \frac{1.000\ gH_2O}{L\ H_2O} \times \frac{1\ mol\ H_2O}{18{,}0\ g\ H_2O} = 55{,}6\ mol\ L^{-1}$$

Considere que temos 0,1 mol de HCl em 1 L de água. A presença desse ácido deverá alterar o equilíbrio mostrado na Equação 9-9 para a esquerda. Originalmente, entretanto, havia apenas 10^{-7} mol L^{-1} OH^- para consumir os prótons adicionados. Assim, mesmo que todos os íons OH^- sejam convertidos em H_2O, a concentração da água vai aumentar apenas para

$$[H_2O] = 55{,}6\ \frac{mol\ de\ H_2O}{L\ H_2O} + 1 \times 10^{-7}\ \frac{mol\ de\ OH^-}{L\ de\ H_2O} \times \frac{1\ mol\ de\ H_2O}{mol\ de\ OH^-} \approx 55{,}6\ mol\ L^{-1}$$

A variação na concentração da água em termos percentuais é

$$\frac{10^{-7}\ mol\ L^{-1}}{55{,}6\ mol\ L^{-1}} \times 100\% = 2 \times 10^{-7}\%$$

o que é insignificante. Assim, o termo $K[H_2O]^2$ na Equação 9-10, do ponto de vista prático, é uma constante, isto é,

$$K(55{,}6)^2 = K_w = 1{,}00 \times 10^{-14} \text{ a } 25\ °C$$

TABELA 9-3

Variação de K_w com a Temperatura

Temperatura, °C	K_w
0	$0{,}114 \times 10^{-14}$
25	$1{,}01 \times 10^{-14}$
50	$5{,}47 \times 10^{-14}$
75	$19{,}9 \times 10^{-14}$
100	49×10^{-14}

EXEMPLO 9-1

Calcule as concentrações dos íons hidrônio e hidróxido na água pura a 25 °C e a 100°C.

Resolução

Como OH^- e H_3O^+ são formados apenas a partir da dissociação da água, suas concentrações devem ser iguais.

$$[H_3O^+] = [OH^-]$$

Substituímos esta igualdade na Equaçao 9-11 para obter

$$[H_3O^+]^2 = [OH^-]^2 = K_w$$
$$[H_3O^+] = [OH^-] = \sqrt{K_w}$$

A 25°C,

$$[H_3O^+] = [OH^-] = \sqrt{1{,}00 \times 10^{-14}} = 1{,}00 \times 10^{-7}\ mol\ L^{-1}$$

A 100°C, a partir da Tabela 9-3, temos,

$$[H_3O^+] = [OH^-] = \sqrt{49 \times 10^{-14}} = 7{,}0 \times 10^{-7}\ mol\ L^{-1}$$

EXEMPLO 9-2

Calcule as concentrações dos íons hidrônio e hidróxido e o pH e o pOH de uma solução aquosa de NaOH 0,200 mol L^{-1}, a 25 °C.

Resolução

O hidróxido de sódio é um eletrólito forte e sua contribuição para a concentração de íons hidróxido nessa solução é 0,200 mol L^{-1}. Assim como no Exemplo 9-1, os íons hidróxido e os íons hidrônio são formados em quantidades iguais a partir da dissociação da água. Portanto, escrevemos

$$[OH^-] = 0{,}200 + [H_3O^+]$$

onde $[H_3O^+]$ é igual à concentração de íon hidróxido da dissociação da água. Contudo, a concentração de OH^- proveniente da água é insignificante quando comparada com 0,200, assim podemos escrever

$$[OH^-] \approx 0{,}200$$

$$pOH = -\log 0{,}200 = 0{,}699$$

Então, a Equação 9-11 é empregada para calcular a concentração de íons hidrônio:

$$[H_3O^+] = \frac{K_w}{[OH^-]} = \frac{1{,}00 \times 10^{-14}}{0{,}200} = 5{,}00 \times 10^{-14} \text{ mol L}^{-1}$$

$$pH = -\log 0{,}500 \times 10^{-14} = 13{,}301$$

Observe que a aproximação

$$[OH^-] = 0{,}200 + 5{,}00 \times 10^{-14} \approx 0{,}200 \text{ mol L}^{-1}$$

não resulta em um erro significativo na resposta.

9B-5 Aplicações das Constantes do Produto de Solubilidade

Quando dizemos que um sal pouco solúvel está completamente dissociado, *não significa* que todo o sal se dissolve. O que queremos dizer é que a pequena quantidade que realmente se solubiliza dissocia-se totalmente.

Quase todos os sais pouco solúveis encontram-se essencial e totalmente dissociados em soluções aquosas saturadas. Por exemplo, quando um excesso de iodato de bário está em equilíbrio com a água, o processo de dissociação é descrito de forma adequada pela equação

$$Ba(IO_3)_2(s) \rightleftharpoons Ba^{2+}(aq) + 2IO_3^-(aq)$$

O que significa dizer que "um excesso de iodato de bário está equilibrado com a água"? Significa que mais iodato de bário sólido é adicionado em uma porção de água do que dissolveria à temperatura do experimento. Algum $BaIO_3$ sólido está em contato com a solução.

Usando a Equação 9-7, escrevemos

$$K = \frac{[Ba^{2+}][IO_3^-]^2}{[Ba(IO_3)_2(s)]}$$

O denominador representa a concentração molar de $Ba(IO_3)_2$ *no sólido*, que é a fase que está separada mas em contato com a solução saturada. A concentração de um composto em seu estado sólido é, contudo, constante. Em outras palavras, a quantidade de matéria de $Ba(IO_3)_2$ dividida pelo *volume* do $Ba(IO_3)_2$ sólido é constante, independentemente do excesso de sólido presente. Portanto, a equação anterior pode ser reescrita na forma

$$K[Ba(IO_3)_2(s)] = K_{ps} = [Ba^{2+}][IO_3^-]^2 \quad (9\text{-}13)$$

Para a Equação 9-13 ser válida, é necessário que apenas *algum sólido esteja presente. Você deve ter sempre em mente que na ausência de $Ba(IO_3)(s)$, a Equação 9-13 não se aplica.*

onde a nova constante é chamada **constante do produto de solubilidade** ou **produto de solubilidade**. É importante notar que a Equação 9-13 mostra que a posição do equilíbrio é independente da *quantidade* de $Ba(IO_3)_2$ enquanto o sólido estiver presente. Em outras palavras, não importa se a quantidade for alguns miligramas ou vários gramas.

Uma tabela de constantes de produtos de solubilidade para inúmeros sais inorgânicos pode ser encontrada no Apêndice 2. Os exemplos que seguem demonstram alguns usos típicos de expressões dos produtos de solubilidade. Outras aplicações serão consideradas nos capítulos seguintes.

A Solubilidade de um Precipitado em Água Pura

Com a expressão do produto de solubilidade podemos calcular a solubilidade de substâncias pouco solúveis que se ionizam completamente em água.

EXEMPLO 9-3

Qual massa (em gramas) de $Ba(IO_3)_2$ (487 g mol^{-1}) pode ser dissolvida em 500 mL de água a 25 °C?

Resolução

A constante do produto de solubilidade para o $Ba(IO_3)_2$ é $1{,}57 \times 10^{-9}$ (ver Apêndice 2). O equilíbrio entre o sólido e seus íons presentes na solução é descrito pela equação

$$Ba(IO_3)_2\,(s) \rightleftharpoons Ba^{2+} + 2IO_3^-$$

e assim

$$K_{ps} = [Ba^{2+}][IO_3^-]^2 = 1{,}57 \times 10^{-9}$$

A equação que descreve o equilíbrio revela que 1 mol de Ba^{2+} é formado para cada mol do $Ba(IO_3)_2$ que se dissolve. Portanto,

$$\text{solubilidade molar do } Ba(IO_3)_2 = [Ba^{2+}]$$

Como dois mols de iodato são produzidos para cada mol de íons bário, a concentração de iodato é o dobro da concentração de íons bário:

$$[IO_3^-] = 2[Ba^{2+}]$$

A substituição dessa última equação na expressão da constante de equilíbrio fornece

Observe que a solubilidade molar é igual a $[Ba^{2+}]$ ou a $\frac{1}{2}[IO_3^-]$.

$$[Ba^{2+}](2\,[Ba^{2+}])^2 = 4[Ba^{2+}]^3 = 1{,}57 \times 10^{-9}$$

$$[Ba^{2+}] = \left(\frac{1{,}57 \times 10^{-9}}{4}\right)^{1/3} = 7{,}32 \times 10^{-4}\ \text{mol L}^{-1}$$

Dado que 1 mol de Ba^{2+} é produzido para cada mol do $Ba(IO_3)_2$,

$$\text{solubilidade} = 7{,}32 \times 10^{-4} \text{mol L}^{-1}$$

Para contabilizar o número de milimols de $Ba(IO_3)_2$ dissolvidos em 500 mL de solução, escrevemos

$$\text{quant. de mat. em mmol de } Ba(IO_3)_2 = 7{,}32 \times 10^{-4}\ \frac{\text{mmol Ba de } (IO_3)_2}{\text{mL}} \times 500\ \text{mL}$$

A massa de $Ba(IO_3)_2$ presente em 500 mL é dada por

massa de $Ba(IO_3)_2$ =

$$(7{,}32 \times 10^{-4} \times 500)\ \text{mmol de } Ba(IO_3)_2 \times 0{,}487 \frac{\text{g } Ba(IO_3)_2}{\text{mmol de } Ba(IO_3)_2}$$

$$= 0{,}178\ \text{g}$$

O Efeito de um Íon Comum na Solubilidade de um Precipitado

A solubilidade de um precipitado iônico diminui quando um composto solúvel contendo um dos íons é adicionado à solução (veja a prancha colorida 4). Este comportamento é chamado **efeito do íon comum**.

O **efeito do íon comum** é um efeito da ação das massas previsto a partir do princípio de Le Châtelier e é demonstrado pelos exemplos seguintes.

EXEMPLO 9-4

Calcule a solubilidade molar do $Ba(IO_3)_2$ em uma solução de $Ba(NO_3)_2$ 0,0200 mol L^{-1}.

Resolução

A solubilidade não é igual a $[Ba^{2+}]$ neste caso, dado que o $Ba(NO_3)_2$ também é uma fonte de íons bário. Entretanto, sabemos que a solubilidade está relacionada com $[IO_3^-]$:

$$\text{solubilidade molar de } Ba(IO_3)_2 = \tfrac{1}{2}[IO_3^-]$$

Existem duas fontes de íons bário: $Ba(NO_3)_2$ e $Ba(IO_3)_2$. A contribuição do primeiro é 0,0200 mol L^{-1}, enquanto a do iodado é igual à solubilidade molar, ou $\frac{1}{2}[IO_3^-]$. Assim,

$$[Ba^{2+}] = 0{,}0200 + \tfrac{1}{2}[IO_3^-]$$

Substituindo essas quantidades na expressão do produto de solubilidade, temos

$$\left(0{,}0200 + \tfrac{1}{2}[IO_3^-]\right)[IO_3^-]^2 = 1{,}57 \times 10^{-9}$$

Dado que esta é uma equação cúbica, gostaríamos de fazer uma suposição que simplificaria a álgebra necessária para achar $[IO_3^-]$. O valor numérico pequeno de K_{ps} sugere que a solubilidade do $Ba(IO_3)_2$ é bem pequena e essa descoberta é confirmada pelo resultado obtido no Exemplo 9-3. Além disso, os íons bário do $Ba(NO_3)_2$ vão diminuir a solubilidade do $Ba(IO_3)_2$. Dessa forma, parece razoável supor que 0,0200 é grande em relação a $\frac{1}{2}[IO_3^-]$ para encontrar uma resposta provisória para o problema. Isto é, assumimos que $\frac{1}{2}[IO_3^-] \ll 0{,}0200$, assim

$$[Ba^{2+}] = 0{,}0200 + \tfrac{1}{2}[IO_3^-] \approx 0{,}0200 \text{ mol L}^{-1}$$

A equação original na forma simplificada será

$$0{,}0200\,[IO_3^-]^2 = 1{,}57 \times 10^{-9}$$

$$[IO_3^-] = \sqrt{1{,}57 \times 10^{-9}/0{,}0200} = \sqrt{7{,}85 \times 10^{-8}} = 2{,}80 \times 10^{-4} \text{ mol L}^{-1}$$

A condição de que $(0{,}0200 + \frac{1}{2} \times 2{,}80 \times 10^{-4} \approx 0{,}0200$ provoca erro mínimo, uma vez que o segundo termo, que representa a quantidade de Ba^{2+}, a qual é proveniente da dissociação do $Ba(IO_3)_2$, é apenas cerca de 0,7% de 0,0200. Normalmente, consideramos uma aproximação desse tipo satisfatória se a discrepância for menor que 10%.[1] Finalmente, então,

$$\text{solubilidade do } Ba(IO_3)_2 = \tfrac{1}{2}[IO_3^-] = \tfrac{1}{2} \times 2{,}80 \times 10^{-4} = 1{,}40 \times 10^{-4} \text{ mol L}^{-1}$$

Se comparamos esse resultado com a solubilidade do iodato de bário em água pura (Exemplo 9-3), vemos que a presença de uma pequena concentração do íon comum diminui a solubilidade molar do $Ba(IO_3)_2$ por um fator de cerca de cinco vezes.

[1] Um erro de 10% representa um valor arbitrário, mas, uma vez que não estamos considerando os coeficientes de atividade em nossos cálculos, o que frequentemente gera erros de pelo menos 10%, nossa escolha é razoável. Muitos livros sobre química geral e química analítica sugerem que um erro de 5% seja apropriado, mas essas decisões devem ser baseadas nos objetivos dos cálculos. Se você necessita de uma resposta exata, o método das aproximações sucessivas apresentado no Destaque 9-4 pode ser empregado. Uma solução usando planilha eletrônica pode ser adequada para casos complexos.

EXEMPLO 9-5

Calcule a solubilidade do $Ba(IO_3)_2$ em uma solução preparada pela mistura de 200 mL de $Ba(NO_3)_2$ 0,0100 mol L^{-1} com 100 mL de $NaIO_3$ 0,100 mol L^{-1}.

Solução

Primeiramente deve ser determinado qual reagente estará presente em excesso no equilíbrio. As quantidades tomadas são

$$\text{quant. de mat. em mmol de } Ba^{2+} = 200 \text{ mL} \times 0{,}0100 \text{ mmol mL}^{-1} = 2{,}00$$

$$\text{quant. de mat. em mmol } IO_3^- = 100 \text{ mL} \times 0{,}0100 \text{ mmol mL}^{-1} = 10{,}00$$

Se a formação do $Ba(IO_3)_2$ for completa,

$$\text{quantidade de matéria do excesso de } NaIO_3 = 10{,}0 - 2 \times 2{,}00 = 6{,}0$$

Assim,

$$[IO_3^-] = \frac{6{,}0 \text{ mmol}}{200 \text{ mL} + 100 \text{ mL}} = \frac{6{,}0 \text{ mmol}}{300 \text{ mL}} = 0{,}0200 \text{ mmol mL}^{-1}$$

A incerteza em $[IO_3^-]$ é de 0,1 parte em 6,0 ou 1 parte em 60. Dessa forma, 0,0200 (1/60) = 0,0003 e podemos arredondar a $[IO_3^-]$ para 0,0200 mol L^{-1}.

Como no Exemplo 9-3,

$$\text{solubilidade molar do } Ba(IO_3)_2 = [Ba^{2+}]$$

Neste caso, entretanto,

$$[IO_3^-] = 0{,}0200 + 2[Ba^{2+}]$$

onde $2[Ba^{2+}]$ representa a contribuição do iodato do sal pouco solúvel $Ba(IO_3)_2$. Podemos obter uma resposta aproximada após considerarmos que $[IO_3^-] \approx 0{,}0200$; assim

$$\text{solubilidade do } Ba(IO_3)_2 = [Ba^{2+}] = \frac{K_{ps}}{[IO_3^-]^2} = \frac{1{,}57 \times 10^{-9}}{(0{,}0200)^2} = 3{,}93 \times 10^{-6} \text{ mol L}^{-1}$$

Uma vez que a resposta aproximada é cerca de quatro ordens de grandeza menor que 0,0200 mol L^{-1}, a assunção é justificada e a solução não precisa ser refinada.

Observe que os resultados dos dois últimos exemplos demonstram que um excesso de íons iodato é mais eficiente na diminuição da solubilidade do $Ba(IO_3)_2$ do que o mesmo excesso de íons bário.

Um excesso de 0,02 mol L^{-1} de Ba^{2+} diminui a solubilidade do $Ba(IO_3)_2$ por um fator de cerca de cinco vezes; esse mesmo excesso de IO_3^- diminui a solubilidade por um fator de cerca de 200 vezes.

9B-6 Aplicação das Constantes de Dissociação Ácido-Base

Quando um ácido fraco ou uma base fraca se dissolve em água, ocorre uma dissociação parcial. Portanto, para o ácido nitroso, podemos escrever

$$HNO_2 + H_2O \rightleftharpoons H_3O^+ + NO_2^- \qquad K_a = \frac{[H_3O^+][NO_2^-]}{[HNO_2]}$$

onde K_a é a **constante de dissociação do ácido** para o ácido nitroso. De maneira análoga, a **constante de dissociação da base** para a amônia é

$$NH_3 + H_2O \rightleftharpoons NH_4^+ + OH^- \qquad K_b = \frac{[NH_4^+][OH^-]}{[NH_3]}$$

Observe que $[H_2O]$ não aparece no denominador nas duas equações porque a concentração da água é tão grande em relação à concentração do ácido fraco ou da base fraca, que a dissociação não altera $[H_2O]$ de maneira significativa (veja o Destaque 9-2). Assim como na obtenção da expressão do produto iônico da água, $[H_2O]$ é incorporada às constantes de equilíbrio K_a e K_b. Constantes de dissociação para ácidos fracos podem ser encontradas no Apêndice 3.

Constantes de Dissociação para Pares Ácido-Base Conjugados

Considere a expressão da constante de dissociação da base para a amônia e a expressão da constante de dissociação para o seu ácido conjugado, o íon amônio:

$$NH_3 + H_2O \rightleftharpoons NH_4^+ + OH^- \quad K_b = \frac{[NH_4^+][OH^-]}{[NH_3]}$$

$$NH_4^+ + H_2O \rightleftharpoons NH_3 + H_3O^+ \quad K_a = \frac{[NH_3][H_3O^+]}{[NH_4^+]}$$

Multiplicando-se uma expressão da constante de equilíbrio pela outra, temos

$$K_aK_b = \frac{\cancel{[NH_3]}[H_3O^+]}{\cancel{[NH_4^+]}} \times \frac{\cancel{[NH_4^+]}[OH^-]}{\cancel{[NH_3]}} = [H_3O^+][OH^-]$$

mas

$$K_w = [H_3O^+][OH^-]$$

e portanto

$$K_w = K_aK_b \tag{9-14}$$

Essa relação é geral para todos os pares ácido-base conjugados. Inúmeras compilações de dados de constantes de equilíbrio listam apenas as constantes de dissociação ácidas, porque é muito fácil calcular as constantes de dissociação das bases empregando a Equação 9-14. Por exemplo, no Apêndice 3, não encontramos dados para a constante de dissociação da amônia (nem de qualquer outra base). Em vez disso, encontramos constantes de dissociação para o seu ácido conjugado, o íon amônio. Isto é,

$$NH_4^+ + H_2O \rightleftharpoons H_3O^+ + NH_3 \qquad K_a = \frac{[H_3O^+][NH_3]}{[NH_4^+]} = 5{,}70 \times 10^{-10}$$

e assim podemos escrever

Para encontrar uma constante de dissociação para uma base a 25 °C em água, tomamos a constante de dissociação para seu ácido conjugado e dividimos $1{,}00 \times 10^{-14}$ pelo valor de K_a.

$$NH_3 + H_2O \rightleftharpoons NH_4^+ + OH^-$$

$$K_b = \frac{[NH_4^+][OH^-]}{[NH_3]} = \frac{K_w}{K_a} = \frac{1{,}00 \times 10^{-14}}{5{,}00 \times 10^{-10}} = 1{,}75 \times 10^{-5}$$

DESTAQUE 9-3

Forças Relativas de Pares Ácido-Base Conjugados

A Equação 9-14 confirma a observação contida na Figura 9-2 de que à medida que o ácido de um par ácido-base conjugado se torna mais fraco, sua base conjugada se torna mais forte e vice-versa. Portanto, a base conjugada de um ácido, com uma constante de dissociação de 10^{-2} tem uma constante de dissociação de 10^{-12}, e um ácido com uma constante de dissociação de 10^{-9} tem uma base conjugada com uma constante de dissociação de 10^{-5}.

EXEMPLO 9-6

Qual é o valor de K_b para o equilíbrio

$$CN^- + H2O \rightleftharpoons HCN + OH^-$$

Resolução

O Apêndice 3 lista um valor de K_a de $6{,}2 \times 10^{-10}$ para o HCN. Portanto,

$$K_b = \frac{K_w}{K_a} = \frac{[HCN][OH^-]}{[CN^-]}$$

$$K_b = \frac{1{,}00 \times 10^{-14}}{6{,}2 \times 10^{-10}} = 1{,}61 \times 10^{-5}$$

Concentração do Íon Hidrônio em Soluções de Ácidos Fracos

Quando o ácido fraco HA se dissolve em água, dois equilíbrios produzem íons hidrônio:

$$HA + H_2O \rightleftharpoons H_3O^+ + A^- \qquad K_a = \frac{[H_3O^+][A^-]}{[HA]}$$

$$2H_2O \rightleftharpoons H_3O^+ + OH^- \qquad K_w = [H_3O^+][OH^-]$$

Normalmente os íons hidrônio gerados a partir da primeira reação suprimem a dissociação da água em tal extensão que a contribuição do segundo equilíbrio para a geração de íons hidrônio é desprezível. Sob essas condições, um íon H_3O^+ é formado para cada íon A^-, e assim escrevemos

$$[A^-] \approx [H_3O^+] \qquad (9\text{-}15)$$

No Capítulo 11, aprenderemos que a Equação 9-11 é chamada de uma **equação de balanço de massas**.

Além disso, a soma das concentrações molares do ácido fraco e de sua base conjugada precisa ser igual à concentração analítica do ácido c_{HA} uma vez que a solução não tem outra fonte de íons A^-. Portanto,

$$c_{HA} = [A^-] + [HA] \qquad (9\text{-}16)$$

A substituição de $[H_3O^+]$ por $[A^-]$ (veja a Equação 9-15) na Equação 9-16 fornece

$$c_{HA} = [H_3O^+] + [HA]$$

que pode ser rearranjada para

$$[\text{HA}] = c_{\text{HA}} - [\text{H}_3\text{O}^+] \tag{9-17}$$

Quando $[\text{A}^-]$ e [HA] são substituídos por seus termos equivalentes a partir das Equações 9-15 e 9-17, a expressão da constante de equilíbrio torna-se

$$K_a = \frac{[\text{H}_3\text{O}^+]^2}{c_{\text{HA}} - [\text{H}_3\text{O}^+]} \tag{9-18}$$

a qual pode ser rearranjada para

$$[\text{H}_3\text{O}^+]^2 + K_a[\text{H}_3\text{O}^+] - K_a c_{\text{HA}} = 0 \tag{9-19}$$

A solução positiva para essa equação quadrática é

$$[\text{H}_3\text{O}^+] = \frac{-K_a + \sqrt{K_a^2 + 4K_a c_{\text{HA}}}}{2} \tag{9-20}$$

Como uma alternativa ao uso da Equação 9-20, a Equação 9-19 pode ser resolvida pelo método das aproximações sucessivas, como mostrado no Destaque 9-4.

A Equação 9-17 pode ser frequentemente simplificada considerando-se que a dissociação não diminui significativamente a concentração de HA. Portanto, se $[\text{H}_3\text{O}^+] \ll c_{\text{HA}}$, $c_{\text{HA}} - [\text{H}_3\text{O}^+] \approx c_{\text{HA}}$, a Equação 9-18 fica reduzida a

$$K_a = \frac{[\text{H}_3\text{O}^+]^2}{c_{\text{HA}}} \tag{9-21}$$

e

$$[\text{H}_3\text{O}^+] = \sqrt{K_a c_{\text{HA}}} \tag{9-22}$$

A **Tabela 9-4** mostra que o erro introduzido pela consideração de que $[\text{H}_3\text{O}^+] \ll c_{\text{HA}}$ aumenta à medida que a concentração molar do ácido torna-se menor e sua constante de dissociação se torna maior. Observe que o erro introduzido em decorrência dessa consideração é de cerca de 0,5% quando a razão c_{HA}/K_a é 10^4. O erro aumenta para um valor próximo de 1,6% quando a razão é igual a 10^3, para 5% quando ela é 10^2 e para cerca de 17% quando a razão é 10. A **Figura 9-3** ilustra o efeito em forma de gráfico. Observe também que a concentração do íon hidrônio calculada a partir da aproximação torna-se igual ou maior que a concentração molar do ácido quando a razão é menor ou igual a 1, o que não é significativo.

Em geral, é uma boa prática fazer as aproximações e calcular um valor estimado de $[\text{H}_3\text{O}^+]$ que possa ser comparado com c_{HA} a partir da Equação 9-17. Se o valor estimado altera [HA] por uma quantidade menor que o erro permitido para o cálculo, consideramos a solução satisfatória. Caso contrário, a equação quadrática precisa ser resolvida para se encontrar um valor mais apropriado para $[\text{H}_3\text{O}]$. Alternativamente, o método das aproximações sucessivas (veja o Destaque 9-4) pode ser utilizado.

TABELA 9-4

Erro Introduzido pela Aproximação que Considera que a Concentração de H_3O^+ é Pequena quando Comparada com c_{HA} na Equação 9-16

K_a	c_{HA}	$[H_3O^+]$ Empregando a Aproximação	$\frac{c_{HA}}{K_a}$	$[H_3O^+]$ Usando a Equação Mais Exata	Erro Percentual
$1{,}00 \times 10^{-2}$	$1{,}00 \times 10^{-3}$	$3{,}16 \times 10^{-3}$	10^{-1}	$0{,}92 \times 10^{-3}$	244
	$1{,}00 \times 10^{-2}$	$1{,}00 \times 10^{-2}$	10^{0}	$0{,}62 \times 10^{-2}$	61
	$1{,}00 \times 10^{-1}$	$3{,}16 \times 10^{-2}$	10^{1}	$2{,}70 \times 10^{-2}$	17
$1{,}00 \times 10^{-4}$	$1{,}00 \times 10^{-4}$	$1{,}00 \times 10^{-4}$	10^{0}	$0{,}62 \times 10^{-4}$	61
	$1{,}00 \times 10^{-3}$	$3{,}16 \times 10^{-4}$	10^{1}	$2{,}70 \times 10^{-4}$	17
	$1{,}00 \times 10^{-2}$	$1{,}00 \times 10^{-3}$	10^{2}	$0{,}95 \times 10^{-3}$	5,3
	$1{,}00 \times 10^{-1}$	$3{,}16 \times 10^{-3}$	10^{3}	$3{,}11 \times 10^{-3}$	1,6
$1{,}00 \times 10^{-6}$	$1{,}00 \times 10^{-5}$	$3{,}16 \times 10^{-6}$	10^{1}	$2{,}70 \times 10^{-6}$	17
	$1{,}00 \times 10^{-4}$	$1{,}00 \times 10^{-5}$	10^{2}	$0{,}95 \times 10^{-5}$	5,3
	$1{,}00 \times 10^{-3}$	$3{,}16 \times 10^{-5}$	10^{3}	$3{,}11 \times 10^{-5}$	1,6
	$1{,}00 \times 10^{-2}$	$1{,}00 \times 10^{-4}$	10^{4}	$9{,}95 \times 10^{-5}$	0,5
	$1{,}00 \times 10^{-1}$	$3{,}16 \times 10^{-4}$	10^{5}	$3{,}16 \times 10^{-4}$	0,0

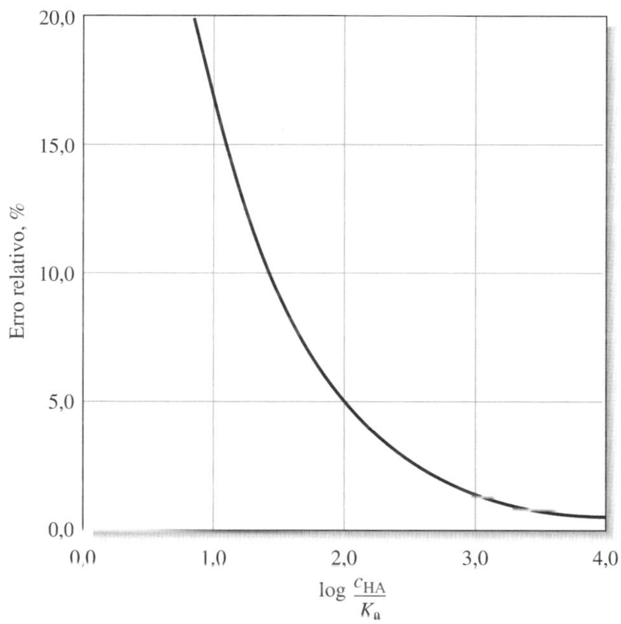

Figura 9-3 Erro relativo resultante da aproximação que considera $[H_3O^+] \ll c_{HA}$ na Equação 9-18.

EXEMPLO 9-7

Calcule a concentração de íon hidrônio presente em uma solução de ácido nitroso 0,120 mol L^{-1}.

Resolução

O equilíbrio principal é

$$HNO_2 + H_2O \rightleftharpoons H_3O^+ + NO_2^-$$

para o qual (veja o Apêndice 2)

$$K_a = 7{,}1 \times 10^{-4} = \frac{[H_3O^+][NO_2^-]}{[HNO_2]}$$

A substituição nas Equações 9-15 e 9-17 fornece

$$[NO_2^-] = [H_3O^+]$$
$$[HNO_2] = 0{,}120 - [H3O^+]$$

Quando essas relações são introduzidas na expressão para K_a, obtemos

$$K_a = \frac{[H_3O^+]^2}{0{,}120 - [H_3O^+]} = 7{,}1 \times 10^{-4}$$

Se agora considerarmos que $[H_3O^+] \ll 0{,}120$, encontramos

$$\frac{[H_3O^+]^2}{0{,}120} = 7{,}1 \times 10^{-4}$$

$$[H_3O^+] = \sqrt{0{,}120 \times 7{,}1 \times 10^{-4}} = 9{,}2 \times 10^{-3} \text{ mol L}^{-1}$$

Agora examinamos a aproximação $0{,}120 - 0{,}0092 \approx 0{,}120$ e vemos que o erro é de cerca de 8%. O erro relativo em termos da $[H_3O^+]$ é realmente menor que esse valor, contudo, como podemos ver calculando $(c_{HA}/K_a) = 2{,}2$ que, a partir da Figura 9-3, sugere um erro de cerca de 4%. Se um valor mais exato for necessário, a equação quadrática fornece uma resposta de $8{,}9 \times 10^{-3}$ mol L^{-1} para a concentração do íon hidrônio.

EXEMPLO 9-8

Calcule a concentração do íon hidrônio em uma solução de cloreto de anilina, $C_6H_5NH_3Cl$, $2{,}0 \times 10^{-4}$ mol L^{-1}.

Resolução

Em solução aquosa, a dissociação do sal para formar Cl^- e $C_6H_5NH_3^+$ é completa. O ácido fraco $C_6H_5NH_3^+$ se dissocia de acordo com o que segue:

$$C_6H_5NH_3^+ + H_2O \rightleftharpoons C_6H_5NH_2 + H_3O^+ \quad K_a = \frac{[H_3O^+][C_6H_5NH_2]}{[C_6H_5NH_3^+]}$$

Se procurarmos no Apêndice 3, descobriremos que o K_a para o $C_6H_5NH_3^+$ é $2{,}51 \times 10^{-5}$. Prosseguindo como no Exemplo 9-7, temos

$$[H_3O^+] = [C_6H_5NH_2]$$
$$[C_6H_5NH_3^+] = 2{,}0 \times 10^{-4} - [H_3O^+]$$

Considerando que $[H_3O^+] \ll 2{,}0 \times 10^{-4}$ e substituindo o valor estimado para $[C_6H_5NH_3^+]$ na expressão para a constante de dissociação obtemos (veja a Equação 9-21)

$$\frac{[H_3O^+]^2}{2{,}0 \times 10^{-4}} = 2{,}51 \times 10^{-5}$$

$$[H_3O^+] = \sqrt{5{,}02 \times 10^{-9}} = 7{,}09 \times 10^{-5} \text{ mol L}^{-1}$$

Se compararmos $7,09 \times 10^{-5}$ com $2,0 \times 10^{-4}$, vemos que um erro significativo pode ser introduzido pela aproximação que considera $[H_3O^+] \ll c_{C_6H_5NH_3^+}$. (A Figura 9-3 indica que esse erro é de cerca de 20%.) Portanto, a menos que seja necessário apenas um valor bastante aproximado para $[H_3O^+]$, é preciso utilizar uma expressão mais exata (Equação 9-19)

$$\frac{[H_3O^+]^2}{2,0 \times 10^{-4} - [H_3O^+]} = 2,51 \times 10^{-5}$$

que se rearranja para

$$[H_3O^+]^2 + 2,51 \times 10^{-5}[H_3O^+] - 5,02 \times 10^{-9} = 0$$

$$[H_3O^+] = \frac{-2,51 \times 10^{-5} + \sqrt{(2,54 \times 10^{-5})^2 + 4 \times 5,02 \times 10^{-9}}}{2}$$

$$= 5,94 \times 10^{-5} \text{ mol L}^{-1}$$

A equação quadrática também pode ser resolvida pelo método iterativo mostrado no Destaque 9-4.

DESTAQUE 9-4

O Método das Aproximações Sucessivas

Por conveniência, vamos escrever a equação quadrática do Exemplo 9-8 na forma

$$x^2 + 2,51 \times 10^{-5}x - 5,02 \times 10^{-9} = 0$$

onde $x = [H_3O^+]$.

Como um primeiro passo, rearranje a equação para a forma

$$x = \sqrt{5,02 \times 10^{-9} - 2,51 \times 10^{-5}x}$$

Então consideramos que x localizado ao lado direito da equação seja zero e calculamos uma solução provisória, x_1.

$$x_1 = \sqrt{5,02 \times 10^{-9} - 2,51 \times 10^{-5} \times 0} = 7,09 \times 10^{-5}$$

Nesse caso, substituímos esse valor na equação original e calculamos um segundo valor, x_2. Isto é,

$$x_2 = \sqrt{5,02 \times 10^{-9} - 2,51 \times 10^{-5} \times 7,09 \times 10^{-5}} = 5,69 \times 10^{-5}$$

A repetição desse cálculo fornece

$$x_3 = \sqrt{5,02 \times 10^{-9} - 2,51 \times 10^{-5} \times 5,69 \times 10^{-5}} = 5,99 \times 10^{-5}$$

Continuando da mesma maneira, encontramos

$$x_4 = 5,93 \times 10^{-5}$$
$$x_5 = 5,94 \times 10^{-5}$$
$$x_6 = 5,94 \times 10^{-5}$$

Observe que após três iterações, x_3 é $5{,}99 \times 10^{-5}$, que difere de cerca de 0,8% do valor final $5{,}94 \times 10^{-5}$ mol L^{-1}.

O método das aproximações sucessivas é particularmente útil quando equações cúbicas ou com potência superiores precisam ser resolvidas.

Soluções interativas podem ser prontamente obtidas com o uso de uma planilha de cálculo.

Concentração do Íon Hidróxido em Soluções de Bases Fracas

Podemos adaptar as técnicas discutidas das seções anteriores para calcular a concentração do íon hidróxido, ou do íon hidrônio, em soluções de bases fracas.

A amônia aquosa é alcalina como um resultado da seguinte reação:

$$NH_3 + H_2O \rightleftharpoons NH_4^+ + OH^-$$

A espécie predominante nesse equilíbrio é certamente NH_3. Apesar disso, as soluções de amônia ainda são chamadas, ocasionalmente, hidróxido de amônio, porque há algum tempo os químicos acreditavam que o NH_4OH era a espécie não dissociada que formava a base, em vez de NH_3. Escrevemos a constante de equilíbrio para a reação como

$$K_b = \frac{[NH_4^+][OH^-]}{[NH_3]}$$

EXEMPLO 9-9

Calcule a concentração de íons hidróxido presentes em uma solução de NH_3 0,0750 mol L^{-1}.

Resolução

O equilíbrio predominante é

$$NH_3 + H_2O \rightleftharpoons NH_4^+ + OH^-$$

Como mostramos anteriormente,

$$K_b = \frac{[NH_4^+][OH^-]}{[NH_3]} = \frac{1{,}00 \times 10^{-14}}{5{,}70 \times 10^{-10}} = 1{,}75 \times 10^{-5}$$

A equação química revela que

$$[NH_4^+] = [OH^-]$$

Ambos, NH_4^+ e NH_3, são provenientes da solução de concentração 0,0750 mol L^{-1}. Portanto,

$$[NH_4^+] + [NH_3] = c_{NH_3} = 0{,}0750 \text{ mol L}^{-1}$$

Se substituirmos $[OH^-]$ por $[NH_4^+]$ na segunda equação e a rearranjarmos, temos que

$$[NH_3] = 0{,}0750 - [OH^-]$$

Substituindo essas quantidades na expressão da constante de dissociação, temos

$$\frac{[OH^-]^2}{7,50 \times 10^{-2} - [OH^-]} = 1,75 \times 10^{-5}$$

a qual é análoga à Equação 9-17 para ácidos fracos. Se supormos que $[OH^-] \ll 7,50 \times 10^{-2}$, essa equação pode ser simplificada para

$$[OH^-] \approx 7,50 \times 10^{-2} \times 1,75 \times 10^{-5}$$

$$[OH^-] = 1,15 \times 10^{-3} \text{ mol L}^{-1}$$

Comparando o valor calculado para $[OH^-]$ com $7,50 \times 10^{-2}$, vemos que o erro no valor de $[OH^-]$ é menor que 2%. Se necessário, um valor mais exato para $[OH^-]$ pode ser obtido por meio da resolução da equação quadrática.

EXEMPLO 9-10

Calcule a concentração de íons hidróxido presentes em uma solução de hipoclorito de sódio 0,0100 mol L^{-1}.

Resolução

O equilíbrio entre OCl^- e a água é

$$OCl^- + H_2O \rightleftharpoons HOCl + OH^-$$

para a qual

$$K_b = \frac{[HOCl][OH^-]}{[OCl^-]}$$

A constante de dissociação ácida para o HOCl, do Apêndice 3, é $3,0 \times 10^{-8}$. Portanto, rearranjamos a Equação 9-14 e escrevemos

$$K_b = \frac{K_w}{K_a} = \frac{1,00 \times 10^{-14}}{3,0 \times 10^{-8}} = 3,33 \times 10^{-7}$$

Procedendo como no Exemplo 9-9, temos

$$[OH^-] = [HOCl]$$

$$[OCl^-] + [HOCl] = 0,0100$$

$$[OCl^-] = 0,0100 - [OH^-] \approx 0,0100$$

Nesse caso consideramos que $[OH^-] \ll 0,0100$. Substituímos esse valor na expressão da constante de equilíbrio e calculamos

$$\frac{[OH^-]^2}{0,0100} = 3,33 \times 10^{-7}$$

$$[OH^-] = 5,8 \times 10^{-5} \text{ mol L}^{-1}$$

Verifique você mesmo que o erro resultante da aproximação é pequeno.

9C SOLUÇÕES TAMPÃO

Tampões são usados em todos os tipos de aplicações químicas sempre que for importante manter o pH de uma solução em um nível constante e predeterminado.

Uma **solução tampão** resiste a variações no pH quando ela é diluída ou quando ácidos ou bases são adicionados a ela. Geralmente as soluções tampão são preparadas a partir de um par ácido-base conjugado como ácido acético/acetato de sódio ou cloreto de amônio/amônia. Cientistas e tecnologistas em muitas áreas da ciência e em muitas indústrias empregam as soluções tampão para manter o pH de soluções sob níveis predeterminados relativamente constantes.

9C-1 Cálculos do pH de Soluções Tampão

Uma solução contendo um ácido fraco, HA, e sua base conjugada, A^-, pode ser ácida, neutra ou básica, dependendo da posição dos dois equilíbrios envolvidos:

$$HA + H_2O \rightleftharpoons H_3O^+ + A^- \quad K_a = \frac{[H_3O^+][A^-]}{[HA]} \tag{9-23}$$

$$A^- + H_2O \rightleftharpoons OH^- + HA \quad K_b = \frac{[OH^-][HA]}{[A^-]} = \frac{K_w}{K_a} \tag{9-24}$$

A aspirina tamponada contém um tampão para prevenir a irritação estomacal devido à acidez do grupo ácido carboxílico presente na aspirina.

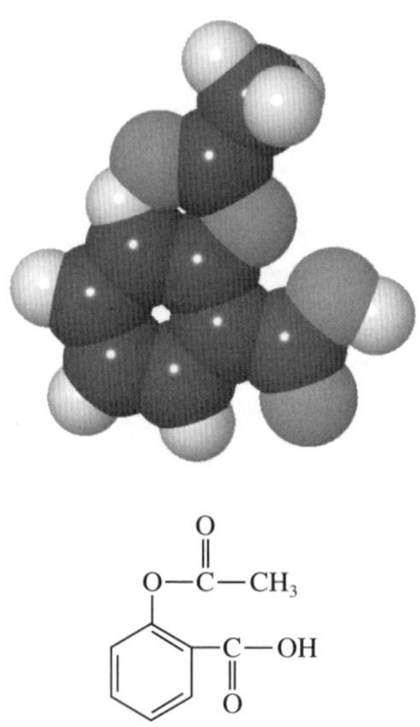

Modelo molecular e estrutura da aspirina. Acredita-se que a ação analgésica ocorra porque a aspirina interfere na síntese de prostaglandinas, que são hormônios envolvidos na transmissão dos sinais da dor.

Se o primeiro equilíbrio está mais deslocado para a direita que o segundo, a solução é ácida. Se o segundo equilíbrio é mais favorecido, a solução é alcalina. Essas duas expressões das constantes de equilíbrio mostram que as concentrações relativas dos íons hidrônio e hidróxido dependem não apenas das grandezas de K_a e K_b, como também da razão entre a concentração do ácido e de sua base conjugada.

Para encontrar o pH de uma solução contendo tanto um ácido, HA, quanto sua base conjugada, NaA, precisamos expressar as concentrações de HA e NaA, no equilíbrio, em termos de suas molalidades analíticas, c_{HA} e c_{NaA}. Se olharmos mais de perto nos dois equilíbrios, descobrimos que a primeira reação decresce a concentração de HA por uma quantidade igual a $[H_3O^+]$, enquanto a segunda aumenta a concentração de HA por uma quantidade igual a $[OH^-]$. Assim, a concentração da espécie HA está relacionada à sua concentração analítica pela equação

$$[HA] = c_{HA} - [H_3O^+] + [OH^-] \tag{9-25}$$

De maneira similar, o primeiro equilíbrio vai aumentar a concentração de A^- por uma quantidade igual a $[H_3O^+]$ e o segundo vai diminuir sua concentração pela quantidade $[OH^-]$. Assim, a concentração no equilíbrio é dada por uma segunda equação similar à Equação 9-25.

$$[A^-] = c_{HA} + [H_3O^+] - [OH^-] \tag{9-26}$$

Por causa da relação inversa entre $[H_3O^+]$ e $[OH^-]$, *sempre* é possível eliminar um ou outro das Equações 9-25 e 9-26. Adicionalmente, a *diferença* de concentração entre $[H_3O^+]$ e $[OH^-]$ é geralmente tão pequena em relação às concentrações molares do ácido e da base conjugada que as Equações 9-25 e 9-26 podem ser simplificadas para

$$[HA] \approx c_{HA} \tag{9-27}$$

$$[A^-] \approx c_{NaA} \tag{9-28}$$

Se então substituirmos as Equações 9-27 e 9-28 na expressão da constante de dissociação e rearranjarmos o resultado, temos

$$[H_3O^+] = K_a \frac{c_{HA}}{c_{NaA}} \tag{9-29}$$

Algumas vezes a suposição que leva às Equações 9-27 e 9-28 não funciona para ácidos ou bases que têm constantes de dissociação maiores que 10^{-3} ou quando a concentração molar tanto do ácido quanto de sua base conjugada (ou ambas) é muito pequena. Sob essas circunstâncias, tanto $[OH^-]$ quanto $[H_3O^+]$ precisam ser mantidos nas Equações 9-25 e 9-26, dependendo se a solução for ácida ou básica. Em qualquer desses casos as Equações 9-27 e 9-28 sempre devem ser utilizadas inicialmente. Valores provisórios para $[H_3O^+]$ e $[OH^-]$ podem então ser empregados para testar as hipóteses.

Dentro dos limites impostos pelas hipóteses feitas em derivação, a Equação 9-29 diz que a concentração de íons hidrônio em uma solução contendo um ácido fraco e sua base conjugada, depende apenas da *razão* entre as concentrações molares dos dois solutos. Além disso, essa razão é *independente da diluição*, uma vez que a concentração de cada componente varia proporcionalmente quando o volume se altera.

DESTAQUE 9-5

A Equação de Henderson-Hasselbalch

A equação de Henderson-Hasselbalch, que é empregada para calcular o pH de soluções tampão, é frequentemente encontrada na literatura biológica e em textos de bioquímica. Ela é obtida representando-se cada termo presente na Equação 9-29 na forma de seu logaritmo negativo e invertendo a razão das concentrações para manter todos os sinais positivos:

$$-\log [H_3O^+] = -\log K_a + \log \frac{c_{NaA}}{c_{HA}}$$

Portanto

$$pH = pK_a + \log \frac{c_{NaA}}{c_{HA}} \qquad (9\text{-}30)$$

Se as considerações que levam à Equação 9-28 não são válidas, os valores de [HA] e $[A^-]$ são dados pelas Equações 9-24 e 9-25, respectivamente. Se tomarmos os logaritmos negativos dessas expressões, derivamos equações estendidas de Henderson-Hasselbalch.

EXEMPLO 9-11

Qual o pH de uma solução que é 0,400 mol L^{-1} em ácido fórmico e 1,00 mol L^{-1} em formiato de sódio?

Resolução

O pH dessa solução é afetado pelo K_w do ácido fórmico e pelo K_b do íon formiato.

$$HCOOH + H_2O \rightleftharpoons H_3O^+ + HCOO^- \qquad K_a = 1{,}80 \times 10^{-4}$$

$$HCOO^- + H_2O \rightleftharpoons HCOOH + OH^- \qquad K_b = \frac{K_w}{K_a} = 5{,}56 \times 10^{-11}$$

Uma vez que K_a para o ácido fórmico é várias ordens de grandeza maior que K_b para o formiato, a solução é ácida e K_a vai determinar a concentração de H_3O^+. Assim, podemos escrever

$$K_a = \frac{[H_3O^+][HCOO^-]}{[HCOOH]} = 1{,}80 \times 10^{-4}$$

$$[HCOO^-] \approx c_{HCOO^-} = 1{,}00 \text{ mol L}^{-1}$$

$$[HCOOH] \approx c_{HCOOH} = 0{,}400 \text{ mol L}^{-1}$$

Substituindo essas expressões na Equação 9-29 e rearranjando, temos

$$[H_3O^+] = 1{,}80 \times 10^{-4} \times \frac{0{,}400}{1{,}00} = 7{,}20 \times 10^{-5} \text{ mol L}^{-1}$$

Observe que nossas suposições de que $[H_3O^+] \ll c_{HCOOH}$ e que $[H_3O^+] \ll c_{HCOO^-}$ são válidas. Consequentemente,

$$pH = -\log(7{,}20 \times 10^{-5}) = 4{,}14$$

Como mostrado no Exemplo 9-12, as Equações 9-25 e 9-26 também se aplicam a sistemas tampão que consistem em uma base fraca e seu ácido conjugado. Além disso, na maioria dos casos é possível simplificar essas equações para que a Equação 9-29 possa ser utilizada.

EXEMPLO 9-12

Calcule o pH de uma solução 0,200 mol L^{-1} em NH_3 e 0,300 mol L^{-1} em NH_4Cl.

Resolução

Do Apêndice 3 obtemos que a constante de dissociação ácida K_a para NH_4^+ é 5,70 × 10^{-10}.

Os equilíbrios que precisamos considerar são

$$NH_4^+ + H_2O \rightleftharpoons NH_3 + H_3O^+ \qquad K_a = 5{,}70 \times 10^{-10}$$

$$NH_3 + H_2O \rightleftharpoons NH_4^+ + OH^- \qquad K_b = \frac{K_w}{K_a} = \frac{1{,}00 \times 10^{-14}}{5{,}70 \times 10^{-10}} = 1{,}75 \times 10^{-5}$$

Utilizando as considerações que levaram às Equações 9-25 e 9-26, obtemos

$$[NH_4^+] = c_{NH_4Cl} + [OH^-] - [H_3O^+] \approx c_{NH_4Cl} + [OH^-]$$

$$[NH_3] = c_{NH_3} + [H_3O^+] - [OH^-] \approx c_{NH_3} - [OH^-]$$

Como K_b é várias ordens de grandeza maior que K_a, podemos considerar que a solução seja alcalina e que $[OH^-]$ seja muito maior que $[H_3O^+]$. Portanto, desprezamos a concentração de H_3O^+ nessas aproximações.

Também supomos que $[OH^-]$ seja muito menor que c_{NH_4Cl} e c_{NH_3} de forma que

$$[NH_4^+] \approx c_{NH_4Cl} = 0{,}300 \text{ mol L}^{-1}$$

$$[NH_3] \approx c_{NH_3} = 0{,}200 \text{ mol L}^{-1}$$

Substituindo NH_4^+ na equação da constante de dissociação, obtemos uma relação similar à da Equação 9-29. Isto é,

$$[H_3O^+ = \frac{K_a \times [NH_4^+]}{[NH_3]} = \frac{5{,}70 \times 10^{-10} \times c_{NH_4Cl}}{c_{NH_3}}$$

$$= \frac{5{,}70 \times 10^{-10} \times 0{,}300}{0{,}200} = 8{,}55 \times 10^{-10} \text{ mol L}^{-1}$$

Para verificar a validade das aproximações, calculamos $[OH^-]$. Assim

$$[OH^-] = \frac{1{,}00 \times 10^{-14}}{8{,}55 \times 10^{-10}} = 1{,}17 \times 10^{-5} \text{ mol L}^{-1}$$

que certamente é muito menor que c_{NH_4Cl} ou c_{NH_3}. Dessa forma, escrevemos

$$pH = -\log(8{,}55 \times 10^{-10}) = 9{,}07$$

9C-2 Propriedades das Soluções Tampão

Nesta seção demonstramos a resistência de tampões a variações de pH produzidas pela diluição ou adição de ácidos ou bases fortes.

O Efeito da Diluição

O pH de uma solução tampão permanece essencialmente independente da diluição até que as concentrações das espécies que ela contém sejam diminuídas a um ponto no qual as aproximações utilizadas para desenvolver as Equações 9-27 e 9-28 tornem-se inválidas. A **Figura 9-4** evidencia o contraste dos comportamentos de soluções tamponadas e não tamponadas em função da diluição. Para cada uma delas, a concentração inicial do soluto é 1,00 mol L^{-1}. A resistência da solução tampão a variações no pH durante a diluição é claramente mostrada.

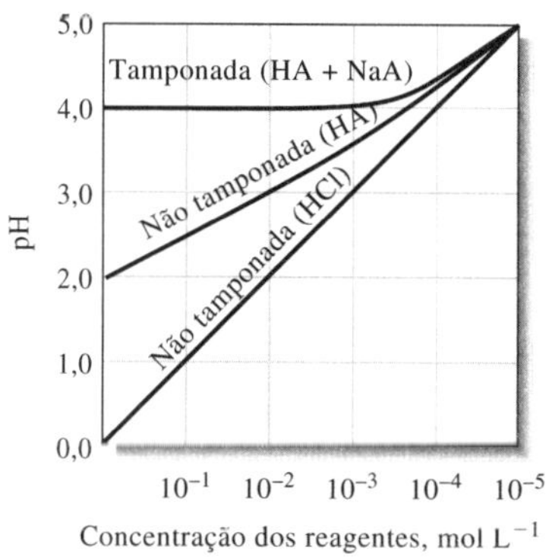

Figura 9-4 O efeito da diluição sobre o pH de soluções tamponadas e não tamponadas. A constante de dissociação para HA é $1{,}00 \times 10^{-4}$. A concentração inicial dos solutos é 1,00 mol L^{-1}.

O Efeito da Adição de Ácidos e Bases

O Exemplo 9-13 ilustra uma segunda propriedade das soluções tampão, sua resistência a variações no pH após a adição de pequenas quantidades de ácidos ou bases fortes.

EXEMPLO 9-13

Calcule a variação no pH que ocorre quando uma porção de 100 mL de (a) NaOH 0,0500 mol L^{-1} e (b) HCl 0,0500 mol L^{-1} é adicionada a 400 mL da solução tampão que foi descrita no Exemplo 9-12.

Resolução

(a) A adição de NaOH converte parte do NH^{+4} do tampão em NH_3:

$$NH^{+4} + OH^- \rightleftharpoons NH_3 + H_2O$$

Então, as molalidades analíticas de NH_3 e NH_4Cl tornam-se

$$c_{NH_3} = \frac{400 \times 0{,}200 + 100 \times 0{,}0500}{500} = \frac{85{,}0}{500} = 0{,}170 \text{ mol L}^{-1}$$

$$c_{NH_4Cl} = \frac{400 \times 0{,}300 - 100 \times 0{,}0500}{500} = \frac{115}{500} = 0{,}230 \text{ mol L}^{-1}$$

Quando são inseridos na expressão da constante de dissociação do NH_4^+, esses valores geram

$$[H_3O^+] = 5{,}70 \times 10^{-10} \times \frac{0{,}230}{0{,}170} = 7{,}71 \times 10^{-10} \text{ mol L}^{-1}$$

$$pH = -\log 7{,}71 \times 10^{-10} = 9{,}11$$

e a variação no pH é

$$\Delta pH = 9{,}11 - 9{,}07 = 0{,}04$$

❮ Tampões não mantêm o pH a um valor absolutamente constante, mas as variações no pH são relativamente pequenas quando quantidades pequenas de ácidos ou bases são adicionadas a eles.

(b) A adição de HCl converte parte de NH_3 em NH_4^+. Logo,

$$NH_3 + H_3O^+ \rightleftharpoons NH_4^+ + H_2O$$

$$c_{NH_3} = \frac{400 \times 0,200 - 100 \times 0,0500}{500} = \frac{75}{500} = 0,150 \text{ mol L}^{-1}$$

$$c_{NH_4^+} = \frac{400 \times 0,300 + 100 \times 0,0500}{500} = \frac{125}{500} = 0,250 \text{ mol L}^{-1}$$

$$[H_3O^+] = 5,70 \times 10^{-10} \times \frac{0,250}{0,150} = 9,50 \times 10^{-10}$$

$$\text{pH} = -\log 9,50 \times 10^{-10} = 9,02$$

$$\Delta\text{pH} = 9,02 - 9,07 = -0,05$$

É interessante comparar o comportamento de uma solução não tamponada com um pH igual a 9,07 com aquele do tampão citado no Exemplo 9-13. Podemos demonstrar que a adição de pequena quantidade de base à solução não tamponada aumentaria o pH para 12,00 – uma variação de pH de 2,93 unidades. A adição de ácido diminuiria o pH por aproximadamente sete unidades.

A Composição de Soluções Tampão em Função do pH: Coeficientes Alfa

A composição de soluções tampão pode ser visualizada colocando-se no gráfico as concentrações *relativas* no equilíbrio dos dois componentes de um par ácido-base conjugado como função do pH da solução. Essas concentrações relativas são chamadas de coeficientes alfa. Por exemplo, se considerarmos c_T a soma das molalidades analíticas de ácido acético e acetato de sódio em uma solução tampão típica, podemos escrever

$$c_T = c_{HOAc} + c_{NaOAc} \tag{9-31}$$

Então definimos α_0, a fração da concentração total do ácido que permanece não dissociada, como

$$\alpha_0 = \frac{[HOAc]}{c_T} \tag{9-32}$$

e α_1, a fração dissociada, como

$$\alpha_1 = \frac{[OAc^-]}{c_T} \tag{9-33}$$

Os coeficientes alfa são razões adimensionais cujas somas devem ser iguais à unidade. Isto é,

$$\alpha_0 + \alpha_1 = 1$$

Coeficientes alfa não dependem de c_T.

Os coeficientes alfa dependem *apenas* de $[H_3O^+]$ e K_a e são independentes de c_T. Para derivar as expressões para α_0, rearranjamos a expressão da constante de dissociação para

$$[OAc^-] = \frac{K_a[HOAc]}{[H_3O^+]} \tag{9-34}$$

A concentração total de ácido acético, c_T, se encontra na forma de HOAc ou OAc^-. Assim,

$$c_T = [HOAc] + [OAc^-] \tag{9-35}$$

Substituindo na Equação 9-35 temos

$$c_T = [HOAc] + \frac{K_a[HOAc]}{[H_3O^+]} = [HOAc]\left(\frac{[H_3O^+] + K_a}{[H_3O^+]}\right)$$

Quando rearranjamos, essa equação transforma-se em

$$\frac{[HOAc]}{c_T} = \frac{[H_3O^+]}{[H_3O^+] + K_a}$$

Mas, de acordo com a Equação 9-32, $[HOAc]/c_T = \alpha_0$, logo

$$\alpha_0 = \frac{[HOAc]}{c_T} = \frac{[H_3O^+]}{[H_3O^+] + K_a} \tag{9-36}$$

Para derivar uma expressão similar para α_1, rearranjamos a expressão da constante de dissociação para

$$[HOAc] = \frac{[H_3O^+][OAc^-]}{K_a}$$

e substituímos na Equação 9-36

$$c_T = \frac{[H_3O^+][OAc^-]}{K_a} + [OAc^-] = [OAc^-]\left(\frac{[H_3O^+] + K_a}{K_a}\right)$$

O rearranjo dessa expressão fornece α_1, como definido pela Equação 9-33

$$\alpha_1 = \frac{[OAc^-]}{c_T} = \frac{K_a}{[H_3O^+] + K_a} \tag{9-37}$$

Note que o denominador é o mesmo nas Equações 9-36 e 9-37.

A **Figura 9-5** ilustra como α_0 e α_1 variam em função do pH. Os dados para esses gráficos foram calculados a partir das Equações 9-36 e 9-37.

Podemos ver que as duas curvas cruzam no ponto onde pH = pK_{HOAc} = 4,74. Nesse ponto, as concentrações do ácido acético e do íon acetato são iguais e ambas as frações da concentração analítica total do ácido são iguais a meio.

Capacidade Tamponante

A Figura 9-4 e o Exemplo 9-13 demonstram que uma solução contendo um par ácido-base conjugado é impressionantemente resistente a variações do pH. Por exemplo, o pH de uma porção contendo 400 mL de um tampão formado pela diluição da solução descrita no Exemplo 9-13 por um fator de dez vezes variaria cerca de 0,4 a 0,5 unidades quando tratada com 100 mL de hidróxido de sódio 0,0500 mol L^{-1} ou ácido clorídrico 0,0500 mol L^{-1}. Mostramos no Exemplo 9-13 que a variação é de apenas 0,04 a 0,05 unidades para o tampão mais concentrado.

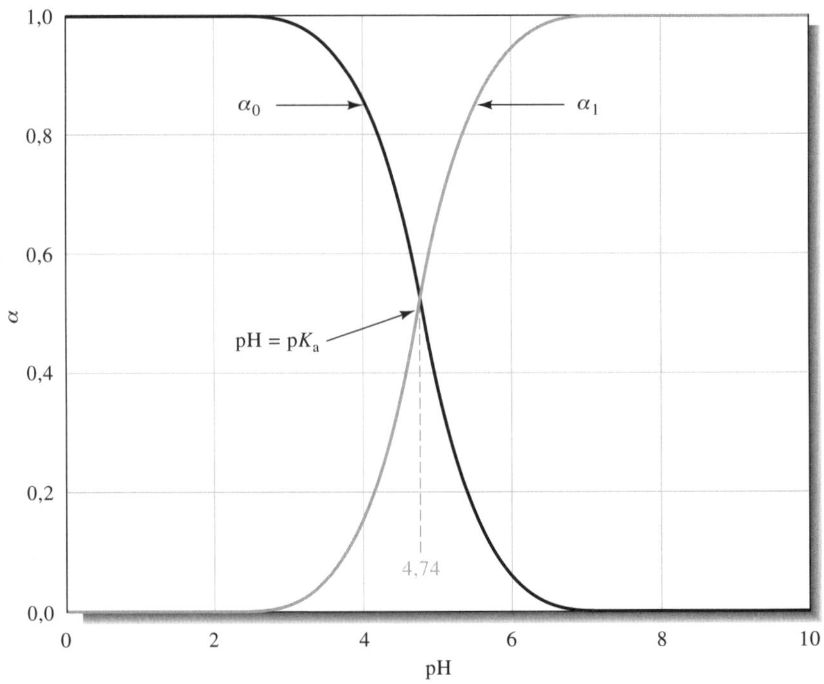

Figura 9-5 Variação de α com o pH. Observe que a maior parte da transição entre α_0 e α_1 ocorre entre ± 1 unidade de pH do ponto de interseção das duas curvas. O ponto de interseção onde $\alpha_0 = \alpha_1 = 0{,}5$ ocorre quando o $pK_{HOAc} = 4{,}74$.

A **capacidade tamponante** de um tampão é a quantidade de matéria do ácido forte, ou da base forte, que 1 L do tampão pode absorver sem variar o pH em mais de 1 unidade.

A **capacidade tamponante**, β, de uma solução é definida como a quantidade de matéria de um ácido forte, ou de uma base forte, que provoca uma variação de 1,00 unidade no pH em 1,00 L de um tampão. Matematicamente, a capacidade tamponante é dada por

$$\beta = \frac{dc_b}{dpH} = -\frac{dc_a}{dpH}$$

onde dc_b é a quantidade de matéria por litro da base forte e dc_a é a quantidade de matéria por litro do ácido forte adicionado ao tampão. Dado que a adição do ácido forte a um tampão provoca uma diminuição no pH, dc_a/dpH é negativo e a *capacidade tamponante é sempre positiva.*

A capacidade tamponante não depende apenas da concentração total dos dois componentes do tampão, mas também da razão entre suas concentrações. Como a **Figura 9-6** mostra, a capacidade tamponante diminui rapidamente à medida que a razão entre as concentrações do ácido e da base conjugada se torna maior ou menor que 1 (o logaritmo da razão aumenta acima ou diminui abaixo de zero). Por essa razão, o pK_a do ácido escolhido para uma dada aplicação deve estar entre ± 1 unidade do pH desejado para que o tampão tenha uma capacidade razoável.

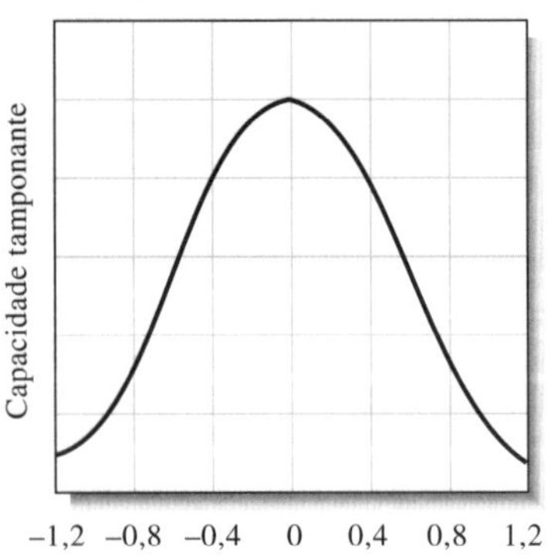

Figura 9-6 Capacidade tamponante em função do logaritmo da razão c_{NaA}/c_{HA}. A capacidade tamponante máxima ocorre quando as concentrações do ácido e da base conjugada são iguais; isto é, quando $\alpha_0 = \alpha_1 = 0{,}5$.

Preparação de Tampões

A princípio, uma solução tampão de qualquer pH desejado pode ser preparada pela combinação de quantidades calculadas de um par ácido-base conjugado adequado. Na prática, porém, os valores de pH de tampões preparados a partir de receitas calculadas da teoria diferem dos valores previstos por conta das incertezas nos valores numéricos de muitas constantes de dissociação e das simplificações utilizadas nos cálculos. Em virtude dessas incertezas, preparamos tampões gerando uma solução cujo pH seja aproximadamente aquele desejado (veja o Exemplo 9-14) e então o ajustamos pela adição de um ácido forte ou base forte até que o pH requerido seja indicado por um pHmetro. Alternativamente, as receitas para a preparação de soluções tampão de pH conhecido geradas empiricamente estão disponíveis em manuais de laboratório e publicações de referência.[2]

Os tampões são de suma importância em estudos biológicos e bioquímicos nos quais uma concentração baixa mas constante de íons hidrônio (10^{-6} a 10^{-10} mol L^{-1}) precisa ser mantida durante a realização dos experimentos. Os fornecedores de produtos químicos e biológicos oferecem grande variedade desses tampões.

EXEMPLO 9-14

Descreva como você poderia preparar aproximadamente 500,0 mL de uma solução tampão com pH 4,5 a partir de ácido acético (HOAc) e acetato de sódio (NaOAc) 1,0 mol L^{-1}.

Resolução

É razoável considerar que ocorre uma variação desprezível de volume se adicionarmos acetato de sódio sólido à solução de ácido acético. Então podemos calcular a massa de NaOAc a ser adicionada a 500,0 mL de HOAc 1,0 mol L^{-1}. A concentração de H_3O^+ deve ser

$$[H_3O^+] = 10^{-4,5} = 3,16 \times 10^{-5} \text{ mol L}^{-1}$$

$$K_a = \frac{[H_3O^+][OAc^-]}{[HOAc]} = 1,75 \times 10^{-5}$$

$$\frac{[OAc^-]}{[HOAc]} = \frac{1,75 \times 10^{-5}}{[H_3O^+]} = \frac{1,75 \times 10^{-5}}{3,16 \times 10^{-5}} = 0,5534$$

A concentração de acetato deve ser

$$[OAc^-] = 0,5534 \times 1,0 \text{ mol L}^{-1} = 0,5534 \text{ mol L}^{-1}$$

Então, a massa de NaOAc necessária é

$$\text{massa de NaOAc} = \frac{0,5534 \text{ mol NaOAc}}{\text{L}} \times 0,500 \text{ L} \times \frac{82,034 \text{ g NaOAc}}{\text{mol NaOAc}}$$

$$= 22,7 \text{ g NaOAc}$$

Após dissolver essa quantidade de NaOAc na solução de ácido acético, devemos verificar o pH com um pHmetro e, se necessário, ajustá-lo ligeiramente pela adição de uma pequena quantidade de ácido ou base.

DESTAQUE 9-6

Chuva Ácida e a Capacidade Tamponante de Lagos

A chuva ácida tem sido objeto de considerável controvérsia nas poucas décadas passadas. A chuva ácida é formada quando óxidos gasosos de nitrogênio e enxofre se dissolvem em gotas de água presentes no ar. Esses gases são formados a altas temperaturas em usinas termelétricas de geração de energia, automóveis e outras fontes de combustão. Os produtos da combustão passam para a atmosfera, na qual reagem com a água para formar o ácido nítrico e o ácido sulfúrico, como mostrado pelas equações

[2] Veja por exemplo, J. A. Dean, *Analytical Chemistry Handbook*, Nova York: McGraw-Hill, 1995, p. 14.

$$4NO_2(g) + 2H_2O(l) + O_2(g) \rightarrow 4HNO_3(aq)$$

$$SO_3(g) + H_2O(l) \rightarrow H_2SO_4(aq)$$

Finalmente, as gotas combinam-se com outras para formar a chuva ácida. Os efeitos profundos da chuva ácida têm sido largamente divulgados. As construções e os monumentos feitos de rochas literalmente se dissolvem à medida que a chuva ácida lava suas superfícies. As florestas têm sido lentamente devastadas em algumas localidades. Para ilustrar os efeitos sobre a vida aquática, considere as variações no pH que têm ocorrido na área dos lagos das Montanhas Adirondack, em Nova York, expostas no gráfico de barras da **Figura 9D-1**. Os gráficos mostram a distribuição do pH nesses lagos, que foram primeiramente estudados nos anos 1930 e novamente em 1975.[3] A variação no pH dos lagos ao longo de 40 anos é drástica. O pH médio dos lagos mudou de 6,4 para cerca de 5,1, o que representa uma variação de 20 vezes na concentração de íons hidrônio. Essas variações do pH têm um profundo efeito sobre a vida aquática,como apontado por um estudo sobre a população de peixes de lagos da mesma área.[4] No gráfico da **Figura 9D-2**, o número de lagos está representado em forma de gráfico em função do pH. As barras mais escuras representam os lagos contendo peixes; aqueles que não contêm peixes têm coloração mais fraca. Existe uma correlação clara entre as variações no pH dos lagos e a diminuição na população de peixes.

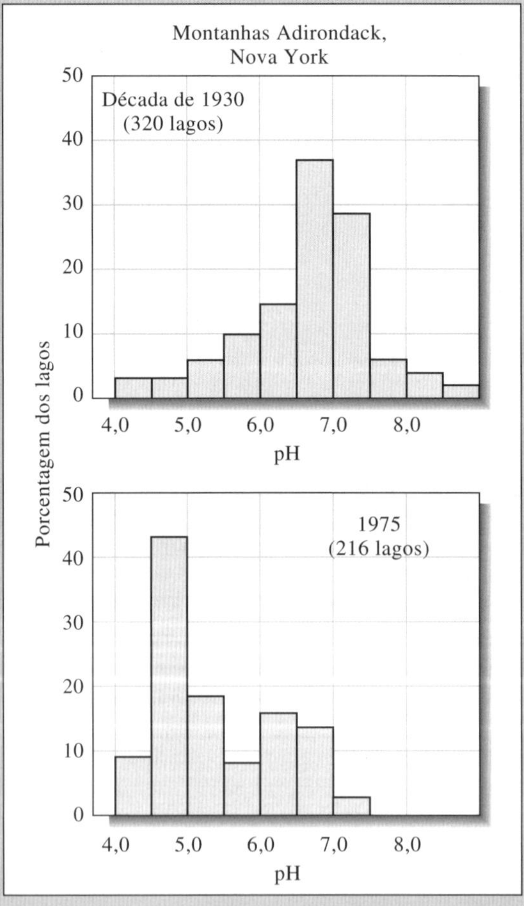

Figura 9D-1 Variações no pH de lagos entre 1930 e 1975.

[3] R. F. Wright; E. T. Gjessing, *Ambio*, n. 5, p. 219, **1976**.
[4] C. L. Schofield, *Ambio*, n. 5, p. 228, **1976**.

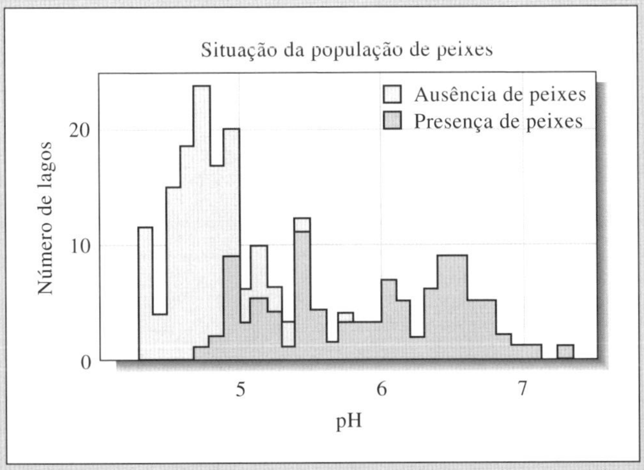

Figura 9D-2 Efeito do pH dos lagos sobre suas populações de peixes.

Muitos aspectos contribuem para as variações no pH de águas subterrâneas e de lagos em uma dada área geográfica. Esses aspectos incluem os padrões de vento e clima prevalecentes, tipos de solos, fontes de água, natureza do terreno, características das plantas, atividades humanas e características geológicas. A suscetibilidade de águas naturais à acidificação é fortemente determinada pela sua capacidade tamponante e o principal tampão de águas naturais é uma mistura contendo o íon bicarbonato e o ácido carbônico. Lembre-se de que a capacidade tamponante de uma solução é proporcional à concentração do agente tamponante. Assim, quanto maior a concentração de bicarbonato dissolvido, maior é a capacidade da água de neutralizar ácidos presentes na chuva ácida. A fonte mais importante de íons bicarbonato em águas naturais é o calcário, ou carbonato de cálcio, que reage com o íon hidrônio como mostrado na seguinte equação:

$$CaCO_3(s) + H_3O^+ (aq) \rightleftharpoons HCO_3^- (aq) + Ca^{2+} (aq) + H2O(l)$$

As áreas ricas em calcário têm lagos com concentrações relativamente elevadas de bicarbonato dissolvido e, portanto, baixa suscetibilidade à acidificação. Granito, arenito, argila e outras rochas que não contêm ou contêm pouco carbonato de cálcio estão associadas a lagos que possuem alta suscetibilidade à acidificação.

O mapa dos Estados Unidos apresentado na **Figura 9D-3** ilustra de modo claro a correlação entre a ausência de rochas calcárias e a acidificação de águas subterrâneas.[5] As áreas contendo pouco calcário estão sombreadas, enquanto as áreas ricas em calcário são brancas. As linhas de contorno isopletas de pHs iguais para águas subterrâneas durante o período de 1978 1979 estão superpostas no mapa. A área das Montanhas Adirondack, localizadas no nordeste do estado de Nova York, contém pouco calcário e exibe pHs na faixa de 4,2 a 4,4. A baixa capacidade tamponante dos lagos dessa região, combinada com o baixo pH da precipitação, parece ter provocado o declínio na população de peixes. Correlações similares entre a chuva ácida, capacidade tamponante dos lagos e o declínio na vida selvagem ocorrem por todo o mundo industrializado.

[5] J. Root et al., citado em *The Effects of Air Pollution and Acid Rain on Fish, Wildlife, and Their Habitats – Introduction*. U.S. Fish and Wildlife Service, Biological Services Program, Eastern Energy and Land Use Team, U. S. Government Publication FWS/OBS-80/40.3, 1982, M. A. Peterson, ed., p. 63.

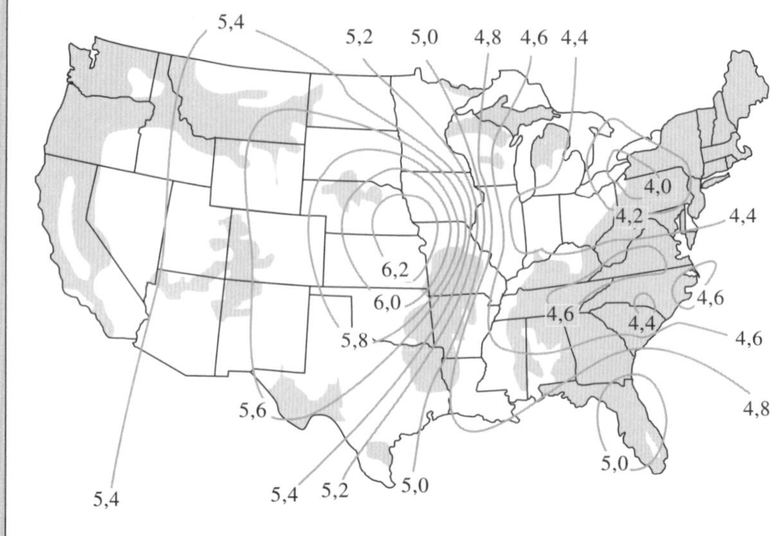

Figura 9D-3 Efeito da presença de calcário sobre o pH de lagos localizados nos Estados Unidos. As áreas sombreadas contêm pouco calcário.

Embora as fontes naturais como vulcões produzam o trióxido de enxofre e os relâmpagos gerem o dióxido de nitrogênio, grandes quantidades desses compostos são produzidas a partir da queima de carvão contendo altos teores de enxofre e de emissões automotivas. Para minimizar as emissões desses poluentes, alguns estados têm promulgado leis impondo padrões restritivos aos automóveis vendidos e utilizados em seus limites territoriais. Alguns estados norte-americanos têm exigido a instalação de sistemas de abate para remover os óxidos de enxofre das emissões de usinas termelétricas movidas a carvão. Para minimizar os efeitos da chuva ácida sobre os lagos, calcário em pó tem sido aplicado em suas águas para aumentar sua capacidade tamponante. As soluções para esses problemas requerem investimentos que envolvem tempo, recursos financeiros e energia. Algumas vezes tomamos decisões onerosas, em termos econômicos, para preservar a qualidade do meio ambiente e para reverter tendências que têm sido observadas por muitas décadas.

As emendas do Código do Ar norte-americano (Clean Air Act), de 1990, forneceram uma nova maneira de regulamentar o dióxido de enxofre. O Congresso estabeleceu limites de emissão específicos para as usinas termelétricas, como mostrado na **Figura 9D-4**, mas não foram propostos os métodos específicos para se atingir esses padrões. O Congresso norte-americano estabeleceu um sistema de bônus pelo qual as usinas de geração de energia compram, vendem e negociam direitos para poluir. Embora uma análise científica e econômica detalhada dos efeitos dessas medidas políticas ainda esteja sendo realizada, está claro a partir dos resultados obtidos até o presente momento que as emendas do Clean Air Act têm provocado um profundo efeito positivo nas causas e efeitos da chuva ácida.[6]

A Figura 9D-4 mostra que as emissões de dióxido de enxofre têm diminuído drasticamente desde 1990 e que estão bem abaixo dos níveis recomendados pela EPA (Agência de Proteção Ambiental norte-americana) e dentro dos limites estabelecidos pelo Congresso dos Estados Unidos. Os efeitos dessas medidas sobre a chuva ácida são apresentados no mapa da **Figura 9D-5**, que mostra mudanças porcentuais na acidez de várias regiões do leste dos Estados Unidos de 1983 até

[6] R. A. Kerr, *Science*, v. 282, n. 5391, p. 1024, **1998**, **DOI**: 10.1126/science.282.5391.1024.

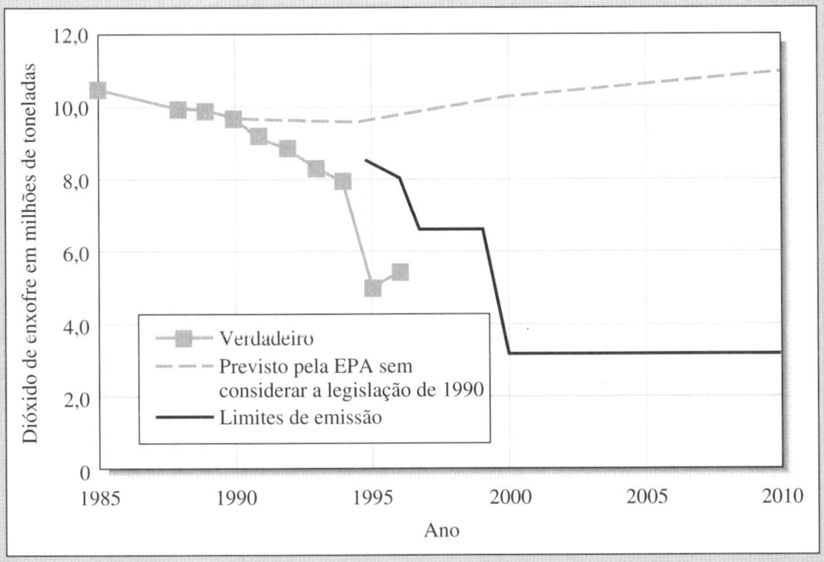

Figura 9D-4 As emissões de dióxido de enxofre de usinas selecionadas dos Estados Unidos têm diminuído para níveis abaixo daqueles requeridos pela legislação. (Reimpresso com a permissão de R. A. Kerr, *Science*, v. 282, p. 1024, **1998**. Copyright 1998 da American Association of the Advancement of Science. Reimpresso com permissão da AAAS.)

1994. Os avanços significativos na questão da chuva ácida indicados no mapa têm sido atribuídos à flexibilidade dos estatutos normativos impostos em 1990. Outro resultado surpreendente dos estatutos é que aparentemente sua implementação tem sido muito menos onerosa financeiramente do que originalmente foi previsto. As estimativas iniciais dos custos necessários para alcançar os padrões de emissão eram de U$ 10 bilhões por ano, mas as pesquisas recentes indicam que os custos reais podem ser da ordem de U$ 1 bilhão ao ano.[7]

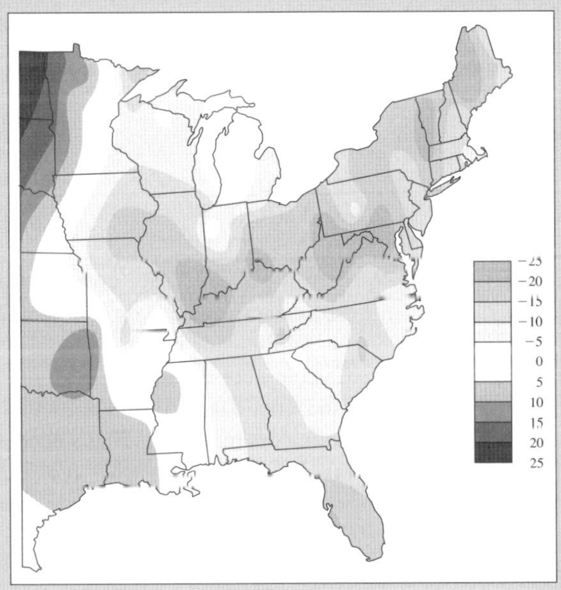

Figura 9D-5 A precipitação sobre a maior parte do leste dos Estados Unidos tem se tornado menos ácida, como mostrado pela variação porcentual de 1983 a 1994. (R. A. Kerr, Science, v. 282, p. 1024, **1998**. Copyright 1998 da American Association of the Advancement of Science. Reimpresso com permissão da AAAS.)

[7] C. C. Park, *Acid Rain*, Nova York: Methuen, 1987.

TRABALHO NA WEB

Use o mecanismo de busca da web para encontrar o site da Swedish Enviromental Protection Agency (Agência de Proteção Ambiental Sueca). Faça uma busca no site pelas palavras--chave *acidification* (acidificação) e *liming* (calagem). Encontre a página na web sobre estes tópicos, leia o artigo na página e responda às seguintes perguntas. De acordo com o artigo, qual é a maior fonte de poluição por chuva ácida na Suécia? Aproximadamente, quanto o pH do solo mudou neste país nas últimas décadas? O que é *liming* (calagem)? Encontre o link para um artigo sobre emissões de dióxido de enxofre que está em sueco. Use o tradutor do Google para traduzi-lo. Quanto de dióxido de enxofre foi emitido na Suécia em 1990? E em 2009? Como esta melhoria foi atingida?

Navegue pelo site da *Scientific American* (www.sciam.com) e faça uma busca usando as palavras-chave "*acid rain*" (chuva ácida). Um dos resultados deve ser um artigo curto de 2010 intitulado "*Sour Showers*" (Chuveiros Ácidos). O artigo sugere que a chuva ácida pode estar retornando. Qual é a causa deste retorno? Quais medidas são sugeridas para reduzir este novo aumento da chuva ácida?

QUESTÕES E PROBLEMAS

9-1. Descreva ou defina brevemente e dê um exemplo de:
- *(a) um eletrólito fraco.
- (b) um ácido de Brønsted-Lowry.
- *(c) o ácido conjugado de uma base de Brønsted-Lowry.
- (d) neutralização, em termos do conceito de Brønsted-Lowry.
- *(e) um solvente anfiprótico.
- (f) um *zwitterion*.
- *(g) autoprotólise.
- (h) um ácido forte.
- *(i) o princípio de Le Châtelier.
- (j) o efeito do íon comum.

9-2. Descreva ou defina brevemente e dê um exemplo de
- *(a) um soluto anfiprótico.
- (b) um solvente diferenciador.
- *(c) um solvente nivelador.
- (d) um efeito da ação das massas.

***9-3.** Explique brevemente por que não há um termo para a água ou para um sólido puro em uma expressão da constante de equilíbrio, embora um (ou ambos) apareçam na equação líquida balanceada do equilíbrio.

9-4. Identifique o ácido do lado esquerdo e sua base conjugada do lado direito nas seguintes equações:
- *(a) $HOCl + H_2O \rightleftharpoons H_3O^+ + OCl$
- (b) $HONH_2 + H_2O \rightleftharpoons HONH_3^+ + OH^-$
- *(c) $NH_4^+ + H_2O \rightleftharpoons NH3 + H_3O^+$
- (d) $2HCO_3^- \rightleftharpoons H_2CO_3 + CO_3^{2-}$
- *(e) $PO_4^{3-} + H_2PO_4^- \rightleftharpoons 2HPO_4^{2-}$

***9-5.** Identifique a base do lado esquerdo e seu ácido conjugado do lado direito nas equações do Problema 9-4.

9-6. Escreva as expressões para a autoprotólise de:
- *(a) H_2O.
- (b) CH_3COOH.
- *(c) CH_3NH_2.
- (d) CH_3OH.

9-7. Escreva as expressões das constantes de equilíbrio e obtenha os valores numéricos para cada constante para
- *(a) a dissociação básica da anilina, $C_6H_5NH_2$.
- (b) a dissociação ácida do ácido hipocloroso, $HClO$.
- *(c) a dissociação ácida do cloreto de piridina, C_5H_5NHCl.
- (d) a dissociação básica do $NaNO_2$.
- *(e) a dissociação do H_3AsO_4 em H_3O^+ e AsO_4^{3-}.
- (f) a reação do $C_2O_4^{2-}$ em água para formar $H_2C_2O_4$ e OH^-.

9-8. Gere a expressão do produto de solubilidade para
- *(a) $CuBr$.
- *(b) $HgClI$.
- *(c) $PbCl_2$.
- (d) $La(IO_3)_3$.
- (e) Ag_3AsO_4.

9-9. Expresse a constante do produto de solubilidade para cada substância do Problema 9-8 em termos de sua solubilidade molar *S*.

9-10. Calcule a constante do produto de solubilidade para cada uma das seguintes substâncias, dadas as concentrações molares de suas soluções saturadas:
- (a) $AgSeCN$ ($2{,}0 \times 10^{-8}$ mol L^{-1}; os produtos são Ag^+ e $SeCN^-$).
- *(b) $RaSO_4$ ($6{,}6 \times 10^{-6}$ mol L^{-1}).
- (c) $Pb(BrO_3)_2$ ($1{,}7 \times 10^{-1}$ mol L^{-1}).
- *(d) $Ce(IO_3)_3$ ($1{,}9 \times 10^{-3}$ mol L^{-1}).

9-11. Calcule a solubilidade dos solutos do Problema 9-10 para soluções nas quais a concentração do cátion é 0,030 mol L^{-1}.

9-12. Calcule a solubilidade dos solutos do Problema 9-10 para soluções nas quais a concentração do ânion é 0,030 mol L^{-1}.

***9-13.** Que concentração de CrO_4^{2-} é necessária para
(a) iniciar a precipitação do Ag_2CrO_4 a partir de uma solução de Ag^+ $4{,}13 \times 10^{-3}$ mol L^{-1}?
(b) diminuir a concentração de Ag^+ em uma solução para $9{,}00 \times 10^{-7}$ mol L^{-1}?

9-14. Que concentração de hidróxido é necessária para
(a) iniciar a precipitação do Al^{3+} a partir de uma solução de $Al_2(SO_4)_3$ $4{,}60 \times 10^{-2}$ mol L^{-1}?
(b) diminuir a concentração de Al^{3+} em uma solução para $3{,}50 \times 10^{-7}$ mol L^{-1}?

***9-15.** A constante do produto de solubilidade do $Ce(IO_3)_3$ é $3{,}2 \times 10^{-10}$. Qual é a concentração de Ce^{3+} em uma solução preparada pela mistura de 50,0 mL de Ce^{3+} 0,0450 mol L^{-1} com 50 mL de
(a) água?
(b) IO_3^- 0,0450 mol L^{-1}?
(c) IO_3^- 0,250 mol L^{-1}?
(d) IO_3^- 0,0500 mol L^{-1}?

9-16. A constante do produto de solubilidade do K_2PdCl_6 é $6{,}0 \times 10^{-6}$ ($K_2PdCl_6 \rightleftharpoons 2K^+ + PdCl_6^{2-}$). Qual é a concentração de K^+ de uma solução preparada pela mistura de 50,0 mL de uma solução de KCl 0,200 mol L^{-1} com
(a) $PdCl_6^{2-}$ 0,0800 mol L^{-1}?
(b) $PdCl_6^{2-}$ 0,160 mol L^{-1}?
(c) $PdCl_6^{2-}$ 0,240 mol L^{-1}?

***9-17.** Os produtos de solubilidade de uma série de iodetos são

CuI $K_{ps} = 1 \times 10^{-12}$
AgI $K_{ps} = 8{,}3 \times 10^{-17}$
PbI_2 $K_{ps} = 7{,}1 \times 10^{-9}$
BiI_3 $K_{ps} = 8{,}1 \times 10^{-19}$

Liste esses quatro compostos em ordem decrescente de sua solubilidade molar em
(a) água.
(b) NaI 0,20 mol L^{-1}.
(c) solução 0,020 mol L^{-1} do cátion do soluto.

9-18. Os produtos de solubilidade de uma série de hidróxidos são

BiOOH $K_{ps} = 4{,}0 \times 10^{-10} = [BiO^+][OH^-]$
$Be(OH)_2$ $K_{ps} = 7{,}0 \times 10^{-22}$
$Tm(OH)_3$ $K_{ps} = 3{,}0 \times 10^{-24}$
$Hf(OH)_4$ $K_{ps} = 4{,}0 \times 10^{-26}$

Que hidróxido possui
(a) a menor solubilidade molar em H_2O?
(b a menor solubilidade em uma solução de NaOH 0,30 mol L^{-1}?

9-19. Calcule o pH da água a 25°C e 75°C. Os valores para pK_w nestas temperaturas são 13,99 e 12,70, respectivamente.[8]

9-20. Quais as concentrações molares do H_3O^+ e do OH^- a 25°C em
*(a) C_6H_5COOH 0,0300 mol L^{-1}?
(b) HN_3 0,0600 mol L^{-1}?
*(c) etilamina 0,100 mol L^{-1}?
(d) trimetilamina 0,200 mol L^{-1}?
*(e) C_6H_5COONa (benzoato de sódio) 0,200 mol L^{-1}?
(f) CH_3CH_2COONa 0,0860 mol L^{-1}?
*(g) cloreto de hidroxilamina 0,250 mol L^{-1}?
(h) cloreto de etanolamina 0,0250 mol L^{-1}?

9-21. Qual é a concentração de íons hidrônio a 25°C em
*(a) ácido cloroacético 0,200 mol L^{-1}?
*(b) cloroacetato de sódio 0,200 mol L^{-1}?
(c) metilamina 0,0200 mol L^{-1}?
(d) cloreto de metilamina 0,0200 mol L^{-1}?
*(e) cloreto de anilina $2{,}00 \times 10^{-3}$ mol L^{-1}?
(f) HIO_3 0,300 mol L^{-1}?

9-22. O que é uma solução tampão e quais são suas propriedades?

***9-23.** Defina capacidade tamponante.

9-24. Qual solução tem capacidade tamponante mais elevada:
(a) uma mistura contendo 0,100 mol de NH_3 e 0,200 mol de NH_4Cl ou
(b) uma mistura contendo 0,0500 mol de NH_3 e 0,100 mol de NH_4Cl?

***9-25.** Considere as soluções preparadas pela
(a) dissolução de 8,00 mmol de NaOAc em 200 mL de HOAc 0,100 mol L^{-1}.
(b) adição de 100 mL de NaOH 0,0500 mol L^{-1} a 100 mL de HOAc 0,175 mol L^{-1}.
(c) adição de 40,0 mL de HCl 0,1200 Mol L^{-1} a 160,0 mL de NaOAc 0,0420 mol L^{-1}.

Em quais aspectos cada uma dessas soluções se relaciona com as outras? Como elas se diferem?

9-26. Consulte o Apêndice 3 e escolha um par ácido-base adequado para preparar um tampão com um pH igual a
*(a) 4,5. (b) 8,1. *(c) 10,3. (d) 6,1.

***9-27.** Qual massa de formiato de sódio precisa ser adicionada a 500,0 mL de ácido fórmico 1,00 mol L^{-1} para produzir uma solução tampão que tenha um pH de 3,50?

9-28. Que massa de glicolato de sódio deve ser adicionada a 400,0 mL de ácido glicólico 1,00 mol L^{-1} para produzir uma solução tampão que tenha um pH de 4,00?

***9-29.** Que volume de HCl 0,200 mol L^{-1} precisa ser adicionado a 500,0 mL de mandelato de sódio 0,300 mol L^{-1} para produzir uma solução tampão que tenha um pH de 3,37?

[8] A. V. Bandura; S. N. Lvov, *J. Phys. Chem. Ref. Data*, v. 35, n. 15, **2006**, **DOI**: 10.1063/1.1928231.

9-30. Que volume de NaOH 2,00 mol L^{-1} precisa ser adicionado a 200,0 mL de ácido glicólico 1,00 mol L^{-1} para produzir uma solução tampão que tenha um pH de 4,00?

9-31. A seguinte afirmativa é verdadeira ou falsa, ou ambas? Defina sua resposta com equações, exemplos ou gráficos. "Um tampão mantém o pH de uma solução constante."

9-32. **Problema Desafiador**: Pode ser demonstrado[9] que a capacidade tamponante é

$$\beta = 2{,}303\left(\frac{K_w}{[H_3O^+]} + [H_3O^+] + \frac{c_T K_a[H_3O^+]}{(K_a + [H_3O^+])^2}\right)$$

onde c_T é a concentração analítica molar do tampão.

(a) Mostre que

$$\beta = 2{,}303([OH^-] + [H_3O^+] + c_T\alpha_0\alpha_1)$$

(b) Use a equação em (a) para explicar a forma da Figura 9-6.

(c) Obtenha a primeira derivada da equação apresentada no início do problema e mostre que a capacidade tamponante é máxima quando $\alpha_0 = \alpha_1 = 0{,}5$.

(d) Descreva as condições sob as quais essas relações se aplicam.

(e) A capacidade tamponante é algumas vezes chamada de *inclinação inversa*. Explique a origem deste termo.

[9] J. N. Butler, *Ionic Equilibrium: Solubility and pH Calculations*, New York: Wiley-Interscience, 1998, p. 134.

O Efeito de Eletrólitos nos Equilíbrios Químicos

capítulo **10**

O calotipo (um predecessor da fotografia) da folha de uma planta foi obtido pelo inventor do processo, William Henry Fox Talbot, em 1844. Em sua forma original, o papel fotossensível foi criado a partir do recobrimento com uma solução de cloreto de sódio, permitindo que secasse e depois aplicando-se um segundo revestimento de nitrato de prata, que produziu um filme de cloreto de prata. Então a folha foi colocada sobre o papel e exposta à luz, gerando a imagem. O cloreto de prata impregnado no papel foi produzido pelo equilíbrio químico $Ag^+ + Cl^- \rightleftharpoons AgCl(s)$, que é governado pelas atividades dos produtos e reagentes.

Neste capítulo exploramos em detalhe os efeitos de eletrólitos nos equilíbrios químicos. As constantes de equilíbrio para as reações químicas devem ser estritamente escritas em termos das atividades das espécies participantes. A **atividade** de uma espécie está relacionada à sua concentração por um parâmetro chamado **coeficiente de atividade**. Em alguns casos, a atividade de um reagente é essencialmente igual à sua concentração e podemos escrever a constante de equilíbrio em termos das concentrações das espécies participantes. No caso de equilíbrios iônicos, entretanto, as atividades e as concentrações podem ser substancialmente diferentes. Esses equilíbrios também são afetados pelas concentrações de eletrólitos presentes nas soluções, que podem não participar diretamente da reação.

As constantes de equilíbrio baseadas na concentração, como aquelas representadas pela Equação 9-7, fornecem uma estimativa razoável, mas elas não atingem a exatidão das medidas laboratoriais reais. Neste capítulo mostramos como as constantes de equilíbrio baseadas na concentração normalmente levam a erros significativos. Exploramos as diferenças entre a atividade de um soluto e sua concentração, calculamos os coeficientes de atividade e os empregamos para modificar as expressões baseadas em concentrações para calcular as concentrações das espécies que representam mais fielmente os sistemas reais encontrados nos laboratórios e que se encontram em equilíbrio químico.

10A O EFEITO DOS ELETRÓLITOS NOS EQUILÍBRIOS QUÍMICOS

Experimentalmente, observamos que a posição da maioria dos equilíbrios químicos depende da concentração do eletrólito no meio, mesmo quando o eletrólito adicionado não contém um íon comum em relação àqueles envolvidos no equilíbrio. Por exemplo, considere novamente a oxidação do íon iodeto pelo ácido arsênico que descrevemos na Seção 9B-1:

$$H_3AsO_4 + 3I^- + 2H^+ \rightleftharpoons H_3AsO_3 + I_3^- + H_2O$$

Se um eletrólito, como, por exemplo nitrato de bário, sulfato de potássio ou perclorato de sódio é adicionado a essa solução, a cor do tri-iodeto torna-se menos intensa. Essa diminuição da intensidade da cor indica que a concentração de I_3^- diminuiu e que o equilíbrio deslocou-se para a esquerda em decorrência da adição do eletrólito.

A **Figura 10-1** ilustra mais detalhadamente o efeito de eletrólitos. A curva *A* é um gráfico do produto das *concentrações* molares dos íons hidrônio e hidróxido ($\times 10^{14}$) em função da concentração de cloreto de sódio. Esse produto iônico baseado na *concentração* é denominado K'_w. A baixas concentrações de cloreto de sódio, K'_w torna-se independente da concentração do eletrólito e é igual a $1{,}00 \times 10^{-14}$, que é a constante *termodinâmica* do produto iônico da água, K_w (curva *A*, linha pontilhada). A relação que se aproxima de um valor constante à medida que algum parâmetro (neste caso, a concentração do eletrólito) se aproxima de zero é chamada de **lei limite**. O valor numérico constante observado nesse limite é denominado **valor limite**.

As constantes de equilíbrio baseadas na concentração são frequentemente indicadas pela adição de apóstrofe, por exemplo, K'_w, K'_{ps}, K'_a.

O eixo vertical para a curva *B*, mostrado na Figura 10-1, é o produto da concentração molar dos íons bário e sulfato ($\times 10^{10}$) em soluções saturadas de sulfato de bário. Esse produto de solubilidade baseado na concentração é representado por K'_{ps}. A concentrações baixas de eletrólitos, K'_{ps} tem um valor limite de $1{,}1 \times 10^{-10}$, que é o valor termodinamicamente aceito para o K_{ps} do sulfato de bário.

À medida que a concentração do eletrólito se torna muito baixa, as constantes de equilíbrio baseadas na concentração se aproximam de seus valores termodinâmicos: K'_w, K'_{ps}, K'_a.

A curva *C* é um gráfico de K'_a ($\times 10^5$), o quociente da concentração para a constante de equilíbrio baseada na concentração para a dissociação do ácido acético, em função da concentração do eletrólito. Vemos novamente que a função na ordenada se aproxima do valor-limite $K_a = 1{,}75 \times 10^{-5}$, que é a constante de dissociação ácida termodinâmica para o ácido acético.

As linhas tracejadas exibidas na Figura 10-1 representam o comportamento ideal dos solutos. Observe que os desvios da idealidade podem ser significativos. Por exemplo, o produto das concentrações molares do hidrogênio e do íon hidróxido aumenta de $1{,}0 \times 10^{-14}$, em água pura, para $1{,}7 \times 10^{-14}$ em uma solução de cloreto de sódio 0,1 mol L^{-1}, ou seja, um aumento de 70%. O efeito é ainda mais pronunciado com o sulfato de bário. No cloreto de sódio 0,1 mol L^{-1}, o K'_{ps} é mais que o dobro do seu valor limite.

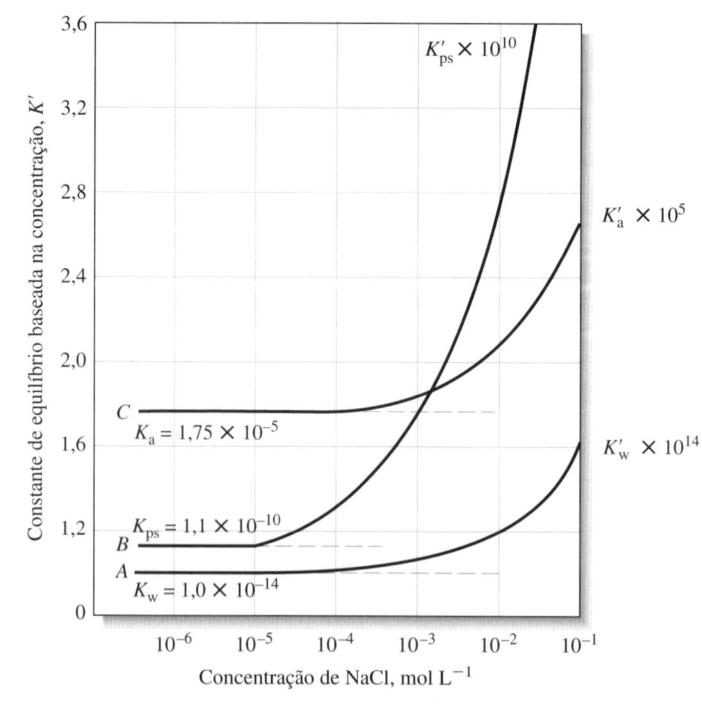

Figure 10-1 O efeito da concentração do eletrólito nas constantes de equilíbrio baseadas na concentração.

O efeito do eletrólito apontado na Figura 10-1 não é específico para o cloreto de sódio. Na realidade, poderíamos obter curvas idênticas se nitrato de potássio ou perclorato de sódio substituíssem o cloreto de sódio. Em cada caso, a origem do efeito é a atração eletrostática que ocorre entre os íons do eletrólito e os da espécie reagente de carga oposta. Uma vez que as forças eletrostáticas associadas a todos os íons de carga simples são aproximadamente iguais, os três sais exibem essencialmente efeitos idênticos sobre os equilíbrios.

A seguir, veremos como levar o efeito do eletrólito em consideração quando pretendemos fazer cálculos de equilíbrio mais exatos do que aqueles que você pode ter feito em seu trabalho anterior.

10A-1 O Efeito de Cargas Iônicas nos Equilíbrios

Estudos extensivos têm revelado que a grandeza do efeito de eletrólitos é altamente dependente das cargas dos participantes de um equilíbrio. Quando apenas as espécies neutras estão envolvidas, a posição do equilíbrio é essencialmente independente da concentração do eletrólito. No caso de participantes iônicos, a grandeza do efeito do eletrólito aumenta com a carga. Geralmente isso é demonstrado pelas três curvas de solubilidade mostradas na **Figura 10-2**. Observe, por exemplo, que em uma solução de nitrato de potássio 0,02 mol L^{-1}, a solubilidade do sulfato de bário, com seus pares de íons duplamente carregados, é maior que em água pura por um fator de 2. Essa mesma alteração aumenta a solubilidade do iodato de bário por um fator de apenas 1,25 e a do cloreto de prata por 1,2. O efeito mais pronunciado devido aos íons com dupla carga também se reflete na maior inclinação da curva *B* na Figura 10-1.

10A-2 O Efeito da Força Iônica

Estudos sistemáticos têm mostrado que o efeito da adição de eletrólitos sobre os equilíbrios é *independente* da natureza química do eletrólito, mas que depende de uma propriedade da solução denominada **força iônica**. Essa grandeza é definida como

$$\text{força iônica} = \mu = \frac{1}{2}([A]Z_A^2 + [B]Z_B^2 + [C]Z_C^2 + \cdots) \tag{10-1}$$

onde [A], [B], [C], ... representam as concentrações molares de espécie dos íons A,

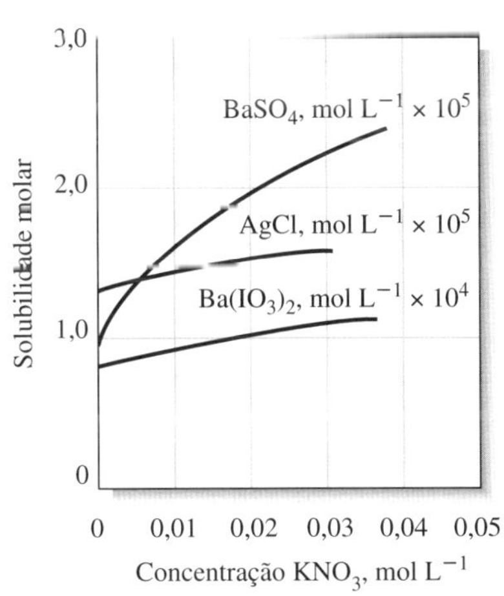

Figura 10-2 O efeito da concentração do eletrólito sobre a solubilidade de alguns sais para compostos contendo íons de carga diferente.

EXEMPLO 10-1

Calcule a força iônica de (a) uma solução de KNO_3 0,1 mol L^{-1} e (b) uma solução de Na_2SO_4 0,1 mol L^{-1}.

Resolução

(a) Para a solução de KNO_3, $[K^+]$ e $[NO_3^-]$ são 0,1 mol L^{-1} e

$$\mu = \frac{1}{2}(0{,}1\ \text{mol L}^{-1} \times 1^2 + 0{,}1\ \text{mol L}^{-1} \times 1^2) = 0{,}1\ \text{mol L}^{-1}$$

(b) Para a solução de Na_2SO_4, $[Na^+] = 0{,}2$ mol L^{-1} e $[SO_4^{2-}]$ 0,1 mol L^{-1}. Portanto,

$$\mu = \frac{1}{2}(0{,}2\ \text{mol L}^{-1} \times 1^2 + 0{,}1\ \text{mol L}^{-1} \times 2^2) = 0{,}3\ \text{mol L}^{-1}$$

EXEMPLO 10-2

Qual é a força iônica de uma solução 0,05 mol L^{-1} em KNO_3 e 0,1 mol L^{-1} em Na_2SO_4?

Resolução

$$\mu = \frac{1}{2}(0{,}05\ \text{mol L}^{-1} \times 1^2 + 0{,}05\ \text{mol L}^{-1} \times 1^2 + 0{,}2\ \text{mol L}^{-1} \times 1^2 + 0{,}1\ \text{mol L}^{-1} \times 2^2) = 0{,}35\ \text{mol L}^{-1}$$

B, C, ... e Z_A, Z_B, Z_C, ... correspondem às suas cargas.

Estes exemplos mostram que a força iônica de uma solução de um eletrólito forte constituído apenas de íons de cargas simples é idêntica à sua concentração molar total. Todavia, a força iônica é maior que a concentração molar se a solução contém íons com múltiplas cargas (**Tabela 10-1**).

Para as soluções com forças iônicas iguais ou menores que 0,1 mol L^{-1}, o efeito do eletrólito é *independente dos tipos de íons* e *dependente apenas da força iônica*. Assim, a solubilidade do sulfato de bário é a mesma em iodeto de sódio, nitrato de potássio ou cloreto de alumínio aquosos, contanto que as concentrações dessas espécies sejam tais que as forças iônicas sejam idênticas. Observe que essa não dependência em relação ao tipo de eletrólito desaparece a forças iônicas elevadas.

TABELA 10-1

Efeito da Carga na Força Iônica

Tipo de Eletrólito	Exemplo	Força Iônica*
1:1	NaCl	c
1:2	$Ba(NO_3)_2$, Na_2SO_4	$3c$
1:3	$Al(NO_3)_3$, Na_3PO_4	$6c$
2:2	$MgSO_4$	$4c$

*c = concentração molar do sal.

10A-3 O Efeito Salino

O efeito do eletrólito (também chamado **efeito salino**), que acabamos de descrever, resulta das forças atrativas e repulsivas que existem entre os íons de um eletrólito e os íons envolvidos em um equilíbrio. Essas forças fazem com que cada íon do reagente dissociado esteja rodeado por uma solução que contém um leve excesso de íons de eletrólitos de carga oposta. Por exemplo, quando o precipitado de sulfato de bário está em equilíbrio com uma solução de cloreto de sódio, cada íon bário tende a atrair o Cl^- e repelir o Na^+, consequentemente criando uma atmosfera iônica ligeiramente negativa ao redor do íon de bário. De maneira similar, cada íon sulfato está rodeado por um ambiente iônico que tende a ser levemente positivo. Essas camadas carregadas fazem com que os íons bário aparentem ser menos positivos e os íons sulfato, menos negativos que na ausência do cloreto de sódio. O resultado desse efeito de blindagem é uma diminuição na atração global que ocorre entre os íons bário e sulfato e um aumento correspondente na solubilidade do $BaSO_4$. A solubilidade se torna mais elevada à medida que o número de íons do eletrólito presentes na solução se torna maior. Em outras palavras, as *concentrações efetivas* de íons bário e sulfato tornam-se menores conforme a força iônica do meio se torna maior.

10B COEFICIENTES DE ATIVIDADE

Os químicos empregam um termo denominado atividade, *a*, para contabilizar os efeitos de eletrólitos sobre os equilíbrios químicos. A atividade, ou concentração efetiva, de uma espécie X depende da força iônica do meio e é definida por

$$a_X = [X]\gamma_X \tag{10-2}$$

onde a_X é a atividade da espécie X, [X], a sua concentração molar e γ_X é uma grandeza adimensional chamada **coeficiente de atividade**. O coeficiente de atividade e, portanto, a atividade de X varia com a força iônica de forma que a substituição de [X] por a_X em qualquer expressão da constante de equilíbrio torna a constante de equilíbrio independente da força iônica. Para ilustrar este ponto, se X_mY_n for um precipitado, a expressão do produto de solubilidade termodinâmico será definida pela equação

A atividade de uma espécie é a medida de sua concentração efetiva da forma como determinada por propriedades coligativas (tais como o aumento do ponto de ebulição ou diminuição do ponto de congelamento da água), por condutividade elétrica e pelo efeito da ação das massas.

$$K_{ps} = a_X^m \cdot a_Y^n \tag{10-3}$$

A aplicação da Equação 10-2 fornece

$$K_{ps} = [X]^m[Y]^n \cdot \gamma_X^m\gamma_Y^n = K'_{ps} \cdot \gamma_X^m\gamma_Y^n \tag{10-4}$$

Nesta equação, K'_{ps} é a **constante do produto de solubilidade baseada em concentrações** e K_{ps} é a constante de equilíbrio termodinâmica.[1] Os coeficientes de atividade γ_X e γ_Y variam com a força iônica de maneira que o valor de K_{ps} se mantém numericamente constante e independente da força iônica (em contraste com a constante baseada na concentração K'_{ps}).

10B-1 Propriedades dos Coeficientes de Atividade

Os coeficientes de atividade apresentam as seguintes propriedades:

[1]Nos capítulos que seguem, usaremos a notação com apóstrofe apenas quando for necessário distinguir entre as constantes de equilíbrio termodinâmica e baseada nas concentrações.

Embora usemos apenas concentrações molares, atividades podem também ser baseadas em molalidade, fração em mol, e assim por diante. Os coeficientes de atividade serão diferentes dependendo da escala de concentração utilizada.

À medida que $\mu \rightarrow 0$, $\gamma_X \rightarrow 1$, $a_X \rightarrow [X]$, e $K'_{ps} \rightarrow K_{ps}$.

1. O coeficiente de atividade de uma espécie representa a medida da efetividade com que uma espécie influencia um equilíbrio no qual ela é participante. Em soluções muito diluídas, nas quais a força iônica é mínima, essa efetividade torna-se constante e o coeficiente de atividade é igual à unidade. Sob essas condições, a atividade e a concentração molar são idênticas (assim como também são a constante de equilíbrio termodinâmica e aquela baseada na concentração). À medida que a força iônica aumenta, contudo, um íon perde um pouco de sua efetividade e seu coeficiente de atividade diminui. Podemos resumir esse comportamento em termos das Equações 10-2 e 10-3. Sob forças iônicas moderadas, $\gamma_X < 1$. Conforme a solução se aproxima da diluição infinita, entretanto, $\gamma_X \rightarrow 1$ e assim $a_X \rightarrow [X]$ e $K'_{ps} \rightarrow K_{ps}$. Sob forças iônicas elevadas ($\mu > 0{,}1$ mol L^{-1}), muitas vezes os coeficientes de atividade aumentam e podem inclusive tornar-se maiores que a unidade. Como a interpretação do comportamento de soluções nessa região é difícil, manteremos nossa discussão nas regiões de forças iônicas moderadas ou baixas (isto é, onde $\mu \leq 0{,}1$ mol L^{-1}). As variações típicas de coeficientes de atividade, em função da força iônica, são mostradas na **Figura 10-3**.
2. Em soluções que não são muito concentradas, o coeficiente de atividade para uma dada espécie é independente da natureza do eletrólito e dependente apenas da força iônica.
3. Para uma determinada força iônica, o coeficiente de atividade de um íon diminui mais drasticamente à medida que a carga da espécie aumenta. Esse efeito é mostrado na Figura 10-3.
4. O coeficiente de atividade de uma molécula não carregada é aproximadamente igual à unidade, não importando qual o nível da força iônica.
5. A uma certa força iônica os coeficientes de atividade de íons de mesma carga são

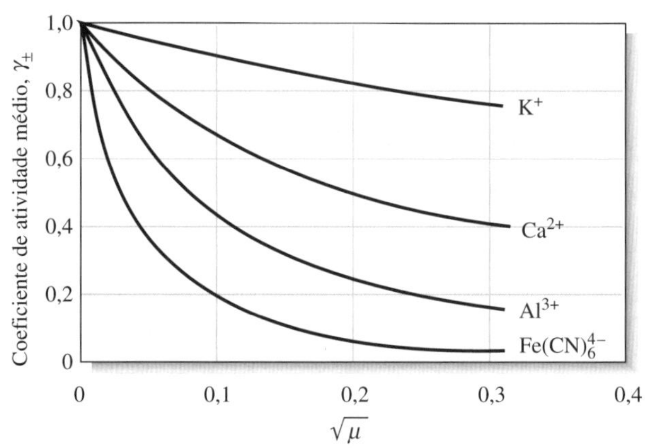

Figura 10-3 O efeito da força iônica sobre os coeficientes de atividade.

aproximadamente iguais. Pequenas variações dentre os íons de mesma carga podem ser correlacionadas com os diâmetros efetivos dos íons hidratados.

6. O coeficiente de atividade de um determinado íon descreve seu comportamento efetivo em todos os equilíbrios nos quais ele participa. Por exemplo, a uma dada força iônica, um único coeficiente de atividade para o íon cianeto descreve sua influência em qualquer um dos seguintes equilíbrios:

$$HCN + H_2O \rightleftharpoons H_3O^+ + CN^-$$

$$Ag^+ + CN^- \rightleftharpoons AgCN(s)$$

$$Ni^{2+} + 4CN^- \rightleftharpoons Ni(CN)_4^{2-}$$

10B-2 A Equação de Debye-Hückel

Em 1923, P. Debye e E. Hückel empregaram o modelo do ambiente iônico, descrito na Seção 10A-3, para desenvolver uma equação que permitisse o cálculo dos coeficientes de atividade dos íons a partir de suas cargas e de seu tamanho médio.[2] Essa equação, que se tornou conhecida como **equação de Debye-Hückel**, tem a forma

$$-\log \gamma_X = \frac{0{,}51 Z_X^2 \sqrt{\mu}}{1 + 3{,}3\alpha_X \sqrt{\mu}} \qquad (10\text{-}5)$$

onde

γ_X = coeficiente de atividade da espécie X
Z_X = carga da espécie X
μ = força iônica da solução
α_X = diâmetro efetivo do íon hidratado X em nanômetros (10^{-9} m)

Peter Debye (1884-1996). Nascido e educado na Europa, tornou-se professor de Química na Cornell University (Estados Unidos) em 1940. É reconhecido por seu trabalho em áreas distintas da Química, incluindo soluções de eletrólitos, difração de raios X e propriedades de moléculas polares. Debye recebeu o Prêmio Nobel de Química em 1936.

As constantes 0,51 e 3,3 aplicam-se para soluções aquosas a 25 °C; outros valores precisam ser usados em outras temperaturas. Infelizmente, existem incertezas consideráveis em relação à grandeza de α_X na Equação 10-5. Seu valor parece ser aproximadamente 0,3 nm para a maioria dos íons monovalentes; para essas espécies, então, o denominador da equação de Debye-Hückel pode ser simplificado para $1 + \sqrt{\mu}$. Para íons com maior carga, α_X pode tornar-se tão grande quanto 1,0 nm. Esse aumento do tamanho com a elevação da carga faz sentido do ponto de vista químico. Quanto maior a carga do íon, maior o número de moléculas polares de água que serão mantidas na camada de solvatação ao redor do íon. O segundo termo do denominador é pequeno, em relação ao primeiro, quando a força iônica é menor que 0,01 mol L^{-1}. Sob essas forças iônicas, as incertezas em α_X têm pouco efeito no cálculo dos coeficientes de atividade.

Kielland[3] estimou os valores de α_X para inúmeros íons a partir de uma variedade de dados experimentais. Seus melhores valores para os diâmetros efetivos são fornecidos na **Tabela 10-2**. Também são apresentados os coeficientes de atividade calculados a partir da Equação 10-5, usando esses valores para o parâmetro tamanho. Infelizmente é impossível determinar experimentalmente os coeficientes de atividade para íons simples como os mostrados na Tabela 10-2, porque os métodos experimentais fornecem apenas coeficientes de atividade médios para os íons positiva e negativamente carregados presentes em soluções. Em outras palavras, é impossível medir as propriedades de íons individuais na presença de contraíons de cargas opostas e de moléculas do solvente. Devemos ressaltar, contudo, que os coeficientes de atividade médios calculados a partir dos dados da Tabela 10-2 concordam satisfatoriamente com valores experimentais.

Quando μ é menor que 0,01 mol L^{-1}, $1 + \sqrt{\mu} \approx 1$, e a Equação 10-5 torna-se

$$-\log \gamma_X = 0{,}51\, Z_X^2 \sqrt{\mu}.$$

Essa equação é conhecida como Lei Limite de Debye-Hückel (LLDH). Assim, em soluções com força iônica muito baixa ($\mu < 0{,}01$ mol L^{-1}), a LLDH pode ser utilizada para calcular os coeficientes de atividade aproximados.

---

[2] P. Debye e E. Hückel, *Physik. Z.*, v. 24, p. 185, **1923**.

[3] J. Kielland, *J. Amer. Chem. Soc.*, v. 59, p. 1675, **1937**, **DOI**: 10.1021/ja01288a032.

TABELA 10-2

Coeficientes de Atividade para Íons a 25°C

Íon	α_X, nm	Coeficiente de Atividade a Forças Iônicas Indicadas				
		0,001	0,005	0,01	0,05	0,1
H_3O^+	0,9	0,967	0,934	0,913	0,85	0,83
Li^+, $C_6H_5COO^-$	0,6	0,966	0,930	0,907	0,83	0,80
Na^+, IO_3^-, HSO_3^-, HCO_3^-, $H_2PO_4^-$, $H_2AsO_4^-$, OAc^-	0,4–0,45	0,965	0,927	0,902	0,82	0,77
OH^-, F^-, SCN^-, HS^-, ClO_3^-, ClO_4^-, BrO_3^-, IO_3^-, MnO_4^-	0,35	0,965	0,926	0,900	0,81	0,76
K^+, Cl^-, Br^-, I^-, CN^-, NO_2^-, NO_3^-, $HCOO^-$	0,3	0,965	0,925	0,899	0,81	0,75
Rb^+, Cs^+, Tl^+, Ag^+, NH_4^+	0,25	0,965	0,925	0,897	0,80	0,75
Mg^{2+}, Be^{2+}	0,8	0,872	0,756	0,690	0,52	0,44
Ca^{2+}, Cu^{2+}, Zn^{2+}, Sn^{2+}, Mn^{2+}, Fe^{2+}, Ni^{2+}, Co^{2+}, Ftalato^{2-}	0,6	0,870	0,748	0,676	0,48	0,40
Sr^{2+}, Ba^{2+}, Cd^{2+}, Hg^{2+}, S^{2-}	0,5	0,869	0,743	0,668	0,46	0,38
Pb^{2+}, CO_3^{2-}, SO_3^{2-}, $C_2O_4^{2-}$	0,45	0,868	0,741	0,665	0,45	0,36
Hg_2^{2+}, SO_4^{2-}, $S_2O_3^{2-}$, Cr_4^{2-}, HPO_4^{2-}	0,40	0,867	0,738	0,661	0,44	0,35
Al^{3+}, Fe^{3+}, Cr^{3+}, La^{3+}, Ce^{3+}	0,9	0,737	0,540	0,443	0,24	0,18
PO_4^{3-}, $Fe(CN)_6^{3-}$	0,4	0,726	0,505	0,394	0,16	0,095
Th^{4+}, Zr^{4+}, Ce^{4+}, Sn^{4+}	1,1	0,587	0,348	0,252	0,10	0,063
$Fe(CN)_6^{4-}$	0,5	0,569	0,305	0,200	0,047	0,020

Fonte: Reimpresso (adaptado) com permissão de J. Kielland, *J. Am. Chem. Soc.*, v. 59, p. 1675, **1937**, **DOI**: 10.1021/ja01288a032. Copyright 1937 da American Chemical Society.

DESTAQUE 10-1

Coeficientes de Atividade Médios

O coeficiente de atividade médio do eletrólito A_mB_n é definido como

$$\gamma_\pm = \text{coeficiente de atividade médio} = (\gamma_A^m \gamma_B^n)^{1/(m+n)}$$

O coeficiente de atividade médio pode ser medido de várias formas, mas é experimentalmente impossível desmembrar esse termo nos coeficientes de atividade individuais γ_A e γ_B. Por exemplo, se

$$K_{ps} = [A]^m [B]^n \cdot \gamma_A^m \gamma_B^n = [A]^m [B]^n \gamma_\pm^{(m+n)}$$

podemos obter K_{ps} medindo a solubilidade de A_mB_n em uma solução na qual a concentração do eletrólito se aproxime de zero (isto é, ambos γ_A e $\gamma_B \rightarrow 1$). Uma segunda medida da solubilidade a uma certa força iônica μ_1 fornece valores para [A] e [B]. Esses dados permitem, então, o cálculo de $\gamma_A^m\gamma_B^n = \gamma_\pm^{(m+n)}$ para a força iônica μ_1. É importante entender que esse procedimento não fornece dados experimentais suficientes para permitir o cálculo dos valores *individuais* γ_A e γ_B e que não parece haver informação experimental adicional que permita avaliar essas grandezas. Essa situação é geral e a determinação *experimental* de um coeficiente de atividade individual é impossível.

EXEMPLO 10-3

(a) Use a Equação 10-5 para calcular o coeficiente de atividade do Hg^{2+} em uma solução que tem uma força iônica de 0,085 mol L^{-1}. Use 0,5 nm para o diâmetro efetivo do íon. (b) Compare o valor obtido em (a) com o coeficiente de atividade obtido pela interpolação linear dos dados contidos na Tabela 10-2 para coeficientes de atividade do íon sob forças iônicas de 0,1 e 0,05 mol L^{-1}.

Resolução

(a)

$$-\log \gamma_{Hg^{2+}} = \frac{(0{,}51)(2)^2\sqrt{0{,}085}}{1 + (3{,}3)(0{,}5)\sqrt{0{,}085}} \approx 0{,}4016$$

$$\gamma_{Hg^{2+}} = 10^{-0{,}4016} = 0{,}397 \approx 0{,}40$$

(b) A partir da Tabela 10-1

μ	$\gamma_{Hg^{2+}}$
0,1 mol L^{-1}	0,38
0,05 mol L^{-1}	0,46

Assim, quando $\Delta\mu = (0{,}10 \text{ mol L}^{-1} - 0{,}05 \text{ mol L}^{-1}) = 0{,}05 \text{ mol L}^{-1}$, $\Delta\gamma_{Hg^{2+}} = 0{,}46 - 0{,}38 = 0{,}08$. Em uma força iônica de 0,085 mol L^{-1},

$$\Delta\mu = (0{,}100 \text{ mol L}^{-1} - 0{,}085 \text{ mol L}^{-1}) = 0{,}015 \text{ mol L}^{-1}$$

e

$$\Delta\gamma_{Hg^{2+}} = \frac{0{,}015}{0{,}05} \times 0{,}08 = 0{,}024$$

Assim,

$$\Delta\gamma_{Hg^{2+}} = 0{,}38 + 0{,}024 = 0{,}404 \approx 0{,}40$$

Os valores para coeficientes de atividade a forças iônicas não mostradas na Tabela 10-2 podem ser obtidos por interpolação, como exposto no Exemplo 10-3(b).

Considerando a concordância entre os valores calculados e experimentais de coeficientes de atividade iônicos médios, podemos inferir que a relação de Debye-Hückel e os dados contidos na Tabela 10-2 fornecem coeficientes de atividade satisfatórios para forças iônicas de até 0,1 mol L^{-1}. A partir desse valor a equação falha e precisamos determinar os coeficientes de atividade experimentalmente.

A lei limite de Debye-Hückel normalmente é aceita como sendo exata em valores de μ de até aproximadamente 0,01 para íons com carga única.

10B-3 Cálculos de Equilíbrio Usando Coeficientes de Atividade

Os cálculos de equilíbrio com atividades geram resultados que concordam com os dados experimentais de maneira mais próxima que aqueles obtidos com as concentrações molares. A menos que estejam especificadas, as constantes de equilíbrio encontradas em tabelas são geralmente baseadas em atividades e, portanto, são termodinâmicas. Os exemplos que seguem ilustram como os coeficientes de atividade apresentados na Tabela 10-2 são aplicados a esses dados.

EXEMPLO 10-4

Encontre o erro relativo introduzido quando se negligenciam as atividades no cálculo da solubilidade do $Ba(IO_3)_2$ em uma solução de $Mg(IO_3)_2$ 0,033 mol L^{-1}. O produto de solubilidade termodinâmico para o $Ba(IO_3)_2$ é $1{,}57 \times 10^{-9}$ (veja o Apêndice 2).

Solução

Primeiramente, escrevemos a expressão do produto de solubilidade em termos das atividades

$$K_{ps} = a_{Ba^{2+}} \cdot a^2_{IO_3^-} = 1.57 \times 10^{-9}$$

onde $a_{Ba^{2+}}$ e $a_{IO_3^-}$ são as atividades dos íons bário e iodato. A substituição das atividades pelos coeficientes de atividade e concentrações, nessa equação, a partir da Equação 10-2, fornece

$$K_{ps} = \gamma_{Ba^{2+}}[Ba^{2+}] \cdot \gamma^2_{IO_3^-}[IO_3^-]^2$$

onde $\gamma_{Ba^{2+}}$ e $\gamma_{IO_3^-}$ são os coeficientes de atividade para os dois íons. O rearranjo dessa expressão gera

$$K'_{ps} = \frac{K_{ps}}{\gamma_{Ba^{2+}}\gamma^2_{IO_3^-}} = [Ba^{2+}][IO_3^-]^2$$

onde K'_{ps} é o *produto de solubilidade baseado em concentrações.*

A força iônica da solução é obtida pela substituição dos valores na Equação 10-1:

$$\mu = \frac{1}{2}([Mg^{2+}] \times 2^2 + [IO_3^-] \times 1^2)$$

$$= \frac{1}{2}(0{,}033 \text{ mol L}^{-1} \times 4 + 0{,}066 \text{ mol L}^{-1} \times 1) = 0{,}099 \text{ mol L}^{-1} \approx 0{,}1 \text{ mol L}^{-1}$$

No cálculo de μ, consideramos que os íons Ba^{2+} e IO_3^- provenientes do precipitado não afetam significativamente a força iônica da solução. Essa simplificação parece justificável considerando-se a baixa solubilidade do iodato de bário e a concentração relativamente elevada do $Mg(IO_3)_2$. Em situações nas quais não é possível tecer tal consideração, as concentrações dos dois íons podem ser aproximadas por meio de cálculos de solubilidade nos quais as atividades e as concentrações são consideradas idênticas (como nos Exemplos 9-3, 9-4 e 9-5). Essas concentrações podem ser utilizadas para fornecer um valor mais exato para μ.

Voltando para a Tabela 10-2, descobrimos que a uma força iônica de 0,1 mol L^{-1},

$$\gamma_{Ba^{2+}} = 0{,}38 \qquad \gamma_{IO_3^-} = 0{,}77$$

Se a força iônica calculada não for igual àquela das colunas da tabela, $\gamma_{Ba^{2+}}$ e $\gamma_{IO_3^-}$ podem ser calculados a partir da Equação 10-5.

A substituição na expressão termodinâmica do produto de solubilidade fornece

$$K'_{ps} = \frac{1{,}57 \times 10^{-9}}{(0{,}38)(0{,}77)^2} = 6{,}97 \times 10^{-9}$$

$$[Ba^{2+}][IO_3^-]^2 = 6{,}97 \times 10^{-9}$$

Procedendo agora como em cálculos de solubilidade anteriores,

$$\text{solubilidade} = [Ba^{2+}]$$

$$[IO_3^-] = 2 \times 0{,}033\ M + 2[Ba^{2+}] \approx 0{,}066\ mol\ L^{-1}$$

$$[Ba^{2+}](0{,}066)^2 = 6{,}97 \times 10^{-9}$$

$$[Ba^{2+}] = \text{solubilidade} = 1{,}60 \times 10^{-6}\ mol\ L^{-1}$$

Se negligenciarmos as atividades, encontramos a solubilidade como a seguir:

$$[Ba^{2+}](0{,}066)^2 = 1{,}57 \times 10^{-9}$$

$$[Ba^{2+}] = \text{solubilidade} = 3{,}60 \times 10^{-7}\ mol\ L^{-1}$$

$$\text{erro relativo} = \frac{3{,}60 \times 10^{-7} - 1{,}60 \times 10^{-6}}{1{,}60 \times 10^{-6}} \times 100\% = -77\%$$

EXEMPLO 10-5

Use as atividades para calcular a concentração de íons hidroxônio em uma solução de HNO_2 0,120 mol L^{-1} que também tem NaCl 0,050 mol L^{-1}. Qual o erro relativo porcentual provocado por desconsiderar-se as correções devido às atividades?

Resolução

A força iônica dessa solução é

$$\mu = \frac{1}{2}(0{,}0500\ mol\ L^{-1} \times 1^2 + 0{,}0500\ mol\ L^{-1} \times 1^2) = 0{,}0500\ mol\ L^{-1}$$

Na Tabela 10-2, a uma força iônica de 0,050 mol L^{-1}, descobrimos

$$\gamma_{H_3O^+} = 0{,}85 \qquad \gamma_{NO_2^-} = 0{,}81$$

De forma semelhante, a partir da regra 4 podemos escrever

$$\gamma_{HNO_2} = 1{,}0$$

Esses três valores para γ permitem o cálculo de uma constante de dissociação baseada na concentração a partir da constante termodinâmica $7{,}1 \times 10^{-4}$ (ver Apêndice 3):

$$K'_a = \frac{[H_3O^+][NO_2^-]}{[HNO_2]} = \frac{K_a \cdot \gamma_{HNO_2}}{\gamma_{H_3O^+}\gamma_{NO_2^-}} = \frac{7{,}1 \times 10^{-4} \times 1{,}0}{0{,}85 \times 0{,}81} = 1{,}03 \times 10^{-3}$$

Procedendo como no Exemplo 9-7, escrevemos

$$[H_3O^+] = \sqrt{K'_a \times c_a} = \sqrt{1{,}03 \times 10^{-3} \times 0{,}120} = 1{,}11 \times 10^{-2}\ mol\ L^{-1}$$

Observe que se considerarmos coeficientes de atividade unitários, temos $[H_3O^+] = 9{,}2 \times 10^{-3}$ mol L^{-1}.

$$\text{erro relativo} = \frac{9{,}2 \times 10^{-3} - 1{,}11 \times 10^{-2}}{1{,}11 \times 10^{-2}} \times 100\% = -17\%$$

Nesse exemplo, consideramos que a contribuição da dissociação do ácido para a força iônica foi desprezível. Além disso, empregamos uma solução aproximada para o cálculo da concentração dos íons hidroxônio. Veja o Problema 10-19 para uma discussão dessas aproximações.

10B-4 A Omissão dos Coeficientes de Atividade nos Cálculos de Equilíbrio

Normalmente, negligenciamos os coeficientes de atividade e simplesmente empregamos as concentrações molares em aplicações da lei do equilíbrio. Essa aproximação simplifica os cálculos e diminui enormemente a quantidade de dados necessários. Para a maioria dos propósitos, o erro introduzido por considerar-se os coeficientes de atividade iguais à unidade não é grande o suficiente para levar a conclusões falsas. Fica evidente, todavia, a partir dos exemplos anteriores, que a desconsideração dos coeficientes de atividade pode introduzir erros numéricos significativos nos cálculos desse tipo. Observe, por exemplo, que a desconsideração das atividades no Exemplo 10-4 resultou em um erro de cerca de −77%. Esteja alerta a situações nas quais a substituição da atividade pela concentração pode levar a erros significativos. Discrepâncias significativas ocorrem quando a força iônica é alta (maior ou igual a 0,01 mol L^{-1}) ou quando os íons envolvidos têm múltiplas cargas (Tabela 10-2). Com soluções diluídas ($\mu < 0{,}01$ mol L^{-1}) de não eletrólitos e de íons de carga simples, o uso de concentrações em cálculos envolvendo a lei das massas usando concentrações são com frequência razoavelmente exatos. Quando, como ocorre muitas vezes, as soluções têm forças iônicas superiores a 0,01 mol L^{-1}, as correções pelas atividades precisam ser feitas. Os aplicativos computacionais como o Excel reduzem grandemente o tempo e o esforço requeridos para se realizar esses cálculos. Também é importante observar que a diminuição da solubilidade resultante da presença de um íon comum ao precipitado (o efeito do íon comum) é, pelo menos em parte, compensada pela grande concentração eletrolítica do sal que contém o íon comum.

QUESTÕES E PROBLEMAS

***10-1.** Faça uma distinção entre
(a) atividade e coeficiente de atividade.
(b) constantes de equilíbrio termodinâmica e baseada em concentrações.

10-2. Liste as propriedades gerais dos coeficientes de atividade.

***10-3.** Desconsiderando qualquer efeito provocado por variações de volume, você esperaria que a força iônica (1) aumentasse, (2) diminuísse ou (3) permanecesse essencialmente constante pela adição de NaOH a uma solução diluída de
(a) cloreto de magnésio [forma-se $Mg(OH)_2\,(s)$]?
(b) ácido clorídrico?
(c) ácido acético?

10-4. Desconsiderando qualquer efeito provocado por variações de volume, você esperaria que a força iônica (1) aumentasse, (2) diminuísse ou (3) permanecesse essencialmente constante pela adição de cloreto de ferro(III) a
(a) HCl?
(b) NaOH?
(c) $AgNO_3$?

***10-5.** Explique por que o coeficiente de atividade para íons dissolvidos em água é normalmente menor que aquele para a água em si.

10-6. Explique por que o coeficiente de atividade para uma molécula neutra normalmente é 1.

***10-7.** Explique por que a inclinação inicial para Ca^{2+} na Figura 10-3 é mais abrupta do que para o K^+.

10-8. Qual é o valor numérico do coeficiente de atividade de amônia aquosa (NH_3) em uma força iônica de 0,2?

10-9. Calcule a força iônica de uma solução

* (a) 0,030 mol L^{-1} de $FeSO_4$.
(b) 0,30 mol L^{-1} de $(NH_4)_2CrO_4$.
* (c) 0,30 mol L^{-1} de $FeCl_3$ e 0,20 mol L^{-1} de $FeCl_2$.
(d) 0,030 mol L^{-1} de $La(NO_3)_3$ e 0,060 mol L^{-1} de $Fe(NO_3)_2$.

10-10. Use a Equação 10-5 para calcular o coeficiente de atividade de

* (a) Fe^{3+} a $\mu = 0{,}062$.
(b) Pb^{2+} a $\mu = 0{,}042$.
* (c) Ce^{4+} a $\mu = 0{,}070$.
(d) Sn^{4+} a $\mu = 0{,}045$.

10-11. Calcule os coeficientes de atividade para as espécies no Problema 10-10 através da interpolação dos dados da Tabela 10-2.

10-12. Para uma solução na qual $\mu = 8{,}0 \times 10^{-2}$, calcule o K'_{ps} para

* (a) AgSCN.
(b) PbI_2.
* (c) $La(IO_3)_3$.
(d) $MgNH_4PO_4$.

***10-13.** Use as atividades para calcular a solubilidade molar do $Zn(OH)_2$ em

(a) KCl 0,0200 mol L^{-1}.
(b) K_2SO_4 0,0300 mol L^{-1}.
(c) uma solução resultante da mistura de 40,0 mL de KOH 0,250 mol L^{-1} com 60,0 mL de $ZnCl_2$ 0,0250 mol L^{-1}.
(d) uma solução resultante da mistura de 20,0 mL de KOH 0,100 mol L^{-1} com 80,0 mL de $ZnCl_2$ 0,0250 mol L^{-1}.

***10-14.** Calcule as solubilidades dos seguintes compostos em uma solução de $Mg(ClO_4)_2$ 0,0333 mol L^{-1} usando (1) as atividades e (2) as concentrações molares:

(a) AgSCN.
(b) PbI_2.
(c) $BaSO_4$.
(d) $Cd_2Fe(CN)_6$.

$$Cd_2Fe(CN)_6(s) \rightleftharpoons 2Cd^{2+} + Fe(CN)_6^{4-} \quad K_{ps} = 3{,}2 \times 10^{-17}$$

***10-15.** Calcule as solubilidades dos seguintes compostos em uma solução de $Ba(NO_3)_2$ 0,0167 mol L^{-1} usando (1) as atividades e (2) as concentrações molares:

(a) $AgIO_3$.
(b) $Mg(OH)_2$.
(c) $BaSO_4$.
(d) $La(IO_3)_3$.

10-16. Calcule o erro porcentual relativo na solubilidade devido ao uso de concentrações em vez de atividades para os seguintes compostos presentes em KNO_3 0,05000 mol L^{-1} utilizando os produtos de solubilidade termodinâmicos listados no Apêndice 2.

*(a) CuCl ($\alpha_{Cu^+} = 0{,}3$ nm)
(b) $Fe(OH)_2$
*(c) $Fe(OH)_3$
(d) $La(IO_3)_3$
*(e) Ag_3AsO_4 ($\alpha_{AsO_4^{3-}} = 0{,}4$ nm)

10-17. Calcule o erro porcentual relativo na concentração do íon hidroxônio devido ao uso de concentrações em vez de atividades no cálculo do pH da solução das seguintes soluções tampão utilizando as constantes termodinâmicas listadas no Apêndice 3.

* (a) HOAc 0,150 mol L^{-1} e NaOAc 0,250 mol L^{-1}.
(b) NH_3 0,0400 mol L^{-1} e NH_4Cl 0,100 mol L^{-1}.
(c) $ClCH_2COOH$ 0,0200 mol L^{-1} e $ClCH_2COONa$ ($a_{ClCH_2COO^-} = 0{,}35$).

10-18. Planeje e construa uma planilha para calcular coeficientes de atividade em um formato similar ao da Tabela 10-2. Insira valores de a_X nas células A3, A4 e A5 e assim por diante e introduza cargas iônicas nas células B3, B4, B5 e assim por diante. Nas células C2:G2 insira os mesmos conjuntos de valores para as forças iônicas listadas na Tabela 10-2. Inclua a fórmula para os coeficientes de atividade nas células C3:G3. Assegure-se de utilizar células de referência absolutas para a força iônica em suas fórmulas para os coeficientes de atividade. Finalmente, copie as fórmulas para os coeficientes de atividade nas linhas abaixo da linha C destacando C3:G3 e arrastando o autopreenchimento. Compare os coeficientes de atividade que você calculou com aqueles contidos na Tabela 10-2. Você encontra alguma discrepância? Em caso afirmativo, explique a origem das mesmas.

10-19. Problema Desafiador: No Exemplo 10-5, negligenciamos a contribuição do ácido nitroso para a força iônica. Também usamos a solução simplificada para a concentração de íons hidroxônio,

$$[H_3O^+] = \sqrt{K_a c_a}$$

(a) Desenvolva uma solução iterativa para o problema na qual você calcule realmente a força iônica, primeiro sem levar em consideração a dissociação do ácido. Avalie então os coeficientes de atividade correspondentes para os íons usando a equação de Debye-Hückel, calcule um novo K_a e encontre um novo valor para $[H_3O^+]$. Repita o processo, mas utilize as concentrações de H_3O^+ e NO_2^- juntamente com o NaCl 0,05 mol L^{-1} para calcular uma nova força iônica; uma vez mais, encontre os coeficientes de atividades, K_a, e o novo valor para $[H_3O^+]$. Intere até que você obtenha dois valores consecutivos para $[H_3O^+]$ que sejam iguais dentro de 0,1%. Quantas iterações você precisou realizar? Qual o erro relativo entre o seu valor final e o valor obtido no Exemplo 10-5 sem a correção para as atividades? Qual o erro relativo entre o primeiro valor que você calculou e o último? Talvez seja necessário utilizar uma planilha eletrônica para auxiliá-lo nesses cálculos.

(b) Agora realize os mesmos cálculos, porém, dessa vez, determine a concentração de íons hidroxônio usando a equação quadrática ou o método das aproximações sucessivas a cada vez que você avaliar uma nova força iônica. Que melhoria você observou em relação aos resultados que obteve em (a)?

(c) Quando as correções para as atividades, como as que você fez em (a), são necessárias? Que variáveis precisam ser consideradas para se decidir se é necessário fazer tais correções?

(d) Quando as correções, como as que você fez em (b), são necessárias? Que critérios você empregou para decidir se essas correções deveriam ser feitas?

(e) Suponha que você esteja tentando determinar as concentrações de íons presentes em uma matriz complexa, como, por exemplo, soro sanguíneo ou urina. É possível fazer correções para as atividades em sistemas como estes? Explique sua resposta.

Resolução de Problemas de Equilíbrio de Sistemas Complexos

capítulo **11**

Equilíbrios em sistemas complexos são muito importantes em diversas áreas da ciência. Esses equilíbrios desempenham um papel relevante no meio ambiente. Rios e lagos estão sujeitos a muitas fontes de poluição que podem tornar a água inadequada para o consumo humano, natação ou pescaria. Um dos problemas mais comuns com os lagos está na sobrecarga de nutrientes causada pela lixiviação de nutrientes empregados na agricultura, como fosfatos e nitratos, das estações de tratamento de esgoto, de fertilizantes, detergentes, dejetos de animais e erosão do solo. Esses nutrientes estão envolvidos em equilíbrios complexos que fazem com que as plantas aquáticas como os jacintos d'água (foto) e as algas experimentem uma explosão populacional. Quando as plantas morrem e descem para o fundo do lago, as bactérias que as decompõem eliminam o oxigênio dissolvido das camadas inferiores do lago, o que pode levar os peixes a morrerem por falta de oxigênio. Os cálculos envolvidos em equilíbrios complexos são o objeto principal deste capítulo. A abordagem sistemática para resolver os problemas envolvendo múltiplos equilíbrios é descrita. Os cálculos de solubilidade quando o equilíbrio é influenciado pelo pH e pela formação de complexos também são discutidos.

Wolfgang Kaehler/CORBIS

As soluções aquosas encontradas no laboratório contêm frequentemente muitas espécies que interagem entre si e com a água para produzir dois ou mais equilíbrios simultâneos. Por exemplo, quando dissolvemos um sal escassamente solúvel em água, existem três equilíbrios:

$$BaSO_4(s) \rightleftharpoons Ba^{2+} + SO_4^{2-} \tag{11-1}$$

$$SO_4^{2-} + H_3O^+ \rightleftharpoons HSO_4^- + H_2O \tag{11-2}$$

$$2H_2O \rightleftharpoons H_3O^+ + OH^- \tag{11-3}$$

❮ A introdução de um novo sistema em equilíbrio em uma solução não altera as constantes de equilíbrio de nenhum dos equilíbrios ali existentes.

Se íons hidrônio são adicionados a esse sistema, o segundo equilíbrio é deslocado para a direita em razão do efeito do íon comum. O decréscimo resultante na concentração de sulfato faz com que o primeiro equilíbrio desloque-se para a direita também, o que aumenta a solubilidade do sulfato de bário.

A solubilidade do sulfato de bário também é aumentada quando íons acetato são adicionados a uma suspensão aquosa desse sal em função de os íons acetato tenderem a formar um complexo solúvel com os íons bário, como mostrado pela reação

$$Ba^{2+} + OAc^- \rightleftharpoons BaOAc^+ \tag{11-4}$$

O efeito do íon comum causa o deslocamento desse equilíbrio e do equilíbrio de solubilidade da Equação 11-1 para a direita. A solubilidade do sulfato de bário então aumenta.

Se desejarmos calcular a solubilidade do sulfato de bário em um sistema contendo íons hidrônio e acetato, devemos levar em conta não somente o equilíbrio de solubilidade, como também os outros equilíbrios. Descobrimos, contudo, que o uso de quatro expressões da constante de equilíbrio para calcular a solubilidade é muito mais difícil e complexo que o procedimento simples ilustrado nos Exemplos 9-3, 9-4 e 9-5. Para resolver esse tipo de problema, a abordagem sistemática é essencial. Utilizamos essa abordagem para ilustrar o efeito do pH e a formação de complexos sobre a solubilidade de precipitados analíticos típicos. Em capítulos posteriores, utilizamos o mesmo método sistemático para resolver problemas com equilíbrios múltiplos de diversos tipos.

11A MÉTODO SISTEMÁTICO PARA RESOLUÇÃO DE PROBLEMAS UTILIZANDO MÚLTIPLOS EQUILÍBRIOS

Para resolver um problema de equilíbrio múltiplo, devemos escrever tantas equações independentes quantas forem as espécies químicas presentes no sistema sendo estudado. Por exemplo, se nossa tarefa é calcular a solubilidade do sulfato de bário em uma solução de um ácido, precisamos calcular a concentração de todas as espécies presentes na solução. Há cinco espécies neste exemplo: $[Ba^{2+}]$, $[SO_4^{2-}]$, $[HSO_4^-]$, $[H_3O^+]$ e $[OH^-]$. Para calcular rigorosamente a solubilidade do sulfato de bário nessa solução, torna-se necessário criar cinco equações algébricas independentes que possam ser resolvidas simultaneamente para fornecer as cinco concentrações.

Três tipos de equações algébricas são utilizados para a resolução de problemas envolvendo equilíbrios múltiplos: (1) expressões das constantes de equilíbrio, (2) equações de *balanço de massas* e (3) uma única equação de *balanço de cargas*. Mostramos na Seção 9B como as expressões das constantes de equilíbrio são escritas; agora foquemos outros dois tipos de equações.

11A-1 Equações de Balanço de Massa

O termo "equação de balanço de massas", embora largamente utilizado, é algo enganoso porque na verdade essas equações são realmente baseadas no balanço de *concentrações* em vez de *massas*. Não introduzimos problema igualando massas a concentrações porque todas as espécies solúveis estão no mesmo volume de solução.

As **equações de balanço de massas** relacionam as concentrações de *equilíbrio* de várias espécies em uma solução umas com as outras e com a concentração *analítica* de vários solutos. Para ilustrar, suponha que queiramos preparar uma solução aquosa de um sal NaA no qual A^- é a base conjugada de um ácido fraco HA. Para cada mol de NaA que se dissolve, no equilíbrio, a solução deve conter um mol de A em todas as suas formas. Parte de A^- vem da dissociação do sal que abstrairá prótons da água para se transformar em HA e o resto permanecerá em solução como A^-. Indiferentemente de qualquer química que ocorra à medida que a solução é formada, entretanto, devemos ter a mesma quantidade de matéria de A (e assim a mesma massa de A) antes de dissolver o soluto que encontramos após a solução ter atingido o equilíbrio. Uma vez que todos os solutos estão contidos no mesmo volume de solução, a concentração de A antes de dissolver o sal é igual à concentração total de todas as formas de A na solução em equilíbrio. Em suma, as equações de balanço de massas são um resultado direto da conservação das massas, dos mols e, nesta aplicação, da concentração. Para escrever a(s) expressão(ões) de balanço de massas, devemos saber as propriedades e quantidades de todos os solutos na solução, como a solução foi preparada e os equilíbrios na solução.

Como nosso primeiro exemplo de balanço de massas, vamos explorar os detalhes do que acontece quando um ácido fraco HA é dissolvido em água com uma concentração molar analítica de c_{HA}. Nosso objetivo é escrever a(s) expressão(ões) de balanço de massas para este sistema. Nosso primeiro tipo de expressão de balanço de massas é baseado no conhecimento preciso do valor de c_{HA} a partir da descrição da solução.

Existem dois equilíbrios em jogo nesta solução:

$$HA + H_2O \rightleftharpoons H_3O^+ + A^-$$
$$2H_2O \rightleftharpoons H_3O^+ + OH^-$$

A única fonte das duas espécies contendo A, HA e A^-, é o soluto original, HA, cuja concentração *analítica* é c_{HA}. Uma vez que todo o A^- e o HA na solução vem da quantidade medida de soluto HA, podemos escrever nossa primeira equação de balanço de massas.

Escrever as equações de balanço de massas pode ser tão direto quanto o caso de um ácido fraco abordado aqui. Em soluções complexas contendo muitos solutos participantes em numerosos equilíbrios, a tarefa pode ser bem difícil.

$$c_{HA} = [HA] + [A^-]$$

O segundo tipo de expressão de balanço de massas conta com nosso conhecimento detalhado dos equilíbrios na solução. Os íons hidrônio na solução vêm de duas fontes: a dissociação de HA e a dissociação da água. A concentração global de H_3O^+ é então a soma das duas concentrações destas fontes, ou

$$[H_3O^+] = [H_3O^+]_{HA} + [H_3O^+]_{H_2O}$$

Mas, para os equilíbrios acima, a concentração de hidrônio da dissociação do ácido $[H_3O^+]_{HA}$ é igual a $[A^-]$ e a concentração de hidrônio da água $[H_3O^+]_{H_2O}$ é igual a $[OH^-]$. Portanto, temos

$$[H_3O^+] = [A^-] + [OH^-]$$

Este tipo de expressão de balanço de massas é frequentemente chamado de **equação de balanço de prótons** porque ela considera todas as fontes de prótons. Como veremos, esta última equação é muito interessante e útil porque ela demonstra a conservação de outra quantidade, a carga.

Nos Exemplos 11-1 e 11-2, consideramos as expressões de balanço de massas para dois sais praticamente insolúveis na presença de outros solutos que afetam a solubilidade dos sais.

EXEMPLO 11-1

Escreva as expressões de balanço de massas para uma solução de HCl 0,0100 mol L^{-1} que está em equilíbrio com excesso de $BaSO_4$ sólido.

Resolução

Como mostrado por intermédio das Equações 11-1, 11-2 e 11-3, existem três equilíbrios que estão presentes nessa solução.

$$BaSO_4(s) \rightleftharpoons Ba^{2+} + SO_4^{2-}$$
$$SO_4^{2-} + H_3O^+ \rightleftharpoons HSO_4^- + H_2O$$
$$2H_2O \rightleftharpoons H_3O^+ + OH^-$$

Uma vez que a única fonte das duas espécies de sulfato é o $BaSO_4$ dissolvido, a concentração do íon bário deve ser igual à concentração total das espécies contendo sulfato. Logo, podemos escrever nossa primeira equação de balanço de massas.

$$[Ba^{2+}] = [SO_4^{2-}] + [HSO_4^-]$$

Para um sal pouco solúvel com estequiometria 1:1, a concentração de equilíbrio do cátion é igual à concentração de equilíbrio do ânion. Essa igualdade é a expressão do balanço de massas. Para os ânions que podem ser protonados, a concentração de equilíbrio do cátion é igual à soma das concentrações das várias formas do ânion.

De acordo com a segunda reação anterior, os íons hidrônio na solução estão livres como H_3O^+ ou eles reagem com o SO_4^{2-} para formar HSO_4^-. Podemos expressar isto como

$$[H_3O^+]_{tot} = [H_3O^+] + [HSO_4^-]$$

onde $[H_3O^+]_{tot}$ é a concentração de hidrônio de todas as fontes e $[H_3O^+]$, a concentração no equilíbrio de hidrônio livre. Os prótons que contribuem para $[H_3O^+]_{tot}$ têm duas fontes: HCl aquoso e a dissociação da água. Neste exemplo, nos referimos à concentração de íon hidrônio da dissociação completa de HCl como $[H_3O^+]_{HCl}$ e a concentração da autoprotólise da água como $[H_3O^+]_{H_2O}$. A concentração total de íon hidrônio é então

$$[H_3O^+]_{tot} = [H_3O^+]_{HCl} + [H_3O^+]_{H_2O}$$

E a partir do acima,

$$[H_3O^+]_{tot} = [H_3O^+] + [HSO_4^-] = [H_3O^+]_{HCl} + [H_3O^+]_{H_2O}$$

Mas $[H_3O^+]_{HCl} = c_{HCl}$, e desde que a única fonte de hidróxido é a dissociação da água, podemos escrever que $[H_3O^+]_{H_2O} = [OH^-]$. Substituindo estas duas quantidades na equação acima,

$$[H_3O^+]_{tot} = [H_3O^+] + [HSO_4^-] = c_{HCl} + [OH^-]$$

e a equação do balanço de massas é então

$$[H_3O^+] + [HSO_4^-] = 0{,}0100 + [OH^-]$$

EXEMPLO 11-2

Escreva expressões de balanço de massas para o sistema formado quando uma solução de NH_3 0,010 mol L^{-1} é saturada com o ligeiramente solúvel AgBr.

Resolução

Neste exemplo, as equações para os equilíbrios pertinentes em solução são

$$AgBr(s) \rightleftharpoons Ag^+ + Br^-$$

$$Ag^+ + NH_3 \rightleftharpoons Ag(NH_3)^+$$

$$Ag(NH_3)^+ + NH_3 \rightleftharpoons Ag(NH_3)_2^+$$

$$NH_3 + H_2O \rightleftharpoons NH_4^+ + OH^-$$

$$2H_2O \rightleftharpoons H_3O^+ + OH^-$$

Nesta solução, AgBr é a única fonte de Br^-, Ag^+, $Ag(NH_3)^+$ e $Ag(NH_3)_2^+$. À medida que o AgBr se dissolve, os íons prata e brometo aparecem na razão 1:1. Enquanto o Ag^+ reage com a amônia para formar $Ag(NH_3)^+$ e $Ag(NH_3)_2^+$, o brometo aparece apenas como Br^-, logo, nossa primeira equação de balanço de massas é

$$[Ag^+] + [Ag(NH_3)^+] + [Ag(NH_3)_2^+] = [Br^-]$$

onde os termos em colchetes são as concentrações molares das espécies. Sabemos também que a única fonte das espécies contendo amônia é a solução de NH_3 0,010 mol L^{-1}. Portanto,

Para os sais pouco solúveis com estequiometrias diferentes de 1:1, a expressão de balanço de massas é obtida pela multiplicação da concentração de um dos íons pela razão estequiométrica. Por exemplo, em uma solução saturada com PbI_2, a concentração de íon iodeto é duas vezes maior que a de Pb^{2+}. Isto é,

$$[I^-] = 2[Pb^{2+}]$$

Este resultado parece contraintuitivo para a maioria das pessoas porque dois íons iodeto aparecem na solução para cada íon de chumbo (II) que aparece. Lembre-se de que é exatamente por esta razão que devemos multiplicar a $[Pb^{2+}]$ por dois para acertar a igualdade.

$$c_{NH_3} = [NH_3] + [NH_4^+] + [Ag(NH_3)^+] + 2[Ag(NH_3)_2^+] = 0{,}010 \text{ mol L}^{-1}$$

O coeficiente 2 nesta equação surge porque $Ag(NH_3)_2^+$ contém duas moléculas de amônia. Dos dois últimos equilíbrios, vemos que um íon hidróxido é formado para cada NH_4^+ e para cada íon hidrônio. Dessa forma,

$$[OH^-] = [NH_4^+] + [H_3O^+]$$

11A-2 Equação de Balanço de Cargas

As soluções eletrolíticas são eletricamente neutras mesmo que possam conter milhões de íons carregados. As soluções são neutras porque a *concentração molar de cargas positivas* em uma solução de um eletrólito sempre se iguala à *concentração molar de cargas negativas*. Em outras palavras, para qualquer solução contendo eletrólitos, podemos escrever

$$\begin{matrix}\text{quantidade de matéria L}^{-1} \\ \text{de carga positiva}\end{matrix} = \begin{matrix}\text{quantidade de matéria L}^{-1} \\ \text{de carga negativa}\end{matrix}$$

Essa equação representa a condição de balanço de cargas e é denominada **equação de balanço de cargas**. Para poder ser útil aos cálculos e equilíbrio, a igualdade deve ser expressa em termos das concentrações molares das espécies que apresentam carga na solução.

Com quanto de carga contribui 1 mol de Na^+ em uma solução? E 1 mol de Mg^{2+} ou 1 mol de PO_4^{3-}? A concentração de cargas com a qual um íon em uma solução contribui é igual à sua concentração molar multiplicada pela sua carga. Dessa forma, a concentração molar de cargas positivas em uma solução devida à presença de íons sódio é a concentração molar de íons sódio. Isto é,

$$\frac{\text{mol de carga positiva}}{\text{L}} = \frac{1 \text{ mol de carga positiva}}{\cancel{\text{mol de Na}^+}} \times \frac{\cancel{\text{mol de Na}^+}}{\text{L}}$$
$$= 1 \times [Na^+]$$

A concentração de cargas positivas devida aos íons magnésio é

$$\frac{\text{mol de carga positiva}}{\text{L}} = \frac{2 \text{ mols de carga positiva}}{\cancel{\text{mol de Mg}^{2+}}} \times \frac{\cancel{\text{mol de Mg}^{2+}}}{\text{L}}$$
$$= 2 \times [Mg^{2+}]$$

uma vez que um mol de íon magnésio contribui com 2 mols de cargas positivas para a solução. De forma similar, escrevemos para o íon fosfato

$$\frac{\text{mol de carga negativa}}{\text{L}} = \frac{3 \text{ mols de carga negativa}}{\cancel{\text{mol de PO}_4^{3-}}} \times \frac{\cancel{\text{mol de PO}_4^{3-}}}{\text{L}}$$
$$= 3 \times [PO_4^{3-}]$$

Agora, considere como devemos escrever a equação de balanço de cargas para uma solução de cloreto de sódio 0,100 mol L^{-1}. As cargas positivas nessa solução são supridas pelo Na^+ e pelo H_3O^+ (da dissociação da água). As cargas negativas vêm do Cl^- e do OH^-. As concentrações das cargas positivas e negativas são

Em alguns sistemas, uma equação útil de balanço de cargas não pode ser escrita em virtude da falta de informação sobre o sistema ou porque a equação de balanço de carga é idêntica a uma das equações de balanço de massas.

As concentrações no equilíbrio de $[OH^-]$ e $[H_3O^+]$ são próximas de 1×10^{-7} mol L^{-1} nestes exemplos, mas estas concentrações podem variar se outros equilíbrios entrarem em jogo.

$$\text{mol L}^{-1} \text{ de cargas positivas} = [Na^+] + [H_3O^+] = 0{,}100 + 1 \times 10^{-7}$$

$$\text{mol L}^{-1} \text{ de cargas negativas} = [Cl^-] + [OH^-] = 0{,}100 + 1 \times 10^{-7}$$

Escrevemos a equação do balanço de cargas igualando as concentrações das cargas positivas e negativas. Isto é,

$$[Na^+] + [H_3O^+] = [Cl^-] + [OH^-] = 0{,}100 + [OH^-]$$

Considere agora uma solução que apresenta uma concentração analítica de cloreto de magnésio de 0,100 mol L^{-1}. Nestes exemplos, as concentrações das cargas positivas e negativas são dadas por

$$\text{mol L}^{-1} \text{ de cargas positivas} = 2[Mg^{2+}] + [H_3O^+] = 2 \times 0{,}100 + [H_3O^+]$$

$$\text{mol L}^{-1} \text{ de cargas negativas} = [Cl^-] + [OH^-] = 2 \times 0{,}100 + [OH^-]$$

Na primeira equação, a concentração molar do íon magnésio é multiplicada por dois ($2 \times 0{,}100$) porque 1 mol desse íon contribui com 2 mols de cargas positivas para a solução. Na segunda equação, a concentração molar de íons cloreto corresponde a duas vezes a do cloreto de magnésio, ou $2 \times 0{,}100$. Para obter a equação de balanço de cargas, igualamos as concentrações de cargas positivas com a concentração de cargas negativas

$$2[Mg^{2+}] + [H_3O^+] = [Cl^-] + [OH^-] = 0{,}200 + [OH^-]$$

Para uma solução de pH neutro, $[H_3O^+]$ e $[OH^-]$ são muito pequenas ($\approx 1 \times 10^{-7}$ mol L^{-1}) e iguais, dessa forma, podemos, normalmente, simplificar a equação de balanço de cargas para

$$2[Mg^{2+}] + [Cl^-] \approx 0{,}200 \text{ mol L}^{-1}$$

EXEMPLO 11-3

Escreva a equação do balanço de cargas para o sistema do Exemplo 11-2.

Resolução

$$[Ag^+] + [Ag(NH_3)^+] + [Ag(NH_3)_2^{\ +}] + [H_3O^+] + [NH_4^{\ +}] = [OH^-] + [Br^-]$$

EXEMPLO 11-4

Escreva a equação de balanço de cargas para uma solução aquosa que contém NaCl, $Ba(ClO_4)_2$ e $Al_2(SO_4)_3$.

Resolução

$$[Na^+] + [H_3O^+] + 2[Ba^{2+}] + 3[Al^{3+}] =$$

$$[ClO_4^{\ -}] + [NO_3^{\ -}] + 2[SO_4^{\ 2-}] + [HSO_4^{\ -}] + [OH^-]$$

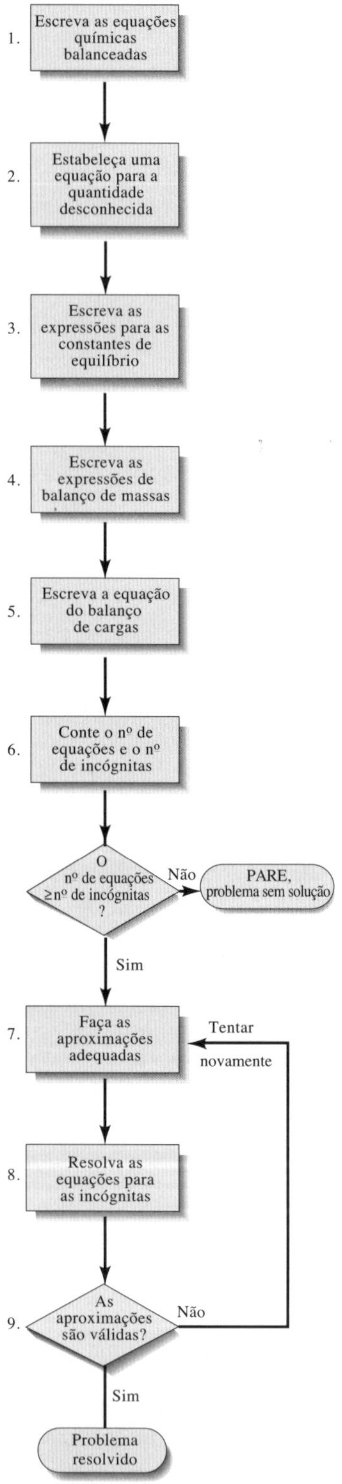

FIGURA 11-1 Método sistemático para a resolução de problemas de multiequilíbrios.

11A-3 Etapas da Resolução de Problemas Envolvendo Vários Equilíbrios

Etapa nº 1. Escreva um conjunto de equações químicas balanceadas para todos os equilíbrios pertinentes.

Etapa nº 2. Identifique a quantidade que está sendo desejada em termos de concentrações de equilíbrio.

Etapa nº 3. Escreva as expressões das constantes de equilíbrio para todos os equilíbrios descritos na Etapa nº 1 e encontre os valores numéricos para as constantes nas tabelas de constantes de equilíbrio.

Etapa nº 4. Escreva expressões de balanço de massas para o sistema.

Etapa nº 5. Se possível, escreva a expressão do balanço de cargas para o sistema.

Etapa nº 6. Conte o número de concentrações desconhecidas (incógnitas) nas equações desenvolvidas nas Etapas nºs 3, 4, 5 e compare esse número com o de equações independentes. A Etapa nº 6 é crítica, pois mostra se uma solução exata para o problema é possível. Se o número de incógnitas é idêntico ao número de equações, o problema foi reduzido a somente um problema de *álgebra*. Isto é, as respostas poderão ser obtidas com suficiente perseverança. Por outro lado, se não existe um número suficiente de equações mesmo após realizarem-se as aproximações, o problema deve ser abandonado. Se um número suficiente de equações foi desenvolvido, proceda à Etapa nº 7a ou à Etapa nº 7b.

Não perca tempo iniciando a álgebra nos cálculos de equilíbrio até que esteja absolutamente seguro de que você tem o número suficiente de equações independentes para tornar possível a solução.

Etapa nº 7a. Faça aproximações adequadas para reduzir o número de concentrações de equilíbrio desconhecidas e, assim, o número de equações necessárias para fornecer a solução, como definido na Etapa nº 2. Proceda às Etapas nºs 8 e 9.

Etapa nº 7b. Determine exatamente o conjunto de equações simultâneas para as concentrações requeridas pela Etapa nº 2 com o uso de um programa computacional.

Etapa nº 8. Resolva manualmente as equações algébricas simplificadas de forma que forneça concentrações provisórias para as espécies em solução.

Etapa nº 9. Verifique a validade das aproximações.

Essas etapas são ilustradas na **Figura 11-1**.

11A-4 Uso de Aproximações para Resolver Cálculos de Equilíbrio

Quando a Etapa nº 6 do método sistemático for completada, teremos um problema *matemático* para a resolução de várias equações não lineares simultâneas. Essa tarefa exige que um programa computacional esteja disponível para que as aproximações sejam feitas de forma que diminuam o número de incógnitas e equações. Nesta seção, consideramos em termos gerais como as equações que descrevem as relações de equilíbrio podem ser simplificadas pelas aproximações adequadas.

Lembre-se de que *apenas* as equações de balanço de massas e de cargas podem ser simplificadas, pois somente nessas equações os termos de concentrações aparecem como somas ou diferenças em vez de produtos e quocientes. Sempre é possível presumir que um (ou mais) termo em uma soma ou diferença seja tao menor que os outros que estes possam ser ignorados sem que isso afete de forma significativa a igualdade. A consideração de que um termo de concentração seja zero em uma expressão de uma constante de equilíbrio torna a expressão sem nenhum significado.

As aproximações podem ser feitas somente nas equações de balanço de cargas e de balanço de massas, nunca nas expressões das constantes de equilíbrio.

A hipótese de que um dado termo em uma equação de balanço de massas ou cargas seja suficientemente pequeno para que possa ser ignorado é baseada geralmente no conhecimento da química do sistema. Por exemplo, em uma solução contendo uma concentração razoável de ácido, a concentração de hidróxido será irrelevante com respeito às outras espécies em solução, consequentemente, o termo para a concentração de hidróxido pode ser normalmente desprezado em uma expressão de balanço de massas ou de cargas sem que se introduza um erro significativo nesse cálculo.

Nunca tema fazer uma suposição quando estiver tentando resolver um problema de equilíbrio. Se a suposição não for válida, você vai perceber isso logo que obtiver a resposta aproximada.

Não se preocupe com o fato de que as aproximações inválidas na Etapa nº 7a possam levar a erros sérios nos resultados obtidos. Os cientistas experientes enganam-se tanto quanto os iniciantes quando fazem aproximações para simplificar um cálculo de equilíbrio. Contudo, realizam essas aproximações sem temores porque sabem que os efeitos de uma hipótese inválida será revelada quando o cálculo chegar ao seu final (veja o Exemplo 11-6). A tentativa de uso de suposições questionáveis logo no início da resolução de um problema é uma boa ideia. Se a hipótese leva a um erro intolerável (o que é, em geral, facilmente reconhecido), recalcule o resultado sem usar a aproximação indevida que levou à tentativa de resposta. Em geral, é mais eficiente tentar uma suposição questionável no início do problema que realizar um cálculo mais trabalhoso e demorado sem a hipótese.

11A-5 Utilização de Programas Computacionais para Resolução de Problemas de Multiequilíbrios

Até o momento, aprendemos que se conhecermos os equilíbrios químicos envolvidos em um sistema, podemos escrever um sistema de equações correspondentes que nos permite resolver as concentrações de todas as espécies no sistema. Embora o método sistemático nos dê os meios de solucionar os problemas de equilíbrio de grande complexidade, esse método muitas vezes pode ser tedioso e demorado, particularmente quando o sistema deve ser resolvido para diversos conjuntos de condições experimentais. Por exemplo, se desejarmos encontrar a solubilidade do cloreto de prata em função da concentração de cloreto adicionada, o sistema de cinco equações e cinco incógnitas deve ser resolvido repetitivamente para cada concentração diferente de cloreto (veja o Exemplo 11-9).

Muitos pacotes de software estão disponíveis para resolver rigorosamente as equações simultâneas não lineares. Três desses programas são o Mathcad, o Mathematica e o Excel.

Inúmeros softwares aplicativos poderosos e de uso geral estão disponíveis para resolver essas equações. Os assim chamados **solucionadores** incluem o Mathcad, Mathematica, MATLAB, TK Solver e Excel, dentre muitos outros. Uma vez que o sistema de equações tenha sido definido, esses programas podem resolvê-lo repetitivamente para muitos conjuntos de condições. Além disso, a exatidão das soluções das equações pode ser controlada pela escolha de tolerâncias apropriadas dentro do programa. As características de resolução de equações desses aplicativos somam-se com suas capacidades gráficas, habilitando-os a resolver os sistemas de equações complexos e apresentando os resultados na forma gráfica. Dessa forma, você pode explorar muitos tipos diferentes de sistemas rápida e eficientemente e desenvolver sua intuição química com base nos resultados.

Uma palavra de prevenção é ordem, entretanto. Os solucionadores frequentemente exigem estimativas iniciais das soluções para resolverem os sistemas de equações. Para fornecer essas estimativas, você deve pensar sobre a química um pouco antes de começar a resolução das equações e deve verificar as soluções encontradas para se assegurar de que elas fazem sentido químico.

Além disso, os computadores *não conhecem Química*. Obedientemente encontram soluções para as equações que você escreve com base nas estimativas iniciais que lhe fornece. Se você erra nas equações, os softwares aplicativos podem detectar, algumas vezes, erros baseados em certas restrições matemáticas, porém não os encontrarão na Química. Se um programa não encontra a solução para um conjunto de equações, isso ocorre com frequência devido a estimativas iniciais inadequadas. Seja sempre cético com relação aos resultados computacionais e respeite as limitações do software. Utilizados de forma adequada, os aplicativos computacionais podem prestar uma ajuda inestimável nos seus estudos de equilíbrio químico.

11B CÁLCULO DE SOLUBILIDADE PELO MÉTODO SISTEMÁTICO

Nestas seções, ilustramos o método sistemático com exemplos de solubilidade de precipitado sob várias condições. Nos capítulos posteriores, aplicamos esse método a outros tipos de equilíbrios.

11B-1 Solubilidade de Hidróxidos Metálicos

Os Exemplos 11-5 e 11-6 envolvem o cálculo das solubilidades de dois hidróxidos metálicos. Esses exemplos ilustram a forma de se fazer aproximações e de verificar sua validade.

EXEMPLO 11-5

Calcule a solubilidade molar do $Mg(OH)_2$ em água.

Resolução

Etapa nº 1 Escreva as Equações para os Equilíbrios Envolvidos Dois equilíbrios precisam ser considerados:

$$Mg(OH)_2(s) \rightleftharpoons Mg^{2+} + 2OH^-$$

$$2H_2O \rightleftharpoons H_3O^+ + OH^-$$

Etapa nº 2 Defina a Incógnita Uma vez que 1 mol de Mg^{2+} é formado para cada mol de $Mg(OH)_2$ dissolvido,

$$\text{solubilidades } Mg(OH)_2 = [Mg^{2+}]$$

Etapa nº 3 Escreva Todas as Expressões das Constantes de Equilíbrio

$$K_{ps} = [Mg^{2+}][OH^-]^2 = 7{,}1 \times 10^{-12} \tag{11-5}$$

$$K_w = [H_3O^+][OH^-] = 1{,}00 \times 10^{-14} \tag{11-6}$$

Etapa nº 4 Escreva as Expressões de Balanço de Massas Como mostrado pelas duas equações de equilíbrio, há duas fontes de íons hidróxido: $Mg(OH)_2$ e H_2O. A concentração de íon hidróxido resultante da dissociação do $Mg(OH)_2$ é igual a duas vezes a concentração de íons magnésio e a concentração de íons hidróxido da dissociação da água é igual à concentração de íons hidrônio. Assim,

$$[OH^-] = 2[Mg^{2+}] + [H_3O^+] \tag{11-7}$$

Para chegar à Equação 11-7, raciocinamos que se $[OH^-]_{H_2O}$ e $[OH^-]_{Mg(OH)_2}$ são as concentrações de OH^- produzidas por H_2O e $Mg(OH)_2$, respectivamente, então

$$[OH^-]_{H_2O} = [H_3O^+]$$
$$[OH^-]_{Mg(OH)_2} = 2[Mg^{2+}]$$
$$[OH^-]_{total} = [OH^-]_{H_2O} + [OH^-]_{Mg(OH)_2} = [H_3O^+] + 2[Mg^{2+}]$$

Etapa nº 5 Escreva a Expressão de Balanço de Cargas

$$[OH^-] = 2[Mg^{2+}] + [H_3O^+] \tag{11-8}$$

Observe que essa equação é idêntica à Equação 11-7. Frequentemente , uma equação de balanço de massas para um sistema é idêntica à equação de balanço de cargas.

Etapa nº 6 Conte o Número de Equações Independentes e de Incógnitas Desenvolvemos três equações algébricas independentes (Equações 11-5, 11-6 e 11-7) e temos três incógnitas ($[Mg^{2+}]$, $[OH^-]$ e $[H_3O^+]$). Portanto, o problema é rigorosamente solucionável.

Etapa nº 7a Faça as Aproximações Podemos fazer as aproximações somente na Equação 11-7. Uma vez que a constante do produto de solubilidade para o $Mg(OH)_2$ é relativamente grande, a solução será algo alcalina. Dessa forma, é razoável pressupor que $[H_3O^+] \ll [OH^-]$. A Equação 11-7 simplifica-se para

$$2[Mg^{2+}] \approx [OH^-]$$

Etapa nº 8 Resolva as Equações A substituição da Equação 11-8 na Equação 11-5 fornece

$$[Mg^{2+}](2[Mg^{2+}])^2 = 7{,}1 \times 10^{-12}$$

$$[Mg^{2+}]^3 = \frac{7{,}1 \times 10^{-12}}{4} = 1{,}78 \times 10^{-12}$$

$$[Mg^{2+}] = \text{solubilidade} = (1{,}78 \times 10^{-12})^{1/3} = 1{,}21 \times 10^{-4} \text{ ou } 1{,}2 \times 10^{-4} \text{ mol L}^{-1}$$

Etapa nº 9 Verifique as hipóteses A substituição na Equação 11-8 gera

$$[OH^-] = 2 \times 1{,}21 \times 10^{-4} = 2{,}42 \times 10^{-4} \text{ mol L}^{-1}$$

e da Equação 11-6,

$$[H_3O^+] = \frac{1{,}00 \times 10^{-14}}{2{,}42 \times 10^{-4}} = 4{,}1 \times 10^{-11} \text{ mol L}^{-1}$$

Assim, a consideração de que $[H_3O^+] \ll [OH^-]$ é certamente válida.

EXEMPLO 11-6

Calcule a solubilidade do $Fe(OH)_3$ em água.

Resolução

Etapa nº 1 Escreva as Equações para os Equilíbrios Envolvidos

$$Fe(OH)_3(s) \rightleftharpoons Fe^{3+} + 3OH^-$$

$$2H_2O \rightleftharpoons H_3O^+ + OH^-$$

Etapa nº 2 Defina a Incógnita

$$\text{solubilidade} = [Fe^{3+}]$$

Etapa nº 3 Escreva Todas as Expressões das Constantes de Equilíbrio

$$K_{ps} = [Fe^{3+}][OH^-]^3 = 2 \times 10^{-39}$$

$$K_w = [H_3O^+][OH^-] = 1{,}00 \times 10^{-14}$$

Etapa nºs 3 e 4 Escreva as Equações de Balanço de Massas e de Cargas Como no Exemplo 11-5 a equação de balanço de massas e a de balanço de cargas são idênticas. Isto é,

$$[OH^-] = 3[Fe^{3+}] + [H_3O^+]$$

Etapa nº 6 Conte o Número de Equações Independentes e de Incógnitas Podemos ver que temos equações suficientes para calcularmos as incógnitas.

Etapa nº 7a Faça as Aproximações Como no Exemplo 11-5, pressuponha que $[H_3O^+]$ seja muito pequena, de forma que $[H_3O^+] \ll 3[Fe^{3+}]$ e

$$3[Fe^{3+}] \approx [OH^-]$$

Etapa nº 8 Resolva as Equações Substituindo $[OH^-] = 3[Fe^{3+}]$ na expressão do produto de solubilidade, tem-se

$$[Fe^{3+}](3[Fe^{3+}])^3 = 2 \times 10^{-39}$$

$$[Fe^{3+}] = \left(\frac{2 \times 10^{-39}}{27}\right)^{1/4} = 9 \times 10^{-11}$$

$$\text{solubilidade} = [Fe^{3+}] = 9 \times 10^{-11} \text{ mol L}^{-1}$$

Etapa nº 9 Verifique as Hipóteses Da consideração feita na Etapa nº 7, podemos calcular um valor provisório de $[OH^-]$. Isto é,

$$[OH^-] \sim 3[Fe^{3+}] = 3 \times 9 \times 10^{-11} = 3 \times 10^{-10} \text{ mol L}^{-1}$$

Usando esse valor de $[OH^-]$ para calcular um valor *provisório* de $[H_3O^+]$, temos:

$$[H_3O^+] = \frac{1{,}00 \times 10^{-14}}{3 \times 10^{-10}} = 3 \times 10^{-5} \text{ mol L}^{-1}$$

Mas, o valor calculado 3×10^{-5} não é menor que três vezes o nosso valor provisório de $[Fe^{3+}]$. Essa discrepância significa que nossa consideração foi inválida e os valores provisórios para $[Fe^{3+}]$, $[OH^-]$ e $[H_3O^+]$ apresentam todos um erro significativo. Portanto, volte à Etapa nº 7a e pressuponha que

$$3[Fe^{3+}] \ll [H_3O^+]$$

Agora, a expressão para o balanço de massas torna-se

$$[H_3O^+] = [OH^-]$$

Substituindo essa igualdade na expressão de K_w, obtém-se

$$[H_3O^+] = [OH^-] = 1{,}00 \times 10^{-7} \text{ mol L}^{-1}$$

Substituindo esse número na expressão do produto de solubilidade desenvolvida na Etapa nº 3, obtém-se

$$[Fe^{3+}] = \frac{2 \times 10^{-39}}{(1{,}00 \times 10^{-7})^3} = 2 \times 10^{-18} \text{ mol L}^{-1}$$

Uma vez que $[H_3O^+] = [OH^-]$, nossa suposição é que $3[Fe^{3+}] \ll [OH^-]$ ou $3 \times 2 \times 10^{-18} \ll 10^{-7}$. Assim, nossa hipótese é válida e podemos escrever

$$\text{solubilidade} = 2 \times 10^{-18} \text{ mol L}^{-1}$$

Observe o grande erro (~ 8 ordens de grandeza!) introduzido pela suposição inválida.

11B-2 O Efeito do pH na Solubilidade

Todos os precipitados que contenham um ânion que seja uma base conjugada de um ácido fraco são mais solúveis em pH mais baixo que em pH mais alto.

A solubilidade dos precipitados contendo um ânion com propriedades básicas, um cátion com propriedades ácidas ou ambos depende do pH.

Cálculos de Solubilidade Quando o pH é Constante

As precipitações analíticas são realizadas geralmente em soluções tamponadas nas quais o pH é fixado a um valor conhecido predeterminado. O cálculo da solubilidade sob essas circunstâncias é ilustrado pelo exemplo seguinte.

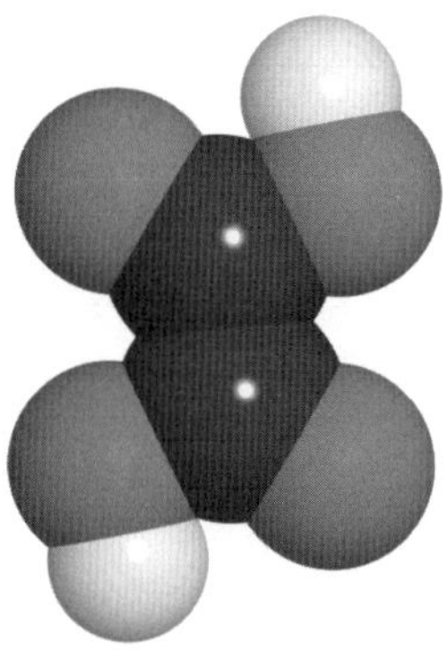

Estrutura molecular do ácido oxálico. O ácido oxálico ocorre naturalmente em muitas plantas como um sal de potássio ou sódio e o mofo produz ácido oxálico na forma de sal de cálcio. O sal de sódio é utilizado como padrão primário em titulometria (veja o Capítulo 20). O ácido é amplamente empregado na indústria de corantes como agente de limpeza em várias aplicações, incluindo a limpeza e restauração de superfícies de madeira; na indústria cerâmica; na metalurgia; na indústria de papel e em fotografia. É tóxico se ingerido e pode causar danos agudos aos rins e gastrenterites. Pode ser preparado borbulhando-se monóxido de carbono em hidróxido de sódio concentrado.

EXEMPLO 11-7

Calcule a solubilidade molar do oxalato de cálcio em uma solução que foi tamponada de forma que seu pH seja constante e igual a 4,00.

Solução

Etapa nº 1 Escreva os Equilíbrios Envolvidos

$$CaC_2O_4(s) \rightleftharpoons Ca^{2+} + C_2O_4^{2-} \qquad (11\text{-}9)$$

Os íons oxalato reagem com a água para formar $HC_2O_4^-$ e $H_2C_2O_4$. Assim, existem três equilíbrios presentes nessa solução:

$$H_2C_2O_4 + H_2O \rightleftharpoons H_3O^+ + HC_2O_4^- \qquad (11\text{-}10)$$

$$HC_2O_4^- + H_2O \rightleftharpoons H_3O^+ + C_2O_4^{2-} \qquad (11\text{-}11)$$

$$2\,H_2O \rightleftharpoons H_3O^+ + OH^-$$

Etapa nº 2 Defina a Incógnita O oxalato de cálcio é um eletrólito forte. Dessa forma, sua concentração molar analítica é igual à concentração de equilíbrio do íon cálcio. Isto é,

$$\text{solubilidade} = [Ca^{2+}] \qquad (11\text{-}12)$$

Etapa nº 3 Escreva Todas as Expressões das Constantes de Equilíbrio

$$[Ca^{2+}][C_2O_4^{2-}] = K_{ps} = 1{,}7 \times 10^{-9} \qquad (11\text{-}13)$$

$$\frac{[H_3O^+][HC_2O_4^-]}{[H_2C_2O_4]} = K_1 = 5{,}60 \times 10^{-2} \qquad (11\text{-}14)$$

$$\frac{[H_3O^+][C_2O_4^{2-}]}{[HC_2O_4^-]} = K_2 = 5{,}42 \times 10^{-5} \qquad (11\text{-}15)$$

$$[H_3O^+][OH^-] = K_w = 1{,}0 \times 10^{-14}$$

Etapa nº 4 Expressões de Balanço de Massas Uma vez que o CaC_2O_4 é a única fonte de Ca^{2+} e das três espécies de oxalato,

$$[Ca^{2+}] = [C_2O_4^-] + [H\,C_2O_4^-] + [H_2C_2O_4] = \text{solubilidade} \qquad (11\text{-}16)$$

Uma vez que o problema estabelece que o pH é 4,00, podemos também escrever que

$$[H_3O^+] = 1{,}00 \times 10^{-4} \text{ e } [OH^-] = K_w[H_3O^+] = 1{,}00 \times 10^{-10}$$

Etapa nº 5 Escreva a Expressão do Balanço de Cargas Requer-se um **tampão** para manter o pH igual a 4,00. O tampão, muito provavelmente, consiste em algum ácido fraco HA e sua base conjugada A^-. Contudo, a natureza das duas espécies e suas concentrações não foram especificadas e devemos concluir que não temos informações suficientes para escrever a equação de balanço de cargas.

Um **tampão** mantém o pH de uma solução aproximadamente constante (veja o Capítulo 9).

Etapa nº 6 Conte o Número de Equações Independentes e de Incógnitas Temos quatro incógnitas ($[Ca^{2+}]$, $[C_2O_4^{2-}]$, $[HC_2O_4^-]$ e $[H_2C_2O_4]$), assim como quatro relações algébricas independentes (Equações 11-13, 11-14, 11-15 e 11-16). Portanto, uma solução exata pode ser obtida e o problema torna-se um problema algébrico.

Etapa nº 7a Faça as Aproximações É relativamente fácil resolver o sistema de equações exatamente neste caso, logo, não vamos nos preocupar com as aproximações.

Etapa nº 8 Resolva as Equações Uma forma conveniente de resolver o problema é substituir as Equações 11-14 e 11-15 em 11-16 de forma que se desenvolva uma relação entre $[Ca^{2+}]$, $[C_2O_4^{2-}]$ e $[H_3O^+]$. Assim, rearranjamos a Equação 11-15 para obter

$$[HC_2O_4^-] = \frac{[H_3O^+][C_2O_4^{2-}]}{K_2}$$

Substituindo os valores numéricos para $[H_3O^+]$ e K_2, obtemos

$$[HC_2O_4^-] = \frac{1{,}00 \times 10^{-4}[C_2O_4^{2-}]}{5{,}42 \times 10^{-5}} = 1{,}85[C_2O_4^{2-}]$$

Substituindo essa relação na Equação 11-14 e rearranjando-a, temos

$$[H_2C_2O_4] = \frac{[H_3O^+][C_2O_4^{2-}] \times 1{,}85}{K_1}$$

Substituindo os valores numéricos para $[H_3O^+]$ e K_1, temos

$$[H_2C_2O_4] = \frac{1{,}85 \times 10^{-4}[C_2O_4^{2-}]}{5{,}60 \times 10^{-2}} = 3{,}30 \times 10^{-3}[C_2O_4^{2-}]$$

Substituindo esta expressão para $[HC_2O_4^-]$ e $[H_2C_2O_4]$ na Equação 11-16, temos

$$[Ca^{2+}] = [C_2O_4^{2-}] + 1{,}85[C_2O_4^{2-}] + 3{,}30 \times 10^{-3}[C_2O_4^{2-}]$$
$$= 2{,}85\,[C_2O_4^{2-}]$$

ou $[C_2O_4^{2-}] = [Ca^{2+}]/\,2{,}85$

Substituindo na Equação 11-13, temos

$$\frac{[Ca^{2+}][Ca^{2+}]}{2{,}85} = 1{,}7 \times 10^{-9}$$

$$[Ca^{2+}] \doteq \text{solubilidade} = \sqrt{2{,}85 \times 1{,}7 \times 10^{-9}} = 7{,}0 \times 10^{-5}\ \text{mol L}^{-1}$$

Cálculos de Solubilidade Quando o pH é Variável

O cálculo da solubilidade de um precipitado como o oxalato de cálcio em uma solução na qual o pH não é fixo nem conhecido é consideravelmente mais complicado que no exemplo que acabamos de mostrar. Assim, para se determinar a solubilidade do CaC_2O_4 em água pura, devemos levar em conta a alteração de OH^- e H_3O^+ que acompanha o processo de dissolução. Nesse exemplo, há quatro equilíbrios a serem considerados.

$$CaC_2O_4(s) \rightleftharpoons Ca^{2+} + C_2O_4^{\ 2-}$$

$$C_2O_4^{\ 2-} + H_2O \rightleftharpoons HC_2O_2^{\ -} + OH^-$$

$$HC_2O_4^{\ -} + H_2O \rightleftharpoons H_2C_2O_4 + OH^-$$

$$2H_2O \rightleftharpoons H_3O^+ + OH^-$$

Em contraste com o Exemplo 11-7, a concentração do íon hidróxido torna-se agora uma incógnita e uma equação algébrica adicional deve, portanto, ser desenvolvida para se calcular a solubilidade do oxalato de cálcio.

Não é difícil escrever as seis equações algébricas necessárias para se calcular a solubilidade do oxalato de cálcio (veja o Destaque 11-1). No entanto, resolver as seis equações manualmente é algo tedioso e demorado.

DESTAQUE 11-1

Expressões Algébricas Necessárias para se Calcular a Solubilidade do CaC_2O_4 em Água

Como no Exemplo 11-7, a solubilidade é igual à concentração do cátion $[Ca^{2+}]$.

$$\text{solubilidade} = [Ca^{2+}] = [C_2O_4^{\ 2-}] + [HC2O_4^{\ -}] + [H_2C_2O_4]$$

Contudo, neste caso, devemos levar em conta mais um equilíbrio – a dissociação da água. As expressões das constantes de equilíbrio para os quatro equilíbrios são então

$$K_{ps} = [Ca^{2+}][C_2O_4^{\ 2-}] = 1{,}7 \times 10^{-9} \tag{11-17}$$

$$K_2 = \frac{[H_3O^+][C_2O_4^{\ 2-}]}{[HC_2O_4^{\ -}]} = 5{,}42 \times 10^{-5} \tag{11-18}$$

$$K_1 = \frac{[H_3O^+][HC_2O_4^{\ 2-}]}{[H_2C_2O_4]} = 5{,}60 \times 10^{-2} \tag{11-19}$$

$$K_w = [H_3O^+][OH^-] = 1{,}00 \times 10^{-14} \tag{11-20}$$

A equação de balanço de massas é

$$[Ca^{2+}] = [C_2O_4^{\ 2-}] + [HC_2O_4^{\ -}] + [H_2C_2O_4] \tag{11-21}$$

A equação de balanço de cargas é

$$2[Ca^{2+}] + [H_3O^+] = 2[C_2O_4^{\ 2-}] + [HC_2O_4^{\ -}] + [OH^-] \tag{11-22}$$

Temos agora seis incógnitas ($[Ca^{2+}]$, $[C_2O_4^{\ 2-}]$, $[HC_2O_4^{\ -}]$, $[H_2C_2O_4]$, $[H_3O^+]$ e $[OH^-]$) e seis equações (11-17 a 11-22). Dessa forma, em princípio, esse problema pode ser resolvido exatamente.

11B-3 O Efeito de Solutos Não Dissociados sobre os Cálculos de Precipitação

Até agora, temos considerado somente os solutos que se dissociam completamente quando dissolvidos em meio aquoso. Contudo, há algumas substâncias inorgânicas, como o sulfato de cálcio e os haletos de prata, que agem como eletrólitos fracos, dissociando-se apenas parcialmente em água. Por exemplo, uma solução saturada de cloreto de prata contém quantidades significativas de moléculas de cloreto de prata não dissociadas, bem como íons cloreto e prata. Nesse caso, dois equilíbrios são requeridos para descrever o sistema:

$$AgCl(s) \rightleftharpoons AgCl(aq) \qquad (11\text{-}23)$$

$$AgCl(aq) \rightleftharpoons Ag^+ + Cl^- \qquad (11\text{-}24)$$

A constante de equilíbrio para a primeira reação toma a forma

$$\frac{[AgCl(aq)]}{[AgCl(s)]} = K$$

onde o numerador é a concentração da espécie não dissociada *na solução* e o denominador é a concentração de cloreto de prata na *fase sólida*. Não obstante, o último termo é uma constante e a equação pode, portanto, ser escrita como

$$AgCl(aq) = K[AgCl(s)] = K_s = 3{,}6 \times 10^{-7} \qquad (11\text{-}25)$$

na qual K é a constante para o equilíbrio mostrado na Equação 11-23. É evidente que, a partir dessa equação e a uma dada temperatura, a concentração do cloreto de prata não dissociado é constante e *independente* das concentrações dos íons cloreto e prata.

A constante de equilíbrio K_d para a reação de dissociação (Equação 11-24) é

$$\frac{[Ag^+][Cl^-]}{[AgCl(aq)]} = K_d = 5{,}0 \times 10^{-4} \qquad (11\text{-}26)$$

O produto dessas duas constantes é igual ao produto de solubilidade:

$$[Ag^+][Cl^-] = K_d K_s = K_{ps}$$

Como mostrado pelo Exemplo 11-8, ambas as Equações 11-23 e 11-24 contribuem para a solubilidade do cloreto de prata em água.

EXEMPLO 11-8

Calcule a solubilidade do AgCl em água destilada.

Resolução

$$\text{Solubilidade} = S = [AgCl(aq)] + [Ag^+]$$

$$[Ag^+] = [Cl^-]$$

$$[Ag^+][Cl^-] = K_{ps} = 1{,}82 \times 10^{-10}$$

$$[Ag^+] = \sqrt{1{,}82 \times 10^{-10}} = 1{,}35 \times 10^{-5}$$

Substituindo esse valor e K_s da Equação 11-25, obtém-se

$$S = 1{,}35 \times 10^{-5} + 3{,}6 \times 10^{-7} = 1{,}38 \times 10^{-5} \text{ mol L}^{-1}$$

Note que ao desprezar [AgCl(*aq*)] obtém-se um erro de 2% neste exemplo.

11B-4 Solubilidade de Precipitados na Presença de Agentes Complexantes

A solubilidade de um precipitado sempre aumenta na presença de um agente complexante que reaja com o cátion do precipitado.

A solubilidade de um precipitado pode aumentar drasticamente na presença de reagentes que formam complexos com o ânion ou cátion do precipitado. Por exemplo, os íons fluoreto previnem a precipitação quantitativa do hidróxido de alumínio, embora o produto de solubilidade desse precipitado seja notavelmente pequeno (2×10^{-32}). A causa do aumento de solubilidade é mostrada pelas equações

$$\begin{array}{c} Al(OH)_3(s) \rightleftharpoons Al^{3+} + 3OH^- \\ + \\ 6F^- \\ \upharpoonleft\downharpoonright \\ AlF_6^{3-} \end{array}$$

O complexo com fluoreto é estável o suficiente para permitir que os íons fluoreto compitam com os íons hidróxido pelos íons alumínio, de forma bem-sucedida.

Muitos precipitados reagem com excessos de reagente precipitante para formar complexos solúveis. Em análises gravimétricas, essa tendência pode resultar no efeito indesejável de reduzir a recuperação dos analitos se um excesso muito grande de reagente for utilizado. Por exemplo, a prata é frequentemente determinada pela precipitação do íon prata pela adição em excesso de solução de cloreto de potássio. O efeito do excesso de reagente não é simples, como revelado pelas seguintes equações que descrevem o sistema:

$$AgCl(s) \rightleftharpoons AgCl(aq) \qquad (11\text{-}27)$$

$$AgCl(aq) \rightleftharpoons Ag^+ + Cl^- \qquad (11\text{-}28)$$

$$AgCl(s) + Cl^- \rightleftharpoons AgCl_2^- \qquad (11\text{-}29)$$

$$AgCl_2^- + Cl^- \rightleftharpoons AgCl_3^{2-} \qquad (11\text{-}30)$$

Observe que o Equilíbrio 11-28 e, assim, o Equilíbrio 11-27 deslocam-se para a esquerda com a adição de íons cloreto, enquanto os Equilíbrios 11-29 e 11-30 deslocam-se para a direita sob as mesmas circunstâncias. A consequência desses efeitos opostos faz com que um gráfico da solubilidade do cloreto de prata em função da concentração de cloreto adicionada exiba um ponto de mínimo. O Exemplo 11-9 ilustra como esse comportamento pode ser descrito em termos quantitativos.

EXEMPLO 11-9

Obtenha a equação que descreve o efeito da concentração analítica de KCl sobre a solubilidade do AgCl em solução aquosa. Calcule a concentração de KCl na qual a solubilidade seja mínima.

Resolução

Etapa nº 1 Equilíbrios Envolvidos As Equações 11-27 a 11-30 descrevem os equilíbrios envolvidos.

Etapa nº 2 Definição da Incógnita A solubilidade molar S do AgCl é igual à soma das concentrações de espécies que contêm prata:

$$\text{solubilidade} = S = [AgCl(aq)] + [Ag^+] + [AgCl_2^-] + [AgCl_3^{2-}] \qquad (11\text{-}31)$$

Etapa nº 3 Expressões das Constantes de Equilíbrio As constantes de equilíbrio disponíveis na literatura incluem

$$[Ag^+][Cl^-] = K_{ps} = 1{,}82 \times 10^{-10} \tag{11-32}$$

$$\frac{[Ag^+][Cl^-]}{[AgCl(aq)]} = K_d = 3{,}9 \times 10^{-4} \tag{11-33}$$

$$\frac{[AgCl_2^-]}{[AgCl(aq)][Cl^-]} = K_2 = 2{,}0 \times 10^{-5} \tag{11-34}$$

$$\frac{[AgCl_3^{2-}]}{[AgCl_2^-][Cl^-]} = K_3 = 1 \tag{11-35}$$

Etapa nº 4 Equação de Balanço de Massas

$$[Cl^-] = c_{KCl} + [Ag^+] - [AgCl_2^-] - 2[AgCl_3^{2-}] \tag{11-36}$$

O segundo termo do lado direito dessa equação fornece a concentração de íons cloreto produzida pela dissolução do precipitado e os outros dois termos seguintes correspondem à *redução* da concentração de íons cloreto resultante da formação de dois complexos de cloro a partir do AgCl.

Etapa nº 5 Equação de Balanço de Cargas Assim como em outros exemplos anteriores, a equação do balanço de cargas é idêntica à de balanço de massas. Começamos com a equação de balanço de cargas básicas,

$$[K^+] + [Ag^+] = [Cl^-] + [AgCl_2^-] + 2[AgCl_3^{2-}]$$

Se substituirmos $c_{KCl} = [K^+]$ nesta equação, encontramos que

$$c_{KCl} + [Ag^+] = [Cl^-] + [AgCl_2^-] + 2[AgCl_3^{2-}]$$

e

$$[Cl^-] = c_{KCl} + [Ag^+] - [AgCl_2^-] - 2[AgCl_3^{2-}]$$

Esta última expressão é idêntica à expressão de balanço de massas na Etapa nº 4.

Etapa nº 6 Número de Equações e de Incógnitas Temos cinco equações (11-32 a 11-36) e cinco incógnitas ($[Ag^+]$, $[AgCl(aq)]$, $[AgCl_2^-]$, $[AgCl_3^{2-}]$ e $[Cl^-]$).

Etapa nº 7a Hipóteses Presumimos que sobre uma faixa considerável de concentrações de cloreto, a solubilidade do AgCl seja tão pequena que a Equação 11-36 possa ser bastante simplificada, de forma que

$$[Ag^+] - [AgCl_2^-] - 2[AgCl_3^{2-}] \ll c_{KCl}$$

Não é certeza de que esta seja uma hipótese válida, porém, vale a pena tentar, porque ela simplifica muito o problema. Com essa consideração, então, a Equação 11-36 reduz-se a

$$[Cl^-] = c_{KCl} \tag{11-37}$$

Etapa nº 8 Resolução das Equações Por conveniência, multiplicamos as Equações 11-34 e 11-35 para produzir

$$\frac{[AgCl_3^{2-}]}{[Cl^-]^2} = K_2K_3 = 2{,}0 \times 10^{-5} \times 1 = 2{,}0 \times 10^{-5} \quad (11\text{-}38)$$

Para calcular $[AgCl(aq)]$, dividimos a Equação 11-32 pela Equação 11-33 e rearranjamos:

$$[AgCl(aq)] = \frac{K_{ps}}{K_d} = \frac{1{,}82 \times 10^{-10}}{3{,}9 \times 10^{-4}} = 4{,}7 \times 10^{-7} \quad (11\text{-}39)$$

Observe que a concentração dessa espécie é *constante e independente da concentração de cloreto.*

A substituição das Equações 11-39, 11-32, 11-33 e 11-38 na Equação 11-31 nos permite expressar a solubilidade em termos da concentração de cloreto e de várias constantes.

$$S = \frac{K_{ps}}{K_d} + \frac{K_{ps}}{[Cl^-]} + K_2[Cl^-] + K_2K_3[Cl^-]^2 \quad (11\text{-}40)$$

Substituindo-se a Equação 11-37 na Equação 11-40, encontramos a relação desejada entre a solubilidade e a concentração analítica de KCl:

$$S = \frac{K_{ps}}{K_d} + \frac{K_{ps}}{c_{KCl}} + K_2c_{KCl} + K_2K_3c_{KCl}^2 \quad (11\text{-}41)$$

Para encontrar o ponto de mínimo para S, fazemos a derivada de S em relação à c_{KCl} igual a zero:

$$\frac{dS}{dc_{KCl}} = 0 = \frac{K_{ps}}{c_{KCl}^2} + K_2 + 2K_2K_3c_{KCl}$$

$$2K_2K_3c_{KCl}^3 + c_{KCl}^2K_2 - K_{ps} = 0$$

Substituindo-se pelos valores numéricos, temos

$$(4{,}0 \times 10^{-5})c_{KCl}^3 + (2{,}0 \times 10^{-5})c_{KCl}^2 - 1{,}82 \times 10^{-10} = 0$$

Seguindo o procedimento mostrado no Destaque 9-4, podemos resolver essa equação pelo método das aproximações sucessivas para obter

$$c_{KCl} = 0{,}0030 = [Cl^-]$$

Para verificar a consideração feita anteriormente, calculamos as concentrações de várias espécies. Substituições nas Equações 11-32, 11-34 e 11-36 fornecem

$$[Ag^+] = (1{,}82 \times 10^{-10})/0{,}0030 = 6{,}1 \times 10^{-8} \text{ mol L}^{-1}$$

$$[AgCl_2^-] = 2{,}0 \times 10^{-5} \times 0{,}0030 = 6{,}0 \times 10^{-8} \text{ mol L}^{-1}$$

$$[AgCl_3^{2-}] = 2{,}0 \times 10^{-5} \times (0{,}0030)^2 = 6{,}0 \times 10^{-8} \text{ mol L}^{-1}$$

Dessa forma, nossa hipótese de que c_{KCl} é muito maior que as concentrações dos íons do precipitado é válida. A solubilidade mínima é obtida pela substituição dessas concentrações e $[AgCl(aq)]$ na Equação 11-31:

$$S = 4{,}7 \times 10^{-7} + 6{,}1 \times 10^{-8} + 6{,}0 \times 10^{-8} + 1{,}8 \times 10^{-10}$$
$$= 5{,}9 \times 10^{-7} \text{ mol L}^{-1}$$

A curva contínua na **Figura 11-2** ilustra o efeito da concentração de íons cloreto sobre a solubilidade do cloreto de prata; os dados da curva foram obtidos pela substituição de várias concentrações de cloreto na Equação 11-41. Observe que para altas concentrações do íon comum, a solubilidade torna-se maior que em água pura. As linhas tracejadas representam as concentrações de equilíbrio das diversas espécies que contêm prata em função de c_{KCl}. Note que, no mínimo de solubilidade, a forma não dissociada de cloreto de prata, AgCl(*aq*), é a espécie contendo prata predominante na solução, representando cerca de 80% do total de prata dissolvida. Sua concentração não varia, como foi demonstrado.

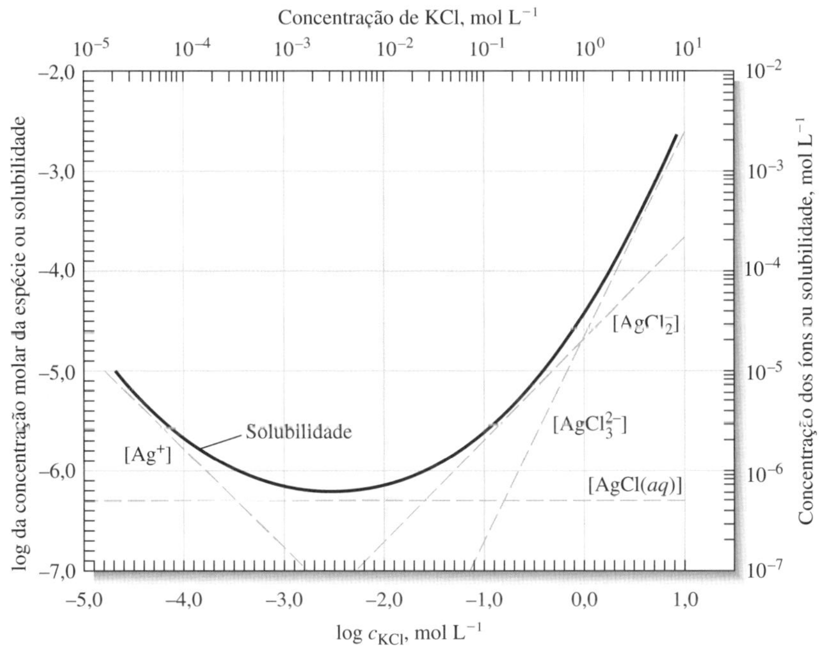

Figura 11-2 O efeito da concentração de íons cloreto na solubilidade do AgCl. A linha contínua indica a concentração total de AgCl dissolvido. As linhas tracejadas indicam as concentrações das várias espécies contendo prata.

Infelizmente, existem poucos dados de equilíbrio confiáveis para espécies não dissociadas como o AgCl(*aq*) e para as espécies complexas como o $AgCl_2^-$. Por causa desta falta de dados, os cálculos de solubilidade são com frequência, e por necessidade, baseados apenas no equilíbrio do produto de solubilidade. O Exemplo 11-9 mostra que, sob certas circunstâncias, a desconsideração de outros equilíbrios pode levar a erros significativos.

11C SEPARAÇÃO DE ÍONS PELO CONTROLE DA CONCENTRAÇÃO DO AGENTE PRECIPITANTE

Diversos agentes precipitantes permitem a separação de íons baseada em diferenças de solubilidade. Essas separações requerem um controle rigoroso da concentração do agente ativo em um nível adequado e predeterminado. Na maioria das vezes, esse controle é feito por meio do controle do pH da solução com o uso de tampões adequados. Essa técnica é aplicada a reagentes aniônicos nos quais o ânion é a base conjugada de um ácido fraco. Os exemplos incluem o íon sulfeto (a base conjugada do sulfeto de hidrogênio), o íon hidróxido (base conjugada da água) e os ânions de diversos ácidos orgânicos fracos.

11C-1 Cálculos da Viabilidade de Separações

O exemplo a seguir ilustra como os cálculos de produto de solubilidade são utilizados para determinar a viabilidade de separações com base em diferenças de solubilidade.

EXEMPLO 11-10

O Fe^{3+} e o Mg^{2+} podem ser separados quantitativamente como hidróxidos a partir de uma solução 0,10 mol L^{-1} de cada cátion? Se a separação for possível, que faixa de concentração de OH^- seria permitida?

Resolução

As constantes dos produtos de solubilidade para os dois precipitados são

$$K_{ps} = [Fe^{3+}][OH^-]^3 = 2 \times 10^{-39}$$

$$K_{ps} = [Mg^{2+}][OH^-]^2 = 7{,}1 \times 10^{-12}$$

O K_{ps} para o $Fe(OH)_3$ é muito menor que aquele para o $Mg(OH)_2$, o que leva a crer que seja provável que ele seja precipitado primeiro a uma concentração baixa de OH^-. Podemos responder às questões propostas por esse problema (1) calculando a concentração de OH^- necessária para a precipitação quantitativa do Fe^{3+} e (2) calculando a concentração de OH^- na qual o $Mg(OH)_2$ inicia a sua precipitação. Se (1) for menor que (2), em princípio, a separação é viável e a faixa de concentração de OH^- permitida é definida pelos dois valores.

Para determinar (1), devemos primeiramente especificar o que significa uma remoção quantitativa de Fe^{3+} da solução. A decisão nesse caso é arbitrária e depende do objetivo da separação. Neste exemplo e no próximo, vamos considerar a precipitação como quantitativa quando todo ferro menos 1 parte em 1.000 do íon tenha sido removido da solução – isto é, quando $[Fe^{3+}] < 1 \times 10^{-4}$ mol L^{-1}.

Podemos calcular prontamente a concentração de OH^- em equilíbrio com 1×10^{-1} mol L^{-1} de Fe^{3+} substituindo diretamente na expressão do produto de solubilidade:

$$K_{ps} = (1{,}0 \times 10^{-4})[OH^-]^3 = 2 \times 10^{-39}$$

$$[OH^-] = [(2 \times 10^{-39})/(1{,}0 \times 10^{-4})]^{1/3} = 3 \times 10^{-12} \text{ mol L}^{-1}$$

Dessa forma, se mantivermos a concentração de OH^- ao redor de 3×10^{-12} mol L^{-1}, a concentração de Fe^{3+} será reduzida a 1×10^{-4} mol L^{-1}. Observe que a precipitação quantitativa do $Fe(OH)_3$ é obtida em um meio bastante ácido (pH $\approx$ 2,5).

Para determinar qual é a concentração máxima de OH^- que pode existir em uma solução sem levar à formação de $Mg(OH)_2$, observamos que a precipitação não pode ocorrer até que o produto $[Mg^{2+}]$ $[OH^-]^2$ exceda o produto de solubilidade $7{,}1 \times 10^{-12}$. A substituição do valor 0,1 (a concentração molar de Mg^{2+} da solução) na expressão do produto de solubilidade permite o cálculo da concentração máxima de OH^- que pode ser tolerada: :

$$K_{ps} = 0{,}10[OH^-]^2 = 7{,}1 \times 10^{-12}$$

$$[OH^-] = 8{,}4 \times 10^{-6} \text{ mol L}^{-1}$$

Quando a concentração de OH^- excede esse nível, a solução estará supersaturada com respeito ao $Mg(OH)_2$ e a precipitação vai iniciar-se.

A partir desses cálculos concluímos que a separação quantitativa de $Fe(OH)_3$ pode ser feita se a concentração de OH^- for maior que 3×10^{-12} mol L^{-1} e que o $Mg(OH)_2$ não vai se precipitar até que uma concentração de OH^- igual a $8,4 \times 10^{-6}$ mol L^{-1} for atingida. Portanto, é possível, em princípio, separar Fe^{3+} de Mg^{2+} mantendo-se a concentração de OH^- entre esses níveis. Na prática, a concentração de OH^- é mantida tão baixa quanto possível – frequentemente em cerca de 10^{-10} mol L^{-1}. Observe que estes cálculos desprezam os efeitos de atividade.

11C-2 Separações de Sulfetos

O íon sulfeto forma precipitados com os cátions metálicos pesados que apresentam produtos de solubilidade que variam de 10^{-10} a 10^{-90} ou menor. Além disso, a concentração de S^{2-} pode ser variada em uma faixa entre 0,1 mol L^{-1} a 10^{-22} mol L^{-1} controlando-se o pH de uma solução saturada de sulfeto de hidrogênio. Essas duas propriedades tornam possíveis inúmeras separações úteis. Para ilustrar o uso do sulfeto de hidrogênio na separação de cátions com base no controle do pH, considere a precipitação de um cátion bivalente M^{2+} a partir de uma solução mantida saturada com sulfeto de hidrogênio pelo borbulhamento contínuo desse gás na solução. Os equilíbrios importantes nessa solução são:

$$MS(s) \rightleftharpoons M^{2+} + S^{2-} \qquad K_{ps} = [M^{2+}][S^{2-}]$$

$$H_2S + H_2O \rightleftharpoons H_3O^+ + HS^- \qquad K_1 = \frac{[H_3O^+][HS^-]}{[H_2S]} = 9,6 \times 10^{-8}$$

$$HS^- + H_2O \rightleftharpoons H_3O^+ + S^{2-} \qquad K_2 = \frac{[H_3O^+][S^{2-}]}{[HS^-]} = 1,3 \times 10^{-14}$$

Podemos também escrever

$$\text{solubilidade} = [M^{2+}]$$

A concentração de sulfeto de hidrogênio em uma solução saturada do gás é aproximadamente 0,1 mol L^{-1}. Dessa forma, podemos escrever a equação de balanço de massas

$$[S^{2-}] + [HS^-] + [H_2S] = 0,1$$

Em virtude de conhecermos a concentração do íon hidrônio, temos quatro incógnitas, as concentrações do íon metálico e das três espécies de sulfeto.

Podemos simplificar bastante os cálculos supondo que $([S^{2-}] + [HS^-]) \ll [H_2S]$, de forma que

$$[H_2S] \approx 0,10 \text{ mol L}^{-1}$$

As duas expressões das constantes de dissociação do sulfeto de hidrogênio podem ser multiplicadas para gerar uma expressão para a dissociação global do sulfeto de hidrogênio em íons sulfeto:

$$H_2S + 2H_2O \rightleftharpoons 2H_2O^+ + S^{2-} \qquad K_1K_2 = \frac{[H_3O^+]^2[S^{2-}]}{[H_2S]} = 1,2 \times 10^{-21}$$

A constante para essa reação global é simplesmente o produto de K_1 e K_2.

Substituindo o valor numérico para $[H_2S]$ nessa equação, obtém-se

$$\frac{[H_3O^+]^2[S^{2-}]}{0,10} = 1,2 \times 10^{-21}$$

Rearranjando essa equação, obtemos

$$[S^{2-}] = \frac{1{,}2 \times 10^{-22}}{[H_3O^+]^2} \qquad (11\text{-}42)$$

Dessa forma, vemos que a concentração de sulfeto em uma solução saturada de sulfeto de hidrogênio varia de forma inversamente proporcional ao quadrado da concentração de íons hidrogênio. A **Figura 11-3**, obtida com essa equação, revela que a concentração do íon sulfeto de uma solução aquosa pode ser variada por mais de 20 ordens de magnitude alterando-se o pH de 1 a 11.

Substituindo a Equação 11-42 na expressão do produto de solubilidade, tem-se

$$K_{ps} = \frac{[M^{2+}] \times 1{,}2 \times 10^{-22}}{[H_3O^+]^2}$$

$$[M^{2+}] = \text{solubilidade} = \frac{[H_3O^+]^2 K_{ps}}{1{,}2 \times 10^{-22}}$$

Assim, a solubilidade de um íon metálico bivalente aumenta com o quadrado da concentração de íons hidrônio.

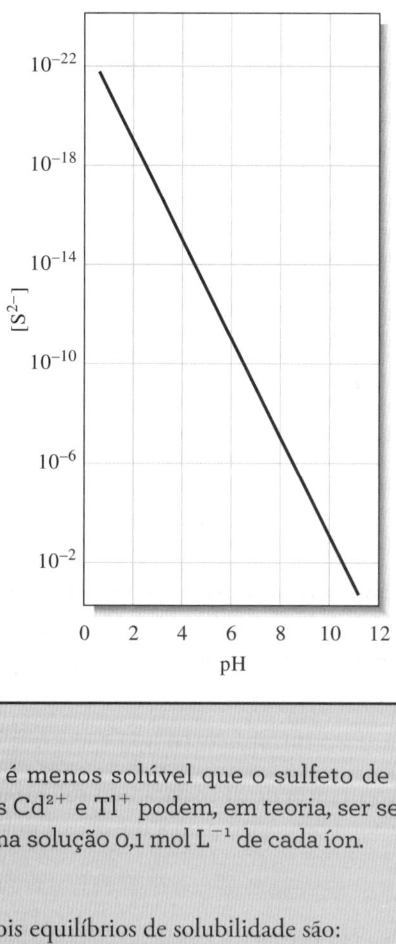

Figura 11-3 Concentração do íon sulfeto em função do pH em uma solução saturada de H_2S.

EXEMPLO 11-11

O sulfeto de cádmio é menos solúvel que o sulfeto de tálio(I). Encontre as condições sob as quais Cd^{2+} e Tl^+ podem, em teoria, ser separados quantitativamente com H_2S em uma solução 0,1 mol L^{-1} de cada íon.

Resolução

As constantes para os dois equilíbrios de solubilidade são:

$$CdS(s) \rightleftharpoons Cd^{2+} + S^{2-} \qquad K_{ps} = [Cd^{2+}][S^{2-}] = 1 \times 10^{-27}$$

$$Tl_2S(s) \rightleftharpoons 2Tl^+ + S^{2-} \qquad K_{ps} = [Tl^{2+}][S^{2-}] = 6 \times 10^{-22}$$

Uma vez que o CdS se precipita a uma $[S^{2-}]$ menor que o Tl_2S, primeiro calculamos a concentração de sulfeto necessária para a remoção quantitativa do Cd^{2+} da solução. Como no Exemplo 11-10, arbitrariamente especificamos que a separação é quantitativa quando todo o Cd^{2+} exceto 1 parte em 1.000 foi removido; isto é, a concentração do cátion foi reduzida a $1{,}00 \times 10^{-4}$ mol L^{-1}. Substituindo-se esse valor na expressão do produto de solubilidade gera-se

$$K_{ps} = 10^{-4}[S^{2-}] = 1 \times 10^{-27}$$
$$[S^{2-}] = 1 \times 10^{-23} \text{ mol L}^{-1}$$

Dessa forma, se mantivermos a concentração de sulfeto nesse nível ou maior, podemos presumir que ocorreu uma remoção quantitativa do cádmio. Depois, calculamos a $[S^{2-}]$ necessária para iniciar a precipitação do Tl_2S a partir de uma solução 0,1 mol L^{-1}. A precipitação vai se iniciar quando o produto de solubilidade for excedido. Uma vez que a solução é 0,1 mol L^{-1} em Tl^{+},

$$(0{,}1)^2[S^{2-}] = 6 \times 10^{-22}$$
$$[S^{2-}] = 6 \times 10^{-20} \text{ mol L}^{-1}$$

Esses dois cálculos mostram que a precipitação de Cd^{2+} ocorre se $[S^{2-}]$ for maior que 1×10^{-23} mol L^{-1}. Contudo, a precipitação do Tl^{+} não ocorre até que $[S^{2-}]$ se torne maior que 6×10^{-20} mol L^{-1}.

A substituição desses dois valores para $[S^{2-}]$ na Equação 11-42 nos permite calcular a faixa de $[H_3O^{+}]$ necessária para a separação.

$$[H_3O^{+}]^2 = \frac{1{,}2 \times 10^{-22}}{1 \times 10^{-23}} = 12$$
$$[H_3O^{+}] = 3{,}5 \text{ mol L}^{-1}$$

e

$$[H_3O^{+}]^2 = \frac{1{,}2 \times 10^{-22}}{6 \times 10^{-20}} = 2{,}0 \times 10^{-3}$$
$$[H_3O^{+}] = 0{,}045 \text{ mol L}^{-1}$$

Mantendo-se $[H_3O^{+}]$ entre aproximadamente 0,045 e 3,5 mol L^{-1}, deveremos ser capazes de separar quantitativamente Cd^{2+} de Tl^{+}. Por causa da alta força iônica de tais soluções ácidas, pode ser necessário corrigir para efeitos de atividade.

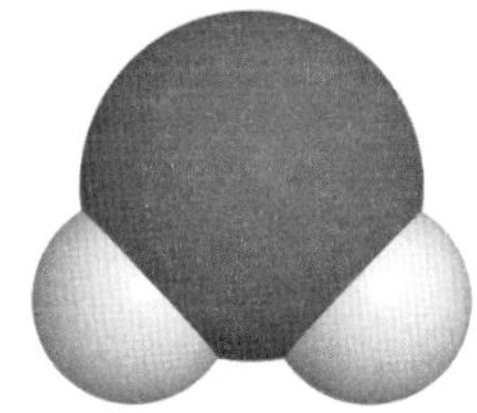

O sulfeto de hidrogênio é um gás incolor, inflamável, com importantes propriedades químicas e toxicológicas. É produzido por inúmeros processos naturais, inclusive pela decomposição de materiais que contêm enxofre. Seu odor repugnante de ovo podre permite a sua detecção em níveis extremamente baixos (0,02 ppm). No entanto, em razão de o sentido do olfato ficar entorpecido pela sua ação, as concentrações mais altas podem ser toleradas e a concentração letal de 100 ppm pode eventualmente ser excedida. As soluções aquosas do gás foram tradicionalmente utilizadas como fonte de sulfeto para a precipitação de metais, porém, em decorrência da toxicidade do H_2S, seu papel foi substituído por outros compostos contendo enxofre, como a tioacetamida.

DESTAQUE 11-2

Imunoensaio: Equilíbrios na Determinação Específica de Drogas

A determinação de drogas no corpo humano é um problema de grande relevância na terapia por drogas e na detecção e prevenção do abuso de drogas ilícitas. A diversidade das drogas e seus níveis de concentração baixos nos fluidos corporais tornam difícil a sua identificação e a medida da sua concentração. Felizmente, é possível valer-se dos próprios mecanismos naturais, a resposta imunológica, para determinar quantitativamente diversas drogas terapêuticas e ilícitas.

Quando uma substância estranha, ou antígeno (Ag), apresentada esquematicamente na **Figura 11D-1a**, é introduzida no corpo de um mamífero, o sistema imunológico sintetiza as moléculas proteicas (**Figura 11D-1b**) denominadas anticorpos (Ac), as quais se ligam especificamente às moléculas do antígeno pelas interações eletrostáticas, pontes de hidrogênio e outras forças não covalentes de curta distância. Essas moléculas pesadas (massa molar ≈ 150.000) formam um complexo com os antígenos, como exposto na seguinte reação e na **Figura 11D-1c**.

$$Ag + Ac \rightleftharpoons AgAc \quad K = \frac{[AgAc]}{[Ag][Ac]}$$

O sistema imunológico não reconhece moléculas relativamente pequenas. Dessa forma, devemos usar um truque para preparar os anticorpos com sítios de ligação específicos para uma droga em particular. Como mostrado na **Figura 11D-1d**, ligamos a droga covalentemente a uma molécula antigênica transportadora como a albumina de soro bovino (ASB), que é uma proteína obtida do sangue de gado.

$$D + Ag \rightarrow D - Ag$$

Quando o conjugado resultante droga-antígeno (D-Ag) é injetado na corrente sanguínea de um coelho, o sistema imunológico dele sintetiza os anticorpos com locais específicos para a droga, como ilustrado na **Figura 11D-1e**. Aproximadamente três semanas depois da injeção do antígeno, o sangue é retirado do coelho, o soro é isolado do sangue e os anticorpos de interesse são separados do soro e de outros anticorpos, geralmente empregando-se métodos cromatográficos (veja os capítulos 32 e 33). É importante observar que uma vez que o anticorpo específico para a droga tenha sido sintetizado pelo sistema imunológico do coelho, a droga pode se ligar diretamente ao anticorpo sem a ajuda da molécula de transporte, como mostrado na **Figura 11D-1f**. Essa interação direta entre a droga e o anticorpo constitui a base para a determinação específica da droga.

A etapa de medida do imunoensaio é realizada pela mistura de uma amostra contendo a droga com uma quantidade medida do anticorpo específico para a droga. Nesse ponto, a quantidade de Ac-D deve ser determinada pela adição de uma amostra padrão da droga que foi quimicamente alterada de forma que apresenta um marcador detectável. Os marcadores típicos são enzimas, moléculas fluorescentes ou quimiluminescentes ou átomos radioativos. Para nosso exemplo, vamos pressupor que uma molécula fluorescente tenha sido ligada à droga para produzir a droga marcada D*.[1] Se a quantidade de anticorpos for algo menor que a soma das quantidades de D e D*, então D e D* competem pelos anticorpos, como exibido nos seguintes equilíbrios.

$$D^* + Ab \rightleftharpoons Ab - D^* \qquad K^* = \frac{[Ab - D^*]}{[D^*][Ab]}$$

$$D + Ab \rightleftharpoons Ab - D \qquad K = \frac{[Ab - D]}{[D][Ab]}$$

É importante que se selecione um marcador que não altere significativamente a afinidade da droga pelo anticorpo de maneira que as drogas marcada e não marcada liguem-se igualmente bem com o anticorpo. Se as afinidades de ligação são iguais, então $K = K^*$. Os valores típicos para as constantes de equilíbrio desse tipo, denominadas **constantes de ligação**, estão na faixa de 10^7 a 10^{12}. Quanto maior for a concentração da amostra desconhecida, a droga não marcada, menor será a concentração de Ac-D*, e vice-versa. Essa relação inversa entre D e Ac-D* constitui a base para a determinação quantitativa da droga. Podemos calcular a quantidade de D se determinarmos *cada* Ac-D* ou D*.

Para diferenciar entre a droga marcada ligada e a droga marcada não ligada, é necessário separá-las antes da medida. A quantidade de Ac-D* pode então ser estabelecida utilizando-se um detector de fluorescência para medir a intensidade de fluorescência resultante do Ac-D*. Uma determinação desse tipo que emprega uma droga fluorescente e detecção de radiação é chamada **imunoensaio por fluorescência**. As determinações desse tipo são muito sensíveis e seletivas.

[1] Para uma discussão sobre fluorescência molecular, veja o Capítulo 27.

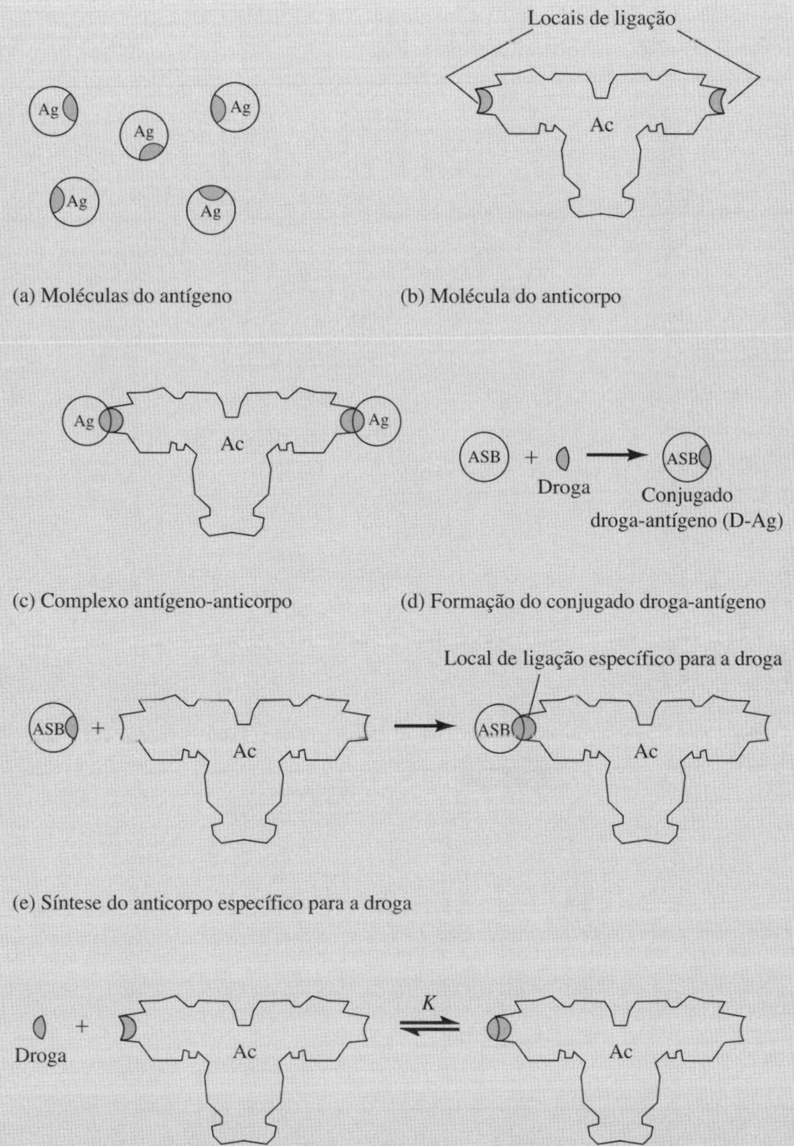

(a) Moléculas do antígeno (b) Molécula do anticorpo

(c) Complexo antígeno-anticorpo (d) Formação do conjugado droga-antígeno

(e) Síntese do anticorpo específico para a droga

(f) Formação do complexo droga-anticorpo

Figura 11D-1 Interação antígeno-anticorpo.

Uma forma conveniente de separar D* e Ag-D* é preparar frascos de poliestireno recobertos internamente com moléculas do anticorpo, como ilustrado na **Figura 11D-2a**. Uma amostra de soro sanguíneo, urina ou outro fluido corporal contendo uma quantidade desconhecida de D é adicionada no frasco juntamente com um volume de solução com a droga marcada D*, como mostrado na **Figura 11D-2b**. Após ter-se atingido o equilíbrio no frasco (**Figura 11D-2c**), a solução contendo D ou D* residual é decantada, e o frasco, lavado, mantendo-se uma quantidade de D* ligada ao anticorpo que é inversamente proporcional à concentração de D na amostra (**Figura 11D-2d**). Finalmente, a intensidade de fluorescência de D* ligada é determinada utilizando-se um fluorímetro, como pode ser visto na **Figura 11D-2e**.

Esse procedimento é repetido para diversas soluções padrão de D para se produzir uma curva analítica não linear intitulada **curva resposta de dose**, similar à curva apresentada na **Figura 11D-3**. A intensidade de fluorescência de uma solução de concentração desconhecida de D é localizada na curva analítica e a concentração é lida a partir do eixo das concentrações.

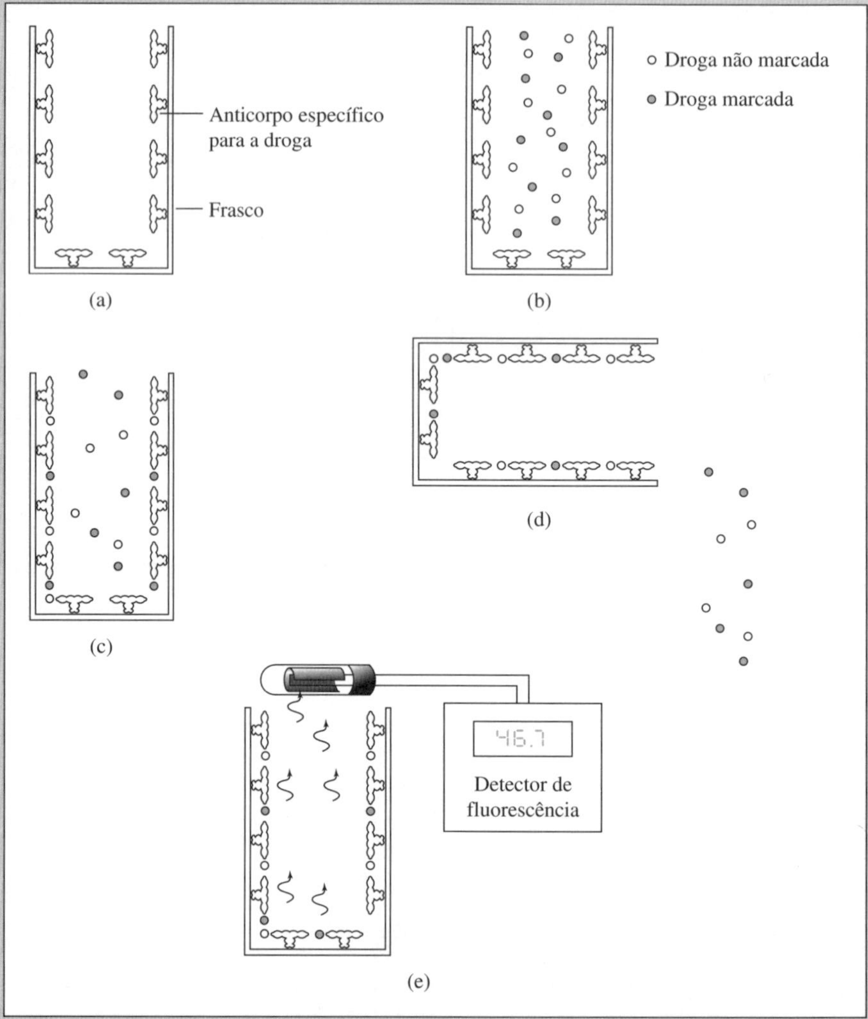

Figura11D-2 Procedimento para a determinação de drogas por imunoensaios com marcador fluorescente. (a) O frasco é preparado com anticorpos específicos para a droga; (b) o frasco é preenchido com a solução contendo tanto a droga marcada como a não marcada; (c) as drogas marcada e não marcada ligam-se aos anticorpos; (d) a solução é descartada deixando a droga que se ligou no frasco; (e) a fluorescência da droga marcada ligada é medida. A concentração da droga é encontrada utilizando-se a curva resposta de dose da Figura 11D-3.

O imunoensaio é uma ferramenta poderosa nos laboratórios clínicos e é uma das técnicas analíticas mais amplamente utilizadas. Os *kits* de reagentes para diversos imunoensaios estão disponíveis comercialmente, assim como instrumentos automáticos para processar imunoensaios fluorescentes ou de outro tipo. Além de concentrações de drogas, vitaminas, proteínas, hormônios de crescimento, alérgenos, hormônios de gravidez, câncer e outros indicadores de doenças e resíduos de pesticidas em águas naturais e alimentos são determinados por meio de imunoensaios. A estrutura de um complexo antígeno-anticorpo é representada na **Figura 11D-4**.

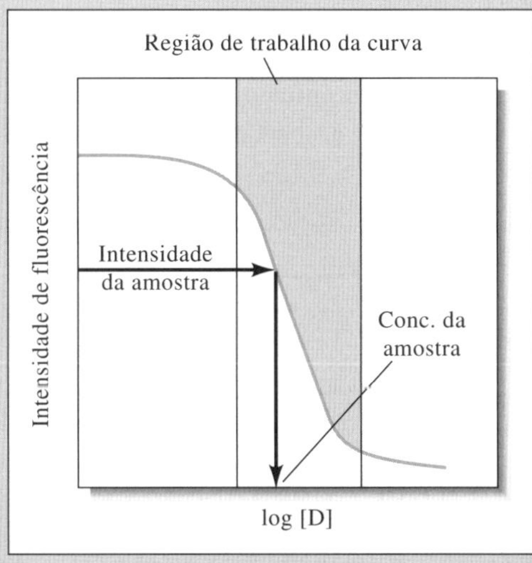

Figura11D-3 Curva resposta de dose para determinar drogas por imunoensaio baseado em fluorescência.

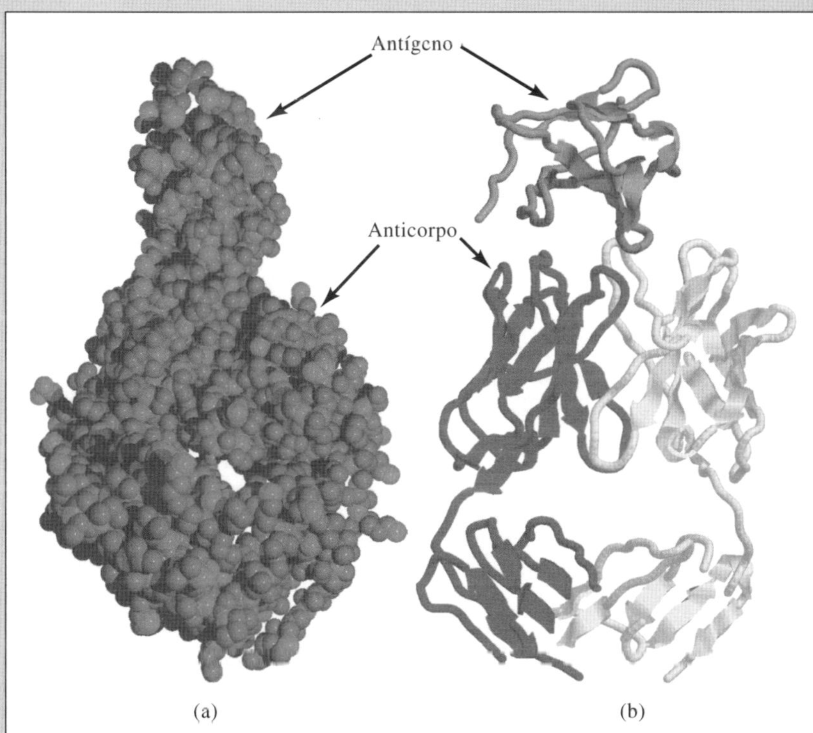

Figura11D-4 Estrutura molecular de um complexo antígeno-anticorpo. São mostradas duas representações do complexo formado entre um fragmento de digestão do anticorpo intacto A6 de rato e uma cadeia gama-interferon receptora alfa humana produzida por engenharia genética. (a) O modelo espacial compacto da estrutura molecular do complexo. (b) O diagrama de fitas apontando as cadeias de proteínas no complexo. (The Protein Data Bank, Rutgers University, Structure 1JRH, S. Sogabe; F. Stuart; C. Henke; A. Bridges, G. Williams; A. Birch; F. K. Winkler e J. A. Robinson, 1997; http://www.rcsb.org)

TRABALHO NA WEB

O Centers for Disease Control and Prevention (CDC) mantém um site na web para fornecer informações em relação à AIDS e HIV. Localize este site na web e use a facilidade de busca ou outro mecanismo de busca para encontrar páginas contendo informação dos testes rápidos de HIV aprovados pela FDA. Qual é a base para a maioria dos testes? Quais são os princípios por trás destes métodos?

QUESTÕES E PROBLEMAS

11-1. Demonstre como a concentração de íons sulfeto relaciona-se com a concentração de íons hidrônio de uma solução mantida saturada com sulfeto de hidrogênio.

***11-2.** Por que as aproximações são restritas às relações que envolvem soma e diferenças?

11-3. Foi sugerido que o termo equação de balanço de massas pode ser um termo errôneo. Usando um sistema químico específico, discuta o balanço de massas e mostre que o balanço de massas e o balanço de concentração são equivalentes.

***11-4.** Por que as concentrações molares de algumas espécies aparecem como múltiplos nas equações de balanço de cargas?

11-5. Escreva expressões de balanço de massas para uma solução que é

*(a) 0,2 mol L^{-1} de HF.
(b) 0,35 mol L^{-1} de NH_3.
*(c) 0,10 mol L^{-1} de H_3PO_4.
(d) 0,20 mol L^{-1} de Na_2HPO_4.
*(e) 0,0500 mol L^{-1} de $HClO_2$ e 0,100 mol L^{-1} de $NaClO_2$.
(f) 0,12 mol L^{-1} de NaF e saturado com CaF_2.
*(g) 0,100 mol L^{-1} de NaOH e saturada com Zn $(OH)_2$, que sofre a reação $Zn(OH)_2 + 2OH^- \rightleftharpoons Zn(OH)_4^{2-}$.
(h) saturada com $Ag_2C_2O_4$.
*(i) saturada com $PbCl_2$.

11-6. Escreva as equações de balanço de cargas para as soluções do Problema 11-5.

11-7. Calcule a solubilidade molar do SrC_2O_4 em uma solução cuja concentração fixa de H_3O^+ é

*(a) $1,0 \times 10^{-6}$ mol L^{-1}.
(b) $1,0 \times 10^{-7}$ mol L^{-1}.
*(c) $1,0 \times 10^{-9}$ mol L^{-1}.
(d) $1,0 \times 10^{-11}$ mol L^{-1}.

11-8. Calcule a solubilidade molar do $BaSO_4$ em uma solução na qual $[H_3O^+]$ é

*(a) 3,5 mol L^{-1}.
(b) 0,5 mol L^{-1}.
*(c) 0,080 mol L^{-1}.
(d) 0,100 mol L^{-1}.

***11-9.** Calcule a solubilidade molar do PbS em uma solução na qual a $[H_3O^+]$ é mantida constante a (a) 3,0 $\times 10^{-1}$ mol L^{-1} e (b) $3,0 \times 10^{-4}$ mol L^{-1}.

11-10. Calcule a concentração de CuS em uma solução na qual a $[H_3O^+]$ é mantida constante a (a) $2,0 \times 10^{-1}$ mol L^{-1} e (b) $2,0 \times 10^{-4}$ mol L^{-1}.

11-11. Calcule a solubilidade molar do MnS (rosa) em uma solução com uma $[H_3O^+]$ constante e igual a *(a) $3,00 \times 10^{-5}$ mol L^{-1} e (b) $3,00 \times 10^{-7}$ mol L^{-1}.

***11-12.** Calcule a solubilidade molar do $ZnCO_3$ em uma solução tamponada a pH 7,00.

11-13. Calcule a solubilidade molar do Ag_2SO_3 em uma solução tamponada a pH 7,50.

***11-14.** Uma solução diluída de NaOH é introduzida em uma solução de Cu^{2+} 0,050 mol L^{-1} e 0,040 mol L^{-1} em Mn^{2+}.

(a) Qual hidróxido precipita primeiro?
(b) Qual é a concentração de OH^- necessária para iniciar a precipitação do primeiro hidróxido?
(c) Qual é a concentração do cátion que forma o hidróxido mais insolúvel quando o hidróxido mais solúvel começa a precipitar?

11-15. Uma solução apresenta concentração 0,040 mol L^{-1} em Na_2SO_4 e 0,050 mol L^{-1} em $NaIO_3$. A essa solução é adicionada uma solução contendo Ba^{2+}. Presumindo que não haja HSO_4^- presente na solução original,

(a) Qual sal de bário vai precipitar primeiro?
(b) Qual é a concentração de Ba^{2+} quando o primeiro precipitado se forma?
(c) Qual é a concentração do ânion que forma o sal de bário menos solúvel quando o precipitado mais solúvel começa a se formar?

***11-16.** O íon prata está sendo considerado como um reagente para separar I^- de SCN^- em uma solução de KI 0,040 mol L^{-1} e 0,080 mol L^{-1} em NaSCN.

(a) Qual concentração de Ag^+ é necessária para reduzir a concentração de íons I^- a $1,0 \times 10^{-6}$ mol L^{-1}?
(b) Qual é a concentração de Ag^+ na solução quando o AgSCN começa a precipitar?
(c) Qual é a razão das concentrações de SCN^- e I^- quando o AgSCN começa a precipitar?

(d) Qual é a razão entre as concentrações de SCN^- e I^- quando a concentração de Ag^+ for de $1,0 \times 10^{-3}$ mol L^{-1}?

11-17. Utilizando a concentração de $1,0 \times 10^{-6}$ mol L^{-1} como critério para a remoção quantitativa, determine se é viável utilizar

(a) SO_4^{2-} para separar Ba^{2+} e Sr^{2+} em uma solução inicialmente 0,040 mol L^{-1} em Sr^{2+} e 0,20 mol L^{-1} em Ba^{2+} .

(b) SO_4^{2-} para separar Ba^{2+} e Ag^+ em uma solução inicialmente 0,030 mol L^{-1} em cada íon. Para o Ag_2SO_4, $K_{ps} = 1,6 \times 10^{-5}$.

(c) OH^- para separar Be^{3+} e Hf^{4+} em uma solução inicialmente 0,030 mol L^{-1} em Be^{2+} e 0,020 mol L^{-1} em Hf^{4+}. Para o $Be(OH)_3$, $K_{ps} = 7,0 \times 10^{-22}$ e para o $Hf(OH)_4$, $K_{ps} = 4,0 \times 10^{-26}$.

(d) IO_3^- para separar In^{3+} e Tl^+ em uma solução inicialmente 0,30 mol L^{-1} em In^{3+} e 0,10 mol L^{-1} em Tl^+. Para o $In(IO_3)_3$, $K_{ps} = 3,3 \times 10^{-11}$; para o $TlIO_3$, $K_{ps} = 3,1 \times 10^{-6}$

***11-18.** Qual é a massa de AgBr que se dissolve em 200 mL de uma solução de NaCN 0,200 mol L^{-1}?

$$Ag^+ + 2CN^- \rightleftharpoons Ag(CN)_2^- \quad \beta_2 = 1,3 \times 10^{21}$$

11-19. A constante de equilíbrio para a formação do $CuCl_2^-$ é dada por

$$Cu + 2CL^- \rightleftharpoons CuCl_2^-$$

$$\beta_2 = \frac{[CuCl_2^-]}{[Cu^+][Cl^-]^2} = 7,9 \times 10^4$$

Qual é a solubilidade do CuCl em uma solução apresentando as seguintes concentrações de NaCl:

(a) 5,0 mol L^{-1}?

(b) $5,0 \times 10^{-1}$ mol L^{-1}?

(c) $5,0 \times 10^{-2}$ mol L^{-1}?

(d) $5,0 \times 10^{-3}$ mol L^{-1}?

(e) $5,0 \times 10^{-4}$ mol L^{-1}?

***11-20.** Em contraste com muitos sais, o sulfato de cálcio dissocia-se apenas parcialmente em solução aquosa:

$$CaSO_4(aq) \rightleftharpoons Ca^{2+} + SO_4^{2-}$$

$$K_d = 5,2 \times 10^{-3}$$

A constante do produto de solubilidade para o $CaSO_4$ é $2,6 \times 10^{-5}$. Calcule a solubilidade do $CaSO_4$ em (a) água e (b) 0,0100 mol L^{-1} de Na_2SO_4. Além disso, calcule a porcentagem de $CaSO_4$ não dissociada em cada solução.

11-21. Calcule a solubilidade molar do Tl_2S em função do pH na faixa de 10 a 1. Encontre os valores para cada 0,5 unidade de pH e utilize a ferramenta gráfica do Excel para representar a solubilidade em função do pH.

11-22. Problema Desafiador: (a) A solubilidade do CdS é normalmente muito baixa, porém pode ser aumentada abaixando-se o pH da solução. Calcule a solubilidade molar do CdS em função do pH na faixa de pH entre 11 e 1. Encontre os valores a cada 0,5 unidade de pH e faça um gráfico da solubilidade em função do pH.

(b) Uma solução contém 1×10^{-4} mol L^{-1} de ambos Fe^{2+} e Cd^{2+}. Íons sulfeto são lentamente adicionados a essa solução para precipitar o FeS ou CdS. Determine qual íon vai precipitar primeiro e a faixa de concentração de S^{2-} que permite uma separação dos dois íons.

(c) A concentração analítica de H_2S em uma solução saturada com $H_2S(g)$ é 0,10 mol L^{-1}. Qual é a faixa de pH necessária para a separação descrita na parte (b)?

(d) Se não houver nenhum controle do pH por meio de um tampão, qual é o pH de uma solução saturada de H_2S?

(e) Faça um gráfico dos valores de α_0 e α_1 para o H_2S em uma faixa de pH de 10 a 1.

(f) Uma solução contém H_2S e NH_3. Quatro complexos de Cd^{2+} com a amônia podem ser formadas por etapas gerando: $Cd(NH_3)^{2+}$, $Cd(NH_3)_2^{2+}$, $Cd(NH_3)_3^{2+}$ e $Cd(NH_3)_4^{2+}$. Determine a solubilidade molar do CdS em uma solução de NH_3 0,1 mol L^{-1}.

(g) Para os mesmos componentes da solução da parte (f), tampões foram preparados com a concentração total de $NH_3 + NH_4Cl = 0,10$ mol L^{-1}. Os valores de pH foram 8,0; 8,5; 9,0; 9,5; 10,0; 10,5 e 11,0. Encontre a solubilidade molar do CdS nessas soluções.

(h) Para as soluções da parte (g), como poderíamos determinar se o aumento da solubilidade que ocorre com o pH é decorrente da formação de complexos ou de um efeito de atividade?

PARTE III

Métodos Clássicos de Análise

Métodos Gravimétricos de Análise

capítulo 12

A formação e o crescimento de precipitados e cristais são muito importantes na química analítica e em outras áreas da ciência. Na foto, mostra-se o crescimento de cristais de acetato de sódio a partir de uma solução supersaturada. Como a supersaturação leva à formação de partículas pequenas, difíceis de serem filtradas, na análise gravimétrica é desejável minimizá-la e assim aumentar o tamanho das partículas do sólido que é formado. As propriedades dos precipitados empregadas na análise química são descritas aqui. As técnicas de obtenção de precipitados facilmente filtráveis, que são livres de contaminantes, são tópicos importantes deste capítulo. Esses precipitados não são usados apenas na análise gravimétrica, mas também na separação de interferentes em outros procedimentos analíticos.

Charlies D. Winters

Vários métodos analíticos baseiam-se em medidas de massa. Na **gravimetria por precipitação**, o analito é separado de uma solução da amostra como um precipitado e é convertido a uma espécie de composição conhecida que pode ser pesada. Na **gravimetria de volatilização** o analito é isolado dos outros constituintes da amostra pela conversão a um gás de composição química conhecida. A massa desse gás serve então como uma medida da concentração do analito. Esses dois tipos de gravimetria são considerados neste capítulo.[1] Na **eletrogravimetria**, o analito é separado pela deposição em um eletrodo por meio do uso de uma corrente elétrica. A massa desse produto fornece então uma medida da concentração do analito. A eletrogravimetria é descrita na Seção 22C.

Os **métodos gravimétricos** são quantitativos e se baseiam na determinação da massa de um composto puro ao qual o analito está quimicamente relacionado.

Dois outros tipos de métodos analíticos baseiam-se em medidas de massa. Na **titulação gravimétrica**, descrita na Seção 13D, a massa do reagente, com concentração conhecida, requerida para reagir completamente com o analito, fornece a informação necessária para determinar a sua concentração. A **espectrometria de massas atômicas** emprega um espectrômetro de massas para separar os íons gasosos formados a partir dos elementos que compõem uma amostra da matéria. A concentração dos íons resultantes é então determinada pela medida da corrente elétrica produzida quando esses íons atingem a superfície de um detector iônico. Essa técnica é descrita brevemente no Capítulo 29.

❮ Os métodos gravimétricos de análise baseiam-se em medidas de massa feitas com uma balança analítica, um instrumento que fornece dados altamente exatos e precisos. De fato, se você realizar uma determinação gravimétrica de cloreto no laboratório, poderá estar fazendo uma das medidas mais exatas e precisas de sua vida.

[1] Para um tratamento extensivo sobre os métodos gravimétricos, veja C. L. Rufs, in *Treatise on Analytical Chemistry*, I. M. Kolthoff e P. J. Elving, eds., Nova York: Wiley, 1975, pt. I, v. 11, cap. 13.

12A GRAVIMETRIA POR PRECIPITAÇÃO

Na gravimetria por precipitação, o analito é convertido a um precipitado pouco solúvel. Então esse precipitado é filtrado, lavado para a remoção de impurezas, convertido a um produto de composição conhecida por meio de um tratamento térmico adequado e pesado. Por exemplo, um método de precipitação para a determinação de cálcio em águas é um dos métodos oficiais da Association of Official Analytical Chemists.[2] Nesta técnica, um excesso de ácido oxálico, $H_2C_2O_4$, é adicionado a uma solução aquosa contendo a amostra. Daí, adiciona-se amônia, o que neturaliza o ácido e provoca essencialmente a precipitação completa do cálcio presente na amostra na forma do oxalato de cálcio. As reações são

$$2NH_3 + H_2C_2O_4 \rightarrow 2NH_4^+ + C_2O_4^{2-}$$

$$Ca^{2+}(aq) + C_2O_4^{2-}(aq) \rightarrow CaC_2O_4(s)$$

O CaC_2O_4 precipitado é filtrado, utilizando-se um cadinho de filtração previamente pesado, e depois é seco e calcinado. Esse processo converte completamente o precipitado a óxido de cálcio. A reação é

$$CaC_2O_4(s) \xrightarrow{\Delta} CaO(s) + CO(g) + CO_2(g)$$

Após o resfriamento, o cadinho e o precipitado são pesados e a massa de óxido de cálcio é determinada pela subtração da massa conhecida do cadinho. O conteúdo em cálcio da amostra é então calculado como mostrado no Exemplo 12-1, na Seção 12B.

12A-1 Propriedades de Precipitados e Reagentes Precipitantes

Um exemplo de um reagente seletivo é o $AgNO_3$. Os únicos íons comuns que ele precipita em meio ácido são Cl^-, Br^-, I^- e SCN^-. A dimetilglioxima, que é discutida na Seção 12C-3, é um reagente específico que precipita apenas Ni^{2+} em soluções alcalinas.

Idealmente, um agente precipitante gravimétrico deve reagir *especificamente*, ou pelo menos *seletivamente* com o analito. Os reagentes específicos, que são raros, reagem apenas com uma única espécie química. Já os reagentes seletivos, que são mais comuns, reagem com um número limitado de espécies. Além da especificidade e da seletividade, o reagente precipitante ideal deve provocar uma reação com o analito para formar um produto que seja:

1. facilmente filtrado e lavado para remoção de contaminantes;
2. de solubilidade suficientemente baixa para que não haja perda significativa do analito durante a filtração e a lavagem;
3. não reativo com os constituintes da atmosfera;
4. de composição química conhecida após sua secagem ou, se necessário, calcinação (Seção 12-A7).

Poucos reagentes, se houver algum, produzem precipitados que apresentam todas essas propriedades desejáveis.

As variáveis que influenciam a solubilidade (a segunda propriedade na lista anterior) são discutidas na Seção 11B. Na seção seguinte, estamos interessados nos métodos utilizados que nos permite obter sólidos puros e facilmente filtráveis de composição conhecida.[3]

[2] W. Horwitz e G. Latimer, eds., *Official Methods of Anlysis*, 18. ed., Official Method 920.199, Gaithersberg, MD: Association Official Anlytical Chemists International.

[3] Para um tratamento mais detalhado sobre precipitados, veja H. A. Laitinen e W. E. Harris, *Chemical Analysis*, 2. ed., Nova York: McGraw-Hill, 1975, cap. 8 e 9.; A. E. Nielsen, em *Treatise on Analytical Chemistry*, 2. ed., I. M. Kolthoff e P. J. Elving, eds., Nova York: Wiley, 1983, pt. I, v. 3, cap. 27.

12A-2 Tamanho de Partícula e Filtração de Precipitados

Os precipitados constituídos por partículas grandes são geralmente desejáveis nos procedimentos gravimétricos porque essas partículas são fáceis de filtrar e de lavar visando à remoção de impurezas. Além disso, os precipitados desse tipo são geralmente mais puros que aqueles formados por partículas pequenas.

Um **coloide** consiste em partículas sólidas com diâmetros que são menores que 10^{-4} cm.

Sob luz difusa, as **suspensões coloidais** podem ser perfeitamente límpidas e parecem não conter sólidos. A presença da segunda fase pode ser detectada, contudo, direcionando-se um feixe de luz diretamente para a solução. Como as partículas de dimensão coloidal espalham a radiação visível, o caminho do feixe que atravessa a solução pode ser visto a olho nu. Esse fenômeno é chamado **efeito Tyndall** (veja as pranchas coloridas).

Fatores que Determinam o Tamanho das Partículas de Precipitados

O tamanho das partículas de sólidos formados por precipitação varia enormemente. Em um extremo estão as **suspensões coloidais**, cujas minúsculas partículas são invisíveis a olho nu (10^{-7} a 10^{-4} cm de diâmetro). As partículas coloidais não apresentam tendência de decantar a partir de soluções e não são facilmente filtradas. No outro extremo estão as partículas com as dimensões da ordem de décimos de milímetros ou maiores. A suspensão temporária dessas partículas na fase líquida é chamada **suspensão cristalina**. As partículas de uma suspensão cristalina tendem a decantar espontaneamente e são facilmente filtradas.

É muito difícil filtrar as partículas de uma suspensão coloidal. Para reter essas partículas, o poro do meio filtrante precisa ser tão pequeno que a filtração demora um longo tempo. Com o tratamento adequado, entretanto, as partículas coloidais individuais podem ser agrupadas, ou coagulam para produzir partículas grandes que são fáceis de filtrar.

A formação de precipitados foi estudada há muitos anos, mas o mecanismo desse processo ainda não é totalmente compreendido. O que é certo, entretanto, é que o tamanho da partícula do precipitado é influenciado pela solubilidade do precipitado, pela temperatura, pelas concentrações dos reagentes e pela velocidade com que os reagentes são misturados. O efeito líquido dessas variáveis pode ser estimado, pelo menos qualitativamente, considerando que o tamanho da partícula esteja relacionado a uma única propriedade do sistema denominada **supersaturação relativa**, onde

$$\text{supersaturação relativa} = \frac{Q - S}{S} \tag{12-1}$$

Uma **solução supersaturada** é uma solução instável que contém uma concentração do soluto mais elevada que uma solução saturada. Como o excesso de soluto precipita com o tempo, a supersaturação diminui para zero (veja as pranchas coloridas).

Nessa equação, Q é a concentração do soluto em qualquer instante e S, a sua solubilidade no equilíbrio.

Geralmente, as reações de precipitação são lentas e, mesmo quando um reagente precipitante é adicionado gota a gota a uma solução contendo um analito, alguma supersaturação sempre ocorre. As evidências experimentais indicam que o tamanho das partículas de um precipitado varia inversamente com a supersaturação relativa média durante o tempo em que o reagente está sendo introduzido. Assim, quando $(Q - S)/S$ é grande, o precipitado tende a ser coloidal; quando $(Q - S)/S$ é pequeno, a formação de um sólido cristalino é mais provável.

A Equação 12-1 é conhecida como a equação de Von Weimarn em reconhecimento ao cientista que a propôs em 1925.

Mecanismo de Formação do Precipitado

Para aumentar o tamanho das partículas de um precipitado, minimize a supersaturação relativa durante a formação do mesmo.

O efeito de supersaturação relativa no tamanho da partícula pode ser explicado se considerarmos que os precipitados são formados por dois processos: por **nucleação** e por **crescimento da partícula**. O tamanho da partícula de um precipitado recentemente formado é determinado pelo mecanismo predominante.

Na nucleação, alguns íons, átomos ou moléculas (talvez tão poucos quanto quatro ou cinco) juntam-se para formar um sólido estável. Muitas vezes, esses núcleos são formados na superfície de contaminantes sólidos em suspensão, como, por exemplo, a poeira. A precipitação posterior então envolve uma competição entre a nucleação adicional e o crescimento dos núcleos existentes (crescimento da partícula). Se a nucleação predomina, o resultado é um precipitando contendo um grande número de pequenas partículas; se o crescimento predomina, um número pequeno de partículas grandes é produzido.

Nucleação é um processo que envolve um número mínimo de átomos, íons ou moléculas que se juntam para formar um sólido estável.

Precipitados são formados por nucleação e por crescimento de partículas. Se a nucleação predomina, um grande número de partículas é produzida. Se o crescimento das partículas predomina, um número menor de partículas de tamanho maior é obtido.

Acredita-se que a velocidade da nucleação aumente enormemente com a elevação da supersaturação relativa. Em contraste, a velocidade de crescimento melhora apenas moderadamente a uma supersaturação relativa elevada. Consequentemente, quando um precipitado é formado sob uma supersaturação relativa elevada, a nucleação constitui o mecanismo de precipitação majoritário e um grande número de pequenas partículas é formado. Sob uma supersaturação relativa baixa, por outro lado, a velocidade de crescimento das partículas tende a predominar e ocorre a deposição do sólido em partículas existentes, em detrimento de nucleação adicional. A baixa supersaturação relativa produz suspensões cristalinas.

Controle Experimental do Tamanho das Partículas

As variáveis experimentais que minimizam a supersaturação e, portanto, produzem os precipitados cristalinos incluem temperaturas elevadas para aumentar a solubilidade do precipitado (*S* na Equação 12-1), soluções diluídas (para minimizar *Q*) e a adição lenta do agente precipitante, sob agitação eficiente. As duas últimas medidas também minimizam a concentração do soluto (*Q*) a qualquer instante.

Os precipitados que possuem solubilidades muito baixas, como, por exemplo, muitos sulfetos e óxidos hidratados, geralmente são coloidais.

Se a solubilidade do precipitado depende do pH, partículas maiores também podem ser produzidas controlando-se o pH. Por exemplo, os cristais grandes, facilmente filtráveis, de oxalato de cálcio são obtidos pela formação do precipitado em uma solução levemente ácida na qual o sal é moderadamente solúvel. A precipitação então se completa pela adição lenta de amônia aquosa até que a acidez seja suficientemente baixa para a remoção de todo o oxalato de cálcio. O precipitado adicional produzido durante essa etapa se deposita nas partículas sólidas formadas na primeira etapa.

Infelizmente, muitos precipitados não podem ser formados como cristais sob condições normais de laboratório. Um sólido coloidal é geralmente formado quando um precipitado apresenta uma solubilidade tão baixa que *S*, na Equação 12-1, se mantém negligenciável em relação a *Q*. Dessa forma, a supersaturação relativa permanece elevada durante a formação do precipitado, resultando em uma suspensão coloidal. Por exemplo, sob condições viáveis para uma análise, os óxidos hidratados de ferro(III), alumínio e cromo(III) e os sulfetos da maioria dos íons de metais pesados formam-se apenas como coloides em razão de suas baixas solubilidades.[4]

12A-3 Precipitados Coloidais

As partículas coloidais individuais são tão pequenas que não podem ser retidas por filtros comuns. Além disso, o movimento browniano previne sua decantação em virtude da ação gravitacional. Felizmente, entretanto, podemos coagular, ou aglomerar, as partículas individuais da maioria dos coloides para gerar uma massa amorfa filtrável que irá se decantar.

Coagulação de Coloides

A coagulação pode ser obtida por aquecimento, agitação e pela adição de um eletrólito ao meio. Para entender a efetividade dessas medidas, precisamos saber por que as suspensões coloidais são estáveis e não se coagulam espontaneamente.

As suspensões coloidais são estáveis porque todas as partículas de um coloide são carregadas positivamente ou negativamente e assim se repelem. A carga é resultante dos cátions ou ânions que estão ligados à superfície das partículas. Podemos mostrar facilmente que as partículas coloidais são carregadas colocando-as entre placas carregadas onde algumas partículas migram em direção a um eletrodo e outras movem-se na direção do eletrodo de carga oposta. O processo pelo qual os íons são retidos *na superfície de um sólido* é conhecido como **adsorção**.

A **adsorção** é um processo no qual uma substância (gás, líquido ou sólido) fica presa *à superfície* de um sólido. Em contraste, a **absorção** envolve a retenção de uma substância *dentro dos poros* de um sólido.

[4] O cloreto de prata ilustra como o conceito da supersaturação é imperfeito. Normalmente, esse composto se forma como um coloide, e sua solubilidade molar não é diferente daquela de outros compostos, como o $BaSO_4$, que geralmente forma cristais.

A adsorção de íons em um sólido iônico possui origem nas forças normais de ligação que são responsáveis pelo crescimento de cristais. Por exemplo, um íon prata localizado na superfície de uma partícula de cloreto de prata tem a capacidade de ligação por um ânion não satisfeita parcialmente por causa de sua localização na superfície. Os íons negativos são atraídos para este sítio pelas mesmas forças que mantêm os íons cloreto na estrutura do cloreto de prata. Os íons cloreto localizados na superfície do sólido exercem analogamente uma atração alta por cátions dissolvidos no solvente.

Os tipos de íons que são retidos na superfície de uma partícula coloidal e o seu número dependem, de uma forma complexa, de inúmeras variáveis. Para a suspensão produzida durante uma análise gravimétrica, contudo, a espécie adsorvida e, portanto, a carga das partículas pode ser facilmente prevista, uma vez que geralmente os íons presentes na estrutura são mais fortemente ligados que os outros. Por exemplo, quando nitrato de prata é inicialmente adicionado a uma solução contendo íons cloreto, as partículas coloidais do precipitado estão negativamente carregadas como resultado da adsorção de parte do excesso de íons cloreto. Essa carga, entretanto, torna-se positiva quando o nitrato de prata for adicionado em quantidade suficiente para produzir um excesso de íons prata. A carga superficial é mínima quando não existe excesso de qualquer um dos íons no líquido sobrenadante.

❮ A carga de uma partícula coloidal produzida em uma análise gravimétrica é determinada pela carga do íon presente na estrutura que está em excesso quando a precipitação for completa.

A extensão da adsorção e, portanto, a carga de uma dada partícula, aumenta rapidamente com a elevação da concentração do íon comum. Ao final, entretanto, a superfície das partículas se torna coberta pelos íons adsorvidos e a carga se torna constante e independente da concentração.

A **Figura 12-1** apresenta uma partícula coloidal de cloreto de prata em uma solução que contém um excesso de nitrato de prata. Ligada diretamente à superfície do sólido encontra-se a **camada de adsorção primária**, que consiste principalmente em íons prata. Ao redor da partícula carregada encontra-se uma camada de solução, chamada **camada do contraíon**, que contém excesso suficiente de íons negativos (principalmente o nitrato) para balancear a carga da superfície da partícula. Os íons prata primeiramente adsorvidos e a camada do contraíon constituem a **dupla camada elétrica**, que é responsável pela estabilidade da suspensão coloidal. À medida que as partículas coloidais se aproximam umas das outras, essa dupla camada exerce uma força eletrostática repulsiva, prevenindo que as partículas venham a colidir e a se aderir.

A **Figura 12-2a** mostra a carga efetiva em duas partículas de cloreto de prata. A

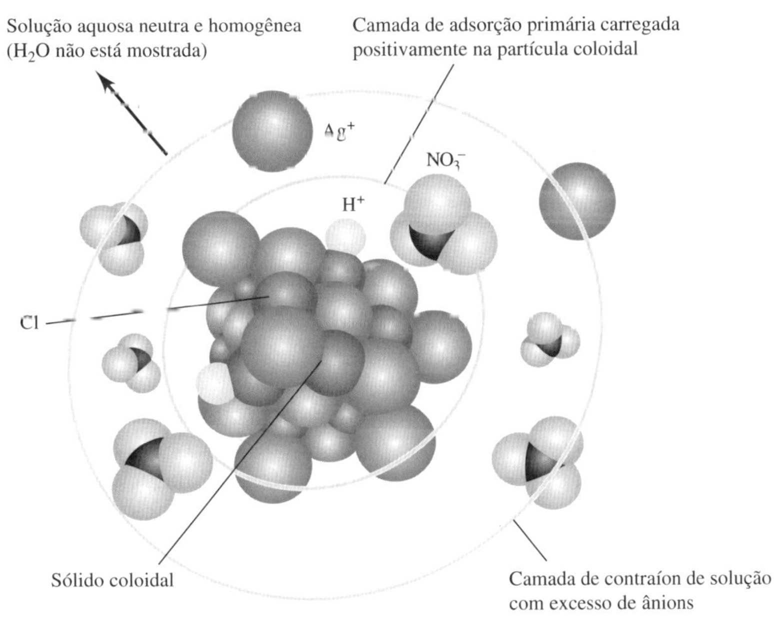

Figura 12-1 Uma partícula coloidal em suspensão de cloreto de prata presente em uma solução de nitrato de prata.

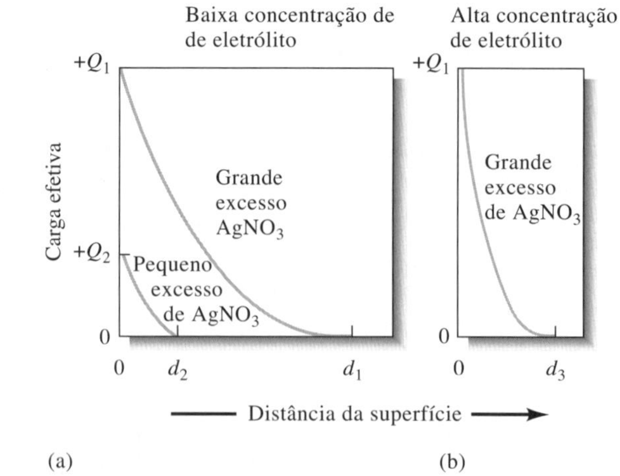

Figura 12-2 O efeito do $AgNO_3$ e da concentração do eletrólito na espessura da dupla camada elétrica que recobre uma partícula coloidal de AgCl, presente em uma solução contendo excesso de $AgNO_3$.

curva superior representa uma partícula em solução que contém excesso razoável de nitrato de prata, enquanto a curva inferior exibe uma partícula que está presente em uma solução que apresenta concentração muito menor de nitrato de prata. A carga efetiva pode ser interpretada como uma força repulsiva que a partícula exerce em outras partículas iguais na solução. Note que a carga efetiva decresce rapidamente à medida que a distância da superfície aumenta e se aproxima de zero nos pontos d_1 e d_2. Essas diminuições na carga efetiva (positiva, em ambos os casos) são provocadas pela carga negativa do excesso de contraíons presentes na dupla camada ao redor de cada partícula. Nos pontos d_1 e d_2, o número de contraíons na camada é aproximadamente igual ao número de íons primeiramente adsorvidos às superfícies das partículas; portanto, a carga efetiva das partículas aproxima-se de zero neste ponto.

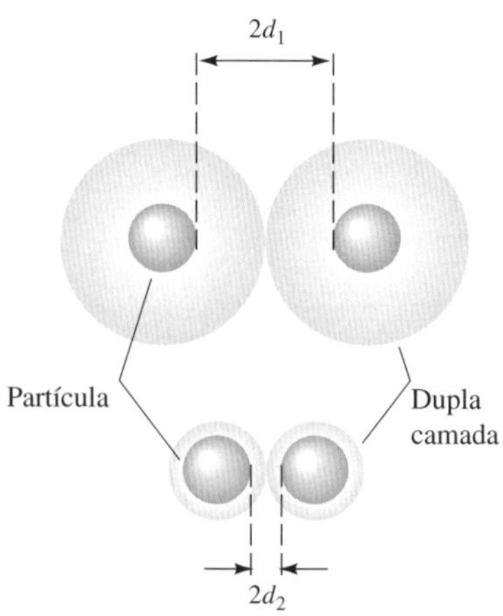

Figura 12-3 A dupla camada elétrica de um coloide consiste em uma camada de carga adsorvida na superfície da partícula (a primeira camada de adsorção) e uma camada de carga oposta (a camada do contraíon) da solução que está ao redor da partícula. A elevação da concentração do eletrólito tem o efeito de diminuir o volume da camada do contraíon, aumentando, portanto, as chances da coagulação.

A porção superior da **Figura 12-3** apresenta duas partículas de cloreto de prata e suas camadas de contraíons conforme elas se aproximam uma da outra, na mesma solução concentrada de nitrato de prata. Observe que a carga efetiva das partículas previne que elas se aproximem uma da outra a uma distância menor que cerca de $2d_1$ – uma distância que é muito grande para ocorrer a coagulação. Como mostrado na parte inferior da Figura 12-3, na solução mais diluída de nitrato de prata, as duas partículas podem se aproximar dentro da distância $2d_2$ uma da outra. Em última instância, à medida que a concentração de nitrato de prata decresce ainda mais, a distância entre as partículas torna-se pequena o suficiente de forma que as forças de aglomeração sejam efetivas.

A coagulação de uma suspensão coloidal pode ser alcançada, muitas vezes, por um curto período de aquecimento, particularmente se acompanhado de agitação. O aquecimento diminui o número de íons adsorvidos e, consequentemente, a espessura, d_i, da dupla camada. As partículas também podem adquirir energia cinética suficiente a altas temperaturas para superar a barreira da proximidade imposta pela dupla camada.

Suspensões coloidais podem, muitas vezes, sofrer coagulação em virtude do aquecimento, agitação ou da adição de eletrólitos.

Um modo ainda mais efetivo de coagular um coloide consiste em aumentar a concentração de eletrólito em solução. Se adicionarmos um composto iônico adequado a uma suspensão coloidal, a concentração do contraíon aumenta na vizinhança de cada partícula. Como resultado, o volume da solução que contém contraíons em quantidade suficiente para balancear a carga da camada de adsorção primária diminui. O efeito líquido da adição de um eletrólito é, por conseguinte, uma redução do tamanho da camada do contraíon, como mostrado na **Figura 12-2b**. As partículas podem então se aproximar mais umas das outras e sofrer aglomeração.

Peptização de coloides

A **peptização** é o processo pelo qual um coloide coagulado é revertido ao seu estado disperso original. Quando um coloide coagulado é lavado, parte do eletrólito responsável por sua coagulação é lixiviada a partir do líquido interno que se encontra em contato com as partículas sólidas. A remoção desse eletrólito tem o efeito de aumentar o volume da camada do contraíon. As forças de repulsão responsáveis pelo estado original do coloide são restabelecidas e as partículas se desprendem umas das outras a partir da massa coagulada. As lavagens tornam-se turvas à medida que as partículas que se dispersam passam através do filtro.

A **peptização** é um processo no qual um coloide coagulado retorna ao seu estado disperso.

Deparamo-nos com um dilema ao se trabalhar com os coloides coagulados. Por um lado, a lavagem é necessária para minimizar a contaminação, mas há riscos de perdas resultantes da peptização se água pura for utilizada. O problema é normalmente resolvido pela lavagem do precipitado com uma solução contendo um eletrólito que se volatiliza quando o precipitado é seco ou calcinado. Por exemplo, o cloreto de prata é normalmente lavado com uma solução diluída de ácido nítrico. Se, por um lado, o precipitado torna-se sem dúvida contaminado pelo ácido, nenhum problema ocorre, uma vez que o ácido nítrico é perdido durante a etapa de secagem.

Tratamento Prático de Precipitados Coloidais

Os coloides são mais bem precipitados a partir de soluções aquecidas e agitadas contendo eletrólito suficiente para garantir a coagulação. A filtrabilidade de um coloide coagulado frequentemente melhora deixando-o descansar por uma hora ou mais em contato com a solução a partir da qual foi formado. Durante esse processo, conhecido como **digestão**, moléculas de água fracamente ligadas parecem se desligar do precipitado. O resultado é uma massa mais densa que é mais fácil de filtrar.

A **digestão** é um processo no qual um precipitado é aquecido por uma hora ou mais na solução em que foi formado (a solução mãe) e deixado em repouso em contato com a solução.

12A-4 Precipitados Cristalinos

Os precipitados cristalinos geralmente são mais facilmente filtrados e purificados que os coloides coagulados. Além disso, o tamanho de partículas cristalinas individuais e, portanto, sua filtrabilidade podem ser controlados em uma certa extensão.

A **solução mãe** é aquela a partir da qual um precipitado foi formado.

Métodos para Melhorar o Tamanho da Partícula e a Filtrabilidade

O tamanho da partícula de um sólido cristalino muitas vezes pode ser melhorado significativamente pela minimização de Q ou maximização de S, ou ambos, na Equação 12-1. O valor de Q pode frequentemente ser minimizado pelo uso de soluções diluídas e adição lenta e sob agitação do agente precipitante. Muitas vezes, aumenta-se S pela precipitação a partir de uma solução a quente ou pelo ajuste do pH do meio contendo o precipitado.

A digestão de precipitados cristalinos (sem agitação), por algum tempo após a sua formação, frequentemente gera um produto mais puro e de filtração mais fácil. A melhoria na filtrabilidade indubitavelmente resulta da dissolução e da cristalização que ocorrem continuamente e em maior velocidade a temperaturas elevadas. A recristalização resulta, aparentemente, na ligação de partículas adjacentes, um processo que gera agregados cristalinos maiores e mais fáceis de serem filtrados. Essa hipótese é embasada na observação de que ocorre apenas uma pequena melhoria nas características de filtração se a mistura for agitada durante a digestão.

A digestão melhora a pureza e a filtrabilidade tanto dos precipitados coloidais quanto dos cristalinos.

12A-5 Coprecipitação

Quando compostos *por outro lado solúveis* são removidos da solução durante a formação de precipitado, nos referimos ao processo como **coprecipitação**. A contaminação de um precipitado por uma segunda substância cujo produto de solubilidade foi excedido *não é coprecipitação*.

A **coprecipitação** é um processo no qual os compostos *normalmente solúveis* são removidos da solução por um precipitado.

Existem quatro tipos de coprecipitação: **adsorção superficial**, **formação de cristal misto**, **oclusão** e **aprisionamento mecânico**.[5] A adsorção superficial e a formação de cristal misto são processos baseados em equilíbrio, enquanto a oclusão e o aprisionamento mecânico têm origem na cinética de crescimento do cristal.

Adsorção Superficial

Muitas vezes a adsorção é a principal fonte de contaminação em coloides coagulados, mas não é significativa em precipitados cristalinos.

A adsorção é uma fonte comum de coprecipitação e é uma causa provável de contaminação significativa de precipitados com as áreas de superfície específicas grandes, isto é, os coloides coagulados (veja o Destaque 12-1 para a definição de área superficial). Embora a adsorção ocorra em sólidos cristalinos, seus efeitos na pureza não são normalmente detectáveis em razão da área superficial relativamente baixa desses sólidos.

Na adsorção, um composto normalmente solúvel é removido da solução sobre a superfície de um coloide coagulado. Esse composto consiste em um íon primariamente adsorvido e em um íon de carga oposta oriundo da camada de contraíon.

A coagulação de um coloide não diminui significativamente a quantidade da adsorção porque o sólido coagulado ainda contém uma área superficial interna grande, que permanece exposta ao solvente (**Figura 12-4**). O contaminante coprecipitado na superfície do coloide coagulado consiste em um íon do retículo cristalino originalmente adsorvido na superfície antes da coagulação, mais o contraíon de carga oposta mantido no filme da solução imediatamente adjacente à partícula. *O efeito líquido da adsorção superficial é, portanto, o arraste de um composto normalmente solúvel na forma de um contaminante superficial.* Por exemplo, o cloreto de prata coagulado formado na determinação gravimétrica de íons cloreto está contaminado com íons prata primariamente adsorvidos e com o nitrato ou outro ânion na camada do contraíon. O resultado é que o nitrato de prata, um composto normalmente solúvel, é coprecipitado com o cloreto de prata.

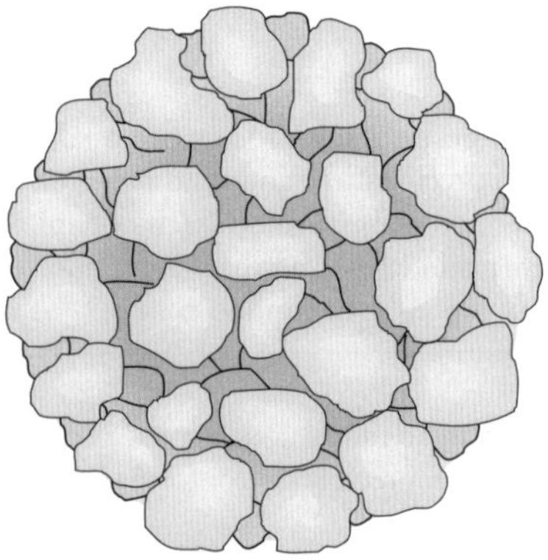

Figura 12-4 Um coloide coagulado. Essa figura sugere que um coloide coagulado continua a expor uma grande área superficial para a solução a partir da qual foi formado.

Minimização das Impurezas Adsorvidas em Coloides A pureza de muitos coloides coagulados pode ser melhorada pela digestão. Durante esse processo, a água é expelida do sólido para gerar uma massa mais densa que tem uma área superficial específica menor para a adsorção.

A lavagem de um coloide coagulado com uma solução contendo um eletrólito volátil também pode ser útil porque qualquer eletrólito não volátil adicionado anteriormente para provocar a coagulação é deslocado pela espécie volátil. Geralmente a lavagem não remove muito dos íons primariamente adsorvidos em decorrência da atração entre esses íons e a superfície do sólido, que é muito forte. A troca ocorre, contudo, entre os *contraíons* existentes e os íons presentes no líquido de lavagem. Por exemplo, na determinação de prata pela precipitação com íons cloreto, a espécie primariamente adsorvida é o cloreto. A lavagem com uma solução ácida converte

DESTAQUE 12-1

Área Superficial Específica de Coloides

A **área superficial específica** é definida como a área superficial por unidade de massa do sólido e normalmente tem as unidades em centímetros quadrados por grama. Para uma dada massa de sólido, a área superficial específica aumenta drasticamente com a diminuição do tamanho da partícula e torna-se enorme para os coloides. Por exemplo, o cubo sólido exposto na **Figura 12D-1**, que tem dimensões de 1 cm de aresta, possui uma área superficial de 6 cm^2. Se esse cubo pesa 2 g, sua área superficial específica é 6 cm^2/2 g = 3 cm^2 g^{-1}. Agora, vamos dividir o cubo em 1.000 cubos, cada um tendo um comprimento de aresta de 0,1 cm. A área superficial de cada face desses cubos agora seria de 0,1 cm × 0,1 cm = 0,01cm^2, e a área total para as seis faces do cubo seria de 0,06 cm^2. Como existem 1.000 desses cubos, a área superficial para os

[5] Seguimos o sistema simples de classificação de fenômenos de coprecipitação proposto por A. E. Nielsen, in *Treatise on Analytical Chemistry*, 2. ed., I. M. Kolthoff e P. J. Elving, eds., Nova York: Wiley, 1983, pt. I, v. 3, p. 333.

2 g de sólido nesse momento seria de 60 cm^2; a área superficial específica seria de 30 $cm^2\ g^{-1}$. Continuando dessa forma, descobrimos que a área superficial específica se tornaria 300 $cm^2\ g^{-1}$ quando temos 10^6 cubos que possuem 0,01 cm de aresta. O tamanho de partícula de uma suspensão cristalina encontra-se entre 0,01 e 0,1 cm; assim, um precipitado cristalino típico contém uma área superficial específica entre 30 $cm^2\ g^{-1}$ e 300 $cm^2\ g^{-1}$. Compare esses números com aqueles para 2 g de um coloide composto por 10^{18} partículas, cada uma tendo uma aresta de 10^{-6} cm. Neste caso, a área específica é de $3 \times 10^6\ cm^2\ g^{-1}$, que é 3.000 pés g^{-1}. Baseado nesses cálculos, 1 g de uma suspensão coloidal tem uma área superficial que é equivalente à área de uma casa de tamanho razoável.

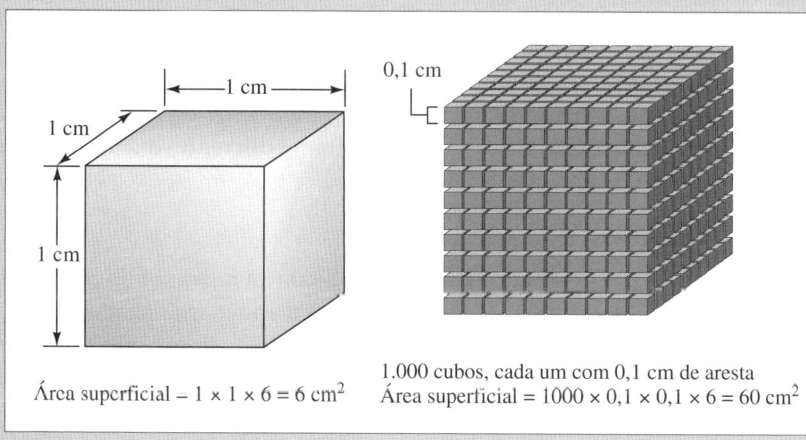

Figura 12D-1 Aumento na área superficial por unidade de massa com a diminuição do tamanho da partícula.

efetivamente a camada do contraíon a íons hidrogênio de forma que ambos, íons cloreto e hidrogênio, sejam retidos pelo sólido. Então, o HCl se volatiliza quando o precipitado é seco.

Não obstante o método de tratamento, um coloide coagulado sempre está contaminado em uma certa extensão, mesmo após uma lavagem extensiva. O erro introduzido na análise a partir dessa fonte pode ser tão pequeno quanto 1 a 2 ppt, como na coprecipitação do nitrato de prata no cloreto de prata. Em contraste, a coprecipitação de hidróxidos de metais pesados sobre óxidos hidratados de ferro trivalente ou de alumínio pode resultar em erros de até algumas dezenas de partes por cento, os quais são intoleráveis.

Reprecipitação Uma maneira drástica, porém efetiva, de minimizar os efeitos da adsorção é a **reprecipitação**. Nesse processo, o sólido filtrado é redissolvido e reprecipitado. Normalmente, o primeiro precipitado arrasta apenas a fração do contaminante presente no solvente original. Assim, a solução contendo o precipitado redissolvido tem uma concentração significativamente inferior do contaminante que a original e ainda menos adsorção ocorre durante a segunda precipitação. A reprecipitação representa um tempo adicional considerável à análise. Entretanto, muitas vezes é necessária para precipitados como os óxidos hidratados de ferro(III) e de alumínio, que têm uma tendência extraordinária de adsorver os hidróxidos de cátions de metais pesados, como zinco, cádmio e manganês.

Formação de Cristal Misto

Na formação de cristal misto, um dos íons do retículo cristalino de um sólido é substituído por um íon de outro elemento. Para que essa troca ocorra, é necessário que os dois íons tenham a mesma carga e que seus tamanhos não sejam diferentes em

A **formação de cristal misto** é um tipo de coprecipitação na qual um íon contaminante substitui um íon no retículo de um cristal.

mais de 5%. Mais do que isso, os dois sais precisam pertencer à mesma classe cristalina. Por exemplo, o sulfato de bário formado pela adição de cloreto de bário a uma solução contendo íons sulfato, chumbo e acetato mostra-se severamente contaminado por sulfato de chumbo. Esta contaminação ocorre ainda que os íons acetato previnam a precipitação do sulfato de chumbo complexando-se ao chumbo. Neste caso, os íons de chumbo substituem parte dos íons de bário nos cristais de sulfato de bário. Outros exemplos de coprecipitação de cristal misto incluem $MgKPO_4$ em $MgNH_4PO_4$, $SrSO_4$ em $BaSO_4$ e MnS em CdS.

A extensão da contaminação do cristal misto é governada pela lei de ação das massas e aumenta à medida que a razão entre o contaminante e o analito se eleva. A formação do cristal misto é um tipo particular de problema de coprecipitação porque pouco pode ser feito a respeito quando certa combinação de íons está presente na matriz da amostra. Esse problema é encontrado tanto em suspensões coloidais quanto em precipitados cristalinos. Quando ocorre a formação de cristal misto, o íon interferente pode necessariamente ter de ser separado antes da etapa final de precipitação. Alternativamente, um reagente precipitante diferente, que não provoque a formação de cristais mistos, pode ser empregado.

Oclusão e Aprisionamento Mecânico

A **oclusão** é um tipo de coprecipitação no qual um composto é aprisionado durante o crescimento rápido de um cristal.

Quando um cristal está crescendo rapidamente durante a formação do precipitado, os íons estranhos presentes na camada do contraíon podem ser aprisionados, ou *ocluídos*, dentro do cristal em crescimento. Como a supersaturação e a velocidade de crescimento diminuem à medida que a precipitação progride, a quantidade de material ocluída é maior na parte dos cristais que se forma primeiro.

A formação de cristal misto pode ocorrer tanto em precipitados coloidais quanto em cristalinos, mas a oclusão e o aprisionamento mecânico são restritos a precipitados cristalinos.

O aprisionamento mecânico ocorre quando os cristais se encontram próximos durante o crescimento. Vários cristais crescem juntos e, assim sendo, aprisionam uma porção da solução em um pequeno invólucro.

Tanto a oclusão quanto o aprisionamento mecânico são mínimos quando a velocidade de formação do precipitado é baixa, isto é, sob condições de baixa supersaturação. Além disso, a digestão reduz os efeitos desses tipos de coprecipitação. Indubitavelmente, a rápida dissolução e a reprecipitação que ocorrem sob as temperaturas elevadas de digestão abrem os invólucros e permitem que as impurezas escapem para a solução.

Erros devidos à Coprecipitação

A coprecipitação pode causar tanto erros positivos quanto negativos.

As impurezas coprecipitadas podem provocar tanto erros negativos quanto positivos em uma análise. Se o contaminante não é o composto do íon que está sendo determinado, sempre resultará em um erro positivo. Consequentemente, um erro positivo é observado quando o cloreto de prata coloidal absorve o nitrato de prata durante a análise de cloreto. Em contraste, quando o contaminante contém o íon que está sendo determinado, tanto os erros positivos quanto os negativos podem ocorrer. Por exemplo, na determinação de bário pela precipitação como sulfato de bário, ocorre a oclusão de outros sais de bário. Se o contaminante ocluído for o nitrato de bário, um erro positivo poderá ser observado porque esse composto tem massa molar maior que a do sulfato de bário que deveria ser formado se a coprecipitação não tivesse ocorrido. Se cloreto de bário for o contaminante, o erro será negativo porque sua massa molar é menor que a do sal sulfato.

12A-6 Precipitação a Partir de uma Solução Homogênea

A **precipitação a partir de uma solução homogênea** é um processo no qual um precipitado é formado pela geração lenta de um reagente precipitante de forma homogênea em toda a solução.

Os sólidos formados por meio de precipitação a partir de uma solução homogênea são geralmente mais puros e mais fáceis de ser filtrados que os precipitados gerados por meio da adição direta do reagente à solução do analito. A precipitação a partir de uma solução homogênea é uma técnica na qual um agente precipitante é gerado em uma solução contendo o analito por intermédio de uma reação química lenta.[6] Os excessos localizados do reagente não ocorrem porque o agente precipitante é gerado gradativa e homogeneamente na solução e reage imediatamente com o analito. Como resultado, a supersaturação relativa é mantida baixa durante toda a precipitação. Em geral, os precipitados formados homogeneamente, tanto coloidais quanto cristalinos, são mais adequados para as análises que os sólidos formados pela adição direta de um reagente precipitante.

❮ Os sólidos formados por meio de precipitação a partir de uma solução homogênea são geralmente mais puros e mais fáceis de ser filtrados que os precipitados gerados por meio da adição direta do reagente à solução do analito.

Muitas vezes a ureia é empregada na geração homogênea de íons hidróxido. A reação pode ser representada pela equação

$$(H_2N)_2CO + 3H_2O \rightarrow CO_2 + 2NH_4^+ + 2OH^-$$

Essa hidrólise se processa lentamente a temperaturas um pouco inferiores a 100°C, e são necessárias entre uma e duas horas para se completar uma precipitação típica. A ureia é particularmente valiosa na precipitação de óxidos hidratados a partir de seus sais básicos. Por exemplo, os óxidos hidratados de ferro(III) e de alumínio, formados pela adição direta da base, são massas gelatinosas e volumosas que são fortemente contaminadas e difíceis de serem filtradas. Em contraste, quando esses mesmos produtos são formados por meio da geração homogênea do íon hidróxido, são densos e facilmente filtrados e têm uma pureza consideravelmente superior. A **Figura 12-5** apresenta os precipitados de óxidos hidratados de alumínio formados pela adição direta da base e precipitado homogeneamente com ureia. A precipitação homogênea de precipitados cristalinos também resulta em um aumento significativo do tamanho do cristal e igualmente em melhoria na sua pureza.

Figura 12-5 Hidróxido de alumínio formado pela adição direta de amônia (esquerda) e pela produção homogênea do hidróxido (direita).

Métodos representativos baseados na precipitação por reagentes gerados homogeneamente são fornecidos na **Tabela 12-1**.

TABELA 12-1

Métodos para Geração Homogênea de Agentes Precipitantes

Agente Precipitante	Reagente	Reação de Geração	Elementos Precipitados
OH^-	Ureia	$(NH_2)_2CO + 3H_2O \rightarrow CO_2 + 2NH_4^+ + 2OH^-$	Al, Ga, Th, Bi, Fe, Sn
PO_4^{3-}	Fosfato de trimetila	$(CH_3O)_3PO + 3H_2O \rightarrow 3CH_3OH + H_3PO_4$	Zr, Hf
$C_2O_4^{2-}$	Oxalato de etila	$(C_2H_5)_2C_2O_4 + 2H_2O \rightarrow 2C_2H_5OH + H_2C_2O_4$	Mg, Zn, Ca
SO_4^{2-}	Sulfato de dimetila	$(CH_3O)_2SO_2 + 4H_2O \rightarrow 2CH_3OH + SO_4^{2-} + 2H_3O^+$	Ba, Ca, Sr, Pb
CO_3^{2-}	Ácido tricloroacético	$Cl_3CCOOH + 2OH^- \rightarrow CHCl_3 + CO_3^{2-} + H_2O$	La, Ba, Ra
H_2S	Tioacetamida*	$CH_3CSNH_2 + H_2O \rightarrow CH_3CONH_2 + H_2S$	Sb, Mo, Cu, Cd
DMG†	Biacetil + hidroxilamina	$CH_3COCOCH_3 + 2H_2NOH \rightarrow DMG + 2H_2O$	Ni
HOQ‡	8-Acetoxiquinolina§	$CH_3COOQ + H_2O \rightarrow CH_3COOH + HOQ$	Al, U, Mg, Zn

*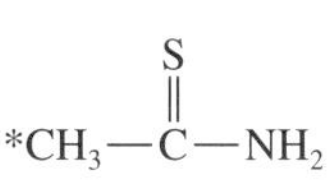

‡HOQ = 8-Hidroxiquinalina = 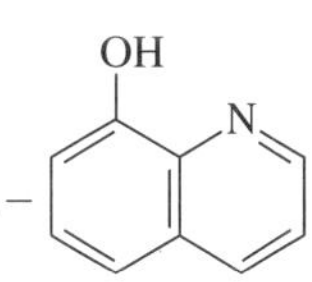

†DMG = Dimetilglioxina = 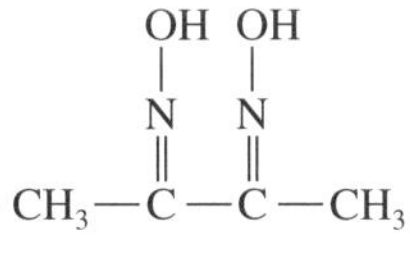

§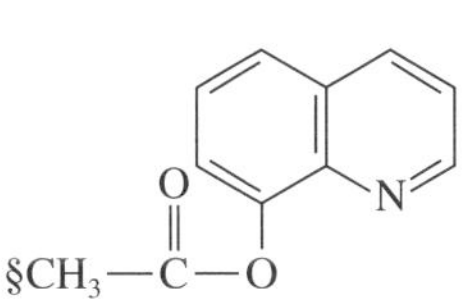

[6] Para uma referência geral sobre essa técnica, veja L. Gordon e M. L. Salutsky e H. H. Willard, *Precipitation from Homogeneous Solution*, Nova York: Wiley, 1959.

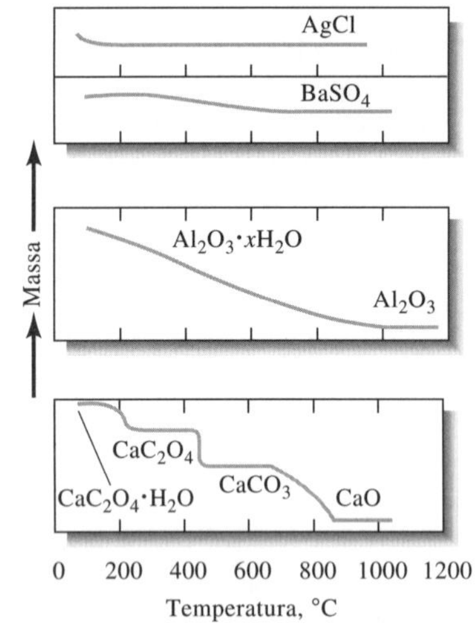

Figura 12-6 O efeito da temperatura na massa de precipitados.

12A-7 Secagem e Calcinação de Precipitados

Após a filtração, um precipitado gravimétrico é aquecido até que sua massa se torne constante. O aquecimento remove o solvente e qualquer espécie volátil arrastada com o precipitado. Alguns precipitados também são calcinados para decompor o sólido e para formar um composto de composição conhecida. Esse novo composto é muitas vezes chamado *forma de pesagem.*

A temperatura requerida para produzir as formas de pesagem adequadas varia de precipitado para precipitado. A **Figura 12-6** mostra a perda de massa em função da temperatura para vários precipitados analíticos comuns. Esses dados foram obtidos com uma termobalança automática,[7] um instrumento que registra a massa de uma substância continuamente à medida que sua temperatura é elevada a uma velocidade constante (**Figura 12-7**). O aquecimento de três precipitados – cloreto de prata, sulfato de bário e óxido de alumínio – simplesmente provoca a remoção de água e talvez de eletrólitos voláteis. Observe que temperaturas significativamente diferentes são requeridas para produzir um precipitado anidro de massa constante. A umidade é completamente removida do cloreto de prata a temperaturas superiores a 110°C, mas a desidratação do óxido de alumínio não se completa até que uma temperatura superior a 1.000°C seja alcançada. O óxido de alumínio obtido homogeneamente com a ureia pode ser completamente desidratado a cerca de 650°C.

A temperatura necessária para desidratar completamente um precipitado pode ser tão baixa quanto 100°C ou tão alta quanto 1.000°C.

A curva térmica para o oxalato de cálcio é consideravelmente mais complexa que as outras apresentadas na Figura 12-6. Abaixo de cerca de 135°C, a água não ligada é eliminada, para formar a espécie mono-hidratada $CaC_2O_4 \cdot H_2O$. Então esse composto é convertido ao oxalato anidro CaC_2O_4 a 225°C. A mudança abrupta na massa que ocorre a cerca de 450°C assinala a decomposição do oxalato para carbonato de cálcio e monóxido de carbono. A etapa final na curva representa a conversão do carbonato a óxido de cálcio e dióxido de carbono. Como pode ser visto, o composto finalmente pesado na determinação gravimétrica de cálcio baseada na precipitação do seu oxalato é altamente dependente da temperatura de calcinação.

O processo de registro de curvas de decomposição térmica é denominado **análise termogravimétrica** e a curva da massa *versus* temperatura é chamada **termograma**.

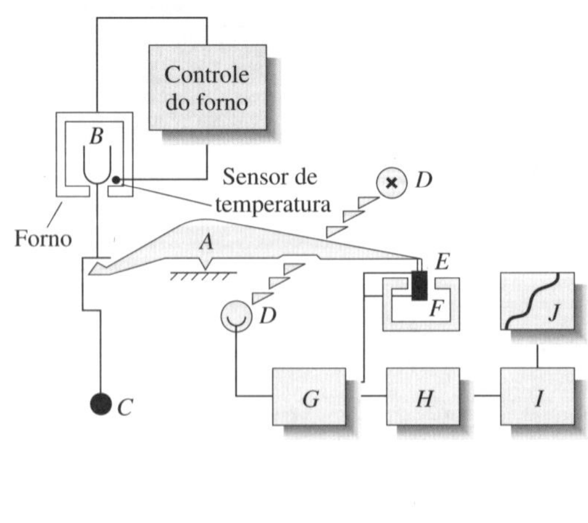

Figura 12-7 Representação esquemática de uma termobalança: *A*: braço; *B*: compartimento da amostra e suporte; *C*: contrapeso; *D*: lâmpada e fotodiodos; *E*: bobina; *F*: magneto; *G*: amplificador de controle; *H*: calculadora de tara; *I*: amplificador e *J*: registrador. (Reimpresso com a permissão de Mettler Toledo, Inc., Columbus, OH.)

[7] Para as descrições de termobalanças, veja D. A. Skoog; F. J., Holler e S. R. Crouch, *Principles of Instrumental Analysis*, 6. ed., Belmont: Broos/Cole, 2007, cap. 31; P. Gabbot, ed., *Principles and Applications of Themal Analysis,* Ames, IA, Blackwell, 2008, cap. 3. ; W. W. Wendlandt, *Thermal Methods of Analysis*, 3. ed. Nova York: Wiley, 1985; A. J. Paszto, in *Handbook of Instrumental Techniques for Analytical Chemistry,* F. Settle, ed., Upper Saddle River, NJ: Prentice-Hall, 1997, cap. 50.

12B CÁLCULO DOS RESULTADOS A PARTIR DE DADOS GRAVIMÉTRICOS

Os resultados de uma análise gravimétrica são geralmente calculados a partir de medidas experimentais: a massa da amostra e a massa de um produto de composição conhecida. Os exemplos que seguem ilustram como esses cálculos são realizados.

EXEMPLO 12-1

O cálcio presente em uma amostra de 200,0 mL de uma água natural foi determinado pela precipitação do cátion como CaC_2O_4. O precipitado foi filtrado, lavado e calcinado em um cadinho com uma massa de 26,6002 g quando vazio. A massa do cadinho mais CaO (56,077 g mol^{-1}) foi de 26,7134 g. Calcule a concentração de Ca (40,078 g mol^{-1}) em água em unidades de gramas por 100 mL de água.

Resolução

A massa de CaO é

$$26{,}7134\text{ g} - 26{,}6002 = 0{,}1132\text{ g}$$

A quantidade de matéria de Ca na amostra é igual à quantidade de matéria de CaO ou quantidade de Ca

$$\text{quant. de mat. de Ca} = 0{,}1132\,\text{g CaO} \times \frac{1\text{ mol de CaO}}{56{,}077\text{ g de CaO}} \times \frac{1\text{ mol de Ca}}{\text{mol de CaO}}$$

$$= 2{,}0186 \times 10^{-3}\text{ mol de Ca}$$

$$\text{conc. de Ca} = \frac{2{,}0186 \times 10^{-3}\text{ mol de Ca} \times 40{,}078\text{ g Ca/mol Ca}}{200\text{ mL de amostra}} \times \frac{100}{100}$$

$$= 0{,}04045\text{ g/100 mL de amostra}$$

EXEMPLO 12-2

Um minério de ferro foi analisado pela dissolução de uma amostra de 1,1324 g em HCl concentrado. A solução resultante foi diluída em água e o ferro(III) foi precipitado na forma do óxido de ferro hidratado $Fe_2O_3 \cdot xH_2O$ pela adição de NH_3. Após a filtração e a lavagem, o resíduo foi calcinado a alta temperatura para gerar 0,5394 g de Fe_2O_3 (159,69 g mol^{-1}). Calcule (a) a % de Fe (55,847 g mol^{-1}) e (b) a % de Fe_2O_3 (231,54 g mol^{-1}) presentes na amostra.

Resolução

Para ambas as partes desse problema, precisamos calcular a quantidade de matéria de Fe_2O_3. Assim,

$$\text{quantidade de matéria de Fe}_2\text{O}_3 = 0{,}5394\,\text{g de Fe}_2\text{O}_3 \times \frac{1\text{ mol de Fe}_2\text{O}_3}{159{,}69\text{ g de Fe}_2\text{O}_3}$$

$$= 3{,}3778 \times 10^{-3}\text{ mol de Fe}_2\text{O}_3$$

(a) A quantidade de matéria de Fe é duas vezes a quantidade de matéria de Fe_2O_3, e

$$\text{massa de Fe} = 3{,}3778 \times 10^{-3}\,\text{mol de } Fe_2O_3 \times \frac{2\,\text{mol de Fe}}{\text{mol de } Fe_2O_3} \times \frac{55{,}847\text{ g de Fe}}{\text{mol de Fe}}$$

$$= 0{,}37728\text{ g de Fe}$$

$$\%\,\text{Fe} = \frac{0{,}37728\,\text{g de Fe}}{1{,}1324\,\text{g de amostra}} \times 100\% = 33{,}32\%$$

(b) Como mostrado pela seguinte equação balanceada, 3 mols de Fe_2O_3 são quimicamente equivalentes a 2 mols de Fe_3O_4. Isto é,

$$3Fe_2O_3 \rightarrow 2Fe_3O_4 + \frac{1}{2}O_2$$

$$\text{massa de } Fe_3O_4 = 3{,}3778 \times 10^{-3}\,\text{mol de } Fe_2O_3 \times \frac{2\text{ mol de } Fe_3O_4}{3\,\text{mol de } Fe_2O_3} \times \frac{231{,}54\,\text{g de } Fe_3O_4}{\text{mol de } Fe_3O_4}$$

$$= 0{,}52140\text{ g de } Fe_3O_4$$

$$\%\,Fe_3O_4 = \frac{0{,}5140\,\text{g de } Fe_3O_4}{1{,}1324\,\text{g de amostra}} \times 100\% = 46{,}04\%$$

Os fatores constantes combinados em um cálculo gravimétrico são chamados de **fator gravimétrico**. Quando o fator gravimétrico é multiplicado pela massa da substância pesada, o resultado é a massa procurada da substância.

Observe que todos os fatores constantes em cada item deste exemplo, tais como as massas molares e as razões estequiométricas, podem ser combinados em um único fator chamado de **fator gravimétrico**. Para o item (a), temos

$$\text{fator gravimétrico} = \frac{1\,\text{mol de } Fe_2O_3}{159{,}69\,\text{g de } Fe_2O_3} \times \frac{2\,\text{mol de Fe}}{\text{mol de } Fe_2O_3} \times \frac{55{,}847\text{ g de Fe}}{\text{mol de Fe}}$$

$$= 0{,}69944\,\frac{\text{g de Fe}}{\text{g de } Fe_2O_3}$$

Para o item (b), o fator gravimétrico é

$$\text{fator gravimétrico} = \frac{1\,\text{mol de } Fe_2O_3}{159{,}69\,\text{g de } Fe_2O_3} \times \frac{2\text{ mol de } Fe_3O_4}{3\,\text{mol de } Fe_2O_3} \times \frac{231{,}54\,\text{g de } Fe_3O_4}{\text{mol de } Fe_3O_4}$$

$$= 0{,}96662\,\frac{\text{g de } Fe_3O_4}{\text{g de } Fe_2O_3}$$

EXEMPLO 12-3

Uma amostra de 0,2356 g contendo *apenas* NaCl (58,44 g mol^{-1}) e $BaCl_2$ (208,23 g mol^{-1}) gerou 0,4637 g de AgCl seco (143,32 g mol^{-1}). Calcule o porcentual de cada composto de halogênio presente na amostra.

Resolução

Se considerarmos x como a massa de NaCl em gramas e y a massa de $BaCl_2$ em gramas, podemos escrever como uma primeira equação

$$x + y = 0{,}2356\text{ g de amostra}$$

Para se obter a massa de AgCl a partir do NaCl, escrevemos uma expressão para a quantidade de matéria de AgCl formada a partir do NaCl. Isto é,

$$\text{quant. de mat. de AgCl do NaCl} = x\,\text{g NaCl} \times \frac{1\,\text{mol de NaCl}}{58{,}44\text{ g de NaCl}} \times \frac{1\,\text{mol de AgCl}}{\text{mol de NaCl}}$$

$$= 0{,}017111x\text{ mol de AgCl}$$

A massa de AgCl dessa fonte é

$$\text{massa de AgCl do NaCl} = 0{,}017111x \text{ mol de AgCl} \times 143{,}32 \frac{\text{g de AgCl}}{\text{mol de AgCl}}$$

$$= 2{,}4524x \text{ g de AgCl}$$

Procedendo da mesma maneira, podemos escrever que a quantidade de matéria de AgCl do $BaCl_2$ é dada por

$$\text{quant. de mat. de AgCl do } BaCl_2 = y \text{ g } BaCl_2 \times \frac{1 \text{ mol de } BaCl_2}{208{,}23 \text{ g de } BaCl_2} \times \frac{2 \text{ mol de AgCl}}{\text{mol de } BaCl_2}$$

$$= 9{,}605 \times 10^{-3} y \text{ mol de AgCl}$$

$$\text{massa de AgCl do } BaCl_2 = 9{,}605 \times 10^{-3} y \text{ mol de AgCl} \times 143{,}32 \frac{\text{g de AgCl}}{\text{mol de AgCl}}$$

$$= 1{,}3766y \text{ g de AgCl}$$

Como 0,4637 g de AgCl origina-se dos dois compostos, podemos escrever

$2{,}4524x$ g de AgCl + $1{,}3766y$ g de AgCl = 0,4637 g de AgCl, ou para simplificar,

$$2{,}4524x + 1{,}3766y = 0{,}4637$$

Nossa primeira equação pode ser reescrita como

$$y = 0{,}2356 - x$$

Substituindo na equação anterior, temos

$$2{,}4524x + 1{,}3766(0{,}2356 - x) = 0{,}4637$$

que se rearranja para

$$1{,}0758x = 0{,}13942$$

$$x = \text{massa de NaCl} = 0{,}12960 \text{ g de NaCl}$$

$$\%\text{NaCl} = \frac{0{,}12960 \text{ g NaCl}}{0{,}2356 \text{ g de amostra}} \times 100\% = 55{,}01\%$$

$$\%BaCl_2 = 100{,}00\% - 55{,}01\% = 44{,}99\%$$

12C APLICAÇÕES DOS MÉTODOS GRAVIMÉTRICOS

Métodos gravimétricos têm sido desenvolvidos para a maioria dos cátions e ânions inorgânicos, como também para as espécies neutras como água, dióxido de enxofre, dióxido de carbono e iodo. Uma grande variedade de substâncias orgânicas também pode ser facilmente determinada gravimetricamente. Os exemplos incluem a lactose em derivados de leite, salicilatos em preparações farmacêuticas, fenolftaleína em laxantes, nicotina em pesticidas, colesterol em cereais e benzaldeído em extratos de amêndoas. Na verdade, os métodos gravimétricos estão entre os mais amplamente aplicados de todos os métodos analíticos.

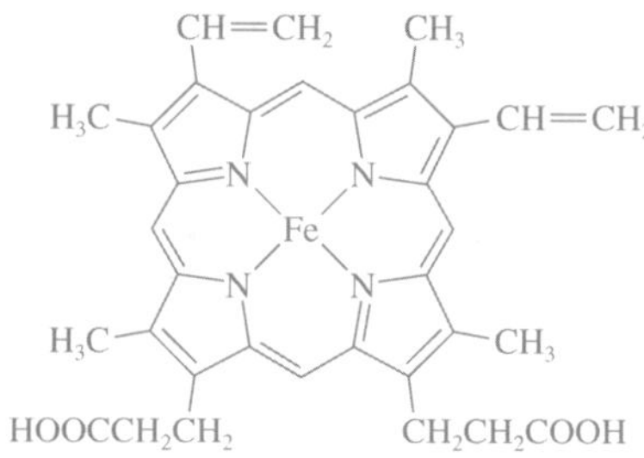

12C-1 Agentes Precipitantes Inorgânicos

A **Tabela 12-2** lista alguns agentes precipitantes inorgânicos comuns. Esses reagentes tipicamente formam sais pouco solúveis, ou óxidos hidratados, com o analito. Como você pode ver a partir das várias entradas para cada reagente, poucos reagentes inorgânicos são seletivos.

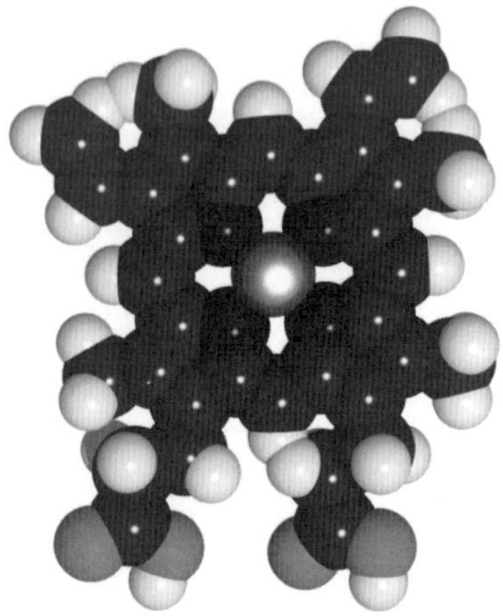

Quelatos são compostos organometálicos cíclicos nos quais o metal é parte de um ou mais anéis com cinco ou seis membros. O quelato mostrado aqui é o heme, que é uma parte da hemoglobina, a molécula transportadora do oxigênio no sangue humano. Observe os quatro anéis de seis membros que são formados com o Fe^{2+}.

TABELA 12-2

Alguns Agentes Precipitantes Inorgânicos

Agente Precipitante	Elemento Precipitado*
$NH_3(aq)$	**Be** (BeO), **Al** (Al_2O_3), **Sc** (Sc_2O_3), Cr (Cr_2O_3)†, **Fe** (Fe_2O_3), Ga (Ga_2O_3), Zr (ZrO_2), **In** (In_2O_3), Sn (SnO_2), U (U_3O_8)
H_2S	Cu (CuO)†, **Zn** (ZnO or $ZnSO_4$), **Ge** (GeO_2), As (As_2O_3 ou As_2O_5), Mo (MoO_3), Sn (SnO_2)†, Sb (Sb_2O_3), ou Sb_2O_5), Bi (Bi_2S_3)
$(NH_4)_2S$	Hg (HgS), Co (Co_3O_4)
$(NH_4)_2HPO_4$	**Mg** ($Mg_2P_2O_7$), Al ($AlPO_4$), Mn ($Mn_2P_2O_7$), Zn ($Zn_2P_2O_7$), Zr ($Zr_2P_2O_7$), Cd ($Cd_2P_2O_7$), Bi ($BiPO_4$)
H_2SO_4	Li, Mn, **Sr**, **Cd**, **Pb**, **Ba** (todos como sulfatos)
H_2PtCl_6	K (K_2PtCl_6 ou Pt), Rb (Rb_2PtCl_6), Cs (Cs_2PtCl_6)
$H_2C_2O_4$	Ca (CaO), Sr (SrO), **Th** (ThO_2)
$(NH_4)_2MoO_4$	Cd ($CdMoO_4$)†, Pb ($PbMoO_4$)
HCl	**Ag** ($AgCl$), Hg (Hg_2Cl_2), Na ((como NaCl do álcool butílico), Si (SiO_2)
$AgNO_3$	**Cl** ($AgCl$), Br ($AgBr$), I(AgI)
$(NH_4)_2CO_3$	**Bi** (Bi_2O_3)
NH_4SCN	Cu [$Cu_2(SCN)_2$]
$NaHCO_3$	Ru, Os, Ir (precipitados como óxidos hidratados, reduzidos com H_2 ao estado metálico)
HNO_3	Sn (SnO_2)
H_5IO_6	Hg [$Hg_5(IO_6)_2$]
$NaCl$, $Pb(NO_3)_2$	F ($PbClF$)
$BaCl_2$	**SO_4^{2-}** ($BaSO_4$)
$MgCl_2$, NH_4Cl	PO_4^{3-} ($Mg_2P_2O_7$)

*O negrito indica que a análise gravimétrica é o método preferido para o elemento ou íon. A forma pesada está indicada entre parênteses.

†A adaga mostra que o método gravimétrico raramente é usado. O sublinhado aponta o método gravimétrico mais confiável. Fonte: De W. F. Hillebrand; G. E. F. Lundell; H. A. Bright e J. I. Hoffman, *Applied Inorganic Analysis*, Nova York: Wiley, 1953. Reimpresso com a declaração de permissão do autor Lundell.

TABELA 12-3

Alguns Agentes Redutores Usados em Métodos Gravimétricos

Agente redutor	Analito
SO_2	Se, Au
$SO_2 + H_2NOH$	Te
H_2NOH	Se
$H_2C_2O_4$	Au
H_2	Re, Ir
$HCOOH$	Pt
$NaNO_2$	Au
$SnCl_2$	Hg
Redução eletrolítica	Co, Ni, Cu, Zn Ag, In, Sn, Sb, Cd, Re, Bi

12C-2 Agentes Redutores

A **Tabela 12-3** lista vários reagentes que convertem um analito à sua forma elementar para pesagem.

12C-3 Agentes Precipitantes Orgânicos

Numerosos reagentes orgânicos têm sido desenvolvidos para a determinação gravimétrica de espécies inorgânicas. Alguns desses reagentes são significativamente mais seletivos em suas reações que a maioria dos reagentes inorgânicos listados na Tabela 12-2. Existem dois tipos de reagentes orgânicos: um que forma produtos não iônicos pouco solúveis chamados **compostos de coordenação**; e outros que formam produtos nos quais a ligação entre a espécie inorgânica e o reagente é fortemente iônica.

Os reagentes orgânicos que geram os compostos de coordenação muito pouco solúveis tipicamente contêm pelo menos dois grupos funcionais. Cada um desses grupos é capaz de se ligar a um cátion doando um par de elétrons. Os grupos funcionais estão localizados na molécula de tal forma que um anel com cinco ou seis membros resulte da reação. Os reagentes que formam compostos deste tipo são denominados **agentes quelantes** e seus produtos são ditos **quelatos** (veja Capítulo 17).

Os quelatos metálicos são relativamente apolares e, como consequência, têm solubilidades que são baixas em água, mas elevadas em líquidos orgânicos. Geralmente, esses compostos possuem baixa densidade e são muitas vezes facilmente desidratados a baixas temperaturas. Dois reagentes quelantes largamente utilizados são descritos nos parágrafos que seguem.

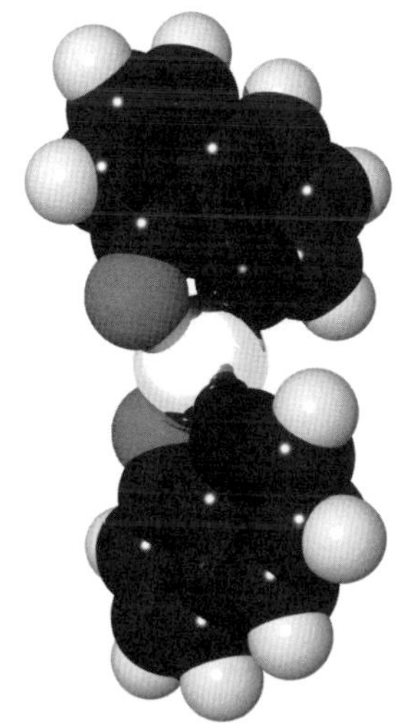

Complexo de magnésio com a 8-hidroxiquinolina.

8-Hidroxiquinolina (oxina)

Aproximadamente duas dúzias de cátions formam quelatos pouco solúveis com a 8-hidroxiquinolina. A estrutura do 8-hidroxiquinolato de magnésio é típica desses quelatos.

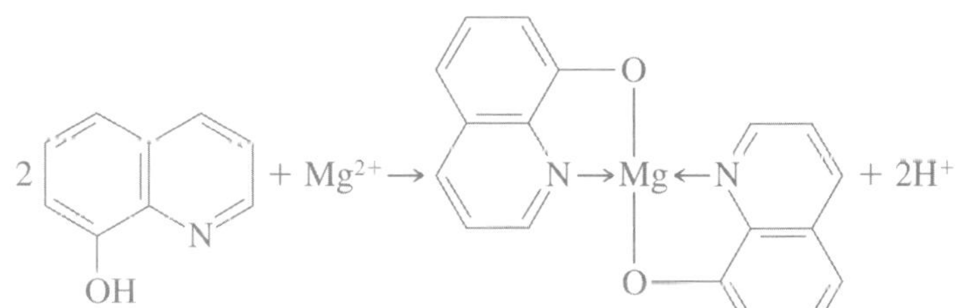

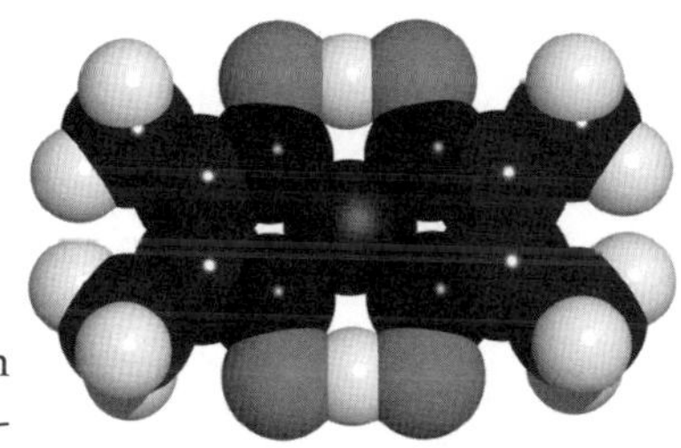

O dimetilglioximato de níquel é espetacular em sua aparência. Como mostrado nas pranchas coloridas, o precipitado se apresenta com uma cor vermelha bonita e vívida.

As solubilidades dos 8-hidroxiquinolatos metálicos variam largamente de cátion para cátion e são dependentes do pH porque a 8-hidroxiquinolina sempre está desprotonada durante as reações de quelação. Portanto, podemos conseguir um elevado grau de seletividade no uso da 8-hidroxiquinolina por meio do controle do pH.

Dimetilglioxima

A dimetilglioxima é um agente precipitante inorgânico de especificidade sem paralelo. Apenas o níquel(II) é precipitado a partir de uma solução fracamente alcalina. A reação é

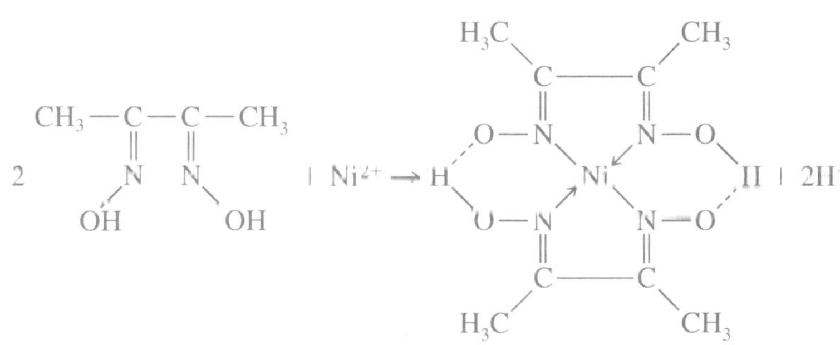

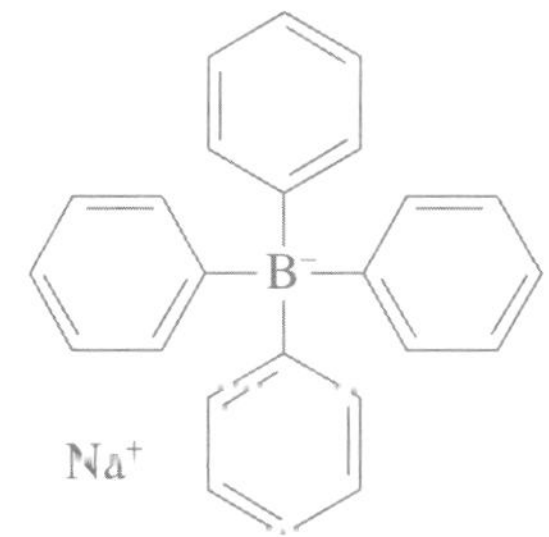

Tetrafenilborato de sódio.

Esse precipitado é tão volumoso que somente pequenas quantidades de níquel podem ser manipuladas convenientemente. Também apresenta uma tendência enorme de se aderir às paredes do frasco à medida que é filtrado e lavado. O sólido é convenientemente seco a 110°C e tem a composição indicada pela sua composição $C_8H_{14}N_4NiO_4$.

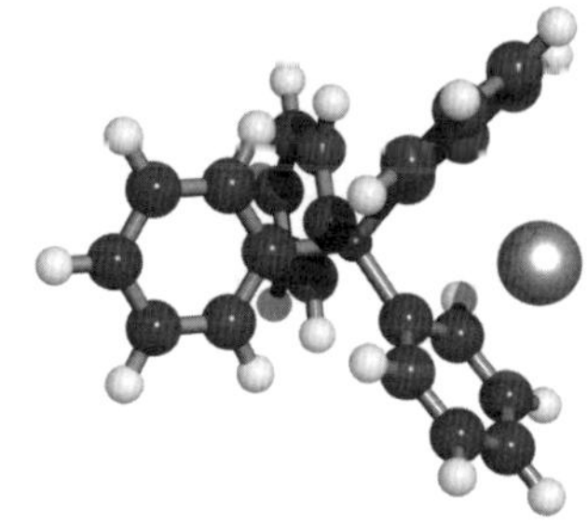

Modelo molecular para o tetrafenilborato de sódio.

Tetrafenilborato de Sódio

O tetrafenilborato de sódio, $(C_6H_5)_4B^-Na^+$, é um importante exemplo de um agente precipitante orgânico que forma precipitados na forma de sais. Em soluções resfriadas de ácidos minerais, é um precipitante quase específico para os íons amônio e potássio. Os precipitados têm composições estequiométricas e contêm um mol de íon potássio ou Na^+ amônio para cada mol do íon tetrafenilborato; estes compostos iônicos são facilmente filtrados e podem ser levados a uma massa constante a temperaturas entre 105°C e 120°C. Apenas mercúrio(II), rubídio e césio interferem e precisam ser removidos por meio de um tratamento prévio.

12C-4 Análises de Grupos Funcionais Orgânicos

Inúmeros reagentes provocam reação seletivamente com certos grupos funcionais e, portanto, podem ser utilizados para a determinação da maioria dos compostos contendo esses grupos. Uma lista de regentes gravimétricos para grupos funcionais é dada na **Tabela 12-4**. Muitas das reações mostradas também podem ser utilizadas para determinações volumétricas e espectrofotométricas.

TABELA 12-4

Métodos Gravimétricos para Grupos Funcionais Orgânicos

Grupo Funcional	Base do Método	Reação e Produto Pesado*
Carbonila	Massa do precipitado com 2,4- dinitrofenil-hidrazina	$RCHO + H_2NNHC_6H_3(NO_2)_2 \rightarrow$ $\underline{R{-}CH = NNHC_6H_3(NO_2)_2}(s) + H_2O$ (RCOR′ reage similarmente)
Carbonila aromática	Massa de CO_2 formada a 230°C em quinolina; CO_2 destilado, adsorvido e pesado	$ArCHO \xrightarrow[CuCO_3]{230°C} Ar + \underline{CO_2(g)}$
Metoxila e etoxila	Massa de AgI formada após a destilação e decomposição do CH_3I ou C_2H_5I	$\left.\begin{array}{l} ROCH_3 + HI \rightarrow ROH + CH_3I \\ RCOOH_3 + HI \rightarrow RCOOH + CH_3I \\ ROC_2H_5 + HI \rightarrow ROH + C_2H_5I \end{array}\right\} CH_3I + Ag^+ + H_2O \rightarrow \underline{AgI(s)} + CH_3OH$
Nitro aromática	Perda de massa de Sn	$RNO_2 + \frac{3}{2}Sn(s) + 6H^+ \rightarrow RNH_2 + \frac{3}{2}Sn^{4+} + 2H_2O$
Azo	Perda de massa de Cu	$RN = NR' + 2Cu(s) + 4H^+ \rightarrow RNH_2 + R'NH_2 + 2Cu^{2+}$
Fosfato	Massa do sal de Ba	$RO\overset{\overset{\displaystyle O}{\|}}{P}(OH)_2 + Ba^{2+} \rightarrow \underline{RO\overset{\overset{\displaystyle O}{\|}}{P}O_2Ba}(s) + 2H^+$
Ácido sulfâmico	Massa de $BaSO_4$ após a oxidação com HNO_2	$RNHSO_3H + HNO_2 + Ba^{2+} \rightarrow ROH + \underline{BaSO_4}(s) + N_2 + 2H^+$
Ácido sulfínico	Massa de Fe_2O_3 após a calcinação do sulfinato de ferro(III)	$3ROSOH + Fe^{3+} \rightarrow (ROSO)_3Fe(s) + 3H^+$ $(ROSO)_3Fe \xrightarrow[O_2]{} CO_2 + H_2O + SO_2 + \underline{Fe_2O_3}(s)$

*A substância pesada está sublinhada.

12C-5 Gravimetria de Volatilização

Os dois métodos gravimétricos mais comuns baseados na volatilização são aqueles para a determinação de água e dióxido de carbono. A água é quantitativamente destilada a partir de muitos materiais por aquecimento. Na determinação direta, o vapor de água é coletado em qualquer um dos vários sólidos dessecantes e sua massa é estipulada a partir da massa ganha pelo dessecante. O método indireto, no qual a quantidade de água é estabelecida pela perda de massa da amostra durante o aquecimento, é menos satisfatório porque precisa ser considerado que a água seja o único componente volatilizado. Esta consideração pode apresentar problemas, contudo, se qualquer componente deste precipitado for volátil. Apesar disso, o método indireto é largamente utilizado para determinar a água em itens comerciais. Por exemplo, pode-se adquirir um instrumento semiautomático de determinação de umidade em grãos de cereais. Esse instrumento consiste em uma balança de plataforma na qual uma amostra de 10 g é aquecida com uma lâmpada de infravermelho. A umidade porcentual é diretamente medida.

Os instrumentos automáticos para a determinação rotineira de água em vários produtos agrícolas e comerciais são comercializados por inúmeros fabricantes de equipamentos.

Um exemplo de um procedimento gravimétrico envolvendo a volatilização de dióxido de carbono é a determinação da quantidade de bicarbonato de sódio presente em comprimidos antiácidos. Uma massa de amostra de comprimidos finamente triturados é tratada com ácido sulfúrico diluído para converter o bicarbonato de sódio em dióxido de carbono:

$$NaHCO_3(aq) + H_2SO_4(aq) \rightarrow CO_2(g) + H_2O(l) + NaHSO_4(aq)$$

Como mostrado na **Figura 12-8**, essa reação é realizada em um frasco conectado primeiro a um tubo contendo $CaSO_4$ que remove vapor de água do fluxo de reação inicial para produzir um fluxo de CO_2 puro em nitrogênio. Estes gases então passam através de um tubo de absorção pesado contendo o absorvente Ascarite II,[8] que consiste em hidróxido de sódio absorvido em silicato não fibroso. Esse material retém o dióxido de carbono por meio da reação

$$2NaOH + CO_2 \rightarrow Na_2CO_3 + H_2O$$

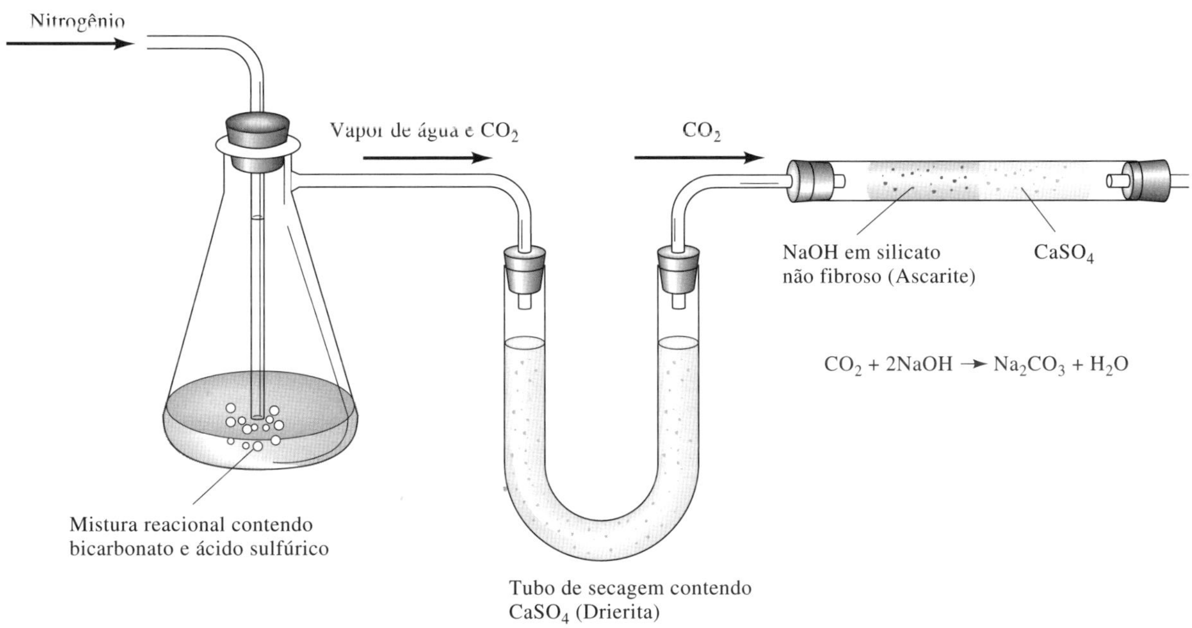

Figura 12-8 Aparato para a determinação da quantidade de bicarbonato de sódio em comprimidos de antiácidos por um procedimento de volatilização gravimétrica.

O tubo de absorção também precisa ser precedido por um dessecante como o $CaSO_4$ para reter o vapor d'água produzido por esta reação.

Os sulfetos e sulfitos também podem ser determinados por volatilização. O sulfeto de hidrogênio ou dióxido de enxofre evolvido da amostra após o tratamento com o ácido é coletado em um absorvente adequado.

Finalmente, o método clássico de determinação de carbono e hidrogênio em compostos orgânicos é o procedimento de volatilização gravimétrica no qual os produtos da combustão (H_2O e CO_2) são coletados seletivamente em absorventes previamente pesados. O aumento da massa serve como variável analítica.

[8] Thomas Scientific, Swedesboro, NJ.

TRABALHO NA WEB

Se você tem acesso aos periódicos da American Chemical Society através das bibliotecas na sua universidade, localize um os artigos sobre análise clássica de C. M. Beck.[9] Você pode localizar esses artigos usando os identificadores de objetos digitais (DOI) no website da DOI: http://www.doi.org/. Beck faz uma forte defesa em nome do renascimento da análise clássica. Qual é a definição de Beck de análise clássica? Por que Beck sustenta que a análise clássica deveria ser cultivada nessa época de instrumentação automatizada e computadorizada? Que solução ele propõe para o problema da redução do número de analistas clássicos qualificados? Liste três razões pelas quais, na opinião de Beck, deve-se manter um contingente de analistas clássicos.

QUESTÕES E PROBLEMAS

12-1. Explique a diferença entre:
- *(a) um precipitado coloidal e um cristalino.
- (b) um método de precipitação gravimétrico e um método de volatilização gravimétrico.
- *(c) precipitação e coprecipitação.
- (d) peptização e coagulação de um coloide.
- *(e) oclusão e formação de cristal misto.
- (f) nucleação e crescimento de partícula.

12-2. Defina:
- *(a) digestão.
- (b) adsorção.
- *(c) reprecipitação.
- (d) precipitação a partir de uma solução homogênea.
- *(e) camada do contraíon.
- (f) solução-mãe.
- *(g) supersaturação.

***12-3.** Quais são as características estruturais de um agente quelante?

12-4. Como a supersaturação relativa pode variar durante a formação do precipitado?

***12-5.** Uma solução aquosa contém $NaNO_3$ e KBr. Os íons brometo são precipitados como AgBr pela adição de $AgNO_3$. Após a adição de um excesso do reagente precipitante,
- (a) qual é a carga na superfície das partículas coaguladas do coloide?
- (b) qual é a fonte da carga?
- (c) que íon compõe a camada do contraíon?

12-6. Sugira um método de precipitação pelo qual Ni^{2+} pode ser precipitado homogeneamente como NiS.

***12-7.** O que é peptização e como ela pode ser evitada?

12-8. Sugira um método de precipitação para a separação de K^+ de Na^+ e Li^+.

12-9. Escreva uma equação mostrando como a massa de uma substância desejada pode ser convertida em uma massa da substância apresentada à direita na tabela.

Forma Desejada	Forma Pesada	Forma Desejada	Forma Pesada
*(a) SO_2	$BaSO_4$	(f) $MnCl_2$	Mn_3O_4
(b) Mg	$Mg_2P_2O_7$	(g) Pb_3O_4	PbO_2
*(c) In	In_2O_3	(h) $U_2P_2O_{11}$	P_2O_5
(d) K	K_2PtCl_6	*(i) $Na_2B_4O_7 \cdot 10H_2O$	B_2O_3
*(e) CuO	$Cu_2(SCN)_2$	(j) Na_2O	†

†$NaZn(UO_2)_3(C_2H_3O_2)_9 \cdot 6H_2O$

***12-10.** O tratamento de uma amostra de 0,2500 g de cloreto de potássio impuro com um excesso de $AgNO_3$ resultou na formação de 0,2912 g de AgCl. Calcule a porcentagem de KCl na amostra.

12-11. O alumínio presente em uma amostra com 1,200 g de sulfato de alumínio e amônio impuro foi precipitado com amônia aquosa como $Al_2O_3 \cdot xH_2O$. O precipitado foi filtrado e calcinado a 1.000°C para formar o Al_2O_3 anidro, que pesou 0,2001 g. Expresse o resultado dessa análise em termos de
- (a) % $NH_4Al(SO_4)_2$.
- (b) % Al_2O_3.
- (c) % Al.

***12-12.** Que massa de $Cu(IO_3)_2$ pode ser formada a partir de 0,650 g de $CuSO_4 \cdot 5H_2O$?

12-13. Que massa de KIO_3 é necessária para converter o cobre presente em 0,2750 g de $CuSO_4 \cdot 5H_2O$ em $Cu(IO_3)_2$?

***12-14.** Que massa de AgI pode ser produzida a partir de uma amostra com 0,512 g que foi dosada em 20,1% de AlI_3?

12-15. Os precipitados empregados na determinação gravimétrica de urânio incluem $Na_2U_2O_7$ (634,0 g mol^{-1}), $(UO_2)_2P_2O_7$ (714,0 g mol^{-1}) e $V_2O_5 \cdot 2UO_3$ (753,9 g mol^{-1}). Qual dessas formas de pesagem fornece a maior massa de precipitado a partir de uma dada quantidade de urânio?

12-16. Uma amostra de 0,8102 g de $Al_2(CO_3)_3$ impuro foi decomposta com HCl; o CO_2 liberado foi coletado

[9] C. M. Beck, *Anal. Chem.*, v. 66, n. 4, p. 224a-239a, **1994**, **DOI**: 10.1021/ac0006a001; C. M. Beck, *Anal. Chem*, v. 63, n. 20, p. 993-1003A, **1991**, **DOI**: 10.1021/ac00020a002; C. M. Beck, *Metrologia*, v. 34, n. 1, p. 19-30. **1997**, **DOI**: 10.1088/0026-1394/34/4.

em óxido de cálcio e pesou 0,0515 g. Calcule a porcentagem de alumínio presente na amostra.

12-17. O sulfeto de hidrogênio presente em uma amostra de 80,0 g de petróleo cru foi removido por destilação e coletado em uma solução de $CdCl_2$. Então, o CdS precipitado foi filtrado, lavado e calcinado a $CdSO_4$. Calcule a porcentagem de H_2S na amostra se 0,125 g de $CdSO_4$ foi recuperado.

***12-18.** Uma amostra de 0,2121 g de um composto orgânico foi queimada em um fluxo de oxigênio e o CO_2 produzido foi coletado em uma solução de hidróxido de bário. Calcule a porcentagem de carbono na amostra se 0,6006 g de $BaCO_3$ foi formado.

12-19. Uma amostra de 7,000 g de um pesticida foi decomposta com sódio metálico em álcool e os íons cloreto liberados foram precipitados como AgCl. Expresse o resultado dessa análise em termos da porcentagem de DDT ($C_{14}H_9Cl_5$) com base na obtenção de 0,2513 g de AgCl.

***12-20.** O mercúrio presente em uma amostra de 1,0451 g foi precipitado com um excesso de ácido paraperiódico, H_5IO_6:

$$5Hg^{2+} + 2H_5IO_6 \rightarrow Hg_5(IO_6)_2 + 10H^+$$

O precipitado foi filtrado, lavado até ficar livre do agente precipitante, seco e pesado, e foi recuperado 0,5718 g. Calcule a porcentagem de Hg_2Cl_2 na amostra.

12-21. O iodo presente em uma amostra que também continha cloreto foi convertido a iodato por tratamento com um excesso de bromo:

$$3H_2O + 3Br_2 + I^- \rightarrow 6Br^- + IO_3^- + 6H^+$$

O bromo restante foi removido por ebulição; um excesso de íons bário então foi adicionado para precipitar o iodato:

$$Ba^{2+} + 2IO_3^- \rightarrow Ba(IO_3)_2$$

Na análise de uma amostra de 1,59 g, 0,0538 g de iodato de bário foi recuperado. Expresse os resultados dessa análise como porcentagem de iodeto de potássio.

***12-22.** O nitrogênio amoniacal pode ser determinado pelo tratamento da amostra com ácido cloroplatínico; o produto é o cloroplatinato de amônio muito pouco solúvel:

$$H_2PtCl_6 + 2NH_4^+ \rightarrow (NH_4)_2PtCl_6 + 2H^+$$

O precipitado se decompõe sob calcinação, gerando platina metálica e produtos gasosos:

$$(NH_4)_2PtCl_6 \rightarrow Pt(s) + 2Cl_2(g) + 2NH_3(g) + 2HCl(g)$$

Calcule a porcentagem de amônia na amostra se 0,2115 g originou 0,4693 g de platina.

12-23. Uma porção de 0,6447 g de dióxido de manganês foi adicionada a uma solução na qual 1,1402 g de uma amostra contendo cloreto foi dissolvida. A evolução de cloro ocorreu como consequência da seguinte reação:

$$MnO_2(s) + 2Cl^- + 4H^+ \rightarrow Mn^{2+} + Cl_2(g) + 2H_2O$$

Após a reação ter se completado, o excesso de MnO_2 foi coletado por filtração, lavado e pesado, e 0,3521 g foi recuperado. Expresse os resultados em termos da porcentagem de cloreto de alumínio.

***12-24.** Uma série de amostras de sulfato está para ser analisada por meio de precipitação como $BaSO_4$. Sabendo-se que o teor de sulfato nessas amostras varia entre 20% e 55%, qual massa mínima de amostra deveria ser tomada para garantir que a massa de precipitado produzida não seja menor que 0,200 g? Qual é a massa máxima de precipitado se essa quantidade de amostra for tomada?

12-25. A adição de dimetilglioxima, $H_2C_4H_6O_2N_2$, a uma solução contendo íons níquel(II) forma o precipitado:

$$Ni^{2+} + 2H_2C_4H_6O_2N_2 \rightarrow 2H^+ + Ni(HC_4H_6O_2N_2)_2$$

O complexo de níquel com dimetilglioxima é um precipitado volumoso muito difícil de ser manipulado em quantidades maiores que 175 mg. A quantidade de níquel em um tipo de liga magnética permanente varia entre 24% e 35%. Calcule a massa da amostra que não deve ser excedida quando se analisam essas ligas.

***12-26.** A eficiência de um certo catalisador é altamente dependente do seu teor em zircônio. O material de partida usado na sua preparação é recebido em bateladas que são dosadas entre 68% e 84% em $ZrCl_4$. A análise de rotina baseada na precipitação de AgCl é viável, desde que se tenha conhecimento de que não há outra fonte de cloreto que não seja o $ZrCl_4$ presente na amostra.

(a) Que massa de amostra deve ser tomada para garantir que qualquer quantidade de precipitado pese pelo menos 0,400 g?

(b) Se essa massa da amostra for empregada, qual peso máximo de AgCl deverá ser esperado nessa análise?

(c) Para simplificar os cálculos, que massa da amostra deverá ser tomada para que a porcentagem de $ZrCl_4$ exceda a massa de AgCl produzida por um fator de 100?

12-27. Uma amostra de 0,8720 g de uma mistura que consiste apenas em brometo de sódio e brometo de potássio gera 1,505 g de brometo de prata. Quais são as porcentagens dos dois sais na amostra?

***12-28.** Uma amostra de 0,6407 g contendo os íons cloreto e iodeto gerou um precipitado de haleto de prata que pesou 0,4430 g. Esse precipitado foi então fortemente aquecido em um fluxo de gás Cl_2 para converter o AgI a AgCl; após completada essa etapa, o precipitado pesou 0,3181 g. Calcule a porcentagem de cloreto e iodeto na amostra.

12-29. O fósforo presente em uma amostra de 0,2091 g foi precipitado na forma de $(NH_4)_3PO_4 \cdot 12MoO_3$. Esse precipitado foi filtrado, lavado e então redissolvido em ácido. O tratamento da solução resultante com um excesso de Pb^{2+} deu origem à formação de 0,2922 g de $PbMoO_4$. Expresse os resultados dessa análise em termos da porcentagem de P_2O_5.

***12-30.** Qual é a massa em gramas de CO_2 liberada na decomposição completa de uma amostra de 2,300 g que tem 38,0% em massa de $MgCO_3$ e 42,0% em massa de K_2CO_3?

12-31. Uma amostra de 6,881 g contendo cloreto de magnésio e cloreto de sódio foi dissolvida em água suficiente para dar 500 mL de solução. A análise do teor de cloreto de uma alíquota de 50,0 mL resultou na formação de 0,5923 g de AgCl. O magnésio presente em uma segunda alíquota de 50,0 mL foi precipitado na forma de $MgNH_4PO_4$; sob calcinação, 0,1796 g de $Mg_2P_2O_7$ foi encontrado. Calcule as porcentagens de $MgCl_2 \cdot 6H_2O$ e de NaCl presentes na amostra.

***12-32.** Uma porção de 50,0 mL de uma solução contendo 0,200 g de $BaCl_2 \cdot 2H_2O$ é misturada com 50,0 mL de uma solução com 0,300 g de $NaIO_3$. Considere que a solubilidade do $Ba(IO_3)_2$ em água seja desprezível e calcule:

(a) a massa do precipitado de $Ba(IO_3)_2$.

(b) a massa de composto que não reagiu e que permanece em solução.

12-33. Quando uma porção de 100,0 mL de uma solução contendo 0,500 g de $AgNO_3$ é misturada com 100,0 mL de uma solução com 0,300 g de K_2CrO_4, um precipitado vermelho-brilhante de Ag_2CrO_4 é formado.

(a) Considerando que a solubilidade do Ag_2CrO_4 seja desprezível, calcule a massa do precipitado.

(b) Calcule a massa do composto que não reagiu e permaneceu em solução.

12-34. Problema Desafiador. Os cálculos formam-se no trato urinário quando certos compostos químicos se tornam muito concentrados na urina. De longe, os cálculos renais mais comuns são aqueles formados por oxalato de cálcio. O magnésio é conhecido por inibir a formação de cálculos renais.

(a) A solubilidade do oxalato de cálcio (CaC_2O_4) na urina é 9×10^{-5} mol L^{-1}. Qual é o produto de solubilidade, K_{ps}, do CaC_2O_4 na urina?

(b) A solubilidade do oxalato de magnésio (MgC_2O_4) na urina é 0,0093 mol L^{-1}. Qual é o produto de solubilidade, K_{ps}, do MgC_2O_4 na urina?

(c) A concentração de cálcio na urina é de aproximadamente 5 mmol L^{-1}. Qual a concentração máxima de oxalato que pode ser tolerada de forma que não precipite o CaC_2O_4?

(d) O pH da urina de um indivíduo A é 5,9. Que fração total do oxalato, c_T, está presente como o íon oxalato, $C_2O_4^{2-}$, a pH 5,9? Os valores de K_a para o ácido oxálico na urina são os mesmos que em água. *Dica*: Encontre a razão $[C_2O_4^{2-}]/c_T$ a pH 5,9.

(e) Se a concentração total do oxalato na urina do indivíduo A for de 15,0 mmol L^{-1}, haverá formação do precipitado de oxalato de cálcio?

(f) Na verdade, o indivíduo A não mostra a presença de cristais de oxalato de cálcio na urina. Dê uma explicação plausível para esse fato.

(g) Por que o magnésio deve inibir a formação de cristais de CaC_2O_4?

(h) Por que os pacientes com cálculos renais de CaC_2O_4 são frequentemente aconselhados a beber grandes quantidades de água?

(i) O cálcio e o magnésio presentes em uma amostra de urina foram precipitados como oxalato. Resultou um precipitado misto de CaC_2O_4 e MgC_2O_4 que foi analisado por um procedimento termogravimétrico. A mistura de precipitados foi aquecida para gerar $CaCO_3$ e MgO. Essa segunda mistura pesou 0,0433 g. Após a calcinação que formou CaO e MgO, o sólido resultante pesou 0,0285 g. Qual é a massa de Ca na amostra original?

Titulações em Química Analítica

capítulo **13**

As titulações são amplamente utilizadas em química analítica para determinar ácidos, bases, oxidantes, redutores, íons metálicos, proteínas e muitas outras espécies. As titulações são baseadas em uma reação entre o analito e um reagente padrão conhecido como titulante. A reação é de estequiometria conhecida e reprodutível. O volume, ou a massa, do titulante necessário para reagir essencial e completamente como o analito é determinado e usado para calcular a quantidade do analito. Uma titulação baseada em volume é mostrada nessa figura, na qual a solução padrão é adicionada de uma bureta e a reação ocorre em um frasco Erlenmeyer. Em algumas titulações, conhecidas como titulações coulométricas, é obtida a quantidade de cargas necessária para consumir completamente o analito. Em qualquer titulação, o ponto de equivalência química, chamado de ponto final quando determinado experimentalmente, é assinalado pela variação da cor de um indicador ou da resposta de um instrumento. Este capítulo introduz o princípio da titulação e dos cálculos que determinam a quantidade de amostra desconhecida. Também são introduzidas as curvas de titulação, que mostram o progresso da titulação. Tais curvas serão usadas em vários dos próximos capítulos.

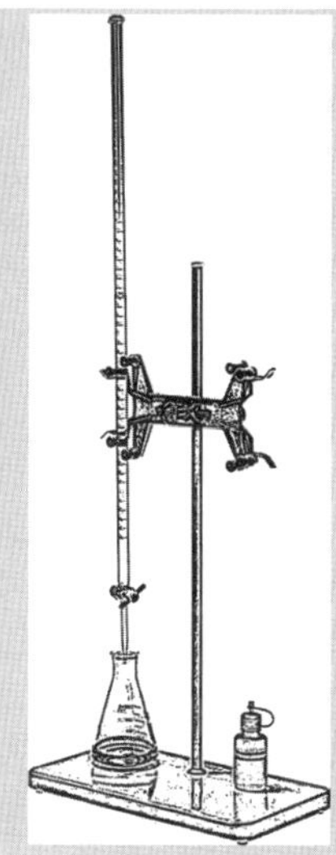

Charles D. Winters

Os métodos de titulação, frequentemente chamados métodos titulométricos, incluem um amplo e poderoso grupo de procedimentos quantitativos baseados na medida da quantidade de um regente de concentração conhecida que é consumida pelo analito em uma reação química ou eletroquímica. **Titulações volumétricas** envolvem a medida de volume de uma solução de concentração conhecida necessária para reagir essencial e completamente com o analito. Nas **titulações gravimétricas**, a massa do reagente é medida em vez do seu volume. Nas **titulações coulometricas**, o "reagente" é uma corrente elétrica direta constante de grandeza conhecida que consome o analito. Para esta titulação, o tempo requerido (e assim a carga total) para completar a reação eletroquímica é medido (veja Seção 22D-5).

Métodos de titulação são baseados na determinação da quantidade de um reagente de concentração conhecida que é requerida para reagir completamente com o analito. O reagente pode ser uma solução padrão de uma substância química ou uma corrente elétrica de grandeza conhecida.

A **titulação volumétrica** corresponde a um tipo de titulometria no qual o volume de um reagente padrão é a quantidade medida.

A **titulometria coulométrica** é um tipo de titulometria no qual a quantidade de cargas em Coulomb requerida para completar a reação com o analito é a quantidade medida.

Este capítulo fornece material introdutório que se aplica a todos os diferentes tipos de métodos de titulações. Os capítulos 14, 15 e 16 são dedicados a vários tipos de titulações de neutralização, na qual o analito e o titulante são submetidos a reações ácido/base. O Capítulo 17 fornece informação a respeito de titulações nas quais as reações analíticas envolvem formação de complexos ou formação de um precipitado. Esses métodos são particularmente importantes para determinar uma variedade de cátions. Finalmente, os capítulos 18 e 19 são dedicados a métodos volumétricos, nos quais as reações analíticas envolvem transferência de elétrons. Esses métodos são frequentemente chamados **titulações redox**. Alguns outros métodos titulométricos são explorados em capítulos posteriores. Esses métodos incluem as **titulações amperométricas**, na Seção 23B-4, e as **titulações espectrofotométricas**, na Seção 26A-4.

13A ALGUNS TERMOS USADOS EM TITULOMETRIA VOLUMÉTRICA[1]

Uma **solução padrão** compreende um reagente de concentração. Soluções padrão são usadas em titulações e em muitas outras análises químicas.

Uma **solução padrão** (ou um **titulante padrão**) refere-se a um reagente de concentração conhecida que é usado para se fazer uma análise volumétrica. A **titulação** é realizada pela lenta adição de uma solução padrão de uma bureta, ou outro aparelho dosador de líquidos, a uma solução de analito até que a reação entre os dois seja julgada completa. O volume, ou massa, de reagente necessário para completar a titulação é determinado pela diferença entre as leituras inicial e final. Uma titulação volumétrica é descrita na **Figura 13-1**.

A **retrotitulação** é um processo no qual o excesso de uma solução padrão usado para consumir o analito é determinado por uma segunda solução padrão. As retrotitulações são frequentemente requeridas quando a velocidade de reação entre o analito e o reagente é lenta ou quando falta estabilidade à solução padrão.

Às vezes é necessário adicionar um excesso de titulante padrão e então determinar a quantidade excedente por **retrotitulação** com um segundo titulante padrão. Por exemplo, a quantidade de fosfato na amostra pode ser determinada pela adição de excesso medido de nitrato de prata padrão a uma solução da amostra, a qual leva à formação de um fosfato de prata insolúvel:

$$3Ag^+ + PO_4^{3-} \rightarrow Ag_3PO_4(s)$$

O excesso de nitrato de prata é então retrotitulado com uma solução padrão de tiocianato de potássio:

$$Ag^+ + SCN^- \rightarrow AgSCN(s)$$

A quantidade de nitrato de prata é quimicamente equivalente à quantidade de fosfato mais a quantidade de tiocianato usada para a retrotitulação. A quantidade de fosfato é então a diferença entre a quantidade de nitrato de prata e a quantidade de tiocianato.

13A-1 Pontos de Equivalência e Pontos Finais

O **ponto de equivalência** corresponde a um ponto na titulação quando a quantidade de reagente padrão adicionada é equivalente à quantidade de analito.

O **ponto de equivalência** em uma titulação é um ponto teórico alcançado quando a quantidade adicionada de titulante é quimicamente equivalente à quantidade de analito na amostra. Por exemplo, o ponto de equivalência na titulação de cloreto de sódio com nitrato de prata ocorre exatamente depois da adição de 1 mol de íons prata para cada mol de íon cloreto na amostra. O ponto de equivalência na titulação do ácido sulfúrico com hidróxido de sódio é alcançado após a introdução de 2 mols de base para cada mol de ácido.

Não podemos determinar o ponto de equivalência de uma titulação experimentalmente. Em vez disso, podemos apenas estimar sua posição pela observação de algumas variações físicas associadas com a condição de equivalência. A posição dessa alteração é chamada **ponto final** da titulação.

O **ponto final** é um ponto na titulação quando ocorre uma alteração física associada à condição de equivalência química.

Tentamos ao máximo assegurar que qualquer diferença de massa ou volume entre o ponto de equivalência e o ponto final seja pequena. Entretanto, essas diferenças existem como resultado da inadequação das alterações físicas e da nossa habilidade em observá-las. A diferença no volume ou massa entre o ponto de equivalência e o ponto final é o **erro de titulação**.

Nos métodos volumétricos, o **erro de titulação** E_t é dado por

$$E_t = V_{pf} - V_{pe}$$

onde V_{pf} é o volume real de reagente requerido para alcançar o ponto final e V_{pe}, o volume teórico necessário para alcançar o ponto de equivalência.

Os **indicadores** são frequentemente adicionados à solução de analito para produzir uma alteração física visível (sinalizando o ponto final) próximo ao ponto de equivalência. As grandes alterações na concentração relativa ao analito ou ao titulante ocorrem na região do ponto de equivalência. Essas alterações nas concentrações causam uma alteração na aparência do indicador. As alterações típicas do indicador incluem o aparecimento ou desaparecimento de uma cor, uma alteração na cor ou aparecimento e desaparecimento de turbidez. Como exemplo, o indicador usado na

[1]Para uma discussão detalhada dos métodos volumétricos, veja J. I. Watters, in *Treatise in Analytical Chemistry*, I. M. Kolthoff e P. J. Elving, eds., Nova York: Wiley, 1975, pt. 1, v. 11, cap. 114.

Charles L. Winters

Arranjo típico para a realização de uma titulação. O aparelho consiste em uma bureta, um suporte de bureta com base de porcelana para fornecer um fundo apropriado para se ver as alterações do indicador, e um frasco Erlenmeyer de boca larga contendo um volume precisamente conhecido da solução a ser titulada. A solução é normalmente transferida para o frasco utilizando-se uma pipeta, como mostra a Figura 2-22.

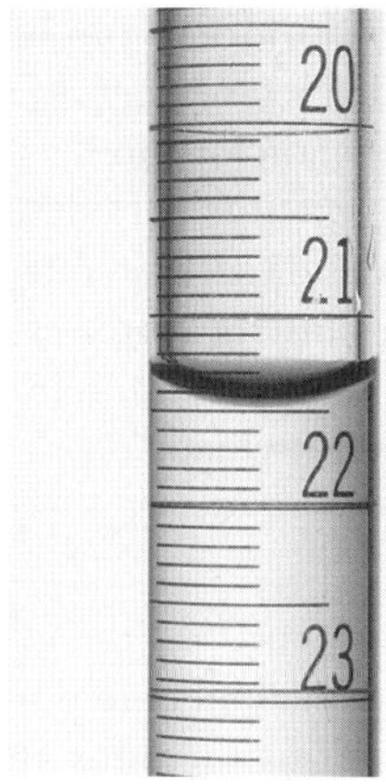

Charles D. Winters

Detalhe da graduação de uma bureta. Normalmente a bureta é preenchida com uma solução titulante dentro de 1 ou 2 mL da posição zero do topo. O volume inicial da bureta pode ser visualizado com o valor mais próximo dentro de ±0,01 mL. O ponto de referência no menisco e a posição apropriada do olho para a leitura são descritos na Figura 2-21.

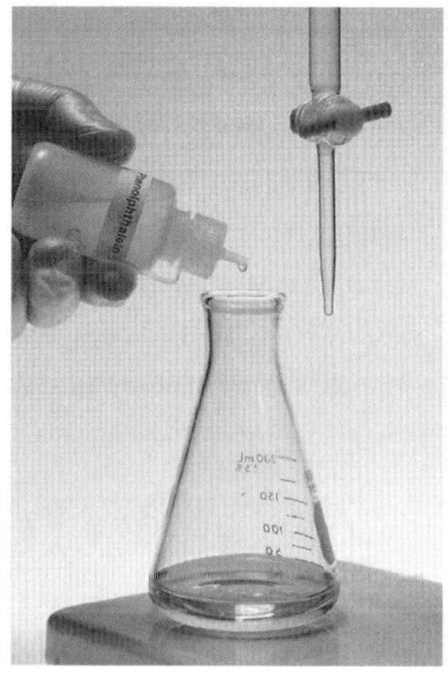

Charles D. Winters

Antes do começo da titulação. A solução a ser titulada, de um ácido neste exemplo, é colocada no frasco e o indicador é adicionado, como pode ser visto na foto. O indicador nesse caso é a fenolftaleína, que se converte na cor rosa em soluções básicas.

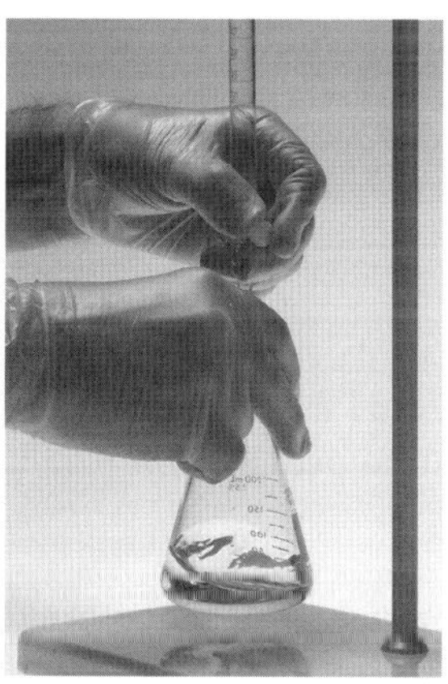

Charles J. Winters

Durante a titulação. O titulante é adicionado ao frasco com a agitação até que a cor do indicador torne-se persistente. No início da titulação, o titulante pode ser adicionado um pouco mais rapidamente, mas, quando se aproxima do ponto final, são acrescentadas porções cada vez menores; no ponto final, menos da metade de uma gota de titulante pode causar uma alteração da cor.

Cha les D. Winters

Ponto final da titulação. O ponto final da titulação pode ser alcançado quando persistir uma cor perceptível levemente rósea da fenolftaleína. O frasco da esquerda revela uma titulação com menos da metade de uma gota antes do ponto final; o frasco do meio indica o ponto final. A leitura final da bureta é feita nesse ponto, e o volume da base transferida na titulação é calculado a partir da diferença entre as leituras inicial e final na bureta. O frasco da direita mostra o que acontece quando um leve excesso de base é adicionado à mistura de titulação. A solução se torna rosa-escura, e o ponto final foi excedido. Na prancha colorida 9, a variação de cor no ponto final é muito mais fácil de se ver do que na versão em preto e branco.

Figura 13-1 O processo da titulação.

titulação de neutralização do ácido clorídrico com hidróxido de sódio é fenoftaleína, que faz com que a solução mude de incolor para uma cor rosa assim que um excesso da solução de hidróxido de sódio foi adicionado.

Frequentemente usamos instrumentos para detectar os pontos finais. Esses instrumentos respondem a propriedades da solução que variam em um modo característico durante a titulação. Entre esses instrumentos estão colorímetros, turbidímetros, espectrofotômetros, monitores de temperatura, refratômetros, voltímetros, medidores de correntes e medidores de condutividade.

13A-2 Padrões Primários

Um **padrão primário** é um composto ultrapuro que serve como material de referência para a titulação ou para um outro tipo de análise quantitativa.

Um **padrão primário** é um composto altamente purificado que serve como material de referência em titulações e em outros métodos analíticos. A precisão do método criticamente depende das propriedades do padrão primário. Os seguintes requisitos são importantes para um padrão primário:

1. Alta pureza. Os métodos estabelecidos para confirmar a pureza devem estar disponíveis.
2. Estabilidade à atmosfera.
3. Ausência de água de hidratação para que a composição do sólido não se altere com as variações na umidade.
4. Custo baixo.
5. Solubilidade razoável no meio de titulação.
6. Massa molar razoavelmente grande para que o erro relativo associado com a pesagem do padrão seja minimizado.

Poucos compostos preenchem ou mesmo aproximam-se desses critérios, e somente um número limitado de substâncias padrão primário está disponível comercialmente. Como consequência, os compostos menos puros são, às vezes, utilizados no lugar de um padrão primário. A pureza desses **padrões secundários** deverá ser estabelecida por análise cuidadosa.

Um **padrão secundário** é um composto cuja pureza foi determinada por análise química. O padrão secundário serve como material padrão de trabalho para titulações e para muitas outras análises.

13B SOLUÇÕES PADRÃO

As soluções padrão desempenham um papel central nas titulações. Portanto, devemos considerar as propriedades desejáveis dessas soluções, da forma como são preparadas e como suas concentrações são expressas. A solução padrão *ideal* para um método titulométrico deve:

1. ser suficientemente estável para que seja necessário determinar sua concentração apenas uma vez;
2. reagir rapidamente com o analito para que o tempo requerido entre as adições de titulante seja mínimo;
3. reagir de forma mais ou menos completa com o analito para que o ponto final possa ser obtido satisfatoriamente;
4. sofrer uma reação seletiva com o analito que possa ser descrita por uma reação balanceada.

Poucos reagentes apresentam-se de forma perfeitamente ideal.

A exatidão de uma titulação não pode ser melhor que aquela da concentração da solução padrão utilizada. Dois métodos básicos são empregados para estabelecer a concentração dessas soluções. O primeiro é pelo **método direto**, no qual uma massa cuidadosamente determinada de padrão primário é dissolvida em um solvente adequado e diluída em um volume conhecido em um balão volumétrico. O segundo é por **padronização**, no qual o titulante a ser padronizado é usado para titular (1) uma massa conhecida de padrão primário, (2) uma massa conhecida de um padrão secundário ou (3) um volume medido de outra solução de padrão primário. Um titulante que é padronizado contra um padrão secundário ou outra solução padrão é algumas vezes chamado de **solução de padrão secundário**. A concentração de uma solução de padrão secundário está sujeita a incertezas maiores que a da solução de padrão primário. Então, se houver escolha, as soluções serão mais bem preparadas por meio do método direto. Entretanto, muitos reagentes não possuem as propriedades requeridas para um padrão primário e dessa forma requerem a padronização.

Em uma **padronização**, a concentração de uma solução volumétrica é determinada pela sua titulação contra uma quantidade cuidadosamente medida de um padrão primário ou secundário ou um volume exatamente conhecido de outra solução padrão.

13C CÁLCULOS VOLUMÉTRICOS

Como indicamos na Seção 4B-1, podemos expressar a concentração das soluções de vários modos. Para as soluções padrões usadas em muitas titulações, geralmente **concentrações molares**, c, ou **concentração normal**, c_N, é normalmente utilizada.[2] A concentração molar é a quantidade de matéria de reagente contida em um litro de solução e a concentração normal é o número de **equivalentes-grama** do reagente no mesmo volume.

Ao longo desse texto, baseamos os cálculos volumétricos exclusivamente na concentração molar e massas molares. Também incluímos no Apêndice 7 uma discussão de como os cálculos volumétricos são realizados baseados na concentração normal e massas equivalentes-grama, porque você pode encontrar esses termos e seus usos na literatura industrial e da ciência da saúde.

13C-1 Algumas Relações Algébricas Úteis

A maioria dos cálculos volumétricos é baseada em dois pares de equações simples que são derivadas das definições de mol, de massa molar e concentração molar. Para a espécie química A, podemos escrever

$$n_A = \frac{m_A}{\mathcal{M}_A}$$

onde n_A é a quantidade de matéria A, m_A a massa de A, e $\mathcal{M}_A$ a massa molar de A.

$$\text{quant. de mat. de A (mol)} = \frac{\text{massa de A (g)}}{\text{massa molar de A (g mol}^{-1})} \quad (13\text{-}1)$$

$$\text{quant. de mat. de A (mmol)} = \frac{\text{massa de A (g)}}{\text{massa milimolar de A (g mmol}^{-1})} \quad (13\text{-}2)$$

$$c_A = \frac{n_A}{V} \quad \text{ou} \quad n_A = V \times c_A$$

O segundo par de equações é derivado da definição da concentração molar. Isto é,

$$\text{quantidade de matéria de A (mol)} = V(\text{L}) \times c_A\left(\frac{\text{mol de A}}{\text{L}}\right) \quad (13\text{-}3)$$

$$\text{quantidade de matéria de A (mmol)} = V(\text{mL}) \times c_A\left(\frac{\text{mmol de A}}{\text{L}}\right) \quad (13\text{-}4)$$

onde V é o volume da solução.

As Equações 13-1 e 13-3 são usadas quando os volumes forem medidos em litros e as Equações 13-2 e 13-4, quando as unidades se referirem a militros.

Qualquer combinação de gramas, mols e litros pode ser expressa em miligramas, milimols e mililitros. Por exemplo, uma solução 0,1 mol L^{-1} contém 0,1 mol de uma espécie por litro ou 0,1 milimol por mililitro. Similarmente, a quantidade de matéria de um composto é igual à massa em grama desse composto dividida pela sua massa molar em gramas ou à massa em miligramas dividida pela sua massa milimolar em miligramas.

[2] A IUPAC recomenda que a concentração normal seja abandonada. Assim sendo, este termo não é mais utilizado na maioria das escolas brasileiras.

13C-2 Cálculos da Solução Padrão

Os três exemplos seguintes ilustram como as concentrações dos reagentes volumétricos são calculadas.

EXEMPLO 13-1

Descreva a preparação de 2,000 L de $AgNO_3$ 0,0500 mol L^{-1} (169,87 g mol^{-1}) a partir de um sólido de grau padrão primário.

Resolução

$$\text{quantidade de matéria de } AgNO_3 = V_{sol}(L) \times c_{AgNO_3}(\text{mol } L^{-1})$$

$$= 2{,}00\ \cancel{L} \times \frac{0{,}0500 \text{ mol de } AgNO_3}{\cancel{L}} = 0{,}100 \text{ mol de } AgNO_3$$

Para obter a massa de $AgNO_3$, rearranjamos a Equação 13-2 para dar

$$\text{massa de } AgNO_3 = 0{,}1000\ \cancel{\text{mol de } AgNO_3} \times \frac{169{,}87 \text{ g de } AgNO_3}{\cancel{\text{mol de } AgNO_3}}$$

$$= 16{,}987 \text{ g de } AgNO_3$$

Então, a solução deve ser preparada pela dissolução de 16,987 g de $AgNO_3$ em água e diluição até a marca em um balão volumétrico de 2,000 L.

EXEMPLO 13-2

Uma solução padrão de Na^+ 0,0100 mol L^{-1} é requerida a fim de calibrar um método de eletrodo de íon seletivo para determinar esse sódio. Descreva como 500 mL dessa solução podem ser preparados com um padrão primário de Na_2CO_3 (105,99 g mL^{-1}).

Resolução

Desejamos calcular a massa do reagente necessária para produzir uma concentração molar igual a 0,0100 mol L^{-1}. Neste caso, usaremos milimols, uma vez que o volume está em mililitros. Visto que o Na_2CO_3 se dissocia para fornecer íons Na^+, podemos escrever que quantidade de matéria em milimols de Na_2CO_3 necessária é

$$\text{quant. de mat. de } Na_2CO_3 = 500\ \cancel{mL} \times \frac{0{,}0100 \text{ mmol de } Na^+}{\cancel{mL}} \times \frac{1 \text{ mmol de } Na_2CO_3}{2 \text{ mmol de } Na^+}$$

$$= 2{,}50 \text{ mmol}$$

Da definição de milimol, obtém-se

$$\text{massa de } Na_2CO_3 = 2{,}50\ \cancel{\text{mmol de } Na_2CO_3} \times 105{,}99 \frac{\text{mg de } Na_2CO_3}{\cancel{\text{mmol de } Na_2CO_3}}$$

$$= 264{,}975 \text{ mg de } Na_2CO_3$$

Uma vez que existem 1000 mg g^{-1}, ou 0,001 g mg^{-1}, a solução deve ser preparada dissolvendo-se 0,265 g de Na_2CO_3 em água e diluindo-se para 500 mL.

EXEMPLO 13-3

Como você prepararia porções de 50,0 mL de soluções padrão que sejam 0,00500 mol L^{-1}, 0,00200 mol L^{-1} e 0,00100 mol L^{-1} em Na^+ a partir da solução do Exemplo 13-2?

Resolução

A quantidade de matéria em milimols de Na^+ tomado a partir da solução concentrada deve ser igual à quantidade de matéria em milimols na solução diluída. Assim,

$$\text{quantidade de } Na^+ \text{ da solução concentrada} = \text{quantidade de } Na^+ \text{ na solução diluída}$$

Lembre-se de que a quantidade de matéria em milimols é igual à quantidade de matéria em milimols por mililitro vezes a quantidade de matéria em mililitros. Isto é,

$$V_{\text{concentrada}} = c_{\text{concentrada}} = V_{\text{diluída}} \times c_{\text{diluída}}$$

onde $V_{\text{concentrada}}$ e $V_{\text{diluída}}$ são os volumes em mililitros das soluções concentrada e diluída, respectivamente; e $c_{\text{concentrada}}$ e $c_{\text{diluída}}$ referem-se às concentrações molares de Na^+. Para as soluções 0,00500 mol L^{-1}, essa reação se rearranja para

$$V_{\text{conc}} = \frac{V_{\text{dil}} \times c_{\text{dil}}}{c_{\text{conc}}} = \frac{50{,}0 \text{ mL} \times 0{,}005 \text{ mmol mL}^{-1} \text{ de } Na^+}{0{,}0100 \text{ mmolmL}^{-1} \text{ de } Na^+} = 25{,}0 \text{ mL}$$

Assim, para se produzir 50,0 mL de Na^+ 0,00500 mol L^{-1}, 25,0 mL da solução concentrada devem ser diluídos exatamente a 50,0 mL.

Repita os cálculos para as demais concentrações molares, a fim de confirmar que, por meio da diluição de 10,0 e 5,00 mL da solução concentrada a 50,0 mL, produzem-se as soluções desejadas.

13C-3 Trabalhando Dados de Titulação

São abordados aqui dois tipos de cálculos volumétricos. No primeiro, calculamos as concentrações de soluções que devem ser padronizadas contra uma solução de padrão primário ou secundário. No segundo, calculamos a quantidade de analito na amostra a partir dos dados da titulação. Ambos os tipos são baseados em três relações algébricas. Duas destas são as Equações 13-2 e 13-4, baseadas em milimols e mililitros. A terceira relação é a proporção estequiométrica entre a quantidade de matéria em milimols do analito e a quantidade de matéria em milimols do titulante.

Calculando Concentrações Molares a Partir dos Dados da Padronização

Os Exemplos 13-4 e 13-5 ilustram como os dados da padronização são tratados.

EXEMPLO 13-4

Uma porção de 50,0 mL de solução de HCl requereu 29,71 mL de $Ba(OH)_2$ 0,01963 mol L^{-1} para alcançar o ponto final usando o verde de bromocresol como indicador. Calcule a concentração molar do HCl.

Resolução

Na titulação, 1 mmol de $Ba(OH)_2$ reage com 2 mmols de HCl:

$$Ba(OH)_2 + 2HCl \rightarrow BaCl_2 + 2H_2O$$

Assim, a proporção estequiométrica é

$$\text{proporção estequiométrica} = \frac{2 \text{ mmol de HCl}}{1 \text{ mmol de Ba(OH)}_2}$$

O número de milimols do padrão é calculado pela substituição na Equação 13-4:

$$\text{quant. de matéria de Ba(OH)}_2 = 29{,}71 \text{ mL de Ba(OH)}_2 \times 0{,}01963 \frac{\text{mmol de Ba(OH)}_2}{\text{mL Ba de (OH)}_2}$$

Para encontrar a quantidade de matéria em milimols de HCl, multiplicamos esse resultado pela proporção estequiométrica determinada pela reação de titulação:

$$\text{quant. de mat. de HCl} = (29{,}71 \times 0{,}01963) \text{ mmol de Ba(OH)}_2 \times \frac{2 \text{ mmol de HCl}}{1 \text{ mmol de Ba(OH)}_2}$$

Na determinação do número de algarismos significativos a ser mantido em cálculos volumétricos, pressupõe-se que a proporção estequiométrica seja conhecida exatamente, sem incertezas.

Para conseguir a quantidade de matéria em milimols de HCl por mL, dividimos pelo volume do ácido. Consequentemente,

$$c_{\text{HCl}} = \frac{(29{,}71 \times 0{,}01963 \times 2) \text{ mmol de HCl}}{50{,}0 \text{ mL de HCl}}$$

$$= 0{,}023328 \frac{\text{mmol de HCl}}{\text{mL de HCl}} = 0{,}02333 \text{ mol L}^{-1}$$

EXEMPLO 13-5

A titulação de 0,2121 g de $Na_2C_2O_4$ puro (134,00 g mol^{-1}) requereu 43,31 mL de $KMnO_4$. Qual é a concentração molar da solução de $KMnO_4$? A reação química é

$$2MnO_4^- + 5C_2O_4^{2-} + 16H^+ \rightarrow 2Mn^{2+} + 10CO_2 + 8H_2O$$

Resolução

Dessa equação, vemos que

$$\text{proporção esquiométrica} = \frac{2 \text{ mmol de KMnO}_4}{5 \text{ mmol de Na}_2\text{C}_2\text{O}_4}$$

A quantidade de matéria de $Na_2C_2O_4$ é dada pela Equação 13-2:

$$\text{quant. de mat. de Na}_2\text{C}_2\text{O}_4 = 0{,}2121 \text{ g de Na}_2\text{C}_2\text{O}_4 \times \frac{1 \text{ mmol de Na}_2\text{C}_2\text{O}_4}{0{,}13400 \text{ g de Na}_2\text{C}_2\text{O}_4}$$

Para obter a quantidade de matéria em milimols de $KMnO_4$, multiplicamos esse resultado pela proporção estequiométrica:

$$\text{quant. de mat. de KMnO}_4 = \frac{0{,}2121}{0{,}1340} \text{ mmol de Na}_2\text{C}_2\text{O}_4 \times \frac{2 \text{ mmol de KMnO}_4}{5 \text{ mmol de Na}_2\text{C}_2\text{O}_4}$$

A concentração de $KMnO_4$ é então obtida dividindo-se o resultado pelo volume consumido.

$$c_{\text{KMnO}_4} = \frac{\left(\frac{0{,}2121}{0{,}13400} \times \frac{2}{5}\right) \text{ mmol de KMnO}_4}{43{,}31 \text{ mL de KMnO}_4} = 0{,}01462 \text{ mol L}^{-1}$$

Observe que as unidades são transportadas em todos os cálculos, permitindo uma verificação da correção das relações utilizadas nos Exemplos 13-4 e 13-5.

Cálculo da Quantidade de Analito a Partir dos Dados da Titulação

Como pode ser visto pelos exemplos a seguir, a mesma aproximação sistemática, há pouco descrita, é também utilizada para calcular a concentração do analito a partir dos dados da titulação.

EXEMPLO 13-6

Uma amostra de 0,8040 g de uma liga de ferro é dissolvida em ácido. O ferro é então reduzido a Fe^{2+} e titulado com 47,22 mL de uma solução de $KMnO_4$ 0,02242 mol L^{-1}. Calcule o resultado dessa análise em termos de (a) % de Fe (55,847 g mol^{-1}) e (b) % de Fe_3O_4 (231,54 g mol^{-1}).

Resolução

A reação do analito com o reagente é descrita pela equação

$$MnO_4^- + 5Fe^{2+} + 8H^+ \rightarrow Mn^{2+} + 5Fe^{3+} + 4H_2O$$

$$\text{proporção esquiométrica} = \frac{5 \text{ mmol de } Fe^{2+}}{1 \text{ mmol de } KMnO_4}$$

$$\text{quant. de mat. de } KMnO_4 = 47{,}22 \text{ mL de } KMnO_4 \times \frac{0{,}02242 \text{ mmol de } KMnO_4}{\text{mL } KMnO_4}$$

$$\text{quant. de mat. de } Fe^{2+} = (47{,}22 \times 0{,}02242) \text{ mmol de } KMnO_4 \times \frac{5 \text{ mmol de } Fe^{2+}}{1 \text{ mmol de } KMnO_4}$$

A massa de Fe^{2+} é então dada por

$$\text{massa de } Fe^{2+} = (47{,}22 \times 0{,}02242 \times 5) \text{ mmol de } Fe^{2+} \times 0{,}055847 \frac{\text{g de } Fe^{2+}}{\text{mmol de } Fe^{2+}}$$

A porcentagem de Fe^{2+} é

$$\% \, Fe^{2+} = \frac{(47{,}22 \times 0{,}02242 \times 5 \times 0{,}055847) \text{ g de } Fe^{2+}}{0{,}8040 \text{ g de amostra}} \times 100\% = 36{,}77\%$$

(b) Para se determinar a proporção estequiométrica correta, notamos que

$$5 \, Fe^{2+} \equiv 1 \, MnO_4^-$$

Então,

$$5 \, Fe_3O_4 \equiv 15 \, Fe^{2+} \equiv 3 \, MnO_4^-$$

e

$$\text{proporção estequiométrica} = \frac{5 \text{ mmol de } Fe_3O_4}{3 \text{ mmol de } KMnO_4}$$

Como no item (a),

$$\text{quant. de mat de } KMnO_4 = \frac{47{,}22 \text{ mL de KMn de } O_4 \times 0{,}02242 \text{ mmol de } KMnO_4}{\text{mL de } KMnO_4}$$

$$\text{quant. de mat. de } Fe_3O_4 = (47{,}22 \times 0{,}02242)\ \text{mmol de } KMnO_4 \times \frac{5\ \text{mmol de } Fe_3O_4}{3\ \text{mmol de } KMnO_4}$$

$$\text{massa de } Fe_3O_4 = \left(47{,}22 \times 0{,}02242 \times \frac{5}{3}\right) \text{mmol de } Fe_3O_4 \times 0{,}23154\ \frac{\text{g de } Fe_3O_4}{\text{mmol de } Fe_3O_4}$$

$$\% \ Fe_3O_4 = \frac{\left(47{,}22 \times 0{,}02242 \times \frac{5}{3}\right) \times 0{,}23154\ \text{g de } Fe_3O_4}{0{,}8040\ \text{g de amostra}} \times 100\% = 50{,}81\%$$

DESTAQUE 13-1

Outra Abordagem para o Exemplo 13-6(a)

Algumas pessoas acham mais fácil escrever a solução para um problema de modo que as unidades no denominador de cada termo sucessivo eliminem as unidades no numerador do precedente até que as unidades da resposta sejam obtidas.[3] Por exemplo, a solução do item (a) do Exemplo 13-6 pode ser escrita

$$47{,}22\ \text{mL de } KMnO_4 \times \frac{0{,}02242\ \text{mmol de } KMnO_4}{\text{mL de } KMnO_4} \times \frac{5\ \text{mmol de Fe}}{1\ \text{mmol de } KMnO_4} \times \frac{0{,}055847\ \text{g de Fe}}{\text{mmol de Fe}}$$

$$\times \frac{1}{0{,}8040\ \text{g de amostra}} \times 100\% = 36{,}77\%\ \text{Fe}$$

EXEMPLO 13-7

Uma amostra de 100,0 mL de água salobra foi alcalinizada com amoníaco, e o sulfeto nela contido foi titulado com 16,47 mL de $AgNO_3$ 0,02310 mol L^{-1}. A reação analítica é

$$2Ag^+ + S^{2-} \rightarrow Ag_2S(s)$$

Calcule a concentração de H_2S na água em partes por milhão, c_{ppm}.

Resolução

No ponto final

$$\text{proporção estequiométrica} = \frac{1\ \text{mmol de } H_2S}{2\ \text{mmol de } AgNO_3}$$

$$\text{quant. de mat. de } AgNO_3 = 16{,}47\ \text{mL de } AgNO_3 \times 0{,}02310\ \frac{\text{mmol de } AgNO_3}{\text{mL de } AgNO_3}$$

[3] Este processo é frequentemente chamado método de rotular o fator. Ele é algumas vezes chamado equivocamente de análise dimensional. Para a explicação sobre análise dimensional, realize uma busca no site na web da Wikipédia. Em livros anteriores, o método de rotular o fator era algumas vezes chamado método da "cerca de estaca".

$$\text{quant. de mat. de } H_2S = (16{,}47 \times 0{,}02310) \text{ mmol de } AgNO_3 \times \frac{1 \text{ mmol de } H_2S}{2 \text{ mmol de } AgNO_3}$$

$$\text{massa de } H_2S = \left(16{,}47 \times 0{,}02310 \times \frac{1}{2}\right) \text{mmol de } H_2S \times 0{,}034081 \frac{\text{g de } H_2S}{\text{mmol de } H_2S}$$

$$= 6{,}483 \times 10^{-3} \text{ g de } H_2S$$

$$c_{ppm} = \frac{6{,}483 \times 10^{-3} \text{ g de } H_2S}{100{,}0 \text{ mL de amostra} \times 1{,}00 \text{ g mL}^{-1} \text{ de amostra}} \times 10^6 \text{ ppm}$$

$$= 64{,}8 \text{ ppm}$$

DESTAQUE 13-2

Arredondamento das Respostas do Exemplo 13-7

Observe que todos os dados de entrada para o Exemplo 13-7 contêm quatro ou mais algarismos significativos, mas as respostas foram arredondadas para três. Por quê?

Podemos decidir o arredondamento por um par de cálculos grosseiros feitos de cabeça. Pressuponha que os dados de entrada tenham uma incerteza de 1 parte no último algarismo significativo. Então, o maior erro *relativo* estará associado com o tamanho da amostra. No Exemplo 13-7, a incerteza relativa é 0,1/100,0. Assim, a incerteza é de cerca de 1 parte em 1.000 (comparado com 1 parte em 1.647 para o volume de $AgNO_3$ e 1 parte em 2.300 para a concentração de reagente). Então presumimos que o resultado calculado seja incerto em cerca da mesma quantidade como para as medidas menos precisas, ou 1 parte em 1.000. A incerteza absoluta do resultado final é então 64,8 ppm × 1/1.000 = 0,065 ou cerca de 0,01 ppm, e arredondamos o primeiro o algarismo à direita do ponto decimal. Assim, relatamos 64,8 ppm.

Pratique como tomar esse tipo de decisão de arredondamento sempre que você realizar cálculos.

EXEMPLO 13-8

O fósforo em 4,258 g de uma amostra de um alimento vegetal foi convertido a PO_4^{3-} e precipitado como Ag_3PO_4 pela adição de 50,00 mL de $AgNO_3$ 0,0820 mol L^{-1}. O excesso de $AgNO_3$ foi retrotitulado com 4,86 mL de KSCN 0,0625 mol L^{-1}. Expressar o resultado dessa análise em termos de % de P_2O_5.

Resolução

As reações químicas são

$$P_2O_5 + 9H_2O \rightarrow 2PO_4^{3-} + 6H_3O^+$$

$$2PO_4^{3-} + 6\underset{\text{excesso}}{Ag^+} \rightarrow 2Ag_3PO_4(s)$$

$$Ag^+ + SCN^- \rightarrow AgSCN(s)$$

Assim, as proporções estequiométricas são

$$\frac{1 \text{ mmol de } P_2O_5}{6 \text{ mmol de } AgNO_3} \quad \text{e} \quad \frac{1 \text{ mmol de KSCN}}{1 \text{ mmol de } AgNO_3}$$

$$\text{quant. de mat. total de AgNO}_3 = 50{,}00 \text{ mL} \times 0{,}0820 \frac{\text{mmol de AgNO}_3}{\text{mL}}$$
$$= 4{,}100 \text{ mmol}$$

$$\text{quant. de mat. de AgNO}_3 \text{ consumida pelo KSCN} = 4{,}06 \text{ mL}$$
$$\times\, 0{,}0625 \frac{\text{mmol de KSCN}}{\text{mL}} \times \frac{1 \text{ mmol de AgNO}_3}{\text{mmol de KSCN}}$$
$$= 0{,}2538 \text{ mmol}$$

$$\text{quant. de mat. de P}_2\text{O}_5 = (4{,}100 - 0{,}254) \text{ mmol de AgNO}_3$$
$$\times \frac{1 \text{ mmol de P}_2\text{O}_5}{6 \text{ mmol de AgNO}_3} = 0{,}6410 \text{ mmol de P}_2\text{O}_5$$

$$\%\ \text{P}_2\text{O}_5 = \frac{0{,}6410 \text{ mmol} \times \dfrac{0{,}1419 \text{ g de P}_2\text{O}_5}{\text{mmol}}}{4{,}258 \text{ g de amostra}} \times 100\% = 2{,}14\%$$

EXEMPLO 13-9

O CO em uma amostra de 20,3 L de gás foi convertido para CO_2 pela passagem do gás por pentóxido de iodo aquecido a 150°C:

$$I_2O_5(s) + 5CO(g) \rightarrow 5CO_2(g) + I_2(g)$$

O iodo foi destilado nessa temperatura e coletado em um absorvente que contém 8,25 mL de $Na_2S_2O_3$ 0,01101 mol L^{-1}.

$$I_2(g) + 2S_2O_3^{2-}(aq) \rightarrow 2I^-(aq) + S_4O_6^{2-}(aq)$$

O excesso de $Na_2S_2O_3$ foi retrotitulado com 2,16 mL de solução de I_2 0,00947 mol L^{-1}. Calcule a concentração em miligramas de CO (28,01 g mol^{-1}) por litro de amostra.

Resolução

Baseando-se nas duas reações, as proporções estequiométricas são

$$\frac{5 \text{ mmol de CO}}{1 \text{ mmol de I}_2} \quad \text{e} \quad \frac{2 \text{ mmol de Na}_2\text{S}_2\text{O}_3}{1 \text{ mmol de I}_2}$$

Dividimos a primeira razão pela segunda para obter uma terceira proporção útil:

$$\frac{5 \text{ mmol de CO}}{2 \text{ mmol de Na}_2\text{S}_2\text{O}_3}$$

Essa relação revela que 5 mmols de CO são responsáveis pelo consumo de 2 mmols de $Na_2S_2O_3$. A quantidade total de $Na_2S_2O_3$ é

$$\text{quant. de mat. de Na}_2\text{S}_2\text{O}_3 = 8{,}25 \text{ mL de Na}_2\text{S}_2\text{O}_3 \times 0{,}01101 \frac{\text{mmol de Na}_2\text{S}_2\text{O}_3}{\text{mL de Na}_2\text{S}_2\text{O}_3}$$
$$= 0{,}09083 \text{ mmol de Na}_2\text{S}_2\text{O}_3$$

A quantidade de $Na_2S_2O_3$ consumida na retrotitulação é

$$\text{quant. de mat. de } Na_2S_2O_3 = 2{,}16 \text{ mL de } I_2 \times 0{,}00947 \frac{\text{mmol de } I_2}{\text{mL de } I_2}$$

$$\times \frac{2 \text{ mmol de } Na_2S_2O_3}{\text{mmol de } I_2} = 0{,}04091 \text{ mmol de } Na_2S_2O_3$$

A quantidade de matéria de milimols de CO pode então ser calculado usando-se a terceira proporção estequiométrica:

$$\text{quant. de mat. de CO} = (0{,}09083 - 0{,}04091) \text{ mmol de } Na_2S_2O_3$$

$$\times \frac{5 \text{ mmol de CO}}{2 \text{ mmol de } Na_2S_2O_3} = 0{,}1248 \text{ mmol de CO}$$

$$\text{massa de CO} = 0{,}1248 \text{ mmol de CO} \times \frac{28{,}01 \text{ mg de CO}}{\text{mmol de CO}} = 3{,}4956 \text{ mg}$$

$$\frac{\text{massa de CO}}{\text{vol. de amostra}} = \frac{3{,}4956 \text{ mg de CO}}{20{,}3 \text{ L de amostra}} = 0{,}172 \frac{\text{mg de CO}}{\text{L de amostra}}$$

13D TITULOMETRIA GRAVIMÉTRICA

As **titulações gravimétricas** ou **de massa (peso)** diferem das suas correlatas volumétricas pelo fato de que uma *massa* de um titulante é medida em vez de um volume. Assim, na titulação de massa, a bureta e suas marcações são substituídas por uma balança e um dosador de massa. Titulações gravimétricas antecedem historicamente as titulações volumétricas por mais de 50 anos. Com o advento de buretas mais confiáveis, entretanto, as titulações de massa foram suplantadas pelos métodos volumétricos porque requeria equipamento relativamente complexo, era tediosa e consumia um tempo longo. A disponibilidade de balanças analíticas digitais de pesagem de topo e de prato único, sensíveis e de baixo custo e de dosadores de plástico convenientes mudaram essa situação completamente, e a titulação de massa pode agora ser realizada tão fácil e rapidamente quanto as titulações volumétricas.

Lembre-se de que, por razões históricas, frequentemente nos referimos a *peso*, mas na realidade queremos dizer *massa*.

13D-1 Cálculos Associados com Titulações de Massa

A maneira mais comum de expressar a concentração para titulações de massa é a **concentração em massa**, c_w, em unidades de concentração molar em massa, mol kg^{-1}, que é a quantidade de matéria de um reagente em um quilograma de solução ou a quantidade de matéria em milimols em um grama de solução. Assim, o NaCl aquoso 0,1 mol kg^{-1} contém 0,1 mol do sal em 1 kg de solução ou 0,1 mmol em 1 g de solução.

A concentração molar em massa $c_m(A)$ de uma solução de um soluto A é calculada usando qualquer uma das duas equações análogas à Equação 4-2:

$$\begin{array}{c}\text{concentração}\\ \text{molar em massa}\end{array} = \frac{\text{quantidade de matéria de A}}{\text{massa da solução (kg)}} = \frac{\text{quantidade de matéria de A (mmol)}}{\text{massa da solução (g)}}$$

$$c_w(A) = \frac{n_A}{m_{sol}} \qquad (13\text{-}5)$$

onde n_A é a quantidade de matéria da espécie A e $m_{solução}$ é a massa da solução. Os dados das titulações gravimétricas podem então ser tratados usando-se os métodos ilustrados nas Seções 13C-2 e 13C-3 após a substituição da concentração molar por concentração molar em massa e mililitros e litros por gramas e quilogramas.

13D-2 Vantagens das Titulações Gravimétricas

Além da maior rapidez e conveniência, a titulação gravimétrica oferece outras vantagens sobre a correlata volumétrica:

1. São eliminadas as calibrações e a cansativa limpeza das vidrarias para assegurar a drenagem apropriada.
2. São desnecessárias as correções de temperatura porque a concentração molar em massa (peso) não se altera com a temperatura, em contraste com a concentração molar em volume. Essa vantagem é particularmente importante em titulações não aquosas em virtude do alto coeficiente de expansão da maioria dos líquidos orgânicos (cerca de dez vezes maior que o da água).
3. As medidas de massa podem ser feitas com precisão e exatidão consideravelmente maiores que com as medidas de volumes. Por exemplo, 50 g ou 100 g de uma solução aquosa podem ser rapidamente medidos com precisão de ±1 mg, o que corresponde a ±0,001 mL. Essa sensibilidade maior torna possível trabalhar-se com quantidades de amostra que podem levar a um consumo de reagentes padrão significativamente menor.
4. As titulações gravimétricas são mais facilmente automatizadas que as titulações volumétricas.

13E CURVAS DE TITULAÇÃO

Como visto na Seção13A-1, um ponto final é sinalizado por uma alteração física visível que ocorre próximo ao ponto de equivalência de uma titulação. Os dois sinais finais mais amplamente utilizados envolvem (1) a alteração na cor devido ao reagente (titulante), ao analito ou a um indicador e (2) uma alteração no potencial de um eletrodo que responde à concentração do titulante ou a concentração do analito.

Para se entender as bases teóricas das determinações do ponto final e as fontes de erros das titulações, calculamos os pontos necessários para construir uma **curva de titulação** para os sistemas sob consideração. Uma curva de titulação é construída por meio de um gráfico de alguma função da concentração do analito ou concentração do titulante no eixo *y versus* o volume de titulante no eixo *x*.

As **curvas de titulação** são representadas por gráficos de uma variável *versus* volume de titulante.

13E-1 Tipos de Curvas de Titulação

O eixo vertical em uma curva de titulação sigmoide é uma função p do analito ou titulante ou do titulante de um eletrodo sensível ao reagente ou ao analito.

Dois tipos gerais de curvas de titulação (e, portanto, dois tipos de pontos finais) ocorrem nos métodos titulométricos. No primeiro tipo, chamado curva sigmoide, as observações importantes são confinadas a uma pequena região (tipicamente de ±0,1 a ±0,5 mL) ao redor do ponto de equivalência. Uma **curva sigmoide**, na qual a função p do analito (ou às vezes do titulante) é representada na forma de um gráfico como uma função do volume do titulante, é mostrada na **Figura 13-2a**.

O eixo vertical de uma curva com segmentos lineares é sinal de um instrumento que é proporcional à concentração do analito ou do reagente.

Em um segundo tipo de curva, denominada **curva com segmentos lineares**, as medidas são feitas nos dois lados, mas distante do ponto de equivalência. As medidas perto do ponto de equivalência são evitadas. Nesse tipo de curva, o eixo vertical representa uma leitura instrumental que é diretamente proporcional à concentração do analito ou titulante. Uma curva típica com segmentos lineares pode ser encontrada na **Figura 13-2b**.

A curva do tipo sigmoide oferece a vantagem da velocidade e conveniência. A curva com segmentos lineares é vantajosa para as reações que se completam apenas na presença de considerável excesso de reagente ou analito.

Neste capítulo e em vários que se seguem, trataremos exclusivamente da curva de titulação do tipo sigmoide. Exploraremos as curvas com segmentos lineares nos Capítulos 23 e 26.

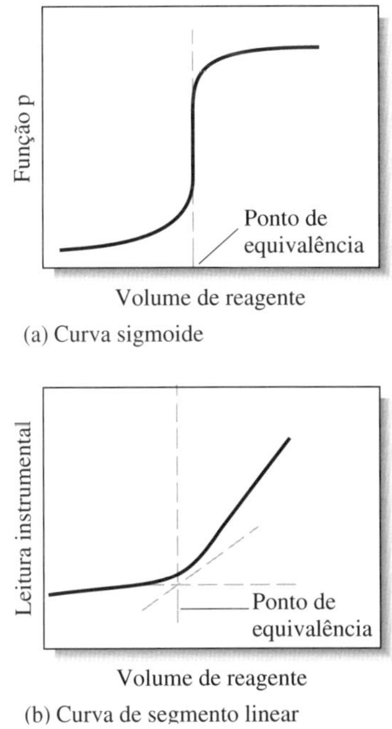

Figura 13-2 Dois tipos de curvas de titulação.

13E-2 Alterações de Concentração Durante a Titulação

O ponto de equivalência em uma titulação é caracterizado por alterações significativas na concentração *relativa* do reagente e do analito. A **Tabela 13-1** ilustra esse fenômeno. Os dados na segunda coluna da tabela mostram as variações na concentração do íon hidrônio em uma alíquota de 50,00 mL de solução 0,1000 mol L^{-1} de ácido clorídrico, à medida que este é titulado com uma solução de hidróxido de sódio 0,1000 mol L^{-1}. A reação de neutralização é descrita pela equação

$$H_3O^+ + OH^- \rightarrow 2H_2O \qquad (13\text{-}6)$$

Para enfatizar as alterações nas concentrações *relativas* que ocorrem na região do ponto de equivalência, foram calculados os incrementos de volume necessários para causar uma diminuição de dez vezes na concentração de H_3O^+ (ou um aumento de dez vezes na concentração de íon de hidróxido). Assim, vemos na terceira coluna que uma adição de 40,91 mL de base é necessária para diminuir a concentração de H_3O^+ em uma ordem de grandeza, de 0,100 mol L^{-1} para 0,0100 mol L^{-1}. Uma adição de apenas 8,11 mL é requerida para diminuir a concentração por um outro fator de 10, para 0,00100 mol L^{-1}; 0,89 mL causam ainda outra diminuição de dez vezes. Simultaneamente, ocorre um aumento correspondente na concentração de OH^-. Dessa forma, a detecção do ponto final depende dessa grande diferença nas concentrações *relativas* do analito (ou reagente) que ocorre próximo ao ponto de equivalência para cada tipo de titulação. O Destaque 13-3 descreve como os volumes na primeira coluna da Tabela 13-1 são calculados

As grandes variações nas concentrações relativas que ocorrem na região de equivalência química são mostradas pelo gráfico do logaritmo negativo da concentração do analito ou do titulante (função p) contra o volume do reagente, como visto na **Figura 13-3**. Os dados desses gráficos podem ser encontrados na quarta e quinta colunas da Tabela 13-1. As curvas de titulação para as reações envolvendo a formação de complexo, precipitação e oxidação/redução exibem o mesmo aumento ou diminuição acentuada na função p na região do ponto de equivalência, como aqueles mostrados na Figura 13-3. As curvas de titulação definem as propriedades requeridas para um indicador ou instrumento e permitem-nos estimar o erro associado com os métodos de titulação.

TABELA 13-1

Alterações nas Concentrações Durante a Titulação de 50,00 mL de HCl 0,1000 mol^{-1}

Volume de NaOH 0,1000 mol L^{-1}, ml	$[H_3O^+]$, mol L^{-1}	Mililitros de KSCN para Provocar uma Diminuição na $[H_3O^+]$, mL	pH	pOH
0,00	0,1000		1,00	13,00
40,91	0,0100	40,91	2,00	12,00
49,01	1.000×10^{-3}	8,11	3,00	11,00
49,90	1.000×10^{-4}	0,89	4,00	10,00
49,99	1.000×10^{-5}	0,09	5,00	9,00
49,999	1.000×10^{-6}	0,009	6,00	8,00
50,00	1.000×10^{-7}	0,001	7,00	7,00
50,001	1.000×10^{-8}	0,001	8,00	6,00
50,01	1.000×10^{-9}	0,009	9,00	5,00
50,10	1.000×10^{-10}	0,09	10,00	4,00
51,10	1.000×10^{-11}	0,91	11,00	3,00
61,11	1.000×10^{-12}	10,10	12,00	2,00

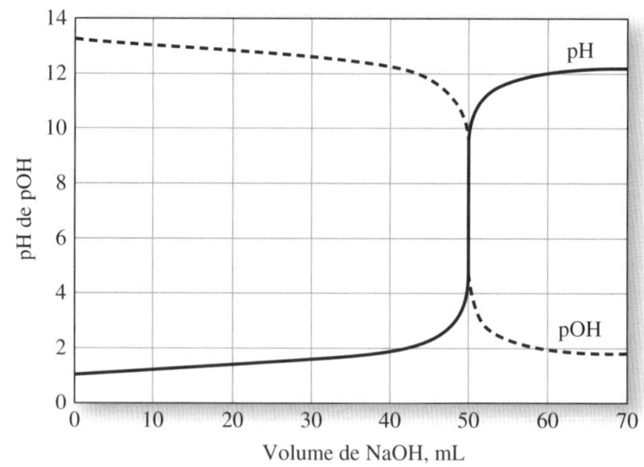

Figura 13-3 As curvas de titulação de pH e pOH *versus* o volume de base para a titulação de HCl 0,1000 mol L^{-1} com NaOH 0,1000 mol L^{-1}.

DESTAQUE 13-3

Volumes de NaOH Mostrados na Primeira Coluna da Tabela 13-1

Antes do ponto de equivalência, a $[H_3O^+]$ se iguala à concentração de HCl que não reagiu (c_{HCl}). A concentração de HCl é igual à quantidade de matéria em milimols de HCl (50,00 ml × 0,1000 mol L^{-1}) menos a quantidade de matéria de milimols NaOH adicionado (V_{NaOH} × 0,1000 mol L^{-1}) dividido pelo volume total da solução:

$$c_{HCl} = [H_3O^+] = \frac{50,00 \times 0,1000 - V_{NaOH} \times 0,1000}{50,00 + V_{NaOH}}$$

onde V_{NaOH} é o volume adicionado de NaOH 0,1000 mol L^{-1}. Esta equação se reduz a

$$50,00[H_3O^+] + V_{NaOH}[H_3O^+] = 5,000 - 0,1000V_{NaOH}$$

Colocando os termos V_{NaOH} em evidência, temos

$$V_{NaOH}(0,1000 + [H_3O^+]) = 5,000 - 50,00[H_3O^+]$$

ou

$$V_{NaOH} = \frac{5,000 - 50,00[H_3O^+]}{0,1000 + [H_3O^+]}$$

Portanto, para obter a $[H_3O^+] = 0,100\ \text{mol}^{-1}$, encontramos

$$V_{NaOH} = \frac{5,000 - 50,00 \times 0,0100}{0,1000 + 0,0100} = 40,91\ \text{mL}$$

Desafio: Use o mesmo raciocínio para mostrar que depois do ponto de equivalência,

$$V_{NaOH} = \frac{50,000[OH^-] + 5,000}{0,1000 - [OH^-]}$$

TRABALHO NA WEB

Procure por *titulação* em alguma enciclopédia on-line. Dê a definição de titulação encontrada lá. É necessário que ocorra uma reação química para um procedimento quantitativo ser chamado de titulação? Titulação deriva de qual palavra do latim? Quem desenvolveu a primeira bureta e em qual ano? Relacione cinco métodos diferentes para determinar o ponto final de uma titulação. Defina o termo número ácido, também chamado de *valor ácido*. Como as titulações são aplicadas aos combustíveis biodiesel?

QUESTÕES E PROBLEMAS

13-1. Defina.
*(a) milimol.
(b) titulação.
*(c) proporção estequiométrica.
(d) erro de titulação.

13-2. Escreva duas equações que – junto com o fator estequiométrico – constituam a base para os cálculos de titulações volumétricas.

13-3. Distingua entre
*(a) o ponto de equivalência e o ponto final de uma titulação.
(b) um padrão primário e um padrão secundário.

13-4. Explique brevemente por que as unidades de concentração de miligramas de soluto por litro e partes por milhão podem ser usadas de maneira permutável para uma solução aquosa diluída.

13-5. Os cálculos em análise volumétrica geralmente consistem em transformar a quantidade de titulante utilizada (em unidades químicas) em quantidades quimicamente equivalentes do analito (também em unidades químicas) por meio do uso de um fator estequiométrico. Use as fórmulas químicas (NENHUM CÁLCULO É EXIGIDO) para expressar essa relação para o cálculo da porcentagem de
*(a) Hidrazina em combustível de foguetes por meio de titulação com iodeto padrão. Reação:

$$H_2NNH_2 + 2I_2 \rightarrow N_2(g) + 4I^- + 4H^+$$

(b) peróxido de hidrogênio em uma preparação cosmética pela titulação com permanganato padrão. Reação:

$$5H_2O_2 + 2MnO_4^- + 6H^+ \rightarrow 2Mn^{2+} + 5O_2(g) + 8H_2O$$

*(c) boro em uma amostra de bórax, $Na_2B_4O_7 \cdot 10H_2O$, por titulação com ácido padrão. Reação:

$$B_4O_7^{2-} + 2H^+ + 5H_2O \rightarrow 4H_3BO_3$$

(d) o enxofre em uma aspersão agrícola que foi convertido em tiocianato com um excesso não medido de cianeto. Reação:

$$S(s) + CN^- \rightarrow SCN^-$$

Após a remoção do excesso de cianeto, o tiocianato foi titulado com uma solução padrão de iodato de potássio em HCl concentrado. Reação:

$$2SCN^- + 3IO_3^- + 2H^+ + 6Cl^- \rightarrow 2SO_4^{2-} + 2CN^- + 3ICl_2^- + H_2O$$

13-6. Qual é a quantidade de matéria de soluto em milimols contida em
(a) 2,00 L de $KMnO_4$ 2,76 × 10^{-3} mol L^{-1}?
(b) 250,0 mL de KSCN 0,0423 mol L^{-1}?
(c) 500,0 mL de uma solução contendo 2,97 ppm de $CuSO_4$?
(d) 2,50 L de KCl 0,352 mol L^{-1}?

***13-7.** Qual é a quantidade de matéria soluto em milimols contida em
(a) 2,95 mL de KH_2PO_4 0,0789 mol L^{-1}?
(b) 0,2011 L de $HgCl_2$ 0,0564 mol L^{-1}?
(c) 2,56 L de uma solução contendo 47,5 ppm de $Mg(NO_3)_2$?
(d) 79,8 mL de NH_4VO_3 (116,98 g mol^{-1}) 0,1379 mol L^{-1}?

13-8. Qual é a massa de soluto em miligramas contida em
(a) 26,0 mL de sacarose (342 g mol^{-1}) 0,250 mol L^{-1}?
(b) 2,92 L de H_2O_2 5,23 × 10^{-4} mol L^{-1}?
(c) 673 mL de uma solução contendo 5,76 ppm de $Pb(NO_3)_2$ (331,20 g mol^{-1})?
(d) 6,75 mL de KNO_3 0,0426 mol L^{-1}?

***13-9.** Qual é a massa de soluto em gramas contida em
(a) 450,0 mL de H_2O_2 0,0986 mol L^{-1}?
(b) 26,4 mL de ácido benzóico (122,1 g mol^{-1}) 9,36 × 10^{-4} mol L^{-1}?
(c) 2,50 L de uma solução contendo 23,4 ppm de $SnCl_2$?
(d) 21,7 mL de $KBrO_3$ 0,0214 mol L^{-1}?

13-10. Calcule a concentração molar de uma solução 50% (m/m) de NaOH e que tem uma gravidade específica de 1,52.

***13-11.** Calcule a concentração molar de uma solução 20% (m/m) de KCl que tem uma densidade específica de 1,13.

13-12. Descrever a preparação de
(a) 500 mL de $AgNO_3$ 0,0750 mol L^{-1} a partir do reagente sólido.

(b) 2,00 L de HCl 0,325 mol L^{-1}, começando com uma solução do reagente 6,00 mol L^{-1}.
(c) 750 mL de uma solução que contém 0,0900 mol L^{-1} de K^+, começando com o $K_4Fe(CN)_6$ sólido.
(d) 600 mL de $BaCl_2$ aquoso 2,00% (m/v) a partir de uma solução 0,500 mol L^{-1} de $BaCl_2$.
(e) 2,00 L de $HClO_4$ 0,120 mol L^{-1} a partir do reagente comercial [$HClO_4$ 60% (m/m), densidade específica de 1,60].
(f) 9,00 L de uma solução que contém 60,0 ppm de Na^+, começando com o sólido Na_2SO_4.

***13-13.** Descreva a preparação de
(a) 1,00 L de $KMnO_4$ 0,150 mol L^{-1} a partir do reagente sólido.
(b) 2,50 L de $HClO_4$ 0,500 mol L^{-1}, a partir de uma solução 9,00 mol L^{-1} do reagente.
(c) 400 mL de uma solução que contém 0,0500 mol L^{-1} de I^- a partir de MgI_2.
(d) 200 mL de solução aquosa de $CuSO_4$ 1,00% (m/v) a partir de uma solução de $CuSO_4$ 0,218 mol L^{-1}.
(e) 1,50 L de NaOH 0,215 mol L^{-1} a partir de reagente comercial concentrado (50% NaOH (m/m), gravidade específica 1,525).
(f) 1,50 L de solução que contém 12,0 ppm de K^+, a partir do sólido $K_4Fe\ (CN)_6$.

13-14. Uma solução de $HClO_4$ foi padronizada pela dissolução de 0,4008 de HgO grau padrão mínimo em uma solução de KBr:

$$HgO(s) + 4Br^- + H_2O \rightarrow HgBr_4^{2-} + 2OH^-$$

O OH^- liberado consumiu 43,75 mL de ácido. Calcule a concentração molar do $HClO_4$.

13-15. Uma amostra com 0,4723 g de Na_2CO_3 com grau padrão primário requereu 34,78 mL de uma solução de H_2SO_4 para alcançar o ponto final da reação:

$$CO_3^{2-} + 2H^+ \rightarrow H_2O + CO_2(g)$$

Qual é a concentração molar do H_2SO_4?

13-16. Uma amostra com 0,5002 g de Na_2SO_4 de pureza igual a 96,4% requereu 48,63 mL de uma solução de cloreto de bário. Reação:

$$Ba^{2+} + SO_4^{2-} \rightarrow BaSO_4(s)$$

Calcule a concentração analítica molar do $BaCl_2$ na solução.

***13-17.** Uma amostra com 0,4126 g de Na_2CO_3 padrão primário foi tratada com 40,00 mL de ácido perclórico diluído. A solução foi fervida para remover CO_2 e, a seguir, o excesso de $HClO_4$ foi retrotitulado com 9,20 mL de NaOH diluído. Em um experimento separado, foi estabelecido que 26,93 mL do $HClO_4$ neutralizou um alíquota de 25,00 mL de NaOH. Calcule a concentração molar do $HClO_4$ e do NaOH.

13-18. A titulação de 50,00 mL de $Na_2C_2O_4$ 0,04715 mol L^{-1} requereu 39,25 mL de uma solução de potássio.

$$2MnO_4^- + 5H_2C_2O_4 + 6H^+ \rightarrow$$
$$2Mn^{2+} + 10CO_2(g) + 8H_2O$$

Calcule a concentração molar da solução de $KMnO_4$.

***13-19.** A a titulação do I_2 produzido de 0,1142 de padrão primário KIO_3 requereu 27,95 mL de tiossulfato de sódio.

$$IO_3^- + 5I^- + 6H^+ \rightarrow 3I_2 + 3H_2O$$
$$I_2 + 2S_2O_3^{2-} \rightarrow 2I^- + S_4O_6^{2-}$$

Calcule a concentração molar de $Na_2S_2O_3$.

13-20. Uma amostra de 4,912 g de um produto de petróleo foi queimada em um forno de tubo e o SO_2 produzido foi coletado em H_2O_2 3%. Reação:

$$SO_2(g) + H_2O_2 \rightarrow H_2SO_4$$

Uma porção de 25,00 mL de NaOH 0,00873 mol L^{-1} foi introduzida na solução de H_2SO_4, em seguida o excesso de base foi titulado de volta com 15,17 mL de HCl 0,01102 mol L^{-1}. Calcule a concentração molar de enxofre na amostra em partes por milhão.

***13-21.** Uma amostra de água mineral foi tratada para converter quaisquer ferro presentes em Fe^{2+}. A adição de 25,00 mL de $K_2Cr_2O_7$ 0,002517 mol L^{-1} resultou na reação

$$6Fe^{2+} + Cr_2O_7^{2-} + 14H^+ \rightarrow$$
$$6Fe^{3+} + 2Cr^{3+} + 7H_2O$$

O excesso de $K_2Cr_2O_7$ foi retrotitulado com 8,53 mL de solução de Fe^{2+} 0,00949 mol L^{-1}. Calcule a concentração de ferro na amostra em partes por milhão.

13-22. O arsênio em 1,203 g de amostra de pesticida foi convertido a H_3AsO_4 por tratamento adequado. O ácido foi então neutralizado, e exatamente 40,00 mL de $AgNO_3$ 0,05871 mol L^{-1} foram adicionados para precipitar quantitativamente o arsênio como Ag_3AsO_4. O excesso de Ag^+ no filtrado e nas lavagens do precipitado foi titulado com 9,63 mL de KSCN 0,1000 mol L^{-1}, e a reação foi

$$Ag^+ + SCN^- \rightarrow AgSCN(s)$$

Encontre a porcentagem de As_2O_3 na amostra.

***13-23.** A tioureia em uma amostra de 1,455 g de material orgânico foi extraída com uma solução diluída de H_2SO_4 titulada com 37,31 ml de Hg 0,009372 mol L^{-1} através da reação

$$4(NH_2)_2CFS + Hg^{2+} \rightarrow [(NH_2)_2CFS]_4Hg^{2+}$$

Encontre a porcentagem de $(NH)_2CFS$(76,12 g mol^{-1}) na amostra.

13-24. Uma solução de $Ba(OH)_2$ foi padronizada contra 0,1215 g de ácido benzoico de grau de padrão primário, C_6H_5COOH (122,12 g mol^{-1}). Um ponto final foi observado após a adição de 43,25 mL de base.

(a) Calcule a concentração molar da base.

(b) Calcule o desvio padrão da concentração molar se o desvio padrão para a medida da massa foi $\pm$0,3 mg e aquele para a medida de volume foi $\pm$0,02 mL.

(c) Supondo um erro de $-$0,3 mg na medida da massa, calcule o erro sistemático absoluto e relativo na concentração molar.

***13-25.** Determinou-se a concentração de acetato de etila em uma solução alcoólica diluindo-se uma amostra de 10,00 mL para 100,00 mL. Uma porção de 20,00 mL da solução diluída foi refluxada com 40,00 mL de KOH 0,04672 mol L^{-1}:

$$CH_3COOC_2H_5 + OH^- \rightarrow CH_3COO^- + C_2H_5OH$$

Após o resfriamento, o excesso de OH^- foi retrotitulado com 3,41 mL de H_2SO_4 0,05042 mol L^{-1}. Calcule a quantidade de acetato de etila (88,11 g mol^{-1}) na amostra original em gramas.

13-26. Uma solução de $Ba(OH)_2$ 0,1475 mol L^{-1} foi titulada com ácido acético (60,05 g mol^{-1}) em uma solução aquosa diluída. Os seguintes resultados foram obtidos.

Amostra	Volume da amostra, mL	Volume de $Ba(OH)_2$, mL
1	50,00	43,17
2	49,50	42,68
3	25,00	21,47
4	50,00	43,33

(a) Calcule a média da porcentagem m/v do ácido acético na amostra.

(b) Calcule o desvio padrão para os resultados.

(c) Calcule o intervalo de 90% de confiança para a média.

(d) No nível de 90% de confiança, algum resultado pode ser descartado?

***13-27.** (a) Uma amostra de 0,3417 g de $Na_2C_2O_4$ de grau de padrão primário foi dissolvida em H_2SO_4 e titulada com 31,67 mL de $KMnO_4$ diluído:

$$2MnO_4^- + 5C_2O_4^{2-} + 16H^+ \rightarrow 2Mn^{2+} + 10CO_2(g) + 8H_2O$$

Calcule a concentração molar da solução de $KMnO_4$:

(b) O ferro em uma amostra de minério de 0,6656 g foi reduzido quantitativamente para o estado +2 e então titulado com 26,75 mL da solução de $KMnO_4$ do item (a). Calcule a porcentagem de Fe_2O_3 na amostra.

13-28. (a) Uma amostra de 0,1527 g de $AgNO_3$ foi dissolvida em 502,3 g de água destilada. Calcule a concentração molar em massa de Ag^+ nesta solução.

(b) A solução padrão descrita no item (a) foi usada para titular uma amostra de 25,171 g de uma solução de KSCN. Foi obtido um ponto final após a adição de 24,615 g de solução de $AgNO_3$. Calcule a concentração molar em massa da solução de KSCN.

(c) As soluções descritas nos itens (a) e (b) foram usadas para determinar o $BaCl_2 \cdot 2H_2O$ em uma amostra de 0,7120. Uma amostra de 20,102 g de $AgNO_3$ foi adicionada a uma solução da amostra e o excesso de $AgNO_3$ foi retrotitulado com 7,543 g de uma solução de KSCN. Calcule a porcentagem de $BaCl_2 \cdot 2H_2O$ na amostra.

***13-29.** Uma solução foi preparada dissolvendo-se 7,48 de $KCl \cdot MgCl_2 \cdot 6H_2O$ (277,85 g mol^{-1}) em água suficiente para 2,000 L. Calcular:

(a) a concentração molar analítica de $KCl \cdot MgCl_2$ nessa solução.

(b) a concentração molar de Mg^{2+}.

(c) a concentração molar de Cl^-.

(d) a porcentagem massa/volume de $KCl \cdot MgCl_2 \cdot 6H_2O$.

(e) a quantidade de matéria em milimols de Cl^- em 25,0 mL dessa solução.

(f) a concentração em ppm de K^+.

13-30. Uma solução foi preparada dissolvendo-se 367 mg de $K_3Fe(CN)_6$ (329,2 g mol^{-1}) em água suficiente para fornecer um volume de 750,0 mL. Calcule

(a) a concentração analítica de $K_3Fe(CN)_6$.

(b) a concentração molar de K^+.

(c) a concentração molar de $Fe(CN)_6^{3-}$.

(d) a porcentagem massa/volume de $K_3Fe(CN)_6$.

(e) a quantidade de matéria de K^+ em milimols em 50,0 mL desta solução.

(f) a concentração em ppm de $Fe(CN)_6^{3-}$.

13-31. Problema Desafiador: Para cada uma das seguintes titulações ácido/base, calcule as concentrações de H_3O^+ e OH^- na equivalência e os volumes de titulante correspondendo a $\pm$20,00 mL, $\pm$10,00 mL e $\pm$1,00 mL de equivalência. Construa uma curva de titulação a partir dos dados, colocando no gráfico função p *versus* volume de titulante.

(a) 25,00 mL de HCl 0,05000 mol L^{-1} com NaOH 0,02500 mol L^{-1}.

(b) 20,00 ml de HCl 0,06000 mol L^{-1} com NaOH 0,03000 mol L^{-1}.

(c) 30,00 mL de H_2SO_4 mol L^{-1} com NaOH 0,1000 mol L^{-1}.

(d) 40,00 mL de NaOH 0,02500 mol L^{-1} com HCl 0,05000 mol L^{-1}.

(e) 35,00 mL de Na2CO3 0,2000 mol L^{-1} com HCl 0,2000 mol L^{-1}.

capítulo 14

Princípios das Titulações de Neutralização

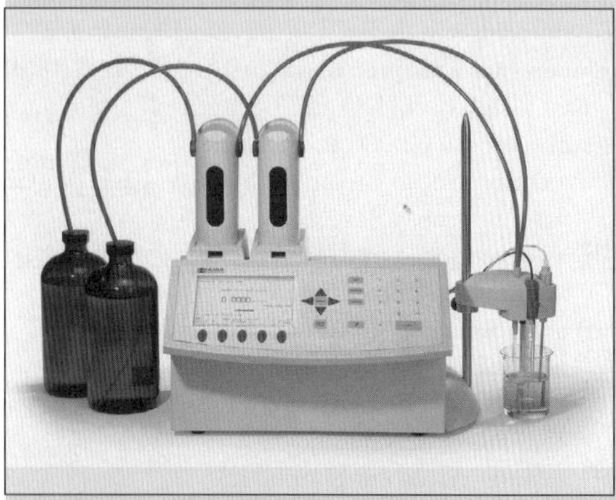

Cortesia da HANNA Instruments

As titulações de neutralização são largamente empregadas para determinar as quantidades de ácidos e bases. Além disso, titulações de neutralização podem ser utilizadas para monitorar o progresso das reações que produzem ou consomem íons hidrogênio. Na química clínica, por exemplo, a pancreatite pode ser diagnosticada pela medida da atividade da lipase sérica. As lipases hidrolisam as cadeias longas dos triglicerídeos. A reação libera dois mols de ácido graxo e um mol de β-monoglicerídeo para cada mol de triglicerídeo presente:

$$\text{triglicerídeo} \xrightarrow{\text{lipase}} \text{monoglicerídeo} + 2\ \text{ácido graxo}$$

Deixa-se a reação ocorrer por certo tempo, e então o ácido graxo liberado é titulado com o NaOH empregando-se fenolftaleína como indicador ou um pHmetro. A quantidade de ácido graxo produzido em um tempo fixo está relacionada com a atividade da lipase (veja o Capítulo 30). Todo o processo pode ser automatizado utilizando-se um titulador automático.

Os equilíbrios ácidos/bases são onipresentes na química e na ciência em geral. Por exemplo, você notará que o material deste capítulo e do Capítulo 15 é de relevância direta para reações ácido/base que são tão importantes na bioquímica e nas outras ciências biológicas.

As soluções padrão de ácidos e bases fortes são utilizadas extensivamente na determinação de analitos, por si mesmos ácidos ou bases ou analitos que podem ser convertidos nessas espécies. Este capítulo explora os princípios de titulações ácido/base e discute os indicadores comuns que são utilizados. Além disso, investigamos as curvas de titulação, que são os gráficos de pH *versus* volume de titulante, e apresentamos vários exemplos de cálculos de pH.

14A INDICADORES PARA TITULAÇÕES ÁCIDO/BASE

Como todas as outras, as titulações de neutralização dependem da reação química do analito com um reagente padrão. Existem vários tipos diferentes de titulações ácido/base. Uma das mais comuns é a titulação de um ácido forte, como o ácido clorídrico ou ácido sulfúrico, com uma base forte, como hidróxido de sódio. Um outro tipo comum é a titulação de um ácido fraco, como o ácido acético ou ácido lático, com uma base forte. Bases fracas, como o cianeto de sódio ou salicilato de sódio, também podem ser tituladas com ácidos fortes.

Em todas as titulações, devemos ter um método de determinar o ponto de equivalência química. Normalmente, é usado um indicador químico ou um método instrumental para localizar o ponto final, o qual esperamos que seja muito próximo ao ponto de equivalência. Nossa abordagem foca nos tipos de soluções padrão e indicadores químicos que são usados para as titulações de neutralização.

14A-1 Soluções Padrão

As soluções padrão utilizadas nas titulações de neutralização são ácidos ou bases fortes porque essas substâncias reagem de forma mais completa com o analito do que os ácidos e bases fracos, e como resultado, eles produzem pontos finais mais nítidos. As soluções padrão de ácidos são preparadas por diluição de ácido clorídrico, perclórico ou sulfúrico concentrados. O ácido nítrico é raramente utilizado em virtude de suas propriedades oxidantes que o potencializam a promover reações laterais indesejáveis. *O ácido perclórico e o ácido sulfúrico concentrados a quente são potentes agentes oxidantes e muito perigosos.* Felizmente, as soluções diluídas e frias desses reagentes são seguras para serem usadas no laboratório analítico sem qualquer precaução especial, a não ser a proteção dos olhos.

> Os reagentes padrão utilizados nas titulações ácido/base são sempre ácidos ou bases fortes, mais comumente HCl, $HClO_4$, H_2SO_4, NaOH e KOH. Os ácidos e bases fracos nunca são empregados como reagentes padrão porque reagem de forma incompleta com os analitos.

As soluções padrão de bases são normalmente preparadas a partir dos sólidos de sódio de hidróxidos de potássio e, ocasionalmente, de bário. Novamente, sempre use proteção para os olhos quando manipular soluções diluídas desses reagentes.

14A-2 Indicadores Ácido/Base

Muitos compostos naturais e sintéticos exibem cores que dependem do pH da solução na qual estão dissolvidas. Algumas dessas substâncias, que têm sido utilizadas por séculos para indicar a acidez ou alcalinidade da água, ainda são empregadas em titulações ácido/base.

> Para uma lista de indicadores ácido/base mais comuns e suas cores, ver o encarte colorido ao final deste livro. Veja também, nesse encarte, as fotografias que mostram as cores e as faixas de transição de 12 indicadores comuns.

Um indicador ácido/base é um ácido ou base orgânicos fracos cuja forma não dissociada difere da cor de sua base ou ácido conjugados. Por exemplo, o comportamento de um indicador do tipo ácido, HIn, é descrito pelo equilíbrio

$$\underset{\text{cor ácida}}{HIn} + H_2O \rightleftharpoons \underset{\text{cor básica}}{In^-} + H_3O^+$$

Nesta reação, as alterações estruturais internas acompanham a dissociação e causam a mudança de cor (por exemplo, veja a **Figura 14-1**). O equilíbrio para um indicador do tipo básico, In, é

$$\underset{\text{cor básica}}{In} + H_2O \rightleftharpoons \underset{\text{cor ácida}}{InH^+} + HO^-$$

Nos parágrafos seguintes, enfocamos o comportamento dos indicadores do tipo ácido. Os princípios, entretanto, podem ser facilmente estendidos também para os indicadores do tipo básico.

A expressão da constante de equilíbrio para a dissociação de um indicador do tipo ácido tem a forma

$$K_a = \frac{[H_3O^+][In^-]}{[HIn]} \tag{14-1}$$

Rearranjando-a, chega-se a

$$[H_3O^+] = K_a\frac{[HIn]}{[In^-]} \tag{14-2}$$

Vemos, então, que a concentração do íon hidrônio é proporcional à razão entre a forma ácida e a concentração da forma conjugada básica do indicador, que, por sua vez, controla a cor da solução.

O olho humano não é muito sensível à diferença de cores em uma solução contendo uma mistura de HIn e In^-, particularmente quando a razão $[HIn]/[In^-]$ for maior que 10 e menor que 0,1. Por causa dessa restrição, a mudança de cor detectada por um observador médio ocorre dentro de uma gama limitada de taxas de concentração, cerca de 10 a aproximadamente 0,1. Em proporções maiores ou menores, a cor mostra-se essencialmente constante ao nosso olho e é independente da razão. Como resultado, podemos escrever que um indicador típico, HIn, exibe sua cor ácida pura quando

$$\frac{[HIn]}{[In^-]} \geq \frac{10}{1}$$

e sua cor básica quando

$$\frac{[HIn]}{[In^-]} \leq \frac{1}{10}$$

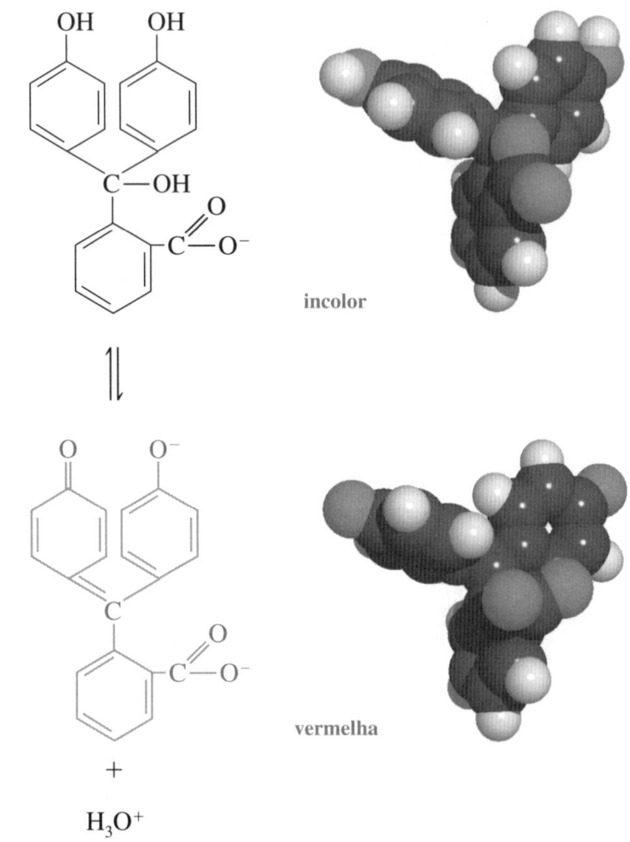

Figura 14-1 Alteração das cores e modelo molecular da fenolftaleína. (a) Forma ácida depois da hidrólise da forma lactona. (b) Forma básica.

A cor parece ser intermediária para razões entre esses dois valores. As razões, é claro, variam consideravelmente de indicador para indicador. Além disso, as pessoas diferenciam-se significativamente em suas habilidades em distinguir as cores; de fato, uma pessoa daltônica pode ser incapaz de distinguir qualquer tipo de alteração de cor.

Se substituirmos as duas razões de concentração na Equação 14-2, a faixa de concentração de íon hidrônio necessária para alterar a cor do indicador pode ser avaliada. Para se observar a cor ácida,

$$[H_3O^+] = 10K_a$$

e para a observação da cor básica,

$$[H_3O^+] = 0{,}1\ K_a$$

Para se obter a faixa de pH do indicador, tomamos o logaritmo negativo das duas expressões:

A faixa de transição de pH da maioria dos indicadores tipo ácido é de aproximadamente $pK_a \pm 1$.

$$pH(\text{cor ácida}) = -\log(10K_a) = pK_a + 1$$

$$pH(\text{cor básica}) = -\log(0{,}1K_a) = pK_a - 1$$

$$\text{faixa de pH do indicador} = pK_a \pm 1 \qquad (14\text{-}3)$$

Essa expressão mostra que um indicador com uma constante de dissociação ácida de 1×10^{-5} ($pK_a = 5$) tipicamente revela uma alteração de cor quando o pH da solução na qual estiver dissolvido mudar de 4 para 6 (veja a **Figura 14-2**). Podemos derivar uma relação semelhante para um indicador tipo básico.

Erros de Titulação com Indicadores Ácido/Base

Podemos encontrar dois tipos de erros em titulações ácido/base. O primeiro é o erro determinado que ocorre quando o pH no qual o indicador muda de cor difere do pH do ponto de equivalência. Esse tipo de erro pode geralmente ser minimizado pela escolha cuidadosa do indicador ou fazendo uma correção com um branco.

O segundo tipo corresponde a um erro indeterminado, que é originado da habilidade limitada do olho humano em distinguir reprodutivelmente a cor intermediária do indicador. A grandeza desse erro depende da variação do pH por mililitro de reagente no ponto de equivalência, da concentração do indicador e da sensibilidade da visão do analista para as duas cores do indicador. Na média, a incerteza visual para um indicador ácido/base situa-se na faixa de ±0,5 a ±1 unidade de pH. Essa incerteza pode frequentemente ser reduzida para o mínimo de ±0,1 unidade de pH pela comparação da cor da solução que está sendo titulada com um padrão de referência contendo quantidades similares de indicador em pH apropriado. Essas incertezas são aproximações que variam consideravelmente de indicador para indicador, como também de pessoa para pessoa.

Variáveis que Influenciam o Comportamento dos Indicadores

O intervalo de pH sobre o qual um dado indicador exibe a variação de cor é influenciado pela temperatura, pela força iônica e pela presença de solventes orgânicos e partículas coloidais. Alguns desses efeitos, particularmente os dois últimos, podem causar o deslocamento da faixa de transição em uma ou mais unidades de pH.[1]

Os Indicadores Ácido/Base Comuns

A lista de indicadores ácido/base é grande e inclui um número significativo de compostos orgânicos. Estão disponíveis indicadores para quase todas as faixas de pH. Na **Tabela 14-1** são listados alguns indicadores comuns e suas propriedades. Observe que a faixa de transição varia de 1,1 a 2,2 com uma média de 1,6 unidades. Esses indicadores e muitos outros são mostrados juntamente com suas faixas de transição na figura colorida, no encarte ao final deste livro.

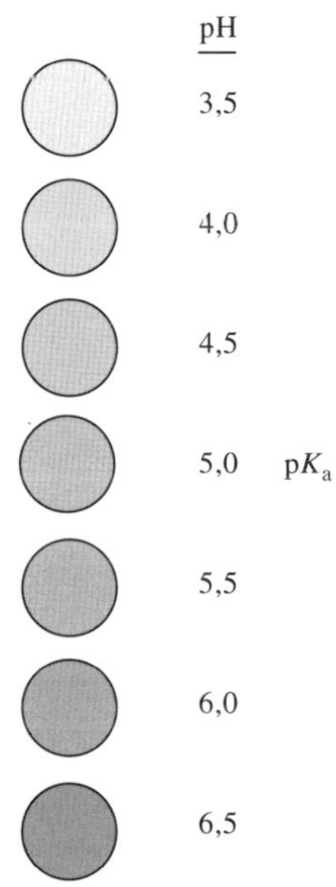

Figura 14-2 Cores de um indicador em função do pH ($pK_a = 5,0$).

14B TITULAÇÕES DE ÁCIDOS E BASES

Os íons hidrônio em uma solução aquosa de um ácido forte originam-se a partir de duas fontes: (1) a reação do ácido com a água e (2) a dissociação da própria água. Entretanto, em todas as soluções, exceto nas mais diluídas, a contribuição do ácido forte excede de longe a do solvente. Assim, para uma solução de HCl com uma concentração maior que 10^{-6} mol L^{-1}, podemos escrever

$$[H_3O^+] = c_{HCl} + [OH^-] \approx c_{HCl}$$

onde $[OH^-]$ representa a contribuição dos íons hidrônio da dissociação da água.

Nas soluções de ácidos fortes que são mais concentradas do que aproximadamente 1×10^{-6} mol L^{-1}, podemos presumir que a concentração de equilíbrio de H_3O^+ seja igual à concentração analítica do ácido. O mesmo é verdadeiro para $[OH^-]$ em soluções de bases fortes.

[1] Para uma discussão desses efeitos, veja H. A. Latinen e W. E. Harris, *Chemical Analysis*, 2. ed., Nova York: McGraw-Hill, 1975, p. 48-51.

TABELA 14-1

Alguns Indicadores Ácido/Base Importantes

Nome Comum	Faixa de Transição de pH	pK_a*	Mudança de Cor†	Tipo de Indicador‡
Azul de timol	1,2–2,8	1,65§	V – A	1
	8,0–9,6	8,96§	A – Az	
Amarelo de metila	2,9–4,0		V – A	2
Alaranjado de metila	3,1–4,4	3,46§	V – L	2
Verde de bromocresol	3,8–5,4	4,66§	A – Az	1
Vermelho de metila	4,2–6,3	5,00§	V – A	2
Púrpura de bromocresol	5,2–6,8	6,12§	A – P	1
Azul de bromotimol	6,2–7,6	7,10§	A – Az	1
Vermelho fenol	6,8–8,4	7,81§	A – V	1
Púrpura de cresol	7,6–9,2		A – P	1
Fenolftaleína	8,3–10,0		I – V	1
Timolftaleína	9,3–10,5		I – Az	1
Amarelo de alizarina GG	10–12		I – A	2

*Em força iônica de 0,1.
†Az = azul; I = incolor; L = laranja; P = púrpura; V = vermelho; A = amarelo.
‡(1) Tipo ácido: $HIn + H_2O \rightleftharpoons H_3O^+ + In^-$; (2) Tipo básico: $In + H_2O \rightleftharpoons InH^+ + OH^-$.
§Para a reação $InH^+ + H_2O \rightleftharpoons H_3O^+ + In$.

Uma relação análoga é aplicada para a solução de uma base forte, como o hidróxido de sódio. Isto é,

$$[OH^-] = c_{NaOH} + [H_3O^+] \approx c_{NaOH}$$

14B-1 Titulação de um Ácido Forte com uma Base Forte

Estamos interessados, neste e nos próximos capítulos, no cálculo *hipotético* de curvas de titulação do pH *versus* volume de titulante. Devemos fazer uma clara distinção entre as curvas construídas por meio do cálculo dos valores de pH e as curvas de titulação *experimentais* obtidas no laboratório. Três tipos de cálculos devem ser feitos para se construir a curva hipotética para a titulação de um ácido forte com uma base forte. Cada um deles corresponde a um estágio distinto da titulação: (1) pré-equivalência; (2) equivalência e (3) pós-equivalência. No estágio da pré-equivalência, computamos a concentração do ácido de sua concentração inicial e a quantidade da base adicionada. No ponto de equivalência, os íons hidrônio e hidróxido estão presentes em concentração igual, e a concentração de íons hidrônio pode ser calculada diretamente da constante do produto iônico da água, K_w. No estágio da pós-equivalência, a concentração analítica do excesso de base é calculada, e supõe-se que a concentração do íon hidróxido seja igual ou um múltiplo de sua concentração analítica.

> Antes do ponto de equivalência, calculamos o pH da concentração molar do ácido que não reagiu.

Um modo conveniente de converter as concentrações de hidróxido a valores de pH pode ser desenvolvida tomando-se o logaritmo negativo de ambos os lados da expressão da constante do produto iônico da água. Assim,

> No ponto de equivalência a solução é neutra e pH = pOH. Tanto o pH quanto o pOH = 7,00 a 25°C.

$$K_w = [H_3O^+][OH^-]$$

$$-\log K_w = -\log[H_3O^+][OH^-] = -\log [H_3O^+] - \log [OH^-]$$

$$pK_w = pH + pOH$$

e, a 25°C,

> Após o ponto de equivalência, primeiro calculamos pOH e então o pH. Lembre-se de que $pH = pK_w - pOH$. A 25°C, pH = 14,00 − pOH.

$$-\log 10^{-14} = 14,00 = pH + pOH$$

EXEMPLO 14-1

Gere a curva de titulação hipotética para a titulação de 50,00 mL de HCl 0,0500 mol L^{-1} com o NaOH 0,1000 mol L^{-1} a 25°C.

Ponto Inicial

Antes de adicionarmos qualquer quantidade de base, a solução contém 0,0500 mol L^{-1} de H_3O^+ e

$$\text{pH} = -\log[H_3O^+] = -\log 0{,}0500 = 1{,}30$$

Após a Adição de 10,00 mL de Reagente

A concentração do íon hidrônio diminuiu como resultado da reação com a base e da diluição. Logo, a concentração de HCl remanescente, c_{HCl}, é

$$c_{HCl} = \frac{\text{quant. de matéria de HCl restante após adição de NaOH}}{\text{volume total da solução}}$$

$$= \frac{\text{quant. de matéria original HCl} - \text{quant. de matéria de NaOH adicionada}}{\text{volume total da solução}}$$

$$= \frac{(50{,}00\text{ mL} \times 0{,}0500\text{ mol L}^{-1}) - (10{,}00\text{ mL} \times 0{,}1000\text{ mol L}^{-1})}{50{,}00\text{ mL} + 10{,}00\text{ mL}}$$

$$= \frac{(2{,}500\text{ mmol} - 1{,}00\text{ mmol})}{60{,}00\text{ mL}} = 2{,}50 \times 10^{-2}\text{ mol L}^{-1}$$

$$[H_3O^+] = 2{,}50 \times 10^{-2}\text{ mol L}^{-1}$$

$$\text{pH} = -\log[H_3O^+] = -\log(2{,}50 \times 10^{-2}) = 1{,}602 \approx 1{,}60$$

Observe que normalmente computamos o pH com duas casas decimais nos cálculos da curva de titulação. Calculamos os pontos adicionais definindo a curva na região antes do ponto de equivalência da mesma maneira. Os resultados destes cálculos estão mostrados na segunda coluna da **Tabela 14-2**.

TABELA 14-2

Variações no pH durante a Titulação de Ácido Forte com uma Base Forte

	pH	
Volume de NaOH, mL	**50,00 mL de 0,0500 mol L^{-1} HCl com o NaOH 0,100 mol L^{-1}**	**50,00 mL de 0,000500 mol L^{-1} HCl com o NaOH 0,00100 mol L^{-1}**
0,00	1,30	3,30
10,00	1,60	3,60
20,00	2,15	4,15
24,00	2,87	4,87
24,90	3,87	5,87
25,00	7,00	7,00
25,10	10,12	8,12
26,00	11,12	9,12
30,00	11,80	9,80

Após a Adição de 25,00 mL do Reagente: O Ponto de Equivalência

No ponto de equivalência, nem o HCl nem o NaOH estão em excesso e, assim, a concentração dos íons hidrônio e hidróxido devem ser iguais. Substituindo-se essa igualdade na constante do produto iônico da água, temos

$$[H_3O^+] = [OH^-] = \sqrt{K_w} = \sqrt{1{,}00 \times 10^{-14}} = 1{,}00 \times 10^{-7} \text{ mol L}^{-1}$$

$$pH = -\log[H_3O^+] = -\log(1{,}00 \times 10^{-7}) = 7{,}00$$

Após a adição de 25,10 mL de Reagente

A solução agora contém um excesso de NaOH, e podemos escrever

$$c_{NaOH} = \frac{\text{quant. de matéria NaOH adic.} - \text{quant. de matéria original de HCl}}{\text{volume total solução}}$$

$$= \frac{25{,}10 \times 0{,}1000 - 50{,}00 \times 0{,}0500}{75{,}10} = 1{,}33 \times 10^{-4} \text{ mol L}^{-1}$$

A concentração de equilíbrio do íon hidróxido é

$$[OH^-] = c_{NaOH} = 1{,}33 \times 10^{-4} \text{ mol L}^{-1}$$

$$pOH = -\log[OH^-] = -\log(1{,}33 \times 10^{-4}) = 3{,}88$$

$$pH = 14{,}00 - pOH = 14{,}00 - 3{,}88 = 10{,}12$$

Os valores adicionais além do ponto de equivalência são calculados da mesma maneira. Os resultados destes cálculos são mostrados nas últimas três linhas da Tabela 14-2.

DESTAQUE 14-1

Uso da Equação de Balanço de Cargas para Construir as Curvas de Titulação

No Exemplo 14-1, geramos uma curva de titulação ácido/base a partir da estequiometria da reação. Podemos mostrar que todos os pontos também podem ser calculados partindo-se da equação de balanço de cargas.

Para o sistema tratado no Exemplo 14-1, a equação de balanço de cargas é dada por

$$[H_3O^+] + [Na^+] = [OH^-] + [Cl^-]$$

onde as concentrações dos íons sódio e cloreto são determinadas por

$$[Na^+] = \frac{c^0_{NaOH} V_{NaOH}}{V_{NaOH} + V_{HCl}}$$

$$[Cl^-] = \frac{c^0_{HCl} V_{HCl}}{V_{NaOH} + V_{HCl}}$$

onde c^0_{NaOH} e c^0_{HCl} são as concentrações iniciais de base e ácido, respectivamente. Podemos reescrever a primeira equação na forma

$$[H_3O^+] = [OH^-] + [Cl^-] - [Na^+]$$

Para os volumes de NaOH antes do ponto de equivalência, $[OH^-] \ll [Cl^-]$, assim

$$[H_3O^+] \approx [Cl^-] - [Na^+] \approx c_{HCl}$$

e

$$[H_3O^+] = \frac{c^0_{HCl}V_{HCl}}{V_{HCl} + V_{NaOH}} - \frac{c^0_{NaOH}V_{NaOH}}{V_{HCl} + V_{NaOH}} = \frac{c^0_{HCl}V_{HCl} - c^0_{NaOH}V_{NaOH}}{V_{HCl} + V_{NaOH}}$$

No ponto de equivalência, $[Na^+] = [Cl^-]$ e

$$[H_3O^+] = [OH^-]$$

$$[H_3O^+] = \sqrt{K_w}$$

Após o ponto de equivalência, $[H_3O^+] \ll [Na^+]$ e a equação original é rearranjada para

$$[OH^-] \approx [Na^+] - [Cl^-] \approx c_{NaOH}$$

$$= \frac{c^0_{NaOH}V_{NaOH}}{V_{NaOH} + V_{HCl}} - \frac{c^0_{HCl}V_{HCl}}{V_{NaOH} + V_{HCl}} = \frac{c^0_{NaOH}V_{NaOH} - c^0_{HCl}V_{HCl}}{V_{NaOH} + V_{HCl}}$$

O Efeito da Concentração

Os efeitos das concentrações do reagente e do analito nas curvas de titulação de neutralização para os ácidos fortes são mostrados por dois conjuntos de dados na Tabela 14-2 e pelos gráficos na **Figura 14-3**. Observe que com o titulante NaOH 0,1 mol L^{-1}, a variação do pH na região do ponto de equivalência é grande. Com o NaOH 0,001 mol L^{-1}, a variação é muito menor, mas ainda pronunciada.

Escolha do Indicador

A Figura 14-3 mostra que a escolha de um indicador não é crítica quando a concentração do reagente é de aproximadamente 0,1 mol L^{-1}. Nesse caso, as diferenças de volumes na titulação com os três indicadores expostos são da mesma grandeza das incertezas associadas com a leitura da bureta e, assim, são negligenciáveis. Note, entretanto, que o verde de bromocresol é inadequado para a titulação envolvendo o reagente 0,001 mol L^{-1} porque a variação de cor ocorre dentro de uma faixa de 5 mL, bem antes do ponto de equivalência. O uso da fenolftaleína está sujeito a objeções similares. Dos três indicadores, então, somente o azul de bromotimol fornece um ponto final satisfatório com um erro sistemático mínimo em titulações de NaOH 0,001 mol L^{-1}.

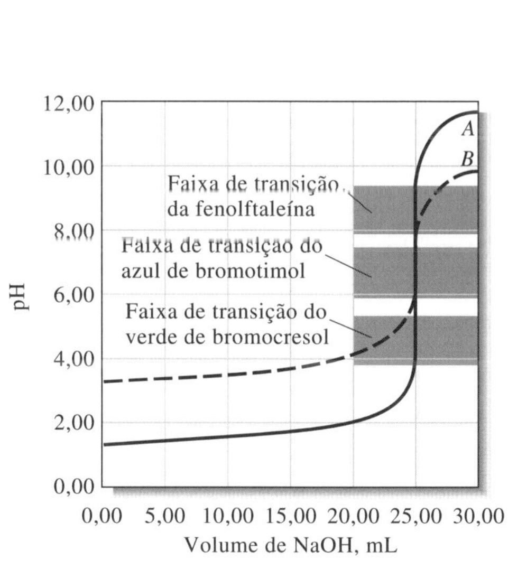

Figura 14-3 Curvas de titulação de HCl com NaOH. Curva *A*: 50,00 mL de HCl 0,0500 mol L^{-1} com NaOH 0,1000 mol L^{-1}. Curva *B*: 50,00 mL de HCl 0,000500 mol L^{-1} com NaOH 0,001000 mol L^{-1}.

14B-2 Titulação de uma Base Forte com um Ácido Forte

As curvas de titulação de bases fortes são derivadas de uma maneira similar àquela usada para os ácidos fortes. Antes do ponto de equivalência, a solução é alcalina, e a concentração de íons hidróxido é numericamente relacionada com a concentração analítica da base. A solução é neutra no ponto de equivalência, e torna-se ácida na região após o ponto de equivalência. Após o ponto de equivalência, a concentração do íon hidrônio é igual à concentração analítica do excesso de ácido forte.

EXEMPLO 14-2

Calcule o pH durante a titulação de 50,00 mL de NaOH 0,0500 mol L^{-1} com HCl 0,1000 mol L^{-1} a 25 °C, após a adição dos seguintes volumes de reagente: (a) 24,50 mL; (b) 25,00 mL; (c) 25,50 mL.

Resolução

(a) Com a adição de 24,50 mL, $[H_3O^+]$ é muito pequena e não pode ser calculada com base em considerações estequiométricas, mas pode ser obtida a partir da $[OH^-]$:

$$[OH^-] = c_{NaOH} = \frac{\text{quant. de mat. orig. de NaOH} - \text{quant. de mat. de HCl adic.}}{\text{volume total da solução}}$$

$$= \frac{50{,}00 \times 0{,}0500 - 24{,}50 \times 0{,}1000}{50{,}00 + 24{,}50} = 6{,}71 \times 10^{-4}\ \text{mol L}^{-1}$$

$$[H_3O^+] = K_w/(6{,}71 \times 10^{-4}) = 1{,}00 \times 10^{-14}/(6{,}71 \times 10^{-4})$$

$$= 1{,}49 \times 10^{-11}\ \text{mol L}^{-1}$$

$$\text{pH} = -\log(1{,}49 \times 10^{-11}) = 10{,}83$$

(b) 25,00 mL adicionados é o ponto de equivalência, no qual $[H_3O^-] = [OH^-]$:

$$[H_3O^+] = \sqrt{K_w} = \sqrt{1{,}00 \times 10^{-14}} = 1{,}00 \times 10^{-7}\ \text{mol L}^{-1}$$

$$\text{pH} = -\log(1{,}00 \times 10^{-7}) = 7{,}00$$

(c) Com a adição de 25,50 mL,

$$[H_3O^+] = c_{HCl} = \frac{25{,}50 \times 0{,}1000 - 50{,}00 \times 0{,}0500}{75{,}50}$$

$$= 6{,}62 \times 10^{-4}\ \text{mol L}^{-1}$$

$$\text{pH} = -\log(6{,}62 \times 10^{-4}) = 3{,}18$$

As curvas de titulação de NaOH 0,0500 mol L^{-1} e 0,00500 mol L^{-1} com HCl 0,1000 mol L^{-1} e 0,0100 mol L^{-1} são mostradas na **Figura 14-4**. Usamos o mesmo critério descrito para a titulação de um ácido forte com uma base forte para selecionar um indicador.

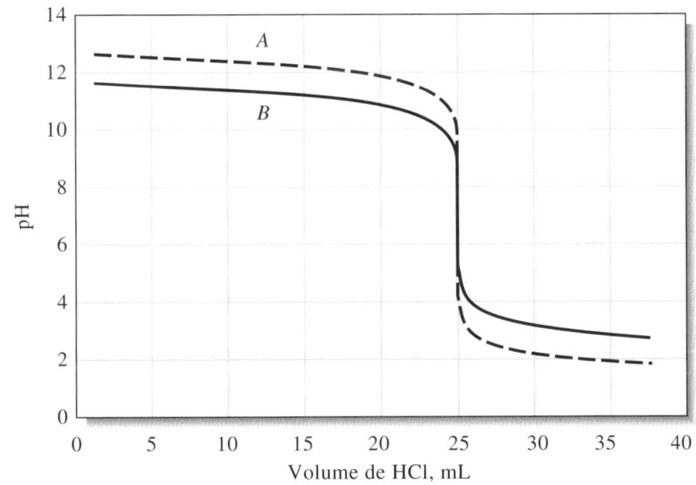

Figura 14-4 Curvas de titulação para NaOH com HCl. Curva *A*: 50,00 mL de NaOH 0,0500 mol L^{-1} com HCl 0,1000 mol L^{-1}. Curva *B*: 50,00 mL de NaOH 0,00500 mol L^{-1} com HCl 0,0100 mol L^{-1}.

DESTAQUE 14-2

Algarismos Significativos nos Cálculos das Curvas de Titulação

As concentrações calculadas na região do ponto de equivalência das curvas são geralmente de baixa precisão porque são baseadas em pequenas diferenças entre números grandes. Por exemplo, no cálculo de c_{NaOH} após a introdução de 25,10 mL de NaOH no Exemplo 14-1, o numerador (2,510 − 2,500 = 0,010) é conhecido apenas com dois algarismos significativos. Para minimizar o erro de arredondamento, entretanto, três dígitos foram considerados em c_{NaOH} ($1{,}33 \times 10^{-4}$), e o arredondamento foi adiado até que o pH e o pOH fossem calculados.

Para arredondar os valores calculados para a função p, você deve lembrar-se (veja a Seção 6D-2) de que é *a mantissa de um logaritmo* (isto é, o número à direita do ponto decimal) *que deve ser arredondado de forma que inclua apenas os algarismos significativos* porque a característica (o número à esquerda do ponto decimal) serve meramente para localizar o ponto decimal. Felizmente, as grandes variações características da função p da maioria dos pontos de equivalência não são ocultadas pela precisão limitada dos dados calculados. Geralmente, em dados calculados para curvas de titulação, arredondamos as funções p até duas casas à direita do ponto decimal, independentemente do fato de o arredondamento ser ou não necessário.

14C CURVAS DE TITULAÇÃO PARA ÁCIDOS FRACOS

Quatro tipos marcadamente diferentes de cálculos são necessários para computar valores de uma curva de titulação de um ácido fraco (ou uma base fraca):

1. No início, a solução contém somente um ácido fraco ou uma base fraca, e o pH é calculado a partir da concentração do soluto e sua constante de dissociação.
2. Após a adição de vários incrementos de titulante (até, mas não incluindo, o ponto de equivalência), a solução consiste em uma série de tampões. O pH de cada tampão pode ser calculado da concentração analítica da base ou do ácido conjugados e a concentração residual do ácido ou da base que permanece.
3. No ponto de equivalência, a solução possui apenas o conjugado do ácido ou da base fracos que estão sendo titulados (isto é, um sal), e o pH é calculado a partir da concentração desse produto.
4. Após o ponto de equivalência, o excesso de titulante ácido ou básico forte reprime o caráter ácido ou alcalino do produto da reação em tal extensão que o pH é controlado em grande parte pela concentração do excesso do titulante.

❮ As curvas de titulação para os ácidos fracos e fortes tornam-se idênticas logo após o ponto de equivalência. O mesmo ocorre com as bases fortes e fracas.

EXEMPLO 14-3

Gere uma curva para a titulação de 50,00 mL de ácido ácetico (HOAc) 0,1000 mol L^{-1} com hidróxido de sódio 0,1000 mol L^{-1} a 25°C.

pH Inicial

Primeiro devemos calcular o pH de uma solução 0,1000 mol L^{-1} de HOAc usando a Equação 9-22.

$$[H_3O^+] = \sqrt{K_a c_{HOAc}} = \sqrt{1{,}75 \times 10^{-5} \times 0{,}1000} = 1{,}32 \times 10^{-3} \text{ mol L}^{-1}$$

$$pH = -\log(1{,}32 \times 10^{-3}) = 2{,}88$$

pH Após a Adição de 10,00 mL de Reagente

Foi produzida, agora, uma solução tampão que consiste em NaOAc e HOAc. As concentrações analíticas dos dois constituintes são

$$c_{HOAc} = \frac{50{,}00 \text{ mL} \times 0{,}1000 \text{ mol L}^{-1} - 10{,}00 \text{ mL} \times 0{,}1000 \text{ mol L}^{-1}}{60{,}00 \text{ mL}}$$

$$= \frac{4{,}000}{60{,}00} \text{ mol L}^{-1}$$

$$c_{NaOAc} = \frac{10{,}00 \text{ mL} \times 0{,}1000 \text{ mol L}^{-1}}{60{,}00 \text{ mL}} = \frac{1{,}000}{60{,}00} \text{ mol L}^{-1}$$

Agora, para o volume de 10,00 mL, substituímos a concentração de HOAc e OAc^- na expressão da constante de dissociação para o ácido acético e obtemos

$$K_a = \frac{[H_3O^+](1{,}000/60{,}00)}{4{,}00/60{,}00} = 1{,}75 \times 10^{-5}$$

$$[H_3O^+] = 7{,}00 \times 10^{-5}$$

$$pH = 4{,}15$$

Observe que o volume total da solução está presente no numerador e no denominador e assim é cancelado na expressão para a $[H_3O^+]$. Os cálculos similares a esse fornecem os pontos da curva ao longo da região tamponada. Os resultados desses cálculos são mostrados na coluna 2 da **Tabela 14-3**.

TABELA 14-3

Variações no pH Durante a Titulação de um Ácido Fraco com uma Base Forte

	pH	
Volume de NaOH, mL	**50,00 mL de HOAc 0,1000 mol L^{-1} NaOH 0,1000 mol L^{-1}**	**50,00 mL de HOAc 0,001000 mol L^{-1} com NaOH 0,001000 mol L^{-1}**
0,00	2,88	3,91
10,00	4,15	4,30
25,00	4,76	4,80
40,00	5,36	5,38
49,00	6,45	6,46
49,90	7,46	7,47
50,00	8,73	7,73
50,10	10,00	8,09
51,00	11,00	9,00
60,00	11,96	9,96
70,00	12,22	10,25

pH Após a Adição de 25,00 mL de Reagente

Como no cálculo anterior, as concentrações analíticas dos dois constituintes são

$$c_{\text{HOAc}} = \frac{50,00 \text{ mL} \times 0,1000 \text{ mol L}^{-1} - 25,00 \text{ mL} \times 0,1000 \text{ mol L}^{-1}}{75,00 \text{ mL}}$$

$$= \frac{2,500}{75,00} \text{ mol L}^{-1}$$

$$c_{\text{NaOAc}} = \frac{25,00 \text{ mL} \times 0,1000 \text{ mol L}^{-1}}{75,00 \text{ mL}} = \frac{2,500}{75,00} \text{ mol L}^{-1}$$

Agora, para um volume de 25,00 mL, substituímos as concentrações de HOAc e OAc^- na expressão da constante de dissociação do ácido acético e obtemos

$$K_a = \frac{[H_3O^+](2,500/75,00)}{2,500/75,00} = 1,75 \times 10^{-5}$$

$$\text{pH} = \text{p}K_a = -\log(1,75 \times 10^{-5}) = 4,76$$

Nesse ponto da meia titulação, as concentrações do ácido e da base conjugados, bem como o volume total da solução, são cancelados na expressão para $[H_3O^+]$.

pH no Ponto de Equivalência

No ponto de equivalência, todo o ácido acético foi convertido em acetato de sódio. Portanto, a solução é similar àquela formada pela dissolução do NaOAc em água e o cálculo de pH é idêntico ao mostrado no Exemplo 9-10 para uma base fraca. No presente exemplo, a concentração de NaAOc é 0500 mol L^{-1}. Assim,

$$c_{\text{NaOAc}} = \frac{50,00 \text{ mL} \times 0,1000 \text{ mol L}^{-1}}{100,00 \text{ mL}} = 0,0500 \text{ mol L}^{-1}$$

Logo

$$OAc^- + H_2O \rightleftharpoons HOAc + OH^-$$

$$[OH^-] = [HOAc]$$

$$[OAc^-] = 0,0500 - [OH^-] \approx 0,0500$$

Substituindo essas quantidades na expressão da constante de dissociação da base para OAc^-, temos

$$\frac{[OH^-]^2}{0,0500} = \frac{K_w}{K_a} = \frac{1,00 \times 10^{-14}}{1,75 \times 10^{-5}} = 5,71 \times 10^{-10}$$

$$[OH^-] = \sqrt{0,0500 \times 5,71 \times 10^{-10}} = 5,34 \times 10^{-6} \text{ mol L}^{-1}$$

$$\text{pH} = 14,00 - [-\log(5,34 \times 10^{-6})] = 8,73$$

❮ Note que o pH no ponto de equivalência dessa titulação é maior que 7. A solução é básica. Uma solução de um sal de um ácido fraco sempre é básica.

pH Após a Adição de 50,10 mL de Base

Após a adição de 50,10 mL de NaOH, o excesso de base e o íon acetato são fontes de íons hidróxido. Entretanto, a contribuição do íon acetato é pequena, porque o excesso de base forte elimina a reação do acetato com a água. Esse fato torna-se evidente quando consideramos que a concentração do íon hidróxido é apenas $5,34 \times 10^{-6}$ mol L^{-1} no ponto de equivalência; assim que um leve excesso da base forte for adicionado, a contribuição da reação do acetato é ainda menor. Temos então

$$[OH^-] = c_{\text{NaOH}} = \frac{50,10 \text{ mL} \times 0,1000 \text{ mol L}^{-1} - 50,00 \text{ mL} \times 0,1000 \text{ mol L}^{-1}}{100,10 \text{ mL}}$$

$$= 9{,}99 \times 10^{-5} \text{ mol L}^{-1}$$

$$\text{pH} = 14{,}00 - [-\log(9{,}99 \times 10^{-5})] = 10{,}00$$

Note que a curva de titulação de um ácido fraco por uma base forte é idêntica à de um ácido forte com uma base forte na região logo após o ponto de equivalência. A Tabela 14-3 e a **Figura 14-5** comparam os valores de pH calculados nesse exemplo com uma titulação de uma solução mais diluída. Em uma solução diluída, algumas suposições feitas neste exemplo não se mantêm. O efeito da concentração é mais discutido na Seção 14C-1.

No ponto de meia-titulação de uma titulação de um ácido fraco, $[H_3O^+] = K_a$ e $pH = pK_a$.

No ponto de meia-titulação de uma titulação de uma base fraca, $[OH^-] = K_b$ e $pOH = pK_b$ (lembre-se de que $K_b = K_w/K_a$).

Observe, no Exemplo 14-3, que as concentrações analíticas do ácido e da base conjugados são idênticas quando um ácido é neutralizado à metade (após a adição de exatamente 25,00 mL da base, nesse caso). Assim, esses termos são cancelados na expressão da constante de equilíbrio, e o íon hidrônio é numericamente igual à constante de dissociação. Da mesma forma, na titulação de uma base fraca, a concentração do íon hidróxido é numericamente igual à constante de dissociação da base no ponto médio da curva de titulação. Além disso, as capacidades tampão de cada uma das soluções estão no máximo nesse ponto. Esses pontos, frequentemente chamados **pontos de meia-titulação**, são usados para determinar as constantes de dissociação, como abordado no Destaque 14-3.

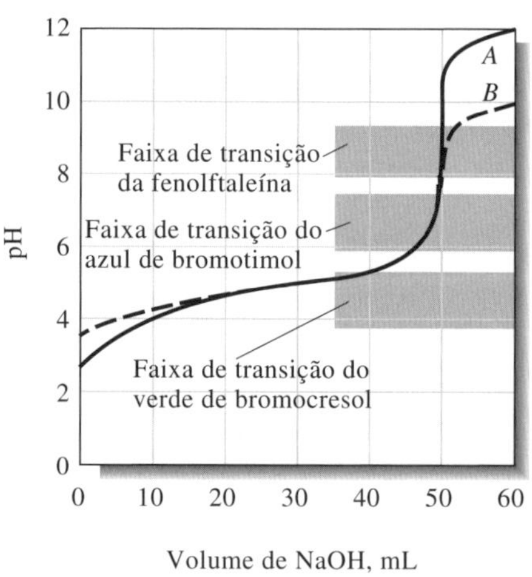

Figura 14-5 Curva para a titulação de ácido acético com hidróxido de sódio. Curva *A*: ácido 0,1000 mol L^{-1} com uma base 0,1000 mol L^{-1}. Curva *B*: ácido 0,001000 mol L^{-1} com uma base forte 0,001000 mol L^{-1}.

DESTAQUE 14-3

Determinando a Constante de Dissociação para Ácidos e Bases Fracos

As constantes de dissociação de ácidos e bases fracos são frequentemente determinadas pelo monitoramento do pH de uma solução enquanto o ácido ou a base está sendo titulado. Um pHmetro com um eletrodo de vidro para a medida de pH (veja a Seção 21D-3) é utilizado. A titulação é gravada do pH inicial até depois do ponto final. O pH na metade do volume do ponto final é então obtido e usado para obter a constante de dissociação. Para um ácido, o pH medido quando este é neutralizado à metade é numericamente igual ao pK_a. Para uma base fraca, o pH na metade da titulação precisa ser convertido a pOH, que é então igual ao pK_b.

14C-1 O Efeito da Concentração

A segunda e terceira colunas da Tabela 14-3 contêm dados de pH para a titulação de ácido acético 0,1000 mol L^{-1} e 0,001000 mol L^{-1} com uma solução de hidróxido de sódio com as mesmas duas concentrações. Nos cálculos dos valores para as soluções ácidas mais diluídas, nenhuma das aproximações mostradas no Exemplo 14-3 é válida, sendo necessária a resolução de uma equação quadrática para cada ponto na curva até se ultrapassar o ponto de equivalência. Na região posterior ao ponto de equivalência, predomina o excesso de OH^- e um cálculo simples funciona perfeitamente.

DESAFIO: Mostre que os valores de pH da terceira coluna da Tabela 14-3 estão corretos.

A Figura 14-5 é uma representação do gráfico dos dados contidos na Tabela 14-3. Note que os valores de pH iniciais são maiores e o pH do ponto de equivalência é menor para as soluções mais diluídas (Curva *B*). Para os volumes intermediários de titulante, entretanto, os valores de pH diferem apenas ligeiramente em virtude da ação tamponante do sistema ácido acético/acetato de sódio que está presente nessa região. A Figura 14-5 confirma em forma de gráfico que o pH dos tampões é altamente independente da diluição. Observe que a alteração em OH^- na vizinhança do ponto de equivalência torna-se menor com menores concentrações de analito e reagente. Esse efeito é análogo ao observado na titulação de um ácido forte com uma base forte (veja a Figura 14-3).

14C-2 O Efeito da Extensão da Reação

As curvas de titulação para as soluções de ácidos 0,1000 mol L^{-1} com diferentes constantes de dissociação são exibidas na **Figura 14-6**. Note que a variação do pH na região do ponto de equivalência torna-se menor quanto mais fraco for o ácido – isto é, quando a reação entre o ácido e a base tornar-se menos completa.

14C-3 Escolha do Indicador: Viabilidade da Titulação

As Figuras 14-5 e 14-6 mostram que a escolha do indicador é mais limitada para a titulação de um ácido fraco que para a titulação de um ácido forte. Por exemplo, a Figura 14-5 revela que o verde de bromocresol é totalmente inadequado para a titulação de ácido acético 0,1000 mol L^{-1}. O azul de bromotimol também não funciona porque sua mudança de cor ocorre em uma faixa de volume da base titulante 0,1000 mol L^{-1} que se estende de aproximadamente 47 mL até 50 mL. Por outro lado, um indicador que exiba uma alteração de cor na região básica, como a fenolftaleína, entretanto, deve fornecer um ponto final nítido com um erro mínimo de titulação.

A variação do pH do ponto final associada com a titulação de ácido acético 0,001000 mol L^{-1} (curva *B*, Figura 14-5) é tão pequena que provavelmente será um erro de titulação significativo não importando o indicador. Entretanto, o uso de um indicador com uma faixa de transição entre a da fenolftaleína e a do azul de bromotimol, em conjunto com um padrão de comparação de cor adequado, torna possível estabelecer o ponto final com precisão decente (um desvio padrão relativo de poucas partes por cento).

A Figura 14-6 ilustra que problemas semelhantes ocorrem quando a força do ácido a ser titulado diminui. Uma precisão da ordem de ±2 ppmil pode ser alcançada na titulação de uma solução de um ácido 0,1000 mol L^{-1} com uma constante de dissociação de 10^{-8}, se um padrão de comparação de cores adequado estiver disponível. Em soluções mais concentradas, os ácidos um pouco mais fracos podem ser titulados com precisão razoável.

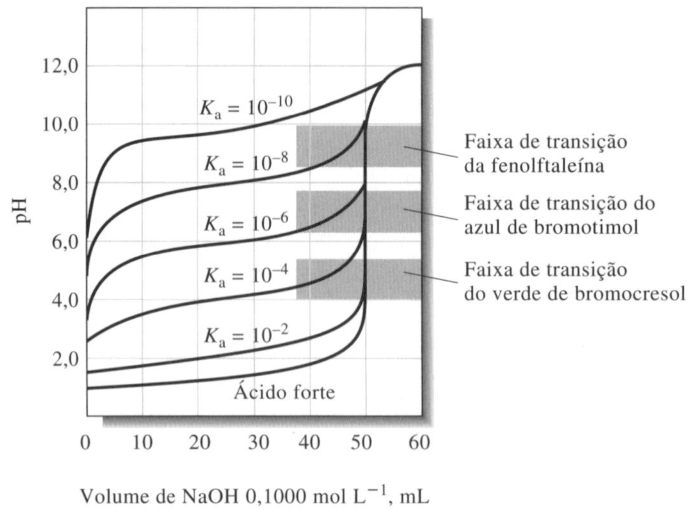

Figura 14-6 O efeito da força do ácido (constante de dissociação) nas curvas de titulação. Cada curva representa a titulação de 50,00 mL de ácido fraco 0,1000 mol L^{-1} com uma base forte 0,1000 mol L^{-1}.

DESTAQUE 14-4

Uma Abordagem de Equação Master para Titulações de Ácido Fraco/Base Forte

Com titulações de um ácido e uma base forte, uma única equação master é usada para encontrar a concentração de H_3O^+ por toda a titulação. Como um exemplo vamos pegar a titulação de um ácido fraco hipotético, HA (constante de dissociação K_a), com uma base forte, NaOH. Considere V_{HA} mL de Ha c^0_{HA} sendo titulado com NaOH c^0_{NaOH} mol L^{-1}. Em qualquer ponto na titulação, podemos escrever a equação de balanço de cargas como

$$[Na^+] + [H_3O^+] = [A^-] + [OH^-]$$

Agora substituímos para obter uma equação para H_3O^+ como uma função de volume de NaOH necessário, V_{NaOH}. Podemos expressar a concentração de íon sódio como a quantidade de matéria em milimols de NaOH adicionado dividida pelo volume de solução. Ou

$$[Na^+] = \frac{c^0_{NaOH}V_{NaOH}}{V_{NaOH} + V_{HA}}$$

O balanço de massas fornece a concentração total das espécies contendo A, c_T, como

$$c_T = [HA] + [A^-] = \frac{[A^-][H_3O^+]}{K_a} + [A^-]$$

Resolvendo para $[A^-]$ temos

$$[A^-] = \left(\frac{K_a}{[H_3O^+] + K_a}\right)c_T$$

Se substituirmos estas duas últimas equações na equação de balanço de cargas, obtemos

$$[Na^+] + [H_3O^+] = \frac{c_T K_a}{[H_3O^+] + K_a} + \frac{K_w}{[H_3O^+]}$$

Rearranjando esta equação, obtemos a equação de sistema master para toda a titulação:

$$[H_3O^+]^3 + (K_a + [Na^+])[H_3O^+]^2 + (K_a[Na^+] - c_T K_a - K_w)[H_3O^+] - K_w K_a = 0$$

Devemos resolver esta equação cúbica para cada volume de NaOH adicionado. Um programa matemático ou de planilha de cálculos facilita esta tarefa. As concentrações de H_3O^+ encontradas são então convertidas para valores de pH da maneira usual para gerar uma curva de titulação *versus* volume de NaOH.

Observe que a equação master também pode ser gerada pelo cálculo de $[Na^+]$ para a faixa de valores de pH desejados. A $[Na^+]$ está diretamente relacionada com o volume adicionado pela segunda equação deste destaque.

14D CURVAS DE TITULAÇÕES PARA BASES FRACAS

Os cálculos necessários para gerar a curva de titulação de uma base fraca são análogos àqueles para o ácido fraco, como mostrado no Exemplo 14-4.

EXEMPLO 14-4

Uma alíquota de 50,00 mL de NaCN 0,0500 mol L^{-1} (K_a para HCN = 6,2 × 10^{-10}) é titulada com o HCl 0,1000 mol L^{-1}. A reação é

$$CN^- + H_3O^+ \rightleftharpoons HCN + H_2O$$

Calcule o pH após a adição de (a) 0,00; (b) 10,00; (c) 25,00 e de (d) 26,00 mL de ácido.

Resolução

(a) **0,00 mL de Reagente**

O pH de uma solução de NaCN pode ser derivado pelo método mostrado no Exemplo 9-10:

$$CN^- + H_2O \rightleftharpoons HCN + OH^-$$

$$K_b = \frac{[OH^-][HCN]}{[CN^-]} = \frac{K_w}{K_a} = \frac{1,00 \times 10^{-14}}{6,2 \times 10^{-10}} = 1,61 \times 10^{-5}$$

$$[OH^-] = [HCN]$$

$$[CN^-] = c_{NaCN} - [OH^-] \approx c_{NaCN} = 0,0500 \text{ mol L}^{-1}$$

Observe que para os propósitos de cálculo, as constantes de equilíbrio são consideradas exatas, logo o número de algarismos significativos na constante de equilíbrio não afeta o número de algarismos significativos no resultado.

A substituição na expressão da constante de dissociação temos, após rearranjo,

$$[OH^-] = \sqrt{K_b c_{NaCN}} = \sqrt{1,61 \times 10^{-5} \times 0,0500} = 8,97 \times 10^{-4} \text{ mol L}^{-1}$$

$$pH = 14,00 - [-\log(8,97 \times 10^{-4})] = 10,95$$

(b) **10,00 mL de Reagente**

A adição de ácido produz um tampão com uma composição dada por

$$c_{NaCN} = \frac{50,00 \times 0,0500 - 10,00 \times 0,1000}{60,00} = \frac{1,500}{60,00} \text{ mol L}^{-1}$$

$$c_{HCN} = \frac{10,00 \times 0,1000}{60,00} = \frac{1,000}{60,00} \text{ mol L}^{-1}$$

Esses valores são então substituídos na expressão da constante de dissociação do HCN para produzir $[H_3O^+]$ diretamente (veja a nota de margem):

DESAFIO: Mostre que o pH do tampão pode ser calculado como K_a do HCN, como foi feito aqui, ou com o K_b. Usamos K_a porque fornece diretamente a $[H_3O^+]$, K_b fornece $[OH^-]$.

$$[H_3O^+] = \frac{6,2 \times 10^{-10} \times (1,000/60,00)}{1,500/60,00} = 4,13 \times 10^{-10} \text{ mol L}^{-1}$$

$$pH = -\log(4,13 \times 10^{-10}) = 9,38$$

(c) **25,00 mL de Reagente**

Esse volume corresponde ao ponto de equivalência, no qual a espécie principal de soluto é o ácido fraco HCN. Assim,

$$c_{HCN} = \frac{25,00 \times 0,1000}{75,00} = 0,03333 \text{ mol L}^{-1}$$

Aplicando a Equação 9-22 temos

$$[H_3O^+] = \sqrt{K_a c_{HCN}} = \sqrt{6{,}2 \times 10^{-10} \times 0{,}03333} = 4{,}55 \times 10^{-6}\ \text{mol L}^{-1}$$

$$\text{pH} = -\log(4{,}55 \times 10^{-6}) = 5{,}34$$

Uma vez que a espécie principal de soluto no ponto de equivalência é o HCN, o pH é ácido.

(d) **26,00 mL de Reagente**

O excesso de ácido forte presente reprime a dissociação do HCN a ponto de sua contribuição ao pH ser desprezível. Assim,

$$[H_3O^+] = c_{HCl} = \frac{26{,}00 \times 0{,}1000 - 50{,}00 \times 0{,}0500}{76{,}00} = 1{,}32 \times 10^{-3}\ \text{mol L}^{-1}$$

$$\text{pH} = -\log(1{,}32 \times 10^{-3}) = 2{,}88$$

Quando você titular uma base fraca, utilize um indicador com uma faixa de transição mais ácida. Quando titular um ácido fraco, use um indicador com faixa de transição mais básica.

A **Figura 14-7** mostra as curvas de titulação hipotéticas para uma série de bases fracas de forças diferentes. As curvas mostram que o indicador com uma faixa de transição *ácida* deve ser usado para as bases fracas.

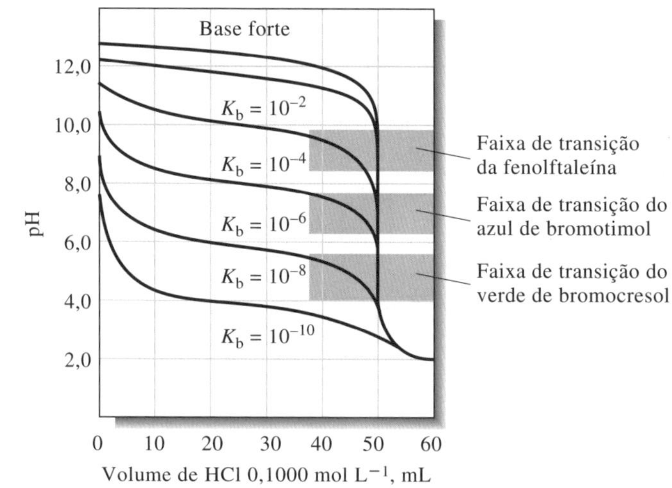

Figura 14-7 O efeito da força da base (K_b) em curvas de titulação. Cada curva representa a titulação de 50,00 mL de base 0,1000 mol L^{-1} com HCl 0,1000 mol L^{-1}.

DESTAQUE 14-5

Determinação de Valores de pK para os Aminoácidos

Os aminoácidos contêm um grupo ácido e um grupo básico. Por exemplo, a estrutura da alanina é representada pela **Figura 14D-1**.

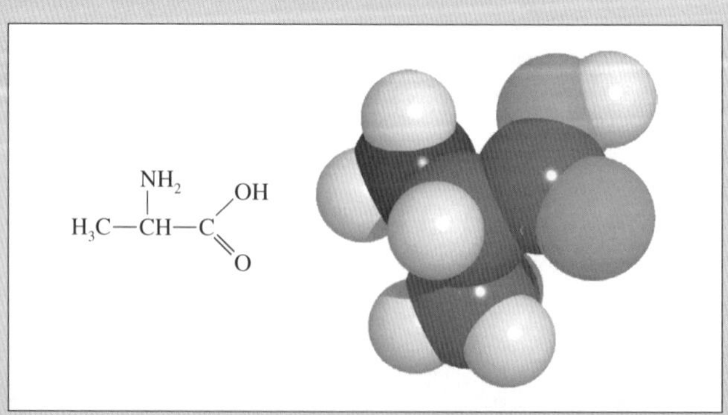

Figura 14D-1 Estrutura e modelo molecular da alanina, um aminoácido. Esse aminoácido pode existir em duas formas como imagens especulares, a forma levógira (L) e a forma destrógira (D). Todos os aminoácidos que ocorrem naturalmente são levógiros.

O grupo amina se comporta como uma base, e ao mesmo tempo o grupo carboxílico atua como um ácido. Em solução aquosa, o aminoácido é uma molécula internamente ionizada, ou *zwitterion*, na qual o grupo amina adquire um próton e se torna positivamente carregado, ao passo que o grupo carboxílico, tendo perdido um próton, torna-se negativamente carregado.

Os valores de p*K* para os aminoácidos podem ser determinados convenientemente empregando-se o procedimento geral descrito no Destaque 14-3. Uma vez que um *zwitterion* tem um caráter ácido e básico, dois p*K*s podem ser estipulados. O p*K* para a desprotonação do grupo amina protonado pode ser determinado pela adição de base, enquanto o p*K* para a protonação do grupo carboxílico pode ser estabelecido pela adição de um ácido. Na prática, a solução é preparada contendo uma concentração conhecida de aminoácido. Consequentemente, o investigador conhece a quantidade da base ou do ácido adicionado para alcançar a metade do caminho ao ponto de equivalência. Uma curva de pH *versus* volume de ácido ou base adicionado é mostrada na **Figura 14D-2**. Neste tipo de experimento, a titulação se inicia no meio do gráfico (0,00 mL adicionado) e, para determinar valores de p*K* é apenas levada até a metade do volume requerido para a equivalência. Observe no exemplo para a alanina que são necessários 20,00 mL de HCl para a protonação completa do grupo carboxílico. A curva à esquerda de volume 0,00 é obtida pela adição do ácido ao *zwitterion*. No volume de 10,00 mL de HCl, o pH é igual ao pK_a para o grupo carboxila, 2,35.

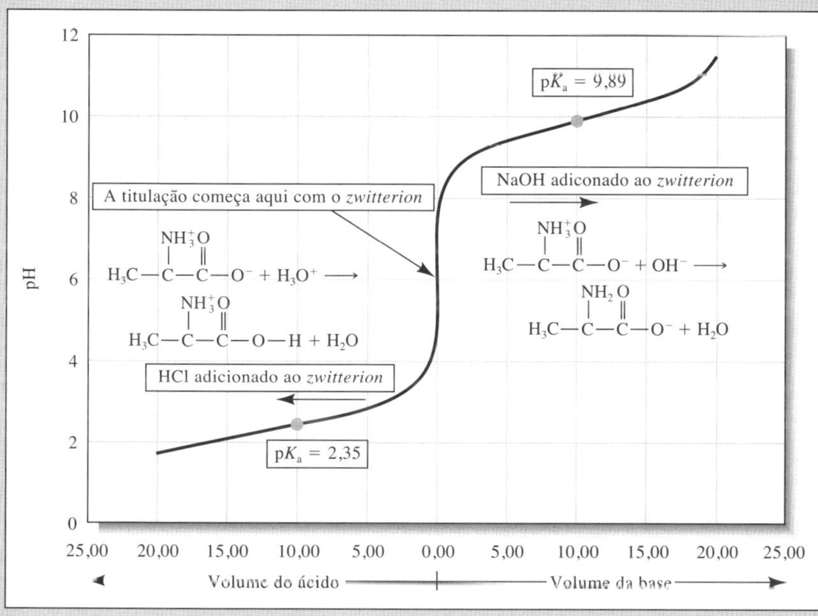

Figura 14D-2 Curvas de titulação de 20,00 mL de alanina 0,1000 mol L^{-1} com NaOH 0,1000 mol L^{-1} e HCl 0,1000 mol L^{-1}. Note que o "*zwitterion*" está presente antes que qualquer ácido ou base tenha sido adicionado. A adição de ácido protona o grupo carboxilato com um pK_a igual a 2,35. A base adicionada provoca deprotonação do grupo amínico com um pK_a igual a 9,89.

Pela adição de NaOH ao *zwitterion*, o p*K* de desprotonação do grupo NH_3^+ pode ser determinado. Agora 20,00 mL de base são necessários para a completa desprotonação. Na adição de 10,00 mL de NaOH, o pH é igual ao pK_a para o grupo amina, ou seja, 9,89. Os valores de pK_a para outros aminoácidos e biomoléculas mais complexas como os peptídeos e as proteínas podem com frequência ser obtidos de maneira similar. Alguns aminoácidos têm mais de um grupo carboxílico ou amina. O ácido aspártico é um exemplo (veja a **Figura 14D-3**).

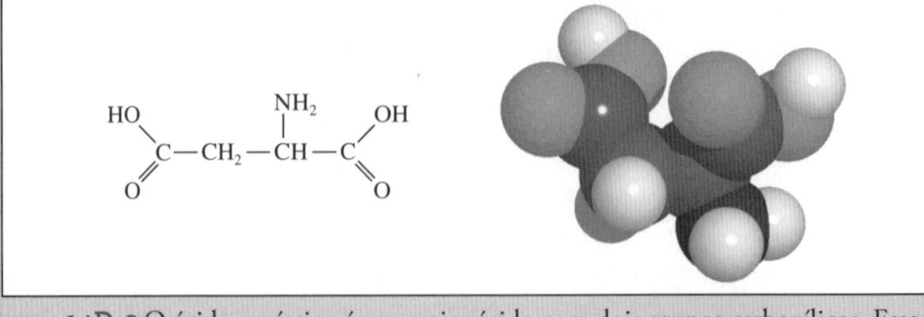

Figura 14D-3 O ácido aspártico é um aminoácido com dois grupos carboxílicos. Esse aminoácido pode ser combinado com a fenilalanina para produzir o adoçante artificial aspartame, que é mais doce e menos calórico que o açúcar comum (sacarose).

É importante observar que, em geral, os aminoácidos não podem ser quantitativamente determinados pela titulação direta porque o ponto final para a completa protonação ou desprotonação do *zwitterion* é frequentemente difícil de ser observado. Os aminoácidos são normalmente determinados por cromatografia de líquido de alta eficiência (ver Capítulo 33) ou métodos espectroscópicos (veja a Parte V).

14E A COMPOSIÇÃO DAS SOLUÇÕES DURANTE AS TITULAÇÕES ÁCIDO/BASE

Estamos frequentemente interessados nas alterações na composição que ocorrem enquanto uma solução de um ácido ou de uma base fraca está sendo titulada. Essas alterações podem ser visualizadas pelo gráfico da concentração *relativa* de equilíbrio α_0 do ácido fraco, bem como da concentração relativa de equilíbrio da base conjugada α_1, em função do pH da solução.

As linhas retas sólidas rotuladas α_0 e α_1 na **Figura 14-8** foram calculadas com as Equações 9-35 e 9-36 empregando-se os valores para $[H_3O^+]$ mostrados na coluna 2 da Tabela 14-3. A curva de titulação real é apresentada como a linha curvada na Figura 14-8. Note que no início da titulação, α_0 está próximo de 1 (0,987), significando que 98,7% das espécies que contêm acetato estão presentes na forma de HOAc e apenas 1,3% encontra-se como OAc^-. No ponto de equivalência, α_0 diminui para $1{,}1 \times 10^{-4}$ e α_1 se aproxima de 1. Assim, apenas 0,011% das espécies de acetato está na forma de HOAc. Observe que na metade da titulação (25,00 mL), α_0 e α_1 são ambos iguais a 0,5. Para os ácidos polipróticos (veja Capítulo 15), os valores de alfa são muito úteis na ilustração das variações na composição da solução durante as titulações.

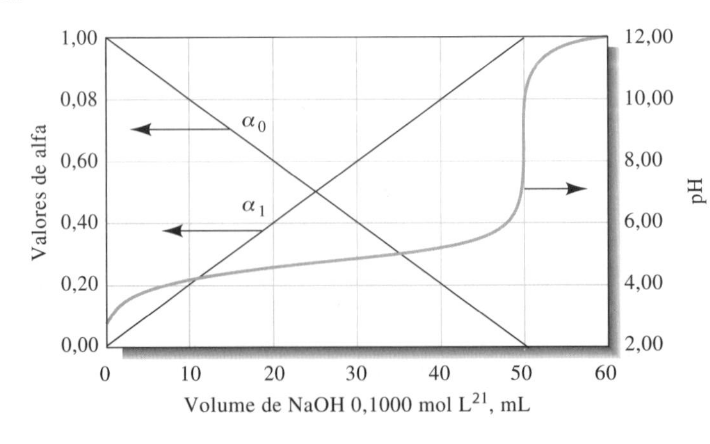

Figura 14-8 Gráficos das quantidades relativas de ácido acético e de íons acetato durante uma titulação. As linhas retas mostram a variação das quantidades relativas de HOAc (α_0) e OAc^- (α_1) durante uma titulação de 50,00 mL de ácido acético 0,1000 mol L^{-1}. A linha curvada representa a titulação para o sistema.

DESTAQUE 14-6

Localizando os Pontos Finais de Titulação a Partir de Medidas de pH

Embora os indicadores ainda sejam utilizados nas titulações ácido/base, o eletrodo de vidro para pH e o pHmetro permitem medidas diretas do pH em função do volume do titulante. O eletrodo de vidro para pH é discutido em detalhes no Capítulo 21. A curva de titulação para a titulação de 50,00 mL de um ácido fraco 0,1000 mol L^{-1} ($K_a = 1,0 \times 10^{-5}$) com NaOH 0,1000 mol L^{-1} é exposta na **Figura 14D-4a**. O ponto final pode ser localizado de várias maneiras a partir dos dados de pH *versus* volume.

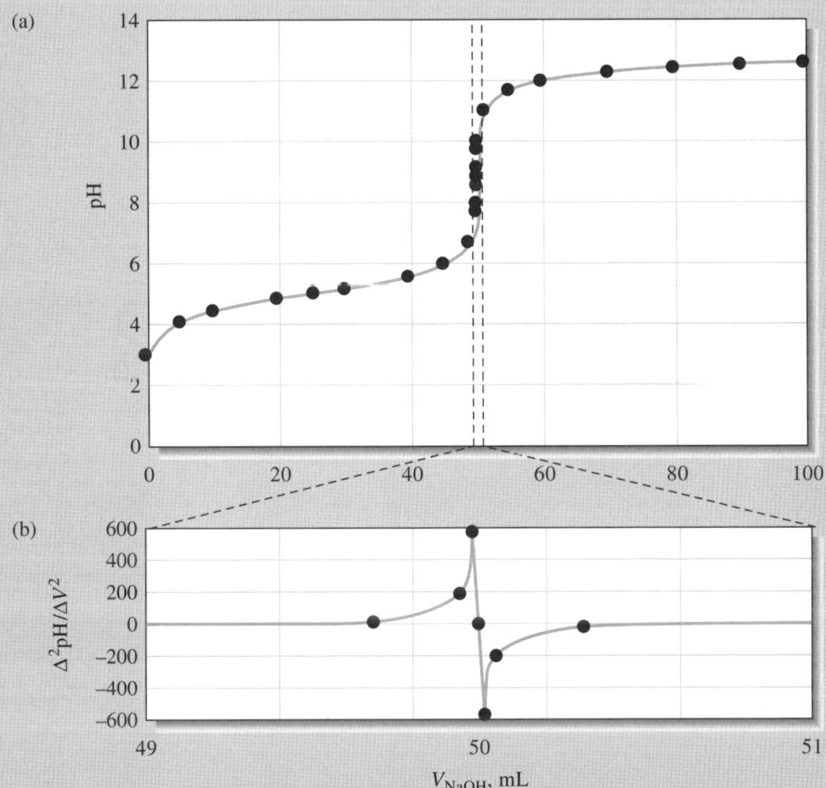

Figura 14D-4 Em (a) a curva de titulação de 50,00 mL de um ácido fraco com NaOH 0,1000 mol L^{-1} é exibida da forma como obtida com o uso de um pHmetro. Em (b) a segunda derivada é mostrada em escala expandida. Note que a segunda derivada cruza o zero no ponto final. Esse fato pode ser utilizado para se localizar com muita precisão o ponto final.

O ponto final pode ser tomado como o **ponto de inflexão** da curva de titulação. Em uma curva de titulação sigmoide, o ponto de inflexão é a parte de variação mais acentuada da curva de titulação, na qual a sua alteração com o volume é máxima. Isso pode ser estimado visualmente a partir do gráfico ou utilizando-se cálculos para encontrar a primeira e a segunda derivadas da curva de titulação. A primeira derivada, que é aproximadamente $\Delta pH/\Delta V$, nos dá a inclinação da curva de titulação. Ela parte de próximo de zero antes do ponto final até atingir o máximo no ponto final, voltando a quase zero após o ponto final.

Podemos derivar a curva uma segunda vez para localizar o máximo da primeira derivada, uma vez que a inclinação da primeira derivada varia dramaticamente de um valor positivo grande para um grande valor negativo à medida que passamos através do máximo na curva da primeira derivada. Isso constitui a base para a localização do ponto final pelo cálculo da segunda derivada. A segunda derivada estimada, $\Delta^2 pH/\Delta V^2$, é zero no ponto final, como mostrado na Figura 14D-4b. Observe que a escala foi expandida para facilitar a localização do cruzamento pelo zero da segunda derivada. Os detalhes dos cálculos de derivadas são dados na Seção 21G.

O gráfico de Gran é um método alternativo para a localização do ponto final em uma titulação. Nesse método, produz-se um gráfico linear que pode revelar a constante de dissociação do ácido e o volume de base requerido para alcançar o ponto final. Ao contrário da curva de titulação normal e das curvas derivadas, que encontram o ponto final somente a partir de dados localizados na região do ponto final, o gráfico de Gran utiliza os dados distantes do ponto final. Esse método pode diminuir o trabalho de se ter de tomar muitas medidas após a adição de volumes muito pequenos de titulante na região do ponto final.

Antes do ponto de equivalência da titulação de um ácido fraco com uma base forte, a concentração do ácido restante, c_{HA}, é dada por

$$c_{HA} = \frac{\text{quant. de matéria em mmol de HA inicial}}{\text{volume total da solução}} - \frac{\text{quant. de matéria em mmols de NaOH adic.}}{\text{volume total da solução}}$$

ou

$$c_{HA} = \frac{c^0_{HA} V_{HA}}{V_{HA} + V_{NaOH}} - \frac{c^0_{NaOH} V_{NaOH}}{V_{HA} + V_{NaOH}}$$

onde c^0_{HA} é a concentração analítica inicial de HA e c^0_{NaOH} a concentração inicial de base. O volume de NaOH no ponto de equivalência, V_{eq}, pode ser encontrado a partir da estequiometria que, para uma reação 1:1, é dado por

$$c^0_{HA} V_{HA} = c^0_{NaOH} V_{eq}$$

Substituindo-se $c^0_{HA} V_{HA}$ na equação para c_{HA} e rearranjando, temos

$$c_{HA} = \frac{c^0_{NaOH}}{V_{HA} + V_{NaOH}} (V_{eq} - V_{NaOH})$$

Se K_a não for muito grande, a concentração de equilíbrio do ácido na região de pré-equivalência é aproximadamente igual à concentração analítica (veja a Equação 9-27). Isto é,

$$[HA] \approx c_{HA} \approx \frac{c^0_{NaOH}}{V_{HA} + V_{NaOH}} (V_{eq} - V_{NaOH})$$

Com uma dissociação moderada do ácido, a concentração de equilíbrio de A^- em qualquer ponto é aproximadamente a quantidade de matéria em milimols de base adicionada dividida pelo volume total da solução.

$$[A^-] \approx \frac{c^0_{NaOH} V_{NaOH}}{V_{HA} + V_{NaOH}}$$

A concentração de H_3O^+ pode ser encontrada pela constante de equilíbrio como

$$[H_3O^+] = \frac{K_a[HA]}{[A^-]} = \frac{K_a(V_{eq} - V_{NaOH})}{V_{NaOH}}$$

Multiplicando-se ambos os lados por V_{NaOH}, obtemos

$$[H_3O^+]V_{NaOH} = K_aV_{eq} - K_aV_{NaOH}$$

Um gráfico do lado esquerdo dessa equação *versus* o volume de titulante V_{NaOH} deve produzir uma linha reta com uma inclinação de $-K_a$ e uma interseção em K_aV_{eq}. Na **Figura 14D-5**, um gráfico de Gran da titulação de 50,00 mL de ácido fraco ($K_a = 1{,}0 \times 10^{-5}$) 0,1000 mol L^{-1} com o NaOH 0,1000 mol L^{-1} é mostrado juntamente com a equação obtida por quadrados mínimos. Do valor da interseção 0,0005, calculamos o volume do ponto final de 50,00 mL dividindo-o pelo valor de K_a. Geralmente, pontos nos estágios intermediários da titulação são representados em forma de gráfico e utilizados para se obter os valores da inclinação e da interseção. O gráfico de Gran pode exibir uma curvatura nos estágios iniciais se o K_a for muito grande, e pode curvar nas proximidades do ponto de equivalência.

Quando rearranjamos ligeiramente esta equação, temos a interseção e a inclinação de uma reta.

$$\underbrace{[H_3O^+]V_{NaOH}}_{y} = \underbrace{-K_a}_{m}\underbrace{V_{NaOH}}_{x} + \underbrace{K_aV_{eq}}_{b}$$

ou

$$y = mx + b$$

Onde

$y = [H_3O^+]V_{NaOH}$,
m = inclinação = $-K_a$,
$x = V_{NaOH}$, e
b = intercepto = K_aV_{eq}

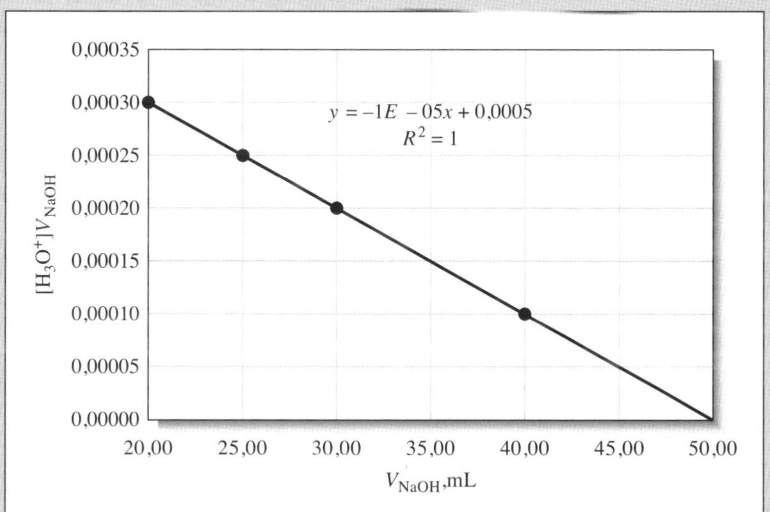

Figura 14D-5 Gráfico de Gran para a titulação de 50,00 mL de ácido fraco 0,1000 mol L^{-1} ($K_a = 1{,}00 \times 10^{-5}$) com NaOH 0,1000 mol L^{-1}. A equação obtida por quadrados mínimos para a reta é dada na figura.

TRABALHO NA WEB

Use um *site* de busca para localizar na Web o documento *The Fall of the Proton: Why Acids React with Bases* por Stephen Lower. Esse documento explica o comportamento ácido/base em termos do conceito de energia livre dos prótons. Como uma titulação ácido/base é descrita sob esse ponto de vista? Em uma titulação de ácido forte com uma base forte, qual é o sorvedouro de energia livre? Em uma mistura complexa de sistemas ácido/base fracos, como o soro sanguíneo, o que acontece com os prótons?

QUESTÕES E PROBLEMAS

***14-1.** Por que os indicadores ácido/base exibem sua alteração de cor em uma faixa de 2 unidades de pH?

14-2. Que fatores afetam a nitidez do ponto final em uma titulação ácido/base?

***14-3.** Considere as curvas de titulação de NaOH 0,10 mol L^{-1} e NH_3 0,010 mol L^{-1} com HCl 0,10 mol L^{-1}.
(a) Aponte sucintamente as diferenças entre as curvas para as duas titulações.
(b) Sob que aspecto as duas curvas serão indistinguíveis?

14-4. Por que os reagentes padrão utilizados nas titulações de neutralização são geralmente ácidos ou bases fortes em vez de ácidos ou bases fracas?

***14-5.** Quais variáveis podem causar o deslocamento da faixa de pH de um indicador?

14-6. Qual soluto pode fornecer um ponto final mais nítido na titulação com HCl 0,10 mol L^{-1}:
*(a) o NaOCl 0,10 mol L^{-1} ou a hidroxilamina 0,10 mol L^{-1}?
(b) a NH_3 0,10 mol L^{-1} ou o fenolato de sódio 0,10 mol L^{-1}?
*(c) a metilamina 0,10 mol L^{-1} ou a hidroxilamina 0,10 mol L^{-1}?
(d) a hidrazina 0,10 mol L^{-1} ou o NaCN 0,10 mol L^{-1}?

14-7. Qual soluto pode fornecer um ponto final mais nítido na titulação com o NaOH 0,10 mol L^{-1}:
*(a) o ácido nitroso 0,10 mol L^{-1} ou o ácido iódico 0,10 mol L^{-1}?
(b) o cloridrato de anilina 0,10 mol L^{-1} ($C_6H_5NH_3Cl$) ou o ácido benzoico 0,10 mol L^{-1}?
*(c) o ácido hipocloroso 0,10 mol L^{-1} ou o ácido pirúvico 0,10 mol L^{-1}?
(d) o ácido salicílico 0,10 mol L^{-1} ou o ácido acético 0,10 mol L^{-1}?

14-8. Antes de os eletrodos de vidro e o pHmetro tornarem-se tão amplamente utilizados, o pH era frequentemente determinado colorimetricamente pela medida de concentração das formas ácida e básica de um indicador (veja o Capítulo 26 para detalhes). Se o azul de bromotimol for introduzido em uma solução e a razão da concentração das formas ácida e básica for igual a 1,29, qual é o pH da solução?

***14-9.** O procedimento descrito no Problema 14-8 foi utilizado para determinar o pH com o alaranjado de metila como indicador. A razão de concentração das formas ácida e básica do indicador era de 1,84. Calcule o pH da solução.

14-10. Os valores para K_w a 0, 50 e 100°C são 1,14 × 10^{-15}; 5,47 × 10^{-14} e 4,9 × 10^{-13}, respectivamente. Calcule o pH para uma solução neutra em cada uma dessas temperaturas.

14-11. Usando os dados do Problema 14-10, calcule pK_w a:
(a) 0°C.
*(b) 50°C.
(c) 100°C.

14-12. Utilizando os dados do Problema 14-10, calcule o pH de uma solução de NaOH 1,00 × 10^{-2} mol L^{-1} a:
(a) 0°C.
*(b) 50°C.
(c) 100°C.

***14-13.** Qual é o pH de uma solução aquosa de HCl 3,00% em massa e que tem uma densidade de 1,015 g mL^{-1}?

14-14. Calcule o pH de uma solução de NaOH 2,00% (m/m) e cuja densidade é de 1,022 g/mL^{-1}.

***14-15.** Qual é o pH de uma solução de NaOH 2,00 × 10^{-8} mol L^{-1}? (Sugestão: em uma solução diluída, você deve considerar a contribuição da água na concentração do íon hidróxido.)

14-16. Qual é o pH de uma solução de HCl 2,00 × 10^{-8} mol L^{-1} (veja dica do Problema 14-15)?

***14-17.** Qual é o pH resultante da solução quando 0,093 g de $Mg(OH)_2$ é misturado com
(a) 75,0 mL de HCl 0,0500 mol L^{-1}?
(b) 100,0 mL de HCl 0,0500 mol L^{-1}?
(c) 15,00 mL de HCl 0,0500 mol L^{-1}?
(d) 30,00 mL de $MgCl_2$ 0,0500 mol L^{-1}?

14-18. Calcule o pH resultante da solução quando 20,0 mL de HCl 0,1750 mol L^{-1} é misturado com 25,0 mL de
(a) água destilada.
(b) $AgNO_3$ 0,132 mol L^{-1}.
(c) NaOH 0,132 mol L^{-1}.
(d) NH_3 0,132 mol L^{-1}.
(e) NaOH 0,232 mol L^{-1}.

***14-19.** Calcule a concentração de íon hidrônio e o pH de uma solução de HCl 0,0500 mol L^{-1}
(a) desprezando as correções pela atividade.
(b) usando os coeficientes de atividade (veja Capítulo 10).

14-20. Calcule a concentração do íon hidróxido e o pH a 0,0167 mol L^{-1} de uma solução de $Ba(OH)_2$
(a) desprezando as atividades.
(b) usando os coeficientes de atividade (veja Capítulo 10).

***14-21.** Calcule o pH de uma solução aquosa de HOCl
(a) HOCl 1,00 × 10^{-1} mol L^{-1}.
(b) HOCl 1,00 × 10^{-2} mol L^{-1}.
(c) HOCl 1,00 × 10^{-4} mol L^{-1}.

14-22. Calcule o pH de uma solução de NaOCl
(a) NaCl 1,00 × 10^{-1} mol L^{-1}.
(b) NaCl 1,00 × 10^{-2} mol L^{-1}.
(c) NaCl 1,00 × 10^{-4} mol L^{-1}.

***14-23.** Calcule o pH de uma solução de amônia
(a) NH_3 1,00 × 10^{-1} mol L^{-1}.
(b) NH_3 1,00 × 10^{-2} mol L^{-1}.
(c) NH_3 1,00 × 10^{-4} mol L^{-1}.

14-24. Calcule o pH de uma solução de amônia
(a) NH_4Cl 1,00 × 10^{-1} mol L^{-1}.
(b) NH_4Cl 1,00 × 10^{-2} mol L^{-1}.
(c) NH_4Cl 1,00 × 10^{-4} mol L^{-1}.

***14-25.** Calcule o pH de uma solução na qual a concentração de piperidina é
(a) 1,00 × 10^{-1} mol L^{-1}.
(b) 1,00 × 10^{-2} mol L^{-1}.
(c) 1,00 × 10^{-4} mol L^{-1}.

14-26. Calcule o pH de uma solução de ácido iódico
(a) ácido sulfâmico1,00 × 10^{-1} mol L^{-1}.
(b) ácido sulfâmico 1,00 × 10^{-2} mol L^{-1}.
(c) ácido sulfâmico 1,00 × 10^{-4} mol L^{-1}.

***14-27.** Calcule o pH de uma solução preparada
(a) dissolvendo-se 36,5 g de ácido lático em água e diluindo-se para 500 mL.
(b) diluindo-se 25,0 mL da solução em (a) para 250 mL.
(c) diluindo-se 10,0 mL da solução em (b) para 1,00 L.

14-28. Calcule o pH de uma solução preparada
(a) dissolvendo-se 2,13 g de ácido pícrico $(NO_2)_3C_6H_2OH$ (229,11 g mol^{-1}), em 100 mL de água.
(b) diluindo-se 10,0 mL da solução em (a) para 100 mL.
(c) diluindo-se 10,0 mL da solução em (b) para 1 L.

***14-29.** Calcule o pH de uma solução que resulta quando 20,0 mL de ácido fórmico 0,1750 mol L^{-1} são
(a) diluídos a 45,0 mL com água destilada.
(b) misturados com 25,0 mL de solução de NaOH 0,140 mol L^{-1}.
(c) misturados com 25,0 mL de solução de NaOH 0,200 mol L^{-1}.
(d) misturados com 25,0 mL de solução de formiato de sódio 0,200 mol L^{-1}.

14-30. Calcule o pH da solução que resulta quando 40,0 mL de NH_3 0,1250 mol L^{-1} são
(a) diluídos a 20,0 mL com água destilada.
(b) misturados com 20,0 mL de solução de HCl 0,250 mol L^{-1}.
(c) misturados com 20,0 mL de solução de HCl 0,300 mol L^{-1}.
(d) misturados com 20,0 mL de solução NH4Cl 0,200 mol L^{-1}.
(e) misturados com 20,0 mL de solução HCl 0,100 mol L^{-1}.

***14-31.** Uma solução contém NH_4Cl 0,0500 mol L^{-1} e NH_3 0,0300 mol L^{-1}. Calcule a concentração de OH^- e o seu pH
(a) desprezando as correções pela atividade.
(b) considerando os coeficientes de atividade.

14-32. Qual é o pH de uma solução que
(a) foi preparada pela dissolução de 7,85 g de ácido lático (90,08 g mol^{-1}) e 10,09 g de lactato de sódio (112,06 g mol^{-1}) em água destilada e diluindo-se a 1,00 L?
(b) contém ácido acético 0,0630 mol L^{-1} e acetato de sódio 0,0210 mol L^{-1}?
(c) foi preparada pela dissolução de 3,00 g de ácido salicílico $C_6H_4(OH)COOH$ (138,12 g mol^{-1}) em 50,0 mL de NaOH 0,1130 mol L^{-1} e diluída a 500,0 mL?
(d) contém ácido pícrico 0,0100 mol L^{-1} e picrato de sódio 0,100 mol L^{-1}?

***14-33.** Qual é o pH de uma solução que
(a) foi preparada pela dissolução de 3,30 g de $(NH_4)_2SO_4$ em água, adicionando-se 125,0 mL de NaOH 0,1011 mol L^{-1} e diluindo-se a 500,0 mL?
(b) contém piperidina 0,010 mol L^{-1} e seu cloreto 0,080 mol L^{-1}?
(c) contém etilamina 0,050 mol L^{-1} e seu cloreto 0,167 mol L^{-1}?
(d) foi preparada pela dissolução de 2,32 g de anilina (93,13 g mol^{-1}) em 100,0 mL de HCl 0,0200 mol L^{-1} e diluído a 250,0 mL?

14-34. Calcule a variação no pH que ocorre em cada uma das soluções listadas a seguir como resultado de uma diluição de dez vezes com água. Arredonde os valores de pH calculados para três algarismos significativos.
*(a) H_2O.
(b) HCl 0,0500 mol L^{-1}.
*(c) NaOH 0,0500 mol L^{-1}.
(d) CH_3COOH 0,0500 mol L^{-1}.
*(e) CH_3COONa 0,0500 mol L^{-1}.
(f) CH_3COOH 0,0500 mol L^{-1} + CH_3COONa 0,0500 mol L^{-1}.
*(g) CH_3COOH 0,500 mol L^{-1} + CH_3COONa 0,500 mol L^{-1}.

14-35. Calcule a variação no pH que ocorre quando 1,00 mmol de ácido forte é adicionado em 100 mL das soluções listadas no Problema 14-34.

14-36. Calcule a variação no pH que ocorre quando 1,00 mmol de base forte é adicionado em 100 mL das soluções listadas no Problema 14-34. Calcule os valores com três casas decimais.

14-37. Calcule a variação de pH, com três casas decimais, que ocorre quando 0,50 mmol de ácido forte é adicionado a 100 mL de

(a) ácido lático 0,0200 mol L^{-1} + lactato de sódio 0,0800 mol L^{-1}.

*(b) ácido lático 0,0800 mol L^{-1} + lactato de sódio 0,0200 mol L^{-1}.

(c) ácido lático 0,0500 mol L^{-1} + lactato de sódio 0,0500 mol L^{-1}.

14-38. Uma alíquota de 50,00 mL de NaOH 0,1000 mol L^{-1} foi titulada com o HCl 0,1000 mol L^{-1}. Calcule o pH da solução após a adição de 0,00; 10,00; 25,00; 40,00; 45,00; 49,00; 50,00; 51,00; 55,00 e 60,00 mL de ácido e elabore uma curva de titulação a partir desses dados.

***14-39.** Em uma titulação de 50,00 mL de ácido fórmico 0,05000 mol L^{-1} com KOH 0,1000 mol L^{-1}, o erro de titulação deve ser menor que 0,05 mL. Que indicador pode ser selecionado para se atingir essa meta?

14-40. Em uma titulação de 50,00 mL de etilamina 0,1000 mol L^{-1} com $HClO_4$ 0,1000 mol L^{-1}, o erro de titulação deve ser menor que 0,05 mL. Que indicador pode ser escolhido para se atingir essa meta?

14-41. Calcule o pH após a adição de 0,00; 5,00; 15,00; 25,00; 40,00; 45,00; 49,00; 50,00; 51,00; 55,00 e 60,00 mL de NaOH 0,1000 mol L^{-1} na titulação de 50,00 mL de:

*(a) HNO_2 0,1000 mol L^{-1}.

(b) cloreto de piridínico 0,1000 mol L^{-1}

*(c) ácido lático 0,100 mol L^{-1}.

14-42. Calcule o pH após a adição de 0,00; 5,00; 15,00; 25,00; 40,00; 45,00; 49,00; 50,00; 51,00; 55,00 e 60,00 mL de HCl 0,1000 mol L^{-1} na titulação de 50,00 mL de:

(a) amônia 0,1000 mol L^{-1}.

(b) hidrazina 0,1000 mol L^{-1}.

(c) cianeto de sódio 0,1000 mol L^{-1}.

14-43. Calcule o pH após a adição de 0,00; 5,00; 15,00; 25,00; 40,00; 49,00; 50,00; 51,00; 55,00 e 60,00 mL de reagente na titulação de 50,00 mL de:

*(a) ácido cloroacético 0,01000 mol L^{-1} com NaOH 0,01000 mol L^{-1}.

(b) cloreto de anilina 0,1000 mol L^{-1} com NaOH 0,1000 mol L^{-1}.

*(c) ácido hipocloroso 0,1000 mol L^{-1} com NaOH 0,1000 mol L^{-1}.

(d) hidroxilamina 0,1000 mol L^{-1} com HCl 0,1000 mol L^{-1}.

Construa as curvas de titulação com os dados.

14-44. Calcule α_0 e α_1 para

*(a) ácido acético em uma solução com um pH igual a 5,320.

(b) ácido pícrico em uma solução com um pH igual a 1,250.

*(c) ácido hipocloroso em uma solução com um pH igual a 7,00.

(d) hidroxilamina em uma solução com pH igual a 5,12.

*(e) piperidina em uma solução com pH igual a 10,08.

14-45. Calcule a concentração de equilíbrio de metilamônia em uma solução de CH_3NH_2 com uma concentração analítica de 0,120 mol L^{-1} e com um pH de 11,471.

14-46. Calcule a concentração de equilíbrio de HCOOH não dissociado em uma solução de ácido fórmico com uma concentração analítica de 0,0850 mol L^{-1} e com um pH de 3,200.

14-47. Complete com os dados que faltam na tabela a seguir.

Ácido	**Concentração Molar Analítica, c_T ($c_T = c_{HA} + c_{A^-}$)**	**pH**	**[HA]**	**[A^-]**	α_0	α_1
*Lático	0,120	____	____	____	0,640	____
Iódico	0,200	____	____	____	____	0,765
*Butanoico	____	5,00	0,644	____	____	____
Hipocloroso	0,280	7,00	____	____	____	____
Nitroso	____	____	____	0,105	0,413	0,587
Cianeto de hidrogênio	____	____	0,145	0,221	____	____
*Sulfâmico	0,250	1,20	____	____	____	____

14-48. Problema desafiador. Esta foto mostra uma bureta que apresenta pelo menos dois defeitos na escala que foram originados durante a sua fabricação.

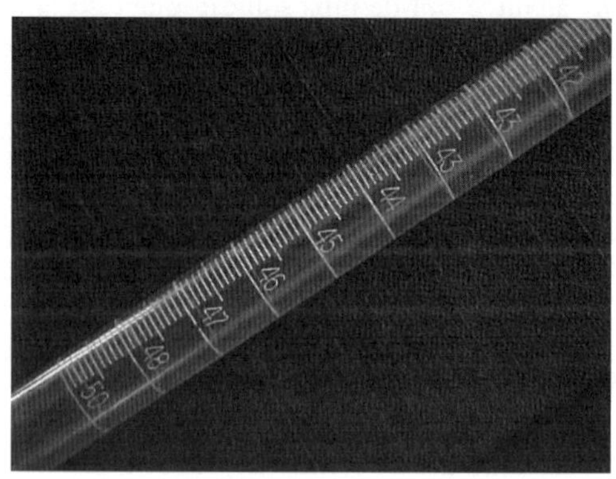

Cortesia do Prof. J. E. O'Reilly

Uma bureta erroneamente rotulada.

Responda às seguintes perguntas a respeito da bureta, sua origem e seu uso.

(a) Sob quais condições a bureta pode ser utilizada?

(b) Pressupondo-se que o usuário não note o defeito na bureta, que tipo de erro poderia ocorrer se o nível do líquido estiver entre a segunda marca de 43 mL e a marca de 48 mL?

(c) Supondo que a leitura inicial na titulação seja 0,00 mL (muito improvavelmente), calcule o erro relativo no volume se a leitura final for 43,00 mL (marca superior). Qual é o erro relativo se a mesma leitura for feita na marca inferior? Realize o mesmo cálculo para uma leitura final realizada na marca de 48,00 mL. O que esses cálculos mostram com relação ao tipo de erro causado pelo defeito na bureta?

(d) Especule sobre a época em que essa bureta foi construída. Como você suspeitaria que as marcas foram feitas na bureta? Seria provável que o mesmo defeito aparecesse nas buretas feitas atualmente? Explique sua resposta.

(e) Presume-se que os instrumentos químicos eletrônicos modernos, como pHmetros, balanças, tituladores e espectrofotômetros, estejam livres de defeitos análogos aos mostrados na foto. Comente sobre a correção dessa suposição.

(f) As buretas nos tituladores automáticos contêm um motor conectado a um pistão tipo parafuso que libera o titulante do mesmo modo que as seringas hipodérmicas liberam os líquidos. A distância deslocada pelo pistão é proporcional ao volume de líquido liberado. Que tipo de defeitos de fabricação pode conduzir a uma inexatidão ou imprecisão no volume de líquido liberado por esses aparelhos?

(g) Que providências você deve tomar para evitar erros de medida ao utilizar instrumentos químicos modernos?

capítulo 15 Sistemas Ácido/Base Complexos

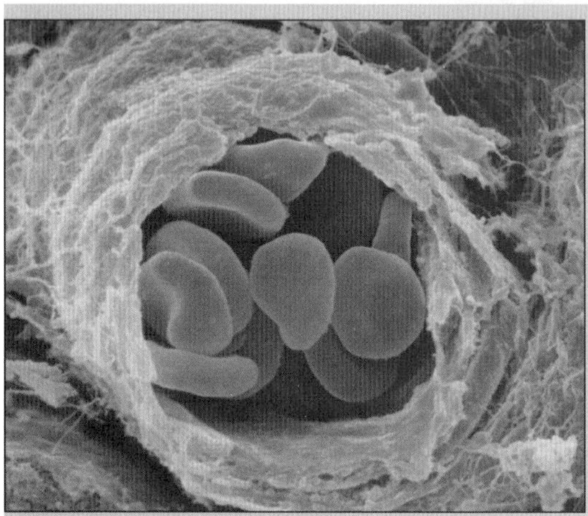

Professores Pietro M. Motta & Silvia Correr / Photo Researchers, Inc.

Ácidos e bases polifuncionais desempenham um papel importante em muitos sistemas químicos e biológicos. O corpo humano contém um sistema complexo de tampões no interior das células e nos fluidos corporais, como o sangue. A foto mostra uma micrografia eletrônica de varredura de glóbulos vermelhos movimentando-se por uma artéria. O pH do sangue humano está dentro da faixa de 7,35 a 7,45, principalmente devido ao sistema tampão ácido carbônico/bicarbonato.

$$CO_2(g) + H_2O(l) \rightleftharpoons H_2CO_3(aq)$$
$$H_2CO_3(aq) + H_2O(l) \rightleftharpoons H_3O^+(aq) + HCO_3^-(aq)$$

Este capítulo descreve os sistemas ácido/base polifuncionais, incluindo as soluções tampão. Os cálculos de pH e curvas de titulação também são descritos.

Neste capítulo, descrevemos o tratamento de sistemas ácido/base complexos, incluindo o cálculo das curvas de titulação. Definimos sistemas complexos como soluções constituídas de (1) dois ácidos ou duas bases de forças diferentes, (2) um ácido ou uma base que tem dois ou mais grupos funcionais ácidos ou básicos, ou (3) uma substância anfiprótica, que é capaz de agir como um ácido ou como uma base. Para mais de um equilíbrio, reações químicas e equações algébricas são requeridas para se descrever as características de qualquer um desses sistemas.

15A MISTURAS DE ÁCIDOS FORTES E FRACOS OU BASES FORTES E FRACAS

Cada um dos componentes de uma mistura contendo um ácido forte e um fraco (ou uma base forte e uma fraca) pode ser determinado contanto que as concentrações dos dois sejam da mesma ordem de grandeza e que a constante de dissociação do ácido fraco ou da base seja algo menor que 10^{-4}. Para demonstrar que essa afirmação é verdadeira, o Exemplo 15-1 mostra como uma curva de titulação pode ser construída para uma solução que contém concentrações aproximadamente iguais de HCl e HA, onde HA é um ácido fraco com uma constante de dissociação de 10^{-4}.

EXEMPLO 15-1

Calcule o pH de uma mistura de ácido clorídrico 0,1200 mol L^{-1} com o ácido fraco HA 0,0800 mol L^{-1} ($K_a \times 1{,}00 \times 10^{-4}$) durante sua titulação com KOH 0,1000 mol L^{-1}. Calcule os resultados para a adição dos seguintes volumes de base: (a) 0,00 mL e (b) 5,00 mL.

Resolução

(a) Adição de 0,00 mL de KOH

A concentração molar do íon hidrônio nessa mistura é igual à concentração do HCl mais a concentração do íon hidrônio que resulta da dissociação do HA e da H_2O. Na presença dos dois ácidos, porém, podemos ter a certeza de que a concentração do íon hidrônio proveniente da dissociação da água é muito pequena. Devemos, portanto, levar em consideração somente as duas outras fontes dos prótons.
Assim, podemos escrever

$$[H_3O^+] = c^0_{HCl} + [A^-] = 0{,}1200 + [A^-]$$

Observe que $[A^-]$ é igual à concentração dos íons hidrônio da dissociação do HA. Agora supomos que a presença de ácido forte reprima tanto a dissociação de HA que $[A^-] \ll 0{,}1200$ mol L^{-1}; então

$$[H_3O^+] \approx 0{,}1200 \text{ mol L}^{-1}, \text{ e o pH é } 0{,}92$$

Para conferir essa suposição, o valor provisório para $[H_3O^-]$ é substituído na expressão da constante de dissociação para HA. Quando esta expressão é rearranjada, obtemos

$$\frac{[A^-]}{[HA]} = \frac{K_a}{[H_3O^+]} = \frac{1{,}00 \times 10^{-4}}{0{,}1200} = 8{,}33 \times 10^{-4}$$

Essa expressão pode ser rearranjada para

$$[HA] = [A^-]/(8{,}33 \times 10^{-4})$$

Da concentração do ácido fraco, podemos escrever a expressão de balanço de massa

$$c^0_{HA} = [HA] + [A^-] = 0{,}0800 \text{ mol L}^{-1}$$

Substituindo-se o valor de [HA] da equação anterior, temos

$$[A^-]/(8{,}33 \times 10^{-4}) + [A^-] \approx (1{,}20 \times 10^3)\,[A^-] = 0{,}0800 \text{ mol L}^{-1}$$

$$[A^-] = 6{,}7 \times 10^{-5} \text{ mol L}^{-1}$$

Vemos que $[A^-]$ é de fato, como foi pressuposto, muito menor que 0,1200 mol L^{-1}.

(b) 5,00 mL de KOH

$$c_{HCl} = \frac{25{,}00 \times 0{,}1200 - 5{,}00 \times 0{,}100}{25{,}00 + 5{,}00} = 0{,}0833 \text{ mol L}^{-1}$$

e podemos escrever

$$[H_3O^+] = 0{,}0833 + [A^-] \approx 0{,}0833 \text{ mol L}^{-1}$$

$$\text{pH} = 1{,}08$$

Para determinar se nossa suposição é ainda válida, calculamos $[A^-]$ como fizemos no item (a).

Sabemos que a concentração de HA é agora 0,0800 × 25,00/30,00 × 0,0667, e encontramos

$$[A^-] = 8{,}0 \times 10^{-5}\ \text{mol L}^{-1}$$

que ainda é muito menor que 0,0833.

O Exemplo 15-1 demonstra que o ácido clorídrico reprime a dissociação do ácido fraco nos estágios iniciais da titulação em tal extensão que podemos presumir que $[A^-] << c_{HCl}$ e $[H_3O^+] = c_{HCl}$. Em outras palavras, a concentração do íon hidrônio é simplesmente a concentração molar do ácido forte.

As aproximações empregadas no Exemplo 15-1 podem ser aplicadas até que a maior parte do ácido clorídrico tenha sido neutralizada pelo titulante. Então, a curva nos estágios iniciais da titulação é *idêntica àquela curva de titulação para uma solução 0,1200 mol L^{-1} contendo somente um ácido forte.* Como mostrado no Exemplo 15-2, a presença de HA deve ser considerada à medida que nos aproximamos do primeiro ponto final da titulação.

EXEMPLO 15-2

Calcule o pH da solução resultante após a adição de 29,00 mL de NaOH 0,1000 mol L^{-1} a 25,00 mL da solução descrita no Exemplo 15-1.

Resolução

Nesse caso,

$$c_{HCl} = \frac{25{,}00 \times 0{,}1200 - 29{,}00 \times 0{,}1000}{25{,}00 + 29{,}00} = 1{,}85 \times 10^{-3}\ \text{mol L}^{-1}$$

$$c_{HA} = \frac{25{,}00 \times 0{,}0800}{54{,}00} = 3{,}70 \times 10^{-2}\ \text{mol L}^{-1}$$

Como no exemplo anterior, um resultado provisório baseado na suposição de que $[H_3O^+] = 1{,}85 \times 10^{-3}$ mol L^{-1} produz um valor de $1{,}90 \times 10^{-3}$ para $[A^-]$. Vemos que $[A^-]$ não é mais muito menor do que $[H_3O^+]$, e devemos escrever

$$[H_3O^+] = c_{HCl} + [A^-] = 1{,}85 \times 10^{-3} + [A^-] \tag{15-1}$$

Além disso, por considerações de balanço de massa, sabemos que

$$[HA] + [A^-] = c_{HA} = 3{,}70 \times 10^{-2} \tag{15-2}$$

Rearranjamos a expressão da constante de dissociação do ácido HA para obtermos

$$[HA] = \frac{[H_3O^+][A^-]}{1{,}00 \times 10^{-4}}$$

A substituição dessa expressão na Equação 15-2 produz

$$\frac{[H_3O^+][A^-]}{1{,}00 \times 10^{-4}} + [A^-] = 3{,}70 \times 10^{-2}$$

$$[A^-] = \frac{3{,}70 \times 10^{-6}}{[H_3O^+] + 1{,}00 \times 10^{-4}}$$

Substituindo $[A^-]$ e c_{HCl} na Equação 15-1 resulta

$$[H_3O^+] = 1{,}85 \times 10^{-3} + \frac{3{,}70 \times 10^{-6}}{[H_3O^+] + 1{,}00 \times 10^{-4}}$$

Resolvendo para eliminar o denominador e agrupando, temos

$$[H_3O^+]^2 - (1{,}75 \times 10^{-3})[H_3O^+] - 3{,}885 \times 10^{-6} = 0$$

Resolvendo a equação quadrática, obtemos

$$[H_3O^+] = 3{,}03 \times 10^{-3} \text{ mol L}^{-1}$$

$$\text{pH} = 2{,}52$$

Observe que as contribuições do HCl ($1{,}85 \times 10^{-3}$ mol L^{-1}) e do HA ($3{,}03 \times 10^{-3}$ mol L^{-1}) para a concentração do íon hidrônio são comparáveis. Consequentemente, não podemos fazer a suposição que fizemos no Exemplo 15-1.

Quando a quantidade de base adicionada é equivalente à quantidade de ácido clorídrico originalmente presente, a solução é idêntica em todos os aspectos àquela preparada pela dissolução de quantidades apropriadas de ácido fraco e de cloreto de sódio em um volume de água adequado. No entanto, o cloreto de sódio não afeta o pH (desprezando-se o aumento da força iônica); assim, o restante da curva de titulação é idêntico àquela de uma solução diluída de HA.

A forma da curva para a mistura de ácido fraco e forte, e consequentemente as informações que podem derivar, depende em larga escala da força do ácido fraco. A **Figura 15-1** ilustra as variações de pH que ocorrem durante a titulação de misturas de ácido clorídrico com vários ácidos fracos com diferentes constantes de dissociação. Note que o aumento do pH no primeiro ponto de equivalência é pequeno ou essencialmente não existente quando o ácido fraco tem uma constante de dissociação relativamente grande (curvas *A* e *B*). Para as titulações como essas, apenas a quantidade de matéria total em milimols do ácido fraco e forte pode ser determinada precisamente. Por outro lado, quando o ácido fraco possui uma constante de dissociação muito pequena, apenas o teor do ácido forte pode ser determinado. Para os ácidos fracos de força intermediária (K_a algo menor que 10^{-4}, porém maior que 10^{-8}), normalmente se observam dois pontos finais úteis.

A composição de uma mistura de um ácido forte com um ácido fraco pode ser determinada por meio de titulação com indicadores adequados se o ácido fraco tiver uma constante de dissociação entre 10^{-4} e 10^{-8} e a concentração dos dois ácidos forem da mesma ordem de grandeza.

Também é possível determinar a quantidade de cada componente em uma mistura de bases forte e fraca, sujeita aos obstáculos já descritos para o sistema ácido forte/ácido fraco. As construções de curvas de titulação para misturas de bases são análogas para mistura de ácidos.

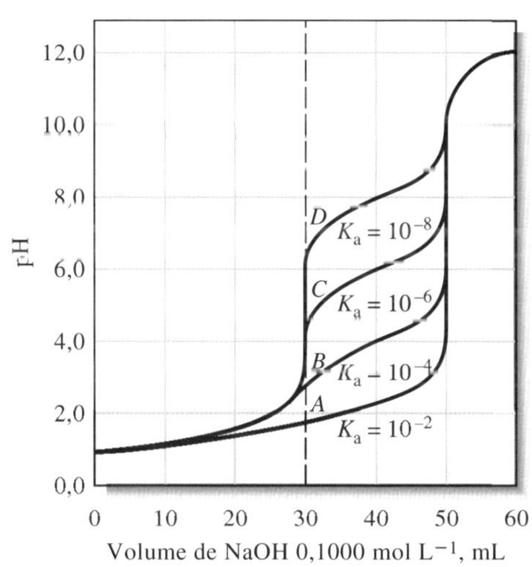

Figura 15-1 Curvas para a titulação de misturas de ácidos fracos/fortes com NaOH 0,1000 mol L^{-1}. Cada curva de titulação é para 25,00 mL de uma solução de HCl 0,1200 mol L^{-1} de ácido fraco HA 0,0800 mol L^{-1}.

15B ÁCIDOS E BASES POLIFUNCIONAIS

Existem várias espécies de interesse com dois ou mais grupos funcionais ácidos ou básicos que são encontradas na química analítica. Diz-se que estas espécies exibem comportamento ácido ou básico polifuncional. Geralmente, com um ácido polifuncional como o ácido fosfórico (H_3PO_4), as espécies protonadas (H_3PO_4, $H_2PO_4^-$, HPO_4^{2-}) diferem bastante nas suas constantes de dissociação, já que elas exibem pontos finais múltiplos em uma titulação de neutralização.

Ao longo do restante deste capítulo, empregamos K_{a1} e K_{a2} para representar a primeira e a segunda constantes de dissociação do ácido e K_{b1} e K_{b2} para as constantes sucessivas da base.

Geralmente, $K_{a1} > K_{a2}$ difere por um fator de 10^4 a 10^5 em virtude de forças eletrostáticas. Isto é, a primeira dissociação envolve a separação de um hidrônio com uma única carga positiva de um ânion também com uma única carga. Na segunda etapa, o íon hidrônio é separado de um ânion duplamente carregado, um processo que requer consideravelmente mais energia.

Uma segunda razão do porquê de $K_{a1} > K_{a2}$ é estatística. Na primeira etapa, um próton pode ser removido de mais posições que na segunda e terceira etapas.

15B-1 O Sistema Ácido Fosfórico

O ácido fosfórico é um ácido polifuncional típico. Em solução aquosa, sofre as três reações de dissociação seguintes:

$$H_3PO_4 + H_2O \rightleftharpoons H_2PO_4^- + H_3O^+ \qquad K_{a1} = \frac{[H_3O^+][H_2PO_4^-]}{[H_3PO_4]} = 7{,}11 \times 10^{-3}$$

$$H_2PO_4^- + H_2O \rightleftharpoons HPO_4^{2-} + H_3O^+ \qquad K_{a2} = \frac{[H_3O^+][HPO_4^{2-}]}{[H_2PO_4^-]} = 6{,}32 \times 10^{-8}$$

$$HPO_4^{2-} + H_2O \rightleftharpoons PO_4^{3-} + H_3O^+ \qquad K_{a3} = \frac{[H_3O^+][PO_4^{3-}]}{[HPO_4^{2-}]} = 4{,}5 \times 10^{-13}$$

Quando *adicionamos* dois equilíbrios sequenciais, *multiplicamos* as duas constantes de equilíbrio para obter a constante de equilíbrio para a reação global resultante. Assim, para os dois primeiros equilíbrios de dissociação para H_3PO_4, escrevemos

$$H_3PO_4 + 2H_2O \rightleftharpoons HPO_4^{2-} + 2H_3O^+ \qquad K_{a1}K_{a2} = \frac{[H_3O^+]^2[HPO_4^{2-}]}{[H_3PO_4]}$$

$$= 7{,}11 \times 10^{-3} \times 6{,}32 \times 10^{-8} = 4{,}49 \times 10^{-10}$$

Similarmente, para a reação

$$H_3PO_4 + 3H_2O \rightleftharpoons 3H_3O^+ + PO_4^{3-}$$

podemos escrever

$$K_{a1}K_{a2}K_{a3} = \frac{[H_3O^+]^3[PO_4^{3-}]}{[H_3PO_4]}$$

$$= 7{,}11 \times 10^{-3} \times 6{,}32 \times 10^{-8} \times 4{,}5 \times 10^{-13} = 2{,}0 \times 10^{-22}$$

15B-2 O Sistema Dióxido de Carbono/Ácido Carbônico

Quando o dióxido de carbono está dissolvido em água, um sistema ácido dibásico é formado pelas seguintes reações:

$$CO_2(aq) + H_2O \rightleftharpoons H_2CO_3 \qquad K_{hid} = \frac{[H_2CO_3]}{[CO_2(aq)]} = 2{,}8 \times 10^{-3} \qquad (15\text{-}3)$$

$$H_2CO_3 + H_2O \rightleftharpoons H_3O^+ + HCO_3^-$$

$$K_1 = \frac{[H_3O^+][HCO_3^-]}{[H_2CO_3]} = 1{,}5 \times 10^{-4} \quad (15\text{-}4)$$

$$HCO_3^- + H_2O \rightleftharpoons H_3O^+ + CO_3^{2-}$$

$$K_2 = \frac{[H_3O^+][CO_3^{2-}]}{[HCO_3^-]} = 4{,}69 \times 10^{-11} \quad (15\text{-}5)$$

As primeiras reações descrevem a hidratação do CO_2 aquoso para formar o ácido carbônico. Observe que a grandeza de K_{hid} indica que a concentração de CO_2 (*aq*) é muito maior que a concentração de H_2CO_3 (isto é, $[H_2CO_3]$ é apenas 0,3% da concentração de $CO_2(aq)$). Assim, um modo mais útil de se discutir a acidez de soluções de dióxido de carbono consiste em combinar as Equações 15-3 e 15-4 para fornecer

$$CO_2(aq) + 2H_2O \rightleftharpoons H_3O^+ + HCO_3^- \quad K_{a1} = \frac{[H_3O^+][HCO_3^-]}{[CO_2(aq)]} \quad (15\text{-}6)$$

$$= 2{,}8 \times 10^{-3} \times 1{,}5 \times 10^{-4}$$

$$= 4{,}2 \times 10^{-7}$$

$$HCO_3^- + H_2O \rightleftharpoons H_3O^+ + CO_3^{2-} \quad K_{a2} = 4{,}69 \times 10^{-11} \quad (15\text{-}7)$$

EXEMPLO 15-3

Calcule o pH de uma solução de CO_2 0,02500 mol L^{-1}.

Resolução

A expressão do balanço de massas para espécies contendo CO_2 é

$$c^0_{CO_2} = 0{,}02500 = [CO_2(aq)] + [H_2CO_3] + [HCO_3^-] + [CO_3^{2-}]$$

A pequena grandeza de K_{hid}, K_1 e K_2 (veja as Equações 15-3, 15-4 e 15-5) sugere que

$$([H_2CO_3] + [HCO_3^-] + [CO_3^{2-}]) << [CO_2(aq)]$$

e podemos escrever

$$[CO_2(aq)] \approx c^0_{CO_2} = 0{,}02500 \text{ mol L}^{-1}$$

A equação do balanço de cargas, é

$$[H_3O^+] = [HCO_3^-] + 2[CO_3^{2-}] + [OH^-]$$

Então pressupomos que

$$2[CO_3^{2-}] + [OH^-] << [HCO_3^-]$$

Consequentemente,

$$[H_3O^+] \approx [HCO_3^-]$$

Substituindo-se essas aproximações na Equação 15-6, temos

$$\frac{[H_3O^+]^2}{0{,}02500} = K_{a1} = 4{,}2 \times 10^{-7}$$

$$[H_3O^+] = \sqrt{0{,}02500 \times 4{,}2 \times 10^{-7}} = 1{,}02 \times 10^{-4}\ \text{mol L}^{-1}$$

$$\text{pH} = -\log(1{,}02 \times 10^{-4}) = 3{,}99$$

Calculando valores para $[H_2CO_3]$, $[CO_3^{2-}]$ e $[OH^-]$ indicam que as suposições são válidas.

DESAFIO: Escreva um número suficiente de equações para tornar possível o cálculo de todas as espécies em uma solução de concentrações analíticas de Na_2CO_3 e $NaHCO_3$ conhecidas.

O pH de sistemas polifuncionais, como o ácido fosfórico ou carbonato de sódio, pode ser calculado rigorosamente pelo uso da abordagem sistemática de problemas de multiequilíbrios descrita no Capítulo 11. Resolver manualmente a solução de várias equações simultâneas que estão envolvidas pode ser difícil e consome muito tempo, mas um computador pode simplificar o trabalho radicalmente.[1] Em muitos casos, suposições de simplificação podem ser feitas quando as constantes de equilíbrio sucessivas para o ácido (ou base) diferem por um fator de cerca de 10^3 ou mais. Estas suposições tornam possível o cálculo dos dados de pH para as curvas de titulação por meio das técnicas que foram discutidas nos capítulos anteriores.

15C SOLUÇÕES TAMPÃO ENVOLVENDO ÁCIDOS POLIPRÓTICOS

Dois sistemas tampão podem ser preparados a partir de um ácido fraco dibásico e seu sal. O primeiro consiste no ácido livre H_2A e na sua base conjugada NaHA, e o segundo faz uso do ácido NaHA e da sua base conjugada Na_2A. O pH do sistema NaHA/Na_2A é maior que o sistema H_2A/NaHa porque a constante de dissociação para HA^- é sempre menor que para H_2A.

Podemos escrever muitas equações independentes para permitir um cálculo rigoroso da concentração do íon hidrônio nesses sistemas. Ordinariamente, entretanto, é possível introduzir-se a simplificação de que apenas um dos equilíbrios é importante na determinação da concentração do íon hidrônio da solução. Assim, para um tampão preparado a partir de H_2A e NaHA, a dissociação de HA^- para produzir A^{2-} pode normalmente ser desprezada de tal forma que o cálculo é baseado apenas na primeira dissociação. Com essa simplificação, a concentração do íon hidrônio é calculada por meio do método descrito na Seção 9C-1 para uma solução tampão simples. Como mostrado no Exemplo 15-4, a validade das suposições pode ser conferida calculando-se uma concentração aproximada de A^{2-} e comparando-se esse valor com a concentração de H_2A e HA^-.

EXEMPLO 15-4

Calcule a concentração do íon hidrônio em uma solução tampão de ácido fosfórico 2,00 mol L^{-1} e di-hidrogenofosfato de potássio 1,50 mol L^{-1}.

Resolução

O equilíbrio principal nessa solução é a dissociação do H_3PO_4.

[1] Veja S. R. Crouch e F. J. Holler, *Applications of Microsoft Excel® in Analytical Chemistry*, 2. ed., Belmont, CA: Brooks/Cole, 2014, cap. 6.

$$H_3PO_4 + H_2O \rightleftharpoons H_3O^+ + H_2PO_4^- \qquad K_{a1} = \frac{[H_3O^+][H_2PO_4^-]}{[H_3PO_4]}$$
$$= 7{,}11 \times 10^{-3}$$

Presumimos que a dissociação de $H_2PO_4^-$ seja desprezível, isto é, $[H_2PO_4^-]$ e $[PO_4^{3-}]$ $<<$ $[H_2PO_4^-]$ e $[H_3PO_4]$. Então,

$$[H_3PO_4] \approx c^0_{H_3PO_4} = 2{,}00 \text{ mol L}^{-1}$$
$$[H_2PO_4^-] \approx c^0_{KH_2PO_4} = 1{,}50 \text{ mol L}^{-1}$$
$$[H_3O^+] = \frac{7{,}11 \times 10^{-3} \times 2{,}00}{1{,}50} = 9{,}49 \times 10^{-3} \text{ mol L}^{-1}$$

Agora usamos a expressão da constante de equilíbrio K_{a2} para ver se nossa suposição foi válida.

$$K_{a2} = 6{,}34 \times 10^{-8} = \frac{[H_3O^+][HPO_4^{2-}]}{[H_2PO_4^-]} = \frac{9{,}48 \times 10^{-3}[HPO_4^{2-}]}{1{,}50}$$

Resolvendo esta equação obtemos

$$[HPO_4^{2-}] = 1{,}00 \times 10^{-5} \text{ mol L}^{-1}$$

Uma vez que esta concentração é muito menor que as concentrações das espécies principais, H_3PO_4 e $H_2PO_4^-$, nossa suposição é válida. Observe que a $[PO_4^{3-}]$ é ainda muito menor que a $[HPO_4^{2-}]$.

Para um tampão preparado a partir de NaHA e Na_2A, a segunda dissociação, normalmente, predomina e o equilíbrio

$$HA^- + H_2O \rightleftharpoons H_2A + OH^-$$

pode ser desprezado. A concentração do H_2A é desprezível quando comparada com a de HA^- ou A^{2-}. O íon hidrônio pode então ser calculado a partir da segunda constante de dissociação pelas técnicas para uma solução tampão convencional. Para testar a suposição, comparamos uma concentração estimada de H_2A com as concentrações de HA^- e A^{2-}, como no Exemplo 15-5.

EXEMPLO 15-5

Calcule a concentração do íon hidrônio em um tampão de ftalato ácido de potássio (KHFt) 0,0500 mol L^{-1} e ftalato de potássio 0,150 mol L^{-1} (K_2Ft).

$$HP^- + H_2O \rightleftharpoons H_3O^+ + Ft^{2-} \qquad K_{a2} = \frac{[H_3O^+][Ft^{2-}]}{[HFt^-]} = 3{,}91 \times 10^{-6}$$

Resolução

Faremos a suposição de que a concentração de H_2Ft é desprezível nesta solução. Consequentemente,

$$[HFt^-] \approx c^0_{KHP} = 0{,}0500 \text{ mol L}^{-1}$$

$$[Ft^{2-}] \approx c_{K_2P} = 0{,}150 \text{ mol L}^{-1}$$

$$[H_3O^+] = \frac{3{,}91 \times 10^{-6} \times 0{,}0500}{0{,}150} = 1{,}30 \times 10^{-6} \text{ mol L}^{-1}$$

Para verificar a primeira suposição, um valor aproximado para $[H_2Ft]$ é calculado pela substituição dos valores numéricos para $[H_3O^+]$ e $[HFt^-]$ na expressão para K_{a1}:

$$K_{a1} = \frac{[H_3O^+][HFt^-]}{[H_2Ft]} = 1{,}12 \times 10^{-3} = \frac{(1{,}30 \times 10^{-6})(0{,}0500)}{[H_2Ft]}$$

$$[H_2Ft] = 6 \times 10^{-5} \text{ mol L}^{-1}$$

Uma vez que a $[H_2Ft] \ll [HFt]$ e $[Ft^{2-}]$, nossa suposição de que a reação do HFt^- para formar OH^- seja desprezível é justificada.

Em todas, menos em algumas poucas ocasiões, a suposição de um equilíbrio principal simples, como nos Exemplos 15-4 e 15-5, fornece uma estimativa satisfatória do pH de misturas tampão derivadas de ácidos polibásicos. Entretanto, erros apreciáveis ocorrem quando a concentração do ácido ou do seu sal é muito baixa ou quando as duas constantes de dissociação são numericamente próximas. Nestes casos, um cálculo mais rigoroso é necessário.

15D CÁLCULOS DE pH DE SOLUÇÕES DE NaHA

Não consideramos ainda como calcular o pH das soluções de sais que têm as duas propriedades ácida e básica, isto é, os sais que são *anfipróticos*. Esses sais são formados durante as titulações de neutralização de ácidos polifuncionais ácidos e básicos. Por exemplo, quando 1 mol de NaOH for adicionado a uma solução que contém 1 mol de ácido H_2A, é formado 1 mol de NaHA. O pH dessa solução é determinado por dois equilíbrios estabelecidos entre HA^- e a água:

$$HA^- + H_2O \rightleftharpoons A^{2-} + H_3O^+$$

e

$$HA^- + H_2O \rightleftharpoons H_2A + OH^-$$

Se a primeira reação predomina, a solução será ácida. Caso a segunda reação predomine, a solução será básica. As ordens de grandeza relativas das constantes de equilíbrio para estes processos determinam se uma solução de NaAH é ácida ou básica.

$$K_{a2} = \frac{[H_3O^+][A^{2-}]}{[HA^-]} \tag{15-8}$$

$$K_{b2} = \frac{K_w}{K_{a1}} = \frac{[H_2A][OH^-]}{[HA^-]} \tag{15-9}$$

onde K_{a1} e K_{a2} são constantes de dissociação do ácido H_2A e K_{b2} é a constante de dissociação básica para HA^-. Se K_{b2} for maior que K_{a2}, a solução será alcalina. Ela é ácida se K_{a2} excede K_{b2}.

Para derivar uma expressão para a concentração do íon hidrônio de uma solução de HA^-, usamos a abordagem sistemática descrita na Seção 11A. Escrevemos primeiro a equação de balanço de massas.

$$c_{NaHA} = [HA^-] + [H_2A] + [A^{2-}] \qquad (15\text{-}10)$$

A equação de balanço de cargas é:

$$[Na^+] + [H_3O^+] = [HA^-] + 2[A^{2-}] + [OH^-]$$

Uma vez que a concentração de íons sódio é igual à concentração molar analítica do NaHA, a última equação pode ser reescrita como

$$c_{NaHA} + [H_3O^+] = [HA^-] + 2[A^{2-}] + [OH^-] \qquad (15\text{-}11)$$

Agora temos quatro equações algébricas (Equações 15-10 e 15-11 e as duas expressões das constantes de dissociação para H_2A) e necessitamos de uma expressão adicional para resolver as cinco incógnitas. A constante de produto iônico da água serve ao propósito:

$$K_w = [H_3O^+][OH^-]$$

A solução rigorosa destas cinco equações para as cinco incógnitas é um pouco difícil, mas métodos computacionais têm tornado a tarefa menos formidável que anteriormente.[2] Uma aproximação razoável, aplicável à maior parte das soluções de sais ácidos, pode ser usada, entretanto, para simplificar o problema. Primeiro subtraímos a equação de balanço de massas da equação de balanço de cargas.

$$\begin{aligned} c_{NaHA} + [H_3O^+] &= [HA^-] + 2[A^{2-}] + [OH^-] && \text{balanço de cargas} \\ c_{NaHA} &= [H_2A] + [HA^-] + [A^{2-}] && \text{balanço de massas} \\ [H_3O^+] &= [A^{2-}] + [OH^-] - [H_2A] && (15\text{-}12) \end{aligned}$$

Então rearranjamos a expressão da constante de dissociação do ácido do H_2A e HA^- para fornecer

$$[H_2A] = \frac{[H_3O^+][HA^-]}{K_{a1}}$$

$$[A^{2-}] = \frac{K_{a2}[HA^-]}{[H_3O^+]}$$

Substituindo-se essas expressões e aquela para K_w na Equação 15-12, temos

$$[H_3O^+] = \frac{K_{a2}[HA^-]}{[H_3O^+]} + \frac{K_w}{[H_3O^+]} - \frac{[H_3O^+][HA^-]}{K_{a1}}$$

Multiplicando por $[H_3O^+]$, resulta

$$[H_3O^+]^2 = K_{a2}[HA^-] + K_w - \frac{[H_3O^+]^2[HA^-]}{K_{a1}}$$

[2] Veja S. R. Cruoch e F. J. Holler, *Applications of Microsoft Excel® in Analytical Chemistry*, 2. ed., Belmont, Ca: Brooks/Cole, 2014, cap. 6.

Combinamos as condições para obter

$$[H_3O^+]^2\left(\frac{[HA^-]}{K_{a1}} + 1\right) = K_{a2}[HA^-] + K_w$$

Essa equação é rearranjada para

$$[H_3O^+] = \sqrt{\frac{K_{a2}[HA^-] + K_w}{1 + [HA^-]/K_{a1}}} \tag{15-13}$$

Sob muitas circunstâncias, podemos realizar a aproximação que

$$[HA^-] \approx c_{NaHA} \tag{15-14}$$

Substituindo essa relação na Equação 15-13, temos

$$[H_3O^+] = \sqrt{\frac{K_{a2}c_{NaHA} + K_w}{1 + c_{NaHA}/K_{a1}}} \tag{15-15}$$

A aproximação mostra como a Equação 15-14 requer que $[HA^-]$ seja muito maior que qualquer outra concentração de equilíbrio nas Equações 15-10 e 15-11. Essa suposição não é válida para as soluções muito diluídas de NaHA ou em situações onde K_{a2} ou K_w/K_{a1} é relativamente grande.

Frequentemente, a razão c_{NaHA}/K_{a1} é muito maior que a unidade no denominador da Equação 15-15, e $K_{a2}c_{NaHA}$ é consideravelmente maior que K_w no numerador. Neste caso, a Equação 15-15 pode ser escrita como

Sempre conferir as suposições que são inerentes à Equação 15-16.

$$[H_3O^+] = \sqrt{K_{a1}K_{a2}} \tag{15-16}$$

Observe que a Equação 15-16 não contém c_{NaHA}, implicando que o pH das soluções desse tipo permanece constante em uma faixa considerável de concentrações de soluções em que as suposições são válidas.

EXEMPLO 15-6

Calcule a concentração de íons hidrônio de uma solução de Na_2HPO_4 1,00 × 10^{-3} mol L^{-1}.

Resolução

As constantes de dissociação pertinentes são K_{a2} e K_{a3}, as quais contêm $[HPO_4^{2-}]$. Seus valores são $K_{a2} = 6{,}32 \times 10^{-8}$ e $K_{a3} = 4{,}5 \times 10^{-13}$. No caso de uma solução Na_2HPO_4 a Equação 15-15 pode ser escrita como

$$[H_3O^+] = \sqrt{\frac{K_{a3}c_{NaHA} + K_w}{1 + c_{NaHA}/K_{a2}}}$$

Observe que usamos K_{a3} no lugar de K_{a2} na Equação 15-15 e K_{a2} no lugar de K_{a1}, uma vez que estas são as constantes de dissociação apropriadas onde Na_2HPO_4 é o sal.

Se considerarmos de novo as suposições que levam à Equação 15-16, descobrimos que o termo $c_{NaHA}/K_{a2} = (1{,}0 \times 10^{-3})/(6{,}32 \times 10^{-8})$ é muito maior que 1, logo o denominador pode ser simplificado. No numerador, entretanto, $K_{a3}c_{NaHA} = 4{,}5 \times 10^{-13} \times 1{,}00 \times 10^{-3}$ é comparável ao K_w de tal forma que nenhuma simplificação pode ser feita. Usamos, consequentemente uma versão parcialmente simplificada da Equação 15-15:

$$[H_3O^+] = \sqrt{\frac{K_{a3}c_{NaHA} + K_w}{c_{NaHA}/K_{a2}}}$$

$$= \sqrt{\frac{(4{,}5 \times 10^{-13})(1{,}00 \times 10^{-3}) + 1{,}00 \times 10^{-14}}{(1{,}00 \times 10^{-3})/(6{,}32 \times 10^{-8})}} = 8{,}1 \times 10^{-10}\ \text{mol L}^{-1}$$

A Equação 15-16 simplificada forneceu $1{,}7 \times 10^{-10}$ mol L^{-1}, que é um erro por uma grande quantidade.

EXEMPLO 15-7

Encontre a concentração do íon hidrônio em uma solução de NaH_2PO_4 0,0100 mol L^{-1}.

Resolução

As duas constantes de dissociação de importância (aquelas que contêm ($[H_2PO_4^{2-}]$ são $K_{a1} = 7{,}11 \times 10^{-3}$ e $K_{a2} = 6{,}32 \times 10^{-8}$). Um teste mostra que o denominador da Equação 15-15 não pode ser simplificado, mas podemos reduzir o numerador para $K_{a2}c_{NaH_2PO_4}$. Assim, a Equação 15-15 se torna

$$[H_3O^+] = \sqrt{\frac{(6{,}32 \times 10^{-8})(1{,}00 \times 10^{-2})}{1{,}00 + (1{,}00 \times 10^{-2})/(7{,}11 \times 10^{-3})}} = 1{,}62 \times 10^{-5}\ \text{mol L}^{-1}$$

EXEMPLO 15-8

Calcule a concentração do íon hidrônio de uma solução de $NaHCO_3$ 0,100 mol L^{-1}.

Resolução

Presumimos que, como anteriormente, que $[H_2CO_3] << [CO_2(aq)]$ e, assim, o seguinte equilíbrio descreve o sistema:

$$CO_2(aq) + 2H_2O \rightleftharpoons H_3O^+ + HCO_3^- \qquad K_{a1} = \frac{[H_3O^+][HCO_3^-]}{[CO_2(aq)]} = 4.2 \times 10^{-7}$$

$$HCO_3^- + H_2O \rightleftharpoons H_3O^+ + CO_3^{2-} \qquad K_{a2} = \frac{[H_3O^+][CO_3^{2-}]}{[HCO_3^-]} = 4{,}69 \times 10^{-11}$$

Observamos que $c_{NaHA}/K_{a1} >> 1$ de tal forma que o denominador da Equação 15-15 pode ser simplificado. Além disso, $K_{a2}c_{NaHA}$ tem um valor de $4{,}69 \times 10^{-12}$, que é substancialmente maior que K_w. Assim a Equação 15-16 se aplica, e

$$[H_3O^+] = \sqrt{4{,}2 \times 10^{-7} \times 4{,}69 \times 10^{-11}} = 4{,}4 \times 10^{-9}\ \text{mol L}^{-1}$$

15E CURVAS DE TITULAÇÃO PARA ÁCIDOS POLIFUNCIONAIS

Os compostos com dois ou mais grupos funcionais ácidos produzem múltiplos pontos finais em uma titulação contanto que os grupos funcionais difiram suficientemente em suas forças como ácidos. As técnicas computacionais descritas no Capítulo 14 permitem construir curvas de titulação teóricas com razoável precisão para os ácidos polipróticos se a razão K_{a1}/K_{a2} for algo maior que 10^3. Se essa razão for menor, os erros se tornam significativos, particularmente na região do primeiro ponto de equivalência e um tratamento mais rigoroso das relações de equilíbrio é requerido.

A **Figura 15-2** mostra a curva de titulação para um ácido diprótico H_2A com uma constante de dissociação $K_{a1} = 1{,}00 \times 10^{-3}$ e $K_{a2} = 1{,}00 \times 10^{-7}$. Uma vez que a razão K_{a1}/K_{a2} é significativamente maior que 10^3, podemos calcular essa curva (exceto para o primeiro ponto de equivalência) usando as técnicas desenvolvidas no Capítulo 14 para os ácidos monopróticos simples. Assim, para obtermos o pH inicial (ponto *A*), tratamos o sistema como se contivesse um único ácido fraco monoprótico com uma constante de dissociação de $K_{a1} = 1{,}00 \times 10^{-3}$. Na região *B*, temos o equivalente a um tampão simples consistindo em um ácido fraco H_2A e sua base conjugada NaHA. Isto é, pressupomos que a concentração de A^{2-} seja desprezível quando comparada com as de outras espécies que contêm A e empregamos a Equação 9-29 para encontrar $[H_3O^+]$. No primeiro ponto de equivalência (ponto *C*), temos uma solução de um sal ácido e usamos a Equação 15-15 ou uma de suas simplificações para calcular a concentração dos íons hidrônio. Na região *D*, obtemos um segundo tampão que consiste em um ácido fraco HA^- e sua base conjugada Na_2A, e calculamos o pH usando a segunda constante de dissociação, $K_{a2} = 1{,}00 \times 10^{-7}$. No ponto *E*, a solução contém a base conjugada de um ácido fraco com uma constante de dissociação de $1{,}00 \times 10^{-7}$. Isto é, presumimos que a concentração do hidróxido da solução seja determinada somente pela reação do A^{2-} com a água para formar HA^- e OH^-. Finalmente, na região *F*, temos NaOH em excesso e computamos a concentração de hidróxido a partir da concentração molar do NaOH. O pH é então encontrado a partir desta quantidade e do produto iônico da água.

O Exemplo 15-9 ilustra um exemplo de cálculo um pouco mais complicado, aquele da titulação do ácido maleico diprótico (H_2M) com NaOH. Apesar da razão K_{a1}/K_{a2} ser grande o suficiente para usar as técnicas que acabamos de descrever, o valor de K_{a1} é tão grande que algumas das simplificações feitas nas abordagens anteriores não se aplicam, particularmente nas regiões logo antes e logo depois dos pontos de equivalência.

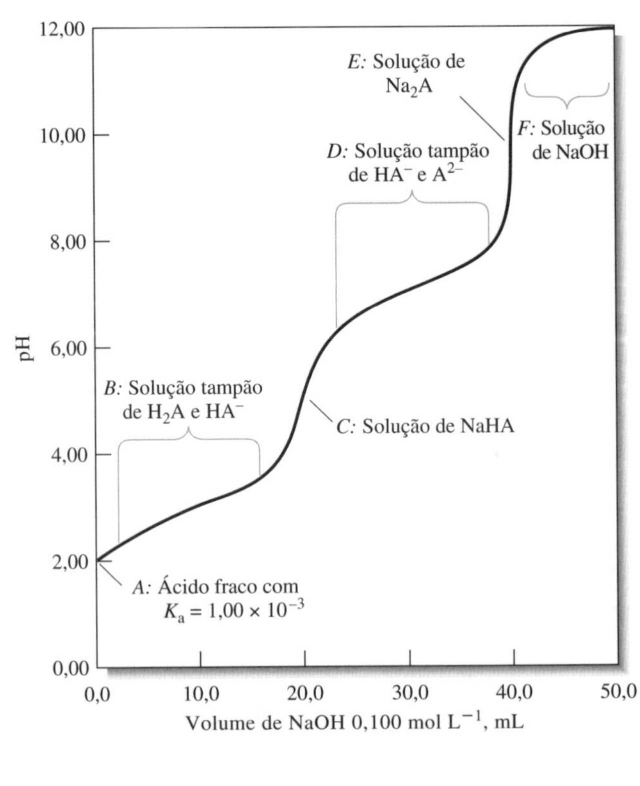

Figura 15-2 Titulação de 20,00 mL de H_2A 0,1000 mol L^{-1} com NaOH 0,1000 mol L^{-1}. Para H_2A, $K_{a1} = 1{,}00 \times 10^{-3}$ e $K_{a2} = 1{,}00 \times 10^{-7}$. O método de cálculo do pH é mostrado para vários pontos e regiões da curva de titulação.

EXEMPLO 15-9

Construa uma curva de titulação de 25,00 mL de ácido maleico, HOOC—CH═CH—COOH com NaOH 0,1000 mol L^{-1}.

Podemos escrever os dois equilíbrios de dissociação como

$$H_2M + H_2O \rightleftharpoons H_3O^+ + HM^- \qquad K_{a1} = 1,3 \times 10^{-2}$$

$$HM^- + H_2O \rightleftharpoons H_3O^+ + M^{2-} \qquad K_{a2} = 5,9 \times 10^{-7}$$

Em virtude de a razão K_{a1}/K_{a2} ser muito grande (2×10^{-4}), podemos proceder usando as técnicas descritas anteriormente.

Resolução

pH inicial

Inicialmente, a solução de H_2M é 0,1000 mol L^{-1}. Neste ponto apenas a primeira dissociação efetua uma contribuição apreciável para a $[H_3O^-]$; assim,

$$[H_3O^+] \approx [HM^-]$$

O balanço de massas requer que

$$c^0_{H_2M} = [H_2M] + [HM^-] + [M^{2-}] = 0,1000 \text{ mol L}^{-1}$$

Uma vez que a segunda dissociação é desprezível, a $[M^{-2}]$ é muito pequena de tal forma que

$$c^0_{H_2M} \approx [H_2M] + [HM^-] = 0,1000 \text{ mol L}^{-1}$$

ou

$$[H_2M] = 0,1000 - [HM^-] = 0,1000 - [H_3O^+]$$

Substituindo-se essas relações nas expressões de K_{a1}, temos

$$K_{a1} = 1,3 \times 10^{-2} = \frac{[H_3O^+][HM^-]}{[H_2M]} = \frac{[H_3O^+]^2}{0,1000 - [H_3O^+]}$$

O rearranjo produz

$$[H_3O^+]^2 + 1,3 \times 10^{-2}[H_3O^+] - 1,3 \times 10^{-3} = 0$$

Como K_{a1} do ácido maleico é relativamente grande, precisamos resolver a equação quadrática ou achar $[H_3O^+]$ por meio de aproximações sucessivas. Quando assim o fazemos, obtemos

$$[H_3O^+] = 3,01 \times 10^{-2} \text{ mol L}^{-1}$$

$$\text{pH} = 2 - \log 3,01 = 1,52$$

Primeira Região Tamponada

A adição de, por exemplo 5,00 mL, resulta na formação de um tampão do ácido fraco H_2M e sua base conjugada HM^-. Dentro da suposição de que a dissociação de HM^- para formar M^{2-} seja desprezível, a solução pode ser tratada como um sistema tampão simples. Assim, aplicando-se as Equações 9-27 e 9-28, temos

$$c_{NaHM} \approx [HM^-] = \frac{5,00 \times 0,1000}{30,00} = 1,67 \times 10^{-2} \text{ mol L}^{-1}$$

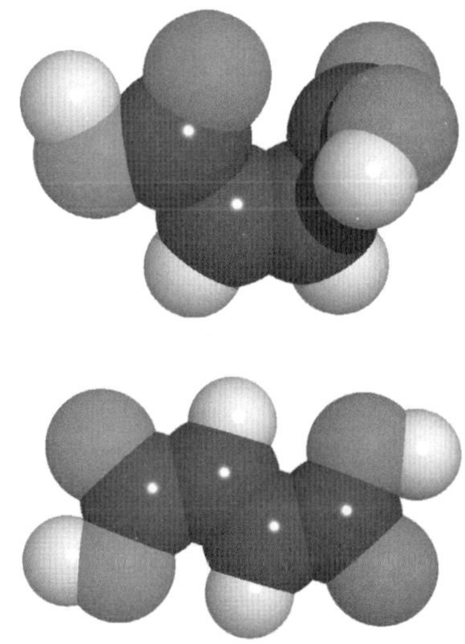

O modelo molecular do ácido maleico, ou ácido (Z)-butenodióico (acima), e ácido fumárico, ou ácido (E)-butenodióico (abaixo). Esses isômeros geométricos exibem notáveis diferenças em suas propriedades físicas e químicas. Como o isômero *cis* (ácido maleico) tem dois grupos carboxílicos de um mesmo lado da molécula, o composto elimina água para formar o anidrido maleico cíclico, que é uma matéria-prima muito reativa utilizada em plásticos, corantes, fármacos e agroquímicos. O ácido fumárico, que é essencial à respiração animal e vegetal, é usado industrialmente como antioxidante, na síntese de resinas e para fixar cores em tingimento. É interessante comparar os valores de p*Ka* para os dois ácidos; para o ácido fumárico, $pK_{a1} = 3,05$ e $pK_{a2} = 4,49$; para o ácido maleico, $pK_{a1} = 1,89$ e $pK_{a2} = 6,23$. DESAFIO: Explique as diferenças nos valores de p_{Ka} com base nas diferenças das estruturas moleculares.

$$c_{H_2M} \approx [H_2M] = \frac{25,00 \times 0,1000 - 5,00 \times 0,1000}{30,00} = 6,67 \times 10^{-2}\ \text{mol L}^{-1}$$

A substituição desses valores na expressão da constante de equilíbrio para K_{a1} produz um valor estimado de $5,2 \times 10^{-2}$ mol L^{-1} para $[H_3O^-]$. É claro, entretanto, que a aproximação $[H_3O^+] << c_{H_2M}$ ou c_{HM^-} não é válida, portanto, as Equações 9-25 e 9-26 devem ser utilizadas, e

$$[HM^-] = 1,67 \times 10^{-2} + [H_3O^-] - [OH^-]$$

$$[H_2M] = 6,67 \times 10^{-2} + [H_3O^+] - [OH^-]$$

Como a solução é bastante ácida, a aproximação de que $[OH^-]$ é muito pequena é seguramente justificada. A substituição dessas expressões nas relações das constantes de dissociação nos fornece

$$K_{a1} = \frac{[H_3O^+](1,67 \times 10^{-2} + [H_3O^+])}{6,67 \times 10^{-2} - [H_3O^+]} = 1,3 \times 10^{-2}$$

$$[H_3O^+]^2 + (2,97 \times 10^{-2})[H_3O^+] - 8,67 \times 10^{-4} = 0$$

$$[H_3O^+] = 1,81 \times 10^{-2}\ \text{mol L}^{-1}$$

$$\text{pH} = -\log(1,81 \times 10^{-2}) = 1,74$$

Os pontos adicionais na primeira região tamponada podem ser calculados de maneira similar até logo antes do primeiro ponto de equivalência.

Logo Antes do Primeiro Ponto de Equivalência

Logo antes do primeiro ponto de equivalência, a concentração de H_2M é tão pequena que se torna comparável à concentração de M^{2-} e o segundo equilíbrio precisa também ser considerado. Dentro de aproximadamente 0,1 mL do primeiro ponto de equivalência, temos primariamente uma solução de HM^- com uma pequena quantidade de H_2M restante e uma pequena quantidade de M^{2-} formado. Por exemplo, com 24,90 mL de NaOH adicionados,

$$[HM^-] \approx c_{NaHM} = \frac{24,90 \times 0,1000}{49,90} = 4,99 \times 10^{-2}\ \text{mol L}^{-1}$$

$$c_{H_2M} = \frac{25,00 \times 0,1000}{49,90} - \frac{24,90 \times 0,1000}{49,90} = 2,00 \times 10^{-4}\ \text{mol L}^{-1}$$

O balanço de massas nos dá

$$c_{H_2M} + c_{NaHM} = [H_2M] + [HM^-] + [M^{2-}]$$

O balanço de cargas nos dá

$$[H_3O^+] + [Na^+] = [HM^-] + 2[M^{2-}] + [OH^-]$$

Uma vez que a solução consiste primariamente no ácido HM^- no primeiro ponto de equivalência, podemos desprezar $[OH^-]$ na equação anterior e substituir $[Na^-]$ por c_{NaHM}. Após o rearranjo, obtemos

$$c_{NaHM} = [HM^-] + 2[M^{2-}] - [H_3O^+]$$

Substituindo essa equação na expressão de balanço de massas e isolando $[H_3O^-]$, temos

$$[H_3O^+] = c_{H_2M} + [M^{2-}] - [H_2M]$$

Se expressarmos $[M^{2-}]$ e $[H_2M]$ em termos de $[HM^-]$ e $[H_3O^+]$, o resultado será

$$[H_3O^+] = c_{H_2M} + \frac{K_{a2}[HM^-]}{[H_3O^+]} - \frac{[H_3O^+][HM^-]}{K_{a1}}$$

Multiplicando-se por $[H_3O^+]$, temos, após o rearranjo

$$[H_3O^+]^2\left(1 + \frac{[HM^-]}{K_{a1}}\right) - c_{H_2M}[H_3O^+] - K_{a2}[HM^-] = 0$$

Substituindo-se $[HM^-] = 4{,}99 \times 10^{-2}$, $c_{H_2M} = 2{,}00 \times 10^{-4}$ e os valores de K_{a1} e K_{a2}, levamos a

$$4{,}838\,[H_3O^+]^2 - 2{,}00 \times 10^{-4}\,[H_3O^+] - 2{,}94 \times 10^{-8} = 0$$

A solução para essa equação é

$$[H_3O^+] = 1{,}014 \times 10^{-4} \text{ mol L}^{-1}$$
$$\text{pH} = 3{,}99$$

O mesmo raciocínio foi aplicado para 24,99 mL de titulante, no qual encontramos

$$[H_3O^+] = 8{,}01 \times 10^{-5} \text{ mol L}^{-1}$$
$$\text{pH} = 4{,}10$$

Primeiro Ponto de Equivalência

No primeiro ponto de equivalência,

$$[HM^-] \approx c_{NaHM} = \frac{25{,}00 \times 0{,}1000}{50{,}00} = 5{,}00 \times 10^{-2} \text{ mol L}^{-1}$$

Nossa simplificação do numerador da Equação 15-15 é facilmente justificada. Por outro lado, o segundo termo no denominador não é <<1. Consequentemente,

$$[H_3O^+] = \sqrt{\frac{K_{a2}c_{NaHM}}{1 + c_{NaHM}/K_{a1}}} = \sqrt{\frac{5{,}9 \times 10^{-7} \times 5{,}00 \times 10^{-2}}{1 + (5{,}00 \times 10^{-2})/(1{,}3 \times 10^{-2})}}$$
$$= 7{,}80 \times 10^{-5} \text{ mol L}^{-1}$$
$$\text{pH} = -\log(7{,}80 \times 10^{-5} \text{ mol L}^{-1}) = 4{,}11$$

Logo Após o Primeiro Ponto de Equivalência

Antes do segundo ponto de equivalência, podemos obter as concentrações analíticas de NaOH e Na_2M da estequiometria da titulação. A 25,01 mL, por exemplo, valores são calculados como

$$c_{NaHM} = \frac{\text{quant. de mat. de NaHM form.} - (\text{quant. de mat. de NaOH adic.} - \text{quant. de mat. de NaHM form.})}{\text{volume total da solução}}$$

$$= \frac{25{,}00 \times 0{,}1000 - (25{,}01 - 25{,}00) \times 0{,}1000}{50{,}01} = 0{,}04997 \text{ mol L}^{-1}$$

$$c_{Na_2M} = \frac{(\text{quant. de mat. de NaOH adic.} - \text{quant. de mat. de NaHM form.})}{\text{volume total da solução}} = 1{,}9996 \times 10^{-5}\ \text{mol L}^{-1}$$

Na região referente a poucos décimos de mililitros, além do primeiro ponto de equivalência, a solução é constituída primariamente por HM^- com algum M^{2-} formado como resultado da titulação. O balanço de massas em 25,01 mL adicionado é

$$c_{Na_2M} + c_{NaHM} = [H_2M] + [HM^-] + [M^{2-}] = 0{,}04997 + 1{,}9996 \times 10^{-5}$$
$$= 0{,}04999\ \text{mol L}^{-1}$$

O balanço de cargas é

$$[H_3O^+] + [Na^+] = [HM^-] + 2[M^{2-}] + [OH^-]$$

Novamente, a solução deve ser ácida e assim podemos desprezar o $[OH^-]$ desconsiderando-o como espécie importante. A concentração de Na^+ se iguala aos milimols de NaOH adicionados divididos pelo volume total, ou

$$[Na^+] = \frac{25{,}01 \times 0{,}1000}{50{,}01} = 0{,}05001\ \text{mol L}^{-1}$$

Subtraindo-se o balanço de massas do balanço de cargas e isolando $[H_3O^+]$, temos

$$[H_3O^+] = [M^{2-}] - [H_2M] + (c_{Na_2M} + c_{NaHM}) - [Na^+]$$

Expressando-se as concentrações $[M^{2-}]$ e $[H_2M]$ em termos da espécie predominante HM^- temos

$$[H_3O^+] = \frac{K_{a2}[HM^-]}{[H_3O^+]} - \frac{[H_3O^+][HM^-]}{K_{a1}} + (c_{Na_2M} + c_{NaHM}) - [Na^+]$$

Uma vez que $[HM^-] \approx c_{NaHM} = 0{,}04997$. Consequentemente, se substituirmos este valor e os valores numéricos para $c_{Na_2M} + c_{NaHM}$ e $[Na^+]$ na equação anterior, teremos, após rearranjar, a seguinte equação quadrática:

$$[H_3O^+] = \frac{K_{a2}(0{,}04997)}{[H_3O^+]} - \frac{[H_3O^+](0{,}04997)}{K_{a1}} - 1{,}9996 \times 10^{-5}$$

$$K_{a1}[H_3O^+]^2 = 0{,}04997K_{a1}K_{a2} - 0{,}04997[H_3O^+]^2 - 1{,}9996 \times 10^{-5}K_{a1}[H_3O^+]$$

$$(K_{a1} + 0{,}04997)[H_3O^+]^2 + 1{,}9996 \times 10^{-5}K_{a1}[H_3O^+] - 0{,}04997K_{a1}K_{a2} = 0$$

Esta equação pode, então, ser resolvida para $[H_3O^+]$.

$$[H_3O^+] = 7{,}60 \times 10^{-5}\ \text{mol L}^{-1}$$
$$\text{pH} = 4{,}12$$

Segunda Região Tamponada

As adições posteriores de base à solução criam um novo sistema tampão que consiste em HM^- e M^{2-}. Quando uma quantidade de base suficiente for adicionada de forma que a reação de HM^- com água para formar OH^- possa ser desconsiderada (a poucos décimos de mililitro do primeiro ponto de equivalência), o pH da mistura pode ser calculado a partir de K_{a2}. Com a introdução de 25,50 mL de NaOH, por exemplo,

$$[M^{2-}] \approx c_{Na_2M} = \frac{(25{,}50 - 25{,}00)(0{,}1000)}{50{,}50} = \frac{0{,}050}{50{,}50} \text{ mol L}^{-1}$$

e a concentração molar de NaHM é

$$[HM^-] \approx c_{NaHM} = \frac{(25{,}00 \times 0{,}1000) - (25{,}50 - 25{,}00)(0{,}1000)}{50{,}50} = \frac{2{,}45}{50{,}50} \text{ mol L}^{-1}$$

Substituindo esses valores na expressão de K_{a2} nos dá

$$K_{a2} = \frac{[H_3O^+][M^{2-}]}{[HM^-]} = \frac{[H_3O^+](0{,}050/50{,}50)}{2{,}45/50{,}50} = 5{,}9 \times 10^{-7}$$

$$[H_3O^+] = 2{,}89 \times 10^{-5} \text{ mol L}^{-1}$$

A suposição de que $[H_3O^+]$ é pequena em relação a c_{HM^-} e $c_{M^{2-}}$ é válida e o pH é igual a 4,54. Os outros valores na segunda região de tampão são calculados de uma maneira similiar.

Pouco Antes do Segundo Ponto de Equivalência

Logo antes do segundo ponto de equivalência (49,90 mL e mais), a razão $[M^2]/[HM^-]$ torna-se grande, e a equação para os tampões simples não mais se aplica. A 49,90 mL, $c_{HM^-} = 1{,}335 \times 10^{-4}$ mol L^{-1} e $c_{M^{2-}} = 0{,}03324$. O equilíbrio dominante agora é

$$M^{2-} + H_2O \rightleftharpoons HM^- + OH^-$$

Podemos escrever a constante de equilíbrio como

$$K_{b1} = \frac{K_w}{K_{a2}} = \frac{[OH^-][HM^-]}{[M^{2-}]} = \frac{[OH^-](1{,}335 \times 10^{-4} + [OH^-])}{(0{,}03324 - [OH^-])}$$

$$= \frac{1{,}00 \times 10^{-14}}{5{,}9 \times 10^{-7}} = 1{,}69 \times 10^{-8}$$

Neste caso, é mais fácil resolver para $[OH^-]$ que para $[H_3O^+]$. Resolvendo a equação quadrática resultante obtemos

$$[OH^-] = 4{,}10 \times 10^{-6} \text{ mol L}^{-1}$$

$$\text{pOH} = 5{,}39$$

$$\text{pH} = 14{,}00 - \text{pOH} = 8{,}61$$

O mesmo raciocínio para 49,99 mL, que leva a $[OH^-] = 1{,}80 \times 10^{-5}$ mol L^{-1} e pH = 9,26.

Segundo Ponto de Equivalência

Após a adição de 50,00 mL de solução de hidróxido 0,1000 mol L^{-1}, a solução é 0,0333 mol L^{-1} em Na_2M (2,5 mmol/75,00 mL). A reação da base M^{2-} com a água é o equilíbrio predominante no sistema e o único que precisamos levar em consideração. Assim,

$$M^{2-} + H_2O \rightleftharpoons OH^- + HM^-$$

$$K_{b1} = \frac{K_w}{K_{a2}} = \frac{[OH^-][HM^-]}{[M^{2-}]} = 1{,}69 \times 10^{-8}$$

$$[OH^-] \cong [HM^-]$$

$$[M^{2-}] = 0{,}0333 - [OH^-] \cong 0{,}0333$$

$$\frac{[OH^-]^2}{0,0333} = 1,69 \times 10^{-8}$$

$$[OH^-] = 2,37 \times 10^{-5}\ \text{mol L}^{-1} \text{ e pOH} = -\log(2,37 \times 10^{-5}) = 4,62$$

$$pH = 14,00 - pOH = 9,38$$

pH Logo Após o Segundo Ponto de Equivalência

Na região logo após o segundo ponto de equivalência (50,01 mL, por exemplo), ainda necessitamos levar em consideração a reação de M^{2-} com a água para fornecer OH^-, uma vez que não foi adicionado suficiente OH^- em excesso para suprimir esta reação. A concentração analítica de M^{2-} é a quantidade de matéria em mmols de M^{2-} produzida dividida pelo volume total da solução.

$$c_{M^{2-}} = \frac{25,00 \times 0,1000}{75,01} = 0,03333\ \text{mol L}^{-1}$$

A $[OH^-]$ agora vem da reação de M^{2-} com a água e do excesso de OH^- adicionado como titulante. A quantidade de matéria em mmols de excesso de OH^- é então a quantidade de matéria em mmols de NaOH adicionada menos a quantidade de matéria necessária para atingir o segundo ponto de equivalência. A concentração deste excesso é a quantidade de matéria em milimols de excesso de OH^- dividido pelo volume total de solução, ou

$$[OH^-]_{\text{excesso}} = \frac{(50,01 - 50,00) \times 0,1000}{75,01} = 1,333 \times 10^{-5}\ \text{mol L}^{-1}$$

A concentração de HM^- agora pode ser encontrada a partir de K_{b1}.

$$[M^{2-}] = c_{M^{2-}} - [HM^-] = 0,03333 - [HM^-]$$

$$[OH^-] = 1,3333 \times 10^{-5} + [HM^-]$$

$$K_{b1} = \frac{[HM^-][OH^-]}{[M^{2-}]} = \frac{[HM^-](1,3333 \times 10^{-5} + [HM^-])}{0,03333 - [HM^-]} = 1,69 \times 10^{-8}$$

Resolvendo a equação quadrática para $[HM^-]$ obtemos

$$[HM^-] = 1,807 \times 10^{-5}\ \text{mol L}^{-1}$$

e

$$[OH^-] = 1,3333 \times 10^{-5} + [HM^-] = 1,33 \times 10^{-5} + 1,807 \times 10^{-5}$$
$$= 3,14 \times 10^{-5}\ \text{mol L}^{-1}$$

$$pOH = 4,50 \text{ e } pH = 14,00 - pOH = 9,50$$

O mesmo raciocínio é aplicado para 50,10 mL, e os cálculos nos dão pH = 10,14.

pH Após o Segundo Ponto de Equivalência

A adição de mais que alguns décimos de um mililitro de NaOH além do segundo ponto de equivalência fornece um excesso suficiente de NaOH para reprimir a dissociação de M^{2-}. O pH é então calculado da concentração de NaOH adicionado em excesso ao necessário para a completa neutralização do H_2M. Assim, quando 51,00 mL de NaOH forem adicionados, temos 1,00 mL de excesso de NaOH 0,1000 mol L^{-1} e

$$[OH^-] = \frac{1,00 \times 0,100}{76,00} = 1,32 \times 10^{-3}\ \text{mol L}^{-1}$$

$$pOH = -\log(1,32 \times 10^{-3}) = 2,88$$

$$pH = 14,00 - pOH = 11,12$$

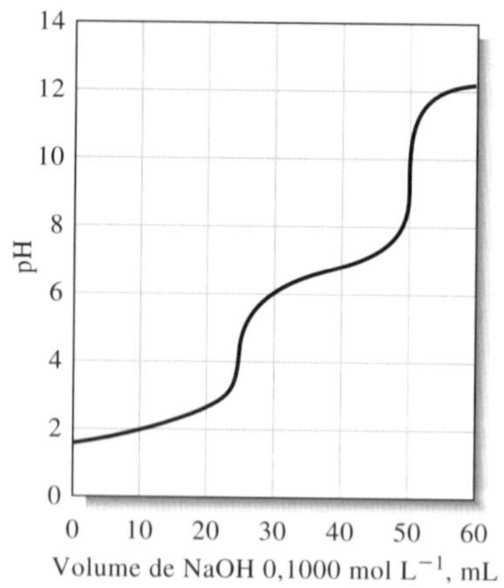

Figura 15-3 Curva de titulação para 25,00 mL de ácido maleico 0,1000 mol L^{-1}, H_2M, com NaOH 0,1000 mol L^{-1}.

A **Figura 15-3** apresenta a curva de titulação do ácido maleico 0,1000 mol L^{-1} gerada como mostrado no Exemplo 15-9. Dois pontos finais são aparentes; qualquer um dos quais poderia, em princípio, ser utilizado como uma medida da concentração do ácido. O segundo ponto final é o mais satisfatório, porque a variação de pH é mais pronunciada que no primeiro.

A **Figura 15-4** mostra as curvas de titulação para três outros ácidos polipróticos. Essas curvas ilustram que um ponto final bem definido, correspondente ao primeiro ponto de equivalência, é observado apenas quando o grau de dissociação dos dois ácidos é suficientemente diferente. A razão entre K_{a1} e K_{a2} do ácido oxálico (curva *B*) é de aproximadamente 1.000. A curva para essa titulação aponta uma inflexão correspondente ao primeiro ponto de equivalência. A grandeza da alteração do pH é muito pequena para permitir uma localização precisa do ponto final com um indicador. O segundo ponto final, entretanto, pode ser usado para determinar com exatidão o ácido oxálico.

A curva *A* na Figura 15-4 representa a titulação teórica para o ácido fosfórico triprótico. Para este ácido, a razão K_{a1}/K_{a2} é aproximadamente igual a 10^5, assim como K_{a2}/K_{a3}. Essas razões resultam em dois pontos finais bem definidos, qualquer um deles é satisfatório para as finalidades analíticas. Um indicador de viragem em faixa ácida proverá uma alteração de cor quando 1 mol de base for introduzido para cada mol de ácido, e um indicador de faixa básica exigirá 2 moles de base por mol de ácido. O terceiro hidrogênio do ácido fosfórico é tão pouco dissociado ($K_{a3} = 4,5 \times 10^{-13}$) que nenhum ponto final prático pode ser associado com sua neutralização. Entretanto, o efeito tamponante da terceira dissociação é notável e faz que o pH da curva *A* esteja mais abaixo que o das outras curvas na região além do segundo ponto de equivalência.

Na titulação de um ácido poliprótico ou base, dois pontos finais úteis obtidos aparecem se a razão das constantes de dissociação for maior do que 104 e se o ácido ou base mais fraco tiver uma constante de dissociação maior do que 10^{-8}.

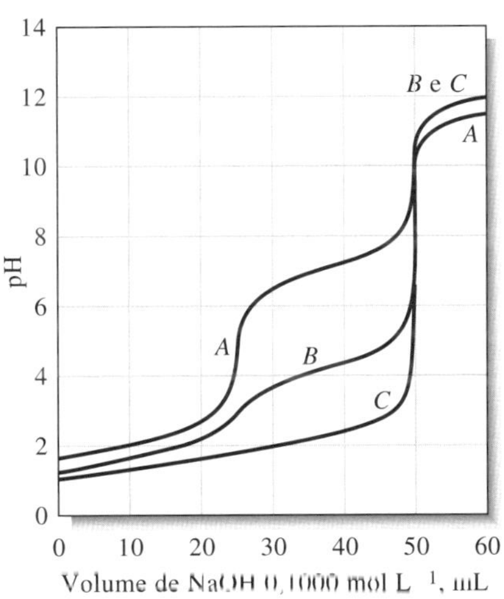

Figura 15-4 Curvas de titulações de ácidos polipróticos. Uma solução de NaOH 0,1000 mol L^{-1} foi empregada para titular 25,00 mL de H_3PO_4 0,1000 mol L^{-1} (curva A), ácido oxálico 0,1000 mol L^{-1} (curva B) e H_2SO_4 0,1000 mol L^{-1} (curva C).

A curva *C* é aquela de titulação para o ácido sulfúrico, uma substância que tem um próton completamente dissociado e um que se dissocia em extensão relativamente grande ($K_{a2} = 1,02 \times 10^{-2}$). Em razão da similaridade na força dos dois ácidos, somente um único ponto final, correspondendo à titulação dos dois prótons, é observado. O cálculo do pH em soluções de ácido sulfúrico é ilustrado no Destaque 15-1.

DESAFIO: Construa a curva para a titulação de 50,00 mL de H_2SO_4 0,0500 mol L^{-1} com NaOH 0,1000 mol L^{-1}.

Em geral, a titulação de ácidos e bases que apresentam dois grupos reativos produzem pontos finais individuais que são de valor prático apenas quando a razão entre as duas constantes de dissociação é de pelo menos 10^4. Se a razão for muito menor que este 10^4, a variação do pH no primeiro ponto de equivalência vai se mostrar menos satisfatória em uma análise.

DESTAQUE 15-1

A Disssociação do Ácido Sulfúrico

O ácido sulfúrico é incomum sob o aspecto em que um dos prótons se comporta como um ácido forte em água e o outro como um ácido fraco ($K_{a2} = 1{,}02 \times 10^{-2}$). Vamos considerar como a concentração do íon hidrônio das soluções de ácido sulfúrico é calculada usando-se uma solução 0,0400 mol L^{-1} como um exemplo.

Primeiro, presumimos que a dissociação de H_2SO_4 seja desprezível em virtude do grande excesso de H_3O^+ resultante da completa dissociação do H_2SO_4, então,

$$[H_3O^+] \approx [HSO_4^-] \approx 0{,}0400 \text{ mol L}^{-1}$$

Uma estimativa de $[SO_4^{2-}]$ baseada nessa aproximação e a expressão para K_{a2} revelam que

$$\frac{0{,}0400\,[SO_4^{2-}]}{0{,}0400} = 1{,}02 \times 10^{-2}$$

Vemos que, $[SO_4^{2-}]$ *não* é menor em relação a $[HSO_4^-]$, e uma resolução mais rigorosa é requerida.

Das considerações estequiométricas, é necessário que

$$[H_3O^+] = 0{,}0400 + [SO_4^{2-}]$$

O primeiro termo à direita é a concentração de H_3O^+ resultante da proveniente dissociação do H_2SO_4 a HSO_4^-. O segundo termo é a contribuição da dissociação do HSO_4^-. O rearranjo produz

$$[SO_4^{2-}] = [H_3O^+] - 0{,}0400$$

As considerações do balanço de massas requerem que

$$c_{H_2SO_4} = 0{,}0400 = [HSO_4^-] + [SO_4^{2-}]$$

Combinando-se as duas últimas equações e rearranjando, temos

$$[HSO_4^-] = 0{,}0800 - [H_3O^+]$$

Introduzindo essas equações para $[SO_4^{2-}]$ e HSO_4^- na expressão de K_{a2} encontramos que

$$\frac{[H_3O^+]([H_3O^+] - 0{,}0400)}{0{,}0800 - [H_3O^+]} = 1{,}02 \times 10^{-2}$$

Resolvendo a equação quadrática para $[H_3O^+]$ obtemos

$$[H_3O^+] = 0{,}0471 \text{ mol L}^{-1}$$

15F CURVAS DE TITULAÇÃO PARA AS BASES POLIFUNCIONAIS

Os mesmos princípios que acabamos de descrever para a construção de curvas de titulação para ácidos polifuncionais podem ser aplicados para curvas de titulação para bases polifuncionais. Para ilustrar, consideremos a titulação de carbonato de sódio com ácido clorídrico padrão. As constantes de equilíbrio importantes são

$$CO_3^{2-} + H_2O \rightleftharpoons OH^- + HCO_3^- \quad K_{b1} = \frac{K_w}{K_{a2}} = \frac{1{,}00 \times 10^{-14}}{4{,}69 \times 10^{-11}} = 2{,}13 \times 10^{-4}$$

$$HCO_3^- + H_2O \rightleftharpoons OH^- + CO_2(aq) \quad K_{b2} = \frac{K_w}{K_{a1}} = \frac{1{,}00 \times 10^{-14}}{4{,}2 \times 10^{-7}} = 2{,}4 \times 10^{-8}$$

A reação do íon carbonato com a água governa o pH inicial da solução, que pode ser calculado pelo método para o segundo ponto de equivalência, mostrado no Exemplo 15-9. Com as primeiras adições de ácido, é estabelecido um sistema tampão carbonato/hidrogenocarbonato. Nessa região, o pH pode ser determinado pela concentração do íon hidróxido estipulado por K_{b1} *ou* pela concentração do íon hidrônio determinada de K_{a2}. Como estamos interessados geralmente no cálculo de $[H_3O^+]$ e do pH, a expressão para K_{a2} é mais fácil de se usar.

DESAFIO: Mostrar que tanto K_{b2} como K_{a1} podem ser utilizadas para calcular o pH de um tampão de Na_2CO_3 0,100 mol L^{-1} e $NaHCO_3$ 0,100 mol L^{-1}.

O hidrogenocarbonato de sódio é a principal espécie de soluto no primeiro ponto de equivalência e a Equação 15-16 é utilizada para calcular a concentração do íon hidrônio (veja o Exemplo 15-8). Com a adição de mais ácido, um novo tampão consistindo em hidrogenocarbonato de sódio e ácido carbônico é formado. O pH desse tampão é prontamente obtido tanto de K_{b2} como de K_{a1}.

No segundo ponto de equivalência, a solução consiste em $CO_2(aq)$ (ácido carbônico) e cloreto de sódio. O $CO_2(aq)$ pode ser tratado como um ácido fraco simples com uma constante de dissociação K_{a1}. Finalmente, após ter sido adicionado um excesso de ácido clorídrico, a dissociação do ácido fraco é reprimida até um ponto em que a concentração molar do íon hidrônio é essencialmente a concentração molar do ácido forte.

A **Figura 15-5** mostra que dois pontos finais aparecem na titulação de carbonato de sódio, sendo o segundo apreciavelmente mais nítido que o primeiro. Isto sugere que os componentes individuais em misturas de carbonato de sódio e hidrogenocarbonato de sódio podem ser determinados pelo método de neutralização.

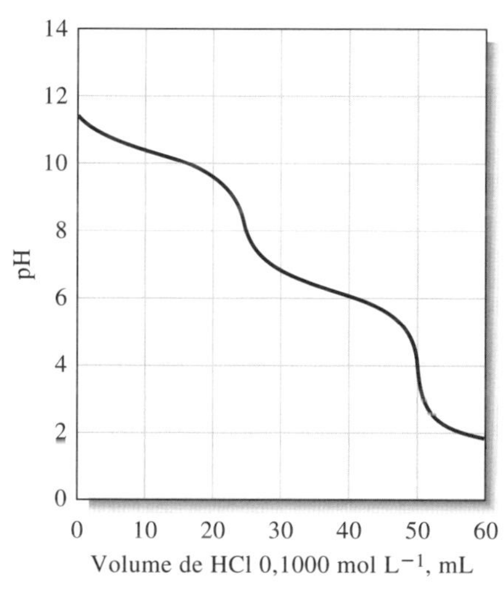

Figura 15-5 Curva de titulação de 25,00 mL de Na_2CO_3 0,1000 mol L^{-1} com HCl 0,1000 mol L^{-1}.

15G CURVAS DE TITULAÇÃO PARA ESPÉCIES ANFIPRÓTICAS

Uma substância anfiprótica, quando dissolvida em um solvente adequado, comporta-se tanto como um ácido fraco quanto como uma base fraca. Se suas características ácidas ou básicas predominam suficientemente, a titulação da substância com uma base forte ou um ácido forte pode ser realizada. Por exemplo, na solução de di-hidrogenofosfato de sódio, os principais equilíbrios são

$$H_2PO_4^- + H_2O \rightleftharpoons H_3O^+ + HPO_4^{2-} \qquad K_{a2} = 6{,}32 \times 10^{-8}$$

$$H_2PO_4^- + H_2O \rightleftharpoons OH^- + H_3PO_4 \qquad K_{b3} = \frac{K_w}{K_{a1}} = \frac{1{,}00 \times 10^{-14}}{7{,}11 \times 10^{-3}} = 1{,}41 \times 10^{-12}$$

Observe que K_{b3} é muito pequena para permitir a titulação de $H_2PO_4^-$ com um ácido, mas K_{a2} é grande o suficiente para possibilitar uma titulação com sucesso do di-hidrogenofosfato com uma solução padrão de base.

Uma situação diferente prevalece em soluções contendo hidrogenofosfato dissódico, na qual os equilíbrios análogos são:

$$HPO_4^{2-} + H_2O \rightleftharpoons H_3O^+ + PO_4^{3-} \qquad K_{a3} = 4{,}5 \times 10^{-13}$$

$$HPO_4^{2-} + H_2O \rightleftharpoons OH^- + H_2PO_4^- \qquad K_{b2} = \frac{K_w}{K_{a2}} = \frac{1{,}00 \times 10^{-14}}{6{,}32 \times 10^{-8}} = 1{,}58 \times 10^{-7}$$

A grandeza das constantes indica que o HPO_4^{2-} pode ser titulado com ácido padrão, mas não com base padrão.

Os aminoácidos são anfipróticos

Um ***zwitterion*** é uma espécie iônica que possui uma carga positiva e uma negativa.

DESTAQUE 15-2

Comportamento Ácido/Base de Aminoácidos

Os aminoácidos simples constituem uma classe importante de compostos anfipróticos que contêm grupos funcionais de ácido e bases fracos. Em uma solução aquosa de um aminoácido típico, como a glicina, operam três importantes equilíbrios:

$$NH_2CH_2COOH \rightleftharpoons NH_3^+CH_2COO^- \qquad (15\text{-}17)$$

$$NH_3^+CH_2COO^- + H_2O \rightleftharpoons NH_2CH_2COO^- + H_3O^+ \qquad K_a = 2 \times 10^{-10} \qquad (15\text{-}18)$$

$$NH_3^+CH_2COO^- + H_2O \rightleftharpoons NH_3^+CH_2COOH + OH^- \qquad K_b = 2 \times 10^{-12} \qquad (15\text{-}19)$$

O primeiro equilíbrio constitui um tipo de reação ácido/base interna e é análogo à reação que se observa entre um ácido carboxílico e uma amina:

$$R_1NH_2 + R_2COOH \rightleftharpoons R_1NH_3^+ + R_2COO^- \qquad (15\text{-}20)$$

Uma amina alifática típica possui uma constante de dissociação básica de 10^{-4} a 10^{-5} (veja o Apêndice 3), enquanto muitos ácidos carboxílicos têm uma constante de dissociação ácida aproximadamente da mesma grandeza. Como resultado disso é que as duas Reações 15-18 e 15-19 se processam para a direita, com o produto ou produtos sendo as espécies predominantes na solução.

A espécie de aminoácido na Equação 15-17, que apresenta carga positiva e negativa, é chamada ***zwitterion***. Como mostrado pelas Equações 15-18 e 15-19, o *zwitterion* da glicina é mais forte como um ácido que como uma base. Assim, uma solução aquosa de glicina é levemente ácida.

O *zwitterion* de um aminoácido, contendo uma carga positiva e uma negativa, não tem tendência a migrar em um campo elétrico, embora as espécies puramente catiônicas ou aniônicas são atraídas para os eletrodos de cargas opostas. Nenhuma migração *líquida* de um aminoácido ocorre em um campo elétrico quando o pH do solvente é tal que as concentrações das formas aniônicas e catiônicas são idênticas. O pH no qual nenhuma migração líquida ocorre é denominado **ponto isoelétrico** e é uma importante constante física para a caracterização dos aminoácidos. O ponto isoelétrico está diretamente relacionado com a constante de dissociação das espécies. Assim, para a glicina,

$$K_a = \frac{[NH_2CH_2COO^-][H_3O^+]}{[NH_3^+CH_2COO^-]}$$

$$K_b = \frac{[NH_3^+CH_2COOH][OH^-]}{[NH_3^+CH_2COO^-]}$$

No ponto isoelétrico,

$$[NH_2CH_2COO^-] = [NH_3^+CH_2COOH]$$

Consequentemente, se dividirmos K_a por K_b e substituirmos essa relação, obtemos para o ponto isoelétrico

$$\frac{K_a}{K_b} = \frac{[H_3O^+][NH_2CH_2COO^-]}{[OH^-][NH_3^+CH_2COOH]} = \frac{[H_3O^+]}{[OH^-]}$$

Se substituirmos de $K_w/[H_3O^+]$ por $[OH^-]$ e rearranjarmos obtemos

$$[H_3O^+] = \sqrt{\frac{K_aK_w}{K_b}}$$

O ponto isoelétrico para a glicina ocorre em pH 6,0; isto é,

$$[H_3O^+] = \sqrt{\frac{(2 \times 10^{-10})(1 \times 10^{-14})}{2 \times 10^{-12}}} = 1 \times 10^{-6}\ \text{mol L}^{-1}$$

Para os aminoácidos simples, K_a e K_b geralmente são tão pequenos que sua determinação por meio de neutralização direta é impossível. Contudo, a adição de aldeído fórmico remove o grupo funcional amina e deixa o ácido carboxílico disponível para ser titulado com uma base padrão. Por exemplo, com a glicina,

$$NH_3^+CH_2COO^- + CH_2O \rightarrow CH_2C{=}NCH_2COOH + H_2O$$

A curva de titulação para o produto é típica de um ácido carboxílico.

O **ponto isoelétrico** é o pH no qual nenhuma migração de uma espécie líquida de aminoácidos ocorre em um campo elétrico.

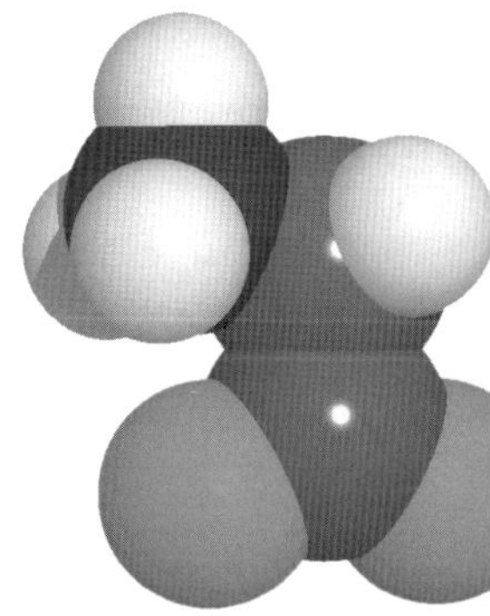

A estrutura molecular do *zwitterion* glicina, $NH_3^+CH_2COO^-$. A glicina é um dos aminoácidos denominados não essenciais; esse aminoácido não é essencial no sentido de que é sintetizado pelos mamíferos e, portanto, geralmente não é importante na alimentação. Por causa de sua estrutura compacta, a glicina atua como um bloco versátil na síntese protéica e na biossíntese da hemoglobina. Uma fração significante do colágeno – ou proteínas fibrosas constituintes do osso, da cartilagem, do tendão e de outros tecidos conectivos no corpo humano – é formada por glicina. A glicina também é um neurotransmissor inibitório e, por isso, tem sido sugerida como possível agente terapêutico para doenças do sistema nervoso central, como a esclerose múltipla e a epilepsia. A glicina também é usada no tratamento da esquizofrenia, infarto e hiperplasia benigna da próstata.

15H COMPOSIÇÃO DE SOLUÇÕES DE ÁCIDO POLIPRÓTICO EM FUNÇÃO DO pH

Na Seção 14E, mostramos como os valores alfa são úteis na visualização das variações da concentração de diversas espécies que ocorrem em uma titulação de um ácido fraco monoprótico. Os valores alfa fornecem uma excelente maneira de pensar sobre as propriedades de ácidos e de bases polifuncionais. Por exemplo, se considerássemos que c_T fosse a soma das concentrações molares de espécies contendo o maleato na solução ao longo da titulação descrita no Exemplo 15-9, o valor alfa para o ácido livre α_0 seria definido como

$$\alpha_0 = \frac{[H_2M]}{c_T}$$

onde

$$c_T = [H_2M] + [HM^-] + [M^{2-}] \quad (15\text{-}21)$$

Os valores alfa para HM^- e M^{2-} são dados por equações similares:

$$\alpha_1 = \frac{[HM^-]}{c_T}$$

$$\alpha_2 = \frac{[M^{2-}]}{c_T}$$

Como se observou na Seção 9C-2, a soma dos valores alfa para o sistema deve ser igual a um:

$$\alpha_0 + \alpha_1 + \alpha_2 = 1$$

Podemos expressar os valores alfa para o sistema ácido maleico muito claramente em termos de $[H_3O^+]$, K_{a1} e K_{a2}. Para achar as expressões apropriadas, seguimos o método usado para derivar as Equações 9-35 e 9-36 na Seção 9C-2, e as seguintes equações resultam:

DESAFIO: Deduza as Equações 15-22, 15-23 e 15-24.

$$\alpha_0 = \frac{[H_3O^+]^2}{[H_3O^+]^2 + K_{a1}[H_3O^+] + K_{a1}K_{a2}} \quad (15\text{-}22)$$

$$\alpha_1 = \frac{K_{a1}[H_3O^+]}{[H_3O^+]^2 + K_{a1}[H_3O^+] + K_{a1}K_{a2}} \quad (15\text{-}23)$$

$$\alpha_2 = \frac{K_{a1}K_{a2}}{[H_3O^+]^2 + K_{a1}[H_3O^+] + K_{a1}K_{a2}} \quad (15\text{-}24)$$

Observe que o denominador é o mesmo para cada expressão. Um resultado um pouco surpreendente é que a fração de cada espécie é fixa para um determinado pH e é *absolutamente independente* da concentração total, c_T. Uma expressão geral para os valores alfa é fornecida no Destaque 15-3.

DESTAQUE 15-3

Uma Expressão Geral para os Valores Alfa

Para o ácido fraco H_nA, o denominador D em todas as expressões de valores alfa toma a forma de:

$$D = [H_3O^+]^n + K_{a1}[H_3O^+]^{(n-1)} + K_{a1}K_{a2}[H_3O^+]^{(n-2)} + \cdots K_{a1}K_{a2}\cdots K_{an}$$

O numerador para α_0 é o primeiro termo no denominador, e α_1 é o segundo termo, e assim por diante. Dessa forma, $\alpha_0 = [H_3O^+]^n/D$ e $\alpha_1 = K_{a1}[H_3O^+]^{(n-1)}/D$.

Os valores alfa para as bases polifuncionais são gerados de um modo análogo, com a equação sendo escrita em termos da constante de dissociação da base e $[OH^-]$.

As três curvas na **Figura 15-6** apresentam os valores alfa para cada espécie de maleato em função do pH. As curvas sólidas na **Figura 15-7** descrevem o mesmo valor alfa, mas agora representado por gráfico em função do volume de hidróxido de sódio à medida que o ácido é titulado. A curva de titulação é também mostrada por meio da linha tracejada na Figura 15-7. Estas curvas dão uma imagem compreensiva de todas as alterações de concentrações que ocorrem durante a titulação. Por exemplo, a Figura 15-7 revela que, antes da adição de qualquer base, α_0 para H_2M é mais ou menos 0,7, e α_1 para HM^- é aproximadamente 0,3. Para todos os propósitos práticos, α_2 é zero. Assim, inicialmente, cerca de 70% do ácido maleico existe como H_2M e 30%, como HM^-. Com a adição da base, o pH aumenta, como o faz a fração de HM^-. No primeiro ponto de equivalência (pH = 4,11), essencialmente todo maleato está presente como ($\alpha_1 \rightarrow 1$). Quando adicionamos mais base, além do primeiro ponto de equivalência, HM^- diminui e M^{2-} aumenta. No segundo ponto de equivalência (pH = 9,38) e, mais além, fundamentalmente todo o maleato está na forma M^{2-}.

Uma outra maneira de visualizar os sistemas ácidos e bases polifuncionais é utlizando diagramas de concentração logarítmica, conforme ilustrado no Destaque 15-4.

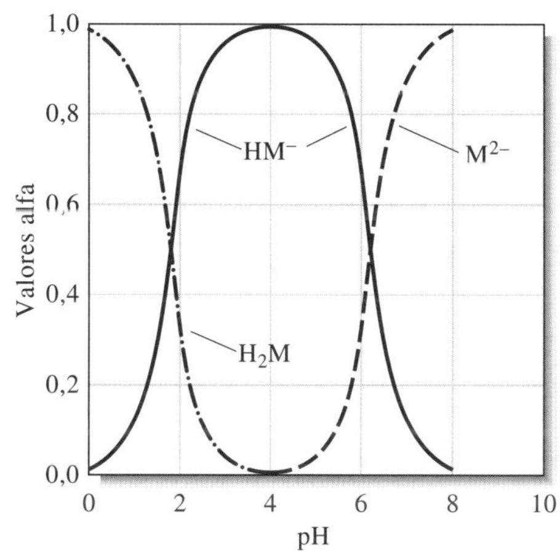

Figura 15-6 Composição de soluções de H_2M em função do pH.

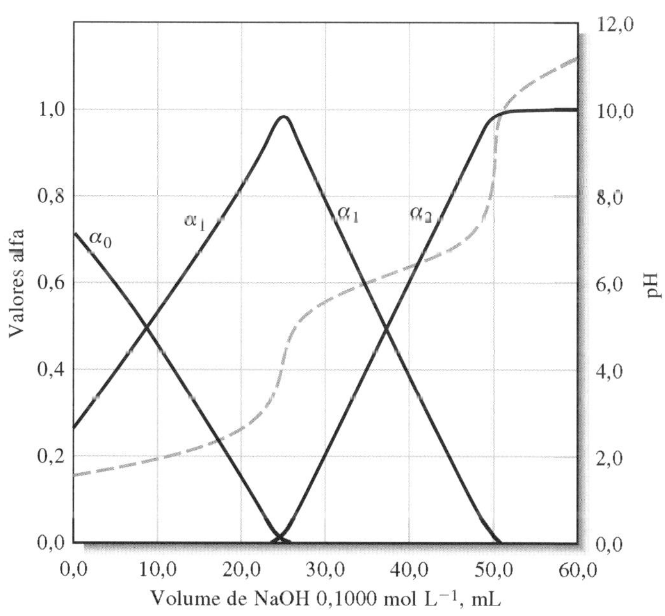

Figura 15-7 Titulação de 25,00 mL de ácido maleico 0,1000 mol L^{-1} com NaOH 0,1000 mol L^{-1}. As curvas contínuas correspondem aos valores alfa em função do volume de titulante. A curva tracejada é uma curva de titulação de pH como uma função do volume.

DESTAQUE 15-4

Diagramas Logarítmicos de Concentração

Um diagrama logarítmico de concentração é um gráfico do log da concentração *versus* uma variável principal como o pH. Esses diagramas são úteis porque expressam a concentração de todas as espécies em uma solução de ácido poliprótico em função do pH. Esse tipo de diagrama permite observar facilmente as espécies que são importantes a um determinado pH. A escala logarítmica é usada, uma vez que as concentrações podem variar de muitas ordens de grandeza.

Os diagramas logarítmicos de concentração se aplicam apenas a um ácido específico e a uma concentração inicial particular do ácido. Podemos calcular os resultados para construir os diagramas logarítimicos de concentração de distribuição discutidos anteriormente.

Os diagramas logarítmicos de concentração podem ser computados a partir da concentração do ácido e das constantes de dissociação. Usamos como exemplo o sistema do ácido maleico discutido anteriormente. O diagrama mostrado na **Figura 15D-1** é um diagrama logarítmico de concentração para uma concentração de ácido maleico de 0,10 mol L^{-1} (c_T = 0,10 mol L^{-1} de ácido maleico). O diagrama expressa a concentração de todas as formas de ácido maleico H_2M, HM^- e M^{2-}, em função do pH. Geralmente incluímos também as concentrações de H_3O^+ e OH^-. O diagrama está baseado na condição de balanço de massas e nas constantes de dissociação do ácido. As variações nas inclinações nos diagramas para as espécies do ácido maleico ocorrem próximo aos denominados **pontos de sistema**. Esses são definidos pela concentração total do ácido, 0,10 mol L^{-1} no nosso caso e dos valores de pK_a. Para o ácido maleico, o primeiro ponto de sistema ocorre em log $c_T = -1$ e pH = pK_{a1} = $-$log (1,30 × 10^{-2}) = 1,89, enquanto o segundo ponto de sistema está no pH = pK_{a2} = $-$log (5,90 × 10^{-7}) = 6,23 e log $c_T = -1$. Observe que quando pH = pK_{a1}, as concentrações de H_2M e HM^- são iguais, como mostrado pelo cruzamento das linhas que indicam essas concentrações. Note, também, que nesse primeiro ponto de sistema, $[M^{2-}] << [HM^-]$ e $[M^{2-}] << [H_2M]$. Próximo a esse primeiro ponto de sistema, podemos, portanto, desprezar os íons maleato não protonados e expressar o balanço de massas como $c_T \approx [H_2M] + [HM^-]$.

À esquerda desse primeiro ponto de sistema, $[H_2M] >> [HM^-]$ e assim $c_T \approx [H_2M]$. Isso é indicado no diagrama pela inclinação igual a 0 para a linha H_2M entre os valores de pH = 0 até aproximadamente 1. Nessa região, a concentração de HM^- eleva-se abruptamente com o aumento do pH, uma vez que os prótons são removidos de H_2M à medida que o pH aumenta. Da expressão para K_{a1}, podemos escrever

$$[HM^-] = \frac{[H_2M]K_{a1}}{[H_3O^+]} \approx \frac{c_T K_{a1}}{[H_3O^+]}$$

Tomando o logaritmo dos dois lados dessa equação, obtém-se

$$\log [HM^-] = \log c_T + \log K_{a1} - \log [H_3O^+]$$
$$= \log c_T + \log K_{a1} + \text{pH}$$

Portanto, à esquerda do primeiro ponto de sistema (região A), o gráfico de log $[HM^-]$ *versus* pH é constituído por uma linha reta de inclinação +1.

Usando argumentos semelhantes, concluímos que à direita do primeiro ponto de sistema, $c_T \approx [HM^-]$, e

$$[H_2M] \approx \frac{c_T[H_3O^+]}{K_{a1}}$$

Tomando-se o logaritmo dos dois lados dessa equação revela-se que o gráfico de log $[H_2M]$ *versus* pH (região B) deve ser linear com uma inclinação de -1. Essa relação se mantém dessa forma até próximo do segundo ponto de sistema, que ocorre em pH = pK_{a2} = $-$log (5,90 × 10^{-7}) = 6,23 e log $c_T = -1$.

No segundo ponto de sistema, as concentrações de HM^- e H^{2-} são iguais. Observe que à esquerda do segundo ponto de sistema, $[HM^-] \approx c_T$ e log $[M^{2-}]$ se elevam com o aumento do pH com uma inclinação de +1 (região C). À direita do segundo ponto de sistema, $[M^{2-}] \approx c_T$ e log $[HM^-]$ diminuem com o aumento do pH com uma inclinação de -1 (região D). A linha do H_3O^+ e a do OH^- são fáceis de se desenhar, pois

$$\log [H_3O^+] = -\text{pH e} \log [OH^-] = \text{pH} - 14.$$

Podemos desenhar o diagrama logarítmico de concentração facilmente, observando as relações há pouco determinadas. Um método mais fácil consiste em modificar o diagrama de distribuição de maneira que produza o diagrama logarítmico de concentração. Note que o gráfico é específico para uma concentração analítica total de 0,10 mol L^{-1} e para o ácido maleico, uma vez que as constantes de dissociação do ácido estão incluídas.

Estimativa das Concentrações a um Determinado Valor de pH

O diagrama do log da concentração pode ser muito útil para se realizar cálculos mais exatos e na determinação de quais espécies são importantes a um dado pH. Por exemplo, se estamos interessados em calcular as concentrações no pH 5,7, podemos usar o

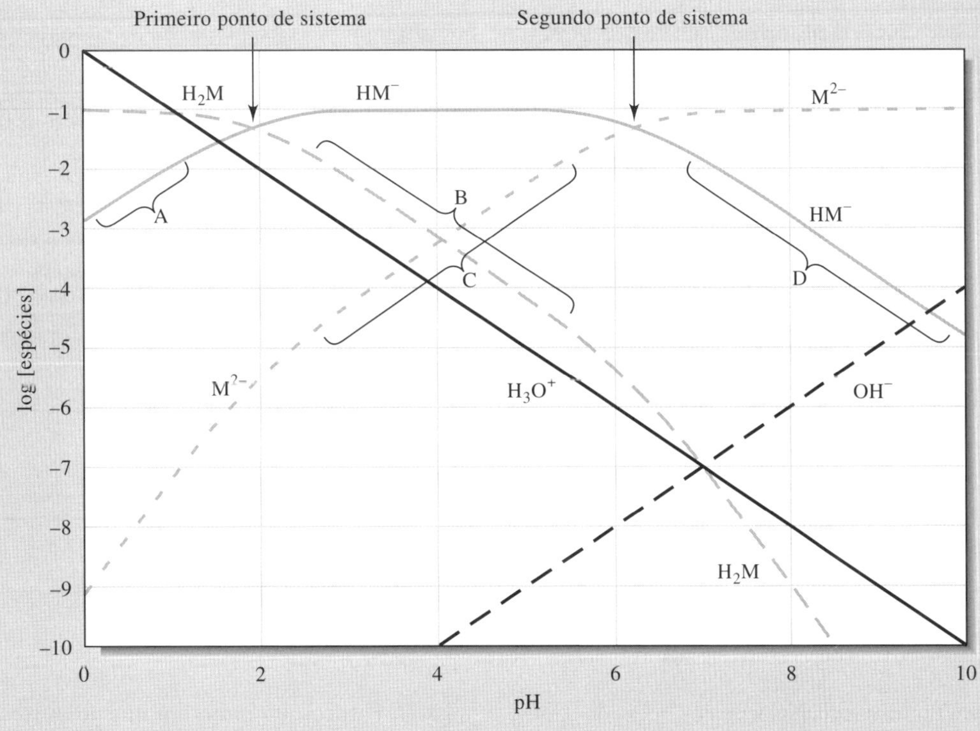

Figura 15D-1 Diagrama logarítmico de concentração para o ácido maleico 0,100 mol L^{-1}

diagrama na Figura 15D-1 para nos mostrar quais espécies incluir no cálculo. Em pH 5,7, as concentrações das espécies de maleato são $[H_2M] \approx 10^{-5}$ mol L^{-1}, $[HM^-] \approx 0{,}07$ mol L^{-1} e $[M^{2-}] \approx 0{,}02$ mol L^{-1}. Então, as únicas espécies de maleato de importância nesse pH são HM^- e M^{2-}. Uma vez que $[OH^-]$ é quatro ordens de grandeza menor que $[H_3O^-]$, podemos realizar um cálculo mais preciso que a estimativa prévia, considerando-se apenas essas três espécies. Se assim o fizermos, acharemos as seguintes concentrações: $[H_2M] \approx 1{,}18 \times 10^{-5}$ mol L^{-1}, $[HM^-] \approx 0{,}077$ mol L^{-1} e $[M^{2-}] = 0{,}023$ mol L^{-1}.

Determinação de Valores de pH

Se não conhecemos o pH, o diagrama logarítmico de concentração também pode ser usado para fornecer um valor de pH aproximado. Por exemplo, encontre o pH de uma solução de ácido maleico 0,10 mol L^{-1}. Já que o diagrama do log da concentração expressa o balanço de massas e as constantes de equilíbrio, necessitamos apenas de uma equação adicional, como o balanço de cargas, para resolver o problema exatamente. A equação do balanço de cargas para esse sistema é

$$[H_3O^+] = [HM^-] + 2[M^{2-}] + [OH^-]$$

O pH é encontrado sobrepondo-se, em forma de gráfico, a equação de balanço de cargas no diagrama do log da concentração. Iniciando com um pH de 0, mover da esquerda para a direita ao longo da linha de concentração de H_3O^+ até que ela intercepte uma linha que represente uma das espécies do lado direito da equação de balanço de cargas. Vemos que a linha de H_3O^+ primeiro intercepta a linha do HM^- em um pH aproximadamente igual a 1,5. Nesse ponto $[H_3O^+] = [HM^-]$. Vemos também que a concentração de outras espécies negativamente carregadas, M^{2-} e OH^-, são desprezíveis se comparadas com a concentração de HM^-. Portanto, o pH de uma solução de ácido maleico 0,1 mol L^{-1} é de aproximadamente 1,5. Um cálculo mais preciso, utilizando a equação quadrática, fornece um pH = 1,52.

Podemos fazer uma outra pergunta: "Qual é o pH de uma solução 0,10 mol L^{-1} de NaHM?" Nesse caso, a equação de balanço de cargas é

$$[H_3O^+] + [Na^+] = [HM^-] + 2[M^{2-}] + [OH^-]$$

A concentração de Na^+ é a concentração total das espécies de maleato:

$$[Na^+] = c_T = [H_2M] + [HM^-] + [M^{2-}]$$

Substituindo-se essa última equação naquela de balanço de cargas, temos

$$[H_3O^+] + [H_2M] = [M^{2-}] + [OH^-]$$

Agora sobrepomos essa equação no diagrama de log da concentração. Se novamente começarmos à esquerda em pH = 0 e movermos ao longo da linha do H_3O^+ ou da linha do H_2M, vemos que, para os valores de pH maiores que 2, a concentração de H_2M excede a concentração de H_3O^+ em cerca de uma ordem de grandeza. Portanto, nos movemos ao longo da linha H_2M até que ela cruze a linha M^{2-} ou a linha

OH^-. Vemos que ela cruza primeiro a linha M^{2-} em pH ≈ 4,1. Assim, $[H_2M] \approx [M^{2-}]$ e as concentrações de $[H_3O^+]$ e de $[OH^-]$ são relativamente pequenas se comparadas com H_2M e M^{2-}. Consequentemente, concluímos que o pH de uma solução de NaHM 0,10 mol L^{-1} é de aproximadamente 4,1. Um cálculo mais exato, utilizando uma equação quadrática, revela que o pH dessa solução é 4,08.

Finalmente, encontre o pH de uma solução de Na_2M 0,10 mol L^{-1}. A equação de balanço de cargas é a mesma anterior:

$$[H_3O^+] + [Na^+] = [HM^-] + 2[M^{2-}] + [OH^-]$$

Agora, entretanto, a concentração de Na^+ é dada por

$$[Na^+] = 2c_T = 2[H_2M] + 2[HM^-] + 2[M^{2-}]$$

Substituindo-se essa equação na equação de balanço de cargas, temos

$$[H_3O^+] + 2[H_2M] + [HM^-] = [OH^-]$$

Nesse caso, é mais fácil achar a concentração de OH^-. Desta vez, nos movemos na linha do OH^-, da direita para a esquerda, até que ela cruze a linha HM^- em um pH aproximado de 9,7. Uma vez que $[H_3O^-]$ e $[H_2M]$ são pequenos e podem ser desprezados nessa interseção, $[HM^-] \approx [OH^-]$ e concluímos que 9,7 é o pH aproximado de uma solução de Na_2M 0,10 mol L^{-1}. Um cálculo mais exato, usando a equação quadrática, fornece um valor de pH igual a 9,61.

QUESTÕES E PROBLEMAS

***15-1** Como seu nome sugere, NaHA é um "sal ácido" porque ele tem um próton disponível para ser doado a uma base. Explique brevemente por que um cálculo de pH para uma solução de NaHA difere daquele para um ácido fraco do tipo HA.

15-2 Explique a origem e o significado de cada um dos termos do lado direito da Equação 15-12. A equação faz sentido intuitivo? Sim ou não? Por quê?

15-3 Explique brevemente por que a Equação 15-15 pode ser usada apenas para calcular a concentração de íon hidrônio de soluções nas quais o NaHA é o único soluto que determina o pH.

***15-4.** Por que é impossível titular todos os três prótons do ácido fosfórico em solução aquosa?

15-5. Indique se uma solução aquosa dos seguintes compostos é ácida, neutra ou básica. Explique sua resposta:

*(a) NH_4OAc
(b) $NaNO_2$
*(c) $NaNO_3$
(d) $NaHC_2O_4$
*(e) $Na_2C_2O_4$
(f) Na_2HPO_4
*(g) NaH_2PO_4
(h) Na_3PO_4

15-6. Sugira um indicador que poderia ser utilizado para determinar o ponto final para a titulação do primeiro próton no H_3AsO_4.

15-7. Proponha um indicador que possa ser utilizado para determinar o ponto final para a titulação dos primeiros dois prótons no H_3PO_4.

15-8. Forneça um indicador que possa ser usado para determinar as quantidades de H_3PO_4 e NaH_2PO_4 em uma solução aquosa.

15-9. Proporcione um indicador adequado para as titulações baseadas em cada uma das seguintes reações. Use 0,05 mol L^{-1} se for necessária a concentração no ponto de equivalência.

*(a) $H_2CO_3 + NaOH \rightarrow NaHCO_3 + H_2O$
(b) $H_2P + 2NaOH \rightarrow Na_2P + 2H_2O$ (H_2P = ácido *o*-oftálico)
*(c) $H_2T + 2NaOH \rightarrow Na_2T + 2H_2O$ (H_2T = ácido tartárico)
(d) $NH_2C_2H_4NH_2 + HCl \rightarrow NH_2C_2H_4NH_3Cl$
*(e) $NH_2C_2H_4NH_2 + 2HCl \rightarrow ClNH_3C_2H_4NH_3Cl$
(f) $H_2SO_3 + NaOH \rightarrow NaHSO_3 + H_2O$
*(g) $H_2SO_3 + 2NaOH \rightarrow Na_2SO_3 + 2H_2O$

15-10. Calcule o pH de uma solução 0,0400 mol L^{-1} de

*(a) H_3PO_4.
(b) $H_2C_2O_4$.
*(c) H_3PO_3.
(d) H_2SO_3.
*(e) H_2S.
(f) $H_2NC_2H_4NH_2$.

15-11. Calcule o pH de uma solução 0,0400 mol L^{-1} de

*(a) NaH_2PO_4.
(b) $NaHC_2O_4$.
*(c) NaH_2PO_3.
(d) $NaHSO_3$.
*(e) NaHS.
(f) $H_2NC_2H_4NH_3^+Cl^-$.

15-12. Calcule o pH de uma solução 0,0400 mol L^{-1} de
*(a) Na_3PO_4.
(b) $Na_2C_2O_4$.
*(c) Na_2HPO_3.
(d) Na_2SO_3.
*(e) Na_2S.
(f) $C_2H_4(NH_3^+Cl^-)_2$.

15-13. Calcule o pH de uma solução que é preparada para conter as seguintes concentrações analíticas
(a) 0,0500 mol L^{-1} em H_3PO_4 e 0,0200 mol L^{-1} em NaH_2PO_4.
(b) 0,0300 mol L^{-1} em NaH_2AsO_4 e 0,0500 mol L^{-1} em Na_2HAsO_4.
(c) 0.0600 mol L^{-1} em Na_2CO_3 e 0,0300 mol L^{-1} em $NaHCO_3$.
(d) 0,0400 mol L^{-1} em H_3PO_4 e 0,0200 mol L^{-1} em Na_2HPO_4.

***15-14.** Calcule o pH de uma solução que contém as seguintes concentrações analíticas:
(a) 0,225 mol L^{-1} em H_3PO_4 e 0,414 mol L^{-1} em NaH_2PO_4.
(b) 0,0670 mol L^{-1} em Na_2SO_3 e 0,0315 mol L^{-1} em $NaHSO_3$.
(c) 0,640 mol L^{-1} em $HOC_2H_4NH_2$ e 0,750 mol L^{-1} em $HOC_2H_4NH_3Cl$.
(d) 0,0240 em $H_2C_2O_4$ (ácido oxálico) e 0,0360 mol L^{-1} em $Na_2C_2O_4$.
(e) 0,0100 mol L^{-1} em $Na_2C_2O_4$ e 0,0400 mol L^{-1} em $NaHC_2O_4$.

15-15. Calcule o pH de uma solução que é
(a) 0,0100 mol L^{-1} em HCl e 0,0200 mol L^{-1} em ácido pícrico.
(b) 0,0100 mol L^{-1} em HCl e 0,0200 mol L^{-1} em ácido benzoico.
(c) 0,0100 mol L^{-1} em NaOH e 0,100 mol L^{-1} em Na_2CO_3.
(d) 0,0100 mol L^{-1} em NaOH e 0,100 mol L^{-1} em NH_3.

***15-16.** Calcule o pH de uma solução que é
(a) 0,0100 mol L^{-1} em $HClO_4$ e 0,0300 mol L^{-1} em ácido monoacético.
(b) 0,0100 mol L^{-1} em HCl e 0,0150 mol L^{-1} em H_2SO_4.
(c) 0,0100 mol L^{-1} em NaOH e 0,0300 mol L^{-1} em Na_2S.
(d) 0,0100 mol L^{-1} em NaOH e 0,0300 mol L^{-1} em acetato de sódio.

15-17. Identifique o par ácido/base conjugado principal e calcule a razão entre eles em uma solução que é tamponada em pH 6,00 e que contém
(a) H_2SO_3.
(b) ácido cítrico.
(c) ácido malônico.
(d) ácido tartárico.

***15-18.** Identifique o par ácido/base conjugado principal e calcule a razão entre eles em uma solução que é tamponada em pH 9,00 e que contém
(a) H_2S.
(b) Dicloreto de etilenodiamina.
(c) H_3AsO_4.
(d) H_2CO_3.

15-19. Qual é a massa (g) de $Na_2HPO_4{\cdot}2H_2O$ que precisa ser adicionada a 500 mL de H_3PO_4 0,160 mol L^{-1} para se preparar um tampão a pH 7,30?

***15-20.** Qual é a massa (g) de ftalato dipotássico que precisa ser adicionada a 750 mL de ácido ftálico 0,0500 mol L^{-1} para se preparar um tampão a pH 5,75?

15-21. Qual é o pH de um tampão formado pela mistura de 40,0 mL de NaH_2PO_4 0,200 mol L^{-1} com
(a) 60,0 mL de HCl 0,100 mol L^{-1}?
(b) 60,0 mL de NaOH 0,100 mol L^{-1}?

***15-22.** Qual é o pH de um tampão formado pela mistura de 100 mL de ftalato ácido de potássio 0,150 mol L^{-1} com
(a) 100 mL de NaOH 0,0800 mol L^{-1}?
(b) 100 mL de HCl 0,0800 mol L^{-1}?

15-23. Como você prepararia 1,00 L de um tampão com um pH 9,45 a partir de Na_2CO_3 0,300 mol L^{-1} e HCl 0,200 mol L^{-1}?

***15-24.** Como você prepararia 1,00 L de um tampão com um pH 7,00 a partir de H_3PO_4 0,200 mol L^{-1}e NaOH 0,160 mol L^{-1}?

15-25. Como você prepararia 1,00 L de um tampão com um pH 6,00 a partir de Na_3AsO_4 0,500 mol L^{-1} e HCl 0,400 mol L^{-1}?

15-26. Identifique pela letra a curva (veja a figura na página seguinte) o que você esperaria na titulação de uma solução que contém
(a) maleato dissódico, Na_2M, com ácido padrão.
(b) ácido pirúvico, HP, com base padrão.
(c) carbonato de sódio, Na_2CO_3, com ácido padrão.

15-27. Descreva a composição de uma solução que produziria uma curva de titulação que se assemelharia à (veja a figura abaixo):

(a) curva *B*.
(b) curva *A*.
(c) curva *E*.

***15-28.** Explique resumidamente por que a curva *B não pode* descrever a titulação de uma mistura de H_3PO_4 e de NaH_2PO_4.

15-29. Construa uma curva para a titulação de 50,00 mL de uma solução 0,1000 mol L^{-1} de um composto A com uma solução 0,2000 mol L^{-1} de um composto B na seguinte tabela. Para cada titulação, calcule o pH após a adição de 0,00; 12,50; 20,00; 24,00; 25,00; 26,00; 37,50; 45,00; 49,00; 50,00; 51,00 e 60,00 mL do composto B.

A	B
(a) H_2SO_3	NaOH
(b) etilenodiamina	HCl
(c) H_2SO_4	NaOH

15-30. Gere uma curva para a titulação de 50,00 mL de uma solução na qual a concentração de NaOH é 0,1000 mol L^{-1} e que para a hidrazina é 0,0800 mol L^{-1}. Calcular o pH após a adição de 0,00; 10,00; 20,00; 24,00; 25,00; 26,00; 35,00; 44,00; 45,00; 46,00; 50,00 mL de $HClO_4$ 0,2000 mol L^{-1}.

15-31. Gere uma curva para a titulação de 50,00 mL de uma solução na qual a concentração de $HClO_4$ é 0,1000 mol L^{-1} e a do ácido fórmico é 0,0800 mol L^{-1}. Calcular o pH após a adição de 0,00; 10,00; 20,00; 24,00; 25,00; 26,00; 35,00; 44,00; 45,00; 46,00; 50,00 mL de KOH 0,2000 mol L^{-1}.

***15-32.** Formule as constantes de equilíbrio para os seguintes equilíbrios, fornecendo os valores numéricos para as constantes:

(a) $2H_2AsO_4^- \rightleftharpoons H_3AsO_4 + HAsO_4^{2-}$
(b) $2HAsO_4^{2-} \rightleftharpoons AsO_4^{3-} + H_2AsO_4^-$

15-33. Calcule o valor numérico das constantes de equilíbrio para a reação:

$$NH_4^+ + OAc^- \rightleftharpoons NH_3 + HOAc$$

15-34. Para os valores de pH de 2,00, 6,00 e 10,00, calcular os valores alfa para cada espécie em uma solução aquosa de

*(a) ácido ftálico.
(b) ácido fosfórico.
*(c) ácido cítrico.
(d) ácido arsênico.
*(e) ácido fosforoso.
(f) ácido oxálico.

15-35. Derive equações que definam α_0, α_1, α_2, e α_3 para o ácido H_3AsO_4.

15-36. Calcule os valores alfa para os seguintes ácidos dipróticos a cada 0,5 unidades de pH de pH 0,0 a pH 10,0. Coloque em gráfico o diagrama de distribuição para cada um dos ácidos e rotule a curva para cada uma das espécies.

(a) ácido ftálico.
(b) ácido succínico.
(c) ácido tartárico.

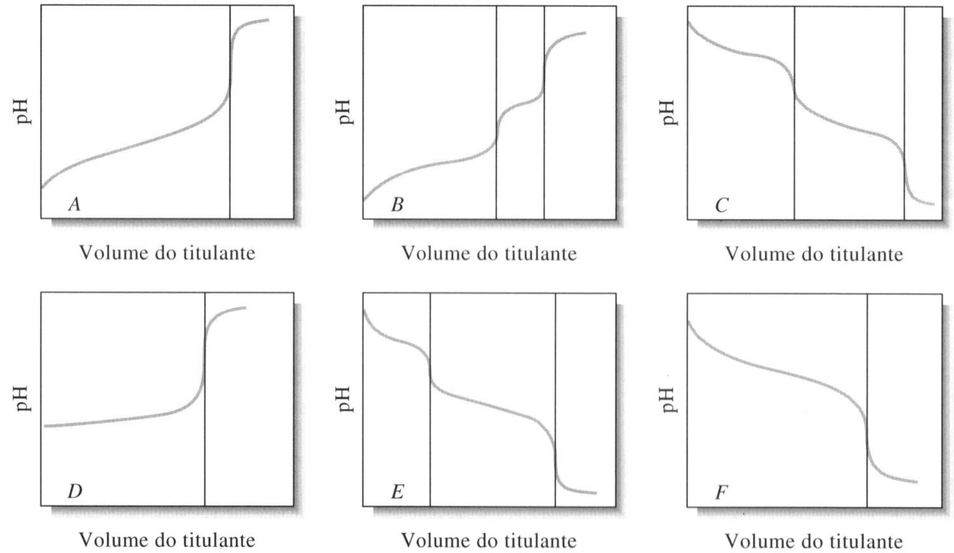

Curvas de Titulação para o Problema 15-26

15-37. Calcule os valores alfa para os seguintes ácidos tripróticos a cada 0,5 unidades de pH de pH 0,0 a pH 14,0. Coloque em gráfico o diagrama de distribuição para cada um dos ácidos e rotule a curva para cada uma das espécies.

(a) ácido cítrico.

(b) ácido arsênico.

15-38. Problema Desafiador:

(a) Represente graficamente diagramas logarítmicos de concentração para as soluções 0,1000 mol L^{-1} de cada um dos ácidos no problema 15-36 acima.

(b) Para o ácido ftálico, encontre a concentração de todas as espécies no pH 4,8.

(c) Para o ácido tartárico, encontre as concentrações de todas as espécies no pH 4,3.

(d) A partir do diagrama logarítmico de concentração, encontre o pH de uma solução 0,100 mol L^{-1} de ácido ftálico, H_2P. Encontre o pH de uma solução 0,100 mol L^{-1} de HP^-.

(e) Discuta como você poderia modificar o diagrama logarítmico de concentração para o ácido ftálico de tal modo que ele mostre o pH em termos de atividade do íon hidrogênio a_{H^+}, em vez de concentração de íon hidrogênio ($pH = -\log a_{H^+}$. em vez de $pH = -\log c_{H^+}$). Seja específico em sua discussão e mostre quais poderão ser as dificuldades.

capítulo 16 Aplicações das Titulações de Neutralização

Os ácidos e as bases são muito importantes no meio ambiente, em nosso organismo e em muitos outros sistemas. No meio ambiente, a chuva ácida que cai na superfície das águas de lagos e rios pode fazer estas se tornarem ácidas. No leste dos Estados Unidos, o número de lagos ácidos aumentou dramaticamente no período de 1930 até 1970 e este aumento foi atribuído à chuva ácida. Por outro lado, muitos lagos do meio-oeste não apresentam problemas com a acidificação, ainda que a região do meio-oeste industrial seja, presumivelmente, uma fonte importante de ácidos encontrados na chuva ácida. Nessa região, as rochas superficiais são principalmente de origem calcária (carbonato de cálcio), as quais reagem com o CO_2 e o H_2O para formar bicarbonato. O bicarbonato, por sua vez, neutraliza os ácidos para manter um pH relativamente constante. Esse efeito é caracterizado pela **capacidade de neutralização da acidez** dos lagos, que é geralmente muito grande em áreas ricas em calcário. Ao contrário, muitos lagos do leste e rios são rodeados de granito, que é uma rocha muito menos reativa. Esses corpos d'água apresentam uma pequena capacidade de neutralização e assim são mais suscetíveis à acidificação. Para combater esse problema, pedras calcárias são frequentemente importadas de estados ricos em calcário pelo leste dos Estados Unidos e depositadas em lagos e rios. A capacidade de neutralização de acidez é frequentemente determinada pela titulação com uma solução padrão de um ácido.

As titulações de neutralização são largamente utilizadas para se determinar a concentração de analitos ácidos ou básicos que podem ser convertidos em ácidos ou bases por tratamento apropriado.[1] A água é o solvente usual para as titulações de neutralização porque ela é conveniente, barata e não tóxica. Uma vantagem adicional é o coeficiente de expansão de baixa temperatura da água. Entretanto, alguns analitos não podem ser titulados em meio aquoso por causa das baixas solubilidades ou porque suas forças ácidas ou básicas não são fortes o suficiente para fornecer pontos finais satisfatórios. Tais substâncias podem geralmente ser tituladas por solventes não aquosos.[2] Restringiremos nossas discussões a sistemas aquosos.

[1] Para uma revisão sobre as aplicações de titulações de neutralização, veja J. A. Dean, *Analytical Chemistry Handbook,* Nova York: McGraw-Hill, 1995, Seção 3.2, p. 3.28; D. Rosenthal e P. Zuman, em *Treatise on Analytical Chemistry*, 2. ed.; I. M. Kolthoff; P. J. Elving, eds., Nova York: Wiley, 1979, pt. 1, v. 2, cap. 48.

[2] Para uma revisão de titulometria ácido/base não aquosa, veja J. A. Dean, *Analytical Chemistry Handbook,* Nova York: McGraw-Hill, 1995, Seção 3.3, p. 3.48; I. M. Kolthoff e P. J. Elving, eds. *Treatise on Analytical Chemistry,* 2. ed., Nova York: Wiley, 1979, pt. 1, v. 2, caps. 19A-19E.

16A REAGENTES PARA TITULAÇÕES DE NEUTRALIZAÇÃO

No Capítulo 14, notamos que os ácidos e as bases fortes produzem a maior variação no pH no ponto de equivalência. Por essa razão, as soluções padrão para as titulações de neutralização são sempre preparadas com esses reagentes.

16A-1 Preparação de Soluções Padrão de Ácidos

As soluções de ácido clorídrico são amplamente usadas como soluções padrão para titular bases. As soluções diluídas de HCl são indefinidamente estáveis e muitos sais de cloreto são solúveis em solução aquosa. As soluções de HCl 0,1 mol L^{-1} podem ser fervidas por aproximadamente uma hora sem a perda do ácido, desde que a água perdida por evaporação seja periodicamente recolocada; as soluções 0,5 mol L^{-1} podem ser fervidas por pelo menos dez minutos sem perdas significativas.

As soluções de ácidos perclórico e sulfúrico são também estáveis e são úteis para as titulações em que o íon cloreto interfere em decorrência da formação de precipitados. As soluções padrão de ácido nítrico são raramente utilizadas em virtude de suas propriedades oxidantes.

> As soluções de HCl, $HClO_4$ e H_2SO_4 são estáveis indefinidamente. Não é necessária uma repadronização a menos que ocorra uma evaporação.

Para obter a maioria das soluções ácidas padrão, uma solução de uma concentração apropriada é inicialmente preparada pela diluição do reagente concentrado. A solução ácida diluída é então padronizada contra uma base de padrão primário. Ocasionalmente, a composição do ácido concentrado é obtida por meio de uma medida cuidadosa da densidade. Uma quantidade pesada é então diluída a um volume conhecido. Muitos manuais de química e engenheira química relacionam a densidade de reagentes com a composição. Uma solução estoque com uma concentração conhecida de ácido clorídrico também pode ser preparada diluindo-se uma quantidade de reagente concentrado com um volume igual de água e destilando-se depois essa solução. Sob condições controladas, o quarto final do destilado, conhecido como HCl de **ebulição constante**, tem uma constante e uma composição conhecidas. O teor ácido do HCl de ebulição constante depende apenas da pressão atmosférica. Para a pressão P entre 670 e 780 torr, a massa do ar do destilado que contém exatamente um mol de H_3O^+ é[3]

$$\frac{\text{massa de HCl de ebulição constante em g}}{\text{mol de } H_3O^+} = 164{,}673 + 0{,}02039P \qquad (16\text{-}1)$$

As soluções padrão são preparadas pela diluição de massas desse ácido a volumes exatamente conhecidos.

16A-2 Padronização de Ácidos

O carbonato de sódio é o reagente mais utilizado para purificar ácidos. Muitos outros reagentes também são utilizados.

Carbonato de Sódio

O carbonato de sódio de grau padrão primário está disponível comercialmente ou pode ser preparado por meio de aquecimento do hidrogenocarbonato de sódio purificado entre 270°C e 300°C por 1 hora:

$$2NaHCO_3(s) \rightarrow Na_2CO_3 + H_2O + CO_2(g)$$

> O carbonato de sodio ocorre naturalmente em grandes *depósitos de soda*, $Na_2CO_3 \cdot 10H_2O$, e como *trona*, $Na_2CO_3 \cdot NaHCO_3 \cdot 2H_2O$. Esses minerais encontram largo uso tanto na indústria de vidros como em muitas outras. O carbonato de sódio de grau padrão primário é manufaturado pela purificação extensiva destes minerais.

[3] Veja *Official Methods of Analysis of the AOAC*, 18 ed. online (é necessária uma assinatura), Appendix A, 1.06, Official Method 936,15. Washington, D.C.: Association of Official Analytical Chemists, 2005.

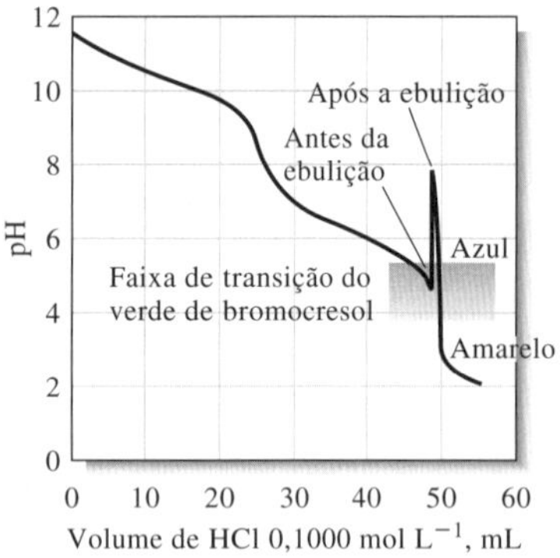

Figura 16-1 Titulação de 25,00 mL de Na_2CO_3 0,1000 mol L^{-1} com HCl 0,1000 mol L^{-1}. Após a adição de cerca de 49 mL de HCl, a solução é aquecida, causando um aumento do pH, como mostrado. A variação do pH, quando mais HCl é adicionado, é muito maior.

Uma massa determinada com exatidão do material de padrão primário é, então, tomada para padronizar o ácido.

Como mostrado na **Figura 16-1**, existem dois pontos finais na titulação do carbonato de sódio. O primeiro corresponde à conversão do carbonato para hidrogenocarbonato, que ocorre aproximadamente em um pH 8,3; o segundo, envolvendo a formação de ácido carbônico e dióxido de carbono, aparece aproximadamente a um pH 3,8. Sempre se utiliza o segundo ponto final para a padronização porque a alteração no pH é maior que a que ocorre no primeiro. Um ponto final mais nítido pode ser obtido por uma breve ebulição da solução de forma que elimine os produtos da reação, ácido carbônico e dióxido de carbono. A amostra é titulada até o aparecimento da cor ácida do indicador (como o verde de bromocresol ou o alaranjado de metila). No ponto final, a solução contém uma grande quantidade de dióxido de carbono dissolvida e pequenas quantidades de ácido carbônico e hidrogenocarbonato não reativo. A ebulição destrói efetivamente esse tampão pela eliminação do ácido carbônico:

$$H_2CO_3(aq) \rightarrow CO_2(g) + H_2O(l)$$

A solução então se torna alcalina novamente em razão do íon hidrogenocarbonato residual. A titulação é finalizada após o resfriamento da solução, resultando em uma diminuição substancialmente maior no pH durante as soluções finais do ácido. O resultado é uma variação mais abrupta de cor (veja a Figura 16-1).

Alternativamente, uma quantidade de ácido em um ligeiro excesso acima daquela necessária para converter o carbonato de sódio em ácido carbônico pode ser introduzida. A solução é fervida como antes para remover o dióxido de carbono e resfriada. O excesso do ácido é então retrotitulado com uma solução padrão de base. Pode ser utilizado qualquer indicador disponível para a titulação de ácidos e de bases fortes. Uma titulação independente é usada para estabelecer a razão de volume de ácido em relação à base.

Outros Padrões Primários para Ácidos

Uma alta massa por próton consumido é desejável para um padrão primário porque uma massa maior de reagente pode ser utilizada, diminuindo assim o erro relativo de pesagem.

O tris(hidroximetil)aminometano, $(HOCH_2)_3CNH_2$, também conhecido como TRIS ou THAM, está disponível, com pureza de padrão primário, a partir de fontes comerciais. A principal vantagem do TRIS é sua massa muito maior por mol de prótons consumido (121,1 g mol^{-1}) que o carbonato de sódio (53,0 g mol^{-1}). O Exemplo 16-1 ilustra esta vantagem. A reação do TRIS com o ácido é

$$(HOCH_2)_3CNH_2 + H_3O^+ \rightleftharpoons (HOCH_2)_3CNH_3^+ + H_2O$$

O bórax, $Na_2B_4O_7 \cdot 10H_2O$, é um mineral extraído no deserto e é largamente utilizado em preparados de limpeza. Uma forma altamente purificada de bórax é empregada como um padrão primário para bases.

O tetraborato de sódio deca-hidratado e o óxido de mercúrio(II) também têm sido recomendados como padrão primário. A reação de um ácido com o tetraborato é

$$B_4O_7^{-} + 2H_3O^+ + 3H_2O \rightarrow 4H_3BO_3$$

EXEMPLO 16-1

Use uma planilha de cálculo para comparar as massas de (a) TRIS (121 g mol^{-1}), (b) Na_2CO_3 (106 g mol^{-1}) e (c) $Na_2B_4O_7 \cdot 10H_2O$ (381 g mol^{-1}) necessárias para padronizar uma solução de aproximadamente 0,020 mol L^{-1} de HCl para os seguintes volumes de HCl: 20,00 mL, 30,00 mL, 40,00 mL e 50,00 mL. Suponha que o desvio padrão da massa de cada uma das bases de padrão primário seja de 0,1 mg e utilize a planilha para calcular o desvio padrão relativo porcentual que essa incerteza introduziria em cada uma das concentrações molares calculadas.

Resolução

A planilha é mostrada na **Figura 16-2**. A concentração molar de HCl é colocada na célula B2 e as massas molares dos três padrões primários, nas células B3, B4 e B5. Os volumes de HCl para os quais os cálculos são desejados são inseridos nas células de A8 a A11. Faremos aqui um exemplo de um cálculo para o volume de 20,00 mL de HCl e mostraremos o lançamento na planilha de cálculo. Neste caso, a quantidade de matéria de HCl em mmols é calculada a partir de

$$\text{mmol de HCl} = \text{mL de HCl} \times 0{,}020\,\frac{\text{mmol de HCl}}{\text{mL de HCl}}$$

(a) **TRIS**

$$\text{massa TRIS} = \text{mmol de HCl} \times \frac{1\ \text{mmol de TRIS}}{\text{mmol de HCl}} \times \frac{121\ \text{g mol}^{-1}\ \text{de TRIS}}{1.000\ \text{mmol de TRIS/mol}}$$

A fórmula apropriada para esta equação é colocada na célula B8 e então copiada para as células de B9 até B11. A incerteza relativa na concentração molar devida à medida das massas é igual à incerteza relativa no processo de medida da massa. Para a primeira quantidade de TRIS (0,048 g na célula B8), o desvio padrão relativo porcentual (DPR%) é igual a (0,0001 g/B8) × 100%, como mostrado na documentação da Figura 16-2. Essa fórmula da célula C8 é então copiada nas células C9:C11.

(b) **Na_2CO_3**

$$\text{massa de } Na_2CO_3 = \text{mmol de HCl} \times \frac{1\ \text{mmol de } Na_2CO_3}{2\ \text{mmol de HCl}} \times \frac{106\ \text{g mol}^{-1}\ Na_2CO_3}{1.000\ \text{mmol de } Na_2CO_3/\text{mol}}$$

Essa fórmula é então colocada na célula D8 e copiada para D9:D11. O desvio padrão relativo na célula E8 é calculado como (0,0001/D8) × 100%.

(c) **$Na_2B_4O_7 \cdot 10H_2O$**

A mesma fórmula que aquela para o Na_2CO_3 é usada, exceto que a massa molecular do bórax (381 g mol^{-1}) é substituída pela do Na_2CO_3. As outras fórmulas são mostradas na documentação na Figura 16-2.

Observe na Figura 16-2 que o desvio padrão na concentração usando TRIS é de 0,10% ou menos se o volume de HCl tomado for maior que 40,00 mL. Para o Na_2CO_3, mais de 50,00 mL de HCl seriam requeridos para esse mesmo nível de incerteza. Para o bórax, qualquer volume acima de aproximadamente 26,00 mL deve ser suficiente.

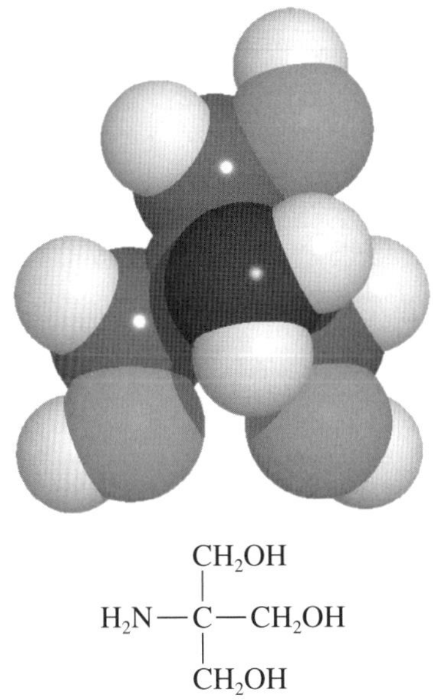

Modelo molecular e estrutura do TRIS.

16A-3 Preparação de Soluções Padrão de Bases

O hidróxido de sódio é a base mais utilizada no preparo de soluções padrão, embora os hidróxidos de potássio e de bário sejam também usados. Estas bases não podem ser obtidas em pureza de padrão primário e, assim, todas devem ser padronizadas após serem preparadas.

O Efeito do Dióxido de Carbono nas Soluções Padrão de Base

Na solução, assim como no estado sólido, os hidróxidos de sódio, de potássio e de bário reagem rapidamente com o dióxido de carbono atmosférico para produzir o carbonato correspondente:

$$CO_2(g) + 2OH^- \rightarrow CO_3^{2-} + H_2O$$

	A	B	C	D	E	F	G	H
1	**Planilha de cálculo para a comparação das massas requeridas para várias bases na padronização de HCl 0,20 mol L⁻¹**							
2	HCl, mol L^{-1}	0,02	g mol^{-1}					
3	Massa molar do TRIS	121	g mol^{-1}	Nota: Todas as medidas de massa têm um desvio padrão de 0,1 mg (0,0001)g				
4	Massa molar do Na_2CO_3	106	g mol^{-1}					
5	Massa molar do $Na_2B_4O_7 . 10H_2O$	381	g mol^{-1}					
6								
7	mL HCl	g TRIS	%RSD TRIS	g Na_2CO_3	%RSD Na_2CO_3	g $Na_2B_4O_7 . 10H_2O$	%RSD $Na_2B_4O_7 . 10H_2O$	
8	20	0,048	0,21	0,021	0,47	0,08	0,13	
9	30	0,073	0,14	0,032	0,31	0,11	0,09	
10	40	0,097	0,1	0,042	0,24	0,15	0,07	
11	50	0,121	0,08	0,053	0,19	0,19	0,05	
12								
13	**Documentação**							
14	Célula B8=$B$2*A8*1*$B$3/1000							
15	Célula C8=(0,0001/B8)*100							
16	Célula D8=$B$2*A8*1/2*$B$4/1000							
17	Célula E8=(0,0001/D8)*100							
18	Célula F8=$B$2*A8*1/2*$B$5/1000							
19	Célula G8=(0,0001/F8)*100							

Figura 16-2 Planilha de cálculo para a comparação das massas e erros relativos associados com o uso de diferentes padrões primários para padronização de soluções HCl.

A absorção do dióxido de carbono pela solução padrão de hidróxido de sódio ou potássio leva a um erro sistemático negativo em uma análise na qual um indicador com faixa de transição básica é utilizado; não existe erro sistemático quando um indicador com uma faixa ácida é usado.

Embora a produção de cada íon carbonato consuma dois íons hidróxidos, a absorção do dióxido de carbono pela solução da base não altera, necessariamente, sua capacidade de combinação com íons hidrônio. Assim, no ponto final de uma titulação, que requer um indicador de faixa ácida (como o verde de bromocresol), cada íon carbonato produzido a partir do hidróxido de sódio ou potássio terá reagido com dois íons hidrônio do ácido (veja a Figura 16-1):

$$CO_3^{2-} + 2H_3O^+ \rightarrow H_2CO_3 + 2H_2O$$

Pelo fato de a quantidade de íon hidrônio consumida por essa reação ser idêntica à quantidade de hidróxido perdida durante a formação do íon carbonato, não resulta erro da reação do hidróxido com o CO_2.

Infelizmente, a maioria das aplicações de bases padrão requer um indicador com faixa de transição básica (fenolftaleína, por exemplo). Nesse caso, cada íon carbonato reage somente com um íon hidrônio quando a mudança da cor do indicador é observada:

$$CO_3^{2-} + H_3O^+ \rightarrow HCO_3^- + H_2O$$

A concentração efetiva da base é assim diminuída pela absorção do dióxido de carbono, resultando em um erro sistemático (chamado **erro de carbonato**) como ilustrado no Exemplo 16-2.

EXEMPLO 16-2

A concentração de hidróxido em uma solução de NaOH livre de carbonato foi determinada imediatamente após a sua preparação como sendo igual a 0,05118 mol L^{-1}. Se exatamente 1,000 L desta solução for exposta ao ar por algum tempo e absorver 0,1962 g de CO_2, calcule o erro de carbonato relativo que surgiria na determinação de ácido acético com a solução contaminada se for utilizada a fenolftaleína como indicador.

Resolução

$$2NaOH + CO_2 \rightarrow Na_2CO_3 + H_2O$$

$$c_{Na_2CO_3} = \frac{0{,}1962 \text{ g de } CO_2}{1{,}000 \text{ L}} \times \frac{1 \text{ mol de } CO_2}{44{,}01 \text{ g de } CO_2} \times \frac{1 \text{ mol de } Na_2CO_3}{\text{mol de } CO_2} = 4{,}458 \times 10^{-3} \text{ mol L}^{-1}$$

A concentração efetiva do NaOH, c_{NaOH}, para o ácido acético é então

$$c_{NaOH} = \frac{0{,}05118 \text{ mol de NaOH}}{\text{L}} - \left(\frac{4{,}456 \times 10^{-3} \text{ mol de } Na_2CO_3}{\text{L}} \times \frac{1 \text{ mol de HOAc}}{\text{mol de } Na_2CO_3} \times \frac{1 \text{ mol de NaOH}}{\text{mol de HOAc}}\right)$$

$$= 0{,}04672 \text{ mol L}^{-1}$$

$$\text{erro relativo} = \frac{0{,}04672 - 0{,}05118}{0{,}05118} \times 100\% = -8{,}7\%$$

O íon carbonato em soluções padrão de base diminuem a veemência dos pontos finais e normalmente é removido antes da padronização.

Os reagentes sólidos utilizados para preparar as soluções padrão de bases estão sempre contaminados com quantidades significativas de íon carbonato. O carbonato, entretanto, diminui a veemência dos pontos finais. Por esta razão, o íon carbonato normalmente é removido antes da padronização da solução de uma base.

ATENÇÃO: As soluções concentradas de NaOH (e KOH) são extremamente corrosivas para a pele. Um protetor de face, luvas de borracha e roupas protetoras **devem ser usadas todo o tempo** ao trabalhar com estas soluções.

O melhor método de preparação de soluções de hidróxido de sódio livre de carbonato tira proveito da solubilidade muito baixa do carbonato de sódio em soluções concentradas de base. Uma solução aquosa de aproximadamente 50% de hidróxido de sódio é preparada ou comprada de fontes comerciais. O carbonato de sódio sólido é deixado descansar para fornecer um líquido claro que é decantado e diluído a uma concentração desejada. Alternativamente, o sólido pode ser removido por filtração a vácuo.

A água que está em equilíbrio com constituintes atmosféricos contém somente cerca de $1{,}5 \times 10^{-5}$ mol L^{-1} de CO_2/L, uma quantidade que tem um efeito desprezível na força da maioria das bases padrão. Como alternativa da fervura para a remoção do CO_2 de soluções supersaturadas, o excesso de gás pode ser removido borbulhando-se ar na água por várias horas. Este processo é chamado de purga e produz uma solução que contém a concentração de equilíbrio de CO_2.

A água utilizada para preparar soluções de base livre de carbonato também deve ser livre de dióxido de carbono. A água destilada, que está às vezes supersaturada com o dióxido de carbono, deve ser fervida brevemente para eliminar o CO_2. A água é deixada esfriar até a temperatura ambiente antes de a base ser introduzida porque as soluções alcalinas quentes absorvem rapidamente o dióxido de carbono. A água deionizada normalmente não contém quantidades significantes de dióxido de carbono.

Um pote de polietileno de baixa densidade firmemente fechado normalmente fornece a curto prazo uma proteção adequada contra a absorção de dióxido de carbono atmosférico. Antes de ser tampado, o frasco é comprimido para minimizar o espaço de ar no interior. Cuidados também devem ser tomados para se manter o frasco fechado, exceto durante os curtos períodos quando os conteúdos estão sendo transferidos para uma bureta. Com o tempo, as soluções de hidróxido de sódio farão com que os frascos de polietileno se tornem quebradiços.

A concentração de uma solução de hidróxido de sódio diminuirá lentamente (0,1% a 0,3% por semana) se a base for estocada em garrafas de vidro. A perda da força é causada pela reação da base com o vidro para formar silicatos de sódio. Por

A **purga** (*sparging*) é o processo de remoção de um gás de uma solução borbulhando-se um gás inerte pela solução.

As soluções de bases devem ser estocadas em frascos de polietileno em vez de vidro por causa da reação entre as bases e o vidro. Essas soluções não devem ser estocadas em frascos com tampa de vidro; após certo período, muitas vezes é impossível remover a tampa.

essa razão, as soluções padrão de base não devem ser estocadas por extensos períodos (mais longos que uma ou duas semanas) em frascos de vidro. Além disso, as bases não devem ser guardadas em frascos com tampas de vidro porque a reação entre a base e o vidro pode "colar" rapidamente a tampa no frasco. Finalmente, para evitar o mesmo tipo de problema, as buretas com torneiras de vidro devem ser prontamente esvaziadas e enxaguadas vigorosamente com água após o uso com soluções padrão de bases. Muitas buretas modernas são equipadas com torneiras de Teflon e assim não apresentam este problema.

16A-4 Padronização de Bases

Muitos padrões primários excelentes estão disponíveis para a padronização de bases. A maioria é constituída por ácidos orgânicos fracos que requerem o uso de um indicador com uma faixa de transição básica.

Soluções padrão de bases fortes não devem ser preparadas diretamente por meio de pesagem e devem ser sempre padronizadas contra um ácido de padrão primário.

Ftalato Ácido de Potássio

O ftalato ácido de potássio, $KHC_8H_4O_4$, é quase um padrão primário ideal. Trata-se de um sólido não higroscópico cristalino com uma massa molar relativamente grande (204,2 g mol^{-1}). O sal de grau analítico comercial pode ser usado sem purificação adicional, para a maioria dos propósitos. Para trabalhos mais exatos, dispõe-se do ftalato ácido de potássio de pureza certificada pelo Instituto Nacional de Padrões e Tecnologia (National Institute of Standards and Technology – NIST).

Outros Padrões Primários para Bases

Em contraste a todos os outros padrões primários para bases, o $KH(IO_3)_2$ tem a vantagem de ser um ácido forte, que torna fácil a escolha de um indicador.

O ácido benzoico é obtido com pureza de padrão primário e pode ser utilizado para a padronização de bases. O ácido benzoico tem solubilidade limitada na água, portanto ele é normalmente dissolvido em etanol antes da diluição com a água e da titulação. Deve-se obter simultaneamente um branco na padronização, pois o álcool comercial é levemente ácido algumas vezes.

O hidrogenoiodato de potássio, $KH(IO_3)_2$, é um excelente padrão primário com uma alta massa molar por mol de prótons. Também é um ácido forte que pode ser titulado utilizando-se virtualmente qualquer indicador com uma faixa de transição de pH entre 4 e 10.

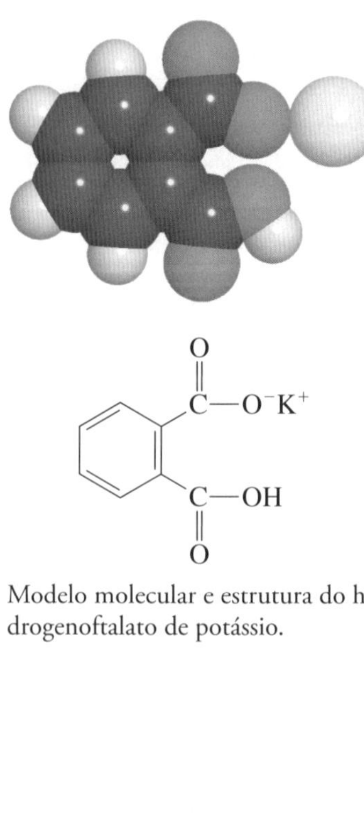

Modelo molecular e estrutura do hidrogenoftalato de potássio.

16B APLICAÇÕES TÍPICAS DAS TITULAÇÕES DE NEUTRALIZAÇÃO

As titulações de neutralização são utilizadas para determinar inumeráveis espécies inorgânicas, orgânicas e biológicas que possuem propriedades ácidas ou básicas. Entretanto, além disso, existe aproximadamente a mesma quantidade de aplicações nas quais o analito é convertido em um ácido ou em uma base por meio de tratamento químico adequado, seguido pela titulação com um padrão de ácido ou base forte.

Há dois tipos principais de pontos finais que são largamente utilizados nas titulações de neutralização. O primeiro é um ponto final visual baseado em indicadores como aqueles apresentados na Seção 14A. O segundo é o ponto final *potenciométrico,* no qual o potencial de um sistema de eletrodo de vidro/calomelano é determinado com um pHmetro ou um outro dispositivo de medir voltagem. A voltagem medida é diretamente proporcional ao pH. Descrevemos os pontos finais potenciométricos na Seção 21G.

16B-1 Análise Elementar

Vários elementos importantes que ocorrem em sistemas orgânicos e biológicos são convenientemente determinados por métodos que envolvem uma titulação ácido/

base como etapa final. Geralmente, os elementos suscetíveis a esse tipo de análise são não metais como o carbono, o nitrogênio, o cloro, o bromo e o flúor, bem como alguns outros menos comuns. Os pré-tratamentos convertem o elemento em um ácido ou uma base inorgânicos que são então titulados. Alguns poucos exemplos são mostrados a seguir.

As titulações de neutralização ainda estão entre os métodos analíticos mais largamente utilizados.

Nitrogênio

O nitrogênio é encontrado em uma variedade de substâncias de interesse nas ciências da vida, na indústria e na agricultura. Os exemplos incluem os aminoácidos, proteínas, drogas sintéticas, fertilizantes, explosivos, solos, suprimento de água potável e corantes. Assim, os métodos analíticos para a determinação de nitrogênio, particularmente em substratos orgânicos, são de extrema importância.

O método mais comum para a determinação de nitrogênio orgânico é o **método de Kjeldahl**, que é baseado em uma titulação de neutralização (veja o Destaque 16-1). O procedimento é direto, não requer equipamentos especiais e é facilmente adaptado para a rotina de análises de um grande número de amostras. O método Kjeldahl, ou uma de suas modificações, é o processo padrão para a determinação de proteínas contidas em grãos, carnes e materiais biológicos (veja o Destaque 16-2 para outros métodos). Uma vez que a maioria das proteínas contém aproximadamente a mesma porcentagem de nitrogênio, a multiplicação desta porcentagem por um fator adequado (6,25 para carnes, 6,38 para laticínios e 5,70 para cereais) fornece a porcentagem de proteína na amostra.

Kjeldahl, pronuncia-se Kieldal. Centenas de milhares de determinações de nitrogênio Kjeldahl são realizadas a cada ano, para fornecer uma medida do teor de proteínas de carnes, grãos e rações animais.

DESTAQUE 16-1

Determinação de Proteína Total em Soro Sanguíneo

A determinação de proteína total no soro é uma medida clínica importante utilizada no diagnóstico da disfunção hepática. Embora o método Kjeldahl seja capaz de alta precisão e exatidão, ele é muito lento e trabalhoso para ser utilizado rotineiramente na determinação de proteína total no soro. O procedimento Kjeldahl, entretanto, tem sido historicamente o método de referência em relação ao qual os outros métodos são comparados. Os métodos comumente empregados incluem **o método do biureto** e o **método de Lowry**.[4] No método do biureto, um reagente contendo íons cobre (II) é utilizado para promover a formação de um complexo de cor violeta entre os íons Cu^{2+} e as ligações peptídicas. O aumento na absorção da radiação visível é usado para medir as proteínas no soro. Esse método é facilmente automatizado. No procedimento de Lowry, a amostra de soro é pré-tratada com uma solução alcalina de cobre seguida por um reagente fenólico. Uma cor é desenvolvida em decorrência da redução dos ácidos fosfotúngstico e fosfomolíbdico em azul de molibidênio. Tanto o método de biureto como o de Lowry usam a espectrofotometria (veja Capítulo 26) para as medidas quantitativas.

O método de Kjeldahl foi desenvolvido pelo químico dinamarquês Johan Kjeldahl (J. Kjeldahl, *Z. Anal. Chem.*, v. 22, p. 366, **1883**). Trabalhando no Carlsberg Laboratory, Kjeldahl desenvolveu o método para determinar o conteúdo de proteína de vários grãos para serem usados na cerveja fermentada.

DESTAQUE 16-2

Outros Métodos de Determinação de Nitrogênio Orgânico

Vários outros métodos são usados para determinar o teor de nitrogênio de materiais orgânicos. No **método Dumas**, a amostra é misturada com um óxido de cobre(II), pulverizada e queimada em um tubo de combustão para produzir dióxido de carbono, água, nitrogênio e pequenas quantidades de óxidos de nitrogênio. Um fluxo de

[4] O. H. Lowry et al., *J. Biol. Chem.*, v. 193, p. 265, **1951**.

dióxido de carbono arrasta esses produtos por um cartucho contendo cobre aquecido, que reduz qualquer óxido de nitrogênio a nitrogênio elementar. A mistura então é passada por uma bureta de gás preenchida com o hidróxido de potássio concentrado. O único componente não absorvido pela base é o nitrogênio e seu volume é medido diretamente.

Um método relativamente recente para a determinação de nitrogênio inicia com a combustão da amostra a 1.100°C por alguns minutos, para converter o nitrogênio em óxido nítrico, NO. O ozônio é então introduzido na mistura gasosa, oxidando o óxido nítrico para dióxido de nitrogênio. Essa reação emite radiação visível (*quimiluminescência*). A intensidade da quimiluminescência é medida e é proporcional ao teor de nitrogênio da amostra. Instrumentos comerciais estão disponíveis para este procedimento. A quimiluminescência será discutida posteriormente no Capítulo 27.

No método Kjeldahl, a amostra é decomposta em meio de ácido sulfúrico concentrado a quente para converter o nitrogênio das ligações em íons amônio. A solução resultante é então resfriada, diluída e tornada básica, um processo que converte os íons amônio em amônia. A amônia é destilada, coletada em uma solução ácida e determinada por titulação de neutralização.

$—NO_2$ gropo nitro | —N=N— gropo azo | $—N^+{=}N—$ (com O^- ligado ao N^+) gropo azoxi

O passo crítico do método de Kjeldahl é a decomposição com ácido sulfúrico que oxida o carbono e o hidrogênio da amostra para dióxido de carbono e água. O destino do nitrogênio, entretanto, depende do seu estado de combinação na amostra original. Os nitrogênios nas aminas e amidas são convertidos quantitativamente em íons amônia. Ao contrário, os grupos nitro, azo, azoxi provavelmente produzem o elemento ou seus vários óxidos, que são todos perdidos no meio ácido aquecido. Essa perda pode ser evitada pelo pré-tratamento da amostra com um agente redutor que leve à formação das aminas e amidas. Em um desses esquemas pré-redutores, o ácido salicílico e o tiossulfato de sódio são adicionados à solução de ácido sulfúrico concentrado que contém a amostra. Após um breve período, a digestão é realizada do modo usual.

A piridina, derivados de piridina e alguns outros compostos heterocíclicos são especialmente resistentes à completa decomposição pelo ácido sulfúrico. Esses compostos produzem resultados baixos como consequência (veja a Figura 5-3) a menos que se tomem precauções especiais.

A decomposição é o aspecto que frequentemente consome mais tempo na determinação de Kjeldahl. Algumas amostras podem requerer períodos de aquecimento de mais de uma hora. Numerosas modificações do procedimento original foram propostas com o objetivo de reduzir o tempo de digestão. Na modificação mais utilizada, um sal neutro, como o sulfato de potássio, é adicionado para aumentar o ponto de ebulição da solução de ácido sulfúrico e, assim, a temperatura na qual a decomposição ocorre. Em outra modificação, uma solução de peróxido de hidrogênio é adicionada à mistura após a digestão ter decomposto a maior parte da matriz orgânica.

Muitas substâncias catalisam a decomposição de compostos orgânicos pelo ácido sulfúrico. O mercúrio, o cobre e o selênio, combinados ou no estado elementar, são efetivos. O mercúrio(II), se presente, pode ser precipitado com o sulfeto de hidrogênio antes da destilação para prevenir a retenção da amônia na forma de um complexo amino de mercúrio(II).

O Exemplo 16-3 ilustra os cálculos usados no método de Kjeldahl.

EXEMPLO 16-3

Uma amostra de 0,7121 g de farinha de trigo foi analisada pelo método Kjeldahl. A amônia formada pela adição de uma base concentrada após a digestão com H_2SO_4 foi destilada em 25,00 mL de HCl 0,04977 mol L^{-1}. O excesso de HCl foi retrotitulado com 3,97 mL de NaOH 0,04012 mol L^{-1}. Calcule a porcentagem de proteína na farinha, usando o fator 5,70 para o cereal.

Resolução

$$\text{quant. de mat. de HCl} = 25{,}00 \text{ mL de HCl} \times 0{,}04977 \frac{\text{mmol}}{\text{mL de HCl}}$$

$$= 1{,}2443 \text{ mmol}$$

$$\text{quant. de mat. de NaOH} = 3{,}97 \text{ mL de NaOH} \times 0{,}04012 \frac{\text{mmol}}{\text{mL de NaOH}}$$

$$= 0{,}1593 \text{ mmol}$$

$$\text{quant. de mat. de N} = \text{quant. de mat. deHCl}$$

$$- \text{quant. de mat. de NaOH} = 1{,}2443 \text{ mmol}$$

$$- 0{,}1593 \text{ mmol} = 1{,}0850 \text{ mmol}$$

$$\%\text{N} = \frac{1{,}0850 \text{ mmol de N} \times \frac{0{,}014007 \text{ g de N}}{\text{mmol de N}}}{0{,}7121 \text{ g de amostra}} \times 100\% = 2{,}1342$$

$$\%\text{proteína} = 2{,}1342 \ \% \text{ de N} \times \frac{5{,}70\% \text{ de proteína}}{\% \text{ N}} = 12{,}16$$

Enxofre

O enxofre em materiais orgânicos e biológicos é determinado convenientemente pela queima da amostra em um fluxo de oxigênio. O dióxido de enxofre (bem como o trióxido de enxofre) formado durante a oxidação é coletado por destilação em uma solução diluída de peróxido de hidrogênio:

$$SO_2(g) + H_2O_2 \rightarrow H_2SO_4$$

O ácido sulfúrico é então titulado com uma base padrão.

O dióxido de enxofre na atmosfera é com frequência determinado passando-se a amostra através de uma solução de peróxido de hidrogênio e então titulando-se o ácido sulfúrico que é produzido.

Outros Elementos

A **Tabela 16-1** lista outros elementos que podem ser determinados pelos métodos de neutralização.

TABELA 16-1

Análises Elementares Baseadas em Titulações de Neutralização

Elemento	Convertido para	Produtos de Adsoção ou Precipitaçao	Titulação
N	NH_3	$NH_3(g) + H_3O^+ \rightarrow NH_4^+ + H_2O$	Excesso de HCl com NaOH
S	SO_2	$SO_2(g) + H_2O_2 \rightarrow H_2SO_4$	NaOH
C	CO_2	$CO_2(g) + Ba(OH)_2 \rightarrow BaCO_3(s) + H_2O$	Excesso de $Ba(OH)_2$ com HCl
Cl(Br)	HCl	$HCl(g) + H_2O \rightarrow Cl^- + H_3O^+$	NaOH
F	SiF_4	$3SiF_4(g) + 2H_2O \rightarrow 2H_2SiF_6 + SiO_2$	NaOH
P	H_3PO_4	$12H_2MoO_4 + 3NH_4^+ + H_3PO_4 \rightarrow (NH_4)_3PO_4 \cdot 12MoO_3(s) + 12H_2O + 3H^+$	
		$(NH_4)_3PO_4 \cdot 12MoO_3(s) + 26OH^- \rightarrow HPO_4^{2-} + 12MoO_4^{2-} + 14H_2O + 3NH_3(g)$	Excesso de NaOH com HCl

16B-2 Determinação de Substâncias Inorgânicas

Várias espécies inorgânicas podem ser determinadas por titulação com ácidos ou bases fortes. A seguir são mostrados alguns exemplos.

Sais de Amônio

Os sais de amônio são convenientemente determinados pela conversão à amônia com uma base forte seguida por destilação. A amônia é coletada e titulada como no método de Kjeldahl.

Nitratos e Nitritos

O método anteriormente descrito para os sais de amônio pode ser estendido para a determinação de nitrato ou nitrito inorgânicos. Esses íons são primeiramente reduzidos a íon amônio pela liga de reação com uma liga de 50% de Cu, 45% de Al e 5% de Zn (liga de Devarda). Os grânulos da liga são introduzidos em uma solução fortemente alcalina da amostra contida em um frasco Kjeldahl. A amônia é destilada depois do término da reação. Uma liga de 60% de Cu e 40% de Mg (liga de Arnd) também tem sido usada como um agente redutor.

Carbonato e Misturas de Carbonatos

A determinação qualitativa e quantitativa dos constituintes em uma solução contendo carbonato de sódio, hidrogenocarbonato de sódio e hidróxido de sódio, sozinhos ou como várias misturas, fornece exemplos interessantes de como as titulações de neutralização podem ser aplicadas para analisar misturas. Não mais que dois desses três constituintes podem existir em quantidade apreciável em qualquer solução porque uma reação elimina o terceiro.

Por exemplo, a mistura de hidróxido de sódio com hidrogenocarbonato de sódio resulta na formação de carbonato de sódio até que um ou outro (ou ambos) reagente original seja consumido. Se o hidróxido de sódio for consumido, a solução conterá carbonato de sódio e hidrogenocarbonato de sódio; se o hidrogenocarbonato de sódio for consumido, o carbonato de sódio e o hidróxido de sódio vão permanecer; se quantidades equimolares de hidrogenocarbonato de sódio e hidróxido de sódio forem misturadas, a espécie principal de soluto será o carbonato de sódio.

A análise de tais misturas exige duas titulações com um ácido forte: uma usando um indicador com uma faixa de transição alcalina, como a fenolftaleína, e a outra com uma faixa de transição ácida, como o verde de bromocresol. A composição da solução pode ser deduzida do volume relativo de ácido necessário para titular volumes iguais de amostra (veja a **Tabela 16-2** e a **Figura 16-3**). Uma vez que a composição da solução tenha sido estabelecida, os dados de volume podem ser utilizados para determinar a concentração de cada componente na amostra. O Exemplo 16-4 ilustra os cálculos necessários para analisar uma mistura de carbonato.

TABELA 16-2

Relações de Volumes na Análise de Misturas Contendo Íons Hidróxido, Carbonato e Hidrogenocarbonato

Constituintes na Amostra	Relação entre V_{fen} e V_{vbc} na Titulação de um Volume Igual de Amostra*
NaOH	$V_{fen} = V_{vbc}$
Na_2CO_3	$V_{fen} = \frac{1}{2}V_{vbc}$
$NaHCO_3$	$V_{fen} = 0$; $V_{vbc} > 0$
NaOH, Na_2CO_3	$V_{fen} > \frac{1}{2}V_{vbc}$
Na_2CO_3, $NaHCO_3$	$V_{fen} < \frac{1}{2}V_{vbc}$

*V_{fen} = volume de ácido necessário para o ponto final com a fenolftaleína; V_{vbc} volume de ácido necessário para o ponto final com o verde de bromocresol.

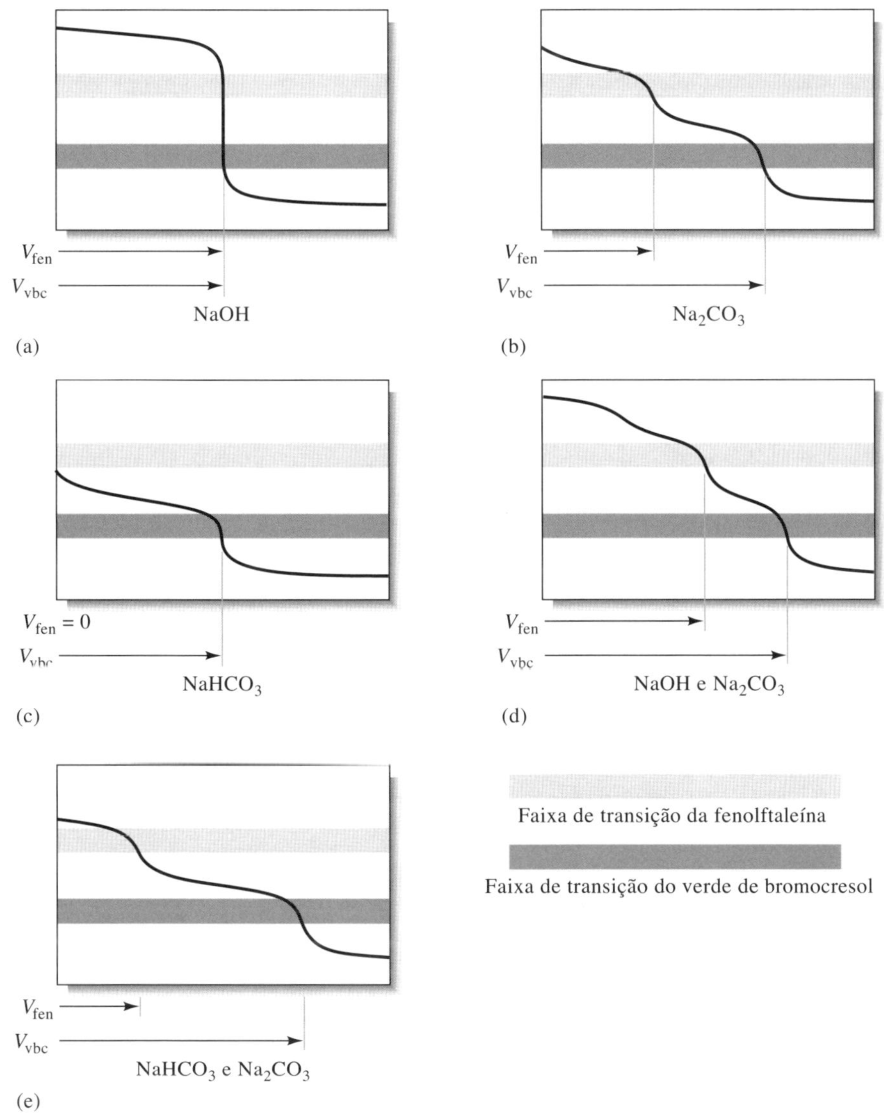

Figura 16-3 Curvas de titulação e faixas de transição dos indicadores para a análise de misturas contendo íons hidróxido, carbonato e hidrogenocarbonato, usando um ácido forte como titulante.

O método descrito no Exemplo 16-4 não é inteiramente satisfatório, porque a alteração de pH correspondente ao ponto de equivalência do hidrogenocarbonato não é suficiente para causar uma variação de cor nítida com um indicador químico (veja Figura 15-5). Por causa desta falta de nitidez, são comuns erros relativos de 1% ou mais.

A exatidão dos métodos para analisar soluções contendo misturas de íons carbonato e hidrogenocarbonato ou íons carbonato e hidróxido pode ser melhorada, tirando-se partido da solubilidade limitada do carbonato de bário em soluções neutras e básicas. Por exemplo, no **método Winkler** para a análise de misturas carbonato/hidróxido, ambos os componentes são titulados com um padrão ácido, empregando-se um indicador de transição ácida para o ponto final, como o verde de bromocresol (o ponto final sendo estabelecido após a solução ser fervida para remover o dióxido de carbono). Um excesso não medido de cloreto de bário neutro é então adicionado a uma segunda alíquota da solução da amostra para precipitar o íon carbonato, seguindo que o íon hidróxido é titulado para um ponto final de fenoftaleína. A presença do carbonato de bário parcialmente solúvel não interfere, contanto que a concentração de íons de bário seja maior que 0,1 mol L^{-1}.

Misturas compatíveis contendo duas das seguintes espécies podem ser analisadas de maneira similar: HCl, H_3PO_4, NaH_2PO_4, Na_2HPO_4, Na_3PO_4 e NaOH.

Como você poderia analisar uma mistura de HCl e H_3PO_4? Uma mistura de Na_3PO_4 e Na_2HPO_4? Veja a Figura 15-4, curva A.

EXEMPLO 16-4

Uma solução contém $NaHCO_3$, Na_2CO_3 e NaOH, isoladamente ou em uma combinação admissível. A titulação de uma alíquota de 50,00 mL requer, empregando-se a fenolftaleína como indicador de ponto final, 22,1 mL de HCl 0,100 mol L^{-1}. Uma segunda alíquota de 50,0 mL necessita de 48,4 mL de HCl quando titulada com indicador verde de bromocresol. Determine a composição e as concentrações molares de soluto da solução original.

Resolução

Se a solução contivesse apenas NaOH, o volume requerido de ácido seria o mesmo, independente do indicador utilizado (veja a Figura 16-3a). Similarmente, podemos descartar a presença de somente Na_2CO_3, porque a titulação desse composto com verde de bromocresol consumiria justamente duas vezes o volume de ácido necessário para alcançar o ponto final com a fenolftaleína (veja a Figura 16-3b). Na realidade, a segunda titulação requereu 48,4 mL. Uma vez que menos da metade desse volume é usado na primeira titulação, a solução deve conter um pouco de $NaHCO_3$ juntamente com Na_2CO_3 (veja a Figura 16-3e). Podemos agora calcular a concentração dos dois constituintes.

Quando o ponto final com a fenolftaleína for alcançado, o CO_3^{-} originalmente presente será convertido em HCO_3^-. Assim,

$$\text{quant. de mat. de } Na_2CO_3 = 22{,}1 \text{ mL} \times 0{,}100 \frac{\text{mmol}}{\text{mL}} = 2{,}21 \text{ mmol}$$

A titulação entre o ponto final da fenolftaleína até o de verde de bromocresol (48,4 mL − 22,1 mL = 26,3 mL) inclui tanto o hidrogenocarbonato originalmente presente quanto aquele formado pela titulação do carbonato. Consequentemente,

$$\text{quant. de mat. de } NaHCO_3 + \text{quant. de mat. de } Na_2CO_3 = 26{,}3 \text{ mL} \times 0{,}100 \frac{\text{mmol}}{\text{mL}} = 2{,}63 \text{ mmol}$$

Consequentemente,

$$\text{quant. de mat. de } NaHCO_3 = 2{,}63 \text{ mmol} - 2{,}21 \text{ mmol} = 0{,}42 \text{ mmol}$$

As concentrações molares podem então ser calculadas a partir destes resultados como se segue:

$$c_{Na_2CO_3} = \frac{2{,}21 \text{ mmol}}{50{,}0 \text{ mL}} = 0{,}0442 \text{ mol L}^{-1}$$

$$c_{NaHCO_3} = \frac{0{,}42 \text{ mmol}}{50{,}0 \text{ mL}} = 0{,}084 \text{ mol L}^{-1}$$

Os íons carbonato e hidrogenocarbonato podem ser exatamente determinados em misturas, titulando-se ambos os íons na primeira titulação com um padrão ácido e um indicador de transição ácida (com aquecimento para eliminar o dióxido de carbono). O hidrogenocarbonato na segunda alíquota é convertido em carbonato pela adição de um excesso conhecido de base padrão. Após a introdução de um grande excesso de cloreto de bário, o excesso de base é titulado com um padrão ácido e fenolftaleína como indicador. A presença de carbonato de bário sólido não impede a detecção do ponto final em qualquer um desses dois métodos.

16B-3 Determinação de Grupos Orgânicos Funcionais

As titulações de neutralização fornecem métodos convenientes para a determinação direta e indireta de vários grupos funcionais orgânicos. A seguir, breves descrições de métodos para os grupos mais comuns são apresentadas.

Grupos Ácidos Carboxílico e Sulfônico

Os ácidos carboxílicos e sulfônicos são ácidos orgânicos muito comuns. A maioria dos ácidos carboxílicos tem uma constante de dissociação que varia entre 10^{-4} e 10^{-6} e, assim, esses compostos são prontamente titulados. Requer-se o uso de um indicador que tenha sua transição de cor em uma faixa básica, como, por exemplo, a fenolftaleína.

Muitos ácidos carboxílicos não são suficientemente solúveis em água para permitir uma titulação direta em solução aquosa. Quando existe esse problema, o ácido pode ser dissolvido em etanol e titulado com base aquosa. Alternativamente, o ácido pode ser dissolvido em um excesso de padrão básico e retrotitulado a seguir com um padrão ácido.

Os ácidos sulfônicos são geralmente ácidos fortes e se dissolvem facilmente em água. A titulação com base padrão pode ser usada para a determinação.

As titulações de neutralização são frequentemente usadas para determinar o equivalente gama de ácidos orgânicos purificados (veja o Destaque 16-3). O equivalente gama serve como identificação qualitativa de ácidos orgânicos.

O **equivalente-grama** de um um ácido ou base é a massa de composto que reage com ou contém um mol de prótons. Assim, o equivalente gama de KOH (56,11 g mol^{-1}) é igual à sua massa molar.

$$56{,}11\,\frac{\text{g}}{\text{mol de KOH}} \times \frac{1\text{ mol de KOH}}{\text{mol de prótons que reagiu}} = 56{,}11\,\frac{\text{g}}{\text{mol de prótons que reagiu}}$$

Para o $Ba(OH)_2$, é a massa molar dividida por 2.

$$171{,}3\,\frac{\text{g}}{\text{mol de Ba(OH)}_2} \times \frac{1\text{ mol de Ba(OH)}_2}{2\text{ mols de prótons que reagiram}} = 85{,}6\,\frac{\text{g}}{\text{mol de prótons que reagiu}}$$

Grupos Amina

As aminas alifáticas geralmente têm uma constante de dissociação básica da ordem de 10^{-5} e podem assim ser tituladas diretamente com uma solução de ácido forte. As aminas aromáticas como a anilina e seus derivados, entretanto, normalmente são muito fracas para titulação em soluções ($K_b \approx 10^{-10}$). Similarmente, as aminas cíclicas com caráter aromático, como a piridina e seus derivados, são muito fracas para titulação em soluções aquosas. Muitas aminas cíclicas saturadas, tal como a piperidina, tendem a se assemelhar a aminas alifáticas em seu comportamento ácido/base e assim podem ser tituladas em meio aquoso. Muitas aminas que são muito fracas para serem tituladas como bases em água são facilmente tituladas em solventes não aquosos, como ácido acético anidro, que aumenta sua basicidade.

DESTAQUE 16-3

Equivalentes Gama de Ácidos e Bases

O equivalente gama (chamado nas literaturas mais antigas de *peso equivalente*) de um participante em uma reação de neutralização é a massa que reage ou fornece um mol de prótons em uma *reação específica.* Por exemplo, o equivalente gama do H_2SO_4 é a metade da sua fórmula grama. O equivalente gama de Na_2CO_3 é normalmente a metade da sua massa molar porque na maioria das aplicações sua reação é

$$Na_2CO_3 + 2H_3O^+ \rightarrow 3H_2O + CO_2 + 2Na^+$$

Quando titulado com alguns indicadores, entretanto, o Na_2CO_3 consome apenas um único próton:

$$Na_2CO_3 + H_3O^+ \rightarrow NaHCO_3 + Na^+$$

Neste caso, o equivalente gama e a massa molar de Na_2CO_3 são iguais. Essas observações mostram que o equivalente gama de um composto não pode ser definido sem que se tenha uma reação específica em mente (veja Apêndice 7).

A **saponificação** é o processo no qual um éster é hidrolisado em solução alcalina para formar um álcool e uma base conjugada. Por exemplo,

$$CH_3\overset{\overset{O}{\|}}{C}OCH_3 + OH^- \rightarrow$$

$$CH_3\overset{\overset{O}{\|}}{C}—O^- + CH_3OH$$

Grupos Éster

Os ésteres comumente são determinados por **saponificação** com uma quantidade medida de padrão básico:

$$R_1COOR_2 + OH^- \rightarrow R_1COO^- + HOR_2$$

O excesso de base é então titulado com padrão ácido.

As velocidades de saponificação de diferentes ésteres variam grandemente. Alguns precisam de várias horas de aquecimento com uma base para completar o processo, enquanto poucos reagem tão rapidamente que a titulação direta com base padrão é praticável. Tipicamente, o éster é colocado em refluxo com um padrão de KOH 0,5 mol L^{-1} por uma a duas horas. Após o resfriamento, o excesso de base é titulado com ácido padrão.

Grupos Hidroxila

O grupo hidroxila em compostos orgânicos pode ser determinado pela esterificação com vários ácidos carboxílicos anidros ou cloretos. Os dois reagentes mais comuns são o anidrido acético e o anidrido ftálico. Com o anidrido acético, a reação é

$$(CH_3CO)_2O + ROH \rightarrow CH_3COOR + CH_3COOH$$

Normalmente, a amostra é misturada com um volume cuidadosamente medido de anidrido acético em piridina. Após aquecimento, a água é adicionada para hidrolisar o anidrido que não reagiu de acordo com:

$$(CH_3CO_2)O + H_2O \rightarrow 2CH_3COOH$$

O ácido acético é então titulado com uma solução padrão alcoólica de hidróxido de sódio ou potássio. Um branco é realizado junto com a análise, para determinar a quantidade original de anidrido.

As aminas, se presentes, são convertidas quantitativamente em amidas pelo anidrido acético. Uma correção para esta interferência em potencial é frequentemente feita pela titulação direta de outra alíquota da amostra com um padrão ácido.

Grupos Carbonila

Muitos aldeídos e cetonas podem ser determinados com uma solução de cloridrato de hidroxilamina. A reação, que produz uma oxima, é

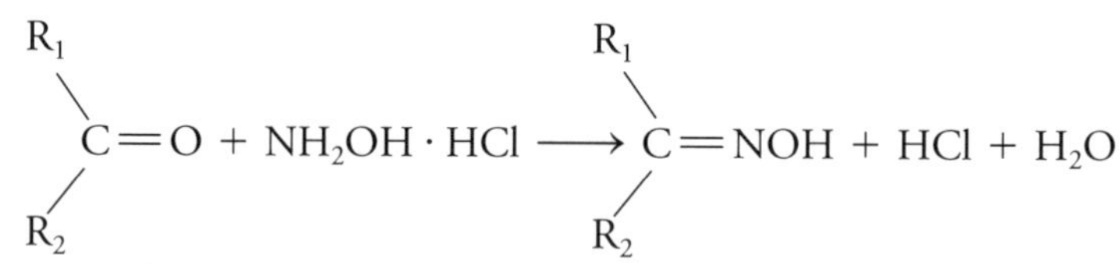

onde R_2 pode ser hidrogênio. O HCl liberado é titulado com uma base. Aqui, novamente, as condições necessárias para uma reação quantitativa variam. Tipicamente, 30 minutos são suficientes para os aldeídos, enquanto muitas cetonas requerem refluxo com os reagentes por uma hora ou mais.

16B-4 A Determinação de Sais

O teor total de sal pode ser determinado com exatidão por uma titulação ácido/base. O sal é convertido em uma quantidade equivalente de um ácido ou base passando uma solução contendo o sal através de uma coluna empacotada com uma resina de troca iônica. (Essa aplicação é considerada mais detalhadamente na Seção 31D.)

As soluções padrão de um ácido ou de uma base também podem ser preparadas com resinas de trocas iônicas. Uma solução contendo uma massa conhecida de um composto puro, como o cloreto de sódio, por exemplo, é passada através de uma coluna contendo a resina e diluída a um volume conhecido. O sal libera uma quantidade equivalente do ácido ou da base da resina. A concentração do ácido ou da base pode então ser calculada a partir da massa conhecida do sal original.

QUESTÕES E PROBLEMAS

***16-1.** Por que o ácido nítrico raramente é utilizado para preparar uma solução padrão ácida?

16-2. Descreva como o Na_2CO_3 de grau padrão primário pode ser preparado a partir de $NaHCO_3$ padrão primário.

***16-3.** Os pontos de ebulição do HCl e do CO_2 são aproximadamente os mesmos (−85°C e −78°C). Explique por que o CO_2 pode ser removido de uma solução aquosa por uma breve ebulição, ao passo que, essencialmente, nada se perde de HCl, mesmo após fervura por uma hora ou mais.

16-4. Por que é prática comum, na padronização de Na_2CO_3 com um ácido, aquecer a solução até a ebulição nas proximidades do ponto de equivalência?

***16-5.** Dê duas razões pelas quais o $KH(IO_3)_2$ é preferido em detrimento do ácido benzoico como padrão primário para uma solução de NaOH 0,010 mol L^{-1}.

16-6. Que tipos de compostos orgânicos que contêm nitrogênio tendem a produzir baixos resultados com os métodos Kjeldahl, a menos que precauções especiais sejam tomadas?

***16-7.** Descreva brevemente a circunstância na qual a concentração molar da solução de hidróxido de sódio não será aparentemente afetada pela absorção do dióxido de carbono.

16-8. Como você prepararia 500,0 mL de:
(a) H_2SO_4 0,200 mol L^{-1} a partir de um reagente de densidade 1,1539 g mL^{-1} e que contém 21,8% de H_2SO_4 (m/m)?
(b) NaOH 0,250 mol L^{-1} do sólido?
(c) Na_2CO_3 0,07500 mol L^{-1} a partir do sólido puro?

***16-9.** Como você prepararia 2,00 L de:
(a) KOH 0,10 mol L^{-1} a partir do sólido?
(b) $Ba(OH)_2 \cdot 8H_2O$ 0,010 mol L^{-1} a partir do sólido?
(c) HCl 0,150 mol L^{-1} a partir de um reagente cuja densidade é 1,0579 g mL^{-1} e que contém 11,50% de HCl (m/m)?

16-10. A padronização de uma solução de hidróxido de sódio contra ftalato ácido de potássio (FAP) produziu os seguintes resultados:

Massa FAP, g	0,7987	0,8365	0,8104	0,8039
Volume NaOH, mL	38,29	39,96	38,51	38,29

Calcule
(a) a concentração molar média da base.
(b) o desvio padrão e o coeficiente de variação para os dados.
(c) a faixa dos dados.

***16-11.** A concentração molar de uma solução de ácido perclórico foi estabelecida por titulação contra carbonato de sódio padrão primário (produto: CO_2); foram obtidos os seguintes dados:

Massa Na_2CO_3, g	0,2068	0,1997	0,2245	0,2137
Volume $HClO_4$, mL	36,31	35,11	39,00	37,54

(a) Calcule a concentração molar média do ácido.
(b) Calcule o desvio padrão dos dados e o coeficiente de variação para os dados.
(c) Use a estatística para decidir se o dado estranho deve permanecer ou ser rejeitado.

16-12. Se 1,000 L de NaOH 0,1500 mol L^{-1} não for protegido do ar após a padronização e absorver 11,2 mmol de CO_2, qual será sua nova concentração molar após sua padronização contra uma solução de HCl padrão primário ao se utilizar:
(a) fenolftaleína?
(b) verde de bromocresol?

***16-13.** Uma solução de NaOH apresentava uma concentração molar igual a 0,1019 mol L^{-1} imediatamente após a padronização. Uma alíquota de exatamente 500,0 mL do reagente ficou exposta ao ar por vários dias e absorveu 0,652 g de CO_2. Calcule o erro de carbonato relativo na determinação de ácido acético com essa solução, se as titulações forem realizadas com fenolftaleína.

16-14. Calcule a concentração molar de uma solução diluída de HCl se
(a) uma alíquota de 50,00 mL produziu 0,5902 g de AgCl.
(b) a titulação de 25,00 mL de $Ba(OH)_2$ 0,03970 mol L^{-1} precisou de 17,93 mL do ácido.
(c) a titulação de 0,2459 g de Na_2CO_3 de padrão primário exige 36,52 mL do ácido (produtos: CO_2 e H_2O).

***16-15.** Calcule a concentração molar de uma solução diluída de $Ba(OH)_2$ se
(a) 50,00 mL produzirem 0,1791 g de $BaSO_4$.
(b) a titulação de 0,4512 g de ftalato ácido de potássio (FAP) padrão primário requerer 26,46 mL da base.
(c) a adição de 50,00 mL da base a 0,3912 g de ácido benzoico requerer 4,67 mL na retrotitulação com HCl 0,05317 mol L^{-1}.

16-16. Sugira uma faixa de massa de amostras para o padrão primário indicado caso se deseje utilizar entre 35 e 45 mL do titulante:

(a) $HClO_4$ 0,175 mol L^{-1} titulado contra Na_2CO_3 (produto CO_2).
(b) HCl 0,085 mol L^{-1} titulado contra $Na_2C_2O_4$.

$$Na_2C_2O_4 \rightarrow Na_2CO_3 + CO$$
$$CO_3^{2-} + 2H^+ \rightarrow H_2O + CO_2$$

(c) NaOH 0,150 mol L^{-1} titulado contra ácido benzoico.
(d) $Ba(OH)_2$ 0,050 mol L^{-1} titulado contra $KH(IO_3)_2$.
(e) $HClO_4$ 0,075 mol L^{-1} titulado contra TRIS.
(f) H_2SO_4 0,050 mol L^{-1} titulado contra $Na_2B_4O_7 \cdot 10H_2O$. Reação:

$$B_4O_7^{2-} + 2H_3O^+ + 3H_2O \rightarrow 4H_3BO_3$$

***16-17.** Calcule o desvio padrão relativo na concentração molar computada de HCl 0,0200 mol L^{-1}, se o ácido foi padronizado contra as massas encontradas no Exemplo 16-1 para: (a) TRIS; (b) Na_2CO_3 e (c) $Na_2B_4O_7 \cdot 10H_2O$. Suponha que o desvio padrão absoluto na medida de massa seja 0,0001 g e que essa medida limite a precisão da concentração computada.

16-18. (a) Compare as massas de ftalato ácido de potássio (204,22 g mol^{-1}); iodato ácido de potássio (389,91 g mol^{-1}) e ácido benzoico (122,12 g mol^{-1}) necessárias para padronizar 30,00 mL de uma solução de NaOH 0,0400 mol L^{-1}.
(b) Qual será o desvio padrão relativo na concentração molar da base, se o desvio padrão na medida da massa em (a) for 0,002 g e essa incerteza limitar a precisão do cálculo?

***16-19.** Uma amostra de 50,00 mL de um vinho de mesa branco requer 24,57 mL de uma solução de NaOH 0,03291 mol L^{-1} para alcançar o ponto final com fenolftaleína. Expresse a acidez do vinho em gramas de ácido tartárico ($H_2C_4H_4O_6$, 150,09 g mol^{-1}) por 100 mL. (Suponha que os dois hidrogênios de cada ácido sejam titulados.)

16-20. Uma alíquota de 25,00 mL de vinagre foi diluída para 250,00 mL em um balão volumétrico. A titulação de várias alíquotas de 50,00 mL da solução diluída requereu a média de 35,23 mL de solução de NaOH 0,08960 mol L^{-1}. Expresse a acidez do vinagre em termos de porcentagem (m/v) de ácido acético.

***16-21.** A titulação de uma amostra de 0,7513 g de $Na_2B_4O_7$ impuro requer 30,79 mL de uma solução de HCl 0,1129 mol L^{-1} (veja a reação no Problema 16-16f). Expresse o resultado dessa análise em termos de porcentagem de
(a) $Na_2B_4O_7$.
(b) $Na_2B_4O_7 \cdot 10H_2O$.
(c) B_2O_3.
(d) B.

16-22. Uma amostra de 0,6915 g de óxido de mercúrio(II) impuro foi dissolvida em um excesso não medido de iodeto de potássio. Reação:

$$HgO(s) + 4I^- + H_2O \rightarrow HgI_4^{2-} + 2OH^-$$

Calcule a porcentagem de HgO na amostra se a titulação do hidróxido liberado requereu 40,39 mL de HCl 0,1092 mol L^{-1}.

***16-23.** O teor de formaldeído da preparação de um pesticida foi determinado pela pesagem de 0,2985 g de uma amostra líquida em um frasco contendo 50,0 mL de NaOH 0,0959 mol L^{-1} e 50,00 mL de H_2O_2 a 3%. No aquecimento, ocorreu a seguinte reação:

$$OH^- + HCHO + H_2O_2 \rightarrow HCOO^- + 2H_2O$$

Após esfriar, o excesso de base foi titulado com 22,71mL de H_2SO_4 0,053700 mol L^{-1}. Calcule a porcentagem de HCHO (30,026 g mol^{-1}) na amostra.

16-24. O ácido benzoico extraído de 97,2 g de molho de tomate requer uma titulação com 12,91 mL de solução de NaOH 0,0501 mol L^{-1}. Expresse os resultados dessa análise em termos de porcentagem de benzoato de sódio (144,10 g mol^{-1}).

***16-25.** O ingrediente ativo na Antabuse, uma droga usada no tratamento de alcoolismo crônico, é o dissulfeto de tetrametilurama

$$\begin{array}{c} \quad S \quad S \\ \quad \| \quad \| \\ (C_2H_5)_2NCSSCN(C_2H_5)_2 \end{array}$$

(296,54 g mol^{-1}). O enxofre em 0,4169 g de amostra em uma preparação de Antabuse foi oxidado a SO_2, o qual foi absorvido em H_2O_2 para gerar H_2SO_4. O ácido foi titulado com 19,25 mL de base 0,04216 mol L^{-1}. Calcule a porcentagem do ingrediente ativo na preparação.

16-26. Uma amostra de 25,00 mL de uma solução de limpeza doméstica foi diluída a 250,0 mL em um balão volumétrico. Uma alíquota de 50,00 mL dessa solução requer 41,27 mL de HCl 0,1943 mol L^{-1} para alcançar o ponto final, usando o verde de bromocresol como indicador. Calcule a porcentagem massa/volume de NH_3 na amostra (suponha que toda a alcalinidade resulte da amônia).

***16-27.** Uma massa de 0,1401 g de uma amostra de carbonato purificado foi dissolvida em 50,00 mL de HCl 0,1140 mol L^{-1} e aquecida para eliminar o CO_2. Uma retrotitulação do excesso de HCl requer 24,21 mL de NaOH 0,09802 mol L^{-1}. Identifique o carbonato.

16-28. Uma solução diluída de um ácido fraco desconhecido necessita de uma titulação com 28,62 mL de NaOH 0,1084 mol L^{-1} para alcançar o ponto final com o indicador fenolftaleína. A solução titulada foi evaporada até a secura. Calcule a massa equivalente do ácido, se for encontrada uma massa para o sal de sódio de 0,2110 g.

***16-29.** Uma amostra de 3,00 L de ar de um ambiente urbano foi borbulhada em uma solução contendo 50,0 mL de $Ba(OH)_2$ 0,0116 mol L^{-1} que precipitou o CO_2 na amostra como $BaCO_3$. O excesso de base foi retrotitulado até o ponto final da fenolftaleína com 23,6 mL de HCl 0,0108 mol L^{-1}. Calcule a concentração do CO_2 no ar em partes por milhão (isto é, mL $CO_2/10^6$ mL de ar); use 1,98 gL^{-1} para a densidade de CO_2.

16-30. Foi borbulhado ar a uma velocidade de 30,0 L min^{-1} por uma solução que contém 75 mL de uma solução a 1% de H_2O_2 ($H_2O_2 + SO_2 \rightarrow H_2SO_4$). Após dez minutos o H_2SO_4 foi titulado com 11,70 mL de NaOH 0,00197 mol L^{-1}. Calcule a concentração de SO_2 em ppm (isto é, mL $SO_2/10^6$ mL de ar), se a densidade do SO_2 for de 0,00285 g mL^{-1}.

***16-31.** A digestão de 0,1417 g da amostra de um composto que contém fósforo em uma mistura de HNO_3 e H_2SO_4 resulta na formação de CO_2, H_2O e H_3PO_4. A adição de molibdato de amônio produziu um sólido cuja composição é $(NH_4)_3PO_4 \cdot 12MoO_3$ (1.876,3 g mol^{-1}). Este precipitado foi filtrado, lavado e dissolvido em 50,00 mL de NaOH 0,2000 mol L^{-1}:

$$(NH_4)_3PO_4 \cdot 12MoO_3(s) + 26OH^- \rightarrow HPO_4^{2-} + 12MoO_4^{2-} + 14H_2O + 3NH_3(g)$$

Depois, a solução foi aquecida para remover o NH_3, o excesso de NaOH foi titulado com 14,17 mL de HCl 0,1741 mol L^{-1} usando fenolftaleína como indicador. Calcule a porcentagem de fósforo na amostra.

16-32. Uma massa de 0,9471 g de uma amostra de um composto que contém dimetilftalato, $C_6H_4(COOCH_3)_2$, (194,19 g mol^{-1}) e espécies não reativas é colocada em refluxo com 50,00 mL de NaOH 0,1215 mol L^{-1} para hidrolisar os grupos éster (esse processo é chamado *saponificação*).

$$C_6H_4(COOCH_3)_2 + 2OH^- \rightarrow C_6H_4(COO)_2^{2-} + 2CH_3OH$$

Após completar a reação, o excesso de NaOH foi retrotitulado com 24,27 mL de HCl 0,1644 mol L^{-1}. Calcule a porcentagem de dimetilftalato na amostra.

***16-33.** A *neohetramina*, $C_{16}H_{21}ON_4$ (285,37 g mol^{-1}), é um anti-histamínico comum. Uma amostra de 0,1247 g contendo esse composto foi analisada pelo método Kjeldahl. A amônia produzida foi coletada em H_3BO_3; o $H_2BO_3^-$ resultante foi titulado com 26,13 mL de HCl 0,01477 mol L^{-1}. Calcule a porcentagem de *neohetramina* na amostra.

16-34. O *Index Merck* indica que 10 mg de guanidina, CH_5N_3, pode ser administrada para cada quilograma de massa do corpo no tratamento da miastenia grave. O nitrogênio em uma amostra de quatro tabletes, que tem uma massa total de 7,50 g, foi convertido em amônia pela assimilação de Kjeldahl, seguida por destilação em 100,0 mL de HCl 0,1750 mol L^{-1}. A análise foi completada titulando-se o excesso de ácido com 11,37 mL de NaOH 0,1080 mol L^{-1}. Quantos desses tabletes representam uma dose apropriada para pacientes que pesam (a) 45 kg, (b) 68 kg (c) 124 kg?

***16-35.** Uma amostra de atum enlatado, com massa igual a 0,917 g, foi analisada pelo método Kjeldahl. Um volume de 20,59 mL de HCl 0,1249 mol L^{-1} foi necessário para titular a amônia liberada. Calcule a porcentagem de nitrogênio na amostra.

16-36. Calcule a massa em gramas de proteínas em uma lata de atum com 6,50 oz (1 oz = 28,35 g), do Problema 16-35.

***16-37.** O teor de N de 0,5843 g de uma amostra da preparação de um fertilizante foi analisada pelo método Kjeldahl, sendo o NH_3 liberado coletado em 50,00 mL de HCl 0,1062 mol L^{-1}. O excesso de ácido foi retrotitulado e requereu 11,89 mL de NaOH 0,0925 mol L^{-1}. Expresse o resultado dessa análise em termos de porcentagem de

(a) N. (c) $(NH_4)_2SO_4$.
(b) ureia, H_2NCONH_2. (d) $(NH_4)_3PO_4$.

16-38. Uma amostra com 0,9325 g de farinha de trigo foi analisada pelo método Kjeldahl. A amônia formada foi destilada e coletada em 50,00 mL de HCl 0,05063 mol L^{-1} e a retrotitulação requereu 7,73 mL de NaOH 0,04829 mol L^{-1}. Calcule a porcentagem de proteína na farinha.

***16-39.** Uma amostra com 1,219 g contendo $(NH_4)_2SO_4$, NH_4NO_3 e substâncias não reativas foi diluída a 200 mL em um balão volumétrico. Uma alíquota de 50,00 mL foi alcalinizada com uma base forte, e a NH_3 liberada foi destilada e coletada em 30,00 mL de HCl 0,08421 mol L^{-1}. O excesso de HCl requereu 10,17 mL de NaOH 0,08802 mol L^{-1}. Uma alíquota de 25,00 mL da amostra foi alcalinizada após a adição de liga de Devarda, e o NO_3^- foi reduzido a NH_3. O NH_3 do NH_4^+ e do NO_3^- foi então destilado e coletado em 30,00 mL do ácido padrão e retrotitulado com 14,16 mL da base. Calcule as porcentagens de $(NH_4)_2SO_4$ e NH_4NO_3 na amostra.

16-40. Uma amostra com 1,217 g de KOH comercial contaminado por K_2CO_3 foi dissolvida em água e a solução resultante foi diluída a 500,00 mL. Uma alíquota de 50,00 mL dessa solução foi tratada com 40,00 mL de HCl 0,05304 mol L^{-1} e aquecida para remover o CO_2. O excesso de ácido foi consumido por 4,74 mL de NaOH 0,04983 mol L^{-1} (indicador fenolftaleína). Um excesso de $BaCl_2$ neutro foi adicionado em outra alíquota de 50,00 mL para precipitar o carbonato como $BaCO_3$. A solução foi então titulada com 28,56 mL de ácido até o ponto final, com o indicador fenolftaleína. Calcule a porcentagem de KOH, K_2CO_3 e H_2O na amostra, presumindo que sejam estes os únicos compostos presentes.

***16-41.** Uma amostra com 0,5000 g contendo $NaHCO_3$, Na_2CO_3 e H_2O foi dissolvida e diluída a 250,00 mL. Uma alíquota de 25,00 mL foi então aquecida com 50,00 mL de HCl 0,01255 mol L^{-1}. Após o resfriamento, o excesso de ácido na solução requereu 2,34 mL de NaOH 0,01063 mol L^{-1} quando titulado com o indicador fenolftaleína. Uma segunda alíquota de 25,00 mL foi então tratada com um excesso de $BaCl_2$ e 25,00 mL da base. Todo o carbonato precipitado e 7,63 mL de HCl foram requeridos para titular o excesso de base. Determine a composição da mistura.

16-42. Calcule o volume de HCl 0,06122 mol L^{-1} necessário para titular:

(a) 20,00 mL de Na_3PO_4 0,05555 mol L^{-1} com timolftaleína como indicador de ponto final.

(b) 25,00 mL de Na_3PO_4 0,05555 mol L^{-1} com verde de bromocresol como indicador de ponto final.

(c) 40,00 mL de uma solução que é 0,02102 mol L^{-1} em Na_3PO_4 e 0,01655 mol L^{-1} em Na_2HPO_4 com verde de bromocresol como indicador de ponto final.

(d) 20,00 mL de uma solução que é 0,02102 mol L^{-1} em Na_3PO_4 e 0,01655 mol L^{-1} em NaOH com timolftaleína como indicador de ponto final.

***16-43.** Calcule o volume de NaOH 0,07731 mol L^{-1} necessário para titular:

(a) 25,00 mL de uma solução que é 0,03000 mol L^{-1} em HCl e 0,01000 mol L^{-1} em H_3PO_4 com verde de bromocresol como indicador de ponto final.

(b) a solução em (a) com timolftaleína como indicador de ponto final.

(c) 30,00 mL de NaH_2PO_4 0,06407 mol L^{-1} com timolftaleína como indicador de ponto final.

(d) 25,00 mL de solução que é 0,02000 mol L^{-1} em H_3PO_4 e 0,03000 mol L^{-1} em NaH_2PO_4 com timolftaleína como indicador de ponto final.

16-44. Uma série de soluções contendo NaOH, Na_3AsO_4 e Na_2HAsO_4, isoladamente ou em combinação compatível, foi titulada com HCl 0,08601 mol L^{-1}. Na tabela a seguir estão os volumes de ácido necessários para titular uma alíquota de 25,00 mL de cada solução com os indicadores: (1) fenolftaleína e (2) verde de bromocresol. Use essa informação para deduzir a composição das soluções. Calcule a massa em miligramas de cada soluto por mililitro de solução.

	(1)	(2)
(a)	0,00	18,15
(b)	21,00	28,15
(c)	19,80	39,61
(d)	18,04	18,03
(e)	16,00	37,37

***16-45.** Uma série de soluções contendo NaOH, Na_2CO_3 e $NaHCO_3$, isoladamente ou em combinação compatível, foi titulada com HCl 0,1202 mol L^{-1}. Na tabela a seguir estão os volumes de ácido necessários para titular uma alíquota de 25,00 mL de cada solução com os indicadores: (1) fenolftaleína e (2) verde de bromocresol. Use essa informação para deduzir a composição das soluções. Além disso, calcule a concentração de cada soluto em miligramas por mililitro de solução.

	(1)	(2)
(a)	22,42	22,44
(b)	15,67	42,13
(c)	29,64	36,42
(d)	16,12	32,23
(e)	0,00	33,333

16-46. Defina o equivalente gama de (a) um ácido e (b) uma base.

***16-47.** Calcule o equivalente gama do ácido oxálico desidratado ($H_2C_2O_4 \cdot 2H_2O$, 126,066 g mol^{-1}), quando é titulado com (a) indicador verde de bromocresol e (b) indicador fenolftaleína.

16-48. Uma amostra de 10,00 mL de vinagre (ácido acético, CH_3COOH) foi pipetada para um frasco, ao qual foram adicionadas duas gotas de fenolftaleína, e o ácido foi titulado com NaOH 0,1008 mol L^{-1}.

(a) Se 45,62 mL da base foram requeridos para a titulação, qual é a concentração molar do ácido acético na amostra?

(b) Se a densidade da solução de ácido acético pipetado é de 1,004 g mL^{-1}, qual é a porcentagem de ácido acético na amostra?

16-49. Problema Desafiador:

(a) Por que os indicadores somente são utilizados na forma de soluções diluídas?

(b) Suponha que 0,1% de vermelho de metila (massa molar de 269 g mol^{-1}) foi utilizado como indicador em uma titulação para determinar a capacidade de neutralização de um lago em Ohio. Cinco gotas (0,25 mL) de solução vermelho de metila são adicionadas a 100 mL de amostra de água, que requereu 4,74 mL de HCl 0,01072 mol L^{-1} para levar o indicador até o meio de sua faixa de transição. Presumindo que não haja erro de indicador, qual é a capacidade de neutralização do lago expressa como miligrama de bicarbonato de cálcio por litro de amostra?

(c) Se o indicador estava inicialmente em sua forma ácida, qual é o erro do indicador expresso como porcentagem da capacidade de neutralização de ácido?

(d) Qual é o valor correto da capacidade de neutralização de ácido?

(e) Liste quatro outras espécies diferentes de carbonato ou bicarbonato que podem contribuir para a capacidade de neutralização de ácido.

(f) É normalmente pressuposto que outras espécies além do carbonato ou bicarbonato não contribuam apreciavelmente para a capacidade de neutralização de ácido. Sugira as circunstâncias sob as quais essa afirmação pode não ser válida.

(g) A matéria particulada pode trazer uma contribuição significativa para a capacidade de neutralização de ácido. Explique como você trataria esse problema.

(h) Explique como você determinaria separadamente a contribuição para a capacidade de neutralização de ácido vinda do material particulado e a contribuição vinda das espécies solúveis.

capítulo 17

Reações e Titulações de Complexação e Precipitação

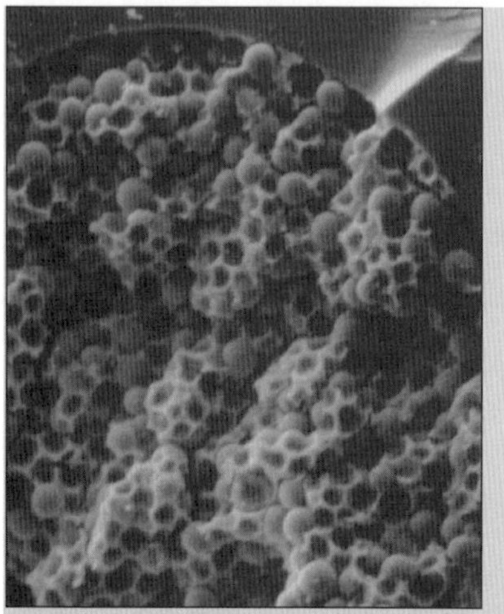

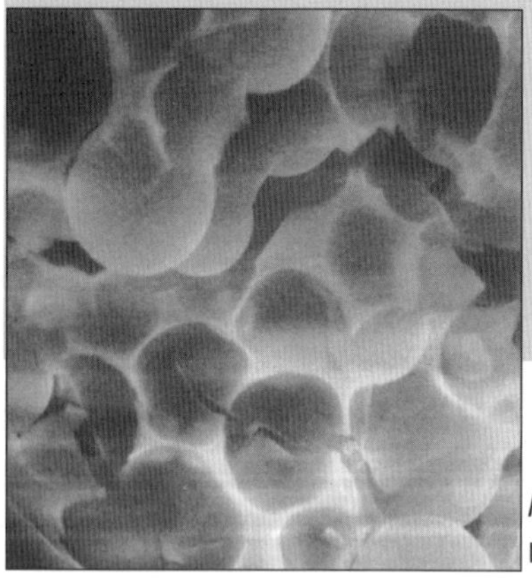

As reações de precipitação e complexação são importantes em muitas áreas da ciência e no nosso dia a dia, como abordado neste capítulo. A fotografia em preto e branco é uma de tais áreas. Embora a fotografia digital tenha vindo para dominar as áreas de consumo, a fotografia em filme ainda é importante em muitas aplicações. São mostradas aqui as fotomicrografias de uma coluna cromatográfica capilar com uma ampliação de 1.300 × (acima) e 4.900 × (abaixo). Um filme preto e branco consiste em uma emulsão de AgBr finamente pulverizado que recobre uma fita de um polímero. A exposição à luz do microscópio de varredura de elétrons causa a redução de alguns íons Ag^+ para átomos de Ag e a correspondente oxidação de íons Br^- para átomos de bromo. Esses átomos continuam na rede cristalina do AgBr como defeitos invisíveis ou como a assim denominada imagem latente. No processo de revelação reduzem-se muitos mais íons Ag^+ a átomos de Ag nos grânulos de AgBr que contêm átomos de prata da imagem latente original. A revelação produz uma imagem negativa visível na qual as regiões escuras de átomos de Ag representam as áreas onde o filme foi exposto à luz. A etapa de fixação remove o AgBr não exposto à luz pela formação de um complexo altamente estável de tiossulfato de prata $[Ag(S_2O_3)_2]^{2-}$. A prata metálica negra permanece no negativo.

$$AgBr(s) + 2S_2O_3^{2-}(aq) \rightarrow [Ag(S_2O_3)_2]^{3-}(aq) + Br^-(aq)$$

Após o negativo ter sido fixado, uma imagem positiva é produzida projetando-se luz através do negativo sobre um papel fotográfico. (M. T. Dulay, R. P. Kulkarni e R. N. Zare, *Anal. Chem.*, v. 70, p. 5103, **1998**, **DOI**: 10.1021/ac9806456. ©American Chemical Society. Cortesia de R. N. Zare, Stanford University, Departamento de Química)

As reações de complexação são largamente utilizadas na química analítica. Um dos primeiros usos dessas reações foi para titular cátions, um tópico importante deste capítulo. Além disso, muitos complexos são coloridos ou absorvem radiação ultravioleta; a formação desses complexos constitui com frequência a base para determinações espectrofotométricas (veja o Capítulo 26). Alguns complexos são pouco solúveis e podem ser empregados em análise gravimétrica (veja o Capítulo 12) ou em titulações de precipitação como abordado neste capítulo. Os complexos são também largamente utilizados para extrair os cátions de um solvente para um outro e para dissolver precipitados insolúveis. Os reagentes formadores de complexos mais úteis são os compostos orgânicos que contêm vários grupos doadores de elétrons que formam múltiplas ligações covalentes com íons metálicos. Os agentes complexantes inorgânicos são utilizados também para controlar a solubilidade e para formar espécies coloridas ou precipitados.

17A A FORMAÇÃO DE COMPLEXOS

A maioria dos íons metálicos reage com doadores de pares de elétrons para formar compostos de coordenação ou complexos. As espécies doadoras, ou **ligantes**, devem ter pelo menos um par de elétrons desemparelhados disponível para a formação da ligação. A água, a amônia e os íons haleto são ligantes inorgânicos comuns. De fato, a maioria dos íons metálicos em solução aquosa existe, na verdade, como um aquocomplexo. O cobre(II) em solução aquosa, por exemplo, é imediatamente complexado por moléculas de água para formar espécies como $Cu(H_2O)_4^{2+}$. Frequentemente simplificamos complexos nas equações químicas escrevendo o íon metálico como se fosse o Cu^{2+} não complexado. Devemos lembrar, entretanto, que muitos íons metálicos são na verdade aquocomplexos em soluções aquosas.

Um **ligante** é um íon ou uma molécula que forma uma ligação covalente com um cátion ou átomo metálico neutro por meio da doação de um par de elétrons, que é então compartilhado por ambos.

O número de ligações covalentes que o cátion tende a formar com os doadores de elétrons é seu **número de coordenação**. Os valores típicos para os números de coordenação são 2, 4 e 6. As espécies formadas como resultado da coordenação podem ser eletricamente positivas, neutras ou negativas. Por exemplo, o cobre(II), cujo número de coordenação é 4, forma um complexo amínico catiônico, $Cu(NH_3)_4^{2+}$, um complexo neutro com a glicina, $Cu(NH_2CH_2COO)_2$, e um complexo aniônico com o íon cloreto, $CuCl_4^{2-}$.

Titulações baseadas na formação de complexos, algumas vezes denominadas **titulações de complexometria**, têm sido utilizadas há mais de um século. O crescimento verdadeiramente notável na sua aplicação analítica, baseado em uma classe particular de compostos de coordenação chamados **quelatos**, iniciou-se nos anos 1940. Um quelato é produzido quando um íon metálico coordena-se com dois ou mais grupos doadores de um único ligante para formar anéis heterocíclicos de cinco ou seis membros. O complexo de cobre com a glicina mencionado no parágrafo anterior é um exemplo. Neste complexo, o cobre se liga tanto ao oxigênio do grupo carboxílico quanto ao nitrogênio do grupo amina:

O termo **quelato** é derivado de uma palavra grega que significa garra.

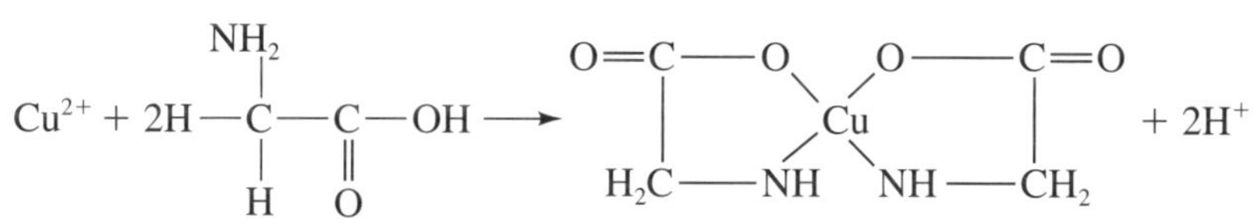

Glicina — Cu^{2+} complexo com glicina

Dentado (do latim *dentatus*) significa ter projeções semelhantes a dentes.

Um ligante que possui um único grupo doador de elétrons, como a amônia, é chamado **monodentado** (dente único), enquanto aquele, como a glicina, que possui dois grupos disponíveis para ligações covalentes, é dito **bidentado**. Agentes quelantes tridentados, tetradentados, pentadentados e hexadentados são também conhecidos.

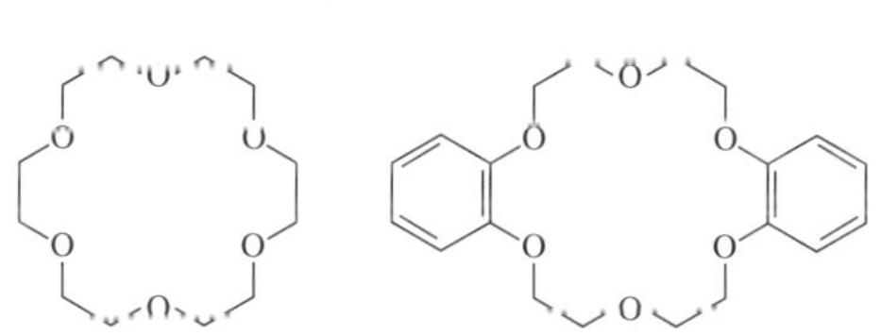

18-coroa-6 — dibenzo-18-coroa-6 — criptando 2,2,2

Éteres de coroa e criptandos

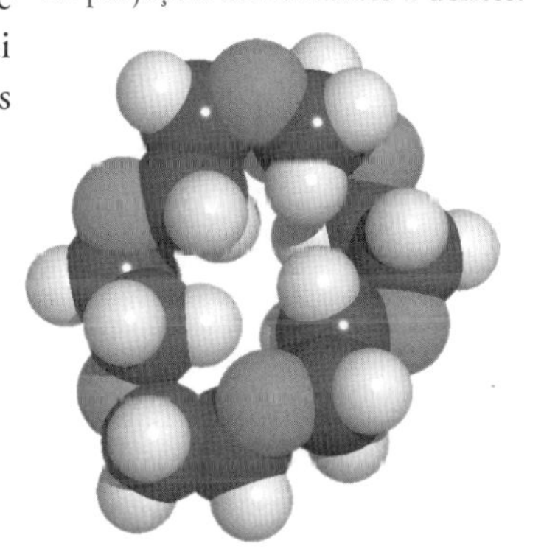

Modelo molecular do 18-coroa-6. Esse éter de coroa pode formar complexos fortes com íons de metais alcalinos. As constantes de formação dos complexos de Na^+, K^+ e Rb^+ com 18-coroa-6 estão na faixa de 10^5 a 10^6.

Outro tipo importante de complexos é formado entre íons metálicos e compostos orgânicos cíclicos, conhecidos como **macrociclos**. Essas moléculas contêm nove ou mais átomos no anel e incluem pelo menos três heteroátomos, geralmente oxigênio, nitrogênio ou enxofre. Os éteres de coroa como 18-coroa-6 e dibenzo-18-coroa-6 são exemplos de macrociclos orgânicos. Alguns compostos macrociclos formam cavidades tridimensionais que podem acomodar apropriadamente apenas íons metálicos com um determinado tamanho. Os exemplos são os ligantes conhecidos como

criptandos. A seletividade ocorre principalmente em razão do tamanho e a forma do anel ou da cavidade em relação ao tamanho do metal, muito embora a natureza dos heteroátomos e suas densidades eletrônicas, a compatibilidade do átomo doador com o metal e esse éter de coroa e vários outros fatores também desempenhem um papel importante.

17A-1 Equilíbrio de Complexação

A **seletividade** de um ligante em relação a um íon metálico sobre outros se refere à estabilidade dos complexos formados. Quanto maior for a constante de formação do complexo metal-ligante, melhor a seletividade do ligante para o metal quando comparada aos complexos semelhantes formados com outros metais.

As reações de complexação envolvem um íon metálico M reagindo com um ligante L para formar o complexo ML, como mostrado na Equação 17-1:

$$M + L \rightleftharpoons ML \tag{17-1}$$

onde omitimos as cargas nos íons para que ela seja geral. As reações de complexação ocorrem em etapas e a reação acima é normalmente seguida por reações adicionais:

$$ML + L \rightleftharpoons ML_2 \tag{17-2}$$

$$ML_2 + L \rightleftharpoons ML_3 \tag{17-3}$$

$$\vdots \qquad\qquad \vdots$$

$$ML_{n-1} + L \rightleftharpoons ML_n \tag{17-4}$$

Os ligantes monodentados são adicionados invariavelmente em uma série de etapas, como mostrado. Com os ligantes multidentados, o número de coordenação máximo do cátion pode ser satisfeito com apenas um ligante ou pela adição de poucos ligantes. Por exemplo, o Cu(II), com um número de coordenação máximo igual a 4, pode formar complexos com a amônia que têm as fórmulas $Cu(NH_3)^{2+}$, $Cu(NH_3)_2{}^{2+}$, $Cu(NH_3)_3{}^{2+}$ e $Cu(NH_3)_4{}^{2+}$. Com a glicina (gli), um ligante multidentado, os únicos complexos formados são $Cu(gli)^{2+}$ e $Cu(gli)_2{}^{2+}$.

As constantes de equilíbrio para as reações de formação de complexos são geralmente escritas como constante de formação, como discutido no Capítulo 9. Assim, cada uma das Reações 17-1 a 17-4 é associada a uma constante de formação progressiva, K_1 a K_4. Por exemplo, $K_1 = [ML]/[M][L]$, $K_2 = [ML_2]/[ML][L]$ e assim por diante. Podemos escrever também o equilíbrio como a soma das etapas individuais. Estas têm as constantes de formação globais designadas pelo símbolo β_n. Assim,

$$M + L \rightleftharpoons ML \qquad \beta_1 = \frac{[ML]}{[M][L]} = K_1 \tag{17-5}$$

$$M + 2L \rightleftharpoons ML_2 \qquad \beta_2 = \frac{[ML_2]}{[M][L]^2} = K_1K_2 \tag{17-6}$$

$$M + 3L \rightleftharpoons ML_3 \qquad \beta_3 = \frac{[ML_3]}{[M][L]^3} = K_1K_2K_3 \tag{17-7}$$

$$\vdots \qquad\qquad \vdots$$

$$M + nL \rightleftharpoons ML_n \qquad \beta_n = \frac{[ML_n]}{[M][L]^n} = K_1K_2 \cdots K_n \tag{17-8}$$

Exceto para a primeira etapa, as constantes de formação globais são os produtos das constantes de formação progressivas para as etapas individuais que levam à formação do complexo.

Para uma determinada espécie como um metal livre M, podemos calcular um valor alfa, o qual é a fração da concentração total do metal que existe naquela forma. Portanto, α_M é a fração do metal total presente no equilíbrio na forma de metal livre, α_{ML} é a fração na forma ML, e assim por diante. Como deduzido no Destaque 17-1, os valores α podem ser fornecidos por

$$\alpha_M = \frac{1}{1 + \beta_1[L] + \beta_2[L]^2 + \beta_3[L]^3 + \cdots + \beta_n[L]^n} \quad (17\text{-}9)$$

$$\alpha_{ML} = \frac{\beta_1[L]}{1 + \beta_1[L] + \beta_2[L]^2 + \beta_3[L]^3 + \cdots + \beta_n[L]^n} \quad (17\text{-}10)$$

$$\alpha_{ML_2} = \frac{\beta_2[L]^2}{1 + \beta_1[L] + \beta_2[L]^2 + \beta_3[L]^3 + \cdots + \beta_n[L]^n} \quad (17\text{-}11)$$

$$\alpha_{ML_n} = \frac{\beta_n[L]^n}{1 + \beta_1[L] + \beta_2[L]^2 + \beta_3[L]^3 + \cdots + \beta_n[L]^n} \quad (17\text{-}12)$$

DESTAQUE 17-1

Cálculo de Valores Alfa para Complexos de Metais

Os valores alfa para complexos metal-ligante podem ser derivados do mesmo modo como fizemos para os ácidos polifuncionais na Seção 15H. Os valores alfa são definidos como

$$\alpha_M = \frac{[M]}{c_M} \qquad \alpha_{ML} = \frac{[ML]}{c_M}$$

$$\alpha_{ML_2} = \frac{[ML_2]}{c_M} \qquad \alpha_{ML_n} = \frac{[ML_n]}{c_M}$$

A concentração total do metal c_M pode ser escrita como

$$c_M = [M] + [ML] + [ML_2] + \cdots + [ML_n]$$

Da constante de formação global (veja as Equações 17-5 a 17-8), as concentrações desses complexos podem ser expressas em termos da concentração de metal livre [M], para fornecer

$$\begin{aligned} c_M &= [M] + \beta_1[M][L] + \beta_2[M][L]^2 + \cdots + \beta_n[M][L]^n \\ &= [M]\{1 + \beta_1[L] + \beta_2[L]^2 + \cdots + \beta_n[L]^n\} \end{aligned}$$

Agora α_M pode ser encontrado por

$$\begin{aligned} \alpha_M = \frac{[M]}{c_M} &= \frac{[M]}{[M] + \beta_1[M][L] + \beta_2[M][L]^2 + \cdots + \beta_n[M][L]^n} \\ &= \frac{1}{1 + \beta_1[L] + \beta_2[L]^2 + \beta_3[L]^3 + \cdots + \beta_n[L]^n} \end{aligned}$$

Observe que a forma à direita é a Equação 17-9. Podemos encontrar α_{ML} a partir de

$$\begin{aligned} \alpha_{ML} = \frac{[ML]}{c_M} &= \frac{\beta_1[M][L]}{[M] + \beta_1[M][L] + \beta_2[M][L]^2 + \cdots + \beta_n[M][L]^n} \\ &= \frac{\beta_1[L]}{1 + \beta_1[L] + \beta_2[L]^2 + \beta_3[L]^3 + \cdots + \beta_n[L]^n} \end{aligned}$$

A forma mais à direita desta equação é idêntica à Equação 17-10. Os outros valores alfa nas Equações 17-11 e 17-12 podem ser encontrados de maneira semelhante.

Observe que essas expressões são análogas às expressões para alfa que escrevemos para os ácidos e bases polifuncionais, exceto que aqui as reações são escritas em termos dos equilíbrios de formação, enquanto aquelas para os ácidos e bases são escritas em termos de equilíbrios de dissociação. Também, a variável principal é a concentração de ligante [L] em vez da concentração do íon hidrônio. Os denominadores são os mesmos para cada valor α. Os gráficos dos valores α *versus* p[L] são conhecidos como **diagramas de distribuição**.

17A-2 A Formação de Espécies Insolúveis

Nos casos discutidos na seção anterior, os complexos formados são solúveis. A adição de ligantes ao íon metálico, entretanto, pode resultar na formação de espécies insolúveis, como o familiar precipitado de dimetilglioximato de níquel. Em muitos casos, um complexo não carregado intermediário no esquema de formação por etapas pode vir a ser pouco solúvel, ao passo que a adição de mais moléculas de ligantes pode resultar em espécies solúveis. Por exemplo, adicionando Cl^- ao Ag^+ tem-se como resultado o precipitado insolúvel de AgCl. A adição de grande excesso de Cl^- produz as espécies solúveis $AgCl_2^-$, $AgCl_3^{2-}$ e $AgCl_4^{3-}$.

Em contraste com os equilíbrios de complexação, os quais são mais frequentemente tratados como reações de formação, os equilíbrios de solubilidade são considerados como reações de dissociação, como discutido no Capítulo 9. Em geral, para um sal pouco solúvel M_xA_y em uma solução saturada, podemos escrever

$$M_xA_y(s) \rightleftharpoons xM^{y+}(aq) + yA^{x-}(aq) \qquad K_{sp} = [M^{y+}]^x[A^{x-}]^y \tag{17-13}$$

onde K_{ps} é o produto de solubilidade. Consequentemente, para o BiI_3, o produto de solubilidade é escrito como $K_{ps} = [Bi^{3+}][I^-]^3$.

A formação de complexos solúveis pode ser usada para controlar a concentração de íons metálicos livres na solução e assim controlar a reatividade deles. Por exemplo, podemos prevenir que um íon metálico se precipite ou tome parte em outra reação formando um complexo estável, que diminui a concentração de íon metálico livre. O controle da solubilidade pela formação de complexo é também usado para atingir a separação de um íon metálico de outro. Se o ligante é capaz de protonação, como discutido na próxima seção, até mais controle pode ser atingido por uma combinação de complexação e ajuste de pH.

17A-3 Ligantes que Podem Ser Protonados

O equilíbrio de complexação pode se tornar complicado por reações laterais ou paralelas que envolvam o metal ou o ligante. Essas reações laterais podem tornar possível que se exerça um controle adicional sobre os complexos que se formam. Os metais podem formar complexos com outros ligantes em vez daquele de interesse. Os ligantes também podem sofrer reações laterais. Uma das reações laterais mais comuns é a de um ligante que pode ser protonado, isto é, o ligante é um ácido fraco ou uma base conjugada de um ácido fraco.

Complexação com Ligantes que Podem Ser Protonados

Considere o caso da formação de complexos solúveis entre o metal M e o ligante L, em que o ligante L é a base conjugada de um ácido poliprótico e que forma HL, H_2L, . . . H_nL, para os quais, de novo, as cargas foram omitidas para generalizar o tratamento. A adição de ácido à solução contendo M e L reduz a concentração de L livre disponível para complexar com M e, assim, diminui a efetividade de L como agente complexante (princípio de Le Chatelier). Por exemplo, os íons férrico (Fe^{3+}) formam complexos com oxalato ($C_2O_4^{2-}$, que abreviamos como ox^{2-}) com fórmulas

$[Fe(ox)]^+$, $[Fe(ox)_2]^-$ e $[Fe(ox)_3]^{3-}$. O oxalato pode receber prótons para formar Hox^- e H_2ox. Em uma solução básica, na qual a maior parte do oxalato está presente como ox^{2-} antes da complexação com o Fe^{3+}, os complexos férricos/oxalato são muito estáveis. A adição de ácido, entretanto, protona os íons oxalato, o que volta a causar a dissociação dos complexos férricos.

Para ácidos dipróticos como o ácido oxálico, a fração do total das espécies que contêm oxalato em qualquer forma ox^{2-}, Hox^- e H_2ox é dada por um valor alfa (recorde-se da Seção 15H). Uma vez que

$$c_T = [H_2ox] + [Hox^-] + [ox^{2-}] \tag{17-14}$$

podemos escrever os valores alfa α_0, α_1 e α_2 como

$$\alpha_0 = \frac{[H_2ox]}{c_T} = \frac{[H^+]^2}{[H^+]^2 + K_{a1}[H^+] + K_{a1}K_{a2}} \tag{17-15}$$

$$\alpha_1 = \frac{[Hox^-]}{c_T} = \frac{K_{a1}[H^+]}{[H^+]^2 + K_{a1}[H^+] + K_{a1}K_{a2}} \tag{17-16}$$

$$\alpha_2 = \frac{[ox^{2-}]}{c_T} = \frac{K_{a1}K_{a2}}{[H^+]^2 + K_{a1}[H^+] + K_{a1}K_{a2}} \tag{17-17}$$

Uma vez que estamos interessados nas concentrações de oxalato livre, levaremos em consideração o valor de α mais alto, nesse caso o α_2. Da Equação 17-17, podemos escrever

$$[ox^{2-}] = c_T\alpha_2 \tag{17-18}$$

Observe que, conforme a solução se torna mais ácida, os dois primeiros termos no denominador da Equação 17-17 passam a ser dominantes e α_2 e a concentração de oxalato livre decrescem. Quando a solução é muito básica, o último termo domina, α_2 torna-se muito próximo da unidade e $[ox^{2-}] \approx c_T$, indicando que aproximadamente todo o oxalato está na forma ox^{2-} em solução alcalina.

Constantes de Formação Condicional

Para levar em consideração o efeito do pH na concentração do ligante livre em uma reação de complexação, é útil introduzir-se uma **constante de formação condicional**, ou **de formação efetiva**. Estas são constantes de equilíbrio dependentes do pH e que se aplicam a um único valor de pH. Para a reação do Fe^{3+} com oxalato, por exemplo, podemos escrever a constante de formação K_1 para o primeiro complexo como

$$K_1 = \frac{[Fe(ox)^+]}{[Fe^{3+}][ox^{2-}]} = \frac{[Fe(ox)^+]}{[Fe^{3+}]\alpha_2 c_T} \tag{17-19}$$

A um valor particular de pH, α_2 é constante, e podemos combinar K_1 e α_2 para produzir uma nova constante condicional, K_1':

$$K_1' = \alpha_2 K_1 = \frac{[Fe(ox)^+]}{[Fe^{3+}]c_T} \tag{17-20}$$

O uso da constante condicional simplifica bastante os cálculos porque c_T é frequentemente conhecida ou é facilmente computada, mas a concentração do ligante livre não é tão fácil de ser determinada. As constantes de formação globais, valores β, para os complexos mais pesados $[Fe(ox)_2]^-$ e $[Fe(ox)_3]^{3-}$, também podem ser escritas como constantes condicionais.

17B TITULAÇÕES COM AGENTES COMPLEXANTES INORGÂNICOS

As reações de formação de complexos apresentam diversas utilidades na química analítica. Um dos primeiros usos, que ainda é muito difundido, é nas **titulações complexométricas**. Nessas titulações um íon metálico reage com um ligante adequado para formar um complexo, e o ponto de equivalência é determinado por um indicador ou por um método instrumental apropriado. A formação de complexos inorgânicos solúveis não é muito utilizada em titulações, porém a formação de precipitados, particularmente com o nitrato de prata como titulante, é a base para muitas determinações importantes como discutido na Seção 17B-2.

17B-1 Titulações de Complexação

As curvas de titulação complexiométrica são normalmente um gráfico de pM = –log [M] em função do volume de titulante adicionado. Em geral, nas titulações complexiométricas, ocasionalmente, o ligante é o titulante e o íon metálico é o analito, embora os papéis sejam invertidos. Como veremos mais tarde, muitas titulações de precipitação utilizam o íon metálico como titulante. Os ligantes inorgânicos mais simples são monodentados, os quais podem formar complexos de baixa estabilidade e gerar pontos finais de titulação difíceis de serem observados. Como titulantes, os ligantes multidentados, sobretudo aqueles que têm quatro ou seis grupos doadores, apresentam duas vantagens sobre seus correlatos monodentados; primeiro, reagem mais completamente com cátions e assim produzem pontos finais mais nítidos; segundo, em geral reagem com os íons metálicos em uma única etapa, enquanto a formação de complexos com os ligantes monodentados normalmente envolve duas ou mais espécies intermediárias (recorde-se das Equações 17-1 a 17-4).

Os ligantes tetradentados ou hexadentados são titulantes mais satisfatórios que os ligantes com menos grupos doadores, pois suas reações com os cátions são mais completas e tendem a formar complexos do tipo 1:1.

A vantagem de uma reação de etapa única é ilustrada pelas curvas de titulação mostradas na **Figura 17-1**. Cada uma das titulações mostradas envolve uma reação que tem uma constante de equilíbrio global de 10^{20}. A Curva *A* é derivada para uma reação na qual o íon metálico M, que possui um número de coordenação igual a 4, reage com um ligante tetradentado D para formar o complexo MD (por conveniência omitimos novamente as cargas nos dois reagentes). A Curva *B* é para a reação de M com um ligante bidentado hipotético B para produzir MB_2 em duas etapas. A constante de formação da primeira etapa é 10^{12} e para a segunda, 10^8. A Curva *C* envolve um ligante monodentado A que forma MA_4 em quatro etapas com as constantes satisfatórios que os ligantes com de formação sucessivas de 10^8, 10^6, 10^4 e 10^2.

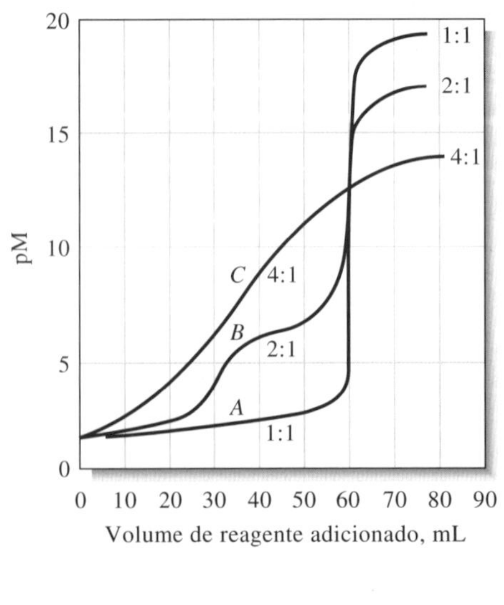

Figura 17-1 Curvas de titulações para titulações complexométricas. A titulação de 60,0 mL de uma solução que contém 0,020 mol L^{-1} do metal M com (A) uma solução 0,020 mol L^{-1} de ligante tetradentado D para formar MD como produto; (B) uma solução 0,040 mol L^{-1} de ligante bidentado B para formar MB_2; e (C) uma solução 0,080 mol L^{-1} de um ligante monodentado A para formar MA_4. A constante de formação global para cada produto é 10^{20}.

Essas curvas demonstram que um ponto final muito mais nítido é obtido com a reação que ocorre em uma única etapa. Por essa razão, os ligantes multidentados são normalmente preferidos em titulações complexométricas.

A titulação complexométrica mais amplamente utilizada com ligante monodentado é a titulação de cianeto com nitrato de prata, um método introduzido por Liebig nos anos 1850. Esse método envolve a formação do $Ag(CN)_2^-$ solúvel, como discutido no Destaque 17-2. Outros agentes complexantes inorgânicos comuns e suas aplicações são listados na **Tabela 17-1**.

DESTAQUE 17-2

Determinação de Cianeto de Hidrogênio em Efluentes de Fábricas de Acrilonitrila

A acrilonitrila, $CH_2{=}CH{-}C{\equiv}N$, é uma substância química muito importante na produção de poliacrilonitrila. Esse termoplástico foi esticado em fios finos e empregado em tecidos sintéticos como o Orlon, o Acrilan e o Creslan. Embora as fibras acrílicas não sejam mais produzidas nos Estados Unidos, elas ainda são fabricadas em vários países. O ácido cianídrico constitui uma impureza nos efluentes das fábricas que contêm acrilonitrila aquosa. O cianeto é normalmente determinado pela titulação com o $AgNO_3$. A reação de titulação é

$$Ag^+ + 2CN^- \rightarrow Ag(CN)_2^-$$

Para determinar o ponto final da titulação, a amostra aquosa é misturada a uma solução básica de iodeto de potássio antes da titulação. Antes do ponto de equivalência, o cianeto está em excesso e todos os íons Ag^+ são complexados. Imediatamente após a reação de todo cianeto, o primeiro excesso de Ag^+ causa uma turbidez permanente na solução em virtude da precipitação do AgI, de acordo com

$$Ag^+ + I^- \rightarrow AgI(s)$$

TABELA 17-1

Titulações Típicas de Formação de Complexos Inorgânicos

Titulantes	Analito	Observações
$Hg(NO_3)_2$	Br^-, Cl^-, SCN^-, CN^-, tioureia	Os produtos são complexos de Hg(II) neutros; diversos indicadores são utilizados
$AgNO_3$	CN^-	O produto é $Ag(CN)_2^-$; indicador I^-; titula-se até a primeira turbidez causada pelo AgI
$NiSO_4$	CN^-	O produto é $Ni(CN)_4^{2-}$; indicador AgI; titula-se até a primeira turbidez causada pelo AgI
KCN	Cu^{2+}, Hg^{2+}, Ni^{2+}	O produto é $Cu(CN)_4^{2-}$, $Hg(CN)_2$ e $Ni(CN)_4^{2-}$; diversos indicadores são utilizados

17B-2 Titulações de Precipitação

As titulações de precipitação são baseadas em reações que produzem compostos iônicos de solubilidade limitada. A titrimetria de precipitação é uma das mais antigas técnicas analíticas, datando de meados de 1800. A velocidade lenta na qual a maioria dos precipitados se forma, entretanto, limita o número de agentes precipitantes que podem ser usados nas titulações e eles podem ser contados nos dedos. Limitamos nossa abordagem aqui para o reagente de precipitação mais largamente usado e importante, o nitrato de prata, que é usado para a determinação de halogênios, ânions semelhantes aos halogênios, mercaptanas, ácidos graxos e vários ânions inorgânicos divalentes. As titulações com nitrato de prata são algumas vezes chamadas de **titulações argentométricas**.

As Formas das Curvas de Titulação

As curvas de titulação para reações de precipitação são calculadas de uma maneira completamente análoga aos métodos descritos na Seção 14B para titulações envolvendo ácidos fortes e bases fortes. A única diferença é que o produto de solubilidade do precipitado é substituído pela constante de produto iônico da água. Muitos indicadores para titulações argentométricas respondem a variações nas concentrações de íons prata. Por causa desta resposta, as curvas de titulação para reações de precipitação normalmente consistem em um gráfico de pAg *versus* volume do reagente de prata (em geral $AgNO_3$). O Exemplo 17-1 ilustra como as funções p são obtidas para a região do ponto de pré-equivalência, a região do ponto de pós-equivalência e o ponto de equivalência para uma titulação de precipitação típica.

EXEMPLO 17-1

Calcule a concentração de íon prata em termos de pAg durante a titulação de 50,0 mL de NaCl 0,05000 mol L^{-1} com $AgNO_3$ 0,1000 mol L^{-1} após a adição dos seguintes volumes de reagente: (a) na região do ponto de pré-equivalência em 10,00 mL, (b) no ponto de equivalência (25,00 mL) (c) após o ponto de equivalência em 26,00 mL. Para o AgCl, $K_{ps} = 1{,}82 \times 10^{-10}$.

Resolução

(a) Dados do Ponto de Pré-equivalência

Em 10,00 mL, $[Ag^+]$ é muito pequena e não pode ser computada a partir de considerações estequiométricas, mas a concentração molar de cloreto, c_{NaCl}, pode ser obtida facilmente. A concentração de equilíbrio de cloreto é basicamente igual à c_{NaCl}.

$$[Cl^-] \approx c_{NaCl} = \frac{\text{quant. de matéria em mol } Cl^- - \text{quant. de matéria } AgNO_3 \text{ adic.}}{\text{volume total da solução}}$$

$$= \frac{(50{,}00 \times 0{,}05000 - 10{,}00 \times 0{,}1000)}{50{,}00 + 10{,}00} = 0{,}02500 \text{ mol L}^{-1}$$

$$[Ag^+] = \frac{K_{ps}}{[Cl^-]} = \frac{1{,}82 \times 10^{-10}}{0{,}02500} = 7{,}28 \times 10^{-9} \text{ mol L}^{-1}$$

$$pAg = -\log(7{,}28 \times 10^{-9}) = 8{,}14$$

Os pontos adicionais na região de pré-equivalência podem ser obtidos da mesma maneira. Os resultados de cálculos deste tipo estão mostrados na segunda coluna da **Tabela 17-2**.

TABELA 17-2

Variações no pAg na Titulação de Cl^- com $AgNO_3$ Padrão

Volume de $AgNO_3$	pAg: 50,00 mL de NaCl 0,0500 mol L^{-1} com $AgNO_3$ 0,1000 mol L^{-1}	pAg: 50,00 mL de NaCl 0,005 mol L^{-1} com $AgNO_3$ 0,0100 mol L^{-1}
10,00	8,14	7,14
20,00	7,59	6,59
24,00	6,87	5,87
25,00	4,87	4,87
26,00	2,88	3,88
30,00	2,20	3,20
40,00	1,78	2,78

(b) pAg do Ponto de Equivalência

No ponto de equivalência, $[Ag^+] = [Cl^-]$, e $[Ag^+][Cl^-] = K_{ps} = 1,82 \times 10^{-10} = [Ag^+]^2$

$$[Ag^+] = \sqrt{K_{sp}} = \sqrt{1,82 \times 10^{-10}} = 1,35 \times 10^{-5}$$
$$pAg = -\log(1,35 \times 10^{-5}) = 4,87$$

(c) Região do ponto de pós-equivalência

Em 26,00 mL de $AgNO_3$, o Ag^+ está em excesso, logo

$$[Ag^+] = c_{AgNO_3} = \frac{(26,00 \times 0,1000 - 50,00 \times 0,05000)}{76,00} = 1,32 \times 10^{-3} \text{ mol L}^{-1}$$

$$pAg = -\log(1,32 \times 10^{-3}) = 2,88$$

Os resultados adicionais na região do ponto de pós-equivalência são obtidos da mesma maneira e estão mostrados na Tabela 17-2. A curva de titulação também pode ser derivada da equação de balanço de cargas como mostrado para uma titulação ácido/base no Destaque 14-1.

O Efeito da Concentração nas Curvas de Titulação

O efeito da concentração de reagente e analito nas curvas de titulação podem ser vistos nos dados da Tabela 17-2 e as duas curvas mostradas na **Figura 17-2**. Com $AgNO_3$ 0,1000 mol L^{-1} (Curva *A*), a variação no pAg na região do ponto de equivalência é maior, aproximadamente 2 unidades de pAg. Com o reagente 0,01000 mol L^{-1}, a variação é de aproximadamente 1 unidade de pAg, mas ainda pronunciada. Um indicador que produz um sinal na região de pAg de 4,0 a 6,0 deve fornecer um erro mínimo para solução mais forte. Para a solução de cloreto mais diluída (Curva *B*), a variação no pAg na região do ponto de equivalência seria alongado sobre um volume razoavelmente maior de reagente (~3 mL, como mostrado pelas linhas pontilhadas na figura) de tal forma que seria impossível determinar o ponto final com exatidão. O efeito aqui é análogo àquele ilustrado para titulações ácido/base na Figura 14-4.

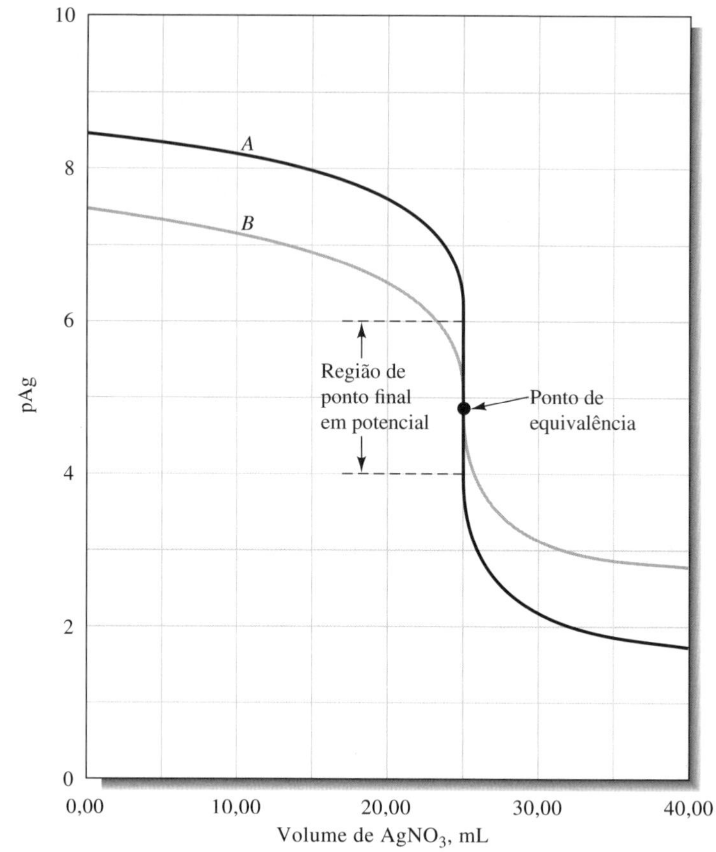

Figura 17-2 Curva de titulação (*A*) para 50,00 mL de NaCl 0,05000 mol L^{-1} titulado com $AgNO_3$ 0,1000 mol L^{-1} e (*B*), 50,00 mL de NaCl 0,00500 mol L^{-1} titulado com $AgNO_3$ 0,01000. Observe o aumento da veemência da quebra no ponto final com a solução mais concentrada.

Uma relação útil pode ser derivada tomando-se o negativo do logaritmo de ambos os lados de uma expressão de produto de solubilidade. Assim, para o cloreto de prata,

$$-\log K_{ps} = -\log ([Ag^+][Cl^-]) = -\log [Ag^+] - \log [Cl^-]$$

$$pK_{ps} = pAg + pCl$$

Esta expressão é similar à expressão ácido-base para pK_w

$$pK_w = pH + pOH$$

O Efeito da Integridade de Reação nas Curvas de Titulação

A **Figura 17-3** ilustra o efeito do produto de solubilidade na veemência do ponto final para titulações com nitrato de prata 0,1 mol L^{-1}. Observe que a variação no pAg no ponto de equivalência torna-se maior à medida que os produtos de solubilidade tornam-se menores, isto é, à medida que a reação entre o analito e o nitrato de prata torna-se mais completa. Ao escolher um indicador que muda de cor na região de pAg de 4 a 6, a titulação dos íons cloreto deve ser possível com um erro de titulação mínimo. Observe que os íons formando precipitados com produtos de solubilidade muito maiores que aproximadamente 10^{-10} não produzem pontos finais satisfatórios.

Curvas de Titulação para Misturas de Ânions

Os métodos desenvolvidos no Exemplo 17-1 para construir curvas de titulação de precipitação podem ser estendidos para misturas que formam precipitados de solubilidades diferentes. Para ilustrar, considere 50,00 mL de uma solução 0,0500 mol L^{-1} de íon iodeto e 0,0800 mol L^{-1} de íon cloreto titulada com nitrato de prata 0,1000 mol L^{-1}. A curva para os estágios iniciais desta titulação é idêntica à curva mostrada para o iodeto na Figura 17-3 porque o cloreto de prata, com seu produto de solubilidade muito maior, não começa a precipitar até bem dentro da titulação.

É interessante determinar quanto de iodeto é precipitado antes que quantidades apreciáveis de cloreto de prata se formem. Com a aparição das menores quantidades de cloreto de prata sólido, as expressões de produto de solubilidade para ambos os precipitados se aplicam e a divisão de um pelo outro fornece uma relação útil.

$$\frac{K_{ps}(AgI)}{K_{ps}(AgCl)} = \frac{[Ag^+][I^-]}{[Ag^+][Cl^-]} = \frac{8,3 \times 10^{-17}}{1,82 \times 10^{-10}} = 4,56 \times 10^{-7}$$

$$[I^-] = (4,56 \times 10^{-7})[Cl^-]$$

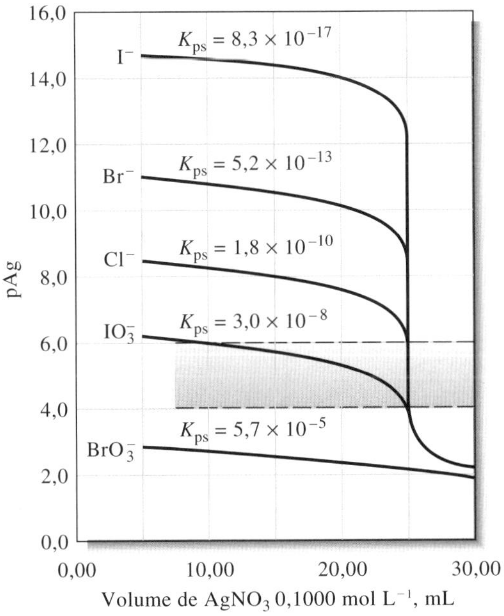

Figura 17-3 O efeito da integridade de uma reação nas curvas de titulação de precipitação. Para cada curva, 50,00 mL de uma solução 0,0500 mol L^{-1} do ânion foi titulada com $AgNO_3$ 0,1000 mol L^{-1}. Observe que valores menores de K_{ps} fornecem quebras mais veementes no ponto final.

A partir desta relação, vemos que a concentração de iodeto diminui a uma fração minúscula da concentração do íon cloreto antes de o cloreto de prata começar a precipitar. Portanto, para todos os propósitos práticos, o cloreto de prata se forma apenas após 25,00 mL de titulante terem sido adicionados. Neste ponto, a concentração de íon cloreto é aproximadamente

$$c_{Cl^-} \approx [Cl^-] = \frac{50,00 \times 0,0800}{50,00 + 25,00} = 0,0533 \text{ mol L}^{-1}$$

Substituindo na equação anterior, obtemos

$$[I^-] = 4,56 \times 10^{-7}[Cl^-] = 4,56 \times 10^{-7} \times 0,0533 = 2,43 \times 10^{-8} \text{ mol L}^{-1}$$

A porcentagem de iodeto não precipitado neste ponto pode ser calculada como a seguir:

$$\text{quant. de mat. de I}^- \text{ não precipitado} = (75,00 \text{ mL})(2,43 \times 10^{-8} \text{ mmol mL}^{-1} \text{ de I}^{-1}/) = 1,82 \times 10^{-6} \text{ mmol}$$

$$\text{quant. de mat. original de I}^- = (50,00 \text{ mL})(0,500 \text{ mmol/mL}) = 2,50 \text{ mmol}$$

$$\text{porcentagem de I}^- \text{ não precipitado} = \frac{1,82 \times 10^{-6}}{2,50} \times 100\% = 7,3 \times 10^{-5}\%$$

Logo, até aproximadamente $7,3 \times 10^{-5}$ por cento do ponto de equivalência para o iodeto, não se forma cloreto de prata. Até este ponto, a curva de titulação é indistinguível daquela só para o iodeto, como mostrado na **Figura 17-4**. Os pontos de dados para a primeira parte da curva de titulação, mostrados pela linha sólida, foram computados nesta base.

À medida que o íon cloreto começa a precipitar, entretanto, a diminuição rápida no pAg termina abruptamente em um nível que pode ser calculado a partir do produto de solubilidade para o cloreto de prata e da concentração de cloreto computada (0,0533 mol L^{-1}):

$$[Ag^+] = \frac{K_{ps}(AgCl)}{[Cl^-]} = \frac{1,82 \times 10^{-10}}{0,0533} = 3,41 \times 10^{-9} \text{ mol L}^{-1}$$

$$pAg = -\log(3,41 \times 10^{-9}) = 8,47$$

O término súbito para a diminuição veemente na $[Ag^+]$ pode ser claramente visto na Figura 17-4 em pAg = 8,47. Mais adições de nitrato de prata diminuem a concentração de íon cloreto e a curva então torna-se aquela para a titulação do próprio cloreto.

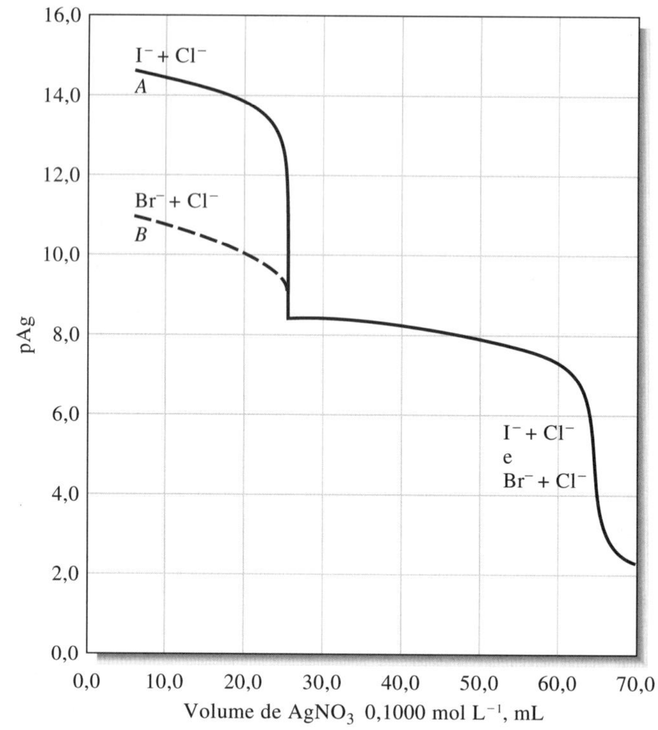

Figura 17-4 As curvas de titulação para 50,00 mL de uma solução 0,0800 mol L^{-1} de Cl^- e 0,0500 mol L^{-1} de I^- de Br^-.

Por exemplo, após 30,00 mL de titulante ter sido adicionado,

$$c_{Cl^-} = [Cl^-] = \frac{50,00 \times 0,0800 + 50,00 \times 0,0500 - 30,00 \times 0,100}{50,00 + 30,00} = 0,0438 \, mol \, L^{-1}$$

Nesta expressão, os primeiros dois termos no numerador fornecem a quantidade de matéria (mmols) de cloreto e iodeto, respectivamente, e o terceiro termo é a quantidade de matéria de titulante em milimols. Consequentemente,

$$[Ag^+] = \frac{1,82 \times 10^{-10}}{0,0438} = 4,16 \times 10^{-9} \, mol \, L^{-1}$$

$$pAg = 8,38$$

Os pontos de dados restantes para esta curva podem ser computados da mesma maneira como na curva do próprio cloreto.

A Curva *A* na Figura 17-4, que é a curva para a mistura cloreto/iodeto que acabamos de considerar, é uma combinação das curvas individuais para as duas espécies aniônicas. Dois pontos de equivalência estão evidentes. A Curva *B* é a curva de titulação para a mistura de íons brometo e cloreto. Observe que as variações associadas com o primeiro ponto de equivalência tornam-se menos distintas à medida que as solubilidades dos dois precipitados aproximam-se entre si. Na titulação brometo/cloreto, os valores iniciais de pAg são menores do que eles são na titulação iodeto/cloreto porque a solubilidade do brometo de prata excede aquela do iodeto de prata. Depois do primeiro ponto de equivalência, entretanto, onde o íon cloreto está sendo titulado, as duas curvas de titulação são idênticas.

Curvas de titulação similares àquelas da Figura 17-4 podem ser obtidas experimentalmente medindo-se o potencial de um eletrodo de prata imerso na solução de analito (veja a Seção 21C). Estas curvas podem então serem usadas para determinar a concentração de cada um dos íons nas misturas de dois íons haleto.

Pontos Finais para Titulações Argentométricas

Os pontos finais químicos, potenciométricos e amperométricos são usados nas titulações com nitrato de prata. Nesta seção, descrevemos um dos métodos de indicador químico. Nas titulações potenciométricas, a diferença de potencial entre um eletrodo de prata e um eletrodo de referência é medida como uma função do volume de titulante. São obtidas curvas de titulação similares àquelas nas Figuras 17-2, 17-3 e 17-4. As titulações potenciométricas são abordadas na Seção 21C. Nas titulações amperométricas, a corrente gerada entre um par de eletrodos de prata é medida e colocada em um gráfico como uma função do volume titulante. Os métodos amperométricos são considerados na Seção 23B-4.

Os indicadores químicos produzem uma mudança de cor ou ocasionalmente o aparecimento ou desaparecimento de turbidez na solução sendo titulada. As exigências para um indicador para uma titulação de precipitação são que (1) a mudança de cor deva ocorrer em uma faixa limitada na função p do titulante ou do analito e (2) a mudança de cor deva ocorrer dentro de uma porção de degrau da curva de titulação para o analito. Por exemplo, na Figura 17-3, vemos que a titulação de iodeto com um indicador fornecendo um sinal na faixa de pAg de aproximadamente 4,0 a 12,0 deve dar um ponto final satisfatório. Observe que, em contraste, o sinal de ponto final para a titulação de cloreto estaria limitada a um pAg de aproximadamente 4,0 a 6,0.

O Método de Volhard. O método de Volhard é um dos métodos mais comuns de argentometria. Neste método, os íons prata são titulados com uma solução padrão de íon tiocinato:

$$Ag^+ + SCN^- \rightleftharpoons AgSCN(s)$$

O ferro(III) serve como o indicador. A solução torna-se vermelha com o primeiro excesso mínimo de íon tiocianato devido à formação de $Fe(SCN)^{2+}$.

A aplicação mais importante do método de Volhard é a determinação indireta de íons haleto. Um excesso medido de solução padrão de nitrato de prata é adicionado à amostra e o excesso de prata é determinado pela retrotitulação com uma solução padrão de tiocianato. O ambiente fortemente ácido da titulação de Volhard é uma vantagem distinta sobre outras titulações de íons haleto porque tais íons são solúveis em meio ácido mas apenas ligeiramente solúvel em meio neutro.

O cloreto de prata é mais solúvel que o tiocianato de prata. Como um resultado, nas determinações de cloreto usando o método de Volhard, a reação

$$AgCl(s) + SCN^- \rightleftharpoons AgSCN(s) + Cl^-$$

ocorre até uma extensão significativa próximo ao ponto final da retrotitulação. Esta reação faz com que o ponto final enfraqueça, resultando em consumo excessivo de íon tiocianato. Os baixos resultados originados para cloreto podem ser superados filtrando-se o cloreto de prata antes de fazer a retrotitulação. A filtração não é necessária para outros haletos porque eles formam sais de prata que são menos solúveis que o tiocianato de prata.

> Os indicadores de adsorção foram descritos primeiramente por K. Fajans, um químico polonês em 1926. As titulações envolvendo indicadores de adsorção são rápidas, exatas e confiáveis, mas a aplicação delas é limitada a algumas titulações de precipitação que formam precipitados coloidais rapidamente.

Outros Métodos Argentométricos. No **método de Mohr**, o cromato de sódio serve como o indicador para a titulação argentométrica de íons cloreto, brometo e cianeto. Os íons prata reagem com o cromato para formar o precipitado vermelho tijolo de cromato de prata (Ag_2CrO_4) na região do ponto de equivalência. O método de Mohr é raramente utilizado na atualidade porque o Cr(VI) é carcinogênico.

O **método de Fajans** usa um **indicador de adsorção**, um composto orgânico que adsorve na ou dessorve da superfície do sólido em uma titulação de precipitação.

Idealmente, a adsorção ou dessorção ocorre próximo ao ponto de equivalência e resulta não apenas em uma mudança de cor, mas também na transferência de cor da solução para o sólido ou vice-versa.

17C AGENTES COMPLEXANTES ORGÂNICOS

Vários agentes complexantes orgânicos diferentes têm se tornado importantes na química analítica por causa de sua sensibilidade inerente e seletividade potencial ao reagir com íons metálicos. Os reagentes orgânicos são especialmente úteis na precipitação de metais, ao se ligarem aos metais a fim de prevenir interferências, na extração de metais de um solvente para outro e na formação de complexos que absorvem luz em determinações espectrofotométricas. Os reagentes orgânicos mais úteis formam complexos tipo quelato com íons metálicos.

Muitos reagentes orgânicos são utilizados para converter íons metálicos em formas que podem ser rapidamente extraídas da água para uma fase orgânica imiscível. As extrações são largamente utilizadas para separar metais de interesse dos potenciais íons interferentes e para atingir o efeito concentrante através da transferência do metal para uma fase de menor volume. As extrações são aplicáveis para quantidades muito menores de metais que as precipitações e elas evitam problemas associados com a coprecipitação. As separações por extração são consideradas na Seção 31C.

Diversos agentes complexantes orgânicos dentre os mais utilizados para realizar extrações estão listados na **Tabela 17-3**. Alguns desses reagentes normalmente formam, com os íons metálicos, espécies insolúveis em solução aquosa. Nas aplicações das extrações, entretanto, a solubilidade do quelato metálico na fase orgânica impede que o complexo precipite na fase aquosa. Em muitos casos, o pH da fase aquosa é usado para exercer algum controle sobre o processo de extração, uma vez que a maioria das reações é dependente do pH, como mostrado na Equação 17-21.

$$nHX(org) + M^{n+}(aq) \rightleftharpoons MX_n(org) + nH^+(aq) \qquad (17\text{-}21)$$

Outra aplicação importante dos agentes complexantes orgânicos está na formação de complexos estáveis com um metal, os quais previnem sua interferência em uma determinação. Esses agentes são chamados **agentes mascarantes** e são discutidos na Seção 17D-8. Agentes complexantes orgânicos são também largamente utilizados em determinações espectrofotométricas de íons metálicos (veja o Capítulo 26). Nessas determinações, o complexo metal-ligante é colorido ou absorve radiação ultravioleta. Os agentes complexantes orgânicos também são comumente usados nas determinações eletroquímicas e na espectrometria de fluorescência molecular.

TABELA 17-3
Reagentes Orgânicos para a Extração de Metais

Reagente	Íons Metálicos Extraídos	Solventes
8-hidroxiquinolina	Zn^{2+}, Cu^{2+}, Ni^{2+}, Al^{3+}, e muitos outros	Água → Clorofórmio ($CHCl_3$)
Difeniltiocarbazona (ditizona)	Cd^{2+}, Co^{2+}, Cu^{2+}, Pb^{2+}, e muitos outros	Água → $CHCl_3$ ou CCl_4
Acetilacetona	Fe^{3+}, Cu^{2+}, Zn^{2+}, U(VI), e muitos outros	Água → $CHCl_3$, CCl_4, ou C_6H_6
Ditiocarbamato de pirrolidina e amônio	Metais de transição	Água → Metilisobutilcetona
Tenoiltrifluoracetona	Ca^{2+}, Sr^{2+}, La^{3+}, Pr^{3+} e outras terras raras	Água → Benzeno
Dibenzo-18-coroa-6	Metais alcalinos e alguns alcalinos terrosos	Água → Benzeno

17D TITULAÇÕES COM ÁCIDOS AMINOCARBOXÍLICOS

As aminas terciárias que também contêm grupos ácidos carboxílicos formam quelatos notavelmente estáveis com muitos íons metálicos.[1] Gerold Schwarzenbach, um químico suíço, foi o primeiro a identificar o potencial delas como reagentes analíticos em 1945. Desde esse trabalho pioneiro, os pesquisadores por todo o mundo descreveram aplicações desses compostos em determinações volumétricas para a maioria dos metais da tabela periódica.

17D-1 O Ácido Etilenodiaminotetracético (EDTA)

O ácido etilenodiaminotetracético – também chamado ácido (etileno-dinitrilo) tetracético –, comumente abreviado como EDTA (do inglês *Ethilene Diamine Tetraacetic Acid*), é o titulante complexométrico mais largamente utilizado. O EDTA apresenta a seguinte fórmula estrutural:

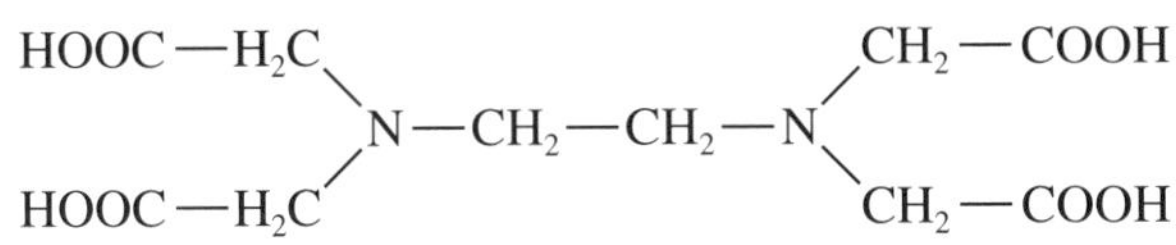

Fórmula estrutural do EDTA

A molécula de EDTA tem seis sítios potenciais para a ligação de íons metálicos: quatro grupos carboxílicos e dois grupos amino, cada um dos últimos com um par de elétrons desemparelhados. Assim, o EDTA é um ligante hexadentado.

O EDTA, um ligante hexadentado, está entre os reagentes mais importantes e mais largamente utilizados em titulometria.

Propriedades Ácidas do EDTA

As constantes de dissociação para os grupos ácidos do EDTA são $K_1 = 1{,}02 \times 10^{-2}$, $K_2 = 2{,}14 \times 10^{-3}$, $K_3 = 6{,}92 \times 10^{-7}$ e $K_4 = 5{,}50 \times 10^{-11}$. Observe que as primeiras duas constantes são da mesma ordem de grandeza. Essa similaridade sugere que os dois prótons envolvidos dissociam-se a partir de extremidades opostas da molécula, que é bastante longa. Uma vez que os prótons estão separados por vários átomos, a carga negativa resultante da primeira dissociação não influencia enormemente a remoção do segundo próton. Entretanto, observe que as constantes de dissociação dos outros dois prótons são muito menores e diferentes entre si. Estes prótons estão mais próximos aos íons carboxilatos carregados negativamente resultantes da dissociação dos dois primeiros prótons e são mais difíceis de se remover do íon por causa da atração eletrostática. Entretanto, o mesmo não pode ser dito da dissociação dos outros dois prótons, os quais estão muito mais próximos dos íons carboxilato, negativamente carregados, provenientes das dissociações anteriores.

As várias espécies de EDTA são frequentemente abreviadas por H_4Y, H_3Y^-, H_2Y^{2-}, HY^{3-} e Y^{4-}. O Destaque 17-3 descreve a espécies EDTA e mostra as fórmulas estruturais delas. A **Figura 17-5** ilustra como as quantidades relativas destas cinco espécies variam em função do pH. Observe que a espécie H_2Y^{2-} predomina de pH 3 até 6.

Reagentes para Titulações com EDTA

O ácido livre H_4Y e a forma di-hidratada do sal de sódio, $Na_2H_2Y \cdot 2H_2O$, estão disponíveis comercialmente na qualidade de reagente. O ácido livre pode servir como padrão após secagem por duas horas entre 130°C a 145°C. Ele é então dissolvido em uma quantidade mínima de base que é necessária para sua completa dissolução.

[1] Veja, por exemplo, R. Pribil, *Applied Complexometry*. Nova York: Pergamon, 1982; A. Ringbom e E. Wanninen, em *Treatise on Analytical Chemistry*, 2. ed., I. M. Kolthoff e P. J. Elving, eds., Nova York: Wiley, 1979, pt. I, v. 2, cap. 11.

DESTAQUE 17-3

Espécies Presentes em Uma Solução de EDTA

Quando dissolvido em água, o EDTA se comporta como um aminoácido, como a glicina (ver Destaques 14-5 e 15-2). Com o EDTA, entretanto, forma-se um *zwitterion* duplo, que tem sua estrutura mostrada na **Figura 17D-1a**. Observe que a carga líquida nesta espécie é zero e que ela contém quatro prótons ácidos, dois associados com os dois grupos carboxílicos e os outros dois com os dois grupos amina. Para simplificar, geralmente abreviamos o *zwiterion* duplo como H_4Y, onde Y^{4-} é a forma completamente desprotonada da Figura 17D-1e. A primeira e a segunda etapas no processo de dissociação envolvem sucessivas perdas de prótons dos dois grupos ácidos carboxílicos; a terceira e a quarta etapas envolvem a dissociação dos grupos amínicos protonados. As fórmulas estruturais do H_3Y^-, H_2Y^{2-} e HY^{3-} são mostradas na Figura 17D-1b, c e d.

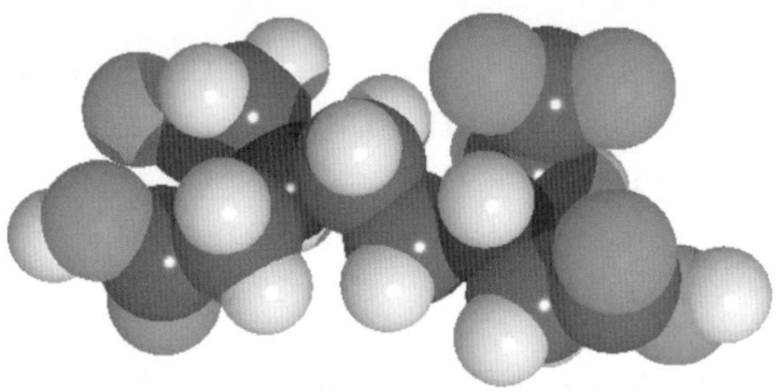

Modelo molecular do *zwitterion* H_4Y.

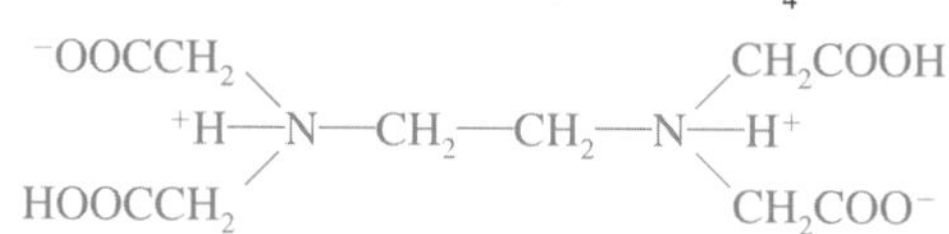

(a) H_4Y

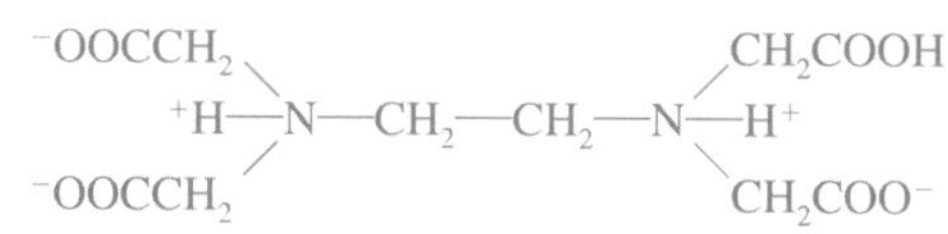

(b) H_3Y^-

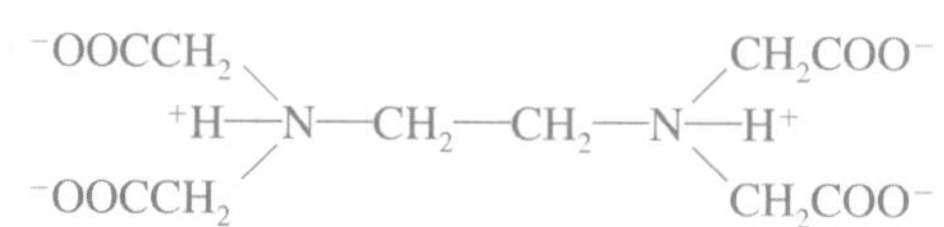

(c) H_2Y^{2-}

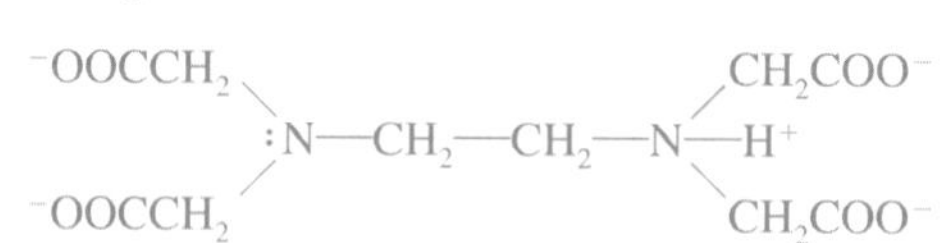

(d) HY^{3-}

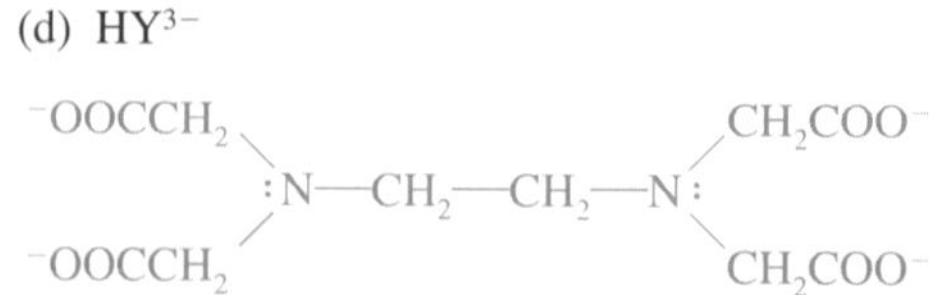

(e) Y^{4-}

Figura 17D-1 Estrutura do H_4Y e seus produtos de dissociação. Observe que as espécies H_4Y totalmente protonadas existem como um *zwitterion* duplo com os nitrogênios das aminas e dois grupos ácidos carboxílicos protonados. Os primeiros dois prótons dissociam-se dos grupos carboxílicos, enquanto os dois últimos provêm dos grupos amínicos.

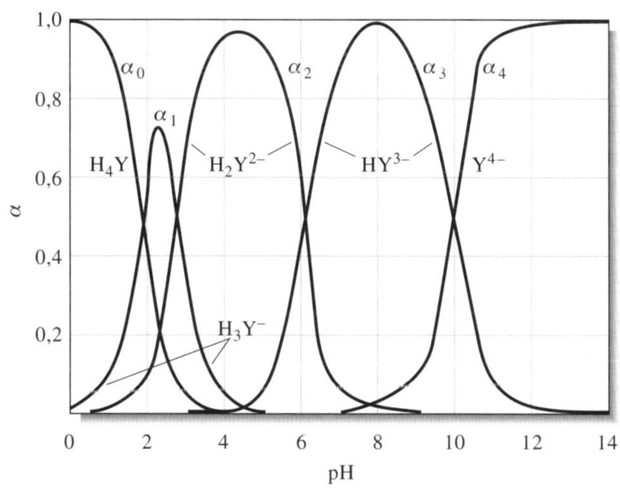

Figura 17-5 Composição das soluções de EDTA em função do pH. Note que a forma totalmente protonada H_4Y predomina somente em pH muito ácido (pH $<$ 3). Ao longo da faixa de pH, de 3 a 10, as espécies H_2Y^{2-} e HY^{3-} são predominantes. A forma Y^{4-} completamente desprotonada é um componente significante somente em soluções muito básicas (pH $>$ 10).

Mais comumente, o sal di-hidratado, $Na_2H_2Y \cdot 2H_2O$, é usado para preparar soluções padrão. Sob condições atmosféricas normais, o di-hidratado possui 0,3% de umidade em excesso da água estequiométrica de hidratação. Esse excesso é suficientemente reprodutível para permitir o uso de uma massa corrigida do sal na preparação direta de uma solução padrão. Se necessário, o sal puro di-hidratado pode ser preparado pela secagem a 80°C por vários dias em uma atmosfera com umidade relativa de 50%. Alternativamente, uma concentração aproximada pode ser preparada e então padronizada contra um padrão primário de $CaCO_3$.

❮ Soluções padrão de EDTA podem ser preparadas pela dissolução de quantidades pesadas de $Na_2H_2Y \cdot 2H_2O$ e diluídas em balão volumétrico até a marca.

Vários compostos que estão quimicamente relacionados com o EDTA também têm sido investigados. Uma vez que estes não parecem oferecer vantagens significativas, limitaremos nossa discussão aqui para as propriedades e aplicações do EDTA.

❮ O ácido nitrilotriacético (NTA) é o segundo ácido aminocarboxílico mais comum utilizado em titulações. Ele é um agente quelante tetradentado e tem a estrutura

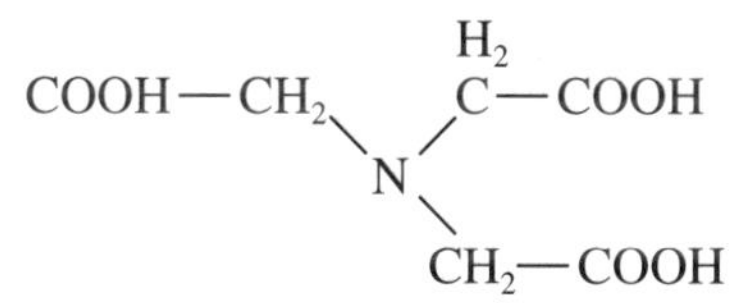

Fórmula estrutural do NTA.

17D-2 Complexos do EDTA com Íons Metálicos

As soluções de EDTA são particularmente úteis como titulantes porque o EDTA *combina com íons metálicos na proporção de 1:1 não importando a carga do cátion.* Por exemplo, os complexos de prata e alumínio são formados pelas reações:

$$Ag^+ + Y^{4-} \rightleftharpoons AgY^{3-}$$

$$Al^{3+} + Y^{4-} \rightleftharpoons AlY^-$$

❮ Em geral, podemos escrever a reação do ânion EDTA com um íon metálico M^{n+} como $M^{n+} + Y^{4-} \longrightarrow MY^{(n-4)+}$

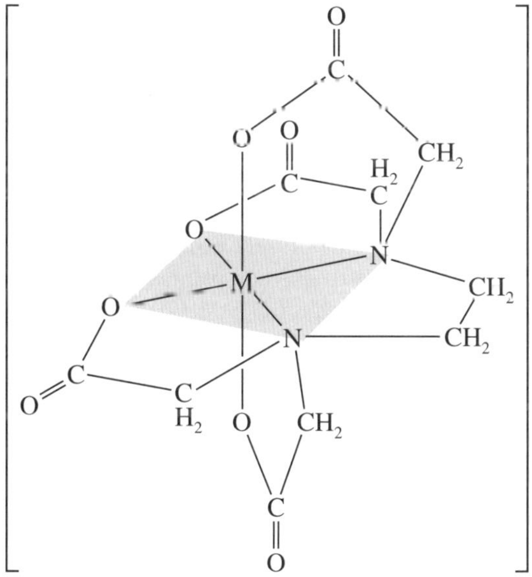

Figura 17-6 Estrutura de um complexo metal/EDTA. Note que o EDTA se comporta como um ligante hexadentado onde seis átomos doadores estão envolvidos nas ligações com o cátion metálico bivalente.

O EDTA é um reagente notável não somente porque forma quelatos com todos os cátions, mas também porque a maioria desses quelatos é suficientemente estável para ser empregada em titulações. Essa alta estabilidade indubitavelmente resulta dos vários sítios complexantes da molécula que dão origem a uma estrutura semelhante a uma gaiola, pela qual o cátion é efetivamente envolvido e isolado das moléculas do solvente. Uma das estruturas comuns para complexos metal/EDTA é mostrada na **Figura 17-6**. A habilidade do EDTA em formar complexos metálicos é responsável por seu uso difundido como um conservante alimentício e de amostras biológicas, como discutido no Destaque 17-4.

A **Tabela 17-4** lista as constantes de formação K_{MY} para os complexos de EDTA mais comuns. Observe que as constantes se referem ao equilíbrio que envolve as espécies completamente não protonadas Y^{4-} com o íon metálico:

TABELA 17-4

Constantes de Formação dos Complexos de EDTA

Cátion	K_{MY}*	log K_{MY}	Cátion	K_{MY}	log K_{MY}
Ag^+	$2,1 \times 10^7$	7,32	Cu^{2+}	$6,3 \times 10^{18}$	18,80
Mg^{2+}	$4,9 \times 10^8$	8,69	Zn^{2+}	$3,2 \times 10^{16}$	16,50
Ca^{2+}	$5,0 \times 10^{10}$	10,70	Cd^{2+}	$2,9 \times 10^{16}$	16,46
Sr^{2+}	$4,3 \times 10^8$	8,63	Hg^{2+}	$6,3 \times 10^{21}$	21,80
Ba^{2+}	$5,8 \times 10^7$	7,76	Pb^{2+}	$1,1 \times 10^{18}$	18,04
Mn^{2+}	$6,2 \times 10^{13}$	13,79	Al^{3+}	$1,3 \times 10^{16}$	16,13
Fe^{2+}	$2,1 \times 10^{14}$	14,33	Fe^{3+}	$1,3 \times 10^{25}$	25,1
Co^{2+}	$2,0 \times 10^{16}$	16,31	V^{3+}	$7,9 \times 10^{25}$	25,9
Ni^{2+}	$4,2 \times 10^{18}$	18,62	Th^{4+}	$1,6 \times 10^{23}$	23,2

*As constantes são válidas a 20°C e em força iônica de 0,1.

Fonte: Dados de G. Schwarzenbach, *Titulações Complexométricas*, Londres: Chapman and Hall, 1957, p. 8.

DESTAQUE 17-4

O EDTA como Conservante

As quantidades em traço de íons metálicos podem catalisar efetivamente a oxidação pelo ar de muitos componentes presentes em comidas e amostras biológicas (por exemplo, as proteínas no sangue). Para prevenir essas reações de oxidação, é importante desativar ou mesmo remover as quantidades em traço desses íons metálicos. Alimentos processados podem facilmente pegar quantidades de traços de íons metálicos enquanto estão em contato com vários recipientes metálicos (tachos e tonéis) durante os estágios de processamento. O EDTA é um excelente conservante de alimentos e um ingrediente comum de produtos alimentícios comerciais como maionese, molho de saladas e óleos. Quando é adicionado aos alimentos, o EDTA se liga tão firmemente à maioria dos íons metálicos que estes são incapazes de catalisar a reação de oxidação pelo ar. O EDTA e outros agentes quelantes semelhantes são frequentemente chamados **agentes sequestrantes** em virtude de sua habilidade em remover ou desativar íons metálicos. Além do EDTA, alguns outros agentes sequestrantes comuns são os sais de ácido cítrico e ácido fosfórico. Esses agentes podem proteger da oxidação pelo ar as cadeias insaturadas dos triglicerídeos e outros componentes. Essas reações de oxidação são responsáveis por tornar óleos e gorduras rançosos. Os agentes sequestrantes também são adicionados para prevenir a oxidação de compostos facilmente oxidáveis, como o ácido ascórbico.

É importante adicionar EDTA para preservar as amostras biológicas que serão estocadas por longos períodos. Como nos alimentos, o EDTA forma complexos muito estáveis com íons metálicos e previne-os de catalisar as reações de oxidação pelo ar que podem levar à decomposição de proteínas e outros compostos. Durante o julgamento por assassinato da celebridade e ex-jogador de futebol americano O. J. Simpson, o uso de EDTA como um preservante tornou-se um ponto de evidência importante. A equipe de promotores argumentou que se a evidência de sangue tivesse sido plantada na cerca de trás da casa de sua ex-mulher, o EDTA deveria estar presente, mas se o sangue fosse do assassino, nenhum preservante deveria ser visto. As evidências analíticas obtidas pelo uso de um sistema instrumental sofisticado (cromatografia de líquidos combinada com a espectrometria de massas tandem) acusou a presença de traços de EDTA, mas a quantidade era muito pequena e sujeita a diferentes interpretações.[2]

[2] D. Margolick, FBI Disputes Simpson Defense on Tainted Blood, *New York Times*, 26 jul., 1995, p. A12.

$$M^{n+} + Y^{4-} \rightleftharpoons MY^{(n-4)+} \qquad K_{MY} = \frac{[MY^{(n-4)+}]}{[M^{n+}][Y^{4-}]} \tag{17-22}$$

17D-3 Cálculos de Equilíbrio Envolvendo o EDTA

Uma curva de titulação para a reação de um cátion M^{n+} com o EDTA consiste em um gráfico de pM ($pM = -\log[M^{n+}]$) *versus* o volume de reagente. No estágio inicial de uma titulação, os valores para pM são computados supondo-se que a concentração de equilíbrio de M^{n+} seja igual à sua concentração analítica, que é encontrada a partir dos dados estequiométricos.

O cálculo de $[M^{n+}]$, além do ponto de equivalência, requer o uso da Equação 17-22. Nesta região da curva de titulação, é difícil e consome tempo aplicar a Equação 17-22, se o pH é desconhecido e variável porque ambos, $[MY^{(n-4)+}]$ e $[M^{n+}]$, são dependentes do pH. Felizmente, as titulações com EDTA são sempre realizadas em soluções tamponadas a um pH conhecido para evitar interferências por outros cátions ou assegurar um comportamento satisfatório do indicador. O cálculo de $[M^{n+}]$ em uma solução tamponada contendo EDTA é um procedimento relativamente fácil contanto que o pH seja conhecido. Nesses cálculos, usamos o valor alfa para H_4Y, α_4(veja Seção 15H).

$$\alpha_4 = \frac{[Y^{4-}]}{c_T} \tag{17-23}$$

onde c_T é a concentração molar total de EDTA *não complexado*.

$$c_T = [Y^{4-}] + [HY^{3-}] + [H_2Y^{2-}] + [H_3Y^{3-}] + [H_4Y]$$

Observe que, em um determinado pH, α_4, a fração total de EDTA na forma não protonada, é constante.

Constantes de Formação Condicional

Para se obter a constante de formação condicional para o equilíbrio mostrado na Equação 17-22, substituímos $\alpha_4 c_T$ da Equação 17-23 para $[Y^{4-}]$ na expressão da constante de formação (lado direito da Equação 17-22):

$$M^{n+} + Y^{4-} \rightleftharpoons MY^{(n-4)+} \qquad K_{MY} = \frac{[MY^{(n-4)+}]}{[M^{n+}]\alpha_4 c_T} \tag{17-24}$$

Combinando-se as duas constantes α_4 e K_{MY}, produz-se a constante de formação condicional K'_{MY}

$$K'_{MY} = \alpha_4 K_{MY} = \frac{[MY^{(n-4)+}]}{[M^{n+}]c_T} \tag{17-25}$$

onde K'_{MY} é a constante *somente para o pH no qual α_4 é aplicável.*

❮ As constantes de formação condicionais são dependentes do pH.

As constantes condicionais são facilmente computadas uma vez que o pH é conhecido. Elas podem ser usadas para calcular a concentração de equilíbrio do íon metálico e do complexo no ponto de equivalência e onde houver excesso de reagente. Note que a substituição de $[Y^{4-}]$ por c_T na expressão da constante de equilíbrio simplifica muito os cálculos porque c_T é facilmente determinado da estequiometria da reação, enquanto $[Y^{4-}]$ não o é.

Cálculo de Valores de α_4 para Soluções de EDTA

Uma expressão para calcular α_4 em uma determinada concentração de íon hidrogênio é obtida pelo método dado na Seção 15-H (veja o Destaque 15-3). Assim, α_4 para o EDTA é dado por

Os valores alfa para as outras espécies de EDTA são calculados de maneira similar e são

$\alpha_0 = [H^+]^4/D$
$\alpha_1 = K_1[H^+]^3/D$
$\alpha_2 = K_1K_2[H^+]^2/D$
$\alpha_3 = K_1K_2K_3[H^+]/D$

Apenas α_4 é necessário no cálculo de curvas de titulação.

$$\alpha_4 = \frac{K_1K_2K_3K_4}{[H^+]^4 + K_1[H^+]^3 + K_1K_2[H^+]^2 + K_1K_2K_3[H^+] + K_1K_2K_3K_4} \tag{17-26}$$

$$\alpha_4 = \frac{K_1K_2K_3K_4}{D} \tag{17-27}$$

onde K_1, K_2, K_3 e K_4 são as quatro constantes de dissociação para o H_4Y e D é o denominador da Equação 17-26.

A **Figura 17-7** mostra uma planilha para calcular α_4 para o EDTA a valores de pH selecionados de acordo com as Equações 17-26 e 17-27. Observe a larga variação de α_4 com o pH. Esta variação permite que a efetiva habilidade de complexação do EDTA seja dramaticamente mudada pela variação de pH. O Exemplo 17-2 ilustra como a concentração de Y^{4-} é calculada para uma solução de pH conhecido.

	A	B	C	D	E
1	**Cálculo de α_4 para o EDTA**				
2		**Valores k**	**pH**	**Valores D**	**α_4**
3	k_1	2,00E-04	1	1,10E-04	7,52E-18
4	k_2	2,14E-03	2	2,24E-08	3,71E-14
5	k_3	6,92E-07	3	3,30E-11	2,51E-11
6	k_4	5,50E-11	4	2,30E-13	3,61E-09
7			5	2,34E-15	3,54E-07
8			6	3,69E-17	2,25E-05
9			7	1,73E-18	4,80E-04
10			8	1,54E-19	5,39E-03
11			9	1,60E-20	5,21E-02
12			10	2,34E-21	3,50E-01
13			11	9,82E-22	8,50E-01
14			12	8,46E-22	9,80E-01
15			13	8,32E-22	1,00E+00
16			14	8,31E-22	1,00E+00
17					
18					
19	**Documentação**				
20	Célula D3=(10^-C3)^4+B$3*(10^-C3)^3+B$3*B$4*(10^-C3)^2+B$3*B$4*B$5*(10^-C3)+B$3*B$4*B$5*B$6				
21	Célula E3=B$3*B$4*B$5*B$6/D3				

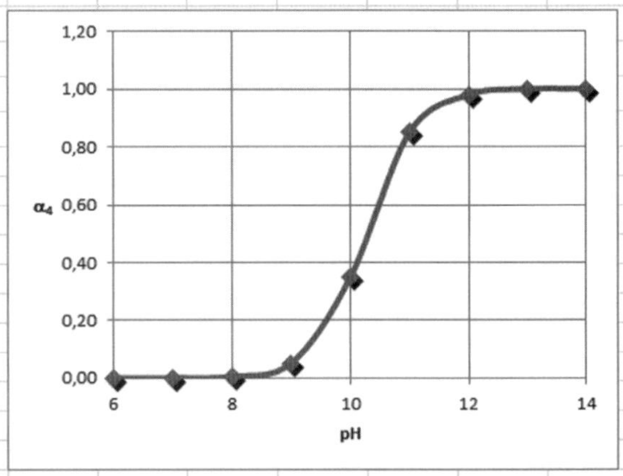

Figura 17-7 Planilha para calcular valores de α_4 para o EDTA a valores selecionados de pH. Note que as constantes de dissociação do EDTA são inseridas na coluna B (identificadores na coluna A). Depois, os valores de pH para os quais os cálculos são feitos são registrados na coluna C. A fórmula para se calcular o denominador D nas Equações 17-26 e 17-27 é colocada na célula D3 e copiada de D4 até D16. A coluna E final contém a equação para o cálculo dos valores α_4 como fornecido pela Equação 17-27. O gráfico mostra uma curva de α_4 *versus* pH na faixa de pH de 6 a 14.

EXEMPLO 17-2

Calcule a concentração molar de Y^{4-} em uma solução 0,0200 mol L^{-1} de EDTA tamponada em pH 10,00.

Resolução

Em pH 10,00 α_4 é 0,35 (veja a Figura 17-4). Assim,

$$[Y^{4-}] = \alpha_4 c_T = 0{,}35 \times 0{,}0200 \text{ mol L}^{-1} = 7{,}00 \times 10^{-3} \text{mol L}^{-1}$$

Calculando a Concentração de Cátion nas Soluções de EDTA

Em uma titulação com EDTA, estamos interessados em encontrar a concentração do cátion em função da quantidade de titulante (EDTA) adicionado. Antes do ponto de equivalência, o cátion está em excesso. Nas regiões e máximas após o ponto de equivalência, porém, as constantes de formação condicional do complexo devem ser utilizadas para calcular a concentração do cátion. O Exemplo 17-3 demonstra como a concentração do cátion pode ser encontrada em um complexo de EDTA. O Exemplo 17-4 ilustra esse cálculo quando um excesso de EDTA está presente.

EXEMPLO 17-3

Calcule a concentração de equilíbrio de Ni^{2+} em solução com uma concentração analítica de NiY^{2-} igual a 0,0150 mol L^{-1} em pH (a) 3,0 e (b) 8,0.

Resolução

Da Tabela 17-4,

$$Ni^{2+} + Y^{4-} \rightleftharpoons NiY^{2-} \qquad K_{NiY} = \frac{[NiY^{2-}]}{[Ni^{2+}][Y^{4-}]} = 4,2 \times 10^{18}$$

A concentração de equilíbrio de NiY^{2-} é igual à concentração analítica do complexo menos a concentração perdida na dissociação. A concentração perdida pela dissociação é igual à concentração de equilíbrio do Ni^{2+}. Assim,

$$[NiY^{2-}] = 0,0150 - [Ni^{2+}]$$

Se presumirmos que $[Ni^{2+}] \ll 0,0150$, uma suposição provavelmente válida à luz da alta constante de formação do complexo, podemos simplificar essa equação para

$$[NiY^{2-}] \cong 0,0150$$

Uma vez que o complexo é a única fonte de ambos, Ni^{2+} e das espécies que contêm EDTA,

$$[Ni^{2+}] = [Y^{4-}] + [HY^{3-}] + [H_2Y^{2-}] + [H_3Y^{-}] + [H_4Y] = c_T$$

Substituindo-se essa igualdade na Equação 17-25, temos

$$K'_{NiY} = \frac{[NiY^{2-}]}{[Ni^{2+}]c_T} = \frac{[NiY^{2-}]}{[Ni^{2+}]^2} = \alpha_4 K_{NiY}$$

(a) A planilha eletrônica na Figura 17-7 indica que α_4 é $2,51 \times 10^{-11}$ em pH 3,0. Se substituirmos esse valor e a concentração de NiY^{2-} na equação para K'_{MY}, teremos

$$\frac{0,0150}{[Ni^{2+}]^2} = 2,51 \times 10^{-11} \times 4,2 \times 10^{18} = 1,05 \times 10^{8}$$

$$[Ni^{2+}] = \sqrt{1,43 \times 10^{-10}} = 1,2 \times 10^{-5} \text{ mol L}^{-1}$$

(b) em pH 8,0, α_4, e assim a constante condicional é muito maior. Consequentemente,

$$K'_{NiY} = 5,39 \times 10^{-3} \times 4,2 \times 10^{18} = 2,27 \times 10^{16}$$

e após a substituição na equação para K'_{NiY}, encontramos que

$$[Ni^{2+}] = \sqrt{\frac{0,0150}{2,27 \times 10^{16}}} = 8,1 \times 10^{-10} \text{ mol L}^{-1}$$

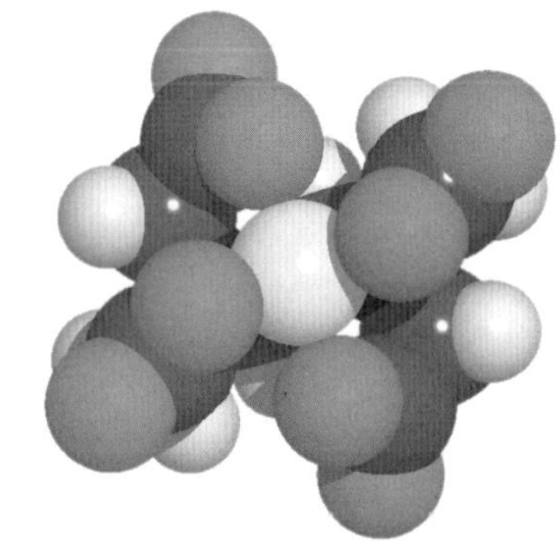

Modelo molecular de NiY^{2-}. Este complexo é típico de complexos fortes que o EDTA forma com íons metálicos. A constante Ni^{2+} de formação do complexo de $4,2 \times 10^{18}$.

Note que em pH 3,0 e 8,0, nossa suposição que $[Ni^{2+}] \ll 0,0150$ mol L^{-1} é válida.

EXEMPLO 17-4

Calcule a concentração de Ni^{2+} em uma solução que foi preparada pela mistura de 50,0 mL de Ni^{2+} 0,0300 mol L^{-1} com 50,00 mL de EDTA 0,0500 mol L^{-1}. A mistura foi tamponada a pH 3,0.

Resolução

A solução tem um excesso de EDTA, e a concentração analítica do complexo é determinada pela quantidade de Ni^{2+} originalmente presente. Assim,

$$c_{NiY^{2-}} = 50{,}00 \text{ mL} \times \frac{0{,}0300 \text{ mol L}^{-1}}{100 \text{ mL}} = 0{,}0150 \text{ mol L}^{-1}$$

$$c_{EDTA} = \frac{(50{,}00 \times 0{,}0500) \text{ mmol} - (50{,}0 \times 0{,}0300) \text{ mmol}}{100{,}0 \text{ mL}} = 0{,}0100 \text{ mol L}^{-1}$$

Novamente, vamos pressupor que $[Ni^{2+}] \ll [NiY^{2-}]$, de forma que

$$[NiY^{2-}] = 0{,}0150 - [Ni^{2+}] \approx 0{,}0150 \text{ mol L}^{-1}$$

Nesse ponto, a concentração total de EDTA não complexado é determinada pela sua concentração, c_{EDTA}:

$$c_T = c_{EDTA} = 0{,}0100 \text{ mol L}^{-1}$$

Se substituirmos este valor na Equação 17-25, teremos

$$K'_{NiY} = \frac{0{,}0150}{[Ni^{2+}] \times 0{,}0100} = \alpha_4 K_{NiY}$$

Usando o valor de α_4 no pH 3,0 da Figura 17-7, obtemos

$$[Ni^{2+}] = \frac{0{,}0150}{0{,}0100 \times 2{,}51 \times 10^{-11} \times 4{,}2 \times 10^{18}} = 1{,}4 \times 10^{-8} \text{ mol L}^{-1}$$

Note novamente que a nossa suposição de que $[Ni^{2+}] \ll [NiY^{2-}]$ é válida.

17D-4 Curvas de Titulação com EDTA

Os princípios ilustrados nos Exemplos 17-3 e 17-4 podem ser utilizados para gerar a curva de titulação de um íon metálico com EDTA em uma solução com pH fixo. O Exemplo 17-5 demonstra como uma planilha de cálculo pode ser usada para construir a curva de titulação.

EXEMPLO 17-5

Use uma planilha eletrônica para construir a curva de titulação de pCa *versus* volume de EDTA para 50,0 mol L^{-1} de Ca^{2+} 0,00500 mol L^{-1} titulado com EDTA 0,0100 mol L^{-1} em uma solução tamponada de pH igual a 10,0.

Resolução

Inicialização

A planilha é mostrada na **Figura 17-8**. Entramos com o volume inicial de Ca^{2+} na célula B3 e com a concentração inicial de Ca^{2+} na E2. A concentração de EDTA é inserida na célula E3. Os volumes para os quais devem ser calculados os pCa são lançados nas células A5 até A19. Também precisamos da constante de formação condicional para o complexo CaY. Esta constante é obtida a partir da constante de formação do complexo (Tabela 17-4) e do valor de α_4 para o EDTA em pH 10 (veja a Figura 17-7). Se substituirmos na Equação 17-25, obtemos

$$K'_{CaY} = \frac{[CaY^{2-}]}{[Ca^{2+}]c_T} = \alpha_4 K_{CaY}$$

$$= 0{,}35 \times 5{,}0 \times 10^{10} = 1{,}75 \times 10^{10}$$

Esse valor é inserido na célula B2. Uma vez que a constante condicional deve ser usada em cálculos adicionais, não a arredondamos para manter apenas algarismos significativos neste ponto.

Valores de pCa Antes do Ponto de Equivalência

A concentração $[Ca^{2+}]$ inicial a 0,00 mL de titulante é justamente o valor na célula E2. Consequentemente, **=E2** é inserido na célula B5. O pCa inicial é calculado a partir da $[Ca^{2+}]$ inicial tomando-se o seu logaritmo negativo, como mostra a documentação para a célula E5. Essa fórmula é copiada para as células E6 até E19. Para as outras inserções antes do ponto de equivalência, a concentração de equilíbrio de Ca^{2+} é igual ao excesso não titulado do cátion mais qualquer quantidade vinda da dissociação do complexo. A última concentração é igual a c_T. Geralmente, c_T é pequeno em relação à concentração analítica do íon cálcio não complexado. Assim, por exemplo, após a adição de 5,00 mL,

$$[Ca^{2+}] = \frac{50{,}0\ \text{mL} \times 0{,}00500\ \text{mol L}^{-1} - 5{,}00\ \text{mL} \times 0{,}0100\ \text{mol L}^{-1}}{(50 + 5{,}00)\ \text{mL}} + c_T$$

$$\approx \frac{50{,}0\ \text{mL} \times 0{,}00500\ \text{mol L}^{-1} - 5{,}00\ \text{mL} \times 0{,}0100\ \text{mol L}^{-1}}{55{,}00\ \text{mL}}$$

Então inserimos na célula B6 a fórmula mostrada na seção de documentação da planilha eletrônica. O leitor deve verificar que a fórmula da planilha é equivalente à expressão para $[Ca^{2+}]$ fornecida acima. O volume de titulante (A6) é o único valor que se

	A	B	C	D	E
1	Titulação EDTA de Ca^{2+} em pH 10				
2	K'_{CaY}	1,75E+10	Inicial $C_{Ca}2+$		0,005
3	Vol. Ca^{2+}, mL	50		C_{EDTA}	0,01
4	**Vol. EDTA, mL**	**$[Ca^2]$**	**$[CaY^{2-}]$**	C_T	**pCa**
5	0	0,005			2,3
6	5	3,64E-03			2,44
7	10	2,50E-03			2,6
8	15	1,54E-03			2,81
9	20	7,14E-04			3,15
10	24	1,35E-04			3,87
11	25	4,36E-07	0,00333		6,36
12	26	1,43E-09	0,00329	0,000132	8,85
13	30	2,86E-10	0,00313	0,000625	9,54
14	35	1,43E-10	0,00294	0,001176	9,85
15	40	9,52E-11	0,00278	0,001667	10,02
16	45	7,14E-11	0,00263	0,002105	10,15
17	50	7,71E-11	0,0025	0,0025	10,24
18	55	4,76E-11	0,00238	0,002857	10,32
19	60	4,08E-11	0,00227	0,003182	10,39
20	**Documentação**				
21	Célula B6=($B$3*$E$2-A6*$E$3)/($B$3+A6)				
22	Célula B11=SQRT((($B$3*$E$2)/($B$3+A11))/$B$2)				
23	Célula B12=C12/(D12*$B$2)				
24	Célula C11=($B$3*$E$2)/($B$3+A11)				
25	Célula D12=(A12*$E$3-$B$3*$E$2)/($B$3+A12)				
26	Célula E5=-LOG10(B5)				
27					

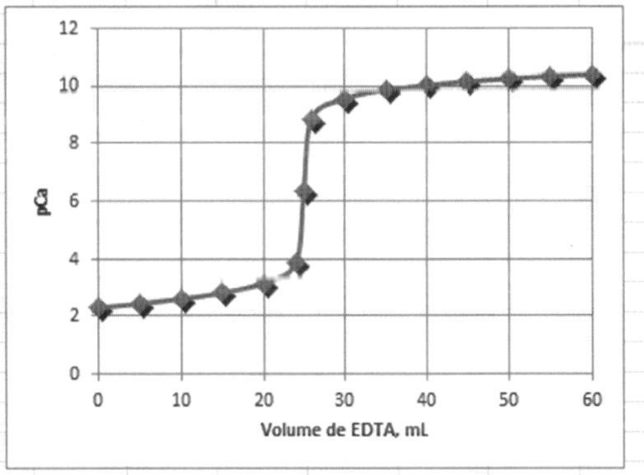

Figura 17-8 Planilha eletrônica para a titulação de 50,00 mL de Ca^{2+} 0,00500 mol L^{-1} com EDTA 0,0100 mol L^{-1} em uma solução tamponada a pH 10,0.

altera nessa região de pré-equivalência. Os outros valores do ponto de pré-equivalência de pCa são calculados copiando-se a fórmula da célula B6 nas células B7 a B10.

O pCa no Ponto de Equivalência

No ponto de equivalência (25,00 mL de EDTA), seguimos o método mostrado no Exemplo 17-3 e primeiro calculamos a concentração analítica de CaY^{2-}:

$$c_{CaY^{2-}} = \frac{(50,0 \times 0,00500)\ \text{mmol}}{(50,0 + 25,0)\ \text{mL}}$$

A única fonte de íons Ca^{2+} é a dissociação do complexo. Logo, a concentração de Ca^{2+} deve ser igual à soma da concentração do EDTA não complexado, c_T. Consequentemente,

$$[Ca^{2+}] = c_T \text{ e } [CaY^{2-}] = c_{CaY^{2-}} - [Ca^{2+}] \approx c_{CaY^{2-}}$$

A fórmula para $[CaY^{2-}]$ é então inserida na célula C11. Tenha certeza de verificar esta fórmula. Para obter $[Ca^{2+}]$, substituímos na expressão para K'_{CaY},

$$K'_{CaY} = \frac{[CaY^{2-}]}{[Ca^{2+}]\ c_T} \cong \frac{c_{CaY^{2-}}}{[Ca^{2+}]^2}$$

$$[Ca^{2+}] = \sqrt{\frac{c_{CaY^{2-}}}{K'_{CaY}}}$$

Então inserimos a fórmula correspondente a essa expressão na célula B11.

pCa Após o Ponto de Equivalência

Após o ponto de equivalência, a concentração analítica do CaY^{2-} e do EDTA é obtida diretamente da estequiometria. Uma vez que existe agora um excesso de EDTA, um cálculo similar àquele no Exemplo 17-4 é então realizado. Por exemplo, após a adição de 26,0 mL de EDTA, podemos escrever

$$c_{CaY^{2-}} = \frac{(50,0 \times 0,00500)\ \text{mmol}}{(50,0 + 26,0)\ \text{mL}}$$

$$c_{EDTA} = \frac{(26,0 \times 0,0100)\ \text{mL} - (50,0 \times 0,00500)\ \text{mL}}{76,0\ \text{mL}}$$

Aproximando,

$$[CaY^{2-}] = c_{CaY^{2-}} - [Ca^{2+}] \approx c_{CaY^{2-}} \approx \frac{(50,0 \times 0,00500)\ \text{mmol}}{(50,0 + 26,0)\ \text{mL}}$$

Observamos que esta expressão é a mesma que colocamos anteriormente na célula C11. Consequentemente, copiamos essa equação na célula C12. Notamos também que $[CaY^{2-}]$ será dada por essa mesma expressão (com o volume variado) ao longo do restante da titulação. Consequentemente, a fórmula na célula C12 é copiada nas células C13 até C19. Também aproximamos

$$c_T = c_{EDTA} + [Ca^{2+}] \approx c_{EDTA} = \frac{(26,0 \times 0,0100)\ \text{mL} - (50,0 \times 0,00500)\ \text{mL}}{76,0\ \text{mL}}$$

Inserimos essa fórmula na célula D12 e copiamos nas células D13 até D16.

Para calcular a $[Ca^{2+}]$, então substituímos esta aproximação por c_T na expressão da constante de formação condicional, e obtemos

$$K'_{CaY} = \frac{[CaY^{2-}]}{[Ca^{2+}] \times c_T} \cong \frac{c_{CaY^{2-}}}{[Ca^{2+}] \times c_{EDTA}}$$

Consequentemente, a $[Ca^{2+}]$ na célula B12 é calculada a partir dos valores nas células C12 e D12. Copiamos essa fórmula na célula B13 até B19 e fazemos o gráfico da curva de titulação mostrada na Figura 17-8.

A Curva *A* na **Figura 17-9** é um gráfico dos dados para a titulação do Exemplo 17-5. A Curva *B* é aquela de titulação para uma solução de íons magnésio sob condições idênticas. A constante de formação do complexo de magnésio com EDTA é menor que aquela para o complexo de cálcio e esta produz uma variação menor na função p na região do ponto de equivalência.

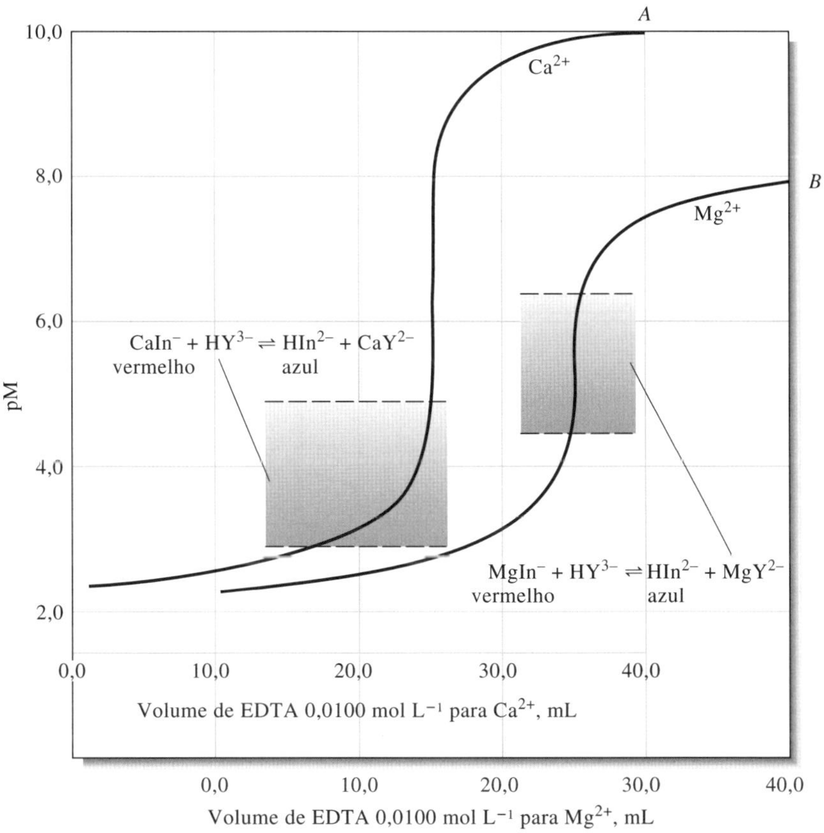

Figura 17-9 Curvas de titulação de 50,0 mL de Ca^{2+} 0,00500 mol L^{-1} ($K'_{CaY} = 1{,}75 \times 10^{10}$) e Mg^{2+} ($K'_{MgY} = 1{,}72 \times 10^{8}$) com EDTA em pH 10,0. Note que, em virtude da alta constante de formação, a reação do íon com EDTA é mais completa e uma grande variação ocorre na região do ponto de equivalência. As áreas sombreadas mostram as faixas de transição para o indicador Negro de Eriocromo T.

A **Figura 17-10** mostra as curvas de titulação para os íons cálcio em soluções tamponadas a vários valores de pH. Lembre-se de que α_4 e, consequentemente, K'_{CaY} tornam-se menores à medida que o pH diminui. Como a constante de formação condicional torna-se menos favorável, existe menor variação do pCa na região do ponto de equivalência. A Figura 17-10 mostra que um ponto final adequado na titulação do cálcio exige que o pH seja maior que aproximadamente 8,0. Como mostra a **Figura 17-11**, entretanto, os cátions com constantes de formação maiores fornecem pontos finais mais veementes até em meio ácido. Se supusermos que a constante condicional deve ser no mínimo 10^6 para se obter um ponto final satisfatório com uma solução 0,01 mol L^{-1} de íon metálico, podemos calcular o pH mínimo necessário.[3] A **Figura 17-12** mostra este pH mínimo para um ponto final satisfatório na titulação de vários íons metálicos na ausência de agentes complexantes. Note que um ambiente moderadamente ácido é satisfatório para muitos cátions de metais pesados bivalentes e que um meio fortemente ácido pode ser tolerado na titulação de íons como o ferro(III) e o índio(III).

[3] C. N. Reilley e R. W. Schmid, *Anal. Chem.*, v. 30, p. 947, **1958**, **DOI**: 10.1021/ac60137a022.

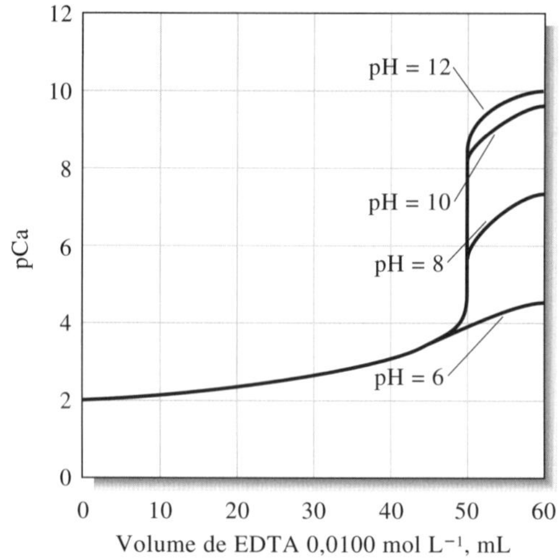

Figura 17-10 Influência do pH na titulação de Ca^{2+} 0,0100 mol L^{-1} com EDTA 0,0100 mol L^{-1}. Observe que o ponto final se torna menos nítido quando o pH diminui porque a reação de formação do complexo é menos completa sob essas circunstâncias.

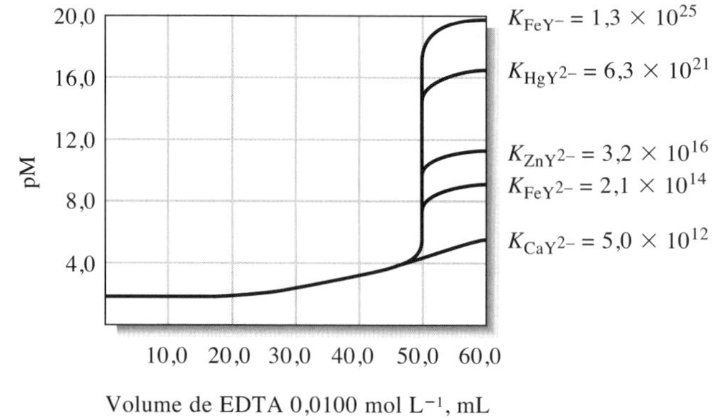

Figura 17-11 Curvas de titulação para 50,0 mL de soluções 0,0100 mol L^{-1} de diversos cátions em pH 6,0.

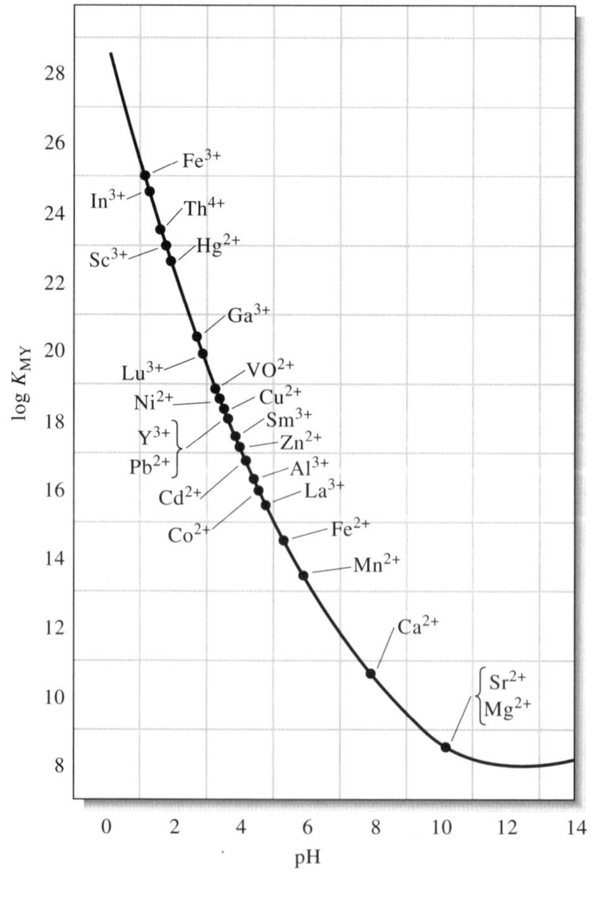

Figura 17-12 pH mínimo necessário para a titulação de vários cátions com EDTA. (Reimpresso (adaptado) com a permissão de C. N. Reilley e R. W. Schmid, *Anal. Chem.*, v. 30, 947, **1958**, **DOI**: 10.1021/ac60137a022. Direitos autorais de 1958 da American Chemical Society.)

17D-5 O Efeito de Outros Agentes Complexantes nas Curvas de Titulação com EDTA

Muitos cátions formam precipitados de óxidos hidratados (hidróxidos, óxidos ou oxi-hidróxidos) quando o pH é aumentado a níveis requeridos para sua titulação satisfatória com EDTA. Quando encontramos este problema, é necessário um agente complexante auxiliar para manter o cátion em solução. Por exemplo, o zinco(II) é geralmente titulado em um meio que tem concentrações bastante altas de amônia e cloreto de amônio. Essas espécies tamponam a solução em um pH que assegura a completa reação entre o cátion e o titulante. Além disso, a amônia forma complexos amínicos com o zinco(II) que previnem a formação de hidróxido de zinco pouco solúvel, particularmente nos estágios iniciais da titulação. Uma descrição um pouco mais realista da reação é então

$$Zn(NH_3)_4{}^{2+} + HY^{3-} \rightarrow ZnY^{2-} + 3NH_3 + NH_4{}^{+}$$

A solução também possui outras espécies como $Zn(NH_3)_3{}^{2+}$, $Zn(NH_3)_2{}^{2+}$ e $Zn(NH_3)^{2+}$. Os cálculos de pZn em uma solução que contém amônia devem levar essas espécies em consideração, como mostra a Figura 17-5. Qualitativamente, a complexação de um cátion por um agente complexante auxiliar leva a maiores valores de pM na região de pré-equivalência, em comparação com uma solução sem esse reagente.

Frequentemente, agentes complexantes auxiliares devem ser usados nas titulações com EDTA para previnir precipitações do analito como óxido hidratado. Esses reagentes levam os pontos finais a se tornar menos nítidos.

A **Figura 17-13** mostra duas curvas teóricas para a titulação de zinco(II) com EDTA em pH 9,00. A concentração de equilíbrio da amônia é de 0,100 mol L^{-1} para uma titulação e 0,0100 mol L^{-1} para a outra. Observe que, quando a concentração de amônia é mais alta, diminui a variação de pZn próximo ao ponto de equivalência. Por essa razão, a concentração do agente complexante auxiliar deve sempre ser mantida no mínimo exigido para prevenir a precipitação do analito. Observe que o agente complexante auxiliar não afeta o pZn após o ponto de equivalência. Por outro lado, tenha em mente que o α_4, e por conseguinte o pH, desempenham um papel relevante na definição dessa parte da curva de titulação (veja a Figura 17-10).

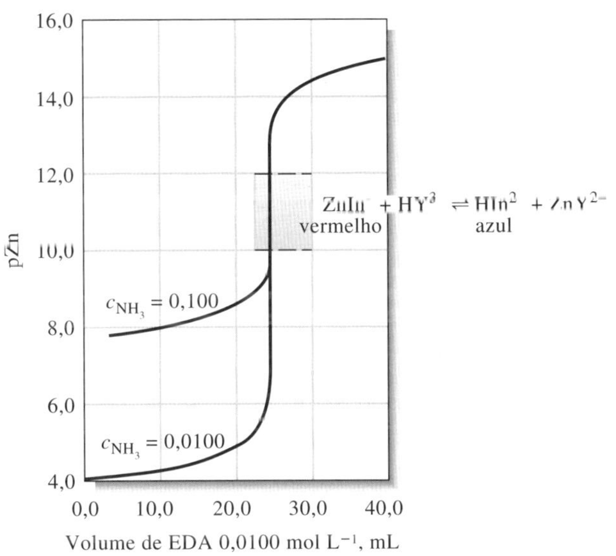

Figura 17-13 Influência da concentração da amônia no ponto final para as titulações de 50,00 mL de Zn^{2+} 0,0050 mol L^{-1}. As soluções foram tamponadas em pH 9,00. A região sombreada mostra a faixa de transição do Negro de Eriocromo T. Note que a amônia diminui a variação de pZn na região de ponto de equivalência.

DESTAQUE 17-5

Curvas de Titulação com EDTA na Presença de Um Agente Complexante

Podemos descrever os efeitos de um reagente complexante auxiliar por um procedimento semelhante ao utilizado para determinar a influência do pH em curvas de titulações com EDTA. Nesse caso, definimos a grandeza α_M, que é análoga a α_4.

$$\alpha_M = \frac{[M^{n+}]}{c_M} \tag{17-28}$$

onde c_M é a soma das concentrações de todas as espécies contendo o íon metálico que *não* está combinado com EDTA. Para soluções contendo zinco(II) e amônia, então

$$c_M = [Zn^{2+}] + [Zn(NH_3)^{2+}] + [Zn(NH_3)_2{}^{2+}]$$
$$+ [Zn(NH_3)_3{}^{2+}] + [Zn(NH_3)_4{}^{2+}] \tag{17-29}$$

O valor de α_M pode ser expresso facilmente em termos da concentração de amônia e da constante de formação dos vários complexos amínicos, como descrevemos para uma reação metal-ligante geral no Destaque 17-1. O resultado é uma equação análoga à Equação 17-9:

$$\alpha_M = \frac{1}{1 + \beta_1[NH_3] + \beta_2[NH_3]^2 + \beta_3[NH_3]^3 + \beta_4[NH_3]^4} \tag{17-30}$$

Finalmente, obtemos uma constante condicional para o equilíbrio entre EDTA e zinco(II) em um tampão amônia/cloreto de amônio pela substituição da Equação 17-28 na Equação 17-25 e rearranjando-se

$$K''_{ZnY} = \alpha_4 \alpha_M K_{ZnY} = \frac{[ZnY^{2-}]}{c_M c_T} \tag{17-31}$$

A nova constante condicional K''_{ZnY} se aplica a uma concentração única de amônia, bem como a um único pH.

Para mostrar como as Equações 17-28 a 17-31 podem ser usadas para construir uma curva de titulação, podemos calcular o pZn de soluções preparadas pela adição de 20,0; 25,0; e 30,0 mL de EDTA 0,0100 mol L^{-1} a 50,0 mL de Zn^{2+} 0,00500 mol L^{-1}. Pressuponha que as soluções de Zn^{2+} e EDTA estejam em NH_3 0,100 mol L^{-1} e NH_4Cl 0,175 mol L^{-1} para fornecer um pH constante igual a 9,0.

No Apêndice 4, descobrimos que os logaritmos das constantes de formação progressivas para os quatro complexos de zinco com a amônia são 2,21; 2,29; 2,36 e 2,03. Assim,

$$\beta_1 = \text{antilog } 2{,}21 = 1{,}62 \times 10^2$$
$$\beta_2 = \text{antilog } (2{,}21 + 2{,}29) = 3{,}16 \times 10^4$$
$$\beta_3 = \text{antilog } (2{,}21 + 2{,}29 + 2{,}36) = 7{,}24 \times 10^6$$
$$\beta_4 = \text{antilog } (2{,}21 + 2{,}29 + 2{,}36 + 2{,}03) = 7{,}76 \times 10^8$$

Calculando uma Constante Condicional

Um valor de α_M pode ser calculado a partir da Equação 17-30 presumindo-se que as concentrações molar e analítica da amônia sejam essencialmente as mesmas; assim para $[NH_3] \approx c_{NH_3} = 0{,}100$ mol L^{-1}

$$\alpha_M = \frac{1}{1 + 162 \times 0{,}100 + 3{,}16 \times 10^4 \times (0{,}100)^2 + 7{,}24 \times 10^6 \times (0{,}100)^3 + 7{,}76 \times 10^8 \times (0{,}100)^4}$$
$$= 1{,}17 \times 10^{-5}$$

O valor para K_{ZnY} é encontrado na Tabela 17-4 e α_4 para pH 9,0 é dado na Figura 17-7. Substituindo-se na Equação 17-31, encontramos

$$K''_{ZnY} = 5{,}21 \times 10^{-2} \times 1{,}17 \times 10^{-5} \times 3{,}12 \times 10^{16} = 1{,}9 \times 10^{10}$$

Cálculo de pZn Após a Adição de 20,0 mL de EDTA

Nesse ponto, apenas uma parte do zinco foi complexada pelo EDTA. O restante está presente como Zn^{2+} e como seus quatro complexos amínicos. Por definição, a soma das concentrações dessas cinco espécies é c_M. Portanto,

$$c_M = \frac{50{,}00 \text{ mL} \times 0{,}00500 \text{ mol L}^{-1} - 20{,}0 \text{ mL} \times 0{,}0100 \text{ mol L}^{-1}}{70{,}00 \text{ mL}}$$

$$= 7{,}14 \times 10^{-4} \text{ mol L}^{-1}$$

Com a substituição desse valor na Equação 17-28, temos

$$[Zn^{2+}] = c_M \alpha_M = (7{,}14 \times 10^{-4})(1{,}17 \times 10^{-5}) = 8{,}35 \times 10^{-9} \text{ mol L}^{-1}$$

$$pZn = 8{,}08$$

Cálculo de pZn Após a Adição de 25,0 mL de EDTA

Vinte e cinco mililitros é o ponto de equivalência, e a concentração analítica para ZnY^{2-} é

$$c_{ZnY^{2-}} = \frac{50{,}00 \times 0{,}00500}{50{,}0 + 25{,}0} = 3{,}33 \times 10^{-3} \text{ mol L}^{-1}$$

A soma das concentrações das várias espécies de zinco não combinadas com EDTA é igual à soma das concentrações das espécies de EDTA não complexadas:

$$c_M = c_T$$

e

$$[ZnY^{2-}] = 3{,}33 \times 10^{-3} - c_M \approx 3{,}33 \times 10^{-3} \text{ mol L}^{-1}$$

Substituindo este valor na Equação 17-31, temos

$$K''_{ZnY} = \frac{3{,}33 \times 10^{-3}}{(c_M)^2} = 1{,}9 \times 10^{10}$$

$$c_M = 4{,}19 \times 10^{-7} \text{ mol L}^{-1}$$

Com a Equação 17-28, encontramos que

$$[Zn^{2+}] = c_M \alpha_M = (4{,}19 \times 10^{-7})(1{,}17 \times 10^{-5}) = 4{,}90 \times 10^{-12} \text{ mol L}^{-1}$$

$$pZn = 11{,}31$$

Calculando pZn Após a Adição de 30,0 mL de EDTA

Uma vez que a solução agora contém excesso de EDTA,

$$c_{EDTA} = c_T = \frac{30{,}0 \times 0{,}0100 - 50{,}0 \times 0{,}00500}{80{,}0} = 6{,}25 \times 10^{-4} \text{ mol L}^{-1}$$

e desde que, essencialmente, todo Zn^{2+} original esteja agora complexado,

$$c_{ZnY^{2-}} = [ZnY^{2-}] = \frac{50{,}00 \times 0{,}00500}{80{,}0} = 3{,}12 \times 10^{-3}\ \text{mol L}^{-1}$$

Com o rearranjo da Equação 17-31, temos

$$c_M = \frac{[ZnY^{2-}]}{c_T K''_{ZnY}} = \frac{3{,}12 \times 10^{-3}}{(6{,}25 \times 10^{-4})(1{,}9 \times 10^{10})} = 2{,}63 \times 10^{-10}\ \text{mol L}^{-1}$$

e, da Equação 17-28,

$$[Zn^{2+}] = c_M \alpha_M = (2{,}63 \times 10^{-10})(1{,}17 \times 10^{-5}) = 3{,}08 \times 10^{-15}\ \text{mol L}^{-1}$$

$$pZn = 14{,}51$$

17D-6 Indicadores para Titulações com EDTA

Perto de 200 compostos orgânicos têm sido investigados como indicadores para íons metálicos nas titulações com EDTA. Os indicadores mais comuns são descritos por Dean.[4] Em geral, esses indicadores são corantes orgânicos que formam quelatos coloridos com os íons metálicos em uma faixa de pM característica de um cátion em particular e do corante. Os complexos são com frequência intensamente coloridos e podemos detectar visualmente em concentrações entre 10^{-6} e 10^{-7} mol L^{-1}.

O Negro de Eriocromo T é um indicador típico de íons metálicos que é utilizado na titulação de diversos cátions comuns. A sua fórmula estrutural é mostrada na **Figura 17-14**. Seu comportamento como ácido fraco é descrito pelas equações

$$\underset{\text{vermelho}}{H_2O + H_2In^-} \rightleftharpoons \underset{\text{azul}}{HIn^{2-}} + H_3O^+ \qquad K_1 = 5 \times 10^{-7}$$

$$\underset{\text{azul}}{H_2O + HIn^{2-}} \rightleftharpoons \underset{\text{laranja}}{In^{3-}} + H_3O^+ \qquad K_2 = 2{,}8 \times 10^{-12}$$

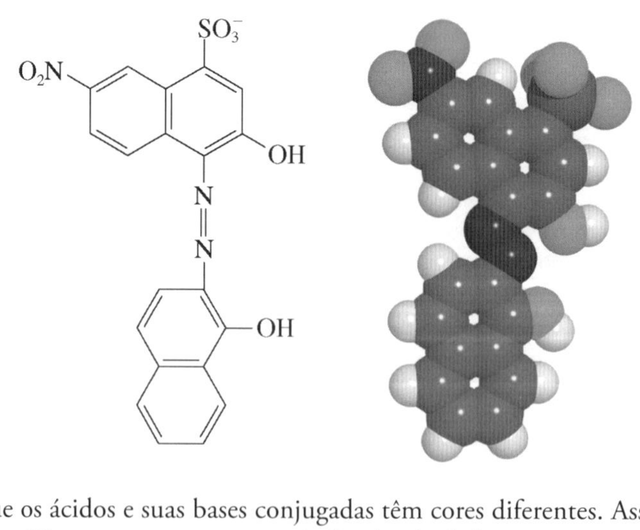

Figura 17-14 Estrutura e modelo molecular do Negro de Eriocromo T. O composto contém um grupo sulfônico ácido que se dissocia completamente em água e dois grupos fenólicos que se dissociam apenas parcialmente.

Observe que os ácidos e suas bases conjugadas têm cores diferentes. Assim, o Negro de Eriocromo T se comporta como um indicador ácido/base tanto quanto como um indicador de íons metálicos.

Os complexos metálicos do Negro de Eriocromo T são em geral vermelhos, assim como o H_2In^-. Dessa forma, na detecção dos íons metálicos, é necessário ajustar

[4] J. A. Dean, *Analytical Chemistry Handbook*. Nova York: McGraw-Hill, 1995, p. 3.95.

o pH para 7 ou acima para que a forma azul da espécie, H_2In^-, predomine na ausência de um íon metálico. Até o ponto de equivalência na titulação, o indicador complexa o excesso do íon metálico e, desse modo, a solução é vermelha. Com o primeiro ligeiro excesso de EDTA, a solução torna-se azul como um resultado da reação

$$\underset{\text{vermelho}}{MIn^-} + HY^{3-} \rightleftharpoons \underset{\text{azul}}{HIn^{2-}} + MY^{2-}$$

O Negro de Eriocromo T forma complexos vermelhos com mais de uma dúzia de íons metálicos, mas a constante de formação de somente alguns íons é apropriada para a detecção de um ponto final. Como mostrado no Exemplo 17-6, a aplicabilidade de um dado indicador para uma titulação com EDTA pode ser determinada a partir da alteração de pM na região do ponto de equivalência, assegurando-se que a constante de formação do complexo indicador/metal seja conhecida.[5]

EXEMPLO 17-6

Determine a faixa de transição para o Negro de Eriocromo T na titulação de Ca^{2+} em pH 10,0, dado que (a) a segunda constante de dissociação do ácido para o indicador é

$$HIn^{2-} + H_2O \rightleftharpoons In^{3-} + H_3O^+ \qquad K_2 = \frac{[H_3O^+][In^{3-}]}{[HIn^{2-}]} = 2{,}8 \times 10^{-12}$$

(b) que a constante de formação para $MgIn^-$ é

$$Mg^{2+} + In^{3-} \rightleftharpoons In^{3-} + MgIn^- \qquad K_f = \frac{[MgIn^-]}{[Mg^{2+}][In^{3-}]} = 1{,}0 \times 10^7$$

e (c) que a constante de formação análoga para Ca^{2+} é $2{,}5 \times 10^5$.

Resolução

Presumimos, como fizemos anteriormente (veja a Seção 14A-1), que uma mudança de cor detectável exige um excesso de dez vezes mais de uma ou de outra espécie colorida, isto é, a mudança de cor é observada quando a proporção $[MgIn^-]/[HIn^{2-}]$ varia de 10 para 0,10. O produto de K_2 do indicador por K_f para $MgIn^-$ contém esta proporção:

$$\frac{[MgIn^-][H_3O^+]}{[HIn^{2-}][Mg^{2+}]} = 2{,}8 \times 10^{-12} \times 1{,}0 \times 10^7 = 2{,}8 \times 10^{-5}$$

A substituição de $1{,}0 \times 10^{-10}$ para $[H_3O^+]$ e 10 e 0,10 para as proporções fornece a faixa de $[Mg^{2+}]$ sobre a qual ocorre a alteração de cor:

$$[Mg^{2+}] = 3{,}6 \times 10^{-5} \quad \text{para} \quad 3{,}6 \times 10^{-7}\ \text{mol L}^{-1}$$

$$pMg = 5{,}4 \pm 1{,}0$$

Procedendo-se do mesmo modo, descobrimos que a faixa para pCa é igual a $3{,}8 \pm 1{,}0$.

[5] C. N. Reilley e R. W. Schmid, *Anal. Chem.*, v. 31, p. 887, **1959**, **DOI**: 10.1021/ac60137a022.

As faixas de transição para o magnésio e o cálcio são indicadas nas curvas de titulação na Figura 17-9. As curvas mostram que o negro de Ericromo T é ideal para a titulação do magnésio, mas totalmente insatisfatório para o cálcio. Observe que a constante de formação para o $CaIn^-$ é apenas cerca de 1/40 daquela para o $MgIn^-$. Por causa da menor constante de formação, ocorre uma conversão significativa de $CaIn^-$ para HIn^{2-} bem antes do ponto de equivalência. Um cálculo similar mostra que o Negro de Eriocromo T é também adequado para a titulação do zinco com EDTA (veja a Figura 17-13).

Uma limitação do Negro de Eriocromo T é que suas soluções se decompõem lentamente quando armazenadas. As soluções de calmagita (veja a **Figura 17-15**), um indicador que para todos os propósitos práticos apresenta comportamento idêntico ao do Negro de Eriocromo T, não parecem sofrer essa desvantagem. Muitos outros indicadores metálicos têm sido desenvolvidos para titulações com o EDTA.[6] Ao contrário do Negro de Eriocromo T, alguns desses indicadores podem ser usados em titulações em meios fortemente ácidos.

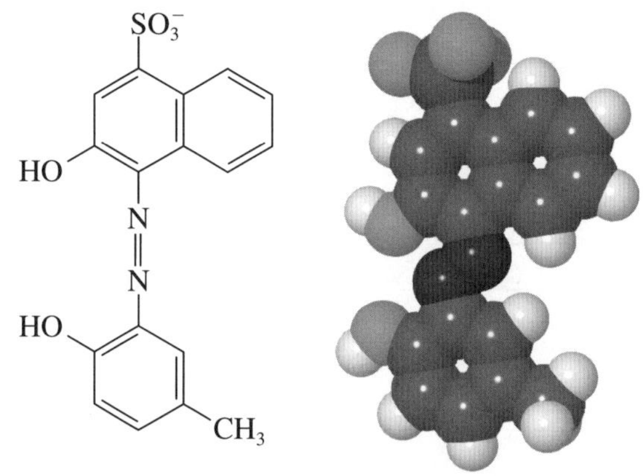

Figura 17-15 Fórmula estrutural e modelo molecular da calmagita. Note a semelhança com o Negro de Eriocromo T (veja a Figura 17-14).

17D-7 Métodos Titulométricos Empregando-se EDTA

Os procedimentos de titulação direta com um indicador de íon metálico que responde ao analito são os mais fáceis e de uso mais conveniente. Os métodos que incorporam um íon metálico adicional também são usados.

Em seguida, descrevemos vários tipos diferentes de métodos de titulação que podem ser usados com o EDTA.

Titulação Direta

Muitos dos metais da tabela periódica podem ser determinados pela titulação com uma solução padrão de EDTA. Alguns métodos são baseados em indicadores que respondem ao próprio analito, enquanto outros são baseados na adição de um íon metálico.

Métodos Baseados em Indicadores para o Analito Dean[7] lista perto de 40 íons metálicos que podem ser determinados pela titulação direta com EDTA utilizando-se indicadores de íons metálicos. Os indicadores que respondem ao metal diretamente não podem ser empregados em todos os casos, ou porque um indicador com uma faixa de transição não está disponível ou porque a reação entre o íon metálico e o EDTA é tão lenta que torna a titulação impraticável.

Métodos Baseados em Indicadores para um Íon Metálico Adicionado Nos casos em que não se dispõe de um bom indicador direto para o analito, pode ser adicionada uma pequena quantidade de um íon metálico para o qual se dispõe de bom

[6] Veja, por exemplo, J. A. Dean, *Analytical Chemistry Handbook*, Nova York: McGraw-Hill, 1995, p. **3**.94-**3**.96.
[7] J. A. Dean, *ibid.*, p. 3.104-3.109.

indicador. O íon metálico deve formar um complexo que é menos estável que o complexo do analito. Por exemplo, indicadores para o íon cálcio são geralmente menos satisfatórios que aqueles que descrevemos para o íon magnésio. Consequentemente, uma pequena quantidade de cloreto de magnésio é, com frequência, adicionada a uma solução de EDTA que será utilizada para a titulação de cálcio. Nesse caso, o Negro de Eriocromo T pode ser usado na titulação. Nos estágios iniciais da titulação, os íons magnésio são deslocados do seu complexo com EDTA pelos íons cálcio e ficam livres para se combinar com o Negro de Eriocromo T, atribuindo assim uma coloração vermelha à solução. Entretanto, quando todos os íons cálcio tiverem sido complexados, os íons magnésio liberados novamente se combinam com o EDTA até que o ponto final seja observado. Este procedimento requer a padronização da solução de EDTA contra um padrão primário de carbonato de cálcio.

Métodos Potenciométricos As medidas de potencial podem ser utilizadas para a detecção do ponto final em titulações de íons metálicos com EDTA para os quais se dispõe de eletrodos seletivos de íons. Os eletrodos desse tipo são descritos na Seção 21D-1.

Métodos Espectrofotométricos As medidas de absorção no UV/visível podem também ser utilizadas para determinar o ponto final das titulações (veja a Seção 26A-4). Nesses casos, um espectrofotômetro responde à alteração de cor na titulação, em vez de se empregar a determinação visual do ponto final.

Métodos de Retrotitulação[8]

As retrotitulações são úteis para a determinação de cátions que formam complexos estáveis com o EDTA e para os quais não se dispõe de um indicador satisfatório. O método é também útil para cátions como o Cr(III) e o Co(III), que reagem apenas lentamente com EDTA. Um excesso medido de solução padrão de EDTA é adicionado à solução do analito. Após a reação se completar, o excesso de EDTA é retrotitulado com uma solução padrão de íons magnésio ou zinco, usando-se Negro de Eriocromo T ou a calmagita como indicador de ponto final.[9] Para esse procedimento ser bem-sucedido, é necessário que os íons magnésio ou zinco formem um complexo com EDTA menos estável do que o complexo correspondente com o analito.

A retrotitulação é também útil para analisar amostras que possam conter ânions, os quais, de outra forma, formariam precipitados pouco solúveis com o analito sob as condições analíticas. O excesso de EDTA complexa o analito e previne a formação de precipitado.

❮ Procedimentos de retrotitulação são utilizados quando não se dispõe de um indicador adequado quando a reação entre o analito e o EDTA é lenta, ou quando o analito forma precipitados no pH requerido para sua titulação.

Métodos de Deslocamento

Nas titulações por deslocamento, um excesso não medido de uma solução contendo o complexo de EDTA com íons magnésio ou zinco é introduzido em uma solução do analito. Se o analito formar um complexo mais estável que aquele de magnésio ou zinco, ocorre o seguinte deslocamento:

$$MgY^{2-} + M^{2+} \rightarrow MY^{2-} + Mg^{2+}$$

onde M^{2+} representa o cátion do analito. O Mg^{2+} liberado ou, em alguns casos, o Zn^{2+}, é então titulado com uma solução padrão de EDTA.

---

[8] NRT: As retrotitulações também são conhecidas como *titulações de retorno*.

[9] Para uma discussão sobre o procedimento de retrotitulação, veja C. Macca e M. Fiorana, *J. Chem. Educ.*, v. 63, p. 121, **1986**, **DOI**: 10.1021/ed063p121.

17D-8 O Escopo das Titulações com EDTA

As titulações complexométricas com EDTA têm sido aplicadas na determinação de virtualmente todos os cátions metálicos, com exceção dos íons dos metais alcalinos. Considerando-se que o EDTA complexa a maioria dos cátions, o reagente parece, à primeira vista, ser totalmente isento de seletividade. Entretanto, na verdade, um razoável controle sobre as interferências pode ser realizado regulando-se o pH. Por exemplo, os cátions trivalentes podem geralmente ser titulados sem interferência de espécies bivalentes mantendo-se o pH da solução próximo de 1 (veja a Figura 17-12). Nesse pH, os quelatos bivalentes menos estáveis não se formam em extensão significativa, mas os íons trivalentes são quantitativamente complexados.

Similarmente, os íons como os de cádmio e zinco, que formam quelatos mais estáveis com EDTA que o magnésio, podem ser determinados na presença de magnésio pelo tamponamento da mistura para pH 7 antes da titulação. O Negro de Eriocromo T serve como indicador para o ponto final do cádmio e do zinco sem interferência do íon magnésio porque o quelato do indicador com o magnésio não é formado nesse pH.

Um **agente mascarante** é aquele complexante que reage seletivamente com um componente da solução para impedir que este último interfira na determinação.

Finalmente, a interferência de um determinado cátion pode, às vezes, ser eliminada pela adição de um **agente mascarante** adequado, um ligante auxiliar, que preferencialmente forma complexos altamente estáveis com o íon potencialmente interferente.[10] Assim, o íon cianeto é frequentemente usado como agente mascarante para permitir a titulação de íons magnésio e cálcio na presença de íons como os de cádmio, cobalto, cobre, níquel, zinco e paládio. Todos esses íons formam complexos de cianeto perfeitamente estáveis, impedindo sua reação com o EDTA. O Destaque 17-6 ilustra como os reagentes mascarantes e demascarantes são utilizados para melhorar a seletividade das reações com o EDTA.

DESTAQUE 17-6

Melhorando a Seletividade de Titulações de EDTA com Agentes Mascarantes e Desmascarantes

Chumbo, magnésio e zinco podem ser determinados em uma única amostra por meio de duas titulações com EDTA padrão e uma titulação com Mg^{2+} padrão. A amostra é primeiro tratada com um excesso de NaCN, que mascara o Zn^{2+} e previne sua reação com EDTA:

$$Zn^{2+} + 4CN^- \rightleftharpoons Zn(CN)_4^{2-}$$

O Pb^{2+} e o Mg^{2+} são então titulados com EDTA padrão. Após o ponto de equivalência ter sido alcançado, uma solução do agente complexante BAL (2-3 dimercapto-1--propanol, $CH_2SHCHSHCH_2OH$), que escreveremos como $R(SH)_2$, é adicionada à solução. Esse ligante bidentado reage seletivamente para formar um complexo com Pb^{2+} que é muito mais estável que PbY^{2-}:

$$PbY^{2-} + 2R(SH)_2 \rightarrow Pb(RS)_2 + 2H^+ + Y^{4-}$$

O Y^{4-} liberado é então titulado com uma solução de Mg^{2+}. Finalmente o zinco é desmascarado pela adição de formaldeído:

$$Zn(CN)_4^{2-} + 4HCHO + 4H_2O \rightarrow Zn^{2+} + 4HOCH_2CN + 4OH^-$$

[10] Para informações adicionais, veja D. D. Perrin, *Masking and Demasking of Chemical Reactions*, Nova York: Wiley-Interscience, 1970; J. A. Dean, *Analytical Chemistry Handbook*, Nova York: McGraw-Hill, 1995, p. 3.92-3.111.

O Zn^{2+} liberado é então titulado com a solução de EDTA padrão.

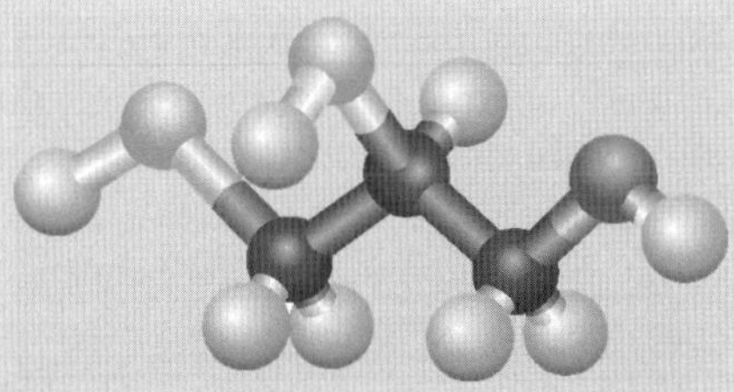

Modelo molecular de BAL (2,3-dimercapto--1-propanol, $CH_2SHCHSHCH_2OH$).

Suponha que a titulação inicial de Mg^{2+} e Pb^{2+} tenha requerido 42,22 mL de EDTA 0,02064 mol L^{-1}. A titulação do Y^{4-} liberado pelo BAL consumiu 19,35 mL de uma solução de Mg^{2+} 0,007657 mol L^{-1}. Após a adição de formaldeído, o Zn^{2+} liberado foi titulado com 28,63 mL da solução de EDTA. Calcule a porcentagem dos três elementos se foi utilizada uma massa de 0,4085 g de amostra.

$$\text{quant. de matéria de } (Pb^{2+} + Mg^{2+}) \text{ em mmol} = 42{,}22 \times 0{,}02064 = 0{,}87142$$

A segunda titulação fornece o número de milimols do Pb^{2+}. Assim,

$$\text{quant. de matéria de } Pb^{2+} \text{ em mmol} = 19{,}35 \times 0{,}007657 = 0{,}14816$$
$$\text{quant. de matéria de } Mg^{2+} \text{ em mmol} = 0{,}87142 - 0{,}14816 = 0{,}72326$$

Finalmente, da terceira titulação, obtemos

$$\text{quant. de matéria de } Zn^{2+} \text{ em mmol} = 28{,}63 \times 0{,}02064 = 0{,}59092$$

Para obter as porcentagens, escrevemos

$$\frac{0{,}14816 \text{ mmol de Pb} \times 0{,}2072 \text{ g de Pb/mmol Pb}}{0{,}4085 \text{ g de amostra}} \times 100\% = 7{,}515\% \text{ de Pb}$$

$$\frac{0{,}72326 \text{ mmol de Mg} \times 0{,}024305 \text{ g de Mg/mmol de Mg}}{0{,}4085 \text{ g de amostra}} \times 100\% = 4{,}303\% \text{ de Mg}$$

$$\frac{0{,}59095 \text{ mmol de Zn} \times 0{,}06538 \text{ g de Zn/mmol de Zn}}{0{,}4085 \text{ g de amostra}} \times 100\% = 9{,}459\% \text{ de Zn}$$

17D-9 Determinação da Dureza da Água

Historicamente, a "dureza" de uma água foi definida em termos da capacidade dos cátions na água em deslocar os íons sódio ou potássio em sabões e formar produtos poucos solúveis que produzem uma espécie de resíduo que adere às pias e banheiras. A maioria dos cátions com cargas múltiplas compartilha dessa propriedade indesejável. Em águas naturais, entretanto, a concentração de íons cálcio e magnésio geralmente excede muito a de qualquer outro íon metálico. Consequentemente, a dureza é expressa atualmente em termos da concentração de carbonato de cálcio, que é equivalente à concentração total de todos os cátions multivalentes presentes na amostra.

A água dura contém cálcio, magnésio e íons de metais pesados que formam precipitados com sabões (mas não com detergentes).

A determinação da dureza é um teste analítico útil que fornece uma medida da qualidade da água para uso doméstico e industrial. O teste é importante para a indústria porque a água dura, ao ser aquecida, precipita carbonato de cálcio, que obstrui as caldeiras e tubulações.

A água dura é geralmente determinada por meio de uma titulação com EDTA após a amostra ter sido tamponada a pH 10. O magnésio, que forma o complexo menos estável com EDTA, dentre todos os cátions multivalentes comuns nas amostras típicas de água, não é titulado até que tenha sido adicionado reagente suficiente para complexar todos os outros cátions na amostra. Portanto, um indicador para o íon magnésio, como a calmagita ou Negro de Eriocromo T, pode servir como indicador nas titulações de água dura. Frequentemente, uma pequena concentração do quelato de magnésio-EDTA é incorporada no titulante para garantir a presença de íons magnésio suficiente para a satisfatória ação de indicação. O Destaque 17-7 fornece um exemplo de um conjunto para testar a água doméstica para dureza.

DESTAQUE 17-7

Kits de Testes para Dureza da Água

Os kits de testes para a determinação da dureza da água doméstica estão disponíveis em lojas de venda de amolecedores de água potável e materiais de encanamento. Eles geralmente consistem em um frasco calibrado para conter um volume conhecido de água, um pacote com uma quantidade apropriada de uma mistura tampão sólida, uma solução indicadora e uma garrafa de solução padrão de EDTA, equipada com um conta-gotas. Um kit típico é mostrado na **Figura 17D-2**. O número de gotas do reagente padrão necessário para provocar a mudança de cor é contado. A solução de EDTA normalmente é preparada com uma concentração tal que uma gota corresponda a um "grain" (cerca de 0,065 g) de carbonato de cálcio por litro de água. Os amolecedores domésticos de água, que usam o processo de troca iônica para remover a dureza, são discutidos no Destaque 31-2.

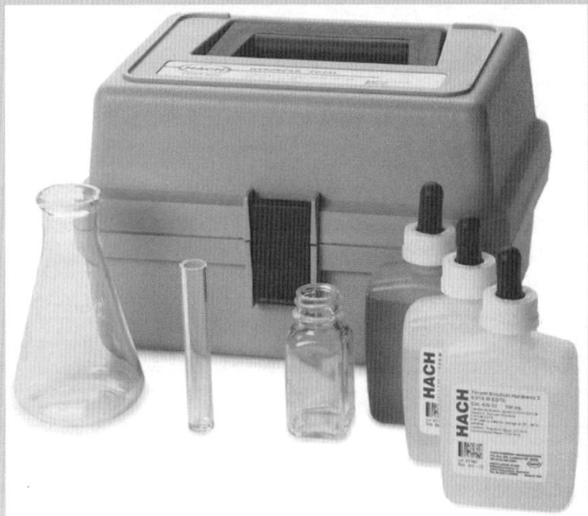

© Hach Company

Figura 17D-2 Conjunto típico para testar a água doméstica para dureza.

TRABALHO NA WEB

A dissolução do sal de EDTA ($Na_2H_2Y \cdot 2H_2O$) é largamente usada para preparar soluções padrão de EDTA. O ácido livre é também usado, mas ele não é muito solúvel em água. Use um mecanismo de busca para localizar os Materials Safety Data Sheets para estes reagentes. Quais são as solubilidades dos dois reagentes em água em g por 100 mL? Quais são, se houver algum, os efeitos destes produtos químicos para saúde? Qual é a classificação do T-Baker Safe-T-Data™ para o sal dissódico? Quais precauções são recomendadas ao trabalhar com estes reagentes no laboratório? Como os reagentes ou soluções contendo-os devem ser dispensados?

QUESTÕES E PROBLEMAS

17-1. Defina.
*(a) ligante.
(b) quelato.
*(c) agente quelante tetradentado.
(d) indicador de adsorção.
(e) titulação argentométrica
(f) constante de formação condicional
*(g) titulação de deslocamento com EDTA.
(h) água dura.

17-2. Por que os ligantes multidentados são preferidos a ligantes monodentados em titulações complexométricas?

***17-3.** Descreva três métodos gerais para a realização de titulações com EDTA. Quais as vantagens de cada um?

17-4. Escreva as equações químicas e as expressões das constantes de equilíbrio para a formação progressiva de
*(a) $Ag(S_2O_3)_2^{3-}$.
(b) $Ni(CN)_4^{2-}$.
(c) $Cd(SCN)_3^-$.

***17-5.** Explique como as constantes progressivas e globais estão relacionadas.

17-6 Escreva as fórmulas químicas para os seguintes íons complexos:
(a) hexaminzinco(II).
(b) dicloroargentato.
(c) dissulfatocuprato(II).
(d) trioxalatoferrato(III).
(e) hexacianoferrato(II).

***17-7.** Em que aspecto o método de Fajans é superior ao método de Volhard para a titulação de íon cloreto?

17-8. Explique brevemente por que um produto ligeiramente solúvel deve ser removido por filtração antes de você retrotitular o excesso de íon prata na determinação de Volhard de
(a) íon cloreto.
(b) íon cianeto.
(c) íon carbonato.

***17-9.** Por que a carga na superfície das partículas de precipitado mudam o sinal do ponto de equivalência de uma titulação?

17-10. Esboce um método para a determinação de K^+ baseado na argentometria. Escreva equações balanceadas para as reações químicas.

***17-11.** Escreva as equações em termos de constantes de dissociação de ácidos e $[H^+]$ para os valores mais altos de alfa para cada um dos seguintes ácidos fracos ligantes:
(a) acetato (α_1).
(b) tartarato (α_2).
(c) fosfato (α_3).

17-12. Escreva as constantes de formação para os complexos 1:1 de Fe(III) com cada um dos ligantes no problema 17-7. Expresse essas constantes em termos do valor α e a constante de formação em termos de concentração, como na Equação 17-20.

***17-13.** Escreva a constante de formação global para $[Fe(ox)_3]^{3-}$ em termos de α_2 para o ácido oxálico e o valor de β para o complexo. Também expresse a constante condicional em termos de concentrações como na Equação 17-20.

17-14. Proponha um método complexométrico para a determinação dos componentes individuais em uma solução contendo In^{3+}, Zn^{2+} e Mg^{2+}.

***17-15.** Dada uma reação de formação de complexo global de $M + nL \rightleftharpoons ML_n$, com uma constante de formação global de β_n, mostre que a seguinte relação é válida:

$$\log \beta_n = pM + npL - pML_n$$

17-16. Por que uma pequena quantidade de MgY^{2-} frequentemente é adicionada a uma amostra de água a ser titulada para a determinação da sua dureza?

***17-17.** Uma solução de EDTA foi preparada pela dissolução de 3,426 g de $Na_2H_2Y_2 \cdot 2H_2O$ purificado e seco em água suficiente para 1,000 L. Calcule a concentração molar, sabendo que o soluto contém 0,3% de excesso de umidade (veja a Seção 17D-1).

17-18. Uma solução foi preparada pela dissolução de cerca de 3,0 g de $NaH_2Y_2 \cdot 2H_2O$ em aproximadamente 1 L de água e padronizada contra alíquotas de 50,00 mL de Mg^{2+} 0,004423 mol L^{-1}. Foi requerido um volume médio de 30,27 mL nas titulações. Calcule a concentração molar do EDTA.

***17-19.** Uma solução contém 1,569 mg de $CoSO_4$ (155,0 g/mol) por mililitro. Calcule:
(a) o volume de EDTA 0,007840 mol L^{-1} necessário para titular uma alíquota de 25,00 mL dessa solução.
(b) o volume de Zn^{2+} 0,009275 mol L^{-1} necessário para titular o excesso de reagente após a adição de 50,00 mL de EDTA 0,007840 mol L^{-1} a uma alíquota de 25,00 mL dessa solução.
(c) o volume de EDTA 0,007840 mol L^{-1} necessário para titular Zn^{2+} deslocado por Co^{2+} após a adição de um excesso não medido de ZnY^{2-} a uma alíquota de 25,00 mL da solução de $CoSO_4$. A reação é

$$Co^{2+} + ZnY^{2-} \rightarrow CoY^{2-} + Zn^{2+}$$

17-20. Calcule o volume de EDTA 0,0500 mol L^{-1} necessário para titular:
*(a) 29,13 mL de $Mg(NO_3)_2$ 0,0598 mol L^{-1}.
(b) o Ca em 0,1598 g de $CaCO_3$.

*(c) o Ca em 0,4861 g de uma espécie mineral que é 81,4% em brushita $CaHPO_4 \cdot 2H_2O$ (172,9 g mol^{-1}).

(d) o Mg em uma amostra de 0,1795 g do mineral hidromagnesita, $3MgCO_3Mg(OH)_2 \cdot 3H_2O$.

*(e) o Ca e o Mg em 0,1612 g de uma amostra que é 92,5% dolomita, $CaCO_3 \cdot MgCO_3$ (184,4 g mol^{-1}).

***17-21.** O Zn em 0,7457 g de talco para os pés foi titulado com 22,57 mL de EDTA 0,01639 mol L^{-1}. Calcule a porcentagem de Zn presente nessa amostra.

17-22. O Cr em uma superfície cromada que mede 3,00 × 4,00 cm foi dissolvido em HCl. O pH foi adequadamente ajustado e, em seguida, foram adicionados 15,00 mL de EDTA 0,01768 mol L^{-1}. O reagente em excesso requereu um volume de 4,30 mL na retrotitulação com Cu^{2+} 0,008120 mol L^{-1}. Calcule a massa média de Cr em cada centímetro quadrado da superfície.

17-23. Uma solução de nitrato de prata contém 14,77 g de $AgNO_3$ de padrão primário em 1,00 L. Qual volume desta solução será necessário para reagir com

*(a) 0,2631 g de NaCl?

(b) 0,1799 g de Na_2CrO_4?

*(c) 64,13 mg de Na_3AsO_4?

(d) 381,1 mg de $BaCl_2 \cdot 2H_2O$?

*(e) 25,00 mL de Na_3PO_4 0,05361 mol L^{-1}?

(f) 50,00 mL de H_2S 0,01808 mol L^{-1}?

17-24. Qual é a concentração molar analítica de uma solução de nitrato de prata se uma alíquota de 25,00 mL reage com cada uma das quantidades de soluto relacionadas no Problema 17-23?

17-25. Qual volume mínimo de $AgNO_3$ 0,09621 mol L^{-1} será necessário para garantir um excesso de íon prata na titulação de

*(a) uma amostra impura de NaCl com massa de 0,2513 g?

(b) uma amostra de 0,3462 g de $ZnCl_2$ 74,52% (m/m)?

*(c) 25,00 mL de $AlCl_3$ 0,01907 mol L^{-1}?

17-26. Uma titulação de Farjans de uma amostra de 0,7908 g requer 45,32 mL de $AgNO_3$ 0,1046 mol L^{-1}. Expresse os resultados desta análise em termos de percentagem de

(a) Cl^-.

(b) $BaCl_2 \cdot H_2O$.

(c) $ZnCl_2 \cdot 2NH_4Cl$ (243,28 g mol^{-1}).

***17-27.** O Tl em uma amostra de 9,57 g de raticida foi oxidado a um estado trivalente e tratado com excesso não medido de solução Mg/EDTA. A reação é

$$Tl^{3+} + MgY^{2-} \rightarrow TlY^- + Mg^{2+}$$

A titulação do Mg^{2+} liberado requereu 12,77 mL de EDTA 0,03610 mol L^{-1}. Calcular a porcentagem de Tl_2SO_4 (504,8 g mol^{-1}) na amostra.

17-28. Uma solução de EDTA foi preparada pela dissolução de aproximadamente 4 g de sal dissódico em aproximadamente 1 L de água. Uma média de 42,35 mL dessa solução foi requerida para titular uma alíquota de 50,00 mL de padrão contendo 0,7682 g de $MgCO_3$ por litro. A titulação de uma amostra de 25,00 mL de água mineral a pH 10 requereu 18,81 mL da solução de EDTA. Uma alíquota de 50,00 mL da água mineral foi fortemente alcalinizada para precipitar o magnésio como $Mg(OH)_2$. A titulação, com um indicador específico para cálcio, requereu 31,54 mL da solução de EDTA. Calcule:

(a) a concentração molar da solução de EDTA.

(b) a concentração de $CaCO_3$ na água mineral (ppm).

(c) a concentração de $MgCO_3$ na água mineral (ppm).

***17-29.** Uma alíquota de 50,00 mL de uma solução contendo ferro(II) e ferro(III) requereu 10,98 mL de EDTA 0,01500 mol L^{-1} quando titulada em pH 2,0 e 23,70 mL quando titulada em pH 6,0. Expresse a concentração da solução em termos de partes por milhão da cada soluto.

17-30. Uma amostra de urina coletada por 24 horas foi diluída a 2,000 L. Após a solução ter sido tamponada a pH 10, uma alíquota de 10,00 mL foi titulada com 23,57 mL de EDTA 0,004590 mol L^{-1}. O cálcio em uma segunda alíquota de 10,00 mL foi isolado como $CaC_2O_4(s)$, redissolvido em ácido e titulado com 10,53 mL da solução de EDTA. Presumindo que as quantidades normais se situem entre 15 e 300 mg de magnésio e 50 e 400 mg de cálcio por dia, essa amostra cai dentro dessa faixa?

***17-31.** Uma amostra de massa de 1,509 g de uma liga Pb/Cd foi dissolvida em ácido e diluída a exatamente 250,0 mL em um balão volumétrico. Uma alíquota de 50,00 mL da solução diluída foi levada a pH 10,0 com um tampão NH_4^+/NH_3; a subsequente titulação envolveu os dois cátions e requereu 28,89 mL de EDTA 0,06950 mol L^{-1}. Uma segunda alíquota de 50,00 mL foi levada a pH 10,0 com um tampão HCN/NaCN, o qual também serviu para mascarar o Cd^{2+}; foram necessários 11,56 mL de solução de EDTA para titular o Pb^{2+}. Calcule as porcentagens de Pb e Cd na amostra.

17-32. Uma amostra de 0,6004 g de Ni/Cu de uma tubulação de um condensador foi dissolvida em ácido e diluída a 100,0 mL em um balão volumétrico. A titulação dos cátions em uma alíquota de 25,0 mL dessa solução requereu 45,81 mL de EDTA 0,05285 mol L^{-1}. O ácido mercaptoacético e Mg^{2+} foram então adicionados; a produção do complexo de Cu com esse ácido resultou na liberação de quantidade equivalente de EDTA, o qual requereu uma titulação com 22,85 mL de Mg^{2+} 0,07238 mol L^{-1}. Calcule a porcentagem de Cu e Ni na liga.

***17-33.** A calamina, que é utilizada para aliviar as irritações na pele, é uma mistura de óxidos de zinco e de ferro. Uma amostra de massa igual a 1,056 g de calamina seca foi dissolvida em ácido e diluída a 250,0 mL. Adicionou-se fluoreto de potássio a uma alíquota de 10,00 mL da solução diluída para mascarar o ferro; após o ajuste adequado do pH, o Zn^{2+} consumiu 38,37 mL de EDTA 0,01133 mol L^{-1}. Uma segunda alíquota 50,00 mL foi adequadamente tamponada e titulada com 2,30 mL de solução de ZnY^{2-} 0,002647 mol L^{-1}:

$$Fe^{3+} + ZnY^{2-} \rightarrow FeY^{-} + Zn^{2+}$$

Calcule as porcentagens de ZnO e Fe_2O_3 na amostra.

***17-34.** Uma amostra com 3,650 g contendo bromato e brometo foi dissolvida em água o suficiente até completar 250,0 mL. Após acidificação, foi adicionado nitrato de prata em uma alíquota de 25,00 mL para precipitar AgBr, que foi filtrado, lavado e então redissolvido em solução amoniacal de tetracianoniquelato(II) de potássio:

$$Ni(CN)_4^{2-} + 2AgBr(s) \rightarrow 2Ag(CN)_2^{-} + Ni^{2+} + 2Br^{-}$$

O íon níquel liberado requereu 26,73 mL de EDTA 0,02089 mol L^{-1}. O bromato em uma alíquota de 10,00 mL foi reduzido a brometo com arsênio(III) antes da adição de nitrato de prata. O mesmo procedimento foi seguido e o níquel liberado foi titulado com 21,94 mL da solução de EDTA. Calcule a porcentagem de NaBr e $NaBrO_3$ na amostra.

17-35. O íon potássio em 250,0 mL de uma amostra de água mineral foi precipitado com tetrafenilborato de sódio:

$$K^{+} + B(C_6H_5)_4^{-} \rightarrow KB(C_6H_5)(s)$$

O precipitado foi filtrado, lavado e redissolvido em um solvente orgânico. Um excesso de quelato EDTA/mercúrio(II) foi adicionado:

$$4HgY^{2-} + B(C_6H_4)_4^{-} + 4H_2O \rightarrow$$
$$H_3BO_3 + 4C_6H_5Hg^{+} + 4HY^{3-} + OH^{-}$$

O EDTA liberado foi titulado com 29,64 mL de Mg^{2+} 0,05581 mol L^{-1}. Calcule a concentração do íon potássio em partes por milhão.

***17-36.** O cromel é uma liga composta de níquel, ferro e cromo. Uma amostra com 0,6553 g foi dissolvida e diluída até completar 250,0 mL. Quando uma alíquota de 50,00 mL de EDTA 0,05173 mol L^{-1} foi misturada com um volume igual da solução diluída, todos os três íons foram complexados e uma retrotitulação requereu 5,34 mL de cobre(II) 0,06139 mol L^{-1}. O cromo, em uma segunda alíquota de 50,0 mL, foi mascarado com a adição de hexametilenotetramina; a titulação de Fe e Ni requereu 36,98 mL de EDTA 0,05173 mol L^{-1}. O ferro e o cromo foram mascarados com pirofosfato em uma terceira alíquota de 50,0 mL e o níquel foi titulado como 24,53 mL da solução de EDTA. Calcule a porcentagem de níquel, cromo e ferro na liga.

17-37. Uma amostra com 0,3304 g de latão (contendo chumbo, zinco, cobre e estanho) foi dissolvida em ácido nítrico. O $SnO_2 \cdot 4H_2O$ pouco solúvel foi removido por filtração, lavado e as águas de filtragem e lavagem foram combinadas e diluídas a 500,0 mL. Uma alíquota de 10,0 mL foi adequadamente tamponada e a titulação do chumbo, níquel e cobre dessa alíquota requereu 34,78 mL de EDTA 0,002700 mol L^{-1}. O cobre de uma alíquota de 25,00 mL foi mascarado com tiossulfato; o chumbo e o zinco foram então titulados com 25,62 mL da solução de EDTA. O íon cianeto foi utilizado para mascarar o cobre e o zinco em uma alíquota de 100 mL e foram necessários 10,00 mL da solução de EDTA para titular o íon chumbo. Determine a composição da amostra de latão; avalie a porcentagem do estanho por diferença.

***17-38.** Calcule as constantes condicionais para a formação do complexo de Fe^{2+} com EDTA em pH (a) 6,0; (b) 8,0; (c) 10,0.

17-39. Calcule as constantes condicionais para a formação do complexo de Ba^{2+} com EDTA em pH (a) 5,0; (b) 7,0; (c) 9,0 e 11,0.

17-40. Construa a curva de titulação para 50,00 mL de Sr^{2+} 0,01000 mol L^{-1} com EDTA 0,02000 mol L^{-1} em uma solução tamponada em pH 11,0. Calcule os valores de pSr após a adição de 0,00; 10,00; 24,00; 24,90; 25,00; 25,10; 26,00 e 30,00 mL de titulante.

17-41. Construa a curva de titulação para 50,00 mL de Fe^{2+} 0,0150 mol L^{-1} com EDTA 0,0300 mol L^{-1} em uma solução tamponada em pH 7,0. Calcule os valores de pFe após a adição de 0,00; 10,00; 24,00; 24,90; 25,00; 25,10; 26,00 e 30,00 mL de titulante.

***17-42.** A titulação de Ca^{2+} e Mg^{2+} em uma amostra de 50,00 mL de água dura requereu 23,65 mL de EDTA 0,01205 mol L^{-1} Mg^{2+}. Uma segunda alíquota de 50,00 mL foi fortemente alcalinizada com NaOH para precipitar o Mg^{2+} na forma de $Mg(OH)_2(s)$. O líquido sobrenadante foi titulado com 14,53 mL da solução de EDTA. Calcule:

(a) a dureza total da amostra de água expressa em ppm de $CaCO_3$.

*(b) a concentração, em ppm, de $CaCO_3$ na amostra.

(c) a concentração, em ppm, de $MgCO_3$ na amostra.

17-43. Problema Desafiador. O sulfeto de zinco, ZnS, é pouco solúvel na maioria das situações. Com a amônia o Zn^{2+} forma quatro complexos, $Zn(NH_3)^{2+}$, $Zn(NH_3)_2{}^{2+}$, $Zn(NH_3)_3{}^{2+}$ e $Zn(NH_3)_4{}^{2+}$. A amônia, é claro, é uma base e o S^{2-} é o ânion do ácido diprótico fraco H_2S. Determine a solubilidade molar do sulfeto de zinco em:

(a) água a pH 7,0.

(b) uma solução contendo NH_3 0,100 mol L^{-1}.

(c) Um tampão pH 9,00 de amônia/íon amônio com uma concentração total de $NH_3/NH_4{}^+$ de 0,100 mol L^{-1}.

(d) A mesma solução da parte (c), exceto que esta contém também EDTA 0,100 mol L^{-1}.

(e) Use um programa de busca na Internet e localize a *Materials Safety Data Sheet* (MSDS) (Lista de Segurança dos Materiais) para o ZnS. Determine quais são os perigos para a saúde apresentados pelo ZnS.

(f) Verifique se existe um pigmento fosforescente contendo ZnS. O que ativa o pigmento de forma que esse possa "brilhar no escuro"?

(g) Verifique qual é o uso que se faz do ZnS na fabricação de componentes óticos. Por que o ZnS é útil para estes componentes?

PARTE IV Métodos Eletroquímicos

capítulo 18

Introdução à Eletroquímica

© Norbert Wu/Minden Pictures/Corbis

Desde os primórdios das ciências experimentais, os pesquisadores como Galvani, Volta e Cavendish perceberam que a eletricidade interage de maneira interessante e importante com os tecidos animais. As cargas elétricas provocam a contração muscular, por exemplo. Talvez mais surpreendente seja que alguns animais, como o torpedo, produzem cargas por meios fisiológicos. Mais de 50 bilhões de terminais nervosos localizados nas "asas" achatadas do torpedo em seus lados esquerdo e direito produzem acetilcolina rapidamente na parte inferior das membranas existentes nessas asas. Acetilcolina faz com que os íons sódio movam-se através das membranas, produzindo uma rápida separação de cargas e uma diferença de potencial correspondente ou voltagem, ao longo da membrana.[1] A diferença de potencial então gera uma corrente elétrica de vários ampères na água do mar da vizinhança, que pode ser empregada para afastar ou matar predadores, repelir inimigos, ou para navegar. Os dispositivos naturais que separam cargas e criam diferenças de potencial elétrico são relativamente raros, mas os humanos aprenderam a separar cargas mecânica, metalúrgica e quimicamente para criar as células, as baterias e outros dispositivos úteis de armazenamento de cargas.

Agora dedicaremos nossa atenção a vários métodos analíticos que se baseiam em reações de oxidação-redução. Esses métodos, que são descritos nos Capítulos 18 a 23, incluem a titulometria de oxidação-redução, a potenciometria, a coulometria, a eletrogravimetria e a voltametria. Neste capítulo, apresentamos os fundamentos de eletroquímica que são necessários para entender os princípios desses procedimentos.

18A A CARACTERIZAÇÃO DAS REAÇÕES DE OXIDAÇÃO-REDUÇÃO

As **reações de oxidação-redução** algumas vezes são chamadas reações redox.

Em uma **reação de oxidação-redução**, os elétrons são transferidos de um reagente para outro. Um exemplo é a oxidação de íons ferro(II) por íons cério(IV). A reação é descrita pela equação

$$Ce^{4+} + Fe^{2+} \rightleftharpoons Ce^{3+} + Fe^{3+} \tag{18-1}$$

Nessa reação, um elétron é transferido do Fe^{2+} para o Ce^{4+} para formar íons Ce^{3+} e Fe^{3+}. Uma substância que tem uma grande afinidade por elétrons, tal como o Ce^{4+},

[1] Y. Dunant e M. Israel, *Sci. Am*, v. 252, p. 58, **1985**, **DOI**: 10.1038/scientificamerican0485-58.

é chamada **agente oxidante** ou **oxidante**. Um **agente redutor**, ou **redutor**, é uma espécie, tal como o Fe^{2+}, que doa um elétron para outra espécie. Para descrever o comportamento representado pela Equação 18-1, dizemos que o Fe^{2+} é oxidado pelo Ce^{4+}; de forma similar, Ce^{4+} é reduzido por Fe^{2+}.

Um **agente redutor** é um doador de elétrons. um **agente oxidante** é um receptor de elétrons.

Podemos dividir qualquer reação de oxidação-redução em duas semiequações que mostram qual espécie ganha elétrons e qual os perde. Por exemplo, a Equação 18-1 é a soma de duas semirreações

$$Ce^{4+} + e^- \rightleftharpoons Ce^{3+} \qquad \text{(redução de } Ce^{4+}\text{)}$$

$$Fe^{2+} \rightleftharpoons Fe^{3+} + e^- \qquad \text{(oxidação de } Fe^{2+}\text{)}$$

É importante entender que, enquanto podemos escrever uma equação para uma semirreação na qual os elétrons são consumidos ou produzidos, não podemos observar uma semirreação isoladamente, porque é sempre necessário existir uma segunda semirreação que serve como uma fonte de elétrons ou um recipiente de elétrons. Em outras palavras, uma semirreaçao individual é um conceito teórico.

As regras para o balanceamento de semirreações (veja o Destaque 18-1) são as mesmas que aquelas para outros tipos de reações; isto é, o número de átomos de cada elemento, assim como a carga líquida de cada lado da equação, precisa ser o mesmo. Portanto, para a oxidação do Fe^{2+} por MnO_4^-, as semirreações são

$$MnO_4^- + 5e^- + 8H^+ \rightleftharpoons Mn^{2+} + 4H_2O$$

$$5Fe^{2+} \rightleftharpoons 5Fe^{3+} + 5e^-$$

Na primeira semirreaçao, a carga líquida do lado esquerdo é $(-1 - 5 + 8) = +2$, que é a mesma carga do lado direito da reação. Observe também que multiplicamos a segunda semirreação por 5 para que o número de elétrons perdido pelo Fe^{2+} seja igual ao número de elétrons ganho pelo MnO_4^-. Então, podemos escrever a equação iônica líquida balanceada para a reação global somando as duas semirreações.

$$MnO_4^- + 5Fe^{2+} + 8H^+ \rightleftharpoons Mn^{2+} + 5Fe^{3+} + 4H_2O$$

18A-1 Comparação das Reações Redox com as Reações Ácido-base

Lembre-se de que segundo o conceito de Brønsted-Lowry, uma reação ácido-base é descrita pela equação

$$\text{ácido}_1 + \text{base}_2 \rightleftharpoons \text{base}_1 + \text{ácido}_2$$

As reações de oxidação-redução podem ser vistas de uma maneira análoga ao conceito de Brønsted-Lowry para as reações ácido-base (veja a Seção 9A-2). Em ambas, uma ou mais partículas carregadas são transmitidas de um doador para um receptor – as partículas são elétrons nas reações de oxidação-redução e prótons na neutralização. Quando um ácido doa um próton, ele se torna a base conjugada que é capaz de aceitar um próton. Por analogia, quando um agente redutor doa um elétron, ele se torna um agente oxidante que então pode aceitar um elétron. Esse produto poderia ser chamado oxidante conjugado, mas essa terminologia raramente é utilizada. Com essa ideia em mente, podemos escrever uma equação geral para uma reação redox na forma

DESTAQUE 18-1

Balanceamento de Equação Redox

Saber como balancear as reações de oxidação-redução é essencial para a compreensão de todos os conceitos tratados neste capítulo. Embora você provavelmente se lembre dessa técnica da disciplina de Química Geral, aqui apresentamos uma revisão rápida para lembrá-lo de como o processo funciona. Para praticar, complete e balanceie a seguinte equação após adicionar H^+, OH^- ou H_2O conforme necessário.

$$MnO_4^- + NO_2^- \rightleftharpoons Mn^{2+} + NO_3^-$$

Primeiro, escrevemos e balanceamos as duas semirreações envolvidas. Para o MnO_4^-, escrevemos

$$MnO_4^- \rightleftharpoons Mn^{2+}$$

Levando em consideração os quatro átomos de oxigênio presentes no lado esquerdo da equação, adicionamos $4H_2O$ do lado direito da equação. Então, para balancear os átomos de hidrogênio temos que adicionar $8H^+$ do lado esquerdo:

$$MnO_4^- + 8H^+ \rightleftharpoons Mn^{2+} + 4H_2O$$

Para balancear as cargas, precisamos adicionar cinco elétrons do lado esquerdo da equação. Assim

$$MnO_4^- + 8H^+ + 5e^- \rightleftharpoons Mn^{2+} + 4H_2O$$

Para a outra semirreação,

$$NO_2^- \rightleftharpoons NO_3^-$$

adicionamos uma H_2O do lado esquerdo da equação para suprir o oxigênio necessário e $2H^+$ do lado direito para balancear o hidrogênio:

$$NO_2^- + H_2O \rightleftharpoons NO_3^- + 2H^+$$

Então adicionamos dois elétrons no lado direito para balancear as cargas.

$$NO_2^- + H_2O \rightleftharpoons NO_3^- + 2H^+ + 2e^-$$

Antes de combinar as duas equações, precisamos multiplicar a primeira por 2 e a segunda por 5, assim o número de elétrons perdidos será igual ao número de elétrons ganho. Então combinamos as duas semirreações para obter

$$2MnO_4^- + 16H^+ + 10e^- + 5NO_2^- + 5H_2O \rightleftharpoons$$
$$2Mn^{2+} + 8H_2O + 5NO_3^- + 10H^+ + 10e^-$$

Esta equação rearranja-se para a equação balanceada

$$2MnO_4^- + 6H^+ + 5NO_2^- \rightleftharpoons 2Mn^{2+} + 5NO_3^- + 3H_2O$$

$$A_{red} + B_{ox} \rightleftharpoons A_{ox} + B_{red} \qquad (18\text{-}2)$$

Nesta equação B_{ox}, a forma oxidada da espécie B, recebe elétrons de A_{red} para formar o novo redutor, B_{red}. Ao mesmo tempo, o redutor A_{red}, tendo liberado os elétrons, torna-se um agente oxidante, A_{ox}. Se soubermos a partir de evidências químicas que o equilíbrio na Equação 18-2 tende para a direita, podemos afirmar que B_{ox} é um receptor de elétrons mais eficiente (oxidante mais forte) que A_{ox}. De maneira análoga, A_{red} é um doador de elétrons mais efetivo (melhor redutor) que B_{red}.

Figura 18-1 Fotografia de uma "árvore de prata" criada pela imersão de uma espiral de fio de cobre em uma solução de nitrato de prata.

EXEMPLO 18-1

As seguintes reações são espontâneas e, portanto, procedem para a direita, como escrito

$$2H^+ + Cd(s) \rightleftharpoons H_2 + Cd^{2+}$$
$$2Ag^+ + H_2(g) \rightleftharpoons 2Ag(s) + 2H^+$$
$$Cd^{2+} + Zn(s) \rightleftharpoons Cd(s) + Zn^{2+}$$

O que podemos deduzir com relação às forças de H^+, Ag^+, Cd^{2+} e Zn^{2+},como receptores de elétrons (ou agentes oxidantes)?

Resolução

A segunda reação evidencia que o Ag^+ é um receptor de elétrons mais efetivo que H^+; a primeira reação demonstra que o H^+ é mais efetivo que Cd^{2+}. Finalmente, a terceira equação mostra que o Cd^{2+} é mais eficiente que o Zn^{2+}. Logo, a ordem de força de oxidação é $Ag^+ > H^+ > Cd^{2+} > Zn^{2+}$.

18A-2 Reações de Oxidação-Redução em Células Eletroquímicas

Muitas reações de oxidação-redução podem ser realizadas de duas formas que são fisicamente muito diferentes. Em uma delas, a reação é desenvolvida colocando-se o oxidante e o redutor em contato direto, em um recipiente adequado. Na segunda forma, a reação é realizada em uma célula eletroquímica na qual os reagentes não estão em contato direto uns com os outros. Um exemplo do contato direto consiste no famoso experimento chamado "árvore de prata", no qual um pedaço de cobre é imerso em uma solução contendo nitrato de prata (**Figura 18-1**). Os íons prata migram para o metal e são reduzidos:

> Para uma ilustração interessante dessa reação, mergulhe um pedaço de cobre em uma solução contendo nitrato de prata. O resultado é a deposição de prata sobre o cobre na forma de uma "árvore de prata". Veja Figura 18-1 e as pranchas coloridas.

$$Ag^+ + e^- \rightleftharpoons Ag(s)$$

Ao mesmo tempo, uma quantidade equivalente de cobre é oxidada:

$$Cu(s) \rightleftharpoons Cu^{2+} + 2e^-$$

Multiplicando a semirreação da prata por dois e somando-se as reações, obtemos a equação iônica líquida para o processo global.

> As pontes salinas são amplamente utilizadas em eletroquímica para prevenir a mistura dos constituintes das duas soluções eletrolíticas que formam células eletroquímicas. Normalmente, as duas extremidades da ponte contêm discos de vidro sinterizado ou outros materiais porosos para prevenir a sifonação de líquido de um compartimento da célula para o outro.

$$2Ag^+ + Cu(s) \rightleftharpoons 2Ag(s) + Cu^{2+} \qquad (18\text{-}3)$$

Um aspecto singular das reações redox é que a transferência de elétrons – e, portanto, uma reação líquida idêntica – pode muitas vezes ser conduzida em uma **célula eletroquímica**, na qual o agente oxidante e o agente redutor estão fisicamente separados um do outro. A **Figura 18-2a** exibe um arranjo desse tipo. Observe que uma **ponte salina** isola os reagentes, mas mantém o contato elétrico entre as duas metades

Quando as soluções de $CuSO_4$ e $AgNO_3$ têm concentração 0,0200 mol L^{-1}, a célula desenvolve um potencial de 0,412 V, como pode ser visto na Figura 18-2a.

A expressão da constante de equilíbrio para a reação mostrada na Equação 18-3 é

$$K_{eq} = \frac{[Cu^{2+}]}{[Ag^+]} = 4.1 \times 10^{15} \quad (18\text{-}4)$$

Essa expressão se aplica se a reação ocorre diretamente entre os reagentes ou em uma célula eletroquímica.

No equilíbrio, as duas semirreações da célula continuam ocorrendo, porém suas velocidades são iguais.

da célula. Quando um voltímetro de resistência interna elevada é conectado, como mostrado, ou quando os eletrodos não estão conectados externamente, diz-se que a célula está em **circuito aberto** e desenvolve todo o seu potencial. Quando o circuito está aberto, não há ocorrência de reação líquida na célula, embora ainda mostremos que esta tem **potencial** para realizar trabalho. O voltímetro mede a diferença de potencial, ou **voltagem**, entre os dois eletrodos a qualquer instante. Essa voltagem é uma medida da tendência da reação da célula de prosseguir em direção ao equilíbrio.

Na **Figura 18-2b**, a célula está conectada de forma que os elétrons podem passar através de um circuito externo de baixa resistência. Agora, a energia potencial da célula é convertida em energia elétrica para acender uma lâmpada, acionar um motor ou realizar qualquer outro trabalho elétrico. Na célula mostrada na Figura 18-2b, o cobre metálico é oxidado no eletrodo do lado esquerdo, os íons prata são reduzidos no mesmo eletrodo e os elétrons fluem através do circuito externo para o eletrodo de prata. À medida que a reação prossegue, o potencial da célula que inicialmente era de 0,412 V, quando o circuito estava aberto, diminui continuamente e se aproxima de zero quando a reação global se aproxima do equilíbrio. Quando a célula está em equilíbrio, a reação direta (da esquerda para direita) ocorre na mesma velocidade que a reação reversa (da direita para a esquerda), e a voltagem da célula é zero. Uma célula com voltagem zero não realiza trabalho, como qualquer bateria descarregada em um *flash* ou em um microcomputador portátil pode comprovar.

Quando se atinge a voltagem zero na célula, como mostrado na Figura 18-2b, as concentrações dos íons Cu(II) e Ag(I) terão valores que satisfazem a expressão da constante de equilíbrio presente na Equação 18-4. Nesse ponto, não ocorrerá mais fluxo líquido de elétrons. *É importante observar que a reação global e a posição de equilíbrio são totalmente independentes da forma na qual a reação se desenvolve,* seja por uma reação direta que tem lugar em uma solução, seja por uma reação indireta conduzida em uma célula eletroquímica.

18B CÉLULAS ELETROQUÍMICAS

Em algumas células os eletrodos compartilham um mesmo eletrólito; essas células são denominadas **células sem junção líquida**. Para um exemplo desse tipo de célula, veja Figura 19-2 e Exemplo 19-7.

Podemos estudar os equilíbrios de oxidação-redução convencionalmente medindo os potenciais de células eletroquímicas nas quais as duas semirreações que compõem o equilíbrio sejam seus participantes. Por essa razão, precisamos considerar certas características das células eletroquímicas.

Uma célula eletroquímica consiste em dois condutores chamados **eletrodos**, cada um deles imerso em uma solução eletrolítica. Na maioria das células que serão de interesse para nós, as soluções nas quais os eletrodos estão imersos são diferentes e precisam ser mantidas separadas para evitar a reação direta entre os reagentes. O modo mais comum de evitar a mistura é pela inserção de uma ponte salina, como aquela mostrada na Figura 18-2, entre as soluções. Então a condução de eletricidade de uma solução eletrolítica para a outra ocorre pela migração de íons potássio presentes na ponte para uma direção e íons cloreto para a outra. Portanto, o contato direto entre o cobre metálico e os íons prata é evitado.

18B-1 Catodos e Anodos

Um **catodo** é um eletrodo no qual ocorre a redução. Um **anodo** é um eletrodo onde ocorre a oxidação.

Em uma célula eletroquímica, o **catodo** é o eletrodo no qual ocorre a redução. O **anodo** é o eletrodo no qual ocorre a oxidação.

Os exemplos de reações catódicas típicas incluem

$$Ag^+ + e^- \rightleftharpoons Ag(s)$$

$$Fe^{3+} + e^- \rightleftharpoons Fe^{2+}$$

$$NO_3^- + 10H^+ + 8e^- \rightleftharpoons NH^{4+} + 3H_2O$$

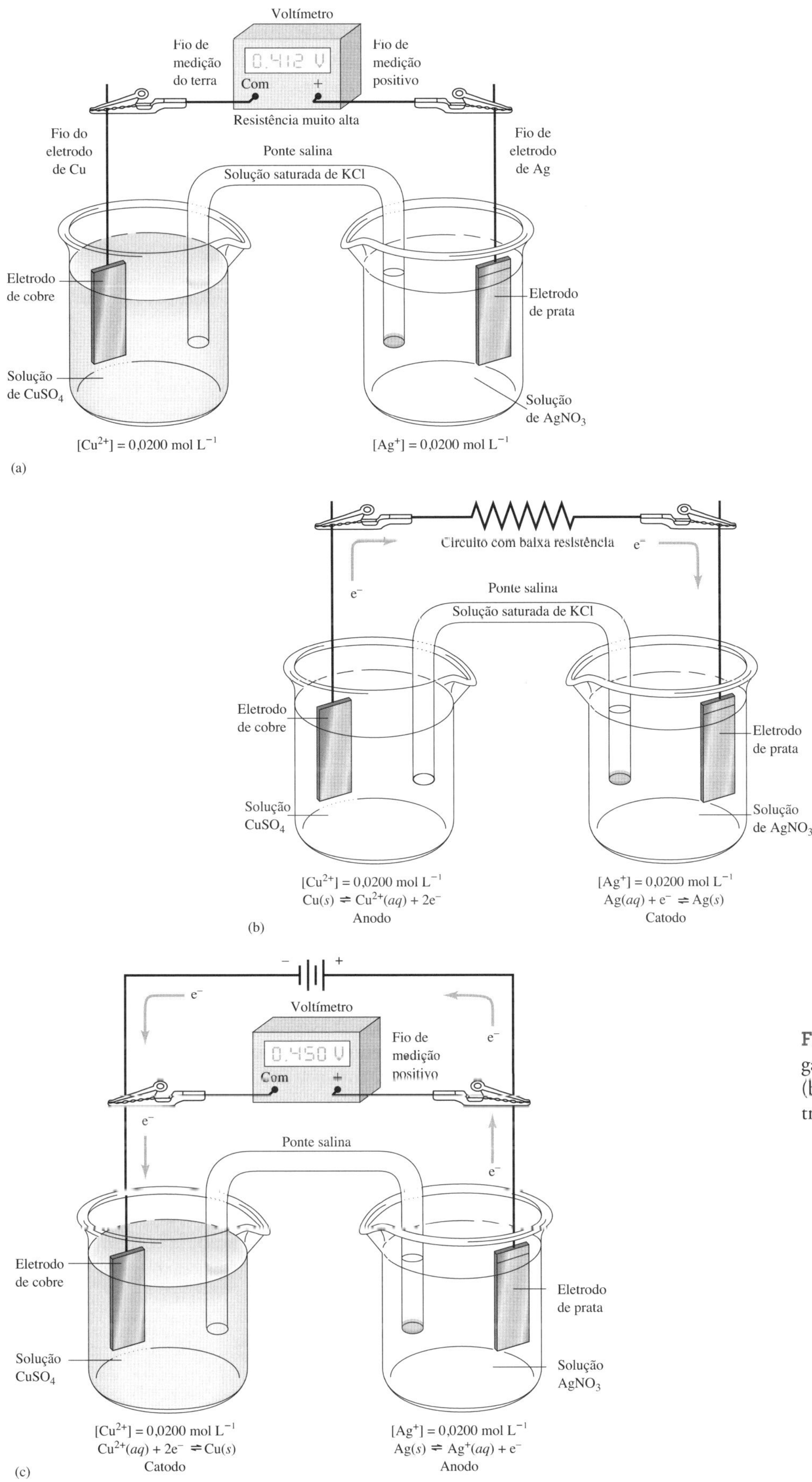

Figura 18-2 (a) Célula galvânica em circuito aberto; (b) célula galvânica realizando trabalho; (c) célula eletrolítica.

A reação $2H^+ + 2e^- \rightleftharpoons H_2(g)$ ocorre no catodo quando uma solução aquosa não contém outras espécies que são mais facilmente reduzidas que o H^+.

Podemos forçar uma determinada reação a ocorrer por meio da aplicação de um potencial adequado a um eletrodo construído com um material inerte, por exemplo, a platina. Observe que a redução do NO_3^- mostrada na terceira reação revela que os ânions podem migrar para o catodo e ser reduzidos.

Reações anódicas típicas abrangem

$$Cu(s) \rightleftharpoons Cu^{2+} + 2e^-$$

$$2Cl^- \rightleftharpoons Cl_2(g) + 2e^-$$

$$Fe^{2+} \rightleftharpoons Fe^{3+} + e^-$$

A semirreação envolvendo Fe^{2+}/Fe^{3+} pode parecer pouco usual dado que um cátion, ao contrário de um ânion, migra para o anodo e libera um elétron. A oxidação de um cátion na superfície de um anodo ou a redução de um anion na superfície de um catodo é um processo relativamente comum.

A primeira reação requer um anodo de cobre, mas as outras duas podem ser conduzidas na superfície de um eletrodo inerte de platina.

18B-2 Tipos de Células Eletroquímicas

As células eletroquímicas podem ser galvânicas ou eletrolíticas. Elas também podem ser classificadas como reversíveis ou irreversíveis.

Células galvânicas estocam energia elétrica; **células eletrolíticas** consomem energia elétrica.

As **células galvânicas** ou **voltaicas** armazenam energia elétrica. As **baterias** são geralmente feitas de várias dessas células conectadas em série para produzir voltagens mais elevadas que aquelas produzidas por uma única célula. Nessas células, as reações que ocorrem nos eletrodos tendem a prosseguir espontaneamente e produzem um fluxo de elétrons do anodo para o catodo através de um condutor externo. A célula mostrada na Figura 18-2a é uma célula galvânica que desenvolve um potencial de 0,412 V quando não há demanda de corrente. O eletrodo de prata é positivo em relação ao eletrodo de cobre, nessa célula. O eletrodo de cobre, que é negativo em relação ao eletrodo de prata, é uma fonte potencial de elétrons para o circuito externo quando a célula está descarregada. A célula apresentada na Figura 18-2b é a mesma célula galvânica, mas agora sob descarga, de maneira que os elétrons se movem através do circuito externo do eletrodo de cobre para o eletrodo de prata. Enquanto está sendo descarregada, o eletrodo de prata é o *catodo*, uma vez que aqui acontece a redução de Ag^+. O eletrodo de cobre é o *anodo*, dado que a oxidação do $Cu(s)$ ocorre nesse eletrodo. As células galvânicas operam espontaneamente e a reação líquida que ocorre durante a descarga é chamada **reação espontânea da célula**. Para a célula exposta na Figura 18-2b, a sua reação espontânea é dada pela Equação 18-3, isto é, $2Ag^+ + Cu(s) \rightleftharpoons 2Ag(s) + Cu^{2+}$.

A reação $2H_2O \rightleftharpoons O_2(g) + 4H^+ + 4e^-$ ocorre em um anodo quando uma solução aquosa não contém outras espécies que são mais facilmente oxidadas que a H_2O.

Para ambas as células, galvânicas e eletrolíticas, lembre-se de que (1) a redução sempre ocorre no catodo e (2) a oxidação sempre acontece no anodo. Porém, o catodo em uma célula galvânica torna-se o anodo quando a célula é operada como uma célula eletrolítica.

Uma **célula eletrolítica**, em contraste com uma célula voltaica, requer uma fonte externa de energia elétrica para sua operação. A célula na Figura 18-2 pode ser operada como uma célula eletrolítica conectando-se o polo positivo de uma fonte externa de voltagem, que tenha um potencial superior a 0,412 V, ao eletrodo de prata e o polo negativo da fonte ao eletrodo de cobre, como mostrado na **Figura 18-2c**. Uma vez que o polo negativo da fonte externa de voltagem é rico em elétrons, estes vão fluir desse polo para o eletrodo de cobre, no qual a redução de Cu^{2+} para $Cu(s)$ ocorre. A corrente é sustentada pela oxidação de $Ag(s)$ para Ag^+ que ocorre no eletrodo localizado do lado direito, produzindo elétrons que fluem para o polo positivo da fonte de voltagem. Note que, na célula eletrolítica, a direção da corrente é inversa àquela da célula galvânica mostrada na Figura 18-2b e que as reações nos eletrodos também são invertidas. O eletrodo de prata é forçado a se tornar o *anodo*, ao passo que o eletrodo de cobre é forçado a se tornar o *catodo*. A reação líquida que ocorre quando uma voltagem maior que aquela da célula galvânica é aplicada é oposta à reação espontânea da célula galvânica. Isto é,

$$2Ag(s) + Cu^{2+} \rightleftharpoons 2Ag^+ + Cu(s)$$

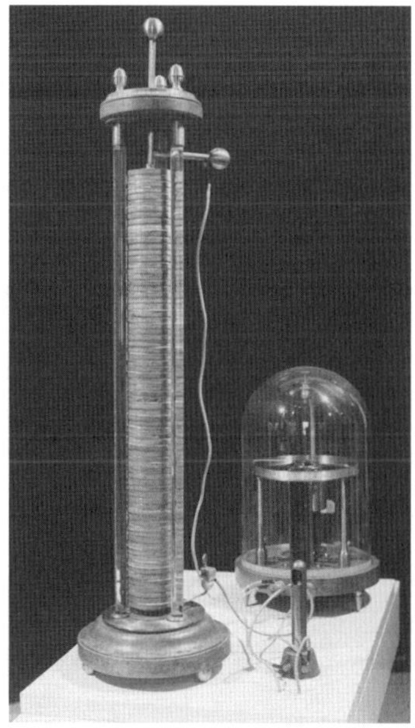

Alessandro Volta (1745–1827), físico italiano, foi o inventor da primeira bateria, a chamada pilha voltaica (mostrada à direita). Ela consistia de discos alternados de cobre e zinco separados por papelão embebido em solução salina. Em homenagem às suas muitas contribuições para a ciência da eletricidade, a unidade da diferença de potencial, o volt, deriva-se do nome Volta. Na realidade, no uso moderno, frequentemente chamamos a grandeza de voltagem ao invés de diferença de potencial.

A célula da Figura 18-2 é um exemplo de uma célula reversível, na qual a direção da reação eletroquímica é invertida quando se altera a direção do fluxo de elétrons. Em uma célula irreversível, a mudança da direção da corrente provoca a ocorrência de uma semirreação totalmente diferente em um ou ambos os eletrodos. A bateria de chumbo-ácido presente nos automóveis é um exemplo comum de uma série de células reversíveis. Quando um carregador externo ou o gerador carrega a bateria, sua célula é eletrolítica. Quando ela é empregada para fazer funcionar os faróis, o rádio ou a ignição, sua célula é galvânica.

Em uma **célula reversível**, a inversão da corrente reverte a reação da célula. Em uma **célula irreversível**, a inversão da corrente provoca a ocorrência de uma semirreação diferente em um ou ambos os eletrodos.

DESTAQUE 18-2

A Célula Gravitacional de Daniel

A célula gravitacional de Daniel foi uma das primeiras células galvânicas a encontrar ampla aplicação prática. Foi utilizada na metade do século XIX para fornecer energia para os sistemas de comunicação telegráficos. Como mostrado na **Figura 18D-1** (veja também as pranchas coloridas), o catodo era uma peça de cobre mergulhada em uma solução saturada em sulfato de cobre. Uma solução muito menos densa de sulfato de zinco diluído era colocada no topo da solução de sulfato de cobre e um eletrodo massivo de zinco ficava posicionado nessa solução. A reação do eletrodo era

$$Zn(s) \rightleftharpoons Zn^{2+} + 2e^-$$
$$Cu^{2+} + 2e^- \rightleftharpoons Cu(s)$$

Essa célula desenvolve uma voltagem inicial de 1,18 V, que gradualmente diminui à medida que a célula se descarrega.

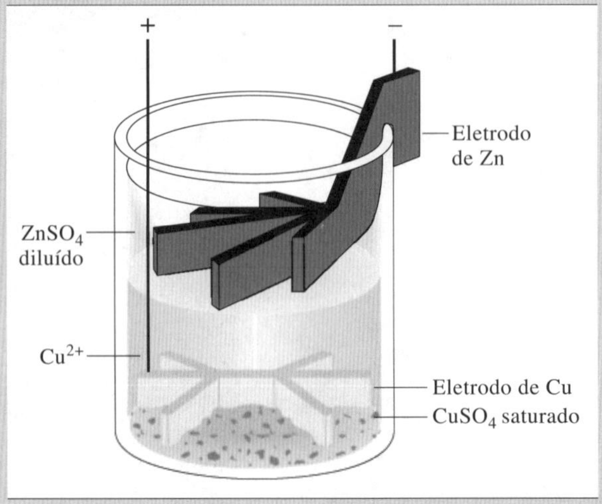

Figura 18D-1 Uma célula gravitacional de Daniel

18B-3 Representação Esquemática das Células

Frequentemente os químicos utilizam uma notação simplificada para descrever as células eletroquímicas. A célula exposta na Figura 18-2a, por exemplo, é descrita por

$$Cu\,|\,Cu^{2+}(0{,}0200 \text{ mol L}^{-1})\;||\;Ag^{+}(0{,}0200 \text{ mol L}^{-1})\,|\,Ag \qquad (18\text{-}5)$$

Por convenção, uma linha vertical simples indica um limite entre fases, ou interface, na qual o potencial se desenvolve. Por exemplo, a primeira linha vertical mostrada no esquema indica que o potencial se desenvolve no limite de fase entre o eletrodo de cobre e a solução de sulfato de cobre. A linha vertical dupla representa dois limites, um em cada extremidade da ponte salina. Há um **potencial de junção líquida** em cada uma dessas interfaces. O potencial de junção resulta de diferenças nas velocidades nas quais os íons presentes nos compartimentos das células e na ponte salina migram através das interfaces. Existe um potencial de junção líquida que pode alcançar valores tão elevados quanto várias centenas de volt, mas eles podem ser pequenos e desprezíveis se o eletrólito da ponte salina tiver um ânion e um cátion que migrem aproximadamente na mesma velocidade. Uma solução saturada em cloreto de potássio, KCl, é o eletrólito mais amplamente utilizado. Este eletrólito pode reduzir o potencial de junção a alguns milivolts ou menos. Para nossos propósitos, vamos negligenciar a contribuição dos potenciais de junção líquida para o potencial total da célula. Também existem vários exemplos de células que não têm junção líquida e, portanto, não requerem uma ponte salina.

Uma forma alternativa de representar a célula mostrada na Figura 18-1a é

$$Cu \mid CuSO_4(0{,}0200 \text{ mol L}^{-1}) \;||\; AgNO_3(0{,}0200 \text{ mol L}^{-1}) \mid Ag$$

Nesta descrição, os compostos empregados para preparar a célula são indicados, ao invés dos participantes ativos das semirreações da célula.

18B-4 Correntes em Células Eletroquímicas

A **Figura 18-3** mostra o movimento de vários transportadores de cargas presentes em uma célula galvânica durante sua descarga. Os eletrodos estão conectados por meio de um fio de forma que a reação espontânea da célula ocorra. A carga é transportada através de uma célula eletroquímica como esta pelos seguintes mecanismos:

1. Elétrons transportam a carga tanto nos eletrodos quanto nos condutores externos. Observe que, por convenção, a corrente, que normalmente é indicada pelo símbolo I, tem um fluxo oposto ao da direção dos elétrons.
2. Os ânions e os cátions são os transportadores de cargas na célula. No eletrodo da esquerda, o cobre é oxidado a íons cobre, liberando dois elétrons para o eletrodo. Como mostrado na Figura 18-3, os íons cobre formados movem-se para longe do eletrodo de cobre, para o corpo da solução, enquanto os ânions como os íons sulfato e hidrogenossulfato migram em direção ao anodo de cobre. Na ponte salina, os íons cloreto migram para o compartimento do cobre e os íons potássio se movem na direção oposta. No compartimento da direita, os íons prata se movem em direção ao eletrodo de prata, no qual são reduzidos a prata metálica, e os íons nitrato se movem para longe do eletrodo, na dircção do corpo da solução.
3. A condução iônica da solução é acoplada à condução eletrônica nos eletrodos pela reação de redução no catodo e pela reação de oxidação no anodo.

❮ Em uma célula, a eletricidade é transportada pelo movimento dos íons. Ambos, cátions e ânions, contribuem.

O limite de fase entre um eletrodo e sua solução é chamado **interface**.

18C POTENCIAIS DE ELETRODO

A diferença de potencial que se desenvolve entre os eletrodos da célula da **Figura 18-4a** é uma medida da tendência da reação

$$2Ag(s) + Cu^{2+} \rightleftharpoons 2Ag^{+} + Cu(s)$$

em prosseguir a partir de um estado de não equilíbrio para a condição de equilíbrio. O potencial da célula E_{cel} está relacionado à energia livre da reação ΔG por

$$\Delta G = -nFE_{cel} \quad (18\text{-}6)$$

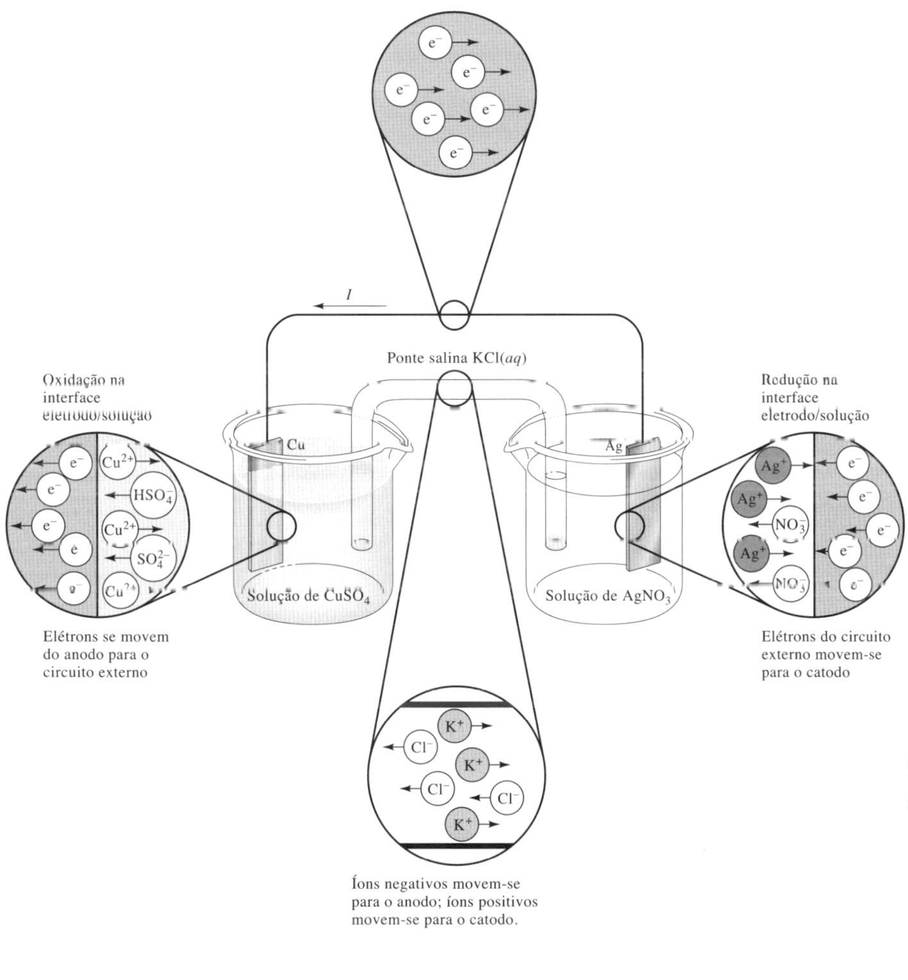

Figura 18-3 Movimento de carga em uma célula galvânica.

O **estado padrão** de uma substância é uma condição de referência que nos permite obter os valores relativos de grandezas termodinâmicas, como energia livre, atividade, entalpia e entropia. A todas as substâncias é atribuída a atividade unitária em seus estados padrão. Para os gases, o estado padrão tem as propriedades de um gás ideal, mas sob uma atmosfera de pressão. Diz-se, portanto, que se trata de um estado *hipotético*. Para os líquidos puros e solventes, os estados padrão são os *verdadeiros* e correspondem às substâncias puras sob temperatura e pressão definidas. Para os solutos presentes em soluções diluídas, o estado padrão é um estado hipotético que tem as propriedades de uma solução infinitamente diluída, mas com concentração unitária (concentração molar ou molalidade ou fração em mol). O estado padrão de um sólido é um estado verdadeiro e representa o sólido puro em sua forma cristalina mais estável.

Se os reagentes e produtos estão em seus **estados padrão**, o potencial da célula resultante é chamado **potencial padrão da célula**. Essa última grandeza está relacionada à variação da energia livre padrão para a reação e, portanto, com a constante de equilíbrio por

$$\Delta G^0 = -nFE^0_{cel} = -RT \ln K_{eq} \quad (18\text{-}7)$$

onde R é a constante dos gases e T, a temperatura termodinâmica.

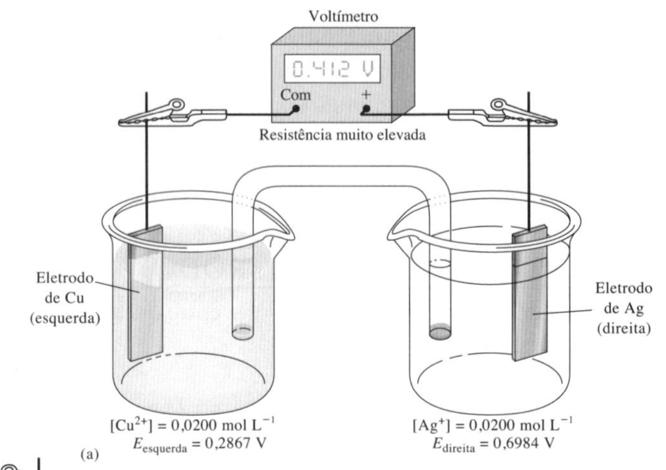

(a) $E_{célula} = E_{direita} - E_{esquerda} = 0{,}6984 - 0{,}2867 = 0{,}412$ V

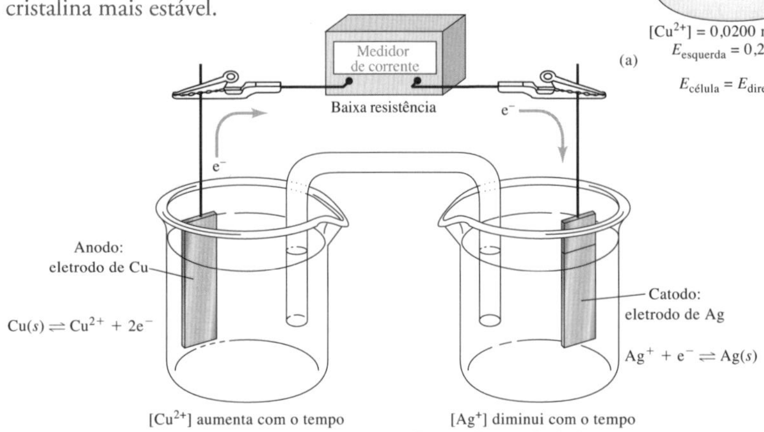

(b)

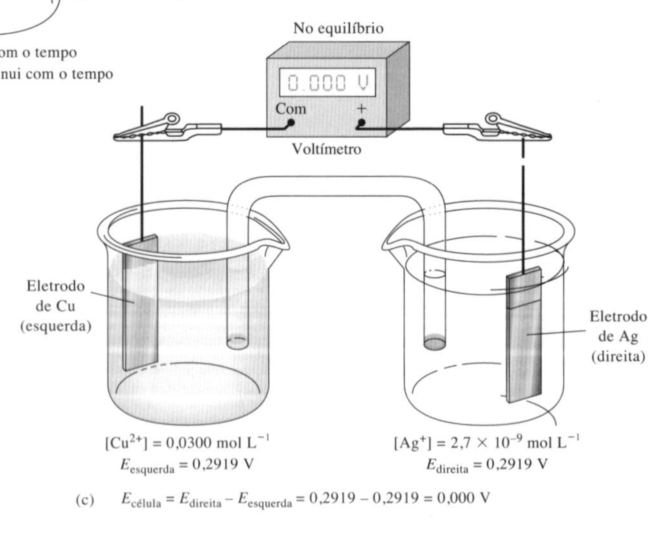

(c) $E_{célula} = E_{direita} - E_{esquerda} = 0{,}2919 - 0{,}2919 = 0{,}000$ V

Figura 18-4 Variação no potencial da célula após a passagem de corrente até o alcance do equilíbrio. Em (a) o voltímetro de alta resistência inibe qualquer fluxo significativo de elétrons e o potencial da célula de circuito totalmente aberto é medido. Para as concentrações apresentadas, o potencial é +0,412 V. Em (b) o voltímetro é substituído por um medidor de corrente de baixa resistência e a célula descarrega com o tempo até que finalmente o equilíbrio é atingido. Em (c), após o equilíbrio ser atingido, o potencial é novamente medido com um voltímetro e é igual a 0,000 V. Agora as concentrações na célula são aquelas de equilíbrio, como mostrado.

18C-1 Convenção de Sinais para Potenciais de Célula

Quando consideramos uma reação química normal, falamos de reações que ocorrem a partir dos reagentes, à esquerda da seta, no sentido dos produtos, do lado direito. Pela convenção de sinais da International Union of Pure and Applied Chemistry (IUPAC), quando consideramos uma célula eletroquímica e seu potencial resultante, também consideramos que a reação ocorre em uma certa direção. A convenção para as células é chamada ***plus right rule*** **(regra do positivo à direita)**. Esta regra implica que sempre medimos o potencial da célula conectando o polo positivo do voltímetro ao eletrodo da direita no esquema da célula (eletrodo de Ag na Figura 18-4) e o polo negativo, ou terra, do voltímetro ao eletrodo localizado do lado esquerdo da representação da célula (eletrodo de Cu na Figura 18-4). Se sempre seguirmos essa convenção, o valor do $E_{\text{célula}}$ será uma medida da tendência de a reação da célula ocorrer espontaneamente na direção escrita da esquerda para a direita.

$$\text{Cu}\,|\,\text{Cu}^{2+}(0{,}0200 \text{ mol L}^{-1})\,||\,\text{Ag}^{+}(0{,}0200 \text{ mol L}^{-1})\,|\,\text{Ag}$$

Isto é, a direção do processo global tem Cu metálico, sendo oxidado a Cu^{2+} no compartimento da esquerda, e Ag^{+} sendo reduzido a Ag metálico no compartimento do lado direito. Em outras palavras, a reação que está sendo considerada é

$$\text{Cu}(s) + 2\text{Ag}^{+} \rightleftharpoons \text{Cu}^{2+} + 2\text{Ag}(s).$$

Implicações da Convenção da IUPAC

Existem várias implicações da convenção de sinais que não são óbvias. Primeiro, se o valor medido de $E_{\text{célula}}$ for positivo, o eletrodo do lado direito será positivo em relação ao eletrodo da esquerda e a variação da energia livre da reação na direção que está sendo considerada deve ocorrer espontaneamente se a célula estiver em curto-circuito ou conectada a algum dispositivo capaz de realizar trabalho (por exemplo, acender uma lâmpada, ligar um rádio, dar partida em um carro). Por outro lado, se o $E_{\text{célula}}$ for negativo, o eletrodo da direita será negativo em relação ao eletrodo da esquerda, a variação da energia livre é positiva e a reação na direção que está sendo considerada (oxidação à esquerda, redução à direita) *não* é a reação espontânea da célula. Para a nossa célula da Figura 18-4, $E_{\text{célula}} = +0{,}412$ V, e a oxidação de Cu e redução de Ag ocorrem espontaneamente quando a célula está conectada a um dispositivo.

Os polos de um voltímetro têm um código de cores. O polo positivo é vermelho e o polo negativo, ou terra, preto.

A convenção da IUPAC está consistente com os sinais que os eletrodos realmente desenvolvem em uma célula galvânica. Isto é, na célula Cu/Ag mostrada na Figura 18-4, o eletrodo de Cu torna-se rico em elétrons (negativo) por causa da tendência do Cu de ser oxidado a Cu^{2+}, enquanto o eletrodo de Ag torna-se deficiente em elétrons (positivo) por causa da tendência do Ag^{+} de ser reduzido a Ag. À medida que a célula galvânica descarrega espontaneamente, o eletrodo de prata é o catodo, ao passo que o eletrodo de cobre é o anodo. Note que para a mesma célula escrita na direção oposta

$$\text{Ag}\,|\,\text{AgNO}_3\ (0{,}0200 \text{ mol L}^{-1})\,||\,\text{CuSO}_4\ (0{,}0200 \text{ mol L}^{-1})\,|\,\text{Cu}$$

o potencial medido da célula seria $E_{\text{célula}} = -0{,}412$ V e a reação considerada é

$$2\text{Ag}(s) + \text{Cu}^{2+} \rightleftharpoons 2\text{Ag}^{+} + \text{Cu}(s)$$

Essa reação *não* é a reação espontânea da célula dado que $E_{\text{célula}}$ é negativo e ΔG, portanto, positivo. Para a célula, não importa qual eletrodo está escrito na representação esquemática do lado direito e qual está escrito do lado esquerdo. A reação da célula espontânea é *sempre*

$$Cu(s) + 2Ag^+ \rightleftharpoons Cu^{2+} + 2Ag(s)$$

Por convenção, apenas medimos a célula de uma maneira padrão e consideramos a reação da célula em uma direção padrão. Finalmente, precisamos enfatizar que a despeito da forma pela qual escrevemos a representação esquemática ou de como montamos a célula no laboratório, se conectarmos um fio ou um circuito com baixa resistência à célula, *a reação espontânea da célula ocorrerá*. A única maneira de se realizar a reação inversa é conectando-se uma fonte externa de voltagem e forçando-se a ocorrência da reação eletrolítica $2Ag(s) + Cu^{2+} \rightleftharpoons 2Ag^+ + Cu(s)$.

Potenciais de Semicélula

O potencial de uma célula como aquela mostrada na Figura 18-4a é a diferença entre dois potenciais de semicélula ou de um eletrodo, um associado com a semirreação do eletrodo da direita (E_{direita}), o outro associado com a semirreação do eletrodo da esquerda (E_{esquerda}). De acordo com a convenção de sinais da IUPAC, enquanto o potencial de junção líquida for desprezível ou não houver junção líquida, podemos escrever o potencial da célula $E_{\text{célula}}$ como

$$E_{\text{célula}} = E_{\text{direita}} - E_{\text{esquerda}} \tag{18-8}$$

Embora não possamos determinar os potenciais absolutos para eletrodos como estes (veja a Figura 18-3), podemos determinar facilmente os potenciais relativos de eletrodo. Por exemplo, se substituirmos o eletrodo de cobre na célula da Figura 18-2 por um eletrodo de cádmio imerso em uma solução de sulfato de cádmio, o voltímetro lerá cerca de 0,7 V a mais que a célula original. Dado que o eletrodo da direita permanece inalterado, concluímos que o potencial de semicélula para o cádmio é cerca de 0,7 V menor que o do cobre (isto é, o cádmio é um redutor mais forte que o cobre). A substituição por outros eletrodos, mantendo um dos eletrodos inalterados, permite-nos construir uma tabela de potenciais de eletrodo relativos, como discutido na Seção 18-C3.

Descarga de uma Célula Galvânica

A célula galvânica da Figura 18-4a não está em um estado de equilíbrio porque a elevada resistência do voltímetro previne que a célula se descarregue de forma significativa. Assim, quando medimos o potencial da célula, não há ocorrência de reação, e o que medimos é a tendência de a reação ocorrer *se* permitirmos que isso aconteça. Para a célula de Cu/Ag, com as reações mostradas, o potencial medido sob condições de circuito aberto é +0,412 V, como observado anteriormente. Se agora permitirmos que a célula descarregue, substituindo o voltímetro por um medidor de corrente de baixa resistência, como ilustrado na **Figura 18-4b**, a reação espontânea da célula ocorrerá. A corrente, inicialmente elevada, diminui exponencialmente com o tempo (**Figura 18-5**). Como exposto na **Figura 18-4c**, quando o equilíbrio é alcançado, não há corrente líquida na célula e o seu potencial é 0,000 V. A concentração de íons cobre no equilíbrio então é 0,0300 mol L^{-1}, enquanto a concentração de íons prata diminui para $2{,}7 \times 10^{-9}$ mol L^{-1}.

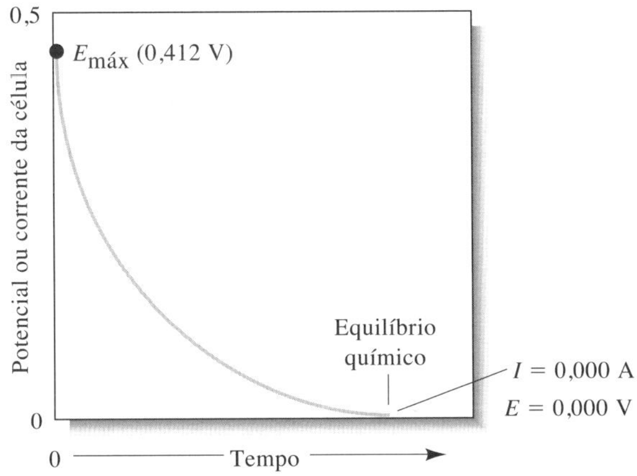

Figura 18-5 Potencial da célula na célula galvânica da Figura 18-4b em função do tempo. A corrente da célula, que está diretamente relacionada ao potencial da célula, também diminui com o tempo com o mesmo comportamento.

DESTAQUE 18-3

Por que Não Podemos Medir os Potenciais Absolutos de Eletrodo

Embora não seja difícil medir os potenciais *relativos* de semicélulas, é impossível determinar os potenciais absolutos de semicélulas porque todos os dispositivos de medida de voltagem medem apenas as *diferenças* de potencial. Para medir o potencial de um eletrodo, um dos contatos de um voltímetro é conectado ao eletrodo em questão. Então, o outro contato do medidor precisa se conectar com a solução do compartimento do eletrodo por meio de outro condutor. Esse segundo contato, entretanto, cria inevitavelmente uma interface sólido-solução que age como uma segunda semicélula quando o potencial é medido. Dessa forma, um potencial absoluto de semicélula não é obtido. O que obteríamos seria a diferença entre o potencial da célula de interesse e um potencial de célula constituída pelo segundo contato e a solução.

Nossa inabilidade em medir os potenciais absolutos de semicélulas não representa qualquer obstáculo efetivo porque os potenciais relativos das semicélulas são efetivamente úteis, desde que todos sejam medidos contra a mesma semicélula de referência. Os potenciais relativos podem ser combinados para gerar os potenciais de célula. Também podemos empregá-los para calcular as constantes de equilíbrio e para gerar curvas de titulação.

O eletrodo padrão de hidrogênio é chamado, algumas vezes, de **eletrodo normal de hidrogênio (ENH)**.

18C-2 O Eletrodo Padrão de Hidrogênio como Referência

Para que os dados de potencial relativo de eletrodo sejam amplamente aplicáveis e úteis, precisamos ter uma semicélula de referência contra a qual todas as outras possam ser comparadas. Esse eletrodo precisa ser de fácil construção, reversível e ter um comportamento altamente reprodutível. O **eletrodo padrão de hidrogênio (EPH)** encontra essas especificações e tem sido empregado em todo o mundo por muitos anos como o eletrodo de referência universal. É um **eletrodo gasoso** típico.

❮ EPH é a abreviatura para eletrodo padrão de hidrogênio.

A **Figura 18-6** mostra o arranjo físico de um eletrodo de hidrogênio. O metal condutor é um pedaço de platina que tenha sido recoberto, ou **platinizado**, com platina finamente dividida (negro de platina) para aumentar sua área superficial específica. Esse eletrodo é imerso em uma solução aquosa ácida contendo íons hidrogênio com atividade constante e conhecida. A solução é mantida saturada em hidrogênio borbulhando-se o gás sobre a superfície do eletrodo a uma pressão constante. A platina não toma parte da reação eletroquímica e serve apenas como local onde os elétrons são transferidos. A semirreação responsável pelo potencial que se desenvolve nesse eletrodo é

$$2H^+(aq) + 2e^- \rightleftharpoons H_2(g) \qquad (18\text{-}9)$$

Negro de platina é uma camada de platina finamente dividida que é formada na superfície de um eletrodo de platina liso pela deposição eletrolítica do metal a partir de uma solução de ácido cloroplatínico, H_2PtCl_6. O negro de platina gera uma grande área superficial específica de platina na qual a reação H^+/H_2 pode ocorrer. O negro de platina catalisa a reação mostrada na Equação 18-9. Lembre-se de que os catalisadores não alteram a posição do equilíbrio, mas simplesmente reduzem o tempo necessário para se alcançar o equilíbrio.

O eletrodo de hidrogênio exibido na **Figura 18-6** pode ser representado esquematicamente como

$$\text{Pt}, H_2(p = 1{,}00 \text{ atm}) \mid (H^+ = x \text{ mol L}^{-1}) \parallel$$

Na Figura 18-6, o hidrogênio é especificado como tendo uma pressão parcial de uma atmosfera e a concentração de íons hidrogênio em solução é x mol L^{-1}. O eletrodo de hidrogênio é reversível.

A reação apresentada na Equação 18-9 combina dois equilíbrios:

$$2H^+ + 2e^- \rightleftharpoons H_2(aq)$$

$$H_2(aq) \rightleftharpoons H_2(g)$$

O fluxo contínuo de gás a uma pressão constante fornece uma concentração constante de hidrogênio para a solução.

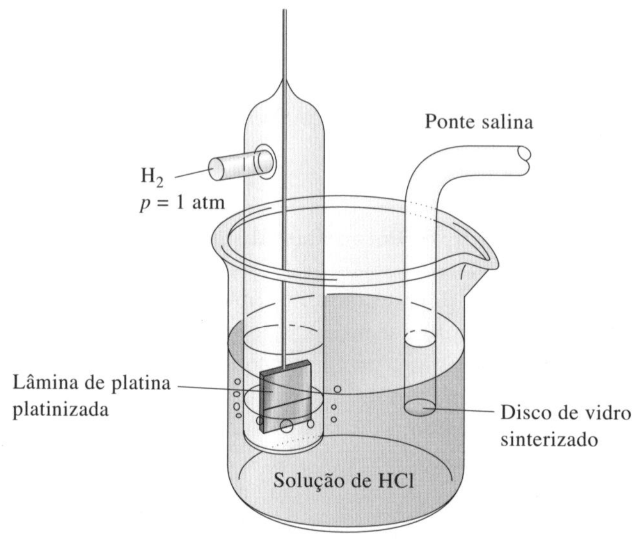

Figura 18-6 O eletrodo de hidrogênio gasoso.

O potencial de um eletrodo de hidrogênio depende da temperatura e das atividades do íon hidrogênio e do hidrogênio molecular na solução. O último, na verdade, é proporcional à pressão do gás que é usado para manter a solução saturada em hidrogênio. Para o EPH, a atividade dos íons hidrogênio é especificada como igual à unidade e a pressão parcial do gás é estabelecida como uma atmosfera. *Por convenção, o potencial do eletrodo padrão de hidrogênio é definido como tendo um valor de 0,000 V sob todas as temperaturas.* Como consequência dessa definição, qualquer potencial desenvolvido em uma célula galvânica consistindo em um eletrodo padrão de hidrogênio e algum outro eletrodo é atribuído inteiramente ao outro eletrodo.

A $p_{H_2} = 1{,}00$ e $a_{H^+} = 1{,}00$, o potencial do eletrodo de hidrogênio é definido como tendo um valor de exatamente 0,000 V a todas as temperaturas.

Vários outros eletrodos de referência, que são mais convenientes para as medidas de rotina, têm sido desenvolvidos. Alguns desses são descritos na Seção 21B.

18C-3 Potencial de Eletrodo e Potencial Padrão de Eletrodo

Um potencial de eletrodo é aquele de uma célula que tenha um eletrodo padrão de hidrogênio como o eletrodo da esquerda (referência).

Um **potencial de eletrodo** é definido como o potencial de uma célula na qual o eletrodo em questão é aquele do lado direito e o eletrodo padrão de hidrogênio é o da esquerda. Assim, se quisermos obter o potencial de um eletrodo de prata em contato com uma solução de Ag^+, construímos uma célula como a mostrada na **Figura 18-7**. Nessa célula, a semicélula da direita consiste em uma lâmina de prata pura em contato com uma solução contendo íons prata; o eletrodo do lado esquerdo é o eletrodo padrão de hidrogênio. O potencial da célula é definido como na Equação 18-8. Como o eletrodo do lado esquerdo é o eletrodo padrão de hidrogênio, que tem um potencial definido como 0,000 V, podemos escrever

$$E_{célula} = E_{direita} - E_{esquerda} = E_{Ag} - E_{EPH} = E_{Ag} - 0{,}000 = E_{Ag}$$

onde E_{Ag} é o potencial do eletrodo de prata. A despeito de seu nome, um potencial de eletrodo é de fato o potencial de uma célula eletroquímica envolvendo um eletrodo de referência cuidadosamente definido. Frequentemente, o potencial de um eletrodo, como, por exemplo, o eletrodo apresentado na Figura 18-7, é referido como E_{Ag} *versus* EPH para enfatizar que é o potencial de uma célula completa medida contra o eletrodo padrão de hidrogênio como referência.

O **potencial padrão de eletrodo, E^0**, de uma semirreação é definido como seu potencial de eletrodo quando as atividades dos reagentes e produtos são todas iguais a unidade. Para a célula da Figura 18-7, o valor de E^0 para a semirreação

$$Ag^+ + e^- \rightleftharpoons Ag(s)$$

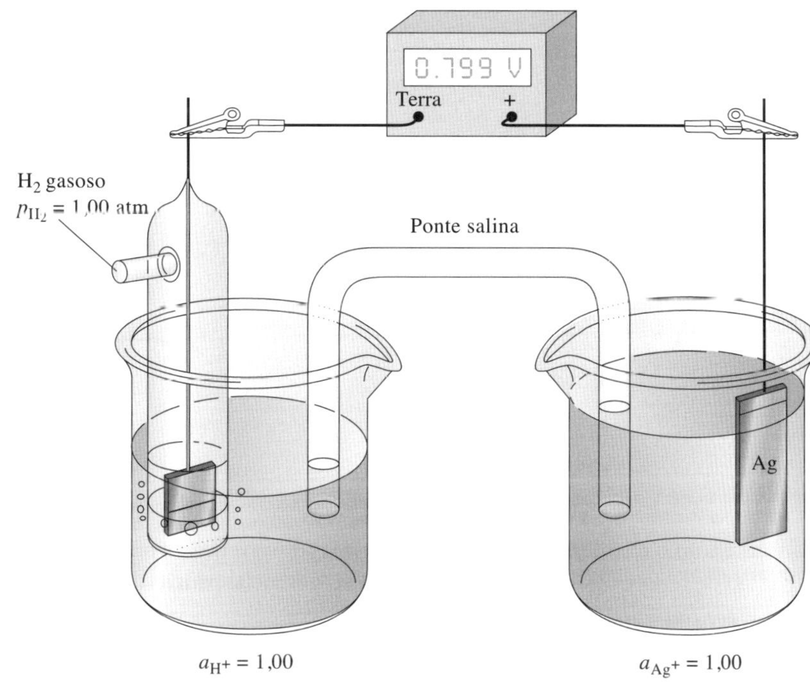

Figura 18-7 Medida do potencial de eletrodo para um eletrodo de Ag. Se a atividade dos íons prata localizados no compartimento do lado direito é 1,00, o potencial da célula é o potencial padrão do eletrodo da semirreação Ag^+/Ag.

pode ser obtido medindo-se $E_{célula}$ com a atividade de Ag^+ igual a 1,00. Nesse caso, a célula mostrada na Figura 18-7 pode ser representada esquematicamente como

$$Pt, H_2(p = 1{,}00 \text{ atm}) \mid H^+(a_{H^+} = 1{,}00) \| Ag^+(a_{Ag^+} = 1{,}00) \mid Ag$$

ou, alternativamente, como

$$EPH \| Ag^+(a_{Ag^+} = 1{,}00) \mid Ag$$

Essa célula galvânica desenvolve um potencial de +0,799 V com o eletrodo de prata à direita; isto é, a reação espontânea da célula é a oxidação no compartimento do lado esquerdo e redução no compartimento da direita:

$$2Ag^+ + H_2(g) \rightleftharpoons 2Ag(s) + 2H^+$$

Como o eletrodo de prata está à direita, o potencial medido é, por definição, o potencial padrão de eletrodo para a semirreação da prata, ou do **par da prata**. Observe que o eletrodo de prata é positivo em relação ao eletrodo padrão de hidrogênio. Portanto, ao potencial padrão de eletrodo é dado um sinal positivo, então escrevemos

Uma semicélula íon/metal é algumas vezes chamada de um **par**.

$$Ag^+ + e^- \rightleftharpoons Ag(s) \qquad E^0_{Ag^+/Ag} = +0{,}799V$$

A **Figura 18-8** ilustra uma célula empregada para medir o potencial padrão de eletrodo para a semirreação

$$Cd^{2+} + 2e^- \rightleftharpoons Cd(s)$$

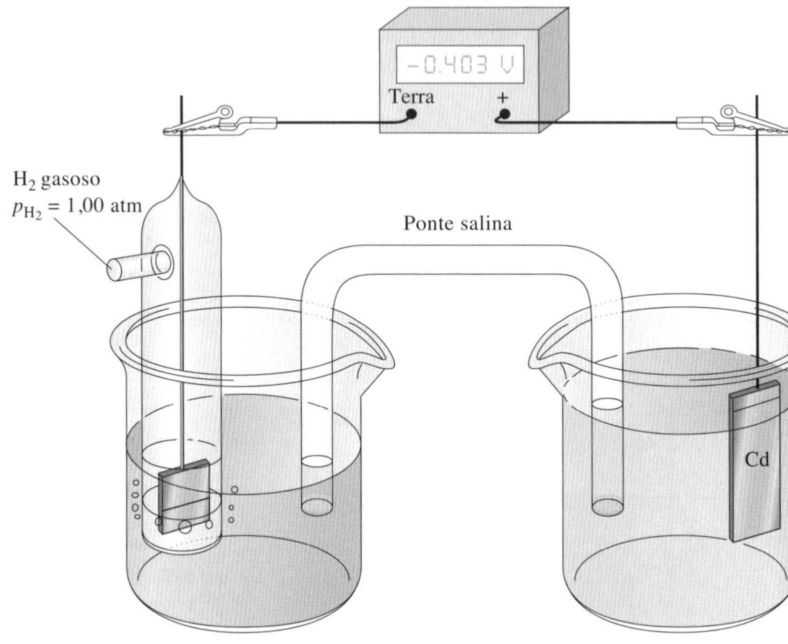

Figura 18-8 Medida do potencial padrão de eletrodo para $Cd^{2+} + 2e^- \rightleftharpoons Cd(s)$.

Em contraste com o eletrodo de prata, o eletrodo de cádmio é negativo em relação ao eletrodo padrão de hidrogênio. Consequentemente, ao potencial padrão de eletrodo do par Cd/Cd^{2+} é *por convenção* atribuído um sinal negativo e $E^0_{Cd^{2+}/Cd} = -0{,}403V$. Como o potencial da célula é negativo, a reação espontânea da célula não é aquela da reação escrita (isto é, a oxidação à esquerda e a redução à direita). Ao contrário, a reação espontânea é a da direção oposta.

$$Cd(s) + 2H^+ \rightleftharpoons Cd^{2+} + H_2(g)$$

Um eletrodo de zinco imerso em uma solução que tem a atividade dos íons zinco igual a unidade desenvolve um potencial de $-0{,}763$ V quando é o eletrodo da direita, formando par com o eletrodo padrão de hidrogênio, à esquerda. Portanto, podemos escrever $E^0_{Zn^2/Zn} = -0{,}763$ V.

Os potenciais padrão de eletrodo para as quatro semicélulas descritas anteriormente podem ser organizados na seguinte ordem:

Semirreação	Potencial Padrão de Eletrodo, V
$Ag^+ + e^- \rightleftharpoons Ag(s)$	+0,799
$2H^+ + 2e^- \rightleftharpoons H_2(g)$	0,000
$Cd^{2+} + 2e^- \rightleftharpoons Cd(s)$	−0,403
$Zn^{2+} + 2e^- \rightleftharpoons Zn(s)$	−0,763

As grandezas dos potenciais desses eletrodos indicam a força relativa das quatro espécies iônicas como receptores de elétrons (agentes oxidantes); isto é, na ordem decrescente, $Ag^+ > H^+ > Cd^{2+} > Zn^{2+}$.

18C-4 Implicações Adicionais da Convenção de Sinais da IUPAC

A convenção de sinais descrita na seção anterior foi adotada no encontro da IUPAC realizado em Estocolmo em 1953 e agora é aceita internacionalmente. Antes desse acordo, os químicos nem sempre empregavam a mesma convenção e esta inconsistência é causa de controvérsia e confusão no desenvolvimento e na utilização rotineira da eletroquímica.

Um **potencial de eletrodo** é, por definição, um potencial de redução. Um potencial de oxidação é o mesmo para a semirreação escrita na direção oposta. O sinal de um potencial de oxidação é, portanto, oposto àquele para um potencial de redução, mas a sua grandeza é a mesma.

Qualquer convenção de sinais precisa ser baseada na expressão dos processos de semicélulas de uma única maneira – isto é, como oxidação ou como redução. De acordo com a convenção da IUPAC, o termo "potencial de eletrodo" (ou, mais exatamente, "potencial relativo de eletrodo") *está reservado exclusivamente para descrever semirreações escritas como reduções*. Não há objeção ao uso do termo "potencial de oxidação" para indicar um processo escrito no sentido oposto, mas não é apropriado se referir a esse potencial como um potencial de eletrodo. O sinal de um potencial de eletrodo é determinado pelo sinal da semicélula em questão quando associada ao eletrodo padrão de hidrogênio. Quando a semicélula de interesse exibe um potencial positivo *versus* o EPH (veja a Figura 18-7), ela se comporta espontaneamente como o catodo enquanto a célula está descarregando. Quando a semicélula de interesse é negativa *versus* o EPH (veja a Figura 18-8), ela se comporta espontaneamente como o anodo à medida que a célula está descarregando.

❮ A convenção de sinais da IUPAC baseia-se no sinal verdadeiro da semicélula de interesse quando é parte de uma célula contendo o eletrodo padrão de hidrogênio como a outra semicélula.

18C-5 Efeito da Concentração sobre os Potenciais de Eletrodo: a Equação de Nernst

Um potencial de eletrodo é uma medida da extensão na qual as concentrações das espécies presentes em uma semicélula diferem de seus valores no equilíbrio. Dessa forma, por exemplo, existe maior tendência para o processo

$$Ag^+ + e^- \rightleftharpoons Ag(s)$$

ocorrer em uma solução concentrada de prata(I) do que em uma solução diluída desse íon. Segue daí que a grandeza do potencial do eletrodo para esse processo também precisa tornar-se superior (mais positivo) à medida que a concentração de íons prata de uma solução aumenta. Agora examinaremos a relação quantitativa entre a concentração e o potencial de eletrodo.

Considere a semirreação reversível

$$a\text{A} + b\text{B} + \cdots + ne^- \rightleftharpoons c\text{C} + d\text{D} + \cdots \tag{18-10}$$

onde as letras maiúsculas representam as fórmulas das espécies participantes (átomos, moléculas ou íons), e^- representa os elétrons e as letras minúsculas em itálico indicam a quantidade de matéria de cada espécie que aparece na semirreação, da maneira como ela está escrita. O potencial de eletrodo para esse processo é dado pela equação

$$E = E^0 - \frac{RT}{nF}\ln\frac{[\text{C}]^c[\text{D}]^d\cdots}{[\text{A}]^a[\text{B}]^b\cdots} \tag{18-11}$$

❮ Os significados para os termos entre colchetes, nas Equações 18-11 e 18-12, são: para um soluto A, [A] = concentração em mol por litro; para um gás B, [B] = p_B = pressão parcial em atmosferas. Se uma ou mais espécies que aparecem na Equação 18-11 são um líquido puro, um sólido puro ou o solvente presente em excesso, essa espécie não está representada pelo termo entre colchetes no quociente porque as atividades dessas espécies são iguais a unidade.

onde

E^0 = o *potencial padrão de eletrodo*, que é característico para cada semirreação
R = a constante do gás ideal, 8,314 J K^{-1} mol^{-1}
T = temperatura, K
n = a quantidade de matéria de elétrons que aparecem na semirreação para o processo de eletrodo, da maneira como escrito
F = o faraday = 96.485 C (Coulomb) por mol de elétrons
ln = logaritmo natural 2,303 log

Walther Nernst (1864-1941) recebeu o Prêmio Nobel em Química em 1920 por suas inúmeras contribuições no campo da química termodinâmica. Nernst (direita) é visto aqui em seu laboratório em 1921.

Se substituirmos as constantes pelos valores numéricos, convertermos para o logaritmo na base 10 e especificarmos a temperatura de 25°C, teremos

$$E = E^0 - \frac{0,0592}{n} \log \frac{[C]^c[D]^d \cdots}{[A]^a[B]^b \cdots} \qquad (18\text{-}12)$$

Estritamente falando, as letras entre os colchetes representam as atividades, mas seguiremos a prática usual de substituir as atividades pelas concentrações molares na maioria dos cálculos. Dessa forma, se a espécie participante A for um soluto, [A] será a concentração de A em mol por litro. Se A for um gás, [A] na Equação 18-12 será substituído por p_A, a pressão parcial de A em atmosferas. Se A for um líquido puro, um sólido puro ou o solvente, sua atividade será unitária, e não estará incluso um termo para A na equação. As razões para essas considerações são as mesmas daquelas descritas na Seção 9B-2, que lida com as expressões das constantes de equilíbrio.

A Equação 18-12 é conhecida como a equação de Nernst em homenagem ao químico alemão Walther Nernst, que foi o responsável pelo seu desenvolvimento.

EXEMPLO 18-2

Algumas semirreações típicas e suas correspondentes expressões de Nernst são apresentadas a seguir.

(1) $Zn^{2+} + 2e^- \rightleftharpoons Zn(s) \qquad E = E^0 - \frac{0,0592}{2} \log \frac{1}{[Zn^{2+}]}$

Não há termo para o zinco elementar incluso no termo logaritmo porque se trata de uma segunda fase pura (sólido). Assim, o potencial de eletrodo varia linearmente com o logaritmo do recíproco da concentração de íons zinco.

(2) $Fe^{3+} + e^- \rightleftharpoons Fe^{2+}(s) \qquad E = E^0 - \frac{0,0592}{1} \log \frac{[Fe^{2+}]}{[Fe^{3+}]}$

O potencial para esse par pode ser medido com um eletrodo metálico imerso em uma solução contendo ambas as espécies de ferro. O potencial depende do logaritmo da razão entre as concentrações molares desses íons.

(3) $2H^+ + 2e^- \rightleftharpoons H_2(g)$ $$E = E^0 - \frac{0{,}0592}{2}\log\frac{p_{H_2}}{[H^+]^2}$$

Nesse exemplo, p_{H_2} é a pressão parcial do hidrogênio (em atmosferas) na superfície do eletrodo. Normalmente, seu valor será o mesmo da pressão atmosférica.

(4) $MnO_4^- + 5e^- + 8H^+ \rightleftharpoons Mn^{2+} + 4H_2O$

$$E = E^0 - \frac{0{,}0592}{5}\log\frac{[Mn^{2+}]}{[MnO_4^-][H^+]^8}$$

Nessa situação, o potencial depende não apenas da concentração das espécies de manganês, como também do pH da solução.

(5) $AgCl(s) + e^- \rightleftharpoons Ag(s) + Cl^-$ $$E = E^0 - \frac{0{,}0592}{1}\log[Cl^-]$$

Essa semirreação descreve o comportamento de um eletrodo de prata imerso em uma solução de cloreto *saturada* em AgCl. Para assegurar essa condição, um excesso de AgCl sólido precisa estar sempre presente. Observe que essa reação de eletrodo é a soma das duas reações que seguem:

$$AgCl(s) \rightleftharpoons Ag^+ + Cl^-$$
$$Ag^+ + e^- \rightleftharpoons Ag(s)$$

Note igualmente que o potencial de eletrodo é independente da quantidade de AgCl presente, contanto que exista quantidade suficiente dele para manter a solução saturada.

A expressão de Nernst no item (5) do Exemplo 18-2 requer um excesso de AgCl sólido, de modo que a solução seja saturada como o composto todo o tempo.

18C-6 O Potencial Padrão de Eletrodo, E^0

Quando observamos atentamente as Equações 18-11 e 18-12, percebemos que a constante E^0 corresponde ao potencial de eletrodo quando o quociente das concentrações (na verdade, o quociente das atividades) tem um valor igual a 1. Por definição, essa constante representa o potencial padrão de eletrodo para a semirreação. Note que o quociente é sempre igual a 1 quando as atividades dos reagentes e produtos de uma semirreação são unitárias.

O **potencial padrão de eletrodo** para uma semirreação, E^0, é definido como o potencial de eletrodo quando todos os reagentes e produtos de uma semirreação têm atividades unitárias.

O potencial padrão de eletrodo é uma constante física importante que fornece informações quantitativas relacionadas ao desenvolvimento da reação de uma semicélula.[2] As características mais importantes dessas constantes são as seguintes:

1. O potencial padrão de eletrodo é uma grandeza relativa no sentido de que é o potencial de uma célula eletroquímica na qual o eletrodo de referência (eletrodo da esquerda) é o eletrodo padrão de hidrogênio, a cujo potencial foi atribuído o valor de 0,000 V.
2. O potencial padrão de eletrodo para uma semirreação refere-se exclusivamente à reação de redução; isto é, é relativo ao potencial de redução.
3. O potencial padrão de eletrodo mede a força relativa da tendência de guiar uma semirreação de um estado no qual os reagentes e produtos têm atividade igual a

[2] Para leituras adicionais sobre os potenciais padrão de eletrodos, veja R. G. Bates, in *Treatise on Analytical Chemistry*, 2. ed., I. M. Kolthoff e P. J. Elving, eds., Nova York: Wiley, 1978, pt. I, v. 1, cap. 13.

um para um estado no qual os reagentes e produtos estão com suas atividades de equilíbrio em relação ao eletrodo padrão de hidrogênio.

4. O potencial padrão de eletrodo é independente das quantidades de matéria de reagentes e produtos mostrados na semirreação balanceada. Portanto, o potencial de eletrodo padrão para a semirreação

$$Fe^{3+} + e^- \rightleftharpoons Fe^{2+} \qquad E^0 = +0{,}771\ V$$

não varia se preferirmos representar a reação como

$$5Fe^{3+} + 5e^- \rightleftharpoons 5Fe^{2+} \qquad E^0 = +0{,}771\ V$$

Observe, entretanto, que a equação de Nernst precisa ser consistente com a semirreação da forma como ela está escrita. Para o primeiro caso, será

$$E = 0{,}771 - \frac{0{,}0592}{1}\log\frac{[Fe^{2+}]}{[Fe^{3+}]}$$

e para o segundo

$$E = 0{,}771 - \frac{0{,}0592}{5}\log\frac{[Fe^{2+}]^5}{[Fe^{3+}]^5} = 0{,}771 - \frac{0{,}0592}{5}\log\left(\frac{[Fe^{2+}]}{[Fe^{3+}]}\right)^5$$

$$= 0{,}771 - \frac{\cancel{5} \times 0{,}0592}{\cancel{5}}\log\frac{[Fe^{2+}]}{[Fe^{3+}]}$$

Note que os dois termos logaritmos têm valores idênticos. Isto é

$$\frac{0{,}0592}{1}\log\frac{[Fe^{2+}]}{[Fe^{3+}]} = \frac{0{,}0592}{5}\log\frac{[Fe^{2+}]^5}{[Fe^{3+}]^5} = \frac{0{,}0592}{5}\log\left(\frac{[Fe^{2+}]}{[Fe^{3+}]}\right)^5$$

5. Um potencial de eletrodo positivo indica que a semirreação em questão é espontânea em relação à semirreação do eletrodo padrão de hidrogênio. Em outras palavras, na semirreação o oxidante é mais forte que o íon hidrogênio. Um sinal negativo indica exatamente o contrário.

6. O potencial padrão de eletrodo para uma semirreação é dependente da temperatura.

Os dados de potenciais padrão de eletrodo estão disponíveis para um número enorme de semirreações. Muitos deles foram determinados diretamente a partir de medidas eletroquímicas. Outros têm sido calculados a partir de estudos de equilíbrio de sistemas redox e a partir de dados termodinâmicos associados a tais reações. A **Tabela 18-1** contém dados de potenciais padrão de eletrodos para diversas semirreações que serão consideradas nas páginas seguintes. Uma lista mais extensa pode ser encontrada no Apêndice 5.[3]

A Tabela 18-1 e o Apêndice 5 ilustram as duas formas comuns de tabelar os dados de potenciais padrão. Na Tabela 18-1, os potenciais são listados em ordem numérica decrescente. Como consequência, as espécies mostradas na parte superior esquerda são os receptores de elétrons mais efetivos, como evidenciado por seus altos valores positivos. Portanto, eles são os agentes oxidantes mais fortes. À medida que prosseguimos para baixo, cada espécie mostrada à esquerda das semirreações é menos efetiva como receptora de elétrons que aquela que está acima dela. As semirreações de célula na parte inferior da tabela têm pouca ou nenhuma tendência de ocorrer, da maneira como estão escritas. Por outro lado, elas tendem a ocorrer no sentido

[3] Fontes completas para os potenciais padrão de eletrodos incluem *Standard Potentials in Aqueous Solution*, A. J. Bard, R. Parsons e J. Jordan, eds. Nova York: Dekker, 1985; G. Milazzo; S. Caroli e V. K. Sharma, *Tables of Standard Electrode Potentials*, Nova York: Wiley-Interscience, 1978; M. S. Antelman e F. J. Harris, *Chemical Electrode Potentials*, Nova York: Plenum Press, 1982. Algumas compilações estão organizadas alfabeticamente, por elemento; outras estão tabeladas de acordo com o valor numérico de E^0.

inverso. Os agentes redutores mais efetivos, então, são aquelas espécies que aparecem na parte inferior da tabela e à direita na semirreação.

As compilações de dados de potenciais de eletrodos, como aqueles expostos na

TABELA 18-1

Potenciais Padrão de Eletrodo*

Reação	E^0 a 25°C, V
$Cl_2(g) + 2e^- \rightleftharpoons 2Cl^-$	+1,359
$O_2(g) + 4H^+ + 4e^- \rightleftharpoons 2H_2O$	+1,229
$Br_2(aq) + 2e^- \rightleftharpoons 2Br^-$	+1,087
$Br_2(l) + 2e^- \rightleftharpoons 2Br^-$	+1,065
$Ag^+ + e^- \rightleftharpoons Ag(s)$	+0,799
$Fe^{3+} + e^- \rightleftharpoons Fe^{2+}$	+0,771
$I_3^- + 2e^- \rightleftharpoons 3I^-$	+0,536
$Cu^{2+} + 2e^- \rightleftharpoons Cu(s)$	+0,337
$UO_2^{2+} + 4H^+ + 2e^- \rightleftharpoons U^{4+} + 2H_2O$	+0,334
$Hg_2Cl_2(s) + 2e^- \rightleftharpoons 2Hg(l) + 2Cl^-$	+0,268
$AgCl(s) + e^- \rightleftharpoons Ag(s) + Cl^-$	+0,222
$Ag(S_2O_3)_2^{3-} + e^- \rightleftharpoons Ag(s) + 2S_2O_3^{2-}$	+0,017
$\mathbf{2H^+ + 2e^- \rightleftharpoons H_2(g)}$	**0,000**
$AgI(s) + e^- \rightleftharpoons Ag(s) + I^-$	−0,151
$PbSO_4 + 2e^- \rightleftharpoons Pb(s) + SO_4^{2-}$	−0,350
$Cd^{2+} + 2e^- \rightleftharpoons Cd(s)$	−0,403
$Zn^{2+} + 2e^- \rightleftharpoons Zn(s)$	−0,763

*Veja o Apêndice 5 para uma lista mais extensa.

❮ Baseado nos valores de E^0 na Tabela 18-1 para o Fe^{3+} e I_3^-, quais espécies você esperaria predominar em uma solução produzida pela mistura de ferro(II) e íons iodeto? Veja a prancha colorida 12.

DESTAQUE 18-4

Convenções de Sinais na Literatura Antiga

Os trabalhos de referência, especialmente aqueles publicados antes de 1953, geralmente contêm tabelas de potenciais de eletrodos que não estão de acordo com as recomendações da IUPAC. Por exemplo, em uma fonte clássica de dados de potenciais padrão compilada por Latimer,[4] encontramos

$$Zn(s) \rightleftharpoons Zn^{2+} + 2e^- \qquad E = +0{,}76\ V$$
$$Cu(s) \rightleftharpoons Cu^{2+} + 2e^- \qquad E = +0{,}34\ V$$

Para converter esses potenciais de oxidação em potenciais de eletrodo como definido pela convenção da IUPAC, é preciso mentalmente (1) expressar as semirreações como redução e (2) mudar os sinais dos potenciais.

A convenção de sinais empregada em uma tabela contendo potenciais de eletrodos pode não estar explicitamente definida. Essa informação pode ser deduzida, contudo, observando-se a direção e o sinal do potencial para uma semirreação. Se o sinal está de acordo com a convenção da IUPAC, a tabela pode ser usada como está. Se não, os sinais de todos os dados precisam ser invertidos. Por exemplo, a reação

$$O_2(g) + 4H^+ + 4e^- \rightleftharpoons 2H_2O \qquad E = +1{,}229\ V$$

ocorre espontaneamente em relação ao eletrodo padrão de hidrogênio e, portanto, carrega um sinal positivo. Se o potencial para essa semirreação é negativo na tabela, ele e todos os outros potenciais devem ser multiplicados por −1.

[4] W. M. Latimer, *The Oxidation States of the Elements and Their Potentials in Aqueous Solutions*, 2. ed., Englewood Cliffs, NJ: Prentice-Hall, 1952.

Tabela 18-1, fornecem aos químicos informações qualitativas quanto à extensão e direção das reações envolvendo a transferência de elétrons. Por exemplo, o potencial padrão para a prata(I) (+0,799 V) é mais positivo que aquele para o cobre(II) (+0,337 V). Portanto concluímos que um pedaço de cobre imerso em uma solução de prata(I) vai provocar a redução desse íon e a oxidação do cobre. Por outro lado, podemos esperar que não haja reação se colocarmos um pedaço de prata em uma solução contendo cobre(II).

Em contraste com os dados da Tabela 18-1, os potenciais padrão do Apêndice 5 são organizados alfabeticamente por elemento para tornar mais fácil a localização de dados para uma dada reação de eletrodo.

Sistemas Envolvendo Precipitados e Íons Complexos

Na Tabela 18-1 encontramos vários dados envolvendo Ag(I), incluindo

$$Ag^+ + e^- \rightleftharpoons Ag(s) \qquad E^0_{Ag^+/Ag} = +0{,}799\ V$$

$$AgCl(s) + e^- \rightleftharpoons Ag(s) + Cl^- \qquad E^0_{AgCl/Ag} = +0{,}222\ V$$

$$Ag(S_2O_3)_2^{\ 3-} + e^- \rightleftharpoons Ag(s) + 2S_2O_3^{\ 2-} \qquad E^0_{Ag(S_2O_3)_2^{3-}/Ag} = +0{,}017\ V$$

Cada uma dessas equações fornece o potencial de um eletrodo de prata em um ambiente diferente. Vejamos como os três potenciais estão relacionados.

A expressão de Nernst para a primeira semirreação é

$$E = E^0_{Ag^+/Ag} - \frac{0{,}0592}{1}\log\frac{1}{[Ag^+]}$$

Se substituirmos $[Ag^+]$ por $K_{ps}/[Cl^-]$ obtemos

$$E = E^0_{Ag^+/Ag} - \frac{0{,}0592}{1}\log\frac{[Cl^-]}{K_{ps}} = E^0_{Ag^+/Ag} + 0{,}0592\log K_{ps} - 0{,}0592\log[Cl^-]$$

Por definição, o potencial padrão para a segunda semirreação é aquele onde $[Cl^-] = 1{,}00$. Isto é, quando $[Cl^-] = 1{,}00$, $E = E^0_{AgCl/Ag}$. Substituindo esses valores, temos

$$E^0_{AgCl/Ag} = E^0_{Ag^+/Ag} - 0{,}0592\log 1{,}82 \times 10^{-10} - 0{,}0592\log(1{,}00)$$
$$= 0{,}799 + (-0{,}577) - 0{,}000 = 0{,}222V$$

A **Figura 18-9** mostra as medidas do potencial padrão para o eletrodo de Ag/AgCl.

Se procedermos da mesma forma, podemos obter uma expressão para o potencial de eletrodo padrão para a redução do complexo de tiossulfato com íons prata descrito no terceiro equilíbrio mostrado no início desta seção. Nesse caso, o potencial é dado por

DESAFIO: Deduza a Equação 18-13.

$$E^0_{Ag(S_2O_3)_2^{3-}/Ag} = E^0_{Ag^+/Ag} - 0{,}0592\log\beta_2 \qquad (18\text{-}13)$$

onde β_2 é a constante de formação para o complexo. Isto é,

$$\beta_2 = \frac{[Ag(S_2O_3)_2^{\ 3-}]}{[Ag^+][S_2O_3^{\ 2-}]^2}$$

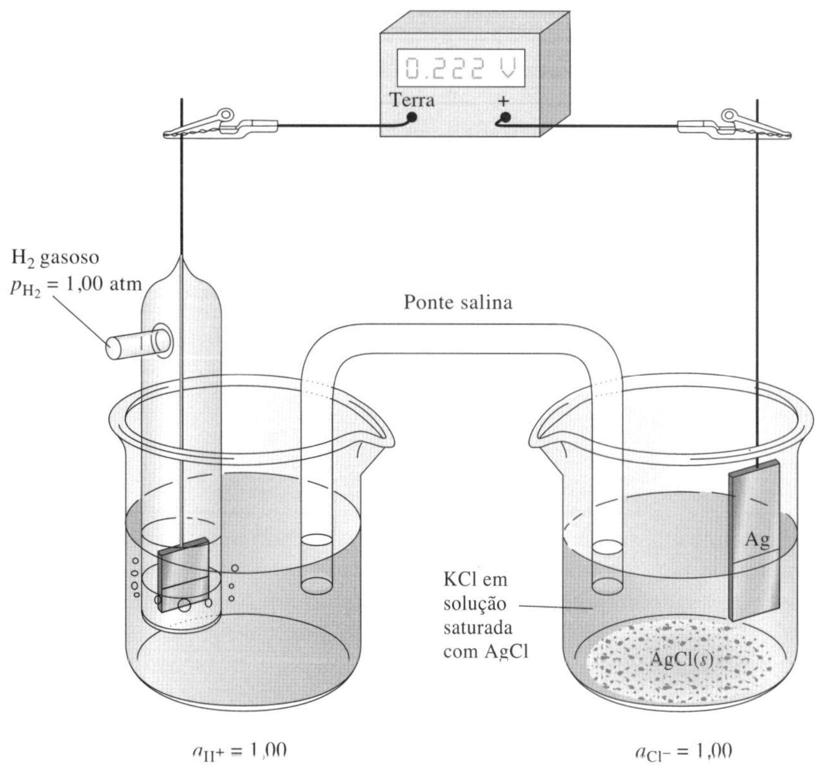

Figura 18-9 Medida do potencial padrão de eletrodo para um eletrodo de Ag/AgCl.

EXEMPLO 18-3

Calcule o potencial de eletrodo para um eletrodo de prata imerso em uma solução 0,0500 mol L^{-1} de NaCl utilizando (a) $E^0_{Ag^+/Ag} = 0{,}799$ V e (b) $E^0_{AgCl/Ag} = 0{,}222$ V.

Resolução

(a) $Ag^+ + e^- \rightleftharpoons Ag(s) \qquad E^0_{Ag^+/Ag} = +0{,}799 \text{ V}$

A concentração de Ag^+ nessa solução é dada por

$$[Ag^+] = \frac{K_{ps}}{[Cl^-]} = \frac{1{,}82 \times 10^{-10}}{0{,}0500} = 3{,}64 \times 10^{-9} \text{ mol L}^{-1}$$

Substituindo-se esses valores na expressão de Nernst, temos

$$E = 0{,}799 - 0{,}0592 \log \frac{1}{3{,}64 \times 10^{-9}} = 0{,}299 \text{ V}$$

(b) Podemos escrever esta última equação como

$$E = 0{,}222 - 0{,}0592 \log [Cl^-] = 0{,}222 - 0{,}0592 \log 0{,}0500$$
$$= 0{,}299$$

DESTAQUE 18-5

Por Que Existem Dois Potenciais de Eletrodo para o Br_2 na Tabela 18-1?

Na Tabela 18-1, encontramos os seguintes dados para o Br_2:

$$Br_2(aq) + 2e^- \rightleftharpoons 2Br^- \qquad E^0 = +1{,}087\ V$$

$$Br_2(l) + 2e^- \rightleftharpoons 2Br^- \qquad E^0 = +1{,}065\ V$$

O segundo potencial padrão se aplica apenas a uma solução saturada em Br_2 e não a soluções não saturadas. Você deve utilizar 1,065 V para calcular o potencial de eletrodo de uma solução de KBr 0,0100 mol L^{-1} que seja saturada em Br_2 e que esteja em contato com um excesso do líquido. Nesse caso,

$$E = 1{,}065 - \frac{0{,}0592}{2}\log[Br^-]^2 = 1{,}065 - \frac{0{,}0592}{2}\log(0{,}0100)^2$$

$$= 1{,}065 - \frac{0{,}0592}{2} \times (-4{,}00) = 1{,}183\ V$$

Neste cálculo, não aparece um termo para Br_2 no termo logaritmo porque ele é um líquido puro presente em excesso (atividade unitária). O potencial padrão de eletrodo mostrado no primeiro caso para $Br_2(aq)$ é hipotético, pois a solubilidade do Br_2 a 25°C é só de cerca de 0,18 mol L^{-1}. Portanto, o valor de 1,087 V é baseado em um sistema que – em termos da nossa definição de E^0 – não pode ser obtido experimentalmente. Não obstante, o potencial hipotético nos permite calcular os potenciais de eletrodo para soluções que não estão saturadas em Br_2. Por exemplo, se desejarmos calcular o potencial de eletrodo para uma solução que seja 0,0100 mol L^{-1} em KBr e 0,00100 mol L^{-1} em Br_2, podemos escrever

$$E = 1{,}087 - \frac{0{,}0592}{2}\log\frac{[Br^-]^2}{[Br_2(aq)]} = 1{,}087 - \frac{0{,}0592}{2}\log\frac{(0{,}0100)^2}{0{,}00100}$$

$$= 1{,}087 - \frac{0{,}0592}{2}\log 0{,}100 = 1{,}117\ V$$

18C-7 Limitações ao Uso dos Potenciais Padrão de Eletrodo

Usaremos potenciais padrão de eletrodo ao longo de todo este texto para calcular os potenciais de célula e as constantes de equilíbrio para as reações redox tanto quanto para calcular os dados para as curvas de titulação redox. Você deve estar atento ao fato de que algumas vezes esses cálculos podem gerar resultados significativamente diferentes daqueles que seriam obtidos no laboratório. Existem duas fontes principais para essas diferenças: (1) a necessidade de utilizar as concentrações em vez de atividades na equação de Nernst e (2) falhas ao não considerar adequadamente outros equilíbrios, como dissociação, associação, formação de complexos e solvólise. Contudo, as medidas de potenciais de eletrodo podem permitir-nos investigar esses equilíbrios e determinar suas constantes de equilíbrio.

Emprego de Concentrações em vez de Atividades

A maioria das reações redox é desenvolvida em soluções que têm forças iônicas tão elevadas que os coeficientes de atividade não podem ser obtidos por meio da equação de Debye-Hückel (veja a Equação 10-1, na Seção 10B-2). Portanto, erros significativos podem resultar se as concentrações forem utilizadas na equação de Nernst no lugar das atividades. Por exemplo, o potencial padrão para a semirreação

$$Fe^{3+} + e^- \rightleftharpoons Fe^{2+} \qquad E^0 = +0{,}771\ V$$

é +0,771 V. Quando o potencial de um eletrodo de platina imerso em uma solução 10^{-4} mol L^{-1} em íons ferro(III), íons ferro(II) e ácido perclórico é medido contra o eletrodo padrão de hidrogênio, uma leitura de cerca de +0,77 V é obtida, assim como previsto pela teoria. Entretanto, se o ácido perclórico é adicionado a uma mistura até uma concentração de 0,1 mol L^{-1}, o potencial diminui para cerca de +0,75 V. Essa diferença é atribuída ao fato de o coeficiente de atividade do ferro(III) ser consideravelmente menor que aquele do ferro(II) (0,4 *versus* 0,18) na força iônica elevada de 0,1 mol L^{-1} em ácido perclórico (veja a Tabela 10-2). Como consequência, a razão das atividades das duas espécies ($[Fe^{2+}]/[Fe^{3+}]$) na equação de Nernst é maior que a unidade, condição que leva a um decréscimo no potencial de eletrodo. Em $HClO_4$ 1 mol L^{-1}, o potencial de eletrodo é ainda menor (= 0,73 V).

O Efeito de Outros Equilíbrios

Os seguintes efeitos complicam mais a aplicação de dados de potencial padrão de eletrodo para muitos sistemas de interesse na Química Analítica: associação, dissociação, formação de complexos e solvólise envolvendo as espécies que aparecem na equação de Nernst. Esses fenômenos podem ser levados em consideração apenas se sua existência for conhecida e as constantes de equilíbrio apropriadas estiverem disponíveis. Na maioria das vezes, muitos desses requisitos não são atendidos e surgem discrepâncias significativas. Por exemplo, a presença de ácido clorídrico 1 mol L^{-1} na mistura ferro(II)/ferro(III), que discutimos anteriormente, leva a potenciais medidos de + 0,70 V, enquanto em ácido sulfúrico 1 mol L^{-1}, um potencial de +0,68 V é observado; em ácido fosfórico 2 mol L^{-1}, o potencial é de +0,46 V. Em cada um desses casos, a razão das atividades de ferro(II)/ferro(III) é maior em virtude de os complexos de ferro(III) com os íons cloreto, sulfato e fosfato serem mais estáveis que aqueles de ferro(II). Nestes casos, a razão das concentrações das espécies $[Fe^{2+}]/[Fe^{3+}]$ na equação de Nernst é maior que a unidade e o potencial medido é menor que o potencial padrão. Se as constantes de formação para esses complexos estivessem acessíveis, seria possível fazer as correções apropriadas. Infelizmente, frequentemente esses dados não estão disponíveis, ou, se estão, eles não são muito confiáveis.

Potenciais Formais

Um **potencial formal** é o potencial de eletrodo quando a razão das **concentrações analíticas** dos reagentes e produtos de uma semirreação for exatamente 1,00 e as concentrações molares de quaisquer outros solutos forem especificadas. Para distinguir o potencial formal do potencial padrão de eletrodo, um símbolo de "linha" é adicionado ao E^0.

Os **potenciais formais** são aqueles deduzidos empiricamente que compensam para os efeitos de atividades e dos equilíbrios competitivos que acabaram de ser descritos. O potencial formal $E^{0'}$ de um sistema é o potencial da semicélula com relação ao eletrodo padrão de hidrogênio medido sob condições tais que a razão das concentrações analíticas dos reagentes e produtos, como elas aparecem na equação de Nernst, seja exatamente a unidade, e as concentrações das outras espécies do sistema sejam todas cuidadosamente especificadas. Por exemplo, o potencial formal para a semirreação

$$Ag^+ + e^- \rightleftharpoons Ag(s) \qquad E^{0'} = 0,792 \text{ V em } 1 \text{ mol } L^{-1} \text{ de } HClO_4$$

poderia ser obtido medindo-se o potencial da célula mostrada na **Figura 18-10**. Aqui, o eletrodo do lado direito é um eletrodo de prata mergulhado em uma solução de $AgNO_3$ 1,00 mol L^{-1} e $HClO_4$ 1,00 mol L^{-1}. O eletrodo de referência do lado esquerdo é o eletrodo padrão de hidrogênio. Essa célula desenvolve um potencial de +0,792 V, que é o potencial formal para o par Ag^+/Ag em $HClO_4$ 1,00 mol L^{-1}. Observe que o potencial padrão para esse par é +0,799 V.

Os potenciais formais para muitas semirreações são listados no Apêndice 5. Observe que existem grandes diferenças entre os potenciais formal e padrão para algumas semirreações. Por exemplo, o potencial formal para

$$Fe(CN)_6^{3-} + e^- \rightleftharpoons Fe(CN)_6^{4-} \qquad E^{0'} = +0,36 \text{ V}$$

é 0,72 V em ácido perclórico ou sulfúrico 1 mol L^{-1}, o qual é 0,36 V superior ao potencial padrão de eletrodo para a semirreação. A razão para essa diferença é que, na presença de elevadas concentrações de íons hidrogênio, os íons hexacianoferrato(II)

$(Fe(CN)_6^{4-})$ e hexacianoferrato(III) $(Fe(CN)_6^{3-})$ combinam-se com um ou mais prótons para formar as espécies ácidas hidrogenohexacianoferrato(II) e hidrogeno-hexacianoferrato(III). Como o $H_4Fe(CN)_6$ é um ácido mais fraco que o $H_3Fe(CN)_6$, a razão das concentrações das espécies, $[Fe(CN)_6^{4-}]/[Fe(CN)_6^{3-}]$, na equação de Nernst é menor que 1 e, portanto, os potenciais observados são maiores.

A substituição dos potenciais padrão de eletrodo por potenciais formais na equação de Nernst gera maior concordância entre os resultados calculados e experimentais – desde que, certamente, a concentração de eletrólito da solução se aproxime daquela na qual o potencial formal seja aplicável. Não surpreendentemente, tentativas de aplicar os potenciais formais a sistemas que diferem substancialmente no tipo e na concentração do eletrólito podem resultar em erros que são maiores que aqueles associados com o emprego dos potenciais padrão de eletrodos. Neste texto, utilizaremos aquele que for mais adequado.

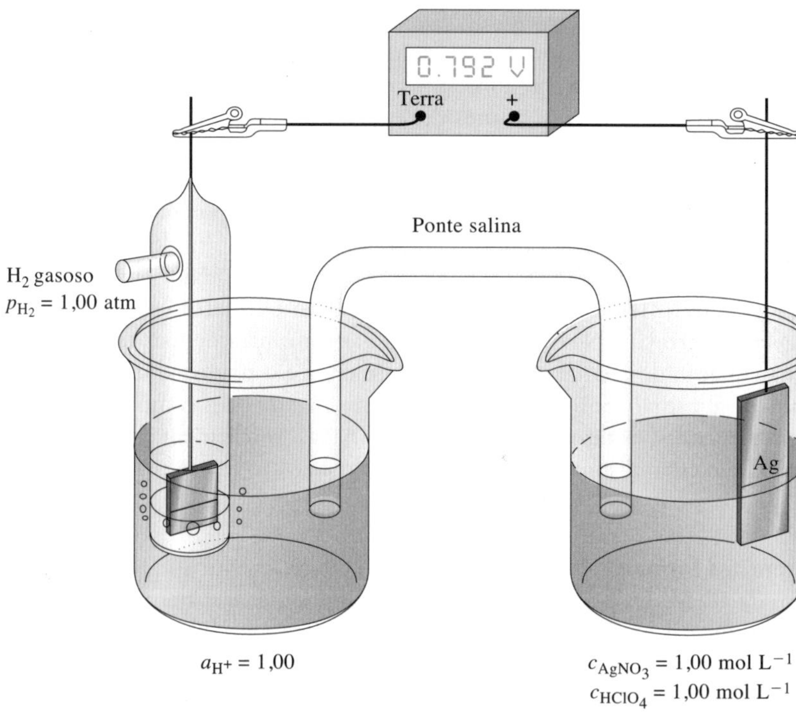

Figura 18-10 Medida do potencial a H^+ formal para o par Ag^+/Ag em $HClO_4$ 1 mol L^{-1}.

TRABALHO NA WEB

As células de combustível têm sido usadas para fornecer energia elétrica para aeronaves desde a década em 1960. Em anos recentes, a tecnologia da célula de combustível começou a amadurecer e as baterias constituídas de células de combustível estão ou estarão disponíveis para a geração de energia em pequena escala e para automóveis elétricos. Use um mecanismo de busca para encontrar o site da Fuel Cells 2000. Localize o artigo que explica a operação da célula de combustível de hidrogênio. Descreva a membrana de troca de próton e explique o papel dela na célula de combustível de hidrogênio. Discuta as vantagens da célula de combustível de hidrogênio sobre outros dispositivos de armazenamento de energia tais como as baterias de chumbo-ácido, baterias de lítio-hidreto e assim por diante. Quais são as desvantagens? Quais são algumas das razões pelas quais esta tecnologia não substitui rapidamente as tecnologias de energia de corrente?

QUESTÕES E PROBLEMAS

Observação: Os dados numéricos representam as concentrações analíticas em mol por litro sempre que a fórmula completa de uma espécie é fornecida. As concentrações de equilíbrio em mol por litro são fornecidas para espécies apresentadas na forma de íons.

18-1. Descreva ou defina resumidamente:
*(a) oxidação.
(b) agente oxidante.
*(c) ponte salina.
(d) junção líquida.
*(e) equação de Nernst.

18-2. Descreva ou defina brevemente:
*(a) potencial de eletrodo.
(b) potencial formal.
*(c) potencial padrão de eletrodo.
(d) potencial de junção líquida.
(e) potencial de oxidação.

18-3. Apresente uma distinção clara entre:
*(a) oxidação e agente oxidante.
(b) uma célula eletrolítica e uma célula galvânica.
*(c) o catodo de uma célula eletrolítica e uma célula eletroquímica irreversível.
(d) uma célula eletroquímica reversível e uma célula eletroquímica irreversível.
*(e) potencial padrão de eletrodo e potencial formal.

***18-4.** Os seguintes dados são encontrados em uma tabela de potenciais padrão de eletrodos:

$$I_2(s) + 2e^- \rightleftharpoons 2I^- \qquad E^0 = 0{,}53355\ V$$

$$I_2(aq) + 2e^- \rightleftharpoons 2I^- \qquad E^0 = 0{,}615\ V$$

Qual é o significado da diferença entre esses dois potenciais padrão?

***18-5.** Por que é necessário borbulhar hidrogênio na solução do eletrólito em um eletrodo de hidrogênio?

18-6. O potencial padrão de eletrodo para a redução do Ni^{2+} a Ni é −0,25 V. O potencial de um eletrodo de níquel imerso em uma solução 1,00 mol L^{-1} em NaOH saturada em $Ni(OH)_2$ seria mais ou menos negativo que $E^0_{Ni^{2+}/Ni}$? Explique.

***18-7.** Escreva as equações líquidas balanceadas para as seguintes reações. Acrescente H^+ e/ou H_2O necessários para obter o balanceamento.
*(a) $Fe^{3+} + Sn^{2+} \rightarrow Fe^{2+} + Sn^{4+}$
(b) $Cr(s) + Ag^+ \rightarrow Cr^{3+} + Ag(s)$
*(c) $NO_3^- + Cu(s) \rightarrow NO_2(g) + Cu^{2+}$
(d) $MnO_4^- + H_2SO_3 \rightarrow Mn^{2+} + SO_4^{2-}$
*(e) $Ti^{3+} + Fe(CN)_6^{3-} \rightarrow TiO^{2+} + Fe(CN)_6^{4-}$
(f) $H_2O_2 + Ce^{4+} \rightarrow O_2(g) + Ce^{3+}$
*(g) $Ag(s) + I^- + Sn^{4+} \rightarrow AgI(s) + Sn^{2+}$
(h) $UO_2^{2+} + Zn(s) \rightarrow U^{4+} + Zn^{2+}$
*(i) $HNO_2 + MnO_4^- \rightarrow NO_3^- + Mn^{2+}$
(j) $HN_2NNH_2 + IO_3^- + Cl^- \rightarrow N_2(g) + ICl_2^-$

***18-8.** Identifique o agente oxidante e o agente redutor do lado esquerdo da equação para cada semirreação do Problema 18-7; escreva uma equação balanceada para cada semirreação.

18-9. Escreva as equações líquidas balanceadas para as seguintes reações. Acrescente H^+ e/ou H_2O necessários para obter o balanceamento.
*(a) $MnO_4^- + VO^{2+} \rightarrow Mn^{2+} + V(OH)_4^+$
(b) $I_2 + H_2S(g) \rightarrow I^- + S(s)$
*(c) $Cr_2O_7^{2-} + U^{4+} \rightarrow Cr^{3+} + UO_2^{2+}$
(d) $Cl^- + MnO_2(s) \rightarrow Cl_2(g) + Mn^{2+}$
*(e) $IO_3^- + I^- \rightarrow I_2(aq)$
(f) $IO_3^- + I^- + Cl^- \rightarrow ICl_2^-$
*(g) $HPO_3^{2-} + MnO_4^- + OH^- \rightarrow PO_4^{3-} + MnO_4^{2-}$
(h) $SCN^- + BrO_3^- \rightarrow Br^- + SO_4^{2-} + HCN$
*(i) $V^{2+} + V(OH)_4^+ \rightarrow VO^{2+}$
(j) $MnO_4^- + Mn^{2+} + OH^- \rightarrow MnO_2(s)$

18-10. Identifique o agente oxidante e o agente redutor do lado esquerdo de cada equação no Problema 18-9; escreva uma equação balanceada para cada semirreação.

***18-11.** Considere as seguintes reações de oxidação/redução:

$$AgBr(s) + V^{2+} \rightarrow Ag(s) + V^{3+} + Br^-$$

$$Tl^{3+} + 2Fe(CN)_6^{4-} \rightarrow Tl^+ + 2Fe(CN)_6^{3-}$$

$$2V^{3+} + Zn(s) \rightarrow 2V^{2+} + Zn^{2+}$$

$$Fe(CN)_6^{3-} + Ag(s) + Br^- \rightarrow Fe(CN)_6^{4-} + AgBr(s)$$

$$S_2O_8^{2-} + Tl^+ \rightarrow 2SO_4^{2-} + Tl^{3+}$$

(a) Escreva cada processo líquido em termos das duas semirreações balanceadas.
(b) Expresse cada semirreação como redução.
(c) Organize as semirreações do item (b) em ordem decrescente de eficiência como receptores de elétrons.

18-12. Considere as seguintes reações de oxidação-redução:

$$2H^+ + Sn(s) \rightarrow H_2(g) + Sn^{2+}$$

$$Ag^+ + Fe^{2+} \rightarrow Ag(s) + Fe^{3+}$$

$$Sn^{4+} + H_2(g) \rightarrow Sn^{2+} + 2H^+$$

$$2Fe^{3+} + Sn^{2+} \rightarrow 2Fe^{2+} + Sn^{4+}$$

$$Sn^{2+} + Co(s) \rightarrow Sn(s) + Co^{2+}$$

(a) Escreva cada processo líquido em termos das duas semirreações balanceadas.
(b) Expresse cada semirreação como redução.
(c) Organize as semirreações do item (b) em ordem decrescente de eficiência como receptores de elétrons.

***18-13.** Calcule o potencial de um eletrodo de cobre imerso em:
(a) $Cu(NO_3)_2$ 0,0380 mol L^{-1}.

(b) NaCl 0,0650 mol L^{-1} saturada em CuCl.
(c) NaOH 0,0350 mol L^{-1} saturada em $Cu(OH)_2$.
(d) $Cu(NH_3)_4^{2+}$ 0,0375 mol L^{-1} e NH_3 0,108 mol L^{-1}. (β_4 para o $Cu(NH_3)_4^{2+}$ é $5,62 \times 10^{11}$.)
(e) uma solução na qual a concentração analítica do $Cu(NO_3)_2$ seja $3,90 \times 10^{-3}$ mol L^{-1}, que para H_2Y^{2-} seja $3,90 \times 10^{-2}$ mol L^{-1} (Y = EDTA) e o pH esteja fixo em 4,00.

18-14. Calcule o potencial de um eletrodo de zinco imerso em:
(a) $Zn(NO_3)_2$ 0,0500 mol L^{-1}.
(b) NaOH 0,0200 mol L^{-1} saturada em $Zn(OH)_2$.
(c) $Zn(NH_3)_4^{2+}$ 0,0150 mol L^{-1} e 0,350 NH_3 – β_4 NH_3 mol L^{-1}. para o $Zn(NH_3)_4^{2}$ é $7,76 \times 10^8$.
(d) uma solução na qual a concentração analítica do $Zn(NO_3)_2$ seja $4,00 \times 10^{-3}$ mol L^{-1}, que para H_2Y^{2-} seja 0,0550 mol L^{-1} (Y = EDTA) e o pH esteja fixo em 9,00.

18-15. Utilize as atividades para calcular o potencial de um eletrodo de hidrogênio no qual o eletrólito é HCl 0,0100 mol L^{-1} e a atividade do H_2 seja 1,00 atm.

***18-16.** Calcule o potencial de um eletrodo de platina imerso em uma solução que seja:
(a) 0,0160 mol L^{-1} em K_2PtCl_4 e 0,2450 mol L^{-1} em KCl.
(b) 0,0650 mol L^{-1} em $Sn(SO_4)_2$ e $3,5 \times 10^{-3}$ mol L^{-1} em $SnSO_4$.
(c) tamponada a um pH 6,50 e saturada em $H_2(g)$ a 1,00 atm.
(d) 0,025 mol L^{-1} em $VOSO_4$, 0,0686 mol L^{-1} em $V_2(SO_4)_3$ e 0,100 mol L^{-1} em $HClO_4$.
(e) preparada pela mistura de 25,00 mL de $SnCl_2$ 0,0918 mol L^{-1} com o mesmo volume de $FeCl_3$ 0,1568 mol L^{-1}.
(f) preparada pela mistura de 25,00 mL de $V(OH)_4^+$ 0,0832 mol L^{-1} com 50,00 mL de $V_2(SO_4)_3$ 0,01087 mol L^{-1} que tenha pH de 1,00.

18-17. Calcule o potencial de um eletrodo de platina imerso em uma solução que seja:
(a) 0,0613 mol L^{-1} em $K_4Fe(CN)_6$ e 0,00669 mol L^{-1} em $K_3Fe(CN)_6$.
(b) 0,0400 mol L^{-1} em $FeSO_4$ e 0,00915 mol L^{-1} em $Fe_2(SO_4)_3$.
(c) tamponada a um pH 5,55 e saturada em H_2 a 1,00 atm.
(d) 0,1015 mol L^{-1} em $V(OH)_4^+$, 0,0799 mol L^{-1} em VO^{2+} e 0,0800 mol L^{-1} em $HClO_4$.
(e) preparada pela mistura de 50,00 mL de $Ce(SO_4)_2$ 0,0607 mol L^{-1} com o mesmo volume de $FeCl_2$ 0,100 mol L^{-1} (suponha que as soluções eram H_2SO_4 1,00 mol L^{-1} e use potenciais formais).
(f) preparada pela mistura de 25,00 mL de $V_2(SO_4)_3$ 0,0832 mol L^{-1} com 50,00 mL de $V(OH)_4^+$ 0,00628 mol L^{-1} que tenha pH de 1,00.

***18-18.** Se as seguintes semicélulas forem o eletrodo do lado direito de uma célula galvânica, com o eletrodo padrão de hidrogênio à esquerda, calcule o potencial da célula. Se a célula fosse colocada em curto circuito, indique se os eletrodos mostrados se comportariam como anodo ou catodo.
(a) Ni | Ni^{2+}(0,0883 mol L^{-1}).
(b) Ag | AgI(saturado), KI(0,0898 mol L^{-1}).
(c) Pt | O_2(780 torr), HCl(2,50 X 10^{-4} mol L^{-1}).
(d) Pt | Sn^{2}(0,0893 mol L^{-1}), Sn^{4+}(0,215 mol L^{-1}).
(e) Ag | $Ag(S_2O_3)^{3-}$ (0,00891 mol L^{-1}), $Na_2S_2O_3$ (0,1035 mol L^{-1}).

18-19. As semicélulas a seguir estão do lado esquerdo e associadas com o eletrodo padrão de hidrogênio, localizado à direita, formando uma célula galvânica. Calcule o potencial da célula. Indique qual eletrodo seria o catodo se a célula estivesse em curto-circuito.
(a) Cu | Cu^{2+}(0,0805 mol L^{-1})
(b) Cu | CuI (saturada), KI(0,0993 mol L^{-1})
(c) Pt | H_2(0,914 atm) | HCl(1,00 × 10^{-4} mol L^{-1})
(d) Pt | Fe^{3}(0,0886 mol L^{-1}), Fe^{2}(0,1420 mol L^{-1})
(e) Ag | $Ag(CN)_2^-$ (0,0778 mol L^{-1}), KCN (0,0651 mol L^{-1})

***18-20.** A constante do produto de solubilidade para o Ag_2SO_3 é $1,5 \times 10^{-14}$. Calcule E^0 para o processo

$$Ag_2SO_3(s) + 2e^- \rightleftharpoons 2Ag + SO_3^{2-}$$

18-21. A constante do produto de solubilidade para o $Ni_2P_2O_7$ é $1,7 \times 10^{-13}$. Calcule E^0 para o processo

$$Ni_2P_2O_7(s) + 4e^- \rightleftharpoons 2Ni(s) + P_2O_7^{4-}$$

***18-22.** A constante do produto de solubilidade para o Tl_2S é 6×10^{-22}. Calcule E^0 para a reação

$$Tl_2S(s) + 2e^- \rightleftharpoons 2Tl(s) + S^{2-}$$

18-23. A constante do produto de solubilidade para o $Pb_3(AsO_4)_2$ é $4,1 \times 10^{-36}$. Calcule E^0 para a reação

$$Pb_2(AsO_4)_2(s) + 6e^- \rightleftharpoons 3Pb(s) + 2AsO_4^{2-}$$

***18-24.** Calcule E^0 para o processo

$$ZnY^{2-} + 2e^- \rightleftharpoons Zn(s) \; 1 \; Y^{4-}$$

onde Y^{4-} é o ânion completamente desprotonado do EDTA. A constante de formação para o ZnY^{2-} é $3,2 \times 10^{16}$.

***18-25.** Dadas as constantes de formação

$$Fe^{3+} + Y^{4-} \rightleftharpoons FeY^- \quad K_f = 1,3 \times 10^{25}$$

$$Fe^{2+} + Y^{4-} \rightleftharpoons FeY^{2-} \quad K_f = 2,1 \times 10^{14}$$

calcule E^0 para o processo

$$FeY^- + e^- \rightleftharpoons FeY^{2-}$$

18-26. Calcule E^0 para o processo

$$Cu(NH_3)_4^{2+} + e^- \rightleftharpoons Cu(NH_3)_2^{+} + 2NH_3$$

sabendo que

$$Cu^+ + 2NH_3 \rightleftharpoons Cu(NH_3)_2^{+} \quad \beta_2 = 7{,}2 \times 10^{10}$$
$$Cu^{2+} + 4NH_3 \rightleftharpoons Cu(NH_3)_4^{2+} \quad \beta_4 = 5{,}62 \times 10^{11}$$

18-27. Para uma semicélula Pt|Fe^{3+}, Fe^{2+}, encontre o potencial para as seguintes razões de $[Fe^{3+}]/[Fe^{2+}]$: 0,001; 0,0025; 0,005; 0,0075; 0,010; 0,025; 0,050; 0,075; 0,100; 0,250; 0,500; 0,750; 1,00; 1,250; 1,50; 1,75; 2,50; 5,00; 10,00; 25,00; 75,00; 100,00.

18-28. Para uma semicélula Pt|Ce^{4+}, Ce^{3+}, encontre o potencial para as mesmas razões de $[Ce^{4+}]/[Ce^{3+}]$, como dado no Problema 18-27, para $[Fe^{3+}]/[Fe^{2+}]$.

18-29. Construa um gráfico de potencial de semicélula *versus* a razão das concentrações para as semicélulas dos Problemas 18-27 e 18-28. Como seria o gráfico se os valores de potencial fossem empregados para produzir um gráfico contra o log (razão das concentrações)?

18-30. Problema Desafiador. Tempos atrás, o eletrodo padrão de hidrogênio foi empregado para medidas de pH.

(a) Esquematize um diagrama de uma célula eletroquímica que poderia ser utilizada para medir o pH e identifique todas as partes do diagrama. Utilize o EPH para ambas as semicélulas.

(b) Deduza uma equação que forneça o potencial de célula em termos da concentração do íon hidrônio $[H_3O^+]$ em ambas as semicélulas.

(c) Uma semicélula deveria conter uma solução com concentração conhecida do íon hidrônio e a outra, a solução desconhecida. Resolva a equação em (b) para o pH da solução na semicélula desconhecida.

(d) Modifique a equação resultante para levar em consideração os coeficientes de atividade e expresse o resultado em termos de $pa_H = -\log a_H$, o logaritmo negativo da atividade do íon hidrônio.

(e) Descreva as circunstâncias sob as quais você esperaria que a célula fornecesse as medidas exatas para pa_H.

(f) Sua célula poderia ser utilizada para fazer as medidas práticas absolutas de pa_H ou você teria de calibrar sua célula com soluções de pa_H conhecidas? Explique sua resposta detalhadamente.

(g) Como (ou onde) você poderia obter as soluções com pa_H conhecidas?

(h) Discuta os problemas práticos que você poderia encontrar com o uso da sua célula para fazer as medidas de pH.

(i) Klopsteg[5] discute como fazer medidas com o eletrodo de hidrogênio. Na Figura 2 desse artigo, ele sugere o uso de uma régua cujo segmento é mostrado aqui, para converter as concentrações do íon hidrônio para pH e vice-versa.

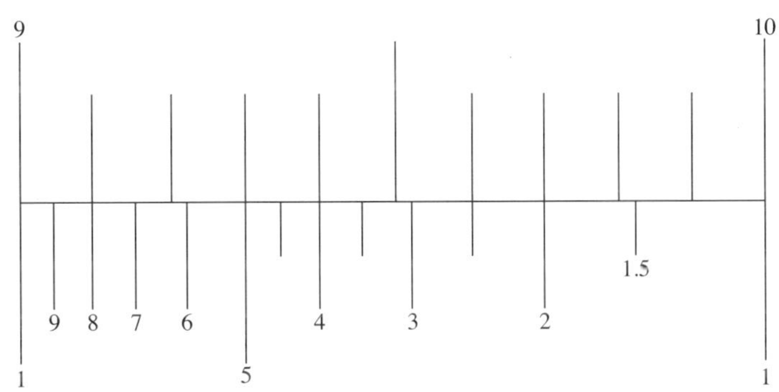

Regra da régua para pH.

Explique os princípios de operação dessa régua e descreva como ela funciona. Que leitura você obteria através do uso da régua para uma concentração do íon hidrônio de $3{,}56 \times 10^{-4}$ mol L^{-1}? Quantos algarismos significativos existem no pH resultante? Qual a concentração de íons hidrônio em uma solução com pH 9,85?

[5] P. E. Klopsteg, *Ind. Eng. Chem*, v. 14, p. 399, **1922, DOI**: 10.1021/ie50149a011.

capítulo 19

Aplicações dos Potenciais Padrão de Eletrodo

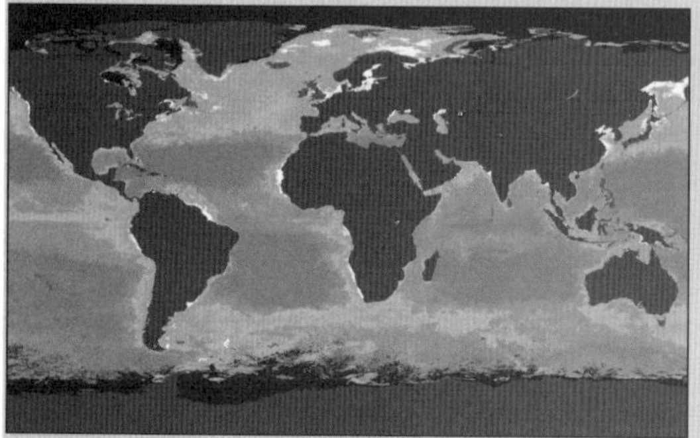

NASA/Jesse Allen, Earth Observatory/SeaWiFS/NASA/GSFC/ ORBIMAGE

Esta imagem composta obtida por satélite mostra as áreas na superfície da Terra onde as plantas clorofiladas estão localizadas. A clorofila, que é uma das mais importantes biomoléculas da natureza, é um membro da classe dos compostos chamados porfirinas. Essa classe também inclui a hemoglobina e o citocromo *c*, que é discutido no Destaque 19-1. Muitas técnicas analíticas têm sido utilizadas para medir as propriedades químicas e físicas da clorofila para explorar seu papel na fotossíntese. A titulação redox da clorofila com outros pares redox padrão revela as propriedades de oxidação-redução da molécula que ajudam a explicar a fotofísica dos processos complexos que as plantas verdes utilizam para oxidar a água formando o oxigênio molecular.

Neste capítulo mostramos como os potenciais padrão de eletrodo podem ser utilizados para (1) calcular os potenciais termodinâmicos de célula, (2) calcular as constantes de equilíbrio para as reações redox e (3) construir curvas de titulações redox.

19A CÁLCULOS DE POTENCIAIS DE CÉLULAS ELETROQUÍMICAS

Podemos utilizar os potenciais de eletrodo e a equação de Nernst para calcular o potencial obtido a partir de uma célula galvânica ou o potencial necessário para operar uma célula eletrolítica. Os potenciais calculados (algumas vezes denominados potenciais termodinâmicos) são teóricos na medida em que se referem a células nas quais não há nenhuma corrente. Como mostramos no Capítulo 22, fatores adicionais devem ser considerados se uma corrente estiver envolvida.

O potencial termodinâmico de uma célula eletroquímica é a diferença entre o potencial do eletrodo da direita e o potencial do eletrodo da esquerda. Isto é,

É importante observar que $E_{direita}$ e $E_{esquerda}$ são, em ambos os casos, *potenciais de eletrodo* da forma, como definido no início da Seção 18C-3.

$$E_{célula} = E_{direita} - E_{esquerda} \tag{19-1}$$

onde $E_{direita}$ e $E_{esquerda}$ são os potenciais dos eletrodos da direita e da esquerda, respectivamente. A Equação 19-1 é válida quando o potencial de junção líquido está ausente ou é mínimo. Em todo este capítulo, vamos supor que os potenciais de junção líquidos são desprezíveis.

EXEMPLO 19-1

Calcule o potencial termodinâmico da seguinte célula e a variação de energia livre associada à reação da célula.

$$Cu|Cu^{2+}(0{,}0200\ mol\ L^{-1})\ \|\ Ag^{+}(0{,}0200\ mol\ L^{-1})|Ag$$

Note que se trata da célula galvânica mostrada na Figura 18-2a.

Resolução

As duas semirreações e os potenciais padrão são

$$Ag^{+} + e^{-} \rightleftharpoons Ag(s) \qquad E^{0} = 0{,}799\ V \qquad (19\text{-}2)$$

$$Cu^{2+} + 2e^{-} \rightleftharpoons Cu(s) \qquad E^{0} = 0{,}337\ V \qquad (19\text{-}3)$$

Os potenciais de eletrodo são

$$E_{Ag^{+}/Ag} = 0{,}799 - 0{,}0592 \log \frac{1}{0{,}0200} = 0{,}6984\ V$$

$$E_{Cu^{2+}/Cu} = 0{,}337 - \frac{0{,}0592}{2} \log \frac{1}{0{,}0200} = 0{,}2867\ V$$

A partir do diagrama da célula, vemos que o eletrodo de prata é o eletrodo da direita e que o eletrodo de cobre é o eletrodo da esquerda. Portanto, a aplicação da Equação 19-1 fornece

$$E_{célula} = E_{direita} - E_{esquerda} = E_{Ag^{+}/Ag} - E_{Cu^{2+}/Cu} = 0{,}6984 - 0{,}2867 = +0{,}412V$$

A variação de energia livre ΔG para a reação $Cu(s) + 2Ag^{+} \rightleftharpoons Cu^{2+} + Ag(s)$ é obtida de

$$\Delta G = -nFE_{célula} = -2 \times 96{,}485\ C \times 0{,}412\ V = -79{,}503\ J\ (18{,}99\ kcal)$$

EXEMPLO 19-2

Calcule o potencial para a célula

$$Ag|Ag^{+}(0{,}0200\ mol\ L^{-1})\ \|\ Cu^{2+}(0{,}0200\ mol\ L^{-1})|Cu$$

Resolução

Os potenciais de eletrodo para as duas semirreações são idênticos aos potenciais de eletrodo calculados no Exemplo 19-1. Isto é,

$$E_{Ag^{+}/Ag} = 0{,}6984\ V \qquad e \qquad E_{Cu^{2+}/Cu} = 0{,}2867\ V$$

Em contraste com o exemplo anterior, entretanto, o eletrodo de prata está do lado esquerdo e o eletrodo de cobre está do lado direito. Substituindo-se os potenciais de eletrodo na Equação 19-1, temos

$$E_{célula} = E_{direita} - E_{esquerda} = E_{Cu^{2+}/Cu} - E_{Ag^{+}/Ag} = 0{,}2867 - 0{,}6984 = -0{,}412V$$

Emilio Segrè Visual Archives/AIP

Gustav Robert Kirchhoff (1824–1877) foi um físico alemão que fez contribuições importantes para a física e para a química. Além de seu trabalho na espectroscopia, ele é conhecido pelas leis de Kirchhoff de corrente e voltagem nos circuitos elétricos. Estas leis podem ser resumidas pelas seguintes equações: $\Sigma I = 0$ e $\Sigma E = 0$. Estas equações afirmam que a soma das correntes em qualquer ponto do circuito (nó) é zero e a soma das diferenças de potencial em torno de qualquer circuito de *loop* é zero.

Os Exemplos 19-1 e 19-2 ilustram um fato importante. O valor da diferença de potencial entre os dois eletrodos é 0,412 V, independentemente de qual eletrodo seja considerado à esquerda ou de referência. Se o eletrodo de Ag é o da esquerda, tal como no Exemplo 19-2, o potencial da célula tem um sinal negativo, mas se o eletrodo de Cu é aquele de referência, como no Exemplo 19-2, o potencial da célula tem um sinal positivo. Entretanto, não importa como a célula seja arranjada, a reação espontânea da célula é a oxidação do Cu e a redução de Ag^+ e a variação de energia livre é 79.503 J. Os exemplos 19-3 e 19-4 ilustram outros tipos de reações de eletrodos.

EXEMPLO 19-3

Calcule o potencial da seguinte célula e indique a reação que ocorreria espontaneamente se a célula estivesse em curto-circuito (**Figura 19-1**).

$$\text{Pt}|U^{4+}(0{,}200 \text{ mol L}^{-1}), UO_2^{2+}(0{,}0150 \text{ mol L}^{-1}), H^+(0{,}0300 \text{ mol L}^{-1}) \| \\ Fe^{2+}(0{,}0100 \text{ mol L}^{-1}), Fe^{3+}(0{,}0250 \text{ mol L}^{-1})|\text{Pt}$$

Resolução

As duas semirreações são

$$Fe^{3+} + e^- \rightleftharpoons Fe^{2+} \qquad E^0 = +0{,}771 \text{ V}$$

$$UO_2^{2+} + 4H^+ + 2e^- \rightleftharpoons U^{4+} + 2H_2O \qquad E^0 = +0{,}334 \text{ V}$$

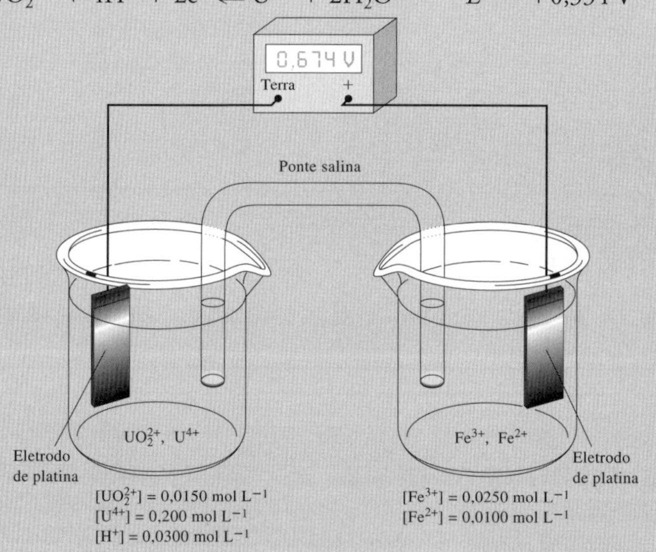

Figura 19-1 Célula do Exemplo 19-3.

O potencial de eletrodo para o eletrodo da direita é

$$E_{\text{direita}} = 0{,}771 - 0{,}0592 \log \frac{[Fe^{2+}]}{[Fe^{3+}]}$$

$$= 0{,}771 - 0{,}0592 \log \frac{0{,}0100}{0{,}0250} = 0{,}771 - (-0{,}0236)$$

$$= 0{,}7946 \text{ V}$$

O potencial de eletrodo para o eletrodo da esquerda é

$$E_{\text{esquerda}} = 0{,}334 = \frac{0{,}0592}{2} \log \frac{[U^{4+}]}{[UO_2^{2+}][H^+]^4}$$

$$= 0{,}334 - \frac{0{,}0592}{2} \log \frac{0{,}200}{(0{,}0150)(0{,}0300)^4}$$

$$= 0{,}334 - 0{,}2136 = 0{,}1204 \text{ V}$$

e

$$E_{\text{célula}} = E_{\text{direita}} - E_{\text{esquerda}} = 0{,}7946 - 0{,}1204 = 0{,}6742 \text{ V}$$

O sinal positivo significa que a reação espontânea é a oxidação do U^{4+} do lado esquerdo e a redução do Fe^{3+} do lado direito, ou

$$U^{4+} + 2Fe^{3+} + 2H_2O \rightarrow UO_2^{\,2+} + 2Fe^{2+} + 4H^+$$

EXEMPLO 19-4

Calcule o potencial da célula para

$$Ag|AgCl(sat), HCl(0{,}0200 \text{ mol L}^{-1})|H_2(0{,}800 \text{ atm}), Pt$$

Observe que essa célula não requer dois compartimentos (nem uma ponte salina) porque o H_2 molecular tem uma baixa tendência de reagir diretamente com Ag^+ presente em baixa concentração na solução eletrolítica. Este é um exemplo de uma **célula sem junção líquida** (**Figura 19-2**).

Resolução

As duas semirreações e seus correspondentes potenciais padrão de eletrodo são (veja a Tabela 18-1)

$$2H^+ + 2e^- \rightleftharpoons H_2(g) \qquad E^0_{H^+/H_2} = 0{,}000 \text{ V}$$

$$AgCl(s) + e^- \rightleftharpoons Ag(s) + Cl^- \qquad E^0_{AgCl/Ag} = 0{,}222 \text{ V}$$

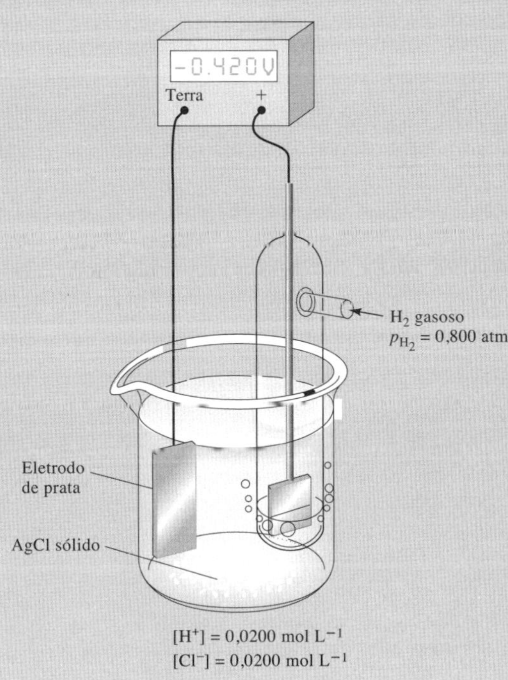

Figura 19-2 Célula sem junção líquida para o Exemplo 19-4.

Os dois potenciais de eletrodo são

$$E_{\text{direita}} = 0{,}000 - \frac{0{,}0592}{2}\log\frac{p_{H^2}}{[H^+]^2} = -\frac{0{,}0592}{2}\log\frac{0{,}0800}{(0{,}0200)^2}$$

$$= -0{,}0977\text{ V}$$

$$E_{\text{esquerda}} = 0{,}222 - 0{,}0592\log[Cl^-] = 0{,}222 - 0{,}0592\log 0{,}0200$$

$$= 0{,}3226\text{ V}$$

Portanto, o potencial da célula é

$$E_{\text{célula}} = E_{\text{direita}} - E_{\text{esquerda}} = -0{,}0977 - 0{,}3226 = -0{,}420\text{ V}$$

O sinal negativo indica que a reação da célula em questão

$$2H^+ + 2Ag(s) \rightarrow H_2(g) + 2AgCl(s)$$

não é espontânea. Para que essa reação ocorra, deveríamos aplicar uma voltagem externa e construir uma célula eletrolítica.

EXEMPLO 19-5

Calcule o potencial para a seguinte célula empregando (a) concentrações e (b) atividades:

$$Zn|ZnSO_4(x\text{ mol L}^{-1}),\ PbSO_4(\text{sat})|Pb$$

onde $x = 5{,}00 \times 10^{-4}$, $2{,}00 \times 10^{-3}$, $1{,}00 \times 10^{-2}$, $5{,}00 \times 10^{-2}$.

Resolução

(a) Em uma solução neutra, forma-se pouco HSO_4^- e podemos considerar que

$$[SO_4^{2-}] = c_{ZnSO_4} = x = 5{,}00 \times 10^{-4}\text{ mol L}^{-1}$$

A semirreação e os potenciais padrão de eletrodo são (veja a Tabela 18-1)

$$PbSO_4(s) + 2e^- \rightleftharpoons Pb(s) + SO_4^{2-} \qquad E^0_{PbSO_4/Pb} = -0{,}350\text{ V}$$

$$Zn^{2+} + 2e^- \rightleftharpoons Zn(s) \qquad E^0_{Zn^{2+}/Zn} = -0{,}763\text{ V}$$

O potencial do eletrodo de chumbo é

$$E_{PbSO_4/Pb} = E^0_{PbSO_4/Pb} - \frac{0{,}0592}{2}\log[SO_4^{2-}]$$

$$= -0{,}350 - \frac{0{,}0592}{2}\log(5{,}00 \times 10^{-4}) = -0{,}252\text{ V}$$

O potencial do eletrodo de zinco é

$$E_{Zn^{2+}/Zn} = E^0_{Zn^{2+}/Zn} - \frac{0{,}0592}{2}\log\frac{1}{[Zn^{2+}]}$$

$$= -0{,}763 - \frac{0{,}0592}{2}\log\frac{1}{5{,}00 \times 10^{-4}} = -0{,}860 \text{ V}$$

Portanto, o potencial da célula é

$$E_{\text{célula}} = E_{\text{direta}} - E_{\text{esquerda}} = E_{PbSO_4/Pb} - E_{Zn^{2+}/Zn} = -0{,}252 - (-0{,}860) = 0{,}608 \text{ V}$$

Os potenciais de célula para as outras concentrações podem ser obtidos da mesma forma. Seus valores são fornecidos na **Tabela 19-1**.

(b) Para calcular os coeficientes de atividade para o Zn^{2+} e $[SO_4^{2-}]$, precisamos primeiramente determinar a força iônica da solução empregando a Equação 10-1:

$$\mu = \frac{1}{2}[5{,}00 \times 10^{-4} \times (2)^2 + 5{,}00 \times 10^{-4} \times (2)^2] = 2{,}00 \times 10^{-3}$$

Na Tabela 10-2 encontramos $\alpha_{SO_4^{2-}} = 0{,}4$ nm e $\alpha_{Zn^{2+}} = 0{,}6$ nm. Se substituirmos esses valores na Equação 10-5, temos

$$-\log \gamma_{SO_4^{2-}} = \frac{0{,}51 \times (2)^2 \sqrt{2{,}00 \times 10^{-3}}}{1 + 3{,}3 \times 0{,}4\sqrt{2{,}00 \times 10^{-3}}} = 8{,}61 \times 10^{-2}$$

$$\gamma_{SO_4^{2-}} = 0{,}820$$

Repetindo os cálculos para Zn^{2+}, obtemos

$$\gamma_{Zn^{2+}} = 0{,}825$$

A equação de Nernst para o eletrodo de chumbo agora é

$$E_{PbSO_4/Pb} = E^0_{PbSO_4/Pb} - \frac{0{,}0592}{2}\log \gamma_{SO_4^{2-}} c_{SO_4^{2-}}$$

$$= -0{,}350 - \frac{0{,}0592}{2}\log(0{,}820 \times 5{,}00 \times 10^{-4}) = -0{,}250 \text{ V}$$

e para o eletrodo de zinco teremos

$$E_{Zn^{2+}/Zn} = E^0_{Zn^{2+}/Zn} - \frac{0{,}0592}{2}\log\frac{1}{\gamma_{Zn^{2+}} c_{Zn^{2+}}}$$

$$= -0{,}763 - \frac{0{,}0592}{2}\log\frac{1}{0{,}825 \times 5{,}00 \times 10^{-4}} = -0{,}863 \text{ V}$$

Finalmente, encontramos o potencial da célula a partir de

$$E_{\text{célula}} = E_{\text{direita}} - E_{\text{esquerda}} = E_{PbSO_4/Pb} - E_{Zn^{2+}/Zn} = -0{,}250 - (-0{,}863) = 0{,}613 \text{ V}$$

Os valores para outras concentrações e para os potenciais determinados experimentalmente para as células são encontrados na Tabela 19-1.

A Tabela 19-1 mostra que os potenciais calculados sem os coeficientes de atividade exibem um erro significativo. Também torna-se claro, a partir dos dados da quinta coluna da tabela, que os potenciais calculados com as atividades concordam razoavelmente bem com os valores experimentais.

TABELA 19-1

O Efeito da Força Iônica Sobre o Potencial de Uma Célula Galvânica*

Concentração de $ZnSO_4$, mol L^{-1}	Força Iônica, μ	(a) E, Baseados em Concentrações	(b) E, Baseados em Atividades	E, Valores Experimentais†
$5{,}00 \times 10^{-4}$	$2{,}00 \times 10^{-3}$	0,608	0,613	0,611
$2{,}00 \times 10^{-3}$	$8{,}00 \times 10^{-3}$	0,573	0,582	0,583
$1{,}00 \times 10^{-2}$	$4{,}00 \times 10^{-2}$	0,531	0,550	0,553
$2{,}00 \times 10^{-2}$	$8{,}00 \times 10^{-2}$	0,513	0,537	0,542
$5{,}00 \times 10^{-2}$	$2{,}00 \times 10^{-1}$	0,490	0,521	0,529

*Célula descrita no Exemplo 19-5. Todos os potenciais E estão em volts.
†Dados experimentais de I. A. Cowperthwaite e V. K. LaMer, *J. Amer. Chem. Soc.*, v. 53, p. 4333, **1931**, **DOI**: 10.1021/ja01363a010.

EXEMPLO 19-6

Calcule o potencial requerido para iniciar a deposição de cobre a partir de uma solução que é 0,010 mol L^{-1} em $CuSO_4$ e que contém H_2SO_4 suficiente para produzir um pH de 4,00.

Resolução

A deposição de cobre ocorre, necessariamente, no catodo. Dado que não existe uma espécie mais facilmente oxidável que a água no sistema, O_2 será liberado no anodo. As duas semirreações e seus correspondentes potenciais padrão de eletrodo são (Tabela 18-1)

$$Cu^{2+} + 2e^- \rightleftharpoons Cu(s) \qquad E^0_{AgCl/Ag} = +0{,}337 \text{ V (direita)}$$

$$O_2(g) + 4H^+ + 4e^- \rightleftharpoons 2H_2O \qquad E^0_{O_2/H_2O} = +1{,}229 \text{ V (esquerda)}$$

O potencial de eletrodo para o eletrodo de cobre é

$$E_{Cu^{2+}/Cu} = +0{,}337 - \frac{0{,}0592}{2}\log\frac{1}{0{,}010} = +0{,}278 \text{ V}$$

Se O_2 é liberado a uma pressão de 1,00 atm, o potencial do eletrodo para o eletrodo de oxigênio é

$$E_{O_2/H_2O} = +1{,}229 - \frac{0{,}0592}{4}\log\frac{1}{p_{O_2}[H^+]^4}$$

$$= +1{,}229 - \frac{0{,}0592}{4}\log\frac{1}{(1 \text{ atm})(1{,}00 \times 10^{-4})^4} = +0{,}992 \text{ V}$$

e, portanto, o potencial da célula é

$$E_{\text{célula}} = E_{\text{direita}} - E_{\text{esquerda}} = E_{Cu^{2+}/Cu} - E_{O_2/H_2O} = +0{,}278 - 0{,}992 = -0{,}714 \text{ V}$$

O sinal negativo indica que a reação da célula

$$2Cu^{2+} + 2H_2O \rightarrow O_2(g) + 4H^+ + 2Cu(s)$$

não é espontânea e que, para provocar a deposição do cobre de acordo com a reação a seguir, devemos aplicar um potencial negativo ligeiramente maior que – 0,714 V.

19B DETERMINAÇÃO EXPERIMENTAL DE POTENCIAIS PADRÃO

Embora seja fácil encontrar os potenciais padrão de eletrodo para centenas de semirreações em compilações de dados eletroquímicos, é importante observar que nenhum desses potenciais, incluindo o potencial do eletrodo padrão de hidrogênio, pode ser medido diretamente no laboratório. O EPH é um eletrodo hipotético, como é qualquer sistema de eletrodo no qual os reagentes e produtos estejam presentes com atividades ou pressões unitárias. Tal eletrodo não pode ser preparado no laboratório porque não há como preparar soluções contendo íons cujas atividades são exatamente 1. Em outras palavras, não existe teoria disponível que permita o cálculo da concentração de um soluto que deve ser dissolvido para produzir uma solução com atividade exatamente igual a um. Em altas forças iônicas, as relações de Debye-Hückel (veja Seção 10B-2), bem como outras formas estendidas da equação, fazem um trabalho ruim no cálculo dos coeficientes de atividade e não existe um método experimental independente para a determinação dos coeficientes de atividades em tais soluções. Assim, por exemplo, é impossível calcular a concentração de HCl ou outros ácidos que produzirão uma solução na qual $a_{H^+} = 1$ e é impossível determinar a atividade experimentalmente. A despeito dessa dificuldade, os dados coletados em soluções de baixa força iônica podem ser extrapolados para fornecer estimativas de potenciais padrão de eletrodo definidos teoricamente. O exemplo que segue mostra como esses potenciais de eletrodo hipotéticos podem ser determinados experimentalmente.

EXEMPLO 19-7

D. A. MacInnes[1] observou que uma célula similar àquela mostrada na Figura 19-2 apresentava um potencial de 0,52053 V. A célula é descrita pela seguinte representação

$$\text{Pt, H}_2(1{,}00\text{ atm})|\text{HCl}(3{,}215 \times 10^{-3}\text{ mol L}^{-1}),\text{ AgCl(saturado)}|\text{Ag}$$

Calcule o potencial padrão de eletrodo para a semirreação

$$\text{AgCl}(s) + e^- \rightleftharpoons \text{Ag}(s) + \text{Cl}^-$$

Resolução

Neste exemplo, o potencial de eletrodo para o eletrodo da direita é

$$E_{\text{direita}} = E^0_{\text{AgCl}} - 0{,}0592 \log (\gamma_{\text{Cl}^-})(c_{\text{HCl}})$$

onde γ_{Cl^-} é o coeficiente de atividade do Cl^-. A segunda semirreação da célula é

$$\text{H}^+ + e^- \rightleftharpoons \frac{1}{2}\text{H}_2(g)$$

e

$$E_{\text{esquerda}} = E^0_{\text{H}^+/\text{H}_2} - \frac{0{,}0592}{1} \log \frac{p^{1/2}_{\text{H}_2}}{(\gamma_{\text{H}^+})(c_{\text{HCl}})}$$

Então o potencial é a diferença entre os dois potenciais

$$E_{\text{célula}} = E_{\text{direita}} - E_{\text{esquerda}}$$

$$= [E^0_{\text{AgCl}} - 0{,}0592 \log (\gamma_{\text{Cl}^-})(c_{\text{HCl}})] - \left[E^0_{\text{H}^+/\text{H}_2} - 0{,}0592 \log \frac{p^{1/2}_{\text{H}_2}}{(\gamma_{\text{H}^+})(c_{\text{HCl}})}\right]$$

$$= E^0_{\text{AgCl}} - 0{,}0592 \log (\gamma_{\text{Cl}^-})(c_{\text{HCl}}) - 0{,}000 - 0{,}0592 \log \frac{(\gamma_{\text{H}^+})(c_{\text{HCl}})}{p^{1/2}_{\text{H}_2}}$$

[1] D. A. MacInnes, *The Principles of Electrochemistry*, Nova York: Reinhold, 1939, p. 187.

Observe que invertemos os termos no segundo termo logarítmico. Agora combinamos os dois termos logarítmicos para obter

$$E_{\text{célula}} = 0{,}52053 = E^0_{\text{AgCl}} - 0{,}0592 \log \frac{(\gamma_{H^+})(\gamma_{Cl^-})(c_{HCl})^2}{p_{H_2}^{1/2}}$$

Os coeficientes de atividade para o H^+ e Cl^- podem ser calculados a partir da Equação 10-5 utilizando $3{,}215 \times 10^{-3}$ mol L^{-1} para a força iônica μ. Esses valores são 0,945 e 0,939, respectivamente. Se substituirmos estes valores dos coeficientes de atividade e os dados experimentais na equação acima e rearranjarmos a equação, obtemos

$$E^0_{\text{AgCl}} = 0{,}52053 + 0{,}0592 \log \frac{(0{,}945)(0{,}939)(3{,}215 \times 10^{-3})^2}{1{,}00^{1/2}}$$

$$= 0{,}2223 \approx 0{,}222 \text{ V}$$

MacInnes achou a média para esta e medidas similares em outras concentrações como sendo 0,222 V.

DESTAQUE 19-1

Sistemas Redox Biológicos

Existem inúmeros sistemas redox de importância biológica e bioquímica. Os citocromos são excelentes exemplos desses sistemas. Os citocromos são proteínas ferro-heme nas quais um anel porfirina está coordenado via átomos de nitrogênio a um átomo de ferro. Eles participam de reações redox de um elétron. As funções fisiológicas dos citocromos são para facilitar o transporte de elétron. Na cadeia respiratória, os citocromos são participantes íntimos na formação de água a partir do H_2. Os nucleotídeos contendo piridinas reduzidas liberam hidrogênio para flavoproteínas. As flavoproteínas reduzidas são reoxidadas pelo Fe^{3+} para formar os citocromos *b* ou *c*. O resultado é a formação de H^+ e o transporte de elétrons. A cadeia é completada quando a enzima citocromo oxidase transfere elétrons para o oxigênio. O íon óxido resultante (O^{2-}) é instável e sequestra imediatamente dois íons H^+ para produzir H_2O. O esquema está ilustrado na **Figura 19D-1**.

A maioria dos sistemas redox biológicos é dependente do pH. Tornou-se uma prática padrão listar potenciais de eletrodo desses sistemas a pH 7,0 para se realizar as comparações do poder de oxidação ou de redução. Os valores listados são, tipicamente, potenciais formais a pH 7,0 e algumas vezes são representados por $E_7^{0\prime}$.

Outros sistemas redox de importância na bioquímica incluem o sistema NADH/NAD, as flavinas, o sistema piruvato/lactato, o sistema oxalacetato/maleato e o sistema quinona/hidroquinona.

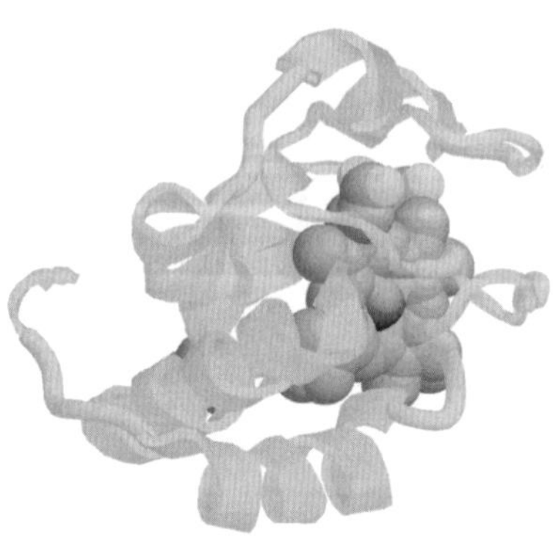

Modelo molecular do citocromo *c*.

19C CÁLCULOS DE CONSTANTES DE EQUILÍBRIO REDOX

Vamos considerar novamente o equilíbrio que é estabelecido quando um pedaço de cobre é imerso em uma solução contendo nitrato de prata diluído:

$$\text{Cu}(s) + 2\text{Ag}^+ \rightleftharpoons \text{Cu}^{2+} + 2\text{Ag}(s) \tag{19-4}$$

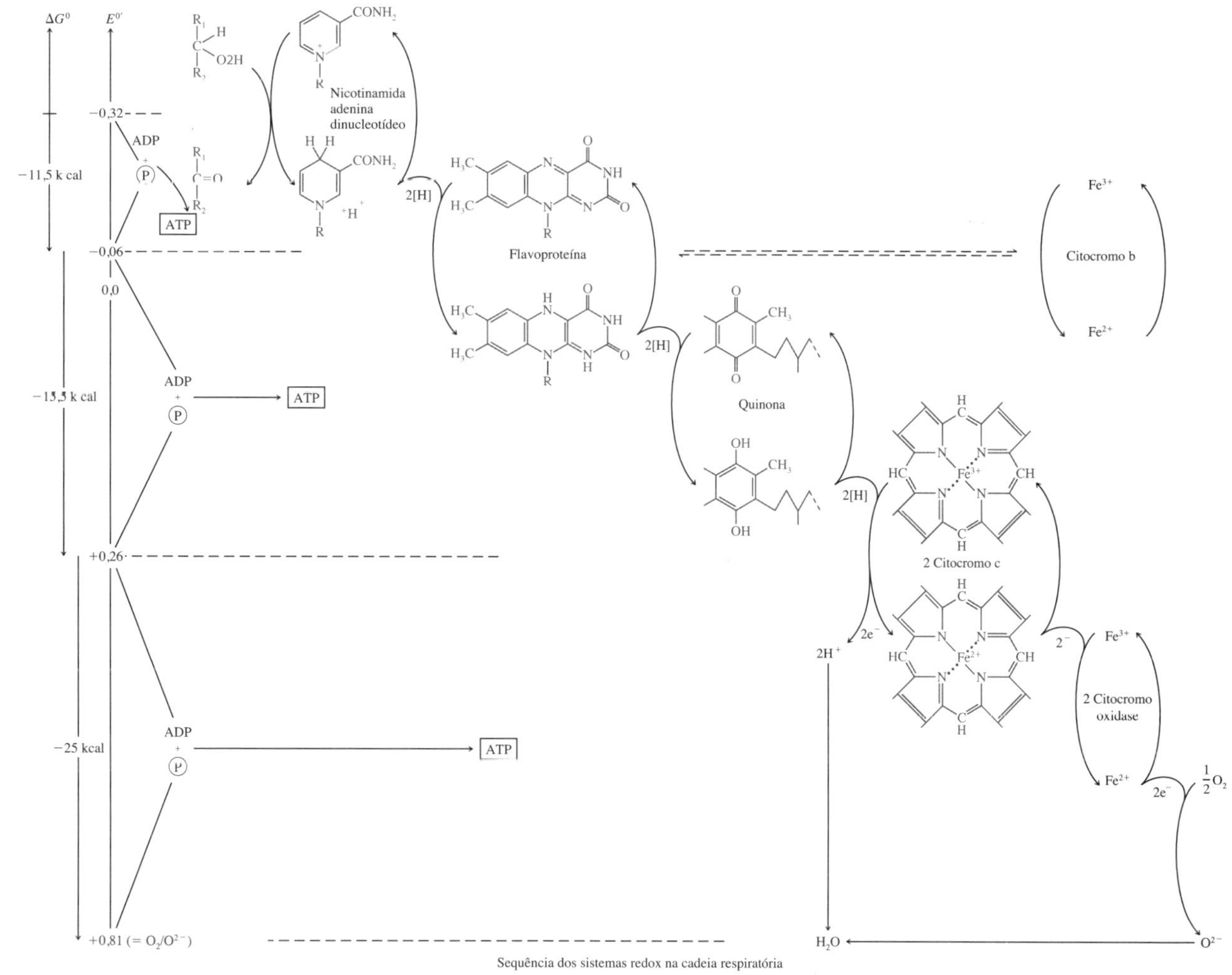

Figura 19D-1 Sistemas redox na cadeia respiratória. P = íon fosfato. (De P. Karlson, *Introduction to Modern Biochemistry*, Nova York: Academic Press, 1963, com permissão.)

A constante de equilíbrio para essa reação é

$$K_{eq} = \frac{[Cu^{2+}]}{[Ag^+]^2} \qquad (19\text{-}5)$$

Como descrevemos no Exemplo 19-1, essa reação pode ser desenvolvida na célula galvânica

$$Cu|Cu^{2+}(x \text{ mol L}^{-1}) \,\|\, Ag^+(y \text{ mol L}^{-1})|Ag$$

Um esquema de uma célula similar a esta é mostrado na Figura 18 2a. Seu potencial de célula a qualquer instante é dado pela Equação 19-1:

$$E_{\text{célula}} = E_{\text{direita}} - E_{\text{esquerda}} = E_{Ag^+/Ag} - E_{Cu^{2+}/Cu}$$

À medida que a reação prossegue, a concentração de íons Cu(II) aumenta e a concentração de íons Ag(I) diminui. Essas alterações tornam o potencial do eletrodo de cobre mais positivo e o do eletrodo de prata, menos positivo. Assim como mostrado na Figura 18-5, o efeito líquido dessas variações é uma diminuição do potencial da célula, uma vez que ela se descarrega. Em última instância, as concentrações de Cu(II) e Ag(I) mantêm seus valores de equilíbrio, como determinado pela Equação

19-5 e a corrente para de fluir. Sob essas condições, *o potencial da célula torna-se zero*. Portanto, *no equilíbrio químico*, podemos escrever que

$$E_{\text{célula}} = 0 = E_{\text{direita}} - E_{\text{esquerda}} = E_{\text{Ag}} - E_{\text{Cu}}$$

ou

$$E_{\text{direita}} = E_{\text{esquerda}} = E_{\text{Ag}} = E_{\text{Cu}} \tag{19-6}$$

Lembre-se de que *quando os sistemas redox estão no equilíbrio, os potenciais de eletrodo de todos os pares redox que estão presentes no sistema são idênticos*. Essa generalização se aplica quer as reações ocorram diretamente em solução ou indiretamente em uma célula galvânica.

Podemos generalizar a Equação 19-6 afirmando que, no *equilíbrio, os potenciais de eletrodo para todas as semirreações em um sistema de oxidação-redução são iguais*. Essa generalização se aplica independentemente do número de semirreações presente no sistema porque as interações entre todas elas precisam ocorrer até que os potenciais de eletrodo sejam idênticos. Por exemplo, se temos quatro sistemas redox em uma solução, as interações entre todos os quatro ocorrem até que os potenciais de todos os quatro pares redox sejam iguais.

Retornando à reação mostrada na Equação 19-4, vamos substituir as expressões de Nernst para os dois potenciais de eletrodo na Equação 19-6, obtendo

$$E^0_{\text{Ag}} - \frac{0{,}0592}{2}\log\frac{1}{[\text{Ag}^+]^2} = E^0_{\text{Cu}} - \frac{0{,}0592}{2}\log\frac{1}{[\text{Cu}^{2+}]} \tag{19-7}$$

Observe que aplicamos a equação de Nernst para a semirreação da prata, como aparece na equação balanceada (Equação 19-4):

$$2\text{Ag}^+ + 2\text{e}^- \rightleftharpoons 2\text{Ag}(s) \qquad E^0 = 0{,}799\text{ V}$$

Rearranjando a Equação 19-7, temos

$$E^0_{\text{Ag}} - E^0_{\text{Cu}} = \frac{0{,}0592}{2}\log\frac{1}{[\text{Ag}^+]^2} - \frac{0{,}0592}{2}\log\frac{1}{[\text{Cu}^{2+}]}$$

Se invertermos a razão no segundo termo logarítmico, precisamos inverter o sinal do termo. Esta inversão fornece

$$E^0_{\text{Ag}} - E^0_{\text{Cu}} = \frac{0{,}0592}{2}\log\frac{1}{[\text{Ag}^+]^2} + \frac{0{,}0592}{2}\log\frac{[\text{Cu}^{2+}]}{1}$$

Finalmente, combinando os termos logarítmicos e rearranjando, temos

$$\frac{2(E^0_{Ag} - E^0_{\text{Cu}})}{0{,}0592} = \log\frac{[\text{Cu}^{2+}]}{[\text{Ag}^+]^2} = \log K_{\text{eq}} \tag{19-8}$$

Os termos de concentração na Equação 19-8 são *concentrações de equilíbrio*, e a razão $[\text{Cu}^{2+}]/[\text{Ag}^+]^2$ no termo logarítmico é, consequentemente, *a constante de equilíbrio para a reação*. Observe que o termo entre parênteses na Equação 19-8 é o potencial padrão de célula $E^0_{\text{célula}}$, que em geral é dado por

$$E^0_{\text{célula}} = E^0_{\text{direita}} - E^0_{\text{esquerda}}$$

Também podemos obter a Equação 19-8 a partir da variação da energia livre da reação, como mostrado na Equação 18-7. O rearranjo dessa equação gera

$$\ln K_{\text{eq}} = -\frac{\Delta G^0}{RT} = \frac{nFE^0_{\text{célula}}}{RT} \tag{19-9}$$

A 25°C, após a conversão para logaritmo na base 10, podemos escrever

$$\log K_{eq} = \frac{nE^0_{célula}}{0{,}0592} = \frac{n(E^0_{direita} - E^0_{esquerda})}{0{,}0592}$$

Para a reação dada na Equação 19-4, a substituição de E^0_{Ag} por $E^0_{direita}$ e E^0_{Cu} por $E^0_{esquerda}$ gera a Equação 19-8.

EXEMPLO 19-8

Calcule a constante de equilíbrio para a reação apresentada na Equação 19-4.

Ao fazer cálculos do tipo mostrado no Exemplo 19-8, você deve seguir a regra de arredondamento para antilogs.

Resolução

A substituição dos valores numéricos na Equação 19-8 gera

$$\log K_{eq} = \log\frac{[Cu^{2+}]}{[Ag^+]^2} = \frac{2(0{,}799 - 0{,}337)}{0{,}0592} = 15{,}61$$

$$K_{eq} = \text{antilog } 15{,}61 = 4{,}1 \times 10^{15}$$

EXEMPLO 19-9

Calcule a constante de equilíbrio para a reação

$$2Fe^{3+} + 3I^- \rightleftharpoons 2Fe^{2+} + I_3^-$$

Resolução

No Apêndice 5 encontramos

$$2Fe^{3+} + 2e^- \rightleftharpoons 2Fe^{2+} \qquad E^0 = 0{,}771 \text{ V}$$

$$I_3^- + 2e^- \rightleftharpoons 3I^- \qquad E^0 = 0{,}536 \text{ V}$$

Multiplicamos a primeira semirreação por 2, assim a quantidade de matéria de Fe^{3+} e Fe^{2+} será a mesma da equação geral balanceada. Escrevemos a equação de Nernst para Fe^{3+} baseada na semirreação para a transferência de dois elétrons. Isto é,

$$E_{Fe^{3+}/Fe^{2+}} = E^0_{Fe^{3+}/Fe^{2+}} - \frac{0{,}0592}{2}\log\frac{[Fe^{2+}]^2}{[Fe^{3+}]^2}$$

e

$$E_{I_3^-/I^-} = E^0_{I_3^-/I^-} - \frac{0{,}0592}{2}\log\frac{[I^-]^3}{[I_3^-]}$$

No equilíbrio, os potenciais dos eletrodos são iguais e

$$E_{Fe^{3+}/Fe^{2+}} = E_{I_3^-/I^-}$$

$$E^0_{Fe^{3+}/Fe^{2+}} - \frac{0{,}0592}{2}\log\frac{[Fe^{2+}]^2}{[Fe^{3+}]^2} = E^0_{I_3^-/I^-} - \frac{0{,}0592}{2}\log\frac{[I^-]^3}{[I_3^-]}$$

Essa reação pode ser rearranjada para

$$\frac{2(E^0_{Fe^{3+}/Fe^{2+}} - E^0_{I_3^-/I^-})}{0{,}0592} = \log\frac{[Fe^{2+}]^2}{[Fe^{3+}]^2} - \log\frac{[I^-]^3}{[I_3^-]}$$

$$= \log\frac{[Fe^{2+}]^2}{[Fe^{3+}]^2} + \log\frac{[I_3^-]}{[I^-]^3}$$

$$= \log\frac{[Fe^{2+}]^2[I_3^-]}{[Fe^{3+}]^2[I^-]^3}$$

Observe que alteramos o sinal do segundo termo logarítmico pela inversão da fração. Posteriores rearranjos fornecem

$$\log \frac{[Fe^{2+}]^2[I_3^-]}{[Fe^{3+}]^2[I^-]^3} = \frac{2(E^0_{Fe^{3+}/Fe^{2+}} - E^0_{I_3^-/I^-})}{0,0592}$$

Entretanto, lembre-se que neste caso os termos de concentração são *concentrações de equilíbrio*, e

$$\log K_{eq} = \frac{2(E^0_{Fe^{3+}/Fe^{2+}} - E^0_{I_3^-/I^-})}{0,0592} = \frac{2(0,771 - 0,536)}{0,0592} = 7,94$$

$$K_{eq} = \text{antilog}\, 7,94 = 8,7 \times 10^7$$

Arredondamos o resultado para ter dois algarismos significativos, uma vez que o log K_{eq} contém apenas dois algarismos (os dois à direita da vírgula).

DESTAQUE 19-2

Uma Expressão Geral para os Cálculos de Constantes de Equilíbrio a Partir de Potenciais Padrão

Para obtermos uma relação geral para calcular as constantes de equilíbrio a partir de dados de potencial padrão, vamos considerar uma reação na qual a espécie A_{red} reage com a espécie B_{ox} para formar A_{ox} e B_{red}. As duas reações de eletrodo são

$$A_{ox} + ae^- \rightleftharpoons A_{red}$$

$$B_{ox} + be^- \rightleftharpoons B_{red}$$

Obtemos uma equação balanceada para a reação desejada pela multiplicação da primeira equação por *b* e da segunda equação por *a* para obter

$$bA_{ox} + bae^- \rightleftharpoons bA_{red}$$

$$aB_{ox} + bae^- \rightleftharpoons aB_{red}$$

Então, subtraímos a primeira equação da segunda para obter uma equação balanceada para a reação redox

$$bA_{red} + aB_{ox} \rightleftharpoons bA_{ox} + aB_{red}$$

Quando esse sistema encontra-se no equilíbrio, os dois potenciais de eletrodo E_A e E_B são iguais; isto é,

$$E_A = E_B$$

Note que o produto ab é o número total de elétrons ganho na redução (e perdido na oxidação) representado pela reação redox balanceada. Portanto, se $a = b$, não é necessário multiplicar as semirreações por a e b. Se $a = b = n$, a constante de equilíbrio é determinada a partir de

$$\log K_{eq} = \frac{n(E^0_B - E^0_A)}{0,0592}$$

Se substituirmos esses termos pelas suas respectivas equações de Nernst, descobrimos que *no equilíbrio*

$$E^0_A - \frac{0,0592}{ab}\log\frac{[A_{red}]^b}{[A_{ox}]^b} = E^0_B - \frac{0,0592}{ab}\log\frac{[B_{red}]^a}{[B_{ox}]^a}$$

que pode ser rearranjada para

$$E^0_B - E^0_A = \frac{0,0592}{ab}\log\frac{[A_{ox}]^b[B_{red}]^a}{[A_{red}]^b[B_{ox}]^a} = \frac{0,0592}{ab}\log K_{eq}$$

Finalmente, então,

$$\log K_{eq} = \frac{ab(E^0_B - E^0_A)}{0,0592} \quad (19\text{-}10)$$

EXEMPLO 19-10

Calcule a constante de equilíbrio para a reação

$$2MnO_4^- + 3Mn^{2+} + 2H_2O \rightleftharpoons 5MnO_2(s) + 4H^+$$

Resolução

No Apêndice 5, encontramos

$$2MnO_4^- + 8H^+ + 6e^- \rightleftharpoons 2MnO_2(s) + 4H_2O \qquad E^0 = +1{,}695\ V$$

$$3MnO_2(s) + 12H^+ + 6e^- \rightleftharpoons 2Mn^{2+} + 6H_2O \qquad E^0 = +1{,}23\ V$$

Novamente, multiplicamos as duas equações para que o número de elétrons permaneça igual. Quando esse sistema atinge o equilíbrio

$$E^0_{MnO_4^-/MnO_2} = E^0_{MnO_2/Mn^{2+}}$$

$$1{,}695 - \frac{0{,}0592}{6}\log\frac{1}{[MnO_4^-]^2[H^+]^8} = 1{,}23 - \frac{0{,}0592}{6}\log\frac{[Mn^{2+}]^3}{[H^+]^{12}}$$

Se invertemos os termos de log à direita e rearranjarmos, obtemos

$$\frac{6(1{,}695 \quad 1{,}23)}{0{,}0592} = \log\frac{1}{[MnO_4^-]^2[H^+]^8} + \log\frac{[H^+]^{12}}{[Mn^{2+}]^3}$$

Somando os dois termos de log obtemos

$$\frac{6(1{,}695 - 1{,}23)}{0{,}0592} = \log\frac{[H^+]^{12}}{[MnO_4^-]^2[Mn^{2+}]^3[H^+]^8}$$

$$47{,}1 = \log\frac{[H^+]^4}{[MnO_4^-]^2[Mn^{2+}]^3} = \log K_{eq}$$

$$K_{eq} = \text{antilog}\ 47{,}1 = 1 \times 10^{47}$$

Note que o resultado final tem apenas um algarismo significativo.

19D CONSTRUÇÃO DE CURVAS DE TITULAÇÃO REDOX

Como a maioria dos indicadores redox responde a variações do potencial de eletrodo, geralmente o eixo vertical das curvas de titulação redox é o potencial do eletrodo, em vez da função logarítmica p que utilizamos para as curvas de titulação de formação de complexos e de neutralização. Vimos no Capítulo 18 que existe uma relação logarítmica entre o potencial do eletrodo e a concentração do analito ou do titulante. Por causa desta relação, as curvas de titulação de redox são similares na aparência àquelas para outros tipos de titulações nas quais a função p é colocada como ordenada.

19D-1 Potenciais de Eletrodo durante as Titulações Redox

Considere a titulação redox do ferro(II) com uma solução padrão de cério(IV). Essa reação é amplamente utilizada na determinação de ferro em vários tipos de amostras. A reação da titulação é

> Lembre-se de que, quando os sistemas redox estão em equilíbrio, *os potenciais de eletrodo de todas as semirreações são idênticos*. Essa generalização se aplica se as reações ocorrem diretamente em solução ou indiretamente em uma célula galvânica.

$$Fe^{2+} + Ce^{4+} \rightleftharpoons Fe^{3+} + Ce^{3+}$$

Essa reação é rápida e reversível, assim o sistema está em equilíbrio durante todo o curso da titulação. Consequentemente, os potenciais de eletrodo para as duas semirreações são sempre idênticos (veja a Equação 19-6), isto é,

$$E_{Ce^{4+}/Ce^{3+}} = E_{Fe^{3+}/Fe^{2+}} = E_{sistema}$$

onde denominamos $E_{sistema}$ como **o potencial do sistema.** Se um indicador redox tiver sido adicionado a essa solução, a razão entre as concentrações de suas formas oxidada e reduzida precisa estar ajustada, dessa forma, o potencial de eletrodo para o indicador, E_{In}, também é igual ao potencial do sistema. Consequentemente, empregando a Equação 19-6, podemos escrever

$$E_{In} = E_{Ce^{4+}/Ce^{3+}} = E_{Fe^{3+}/Fe^{2+}} = E_{sistema}$$

Podemos calcular o potencial de eletrodo de um sistema a partir dos dados de potencial padrão. Portanto, para a reação que está sendo considerada, a mistura de titulação é tratada como se fosse parte de uma célula hipotética

$$\text{EPH} \parallel Ce^{4+}, Ce^{3+}, Fe^{3+}, Fe^{2+} | Pt$$

onde EPH simboliza o eletrodo padrão de hidrogênio. O potencial do eletrodo de platina, em relação ao eletrodo padrão de hidrogênio, é determinado pelas tendências do ferro(III) e do cério(IV) de aceitarem elétrons, isto é, pelas tendências de as seguintes semirreações ocorrerem:

$$Fe^{3+} + e^- \rightleftharpoons Fe^{2+}$$

$$Ce^{4+} + e^- \rightleftharpoons Ce^{3+}$$

A maioria dos pontos finais em titulações de oxidação-redução baseia-se em variações bruscas do $E_{sistema}$ que ocorrem próximo ou no ponto de equivalência químico.

No equilíbrio, as razões entre as concentrações das formas oxidadas e reduzidas das duas espécies são tais que sua atração por elétrons (e, portanto, seus potenciais de eletrodo) são idênticas. Observe que essas razões entre as concentrações variam continuamente durante a titulação, bem como o $E_{sistema}$. Os pontos finais são determinados a partir das variações características no $E_{sistema}$ que ocorrem durante a titulação.

Antes do ponto de equivalência, os cálculos do $E_{sistema}$ são mais fáceis de serem realizados empregando-se a equação de Nernst para o analito. Após o ponto de equivalência, é utilizada a equação de Nernst para o titulante.

Como $E_{Ce^{4+}/Ce^{3+}} = E_{Fe^{3+}/Fe^{2+}} = E_{sistema}$, os dados para a curva de titulação podem ser obtidos pela aplicação da equação de Nernst *tanto* para a semirreação do cério(IV) *quanto* para a semirreação do ferro(III). Ocorre, entretanto, que uma ou outra será mais conveniente, dependendo do estágio da titulação. Antes do ponto de equivalência, as concentrações analíticas de Fe(II), Fe(III) e Ce(III) estão prontamente disponíveis a partir dos dados volumétricos e da estequiometria da reação, enquanto a baixa concentração de Ce(IV) pode ser apenas obtida pelos cálculos baseados na constante de equilíbrio. Após o ponto de equivalência, predomina uma situação diferente. Nesta região, podemos avaliar as concentrações de Ce(III), Ce(IV) e Fe(III) diretamente a partir de dados volumétricos, enquanto a concentração de Fe(II) é pequena e mais difícil de ser calculada. Então, nessa região, a equação de Nernst para o par cério torna-se mais conveniente de ser utilizada. No ponto de equivalência, podemos avaliar as concentrações de Fe(III) e Ce(III) a partir da estequiometria, mas as concentrações de Fe(II) e Ce(IV) serão necessariamente muito baixas. Na próxima seção é apresentado um método para o cálculo do potencial no ponto de equivalência.

Potenciais no Ponto de Equivalência

No ponto de equivalência, as concentrações de cério(IV) e ferro(II) são diminutas e não podem ser obtidas a partir da estequiometria da reação. Felizmente, os potenciais no ponto de equivalência podem ser facilmente obtidos sabendo-se que as duas espécies reagentes e os dois produtos têm razões de concentrações conhecidas nesse ponto.

No ponto de equivalência da titulação do ferro(II) com cério(IV), o potencial do sistema é dado por

$$E_{eq} = E^0_{Ce^{4+}/Ce^{3+}} - \frac{0{,}0592}{1} \log \frac{[Ce^{3+}]}{[Ce^{4+}]}$$

e

$$E_{eq} = E^0_{Fe^{3+}/Fe^{2+}} - \frac{0,0592}{1} \log \frac{[Fe^{2+}]}{[Fe^{3+}]}$$

A soma dessas duas expressões gera

$$2E_{eq} = E^0_{Fe^{3+}/Fe^{2+}} + E^0_{Ce^{4+}/Ce^{3+}} - \frac{0,0592}{1} \log \frac{[Ce^{3+}][Fe^{2+}]}{[Ce^{4+}][Fe^{3+}]} \qquad (19\text{-}11)$$

O quociente das concentrações, $\frac{[Ce^{3+}]Fe^{2+}]}{[Ce^{4+}][Fe^{3+}]}$, na Equação 19-11 *não* é a razão usual entre as concentrações de produtos e reagentes que aparece na expressão da constante de equilíbrio.

A definição de ponto de equivalência requer que

$$[Fe^{3+}] = [Ce^{3+}]$$
$$[Fe^{2+}] = [Ce^{4+}]$$

A substituição dessas igualdades na Equação 19-11 resulta que o quociente entre as concentrações torna-se a unidade e o termo logarítmico torna-se zero:

$$2E_{eq} = E^0_{Fe^{3+}/Fe^{2+}} + E^0_{Ce^{4+}/Ce^{3+}} - \frac{0,0592}{1} \log \frac{\cancel{[Ce^{3+}]}\cancel{[Ce^{4+}]}}{\cancel{[Ce^{4+}]}\cancel{[Ce^{3+}]}} = E^0_{Fe^{3+}/Fe^{2+}} + E^0_{Ce^{4+}/Ce^{3+}}$$

$$E_{eq} = \frac{E^0_{Fe^{3+}/Fe^{2+}} + E^0_{Ce^{4+}/Ce^{3+}}}{2} \qquad (19\text{-}12)$$

O Exemplo 19-11 ilustra como o potencial no ponto de equivalência pode ser obtido para reações mais complexas.

EXEMPLO 19-11

Obtenha uma expressão para o potencial no ponto de equivalência na titulação de U^{4+} 0,0500 mol L^{-1} com Ce^{4+} 0,1000 mol L^{-1}. Considere que ambas as soluções estão em um meio com H_2SO_4 1,0 mol L^{-1}.

$$U^{4+} + 2Ce^{4+} + 2H_2O \rightleftharpoons UO_2^{\ 2+} + 2Ce^{3+} + 4H^+$$

Resolução

No Apêndice 5, encontramos

$$UO_2^{\ 2+} + 4H^+ + 2e^- \rightleftharpoons U^{4+} + 2H_2O \qquad E^0 = 0,334\ V$$
$$Ce^{4+} + e^- \rightleftharpoons Ce^{3+} \qquad E^{0'} = 1,44\ V$$

Utilizamos agora o potencial formal para o Ce^{4+} em H_2SO_4 1,0 mol L^{-1}.

Procedendo como no cálculo do ponto de equivalência para cério(IV)/ferro(II), escrevemos

$$E_{eq} = E^0_{UO_2^{2+}/U^{4+}} - \frac{0,0592}{2} \log \frac{[U^{4+}]}{[UO_2^{\ 2+}][H^+]^4}$$

$$E_{eq} = E^{0'}_{Ce^{4+}/Ce^{3+}} - \frac{0,0592}{1} \log \frac{[Ce^{3+}]}{[Ce^{4+}]}$$

Para combinar os termos de log, devemos multiplicar a primeira equação por 2 para ter

$$2E_{eq} = 2E^0_{UO_2^{2+}/U^{4+}} - 0,0592 \log \frac{[U^{4+}]}{[UO_2^{\ 2+}][H^+]^4}$$

A soma dessa equação com a anterior leva a

$$3E_{eq} = 2E^0_{UO_2^{2+}/U^{4+}} + E^{0'}_{Ce^{4+}/Ce^{3+}} - 0{,}0592 \log \frac{[U^{4+}][Ce^{3+}]}{[UO_2^{2+}][Ce^{4+}][H^+]^4}$$

Mas, no ponto de equivalência

$$[U^{4+}] = [Ce^{4+}]/2$$

e

$$[UO_2^{2+}] = [Ce^{3+}]/2$$

A substituição dessas equações gera, após rearranjo,

$$E_{eq} = \frac{2E^0_{UO_2^{2+}/U^{4+}} + E^{0'}_{Ce^{4+}/Ce^{3+}}}{3} - \frac{0{,}0592}{3} \log \frac{2[Ce^{4+}][Ce^{3+}]}{2[Ce^{3+}][Ce^{4+}][H^+]^4}$$

$$= \frac{2E^0_{UO_2^{2+}/U^{4+}} + E^{0'}_{Ce^{4+}/Ce^{3+}}}{3} - \frac{0{,}0592}{3} \log \frac{1}{[H^+]^4}$$

Vemos que, nesta titulação, o potencial no ponto de equivalência depende do pH.

19D-2 A Curva de Titulação

Vamos considerar a titulação de 50,00 mL de Fe^{2+} 0,0500 mol L^{-1} com Ce^{4+} 0,1000 mol L^{-1} em um meio com H_2SO_4 1,0 mol L^{-1} constante durante toda a titulação. Os dados de potenciais formais para ambos os processos das semicélulas estão disponíveis no Apêndice 5 e são empregados nesses cálculos. Assim,

$$Ce^{4+} + e^- \rightleftharpoons Ce^{3+} \qquad E^{0'} = 1{,}44 \text{ V } (1 \text{ mol L}^{-1} \text{ H}_2\text{SO}_4)$$

$$Fe^{3+} + e^- \rightleftharpoons Fe^{2} \qquad E^{0'} = 0{,}68 \text{ V } (1 \text{ mol L}^{-1} \text{ H}_2\text{SO}_4)$$

Potencial Inicial

A solução não contém espécies de cério antes de adicionarmos o titulante. É provável que exista uma quantidade pequena, porém desconhecida, de Fe^{3+} presente em virtude da oxidação do Fe^{2+} provocada pelo ar. Em todo caso, não temos informações suficientes para calcular um potencial inicial.

Potencial após a Adição de 5,00 mL de Cério(IV)

Lembre que a equação para essa reação é

$$Fe^{2+} + Ce^{4+} \rightleftharpoons Fe^{3+} + Ce^{3+}$$

Quando o oxidante é adicionado, Ce^{3+} e Fe^{3+} são formados e a solução contém concentrações apreciáveis e facilmente calculáveis de três dos participantes, enquanto a concentração do quarto participante, Ce^{4+}, é infinitamente pequena. Portanto, é mais conveniente empregar as concentrações das duas espécies de ferro para calcular o potencial de eletrodo do sistema.

A concentração de Fe(III) no equilíbrio é igual à sua concentração molar analítica menos a concentração molar de equilíbrio do Ce(IV) que não reagiu:

$$[Fe^{3+}] = \frac{5{,}00 \text{ mL} \times 0{,}1000 \text{ mol L}^{-1}}{50{,}00 \text{ mL} + 5{,}00 \text{ mL}} - [Ce^{4+}] = \frac{0{,}500 \text{ mmol}}{55{,}00 \text{ mL}} - [Ce^{4+}]$$

$$= \left(\frac{0{,}500}{55{,}00}\right) \text{mol L}^{-1} - [Ce^{4+}]$$

Similarmente, a concentração de Fe^{2+} é dada pela sua concentração molar analítica mais a concentração molar de equilíbrio de $[Ce^{4+}]$ que não reagiu:

$$[Fe^{2+}] = \frac{50{,}00 \text{ mL} \times 0{,}0500 \text{ mol L}^{-1} - 5{,}00 \text{ mL} \times 0{,}1000 \text{ mol L}^{-1}}{55{,}00 \text{ mL}} + [Ce^{4+}]$$

$$= \left(\frac{2{,}00}{55{,}00}\right) \text{mol L}^{-1} + [Ce^{4+}]$$

Geralmente as reações redox utilizadas na titulometria são suficientemente completas para que a concentração no equilíbrio de uma das espécies (nesse caso $[Ce^{4+}]$) seja minúscula em relação a outra espécie presente em solução. Assim, as duas equações anteriores podem ser simplificadas para

$$[Fe^{3+}] = \frac{0{,}500}{55{,}00} \text{ mol L}^{-1} \quad \text{e} \quad [Fe^{2+}] = \frac{2{,}00}{55{,}00} \text{ mol L}^{-1}$$

Estritamente falando, as concentrações de Fe^{2+} e de Fe^{3+} deveriam ser corrigidas em razão da concentração de Ce^{4+} que não reagiu. Essa correção deveria aumentar $[Fe^{2+}]$ e diminuir $[Fe^{3+}]$. A quantidade de Ce^{4+} que não reagiu é geralmente tão pequena que podemos negligenciar a correção em ambos os casos.

A substituição do $[Fe^{2+}]$ e $[Fe^{3+}]$ na equação de Nernst gera

$$E_{\text{sistema}} = +0{,}68 - \frac{0{,}0592}{1} \log \frac{2{,}00 / 55{,}00}{0{,}50 / 55{,}00} = 0{,}64 \text{ V}$$

Observe que os volumes no numerador e no denominador se cancelam, indicando que o potencial é independente da diluição. Essa independência persiste até que a solução se torne tão diluída a ponto de as duas considerações feitas nos cálculos se tornarem inválidas.

Vale a pena enfatizar novamente que o emprego da equação de Nernst para o sistema Ce(IV)/Ce(III) deveria gerar o mesmo valor para o E_{sistema}, mas para tanto seria necessário calcular $[Ce^{4+}]$ por meio da constante de equilíbrio para a reação.

Os potenciais adicionais necessários para definir a curva de titulação até próximo do ponto de equivalência podem ser obtidos de maneira similar. Esses dados são fornecidos na **Tabela 19-2**. Você pode querer confirmar um ou dois desses valores.

TABELA 19-2

Potencial de Eletrodo em relação ao EPH em Titulações com Ce^{4+} 0,100 mol L^{-1}

	Potencial, V em relação ao EPH*		
Volume de Reagente, mL	**50,00 mL de Fe^{2+} 0,0500 mol L^{-1}**		**50,00 mL de U^{4+} 0,02500 mol L^{-1}**
5,00	0,64		0,316
15,00	0,69		0,339
20,00	0,72		0,352
24,00	0,76		0,375
24,90	0,82		0,405
25,00	1,06	← Ponto de equivalência →	0,703
25,10	1,30		1,30
26,00	1,36		1,36
30,00	1,40		1,40

* A concentração de H_2SO_4 é tal que $[H^+] = 1{,}0$ em ambas as titulações.

Potencial no Ponto de Equivalência

A substituição dos dois potenciais formais na Equação 19-12 gera

$$E_{eq} = \frac{E^{0'}_{Ce^{4+}/Ce^{3+}} + E^{0'}_{Fe^{3+}/Fe^{2+}}}{2} = \frac{1,44 + 0,68}{2} = 1,06\ V$$

Potencial Após Adição de 25,10 mL de Cério(IV)

As concentrações molares de Ce(III), Ce(IV) e Fe(III) são facilmente calculadas neste ponto, mas a do Fe(II) não é. Portanto, os cálculos do $E_{sistema}$ são mais convenientes se realizados a partir da semirreação do cério. As concentrações das duas espécies de cério são

$$[Ce^{3+}] = \frac{25,00 \times 0,1000}{75,10} - [Fe^{2+}] \approx \frac{2,500}{75,10}\ mol\ L^{-1}$$

$$[Ce^{4+}] = \frac{25,10 \times 0,1000 - 50,00 \times 0,0500}{75,10} + [Fe^{2+}] \approx \frac{0,010}{75,10}\ mol\ L^{-1}$$

Em contraste com outras curvas de titulação que vimos, as curvas de oxidação-redução são *independentes* da concentração do reagente, exceto para soluções muito diluídas.

Nas equações para a espécie do íon cério, supomos que a concentração de ferro(II) fosse desprezível em relação às concentrações analíticas. A substituição na equação de Nernst para o par das espécies de cério fornece

$$E = +1,44 - \frac{0,0592}{1} \log \frac{[Ce^{3+}]}{[Ce^{4+}]} = +1,44 - \frac{0,0592}{1} \log \frac{2,500/\cancel{75,10}}{0,010/\cancel{75,10}}$$

$$= +1,30\ V$$

Os potenciais pós-equivalência na Tabela 19-2 foram calculados de uma maneira similar.

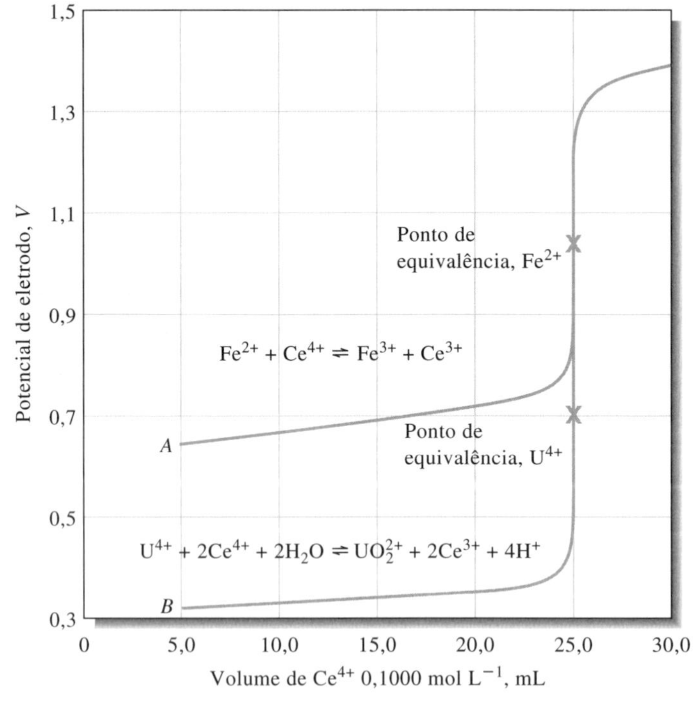

Figura 19-3 Curvas para a titulação empregando Ce^{4+} 0,1000 mol L^{-1}. *A*: Titulação de 50,00 mL de Fe^{2+} 0,05000 mol L^{-1}. *B*: Titulação de 50,00 mL de U^{4+} 0,02500 mol L^{-1}.

A curva de titulação do Fe(II) com Ce(IV) é semelhante à curva *A* da **Figura 19-3**. Esse gráfico é bastante parecido com as curvas obtidas nas titulações de neutralização, precipitação e formação de complexos, com o ponto de equivalência evidenciado por uma mudança brusca na variável no eixo vertical. Uma titulação envolvendo ferro(II) 0,00500 mol L^{-1} e Ce(IV) 0,01000 mol L^{-1} gera uma curva que é idêntica àquela que computamos uma vez que o potencial de eletrodo do sistema é idependente da diluição. Uma planilha eletrônica empregada para calcular $E_{sistema}$ em função do volume de Ce(IV) adicionado é apresentada na **Figura 19-4**.

❮ Por que é impossível calcular o potencial do sistema antes da adição do titulante?

❮ As curvas de titulação são simétricas quando os reagentes se combinam em uma reação 1:1. Caso contrário elas são assimétricas.

Os dados da terceira coluna da Tabela 19-2 são representados na forma da curva *B* na Figura 19-3, para permitir a comparação das duas titulações. As duas curvas são idênticas para os volumes maiores que 25,10 mL, porque as concentrações das espécies de cério são idênticas nessa região. Também é interessante observar que a curva para o ferro(II) é simétrica ao redor do ponto de equivalência, mas que a curva para o urânio(IV) não é simétrica. Em geral, curvas de titulações redox são simétricas quando o analito e o titulante reagem em uma razão molar 1:1.

	A	B	C	D	E	F
1	**Planilha para titulação 50,00 mL de Fe^{2+} 0,0500 mol L^{-1} com Ce^{4+} 0,1000 mol L^{-1}**					
2	Conc. inicial Fe^{2+} mol L^{-1}	0.0500	$E^{0'}_{Fe}$, V	0.68		
3	Vol. Fe^{2+} mL	50.00	$E^{0'}_{Ce}$, V	1.44		
4	Conc. Ce^{4+} mol L^{-1}	0.1000				
5						
6	**Volume Ce^{4+}, mL**	**[Fe^{3+}]**	**[Fe^{2+}]**	**[Ce^{3+}]**	**[Ce^{4+}]**	$E_{sistema}$, V
7	5,00	0,009091	0,036364			0,64
8	10,00	0,016667	0,025000			0,67
9	15,00	0,023077	0,015385			0,69
10	20,00	0,028571	0,007143			0,72
11	24,00	0,032432	0,001351			0,76
12	24,90	0,033244	0,000134			0,82
13	25,00					1,06
14	25,10			0,033289	0,000133	1,30
15	26,00			0,032895	0,001316	1,36
16	30,00			0,031250	0,006250	1,40
17	35,00			0,029412	0,011765	1,42
18	40,00			0,027778	0,016667	1,43
19						
20	**Documentação da Planilha**					
21	Célula B7=A7*B$4/($B$3+A7)			Célula D14=$B$2*$B$3/($B$3+A14)		
22	Célula C7=($B$2*$B$3-$B4*A)/($B$3+A&)			Célula E14=(A14*$B$4-$B$2*B$3)/($B$3+A14)		
23	Célula F7=$D$2-0.0592*LOG10(C7/B7)			Célula F14=$D$3-0.0592*LOG10(D14/E14)		
24	Célula F13=($D$2+$D$3)/2					

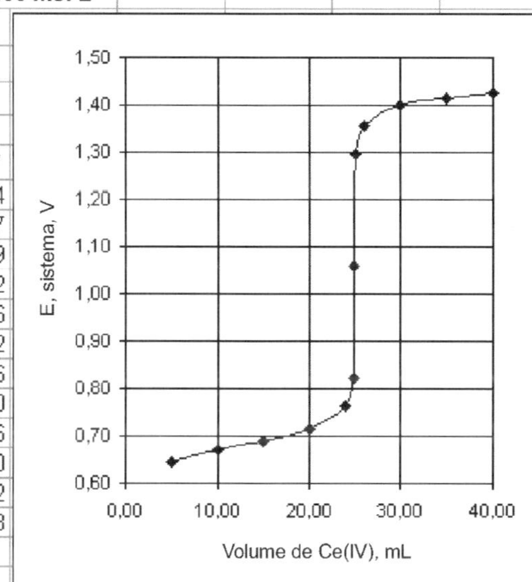

Figura 19-4 Planilha eletrônica para a titulação de 50,00 mL de Fe^{2+} 0,0500 mol L^{-1} com Ce^{4+} 0,1000 mol L^{-1}. Antes do ponto de equivalência, o potencial do sistema é calculado a partir das concentrações de Fe^{3+} e Fe^{2+}. Após o ponto de equivalência, as concentrações de Ce^{4+}e Ce^{3+} são empregadas na equação de Nernst. Na célula B7 a concentração de Fe^{3+} é calculada a partir de quantidade de matéria em milimols de Ce^{4+} adicionada, dividida pelo volume total da solução. A fórmula utilizada para o primeiro volume é apontada na célula de documentação A21. Na célula C7, [Fe^{2+}] é calculada como a quantidade de matéria (em milimols) inicial de Fe^{2+} presente menos a quantidade de matéria (em milimols) de Fe^{3+} formado e dividido pelo volume total de solução. A célula de documentação A22 fornece a fórmula para o volume de 5,00 mL. O potencial do sistema antes do ponto de equivalência é calculado nas células F7:F12 por meio do uso da equação de Nernst, representada para o primeiro volume pela fórmula mostrada na célula de documentação A23. Na célula F13, o potencial no ponto de equivalência é encontrado a partir da média dos dois potenciais formais, como pode ser visto na célula de documentação A24. Após o ponto de equivalência, a concentração de Ce(III) (célula D14) é encontrada a partir da quantidade de matéria em milimols de Fe^{2+} inicialmente presente, dividida pelo volume total da solução, como mostrado para o volume de 25,10 mL pela fórmula da célula de documentação D21. A concentração de Ce(IV) (E14) é obtida da quantidade de matéria em milimols de Ce(IV) adicionada, menos a quantidade de matéria em milimols de Fe^{2+} inicialmente presente, e dividida pelo volume total de solução, como mostrado na célula de documentação D22. O potencial do sistema na célula F14 é encontrado a partir da equação de Nernst, como mostrado na célula de documentação D23. O gráfico mostra a curva de titulação resultante.

EXEMPLO 19-12

Calcule os dados e construa uma curva de titulação para a reação de 50,00 mL de U^{4+} 0,02500 mol L^{-1} com Ce^{4+} 0,1000 mol L^{-1}. A solução é 1,0 mol L^{-1} em H_2SO_4 durante toda a titulação (para fins de simplificação, considere que $[H^+]$ para essa solução também é de cerca de 1,0 mol L^{-1}.)

Resolução

A reação analítica é

$$U^{4+} + 2Ce^{4+} + 2H_2O \rightleftharpoons UO_2^{2+} + 2Ce^{3+} + 4H^+$$

No Apêndice 5, encontramos

$$UO_2^{2+} + 4H^+ + 2e^- \rightleftharpoons U^{4+} + 2H_2O \qquad E^0 = 0{,}334\ V$$

$$Ce^{4+} + e^- \rightleftharpoons Ce^{3+} \qquad E^{0'} = 1{,}44\ V$$

Cálculo do Potencial Após a Adição de 5,0 mL de Ce^{4+}

$$\text{quant. de mat. original de } U^{4+} = 50{,}00 \text{ mL de } U^{4+} \times 0{,}02500 \frac{\text{mmol de } U^{4+}}{\text{mL de } U^{4+}}$$

$$= 1{,}250 \text{ mmol de } U^{4+}$$

$$\text{quant. de mat. de } Ce^{4+} \text{ adicionada} = 5{,}00 \text{ ml de } Ce^{4+} \times 0{,}1000 \frac{\text{mmol de } Ce^{4+}}{\text{mL de } Ce^{4+}}$$

$$= 0{,}5000 \text{ mmol de } Ce^{4+}$$

$$\text{quant. de mat. de } U^{4+} \text{ remanescente} = 1{,}250 \text{ mmol de } U^{4+} - 0{,}2500 \text{ mmol de } UO_2^{2+} \times \frac{1 \text{ mmol de } U^{4+}}{1 \text{ mmol de } UO_2^{2+}}$$

$$= 1{,}000 \text{ mmol de } U^{4+}$$

$$\text{volume total da solução} = (50{,}00 + 5{,}00)\text{mL} = 55{,}00 \text{ mL}$$

$$\text{concentração do } U^{4+} \text{ remanescente} = \frac{1{,}000 \text{ mmol de } U^{4+}}{55{,}00 \text{ mL}}$$

$$\text{concentração do } UO_2^{2+} \text{ formado} = \frac{0{,}5000 \text{ mmol de } Ce^{4+} \times \dfrac{1 \text{ mmol de } UO_2^{2+}}{2 \text{ mmol de } Ce^{4+}}}{55{,}00 \text{ mL}}$$

$$= \frac{0{,}2500 \text{ mmol de } UO_2^{2+}}{55{,}00 \text{ mL}}$$

Aplicando-se a equação de Nernst para o UO_2^{2+}, obtemos

$$E = 0{,}334 - \frac{0{,}0592}{2} \log \frac{[U^{4+}]}{[UO_2^{2+}][H^+]^4}$$

$$= 0{,}334 - \frac{0{,}0592}{2} \log \frac{[U^{4+}]}{[UO_2^{2+}](1{,}00)^4}$$

A substituição das concentrações das duas espécies de urânio gera

$$E = 0{,}334 - \frac{0{,}0592}{2} \log \frac{1{,}000 \text{ mmol de } U^{4+}/55{,}00 \text{ mL}}{0{,}2500 \text{ mmol de } UO_2^{2+}/55{,}00 \text{ mL}}$$

$$= 0{,}316\ V$$

Outros dados anteriores ao ponto de equivalência, calculados da mesma forma, são fornecidos na terceira coluna da Tabela 19-2.

Potencial no Ponto de Equivalência

Seguindo o procedimento mostrado no Exemplo 19-11, obtemos

$$E_{eq} = \frac{(2E^0_{UO_2^{2+}/U^{4+}} + E^{0'}_{Ce^{4+}/Ce^{3+}})}{3} - \frac{0{,}0592}{3} \log \frac{1}{[H^+]^4}$$

A substituição na equação fornece

$$E_{eq} = \frac{2 \times 0{,}334 + 1{,}44}{3} - \frac{0{,}0592}{3} \log \frac{1}{(1{,}00)^4}$$

$$= \frac{2 \times 0{,}334 + 1{,}44}{3} = 0{,}703 \text{ V}$$

Potencial após a Adição de 25,10 mL de Ce^{4+}

$$\text{volume total da solução} = 75{,}10 \text{ mL}$$

$$\text{quant. de mat. original de } U^{4+} = 50{,}00 \text{ mL de } U^{4+} \times 0{,}02500 \frac{\text{mmol de } U^{4+}}{\text{mL de } U^{4+}}$$

$$= 1{,}250 \text{ mmol de } U^{4+}$$

$$\text{quant. de mat. de } Ce^{4+} \text{ adicionada} = 25{,}10 \text{ mL de } Ce^{4+} \times 0{,}1000 \frac{\text{mmol de } Ce^{4+}}{\text{mL de } Ce^{4+}}$$

$$= 2{,}510 \text{ mmol de } Ce^{4+}$$

$$\text{concentração de } Ce^{3+} \text{ formado} = \frac{1{,}250 \text{ mmol de } U^{4+} \times \dfrac{2 \text{ mmol de } Ce^{3+}}{\text{mmol de } U^{4+}}}{75{,}10 \text{ mL}}$$

concentração de Ce^{4+} remanescente

$$= \frac{2{,}510 \text{ mmol de } Ce^{4+} - 2{,}500 \text{ mmol de } Ce^{3+} \times \dfrac{1 \text{ mmol de } Ce^{4+}}{\text{mmol de } Ce^{3+}}}{75{,}10 \text{ mL}}$$

A substituição na expressão do potencial formal gera

$$E = 1{,}44 - 0{,}0592 \log \frac{2{,}500/75{,}10}{0{,}010/75{,}10} = 1{,}30 \text{ V}$$

A Tabela 19-2 contém outros dados de pontos posteriores ao ponto de equivalência obtidos de maneira similar.

DESTAQUE 19-3

Estratégia da Equação-Mestre Inversa Para as Curvas de Titulação Redox

Valores de α para Espécies Redox

Os valores de α que utilizamos para os equilíbrios ácido/base e de complexação também são úteis em equilíbrios redox. Para calcular os valores de α para sistemas redox, precisamos resolver a equação de Nernst para a razão entre as concentrações das espécies reduzidas e espécies oxidadas. Empregamos uma abordagem similar àquela de Levie.[2] Uma vez que

$$E = E^0 - \frac{2{,}303RT}{nF}\log\frac{[\mathrm{R}]}{[\mathrm{O}]}$$

podemos escrever

$$\frac{[\mathrm{R}]}{[\mathrm{O}]} = 10^{-\frac{nF(E-E^0)}{2{,}303RT}} = 10^{-nf(E-E^0)}$$

onde, a 25°C,

$$f = \frac{F}{2{,}303RT} = \frac{1}{0{,}0592}$$

Agora podemos encontrar as frações de α do [R] + [O] total, como segue:

$$\alpha_\mathrm{R} = \frac{[\mathrm{R}]}{[\mathrm{R}] + [\mathrm{O}]} = \frac{[\mathrm{R}]/[\mathrm{O}]}{[\mathrm{R}]/[\mathrm{O}] + 1} = \frac{10^{-nf(E-E^0)}}{10^{-nf(E-E^0)} + 1}$$

Como um exercício, você pode mostrar que

$$\alpha_\mathrm{R} = \frac{1}{10^{-nf(E^0-E)} + 1}$$

e que

$$\alpha_\mathrm{O} = 1 - \alpha_\mathrm{R} = \frac{1}{10^{-nf(E-E^0)} + 1}$$

Além disso, você pode rearranjar as equações da forma que segue:

$$\alpha_\mathrm{R} = \frac{10^{-nfE}}{10^{-nfE} + 10^{-nfE^0}} \qquad \alpha_\mathrm{O} = \frac{10^{-nfE^0}}{10^{-nfE} + 10^{-nfE^0}}$$

Expressamos os valores α desta maneira para que eles estejam de uma forma similar aos valores α para um ácido monoprótico fraco apresentado no Capítulo 14.

$$\alpha_0 = \frac{[\mathrm{H_3O^+}]}{[\mathrm{H_3O^+}] + K_a} \qquad \alpha_1 = \frac{K_a}{[\mathrm{H_3O^+}] + K_a}$$

ou, alternativamente,

$$\alpha_0 = \frac{10^{-\mathrm{pH}}}{10^{-\mathrm{pH}} + 10^{-\mathrm{p}K_a}} \qquad \alpha_1 = \frac{10^{-\mathrm{p}K_a}}{10^{-\mathrm{pH}} + 10^{-\mathrm{p}K_a}}$$

Observe as formas muito similares dos valores de α para as espécies redox e para os ácidos monopróticos fracos. O termo 10^{-nfE} na expressão redox é análogo

[2]R. de Levie, *J. Electroanal. Chem.*, v. 323, p. 347-355, **1992**, **DOI**: 10.1016/0022-0728(92)80022-V.

a 10^{-pH} no caso ácido-base e o termo 10^{-nfE^0} é análogo a 10^{-pK_a}. Essas analogias deverão se tornar mais aparentes quando representamos por gráficos α_O e α_R em função de E da mesma forma que para α_0 e α_1 em função do pH. É importante reconhecer que obtemos essas expressões de maneira direta para os alfas redox apenas para aquelas semirreações redox que apresentam estequiometria 1:1. Para outras estequiometrias, as quais não consideraremos neste destaque, as expressões tornam-se consideravelmente mais complexas. Para os casos simples, essas equações nos fornecem uma maneira elegante de visualizar a química redox e para calcular os dados para as curvas de titulação. Se tivermos os dados de potenciais formais em um meio com força iônica constante, podemos empregar os valores de $E^{0'}$ no lugar dos valores de E^0 nas expressões de α.

Agora, vamos examinar graficamente a dependência dos valores de α em relação ao potencial E. Vamos determinar essa dependência para ambos os pares Fe^{3+}/Fe^{2+} e Ce^{4+}/Ce^{3+} em H_2SO_4 1 mol L^{-1}, onde os potenciais formais são conhecidos. Para esses dois pares, as expressões de α são dadas por

$$\alpha_{Fe^{2+}} = \frac{10^{-fE}}{10^{-fE} + 10^{-fE^{0'}_{Fe}}} \qquad \alpha_{Fe^{3+}} = \frac{10^{-fE^{0'}_{Fe}}}{10^{-fE} + 10^{-fE^{0'}_{Fe}}}$$

$$\alpha_{Ce^{3+}} = \frac{10^{-fE}}{10^{-fE} + 10^{-fE^{0'}_{Ce}}} \qquad \alpha_{Ce^{4+}} = \frac{10^{-fE^{0'}_{Ce}}}{10^{-fE} + 10^{-fE^{0'}_{Ce}}}$$

Note que a *única* diferença nas expressões para os dois conjuntos de valores de α são os dois potenciais formais diferentes, $E^{0'}_{Fe} = 0,68$ V e $E^{0'}_{Ce} = 1,44$ V em H_2SO_4 1 mol L^{-1}. O efeito dessa diferença será aparente nos gráficos de α. Dado que $n = 1$ para ambos os pares, ele não aparece nessas equações para α.

O gráfico dos valores de α é mostrado na **Figura 19D-2**. Podemos calcular os valores de α a cada 0,05 V de 0,50 V até 1,75 V. As formas dos gráficos de α são idênticas àquelas dos sistemas ácido-base (tratados nos Capítulos 14 e 15), como você poderia esperar a partir das formas análogas das expressões que foram mencionadas anteriormente.

Vale a pena mencionar que normalmente consideramos o cálculo do potencial de um eletrodo para um sistema redox em termos da concentração, em vez do oposto. Assim como o pH é a variável independente em nossos cálculos de α para os sistemas ácido-base, o potencial é a variável independente em cálculos redox. É bem mais fácil calcular α para uma série de potenciais que resolver as expressões para os potenciais, fornecendo vários valores de α.

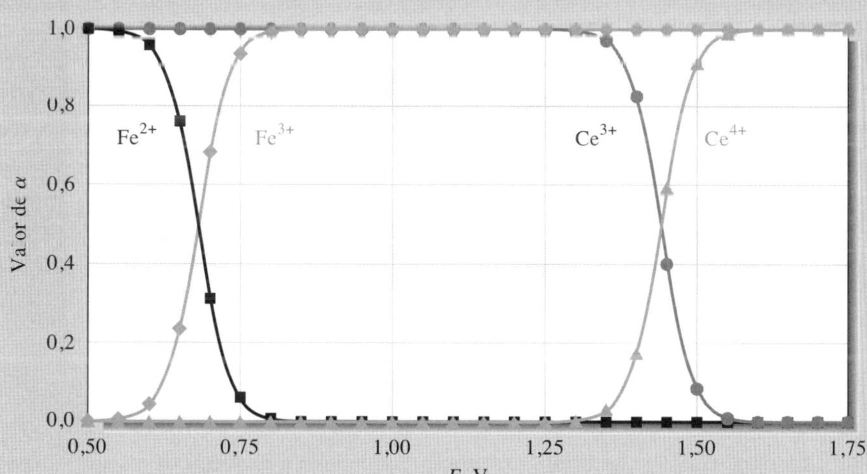

Figura 19D-2 Gráfico de α para o sistema Fe^{2+}/Ce^{4+}.

Estratégia da Equação-Mestre Inversa

Em todos os pontos durante a titulação, as concentrações de Fe^{3+} e Ce^{3+} são iguais, a partir da estequiometria. Ou

$$[Fe^{3+}] = [Ce^{3+}]$$

A partir dos valores de α e das concentrações e volumes dos reagentes, podemos escrever

$$\alpha_{Fe^{3+}}\left(\frac{V_{Fe}c_{Fe}}{V_{Fe} + V_{Ce}}\right) = \alpha_{Ce^{3+}}\left(\frac{V_{Ce}c_{Ce}}{V_{Fe} + V_{Ce}}\right)$$

onde V_{Fe} e c_{Fe} são o volume e a concentração inicial de Fe^{2+} presente e V_{Ce} e c_{Ce} são o volume e a concentração do titulante. Multiplicando-se ambos os lados da equação por $V_{Fe} + V_{Ce}$ e dividindo ambos os lados por $V_{Fe}c_{Fe}\,\alpha_{Ce^{3+}}$, encontramos

$$\alpha_{Fe^{3+}}\left(\frac{V_{Fe}c_{Fe}}{V_{Fe} + V_{Ce}}\right)\left(\frac{V_{Fe} + V_{Ce}}{V_{Fe}c_{Fe}\,\alpha_{Ce^{3+}}}\right) = \alpha_{Ce^{3+}}\left(\frac{V_{Ce}c_{Ce}}{V_{Fe} + V_{Ce}}\right)\left(\frac{V_{Fe} + V_{Ce}}{V_{Fe}c_{Fe}\,\alpha_{Ce^{3+}}}\right)$$

e

$$\phi = \frac{V_{Ce}c_{Ce}}{V_{Fe}c_{Fe}} = \frac{\alpha_{Fe^{3+}}}{\alpha_{Ce^{3+}}}$$

na qual ϕ é a extensão da titulação (fração titulada). Então substituímos as expressões previamente obtidas para os valores α e obtemos

$$\phi = \frac{\alpha_{Fe^{3+}}}{\alpha_{Ce^{3+}}} = \frac{1 + 10^{-f(E^{0'}_{Ce} - E)}}{1 + 10^{-f(E - E^{0'}_{Fe})}}$$

onde agora E é o potencial do sistema. Então substituímos os valores de E em incrementos de 0,5 V de 0,5 a 1,40 V nessa equação para calcular ϕ e representamos por gráficos os dados resultantes, como mostrado na **Figura 19D-3**. Um ponto adicional a 1,42 V foi colocado, dado que 1,45 V forneceu um valor ϕ maior que 2. Compare esse gráfico com a Figura 19-4, a qual pode ser gerada empregando-se a estratégia estequiométrica tradicional.

Nesse ponto, devemos mencionar que algumas expressões para as titulações redox são mais complexas que aquelas apresentadas aqui para uma situação simples 1:1. Se você estiver interessado em explorar a estratégia da equação-mestre para uma titulação redox dependente do pH ou para outras situações, consulte o artigo publicado por Levie.

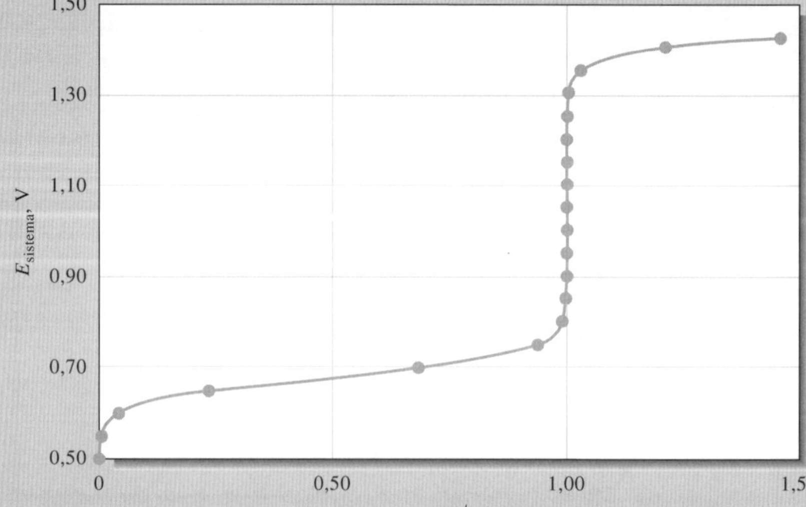

Figura 19D-3 Curva de titulação calculada empregando-se a estratégia da equação-mestre inversa. A extensão da titulação ϕ é calculada para vários valores do potencial do sistema, $E_{sistema}$, mas o gráfico é construído como $E_{sistema}$ em função de ϕ.

19D-3 O Efeito das Variáveis em Curvas de Titulação Redox

Em capítulos anteriores, consideramos os efeitos da concentração de reagentes e da extensão da reação nas curvas de titulação. Em seguida, descrevemos os efeitos dessas variáveis em curvas de titulação de oxidação-redução.

Concentração do Reagente

Como acabamos de ver, para uma titulação redox, geralmente o $E_{sistema}$ é independente da diluição. Consequentemente, as curvas de titulação para as reações redox são em geral independentes das concentrações do analito e do reagente. Essa característica contrasta com o que é observado em outros tipos de curvas de titulação que temos tratado.

Extensão da Reação

A variação do potencial na região do ponto de equivalência de uma titulação redox torna-se maior à medida que a reação se torna mais completa. Esse efeito é demonstrado pelas duas curvas contidas na Figura 19-3. A constante de equilíbrio para a reação do cério(IV) com ferro(II) é 7×10^{12}, enquanto para U(IV) é 2×10^{37}. O efeito da extensão da reação é também demonstrado na **Figura 19-5**. Esta figura mostra as curvas para a titulação de um reagente hipotético que tem um potencial padrão de eletrodo de 0,20 V com vários oxidantes hipotéticos, com potenciais padrão variando de 0,40 a 1,20 V. As constantes de equilíbrio correspondendo a cada uma das curvas localizam-se entre aproximadamente 2×10^3 e 8×10^{16}. A curva *A* mostra que a maior variação no potencial do sistema está associada com a reação que está mais completa e a curva *E* ilustra o extremo oposto. Nesse aspecto, as curvas de titulação redox são similares àquelas envolvendo outros tipos de reações.

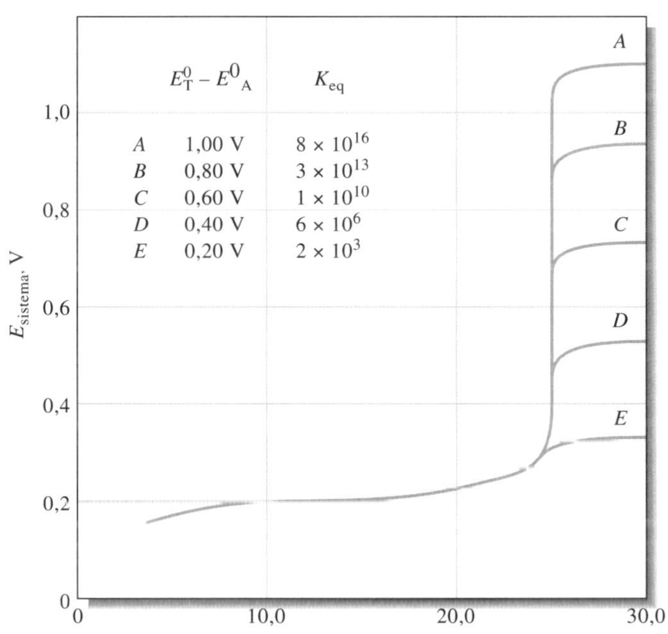

Figura 19-5 O efeito do potencial de eletrodo do titulante na extensão da reação. O potencial de eletrodo para o analito (E_A^0) é 0,200 V; iniciando com a curva *A*, os potenciais de eletrodo para o titulante (E_T^0) são 1,20; 1,00; 0,80; 0,60 e 0,40 V, respectivamente. Ambos, analito e titulante, sofrem uma variação de um elétron.

DESTAQUE 19-4

Velocidades de reação e potenciais de eletrodo

Os potenciais padrão revelam se uma reação processa-se suficientemente ou não até um ponto em que pode ser considerada completa para ser útil em um problema analítico específico, mas eles não fornecem informações sobre a rapidez com a qual o equilíbrio é atingido. Consequentemente, uma reação que parece ser extremamente favorável termodinamicamente pode ser totalmente inaceitável do ponto de vista cinético. A oxidação do arsênio(III) com cério(IV) em ácido sulfúrico diluído é um exemplo típico. A reação é

$$H_3AsO_3 + 2Ce^{4+} + H_2O \rightleftharpoons H_3AsO_4 + 2Ce^{3+} + 2H^+$$

Os potenciais formais $E^{0'}$ desses dois sistemas são

$$Ce^{4+} + e^- \rightleftharpoons Ce^{3+} \qquad E^{0'} = +1{,}44\ V$$

$$H_3AsO_4 + 2H^+ + 2e^- \rightleftharpoons H_3AsO_3 + H_2O \qquad E^{0'} = +0{,}577\ V$$

E uma constante de equilíbrio de cerca de 10^{29} pode ser calculada a partir desses dados. Embora esse equilíbrio esteja bastante deslocado para a direita, a titulação do arsênio(III) com cério(IV) é impossível na ausência de um catalisador porque seriam necessárias várias horas para se atingir o equilíbrio. Felizmente, várias substâncias catalisam a reação e, portanto, tornam a titulação viável.

19E INDICADORES PARA OXIDAÇÃO/REDUÇÃO

Dois tipos de indicadores químicos são empregados para obtenção dos pontos finais para titulações de oxidação/redução: indicadores redox gerais e indicadores específicos.

19E-1 Indicadores Redox Gerais

As mudanças de cor de indicadores redox gerais ou verdadeiros dependem unicamente do potencial do sistema.

Os indicadores redox gerais são substâncias que mudam de cor quando são oxidadas ou reduzidas. Em contraste com os indicadores específicos, as mudanças de cor de indicadores redox verdadeiros são amplamente independentes da natureza química do analito e do titulante e dependem, ao contrário, de variações do potencial de eletrodo do sistema que ocorrem durante a titulação.

A semirreação responsável pela mudança de cor de um indicador redox geral pode ser escrita como

$$In_{ox} + ne^- \rightleftharpoons In_{red}$$

Se a reação do indicador é reversível, podemos escrever

$$E = E^0_{In_{ox}/In_{red}} - \frac{0{,}0592}{n}\log\frac{[In_{red}]}{[In_{ox}]} \qquad (19\text{-}13)$$

Tipicamente, uma mudança de cor da forma oxidada para a cor da forma reduzida requer uma variação de cerca de 100 na razão das concentrações dos reagentes; isto é, uma mudança de cor é observada quando

$$\frac{[In_{red}]}{[In_{ox}]} \leq \frac{1}{10}$$

se altera para

$$\frac{[\text{In}_{red}]}{[\text{In}_{ox}]} \geq 10$$

A variação do potencial requerida para produzir uma mudança total na cor de um indicador geral típico pode ser encontrada substituindo-se esses dois valores na Equação 19-13, que fornece

$$E = E^0_{\text{In}} \pm \frac{0{,}0592}{n}$$

Essa equação mostra que um indicador geral típico exibe uma mudança de cor detectável quando um titulante faz com que o potencial do sistema varie de E^0_{In} $+0{,}0592/n$ para E^0_{In} $-0{,}0592/n$, ou cerca de $(0{,}118/n)$ V. Para muitos indicadores, $n = 2$, portanto uma variação de 0,059 V é suficiente.

Os prótons participam na redução de muitos indicadores. Portanto, a variação do potencial sobre a qual ocorre uma mudança de cor (o *potencial de transição*) é geralmente dependente do pH.

A **Tabela 19-3** lista os potenciais de transição para vários indicadores redox. Observe que estão disponíveis indicadores que funcionam em qualquer faixa de potencial até +1,25 V. As estruturas de alguns indicadores listados na tabela, e suas reações, são consideradas nos parágrafos que seguem.

O composto 1,10-fenantrolina é excelente agente complexante perante o ferro(II).

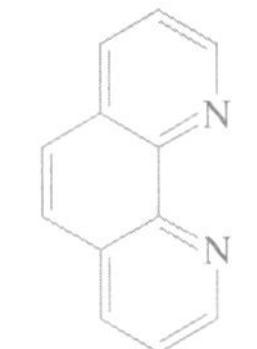

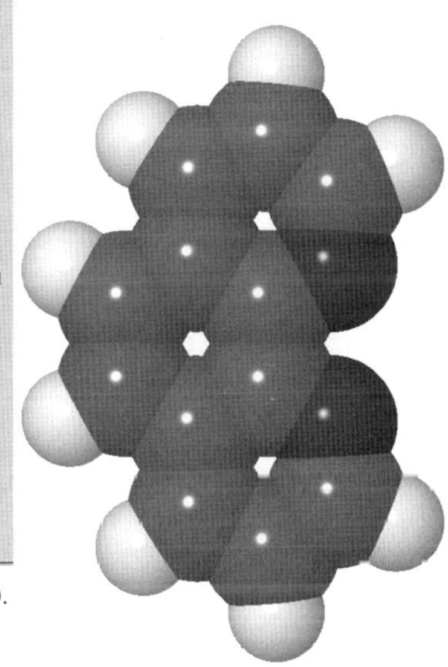

TABELA 19-3

Indicadores de Oxidação-redução Selecionados*

Indicador	Cor		Potencial de Transição, V	Condições
	Oxidado	Reduzido		
Complexo ferro(II) 5-nitro-1,10-fenantrolina	Azul-claro	Vermelho--violeta	+1,25	H_2SO_4 1 mol L^{-1}
Ácido 2,3′-difenilamina dicarboxílico	Azul-violeta	Incolor	+1,12	H_2SO_4 7-10 mol L^{-1}
Complexo ferro(II) 1,10-fenantrolina	Azul-claro	Vermelho	+1,11	H_2SO_4 1 mol L^{-1}
Complexo ferro(II) 5-metil-1,10-fenantrolina	Azul-claro	Vermelho	+1,02	H_2SO_4 1 mol L^{-1}
Erioglaucina A	Azul-violeta	Amarelo-verde	+0,98	H_2SO_4 0,5 mol L^{-1}
Ácido difenilaminos sulfônico	Vermelho-violeta	Incolor	+0,85	Ácido diluído
Difenilamina	Violeta	Incolor	+0,76	Ácido diluído
p-Etoxicrisoidina	Amarelo	Vermelho	+0,76	Ácido diluído
Azul de metileno	Azul	Incolor	+0,53	Ácido 1 mol L^{-1}
Índigo tetrassulfonato	Azul	Incolor	+0,36	Ácido 1 mol L^{-1}
Fenosafranina	Vermelho	Incolor	+0,28	Ácido 1 mol L^{-1}

*Dados de I. M. Kolthoff e V. A. Stenger, *Volumetric Analysis*, 2. ed., Nova York:Interscience, 1942, v. 1, p. 140.

Complexos de Ferro(II) das Ortofenantrolinas

Uma classe de compostos orgânicos conhecida como 1,10-fenantrolinas, ou ortofenantrolinas, forma complexos estáveis com íons ferro(II) e alguns outros íons. O composto original tem um par de átomos de nitrogênio localizado em posições tais que cada um pode formar uma ligação covalente com o íon ferro(II).

Três moléculas de ortofenantrolina combinam-se com cada íon ferro para formar um complexo com a estrutura mostrada na margem. Esse complexo, que algumas vezes é chamado "ferroína", é convenientemente formulado como $(phen)_3Fe^{2+}$. O ferro complexado na ferroína sofre uma reação reversível de oxidação-redução que pode ser escrita como

$$(phen)_3Fe^{3+} + e^- \rightleftharpoons (phen)_3Fe^{2+}$$
$$\text{azul-claro} \qquad\qquad \text{vermelho}$$

Na prática, a cor da forma oxidada é tão clara que é difícil de ser detectada e a mudança de cor associada com a redução é, portanto, do incolor para o vermelho. Em virtude da diferença na intensidade da cor, o ponto final geralmente é detectado quando apenas cerca de 10% do indicador está na forma do ferro(II). Assim sendo, o potencial de transição é aproximadamente +1,11 V em ácido sulfúrico 1 mol L^{-1}.

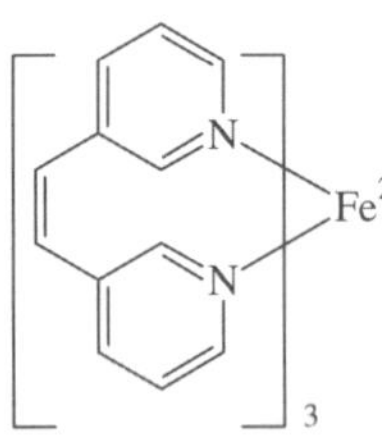

ferroína $(phen)_3 Fe^{2+}$

De todos os indicadores redox, a ferroína é aquela que mais se aproxima da substância ideal. Ela reage rápida e reversivelmente, sua mudança de cor é pronunciada e suas soluções são estáveis e facilmente preparadas. Em contraste com muitos indicadores, a forma oxidada da ferroína é bastante inerte ante agentes oxidantes fortes. A ferroína se decompõe sob temperaturas superiores a 60ºC.

Inúmeras fenantrolinas substituídas têm sido investigadas quanto às suas propriedades como indicadores e algumas comprovaram ser tão úteis quanto o composto original. Entre elas, vale salientar os derivados 5-nitro e 5-metil, com potenciais de transição de +1,25 V e +1,02 V, respectivamente.

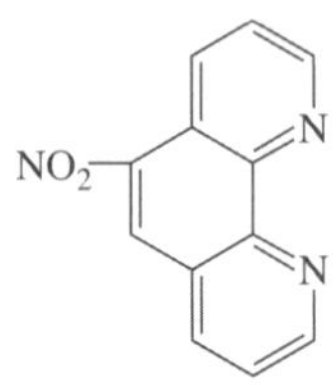

5-nitro-1, 10-fenantrolina

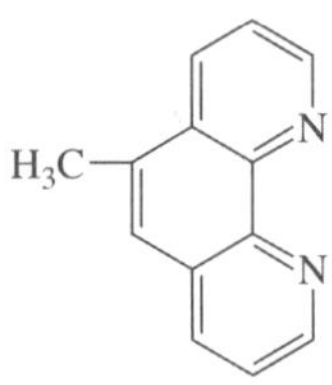

5-metil-1, 10-fenantrolina

Soluções de Amido-Iodo

O amido, que forma um complexo azul com o íon tri-iodeto, é um indicador específico amplamente utilizado em reações redox envolvendo o iodo como agente oxidante ou o iodeto como redutor. Uma solução de amido contendo um pouco do íon tri-iodeto ou iodeto também pode funcionar como um indicador redox geral. Na presença de um excesso de agente oxidante, a razão das concentrações de iodo e iodeto é elevada, fornecendo uma cor azul para a solução. Com o excesso de redutor, por outro lado, o íon iodeto predomina e a cor azul se faz ausente. Assim sendo, o sistema indicador muda de incolor para azul na titulação de muitos agentes redutores com vários oxidantes. Essa mudança de coloração é independente da composição química dos reagentes, dependendo somente do potencial do sistema no ponto de equivalência.

A Escolha do Indicador Redox

A Figura 19-5 demonstra que todos os indicadores contidos na Tabela 19-3, exceto pelo primeiro e pelo último, poderiam ser utilizados com o titulante A. Em contraste, com o titulante D, apenas o índigo tetrassulfonato poderia ser empregado. A variação do potencial com o titulante E é muito pequena para ser satisfatoriamente detectada por um indicador.

19E-2 Indicadores Específicos

Talvez o indicador específico mais bem conhecido seja o amido, que forma um complexo azul-escuro com o íon tri-iodeto. Esse complexo sinaliza o ponto final em titulações nas quais o iodo é produzido ou consumido.

Outro indicador específico é o tiocianato de potássio, que pode ser utilizado, por exemplo, na titulação de ferro(III) com soluções de sulfato de titânio(III). O ponto final ocorre quando a cor vermelha do complexo de ferro(III)/tiocianato desaparece como um resultado da significativa diminuição na concentração de ferro(III) no ponto de equivalência.

19F PONTOS FINAIS POTENCIOMÉTRICOS

Podemos observar os pontos finais para muitas titulações redox fazendo com que a solução contendo o analito seja parte da célula

eletrodo de referência || solução do analito | Pt

Medindo-se o potencial dessa célula durante a titulação, podem ser gerados os dados para curvas análogas àquelas mostradas nas Figuras 19-3 e 19-5. Os pontos finais podem ser facilmente estimados a partir dessas curvas. Os pontos finais potenciométricos são abordados em detalhes no Capítulo 21.

TRABALHO NA WEB

Muitas profissões têm organizações associadas, como a American Chemical Society, cujos objetivos para sociedades científicas variam da promulgação de informação científica até fornecimento de comida de programas sociais para os membros da profissão. Subdisciplinas como a eletroquímica também promovem organizações similares. Vá ao site na web da Eletrochemical Society (ECS) em **http://www.eletrchem.org/**. Explore o site e determine os objetivos da ECS. Quais publicações são produzidas sob os auspícios desta sociedade? Descreva brevemente a natureza de cada publicação. Usando o mecanismo de busca da página inicial da ECS, coloque o título "The Next Frontier: Eletrodeposition for Solar Cell Fabrication" e clique no botão GO. O artigo deve aparecer no seus resultados de busca. Em que publicação este artigo apareceu? Na época da publicação do artigo, qual era a eficiência ótima do então estado da arte de células solares cristalinas? Por que este tópico é importante, de acordo com os autores?

Agora, use um mecanismo de busca para localizar o site na web de uma segunda organização chamada Society for Eletrochemical Chemistry (SEAC) e realize uma análise similar da informação que você encontra. Compare e contraste as missões da ECS e da SEAC.

QUESTÕES E PROBLEMAS

***19-1.** Defina brevemente o potencial de eletrodo de um sistema que contém dois ou mais pares redox.

19-2. Para uma reação de oxidação-redução, diferencie brevemente entre:
(a) equilíbrio e equivalência.
(b) um indicador redox verdadeiro e um indicador específico.

19-3. O que a condição de equilíbrio em uma reação de oxidação-redução apresenta como característica específica?

***19-4.** Como uma curva de titulação redox é gerada através do uso de potenciais padrão de eletrodo para as espécies do analito e do titulante volumétrico?

19-5. Como o cálculo do potencial de eletrodo do sistema no ponto de equivalência se difere daquele de qualquer outro ponto da titulação redox?

***19-6.** Sob quais circunstâncias uma curva de titulação redox é assimétrica ao redor do ponto de equivalência?

19-7. Calcule os potenciais das seguintes células. Indique se a reação se processará espontaneamente na direção considerada (oxidação à esquerda, redução à direita) ou se uma fonte de voltagem externa é necessária para forçar a reação a ocorrer.
(a) $Pb|Pb^{2+}(0{,}120\ mol\ L^{-1})||Cd^{2+}(0{,}0500\ mol\ L^{-1})|Cd$
(b) $Zn|Zn^{2+}(0{,}0420\ mol\ L^{-1})||Tl^{3+}(9{,}06 \times 10^{-2}\ mol\ L^{-1}), Tl^{+}(0{,}0400\ mol\ L^{-1})|Pt$
(c) $Pt, H_2(757\ torr)|HCl(2{,}00 \times 10^{-4}\ mol\ L^{-1})||Ni^{2+}(0{,}0400\ mol\ L^{-1})|Ni$
(d) $Pb|PbI_2(sat), I^-\ (0{,}0220\ mol\ L^{-1})||Hg^{2+}(2{,}60 \times 10^{-3}\ mol\ L^{-1})|Hg$
(e) $Pt, H_2(1{,}00\ atm)|NH_3(0{,}400\ mol\ L^{-1}), NH_4{}^{+}(0{,}200\ mol\ L^{-1})||EPH$
(f) $Pt|TiO^{2+}(0{,}0450\ mol\ L^{-1}), Ti^{3+}(0{,}00320\ mol\ L^{-1}), H^{+}(3{,}00 \times 10^{-2}\ mol\ L^{-1})||VO^{2+}(0{,}1600\ mol\ L^{-1}), V^{3+}(0{,}0800\ mol\ L^{-1}), H^{+}(0{,}0100\ mol\ L^{-1})|Pt$

***19-8.** Calcule o potencial teórico de célula das seguintes células. Se a célula estiver em curto-circuito, indique a direção da reação espontânea da célula.
(a) $Zn|Zn^{2+}(0{,}1000\ mol\ L^{-1})||Co^{2+}(5{,}87 \times 10^{-4}\ mol\ L^{-1})|Co$
(b) $Pt|Fe^{3+}(0{,}1600\ mol\ L^{-1}), Fe^{2+}(0{,}0700\ mol\ L^{-1})||Hg^{2+}(0{,}0350\ mol\ L^{-1})|Hg$
(c) $Ag|Ag^{+}(0{,}0575\ mol\ L^{-1})|H^{+}(0{,}0333\ mol\ L^{-1})|O_2(1{,}12\ atm), Pt$
(d) $Cu|Cu^{2+}(0{,}0420\ mol\ L^{-1})||I^{-}(0{,}1220\ mol\ L^{-1}), AgI(saturada)|Ag$
(e) $EPH||HCOOH(0{,}1400\ M), HCOO^{-}(0{,}0700\ mol\ L^{-1})|H_2(1{,}00\ atm), Pt$

(f) $Pt|UO_2^{2+}(8,00 \times 10^{-3}$ mol $L^{-1})$, U^{4+} $(4,00 \times 10^{-2}$ mol $L^{-1})$, $H^+(1,00 \times 10^{-3}$ mol $L^{-1})||Fe^{3+}(0,003876$ mol $L^{-1})$, $Fe^{2+}(0,1134$ mol $L^{-1})|Pt$

19-9. Calcule o potencial das seguintes semicélulas que estão conectadas por uma ponte salina:

*(a) uma célula galvânica que consiste em um eletrodo de chumbo imerso em Pb^{2+} 0,0220 mol L^{-1} à esquerda e um eletrodo de zinco em contato com Zn^{2+} 0,1200 mol L^{-1} à direita.

(b) uma célula galvânica com dois eletrodos de platina, o da esquerda imerso em uma solução de Fe^{3+} 0,0445 mol L^{-1}e Fe^{2+} 0,0890 mol L^{-1}, e o da direita em uma solução de $Fe(CN)_6^{4-}$ 0,00300 mol L^{-1} e $Fe(CN)_6^{3-}$ 0,1564 mol L^{-1}.

*(c) uma célula galvânica que consiste em um eletrodo padrão de hidrogênio à esquerda e um eletrodo de platina imerso em uma solução de TiO^{2+} $3,50 \times 10^{-3}$ mol L^{-1} ,Ti^{3+} 0,07000 mol L^{-1} e tamponada em pH 3,00, à direita.

19-10. Empregue a notação simplificada para descrever as células do Problema 19-9. Cada célula é composta de uma ponte salina para prover o contato elétrico entre as soluções nos seus dois compartimentos.

19-11. Gere as expressões das constantes de equilíbrio para as seguintes reações. Calcule os valores numéricos para K_{eq}.

*(a) $Fe^{3+} + V^{2+} \rightleftharpoons Fe^{2+} + V^{3+}$

(b) $Fe(CN)_6^{3-} + Cr^{2+} \rightleftharpoons Fe(CN)_6^{4-} + Cr^{3+}$

*(c) $2V(OH)_4 + U^{4+} \rightleftharpoons 2VO^{2+} + UO_2^{2+} + 4H_2O$

(d) $Tl^{3+} + 2Fe^{2+} \rightleftharpoons Tl^{+} + 2Fe^{3+}$

*(e) $2Ce^{4+} + H_3AsO_3 + H_2O \rightleftharpoons 2Ce^{3+} + H_3AsO_4 + 2H^+$ (1 mol L^{-1} $HClO_4$)

(f) $2V(OH)_4 + H_2SO_3 \rightleftharpoons SO_4^{2-} + 2VO^{2+} + 5H_2O$

*(g) $VO^{2+} + V^{2+} + 2H^+ \rightleftharpoons 2V^{3+} + H_2O$

(h) $TiO^{2+} + Ti^{2+} + 2H^+ \rightleftharpoons 2Ti^{3+} + H_2O$

19-12. Calcule os potenciais de eletrodo do sistema no ponto de equivalência para cada reação do Problema 19-11. Empregue 0,100 mol L^{-1} onde um valor para $[H^+]$ for necessário.

19-13. Se você tiver soluções 0,1000 mol L^{-1}e a primeira espécie mencionada for o titulante, qual será a concentração de cada reagente e produto no ponto de equivalência da titulação (a), (c), (f) e (g) no Problema 19-11? Considere que não há variação de $[H^+]$ durante a titulação.

***19-14.** A partir da Tabela 19-3, selecione um indicador que seja adequado para cada titulação do Problema 19-11. Escreva NENHUM se não houver um indicador adequado na Tabela 19-3.

19-15. Utilize uma planilha eletrônica e construa as curvas para as seguintes titulações. Calcule os potenciais após a adição de 10,00; 25,00; 49,00; 49,90; 50,00; 50,10; 51,00 e 60,00 mL do reagente. Onde necessário, considere que $[H^+] = 1,00$ mol L^{-1} durante toda a titulação.

(a) 50,00 mL de V^{2+} 0,1000 mol L^{-1} com Sn^{4+} 0,05000 mol L^{-1}.

(b) 50,00 mL de $Fe(CN)_6^{3-}$ 0,1000 mol L^{-1} com Cr^{2+} 0,1000 mol L^{-1}.

(c) 50,00 mL de $Fe(CN)_6^{4-}$ 0,1000 mol L^{-1} com Tl^{3+} 0,05000 mol L^{-1}.

(d) 50,00 mL de Fe^{3+} 0,1000 mol L^{-1} com Sn^{2+} 0,05000 mol L^{-1}.

(e) 50,00 mL de U^{4+} 0,05000 mol L^{-1} com MnO^-_4 0,02000 mol L^{-1}.

19-16. Problema Desafiador: Como parte de um estudo da medida da constante de dissociação do ácido acético, Harned e Ehlers[3] precisavam medir E^0 para a seguinte célula.

$Pt, H_2(1 \text{ atm})|HCl(\text{mol kg}^{-1}), AgCl(\text{saturada})|Ag$

(a) Escreva uma expressão para o potencial da célula.

(b) Mostre que a expressão pode ser escrita como

$$E = E^0 - \frac{RT}{F} \ln (\gamma_{H_3O^+})(\gamma_{Cl^-}) m_{H_3O^+} m_{Cl^-}$$

em que $\gamma_{H_3O^+}$ e γ_{Cl^-} são os coeficientes de atividade do íon hidrônio e do íon cloreto, respectivamente, e $m_{H_3O^+}$ e m_{Cl^-} são as suas respectivas concentrações em mol kg^{-1}.

(c) Sob quais circunstâncias essa expressão é válida?

(d) Mostre que a expressão em (b) pode ser escrita como $E + 2k \log m = E^0 - 2k \log \gamma$, onde $k = \ln 10RT/F$. Quais são m e γ?

(e) Uma versão consideravelmente mais simplificada da expressão de Debye-Hückel que é válida para soluções muito diluídas é $\log \gamma = -0,5\sqrt{m} + bm$, em que b é uma constante. Mostre que a expressão para o potencial da célula apresentada em (d) pode ser escrita como $E + 2k \log m - k\sqrt{m} = E^0 - 2kcm$.

(f) A expressão prévia é uma "lei limite" que se torna linear à medida que a concentração do eletrólito se aproxima de zero. A equação assume a forma $y = ax + b$, onde $y = E + 2k \log m - k\sqrt{m}$, $x = m$, a inclinação $a = -2kc$ e a interseção y $b = E^0$. Harned e Ehlers mediram de forma muito exata o potencial da célula apresentada no início do problema, sem junção líquida, em função da molalidade (mol kg^{-1}) de HCl e da temperatura e obtiveram os dados contidos na tabela da página seguinte. Por exemplo, eles mediram o potencial da célula a 25°C em concentração de HCl de 0,01 mol kg^{-1} e obtiveram um valor de 0,46419 volts. Construa um

[3] H. S. Harned e R. W. Ehlers, *J. Am. Chem. Soc.*, v. 54, n. 4, 1350–57, **DOI: 1932**, 10.1021/ja01343a013.

Medidas de Potencial da Célula Pt,H2(1 atm) / HCl(mol kg^{-1}), AgCl(saturada) / Ag sem Junção Líquida como uma Função da Molalidade (mol kg^{-1}) e Temperatura (°C)

	E_T, volts							
***m*, 1 mol kg^{-1}**	E_0	E_5	E_{10}	E_{15}	E_{20}	E_{25}	E_{30}	E_{35}
0,005	0,48916	0,49138	0,49338	0,49521	0,44690	0,49844	0,49983	0,50109
0,006	0,48089	0,48295	0,48480	0,48647	0,48800	0,48940	0,49065	0,49176
0,007	0,4739	0,47584	0,47756	0,47910	0,48050	0,48178	0,48289	0,48389
0,008	0,46785	0,46968	0,47128	0,47270	0,47399	0,47518	0,47617	0,47704
0,009	0,46254	0,46426	0,46576	0,46708	0,46828	0,46937	0,47026	0,47103
0,01	0,4578	0,45943	0,46084	0,46207	0,46319	0.46419	0,46499	0,46565
0,02	0,42669	0,42776	0,42802	0,42925	0,42978	0,43022	0,43049	0,43058
0,03	0,40859	0,40931	0,40993	0,41021	0,41041	0,41056	0,41050	0,41028
0,04	0,39577	0,39624	0,39668	0,39673	0,39673	0,39666	0,39638	0,39595
0,05	0,38586	0,38616	0,38641	0,38631	0,38614	0,38589	0,38543	0,38484
0,06	0,37777	0,37793	0,37802	0,37780	0,37749	0,37709	0,37648	0,37578
0,07	0,37093	0,37098	0,37092	0,37061	0,37017	0,36965	0,36890	0,36808
0,08	0,36497	0,36495	0,36479	0,36438	0,36382	0,36320	0,36285	0,36143
0,09	0,35976	0,35963	0,35937	0,35888	0,35823	0,35751	0,35658	0,35556
0,1	0,35507	0,35487	0,33451	0,35394	0,35321	0,35240	0,35140	0,35031
E^0	0,23627	0,23386	0,23126	0,22847	0,22550	0,22239	0,21918	0,21591

gráfico de $E + 2k \log m - k\sqrt{m}$ em função de m e observe que o gráfico é bastante linear em concentrações baixas. Extrapole a linha reta até a interseção com o eixo y e estime um valor para E^0. Compare seu valor com o valor de Harned e Ehlers e explique qualquer diferença. Compare também o valor com aquele mostrado na Tabela 18-1. O modo mais simples de resolver esse exercício é colocaros dados em uma planilha e empregar a função INTERCEPÇÃO (val_conhecidos_y:val_conhecidos_x) para determinar o valor extrapolado para E^0. Utilize apenas os dados de 0,005 a 0,01 mol kg^{-1} para encontrar a interseção.

(g) Existem dois tipos de erros tipográficos na tabela anterior que apareceram no artigo original publicado. Encontre os erros e corrija-os. Como você poderia justificar essas correções? Que critérios estatísticos você poderia aplicar para justificar sua ação? De acordo com seu julgamento, esses erros tinham sido detectados previamente? Explique sua resposta.

(h) Por que você acredita que esses pesquisadores utilizaram a concentração em mol kg^{-1} em seu estudo em vez da concentração em mol L^{-1}? Explique se o emprego da unidade de concentração importa nesse caso.

19-17. Problema Desafiador: Como vimos no Problema 19-16, como um experimento preliminar em seu trabalho para medir a constante de dissociação do ácido acético, Harned e Ehlers[4] mediram E^0 para a célula mostrada sem junção líquida. Para completar o estudo e determinar a constante de dissociação, esses pesquisadores também mediram o potencial da seguinte célula.

$$\text{Pt, } H_2(1 \text{ atm})|\text{HOAc}(m_1), \text{NaOAc}(m_2), \text{NaCl}(m_3), \text{AgCl(sat)}|\text{Ag}$$

(a) Mostre que o potencial dessa célula é dado por

$$E = E^0 - \frac{RT}{F} \ln (\gamma_{H_3O^+})(\gamma_{Cl^-}) m_{H_3O^+} m_{Cl^-}$$

onde $\gamma_{H_3O^+}$ e γ_{Cl^-} são os coeficientes de atividade do íon hidrônio e do íon cloreto, respectivamente, e $m_{H_3O^+}$ e m_{Cl^-} são suas respectivas concentrações em (mol kg^{-1}).

(b) A constante de dissociação para o ácido acético é dada por

$$K = \frac{(\gamma_{H_3O^+})(\gamma_{OAc^-})}{\gamma_{HOAc}} \frac{m_{H_3O^+} m_{OAc^-}}{m_{HOAc}}$$

onde γ_{OAc^-} e γ_{HOAc} são os coeficientes de atividade do íon acetato e do ácido acético, respectivamente, e m_{OAc^-} e m_{HOAc} são suas respectivas concentrações em (mol kg^{-1}). Mostre que o potencial da célula do item (a) é dado por

$$E = E^0 + \frac{RT}{F} \ln \frac{m_{HOAc} m_{Cl^-}}{m_{OAc^-}}$$

[4] H. S. Harned, R. W. Ehlers, *J. Am. Chem. Soc.*, v. 54, n.4, 1350–57, **1932**, **DOI:** 10.1021/ja01343a013.

$$= -\frac{RT}{F}\ln\frac{(\gamma_{H_3O^+})(\gamma_{Cl^-})(\gamma_{HOAc})}{(\gamma_{H_3O^+})(\gamma_{OAc^-})} - \frac{RT}{F}\ln K$$

(c) À medida que a força iônica da solução se aproxima de zero, o que acontece com o lado direito dessa equação em (b)?

(d) Como resultado da resposta para a parte (c) podemos escrever o termo do lado direito da equação como $-(RT/F)\ln K'$. Mostre que

$$K' = \exp\left[-\frac{(E - E^0)F}{RT} - \ln\left(\frac{m_{HOAc}m_{Cl^-}}{m_{OAc^-}}\right)\right]$$

(e) A força iônica da solução contida na célula sem junção líquida calculada por Harned e Ehlers é

$$\mu = m_2 + m_3 + m_{H^+}$$

Mostre que essa expressão está correta.

(f) Esses pesquisadores prepararam soluções de várias concentrações analíticas de ácido acético, acetato de sódio e cloreto de sódio e mediram o potencial da célula apresentada no início desse problema. Os seus resultados são mostrados na tabela a seguir. A notação para molalidade neste ponto de nossa discussão do artigo de Harned e Ehlers tem sido em termos das variáveis m_x, em que x é a espécie de interesse. Estes símbolos representam molalidades analíticas, molalidades de equilíbrio ou ambas? Explique. Note que os símbolos para concentração na tabela estão de acordo com a convenção que temos empregado ao longo deste livro, não com a notação empregada por Harned e Ehlers.

(g) Calcule a força iônica de cada uma das soluções usando a expressão para o K_a do ácido acético para calcular $[H_3O^+]$, $[OAc^-]$ e $[HOAc]$ com as aproximações usuais adequadas e um valor provisório de $K_a = 1{,}8 \times 10^{-5}$. Empregue os potenciais contidos na tabela para 25 °C para calcular os valores para K' com a expressão contida na parte (d). Construa um gráfico de K' em função de μ e extrapole o gráfico para a diluição infinita ($\mu = 0$) para encontrar um valor para K_a a 25 °C. Compare o valor extrapolado com o valor provisório utilizado para calcular μ. Que efeito o valor provisório de K_a tem no valor extrapolado de K_a? Você pode realizar estes cálculos facilmente usando uma planilha eletrônica.

(h) Se você fez estes cálculos empregando uma planilha eletrônica, determine a constante de dissociação do ácido acético em todas as outras temperaturas para as quais os dados estão disponíveis. Como o K_a varia com a temperatura? Em qual temperatura o valor de K_a é máximo?

Medidas de Potencial da Célula Pt,H_2(1 atm)|HOAc(c_{HOAc}), NaOAc(c_{NaOAc}), NaCl(c_{NaCl}), AgCl(saturada)|Ag sem Junção Líquida como uma Função da Força Iônica (em mol kg^{-1}) e da Temperatura (°C)

c_{HOAc}, m	c_{NaOAc}, m	c_{NaCl}, m	E_0	E_5	E_{10}	E_{15}	E_{20}	E_{25}	E_{30}	E_{35}
0,004779	0,004599	0,004896	0,61995	0,62392	0,62789	0,63183	0,63580	0,63959	0,64335	0,64722
0,012035	0,011582	0,012326	0,59826	0,60183	0,60538	0,60890	0,61241	0,61583	0,61922	0,62264
0,021006	0,020216	0,021516	0,58528	0,58855	0,59186	0,59508	0,59840	0,60154	0,60470	0,60792
0,04922	0,04737	0,05042	0,56546	0,56833	0,57128	0,57413	0,57699	0,57977	0,58257	0,58529
0,08101	0,07796	0,08297	0,55388	0,55667	0,55928	0,56189	0,56456	0,56712	0,56964	0,57213
0,09056	0,08716	0,09276	0,55128	0,55397	0,55661	0,55912	0,56171	0,56423	0,56672	0,56917

Aplicações das Titulações de Oxidação-Redução

capítulo 20

Linus Pauling (1901–1994) foi um dos químicos mais influentes e famosos do século 20. Seu trabalho sobre as ligações químicas, cristalografia de raios X e áreas correlatas teve grande impacto na química, física e biologia durante oito décadas e ganhou praticamente todos os prêmios oferecidos para os químicos. É a única pessoa a ter recebido sozinho dois Prêmios Nobel: o de química (1954) e, em razão de seus esforços pelo banimento das armas nucleares, o prêmio pela paz (1962). Nos últimos anos, Pauling devotou seu imenso intelecto e energia ao estudo de várias doenças e suas curas. Tornou-se convicto de que a vitamina C, ou ácido ascórbico, era uma panacéia. Seus inúmeros livros e artigos sobre o tema impulsionaram a popularidade das terapias alternativas e especialmente o amplo uso da vitamina C na manutenção preventiva da saúde. Do seu trabalho se compreende a importância de se determinarem as concentrações de ácido ascórbico em todos os níveis em frutas, vegetais e preparações comerciais de vitaminas. As titulações redox com iodo são largamente utilizadas para determinar o ácido ascórbico.

Neste capítulo, descrevemos a preparação de soluções padrão de oxidantes e redutores e suas aplicações na Química Analítica. Além disso, os reagentes auxiliares que convertem um analito a um único estado de oxidação são discutidos.[1]

20A REAGENTES OXIDANTES E REDUTORES AUXILIARES

Em uma titulação redox o analito precisa estar em um único estado de oxidação. Geralmente, entretanto, as etapas que precedem a titulação, tais como a dissolução da amostra e a separação de interferências, convertem o analito a uma mistura de estados de oxidação. Por exemplo, quando uma amostra contendo ferro é dissolvida, normalmente a solução resultante contém uma mistura de íons Fe(II) e Fe(III). Se utilizamos um oxidante padrão para determinar o ferro, primeiro precisaremos tratar a solução contendo a amostra com um agente redutor auxiliar para converter todo o ferro para Fe(II). Contudo, se planejarmos titular com um redutor padrão, o pré-tratamento com um reagente oxidante auxiliar será necessário.[2]

---

[1] Para leituras adicionais sobre a titulometria redox, veja J. A. Dean, *Analytical Chemistry Handbook*, Nova York: McGraw-Hill, 1995, seção 3, p. 3.65-3.75.

[2] Para um breve resumo sobre os reagentes auxiliares, veja J. A. Goldman e V. A. Stenger, em *Treatise on Analytical Chemistry*, I. M. Kolthoff e P. J. Elving, eds., Nova York: Wiley, 1975, pt. I, v. 11, p. 7204-7206.

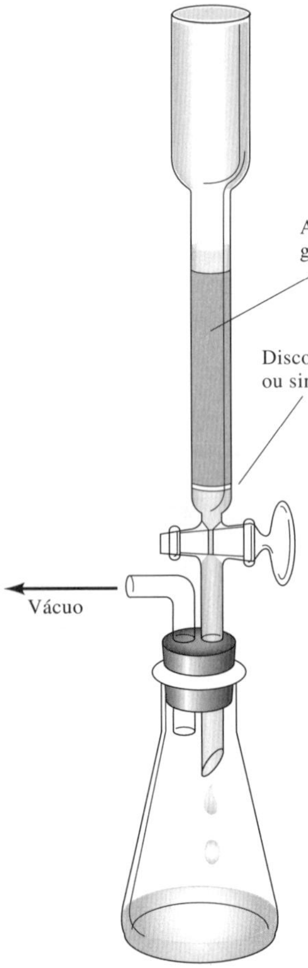

Figura 20-1 Redutor de Jones.

Para ser útil como um pré-oxidante ou como um pré-redutor, um reagente precisa reagir quantitativamente com o analito. Além disso, qualquer excesso do reagente tem de ser facilmente removível porque, em geral, o excesso de reagente interfere na titulação em virtude de sua reação com a solução padrão.

20A-1 Reagentes Redutores Auxiliares

Vários metais são bons agentes redutores e têm sido utilizados na pré-redução de analitos. Entre eles, incluem-se zinco, alumínio, cádmio, chumbo, níquel, cobre e prata (na presença do íon cloreto). Pequenas barras ou aparas do metal podem ser imersas diretamente na solução contendo o analito. Após a redução se completar, o sólido é removido manualmente e lavado. A solução do analito precisa ser filtrada para se remover os resíduos de pequenos grãos ou de pó do metal. Uma alternativa à filtração consiste no emprego de uma **coluna redutora**, como mostrado na **Figura 20-1**.[3] O metal finamente dividido é mantido em um tubo de vidro vertical através do qual a solução passa sob leve vácuo. O metal em um redutor é normalmente suficiente para centenas de reduções.

Uma coluna com **redutor de Jones** típica tem diâmetro de cerca de 2 cm e é empacotada até uma altura de 40 a 50 cm com zinco amalgamado. A amalgamação é realizada permitindo-se que os grãos de zinco sejam mantidos brevemente em contato com uma solução de cloreto de mercúrio(II), na qual a seguinte reação ocorre:

$$2Zn(s) + Hg^{2+} \rightarrow Zn^{2+} + Zn(Hg)(s)$$

O amálgama de zinco é tão eficiente quanto o próprio metal nas reduções e tem a importante virtude de inibir a redução de íons hidrogênio pelo zinco. Essa reação lateral utiliza o redutor desnecessariamente e também contamina a amostra com grande quantidade de íons Zn(II). Mesmo as soluções que são bastante ácidas podem ser passadas pelo redutor de Jones sem formação significativa de hidrogênio.

A **Tabela 20-1** lista as principais aplicações do redutor de Jones. Nessa tabela, também estão listadas as reduções que podem ser obtidas com um **redutor de Walden**, no qual o redutor é a prata metálica granulada mantida em uma coluna de vidro estreita. A prata não é um agente redutor muito bom, a menos que cloreto ou

TABELA 20-1

Utilização do Redutor de Walden e do Redutor de Jones*

Walden $Ag(s) + Cl^- \rightarrow AgCl(s) + e^-$	**Jones** $Zn(Hg)(s) \rightarrow Zn^{2+} + Hg + 2e^-$
$Fe^{3+} + e^- \rightarrow Fe^{2+}$	$Fe^{3+} + e^- \rightleftharpoons Fe^{2+}$
$Cu^{2+} + e^- \rightarrow Cu^+$	$Cu^{2+} + 2e^- \rightleftharpoons Cu(s)$
$H_2MoO_4 + 2H^+ + e^- \rightarrow MoO_2^+ + 2H_2O$	$H_2MoO_4 + 6H^+ + 3e^- \rightleftharpoons Mo^{3+} + 3H_2O$
$UO_2^{2+} + 4H^+ + 2e^- \rightarrow U^{4+} + 2H_2O$	$UO_2^{2+} + 4H^+ + 2e^- \rightleftharpoons U^{4+} + 2H_2O$
	$UO_2^{2+} + 4H^+ + 3e^- \rightleftharpoons U^{3+} + 2H_2O^\dagger$
$V(OH)_4^+ + 2H^+ + e^- \rightarrow VO^{2+} + 3H_2O$	$V(OH)_4^+ + 4H^+ + 3e^- \rightleftharpoons V^{2+} + 4H_2O$
TiO^{2+} não reduzido	$TiO^{2+} + 2H^+ + e^- \rightleftharpoons Ti^{3+} + H_2O$
Cr^{3+} não reduzido	$Cr^{3+} + e^- \rightleftharpoons Cr^{2+}$

* De I. M. Kolthoff e R. Belcher, *Volumetric Analysis*, Nova York: Interscience, 1957, v. 3, p. 12. Reproduzido com permissão de John Wiley & Sons, Inc.

† Uma mistura de estados de oxidação é obtida. Entretanto, o redutor de Jones ainda pode ser empregado na determinação de urânio, uma vez que o U^{3+} formado pode ser convertido a U^{4+} pela agitação da solução por alguns minutos na presença de ar.

[3] Para uma discussão sobre redutores, veja F. Hecht, em *Treatise on Analytical Chemistry*, I. M. Kolthoff; P. J. Elving, eds., Nova York: Wiley, 1975, pt. I, v. 11, p. 6.703-6.707.

algum outro íon que forme um sal pouco solúvel com a prata esteja presente. Por essa razão, a pré-redução com o redutor de Walden é geralmente realizada a partir de soluções do analito contendo ácido clorídrico. O recobrimento de cloreto de prata produzido no metal é removido periodicamente mergulhando-se um bastão de zinco na solução que cobre o material sólido. A Tabela 20-1 sugere que o redutor de Walden é mais seletivo na sua ação que o redutor de Jones.

20A-2 Reagentes Oxidantes Auxiliares

Bismutato de Sódio

O bismutato de sódio é um poderoso agente oxidante, capaz, por exemplo, de converter quantitativamente o manganês(II) a íons permanganato. Esse sal de bismuto é um sólido pouco solúvel com uma fórmula que normalmente é escrita como $NaBiO_3$, embora sua composição exata seja incerta. As oxidações são realizadas suspendendo-se o bismutato na solução contendo o analito e fervendo a mistura por um breve período. O reagente não utilizado é então removido por filtração. A semirreação para a redução do bismutato de sódio é representada por

$$NaBiO_3(s) + 4H^+ + 2e^- \rightleftharpoons BiO^+ + Na^+ + 2H_2O$$

Peroxidissulfato de Amônio

O peroxidissulfato de amônio, $(NH_4)_2S_2O_8$, também é um poderoso agente oxidante. Em soluções ácidas, converte o cromo(III) a dicromato, o cério(III) a cério(IV) e o manganês(II) a permanganato. A semirreação é

$$S_2O_8^{2-} + 2e^- \rightleftharpoons 2SO_4^{2-}$$

As oxidações são catalisadas por traços de íons prata. O excesso de reagente é facilmente decomposto após ebulição por um breve período:

$$2S_2O_8^{2-} + 2H_2O \rightarrow 4SO_4^{2-} + O_2(g) + 4H^+$$

Peróxidos de Sódio e de Hidrogênio

O peróxido é um agente oxidante conveniente tanto na forma do sal de sódio sólido quanto como uma solução diluída do ácido. A semirreação para o peróxido de hidrogênio em meio ácido é

$$H_2O_2 + 2H^+ + 2e^- \rightleftharpoons 2H_2O \qquad E^0 = 1{,}78\ V$$

Após a oxidação ter-se completado, a presença de excesso de reagente é eliminada por ebulição:

$$2H_2O_2 \rightarrow 2H_2O + O_2(g)$$

20B APLICAÇÕES DE AGENTES REDUTORES PADRÃO

As soluções padrão da maioria dos redutores tendem a reagir com o oxigênio atmosférico. Por essa razão, os redutores raramente são utilizados na titulação de analitos oxidantes; ao contrário, métodos indiretos são empregados. Os dois redutores mais comuns, íons de ferro(II) e tiossulfato, são discutidos nos parágrafos que seguem.

20B-1 Soluções de Fe(II)

As soluções de ferro(II) são facilmente preparadas a partir do sulfato de ferro(II) e amônio, $Fe(NH_4)_2(SO_4)_2 \cdot 6H_2O$ (sal de Mohr), ou a partir do sulfato de ferro(II) e etilenodiamina, $FeC_2H_4(NH_3)_2(SO_4)_2 \cdot 4H_2O$ (sal de Oesper). A oxidação do ferro(II) pelo ar ocorre rapidamente em soluções neutras, mas é inibida na presença de ácidos, com a preparação mais estável sendo feita em H_2SO_4 0,5 mol L^{-1}. Essas soluções não são estáveis por mais de um dia, se tanto. Inúmeros agentes oxidantes são convenientemente determinados pelo tratamento da solução contendo o analito com um excesso conhecido do padrão de ferro(II), seguido pela imediata titulação desse excesso com uma solução padrão de dicromato de potássio ou cério(IV) (veja as Seções 20C-1 e 20C-2). Logo antes ou logo após a titulação do analito, a razão volumétrica entre o oxidante padrão e solução de ferro(II) é estabelecida titulando-se duas ou três alíquotas de ferro(II) com o oxidante. Esse procedimento tem sido aplicado a determinações de peróxidos orgânicos; hidroxilamina; cromo(VI); cério(IV); molibdênio(VI); íons nitrato, clorato e perclorato e inúmeros outros agentes oxidantes (veja, por exemplo, os Problemas 20-37 e 20-39).

20B-2 Tiossulfato de Sódio

O íon tiossulfato ($S_2O_3^{2-}$) é um agente redutor moderadamente forte que tem sido amplamente utilizado na determinação de agentes oxidantes por meio de um procedimento indireto que envolve o iodo como intermediário. Na presença de iodo, o íon tiossulfato é quantitativamente oxidado para formar o íon tetrationato ($S_4O_6^{2-}$), de acordo com a seguinte semirreação

Nessa reação com o iodo, cada íon tiossulfato perde um elétron.

$$2S_2O_3^{2-} \rightleftharpoons S_4O_6^{2-} + 2e^-$$

A reação quantitativa com o iodo é única. Outros oxidantes podem oxidar o íon tetrationato ao íon sulfato.

O procedimento empregado na determinação de agentes oxidantes envolve a adição de um excesso de iodeto de potássio a uma solução levemente ácida do analito. A redução do analito produz uma quantidade estequiometricamente equivalente de iodo. Então, o iodo liberado é titulado com uma solução padrão de tiossulfato de sódio, $Na_2S_2O_3$, um dos poucos agentes redutores que é estável perante a oxidação pelo ar. Um exemplo desse procedimento é a determinação de hipoclorito de sódio em alvejantes. As reações são

O tiossulfato de sódio é um dos poucos agentes redutores que não são oxidados pelo ar.

$$OCl^- + 2I^- + 2H^+ \rightarrow Cl^- + I_2 + H_2O \quad \text{(excesso não medido KI)}$$

$$I_2 + 2S_2O_3^{2-} \rightarrow 2I^- + S_4O_6^{2-} \quad (20\text{-}1)$$

A conversão quantitativa do íon tiossulfato ao íon tetrationato, mostrada na Equação 20-1, requer um meio com pH menor que 7. Se soluções fortemente ácidas necessitam ser tituladas, a oxidação do excesso de iodeto pelo ar precisa ser evitada pelo uso de uma atmosfera inerte, como dióxido de carbono ou nitrogênio.

Detecção de Pontos Finais em Titulações com Iodo/Tiossulfato

Uma solução de I_2 de concentração cerca de 5×10^{-6} mol L^{-1} tem uma coloração detectável e corresponde a menos de uma gota de uma solução de iodo 0,05 mol L^{-1} em 100 mL. Portanto, uma vez que a solução do analito seja incolor, o desaparecimento da cor do iodo pode servir como indicador em titulações com tiossulfato de sódio.

Com muita frequência, as titulações de iodo são realizadas com uma suspensão de amido como um indicador. A cor azul intensa que se desenvolve na presença de iodo é creditada à absorção do iodo pela cadeia helicoidal da β-amilose (veja a **Figura 20-2**), um constituinte macromolecular da maioria dos amidos. A α-amilose, bastante similar, forma um aduto de cor vermelha com o iodo. Essa reação não é facilmente reversível e, assim, não é desejável. No amido solúvel, comercialmente disponível, a fração α é removida deixando-se principalmente a β-amilose; as soluções indicadoras são facilmente preparadas a partir desse produto.

❮ O amido sofre decomposição em soluções concentradas de I_2. Em titulações do excesso de I_2 com $Na_2S_2O_3$, a adição do indicador precisa ser protelada até que a maior parte do I_2 tenha sido reduzida.

As suspensões aquosas de amido se decompõem em poucos dias, principalmente por causa da ação bacteriana. Os produtos de decomposição tendem a interferir nas propriedades do indicador da preparação e também podem ser oxidados pelo iodo. A velocidade de decomposição pode ser inibida pela preparação e estocagem do produto sob condições estéreis e pela adição de iodeto de mercúrio(II) ou clorofórmio como bactericidas. Talvez a alternativa mais simples seja preparar uma solução nova do indicador, o que requer apenas alguns poucos minutos, no dia em que ela será utilizada.

O amido se decompõe irreversivelmente em soluções contendo concentrações elevadas de iodo. Portanto, na titulação de soluções de iodo com íons tiossulfato, como na determinação indireta de oxidantes, a adição do indicador é adiada até que a cor da solução mude de vermelho-marrom para amarelo; nesse ponto, a titulação está quase completa. O indicador pode ser adicionado ao sistema desde o início quando soluções de tiossulfato estão sendo tituladas diretamente com iodo.

❮ Quando o tiossulfato de sódio é adicionado a um meio fortemente ácido, uma turbidez desenvolve-se quase imediatamente como consequência da precipitação do enxofre elementar. Mesmo em soluções neutras, essa reação ocorre a uma velocidade tal que a solução de tiossulfato tem de ser periodicamente padronizada.

Estabilidade de Soluções de Tiossulfato de Sódio

Embora as soluções de tiossulfato de sódio sejam resistentes à oxidação pelo ar, de fato elas tendem a se decompor para formar enxofre e o íon hidrogenossulfito:

$$S_2O_3^{2-} + H^+ \rightleftharpoons HSO_3^- + S(s)$$

As variáveis que influenciam a velocidade dessa reação incluem o pH, a presença de microrganismos, a concentração da solução, a presença de íons cobre(II) e a exposição à luz. Essas variáveis podem provocar alterações na concentração da solução de tiossulfato de vários pontos porcentuais em um período de poucas semanas. A devida atenção a certos detalhes pode gerar soluções que necessitem de padronização apenas ocasionalmente. A velocidade da reação de decomposição aumenta significativamente à medida que a solução se torna ácida.

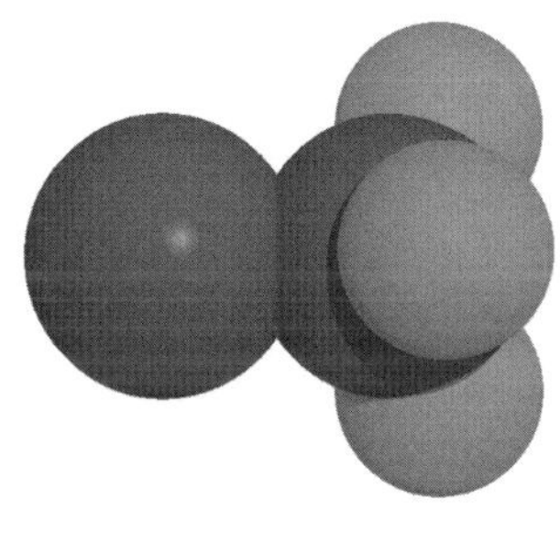

Modelo molecular do íon tiossulfato. O tiossulfato de sódio, denominado anteriormente hipossulfito de sódio, é usado para "fixar" imagens fotográficas e extrair a prata do minério, também como um antídoto para envenenamento por cianeto, agente de fixação na indústria de corantes, alvejante em uma variedade de aplicações, soluto na solução supersaturada de bolsas térmicas e, obviamente, um agente redutor analítico. A ação do tiossulfato como fixador fotográfico baseia-se em sua capacidade de formar complexos com a prata e, portanto, de dissolver o brometo de prata presente na superfície do filme e do papel fotográfico. Frequentemente, o tiossulfato é utilizado como agente de decomposição do cloro para tornar a água de aquários adequada para peixes e outros organismos aquáticos.

A causa mais importante da instabilidade de soluções neutras ou levemente alcalinas de tiossulfato são as bactérias que metabolizam o íon tiossulfato para formar os íons sulfito e sulfato, assim como enxofre elementar. Para minimizar esse problema, as soluções padrão do reagente são preparadas em condições praticamente estéreis. A atividade bacteriana parece ser mínima em pH entre 9 e 10, o que contribui, pelo menos parcialmente, para a maior estabilidade do reagente em soluções levemente alcalinas. A presença de um bactericida, como o clorofórmio, o benzoato de sódio ou o iodeto de mercúrio(II), também diminui a decomposição.

Padronização de Soluções de Tiossulfato

O iodato de potássio é um excelente padrão primário para soluções de tiossulfato. Nessa aplicação, quantidades conhecidas do reagente de grau padrão primário são dissolvidas em água contendo um excesso de iodeto de potássio. Quando essa mistura é acidificada com um ácido forte, a reação ocorre instantaneamente. Então, o iodo liberado é titulado com a solução de tiossulfato.

$$IO_3^- + 5I^- + 6H^+ \rightleftharpoons 3I_2 + 3H_2O$$

A estequiometria da reação é

$$1 \text{ mol } IO_3^- = 3 \text{ mol } I_2 = 6 \text{ mol } S_2O_3^{2-}$$

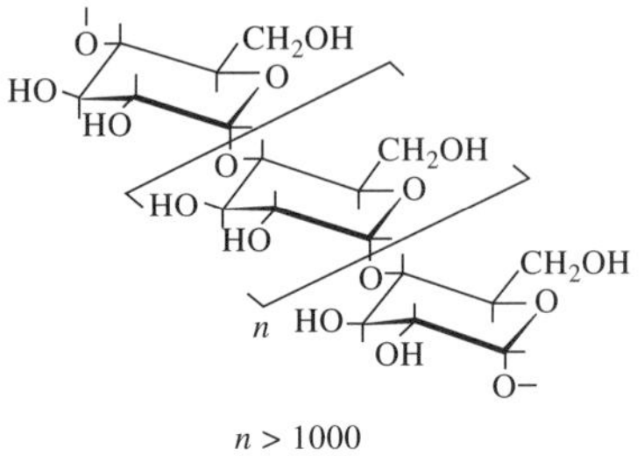

(a)

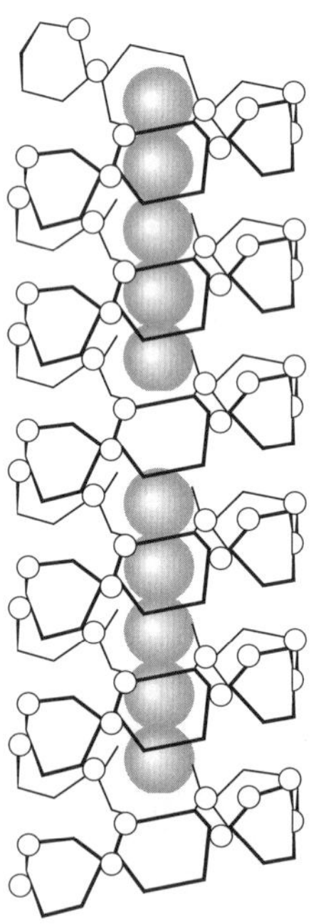

(b)

Figura 20-2 Milhares de moléculas de glicose polimerizam-se para formar moléculas imensas de β-amilose, como mostrado esquematicamente em (a). Moléculas de β-amilose tendem a assumir uma estrutura helicoidal. A espécie de iodo I_5^-, como ilustrado em (b), é incorporada à hélice de amilose. (Reimpresso (adaptado) com a permissão de R. C. Teitelbaum; S. L. Ruby e T. J. Marks, *J. Amer. Chem. Soc.*, n. 102, p. 3322. **1980**. Copyright 1980 American Chemical Society).

EXEMPLO 20-1

Uma solução de tiossulfato de sódio foi padronizada por meio da dissolução de 0,1210 g de KIO_3 (214,00 g mol^{-1}) em água, da adição de um grande excesso de KI e da acidificação com HCl. O iodo liberado consumiu 41,64 mL da solução de tiossulfato para descolorir o complexo azul de amido-iodo. Calcule a concentração molar do $Na_2S_2O_3$.

Resolução

$$\text{quant. de mat. de } Na_2S_2O_3 = 0{,}1210 \text{ g de } KIO_3 \times \frac{1 \text{ mmol de } KIO_3}{0{,}21400 \text{ g de } KIO_3}$$

$$\times \frac{6 \text{ mmol de } Na_2S_2O_3}{\text{mmol de } KIO_3} = 3{,}3925 \text{ mmol de } Na_2S_2O_3$$

$$c_{Na_2S_2O_3} = \frac{3{,}3925 \text{ mmol de } Na_2S_2O_3}{41{,}64 \text{ mL de } Na_2S_2O_3} = 0{,}08147 \text{ mol L}^{-1}$$

Outros padrões primários para o tiossulfato de sódio são o dicromato de potássio, o bromato de potássio, o hidrogenoiodato de potássio, o hexacianoferrato(III) de potássio e o cobre metálico. Todos esses compostos liberam quantidades estequiométricas de iodo quando tratados com excesso de iodeto de potássio.

Aplicações das Soluções de Tiossulfato de Sódio

Inúmeras substâncias podem ser determinadas pelo método indireto envolvendo a titulação com tiossulfato de sódio; aplicações típicas estão resumidas na **Tabela 20-2**.

TABELA 20-2

Algumas Aplicações do Tiossulfato de Sódio como Redutor

Analito	Semirreação	Condições Especiais
IO_4^-	$IO_4^- + 8H^+ + 7e^- \rightleftharpoons \frac{1}{2}I_2 + 4H_2O$	Soluções ácidas
	$IO_4^- + 2H^+ + 2e^- \rightleftharpoons IO_3^- + H_2O$	Soluções neutras
IO_3^-	$IO_3^- + 6H^+ + 5e^- \rightleftharpoons \frac{1}{2}I_2 + 3H_2O$	Ácido forte
BrO_3^-, ClO_3^-	$XO_3^- + 6H^+ + 6e^- \rightleftharpoons X^- + 3H_2O$	Ácido forte
Br_2, Cl_2	$X_2 + 2I^- \rightleftharpoons I_2 + 2X^-$	
NO_2^-	$HNO_2 + H^+ + e^- \rightleftharpoons NO(g) + H_2O$	
Cu^{2+}	$Cu^{2+} + I^- + e^- \rightleftharpoons CuI(s)$	
O_2	$O_2 + 4Mn(OH)_2(s) + 2H_2O \rightleftharpoons 4Mn(OH)_3(s)$	Solução alcalina
	$Mn(OH)_3(s) + 3H^+ + e^- \rightleftharpoons Mn^{2+} + 3H_2O$	Solução ácida
O_3	$O_3(g) + 2H^+ + 2e^- \rightleftharpoons O_2(g) + H_2O$	
Peróxido orgânico	$ROOH + 2H^+ + 2e^- \rightleftharpoons ROH + H_2O$	

20C APLICAÇÕES DE AGENTES OXIDANTES PADRÃO

A **Tabela 20-3** resume as propriedades de cinco dos reagentes oxidantes mais amplamente utilizados. Note que os potenciais padrão para esses reagentes variam de 0,5 a 1,5 V. A escolha entre eles depende da força do analito, como agente redutor, da velocidade da reação entre o oxidante e o analito, da estabilidade das soluções padrão dos oxidantes, do custo e da disponibilidade de um indicador adequado.

20C-1 Oxidantes Fortes: Permanganato de Potássio e Cério(IV)

As soluções do íon permanganato e do íon cério(IV) são reagentes oxidantes fortes cujas aplicações são muito parecidas. As semirreações para os dois são

$$MnO_4^- + 8H^+ + 5e^- \rightleftharpoons Mn^{2+} + 4H_2O \qquad E^0 = 1{,}51\ V$$

$$Ce^{4+} + e^- \rightleftharpoons Ce^{3+} \qquad E^{0\prime} = 1{,}44\ V(1\ M\ H_2SO_4)$$

O potencial formal mostrado para a redução do cério(IV) é para soluções em ácido sulfúrico 1 mol L^{-1}. Em ácido perclórico 1 mol L^{-1} e ácido nítrico 1 mol L^{-1}, os potenciais são 1,70 V e 1,61 V, respectivamente. As soluções de cério(IV) nos dois últimos ácidos não são muito estáveis e, assim, têm aplicações limitadas.

A semirreação mostrada para os íons permanganato ocorre somente em soluções de ácidos fortes de concentração 0,1 mol L^{-1} ou maior. Em meio menos ácido do produto pode ser o Mn(III), Mn(IV) ou Mn(VI), dependendo das condições.

Comparação dos Dois Reagentes

Para todos os propósitos práticos, as forças de oxidação das soluções de permanganato e de cério(IV) são comparáveis. Entretanto, as soluções de cério(IV) em ácido sulfúrico são estáveis indefinidamente, ao passo que as soluções de permanganato decompõem-se lentamente, requerendo, portanto, padronizações ocasionais. Mais do que isso, as soluções de cério(IV) em ácido sulfúrico não oxidam os íons cloreto e podem ser empregadas para titular soluções de analitos contendo ácido clorídrico; em contraste, o íon permanganato não pode ser utilizado em soluções de ácido clorídrico a menos que precauções sejam tomadas para prevenir a lenta oxidação do íon cloreto, que gera um consumo adicional do reagente padrão. Uma vantagem adicional do cério(IV) é que o sal do reagente de grau padrão primário encontra-se disponível, tornando possível, dessa forma, a preparação direta de soluções padrão.

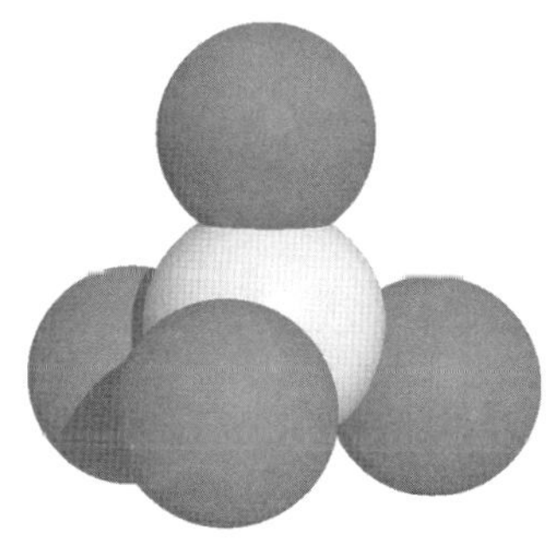

Modelo molecular do íon permanganato, MnO_4^-. Além do seu emprego como reagente analítico, geralmente na forma do sal de potássio, o permanganato é muito útil como um agente oxidante na Química Orgânica sintética. Ele é empregado como um agente de branqueamento de gorduras, óleos, algodão, seda e outras fibras. Ele também tem sido usado como um antisséptico e anti-infectante e como um componente em *kits* de sobrevivência e também para destruir matéria orgânica em tanques de peixes, na fabricação de circuitos impressos, na neutralização dos efeitos do pesticida rotenona. O permanganato de potássio sólido reage violentamente com a matéria orgânica e esse efeito é frequentemente utilizado em demonstrações em disciplinas de química geral.

TABELA 20-3

Alguns Oxidantes Comuns Empregados como Soluções Padrão

Reagente e Fórmula	Produto da Redução	Potencial Padrão, V	Padronizado com	Indicador*	Estabilidade†
Permanganato de potássio, $KMnO_4$	Mn^{2+}	1,51‡	$Na_2C_2O_4$, Fe, As_2O_3	MnO_4^-	(b)
Bromato de potássio, $KBrO_3$	Br^-	1,44†	$KBrO_3$	(1)	(a)
Cério(IV), Ce^{4+}	Ce^{3+}	1,44‡	$Na_2C_2O_4$, Fe, As_2O_3	(2)	(a)
Dicromato de potássio, $K_2Cr_2O_7$	Cr^{3+}	1,33‡	$K_2Cr_2O_7$, Fe	(3)	(a)
Iodo, I_2	I^-	0,536‡	$BaS_2O_3 \cdot H_2O$, $Na_2S_2O_3$	amido	(c)

*(1) α-naftoflavona; (2) complexo ferro(II) 1,10-fenantrolina (ferroína); (3) ácido difenilamino sulfônico.

†(a) Estável indefinidamente; (b) moderadamente estável, requer padronização periódica; (c) relativamente instável, requer padronização frequente.

‡$E^{0\prime}$ em H_2SO_4 1 mol L^{-1}.

Não obstante as vantagens das soluções de cério sobre as de permanganato, as últimas são as mais amplamente utilizadas. Uma razão é a cor das soluções de permanganato, que é suficientemente intensa para servir como indicador nas titulações. Uma segunda razão para a popularidade das soluções de permanganato é o seu baixo custo. O custo de 1 L de uma solução de $KMnO_4$ 0,02 mol L^{-1} é aproximadamente um décimo do custo de 1 L de uma solução de força comparável de Ce(IV) (1/100× se é usado reagente de Ce(IV) de grau padrão primário). Outra desvantagem das soluções de cério(IV) é sua tendência de formar precipitados de sais básicos em soluções que têm concentração menor que 0,1 mol L^{-1} de um ácido forte.

Detecção de Pontos Finais

Uma propriedade útil de uma solução de permanganato de potássio é sua cor púrpura intensa, que é suficiente para servir de indicador para a maioria das titulações. Se você adicionar apenas entre 0,01 e 0,02 mL de uma solução 0,02 mol L^{-1} de permanganato a 100 mL de água, poderá perceber a cor púrpura da solução resultante. Se a solução for muito diluída, o ácido difenilamino-sulfônico ou o complexo de ferro(II) com 1,10-fenantrolina (veja a Tabela 19-3) podem fornecer um ponto final satisfatório.

O ponto final do permanganato não é permanente porque o excesso de íons permanganato reage lentamente com os íons manganês(II) presentes em concentração relativamente elevada no ponto final, de acordo com a reação

$$2MnO_4^- + 3Mn^{2+} + 2H_2O \rightleftharpoons 5MnO_2(s) + 4H^+$$

A constante de equilíbrio para essa reação é de cerca de 10^{47}, que indica que a concentração do íon permanganato no equilíbrio é inacreditavelmente pequena, mesmo em meio fortemente ácido. Felizmente, a velocidade na qual esse equilíbrio é alcançado é tão baixa que a cor que identifica o ponto final desaparece apenas ligeiramente durante um período, digamos, de cerca de 30 segundos.

As soluções de cério(IV) têm coloração amarelo-laranja, mas sua cor não é suficientemente intensa para atuar como um indicador em titulações. Diversos indicadores redox estão disponíveis para as titulações com soluções padrão de cério(IV). Entre eles, o mais amplamente utilizado é o complexo de ferro(II) com a 1,10-fenantrolina ou, ainda, um dos seus derivados substituídos (veja a Tabela 19-3).

Preparação e Estabilidade das Soluções Padrão

As soluções aquosas de permanganato não são totalmente estáveis em virtude da oxidação da água:

$$4MnO_4^- + 2H_2O \rightarrow 4MnO_2(s) + 3O_2(g) + 4OH^-$$

Embora a constante de equilíbrio para essa reação indique que os produtos são favorecidos, as soluções de permanganato, quando adequadamente preparadas, são razoavelmente estáveis porque a reação de decomposição é lenta. Ela é catalisada pela luz, calor, ácidos, bases, manganês(II) e dióxido de manganês.

> As soluções de permanganato são moderadamente estáveis desde que estejam livres de dióxido de manganês e sejam armazenadas em um frasco escuro.

Soluções moderadamente estáveis do íon permanganato podem ser preparadas se os efeitos desses catalisadores, particularmente o dióxido de manganês, são minimizados. O dióxido de manganês é um contaminante presente até mesmo no permanganato de potássio sólido de melhor qualidade. Além disso, esse composto é formado em soluções do reagente recentemente preparadas, como consequência da reação do íon permanganato com a matéria orgânica e poeira presentes na água utilizada para preparar a solução. A remoção do dióxido de manganês por filtração, antes da padronização, aumenta significativamente a estabilidade das soluções padrão de permanganato. Antes da filtração, a solução do reagente fica em repouso por cerca de

24 horas ou é aquecida por um período curto para acelerar a oxidação da matéria orgânica geralmente presente em pequenas quantidades em água destilada e deionizada. O papel não pode ser empregado na filtração porque o permanganato reage com ele para formar mais dióxido de manganês.

As soluções padronizadas de permanganato devem ser armazenadas no escuro. A filtração e a repadronização são requeridas se a presença de sólido é detectada na solução ou nas paredes do frasco de armazenagem. Em qualquer um desses casos, a repadronização a cada uma ou duas semanas é uma boa medida preventiva.

As soluções contendo excesso de permanganato jamais devem ser aquecidas, pois elas se decompõem em decorrência da oxidação da água. Essa decomposição não pode ser compensada pelo uso de um branco. Entretanto, é possível titular soluções ácidas aquecidas de redutores com permanganato sem qualquer erro se o reagente for adicionado de forma suficientemente lenta para que um grande excesso de permanganato não se acumule.

DESTAQUE 20-1

Determinação de Espécies de Cromo em Amostras de Água

O cromo é um metal importante de ser monitorado em amostras de interesse ambiental. Não apenas a concentração total de cromo é de interesse, como também o estado de oxidação no qual o cromo é encontrado são bastante importantes. Em água, o cromo pode existir na forma da espécie Cr(III) ou como Cr(VI). O cromo(III) é um nutriente essencial e não tóxico. O cromo(VI), entretanto, é um carcinógeno conhecido. Assim sendo, a determinação da concentração de cromo em cada um desses estados de oxidação é muitas vezes mais relevante que a concentração total de cromo. Existem diversos métodos disponíveis para a determinação de Cr(VI) seletivamente. Um dos mais populares envolve a oxidação do reagente 1,5-difenilcarbohidrazida (difenilcarbazida) pelo Cr(VI) em solução ácida. A reação produz um quelato vermelho-púrpuro do Cr(III) e a difenilcarbazida que pode ser monitorada colorimetricamente. A reação direta do Cr(III) com o reagente é tão lenta que essencialmente apenas o Cr(VI) é medido. Para determinar o Cr(III), a amostra é oxidada com um excesso de permanganato em solução alcalina para converter todo o Cr(III) a Cr(VI). O excesso de oxidante é destruído com azida sódica. Uma nova medida colorimétrica é feita e então o cromo total é determinado [o Cr(VI) original mais aquele formado pela oxidação do Cr(III)]. Então a concentração de Cr(III) é obtida subtraindo-se a concentração de Cr(VI) obtida na medida original da concentração total de cromo determinada após a oxidação com permanganato. Observe que neste caso o permanganato está sendo usado como um agente oxidante auxiliar.

O cromo há muito é premiado pela sua beleza como revestimento polido em metais (veja a foto) e por suas propriedades anticorrosivas em aço inoxidável e outras ligas. Em quantidades de traços, o cromo (III) é largamente utilizado na forma de dicromato de sódio como um inibidor de corrosão em processos industriais de grande escala.

EXEMPLO 20-2

Descreva como você prepararia 2,0 L de uma solução aproximadamente 0,010 mol L^{-1} de $KMnO_4$ (158,03 g mol^{-1}).

Resolução

$$\text{massa de KMnO}_4 \text{ necessária} = 2{,}0 \text{ L} \times 0{,}010 \frac{\text{mol de KMnO}_4}{\text{L}}$$

$$\times 158{,}03 \frac{\text{g de KMnO}_4}{\text{mol de KMnO}_4} = 3{,}16 \text{ g de KMnO}_4$$

Dissolva cerca de 3,2 g de $KMnO_4$ em um pouco de água. Após a dissolução se completar, adicione água para atingir o volume até quase 2,0 L. Aqueça a solução até a ebulição por um breve período e deixe em repouso até seu resfriamento. Filtre em um cadinho de placa porosa e armazene em um frasco escuro limpo.

Os compostos mais amplamente utilizados na preparação de soluções de cério(IV) estão listados na **Tabela 20-4**. O nitrato de amônio e cério de grau padrão primário está disponível comercialmente e pode ser usado para preparar soluções padrão do cátion diretamente pela massa. Mais comumente, o nitrato de amônio e cério(IV) de grau reagente ou o hidróxido cérico são empregados para preparar soluções que são subsequentemente padronizadas. Em qualquer um dos casos, o reagente é dissolvido em uma solução de pelo menos 0,1 mol L^{-1} em ácido sulfúrico para prevenir a precipitação de sais básicos. As soluções de cério(IV) de ácido sulfúrico são notavelmente estáveis e podem ser armazenadas por meses ou aquecidas a 100ºC por períodos prolongados sem alterações na concentração.

TABELA 20-4

Compostos Analiticamente Úteis de Cério (IV)

Nome	Fórmula	Massa Molar
Nitrato de amônio e cério(IV)	$Ce(NO_3)_4 \cdot 2NH_4NO_3$	548,2
Sulfato de amônio e cério(IV)	$Ce(SO_4)_2 \cdot 2(NH_4)_2SO_4 \cdot 2H_2O$	632,6
Hidróxido de cério(IV)	$Ce(OH)_4$	208,1
Hidrogenosulfato de cério(IV)	$Ce(HSO_4)_4$	528,4

Padronização de Soluções de Permanganato e Cério(IV)

O oxalato de sódio é largamente utilizado como padrão primário. Em soluções ácidas, o íon oxalato é convertido ao ácido não dissociado. Portanto, sua reação com o permanganato pode ser descrita por

$$2MnO_4^- + 5H_2C_2O_4 + 6H^+ \rightarrow 2Mn^{2+} + 10CO_2(g) + 8H_2O$$

A reação entre o íon permanganato e o ácido oxálico é complexa e se processa lentamente mesmo sob temperaturas elevadas, a menos que o manganês(II) esteja presente como um catalisador. Consequentemente, quando os primeiros poucos mililitros do permanganato padrão são adicionados a uma solução a quente de ácido oxálico, vários segundos são necessários antes do desaparecimento da cor do permanganato. À medida que a concentração do manganês(II) aumenta, entretanto, a reação se processa mais e mais rapidamente como resultado da **autocatálise**.

A **autocatálise** é um tipo de catálise na qual o produto de uma reação catalisa a própria reação. Esse fenômeno provoca um aumento na velocidade da reação à medida que ela se desenvolve.

Tem sido observado que quando as soluções de oxalato de sódio são tituladas entre 60°C e 90°C, o consumo de permanganato é entre 0,1% e 0,4% menor que o teórico, provavelmente devido à oxidação pelo ar de uma fração do ácido oxálico.

Esse pequeno erro pode ser evitado pela adição de 90% a 95% do permanganato de potássio necessários à solução a frio do oxalato. Após o permanganato de potássio adicionado ter sido totalmente consumido (conforme indicado pelo desaparecimento da cor), a solução é aquecida até cerca de 60°C e titulada até o aparecimento da cor violeta que persista por aproximadamente 30 segundos. A desvantagem desse procedimento é que ele requer o conhecimento prévio da concentração aproximada da solução de permanganato, assim um volume inicial adequado pode ser adicionado: na maior parte das vezes, a titulação direta da solução a quente de ácido oxálico é adequada (geralmente, os resultados são entre 0,2% e 0,3% maiores). Se maior exatidão é necessária, a titulação direta da solução a quente de uma alíquota do padrão primário pode ser substituída por titulações de duas ou três alíquotas adicionais nas quais as soluções não sejam aquecidas antes do final.

O oxalato de sódio também é largamente utilizado para padronizar as soluções de Ce(IV). A reação entre Ce^{4+} e $H_2C_2O_4$

$$2Ce^{4+} + H_2C_2O_4 \rightarrow 2Ce^{3+} + 2CO_2(g) + 2H^+$$

Normalmente as padronizações do Ce(IV) com o oxalato de sódio são realizadas a 50°C em uma solução de ácido clorídrico contendo monocloreto de iodo como catalisador.

As soluções de $KMnO_4$ e Ce^{4+} também podem ser padronizadas com fio de ferro eletrolítico ou iodeto de potássio.

EXEMPLO 20-3

Você deseja padronizar a solução do Exemplo 20-2 usando o padrão $Na_2C_2O_4$ (134,00 g mol^{-1}). Se quiser empregar entre 30 e 45 mL do reagente na padronização, que faixa de massas do padrão primário você deve pesar?

Resolução

Para uma titulação com 30 mL:

$$\text{quant. de mat. de } KMnO_4 = 30 \text{ mL de } KMnO_4 \times 0{,}010 \frac{\text{mmol de } KMnO_4}{\text{mL de } KMnO_4}$$

$$= 0{,}30 \text{ mmol de } KMnO_4$$

$$\text{massa de } Na_2C_2O_4 = 0{,}30 \text{ mmol de } KMnO_4 \times \frac{5 \text{ mmol de } Na_2C_2O_4}{2 \text{ mmol de } KMnO_4}$$

$$\times\ 0{,}134 \frac{\text{g de } Na_2C_2O_4}{\text{mmol de } Na_2C_2O_4}$$

$$= 0{,}101 \text{ g de } Na_2C_2O_4$$

Procedendo da mesma maneira, para uma titulação com 45 mL, encontramos:

$$\text{massa de } Na_2C_2O_4 = 45 \times 0{,}010 \times \frac{5}{2} \times 0{,}134 = 0{,}151 \text{ g de } Na_2C_2O_4$$

Assim, devemos pesar amostras entre 0,10 e 0,15 gramas do padrão primário.

EXEMPLO 20-4

Uma amostra de 0,1278 g do padrão primário $Na_2C_2O_4$ precisou exatamente de 33,31 mL da solução de permanganato do Exemplo 20-2 para alcançar o ponto final. Qual é a concentração molar do reagente $KMnO_4$?

Resolução

$$\text{quant. de mat. de } Na_2C_2O_4 = 0{,}1278 \text{ g de } Na_2C_2O_4 \times \frac{1 \text{ mmol de } Na_2C_2O_4}{0{,}13400 \text{ g de } Na_2C_2O_4}$$

$$= 0{,}95373 \text{ mmol de } Na_2C_2O_4$$

$$c_{KMnO_4} = 0{,}95373 \text{ mmol de } Na_2C_2O_4 \times \frac{2 \text{ mmol de } KMnO_4}{5 \text{ mmol de } Na_2C_2O_4}$$

$$\times \frac{1}{33{,}31 \text{ mL de } KMnO_4} = 0{,}01145 \text{ mol L}^{-1}$$

Uso das Soluções de Permanganato de Potássio e Cério (IV)

A **Tabela 20-5** lista algumas das muitas aplicações de soluções de permanganato e de cério(IV) na determinação volumétrica de espécies inorgânicas. Ambos os reagentes também têm sido aplicados a determinações de compostos orgânicos que contêm grupos funcionais oxidáveis.

TABELA 20-5

Algumas Aplicações de Soluções de Permanganato de Potássio e Cério (IV)

Substância Desejada	Semirreação	Condições
Sn	$Sn^{2+} \rightleftharpoons Sn^{4+} + 2e^-$	Pré-redução com Zn
H_2O_2	$H_2O_2 \rightleftharpoons O_2(g) + 2H^+ + 2e^-$	
Fe	$Fe^{2+} \rightleftharpoons Fe^{3+} + e^-$	Pré-redução com $SnCl_2$ ou com os redutores de Jones ou de Walden
$Fe(CN)_6^{4-}$	$Fe(CN)_6^{4-} \rightleftharpoons Fe(CN)_6^{3-} + e^-$	
V	$VO^{2+} + 3H_2O \rightleftharpoons V(OH)_4^+ + 2H^+ + e^-$	Pré-redução com amálgama de Bi ou SO_2
Mo	$Mo^{3+} + 4H_2O \rightleftharpoons MoO_4^{2-} + 8H^+ + 3e^-$	Pré-redução com o redutor de Jones
W	$W^{3+} + 4H_2O \rightleftharpoons WO_4^{2-} + 8H^+ + 3e^-$	Pré-redução com Zn ou Cd
U	$U^{4+} + 2H_2O \rightleftharpoons UO_2^{2+} + 4H^+ + 2e^-$	Pré-redução com o redutor de Jones
Ti	$Ti^{3+} + H_2O \rightleftharpoons TiO^{2+} + 2H^+ + e^-$	Pré-redução com o redutor de Jones
$H_2C_2O_4$	$H_2C_2O_4 \rightleftharpoons 2CO_2 + 2H^+ + 2e^-$	
Mg, Ca, Zn, Co, Pb, Ag	$H_2C_2O_4 \rightleftharpoons 2CO_2 + 2H^+ + 2e^-$	Oxalatos metálicos pouco solúveis filtrados, lavados e dissolvidos em ácido; o ácido oxálico liberado é titulado
HNO_2	$HNO_2 + H_2O \rightleftharpoons NO_3^- + 3H^+ + 2e^-$	Tempo de reação de 15 min; o excesso de $KMnO_4$ é retrotitulado
K	$K_2NaCo(NO_2)_6 + 6H_2O \rightleftharpoons Co^{2+} + 6NO_3^- + 12H^+ + 2K^+ + Na^+ + 11e^-$	Precipitado como $K_2NaCo(NO_2)_6$; filtrado e dissolvido em $KMnO_4$; o excesso de $KMnO_4$ é retrotitulado
Na	$U^{4+} + 2H_2O \rightleftharpoons UO_2^{2+} + 4H^+ + 2e^-$	Precipitado como $NaZn(UO_2)_3(OAc)_9$; filtrado, lavado e dissolvido; U é determinado como descrito anteriormente

EXEMPLO 20-5

As soluções aquosas contendo aproximadamente 3% (m/m) de H_2O_2 são vendidas em farmácias como desinfetantes. Proponha um método para a determinação da quantidade de peróxido dessas preparações empregando a solução padrão descrita nos Exemplos 20-3 e 20-4. Considere que você deseja utilizar entre 30 e 45 mL do reagente na titulação. A reação é

$$5H_2O_2 + 2MnO_4^- + 6H^+ \rightarrow 5O_2 + 2Mn^{2+} + 8H_2O$$

Resolução

A quantidade de matéria de $KMnO_4$ em 35 a 45 mL do reagente está entre

$$\text{quant. de mat. de } KMnO_4 = 35 \text{ mL de } KMnO_4 \times 0{,}01145 \frac{\text{mmol de } KMnO_4}{\text{mL de } KMnO_4}$$

$$= 0{,}401 \text{ mmol de } KMnO_4$$

e

$$\text{quantidade de matéria de } KMnO_4 = 45 \times 0{,}01145 = 0{,}515 \text{ mmol de } KMnO_4$$

A quantidade de matéria de H_2O_2 consumida por 0,401 mmol de $KMnO_4$ é

$$\text{quant. de mat. de } H_2O_2 = 0{,}401 \text{ mmol de } KMnO_4 \times \frac{5 \text{ mmol de } H_2O_2}{2 \text{ mmol de } KMnO_4}$$

$$= 1{,}00 \text{ mmol de } H_2O_2$$

e

$$\text{quantidade de matéria de } H_2O_2 = 0{,}515 \times \frac{5}{2} = 1{,}29 \text{ mmol de } H_2O_2$$

Portanto, precisamos ter amostras que contenham de 1,00 a 1,29 mmol de H_2O_2.

$$\text{massa da amostra} = 1{,}00 \text{ mmol de } H_2O_2 \times 0{,}03401 \frac{\text{g de } H_2O_2}{\text{mmol de } H_2O_2}$$

$$\times \frac{100 \text{ g da amostra}}{3 \text{ g de } H_2O_2} = 1{,}1 \text{ g de mostra}$$

para

$$\text{massa da amostra} = 1{,}29 \times 0{,}03401 \times \frac{100}{3} = 1{,}5 \text{ g da amostra}$$

Dessa forma, nossas amostras devem pesar entre 1,1 e 1,5 g. Devem ser diluídas para talvez 75 a 100 mL com água e levemente acidificadas com H_2SO_4 diluído antes da titulação.

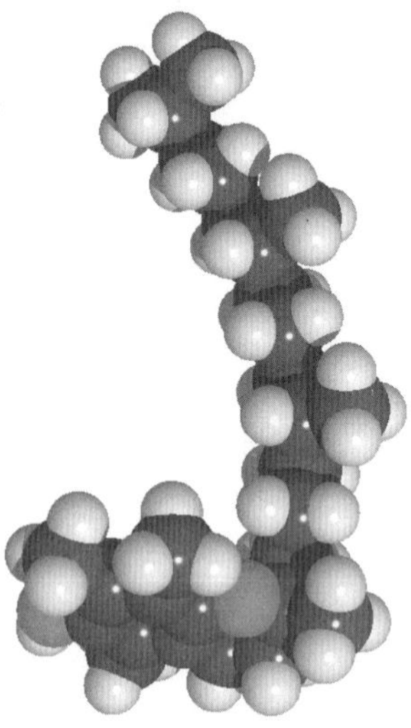

Modelo molecular da vitamina E.

DESTAQUE 20-2

Antioxidantes[4]

A oxidação pode ter efeitos deletérios nas células e tecidos do corpo humano. Há um número considerável de evidências de que o oxigênio reativo e as espécies de nitrogênio, como o íon superóxido O_2^-, radical hidroxila $OH\cdot$, radicais peroxila $RO_2\cdot$, radicais alcoxila $RO\cdot$, óxido nítrico $NO\cdot$ e dióxido de nitrogênio $NO_2\cdot$, danificam as células e outros componentes do corpo. Um grupo de compostos conhecido como antioxidantes pode ajudar a minimizar a influência do oxigênio reativo e de espécies de nitrogênio. Os antioxidantes são agentes redutores que são tão facilmente oxidáveis que podem proteger da oxidação outros compostos presentes no corpo. Os antioxidantes típicos incluem as vitaminas A, C e E, os minerais, como o selênio, e as ervas tais como ginko biloba, alecrim e milk thistle (Silimarina).

Vários mecanismos de ação antioxidante têm sido propostos. A presença de antioxidantes pode resultar na diminuição da formação do oxigênio reativo e de espécies de nitrogênio em um primeiro momento. Os antioxidantes também podem sequestrar as espécies reativas ou seus precursores. A vitamina E é um exemplo desse último comportamento em sua inibição da oxidação de lipídios pela reação com os radicais intermediários gerados a partir de ácidos graxos poli-insaturados. Alguns antioxidantes podem se ligar aos íons metálicos necessários para catalisar a formação dos oxidantes reativos. Outros oxidantes podem reparar o dano oxidativo a biomoléculas ou podem influenciar as enzimas que catalisam os mecanismos de reparação.

Acredita-se que a vitamina E, ou α-tocoferol, possa deter a arteriosclerose, acelerar a cicatrização de feridas e proteger os tecidos pulmonares de poluentes inalados. Também pode reduzir o risco de doenças do coração e prevenir o envelhecimento prematuro da pele. Os pesquisadores suspeitam de que a vitamina E possa ter vários outros efeitos benéficos, desde aliviar a artrite reumática até prevenir a catarata. Muitos de nós obtém vitamina E suficiente através da nossa alimentação e não através de suplementos. Os vegetais de folhas verde-escuras, castanhas, óleos vegetais, frutos do mar, ovos e abacates são alimentos ricos em vitamina E.

O selênio tem efeitos antioxidantes que complementam aqueles da vitamina E. O selênio é um constituinte essencial de várias enzimas que removem os oxidantes reativos. O metal pode dar suporte à função imunológica e pode neutralizar alguns venenos à base de metais pesados. Também pode ajudar a deter doenças do coração e alguns tipos de câncer. Boas fontes de selênio na dieta são os grãos integrais, aspargo, alho, ovos, cogumelos, carnes magras e frutos do mar. Normalmente, apenas a dieta normal fornece selênio suficiente para a boa saúde. Os suplementos devem ser tomados apenas se prescritos por um médico, porque doses elevadas podem ser tóxicas.

20C-2 Dicromato de Potássio

Em suas aplicações analíticas, o íon dicromato é reduzido ao íon verde cromo(III):

$$Cr_2O_7^{2-} + 14H^+ + 6e^- \rightleftharpoons 2Cr^{3+} + 7H_2O \qquad E^0 = 1{,}33\ V$$

Geralmente, as titulações empregando o dicromato são realizadas em soluções preparadas em ácido clorídrico ou ácido sulfúrico 1 mol L^{-1}. Nesses meios, o potencial formal para a semirreação varia entre 1,0 e 1,1 V.

As soluções de dicromato de potássio são estáveis indefinidamente, podem ser fervidas sem decomposição e não reagem com o ácido clorídrico. Além disso, o

[4] Ver B. Halliwell, *Nutr. Rev.*, v. 55, n. 1, p. S44, **1997**, **DOI**: 10.1111/j.1753-4887.1997.tb06100.x.

reagente padrão primário está disponível comercialmente e a um preço acessível. As desvantagens do dicromato de potássio, quando comparado ao cério(IV) e ao íon permanganato, são o baixo potencial de eletrodo e a lentidão de sua reação com certos agentes redutores.

Preparação de Soluções de Dicromato

Para a maioria das aplicações, o dicromato de potássio de grau reagente é suficientemente puro para permitir a preparação direta das soluções; simplesmente, o sal é seco a 150-200°C antes de ser pesado.

A cor laranja de uma solução de dicromato não é intensa o suficiente para seu uso na detecção do ponto final. Entretanto, o ácido difenilaminossulfônico (veja Tabela 19-3) é um excelente indicador para titulações com este reagente. A forma oxidada do indicador é violeta e sua forma reduzida é essencialmente incolor; portanto, a mudança de cor observada em uma titulação direta é de verde, do cromo(III), para violeta.

Aplicação das Soluções de Dicromato de Potássio

O principal uso do dicromato é titulação volumétrica de ferro(II) baseada nesta reação

$$Cr_2O_7^{2-} + 6Fe^{2+} + 14H^+ \rightarrow 2Cr^{3+} + 6Fe^{3+} + 7H_2O$$

Frequentemente, essa titulação é realizada na presença de concentrações moderadas de ácido clorídrico.

> As soluções padrão de $K_2Cr_2O_7$ têm a grande vantagem de ser indefinidamente estáveis e não oxidar o HCl. Mais do que isso, o reagente de grau padrão primário é barato e está facilmente disponível comercialmente.

A reação do dicromato com o ferro(II) tem sido amplamente utilizada na determinação indireta de uma variedade de agentes oxidantes. Nessas aplicações, um excesso medido de uma solução de ferro(II) é adicionado a uma solução ácida contendo o analito. Então, o excesso de ferro(II) é titulado com dicromato de potássio padrão (veja a Seção 20B-1). A padronização da solução de ferro(II) por meio de titulação com dicromato é realizada concomitantemente porque as soluções de ferro(II) tendem a se oxidar pela ação do ar. Esse método tem sido aplicado na determinação de íons nitrato, clorato, permanganato e dicromato, assim como para os peróxidos orgânicos e diversos outros agentes oxidantes.

EXEMPLO 20-6

Uma amostra de 5,00 mL de um conhaque foi diluída para 1,000 L em um balão volumétrico. O etanol (C_2H_5OH) contido em uma alíquota de 25,00 mL da solução diluída foi destilado e recolhido em 50,00 mL de $K_2Cr_2O_7$ 0,02000 mol L^{-1} sendo oxidado a ácido acético com aquecimento. A reação é

$$3C_2H_5OH + 2Cr_2O_7^{2-} + 16H^+ \rightarrow 4Cr^{3+} + 3CH_3COOH + 11H_2O$$

Após o resfriamento, 20,00 mL de uma solução de Fe^{2+} 0,1253 mol L^{-1} foi pipetada no frasco. Então o excesso de Fe^{2+} foi titulado com 7,46 mL de $K_2Cr_2O_7$ padrão até a indicação do ponto final pelo ácido difenilaminossulfônico. Calcule a porcentagem (m/v) de C_2H_5OH (46,07 g mol^{-1}) no conhaque.

Resolução

quantidade de matéria total de $K_2Cr_2O_7$

$$= (50{,}00 + 7{,}46) \text{ mL de } K_2Cr_2O_7 \times 0{,}02000 \frac{\text{mmol de } K_2Cr_2O_7}{\text{mL de } K_2Cr_2O_7}$$

$$= 1{,}1492 \text{ mmol de } K_2Cr_2O_7$$

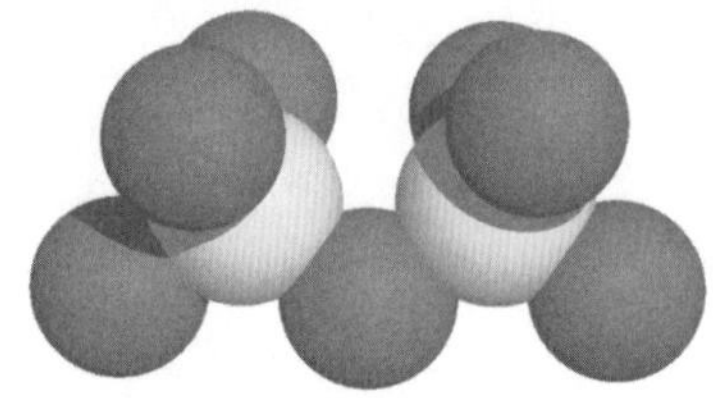

Modelo molecular do íon dicromato. Por muitos anos, os sais de dicromato de amônio, potássio ou sódio foram empregados em praticamente todas as áreas da Química como um poderoso agente oxidante. Além do seu emprego como um padrão primário na Química Analítica, o dicromato tem sido utilizado como: agente oxidante na Química Orgânica sintética; pigmento na indústria de tintas, corantes e fotografia; agente alvejante e inibidor de corrosão. A solução de ácido crômico, preparada a partir do dicromato de potássio em ácido sulfúrico, era utilizada na limpeza pesada de vidraria. O dicromato foi empregado como reagente analítico para álcool nos bafômetros, mas, recentemente, esses dispositivos têm sido substituídos por analisadores baseados na absorção de radiação no infravermelho. As fotografias coloridas mais antigas usavam as cores produzidas por compostos de cromo no processo conhecido como goma bicromada, mas este processo foi substituído pelos processos baseados em brometo de prata. O emprego dos compostos de cromo, em geral, e do dicromato, em particular, tem diminuído ao longo das últimas décadas em virtude da descoberta de que os compostos de cromo são carcinogênicos. A despeito desse perigo, muitos milhões de quilos de compostos de cromo são produzidos e consumidos pela indústria a cada ano. Antes de usar o dicromato no trabalho de laboratório, leia o Material Safety Data Sheet (MSDS) para o dicromato de potássio (http://msds.pdc.cornell.edu/) ou verifique suas propriedades químicas, toxicológicas e carcinogênicas. Observe todas as precauções no manuseio desse produto químico útil, porém potencialmente perigoso, tanto em sua forma sólida quanto em solução.

quantidade de matéria de $K_2Cr_2O_7$ consumida pelo Fe^{2+}

$$= 20{,}00 \text{ mL de } Fe^{2+} \times 0{,}1253 \frac{\text{mmol de } Fe^{2+}}{\text{mL de } Fe^{2+}} \times \frac{1 \text{ mmol de } K_2Cr_2O_7}{6 \text{ mmol de } Fe^{2+}}$$

$$= 0{,}41767 \text{ mmol de } K_2Cr_2O_7$$

quantidade de matéria de $K_2Cr_2O_7$ consumida pelo C_2H_5OH = (1,1492 − 0,41767) mmol de $K_2Cr_2O_7$

$$= 0{,}73153 \text{ mmol de } K_2Cr_2O_7$$

massa de C_2H_5OH

$$= 0{,}73153 \text{ mmol de } K_2Cr_2O_7 \times \frac{3 \text{ mmol de } C_2H_5OH}{2 \text{ mmol de } K_2Cr_2O_7}$$

$$\times\ 0{,}04607 \frac{\text{g de } C_2H_5OH}{\text{mmol de } C_2H_5OH} = 0{,}050552 \text{ g de } C_2H_5OH$$

$$\text{porcentagem de } C_2H_5OH = \frac{0{,}050552 \text{ g de } C_2H_5OH}{5{,}00 \text{ mL de amostra} \times 25{,}00 \text{ mL}/1000 \text{ mL}}$$

$$\times\ 100\% = 40{,}4\% \text{ de } C_2H_5OH$$

20C-3 Iodo

O iodo é um agente oxidante fraco empregado primariamente na determinação de redutores fortes. A descrição mais precisa da semirreação do iodo nessas aplicações é

$$I_3^- + 2e^- \rightleftharpoons 3I^- \qquad E^0 = 0{,}536 \text{ V}$$

onde I_3^- é o íon tri-iodeto.

As soluções padrão de iodo têm aplicações relativamente limitadas comparadas com outros oxidantes descritos aqui por causa de seu potencial de eletrodo significativamente inferior. Ocasionalmente, entretanto, esse baixo potencial é vantajoso porque confere um grau de seletividade que torna possível a determinação de agentes redutores fortes na presença de redutores fracos. Uma vantagem importante do iodo é a disponibilidade de um indicador sensível e reversível para as titulações. Entretanto, as soluções de iodo carecem de estabilidade e precisam ser padronizadas regularmente.

Propriedades das Soluções de Iodo

As soluções preparadas pela dissolução de iodo em uma solução de iodeto de potássio concentrada são apropriadamente chamadas *soluções de tri-iodeto*. Na prática, entretanto, elas são frequentemente chamadas de *soluções de iodo* porque esta terminologia explica o comportamento estequiométrico destas soluções ($I_2 + 2e^- \rightarrow 2I^-$).

O iodo não é muito solúvel em água (0,001 mol L^{-1}). Para se obter soluções de concentrações analíticas úteis do elemento, o iodo é comumente dissolvido em soluções moderadamente concentradas de iodeto de potássio. Nesse meio, o iodo é razoavelmente solúvel, em consequência da reação

$$I_2(s) + I^- \rightleftharpoons I_3^- \qquad K = 7{,}1 \times 10^2$$

O iodo se dissolve lentamente em soluções de iodeto de potássio, particularmente se a concentração de iodeto for baixa. Para garantir a completa dissolução, o iodo sempre é dissolvido em um pequeno volume de uma solução concentrada de iodeto de potássio, tomando-se o cuidado de se evitar a diluição da solução concentrada até que o último traço de iodo sólido tenha desaparecido. Caso contrário, a concentração da solução diluída aumenta gradativamente com o tempo. Esse problema pode ser evitado filtrando-se a solução em um cadinho de vidro sinterizado antes da padronização.

As soluções de iodo não têm estabilidade por inúmeras razões, uma delas é a volatilidade do soluto. As perdas de iodo a partir de um frasco aberto ocorrem em um período relativamente curto, mesmo na presença de um excesso de íons iodeto. Além disso, o iodo ataca a maioria dos materiais orgânicos vagarosamente. Consequentemente, as rolhas ou tampas de borracha nunca são empregadas para fechar os frascos do reagente e precisam ser tomadas precauções para proteger as soluções padrão do contato com poeira e vapores orgânicos.

A oxidação do íon iodeto pelo ar também provoca alterações na concentração de uma solução de iodo:

$$4I^- + O_2(g) + 4H^+ \rightarrow 2I_2 + 2H_2O$$

Em contraste com outros efeitos, essa reação provoca um aumento na concentração de iodo. A oxidação pelo ar é intensificada por ácidos, calor e luz.

Padronização e Aplicação das Soluções de Iodo

As soluções de iodo podem ser padronizadas com o tiossulfato de sódio anidro ou o tiossulfato de bário monoidratado, ambos disponíveis comercialmente. A reação entre o iodo e o tiossulfato de sódio é discutida em detalhes na Seção 20B-2. Geralmente, as soluções de iodo são padronizadas com soluções de tiossulfato de sódio que, por sua vez, tenham sido padronizadas com soluções de iodato de potássio ou dicromato de potássio (veja a Seção 20B-2). A **Tabela 20-6** resume os métodos que empregam o iodo como um agente oxidante.

TABELA 20-6

Algumas Aplicações das Soluções de Iodo

Substância Determinada	Semirreação
As	$H_3AsO_3 + H_2O \rightleftharpoons H_3AsO_4 + 2H^+ + 2e^-$
Sb	$H_3SbO_3 + H_2O \rightleftharpoons H_3SbO_4 + 2H^+ + 2e^-$
Sn	$Sn^{2+} \rightleftharpoons Sn^{4+} + 2e^-$
H_2S	$H_2S \rightleftharpoons S(s) + 2H^+ + 2e^-$
SO_2	$SO_3^{2-} + H_2O \rightleftharpoons SO_4^{2-} + 2H^+ + 2e^-$
$S_2O_3^{2-}$	$2S_2O_3^{2-} \rightleftharpoons S_4O_6^{2-} + 2e^-$
N_2H_4	$N_2H_4 \rightleftharpoons N_2(g) + 4H^+ + 4e^-$
Ácido ascórbico	$C_6H_8O_6 \rightleftharpoons C_6H_6O_6 + 2H^+ + 2e^-$

20C-4 Bromato de Potássio como uma Fonte de Bromo

O bromato de potássio de grau padrão primário está disponível comercialmente e pode ser empregado diretamente para preparar soluções padrão que são indefinidamente estáveis. As titulações diretas com soluções de bromato de potássio são poucas. Por outro lado, o reagente é amplamente empregado como uma fonte conveniente e estável de bromo.[5] Nessa aplicação, um excesso de brometo de potássio é adicionado a uma solução ácida do analito. Quando um volume medido de solução padrão de bromato de potássio é introduzido, uma quantidade estequiométrica de bromo é produzida.

$$\underset{\text{solução padrão}}{BrO_3^-} + \underset{\text{excesso}}{5Br^-} + 6H^+ \rightarrow 3Br_2 + 3H_2O$$

❮ 1 mol $KBrO_3$ = 3 mol Br_2

[5] Para uma discussão sobre as soluções de bromato e suas aplicações, veja M. R. F. Ashworth, *Titrimetric Organic Analysis*, Nova York: Interscience, 1964, pt. I, p. 118-130.

Essa geração indireta contorna os problemas associados com o emprego de soluções padrão de bromo, que não apresentam estabilidade.

O principal uso do bromato de potássio padrão é a determinação de compostos orgânicos que reagem com o bromo. Poucas dessas reações são suficientemente rápidas para tornar a titulação direta viável. Em vez disso, um excesso conhecido do padrão de bromato é adicionado à solução que contém a amostra e um excesso de brometo de potássio. Após a acidificação, a mistura permanece em repouso em um frasco de vidro tampado até que a reação do bromo com o analito esteja completa. Para determinar o excesso de bromo, um excesso de iodeto de potássio é introduzido de forma que a seguinte reação ocorra:

$$2I^- + Br_2 \rightarrow I_2 + 2Br^-$$

Então o iodo liberado é titulado com o padrão de tiossulfato de sódio (veja a Equação 20-1).

Reações de Substituição

O bromo é incorporado a uma molécula orgânica tanto por substituição quanto por adição. Na substituição de halogênio, um hidrogênio em um anel aromático é substituído por um halogênio. Os métodos de substituição têm sido aplicados com sucesso na determinação de compostos aromáticos que contêm grupos direcionadores *orto* ou *para*, particularmente aminas e fenóis.

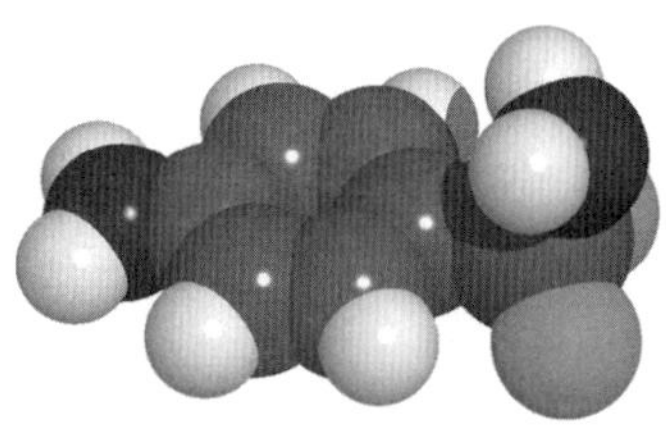

Modelo molecular da sulfanilamida. Na década de 1930 descobriu-se que a sulfanilamida era um agente bactericida efetivo. Com a intenção de prover uma solução da droga que poderia ser convenientemente administrada a pacientes, as companhias farmacêuticas distribuíram um elixir que continha uma alta concentração de etilenoglicol, que é tóxico para os rins. Infelizmente, mais de uma centena de pessoas morreram pelos efeitos do solvente. Esse evento acelerou a aprovação, nos EUA, do Federal Food, Drug and Cosmetic Act 1938, que passou a requerer testes de toxicidade antes da comercialização e uma lista dos ingredientes ativos nos rótulos.

EXEMPLO 20-7

Uma amostra de 0,2981 g de um antibiótico em pó foi dissolvida em HCl e a solução foi diluída a 100,0 mL. Uma alíquota de 20,00 mL foi transferida para um frasco, seguida pela adição de 25,00 mL de $KBrO_3$ 0,01767 mol L^{-1}. Um excesso de KBr foi adicionado para formar Br_2 e o frasco foi fechado. Após dez minutos, durante os quais o Br_2 reagiu com a sulfanilamida, um excesso de KI foi acrescentado. O iodo liberado foi titulado com 12,92 mL de tiossulfato de sódio 0,1215 mol L^{-1}. As reações são

$$BrO_3^- + 5Br^- + 6H^+ \rightarrow 3Br_2 + 3H_2O$$

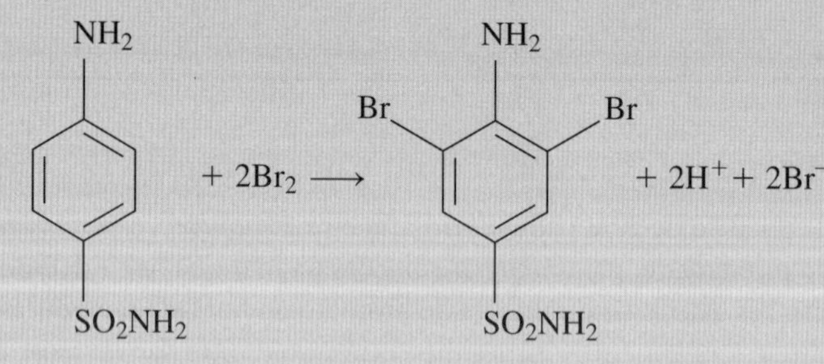

sulfanilamida

$$Br_2 + 2I^- \rightarrow 2Br^- + I_2 \qquad \text{(excesso de KI)}$$

$$I_2 + 2S_2O_3^{2-} \rightarrow 2S_4O_6^{2-} + 2I^-$$

Calcule o porcentual de sulfanilamida ($NH_2C_6H_4SO_2NH_2$, 172,21 g mol^{-1}) presente no pó.

Resolução

$$\text{quant. de mat. total de } Br_2 = 25{,}00 \text{ mL de } KBrO_3 \times 0{,}01767 \frac{\text{mmol de } KBrO_3}{\text{mL de } KBrO_3}$$

$$\times \frac{3 \text{ mmol de } Br_2}{\text{mmol de } KBrO_3} = 1{,}32525 \text{ mmol de } Br_2$$

A seguir, calculamos quanto de Br_2 estava em excesso em relação ao necessário para realizar a bromação do analito:

quantidade de matéria em excesso de Br_2 = quantidade de matéria de I_2

$$= 12{,}92 \text{ mL de } Na_2S_2O_3 \times 0{,}1215 \frac{\text{mmol de } Na_2S_2O_3}{\text{mL de } Na_2S_2O_3} \times \frac{1 \text{ mmol de } I_2}{2 \text{ mmol de } Na_2S_2O_3}$$

$$= 0{,}78489 \text{ mmol de } Br_2$$

A quantidade de matéria de Br_2 consumida pela amostra é dada por

$$\text{quant. de mat. de } Br_2 = 1{,}32525 - 0{,}78489 = 0{,}54036 \text{ mmol de } Br_2$$

$$\text{massa de analito} = 0{,}54036 \text{ mmol de } Br_2 \times \frac{1 \text{ mmol de analito}}{2 \text{ mmol de } Br_2}$$

$$\times\, 0{,}17221 \frac{\text{g de analito}}{\text{mmol de analito}} = 0{,}046528 \text{ g de analito}$$

$$\text{porcentagem do analito} = \frac{0{,}046528 \text{ g de analito}}{0{,}2891 \text{ g de amostra} \times 20{,}00 \text{ mL}/100 \text{ mL}}$$

$$\times\, 100\% = 80{,}47\% \text{ de sulfanilamida}$$

Um exemplo importante do uso da reação de substituição por bromo é a determinação da 8-hidroxiquinolina:

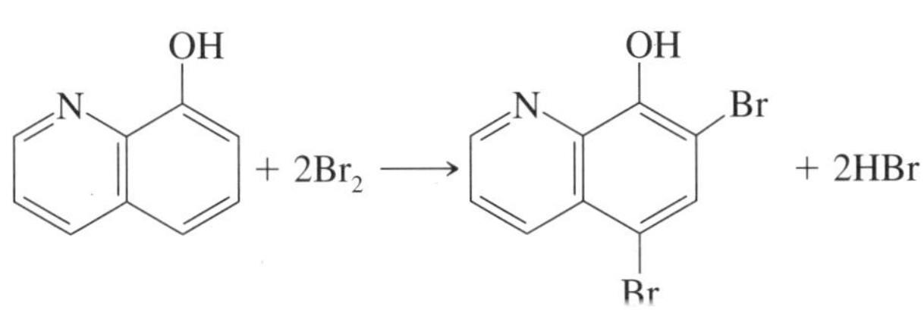

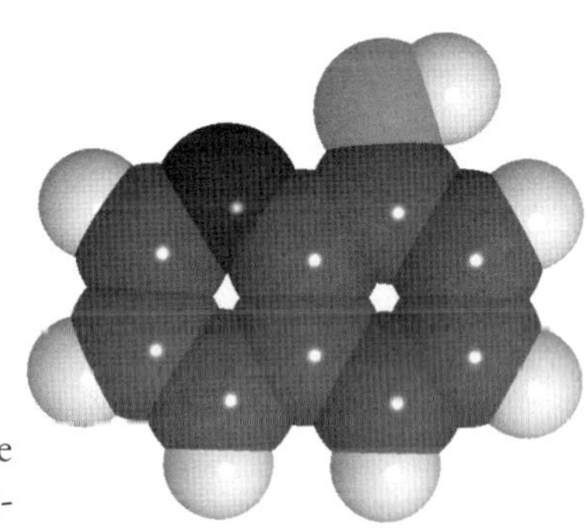

Modelo molecular da 8-hidroxiquinolina.

Em contraste com a maioria das substituições por bromo, essa reação ocorre de forma rápida o suficiente em solução de ácido clorídrico para tornar a titulação direta viável. A titulação da 8-hidroxiquinolina com o bromo tem um significado especial porque o primeiro é um excelente reagente precipitante para cátions (veja a Seção 12C-3). Por exemplo, o alumínio pode ser determinado de acordo com essa sequência

$$Al^{3+} + 3HOC_9H_6N \xrightarrow{\text{pH 4–9}} Al(OC_9H_6N)_3(s) + 3H^+$$

$$Al(OC_9H_6N)_3(s) \xrightarrow[\text{a quente}]{\text{HCl 4 mol L}^{-1}} 3HOC_9H_6N + Al^{3+}$$

$$3HOC_9H_6N + 6Br_2 \longrightarrow 3HOC_9H_4NBr_2 + 6HBr$$

Nesse caso, as relações estequiométricas são

$$1 \text{ mol de } Al^{3+} = 3 \text{ mol de } HOC_9H_6N = 6 \text{ mol de } Br_2 = 2 \text{ mol de } KBrO_3$$

Reações de Adição

Nas reações de adição, as ligações duplas são rompidas. Por exemplo, 1 mol de etileno reage com 1 mol de bromo na reação

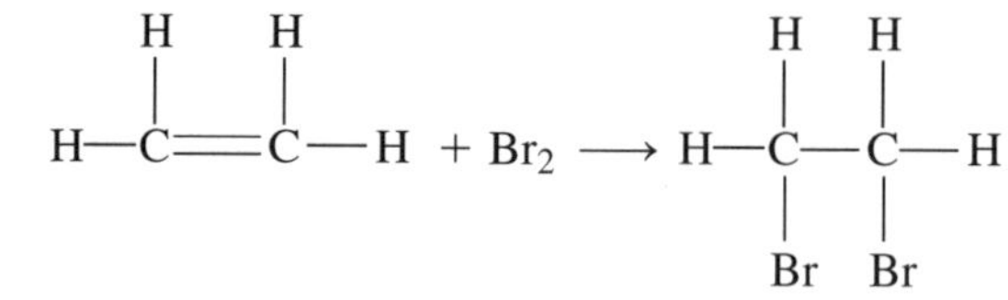

A literatura contém numerosas referências relacionadas ao uso do bromo na estimativa de insaturação olefínica em gorduras, óleos e produtos de petróleo. Um método para a determinação de ácido ascórbico em comprimidos de vitamina C é dado na Seção 38I-3.

20C-5 Determinação de Água com o Reagente de Karl Fischer

Um dos métodos analíticos mais amplamente utilizados na indústria e no comércio é o procedimento de titulação de Karl Fischer, empregado na determinação de água em inúmeros sólidos e líquidos orgânicos. Esse importante método titulométrico baseia-se em uma reação de oxirredução que é relativamente específica para a água.[6]

Descrição da Estequiometria da Reação

A reação de Karl Fischer baseia-se na oxidação do dióxido de enxofre pelo iodo. Em um solvente que não é nem ácido nem básico – um solvente aprótico – a reação pode ser resumida por

$$I_2 + SO_2 + 2H_2O \rightarrow 2HI + H_2SO_4$$

Nessa reação, dois mols de água são consumidos para cada mol de iodo. A estequiometria, contudo, pode variar de 2:1 a 1:1 dependendo da presença de ácidos e bases na solução.

Química Clássica Para estabilizar a estequiometria e deslocar o equilíbrio para a direita, Fischer adicionou piridina (C_5H_5N) e empregou metanol anidro como solvente. Um grande excesso de piridina foi utilizado para complexar I_2 e SO_2. A reação clássica tem sido descrita em duas etapas. Na primeira etapa, I_2 e SO_2 reagem na presença de piridina e água para formar o sulfito de piridínio e o iodeto de piridínio.

$$C_5H_5N \cdot I_2 + C_5H_5N \cdot SO_2 + C_5H_5N + H_2O \rightarrow 2C_5H_5N \cdot HI + C_5H_5N \cdot SO_3 \qquad (20\text{-}2)$$

$$C_5H_5N^+ \cdot SO_3^- + CH_3OH \rightarrow C_5H_5N(H)SO_4CH_3 \qquad (20\text{-}3)$$

onde I_2, SO_2 e SO_3 são mostrados complexados pela piridina. Essa segunda etapa é importante porque o sulfito de piridínio também pode consumir água.

$$C_5H_5N^+ \cdot SO_3^- + H_2O \rightarrow C_5H_5NH^+SO_4H^- \qquad (20\text{-}4)$$

[6] Para uma revisão da composição e emprego do reagente de Karl Fischer, veja S. K. MacLeod, *Anal. Chem.*, v. 63, p. 557a, **1991, DOI**: 10.1021/ac0001a720; J. D. Mitchell Jr. e D. M. Smith, *Aquametry*, 2. ed., Nova York: Wiley, 1977, v. 3.

Essa última reação é indesejável, pois não é específica perante a água. Ela pode ser completamente prevenida pela presença de um grande excesso de metanol. Note que a estequiometria é um mol de I_2 por mol de H_2O presente.

Em análises volumétricas, o reagente de Karl Fischer clássico consiste em I_2, SO_2, piridina e metanol anidro ou outro solvente adequado. O reagente se decompõe com o tempo e deve ser padronizado frequentemente. Reagentes estáveis de Karl Fischer estão disponíveis comercialmente. Para as cetonas e os aldeídos, reagentes especialmente formulados estão disponíveis comercialmente. Para os métodos coulométricos (veja o Capítulo 22), o reagente de Karl Fischer contém KI em vez de I_2, uma vez que, como veremos, o I_2 é gerado eletroquimicamente.

Química Livre de Piridina Em anos mais recentes, a piridina e seu odor desagradável têm sido substituídos por outras aminas, no reagente de Karl Fischer, particularmente pelo imidazol, mostrado ao lado. Esses reagentes livres de piridina estão disponíveis comercialmente para ambos os procedimentos volumétricos e coulométricos de Karl Fischer. Estudos mais detalhados da reação têm sido relatados.[7] Nos dias atuais, acredita-se que a reação ocorra como segue:

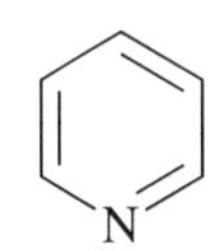

piridina

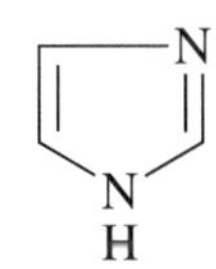

imidazol

1. Solvólise $\quad 2ROH + SO_2 \rightleftharpoons RSO_3^- + ROH_2^+$
2. Tamponamento $\quad B + RSO_3^- + ROH_2^+ \rightleftharpoons BH^+SO_3R^- + ROH$
3. Redox $\quad B \cdot I_2 + BH^+SO_3R^- + B + H_2O \rightleftharpoons BH^+SO_4R^- + 2BH^+I^-$

Note que novamente a estequiometria é de 1 mol de I_2 consumido para cada mol de H_2O presente na amostra.

Reações Interferentes Existem várias reações que podem ocorrer e que provocam interferências na titulação de Karl Fischer. Essas reações indesejáveis podem fazer com que os resultados sejam muito altos, muito baixos ou simplesmente imprecisos. A oxidação do iodeto no reagente coulométrico por agentes oxidantes tais como Cu(II), Fe(III), nitrito, Br_2, Cl_2 ou quinonas produza I_2, que pode reagir com a H_2O e provocar baixos resultados uma vez que não é gerado tanto I_2 quanto necessário. Em aldeídos e cetonas, os grupos carbonila podem reagir com o SO_2 e H_2O formando complexos de bissulfito. Dado que essa reação consome água, os resultados da titulação novamente são muito altos. A substituição da piridina por uma base mais fraca, como o imidazol, pode minimizar o problema.

O iodo gerado coulometricamente, ou presente no reagente, pode ser reduzido por espécies oxidáveis, tais como o ácido ascórbico, amônia, tióis, Tl^+, Sn^{2+}, In^+, hidroxilaminas e o tiossulfito. Esta redução resulta no consumo de I_2 e determinações de água com resultados muito altos. Os derivados fenólicos e bicarbonatos também provocam a redução do I_2.

Alguns compostos interferentes reagem para produzir água, o que pode resultar em valores muito altos. Os ácidos carboxílicos podem reagir com os álcoois para produzir um éster e água. Para minimizar esse problema, o álcool pode ser eliminado no reagente, ou um álcool que reaja mais lentamente que o metanol pode ser empregado. O pH do reagente pode ser aumentado porque a formação de ésteres geralmente é catalisada por ácidos. As cetonas e os aldeídos podem reagir com solventes alcoólicos para formar cetais e acetais, com a produção de água ocorrendo de acordo com:

$$R_2C{=}O + 2CH_3OH \rightarrow R_2C(OCH_3)_2 + H_2O$$

[7] E. Scholz, *Karl Fischer Titration*, Berlim: Springer-Verlag, 1984.

As cetonas aromáticas são menos reativas que as cetonas alifáticas. Os aldeídos são muito mais reativos que as cetonas. Algumas preparações comerciais têm sido formuladas para minimizar esse problema, por meio do uso de álcoois que reagem lentamente e um pH mais elevado.

Os silanóis e os siloxanos cíclicos também podem reagir com os álcoois para produzir éteres e água. Alguns óxidos, hidróxidos e carbonatos metálicos podem reagir com HI para produzir água. Todos esses aumentam a quantidade de I_2 consumida e produzem resultados que são muito altos.

Detecção do Ponto Final

Na titulação de Karl Fischer, um ponto final baseado na cor marrom do reagente em excesso pode ser observado visualmente. Mais comumente, entretanto, os pontos finais são obtidos pelas medidas eletroanalíticas. Diversos fabricantes de instrumentos oferecem equipamentos automáticos ou semiautomáticos para a realização das titulações de Karl Fischer. Todos estes instrumentos são baseados na detecção do ponto final eletrométrico.

Propriedades do Reagente

O reagente de Karl Fischer se decompõe com o tempo. Como a decomposição é particularmente rápida imediatamente após sua preparação, uma prática comum consiste em preparar o reagente um dia ou dois antes do seu uso. Normalmente, sua força deve ser estabelecida pelo menos diariamente contra uma solução padrão de água em metanol. Um reagente de Karl Fischer, cujo fabricante alega requerer apenas padronizações ocasionais, encontra-se atualmente disponível comercialmente.

É óbvio que um grande cuidado deve ser tomado para manter o reagente de Karl Fischer e a amostra livres da umidade atmosférica. Toda a vidraria precisa ser cuidadosamente seca antes de ser utilizada e a solução padrão precisa ser armazenada sem contato com o ar. Também é necessário minimizar o contato entre a atmosfera e a solução durante a titulação.

Aplicações

O reagente de Karl Fischer tem sido aplicado a determinações de água em inúmeros tipos de amostras. Existem diversas variações da técnica básica, dependendo da solubilidade do material, do estado no qual a água é mantida e do estado físico da amostra. Se a amostra pode ser totalmente dissolvida em metanol, uma titulação rápida e direta é geralmente exequível. Esse método tem sido aplicado a determinações de água em muitos ácidos orgânicos, álcoois, ésteres, éteres, anidridos e haletos. Os sais hidratados da maioria dos ácidos orgânicos, assim como dos hidratos de vários sais inorgânicos que são solúveis em metanol, também podem ser determinados por meio de titulação direta.

A titulação direta de amostras que são apenas parcialmente solúveis no reagente leva, normalmente, à recuperação incompleta da água. Os resultados satisfatórios com esse tipo de amostra são, em geral, obtidos, contudo, pela adição de um excesso de reagente e retrotitulação com uma solução padrão de água em metanol, após um tempo adequado de reação. Uma alternativa efetiva consiste em extrair a água da amostra através de refluxo com metanol anidro ou outros solventes orgânicos. Então a solução resultante é diretamente titulada com a solução de Karl Fischer.

TRABALHO NA WEB

Use um mecanismo de busca para localizar um dos muitos sites na web da MSDS. Encontre e leia o MSDS para o dicromato de potássio e explore suas propriedades químicas, toxicológicas e carcinogênicas. Localize um segundo site na web de MSDS e de novo explore as propriedades do dicromato de potássio. Quais diferenças você encontrou nos dois documentos? Qual site forneceu a informação mais detalhada, particularmente em relação aos efeitos de saúde? Um dos sites enfatizou determinadas propriedades sobre outras? O que você conclui deste exercício?

QUESTÕES E PROBLEMAS

20-1. Escreva as equações iônicas líquidas balanceadas que descrevem:

*(a) a oxidação do Mn^{2+} a MnO_4^- pelo peroxidissulfato de amônio.

(b) a oxidação do Ce^{3+} a Ce^{4+} pelo bismutato de sódio.

*(c) a oxidação do U^{4+} a UO_2^{2+} por H_2O_2.

(d) a reação do $V(OH)_4^+$ com o redutor de Walden.

*(e) a titulação de H_2O_2 com o $KMnO_4$.

(f) a reação entre KI e ClO_3^- em solução ácida.

***20-2.** Por que o redutor de Walden sempre é utilizado com as soluções que contêm concentrações apreciáveis de HCl?

20-3. Escreva uma equação iônica líquida balanceada para a redução do UO_2^{2+} em um redutor de Walden.

***20-4.** Por que as soluções padrão de redutores são utilizadas menos frequentemente em titulações que as soluções padrão de oxidantes?

20-5. Por que as soluções de Ce^{4+} nunca são empregadas nas titulações de redutores em soluções alcalinas?

***20-6.** Por que as soluções de $KMnO_4$ são filtradas antes de serem padronizadas?

20-7. Por que as soluções de $KMnO_4$ e $Na_2S_2O_3$ geralmente são armazenadas em frascos escuros?

***20-8.** Qual é o principal uso das soluções padrão de $K_2Cr_2O_7$?

20-9. Uma solução padrão de I_2 aumentou a concentração com repouso. Escreva uma equação iônica líquida balanceada que explique esse aumento.

***20-10.** Sugira uma maneira por meio da qual uma solução de KIO_3 poderia ser empregada como fonte de quantidades conhecidas de I_2.

20-11. Escreva equações balanceadas mostrando como o $K_2Cr_2O_7$ poderia ser empregado como padrão primário para o $Na_2S_2O_3$.

***20-12.** Na titulação de soluções de I_2 com $Na_2S_2O_3$, o indicador de amido nunca é adicionado até um pouco antes do ponto de equivalência. Por quê?

20-13. Uma solução preparada pela dissolução de uma amostra de 0,2541 g de um fio de ferro eletrolítico em ácido foi passada pelo redutor de Jones. A titulação do ferro(II) da solução resultante necessitou de 36,76 mL. Calcule a concentração em mol por litro do oxidante se o titulante empregado for:

*(a) Ce^{4+} (produto: Ce^{3+}).

(b) $Cr_2O_7^{2-}$ (produto: Cr^{3+}).

*(c) MnO_4^- (produto: Mn^{2+}).

(d) $V(OH)_4^+$ (produto: VO^{2+}).

*(e) IO_3^- (produto: ICl_2^-).

***20-14.** Como você prepararia 1,000 L de $KBrO_3$ 0,05000 mol L^{-1}?

20-15. Como você prepararia 2,5 L de solução de I_3^- aproximadamente 0,06 mol L^{-1}? Calcule a concentração molar de $KMnO_4$ nesta solução.

***20-16.** Uma amostra de 0,2219 g de um fio de ferro puro foi dissolvida em ácido, reduzida para o estado +2 e titulada com 34,65 mL de cério(IV). Calcule a concentração em mol por litro da solução de Ce^{4+}.

20-17. Uma amostra de 0,1298 g de $KBrO_3$ foi dissolvida em HCl diluído e foi tratada com um excesso de KI. O iodo liberado necessitou de 41,32 mL de uma solução de tiossulfato de sódio. Calcule a concentração em mol por litro de $Na_2S_2O_3$.

***20-18.** Calcule a porcentagem de MnO_2 presente em um mineral se o I_2 liberado por uma amostra de 0,1267 g na reação líquida

$$MnO_2(s) + 4H^+ + 2I^- \rightarrow Mn^{2+} + I_2 + 2H_2O$$

necessitou de 29,62 mL de $Na_2S_2O_3$ 0,08041 mol L^{-1} para sua titulação.

20-19. Uma espécie de 0,7120 g de um minério de ferro foi dissolvida e passada por um redutor de Jones. A titulação do Fe(II) produzido necessitou de 41,63 mL de $KMnO_4$ 0,01926 mol L^{-1}. Expresse os resultados dessa análise em termos de (a) porcentual de Fe e (b) porcentual de Fe_2O_3.

***20-20.** O tratamento da hidroxilamina (H_2NOH) com um excesso de Fe(III) resulta na formação de N_2O e uma quantidade equivalente de Fe(II):

$$2H_2NOH + 4Fe^{3+} \rightarrow N_2O(g) + 4Fe^{2+} + 4H^+ + H_2O$$

Calcule a concentração em mol por litro de uma solução de H_2NOH se o Fe(II) produzido pelo tratamento de uma alíquota de 25,00 mL consumiu 14,48 mL de $K_2Cr_2O_7$ 0,01528 mol L^{-1}.

20-21. O $KClO_3$ existente em uma amostra de 0,1862 g de um explosivo foi determinado pela reação com 50,00 mL de Fe^{2+} 0,01162 mol L^{-1}:

$$ClO_3^- + 6Fe^{2+} + 6H^+ \rightarrow Cl^- + 3H_2O + 6Fe^{3+}$$

Quando a reação se completou, o excesso de Fe^{2+} foi retrotitulado com 13,26 mL de Ce^{4+} 0,07654 mol L^{-1}. Calcule a porcentagem de $KClO_3$ presente na amostra.

***20-22.** Uma amostra de 8,13 g de um formicida foi decomposta através de uma digestão com H_2SO_4 e HNO_3. O As presente no resíduo foi reduzido ao estado trivalente com hidrazina. Após a remoção do excesso do agente redutor, o As(III) consumiu 31,46 mL na titulação com I_2 0,03142 mol L^{-1} em um meio fracamente alcalino. Expresse os resultados em termos da porcentagem de As_2O_3 existente na amostra original.

20-23. A concentração de mercaptana de etila em uma mistura foi determinada pela agitação de uma amostra de 2,043 g com 50,0 mL de I_2 0,1204 mol L^{-1} em um frasco hermeticamente fechado:

$$2C_2H_5SH + I_2 \rightarrow C_2H_5SSC_2H_5 + 2I^- + 2H^+$$

O excesso de I_2 foi retrotitulado com 18,23 mL de $Na_2S_2O_3$ 0,01437 mol L^{-1}. Calcule a porcentagem de C_2H_5SH (62,13 g mol^{-1}) na amostra.

***20-24.** Um método sensível a I^- na presença de Cl^- e Br^- demanda a oxidação do I^- a IO_3^- com Br_2. Então, o excesso de Br_2 é removido por fervura ou pela redução com o íon formiato. O IO_3^- produzido é determinado pela adição de um excesso de I^- e titulação do I_2 resultante. Uma amostra de uma mistura de haletos de 1,307 g foi dissolvida e analisada por meio do procedimento descrito anteriormente. Um volume de 19,72 mL de tiossulfato 0,04926 mol L^{-1} foi requerido na titulação. Calcule a porcentagem de KI na amostra.

20-25. Uma amostra de 2,667 g contendo Fe e V foi dissolvida sob condições que permitiram a conversão dos elementos a Fe(III) e V(V). A solução foi diluída a 500,0 mL e uma alíquota de 50,0 mL foi passada através de um redutor de Walden e, posteriormente, titulada com 18,31 mL de Ce^{4+} 0,1000 mol L^{-1}. Uma segunda alíquota de 50,00 mL foi passada por um redutor de Jones e titulada, tendo consumido 42,41 mL da mesma solução de Ce^{4+} para atingir o ponto final. Calcule as porcentagens de Fe_2O_3 e V_2O_5 na amostra.

***20-26.** Uma mistura gasosa foi passada através de uma solução de hidróxido de sódio a uma vazão de 2,50 L min^{-1} por um total de 59,00 min. O SO_2 presente na mistura foi retido como íon sulfito

$$SO_2(g) + 2OH^- \rightarrow SO_3^{2-} + H_2O$$

Após a acidificação com HCl, o sulfito foi titulado com 5,15 mL de KIO_3 0,002997 mol L^{-1}:

$$IO_3^- + 2H_2SO_3 + 2Cl^- \rightarrow ICl_2^- + 2SO_4^{2-} + 2H^+ + H_2O$$

Utilize 1,20 g L^{-1} para a densidade da mistura e calcule a concentração de SO_2 em ppm.

20-27. Uma amostra contendo 25,00 L de ar foi passada por uma torre de adsorção contendo uma solução de Cd^{2+}, na qual o gás H_2S foi retido na forma de CdS. A mistura foi acidificada e tratada com 25,00 mL de I_2 0,00432 mol L^{-1}. Após a reação

$$S^{2-} + I_2 \rightarrow S(s) + 2I^-$$

ter-se completado, o excesso de iodo foi titulado com 15,62 mL de uma solução de tiossulfato 0,01143 mol L^{-1}. Calcule a concentração de H_2S em ppm; utilize 1,20 g L^{-1} para a densidade da corrente de gás.

***20-28.** O método de Winkler, empregado na determinação de oxigênio dissolvido em água, baseia-se na oxidação rápida do $Mn(OH)_2$ sólido a $Mn(OH)_3$ em meio alcalino. Quando acidificado, o Mn(III) libera rapidamente iodo a partir do iodeto. Uma amostra de água de 250 mL, mantida em um frasco fechado, foi tratada com 1,00 mL de uma solução concentrada de NaI e NaOH e 1,00 mL de uma solução de Mn(II). A oxidação do $Mn(OH)_2$ se completou em cerca de 1 min. Então os precipitados foram dissolvidos pela adição de 2,00 mL de H_2SO_4 concentrado e consequentemente uma quantidade de iodo equivalente à de Mn $(OH)_3$ (e portanto de O_2) foi liberada. Uma alíquota de 25,0 mL (da solução de 254 mL) foi titulada com 14,6 mL de uma solução de tiossulfato 0,00897 mol L^{-1}. Calcule a massa, em miligramas, de O_2 presente em cada mililitro da amostra. (Considere que os reagentes concentrados estão numa forma livre de O_2 e leve em consideração as diluições da amostra.)

20-29. Utilize uma planilha eletrônica para fazer os cálculos e construa o gráfico das curvas para as seguintes titulações. Calcule os potenciais após a adição do titulante correspondendo a 10%, 20%, 30%, 40%, 50%, 60%, 70%, 80%, 90%, 95%, 99%, 99,9%, 100%, 101%, 105%, 110% e 120% do volume do ponto de equivalência.

(a) 20,00 mL de $SnCl_2$ 0,500 mol L^{-1} com $FeCl_3$ 0,1001 mol L^{-1}.

(b) 25,00 mL de $Na_2S_2O_3$ 0,08467 mol L^{-1} com I_2 0,10235 mol L^{-1}.

(c) 0,1250 g do padrão primário $Na_2C_2O_4$ com $KMnO_4$ 0,01035 mol L^{-1}. Suponha que $[H^+]$ = 1,00 mol L^{-1} e p_{CO_2} = 1 atm.

(d) 20,00 mL de Fe^{2+} 0,1034 mol L^{-1} com $K_2Cr_2O_7$ 0,01500 mol L^{-1}. Suponha que $[H^+]$ = 1,00 mol L^{-1}

20-30. Problema Desafiador: Verdini e Lagier[8] desenvolveram um procedimento baseado na titulação iodométrica para a determinação de ácido ascórbico em vegetais e frutas. Eles compararam os resultados de suas titulações com aqueles similares obtidos por um método baseado em CLAE (veja o Capítulo 33). Os resultados de suas comparações são mostrados na seguinte tabela.

Comparação de Métodos*

Amostra	CLAE, mg/100 g	Voltametria, mg/100 g
1	138,6	140,0
2	126,6	120,6
3	138,3	140,9
4	126,2	123,7

*Teor de ácido ascórbico determinado em amostras de kiwi por CLAE, com detecção por UV e por meio de titulação voltamétrica.

(a) Encontre a média e o desvio padrão para cada conjunto de dados.

(b) Determine se existe uma diferença nas variâncias dos dois conjuntos de dados em um nível de 95%.

(c) Determine se a diferença entre as médias é significativa em um nível de 95%.

Esses pesquisadores também realizaram um teste de recuperação no qual eles determinaram o ácido ascórbico presente originalmente em algumas amostras, então adicionaram ácido ascórbico a elas e determinaram novamente a massa do analito. Seus resultados são mostrados na seguinte tabela.

Teste de Recuperação

Amostra	1	2	3	4
	Kiwi			
Quantidades				
Inicial, mg	9,32	7,29	7,66	7,00
Adicionada, mg	6,88	7,78	8,56	6,68
Encontrada, mg	15,66	14,77	15,84	13,79
	Espinafre			
Inicial, mg	6,45	7,72	5,58	5,21
Adicionada, mg	4,07	4,32	4,28	4,40
Encontrada, mg	10,20	11,96	9,54	9,36

(d) Calcule a porcentagem de recuperação para o ácido ascórbico total em cada amostra.

(e) Encontre a média e o desvio padrão do porcentual recuperado, primeiro para o kiwi e depois para o espinafre.

(f) Determine se as variâncias dos porcentuais recuperados entre o kiwi e o espinafre são diferentes em um nível de confiança de 95%.

(g) Determine se a diferença entre os porcentuais de recuperação do ácido ascórbico é significativa em um nível de confiança de 95%.

(h) Discuta como você aplicaria o método iodométrico para a determinação de ácido ascórbico a várias amostras de frutas e vegetais. Em particular, comente como você aplicaria os resultados de sua análise dos dados nas análises de novas amostras.

(i) Estão listadas as referências para vários artigos[9-15] na determinação de ácido ascórbico usando diferentes técnicas analíticas. Se os artigos estiverem disponíveis em sua biblioteca, examine-os e descreva brevemente os métodos utilizados em cada um deles.

(j) Comente como cada um dos métodos mencionados no item (i) poderia ser utilizado e sob quais circunstâncias poderiam ser escolhidos no lugar da iodometria. Para cada método, incluindo a iodometria, compare fatores tais como velocidade, conveniência, custo da análise e qualidade dos dados resultantes.

[8] R. A. Verdini e C. M. Lagier, J. *Agric. Food Chem.*, v. 48, p. 2812. **2000**, **DOI**: 10.1021/jf99087s.

[9] A. Campiglio, *Analyst*, v. 118, p. 545, **1993**, **DOI**: 10.1039/AN9931800545.

[10] L. Cassella; M. Gulloti e A. Marchesini; M. Petrarulo, *J. Food Sci.*, v. 54, p. 374, **1989**, **DOI**: 10.1111/j.1365-2621.1989.tb03084.x.

[11] Z. Gao; A. Ivaska; T. Zha; G. Wang; P. Li e Z. Zhao, *Talanta*, v. 40, p. 399, **1993**, **DOI**: 10.1016/0039-9140(93)80251-L.

[12] O. W. Lau; K. K. Shiu e S. T. Chang, *J. Sci. Food Agric.*, v. 36, p. 733, **1985**, **DOI**: 10.1002/jsfa.2740360814.

[13] A. Marchesini; F. Montuori; D. Muffato e D. Maestri, *J. Food Sci.*, v. 39, p. 568, **1974**, **DOI**: 10.1111/j.1365-2621.1974.tb02950.x.

[14] T. Moeslinger; M. Brunner; I. Volf e P. G. Spieckermann, *Clin. Chem.*, **1995**, v. 41, p. 1177.

[15] L. A. Pachla e P. T. Kissinger, *Anal. Chem.*, v. 48, p. 364, **1976**, **DOI**: 10.1021/ac60366a045.

capítulo 21 Potenciometria

© DANIEL†BOCKWOLDT/epa/Corbis

O navio de pesquisa *Meteor* pertence à República Federal da Alemanha, por intermédio do Ministério da Pesquisa e Tecnologia, e é operado pela Fundação Alemã de Pesquisa. Normalmente, é utilizado por um grupo multidisciplinar de oceanógrafos químicos, na coleta de dados, em um esforço para entender as alterações químicas que ocorrem na atmosfera e nos oceanos. Por exemplo durante abril de 2012, um grupo do Uni Bjerknes Centre e do Bjerknes Centre for Climate Research em Bergen, na Noruega, estava a bordo do *Meteor* no norte do Oceano Atlântico a oeste da Noruega realizando medidas relacionadas ao ciclo oceânico de carbono bem como medidas para estimar o fluxo de oxigênio diretamente envolvido na atividade biológica. Uma importante observação nestes experimentos é a alcalinidade total da água do mar, que é determinada por titulação potenciométrica, um método que é abordado neste capítulo.

Os **métodos potenciométricos** de análises baseiam-se na medida do potencial de células eletroquímicas, sem o consumo apreciável de corrente. Há cerca de um século, as técnicas potenciométricas têm sido utilizadas para localizar o ponto final em titulações. Em métodos mais recentes, as concentrações de espécies iônicas são medidas diretamente a partir do potencial de eletrodos de membranas seletivas de íons. Esses eletrodos são relativamente livres de interferência e representam uma forma rápida, conveniente e não destrutiva de se determinar quantitativamente inúmeros cátions e ânions importantes.[1]

Os analistas realizam mais medidas potenciométricas do que, talvez, qualquer outro tipo de medida química instrumental. O número de medidas potenciométricas feitas diariamente é surpreendente. Os fabricantes medem o pH de muitos produtos comerciais; os laboratórios clínicos determinam gases sanguíneos como importantes indicadores no diagnóstico de doenças; os efluentes industriais e municipais são continuamente monitorados para determinar o pH e a concentração de poluentes; os oceanógrafos determinam dióxido de carbono e outras propriedades relacionadas na água do mar. Medidas potenciométricas também são empregadas em estudos fundamentais para se determinar constantes de equilíbrio termodinâmicas, tais como K_a, K_b e K_{ps}. Esses exemplos são apenas alguns poucos das milhares de aplicações das medidas potenciométricas.

O equipamento empregado nos métodos potenciométricos é simples e barato e inclui um eletrodo de referência, um eletrodo indicador e um dispositivo de medida do potencial. Os princípios de operação e a variedade de cada um desses componentes são descritos nas seções iniciais deste capítulo. Após essas discussões, investigamos as aplicações analíticas das medidas potenciométricas.

[1] R. S. Hutchins e L. G. Bachas, in *Handbook of Instrumental Techniques for Analytical Chemistry*, F. A. Settle, ed., Upper Saddle River, NJ: Prentice-Hall, 1997, cap. 38, pp. 727-748.

21A PRINCÍPIOS GERAIS

No Destaque 18-3 mostramos que os valores absolutos de potenciais de semicélula não podem ser determinados no laboratório. Isto é, apenas os potenciais de célula relativos podem ser medidos experimentalmente. A **Figura 21-1** exibe uma célula típica para análise potenciométrica. Essa célula pode ser representada por

$$\underbrace{\text{eletrodo de referência}}_{E_{\text{ref}}}|\underbrace{\text{ponte salina}}_{E_{\text{j}}}|\text{solução do analito}|\underbrace{\text{eletrodo indicador}}_{E_{\text{ind}}}$$

para ser negligenciado. Nos métodos potenciométricos discutidos neste capítulo, entretanto, o potencial de junção e suas incertezas podem ser fatores que limitam a exatidão e a precisão da medida.

Um **eletrodo de referência** é uma semicélula que tem um potencial de eletrodo conhecido, que permanece constante sob temperatura constante, independentemente da composição da solução do analito.

Um **eletrodo indicador** tem um potencial que varia de uma forma conhecida com alterações na concentração de um analito.

Neste diagrama, o **eletrodo de referência** é uma semicélula com um potencial de eletrodo exatamente conhecido, E_{ref}, independentemente da concentração do analito ou de outro íon presente na solução em estudo. Pode ser um eletrodo padrão de hidrogênio, mas raramente o é, porque o eletrodo padrão de hidrogênio é de uso e manutenção problemáticos. Por convenção, o eletrodo de referência sempre é tratado como aquele da esquerda em medidas potenciométricas. O **eletrodo indicador**, imerso na solução contendo o analito, desenvolve um potencial, E_{ind}, que depende da atividade do analito. A maioria dos eletrodos indicadores empregados na potenciometria é seletiva em sua resposta. O terceiro componente de uma célula potenciométrica é uma ponte salina que previne os componentes da solução do analito de se misturarem com aqueles do eletrodo de referência. Como pôde ser visto no Capítulo 18, um potencial se desenvolve através das junções líquidas em cada extremidade da ponte salina. Esses dois potenciais tendem a se cancelar se as mobilidades do cátion e do ânion na solução da ponte salina forem aproximadamente iguais. O cloreto de potássio é um eletrólito praticamente ideal para a ponte salina porque as mobilidades do íon K^+ e do íon Cl^- são quase idênticas. Portanto, o potencial líquido desenvolvido através da ponte salina, E_{j}, é reduzido a alguns milivolts ou menos. Na maioria dos métodos eletroanalíticos, o potencial de junção líquida é suficientemente pequeno para ser negligenciado. Nos métodos potenciométricos discutidos neste capítulo, entretanto, o potencial de junção e suas incertezas podem ser fatores que limitam a exatidão e a precisão da medida.

Como mostrado na Figura 21-1, os eletrodos de referência são sempre tratados como o eletrodo da esquerda. Esta prática, que é adotada por todo o livro, é consistente com a convenção da International Union of Pure and Applied Chemistry (IUPAC) para potenciais de eletrodo, abordado na Seção 18C-4, onde a referência é o eletrodo padrão de hidrogênio e é o eletrodo à esquerda em um diagrama de uma célula.

Um eletrodo de hidrogênio raramente é utilizado como referência em medidas potenciométricas no dia a dia, porque seu emprego e manutenção são inconvenientes e também por causa do perigo de incêndio.

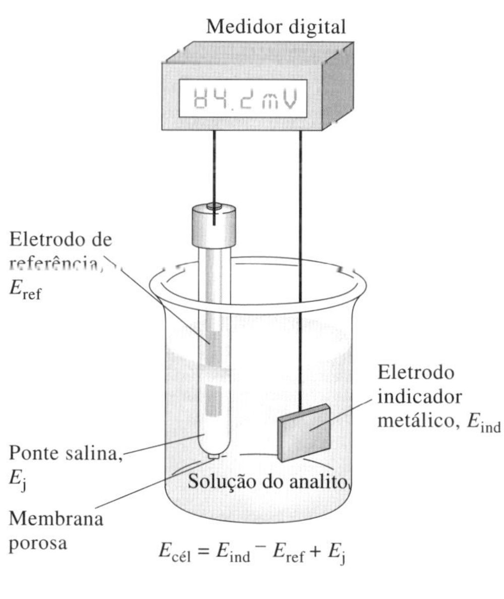

Figura 21-1 Uma célula para determinações potenciométricas.

O potencial de uma célula, como a que consideramos anteriormente, é dado pela equação

$$E_{cél} = E_{ind} - E_{ref} + E_j \qquad (21\text{-}1)$$

O primeiro termo nessa equação, E_{ind}, contém a informação que estamos procurando – a concentração do analito. Para fazer uma determinação potenciométrica de um analito, então, devemos medir um potencial de célula, corrigi-lo em virtude dos potenciais de referência e de junção líquida e calcular a concentração do analito a partir do potencial do eletrodo indicador. Estritamente, o potencial de uma célula galvânica está relacionado à atividade do analito. Somente por meio de calibração adequada podemos determinar a concentração da espécie de interesse.

Na seção que segue discutimos a natureza e origem dos três potenciais mostrados do lado direito da Equação 21-1.

21B ELETRODOS DE REFERÊNCIA

O eletrodo de referência ideal tem um potencial exatamente conhecido, constante e completamente insensível à composição da solução do analito. Além disso, esse eletrodo deve ser robusto, fácil de construir e deve manter um potencial constante mesmo com a passagem de pequenas correntes.

21B-1 Eletrodos de Referência de Calomelano

Os eletrodos de referência de calomelano consistem em mercúrio em contato com uma solução que é saturada com cloreto de mercúrio(I) (calomelano) e que também contém uma concentração conhecida de cloreto de potássio. As semicélulas de calomelano podem ser representadas como:

$$Hg|Hg_2Cl_2(\text{saturado}), KCl(x \text{ mol L}^{-1})||$$

onde x representa a concentração em quantidade de matéria do cloreto de potássio na solução. O potencial de eletrodo para esta semicélula é determinado pela reação

$$Hg_2Cl_2(s) + 2e^- \rightleftharpoons 2Hg(l) + 2Cl^-(aq)$$

e depende da concentração de cloreto. Portanto, a concentração de KCl deve ser especificada ao descrever o eletrodo.

O termo "saturado" no eletrodo de calomelano saturado refere-se à concentração de KCl e não à concentração do calomelano. Todos os eletrodos de calomelano são saturados em Hg_2Cl_2 (calomelano).

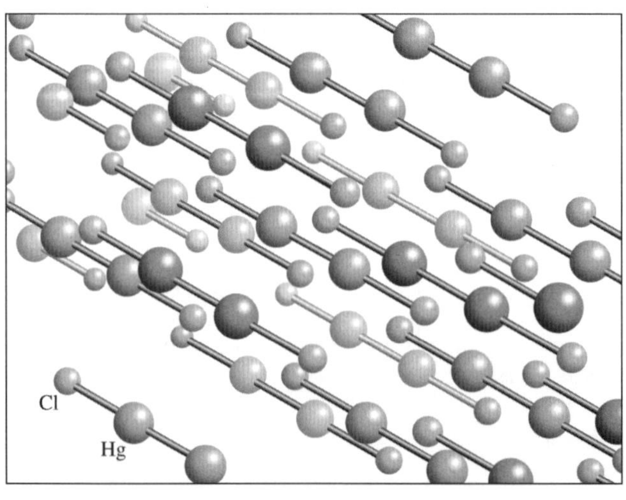

A estrutura do cristal de calomelano, Hg_2Cl_2, que tem solubilidade limitada em água ($K_{ps} = 1{,}8 \times 10^{-18}$ a 25°C). Observe a ligação Hg—Hg na estrutura. Existem consideráveis evidências de que um tipo de ligação similar ocorre em soluções aquosas e então o mercúrio(I) é representado como Hg_2^{2+}.

TABELA 21-1

Potenciais Formais de Eletrodo para Eletrodos de Referência em Função da Composição e Temperatura

Temperatura, °C	Potential *versus* SHE, V				
	0,1 mol L^{-1} Calomelano*	3,5 mol L^{-1} Calomelano†	Calomelano Saturado*	3,5 mol L^{-1} Ag/AgCl†	Ag/AgCl† Saturado
15	0,3362	0,254	0,2511	0,212	0,209
20	0,3359	0,252	0,2479	0,208	0,204
25	0,3356	0,250	0,2444	0,205	0,199
30	0,3351	0,248	0,2411	0,201	0,194
35	0,3344	0,246	0,2376	0,197	0,189

*De R. G. Bates, em *Treatise on Analytical Chemistry*, 2. ed., I. M. Kolthoff e P. J. Elving, eds., Nova York: Wiley, 1978, pt. I, v. 1, p. 793.
†De D. T. Sawyer; A. Sobkowiak e J. L. Roberts, Jr., *Electrochemistry for Chemists*, Nova York: Wiley, 1995, p. 192.

A **Tabela 21-1** lista as composições e os potenciais formais de eletrodo para os três eletrodos de calomelano mais comuns. Observe que cada solução é saturada com cloreto de mercúrio(I) (calomelano) e que as células diferem apenas em relação à concentração de cloreto de potássio. Vários eletrodos de calomelano convenientes, tal qual aquele mostrado na **Figura 21-2**, estão disponíveis comercialmente. O corpo do eletrodo com a forma em H é feito de vidro nas dimensões mostradas no diagrama. O braço direito do eletrodo contém um contato elétrico de platina, uma pequena quantidade de uma pasta de mercúrio/cloreto de mercúrio(I) em cloreto de potássio saturado e alguns cristais de KCl. O tubo é cheio com KCl saturado para agir como uma ponte salina (veja Seção 18B-2) através de um pedaço de Vycor poroso ("vidro sedento") selado na extremidade do braço esquerdo. Este tipo de junção tem uma resistência relativamente alta (2.000 a 3.000 Ω) e uma capacidade limitada de carregar corrente, mas a contaminação do analito devida ao vazamento de cloreto de potássio é mínima. Outras configurações de ESC estão disponíveis com resistência muito menor e melhores contatos elétricos, mas elas tendem a vazar pequenas quantidades de cloreto de potássio saturado para a amostra. Devido às preocupações com a contaminação por mercúrio, os ESC são menos comuns do que foram um dia, mas para algumas aplicações, eles são superiores aos eletrodos de referência Ag-AgCl, que são descritos em seguida.

Uma ponte salina é facilmente construída pelo preenchimento de um tubo em forma de U com um gel condutor preparado pelo aquecimento de cerca de 5 g de ágar em 100 mL de uma solução aquosa, contendo cerca de 35 g de cloreto de potássio. Quando o fluido resfria, forma-se um gel que é um bom condutor, mas previne que as duas soluções nas extremidades dos tubos se misturem. Se ambos os íons do cloreto de potássio interferem com o processo de medida, o nitrato de amônio pode ser empregado como o eletrólito na ponte salina.

Ágar, disponível na forma de flocos translúcidos, é um heteropolissacarídeo extraído de certas algas do leste da Índia. As soluções de ágar preparadas em água quente formam um gel quando são resfriadas.

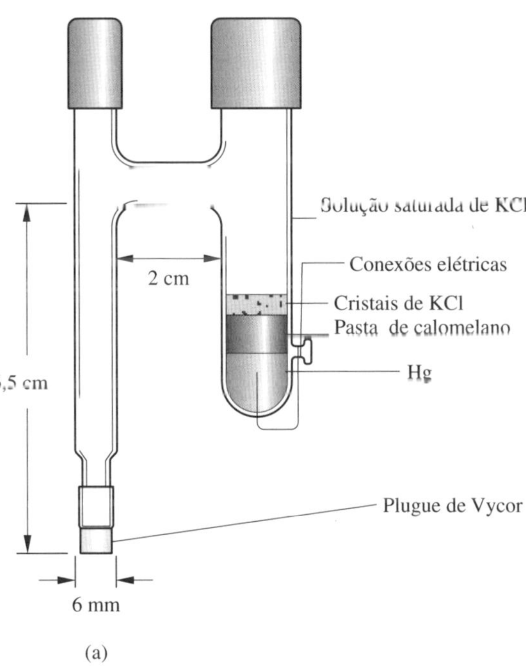

Figura 21-2 Diagrama de um eletrodo de calomelano saturado típico. (Reimpresso com permissão da Bioanalitical Systems, W. Lafayette, In.)

21B-2 Eletrodos de Referência de Prata/Cloreto de Prata

O sistema de eletrodo mais amplamente comercializado consiste em um eletrodo de prata mergulhado em uma solução de cloreto de potássio que foi saturada com cloreto de prata:

A 25 °C, o potencial do eletrodo de calomelano saturado *versus* o eletrodo padrão de hidrogênio é 0,244 V; para o eletrodo de prata/cloreto de prata saturado, é 0,199 V.

$$\text{Ag}|\text{AgCl(saturado), KCl(saturado)}\|$$

O potencial do eletrodo é determinado pela semirreação

$$\text{AgCl}(s) + e^- \rightleftharpoons \text{Ag}(s) + \text{Cl}^-$$

Normalmente este eletrodo é preparado com uma solução saturada ou com uma solução de cloreto de potássio 3,5 mol L^{-1}. A **Figura 21-3** mostra um modelo comercial deste eletrodo, que é um pouco mais que um pedaço de tubo de vidro com uma abertura estreita na base conectada a um plugue de Vycor para fazer contato com a solução de analito. O tubo contém um fio de prata revestido com uma camada de cloreto de prata que está imerso em uma solução saturada de cloreto de potássio com cloreto de prata.

Os eletrodos de prata-cloreto de prata têm a vantagem de poderem ser usados a temperaturas maiores que 60ºC, enquanto os eletrodos de calomelano não podem. Por outro lado, os íons mercúrio(II) reagem com menos componentes de amostra que os íons prata (que pode, por exemplo, reagir com proteínas). Tais reações podem levar à obstrução da junção entre o eletrodo e a solução de analito.

21C POTENCIAIS DE JUNÇÃO LÍQUIDA

Quando duas soluções de eletrólitos de diferentes composições estão em contato entre si, existe uma diferença de potencial através da interface. Este potencial de junção é o resultado de uma distribuição desigual de cátions e ânions através da vizinhança devido às diferenças nas taxas em que estas espécies se difundem. A **Figura 21-4** mostra uma junção líquida muito simples consistindo em uma solução de ácido clorídrico 1 mol L^{-1} que está em contato com uma solução que é 0,01 mol L^{-1} deste

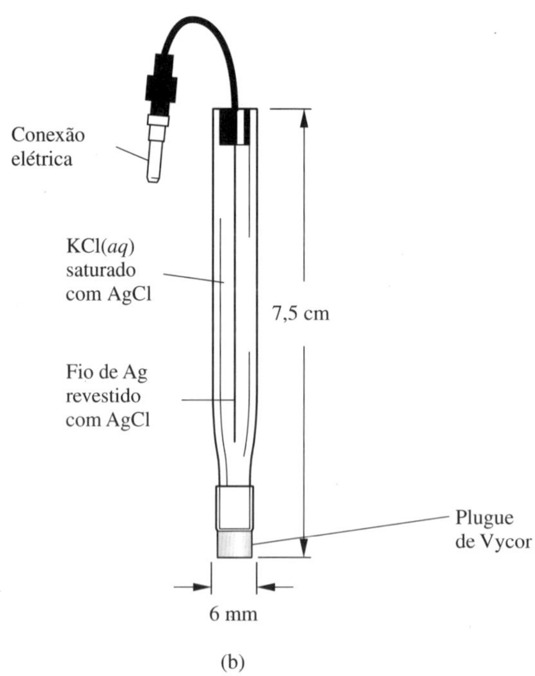

Figura 21-3 Diagrama de um eletrodo de prata/cloreto de prata mostrando as partes do eletrodo que produzem o potencial de eletrodo de referência, E_{ref}, e o potencial de junção, E_j. (Reimpresso com permissão de Bioanalytical Systems, W. Lafayette, In.)

ácido. Uma barreira porosa inerte, como uma placa de vidro sinterizado, previne a mistura das duas soluções. A junção líquida pode ser representada como

$$HCl(1\ mol\ L^{-1})|HCl(0{,}01\ mol\ L^{-1})$$

Tanto o íon de hidrogênio quanto os íons cloreto tendem a se difundir através desta vizinhança da solução mais concentrada para a solução mais diluída, isto é, da esquerda para a direita. A força diretora para cada íon é proporcional à diferença de atividade entre as duas soluções. No presente exemplo, os íons hidrogênio são substancialmente mais móveis que os íons cloreto e, como mostrado na Figura 21-4, produz uma separação de carga. O lado mais diluído da vizinhança torna-se carregado positivamente por causa da difusão mais rápida dos íons hidrogênio. O lado concentrado, consequentemente, adquire uma carga negativa do excesso de íons cloreto mais lentos. A carga desenvolvida tende a contra-atracar as diferenças nas taxas de difusão dos dois íons de tal forma que uma condição de equilíbrio é atingida rapidamente. A diferença de potencial resultante desta separação de carga pode ser de várias centenas de volt.

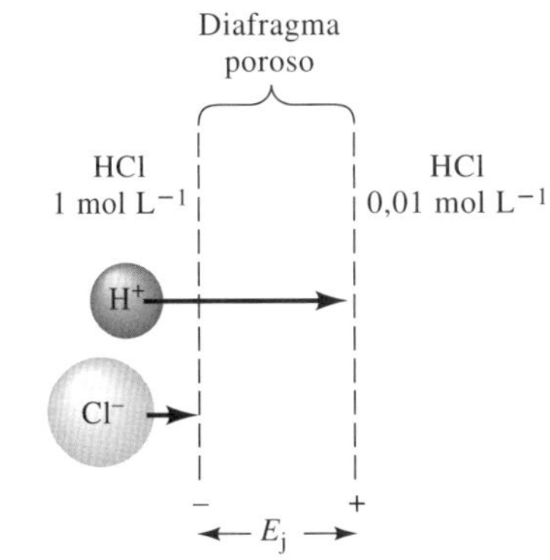

Figura 21-4 Representação esquemática de uma junção líquida, mostrando a fonte do potencial de junção, E_j. Os comprimentos das setas correspondem às mobilidades relativas dos íons.

A grandeza do potencial de junção líquida pode ser minimizada pela colocação de uma ponte salina entre as duas soluções. A ponte salina é mais efetiva se as mobilidades dos íons positivos e negativos nela presentes forem aproximadamente iguais e se suas concentrações forem elevadas. Uma solução saturada de cloreto de potássio é adequada em ambos os aspectos. O potencial de junção, com uma ponte salina como esta, é tipicamente de alguns milivolts.

O potencial de junção gerado através de uma ponte salina de KCl típica é igual a poucos milivolts.

21D ELETRODOS INDICADORES

Um eletrodo indicador ideal responde de forma rápida e reprodutível a variações na concentração de um analito (ou grupo de analitos iônicos). Embora nenhum eletrodo indicador seja absolutamente específico em sua resposta, alguns disponíveis nos dias atuais são extraordinariamente seletivos. Os eletrodos indicadores são de três tipos: metálicos, de membrana e baseados em transistores de efeito de campo seletivos de íons.

Os resultados das determinações potenciométricas são as atividades dos analitos, em contraste com a maioria dos métodos analíticos, que fornecem a concentração dos analitos. Lembre-se de que a atividade de uma espécie a_X está relacionada à concentração de X pela Equação 10-2

$$a_X = \gamma_X[X]$$

onde γ_X é o coeficiente de atividade de X, um parâmetro que varia com a força iônica da solução. Como os dados potenciométricos são dependentes da atividade, na maioria dos casos, neste capítulo, não faremos a aproximação usual em que $a_X \approx [X]$.

21D-1 Eletrodos Indicadores Metálicos

É conveniente classificar os eletrodos indicadores metálicos como **eletrodos do primeiro tipo**, **eletrodos do segundo tipo** ou **eletrodos redox inertes.**

Eletrodos do Primeiro Tipo

Um eletrodo do primeiro tipo é aquele de um metal puro que está em equilíbrio direto com seu cátion em solução. Uma única reação está envolvida. Por exemplo, o equilíbrio entre um metal X e seu cátion Cu^{2+} é

$$Cu^{2+}(aq) + 2e^- \rightleftharpoons Cu(s)$$

para o qual

$$E_{ind} = E^0_{Cu} - \frac{0{,}0592}{2}\log\frac{1}{a_{Cu^{2+}}} = E^0_{Cu} + \frac{0{,}0592}{2}\log a_{Cu^{2+}} \qquad (21\text{-}2)$$

onde E_{ind} é o potencial de eletrodo do eletrodo metálico e $a_{Cu^{2+}}$, a atividade do íon (ou, em soluções diluídas, aproximadamente sua concentração em mol L^{-1}, $[Cu^{2+}]$).

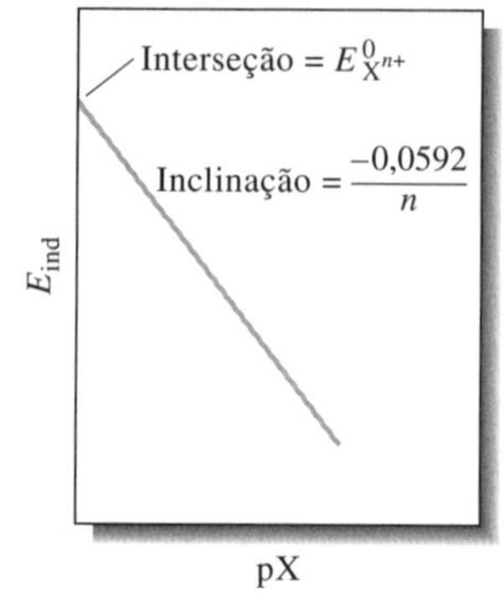

Figura 21-5 Um gráfico da Equação 21-3 para um eletrodo de primeiro tipo.

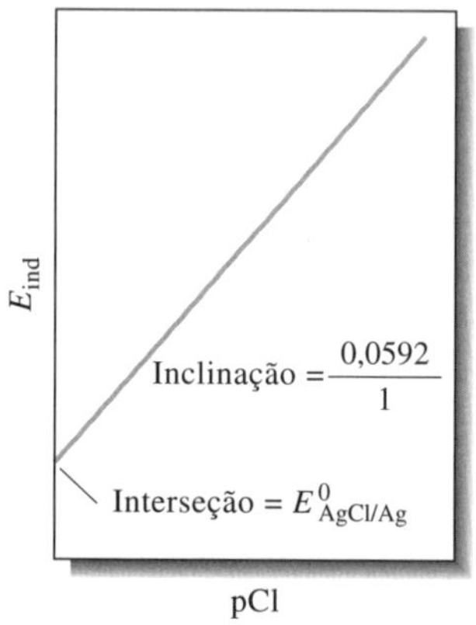

Figura 21-6 Um gráfico da Equação 21-4 para um eletrodo do segundo tipo para Cl^-.

Normalmente, expressamos o potencial de eletrodo do eletrodo indicador em termos da função p do cátion ($pX = -\log a_{Cu^{2+}}$). Portanto, a substituição dessa definição de pCu na Equação 21-2 fornece

$$E_{ind} = E^0_{Cu} + \frac{0,0592}{2}\log a_{Cu^{2+}} = E^0_{Cu} - \frac{0,0592}{2}pCu$$

Uma expressão geral para qualquer metal e seu cátion é

$$E_{ind} = E^0_{X^{n+}/X} + \frac{0,0592}{n}\log a_{X^{n+}} = E^0_{X^{n+}/X} - \frac{0,0592}{n}pX \qquad (21\text{-}3)$$

Essa função é exibida no gráfico da **Figura 21-5**.

Os sistemas de eletrodos do primeiro tipo não são amplamente utilizados em determinações potenciométricas por diversas razões. Primeiro, porque os eletrodos indicadores metálicos não são muito seletivos e respondem não apenas aos seus próprios cátions, mas também a outros cátions mais facilmente redutíveis. Por exemplo, um eletrodo de cobre não pode ser empregado em determinações de íons cobre(II) na presença de íons prata(I), pois o potencial do eletrodo também é uma função da concentração de Ag. Além disso, muitos eletrodos metálicos tais como o de zinco e o de cádmio podem ser empregados apenas em soluções neutras ou alcalinas porque se dissolvem na presença de ácidos. Terceiro, certos metais são tão facilmente oxidáveis que podem ser utilizados apenas quando as soluções do analito são desaeradas para remover o oxigênio. Finalmente, certos metais mais duros, como o ferro, cromo, cobalto e níquel não fornecem potenciais reprodutíveis. Para esses eletrodos, os gráficos de E_{ind} *versus* pX geram inclinações que diferem significativamente e de maneira irregular do valor teórico ($-0,0592/n$). Por essas razões, os únicos sistemas de eletrodo de primeiro tipo que podem ser utilizados na potenciometria são Ag/Ag^+ e Hg/Hg^{2+} em soluções neutras e Cu/Cu^{2+}, Zn/Zn^{2+}, Cd/Cd^{2+}, Bi/Bi^{3+}, Tl/Tl^+ e Pb/Pb^{2+} em soluções desaeradas.

Eletrodos do Segundo Tipo

Metais não servem apenas como eletrodos indicadores para seus próprios cátions, mas também respondem a atividades de ânions que foram precipitados pouco solúveis ou complexos estáveis com tais cátions. O potencial de um eletrodo de prata, por exemplo, se relaciona de forma reprodutível com a atividade do íon cloreto em uma solução saturada de cloreto de prata. Nesta situação, a reação do eletrodo pode ser escrita como

$$AgCl(s) + e^- \rightleftharpoons Ag(s) + Cl^-(aq) \qquad E^0_{AgCl/Ag} = 0,222\ V$$

A equação de Nernst para esse processo, a 25ºC, é

$$E_{ind} = E^0_{AgCl/Ag} - 0,0592\log a_{Cl^-} = E^0_{AgCl/Ag} + 0,0592\ pCl \qquad (21\text{-}4)$$

A Equação 21-4 mostra que o potencial de um eletrodo de prata é proporcional a pCl, o logaritmo negativo da atividade do íon cloreto. Portanto, em uma solução saturada com cloreto de prata, um eletrodo de prata pode servir como um eletrodo indicador de segundo tipo para o íon cloreto. Observe que o sinal do termo logarítmico para um eletrodo desse tipo é oposto àquele para um eletrodo de primeiro tipo (veja a Equação 21-3). Um gráfico do potencial do eletrodo de prata *versus* pCl pode ser visto na **Figura 21-6**.

Eletrodos Metálicos Inertes para Sistemas Redox

Como pode ser observado no Capítulo 18, vários condutores inertes respondem a sistemas redox. Materiais como platina, ouro, paládio e carbono podem ser empregados para monitorar sistemas redox. Por exemplo, o potencial de um eletrodo de platina imerso em uma solução contendo cério(III) e cério(IV) é

$$E_{ind} = E^0_{Ce^{4+}/Ce^{3+}} - 0{,}0592 \log \frac{a_{Ce^{3+}}}{a_{Ce^{4+}}}$$

Um eletrodo de platina é um indicador conveniente para as titulações envolvendo soluções padrão de cério(IV).

21D-2 Eletrodos de Membrana[2]

Por aproximadamente um século, o método mais conveniente para determinar o pH tem envolvido medidas do potencial que se desenvolve através de uma fina membrana de vidro que separa duas soluções com diferentes concentrações do íon hidrogênio. Um diagrama do primeiro eletrodo de vidro prático é ilustrado na Figura 21-8. O fenômeno no qual a medida é baseada foi relatada pela primeira vez em 1906 e e até agora tem sido extensivamente estudada por muitos pesquisadores. Como resultado, a sensibilidade e a seletividade das membranas de vidro ante os íons hidrogênio são razoavelmente bem compreendidas. Além disso, essa compreensão tem levado ao desenvolvimento de outros tipos de membranas que respondem seletivamente a muitos outros íons.

Algumas vezes os eletrodos de membrana são chamados **eletrodos p-íon** porque os dados obtidos a partir deles são frequentemente apresentados como funções p como pH, pCa ou pNO_3. Nesta seção, consideraremos diversos tipos de membranas p-íon.

Ao final desta discussão é importante observar que os eletrodos de membrana são fundamentalmente diferentes dos eletrodos metálicos tanto em desenho quanto em princípio. Utilizaremos o eletrodo de vidro empregado em medidas de pH para ilustrar essas diferenças.

21D-3 O Eletrodo de Vidro para a Medida de pH

A **Figura 21-7a** mostra uma *célula* típica para a medida do pH. A célula consiste em um eletrodo indicador de vidro e um eletrodo de referência de calomelano saturado imersos em uma solução com pH desconhecido. O eletrodo indicador é composto por uma fina membrana de vidro sensível ao pH selada na ponta de um tubo de vidro ou de plástico. Um pequeno volume de ácido clorídrico diluído saturado com cloreto de prata está contido dentro do tubo. (Em alguns eletrodos a solução interna é um tampão contendo o íon cloreto.) Nessa solução, um fio de prata forma um eletrodo de referência de prata/cloreto de prata, que está conectado a um dos terminais do dispositivo de medida de potencial. O eletrodo de calomelano está conectado ao outro terminal.

A membrana de um eletrodo de vidro típico (com espessura de 0,03 a 0,1 mm) tem uma resistência elétrica de 50 a 500 MΩ.

A Figura 21-7a e a representação dessa célula na **Figura 21-8** mostram que um sistema de um eletrodo de vidro contém dois eletrodos de referência: o eletrodo externo de calomelano e o eletrodo interno de prata/cloreto de prata. O eletrodo interno de referência é parte do eletrodo de vidro, porém não é o elemento sensível ao pH. *É a membrana fina do bulbo de vidro na ponta do eletrodo que responde ao pH.* Em um primeiro momento, pode parecer pouco usual que um isolante como o vidro possa ser

[2] Algumas fontes sugeridas para informações adicionais a este tópico são: R. S. Hutchins e L. G. Bachas, em *Handbook of Instrumental Techniques for Analytical Chemistry*, F. A. Settle, ed., Upper Saddle River, NJ: Prentice-Hall, 1997; A. Evans, *Potentiometry and Ion-Selective Electrodes*, Nova York: Wiley, 1987; J. Koryta, *Ions, Electrodes, and Membranes*, 2. ed., Nova York: Wiley, 1991.

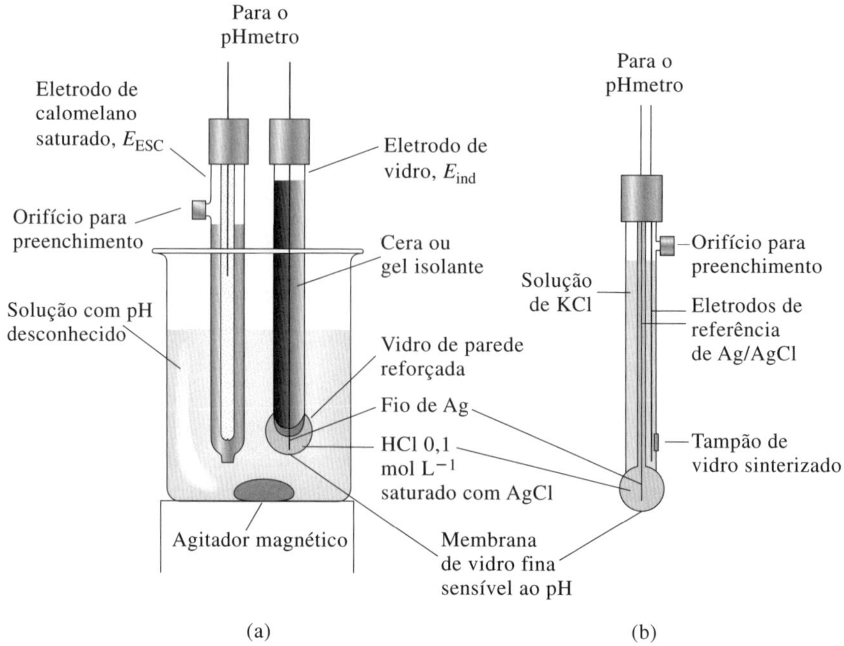

Figura 21-7 Sistema de eletrodo típico para medida de pH. (a) Eletrodo de vidro (indicador) e EPC (referência) imersos em uma solução de pH desconhecido. (b) Sonda combinada consistindo tanto em eletrodo indicador de vidro quanto em eletrodo de referência de prata/cloreto de prata. Um segundo eletrodo de prata/cloreto de prata serve de referência interna para o eletrodo de vidro. Os dois eletrodos são montados concentricamente com a referência interna localizada no centro e a referência externa do lado de fora. A referência faz contato com a solução do analito através do vidro sinterizado ou outro meio poroso adequado. Sondas combinadas representam a configuração mais comum de eletrodos de vidro para a medida de pH.

Eletrodo de referência 1 — Eletrodo de vidro

Solução externa do analito — Eletrodo de referência interno

ECS || $[H_3O^+] = a_1$ | Membrana de vidro | $[H_3O^+] = a_2$, $[Cl^-] = 1{,}0$ mol L^{-1}, AgCl (saturado) | Ag

E_1 E_2 — Eletrodo de referência 2

E_{ECS} E_j $E_i = E_1 - E_2$ $E_{Ag,\,AgCl}$

Figura 21-8 Diagrama de uma célula de vidro/calomelano para a medida do pH. E_{esc} é o potencial do eletrodo de referência; E_j, o potencial de junção; a_1, a atividade dos íons hidrônio presentes na solução do analito; E_1 e E_2 representam os potenciais dos dois lados da membrana de vidro; E_i refere-se ao potencial da interface; e a_2 corresponde à atividade dos íons hidrônio na solução de referência interna.

empregado para detectar íons, mas tenha em mente que, se existe uma diferença de carga através de qualquer material, há uma diferença de potencial elétrico através do material. No caso do eletrodo de vidro, a concentração de prótons (e atividade) do lado de dentro da membrana é constante. A concentração do lado de fora é determinada pela concentração, ou atividade, dos prótons presentes na solução. Essa diferença de concentração produz a diferença de potencial que medimos com um pHmetro. Observe que os eletrodos de referência interno e externo representam apenas uma forma de contato com os dois lados da membrana de vidro e seus potenciais são essencialmente constantes, exceto pelo potencial de junção, que depende, em uma pequena extensão, da composição da solução do analito. Os potenciais dos dois eletrodos de referência dependem das características eletroquímicas dos seus respectivos pares redox, porém o potencial gerado através da membrana do eletrodo depende das características do vidro e de sua resposta às concentrações iônicas de ambos os lados da membrana. Para entender como o eletrodo de vidro funciona, devemos explorar o mecanismo de criação da diferença de carga gerada através da membrana que produz o potencial. Nas próximas seções, investigaremos esse mecanismo e as características importantes dessas membranas.

Na Figura 21-7b vemos a configuração mais comum para a medida de pH com um eletrodo de vidro. Nesse arranjo, o eletrodo de vidro e seu eletrodo de referência interno de Ag/AgCl são posicionados no centro de uma sonda cilíndrica. Ao redor do eletrodo de vidro fica o eletrodo de referência externo, que mais frequentemente é do tipo Ag/AgCl. A presença do eletrodo de referência externo não é tão óbvia como no arranjo com duas sondas da Figura 21-7a, mas esse tipo de sonda única, ou combinação, é muito mais conveniente e pode ser construído com um tamanho muito menor que o do sistema duplo. A membrana de vidro sensível ao pH é colocada na ponta da sonda. Esses eletrodos de vidro de pH são fabricados em inúmeras formas físicas e tamanhos diferentes (5 cm a 5 μm) para servir a uma ampla faixa de aplicações laboratoriais e industriais.

A Composição e a Estrutura das Membranas de Vidro

Muita pesquisa tem sido dedicada aos efeitos da composição do vidro sobre a sensibilidade de membranas a prótons e outros cátions e um número significativo de formulações é empregado atualmente na fabricação de eletrodos. O vidro Corning 015, que tem sido amplamente utilizado em membranas, consiste em aproximadamente 22% de Na_2O, 6% de CaO e 72% de SiO_2. As membranas feitas deste vidro mostram uma excelente especificidade perante os íons hidrogênio até um pH de cerca de 9. Sob valores mais elevados de pH, entretanto, o vidro se torna de alguma forma sensível ao sódio, assim como a outros cátions monovalentes. Vidros com outras formulações estão em uso atualmente e, nesses casos, o sódio e o cálcio têm sido substituídos, em várias proporções, por íons de bário e lítio. Essas membranas apresentam especificidade e durabilidade superiores.

Como mostrado na **Figura 21-9**, um vidro de silicato empregado em membranas é composto por uma rede tridimensional infinita de grupos nos quais cada átomo de silício está ligado a quatro de oxigênio e cada átomo de oxigênio é compartilhado por dois de silício. Nos espaços vazios (interstícios) dentro dessa estrutura existem cátions suficientes para balancear a carga negativa dos grupos de silicatos. Os cátions monovalentes, como sódio e lítio, podem se mover pelo retículo e são responsáveis pela condução elétrica na membrana.

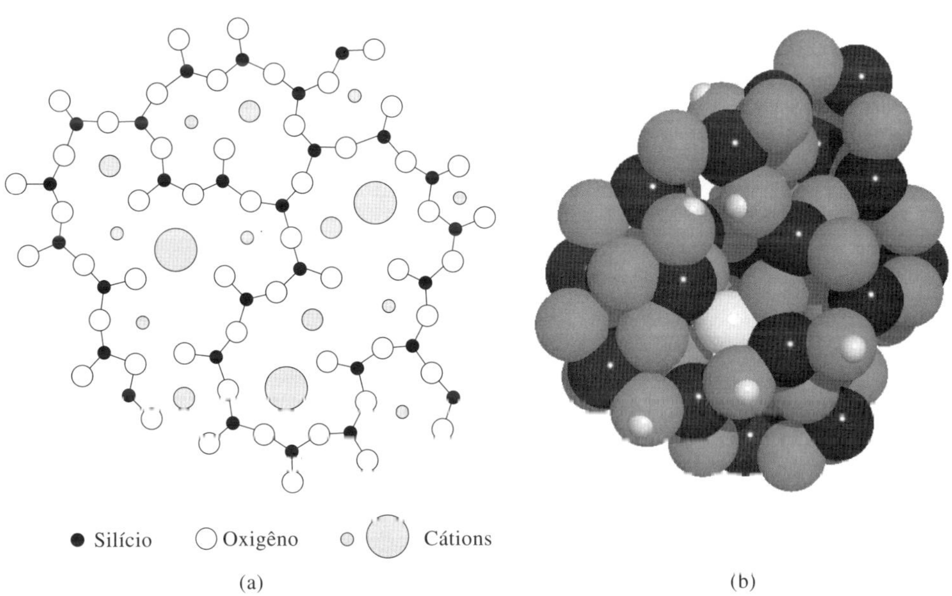

Figura 21-9 (a) Vista longitudinal da estrutura de um vidro de silicato. Além das ligações Si–O mostradas, cada átomo de silício está ligado a um átomo de oxigênio adicional, acima ou abaixo do plano do papel. (Adaptado com permissão de G. A. Perley, *Anal. Chem.*, v. 21, p. 395, **1949**, **DOI**: 10.1021/ac60027a013. Copyright da American Chemical Society, 1949.) (b) Modelo exibindo a estrutura tridimensional da sílica amorfa com íons Na (brancas grandes) e vários íons H^+ (cinza mais escuro) incorporados. Observe que o íon Na^+ está circundado por uma gaiola de átomos de oxigênio e que cada próton na matriz amorfa está ligado a um oxigênio. As cavidades na estrutura, o pequeno tamanho e a elevada mobilidade do próton garantem que os prótons possam migrar profundamente na superfície da sílica. Outros cátions e moléculas de água também podem ser incorporados nos interstícios da estrutura.

Os vidros que absorvem água são chamados **higroscópicos**.

As duas superfícies da membrana de vidro precisam ser hidratadas antes de ela funcionar como um eletrodo de pH. Os vidros não higroscópicos não mostram sensibilidade ao pH. Mesmo vidros higroscópicos perdem sua sensibilidade ao pH após a desidratação pelo armazenamento em um dessecador. Entretanto, o efeito é reversível e a resposta de um eletrodo de vidro pode ser restaurada quando mergulhado em água.

A hidratação de uma membrana sensível ao pH envolve uma reação de troca iônica entre os cátions monovalentes presentes na interface da matriz de vidro e íons hidrogênio da solução. O processo envolve exclusivamente cátions 1 porque cátions 2 e 3 estão muito fortemente ligados à estrutura do silicato para serem trocados com íons da solução. A reação de troca iônica pode ser escrita como

$$\underset{\text{solução}}{H^+} + \underset{\text{vidro}}{Na^+Vidro^-} \rightleftharpoons \underset{\text{solução}}{Na^+} + \underset{\text{vidro}}{H^+Vidro^-} \qquad (21\text{-}5)$$

Átomos de oxigênio ligados apenas a um átomo de silício são os sítios $Vidro^-$ negativamente carregados, mostrados na Equação 21-6. A constante de equilíbrio para esse processo é tão elevada que as superfícies hidratadas de uma membrana de vidro consistem normalmente em ácido silícico (H^+Vidro^-). Existe uma exceção a essa situação em meios altamente alcalinos, onde a concentração do íon hidrogênio é extremamente pequena e a concentração do íon sódio é elevada. Sob esta condição, uma fração significativa dos sítios está ocupada por íons sódio.

Potenciais de Membrana

A parte de baixo da Figura 21-8 apresenta quatro potenciais que se desenvolvem na célula quando o pH está sendo determinado com um eletrodo de vidro. Dois destes potenciais, $E_{Ag,AgCl}$ e E_{ESC}, são potenciais do eletrodo de referência e são constantes. Existe um terceiro potencial, o de junção E_j, que se desenvolve na ponte salina que separa o eletrodo de calomelano da solução do analito. Esta junção e seu potencial associado são encontrados em todas as células usadas para fazer medidas potenciométricas de concentração de íon. O quarto e mais importante potencial exposto na Figura 21-8 é o **potencial de interface**, E_i, *que varia com o pH da solução do analito.* Os dois eletrodos de referência simplesmente provêm os contatos elétricos com as soluções para que as variações do potencial de interface possam ser medidas.

O Potencial de Interface

A Figura 21-8 mostra que o potencial de interface é determinado por dois potenciais, E_1e E_2, que aparecem nas duas *superfícies* da membrana de vidro. A fonte desses dois potenciais é a carga que se acumula como consequência das reações

$$\underset{\text{vidro}_1}{H^+Vidro^-(s)} \rightleftharpoons \underset{\text{solução}_1}{H^+(aq)} + \underset{\text{vidro}_1}{Vidro^-(s)} \qquad (21\text{-}6)$$

$$\underset{\text{vidro}_2}{H^+Vidro^-(s)} \rightleftharpoons \underset{\text{solução}_2}{H^+(aq)} + \underset{\text{vidro}_2}{Vidro^-(s)} \qquad (21\text{-}7)$$

onde o índice inferior se refere à interface entre o exterior do vidro e a solução do analito e o índice inferior corresponde à interface entre a solução interna e o interior do vidro. Essas duas reações fazem com que as duas superfícies de vidro tornem-se negativamente carregadas em relação à solução com a qual elas estão em contato. Essas cargas negativas na superfície produzem os dois potenciais E_1 e E_2 expostos na Figura 21-8. As concentrações dos íons hidrogênio nas soluções dos dois lados da membrana controlam as posições dos equilíbrios mostrados nas Equações 21-7 e 21-8, que, por seu lado, determinam E_1 e E_2. Quando as posições dos dois equilíbrios diferem, a superfície onde a maior dissociação ocorre é negativa com relação à outra superfície. A diferença de potencial resultante existente entre as duas superfícies do vidro é o potencial de interface, o qual está relacionado às atividades dos íons hidrogênio em cada uma das soluções pela equação similar à equação de Nernst

$$E_i = E_1 - E_2 = 0{,}0592 \log \frac{a_1}{a_2} \qquad (21\text{-}8)$$

onde a_1 é a atividade da solução externa e a_2, a da solução interna. Para um eletrodo de vidro de pH, a atividade do íon hidrogênio da solução interna, a_2, é mantida constante, assim a Equação 21-8 simplifica-se

$$E_i = L' + 0{,}0592 \log a_1 = L' - 0{,}0592 \text{ pH} \qquad (21\text{-}9)$$

na qual

$$L' = -0{,}0592 \log a_2$$

Então o potencial de interface é uma medida da atividade do íon hidrogênio (pH) na solução externa.

O significado dos potenciais e das diferenças de potencial apresentados na Equação 21-8 é ilustrado pelos perfis de potencial exibidos na **Figura 21-10**. Os perfis são mostrados na forma de gráfico através da membrana, a partir da solução do analito, do lado esquerdo, ao longo da membrana, até a solução interna, do lado direito. O que é importante mencionar sobre esses perfis é que, a despeito do potencial absoluto no interior das camadas higroscópicas do vidro, o potencial de interface é determinado pela *diferença* nos potenciais em ambos os lados da membrana de vidro, os quais, por sua vez, são estabelecidos pela atividade do próton em cada lado da membrana.

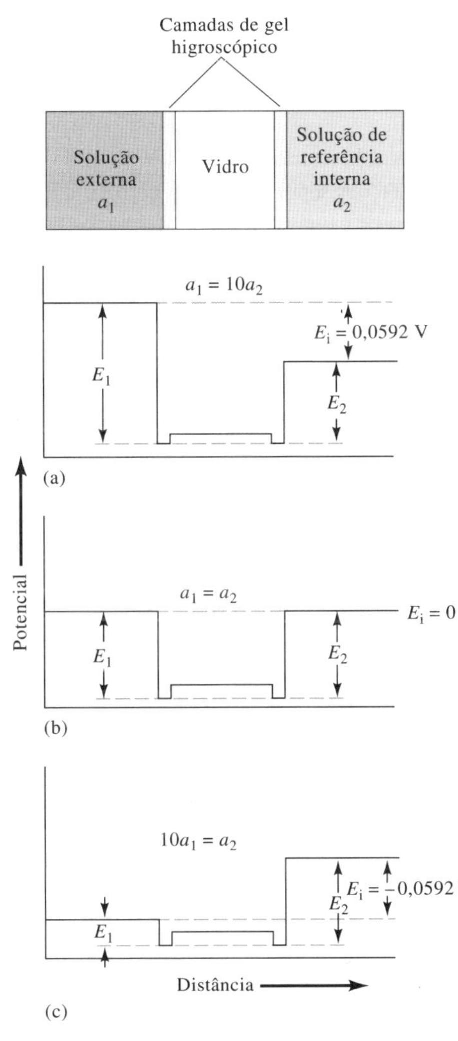

Figura 21-10 Perfil do potencial, através de uma membrana de vidro, a partir de uma solução externa até a solução de referência interna. Os potenciais do eletrodo de referência não são mostrados.

O Potencial de Assimetria

Quando soluções e eletrodos de referência idênticos são colocados nos dois lados de uma membrana de vidro, em princípio o potencial na interface deveria ser igual a zero. Frequentemente, entretanto, encontramos um pequeno potencial de assimetria que varia gradualmente com o tempo.

As fontes do potencial de assimetria são obscuras e incluem, indubitavelmente, as causas como diferenças de tensão nas duas superfícies da membrana criada durante a sua fabricação, abrasão mecânica da superfície externa devida ao uso e seu desgaste químico. Para eliminar os erros sistemáticos provocados pelo potencial de assimetria, todas as membranas de eletrodos precisam ser calibradas contra uma ou mais soluções padrão. Essas calibrações devem ser realizadas pelo menos diariamente e mais frequentemente quando os eletrodos são utilizados em rotina.

O Potencial do Eletrodo de Vidro

O potencial de um eletrodo indicador de vidro, E_{ind}, tem três componentes: (1) o potencial de interface, dado pela Equação 21-8; (2) o potencial do eletrodo de referência interna de Ag/AgCl; (3) um pequeno potencial de assimetria, E_{ass}, que varia lentamente com o tempo. Podemos escrever, na forma de uma equação

$$E_{ind} = E_i + E_{Ag/AgCl} + E_{ass}$$

A substituição do termo E_i na Equação 21-10 resulta em

$$E_{ind} = L' + 0{,}0592 \log a_1 = + E_{Ag/AgCl} + E_{ass}$$

ou

$$E_{ind} = L + 0{,}0592 \log a_1 = L - 0{,}0592\ \text{pH} \qquad (21\text{-}10)$$

onde L é uma combinação dos três termos constantes. Compare as Equações 21-10 e 21-3. Embora essas duas equações sejam similares na forma e ambos os potenciais sejam produzidos pela separação de cargas, lembre-se de que os *mecanismos de separação de cargas que resultam nessas expressões são consideravelmente diferentes.*

O Erro Alcalino

Em soluções alcalinas, os eletrodos de vidro respondem a concentrações tanto do íon hidrogênio quanto de íons de metais alcalinos. A grandeza do erro alcalino resultante para quatro membranas de vidro diferentes é mostrada na **Figura 21-11** (curvas *C* a *F*). Essas curvas referem-se a soluções nas quais a concentração do íon sódio foi mantida constante em 1 mol L^{-1} enquanto variou-se o pH. Note que o erro ($pH_{lido} - pH_{real}$) é negativo (isto é, os valores de pH medidos são menores que os valores verdadeiros), sugerindo que os eletrodos respondem tanto a íons sódio quanto ao próton. Essa observação é confirmada por dados obtidos para soluções contendo concentrações diferentes de íons sódio. Portanto, a pH 12, o eletrodo com uma membrana Corning 015 (curva *C* na Figura 21-11) registrou um pH de 11,3 quando imerso em uma solução contendo íons sódio em uma concentração de 1 mol L^{-1}, mas 11,7 em uma solução 0,1 mol L^{-1} desses íons. Todos os cátions monovalentes induzem ao erro alcalino e as grandezas dependem de ambos, o cátion em questão e a composição da membrana de vidro.

O erro alcalino pode ser explicado de forma satisfatória considerando-se uma alteração no equilíbrio entre os íons hidrogênio presentes na superfície da membrana de vidro e os cátions presentes na solução. Esse processo é simplesmente o inverso daquele mostrado na Equação 21-5:

$$\underset{\text{vidro}}{H^+Vidro^-} + \underset{\text{solução}}{B^+} \rightleftharpoons \underset{\text{vidro}}{B^+Vidro^-} + \underset{\text{solução}}{H^+}$$

onde B^+ representa alguns cátions monovalentes, como o íon sódio.

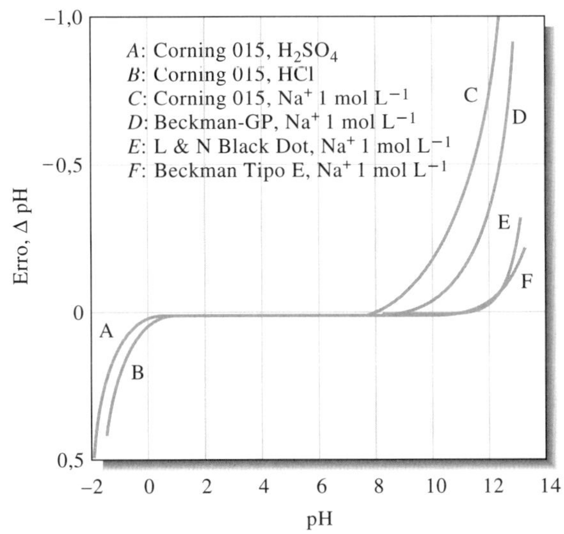

Figura 21-11 Erros ácido e alcalino para os eletrodos de vidro selecionados, a 25°C. (R. G. Bates, *Determination of pH*, 2. ed., p. 365. Nova York:Wiley, 1973. (Reimpresso com permissão da declaração do autor.)

A constante de equilíbrio para essa reação é

$$K_{tr} = \frac{a_1 b_1'}{a_1' b_1} \qquad (21\text{-}11)$$

Na Equação 21-11, b_1 representa a atividade de alguns cátions monovalentes, como Na^+ ou K^+.

onde a_1e b_1 representam as atividades de H^+ e B^+ na solução e a'_1e b'_1 são as atividades desses íons na superfície do vidro. A Equação 21-11 pode ser rearranjada para fornecer a razão das atividades entre B^+ e H^+ na superfície do vidro:

$$\frac{b_1'}{a_1'} = K_{tr}\frac{b_1}{a_1}$$

Para os vidros empregados em eletrodos de pH, K_{tr} é normalmente tão pequeno que a razão das atividades b'_1/a'_1 é minúscula. A situação difere em meio fortemente alcalino, contudo. Por exemplo, b'_1/a'_1 para um eletrodo imerso em uma solução pH 11, que tem concentração 1 mol L^{-1} de íons sódio (veja a Figura 21-11), é $10^{11} \times K_{tr}$. Sob estas condições, a atividade dos íons sódio em relação àquela dos íons hidrogênio torna-se tão grande que o eletrodo responde a ambas as espécies.

Descrição da Seletividade

O efeito de um íon de metal alcalino no potencial gerado na membrana pode ser quantificado pela inclusão de um termo adicional na Equação 21-9, para dar

$$E_i = L' + 0{,}0592 \log (a_1 + k_{H,B}b_1) \qquad (21\text{-}12)$$

O **coeficiente de seletividade** mede a resposta de um eletrodo seletivo a um determinado íon em relação a outros íons.

onde $k_{H,B}$ é o **coeficiente de seletividade** para o eletrodo. A Equação 21-12 se aplica não apenas a eletrodos de vidro indicadores para íons hidrogênio, como também para outros tipos de eletrodos de membrana. Os coeficientes de seletividade variam de zero (sem interferência) a valores superiores à unidade. Portanto, se um eletrodo para o íon A responde 20 vezes mais fortemente ao íon B que ao íon A, $k_{A,B}$ tem um valor de 20. Se a resposta do eletrodo ao íon C é 0,001 da sua resposta para A (uma situação muito mais desejável), $k_{A,C}$ é 0,001.[3]

O produto $k_{H,B}b_1$ para um eletrodo de vidro é normalmente pequeno em relação a a_1, desde que o pH seja menor que 9; sob essas condições, a Equação 21-12 é simplificada para a Equação 21-9. Sob valores de pH elevados e concentrações elevadas

[3] Para as tabelas de coeficientes de seletividade para uma variedade de membranas e espécies iônicas, veja Y. Umezawa, CRC *Handbook of Ion Selective Electrodes: Selectivity Coefficients*, Boca Raton, FL: CRC Press, 1990.

de um íon monovalente positivo, entretanto, o segundo termo na Equação 21-12 assume um papel mais importante na determinação de E_i, e um erro alcalino é observado. Para os eletrodos especificamente projetados para o trabalho em meios fortemente alcalinos (curva *E* na Figura 21-11), a grandeza de $k_{H,B}b_1$ é apreciavelmente menor que aquela dos eletrodos de vidro convencionais.

O Erro Ácido

Como mostrado na Figura 21-11, o eletrodo de vidro típico exibe um erro contrário em sinal ao erro alcalino, em uma solução de pH menor que 0,5. O erro negativo ($pH_{lido} - pH_{real}$) indica que as leituras de pH tendem a ser muito altas nesta região. A grandeza do erro depende de uma variedade de fatores e geralmente não é muito reprodutível. As causas do erro ácido não são bem compreendidas, mas uma fonte é o efeito de saturação que ocorre quando todos os sítios da superfície do vidro são ocupados com os íons H^+. Sob essas condições, o eletrodo não responde mais a incrementos adicionais na concentração de H^+ e as leituras de pH são muito altas.

21D-4 Eletrodos de Vidro para Outros Cátions

O erro alcalino nos primeiros eletrodos de vidro levou a investigações relacionadas aos efeitos da composição do vidro na grandeza desse erro. Uma consequência disso tem sido o desenvolvimento de vidros para os quais o erro alcalino é negligenciável abaixo de pH 12 (veja as curvas *E* e *F*, Figura 21-11). Outros estudos têm descoberto composições de vidros que permitem a determinação de outros cátions, além do hidrogênio. A incorporação de Al_2O_3 ou B_2O_3 ao vidro produz os efeitos desejados. Têm sido desenvolvidos eletrodos de vidro que permitem medidas potenciométricas diretas de espécies monovalentes, como Na^+, K^+, NH_4^+, Rb^+, Cs^+, Li^+ e Ag^+. Alguns desses vidros são razoavelmente seletivos perante cátions monovalentes. Os eletrodos de vidro para Na^+, Li^+, NH_4^+ e concentrações totais de cátions monovalentes estão disponíveis comercialmente.

21D-5 Eletrodos de Membrana Líquida

O potencial de eletrodos de membrana líquida se desenvolve através da interface entre a solução contendo o analito e um trocador iônico que se liga seletivamente ao íon de interesse. Esses eletrodos têm sido desenvolvidos para as medidas potenciométricas diretas de inúmeros cátions polivalentes, assim como para certos ânions.

A **Figura 21-12** é uma representação esquemática de um eletrodo de membrana líquida para cálcio. Ele consiste em uma membrana condutora que se liga seletivamente a íons cálcio, uma solução interna com uma concentração fixa de cloreto de cálcio e um eletrodo de prata que é recoberto com cloreto de prata para formar um eletrodo de referência interno. Observe as similaridades entre o eletrodo de membrana líquida e o eletrodo de vidro, como exibido na **Figura 21-13**. O ingrediente ativo da membrana é um trocador iônico que consiste em um fosfato de dialquil-cálcio que é praticamente insolúvel em água. No eletrodo exposto nas Figuras 21-12 e 21-13, o trocador iônico é dissolvido em um líquido orgânico imiscível que é forçado por gravidade nos poros de um disco poroso hidrofóbico. Esse disco serve de membrana que separa a solução interna da solução do analito. Em um desenho mais recente, o trocador iônico é imobilizado em um gel de cloreto de polivinila rígido que é ligado à extremidade de um tubo que retém a solução interna e o eletrodo de referência (veja Figura 21-13, a seguir). Em ambos os desenhos, um equilíbrio de dissociação se desenvolve em cada interface da membrana, sendo análogos às Equações 21-6 e 21-7:

Hidrofobia significa medo de água. O disco hidrofóbico é poroso em relação a líquidos orgânicos, mas repele a água.

$$\underset{\text{orgânico}}{[(RO)_2POO]_2Ca} \rightleftharpoons \underset{\text{orgânico}}{2(RO)_2POO^-} + \underset{\text{aquoso}}{Ca^{2+}}$$

onde R é um grupo alifático de alta massa molar. Assim como no eletrodo de vidro, um potencial se desenvolve através da membrana quando a extensão da dissociação do trocador iônico em uma superfície difere daquela da outra superfície. Esse potencial é o resultado das diferenças nas atividades dos íons cálcio das soluções internas e externas. A relação entre o potencial da membrana e a atividade dos íons cálcio é dada pela equação que é similar à Equação 21-8:

$$E_i = E_1 - E_2 = \frac{0{,}0592}{2} \log \frac{a_1}{a_2} \tag{21-13}$$

na qual a_1 e a_2 são as atividades dos íons cálcio na solução externa do analito e da solução padrão interna, respectivamente, uma vez que a atividade dos íons cálcio da solução interna é constante.

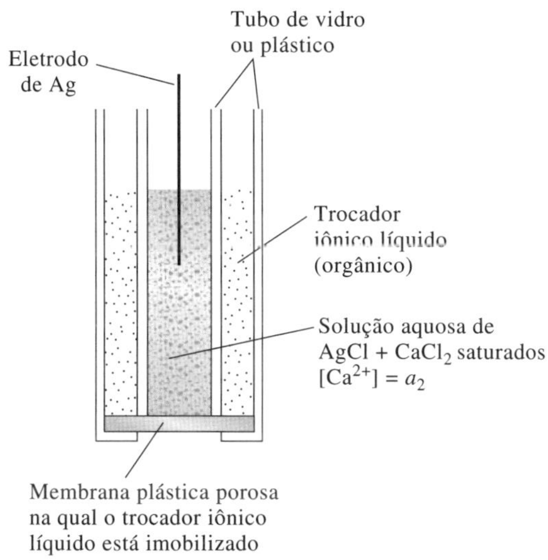

Figura 21-12 Diagrama de um eletrodo de membrana líquida para Ca^{2+}.

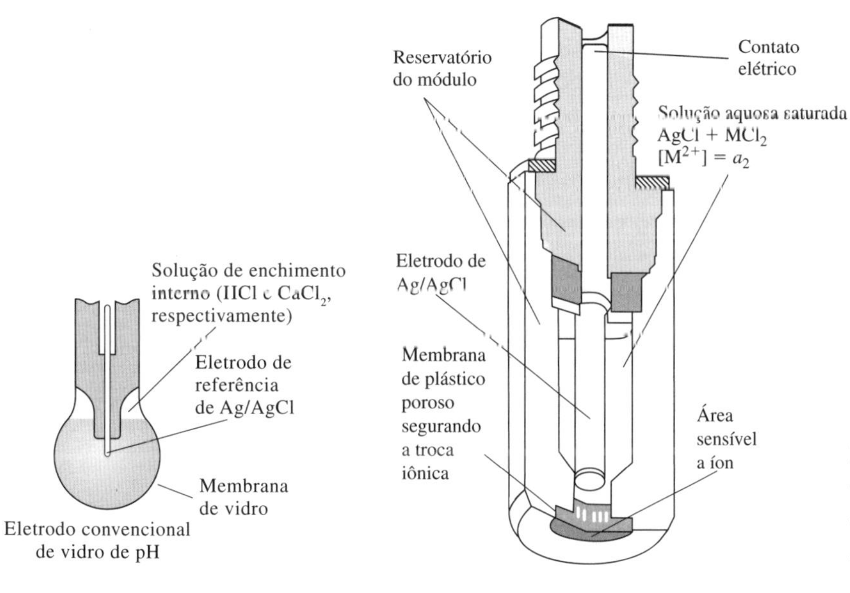

Figura 21-13 Comparação de um eletrodo de íon cálcio de membrana líquida com um eletrodo de vidro de pH. (Cortesia de Thermo Orion, Beverly, MA.)

$$E_i = N + \frac{0{,}0592}{2} \log a_1 = N - \frac{0{,}0592}{2} \text{pCa} \tag{21-14}$$

onde N é uma constante (compare as Equações 21-14 e 21-9). Note que, uma vez que o cálcio é divalente, o valor de n no denominador do coeficiente do termo logarítmico é 2.

A sensibilidade do eletrodo de membrana líquida para os íons cálcio é relatada como 50 vezes maior que para os íons magnésio e 1.000 vezes maior que para os íons sódio e potássio. Atividades de íons cálcio tão baixas quanto 5×10^{-7} mol L^{-1} podem ser medidas. O desempenho do eletrodo independe do pH na faixa entre 5,5 e 11. Em baixos valores de pH, os íons hidrogênio substituem inevitavelmente alguns dos íons cálcio no trocador; então o eletrodo torna-se sensível ao pH, além de pCa.

Microeletrodos seletivos de íons podem fazer medidas de atividades iônicas em organismos vivos.

O eletrodo de cálcio de membrana líquida é uma ferramenta valiosa para investigações fisiológicas, porque esse íon desempenha papéis importantes em processos tais como condução do estímulo nervoso, formação dos ossos, contração muscular, expansão e contração cardíacas, função tubular renal e, talvez, na hipertensão. A maioria desses processos é mais influenciada pela atividade dos íons cálcio, em vez de sua concentração; a atividade, certamente, é o parâmetro medido pelo eletrodo de membrana. Consequentemente, o eletrodo de cálcio bem como o eletrodo de íon potássio e outros são ferramentas importantes no estudo de processos fisiológicos.

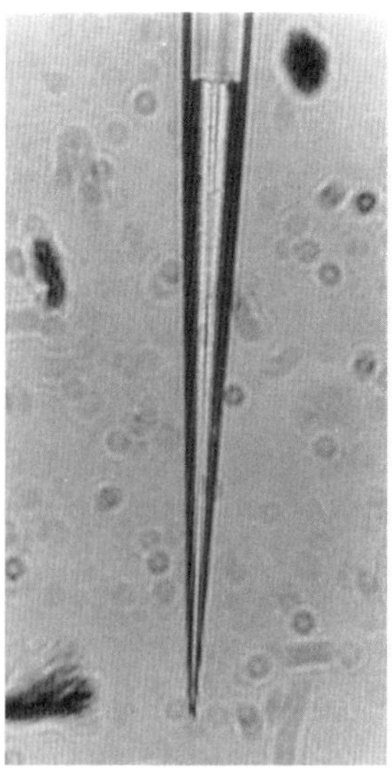

Figura 21-14 Fotografia de um microeletrodo de trocador iônico líquido de potássio com 125 μm de trocador iônico dentro da ponta. A ampliação é de 400 vezes. (Reimpresso com permissão de *Anal. Chem.*, v. 43, n. 3, p. 89A-93A, mar. 1971. Direitos autorais de 1971 da American Chemical Society.)

Um eletrodo de membrana líquida específico para os íons potássio também é de grande importância para fisiologistas, pois o transporte de sinais neurais parece envolver o movimento desses íons através de membranas das células nervosas. As investigações sobre esse processo requerem um eletrodo que possa detectar pequenas concentrações de íons potássio em meios que contenham concentrações muito mais elevadas de íons sódio. Vários eletrodos de membrana líquida mostram-se promissores nesse sentido. Um é baseado no antibiótico valinomicina, um éter cíclico que tem uma grande afinidade pelos íons potássio. De igual importância é a observação que uma membrana líquida consistindo em valinomicina em éter difenílico é cerca de 10^4 vezes mais sensível aos íons potássio que aos íons sódio.[4] A **Figura 21-14** é uma fotomicrografia de um pequeno eletrodo empregado para determinar a quantidade de potássio em um única célula.

A **Tabela 21-2** lista alguns eletrodos de membrana líquida disponíveis a partir de fontes comerciais. Os eletrodos seletivos a ânions relacionados fazem uso de uma solução contendo uma resina de troca iônica em um solvente orgânico. Os eletrodos de membrana líquida nos quais o líquido trocador é retido em um gel de cloreto de polivinila têm sido desenvolvidos para Ca^{2+}, K^+, NO_3^- e BF_4^-. Esses eletrodos têm a aparência de eletrodos cristalinos, que são considerados na seção seguinte. Um eletrodo seletivo de íons de membrana líquida caseiro é descrito no Destaque 21-1.

[4] M. S. Frant e J. W. Ross, Jr., *Science*, v. 167, p. 987, **1970**, **DOI**: 10.1126.science.167.3920.987.

TABELA 21-2

Características de Eletrodos de Membrana Líquida*

Íon Analito	Faixa de Concentração, mol L^{-1}†	Interferências Principais‡
NH_4^+	10^0 a 5×10^{-7}	$<1\ H^+$, $5 \times 10^{-1}\ Li^+$, 8×10^{-2}, Na^+, $6 \times 10^{-4}\ K^+$, $5 \times 10^{-2}\ Cs^+$, $>1\ Mg^{2+}$, $>1\ Ca^{2+}$, $>1\ Sr^{2+}$, $>0{,}5\ Sr^{2+}$, $1 \times 10^{-2}\ Zn^{2+}$
Cd^{2+}	10^0 a 5×10^{-7}	Hg^{2+} e Ag^+ (eletrodo de envenenamentos $> 10^{-7}$ mol L^{-1}), Fe^{3+} (a $>0{,}1[Cd^{2+}]$, Pb^{2+} (a $>[Cd^{2+}]$), Cu^{2+} (possível)
$1Ca^{2+}$	10^0 a 5×10^{-7}	$10^{-5}\ Pb^{2+}$; $4 \times 10^{-3}\ Hg^{2+}$, H^+, $6 \times 10^{-3}\ Sr^{2+}$; $2 \times 10^{-2}\ Fe^{2+}$; $4 \times 10^{-2}\ Cu^{2+}$; $5 \times 10^{-2}\ Ni^{2+}$; 0,2 NH_3; 0,2 Na^+; 0,3 $Tris^+$; 0,3 Li^+; 0,4 K^+; 0,7 Ba^{2+}; 1,0 Zn^{2+}; 1,0 Mg^{2+}
Cl^-	10^0 a 5×10^{-6}	Taxa máxima permitida de interferência para $[Cl^-]$: OH^- 80, Br^- 3×10^{-3}; I^- 5×10^{-7}, S^{2-} 10^{-6}, CN^- 2×10^{-7}, NH_3 0,12, $S_2O_3^{2-}$ 0,01
BF_4^-	10^0 a 7×10^{-6}	$5 \times 10^{-7}\ ClO_4^-$; $5 \times 10^{-6}\ I^-$; $5 \times 10^{-5}\ ClO_3^-$; $5 \times 10^{-4}\ CN^-$; $10^{-3}\ Br^-$; $10^{-3}\ NO_2^-$; $5 \times 10^{-3}\ NO_3^-$; $3 \times 10^{-3}HCO_3^-$, $5 \times 10^{-2}\ Cl^-$; $8 \times 10^{-2}\ H_2PO_4^-$, HPO_4^{2-}, PO_4^{3-}; 0,2 OAc^-; 0,6 F^-; $1{,}0SO_4^{2-}$
NO_3^-	10^0 a 7×10^{-6}	$10^{-7}ClO_4^-$; 5×10^{-6}; I^-; $5 \times 10^{-5}\ ClO_3^-$; $10^{-4}\ CN^-$; $7 \times 10^{-4}\ Br^-$; $10^{-3}\ HS^-$; $10^{-2}\ HCO_3^-$, $2 \times 10^{-2}\ CO_3^{2-}$; $3 \times 10^{-2}\ Cl^-$; $5 \times 10^{-2}\ H_2PO_4^-$, HPO_4^{2-}, PO_4^{3-}; 0,2 OAc^-; 0,6 F^-; $1{,}0SO_4^{2-}$
NO_2^-	$1{,}4 \times 10^{-6}$ a $3{,}6 \times 10^{-6}$	7×10^{-1} salicilato, $2 \times 10^{-3}\ I^-$, $10^{-1}\ Br^-$, $3 \times 10^{-1}\ ClO_3^-$, 2×10^{-1} de acetato, $2 \times 10^{-1}\ HCO_3^-$, $2 \times 10^{-1}\ NO_3^-$, $2 \times 10^{-1}\ SO_4^{2-}$, $1 \times 10^{-1}\ Cl^-$, $1 \times 10^{-1}\ ClO_4^-$, $1 \times 10^{-1}\ F^-$
ClO_4^-	10^0 a 7×10^{-6}	$2 \times 10^{-3} I^-$; $2 \times 10^{-2}\ ClO_3^-$; $4 \times 10^{-2}\ CN^-$, Br^-; $5 \times 10^{-2}\ NO_2^-$, NO_3^-; 2 HCO_3^-, CO_3^{2-}; Cl^-, $H_2PO_4^-$, HPO_4^{2-}, PO_4^{3-}, OAc^-, F^-, SO_4^{2-}
K^+	10^0 a 1×10^{-6}	$3 \times 10^{-4}\ Cs^+$; $6 \times 10^{-3}\ NH_4^+$, Tl^+; $10^{-2}\ H^+$; 1,0 Ag^+, $Tris^+$; 2,0 Li^+, Na^+
Dureza da água ($Ca^{2+}+Mg^{2+}$)	10^{-3} a 6×10^{-6}	$3 \times 10^{-5}\ Cu^{2+}$, Zn^{2+}; $10^{-4}\ Ni^{2+}$; $4 \times 10^{-4}\ Sr^{2+}$; $6 \times 10^{-5}\ Fe^{2+}$; $6 \times 10^{-4}\ Ba^{2+}$; $3 \times 10^{-2}\ Na^+$; 0,1 K^+

Todos os eletrodos são do tipo de membrana de plástico. Todos os valores são coeficientes de seletividade a menos que indicado de outra forma.

†Do catálogo de produto, Boston, MA: Thermo Orion, 2006.

‡Dos manuais de instrução dos produtos: Thermo Orion, 2003.

DESTAQUE 21-1

Um Eletrodo Seletivo de Íons de Membrana Líquida de Fácil Construção

Você pode construir um eletrodo seletivo de íons de membrana líquida com vidraria e produtos químicos disponíveis na maioria dos laboratórios.[5] Tudo o que você precisa é de um pHmetro, um par de eletrodos de referência, um tubo ou cadinho de vidro poroso, trimetilclorossilano e um trocador iônico líquido.

Primeiro, corte o cadinho de filtração (ou, alternativamente, um tubo com placa de vidro sinterizado) como mostrado na **Figura 21D-1**. Cuidadosamente, limpe e seque o cadinho e então coloque uma pequena quantidade de trimetilclorossilano na placa sinterizada. Esse recobrimento torna o vidro da placa hidrofóbico. Enxague a placa com água, seque-a e aplique um trocador iônico comercial a ela. Após um minuto, remova o excesso de trocador. Adicione alguns mililitros de uma solução 10^{-2} mol L^{-1} do íon de interesse ao cadinho, insira um eletrodo de referência na solução e, pronto, você tem um eletrodo seletivo de íons muito bom. Os detalhes exatos sobre a lavagem, secagem e preparação do eletrodo são fornecidos no artigo original.

Conecte o eletrodo seletivo de íons e um segundo eletrodo de referência ao pHmetro como exposto na Figura 21D-1. Prepare uma série de soluções padrão do íon

[5] Veja T. K. Christopoulus e E. P. Diamandis, *J. Chem. Educ.*, v. 65, p. 648, **1988**, **DOI**: 10.1021/ed065p648.

de interesse, meça o potencial da célula para cada concentração, faça um gráfico de E_{cel} *versus* log *c* e faça uma análise de mínimos quadrados dos dados (veja o Capítulo 8). Compare a inclinação da linha com a inclinação teórica de (0,0592 V)/n. Meça o potencial para uma solução de concentração desconhecida do íon e calcule a concentração a partir dos parâmetros dos mínimos quadrados.

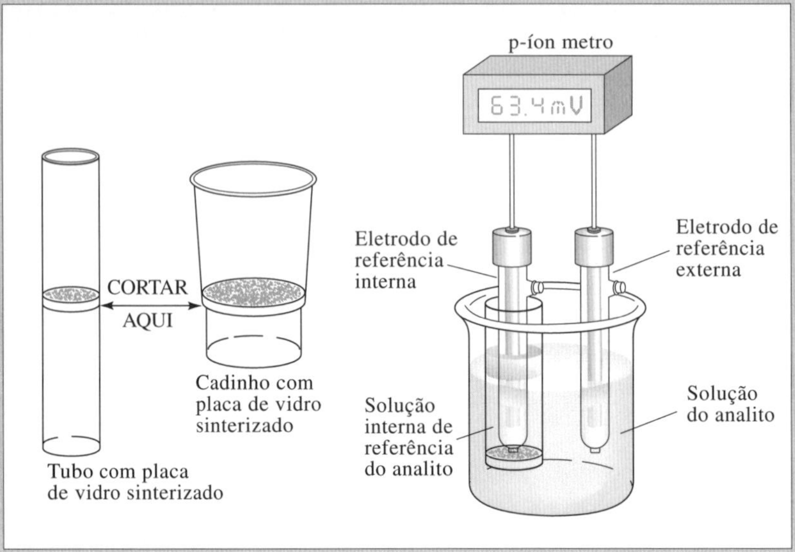

Figura 21D-1 Um eletrodo de membrana líquida caseiro.

21D-6 Eletrodos de Membrana Cristalina

Um trabalho considerável tem sido devotado ao desenvolvimento de membranas sólidas que são seletivas ante a ânions da mesma maneira que alguns vidros respondem a cátions. Temos visto que os sítios aniônicos na superfície do vidro são responsáveis pela sensibilidade de uma membrana perante certos cátions. Por analogia, pode-se esperar que uma membrana com sítios catiônicos responda seletivamente a ânions.

As membranas preparadas a partir de pequenas pastilhas moldadas de haletos de prata têm sido empregadas com sucesso em eletrodos para a determinação seletiva dos íons cloreto, brometo e iodeto. Além disso, um eletrodo baseado em uma membrana policristalina de Ag_2S para a determinação de íons sulfeto é oferecido por um fabricante comercial. Em ambos os tipos de membrana, os íons prata são suficientemente móveis para conduzir eletricidade através do meio sólido. As misturas de PbS, CdS e CuS com Ag_2S fornecem membranas que são sensíveis a Pb^{2+}, Cd^{2+} e Cu^{2+}, respectivamente. O íon prata precisa estar presente nessas membranas para conduzir eletricidade porque íons divalentes não se movem em cristais. O potencial que se desenvolve nos eletrodos de estado sólido cristalinos é descrito por uma relação similar àquela da Equação 21-9.

Um eletrodo cristalino para íons fluoreto está disponível a partir de fontes comerciais. A membrana consiste em uma fatia de um cristal de fluoreto de lantânio que foi dopada com fluoreto de európio(II) para aumentar a condutividade. A membrana, suportada entre uma solução de referência e a solução a ser medida, mostra uma resposta teórica a variações na atividade dos íons fluoreto de 10^0 a 10^6 mol L^{-1}. O eletrodo é mais seletivo de íons fluoreto que a outros ânions comuns por várias ordens de grandeza; apenas os íons hidróxido parecem causar interferência séria.

Alguns eletrodos de estado sólido disponíveis no mercado são listados na **Tabela 21-3**.

TABELA 21-3

Características de Eletrodos Cristalinos de Estado Sólido*

Íon do Analito	Faixa de Concentração, mol L^{-1}	Principais Interferentes
Br^-	10^0 a 5×10^{-6}	CN^-, I^-, S^{2-}
Cd^{2+}	10^{-1} a 1×10^{-7}	Fe^{2+}, Pb^{2+}, Hg^{2+}, Ag^+, Cu^{2+}
Cl^-	10^0 a 5×10^{-5}	CN^-, I^-, Br^-, S^{2-}, OH^-, NH_3
Cu^{2+}	10^{-1} a 1×10^{-8}	Hg^{2+}, Ag^+, Cd^{2+}
CN^-	10^{-2} a 1×10^{-6}	S^{2-}, I^-
F^-	Saturado a 1×10^{-6}	OH^-
I^-	10^0 a 5×10^{-8}	CN^-
Pb^{2+}	10^{-1} a 1×10^{-6}	Hg^{2+}, Ag^+, Cu^{2+}
Ag^+/S^{2-}	Ag^+: 10^0 a 1×10^{-7} S^{2-}: 10^0 a 1×10^{-7}	Hg^{2+}
SCN^-	10^0 a 5×10^{-6}	I^-, Br^-, CN^-, S^{2-}

*De *Orion Guide to Ion Analysis,* Boston, MA: Thermo Orion, 1992.

21D-7 Transistores de Efeito de Campo Íons-Seletivos

O **transistor de efeito de campo**, ou o **transistor de efeito de campo tipo metal-óxido** (**MOSFET**, do inglês *metal oxide field effect transistor*), é um pequeno dispositivo semicondutor de estado sólido amplamente empregado em computadores e outros circuitos eletrônicos como chave para controlar correntes nesses circuitos. Um dos problemas associados ao uso desse tipo de dispositivo em circuitos eletrônicos tem sido sua pronunciada sensibilidade a impurezas iônicas superficiais; uma quantidade grande de recursos financeiros e de esforços tem sido despendida pela indústria eletrônica para minimizar ou eliminar essa sensibilidade no intuito de produzir transistores estáveis.

Os cientistas têm explorado a sensibilidade dos MOSFETs a impurezas iônicas superficiais na determinação potenciométrica seletiva de vários íons. Esses estudos têm levado ao desenvolvimento de uma variedade de **transistores de efeito de campo seletivos de íons**, denominados **ISFETs**. A teoria de sua sensibilidade seletiva a íons é bem compreendida e é descrita no Destaque 21-2.[6]

ISFET é a abreviatura do termo inglês: *ion-eletive field effect transistor*.

DESTAQUE 21-2

A Estrutura e o Desempenho de Transistores de Efeito de Campo Seletivos de Íons

O transistor de efeito de campo tipo metal-óxido (MOSFET) é um semicondutor de estado sólido amplamente utilizado para trocar sinais em computadores e inúmeros outros tipos de circuitos eletrônicos. A **Figura 21D-2** mostra um diagrama com um corte transversal (a) e o símbolo empregado em desenhos de circuitos (b) para um MOSFET de canal tipo *n* de modo intensificado. Técnicas modernas de fabricação de semicondutores são empregadas para construir MOSFETs na superfície de uma peça de semicondutor do tipo *p* chamada substrato. Para uma discussão das características de semicondutores do tipo *p* e *n*, leia os parágrafos sobre fotodiodos de silício na Seção 25A-4. Conforme mostrado na Figura 21D-2a, duas ilhas de semicondutores do tipo *n* são formadas na superfície do substrato do tipo *p* e então a superfície é

[6] Para uma explicação detalhada da teoria dos ISFETs, veja J. Janata, *Principles of Chemical Sensors*, 2. ed., Nova York: Plenum, 2009, p. 156-167.

recoberta por SiO_2 isolante. A última etapa no processo de fabricação é a deposição de condutores metálicos que são utilizados para conectar o MOSFET a circuitos externos. Existem um total de quatro conexões desse tipo, para o dreno, a porta, a fonte e para o substrato, como pode ser visto na figura.

A área da superfície do material tipo *p* entre o dreno e a fonte é denominada canal (veja a área sombreada escura na Figura 21D-2a). Observe que o canal é separado da conexão da porta por uma camada isolante de SiO_2. Quando um potencial elétrico é aplicado entre a porta e a fonte, a condutividade elétrica do canal é intensificada por um fator que está relacionado à grandeza do potencial aplicado.

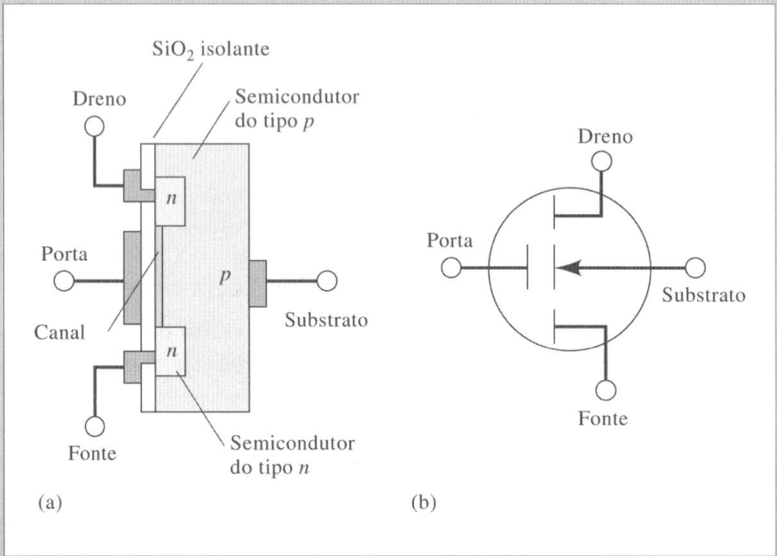

Figura 21D-2 Um transistor de efeito de campo tipo metal-óxido (MOSFET). (a) Diagrama do corte transversal; (b) símbolo empregado em desenhos de circuitos.

O transistor de efeito de campo seletivo de íons, ou ISFET, é muito similar em construção e funcionamento ao MOSFET de canal *n* de modo intensificado. O ISFET difere apenas no fato de que as variações na concentração dos íons de interesse fornecem a voltagem variável na porta para controlar a condutividade do canal. Como mostrado na **Figura 21D-3**, em vez do contato metálico usual, a face do ISFET é recoberta com uma camada isolante de nitreto de silício. A solução analítica, contendo íons hidrônio nesse exemplo, está em contato com essa camada isolante e com o eletrodo de referência. A superfície da porta isolante funciona de forma muito semelhante à superfície de um eletrodo de vidro. Os prótons dos íons hidrônio presentes na solução teste são absorvidos pelos sítios microscópicos disponíveis no nitreto de silício. Qualquer variação na concentração (ou atividade) dos íons hidrônio na solução resulta em uma variação na concentração dos prótons absorvidos. Então a variação na concentração dos prótons absorvidos dá origem a uma modificação no potencial eletroquímico entre a porta e a fonte, que altera a condutividade do canal do ISFET. A condutividade do canal pode ser monitorada eletronicamente para gerar um sinal que é proporcional ao logaritmo da atividade dos íons hidrônio na solução. Note que todo o ISFET, exceto a porta isolante, é recoberto com um encapsulante polimérico para isolar todas as conexões elétricas da solução do analito.

A superfície seletiva de íons do ISFET é naturalmente sensível a variações no pH, mas o dispositivo pode ser modificado para tornar-se sensível a outras espécies pelo recobrimento da porta isolante de nitreto de silício com um polímero contendo moléculas que tendem a formar complexos com outras espécies que não os íons hidrônio. Dessa forma, vários ISFETs podem ser fabricados no mesmo substrato, permitindo a realização de múltiplas medidas simultaneamente. Todos os ISFETs podem detectar as mesmas espécies para aumentar a exatidão e a confiabilidade ou, ainda, cada ISFET pode ser recoberto com um polímero diferente, possibilitando a medida de várias espécies diferentes. Seu pequeno tamanho (cerca de 1 a 2 mm^2), resposta rápida em relação aos eletrodos de vidro e robustez sugerem que os ISFETs podem se tornar os detectores iônicos do futuro para inúmeras aplicações.

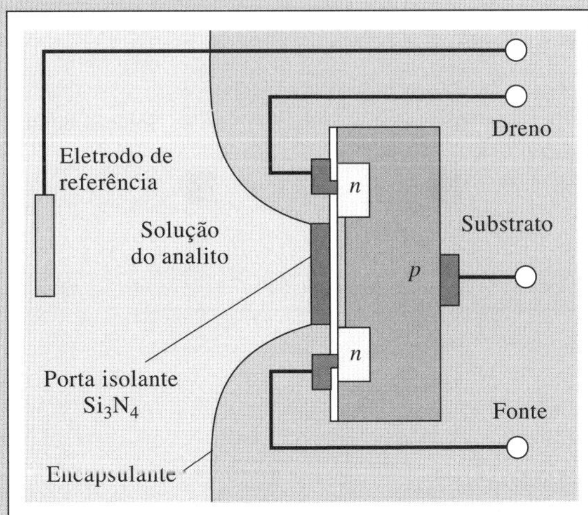

Figura 21D-3 Um transistor de efeito de campo seletivo de íons (ISFET) para medida de pH.

Os ISFETs oferecem numerosas e significativas vantagens sobre os eletrodos de membrana, incluindo robustez, pequeno tamanho, o fato de serem inertes em ambientes agressivos, resposta rápida e baixa impedância elétrica. Em contraste com eletrodos de membrana, os ISFETs não requerem hidratação antes do uso e podem ser armazenados indefinidamente na forma seca. Não obstante essas inúmeras vantagens, nenhum eletrodo ISFET seletivo de íons apareceu no mercado até o início dos anos 1990, mais de 20 anos após sua invenção. A razão para esse atraso é que os fabricantes não eram capazes de desenvolver a tecnologia para encapsular os dispositivos de modo que gerasse um produto que não exibisse instabilidade ou flutuações na sua resposta. Diversas companhias produzem ISFETs para medidas de pH hoje em dia, mas até o momento da escrita deste livro, estes eletrodos certamente não eram usados tão rotineiramente quanto os eletrodos de vidro de pH.

21D-8 Sondas Sensíveis a Gases

A **Figura 21-15** ilustra os detalhes essenciais de uma sonda potenciométrica sensível a gás, que consiste em um tubo contendo um eletrodo de referência, um eletrodo seletivo de íons e uma solução de um eletrólito. Uma membrana fina, substituível, permeável a gases, encaixada na extremidade de um tubo, serve de barreira entre as soluções interna e do analito. Como pode ser visto na Figura 21-15, esse dispositivo é uma célula eletroquímica completa, sendo mais apropriadamente denominado sonda que eletrodo, um termo frequentemente encontrado em propagandas dos fabricantes de instrumentos. Sondas sensíveis a gases são amplamente usadas para a determinação de gases dissolvidos em água e outros solventes.

Uma **sonda sensível a gás** é uma célula galvânica cujo potencial está relacionado à concentração da espécie gasosa em solução. Nos folhetos de instrumentos, esses dispositivos são chamados eletrodos sensíveis a gás, que é um termo errôneo, como será abordado mais adiante nesta seção.

Composição da Membrana

Uma *membrana microporosa* é fabricada com um polímero hidrofóbico. Como o nome sugere, a membrana é altamente porosa (o tamanho médio dos poros é menor que 1 μm) e permite a livre passagem de gases; ao mesmo tempo, o polímero previne que a água e os íons do soluto penetrem nos poros. A espessura da membrana é de cerca de 0,1 mm.

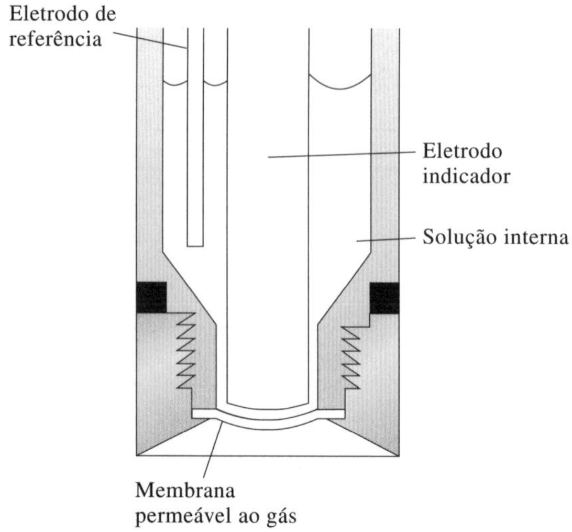

Figura 21-15 Diagrama de uma sonda sensível a gás.

O Mecanismo de Resposta

Empregando o dióxido de carbono como exemplo, podemos representar a transferência do gás para a solução interna, na Figura 21-15, pela seguinte sequência de equações:

$$\underset{\text{solução do analito}}{CO_2(aq)} \rightleftharpoons \underset{\text{poros da membrana}}{CO_2(g)}$$

$$\underset{\text{poros da membrana}}{CO_2(g)} \rightleftharpoons \underset{\text{solução interna}}{CO_2(aq)}$$

$$\underset{\text{solução interna}}{CO_2(aq) + 2H_2O} \rightleftharpoons \underset{\text{solução interna}}{HCO_3^- + H_3O^+}$$

O último equilíbrio provoca uma mudança no pH da solução interna. Então essa variação é detectada pelo sistema do eletrodo de vidro/calomelano interno. Uma descrição do processo global é obtida pela adição das três equações referentes aos três equilíbrios para dar

$$\underset{\text{solução do analito}}{CO_2(aq) + 2H_2O} \rightleftharpoons \underset{\text{solução interna}}{HCO_3^- + H_3O^+}$$

A constante de equilíbrio termodinâmico K para a reação global é

$$K = \frac{(a_{H_3O^+})_{int}(a_{HCO_3^-})_{int}}{(a_{CO_2})_{ext}}$$

Para uma espécie neutra como o CO_2, $a_{CO_2} = [CO_2(aq)]$, então

$$K = \frac{(a_{H_3O^+})_{int}(a_{HCO_3^-})_{int}}{[CO_2(aq)]_{ext}}$$

onde $[CO_2(aq)]_{ext}$ é a concentração em mol por litro do gás na solução do analito. Para que o potencial de célula medido varie linearmente com o logaritmo da concentração do dióxido de carbono da solução externa, a atividade do hidrogenocarbonato da solução interna precisa ser suficientemente elevada para que não seja alterada de maneira significativa pelo dióxido de carbono proveniente da solução externa. Considerando então que $(a_{HCO_3^-})_{int}$ seja constante, podemos rearranjar a equação anterior para

$$\frac{(a_{H_3O^+})_{int}}{[CO_2(aq)]_{ext}} = \frac{K}{(a_{HCO_3^-})_{int}} = K_g$$

Se levarmos em conta que a_1 é a atividade dos íons hidrogênio na solução interna, rearranjamos essa equação para obter

$$(a_{H_3O^+})_{int} = a_1 = K_g[CO_2(aq)]_{ext} \tag{21-15}$$

Substituindo a Equação 21-15 na Equação 21-10, temos

$$\begin{aligned} E_{ind} &= L + 0{,}0592 \log a_1 = L + 0{,}0592 \log K_g [CO_2(aq)]_{ext} \\ &= L + 0{,}0592 \log K_g + 0{,}0592 \log [CO_2(aq)]_{ext} \end{aligned}$$

Combinando-se os dois termos constantes para dar uma nova constante L' temos

$$E_{ind} = L' + 0{,}0592 \log [CO_2(aq)]_{ext} \tag{21-16}$$

Finalmente, uma vez que

$$E_{cél} = E_{ind} - E_{ref}$$

então

$$E_{cél} = L' + 0{,}0592 \log [CO_2(aq)]_{ext} - E_{ref} \tag{21-17}$$

ou

$$E_{cél} = L'' + 0{,}0592 \log [CO_2(aq)]_{ext}$$

onde

$$L'' = L + 0{,}0592 \log K_g - E_{ref}$$

Portanto, o potencial entre o eletrodo de vidro e o eletrodo de referência na solução interna é determinado pela concentração de CO_2 na solução externa. Observe que nenhum eletrodo entra em contato direto com a solução contendo o analito. Assim sendo, esses dispositivos são células sensíveis a gases, ou sondas, em vez de eletrodos sensíveis a gases. Apesar disso, eles continuam a ser chamados eletrodos em algumas publicações e em muitos folhetos de propaganda.

As únicas espécies que interferem são os outros gases dissolvidos que permeiam a membrana e então afetam o pH da solução interna. A especificidade dos sensores para gases depende apenas da permeabilidade do gás pela membrana. Sensores sensíveis a gás para CO_2, NO_2, H_2S, SO_2, HF, HCN e NH_3 estão disponíveis no comércio.

❮ Embora vendidos como eletrodos sensíveis a gases, esses dispositivos são células eletroquímicas completas e deveriam ser chamados sondas sensíveis a gases.

DESTAQUE 21-3

Teste de Beira de Leito: Gases e Eletrólitos Sanguíneos com Instrumentos Portáteis

A medicina moderna apoia-se fortemente em medidas analíticas para o diagnóstico e tratamento em salas de emergência, de cirurgia e em unidades de tratamento intensivo. A pronta informação sobre teores de gases sanguíneos, as concentrações de eletrólitos no sangue, assim como outras variáveis, são especialmente importantes para os médicos nessas áreas. Em situações críticas de vida e morte, raramente existe tempo suficiente para transportar as amostras de sangue a laboratórios clínicos, realizar as análises requeridas e transmitir os resultados de volta para a beira do leito. Neste destaque,

Hematócrito (Hct) é a razão entre o volume de glóbulos vermelhos e o volume total de uma amostra de sangue expresso em termos porcentuais.

descrevemos um monitor de gases e eletrólitos sanguíneos automático, especificamente projetado para analisar amostras de sangue à beira do leito.[7] O Analisador Clínico Portátil i-STAT® é um dispositivo portátil, mostrado na **Figura21D-4**, que pode medir uma variedade de analitos clínicos importantes, como potássio, sódio, pH, pCO_2, pO_2 e o hematócrito (veja a nota na margem). Além disso, o analisador com base em cálculos computacionais estima os teores de bicarbonato, dióxido de carbono total, excesso de base, saturação de O_2 e hemoglobina no sangue. Em uma avaliação do desempenho do i-STAT em uma unidade de terapia intensiva para neonatais e pediatria, foram obtidos os resultados exibidos na tabela seguinte.[8] Os resultados foram avaliados e considerados suficientemente confiáveis e baratos para substituir as medidas similares realizadas em um laboratório clínico remoto convencional.

Analito	Faixa	Precisão, DPR%	Resolução
pO_2	5–800 mm Hg	3,5	1 mm Hg
pCO_2	5–130 mm Hg	1,5	0,1 mm Hg
Na^+	100–180 mmol L^{-1}	0,4	1 mmol L^{-1}
K^+	2,0–9,0 mmol L^{-1}	1,2	0,1 mmol L^{-1}
Ca^{2+}	0,25–2,50 mmol L^{-1}	1,1	0,01 mmol L^{-1}
pH	6,5–8,0	0,07	0,001

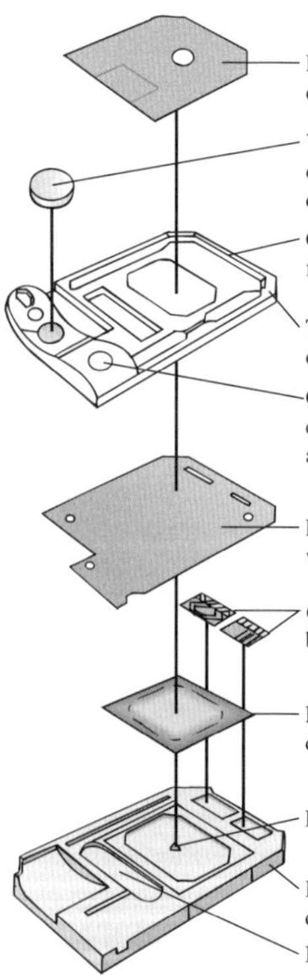

Figura 21D-5 Vista explodida do arranjo de sensores do i-STAT. (Abbott Point of Care, Inc., Princeton, NJ. Reimpresso com permissão.)

Figura 21D-4 Fotografia de iSTAT analisador clínico portátil. (Cortesia de Abbott Point of Care, Inc., Princeton, NJ.)

A maioria dos analitos (pCO_2, Na^+, K^+, Ca^{2+} e pH) é determinada por meio de medidas potenciométricas empregando a tecnologia dos eletrodos seletivos de íons. O hematócrito é medido por detecção de condutividade eletrolítica e o pO_2 é determinado com um sensor voltamétrico de Clark (veja a Seção 23B-4). Outros resultados são calculados a partir desses dados.

O componente central do monitor é o arranjo de sensores eletroquímicos i-STAT descartável, exibido na **Figura 21D-5**. Os eletrodos sensores individuais

[7] Abbott Point of Care, Inc., Princeton, NJ 085408.

[8] J. N. Murthy; J. M. Hicks e S. J. Soldin, *Clin. Biochem.*, v. 30, p. 385, **1997**.

microfabricados estão localizados em *chips* dispostos ao longo de um canal estreito de fluxo, como mostrado na figura. Cada novo arranjo de sensores é automaticamente calibrado antes da etapa de medidas. Uma amostra de sangue retirada do paciente é depositada no orifício de introdução da amostra e o cartucho é inserido no analisador i-STAT. O reservatório de calibração, que contém uma solução padrão tamponada dos analitos, é perfurado pelo analisador i-STAT e é comprimido para forçar os fluidos de calibração a se deslocar no canal de fluxo ao longo da superfície do arranjo de sensores. Quando a etapa de calibração é finalizada, o analisador comprime uma bolsa de ar, que força o sangue a se deslocar ao longo do canal de fluxo, expele a solução de calibração para o descarte e traz o sangue ao contato com o arranjo de sensores. Então, as medidas eletroquímicas são realizadas, os resultados são calculados e os dados, apresentados no mostrador de cristal líquido do analisador. Os resultados são armazenados na memória do analisador e podem ser transmitidos para o sistema de gerenciamento de dados do laboratório do hospital para armazenamento permanente.

Esse destaque mostra como a tecnologia moderna de eletrodos seletivos de íons, associada com o controle computadorizado dos processos de medida e apresentação de dados, pode ser empregada para fornecer medidas rápidas e essenciais das concentrações de analitos em amostras de sangue à beira dos leitos dos pacientes.

21E INSTRUMENTOS PARA A MEDIDA DO POTENCIAL DE CÉLULA

A maioria das células que contêm um eletrodo de membrana tem resistência elétrica muito elevada (tão altas quanto ou maiores que 10^8 ohms). No intuito de medir os potenciais desses circuitos de elevada resistência, é necessário que o voltímetro tenha uma resistência elétrica que seja várias ordens de grandeza superior à resistência da célula que está sendo medida. Se a resistência do medidor for muito baixa, a corrente será drenada da célula, o que tem o efeito de diminuir o potencial de saída, criando assim um *erro de carga* negativo. Quando o medidor e a célula tiverem a mesma resistência, resultará um erro relativo de -50%. Quando a razão for 10, o erro será de cerca de -9%. Quando for 1.000, o erro será de menos de 0,1%.

DESTAQUE 21-4

O Erro de Carga em Medidas Potenciométricas

Quando medimos voltagens em circuitos elétricos, o medidor se torna uma parte do circuito, perturba o processo de medida e produz um **erro de carga** na medida. Essa situação não é exclusiva das medidas de potencial. De fato, é um exemplo básico de uma limitação geral a qualquer medida física. Em outras palavras, o processo de medida inevitavelmente perturba o sistema de interesse de forma que a quantidade verdadeiramente medida difira do seu valor anterior à medida. Esse tipo de erro jamais pode ser completamente eliminado, mas frequentemente pode ser reduzido a um nível insignificante.

A grandeza do erro de carga nas medidas de potencial depende da razão entre a resistência interna do medidor e a resistência do circuito que está sendo estudado. O erro de carga porcentual relativo E_r associado com o potencial medido V_M na **Figura 21D-6** é dado por

$$E_r = \frac{V_M - V_x}{V_x} \times 100\%$$

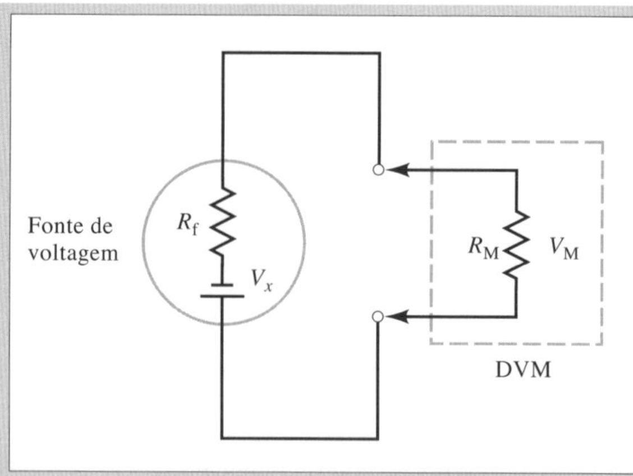

Figura 21D-6 Medida de V_x na saída de uma fonte de potencial com um voltímetro digital.

onde V_x é a voltagem verdadeira da fonte de tensão. A queda de voltagem ao longo da resistência do medidor é dada por

$$V_M = V_x \frac{R_M}{R_M + R_f}$$

Substituindo essa equação na equação prévia e rearranjando, temos

$$E_r = \frac{-R_s}{R_M + R_f} \times 100\%$$

Note que nessa equação o erro de carga relativo torna-se menor à medida que a resistência do medidor R_M se torna maior, em relação à resistência da fonte, R_f. A **Tabela 21D-1** ilustra esse efeito. Os voltímetros digitais oferecem a grande vantagem de ter resistências internas bastante elevadas (10^{11} a 10^{12} ohms), evitando assim os erros de carga, exceto em circuitos que tenham resistências de carga maiores que 10^9 ohms.

TABELA 21D-1

Efeito da Resistência do Medidor na Exatidão das Medidas de Potencial

Resistência do Medidor R_M, Ω	Resistência da Fonte R_s, Ω	R_M/R_f	Erro Relativo , %
10	20	0,50	−67
50	20	2,5	−29
500	20	25	−3,8
$1{,}0 \times 10^3$	20	50	−2,0
$1{,}0 \times 10^4$	20	500	−0,2

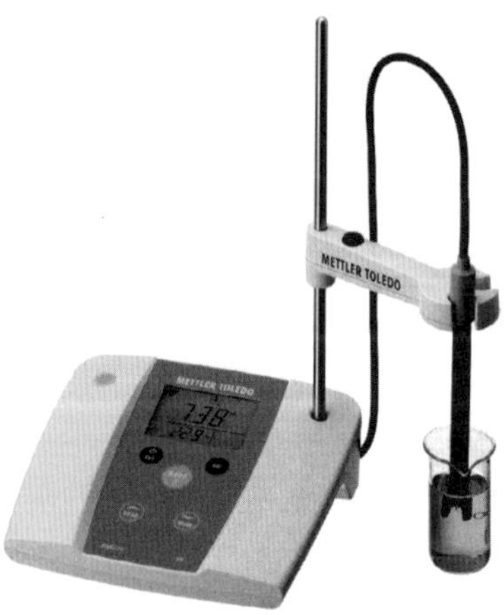

Figura 21-16 Fotografia de um pHmetro de bancada típico. (Cortesia de Mettler-Toledo, Inc., Columbus, OH.)

Inúmeros voltímetros digitais de alta resistência e leitura direta com resistências internas $> 10^{11}$ ohms estão agora no mercado. Esses medidores são comumente chamados pHmetros, mas poderiam ser mais apropriadamente denominados **p-íon metros** ou **íon-metros**, uma vez que eles são iguais e frequentemente utilizados em medidas de concentrações de outros íons. Uma fotografia de um pHmetro típico é exposta na **Figura 21-16**.

DESTAQUE 21-5

Medidas de Voltagem com Amplificadores Operacionais

Um dos mais importantes desenvolvimentos na instrumentação química ocorrido nas últimas três décadas foi o advento de circuitos integrados amplificadores (amp op) compactos, baratos e versáteis.[9] Esses dispositivos nos permitem realizar medidas de potencial em células de alta resistência, como aquelas que contêm um eletrodo de vidro, sem que seja drenada uma corrente apreciável. Mesmo uma pequena corrente (10^{-7} a 10^{-10} A) em um eletrodo de vidro produz um erro grande na voltagem medida em razão da carga (veja o Destaque 21-4) e polarização do eletrodo (veja o Capítulo 22). Um dos mais importantes usos dos amp op é o isolamento das fontes de voltagem dos seus circuitos de medida. O **seguidor de voltagem** básico, que permite esse tipo de medida, é mostrado na **Figura 21D-7a**. Esse circuito tem duas características importantes. A voltagem de saída E_{ext} é igual à voltagem de entrada E_{int} e a corrente de entrada I_{int} é essencialmente zero ($10^{-7} - 10^{-10}$ A).

Uma aplicação prática desse circuito é a medida de potenciais de uma célula. Simplesmente conectamos a célula à entrada do amp op, como ilustrado na **Figura 21D-7b**, e conectamos a saída do amp op a um voltímetro digital para medir a voltagem. Os amp op modernos são dispositivos praticamente ideais de medida de voltagem e são incorporados na maioria dos medidores de íons e pHmetros para monitorar os eletrodos indicadores de alta resistência com erros mínimos.

Medidores de íons modernos são digitais e alguns são capazes de uma precisão na ordem de 0,001 a 0,005 unidades de pH. Raramente é possível medir o pH com um grau comparável de *exatidão*. Incorreções de ±0,02 a ±0,03 em unidades de pH são normais.

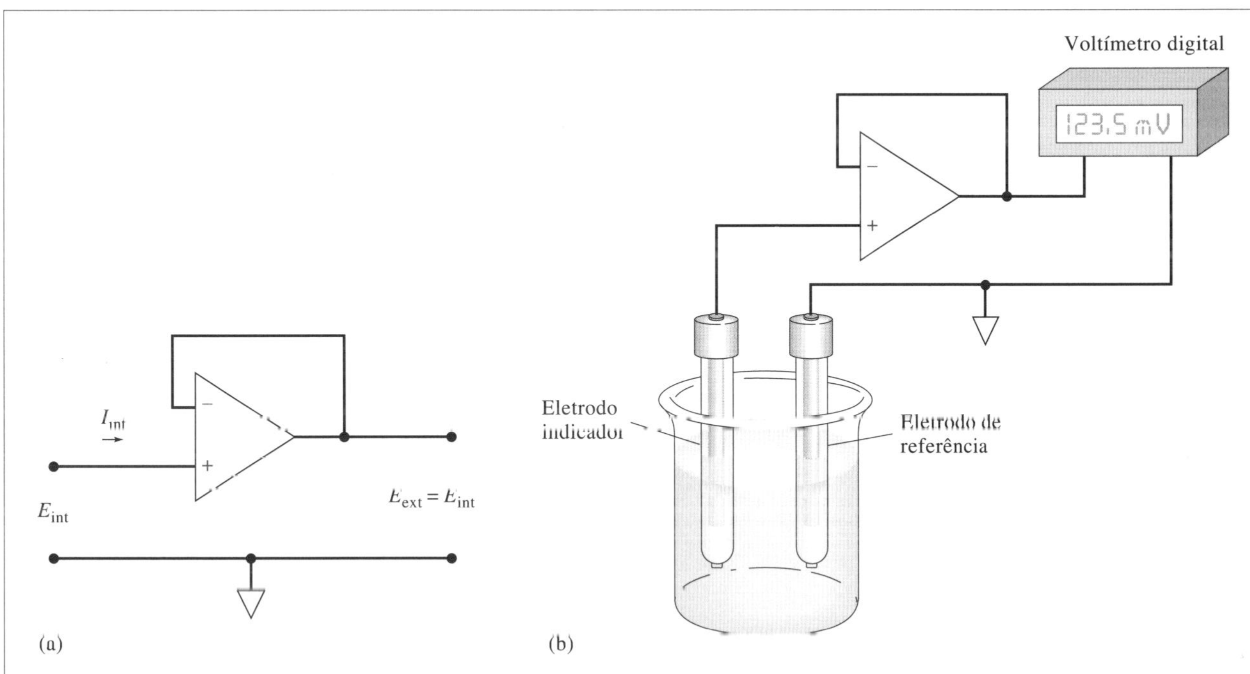

Figura 21D-7 (a) Um amplificador operacional seguidor de voltagem. (b) Um arranjo típico para as medidas potenciométricas com um eletrodo de membrana.

[9] Para uma descrição detalhada dos circuitos amp op, veja H. V. Malmstadt; C. G. Enke e S. R. Crouch, *Microcomputers and Electronic Instrumentation: Making the Right Connections*, Washington, DC: American Chemical Society, 1994, cap. 5.

21F POTENCIOMETRIA DIRETA

Medidas potenciométricas diretas proveem um método rápido e conveniente para determinar a atividade de uma variedade de cátions e ânions. A técnica requer apenas uma comparação do potencial desenvolvido na célula quando o eletrodo indicador é imerso na solução do analito, com seu potencial quando imerso em uma ou mais soluções padrão de concentrações conhecidas do analito. Se a resposta do eletrodo é específica para o analito, como geralmente o é, nenhuma etapa prévia de separação é necessária. As medidas potenciométricas diretas também são prontamente adaptadas para as aplicações que requerem o registro contínuo e automático de dados analíticos.

21F-1 Equações Relevantes para a Potenciometria Direta

A convenção de sinais na potenciometria é consistente com a convenção descrita no Capítulo 18 para os potenciais padrão de eletrodo. Nessa convenção, o eletrodo indicador sempre é tratado como o da direita e o eletrodo de referência, como o da esquerda. Para as medidas potenciométricas diretas, o potencial de uma célula pode ser expresso em termos dos potenciais desenvolvidos pelo eletrodo indicador, eletrodo de referência e um potencial de junção, como descrito na Seção 21A:

$$E_{\text{cél}} = E_{\text{ind}} - E_{\text{ref}} + E_{\text{j}} \tag{21-18}$$

Na Seção 21D, descrevemos a resposta de vários tipos de eletrodos indicadores perante atividades de analitos. Para o cátion X^{n+} a 25°C, a resposta do eletrodo toma a forma *nernstiana* geral

$$E_{\text{ind}} = L - \frac{0{,}0592}{n}\,\text{pX} = L + \frac{0{,}0592}{n}\log a_{\text{X}} \tag{21-19}$$

onde L é uma constante e a_{X} é a atividade do cátion. Para os eletrodos indicadores metálicos, normalmente L é o potencial padrão do eletrodo; para eletrodos de membrana, L é a soma de várias constantes, incluindo o potencial de assimetria, que é dependente do tempo e de valor incerto.

A substituição da Equação 21-20 pela Equação 21-18 gera, com rearranjos,

$$\text{pX} = -\log a_{\text{X}} = -\frac{E_{\text{cél}} - (E_{\text{j}} - E_{\text{ref}} + L)}{0{,}0592/n} \tag{21-20}$$

Os termos constantes entre parênteses podem ser combinados para gerar uma nova constante K.

$$\text{pX} = -\log a_{\text{X}} = -\frac{(E_{\text{cél}} - K)}{0{,}0592/n} = -\frac{n(E_{\text{cél}} - K)}{0{,}0592} \tag{21-21}$$

Para o ânion A^{n-} o sinal da Equação 21-21 se inverte:

$$\text{pA} = \frac{(E_{\text{cél}} - K)}{0{,}0592/n} = \frac{n(E_{\text{cél}} - K)}{0{,}0592} \tag{21-22}$$

Todos os métodos potenciométricos diretos baseiam-se na Equação 21-21 ou 21--22. A diferença de sinal nas duas equações tem uma consequência sutil, mas importante na maneira como os eletrodos seletivos de íons são conectados a pHmetros e p-íon-metros. Quando as duas equações são resolvidas para $E_{\text{cél}}$, temos, para os cátions,

$$E_{\text{cél}} = K - \frac{0{,}0592}{n}\,\text{pX} \tag{21-23}$$

e para os ânions

$$E_{cél} = K + \frac{0{,}0592}{n} \text{pA} \tag{21-24}$$

A Equação 21-23 mostra que, para um eletrodo seletivo de cátions, um aumento em pX resulta em uma *diminuição* de $E_{cél}$. Assim, quando um voltímetro de alta resistência é conectado à célula da forma usual, com o eletrodo indicador ligado ao terminal positivo, a leitura no medidor diminui à medida que pX aumenta. Outra maneira de se colocar isso é que à medida que a concentração (ou atividade) do cátion aumenta, pX $= -\log$ [X] diminui e $E_{cél}$ aumenta. Note que o sentido dessas variações é exatamente o oposto do que esperaríamos que ocorresse com a leitura do pHmetro em razão do aumento da concentração dos íons hidrônio. Para eliminar essa inversão de nossa noção sobre a variação da escala de pH, os fabricantes de instrumentos geralmente invertem os contatos de forma que os eletrodos seletivos de cátions como os eletrodos de vidro sejam conectados ao terminal negativo do dispositivo de medida de voltagem. Dessa forma, as leituras no medidor aumentam com a elevação de pX e, como resultado, elas diminuem com o aumento da concentração do cátion.

Por outro lado, os eletrodos seletivos de ânions são conectados ao terminal positivo do medidor para que um aumento em pA também gere leituras maiores. Esse truque de inversão de sinal normalmente causa confusão, assim sempre é uma boa ideia olhar cuidadosamente as consequências das Equações 21-23 e 21-24 para entender o comportamento do sinal de saída do instrumento com as variações nas concentrações das espécies catiônicas ou aniônicas de interesse e as correspondentes variações em pX ou pA.

21F-2 O Método de Calibração de Eletrodos

Como vimos em nossas discussões na Seção 21D, a constante *K* nas Equações 21-21 e 21-22 é uma composição de várias constantes, das quais pelo menos uma, o potencial de junção, não pode ser medida diretamente ou, ainda, calculada teoricamente sem certas considerações. Assim, antes de se utilizarem as equações para a determinação de pX ou pA, *K* precisa ser avaliada experimentalmente com uma solução padrão do analito.

O método de calibração de eletrodos também é chamado método dos padrões externos, descrito em algum detalhe na Seção 8D-2.

No método de calibração de eletrodo, *K* presente nas Equações 21-21 e 21-22 é determinada pela medida de $E_{cél}$ para uma ou mais soluções padrão de pX ou pA conhecidos. Considera-se então que *K* não varia quando o padrão é substituído pela solução do analito. A calibração é realizada geralmente no momento em que pX ou pA para a amostra desconhecida é determinado. Com eletrodos de membrana, a recalibração pode ser necessária se as medidas prosseguem por várias horas em decorrência de variações lentas no potencial de assimetria.

O método de calibração de eletrodo oferece as vantagens associadas à simplicidade, velocidade e aplicabilidade no monitoramento contínuo de pX ou pA. Sofre, contudo, de uma exatidão limitada por causa das incertezas nos potenciais de junção.

Erro Inerente no Procedimento de Calibração de Eletrodos

Uma desvantagem séria do método de calibração de eletrodos é o erro inerente que resulta da consideração que *K* nas Equações 21-21 e 21-22 permanece constante após a calibração. Esta premissa raramente pode ser considerada verdadeiramente exata porque a composição eletrolítica da solução desconhecida difere quase inevitavelmente daquela da solução de calibração. O termo referente ao potencial de junção contido em *K* varia ligeiramente como consequência desse fato, mesmo quando uma ponte salina é utilizada. Esse erro é frequentemente da ordem de 1 mV ou mais. Infelizmente, em decorrência da natureza da relação potencial/atividade, essa incerteza tem um efeito amplificado na exatidão da análise.

A grandeza do erro na concentração do analito pode ser estimada diferenciando-se a Equação 21-21 enquanto se considera $E_{cél}$ como constante.

$$-\log_{10} e \frac{da_x}{a_x} = -0{,}434 \frac{da_x}{a_x} = -\frac{dK}{0{,}0592/n}$$

$$\frac{da_x}{a_x} = \frac{ndK}{0{,}0257} = 38{,}9\ ndK$$

Quando substituímos da_x e dK por incrementos finitos e multiplicamos ambos os lados da equação por 100%, obtemos

$$\text{erro porcentual relativo} = \frac{\Delta a_x}{a_x} \times 100\% = 38{,}9 n\Delta K \times 100\%$$
$$= 3{,}89 \times 10^3 n\Delta K\% \approx 4.000 n\Delta K\%$$

A quantidade $\Delta a_x/a_x$ é o erro relativo em a_x, associado à incerteza absoluta ΔK em K. Se, por exemplo, ΔK é $\pm 0{,}001$ V, um erro relativo na atividade de cerca de $\pm 4n\%$ pode ser esperado. *É importante verificar que esse erro é característico de todas as medidas envolvendo células que contenham uma ponte salina e que esse erro não pode ser eliminado mesmo por meio da mais cuidadosa medida do potencial da célula ou do uso de dispositivos mais sensíveis e precisos.*

Atividade versus *Concentração*

A resposta do eletrodo está relacionada à atividade do analito em vez de à sua concentração. Apesar disso, geralmente estamos interessados na concentração e a determinação dessa grandeza a partir de medidas potenciométricas requer dados de coeficientes de atividade. Os coeficientes de atividade raramente estão disponíveis porque a força iônica da solução tanto pode ser desconhecida quanto pode ser tão elevada que a equação de Debye-Hückel não pode ser aplicada.

A diferença entre atividade e concentração é ilustrada na **Figura 21-17**, na qual a resposta de um eletrodo de cálcio é representada na forma de gráfico contra a função logarítmica da concentração de cloreto de cálcio. A não linearidade é consequência do aumento da força iônica – e a consequente diminuição na atividade do íon cálcio – com o aumento da concentração de eletrólito. A curva superior é obtida quando essas concentrações são convertidas em atividades. Essa linha reta tem uma inclinação teórica de 0,0296 (0,0592/2).

Os coeficientes de atividade de espécies monovalentes são menos afetados por variações na força iônica que os coeficientes de atividade de íons com múltiplas cargas. Assim, o efeito mostrado na Figura 21-17 é menos pronunciado para os eletrodos que respondem a H^+, Na^+ e outros íons monovalentes.

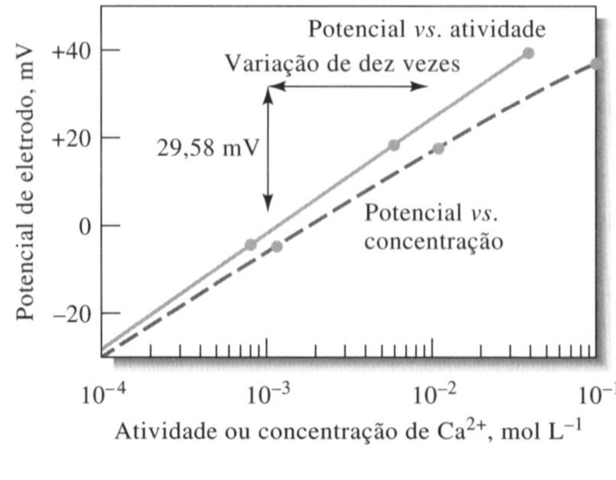

Figura 21-17 Resposta de um eletrodo de membrana líquida a variações na concentração e atividade dos íons cálcio. (Cortesia de Thermo Electron Corp., Beverly, MA.)

Em medidas potenciométricas de pH, o pH da solução tampão empregada na calibração baseia-se geralmente na atividade dos íons hidrogênio. Consequentemente, os resultados também são dados na escala de atividade. Se a amostra desconhecida tem uma força iônica elevada, a *concentração* dos íons hidrogênio vai diferir apreciavelmente da atividade medida.

Muitas reações químicas de importância fisiológica dependem da atividade dos íons do metal em vez de sua concentração.

Uma maneira óbvia de converter medidas potenciométricas envolvendo atividade para concentração consiste em fazer uso de uma curva analítica empírica, como a curva inferior indicada na Figura 21-17. Para que essa abordagem tenha sucesso, é necessário fazer que a composição iônica dos padrões seja essencialmente a mesma da solução contendo o analito. Igualar as forças iônicas dos padrões às das amostras é normalmente difícil, particularmente para aquelas que são quimicamente complexas.

Quando as concentrações eletrolíticas não são muito elevadas, é frequentemente útil enriquecer tanto as amostras quanto os padrões com um excesso conhecido de um eletrólito inerte. O efeito eletrolítico da matriz da amostra torna-se negligenciável sob essas circunstâncias e a curva analítica empírica gera resultados em termos da concentração. Essa estratégia tem sido empregada, por exemplo, em determinações de íons fluoreto em amostras de água potável. Tanto as amostras quanto os padrões são diluídos com uma solução contendo cloreto de sódio, um tampão acetato e um tampão citrato; o diluente é suficientemente concentrado para que amostras e padrões tenham essencialmente forças iônicas idênticas. Esse método representa uma maneira rápida para se medir concentrações de fluoreto na faixa de partes por milhão com uma exatidão relativa de cerca de 5%.

Um **tampão de ajuste total da força iônica** (**TISAB**, do inglês) é empregado para controlar a força iônica e o pH de amostras e padrões em medidas com eletrodos seletivos de íons.

21F-3 O Método da Adição de Padrão

O método da adição de padrão (veja Seção 8C-3) envolve a determinação do potencial do sistema de eletrodos antes e depois da adição de um volume medido de um padrão a um volume conhecido da solução contendo o analito. Adições múltiplas também podem ser feitas. Normalmente, um excesso de um eletrólito é incorporado à solução do analito logo no início para prevenir qualquer variação significativa na força iônica que possa acompanhar a adição do padrão. Também é necessário considerar que o potencial de junção permanece constante durante a realização da medida.

EXEMPLO 21-1

Uma célula que consiste em um eletrodo de calomelano saturado e um eletrodo seletivo de íons chumbo desenvolveu um potencial de −0,4706 V quando imersa em 50,00 mL de uma amostra. A adição de 5,00 mL de um padrão de chumbo 0,02000 mol L^{-1} fez com que o potencial se alterasse para −0,4490 V. Calcule a concentração em mol por litro de chumbo na amostra.

Resolução

Podemos considerar que a atividade do Pb^{2+} seja aproximadamente igual a $[Pb^{2+}]$ e podemos aplicar a Equação 21-21. Assim,

$$\text{pPb} = -\log[\text{Pb}^{2+}] = -\frac{E'_{\text{cél}} - K}{0{,}0592/2}$$

onde $E'_{\text{cél}}$ é o potencial medido inicialmente (−0,4706 V).

Após a adição da solução padrão, o potencial torna-se $E''_{\text{cél}}$ (−0,4490 V), e

$$-\log\frac{50{,}00 \times [\text{Pb}^{2+}] + 5{,}00 \times 0{,}0200}{50{,}00 + 5{,}00} = -\frac{E''_{\text{cél}} - K}{0{,}0592/2}$$

$$-\log(0{,}9091[\text{Pb}^{2+}] + 1{,}818 \times 10^{-3}) = -\frac{E''_{\text{cél}} - K}{0{,}0592/2}$$

Subtraindo essa equação da primeira, temos

$$-\log \frac{[Pb^{2+}]}{0{,}09091[Pb^{2+}] + 1{,}818 \times 10^{-3}} = \frac{2(E''_{cél} - E'_{cél})}{0{,}0592}$$

$$= \frac{2[-0{,}4490 - (-0{,}4706)]}{0{,}0592}$$

$$= 0{,}7297$$

$$\frac{[Pb^{2+}]}{0{,}09091[Pb^{2+}] + 1{,}818 \times 10^{-3}} = \text{antilog}(-0{,}7297) = 0{,}1863$$

$$[Pb^{2+}] = 3{,}45 \times 10^{-4} \text{ mol L}^{-1}$$

21F-4 Medidas Potenciométricas do pH com o Eletrodo de Vidro[10]

O eletrodo de vidro é, inquestionavelmente, o eletrodo indicador mais importante para os íons hidrogênio. É conveniente de se usar e sujeito a poucas das interferências que afetam outros eletrodos sensíveis ao pH.

O sistema de eletrodos vidro/calomelano é uma ferramenta reconhecidamente versátil para a medida do pH sob muitas condições. Pode ser utilizado sem interferência em soluções contendo oxidantes fortes, redutores fortes, proteínas e gases; o pH de fluidos viscosos ou mesmo de semissólidos pode ser determinado. Eletrodos para aplicações especiais também estão disponíveis. Entre estes eletrodos estão aqueles pequenos eletrodos para a medida do pH em uma gota (ou menos) de solução, em cavidades dentárias, ou no suor do corpo; microeletrodos que permitem a medida do pH dentro de uma célula viva; eletrodos robustos para inserção em correntes de líquidos para monitorar continuamente o pH; e pequenos eletrodos que possam ser engolidos, para as medidas da acidez do conteúdo estomacal. (O eletrodo de calomelano é retido na boca.)

Erros que Afetam as Medidas de pH

A ubiquidade do pHmetro e a aplicabilidade geral do eletrodo de vidro tendem a iludir o químico e a levá-lo a crer que qualquer medida obtida com esse equipamento seja sempre correta. O leitor precisa estar alerta ao fato de que existem limitações referentes ao eletrodo, algumas das quais foram discutidas em seções anteriores:

1. *O erro alcalino.* O eletrodo de vidro comum torna-se de alguma forma sensível a íons de metais alcalinos e fornece leituras mais baixas em valores de pH superiores a 9.
2. *O erro ácido.* Valores registrados pelo eletrodo de vidro tendem a ser mais elevados quando o pH é menor que 0,5.
3. *Desidratação.* A desidratação pode provocar o desempenho errático do eletrodo.
4. *Erros em soluções com baixa força iônica.* Tem sido observado que erros significativos (da ordem de uma ou duas unidades de pH) podem ocorrer quando o pH de amostras de baixa força iônica, como de lagos ou de riachos, é medido com um sistema de eletrodos vidro/calomelano.[11] A principal fonte desses problemas tem mostrado ser a falta de reprodutibilidade dos potenciais de junção,

Um cuidado especial precisa ser tomado na medida do pH de soluções próximas da neutralidade e não tamponadas, como amostras de lagos e riachos.

[10] Para uma discussão detalhada sobre as medidas potenciométricas de pH, veja R. G. Bates, *Determination of pH*, 2. ed., Nova York: Wiley, 1973.

[11] Veja W. Davison e C. Woof, *Anal. Chem.*, v. 57, p. 2567, **1985**, **DOI**: 10.1021/1c00290a031; T. R. Harbinson e W. Davison, *Anal. Chem.*, v. 59, p. 2450, **1987**, **DOI**: 10.1021/ac00147a002.

que aparentemente resultam do entupimento do contato ou fibra porosa que é empregado para restringir o fluxo de líquido da ponte salina para a solução do analito. Para superar esse problema, têm sido desenvolvidas junções livres de difusão de vários tipos e uma delas está sendo produzida comercialmente.

5. *Variações no potencial de junção.* Uma fonte fundamental de incerteza para a qual uma correção não pode ser aplicada é a variação do potencial de junção que resulta de diferenças na composição de padrões e de soluções das amostras.
6. *Erro no pH da solução padrão do tampão.* Qualquer inexatidão na preparação do tampão utilizado para a calibração ou qualquer variação em sua composição durante o armazenamento provocam erros nas medidas de pH subsequentes. A ação de bactérias sobre os componentes orgânicos do tampão é uma causa comum de deterioração.

A Definição Operacional do pH

A utilidade do pH como uma medida da acidez e alcalinidade de meios aquosos, a ampla disponibilidade comercial dos eletrodos de vidro e a proliferação relativamente recente de pHmetros com eletrônica de estado sólido de baixo preço talvez tenham feito das medidas potenciométricas de pH a técnica analítica mais comum em toda a ciência. Portanto, é extremamente importante que o pH seja definido de uma maneira que seja facilmente reproduzida em vários momentos e em vários laboratórios ao redor do mundo. Para satisfazer esses requisitos, é necessário definir o pH em termos operacionais – isto é, pela forma como a medida é realizada. Apenas então o pH medido por um analista será o mesmo que aquele medido por outro.

Talvez a técnica analítica instrumental mais comum seja a medida do pH.

A definição operacional do pH é endossada pelo National Institute of Standards and Technology (NIST), organizações similares em outros países e pela IUPAC. É baseada na calibração direta do medidor com soluções padrão cuidadosamente prescritas, seguida pela determinação potenciométrica do pH de soluções desconhecidas.

Por definição, o pH é o que você mede com um eletrodo de vidro e um pHmetro. É aproximadamente igual à definição teórica do $pH = -\log a_{H^+}$.

Considere, por exemplo, um dos pares de eletrodos de vidro/referência da Figura 21-7. Quando esses eletrodos são imersos em um tampão padrão, a Equação 21-21 se aplica e podemos escrever

$$pH_S = \frac{E_T - K}{0{,}0592}$$

onde E_T é o potencial da célula quando os eletrodos estão mergulhados no tampão. Similarmente, se o potencial da célula é E_D quando os eletrodos estão imersos em uma solução de pH desconhecido, temos

$$pH_D = -\frac{E_D - K}{0{,}0592}$$

Subtraindo-se a primeira equação da segunda e resolvendo a equação em termos de pH_D, obtemos

$$pH_D = pH_T - \frac{(E_D - E_T)}{0{,}0592} \qquad (21\text{-}25)$$

A Equação 21-25 tem sido adotada em todo o mundo como a *definição operacional do pH*.

Uma definição operacional estabelece a grandeza em termos de como ela é medida.

Os técnicos do NIST e de outros locais têm empregado células sem junções líquidas para estudar extensivamente os tampões utilizados como padrões primários.

Algumas das propriedades desses tampões são discutidas em outros trabalhos.[12] Observe que os tampões do NIST são descritos pelas suas concentrações em mol de soluto por quilograma do solvente para melhorar a exatidão e a precisão da sua preparação. Para uso geral, os tampões podem ser preparados a partir de reagentes de laboratório relativamente baratos; para um trabalho cuidadoso, contudo, os tampões certificados devem ser adquiridos do NIST.

Deve ser enfatizado que a abrangência da definição operacional do pH é aquela que fornece uma escala coerente para a determinação da acidez ou alcalinidade. Entretanto, não se pode esperar que os valores de pH medidos possam gerar uma fotografia detalhada da composição de uma solução que seja totalmente consistente com a teoria das soluções. Essa incerteza é fruto de nossa falta de habilidade fundamental de medir as atividades de íons monovalentes. Isto é, a definição operacional do pH não fornece o pH exato como definido pela equação

$$pH = -\log \gamma_{H^+}[H^+]$$

21G TITULAÇÕES POTENCIOMÉTRICAS

Em uma **titulação potenciométrica** medimos o potencial de um eletrodo indicador adequado em função do volume do titulante. A informação fornecida por uma titulação potenciométrica é diferente dos dados obtidos em uma medida potenciométrica direta. Por exemplo, a medida direta de soluções 0,100 mol L^{-1} de ácido clorídrico e ácido acético produz duas concentrações de íons hidrogênio substancialmente diferentes porque o ácido fraco se dissocia apenas parcialmente. Em contraste, a titulação potenciométrica de volumes iguais dos dois ácidos requer a mesma quantidade da base padrão porque ambos os solutos têm o mesmo número de prótons tituláveis.

As titulações potenciométricas fornecem dados que são mais confiáveis que aqueles gerados por titulações que empregam indicadores químicos e elas são particularmente úteis com soluções coloridas ou turvas e na detecção da presença de espécies insuspeitas. As titulações potenciométricas têm sido automatizadas em uma variedade de diferentes maneiras e tituladores comerciais estão disponíveis no mercado. As titulações potenciométricas manuais, entretanto, sofrem da desvantagem de consumirem mais tempo que aquelas envolvendo indicadores.

Os *tituladores* automáticos para a realização de titulações potenciométricas estão disponíveis a partir de diversos fabricantes. O operador do aparelho simplesmente adiciona a amostra ao frasco de titulação e aperta um botão para iniciar a titulação. O instrumento adiciona o titulante, registra o potencial *versus* o volume e analisa os dados para determinar a concentração da solução desconhecida. Uma foto do dispositivo pode ser vista na abertura do Capítulo 14.

As titulações potenciométricas oferecem vantagens adicionais sobre a potenciometria direta. Como a medida é baseada no volume de titulante que provoca uma variação rápida no potencial próximo do ponto de equivalência, as titulações potenciométricas não são dependentes da medida de valores absolutos de $E_{cél}$. Essa característica torna a titulação relativamente livre das incertezas do potencial de junção, pois este permanece relativamente constante durante a titulação. Por outro lado, os resultados dependem muito do uso de um titulante com uma concentração exatamente conhecida. O instrumento potenciométrico sinaliza meramente o ponto final e comporta-se, portanto, de modo idêntico a um indicador químico. Os problemas com o recobrimento da superfície do eletrodo ou com a produção de respostas não nernstianas não são tão sérios quando o sistema de eletrodos é empregado para monitorar uma titulação. Da mesma forma, o potencial do eletrodo de referência não precisa ser exatamente conhecido e estável nas titulações potenciométricas. Outra vantagem da titulação é que o resultado é a concentração do analito, embora o eletrodo responda à atividade. Por essa razão, os efeitos da força iônica não são importantes em procedimentos titulométricos.

[12] R. G. Bates, *Determination of pH*, 2. ed., Nova York: Wiley, 1973, cap. 4.

A **Figura 21-18** ilustra um aparato típico para a realização de titulações potenciométricas manuais. O operador mede e registra o potencial da célula (em unidades de milivolts ou pH, conforme for apropriado) após cada adição do reagente. O titulante é adicionado inicialmente em incrementos grandes que são reduzidos à medida que se aproxima do ponto final (indicado por grandes variações na resposta por unidade de volume).

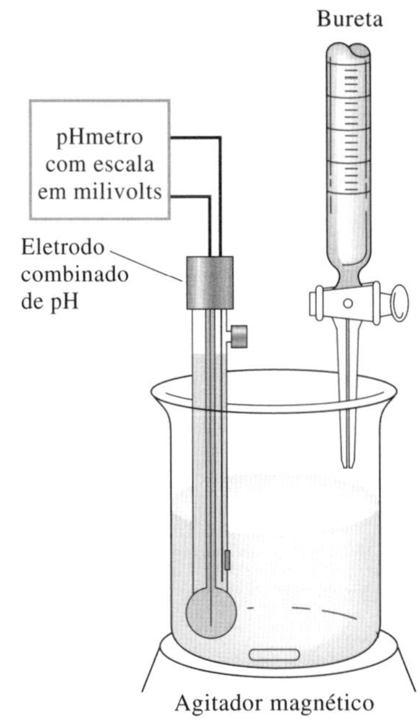

Figura 21-18 Aparato para uma titulação potenciométrica.

21G-1 Detecção do Ponto Final

Diversos métodos podem ser utilizados para determinar o ponto final de uma titulação potenciométrica. Na abordagem mais direta, é feito um gráfico ou outro registro de potencial de célula em função do volume de reagente. Na **Figura 21-19a**, fizemos um gráfico dos dados da **Tabela 21-4**, estimamos visualmente o ponto de inflexão na porção mais vertical da curva e o tomamos como o ponto final.

Uma segunda abordagem para a detecção do ponto final consiste em calcular a variação do potencial por unidade de titulante ($\Delta E/\Delta V$); ou seja, estimamos a primeira derivada numérica da curva de titulação. Um gráfico dos dados da primeira derivada (veja a Tabela 21-4, coluna 3), em função do volume médio V, produz uma curva com um máximo que corresponde ao ponto de inflexão, como mostrado na Figura 21-19b. Alternativamente, essa razão pode ser avaliada durante a titulação e registrada, em vez do potencial. A partir desse gráfico, pode ser visto que o máximo ocorre no volume de titulante de cerca de 24,30 mL. Se a curva de titulação é simétrica, o ponto de máxima inclinação coincide com o ponto de equivalência. Para as curvas de titulação assimétricas, que são observadas quando as semirreações do titulante e do analito envolvem números diferentes de elétrons, um pequeno erro de titulação ocorre se o ponto de inclinação máxima for empregado.

A **Figura 21-19c** mostra que a segunda derivada dos dados altera o sinal no ponto de inflexão. Essa mudança é empregada como sinal analítico em alguns tituladores automáticos. O ponto no qual a segunda derivada passa pelo zero é o ponto de inflexão, que é tomado como ponto final da titulação, e este pode ser localizado de maneira bastante precisa.

TABELA 21-4

Dados de Titulação Potenciométrica de 2,433 mmol de Cloreto com Nitrato de Prata 0,1000 mol L^{-1}

Volume $AgNO_3$, mL	*E vs.* ESC, V	$\Delta E/\Delta V$, V mL^{-1}	$\Delta^2 E/\Delta V^2$, V^2 mL^{-2}
5,00	0,062		
15,00	0,085	0,002	
20,00	0,107	0,004	
22,00	0,123	0,008	
23,00	0,138	0,015	
23,50	0,146	0,016	
23,80	0,161	0,050	
24,00	0,174	0,065	
24,10	0,183	0,09	
24,20	0,194	0,11	2,8
24,30	0,233	0,39	4,4
24,40	0,316	0,83	−5,9
24,50	0,340	0,24	−1,3
24,60	0,351	0,11	−0,4
24,70	0,358	0,07	
25,00	0,373	0,050	
25,50	0,385	0,024	
26,00	0,396	0,022	
28,00	0,426	0,015	

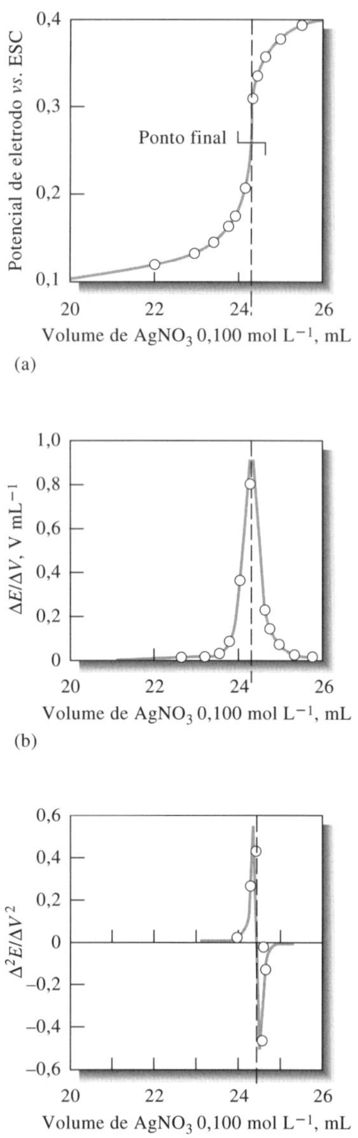

Figura 21-19 Titulação de 2,433 mmol de íons cloreto com nitrato de prata 0,1000 mol L^{-1}. (a) Curva de titulação. (b) Curva da primeira derivada. (c) Curva da segunda derivada.

Todos os métodos de detecção do ponto final discutidos nos parágrafos anteriores baseiam-se na consideração de que a curva de titulação seja simétrica nas proximidades do ponto de equivalência e que a inflexão da curva corresponda a esse ponto. Essa consideração é válida se o analito e o titulante reagirem em uma razão 1:1 e se a reação de eletrodo for reversível. Muitas reações redox, tais como a reação do ferro(II) com permanganato, não ocorrem de acordo com essa relação equimolar. Mesmo assim, essas curvas de titulação normalmente são tão inclinadas no ponto final que um erro muito pequeno é introduzido quando se considera que as curvas sejam simétricas.

21G-2 Titulações de Neutralização

As curvas de titulação de neutralização experimentais se aproximam bastante das curvas teóricas descritas nos Capítulos 14 e 15. Normalmente, as curvas experimentais são, de alguma forma, deslocadas em relação às curvas teóricas ao longo do eixo do pH porque concentrações, ao invés das atividades, são utilizadas em sua obtenção. Esse deslocamento tem pouco efeito na determinação dos pontos finais e assim as titulações potenciométricas de neutralização são muito úteis na análise de misturas de ácidos ou de ácidos polipróticos. O mesmo é verdadeiro para as bases.

Determinação de Constantes de Dissociação

Um valor numérico aproximado para a constante de dissociação de ácidos ou bases fracos pode ser estimado a partir de curvas de titulação potenciométricas. Essa grandeza pode ser calculada a partir do pH em qualquer ponto ao longo da curva, porém um ponto muito conveniente é o ponto de meia titulação. Nesse ponto na curva,

$$[HA] \approx [A^-]$$

Portanto,

$$K_a = \frac{[H_3O^+]\cancel{[A^-]}}{\cancel{[HA]}} = [H_3O^+]$$

$$pK_a = pH$$

É importante observar que o uso da concentração em vez da atividade pode fazer com que o valor de K_a seja diferente do valor encontrado nos livros por um fator de 2 ou mais. Uma forma mais correta para expressar a constante de dissociação para HA é

$$K_a = \frac{a_{H_3O^+}a_{A^-}}{a_{HA}} = \frac{a_{H_3O^+}\gamma_{A^-}\cancel{[A^-]}}{\gamma_{HA}\cancel{[HA]}} \tag{21-26}$$

$$K_a = \frac{a_{H_3O^+}\gamma_{A^-}}{\gamma_{HA}}$$

Dado que o eletrodo de vidro fornece uma boa aproximação para $a_{H_3O^+}$, o valor medido de K_a difere do valor termodinâmico pela razão dos dois coeficientes de atividade. O coeficiente de atividade no denominador da Equação 21-26 não se altera significativamente à medida que a força iônica aumenta porque HA é uma espécie neutra. O coeficiente de atividade para A^-, por outro lado, diminui conforme a concentração do eletrólito aumenta. Essa diminuição significa que a atividade dos íons hidrogênio observada deve ser numericamente maior que a constante de dissociação termodinâmica.

EXEMPLO 21-2

No intuito de determinar K_1 e K_2 para o H_3PO_4 a partir de dados de titulação, medidas cuidadosas do pH precisam ser feitas após a adição de 0,5 e 1,5 mol de base para cada mol de ácido. Considera-se que as atividades dos íons hidrogênio calculadas a partir desses dados sejam idênticas às constantes de dissociação desejadas. Calcule o erro relativo introduzido pela consideração de que a força iônica seja igual a 0,1 no momento da medida. (Do Apêndice 3, K_1 e K_2 para o H_3PO_4 são $7{,}11 \times 10^{-3}$ e $6{,}34 \times 10^{-8}$, respectivamente.)

Resolução

Se rearranjamos a Equação 21-26, descobrimos que

$$K_a(\text{exp}) = a_{H_3O^+} = K\left(\frac{\gamma_{HA}}{\gamma_{A^-}}\right)$$

O coeficiente de atividade para o H_3PO_4 é aproximadamente igual a 1, uma vez que o ácido não dissociado não tem carga. Na Tabela 10-2 temos que o coeficiente de atividade para o $H_2PO_4^-$ é 0,77 e que para o HPO_4^{2-} é 0,36. Quando substituímos esses valores nas equações para K_1 e K_2, encontramos que

$$K_1(\text{exp}) = 7{,}11 \times 10^{-3}\left(\frac{1{,}00}{0{,}77}\right) = 9{,}23 \times 10^{-3}$$

$$\text{erro} = \frac{9{,}23 \times 10^{-3} - 7{,}11 \times 10^{-3}}{7{,}11 \times 10^{-3}} \times 100\% = 30\%$$

$$K_2(\text{exp}) = 6{,}34 \times 10^{-8}\left(\frac{0{,}77}{0{,}35}\right) = 1{,}395 \times 10^{-7}$$

$$\text{erro} = \frac{1{,}395 \times 10^{-7} - 6{,}34 \times 10^{-8}}{6{,}34 \times 10^{-8}} \times 100\% = 120\%$$

É possível identificar um ácido puro desconhecido realizando-se uma única titulação para se determinar sua massa equivalente (massa molar se o ácido for monoprótico) e sua constante de dissociação.

21G-3 Titulações de Oxidação-Redução

Um eletrodo indicador inerte construído de platina é normalmente utilizado para detectar pontos finais em titulações de oxidação-redução. Ocasionalmente, outros metais inertes tais como prata, paládio, ouro e mercúrio podem ser utilizados. Geralmente são obtidas curvas de titulação similares àquelas construídas na Seção 19D, embora elas possam se deslocar ao longo do eixo dos potenciais (eixo vertical) como consequência de forças iônicas mais elevadas. Os pontos finais são determinados pelos métodos descritos anteriormente neste capítulo.

21H DETERMINAÇÃO POTENCIOMÉTRICA DE CONSTANTES DE EQUILÍBRIO

Os valores numéricos para as constantes do produto de solubilidade, de dissociação e de formação são avaliadas de maneira conveniente por meio de medidas de potenciais de células. Uma virtude importante dessa técnica é que a medida pode ser realizada sem afetar apreciavelmente qualquer equilíbrio que possa estar presente na solução.

Por exemplo, o potencial de um eletrodo de prata em uma solução contendo íons prata, íons cianeto e o complexo formado entre ambos depende das atividades das três espécies. É possível medir esse potencial com uma corrente desprezível. Dado que as atividades dos participantes não se alteram durante a medida, a posição do equilíbrio

$$Ag^+ + 2CN^- \rightleftharpoons Ag(CN)_2^-$$

não deverá ser perturbada.

EXEMPLO 21-3

Calcule a constante de formação K_f para o $Ag(CN)_2^-$

$$Ag^+ + 2CN^- \rightleftharpoons Ag(CN)_2^-$$

se a célula

$$SCE\|Ag(CN)_2^-(7{,}50 \times 10^{-3}\ \text{mol L}^{-1}),\ CN^-\ (0{,}0250\ \text{mol L}^{-1})|Ag$$

desenvolve um potencial de −0,625 V.

Resolução

Procedendo como nos exemplos anteriores, temos

$$Ag^+ + e^- \rightleftharpoons Ag(s) \qquad E^0 = +0{,}799\text{V}$$

$$-0{,}625 = E_{\text{direita}} - E_{\text{esquerda}} = E_{Ag^+} - 0{,}244$$

$$E_{Ag^+} = -0{,}625 + 0{,}244 = -0{,}381\text{V}$$

Então aplicamos a equação de Nernst para o eletrodo de prata para encontrar que

$$-0{,}381 = 0{,}799 - \frac{0{,}0592}{1}\log\frac{1}{[Ag^+]}$$

$$\log[Ag^+] = \frac{-0{,}381 - 0{,}799}{0{,}0592} = -19{,}93$$

$$[Ag^+] = 1{,}2 \times 10^{-20}$$

$$K_f = \frac{[Ag(CN)_2^-]}{[Ag^+][CN^-]^2} = \frac{7{,}50 \times 10^{-3}}{(1{,}2 \times 10^{-20})(2{,}5 \times 10^{-2})^2}$$

$$= 1{,}0 \times 10^{21} \approx 1 \times 10^{21}$$

Em teoria, qualquer sistema de eletrodo no qual participam os íons hidrogênio pode ser utilizado para avaliar as constantes de dissociação de ácidos e bases.

EXEMPLO 21-4

Calcule a constante de dissociação K_{HP} para o ácido fraco HP se a célula

$$SCE\|HP(0{,}010\ \text{mol L}^{-1}),\ NaP\ (0{,}040\ \text{mol L}^{-1})|Pt,\ H_2\ (1{,}00\ \text{atm})$$

desenvolve um potencial de −0,591 V.

Resolução

O diagrama dessa célula indica que o eletrodo saturado de calomelano é o da esquerda. Portanto,

$$E_{cél} = E_{direita} - E_{esquerda} = E_{direita} - 0{,}244 = -0{,}591\text{V}$$

$$E_{direita} = -0{,}591 + 0{,}244 = -0{,}347\text{V}$$

Então aplicamos a equação de Nernst para o eletrodo de hidrogênio para descobrir que

$$-0{,}347 = 0{,}000 - \frac{0{,}0592}{2} \log \frac{1{,}00}{[H_3O^+]^2}$$

$$= 0{,}000 + \frac{2 \times 0{,}0592}{2} \log [H_3O^+]$$

$$\log [H_3O^+] = \frac{-0{,}347 - 0{,}000}{0{,}0592} = -5{,}86$$

$$[H_3O^+] = 1{,}38 \times 10^{-6}$$

Substituindo esse valor da concentração dos íons hidrônio, bem como as concentrações do ácido fraco e de sua base conjugada na expressão da constante de dissociação, obtemos

$$K_{HP} = \frac{[H_3O^+][P^-]}{HP} = \frac{(1{,}38 \times 10^{-6})(0{,}040)}{0{,}010} = 5{,}5 \times 10^{-6}$$

TRABALHO NA WEB

Utilize um programa de busca como o Google para encontrar sites sobre tituladores automáticos. Essa pesquisa deve resultar em companhias tais como Spectralab, Analyticon, Fox Scientific, Metrohm, Mettler-Toledo e Thermo Orion. Acesse um ou dois sites e explore os tipos de tituladores que estão disponíveis no comércio. Nos websites de dois fabricantes diferentes, encontre notas de aplicações ou boletins relacionados à determinação de dois analitos por titulação potenciométrica. Para cada um deles, liste o analito, o instrumento e os reagentes que são necessários para a determinação e as exatidões e precisões esperadas para os resultados. Descreva detalhadamente os aspectos relacionados com a química de cada determinação, assim como o procedimento experimental.

QUESTÕES E PROBLEMAS

21-1. Descreva ou defina brevemente
- *(a) eletrodo indicador.
- (b) eletrodo de referência.
- *(c) eletrodo do primeiro tipo.
- (d) eletrodo do segundo tipo.

21-2. Descreva ou defina brevemente
- *(a) potencial de junção líquida.
- (b) potencial de interface.
- *(c) potencial de assimetria.
- (d) eletrodo de combinação.

***21-3.** Você precisa escolher entre determinar um analito através da medida de um potencial de eletrodo ou realizando uma titulação. Explique qual seria sua escolha se você precisasse saber
- (a) a quantidade absoluta do analito para algumas partes por milhão
- (b) a atividade do analito.

21-4. Qual o significado do termo comportamento nernstiano para um eletrodo indicador?

***21-5.** Descreva as fontes de dependência do pH de um eletrodo de membrana de vidro.

21-6. Por que é necessário que a membrana de vidro de um eletrodo sensível ao pH seja bastante higroscópica?

***21-7.** Liste várias fontes de incertezas em medidas de pH feitas com um sistema de eletrodos vidro/calomelano.

21-8. Que fatores experimentais limitam o número de algarismos significativos na resposta de um eletrodo de membrana?

***21-9.** Descreva o erro alcalino na medida do pH. Sob quais circunstâncias esse erro é significativo? Como as medidas de pH são afetadas pelo erro alcalino?

21-10. Como as sondas sensíveis a gases diferem de outros eletrodos de membrana?

21-11. Quais são as fontes do

(a) potencial de assimetria em um eletrodo de membrana?

*(b) potencial de interface em um eletrodo de membrana?

(c) potencial de junção em um sistema de eletrodos vidro/calomelano?

*(d) potencial de um eletrodo de membrana cristalina empregado para determinar a concentração de F^-?

***21-12.** Como a informação fornecida por uma medida potenciométrica direta do pH difere daquela obtida por uma titulação potenciométrica ácido-base?

21-13. Apresente as vantagens de uma titulação potenciométrica sobre uma medida potenciométrica direta.

21-14. Qual a "definição operacional do pH"? Por que ela é utilizada?

***21-15.** (a) Calcule E^0 para o processo

$$AgIO_3(s) + e^- \rightleftharpoons Ag(s) + IO_3^-$$

(b) Utilize a notação simplificada para descrever uma célula, que consiste em um eletrodo de referência de calomelano saturado e um eletrodo indicador de prata, que poderia ser empregado para medir pIO_3.

(c) Desenvolva uma equação que relacione o potencial da célula descrita em (b) a pIO_3.

(d) Calcule pIO_3 se a célula do item (b) apresentasse um potencial de 0,306 V.

21-16. (a) Calcule E^0 para o processo

$$PbI_2(s) + e^- \rightleftharpoons Pb(s) + 2I^-$$

(b) Use a notação simplificada para descrever uma célula que consiste em um eletrodo de referência de calomelano saturado e um eletrodo indicador de chumbo, que poderia ser empregada para medir pI.

(c) Gere uma equação que relacione o potencial dessa célula a pI.

(d) Calcule pI se essa célula apresentasse um potencial de −0,402 V.

21-17. Utilize a notação simplificada para descrever uma célula composta por um eletrodo de referência de calomelano saturado e um eletrodo indicador de prata para a medida de

*(a) pI.

(b) pSCN.

*(c) pPO_4.

(d) pSO_3.

21-18. Gere uma equação que relacione pÂnion a $E_{cél}$ para cada uma das células do Problema 21-17. (Para Ag_2SO_3, $K_{ps} = 1{,}5 \times 10^{-14}$; para Ag_3PO_4, $K_{ps} = 1{,}3 \times 10^{-20}$.)

21-19. Calcule

*(a) pI se a célula no Problema 21-17(a) tem um potencial de −196 mV.

(b) pSCN se a célula no Problema 21-17(b) tem um potencial de 0,137 V.

(c) pPO_4 se a célula no Problema 21-17(c) tem um potencial de 0,211 V.

(d) pSO_3 se a célula no Problema 21-17(d) tem um potencial de 285 mV.

***21-20.** A célula

$$SCE \| Ag_2CrO_4(\text{saturado}), (x \text{ mol L}^{-1}) | Ag$$

é empregada na determinação de $pCrO_4$. Calcule $pCrO_4$ quando o potencial da célula for 0,389 V.

***21-21.** A célula

$$SCE \| H^+(a = x) | \text{eletrodo de vidro}$$

tem um potencial de 0,2106 V quando a solução no compartimento do lado direito é um tampão de pH 4,006. Os seguintes potenciais são obtidos quando o tampão é substituído por soluções desconhecidas: (a) −0,2902 V e (b) +0,1241 V. Calcule o pH e a atividade dos íons hidrogênio para cada uma das soluções desconhecidas. (c) Considerando-se uma incerteza de 0,002 V no potencial de junção, qual a faixa de atividade dos íons hidrogênio na qual se espera que esteja inserido o valor verdadeiro?

***21-22.** Uma amostra de 0,4021 g de um ácido orgânico purificado foi dissolvida em água e titulada potenciometricamente. Um gráfico dos dados revelou um único ponto final alcançado após a introdução de 18,62 mL de NaOH 0,1243 mol L^{-1}. Calcule a massa molar do ácido.

21-23. Calcule o potencial de um eletrodo indicador de prata *versus* um eletrodo de calomelano saturado, após a adição de 5,00; 15,00; 25,00; 30,00; 35,00; 39,00; 39,50; 39,60; 39,70; 39,80; 39,90; 39,95; 39,99; 40,00; 40,01; 40,05; 40,10; 40,20; 40,30; 40,40; 40,50; 41,00; 45,00; 50,00; 55,00 e 70,00 mL de $AgNO_3$ 0,1000 mol L^{-1}a 50,00 mL de KSeCN 0,0800 mol L^{-1}. Construa uma curva de titulação e um gráfico com a primeira e segunda derivadas desses dados. (K_{ps} para o AgSeCN = $4{,}20 \times 10^{-16}$.)

21-24. Uma alíquota de 40,00 mL de HNO_2 0,05000 mol L^{-1} é diluída a 75,00 mL e titulada com Ce^{4+} 0,0800 mol L^{-1}. O pH da solução é mantido em 1,00 durante a titulação; o potencial formal do sistema cério é 1,44 V.

(a) Calcule o potencial do eletrodo indicador, em relação ao eletrodo de referência de calomelano saturado após a adição de 5,00; 10,00; 15,00; 25,00; 40,00; 49,00; 49,50; 49,60; 49,70; 49,80; 49,90; 49,95; 49,99; 50,00; 50,01; 50,05; 50,10; 50,20; 50,30; 50,40; 50,50; 51,00; 60,00; 75,00 e 90,00 mL de cério(IV).

(b) Construa uma curva de titulação para esses dados.

(c) Gere curvas da primeira e segunda derivadas para os dados. O volume no qual a segunda derivada passa pelo zero corresponde ao ponto de equivalência teórico? Sim ou não, por quê?

21-25. A titulação de Fe(II) com permanganato gera uma curva de titulação particularmente assimétrica por causa dos diferentes números de elétrons envolvidos nas semirreações. Considere a titulação de 25,00 mL de Fe(II) 0,1 mol L^{-1} com MnO_4^- 1 mol L^{-1}. A concentração de H^+ é mantida em 1,0 mol L^{-1} durante a titulação. Utilize uma planilha eletrônica de cálculo para gerar uma curva de titulação teórica e gráficos da primeira e segunda derivadas. Os pontos de inflexão obtidos pelo ponto máximo da primeira derivada ou pelo ponto que passa pelo zero na segunda derivada correspondem ao ponto de equivalência? Explique.

***21-26.** A concentração de Na^+ de uma solução foi determinada por medidas realizadas com um eletrodo seletivo de íon sódio. O sistema de eletrodos desenvolveu um potencial de −0,2462 V quando imerso em 10,00 mL da solução de concentração desconhecida. Após a adição de 1,00 mL de NaCl $2{,}00 \times 10^{-2}$ mol L^{-1}, o potencial variou para −0,1994 V. Calcule a concentração de Na^+ na solução original.

21-27. A concentração de F^- de uma solução foi determinada por medidas realizadas com um eletrodo de membrana líquida. O sistema de eletrodos desenvolveu um potencial de 0,5021 V quando imerso em 25,00 mL da solução da amostra e 0,4213 V após a adição de 2,00 mL de NaF $5{,}45 \times 10^{-2}$ mol L^{-1}. Calcule pF para a amostra.

21-28. Um eletrodo seletivo de íons para lítio forneceu os potenciais a seguir para as seguintes soluções padrão de LiCl e para duas amostras de concentrações desconhecidas.

Solução (a_{Li^+})	Potencial *vs.* SCE, mV
0,100 mol L^{-1}	+1,0
0,050 mol L^{-1}	−30,0
0,010 mol L^{-1}	−60,0
0,001 mol L^{-1}	−138,0
Amostra 1	−48,5
Amostra 2	−75,3

(a) Construa uma curva analítica com o potencial do eletrodo *versus* log a_{Li^+} e determine se o eletrodo obedece à equação de Nernst.

(b) Utilize um procedimento de linearização baseado em mínimos quadrados para determinar as concentrações das duas amostras.

21-29. Um eletrodo para fluoreto foi empregado para determinar a quantidade de fluoreto em amostras de água potável. Os resultados exibidos na tabela foram obtidos para quatro padrões e duas amostras. A força iônica e o pH foram mantidos constantes.

Solução Contendo F^-	Potencial *vs.* ESC, mV
$5{,}00 \times 10^{-4}$ mol L^{-1}	0,02
$1{,}00 \times 10^{-4}$ mol L^{-1}	41,4
$5{,}00 \times 10^{-5}$ mol L^{-1}	61,5
$1{,}00 \times 10^{-5}$ mol L^{-1}	100,2
Amostra 1	38,9
Amostra 2	55,3

(a) Construa um gráfico da curva analítica do potencial *versus* log$[F^-]$. Estabeleça se o sistema de eletrodos apresenta uma resposta nernstiana.

(b) Determine as concentrações desconhecidas de F^- nas duas amostras por meio de um procedimento de linearização por mínimos quadrados.

21-30. Problema Desafiador: Ceresa, Pretsch e Bakker[13] investigaram três eletrodos seletivos de íons para a determinação da concentração de cálcio. Os três eletrodos empregaram a mesma membrana, porém diferiram na composição da solução interna. O eletrodo 1 era um ESI com uma solução de $CaCl_2$ $1{,}00 \times 10^{-3}$ mol L^{-1} e 0,10 mol L^{-1} de NaCl. O eletrodo 2 (baixa atividade de Ca^{2+}) tinha uma solução interna contendo a mesma concentração analítica de $CaCl_2$, mas com EDTA $5{,}0 \times 10^{-2}$ mol L^{-1} com pH ajustado para 9,0 com NaOH $6{,}0 \times 10^{-2}$ mol L^{-1}. O eletrodo 3 (alta atividade de Ca^{2+}) tinha uma solução interna de $Ca(NO_3)_2$ 1,00 mol L^{-1}.

(a) Determine a concentração de Ca^{2+} na solução interna do eletrodo 2.

(b) Estabeleça a força iônica da solução do eletrodo 2.

(c) Utilize a equação de Debye-Hückel e determine a atividade do Ca^{2+} no eletrodo 2. Empregue 0,6 nm para o valor de α_X para o Ca^{2+}.

(d) O eletrodo 1 foi utilizado em uma célula com um eletrodo de calomelano saturado para medir soluções padrão de cálcio com atividades variando de 0,001 mol L^{-1} a $1{,}00 \times 10^{-9}$ mol L^{-1}. Os seguintes dados foram obtidos:

[13] A. Ceresa; E. Pretsch, e E. Bakker, *Anal. Chem.*, v. 72, 2054, **2000**, **DOI**: 10.1021/ac991092h.

Atividade de Ca^{2+}, mol L^{-1}	Potencial da mol L^{-1} Célula, mV
$1{,}0 \times 10^{-3}$	93
$1{,}0 \times 10^{-4}$	73
$1{,}0 \times 10^{-5}$	37
$1{,}0 \times 10^{-6}$	2
$1{,}0 \times 10^{-7}$	−23
$1{,}0 \times 10^{-8}$	−51
$1{,}0 \times 10^{-9}$	−55

Construa um gráfico do potencial da célula *versus* pCa e determine o valor de pCa onde o gráfico desvia significativamente da linearidade. Para a porção linear, estipule a inclinação e o interseção do gráfico. O gráfico obedece à Equação 21-23, como esperado?

(e) Para o eletrodo 2, os seguintes resultados foram obtidos.

Atividade de Ca^{2+}	Potencial mol L^{-1} da Célula, V
$1{,}0 \times 10^{-3}$	228
$1{,}0 \times 10^{-4}$	190
$1{,}0 \times 10^{-5}$	165
$1{,}0 \times 10^{-6}$	139
$5{,}6 \times 10^{-7}$	105
$3{,}2 \times 10^{-7}$	63
$1{,}8 \times 10^{-7}$	36
$1{,}0 \times 10^{-7}$	23
$1{,}0 \times 10^{-8}$	18
$1{,}0 \times 10^{-9}$	17

Novamente, construa um gráfico do potencial *versus* pCa e estabeleça a faixa de linearidade para o eletrodo 2. Determine a inclinação e a interseção para a porção linear. Esse eletrodo obedece à Equação 21-23 para atividades mais elevadas de Ca^{2+}?

(f) Diz-se que o eletrodo 2 é supernernstiano para as concentrações entre 10^{-7} mol L^{-1} e 10^{-6} mol L^{-1}. Por que esse termo é empregado? Se você tem acesso a uma biblioteca que assine o periódico *Analytical Chemistry* ou se tem acesso ao website do periódico, leia o artigo. Diz-se que esse eletrodo incorpora Ca^{2+}. O que isso significa e como pode explicar sua resposta?

(g) O eletrodo 3 forneceu os seguintes resultados.

Atividade deCa^{2+}, mol L^{-1}	Potencial mol L^{-1} da Célula, V
$1{,}0 \times 10^{-3}$	175
$1{,}0 \times 10^{-4}$	150
$1{,}0 \times 10^{-5}$	123
$1{,}0 \times 10^{-6}$	88
$1{,}0 \times 10^{-7}$	75
$1{,}0 \times 10^{-8}$	72
$1{,}0 \times 10^{-9}$	71

Construa o gráfico do potencial *versus* pCa e estipule a faixa de linearidade. Novamente, determine a inclinação e a interseção. Esse eletrodo obedece à Equação 21-23?

(h) Diz-se que o eletrodo 3 libera Ca^{2+}. A partir do artigo, explique esse termo e descreva como isso pode justificar a resposta.

(i) O artigo fornece alguma explicação alternativa para os resultados experimentais obtidos? Em caso afirmativo, descreva essas alternativas.

Eletrólise Completa:[1] Eletrogravimetria e Coulometria

capítulo 22

A eletrólise é amplamente utilizada comercialmente para produzir coberturas metálicas sobre objetos como para-choques de caminhões, que são recobertos com cromo; talheres, que normalmente são recobertos com prata, e joias, que podem ser recobertas com vários metais preciosos. Outro exemplo de um material recoberto eletroliticamente é o Oscar, que é oferecido aos premiados pela Academia de Cinema de Hollywood. Cada Oscar mede cerca de 35 cm, não incluída a base, e pesa 3,8 kg. A estatueta é feita à mão em britânio, uma liga feita de estanho, cobre e antimônio, em um molde de aço. Então o molde é eletroliticamente recoberto com cobre. O recobrimento eletrolítico com níquel é aplicado para selar os poros do metal. Depois a estatueta recebe um banho de prata, que adere muito bem ao ouro. Finalmente, após o polimento, a estatueta é recoberta eletroliticamente com ouro 24 quilates e depois recebe um acabamento com uma laca. A quantidade de ouro depositada no Oscar poderia ser determinada pesando-se a estatueta antes e após a etapa final de eletrólise. Essa técnica, chamada eletrogravimetria, é um dos tópicos deste capítulo. Alternativamente, a corrente gerada durante o processo de recobrimento eletrolítico poderia ser integrada para se determinar a quantidade total de carga requerida para recobrir eletroliticamente o Oscar. Então, a quantidade de matéria de elétrons necessária poderia ser empregada para calcular a massa de ouro depositada. Esse método, conhecido como coulometria, também é um dos assuntos deste capítulo.

Sue Ogrocki/Reuters/Corbis

Neste capítulo descrevemos dois métodos eletroanalíticos quantitativos: eletrogravimetria e coulometria.[2] Diferentemente dos métodos potenciométricos nos quais existe uma corrente líquida e uma reação de célula líquida, a eletrogravimetria e a coulometria são métodos correlatos baseados na eletrólise realizada por tempo suficiente para garantir o término da oxidação ou redução do analito para um produto de composição conhecida. Na eletrogravimetria, o objetivo

[1] NRT: A expressão "eletrólise completa" é aqui utilizada no lugar da expressão inglesa *bulk electrolysis* para designar os métodos eletroquímicos nos quais a eletrólise é empregada para converter quantitativamente todo o analito presente na amostra em uma espécie que pode ser pesada (eletrogravimetria) ou aqueles nos quais um reagente é gerado de acordo com a relação estequiométrica entre o número de elétrons empregados no processo eletrolítico e a quantidade de matéria do analito (coulometria). De modo alternativo, um reagente pode ser gerado para se combinar com toda a quantidade de analito presente na amostra. A palavra "completa" refere-se, normalmente, a uma redução de 104 vezes na concentração inicial da espécie.

[2] Para informações adicionais a respeito dos métodos contidos neste capítulo, veja A. J. Bard; L. R. Faulkner, *Electrochemical Methods*, 2. ed., Nova York: Wiley, 2001, cap. 11; J. A. Dean, *Analytical Chemistry Handbook*, Nova York: McGraw-Hill, 1995, seção 14, pp. 14, 93-14, 133.

consiste em se determinar a quantidade de analito presente por meio da sua conversão eletrolítica a um produto que é pesado na forma de um depósito sobre um dos eletrodos. Em procedimentos coulométricos, estabelecemos a quantidade de analito pela medida da quantidade de carga elétrica necessária para convertê-lo completamente a um dado produto.

Frequentemente, a eletrogravimetria e a coulometria podem exibir exatidões na faixa de poucas partes por mil.

A eletrogravimetria e a coulometria são moderadamente sensíveis e estão entre as técnicas mais exatas e precisas disponíveis aos químicos. Assim como as técnicas gravimétricas discutidas no Capítulo 12, a eletrogravimetria não requer calibrações preliminares contra padrões químicos porque a relação funcional entre a grandeza medida e a concentração do analito pode ser estipulada a partir da teoria e dados de massa atômica.

Uma vez que esse tópico ainda não foi discutido, ou seja, o que ocorre quando a corrente está presente em uma célula eletroquímica, iniciaremos com uma discussão a esse respeito. Assim, inicialmente abordaremos o efeito da corrente em uma célula. Então, descreveremos os métodos de eletrólise completa em detalhes. Os métodos voltamétricos descritos no Capítulo 23 também requerem uma corrente líquida na célula, mas empregam eletrodos com áreas muito inferiores de forma que não ocorram variações significativas da concentração total em solução.

Jean-Loup Charmet/Science Photo Library/Photo Researchers, Inc.

André Marie Ampère (1775-1836), um matemático e físico francês, foi o primeiro a aplicar a matemática no estudo da corrente elétrica. Consistente com a definição de cargas positivas e negativas de Benjamin Franklin, Ampère definiu uma corrente positiva como sendo o sentido do fluxo de cargas positivas. Embora saibamos atualmente que elétrons negativos carregam corrente em metais, a definição de Ampère sobreviveu até os dias atuais. A unidade de corrente, o ampère, foi assim nomeada em sua homenagem.

22A O EFEITO DA CORRENTE NO POTENCIAL DA CÉLULA

Quando existe uma corrente líquida em uma célula eletroquímica, o potencial medido entre os dois eletrodos não corresponde mais simplesmente à diferença entre os dois potenciais de eletrodo, da maneira como calculado pela equação de Nernst. Dois fenômenos adicionais, a **queda *IR*** e a **polarização**, devem ser considerados quando uma corrente se faz presente. Por causa desses fenômenos, potenciais superiores aos potenciais termodinâmicos são necessários para operar uma célula eletrolítica. Quando presentes em uma célula galvânica, a queda *IR* e a polarização resultam no desenvolvimento de potenciais menores que aqueles previstos.

Vamos examinar esses dois fenômenos detalhadamente. Como exemplo, considere a seguinte célula eletrolítica para a determinação de cádmio(II) em soluções de ácido clorídrico por eletrogravimetria ou coulometria:

$$\text{Ag}|\text{AgCl}(s),\ \text{Cl}^-(0{,}200\ \text{mol L}^{-1}),\ \text{Cd}^{2+}(0{,}00500\ \text{mol L}^{-1})|\text{Cd}$$

Células similares podem ser utilizadas para determinar Cu(II) e Zn(II) em soluções ácidas. Nessa célula, o eletrodo do lado direito é um eletrodo de metal que foi recoberto com uma camada de cádmio. Como este é o eletrodo no qual ocorre a redução de íons Cd^{2+}, esse **eletrodo de trabalho** funciona como catodo. O eletrodo da esquerda é um eletrodo de prata/cloreto de prata cujo potencial de eletrodo permanece aproximadamente constante durante a análise. O eletrodo da esquerda é, portanto, o **eletrodo de referência**. Observe que este é um exemplo de uma célula sem junção líquida. Como mostrado no Exemplo 22-1, essa célula, da maneira como escrita, tem um potencial termodinâmico de $-0{,}734$ V. O sinal negativo da célula indica que a reação espontânea *não* é a redução do Cd^{2+}, à direita, nem a oxidação de Ag, à esquerda. Para reduzir Cd^{2+} em Cd, precisamos construir uma célula eletrolítica e *aplicar* um potencial um pouco mais negativo que $-0{,}734$ V. Essa célula pode ser vista na **Figura 22-1**. Aplicando um potencial mais negativo que o potencial termodinâmico, forçamos o eletrodo de Cd a tornar-se o catodo e fazemos com que ocorra uma reação líquida mostrada na Equação 22-1 no sentido da esquerda para a direita.

$$\text{Cd}^{2+} + 2\text{Ag}(s) + 2\text{Cl}^- \rightarrow \text{Cd}(s) + 2\text{AgCl}(s) \qquad (22\text{-}1)$$

Observe que essa célula é reversível; assim, na ausência da fonte de voltagem externa exposta na figura, a reação espontânea da célula é aquela da direita para a esquerda, no sentido da oxidação do Cd(*s*) para Cd^{2+}. Se permitíssemos que a reação espontânea ocorresse por um curto-circuito na célula galvânica, o eletrodo de Cd seria o anodo.

Corrente é a grandeza do fluxo de carga em um circuito ou solução. Um ampère de corrente refere-se a um fluxo de carga de um coulomb por segundo ($1\ A = 1\ C\ s^{-1}$).

Voltagem, a diferença de potencial elétrico, é a energia potencial que resulta da separação das cargas. Um volt de potencial elétrico resulta quando um joule de energia potencial é requerido para separar um coulomb de cargas ($1\ V = 1\ J\ C^{-1}$).

22A-1 Potencial Ôhmico; Queda *IR*

Células eletroquímicas, como os condutores metálicos, resistem à passagem de carga. A lei de Ohm descreve o efeito dessa resistência na grandeza da corrente na célula. O produto da resistência *R* de uma célula em ohms (Ω) pela corrente *I* em ampères (A) é chamado potencial ôhmico ou queda *IR* da célula. Na Figura 22-1b, empregamos um resistor *R* para representar a resistência da célula na Figura 22-1a. Para gerar uma corrente de *I* ampères nessa célula, precisamos aplicar um potencial que seja *IR* mais negativo que o potencial termodinâmico da célula, $E_{\text{célula}} = E_{\text{direita}} - E_{\text{esquerda}}$. Isto é,

Lei de Ohm: $E = IR$ ou $I = E/R$. A unidade de resistência é o ohm (Ω). Um ohm é igual a um volt por ampère. Portanto, o produto *IR* tem unidade de ampères × volts/ampère = volts.

$$E_{\text{aplicado}} = E_{\text{célula}} - IR \tag{22-2}$$

Normalmente tentamos minimizar a queda *IR* empregando uma célula com resistência muito pequena (força iônica elevada) ou pelo uso de uma **célula de três eletrodos** especial (veja a Seção 22C-2), na qual a corrente passa entre o eletrodo de trabalho e um **eletrodo auxiliar**, ou **contador**. Com esse arranjo, apenas uma corrente muito pequena passará entre o eletrodo de trabalho e o eletrodo de referência, consequentemente diminuindo a queda *IR*.

Corrente contínua (cc) é a corrente que está sempre em uma direção; é unidirecional. A direção da **corrente alternada (ca)** se inverte periodicamente. Também podemos falar de fontes de voltagem que são unidirecionais (cc) ou de polaridade alternada (ca). Os termos ca e cc também são empregados para descrever fontes de energia, circuitos e componentes projetados para operação alternada ou unipolar, respectivamente. Frequentemente, às fontes de voltagem cc são dados os símbolos com as polaridades + e − indicadas como mostrado na Figura 22-1. Uma seta através da bateria indica que a fonte de voltagem é variável e pode ser controlada de forma a se obter diversos valores de cc.

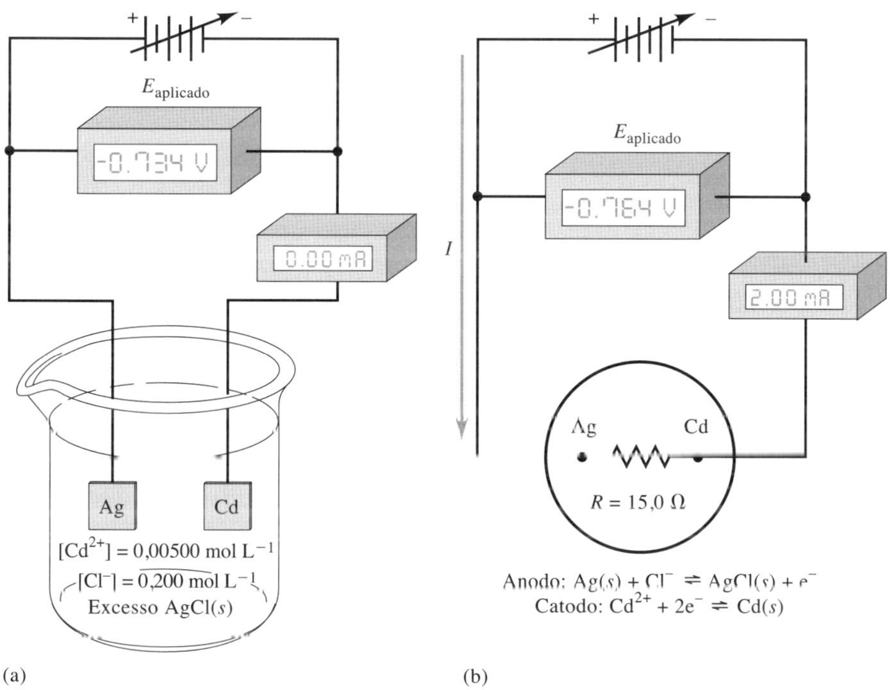

Figura 22-1 Uma célula eletrolítica para a determinação de Cd^{2+}. (a) Corrente = 0,00 mA. (b) Representação esquemática da célula (a) com uma resistência interna da célula representada por um resistor de 15,0 Ω e E_{aplicado} aumentado para gerar uma corrente de 2,00 mA.

EXEMPLO 22-1

A célula mostrada a seguir foi utilizada na determinação de cádmio na presença de íons cloreto tanto por eletrogravimetria quanto por coulometria:

$$Ag \mid AgCl(s), Cl^-(0{,}200 \text{ mol L}^{-1}), Cd^{2+}(0{,}00500 \text{ mol L}^{-1}) \mid Cd$$

Calcule o potencial que (a) precisa ser aplicado para prevenir que a corrente se desenvolva na célula quando os dois eletrodos forem conectados e aquele que (b) devemos aplicar para fazer um que desenvolva uma corrente de 2,00 mA. Considere que a resistência interna da célula seja 15,0 Ω.

Resolução

(a) No Apêndice 5, encontramos os seguintes potenciais padrão de redução:

$$Cd^{2+} + 2e^- \rightleftharpoons Cd(s) \qquad E^0 = -0{,}403 \text{ V}$$

$$AgCl(s) + e^- \rightleftharpoons Ag(s) + Cl^- \qquad E^0 = 0{,}222 \text{ V}$$

O potencial do eletrodo de cádmio é

$$E_{\text{direita}} = -0{,}403 - \frac{0{,}0592}{2}\log\frac{1}{0{,}00500} = -0{,}471 \text{ V}$$

e para o eletrodo de prata é

$$E_{\text{esquerda}} = 0{,}222 - 0{,}0592 \log (0{,}200) = 0{,}263 \text{ V}$$

Visto que a corrente deve ser igual a 0,00 mA, da Equação 22-2 descobrimos que,

$$E_{\text{aplicado}} = E_{\text{célula}} = E_{\text{direita}} - E_{\text{esquerda}}$$
$$= -0{,}471 - 0{,}263 = -0{,}734 \text{ V}$$

Para prevenir a passagem de corrente nessa célula, precisamos aplicar uma voltagem de −0,734 V, como mostrado na Figura 22-1a. Note que para obter uma corrente de 0,00 mA, a voltagem aplicada precisa ser exatamente equivalente ao potencial da célula. Esta exigência é a base para uma medida do potencial da célula galvânica feita de forma comparativa de nulo, com uma elevada precisão. Empregamos uma fonte de voltagem padrão variável para gerar a voltagem aplicada e ajustamos sua saída até que a corrente de 0,00 mA seja obtida. Nesse ponto de nulo, a voltagem padrão é lida no voltímetro para obter o valor do $E_{\text{célula}}$. Dado que não há corrente no ponto de nulo, esse tipo de medida de voltagem previne o erro de carga discutido na Seção 21E.

(b) Para aplicar o potencial necessário para desenvolver uma corrente de 2,00 mA, ou $2{,}00 \times 10^{-3}$ A, substituímos na Equação 22-2 para dar

$$E_{\text{aplicado}} = E_{\text{célula}} - IR$$
$$= -0{,}734 - 2{,}00 \times 10^{-3} \text{ A} \times 15 \ \Omega$$
$$= -0{,}734 - 0{,}030 = -0{,}764 \text{ V}$$

Vemos que, para obter uma corrente de 2,00 mA como na Figura 22-1b, é necessário um potencial aplicado de −0,764 V.

22A-2 Efeitos de Polarização

Se resolvermos a Equação 22-2 em termos da corrente I, obtemos

$$I = \frac{E_{\text{célula}} - E_{\text{aplicado}}}{R} = -\frac{E_{\text{aplicado}}}{R} + \frac{E_{\text{célula}}}{R} \tag{22-3}$$

Note que um gráfico da corrente em uma célula eletrolítica *versus* o potencial aplicado deve ser uma linha reta com uma inclinação igual ao recíproco negativo da resistência, $-1/R$, e uma interseção igual a $E_{\text{célula}}/R$. Como pode ser visto na **Figura 22-2**, o gráfico é linear para correntes baixas. Nesse experimento, as medidas foram feitas em um tempo suficientemente curto para que nenhum dos potenciais de eletrodo variasse significativamente como consequência da reação eletrolítica. À medida que a voltagem aplicada aumenta, a corrente finalmente começa a se desviar da linearidade.

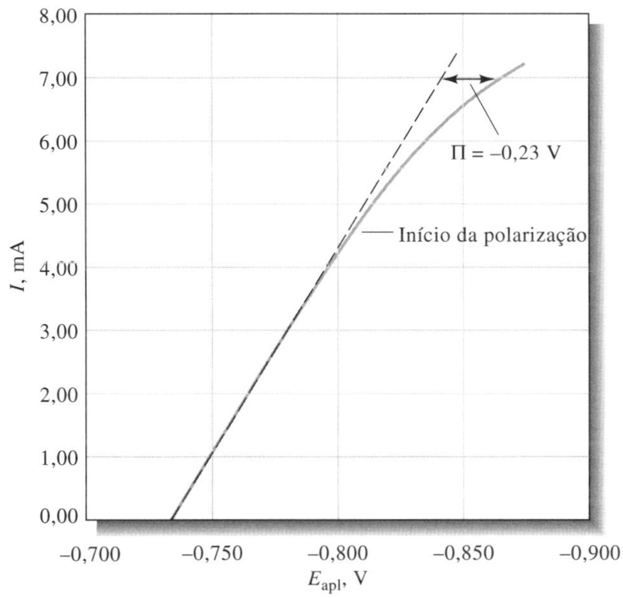

Figura 22-2 Curva experimental corrente/voltagem para a operação da célula mostrada na Figura 22-1. A linha pontilhada representa a curva teórica considerando a inexistência de polarização. A sobrevoltagem Π é a diferença de potencial entre as curvas teórica e a experimental.

O termo **polarização** refere-se ao desvio do potencial de eletrodo do valor previsto pela equação de Nernst sob a passagem de corrente. As células que apresentam comportamentos não lineares sob correntes elevadas exibem polarização e o grau de polarização é dado por uma **sobrevoltagem**, ou **sobrepotencial**, a qual é simbolizado por Π na figura. Observe que a polarização requer a aplicação de um potencial maior que o valor teórico para fornecer uma corrente de grandeza esperada. Assim, o sobrepotencial requerido para alcançar uma corrente de 7,00 mA na célula eletrolítica da Figura 22-2 é de cerca de $-0{,}23$ V. Então, para uma célula eletrolítica afetada pela sobrevoltagem, a Equação 22-2 torna-se

A **polarização** é o desvio do potencial do eletrodo de seu valor teórico com base na equação de Nernst sob a passagem de corrente. A **sobrevoltagem** é a diferença de potencial entre o potencial teórico da célula da Equação 22-2 e do potencial verdadeiro da célula a um determinado nível de corrente.

$$E_{\text{aplicado}} = E_{\text{célula}} - IR - \Pi \tag{22-4}$$

A polarização é um fenômeno de eletrodo que pode afetar um ou os dois eletrodos em uma célula. O grau de polarização de um eletrodo varia amplamente. Em alguns casos, se aproxima de zero, mas em outros pode ser tão grande que a corrente na célula torna-se independente do potencial. Sob essa circunstância, a polarização é considerada completa. Fenômenos de polarização podem ser divididos em duas categorias: **polarização de concentração** e **polarização cinética**.

Fatores que influenciam a polarização incluem (1) tamanho, forma e composição do eletrodo; (2) composição da solução eletrolítica; (3) temperatura e velocidade de agitação; (4) nível de corrente; e (5) o estado físico das espécies participantes na região da célula.

A **transferência de massa** é o movimento de material, por exemplo, de íons, de um lugar para outro.

Polarização de Concentração

A polarização de concentração ocorre por causa da velocidade finita de transferência de massa da solução para a superfície do eletrodo. A transferência de elétrons entre uma espécie reativa em uma solução e um eletrodo pode ter lugar apenas na região de interface localizada imediatamente adjacente à superfície do eletrodo; essa região é apenas uma fração de um nanômetro de espessura e contém um número limitado de íons ou moléculas reativas. Para que exista uma corrente estável em uma célula, a região de interface precisa ser continuamente reabastecida com o reagente a partir do seio da solução.

Em outras palavras, à medida que íons ou moléculas do reagente são consumidos na reação eletroquímica, mais material precisa ser transportado para a camada da superfície a uma velocidade que seja suficiente para manter a corrente. Por exemplo, para se ter uma corrente de 2,0 mA na célula descrita na Figura 22-1b, é necessário transportar íons cádmio para a superfície do catodo a uma velocidade de cerca de 1×10^{-8} mol/s ou 6×10^{15} íons cádmio por segundo. De maneira similar, íons prata precisam ser removidos da superfície do anodo a uma velocidade de 2×10^{-8} mol s^{-1}.[3]

A polarização de concentração ocorre quando as espécies reagentes não chegam à superfície do eletrodo ou quando as espécies produzidas não deixam a superfície do eletrodo de maneira suficientemente rápida para manter a corrente desejada. Quando estes eventos acontecem, a corrente é limitada a valores menores que os previstos pela Equação 22-2.

Reagentes são transportados para o eletrodo e os produtos são transportados para longe do eletrodo por (1) difusão, (2) migração e (3) convecção.

Reagentes são transportados para a superfície de um eletrodo por três mecanismos: **difusão**, **migração** e **convecção**. Os produtos são removidos da superfície do eletrodo das mesmas maneiras.

Difusão é o movimento de uma espécie sob a influência de um gradiente de concentração. É o processo que provoca o movimento de íons ou moléculas de uma parte mais concentrada da solução para uma região mais diluída.

Difusão Quando há uma diferença de concentração entre duas regiões de uma solução, os íons ou as moléculas movem-se a partir da região mais concentrada para a região mais diluída. Esse processo é chamado **difusão** e leva, em última instância, ao desaparecimento do gradiente de concentração. A velocidade de difusão é diretamente proporcional à diferença de concentração. Por exemplo, quando íons cádmio são depositados em um eletrodo de cádmio, como ilustrado na **Figura 22-3a**, a concentração de Cd^{2+} na superfície do eletrodo $[Cd^{2+}]_0$ torna-se menor que aquela do seio da solução. A diferença entre a concentração na superfície e a concentração na solução, $[Cd^{2+}]$, cria um *gradiente* de concentração que provoca a difusão dos íons cádmio do seio da solução para a camada da superfície próxima ao eletrodo (veja a **Figura 22-3b**).

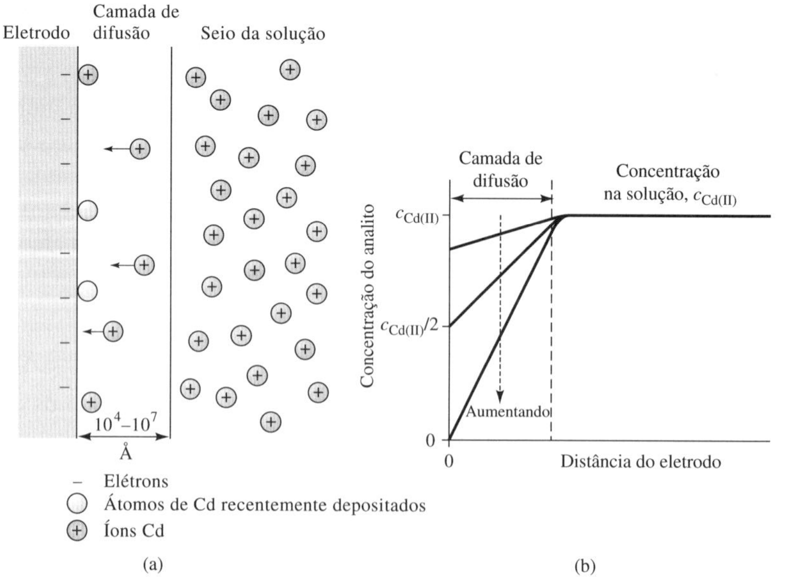

Figura 22-3 Diagrama representativo (a) e gráfico da concentração *versus* distância (b) mostrando variações na concentração na superfície de um eletrodo de cádmio. À medida que íons Cd^{2+} são reduzidos a átomos de Cd na superfície do eletrodo, a concentração de íons Cd^{2+} na superfície torna-se menor que aquela no seio da solução. Então os íons difundem da solução para a superfície como resultado do gradiente de concentração. Quanto maior a corrente, maior o gradiente de concentração, até que a concentração na superfície caia a zero, seu menor valor possível. Nesse ponto, a máxima corrente possível, chamada corrente limite, é obtida.

[3] Para mais detalhes, veja D. A. Skoog; F. J. Holler e T. A. Nieman, *Principles of Instrumental Analysis*, 6. ed. Belmont, CA, Brooks/Cole, 2007, pp. 647-652.

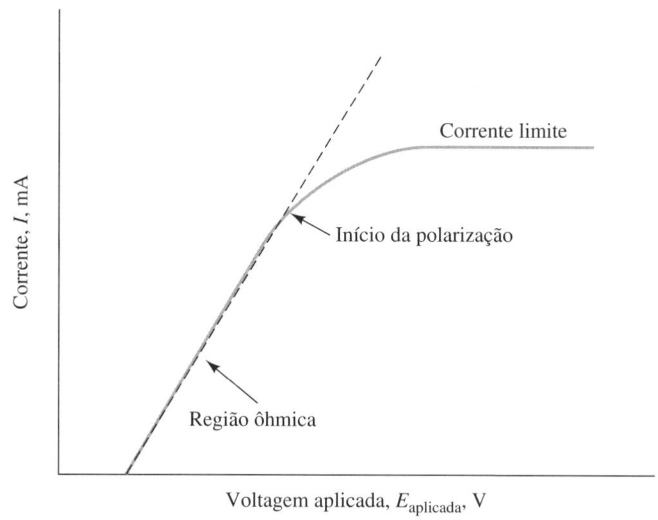

Figura 22-4 Curva corrente-potencial para uma eletrólise mostrando a região linear ou ôhmica, o início da polarização e o platô da corrente limite. Na região da corrente limite, diz-se que o eletrodo está completamente polarizado, uma vez que seu potencial pode variar amplamente sem afetar a corrente.

A velocidade de difusão é dada por

$$\text{taxa de difusão para superfície do catodo} = k'([Cd^{2+}] - [Cd^{2+}]_0) \qquad (22\text{-}5)$$

em que $[Cd^{2+}]$ é a concentração do reagente no seio da solução, $[Cd^{2+}]_0$ é sua concentração de equilíbrio na superfície do eletrodo e k' é uma constante de proporcionalidade ou velocidade. O valor de $[Cd^{2+}]_0$ a qualquer instante é dado pelo potencial do eletrodo e pode ser calculado pela equação de Nernst. Neste exemplo, encontramos a concentração de íons cádmio na superfície do eletrodo a partir da relação

$$E_{\text{catodo}} = E^0_{Cd^{2+}/Cd} - \frac{0{,}0592}{2} \log \frac{1}{[Cd^{2+}]_0}$$

A **migração** envolve o movimento de íons por meio de uma solução como resultado da atração eletrostática entre estes e os eletrodos.

onde E_{catodo} é o potencial aplicado ao catodo. À medida que o potencial aplicado se torna mais e mais negativo, $[Cd^{2+}]_0$ passa a ser cada vez menor. O resultado é que a velocidade de difusão e a corrente tornam-se correspondentemente maiores até que a concentração na superfície caia a zero e a corrente máxima, ou **corrente limite**, seja atingida, como ilustrado na **Figura 22-4**.

Migração O processo eletrostático por meio do qual os íons se movem sob a influência de um campo elétrico é chamado **migração**. Esse processo, representado de maneira esquemática na **Figura 22-5**, é a principal causa da transferência de massa no seio da solução de uma célula. A velocidade na qual os íons migram para a superfície do eletrodo ou para longe dela geralmente sobe à medida que o potencial do eletrodo aumenta. Esse movimento de cargas constitui-se em uma corrente, que também se eleva com o potencial. A migração faz com que os ânions sejam atraídos para o eletrodo positivo e os cátions, para o eletrodo negativo. A migração de espécies do analito é indesejável na maioria dos processos eletroquímicos. Queremos reduzir os ânions, bem como os cátions, em um eletrodo de polaridade negativa e oxidar os cátions, assim como os ânions, em um eletrodo positivo. A migração de espécies do analito pode ser minimizada pelo uso de elevadas concentrações de um eletrólito inerte, denominado **eletrólito de suporte**, presente na célula. Então a corrente na célula ocorre principalmente em razão das cargas transportadas pelos íons do eletrólito de suporte. O eletrólito de suporte também serve para reduzir a resistência da célula, diminuindo a queda *IR*.

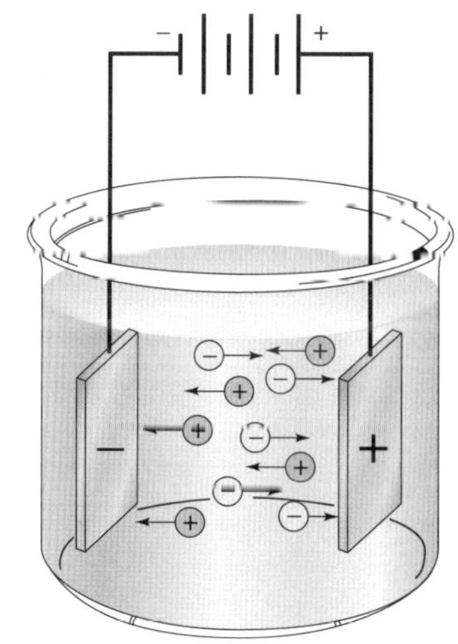

Figura 22-5 O movimento de íons ao longo de uma solução em razão da atração eletrostática entre os íons e os eletrodos é chamado migração.

Convecção Reagentes podem ser transferidos para ou de um eletrodo por um processo mecânico. A **convecção forçada**, por exemplo, a vibração ou a agitação, tende a reduzir a espessura da camada de difusão na superfície de um eletrodo e, portanto,

Convecção é o transporte de íons ou moléculas por meio de uma solução como resultado da agitação, vibração ou de gradientes de temperatura.

As variáveis experimentais que influenciam o grau da polarização de concentração são: (1) concentração do reagente, (2) concentração total do eletrólito, (3) agitação mecânica e (4) tamanho do eletrodo.

Em uma célula cineticamente polarizada, a corrente é controlada pela velocidade de transferência de elétrons em vez da velocidade de transporte de massa.

A **densidade de corrente** é a corrente por unidade de área superficial de um eletrodo (A/cm^{-2}).

Polarização cinética é mais comumente encontrada quando o reagente ou produto de uma célula eletroquímica for um gás.

a diminuir a polarização de concentração. A **convecção natural** resultante de diferenças de temperatura ou densidade também contribui para o transporte de moléculas e íons da solução para o eletrodo e vice-versa.

A Importância da Polarização de Concentração Como observado anteriormente, a polarização de concentração ocorre quando os efeitos de difusão, migração e convecção são insuficientes para transportar um reagente para a superfície de um eletrodo, ou removê-lo dali, a uma velocidade que produza uma corrente de grandeza dada pela Equação 22-2. A polarização de concentração requer que sejam aplicados potenciais maiores que aqueles calculados a partir dessa equação, para manter uma determinada corrente em uma célula eletrolítica (veja a Figura 22-2). De maneira similar, o fenômeno faz com que o potencial de uma célula galvânica seja menor que o valor previsto com base no potencial teórico e da queda *IR*.

Polarização Cinética

Na polarização cinética, a grandeza da corrente é limitada pela velocidade de uma ou das duas reações do eletrodo – isto é, a velocidade de transferência de elétrons entre os reagentes e o eletrodo. Para contrabalançar a polarização cinética, um potencial adicional, ou sobrevoltagem, é requerido para superar a energia de ativação da semirreação.

A polarização cinética é mais pronunciada para os processos de eletrodo que levam a produtos gasosos, porque a cinética de processos de desprendimento de gases é mais complexa e geralmente mais lenta. A polarização cinética pode ser desprezada para deposição ou dissolução de metais como Cu, Ag, Zn, Cd e Hg. Também pode ser significativa, entretanto, para as reações envolvendo metais de transição, como Fe, Cr, Ni e Co. Normalmente, os efeitos cinéticos diminuem com o aumento da temperatura e com a diminuição da densidade de corrente. Esses efeitos também dependem da composição do eletrodo e são mais pronunciados com metais mais macios, como chumbo, zinco e, particularmente, o mercúrio. A grandeza dos efeitos de sobrevoltagem não pode ser prevista a partir da teoria atual e sim apenas estimada a partir de informações empíricas contidas na literatura.[4] Assim como a queda *IR*, os efeitos da sobrevoltagem requerem a aplicação de voltagens superiores àquelas calculadas para operar uma célula eletrolítica a uma determinada corrente. A polarização cinética também faz com que o potencial de uma célula galvânica seja menor que aquele calculado a partir da equação de Nernst e da queda *IR* (veja a Equação 22-2).

As sobrevoltagens associadas à formação de hidrogênio e oxigênio são, geralmente, de 1 V ou mais e são bastante importantes, pois essas moléculas são produzidas, frequentemente, por intermédio de reações eletroquímicas. Por exemplo, a influência da sobrevoltagem de hidrogênio na bateria de chumbo/ácido usada em automóveis é abordada no Destaque 22-1. A alta sobrevoltagem de hidrogênio em metais como cobre, zinco, chumbo e mercúrio é especialmente interessante para propósitos analíticos. Esses metais e vários outros podem, portanto, ser depositados sem interferência da evolução do hidrogênio. Em teoria, não é possível depositar zinco em uma solução aquosa neutra uma vez que o hidrogênio é formado em um potencial que é consideravelmente menor que aquele necessário para a deposição do zinco. De fato, o zinco pode ser depositado em um eletrodo de cobre sem formação significativa de hidrogênio, porque a velocidade na qual o gás é formado tanto no cobre quanto no zinco é desprezível, como evidenciado pela elevada sobrevoltagem associada a esses metais.

[4] Dados a respeito de sobrevoltagem para várias espécies gasosas em diferentes superfícies de eletrodo foram compilados em J. A. Dean, *Analytical Chemistry Handbook*, Nova York: McGraw-Hill, 1995, seção 14, pp. 14, 96-14, 97.

DESTAQUE 22-1

Sobrevoltagem e Baterias de Chumbo/Ácido

Se não fosse pela elevada sobrevoltagem de hidrogênio nos eletrodos de chumbo e óxido de chumbo, as baterias encontradas em automóveis e caminhões (veja **Figura 22D-1**) não funcionariam por causa da formação de hidrogênio no catodo tanto durante a etapa de carga quanto durante o uso. Certos traços de metais no sistema diminuem essa sobrevoltagem e eventualmente levam à gasificação ou formação de hidrogênio, consequentemente limitando o tempo de vida da bateria. A diferença fundamental entre uma bateria com garantia de 48 meses e uma de 72 meses é a concentração desses metais traço no sistema. A reação global da célula, quando a célula está descarregando, é

$$Pb(s) + PbO_2(s) + 2HSO_4^- + 2H^+ \rightarrow 2PbSO_4(s) + 2H_2O$$

A bateria de chumbo/ácido comporta-se como uma célula galvânica durante a descarga e como uma célula eletrolítica quando está sendo carregada. Essas baterias que funcionam como células galvânicas foram utilizadas no passado como fontes de tensão em eletrólise. Nos dias atuais seu emprego foi superado pelas fontes modernas ligadas à rede elétrica.

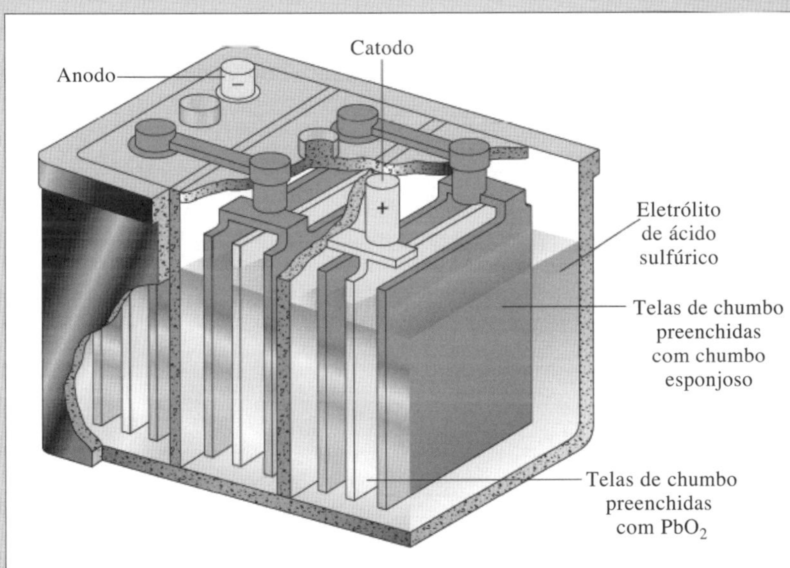

Figura 22D-1 A bateria de chumbo/ácido.

22B A SELETIVIDADE DOS MÉTODOS ELETROLÍTICOS

Em princípio, os métodos eletrolíticos oferecem uma forma relativamente seletiva de separar e determinar inúmeras espécies iônicas. A viabilidade de uma separação e as condições teóricas para realizá-la podem ser derivadas dos potenciais padrão de eletrodo das espécies de interesse, como ilustrado no Exemplo 22-2.

Cálculos como aqueles no Exemplo 22-2 nos permitem encontrar as diferenças nos potenciais padrão de eletrodo que são teoricamente necessários para determinar um íon sem a interferência de outro. Essas diferenças variam de cerca de 0,04 V para íons trivalentes a aproximadamente 0,24 V para as espécies iônicas monovalentes.

EXEMPLO 22-2

Uma separação quantitativa de Cu^{2+} e Pb^{2+} pela deposição eletrolítica é exequível? Em caso afirmativo, que faixa de potenciais do catodo, em relação ao eletrodo saturado de calomelano (ESC), poderia ser empregada? Considere que a solução contendo a amostra tem uma concentração inicial de 0,1000 mol L^{-1} de cada íon e que a remoção quantitativa de um deles é obtida quando apenas 1 parte em 10.000 permanece em solução (não depositada).

Resolução

No Apêndice 5, encontramos que

$$Cu^{2+} + 2e^- \rightleftharpoons Cu(s) \qquad E^0 = 0{,}337\ V$$

$$Pb^{2+} + 2e^- \rightleftharpoons Pb(s) \qquad E^0 = -0{,}126\ V$$

Note que, com base nos potenciais padrão, o cobre começará a depositar em voltagens aplicadas mais positivas que o chumbo. Primeiramente vamos calcular o potencial necessário para reduzir a concentração de Cu^{2+} para 10^{-4} da sua concentração original (isto é, de 0,1000 mol L^{-1} para $1{,}00 \times 10^{-5}$ mol L^{-1}). Substituindo na equação de Nernst, obtemos

$$E = 0{,}337 - \frac{0{,}0592}{2} \log \frac{1}{1{,}00 \times 10^{-5}} = 0{,}189\ V$$

De maneira similar, podemos determinar o potencial no qual o chumbo começa a se depositar:

$$E = -0{,}126 - \frac{0{,}0592}{2} \log \frac{1}{0{,}1000} = -0{,}156\ V$$

Portanto, se o potencial do catodo for mantido entre 0,189 e −0,156 V, *versus* eletrodo padrão de hidrogênio (EPH), podemos obter uma separação quantitativa. Agora, podemos converter estes potenciais *versus* o ESC subtraindo E_{ESC}:

$$E_{célula} = E_{catodo} - E_{ESC} = 0{,}189 - 0{,}244 = -0{,}055\ V \qquad \text{ao depositar Cu}$$

e

$$E_{célula} = E_{catodo} - E_{ESC} = -0{,}156 - 0{,}244 = -0{,}400\ V \qquad \text{ao depositar Pb}$$

Esses resultados indicam que o potencial do catodo deve ser mantido entre −0,055 e −0,400 V, contra o ESC, para depositar Cu sem que quantidades apreciáveis de Pb sejam depositadas.

Esses limites de separação teóricos podem ser obtidos apenas mantendo-se o potencial do eletrodo de trabalho (geralmente o catodo, no qual o metal se deposita) no nível requerido. Entretanto, o potencial desse eletrodo pode ser controlado apenas pela variação do potencial aplicado à célula. A Equação 22-4 indica que variações no $E_{aplicado}$ afetam não apenas o potencial do catodo, mas também o do anodo, a queda *IR* e o sobrepotencial. Por causa desses efeitos, a única maneira prática de realizar a separação de espécies cujos potenciais de eletrodo diferem de alguns décimos de um volt é medindo o potencial do catodo continuamente contra um eletrodo de referência cujo potencial seja conhecido. Então, o potencial de célula aplicado pode ser ajustado para manter o potencial do catodo em um nível desejado. Uma análise realizada dessa forma é chamada **eletrólise de potencial controlado**. Métodos de potencial controlado são discutidos nas Seções 22C-2 e 22D-4.

22C MÉTODOS ELETROGRAVIMÉTRICOS

A deposição eletrolítica tem sido empregada por mais de um século na determinação gravimétrica de metais. Na maioria das aplicações, o metal é depositado em um catodo de platina previamente pesado e o aumento da massa é determinado. Alguns métodos empregam a deposição anódica, por exemplo, a determinação de chumbo como dióxido de chumbo em platina ou cloreto como cloreto de prata em prata.

Existem dois tipos gerais de métodos eletrogravimétricos. Em um, não é exercido qualquer controle no potencial do eletrodo de trabalho e o potencial de célula aplicado é mantido em um nível mais ou menos constante, o que fornece uma corrente suficientemente alta para completar a eletrólise em um intervalo de tempo razoável. O segundo tipo é um método de potencial controlado, ou **método potenciostático**.

Em um **método potenciostático**, o potencial no eletrodo de trabalho é mantido em um nível constante contra um eletrodo de referência, como o ESC.

22C-1 Eletrogravimetria sem Controle do Potencial

Os procedimentos nos quais não é exercido nenhum controle do potencial do eletrodo de trabalho usam equipamento simples e barato e exigem pouca atenção. Nesses procedimentos, o potencial aplicado à célula é mantido em um nível mais ou menos constante durante a eletrólise.

Um **eletrodo de trabalho** é aquele no qual a reação analítica ocorre.

Instrumentação

Como mostrado na **Figura 22-6**, o equipamento para a eletrodeposição analítica sem controle do potencial do catodo consiste em uma célula adequada e uma bateria de corrente contínua de 6 a 12 V. A voltagem aplicada à célula é controlada por um resistor variável, *R*. Um medidor de corrente e um voltímetro indicam a corrente aproximada e a tensão aplicada. Para realizar uma eletrólise analítica com esse sistema, a tensão aplicada é ajustada com o potenciômetro *R* para fornecer uma corrente de

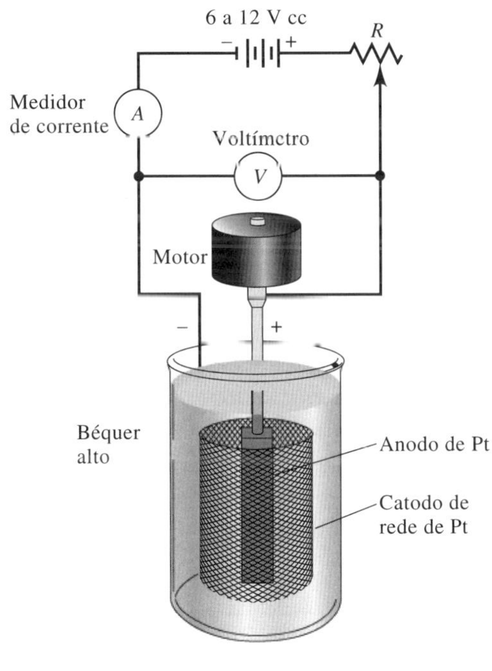

Figura 22-6 Equipamento para a eletrodeposição de metais sem controle do potencial do catodo. Note que esta é uma célula com dois eletrodos.

vários décimos de ampère. Então, a voltagem é mantida próxima do nível inicial até que se considere a deposição completa.

Células de Eletrólise

A Figura 22-6 mostra uma célula típica para a deposição de um metal em um eletrodo sólido. Normalmente, o eletrodo de trabalho tem uma área suficientemente grande na forma de uma rede cilíndrica de platina de 2 ou 3 cm de diâmetro e cerca de 6 cm de comprimento. Os catodos na forma de redes de platina e de várias ligas também têm sido empregados. Frequentemente, como mostrado, o anodo toma a forma de uma barra de agitação sólida de platina que se localiza dentro do catodo e é conectada a ele por meio do circuito externo.

Propriedades Físicas de Precipitados Eletrolíticos

Idealmente, um metal depositado eletroliticamente deve ser fortemente aderente, denso e uniforme, podendo ser lavado, seco e pesado sem perda mecânica ou por reação com o ar atmosférico. Bons depósitos metálicos são finamente granulados e têm um brilho metálico. Precipitados esponjosos, na forma de pó ou flocos, são frequentemente menos puros e menos aderentes que depósitos finamente granulados.

Os principais fatores que influenciam as características físicas de depósitos são a densidade de corrente, a temperatura e a presença de agentes complexantes. Geralmente, os melhores depósitos são formados sob densidades baixas de corrente, tipicamente menores que 0,1 mA cm^{-2}. Uma agitação suave normalmente melhora a qualidade do depósito. Os efeitos da temperatura são imprevisíveis e precisam ser determinados empiricamente.

Geralmente, quando os metais são depositados a partir de soluções de complexos metálicos, eles formam filmes mais uniformes e aderentes que quando são depositados a partir de íons simples. Complexos de cianeto e amônia normalmente fornecem os melhores depósitos. As razões para esse efeito não são óbvias.

Aplicações de Métodos Eletrogravimétricos

Na prática, a eletrólise sob um potencial de célula constante limita-se à separação de cations facilmente redutíveis daqueles que são mais difíceis de ser reduzidos que o íon hidrogênio ou o íon nitrato. A razão para essa limitação é apresentada na **Figura 22-7**, que mostra as variações de corrente, a queda IR e o potencial do catodo durante a eletrólise na célula exibida na Figura 22-6. Aqui o analito é o íon Cu(II) presente em uma solução contendo um excesso de ácido sulfúrico ou ácido nítrico. Inicialmente, R é ajustado de forma que o potencial aplicado à célula seja de cerca de −2,5 V, o qual, conforme se pode ver na Figura 22-7a, leva a correntes de aproximadamente 1,5 A. Então, a deposição eletrolítica de cobre se completa sob esse potencial aplicado.

Como mostra a Figura 22-7b, a queda IR diminui continuamente à medida que a reação ocorre. A razão para esse decréscimo é, principalmente, a polarização de concentração do catodo, o que limita a velocidade na qual os íons cobre são levados para a superfície do eletrodo e, portanto, a corrente. A partir da Equação 22-4, é evidente que o decréscimo de IR precisa ser suplantado por um aumento no potencial do catodo, dado que o potencial da célula é constante.

Finalmente, a diminuição da corrente e o aumento no potencial do catodo são menores no ponto B, em razão da redução dos íons hidrogênio. Como a solução contém grande excesso de ácido, agora a corrente não está mais limitada pela polarização de concentração e a codeposição de cobre e hidrogênio prossegue simultaneamente até que os íons cobre remanescentes sejam depositados. Nessas condições, diz-se que o catodo está despolarizado pelos íons hidrogênio.

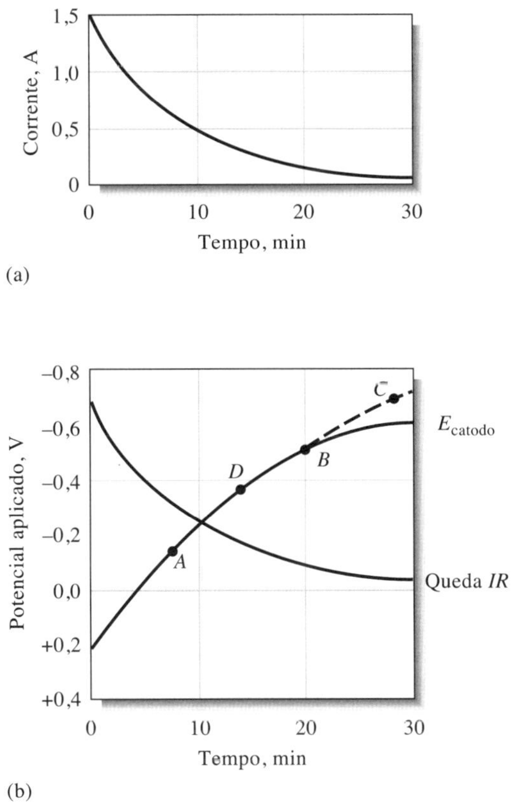

Figura 22-7 (a) Corrente; (b) variações na queda *IR* e no potencial do catodo durante a deposição eletrolítica de cobre sob um potencial de célula aplicado constante. A corrente (a) e a queda *IR* (b) diminuem constantemente com o tempo. O potencial do catodo desloca-se negativamente para compensar a diminuição da queda *IR* (b). No ponto *B*, o catodo torna-se despolarizado pela redução dos íons hidrogênio. Metais que se depositam nos pontos *A* e *D* interferem no cobre por causa da codeposição. Um metal que se deposita no ponto *C* não interfere.

Considere agora o destino de alguns íons metálicos, como o chumbo(II), que começa a se depositar no ponto *A* na curva de potencial do catodo. O chumbo(II) se codepositaria bem antes de a deposição do cobre se completar e, portanto, deveria interferir na determinação do cobre. Em contraste, um íon metálico como o cobalto(II), que reage em um potencial do catodo correspondente ao do ponto *C* mostrado na curva, não deveria interferir porque a despolarização pelo gás hidrogênio previne o catodo de alcançar este potencial.

A codeposição do hidrogênio durante a eletrólise frequentemente leva à formação de depósitos de fraca adesão. Normalmente, eles não são satisfatórios do ponto de vista dos propósitos analíticos. Esse problema pode ser resolvido pela introdução de outra espécie que seja reduzida em um potencial mais negativo que os íons hidrogênio e que não afete de maneira adversa as propriedades físicas do depósito. Um **despolarizador** desse tipo é o íon nitrato. A hidrazina e a hidroxilamina também são comumente empregadas para esse fim.

Um **despolarizador** é uma espécie química facilmente reduzida (ou oxidada). Ele ajuda a manter o potencial do eletrodo de trabalho em um valor relativamente baixo e constante e previne a ocorrência de reações interferentes sob condições mais redutoras ou oxidantes.

Os métodos eletrolíticos desenvolvidos sem controle do potencial do eletrodo, embora limitados pela sua falta de seletividade, têm inúmeras aplicações de importância prática. A **Tabela 22-1** lista os elementos comumente determinados por esse tipo de procedimento.

22C-2 Eletrogravimetria de Potencial Controlado

Na discussão que segue, consideramos que o eletrodo de trabalho é um catodo em que o analito é depositado como um metal. Entretanto, os princípios podem ser estendidos a um eletrodo de trabalho anódico em que são formados depósitos não metálicos. A determinação de Br^- pela formação de AgBr e de Mn^{2+} pela formação de MnO_2 são exemplos de deposições anódicas.

TABELA 22-1

Algumas Aplicações da Eletrogravimetria sem Controle de Potencial

Analito	Pesado como	Catodo	Anodo	Condições
Ag^+	Ag	Pt	Pt	Solução alcalina de CN^-
Br^-	AgBr (no anodo)	Pt	Ag	
Cd^{2+}	Cd	Cu em Pt	Pt	Solução alcalina de CN^-
Cu^{2+}	Cu	Pt	Pt	Solução de H_2SO_4/HNO_3
Mn^{2+}	MnO_2 (no anodo)	Pt	Pt placa	Solução de HCOOH/ HCOONa
Ni^{2+}	Ni	Cu em Pt	Pt	Solução amoniacal
Pb^{2+}	PbO_2 (no anodo)	Pt	Pt	Solução de HNO_3
Zn^{2+}	Zn	Cu em Pt	Pt	Solução de ácido tartárico

Instrumentação

Para separar as espécies com potenciais de eletrodo que diferem apenas por uns poucos décimos de um volt, precisamos empregar uma abordagem mais sofisticada que aquela que descrevemos há pouco. Por outro lado, a polarização de concentração que ocorre no catodo faz com que o potencial do eletrodo torne-se tão negativo que a codeposição de outras espécies presentes se inicie antes de o analito ser completamente depositado (veja a Figura 22-7). Um grande deslocamento negativo no potencial do catodo pode ser evitado pelo uso do sistema de três eletrodos mostrado na **Figura 22-8**, em vez do sistema de dois eletrodos apresentado na Figura 22-5.

A corrente de eletrólise flui entre o eletrodo de trabalho e um **contraeletrodo**. O contraeletrodo não tem efeito na reação que ocorre no eletrodo de trabalho.

O sistema com potencial controlado exposto na Figura 22-8 é constituído por dois circuitos elétricos independentes que compartilham um eletrodo em comum, o eletrodo de trabalho no qual o analito é depositado. O circuito de eletrólise consiste em uma fonte cc, um potenciômetro (ACB) que permite que a tensão aplicada entre o eletrodo de trabalho e o contraeletrodo varie continuamente e um medidor de corrente. O circuito de controle consiste no eletrodo de referência (geralmente o ESC), um voltímetro digital de alta resistência e no eletrodo de trabalho. A resistência elétrica do circuito de controle é tão grande que o circuito de eletrólise fornece essencialmente toda a corrente para a eletrólise. O circuito de controle monitora continuamente a voltagem entre o eletrodo de trabalho e o eletrodo de referência e a mantém sob um valor controlado.

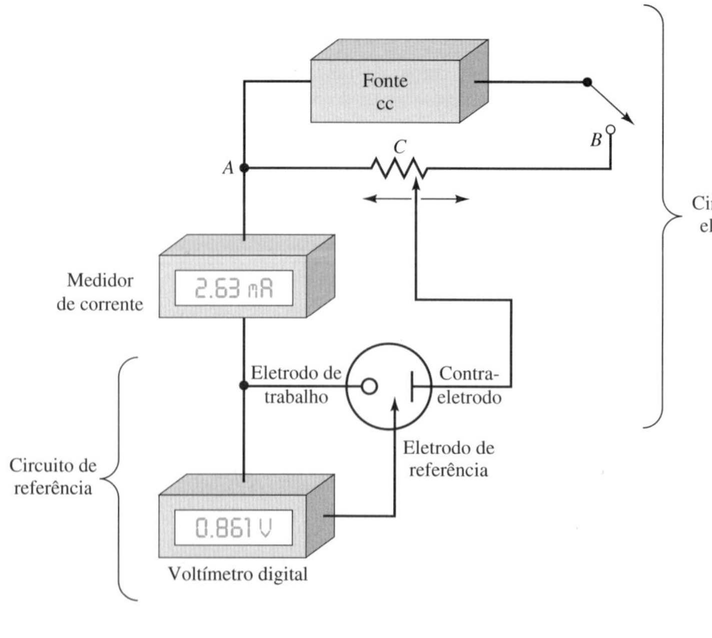

Figura 22-8 Arranjo para eletrólise com potencial controlado. O voltímetro digital monitora o potencial entre o eletrodo de trabalho e o eletrodo de referência. A tensão aplicada entre o eletrodo de trabalho e o contraeletrodo varia pelo ajuste do contato do potenciômetro mostrado em *C*, para manter o eletrodo de trabalho (neste caso o catodo) sob um potencial constante contra o eletrodo de referência. A corrente no eletrodo de referência permanece essencialmente igual a zero durante todo o tempo. Os potenciostatos modernos são completamente automáticos e normalmente controlados por computador. Os símbolos dos eletrodos mostrados (—OTrabalho, → Referência,—| Contra) representam as notações correntemente aceitas.

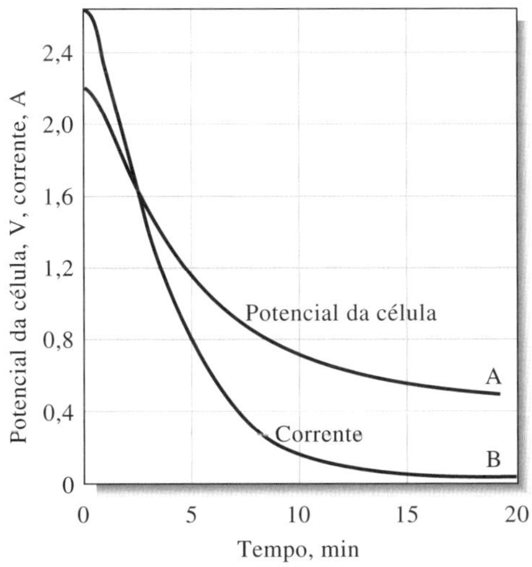

Figura 22-9 Variações no potencial da célula (A) e na corrente (B) durante a deposição de potencial controlado de cobre. O catodo é mantido a −0,36 V (vs. ESC) durante o experimento. (Dados de J. J. Lingane, *Anal. Chem. Acta*, v. 2, p. 584, **1998**, **DOI**: 10.1016/s0003-2670(01)93842-5.)

As variações de corrente e do potencial da célula que ocorrem em uma eletrólise a potencial controlado são ilustradas na **Figura 22-9**. Note que o potencial de célula aplicado tem de decrescer continuamente durante a eletrólise, o que é tedioso e consome tempo quando feito manualmente. As eletrólises de potencial controlado modernas são realizadas com instrumentos chamados **potenciostatos**, os quais mantêm automaticamente o potencial do eletrodo de trabalho em um valor controlado em relação ao eletrodo de referência.

Um **potenciostato** mantém o potencial do eletrodo de trabalho em um valor constante em relação ao eletrodo de referência.

DESAFIO: Seria esperado o Pb^{2+} interferir com a eletrólise mostrada na Figura 22-9? Sim ou não? Por quê?

Células de Eletrólise

As células de eletrólise são similares àquelas mostradas na Figura 22-6. Normalmente são empregados béqueres altos e geralmente as soluções são agitadas mecanicamente para minimizar a polarização de concentração; frequentemente, o anodo gira de maneira a funcionar como um agitador mecânico.

Em geral o eletrodo de trabalho consiste em uma malha cilíndrica metálica, como mostrado na Figura 22-6. Normalmente, os eletrodos são construídos com platina, embora o cobre, o latão e outros metais encontrem uso ocasional. Alguns metais como o bismuto, o zinco e o gálio não podem ser depositados diretamente sobre a platina sem causar danos permanentes ao eletrodo. Em decorrência dessa incompatibilidade, uma camada protetora de cobre é depositada no eletrodo de platina antes da eletrólise desses metais.

O Catodo de Mercúrio

O catodo de mercúrio, como pode ser visto na **Figura 22-10**, é particularmente útil para remover elementos facilmente redutíveis em uma etapa preliminar de uma análise. Por exemplo, cobre, níquel, cobalto, prata e cádmio são prontamente separados nesse eletrodo de íons como alumínio, titânio, metais alcalinos, sulfatos e fosfatos.

Os metais depositados se dissolvem em mercúrio com pouca liberação de hidrogênio por causa da alta sobrevoltagem de hidrogênio no mercúrio. Os metais se dissolvem no mercúrio para formar amálgamas que são importantes em várias formas de voltametria (veja a Seção 23B-2). Os metais depositados normalmente não são determinados após a eletrólise, mas são simplesmente removidos da solução do analito.

Aplicações da Eletrogravimetria de Potencial Controlado

O método do potencial controlado é uma ferramenta potente para a separação e determinação de espécies metálicas que tenham potenciais padrão que diferem por apenas alguns décimos de volt. Por exemplo, cobre, bismuto, chumbo, cádmio, zinco e estanho podem ser determinados em misturas por deposições sucessivas dos metais em um catodo de platina previamente pesado. Os três primeiros elementos

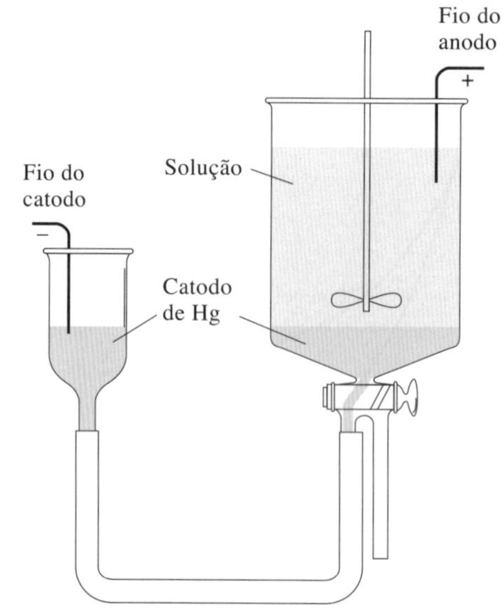

Figura 22-10 Um catodo de mercúrio para a remoção eletrolítica de íons metálicos de uma solução.

depositam-se a partir de soluções praticamente neutras contendo íons tartarato para complexar o estanho(IV) e assim prevenir sua deposição. O cobre é o primeiro a ser reduzido quantitativamente pela manutenção do potencial do catodo em −0,2 V em relação ao ESC. Após ser pesado, o catodo recoberto com cobre retorna para a solução e o bismuto é removido em um potencial de −0,4 V. Então o chumbo é depositado quantitativamente pelo aumento do potencial do catodo para −0,6 V. Quando a deposição do chumbo se completa, adiciona-se um excesso de amônia e o cálcio e o zinco são sucessivamente depositados em −1,2 e −1,5 V. Finalmente, a solução é acidificada para decompor o complexo estanho/tartarato pela formação de ácido tartárico não dissociado. Então o estanho é depositado em um potencial do catodo de −0,65 V. Aqui, um catodo limpo precisa ser empregado, pois o zinco redissolve-se nessas condições. Um procedimento como este é particularmente atraente para o uso em potenciostatos controlados por computador, porque requer pouco tempo do operador para realizar a análise.

A **Tabela 22-2** lista algumas outras separações realizadas via eletrólise de potencial controlado. Em virtude da baixa sensibilidade e do tempo necessário para a lavagem, secagem e pesagem dos eletrodos, muitos métodos eletrogravimétricos têm sido substituídos pelos métodos coulométricos, discutidos na próxima seção.

TABELA 22-2

Algumas Aplicações da Eletrólise de Potencial Controlado*

Metal	Potencial *versus* ESC	Eletrólito	Outros Elementos que Podem Estar Presentes
Ag	+0,10	Ácido acético/tampão acetato	Cu e metais pesados
Cu	−0,30	Tartarato + hidrazina + Cl^-	Bi, Sb, Pb, Sn, Ni, Cd, Zn
Bi	−0,40	Tartarato + hidrazina + Cl^-	Pb, Zn, Sb, Cd, Sn
Sb	−0,35	HCl + hidrazina a 70 °C	Pb, Sn
Sn	−0,60	HCl + hidroxilamina	Cd, Zn, Mn, Fe
Pb	−0,60	Tartarato + hidrazina	Cd, Sn, Ni, Zn, Mn, Al, Fe
Cd	−0,80	HCl + hidroxilamina	Zn
Ni	−1,10	Tartarato amoniacal + sulfito de sódio	Zn, Al, Fe

*Fontes: H. Diehl, *Electrochemical Analysis with Graded Cathode Potential Control*, G. F. Smith Chemical Co., Columbus, OH, 1948; H. J. S. Sand, *Electrochemistry and Electrochemical Analysis*, Londres: Blackie and Sons, Ltd, , v. II, 1940; J. J. Lingane e S. L. Jones, *Anal. Chem.*, v. 23, p. 1798, **1951**, **DOI**: 10.1021/ac60060a023; J. J. Lingane, *Anal. Chim. Acta*, v. 2, p. 584, **1948**, **DOI**: 10.1016/s0003-2670(01)93842-5.

22D MÉTODOS COULOMÉTRICOS

Os métodos coulométricos são realizados por meio da medida da quantidade de carga elétrica requerida para converter uma amostra de um analito quantitativamente a um diferente estado de oxidação. Os métodos coulométricos e gravimétricos compartilham a vantagem comum de que a constante de proporcionalidade entre a quantidade medida e a massa do analito é calculada a partir de constantes físicas exatamente conhecidas, as quais podem eliminar a necessidade de calibração com padrões químicos. Em contraste com os métodos gravimétricos, os procedimentos coulométricos são geralmente rápidos e não requerem que o produto da reação eletroquímica seja um sólido passível de ser pesado. Os métodos coulométricos são tão exatos quanto os procedimentos gravimétricos e volumétricos convencionais e, além disso, são facilmente automatizados.[5]

22D-1 Determinação da Carga Elétrica

A carga elétrica é a base de outras grandezas elétricas – corrente, voltagem e potência. A carga de um elétron (e próton) é definida como $1{,}6022 \times 10^{-19}$ Coulombs (C). A intensidade do fluxo de carga igual a um coulomb por segundo é definida como um ampère (A) de corrente. Portanto, um coulomb pode ser considerado como a carga transportada por uma corrente constante de um ampère por um segundo. A carga Q que resulta de uma corrente constante de I ampère operada por t segundos é

O **coulomb** (C) é a quantidade de carga elétrica necessária para produzir 0,00111800 g de prata metálica a partir de íons prata. Um coulomb = 1 ampère × 1 s = 1 A s.

$$Q = It \tag{22-6}$$

Na descrição da corrente elétrica, é comum empregar a letra maiúscula I para uma corrente estática ou direta (cc). Uma corrente variável ou alternada (ca) é comumente indicada pela letra minúscula i. Da mesma forma, voltagens cc e ca são representadas pelas letras E e e, respectivamente.

Para correntes variáveis i, a carga é dada pela integral

$$Q = \int_0^t i\,dt \tag{22-7}$$

O faraday (F) é a quantidade de carga que corresponde a um mol, ou $6{,}022 \times 10^{23}$ elétrons. Como cada elétron tem uma carga de $1{,}6022 \times 10^{-19}$ C, o faraday é igual a 96.485 C.

A lei de Faraday relaciona a quantidade de matéria do analito n_A com a carga Q

$$n_A = \frac{Q}{nF} \tag{22-8}$$

onde n é a quantidade de matéria de elétrons na semirreação de interesse. Como mostrado no Exemplo 22-3, podemos utilizar essas definições para calcular a massa de uma espécie química que é formada em um eletrodo por uma corrente de grandeza conhecida.

Os valores completos das constantes para as grandezas fundamentais estão disponíveis no site do National Institute of Standards and Technology (NIST), em http://physics.nist.gov/cuu/Constants/index.html. O valor para o Faraday de 2010 é 96.485,3365 C mol^{-1} com uma incerteza padrão de 0,0021 C mol^{-1}. O valor para a carga do elétron é $1{,}602176565 \times 10^{-19}$ C com uma incerteza padrão de $0{,}000000035 \times 10^{-19}$ C. Uma descrição detalhada dos dados e das análises que levaram aos valores pode ser encontrada em http://physics.nist.gov/cuu/Constants/Preprints/lsa2010.pdf.

EXEMPLO 22-3

Uma corrente constante de 0,800 A é empregada para depositar cobre no catodo e oxigênio no anodo de uma célula eletrolítica. Calcule a massa de cada produto formado após 15,2 min, supondo que não ocorra nenhuma outra reação redox.

[5] Para informações adicionais sobre métodos coulométricos veja J. A. Dean, *Analytical Chemistry Handbook*, Nova York: McGraw-Hill, seção 14, pp. 14-118-14-133, 1995; D. J. Curran, em *Laboratory Techniques in Electroanalytical Chemistry*, 2. ed., P. T. Kissinger e W. R. Heinemann, eds., Nova York: Marcel Dekker, 1996, p. 739-768; J. A. Plambeck, *Electroanalytical Chemistry*, Nova York: Wiley, 1982, cap. 12.

Domínio público

Michael Faraday (1791-1867) foi um dos químicos e físicos mais importantes de sua época. Entre suas mais importantes descobertas está a lei de Faraday da eletrólise. Faraday, um homem simples que não tinha conhecimentos de matemática sofisticada, foi um experimentalista soberbo e um professor e palestrante inspirador. O nome da quantidade de carga igual a um mol de elétrons foi dado em sua homenagem.

Resolução

As duas semirreações são

$$Cu^{2+} + 2e^- \rightarrow Cu(s)$$

$$2H_2O \rightarrow 4e^- + O_2(g) + 4H^+$$

Assim, 1 mol de cobre é equivalente a 2 mols de elétrons e 1 mol de oxigênio corresponde a 4 mols de elétrons.

Substituindo na Equação 22-6,

$$Q = 0{,}800 \text{ A} \times 15{,}2 \text{ min} \times 60 \text{ s/min} = 729{,}6 \text{ A·s} = 729{,}6 \text{ C}$$

Podemos obter a quantidade de matéria de Cu e O_2 a partir da Equação 22-8:

$$n_{Cu} = \frac{729{,}6 \text{ C}}{2 \text{ mol de e}^- \text{/mol de Cu} \times 96.485 \text{ C mol}^{-1} \text{ de e}^-} = 3{,}781 \times 10^{-3} = \text{mol de Cu}$$

$$n_{O_2} = \frac{729{,}6 \text{ C}}{4 \text{ mol de e}^- \text{/mol de O}_2 \times 96.485 \text{ C mol}^{-1} \text{ de e}^-} = 1{,}890 \times 10^{-3} \text{ mol de O}_2$$

As massas de Cu e O_2 são dadas por

$$\text{massa de Cu} = 3{,}781 \times 10^{-3} \text{ mol} \times \frac{63{,}55 \text{ g de Cu}}{\text{mol}} = 0{,}240 \text{ g de Cu}$$

$$\text{massa de O}_2 = 1{,}890 \times 10^{-3} \text{ mol} \times \frac{32{,}00 \text{ g de O}_2}{\text{mol}} = 0{,}0605 \text{ g de O}_2$$

22D-2 Caracterização dos Métodos Coulométricos

A **coulometria de corrente constante** também é chamada titulação coulométrica.

Dois métodos foram desenvolvidos com base na medida da quantidade de carga: **coulometria de potencial controlado (potenciostático)** e **coulometria a corrente controlada**, normalmente denominada **titulação coulométrica**. Os métodos potenciostáticos são realizados de maneira bastante semelhante aos métodos gravimétricos de potencial controlado, com o potencial do eletrodo de trabalho sendo mantido a um valor constante, em relação ao eletrodo de referência, durante a eletrólise. Na coulometria de potencial controlado, contudo, a corrente de eletrólise é registrada como uma função do tempo para fornecer uma curva similar à curva B na Figura 22-9. Então a análise se completa pela integração da curva corrente-tempo (veja a Equação 22-7) para se obter a carga e, a partir da lei de Faraday, a quantidade do analito (veja a Equação 22-8).

Os elétrons são os reagentes em uma titulação coulométrica.

As titulações coulométricas são similares a outros métodos titulométricos nos quais as análises se baseiam na medida da reação do analito com um reagente padrão. No procedimento coulométrico, o reagente consiste em elétrons e a solução padrão é a corrente constante de grandeza conhecida. Os elétrons são adicionados ao analito (via corrente direta) ou a alguma outra espécie que reage imediatamente com o analito até que o ponto final seja atingido. Nesse ponto, a eletrólise é interrompida. A quantidade de analito é determinada a partir da grandeza da corrente e do tempo requerido para completar a titulação. A grandeza da corrente em ampères é análoga ao volume medido na titulometria convencional.

22D-3 Requisitos para a Eficiência da Corrente

Um requisito fundamental para todos os métodos coulométricos é que a eficiência da corrente seja igual a 100%; isto é, cada faraday de eletricidade precisa promover uma transformação química no analito equivalente a um mol de elétrons. Note que a eficiência de 100% da corrente pode ser alcançada sem a participação direta do analito na transferência de elétrons no eletrodo. Por exemplo, os íons cloreto podem ser determinados muito facilmente usando a coulometria potenciostática ou empregando a titulação coulométrica com íons prata em um anodo de prata. Nesse caso, os íons prata reagem com íons cloreto para formar um precipitado, ou depósito, de cloreto de prata. A quantidade de eletricidade requerida para completar a formação de cloreto de prata serve como variável analítica. Neste exemplo, a eficiência de 100% da corrente é alcançada porque a quantidade de matéria de elétrons é essencialmente igual à quantidade de matéria de íons cloreto presentes na amostra, a despeito do fato de esses íons não reagirem diretamente na superfície do eletrodo.

Um equivalente de transformação química é a transformação realizada por 1 mol de elétrons. Assim, para as duas semirreações do Exemplo 22-3, um equivalente de variação química produz 1/2 mol de Cu ou 1/4 mol de O_2.

22D-4 Coulometria de Potencial Controlado

Na coulometria de potencial controlado, o potencial do eletrodo de trabalho é mantido em um nível constante de forma que apenas o analito seja responsável pela condução de carga na interface eletrodo/solução. Então, a carga requerida para converter o analito ao seu produto de reação é determinada registrando-se e integrando-se a curva corrente *versus* tempo, durante a eletrólise.

Instrumentação

A instrumentação necessária para a coulometria potenciostática é composta por uma célula de eletrólise, um potenciostato e um dispositivo para determinar a carga consumida pelo analito.

Células A **Figura 22-11** ilustra dois tipos de células que são utilizadas na coulometria potenciostática. A primeira consiste em um eletrodo de trabalho de rede de platina, um fio de platina como contraeletrodo e um eletrodo de referência de calomelano saturado. O contraeletrodo está separado da solução do analito por uma ponte salina, que geralmente contém o mesmo eletrólito que a solução que está sendo analisada. A ponte salina é necessária para prevenir que os produtos de reação formados no contraeletrodo difundam para a solução contendo o analito, interferindo no processo. Por exemplo, o gás hidrogênio é um produto comum formado em um contraeletrodo catódico. A menos que essa espécie esteja fisicamente isolada da solução por meio da ponte contendo o analito, ela vai reagir com muitos analitos que serão determinados por oxidação no anodo de trabalho.

A segunda célula, mostrada na Figura 22-11b, é do tipo de poço de mercúrio. Um catodo de mercúrio é particularmente útil na separação de elementos facilmente reduzíveis em uma etapa preliminar na análise. Além disso, contudo, tem encontrado uma utilidade considerável na determinação coulométrica de vários cátions metálicos que formam metais que são solúveis no mercúrio. Nessas aplicações, pouca ou quase nenhuma evolução de hidrogênio ocorre, mesmo em potenciais aplicados elevados, em virtude da grande sobrevoltagem do hidrogênio sobre o mercúrio. Uma célula coulométrica como a ilustrada na Figura 22-11b também é útil na determinação coulométrica de certos tipos de compostos orgânicos.

Potenciostatos e Coulômetros Para a coulometria de potencial controlado, empregamos um potenciostato similar àquele apresentado na Figura 22-8. Geralmente, entretanto, o potenciostato é automatizado e equipado com um computador ou integrador de corrente eletrônica que fornece a carga necessária, em Coulomb, para completar a reação, como pode ser visto na **Figura 22-12**.

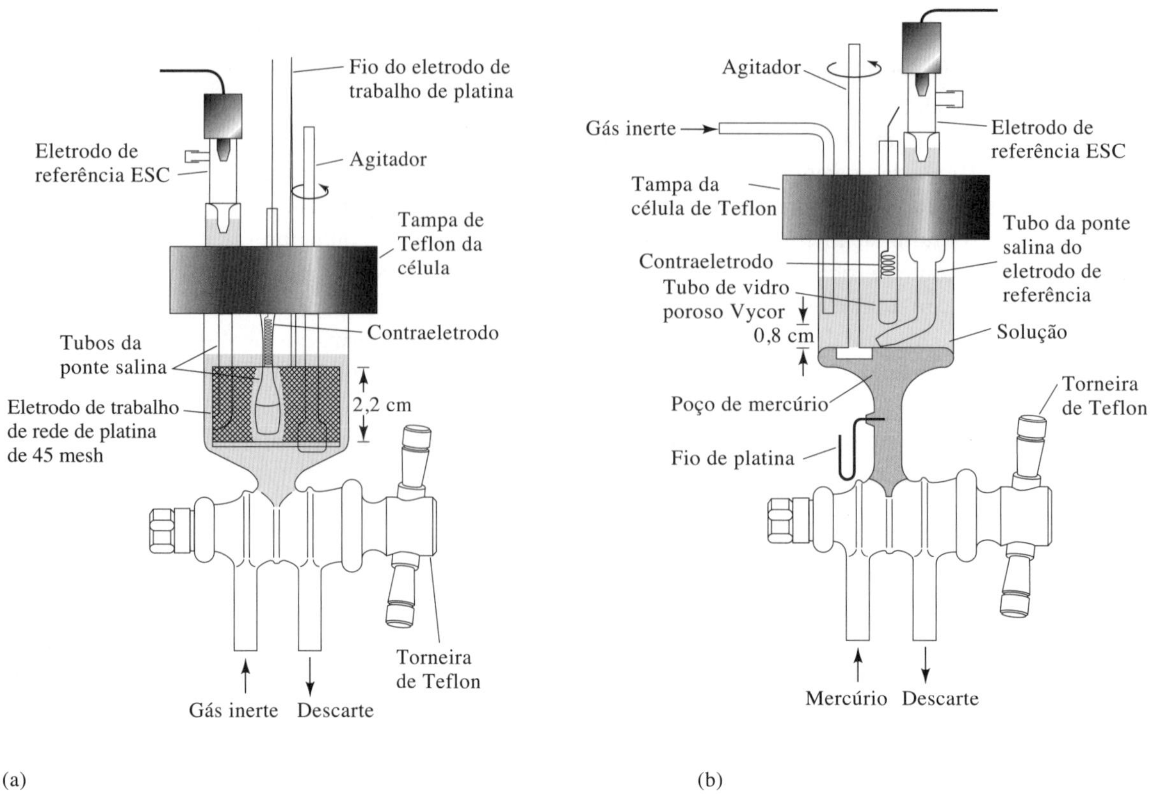

Figura 22-11 Células de eletrólise para coulometria potenciostática. Eletrodo de trabalho: (a) rede de platina, (b) poço de mercúrio. (Reimpresso com permissão de J. E. Harrar; C. L. Pomernacki, *Anal. Chem.*, v. 45, n. 57, **1973**, **DOI**: 10.1021/ac60323a003,1973. Copyright da American Chemical Society, 1973.)

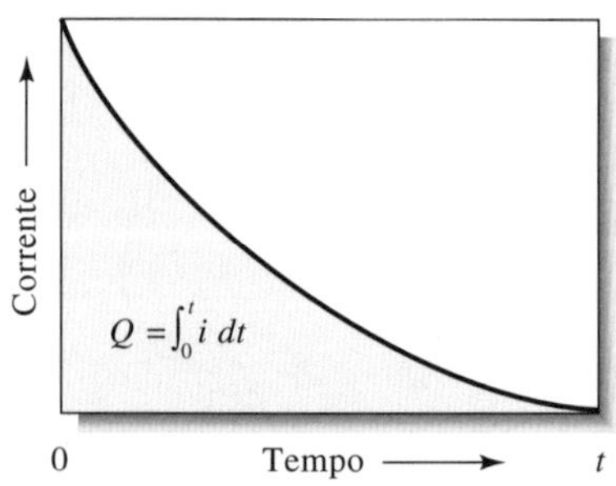

Figura 22-12 Para uma corrente que varia com o tempo, a quantidade de carga Q em um tempo t é a área sombreada sob a curva, obtida pela integração da curva corrente-tempo.

EXEMPLO 22-4

O Fe(III) presente em 0,8202 g de uma amostra foi determinado pela redução coulométrica a Fe(II) em um catodo de platina. Calcule a porcentagem de $Fe_2(SO_4)_3$ ($\mathcal{M}$ = 399,88 g mol^{-1}) na amostra se 103,2775 C foram requeridos para promover a redução.

Resolução

Dado que 1 mol de $Fe_2(SO_4)_3$ consome 2 mols de elétrons, podemos escrever, a partir da Equação 22-8,

$$n_{Fe_2(SO_4)_3} = \frac{103{,}2775\ \text{C}}{2\ \text{mol de e}^-/\text{mol de Fe}_2(\text{SO}_4)_3 \times 96.485\ \text{C mol}^{-1}\ \text{de e}^-}$$

$$= 5{,}3520 \times 10^{-4}\ \text{mol de Fe}_2(\text{SO}_4)_3$$

$$\text{massa de Fe}_2(\text{SO}_4)_3 = 5{,}3520 \times 10^{-4}\ \text{mols de Fe}_2(\text{SO}_4)_3 \times \frac{399{,}88\ \text{g de Fe}_2(\text{SO}_4)_3}{\text{mol de Fe}_2(\text{SO}_4)_3}$$

$$= 0{,}21401\ \text{g de Fe}_2(\text{SO}_4)_3$$

$$\text{Porcentual de Fe}_2(\text{SO}_4)_3 = \frac{0{,}21401\ \text{g de Fe}_2(\text{SO}_4)_3}{0{,}8202\ \text{g da amostra}} \times 100\% = 26{,}09\%$$

Aplicações da Coulometria de Potencial Controlado

Os métodos coulométricos de potencial controlado têm sido empregados na determinação de mais de 55 elementos em compostos inorgânicos.[6] Métodos têm sido descritos para a deposição de mais de uma dezena de metais em um catodo de mercúrio. O método tem sido usado no campo da energia nuclear, encontrando utilidade no campo da energia nuclear nas determinações relativamente livres de interferência de urânio e plutônio.

A coulometria de potencial controlado também oferece possibilidades para as determinações eletrolíticas (e sínteses) de compostos orgânicos. Por exemplo, os ácidos tricloroacético e pícrico são quantitativamente reduzidos em um catodo de mercúrio cujo potencial seja adequadamente controlado:

$$Cl_3CCOO^- + H^+ + 2e^- \rightarrow Cl_2HCCOO^- + Cl^-$$

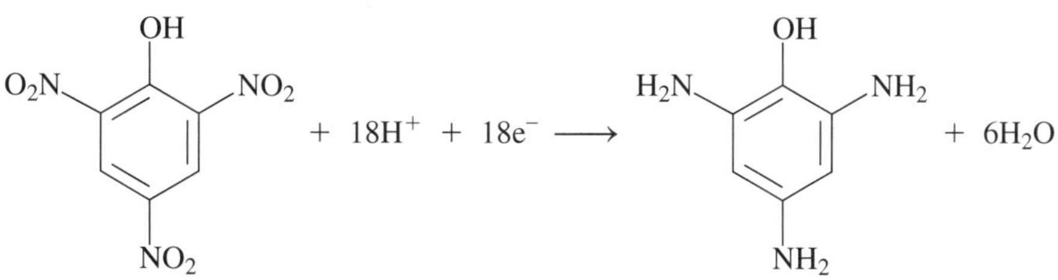

Ácido pícrico

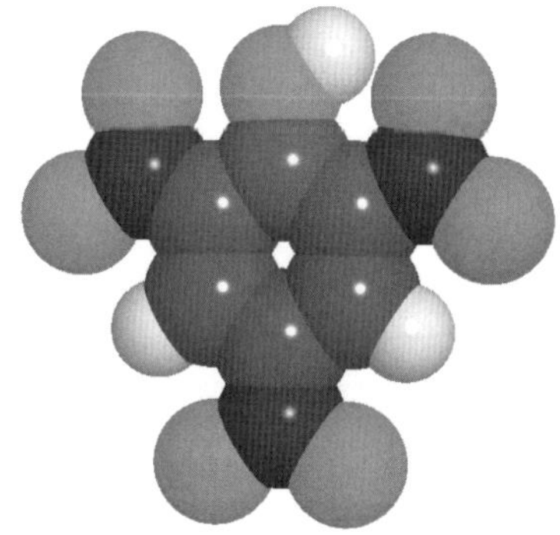

Modelo molecular do ácido pícrico. O ácido pícrico (2,4,6-trinitrofenol) é um parente próximo do trinitrotolueno (TNT). É um composto explosivo e tem aplicações militares. O ácido pícrico também tem sido empregado como corante amarelo e como agente antisséptico.

Medidas coulométricas permitem a determinação desses compostos com um erro relativo de poucos décimos de porcentagem.

22D-5 Titulações Coulométricas[7]

As titulações coulométricas são realizadas com uma fonte de corrente constante, algumas vezes chamada **galvanostato**, que percebe diminuições na corrente de uma célula e responde por meio do aumento do potencial aplicado à célula até que a corrente seja restabelecida ao seu valor inicial. Por causa dos efeitos de polarização de concentração, a eficiência de 100% da corrente, em relação ao analito, pode ser mantida apenas na presença de um grande excesso de um reagente auxiliar que seja oxidado ou reduzido no eletrodo para formar um produto que reaja com o analito. Como exemplo, considere a titulação coulométrica de ferro(II) em um anodo de platina. No início da titulação, a principal reação anódica consome Fe^{2+} e é

Algumas vezes, os geradores de corrente constante são denominados **galvanostatos**.

Reagentes auxiliares são essenciais em titulações coulométricas.

$$Fe^{2+} \rightarrow Fe^{3+} + e^-$$

À medida que a concentração de ferro(II) diminui, entretanto, os requisitos para uma corrente constante resultam em um aumento no potencial aplicado à célula. Em virtude da polarização de concentração, esse aumento no potencial faz com que o potencial do anodo aumente a um ponto no qual a decomposição da água se torna um processo competitivo:

$$2H_2O \rightarrow O_2(g) + 4H^+ + 4e^-$$

[6] Para um resumo das aplicações, veja J. A. Dean, *Analytical Chemistry Handbook*, Nova York: McGraw-Hill, seção 14, p. 14.119-14.123, 1995; A. J. Bard e L. R. Faulkner, *Electrochemical Methods*, 2. ed. Nova York: Wiley, 2001, p. 427-431.

[7] Para detalhes adicionais sobre essa técnica, veja D. J. Curran, in Laboratory Techniques en *Electroanalytical Chemistry*, 2. ed., P. T. Kissinger e W. R. Heineman, eds., Nova York: Marcel Dekker, 1996, p. 750-768.

Então, a quantidade de eletricidade necessária para completar a oxidação do ferro(II) excede aquela necessária teoricamente e a eficiência de corrente é menor que 100%. A diminuição na eficiência de corrente é evitada, contudo, pela introdução, no início, de um excesso de cério(III), que é oxidado em potenciais mais baixos que a água:

$$Ce^{3+} \rightarrow Ce^{4+} + e^-$$

Sob agitação, o cério(IV) produzido é rapidamente transportado da superfície do eletrodo para o seio da solução, onde oxida uma quantidade equivalente de ferro(II):

$$Ce^{4+} + Fe^{2+} \rightarrow Ce^{3+} + Fe^{3+}$$

O efeito líquido é a oxidação eletroquímica de ferro(II) com 100% de eficiência de corrente, embora apenas uma fração dessa espécie seja *diretamente* oxidada na superfície do eletrodo.

Detecção do Ponto Final

Titulações coulométricas, assim como as titulações volumétricas, requerem um meio de se determinar quando a reação entre o analito e o reagente se completa. Geralmente, os pontos finais descritos nos capítulos relativos aos métodos volumétricos são aplicáveis também às titulações coulométricas. Portanto, para a titulação do ferro(II) descrita anteriormente, um indicador redox, por exemplo, a 1,10-fenantrolina, pode ser empregada; como alternativa, o ponto final pode ser encontrado potenciometricamente. Os pontos finais potenciométricos ou amperométricos (veja a Seção 23C-4) são empregados em titulações Karl Fischer. Algumas titulações coulométricas utilizam um ponto final fotométrico (veja a Seção 26A-4).

Instrumentação

Conforme mostrado na **Figura 22-13**, o equipamento necessário para realizar uma titulação coulométrica inclui uma fonte de corrente constante que opere na faixa de um a várias centenas de miliampères, uma célula de titulação, uma chave, um cronômetro e um dispositivo para medida da corrente. A mudança da chave para a posição 1 inicia simultaneamente o cronômetro e a corrente na célula de titulação. Quando a chave é colocada na posição 2, a eletrólise e a cronometragem são interrompidas. Com a chave nessa posição, contudo, a corrente continua a ser drenada da fonte e passa através do resistor fictício R_D que tem aproximadamente a mesma resistência elétrica que a célula. Esse arranjo assegura a operação contínua da fonte, que auxilia na manutenção da corrente em um valor constante.

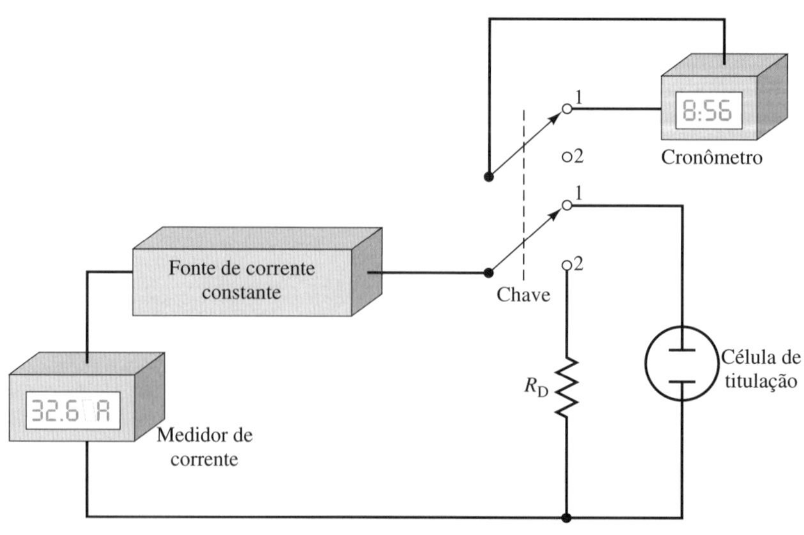

Figura 22-13 Diagrama representativo de um aparato de titulação coulométrica. Os tituladores coulométricos comerciais são totalmente eletrônicos e, frequentemente, controlados por computador.

Fontes de Corrente A fonte de corrente constante para a titulação coulométrica é um dispositivo eletrônico capaz de manter uma corrente de 200 mA ou mais, que seja constante em alguns centésimos de porcentagem. Tais fontes de corrente constantes estão disponíveis no mercado por diversos fabricantes. O tempo da eletrólise pode ser medido de maneira bastante exata com um cronômetro digital ou com um sistema baseado em um computador.

Células para as Titulações Coulométricas A **Figura 22-14** exibe uma célula de titulação coulométrica típica, que consiste em um eletrodo de trabalho no qual o reagente é produzido e um contraeletrodo (eletrodo auxiliar) para completar o circuito. O eletrodo de trabalho empregado para gerar reagentes *in situ* é frequentemente denominado eletrodo gerador. Geralmente é um retângulo de platina, uma folha, um fio enrolado ou uma rede cilíndrica com uma área superficial relativamente alta para minimizar os efeitos de polarização. O contraeletrodo normalmente é isolado do meio de reação por um disco sinterizado ou outro meio poroso para prevenir interferência pelos produtos de reação a partir deste eletrodo. Por exemplo, algumas vezes o hidrogênio é liberado nesse eletrodo. Dado que o hidrogênio é um agente oxidante redutor, um erro sistemático positivo pode ocorrer, a menos que o gás seja produzido em um compartimento separado.

Uma alternativa para o isolamento do contraeletrodo é a geração do reagente externamente por meio de um dispositivo similar àquele exposto na **Figura 22-15**. A célula geradora externa é montada de maneira que um fluxo do eletrólito continue brevemente após a corrente ser desligada, consequentemente descarregando o reagente residual no frasco de titulação. Observe que o dispositivo gerador mostrado na Figura 22-15 fornece tanto hidrogênio quanto íons hidróxido, dependendo do braço utilizado. As células geradoras externas também têm sido empregadas na geração de outros reagentes tais como iodo.

Comparação das Titulações Coulométricas com as Convencionais

Os vários componentes do titulador apresentado na Figura 22-13 têm seus similares nos reagentes e aparatos necessários para uma titulação volumétrica. A fonte de corrente constante de grandeza conhecida tem a mesma função da solução padrão em um método volumétrico. O cronômetro digital e a chave correspondem à bureta e à sua torneira, respectivamente. A eletricidade passa através da célula por intervalos de tempo relativamente longos a partir do início de uma titulação coulométrica, mas os intervalos de tempo vão se tornando cada vez menores à medida que a equivalência química se aproxima. Note que essas etapas são análogas à operação de uma bureta em uma titulação convencional.

Os métodos coulométricos são tão exatos e precisos quanto os métodos volumétricos. Quando não limitados pela detecção do ponto final, eles podem ser mais exatos e precisos especialmente para quantidades pequenas.

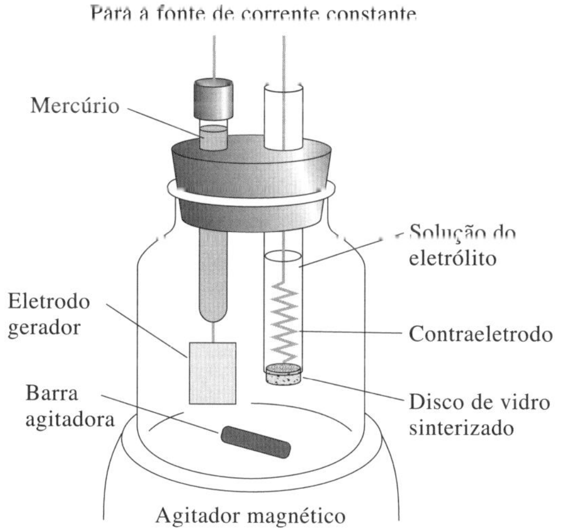

Figura 22-14 Célula de titulação coulométrica típica.

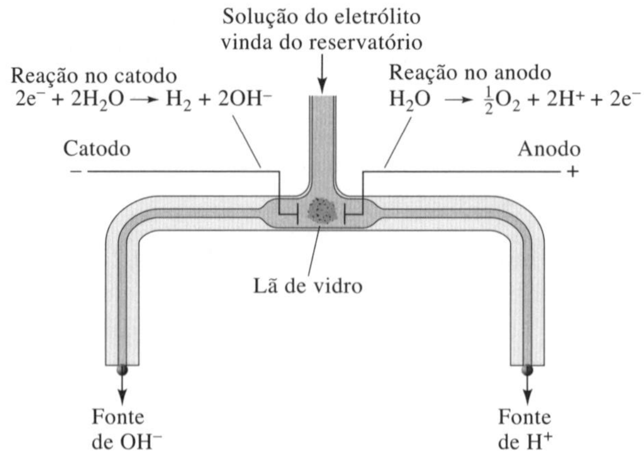

Figura 22-15 Uma célula para geração externa de ácido e base.

Uma titulação coulométrica oferece várias vantagens sobre um procedimento volumétrico convencional. A principal, entre outras, é a eliminação de problemas associados com a preparação, padronização e armazenamento das soluções padrão. Essa vantagem é particularmente significativa com reagentes como cloro, bromo e íons titânio(III), que são bastante instáveis em soluções aquosas e que limitam seriamente sua utilização como reagentes volumétricos. Seu emprego em uma determinação coulométrica é, contudo, direto, uma vez que eles são consumidos tão logo sejam gerados.

Os métodos coulométricos também são vantajosos quando pequenas quantidades de amostra precisam ser tituladas porque diminutas quantidades de reagentes são geradas de maneira fácil e exata pela escolha apropriada da corrente. Nas titulações convencionais, é difícil e normalmente pouco exato empregar soluções muito diluídas e pequenos volumes.

Uma vantagem adicional dos procedimentos coulométricos é que uma única fonte de corrente constante fornece reagentes para as titulações de precipitação, formação de complexos, neutralização e de oxidação-redução. Finalmente, as titulações coulométricas são mais facilmente automatizadas, visto que é mais fácil controlar a corrente elétrica que a vazão de um fluido.

As medidas de corrente *versus* tempo requeridas nas titulações coulométricas são inerentemente tão ou mais exatas que as medidas de volume/concentração molar de um método volumétrico convencional, especialmente em situações onde são necessárias pequenas quantidades de reagente. Quando a exatidão de uma titulação é limitada pela sensibilidade do ponto final, os dois métodos titulométricos apresentam exatidões comparáveis.

Aplicações das Titulações Coulométricas

As titulações coulométricas têm sido desenvolvidas para todos os tipos de reações volumétricas.[8] Algumas aplicações são descritas nesta seção.

Titulações de Neutralização Os íons hidróxido podem ser gerados na superfície de um catodo de platina imerso em uma solução contendo o ácido a ser determinado:

$$2H_2O + 2e^- \rightarrow 2OH^- + H_2(g)$$

O anodo de platina precisa estar isolado por um diafragma para eliminar potenciais interferências dos íons hidrogênio produzidos pela oxidação anódica da água. Como

[8] Para um resumo das aplicações, veja J. A. Dean, *Analytical Chemistry Handbook*, Seção 14. Nova York: McGraw-Hill, p. 14.127-14.133, 1995.

uma alternativa conveniente, um fio de prata pode ser utilizado no lugar do anodo de platina, desde que íons cloreto ou brometo sejam adicionados à solução do analito. Então, a reação no anodo torna-se

$$Ag(s) + Br^- \rightarrow AgBr(s) + e^-$$

O brometo de prata não interfere na reação de neutralização.

As titulações coulométricas de ácidos são muito menos suscetíveis ao erro em razão do carbonato observado nos métodos volumétricos (veja a Seção 16A-3). O erro pode ser evitado se o dióxido de carbono for removido da solução por meio da sua fervura ou pelo borbulhamento de um gás inerte, como, por exemplo, o nitrogênio, através da solução por um curto período.

Os íons hidrogênio gerados na superfície de um anodo de platina podem ser empregados na titulação coulométrica de bases fortes e fracas:

$$2H_2O \rightarrow O_2 + 4H^+ + 4e^-$$

Neste caso, o catodo precisa estar isolado da solução do analito para prevenir interferências dos íons hidróxido.

Reação de Precipitação e Formação de Complexos As titulações coulométricas com EDTA são realizadas pela redução do quelato amino mercúrio(II) EDTA no catodo de mercúrio:

$$HgNH_3Y^{2-} + NH_4^{+} + 2e^- \rightarrow Hg(l) + 2NH_3 + HY^{3-} \qquad (22\text{-}9)$$

Como o quelato de mercúrio é mais estável que o complexo correspondente de cátions, tais como cálcio, zinco, chumbo ou cobre, a complexação desses íons ocorre apenas após o ligante ter sido liberado pelo processo eletródico.

Como mostrado na **Tabela 22-3**, vários reagentes precipitantes podem ser gerados coulometricamente. Os mais amplamente empregados entre eles são os íons prata, que são gerados no anodo de prata, como discutido no Destaque 22-2.

TABELA 22-3

Resumo das Titulações Coulométricas Envolvendo Reações de Neutralização, Precipitação e Formação de Complexo

Espécie Determinada	Reação no Eletrodo Gerador	Reação Analítica Secundária
Ácidos	$2H_2O + 2e^- \rightleftharpoons 2OH^- + H_2$	$OH^- + H^+ \rightleftharpoons H_2O$
Bases	$H_2O \rightleftharpoons 2H^+ + \frac{1}{2}O_2 + 2e^-$	$H^+ + OH^- \rightleftharpoons H_2O$
Cl^-, Br^-, I^-	$Ag \rightleftharpoons Ag^+ + e^-$	$Ag^+ + X^- \rightleftharpoons AgX(s)$
Mercaptanas (RSH)	$Ag \rightleftharpoons Ag^+ + e^-$	$Ag^+ + RSH \rightleftharpoons AgSR(s) + H^+$
Cl^-, Br^-, I^-	$2Hg \rightleftharpoons Hg_2^{2+} + 2e^-$	$Hg_2^{2+} + 2X^- \rightleftharpoons Hg_2X_2(s)$
Zn^{2+}	$Fe(CN)_6^{3-} + e^- \rightleftharpoons Fe(CN)_6^{4-}$	$3Zn^{2+} + 2K^+ + Fe(CN)_6^{4-} \rightleftharpoons K_2Zn_3[Fe(CN)_6]_2(s)$
Ca^{2+}, Cu^{2+}, Zn^{2+}, Pb^{2+}	Veja a Equação 22-9	$HY^{3-} + Ca^{2+} \rightleftharpoons CaY^{2-} + H^+$ etc.

Reações de Oxidação-Redução As titulações coulométricas têm sido desenvolvidas para muitas, mas não todas, titulações redox. A **Tabela 22-4** revela que uma variedade de reagentes redox pode ser gerada coulometricamente. Por exemplo, a geração coulométrica de bromo representa a base para um grande número de métodos coulométricos. Também são de interesse reagentes como prata(II), manganês(III) e o complexo de cobre(I) com cloreto, que são muito instáveis para ser usados em análises volumétricas convencionais.

TABELA 22-4

Resumo das Titulações Coulométricas Envolvendo Reações Redox

Reagente	Reação no Eletrodo Gerador	Substância Determinada
Br_2	$2Br^- \rightleftharpoons Br_2 + 2e^-$	As(III), Sb(III), U(IV), Ti(I), I^-, SCN^-, NH_3, N_2H_4, NH_2OH, fenol, anilina, gás mostarda, mercaptanas, 8-hidroxiquinolina, olefinas
Cl_2	$2Cl^- \rightleftharpoons Cl_2 + 2e^-$	As(III), I^-, estireno, ácidos graxos
I_2	$2I^- \rightleftharpoons I_2 + 2e^-$	As(III), Sb(III), $S_2O_3^{2-}$, H_2S, ácido ascórbico
Ce^{4+}	$Ce^{3+} \rightleftharpoons Ce^{4+} + e^-$	Fe(II), Ti(III), U(IV), As(III), I^-, $Fe(CN)_6^{4-}$
Mn^{3+}	$Mn^{2+} \rightleftharpoons Mn^{3+} + e^-$	$H_2C_2O_4$, Fe(II), As(III)
Ag^{2+}	$Ag^+ \rightleftharpoons Ag^{2+} + e^-$	Ce(III), V(IV), $H_2C_2O_4$, As(III)
Fe^{2+}	$Fe^{3+} + e^- \rightleftharpoons Fe^{2+}$	Cr(VI), Mn(VII), V(V), Ce(IV)
Ti^{3+}	$TiO^{2+} + 2H^+ + e^- \rightleftharpoons Ti^{3+} + H_2O$	Fe(III), V(V), Ce(IV), U(VI)
$CuCl_3^{2-}$	$Cu^{2+} + 3Cl^- + e^- \rightleftharpoons CuCl_3^{2-}$	V(V), Cr(VI), IO_3^-
U^{4+}	$UO_2^{2+} + 4H^+ + 2e^- \rightleftharpoons U^{4+} + 2H_2O$	Cr(VI), Ce(IV)

DESAFIO: Desenvolva a equação mostrada no Destaque 22-2 para a quantidade de matéria de íons cloreto presentes na amostra desconhecida. Inicie com a lei de Faraday.

DESTAQUE 22-2

Titulação Coulométrica de Cloreto em Fluidos Biológicos

O método de referência aceito para a determinação de cloreto em soro sanguíneo, plasma, urina, suor e outros fluidos corpóreos é o procedimento baseado na titulação coulométrica.[9] Nessa técnica, os íons prata são gerados coulometricamente. Então, os íons prata reagem com os íons cloreto para formar o cloreto de prata sólido. O ponto final é detectado, em geral amperometricamente (veja a Seção 23C-4) quando ocorre um rápido aumento na corrente em decorrência da geração de um ligeiro excesso de Ag^+. Em princípio, a quantidade absoluta de Ag^+ necessária para reagir quantitativamente com Cl^- pode ser obtida a partir da aplicação da lei de Faraday. Na prática, a calibração é usada. Primeiro, o tempo t_s requerido para titular uma solução padrão de cloreto contendo uma quantidade padrão conhecida de cloreto $(n_{Cl^-})_s$, empregando uma corrente constante I, é medido. A mesma corrente constante é utilizada, em seguida, na titulação da solução contendo a quantidade desconhecida e o tempo t_u é medido. A quantidade de matéria de cloreto na amostra $(n_{Cl^-})_u$ é então obtida como segue:

$$(n_{Cl^-})_u = \frac{t_u}{t_s} \times (n_{Cl^-})_s$$

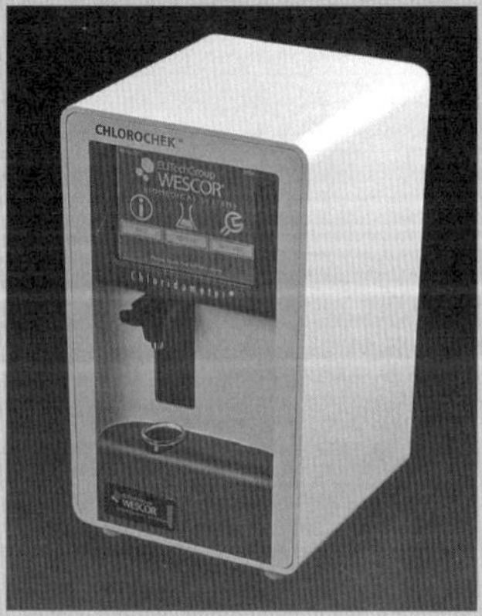

Figura 22D-2 Este titulador coulométrico é usado para determinar o íon cloreto em amostras clínicas e em amostras de alimentos e ambientais. O ponto final é detectado por um par de eletrodos medindo a condutância da solução (cortesia de Wescor, GMBH, Berlim).

[9] L. A. Kaplan; A. J. Pesce, *Clinical Chemistry: Theory, Analysis, and Correlation*, St. Louis: C. V. Mosby, p. 1060, 1984.

Se os volumes da solução padrão e da solução desconhecida são iguais, as concentrações podem ser substituídas pela quantidade de matéria na equação anterior. Um titulador coulométrico comercial é mostrado na **Figura 22D-2**.

Outros métodos populares para determinar o cloreto são o eletrodo íon-seletivo (veja a Seção 21D), titulações fotométricas (veja a Seção 26A-4) e a espectrometria de massas de diluição isotópica.

Titulações Coulométricas Automáticas

Vários fabricantes de instrumentos oferecem tituladores coulométricos automáticos, a maioria dos quais emprega o ponto final potenciométrico. Alguns desses instrumentos são do tipo multipropósito e podem ser empregados na determinação de uma variedade de espécies. Outros são projetados para um único tipo de análise. Os exemplos desses últimos são: tituladores para cloreto, nos quais íons prata são gerados coulometricamente; medidores de dióxido de enxofre, em que o bromo produzido anodicamente oxida o analito a íons sulfato; medidores de dióxido de carbono, nos quais o gás, absorvido em monoetanolamina, é titulado com uma base gerada coulometricamente; tituladores de água, nos quais o reagente de Karl Fischer (veja a Seção 20C-5) é gerado eletroquimicamente.

QUESTÕES E PROBLEMAS

22-1. Faça uma breve distinção entre
- *(a) polarização de concentração e polarização cinética.
- (b) um coulomb e um ampère.
- *(c) difusão e migração.
- (d) um eletrodo de trabalho e um contraeletrodo.
- *(e) o circuito de eletrólise e o circuito de controle para os métodos de potencial controlado.

22-2. Defina brevemente
- *(a) potencial ôhmico.
- (b) sobrevoltagem.
- *(c) eletrólise de potencial controlado.
- (d) titulação coulométrica.
- *(e) eficiência de corrente.
- (f) galvanostato.

***22-3.** Descreva três mecanismos responsáveis pelo transporte de espécies dissolvidas para a superfície de um eletrodo e a partir dela.

22-4. Como a existência de uma corrente afeta o potencial de uma célula eletroquímica?

***22-5.** Quais variáveis experimentais afetam a polarização de concentração em uma célula eletroquímica?

22-6. Como as polarizações de concentração e cinética se assemelham entre si? Como elas diferem?

***22-7.** Descreva as condições que favorecem a polarização cinética em uma célula eletroquímica.

22-8. O que é eletrólito de suporte e qual seu papel na eletroquímica?

***22-9.** Como os métodos eletrogravimétrico e coulométrico diferem dos métodos potenciométricos? Considere as correntes, voltagens e instrumentação em sua resposta.

22-10. Qual é o propósito de um despolarizador?

***22-11.** Por que o eletrodo de trabalho é normalmente isolado do contraeletrodo em uma análise coulométrica de potencial controlado?

22-12. Por que um reagente auxiliar sempre é necessário em uma titulação coulométrica?

22-13. Determine o número de íons sofrendo transferência de elétrons na superfície de um eletrodo durante cada segundo em que uma célula eletroquímica é operada a 0,0175 A com 100% de eficiência de corrente e os íons envolvidos são
- (a) monovalentes.
- *(b) bivalentes.
- (c) trivalentes.

22-14. Calcule o potencial teórico, a 25°C, necessário para iniciar a deposição de
- *(a) cobre, a partir de uma solução 0,250 mol L^{-1} de Cu^{2+}, tamponada a pH 3,00. O oxigênio é formado no anodo a 1,00 atm.

(b) estanho, a partir de uma solução 0,220 mol L^{-1} de Sn^{2+}, tamponado a pH 4,00. O oxigênio é formado no anodo a 770 torr.

*(c) brometo de prata em um anodo de prata, a partir de uma solução 0,0964 mol L^{-1} de Br^-, tamponada a pH 3,70. O hidrogênio é formado no catodo a 765 torr.

(d) Tl_2O_3, a partir de uma solução $5{,}00 \times 10^{-3}$ mol L^{-1} de Tl^+, tamponada a pH 7,50. A solução também tem 0,010 mol L^{-1} em Cu^{2+}, que atua como um despolarizador do catodo para o processo

$$Tl_2O_3 + 3H_2O + 4e^- \rightleftharpoons 2Tl^+ + 6OH^- \quad E^0 = 0{,}020\ V$$

***22-15.** Calcule o potencial inicial necessário para gerar uma corrente de 0,065 A na célula

$$Co|Co^{2+}(5{,}90 \times 10^{-3}\ mol\ L^{-1})||Zn^{2+}(2{,}95 \times 10^{-3}\ mol\ L^{-1})|Zn$$

se essa célula tiver uma resistência de 4,50 Ω.

22-16. A célula

$$Sn|Sn^{2+}(7{,}83 \times 10^{-4}\ mol\ L^{-1})||Cd^{2+}(6{,}59 \times 10^{-2}\ mol\ L^{-1})\ Cd$$

tem uma resistência de 4,95. Calcule o potencial inicial que será necessário para gerar uma corrente de 0,062 A na célula.

***22-17.** O cobre deve ser depositado a partir de uma solução 0,250 mol L^{-1} em Cu(II), tamponada a pH 4,00. O oxigênio é formado a partir do anodo a uma pressão parcial de 730 torr. A célula tem uma resistência de 3,60 Ω e a temperatura é 25 °C. Calcule

(a) o potencial teórico necessário para iniciar a deposição do cobre a partir da solução.

(b) a queda *IR* associada a uma corrente de 0,15 A nessa célula.

(c) o potencial inicial, dado que a sobrevoltagem do oxigênio é de 0,50 V sob essas condições.

(d) o potencial da célula quando $[Cu^{2+}]$ é $7{,}00 \times 10^{-6}$ mol L^{-1}, considerando que a queda *IR* e o sobrepotencial do O_2 permaneçam inalterados.

22-18. O níquel deve ser depositado em um catodo de platina (área = 120 cm^2) a partir de uma solução 0,150 mol L^{-1} de Ni^{2+}, tamponada a pH 2,00. O oxigênio é formado a partir do anodo de platina com uma área de 80 cm^2, a uma pressão de 1,00 atm. A célula tem uma resistência de 3,55 e a temperatura é de 25°C. Calcule

(a) o potencial termodinâmico necessário para iniciar a deposição do níquel.

(b) a queda *IR* associada a uma corrente de 1,00 A.

(c) a densidade de corrente no anodo e no catodo.

(d) o potencial inicial aplicado, dado que a sobrevoltagem do oxigênio é de 0,52 V sob essas condições.

(e) o potencial aplicado quando a concentração de níquel tiver diminuído para $1{,}00 \times 10^{-4}$ mol L^{-1}. (Considere que todas as variáveis, exceto $[Ni^{2+}]$, permanecem constantes.)

***22-19.** Uma solução tem 0,200 mol L^{-1} em Co^{2+} e 0,0650 mol L^{-1} em Cd^{2+}. Calcule

(a) a concentração de Co^{2+} na solução quando o cádmio começa a se depositar.

(b) o potencial do catodo necessário para diminuir a concentração de Co^{2+} para $1{,}00 \times 10^{-5}$ mol L^{-1}.

(c) Com base nos itens (a) e (b), pode-se separar quantitativamente o Co^{2+} do Cd^{2+}?

22-20. Uma solução tem 0,0450 mol L^{-1} de BiO^+ e 0,0350 mol L^{-1} em Co^{2+} e tem pH igual a 2,50.

(a) Qual é a concentração do cátion mais facilmente reduzido no início da deposição do menos reduzível?

(b) Qual é o potencial do catodo quando a concentração do mais facilmente reduzível for $1{,}00 \times 10^{-6}$ mol L^{-1}?

(c) Podemos realizar uma separação quantitativa com base nos resultados obtidos em (a) e (b)?

***22-21.** A análise eletrogravimétrica envolvendo o controle do potencial do catodo é proposta como meio de separar Bi^{3+} e Sn^{2+} em uma solução 0,250 mol L^{-1} de cada um deles e é tamponada a pH 1,95.

(a) Calcule o potencial teórico do catodo no início da deposição do íon mais facilmente reduzido.

(b) Calcule a concentração residual da espécie mais facilmente reduzida no início da deposição da espécie menos facilmente reduzível.

(c) Proponha uma faixa (*versus* ESC), se possível, na qual o potencial do catodo deveria ser mantido; considere uma concentração residual menor que 10^{-6} mol L^{-1} como representativa da remoção quantitativa.

22-22. Uma solução tem 0,200 mol L^{-1} em cada um de dois cátions reduzíveis, A e B. A remoção da espécie mais reduzível (A) é considerada completa quando [A] diminuiu a $1{,}00 \times 10^{-5}$ mol L^{-1}. Que diferença mínima nos potenciais padrão de eletrodo permitirá a separação de A sem interferência de B quando

A for	B for
*(a) monovalente	monovalente
(b) bivalente	monovalente
*(c) trivalente	monovalente
(d) monovalente	bivalente
*(e) bivalente	bivalente
(f) trivalente	bivalente
*(g) monovalente	trivalente
(h) bivalente	trivalente
*(i) trivalente	trivalente

***22-23.** Calcule o tempo necessário para uma corrente de 0,8510 A depositar 0,250 g de Co(II) como

(a) cobalto elementar na superfície do catodo.
(b) Co_3O_4 em um anodo. Considere 100% de eficiência da corrente para ambos os casos.

22-24. Calcule o tempo necessário para uma corrente constante de 1,00 A depositar 0,450 g de
(a) Tl(III) na forma do elemento em um catodo.
(b) Tl(I) como Tl_2O_3 no anodo.
(c) Tl(I) na forma do elemento em um catodo.

***22-25.** Uma amostra de 0,1330 g de um ácido orgânico puro foi neutralizada por íons hidróxido produzidos em 5 min e 24 s por uma corrente constante de 300 mA. Calcule o equivalente-grama do ácido.

22-26. A concentração de CN^- em 10,0 mL de uma solução de galvanização foi estabelecida pela titulação com íons hidrogênio eletrogerados até o ponto final, determinado com alaranjado de metila. A mudança de cor ocorreu após 4 min e 11 s com uma corrente de 55,6 mA. Calcule a quantidade em gramas de NaCN por litro de solução; calcule também a concentração em ppm de NaCN na solução.

***22-27.** Um excesso de $HgNH_3Y^{2-}$ foi introduzido em 25,00 mL de água de poço. Expresse a dureza da água em termos de ppm de $CaCO_3$ se o EDTA necessário para a titulação foi gerado em um catodo de mercúrio (veja a Equação 22-9) em 3,52 min por uma corrente constante de 39,4 mA. Considere 100% de eficiência de corrente.

22-28. O I_2 gerado eletroliticamente foi empregado na determinação da quantidade de H_2S em 100,0 mL de água salobra. Após a adição de um excesso de KI, a titulação precisou de uma corrente constante de 46,3 mA por 11,05 min. A reação foi

$$H_2S + I_2 \rightarrow S(s) + 2H^+ + 2I^-$$

Expresse os resultados da análise em termos de ppm de H_2S.

***22-29.** O nitrobenzeno presente em 300 mg de uma mistura orgânica foi reduzido a fenil-hidroxilamina em um potencial constante de −0,96 V (*versus* ESC), aplicado a um catodo de mercúrio:

$$C_6H_5NO_2 + 4H^+ + 4e^- \rightarrow C_6H_5NHOH + H_2O$$

A amostra foi dissolvida em 100 mL de metanol; após eletrólise por 30 min, a reação foi considerada completa. Um coulômetro eletrônico conectado em série com a célula indicou que a redução necessitou de 33,47 C. Calcule a porcentagem de $C_6H_5NO_2$ na amostra.

22-30. O teor de fenol de uma amostra de água coletada a jusante de uma coquearia foi determinado por meio de análise coulométrica. Uma amostra de 100 mL foi levemente acidificada e um excesso de KBr foi introduzido. Para produzir Br_2 segundo a reação

$$C_6H_5OH + 3Br_2 \rightarrow BrC_5H_5OH(s) + 2HBr$$

foi necessária uma corrente constante de 0,0503 A por 6 min e 22 s. Expresse os resultados dessa análise em termos de partes de C_6H_5OH por milhão de partes de água. (Considere a densidade da água como 1,00 g mL^{-1}.)

22-31. Sob um potencial de −1,0 V (*versus* ESC), o CCl_4 em metanol é reduzido a $CHCl_3$ em um catodo de mercúrio:

$$2CCl_4 + 2H^+ + 2e^- + 2Hg(l) \rightarrow 2CHCl_3 + Hg_2Cl_2(s)$$

A −1,80 V, $CHCl_3$ reage para formar CH_4:

$$2CHCl_3 + 6H^+ + 6e^- + 6Hg(l) \rightarrow 2CH_4 + 3Hg_2Cl_2(s)$$

Várias amostras diferentes de 0,750 g contendo CCl_4, $CHCl_3$ e uma espécie orgânica inerte foram dissolvidas em metanol e eletrolisadas a −1,0 V até que a corrente se aproximasse de zero. Um coulômetro indicou a carga requerida para completar a reação, conforme indicado na coluna do meio da tabela que segue. Então, o potencial do catodo foi ajustado para −1,8 V. A carga adicional, mostrada na última coluna da tabela, foi aquela necessária nesse potencial.

Nº da Amostra	Carga requerida a −1,0 V, C	Carga requerida a −1,8 V, C
1	11,63	68,60
2	21,52	85,33
3	6,22	45,98
4	12,92	55,31

Calcule a porcentagem de CCl_4 e $CHCl_3$ presente em cada mistura.

22-32. Uma mistura contendo apenas $CHCl_3$ e CH_2Cl_2 foi dividida em cinco partes para a obtenção de amostras para determinações em replicatas. Cada amostra foi dissolvida em metanol e eletrolisada em uma célula contendo um catodo de mercúrio; o potencial do catodo foi mantido constante a −1,80 V (*versus* ESC). Ambos os compostos foram reduzidos a CH_4 (veja as reações no Problema 22-31). Calcule o valor médio das porcentagens de $CHCl_3$ e CH_2Cl_2 presentes na mistura. Encontre os desvios padrão e os desvios padrão relativos.

Amostra	Massa da amostra, g	Carga requerida, C
1	0,1309	306,72
2	0,1522	356,64
3	0,1001	234,54
4	0,0755	176,91
5	0,0922	216,05

22-33. Construa uma curva de titulação coulométrica de 100,0 mL de uma solução 1 mol L^{-1} de H_2SO_4 contendo Fe(II) titulado com Ce(IV) gerado a partir de 0,075 mol L^{-1} de Ce(III). A titulação é monitorada por potenciometria. A quantidade inicial de Fe(II) presente é 0,05182 mmol. Uma corrente constante de 20,0 mA foi utilizada. Encontre o tempo correspondente ao ponto de equivalência. Então, para cerca de dez valores de tempo antes do ponto de equivalência, empregue a estequiometria da reação para calcular a quantidade de Fe^{3+} produzida e a quantidade de Fe^{2+} remanescente. Utilize a equação de Nernst para obter o potencial do sistema. Encontre o potencial do ponto de equivalência da maneira usual para uma titulação redox. Para cerca de dez vezes após o ponto de equivalência, calcule a quantidade de Ce^{4+} produzida na eletrólise e a quantidade de Ce^{3+} remanescente. Construa a curva do potencial do sistema em função do tempo de eletrólise.

***22-34.** Traços de anilina, $C_6H_5NH_2$, em água potável podem ser determinados pela reação com um excesso de Br_2 gerado eletroquimicamente:

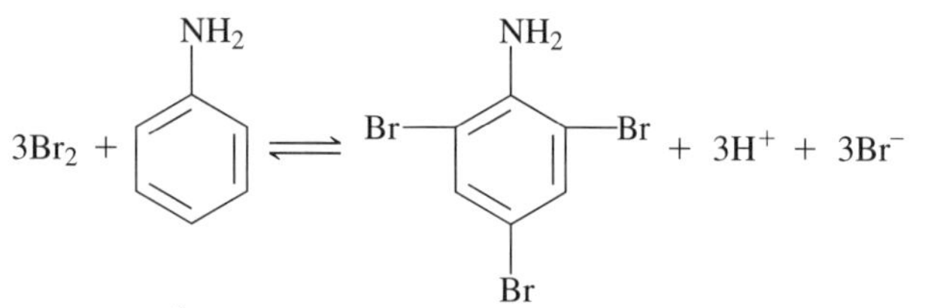

anilina

A polaridade do eletrodo de trabalho é então revertida e o excesso de Br_2 é determinado pela titulação coulométrica envolvendo a geração de Cu(I):

$$Br_2 + 2Cu^+ \rightarrow 2Br^- + 2Cu^{2+}$$

Quantidades adequadas de KBr e $CuSO_4$ foram adicionadas a uma amostra de 25,0 mL contendo anilina. Calcule a massa de anilina (em microgramas) na amostra a partir dos seguintes dados:

Eletrodo de Trabalho Funcionando como	**Tempo de Geração com Corrente Constante de 1,51 mA, min**
Anodo	3,76
Catodo	0,270

***22-35.** A quinona pode ser reduzida a hidroquinona com um excesso de Sn(II) gerado eletroliticamente:

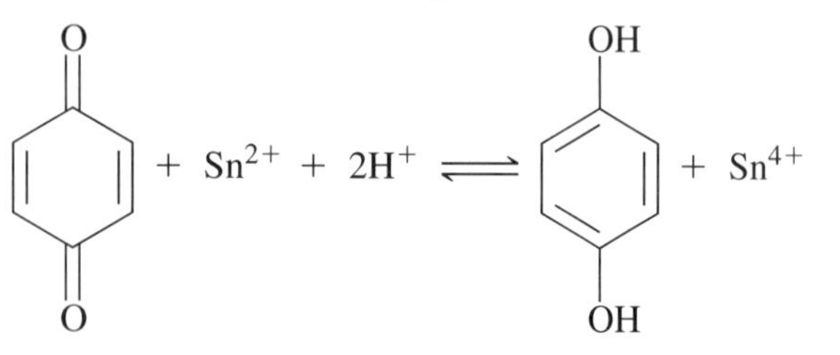

quinona hidroquinona

A polaridade do eletrodo de trabalho é então revertida e o excesso de Sn(II) é oxidado com Br_2 gerado em uma titulação coulométrica:

$$Sn^{2+} + Br_2 \rightarrow Sn^{4+} + 2\,Br^-$$

Quantidades apropriadas de $SnCl_4$ e KBr foram adicionadas a 50,0 mL de amostra. Calcule a massa de $C_6H_4O_2$ na amostra a partir dos seguintes dados:

Eletrodo de Trabalho Funcionando como	**Tempo de Geração com Corrente Constante de 1,062 mA, min**
Catodo	8,34
Anodo	0,691

22-36. Problema Desafiador: Os íons sulfeto (S^{2-}) são formados em águas residuais pela ação de bactérias anaeróbias sobre a matéria orgânica. Os sulfetos podem ser prontamente protonados para formar o H_2S, que é volátil e tóxico. Além da toxicidade e do odor desagradável, o sulfeto e o H_2S geram problemas de corrosão porque podem ser facilmente convertidos ao ácido sulfúrico quando as condições mudam para aeróbias. Um método comum de determinação do sulfeto é a titulação coulométrica com geração de íons prata. No eletrodo gerador, a reação é $Ag \rightarrow Ag^+ + e^-$. A reação de titulação é $S^{2-} + 2Ag^+ \rightarrow Ag_2S(s)$.

(a) Um medidor digital de cloreto foi usado para determinar a massa de sulfeto em uma amostra de água residual. O medidor exibe os resultados diretamente em ng de Cl^-. Nas determinações de cloreto, a mesma reação é empregada, mas a reação de titulação é $Cl^- + Ag^+ \rightarrow AgCl(s)$. Desenvolva uma equação que relacione a quantidade desejada, em ng de S^{2-}, com a leitura do medidor de cloreto em ng de Cl^-.

(b) Um dado padrão de água residual forneceu uma leitura de 1.689,6 ng de Cl^-. Qual é a carga total em Coulomb necessária para gerar Ag^+ suficiente para precipitar o sulfeto nesse padrão?

(c) Os seguintes resultados foram obtidos em amostras de 20,00 mL contendo quantidades desconhecidas de sulfeto. (D. T. Pierce; M. S. Applebee; C. Lacher; J. Bessie, *Environ. Sci. Technol.*, v. 32, 1734, **1998**, **DOI:** 10.1021/es970924v.) Cada padrão foi analisado em triplicata e a massa de cloreto, registrada. Converta cada um dos resultados em cloreto para ng de S^{2-}.

Massa conhecida de S^{2-}, ng	**Massa de Cl^- determinada, ng**		
6.365	10.447,0	10.918,1	10.654,9
4.773	8.416,9	8.366,0	8.416,9
3.580	6.528,3	6.320,4	6.638,9
1.989	3.779,4	3.763,9	3.936,4
796	1.682,9	1.713,9	1.669,7
699	1.127,9	1.180,9	1.174,3
466	705,5	736,4	707,7
373	506,4	521,9	508,6
233	278,6	278,6	247,7
0	−22,1	−19,9	−17,7

(d) Determine a massa média de S^{2-} em ng, o desvio padrão e o DPR % para cada padrão.

(e) Prepare um gráfico da massa média de S^{2-} determinada (ng) *versus* a massa verdadeira (ng). Estabeleça a inclinação, a interseção, o erro padrão e o valor de R^2. Comente a respeito do ajuste dos dados a um modelo linear.

(f) Determine o limite de detecção (LD) em ng e em ppm empregando um fator k de 2 (ver Equação 8-22).

(g) Uma amostra desconhecida de água residual forneceu uma leitura média de 893,2 ng Cl^-. Qual é a massa de sulfeto em ng? Se 20,00 mL da amostra de água foram introduzidos no frasco de titulação, qual é a concentração de S^{2-} em ppm?

capítulo 23 Voltametria

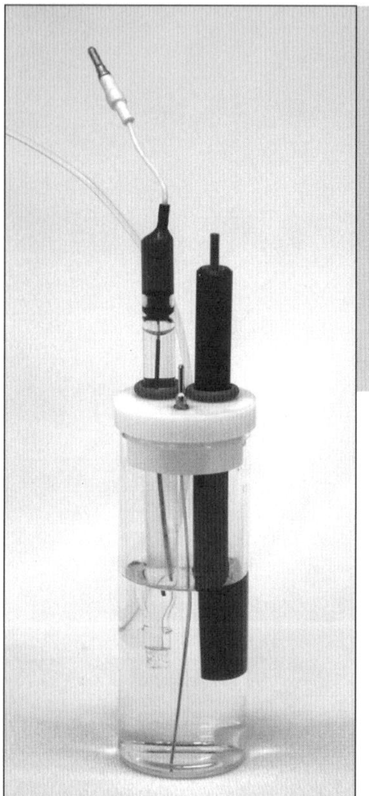

Cortesia de Bioanalytical Systems, Inc.

O envenenamento de crianças por chumbo pode provocar anorexia, vômito, convulsões e danos permanentes ao cérebro. O chumbo pode contaminar a água por meio da lixiviação de soldas empregadas para conectar tubos de cobre. A voltametria de redissolução anódica, discutida neste capítulo, é um dos métodos analíticos mais sensíveis para a determinação de metais pesados tais como o chumbo. A foto exibe uma célula de três eletrodos empregada na voltametria de redissolução anódica. O eletrodo de trabalho é de carbono vítreo no qual foi depositado um filme de mercúrio. Uma etapa de eletrólise é utilizada para depositar chumbo no filme de mercúrio, na forma de um amálgama. Após a etapa de eletrólise, é feita uma varredura anódica na direção de valores positivos para oxidar (redissolver) o metal presente no filme. Níveis tão baixos quanto algumas partes por bilhão podem ser determinados.

O termo **voltametria** se refere a um grupo de métodos eletroanalíticos nos quais obtemos informações sobre o analito medindo a corrente em uma célula eletroquímica como uma função do potencial aplicado. Obtemos esta informação sob condições que promovem a polarização de um pequeno eletrodo indicador, ou de trabalho. Quando a corrente proporcional à concentração do analito é monitorada em um potencial fixo, a técnica é chamada de **amperometria**. Para aumentar a polarização, os eletrodos de trabalho na voltametria e na amperometria têm áreas superficiais de poucos milímetros quadrados na maioria e em algumas aplicações, uns poucos micrômetros quadrados ou menos. A voltametria é largamente utilizada pelos químicos inorgânicos, físico-químicos e químicos biológicos para estudos fundamentais de processos de oxidação e redução em vários meios, processos de adsorção em superfícies e mecanismos de transferência de elétrons nas superfícies de eletrodos modificados quimicamente.

Os **métodos voltamétricos** são baseados na medida da corrente como uma função do potencial aplicado a um pequeno eletrodo.

Na voltametria, a corrente que se desenvolve em uma célula eletroquímica é medida sob condições de completa polarização de concentração. Recorde, da Seção 22A-2, que um eletrodo polarizado é aquele no qual temos uma voltagem aplicada em excesso daquela prevista pela equação de Nernst para fazer com que a oxidação ou a redução ocorra. Em contraste, as medidas potenciométricas são feitas em correntes que se aproximam de zero e onde a polarização está ausente. A voltametria difere-se da coulometria em que, com coulorimetria, as medidas são tomadas para minimizar ou compensar os efeitos da polarização de concentração. Além disso, na voltametria, existe o consumo mínimo de analito, enquanto na coulometria basicamente todo o analito é convertido em outro estado.

Polarografia é a voltametria em um eletrodo gotejante de mercúrio.

Historicamente, o campo da voltametria desenvolveu-se a partir da **polarografia**, um tipo de voltametria em particular que foi inventado pelo químico checoslovaco Jaroslav Heyrovsky no início dos anos 1920.[1] A polarografia se difere dos outros tipos de voltametria

[1] J. Heyrovsky, *Chem. Listy*, v. 16, p. 256, 1922.

no sentido de que o eletrodo de trabalho é o singular **eletrodo gotejante de mercúrio**. No passado, a polarografia era uma ferramenta importante usada pelos químicos para a determinação de íons inorgânicos e determinadas espécies orgânicas em soluções aquosas. Em anos recentes, o número de aplicações da polarografia no laboratório de analítica caiu dramaticamente. Esta queda tem sido enormemente um resultado das preocupações em relação ao uso de mercúrio no laboratório e possível contaminação do ambiente, à natureza levemente embaraçosa do aparelho e à larga disponibilidade de métodos (principalmente espectroscópicos) mais rápidos e mais convenientes. Uma vez que tanto os laboratórios de trabalho quanto os de ensino ainda realizam experimentos de polarografia, incluímos uma abordagem abreviada dela na Seção 23D.

Jaroslav Heyrovsky nasceu em Praga em 1890. Ele foi premiado em1959 com o Nobel em Química pela descoberta e desenvolvimento da polarografia. Sua invenção do método polarográfico data de 1922, e ele concentrou o restante de sua carreira no desenvolvimento deste novo ramo da eletroquímica. Ele morreu em 1967.

Enquanto a polarografia caiu em importância, a voltametria e a amperometria em eletrodos de trabalho que não o eletrodo gotejante de mercúrio têm crescido em um passo impressionante. Além disto, a voltametria e a amperometria acopladas com a cromatografia de líquidos têm se tornado ferramentas poderosas para a análise de misturas complexas. A voltametria moderna também continua a ser uma excelente ferramenta em diversas áreas da química, da bioquímica, da ciência de materiais, da engenharia e das ciências ambientais para estudar os processos de oxidação, redução e adsorção.[2]

23A SINAIS DE EXCITAÇÃO NA VOLTAMETRIA

Na voltametria, um sinal de excitação de potencial variável é impresso em um eletrodo de trabalho em uma célula eletroquímica. Este sinal de excitação produz uma resposta de corrente característica, que é a quantidade medida. As formas de ondas de quatro sinais de excitação mais comuns usadas na voltametria são mostradas na **Figura 23-1**. O sinal de excitação voltamétrico clássico é a varredura linear mostrada na Figura 23-1a, no qual a voltagem aplicada à célula aumenta linearmente (normalmente sobre uma faixa de 2 a 3 V) como uma função do tempo. A corrente na célula é então registrada como uma função do tempo e então como uma função da voltagem aplicada. Na amperometria, a corrente é registrada em uma voltagem aplicada fixa.

Dois sinais de excitação do tipo pulso são apresentados na Figura 23-1b e 23.1c. As correntes são medidas em vários instantes durante o tempo de vida dos pulsos. Com a forma de onda triangular mostrada na Figura 23-1d, o potencial é cíclico entre dois valores, primeiramente aumentando linearmente até um máximo e então diminuindo linearmente com a mesma inclinação do seu valor original. Esse processo pode ser repetido inúmeras vezes à medida que a corrente é registrada como uma função do tempo. Um ciclo completo pode levar 100 ou mais segundos ou ser completado em menos de um segundo.

À direita de cada uma das formas de onda da Figura 23-1 estão listados os tipos de voltametrias que usam os vários sinais de excitação. Abordaremos estas técnicas nas seções que se seguem.

[2] Algumas referências gerais em voltametria incluem A. J. Bard e L. R. Faulkner, *Eletrochemistry Methods*, 2. ed., Nova York: Wiley, 2001; S. P. Kounaves, em *Handbook of Instrumental Techniques for Analytical Chemistry*, Frank A. Settle, ed., Upper Saddle River, NJ: Prentice-Hall, 1997, pp. 711-28; *Laboratory Techniques in Electroanalytical Chemistry*, 2. ed., P. T. Kissinger e W. Heineman, eds., Nova York: Marcel Dekker, 1996; M. R. Smyth e F. G. Vos, eds., *Analytical Voltammetry*, Nova York: Elsevier, 1992.

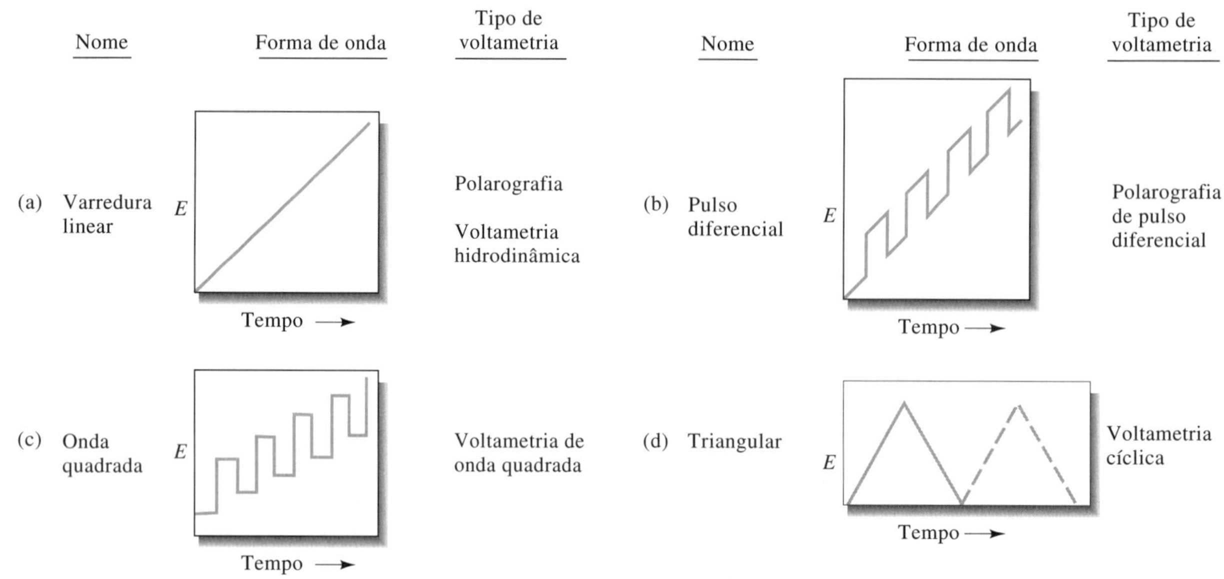

Figura 23-1 Sinais de excitação de tensão *versus* tempos empregados na voltametria.

Um **eletrólito de suporte** é um sal adicionado em excesso à solução do analito. Mais comumente, é um sal de um metal alcalino que não reage no eletrodo de trabalho nos potenciais que estão sendo empregados. O sal reduz os efeitos da migração e diminui a resistência da solução.

O **eletrodo de trabalho** é aquele no qual o analito é oxidado ou reduzido. O potencial entre o eletrodo de trabalho e o **eletrodo de referência** é controlado. A corrente de eletrólise flui entre o eletrodo de trabalho e o **contraeletrodo**.

23 B INSTRUMENTAÇÃO VOLTAMÉTRICA

A **Figura 23-2** mostra os componentes de um sistema simples utilizado no desenvolvimento de medidas voltamétricas de varredura linear. A célula é constituída de três eletrodos imersos em uma solução contendo o analito e também um excesso de um eletrólito não reativo chamado **eletrólito de suporte**. (Note a similaridade dessa célula com aquela da eletrólise com potencial controlado mostrada na Figura 22-8.) Um dos três eletrodos é o **eletrodo de trabalho** (ET), cujo potencial em relação a um **eletrodo de referência** (ER) varia linearmente com o tempo. As dimensões do eletrodo de trabalho são mantidas pequenas para aumentar sua tendência em se tornar polarizado. O eletrodo de referência tem um potencial que permanece constante durante o experimento. O terceiro eletrodo é um **contraeletrodo (CE)**, que frequentemente é um fio de platina enrolado ou um poço de mercúrio. Na célula, a corrente flui entre o eletrodo de trabalho e o contraeletrodo.[3] A fonte de sinal é uma fonte cc variável que consiste em uma bateria ligada em série com um resistor variável *R*. O potencial de excitação desejado é selecionado movimentando-se o contato *C* para uma posição apropriada no resistor. O voltímetro digital tem uma resistência tão elevada ($>10^{11}\ \Omega$) que essencialmente não há passagem de corrente pelo circuito contendo o medidor e o eletrodo de referência. Portanto, virtualmente toda a corrente oriunda da fonte flui entre o contraeletrodo e o eletrodo de trabalho. Um voltamograma é registrado movendo-se o contato *C*, exposto na Figura 23-2, e registrando a corrente resultante em função do potencial aplicado entre o eletrodo de trabalho e o eletrodo de referência.

[3] No início, a voltametria era realizada com o sistema de dois eletrodos em vez de três eletrodos mostrado na Figura 23-2. Com o sistema de dois eletrodos, o segundo tanto pode ser um eletrodo metálico grande, como um poço de mercúrio, ou um eletrodo de referência suficientemente grande para prevenir sua polarização durante um experimento. Esse segundo eletrodo combina as funções de eletrodo de referência e de contraeletrodo na Figura 23-2. No sistema de dois eletrodos, supomos que o potencial deste segundo eletrodo permaneça constante durante a varredura, assim o potencial no microeletrodo é simplesmente a diferença entre o potencial aplicado e o potencial no segundo eletrodo. Com soluções de elevada resistência elétrica, contudo, esta consideração não é válida porque a queda *IR* se torna significativa e aumenta à medida que a corrente se eleva. A consequência são voltamogramas distorcidos. Atualmente, quase toda a voltametria é realizada com sistemas de três eletrodos.

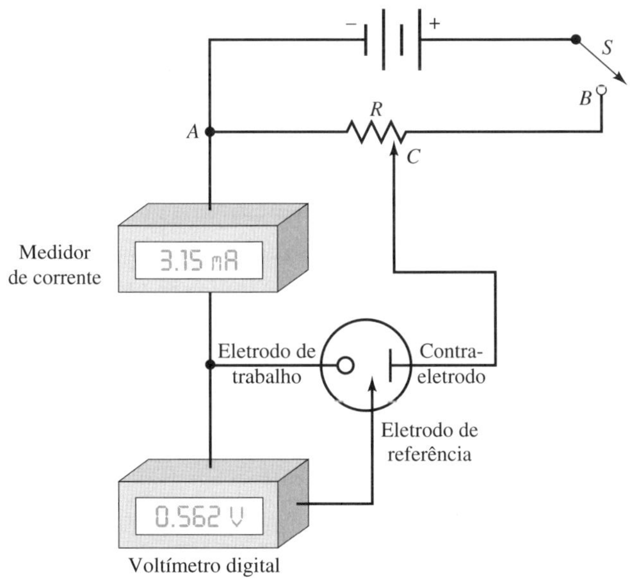

Figura 23-2 Um potenciostato manual para voltametria.

Em princípio, o potenciostato manual da Figura 23-2 poderia ser utilizado para gerar um voltamograma de varredura linear. Nesse experimento, o contato C é movido a uma velocidade constante de A para B para produzir o sinal de excitação mostrado na Figura 23-1a. A corrente e a voltagem são então registradas em intervalos durante a varredura de potencial (ou tempo). Em instrumentos voltamétricos modernos, entretanto, os sinais de excitação representados na Figura 23-1 são gerados eletronicamente. Esses instrumentos variam o potencial de uma maneira sistemática com relação ao eletrodo de referência e registram a corrente resultante. A variável independente nesse experimento é o potencial no eletrodo de trabalho contra o eletrodo de referência e não o potencial entre o eletrodo de trabalho e o contraeletrodo. Um potenciostato desenhado para a voltametria de varredura linear é descrito no Destaque 23-1. A Figura 23D-2 é um esquema mostrando os componentes de um moderno potenciostato amplificador operacional (veja Seção 22C-2) para a realização de medidas voltamétricas de varredura linear.

DESTAQUE 23-1

Instrumentos Voltamétricos Baseados em Amplificadores Operacionais

No Destaque 21-5 descrevemos o emprego de amplificadores operacionais (*amp op*) para medir o potencial de células eletroquímicas. Os *amp op* (do inglês *operational amplifiers* – amplificadores operacionais) também podem ser empregados para medir correntes e realizar uma variedade de outras tarefas de controle e de medida. Considere a medida da corrente, como ilustrado na **Figura 23D-1**.

Nesse circuito, a fonte de voltagem E está ligada a um eletrodo de uma célula eletroquímica que produz uma corrente I na célula. Em virtude da elevada resistência de entrada do *amp op*, essencialmente toda a corrente flui através do resistor R para a sua saída. A voltagem na saída do *amp op* é dada por $E_{saída} = -IR$. O sinal de menos aparece pois a voltagem de saída do amplificador $E_{saída}$ precisa ser oposta em sinal à queda de voltagem da resistência R para que a diferença de potencial entre as entradas do amplificador operacional seja próxima de zero volts. Resolvendo essa equação em relação a I, temos:

$$I = \frac{-E_{saída}}{R}$$

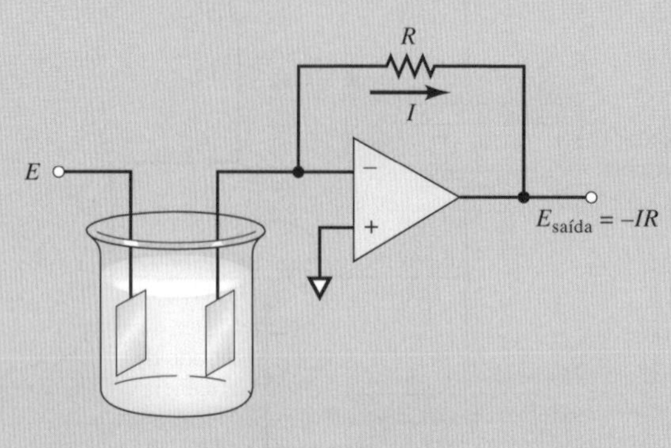

Figura 23D-1 Um circuito com *amp op* para medida da corrente voltamétrica.

Em outras palavras, a corrente na célula eletroquímica é proporcional à voltagem de saída do *amp op*. Então, o valor da corrente pode ser calculado a partir dos valores medidos de $E_{saída}$ e da resistência R. Esse circuito é chamado **conversor corrente-voltagem**.

Os *amp op* podem ser utilizados na construção de um potenciostato de três eletrodos automático, como pode ser visto na **Figura 23D-2**. Observe que o circuito de medida de corrente da Figura 23D-1 está conectado ao eletrodo de trabalho da célula (*amp op* C). O eletrodo de referência está ligado ao seguidor de voltagem (*amp op* B). Como discutido no Destaque 21-5, o seguidor de voltagem monitora o potencial do eletrodo de referência sem drenar qualquer corrente da célula. A saída do *amp op B*, que é o potencial do eletrodo de referência, retroalimenta a entrada do *amp op A* para completar o circuito. As funções do *amp op* A são (1) fornecer a corrente na célula eletroquímica entre o contraeletrodo e o eletrodo de trabalho e (2) manter a diferença de potencial entre o eletrodo de referência e o eletrodo de trabalho em um valor fornecido pelo gerador de voltagem de varredura linear. Em operação, o gerador de voltagem varia o potencial entre os eletrodos de referência e de trabalho e a corrente na célula é monitorada pelo *amp op* C. A voltagem de saída do *amp op C*, que é proporcional à corrente I na célula, é registrada ou adquirida por um computador para análise dos dados e apresentação.[4]

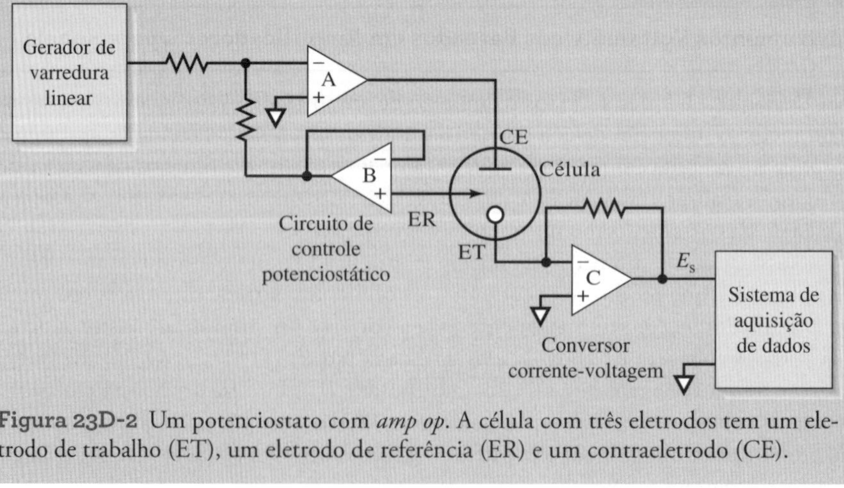

Figura 23D-2 Um potenciostato com *amp op*. A célula com três eletrodos tem um eletrodo de trabalho (ET), um eletrodo de referência (ER) e um contraeletrodo (CE).

[4] Para uma discussão completa sobre potenciostatos com *amp op* e de três eletrodos, veja P. T. Kissinger, em *Laboratory Techniques in Electroanalytical Chemistry*, P. T. Kissinger e W. R. Heineman, eds. Nova York: Marcel Dekker, 1996. pp. 165-194.

A resistência elétrica do circuito de controle contendo o eletrodo de referência é tão grande (> 10^{11} Ω) que ela basicamente não puxa corrente. Consequentemente, toda a corrente da fonte é carregada do contraeletrodo para o eletrodo de trabalho. Além disso, o circuito de controle ajusta esta corrente de tal forma que o potencial entre o eletrodo de trabalho e o eletrodo de referência é idêntico ao potencial de saída do gerador de voltagem linear. A corrente resultante, que é diretamente proporcional ao potencial entre o par eletrodo de trabalho/referência, é então convertida para uma voltagem e registrada como uma função do tempo pelo sistema de aquisição de dados. É importante enfatizar que a variável independente neste experimento é o potencial do eletrodo de trabalho *versus* o eletrodo de referência e não entre o eletrodo de trabalho e o contraeletrodo. O eletrodo de trabalho é mantido muito perto do potencial de base (comum virtual) durante todo o experimento pelo *amp op C*.

23B-1 Eletrodos de Trabalho[5]

Os eletrodos de trabalho usados na voltametria possuem uma variedade de desenhos e formas. Normalmente, eles são pequenos discos planos de um condutor que são presos por pressão em um tubo de um material inerte, como Teflon ou Kel-F, que tem encaixado nele um contato de fio (veja **Figura 23-3a**). O condutor pode ser um metal nobre como platina ou ouro; pasta de carbono, fibra de carbono, grafite pirolítico, carbono vítreo, diamante ou nanotubos de carbono; um semicondutor, tal como óxido de estanho ou de índio; ou um metal recoberto com um filme de mercúrio. Conforme mostra a **Figura 23-4**, a faixa de potencial que pode ser utilizada com esses eletrodos, em soluções aquosas, varia e depende não apenas do material do eletrodo, como também da composição da solução na qual ele está imerso. Geralmente, as limitações do potencial positivo são causadas pelas grandes correntes que se desenvolvem devido à oxidação da água para fornecer oxigênio molecular. Os limites negativos surgem da redução da água para produzir hidrogênio. Observe que os potenciais negativos relativamente grandes podem ser tolerados com eletrodos de mercúrio por causa da sobrevoltagem de hidrogênio neste metal.

❮ Os potenciais negativos elevados podem ser empregados com os eletrodos de mercúrio.

Os eletrodos de mercúrio têm sido amplamente empregados na voltametria por diversas razões. Uma delas é a faixa de potencial negativo relativamente ampla descrita anteriormente. Uma vantagem adicional dos eletrodos de mercúrio é que muitos íons metálicos são reduzidos de forma reversível para amálgamas na superfície do mercúrio, simplificando a química. Os eletrodos de mercúrio tomam várias formas. A mais simples delas é o eletrodo de filme de mercúrio formado pela eletrodeposição do metal em um eletrodo na forma de disco, como aquele mostrado na Figura 23-3a. A **Figura 23-3b** ilustra um eletrodo gotejante de mercúrio (EGM). Esse eletrodo, que está disponível comercialmente, consiste em um tubo capilar muito fino conectado a um reservatório que contém mercúrio. O metal é forçado a passar pelo capilar por um arranjo contendo um pistão, controlado por um parafuso micrométrico. O micrômetro permite a formação de gotas tendo áreas superficiais que são reprodutíveis em um nível de 5 por cento ou melhor.

❮ Os metais que são solúveis no mercúrio formam ligas líquidas conhecidas como amálgamas.

A **Figura 23-3c** mostra um microeletrodo típico. Tais eletrodos consistem em fios ou fibras de metal de pequeno diâmetro (5 a 100 μm) selados dentro de corpos de vidro temperado. A ponta plana do microeletrodo é polida para dar um acabamento espelhado, que pode ser mantido usando-se alumina e/ou polimento de

[5] Muitos dos eletrodos de trabalho que descrevemos neste capítulo têm dimensões na faixa de milímetros. Há agora um intenso interesse nos estudos com eletrodos tendo dimensões na faixa de micrômetros e menores. Usaremos o termo *microeletrodos* para tais eletrodos. Estes eletrodos têm várias vantagens sobre os eletrodos de trabalho clássicos. Descreveremos algumas características únicas dos microeletrodos na Seção 23I.

Historicamente, os eletrodos de trabalho com áreas superficiais menores que alguns milímetros quadrados eram chamados de **microeletrodos**. Recentemente, este termo começou a significar eletrodos com áreas na escala de micrômetro. Na literatura mais antiga, os eletrodos de tamanho de micrômetro eram algumas vezes chamados de **ultramicroeletrodos**.

O EGM tem uma alta sobrevoltagem para a redução do H^+ e uma superfície metálica renovável com cada gotícula. As correntes reprodutíveis são obtidas muito rapidamente com o EGM.

diamante. A conexão elétrica é um pino de ouro de 0,1524 cm. Os microeletrodos disponíveis em uma variedade de materiais incluem fibra de carbono, platina, ouro e prata. Outros materiais podem ser incorporados nos microeletrodos se eles estiverem disponíveis como um fio ou uma fibra e formar um bom selo com epóxi. O eletrodo mostrado tem aproximadamente 7,5 cm de comprimento e 4 mm de diâmetro externo.

A **Figura 23-3d** mostra um eletrodo de trabalho do tipo sanduíche disponível comercialmente para voltametria (ou amperometria) em correntes de fluxo. O bloco é feito de polieteretercetona (PEEK) e está disponível em vários formatos com diferentes tamanhos de eletrodos (3 mm e 6 mm; veja a área central na figura) e vários arranjos (dual 3 mm e quad 2 mm). Veja as Figuras 23-15 e 23-16 para um diagrama mostrando como os eletrodos são usados em correntes de fluxo. Os eletrodos de trabalho podem ser feitos de carbono vítreo, pasta de carbono, ouro, cobre, níquel, platina ou outros materiais sob medida.

A **Figura 23-3e** mostra um eletrodo gotejante de mercúrio (EGM) típico, que foi usado em aproximadamente todos os experimentos de polarografia mais antigos. Ele consiste em aproximadamente 10 cm de um tubo capilar fino (diâmetro interno = 0,05 mm) através do qual o mercúrio é forçado por uma cabeça de mercúrio de talvez 50 cm. O diâmetro do capilar é de tal forma que uma nova gota se forma e se quebra a cada 2 a 6 s. O diâmetro da gota é de 0,5 a 1 mm e é altamente reprodutível. Em algumas aplicações, o tempo da gota é controlado por um martelete mecânico que desaloja a gota em um tempo fixo depois que ela começa a se formar. Além disso, uma superfície metálica fresca é formada simplesmente pela formação de uma nova gota. A superfície fresca reprodutível é importante porque as correntes medidas na voltametria são bastante sensíveis à limpeza e falta de irregularidades.

23B-2 Eletrodos Modificados[6]

Uma área ativa de pesquisa em eletroquímica é o desenvolvimento de eletrodos que são produzidos por modificação química de vários substratos condutores. Tais eletrodos têm sido feitos sob medida para realizar uma larga faixa de funções. As modificações incluem aplicar irreversivelmente substâncias de adsorção com funcionalidades desejadas, ligar covalentemente componentes à superfície e revestir o eletrodo com filmes poliméricos ou filmes de outras substâncias.

Os eletrodos modificados têm muitas aplicações em potencial. Um interesse primário tem sido na área da eletrocatálise. Nesta aplicação, os eletrodos capazes de reduzir o oxigênio para água têm sido buscados para uso em células de combustível e baterias. Outra aplicação é na produção de dispositivos eletrocrômicos que mudam de cor na oxidação e redução. Tais dispositivos são usados em monitores ou *janelas* e *espelhos inteligentes*. Os dispositivos eletroquímicos que serviriam como dispositivos eletrônicos, como diodos e transistores, também estão sob intenso estudo. Finalmente, o uso analítico mais importante para tais eletrodos é como sensores analíticos que são preparados para serem seletivos para uma espécie ou grupo funcional em particular.

[6] Para mais informação, veja R. W. Murray, "Molecular Design of Electrode Surfaces", em *Techniques in Chemistry*, Vol 22, W. Weissberger, fundador, ed., Nova York: Wiley, 1992; A. J. Bard, *Integrated Chemical Systems*, Nova York: Wiley, 1994.

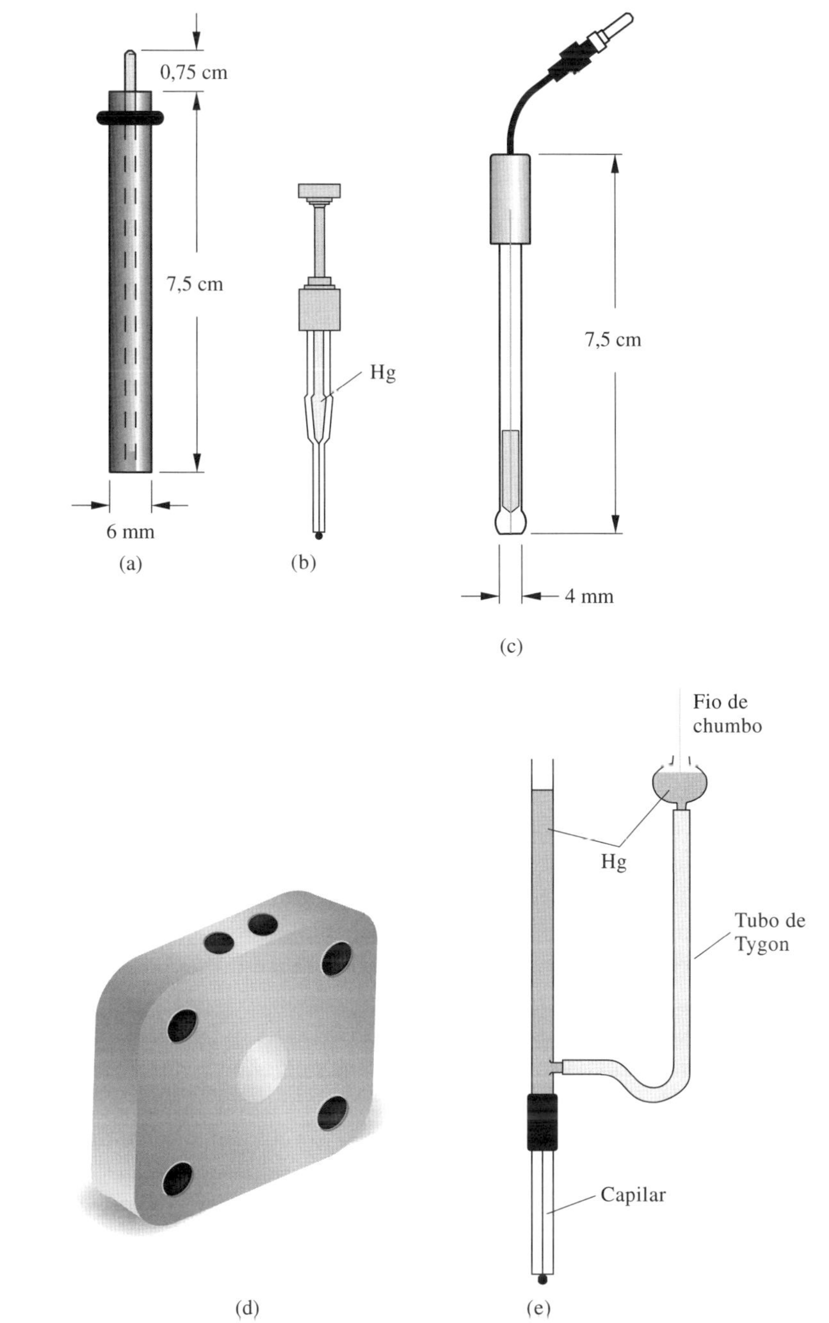

Figura 23-3 Alguns tipos comuns de eletrodos voltamétricos comerciais. (a) Eletrodo de disco. (b) Eletrodo gotejante de mercúrio (EGM) (c) Microeletrodo. (d) Eletrodo de fluxo do tipo sanduíche. (e) Eletrodo gotejante de mercúrio (EGM). (Reimpresso com a permissão de Bioanalytical Systems, Inc., West Lafayette, IN.)

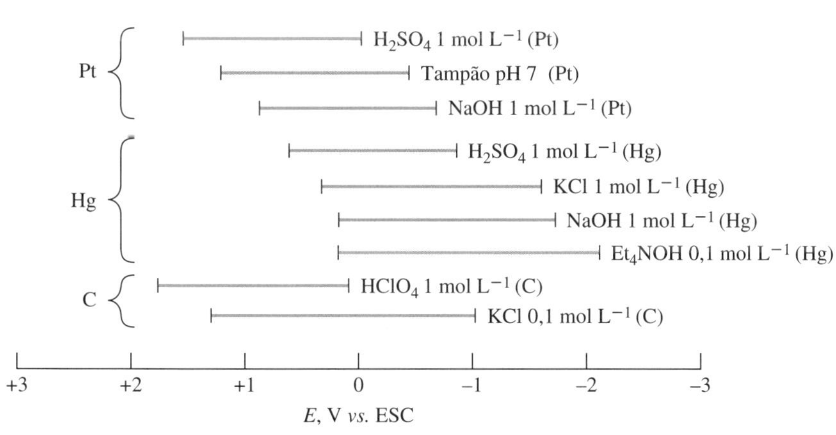

Figura 23-4 Faixas de potenciais para três tipos de eletrodos em vários eletrólitos de suporte. (A. J. Bard e L. R. Faulkner, *Electrochemical Methods*, 2. ed. Nova York: Wiley, 2001, contracapa. Reimpresso com permissão de John Wiley & Sons, Inc.)

23B-3 Voltamogramas

A convenção norte-americana de sinais para a voltametria considera as correntes catódicas como positivas e as correntes anódicas, negativas. Os voltamogramas são exibidos na forma de gráficos com correntes positivas no hemisfério superior e correntes negativas na parte inferior. Principalmente por razões históricas, o eixo dos potenciais é posicionado de forma que se torne menos positivo (mais negativo), indo da esquerda para a direita.

A **Figura 23-5** ilustra a aparência de um voltamograma de varredura linear típico para uma eletrólise envolvendo a redução de um analito A para formar o produto P em um eletrodo de filme de mercúrio. Neste exemplo, supõe-se que o eletrodo de trabalho esteja conectado ao terminal negativo do gerador de varredura linear de tal forma que os potenciais aplicados são dados com um sinal negativo como mostrado. Por convenção, as correntes catódicas são sempre tomadas como positivas enquanto às correntes anódicas é dado um sinal negativo. Nesse experimento hipotético, a solução é considerada como 10^{-4} mol L^{-1} em A, 0,0 mol L^{-1} em P e 0,1 mol L^{-1} em KCl, que serve como eletrólito de suporte. A semirreação no eletrodo de trabalho é a reação reversível

$$A + ne^- \rightleftharpoons P \qquad E^0 = -0{,}26\text{ V} \tag{23-1}$$

Por conveniência, desprezamos as cargas em A e P e também supomos que o potencial padrão para a semirreação seja −0,26 V.

Uma **onda voltamétrica** é uma onda na forma de ∫ que aparece nos gráficos de corrente-voltagem no voltamograma.

Os voltamogramas de varredura linear geralmente têm uma forma sigmoide e são chamados **ondas voltamétricas**. A corrente constante após o degrau de subida é chamada de **corrente limite**, i_l, porque a velocidade na qual o reagente pode ser trazido para a superfície do eletrodo pelos processos de transporte de massa limita a corrente. As correntes limitantes geralmente são diretamente proporcionais à concentração de reagente. Portanto, podemos escrever

Na voltametria, a **corrente limite** é o patamar de corrente que é observado no topo da onda voltamétrica. Isso ocorre porque a concentração do analito na superfície cai a zero. Nesse ponto, a velocidade de transferência de massa está em seu valor máximo. O platô da corrente limite é um exemplo de polarização completa de concentração

$$i_l = kc_A \tag{23-2}$$

onde c_A é a concentração do analito e k, uma constante. A voltametria quantitativa de varredura linear apoia-se nesta relação.

O potencial no qual a corrente é igual à metade da corrente limite é denominado **potencial de meia-onda** e tem o símbolo $E_{1/2}$. Após a correção para o potencial do eletrodo de referência (0,242 V com um eletrodo saturado de calomelano), o potencial da meia-onda está intimamente relacionado ao potencial padrão para a semirreação mas normalmente não é idêntico a ele. Algumas vezes os potenciais de meia-onda são úteis na identificação de componentes de uma solução.

O **potencial de meia-onda** ocorre quando a corrente é igual à metade do valor limite.

Correntes limitantes reprodutíveis podem ser atingidas rapidamente quando a solução de analito ou o eletrodo de trabalho está em movimento contínuo e reprodutível. A voltametria de varredura linear na qual a solução ou o eletrodo está em constante movimento é chamada de **voltametria hidrodinâmica**. Neste capítulo, focaremos muita da nossa atenção na voltametria hidrodinâmica.

A **voltametria hidrodinâmica** é aquela no qual a solução do analito mantém-se em constante movimento.

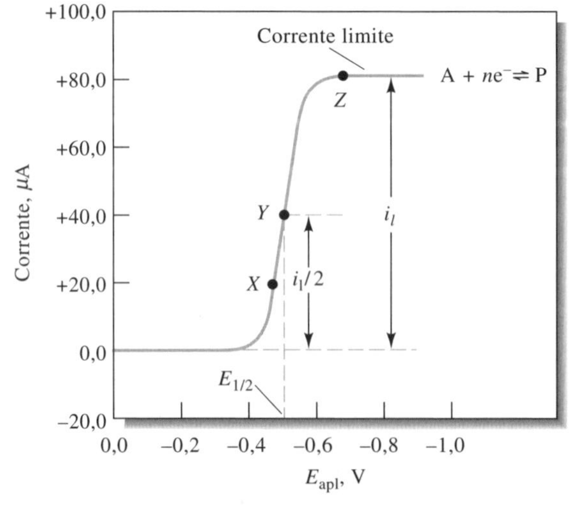

Figura 23-5 Voltamograma de varredura linear para a redução da espécie hipotética A, para formar o produto P. A corrente limite i_l é proporcional à concentração do analito e é empregada na análise quantitativa. O potencial de meia-onda $E_{1/2}$ está relacionado ao potencial padrão para a semirreação e normalmente é utilizado na identificação qualitativa da espécie. O potencial de meia-onda é aquele aplicado no qual a corrente i é $i_{1/2}$.

23C VOLTAMETRIA HIDRODINÂMICA

A voltametria hidrodinâmica é realizada de várias formas. Em um método, a solução é agitada vigorosamente enquanto está em contato com um eletrodo de trabalho fixo. Uma célula típica para a voltametria hidrodinâmica está mostrada na **Figura 23-6**. Nesta célula, a agitação é realizada com um agitador magnético comum. Outra abordagem é girar o eletrodo de trabalho a uma velocidade constante na solução para fornecer a ação de agitação (veja a Figura 23-19). Outra maneira ainda de realizar a voltametria hidrodinâmica é passar uma solução de analito através de um tubo encaixado em um eletrodo de trabalho (veja as Figuras 23-15 e 23-16). A última técnica é largamente utilizada para detectar analitos oxidáveis e redutíveis à medida que eles saem de uma coluna cromatográfica de líquidos (veja Seção 33A-5).

Processos de transporte de massa incluem difusão, migração e convecção.

Como descrito na Seção 22A-2, durante a eletrólise o reagente é transportado para a superfície do eletrodo por meio de três mecanismos: migração sob a influência de um campo elétrico, convecção resultante de agitação ou vibração e difusão devido às diferenças de concentração entre o filme de líquido na superfície do eletrodo e o seio da solução. Na voltametria, tentamos minimizar o efeito da migração introduzindo um excesso de um eletrólito de suporte inerte. Quando a concentração do eletrólito de suporte excede a do analito por um fator de 50 a 100 vezes, a fração da corrente total carregada pelo analito se aproxima de zero. Como resultado, a velocidade de migração do analito para o eletrodo de carga oposta torna-se essencialmente independente do potencial aplicado.

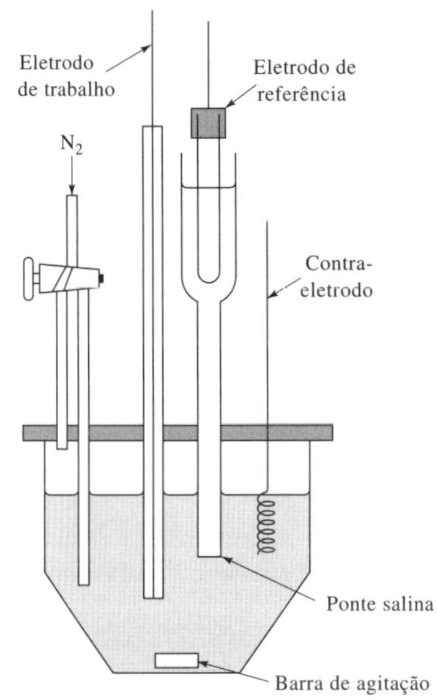

Figura 23-6 Uma célula de três eletrodos para voltametria hidrodinâmica.

23C-1 Perfis de Concentração nas Superfícies de Eletrodos

Por toda esta discussão consideraremos que a reação de eletrodo mostrada na Equação 23-1 ocorre em um eletrodo em uma solução A que também contém um excesso de eletrólito. Supomos que a concentração inicial de A seja c_A, enquanto a do produto P, zero. Supomos também que a reação de redução seja rápida e reversível de tal forma que as concentrações de A e P na camada da solução imediatamente adjacente ao eletrodo seja dada a qualquer instante pela equação de Nernst:

$$E_{apl} = E_A^0 - \frac{0{,}0592}{n} \log \frac{c_P^0}{c_A^0} - E_{ref} \tag{23-3}$$

onde E_{apl} é a diferença de potencial entre o eletrodo de trabalho e c_P^0 e c_A^0 são as concentrações molares de P e A em uma camada fina de solução apenas na superfície do eletrodo. Assumimos também que uma vez que o eletrodo é muito pequeno, a eletrólise, em pequenos intervalos de tempo, não altera significativamente a concentração da solução como um todo. Como resultado, a concentração de A no todo da solução c_A é inalterada pela eletrólise e a concentração de P no todo da solução c_P continua a ser, para todos os propósitos práticos, zero ($c_P \approx 0$).

A eletrólise em um elemento voltamétrico pequeno não altera significativamente no grosso da concentração da solução do analito durante um experimento voltamétrico.

Perfis de Eletrodos Planos em Soluções sem Agitação

Antes de descrever o comportamento de um eletrodo nesta solução sob condições hidrodinâmicas, é instrutivo considerar o que ocorre quando um potencial é aplicado a um eletrodo plano, como aquele mostrado na Figura 23-3a, na ausência de convecção – isto é, uma solução sem agitação – e migração. Sob estas condições, o transporte de massa do analito para a superfície do eletrodo ocorre apenas por difusão.

Vamos supor que um potencial de excitação por pulso E_{apl} seja aplicado ao eletrodo de trabalho por um período de t s, como mostrado na **Figura 23-7a**. Além disso, vamos supor que o E_{apl} é tão grande que a razão c_P^0/c_A^0 na Equação 23-3 é

1.000 ou mais. Sob estas condições, a concentração de A na superfície do eletrodo é, para todos os propósitos práticos, imediatamente reduzida a zero ($c_A^0 \rightarrow 0$). A resposta de corrente para este sinal de excitação por etapa é mostrada na Figura 23-7b. Inicialmente, a corrente aumenta para um valor de pico que é necessário para converter basicamente todo o A na camada da superfície da solução em P. A difusão do todo da solução então traz mais A para a camada da superfície onde ocorre redução adicional. A corrente necessária para manter a concentração de A no nível necessário pela Equação 23-3 diminui rapidamente com o tempo, entretanto, uma vez que A deve viajar maiores e maiores distâncias para atingir a camada da superfície onde ele pode ser reduzido. Assim, como visto na Figura 23-7b, a corrente cai rapidamente após sua subida inicial.

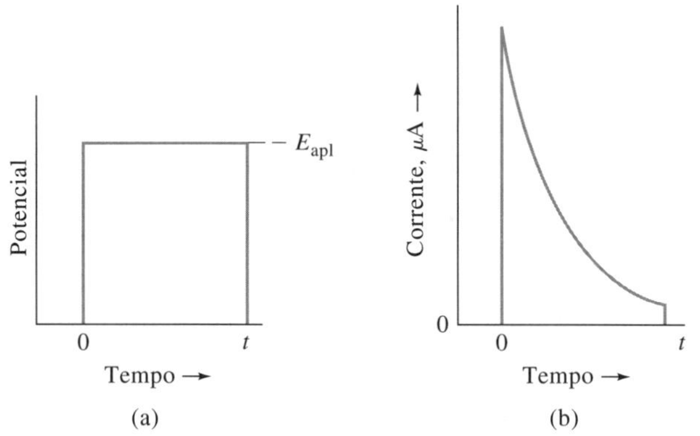

Figura 23-7 Resposta de corrente para um potencial em etapas para um eletrodo plano em uma solução sem agitação. (a) Potencial de excitação. (b) Resposta de corrente.

A **Figura 23-8** mostra os perfis de concentração de A e P após 0, 1, 5 e 10 ms de eletrólise no sistema em discussão. Neste exemplo, a concentração de A (linhas sólidas pretas) e P (linhas sólidas cinza) são colocadas no gráfico como função da distância da superfície do eletrodo. O gráfico à esquerda mostra que a solução é homogênea antes da aplicação do potencial em etapas com a concentração de A sendo c_A na superfície do eletrodo e no todo da solução também; a concentração de P é zero em ambas as regiões. Um milissegundo depois da aplicação do potencial, os perfis mudam dramaticamente. Na superfície do eletrodo, a concentração de A foi reduzida basicamente a zero, enquanto a concentração de P aumentou e tornou-se igual à concentração original de A, isto é $c_P^0 = c_A$. Movendo-se da superfície, a concentração de A aumenta linearmente com a distância e aproxima-se de c_A a aproximadamente 0,01 mm da superfície. Ocorre uma diminuição linear na concentração de P nesta mesma região. Como mostrado na figura, com o tempo, estes gradientes de concentração estendem-se mais e mais para dentro da solução. A corrente *i* necessária para produzir estes gradientes é proporcional às inclinações das porções de reta das linhas sólidas na Figura 23-8b, isto é,

$$i = nFAD_A\left(\frac{\partial c_A}{\partial x}\right) \tag{23-4}$$

onde *i* é a corrente em ampères, *n* é a quantidade de matéria de elétrons por mol de analito, *F* é o faraday, *A* é a área superficial do eletrodo em cm^2, D_A é o coeficiente de difusão para A em $cm^2\ s^{-1}$, e c_A é a concentração de A em mol cm^{-3}. Como mostrado na figura, estas inclinações ($\partial c_A/\partial x$) torna-se menor com o tempo da mesma forma que ocorre com a corrente. O produto $D_A(\partial c_A/\partial x)$ é chamado de *fluxo*, que é a quantidade de matéria de A por unidade de tempo por unidade de área difundindo para o eletrodo.

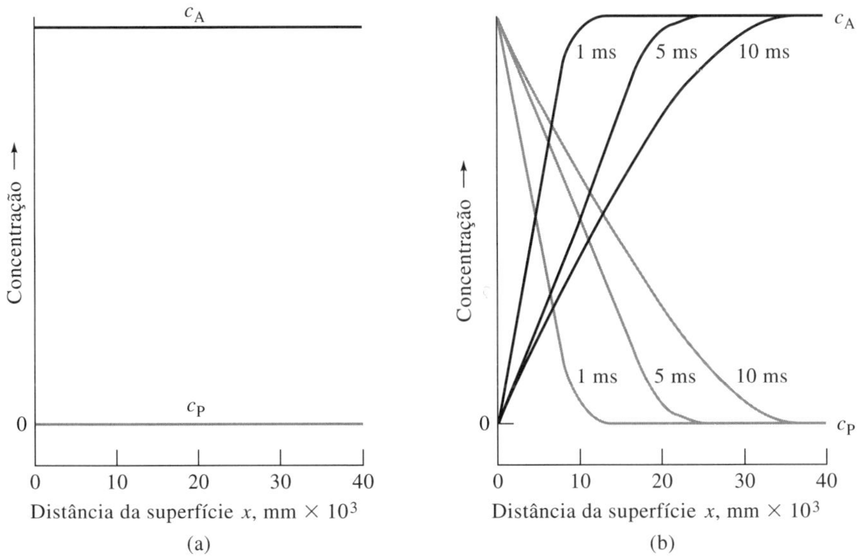

Figura 23-8 Perfis de distância de concentração durante a redução controlada por difusão de A para produzir P em um eletrodo plano. (a) $E_{apl} = 0$ V. (b) E_{apl} = ponto Z na Figura 23-5. Tempo decorrido: 1, 5 e 10 ms.

Não é prático obter as correntes limitantes com eletrodos planos em soluções sem agitação porque as correntes diminuem continuamente com o tempo à medida que as inclinações dos perfis de concentração tornam-se menores.

Perfis para Eletrodos em Soluções com Agitação

Vamos agora considerar os perfis de concentração/distância quando a redução descrita na seção anterior for realizada em um eletrodo planar imerso em uma solução agitada vigorosamente. Para entender o efeito da agitação, devemos desenvolver uma imagem de padrões de fluxo de líquido em uma solução em agitação contendo um pequeno eletrodo plano. Podemos identificar dois tipos de fluxo, dependendo da velocidade média, como mostra a **Figura 23-9**. O *fluxo laminar* ocorre em velocidades de fluxo baixas e tem um movimento gentil e regular, como mostrado à esquerda na figura. O *fluxo turbulento*, por outro lado, acontece com velocidades altas e tem movimento irregular e flutuante, como mostrado à direita. Em uma célula eletroquímica agitada, temos uma região de fluxo turbulento no seio da solução distante do eletrodo e também uma região de fluxo laminar próximo ao eletrodo. Essas regiões são ilustradas na **Figura 23-10**. Na região do fluxo laminar, as camadas do líquido deslizam umas sobre as outras em uma direção paralela à superfície do eletrodo. Na região muito próxima ao eletrodo, a uma distância δ cm da superfície, forças de atrito resultam em uma região onde a velocidade do fluxo é essencialmente zero. A fina camada de solução nesta região é uma camada estagnada conhecida como *camada de difusão de Nernst*. É apenas nos limites da camada de difusão de Nernst que as concentrações de reagentes e produtos variam em função da distância da superfície do eletrodo e nos quais existe um gradiente de concentração. Em outras palavras, nas regiões de fluxo laminar e de fluxo turbulento, a convecção mantém a concentração de A em seu valor original e a concentração de P em níveis muito baixos.

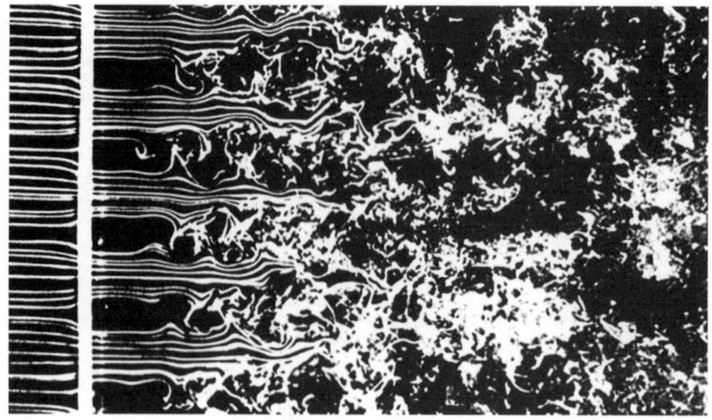

Figura 23-9 Visualização dos padrões de fluxo em uma corrente de fluido. O fluxo turbulento, mostrado à direita, torna-se fluxo laminar à medida que a velocidade média diminui para a esquerda. No fluxo turbulento, as moléculas se movem de uma forma irregular, em zigue-zague, e existem redemoinhos e turbilhões no movimento. No fluxo laminar, as linhas de fluxo tornam-se estáveis à medida que as camadas de líquido deslizam umas sobre as outras de uma maneira regular. (De *An Album of Fluid Motion*, montado por Milton Van Dyke, n. 152, fotografia de Thomas Corke e Hassan Nagib, Parabolic Press, Stanford, Califórnia, 1982.)

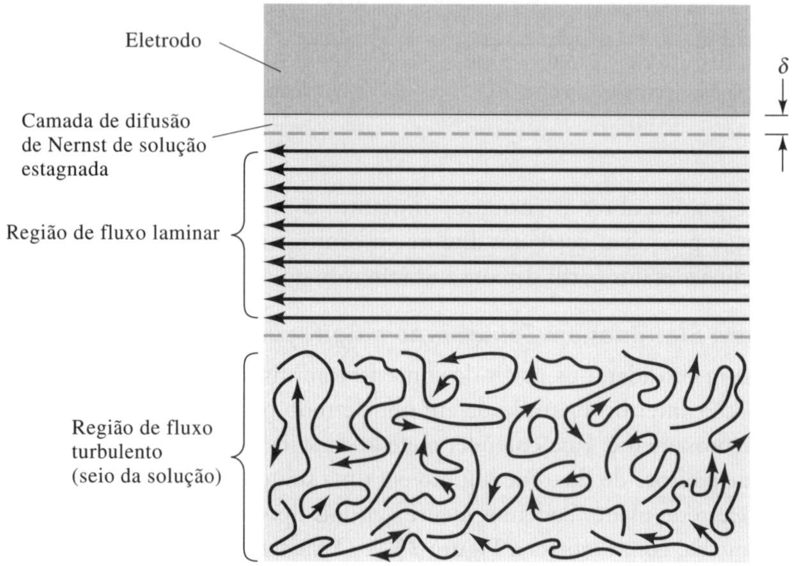

Figura 23-10 Padrões de fluxo e regiões de interesse próximas ao eletrodo de trabalho na voltametria hidrodinâmica.

A **Figura 23-11** mostra dois conjuntos de perfis de concentração para A e P em três potenciais mostrados como *X*, *Y* e *Z* na Figura 23-5. Na Figura 23-11a, a solução está dividida em duas regiões. Uma constitui o todo da solução e consiste em regiões tanto de fluxo turbulento quanto laminar mostrados na Figura 23-10, onde o transporte de massas ocorre por convecção mecânica trazida pelo agitador. A concentração de A por toda esta região é c_A, enquanto c_P é basicamente zero. A segunda região corresponde à camada de difusão de Nernst, que está localizada imediatamente adjacente à superfície do eletrodo e que tem uma espessura de δ cm. Normalmente, δ varia de 10^{-2} a 10^{-3} cm, dependendo da eficiência da agitação e da viscosidade do líquido. Dentro da camada de difusão estática, o transporte de massas ocorre apenas por difusão, exatamente como foi o caso com solução sem agitação. Com a solução sob agitação, entretanto, a difusão é limitada a uma camada estreita de líquido, que mesmo com o tempo, não pode se estender indefinidamente para a solução. Como resultado, as correntes estáveis controladas por difusão aparecem rapidamente após a aplicação de uma voltagem.

Como mostrado na Figura 23-11, sob o potencial *X*, a concentração de equilíbrio da espécie A na superfície do eletrodo foi reduzida para cerca de 80% de seu valor original, enquanto a concentração de equilíbrio de P aumentou em uma proporção equivalente, isto é, $c_P^0 = c_A - c_A^0$. Sob o potencial *Y*, que corresponde ao potencial de meia-onda, as concentrações de equilíbrio das duas espécies na superfície do eletrodo são aproximadamente as mesmas e são iguais a $c_A/2$. Finalmente, sob o potencial *Z* e após este, a concentração da superfície de A aproxima-se de zero, enquanto a de P se aproxima do valor original da concentração de A, ou seja, c_A. Assim, em potenciais mais negativos que *Z*, basicamente todos os íons de A entrando na camada superficial são instantaneamente reduzidos a P. Como mostrado na Figura 23-11b, os potenciais maiores que *Z*, a concentração de P na camada superficial permanece constante em $c_P^0 = c_A$ por causa da difusão de P de volta para a região agitada.

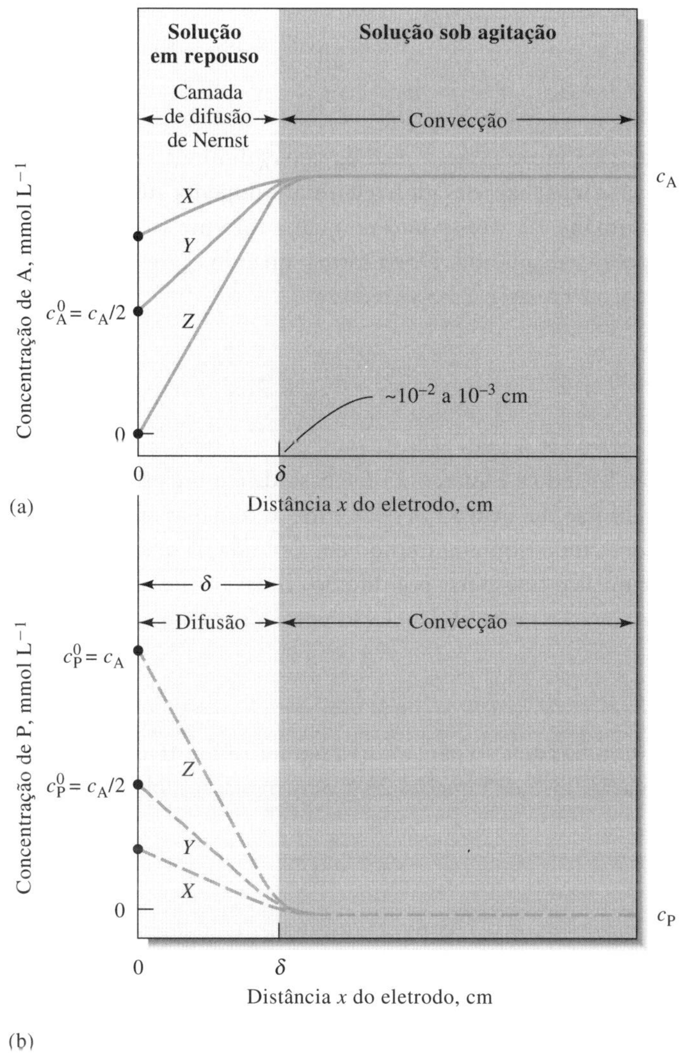

Figura 23-11 Perfis de concentração na interface eletrodo/solução durante a eletrólise A + ne^- → P a partir de uma solução de A mantida sob agitação. Veja a Figura 23-5 para potenciais correspondentes às curvas *X*, *Y* e *Z*.

23C-2 Correntes Voltamétricas

A corrente em qualquer ponto na eletrólise que acabamos de discutir é determinada pela velocidade de transporte de A da extremidade mais externa da camada de difusão para a superfície do eletrodo. Como o produto P da eletrólise se difunde para regiões mais distantes da superfície do eletrodo e acaba sendo removido também pela convecção, uma corrente contínua é necessária para manter na superfície as concentrações demandadas pela equação de Nernst. A convecção, contudo, mantém um suprimento constante da espécie A no limite externo da camada de difusão. Consequentemente, resulta uma corrente de estado estacionário que é determinada pelo potencial aplicado. Esta corrente é uma medida quantitativa de quão rápido A está sendo trazido para a superfície do eletrodo, e esta velocidade é dada por $\partial c_A/\partial x$ onde x é a distância, em centímetros, da superfície do eletrodo.

Observe que $\partial c_A/\partial x$ na Equação 23-4 é a inclinação da parte inicial dos perfis de concentração mostrados na Figura 23-11a e que estas inclinações podem ser aproximadas por $(c_A - c_A^0)/\delta$. Quando esta aproximação é válida, a Equação 23-4 se reduz a

$$i = \frac{nFAD_A}{\delta}(c_A - c_A^0) = k_A(c_A - c_A^0) \tag{23-5}$$

onde a constante k_A é igual a $nFAD_A/\delta$.

A Equação 23-5 mostra que, à medida que c_A^0 diminui, como resultado negativo de potenciais aplicados mais elevados, a corrente aumenta até que a concentração na superfície se aproxime de zero, ponto no qual a corrente se torna constante e independente do potencial aplicado. Dessa forma, quando $c_A^0 \rightarrow 0$, a corrente torna-se a corrente limite i_l e a Equação 23-5 se reduz a

DESAFIO: Mostre que as unidades da Equação 23-6 são ampères se as unidades das grandezas contidas na equação são as que seguem:

Grandeza	Unidades
n	mol de elétrons mol^{-1} do analito
F	coulomb mol^{-1} de elétrons
A	cm^2
D_A	$cm^2\ s^{-1}$
c_A	mol cm^{-3} de analito
δ	cm

$$i_l = \frac{nFAD_A}{\delta}c_A = k_Ac_A \tag{23-6}$$

A derivação levando à Equação 23-6 é baseada em uma simplificação do modelo da camada de difusão, na qual a interface entre as camadas em movimento e estacionária é vista como uma fronteira muito bem definida na qual cessa o transporte por convecção e se inicia o transporte por difusão. Todavia, este modelo simplificado fornece uma aproximação razoável da relação entre a corrente e as variáveis que afetam a corrente.

Relações Corrente/Voltagem para Reações Reversíveis

Para desenvolver uma equação para a curva sigmoidal mostrada na Figura 23-5, substituímos a Equação 23-6 na Equação 23-5 e rearranjamos, obtendo

Embora nosso modelo seja simplificado, ele fornece um cenário razoavelmente exato dos processos que ocorrem na interface eletrodo/solução.

$$c_A^0 = \frac{i_l - i}{k_A} \tag{23-7}$$

A concentração superficial de P pode também ser expressa em termos da corrente usando uma relação similar à Equação 23-5, isto é,

$$i = -\frac{nFAD_P}{\delta}(c_P - c_P^0) \tag{23-8}$$

onde o sinal negativo resulta da inclinação negativa do perfil de concentração de P. Observe que agora D_P é o coeficiente de difusão de P. Entretanto, dissemos anteriormente que, durante a eletrólise, a concentração de P aproxima-se de zero na solução e, portanto, quando $c_P \approx 0$,

$$i = \frac{-nFAD_Pc_P^0}{\delta} = k_Pc_P^0 \tag{23-9}$$

onde $k_P = -nAD_P/\delta$. Rearranjando essa última equação, temos

$$c_P^0 = i/k_P \tag{23-10}$$

A substituição das Equações 23-7 e 23-10 na Equação 23-3, produz, após rearranjar,

$$E_{apl} = E_A^0 - \frac{0{,}0592}{n}\log\frac{k_A}{k_P} - \frac{0{,}0592}{n}\log\frac{i}{i_l - i} - E_{ref} \tag{23-11}$$

Quando $i = i_l/2$, o terceiro termo no lado direito desta equação é igual a zero e, por definição, E_{apl} é o **potencial de meia-onda**, isto é,

$$E_{apl} = E_{1/2} = E_A^0 - \frac{0{,}0592}{n}\log\frac{k_A}{k_P} - E_{ref} \tag{23-12}$$

O **potencial de meia-onda** é um identificador do par redox e relaciona-se intimamente com o potencial padrão de redução.

A substituição desta expressão na Equação 23-11 fornece uma expressão para o voltamograma na Figura 23-5:

$$E_{apl} = E_{1/2} - \frac{0{,}0592}{n}\log\frac{i}{i_l - i} \tag{23-13}$$

Frequentemente, a razão k_A/k_P contida na Equação 23-11 e na Equação 23-12 aproxima-se da unidade, de modo que, para a espécie A, podemos escrever

$$E_{1/2} \approx E_A^0 - E_{ref} \tag{23-14}$$

Relações Corrente/Voltagem para Reações Irreversíveis

Muitos processos de eletrodo voltamétricos, especialmente aqueles associados com sistemas orgânicos, são irreversíveis, levando a curvas mal definidas. Para descrever estas ondas quantitativamente é necessário um termo adicional na Equação 23-12 envolvendo a energia de ativação da reação para levar em conta a cinética do processo de eletrodo. Embora os potencias de meia-onda para reações irreversíveis geralmente mostrem alguma dependência da concentração, as correntes de difusão permanecem relacionadas linearmente com a concentração. Os processos irreversíveis são, consequentemente, facilmente adaptados à análise quantitativa se estão disponíveis padrões de calibração adequados.

Um processo eletroquímico tal como $A + ne^- \rightleftharpoons P$ é dito ser **reversível** se ele obedece à equação de Nernst sob as condições do experimento. Em um **sistema totalmente irreversível**, a reação direta ou a inversa é tão lenta que pode ser considerada completamente desprezível. Em um **sistema parcialmente reversível**, a reação em um sentido é muito mais lenta que no outro, embora não seja totalmente insignificante. Um processo que parece reversível quando o potencial é mudado lentamente pode mostrar sinais de irreversibilidade quando é aplicada uma velocidade mais rápida de mudança de potencial.

Voltamogramas para Misturas de Reagentes

Os reagentes de uma mistura geralmente comportam-se independentemente um do outro em um eletrodo de trabalho. Assim, um voltamograma para uma mistura é exatamente a soma das ondas dos componentes individuais. A **Figura 23-12** mostra os voltamogramas para um par de misturas contendo dois componentes. Os potenciais de meia onda dos dois reagentes diferem em cerca de 0,1 V na curva A e em cerca de 0,2 V na curva B. Observe que um único voltamograma pode permitir a determinação quantitativa de duas ou mais espécies desde que haja uma diferença suficiente entre os sucessivos potenciais de meia-onda para permitir a avaliação de correntes de difusão individuais. Geralmente, é necessária uma diferença de 0,1 a 0,2 V se espécies facilmente redutíveis sofrem uma redução de dois elétrons; é necessário um mínimo de 0,3 V se a primeira redução é um processo de um elétron.

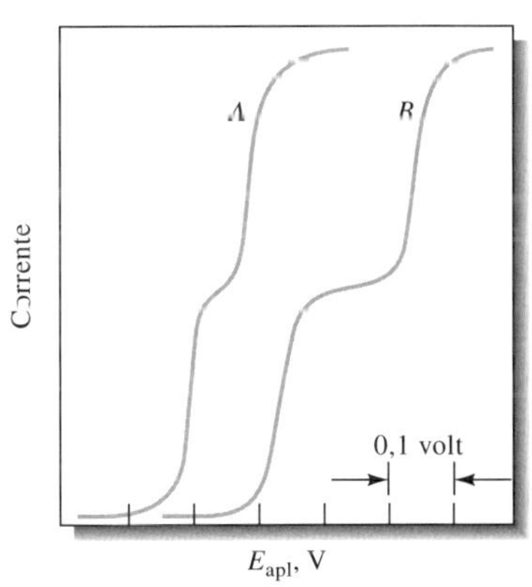

Figura 23-12 Voltamogramas para misturas contendo dois componentes. Os potenciais de meia-onda diferem em 0,1 V na curva *A* e em 0,2 V na curva *B*.

Voltamogramas Anódicos e Mistos Anódicos/Catódicos

As curvas anódicas, assim como as catódicas, são encontradas em voltametria. Um exemplo de uma curva anódica é ilustrado na curva *A* da **Figura 23-13**, na qual a reação do eletrodo é a oxidação de ferro(II) em ferro(III) na presença de íon citrato. Uma corrente limitante é observada em aproximadamente +0,1 V (*versus* ESC), a qual é devida à semirreação

$$Fe^{2+} \rightleftharpoons Fe^{3+} + e^-$$

À medida que o potencial se torna mais negativo, ocorre um decréscimo na corrente anódica; em cerca de −0,02 V, a corrente torna-se zero porque a oxidação do íon ferro(II) parou.

A curva *C* representa o voltamograma para a solução de ferro(III) no mesmo meio. Aqui, uma curva catódica resulta da redução de íons ferro(III) para o estado bivalente. O potencial de meia-onda é idêntico àquele da curva anódica, indicando que a oxidação e a redução das duas espécies de ferro são perfeitamente reversíveis no eletrodo de trabalho.

A curva *B* é o voltamograma de uma mistura equimolar de ferro(II) e ferro(III). A porção da curva abaixo da linha de corrente igual a zero corresponde à oxidação do ferro(II); essa reação cessa em um potencial aplicado igual ao potencial de meia-onda. A porção superior da curva é decorrente da redução do ferro(III).

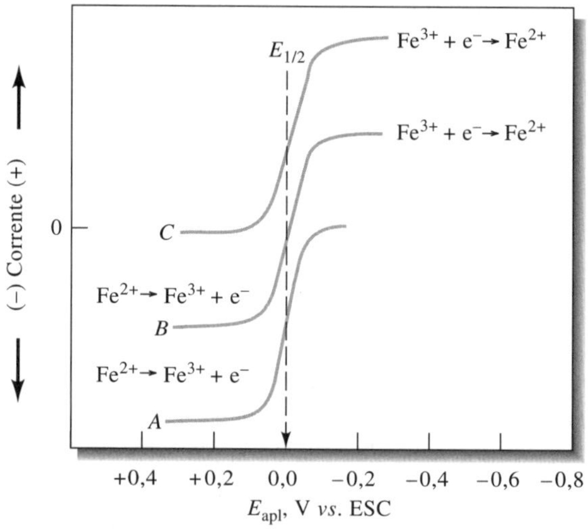

Figura 23-13 Comportamento voltamétrico de ferro(II) e ferro(III) em meio contendo citrato. Curva *A*: onda anódica para uma solução na qual $c_{Fe^{2+}} = 1 \times 10^{-4}$ mol L^{-1}. Curva *B*: onda anódica/catódica para uma solução na qual $c_{Fe^{2+}} = c_{Fe^{3+}} = 0{,}5 \times 10^{-4}$ mol L^{-1}. Curva *C*: onda catódica para uma solução na qual $c_{Fe^{3+}} = 1 \times 10^{-4}$ mol L^{-1}.

23C-3 Ondas do Oxigênio

O oxigênio dissolvido é facilmente reduzido no eletrodo de trabalho. Assim, como mostrado na **Figura 23-14**, uma solução aquosa saturada com ar exibe duas ondas distintas de oxigênio. A primeira resulta da redução do oxigênio para formar peróxido

$$O_2(g) + 2H^+ + 2e^- \rightleftharpoons H_2O_2$$

Na Figura 23-14 a segunda onda mostra a redução total do oxigênio da água.

Em um potencial mais negativo, o peróxido de hidrogênio pode ser ainda mais reduzido:

$$H_2O_2 + 2H^+ + 2e^- \rightleftharpoons 2H_2O$$

Uma vez que ambas as reações são reduções de dois elétrons, as duas ondas têm alturas iguais.

A **purga** é um processo por meio do qual gases dissolvidos são removidos de uma solução borbulhando-se um gás inerte, por exemplo, nitrogênio, argônio ou hélio, através da solução.

As medidas voltamétricas oferecem um método conveniente e largamente usado para determinar o oxigênio dissolvido em soluções. Entretanto, a presença de oxigênio normalmente interfere com a determinação precisa das outras espécies. Consequentemente, a remoção do oxigênio é geralmente a primeira etapa nos procedimentos amperométricos. O oxigênio pode ser removido passando-se um gás inerte através da solução de analito por vários minutos (**purga**). Um fluxo do mesmo gás, geralmente nitrogênio, é passado sobre a superfície da solução durante a análise para prevenir a reabsorção de oxigênio. A curva mais baixa na Figura 23-14 é um voltamograma de uma solução sem oxigênio.

23C-4 Aplicações da Voltametria Hidrodinâmica

Os usos mais importantes da voltametria hidrodinâmica incluem (1) detecção e determinação de espécies químicas à medida que elas deixam colunas cromatográficas ou aparelho de injeção por fluxo; (2) determinação rotineira de oxigênio e certas espécies de interesse bioquímico como glicose, lactose e sacarose; (3) detecção de pontos finais em titulações coulométricas e voltamétricas; e (4) estudos fundamentais de processos eletroquímicos.

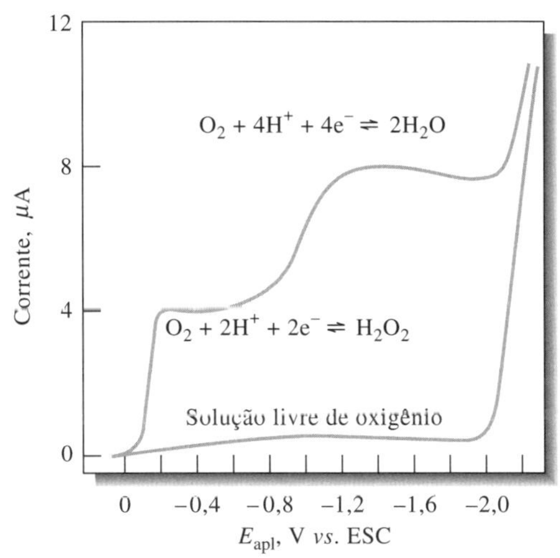

Figura 23-14 Voltamograma para a redução de oxigênio em uma solução de KCl 0,1 mol L^{-1} saturada com ar. A curva inferior é para uma solução na qual o oxigênio foi removido pelo borbulhamento de nitrogênio através da solução.

Detectores Voltamétricos na Cromatografia e na Análise de Injeção por Fluxo

A voltametria hidrodinâmica tem sido amplamente empregada na detecção e determinação de compostos oxidáveis ou reduzíveis, ou ainda íons, que foram separados por cromatografia de líquidos ou que foram produzidos por métodos de injeção por fluxo. Uma célula de camada fina, como aquela mostrada esquematicamente na **Figura 23-15**, é usada nestas aplicações. O eletrodo de trabalho nestas células é normalmente preso na parede de um bloco isolante que fica separado do contraeletrodo por um espaçador fino, conforme exibido na figura. Tipicamente, o volume dessas células varia entre 0,1 e 1 μL. Uma voltagem correspondendo à região da corrente limitante é aplicada entre o eletrodo de trabalho e o eletrodo de referência prata/cloreto de prata que está localizado abaixo do fluxo do detector. Apresentamos uma visão aumentada de uma célula de fluxo comercial na **Figura 23-16a**, que mostra claramente como a célula montada como um sanduíche e mantida no lugar por um mecanismo de liberação rápida. Um colar de trancamento no bloco do contraeletrodo, que está eletricamente conectado ao potenciostato, mantém o eletrodo de referência. São mostradas cinco configurações diferentes de eletrodo de trabalho na **Figura 23-16b**. Estas configurações permitem otimizar a sensibilidade do detector sob uma variedade de condições experimentais. Os blocos de eletrodo de trabalho e os materiais de eletrodo são descritos na Seção 23B-1. Este tipo de aplicação de voltametria (ou amperometria) tem limites tão baixos quanto 10^{-9} a 10^{-10} mol L^{-1}. Discutimos a detecção voltamétrica para cromatografia de líquidos em mais detalhes na Seção 33A-5.

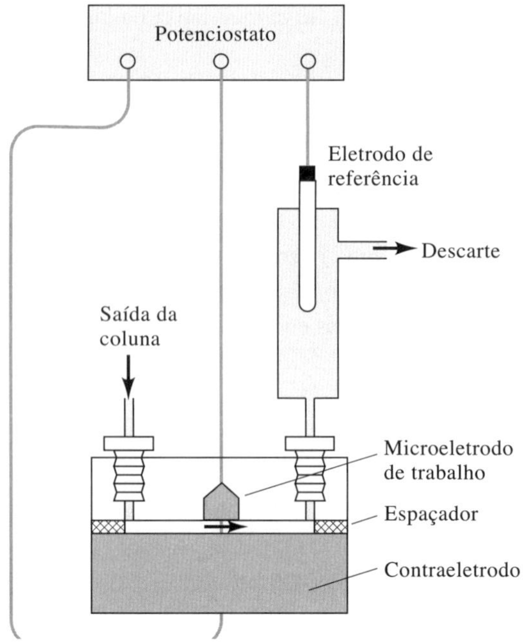

Figura 23-15 Um esquema de um sistema voltamétrico para a detecção de espécies eletroativas à medida que elas saem de uma coluna. O volume da célula é determinado pela espessura da vedação.

Sensores Voltamétricos e Amperométricos[7]

Na Seção 21D, descrevemos como a especificidade de sensores potenciométricos seriam melhoradas aplicando-se as camadas de reconhecimento molecular às superfícies do eletrodo. Existe muita pesquisa em anos recentes para aplicar os mesmos conceitos aos eletrodos voltamétricos. Um número de sistemas voltamétricos está disponível comercialmente para a determinação de espécies específicas em aplicações industriais, biomédicas, ambientais e de pesquisa. Estes dispositivos são algumas vezes chamados de eletrodos ou detectores, mas são, na realidade, células voltamétricas completas e são melhores chamados de sensores. Nas seções que se seguem, descrevemos dois sensores disponíveis comercialmente.

O sensor de Clark para oxigênio é largamente usado em laboratórios clínicos para a determinação de O_2 dissolvido no sangue e outros fluidos corporais.

Sensores de Oxigênio. A determinação de oxigênio dissolvido em uma variedade de soluções aquosas, como água do mar, sangue, águas residuais, efluentes de indústrias químicas e solos, é de grande importância para pesquisa industrial, biomédica e ambiental e medicina clínica. Um dos métodos mais comuns e convenientes para fazer medidas é com o **sensor de Clark para oxigênio**, que foi patenteado por L. C. Clark Jr. em 1956.[8] Uma representação esquemática do sensor de Clark para oxigênio é mostrada na **Figura 23-17**. A célula consiste em um eletrodo catódico de trabalho de disco de platina preso em um isolante cilíndrico central. Ao redor da parte inferior do isolante localiza-se um anodo de prata em forma de anel. O isolante tubular e os eletrodos são montados dentro de um segundo cilindro que contém uma solução tampão de cloreto de potássio. Uma fina membrana ($\approx$ 20 μm) substituível de Teflon ou polietileno permeável a oxigênio é fixada na base do tubo por um anel de vedação. A espessura da solução do eletrólito entre o catodo e a membrana é de aproximadamente 10 μm.

[7] Para uma revisão sobre sensores eletroquímicos, veja E. Bakker e Yu Qin, *Anal. Chem.*, v. 78, 3965, **2006**, **DOI:** 10.1021/ac060637m.

[8] Para uma discussão detalhada do sensor de Clark para oxigênio, veja M. L. Hitchman, *Measurement of Dissolved Oxygen*, Nova York: Wiley, 1978, cap. 3 a 5.

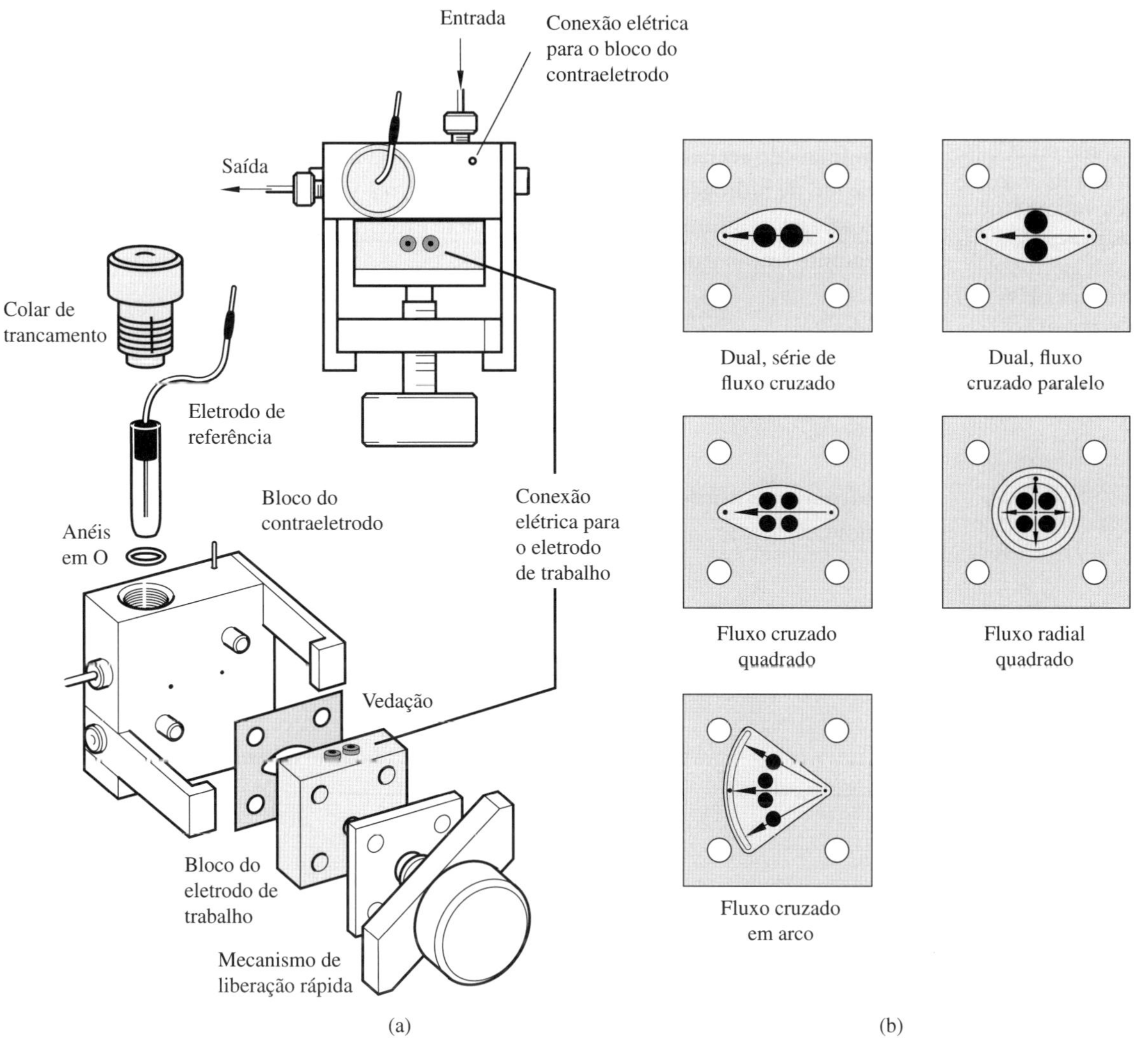

Figura 23-16 (a) Detalhes de uma montagem de célula de fluxo comercial. (b) Configurações de blocos de eletrodo de trabalho. As setas mostram a direção do fluxo na célula. (Reimpresso com a permissão de Bioanalytical Systems, Inc., West Lafayette, IN.)

Quando o sensor para oxigênio é imerso em uma solução contendo o analito, mantida em fluxo ou sob agitação, o oxigênio difunde através da membrana para a fina camada do eletrólito imediatamente adjacente ao disco do catodo, no qual difunde para o eletrodo, sendo imediatamente reduzido à água. Em contraste com um eletrodo hidrodinâmico normal, os dois processos de difusão estão envolvidos: um através da membrana e outro pela solução entre a membrana e a superfície do eletrodo. Para uma condição de estado estacionário ser atingida em um período razoável (10 a 20 s), a espessura da membrana e o filme de eletrólito precisam ter 20 μm ou menos. Sob estas condições, é a velocidade de equilíbrio da transferência de oxigênio através da membrana que determina a corrente de estado estacionário que é atingida.

Sensores Baseados em Enzimas. Um número de sensores voltamétricos baseados em enzimas está disponível comercialmente. Um exemplo é um sensor de glicose usado em laboratórios clínicos para a determinação rotineira de glicose no soro sanguíneo. Este dispositivo é similar na construção ao sensor de oxigênio mostrado na

Sensores baseados em enzimas podem ser fundamentados na detecção de peróxido de hidrogênio, oxigênio ou H^+, dependendo do analito e da enzima. Sensores voltamétricos são empregados para H_2O_2 e O_2, enquanto um eletrodo potenciométrico para pH é utilizado na determinação de H^+.

Figura 23-17. Nesse caso, a membrana é mais complexa e consiste em três camadas. A camada externa é feita de um filme de policarbonato, que é permeável à glicose, mas impermeável a proteínas e outros constituintes do sangue. A camada do meio é uma enzima imobilizada, a glicose oxidase neste exemplo. A camada interna é uma membrana de acetato de celulose, que é permeável a moléculas pequenas tais como o peróxido de hidrogênio. Quando esse dispositivo é imerso em uma solução contendo glicose, esta se difunde através da membrana externa para a enzima imobilizada, onde a seguinte reação catalítica ocorre:

$$\text{glicose} + O_2 \xrightarrow{\text{glicose oxidase}} H_2O_2 + \text{ácido glucônico}$$

Então o peróxido de hidrogênio difunde através da membrana interna, para a superfície do eletrodo, onde é oxidado para formar oxigênio. Isto é,

$$H_2O_2 + OH^- \rightarrow O_2 + H_2O + 2e^-$$

A corrente resultante é diretamente proporcional à concentração de glicose na solução.

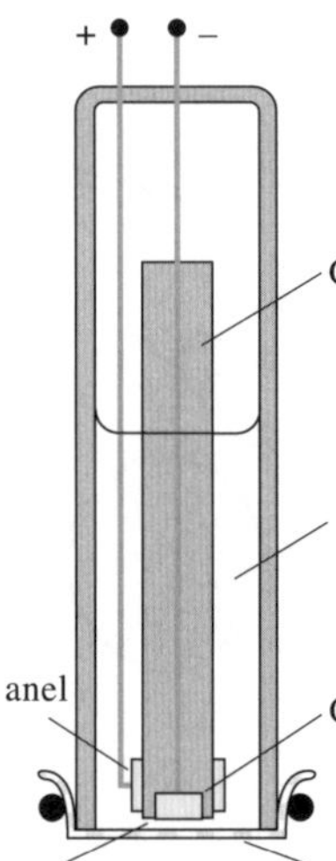

Figura 23-17 O sensor voltamétrico de Clark para oxigênio. Reação catódica: $O_2 + 4H^+ + 4e^- \rightleftharpoons 2H_2O$. Reação anódica: $Ag + Cl^- \rightleftharpoons AgCl(s) + e^-$.

Uma variação neste tipo de sensor é frequentemente encontrada nos monitores caseiros de glicose que são atualmente bastante utilizados por pacientes de diabetes. Este dispositivo é um dos instrumentos químicos mais vendidos no mundo.

Titulações Amperométricas

A voltametria hidrodinâmica pode ser usada para estimar o ponto de equivalência de titulações se no mínimo um dos participantes ou produtos da reação envolvida é oxidado ou reduzido no eletrodo de trabalho. Nesse caso, a corrente em um potencial fixo na região da corrente limite é medida em função do volume de reagente ou do tempo se o reagente for gerado por um processo coulométrico de corrente constante. Os gráficos dos dados em ambos os lados do ponto de equivalência são retas com diferentes inclinações; o ponto final é estabelecido por extrapolação para a interseção das linhas.[9]

[9] S. R. Crouch; F. J. Holler, *Applications of Microsoft Excel® in Analytical Chemistry*, 2. ed., Belmont, CA: Brooks/Cole, 2014, cap. 11.

As curvas de titulação amperométrica normalmente toma uma das formas mostradas na **Figura 23-18**. A Figura 23-18a representa uma titulação na qual o analito reage no eletrodo de trabalho enquanto o reagente não reage. A Figura 23-18b é típica de uma titulação na qual o reagente reage no eletrodo de trabalho e o analito não reage. A Figura 23-18c corresponde a uma titulação na qual tanto o analito quanto o titulante reagem no eletrodo de trabalho.

Existem dois tipos de sistemas de eletrodo amperométrico. Um usa um único eletrodo acoplado a uma referência, enquanto o outro usa um par de eletrodos no estado sólido imersos em uma solução em agitação. Para o primeiro, o eletrodo de trabalho é normalmente um eletrodo de platina rotatório construído selando-se um fio de platina em um lado do tubo de vidro que está conectado a um motor rotatório.

As titulações amperométricas com um único eletrodo indicador têm sido, com notável exceção, confinadas àqueles casos nos quais um precipitado ou um complexo estável seja o produto. Os reagentes precipitantes incluem o nitrato de prata, para os haletos, o nitrato de chumbo, para o sulfato e diversos reagentes orgânicos tais como a 8-hidroxiquinolina, a dimetilglioxima e o cupferron, para vários íons metálicos que podem sofrer redução em eletrodos voltamétricos. Muitos íons metálicos também têm sido determinados por titulações com soluções padrão de EDTA. A única exceção observada envolve titulações de compostos orgânicos, por exemplo, certos fenóis, aminas aromáticas e olefinas; hidrazina; arsênio(III) e antimônio(III) com bromo. O bromo é frequentemente gerado coulometricamente. Ele também tem sido formado pela adição de uma solução padrão de bromato de potássio a uma solução ácida do analito que também contém um excesso de brometo de potássio. O bromo é formado em meio ácido pela reação

$$BrO_3^- + 5Br^- + 6H^+ \rightarrow 3Br_2 + 3H_2O$$

Esse tipo de titulação tem sido realizado com um eletrodo rotatório de platina ou com dois eletrodos idênticos de platina. Nenhuma corrente é observada antes do ponto de equivalência; após o ponto de equivalência existe um rápido aumento na corrente por causa da redução eletroquímica do excesso de bromo.

Existem duas vantagens no uso de um par de eletrodos metálicos idênticos para estabelecer o ponto de equivalência nas titulações amperométricas: a simplicidade do equipamento e não ter que comprar ou preparar e manter um eletrodo de referência. Este tipo de sistema foi incorporado em instrumentos desenhados para a determinação automática de uma única espécie, normalmente com reagente coulorimétrico gerado. Um instrumento deste tipo é frequentemente usado para a determinação automática de cloreto em amostras de soro, água do mar, extratos de tecidos, pesticidas e produtos alimentícios. Um exemplo desse tipo de sistema é um instrumento para a determinação automática de cloreto em amostras de soro sanguíneo, suor, extratos de tecidos, pesticidas e produtos alimentícios. O reagente neste sistema é o íon prata gerado coulometricamente a partir de um anodo de prata. Uma voltagem de aproximadamente 0,1 V é aplicada entre um par de eletrodos de prata gêmeos que serve como o sistema indicador. Perto do ponto de equivalência na titulação dos íons cloreto, basicamente não existe corrente porque as espécies eletroativas não estão presentes na solução. Por causa disso, não há transferência de elétrons no catodo, e o eletrodo é polarizado por completo. Note que o anodo não fica polarizado porque a reação

$$Ag \rightleftharpoons Ag^+ + e^-$$

ocorre na presença de um reagente catódico adequado ou de um despolarizador.

Passado o ponto de equivalência, o catodo se torna despolarizado por causa da presença dos íons prata. Estes íons reagem para fornecer prata:

Modelo molecular do peróxido de hidrogênio. O peróxido de hidrogênio é um agente oxidante forte que desempenha um importante papel em processos biológicos e ambientais. O peróxido de hidrogênio é produzido em reações enzimáticas envolvendo a oxidação de moléculas de açúcar. Os radicais peróxido podem danificar células e tecidos corpóreos (veja Destaque 20-2). Eles são encontrados em misturas de neblina e fumaça e podem atacar moléculas de combustível não queimadas no ambiente.

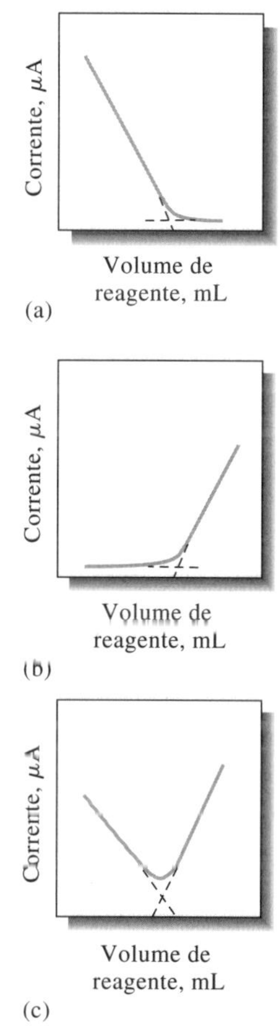

Figura 23-18 Curvas de titulação amperométricas típicas: (a) o analito é reduzido e o reagente não; (b) o reagente é reduzido e o analito não; (c) o reagente e o analito são reduzidos.

$$Ag^+ + e^- \rightleftharpoons Ag$$

Esta semirreação e a oxidação correspondente da prata no anodo produz uma corrente cuja magnitude em outros métodos amperométricos, diretamente proporcional à concentração do excesso de reagente. Assim, a curva de titulação é similar àquela mostrada na Figura 23-18b. No titulador automático que acabamos de mencionar, um circuito eletrônico percebe o sinal de corrente de detecção amperométrica e desliga a corrente do gerador coulométrico. A concentração de cloreto é calculada a partir da grandeza da corrente e do tempo de geração. O instrumento tem uma faixa de 1 a 999,9 mmol L^{-1} de Cl^-, uma precisão relativa de 0,1% e uma exatidão de 0,5%. Os tempos típicos de titulação são de aproximadamente 20 s.

O método de detecção de ponto final mais comum para a titulação de Karl Fischer envolvendo a determinação de água (veja a Seção 20C-5) é o método amperométrico com dois eletrodos polarizados. Diversos fabricantes oferecem instrumentos totalmente automáticos para o emprego nessas titulações. Um método muito parecido de detecção do ponto final para as titulações de Karl Fischer mede a diferença de potencial entre dois eletrodos idênticos pelos quais passa uma corrente pequena e constante.

Eletrodos Rotatórios

Para realizar estudos teóricos de reações de oxidação/redução, geralmente é de interesse saber como k_A na Equação 23-6 é afetado pela hidrodinâmica do sistema. Um método comum para obter uma descrição rigorosa do fluxo hidrodinâmico de solução sob agitação é baseado nas medidas feitas com um eletrodo de disco rotatório (EDR), como aquele ilustrado nas **Figuras 23-19a** e **23-19b**. Quando o eletrodo em disco é girado rapidamente, o padrão de fluxo mostrado pelas setas na figura é iniciado. Na superfície do disco, o líquido move-se horizontalmente a partir do centro do dispositivo, produzindo um fluxo axial para cima para repor o líquido deslocado. Um tratamento rigoroso da hidrodinâmica é possível neste caso[10] e leva à *equação de Levich*[11]

$$i_l = 0{,}620nFAD\omega^{1/2}\nu^{-1/6}c_A \qquad (23\text{-}15)$$

Os termos n, F, A e D nesta equação têm o mesmo significado que na Equação 23-5, ω é a velocidade angular do disco em radianos por segundo e ν é *viscosidade cinemática* em centímetros quadrados por segundo, que é a proporção da viscosidade em relação à sua densidade. Os voltamogramas para sistemas reversíveis geralmente têm a forma ideal mostrada na Figura 23-5. Inúmeros estudos da cinética e dos mecanismos de reações eletroquímicas têm sido realizados com eletrodos de disco rotatório. Um experimento comum com o EDR é para estudar a dependência de i_l em relação a $\omega^{1/2}$. Um gráfico de i_l *versus* $\omega^{1/2}$ é conhecido como o *gráfico de Levich* e os desvios da relação linear normalmente indicam as limitações cinéticas no processo de transferência de elétrons. Por exemplo, se i_l torna-se independente de ω em valores grandes de $\omega^{1/2}$, a corrente não está limitada pelo transporte de massa das espécies eletroativas para a superfície do eletrodo, mas ao invés disto, a velocidade da reação é o fator limitante. EDRs como o modelo comercial versátil mostrado na **Figura 23-19c**, têm atraído renovado interesse em anos recentes tanto para os estudos analíticos fundamentais quanto quantitativos à medida que o entusiasmo pelo eletrodo gotejante de mercúrio (polarografia) tem enfraquecido. A detecção de EDR com um eletrodo de filme de mercúrio é algumas vezes chamado de *pseudopolarografia*.

[10] A. J. Bard e L. R. Faulkner, *Electrochemical Methods*, 2. ed., New York: Wiley, 2001, pp. 335–39.

[11] V. G. Levich, *Acta Physicochimica URSS*, v. 17, p. 257 **1942**.

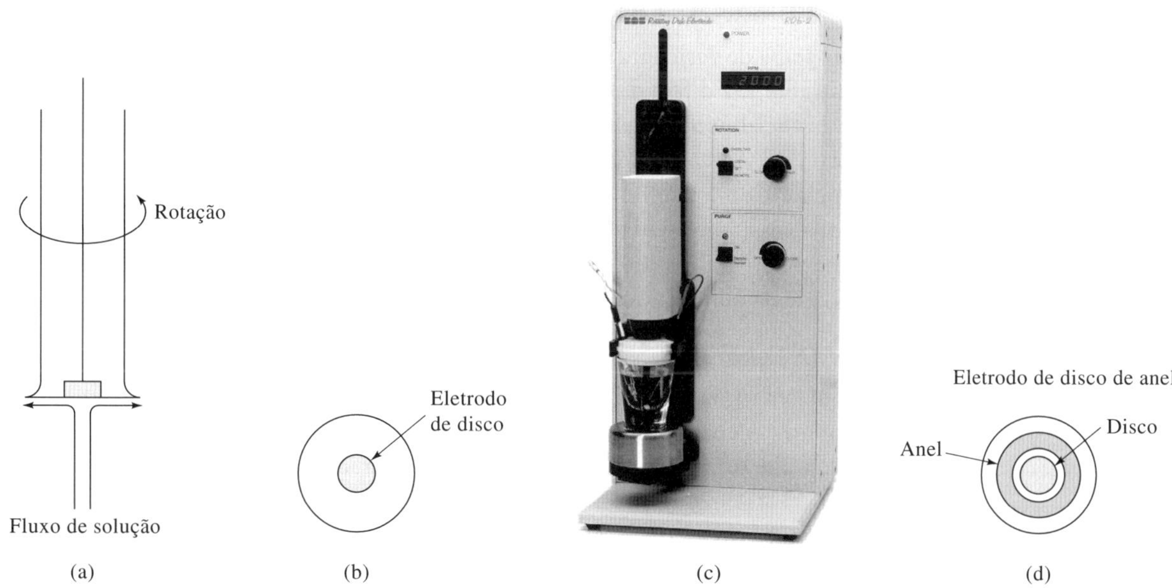

Figura 23-19 (a) Visão lateral de um eletrodo de disco rotatório mostrando o padrão de fluxo da solução. (b) Visão de baixo de um eletrodo de disco. (c) Foto de um EDR comercial. (Foto de cortesia de Bioanalytical Systems, Inc., W. Lafayette, IN.) (d) Visão de baixo de um eletrodo de disco de anel.

O *eletrodo de disco e anel rotatório* é um eletrodo de disco modificado que é útil para estudar reações de eletrodo; ele tem pouco uso em análise. A **Figura 23-19d** mostra que um eletrodo de disco e anel contém um segundo eletrodo na forma de anel que está eletricamente isolado do centro do disco. Após uma espécie eletroativa ser gerada no disco, ela é então arrastada para o anel, onde sofre uma segunda reação eletroquímica. A **Figura 23-20** mostra voltamogramas de um experimento de disco do anel típico. A Figura 23-20a representa o voltamograma para a redução de oxigênio em peróxido de hidrogênio no eletrodo de disco. A Figura 23-20b mostra o voltamograma *anódico* para o produto de redução do peróxido de hidrogênio à medida que ele flui passando o eletrodo de disco. Observe que, quando o potencial do eletrodo de disco torna-se suficientemente negativo, e o produto de redução é hidróxido ao invés de peróxido de hidrogênio, a corrente no eletrodo de anel diminui para zero. Estudos deste tipo fornecem informação útil sobre os mecanismos e intermediários em reações eletroquímicas.

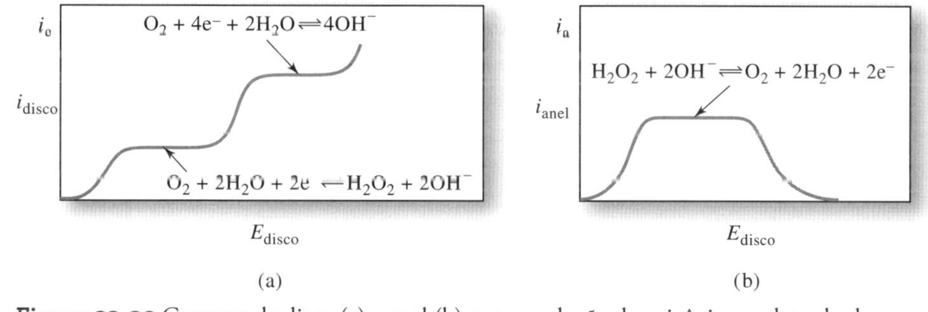

Figura 23-20 Corrente de disco (a) e anel (b) para a redução de oxigênio no eletrodo de disco e anel. (De P. T. Kissinger e W. R. Heineman, eds., Laboratory Techniques in Electroanalytical Chemistry, 2. ed., Nova York: Marcel Dekker, 1996, p. 117. Laboratory techniques in electroanalytical chemistry by Kissiger, Peter T.; Heineman, Willian R. Copyright 1996. Reproduzido com a permissão de Taylor & Francis Group LLC – Books no formato de Livro via Copyright Clearence Center.)

23D POLAROGRAFIA

Correntes polarográficas são controladas somente por difusão e não por convecção.

A polarografia de varredura linear foi o primeiro tipo de voltametria a ser descoberto e empregado. Ela difere da voltametria hidrodinâmica em dois aspectos. Primeiro, não há essencialmente convecção ou migração e, segundo, um eletrodo gotejante de mercúrio (EGM), como pode ser visto na Figura 23-3e, é empregado como eletrodo de trabalho. Como não há convecção, apenas a difusão controla as correntes limite polarográficas. Comparada com a voltametria hidrodinâmica, entretanto, as correntes limite polarográficas são de uma ordem de grandeza menor, dado que a convecção está ausente na polarografia.[12]

Correntes Polarográficas

A corrente em uma célula contendo um eletrodo gotejante de mercúrio sofre variações periódicas correspondentes em frequência à velocidade de formação da gota. À medida que uma gota se solta do capilar, a corrente cai para zero, como mostra a **Figura 23-21**. Conforme a área superficial de uma nova gota aumenta, o mesmo ocorre com a corrente. A corrente de difusão normalmente é amostrada no máximo da variação da corrente. Na literatura mais antiga recomendava-se a medida da *corrente média* porque os instrumentos respondiam lentamente e amorteciam as oscilações. Como mostrados pelas retas da Figura 23-21, alguns polarógrafos modernos têm filtragem eletrônica que permite a corrente máxima ou média para ser determinada se a velocidade da gota t é reprodutível. Observe o efeito de gotas irregulares na parte superior da curva, provocado provavelmente pela vibração do sistema.

Polarogramas

Em polarografia, a **corrente residual** é a pequena corrente observada na ausência de uma espécie eletroativa.

A **corrente de difusão** é a corrente limite observada na polarografia quando esta é limitada apenas pela velocidade da difusão para a superfície do eletrodo gotejante de mercúrio.

A Figura 23-21 mostra uma onda polarográfica para uma solução 1,0 mol L^{-1} de KCl e 3×10^{-4} mol L^{-1} de íon chumbo. A onda polarográfica ocorre em decorrência da reação $Pb^{2+} + 2e^- + Hg \rightleftharpoons Pb(Hg)$, onde Pb (Hg) representa o chumbo elementar dissolvido em mercúrio para formar amálgama. O rápido aumento na corrente em cerca de $-1{,}2$ V no polarograma é provocado pela redução dos íons hidrogênio para formar o hidrogênio. Se examinarmos o polarograma à esquerda da onda, descobrimos que existe uma pequena corrente chamada **corrente residual**, na célula, mesmo quando os íons chumbo não estão sendo reduzidos. Observe a reta desenhada através da corrente residual e extrapolada para a direita abaixo da onda polarográfica. Esta extrapolação permite a determinação da **corrente de difusão**, como mostrado na figura e discutido no próximo parágrafo.

Em polarografia a corrente de difusão é proporcional à concentração do analito.

Assim como na voltametria hidrodinâmica, as correntes limite são observadas quando a grandeza da corrente é limitada pela velocidade na qual o analito pode ser conduzido à superfície do eletrodo. Na polarografia, contudo, o único mecanismo de transporte de massa é a difusão. Por essa razão, as correntes limite polarográficas são normalmente denominadas correntes de difusão e a elas é dado o símbolo i_d. Como mostrado na Figura 23-21, a corrente de difusão é a diferença entre a corrente limite máxima (ou média) e a corrente residual. A corrente de difusão é diretamente proporcional à concentração do analito na solução, como evidenciado no texto.

[12] Referências sobre polarografia incluem A. J. Bard e L. R. Faulkner, *Electrochemical Methods,* 2. ed., Nova York: Wiley, 2001, cap. 7; *Laboratory Techniques in Electroanalytical Chemistry,* 2. ed., Nova York: Marcel Dekker, 1996, pp. 444-61.

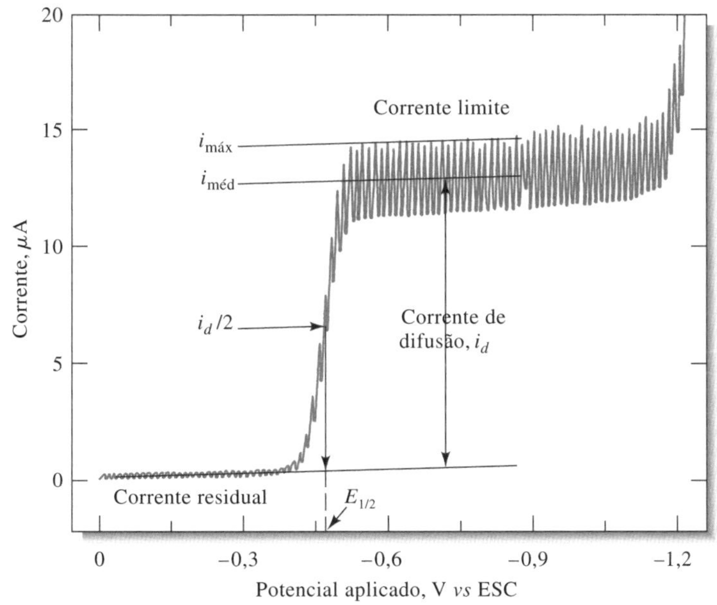

Figura 23-21 Polarograma para uma solução 1,0 mol L^{-1} de KCl e $3{,}0 \times 10^{-4}$ mol L^{-1} de Pb^{2+}.

Correntes de Difusão no Eletrodo Gotejante de Mercúrio

Para desenvolver uma equação para as correntes de difusão polarográficas, precisamos levar em consideração a velocidade de crescimento do eletrodo esférico, que está relacionada com o tempo t da gota em segundos, e a velocidade do fluxo de mercúrio por meio do capilar m em mg s^{-1} e o coeficiente de difusão D do analito, em $cm^2\ s^{-1}$. Essas variáveis são consideradas na equação de Ilkovic:

$$(i_d)_{máx} = 708\ nD^{1/2}m^{2/3}t^{1/6}c \qquad (23\text{-}16)^{13}$$

Na polarografia, normalmente as correntes são registradas em microampères. A constante 708 na Equação 23-16 carrega as unidades de tal forma que, quando (i_d) está em microampères, D está em $cm^2\ s^{-1}$, m está em mg s^{-1}, t está em s e a concentração c está em milimols por litro.

onde $(i_d)_{máx}$ é a corrente de difusão máxima em μA, e c refere-se à concentração do analito em mmol L^{-1}.

Correntes Residuais

A **Figura 23-22** mostra uma curva de corrente residual (obtida sob alta sensibilidade) para uma solução de HCl 0,1 mol L^{-1}. Essa corrente tem duas fontes. A primeira é a redução de traços de impurezas que estão quase inevitavelmente presentes na solução do branco. As contribuições incluem pequenas quantidades de oxigênio dissolvido, íons de metais pesados existentes na água destilada e impurezas contidas no sal empregado como eletrólito de suporte.

A segunda componente da corrente residual é a chamada **corrente de carga** ou **capacitiva** resultante do fluxo de elétrons que carrega as gotas de mercúrio em relação à solução; essa corrente pode ser tanto negativa quanto positiva. Sob potenciais mais negativos que cerca de −0,4 V, um excesso de elétrons da fonte cc carrega a superfície de cada gota com uma carga negativa. Esse excesso de elétrons é levado com a gota quando ela se destaca. Uma vez que cada nova gota é carregada assim que se forma, resulta em uma pequena mas contínua corrente. Sob potenciais menos negativos que cerca de −0,4 V, o mercúrio tende a se tornar mais positivo que a solução.

[13] Se for tomada a média da corrente de difusão, em vez da corrente máxima, a constante 708 presente na equação de Ilkovic torna-se 607 porque $(i_d)_{méd} = 6/7\ (i_d)_{máx}$

Uma **corrente faradaica** em uma célula eletroquímica é a corrente que resulta de um processo redox. Uma **corrente não faradaica** é uma corrente de carga resultante da expansão da gota de mercúrio que precisa ser carregada com o potencial do eletrodo. Carregar eletricamente a dupla camada é similar a carregar um capacitor.

Assim sendo, a cada nova gota formada, os elétrons são repelidos da superfície para o interior do mercúrio e como resultado uma corrente negativa é gerada. Próximo a −0,4 V a superfície do mercúrio permanece descarregada e a corrente resultante é igual a zero. Esse potencial é denominado **potencial de carga zero**. A corrente de carga é um tipo de corrente conhecido como **corrente não faradaica** no sentido de que a carga é transportada na interface eletrodo/solução sem a ocorrência de qualquer processo de oxidação/redução.

Em última instância, a exatidão e a sensibilidade do método polarográfico dependem da grandeza da corrente residual não faradaica e da exatidão com a qual a correção para esse efeito pode ser realizada. Por estas razões e outras mencionadas mais cedo, a polarografia caiu em importância, enquanto a voltametria e a amperometria nos eletrodos de trabalho diferentes do eletrodo gotejante de mercúrio têm crescido em um passo impressionante nas últimas três décadas.

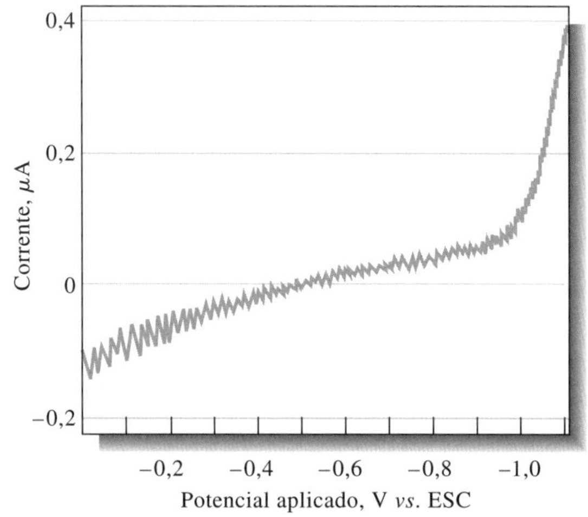

Figura 23-22 Corrente residual para uma solução de HCl 0,1 mol L^{-1}

23E VOLTAMETRIA CÍCLICA[14]

Na voltametria cíclica (VC), a resposta de corrente de um pequeno eletrodo estacionário em uma solução sem agitação é excitado por uma forma de onda de voltagem triangular, como aquela mostrada na **Figura 23-23**. Neste exemplo, o potencial é inicialmente variado linearmente de +0,8 V até −0,15 V *versus* um eletrodo saturado de calomelano. Quando o extremo de −0,15 V é atingido, o sentido da varredura é revertido e o potencial, retornado ao seu valor original de +0,8 V. Em ambas as direções a velocidade de varredura é de 50 mV s^{-1}. Esse ciclo de excitação é frequentemente repetido várias vezes. As voltagens extremas nas quais a reversão ocorre (neste caso, −0,15 e +0,80 V) são chamadas *potenciais de inversão*. A faixa de potenciais de reversão escolhida para um determinado experimento é uma na qual uma oxidação ou redução controlada por difusão de um ou mais analitos pode ocorrer. A direção da varredura inicial pode ser negativa, como mostrado, ou positiva, dependendo da composição da amostra (uma varredura na direção dos potenciais mais negativos é chamada de uma *varredura direta*, enquanto na direção oposta é chamada de

[14] Para breves revisões, veja P. T. Kissinger e W. R. Heineman, *J. Chem. Educ.*, v. 60, p. 702, **1983**, **DOI:** 10.1021/edo60p702; D. H. Evans, K. M. O'Connell, T. A. Petersen e M. J. Kelly, *J. Chem. Educ.*, v. 60, p. 290, **1983**, **DOI:** 10.1021/edo60p290.

varredura inversa). Geralmente os tempos de ciclo variam de 1 ms, ou menos, a 100 s ou mais. Nesse exemplo, o tempo de ciclo é de 40 s.

A **Figura 23-24b** mostra a resposta de corrente quando uma solução de $K_3Fe(CN)_6$ 6 mmol L^{-1} e KNO_3 1 mol L^{-1} é sujeita a um sinal de excitação cíclico como exposto na Figuras 23-23 e 23-24a. O eletrodo de trabalho é um eletrodo estacionário de platina cuidadosamente polido e o eletrodo de referência é um eletrodo saturado de calomelano. Observa-se a ocorrência de uma pequena corrente anódica no potencial inicial de +0,8 V, que decai imediatamente para zero à medida que a varredura prossegue. Essa corrente inicial negativa surge da oxidação da água para formar o oxigênio (nos potenciais mais positivos, esta corrente aumenta rapidamente e torna-se bastante grande em aproximadamente +0,9 V). Nenhuma corrente é observada entre um potencial de +0,7 e +0,4 V, pois não há espécie possível de ser oxidada ou reduzida nessa faixa de potencial. Quando o potencial torna-se menos positivo que aproximadamente +0,4 V, começa a se desenvolver uma corrente catódica (ponto *B*) por causa da redução do íon hexacianoferrato(III) no íon hexacianoferrato(II). A reação no catodo é então em voltametria cíclica.

$$Fe(CN)_6^{3-} + e^- \rightleftharpoons Fe(CN)_6^{4-}$$

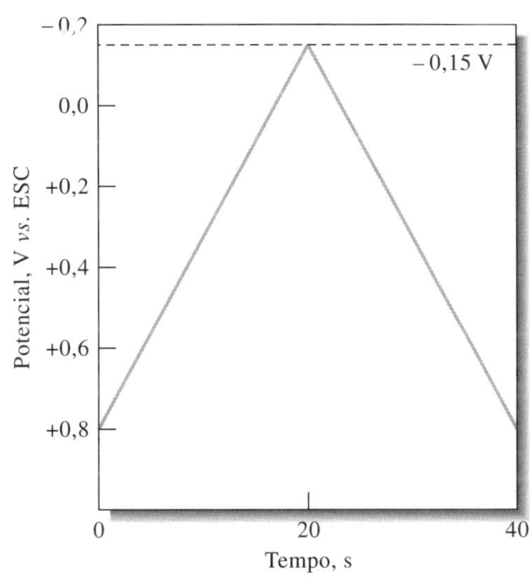

Figura 23-23 Sinal de excitação em voltametria cíclica.

Então, ocorre um rápido aumento na corrente nessa região de *B* a *D*, à medida que a concentração de $Fe(CN)_6^{3-}$ torna-se cada vez menor. No pico, a corrente tem duas componentes. Uma componente é a variação de corrente inicial abrupta necessária para ajustar a concentração na superfície do reagente a sua concentração de equilíbrio, como dada pela equação de Nernst. A segunda é a corrente normal controlada pela difusão. A primeira corrente decai rapidamente (pontos *D* a *F*), à medida que a camada de difusão se estende para as regiões mais e mais distantes da superfície do eletrodo (veja também a Figura 23-8b). No ponto *F* (−0,15 V), a direção da varredura é invertida. A corrente, todavia, continua a ser catódica, embora a varredura seja realizada na direção de potenciais mais positivos, porque os potenciais ainda são suficientemente negativos para provocar a redução do $Fe(CN)_6^{3-}$. À medida que o potencial caminha para a direção positiva, a redução do $Fe(CN)_6^{3-}$ finalmente deixa de ocorrer e a corrente vai para zero e então se torna anódica. A corrente anódica resulta da reoxidação do $Fe(CN)_6^{4-}$, que se acumulou próximo à superfície durante a realização da varredura no sentido direto. Essa corrente anódica atinge um pico e então diminui conforme o $Fe(CN)_6^{4-}$ acumulado é utilizado na reação anódica.

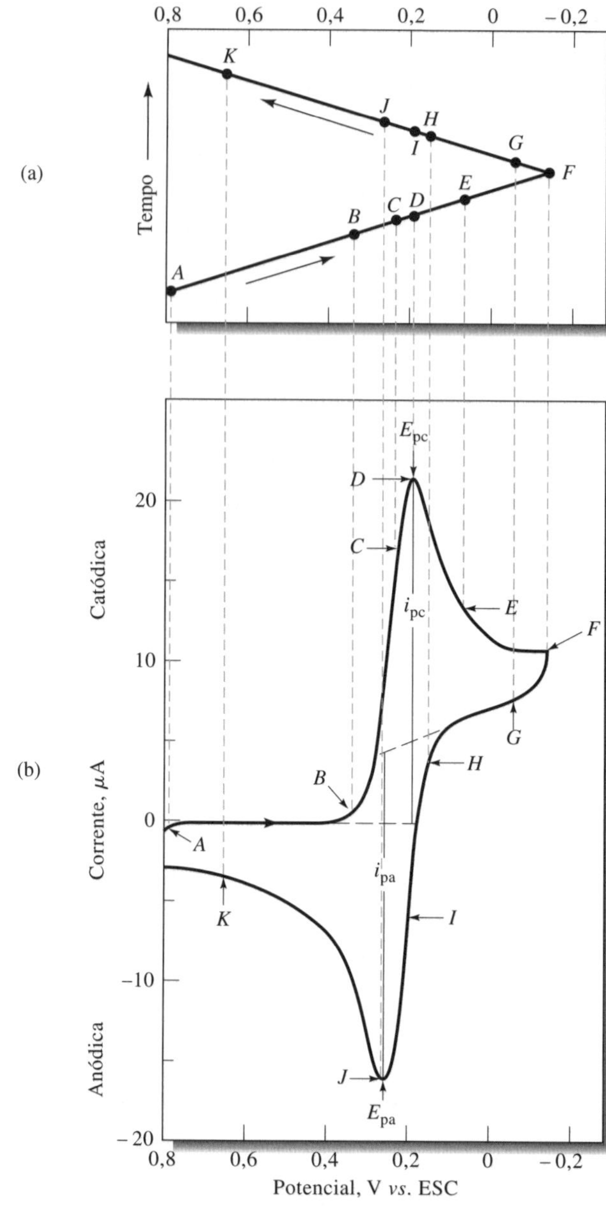

Figura 23-24 (a) Potencial *versus* forma de curva de tempo. (b) Voltamograma cíclico para uma solução de $K_3Fe(CN)_6$ 6 mmol L^{-1} e KNO_3 1 mol L^{-1}. (Reimpresso (adaptado) com permissão de P. T. Kissinger e W. H. Heinemann, *J. Chem. Educ.*, v. 60, p. 702, **1983**, **DOI**: 10.1021/ed060p702. Copyright © 1983; Division of Chemical Education, Inc. Copyright 1983 American Chemical Society.)

As variáveis importantes em um voltamograma cíclico são o potencial de pico catódico, E_{pc}, o potencial de pico anódico, E_{pa}, a corrente de pico catódica, i_{pc}, e a corrente de pico anódica, i_{pa}. As definições e medidas desses parâmetros são ilustradas na Figura 23-24. Para uma reação eletródica reversível, os picos de corrente catódico e anódico são aproximadamente iguais em valores absolutos, mas com sinais opostos. Para uma reação eletródica reversível a 25°C, a diferença entre os potenciais de pico, ΔE_p, deve ser

$$\Delta E_p = |E_{pa} - E_{pc}| = 0{,}0592/n \qquad (23\text{-}17)$$

onde n é o número de elétrons envolvido na semirreação. A irreversibilidade causada por cinéticas lentas de transferência de elétrons resulta em valores de ΔE_p que excedem os valores previstos. Embora uma reação de transferência de elétrons possa parecer reversível sob baixas velocidades de varredura, o aumento dessa velocidade pode levar ao acréscimo dos valores de ΔE_p, o que representa um sinal seguro de irreversibilidade. Dessa forma, para detectar as cinéticas lentas de transferência de elétrons e para obter as constantes de velocidade, ΔE_p é medido em diferentes velocidades de varredura.

As informações quantitativas são obtidas a partir da equação de Randles-Sevcik, que a 25°C é

$$i_p = 2{,}686 \times 10^5 n^{3/2} A c D^{1/2} v^{1/2} \qquad (23\text{-}18)$$

onde i_p é a corrente de pico em ampères, A corresponde à área do eletrodo em cm^2, D refere-se ao coeficiente de difusão em $cm^2\ s^{-1}$, c equivale à concentração em mol cm^{-3} e v é a velocidade de varredura em $V\ s^{-1}$. A VC oferece uma forma de determinação de coeficientes de difusão se a concentração, a área do eletrodo e a velocidade de varredura forem conhecidas.

Estudos Fundamentais

O uso básico da VC é como uma ferramenta para estudos fundamentais e de diagnóstico que fornece informação qualitativa sobre os processos eletroquímicos sob várias condições. Como um exemplo, considere o voltamograma cíclico para o inseticida agrícola parathion que está mostrado na **Figura 23-25**.[15] Nesse exemplo, os potenciais de inversão são aproximadamente −1,2 V e +0,3 V. A varredura direta inicial, contudo, teve início em 0,0 V e não em +0,3 V. Três picos são observados. O primeiro pico catódico (*A*) resulta da redução envolvendo quatro elétrons do parathion para formar um derivado da hidroxilamina.

$$\phi NO_2 + 4e^- + 4H^+ \rightarrow \phi NHOH + H_2O \qquad (23\text{-}19)$$

O pico anódico *B* provém da oxidação da hidroxilamina a um derivado nitroso durante a varredura no sentido oposto. A reação eletródica é

$$\phi NHOH \rightarrow \phi NO + 2H^+ + 2e^- \qquad (23\text{-}20)$$

O pico catódico em *C* resulta da redução do grupo nitroso para formar hidroxilamina como mostrado pela equação

$$\phi NO + 2e^- + 2H^+ \rightarrow \phi NHOH \qquad (23\text{-}21)$$

Os voltamogramas cíclicos para amostras autênticas dos dois intermediários confirmaram a identidade dos compostos responsáveis pelos picos *B* e *C*.

A VC é largamente usada como uma ferramenta investigativa na química orgânica e inorgânica. Ela é normalmente a primeira técnica selecionada para explorar sistemas prováveis de conter espécies eletroativas. Por exemplo, a VC é geralmente usada para investigar o comportamento de eletrodos modificados e novos materiais os quais suspeita-se que sejam eletroativos. Geralmente os voltamogramas cíclicos revelam a presença de intermediários nas reações de oxidação/redução (para exemplo, veja a Figura 23-25). Os eletrodos de platina são normalmente usados na VC. Para potenciais negativos, os eletrodos de filme de mercúrio podem ser usados. Outros materiais populares de eletrodo de trabalho incluem o carbono vítreo, pasta de carbono, grafite, ouro, diamante e, recentemente, nanotubos de carbono.

[15] Esta discussão e o voltamograma são de W. R. Heineman e P. T. Kissinger, *Amer. Lab.*, v.11, p. 29, **1982**.

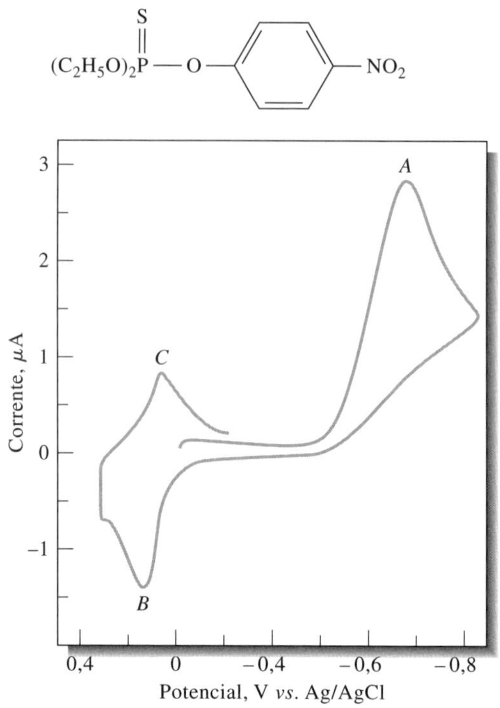

Figura 23-25 Voltamograma cíclico do inseticida parathion em uma solução tampão acetato 0,5 mol L^{-1} e pH 5 em etanol 50%. Eletrodo gotejante de mercúrio. Velocidade de varredura: 200 mV s^{-1}. (De W. R. Heinemann e P. J. Kissinger, *Amer. Lab.*, n. 11, p. 34, **1982**. Copyright de 1982. Reimpresso com a permissão de CompareNetworks, Inc.)

As correntes de pico na VC são diretamente proporcionais à concentração do analito. Embora não seja comum usar as correntes de pico de VC no trabalho analítico de rotina, ocasionalmente tais aplicações aparecem na literatura e elas estão aparecendo com frequência constante.

23F VOLTAMETRIA DE PULSO

O limite de detecção para a polarografia clássica é aproximadamente 10^{-5} mol L^{-1}. As determinações de rotina normalmente envolvem concentrações na faixa de mmol L^{-1}.

Nos anos 1960, a polarografia deixou de ser uma ferramenta analítica importante na maioria dos laboratórios. A razão para o declínio no uso dessa técnica, que havia sido considerada popular, ocorreu não apenas em decorrência do aparecimento de vários outros métodos espectroscópicos mais convenientes, mas também em consequência das desvantagens inerentes ao método, incluindo a lentidão, a inconveniência dos instrumentos e, particularmente, aos limites de detecção pobres. Muitas dessas limitações foram superadas pelo desenvolvimento de métodos de pulso. Abordaremos as duas técnicas de pulso mais importantes, **voltametria de pulso diferencial** e **voltametria de onda quadrada**. A ideia por trás de todos os métodos voltamétricos de pulso é medir a corrente em um tempo quando a diferença entre a curva faradaica desejada e a corrente carregando interferente é grande.

23F-1 Voltametria de Pulso Diferencial

A **Figura 23-26** mostra os dois sinais de excitação mais comuns que são usados em instrumentos comerciais para voltametria de pulso diferencial. O primeiro (veja Figura 23-26a), que é geralmente usado em instrumentos analógicos, é obtido pela superposição de um pulso periódico e uma varredura linear. A segunda forma de onda (veja Figura 23-26b), que é tipicamente usada em instrumentos digitais, é a soma de um pulso e um sinal em escada. Em ambos os casos, um pequeno pulso, normalmente de 50 mV, é aplicado durante os últimos 50 ms do tempo de vida do período do sinal de excitação.

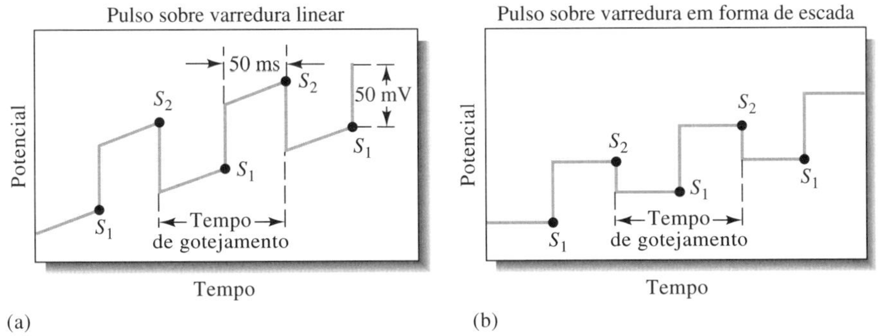

Figura 23-26 Sinais de excitação para a polarografia de pulso diferencial.

Como mostrado na Figura 23-26, duas medidas de corrente são feitas alternativamente: uma (em S_1), que é 16,7 ms antes do pulso dc, e uma para 16,7 ms (em $S_2$0) no final do pulso. A diferença de corrente por pulso (Δi) é registrada em função do aumento linear da voltagem. Uma curva diferencial resulta, consistindo em um pico (veja **Figura 23-27**) cuja altura é diretamente proporcional à concentração. Para uma reação reversível, o potencial de pico é aproximadamente igual ao potencial padrão para a semirreação.

Uma vantagem do voltamograma do tipo derivativo é que o pico de máximo pode ser observado para substâncias com potencias de meia-onda diferindo tão pouco quanto 0,04 a 0,05 V; em contraste, a voltametria clássica e de pulso normal exigem uma diferença de potencial de aproximadamente 0,2 V para resolver as ondas. Mais importante, entretanto, a voltametria de pulso diferencial aumenta a sensibilidade da voltametria. Normalmente, a voltametria de pulso diferencial fornece picos bem definidos em um nível de concentração que é 2×10^{-3} daquele para a onda de voltametria clássica. Observe também que a escala de corrente Δi é em nanoampéres. Geralmente, os limites de detecção com a voltametria de pulso diferencial são duas a três ordens de grandeza mais baixos que aqueles para a voltametria clássica e localizam-se na faixa de 10^{-7} a 10^{-8} mol L^{-1}.

❮ Voltamogramas com a forma de derivada geram picos que são convenientes para a identificação qualitativa de analitos com base no potencial de pico, E_{pico}.

❮ Os limites de detecção obtidos na polarografia de pulso diferencial são duas ou três ordens de grandeza menores que aqueles na polarografia clássica.

A maior sensibilidade da voltametria de pulso diferencial pode ser atribuída a duas fontes. A primeira é um melhoramento da corrente faradaica e a segunda é uma diminuição na corrente de carregamento não faradaica. Para levar em conta o melhoramento, vamos considerar os eventos que ocorrem na camada superficial em torno do eletrodo à medida que o potencial é repentinamente aumentado em 50 mV. Se uma espécie reativa está presente nessa camada, haverá um pico de corrente que diminui a concentração do reagente ao valor demandado pelo novo potencial. À medida que a concentração de equilíbrio para aquele potencial é alcançada, entretanto, a corrente decai para um nível suficiente para compensar a difusão, isto é, decai para a corrente controlada pela difusão. Na voltametria clássica, o pico inicial de corrente não é observado, pois a escala de tempo da medida é longa em relação ao tempo de vida da corrente momentânea. Por outro lado, na voltametria de pulso, a medida de corrente é feita antes que a oscilação tenha decaído completamente. Assim, a corrente medida contém tanto a componente controlada pela difusão quanto uma componente que tem a ver com a redução da camada superficial à concentração requerida pela expressão de Nernst; a corrente total é tipicamente várias vezes maior que a corrente de difusão. Note que, sob condições hidrodinâmicas, a solução torna-se homogênea em relação ao analito quando a próxima sequência de pulsos ocorre. Dessa forma, em qualquer voltagem, um pico idêntico de corrente acompanha cada pulso de voltagem.

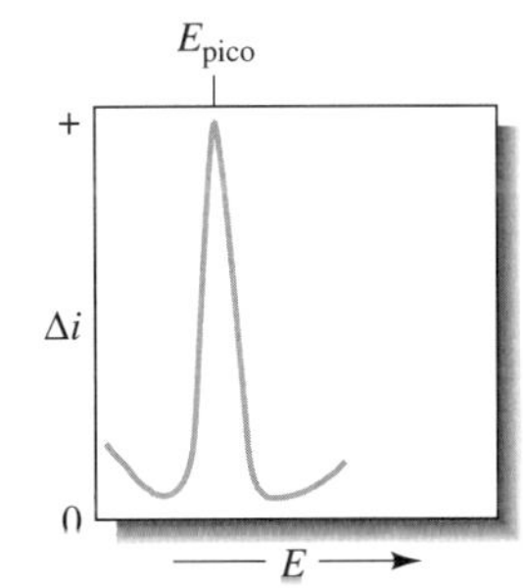

Figura 23-27 Voltamograma de um experimento de polarografia de pulso diferencial. Neste exemplo, $\Delta i = i_{S_2} - i_{S_1}$ (veja a Figura 23-26). O potencial de pico, E_{pico}, está relacionado ao potencial de meia-onda polarográfico.

Varreduras múltiplas de gotas múltiplas podem ser somadas para melhorar a razão sinal-ruído de um voltamograma de onda quadrada.

Quando o pulso de potencial é aplicado pela primeira vez ao eletrodo, também ocorre um pico na corrente não faradaica à medida que a carga aumenta. Esta corrente, entretanto, decai exponencialmente com o tempo e aproxima-se de zero com o tempo. Consequentemente, medindo-se as correntes apenas neste momento, a corrente residual não faradaica é grandemente reduzida e a razão sinal-ruído torna-se maior. O resultado é uma melhora na sensibilidade.

Instrumentos confiáveis para voltametria de pulso diferencial estão disponíveis atualmente a custo razoável. Este método tem assim se tornado um dos mais largamente utilizados nos procedimentos voltamétricos analíticos e é especialmente útil para determinar concentrações de traços de íons de metais pesados.

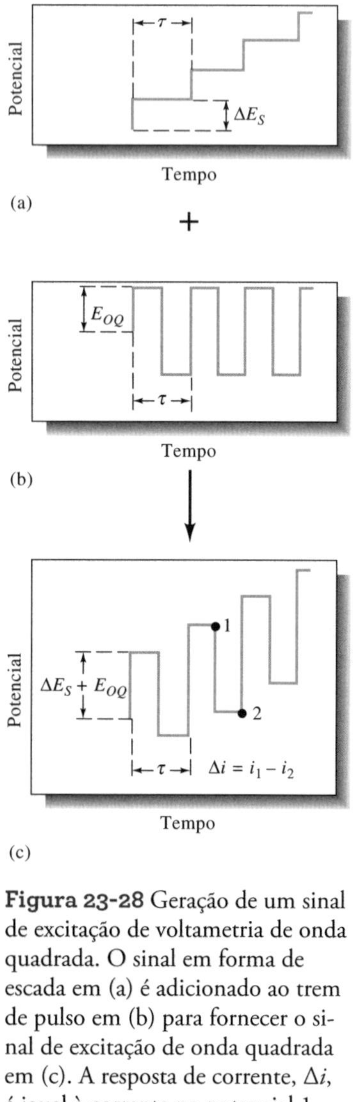

Figura 23-28 Geração de um sinal de excitação de voltametria de onda quadrada. O sinal em forma de escada em (a) é adicionado ao trem de pulso em (b) para fornecer o sinal de excitação de onda quadrada em (c). A resposta de corrente, Δi, é igual à corrente no potencial 1 menos aquela no potencial 2.

23-F-2 Voltametria de Onda Quadrada[16]

A voltametria de onda quadrada é um tipo de voltametria de pulso que oferece as vantagens de grande velocidade e elevada sensibilidade. Um voltamograma inteiro é obtido em menos de 10 ms. A voltametria de onda quadrada tem sido usada com eletrodos gotejantes de mercúrio e com outros eletrodos (veja Figura 23-3) e sensores.

A **Figura 23-28c** mostra o sinal de excitação na voltametria de onda quadrada que é obtido pela superposição do trem de pulso mostrado em 23-28b com o sinal em forma de escada na 23-28a. O comprimento de cada degrau da escada e o período τ de tempo dos pulsos são idênticos e normalmente em torno de 5 ms. O potencial de cada degrau da escada ΔE_S é tipicamente de 10 mV. A grandeza do pulso 2 E_{OQ} geralmente é de 50 mV. Operando sob estas condições, correspondendo a uma frequência de pulso de 200 Hz, uma varredura de 1 V requer 0,5 s. Para uma reação reversível de redução, o tamanho de um pulso é suficientemente elevado para que a oxidação do produto formado no pulso direto ocorra durante o pulso inverso. Assim, como mostrado na **Figura 23-29**, o pulso no sentido direto produz uma corrente catódica i_1, e o pulso no sentido inverso gera uma corrente i_2. Normalmente a diferença nessas correntes, Δi, é colocada em um gráfico para dar origem aos voltamogramas. Essa diferença é diretamente proporcional à concentração; o potencial do pico corresponde ao potencial de meia-onda voltamétrica. Por causa da velocidade da medida, é possível e prático aumentar a precisão das análises pelos dados médios de sinal a partir de várias varreduras. Os limites de detecção para a voltametria de onda quadrada são relatados como entre 10^{-7} e 10^{-8} mol L^{-1}.

Os instrumentos comerciais para voltametria de onda quadrada estão disponíveis em vários fabricantes, e como uma consequência, esta técnica está sendo usada rotineiramente para determinar espécies inorgânicas e orgânicas. A voltametria de onda quadrada também está sendo usada em detectores para cromatografia de líquidos.

[16] Para informação adicional em voltametria de onda quadrada, veja A. J. Bard e L. R. Faulkner, *Electrochemical Methods*, 2. ed., Nova York: Wiley, 2001, cap. 7, pp. 293-99; J. G. Osteryoung e R. A. Osteryoung, *Anal. Chem.*, v. 57, p. 101A, **1985**, **DOI:** 10.1021/ac00279a004.

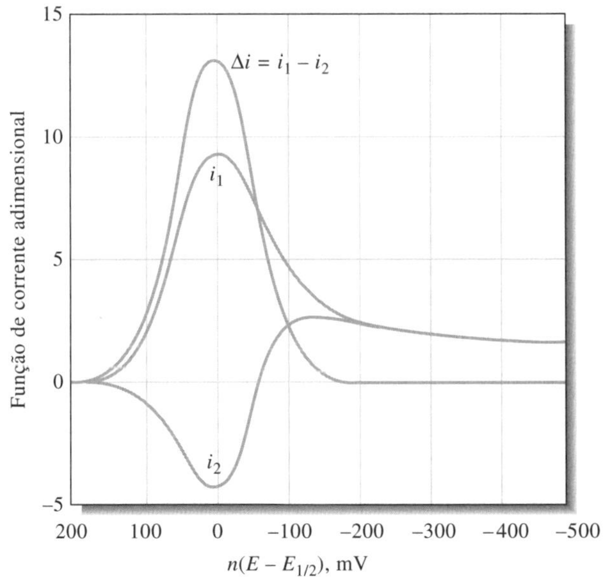

Figura 23-29 Resposta da corrente para uma reação reversível ao sinal de excitação mostrado na Figura 23-28c. Essa resposta teórica é representada em forma de gráfico como uma função adimensional de corrente *versus* uma função do potencial, $n(E - E_{1/2})$, em mV. Aqui, i_1 = corrente direta; i_2 = corrente inversa; $i_1 - i_2$ = diferença de corrente. (De J. J. O'Dea; J. Osteryoung e R. A. Osteryoung, *Anal. Chem.*, v. 53, p. 695, **1981, DOI**: 10.1021/ac00227a028. Com permissão. Copyright de 1981, da American Chemical Society.)

23G APLICAÇÕES DE VOLTAMETRIA

No passado, a voltametria de varredura linear era usada para a determinação quantitativa de ampla variedade de espécies inorgânicas e orgânicas, incluindo moléculas de interesse biológico e bioquímico. Os métodos de pulso têm largamente substituído a voltametria clássica em razão de sua maior sensibilidade, conveniência e seletividade. Geralmente as aplicações quantitativas baseiam-se em curvas de calibração nas quais as alturas dos picos são exibidas em um gráfico em função da concentração do analito. Em alguns casos, o método de adição de padrão é usado no lugar das curvas de calibração. Em qualquer caso, é essencial que a composição de padrões represente o mais próximo possível a composição da amostra, assim como as concentrações de eletrólito e pH. Quando esta combinação é feita, precisões e exatidões relativas na faixa de 1 a 3% podem frequentemente serem atingidas.

23G-1 Aplicações Inorgânicas

A voltametria é aplicável a análises de muitas substâncias inorgânicas. A maioria dos cátions metálicos, por exemplo, é reduzida no EGM. Mesmo os metais alcalinos e alcalino terrosos são passíveis de serem reduzidos, desde que o eletrólito de suporte não seja reativo nos altos potenciais requeridos; neste caso, os haletos de tetra-alquilamônio são eletrólitos úteis por causa dos seus altos potenciais de redução.

A determinação voltamétrica bem-sucedida de cátions frequentemente depende do eletrólito de suporte que é usado. Para auxiliar nessa determinação, as compilações de tabelas contendo dados de potenciais de meia-onda estão disponíveis.[17] A escolha criteriosa do ânion geralmente melhora a seletividade do método. Por exemplo, com cloreto de potássio como eletrólito de suporte, as ondas do ferro(III) e do cobre(II) interferem uma sobre a outra; em um meio de fluoreto, entretanto, o potencial de meia-onda do primeiro é deslocado em cerca de −0,5 V, ao passo que, para o último, o

[17]Por exemplo, veja J. A. Dean, *Analytical Chemistry Handbook*, New York: McGraw-Hill, 1995, seção 14, pp. 14.66-14.70; D. T. Sawyer, A. Sobkowiak e J. L. Roberts, *Experimental Electrochemistry for Chemists*, 2nd ed., New York: Wiley, 1995, pp. 102-30.

deslocamento é de apenas alguns centésimos de volt. Assim, a presença de fluoreto resulta no aparecimento de duas ondas bem separadas para os dois íons.

A voltametria também é aplicada à análise de ânions inorgânicos tais como o bromato, iodato, dicromato, vanadato, selenito e nitrito. Em geral, os voltamogramas dessas substâncias são afetados pelo pH da solução porque o íon hidrogênio participa das suas respectivas reduções. Como consequência, é necessário tamponar fortemente o meio de reação para a obtenção de dados reprodutíveis.

23G-2 Análise Voltamétrica Orgânica

Os seguintes grupos funcionais orgânicos produzem ondas voltamétricas:
1. Grupos carbonila.
2. Certos ácidos carboxílicos.
3. A maioria dos peróxidos e epóxidos.
4. Grupos nitro, nitroso, óxidos aminos e azo.
5. A maioria dos grupos halógenos.
6. Ligações duplas carbono/carbono.
7. Hidroquinonas e mercaptanas.

Quase desde o seu início, a voltametria tem sido usada para o estudo e a determinação de compostos orgânicos com muitos artigos sendo devotados a este assunto. Vários grupos funcionais orgânicos são reduzidos em eletrodos de trabalho comum, tornando assim possível a determinação de uma larga variedade de compostos orgânicos.[18] Grupos funcionais orgânicos oxidáveis podem ser estudados voltametricamente com platina, ouro, carbono ou vários eletrodos modificados. O número de grupos funcionais que podem ser oxidados em eletrodos de mercúrio é relativamente limitado porque o mercúrio é oxidado em potenciais anódicos maiores que +0,4 V (*versus* ESC), entretanto.

Solventes para Voltametria Orgânica

As considerações de solubilidade frequentemente ditam o uso de solventes que não a água pura para a voltametria orgânica. As misturas aquosas contendo quantidades variáveis de solventes miscíveis como glicóis, dioxano, acetonitrila, alcoóis, Cellosolve ou ácido acético têm sido usadas. Meios anidros tais como ácido acético, formamida, dietilamina e etileno glicol também têm sido investigados. Os eletrólitos de suporte frequentemente são sais de lítio ou de tetra-alquilamônio.

Mais informação nas aplicações da voltametria podem ser encontradas em outros lugares.[19]

23H MÉTODOS DE REDISSOLUÇÃO

Nos **métodos de redissolução anódicas**, o analito é depositado por redução e posteriormente analisado por oxidação a partir de um filme ou gota de mercúrio de pequeno volume.

Nos **métodos de redissolução catódicas**, o analito é eletrolisado em um pequeno volume de mercúrio por oxidação e depois redissolvido por redução.

Os métodos de redissolução abrangem uma variedade de procedimentos eletroquímicos tendo uma característica etapa inicial comum.[20] Em todos destes procedimentos, o analito é primeiramente depositado em um eletrodo de trabalho, normalmente de uma solução sob agitação. Após um período de medição de maneira exata, a eletrólise é descontinuada, a agitação é interrompida e o analito depositado é determinado por um dos procedimentos voltamétricos descritos nas seções anteriores. Durante essa segunda etapa na análise, o analito é redissolvido ou retirado do eletrodo de trabalho; por esta razão o nome ligado a estes métodos. Nos **métodos de redissolução anódica**, o eletrodo de trabalho funciona como um catodo durante a etapa de deposição e como um anodo na etapa de redissolução, com o analito sendo oxidado de volta à sua forma original. Em um **método de redissolução catódica**, o eletrodo de

[18] Para uma abordagem detalhada de eletroquímica orgância, veja A. J. Bard; M. Stratmann e H. J. Schäfer, eds., *Encyclopedia of Electrochemistry, Organic Electrochemistry*, Nova York: Wiley, 2002, v. 8, H. Lund e O. Hammerich, eds., *Organic Electrohemistry*, 4. ed., Nova York: Marcel Dekker, 2001.

[19] D. A. Skoog; F. J. Holler e S. R. Crouch, *Principles of Instrumental Analysis*, 6. ed. Belmont, CA: Brooks/Cole, 2007, seção 25G, p. 746.

[20] Para discussões mais detalhadas de métodos de dissolução, veja H. D. Dewald, em *Modern Techniques in Electroanalysis*, P. Vanysek, ed., Nova York: Wiley-Interscience, 1996, cap. 4, p. 151; J. Wang, *Stripping Analysis*, Deerfield Beach, FL: VCH Publishers, 1985.

trabalho comporta-se como um anodo durante a etapa de deposição e como catodo durante a redissolução. A etapa de deposição corresponde a uma pré-concentração do analito, isto é, a concentração do analito na superfície do eletrodo de trabalho é bem maior que no todo da solução. Como um resultado da etapa de pré-concentração, os métodos de redissolução produzem os limites de detecção mais baixos de todos os procedimentos voltamétricos. Por exemplo, a redissolução anódica com a voltametria de pulso pode atingir limites de detecção na escala nanomolar para espécies importantes em termos ambientais, como o Pb^{2+}, Ca^{2+} e Tl^{+}.

A **Figura 23-30a** exibe o programa para a voltagem de excitação que é seguido em um método de redissolução anódica para a determinação de cádmio e cobre em uma solução aquosa desses íons. Um método de varredura linear é frequentemente usado para completar a análise. Inicialmente, é aplicado um potencial catódico constante em torno de −1 V para o eletrodo de trabalho, fazendo com que ambos os íons, cádmio e cobre, sejam reduzidos e depositados como metais. O eletrodo é mantido nesse potencial por vários minutos, até que uma quantidade significativa dos dois metais tenha se acumulado no eletrodo. Então a agitação é interrompida por cerca de 30 s enquanto o eletrodo é mantido a −1 V. O potencial do eletrodo é diminuído linearmente para valores menos negativos enquanto a corrente na célula é registrada em função do tempo. A **Figura 23-30b** mostra o voltamograma de pulso diferencial resultante. Em um potencial menos negativo que −0,6 V, o cádmio começa a ser oxidado, provocando um rápido aumento na corrente. À medida que o cádmio depositado é consumido, a corrente atinge um máximo e então decresce para os níveis originais. É então observado um segundo pico para a oxidação do cobre quando o potencial diminui para aproximadamente −0,1 V. As alturas dos dois picos são proporcionais às massas de metais depositados.

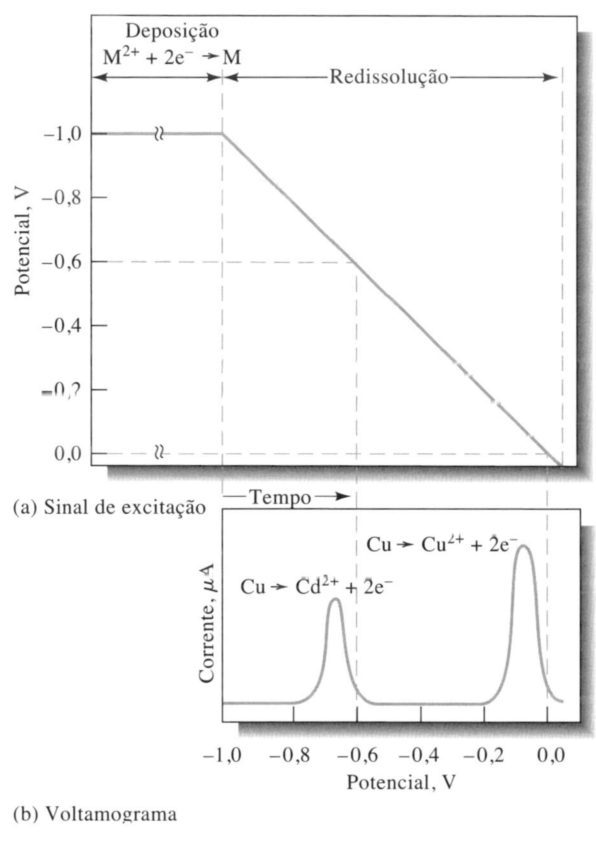

Figura 23-30 (a) Sinal de excitação para a determinação de Cd^{2+} e Cu^{2+}. (b) Voltamograma de redissolução.

Os métodos de redissolução são importantes no trabalho de traços porque a etapa de pré-concentração permite a determinação de quantidades diminutas de uma analito com exatidão razoável. Assim, a análise de soluções na faixa de 10^{-6} a 10^{-9} mol L^{-1} torna-se factível pelos métodos que são tanto simples quanto rápidos.

23H-1 Etapa de Eletrodeposição

Uma vantagem principal da análise de redissolução é a capacidade de pré-concentrar eletroquimicamente o analito antes da etapa de medida.

Apenas uma fração do analito é normalmente depositada durante a etapa de eletrodeposição. Consequentemente, os resultados quantitativos dependem não apenas do controle do potencial do eletrodo, mas também de fatores como o tamanho do eletrodo, o tempo de deposição e a velocidade de redissolução tanto para a amostra quanto para as soluções padrão usadas para a calibração.

Os eletrodos de trabalho para métodos de redissolução tem sido formados a partir de uma variedade de materiais, incluindo mercúrio, ouro, prata, platina e carbono em várias formas. O eletrodo mais popular é o eletrodo gotejante de mercúrio (EGM), que consiste em uma única gota de mercúrio em contato com um fio de platina. Os eletrodos gotejantes disponíveis no mercado têm sido produzidos por diferentes fabricantes. Esses eletrodos são compostos normalmente por uma microsseringa, com um micrômetro, para o controle exato do tamanho da gota. Então a gota é formada na ponta de um capilar pela dispensa do mercúrio contido em uma seringa por meio de um sistema de controle (veja a Figura 23-3b). Eletrodos de disco rotatório podem também ser usados na análise de redissolução.

Para realizar determinações de íons metálicos por meio da redissolução catódica, uma nova gota pendente é formada, inicia-se uma agitação cuidadosa e é aplicado um potencial correspondente a alguns décimos de volt mais negativo que o potencial de meia-onda do íon de interesse. Deixa-se ocorrer a deposição por um período de medida cuidadoso que pode variar de um minuto ou menos para soluções de 10^{-7} mol L^{-1} a 30 min ou mais para soluções 10^{-9} mol L^{-1}. Devemos reenfatizar que estes tempos raramente resultam em remoção total do íon. O período de eletrólise é determinado pela sensibilidade do método finalmente usado para a finalização da análise.

23H-2 Finalização Voltamétrica da Análise

O analito coletado no eletrodo de trabalho pode ser determinado por qualquer dos vários procedimentos voltamétricos. Por exemplo, em um procedimento de varredura anódica linear, como descrito no início desta seção, a agitação é parada por 30 s ou logo após parar a deposição. Então a voltagem é diminuída em uma velocidade linear constante desde seu valor catódico original e a corrente anódica resultante é registrada em função da voltagem aplicada. Essa varredura linear produz uma curva similar àquela mostrada na Figura 23-30b. Análises desse tipo são geralmente baseadas na calibração com soluções padrão dos cátions de interesse. Com cuidado razoável, precisões analíticas relativas em torno de 2% podem ser obtidas.

A maioria dos outros procedimentos voltamétricos descritos nas seções anteriores também tem sido aplicada na etapa de redissolução. O mais amplamente empregado, entre eles, parece ser a técnica de pulso diferencial anódico. Normalmente são obtidos picos mais estreitos pela utilização desse procedimento, o que é desejável quando se necessita analisar misturas. Outro método de obter picos mais estreitos é usar o eletrodo de filme de mercúrio. Um filme fino de mercúrio é eltrodepositado em um eletrodo inerte como carbono vítreo. Normalmente, a deposição de mercúrio é realizada simultaneamente com a deposição de analito. Uma vez que a distância média do caminho de difusão a partir do filme para a interface da solução é muito menor que aquela na gota de mercúrio, a fuga do analito é acelerada. A consequência são picos voltamétricos mais estreitos e maiores, levando a uma maior sensibilidade e uma melhor resolução de misturas. Por outro lado, o eletrodo gotejante de mercúrio parece fornecer resultados mais reprodutíveis, especialmente em concentrações de analito mais altas. Assim, o eletrodo gotejante é usado para muitas aplicações. A **Figura 23-31** é um voltamograma de redissolução anódica de pulso diferencial para cinco cátions em uma amostra de mel mineralizado, que foi batizada com $GaCl_3$ 1×10^{-5} mol L^{-1}. O voltamograma demonstra boa resolução e sensibilidade adequada para muitos propósitos.

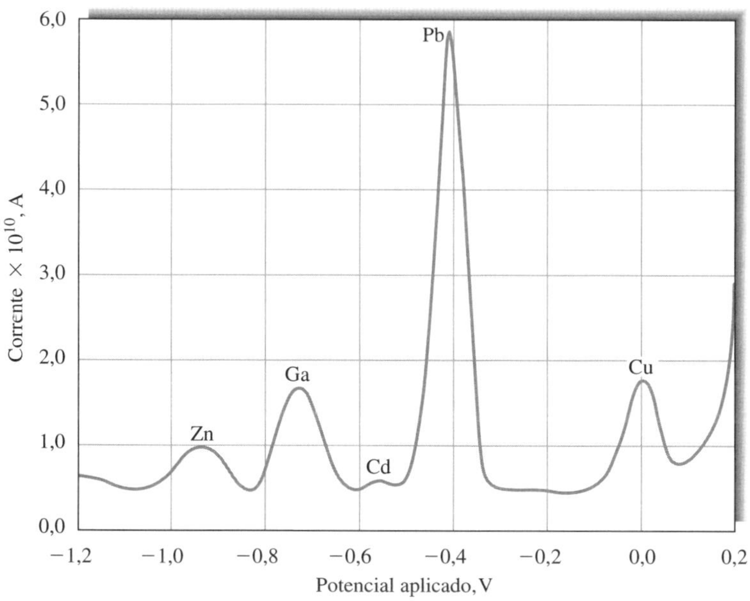

Figura 23-31 Voltamograma de redissolução anódica de pulso diferencial de uma amostra de mel mineralizado batizado com $GaCl_3$ (concentração final na solução de análise: 1×10^{-5} mol L^{-1}). Potencial de deposição: −1,20 V. Tempo de deposição: 1.200 s em solução sem agitação. Altura do pulso: 50 mV. Velocidade de varredura de potencial anódico: 5 mV s^{-1}. (Reimpresso (adaptado) de G. Samma et al., *Anal. Chim.* Acta, v. 415, p.165, **2000**, **DOI**: 10.1016/S0003-2670(00)00864-3, com permissão da Elsevier.)

Muitas outras variações da técnica de redissolução têm sido desenvolvidas. Por exemplo, vários cátions têm sido determinados pela eletrodeposição em um catodo de platina. A quantidade de eletricidade requerida para remover o depósito é então medida coulometricamente. Mais uma vez, o método é particularmente vantajoso na análise de traços. Os métodos de redissolução catódicos também têm sido desenvolvidos. Nesses métodos, os íons haleto são primeiramente depositados como sais de mercúrio(I) em um anodo de mercúrio. É então realizada a remoção por uma corrente catódica.

23I VOLTAMETRIA COM MICROELETRODOS

Ao longo das duas últimas décadas, inúmeros estudos voltamétricos têm sido realizados com microeletrodos que têm dimensões menores em uma ou mais ordens de grandeza que os eletrodos descritos até o momento. O comportamento eletroquímico desses minúsculos eletrodos é significativamente diferente dos eletrodos clássicos e eles oferecem vantagens em certas aplicações analíticas.[21] Tais eletrodos

[21] Veja R. M. Wightman, *Science*, v. 240, p. 415, **1988**, **DOI:** 10.1126/science.240.4851.415; R. M. Wightman, *Anal. Chem.*, v. 53, p. 1125A, **1987**, **DOI:** 10.1021/ac00232a004; S. Pons e M. Fleischmann, *Anal. Chem.*, v. 59, **1987**, **DOI:** 10.1021/ac00151a001; J. Heinze, *Angew. Chem. Int. Ed.*, **1993**, v. 32, p. 1268; R. Wightman e D. O. Wipf, in *Electroanalytical Chemistry*, A. J. Bard, ed., Nova York: Marcel Dekker, 1989, v. 15; A. C. Michael e R. M. Wigtman, in *Laboratoty Techniques em Electroanalytical Chemistry*, 2. ed., P. T. Kissinger e W. R. Heineman, eds., Nova York: Marcel Dekker, 1996, cap. 12; C. G. Zoski, in *Modern Techniques in Electroanalysis*, P. Vanysek, ed., Nova York: Wiley, 1996, cap. 6.

são frequentemente chamados de eletrodos microscópicos ou **microeletrodos**, para distingui-los dos eletrodos clássicos. As dimensões de tais eletrodos são tipicamente menores que aproximadamente 20 μm e podem ser até menores, como com um diâmetro de 30 nm e 2 μm de comprimento ($A \approx 0{,}2\ \mu m^2$). Os micoreletrodos assumem um número de formas úteis. O mais comum é um eletrodo planar, construído prendendo-se uma fibra de carbono com um raio de 5 µm, ou um fio de platina ou ouro com dimensões de 0,3 a 20 μm, em um tubo capilar fino. Muitas outras formas e tamanhos abaixo de 20 Å têm sido usadas em uma gama de aplicações. Os microeletrodos de mercúrio são formados por eletrodeposição do metal em eletrodos de carbono ou metálicos. Existem várias outras formas destes eletrodos.

A instrumentação empregada com microeletrodos, geralmente, é mais simples que aquela mostrada na Figura 23-2 ou Figura 23D-2, pois não há necessidade de empregar um sistema com três eletrodos. A razão para que o eletrodo de referência possa ser eliminado é que as correntes são tão pequenas (na faixa de picoampères e nanoampères) que a queda *IR* não distorce as curvas voltamétricas da mesma maneira que as correntes na faixa de microampères o fazem.

Uma das razões para o interesse inicial nos eletrodos microscópicos foi a necessidade de se estudar os processos químicos em uma única célula (**Figura 23-32**) ou processos dentro de órgãos ou espécies vivas, por exemplo, em cérebros de mamíferos.

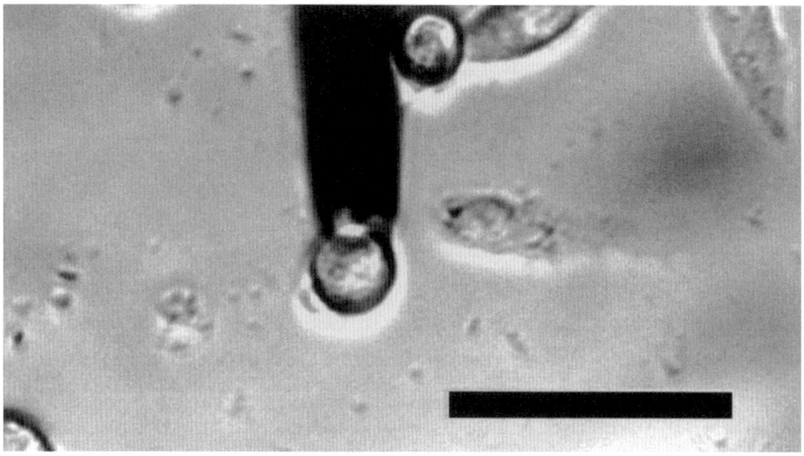

Figura 23-32 Imagem ótica empregando microscopia de campo claro mostrando um microeletrodo de fibra de carbono adjacente a uma célula cromafina da medula adrenal bovina. A solução extracelular é um tampão TRIS 10 mmol L^{-1} contendo 150 mmol L^{-1} de NaCl, 2 mmol L^{-1} de $CaCl_2$; 1,2 mmol L^{-1} de $MgCl_2$ e 5 mmol L^{-1} de glicose. A régua escura tem 50 μm. (De L. Buhler e R. M. Wightman, trabalho não publicado. Com permissão.)

Uma estratégia para resolver esse problema consiste no emprego de eletrodos que sejam suficientemente pequenos de maneira que não provoquem alterações significativas na função do órgão. Também foi observado que microeletrodos apresentam certas vantagens que justificam sua utilização em outros tipos de problemas analíticos. Entre essas vantagens estão as quedas *IR* muito pequenas, que os tornam aplicáveis em solventes que têm baixas constantes dielétricas, como o tolueno. Em segundo lugar, as correntes de carga capacitivas, que normalmente limitam a detecção com eletrodos voltamétricos normais, são reduzidas a proporções insignificantes à medida que o tamanho do eletrodo diminui. Em terceiro, a velocidade de transporte de massa para e a partir de um eletrodo aumenta à medida que o tamanho do eletrodo diminui. Como um resultado, as correntes de estado estacionário são observadas em soluções mantidas sem agitação em uma fração de microssegundo, e não de milissegundos ou mais, como no caso dos eletrodos clássicos. Essas medidas rápidas permitem o estudo de intermediários em reações eletroquímicas rápidas. À luz do tremendo interesse atual nos nanomateriais e biossensores para determinar analitos em volumes minúsculos de solução, é provável que a pesquisa e o desenvolvimento nesta área fértil continuará por algum tempo.

> **TRABALHO NA WEB**
>
> Use o seu mecanismo de busca favorito para encontrar companhias que produzem instrumentos de voltametria anódica de redissolução (VAR). Na sua pesquisa, você descobrirá links para companhias como ESA, Inc.; Cypress Systems, Inc. e Bioanalytical Systems. Compare, para dois fabricantes, os eletrodos de trabalho usados para voltametria anódica de redissolução. Considere os tipos de eletrodos (filme fino, gotejante de mercúrio e assim por diante), se eles são eletrodos rotatórios e se possuem qualquer risco à saúde. Compare, também, as especificações de dois instrumentos de dois fabricantes diferentes. Considere na sua comparação as faixas de potencial de deposição, os tempos de deposição disponíveis, as faixas de potencial de varredura, as velocidades de varredura e os preços.

QUESTÕES E PROBLEMAS

23-1. Diferencie entre
- *(a) voltametria e polarografia.
- (b) voltametria de varredura linear e voltametria de pulso.
- *(c) voltametria de pulso diferencial e voltametria de onda quadrada.
- (d) um eletrodo de disco rotatório e um eletrodo de disco e anel.
- *(e) uma corrente limite e uma corrente de difusão.
- (f) fluxo laminar e fluxo turbulento.
- (g) métodos de redissolução e voltametria padrão.

23-2. Defina
- (a) voltamograma.
- (b) voltametria hidrodinâmica.
- (c) camada de difusão de Nernst.
- (d) um eletrodo de filme de mercúrio.
- (e) potencial de meia-onda.

***23-3.** Por que é empregada uma elevada concentração de um eletrólito de suporte na maioria dos procedimentos eletroanalíticos?

23-4. Por que o eletrodo de referência é colocado próximo ao eletrodo de trabalho em uma célula de três eletrodos?

***23-5.** Por que é necessário tamponar as soluções em polarografia orgânica?

23-6. Por que os métodos de redissolução são mais sensíveis que outros procedimentos voltamétricos?

***23-7.** Qual é o propósito da etapa de eletrodeposiçao na análise de redissolução?

23-8 Liste as vantagens e desvantagens do eletrodo gotejante de mercúrio comparado com os eletrodos de platina ou carbono.

***23-9.** Sugira como a Equação 23-13 poderia ser empregada na determinação do número de elétrons envolvidos em uma reação reversível em um eletrodo voltamétrico.

23-10. A quinona (Q) sofre uma reação reversível de redução, para formar hidroquinona (H_2Q), em um eletrodo gotejante de mercúrio. A reação é

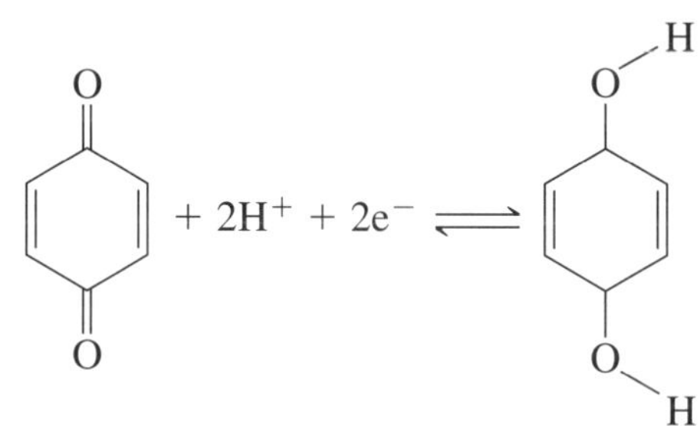

Quinona Hidroquinona

- (a) Considere que os coeficientes de difusão para a quinona e hidroquinona sejam aproximadamente iguais e calcule de forma aproximada o potencial de meia-onda (*vs.* ESC) para a redução da hidroquinona em um eletrodo planar a partir de uma solução tamponada em pH 7,0.
- (b) Repita o cálculo feito em (a) para uma solução tamponada em pH 5,0.

23-11. O íon sulfato pode ser determinado por meio de um procedimento envolvendo titulação amperométrica empregando Pb^{2+} como titulante. Se o potencial de um eletrodo de Hg for ajustado para $-1{,}00$ V *vs.* ESC, a corrente pode ser utilizada para monitorar a concentração de Pb^{2+} durante a titulação. Em um experimento de calibração, a corrente limite, após a correção em relação às correntes residual e de fundo, foi relacionada à concentração de Pb^{2+} por $i_l = 10\, c_{Pb^{2+}}$, onde i_l é a corrente limite em mA e $c_{Pb^{2+}}$ é a concentração de Pb^{2+} em mmol L^{-1}. A reação da titulação é

$$SO_4^{2-} + Pb^{2+} \rightleftharpoons PbSO_4(s) \qquad K_{ps} = 1{,}6 \times 10^{-8}$$

Se 25 mL de Na_2SO_4 0,025 mol L^{-1} são titulados com $Pb(NO_3)_2$ 0,040 mol L^{-1}, desenvolva a curva de titulação no formato de uma planilha eletrônica e construa um gráfico da corrente limite *versus* o volume do titulante.

***23-12.** Sugeriu-se que muitos polarogramas podem ser obtidos em uma solução sem destruir o analito eletroativo. Suponha que em um experimento polarográfico monitoramos a corrente limitante por 45 minutos em 60 mL de Cu^{2+} 0,08 mol L^{-1}. Se a corrente média durante o tempo do experimento é 60 μA, qual fração de cobre é removida da solução?

***23-13.** Uma solução desconhecida de cádmio(II) foi analisada polarograficamente pelo método de adições de padrão. Uma amostra de 25,00 mL da solução desconhecida produziu uma corrente de difusão de 1,86 μA. Após a adição de uma alíquota de 5,00 mL da solução padrão de Cd^{2+} $2{,}12 \times 10^{-3}$ mol L^{-1} à solução desconhecida, foi produzida uma corrente de difusão de 5,27 μA. Calcule a concentração de Cd^{2+} na solução desconhecida.

23-14. (a) Quais são as vantagens de realizar a voltametria com microeletrodos? (b) É possível um eletrodo ser tão pequeno? Explique sua resposta.

23-15. **Problema Desafiador.** Um novo método para a determinação de pequenos volumes (nL) por voltametria de redissolução anódica foi proposto (W. R. Vandaveer e I. Fritsch, *Anal. Chem.*, v. 74, p. 3575, **2002**, **DOI**: 10.1021/ ac 011036s). Nesse método, um metal é exaustivamente depositado em um eletrodo a partir de um pequeno volume a ser medido. A seguir ele é redissolvido. O volume da solução V_s está relacionado à carga total requerida para redissolver o metal por

$$V_s = \frac{Q}{nFC}$$

onde n é a quantidade de matéria de elétrons por mol de analito, F corresponde à constante de Faraday e C refere-se à concentração (em mol L^{-1}) do íon metálico antes da eletrólise.

(a) Iniciando com a lei de Faraday (veja a Equação 22-8), desenvolva a equação anterior para V_s.

(b) Em um experimento, o metal depositado foi Ag(*s*) a partir de uma solução de $AgNO_3$ 8,00 mmol L^{-1}. A solução foi eletrolizada por 30 min em um potencial de −0,700 V, *versus* uma camada de ouro como pseudorreferência. Um eletrodo na forma de uma nanobanda tubular foi empregado. Então a prata foi redissolvida anodicamente do eletrodo empregando uma varredura linear de 0,10 V s^{-1}. A tabela a seguir representa os resultados da redissolução anódica. Por integração, determine a carga total requerida para redissolver a prata do eletrodo tubular. Você pode realizar uma integração manual da regra de Simpson ou realizar a integração utilizando o Excel. Partindo da carga, determine o volume da solução a partir do qual a prata foi depositada.

Potencial, V	Corrente, nA	Potencial, V	Corrente, nA
−0,50	0,000	−0,123	−1,10
−0,45	−0,02	−0,10	−0,80
−0,40	−0,001	−0,115	−1,00
−0,30	−0,10	−0,09	−0,65
−0,25	−0,20	−0,08	−0,52
−0,22	−0,30	−0,065	−0,37
−0,20	−0,44	−0,05	−0,22
−0,18	−0,67	−0,025	−0,12
−0,175	−0,80	0,00	−0,05
−0,168	−1,00	0,05	−0,03
−0,16	−1,18	0,10	−0,02
−0,15	−1,34	0,15	−0,005
−0,135	−1,28		

(c) Sugira experimentos para mostrar se todo o Ag^+ foi reduzido a Ag(*s*) na etapa de deposição.

(d) Seria importante se a gota não tivesse a forma hemisférica? Por que sim ou por que não?

(e) Descreva um método alternativo contra o qual você poderia testar o método proposto.

PARTE V

Análise Espectroquímica

capítulo 24

Introdução aos Métodos Espectroquímicos

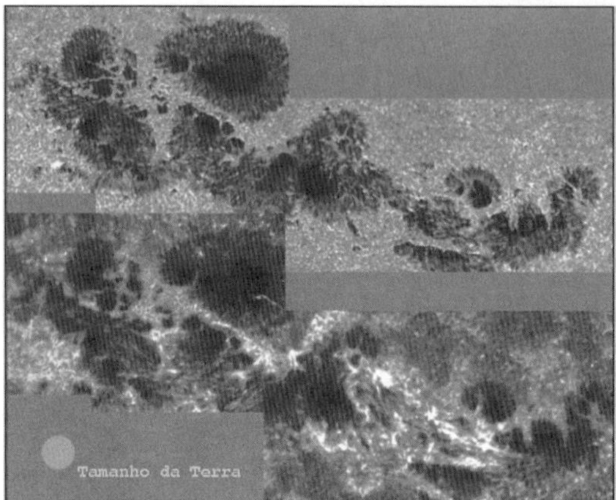

M. Sigwarth, J. Elrod, K.S. Balasubramaniam, S. Fletcher/NSO/AURA/NSF

Esta imagem composta de uma mancha solar foi coletada com o telescópio solar Dunn no Observatório do Pico Sacramento no Novo México em março de 2001. A parte inferior, que consiste em quatro quadros, foi coletada no comprimento de onda de 393,4 nm, e a parte superior foi coletada a 430,4 nm. A imagem inferior representa a concentração de íons cálcio, com a intensidade da radiação proporcional à quantidade desse íon na mancha solar. A imagem mostra a presença de molécula CH. Empregando dados como esses, é possível determinar a localização e a abundância de praticamente qualquer espécie química no universo visível. Observe que a Terra poderia se encaixar no núcleo da mancha solar negra mostrada na parte superior de cada uma das imagens compostas.

As medidas baseadas na luz e outras formas de radiação eletromagnética são amplamente empregadas em química analítica. As interações da radiação com a matéria são o objeto de estudo da ciência da **espectroscopia**. Os métodos espectroscópicos de análise são baseados na medida da quantidade de radiação produzida ou absorvida pelas moléculas ou pelas espécies atômicas de interesse.[1] Podemos classificar os métodos espectroscópicos de acordo com a região do espectro eletromagnético envolvida na medida. As regiões espectrais que têm sido empregadas incluem as regiões dos raios γ, dos raios X, do ultravioleta (UV), do visível, do infravermelho (IV), do micro-ondas e de radiofrequência (RF). De fato, o uso atual estende ainda mais o significado de espectroscopia para incluir técnicas como espectroscopia acústica, de massas e de elétrons nas quais a radiação eletromagnética não é parte da medida.

Os métodos que usam ou produzem radiação UV, visível ou IV são normalmente chamados métodos espectroscópicos óticos. Outros métodos úteis incluem aqueles que usam as regiões espectrais dos raios γ, raios X, micro-ondas e RF.

A espectroscopia desempenhou um papel fundamental no desenvolvimento da teoria atômica moderna. Além disso, os **métodos espectroquímicos** têm provido talvez as ferramentas mais amplamente empregadas para a elucidação de estruturas moleculares, bem como na determinação qualitativa e quantitativa de compostos orgânicos e inorgânicos.

Neste capítulo iremos discutir os princípios básicos que são necessários para se entender as medidas feitas com a radiação eletromagnética, particularmente aquelas que lidam com a absorção da radiação UV, visível e IV. A natureza da radiação eletromagnética e suas interações com a matéria são enfatizadas. Os próximos cinco capítulos são dedicados aos instrumentos espectroscópicos (Capítulo 25), espectroscopia de absorção molecular (Capítulo 26), espectroscopia de fluorescência molecular (Capítulo 27), espectroscopia atômica (Capítulo 28) e espectrometria de massas (Capítulo 29).

[1] Para estudos complementares, veja D. A. Skoog, F. J. Holler e S. R. Crouch, *Principles of Instrumental Analysis*, 6. ed., Belmont, CA: Brooks/Cole, 2007, seções 2-3; F. Settle, Ed., *Handbook of Instrumental Techniques for Analytical Chemistry*, Upper Saddle River, NJ: Prentice-Hall, 1997, seções III e IV; J. D. Ingle, Jr. e S. R. Crouch, *Spectrochemical Analysis*. Upper Saddle River, NJ: Prentice-Hall, 1988; E. J. *Meehan, in Treatise on Analytical Chemistry*, 2. ed., P. J. Elving; E. J. Meehan e I. M. Kolthoff, Eds., Nova York: Wiley, 1981, pt. I, v. 7, cap. 1-3.

24A PROPRIEDADES DA RADIAÇÃO ELETROMAGNÉTICA

A **radiação eletromagnética** é uma forma de energia que é transmitida através do espaço a velocidades enormes. Denominamos a radiação eletromagnética nas regiões do UV/visível e algumas vezes no infravermelho (IV) de **luz**, embora estritamente falando o termo deveria se referir somente à radiação visível. A radiação eletromagnética pode ser descrita como uma onda com propriedades como comprimento de onda, frequência, velocidade e amplitude. Em contraste com as ondas sonoras, a luz não requer nenhum meio transmissor; assim, ela pode se propagar rapidamente através do vácuo. A luz também se propaga cerca de um milhão de vezes mais rapidamente que o som.

O modelo ondulatório falha ao explicar os fenômenos associados com a absorção e emissão de energia radiante. Para esses processos, a radiação eletromagnética pode ser tratada como pacotes discretos de energia ou partículas chamadas **fótons** ou **quanta**. Essas formas de visualizar a radiação como partículas e como ondas não são mutuamente excludentes, mas sim complementares. De fato, como veremos, a energia de um fóton é diretamente proporcional à sua frequência. De forma similar, essa dualidade se aplica aos feixes de elétrons, prótons e outras partículas elementares, as quais podem produzir efeitos de interferência e difração que são normalmente associados a um comportamento ondulatório.

Richard P. Feynman (1918-1988) foi um dos cientistas mais renomados do século XX. Ele foi agraciado com o Prêmio Nobel em Física em 1965 pelo seu papel no desenvolvimento da eletrodinâmica quântica. Além das suas muitas e variadas contribuições científicas, ele foi um professor habilidoso e suas aulas e livros tiveram grande influência na educação de física e educação científica em geral.

24A-1 Propriedades das Ondas

Quando se lida com fenômenos como a reflexão, refração, interferência e difração, a radiação eletromagnética é modelada de forma conveniente como ondas constituídas de um campo elétrico e um campo magnético oscilantes e perpendiculares entre si, como mostrado na **Figura 24-1a**. O campo elétrico para uma dada frequência oscila de forma senoidal no espaço e no tempo, como exposto na **Figura 24-1b**. Aqui, o campo elétrico é representado como um vetor cujo comprimento é proporcional à intensidade do campo. O eixo *x* nesse gráfico pode representar o tempo quando a radiação passa por um ponto fixo no espaço ou a distância para um tempo fixo. Observe que a direção na qual o campo oscila é perpendicular àquela na qual a radiação se propaga.

Atualmente sabemos como os elétrons e fótons se comportam. Mas como poderíamos chamar isto? Se disser que se comportam como partículas, eu darei a impressão errada; assim como se disser que se comportam como ondas. Eles se comportam em sua própria inimitável forma, que poderia ser chamada forma mecânico-quântica. Eles se comportam de uma forma que não se parece com nada que você já tenha visto. — R. P. Feynman.[2]

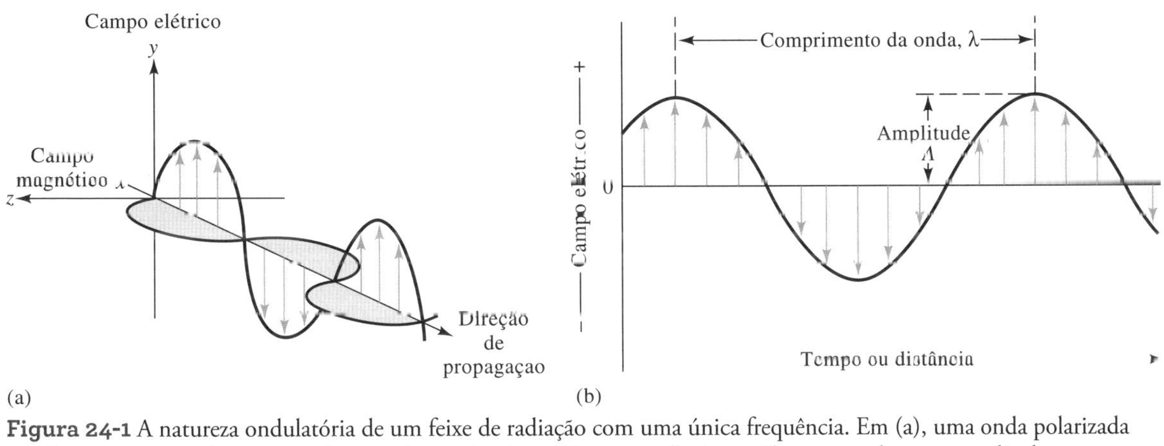

Figura 24-1 A natureza ondulatória de um feixe de radiação com uma única frequência. Em (a), uma onda polarizada no plano é apresentada propagando-se ao longo do eixo *x*. O campo elétrico oscila em um plano perpendicular ao campo magnético. Se a radiação não fosse polarizada, um componente do campo elétrico seria visto em todos os planos. Em (b), somente as oscilações do campo elétrico são mostradas. A amplitude da onda é o comprimento do vetor campo elétrico no ponto máximo da onda, enquanto o comprimento da onda é a distância entre dois máximos sucessivos.

---
[2] R. P. Feynman, *The Character of Physical Law*, Nova York: Random House, 1994, p. 122.

A **amplitude** de uma onda eletromagnética é uma quantidade vetorial que fornece a medida da intensidade do campo elétrico ou magnético no ponto de máximo da onda.

O **período** de uma onda eletromagnética é o tempo em segundos necessário para que dois máximos ou mínimos sucessivos passem por um determinado ponto no espaço.

A **frequência** de uma onda eletromagnética é o número de oscilações que ocorrem em um segundo.

A unidade de frequência é o **hertz** (Hz), que corresponde a um ciclo por segundo. Isto é, 1 Hz = 1 s^{-1}.

Tanto a velocidade da radiação quanto o comprimento de onda decrescem quando esta passa do vácuo ou do ar para um meio mais denso. A frequência permanece constante.

Observe que na Equação 24-1, v (distância/tempo) = ν(~~ondas~~/tempo) × λ(distância/~~onda~~).

Para até três algarismos significativos, a Equação 24-2 pode ser aplicada igualmente para o ar ou o vácuo.

O **índice de refração** η de um meio mede a extensão da interação entre a radiação eletromagnética e o meio através do qual ela passa. Ele é definido como $\eta = c/v$. Por exemplo, o índice de refração da água à temperatura ambiente é de 1,33, o que significa que a radiação passa pela água a uma razão c/1,33 ou 2,26 × 10^{10} cm s^{-1}. Em outras palavras, a luz se move 1,33 vezes mais lentamente na água do que o faz no vácuo. A velocidade e o comprimento de onda da radiação tornam-se proporcionalmente menores à medida que a radiação passa do vácuo ou do ar para um meio mais denso, enquanto a sua frequência permanece constante.

TABELA 24-1

Unidade de Comprimento de Onda para Várias Regiões Espectrais

Região	Unidade	Definição
Raio X	Angstrom, Å	10^{-10} m
Ultravioleta/visível	Nanômetro, nm	10^{-9} m
Infravermelho	Micrômetro, μm	10^{-6} m

Características das Ondas

Na Figura 24-1b, a **amplitude** da onda senoidal é apresentada e o comprimento de onda é definido. O tempo em segundos necessário para a passagem de dois máximos sucessivos ou dois mínimos por um ponto fixo no espaço é denominado **período**, p, da radiação. A **frequência**, ν, é o número de oscilações do vetor campo elétrico por unidade de tempo e é igual a $1/p$.

A frequência da onda de luz, ou de qualquer onda de radiação eletromagnética, é determinada pela fonte que a emite e permanece constante independentemente do meio que esta atravessa. Em contraste, a **velocidade**, v, da frente de onda que atravessa um meio depende de ambos, o meio e a frequência. O **comprimento de onda**, λ, é a distância linear entre dois máximos ou mínimos sucessivos de uma onda, como mostrado na Figura 24-1b. O produto entre a frequência nas ondas por unidade de tempo e o comprimento de onda em distância por onda é a velocidade v da onda em distância por unidade de tempo (cm s^{-1} ou m s^{-1}), como mostrado na Equação 24-1. Observe que ambos, a velocidade e o comprimento de onda, dependem do meio.

$$v = \nu\lambda \qquad (24\text{-}1)$$

A **Tabela 24-1** fornece as unidades usadas para expressar os comprimentos de onda em várias regiões do espectro.

A Velocidade da Luz

No vácuo, a luz move-se com sua velocidade máxima. Essa velocidade, à qual é dado o símbolo especial c, é igual a 2,99792 × 10^8 m s^{-1}. A velocidade da luz no ar é somente cerca de 0,03% menor que sua velocidade no vácuo. Assim, para o vácuo, ou para o ar, a Equação 24-1 pode ser escrita com três algarismos significativos como

$$c = \nu\lambda = 3{,}00 \times 10^8 \text{ m s}^{-1} = 3{,}00 \times 10^{10} \text{ cm s}^{-1} \qquad (24\text{-}2)$$

Em um meio contendo matéria, a luz move-se com velocidades menores que c por causa da interação entre o campo eletromagnético e os elétrons dos átomos ou moléculas do meio. Uma vez que a frequência da radiação é constante, o comprimento de onda deve diminuir quando a luz passa do vácuo para um meio contendo matéria (veja a Equação 24-1). Esse efeito é ilustrado pela **Figura 24-2** para um feixe de radiação no visível. Observe que o efeito é bastante significativo.

O **número de onda**, $\bar{\nu}$, é uma outra forma de se descrever a radiação eletromagnética. Ele é definido como o número de ondas por centímetro e é igual a $1/\lambda$. Por definição, $\bar{\nu}$ tem unidade de cm^{-1}.

EXEMPLO 24-1

Calcule o número de onda de um feixe de radiação no infravermelho de comprimento de onda de 5,00 μm.

Resolução

$$\bar{\nu} = \frac{1}{\lambda} = \frac{1}{5{,}00\ \mu\text{m} \times 10^{-4}\ \text{cm}\ \mu\text{m}^{-1}} = 2.000\ \text{cm}^{-1}$$

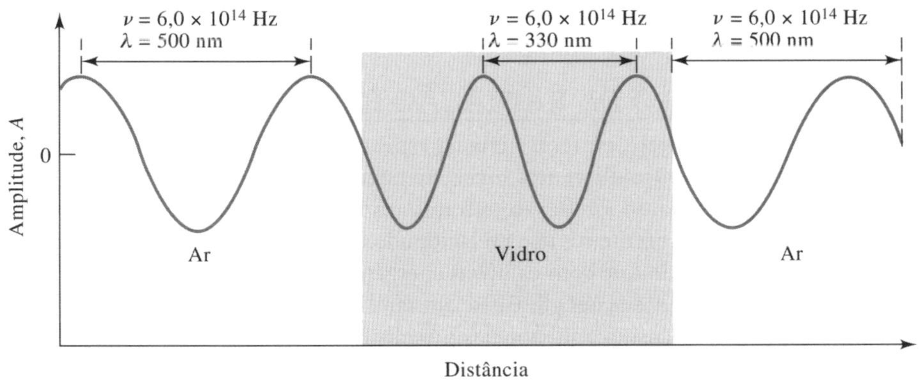

Figura 24-2 A variação no comprimento de onda quando a radiação passa do ar para um vidro denso e volta ao ar. Observe que o comprimento de onda se reduz aproximadamente 200 nm, ou mais que 30%, quando a radiação passa pelo vidro; uma alteração inversa ocorre quando a radiação entra novamente no ar.

Intensidade e Potência Radiantes

A **potência radiante** P em watts (W) é a energia de um feixe que atinge uma determinada área por unidade de tempo. A **intensidade** é a potência radiante por unidade de ângulo sólido.[3] Ambas as quantidades são proporcionais ao quadrado da amplitude do campo elétrico (veja Figura 24-1b). Embora não seja estritamente correto, a "potência radiante" e a "intensidade" são frequentemente empregadas como sinônimos.

O **número de onda** $\bar{\nu}$ em cm^{-1} (Kayser) é empregado com maior frequência para descrever a radiação na região do infravermelho. A parte mais útil do espectro de infravermelho para detecção e determinação de espécies orgânicas vai de 2,5 a 15 μm, que corresponde à faixa de número de onda de 4.000 a 667 cm^{-1}. Como mostrado abaixo, o número de onda de um feixe de radiação eletromagnética é diretamente proporcional à sua energia e, assim, à sua frequência.

24A-2 A Natureza de Partícula da Luz: Fótons

Em muitas interações radiação/matéria, é útil enfatizar a natureza da partícula de luz como um feixe de fótons ou quanta. Podemos relacionar a energia de um fóton com seu comprimento de onda, frequência e número de onda por

$$E = h\nu = \frac{hc}{\lambda} = hc\bar{\nu} \quad (24\text{-}3)$$

Um **fóton** é uma partícula de radiação eletromagnética que tem massa zero e energia $h\nu$.

onde h é a constante de Planck ($6{,}63 \times 10^{-34}$ J·s). Observe que o número de onda e a frequência, em contraste com o comprimento de onda, são diretamente proporcionais à energia do fóton. O comprimento de onda é inversamente proporcional à energia. A potência radiante de um feixe de radiação é diretamente proporcional ao número de fótons por segundo.

A Equação 24-3 fornece a energia da radiação em unidades SI de **joules**, onde um joule (J) é o trabalho realizado por uma força de um Newton (N) atuando sobre uma distância de um metro.

[3] O ângulo sólido é a projeção tridimensional no vértice de um cone, medida como a área interceptada pelo cone em uma esfera unitária cujo centro está no vértice. O ângulo é medido em estereorradianos (er).

Tanto a frequência quanto o número de onda são proporcionais à energia do fóton.

Algumas vezes, falamos de "um mol de fótons", significando $6{,}022 \times 10^{23}$ partículas de radiação de um determinado comprimento de onda. A energia de um mol de fótons com comprimento de 5,00 μm é, portanto, $6{,}022 \times 10^{23}$ ~~fótons~~ ~~mol~~$^{-1}$ $\times$ 1 mol $\times$ $3{,}98 \times 10^{-20}$ J ~~fótons~~ mol^{-1} = $2{,}40 \times 10^4$ J mol^{-1} = 24,0 kJ.

EXEMPLO 24-2

Calcule a energia em joules de um fóton de radiação com o comprimento de onda dado no Exemplo 24-1.

Resolução

Aplicando a Equação 24-3, escrevemos

$$E = hc\bar{\nu} = 6{,}63 \times 10^{-34}\,\text{J}\cdot\text{s} \times 3{,}00 \times 10^{10}\frac{\text{cm}}{\text{s}} \times 2.000\ \text{cm}^{-1}$$
$$= 3{,}98 \times 10^{-20}\,\text{J}$$

TABELA 24-2

Regiões do Espectro de UV, Visível e IV

Região	Faixa de Comprimento de Onda
UV	180–380 nm
Visível	380–780 nm
IV Próximo	0,78–2,5 μm
IV Médio	2,5–50 μm

24B INTERAÇÃO DA RADIAÇÃO COM A MATÉRIA

As interações mais interessantes e úteis na espectroscopia são aquelas nas quais as transições ocorrem entre diferentes níveis de energia de espécies químicas. Outros tipos de interações, como a reflexão, refração, espalhamento elástico, interferência e difração, são frequentemente mais relacionados com alterações das propriedades globais dos materiais do que com os níveis energéticos de moléculas ou átomos específicos. Embora estas interações globais sejam também de interesse na espectroscopia, limitaremos nossa discussão aqui àquelas interações nas quais ocorrem transições de níveis de energia. Os tipos específicos de interações observadas dependem fortemente da energia da radiação usada e do modo de detecção.

24B-1 O Espectro Eletromagnético

O espectro eletromagnético cobre uma faixa enorme de energias (frequências) e, portanto, de comprimentos de onda (veja **Tabela 24-2**). As frequências úteis variam de $>10^{19}$ Hz (raios γ) a 10^3 Hz (ondas de rádio). Um fóton de raio X (($\nu \approx 3 \times 10^{18}$ Hz, $\lambda \approx 10^{-10}$ m), por exemplo, é aproximadamente 10.000 vezes mais energético que um fóton emitido por uma lâmpada comum ($\nu \approx 3 \times 10^{14}$ Hz, $\lambda \approx 10^{-6}$ m) e 10^{15} vezes mais energético que um fóton de radiofrequência ($\nu \approx 3 \times 10^3$ Hz $\lambda \approx 10^5$ m).

Uma maneira fácil de se lembrar a ordem das cores no espectro visível é por meio do mnemônico **VELA VAIV**, que abrevia **V**ermelho, **La**ranja, **A**marelo, **V**erde, **A**zul, **Í**ndigo e **V**ioleta.

As principais divisões do espectro estão mostradas em cores na Prancha Colorida 21. Observe que a região do visível, à qual nossos olhos respondem, é apenas uma minúscula fração do espectro inteiro. Os diferentes tipos de radiação como raios gama (γ) ou ondas de rádio se diferem da luz visível apenas na energia (frequência) de seus fótons.

A **região visível** do espectro se estende de aproximadamente 400 nm até quase 800 nm (veja Tabela 24-2).

A **Figura 24-3** apresenta as regiões do espectro eletromagnético que são empregadas em análises espectroscópicas. Também estão expostos os tipos de transições atômicas e moleculares que resultam das interações da radiação com a amostra. Observe que a radiação de baixa energia empregada na ressonância magnética nuclear (RMN) e ressonância eletrônica de *spin* (RES) causam alterações sutis, tais como mudanças de *spin*; a radiação de alta energia empregada na espectroscopia de raios γ pode produzir efeitos muito mais drásticos, como alterações na configuração nuclear.

Métodos espectroquímicos que usam não apenas a radiação visível mas também aquela no ultravioleta e no infravermelho são frequentemente chamados de **métodos óticos** independentemente do fato de o olho humano não ser sensível à radiação UV ou IV. Esta terminologia vem de muitas características comuns de instrumentos para estas três regiões espectrais e das similaridades na maneira como vemos as interações dos três tipos de radiação com a matéria.

Os **métodos óticos** são métodos espectroscópicos baseados na radiação no ultravioleta, no visível e no infravermelho.

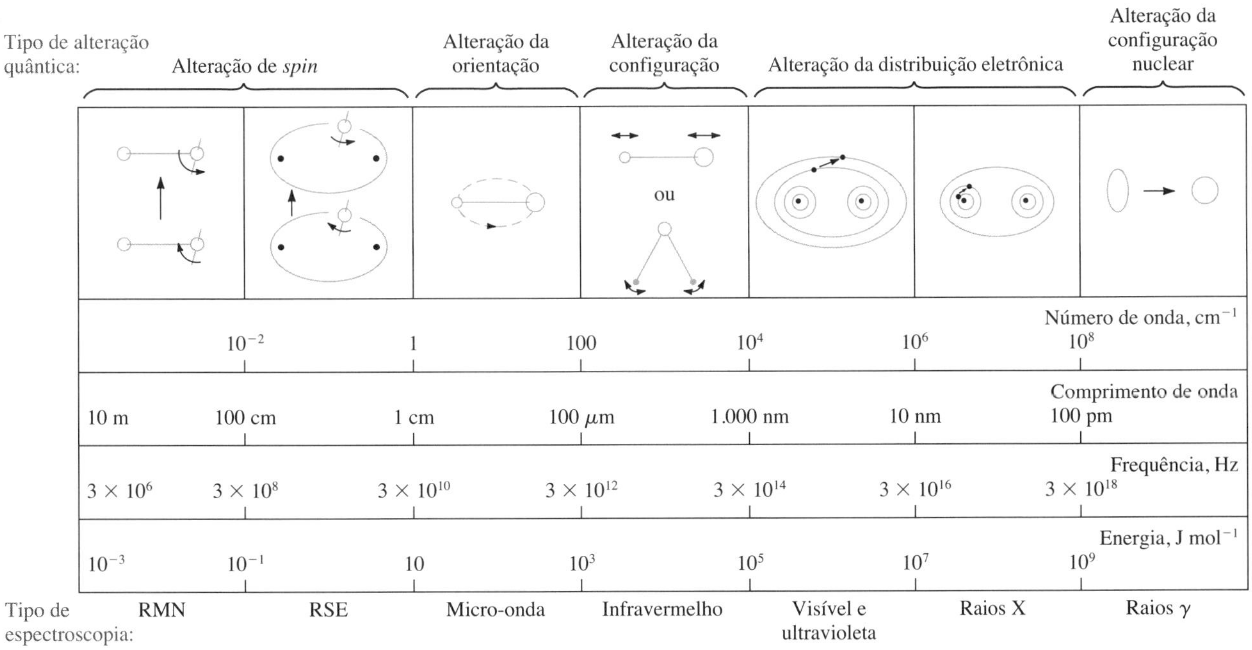

Figura 24-3 As regiões do espectro eletromagnético. A interação de um analito com a radiação eletromagnética pode resultar nos tipos de alterações mostradas. Observe que as alterações na distribuição eletrônica ocorrem na região UV/visível. O número de onda, comprimento de onda, frequência e energia são características que descrevem a radiação eletromagnética. (De C. N. Banwell, *Fundamentals of Molecular Spectroscopy*, 3. ed., Nova York: McGraw-Hill, 1983, p. 7.)

24B-2 Medidas Espectroscópicas

Os espectroscopistas empregam as interações da radiação com a matéria para obter informações sobre uma amostra. Muitos elementos químicos foram descobertos por meio da espectroscopia (veja Destaque 24-1). De alguma forma, a amostra é geralmente estimulada aplicando-se energia na forma de calor, energia elétrica, luz, partículas ou por uma reação química. Antes de se aplicar o estímulo, o analito se encontra predominantemente em seu estado de energia mais baixo ou **estado fundamental**. O estímulo então faz com que algumas das espécies do analito sofram uma transição para um estado de maior energia ou **estado excitado**. Obtemos informações sobre o analito medindo a radiação eletromagnética emitida quando este retorna ao estado fundamental ou a quantidade de radiação eletromagnética absorvida decorrente da excitação.

Um exemplo familiar de **quimiluminescência** é o da luz emitida pelo vaga-lume. Na reação promovida pelo vaga-lume, a enzima luciferase catalisa a fosforilação oxidativa da luciferina com o trifosfato de adenosina (ATP) para produzir a oxiluciferina, dióxido de carbono, monofosfato de adenosina (AMP) e luz. A quimiluminescência envolvendo as reações biológicas ou enzimáticas é frequentemente denominada **bioluminescência**. Os populares bastões luminosos constituem outro exemplo familiar de quimiluminescência.

A **Figura 24-4** ilustra o processo envolvido na espectroscopia de emissão e de quimiluminescência. O analito é estimulado aplicando-se calor ou energia elétrica ou através de uma reação química. O termo **espectroscopia de emissão** normalmente se refere aos métodos nos quais o estímulo é o calor ou a energia elétrica, enquanto a **espectroscopia de quimiluminescência** refere-se à excitação do analito por meio de uma reação química. Em ambos os casos, a medida da potência radiante emitida quando o analito retorna ao estado fundamental pode fornecer informações sobre a sua identidade e concentração. Os resultados dessas medidas são frequentemente expressos por meio do **espectro**, que se refere a um gráfico da radiação emitida em função da frequência ou do comprimento de onda.

Quando a amostra é estimulada pela aplicação de uma fonte de radiação eletromagnética externa, muitos processos são possíveis de ocorrer. Por exemplo, a radiação pode ser espalhada ou refletida. O que é importante para nós é que uma parte da radiação incidente pode ser absorvida e promover algumas das espécies do analito para um estado excitado, como pode ser visto na **Figura 24-5**. Na **espectroscopia de absorção**, medimos a quantidade de luz absorvida em função do comprimento de onda. As medidas de absorção podem fornecer informações tanto qualitativas quanto

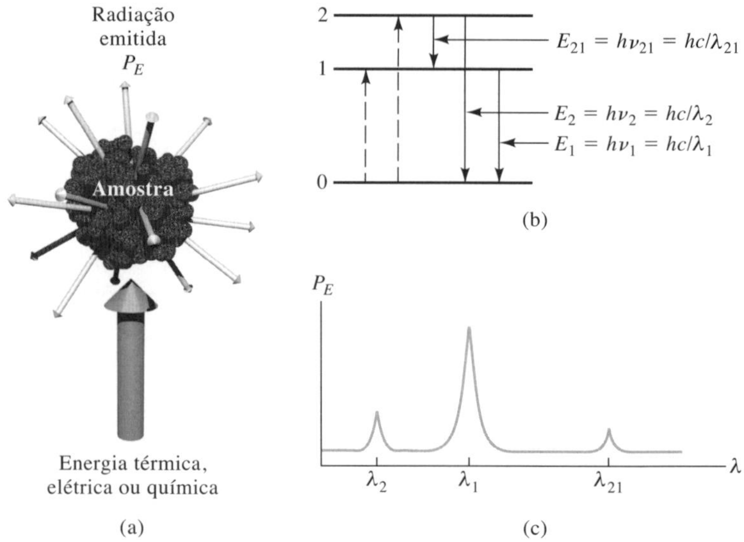

Figura 24-4 Processos de emissão ou de quimiluminescência. Em (a), a amostra é excitada pela aplicação de energia térmica, elétrica ou química. Nenhuma energia radiante é usada para produzir estados excitados, e assim, estes são chamados de processos não radiotivos. No diagrama de níveis energéticos (b), as linhas pontilhadas com setas apontadas para cima simbolizam esses processos de excitação não radiotivos, enquanto as linhas sólidas com setas apontadas para baixo indicam que o analito perde sua energia pela emissão de um fóton. Em (c), o espectro resultante é mostrado como uma medida da potência radiante emitida P_E em função do comprimento de onda, λ.

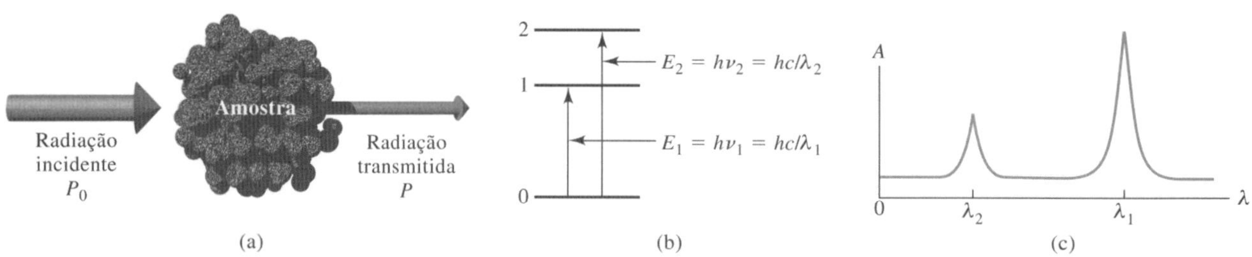

Figura 24-5 Métodos de absorção. Em (a), a radiação de potência radiante incidente P_0 pode ser absorvida pelo analito, resultando em um feixe transmitido de menor potência P. Para que a absorção ocorra, a energia do feixe incidente deve corresponder a uma das diferenças de energia mostradas em (b). O espectro de absorção resultante é exposto em (c).

quantitativas sobre a amostra. Na **espectroscopia de fotoluminescência (Figura 24-6)**, a emissão de fótons é medida após a absorção. As formas mais importantes de fotoluminescência para os propósitos analíticos são as **espectroscopias de fluorescência** e **fosforescência.**

Vamos enfocar aqui a espectroscopia de absorção na região UV/visível do espectro porque esta é largamente empregada em química, biologia, ciências forenses, engenharia, agricultura, análises clínicas, dentre muitos outros campos. Observe que o processo apresentado na Figura 24-6 pode ocorrer em qualquer região do espectro eletromagnético; os diferentes níveis energéticos podem ser níveis nucleares, eletrônicos, vibracionais ou de *spin*.

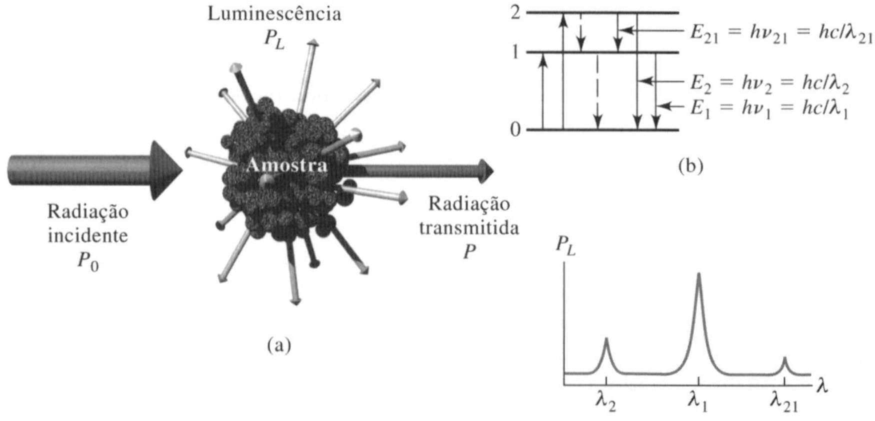

Figura 24-6 Métodos de fotoluminescência (fluorescência e fosforescência). A fluorescência e a fosforescência resultam da absorção da radiação eletromagnética e da dissipação de energia por emissão de radiação, como mostrado em (a). Em (b), a absorção pode causar a excitação do analito para os estados 1 ou 2. Uma vez excitado, o excesso de energia pode ser perdido por emissão de um fóton (luminescência, mostrada por uma linha sólida) ou por processos não radiotivos (linhas interrompidas). A emissão ocorre em todos os ângulos, e os comprimentos de onda emitidos (c) correspondem às diferenças de energia entre os níveis. A principal diferença entre a fluorescência e fosforescência está na escala de tempo da emissão, com a fluorescência sendo muito rápida e a fosforescência, mais lenta.

DESTAQUE 24-1

A Espectroscopia e a Descoberta dos Elementos

A era moderna da espectroscopia começou com a observação do espectro solar feita por Sir Isaac Newton em 1672. Em seu experimento, Newton passou raios do Sol através de uma pequena abertura para uma sala escura onde eles se chocaram com um prisma e dispersaram nas cores do espectro. A primeira descrição das características espectrais além da simples observação das cores foi em 1802 por Wollaston, ao notar as linhas escuras em uma imagem fotográfica do espectro solar. Estas linhas, juntamente com outras mais de 500 – as quais são mostradas no espectro solar da **Figura 24D-1** –, foram descritas posteriormente em detalhes por Fraunhofer. Com base nas observações, que começaram em 1817, Fraunhofer deu às linhas proeminentes letras começando com "A" na extremidade do vermelho do espectro. O espectro solar é mostrado em cores na Prancha Colorida 17.

Ficou, contudo, para Gustav Kirchhoff e Robert Wilhelm Bunsen, em 1859 e 1860, a explicação da origem das linhas Fraunhofer. Bunsen inventou o seu famoso queimador (**Figura 24D-2**) poucos anos antes, o que tornou possível as observações espectrais do fenômeno de emissão e absorção em uma chama quase transparente. Kirchhoff concluiu que as linhas "D" de Fraunhofer eram decorrentes do sódio presente na atmosfera solar e as linhas "A" e "B" eram consequência do potássio. Até hoje, chamamos as linhas de emissão do sódio de linhas "D" do sódio. Estas são responsáveis pela coloração observada nas chamas contendo sódio ou nas lâmpadas de vapor de sódio. A ausência de linhas de lítio no espectro solar levou Kirchhoff a concluir que havia pouco lítio existente no sol. Durante esses estudos, Kirchhoff também desenvolveu as suas famosas leis relacionando a absorção e a emissão de luz pelos corpos e em interfaces. Juntamente com Bunsen, Kirchhoff observou que diferentes elementos poderiam produzir diferentes cores de chamas e gerar espectros que exibiam diferentes bandas coloridas ou linhas. Kirchhoff e Bunsen são, portanto, considerados os descobridores do uso da espectroscopia na análise química. Os espectros de emissão de vários elementos estão mostrados na Prancha Colorida 16. O método foi rapidamente empregado para muitas outras finalidades práticas, incluindo a descoberta de novos elementos. Em 1860, os elementos césio e rubídio foram descobertos, seguidos em 1861 pelo tálio e em 1864 pelo índio. A era da análise espectroscópica tinha claramente se iniciado.

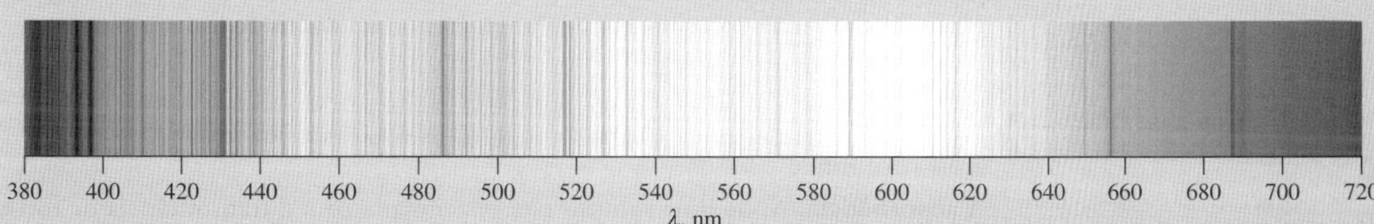

Figura 24D-1 O espectro solar. As linhas verticais escuras são as linhas de Fraunhofer. Veja a a Prancha Colorida 18 para uma versão completa do espectro. Os dados para a imagem foram coletados por Dr. Donald Mickey, da University of Hawaii Institute for Astronomy, dos dados espectrais do National Solar Observatory. Os dados NSOS/Kitt Peak FTS empregados foram produzidos pelo NSF/NOAO.

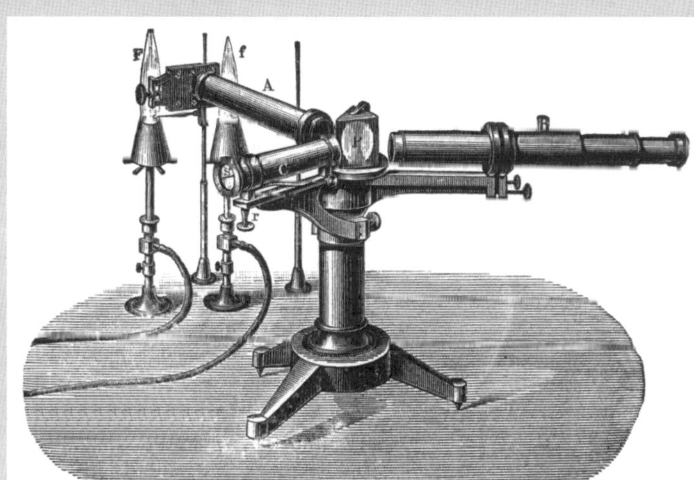

Figura 24D-2 Queimador de Bunsen do tipo empregado nos primórdios dos estudos espectroscópicos com um espectroscópio de prisma do tipo usado por Kirchhoff. (Obtido de H. Kayser, *Handbuch der Spectroscopie. Stuttgart*, Alemanha: S. Hirzel Verlag GmbH & Co., 1900.)

24C ABSORÇÃO DA RADIAÇÃO

Cada espécie molecular é capaz de absorver suas próprias frequências características da radiação eletromagnética, como descrito na Figura 24-5. Esse processo transfere energia para a molécula e resulta em um decréscimo da intensidade da radiação eletromagnética incidente. Assim, a absorção da radiação **atenua** o feixe de acordo com a lei da absorção como descrita na Seção 24C-1.

Em espectroscopia, **atenuar** significa diminuir a energia por área unitária de um feixe de radiação. Em termos do modelo de fótons, atenuar significa diminuir o número de fótons por segundo presentes no feixe.

24C-1 O Processo de Absorção

A lei de absorção, também conhecida como **lei de Beer-Lambert** ou somente como **lei de Beer**, nos diz quantitativamente como a grandeza da atenuação depende da concentração das moléculas absorventes e da extensão do caminho sobre o qual ocorre a absorção. À medida que a luz atravessa um meio contendo um analito que absorve, um decréscimo de intensidade ocorre na proporção em que o analito é excitado. Para uma solução do analito de determinada concentração, quanto mais longo for o comprimento do caminho do meio através do qual a luz passa (caminho ótico), mais centros absorventes estarão no caminho, e maior será a atenuação. Similarmente, para um dado caminho ótico, quanto maior for a concentração de absorventes, mais forte será a atenuação.

O termo **radiação monocromática** refere-se à radiação de uma única cor; isto é, um único comprimento de onda ou frequência. Na prática, é virtualmente impossível produzir-se luz de uma única cor. Discutiremos os problemas práticos de se produzir radiação monocromática no Capítulo 25.

A **Figura 24-7** mostra a atenuação de um feixe paralelo de **radiação monocromática** quando este passa por uma solução absorvente de espessura de b cm e de concentração igual a c mols por litro. Em virtude das interações entre os fótons e as partículas absorventes (lembre-se da Figura 24-5), a potência radiante do feixe decresce de P_0 para P. A **transmitância** T da solução é a fração da radiação incidente transmitida pela solução, como mostrado na Equação 24-4. A transmitância é frequentemente expressa como uma porcentagem denominada **porcentagem de transmitância.**

A porcentagem de transmitância $= \%T = \frac{P}{P_0} \times 100\%$.

$$T = P/P_0 \tag{24-4}$$

Absorbância

A **absorbância**, A, de uma solução está relacionada com a transmitância de forma logarítmica, como mostrado na Equação 24-5. Observe que quando a absorbância de uma solução aumenta, a transmitância diminui. A relação entre transmitância e absorbância é ilustrada pela planilha de cálculo de conversão apresentada na **Figura 24-8**. As escalas nos instrumentos mais antigos eram lineares em transmitância ou algumas vezes em absorbância. Nos instrumentos modernos, um computador calcula a absorbância a partir de quantidades medidas.

A absorbância pode ser calculada a partir da porcentagem de transmitância como segue:

$$T = \frac{\%T}{100\%}$$

$$A = -\log T = -\log \%T + \log 100 = 2 - \log \%T$$

$$A = -\log T = -\log \frac{P}{P_0} = \log \frac{P_0}{P} \tag{24-5}$$

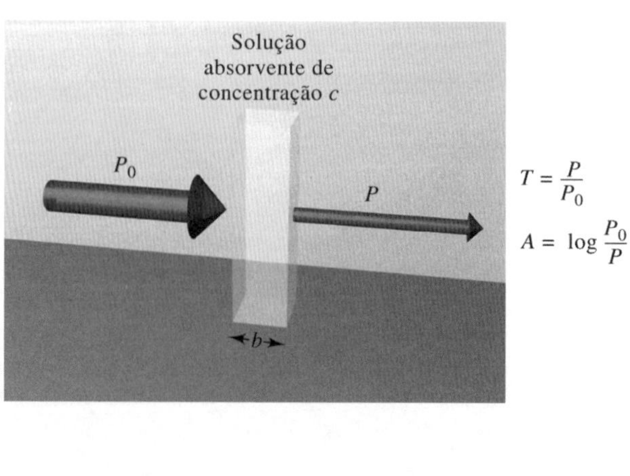

Figura 24-7 Atenuação de um feixe de radiação por uma solução absorvente. A seta maior no feixe incidente significa uma potência radiante P_0 mais alta que aquela transmitida pela solução P. O caminho ótico da solução absorvente é igual a b, e sua concentração, igual a c.

	A	B	C	D	E
1	**Cálculo da absorbância a partir da transmitância**				
2	T	%T	A	A	
3	0.001	0.1	3.000	3.000	
4	0.010	1.0	2.000	2.000	
5	0.050	5.0	1.301	1.301	
6	0.075	7.5	1.125	1.125	
7	0.100	10.0	1.000	1.000	
8	0.200	20.0	0.699	0.699	
9	0.300	30.0	0.523	0.523	
10	0.400	40.0	0.398	0.398	
11	0.500	50.0	0.301	0.301	
12	0.600	60.0	0.222	0.222	
13	0.700	70.0	0.155	0.155	
14	0.800	80.0	0.097	0.097	
15	0.900	90.0	0.046	0.046	
16	1.000	100.0	0.000	0.000	
17					
18	**Documentação da Planilha**				
19	Cell B3=100*A3				
20	Cell C3=-LOG10(A3)				
21	Cell D3=2-LOG10(B3)				

Figura 24-8 Planilha de cálculo de conversão estabelecendo a relação entre a transmitância T, porcentagem de transmitância $\%T$ e a absorbância A. Os dados de transmitância a serem convertidos devem ser inseridos nas células de A3 até A16. A porcentagem de transmitância é calculada na células B3 pela fórmula mostrada na seção de documentação, célula A19. Essa fórmula é copiada para as células de B4 até B16. A absorbância é calculada pelo $-\log T$ nas células C3 a C16 e de $2 - \log \%T$ nas células D3 até D16. As fórmulas para as primeiras células nas coluna C e D são mostradas nas células A20 e A21.

Medida da Transmitância e da Absorbância

A transmitância e a absorbância, como definidas pelas Equações 24-2 e 24-5 e representadas na Figura 24-7, normalmente não podem ser medidas porque a solução a ser estudada deve ser mantida em um recipiente (célula ou cubeta). Perdas por reflexão ou espalhamento podem ocorrer nas paredes das células, como pode ser observado na **Figura 24-9**. Essas perdas podem ser substanciais. Por exemplo, cerca de 8,5% de um feixe de luz amarela são perdidos por reflexão quando este passa por uma célula de vidro. A luz também pode ser espalhada em todas as direções a partir da superfície de moléculas grandes ou de partículas (como poeira) presentes no solvente, e esse espalhamento pode causar uma atenuação adicional do feixe quando este passa através da solução.

Para compensar esses efeitos, a potência do feixe, transmitida através de uma célula com a solução do analito, é comparada com a potência que atravessa uma célula idêntica contendo somente o solvente ou o branco dos reagentes. Uma absorbância experimental que se aproxima muito da absorbância verdadeira da solução é assim obtida, isto é,

$$A = \log \frac{P_0}{P} \approx \log \frac{P_{\text{solvente}}}{P_{\text{solução}}} \tag{24-6}$$

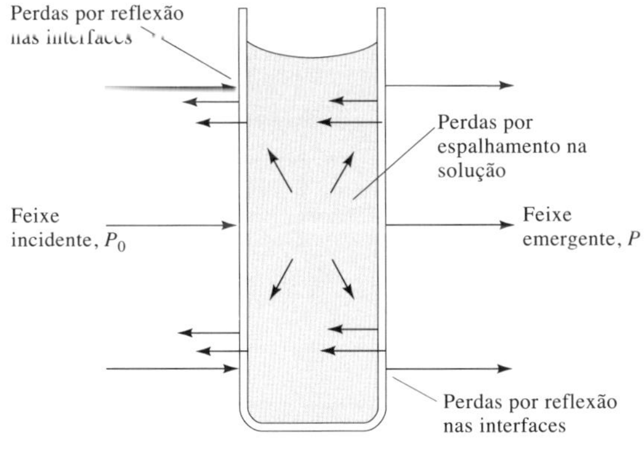

Figura 24-9 Perdas por reflexão e espalhamento com uma solução contida em uma célula de vidro típica. As perdas por reflexão podem ocorrer em todas as interfaces entre os diferentes materiais. Nesse exemplo, a luz passa pelas seguintes fronteiras, ar-vidro, vidro-solução, solução-vidro e vidro-ar.

Por causa desta grande aproximação, os termos P_0 e P daqui para a frente irão se referir à potência de um feixe que passou através de células contendo o solvente (ou o branco) e de uma solução de analito, respectivamente.

Lei de Beer

De acordo com a lei de Beer, a absorbância é diretamente proporcional à concentração de uma espécie absorvente c e ao caminho ótico b do meio absorvente, como expresso pela Equação 24-7.

A absortividade molar de uma espécie em um máximo de absorção é característica daquela espécie. As absortividades molares de pico para muitos compostos orgânicos se situam na faixa de 10 a 10.000 ou maiores. Alguns complexos de metais de transição apresentam absortividades molares de 10.000 a 50.000. As absortividades molares altas são desejáveis em análises quantitativas porque levam a uma alta sensibilidade analítica.

$$A = \log (P_0/P) = abc \qquad (24\text{-}7)$$

Na Equação 24-7, a é a constante de proporcionalidade denominada **absortividade**. Uma vez que a absorbância é uma grandeza adimensional (sem unidade), a absortividade deve ter unidades que cancelam as unidades de b e c. Se, por exemplo, c tiver unidades de g L^{-1} e b, as unidades de cm, a absortividade terá as unidades de L g^{-1} cm^{-1}.

Quando expressamos a concentração na Equação 24-7 em mols por litro e b em centímetros, a constante de proporcionalidade é chamada **absortividade molar**, à qual é dado o símbolo especial ε. Assim,

$$A = \varepsilon bc \qquad (24\text{-}8)$$

onde ε possui as unidades de L mol^{-1} cm^{-1}.

DESTAQUE 24-2

Dedução da Lei de Beer

Para deduzirmos a lei de Beer, consideramos um bloco de matéria absorvente (sólido, líquido ou gasoso) mostrado na **Figura 24D-3**. Um feixe de radiação paralelo e monocromático com potência igual a P_0 atinge o bloco perpendicularmente à sua superfície; após passar por um caminho de comprimento b do material, o qual contém n partículas absorventes (átomos, íons ou moléculas), sua potência é reduzida para P como resultado da absorção. Considere agora uma seção transversal do bloco de área S e de espessura infinitesimal dx. Dentro dessa secção existem dn partículas absorventes. Associada com esta partícula, podemos imaginar uma superfície na qual a captura de fótons irá ocorrer, isto é, se um fóton atingir uma destas áreas, a absorção vai ocorrer imediatamente. A área total projetada dessas superfícies de captura dentro da secção é designada como dS; a razão da área de captura para a área total é, então, dS/S. Em uma média estatística, esta proporção representa a probabilidade para a captura de fótons nesta seção. A potência do feixe que penetra na secção, P_x, é proporcional ao número de fótons por centímetro quadrado por segundo e dP_x representa a quantidade removida por segundo dentro da secção. A fração absorvida é, então, $-dP_x/P_x$, e essa razão é também igual à probabilidade média de captura. O sinal negativo é dado ao termo para indicar que P sofre um decréscimo. Assim,

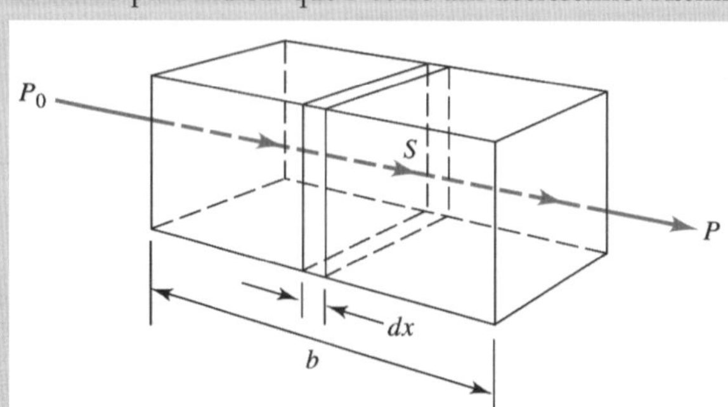

Figura 24D-3 A atenuação de um feixe de radiação eletromagnética com potência inicial P_0 por uma solução contendo c mol L^{-1} de soluto absorvente e um caminho de comprimento b cm. O feixe transmitido tem uma potência radiante P ($P < P_0$).

$$-\frac{dP_x}{P_x} = \frac{dS}{S} \tag{24-9}$$

Lembre-se de que dS é a soma das áreas de captura das partículas dentro da secção. Ela deve, portanto, ser proporcional ao número de partículas, ou

$$dS = a \times dn \tag{24-10}$$

onde dn é o número de partículas e a é uma constante de proporcionalidade, a qual é denominada *secção transversal de captura*. Combinando as Equações 24-9 e 24-10 e integrando sobre o intervalo entre 0 e n, obtemos

$$-\int_{P_x}^{P} \frac{dP_x}{P_x} = \int_0^n \frac{a \times dn}{S}$$

a qual, quando integrada, fornece

$$-\ln\frac{P}{P_0} = \frac{an}{S}$$

Então convertemos para logaritmo na base 10, invertemos a fração para mudar o sinal e obtemos

$$\log\frac{P_0}{P} = \frac{an}{2{,}303\,S} \tag{24-11}$$

onde n é o número total de partículas dentro do bloco mostrado na Figura 24D-3. A secção transversal de área S pode ser expressa em termos do volume do bloco V em cm^3 e seu comprimento b em cm. Assim,

$$S = \frac{V}{b}\,\text{cm}^2$$

Substituindo-se essa quantidade na Equação 24-11, encontramos

$$\log\frac{P_0}{P} = \frac{anb}{2{,}303\,V} \tag{24-12}$$

Observe que n/V tem unidades de concentração (isto é, número de partículas por centímetro cúbico). Ao converter n/V em mols por litro, encontramos a quantidade de matéria por

$$\text{quantidade de matéria} = \frac{n \text{ partículas}}{6{,}022 \times 10^{23} \text{ partículas mol}^{-1}}$$

A concentração c em mol L^{-1} é então

$$c = \frac{n}{6{,}022 \times 10^{23}}\,\text{mol} \times \frac{1.000\,\text{cm}^3\,\text{L}^{-1}}{V\,\text{cm}^3}$$

$$= \frac{1.000\,n}{6{,}022 \times 10^{23}}\,\text{mol L}^{-1}$$

Combinando-se essa relação com a Equação 24-12, obtemos

$$\log\frac{P_0}{P} = \frac{6{,}022 \times 10^3\,abc}{2{,}303 \times 1.000}$$

Finalmente, as constantes nessa equação podem ser combinadas em um único termo e para fornecer

$$A = \log\frac{P_0}{P} = \varepsilon bc \tag{24-13}$$

que é a lei de Beer.

Termos Empregados na Espectrometria de Absorção

Além dos termos que apresentamos para descrever a absorção de energia radiante, você pode encontrar outros termos na literatura ou associados a instrumentos antigos. Os termos, símbolos e definições dados na **Tabela 24-3** são recomendados pela Society for Applied Spectroscopy e pela American Chemical Society. A terceira coluna contém os nomes e símbolos antigos. Considerando que uma nomenclatura padrão seja altamente desejável para evitar ambiguidades, aconselhamos fortemente que você aprenda e empregue os termos e símbolos recomendados e evite o uso dos termos antigos.

TABELA 24-3

Termos e Símbolos Importantes Empregados em Medidas de Absorção

Termo e Símbolo*	Definição	Nome e Símbolo Alternativo
Potência radiante incidente, P_0	Potência radiante em watts incidente na amostra	Intensidade incidente, I_0
Potência radiante transmitida P	Potência transmitida pela amostra	Intensidade transmitida, I
Absorbância, A	$\log(P_0/P)$	Densidade ótica, D; extinção, E
Transmitância, T	P/P_0	Transmissão, T
Caminho ótico, b	Comprimento sobre o qual ocorre atenuação	l, d
Absortividade, a	$A/(bc)$	α, k
Absortividade molar‡, ε	$A/(bc)$	Coeficiente de absortividade molar

*Compilação de terminologia recomendada pela American Chemical Society e pela Society for Applied Spectroscopy (*Appl. Spectrosc.*, v. 66, p. 132, **2012**).

† c pode ser expressa em g L^{-1} ou em outras unidades específicas de concentração; b pode ser expresso em cm ou outras unidades de distância.

‡ c é expressa em mol L^{-1}; b é expresso em cm.

Utilização da Lei de Beer

A lei de Beer, como expressa pelas Equações 24-6 e 24-8, pode ser empregada de diferentes formas. Podemos calcular as absortividades molares das espécies se a concentração for conhecida, como mostrado no Exemplo 24-3. Podemos utilizar o valor medido de absorbância para obter a concentração se a absortividade e o caminho ótico forem conhecidos. As absortividades, no entanto, são funções de variáveis como o tipo de solvente, a composição da solução e a temperatura. Por causa da variação da absortividade com esses parâmetros, nunca é muito prudente tornar-se dependente de valores tabelados na literatura para realizar uma análise quantitativa. Portanto, uma solução padrão do analito no mesmo solvente e à temperatura similar é empregada para se obter a absortividade no momento da análise. Com mais frequência, empregamos uma série de soluções padrão do analito para construir uma curva de calibração, ou curva de trabalho, de A *versus* c ou para obter uma equação linear por regressão (para o método de padrões externos e regressão linear, veja a Seção 8D-2). Pode ser necessário também que a composição global da solução padrão do analito tenha de ser reproduzida de forma que se torne a mais próxima possível daquela da amostra, para compensar os efeitos de matriz. Alternativamente, o método da adição de padrão (veja a Seções 8D-3 e 26A-3) é empregado com o mesmo propósito.

EXEMPLO 24-3

Uma solução $7{,}25 \times 10^{-5}$ mol L^{-1} de permanganato de potássio apresenta uma transmitância de 44,1% quando medida em uma célula de 2,10 cm no comprimento de onda de 525 nm. Calcule (a) a absorbância dessa solução; (b) a absortividade molar do $KMnO_4$.

Resolução

(a) $A = -\log T = -\log 0{,}441 = -(-0{,}356) = 0{,}356$

(b) Da Equação 24-8,

$$\varepsilon = A/bc = 0{,}356/(2{,}10 \text{ cm} \times 7{,}25 \times 10^{-5} \text{mol L}^{-1})$$
$$= 2{,}34 \times 10^{3} \text{ L mol}^{-1} \text{ cm}^{-1}$$

Aplicação da Lei de Beer para Misturas

A lei de Beer aplica-se também para soluções contendo mais de um tipo de substância absorvente. Se não houver interações entre as várias espécies, a absorbância total para um sistema multicomponente em um determinado comprimento de onda é a soma das absorbâncias individuais. Em outras palavras,

$$A_{\text{total}} = A_1 + A_2 + \cdots + A_n = \varepsilon_1 bc_1 + \varepsilon_2 bc_2 + \cdots + \varepsilon_n bc_n \qquad (24\text{-}14)$$

As absorbâncias são aditivas se as espécies absorventes não interagem entre si.

onde os índices inferiores referem-se aos componentes absorventes 1, 2, ... , *n*.

24C-2 Espectros de Absorção

Um **espectro de absorção** é um gráfico da absorbância *versus* o comprimento de onda, como ilustrado na **Figura 24-10**. A absorbância também pode ser apresentada em forma de gráfico contra o número de onda ou frequência. Os espectrofotômetros modernos de varredura produzem os espectros de absorbância diretamente. Os instrumentos antigos muitas vezes indicam a transmitância e produzem os gráficos de T ou $\%T$ *versus* o comprimento de onda. Ocasionalmente, os gráficos que empregam o log A como ordenada são utilizados. O eixo logaritmo leva a uma perda de detalhes

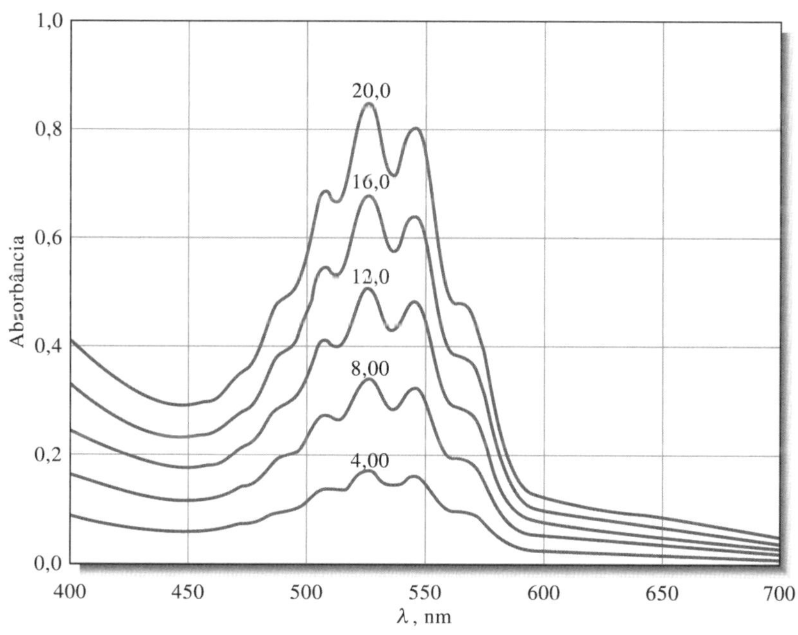

Figura 24-10 Espectros de absorção típicos do permanganato de potássio a diferentes concentrações. Os números adjacentes às curvas indicam a concentração de magnésio em ppm e a espécie absorvente é o íon permanganato, MnO_4^-. O caminho da célula tem comprimento b de 1,00 cm. Um gráfico da absorbância no comprimento de onda de máximo a 525 nm *versus* a concentração de permanganato é linear e, dessa forma, o absorvente segue a lei de Beer.

espectrais, mas é conveniente para comparar soluções com amplas diferenças de concentrações. Um gráfico da absortividade molar ε em função do comprimento de onda é independente da concentração. Esse tipo de gráfico espectral é característico para uma dada molécula e algumas vezes é empregado para auxiliar na atribuição ou confirmação da identidade de uma espécie em particular. A cor de uma solução está relacionada com seu espectro de absorção (veja Destaque 24-3).

DESTAQUE 24-3

Por que uma Solução Vermelha é Vermelha?

Uma solução aquosa do complexo $Fe(SCN)^{2+}$ não é vermelha porque o complexo adiciona radiação no vermelho ao solvente. Em vez disso, ele absorve verde da radiação no branco e transmite o componente do vermelho (veja **Figura 24D-4**). Assim, em uma determinação colorimétrica de ferro baseada no seu complexo com tiocianato, o máximo de variação na absorbância com a concentração ocorre com a radiação no verde; a variação da absorbância com a radiação no vermelho é desprezível. Em geral, a radiação empregada em uma análise colorimétrica deve ser na região da cor complementar da solução do analito. A tabela seguinte mostra essa relação para várias partes do espectro no visível.

O Espectro Visível

Região de Comprimento de Onda Absorvida, nm	Cor da Luz Absorvida	Cor Complementar Transmitida
400–435	Violeta	Amarela-esverdeada
435–480	Azul	Amarela
480–490	Azul-esverdeada	Laranja
490–500	Verde-azulada	Vermelha
500–560	Verde	Púrpura
560–580	Amarela-esverdeada	Violeta
580–595	Amarela	Azul
595–650	Laranja	Azul-esverdeada
650–750	Vermelha	Verde-azulada

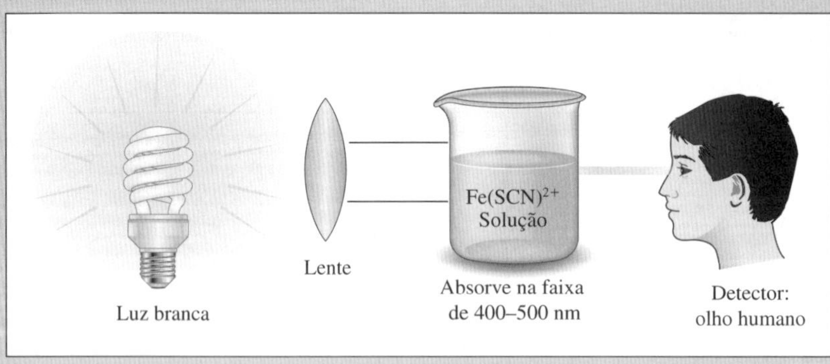

Figura 24D-4 A cor de uma solução. A luz branca de uma lâmpada ou a luz do Sol atinge uma solução aquosa de $Fe(SCN)^{2+}$. O espectro de absorção largo mostra um máximo de absorbância na faixa de 460-500 nm (veja Figura 26-4a). A cor complementar vermelha é transmitida.

Absorção Atômica

Quando um feixe de radiação policromática ultravioleta ou visível passa através de um meio contendo átomos no estado gasoso, somente poucas frequências são atenuadas por absorção, e quando registrado em um espectrofotômetro de alta resolução, o espectro consiste em um número de muitas linhas estreitas de absorção.

A **Figura 24-11** mostra um diagrama parcial de energia para o sódio explicitando as principais transições de absorção atômicas. As transmissões, mostradas como setas coloridas entre os níveis, ocorrem quando o único elétron mais externo do sódio é excitado a partir de sua temperatura ambiente ou do seu orbital do estado fundamental *3s* para os orbitais *3p*, *4p* e *5p*. Estas excitações são promovidas pela absorção de fótons de radiação cujas energias se igualam exatamente às diferenças de energia entre os estados excitados e o estado fundamental *3s*. As transições entre dois diferentes orbitais são denominadas **transições eletrônicas**. O espectro de absorção atômica não é ordinariamente registrado por causa das dificuldades instrumentais. Ao contrário, a absorção atômica é medida em um único comprimento de onda usando uma fonte muito estreita e quase monocromática (veja Seção 28D).

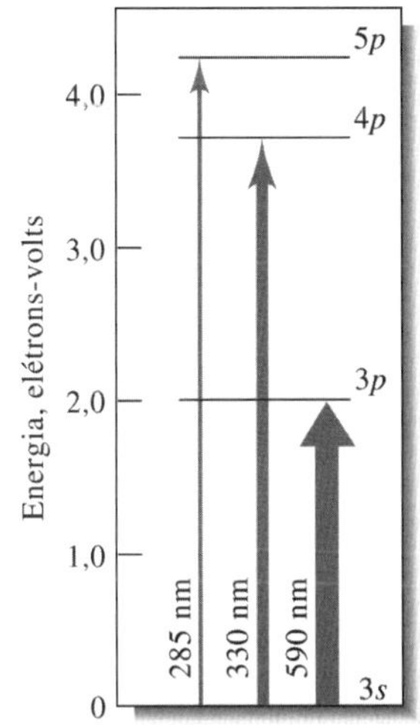

Figura 24-11 Diagrama parcial de energia para o sódio, mostrando as transições resultantes da absorção a 590, 330 e 285 nm.

EXEMPLO 24-4

A diferença de energia entre os orbitais 3s e 3p na Figura 24-11b é de 2,107 eV. Calcule o comprimento de onda da radiação que será absorvida ao se excitar um elétron de um orbital 3s para o estado 3p (1 eV = $1{,}60 \times 10^{-19}$ J).

Resolução

Rearranjando a Equação 24-3 obtém-se

$$\lambda = \frac{hc}{E}$$

$$= \frac{6{,}63 \times 10^{-34}\ \text{J s} \times 3{,}00 \times 10^{10}\ \text{cm s}^{-1} \times 10^{7}\text{nm cm}^{-1}}{2{,}107\ \text{eV} \times 1{,}60 \times 10^{-19}\ \text{J eV}^{-1}}$$

$$= 590\ \text{nm}$$

O **elétron-volt** (eV) é uma unidade de energia. Quando um elétron com carga $q = 1{,}60 \times 10^{-19}$ é movido através de uma diferença de potencial de 1 volt = 1 joule coulomb^{-1}, a energia necessária (ou liberada) é igual a $E = qV = (1{,}60 \times 10^{-19}$ coulombs) (1 joule/coulomb) = $1{,}60 \times 10^{-19}$ joule = 1 eV.

$$1\ \text{eV} = 1{,}60 \times 10^{-19}\ \text{J} = 3{,}83 \times 10^{-20}\ \text{calorias} = 1{,}58 \times 10^{-21}\ \text{L atm}$$

Absorção Molecular

As moléculas sofrem três tipos diferentes de transições quantizadas quando excitadas pela radiação no ultravioleta, no visível e no infravermelho. Para uma radiação no ultravioleta e visível, a excitação ocorre quando um elétron localizado em um orbital molecular ou atômico de baixa energia é promovido para um orbital de energia mais alta. Mencionamos anteriormente que a energia do fóton $h\nu$ deve ser igual à diferença de energia entre os dois orbitais.

Em uma **transição eletrônica**, um elétron move-se de um orbital para outro. As transições ocorrem entre os orbitais atômicos nos átomos e entre os orbitais moleculares nas moléculas.

Além das transições eletrônicas, as moléculas exibem dois tipos adicionais de transições induzidas por radiação: **transições vibracionais** e **transições rotacionais**. As transições vibracionais ocorrem porque a molécula apresenta um número muito grande de níveis energéticos quantizados (ou estados vibracionais) associados com as ligações que mantêm a molécula unida.

A **Figura 24-12** é um diagrama parcial de energia que mostra alguns processos que ocorrem quando uma espécie poliatômica absorve a radiação no infravermelho, no visível e no ultravioleta. As energias E_1 e E_2, dois dos muitos estados eletrônicos excitados de uma molécula, são mostradas em relação à energia do estado fundamental E_0. Além disso, as energias relativas para poucos dos muitos estados vibracionais associados com cada estado eletrônico são indicadas pelas linhas suaves horizontais.

As transições vibracionais e rotacionais ocorrem em espécies poliatômicas porque somente essas espécies possuem estados vibracionais e rotacionais com diferentes energias.

Você pode ter uma ideia da natureza dos estados vibracionais imaginando uma ligação em uma molécula como uma mola vibrando com os átomos ligados às suas duas extremidades. Na **Figura 24-13a**, dois tipos de vibração de estiramento são apresentados. Em cada vibração, os átomos primeiro se aproximam e depois se afastam um do outro. A energia potencial desse sistema a qualquer instante depende da extensão com a qual a mola é espichada ou comprimida. Para uma mola macroscópica do mundo real, a energia do sistema varia continuamente e atinge um máximo

O **estado fundamental** de uma espécie atômica ou molecular é aquele de menor energia da espécie. Na temperatura ambiente, muitos átomos e moléculas estão em seu estado fundamental.

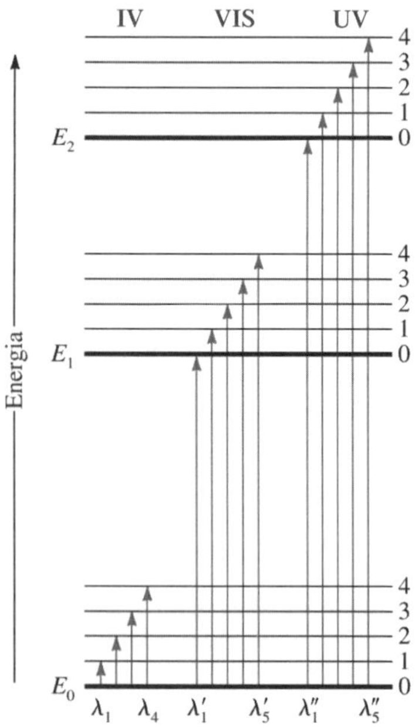

Figura 24-12 Diagrama de níveis energéticos mostrando algumas mudanças que ocorrem durante a absorção da radiação no infravermelho (IV), no visível (VIS) e no ultravioleta (UV) por espécies moleculares. Observe que para certas moléculas, a transição de E_0 para E_1 pode requerer a radiação no UV em vez de no visível. Com outras moléculas, a transição E_0 para E_2 pode ocorrer com a radiação no visível em vez de no UV. São mostrados apenas alguns poucos níveis vibracionais (0 – 4). Os níveis rotacionais associados com cada nível vibracional não estão mostrados porque eles estão muito próximos entre si.

quando a mola se encontra completamente estirada ou comprimida. Em contraste, a energia de um sistema de mola de dimensões atômicas (uma ligação química) pode ter apenas determinadas energias discretas chamadas níveis de energia vibracional.

A **Figura 24-13b** mostra quatro outros tipos de vibrações moleculares. As energias associadas a cada um desses estados vibracionais geralmente diferem uma da outra e das energias associadas com as vibrações de estiramento. Alguns desses níveis energéticos vibracionais associados com cada um dos estados eletrônicos da molécula são apontados pelas linhas indicadas pelos números 1, 2, 3 e 4 na Figura 24-12 (o nível vibracional mais baixo é indicado por um 0). Observe que as diferenças de energia entre os estados vibracionais são significativamente menores que entre os níveis energéticos dos estados eletrônicos (normalmente, uma ordem de grandeza menor). Embora eles não estejam mostrados, uma molécula tem muitos estados rotacionais quantizados que estão associados com o movimento rotacional de uma molécula em torno de seu centro de gravidade. As diferenças de energia entre esses estados são menores que aquelas existentes entre os estados vibracionais por uma ordem de grandeza. A energia total E associada com uma molécula é então dada por

$$E = E_{\text{eletrônica}} + E_{\text{vibracional}} + E_{\text{rotacional}} \qquad (24\text{-}15)$$

onde $E_{\text{eletrônica}}$ é a energia associada com os elétrons nos vários orbitais externos da molécula; $E_{\text{vibracional}}$, a energia da molécula como um todo devida às vibrações interatômicas; e $E_{\text{rotacional}}$ considera a energia associada com a rotação da molécula em torno do seu centro de gravidade.

Absorção no Infravermelho A radiação no infravermelho geralmente não é suficientemente energética para causar transições eletrônicas, porém pode induzir transições nos estados vibracionais e rotacionais associados com o estado eletrônico fundamental da molécula. Quatro dessas transições são expostas na parte inferior à esquerda da Figura 24-12 (λ_1 a λ_4). Para que a absorção ocorra, a fonte de radiação tem que emitir frequências correspondendo exatamente às energias indicadas pelos comprimentos das quatro setas.

Absorção da Radiação no Ultravioleta e no Visível As setas centrais na Figura 24-12 sugerem que as moléculas consideradas absorvem a radiação no visível de cinco comprimentos de onda (λ_1' a λ_5'), dessa forma promovendo os elétrons para

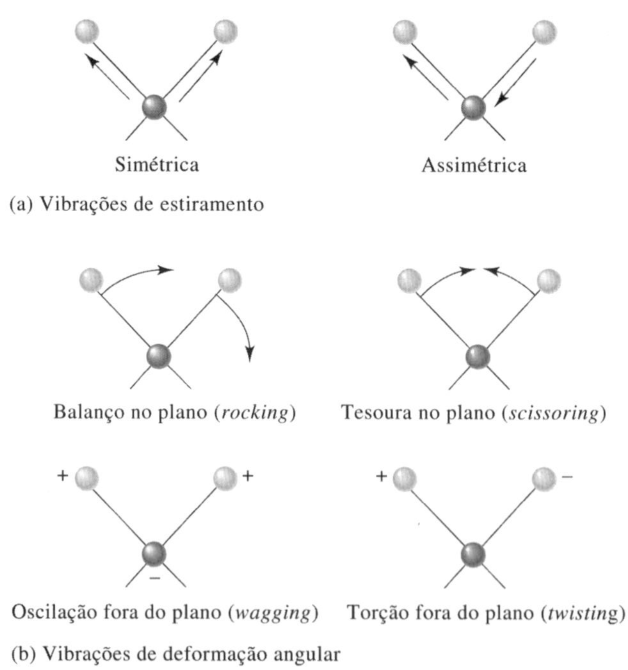

Figura 24-13 Tipos de vibrações moleculares. O sinal positivo significa a movimentação do plano da página em direção ao leitor; o sinal negativo significa a movimentação na direção oposta.

os cinco níveis vibracionais do nível eletrônico excitado E_1. Os fótons do ultravioleta, que são mais energéticos, são necessários para produzir a absorção indicada pelas cinco setas à direita.

A Figura 24-12 sugere que a absorção molecular nas regiões do ultravioleta e visível produz **bandas de absorção** constituídas de linhas muito próximas. Uma molécula real tem muito mais níveis de energia do que podem ser mostrados no diagrama. Portanto, uma banda de absorção típica consiste em um número grande de linhas. Em uma solução, as espécies absorventes estão rodeadas por moléculas de solvente e a natureza da banda de absorção molecular frequentemente torna-se obscurecida porque as colisões tendem a alargar as energias dos estados quânticos, originando picos de absorção suaves e contínuos.

A **Figura 21-14** mostra espectros no visível para a 1,2,4,5-tetrazina que foram obtidos sob três condições diferentes: fase gasosa, solvente apolar e solvente polar (solução aquosa). Observe que na fase gasosa (veja Figura 24-14a), as moléculas individuais de tetrazina estão suficientemente separadas umas das outras para vibrar e girar livremente, dessa forma, muitos picos de absorção individuais resultantes de transições aparecem dentre os vários estados vibracionais e rotacionais no espectro. No estado líquido e em solventes apolares (veja Figura 24-14b), entretanto, as moléculas de tetrazina estão incapacitadas de girar livremente, assim não vemos estrutura fina no espectro. Além disso, em solvente polar como a água (veja Figura 24-14c), as frequentes colisões e interações entre as moléculas de tetrazina e água fazem com que os níveis vibracionais sejam modificados energeticamente de uma maneira irregular. Consequentemente, o espectro aparece como um pico único largo. As tendências mostradas nos espectros de tetrazina nesta figura são típicas de espectros de UV-visível de outras moléculas registradas sob condições similares.

24C-3 Os Limites da Lei de Beer

Existem poucas exceções para o comportamento linear entre a absorbância e o caminho ótico a uma concentração fixa. Contudo, frequentemente observamos os desvios da proporcionalidade direta entre a absorbância e a concentração, quando o caminho

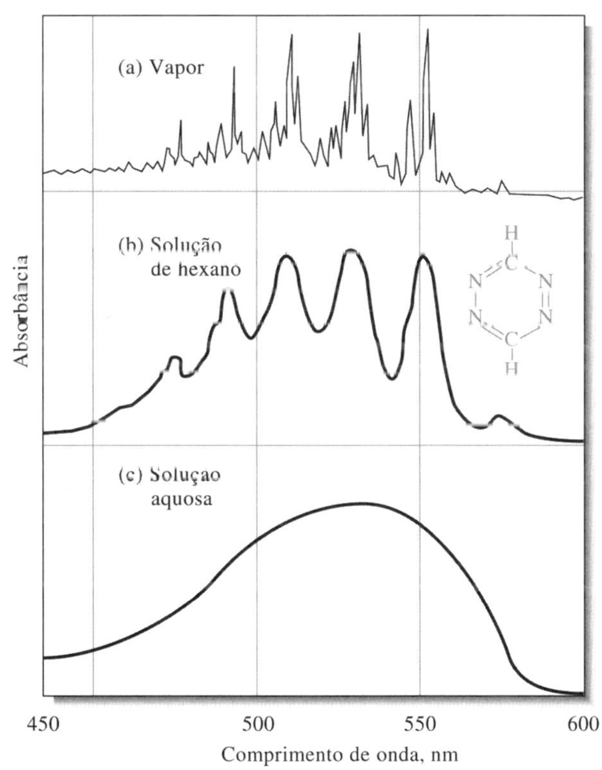

Figura 24-14 Espectros de absorção típicos na região visível. O composto é a 1,2,4,5-tetrazina. Em (a), o espectro é o da fase gasosa, no qual muitas linhas em razão das transições eletrônicas, vibracionais e rotacionais são distinguíveis. Em um solvente apolar (b), as transições eletrônicas podem ser observadas, contudo a estrutura vibracional e rotacional é perdida. Em um solvente polar (c), as forças de interação intermoleculares levam os picos eletrônicos a se fundirem para fornecer uma única absorção contínua. (Reproduzido de S. F. Mason, *J. Chem. Soc.*, p. 1263, **DOI 1959**: 10.1039/JR9590001263, com a permissão da The Royal Society of Chemistry.)

ótico *b* é mantido constante. Alguns desses desvios, denominados **desvios reais**, são fundamentais e representam limitações reais da lei de Beer. Outros são resultantes do método que empregamos para efetuar as medidas de absorbância (**desvios instrumentais**) ou resultantes de variações químicas que ocorrem com a variação da concentração (**desvios químicos**).

Limitações Reais da Lei de Beer

A lei de Beer descreve o comportamento da absorção somente para soluções diluídas e, nesse sentido, é uma **lei limite**. Para concentrações que excedem 0,01 mol L^{-1}, a distância média entre os íons ou moléculas da espécie absorvente diminui a ponto de que cada partícula afeta a distribuição de carga e, assim, a extensão da absorção das suas vizinhas. Uma vez que a extensão dessa interação depende da concentração, a ocorrência desse fenômeno causa desvios da relação linear entre a absorbância e a concentração. Um efeito similar ocorre algumas vezes em soluções diluídas de absorventes que contêm altas concentrações de outras espécies, particularmente eletrólitos. Quando os íons estão muito próximos uns dos outros, a absortividade molar do analito pode ser alterada em razão de interações eletrostáticas as quais podem levar a um afastamento da lei de Beer.

Leis limite em ciência são aquelas válidas sob certas condições limite, como para as soluções diluídas. Além da lei de Beer, a lei de Debye-Hückel (veja o Capítulo 10) e a lei da migração independente que descreve a condutância elétrica pelos íons são leis limitantes.

Desvios Químicos

Como mostrado no Exemplo 24-5, os desvios da lei de Beer aparecem quando a espécie absorvente sofre associação, dissociação ou reação com o solvente para gerar produtos que absorvem de forma diferente do analito. A extensão desses desvios pode ser prevista a partir das absortividades molares das espécies absorventes e das constantes de equilíbrio envolvidas. Infelizmente, uma vez que nem sempre estamos cientes de que esses processos estão afetando o analito, não há oportunidade de se corrigir a medida de absorbância. Os equilíbrios típicos que dão origem a esse efeito incluem o equilíbrio monômero-dímero, equilíbrio de complexação de metal quando um ou mais agentes complexantes estão presentes, equilíbrio ácido-base e equilíbrio de associação entre o solvente e o analito.

EXEMPLO 24-5

Soluções contendo várias concentrações de indicador ácido HIn com $K_a = 1{,}42 \times 10^{-5}$ foram preparadas em HCl 0,1 mol L^{-1} e NaOH 0,1 mol L^{-1}. Em ambos os meios, os gráficos da absorbância tanto em 430 nm como em 570 nm contra a concentração total do indicador não são lineares. Entretanto, em ambos os meios, as espécies individuais HIn ou In^- obedecem à lei de Beer em 430 nm e 570 nm. Portanto, se soubéssemos as concentrações de equilíbrio de HIn e In^-, poderíamos compensar a dissociação do HIn. Geralmente, no entanto, as concentrações individuais não são conhecidas e apenas a concentração total $c_{total} = [HIn] + [In^-]$ o é. Vamos agora calcular a absorbância para uma solução com $c_{total} = 2{,}00 \times 10^{-5}$ mol L^{-1}. A grandeza da constante de dissociação ácida sugere que, para todos os propósitos práticos, o indicador está inteiramente na forma não dissociada (HIn) na solução de HCl e completamente dissociado como In^- em NaOH. Encontraram-se então as absortividades molares nos dois comprimentos de onda como sendo

	ε_{430}	ε_{570}
HIn (em solução de HCl)	$6{,}30 \times 10^2$	$7{,}12 \times 10^3$
In^- (em solução de NaOH)	$2{,}06 \times 10^4$	$9{,}60 \times 10^2$

Gostaríamos, agora, de encontrar as absorbâncias (em uma célula de 1,00 cm) das soluções não tamponadas do indicador na faixa de concentração de $2{,}00 \times 10^{-5}$ a $16{,}00 \times 10^{-5}$ mol L^{-1}. Vamos inicialmente encontrar a concentração de HIn e In^- na solução $2{,}0 \times 10^{-5}$ mol L^{-1} não tamponada. Da equação química da reação de dissociação, sabemos que $[H^+] = [In^-]$. Além disso, a expressão do balanço de massas para o indicador nos diz que $[In^-] + [HIn] = 2{,}00 \times 10^{-5}$ mol L^{-1}. Substituindo estas relações na expressão de K_a, encontramos que

$$\frac{[In^-]^2}{2{,}00 \times 10^{-5} - [In^-]} = 1{,}42 \times 10^{-5}$$

Esta equação pode ser resolvida fornecendo $[In^-] = 1{,}12 \times 10^{-5}$ mol L^{-1} e $[HIn] = 0{,}88 \times 10^{-5}$ mol L^{-1}. As absorbâncias nos dois comprimentos de onda são obtidas pela substituição dos valores de ε, b e c na Equação 24-13 (lei de Beer). O resultado é que $A_{430} = 0{,}236$ e $A_{570} = 0{,}073$. Podemos de forma similar calcular A para muitos outros valores de c_{total}. Os dados adicionais, obtidos da mesma forma, são mostrados na **Tabela 24-4**. A **Figura 24-15** exibe gráficos nos dois comprimentos de onda e que foram construídos a partir de dados obtidos da mesma forma.

DESAFIO: Faça cálculos para confirmar que $A_{430} = 0{,}596$ e $A_{570} = 0{,}401$ para uma solução cuja concentração analítica de HIn seja de $8{,}00 \times 10^{-5}$ mol L^{-1}.

Os gráficos da Figura 24-15 ilustram os tipos de desvio da lei de Beer que ocorrem quando o sistema absorvente sofre dissociação ou associação. Observe que a direção da curvatura é oposta nos dois comprimentos de onda.

TABELA 24-4

Dados de Absorbância para Várias Concentrações do Indicador do Exemplo 24-5

c_{HIn}, mol L^{-1}	[HIn]	$[In^-]$	A_{430}	A_{570}
$2{,}00 \times 10^{-5}$	$0{,}88 \times 10^{-5}$	$1{,}12 \times 10^{-5}$	0,236	0,073
$4{,}00 \times 10^{-5}$	$2{,}22 \times 10^{-5}$	$1{,}78 \times 10^{-5}$	0,381	0,175
$8{,}00 \times 10^{-5}$	$5{,}27 \times 10^{-5}$	$2{,}73 \times 10^{-5}$	0,596	0,401
$12{,}0 \times 10^{-5}$	$8{,}52 \times 10^{-5}$	$3{,}48 \times 10^{-5}$	0,771	0,640
$16{,}0 \times 10^{-5}$	$11{,}9 \times 10^{-5}$	$4{,}11 \times 10^{-5}$	0,922	0,887

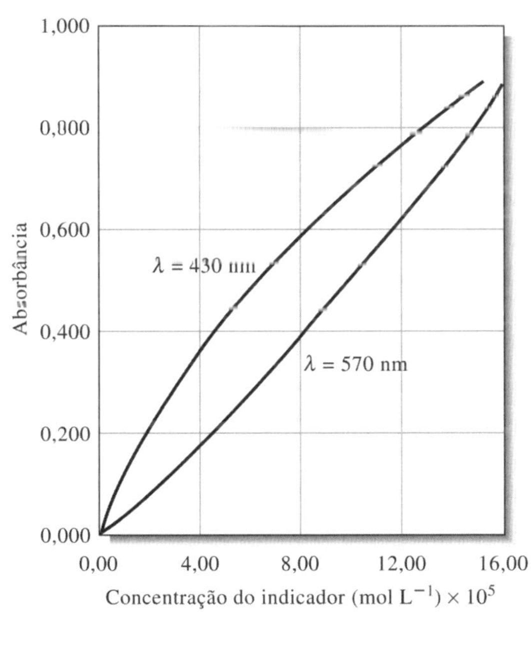

Figura 24-15 Desvios químicos da lei de Beer para soluções não tamponadas de um indicador HIn. Os valores de absorbância foram calculados para várias concentrações do indicador, como mostrado no Exemplo 24-5. Observe que existe um desvio positivo em 430 nm e um desvio negativo em 570 nm. A 430 nm, a absorbância é devida primariamente à forma ionizada do indicador In^- e é, de fato, proporcional à fração ionizada. A fração ionizada varia de forma não linear com a concentração total. Em concentrações totais baixas ($[HIn] + [In^-]$), a fração ionizada é maior que em altas concentrações totais. Consequentemente, ocorre um erro positivo. Em 570 nm, a absorbância é devida principalmente ao ácido HIn não dissociado. A 570 nm, a absorbância é devida principalmente a forma ácida associada a HIn. A fração nessa forma é inicialmente pequena e aumenta de forma não linear com a concentração total, causando o desvio negativo mostrado.

Desvios Instrumentais: Radiação Policromática

> Desvios da lei de Beer ocorrem com frequência quando a radiação policromática é empregada na medida da absorbância.

A lei de Beer se aplica estritamente somente quando as medidas forem feitas com a radiação monocromática. Na prática, as fontes policromáticas que apresentam uma distribuição contínua de comprimentos de onda são utilizadas em conjunto com uma rede ou um filtro para isolar uma banda bastante simétrica de comprimentos de onda ao redor do comprimento de onda a ser empregado (veja Seção 25A-3).

A derivação seguinte mostra o efeito da radiação policromática na lei de Beer. Considere um feixe de radiação constituído de somente dois comprimentos de onda, λ' e λ''. Pressupondo que a lei de Beer se aplique estritamente a cada um dos comprimentos de onda, podemos escrever para λ'

$$A' = \log \frac{P_0'}{P'} = \varepsilon' bc$$

ou

$$\frac{P_0'}{P'} = 10^{\varepsilon' bc}$$

onde P_0' é a potência incidente e P', a potência resultante em λ'. Os símbolos b e c são, respectivamente, o caminho ótico e a concentração do absorvente e ε' é a absortividade molar em λ'. Então,

$$P' = P_0' 10^{-\varepsilon' bc}$$

De forma similar para λ''

$$P'' = P_0'' 10^{-\varepsilon'' bc}$$

Quando uma medida de absorbância é feita com a radiação composta por ambos os comprimentos de onda, a potência do feixe emergente da solução é a soma das potências emergentes nos dois comprimentos de onda $P' + P''$. Da mesma forma, a potência total incidente é a soma de $P_0' + P_0''$. Portanto, a absorbância medida A_m é

$$A_m = \log\left(\frac{P_0' + P_0''}{P' + P''}\right)$$

Então substituímos P' e P'' e descobrimos que

$$A_m = \log\left(\frac{P_0' + P_0''}{P_0' 10^{-\varepsilon' bc} + P_0'' 10^{-\varepsilon'' bc}}\right)$$

ou

$$A_m = \log(P_0' + P_0'') - \log(P_0' 10^{-\varepsilon' bc} + P_0'' 10^{-\varepsilon'' bc})$$

Podemos ver que quando $\varepsilon' = \varepsilon''$, essa equação pode ser simplificada para

$$\begin{aligned} A_m \quad & \log(P_0' + P_0'') - \log[(P_0' + P_0'')(10^{-\varepsilon' bc})] \\ &= \log(P_0' + P_0'') - \log(P_0' + P_0'') - \log(10^{-\varepsilon' bc}) \\ &= \varepsilon' bc = \varepsilon'' bc \end{aligned}$$

e a lei de Beer é obedecida. Como mostrado na **Figura 24-16**, contudo, a relação entre A_m e a concentração não é mais linear quando as absortividades molares são diferentes. Além disso, à medida que a diferença entre ε' e ε'' aumenta, o desvio da linearidade cresce. Quando este desvio é expandido para incluir comprimentos de onda adicionais, o efeito permanece o mesmo.

Espectrofotômetros de alta qualidade produzem bandas estreitas de radiação e são menos prováveis de sofrerem desvios da lei de Beer devido à radiação policromática em relação a instrumentos de baixa qualidade.

Se a banda de comprimentos de onda selecionada para as medidas espectrofotométricas corresponder a uma região do espectro de absorção na qual a absortividade molar do analito for essencialmente constante, os desvios da lei de Beer serão mínimos. Muitas bandas moleculares na região do UV/visível e muitas na região do infravermelho se mostram como nessa descrição. Para estas bandas, a lei de Beer é obedecida, como demonstrado para a Banda *A* na **Figura 24-17**. Por outro lado, algumas bandas de absorção na região do UV-visível e muitas na região do IV são muito estreitas e são comuns os desvios da lei de Beer, como ilustrado para a Banda *B* na Figura 24-17. Para evitar tais desvios, é melhor selecionar uma banda de comprimento de onda próxima ao comprimento de onda da absorção máxima onde a absortividade do analito varia pouco com o comprimento de onda. As linhas de absorção atômica são tão estreitas que requerem fontes especiais para se obter a concordância com a lei de Beer, como será discutido no Capítulo 25, Seção 25A-2.

A **luz policromática**, literalmente uma luz multicolorida, é a luz constituída de muitos comprimentos de onda, como aquela produzida por um filamento de tungstênio em uma lâmpada incandescente. A luz que é basicamente monocromática pode ser produzida filtrando, difratando ou refratando a luz policromática, como discutido no Capítulo 25, Seção 25A-3.

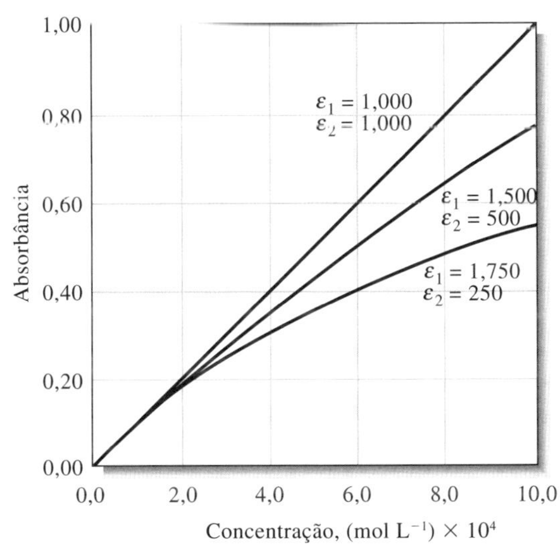

Figura 24-16 Desvios da lei de Beer com a radiação policromática. O absorvente tem as absortividades molares indicadas nos dois comprimentos de onda λ' e λ''.

Desvios Instrumentais: Luz Espúria

A radiação espúria, comumente chamada **luz espúria**, é definida como a radiação do instrumento que está fora da banda de comprimento de onda nominal escolhida para uma determinação. Essa radiação espúria frequentemente resulta do espalhamento e das reflexões das superfícies das redes, lentes ou espelhos, filtros e janelas. Quando as medidas são feitas na presença de luz espúria, a absorbância observada A' é dada por

$$A' = \log\left(\frac{P_0 + P_e}{P + P_e}\right)$$

onde P_e é a potência radiante da luz espúria. A **Figura 24-18** mostra um gráfico da absorbância aparente A' *versus* a concentração para vários níveis de P_e relativos a P_0. A luz espúria sempre leva a absorbância aparente a ser menor que a absorbância verdadeira. Os desvios decorrentes da luz espúria são mais significativos para os valores altos de absorbância. Considerando que a radiação espúria pode ser tão alta como 0,5% em instrumentos modernos, os níveis de absorbância maiores que 2,0 raramente são medidos a menos que as precauções especiais sejam tomadas ou sejam empregados instrumentos especiais com níveis de luz espúria extremamente baixos. Alguns instrumentos de filtro de baixo custo mostram desvios da lei de Beer para os valores de absorbância relativamente baixos como 1,0 por causa dos altos níveis de radiação espúria ou pela presença de luz policromática.

Células desiguais

Outro desvio da lei de Beer quase trivial, mas importante, é causado pelo uso de células desiguais. Se as células que contêm o analito e o branco não apresentam o mesmo caminho ótico e não são equivalentes em suas características óticas, uma interseção vai ocorrer na curva analítica e a equação real será $A = \varepsilon bc + k$ para a curva em vez da Equação 24-8. Esse erro pode ser evitado utilizando-se células muito parecidas ou empregando-se um procedimento de regressão linear para se calcular ambos, a inclinação e a interseção, da curva de calibração. Na maioria dos casos, a regressão linear é a melhor estratégia porque uma interseção também pode ocorrer se a solução do branco não compensar totalmente as interferências. Outra forma de se evitar o problema das células desiguais com instrumentos de feixe único é empregar a mesma célula mantendo-a na mesma posição para as medidas do branco e para as do analito. Depois de se obter a leitura para o branco, a célula é esvaziada por aspiração, lavada e preenchida com a solução do analito.

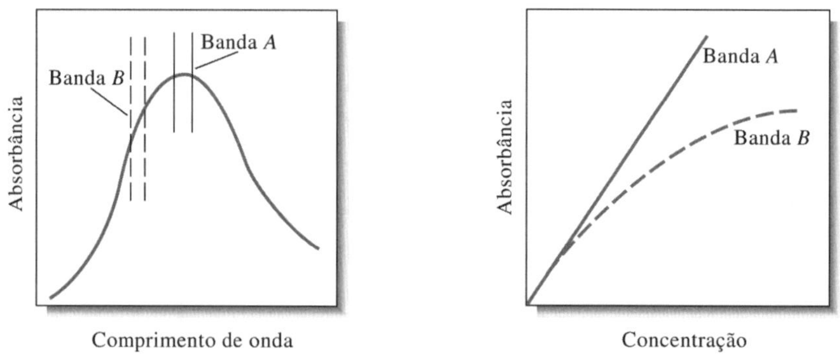

Figura 24-17 O efeito da radiação policromática sobre a lei de Beer. No espectro de absorção da figura superior, a absortividade do analito é praticamente constante sobre a Banda *A* da fonte. Observe no gráfico da lei de Beer na figura da direita que o uso da Banda *A* estabelece uma relação linear. No espectro, a Banda *B* coincide com uma região sobre a qual a absortividade do analito se altera. Note o desvio significante da lei de Beer resultante no gráfico.

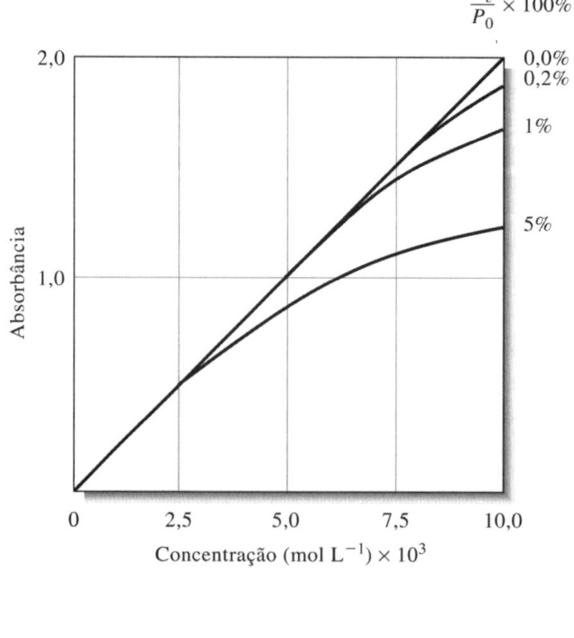

Figura 24-18 Desvios da lei de Beer causados por vários níveis de luz espúria. Observe que a absorbância começa a se distanciar da linearidade com a concentração em altos níveis de luz espúria. A luz espúria sempre limita o valor máximo de absorbância que pode ser medido porque quando a absorção é alta, a potência da radiação que atravessa a amostra se torna comparável ou até mesmo menor que o nível da luz espúria.

24D EMISSÃO DE RADIAÇÃO ELETROMAGNÉTICA

Os átomos, os íons e as moléculas podem ser excitados para um ou mais níveis de maior energia por meio de diversos processos, incluindo o bombardeamento com elétrons ou outras partículas elementares, exposição a plasmas de altas temperaturas, chama, arco elétrico ou exposição a uma fonte de radiação eletromagnética. O tempo de vida de uma espécie excitada é geralmente transitório (10^{-9} a 10^{-6} s) e o relaxamento para um nível de energia mais baixo ou para o estado fundamental ocorre com a liberação do excesso de energia na forma de radiação eletromagnética, de calor ou talvez de ambos.

❮ As espécies químicas podem ser levadas a emitir luz por (1) bombardeamento com elétrons; (2) aquecimento em um plasma, em uma chama ou arco elétrico; ou (3) irradiação com um feixe de luz.

24D-1 Espectro de Emissão

A radiação de uma fonte é convenientemente caracterizada por meio de um espectro de emissão, o qual normalmente tem a forma de um gráfico da potência relativa da radiação emitida em função do comprimento de onda ou frequência. A **Figura 24-19** ilustra um espectro de emissão típico, o qual foi obtido aspirando-se uma solução de sal de cozinha (salmoura) para uma chama de hidrogênio-oxigênio. Três tipos de espectro

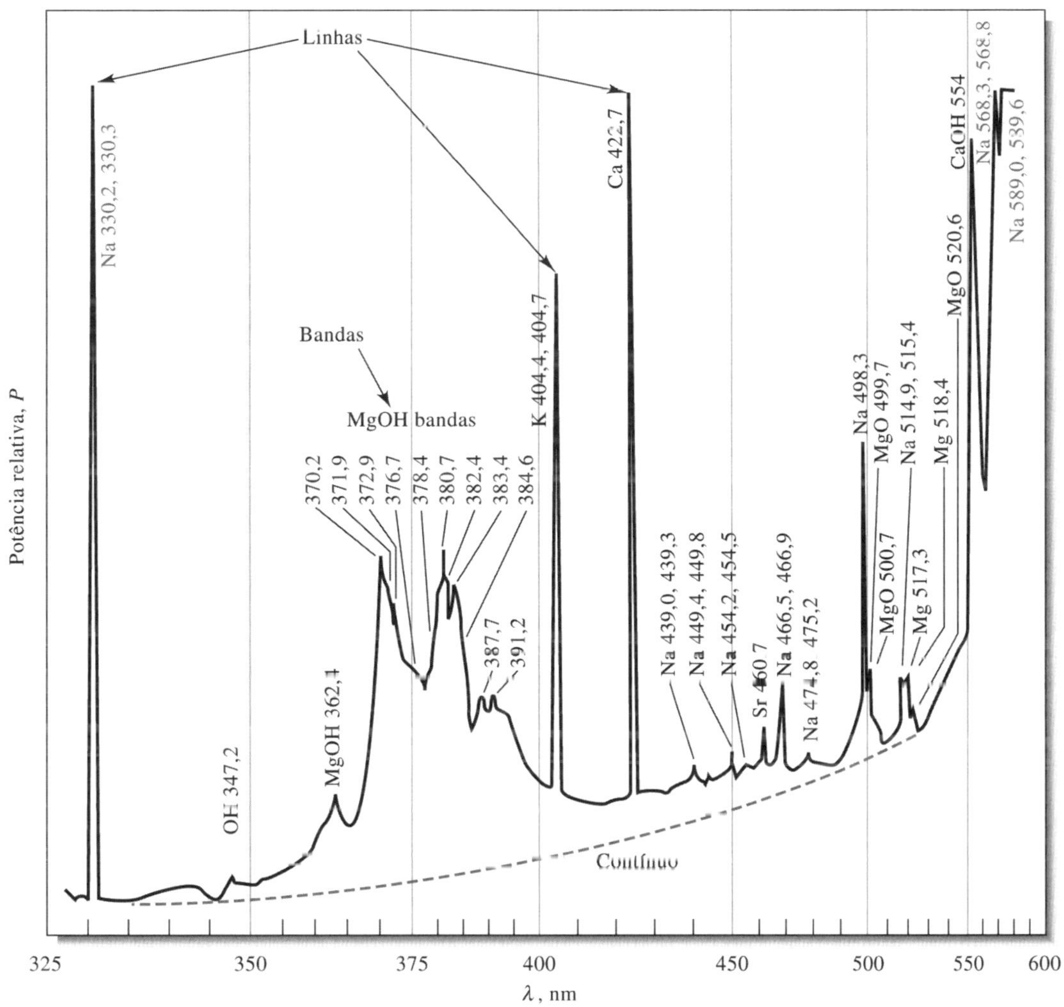

Figura 24-19 Espectro de emissão de uma amostra de salmoura obtida em uma chama de hidrogênio-oxigênio. O espectro consiste em espectros superpostos de linhas, bandas e contínuo dos constituintes da amostra e da chama. Os comprimentos de onda característicos das espécies que contribuem para o espectro são listados ao lado de cada ocorrência. (De R. Hermann e C. T. J. Alkemade, *Chemical Analysis by Flame Photometry*, 2. ed., New York: Interscience, 1979, p. 489.)

estão sobrepostos na figura: um **espectro de linhas**, um **espectro de bandas** e um **espectro contínuo**. O espectro de linhas, linhas marcadas na Figura 24-19, consiste em uma série de linhas finas e bem definidas provocadas pela excitação de átomos individuais. O espectro de bandas, bandas marcadas, é compreendido de vários grupos de linhas tão próximas entre si que elas não são completamente resolvidas. A fonte das bandas são as moléculas ou radicais presentes na chama. Finalmente, o espectro contínuo, mostrado como uma linha pontilhada na figura, é responsável pelo aumento da intensidade de fundo que aparece acima de aproximadamente 350 nm. Os espectros de linhas e de bandas encontram-se sobrepostos a esse contínuo.

Espectro de Linhas

As larguras das linhas de átomos em um meio, como em uma chama, são da ordem de 0,1 a 0,01 Å. Os comprimentos de onda das linhas atômicas são únicos para cada elemento e são frequentemente empregados em análises qualitativas.

Os espectros de linha ocorrem quando as espécies radiantes são átomos ou íons individuais que estão bem separados, como em um gás. As partículas individuais em um meio gasoso se comportam independentemente umas das outras e o espectro na maioria dos meios é constituído de uma série de linhas agudas com larguras de $10^{-1}-10^{-2}$ Å ($10^{-2}-10^{-3}$ nm). Na Figura 24-19, as linhas para o sódio, potássio, estrôncio, cálcio e magnésio são identificadas.

O diagrama de níveis de energia da **Figura 24-20** mostra a fonte de três das linhas que aparecem no espectro de emissão da Figura 24-19. A linha horizontal, rotulada $3s$ na Figura 24-20, corresponde à menor energia do átomo ou ao seu estado fundamental E_0. As linhas horizontais rotuladas por $3p$, $4p$ e $4d$ representam três níveis eletrônicos de energias mais altos do sódio. Observe que cada um dos estados p e d são desdobrados em dois outros níveis de energia bastante próximos em função do *spin* do elétron. O único elétron externo no orbital do estado $3s$ do átomo de sódio pode ser excitado para qualquer um destes níveis por absorção de energia térmica, elétrica ou radiante. Os níveis energéticos E_{3p} e E'_{3p} representam, então, as energias do átomo quando seu elétron é promovido para os dois estados $3p$ por absorção. A promoção para esses estados é indicada pela linha cinza entre os níveis $3s$ e os dois níveis $3p$ na Figura 24-20. Poucos nanossegundos depois da excitação, o elétron retorna do estado $3p$ para o estado fundamental, emitindo um fóton cujo comprimento de onda é dado pela Equação 24-3.

$$\lambda_1 = \frac{hc}{(E_{3p} - E_0)} = 589{,}6 \text{ nm}$$

De uma forma similar, o relaxamento a partir do estado $3p'$ para o estado fundamental fornece um fóton com λ_2 = 589,0 nm. Esse processo de emissão é mostrado mais uma vez pela linha cinza entre os níveis $3s$ e $3p$ na Figura 24-20. O resultado é que o processo de emissão a partir de dois níveis $3p$ muito próximos produz duas linhas correspondentes também muito próximas no espectro de emissão, denominadas **dupleto**. Essas linhas, indicadas pelas transições rotuladas de D_1 e D_2 na Figura 24-20, são as famosas linhas "D" de Fraunhofer discutidas no Destaque 24-1. Elas são tão intensas que aparecem completamente fora da escala no canto superior direito do espectro de emissão na Figura 24-19.

A transição a partir do estado mais energético $4p$ para o estado fundamental (veja a Figura 24-20) produz um segundo *dupleto* em comprimento de onda mais curto. A linha que aparece próxima de 330 nm na Figura 24-19 resulta dessas transições. A transição $4d$ para $3p$ fornece um terceiro dupleto em cerca de 568 nm. Observe que todos os três dupletos aparecem no espectro de emissão da Figura 24-19 como uma única linha. Isso é o resultado da resolução limitada do espectrômetro empregado para produzir o espectro, como discutido nas Seções 25A-3 e 28A-4. É importante notar que os comprimentos de onda emitidos são idênticos aos comprimentos de onda de pico de absorção do sódio (veja Figura 24-11) uma vez que as transições envolvidas ocorrem entre os mesmos pares de estados.

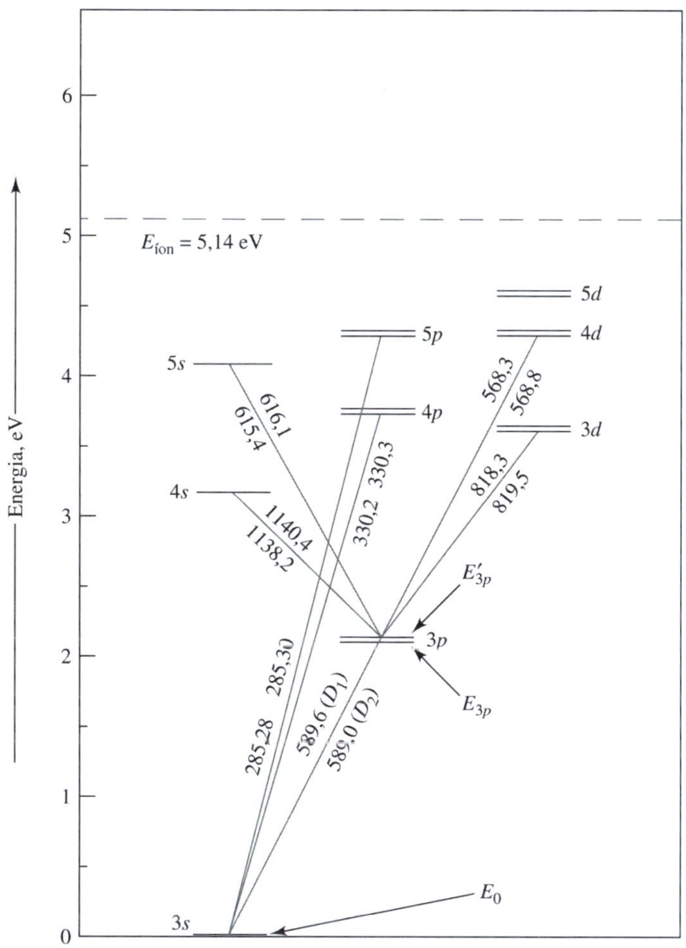

Figura 24-20 Diagrama de níveis de energia para o sódio no qual as linhas horizontais representam os orbitais atômicos, os quais são identificados pelas suas respectivas notações. A escala vertical é a energia do orbital dada em elétron-volts (eV) e as energias dos estados excitados relativas ao orbital do estado fundamental 3*s* podem ser lidas a partir do eixo vertical. As linhas cinza-claro mostram as transições permitidas resultantes na emissão de vários comprimentos de onda (em nm), indicados adjacentes às linhas. A linha horizontal pontilhada representa a energia de ionização do sódio. (Ingle, J. D. Crouch e S. R., *Spectrochemical Analysis,* 1. ed., © 1988, p. 206. Reimpresso com permissão de Pearson Education, Inc. Upper Saddle River, NJ.)

À primeira vista, pode parecer que a radiação poderia ser absorvida e emitida por átomos entre quaisquer pares de estados apresentados na Figura 24-20, porém, de fato, somente certas transições são permitidas enquanto outras são proibidas. As transições que são permitidas ou proibidas de produzirem linhas nos espectros atômicos dos elementos são determinadas pelas leis da mecânica quântica, na qual são denominadas **regras de seleção**. Essas regras estão além do escopo da nossa discussão.[4]

Espectros de Bandas

Os espectros de bandas são produzidos com frequência em fontes espectrais devido à presença de radicais ou pequenas moléculas gasosas. Por exemplo, na Figura 24-19, bandas de OH, MgOH e MgO são apontadas e consistem em uma série de linhas muito próximas que não podem ser resolvidas completamente pelo instrumento utilizado na obtenção do espectro. As bandas se originam de numerosos níveis vibracionais quantizados que se sobrepõem ao nível energético do estado fundamental da molécula. Para uma discussão complementar a respeito de espectros de bandas veja a Seção 28B-3.

❮ Um espectro de bandas de emissão de bandas é constituído por muitas linhas próximas que são muito difíceis de serem resolvidas.

Espectros Contínuos

Como mostrado na **Figura 24-21**, um contínuo espectral de radiação é produzido quando sólidos como carbono e tungstênio são aquecidos até a incandescência. A radiação térmica desse tipo, a qual é denominada **radiação de corpo negro**, é mais

❮ Um espectro contínuo não tem caráter de linha e geralmente é produzido por sólidos aquecidos a uma temperatura alta.

[4] Veja J. D. Ingle, Jr. e S. R. Crouch, *Spectrochemical Analysis*, Upper Saddle River, NJ: Prentice-Hall, 1988, p. 205.

característica da temperatura da superfície emissora que do material que a constitui. A radiação de corpo negro é produzida por inúmeras oscilações atômicas e moleculares excitadas por energia térmica em um sólido condensado. Observe que a energia dos picos na Figura 24-21 se desloca para menores comprimentos de onda com o aumento da temperatura. Como mostra a figura, uma temperatura muito alta é necessária para levar uma fonte termicamente excitada a emitir uma fração substancial da sua energia como radiação ultravioleta.

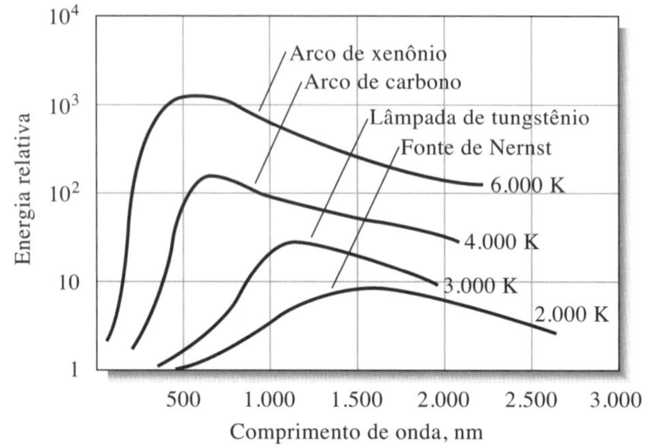

Figura 24-21 Curvas de radiação de corpo negro para várias fontes de luz. Observe o deslocamento nos comprimentos de onda da emissão máxima à medida que a temperatura das fontes varia.

Parte do fundo de radiação contínua do espectro de uma chama, como mostrado na Figura 24-19, é provavelmente emissão térmica de partículas incandescentes presentes na chama. Note que esse fundo diminui rapidamente à medida que o comprimento de onda se aproxima da região do ultravioleta do espectro.

Os sólidos aquecidos são importantes fontes de radiação no infravermelho, no visível e no ultravioleta de comprimento de onda mais longo para instrumentos analíticos, como veremos no Capítulo 25.

Em 1900, Max Plank (1858-1947) descobriu a fórmula (agora denominada com frequência de Lei de Radiação de Plank) que modelou quase que perfeitamente curvas como aquelas mostradas na Figura 24-21. Ele acompanhou esta descoberta do desenvolvimento de uma teoria que fez duas suposições marcantes em relação aos átomos e moléculas oscilantes em um corpo negro. Ele assumiu (1) que estas espécies poderiam ter somente energias discretas e (2) que elas poderiam absorver ou emitir energia em unidades discretas ou quanta. Estas suposições, as quais estão implícitas na Equação 24-3, forneceram os fundamentos para o desenvolvimento da teoria quântica e eventualmente lhe conferiu o Prêmio Nobel de Física em 1918.

Efeito da Concentração em Espectros de Linhas e de Bandas

A potência radiante P de uma linha ou banda depende diretamente do número de átomos ou moléculas excitados, o que por sua vez é proporcional à concentração da espécie presente na fonte. Então, podemos escrever

$$P = kc \qquad (24\text{-}16)$$

onde k é uma constante de proporcionalidade. Essa relação é a base da espectroscopia de emissão quantitativa, a qual será descrita em mais detalhe na Seção 28C.

24D-2 Emissão por Fluorescência e Fosforescência

A fluorescência e a fosforescência são processos de emissão analiticamente importantes nos quais os átomos ou moléculas são excitados pela absorção de um feixe de radiação eletromagnética. A espécie excitada então relaxa para o estado fundamental, fornecendo seu excesso de energia como fótons. A fluorescência ocorre muito mais rapidamente que a fosforescência e se completa em cerca de 10^{-5} s (ou menos) depois do momento da excitação. A emissão por fosforescência pode se estender por minutos ou mesmo por horas depois do final da irradiação. A fluorescência é consideravelmente mais importante que a fotofluorescência na química analítica, logo, nossa discussão foca principalmente na fluorescência.

Fluorescência Atômica

Os átomos gasosos fluorescem quando são expostos à radiação que tem um comprimento de onda que combina exatamente com aquele de uma das linhas de absorção (ou emissão) do elemento em questão. Por exemplo, os átomos gasosos de sódio são promovidos ao estado excitado de energia E_{3p}, como mostrado na Figura 24-20, por meio da absorção de radiação em 589 nm. A relaxação pode então ocorrer por reemissão de radiação fluorescente de comprimento de onda idêntico. Quando os comprimentos de onda de excitação e de emissão são os mesmos, a emissão resultante é chamada **fluorescência ressonante**. Os átomos de sódio poderiam também exibir a fluorescência ressonante quando expostos à radiação de 330 nm ou 285 nm. Entretanto, além disso, o elemento também poderia produzir fluorescência de não ressonância inicialmente relaxando de E_{5p} ou E_{4p} para o nível de energia E_{3p} através de uma série de colisões não radiotivas com outras espécies no meio. Uma relaxação posterior para o estado fundamental pode então ocorrer, quer por emissão de um fóton em 589 nm ou por desativação por meio de novas colisões.

Fluorescência Molecular

A fluorescência é um processo fotoluminescente no qual os átomos ou moléculas são excitados por absorção de radiação eletromagnética, como exposto na **Figura 24-22a**. A espécie excitada então relaxa, voltando ao estado fundamental, rendendo seu excesso de energia como fótons. Como observamos, o tempo de vida de uma espécie excitada é breve porque existem vários mecanismos para um átomo ou molécula excitado fornecer seu excesso de energia e relaxar para seu estado fundamental. Dois dos mais importantes desses mecanismos, o **relaxamento não radiotivo** e a **emissão fluorescente**, são ilustrados nas **Figuras 24-22b** e **c**.

A **fluorescência ressonante** é a radiação idêntica em comprimento de onda à radiação que excitou a fluorescência.

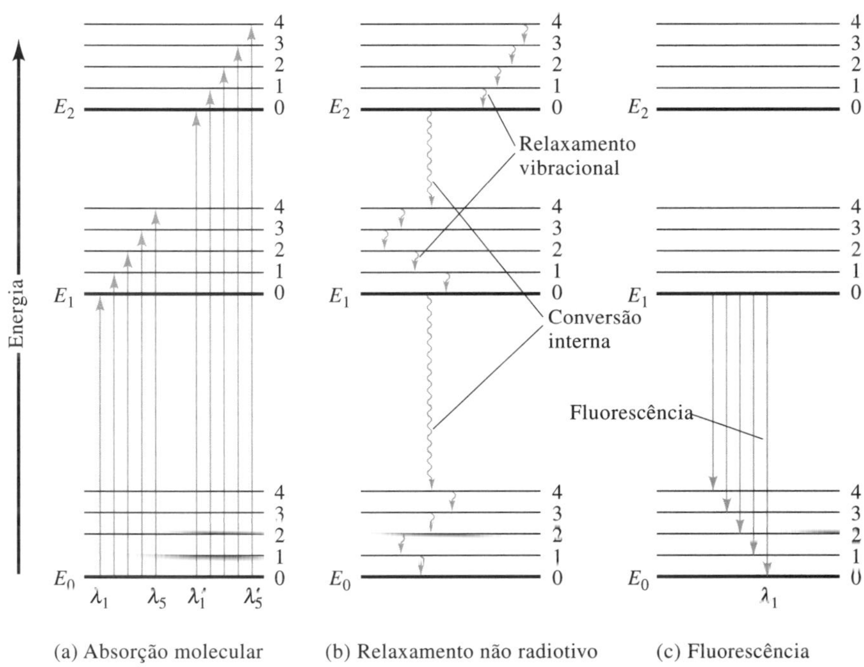

Figura 24-22 Diagrama de níveis de energia mostrando algumas alterações de energia que ocorrem durante a absorção. Relaxamento não radioativo e fluorescência por uma espécie molecular.

Relaxamento Não Radioativo Dois tipos de relaxamento não radioativo são apresentados na Figura 24-22b. A **desativação vibracional** ou **relaxamento**, indicada por setas onduladas curtas entre os níveis vibracionais, ocorre durante as colisões entre as moléculas excitadas e as moléculas do solvente. Durante as colisões, o excesso de energia vibracional é transferido para as moléculas do solvente em uma série de etapas, como indicado na figura. O ganho em energia vibracional do solvente reflete-se em um ligeiro aumento da temperatura do meio. A relaxamento vibracional é um processo tão eficiente de desativação que o tempo de vida do estado excitado é de somente cerca de 10^{-15} s. A relaxamento não radioativo entre o nível vibracional mais baixo do estado eletrônico excitado e o nível vibracional superior de outro estado eletrônico também pode ocorrer. Este tipo de relaxamento, denominada **conversão interna**, é indicado pelas duas setas onduladas mais longas na Figura 24-22b e é um processo muito menos eficiente que o relaxamento vibracional, de forma que o tempo médio de vida de um estado eletrônico excitado está entre 10^{-9} e 10^{-6} s. Os mecanismos pelos quais esse tipo de relaxamento ocorre não são completamente compreendidos, porém, o efeito líquido é novamente o aumento da temperatura do meio.

O **deslocamento de Stokes** refere-se à radiação fluorescente que ocorre em comprimentos de onda maiores que o comprimento de onda empregado para excitar a fluorescência.

Fluorescência São poucas as moléculas que fluorescem porque a fluorescência requer características estruturais que diminuam a velocidade dos processos de relaxamento não radioativo ilustrados na Figura 24-22b e aumentem a velocidade de emissão de fluorescência mostrada na Figura 24-22c. Muitas moléculas não têm estas características e sofrem relaxamento não radioativo a uma velocidade que é significativamente maior que a velocidade de relaxamento radioativo e, assim, a fluorescência não ocorre. Como mostrado na Figura 24-22c, as bandas de radiação são produzidas quando moléculas relaxam do estado vibracional de mais baixa energia do estado excitado E_1 para os muitos níveis vibracionais do estado E_0. Como no caso das bandas de absorção molecular, as bandas de fluorescência constituem-se em um grande número de linhas próximas umas das outras e que são geralmente difíceis de ser resolvidas. Observe que a transição de E_1 para o estado vibracional mais baixo do estado fundamental (λ_1) apresenta a maior energia de todas as transições na banda. O resultado é que todas as outras linhas que terminam em níveis vibracionais mais altos do estado fundamental são de menor energia e produzem emissão fluorescente de comprimentos de onda maiores que λ_1. Em outras palavras, as bandas de fluorescência molecular consistem enormemente em linhas que são maiores no comprimento de onda que a banda de radiação absorvida responsável pela excitação delas. Esse deslocamento no comprimento de onda é chamado, algumas vezes, **deslocamento de Stokes**. Uma discussão mais detalhada sobre a fluorescência molecular é feita no Capítulo 27.

TRABALHO NA WEB

Para aprender mais sobre a lei de Beer, use um mecanismo de busca na web para encontrar "Glossary of Terms Used in Photochemistry." Encontre a forma pela qual a absortividade molar (o "Glossary" da IUPAC usa o **coeficiente de absorção molar**) de um composto (ε) se relaciona com a seção de choque de absorção (σ). Multiplique a secção de choque pelo número de Avogadro e observe o resultado. Como o resultado iria se alterar se a absorbância fosse expressa como $A = -\ln(P/P_0)$ em vez da definição usual em termos de logaritmos na base 10? Quais dos termos, absortividade molar ou coeficiente de absorção molar, é mais descritivo? Quais são as unidades de σ? Qual das quantidades, ε ou σ, é uma quantidade macroscópica? Qual desses termos, absortividade molar ou coeficiente de absortividade molar, é mais adequado? Explique e justifique sua resposta.

QUESTÕES E PROBLEMAS

***24-1.** Em uma solução de pH 5,3, o indicador violeta de bromocresol exibe uma cor amarela, mas quando o pH é 6,0, a solução de indicador muda para violeta. Discuta por que estas cores são observadas em termos das regiões de comprimento de onda e cores absorvidas e transmitidas.

24-2. Qual é a relação entre
- *(a) absorbância e transmitância?
- (b) absortividade a e absortividade molar ε?

***24-3.** Identifique os fatores que fazem com que a relação da lei de Beer se desvie da linearidade.

24-4. Descreva a diferença entre os desvios "reais" da lei de Beer e aqueles advindos da instrumentação ou de fatores químicos.

24-5. Como uma transição eletrônica se assemelha a uma transição vibracional? Como elas se diferem?

24-6. Calcule a frequência em hertz de
- *(a) um feixe de raios X com comprimento de onda igual a 2,65 Å.
- (b) uma linha de emissão do cobre a 211,0 nm.
- *(c) a linha a 694,3 nm produzida pelo laser de rubi.

(d) a saída de um laser de CO_2 a 10,6 μm.
*(e) um pico de absorção no infravermelho em 19,6 μm.
(f) um feixe de micro-ondas de 1,86 cm.

24-7. Calcule o comprimento de onda em centímetros de
*(a) uma torre de um aeroporto transmitindo em 118,6 MHz.
(b) um ANR (auxiliar de navegação por rádio) transmitindo em 114,10 kHz.
*(c) um sinal de RMN em 105 MHz.
(d) um pico de absorção com um número de onda igual a 1.210 cm^{-1}.

24-8. Um instrumento de ultravioleta/visível/infravermelho próximo sofisticado apresenta uma faixa de comprimento de onda de 185 a 3.000 nm. Quais são as faixas do instrumento em número de onda e em frequência?

***24-9.** Um espectrofotômetro de infravermelho simples cobre a faixa de comprimento de onda de 3 a 15 μm. Expresse essa faixa em termos de (a) número de onda e (b) em hertz.

24-10. Calcule a frequência em hertz e a energia em joules de um fóton de raio X com comprimento de onda de 2,70 Å.

***24-11.** Calcule o comprimento de onda e a energia em joules associada com um sinal de 220 MHz.

24-12. Calcule o comprimento de onda
*(a) da linha de sódio a 589 nm em uma solução aquosa de índice de refração igual a 1,35.
(b) da saída de um laser de rubi em 694,3 nm quando este atravessa uma peça de quartzo que apresenta índice de refração igual a 1,55.

24-13. Quais são as unidades de absortividade quando o caminho ótico é dado em centímetros e a concentração é expressa em
*(a) partes por milhão?
(b) microgramas por litro?
*(c) porcentagem de massa por volume?
(d) gramas por litro?

24-14. Expresse as seguintes absorbâncias em termos de porcentagem de transmitância:
*(a) 0,0356
(b) 0,895
*(c) 0,379
(d) 0,167
*(e) 0,485
(f) 0,753

24-15. Converta os seguintes dados de transmitâncias para as respectivas absorbâncias:
*(a) 27,2%
(b) 0,579
*(c) 30,6%
(d) 3,98%
*(e) 0,093
(f) 63,7%

24-16. Calcule a porcentagem de transmitância de soluções que apresentam duas vezes as absorbâncias listadas no Problema 24-14.

24-17. Calcule as absorbâncias de soluções com a metade das transmitâncias daquelas do Problema 24-15.

24-18. Avalie as quantidades que faltam na tabela a seguir. Quando necessário, use o valor 200 como massa molar do analito.

			ε	a	b	c	
	A	$\%T$	L mol^{-1} cm^{-1}	cm^{-1} ppm^{-1}	cm	mol L^{-1}	ppm
*(a)	0,172		$4{,}23 \times 10^3$		1,00		
(b)		44,9		0,0258		$1{,}35 \times 10^{-4}$	
*(c)	0,520		$7{,}95 \times 10^3$		1,00		
(d)		39,6		0,0912			1,76
*(e)			$3{,}73 \times 10^3$		0,100	$1{,}71 \times 10^{-3}$	
(f)		83,6			1,00	$8{,}07 \times 10^{-6}$	
*(g)	0,798				1,50		33,6
(h)		11,1	$1{,}35 \times 10^4$			$7{,}07 \times 10^{-5}$	
*(i)		5,23	$9{,}78 \times 10^3$				5,24
(j)	0,179				1,00	$7{,}19 \times 10^{-5}$	

24-19. Uma solução contendo 4,48 ppm de $KMnO_4$ apresenta 85,9 %T em uma célula de 1,00 cm a 520 nm. Calcule a absortividade molar do $KMnO_4$.

24-20. O berílio(II) forma um complexo com a acetilacetona (166,2 g mol^{-1}). Calcule a absortividade molar do complexo, dado que uma solução 2,25 ppm apresenta uma transmitância de 37,5% quando medida em uma célula de 1,00 cm a 295 nm, o comprimento de onda de máxima absorção.

***24-21.** Em 580 nm, o comprimento de onda de seu máximo de absorção, o complexo $Fe(SCN)^{2+}$ apresenta uma absortividade molar de 7,00 10^3 L cm^{-1} mol^{-1}. Calcule

(a) a absorbância de uma solução $3{,}40 \times 10^{-5}$ mol L^{-1} do complexo a 580 nm em uma célula de 1,00 cm.
(b) a absorbância de uma solução na qual a concentração do complexo é duas vezes aquela do item (a).
(c) a transmitância das soluções descritas nos itens (a) e (b).
(d) a absorbância de uma solução que apresenta a metade da transmitância daquela descrita no item (a).

24-22. Uma alíquota de 2,50 mL de uma solução que contém 4,33 ppm de ferro(III) é tratada com um excesso apropriado de KSCN e diluída para 50,00 mL. Qual é a absorbância da solução resultante em 580 nm em uma célula de 2,50 cm? Veja o Problema 24-21 para os dados de absortividade.

***24-23.** Uma solução contendo o complexo formado entre Bi(III) e a tioureia apresenta uma absortividade molar de $9{,}32 \times 10^3$ L cm^{-1} mol^{-1} a 470 nm.
(a) Qual é a absorbância de uma solução $5{,}67 \times 10^{-5}$ mol L^{-1} do complexo em 470 nm em uma célula de 1,00 cm?
(b) Qual é a porcentagem de transmitância da solução descrita no item (a)?
(c) Qual é a concentração molar do complexo em uma solução que apresenta a absorbância descrita no item (a) quando medida a 470 nm em uma célula de 2,50 cm?

24-24. O complexo formado entre Cu(I) e 1,10-fenantrolina apresenta absortividade molar de 7.000 L cm^{-1} mol^{-1} a 435 nm, o comprimento de onda de máxima absorção. Calcule
(a) a absorbância de uma solução $6{,}17 \times 10^{-5}$ mol L^{-1} do complexo quando medida em uma célula de 1,00 cm a 435 nm.
(b) a porcentagem de transmitância da solução do item (a).
(c) a concentração da solução que em uma célula de 5,00 cm apresenta a mesma absorbância da solução em (a).
(d) o caminho ótico necessário para se obter um valor de absorbância que seja igual àquele da solução do item (a) para uma solução do complexo de concentração igual a $3{,}13 \times 10^{-5}$ mol L^{-1}.

***24-25.** Uma solução cujo valor "verdadeiro" de absorbância [$A = -\log(P_0/P)$] é igual a 2,10 foi colocada em um espectrofotômetro com uma porcentagem de luz espúria (P_s/P_0) de 0,75. Qual é a absorbância A' que será medida? Qual é o erro relativo resultante?

24-26. Um composto X deve ser determinado por espectrofotometria no UV/visível. Uma curva de calibração é construída a partir de soluções padrão de X com os seguintes resultados: 0,50 ppm, $A = 0{,}24$; 1,5 ppm, $A = 0{,}36$; 2,5 ppm, $A = 0{,}44$; 3,5 ppm, $A = 0{,}59$; 4,5 ppm, $A = 0{,}70$. Uma amostra de X forneceu uma absorbância igual a 0,50 nas mesmas condições de medida dos padrões. Encontre a inclinação e a interseção da curva de calibração, o erro padrão em Y, a concentração da amostra de X de concentração desconhecida, o desvio padrão na concentração de X. Construa um gráfico da curva analítica e determine, manualmente, empregando o gráfico, a concentração da amostra.

24-27. Uma forma comum de determinar fósforo em urina consiste em tratar a amostra com molibdênio(VI) após remover as proteínas, e então reduzir o complexo 12-molibdofosfato com ácido ascórbico para fornecer uma espécie de cor azul intensa. A absorbância do azul de molibdênio pode ser medida a 650 nm. Uma amostra de urina de 24 h foi coletada e o paciente produziu 1.122 mL em 24 horas. Uma alíquota de 1,00 mL da amostra foi tratada com Mo(VI) e ácido ascórbico e foi diluída para um volume de 50,00 mL. Uma curva analítica foi preparada tratando-se alíquotas de 1,00 mL de soluções padrão de fosfato da mesma forma que a amostra de urina. As absorbâncias dos padrões e da amostra de urina foram medidas a 650 nm, obtendo-se os seguintes resultados:

Solução	Absorbância a 650 nm
1,00 ppm P	0,230
2,00 ppm P	0,436
3,00 ppm P	0,638
4,00 ppm P	0,848
Amostra de urina	0,518

(a) Encontre a inclinação, a interseção e o erro padrão em y da curva analítica. Construa um gráfico da curva analítica. Determine a concentração em ppm de fósforo na amostra de urina e seu desvio padrão da reta a partir da equação dos mínimos quadrados. Compare a concentração desconhecida com aquela obtida manualmente por meio do gráfico da curva analítica.
(b) Qual massa, em gramas, foi eliminada pelo paciente por dia?
(c) Qual é a concentração de fosfato na urina em mmol L^{-1}?

24-28. O nitrito é determinado comumente por meio de um procedimento colorimétrico empregando-se uma reação denominada reação de Griess. Nessa reação, a amostra contendo nitrito reage com a sulfanilamida e N-(1-Naftil) etilenodiamina para formar uma espécie colorida que absorve em 550 nm. Usando um instrumento automático de análise de fluxo, os seguintes resultados foram obtidos para soluções padrão de nitrito e para uma amostra contendo uma quantidade desconhecida dessa espécie:

Solução	Absorbância a 550 nm
2,00 μ(mol L^{-1})	0,065
6,00 μ(mol L^{-1})	0,205
10,00 μ(mol L^{-1})	0,338
14,00 μ(mol L^{-1})	0,474
18,00 μ(mol L^{-1})	0,598
Amostra desconhecida	0,402

(a) Encontre a inclinação, a interseção e o desvio padrão da curva analítica.
(b) Construa um gráfico da curva analítica.
(c) Determine a concentração de nitrito na amostra e o seu desvio padrão.

24-29. A constante de equilíbrio para a reação

$$2CrO_4^{2-} + 2H^+ \rightleftharpoons Cr_2O_7^{2-} + H_2O$$

é $4{,}2 \times 10^{14}$. As absortividades molares para as duas espécies principais na solução de $K_2Cr_2O_7$ são

λ, nm	ε_1 (CrO_4^{2-})	ε_2 ($Cr_2O_7^{2-}$)
345	$1{,}84 \times 10^3$	$10{,}7 \times 10^2$
370	$4{,}81 \times 10^3$	$7{,}28 \times 10^2$
400	$1{,}88 \times 10^3$	$1{,}89 \times 10^2$

Quatro soluções foram preparadas dissolvendo se $4{,}00 \times 10^{-4}$; $3{,}00 \times 10^{-4}$; $2{,}00 \times 10^{-4}$ e $1{,}00 \times 10^{-4}$ mol de $K_2Cr_2O_7$ em água e diluindo-se a 1,00 L com um tampão a pH 5,60. Calcule a absorbância teórica (em célula de 1,00 cm) para cada solução e coloque os dados em gráfico para (a) 345 nm; (b) 370 nm; (c) 400 nm.

24-30. Problema Desafiador: O NIST mantém uma base de dados dos espectros dos elementos no endereço *http://www.nist.gov/pml/data/asd_contents.cfm*. Os seguintes níveis de energia para a espécie neutra de lítio foram obtidos dessa base de dados:

Configuração eletrônica	Nível, eV
$1s^22s^1$	0,00000
$1s^22p^1$	1,847818 1,847860
$1s^23s^1$	3,373129
$1s^23p^1$	3,834258 3,834258
$1s^23d^1$	3,878607 3,878612
$1s^24s^1$	4,340942
$1s^24p^1$	4,521648 4,521648
$1s^24d^1$	4,540720 4,540723

(a) Construa um diagrama parcial de energia similar àquele da Figura 24-20. Identifique cada nível de energia com o seu orbital correspondente. Observe a energia da primeira ionização do lítio no *site* do NIST e indique-a com uma linha horizontal no seu diagrama.
(b) Navegue na página do NIST na Web e selecione o link *Physical Reference Data*. Localize e selecione o banco de dados atômicos espectrais (*Atomic Spectral Data*) e clique no ícone *Lines*. Utilize o formulário para obter as linhas espectrais para o Li(I) entre 300 nm e 700 nm, incluindo as informações de níveis de energia. Observe que a tabela obtida contém os comprimentos de onda, a intensidade relativa e as mudanças na configuração eletrônica para as transições que originam cada uma das linhas. Adicione linhas conectando os níveis de energia parcial do diagrama do item (a) para ilustrar as transições e identifique cada linha com o comprimento de onda de emissão. Quais das transições em seu diagrama se referem a dupletos?
(c) Empregue os dados de intensidade *versus* comprimento de onda que você obteve em (b) para esquematizar um espectro de emissão para o lítio. Colocando-se uma amostra de $LiCO_3$ em uma chama, qual seria a cor da chama?
(d) Descreva como o espectro da chama de um composto iônico de lítio, como o $LiCO_3$, produz o espectro de átomos neutros de lítio.
(e) Aparentemente não há linhas de emissão para o lítio entre 544 nm e 610 nm. Por quê?
(f) Descreva como a informação obtida nesse problema poderia ser empregada para detectar a presença de lítio em urina. Como você determinaria a quantidade de lítio?

capítulo 25

Instrumentos para a Espectrometria Ótica

©Australian Astronomical Observatory/Fotografia de David Malin das lâminas AAT

A estrela brilhante no meio da foto é a Supernova 1987a, que foi a primeira supernova visível a olho nu a surgir em mais de 400 anos. Os pontos pretos sobre a imagem da estrela foram produzidos pela superposição do negativo de uma foto tirada dois anos antes de a supernova aparecer. Quase coincidente com a supernova ocorreu uma anormal rajada de neutrinos, que foram detectados por uma instalação abaixo do Lago Erie e por uma instalação similar no Japão. O recentemente reformado detector subterrâneo Irvine-Michigan-Brookhaven em Ohio consiste em um volume de 6.800 metros cúbicos de água cercado por 2.048 tubos fotomultiplicadores de grande área e de alta sensibilidade e hospedados em uma mina de sal sob o lago Erie. Quando pelo menos 20 fotomultiplicadores detectam um pulso de radiação Cherenkov azul gerado pelo impacto dos neutrinos com as moléculas de água em um intervalo de tempo de 55 ns, atesta-se a ocorrência de um neutrino. O detector do lago Erie e outros semelhantes a ele foram construídos em um esforço para detectar o decaimento espontâneo de prótons em moléculas de água. Estes experimentos são de longa duração e os dados do detector do lago Erie são gravados continuamente. Como resultado, o detector estava preparado para monitorar a rajada de neutrinos da Supernova 1987a. O tubo fotomultiplicador é um dos tipos de detectores de radiação descritos neste capítulo.

Com frequência, denominamos as regiões do UV/visível e IV do espectro de região ótica. Mesmo o olho humano reage apenas à radiação no visível; as outras regiões são incluídas porque as lentes, espelhos, prismas e redes usadas são similares e funcionam de maneira comparável. Portanto, a espectroscopia nas regiões do UV/visível e IV é sempre chamada **espectroscopia ótica.**

Os componentes básicos de instrumentos para absorção, bem como para as espectroscopias de emissão e fluorescência, são extremamente similares quanto à função e às exigências gerais de desempenho independentemente de os instrumentos serem projetados para radiação UV, visível, ou IV. Por essas similaridades, tais instrumentos são frequentemente chamados de **instrumentos óticos**, mesmo que o olho humano seja sensível apenas à região do visível. Neste capítulo, examinaremos primeiro as características dos componentes comuns a todos os instrumentos óticos. Então iremos considerar as características de instrumentos típicos projetados para a espectroscopia de absorção no UV, visível e IV.

25A COMPONENTES DOS INSTRUMENTOS

Muitos instrumentos espectroscópicos nas regiões do UV/visível e IV são constituídos de cinco componentes: (1) uma fonte estável de energia radiante; (2) um seletor de comprimento de onda para isolar uma região limitada do espectro para a medida; (3) um ou mais recipientes de amostra; (4) um detector de radiação, para converter energia radiante em um sinal elétrico que possa ser medido, e (5) uma unidade de processamento de sinal e leitura consistindo em um circuito eletrônico e nos instrumentos modernos de um computador. A **Figura 25-1** ilustra as três maneiras de estes componentes serem configurados para fazer medidas de espectroscopia ótica. A figura mostra que os componentes (3), (4) e (5) têm configurações similares para cada tipo de medida.

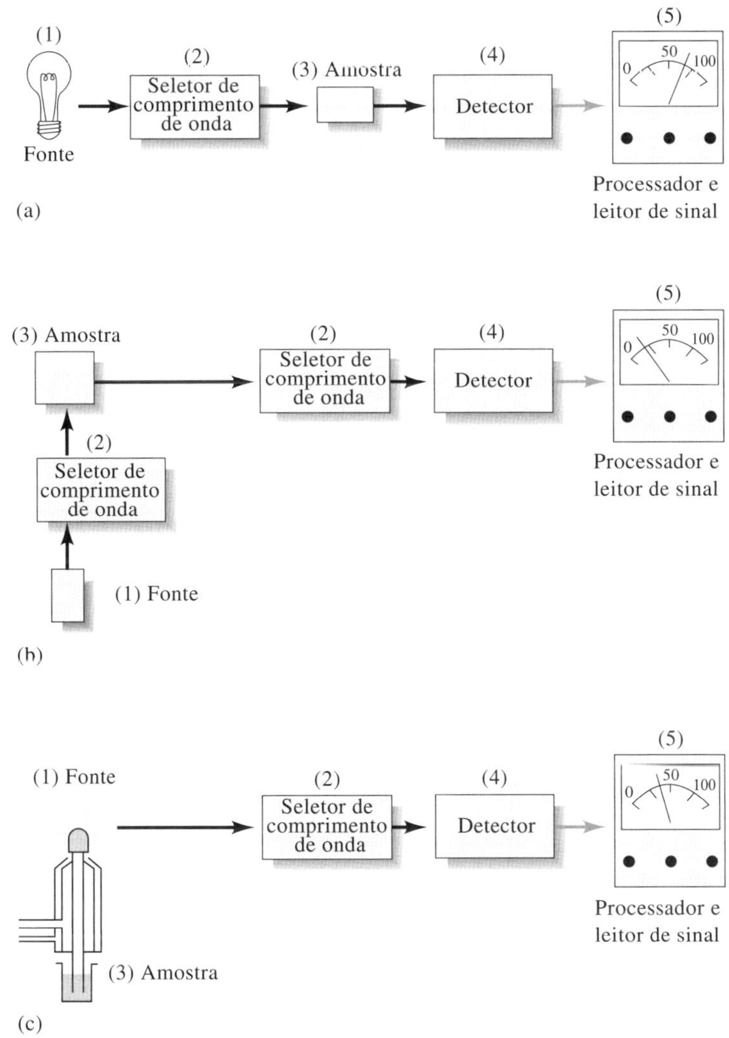

Figura 25-1 Componentes de vários instrumentos usados na espectroscopia ótica. Em (a) é mostrado o arranjo para as medidas de absorbância. Observe que a radiação de comprimento de onda selecionado atravessa a amostra e a radiação transmitida é medida na unidade de detecção/processamento de sinal/leitura. Em alguns instrumentos, as posições da amostra e do seletor de comprimento de onda são invertidas. Em (b), é indicada a configuração para as medidas de fluorescência. Para esta medida, são necessários dois seletores para selecionar os comprimentos de onda de excitação e emissão. A radiação da fonte selecionada é incidida na amostra e a radiação emitida é medida, normalmente em ângulos para evitar detectar a radiação da fonte e minimizar o espalhamento. Em (c), é indicada a configuração para a espectroscopia de emissão. Neste instrumento, uma fonte de energia térmica, como uma chama, produz um vapor de analito que emite radiação isolada pelo seletor de comprimento de onda e convertida em um sinal elétrico pelo detector.

Os primeiros dois tipos de arranjo, para a espectroscopia de absorção e fluorescência, requerem uma fonte de radiação externa. Nas medições de absorção (veja Figura 25-1a), a atenuação da fonte de radiação em um comprimento de onda selecionado é medida. Nas medidas de fluorescência (veja Figura 25-1b), a fonte excita o analito e provoca a emissão de radiação característica, que normalmente é medida perpendicularmente ao feixe da fonte incidente. Na espectroscopia de emissão (veja Figura 25-1c), a amostra é um emissor por si mesma e nenhuma fonte de radiação externa faz-se necessária. Nos métodos de emissão, a amostra geralmente é introduzida em um plasma ou chama que fornece energia térmica suficiente para fazer com que o analito emita radiação característica. Os métodos de fluorescência e emissão são descritos em mais detalhes nos Capítulos 27 e 28, respectivamente.

25A-1 Materiais Óticos

As células, janelas, lentes, espelhos e elementos de seleção de comprimento de onda devem, nos instrumentos de espectroscopia ótica, transmitir a radiação na região de comprimento de onda investigada. A **Figura 25-2** mostra as faixas de comprimento de onda funcionais para vários materiais óticos que são usados nas regiões do UV, visível e IV do espectro. O vidro de silicato comum é satisfatório para a região do visível e tem como vantagem considerável o baixo custo. Na região do UV, em comprimentos de onda mais curtos que 380 nm, o vidro começa a absorver e deve ser substituído por quartzo ou sílica fundida. Também, na região do IV, tanto o vidro como o quartzo e a sílica fundida absorvem comprimentos de onda mais longos que

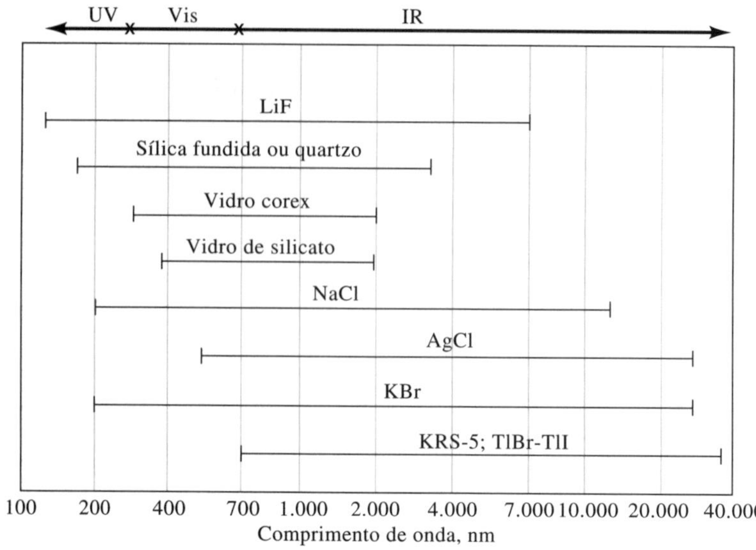

Figura 25-2 Faixas de transmitância para vários materiais óticos. Os vidros comuns são bons para a região do visível, enquanto sílica fundida ou quartzo são necessários para a região do UV (< 380 nm). Os sais de haleto (KBr, NaCl e AgCl) são frequentemente usados no IV, embora tenham as desvantagens de serem caros e um tanto quanto solúveis em água.

aproximadamente 2,5 μm. Portanto, os elementos óticos para a espectroscopia no IV são feitos tipicamente de sais haletos ou, em alguns casos, de materiais poliméricos.

25A-2 Fontes Espectroscópicas

Uma fonte contínua fornece uma distribuição de comprimentos de onda ampla em uma faixa espectral em particular. Essa distribuição é conhecida como **espectro contínuo**. Uma fonte de linhas emite um número limitado de linhas espectrais em uma faixa estreita.

Para ser adequada para estudos espectroscópicos, uma fonte deve gerar um feixe de radiação que seja suficientemente potente para fácil detecção e medição. Além disso, sua potência de saída deve ser estável por períodos razoáveis de tempo. Normalmente, para uma boa estabilidade, o fornecimento de potência para a fonte deve ser bem regulado. As fontes espectroscópicas são de dois tipos: **fontes contínuas**, as quais emitem radiação que varia na intensidade apenas lentamente em função do comprimento de onda, e **fontes de linhas**, as quais emitem um número limitado de linhas espectrais, cada uma das quais varre uma faixa bem estreita de comprimentos de onda. A diferenciação entre estas fontes está ilustrada na **Figura 25-3**. As fontes também podem ser classificadas como **fontes ininterruptas**, que se refere ao fato de elas emitirem radiação continuamente com o tempo ou **fontes pulsadas**, que emitem radiação periodicamente interrompida.

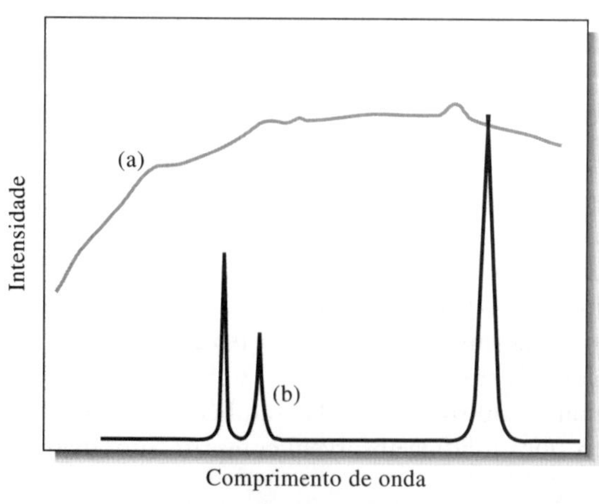

Figura 25-3 Espectros de duas fontes espectrais diferentes. O espectro de uma fonte contínua (a) é muito mais largo que aquele de uma fonte de linhas (b).

TABELA 25-1
Fontes Contínuas para a Espectroscopia Ótica

Fonte	Região de Comprimento de Onda, nm	Tipo de Espectroscopia
Lâmpada de xenônio	250–600	Fluorescência molecular
Lâmpadas de H_2 e D_2	160–380	Absorção molecular no UV
Lâmpada de tungstênio/halogênio	240–2500	Absorção molecular no UV/visível-IV-próximo
Lâmpada de tungstênio	350–2200	Absorção molecular no visível-IV-próximo
Fonte de Nernst	400–20.000	Absorção molecular no IV
Fio de níquel-cromo	750–20.000	Absorção molecular no IV
Globar	1200–40.000	Absorção molecular no IV

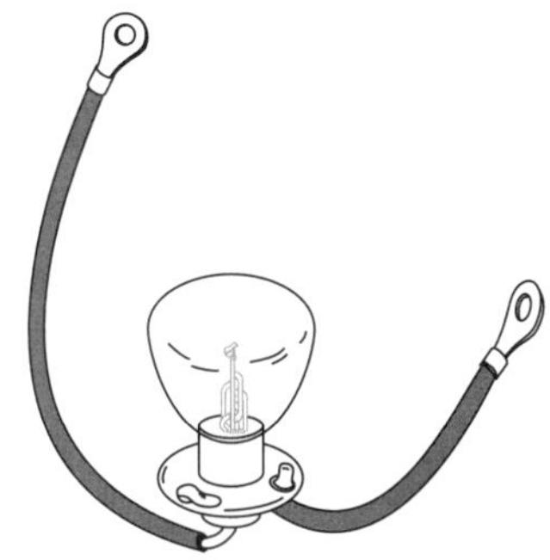
(a)

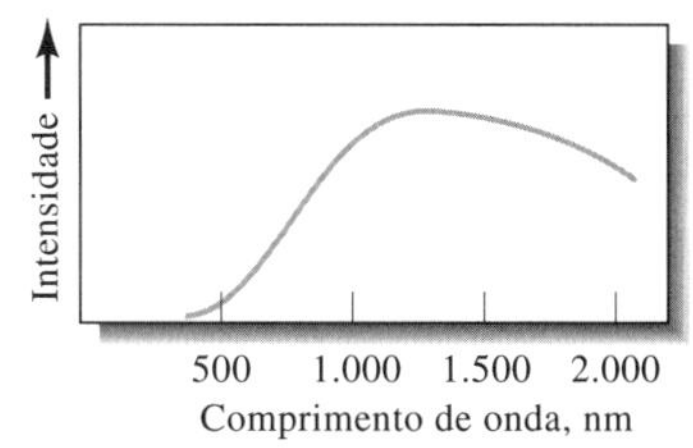

(b)

Figura 25-4 (a) Lâmpada de tungstênio do tipo empregado em espectroscopia e seu espectro (b). A intensidade de uma fonte de tungstênio é geralmente muito baixa para os comprimentos de onda menores que 350 nm. Observe que a intensidade atinge um máximo na região do infravermelho próximo do espectro (≈1.200 nm, nesse caso).

Fontes Contínuas para a Região do Ultravioleta/Visível

As fontes contínuas mais largamente utilizadas estão listadas na **Tabela 25-1**. Uma lâmpada de filamento de tungstênio comum fornece uma distribuição larga de comprimentos de onda de 320 a 2.500 nm (veja **Figura 25-4**). Geralmente estas lâmpadas são operadas a uma temperatura de cerca de 2.900 K, consequentemente produzindo radiação útil de aproximadamente 350 a 2.500 nm.

As lâmpadas de tungstênio/halogênio, também chamadas lâmpadas de quartzo halógenas, contêm uma pequena quantidade de iodo dentro do bulbo de quartzo que aloja o filamento. O quartzo permite que o filamento seja operado a uma temperatura de aproximadamente 3.500 K, levando a intensidades mais altas e estendendo a faixa da lâmpada até bem dentro do UV. A vida útil de uma lâmpada de tungstênio/halogênio é mais que o dobro de uma lâmpada comum de tungstênio, que é limitada pela sublimação do tungstênio do filamento. Na presença de iodo, o tungstênio sublimado reage para formar as moléculas de WI_2. Estas moléculas então se difundem de volta para o filamento onde elas se decompõem, redepositam átomos de W no filamento e liberam iodo. As lâmpadas de tungstênio/halogênio estão encontrando uso cada vez maior nos instrumentos espectroscópicos por causa da faixa estendida de comprimentos de onda delas, da maior intensidade e da maior vida útil.

As lâmpadas de deutério (e também de hidrogênio) são frequentemente empregadas para fornecer radiação contínua na região do UV. Uma lâmpada de deutério consiste em um tubo cilíndrico contendo deutério à baixa pressão com uma janela de quartzo da qual a radiação sai, como mostrado na **Figura 25-5**. A lâmpada emite radiação contínua quando o deutério (ou hidrogênio) é estimulado por energia elétrica para produzir molécula excitada de D_2^* (ou H_2^*). As espécies no estado excitado então se dissociam para fornecer dois átomos de hidrogênio ou deutério mais um fóton ultravioleta. As reações para o hidrogênio são

$$H_2 + E_e \rightarrow H_2^* \rightarrow H' + H'' + h\nu$$

onde E_e é a energia elétrica absorvida pela molécula. A energia para o processo global é

$$E_e = E_{H_2^*} = E_{H'} + E_{H''} + h\nu$$

onde $E_{H_2^*}$ é a energia fixa quantizada do H_2^*, $E_{H'}$ e $E_{H''}$ são as energias cinéticas dos dois átomos de hidrogênio. A soma das duas últimas energias pode variar de zero a $E_{H_2^*}$. Assim, a energia e a frequência do fóton também pode variar dentro dessa faixa de energias. Isto é, quando as duas energias cinéticas por acaso são pequenas, $h\nu$ é grande e quando as duas energias são grandes, $h\nu$ é pequeno. Como resultado, as lâmpadas de hidrogênio produzem um espectro que é verdadeiramente contínuo desde 160 nm até o início da região do visível. Atualmente, muitas lâmpadas para

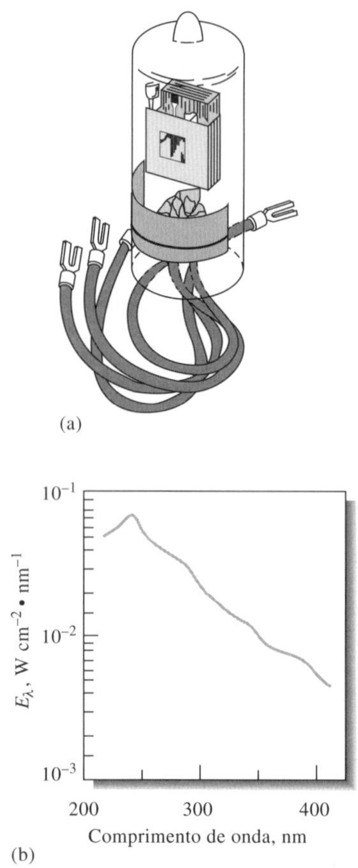

Figura 25-5 (a) Lâmpada de deutério do tipo empregado nos espectrofotômetros e (b) seu espectro. Observe que o máximo de intensidade E_λ ocorre a ≈225 nm. Tipicamente, os instrumentos trocam de fonte de deutério para tungstênio a ≈350 nm.

gerar radiação ultravioleta contêm deutério e são de um tipo de baixa voltagem na qual é formado um arco entre um filamento aquecido revestido por óxido e um eletrodo metálico (veja Figura 25-5a). O filamento aquecido fornece elétrons para manter a corrente direta a um potencial de cerca de 40 V; uma fonte de alimentação regulada é necessária para se obter intensidades constantes. Tanto a lâmpada de deutério quanto a de hidrogênio fornecem um espectro contínuo útil na região de 160 a 375 nm, como mostrado na Figura 25-5b. No entanto, a lâmpada de deutério é mais largamente utilizada que a lâmpada de hidrogênio em razão de sua maior intensidade. Em comprimentos de onda mais longos (> 360 nm), as lâmpadas geram linhas de emissão que estão superpostas no contínuo. Para muitas aplicações, essas linhas constituem um problema, porém são úteis para a calibração de instrumentos de absorção.

Outras Fontes de Ultravioleta/Visível

Além das fontes contínuas já discutidas, as fontes de linhas são também importantes para a região do UV/visível. As lâmpadas de arco de mercúrio de baixa pressão são fontes comuns para uso nos detectores de cromatografia de líquido. A linha dominante emitida por essas fontes é a linha a 253,7 nm do Hg. As lâmpadas de catodo oco também são fontes comuns de fontes de linhas que são especificamente usadas para a espectroscopia de absorção atômica, como discutido no Capítulo 28. Lasers (veja Destaque 25-1) também são usados em muitas aplicações espectroscópicas, tanto para propósitos de comprimento de onda único quanto de varredura.

DESTAQUE 25-1

Fontes de Laser: Uma Luz Fantástica

Os lasers têm-se tornado fontes úteis em certos tipos de espectroscopias analíticas. Para ajudar a entender como um laser funciona, considere um conjunto de átomos ou moléculas interagindo com uma onda eletromagnética. Para simplificar, consideraremos que os átomos ou moléculas apresentam dois níveis de energia: um nível superior 2 com energia E_2 e um nível baixo 1 com energia E_1. Se a onda eletromagnética for de frequência correspondente à diferença de energia entre os dois níveis, as espécies excitadas no nível 2 podem ser estimuladas a emitir radiação da mesma frequência e fase que a onda eletromagnética original. Cada **emissão estimulada** gera um fóton, enquanto cada absorção remove um fóton. O número de fótons por segundo, denominado **fluxo radiante Φ**, varia com a distância à medida que a radiação interage com o conjunto de átomos ou moléculas. A alteração no fluxo, $d\Phi$, é proporcional ao próprio fluxo, à diferença de populações nos níveis, $n_2 - n_1$, e ao caminho ótico de interação, dz, de acordo com

$$d\Phi = k\Phi(n_2 - n_1)dz$$

onde k é uma constante de proporcionalidade relacionada à absortividade das espécies absorventes. Se a população do nível superior pode ser levada a exceder aquela do nível mais baixo, haverá um ganho líquido no fluxo e o sistema vai se comportar como um amplificador. Se $n_2 > n_1$, o sistema atômico ou molecular é dito ser um **meio ativo** e que sofreu uma **inversão de população**. O amplificador resultante é denominado **laser**, termo que se origina das iniciais em inglês de "*light amplification by stimulated emission of radiation*" (amplificação de luz por emissão estimulada de radiação).

O amplificador ótico pode ser convertido em um oscilador colocando-se um meio ativo dentro de uma cavidade ressonante feita com dois espelhos, como mostrado na **Figura 25D-1**. Quando o ganho do meio ativo iguala-se às perdas no sistema, a oscilação do laser tem início.

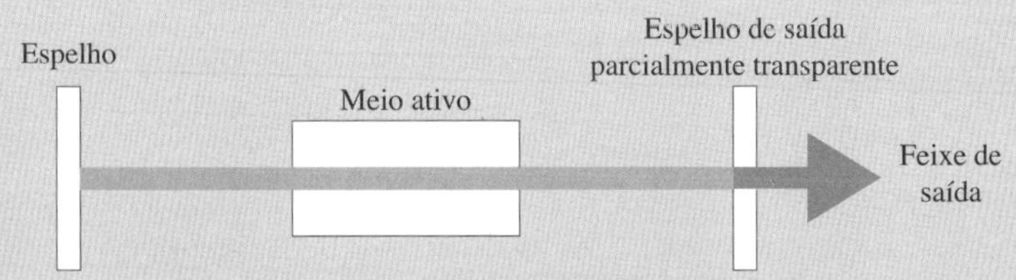

Figura 25D-1 Cavidade de um laser. A onda eletromagnética se move para trás e para a frente entre os espelhos e a onda é amplificada a cada passagem. O espelho de saída é parcialmente transparente para permitir que somente uma fração do feixe passe para fora da cavidade.

A inversão de população é frequentemente atingida em um sistema atômico ou molecular de níveis múltiplos no qual o processo de excitação, chamado **bombeamento**, é obtido por meios elétricos, por métodos óticos ou reações químicas. Em alguns casos, a inversão de população pode ser sustentada de forma a produzir uma **onda contínua** (**OC**) como feixe de saída, o qual é constante com respeito ao tempo. Em outros casos, a ação de gerar o laser é **autoterminal**, de forma que o laser é operado no modo pulsado para produzir um trem de pulsos ou mesmo um único pulso.[1]

Existem vários tipos de lasers disponíveis. Os primeiros lasers operacionais eram **lasers de estado sólido**, no qual o meio ativo era um cristal de rubi. Além do laser de rubi, existem muitos outros lasers de estado sólido. Um material muito utilizado contém uma pequena concentração de Nd^{3+} incorporada em um hospedeiro constituído por um cristal (*garnet*) de ítrio-alumínio (YAG, do inglês: *yttrium-aluminium-garnet*). O material ativo é moldado na forma de um bastão e bombeado oticamente por uma lâmpada *flash*, como ilustrado na **Figura 25D-2a**. A bomba e as transições de laser estão mostradas na **Figura 25D-2b**. O laser de Nd:YAG gera pulsos de nanossegundos com uma saída de alta potência no comprimento de onda de 1,06 μm. O laser de Nd:YAG é muito popular como fonte de bombeamento para lasers de corante sintonizáveis.

Vários outros elementos terras raras, como itérbio, hólmio e érbio, também são usados como dopantes em lasers de estado sólido. A safira dopada com titânio (Ti:safira) é usado para produzir um laser de infravermelho ajustável. Algumas versões geram pulsos ultracurtos de potência de saída muito alta.

O laser muito comum de hélio-neônio (He-Ne) é um **laser de gás** que opera em um modo OC. O laser de He-Ne é largamente usado como auxiliar em alinhamento ótico e como uma fonte para alguns tipos de espectroscopia. Os lasers de nitrogênio operam na transição da molécula de nitrogênio a 337,1 nm. Trata-se de um laser autoterminal pulsado que requer um pulso elétrico muito curto para bombear as transições apropriadas. O laser de N_2 é também bastante popular para bombear lasers de corante sintonizáveis, como será discutido mais adiante. Os **lasers de exímero** (dímeros ou trímeros excitados) situam-se entre os **lasers** de gás mais modernos. Os lasers de exímeros de haletos de gases nobres foram primeiramente demonstrados em 1975. Em um tipo popular, uma mistura de gases contendo Ar, F_2 e He produz exímeros de ArF quando sujeita a uma descarga elétrica. O laser de exímero é uma fonte importante de UV para os estudos fotoquímicos, para as aplicações em fluorescência e para bombear lasers de corante sintonizáveis.

Os **lasers de corante** são líquidos e contêm um corante fluorescente como as rodaminas, cumarina ou fluoresceína. Esses lasers têm sido construídos para operar em comprimentos de onda desde a região do IV até a região do UV. O efeito laser ocorre geralmente entre o primeiro **estado simpleto** e o estado fundamental. Os lasers podem

Um **estado de simpleto** é um estado eletrônico de uma molécula na qual todos os spins eletrônicos estão emparelhados.

[1] Para informação adicional, veja J. D. Ingle, Jr. e S. R. Crouch, *Spectrochemical Analysis*. Upper Saddle River, NJ: Prentice-Hall, 1988.

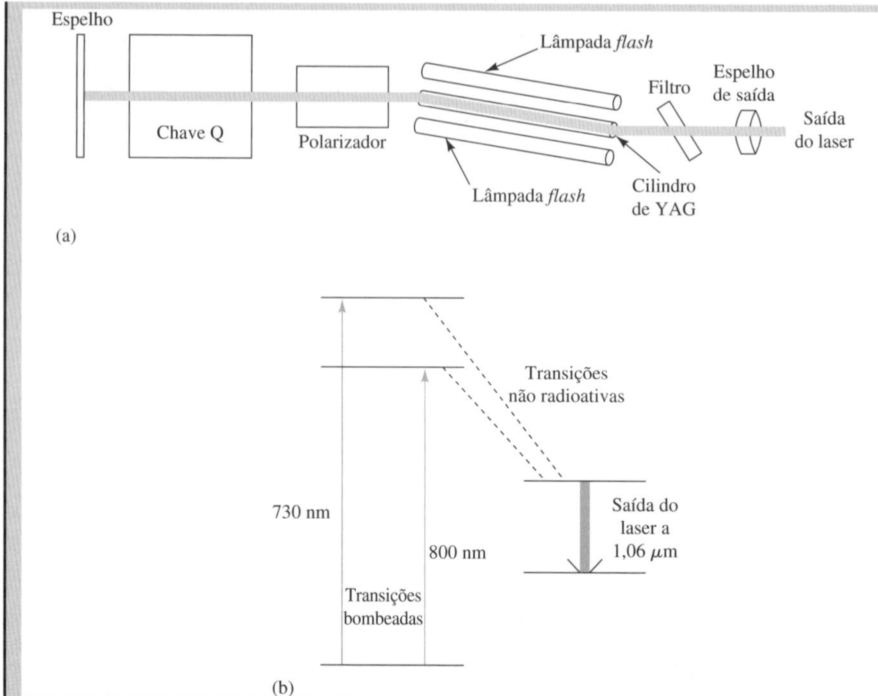

Figura 25D-2 Esquema de um laser de Nd:YAG (a) e níveis de energia (b). As transições bombeadas se situam na região do vermelho do espectro e a saída do laser se situa no infravermelho próximo. O laser é bombeado por uma lâmpada *flash*. A região entre os dois espelhos constitui a cavidade do laser.

ser bombeados por lâmpadas *flash* ou por outro laser, como aqueles previamente discutidos. O efeito laser pode ser sustentado sobre uma faixa contínua de comprimentos de onda da ordem de 40 a 50 nm. A faixa larga sobre a qual o efeito laser ocorre torna o laser de corante adequado para ser sintonizado por meio da inserção de uma rede, um filtro, um prisma ou de um elemento interferométrico dentro da cavidade do laser. Os lasers de corante são muito úteis na espectroscopia de fluorescência molecular e para muitas outras aplicações.

Os **lasers de semicondutores**, também denominados **lasers de diodo**, obtêm a inversão de população entre uma banda de condução e a banda de **valência** de uma junção *pn* de um diodo. Várias composições do material semicondutor podem ser empregadas para fornecer comprimentos de onda de saída. Os lasers de diodo podem ser sintonizados sobre pequenos intervalos de comprimentos de onda e podem produzir saídas na região do IV do espectro. Eles têm se tornado extremamente úteis em aparelhos de CD e DVD, em drivers de CD-ROM, em impressoras a laser e aplicações espectroscópicas, como a espectroscopia Raman.

A radiação laser é altamente direcional, espectralmente pura, coerente[2] e altamente intensa. Essas propriedades têm tornado possível aplicações em pesquisa que são únicas e que não poderiam ser facilmente realizadas com o uso de fontes convencionais. Apesar dos muitos avanços na tecnologia e na ciência dos lasers, apenas recentemente estes se tornaram rotineiramente úteis para os instrumentos analíticos. Mesmo atualmente, muitos lasers de alta potência ou ultrarrápidos podem ser um tanto difíceis de serem alinhados, mantidos e usados.

[2] Radiação coerente é a radiação na qual as ondas estão em fase entre si.

Fontes Contínuas na Região do Infravermelho

As fontes contínuas de radiação IV são normalmente constituídas por sólidos inertes aquecidos. Uma fonte tipo **Globar** consiste em um cilindro de carbeto de silício. A radiação no infravermelho é emitida quando o Globar é aquecido a aproximadamente 1.500°C pela passagem de eletricidade através dele. A Tabela 25-1 fornece as faixas de comprimento de onda dessas fontes.

A **fonte de Nernst** é constituída por um cilindro de óxidos de zircônio e ítrio que emite radiação IV quando aquecido a alta temperatura por uma corrente elétrica. Os espirais de fio de níquel-cromo aquecidos também servem de fontes de IV de baixo custo.

25A-3 Seletores de Comprimentos de Onda

Os instrumentos espectroscópicos para as regiões do UV e visível são geralmente equipados com um ou mais dispositivos para restringir a radiação que está sendo medida dentro de uma banda estreita que é absorvida ou emitida pelo analito. Esses dispositivos melhoram muito a seletividade e sensibilidade de um instrumento. Além disso, para medidas de absorção, como vimos na Seção 24C-3, bandas estreitas de radiação diminuem enormemente a chance de desvios na lei de Beer devido à radiação policromática. Muitos instrumentos empregam um **monocromador** ou um **filtro** para isolar a banda de comprimento de onda desejada de forma que somente essa banda de interesse seja detectada e medida. Outros utilizam **espectrógrafos** para desmembrar, ou dispersar, os comprimentos de onda de forma que possam ser detectados pelo uso de detectores multicanais.

Monocromadores e Policromadores

Os monocromadores geralmente possuem uma rede de difração (veja o Destaque 25-3) para dispersar a radiação sem seus comprimentos de onda constituintes, como mostrado na **Figura 25-6a**. Instrumentos mais antigos usavam prismas para este propósito,

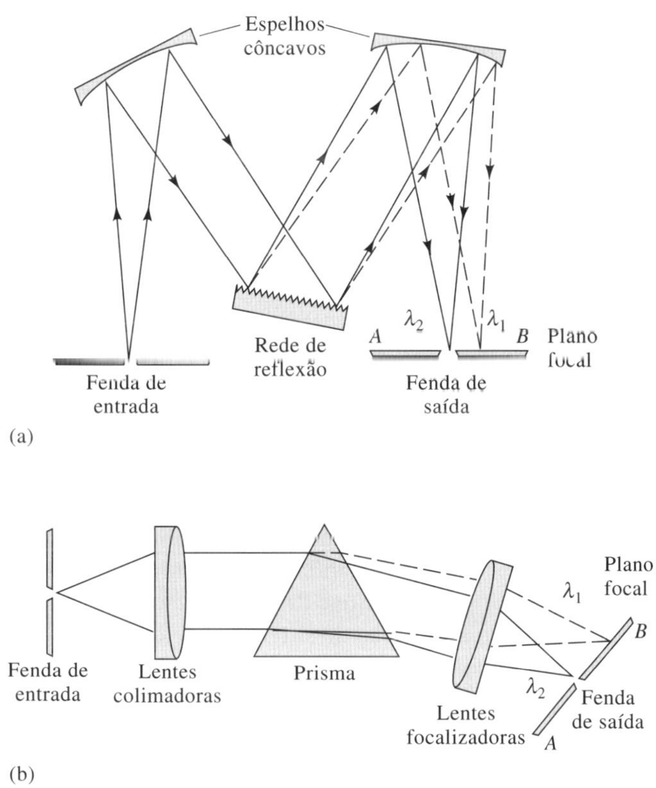

Figura 25-6 Tipos de monocromadores: (a) monocromador de rede; (b) monocromador de prisma. O monocromador esquematizado em (a) segue o desenho de Czerny-Turner, enquanto o monocromador de prisma em (b) segue o desenho de Bunsen. Em ambos os casos, $\lambda_1 > \lambda_2$.

Um **espectrógrafo** é um dispositivo que emprega uma rede para dispersar o espectro. Esse dispositivo inclui uma fenda de entrada para definir a área da fonte a ser amostrada. Uma abertura grande na sua saída permite que uma faixa larga de comprimentos de onda atinja um detector de múltiplos comprimentos de onda. Um **monocromador** é um dispositivo que possui uma fenda de entrada e uma fenda de saída. Esta última é usada para isolar uma banda estreita de comprimentos de onda. Uma banda é isolada a cada vez e diversas bandas podem ser transmitidas sequencialmente girando-se a rede. Um **policromador** contém múltiplas fendas de saída de modo que várias bandas de comprimento de onda podem ser isoladas simultaneamente.

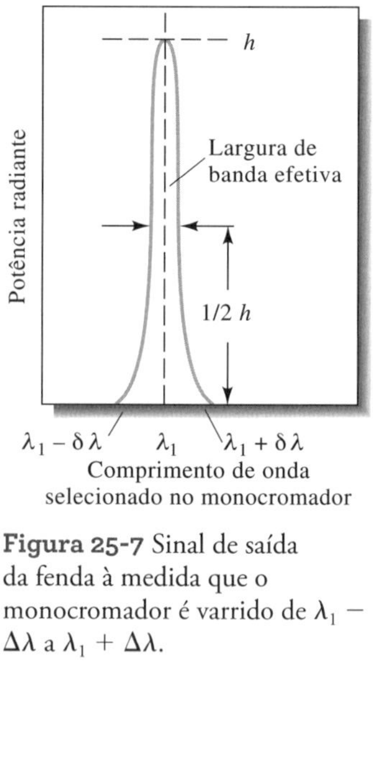

Figura 25-7 Sinal de saída da fenda à medida que o monocromador é varrido de $\lambda_1 - \Delta\lambda$ a $\lambda_1 + \Delta\lambda$.

A **largura de banda efetiva** para um seletor de comprimento de onda é a largura da banda de radiação em unidades de comprimento de onda tomada à meia altura do pico.

como visto na **Figura 25-6b**. Girando-se a rede, os comprimentos de onda diferentes podem ser dirigidos para uma fenda de saída. O comprimento de onda de saída de um monocromador pode ser variado continuamente sobre uma faixa espectral considerável. A faixa de comprimento selecionada por um monocromador, chamada **banda de passagem espectral** ou **largura de banda efetiva**, pode ser menor que 1 nm para instrumentos moderadamente caros até maiores que 20 nm para sistemas baratos. Em virtude da facilidade com a qual o comprimento de onda pode ser alterado em um instrumento baseado no uso de um monocromador, esses sistemas são largamente empregados em aplicações que requerem varredura espectral, bem como em aplicações que requerem um comprimento de onda fixo. Em instrumentos que contêm um **espectrógrafo**, a amostra e o seletor de comprimento de onda são invertidos em relação à configuração mostrada na Figura 25-1a. Como em um monocromador, o espectrógrafo contém uma rede de difração para dispersar o espectro. Entretanto, o espectrógrafo não tem fenda de saída, logo o espectro dispersado colide no detector de múltiplos comprimentos de onda. Outros instrumentos empregados em espectroscopia de emissão contêm, ainda, um dispositivo chamado **policromador**, o qual contém múltiplas fendas de saída e múltiplos detectores. Este arranjo permite que muitos comprimentos de onda discretos sejam medidos simultaneamente.

A Figura 25-6a exibe um desenho de um monocromador de rede típico. A radiação de uma fonte entra no monocromador por uma abertura retangular estreita, ou fenda. A radiação é então colimada por um espelho côncavo, o qual produz um feixe paralelo que atinge a superfície de uma rede refletora. A dispersão angular ocorre por difração, a qual, por sua vez, ocorre na superfície refletora. Para ilustrar, a radiação entrando no monocromador é mostrada como consistindo em dois comprimentos de onda, λ_1 e λ_2, onde λ_1 é mais longa que λ_2. O caminho percorrido pela radiação de comprimento de onda mais longo depois que ela é refletida na rede está mostrado pelas linhas pontilhadas; as linhas sólidas mostram o caminho percorrido por aquela de comprimento de onda mais curto. Observe que a radiação de menor comprimento de onda λ_2 é refletida pela rede em um ângulo mais agudo que λ_1. Isto é, a **dispersão angular** da radiação ocorre na superfície da rede. Os dois comprimentos de onda são focados por outro espelho côncavo sobre o **plano focal** do monocromador, no qual aparecem como duas imagens da fenda de entrada, uma para λ_1 e outra para λ_2. Girando-se a rede, qualquer uma dessas imagens pode ser focada na fenda de saída. Se um detector for colocado na fenda de saída do monocromador exposto na Figura 25-6a, e a rede for girada de forma que uma das linhas mostradas (digamos λ_1) seja varrida pela fenda de $\lambda_1 - \delta\lambda$ a $\lambda_1 + \delta\lambda$ (onde $\delta\lambda$ é uma pequena diferença de comprimento de onda), a saída do detector toma a forma mostrada na **Figura 25-7**.[3] A largura de banda efetiva do monocromador, a qual é definida na figura, depende do tamanho e qualidade do elemento de dispersão, das larguras das fendas e da sua distância focal. Um monocromador de alta qualidade vai exibir uma largura de banda efetiva de poucos décimos de nanômetros ou menor na região do ultravioleta, visível. A largura efetiva de banda de um monocromador que é satisfatória para a maior parte das aplicações quantitativas se situa em torno de 1 a 20 nm.

Muitos monocromadores são equipados com fendas ajustáveis para permitir algum grau de controle da largura de banda. Uma fenda estreita diminui a **largura de banda efetiva**, como também reduz a potência do feixe emergente. Assim, a largura de banda mínima pode vir a ser limitada pela sensibilidade do detector. Para as análises qualitativas, as fendas estreitas e bandas efetivas mínimas são necessárias se o espectro for constituído por picos estreitos. Para o trabalho quantitativo, contudo, as fendas mais largas permitem a operação do sistema de detecção com baixa amplificação, o que, por sua vez, leva a uma maior reprodutibilidade de resposta.

[3]A função de saída da fenda é aproximadamente triangular. Vários fatores instrumentais combinam-se para produzir o formato mostrado na Figura 25-7.

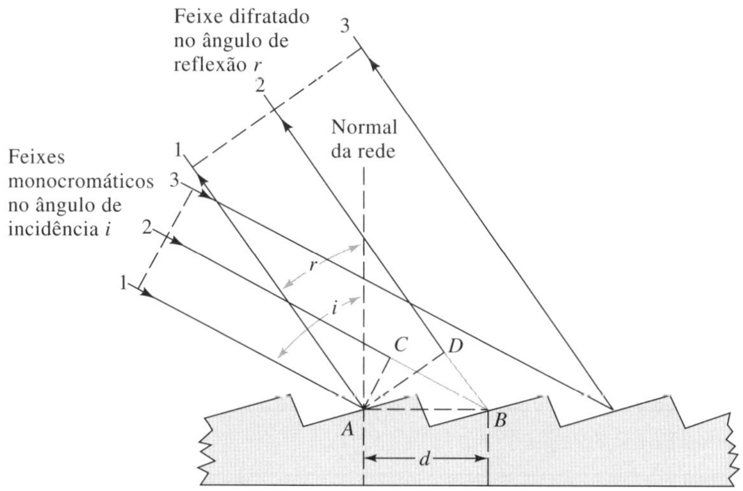

Figura 25-8 Mecanismo de difração de uma rede tipo *echellette*. O ângulo i a partir da normal até a rede é aquele do feixe incidente; o ângulo r é o do feixe refletido. A distância entre as ranhuras sucessivas é indicada pela letra d.

Redes

A maior parte das redes dos monocromadores modernos é composta por réplicas, as quais são geralmente feitas por moldagem a partir de uma rede mestra. A última consiste em uma superfície dura, oticamente plana e polida na qual uma ferramenta de diamante de formato adequado cria um grande número de ranhuras paralelas e pouco espaçadas. Uma visão ampliada de uma secção transversal de algumas ranhuras típicas encontra-se na **Figura 25-8**. Uma rede para a região do ultravioleta e visível normalmente tem de 50 a 6.000 ranhuras por mm, com 1.200 a 2.400 sendo a mais comum. A construção de uma rede mestra de boa qualidade é tediosa, demorada e apresenta um alto custo porque as ranhuras devem apresentar tamanhos idênticos, devem ser exatamente paralelas e igualmente espaçadas ao longo de toda a rede (3 a 10 cm). As réplicas são formadas a partir de uma rede mestra por um processo de moldagem com resina líquida que preserva rigorosamente a exatidão ótica da rede mestra original em uma superfície de resina limpa. Esta superfície normalmente é revestida com alumínio, ou algumas vezes com ouro ou platina, de forma que ela reflita a radiação eletromagnética.

A Rede Tipo *Echellette* Um dos tipos mais comuns de redes de reflexão é a rede do tipo *echellette*. A Figura 25-8 mostra uma representação esquemática desse tipo de rede, a qual é entalhada ou **marcada** de tal forma que tenha faces relativamente largas onde a reflexão ocorre e faces não usadas estreitas.[4] Na Figura 25-8, um feixe paralelo de radiação monocromática aproxima-se da superfície da rede em um ângulo i em relação à normal da rede. O feixe incidente está representado como consistindo em três feixes paralelos que constituem uma frente de ondas rotulada 1, 2, 3. O feixe difratado é refletido com um ângulo r, o qual depende do comprimento de onda da radiação. No Destaque 25-2, mostramos que o ângulo de reflexão r está relacionado com o comprimento da radiação incidente pela equação

$$\mathbf{n}\lambda = d(\text{sen } i + \text{sen } r) \qquad (25\text{-}1)$$

[4]Uma rede *echellette* é construída para ser utilizada com maior luminosidade (*blazed*) em ordens baixas, mas as **redes *echelle*** são empregadas em altas ordens (>10). A rede *echelle* é usada geralmente em conjunto com um segundo elemento dispersivo como um prisma para separar as ordens sobrepostas e fornecer uma dispersão transversal. Para mais informações sobre a rede *echelle* e como são empregadas, veja D. A. Skoog; F. J. Holler e S. R. Crouch, *Principles of Instrumental Analysis*, 6. ed., Belmont, CA: Brooks/Cole, 2007, seção 10A-3; J. D. Ingle, Jr. e S. R. Crouch, *Spectrochemical Analysis*, Englewood Cliffs, NJ: Prentice Hall, 1988, seção 3-5.

NRT: Na linguagem técnica inglesa, o termo *blazed* é empregado para se referir à rede e mesmo ao ângulo (*blaze angle*) em que a maior luminosidade e, portanto, a maior eficiência são obtidas com seu uso.

A Equação 25-1 sugere que existem diversos valores de λ para um dado ângulo r. Assim, se a linha de primeira ordem ($\mathbf{n} = 1$) de 900 nm for encontrada no ângulo r, as linhas de segunda ordem (450 nm) e de terceira ordem (300 nm) também vão aparecer nesse ângulo. Normalmente, a linha de primeira ordem é mais intensa e é possível construir redes que se concentrem tanto quanto 90% da intensidade incidente nesta ordem. As linhas de ordens superiores podem ser removidas normalmente pelo uso de filtros. As linhas de maior ordem geralmente podem ser removidas por filtros ou um prisma. Por exemplo, o vidro, que absorve a radiação abaixo de 350 nm, elimina o espectro de ordem superior associado com a radiação de primeira ordem na maior parte da região do visível.

DESTAQUE 25-2

Origem da Equação 25-1

Na Figura 25-8, os feixes paralelos de radiação monocromática indicados pelos números 1 e 2 são mostrados incidindo sobre duas faces largas em um ângulo de incidência i em relação à normal da rede. A interferência construtiva máxima ocorre no ângulo refletido r. O feixe 2 percorre uma maior distância que o feixe 1 e esta diferença é igual a $\overline{CB} + \overline{BD}$. Para que uma interferência construtiva ocorra, a diferença deve ser igual a $\mathbf{n}\lambda$:

$$\mathbf{n}\lambda = \overline{CB} + \overline{BD}$$

onde o pequeno número inteiro $\mathbf{n}$ é chamado de **ordem de difração**. Observe, contudo, que o ângulo CAB é igual ao ângulo i e que o ângulo DAB é idêntico ao ângulo r. Portanto, da trigonometria,

$$\overline{CB} = d \operatorname{sen} i$$

onde d é o espaçamento entre as superfícies refletoras. Podemos ver também que

$$\overline{BD} = d \operatorname{sen} r$$

Substituindo as duas últimas expressões na primeira, obtém-se a Equação 25-1. Isto é,

$$\mathbf{n}\lambda = d(\operatorname{sen} i + \operatorname{sen} r)$$

Note que quando a difração ocorre para a esquerda em relação à normal da rede, os valores de $\mathbf{n}$ são positivos, e quando a difração ocorre à direita da normal, $\mathbf{n}$ é negativo. Assim, $\mathbf{n} = \pm 1, \pm 2, \pm 3$ e assim por diante.

A principal vantagem de um monocromador de rede é que, em contraste com um monocromador de prisma, a dispersão ao longo do plano focal linear é para todas as finalidades práticas. A **Figura 25-9** demonstra esta propriedade que simplifica enormemente o desenho do monocromador.

Redes Côncavas As redes podem ser construídas sobre uma superfície côncava quase da mesma forma que sobre uma superfície plana. Uma rede côncava permite a construção de um monocromador sem espelhos ou lentes auxiliares de focalização e alinhamento porque a superfície côncava tanto dispersa a radiação quanto pode focá-la na fenda de saída. Os monocromadores contendo uma rede côncava são eficientes em custo e a redução no número de superfícies óticas aumenta a energia de passagem deles.

EXEMPLO 25-1

Uma rede *echellette* contendo 1.450 ranhuras por milímetro foi irradiada com um feixe policromático a um ângulo de incidência de 48° em relação à normal da rede. Calcule o comprimento de onda da radiação que apareceria a um ângulo de reflexão de +20, +10 e 0 graus (o ângulo *r* na Figura 25-8).

Resolução

Para obter o valor de *d* na Equação 25-1, escrevemos

$$d = \frac{1\ \text{mm}}{1.450\ \text{ranhuras}} \times 10^6\ \frac{\text{nm}}{\text{mm}} = 689{,}7\ \frac{\text{nm}}{\text{ranhuras}}$$

Quando *r* na Figura 25-8 se iguala a +20°, λ pode ser obtido por substituição na Equação 25-1. Consequentemente,

$$\lambda = \frac{689{,}7\ \text{nm}}{\mathbf{n}}(\text{sen } 48 + \text{sen } 20) = \frac{748{,}4}{\mathbf{n}}\ \text{nm}$$

e os comprimentos de onda para a primeira, segunda e terceira ordens de reflexão são 748, 374 e 249 nm, respectivamente. Cálculos similares, mostrados na tabela a seguir, revelam que o comprimento de onda na segunda ordem é metade daquele na primeira ordem, o comprimento de onda na terceira ordem é um terço daquele na primeira e assim sucessivamente.

	Comprimento de Onda (nm) para		
***r*, graus**	**n = 1**	**n = 2**	**n = 3**
20	748	374	249
10	632	316	211
0	513	256	171

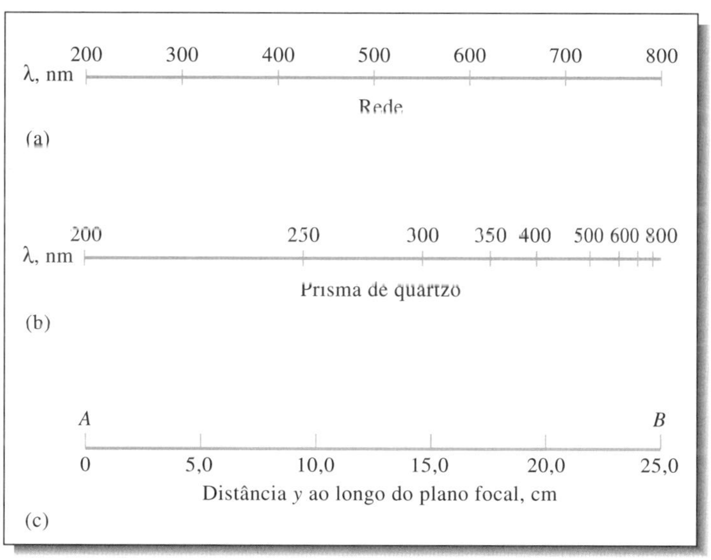

Figura 25-9 Dispersão de radiação ao longo do plano focal *AB* de (a) uma rede e (b) um prisma de quartzo. As posições de *A* e *B* na escala em (c) são mostradas na Figura 25-6.

Redes Holográficas[5] Um dos produtos que emergiram da tecnologia laser é uma técnica ótica (ao invés de mecânica) para a moldagem de redes em superfícies de vidro planas ou côncavas. As redes holográficas produzidas desta maneira aparecem em números crescentes nos instrumentos óticos modernos, mesmo em alguns dos menos caros. Uma vez que as redes holográficas não estão sujeitas a erros mecânicos do motor de produzir ranhuras, elas exibem forma de ranhura e nivelamento superiores e assim produzem espectros que são livres de radiação espúria e fantasmas (imagem dupla). As réplicas de redes holográficas são basicamente indistinguíveis da rede mestra.[6] O Destaque 25-3 descreve o processo de produção de ranhuras tanto para as redes produzidas mecanicamente quanto holograficamente.

DESTAQUE 25-3

Produção de Ranhuras e Redes Holográficas

A dispersão da radiação UV/visível pode ser obtida dirigindo-se um feixe policromático através de uma **rede de transmissão** ou sobre uma superfície de uma **rede de reflexão**. A rede de reflexão é, de longe, a mais comum. As **réplicas de redes**, que são empregadas como monocromadores, são manufaturadas a partir de uma **rede mestra**. A rede mestra consiste em um número muito grande de ranhuras, gravadas em uma superfície dura e polida, com uma ferramenta de diamante de formato adequado. Para a região do UV/visível, uma rede conterá de 50 a 6.000 ranhuras mm^{-1}, sendo mais comuns as de 1.200 a 2.400. As redes mestras recebem as ranhuras com uma ferramenta de diamante de fazer ranhuras que é operada por um motor de produzir ranhuras. A construção de uma boa rede mestra é tediosa, demorada e de alto custo porque as ranhuras precisam ter tamanhos idênticos, devem ser exatamente paralelas e igualmente espaçadas sobre a extensão da rede, normalmente de 3 a 10 cm. Por causa da dificuldade de construção, poucas redes mestras são produzidas.

A era moderna de redes data da década de 1880, quando Henry Rowland construiu um motor capaz de gravar redes de até 6 polegadas de largura com mais de 100.000 ranhuras. Um desenho simplificado da máquina de Rowland é mostrado na **Figura 25D-3**. Nessa máquina, uma rosca de alta precisão move o carro da rede, enquanto uma ponta de diamante corta as ranhuras finas paralelas. Imagine a gravação manual de uma rede com 100 mil ranhuras em uma extensão de 6 polegadas! A máquina requeria cerca de 5 horas apenas para aquecer até uma temperatura aproximadamente uniforme. Após este período de aquecimento, cerca de 15 horas eram necessárias para obter uma camada uniforme de lubrificante na superfície. Somente após esse tempo o diamante era abaixado para iniciar o processo de gravação. As redes grandes requeriam quase uma semana para serem produzidas.

NYPL/Science Source/Getty Images

Henry A. Rowland (1848-1901) foi um físico norte-americano e o primeiro presidente da American Physical Society. Ele foi também o primeiro presidente do Departamento de Física da John Hopkins University. Apesar de ter feito um trabalho importante em várias áreas da eletricidade e do magnetismo, é mais conhecido pelo desenvolvimento de métodos para produzir redes de difração de alta qualidade.

Dois importantes aperfeiçoamentos foram introduzidos por Strong nos anos 1930. O mais significativo foi a deposição de alumínio sobre o vidro para produzir o material a ser trabalhado. A fina camada de alumínio formava uma superfície muito mais uniforme e reduzia o desgaste da ferramenta de diamante. O segundo melhoramento de Strong foi mover a rede ao invés da ferramenta.

Hoje, as máquinas de gravação empregam o controle interferométrico (veja o Destaque 25-7) do processo de gravação. Pouco menos de 50 máquinas de gravação estão em

[5] Veja J. Flamand, A. Grillo e G. Hayat, Amer. Lab., v. 7 n.5, p. 47, **1975**; J. M. Lerner et al., *Proc. Photo-Opt. Instrum. Eng.*, v. 240, n. 72, p. 82, **1980**.

[6] I. R. Altelmose, *J. Chem. Educ.*, v. 63, A216, **1986**, **DOI**: 10.1021/ed063pA216.

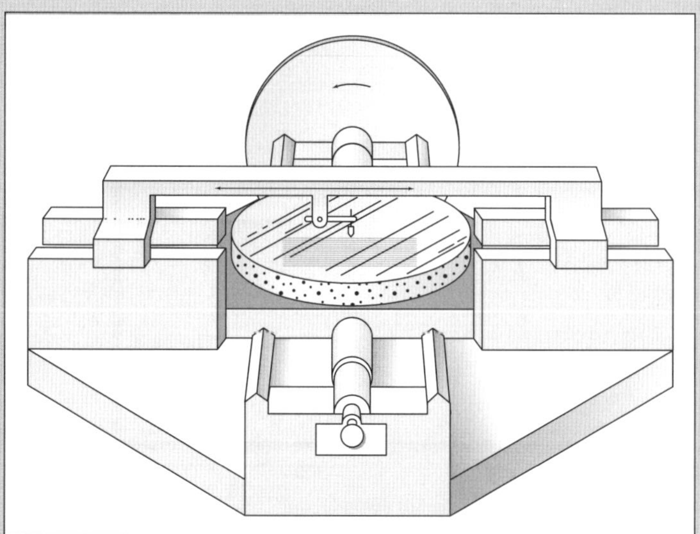

Figura 25D-3 Diagrama simplificado da máquina de gravação de Rowland. Uma única rosca de alta precisão movimenta o carro da rede. Uma ponta de diamante se movimenta, então, sobre a rede, a qual é gravada em uma superfície espelhada côncava. As máquinas desse tipo serviram como modelos para muitas máquinas de gravação construídas desde o tempo de Rowland. Máquinas desse tipo eram os modelos das máquinas de fazer ranhuras construídas depois do período de Rowland. As redes que elas produziram desempenharam um papel fundamental em muitos avanços importantes na ciência no século passado.

uso ao redor do mundo. Mesmo que todas essas máquinas fossem operadas 24 horas por dia, elas não atingiriam nem de longe a demanda por redes. Felizmente, as técnicas modernas de recobrimento e a tecnologia das resinas tornaram possível a produção de réplicas de redes de alta qualidade. As réplicas de redes são formadas a partir de uma rede mestra por deposição a vácuo de alumínio sobre a rede mestra gravada. A camada de alumínio é subsequentemente recoberta com um material do tipo epóxido. O material é então polimerizado e a réplica, separada da rede mestra. As redes replicadas atualmente são superiores às redes mestras produzidas no passado.

Outra maneira de se construir redes é um resultado da tecnologia laser. Essas **redes holográficas** são feitas por meio do recobrimento de uma placa de vidro com um material fotossensível. Os feixes de um par idêntico de lasers atingem a superfície do vidro. As franjas de interferência (veja o Destaque 25-7) dos dois feixes sensibilizam o fotorresiste, formando áreas que podem ser removidas por dissolução, gerando a estrutura de ranhuras. Depois, deposita-se alumínio sob vácuo para produzir uma rede refletora. O espaçamento entre as ranhuras pode ser modificado alterando-se o ângulo dos dois feixes de laser um em relação ao outro. Redes virtualmente perfeitas com até 6 mil linhas por mm podem ser manufaturadas dessa forma a um custo relativamente baixo. As redes holográficas não são tão eficientes em termos de luminosidade quanto as redes gravadas mecanicamente; contudo, elas eliminam o problema de linhas falsas, denominado **fantasmas de rede**, e reduzem o espalhamento de luz que resulta de erros na gravação mecânica.

Filtros de Radiação

Os filtros operam bloqueando ou absorvendo toda a radiação com exceção de uma banda restrita de radiação. Como mostrado na **Figura 25-10**, dois tipos de filtro são empregados em espectroscopia: **filtros de interferência** e **filtros de absorção**. Estes filtros geralmente transmitem uma fração muito maior de radiação em seus comprimentos de onda nominais do que fazem os filtros de absorção.

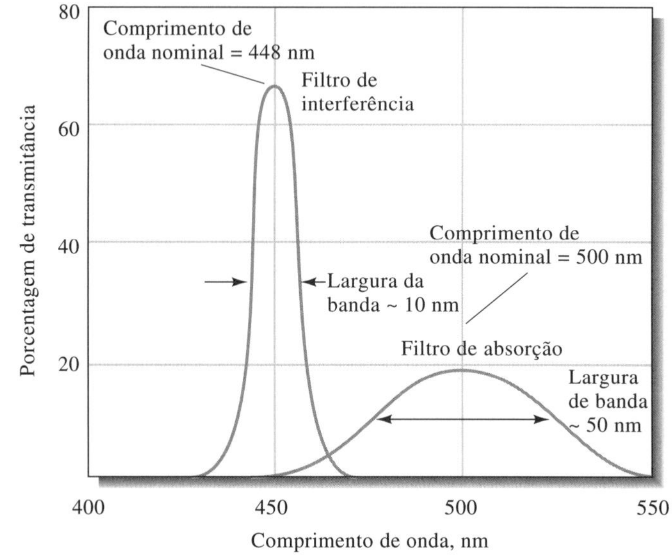

Figura 25-10 Larguras de banda para dois tipos de filtros.

Filtros de Interferência Os filtros de interferência são empregados com as radiações ultravioleta e visível, bem como para comprimentos de onda de até cerca de 14 μm, na região do infravermelho. Como seu nome implica, um filtro de interferência baseia-se na interferência ótica para produzir uma banda de radiação estreita, normalmente de 5 a 20 nm de largura. Como mostrado na **Figura 25-11a**, um filtro de interferência consiste em uma camada muito fina de um material **dielétrico** transparente (frequentemente constituído por fluoreto de cálcio ou fluoreto de magnésio) recoberto em ambos os lados com um filme metálico fino o suficiente para transmitir aproximadamente metade da radiação que o atinge, refletindo a outra metade restante. Esse arranjo é colocado entre duas placas de vidro que o protegem da atmosfera. Quando a radiação atinge a parte central do arranjo a um ângulo de 90°, aproximadamente metade da luz é transmitida pela primeira camada metálica e a outra metade é refletida. A radiação transmitida sofre uma partição semelhante quando atinge a segunda camada metálica. Se a fração refletida da segunda camada for de um determinado comprimento de onda, ela será

Um **dielétrico** é uma substância não condutora ou isolante. Normalmente, esses materiais são oticamente transparentes.

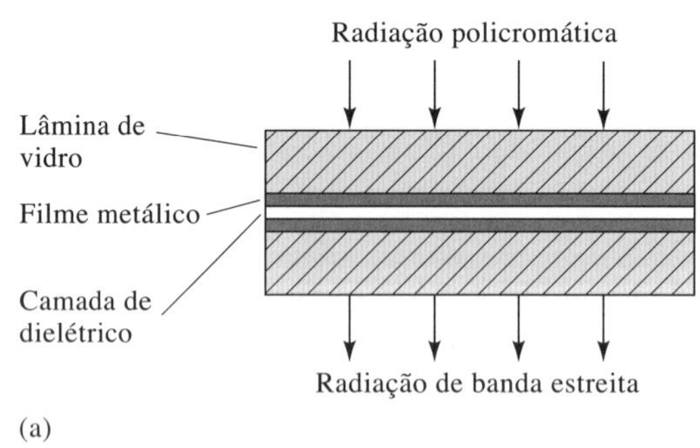

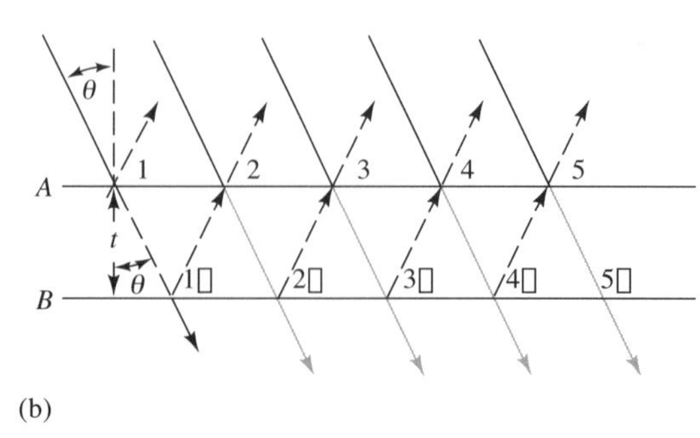

Figura 25-11 (a) Esquema de uma secção transversal de um filtro de interferência. Note que o desenho não está em escala e que as três camadas centrais são muito mais estreitas do que é mostrado. (b) Esquema indicando as condições para interferência construtiva.

refletida parcialmente a partir da porção interna da primeira camada em fase com a radiação incidente de mesmo comprimento de onda. O resultado é uma interferência construtiva da radiação desse comprimento de onda e uma remoção destrutiva da maioria dos outros comprimentos de onda. Como apresentado no Destaque 25-4, o comprimento de onda nominal para um filtro de interferência $\lambda_{máx}$ é dado pela equação

$$\lambda_{máx} = \frac{2t\eta}{\mathbf{n}} \tag{25-2}$$

onde t é a espessura da camada central de fluoreto, η, o índice de refração; e **n**, um inteiro denominado ordem de interferência. As camadas de vidro do filtro são selecionadas de forma que absorva todos os comprimentos de onda, exceto um deles, transmitidos pela camada central; assim, restringe-se a transmissão do filtro a uma única ordem.

DESTAQUE 25-4

Fundamento da Equação 25-2

A relação entre a espessura da camada do dielétrico t e o comprimento de onda transmitido λ pode ser encontrada com o auxílio da **Figura 25-11b**. Para o propósito de clareza, o feixe incidente é mostrado chegando com um ângulo θ em relação à perpendicular. No ponto 1, a radiação é parcialmente tanto refletida quanto transmitida para o ponto 1′ no qual uma reflexão e transmissão parciais ocorrem novamente. O mesmo processo ocorre em 2, 2′ e assim por diante. Para que o reforço ocorra no ponto 2, a distância percorrida pelo feixe refletido em 1′ deve ser um múltiplo do comprimento de onda no meio λ'. Uma vez que o caminho ótico entre as superfícies pode ser expresso como $t/\cos\theta$, a condição para o reforço é que $\mathbf{n}\lambda' = 2t/\cos\theta$, onde **n** é um número inteiro pequeno.

Na sua utilização normal, θ aproxima-se de zero e o $\cos\theta$, da unidade, de forma que a equação derivada a partir da Figura 25-11 seja simplificada para

$$\mathbf{n}\lambda' = 2t$$

onde λ' é o comprimento de onda da radiação *no interior do dielétrico* e t, a espessura do dielétrico. O comprimento de onda no ar é dado por

$$\lambda = \lambda'\eta$$

onde η é o índice de refração do meio dielétrico. Assim, os comprimentos de onda da radiação transmitida pelo filtro são

$$\lambda = \frac{2t\eta}{\mathbf{n}}$$

A Figura 25-10 ilustra o desempenho característico de um filtro de interferência típico. A maior parte dos filtros desse tipo apresenta largura de banda menor que 1,5% do comprimento de onda nominal, embora esse valor possa ser reduzido a 0,15% para alguns filtros de banda estreita. Os filtros de bandas estreitas têm uma transmitância máxima de cerca de 10%.

Filtros de Absorção Os filtros de absorção, que são de menor custo e mais robustos que os filtros de interferência, são limitados ao uso na região do visível. Este tipo de filtro normalmente consiste em uma placa de vidro colorida que absorve parte da radiação incidente e transmite a banda desejada de comprimentos de onda. Os filtros de absorção apresentam larguras de banda efetivas na faixa de possivelmente 30 a 250 nm. Os filtros que podem prover larguras de bandas mais estreitas apresentam transmitância de 1% ou menor no pico de sua banda. A Figura 25-10 compara as características de desempenho dos filtros de absorção com aquelas dos filtros de interferência. Os filtros de vidro com máximo de transmitância por toda a faixa do visível estão disponíveis comercialmente. Enquanto suas características de desempenho são notavelmente inferiores às dos filtros de interferência, o seu custo é significativamente menor e eles são perfeitamente adequados para uso em muitas aplicações de rotina.

Os filtros apresentam as vantagens de simplicidade, robustez e baixo custo. Entretanto, desde que um filtro só pode isolar uma única banda de comprimentos de onda, um novo filtro deve ser usado para uma banda de comprimento de onda diferente. Dessa forma, os instrumentos de filtro são empregados somente quando as medidas são feitas a um determinado comprimento de onda fixo ou quando esse último é raramente alterado.

Na região do infravermelho do espectro, a maior parte dos instrumentos modernos não dispersa de forma alguma a radiação, embora isso fosse comum nos instrumentos antigos. Em vez disso, é usado um **interferômetro** e as interferências construtivas e destrutivas das ondas eletromagnéticas são usadas para obter informação espectral através de uma técnica chamada transformada de Fourier. Esses instrumentos são mais bem discutidos no Destaque 25-7 e na Seção 26C-2.

25A-4 Detectando e Medindo a Energia Radiante

Para obter a informação espectroscópica, a potência radiante transmitida, fluorescente ou emitida deve ser detectada de alguma forma e convertida em uma quantidade mensurável. Um **detector** é um dispositivo que identifica, grava ou indica uma mudança em uma das variáveis no seu ambiente como pressão, temperatura ou radiação eletromagnética. Os exemplos familiares de detectores incluem filme fotográfico para indicar a presença de radiação eletromagnética ou radioativa, a ponteira de uma balança para indicar diferenças de massas e o nível de mercúrio em um termômetro para indicar a temperatura. O olho humano também é um detector; ele converte a radiação visível em sinais elétricos, que são transmitidos ao cérebro via uma cadeia de neurônios presentes no nervo ótico e que produzem a visão.

Invariavelmente nos instrumentos modernos, a informação de interesse é codificada e processada como um sinal elétrico. Um **transdutor** converte grandezas não elétricas, tais como intensidade de luz, pH, massa e temperatura, em **sinais elétricos** que podem ser subsequentemente amplificados, manipulados e finalmente convertidos em números proporcionais à magnitude da quantidade original. Discutimos apenas os transdutores de radiação nesta seção.

Um **transdutor** converte vários tipos de grandezas físicas e químicas em sinais elétricos, tais como carga elétrica, corrente ou voltagem.

As fontes comuns de ruído incluem vibração, interferência de linhas de 60 Hz, variações de temperatura e flutuações de frequência e voltagem na potência.

Propriedades dos Transdutores de Radiação

Um transdutor ideal para a radiação eletromagnética responde rapidamente a baixos níveis de energia radiante em uma faixa ampla de comprimento de onda. Além disso, produz um sinal elétrico fácil de ser amplificado e apresenta um baixo nível de ruído elétrico (veja Destaque 25-5).

TABELA 25-2

Detectores Comuns para a Espectroscopia de Absorção

Tipo	Faixa de Comprimento de Onda, nm
Detectores de Fótons	
Fototubos	150–1.000
Tubos fotomultiplicadores	150–1.000
Fotodiodos de silício	350–1.100
Células fotocondutivas	1000–50.000
Detectores Térmicos	
Termopares	600–20.000
Bolômetros	600–20.000
Células pneumáticas	600–40.000
Células piroelétricas	1.000–20.000

Finalmente, o sinal elétrico produzido por um transdutor deve estar linearmente relacionado com a potência radiante P do feixe, como mostrado na Equação 25-3:

$$G = KP + K' \quad (25\text{-}3)$$

onde G é a resposta elétrica do detector em unidades de corrente, voltagem ou carga. A constante de proporcionalidade K mede a sensibilidade do detector quanto à sua resposta elétrica por unidade de potência radiante de entrada.

Muitos detectores exibem uma constante de resposta K', conhecida como **corrente de escuro**, mesmo quando nenhuma radiação atinge suas superfícies. Instrumentos com transdutores que têm uma significativa corrente de escuro normalmente são equipados com um circuito eletrônico ou programa de computador para subtrair automaticamente a corrente de escuro. Assim, sob circunstâncias corriqueiras, podemos simplificar a Equação 25-3 para

A **corrente de escuro** é uma corrente produzida por um transdutor onde nenhuma luz atinge o dispositivo.

$$G = KP \quad (25\text{-}4)$$

Tipos de Transdutores

Como mostrado na **Tabela 25-2**, existem dois tipos gerais de transdutores: um deles responde a fótons e o outro ao calor. Todos os detectores de fótons são baseados na interação da radiação com uma superfície reativa para produzir elétrons (**fotoemissão**) ou para promover elétrons para os estados energéticos, nos quais podem conduzir eletricidade (**fotocondução**). Somente as radiações no UV, no visível e no infravermelho próximo possuem energia suficiente para provocar a fotoemissão; assim, os detectores fotoemissivos estão limitados a comprimentos de onda menores que 2 μm (2.000 nm). Os fotocondutores podem ser empregados nas regiões do IV próximo, médio e distante do espectro.

Geralmente, os sinais produzidos por instrumentos analíticos flutuam de uma maneira aleatória porque um grande número de variáveis não é controlado. Essas flutuações, que limitam a sensibilidade de um instrumento, são denominadas **ruído**. A terminologia originou-se na engenharia de rádio, onde a presença de flutuações de sinais indesejadas é audível como estática ou ruído.

DESTAQUE 25-5

Sinais, Ruído e Razão Sinal-Ruído

O sinal de saída de um instrumento analítico flutua de uma forma aleatória. Essas flutuações limitam a precisão do instrumento e representam o resultado líquido de um grande número de variáveis incontroláveis do instrumento e do sistema químico em estudo. Um exemplo desses tipos de variáveis é a incidência aleatória de fótons sobre um fotocatodo ou tubo fotomultiplicador. O termo *ruído* é empregado para descrever essas flutuações e cada variável não controlada é uma fonte de ruído. O termo vem da engenharia eletrônica e de áudio, em que as flutuações indesejáveis de sinal são percebidas pelo ouvido como estática ou ruído. O valor médio da saída de um dispositivo eletrônico é chamado *sinal* e o desvio padrão do sinal é uma medida do ruído.

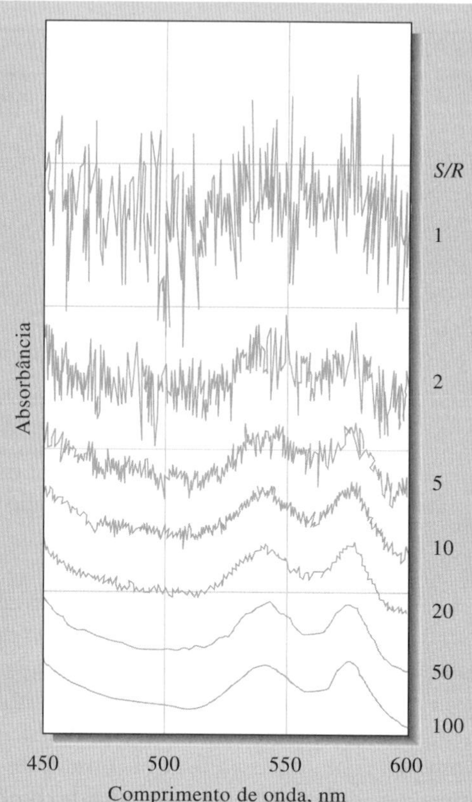

Figura 25D-4 Espectros de absorção da hemoglobina com níveis de sinal idênticos, porém com diferentes quantidades de ruído. Observe que as curvas foram deslocadas no eixo das absorbâncias para maior clareza.

Uma figura de mérito importante dos instrumentos analíticos, aparelhos de som, tocadores de CD e de muitos outros tipos de dispositivos eletrônicos é a razão sinal-ruído (*S*/*R*). A **razão sinal-ruído** geralmente é definida como a razão entre o valor médio do sinal de saída e o seu desvio padrão. O comportamento da razão sinal-ruído de um espectrofotômetro de absorção é ilustrado pelos espectros de hemoglobina mostrados na **Figura 25D-4**. O espectro mais abaixo na figura tem $S/R = 100$ e você pode facilmente distinguir o máximo de absorção em 540 nm e 580 nm. Conforme a razão S/R degrada-se para um valor entre aproximadamente dois e um, no segundo espectro no alto da figura, os picos desaparecem em meio ao ruído e tornam-se impossíveis de ser identificados. À medida que os instrumentos modernos têm se tornado mais computadorizados e controlados por circuitos eletrônicos sofisticados, muitos métodos têm sido desenvolvidos para se aumentar a razão sinal-ruído das saídas dos instrumentos. Esses métodos incluem a filtragem analógica, amplificação tipo *lock-in*, média tipo *boxcar*, suavização e uso de transformada de Fourier.[7]

Geralmente, detectamos a radiação IV medindo o aumento de temperatura de um material escurecido localizado no caminho do feixe ou pela medida do aumento da condutividade elétrica de um material fotocondutor quando este absorve a radiação IV. Uma vez que as variações de temperatura resultantes da absorção da energia IV são minúsculas, a temperatura ambiente deve ser controlada cuidadosamente para evitar erros grandes. O sistema de detector frequentemente limita a sensibilidade e precisão de um instrumento IV.

[7] D. A. Skoog; F. J. Holler e S. R. Crouch, *Principles of Instrumental Analysis*, 6. ed., Belmont, CA: Brooks/Cole, 2007, cap. 5, .

Detectores de Fótons

Os tipos de detectores de fótons largamente utilizados incluem fototubos, tubos fotomultiplicadores, fotodiodos de silício, redes de fotodiodos e dispositivos de transferência de carga, tais como dispositivos de acoplamento de carga e de injeção de carga.

Fototubos e Tubos Fotomultiplicadores A resposta de um fototubo ou fotomultiplicador resulta do efeito fotoelétrico. Como pode ser visto na **Figura 25-12**, um fototubo consiste em um fotocatodo semicilíndrico e um anodo em forma de fio selado, sob vácuo, dentro de um invólucro de vidro transparente. A superfície côncava do fotocatodo contém uma camada de um material fotoemissivo, como um metal alcalino ou um óxido metálico, que emite os elétrons quando irradiado com luz de energia apropriada. Quando uma voltagem é aplicada pelos eletrodos, os **fotoelétrons** emitidos são atraídos para o anodo positivamente carregado. Estes elétrons produzem uma **fotocorrente** no circuito mostrado na Figura 25-12. Esta corrente pode então ser amplificada e medida. O número de fotoelétrons ejetados do fotocatodo por unidade de tempo é diretamente proporcional à potência radiante do feixe que atinge a sua superfície. Com uma voltagem aplicada de cerca de 90 V ou mais, todos estes fotoelétrons são coletados no anodo para produzir uma fotocorrente que também é proporcional à potência radiante do feixe.

Os **fotoelétrons** são elétrons ejetados de uma superfície fotossensível por meio de radiação eletromagnética. Uma fotocorrente é a corrente em um circuito externo que é limitada pela taxa de ejeção de fotoelétrons.

❮ Os tubos fotomultiplicadores estão entre os tipos de transdutores mais empregados para a detecção de radiação ultravioleta/visível.

O **tubo fotomultiplicador** (TFM) é similar em construção ao fototubo, mas é significativamente mais sensível. O fotocatodo é similar àquele do fototubo com os elétrons sendo emitidos sob exposição à radiação. Entretanto, no lugar de um anodo de um único fio, o TFM tem uma série de eletrodos chamados **dinodos**, como mostrado na **Figura 25-13**. Os elétrons emitidos do catodo são acelerados em direção ao primeiro dinodo, que é mantido a 90–100 V positivo em relação ao catodo. Cada fotoelétron acelerado que atinge a superfície do dinodo produz muitos elétrons, chamados elétrons secundários, que são então acelerados para o dinodo 2, que é mantido a 90–100 V mais positivo que o dinodo 1. De novo, ocorre uma amplificação (ganho) do número de elétrons. Quando esse processo for repetido em cada dinodo, entre 10^5 a 10^7 elétrons terão sido produzidos para cada fóton incidente. Essa cascata de elétrons é finalmente coletada no anodo, fornecendo uma corrente média que pode ser ainda mais amplificada eletronicamente e medida.

❮ Uma vantagem importante dos fotomultiplicadores é a amplificação interna. Cerca de 10^6 a 10^7 elétrons são produzidos no anodo para cada fóton que atinge o fotocatodo de um tubo fotomultiplicador (TFM).

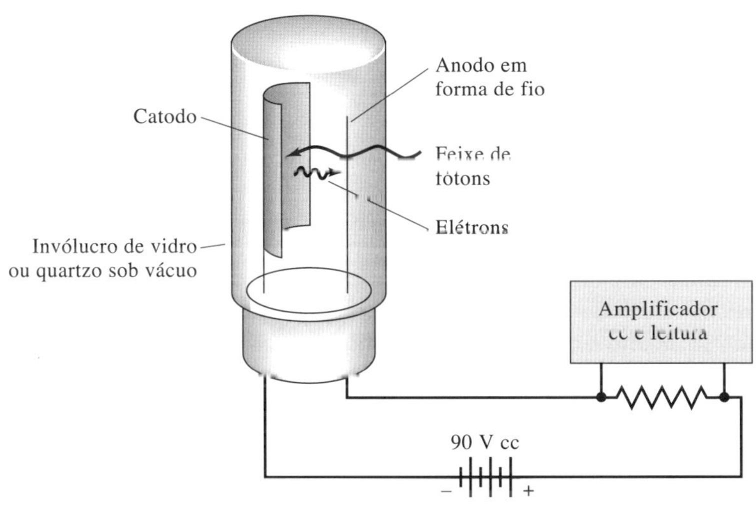

Figura 25-12 Um fototubo e circuito complementar. A fotocorrente induzida pela radiação produz uma voltagem ($V = IV$) através do resistor de medida; essa voltagem é amplificada e medida.

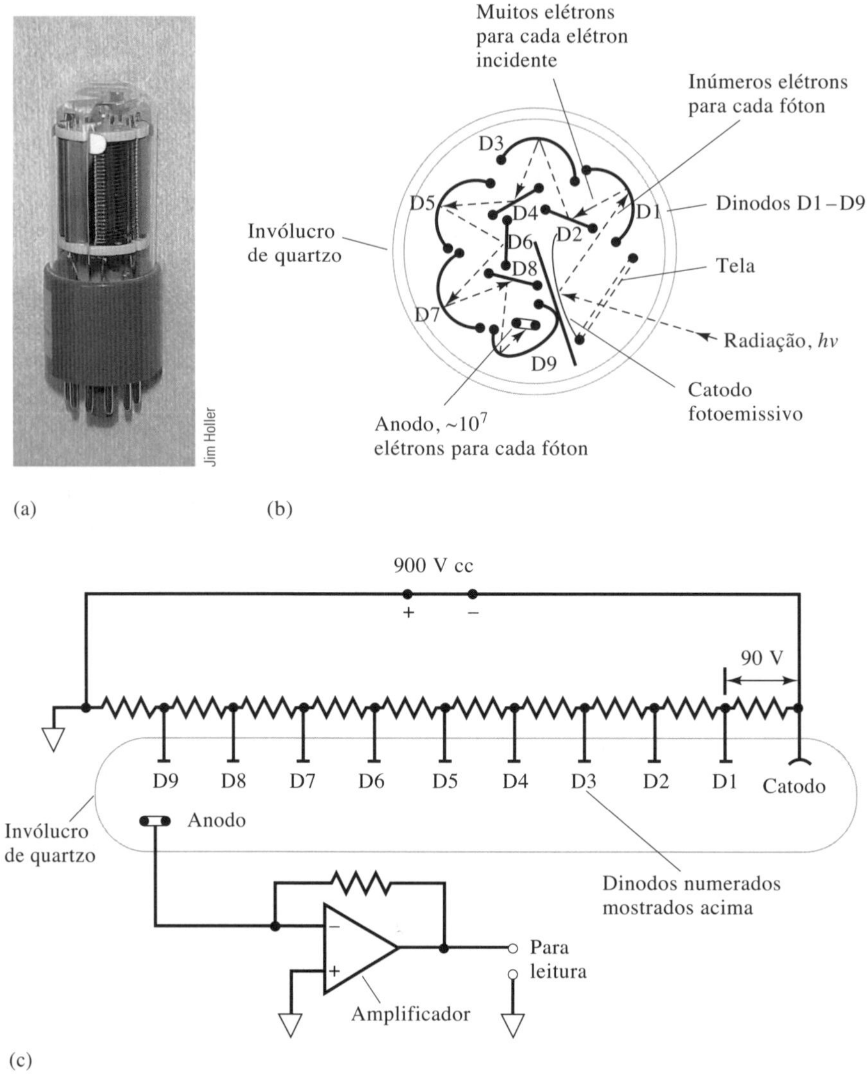

Figura 25-13 Diagrama de um tubo fotomultiplicador. (a) fotografia; (b) vista da seção transversal e (c) diagrama elétrico ilustrando a polarização dos dinodos e a medida da fotocorrente. A radiação atinge o catodo fotossensível (b) gerando fotoelétrons pelo efeito fotoelétrico. O dinodo D1 é mantido a uma voltagem positiva em relação ao fotocatodo. Os elétrons emitidos pelo catodo são atraídos pelo primeiro dinodo e acelerados pelo campo. Cada elétron que atinge o dinodo D1 produz entre dois e quatro elétrons secundários. Estes são atraídos pelo dinodo D2, o qual está novamente em potencial positivo em relação ao dinodo D1. A amplificação resultante no anodo pode ser de 10^6 ou maior. O fator de amplificação exato depende do número de dinodos e da diferença de potencial aplicada entre eles. Essa amplificação automática interna constitui uma das maiores vantagens dos tubos fotomultiplicadores. Com o uso de instrumentação moderna, os pulsos individuais de fotocorrente podem ser detectados e contados em vez de serem medidos como uma corrente média. Essa técnica, denominada *contagens de fótons*, é vantajosa em níveis muito pouco intensos de luz.

Células Fotocondutivas Os transdutores fotocondutores consistem em um filme fino de um material semicondutor, como o sulfeto de chumbo, telureto de mercúrio e cádmio (TMC) ou antimoneto de índio, depositado sobre uma superfície de vidro não condutiva e selado em um invólucro a vácuo. A absorção da radiação por esses materiais promove os elétrons não condutivos da camada de valência a um estado de energia mais alto, o que decresce a resistência elétrica do semicondutor. Normalmente, um fotocondutor é colocado em série com uma fonte de tensão e um resistor de carga, e a queda de voltagem através do resistor de carga é tomada como medida da potência radiante do feixe de radiação. Os detectores de PbS e de InSb são muito populares na região do IV próximo do espectro. O detector de TMC é útil para as regiões do IV médio e do IV distante quando resfriados com N_2 líquido para minimizar o ruído térmico. Esta aplicação é importante nos espectrômetros com transformada de Fourier.

Com a instrumentação eletrônica moderna é possível detectar os pulsos de elétrons resultantes da chegada de fótons individuais no fotocatodo de um TFM. Os pulsos são contados e a contagem acumulada é uma medida da intensidade da radiação eletromagnética incidente sobre o TFM. A **contagem de fótons** é vantajosa quando a intensidade, ou frequência de chegada de fótons no fotocatodo, for baixa.

Fotodiodos de Silício e Arranjos de Fotodiodos O silício cristalino é um semicondutor, um material cuja condutividade elétrica é menor que a de um metal, porém, maior que a de um material isolante. O silício é um elemento do Grupo IV e dessa forma apresenta quatro elétrons de valência. Em um cristal de silício, cada um desses elétrons combina-se com os elétrons de outros quatro átomos de silício para formar quatro ligações covalentes. À temperatura ambiente, ocorre uma agitação térmica suficiente nessa estrutura para ocasionalmente liberar um elétron de seu estado ligado, deixando-o livre para mover-se através do cristal. A excitação térmica de um elétron deixa para trás uma região positivamente carregada denominada vacância (ou "buraco"), a qual, da mesma forma que o elétron, é também móvel. O movimento de elétrons e buracos nos sentidos contrários nos semicondutores é a fonte da condução nestes dispositivos.

Um **semicondutor** é uma substância que apresenta uma condutividade que se situa entre aquela de um metal e aquela de um dielétrico (um isolante).

A condutividade do silício pode ser aumentada significativamente pela dopagem, um processo no qual uma quantidade mínima e controlada (aproximadamente 1 ppm) de um elemento do Grupo V ou Grupo III é distribuída homogeneamente através do cristal de silício. Por exemplo, quando um cristal é dopado com um elemento do Grupo V, como o arsênio, quatro dos cinco elétrons de valência do dopante formam ligações covalentes com quatro átomos de silício, deixando um elétron livre para conduzir (**Figura 25-14**). Quando o silício é dopado com um elemento do Grupo III, como o gálio, que apresenta somente três elétrons de valência, desenvolve-se um excesso de buracos, também melhorando a condutividade (veja **Figura 25-15**). Um semicondutor contendo elétrons não ligados (cargas negativas) é chamado de semicondutor tipo *n* e um contendo um excesso de vacâncias (cargas positivas) é denominado tipo *p*. Em um semicondutor tipo *n* os elétrons são os portadores de carga majoritários; em um do tipo *p*, as vacâncias são os portadores majoritários.

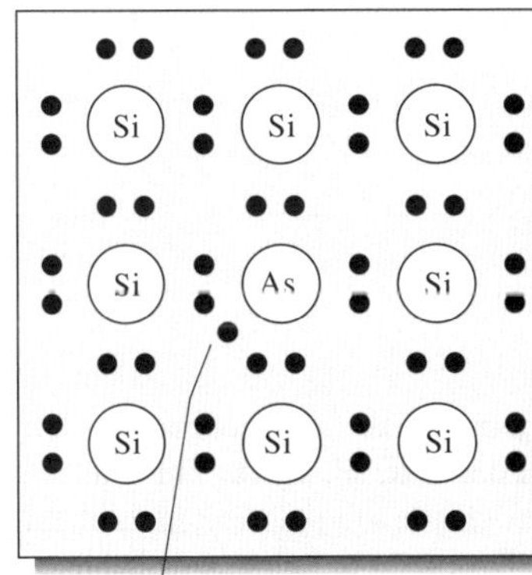

Figura 25-14 Representação bidimensional do silício tipo *n* mostrando um átomo de uma "impureza".

A tecnologia atual do silício torna possível a fabricação do que se intitula junção *pn* ou um diodo *pn*, que é condutiva em uma direção, mas não em outra. A **Figura 25-16a** esquematiza um diodo de silício. A junção *pn* é mostrada como uma linha tracejada através da metade do cristal. Os fios elétricos são conectados em ambos os terminais do dispositivo. A **Figura 25-16b** mostra a junção em seu modo de condução, no qual o terminal positivo de uma fonte cc é conectado à região *p* e o terminal negativo, à região *n*. Diz-se que o diodo sob estas condições está **diretamente polarizado**. O excesso de elétrons na região *n* e os buracos positivos na região *p* movem-se em direção à junção, onde eles combinam-se e aniquilam-se. Os elétrons móveis da região *n* e as vacâncias positivas da região *p* movem-se em direção à junção na qual se combinam e aniquilam-se um ao outro. O terminal negativo da fonte injeta novos elétrons na região *n*, os quais dão continuidade ao processo de condução. O terminal positivo extrai os elétrons da região *p* criando, assim, as vacâncias livres para migrar em direção à junção *pn*.

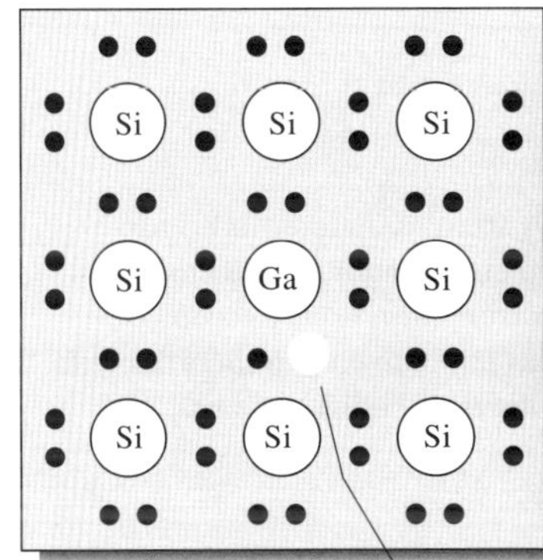

Figura 25-15 Representação bidimensional do silício tipo *p* apresentando um átomo de uma "impureza".

Os fotodiodos são dispositivos semicondutores de junção *pn* que respondem à luz incidente por meio da formação de pares elétron-vacâncias. Quando uma voltagem é aplicada a um diodo *pn* de forma que o semicondutor do tipo *p* seja negativo em relação ao semicondutor tipo *n*, diz-se que o diodo está **reversamente polarizado**. A **Figura 25-16c** ilustra o comportamento de um diodo de silício sob polarização reversa. A maioria do portadores de carga são drenados da junção, deixando uma **camada de depleção** não condutora. A condutância sob polarização reversa é de somente cerca de 10^{-6} a 10^{-8} daquela sob polarização direta. Em outras palavras, um diodo de silício conduz em uma direção, mas não na outra e é chamado de um retificador de corrente.

Um diodo de silício reversamente polarizado pode servir como um transdutor de radiação porque os fótons do ultravioleta e do visível são suficientemente energéticos para criar elétrons e buracos adicionais quando eles atingem a camada de depleção de uma junção *pn*. O aumento resultante na corrente pode ser medido e é diretamente proporcional à potência radiante. Um detector de diodo de silício é mais sensível que um fototubo a vácuo, mas é menos sensível que um tubo fotomultiplicador.

Na eletrônica, um **polarizador** é uma voltagem cc, algumas vezes chamada de voltagem polarizante, aplicada a um elemento de circuito para estabelecer um nível de referência para a operação.

Detectores com Arranjos de Diodos Os fotodiodos de silício têm se tornado importantes recentemente porque 1.000 ou mais podem ser fabricados lado a lado em um único chip com a largura de diodos individuais de aproximadamente 0,02 mm. Com um ou dois arranjos de diodos colocados ao longo da extensão do plano focal de um monocromador, todos os comprimentos de onda podem ser monitorados simultaneamente, tornando assim possível a espectroscopia de alta velocidade. Se

Um fotodiodo de silício é um diodo de silício reversamente polarizado que é usado para medir a potência radiante.

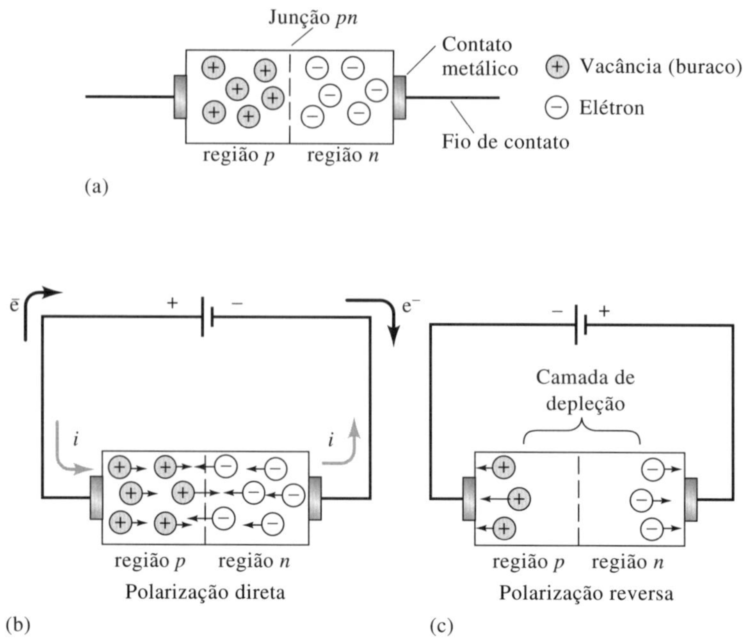

Figura 25-16 (a) Esquema de um diodo de silício. (b) Fluxo da eletricidade sob polarização direta. (c) Formação da camada de depleção, que previne o fluxo de eletricidade sob polarização reversa.

o número de cargas induzidas pela luz por unidade de tempo é grande quando comparado com os portadores de carga produzidos termicamente, a corrente em um circuito externo, sob condições de polarização reversa, está diretamente relacionada com a potência radiante incidente. Os detectores de fotodiodo de silício respondem de forma extremamente rápida, geralmente em nanossegundos. São mais sensíveis que um fototubo a vácuo, mas consideravelmente menos sensíveis que um tubo fotomultiplicador. Os arranjos de fotodiodos também podem ser obtidos comercialmente com dispositivos chamados **intensificadores de imagem**, que são dispositivos que os precedem para prover ganho e permitir a detecção de baixos níveis de luz.

Os arranjos de fotodiodos não são empregados apenas em instrumentos espectroscópicos, mas também em scanners óticos e leitores de código de barra.

Dispositivos de Transferência de Carga Os arranjos de fotodiodos não podem se igualar ao desempenho dos tubos fotomultiplicadores em termos de sensibilidade, faixa dinâmica e razão sinal-ruído. Assim, o seu uso tem sido limitado às situações nas quais a vantagem multicanal se sobrepõe às suas outras limitações. Em contraste, as características de detectores de **dispositivos de transferência de carga** (DTC) aproximam-se ou algumas vezes superam aqueles de tubos multiplicadores, além de ter a vantagem de multicanal. Como um resultado, este tipo de detector atualmente está aparecendo em números cada vez mais crescentes em instrumentos espectroscópicos modernos.[8] Uma vantagem adicional dos detectores de transferência de carga está no fato de que são bidimensionais no sentido de que os elementos detectores individuais são arranjados em linhas e colunas. Por exemplo, um detector que descrevemos na próxima seção consiste em 244 filas de elementos de detector, cada fila sendo constituída de até 388 detectores, consequentemente fornecendo uma rede bidimensional de 94.672 detectores individuais, ou pixels, contido em um chip tendo dimensões de 6,5 mm por 8,7 mm. Com esse dispositivo, torna-se possível registrar um espectro bidimensional completo.

A sílica é o óxido de silício, SiO_2, que é um isolante elétrico.

Os detectores de transferência de carga operam de forma muito similar a um filme fotográfico no sentido de que integram o sinal informativo quando a radiação os atinge.

[8] Para detalhes sobre os dispositivos de transferência de carga, veja J. V. Sweedler; K. L. Ratzlaff e M. B. Denton, eds., *Charge-Transfer Devices in Spectroscopy*. New York: VCH, 1994; J. V. Swedler, *Crit. Rev. Anal. Chem.*, v. 24, p. 59, **1993**, **DOI**: 10.1080/10408349308048819; J. V. Sweedler; R. B. Bilhorn; P. M. Epperson, G. R. Sims e M. B. Denton, *Anal. Chem.*, v. 60, p. 282A, **1988**, **DOI**: 10.1021/ac00155a002; P. M. Epperson; J. V. Sweedler; R. B. Bilhorn; G. R. Sims e M. B. Denton, *Anal. Chem.*, v. 60, p. 327A, **1988**, **DOI**: 10.1021/ac00156a001.

A **Figura 25-17** mostra uma secção transversal de um dos pixels que formam um arranjo de transferência de carga. Neste caso, o pixel consiste em dois eletrodos condutivos recobrindo uma camada isolante de sílica (SiO_2). (Um pixel em alguns dispositivos de transferência de carga é constituído de mais de dois eletrodos.) Essa camada de sílica separa os eletrodos de uma região de silício dopado tipo *n*. Esta estrutura constitui-se de um óxido metálico semicondutor que armazena as cargas formadas quando a radiação atinge a sílica dopada. Quando, como mostrado, uma carga negativa é aplicada aos eletrodos, uma região de inversão de carga é criada entre os eletrodos, a qual é energeticamente favorável para o armazenamento das vacâncias positivas. As vacâncias móveis criadas pela absorção de fótons pelo silício então migram e são coletadas nessa região. Tipicamente, essa região, chamada poço de potencial, é capaz de comportar entre 10^5 e 10^6 cargas antes de vazar para o pixel adjacente. Na Figura 25-17, um eletrodo é indicado como mais negativo que o outro, tornando o acúmulo de carga sob esse eletrodo mais favorável. A quantidade de carga gerada durante a exposição à radiação é medida de uma das duas formas possíveis. Em um detector de **dispositivo de injeção de carga** (CID) – do inglês *charge injection device* –, a variação de voltagem que surge do movimento da carga da região sob um eletrodo para a região sob o outro é medida. Em um detector de **dispositivo de acoplamento de carga** (CCD), a carga é movida para um amplificador sensível à carga para medida.

Os dispositivos de acoplamento de carga também estão disponíveis com intensificadores de imagem frontais para proporcionar ganho. Tais CCD intensificados (CCDI) podem ser abertos ou fechados em intervalos selecionados para fornecer resolução de tempo para estudos de vida útil ou para experimentos de cinética química ou para discriminar contra sinais indesejados. Um desenvolvimento recente em câmeras CCD é o CCD multiplicador de elétrons (EMCCD), no qual um registrador de ganho é inserido antes do amplificador de saída. Tanto os ICCD quanto os EMCDD são capazes de detecção de fóton único. Por causa do intensificador de imagem, os ICCD são mais caros que os EMCCD. Entretanto, o EMCCD deve ser resfriado a baixas temperaturas (≈ 170K), o que leva a um custo adicional e frequentemente a problemas de condensação.

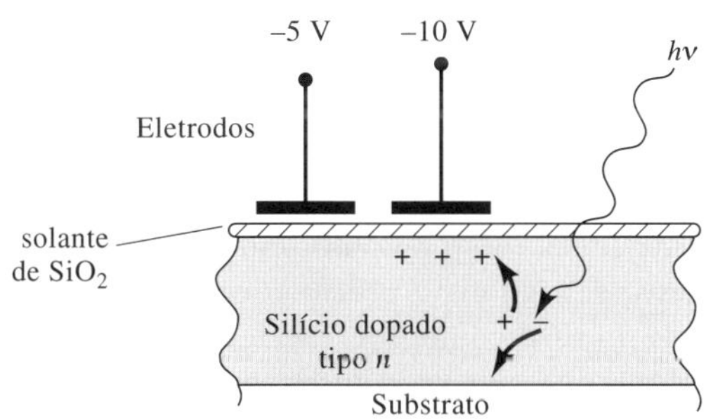

Figura 25-17 Seção transversal de um dos pixels de um dispositivo de transferência de carga. O buraco positivo produzido pelo fóton *hν* é coletado sob o eletrodo negativo.

Os CCDs e os CIDs têm sido encontrados em números cada vez maiores em instrumentos espectroscópicos modernos. Em aplicações espectroscópicas, os dispositivos de transferência de carga são empregados conjuntamente com os instrumentos multicanais, como será discutido na Seção 25B-3. Além das aplicações espectroscópicas, os dispositivos de transferência de carga encontram largas aplicações em câmeras digitais, câmeras de televisão de estado sólido, na microscopia e em aplicações astronômicas, como no Telescópio Espacial Hubble.

Detectores Térmicos

Os detectores de fótons convenientes discutidos na seção anterior não podem ser usados para medir radiação no infravermelho porque os fótons nesta região não têm energia suficiente para provocar a fotoemissão de elétrons. Historicamente, os detectores térmicos, tais como os termopares, bolômetros e dispositivos pneumáticos, eram usados para detectar tudo exceto os comprimentos de onda mais curtos no IV. Estes detectores ainda são encontrados em espectrômetros IV de dispersão mais antigos. As características da maioria dos detectores térmicos são, entretanto, muito inferiores àquelas dos detectores de fóton usados na região UV/visível. Muitos espectrômetros IV com transformada de Fourier usam um transdutor piroelétrico ou o detector fotocondutor MCT discutido anteriormente.

Um detector térmico consiste em uma superfície escurecida pequena que absorve radiação no IV e como resultado aumenta a temperatura. O aumento de temperatura é convertido em um sinal elétrico que é amplificado e medido. Sob as melhores circunstâncias, as variações de temperatura envolvidas são mínimas e atingem poucos milésimos de graus Celsius. A dificuldade de medição é agravada também pela radiação térmica do ambiente, que é sempre uma fonte potencial de incerteza. Para minimizar ainda mais os efeitos deste ruído externo, faz-se com que o feixe da fonte alterne entre a intensidade máxima e a intensidade zero girando-se um disco recortado, chamado de pulsador, que é inserido entre a fonte e o detector.[9] O transdutor converte esse sinal periódico de radiação em um sinal de corrente elétrica alternada que pode ser amplificada e separada da radiação de fundo. Apesar dessas precauções, as medidas no infravermelho são significativamente menos precisas que as medidas das radiações no ultravioleta e no visível.

Como mostrado na Tabela 25-2, quatro tipos de detectores térmicos são utilizados para a espectroscopia no infravermelho.[10] O mais largamente usado é um termopar minúsculo ou um grupo de termopares chamados **termopilha**. O **bolômetro** consiste em um elemento condutor cuja resistência elétrica varia em função da temperatura. Um **detector pneumático** consiste em uma pequena câmera cilíndrica que é cheia com xenônio e contém uma membrana escurecida para absorver a radiação no IV e aquecer o gás. Os **detectores piroelétricos** são fabricados a partir de cristais de um material piroelétrico, como titanato de bário ou sulfato de triglicina deuterada. Um cristal de um desses compostos que fica entre dois pares de eletrodos produz uma voltagem dependente da temperatura quando exposto à radiação no infravermelho. Os transdutores são usados nos espectrômetros IV, especialmente em instrumentos com transformada de Fourier descritos na Seção 25C-2.

25A-5 Processadores de Sinal e Dispositivos de Leitura

Um processador de sinal é um dispositivo eletrônico que pode amplificar o sinal elétrico saindo do detector (veja Figura 25-6). Além disto, o processador de sinal pode converter o sinal de cc para ca (ou o reverso), mudar a fase do sinal e filtrá-lo para remover componentes indesejados. O processador de sinal também pode realizar operações matemáticas no sinal como diferenciação, integração ou conversão para logaritmos. Os medidores digitais e monitores por computador são dois exemplos. Computadores são frequentemente usados para controlar vários parâmetros instrumentais, para processar e armazenar dados, para imprimir resultados e espectros, para comparar resultados com vários bancos de dados e para se comunicar com outros computadores e dispositivos em rede.

---

[9] Veja D. A. Skoog; F. J. Holler e S. R. Crouch, *Principles of Instrumental Analysis*, 6. ed., Belmont, CA: Brooks/Cole, 2007, pp. 115-16.

[10] *Ibid.*, pp. 200-202.

DESTAQUE 25-6

Medidas de Fotocorrentes com Amplificadores Operacionais

A corrente típica produzida por um fotodiodo reversamente polarizado é de 0,1 μA a 100 μA. Estas correntes, bem como aquelas geradas por fotomultiplicadores e fototubos, são tão pequenas que devem ser convertidas para uma voltagem que seja grande o bastante para ser medida com um voltímetro digital ou outro dispositivo de medir voltagem. Podemos realizar tal conversão com o circuito de amplificador operacional (*op amp*) mostrado na **Figura 25D-5**.

A luz que atinge o fotodiodo reversamente polarizado produz uma corrente I no circuito. Já que o *op amp* possui uma resistência de entrada muito alta, essencialmente nenhuma corrente passa pela entrada do *op amp*, designada pelo sinal negativo. Assim, a corrente no fotodiodo deve também passar através do resistor R. A corrente é calculada convenientemente pela lei de Ohm: $E_{saída} = -IR$. Uma vez que a corrente é proporcional à potência radiante (P) da luz atingindo o fotodiodo, $I = kP$, onde k é uma constante e, consequentemente, $E_{saída} = -IR = -kPR = k'P$. Um voltímetro é conectado à saída do *op amp* para fornecer uma leitura direta que é proporcional à potência radiante da luz incidente no fotodiodo. Esse mesmo circuito também pode ser empregado com fototubos a vácuo ou fotomultiplicadores.[11]

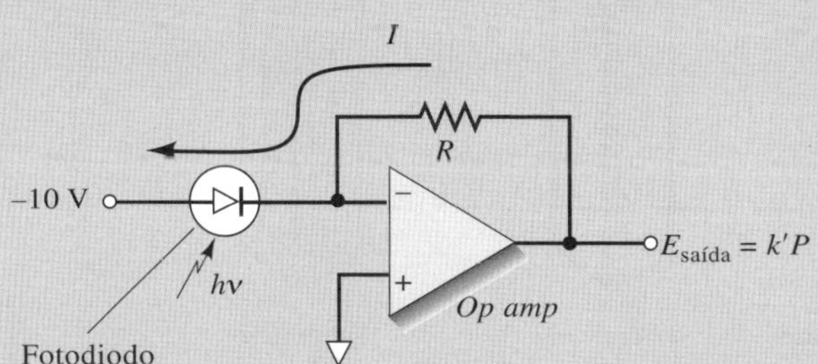

Figura 25D-5 Um amplificador operacional conversor corrente-voltagem empregado para monitorar a corrente de um fotodiodo de estado sólido.

25A-6 Recipientes para Amostras

Recipientes para conter a amostra, os quais são geralmente denominados **células** ou **cubetas**, devem ter janelas que sejam transparentes na região espectral de interesse. As várias faixas de transmitância para materiais óticos estão mostradas na Figura 25-2. Como pode ser visto, o quartzo ou a sílica fundida é exigida para a região UV (comprimentos de onda menores que 350 nm) e pode ser usado na região do visível e fora até cerca de 3.000 nm (3 μ) no IV. O vidro de silicato é normalmente usado para a região de 375-2000 nm por causa do seu baixo custo comparado ao quartzo. O material mais comum das janelas nos estudos em IV é o cloreto de sódio cristalino, que é solúvel em água e em outros solventes.

As células de melhor qualidade têm janelas que são perpendiculares à direção do feixe de forma que minimize as perdas por reflexão. O caminho ótico mais comum para os estudos nas regiões do UV e do visível é de 1 cm; as células idênticas calibradas com esse caminho ótico estão disponíveis a partir de diversos fornecedores. Muitas outras células com caminhos óticos mais curtos e mais longos também podem ser compradas. Algumas células típicas para o UV/visível são mostradas na **Figura 25-18**.

[11] Para informação adicional sobre amplificadores operacionais, veja D. A. Skoog; F. J. Holler e S. R. Crouch, *Principles of Instrumental Analysis*, 6. ed., Belmont, CA: Brooks/Cole, 2007.

Por razões de economia, as células cilíndricas são ocasionalmente usadas. Um cuidado especial deve ser tomado em reproduzir o posicionamento dessas células com respeito ao feixe. Por outro lado, as variações no caminho ótico e perdas por reflexão nas superfícies curvas podem causar erros significativos, como discutido na Seção 24C-3.

A qualidade dos dados espectroscópicos é dependente de maneira crítica da forma como as células são empregadas e mantidas.

As impressões digitais, gordura ou outros depósitos nas paredes podem alterar significativamente as características de transmitância de uma célula. Portanto, é imperativo limpar totalmente as células tanto antes quanto depois do uso, e as janelas não devem ser tocadas após finalizar a limpeza. As células casadas nunca devem ser secas por aquecimento em uma estufa ou chama porque isso pode provocar dano físico ou mudar o caminho ótico. Essas células devem ser calibradas uma contra a outra regularmente com o uso de uma solução absorvente.

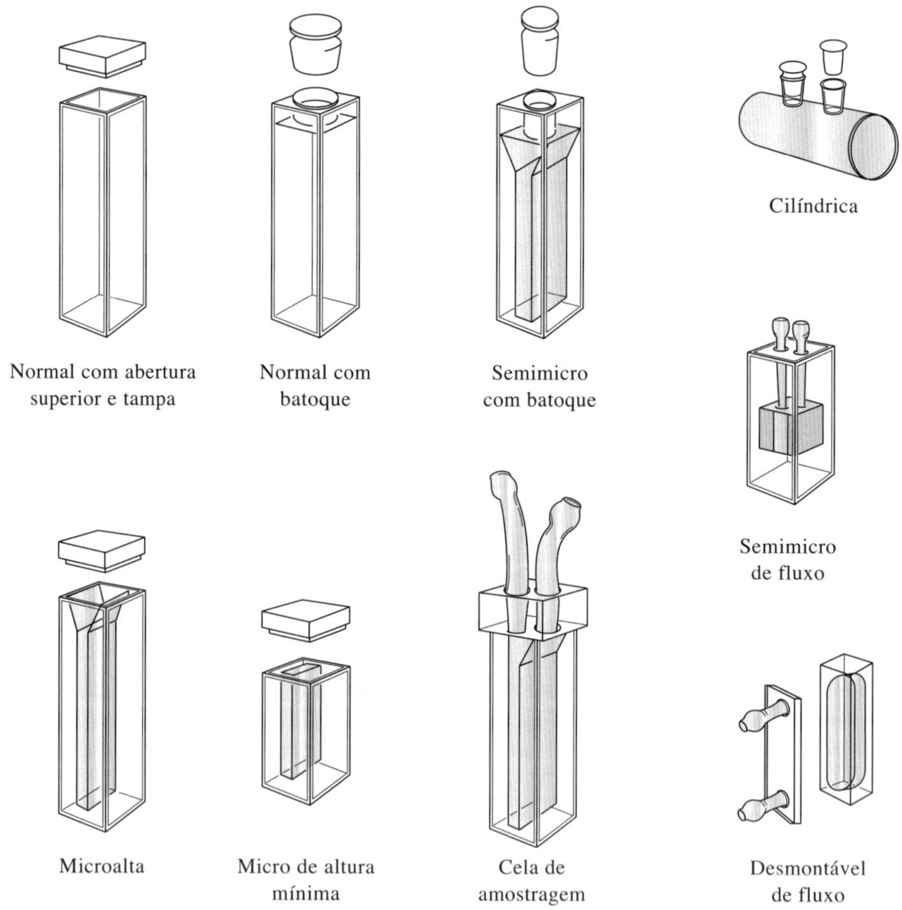

Figura 25-18 Exemplos típicos de células disponíveis comercialmente para a região do UV/visível.

25B FOTÔMETROS E ESPECTROFOTÔMETROS ULTRAVIOLETA/VISÍVEL

Os componentes óticos descritos na Figura 25-1 têm sido combinados de várias formas para produzir dois tipos de instrumentos e permitir a obtenção de medidas de absorção. Muitos termos comuns são empregados para descrever os instrumentos completos. Um **espectrômetro** é um instrumento espectroscópico que usa um monocromador ou um policromador em conjunção com transdutor para converter as intensidades radiantes em sinais elétricos. Os **espectrofotômetros** são os espectrômetros que permitem a medida da razão entre as potências de dois feixes, uma exigência para se medir a absorbância (lembre-se do Capítulo 24, Equação 24-6, que $A = \log P_0/P \approx P_{solvente}/P_{solução}$). Os **fotômetros** empregam um filtro para seleção do comprimento de onda juntamente com um transdutor de radiação adequado. Os espectrofotômetros oferecem a vantagem considerável de que o comprimento de onda pode ser alterado continuamente, tornando possível registrar-se um espectro de absorção. Os fotômetros apresentam as vantagens da simplicidade, da robustez e do baixo custo. Várias dezenas de modelos de espectrofotômetros estão disponíveis comercialmente. A maioria dos espectrofotômetros cobre a região do UV/visível e, ocasionalmente, a região do infravermelho próximo, enquanto os fotômetros são quase exclusivamente utilizados na região do visível. Os fotômetros encontram uso considerável como detectores para cromatografia, eletroforese, imunoensaios ou análise em fluxo contínuo. Ambos, os fotômetros e os espectrofotômetros, podem ser encontrados nas variedades de feixe único ou duplo.

25B-1 Instrumentos de Feixe Único

A **Figura 25-19** mostra a imagem de um espectrofotômetro de baixo custo, o Spectronic 20, o qual é projetado para uso na região do visível do espectro. Esse instrumento surgiu inicialmente no mercado em meados dos anos 1950 e a versão modificada, que está representada na figura, ainda é produzida e bastante vendida. O número de instrumentos desse tipo que está correntemente em uso ao redor do mundo é maior que o de qualquer outro modelo de espectrofotômetro.

O Spectronic 20 lê a transmitância ou a absorbância em um **visor de cristal líquido (LCD)**; instrumentos analógicos mais antigos leem em transmitância em um medidor. O instrumento é equipado com um **obturador**, que é uma lâmina que cai automaticamente entre o feixe e o detector quando a célula cilíndrica é removida do seu suporte. O dispositivo de controle de luminosidade consiste em uma abertura em forma de V que é movida para dentro ou para fora do feixe a fim de controlar a quantidade de luz que atinge a fenda de saída.

Para obter uma leitura da porcentagem de transmitância, o dispositivo de leitura é inicialmente zerado com o compartimento da amostra vazio de forma que o obturador bloqueie o feixe e nenhuma radiação atinja o detector. Esse processo é denominado **calibração de 0% *T*** ou **ajuste de 0% *T***. Uma célula contendo o branco (geralmente o solvente) é então inserida no compartimento de medida e o mostrador, levado a ler 100% de *T* ajustando-se a posição da abertura de controle de luminosidade e, portanto, a quantidade de luz que atinge o detector. Esse ajuste é chamado **calibração de 100% *T*** ou **ajuste de 100% *T***. Finalmente, a amostra é colocada no compartimento da célula e a porcentagem de transmitância ou absorbância é lida diretamente no mostrador de LED.

> Os ajustes de 0% *T* e 100% *T* devem ser feitos imediatamente antes de cada medida de transmitância e absorbância. Para obter medidas de transmitância reprodutíveis, a potência radiante da fonte deve se manter constante durante o tempo em que é feito o ajuste de 100% *T* e a % *T* é exibida.

A faixa espectral do Spectronic 20 é de 400 a 900 nm. Outras especificações incluem uma passagem de banda espectral de 20 nm, uma exatidão de comprimento de onda de ±2,5 nm, e uma exatidão fotométrica de ±4% *T*. Uma opção permite que o instrumento seja acoplado a um computador para armazenagem de dados e análise. Uma versão mais nova, o Spectronic 200, tem uma passagem de banda < 4 nm e pode varrer espectros.

Os instrumentos de feixe único do tipo descrito são adequados para as medidas quantitativas de absorção em um único comprimento de onda. Com esses instrumentos, simplicidade de instrumentação, baixo custo e facilidade de manutenção oferecem vantagens distintas. Muitos fabricantes de instrumentos oferecem espectrofotômetros e fotômetros do tipo de comprimento de onda único. O preço desses instrumentos está entre mil e pouco mais de mil dólares norte-americanos. Além disso, os instrumentos multicanais de feixe único baseados em arranjos de detectores podem ser encontrados com facilidade, como será discutido na Seção 25B-3.

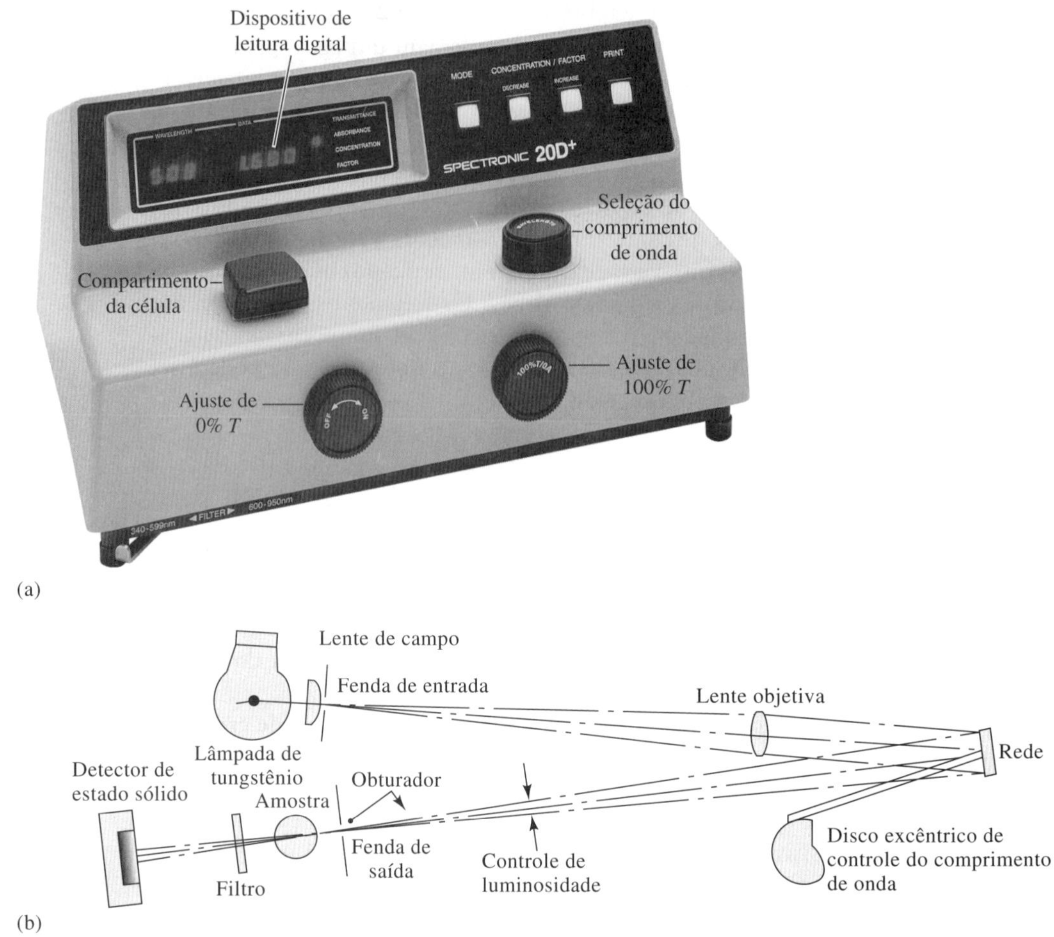

Figura 25-19 O espectrofotômetro Spectronic 20. Uma fotografia do instrumento é mostrada em (a), enquanto o seu diagrama ótico pode ser visto em (b). A radiação de uma fonte de filamento de tungstênio passa através de uma fenda de entrada para o monocromador. Uma rede refletora difrata a radiação e uma faixa selecionada de comprimentos de onda passa através da fenda de saída para a câmara da amostra. Um detector de estado sólido converte a intensidade de luz em um sinal elétrico que é amplificado e apresentado em um mostrador digital. O novo Spectronic 200 tem um caminho ótico reverso. (Cortesia de Thermo Fisher Scientific, Inc. Madison, WI.)

25B-2 Instrumentos de Feixe Duplo

Muitos fotômetros modernos e espectrofotômetros são baseados no desenho de feixe duplo. A **Figura 25-20** apresenta dois arranjos de feixe duplo (b e c) comparados com um sistema de feixe único (a). A **Figura 25-20b** ilustra um instrumento de feixe duplo espacial no qual dois feixes são formados por um espelho em forma de V denominado **divisor de feixe**. Um dos feixes passa através da solução de referência para um fotodetector e o segundo passa, simultaneamente, pela amostra para um segundo fotodetector casado.

As duas saídas são amplificadas e a razão entre elas, ou o logaritmo da razão entre elas, é obtido eletronicamente ou computado e exibido no dispositivo de saída.

A **Figura 25-20c** representa um espectrofotômetro de feixe duplo temporal. Neste design, os feixes são separados em tempo por um espelho setorizado rotatório que direciona todo o feixe através da célula de referência e então através da célula da amostra. Os pulsos de radiação são então recombinados por outro espelho que transmite a referência e reflete o feixe da amostra para o detector. A abordagem de feixe duplo temporal é geralmente preferida sobre aquela de feixe duplo espacial devido à dificuldade de se casar dois detectores.

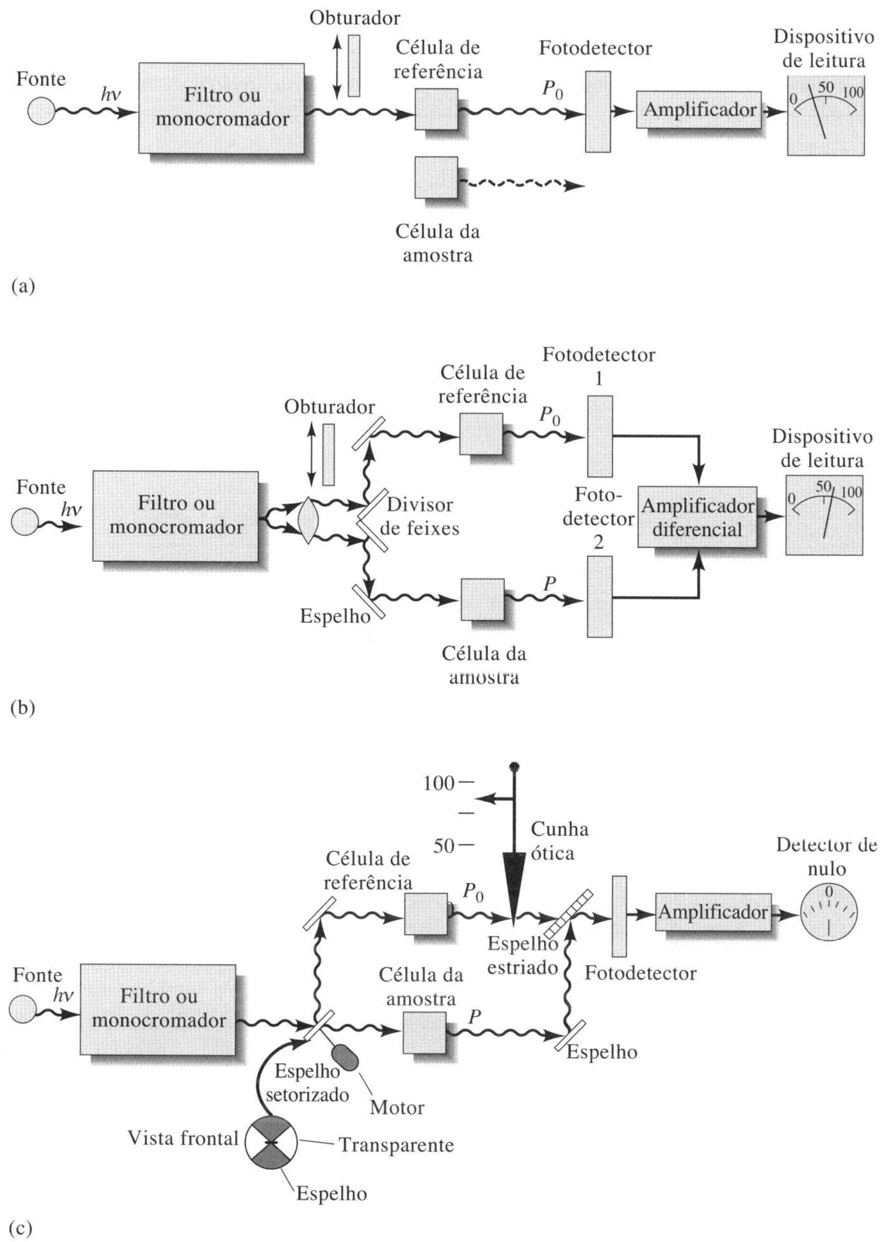

Figura 25-20 Desenhos de instrumentos para fotômetros ou espectrofotômetros UV/visível. Em (a), é apresentado um instrumento de feixe único. A radiação vinda de um filtro ou monocromador passa por uma célula de referência ou célula da amostra antes de atingir o fotodetector. Em (b), é mostrado um instrumento de feixe duplo espacial. Neste instrumento, a radiação do filtro ou monocromador é dividida em dois feixes que passam simultaneamente através das células da referência e da amostra antes de atingir os dois fotodetectores casados. No instrumento de feixe duplo temporal (c), o feixe é alternadamente enviado através das células de referência e da amostra antes de atingir um único fotodetector. Um período de apenas alguns milisegundos separa os feixes à medida que eles passam através das duas células.

Os instrumentos de feixe duplo oferecem a vantagem de compensar quaisquer flutuações rápidas na saída radiante da fonte. Eles também compensam amplas variações na intensidade da fonte em função do comprimento de onda. Além disso, o desenho de duplo feixe é muito adequado para o registro contínuo de espectros de absorção.

25B-3 Instrumentos Multicanais

Os arranjos de fotodiodos e os dispositivos de transferência de carga, discutidos na Seção 25A-4, constituem a base dos instrumentos multicanais para absorção no UV/visível. Esses instrumentos geralmente apresentam o desenho de feixe único ilustrado na **Figura 25-21**. Nos sistemas multicanais, o sistema dispersivo é um espectrógrafo de rede colocado após a célula da amostra ou de referência. O arranjo de fotodiodo ou arranjo de CCD é colocado no plano focal do espectrógrafo. Esses detectores permitem a medida do espectro total em menos de 1 s. É necessário um computador para a obtenção do espectro. Com desenhos de feixe único, a corrente de escuro do arranjo é adquirida e armazenada na memória do computador. Depois, o espectro da fonte é obtido e armazenado na memória após a subtração da corrente de escuro. Finalmente, o espectro original da amostra é obtido e, depois da subtração da corrente de escuro, os valores da amostra são divididos pelos valores da fonte a cada comprimento de onda e as absorbâncias são calculadas. Os instrumentos tipo multicanais podem também ser configurados como espectrofotômetros de feixe duplo temporal.

O espectrofotômetro exposto na Figura 25-21 pode ser controlado por muitos computadores pessoais. O instrumento (sem o computador) pode ser adquirido por cerca de US$ 10 mil. Muitas companhias fabricantes de instrumentos estão combinando sistemas de arranjos de detectores com sondas de fibras óticas que transportam a luz para a amostra e de volta ao instrumento. Esses instrumentos permitem a obtenção de medidas em locais afastados do espectrofotômetro.

25C ESPECTROFOTÔMETROS NO INFRAVERMELHO

Dois tipos de espectrômetros são empregados na espectroscopia IV: os do tipo dispersivo e a variedade com transformada de Fourier.

25C-1 Instrumentos de Infravermelho Dispersivos

Os instrumentos antigos eram invariavelmente de desenho de duplo feixe e dispersivos. Estes eram frequentemente da variedade de duplo feixe temporal mostrada na Figura 25-20c, exceto pelo fato de a localização do compartimento da célula com respeito ao monocromador ser invertida. Na maioria dos instrumentos no UV/visível, a célula está localizada entre o monocromador e o detector de forma a evitar a fotodecomposição da amostra, que pode ocorrer se as amostras são expostas à potência total da fonte. Observe que os instrumentos de arranjo de fotodiodos evitam esse problema devido ao curto tempo de exposição da amostra ao feixe. A radiação no infravermelho, em contraste, não é suficientemente energética para causar a fotodecomposição. Também, muitas amostras são bons emissores de radiação no IV. Por causa disso, o compartimento da célula normalmente está localizado entre a fonte e o monocromador em um instrumento IV.

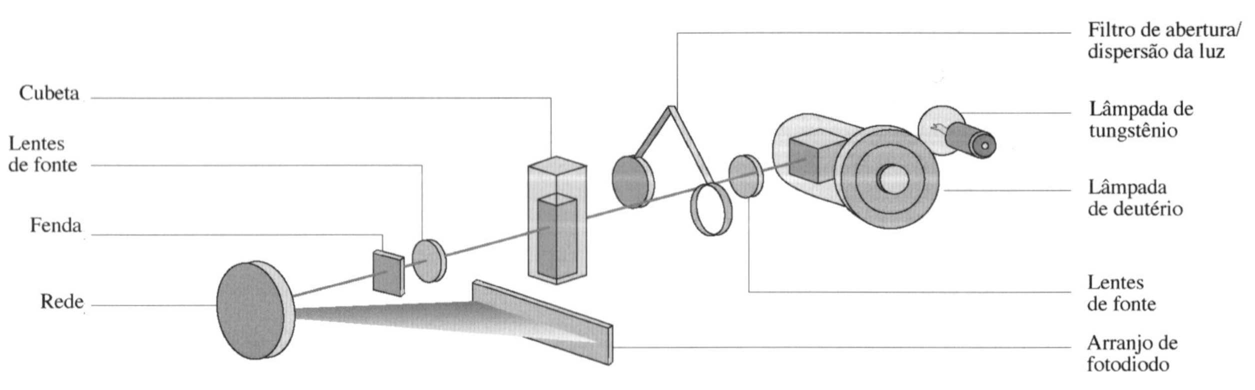

Figura 25-21 Diagrama de um espectrômetro multicanal baseado em um espectrógrafo de grade com um detector de arranjo de fotodiodo.

Como discutido anteriormente nesta seção, os componentes dos instrumentos IV diferem significativamente daqueles dos instrumentos UV/visível. Assim, as fontes de IV são constituídas por sólidos aquecidos e os detectores IV respondem ao calor em vez de fótons. Além disso, os componentes óticos dos instrumentos IV são construídos de cristais polidos de sais, tais como o cloreto de sódio e o brometo de potássio.

Science Photo Library/Photo Researchers, Inc.

Albert Abraham Michelson (1852-1931) foi um dos mais geniais e inventivos experimentalistas de todos os tempos. Ele estudou as propriedades da luz e realizou vários experimentos que criaram a base para a nossa visão moderna do universo. Ele inventou o interferômetro descrito no Destaque 25-7 para determinar o efeito da rotação da Terra na velocidade da luz. Por causa de suas muitas invenções e sua aplicação no estudo da luz, Michelson foi agraciado com o prêmio Nobel de Física em 1907. À época de sua morte, Michelson e seus colaboradores estavam tentando medir a velocidade da luz em um tubo de vácuo localizado onde é hoje Irvine, Califórnia.

25C-2 Instrumentos com Transformada de Fourier

Quando os espectrômetros no infravermelho com transformada de Fourier (FTIV) apareceram pela primeira vez no mercado no início dos anos 1970, eram enormes e muito caros (mais de US$ 100 mil) e requeriam ajustes mecânicos frequentes. Por essas razões, seu uso estava limitado a aplicações especiais nas quais as suas características únicas (alta velocidade, alta resolução, alta sensibilidade e excelente precisão e exatidão em relação ao comprimento de onda) eram essenciais. Entretanto, desde a década de 1990 os espectrofotômetros FTIV têm reduzido de tamanho, podem ser colocados em bancadas, têm se tornado confiáveis e fáceis de serem mantidos. Além disso, os modelos mais simples apresentam agora um preço similar aos espectrômetros dispersivos simples. Consequentemente, os espectrômetros FTIV têm ocupado o espaço de instrumentos de dispersão de uma forma grande em muitos laboratórios.

Os instrumentos com transformada de Fourier não apresentam nenhum elemento dispersivo e todos os comprimentos de onda são detectados e medidos simultaneamente. Em vez de um monocromador, um interferômetro é usado para produzir padrões de interferência que contêm a informação espectral do infravermelho. Os mesmos tipos de fontes empregados nos instrumentos dispersivos são utilizados nos espectrômetros FTIV. Os transdutores são basicamente sulfato de glicina, um transdutor piroelétrico, ou telureto de mercúrio e cádmio, um transdutor fotocondutor. Para se obter potência radiante como uma função do comprimento de onda, o interferômetro modula o sinal da fonte de maneira tal que ele pode ser decodificado pela técnica matemática de transformada de Fourier. Essa operação requer um computador de alta velocidade para realizar os cálculos necessários. A teoria das medidas com transformada de Fourier é discutida no Destaque 25-7.[12]

A maioria dos espectrômetros de bancada FTIV é do tipo de feixe único. Para coletar o espectro de uma amostra, o espectro de fundo é primeiramente obtido pela transformação de Fourier do interferograma do fundo (solvente, água do ambiente e dióxido de carbono). Depois, consegue-se o espectro da amostra. Finalmente, a razão entre o espectro de feixe único da amostra e o espectro do fundo é calculada e a absorbância ou transmitância *versus* o comprimento de onda é registrada. Frequentemente, os instrumentos de bancada purgam o espectrômetro com um gás inerte ou ar seco, livre de CO_2, para reduzir a absorção de vapor de água e CO_2 de fundo (*background*)

❮ Os espectrômetros com transformada de Fourier detectam todos os comprimentos de onda IV todo o tempo. Apresentam maior aproveitamento da potência luminosa do que os instrumentos dispersivos e consequentemente melhor precisão. Embora os cálculos da transformada de Fourier sejam intensos em termos computacionais, eles são facilmente realizados com computadores pessoais de alta velocidade e programas apropriados.

As principais vantagens dos instrumentos FTIV sobre os espectrômetros de dispersão incluem melhor sensibilidade e rapidez, melhor aproveitamento da potência luminosa, calibração de comprimento de onda mais exata, design mecânico mais simples e eliminação virtual de contribuição da luz de dispersão e emissão de IV.

[12] Veja também J. D. Ingle, Jr. e S. R. Crouch, *Spectrochemical Analysis*. Englewood Cliffs, NJ: Prentice-Hall, 1988; D. A. Skoog; F. J. Holler e S. R. Crouch, *Principles of Instrumental Analysis*, 6. ed., Belmont, CA: Brooks/Cole, 2007.

DESTAQUE 25-7

Como Funciona um Espectrômetro com Transformada de Fourier?

Os espectrômetros com transformada de Fourier (FTIV) utilizam um dispositivo engenhoso denominado **interferômetro de Michelson**, que foi desenvolvido há muitos anos por A. A. Michelson para efetuar medidas precisas do comprimento de onda da radiação eletromagnética e para fazer medidas de distância com incrível exatidão. Os princípios da interferometria são utilizados em muitas áreas da ciência, incluindo química, física, astronomia e metrologia, sendo aplicados em muitas regiões do espectro eletromagnético.

Um diagrama de um interferômetro de Michelson é exposto na **Figura 25D-6**. Este consiste em uma fonte de luz colimada (mostrada à esquerda do diagrama), um espelho estacionário acima, um espelho móvel à direita, um divisor de feixe e um detector. A fonte de luz pode ser uma fonte contínua como na espectroscopia FTIV, ou ela pode ser uma fonte monocromática como um laser ou uma lâmpada de arco de sódio para outros usos tais como, por exemplo, medidas de distância. Os espelhos são vidros ultraplanos, polidos com precisão com um revestimento refletor depositado nas superfícies frontais deles. O espelho móvel é em geral montado em um posicionador linear preciso que permite que ele se mova ao longo da direção do feixe de luz enquanto se mantém perpendicular a este, como representado no diagrama.

A chave para a operação do interferômetro é o *divisor de feixe*, o qual é geralmente constituído por um espelho semiprateado similar aos espelhos de "*um só lado*" vistos nas lojas e nas salas policiais de interrogatório. O divisor de feixe permite que uma fração do feixe que o atinge passe através do espelho enquanto outra fração é refletida. Este dispositivo funciona em ambas as direções, de tal forma que a luz que atinge ambos os lados do divisor de feixe é parcialmente refletida e parcialmente transmitida.

Por simplicidade, iremos utilizar como nossa fonte de luz a linha azul de um laser de íon argônio. O Feixe *A* da fonte impinge sobre o divisor de feixe, o qual é inclinado a 45° em relação ao feixe incidente. Nosso divisor de feixe é revestido do lado direito, logo o Feixe *A* entra no vidro e é parcialmente refletido para fora no lado de trás do revestimento. Ele emerge do divisor de feixe como Feixe *A′* e se move em direção ao espelho estacionário onde ele é refletido de volta em direção ao divisor de feixe. Parte do feixe é então transmitida através do divisor de feixe em direção ao detector. Embora o feixe perca alguma intensidade a cada interação com o espelho estacionário e o divisor de feixe, o efeito líquido é que uma fração (Feixe *A′*) do Feixe *A* incidente acaba no detector.

Na sua primeira interação com o divisor de feixe, a fração do Feixe *A* que é transmitida emerge para a direita em direção ao espelho móvel como Feixe *B*. Este então é refletido de volta à esquerda do divisor de feixe, no qual é refletido para baixo em direção ao detector. Com o cuidadoso alinhamento, tanto o Feixe *A′* quanto o Feixe *B* (mostrados separadamente no diagrama para clareza), são colineares e colidem no detector no mesmo ponto.

O propósito final da ótica do interferômetro é o de dividir o feixe incidente em dois feixes que se movem

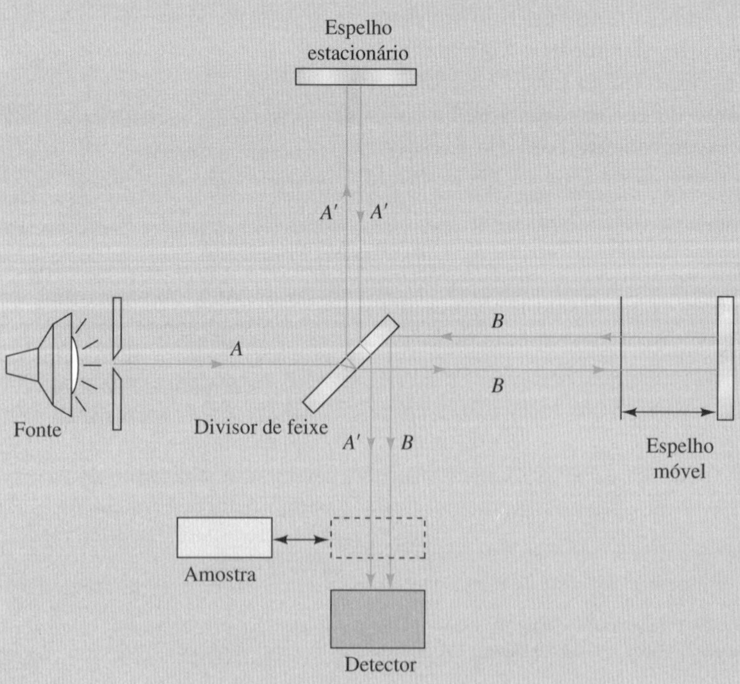

Figura 25D-6 Diagrama de um interferômetro de Michelson. Um feixe da fonte de luz à esquerda é dividido em dois feixes pelo divisor de feixes. Os dois feixes percorrem caminhos separados e convergem sobre o detector. Os dois feixes, *A′* e *B*, convergem-se na mesma região do espaço e formam um padrão de interferência. À medida que o espelho móvel à direita se desloca, o padrão de interferência se desloca sobre o detector e modula o sinal ótico. O interferograma de referência resultante é registrado e empregado como medida da potência do feixe incidente em todos os comprimentos de onda. Uma amostra absorvente é inserida então no feixe e o interferograma da amostra é registrado. Os dois interferogramas são empregados para computar o espectro de absorção da amostra.

através do espaço por caminhos separados e então se recombinam no detector. É nessa região que os dois feixes, ou frentes de onda, interagem para formar um **padrão de interferência**. A origem do padrão de interferência é ilustrada na **Figura 25D-7**, que é uma representação bidimensional da interação de duas frentes de onda esféricas. O Feixe A' e o Feixe B convergem e interagem como duas fontes pontuais de luz representadas na parte superior da figura. Quando os dois feixes se interferem, formam um padrão similar àquele mostrado. Em regiões nas quais as ondas se interferem construtivamente, aparecem bandas claras e onde a interferência destrutiva ocorre são formadas bandas escuras. As bandas claras e escuras alternadas são chamadas **franjas de interferência**. Essas franjas aparecem no detector como a imagem de saída indicada na parte de baixo da figura. Nas primeiras versões do interferômetro de Michelson, o detector era o olho humano auxiliado por um telescópio. As franjas podiam ser contadas ou medidas através do telescópio.

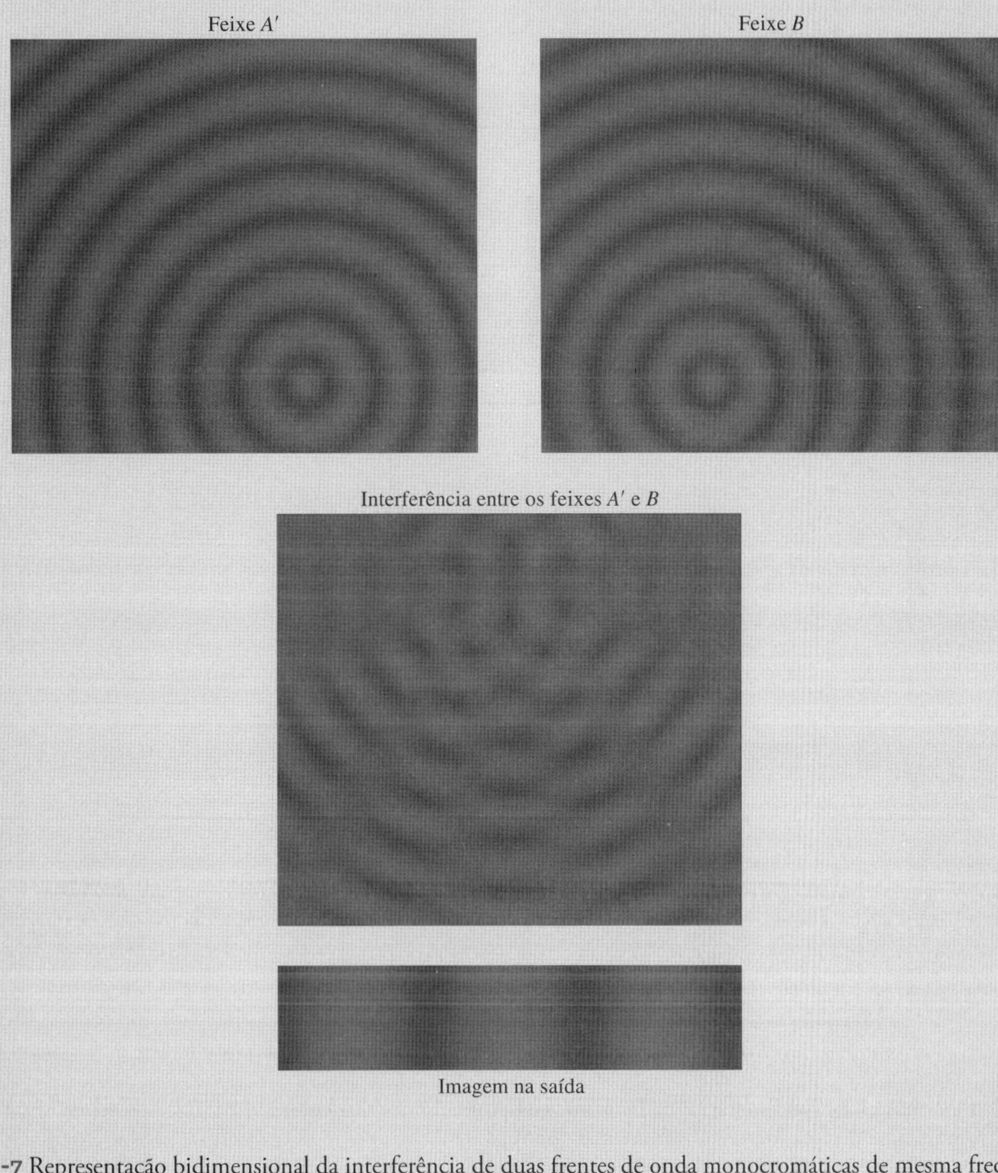

Figura 25D-7 Representação bidimensional da interferência de duas frentes de onda monocromáticas de mesma frequência. O feixe A' e o feixe B na parte superior formam o padrão de interferência mostrado no centro e as duas frentes de onda interferem construtiva e destrutivamente. A imagem apresentada mais abaixo apareceria na saída do interferômetro de Michelson em posição perpendicular ao plano do padrão de interferência bidimensional.

Quando o espelho móvel se desloca para a esquerda a uma velocidade constante, um padrão de interferência gradualmente se move sobre o detector à medida que o caminho que o Feixe *B* percorre é gradualmente reduzido. A forma do padrão de interferência permanece a mesma, mas as posições das interferências construtiva e destrutiva são deslocadas conforme a diferença de caminho varia. Por exemplo, se o comprimento de onda da nossa fonte de laser for λ, à proporção que movemos o espelho uma distância de $\lambda/4$, a diferença de caminho entre os dois feixes muda de $\lambda/2$ e onde tínhamos interferência construtiva, temos agora interferência destrutiva. Se movermos o espelho por mais $\lambda/4$, a diferença de caminho se altera de $\lambda/2$ novamente e retornamos mais uma vez à interferência construtiva. À medida que o espelho se move, as duas frentes de onda são deslocadas no espaço uma em relação à outra e franjas claras e escuras alternadas se movem sobre o detector, como ilustrado na **Figura 25D-8a**. No detector, encontramos o perfil senoidal de intensidade mostrado na **Figura 25D-8b**. Esse perfil é denominado **interferograma**. O efeito líquido da movimentação uniforme e constante do espelho é que a intensidade da luz na saída do interferômetro é **modulada**, ou variada sistematicamente, de forma precisamente controlada, como indicado na figura. Na prática, constata-se que não é muito fácil mover o espelho do interferômetro a uma velocidade constante e precisamente controlada. Há uma forma melhor e muito mais precisa de monitorar a movimentação do espelho por meio do uso de um interferômetro paralelo.[13] Neste exemplo apenas assumiremos que podemos medir e/ou monitorar o progresso do espelho e compensar computacionalmente qualquer movimento não uniforme.

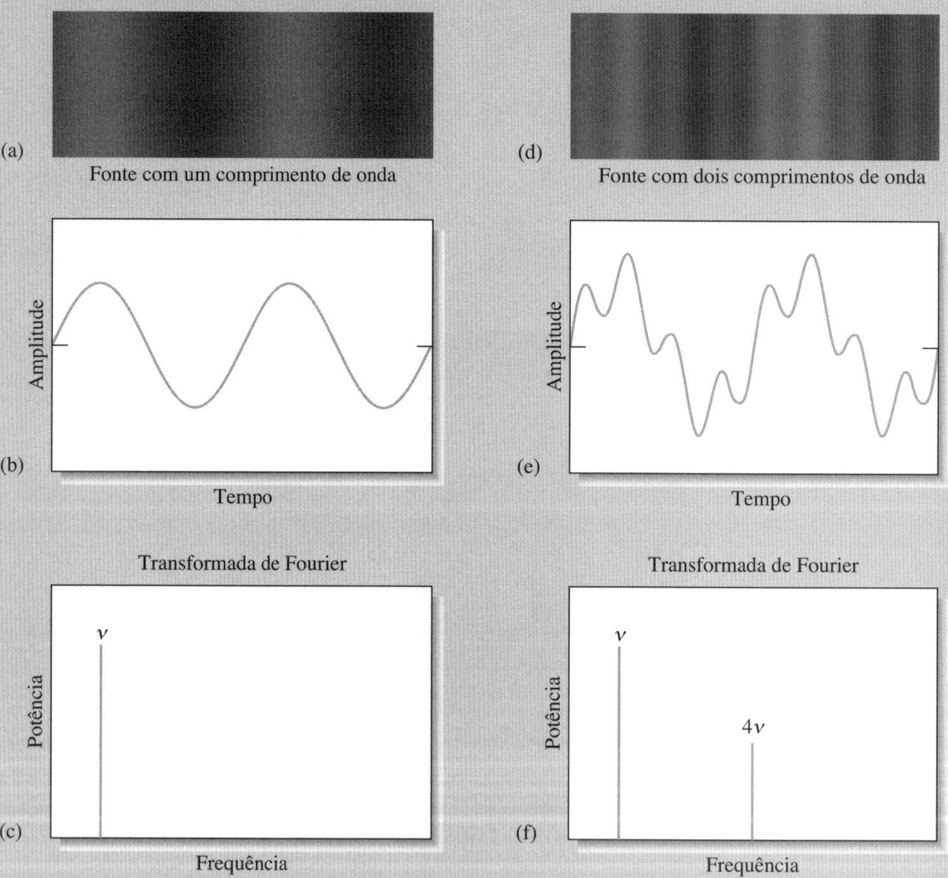

Figura 25D-8 Formação de interferogramas na saída do interferômetro de Michelson. (a) Padrão de interferência na saída do interferômetro resultante de uma fonte monocromática. (b) Sinal de variação senoidal produzido no detector pelo padrão em (a). (c) Espectro de frequência da fonte de luz monocromática resultante da transformação de Fourier do sinal em (b). (d) Padrão de interferência na saída do interferômetro resultante de uma fonte de duas cores. (e) Sinal complexo produzido pelo padrão de interferência de (d) quando este atinge o detector. (f) Espectro de frequência da fonte de duas cores (veja as pranchas coloridas).

[13] D. A. Skoog; F. J. Holler e S. R. Crouch,, Principles of Instrumental Analysis, 6. ed., Belmont, CA: Brooks/Cole, 2007, caps. 5 e 16, p. 440.

Estabelecemos que um interferômetro de Michelson com uma fonte de luz monocromática produz um sinal que varia senoidalmente no detector quando o espelho se move à velocidade constante. Agora, devemos investigar o que acontece com o sinal uma vez que este é registrado. Embora as características dos interferômetros de Micheleson sejam bem conhecidas por mais de um século e a ferramenta matemática para tratar os dados esteja disponível por aproximadamente dois séculos, o dispositivo não pôde ser usado rotineiramente para espectroscopia até que ocorressem dois avanços. Inicialmente, computadores de alta velocidade e baratos têm se tornado disponíveis. Em segundo lugar, os métodos computacionais apropriados tinham que ser inventados para lidar com o grande número de cálculos mesmo que rotineiros que devem ser aplicados a dados brutos obtidos nos experimentos interferométricos. Em resumo, os princípios da síntese e análise de Fourier nos dizem que qualquer forma ondulatória pode ser representada como uma série de ondas senoidais e, de forma correspondente, que qualquer combinação de ondas senoidais pode ser decomposta em uma série de senoides de frequência conhecida. Podemos aplicar essa ideia ao sinal senoidal detectado na saída do interferômetro de Michelson apontada na Figura 25D-8b.

Se sujeitarmos o sinal da figura a uma análise de Fourier por meio de um algoritmo computacional denominado transformada de Fourier rápida (FFT), obtemos a frequência do espectro ilustrado na **Figura 25D-8c**. Observe que a forma de onda original na Figura 25D-8b é um sinal dependente do tempo; a saída resultante da FFT é um sinal dependente da frequência. Em outras palavras, a FFT toma os sinais de amplitude no **domínio do tempo** e os converte em potência no **domínio de frequência**. Uma vez que a saída do interferômetro é uma onda senoidal, o espectro de frequências mostra um único valor definido de frequência v, a frequência da onda senoidal original. Esta frequência é proporcional à frequência ótica emitida pela fonte de laser mas de valor bem mais baixo, de tal forma que ela possa ser medida e manipulada eletronicamente. Agora modificamos o interferômetro de maneira que possamos obter uma segunda onda senoidal na saída. Uma forma de se fazer isso consiste simplesmente em adicionar um segundo comprimento de onda à nossa fonte de luz. Experimentalmente, um segundo laser ou outra fonte monocromática de luz na entrada do interferômetro nos fornece um feixe que contém apenas dois comprimentos de onda.

Por exemplo, vamos supor que o segundo comprimento de onda seja um quarto do nosso primeiro de tal forma que nossa segunda frequência seja $4v$. Adicionalmente, supomos que sua intensidade seja metade da intensidade da fonte original. Como um resultado, o sinal aparecendo na saída do interferômetro exibe um padrão um tanto mais complexo que no exemplo de comprimento de onda único, como mostrado na **Figura 25D-8d**. O registro gráfico do sinal do detector mostra-se como a soma de duas ondas senoides como representado na **Figura 25D-8e**. Então aplicamos a FFT ao sinal senoidal complexo para produzir o espectro de frequência da **Figura 25D-8f**. Esse espectro revela somente duas frequências, a v e $4v$, e as grandezas relativas das duas frequências são proporcionais às amplitudes das duas ondas senoidais que compõem o sinal original. As duas frequências correspondem às duas frequências na nossa fonte de luz do interferômetro e a FFT revelou as intensidades da fonte naqueles dois comprimentos de onda.

Para ilustrar como o interferômetro de Michelson é empregado em experimentos práticos, colocamos uma fonte de luz contínua no infravermelho (veja **Figura 25D-9a**) contendo um número enorme de comprimentos de onda na entrada do interferômetro. À medida que o espelho se move ao longo do seu caminho, todos os comprimentos de onda são modulados simultaneamente, o que produz o interferograma muito interessante apresentado na **Figura 25D-9b**. Esse interferograma contém toda a informação que queremos em um experimento de espectroscopia com respeito à intensidade da fonte de luz a todos os seus comprimentos de onda.

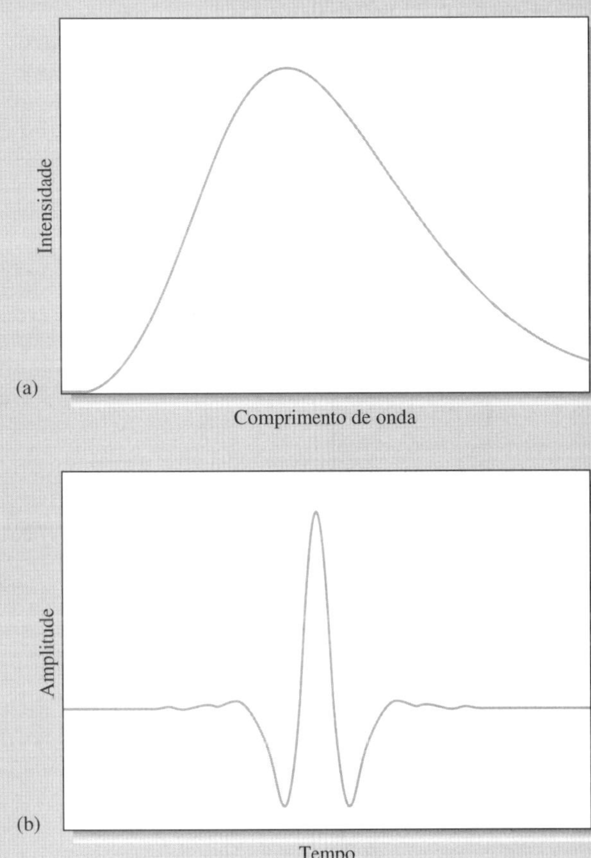

Figura 25D-9 (a) Espectro de uma fonte de luz contínua. (b) Interferograma da fonte de luz em (a) produzido na saída do interferômetro de Michelson.

Como sugerido na seção anterior, há inúmeras vantagens em se adquirir a informação sobre intensidade dessa forma do que empregando um espectrômetro de varredura.[14] Primeiro, há a vantagem da velocidade. O espelho pode ser movimentado em poucos segundos e um computador conectado ao detector pode coletar os dados necessários durante o deslocamento do espelho. Em poucos segundos mais, o computador pode realizar a FFT e produzir o espectro de frequência contendo toda a informação de intensidade. Segundo, há ainda a **vantagem de Fellgett**, que sugere que os interferômetros de Michelson são capazes de produzir razões sinal-ruído maiores em tempo menor que os instrumentos dispersivos equivalentes. Finalmente, temos a luminosidade, ou **vantagem de Jacquinot**, que permite que 10 a 200 vezes mais radiação passe através da amostra em comparação com os espectrômetros de dispersão padrão. Estas vantagens são com frequência parcialmente reduzidas pela baixa sensibilidade dos detectores que são usados nos espectrômetros FTIV. Sob essas circunstâncias, a velocidade do processo de medida, a simplicidade e a confiabilidade dos espectrômetros FTIV tornam-se considerações primordiais. Discutimos algumas dessas questões adiante, no Capítulo 26.

Até este ponto das nossas discussões sobre o espectrômetro FTIV, temos mostrado como o interferômetro de Michelson pode fornecer informação sobre as intensidades para uma fonte de luz em função do comprimento de onda. Para coletar o espectro IV de uma amostra, devemos primeiro obter um interferograma de referência da fonte sem amostra no caminho ótico, como mostrado na Figura 25D-6. Então, a amostra é colocada no caminho indicado pela seta e pelo retângulo tracejado na figura e, uma vez mais, movimentamos o espelho e adquirimos um segundo interferograma. Na espectrometria FTIV, a amostra absorve a radiação no infravermelho, o que atenua os feixes no interferômetro. A diferença entre o segundo interferograma (amostra) e o interferograma de referência é computada. Uma vez que o interferograma resultante da diferença depende somente da absorção da radiação pela amostra, a FFT é realizada apenas nos dados resultantes, o que produz o espectro de IV da amostra. Vamos discutir um exemplo específico desse processo no Capítulo 26. Finalmente, deveríamos notar que a FFT pode ser efetuada empregando-se os computadores pessoais modernos mais simples, equipados com os programas adequados. Muitos pacotes de programas tais como Mathcad, Mathematica, Matlab e até Pacote de Ferramentas de Análise de Dados do Microsoft® Excel têm funções internas de análise de Fourier. Essas ferramentas são amplamente empregadas na ciência e na engenharia por uma larga faixa de tarefas de processamento de sinal.[15]

TRABALHO NA WEB

Use um mecanismo de busca para encontrar companhias que fabricam monocromadores. Navegue em vários sites da web destas companhias e encontre um monocromador UV/visível de design Czerny-Turner que tenha resolução melhor que 0,1 nm. Liste diversas outras especificações importantes dos monocromadores e descreva o que elas significam e como afetam a qualidade das medidas espectroscópicas analíticas. A partir das especificações e, se disponíveis, dos preços, determine os fatores que afetam mais significativamente o custo dos monocromadores.

[14] J. D. Ingle, Jr. e S. R. Crouch, *Spectrochemical Analysis*. Upper Saddle River, NJ: Prentice-Hall, 1988, pp. 425-426.

[15] D. A. Skoog; F. J. Holler e S. R. Crouch, *Principles of Instrumental Analysis*, 6. ed., Belmont, CA: Brooks/Cole, 2007, cap. 5 e 16, p. 440.

QUESTÕES E PROBLEMAS

25-1. Descreva as diferenças ente os seguintes pares de termos e liste quaisquer vantagens de um sobre o outro:
*(a) filtros e monocromadores como seletores de comprimento de onda.
(b) fotodiodos de estado sólido e fototubos como detectores de radiação eletromagnética.
*(c) fototubos e tubos fotomultiplicadores.
(d) espectrômetros convencionais e com arranjos de diodos.

25-2. Defina o termo *largura de banda efetiva de um monocromador.*

***25-3.** Por que os tubos fotomultiplicadores não são adequados para a detecção de radiação no infravermelho?

25-4. Por que as análises quantitativas e qualitativas requerem com frequência monocromadores com fendas diferentes?

***25-5.** Por que algumas vezes introduz-se iodo em uma lâmpada de tungstênio?

25-6. Descreva as diferenças entre os seguintes pares de termos e liste quaisquer vantagens particulares de um sobre o outro:
*(a) espectrofotômetros e fotômetros.
(b) espectrógrafos e policromadores.
*(c) monocromadores e policromadores.
(d) instrumentos de feixe único e de feixe duplo para medidas de absorbância.
(e) espectrofotômetros convencionais e com arranjos de diodos.

25-7. A lei de deslocamento de Wien estabelece que o máximo comprimento de onda em micrômetros para a radiação de um corpo negro é

$$\lambda_{\text{máx}}T = 2{,}90 \times 10^3$$

onde T é a temperatura em kelvins. Calcule o comprimento de onda máximo para um corpo negro que foi aquecido a *(a) 4.000 K, (b) 3.000 K, *(c) 2.000 K e (d) 1.000 K.

25-8. A lei de Stefan estabelece que a energia emitida por um corpo negro por unidade de tempo e por unidade de área é

$$E_t = \alpha T^4$$

onde α é igual a $5{,}69 \times 10^{-8}$ W m^{-2} K^4. Calcule a saída de energia total em W m^{-2} para os corpos negros descritos no Problema 25-7.

***25-9.** As relações descritas nos Problemas 23-7 e 23-8 podem ser de ajuda para resolver os seguintes problemas.
(a) Calcule o comprimento de onda máximo de emissão de um bulbo de filamento de tungstênio operado a 2.870 e 3.000 K.
(b) Calcule a saída de energia total do bulbo em W/cm^2.

25-10. Qual é o requisito mínimo para se obter resultados reprodutíveis em espectrofotômetros de feixe único?

***25-11.** Qual é o objetivo do (a) ajuste de 0% T e (b) ajuste de 100% T de um espectrofotômetro?

25-12. Quais variáveis experimentais devem ser controladas para assegurar dados reprodutíveis de absorbância?

***25-13.** Quais são as maiores vantagens dos instrumentos IV com transformada de Fourier sobre os instrumentos dispersivos IV?

25-14. Um fotômetro com resposta linear à radiação forneceu uma leitura de 625 mV com o branco colocado no caminho ótico e 149 mV quando o branco foi substituído por uma solução absorvente. Calcule
*(a) a porcentagem de transmitância e a absorbância da solução absorvente.
(b) a transmitância esperada se a concentração do absorvente for metade daquela da solução original.
*(c) a porcentagem de transmitância esperadas se o caminho ótico através da solução original é dobrado.

25-15. Um fotômetro portátil com uma resposta linear à radiação registrou uma fotocorrente de 75,9 μA com uma solução branco no caminho ótico. A substituição do branco por uma solução absorvente forneceu uma resposta de 23,5 μA. Calcule
(a) a porcentagem de transmitância da solução da amostra.
*(b) a absorbância da solução da amostra.
(c) a transmitância esperada para uma solução cuja concentração do absorvente seja um terço daquela da solução original da amostra.
*(d) a transmitância esperada para uma solução que tenha duas vezes a concentração da solução da amostra.

25-16. Por que uma lâmpada de deutério produz um espectro contínuo em vez de um espectro de linhas na faixa do ultravioleta?

***25-17.** Quais são as diferenças entre um espectrômetro para medidas de absorção e um para estudos de emissão?

25-18. Descreva a diferença básica de desenho entre um espectômetro para medidas de absorção e um para os estudos de emissão.

***25-19.** Descreva como diferem entre si um fotômetro de absorção e um de fluorescência.

25-20. Quais dados são necessários para se descrever as características de desempenho de um filtro de interferência?

25-21. Defina
*(a) corrente de escuro.
(b) transdutor.
*(c) radiação espalhada (em um monocromador).
(d) semicondutor do tipo *n*.
*(e) portador de carga majoritário.
(f) camada de depleção.

25-22. Um filtro de interferência deve ser construído para isolar a banda de absorção do CFS_2 em 4,54 µm.
(a) Se a determinação deve ser baseada na primeira ordem de interferência, qual deve ser a espessura da camada do dielétrico (índice de refração igual a 1,34)?
(b) Quais serão os outros comprimentos de onda transmitidos?

25-23. Os seguintes dados foram obtidos de um espectrofotômetro de arranjo de diodos em um experimento para medir o espectro do complexo Co(II)-EDTA. A coluna rotulada por $P_{solução}$ é o sinal relativo obtido com a solução da amostra na célula após subtração do sinal de escuro. A coluna denominada $P_{solvente}$ é o sinal de referência obtido somente com o solvente na célula após a subtração do sinal de escuro. Encontre a transmitância a cada comprimento de onda. Faça um gráfico do espectro do composto.

Comprimento de Onda, nm	$P_{solvente}$	$P_{solução}$
350	0,002689	0,002560
375	0,006326	0,005995
400	0,016975	0,015143
425	0,035517	0,031648
450	0,062425	0,024978
475	0,095374	0,019073
500	0,140567	0,023275
525	0,188984	0,037448
550	0,263103	0,088537
575	0,318361	0,200872
600	0,394600	0,278072
625	0,477018	0,363525
650	0,564295	0,468281
675	0,655066	0,611062
700	0,739180	0,704126
725	0,813694	0,777466
750	0,885979	0,863224
775	0,945083	0,921446
800	1,000000	0,977237

25-24. Problema Desafiador: Horlick descreveu os princípios matemáticos da transformada de Fourier, interpretou-os graficamente e descreveu como podem ser empregados em espectroscopia analítica.[16] Leia o artigo e responda às seguintes questões:
(a) Defina o que é *domínio do tempo* e *domínio da frequência.*
(b) Escreva as equações para a integral de Fourier, para sua transformação e defina cada um dos termos das equações.

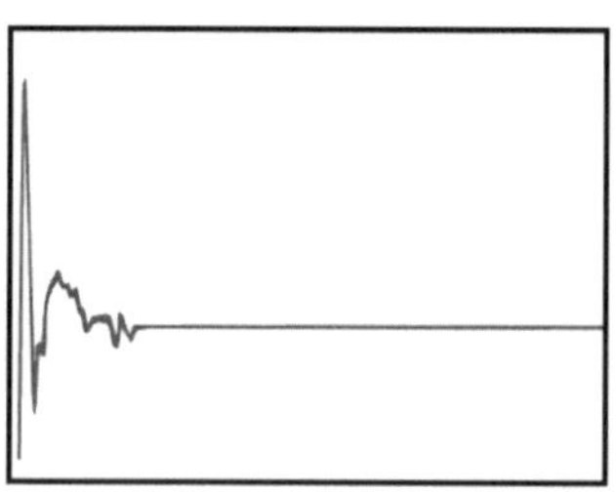
(a)

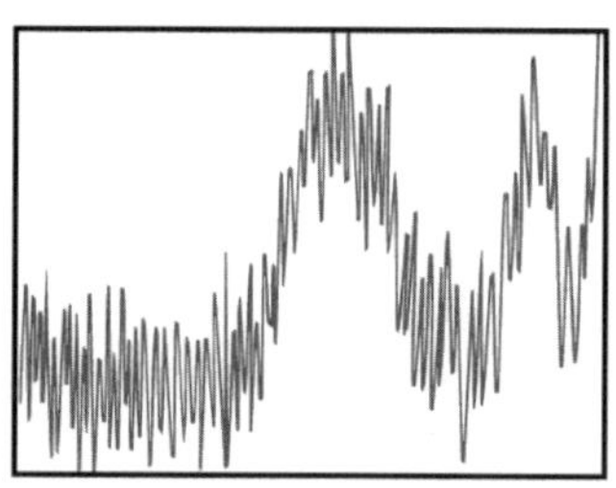
(b)

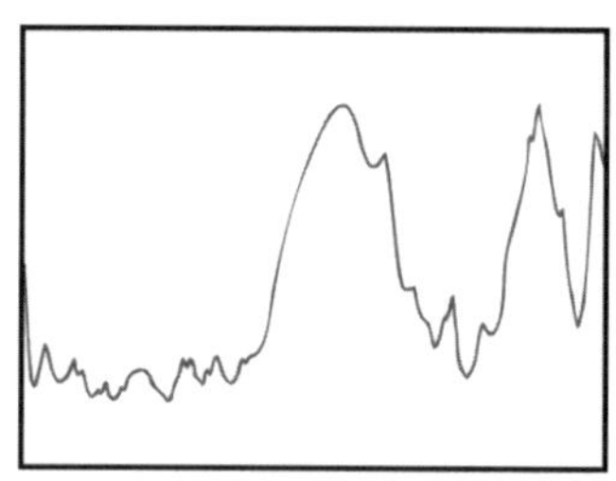
(c)

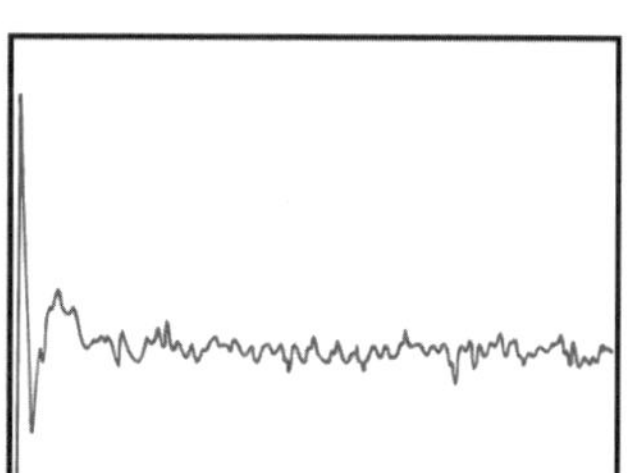
(d)

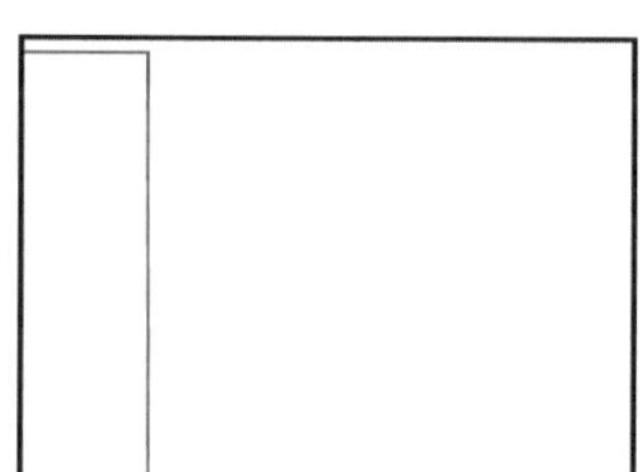
(e)

[16] G. Horlick, *Anal. Chem.*, v. 43, n. 8, pp. 61A–66A, **1971**, **DOI**: 10.1021/ac60303a029.

(c) O artigo mostra os sinais para o domínio do tempo para uma onda cosssenoidal de 32 ciclos, uma onda cossenoidal de 21 ciclos, bem como as transformadas de Fourier desses sinais. Como se altera a forma do sinal no domínio das frequências quando o número de ciclos das ondas originais se modifica?

(d) O autor descreve o fenômeno de atenuação (*damping*). Que efeito a atenuação exerce sobre as ondas cossenoidais originais? Que efeito isso acarreta no resultado da transformada de Fourier?

(e) O que é uma função de resolução?

(f) O que é o processo de convolução?

(g) Discuta como a escolha da função de resolução pode afetar a aparência do espectro.

(h) A convolução pode ser empregada para diminuir a quantidade de ruído no espectro. Considere os gráficos abaixo de sinais no domínio do tempo e no domínio da frequência. Identifique os eixos para os cinco gráficos. Por exemplo, o gráfico (b) deve ser rotulado como amplitude *versus* tempo. Caracterize cada gráfico como pertencendo ao domínio do tempo ou da frequência.

(i) Descreva as relações matemáticas entre os gráficos. Por exemplo, como se pode chegar ao gráfico (a) a partir dos gráficos (d) e (e)?

(j) Discuta a importância prática de se poder reduzir o ruído nos sinais espectroscópicos.

capítulo 26

Espectroscopia de Absorção Molecular

© Thomas A. Heinz

A fabricação de vidro está entre as tecnologias mais antigas, datando do período neolítico, há aproximadamente dez mil anos. O vidro comum é transparente porque os elétrons de valência na estrutura de silicato não recebem energia suficiente da luz visível para serem excitados dos seus estados fundamentais na banda de valência da estrutura de silicato para a banda de condução. Iniciando-se com os egípcios, no segundo milênio a.C., os fabricantes de vidro aprenderam a adicionar uma variedade de compostos para produzir vidros coloridos. Esses aditivos frequentemente contêm metais de transição para prover níveis acessíveis de energia de maneira que a absorção de luz ocorra e o vidro resultante seja colorido. O vidro colorido é empregado de forma ampla na arte e arquitetura. A espectroscopia ótica é usada para caracterizar os vidros coloridos pelo registro de seus espectros de absorção. Essa informação pode ser utilizada em diversas áreas. Por exemplo, na história da arte, os espectros de absorção são usados para caracterizar, identificar e rastrear a origem e o desenvolvimento de trabalhos artísticos; na arqueologia, os espectros são usados para explorar as origens da espécie humana e, na ciência forense, eles são usados para correlacionar evidências em investigações criminais.

A espectroscopia molecular baseada na radiação ultravioleta, visível e infravermelha é amplamente empregada para a identificação e determinação de muitas espécies inorgânicas, orgânicas e bioquímicas.[1] A espectroscopia de absorção no ultravioleta/visível é utilizada principalmente para análises quantitativas e é provavelmente aplicada nos laboratórios químicos e clínicos mais que qualquer outro método. A espectroscopia de absorção no infravermelho é uma ferramenta poderosa para se determinar a estrutura de compostos inorgânicos e orgânicos. Além disso, ela desempenha atualmente um importante papel na análise quantitativa, particularmente na área de poluição ambiental.

26A ESPECTROSCOPIA DE ABSORÇÃO MOLECULAR NO ULTRAVIOLETA E VISÍVEL

Vários tipos de espécies moleculares absorvem a radiação ultravioleta e visível. A absorção molecular por essas espécies podem ser usadas para análises qualitativas e quantitativas. A absorção no UV visível é também usada para monitorar titulações e

[1]Para uma abordagem mais detalhada sobre a espectroscopia de absorção, veja E. J. Meehan, em *Treatise on Analytical Chemistry*, 2. ed., P. J. Elving, E. J. Meehan e I. M. Kolthoff, eds., Nova York: Wiley, 1981, pt. I, v. 7, cap. 2,; C. Burgess e A. Knowles, eds.,*Techniques in Visible and Ultraviolet Spectrometry*, Nova York: Chapman and Hall, 1981, v. 1; J. D. Ingle, Jr. e S. R. Crouch, *Spectrochemical Analysis*, Englewood Cliffs, NJ: Prentice-Hall, 1988, cap. 12-14; D. A. Skoog; F. J. Holler e S. R. Crouch, *Principles of Instrumental Analysis*, 6. ed., Belmont, CA: Brooks/Cole, 2007, caps. 13, 14, 16, 17.

estudar a composição de íons complexos. O uso de espectrometria de absorção para seguir a cinética de reações químicas para propósitos quantitativos é descrito no Capítulo 30.

26A-1 Espécies Absorventes

Como observado na Seção 24C-2, a absorção da radiação ultravioleta e visível por moléculas geralmente ocorre em uma ou mais bandas de absorção eletrônicas, cada uma das quais é constituída de muitas linhas discretas, mas próximas umas das outras. Cada linha se origina da transição de um elétron de um estado fundamental para um dos muitos estados vibracionais e rotacionais associados com cada estado excitado de energia eletrônica. Em razão da existência de vários desses estados vibracionais e rotacionais e porque suas energias diferem pouco, o número de linhas contidas em uma banda típica é muito grande e as diferenças entre elas são muito pequenas.

Uma banda consiste em um número grande de linhas vibracionais e rotacionais muito próximas. As energias associadas com essas linhas diferem muito pouco umas das outras.

Como pode ser previamente visto na Figura 24-14a, o espectro de absorção no visível para o vapor de 1,2,3,4-tetrazina mostra uma estrutura fina que é devida aos numerosos níveis rotacionais e vibracionais associados com os estados eletrônicos excitados dessa molécula aromática. No estado gasoso, as moléculas individuais de tetrazina estão suficientemente separadas umas das outras para girar e vibrar livremente e as muitas linhas de absorção individuais aparecem como resultado do grande número de estados de energia vibracional e rotacional. Como líquido puro ou em solução, contudo, as moléculas de tetrazina têm pouca liberdade para girar; dessa forma, as linhas devidas às diferenças de níveis rotacionais desaparecem. Além disso, quando as moléculas do solvente envolvem as moléculas de tetrazina, as energias de vários níveis vibracionais são modificadas de uma forma não uniforme e a energia de um dado estado em uma amostra de moléculas do soluto aparece como um pico único e largo. Esse efeito é mais pronunciado em solventes polares, como a água, do que em meio de hidrocarbonetos apolares. Esse efeito do solvente é ilustrado nas Figuras 24-14b e 24-14c.

Absorção por Compostos Orgânicos

A absorção de radiação por moléculas orgânicas na região de comprimento de onda entre 180 e 780 nm resulta das interações entre fótons e elétrons que estão participando diretamente da formação de uma ligação química (e são, assim, associados a mais de um átomo) ou estão localizados sobre átomos como os de oxigênio, enxofre, nitrogênio e halogênios.

O comprimento de onda de absorção de uma molécula orgânica depende de quão fortemente seus elétrons estão ligados. Os elétrons compartilhados em ligações simples carbono-carbono ou carbono-hidrogênio estão tão fortemente presos que suas excitações requerem energias correspondentes ao comprimento de onda da região do ultravioleta de vácuo, abaixo de 180 nm. Os espectros de ligações simples não têm sido amplamente explorados para as finalidades analíticas em razão das dificuldades experimentais de se trabalhar nessa região. Essas dificuldades ocorrem porque tanto o quartzo como os componentes da atmosfera absorvem nessa região, o que requer o uso de espectrofotômetros mantidos sob vácuo com ótica de fluoreto de lítio.

Os elétrons envolvidos em ligações duplas e triplas de moléculas orgânicas não estão tão fortemente presos sendo, portanto, mais facilmente excitados por radiação eletromagnética. Assim, as espécies com ligações insaturadas geralmente exibem picos de absorção úteis. Os grupos orgânicos insaturados que absorvem nas regiões do ultravioleta e visível são conhecidos como **cromóforos**. A **Tabela 26-1** lista alguns cromóforos comuns e os comprimentos de onda aproximados nos quais eles absorvem. Os dados de comprimento de onda e intensidade de picos podem servir apenas como orientação aproximada, uma vez que ambos são influenciados pelos efeitos do solvente, bem como por outros detalhes estruturais da molécula. Além disso, a conjugação entre dois ou mais cromóforos tende a causar deslocamentos nos máximos

Os **cromóforos** são grupos funcionais orgânicos insaturados que absorvem na região do ultravioleta ou visível.

de absorção para comprimentos de onda mais longos. Finalmente, é frequentemente difícil determinar precisamente um máximo de absorção porque os efeitos vibracionais alargam as bandas de absorção nas regiões do ultravioleta e visível. Os espectros típicos para compostos orgânicos são mostrados na **Figura 26-1**.

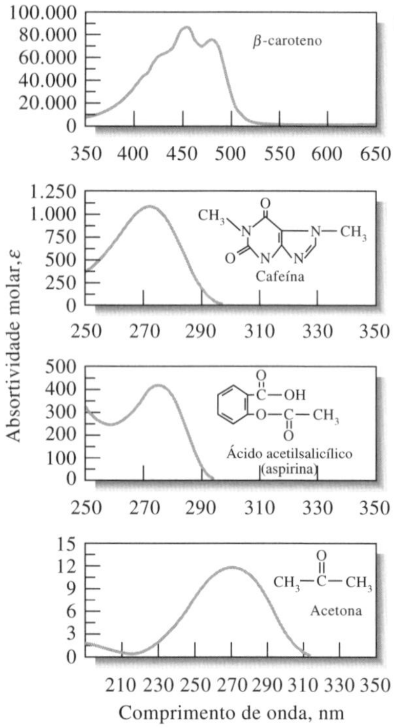

Figura 26-1 Espectros de absorção para compostos orgânicos típicos.

TABELA 26-1

Características de Absorção de Alguns Cromóforos Orgânicos Comuns

Cromóforos	Exemplo	Solvente	$\lambda_{máx}$, nm	$\varepsilon_{máx}$
Alceno	$C_6H_{13}CH{=}CH_2$	*n*-Heptano	177	13.000
Alceno conjugado	$CH_2{=}CHCH{=}CH_2$	*n*-Heptano	217	21.000
Alcino	$C_5H_{11}C{\equiv}C{-}CH_3$	*n*-Heptano	178	10.000
			196	2.000
			225	160
Carbonila	$CH_3\overset{O}{\overset{\|}{C}}CH_3$	*n*-Hexano	186	1.000
			280	16
	$CH_3\overset{O}{\overset{\|}{C}}H$	*n*-Hexano	180	Alta
			293	12
Carboxila	$CH_3\overset{O}{\overset{\|}{C}}OH$	Etanol	204	41
Amido	$CH_3\overset{O}{\overset{\|}{C}}NH_2$	Água	214	60
Azo	$CH_3N{=}NCH_3$	Etanol	339	5
Nitro	CH_3NO_2	Isooctano	280	22
Nitroso	C_4H_9NO	Éter etílico	300	100
			665	20
Nitrato	$C_2H_5ONO_2$	Dioxano	270	12
Aromático	Benzeno	*n*-Hexano	204	7.900
			256	200

Os compostos orgânicos saturados contendo heteroátomos, como oxigênio, nitrogênio, enxofre ou halogênios, apresentam elétrons não ligantes que podem ser excitados por radiação na faixa de 170 a 250 nm. A **Tabela 26-2** lista alguns exemplos desses compostos. Alguns deles, como os alcoóis e os éteres, são solventes comuns. A absorção deles nessa região impede a medida da absorção de analitos dissolvidos nesses solventes em comprimentos de onda mais curtos que 180 a 200 nm. Ocasionalmente, a absorção nessa região é empregada para a determinação de compostos contendo halogênios e enxofre.

TABELA 26-2

Absorção por Compostos Orgânicos Contendo Heteroátomos Insaturados

Composto	$\lambda_{máx}$, nm	$\varepsilon_{máx}$
CH_3OH	167	1.480
$(CH_3)_2O$	184	2.520
CH_3Cl	173	200
CH_3I	258	365
$(CH_3)_2S$	229	140
$(CH_3)NH_2$	215	600
$(CH_3)_3N$	227	900

Absorção por Compostos Inorgânicos

Em geral, os íons e os complexos dos elementos das primeiras duas séries de transição absorvem bandas largas da radiação visível em pelo menos um de seus estados de oxidação. Como resultado, são coloridos (veja, por exemplo, a **Figura 26-2**). A absorção ocorre quando os elétrons fazem transições entre orbitais *d* preenchidos e não preenchidos com energias que dependem dos ligantes ligados aos íons metálicos. As diferenças de energia entre esses orbitais *d* (e, assim, a posição do máximo de absorção correspondente) dependem da posição do elemento na tabela periódica, seu estado de oxidação e da natureza do ligante.

Os espectros de absorção de íons das séries de transição dos lantanídeos e actinídeos diferem substancialmente daqueles apresentados na Figura 26-2. Os elétrons responsáveis pela absorção por esses elementos (4*f* e 5*f*, respectivamente) estão blindados de influências externas por elétrons que ocupam orbitais com números quânticos principais maiores. Como resultado, as bandas tendem a ser estreitas e, de forma relativa, não são afetadas pelas espécies ligadas aos elétrons externos, como mostrado na **Figura 26-3**.

Absorção por Transferência de Carga

Para finalidades quantitativas, a absorção por transferência de carga é particularmente importante porque as absortividades molares são geralmente altas (ε > 10.000 L mol^{-1} cm^{-1}), o que leva a uma alta sensibilidade. Muitos complexos inorgânicos e orgânicos exibem esse tipo de absorção e são, portanto, denominados complexos de transferência de carga.

Um **complexo de transferência de carga** consiste em um grupo doador ligado a um receptor de elétron. Quando esse produto absorve radiação, um elétron do doador é transferido para um orbital que está altamente associado com o receptor. Assim, o estado excitado é produto de um tipo de processo de oxidação/redução interna. Esse comportamento difere daquele de um cromóforo orgânico, no qual o elétron excitado está em um orbital molecular que é compartilhado por dois ou mais átomos.

Alguns exemplos familiares de complexos de transferência de carga incluem os complexos fenólicos de ferro(III), o complexo de 1,10-fenantrolina com o ferro(II), o complexo de iodeto/iodo molecular e o complexo de ferro/ferricianeto responsável pela cor do azul-da-Prússia. A cor vermelha do complexo de ferro(III)/tiocianato constitui um exemplo adicional de absorção de transferência de carga. A absorção de um fóton resulta na transferência de um elétron do íon tiocianato para um orbital que está altamente associado com o íon ferro(III). O produto é uma espécie excitada que envolve predominantemente ferro(II) e o radical SCN. Como em outros tipos de excitação eletrônica, o elétron nesse complexo normalmente retorna ao seu estado original após um breve período. Ocasionalmente, contudo, um complexo excitado pode se dissociar e gerar produtos de oxidação/redução fotoquímica. Três espectros de complexos de transferência de carga são mostrados na **Figura 26-4**.

Em muitos complexos de transferência de carga que envolvem um íon metálico, o metal atua como receptor de elétron. As exceções são os complexos de 1,10-fenantrolina com ferro(II) (Seção 38N-2) e cobre(I), nos quais o ligante é o receptor e o íon metálico, o doador. Outros poucos exemplos desse tipo de complexo são conhecidos.

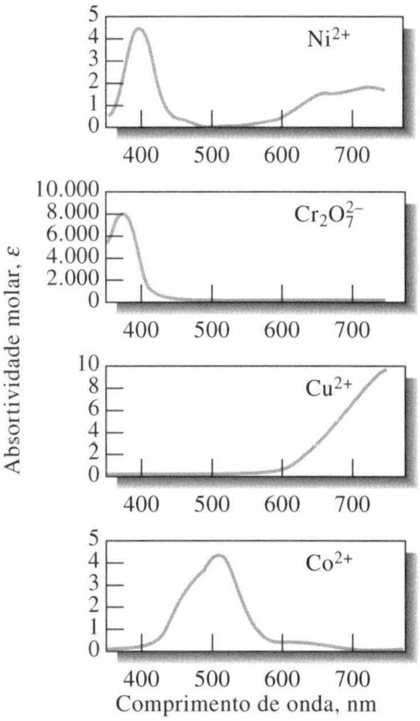

Figura 26-2 Espectros de absorção de soluções aquosas de íons de metais de transição.

Um **complexo de transferência de carga** é uma espécie fortemente absorvente que é constituída por uma espécie doadora de elétron ligada a uma espécie receptora

26A-2 Aplicações Qualitativas da Espectroscopia Ultravioleta/Visível

As medidas espectrofotométricas com a radiação ultravioleta são úteis para se detectar grupos cromóforos, como aqueles expostos na Tabela 26-1.[2] Uma vez que grande parte até mesmo das moléculas orgânicas mais complexas são transparentes à radiação mais longa que 180 nm, o aparecimento de uma ou mais bandas na região de 200 a 400 nm é uma indicação clara da presença de grupos insaturados ou átomos como enxofre ou halogênios. Frequentemente, você pode ter uma ideia da identidade do grupo absorvente comparando o espectro do analito com aqueles de moléculas simples que contêm os grupos cromóforos.[3] Geralmente, contudo, os espectros no ultravioleta não apresentam uma estrutura suficientemente fina para permitir que um analito seja inequivocamente identificado. Assim, os dados qualitativos no ultravioleta devem ser suplementados com outras evidências químicas ou físicas, como espectros no infravermelho, de ressonância magnética nuclear e de massas, bem como de informações sobre a solubilidade, ponto de fusão e ponto de ebulição.

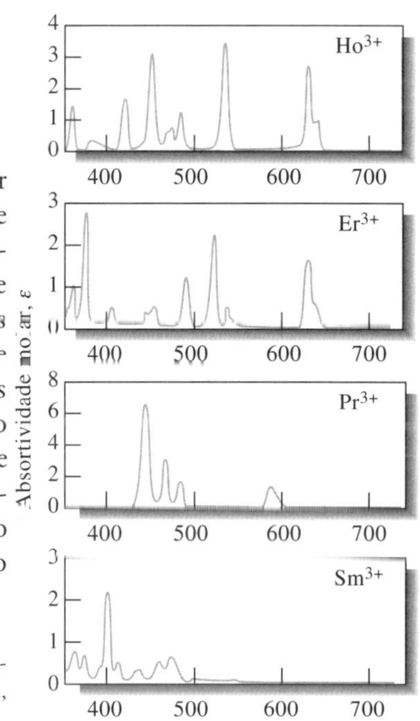

Figura 26-3 Espectros de absorção de soluções aquosas de íons de terras raras.

[2] Para uma discussão detalhada sobre a espectroscopia de absorção no ultravioleta para a identificação de grupos funcionais orgânicos, veja R. M. Silverstein e F. X. Webster, *Spectrometric Identification of Organic Compounds*, 6. ed., Nova York: Wiley, 1998, cap. 7.

[3] H. H. Perkampus, *UV/VIS Atlas of Organic Compounds*, 2. ed. Weinhem: Wiley-VCH, 1992. Além disso, no passado, diversas organizações publicaram catálogos de espectros que ainda podem ser úteis, incluindo o American Petroleum Institute, Ultraviolet Spectral Data, A.P.I. Research Project 44. Pittsburgh: Carnegie Institute of Technology; *Sadtler Handbook of Ultraviolet Spectra*, Philadelphia: Sadtler Research Laboratories, 1979; American Society for Testing Materials, Committee E-13, Philadelphia.

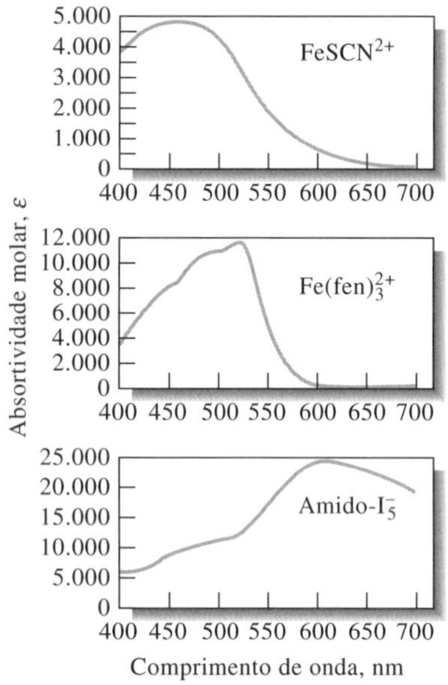

Figura 26-4 Espectros de absorção de complexos aquosos de transferência de carga.

Solventes

Os espectros no ultravioleta para análises qualitativas são normalmente medidos empregando-se soluções diluídas do analito. Para os compostos voláteis, contudo, os espectros na fase gasosa são frequentemente mais úteis que os espectros na fase líquida ou em solução (por exemplo, compare as Figuras 24-14a e 24-14b). Os espectros na fase gasosa são obtidos permitindo-se que uma ou duas gotas do líquido puro evaporem e entrem em equilíbrio com a atmosfera em uma cubeta fechada.

Um solvente para espectroscopia no ultravioleta/visível deve ser transparente na região do espectro onde o soluto absorve. O soluto deve ser suficientemente solúvel no solvente para originar um espectro bem definido do analito. Além disso, devemos considerar as possíveis interações do solvente com as espécies absorventes. Por exemplo, os solventes polares, como a água, os alcoóis, os ésteres e as cetonas, tendem a obliterar estruturas vibracionais finas e devem assim ser evitados para preservar os detalhes espectrais. Os espectros em solventes apolares, como o ciclo-hexano, frequentemente aproximam-se mais dos espectros no estado gasoso (compare, por exemplo, os três espectros na Figura 24-14). Além disso, a polaridade do solvente com frequência influencia a posição do máximo de absorção. Para as análises qualitativas, os espectros do analito devem ser comparados com os espectros de compostos conhecidos obtidos no mesmo solvente.

A **Tabela 26-3** lista alguns solventes comuns para os estudos nas regiões do ultravioleta e visível e seus limites inferiores aproximados de comprimento de onda. Esses limites dependem fortemente da pureza do solvente. Por exemplo, o etanol e os hidrocarbonetos estão frequentemente contaminados com benzeno, que absorve abaixo de 280 nm.[4]

O Efeito da Largura de Fenda

Use pequenas aberturas de fenda para estudos qualitativos para preservar ao máximo os detalhes espectrais.

O efeito da variação da largura de fenda e, portanto, da largura efetiva de banda, é ilustrado pelos espectros na **Figura 26-5**. Os quatro traços mostram que as alturas dos picos e suas separações são distorcidas quando se empregam larguras de fenda maiores. Para evitar este tipo de distorção, os espectros para aplicações qualitativas devem ser medidos com aberturas de fenda mínimas que fornecem razões sinal-ruído adequadas.

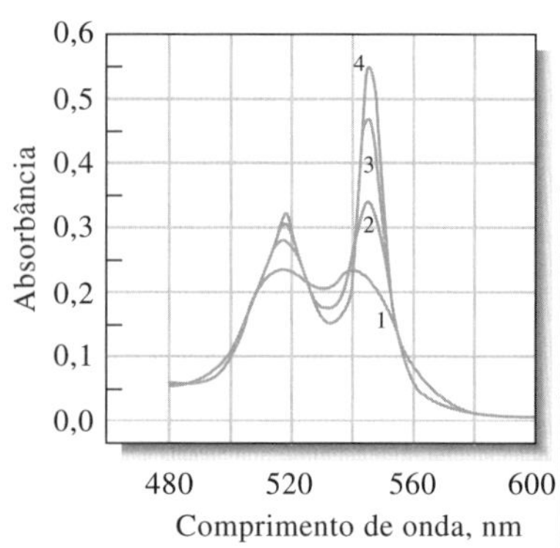

Figura 26-5 Espectros para o citocromo *c* reduzido, obtidos com quatro larguras de banda: (1) 20 nm, (2) 10 nm, (3) 5 nm e (4) 1 nm. Com larguras de banda menores que 1 nm, o ruído nas bandas de absorção torna-se pronunciado. (Cortesia de Varian Instrument Division, Inc., Palo Alto, CA.)

TABELA 26-3

Solventes para as Regiões do Ultravioleta e Visível

Solvente	Limite Inferior de Comprimento de Onda, nm	Solvente	Limite Inferior de Comprimento de Onda, nm
Água	180	Tetracloreto de carbono	260
Etanol	220	Éter dietílico	210
Hexano	200	Acetona	330
Ciclohexano	200	Dioxana	320
		Celosolve	320

O Efeito da Radiação Espúria nos Comprimentos de Onda Extremos de um Espectrofotômetro

Anteriormente, demonstramos que a radiação espúria pode causar desvios instrumentais da lei de Beer (veja Seção 24C-3). Outro efeito indesejável desse tipo de

[4] Os maiores fornecedores de reagentes químicos nos Estados Unidos oferecem solventes de grau espectroquímico. Os solventes de grau espectral foram tratados para remover as impurezas absorventes e eles preenchem ou excedem os requisitos estabelecidos em Reagent Chemicals, *American Chemical Society Specifications*, 10. ed., Washington, D.C.: American Chemical Society, 2005, disponível nas formas online ou em capa dura.

radiação é que ela ocasionalmente produz o aparecimento de picos falsos quando o espectrofotômetro está sendo operado em seus extremos de comprimento de onda. A **Figura 26-6** mostra um exemplo desse tipo de comportamento. A curva *B* é o espectro verdadeiro de uma solução de cério(IV) produzido por um espectrofotômetro de alta qualidade que responde até 200 nm ou abaixo. A curva *A* foi obtida para a mesma solução em um instrumento de baixo custo operado com uma fonte de tungstênio designada para trabalhar apenas na região do visível. O pico falso a aproximadamente 360 nm é atribuído à radiação espúria, que não foi absorvida porque ela é constituída por comprimentos de onda mais longos que 400 nm. Sob muitas circunstâncias, essa radiação espúria tem um efeito desprezível porque sua potência é somente uma fração minúscula da potência total do feixe que deixa o monocromador. Em ajustes de comprimentos de onda abaixo de 380 nm, contudo, a radiação do monocromador é bastante atenuada como resultado da absorção pelos componentes óticos e cubetas de vidro. Além disso, tanto a saída da fonte como a sensibilidade do transdutor caem drasticamente abaixo de 380 nm. Esses fatores combinam-se para fazer com que uma fração substancial da absorbância medida seja devida à radiação espúria de comprimentos de onda nos quais o cério(IV) é transparente. Então, um falso máximo de absorção é observado. Esse mesmo efeito é observado algumas vezes com instrumentos de ultravioleta/visível quando estes tentam medir absorbâncias em comprimentos de onda menores que cerca de 190 nm.

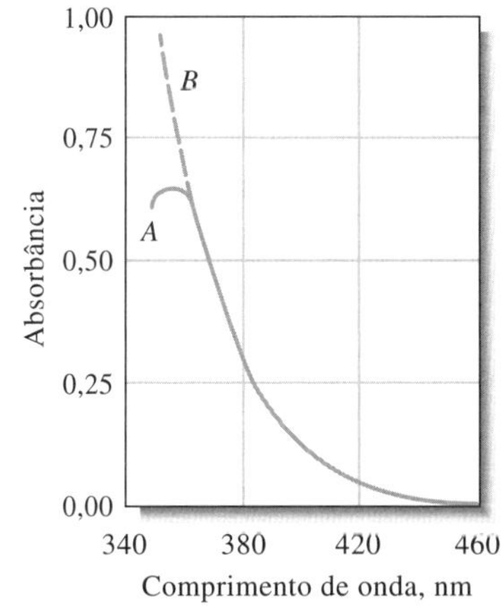

Figura 26-6 Espectros de cério(IV) obtidos em um espectrofotômetro com ótica de vidro (*A*) e quartzo (*B*). A banda de absorção aparente em A ocorre quando a radiação espúria é transmitida em comprimentos de onda longos.

26A-3 Aplicações Quantitativas

A espectroscopia de absorção molecular no ultravioleta e visível é uma das ferramentas mais úteis disponíveis ao químico para análise quantitativa. As características importantes dos métodos espectrofotométricos e fotométricos são:

- *Ampla aplicabilidade*. Um número enorme de espécies inorgânicas, orgânicas e bioquímicas absorve radiação ultravioleta ou visível, sendo assim receptivas para uma determinação quantitativa direta. Muitas espécies não absorventes podem também ser determinadas após conversão química para um derivado absorvente. Tem sido estimado que mais de 90% das análises realizadas nos laboratórios clínicos são baseadas na espectroscopia de absorção no ultravioleta e visível.
- *Alta sensibilidade*. Os limites de detecção típicos para a espectroscopia estão na faixa de 10^{-4} a 10^{-5} mol L^{-1}. Com certas modificações de procedimento, essa faixa pode frequentemente ser estendida para 10^{-6} ou até mesmo 10^{-7} mol L^{-1}.
- *Seletividade de moderada a alta*. Com frequência, pode-se descobrir um comprimento de onda no qual somente o analito absorve. Além disso, quando ocorre a superposição de bandas de absorção, as correções baseadas em medidas adicionais em outros comprimentos de onda eliminam, algumas vezes, a necessidade de uma etapa de separação. Quando as separações são necessárias, a espectrometria geralmente fornece os meios para a detectar as espécies separadas (veja Seção 33A-5).
- *Boa exatidão*. Os erros relativos na concentração observados para os procedimentos espectrofotométricos ou fotométricos estão na faixa de 1% a 5%. Com precauções especiais, esses erros podem ser frequentemente reduzidos a poucos décimos por cento.
- *Facilidade e conveniência*. As medidas espectrofotométricas e fotométricas são realizadas de forma fácil e rápida com instrumentos modernos. Além disso, os métodos prestam-se à automação por si mesmos.

Escopo

As aplicações da análise por absorção não são somente numerosas, mas também repercutem em toda a área que busca informações quantitativas. Você pode ter uma noção do escopo da espectrofotometria consultando as monografias especializadas sobre esse assunto.[5]

Aplicação a Espécies Absorventes. A Tabela 26-1 lista muitos cromóforos orgânicos comuns. A determinação espectrofotométrica de compostos orgânicos que contêm um ou mais desses grupos é, portanto, potencialmente possível; muitas dessas aplicações podem ser encontradas na literatura.

Um grande número de espécies inorgânicas também absorve. Temos observado que muitos íons dos metais de transição são coloridos em solução e podem, assim, ser determinados pelas medidas espectrofotométricas. Além disso, um grande número de outras espécies mostra bandas de absorção características, incluindo os íons nitrito, nitrato e cromato, os óxidos de nitrogênio, os halogênios no estado elementar e o ozônio.

Aplicação a Espécies Não Absorventes. Muitos analitos não absorventes podem ser determinados fotometricamente, submetendo-os a uma reação com reagentes cromóforos para gerar produtos que absorvem fortemente nas regiões do ultravioleta e visível. Uma aplicação bem-sucedida desses reagentes formadores de cor requer geralmente que sua reação com o analito seja forçada até quase a integralidade a menos que sejam usados métodos cinéticos (veja Capítulo 30).

Os reagentes inorgânicos típicos incluem os seguintes: o íon tiocianato para o ferro, cobalto e molibdênio; o peróxido de hidrogênio para o titânio, vanádio e cromo; e o íon iodeto para o bismuto, paládio e telúrio. Os reagentes orgânicos quelantes que formam complexos estáveis coloridos com cátions são até mais importantes. Exemplos comuns incluem o dietilcarbamato para a determinação de cobre, difenilcarbazida para o chumbo, a 1,10-fenantrolina para o ferro (veja Prancha Colorida 15) e a dimetilglioxima para o níquel; a **Figura 26-7** mostra as reações de formação de cor para os dois primeiros desses reagentes. Na aplicação da reação de dimetilglioxima para a determinação fotométrica de níquel, uma solução aquosa do cátion é extraída com uma solução do agente quelante em um líquido orgânico imiscível. A absorbância da fase orgânica vermelha brilhante resultante serve como uma medida da concentração do metal.

Outros reagentes estão disponíveis e podem reagir com grupos funcionais orgânicos para produzir cores que são úteis para a análise quantitativa. Por exemplo, os complexos 1:1 de cor vermelha que se formam entre alcoóis alifáticos de baixa massa molecular e o cério(IV) podem ser empregados para a estimativa quantitativa desses alcoóis.

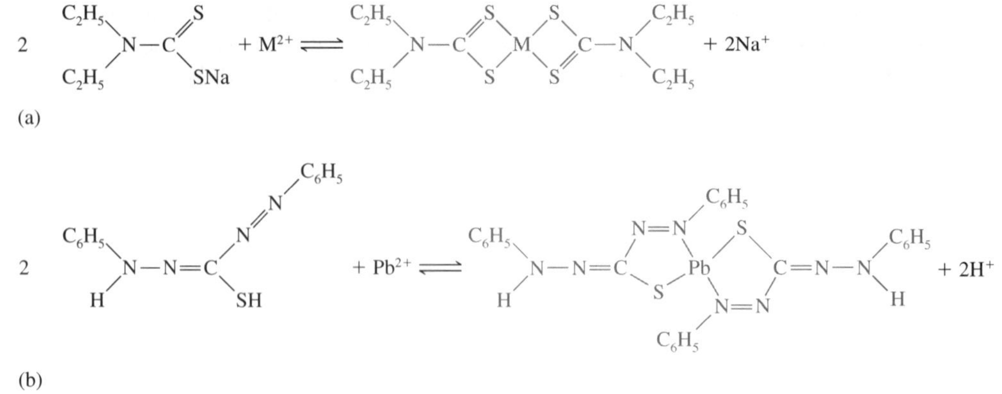

Figura 26-7 Reagentes quelantes típicos para espectrometria de absorção. (a) Dietilditiocarbamato. (b) Difeniltiocarbazona.

[5] M. L. Bishop; E. P. Fody e L. E. Schoeff, *Clinical Chemistry: Techniques, Principles, Correlations*, Philadelphia: Lippincott, Willians e Wilkins, 2009, pt. I, cap. 5, parte II; O. Thomas, *UV-Visible Spectrophotomety de Water and Wasterwater*, Techniques and Instrumentation in Analytical Chemistry, Amsterdam: Elsevier, 2007, v. 27; S. Görög, *Ultraviolet-Visible Spectrophotometry in Pharmaceutical Analysis*, Boca Rotan, FL: CRC Press, 1995; H. Onishi, *Photometric Determination of Traces of Metals*, 4. ed., Nova York:Wiley, 1986, 1989, parte IIA e parte IIB; *Colorimetric Determination of Nonmetals*, 2. ed., D. F. Boltz, ed., Nova York: Interscience, 1978.

Detalhes do Procedimento

Uma primeira etapa em qualquer análise fotométrica ou espectrofotométrica é o desenvolvimento de condições que produzam uma relação reprodutível (preferencialmente linear) entre a absorbância e a concentração do analito.

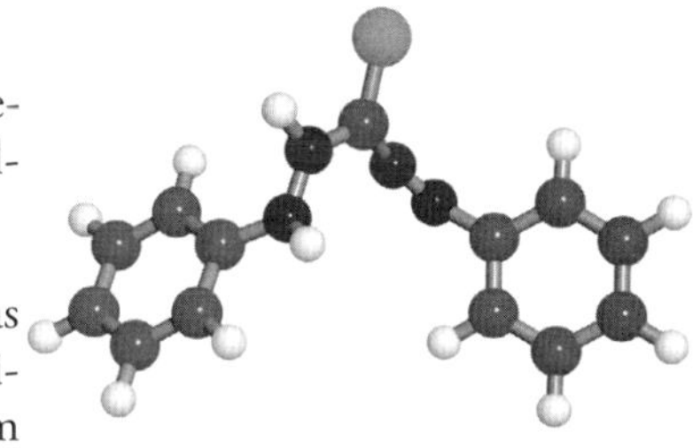

Modelo molecular da difeniltiocarbazona.

Seleção do Comprimento de Onda. Para se obter uma sensibilidade máxima, as medidas de absorbância espectrofotométricas são ordinariamente feitas em comprimentos de onda que correspondem ao máximo de absorbância porque a variação em absorbância por unidade de concentração é maior nesse ponto. Além disso, a curva de absorção é frequentemente plana em um máximo, o que leva a uma boa concordância com a lei de Beer (veja Figura 24-17) e menos incerteza vinda de falhas em reproduzir precisamente o ajuste de comprimento de onda do instrumento.

Variáveis que Influenciam a Absorbância. As variáveis comuns que influenciam o espectro de absorção de uma substância incluem a natureza do solvente, o pH da solução, a temperatura, as altas concentrações de eletrólito e a presença de substâncias interferentes. Os efeitos dessas variáveis devem ser conhecidos e as condições para a análise, escolhidas de maneira que a absorbância não seja materialmente afetada por pequenas variações incontroladas.

❮ Os espectros de absorção são afetados por variáveis como a temperatura, o pH, a concentração de eletrólitos e a presença de interferentes.

A Relação entre Absorbância e Concentração. Os padrões de calibração para uma análise fotométrica ou espectrofotométrica devem ser os mais semelhantes possíveis em relação à composição global das amostras verdadeiras e devem abranger uma faixa razoável de concentrações do analito. Uma curva de calibração de absorbância *versus* as concentrações de vários padrões é normalmente obtida para avaliar a relação. Raramente é seguro, se alguma vez o é, presumir que a lei de Beer seja válida para empregar-se um único padrão para determinar a absortividade molar. A menos que não se tenha escolha, nunca é uma boa ideia fundamentar o resultado de uma análise apenas em um valor da absortividade molar encontrado na literatura. Nos casos em que os efeitos de matriz são um problema, o método de adição de padrão pode melhorar os resultados, fornecendo compensação para alguns destes efeitos.

O Método de Adição de Padrão. Idealmente, a composição dos padrões de calibração deve se aproximar da composição das amostras a serem analisadas. Isto é verdadeiro não apenas para a concentração do analito, como também para as concentrações de outras espécies presentes na matriz da amostra de forma que minimize os efeitos dos vários componentes da amostra sobre a absorbância medida. Por exemplo, a absorbância de muitos complexos coloridos de íons metálicos diminui na presença de íons sulfato e fosfato em decorrência da tendência desses ânions de formar complexos incolores com íons metálicos. Como consequência, a reação de formação de cor é frequentemente menos completa, resultando em absorbâncias menores. O efeito de matriz do sulfato e fosfato pode ser contraposto pela introdução de quantidades das duas espécies nos padrões que se aproximem das quantidades encontradas nas amostras. Infelizmente, quando materiais complexos como solos, minerais e cinzas de plantas estão sendo analisados, a preparação de padrões que se igualem às amostras é geralmente impossível ou extremamente difícil. Quando esse é o caso, o método de adição de padrão pode ser útil para contrapor os efeitos de matriz.

O método de adição de padrão pode tomar diversas formas como discutido na Seção 8D-3; o método de ponto único foi abordado no Exemplo 8-8.[6] O método das adições múltiplas é normalmente escolhido para as análises fotométricas ou espectrofotométricas e será descrito aqui. Essa técnica envolve a adição de diversos incrementos de uma solução padrão em alíquotas da amostra de mesmo tamanho. Cada solução é então diluída para um volume fixo antes de se medir sua absorbância. Quando a quantidade de amostra é limitada, as adições de padrão podem ser realizadas por meio de adições sucessivas de incrementos do padrão a uma única alíquota medida

[6] Veja M. Bader, *J. Chem. Educ.*, v. 57, p. 703, **1980**, **DOI**: 10.1021/ed057p703.

da amostrada desconhecida. As medidas são feitas com a solução original e após cada adição do padrão do analito.

Suponha que diversas alíquotas idênticas V_x de uma solução desconhecida com uma concentração c_x sejam transferidas para balões volumétricos de volume V_t. Em cada um desses balões é adicionado um volume variável V_s mL de uma solução padrão do analito de concentração c_s. Os reagentes para o desenvolvimento de cor são então adicionados e cada solução é diluída completando-se o volume. Se o sistema químico seguir a lei de Beer, a absorbância das soluções será descrita por

$$A_s = \frac{\varepsilon b V_s c_s}{V_t} + \frac{\varepsilon b V_x c_x}{V_t}$$

$$= kV_s c_s + kV_x c_x \qquad (26\text{-}1)$$

onde k é uma constante igual a $\varepsilon b/V_t$. Um gráfico de A_s em função de V_s deve produzir uma linha reta da forma

$$A_s = mV_s + b$$

onde a inclinação m e a interseção b são dadas por

$$m = kc_s$$

e

$$b = kV_x c_x$$

A análise de mínimos quadrados (Seção 8D-2) dos dados pode ser empregada para determinar m e b. A concentração desconhecida c_x pode então ser calculada a partir da razão dessas duas grandezas e dos valores conhecidos de V_x e V_s.

Assim,

$$\frac{m}{b} = \frac{kc_s}{kV_x c_x}$$

que se rearranja para

$$c_x = \frac{bc_s}{mV_x} \qquad (26\text{-}2)$$

Se supusermos que as incertezas em c_s, V_s e V_t são desprezíveis em relação àquelas em m e t, o desvio padrão em c_x pode ser estimado. Então, a variância relativa do resultado$(s_c/c_x)^2$ é tomada como sendo a soma das variâncias relativa de m e b, isto é,

$$\left(\frac{s_c}{c_x}\right)^2 = \left(\frac{s_m}{m}\right)^2 + \left(\frac{s_b}{b}\right)^2$$

onde s_m e s_b são os desvios padrão da inclinação e da interseção, respectivamente. Tomando-se a raiz quadrada dessa equação, encontramos o desvio padrão da concentração medida, s_c.

$$s_c = c_x\sqrt{\left(\frac{s_m}{m}\right)^2 + \left(\frac{s_b}{b}\right)^2} \qquad (26\text{-}3)$$

EXEMPLO 26-1

Alíquotas de 10 mililitros de uma amostra de água natural foram pipetadas para balões volumétricos de 50,00 mL. Exatamente 0,00; 5,00; 10,00; 15,00 e 20,00 mL de uma solução padrão contendo 11,1 ppm de Fe^{3+} foram adicionados em cada frasco seguidos da adição de excesso de íon tiocianato para formar o complexo vermelho $Fe(SCN)^{2+}$. Após completar-se o volume, as absorbâncias das cinco soluções foram medidas em um fotômetro equipado com um filtro verde sendo encontrados os valores 0,240; 0,437; 0,621; 0,809 e 1,009, respectivamente (em células de 0,982 cm). (a) Qual é a concentração de Fe^{3+} na amostra de água? (b) Calcular o desvio padrão da inclinação, da interseção e da concentração de Fe.

Resolução

(a) Nesse problema, $c_s = 11{,}1$ ppm, $V_x = 10{,}00$ mL e $V_t = 50{,}00$ mL. Um gráfico dos dados, mostrado na **Figura 26-8**, demonstra que a lei de Beer é obedecida. Para obter-se a equação para a reta na Figura 26-8, segue-se o procedimento ilustrado no Exemplo 8-4. O resultado é $m = 0{,}03820$ e $b = 0{,}2412$, e assim

$$A_s = 0{,}03820V_s + 0{,}2412$$

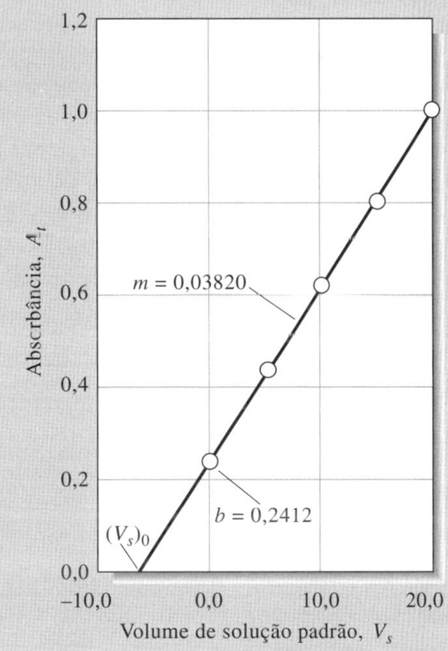

Figura 26-8 Gráfico dos dados para o método da adição de padrão para a determinação de Fe^{3+} como complexo de $Fe(SCN)^{2+}$.

Substituindo na Equação 26-2, obtém-se

$$c_x = \frac{(0{,}2412)(11{,}1 \text{ ppm de } Fe^{3+})}{(0{,}03820 \text{ mL}^{-1})(10{,}00 \text{ mL})} = 7{,}01 \text{ ppm de } Fe^{3+}$$

(b) As Equações 8-16 e 8-17 fornecem os desvios padrão da inclinação e da interseção. Isto é, $s_m = 3{,}07 \times 10^{-4}$ e $s_b = 3{,}76 \times 10^{-3}$.
Substituindo na Equação 26-3, tem-se

$$s_c = 7{,}01 \text{ ppm de } Fe^{3+}\sqrt{\left(\frac{3{,}07 \times 10^{-4}}{0{,}03820}\right)^2 + \left(\frac{3{,}76 \times 10^{-3}}{0{,}2412}\right)^2}$$

$$= 0{,}12 \text{ ppm de } Fe^{3+}$$

Com o interesse de poupar tempo ou amostra, é possível realizar-se uma análise por adição de padrão com o emprego de apenas duas alíquotas de amostra. Nesse caso, uma única adição de V_s mL do padrão é adicionada a uma das duas amostras e podemos escrever

$$A_1 = \varepsilon b c_x$$

$$A_2 = \frac{\varepsilon b V_x c_x}{V_t} + \frac{\varepsilon b V_s c_s}{V_t}$$

onde A_1 e A_2 são as absorbâncias da amostra e da amostra mais padrão, respectivamente, e V_t é $V_x + V_s$. Se resolvermos a primeira equação para εb, substituirmos o resultado na segunda equação e resolvermos para c_x, descobriremos que

$$c_x = \frac{A_1 c_s V_s}{A_2 V_t - A_1 V_x} \qquad (26\text{-}4)$$

Os métodos de adição de padrão de ponto único são inerentemente mais arriscados que os métodos de pontos múltiplos. Não há possibilidade de verificação da linearidade quando se empregam métodos de ponto único e os resultados dependem fortemente da confiabilidade de uma única medida.

EXEMPLO 26-2

O método de adição de padrão de ponto único foi empregado na determinação de fosfato pelo método do azul de molibdênio. Um volume de 2,00 mL de amostra de urina foi tratado com os reagentes para produzir o azul de molibdênio, gerando uma espécie que absorve em 820 nm, após o que a amostra foi diluída a 100 mL. Uma alíquota de 25,00 mL dessa solução forneceu uma absorbância de 0,428 (solução 1). A adição de 1,00 mL de uma solução contendo 0,0500 mg de fosfato a uma segunda alíquota de 25,0 mL forneceu uma absorbância de 0,517 (solução 2). Use esses dados para calcular a concentração de fosfato em miligramas por mililitro da espécie.

Resolução

Substituímos na Equação 26-4 e obtemos

$$c_x = \frac{A_1 c_s V_s}{A_2 V_t - A_1 V_x} = \frac{(0{,}428)(0{,}0500 \text{ mg de } PO_4^{3-}/\text{mL})(1{,}00 \text{ mL})}{(0{,}517)(26{,}00 \text{ mL}) - (0{,}428)(25{,}00 \text{ mL})}$$

$$= 0{,}0780 \text{ mg mL}^{-1} \text{de } PO_4^{3-}$$

Esta é a concentração da amostra diluída. Para se obter a concentração da amostra original de urina, precisamos multiplicar por 100,00/2,00. Assim,

$$\text{concentração de fosfato} = 0{,}0780 \frac{\text{mg}}{\text{mL}} \times \frac{100{,}00 \text{ mL}}{2{,}00 \text{ mL}}$$

$$= 0{,}390 \text{ mg mL}^{-1}$$

Análise de Misturas. A absorbância total de uma solução a um determinado comprimento de onda qualquer é igual à soma das absorbâncias dos componentes individuais da solução (Equação 24-14). Essa relação torna possível, em princípio, a determinação dos componentes individuais dos componentes de uma mistura mesmo que seus espectros se sobreponham completamente. Por exemplo, a **Figura 26-9** mostra um espectro de uma solução que contém uma mistura das espécies M e N, bem como os espectros de absorção individuais dos componentes. Vemos que não existe nenhum comprimento de onda em que a absorbância seja devida a somente um desses componentes. Para analisar a mistura, as absortividades molares de M e N são primeiramente determinadas nos comprimentos de onda λ_1 e λ_2. As concentrações das soluções padrão de M e N devem ser de tal forma que a lei de Beer seja obedecida sobre uma faixa de absorbância que inclua a absorbância da amostra. Como mostrado na Figura 26-9, os comprimentos de onda devem ser selecionados de tal forma que as absorvidades molares dos dois componentes difiram-se significativamente. Assim, em λ_1, a absortividade molar do componente M é muito maior que aquela para o componente N. O inverso é verdadeiro para λ_2. Para completar a análise, a absorbância da mistura é determinada nos mesmos dois comprimentos de onda. A partir das absortividades molares conhecidas e do caminho ótico, as seguintes equações são válidas:

$$A_1 = \varepsilon_{M_1} b c_M + \varepsilon_{N_1} b c_N \quad (26\text{-}5)$$

$$A_2 = \varepsilon_{M_2} b c_M + \varepsilon_{N_2} b c_N \quad (26\text{-}6)$$

onde o índice inferior 1 indica a medida em λ_1 e o índice inferior 2, a medida em λ_2. Com os valores conhecidos de ε e b, as Equações 26-5 e 26-6 representam duas equações com duas incógnitas (c_M e c_N), as quais podem ser prontamente resolvidas como demonstrado no Exemplo 26-3.

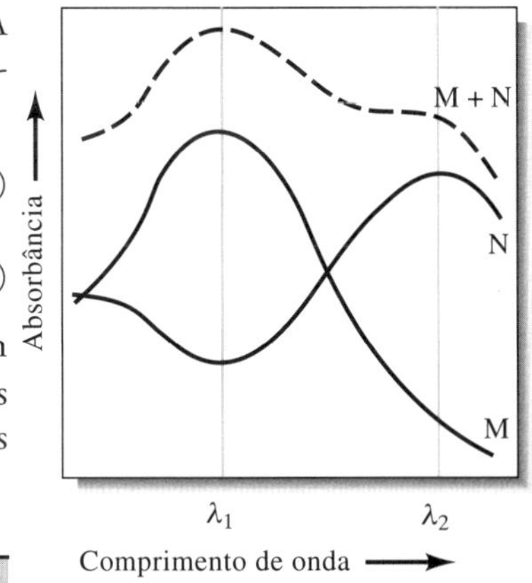

Figura 26-9 Espectro de absorção de uma mistura de dois componentes (M + N), com espectros individuais dos componentes M e N.

EXEMPLO 26-3

Paládio(II) e ouro(III) podem ser determinados simultaneamente pela reação com metiomeprazina ($C_{19}H_{24}N_2S_2$). O máximo de absorção para o Pd ocorre em 480 nm, enquanto para o complexo de Au está a 635 nm. Os dados de absortividade nesses comprimentos de onda são:

	ε, L mol^{-1} cm^{-1}	
	480 nm	**635 nm**
Complexo do Pd	$3{,}55 \times 10^3$	$5{,}64 \times 10^2$
Complexo do Au	$2{,}96 \times 10^3$	$1{,}45 \times 10^4$

Uma amostra de 25,0 mL foi tratada com excesso de metiomeprazina e subsequentemente diluída para 50,0 mL. Calcule as concentrações molares de Pd(II), c_{Pd} e de Au(III), c_{Au}, na amostra se a solução diluída apresentar uma absorbância de 0,533 a 480 nm e 0,590 a 635 nm quando medida em uma célula de 1,00 cm.

Resolução

Da Equação 26-5, em 480 nm

$$A_{480} = \varepsilon_{Pd(480)} b c_{Pd} + \varepsilon_{Au(480)} b c_{Au}$$

$$0{,}533 = (3{,}55 \times 10^3 \text{ mol L}^{-1} \text{ cm}^{-1})(1{,}00 \text{ cm}) c_{Pd} + (2{,}96 \times 10^3 \text{ mol L}^{-1} \text{ cm}^{-1})(1{,}00 \text{ cm}) c_{Au}$$

ou

$$c_{Pd} = \frac{0{,}533 - 2{,}96 \times 10^3 \text{ mol L}^{-1} c_{Au}}{3{,}55 \times 10^3 \text{ mol L}^{-1}}$$

Em 635 nm a partir da Equação 26-6,

$$A_{635} = \varepsilon_{Pd(635)} b c_{Pd} + \varepsilon_{Au(635)} b c_{Au}$$

$$0{,}590 = (5{,}64 \times 10^2 \text{ mol L}^{-1} \text{ cm}^{-1})(1{,}00 \text{ cm}) c_{Pd} + (1{,}45 \times 10^4 \text{ mol L}^{-1} \text{ cm}^{-1})(1{,}00 \text{ cm}) c_{Au}$$

Substituindo por c_{Pd} nesta expressão obtemos

$$0{,}590 = \frac{(5{,}64 \times 10^2 \text{ mol L}^{-1})(0{,}533 - 2{,}96 \times 10^3 \text{ mol L}^{-1} c_{Au})}{3{,}55 \times 10^3 \text{ mol L}^{-1}} + (1{,}45 \times 10^4 \text{ mol L}^{-1}) c_{Au}$$

$$= 0{,}0847 - (4{,}70 \times 10^2 \text{ mol L}^{-1}) c_{Au} + (1{,}45 \times 10^4 \text{ mol L}^{-1}) c_{Au}$$

$$c_{Au} = \frac{(0{,}590 - 0{,}0847)}{(1{,}45 \times 10^4 \text{ mol L}^{-1} - 4{,}70 \times 10^2 \text{ mol L}^{-1})} = 3{,}60 \times 10^{-5} \text{ mol L}^{-1}$$

e

$$c_{Pd} = \frac{0{,}533 - (2{,}96 \times 10^3 \text{ mol L}^{-1})(3{,}60 \times 10^{-5} \text{ mol L}^{-1})}{3{,}55 \times 10^3 \text{ mol L}^{-1}} = 1{,}20 \times 10^{-4} \text{ mol L}^{-1}$$

Uma vez que as soluções eram diluídas em duas vezes, as concentrações de Pd(II) e Au(III) na amostra original era $7{,}20 \times 10^{-5}$ mol L^{-1} e $2{,}40 \times 10^{-4}$ mol L^{-1}, respectivamente.

As misturas que contêm mais que duas espécies absorventes podem ser analisadas, ao menos a princípio, se uma medida adicional de absorbância for feita para cada um dos componentes extra. Contudo, as incertezas nos dados resultantes tornam-se grandes à medida que o número de medidas aumenta. Alguns espectrofotômetros computadorizados são capazes de minimizar essas incertezas pela superdeterminação do sistema; isto é, esses instrumentos empregam mais pontos de dados que incógnitas e efetivamente modelam o espectro todo da amostra desconhecida o mais próximo possível, calculando espectros sintéticos para várias concentrações dos componentes. Os espectros calculados são então adicionados e a soma é comparada com o espectro da solução do analito até que uma grande coincidência seja obtida. Os espectros das soluções padrão de cada componente da mistura são adquiridos e armazenados na memória do computador antes de se efetuarem as medidas da mistura dos analitos.

O Efeito das Incertezas Instrumentais[7]

No contexto desta discussão, **ruído** refere-se a variações aleatórias na saída do instrumento devido a flutuações elétricas, como também a outras variáveis como a temperatura da solução, a posição da célula no feixe de luz e a saída da fonte. Com instrumentos mais antigos, a maneira como o operador lê o medidor também pode resultar em uma variação aleatória.

A exatidão e a precisão das análises espectrofotométricas são frequentemente limitadas por erro indeterminado, ou ruído, associado com o instrumento. Como apontado no Capítulo 25, uma medida espectrofotométrica de absorbância inclui três etapas: um ajuste de 0% T, um ajuste ou medida de 100% T e a medida de % T. Os erros aleatórios associados a cada uma dessas etapas combinam-se para gerar um erro aleatório líquido para o valor final obtido para T. A relação entre o ruído encontrado na medida de T e a *incerteza na concentração* resultante pode ser derivada escrevendo-se a lei de Beer na forma

$$c = -\frac{1}{\varepsilon b}\log T = \frac{-0{,}434}{\varepsilon b}\ln T$$

Tomando-se a derivada parcial dessa equação e mantendo-se εb constante, chega-se à expressão

$$\partial c = \frac{-0{,}434}{\varepsilon b T}\partial T$$

onde ∂c pode ser interpretado como a incerteza em c que resulta do ruído (ou incerteza) em T. Dividindo essa equação pela anterior, obtém-se

$$\frac{\partial c}{c} = \frac{0{,}434}{\log T}\left(\frac{\partial T}{T}\right) \qquad (26\text{-}7)$$

onde $\partial T/T$ é o erro relativo aleatório em T atribuível ao ruído nas três etapas de medida e $\partial c/c$ é o erro relativo aleatório resultante na concentração.

[7] Para uma leitura complementar, veja J. D. Ingle , Jr. e S. R. Crouch, *Spectrochemical Analysis*, Upper Saddle River, NJ: Prentice-Hall, 1988, cap. 5; J. Gallabán, S. de Marcos; I. Sanz, C. Ubide e J. Zuriarrain, *Anal. Chem.*, v. 79, p. 4763, **2007**, **DOI**: 10.1021/ac071933h.

A melhor e mais útil medida do erro aleatório ∂T é o desvio padrão σ_T, o qual pode ser convenientemente medido para um dado instrumento, efetuando-se 20 ou mais medidas de transmitância em réplicas de uma solução absorvente. Substituindo σ_T e σ_c pelas quantidades diferenciais correspondentes na Equação 26-7, chega-se a

$$\frac{\sigma_c}{c} = \frac{0{,}434}{\log T}\left(\frac{\sigma_T}{T}\right) \qquad (26\text{-}8)$$

onde σ_T/T é o desvio padrão relativo na transmitância e σ_c/c é o desvio padrão relativo resultante na concentração.

A Equação 26-8 revela que a incerteza na medida fotométrica da concentração varia de forma complexa com a grandeza da transmitância. Contudo, a situação é mais complicada que o sugerido pela equação porque a incerteza σ_T é, sob muitas circunstâncias, dependente também de T. Em um estudo teórico e experimental detalhado, Rothman, Crouch e Ingle[8] descreveram muitas fontes de erros aleatórios e mostraram o efeito líquido desses erros sobre a precisão das medidas de concentração. Os erros caem em três categorias: aqueles para os quais a grandeza de σ_T é (1) independente de T, (2) proporcionais a $\sqrt{T^2 + T}$, e (3) proporcionais a T. A **Tabela 26-4** resume as informações sobre essas fontes de incertezas. Quando as três relações para σ_T da primeira coluna são substituídas na Equação 26-8, obtemos três equações para o desvio padrão na concentração σ_c/c. Essas três equações são exibidas na terceira coluna da Tabela 26-4.

As incertezas nas medidas espectrofotométricas de concentração dependem da grandeza da transmitância (absorbância) de uma forma complexa. As incertezas podem ser independentes de T, proporcionais a $\sqrt{T^2 + T}$ ou proporcionais a T.

TABELA 26-4

Categorias dos Erros Indeterminados Instrumentais em Medidas de Transmitância

Categoria	Fonte	Efeito de T sobre o Desvio Padrão da Concentração
$\sigma_T = k_1$	Resolução da leitura, ruído térmico do detector, corrente de escuro e ruído de amplificador	$\frac{\sigma_c}{c} = \frac{0{,}434}{\log T}\left(\frac{k_1}{T}\right)$ (26-9)
$\sigma_T = k_2\sqrt{T^2 + T}$	Ruído "shot" do detector de fóton	$\frac{\sigma_c}{c} = \frac{0{,}434}{\log T} \times k_2\sqrt{1 + \frac{1}{T}}$ (26-10)
$\sigma_T = k_3 T$	Incertezas no pisicionamento da célula, flutuações na intensidade da fonte	$\frac{\sigma_c}{c} = \frac{0{,}434}{\log T} \times k_3$ (26-11)

Observação: σ_T é o desvio padrão da transmitância, σ_c/c, o desvio padrão relativo na concentração, T é a transmitância e k_1, k_2 e k_3 são constantes para um dado instrumento.

Erros na Concentração Quando $\sigma_T = k_1$. Em muitos fotômetros e espectrofotômetros, o desvio padrao na medida de T é constante e independente da grandeza de T. Vemos frequentemente esse tipo de erro aleatório nos instrumentos de leitura direta com mostradores analógicos, os quais apresentam uma resolução limitada. O tamanho de uma escala típica é tal que uma leitura não pode ser reproduzida melhor que poucos décimos por cento da leitura da escala completa e a grandeza dessa incerteza é a mesma do início ao fim da escala. Para os instrumentos de baixo custo, encontramos desvios padrão em transmitância de cerca de 0,003 ($\sigma_T = \pm 0{,}003$).

[8] L. D. Rothman; S. R. Crouche e J. D. Ingle, Jr., *Anal. Chem.*, v. 27, p. 1226, **1975**, **DOI**: 10.1021/ac60358a029

EXEMPLO 26-4

Uma análise espectrofotométrica foi realizada com um instrumento manual que exibia um desvio padrão absoluto de transmitância de ± 0,003 por toda sua faixa de transmitância. Calcule o desvio padrão relativo na concentração se a solução do analito apresenta uma absorbância de (a) 1,000 e (b) 2,000. (a)

Resolução

(a) Para converter a absorbância em transmitância, escrevemos

$$\log T = -A = -1{,}000$$

$$T = \text{antilog}(-1{,}000) = 0{,}100$$

Para esse instrumento, $\sigma_T = k_1 = \pm 0{,}003$ (veja a primeira entrada na Tabela 26-4). Substituindo esse valor e $T = 0{,}100$ na Equação 26-8, obtém-se

$$\frac{\sigma_c}{c} = \frac{0{,}434}{\log 0{,}100}\,\frac{\pm 0{,}003}{0{,}100} = \pm\ 0{,}013 \quad (1{,}3\%)$$

(b) Para $A = 2{,}000$, $T = \text{antilog}\,(-2{,}000) = 0{,}010$

$$\frac{\sigma_c}{c} = \frac{0{,}434}{\log 0{,}010}\left(\frac{\pm 0{,}003}{0{,}010}\right) = \pm\ 0{,}065 \quad (6{,}5\%)$$

Os dados colocados em gráfico como a curva *A* na **Figura 26-10** foram obtidos a partir de cálculos similares àqueles do Exemplo 26-4. Observe que o desvio padrão relativo na concentração passa por um mínimo em uma absorbância próxima de 0,5 e aumenta rapidamente quando a absorbância é menor que 0,1 ou maior que aproximadamente 1,5.

A **Figura 26-11a** corresponde a um gráfico do desvio padrão relativo para concentrações determinadas experimentalmente como uma função da absorbância. Ele foi obtido com um espectrofotômetro similar ao que está representado na Figura 25-19, mas com um medidor de painel analógico antigo ao invés de um leitor digital. A similaridade marcante entre essa curva e a curva *A* na Figura 26-10 indica que o instrumento estudado é afetado por um erro absoluto indeterminado na transmitância de aproximadamente ± 0,003 e que esse erro é independente da transmitância. A fonte de incerteza é provavelmente a resolução limitada da escala de transmitância.

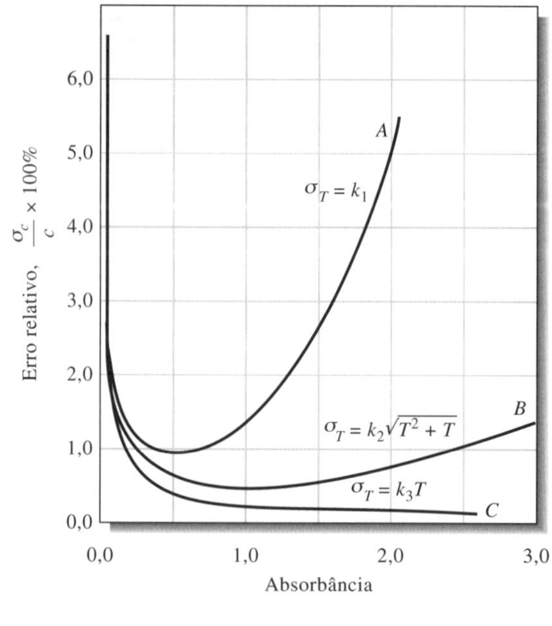

Figura 26-10 Curvas de erro para diversas categorias de incertezas instrumentais.

Muitos espectrofotômetros no infravermelho também exibem um erro indeterminado que é independente da transmitância. A fonte de erro nesses instrumentos está no detector térmico. As flutuações na saída desse tipo de transdutor são independentes da grandeza da saída; de fato, as flutuações são observadas mesmo na ausência de radiação. O gráfico de dados experimentais de um espectrofotômetro no infravermelho é similar em aparência àquele da Figura 26-11a. Contudo, a curva é deslocada para cima por causa do maior desvio padrão associado com as medidas no infravermelho.

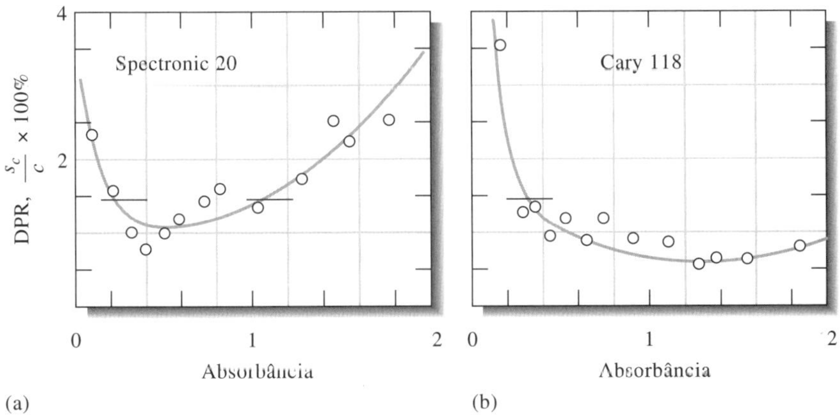

Figura 26-11 Curvas experimentais que relacionam as incertezas relativas na concentração com a absorbância para dois espectrofotômetros. Os dados foram obtidos com (a) um Spectronic 20, um instrumento de baixo custo (veja Figura 25-19) e (b) um Cary 118, um instrumento de alta qualidade. (W. E. Harris e B. Kratochvil, *An Introduction to Chemical Analysis*, Philadelphia: Saunders College Publishing, 1981, p. 384. Com permissão dos autores.)

Erros na Concentração Quando $\sigma_T = k_2\sqrt{T^2 + T}$. Esse tipo de incerteza aleatória é característico dos espectrofotômetros da mais alta qualidade. Ele tem sua origem no assim chamado ruído tipo "shot", que leva à saída das fotomultiplicadoras e de fototubos a flutuar aleatoriamente ao redor de um valor médio. A Equação 26-10 na Tabela 26-4 descreve o efeito do ruído "shot" no desvio padrão relativo de medidas de concentração. Um gráfico dessa relação aparece na curva *B* na Figura 26-10. Calculamos esses dados supondo $k_2 = \pm 0{,}003$, um valor que é típico para os espectrofotômetros de alta qualidade.

A Figura 26-11b apresenta um gráfico análogo para os dados experimentais obtidos com um espectrofotômetro no ultravioleta/visível de alta qualidade, do tipo utilizado em pesquisa. Observe que, em contraste com os instrumentos de menor custo, as absorbâncias de 2,0 ou maiores podem, nesse caso, ser medidas sem a deterioração séria na qualidade dos dados.

Erros na Concentração Quando $\sigma_T = k_3T$. A substituição de $\sigma_T = k_3T$ na Equação 26-8 revela que o desvio padrão na concentração desse tipo de incerteza é inversamente proporcional ao logaritmo da transmitância (Equação 26-11 na Tabela 26-4). A curva *C* na Figura 26-10, que é um gráfico da Equação 25-11, mostra que esse tipo de incerteza é importante em baixas absorbâncias (altas transmitâncias), mas aproxima-se de zero para altas absorbâncias.

Em baixas absorbâncias, a precisão obtida com os instrumentos de feixe duplo de alta qualidade é descrita frequentemente pela Equação 26-11. A fonte desse comportamento é a falha no posicionamento reprodutível das células em relação ao feixe durante as medidas de replicatas. Essa dependência do posicionamento é resultado, provavelmente, de pequenas imperfeições nas janelas das células, o que causa perdas de reflexão e diferenças na transparência entre uma área da janela e outra.

É possível avaliar a Equação 26-11 pela comparação da precisão das medidas de absorbância feitas de forma usual com as medidas nas quais a célula permaneceu imóvel, com as soluções das replicatas das medidas sendo introduzidas com uma seringa. Os experimentos desse tipo feitos com um espectrofotômetro de alta qualidade forneceram um valor de 0,013 para k_3.[9] A curva *C* na Figura 26-10 foi obtida pela substituição do seu valor numérico na Equação 26-11. Os erros de posicionamento da célula afetam todos os tipos de medidas espectrofotométricas nas quais as células são reposicionadas entre as medidas.

As flutuações na intensidade da fonte também resultam em desvios padrão que são descritos pela Equação 26-11. Esse tipo de comportamento ocorre algumas vezes em instrumentos de feixe único de baixo custo que apresentam fontes de alimentação instáveis e em instrumentos de infravermelho.

26A-4 Titulações Fotométricas e Espectrofotométricas

As medidas fotométricas e espectrofotométricas são úteis para se localizar os pontos de equivalência de titulações.[10] Essa aplicação das medidas de absorção requer que um ou mais reagentes ou produtos absorvam a radiação ou que um indicador absorvente seja adicionado à solução do analito.

Curvas de Titulação

Uma curva de titulação fotométrica é um gráfico da absorbância (corrigida para a variação de volume) em função do volume do titulante. Se as condições forem escolhidas adequadamente, a curva consiste em duas regiões lineares com inclinações diferentes, uma que ocorre antes do ponto de equivalência da titulação e outra localizada além da região do ponto de equivalência. O ponto final é tomado como a interseção das porções lineares extrapoladas das duas retas.

A **Figura 26-12** mostra algumas curvas de titulação fotométricas. A Figura 26-12a é a uma curva para a titulação de uma espécie não absorvente com um titulante absorvente que reage com o analito para formar um produto que não absorve. Um exemplo é a titulação do íon tiossulfato com o íon tri-iodeto. A curva de titulação para a formação de um produto absorvente a partir de reagentes não absorventes está mostrada na Figura 26-12b. Um exemplo é a titulação do íon iodeto com solução padrão de íon iodato para formar tri-iodeto. As figuras restantes ilustram as curvas obtidas com várias combinações de analitos, titulantes e produtos.

Para se obter as curvas de titulação com porções lineares que possam ser extrapoladas, o(s) sistema(s) absorvente(s) deve(em) obedecer à lei de Beer. Além disso, as absorbâncias devem ser corrigidas pelas variações de volume por meio da multiplicação das absorbâncias observadas por $(V + v)/V$, em que V é o volume original da solução e v é o volume adicionado de titulante. Em alguns casos, os pontos finais adequados podem ser obtidos mesmo para sistemas nos quais a lei de Beer não é estritamente obedecida. Uma variação abrupta na inclinação da curva de titulação sinaliza a localização do volume do ponto final.

Instrumentação

As titulações fotométricas são geralmente realizadas com espectrofotômetros ou fotômetros que foram modificados de forma que o frasco de titulação possa ser mantido estático no caminho ótico. Após o instrumento ser ajustado para um comprimento de onda adequado ou um filtro apropriado ser inserido, o ajuste de 0% *T* é feito de forma usual. Com a radiação passando pela solução do analito para o detector, o instrumento é ajustado para uma leitura conveniente de absorbância variando-se a intensidade da fonte ou a sensibilidade do detector. Em geral, não é necessário medir-se a absorbância verdadeira, uma vez que os valores relativos são perfeitamente adequados para a detecção do ponto final. Os dados da titulação são então coletados sem alterar-se os ajustes do instrumento. A potência da fonte de radiação e a resposta do detector devem permanecer constantes durante a titulação fotométrica. Os recipientes

[9] L. D. Rothman; S. R. Crouch e J. D. Ingle, Jr., *Anal. Chem.*, v. 47, p. 1226, **1975**, **DOI**: 10.1021/ac60358a029

[10] Para informação adicional, veja J. B. Headridge, *Photometric Titrations*, New York: Pergamon Press, 1961.

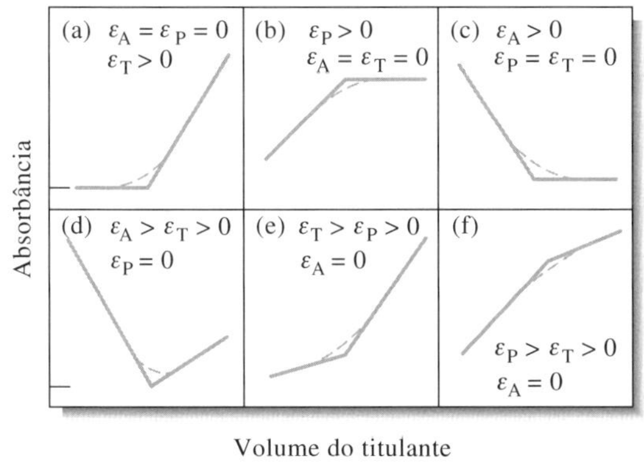

Figura 26-12 Curvas de titulações fotométricas típicas. As absortividades molares da substância titulada, do produto e do titulante são, ε_s, ε_p e ε_t, respectivamente.

cilíndricos são frequentemente empregados nas titulações fotométricas e é importante evitar mover a célula de forma que se mantenha o caminho ótico constante. Os fotômetros de filtro e os espectrofotômetros têm ambos sido empregados em titulações fotométricas.

Aplicações das Titulações Fotométricas

As titulações fotométricas muitas vezes fornecem resultados mais exatos que as determinações fotométricas diretas devido ao fato de dados de diversas medidas serem empregados para determinar-se o ponto final.

❮ As titulações fotométricas são mais exatas que as determinações fotométricas diretas.

Além disso, a presença de outras espécies absorventes pode não interferir, uma vez que somente a variação na absorbância está sendo medida.

Uma das vantagens dos pontos finais determinados a partir de segmentos lineares nas curvas de titulação fotométricas é que os dados experimentais são coletados bem distantes da região do ponto de equivalência no qual a absorbância varia gradualmente. Consequentemente, a constante de equilíbrio para a reação não precisa ser tão grande como aquela requerida para uma curva de titulação sigmoidal que depende das observações próximas ao ponto de equivalência (por exemplo, os pontos finais de indicadores ou potenciométricos). Pela mesma razão, as soluções mais diluídas podem ser tituladas empregando-se a detecção fotométrica.

O ponto final fotométrico tem sido aplicado a muitos tipos de reações. Por exemplo, muitos dos agentes oxidantes padrão apresentam espectros de absorção característicos e, assim, produzem pontos finais detectáveis fotometricamente. Embora os ácidos ou bases padrão não absorvam, a introdução de indicadores ácido-base permite as titulações de neutralização. O ponto final fotométrico tem sido também usado com grande vantagem nas titulações com EDTA e com outros agentes complexantes. A **Figura 26-13** ilustra a aplicação dessa técnica na titulação sucessiva de bismuto(III) e cobre(II). Em 745 nm, os cátions, os reagentes e o complexo de bismuto formado não absorvem, mas o complexo de cobre, sim. Dessa forma, durante o primeiro segmento da titulação, quando o complexo bismuto-EDTA está sendo formado ($K_f = 6{,}3 \times 10^{22}$), a solução não exibe nenhuma absorbância até que essencialmente todo o bismuto tenha sido titulado. Com a primeira formação do complexo de cobre ($K_f = 6{,}3 \times 10^{18}$), ocorre um aumento na absorbância. O aumento continua até que o ponto de equivalência para o cobre seja atingido. As adições posteriores de titulante não causam variação adicional na absorbância. Dois pontos finais bem definidos são obtidos como mostrado na Figura 26-13.

O ponto final fotométrico tem sido também adaptado para as titulações de precipitação. O produto na forma de um sólido em suspensão proporciona um decréscimo na potência radiante da fonte de luz por espalhamento pelas partículas do precipitado. O ponto de equivalência ocorre quando o precipitado termina de se formar e a quantidade de luz que atinge o detector torna-se constante. Esse tipo de detecção do ponto final é denominado **turbidimetria** porque a quantidade de luz que atinge o detector é uma medida da **turbidez** da solução.

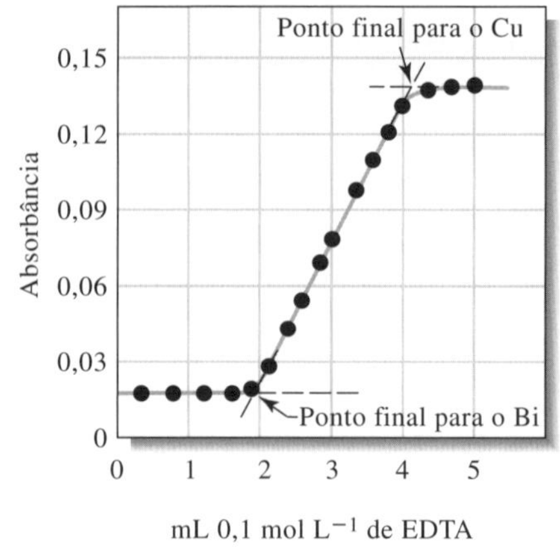

Figura 26-13 Curva de titulação fotométrica em 745 nm para 100 mL de uma solução $2{,}0 \times 10^{-3}$ mol L^{-1} de Bi^{3+} e Cu^{2+}. (Reimpresso com permissão de A. L. Underwood, *Anal. Chem.*, v. 26, p. 1322, **1954**, **DOI**: 10.1021/AC60092A017. Copyright de American Chemical Society.)

26A-5 Estudos Espectrofotométricos de Íons Complexos

A composição de um complexo em solução pode ser determinada sem que na verdade se isole o complexo na forma de um composto puro.

A espectrofotometria é uma ferramenta valiosa para se determinar a composição de íons complexos em solução, assim como suas constantes de formação. O poder da técnica reside no fato de que as medidas quantitativas de absorção podem ser realizadas sem perturbar-se o equilíbrio sob consideração. Embora muitos estudos espectrofotométricos de complexos envolvam sistemas nos quais um reagente ou produto absorva, os sistemas não absorventes podem também ser investigados com sucesso. Por exemplo, a constante de formação e a composição de um complexo de ferro(II) e um ligante que não absorve podem muitas vezes ser determinadas medindo-se o decréscimo de absorbância que ocorre quando as soluções do complexo absorvente de ferro(II) com a 1,10-fenantrolina são misturadas com diversas quantidades do ligante não absorvente. O sucesso dessa abordagem depende dos valores muito bem conhecidos da constante de formação ($K_f = 2 \times 10^{21}$) e da composição (3:1) do complexo de ferro(II) com a 1,10-fenantrolina.

As três técnicas mais comuns empregadas nos estudos de íons complexos são: (1) o método das variações contínuas, (2) o método da razão molar e (3) o método da razão das inclinações. Ilustramos esses métodos para complexos íon metálico-ligante, mas os princípios se aplicam a outros tipos.

O Método das Variações Contínuas

No método das variações contínuas, soluções do cátion e do ligante de concentrações analíticas idênticas são misturadas de forma que o volume total e a quantidade de matéria total de reagentes em cada mistura sejam constantes, mas que a razão molar dos reagentes varie sistematicamente (por exemplo, 1:9, 8:2, 7:3 e assim por diante). A absorbância de cada solução é então medida a um comprimento de onda adequado e corrigida para qualquer absorbância que a mistura possa exibir se nenhuma reação acontecesse. A absorbância corrigida é ilustrada em forma de gráfico contra a fração volumétrica de um reagente, isto é, $V_M/(V_M + V_L)$, onde V_M é o volume da solução de cátion e V_L, o volume da solução de ligante. Um gráfico típico de variações contínuas é mostrado na **Figura 26-14**. Um máximo (ou mínimo, se o complexo absorve menos que os reagentes) ocorre a uma razão volumétrica V_M/V_L correspondente à razão de combinação do cátion com o ligante no complexo. Na Figura 26-14, $V_M/(V_M + V_L)$ é igual a 0,33 e $V_L/(V_M + V_L)$ é igual a 0,66; assim, V_M/V_L é igual a 0,33/0,66, o que sugere que o complexo tem a fórmula ML_2.

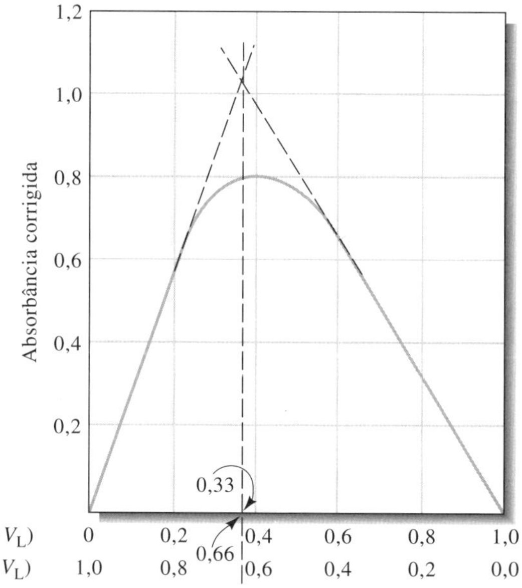

Figura 26-14 Gráfico de variação contínua para o complexo 1:2 ML_2.

A curvatura das linhas experimentais na Figura 26-14 é o resultado da formação incompleta do complexo. A constante formação do complexo pode ser avaliada a partir de medidas dos desvios da linha reta teórica, a qual representa a curva que resultaria se a reação entre o ligante e o metal seguisse até o final.

O Método da Razão Molar

No método da razão molar, uma série de soluções é preparada na qual a concentração analítica de um reagente (geralmente o íon metálico) é mantida constante enquanto aquela do outro reagente é variada. Um gráfico da absorbância *versus* a razão molar dos reagentes é construído. Se a constante de formação for razoavelmente favorável, obtemos duas linhas retas de inclinações diferentes que se interceptam em uma razão molar correspondente à razão de combinação do complexo. Gráficos típicos de razão molar são mostrados na **Figura 26-15**. Observe que o ligante do complexo 1:2 absorve no comprimento de onda selecionado de tal forma que a inclinação além do ponto de equivalência seja maior que zero. Deduzimos que o cátion não complexado envolvido no complexo 1:1 absorve porque o ponto inicial apresenta uma absorbância maior que zero.

As constantes de formação podem ser avaliadas a partir dos dados da parte curva dos gráficos de razão molar, em que a reação é menos completa.

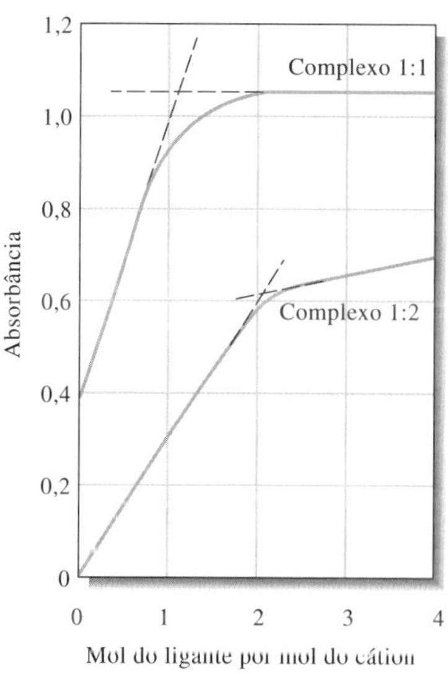

Figura 26-15 Gráficos de razão molar para complexos 1:1 e 1:2. O complexo 1:2 é o mais estável dos dois complexos, como indicado pela proximidade da curva experimental com as linhas extrapoladas. Quanto mais próxima a curva for das linhas extrapoladas, maior será a constante de formação do complexo. Quanto maior for o desvio em relação às linhas retas, menor a constante de formação do complexo.

EXEMPLO 26-5

Derive equações para calcular as concentrações de equilíbrio de todas as espécies envolvidas na reação de formação do complexo 1:2 ilustrada na Figura 26-15.

Derivação

Duas expressões de balanço de massas baseadas nos dados preparatórios podem ser escritas. Assim, para a reação

$$M + 2L \rightleftharpoons ML_2$$

podemos escrever

$$c_M = [M] + [ML_2]$$

$$c_L = [L] + 2[ML_2]$$

onde c_M e c_L são as concentrações molares de M e L antes de a reação ocorrer. Para células de 1 cm, a absorbância da solução é

$$A = \varepsilon_M[M] + \varepsilon_L[L] + \varepsilon_{ML_2}(ML_2)$$

A partir do gráfico de razão molar, vemos que $\varepsilon_M = 0$. Os valores para ε_{ML} e ε_{ML_2} podem ser obtidos das duas porções das retas da curva. Com uma ou mais medidas de A na região curva do gráfico, dados suficientes estão disponíveis para se calcular as três concentrações de equilíbrio e, assim, a constante de formação.

Um gráfico de razão molar pode revelar a formação por etapas de dois ou mais complexos por meio de variações sucessivas das inclinações, se os complexos apresentarem absortividades molares diferentes e constantes de formação suficientemente diferentes umas das outras.

O Método da Razão das Inclinações

Essa abordagem é particularmente útil para complexos fracos, porém aplicável apenas a sistemas nos quais um único complexo é formado. O método pressupõe (1) que a reação de formação do complexo possa ser forçada a se tornar completa por um grande excesso de um dos reagentes, (2) que a lei de Beer seja obedecida sob essas circunstâncias e (3) que somente o complexo absorva no comprimento de onda escolhido.

Considere a reação na qual o complexo M_xL_y é formado pela reação de x mols do cátion M com y mols do ligante L:

$$xM + yL \rightleftharpoons M_xL_y$$

As expressões de balanço de massas para esse sistema são

$$c_M = [M] + x[M_xL_y]$$

$$c_L = [L] + y[M_xL_y]$$

onde c_M e c_L são as concentrações molares dos dois reagentes. Presumimos agora que, em concentrações analíticas muito altas de L, o equilíbrio esteja deslocado completamente para a direita e $[M] \ll x[M_xL_y]$. Sob essas condições, a primeira expressão de balanço de massas simplifica-se para

$$c_M = x[M_xL_y]$$

Se o sistema obedece à lei de Beer

$$A_1 = \varepsilon b[M_xL_y] = \varepsilon bc_M/x$$

onde ε é a absortividade molar de $[M_xL_y]$ e b é o caminho ótico. Um gráfico da absorbância em função de c_M é linear quando há suficiente L presente para justificar a suposição de que $[M] \ll x[M_xL_y]$. A inclinação desse gráfico é $\varepsilon b/x$.

Quando c_M é muito grande, supomos que $[L] \ll [M_xL_y]$ e a segunda equação de balanço de massas se reduza a

$$c_L = y[M_xL_y]$$

e

$$A_2 = \varepsilon b[M_xL_y] = \varepsilon bc_L/y$$

Novamente, se nossas suposições forem válidas, descobrimos que um gráfico de A *versus* c_L é linear para altas concentrações de M. A inclinação desta linha é $\varepsilon b/y$.

A razão das inclinações das duas linhas retas fornece a razão de combinação entre M e L:

$$\frac{\varepsilon b/x}{\varepsilon b/y} = \frac{y}{x}$$

26B MÉTODOS FOTOMÉTRICOS E ESPECTROFOTOMÉTRICOS AUTOMATIZADOS

O primeiro instrumento completamente automatizado para análise química (o Auto Analyser® da Technicon) surgiu no mercado em 1957. Esse instrumento foi projetado para preencher as necessidades dos laboratórios clínicos, onde amostras de urina e sangue são analisadas rotineiramente para uma dúzia ou mais de espécies químicas. O número dessas análises demandado pela medicina moderna é enorme; dessa forma, é necessário manter seu custo em um nível razoável. Essas duas considerações motivaram o desenvolvimento de sistemas analíticos que realizam muitas análises simultaneamente com o mínimo de participação do trabalho humano. O uso de instrumentos automáticos tem se difundido dos laboratórios clínicos para os laboratórios de controle de processos industriais e de determinação de rotina de um amplo espectro de espécies no ar, na água, nos solos e nos produtos farmacêuticos e agrícolas. Na maioria dessas aplicações, a etapa de medida nas análises é realizada por fotometria, espectrofotometria ou fluorimetria.

Na Seção 8C, descrevemos diversas técnicas de manipulação automática de amostras que incluem os métodos de fluxo contínuo e discretos. Nesta seção exploramos a instrumentação e duas aplicações da análise por injeção de fluxo (AIF) com detecção fotométrica.

26B-1 Instrumentação

A **Figura 26-16a** representa um fluxograma do sistema de análise por injeção em fluxo mais simples de todos. Nele, um reagente colorimétrico para o íon cloreto é impulsionado por uma bomba peristáltica diretamente para a válvula que permite a injeção de amostras na corrente de fluxo. A amostra e o reagente passam então por uma bobina de reação de 50 cm na qual o reagente se difunde para dentro da zona da amostra e produz uma espécie colorida pela sequência de reações

$$Hg(SCN)_2(aq) + 2Cl^- \rightleftharpoons HgCl_2(aq) + 2SCN^-$$

$$Fe^{3+} + SCN^- \rightleftharpoons \underset{\text{vermelho}}{Fe(SCN)^{2+}}$$

Da bobina de reação, a solução passa para um fotômetro através de fluxo equipado com um filtro de interferência de 480 nm para a medida de absorbância.

O sinal de saída desse sistema para uma série de padrões contendo cloreto entre 5 e 75 ppm é mostrado na Figura 26-16b. Observe que foram feitas quatro injeções de cada padrão para demonstrar a reprodutibilidade do sistema. As duas curvas na Figura 26-16b são registros de varreduras de alta velocidade de amostras que contêm 30 ppm (R_{30}) e 75 ppm (R_{75}) de cloreto. Essas curvas demonstram que a intercontaminação é mínima em um fluido não segmentado. Assim, menos que 1% do analito da primeira amostra está presente na célula de fluxo após 28 s, o tempo da próxima injeção (S_2). Esse sistema tem sido empregado com sucesso para a determinação de rotina de cloreto em água salobra e efluentes, bem como em amostras de soro.

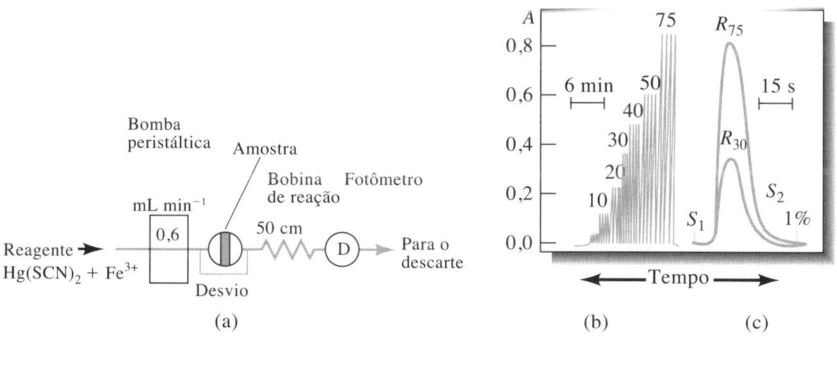

Figura 26-16 Determinação de cloreto por injeção em fluxo: (a) diagrama de fluxo; (b) saída de registrador para determinações em quadruplicatas de padrões que contêm entre 5 e 75 ppm de íon cloreto; (c) varredura rápida de dois padrões para demonstrar a baixa intercontaminação (menor que 1%) entre as injeções. Note que o ponto marcado em 1% corresponde ao momento no qual a resposta para uma amostra injetada no tempo S_2 iria se iniciar. (Reimpresso com permissão de E. H. Hansen and J. Ruzicka, J. *Chem. Educ.*, v. 56, p. 677, **1979**, **DOI**: 10.121/ed056p677. Copyrigth da American Chemical Society.)

Sistema de Transporte de Amostra e Reagentes

Normalmente, a solução em um sistema de análise por injeção em fluxo é bombeada através de tubos flexíveis no sistema por uma bomba peristáltica, um dispositivo no qual um fluido (líquido ou gás) é comprimido por roletes dentro de um tubo plástico. A **Figura 26-17** ilustra o princípio de operação da bomba peristáltica. O suporte emprega molas para forçar os tubos contra dois ou mais roletes durante todo o tempo, forçando assim um fluxo contínuo do fluido através da tubulação. As bombas modernas geralmente possuem de oito a dez roletes, arranjados em uma configuração circular de forma que metade deles esteja pressionando o tubo a qualquer instante. Esse sistema leva a um fluxo que é relativamente livre de pulsações. A vazão é controlada pela velocidade do motor, que deve ser maior que 30 rpm, e pelo diâmetro interno do tubo. Uma grande variedade de tamanho de tubos (d.i. = 0,25 a 4 mm) está disponível comercialmente, permitindo obter vazões tão pequenas como 0,0005 mL min^{-1} e tão grandes como 40 mL min^{-1}. Os roletes de bombas peristálticas comerciais típicas são longos o suficiente para que as correntes de reagente e amostra possam ser bombeadas simultaneamente. As bombas de seringa e de eletro-osmose também são usadas para induzir o fluxo em sistemas de injeção de fluxo. Os sistemas de injeção em fluxo têm sido miniaturizados pelo uso de capilares de sílica fundida (d.i. 25 a 100 μm) ou por meio da tecnologia de "**lab-on-a-chip**" (veja Destaque 8-1).

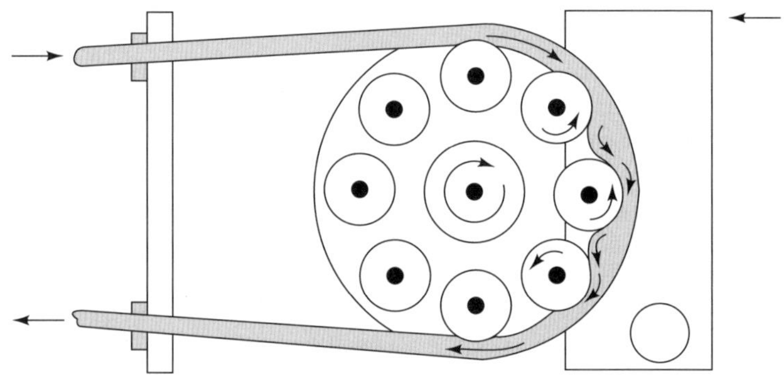

Figura 26-17 Diagrama que mostra um canal de uma bomba peristáltica. Diversos tubos adicionais podem ser localizados sob aquele apresentado (abaixo do plano do diagrama), para bombear canais múltiplos de reagente ou amostra. (Reimpresso com permissão de B. Karlberg e G. E. Pacey, *Flow Injection Analysis. A Practical Guide*, Nova York: Elsevier, 1989, p. 34. Com permissão da Elsevier Science Publishers.)

Injetores de Amostra e Detectores

Os volumes da amostras empregados em sistemas de análise por injeção em fluxo estão na faixa de 5 a 200 μL, com 10 a 30 μL sendo típico para muitas aplicações. Para uma análise ser bem-sucedida, é importante injetar a solução da amostra rapidamente como um volume bem determinado, ou pulso, de líquido; além disso, as injeções não devem perturbar o fluxo da corrente de arraste. Os sistemas de injeção mais úteis são baseados em alças de amostragem similares àqueles empregados em cromatografia (veja, por exemplo, a Figura 33-6). O método de operação de uma alça de amostragem é ilustrado na Figura 26-16a. Com a válvula da alça na posição indicada, os reagentes estão fluindo pelo desvio. Quando uma amostra é introduzida na alça e a válvula é girada a 90°, esta é inserida no fluxo como uma zona única e bem definida. Para qualquer efeito prático, o fluxo que passa pelo desvio cessa quando a válvula é colocada nessa posição porque o diâmetro do tubo da alça da amostra é significativamente maior que aquele do tubo do desvio.

Os analisadores de injeção em fluxo podem ser razoavelmente simples, sendo constituídos de uma bomba, uma válvula de injeção, um tubo de plástico e de um detector. Os fotômetros de filtro e os espectrofotômetros são os detectores mais comuns.

Os sistemas de detecção mais comuns em análise por injeção em fluxo são os espectrofotômetros, fotômetros e fluorímetros. Os sistemas eletroquímicos, refratômetros, espectrômetros de emissão e absorção atômicas têm sido também empregados.

Técnicas Avançadas de Injeção em Fluxo[11]

Os métodos de injeção em fluxo têm sido usados para realizar separações, titulações e métodos cinéticos. Além disso, várias variações de injeção em fluxo têm se mostrado úteis. Estas incluem AIF de fluxo reverso, AIF de injeção sequencial e tecnologia de "lab-on-a-valve".

As separações através de diálise, por extração líquido/líquido e por difusão gasosa, podem ser realizadas de forma automática com sistemas de injeção em fluxo.

26B-2 Uma Aplicação Típica de Análise de Injeção em Fluxo

A **Figura 26-18** ilustra um sistema de análise em fluxo projetado para a determinação espectrofotométrica de cafeína em preparações de medicamentos de ácido acetilsalicílico após a extração da cafeína em clorofórmio. O solvente clorofórmio, após ter sido resfriado em banho de gelo para minimizar sua evaporação, é misturado com a corrente alcalina da amostra em um tubo em forma de "T" (veja a inserção abaixo, na figura). Após sua passagem por uma bobina de extração de 2 m de comprimento, a mistura entra em um tubo separador em forma de "T", o qual é bombeado diferencialmente de forma que cerca de 35% da fase orgânica que contém cafeína passe pela célula de fluxo; os outros 65% acompanham a solução aquosa, com o restante da amostra para o descarte. Para evitar a contaminação da célula de fluxo com água, fibras de Teflon, as quais não são molhadas pela água, foram torcidas em forma de filamentos e inseridas na entrada do tubo em "T" de maneira que forme uma dobra suave para baixo. O fluxo de clorofórmio segue então essa dobra para a célula do fotômetro na qual a concentração de cafeína é determinada com base no seu pico de absorção a 275 nm. A saída do fotômetro é similar em aparência àquela exposta na Figura 26-16b.

26C ESPECTROFOTOMETRIA DE ABSORÇÃO NO INFRAVERMELHO

A espectrofotometria no infravermelho constitui uma poderosa ferramenta para a identificação de compostos inorgânicos e orgânicos puros porque, com exceção de poucas moléculas homonucleares, tais como O_2, N_2 e Cl_2, todas as espécies moleculares absorvem a radiação no infravermelho. Além disso, com exceção das moléculas quirais no estado cristalino, cada espécie molecular apresenta um espectro de absorção no infravermelho que é único. Assim, uma equivalência exata entre um espectro de um composto de estrutura conhecida com o espectro do analito identifica de forma inquestionável o analito.

A espectroscopia no infravermelho é uma ferramenta menos satisfatória para as análises quantitativas que suas correlatas no ultravioleta e visível por causa da menor sensibilidade e dos desvios frequentes da lei de Beer. Além disso, as medidas de absorbância no infravermelho são consideravelmente menos precisas. Contudo, em situações nas quais uma precisão modesta for adequada, a natureza única dos espectros no infravermelho provê um grau de seletividade para as medidas quantitativas que pode se sobrepor às suas características indesejáveis.[12]

26C-1 Espectro de Absorção Infravermelho

A energia da radiação no infravermelho pode excitar transições vibracionais e rotacionais, porém é insuficiente para excitar transições eletrônicas. Como pode ser visto na

[11] Para mais informações sobre métodos AIF, veja. R. Crouch, *Principles of Instrumental Analysis*, 6. ed., Belmont, CA: Brooks/Cole, 2007, pp. 933-941.

[12] Para uma discussão detalhada sobre espectroscopia no infravermelho, veja N. B. Colthup; L. H. Daly e S. E. Wiberley, *Introduction to Infrared and Raman Spectroscopy*, 3. ed., Nova York: Academic Press, 1990.

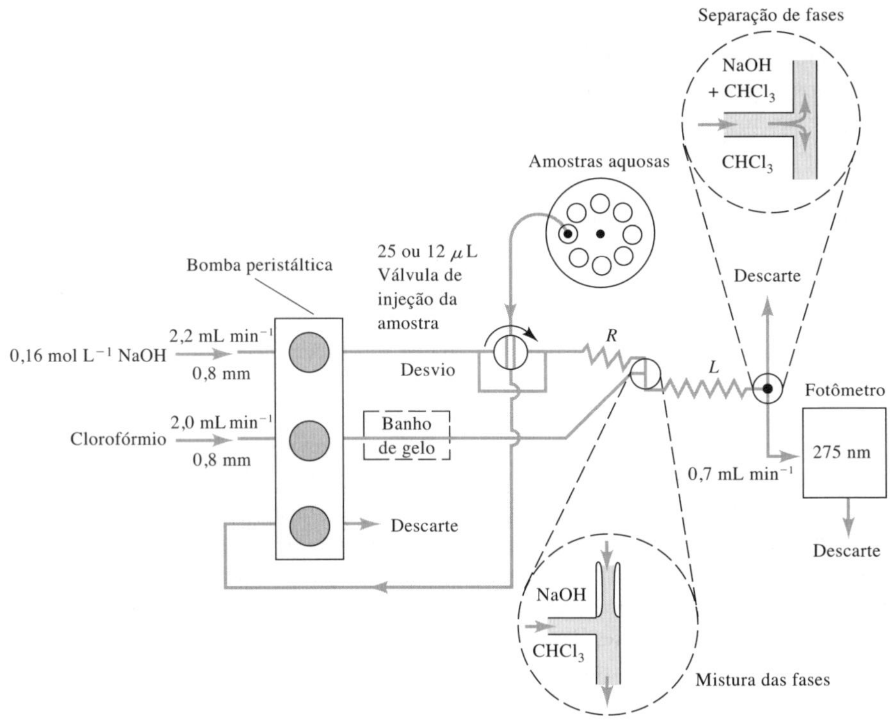

Figura 26-18 Equipamento de análise por injeção em fluxo para a determinação de cafeína em preparações de ácido acetilsalicílico. Com a válvula posicionada a 90°, o fluxo no desvio é essencialmente igual a zero devido ao seu pequeno diâmetro. *R* e *L* são bobinas de Teflon com 0,8 mm de diâmetro interno; *L* tem um comprimento de 2 m e a distância desde o ponto de injeção *P* até o ponto de mistura é de 0,15 m. (Reimpresso de B. Karlberg and S. Thelander, *Anal. Chim. Acta*, v. 98, p. 2. **1978**,**DOI**: 10.1016/S0003-2670(01)83231-1 com permissão da Elsevier.)

Figura 26-19, os espectros no infravermelho exibem picos de absorção estreitos, próximos uns dos outros, resultantes das transições entre os vários níveis quânticos vibracionais. As variações nos níveis rotacionais podem também dar origem a uma série de picos para cada estado vibracional. Com amostras líquidas e sólidas, contudo, a rotação é frequentemente encoberta ou restringida, e os efeitos dessas pequenas diferenças de energia não são detectados. Assim, um espectro no infravermelho típico de um líquido, como aquele exposto na Figura 26-19, consiste em uma série de bandas vibracionais.

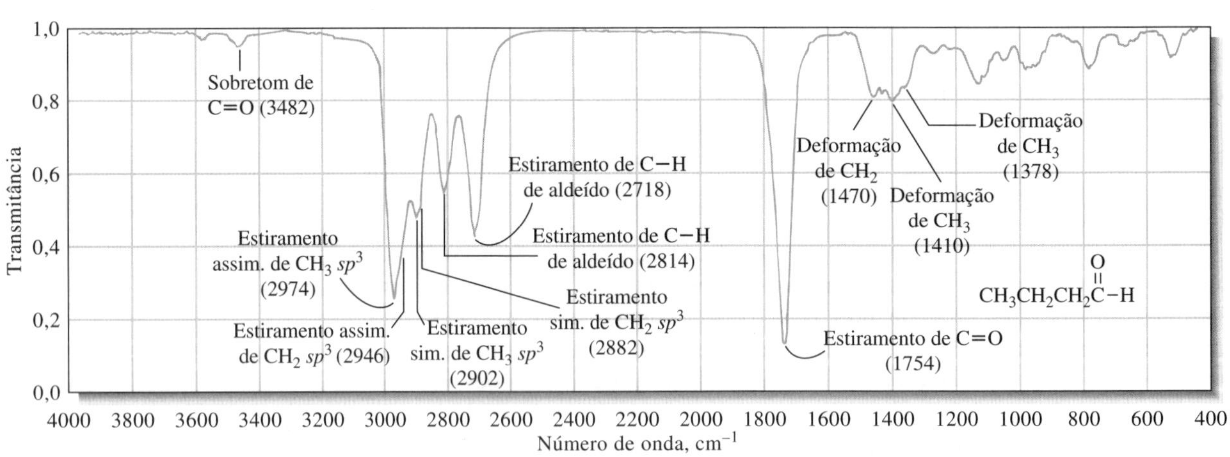

Figura 26-19 Espectro no infravermelho do *n*-butanal (*n*-butiraldeído). A escala vertical é mostrada em transmitância, como foi a prática no passado. A escala horizontal é linear em número de onda, a qual é proporcional à frequência e, portanto, à energia. A maioria dos espectrômetros IV modernos são capazes de prover os dados representados em forma de gráfico quer em transmitância ou em absorbância no eixo vertical e comprimento de onda ou número de onda no eixo horizontal. Os espectros IV são geralmente exibidos em forma de gráfico com a frequência crescendo da direita para a esquerda, o que constitui em um artefato histórico. Os espectrômetros antigos produziam espectros com o comprimento de onda aumentando da esquerda para a direita, o que levou a uma escala auxiliar de frequência da direita para a esquerda. Observe que diversas bandas foram atribuídas às vibrações que as produzem. Os dados são da NIST Mass Spec Data Center. S. E. Stein, diretor, "Infrared Spectra" em NIST Chemistry WebBook, NIST Standard Reference Database Number 69, P. J. Linstrom e W. G. Mallard, eds., Gaithersburg MD: National Institute of Standards and Technology, March 2003 (http://webbook.nist.gov).

O número de modos que uma molécula pode vibrar está relacionado com o número de átomos e, assim, com o número de ligações que ela contém. Mesmo para uma molécula simples, o número de vibrações possíveis é grande. Por exemplo, o *n*-butanal ($CH_3CH_2CH_2CHO$) tem 33 modos vibracionais, a maioria diferindo um do outro em energia. Nem todas essas vibrações produzem picos no infravermelho, mas, como mostrado na Figura 26-19, o espectro do *n*-butanal é relativamente complexo.

A absorção no infravermelho não ocorre somente com as moléculas orgânicas, mas também com complexos metálicos ligados covalentemente, os quais são geralmente ativos na região do infravermelho de comprimento de onda mais longo. Os estudos espectrofotométricos no infravermelho têm fornecido muitas informações úteis sobre os complexos de íons metálicos.

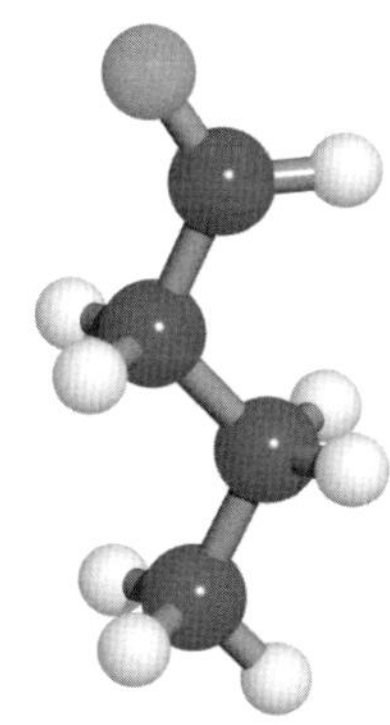

Modelo molecular do *n*-butanal.

26C-2 Instrumentos para Espectroscopia de Infravermelho

Três tipos de instrumentos de infravermelho são encontrados nos laboratórios modernos: espectrômetros dispersivos (ou espectrofotômetros), espectrômetros com transformada de Fourier (FTIV) e fotômetros de filtro. Os dois primeiros são empregados para se obter espectros completos para identificação qualitativa, enquanto os fotômetros de filtro são destinados a trabalhos quantitativos. Os instrumentos com transformada de Fourier e de filtro não são dispersivos no sentido de que nenhum dos dois emprega uma rede de difração ou prisma para dispersar a radiação em seus comprimentos de onda.[13]

Instrumentos Dispersivos

Com uma diferença, os instrumentos dispersivos de infravermelho são similares no seu desenho geral aos espectrofotômetros de feixe duplo (no tempo) mostrados na Figura 25-20c. A diferença está na localização do compartimento da célula com respeito ao monocromador. Nos instrumentos de ultravioleta e visível, as células são sempre localizadas entre o monocromador e o detector de forma que evite a decomposição fotoquímica, a qual pode ocorrer se as amostras forem expostas à potência total da fonte de ultravioleta ou visível. A radiação no infravermelho, ao contrário, não é suficientemente energética para produzir fotodecomposição; assim, a célula pode ser colocada entre a fonte e o monocromador. Esse arranjo é vantajoso porque qualquer radiação espalhada gerada no compartimento da amostra é em grande parte removida pelo monocromador.

Como mostrado na Seção 25-A, os componentes dos instrumentos de infravermelho diferem consideravelmente em detalhe dos instrumentos de ultravioleta e visível. Assim, as fontes de infravermelho são sólidos aquecidos em vez de lâmpadas de deutério ou tungstênio; as ranhuras das redes para o infravermelho são muito mais espaçadas que aquelas requeridas para a radiação no ultravioleta/visível e os detectores de infravermelho respondem ao calor em vez de fótons. Além disso, os componentes óticos dos instrumentos de infravermelho são construídos por sólidos polidos, como o cloreto de sódio e o brometo de potássio.

Espectrômetros com Transformada de Fourier

Os espectrômetros com transformada de Fourier (FTIV) oferecem as vantagens não usuais de alta sensibilidade, resolução e velocidade de aquisição de dados (os dados para todo o espectro podem ser obtidos em 1 s ou menos). Nos primórdios do FTIV, os instrumentos eram equipamentos grandes, intrincados, caros e controlados por computadores de laboratório também de alto custo. Desde a década de 1980, a instrumentação evoluiu e o preço dos computadores caiu drasticamente. Atualmente, os

O espectrômetro FTIV é atualmente o tipo de espectrômetro IV mais comum. A grande maioria dos instrumentos de infravermelho é constituída por sistemas FTIV.

[13] Para uma discussão dos princípios da espectroscopia com transformada de Fourier, veja D. A. Skoog; F. J. Holler e T. A. Nieman, *Principles of Instrumental Analysis*, 6. ed., Belmont, CA: Brooks/Cole, 1998, pp. 439-447.

espectrômetros FTIV tornaram-se comuns, tendo substituído os instrumentos dispersivos mais antigos na maioria dos laboratórios.

Os instrumentos com transformada de Fourier não contêm nenhum elemento de dispersão e todos os comprimentos de onda são detectados e medidos simultaneamente empregando-se um interferômetro de Michelson, como descrevemos no Destaque 25-7. Para separar os comprimentos de onda, é necessário modular-se o sinal da fonte e passá-lo pela amostra de forma que este possa ser registrado como um **interferograma**. O interferograma é subsequentemente decodificado pela transformada de Fourier, uma operação matemática realizada convenientemente pelo computador, o qual é atualmente uma parte integral de quase todos os espectrômetros. Embora a teoria matemática detalhada das medidas com transformada de Fourier esteja além do escopo deste livro, o tratamento qualitativo apresentado no Destaque 25-7 e no Destaque 26-1 deve dar uma ideia de como os sinais IV são coletados e como os espectros são extraídos dos dados.

Um **interferograma** é o registro do sinal produzido por um interferômetro de Michelson. O sinal é processado por meio de uma operação matemática conhecida como transformada de Fourier para produzir um espectro IV.

A **Figura 26-20** mostra uma foto de um típico espectrômetro FTIV de bancada. É necessário um computador para a aquisição, análise e apresentação dos dados. O instrumento é relativamente barato (aproximadamente US$ 10.000), apresenta resolução melhor que 0,8 cm^{-1} e consegue uma razão sinal-ruído de 8.000 para uma medida de cinco segundos. O espectro medido aparece em uma tela de computador, onde o programa incluído permite muitas opções de exibição (%T, A, expansão, altura de pico e área de pico). Várias ferramentas de processamento, como correção de linha de base, subtração espectral e interpretação espectral, são características dos pacotes de programas. Inúmeros acessórios diferentes permitem que amostras gasosas, líquidas e sólidas sejam medidas e técnicas como reflectância total atenuada (ATR) sejam implementadas. Alguns espectrômetros FTIV de bancada possuem um computador acoplado para a aquisição, análise e apresentação de dados. Estes instrumentos normalmente são menos flexíveis em termos de programa, modos de exibição e armazenamento de dados que unidades com computador separado.

Um instrumento de qualidade para pesquisa pode custar mais de US$ 50.000. Ele pode ter uma resolução de 0,10 cm^{-1} ou melhor e pode exibir uma razão sinal-ruído de 50.000 ou maior para um período de medida de 1 min. Espectrômetros de grau de pesquisa tipicamente têm faixas de varredura múltiplas (27.000 a 15 cm^{-1}) e uma variedade de velocidades de varredura. Eles têm excelente precisão de número de onda (0,01 cm^{-1}). Os instrumentos de grau de pesquisa podem acomodar inúmeros modos de amostragem (sólidos, gases, líquidos, polímeros, reflectância total atenuada, reflectância difusa e acessórios miscroscópicos, dentre outros). Tipicamente, um instrumento de qualidade para pesquisa será conectado a um computador externo, fornecendo várias vantagens. Programas e banco de dados de espectros para operação podem ser instalados e empregados para processar os dados espectrais e para combinar os espectros medidos com espectros conhecidos do banco de dados. Além disso, um computador externo provê uma flexibilidade considerável para arquivar os dados em CDs ou DVDs e, se for conectado a uma rede local, os espectros podem ser transmitidos para colegas ou coautores e as atualizações de programas podem ser facilmente baixadas e instaladas no computador ou no espectrômetro.

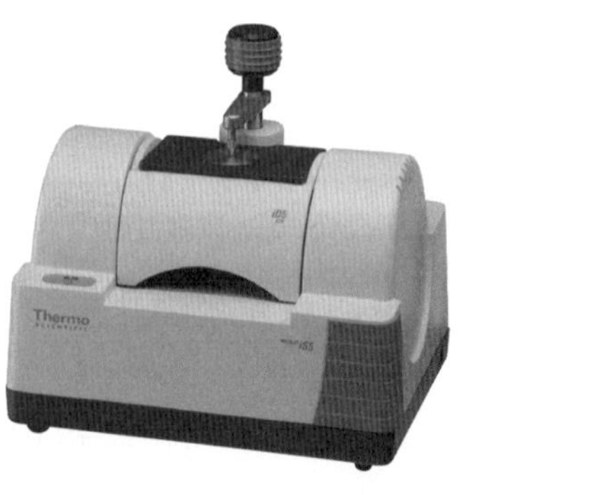

Figura 26-20 Foto de um espectrômetro FTIV de bancada de qualidade para ensino. É necessário um notebook ou um computador desktop. Os espectros são registrados em poucos segundos e mostrados na tela do computador para visualização e interpretação. (Cortesia de Thermo Fisher Scientific Inc.)

Fotômetros de Filtro

Fotômetros de filtro projetados para monitorar a concentração de poluentes no ar, como o monóxido de carbono, nitrobenzeno, cloreto de vinila, cianeto de hidrogênio e piridina, são frequentemente empregados para assegurar o cumprimento de regulamentações estabelecidas pelo Occupational Safety and Health Administration (OSHA). Estão disponíveis filtros de interferência, cada um deles desenhado para a determinação de um poluente específico. Esses filtros transmitem bandas estreitas de radiação na faixa de 3 a 14 μm. Existem também espectrômetros não dispersivos para monitorar correntes de gás para um único componente.[14]

26C-3 Aplicações Qualitativas da Espectrofotometria no Infravermelho

Um espectro de absorção no infravermelho, mesmo aquele para um composto simples, frequentemente contém um conjunto atordoante de picos estreitos e mínimos. Os picos úteis para a identificação de grupos funcionais estão localizados na região do infravermelho de comprimentos de onda mais curtos (de cerca de 2,5 a 8,5 μm), onde as posições dos máximos são pouco afetadas pelo esqueleto de carbono da molécula. Assim, a investigação dessa região do espectro fornece informação considerável sobre a estrutura geral da molécula sob investigação. A **Tabela 26-5** fornece as posições características dos máximos de absorção para alguns grupos funcionais comuns.[15]

A identificação de grupos funcionais em uma molécula raramente é suficiente para identificar positivamente o composto e todo o espectro de 2,5 a 15 μm deve ser comparado com aqueles de compostos conhecidos. As bibliotecas de espectros estão disponíveis para essa finalidade.[16]

DESTAQUE 26-1

Produzindo Espectros com um Espectrômetro FTIV

No Destaque 25-7 descrevemos os princípios básicos de operação de um interferômetro de Michelson e o papel da transformada de Fourier na produção de um espectro de frequência a partir de um interferograma medido. A **Figura 26D-1** mostra um diagrama ótico para um interferômetro de Michelson similar ao do espectrofotômetro mostrado na Figura 26 20. O interferômetro é na verdade constituído por dois interferômetros paralelos, um para modular a radiação IV da fonte antes que ela passe pela amostra e um segundo para modular a luz vermelha de um laser de He-Ne para prover um sinal de referência para a aquisição dos dados do detector IV. A saída do detector é digitalizada e armazenada na memória do computador do instrumento.

[14] Para mais informação, veja D. A. Skoog; F. J. Hollere T. A. Nieman, *Principles of Instrumental Analysis*, 6. ed., Belmont, CA: Brooks/Cole, 1998, pp. 447-448.

[15] Para informação mais detalhada, veja R. M. Silverstein e F. X. Webster, *Spectrometric Identification of Organic Compounds*, 7. ed., New York:Wiley, 2005, cap. 2.

[16] Veja Sadtler Standard Spectra, Informatics/Sadtler Group, Bio-Rad Laboratories, Philadelphia, PA; C. J. Pouchert, *The Aldrich Library of Infrared Spectra*, 3. ed., Milwaukee, WI: Aldrich Chemical Co., 1981; *NIST Chemistry WebBook*, NIST Standard Reference Database, Number 69, Gaithersburg, MD: National Institute of Standards and Technology, 2008 (http://webbook.nist.gov).

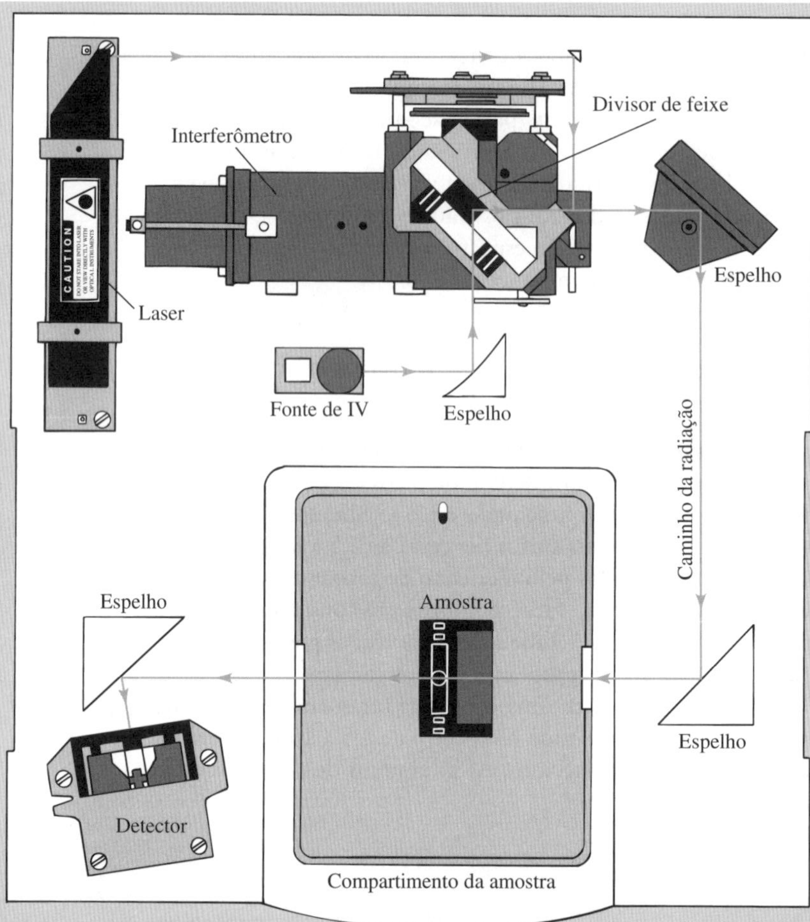

Figura 26D-1 Diagrama de um espectrômetro básico FTIV. A radiação de todas as frequências da fonte de IV é refletida para o interior do interferômetro no qual é modulada através do espelho móvel à esquerda. A radiação modulada é então refletida pelos dois espelhos da direita, passando pela amostra no compartimento abaixo. Depois de passar pela amostra, a radiação atinge o detector. Um sistema de aquisição de dados conectado ao detector registra o sinal e armazena-o na memória do computador como um interferograma. (Reimpresso com permissão da Thermo Fisher Scientific.)

A primeira etapa na produção de um espectro IV é a coleta e armazenamento do interferograma de referência sem a presença da amostra na célula. Então, a amostra é colocada na célula e um segundo interferograma é coletado. A **Figura 26D-2a** mostra um interferograma é coletado, empregando-se um espectrômetro FTIV com cloreto de metileno, CH_2Cl_2, na célula da amostra. A transformada de Fourier é então aplicada aos dois interferogramas para computar o espectro de referência e o da amostra. A razão entre os dois espectros pode ser então computada para produzir-se um espectro IV do analito, como aquele ilustrado pela Figura 26D-2b.

Observe que o espectro IV do cloreto de metileno exibe um ruído pequeno. Uma vez que um interferograma pode ser varrido em somente um ou dois segundos, muitos interferogramas podem ser varridos em um intervalo de tempo curto e somados na memória do computador. Esse processo, que é frequentemente denominado **média de sinal**, reduz o ruído do sinal resultante e melhora a razão sinal-ruído do espectro como descrito no Destaque 25-5 e ilustrado na Figura 25D-4. Essa capacidade de redução do ruído e sua alta velocidade, associada com a vantagem de Fellgett e com a vantagem de Jacquinot (veja o Destaque 25-7) faz do espectrômetro FTIV uma ferramenta fantástica para uma ampla faixa de análises qualitativas e quantitativas.

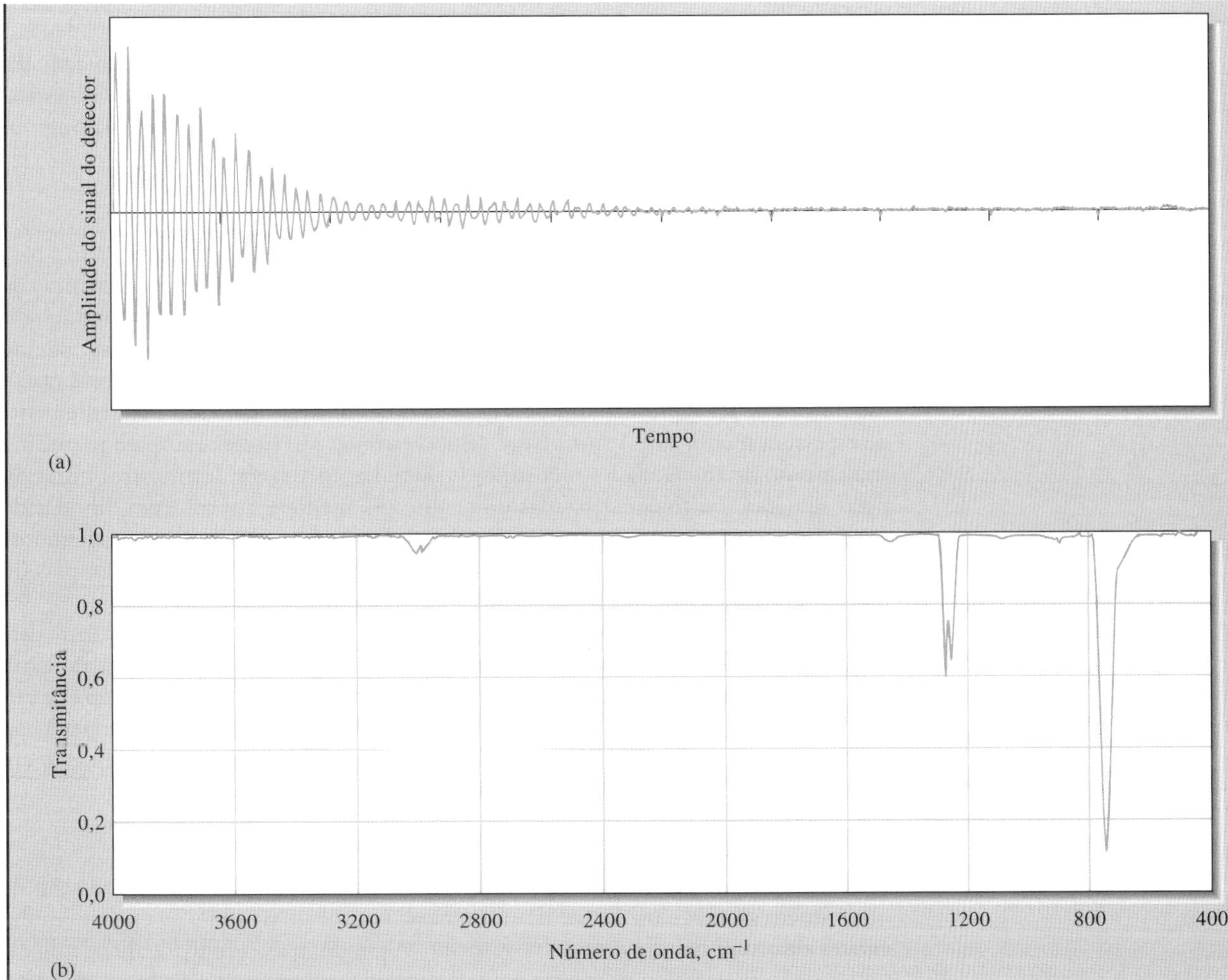

Figura 26D-2 (a) Interferograma obtido em um típico espectrômetro FTIV para o cloreto de metileno. O gráfico mostra o sinal de saída do detector em função do tempo ou do deslocamento do espelho móvel do interferômetro. (b) Espectro IV do cloreto de metileno produzido pela transformada de Fourier dos dados em (a). Observe que a transformada de Fourier toma a intensidade do sinal coletado em função do tempo e produz a transmitância em função da frequência após a subtração do interferograma de fundo e escalamento apropriado.

TABELA 26-5

Alguns Picos de Absorção no Infravermelho Característicos de Absorção

Grupo Funcional		Picos de Absorção	
		Número de Onda, cm^{-1}	Comprimento de Onda, μm
O—H	Alifáticos e aromáticos	3600–3000	2,8–3,3
NH_2	Também secundário e terciário	3600–3100	2,8–3,2
C—H	Aromático	3150–3000	3,2–3,3
C—H	Alifático	3000–2850	3,3–3,5
C≡N	Nitrila	2400–2200	4,2–4,6
C≡C—	Alcino	2260–2100	4,4–4,8
COOR	Éster	1750–1700	5,7–5,9
COOH	Ácido carboxílico	1740–1670	5,7–6,0
C═O	Aldeídos e cetonas	1740–1660	5,7–6,0
$CONH_2$	Amidas	1720–1640	5,8–6,1
C═C—	Alceno	1670–1610	6,0–6,2
ϕ—O—R	Aromático	1300–1180	7,7–8,5
R—O—R	Alifático	1160–1060	8,6–9,4

26C-4 Espectrofotometria Quantitativa no Infravermelho

Os métodos quantitativos de absorção no infravermelho diferem um pouco daqueles no ultravioleta e visível, seus correlatos, por causa da maior complexidade do espectro, a pequena largura das bandas de absorção e do desempenho dos instrumentos disponíveis para as medidas nessa região espectral.[17]

Medidas de Absorbância

A utilização de células geminadas para o solvente e o analito é raramente prática para as medidas no infravermelho porque é difícil obter-se células com características de transmissão idênticas. Parte dessa dificuldade resulta da degradação da transparência das janelas das células (tipicamente de cloreto de sódio polido) com o uso, devido ao ataque da umidade da atmosfera e das amostras. Além disso, os caminhos óticos são difíceis de ser reproduzidos, pois as células de infravermelho são frequentemente de espessura menor que 1 mm. Essas células estreitas são necessárias para permitir a transmissão de intensidades mensuráveis de radiação através de amostras puras ou pelas soluções muito concentradas do analito. As medidas em soluções diluídas do analito, como são feitas na espectroscopia no ultravioleta ou visível, são geralmente difíceis porque há poucos solventes úteis que transmitem sobre regiões amplas do espectro de infravermelho.

Por essas razões, um absorvente de referência é com frequência inteiramente desnecessário em trabalhos quantitativos no infravermelho e a intensidade da radiação que passa pela amostra é simplesmente comparada com aquela do feixe não obstruído; alternativamente, uma placa de algum sal pode ser empregada como referência. De qualquer forma, a transmitância resultante é sempre menor que 1, mesmo em regiões do espectro para as quais a amostra é totalmente transparente.

Aplicações da Espectroscopia Quantitativa no Infravermelho

A espectrofotometria no infravermelho oferece o potencial para a determinação de um número grande e não usual de substâncias porque quase todas as espécies moleculares absorvem na região do infravermelho. Além do mais, a individualidade do espectro de infravermelho provê um grau de especificidade que é igualado ou excedido por relativamente poucos métodos analíticos. Essa especificidade encontra aplicação particular na análise de misturas de compostos orgânicos muito semelhantes.

A proliferação recente de normas governamentais sobre a contaminação atmosférica tem demandado o desenvolvimento de métodos sensíveis, rápidos e altamente específicos para uma variedade de compostos químicos. Os procedimentos de absorção no infravermelho parecem ir ao encontro dessas necessidades mais que qualquer outra ferramenta analítica.

A **Tabela 26-6** ilustra a variedade de poluentes atmosféricos que podem ser determinados com um fotômetro de filtro simples e portátil equipado com filtros externos de interferência para cada espécie de analito. Das mais de 400 espécies químicas para as quais os níveis máximos toleráveis foram estabelecidos pela OSHA, a metade ou mais apresenta características de absorção que as tornam possíveis de ser determinadas por fotometria no infravermelho. Com tantos compostos absorvendo, a superposição de picos é bastante comum. Apesar dessa desvantagem, o método fornece um grau de seletividade moderadamente alto.

---

[17] Para uma discussão extensiva sobre a análise quantitativa no infravermelho, veja A. L. Smith, em *Treatise on Analytical Chemistry*, 2. ed., P. J. Elving; E. J. Meehan e I. M. Kolthoff, eds., Nova York: Wiley, 1981, parte I, v. 7, p. 415-56.

TABELA 26-6

Exemplos de Análises de Vapor Empregando Infravermelho em Concordância com a OSHA*

Composto	Exposição Permitida, ppm†	Comprimento de onda, μm	Concentração Mínima Detectável, ppm‡
Dissulfeto de carbono	4	4,54	0,5
Cloropreno	10	11,4	4
Diborano	0,1	3,9	0,05
Etilenodiamina	10	13,0	0,4
Cianeto de hidrogênio	4,7§	3,04	0,4
Metilmercaptana	0,5	3,38	0,4
Nitrobenzeno	1	11,8	0,2
Piridina	5	14,2	0,2
Dióxido de enxofre	2	8,6	0,5
Cloreto de vinila	1	10,9	0,3

*Cortesia da The Foxboro Company, Foxboro, MA 02035.
†1992-1993 Limites de exposição da OSHA por média ponderada por um período de 8 horas.
‡Para a célula de 20,25 m.
§Limite de exposição para os períodos curtos: 15 min com média ponderada pelo tempo que não deve ser excedida em nenhum momento durante o dia de trabalho.

TRABALHO NA WEB

Localize o *NIST Chemistry WebBook* na web e realize uma busca do 1,3-dimetilbenzeno. Quais dados para este composto estão disponíveis no site da NIST? Selecione o link para o espectro de IV e observe que há três versões diferentes do espectro. Quais são suas semelhanças e quais as suas diferenças? Onde os espectros foram obtidos originalmente? Selecione o espectro de fase gasosa com resolução de 2 cm^{-1}. Selecione View Image of Digitalized Spectrum e imprima uma cópia do espectro. Agora, retorne para o espectro de IV e seus links. Sob a fase gasosa, escolha o espectro de maior resolução com *boxcar* e apodização. Selecione o espectro de resolução desejada para carregar o espectro. Observe que esse espectro apresenta absortividade molar *versus* número de onda enquanto o espectro anterior de resolução menor mostra transmitância *versus* número de onda. Quais são as principais diferenças espectrais observadas? A resolução adicional fornece quaisquer informações extras? Como a absortividade molar poderia ser utilizada para a análise quantitativa? Tente alguns outros compostos e compare os espectros de baixa resolução na fase de vapor com os espectros quantitativos de alta resolução.

QUESTÕES E PROBLEMAS

26-1. Descreva as diferenças entre os seguintes pares de termos e liste quaisquer vantagens particulares de um sobre o outro:
- *(a) espectrofotômetros e fotômetros.
- (b) instrumentos de feixe único e de feixe duplo para medidas de absorbância.
- *(c) espectrofotômetros convencionais e com arranjos de diodo.

26-2. Qual é o requisito mínimo necessário para se obter resultados reprodutíveis com um espectrofotômetro de feixe único?

***26-3.** Quais variáveis experimentais devem ser controladas para se assegurar dados de absorbância reprodutíveis?

26-4. Qual(is) é(são) a(s) vantagem(ns) do método de adição de padrão sobre o método de adição de padrão de ponto único?

***26-5.** A absortividade molar do complexo formado entre o bismuto(III) e a tioureia é $9,32 \times 10^3$ L cm^{-1} mol^{-1} em 470 nm. Calcule a faixa de concentrações permitidas para o complexo se a absorbância não deve ser menor que 0,10 nem maior que 0,90, quando as medidas forem feitas em células de 1,00 cm.

26-6. A absortividade molar de soluções aquosas de fenol a 211 nm é $6,17 \times 10^3$ L cm^{-1} mol^{-1}. Calcule a faixa de concentrações permitidas de fenol se a transmitância deve ser menor que 85% e maior que

7% quando as medidas forem feitas em células de 1,00 cm.

***26-7.** O logaritmo da absortividade molar da acetona em etanol é 2,75 a 366 nm. Calcule a faixa de concentrações de acetona que podem ser usadas se a absorbância deve ser maior que 0,100 e menor que 2,000 com uma célula de 1,25 cm.

26-8. O logaritmo da absortividade molar do fenol em solução aquosa é 3,812 a 211 nm. Calcule a faixa de concentrações de fenol que podem ser usadas se a absorbância deve ser maior que 0,150 e menor que 1,500 com célula de 1,25 cm.

26-9. Um fotômetro com resposta linear à radiação forneceu uma leitura de 690 mV com um branco no caminho ótico e 169 mV quando o branco foi substituído por uma solução absorvente. Calcule

*(a) a transmitância e a absorbância da solução absorvente.

(b) a transmitância esperada se a concentração do absorvente for metade daquela da solução original.

*(c) a transmitância esperada se o caminho ótico através da solução original for dobrado.

26-10. Um fotômetro portátil com resposta linear à radiação registrou 75,5 μA com uma solução de um branco no caminho ótico. A substituição desse branco por uma solução absorvente produziu uma resposta de 23,7 μA. Calcule

(a) a porcentagem de transmitância da solução da amostra.

*(b) a absorbância da solução da amostra.

(c) a transmitância esperada para uma solução na qual a concentração do absorvente é um terço da concentração da solução original da amostra.

*(d) a transmitância esperada para uma solução que tenha duas vezes a concentração da solução da amostra.

26-11. Desenhe uma curva de titulação fotométrica de Sn^{2+} com MnO_4^-. A radiação empregada nessa titulação deve ser de qual cor? Explique.

26-12. O ferro(III) reage com o íon tiocianato (SCN) para formar o complexo vermelho $Fe(SCN)^{2+}$. Desenhe uma curva de titulação fotométrica de Fe(III) com íons tiocianato quando um fotômetro com um filtro verde for utilizado para coletar os dados. Por que esse filtro é empregado?

***26-13.** O ácido etilenodiaminotetracético remove o bismuto(III) de seu complexo com a tioureia:

$$Bi(tu)_6^{3+} + H_2Y^{2-} \rightarrow BiY^- + 6tu + 2H^+$$

onde tu é a molécula da tioureia, $(NH_2)_2CS$. Preveja a forma da curva de uma titulação fotométrica baseada nesse processo, dado que o complexo Bi(III)/tioureia constitui a única espécie presente no sistema que absorve a 465 nm, o comprimento de onda selecionado para a titulação.

26-14. Os dados a seguir (para células de 1,00 cm) foram obtidos para uma titulação espectrofotométrica de 10,00 mL de Pd(II) com M Nitroso R (O. W. Rollins e M. M. Oldham, *Anal. Chem.*,v. 43, p. 262, **1971**, **DOI:** 10.1021/ac60297a026):

Volume de Nitroso R, mL	A500
0	0
1,00	0,147
2,00	0,271
3,00	0,375
4,00	0,371
5,00	0,347
6,00	0,325
7,00	0,306
8,00	0,289

Calcule a concentração da solução de Pd(II), dado que a razão entre o ligante e a proporção ligante-cátion é 2:1.

26-15. Uma amostra de petróleo de 4,97 g foi decomposta por digestão via úmida e subsequentemente diluída para 500 mL em um balão volumétrico. O cobalto presente na amostra foi determinado tratando-se alíquotas de 25,00 mL desta solução diluída como descrito a seguir:

Volume do Reagente			
Co(II), 3,00 ppm	**Ligante**	**H_2O**	**Absorbância**
0,00	20,00	5,00	0,398
5,00	20,00	0,00	0,510

Presuma que o quelato Co(II)/ligante obedeça à lei de Beer e calcule a porcentagem de cobalto na amostra original.

***26-16.** O ferro(III) forma um complexo com íons tiocianato que tem a fórmula $Fe(SCN)^{2+}$. O complexo apresenta um máximo de absorbância a 580 nm. Uma amostra de água de poço foi analisada de acordo com o esquema mostrado na tabela a seguir. Calcule a concentração de ferro em partes por milhão na água de poço.

	Volumes, mL					
Amostra	**Volume da Amostra**	**Reagente Oxidante**	**Fe(II) 2,75 ppm**	**KSCN 0,050 M**	**H_2O**	**Absorbância, 580 nm (células de 1,00 cm)**
1	50,00	5,00	5,00	20,00	20,00	0,549
2	50,00	5,00	0,00	20,00	25,00	0,231

26-17. A. J. Mukhedkar e N. V. Deshpande (*Anal. Chem.*, **1963**, *35*, 47, **DOI:** 10.1021/1C60194A014) relataram a determinação simultânea de cobalto e níquel baseada na absorção de seus complexos com o 8-quinolinol. As absortividades molares são $\varepsilon_{Co} = 3.529$ e $\varepsilon_{Ni} = 3.228$ em 365 nm e $\varepsilon_{Co} = 428,9$ e $\varepsilon_{Ni} = 0$ em 700 nm. Calcule a concentração de níquel e cobalto em cada uma das seguintes soluções (células de 1,00 cm):

Solução	A_{365}	A_{700}
1	0,617	0,0235
2	0,755	0,0714
3	0,920	0,0945
4	0,592	0,0147
5	0,685	0,0540

***26-18.** Os dados de absortividade molar para os complexos de cobalto e níquel com o 2,3-quinoxalineditiol são $\varepsilon_{Co} = 36.400$ e $\varepsilon_{Ni} = 5.520$ a 510 nm e $\varepsilon_{Co} = 1.240$ e $\varepsilon_{Ni} = 17.500$ a 656 nm. Uma amostra de 0,425 g foi dissolvida e diluída a 50,0 mL. Uma alíquota de 25,0 mL foi tratada para eliminar as interferências; depois da adição de 2,3-quinolixalineditiol o volume foi ajustado para 50,0 mL. Essa solução apresentou uma absorbância de 0,446 a 510 nm e 0,326 a 656 nm em uma célula de 1,00 cm. Calcule a concentração em partes por milhão de cobalto e níquel na amostra.

26-19. O indicador HIn tem uma constante de dissociação ácida de $4,80 \times 10^{-6}$ à temperatura ambiente. Os dados de absorbância na tabela a seguir são para as soluções $8,00 \times 10^{-5}$ mol L^{-1} do indicador medidas em células de 1,00 cm em meio fortemente ácido e fortemente alcalino.

	Absorbância	
λ, nm	**pH 1,00**	**pH 13,00**
420	0,535	0,050
445	0,657	0,068
450	0,658	0,076
455	0,656	0,085
470	0,614	0,116
510	0,353	0,223
550	0,119	0,324
570	0,068	0,352
585	0,044	0,360
595	0,032	0,361
610	0,019	0,355
650	0,014	0,284

Estime o comprimento de onda para o qual a absorção do indicador torna-se independente do pH (o chamado ponto isosbéstico).

26-20. Calcule a absorbância (células de 1,00 cm) a 450 nm de uma solução na qual a concentração molar total do indicador descrito no Problema 26-19 é $8,00 \times 10^{-5}$ mol L^{-1} e o pH é *(a) 4,92; (b) 5,46; *(c) 5,93; (d) 6,16.

***26-21.** Qual é a absorbância a 595 nm (células de 1,00 cm) de uma solução de concentração $1,25 \times 10^{-4}$ mol L^{-1} do indicador do Problema 26-19 e que tem um pH de (a) 5,30; (b) 5,70; (c) 6,10?

26-22. Diversas soluções tampão foram preparadas contendo $1,00 \times 10^{-1}$ mol L^{-1} do indicador do Problema 26-19. Os dados de absorbância (células de 1,00 cm) são

Solução	A_{450}	A_{595}
*A	0,344	0,310
B	0,508	0,212
*C	0,653	0,136
D	0,220	0,380

Calcule o pH de cada solução.

26-23. Construa um espectro de absorção para uma solução $7,00 \times 10^{-5}$ mol L^{-1} do indicador do Problema 26-19 quando as medidas são feitas com células de 1,00 cm e

(a) $\dfrac{[HIn]}{[In^-]} = 3$

(b) $\dfrac{[HIn]}{[In^-]} = 1$

(c) $\dfrac{[HIn]}{[In^-]} = \dfrac{1}{3}$

26-24. As soluções de P e Q obedecem à lei de Beer individualmente em uma ampla faixa de concentração. Os dados espectrais para essas espécies em células de 1,00 cm são

	Absorbância	
λ, nm	**$8,55 \times 10^{-5}$ mol L^{-1} P**	**$2,37 \times 10^{-4}$ mol L^{-1} Q**
400	0,078	0,500
420	0,087	0,592
440	0,096	0,599
460	0,102	0,590
480	0,106	0,564
500	0,110	0,515
520	0,113	0,433
540	0,116	0,343
580	0,170	0,170
600	0,264	0,100
620	0,326	0,055
640	0,359	0,030
660	0,373	0,030
680	0,370	0,035
700	0,346	0,063

(a) Faça um gráfico de um espectro de absorção para uma solução $6,45 \times 10^{-5}$ mol L^{-1} de P e $3,21 \times 10^{-4}$ mol L^{-1} de Q.

(b) Calcule a absorbância (célula de 1,00 cm) a 440 nm de uma solução $3{,}86 \times 10^{-5}$ mol L^{-1} de P e $5{,}37 \times 10^{-4}$ mol L^{-1} de Q.

(c) Calcule a absorbância (células de 1,00 cm) a 620 nm de uma solução $1{,}89 \times 10^{-4}$ mol L^{-1} de P e $6{,}84 \times 10^{-4}$ mol L^{-1} em Q.

26-25. Empregue os dados do Problema 26-24 para calcular a concentração molar de P e Q em cada uma das seguintes soluções

	A_{440}	A_{620}
*(a)	0,357	0,803
(b)	0,830	0,448
*(c)	0,248	0,333
(d)	0,910	0,338
*(e)	0,480	0,825
(f)	0,194	0,315

26-26. Uma solução padrão foi diluída apropriadamente para fornecer as concentrações de ferro mostradas a seguir. O complexo ferro(II)-1,10-fenantrolina foi formado em alíquotas de 25,0 mL dessas soluções, após o que elas foram diluídas a 50,0 mL. As absorbâncias na tabela (células de 1,00 cm) foram registradas a 510 nm:

Concentração de Fe(II) nas Soluções Originais	A_{510}
4,00	0,160
10,0	0,390
16,0	0,630
24,0	0,950
32,0	1,260
40,0	1,580

(a) Faça um gráfico de calibração para esses dados.

*(b) Utilize o método de mínimos quadrados para encontrar uma equação que relacione a absorbância com a concentração de ferro(II).

*(c) Calcule o desvio padrão da inclinação e da interseção.

26-27. O método desenvolvido no Problema 26-26 foi empregado na determinação rotineira de ferro em alíquotas de 25,0 mL de água subterrânea. Expresse a concentração (em ppm de Fe) nas amostras que forneceram as absorbâncias a seguir (células de 1,00 cm). Calcule o desvio padrão relativo do resultado. Admitindo que os dados de absorbância sejam médias de três medidas, repita os cálculos.

(a) 0,143 (d) 1,009
(b) 0,675 (e) 1,512
(c) 0,068 (f) 0,546

***26-28.** O sal sódico do ácido 2-quinizarinsulfônico (NaQ) forma um complexo com Al^{3+} que absorve fortemente a 560 nm.[18] Os dados obtidos neste sistema estão mostrados na tabela a seguir. (a) Encontre a fórmula do complexo a partir dos dados. Em todas as soluções, $c_{Al} = 3{,}7 \times 10^{-5}$ mol L^{-1} e todas as medidas foram feitas em células de 1,00 cm. (b) Encontre a absortividade molar do complexo e sua incerteza.

c_Q, mol L^{-1}	A_{560}
$1{,}00 \times 10^{-5}$	0,131
$2{,}00 \times 10^{-5}$	0,265
$3{,}00 \times 10^{-5}$	0,396
$4{,}00 \times 10^{-5}$	0,468
$5{,}00 \times 10^{-5}$	0,487
$6{,}00 \times 10^{-5}$	0,498
$8{,}00 \times 10^{-5}$	0,499
$1{,}00 \times 10^{-4}$	0,500

26-29. Os dados a seguir foram obtidos em uma investigação da razão das inclinações do complexo formado entre Ni^{2+} e o ácido 1-ciclopenteno-1-ditiocarboxílico (ACD). As medidas foram feitas a 530 nm em células de 1,00 cm.

$c_{CDA} = 1{,}00 \times 10^{-3}$ mol L^{-1}		$c_{Ni} = 1{,}00 \times 10^{-3}$ mol L^{-1}	
c_{Ni}, mol L^{-1}	A_{530}	c_{CDA}, mol L^{-1}	A_{530}
$5{,}00 \times 10^{-6}$	0,051	$9{,}00 \times 10^{-6}$	0,031
$1{,}20 \times 10^{-5}$	0,123	$1{,}50 \times 10^{-5}$	0,051
$3{,}50 \times 10^{-5}$	0,359	$2{,}70 \times 10^{-5}$	0,092
$5{,}00 \times 10^{-5}$	0,514	$4{,}00 \times 10^{-5}$	0,137
$6{,}00 \times 10^{-5}$	0,616	$6{,}00 \times 10^{-5}$	0,205
$7{,}00 \times 10^{-5}$	0,719	$7{,}00 \times 10^{-5}$	0,240

(a) Determine a fórmula do complexo. Use os quadrados mínimos lineares para analisar os dados.

(b) Encontre a absortividade molar do complexo e sua incerteza.

***26-30.** Os dados de absorção a seguir foram registrados a 390 nm em células de 1,00 cm em um estudo de variações contínuas do produto formado entre Cd^{2+} e o reagente R.

	Volumes dos Reagentes, mL		
Solução	$c_{Cd} = 1{,}25 \times 10^{-4}$ mol L^{-1}	$c_R = 1{,}25 \times 10^{-4}$ mol L^{-1}	A_{390}
0	10,00	0,00	0,000
1	9,00	1,00	0,174
2	8,00	2,00	0,353
3	7,00	3,00	0,530
4	6,00	4,00	0,672
5	5,00	5,00	0,723
6	4,00	6,00	0,673
7	3,00	7,00	0,537
8	2,00	8,00	0,358
9	1,00	9,00	0,180
10	0,00	10,00	0,000

[18] E. G. Owens e J. H. Yoe, *Anal. Chem.*, v. 31, p. 384, **1959**, **DOI**: 10.1021/ac60147a016.

*(a) Encontre a razão ligante-metal do produto.

(b) Calcule o valor médio da absortividade molar do complexo e sua incerteza. Suponha que nas partes lineares do gráfico o metal esteja completamente complexado.

(c) Calcule K_f para o complexo utilizando a razão estequiométrica determinada em (a) e os dados de absorção no ponto de interseção das duas linhas extrapoladas.

26-31. O paládio(II) forma um complexo colorido intensamente em pH 3,5 com o arsenazo III em 660 nm.[19] Um meteorito foi pulverizado em um moinho de bolas e o pó resultante foi digerido com vários ácidos minerais fortes. A solução resultante foi evaporada até a secura, dissolvida em ácido clorídrico diluído e separada dos interferentes por meio de cromatografia de troca iônica (veja a Seção 33D). A solução resultante contendo uma quantidade desconhecida de Pd(II) foi então diluída para 50,00 mL com um tampão de pH 3,5. Alíquotas de 10 mililitros dessa solução do analito foram transferidas para seis balões volumétricos de 50 mL. Uma solução padrão foi então preparada contendo $1{,}00 \times 10^{-5}$ mol L^{-1} em Pd(II). Os volumes da solução padrão mostrados na tabela foram pipetados para os balões volumétricos juntamente com 10,00 mL de arsenazo III 0,01 mol L^{-1}. Cada solução foi então diluída a 50,00 mL e a absorbância de cada solução foi medida a 660 nm em células de 1,00 cm.

Volume da Solução Padrão, mL	A_{660}
0,00	0,209
5,00	0,329
10,00	0,455
15,00	0,581
20,00	0,707
25,00	0,833

(a) Introduza os dados em uma planilha de cálculo e com eles construa um gráfico de adição de padrão.

(b) Determine a inclinação e a interseção da reta.

(c) Determine o desvio padrão da inclinação e da interseção.

(d) Calcule a concentração de Pd(II) na solução do analito.

(e) Encontre o desvio padrão da concentração medida.

26-32. O mercúrio(II) forma um complexo 1:1 com o cloreto de trifeniltetrazólio (CTT), que exibe um máximo de absorção a 255 nm.[20] O mercúrio(II) em uma amostra de solo foi extraído em um solvente orgânico contendo excesso de CTT e a solução resultante foi diluída a 100,0 mL em um balão volumétrico. Alíquotas de 5 mililitros da solução do analito foram transferidas para seis balões volumétricos de 25 mL. Uma solução padrão foi então preparada contendo $5{,}00 \times 10^{-6}$ mol L^{-1} de Hg(II). Os volumes mostrados na tabela foram pipetados para os balões volumétricos e cada solução foi diluída para 25,00 mL. A absorbância de cada solução foi medida a 255 nm em células de quartzo de 1,00 cm.

Volume de Solução Padrão, mL	A_{255}
0,00	0,582
2,00	0,689
4,00	0,767
6,00	0,869
8,00	1,009
10,00	1,127

(a) Introduza os dados em uma planilha de cálculo e construa um gráfico de adição de padrão com eles.

(b) Determine a inclinação e a interseção da reta.

(c) Determine o desvio padrão da inclinação e da interseção.

(d) Calcule a concentração de Hg(II) na solução do analito.

(e) Encontre o desvio padrão da concentração medida.

***26-33.** Estime as frequências dos picos no espectro de IV do cloreto de metileno mostrado na Figura 26D-2. A partir dessas frequências, atribua as vibrações moleculares do cloreto de metileno referentes a cada um dos picos. Observe que algumas frequências de grupo de que você necessitará não estão listadas na Tabela 26-5; portanto, você deverá procurá-las em outro lugar.

26-34. Problema Desafiador: (a) Mostre que a constante de formação global para o complexo ML_n é dada por

$$K_f = \frac{\left(\dfrac{A}{A_{\text{extr}}}\right)c}{\left[c_M - \left(\dfrac{A}{A_{\text{extr}}}\right)c\right]\left[c_L - n\left(\dfrac{A}{A_{\text{extr}}}\right)c\right]^n}$$

onde A é a absorbância experimental em um dado valor no eixo x no gráfico de variações contínuas; A_{extr}, a absorbância determinada a partir das linhas extrapoladas correspondentes ao mesmo ponto no eixo x; c_M, a concentração molar do metal; c_L, a concentração analítica do ligante; e n, a razão metal ligante do complexo.[21]

(b) Sob quais considerações a equação é válida?

(c) O que é c?

[19] J. G. Sen Gupta, *Anal. Chem.*, v. 39, p. 18, **1967**, **DOI**: 10.1021/ac60245a029.

[20] M. Kamburova, *Talanta*, v. 40, p. 5, 719, **1993**, **DOI**: 10.1016/0039-9140(93)80285-y.

[21] J. Inczédy, *Analytical Applications of Complex Equilibria*, Nova York: Wiley, 1976.

(d) Discuta as implicações da ocorrência de um máximo em um gráfico de variações contínuas em valores menores que 0,5.

(e) Usando o método das variações contínuas, Calabrese e Khan[22] caracterizaram o complexo formado entre I_2 e I^-. Eles combinaram soluções $2{,}60 \times 10^{-4}$ mol L^{-1} de I_2 e I^- da forma usual para obter o seguinte conjunto de dados. Use esses dados para encontrar a composição do complexo I_2/I^-.

V(I_2 solução), mL	A_{350}
0,00	0,002
1,00	0,121
2,00	0,214
3,00	0,279
4,00	0,312
5,00	0,325
6,00	0,301
7,00	0,258
8,00	0,188
9,00	0,100
10,00	0,001

(f) O gráfico das variações contínuas parece ser assimétrico. Consulte o trabalho de Calabrese e Khan e explique essa assimetria.

(g) Utilize a equação na parte (a) para determinar a constante de formação do complexo para cada um dos três pontos centrais no gráfico das variações contínuas.

(h) Explique qualquer tendência dos três valores da constante de formação determinados por esse método.

(i) Encontre a incerteza na constante de formação determinada por esse método.

(j) Qual efeito, se houver, tem a constante de formação na habilidade de determinar a composição do complexo, usando o método das variações contínuas?

(k) Discuta as diversas vantagens e problemas de se empregar o método das variações contínuas como método geral para se determinar a composição e a constante de formação de compostos complexos.

[22] V. T. Calabrese e A. Khan, *J. Phys. Chem.* A, v. 104, p. 1287, **2000**, **DOI**: 10.1021/jp992847r.

Espectroscopia de Fluorescência Molecular

capítulo 27

A fotografia é uma micrografia de luz imunofluorescente de células cancerosas HeLa. A célula no centro da foto encontra-se no estágio de prófase da divisão celular mitótica. Os cromossomos condensaram-se antes de se dividir para originar dois núcleos. As células estão marcadas para mostrar os microfilamentos de actina e os microtubos do esqueleto celular, os quais aparecem como estruturas filamentosas ao redor do núcleo da célula. Os núcleos das células são visualizados pela exposição destes a anticorpos fluorescentes de estrutura específica, preparados conectando-se covalentemente as moléculas fluorescentes aos anticorpos normais. Os anticorpos se aglomeram no núcleo de forma que, quando são expostos à radiação UV, brilham como mostrado na foto. Uma química similar é empregada nos imunoensaios de fluorescência descritos no Destaque 11-2.

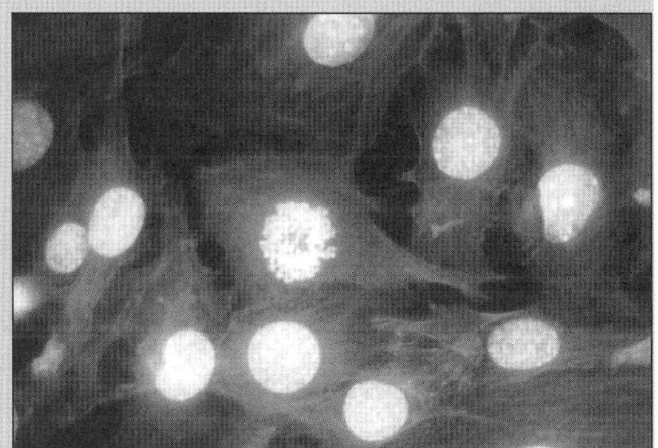

Dr. Gopal Murti/Science Photo Library/Photo Researchers, Inc.

A fluorescência é um processo de fotoluminescência no qual os átomos ou moléculas são excitados por absorção de radiação eletromagnética (veja Figura 24-6). As espécies excitadas então relaxam ao estado fundamental, liberando seu excesso de energia como fótons. Uma das características mais atrativas da fluorescência molecular é sua sensibilidade intrínseca, a qual frequentemente é de uma a três vezes maior que a da espectroscopia de absorção. De fato, moléculas únicas de espécies selecionadas, foram detectadas pela espectroscopia de fluorescência sob condições controladas. Outra vantagem são as faixas lineares de concentração dos métodos de fluorescência, que são significativamente mais largas que aquelas na espectroscopia de absorção. Entretanto, os métodos de fluorescência são muito menos aplicados que os métodos de absorção em razão do número limitado de sistemas químicos que mostram fluorescência apreciável. A fluorescência está também sujeita a muitos mais efeitos de interferência ambiental que os métodos de absorção. Consideramos aqui alguns dos mais importantes aspectos dos métodos de fluorescência molecular.[1]

27A A TEORIA DA FLUORESCÊNCIA MOLECULAR

A fluorescência molecular é medida excitando-se a amostra em um comprimento de onda de absorção, também conhecido como comprimento de onda de excitação, e medindo-se a emissão em um comprimento de onda mais longo denominado comprimento de onda de fluorescência ou emissão. Por exemplo, a forma reduzida da coenzima nicotinamida adenina dinucleotídeo (NADH) absorve radiação a 340 nm e a molécula emite radiação de fotoluminescência com o máximo de emissão em 465 nm. Normalmente a emissão de fotoluminescência é medida em ângulos retos para o feixe

[1] Para mais informações sobre espectroscopia molecular, veja J. R. Lakowicz, *Principles of Fluorescence Spectroscopy*, Nova York: Springer, 2006.

A emissão de fluorescência ocorre em 10^{-5} s ou menos. Em contraste, a fosforescência pode durar muitos minutos ou mesmo horas. A fluorescência é muito mais empregada em análise química que a fosforescência.

incidente para evitar medir a radiação incidente (veja figura 25-1b). A emissão de curta duração que ocorre é chamada **fluorescência**, enquanto a luminescência que dura muito mais tempo é denominada **fosforescência**.

27A-1 Processos de Relaxamento

A **Figura 27-1** mostra um diagrama parcial de níveis de energia para uma espécie molecular hipotética. Três estados eletrônicos de energia são mostrados, E_0, E_1 e E_2; E_0 é o estado fundamental e E_1 e E_2 são estados excitados. Cada um dos estados eletrônicos é apresentado como tendo quatro níveis vibracionais excitados. A irradiação dessa espécie com uma banda de comprimentos de onda λ_1 a λ_5 (Figura 27-1a) resulta no preenchimento momentâneo dos cinco níveis vibracionais do primeiro estado eletrônico excitado, E_1. De forma similar, quando as moléculas são irradiadas com uma banda mais energética constituída de comprimentos de onda mais curtos de λ_1' a λ_5', os cinco níveis vibracionais do estado eletrônico de maior energia E_2 tornam-se momentaneamente ocupados.

Uma vez que a molécula é excitada para E_1 ou E_2, podem ocorrer vários processos que fazem com que a molécula perca seu excesso de energia. Dois dos mais importantes destes processos, **relaxamento não radioativo** e **emissão fluorescente**, são ilustrados na Figura 27-1b e c.

O **relaxamento vibracional** envolve a transferência do excesso de energia de uma espécie excitada vibracionalmente para moléculas do solvente. Esse processo ocorre em menos de 10^{-15} s e deixa as moléculas no estado vibracional mais baixo de um estado eletrônico excitado.

Os dois métodos de relaxamento não radioativo que competem com a fluorescência são ilustrados na Figura 27-1b. O **relaxamento vibracional**, representado pelas setas curtas onduladas entre os níveis de energia vibracionais, ocorre durante as colisões entre as moléculas excitadas e as moléculas do solvente. O relaxamento não radiotivo entre os níveis vibracionais mais baixos de um estado eletrônico excitado e os níveis vibracionais mais altos de outro estado eletrônico também pode ocorrer. Esse tipo de relaxamento, algumas vezes denominado **conversão interna**, é representado pelas duas setas onduladas mais longas na Figura 27-1b. A conversão interna é muito menos eficiente do que o relaxamento vibracional de forma que o tempo de vida médio de um estado eletrônico excitado está entre 10^{-9} e 10^{-6} s. O mecanismo exato pelo qual esses dois processos de relaxamento ocorrem está, no momento, sob investigação, porém, o resultado líquido é um aumento minúsculo na temperatura do meio.

A **conversão interna** é um tipo de relaxamento que envolve a transferência do excesso de energia das espécies presentes no estado vibracional de mais baixa energia de um estado eletrônico excitado para as moléculas do solvente e a conversão das espécies excitadas para um estado eletrônico mais baixo.

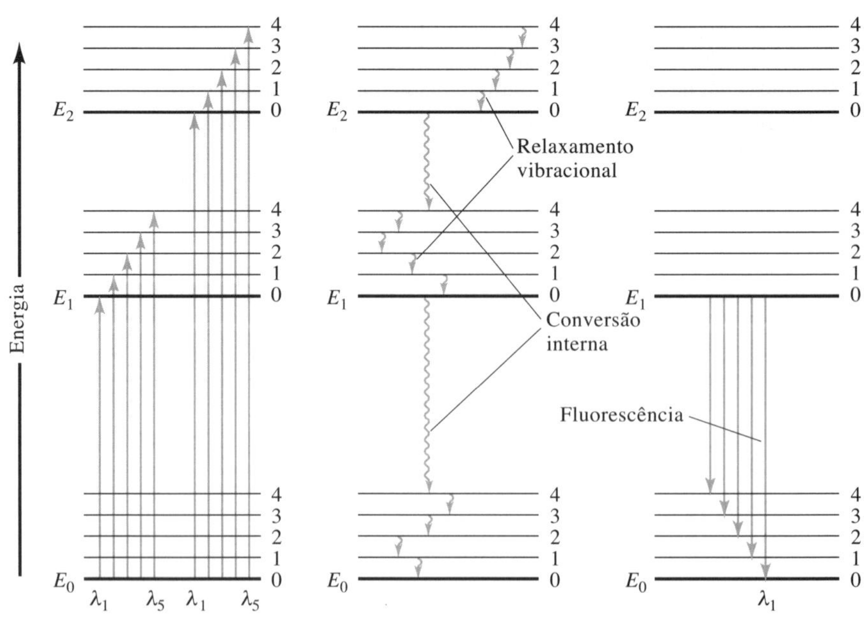

Figura 27-1 O diagrama de níveis de energia mostra alguns dos processos que ocorrem durante (a) absorção de radiação incidente, (b) relaxamento não radioativo e (c) emissão de fluorescência por uma espécie molecular. A absorção tipicamente ocorre em 10^{-15} s, enquanto o relaxamento vibracional acontece entre 10^{-11} e 10^{-10} s. A conversão interna entre estados eletrônicos diferentes também é muito rápida (10^{-12} s), enquanto que os tempos de vida de fluorescência estão tipicamente entre 10^{-10} e 10^{-5} s.

A Figura 27-1c ilustra o processo de relaxamento que se deseja: o processo de fluorescência. Quase sempre, a fluorescência é observada do estado excitado eletrônico mais baixo E_1 para o estado fundamental E_0. Também, geralmente, a fluorescência ocorre somente do nível vibracional mais baixo de E_1 para vários níveis vibracionais de E_0, porque os processos de conversão interna e de relaxamento vibracional são muito rápidos em comparação à fluorescência. Consequentemente, um espectro de fluorescência consiste normalmente de uma única banda com linhas muito próximas que representam as transições do estado vibracional mais baixo de E_1 para os muitos níveis vibracionais diferentes de E_0.

As bandas de fluorescência consistem em um número grande de linhas muito próximas umas das outras.

A linha na Figura 27-1c que limita o lado da banda de fluorescência no comprimento de onda curto ou de energia alta (λ_1) é idêntica em energia à linha rotulada como λ_1 no diagrama de absorção na Figura 27-1a. Uma vez que as linhas de fluorescência nessa banda originam-se no estado vibracional mais baixo de E_1, todas as outras linhas na banda são de menor energia ou de comprimento de onda mais longo que a linha correspondendo a λ_1. As bandas de fluorescência molecular são na sua grande maioria constituídas de linhas que são mais longas em comprimento de onda, maiores em frequência e, assim, de menor energia que a banda de radiação absorvida responsável pela excitação delas. Esse deslocamento para os comprimentos de onda mais longos é denominado **deslocamento de Stokes**.

A **fluorescência com deslocamento de Stokes** é mais longa em comprimento de onda que aquele que causou a excitação.

Relação entre os Espectros de Excitação e de Fluorescência

Uma vez que as diferenças de energia entre os estados vibracionais é a mesma para ambos os estados fundamental e excitado, o espectro de absorção ou **espectro de excitação** e o espectro de fluorescência para um composto frequentemente se mostram como imagens aproximadamente especulares um do outro com superposição ocorrendo próximo à transição de origem (nível vibracional 0 de E_1 para o nível vibracional 0 de E_0). Esse efeito é demonstrado pelos espectros do antraceno mostrado na **Figura 27-2**. Há muitas exceções a essa regra da imagem especular, particularmente quando os estados excitado e fundamental apresentam geometrias moleculares diferentes ou quando as bandas de fluorescência se originam de partes diferentes da molécula.

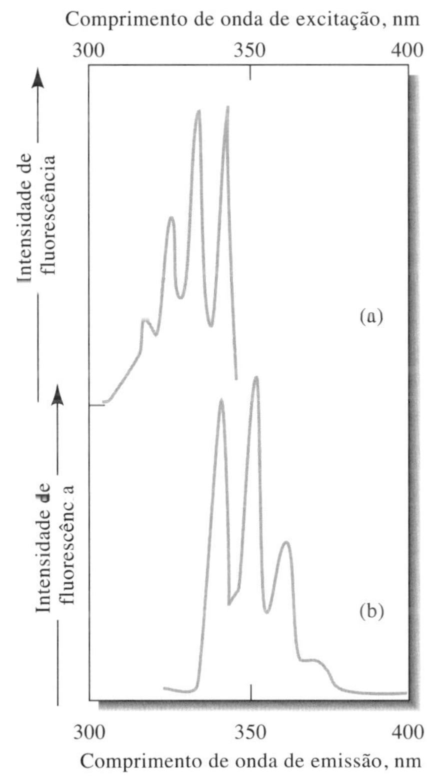

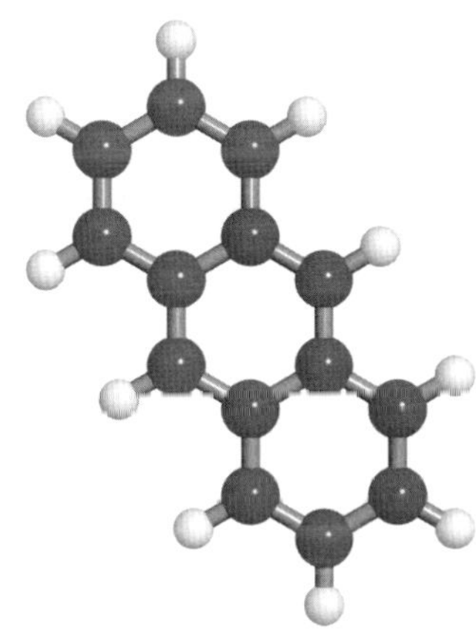

Modelo molecular do antraceno.

Figura 27-2 Espectros de fluorescência para uma solução 1 ppm de antraceno em álcool: (a) espectro de excitação; (b) espectro de emissão.

27A-2 Espécies Fluorescentes

A **eficiência quântica** é descrita pelo **rendimento quântico de fluorescência, Φ_F.**

$$\Phi_F = \frac{k_F}{k_F + k_{nr}}$$

onde k_F é a constante de velocidade de primeira ordem para o relaxamento por fluorescência e k_{nr} corresponde à constante de velocidade para o relaxamento não radioativo. Veja o Capítulo 30 para uma discussão sobre as constantes de velocidade.

Como mostrado na Figura 27-1, a fluorescência é um dos vários mecanismos pelos quais uma molécula retorna ao seu estado fundamental após ter sido excitada pela absorção de radiação. Todas as moléculas absorventes apresentam potencial para fluorescerem, mas muitos compostos não o fazem porque suas estruturas permitem caminhos não radioativos para que ocorra o relaxamento *a uma velocidade maior* que a emissão de fluorescência. O **rendimento quântico** da fluorescência molecular é simplesmente a razão entre o número de moléculas que fluorescem e o número total de moléculas excitadas, ou a razão entre os fótons emitidos e os fótons absorvidos. As moléculas altamente fluorescentes, como a fluoresceína, apresentam eficiências quânticas que se aproximam da unidade sob algumas condições. As espécies que não fluorescem ou que mostram fraca fluorescência apresentam eficiências quânticas praticamente iguais a zero.

Fluorescência e Estrutura

Muitos compostos aromáticos *não* substituídos florescem.

Os compostos que contêm anéis aromáticos apresentam emissão de fluorescência molecular mais intensa e mais útil. Enquanto certos compostos alifáticos e alicíclicos de carbonila, bem como as estruturas com ligações duplas altamente conjugadas, também fluorescem, existem pouquíssimos desses compostos comparados ao número de compostos fluorescentes contendo sistemas aromáticos.

Muitos hidrocarbonetos aromáticos não substituídos fluorescem em solução com uma eficiência quântica aumentanda com o número de anéis e o grau de condensação delas. Os heterocíclicos mais simples, como a piridina, o furano, o tiofeno e o pirrol, não apresentam fluorescência molecular (veja **Figura 27-3**), mas as estruturas com anéis fundidos contendo esses anéis frequentemente fluorescem (veja **Figura 27-4**). A substituição em um anel aromático provoca deslocamentos no comprimento de onda do máximo de absorção e alterações correspondentes nas bandas de fluorescência. Além disso, a substituição frequentemente afeta a eficiência de fluorescência. Esses efeitos são demonstrados pelos dados na **Tabela 27-1**.

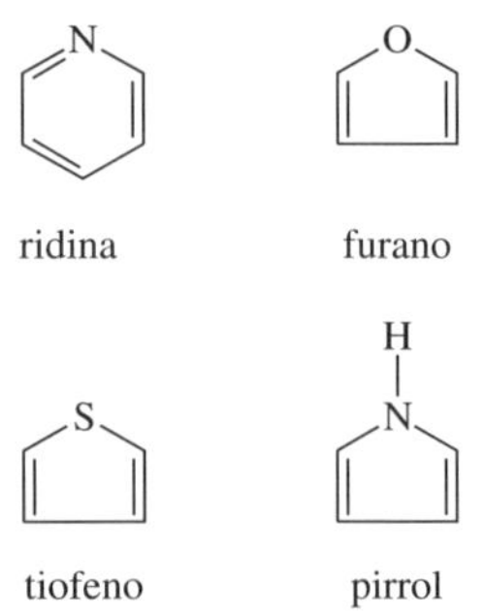

Figura 27-3 Moléculas aromáticas típicas que não fluorescem.

Efeito da Rigidez Estrutural

As moléculas ou complexos rígidos tendem a florescer.

Os experimentos mostram que a fluorescência é particularmente favorecida em moléculas rígidas. Por exemplo, sob condições similares de medida, a eficiência quântica do fluoreno é aproximadamente igual a 1,0, enquanto aquela da bifenila é de cerca de 0,2 (veja **Figura 27-5**). A diferença no comportamento é um resultado do aumento de rigidez fornecido pelo grupo metileno em ponte no fluoreno. Essa rigidez diminui a velocidade de relaxamento não radioativo para o ponto onde o relaxamento por fluorescência tenha tempo de ocorrer. Existem muitos exemplos similares desse tipo de comportamento. Além disso, frequentemente a emissão melhorada resulta da absorção de corantes fluorescentes em uma superfície sólida. Novamente, o acréscimo de rigidez incorporado pelo sólido pode explicar o efeito observado.

A influência da rigidez também explica o aumento na fluorescência de certos agentes quelantes orgânicos quando estes são complexados com íons metálicos. Por exemplo, a intensidade de fluorescência da 8-hidroxiquinolina é muito menor que a do seu complexo com zinco (veja **Figura 27-6**).

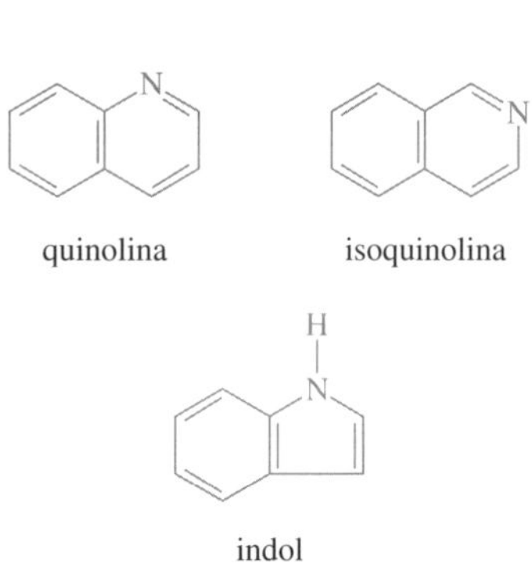

Figura 27-4 Compostos aromáticos típicos que fluorescem.

Efeito da Temperatura e do Solvente

Em muitas moléculas, a eficiência quântica de fluorescência decresce com o aumento da temperatura, porque, a temperaturas elevadas, o aumento da frequência de colisões leva à maior probabilidade de relaxamento colisional. Uma diminuição da viscosidade do solvente leva ao mesmo resultado.

27B EFEITO DA CONCENTRAÇÃO NA INTENSIDADE DE FLUORESCÊNCIA

A potência da fluorescência emitida F é proporcional à potência radiante do feixe de excitação absorvido pelo sistema:

$$F = K'(P_0 - P) \tag{27-1}$$

onde P_0 é a potência do feixe incidente sobre a solução e P, a sua potência após ter percorrido um comprimento b do meio. A constante K' depende da eficiência quântica da fluorescência. Para correlacionar F com a concentração c da partícula fluorescente, escrevemos a lei de Beer na seguinte forma

$$\frac{P}{P_0} = 10^{-\varepsilon bc} \tag{27-2}$$

onde ε é a absortividade molar da espécie fluorescente e εbc é a absorbância. Substituindo-se a Equação 27-2 na Equação 27-1, obtemos

$$F = K'P_0(1 - 10^{-\varepsilon bc}) \tag{27-3}$$

A expansão do termo exponencial da Equação 27-3 leva a

$$F = K'P_0\left[2{,}3\varepsilon bc - \frac{(-2{,}3\varepsilon bc)^2}{2!} - \frac{(-2{,}3\varepsilon bc)^3}{3!} - \cdots\right] \tag{27-4}$$

Quando $\varepsilon bc = A < 0{,}05$, o primeiro termo dentro dos colchetes, $2{,}3\varepsilon bc$, é muito maior que os termos subsequentes e podemos escrever

$$F = 2{,}3K'\varepsilon bcP_0 \tag{27-5}$$

ou, quando a potência incidente P_0 for constante,

$$F = Kc \tag{27-6}$$

Assim, um gráfico da potência de fluorescência emitida em função da concentração das espécies emissoras deve ser linear para baixas concentrações. Quando c torna-se alta o suficiente para que a absorbância seja maior que 0,05 (ou a transmitância menor que cerca de 0,9), a relação representada pela Equação 27-6 torna-se não linear e F situa-se abaixo da extrapolação da parte linear do gráfico. Esse efeito resulta da **absorção primária**, na qual a radiação incidente é absorvida tão intensamente que a fluorescência não é mais proporcional à concentração como mostrado pela Equação 27-4 mais completa. A concentrações muito altas, F atinge um máximo e pode mesmo começar a decrescer com o aumento da concentração devido à **absorção secundária**. Esse fenômeno ocorre por causa da absorção da radiação emitida por outras moléculas do analito. Um gráfico típico de F em função da concentração é exibido na **Figura 27-7**. Observe que os efeitos de absorções primárias e secundárias, algumas vezes denominados **efeitos de filtro interno**, também podem ocorrer em razão da absorção por outras moléculas presentes na matriz da amostra.

TABELA 27-1

Efeito da Substituição sobre a Fluorescência de Derivados do Benzeno*

Composto	Intensidade Relativa da Fluorescência
Benzeno	10
Tolueno	17
Propilbenzeno	17
Fluorbenzeno	10
Clorobenzeno	7
Bromobenzeno	5
Iodobenzeno	0
Fenol	18
Íon fenolato	10
Anisol	20
Anilina	20
Íon anilínico	0
Ácido benzóico	3
Benzonitrila	20
Nitrobenzeno	0

*Em solução de etanol. Extraído de W. West, *Chemical Applications of Spectroscopy, Techniques of Organic Chemistry*, Nova York: Interscience, 1956, v. IX, p. 730. Reimpresso com permissão de John Wiley & Sons.

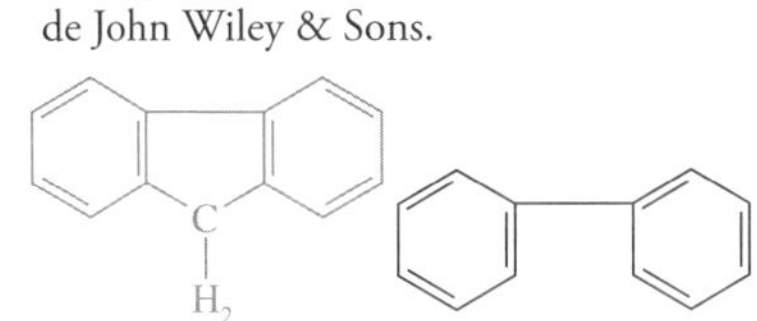

fluoreno $\Phi \rightarrow 1$ bifenila $\Phi \rightarrow 0{,}2$

Figura 27-5 Efeito da rigidez molecular sobre o rendimento quântico. A molécula do fluoreno é mantida rígida pelo anel central, logo a fluorescência é melhorada. Os dois anéis de benzeno na bifenila podem girar um em relação ao outro, assim diminuindo a fluorescência.

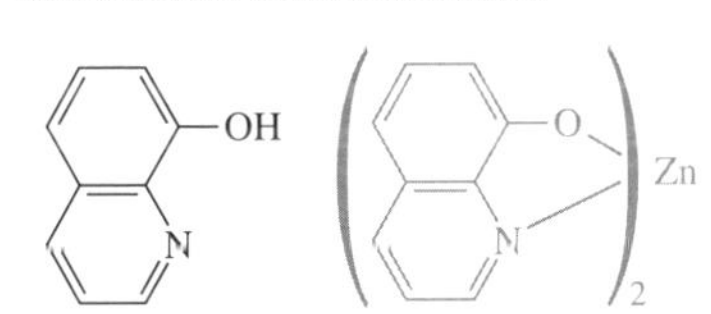

não fluorescente fluorescente

Figura 27-6 Efeito da rigidez no rendimento quântico em complexos. As moléculas de 8-hidroxiquinolina livres em solução são facilmente desativadas por meio de colisões com as moléculas do solvente e não fluorescem. A rigidez do complexo Zn-8-hidroxiquinolina intensifica a fluorescência.

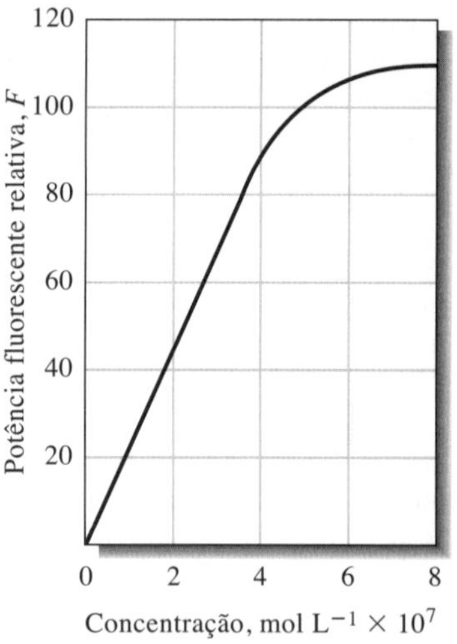

Figura 27-7 Curva de calibração para a determinação espectrofluorimétrica de triptofano em proteínas solúveis de um cristalino de olho de mamífero.

27C INSTRUMENTOS PARA FLUORESCÊNCIA

Existem vários tipos diferentes de instrumentos para fluorescência. Todos seguem o diagrama de blocos da Figura 25-1b. Os diagramas óticos de instrumentos típicos são apresentados na **Figura 27-8**. Se os dois seletores de comprimento de onda forem ambos filtros, o instrumento é chamado de **fluorímetro**. Se ambos os seletores forem monocromadores, o instrumento é um **espectrofluorímetro**. Alguns instrumentos são híbridos e empregam um filtro de excitação junto com um monocromador de emissão. Os instrumentos de fluorescência podem incorporar um esquema de feixe duplo para compensar as flutuações na potência da fonte radiante com o tempo e com o comprimento de onda. Os instrumentos que corrigem a distribuição espectral da fonte são denominados **espectrofluorímetros corrigidos**.

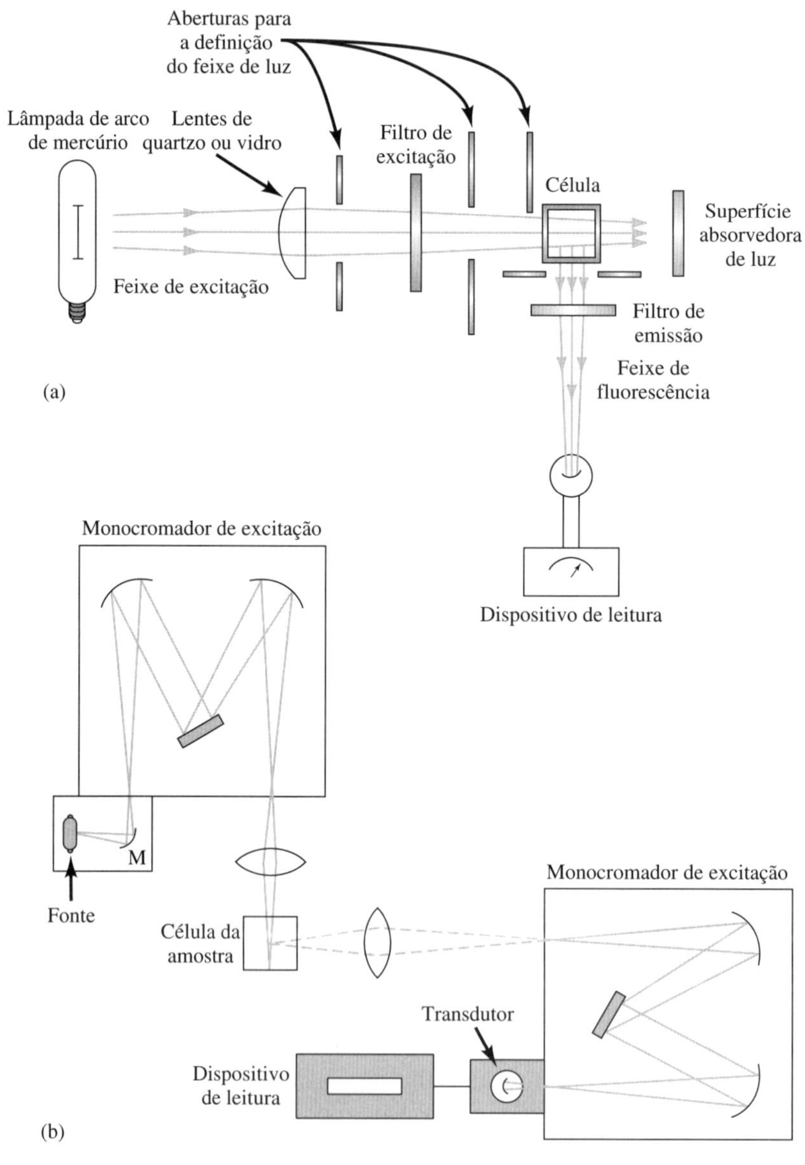

Figura 27-8 Instrumentos para fluorescência típicos. Um fluorímetro de filtro é mostrado em (a). Observe que a emissão é medida em ângulos retos em relação à fonte da lâmpada de arco de mercúrio. A radiação de fluorescência é emitida em todas as direções e a geometria de 90º evita a observação da fonte pelo detector. O espectrofluorímetro (b) emprega dois monocromadores com grades e também observa a emissão em ângulos retos. Os dois monocromadores permitem a varredura dos espectros de excitação (o comprimento de onda de excitação é varrido em um comprimento de onda de emissão fixo), dos espectros de emissão (varredura do comprimento de onda de emissão em um comprimento de onda de excitação fixo) ou de espectros síncronos (varredura de ambos os comprimentos de onda com uma diferença fixa entre os dois monocromadores).

As fontes de radiação para fluorescência são geralmente mais potentes que as fontes típicas para a absorção. Na fluorescência, a potência radiante emitida é diretamente proporcional à intensidade da fonte (Equação 27-5), mas a absorbância é basicamente independente da intensidade da fonte pelo fato de esta ser relacionada à razão das potências como mostrado na Equação 27-7.

$$c = kA = k \log \left(\frac{P_0}{P} \right) \qquad (27\text{-}7)$$

Como um resultado dessas diferentes dependências da intensidade da fonte, os métodos de fluorescência são geralmente de uma a três ordens de grandeza mais sensíveis que os métodos baseados em absorção. As lâmpadas de arco de mercúrio, as lâmpadas de arco de xenônio-mercúrio e os lasers são as fontes típicas para a fluorescência. Os monocromadores e os transdutores são tipicamente similares àqueles empregados nos espectrofotômetros de absorção, mas redes de CCD e fotodiodo têm se tornado popular em anos recentes. As características de sofisticação, de eficiência e o custo dos fluorímetros e espectrofluorímetros variam largamente da mesma forma que os espectrômetros de absorção. Em geral, os instrumentos para fluorescência são mais caros que os instrumentos de absorção de qualidade correspondente.

❮ Os métodos de fluorescência são 10 a 1.000 vezes mais sensíveis que os métodos de absorção.

27D APLICAÇÕES DOS MÉTODOS DE FLUORESCÊNCIA

A espectroscopia de fluorescência não é considerada uma ferramenta importante para a análise estrutural ou qualitativa, pois as moléculas com diferenças estruturais sutis frequentemente têm espectros de fluorescência similares. Também, as bandas de fluorescência em solução são relativamente largas à temperatura ambiente. Entretanto, a fluorescência tem demonstrado ser uma ferramenta valiosa na identificação de derramamentos de petróleo. A fonte de um derramamento de petróleo pode ser identificada com frequência por comparação do espectro de emissão de fluorescência de uma amostra do derramamento com uma da fonte suspeita. A estrutura vibracional dos hidrocarbonetos policíclicos presentes no petróleo torna esse tipo de identificação possível.

Os métodos de fluorescência são empregados para se estudar equilíbrios químicos e cinética da mesma forma que os métodos espectrométricos de absorção. Frequentemente é possível estudar as reações químicas em concentrações mais baixas em decorrência da alta sensibilidade dos métodos de fluorescência. Em muitos casos, nos quais a monitoração de fluorescência não é exequível de forma ordinária, as sondas fluorescentes ou marcadores podem ser ligados covalentemente a locais específicos em moléculas, como as proteínas, tornando-as assim detectáveis por fluorescência. Esses marcadores podem ser utilizados para fornecer informações sobre a energia de processos de transferência, sobre a polaridade da proteína e sobre a distância entre os sítios reativos (veja, por exemplo, o Destaque 27-1).

Os métodos quantitativos de fluorescência têm sido desenvolvidos para as espécies inorgânicas, orgânicas e bioquímicas. Os métodos de fluorescência inorgânicos podem ser divididos em duas classes: métodos diretos e métodos indiretos. Os métodos diretos são baseados na reação do analito com um agente complexante para formar um complexo fluorescente. Os métodos indiretos, dependem do decréscimo na fluorescência, também denominado **desativação colisional** (*quenching*), como um resultado da interação do analito com o reagente fluorescente. Os métodos de supressão são usados basicamente para a determinação de ânions e oxigênio dissolvido. Alguns reagentes de fluorescência para cátions são mostrados na **Figura 27-9**.

O relaxamento não radioativo de quelatos de metal de transição é tão eficiente que essas espécies raramente fluorescem. Vale a pena observar que muitos metais de transição absorvem na região do UV ou visível, enquanto íons de outros metais não o fazem. Por essa razão, a fluorescência é frequentemente considerada complementar à absorção para a determinação de cátions.

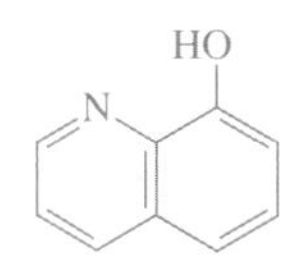

8-hidroxiquinolina
(reagente para Al, Be e outros íons metálicos)

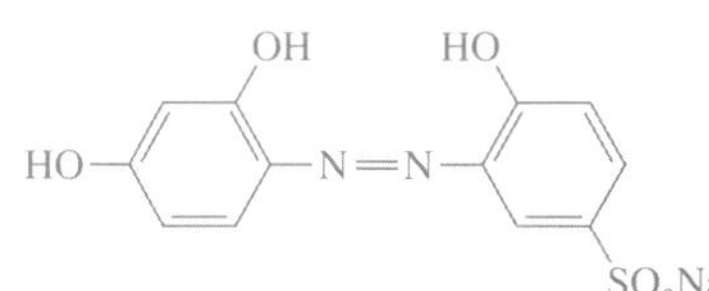

alizarina garnet R
(reagente para Al, F^-)

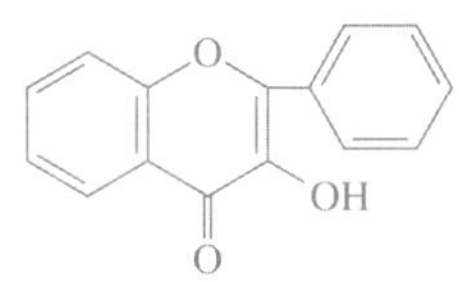

flavanol
(reagente para Zr e Sn)

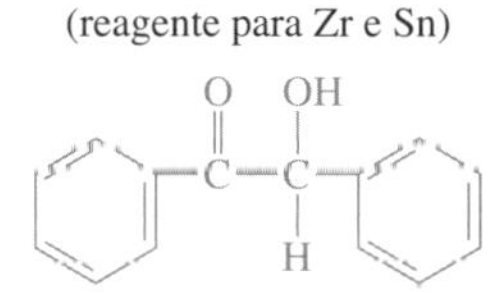

benzoína
(reagente para B, Zn, Ge e Si)

Figura 27-9 Alguns agentes quelantes fluorimétricos para cátions metálicos. A alizarina garnet R pode detectar Al^{3+} em níveis tão baixos quanto 0,007 μg mL^{-1}. A detecção de F^- com a alizarina garnet R é baseada na supressão da fluorescência do complexo com o Al^{3+}. O flavanol pode detectar o Sn^{4+} no nível de 0,1 μg mL^{-1}.

DESTAQUE 27-1

Uso de Sondas de Fluorescência na Neurobiologia: Investigando a Mente Iluminada

Os indicadores de fluorescência têm sido amplamente usados para investigar eventos biológicos em células individuais. Uma sonda particularmente interessante é a, assim denominada, sonda iônica, que altera seu espectro de emissão ou excitação quando ligada a íons como o Ca^{2+} ou Na^{+}. Esses indicadores podem ser utilizados para registrar eventos que ocorrem em diferentes partes de neurônios isolados ou para monitorar simultaneamente a atividade de um grupo de neurônios. Na neurobiologia, por exemplo, o corante Fura-2 tem sido empregado para monitorar a concentração de cálcio livre intracelular que acompanha um estímulo farmacológico ou elétrico. Acompanhando as mudanças de fluorescência com o tempo em sítios específicos no neurônio, os pesquisadores podem determinar quando e onde um evento elétrico dependente do cálcio ocorreu.

Uma célula que tem sido estudada é o neurônio Purkinje no cerebelo, que é um dos maiores no sistema nervoso central. Quando essa célula é carregada com o indicador fluorescente Fura-2, as alterações bem definidas na fluorescência podem ser medidas em correspondência à ação do potencial individual de cálcio. As mudanças são correlacionadas com locais específicos na célula por meios de técnicas de fluorescência por imagem. A **Figura 27D-1** mostra a imagem de fluorescência à direita juntamente com os transientes de fluorescência, registrados como a alteração na fluorescência relativa à fluorescência estacionária $\Delta F/F$, correlacionada com as variações abruptas na ação do potencial do sódio. A interpretação desses tipos de padrões podem ter importantes implicações na compreensão dos detalhes da atividade sináptica.

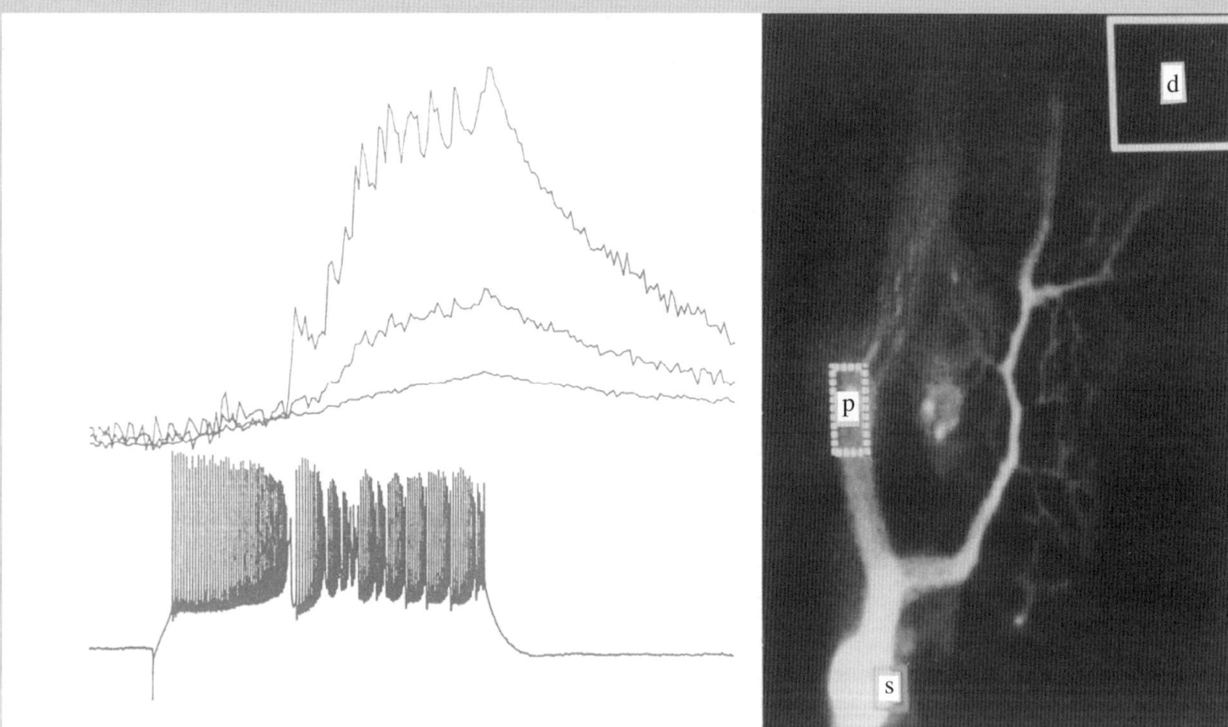

Figura 27D-1 Transientes de cálcio em uma célula cerebelar Purkinje. A imagem à direita é da célula preenchida com o corante fluorescente, que responde à concentração de cálcio. Os transientes de fluorescência são mostrados acima, à esquerda, como registrados para as áreas d, p e s na célula. Os transientes na região d correspondem à região do dendrito da célula. Os sinais específicos para cálcio podem ser correlacionados com a ação do potencial apresentado à esquerda, embaixo. (De V. Lev-Ram; H. Mikayawa; N. Lasser-Ross eW. N. Ross; J. *Neurophysiol.*, v. 68, p.,1170, **1992**. Com permissão da American Physiological Society).

O número de aplicações de métodos de fluorescência a problemas orgânicos e bioquímicos é notável. Dentre os tipos de compostos que podem ser determinados por fluorescência estão os aminoácidos, proteínas, coenzimas, vitaminas, ácidos nucleicos, alcaloides, porfirinas, esteroides, flavonoides e muitos metabólitos.[2] Por causa de sua sensibilidade, a fluorescência é amplamente empregada como técnica de detecção para métodos cromatográficos de líquido (veja Capítulo 33), para métodos de análise em fluxo e para eletroforese. Além dos métodos que são baseados em medidas de intensidade de fluorescência, há muitos outros que são baseados na medida do tempo de vida da fluorescência. Muitos instrumentos foram desenvolvidos para fornecer imagens microscópicas de espécies específicas com base nos tempos de vida de fluorescência.[3]

❮ Alguns hidrocarbonetos aromáticos policíclicos típicos encontrados em derramamentos de petróleo são o criseno, o perileno, o pireno, o fluoreno e o 1,2-benzofluoreno. A maioria desses compostos é carcinogênica.

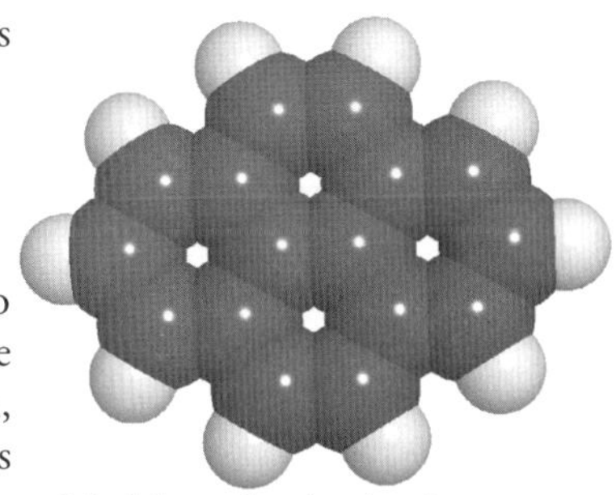

Modelo molecular do pireno.

27D-1 Métodos para Espécies Inorgânicas

Os reagentes fluorimétricos mais bem-sucedidos para a determinação de cátions são os compostos aromáticos contendo dois ou mais grupos funcionais doadores que formam quelatos com o íon metálico. Um exemplo típico é a 8-hidroxiquinolina, cuja estrutura é dada na Seção 12C-3. Alguns outros reagentes fluorimétricos e suas aplicações podem ser encontrados na **Tabela 27-2**. Com a maioria desses reagentes, o cátion é extraído em uma solução do reagente em um solvente orgânico imiscível, como o clorofórmio. A fluorescência da solução orgânica é, então, medida. Para um resumo mais completo sobre os métodos fluorimétricos para substâncias inorgânicas, veja o manual escrito por Dean.[4]

TABELA 27-2

Métodos Fluorimétricos Selecionados para Espécies Inorgânicas*

		Comprimento de onda, nm			
Íon	**Reagente**	**Absorção**	**Fluorescência**	**Sensibilidade, $\mu g\ mL^{-1}$**	**Interferências**
Al^{3+}	Alizarina garnet R	470	500	0,007	Be, Co, Cr, Cu, F^-, NO_3^-, Ni, PO_4^{3-}, Th, Zr
F^-	Complexo de alizarina garnet R com alumínio (desativação colisional)	470	500	0,001	Be, Co, Cr, Cu, Fe, Ni, PO_4^{3-}, Th, Zr
$B_4O_7^{2-}$	Benzoína	370	450	0,04	Be, Sb
Cd^{2+}	2-(*o*-Hidroxifenil)-benzoxazol	365	Azul	2	NH_3
Li^+	8-Hidroxiquinolina	370	580	0,2	Mg
Sn^{4+}	Flavanol	400	470	0,1	F^-, PO_4^{3-}, Zr
Zn^{2+}	Benzoína	—	Verde	10	B, Be, Sb, íons coloridos

*De L. Meites, ed., *Analytical Chemistry Handbook*, New York, McGraw-Hill, p. 6-178-6-181, 1963.

27D-2 Métodos para Espécies Orgânicas e Bioquímicas

O número de aplicações de métodos fluorimétricos a problemas orgânicos é impressionante. Dean resume as aplicações desses métodos mais importantes em uma

[2] Veja O. S. Wolfbeis, em *Molecular Luminescence Spectroscopy: Methods & Applications*, G. Schulman, ed., Nova York:Wiley-Interscience, 1985, parte I, cap. 3.

[3] Veja J. R. Lakowicz; H. Szmacinski; K. Nowacyzk; K. Berndt e M. L. Johnson, em *Fluorescence Spectroscopy: New Methods and Applications*, O. S. Wolfbeis, ed., Berlim: Springer-Verlag, 1993, cap. 10.

[4] J. A. Dean, *Analytical Chemistry Handbook*, Nova York: McGraw-Hill, 1995, p. 5.60-5.62.

Os matérias e pigmentos fosforescentes, chamados de **fosfors** (substância fosforescente), encontram muitos usos, incluindo as marcações em sinais relacionados com segurança, tais como saída de rodovias e placas de pare. Os relógios luminescentes contêm uma substância fosforescente consistindo de aluminatos de metal alcalino terroso dopado com elementos terras-raras, como o európio. Os tubos de raios catódicos, usados em alguns osciloscópios, monitores de computador e aparelhos de TV mais antigos têm revestimento de fosfors de estado sólido na tela, permitindo que as ações do feixe de elétrons sejam visualizadas.

tabela.[5] Mais de 200 entradas são encontradas sob o cabeçalho "Florometric Spectroscopy of Some Organic Compounds" ("Espectroscopia de Fluorescência de Alguns Compostos Orgânicos"), incluindo vários compostos como adenina, ácido antranílico, hidrocarbonetos policíclicos aromáticos, cisteína, guanina, isoniazida, naftóis, gases de nervo sarin e tabun, proteínas, ácido salicílico, escatol, triptofano, ácido úrico e varfarina (Coumadin). Muitos agentes medicinais que podem ser determinados fluorimetricamente são listados, incluindo a adrenalina, morfina, penicilina, fenobarbital, procaína, reserpina e ácido lisérgico dietilamida (LSD). Sem sombra de dúvida, a mais importante aplicação da fluorimetria está na análise de produtos alimentícios, fármacos, amostras clínicas e produtos naturais. A sensibilidade e seletividade da fluorescência molecular a torna uma ferramenta particularmente valiosa nesses campos.

27E ESPECTROSCOPIA DE FOSFORESCÊNCIA MOLECULAR

A fosforescência é um fenômeno de fotoluminescência bastante similar à fluorescência. Para compreender a diferença entre esses dois fenômenos, devemos considerar o spin eletrônico e a diferença entre o **estado simpleto** e o **estado tripleto**. As moléculas comuns que não sejam radicais livres existem no estado fundamental com seus spins de elétrons emparelhados. Um estado eletrônico molecular no qual todos os spins dos elétrons estão emparelhados é denominado estado simpleto. O estado fundamental de um radical livre, por outro lado, é um estado dupleto, porque o elétron ímpar pode assumir duas orientações em um campo magnético.

Na fosforescência à temperatura ambiente, o estado tripleto do analito pode ser protegido por sua incorporação em um agregado tensoativo denominado micela. Em soluções aquosas o agregado apresenta um núcleo apolar devido à repulsão dos grupos polares. O oposto ocorre em solventes apolares. As cavidades de ciclodextrina também podem ser usadas.

Micela em solvente aquoso

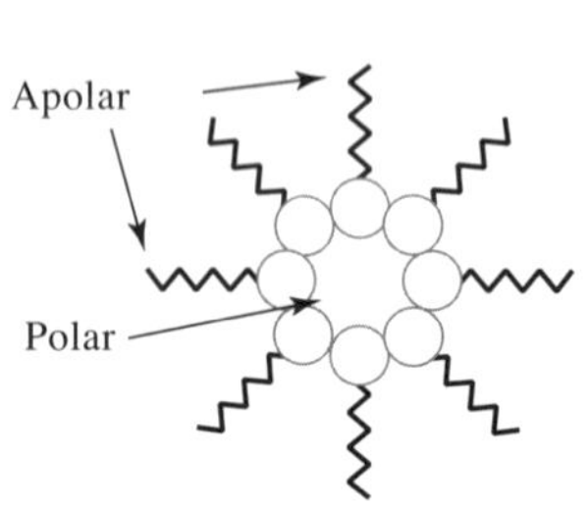

Micela em solvente não aquoso

Estrutura das micelas

Quando um elétron de um par de elétrons em uma molécula é excitado para um nível de energia mais alto, um estado simpleto ou tripleto pode ser produzido. No estado excitado simpleto, o spin do elétron promovido é ainda oposto àquele do elétron que permaneceu no nível fundamental. No estado tripleto, entretanto, os spins dos dois elétrons tornam-se desemparelhados e são então paralelos. Esses estados podem ser representados como ilustrado na **Figura 27-10**. O estado excitado tripleto é menos energético que o estado excitado simpleto correspondente.

As transições de um estado excitado simpleto para o estado fundamental simpleto produz fluorescência. Essa transição simpleto-simpleto é altamente provável e,

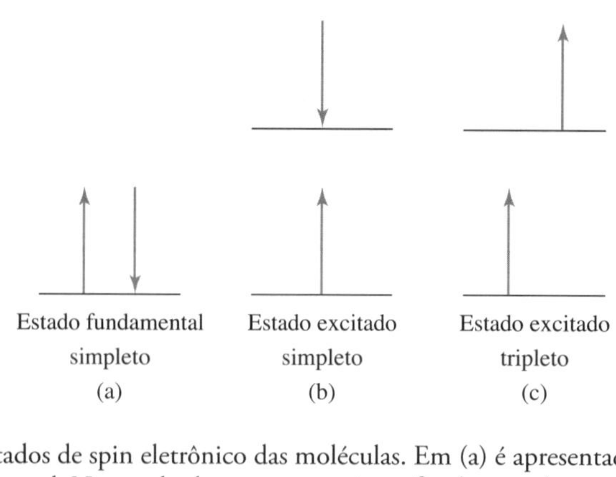

Figura 27-10 Estados de spin eletrônico das moléculas. Em (a) é apresentado o estado eletrônico fundamental. No estado de menor energia ou fundamental, os spins estão sempre emparelhados e o estado é dito ser do tipo simpleto. Em (b) e (c) são mostrados os estados eletrônicos excitados. Se os spins permanecem emparelhados no estado excitado, a molécula está no estado simpleto (b). Se os spins tornam-se desemparelhados, a molécula está em um estado excitado tripleto (c).

[5] J. A. Dean, *Analytical Chemistry Handbook*, Nova York: McGraw-Hill, 1995, p. 5.60-5.62.

assim, o tempo de vida do estado excitado simpleto é muito curto (10^{-5} s ou menos). Por outro lado, as transições de um estado tripleto excitado para o estado fundamental simpleto produz fosforescência molecular. Uma vez que a transição tripleto-simpleto produz uma variação no spin eletrônico, ela é muito menos provável. Como um resultado, o estado tripleto apresenta um tempo de vida mais longo (tipicamente 10^{-4} a 10^{4} s).

O tempo de vida longo da fosforescência é também uma de suas limitações. Por causa do estado excitado ter vida relativamente longa, os processos não radioativos têm tempo para competir com a fosforescência para a desativação. Assim, a eficiência do processo de fosforescência, bem como a intensidade de fosforescência correspondente é relativamente baixa. Para aumentar a eficiência, a fosforescência é normalmente observada a baixas temperaturas em meio rígido, como vidros. Outra abordagem é adsorver o analito em uma superfície sólida ou incluí-lo em uma cavidade molecular (micela ou cavidade de ciclodextrina), a qual protege o frágil estado tripleto. Esta técnica é conhecida como **fosforescência à temperatura ambiente**.

Por causa de sua fraca intensidade, a fosforescência é muito menos largamente aplicada que a fluorescência. Entretanto, a fosforescência molecular tem sido empregada para a determinação de uma variedade de espécies orgânicas e bioquímicas, incluindo ácidos nucleicos, aminoácidos, pirina epirimidina, enzimas, hidrocarbonetos policíclicos e pesticidas. Muitos compostos farmacêuticos exibem sinais de fosforescência mensuráveis. A instrumentação para fosforescência é também um pouco mais complexa que para fluorescência. Geralmente um instrumento para fosforescência permite a discriminação entre a fosforescência e a fluorescência pelo atraso da medida da fosforescência até que a fluorescência tenha decaído próximo a zero. Muitos instrumentos de fluorescência apresentam acessórios, chamados **fosforoscópios**, que permitem que o mesmo instrumento seja empregado para as medidas de fosforescência.

27F MÉTODOS DE QUIMIOLUMINESCÊNCIA

A quimioluminescência é produzida quando uma reação química produz uma molécula eletronicamente excitada, a qual emite luz para retornar ao estado fundamental. As reações de quimioluminescência ocorrem em inúmeros sistemas biológicos, onde o processo é frequentemente denominado **bioluminescência**. Exemplos de espécies que exibem bioluminescência incluem o vaga-lume, o pepino-do-mar, algumas águas-vivas, bactérias, protozoários e crustáceos.[6]

> O vaga-lume produz luz por meio do fenômeno de bioluminescência. As espécies diferentes de vaga-lumes piscam com ciclos de tempo ligado-desligado diferentes. Os vaga-lumes se cruzam somente com os de sua espécie. A reação bioluminescente que nos é mais familiar ocorre quando um vaga-lume está procurando por um parceiro.

Uma característica atrativa da quimioluminescência para fins analíticos está na simplicidade da instrumentação. Uma vez que nenhuma fonte externa de radiação é necessária para a excitação, o instrumento pode ser constituído somente por um frasco de reação e por um tubo fotomultiplicador. Em geral, nenhum dispositivo de seleção do comprimento de onda é necessário porque a única fonte de radiação é a emissão provocada pela reação química.

Os métodos de quimioluminescência são conhecidos pela sua alta sensibilidade. Os limites de detecção típicos estão na faixa de partes por milhão a partes por bilhão ou menores. As aplicações incluem a determinação de gases, tais como os óxidos de nitrogênio, ozônio, compostos de enxofre; a determinação de espécies inorgânicas, como o peróxido de hidrogênio e alguns íons metálicos; técnicas de imunoensaio; sondas para a dosagem de DNA e métodos para a reação de cadeia de polimerase.[7]

> Muitos analisadores comerciais para a determinação de gases são baseados na quimioluminescência. O óxido nítrico (NO) pode ser determinado pela sua reação com o ozônio (O_3). A reação converte o NO em NO_2, excitado, com a subsequente emissão de luz.

[6] Para mais informação sobre quimioluminescência e bioluminescência veja O. Shimomura, *Bioluminescence: Chemical Principles and Methods*, Singapore: Worl Scientific Publishing, 2006; A. Roda, ed., *Chemiluminescence and Bioluminescence: Past, Present na Future*. Londres: Royal Society of Chemistry, 2010.

[7] Veja, por exemplo, T. A. Nieman, em *Handbook of Instrumental Techniques for Analytical Chemistry*, F. A. Settle, ed., Upper Saddle River, NJ: Prentice-Hall, 1997, cap. 27.

TRABALHO NA WEB

Um dos problemas que mais atrapalham as medições quantitativas de fluorescência tem sido os efeitos de absorção excessiva, frequentemente chamados efeito de filtro interno. Use o mecanismo de busca para encontrar este interessante artigo, Q. Gu; J. E. Kenny, *Anal. Chem.*, v. 81, p. 42-26, **2009**, **DOI**: 10.1021/AC801676j, que descreve uma abordagem para corrigir medidas de fluorescência para absorção excessiva. (Se sua escola não assina este periódico on-line, procure uma cópia impressa na biblioteca.) O método de correção deles estende a faixa de linearidade para as medidas de fluorescência para sistemas nos quais a absorbância é bastante alta. Discuta o modelo usado por Gu e Kenny em relação ao esquema de correção deles. Como ele difere de esquemas anteriores que permitiam correções para absorbâncias de até $A \approx 2{,}0$? Quais eram as principais restrições desses métodos de correção anteriores? O que é o método de deslocamento de célula e como ele pode ser usado para corrigir os valores de fluorescência? Como a abordagem de Gu e Kenny permite correções com geometrias de instrumento comuns? Quão grandes podem ser as absorbâncias no esquema de Gu e Kenny para resultados de fluorescência linear serem obtidos no caso de apenas um efeito de filtro interno primário e para efeito de filtro interno tanto primário quanto secundário?

QUESTÕES E PROBLEMAS

27-1. Descreva brevemente ou defina
*(a) fluorescência.
(b) relaxamento vibracional.
*(c) conversão interna.
(d) fosforescência.
*(e) deslocamento de Stokes.
(f) rendimento quântico.
*(g) efeito de filtro interno.
(h) espectro de excitação.

27-2. Por que a espectrofluorimetria é potencialmente mais sensível que a espectrofotometria?

27-3. De qual composto em cada um dos pares abaixo seria esperado ter um maior rendimento quântico de fluorescência? Explique.

*(a)

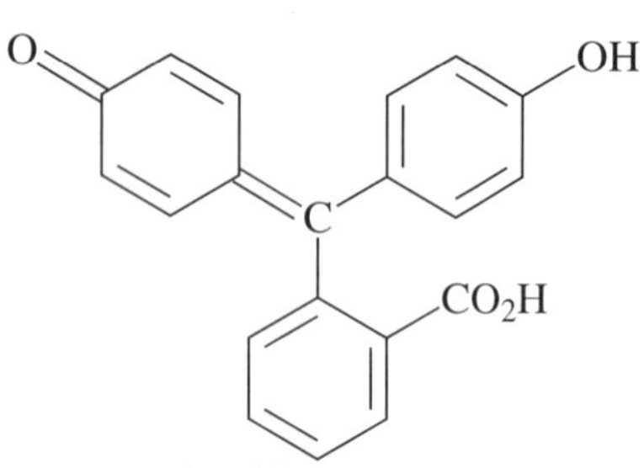

fenolftaleína

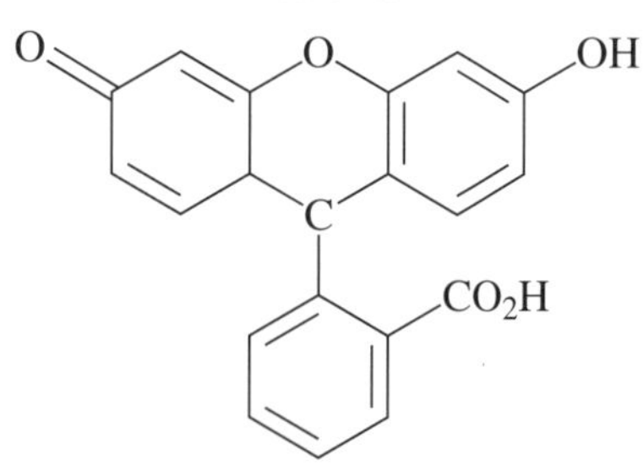

fluoresceína

(b)

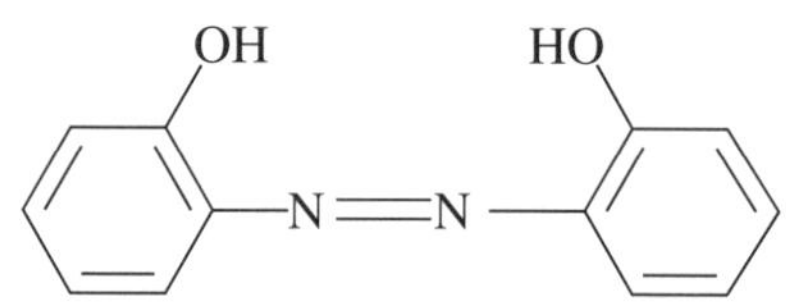

o,o'-di-hidroxiazobenzeno

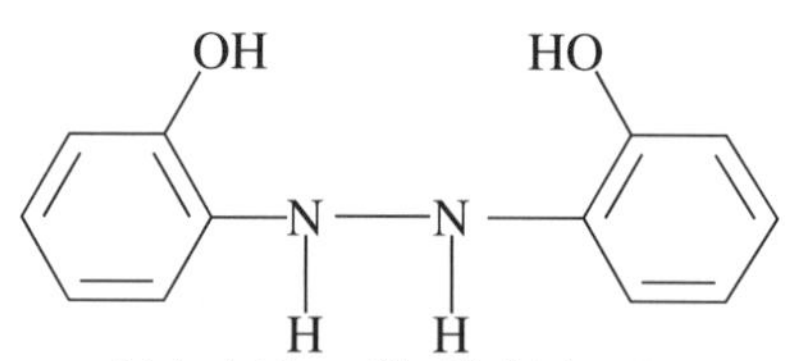

bis(*o*-hidroxifenil) hidrazina

27-4. Por que alguns compostos absorventes fluorescem e outros não?

***27-5.** Descreva as características de compostos orgânicos que fluorescem.

27-6. Explique por que a fluorescência molecular sempre ocorre em comprimento de onda mais longo que o da radiação de excitação.

***27-7.** Descreva os componentes de um fluorímetro e um espectrofluorímetro.

27-8. Por que a maioria dos instrumentos de fluorescência apresenta o desenho de duplo feixe?

***27-9.** Por que os fluorímetros são mais úteis que os espectrofluorímetros para análise quantitativa?

27-10. A forma reduzida da nicotinamida adenina dinucleotídeo (NADH) é uma coenzima importante e altamente fluorescente. Apresenta uma absorção máxima a 340 nm e um máximo de emissão a 465 nm. As soluções padrão de NADH forneceram as seguintes intensidades de fluorescência:

Conc. de NADH, μmol L^{-1}	Intensidade Relativa
0,100	2,24
0,200	4,52
0,300	6,63
0,400	9,01
0,500	10,94
0,600	13,71
0,700	15,49
0,800	17,91

(a) Construa uma planilha e use-a para traçar uma curva de calibração para NADH.

*(b) Encontre os coeficientes angular e linear para o gráfico em (a).

(c) Calcule o desvio padrão do coeficiente angular e o desvio padrão sobre a regressão para a curva.

*(d) Uma amostra desconhecida exibe uma intensidade relativa de fluorescência de 11,34. Empregue a planilha para calcular a concentração de NADH.

*(e) Calcule o desvio padrão relativo para o resultado no item (d).

(f) Calcule o desvio padrão relativo para o resultado no item (d) se a leitura 12,16 for a média de três medidas.

27-11. Os volumes de uma solução padrão contendo 1,10 ppm de Zn^{2+}, mostrados na tabela abaixo, foram pipetados em funis de separação contendo 5,00 mL de uma solução desconhecida de zinco. Cada uma delas foi extraída com três alíquotas de 5 mL de CCl_4, contendo excesso de 8-hidroxiquinolina. Os extratos foram diluídos para 25,0 mL e as suas fluorescências foram medidas em um fluorímetro. Os resultados foram:

Volume de padrão de Zn^{2+}, mL	Leitura do Fluorímetro
0,000	6,12
4,00	11,16
8,00	15,68
12,00	20,64

(a) Construa uma curva de trabalho a partir dos dados.

(b) Calcule a equação linear dos mínimos quadrados para os dados.

(c) Calcule o desvio padrão do coeficiente angular e o desvio padrão da regressão.

(d) Calcule a concentração de zinco na amostra.

(e) Calcule o desvio padrão para o resultado no item (d).

***27-12.** O quinino presente em um comprimido de antimalárico de massa igual a 1,664 g foi dissolvido em HCl 0,10 mol L^{-1} suficiente para fornecer 500 mL de solução. Uma alíquota de 15,00 mL foi então diluída para 100,0 mL com o ácido. A intensidade de fluorescência para a amostra diluída em 347,5 nm forneceu uma leitura de 288 em uma escala arbitrária. Uma solução padrão de 100 ppm de quinino registrou a leitura de 180 quando medida sob condições idênticas àquelas da amostra diluída. Calcule a massa de quinino em miligramas no comprimido.

27-13. A determinação no Problema 27-12 foi modificada para empregar o método de adição de padrão. Neste caso, um comprimido de 2,196 g foi dissolvido em HCl 0,10 mol L^{-1} suficiente para fornecer 1,000 L. A diluição de uma alíquota de 20,00 mL para 100 mL produziu uma solução com leitura igual a 540 em 347,5 nm. Uma segunda alíquota de 20,00 mL foi misturada com 10,0 mL de uma solução de 50 ppm de quinino antes da diluição para 100 mL. A intensidade de fluorescência dessa solução foi 600. Calcule a concentração em partes por milhão de quinino no comprimido.

27-14. Problema Desafiador: Os seguintes volumes de uma solução padrão de 10,0 ppb de F^- foram adicionados a quatro alíquotas de 10,00 mL de uma amostra de água: 0,00; 1,00; 2,00 e 3,00 mL. Precisamente 5,00 mL de uma solução contendo um excesso do complexo altamente absorvente Al-Alizarina Garnet R ácida foi adicionado a cada uma das quatro soluções e, então, cada uma delas foi diluída para 50,0 mL. As intensidades de fluorescência para as quatro soluções foram:

V_s, mL	Leitura do Medidor
0,00	68,2
1,00	55,3
2,00	41,3
3,00	28,8

(a) Explique a química do método analítico.

(b) Construa um gráfico dos dados.

(c) Use o fato de que a fluorescência decresce com o aumento do padrão de F^- para derivar uma relação como a da Equação 26-1 para as adições múltiplas de padrão. Utilize esta relação para obter uma equação para a concentração desconhecida c_x em termos dos coeficientes angular e linear do gráfico de adições de padrão, similar à Equação 26-2.

(d) Use mínimos quadrados linear para encontrar a equação para a reta que representa a relação entre o decréscimo na fluorescência com o volume de fluoreto padrão V_s.

(e) Calcule o desvio padrão dos coeficientes angular e linear.

(f) Calcule a concentração de F^- na amostra em ppb.

(g) Calcule o desvio padrão para o resultado de (e).

capítulo 28

Espectroscopia Atômica

© Charles E. Rotkin/CORBIS

A poluição das águas continua sendo um sério problema nos Estados Unidos e em outros países industrializados. A foto aqui mostra a terra deixada de uma faixa de mineração em Belmont County, Ohio. Os vários reservatórios de água mostrados estão contaminados com rejeitos químicos. O grande reservatório à direita do centro contém ácido sulfúrico e os reservatórios menores contêm manganês e cádmio. Traços de metais em amostras de águas contaminadas são frequentemente determinados por meio de uma técnica multielementar, como a espectroscopia de emissão atômica em plasma acoplada indutivamente. As técnicas de elemento único como a espectrometria de absorção atômica também são usadas. Os métodos de emissão e absorção atômica são descritos neste capítulo.

Os métodos espectroscópicos atômicos são empregados na determinação qualitativa e quantitativa de mais de 70 elementos. Tipicamente, esses métodos podem detectar quantidades de partes por milhão a partes por bilhão e, em alguns casos, concentrações ainda menores. Os métodos espectroscópicos são, além disso, rápidos, convenientes e geralmente de alta seletividade. Esses métodos podem ser divididos em dois grupos: **espectrometria atômica ótica**[1] e **espectrometria de massas atômicas**. Nós discutiremos os métodos óticos neste capítulo e a espectroscopia de massas no Capítulo 29.

A determinação de espécies atômicas somente é feita em meio gasoso no qual os átomos individuais ou íons elementares, como Fe^+, Mg^+ ou Al^+, se encontram muito bem separados uns dos outros. Consequentemente, a primeira etapa de todos os procedimentos de espectroscopia atômica é a **atomização**, um processo no qual a amostra é volatilizada e decomposta de forma que produza uma fase gasosa de átomos e íons. A eficiência e a reprodutibilidade da etapa de atomização podem ter grande influência na sensibilidade, precisão e exatidão do método. Em resumo, a atomização é uma etapa crítica na espectroscopia atômica.

A **atomização** é um processo no qual uma amostra é convertida em átomos ou íons em fase gasosa.

A **Tabela 28-1** lista vários métodos empregados para atomizar as amostras para a espectroscopia atômica. Os plasmas indutivamente acoplados, chamas e atomizadores eletrotérmicos são os métodos de atomização mais amplamente usados. Consideramos esses três métodos, bem como os plasmas de corrente direta, neste capítulo. As chamas e os atomizadores eletrotérmicos são encontrados na espectrometria de absorção atômica (AA), enquanto o plasma acoplado indutivamente é empregado em emissão ótica e em espectrometria de massas atômicas.

[1] As referências que abordam teoria e aplicações da espectroscopia atômica ótica incluem Jose A. C. Broekaert, *Analytical Atomic Spectrometry with Flames and Plasmas*, Weinheim, Germany: Wiley-VCH, 2002; L. H. J. Lajunen, *Spectrochemical Analysis by Atomic Absorption and Emission*, 2. ed., Cambridge: Royal Society of Chemistry, 2004; J. D. Ingle e S. R. Crouch, *Spectrochemical Analysis*, Upper Saddle River, NJ, 1988, cap. 7-11.

TABELA 28-1
Classificação dos Métodos Espectroscópicos Atômicos

Métodos de Atomização	Temperatura Típica de Atomização, °C	Tipos de Espectroscopia	Nome Comum e Abreviatura
Plasma acoplado indutivamente	6.000–8.000	Emissão	Espectroscopia de emissão em plasma acoplado indutivamente, ICPAES
		Massa	Espectrometria de massas com plasma acoplado indutivamente, ICP-MS (veja Capítulo 29)
Chama	1.700–3.150	Absorção	Espectroscopia de absorção atômica, EA
		Emissão	Espectroscopia de emissão atômica, EEA
		Fluorescência	Espectroscopia de fluorescência atômica, EFA
Eletrotérmica	1.200–3000	Absorção	EAA eletrotérmica
		Fluorescência	EFA eletrotérmica
Plasma de corrente contínua	5.000–10.000	Emissão	Espectroscopia de plasma CC, DCP
Arco elétrico	3.000–8.000	Emissão	Espectroscopia de emissão com fonte de arco
Centelha elétrica	Varia com o tempo e posição	Emissão	Espectroscopia de emissão com fonte de centelha
		Massa	Espectroscopia de massa com fonte de centelha

28A AS ORIGENS DOS ESPECTROS ATÔMICOS

Uma vez que a amostra tenha sido convertida em átomos ou íons elementares gasosos, diversos tipos de espectroscopias podem ser realizados. Consideramos aqui apenas os métodos espectrométricos óticos. Com átomos ou íons na fase gasosa, não existem estados de energia vibracional ou rotacional. Esta ausência significa que ocorrem apenas transições eletrônicas. Portanto, os espectros de emissão, absorção e fluorescência atômica são constituídos de um número limitado de **linhas espectrais** estreitas.

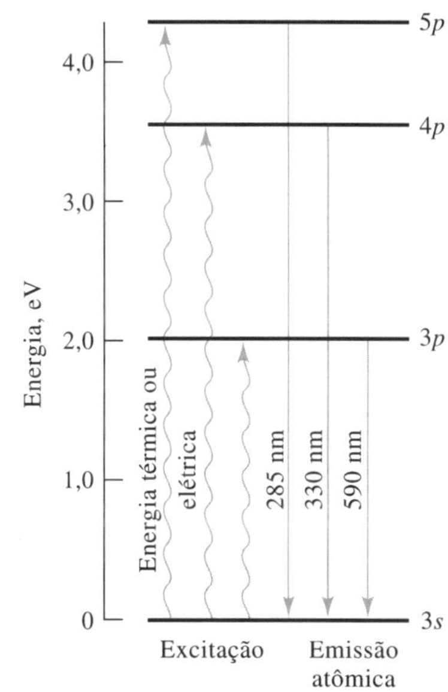

Figura 28-1 Origem de três linhas de emissão do sódio.

28A-1 Espectros de Emissão

Na espectroscopia de emissão atômica, os átomos do analito são excitados por uma energia externa na forma de calor ou energia elétrica, como ilustrado na Figura 24-4 (veja as prancha coloridas para espectros de emissão de vários elementos). A energia é tipicamente fornecida por um plasma, uma chama, uma descarga a baixa pressão ou por um laser de alta potência. A **Figura 28-1** exibe um diagrama parcial de nível de energia para o sódio atômico, apontando a fonte de três das suas mais destacadas linhas de emissão. Antes de a fonte de energia externa ser aplicada, os átomos de sódio estão normalmente em seu estado de energia mais baixo ou **estado fundamental**. A energia aplicada leva momentaneamente os átomos de sódio a um estado de energia mais alto ou **estado excitado**. Com átomos de sódio, por exemplo, no estado fundamental, o único elétron de valência está no orbital 3*s*. A energia externa promove os elétrons mais externos dos seus orbitais 3*s* do estado fundamental para os orbitais de estado excitado 3*p*, 4*p* ou 5*p*. Após alguns nanossegundos, os átomos excitados relaxam para o estado fundamental, liberando energia em forma de fótons de radiação visível ou ultravioleta. Como mostrado na Figura 28-1, os comprimentos de onda da radiação emitida são 590, 330 e 285 nm. A transição para ou do estado fundamental é denominada **transição de ressonância** e a linha espectral resultante é chamada **linha de ressonância**.

Os orbitais atômicos *p* são, de fato, divididos em dois níveis de energia que diferem muito pouco entre si. A diferença de energia entre os dois níveis é tão pequena que a emissão parece ser uma linha única, como sugerido pela Figura 28-1. Com um espectrômetro de resolução muito alta, cada uma das linhas aparece como duas linhas bem próximas conhecidas como **dupleto**.

28A-2 Espectro de Absorção

Na espectroscopia de absorção atômica, uma fonte externa de radiação colide com vapor do analito, como ilustrado na Figura 24-5. Se a fonte de radiação externa for de frequência (comprimento de onda) apropriada, ela pode ser absorvida pelos átomos do analito e promovê-los a estados excitados. A **Figura 28-2a** mostra três das várias linhas de absorção para o vapor de sódio. A fonte dessas linhas espectrais é indicada no diagrama parcial de energia exposto na Figura 28-2b. Nesse caso, a absorção da radiação de 285, 330 e 590 nm excita o único elétron mais externo do sódio do seu nível de energia 3*s* no estado fundamental para os orbitais excitados 3*p*, 4*p* e 5*p*, respectivamente. Após alguns nanossegundos, os átomos excitados relaxam para o seu estado fundamental transferindo seu excesso de energia para os outros átomos ou moléculas no meio.

Observe que os comprimentos de onda das linhas de emissão e de absorção para o sódio são iguais.

Os espectros de absorção e de emissão para o sódio são relativamente simples e consistem apenas em poucas linhas. Para os elementos que apresentam vários elétrons mais externos que podem ser excitados, os espectros de absorção e de emissão podem ser muito mais complexos.

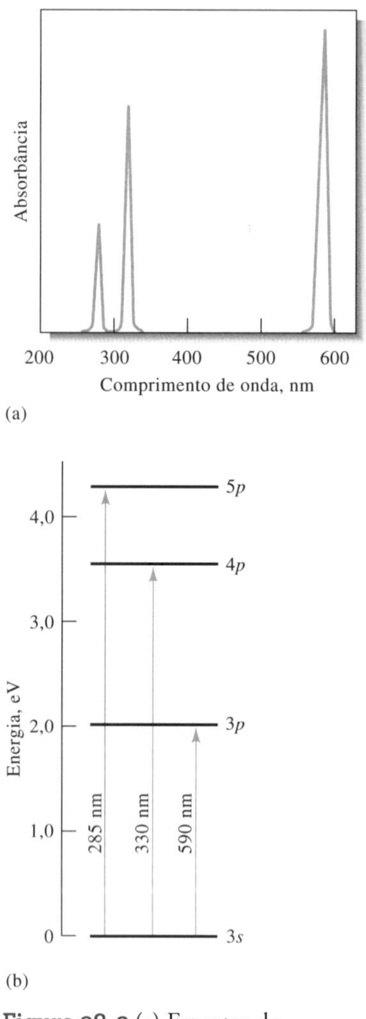

Figura 28-2 (a) Espectro de absorção parcial para o vapor de sódio. (b) Transições eletrônicas responsáveis pelas linhas de absorção em (a).

28A-3 Espectros de Fluorescência

Na espectroscopia de fluorescência atômica, uma fonte externa é empregada exatamente como na absorção atômica, como mostrado na Figura 24-6. Ao invés de medir a potência atenuada da fonte radiante, a potência radiante de fluorescência, P_F, é medida geralmente com ângulos retos em relação ao feixe da fonte. Em tais experimentos, devemos evitar ou discriminar a radiação espalhada da fonte. A fluorescência atômica é frequentemente medida no mesmo comprimento de onda da fonte de radiação e, assim, é denominada **fluorescência de ressonância**.

28A-4 Larguras das Linhas Espectrais Atômicas

As linhas espectrais atômicas têm larguras finitas. Com os espectrômetros comuns, as larguras de linhas observadas são determinadas não pelo sistema atômico, mas sim pelas propriedades do espectrômetro. Com os espectrômetros de alta resolução ou com interferômetros, as larguras reais de linhas espectrais podem ser medidas. Vários fatores contribuem para as larguras das linhas espectrais.

Alargamento Natural

A largura natural de uma linha espectral atômica é determinada pelo tempo de vida do estado excitado e pelo princípio da incerteza de Heisenberg. Quanto mais curto o tempo de vida, mais larga será a linha e vice-versa. Tempos de vida de átomos radioativos são da ordem de 10^{-8} s, levando a larguras naturais de linha da ordem de 10^{-5} nm.

Alargamento por Colisão

As colisões entre átomos e moléculas na fase gasosa leva à desativação do estado excitado e, assim, ao alargamento da linha espectral. A grandeza do alargamento aumenta com as concentrações (pressões parciais) das espécies que colidem. Como resultado, esse alargamento por colisão é algumas vezes chamado **alargamento por pressão**. O alargamento por pressão aumenta com a elevação da temperatura. O alargamento por colisão é altamente dependente do meio gasoso. Para os átomos de Na em chamas, esses alargamentos podem ser tão grandes como 3×10^{-3} nm. Em meios energéticos, como chamas e plasmas, o alargamento por colisão excede enormemente o alargamento natural.

Alargamento Doppler

O alargamento Doppler resulta da movimentação rápida de átomos à medida que eles emitem ou absorvem radiação. Os átomos movendo-se em direção ao detector emitem comprimentos de onda que são ligeiramente mais curtos que os comprimentos de onda emitidos por átomos movendo-se em ângulos retos em relação ao detector. Essa diferença é uma manifestação do conhecido efeito Doppler mostrado na **Figura 28-3a**. O efeito é inverso para átomos movendo-se para longe do detector, como pode ser visto na Figura 28-3b. O efeito líquido é um aumento na largura da linha de emissão. Precisamente pela mesma razão, o efeito Doppler também causa o alargamento das linhas de absorção. Esse tipo de alargamento torna-se mais pronunciado à medida que a temperatura da chama aumenta, por causa da velocidade aumentada dos átomos. O alargamento Doppler pode ser o principal contribuinte para as larguras de todas as linhas. Para o Na, nas chamas, as larguras de linha Doppler são da ordem de 4×10^{-3} a 5×10^{-3} nm.

❮ O alargamento Doppler e o alargamento por pressão são dependentes da temperatura.

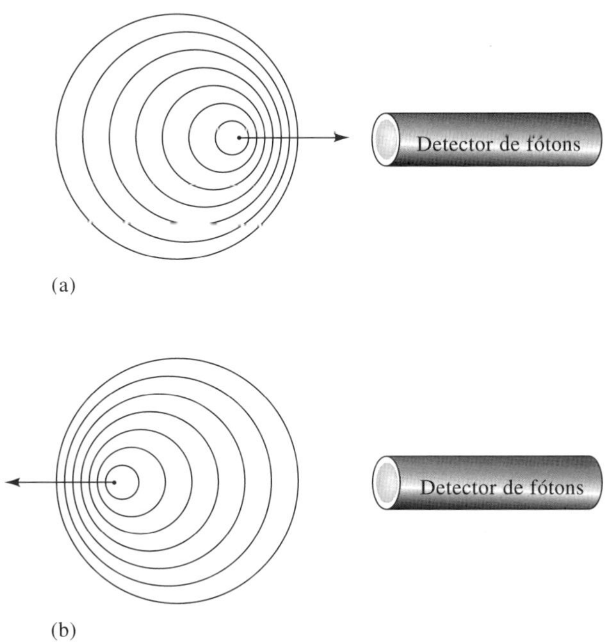

Figura 28-3 Causa do alargamento Doppler. (a) Quando um átomo move-se em direção a um detector de fótons e emite radiação, o detector vê as frentes de onda mais próximas entre si e detecta uma radiação de frequência mais alta. (b) Quando um átomo está afastando-se do detector e emite radiação, o detector vê as frentes de onda menos frequentemente e detecta uma radiação de frequência menor. O resultado em um meio energético é uma distribuição estatística de frequências e, assim, um alargamento das linhas espectrais.

28B PRODUÇÃO DE ÁTOMOS E ÍONS

Em todas as técnicas espectroscópicas atômicas, devemos atomizar a amostra, convertendo-a em átomos e íons em fase gasosa. As amostras normalmente entram no atomizador na forma de solução, embora algumas vezes introduzamos gases e sólidos. Consequentemente, o dispositivo de atomização deve normalmente realizar a tarefa complexa de converter as espécies do analito na solução em átomos livres e/ou íons elementares para a fase gasosa.

28B-1 Sistemas de Introdução da Amostra

Os dispositivos de atomização pertencem a duas classes: **atomizadores contínuos** e **atomizadores discretos**. Com atomizadores contínuos, tais como plasmas e chamas, as amostras são introduzidas em uma corrente contínua e constante. Com atomizadores discretos, as amostras individuais são injetadas através de uma seringa ou um amostrador automático. O atomizador discreto mais comum é o **atomizador eletrotérmico**.

Nebulizar significa converter um líquido em um jato de *spray* (ou névoa) gasoso.

Um **aerossol** é uma suspensão de partículas líquidas ou sólidas finamente divididas em um gás.

Os métodos gerais para introduzir amostras em solução no plasma e nas chamas estão ilustrados na **Figura 28-4**. A **nebulização** direta é empregada com maior frequência. Nesse caso, o **nebulizador** introduz constantemente a amostra na forma de um borrifo fino de gotículas, denominada um **aerossol**. Quando uma amostra é introduzida em uma chama ou plasma continuamente, é produzida uma população em estado estacionário de átomos, moléculas e íons. Quando se emprega a injeção em fluxo ou a cromatografia de líquido, um fluxo de amostra é introduzido com uma concentração que varia com o tempo. Este procedimento resulta em uma população de vapor dependente do tempo. Os processos complexos que devem ocorrer para que se produzam átomos livres ou íons elementares estão ilustrados na **Figura 28-5.**

Amostras discretas em solução são introduzidas transferindo-se uma alíquota da amostra para o atomizador. A nuvem de vapor produzida com atomizadores eletrotérmicos é transiente por causa da quantidade limitada de amostra disponível e da remoção de vapor através da difusão e outros processos.

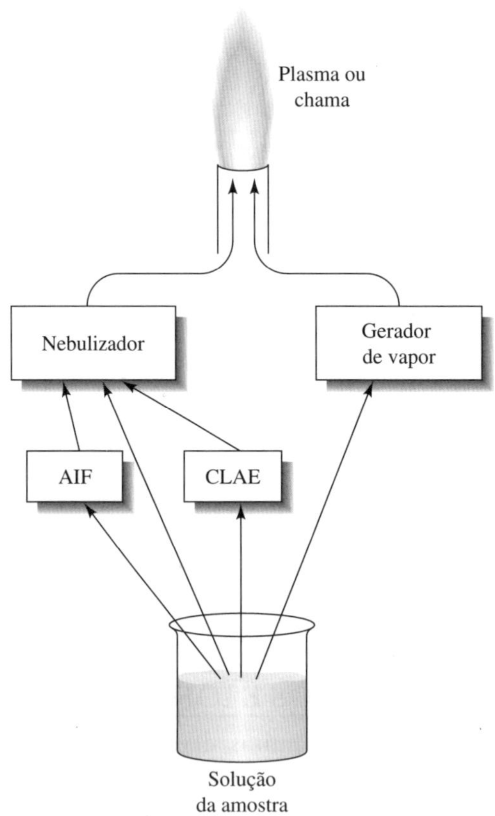

Figura 28-4 Métodos contínuos de introdução da amostra. As amostras são frequentemente introduzidas em plasmas e em chamas por meio de nebulizadores, os quais produzem um borrifo ou jato gasoso. As amostras podem ser introduzidas diretamente no nebulizador, por meio de um sistema de injeção em fluxo (AIF) ou cromatografia de líquido de alta eficiência (CLAE). Em alguns casos, as amostras são convertidas separadamente em vapor por um gerador de vapor, como um gerador de hidreto ou vaporizador eletrotérmico.

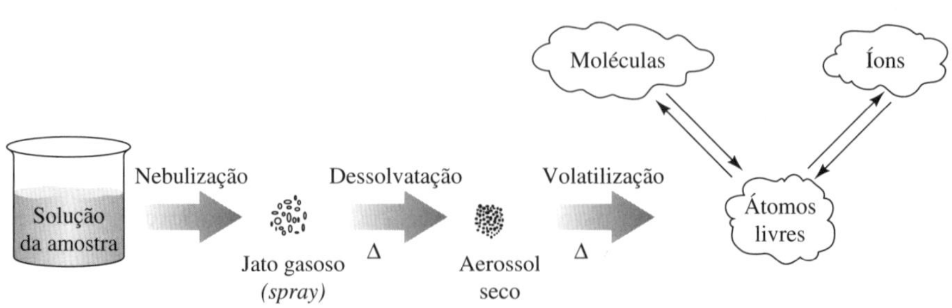

Figura 28-5 Processos que levam à produção de átomos, moléculas e íons com introdução contínua de amostra em um plasma ou chama. A solução da amostra é convertida em um jato gasoso pelo nebulizador. A alta temperatura da chama ou do plasma causa a evaporação do solvente, formando um aerossol seco de partículas. O aquecimento adicional volatiliza as partículas produzindo espécies atômicas, moleculares e iônicas. Essas espécies estão frequentemente em equilíbrio, pelo menos em regiões localizadas.

As amostras sólidas podem ser introduzidas nos plasmas vaporizando-as com uma centelha elétrica ou com um feixe de laser. A volatilização por laser, chamada frequentemente **ablação por laser**, tem-se tornado um método popular para se introduzir amostras em plasmas acoplados indutivamente. Na ablação por laser, um feixe de laser de alta potência, geralmente um laser Nd:YAG ou laser de excímero, é dirigido para uma porção da amostra sólida. A amostra é então vaporizada por aquecimento radioativo. O vapor produzido é varrido para o plasma por meios de um gás de arraste.

28B-2 Fontes de Plasma

Os atomizadores de plasma, que se tornaram disponíveis comercialmente em meados dos anos 1970, oferecem diversas vantagens em espectroscopia atômica analítica.[2] A atomização por plasma tem sido empregada para emissão atômica, fluorescência atômica e espectrometria de massas atômicas (veja o Capítulo 29).

Por definição, um **plasma** é uma mistura gasosa condutora contendo uma concentração significativa de íons e elétrons. No plasma de argônio utilizado para a espectroscopia atômica, os íons de argônio e elétrons são as espécies condutoras principais, embora os cátions da amostra possam também contribuir. Uma vez que os íons de argônio são formados em um plasma, são capazes de absorver potência suficiente de uma fonte externa para manter a temperatura em um nível no qual a ionização adicional sustenta o plasma indefinidamente. Temperaturas tão altas quanto 10.000 K são obtidas desta maneira.

Um **plasma** é um gás quente e parcialmente ionizado. Ele contém altas concentrações de elétrons e íons.

Três fontes de potência têm sido empregadas em espectroscopia com plasma de argônio. Uma delas é a fonte de arco elétrico cc capaz de sustentar uma corrente de vários ampères entre eletrodos imersos no plasma de argônio. A segunda e terceira são os geradores de radiofrequência e de frequência de micro-ondas pelos quais flui o argônio. Das três, a fonte de radiofrequência, ou **plasma acoplado indutivamente** (ICP), oferece a maior vantagem em termos de sensibilidade e isenção de interferências. Essa fonte está comercialmente disponível a partir de um grande número de fabricantes de instrumentos para uso em espectrometria de massas e de emissão ótica. Uma segunda fonte, a **fonte de plasma cc** (DCP), tem apresentado algum sucesso comercial e tem as virtudes de simplicidade e baixo custo.

Plasmas Acoplados Indutivamente

A **Figura 28-6** é um desenho esquemático de uma fonte de plasma acoplado indutivamente (ICP). A fonte consiste em três tubos concêntricos de quartzo por meio dos quais correntes de argônio fluem a uma vazão total entre 11 e 17 L min^{-1}. O diâmetro do tubo mais largo é em torno de 2,5 cm. Envolvendo a parte superior desse tubo está uma bobina de indução refrigerada a água e alimentada por um gerador de radiofrequência, que irradia de 0,5 a 2 kW de energia a 27,12 MHz ou 40,68 MHz. A ionização da corrente de argônio é iniciada por uma centelha produzida por uma bobina de Tesla. Os íons resultantes e seus elétrons associados interagem então com o campo magnético oscilante (indicado por H na Figura 28-6) produzido pela bobina de indução I. Essa interação leva os íons e os elétrons no interior da bobina a fluir em caminhos anelares fechados mostrados na figura. A resistência dos íons e elétrons a este fluxo de carga provoca o aquecimento ôhmico do plasma.

[2] Para uma discussão detalhada das várias fontes de plasma, veja S. J. Hill, *Inductively Coupled Plasma Spectrometry and Its Applications*, 2. ed., Oxford, UK: Wiley-Blackwell, 2007; *Inductively Coupled Plasmas in Analytical Atomic Spectroscopy*, 2. ed, A. Montaser e D. W. Golightly, eds, Nova York: Wiley-VCH Publishers, 1992; *Inductively Coupled Plasma Mass Spectrometry*, P. W. J. M. Boumans, ed., Nova York: Wiley, 1987, partes 1 e 2.

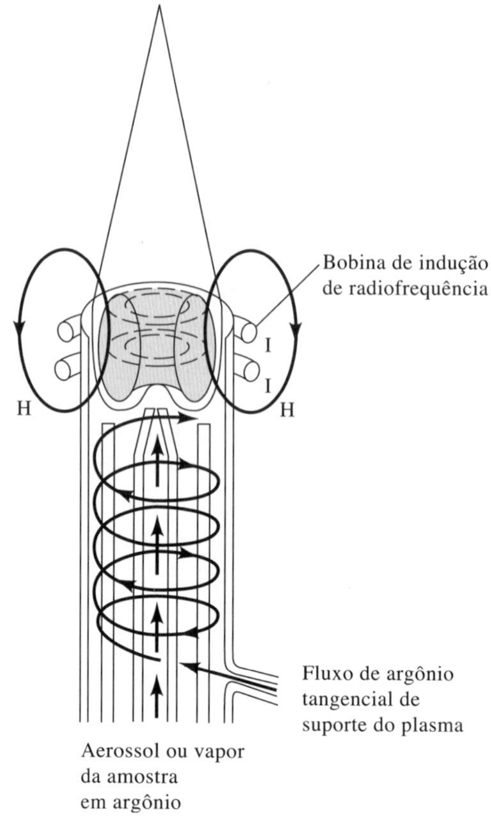

Figura 28-6 Fonte de plasma acoplado indutivamente. (De V. A. Fassel, *Science*, v. 202, p. 185, 1978. Reimpresso com permissão da AAAS.)

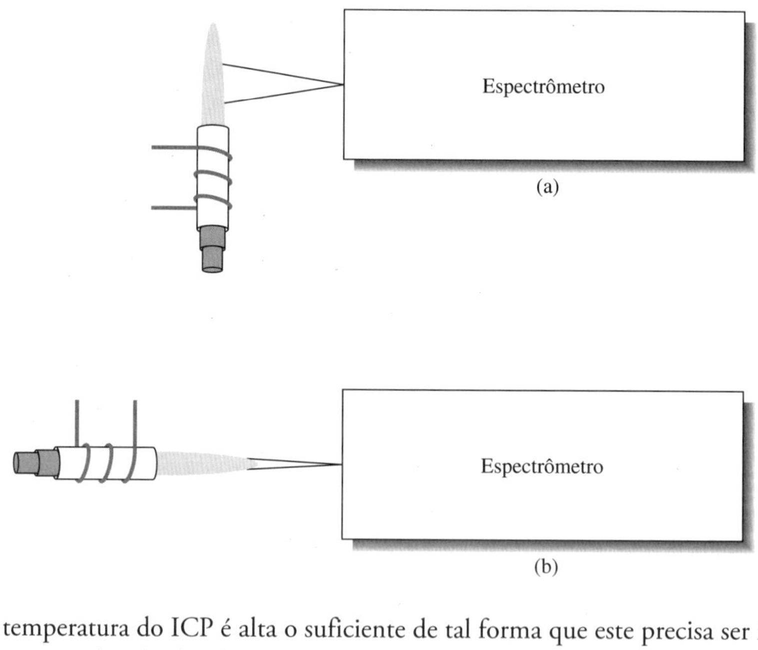

Figura 28-7 Geometrias de observação de fontes de ICP. (a) Geometria radial empregada em espectrômetros de emissão atômica de ICP; (b) geometria axial utilizada em espectrômetros de massas de ICP e em diversos espectrômetros de emissão atômica de ICP.

A temperatura do ICP é alta o suficiente de tal forma que este precisa ser isolado termicamente do cilindro de quartzo. O isolamento é obtido por meio de um fluxo de argônio tangencial às paredes do tubo, conforme indicado pelas setas na Figura 28-6. O fluxo tangencial resfria as paredes internas do tubo central e centraliza o plasma radialmente.

A observação do plasma em ângulos retos, como pode ser visto na **Figura 28-7a**, é denominada **geometria de observação radial**. Os instrumentos de ICP mais modernos têm incorporado uma **geometria de observação axial**, exposta na Figura 28-7b. Nesse caso, a tocha é girada a 90°. A geometria axial era popular originalmente para tochas empregadas como fontes de ionização para espectrometria de massas (Capítulo 29). Mais recentemente, as tochas axiais tornaram-se disponíveis para espectrometria de emissão. Diversas companhias, na realidade, fabricam tochas que podem ser comutadas da geometria de observação axial para a radial na espectrometria de emissão atômica. A geometria radial fornece melhor estabilidade e precisão, enquanto a geometria axial é usada para se obter limites de detecção mais baixos.

Durante os anos 1980, as tochas de baixas vazões e baixas potências apareceram no mercado. Tipicamente, essas tochas requerem um fluxo total de argônio menor que 10 L min^{-1} e uma potência de radiofrequência menor que 800 W.

Introdução da Amostra. As amostras podem ser introduzidas no ICP pelo argônio fluindo a cerca de 1 L min^{-1} através do tubo central de quartzo. A amostra pode ser um aerossol, um vapor gerado termicamente ou um pó finamente dividido. A forma mais comum de introdução da amostra é por meio de um nebulizador concêntrico de vidro mostrado na **Figura 28-8**. A amostra é transportada para o nebulizador pelo **efeito Bernoulli**. Esse processo de transporte é denominado **aspiração**. A alta velocidade do gás dispersa o líquido em gotículas finas de diversos tamanhos, as quais são carregadas para o plasma.

Outro tipo popular de nebulizador apresenta um desenho de fluxo cruzado. Nesse caso, um gás em alta velocidade flui através de uma ponta de capilar em ângulos retos provocando o mesmo efeito Bernoulli. Frequentemente, nesse tipo de nebulizador, o líquido é bombeado através do capilar por uma bomba peristáltica. Muitos outros tipos de nebulizadores estão disponíveis para uma maior eficiência, para amostras com alto conteúdo de sólidos e para a produção de névoas ultrafinas.

Aparência e Espectros do Plasma. Um plasma típico apresenta um núcleo brilhante, branco e opaco coberto por uma cauda na forma de uma chama. O núcleo, que se estende até alguns milímetros acima do tubo, produz um contínuo espectral com o espectro atômico do argônio sobreposto. O contínuo é típico das reações de recombinação íon-elétron e de ***bremsstralung***, que é a radiação contínua produzida quando as partículas carregadas são desaceleradas ou imobilizadas.

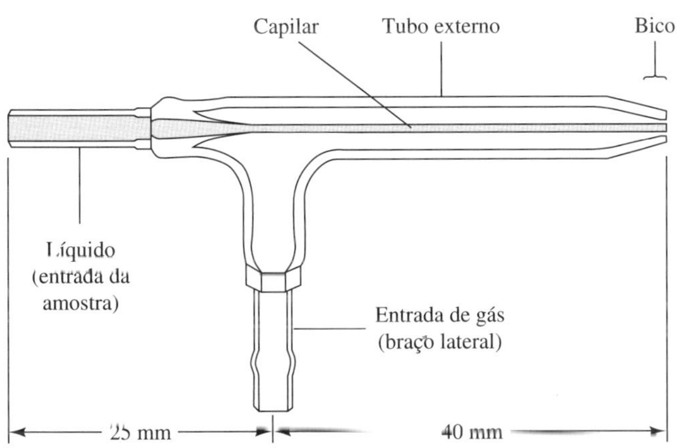

Figura 28-8 Nebulizador de Meinhard. O gás nebulizador flui por meio de uma abertura que envolve concentricamente o capilar. Este arranjo gera uma pressão reduzida na ponta e a aspiração da amostra. A alta velocidade do gás na ponta dispersa a solução na forma de um *spray* ou névoa de gotículas de diversos tamanhos. (Cortesia de Meinhard-Elemental Scientific.).

Na região de 10 a 30 mm sobre o núcleo, o contínuo decai e o plasma torna-se ligeiramente transparente. As observações espectrais são realizadas entre 15 e 20 mm acima da bobina de indução, onde as temperaturas podem ser tão altas quanto de 5.000 a 6.000 K. Nesta região, a radiação de fundo consiste basicamente em linhas de Ar, emissão de banda de OH e de algumas outras bandas moleculares. Muitas linhas analíticas mais sensíveis nessa região do plasma vêm de íons como Ca^+, Cd^+,

Cr^+ e Mn^+. Acima dessa segunda região, está a "chama em forma de cauda" onde as temperaturas são similares àquelas em uma chama comum (≈ 3.000 K). Essa região de temperatura mais baixa pode ser empregada para determinar os elementos facilmente excitados como os metais alcalinos.

Atomização e Ionização do Analito. No momento em que os átomos e íons do analito atingem o ponto de observação no plasma, eles já permaneceram por cerca de 2 ms no plasma a temperaturas na faixa de 6.000 a 8.000 K. Esses tempos de permanência são duas ou três vezes mais longos e as temperaturas são substancialmente maiores que aquelas atingidas nas chamas de combustão mais quentes (acetileno/óxido nitroso). Em consequência, a dessolvatação e vaporização são essencialmente completas e a eficiência de atomização é bastante alta. Portanto, existem menos efeitos de interferências químicas nos ICPs que em chamas de combustão. Surpreendentemente, os efeitos de interferência de ionização não existem ou são pequenos porque a grande concentração de elétrons vindos da ionização do argônio mantém uma concentração de elétrons mais ou menos constante no plasma.

Diversas outras vantagens estão associadas com o ICP quando comparadas com as chamas e outras fontes de plasma. A atomização ocorre em um ambiente quimicamente inerte, em contraste com as chamas, nas quais o ambiente é violento e altamente reativo. Além disso, a temperatura transversal do plasma é relativamente uniforme. O plasma também apresenta um caminho ótico estreito, o que minimiza a autoabsorção (veja a Seção 28C-2). Como consequência, as curvas de calibração geralmente são lineares sobre muitas ordens de grandeza de concentração. A ionização de elementos dos analitos pode ser significativa em ICPs típicos. Esta característica leva ao uso do ICP como fonte de ionização para a espectrometria de massas, como discutido no Capítulo 29. Uma desvantagem significativa do ICP é que ele não é muito tolerante a solventes orgânicos. Os depósitos de carbono tendem a se formar no tubo de quartzo, o que pode levar ao seu entupimento e à contaminação cruzada.

Plasma de Corrente Contínua e Outras Fontes de Plasma

Jatos de plasma de corrente contínua foram descritos primeiramente nos anos 1920 e têm sido sistematicamente investigados como fontes para a espectroscopia de emissão. No início dos anos 1970, o primeiro plasma de corrente contínua (DCP) comercial foi introduzido. A fonte era muito popular, particularmente entre os cientistas que estudam o solo e os geoquímicos, para análises multielementares.

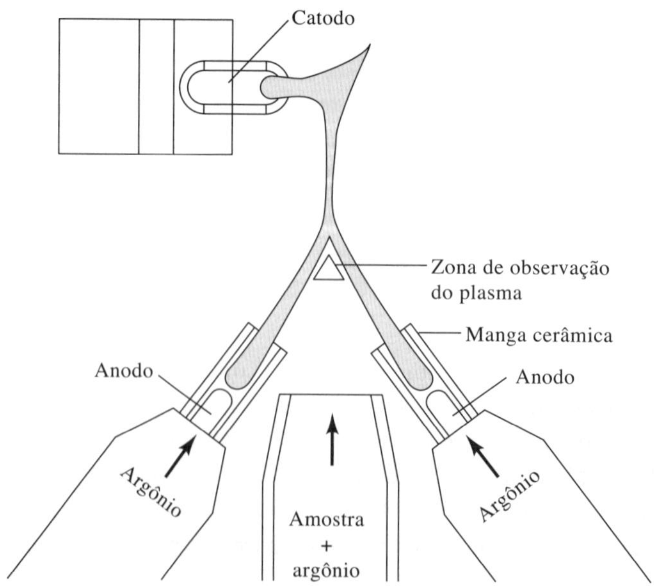

Figura 28-9 Diagrama de um jato de plasma de três eletrodos. Dois plasmas cc separados compartilham um único catodo comum. O plasma total queima na forma de um Y de cabeça para baixo. A amostra pode ser introduzida como um aerossol a partir da área entre os dois anodos de grafite. A observação da emissão na região abaixo do núcleo do plasma, o qual emite intensamente, evita de forma considerável a emissão de fundo do plasma.

A **Figura 28-9** é um diagrama de uma fonte de plasma cc para a excitação de espectros de emissão. Essa fonte de plasma de jato consiste em três eletrodos arranjados em uma configuração de Y invertido. Um anodo de grafite está localizado em cada braço do Y e um catodo de tungstênio localiza-se na base invertida. O argônio flui dos dois blocos dos anodos para o catodo. O jato de plasma é formado quando o catodo é momentaneamente levado ao contato com os anodos. A ionização do argônio ocorre e a corrente que se desenvolve ($\approx$ 14 A) gera íons adicionais para sustentar-se indefinidamente. A temperatura é de mais de 8.000 K no núcleo do arco e cerca de 5.000 K na região de observação. A amostra é aspirada para a área entre os dois braços do Y, onde é atomizada, excitada e seu espectro, observado.

Os espectros produzidos pelo DCP tendem a apresentar menos linhas que aqueles produzidos pelo ICP e as linhas formadas no DCP são majoritariamente de átomos em vez de íons. As sensibilidades atingidas com o DCP apresentam-se na faixa a partir de uma ordem de grandeza menor até aproximadamente a mesma daquelas obtidas com o ICP. As reprodutibilidades dos dois sistemas são similares. Uma quantidade significativamente menor de argônio é necessária para o plasma cc e a fonte de potência auxiliar é mais simples e de menor custo. O DCP é capaz, também, de lidar com soluções orgânicas e soluções aquosas com altos conteúdos de sólidos melhor que o ICP. Entretanto, a volatilização é frequentemente incompleta com o DCP em razão dos curtos tempos de residência na região de alta temperatura. Também, a região ótima de observação do DCP é bastante pequena, dessa forma, a ótica deve ser cuidadosamente alinhada para ampliar a imagem da fonte. Além disso, os eletrodos de grafite devem ser substituídos após poucas horas, enquanto o ICP requer pouca manutenção.

28B-3 Atomizadores de Chama

Um atomizador de chama contém um nebulizador pneumático, o qual converte a solução da amostra em uma névoa ou aerossol, que é então introduzido em um queimador. Os mesmos tipos de nebulizadores empregados em ICPs são usados em atomizadores de chama. O nebulizador concêntrico é o mais popular. Em muitos atomizadores, o gás à alta pressão é o oxidante, com o aerossol contendo o oxidante sendo misturado com o combustível.

Os queimadores utilizados em espectroscopia de chama são frequentemente do modelo premix do tipo de fluxo laminar. A **Figura 28-10** é um diagrama de um típico queimador comercial do tipo de fluxo laminar para a espectroscopia de absorção atômica que usa um nebulizador de tubo concêntrico. O aerossol flui para o interior de uma **câmara de *spray***, na qual encontra uma série de chicanas que removem as gotas maiores, deixando apenas as mais finas. Como resultado, a maior quantidade da amostra é coletada no fundo da câmara, onde é drenada para o recipiente de descarte. As vazões típicas de solução são de 2 a 5 mL min^{-1}. O jato gasoso da amostra (*spray*) também é misturado com o combustível e o gás oxidante na câmara. O aerossol, o oxidante e o combustível são então incinerados em um queimador de fenda, o qual fornece chama que normalmente apresenta um comprimento de 5 a 10 cm.

Os queimadores de fluxo laminar do tipo mostrado na Figura 28-10 fornecem uma chama relativamente estável e um longo caminho ótico. Essas propriedades tendem a aumentar a sensibilidade para a absorção atômica e a reprodutibilidade. A câmara de mistura nesse tipo de queimador contém uma mistura potencialmente explosiva, a qual pode entrar em ignição por retorno se as vazões dos gases não forem suficientes. Observe que, por essa razão, o queimador exposto na Figura 28-10 está equipado com válvulas de alívio de pressão.

❮ Os instrumentos modernos de absorção atômica de chama empregam quase exclusivamente os queimadores de fluxo laminar.

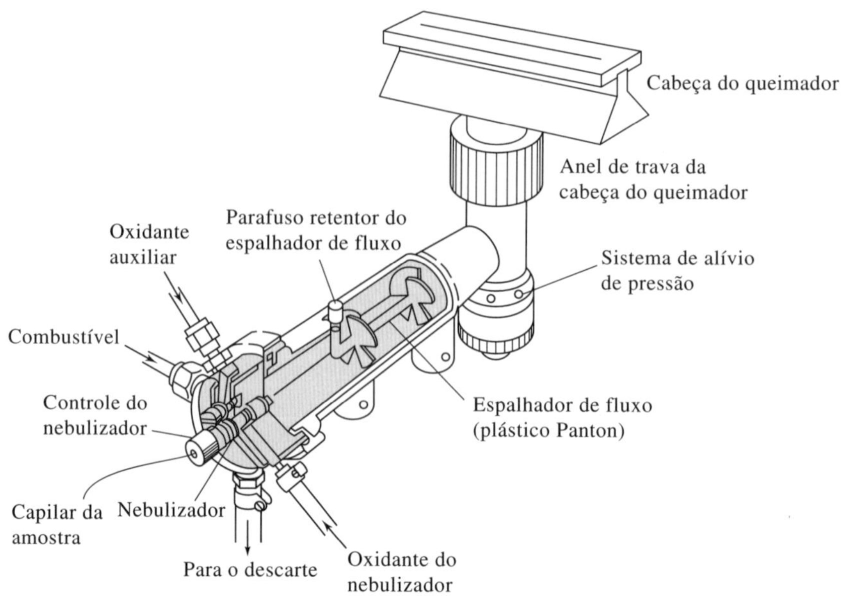

Figura 28-10 Um queimador de fluxo laminar empregado na espectroscopia de absorção atômica. (Reimpresso com a permissão da Perkin-Elmer Corporation, Waltham, MA.)

Propriedades das Chamas

Quando uma amostra nebulizada é carregada para a chama, ocorre a dessolvatação das gotículas na **zona de combustão primária**, a qual está localizada logo acima do bico do queimador, como mostrado na **Figura 28-11**. As partículas sólidas finamente divididas são carregadas para a região central da chama denominada **cone interno**. Aqui, nesta parte mais quente da chama, as partículas são vaporizadas e convertidas em átomos gasosos, íons elementares e espécies moleculares (veja Figura 28-5). A excitação dos espectros de emissão atômica também ocorre nessa região. Finalmente, os átomos, as moléculas e os íons são carregados para a parte externa da chama, ou **cone externo**, onde a oxidação pode ocorrer antes que os produtos da atomização se dispersem na atmosfera. Uma vez que a velocidade da mistura combustível/oxidante através da chama é alta, apenas uma fração da amostra sofre todos estes processos. Infelizmente, uma chama não é um atomizador muito eficiente.

Tipos de Chamas Empregadas em Espectroscopia Atômica

A **Tabela 28-2** lista os combustíveis e oxidantes comuns empregados em espectroscopia de chama e a faixa aproximada de temperaturas alcançadas com cada uma dessas

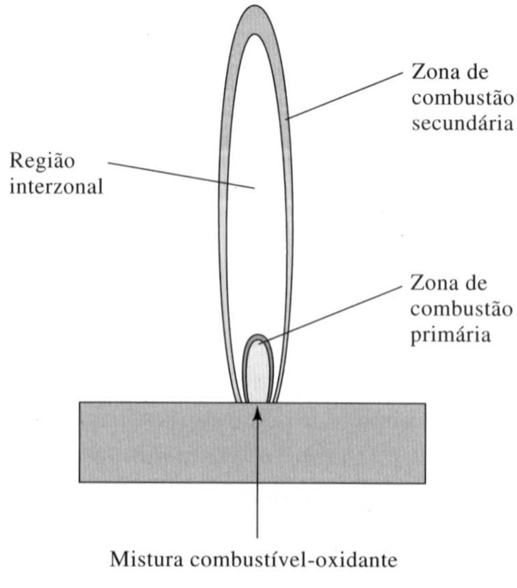

Figura 28-11 Regiões de uma chama.

misturas. Observe que as temperaturas de 1.700 a 2.400°C são obtidas quando o oxidante é o ar. Nessas temperaturas, somente as espécies facilmente excitáveis tais como os metais alcalinos e alcalinos terrosos produzem espectros de emissão úteis. Para as espécies de metais pesados, que são mais difíceis de ser excitadas, o oxigênio ou o óxido nitroso devem ser empregados como oxidante. Esses oxidantes produzem temperaturas de 2.500 a 3.100°C com combustíveis comuns.

TABELA 28-2

Chamas utilizadas em Espectroscopia Atômica

Combustível e Oxidante	Temperatura, °C
*Gás/Ar	1700–1900
*Gás/O_2	2700–2800
H_2/ar	2000–2100
H_2/O_2	2500–2700
†C_2H_2/ar	2100–2400
†C_2H_2/O_2	3050–3150
†C_2H_2/N_2O	2600–2800

*Propano ou gás natural
†Acetileno

Efeitos da Temperatura da Chama

Tanto os espectros de emissão quanto os de absorção são afetados de uma forma complexa por variações na temperatura da chama. Em ambos os casos, as temperaturas mais altas aumentam a população total de átomos da chama e, assim, a sensibilidade. Entretanto, para certos elementos, tais como os metais alcalinos, esse aumento na população de átomos é mais do que suplantado pela perda de átomos por ionização.

Em uma larga extensão, a temperatura da chama determina a eficiência da atomização, que é a fração do analito que é dessolvatada, vaporizada e convertida em átomos e/ou íons livres. A temperatura da chama também determina o número relativo de átomos excitados e não excitados na chama. Em uma chama de ar/acetileno, por exemplo, os cálculos mostram que a razão entre os átomos de magnésio excitados e não excitados é de aproximadamente 10^{-8}, enquanto em uma chama de oxigênio/acetileno, que é de cerca de 700°C mais quente, essa razão é de aproximadamente 10^{-6}. Consequentemente, o controle da temperatura é muito importante em métodos de emissão em chama. Por exemplo, com uma chama a 2.500°C, uma elevação de temperatura de 10°C leva a um aumento de cerca de 3% no número de átomos de sódio no estado excitado $3p$. Em contraste, o correspondente *decréscimo* no número muito maior de átomos no estado fundamental é de apenas 0,002%. Portanto, à primeira vista, os métodos de emissão, uma vez que estão baseados na população de *átomos excitados*, requerem um controle muito mais rigoroso da temperatura da chama que os procedimentos com base em absorção, nos quais o sinal analítico depende do número de *átomos não excitados*. No entanto, na prática, devido ao fato de a etapa de atomização depender da temperatura, ambos os métodos mostram dependências similares.

O número de átomos não excitados em uma chama típica excede o número de átomos excitados por um fator de 10^3 a 10^{10} ou mais. Isso sugere que os métodos de absorção deveriam apresentar limites de detecção (LD) menores que os métodos de emissão. Na verdade, entretanto, muitas outras variáveis também influenciam os limites de detecção e os dois métodos tendem a se complementar nesse aspecto. A **Tabela 28-3** ilustra esse ponto.

Espectros de Absorção e de Emissão em Chamas

A emissão e a absorção atômicas podem ser medidas quando uma amostra é atomizada em uma chama. Um espectro típico de emissão em chama foi mostrado na Figura 24-19. As emissões atômicas nesse espectro são constituídas por linhas estreitas, como aquelas para o sódio a cerca de 330 nm, para o potássio a aproximadamente 404 nm e para o cálcio a 423 nm. Os espectros atômicos são, assim, denominados **espectros de linhas**. As bandas de emissão resultantes da excitação de espécies moleculares, como MgOH, MgO, CaOH e OH, também estão presentes. Essas bandas se formam quando as transições vibracionais estão superpostas nas transições eletrônicas para produzir linhas muito próximas que não são resolvidas completamente pelo espectrômetro. Em razão disso, frequentemente os espectros moleculares são chamados de **espectros de bandas**.

❮ A largura das linhas de emissão atômica em chama é da ordem de 10^{-3} nm. A largura pode ser medida com um interferômetro.

TABELA 28-3

Comparação dos Limites de Detecção (LDs) para Vários Elementos pelos Métodos de Absorção e de Emissão Atômica em Chama*

Emissão em Chama Apresenta Menores LDs	Os LDs São Aproximadamente os Mesmos	Absorção Atômica Apresenta Menores LDs
Al, Ba, Ca, Eu, Ga, Ho, In, K, La, Li, Lu, Na, Nd, Pr, Rb, Re, Ru, Sm, Sr, Tb, Tl, Tm, W, Yb	Cr, Cu, Dy, Er, Gd, Ge, Mn, Mo, Nb, Pd, Rh, Sc, Ta, Ti, V, Y, Zr	Ag, As, Au, B, Be, Bi, Cd, Co, Fe, Hg, Ir, Mg, Ni, Pb, Pt, Sb, Se, Si, Sn, Te, Zn

*Adaptado com a permissão de E. E. Pickett e S. R. Koirtyohann, *Anal. Chem.*, v. 41, p. 28A-42A. **1969**, **DOI**: 10.1021/ac50159a003. Copyright 1969 American Chemical Society.

Os espectros de absorção atômica são raramente registrados porque seria necessário um espectrômetro de alta resolução ou um interferômetro. Um espectro de alta resolução teria praticamente a mesma aparência geral daquele na Figura 24-19 e conteria os componentes de absorção tanto atômica quanto molecular. O eixo vertical, nesse caso, é a absorbância em vez da potência relativa.

Ionização em Chamas

Uma vez que todos os elementos ionizam em algum grau em uma chama, o meio altamente aquecido contém uma mistura de átomos, íons e elétrons no meio. Por exemplo, quando uma amostra contendo bário é atomizada, o equilíbrio

A ionização de espécies atômicas em uma chama é um processo de equilíbrio que pode ser descrito pela matemática usual de equilíbrios químicos.

$$Ba \rightleftharpoons Ba^{+} + e^{-}$$

é estabelecido no cone interno da chama. A posição desse equilíbrio depende da temperatura da chama e da concentração total de bário, bem como da concentração de elétrons produzidos pela ionização de *todos os elementos* presentes na amostra. Nas temperaturas das chamas mais quentes (> 3.000 K), praticamente metade do bário está presente na forma iônica. Uma vez que os espectros de emissão e de absorção do Ba e Ba^{+} são totalmente diferentes entre si, aparecem dois espectros para o bário, um para o átomo e outro para o seu íon. A temperatura da chama novamente exerce um papel relevante na determinação da fração do analito que é ionizada.

O espectro de um átomo é totalmente diferente daquele do seu íon.

28B-4 Atomizadores Eletrotérmicos

Os atomizadores eletrotérmicos, que primeiramente apareceram no mercado por volta de 1970, fornecem, de forma geral, um aumento de sensibilidade, porque toda a amostra é atomizada em um curto intervalo de tempo e porque o tempo de permanência médio dos átomos no caminho ótico é de 1 s ou mais.[3] Também, as amostras são introduzidas em um forno de volume confinado e, assim, elas não são diluídas tanto como estariam em um plasma ou em uma chama. Os atomizadores eletrotérmicos são empregados para as medidas de absorção atômica e de fluorescência atômica, porém não têm sido, de forma geral, aplicados em trabalhos de emissão. Entretanto, eles são empregados para vaporizar as amostras em espectroscopia de emissão em plasma acoplado indutivamente.

[3]Para discussões detalhadas sobre os atomizadores eletrotérmicos, veja L. H. Lajune e P. Peramaki, *Spectrochemical Analysis by Atomic Absorption and Emission*, 2. ed., Cambridge: Royal Societyu of Chemistry, 2004, cap. 3; B. E. Erickson, *Anal. Chem.*, v. 72, p. 543A **2000**; *Electrothermal Atomization for Analytical Atomic Spectrometry*, K. W. Jackson, ed., Nova York: Wiley, 1999; D. J. Buther e J. Sneddon, *A Practical Guide to Graphite Furnace Atomic Absorption Spectrometry*, Nova York: Wiley, 1998; C. W. Fuller, *Electrothermal Atomization for Atomic Absorption Spectroscopy*, Londres: The Chemical Society, 1977.

Com atomizadores eletrotérmicos, poucos microlitros da amostra são primeiramente depositados no forno com uma seringa ou por um amostrador automático. Posteriormente ocorre uma série programada de eventos de aquecimento: **secagem**, **pirólise** e **atomização**. Durante a etapa de secagem, a amostra é evaporada em temperatura relativamente baixa, geralmente de 110°C.

Então, eleva-se a temperatura para entre 300 e 1.200°C e a matéria orgânica é calcinada ou convertida em H_2O e CO_2. Após a pirólise, aumenta-se rapidamente a temperatura até entre 2.000 e 3.000°C, o que vaporiza e atomiza a amostra. A atomização da amostra ocorre em um intervalo de tempo de poucos milissegundos a segundos. A absorção ou a fluorescência das partículas atomizadas é então medida na região imediatamente acima da superfície aquecida antes que o vapor possa escapar do forno.

Modelos de Atomizadores

Os atomizadores eletrotérmicos comerciais são fornos tubulares pequenos e aquecidos eletricamente. A **Figura 28-12a** fornece uma visão do corte longitudinal de um atomizador eletrotérmico comercial. A atomização ocorre em um tubo cilíndrico de grafite aberto em suas duas extremidades e tem um orifício central para a introdução da amostra. O tubo tem cerca de 5 cm de comprimento e um diâmetro interno um pouco menor que 1 cm. O tubo intercambiável de grafite adapta-se perfeitamente a um par de contatos elétricos feitos de grafite localizados nas duas extremidades do tubo. Esses contatos são mantidos em um compartimento metálico refrigerado a água. Um fluxo externo de gás inerte banha o tubo e o previne de ser incenerado ao ar. Uma segunda corrente flui para as duas extremidades do tubo e sai do orifício central de introdução da amostra. Essa corrente de gás não só exclui o ar como também serve para carregar para fora os vapores gerados pela matriz da amostra durante os dois estágios iniciais de aquecimento.

A Figura 28-12b ilustra a plataforma de L'vov, a qual é frequentemente empregada em fornos de grafite e está localizada abaixo do orifício de introdução de amostra. A

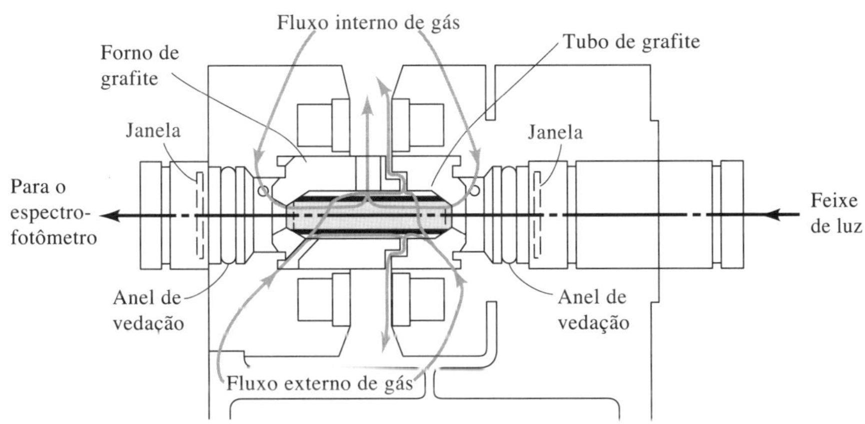

(a)

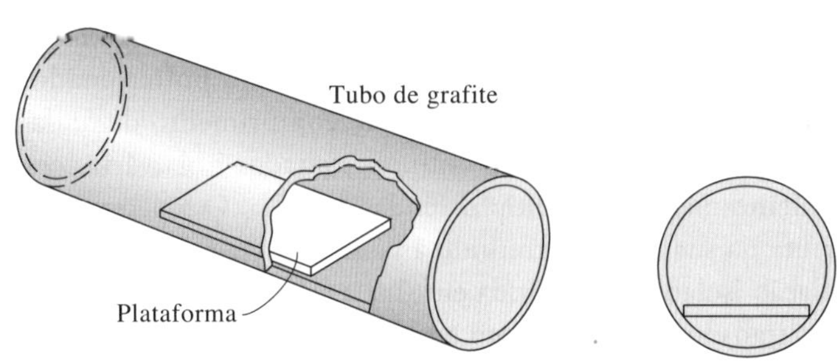

(b)

Figura 28-12 (a) Corte longitudinal de um atomizador de forno de grafite. (b) A plataforma de L'vov e sua posição no forno de grafite. a: Reimpresso com permissão da PerkinElmer Corporation, Waltham, MA; b: Reimpresso com a permissão de W. Slavin, *Anal. Chem.*, v. 54, p. 685A, **1982**, **DOI**: 10.1021/ac00243a001. Copyright 1982 da American Chemical Society.

amostra é evaporada e calcinada nessa plataforma, da forma usual. Quando a temperatura do tubo é aumentada rapidamente, entretanto, atrasa-se a atomização, uma vez que a amostra não se encontra mais em contato direto com a parede do forno. Em consequência, a atomização ocorre em um ambiente no qual a temperatura não está se alterando tão rapidamente. Como resultado, são obtidos sinais mais reprodutíveis que aqueles de sistemas convencionais.

Muitos outros modelos de atomizadores eletrotérmicos estão disponíveis comercialmente.

Sinais de Saída

Os sinais de saída em AA eletrotérmica são transientes, diferente daqueles em estado estacionário observados na atomização em chama. A etapa de atomização produz um pulso de vapor atômico que dura somente alguns segundos e o vapor é perdido do forno pela difusão e outros processos. O sinal de absorção transiente produzido pelo pulso de vapor deve ser obtido e registrado rapidamente por um sistema de obtenção de dados.

28B-5 Outros Atomizadores

Muitos outros tipos de dispositivos de atomização têm sido empregados em espectroscopia atômica. As descargas em gás operadas a pressões reduzidas têm sido investigadas como fontes de emissão atômica. A **descarga luminescente** (***glow discharge***) é gerada entre dois eletrodos planares em um tubo de vidro preenchido com gás a uma pressão de poucos torr. Os lasers de alta potência têm sido utilizados para vaporizar amostras e provocar a **quebra induzida por laser** (***laser-induced breakdown***). Nessa última técnica, a quebra dielétrica de um gás ocorre no ponto focal do laser. Um espectrômetro de quebra induzida por laser (LIBS) é parte do Mars Science Laboratory a bordo na espaçonave Curiosity, que chegou a Marte em agosto de 2012.

Um **dielétrico** é um material que não conduz eletricidade. Aplicando-se altas voltagens ou radiação de um laser de alta potência, um gás pode ser decomposto em íons e elétrons, um fenômeno conhecido como **quebra dielétrica**.

No início da espectroscopia atômica, os arcos de cc e ca e as centelhas de alta voltagem eram populares fontes para a emissão atômica por excitação. Essas fontes foram quase totalmente substituídas pelo ICP.

28C ESPECTROMETRIA DE EMISSÃO ATÔMICA

A espectrometria de emissão atômica é amplamente usada em análise elementar. O ICP é atualmente a fonte mais popular para a espectrometria de emissão, embora o DCP e as chamas sejam ainda empregados em alguns casos.

28C-1 Instrumentação

O diagrama de blocos de um espectrômetro típico de ICP é mostrado na **Figura 28-13**. A emissão atômica ou iônica do plasma é separada em seus comprimentos de onda constituintes por um dispositivo isolador de comprimentos de onda. Essa separação pode ocorrer em um **monocromador**, em um **policromador** ou em um **espectrógrafo**. O monocromador isola um só comprimento de onda por vez em uma única fenda de saída, enquanto um policromador isola vários comprimentos de onda simultaneamente em múltiplas fendas de saída. O espectrógrafo provê uma grande abertura na sua saída permitindo a saída de uma faixa de comprimentos de onda. A radiação isolada é convertida em sinais elétricos por um único transdutor, por múltiplos transdutores ou por um arranjo de detectores. Os sinais elétricos são então processados e supridos como entrada para o sistema computacional.

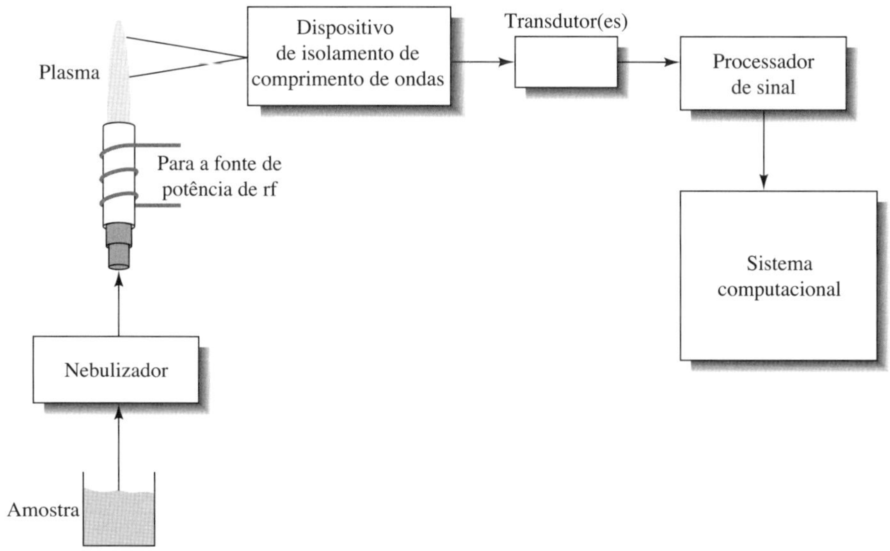

Figura 28-13 Diagrama de blocos de um espectrômetro típico de emissão ICP.

Os espectrômetros de emissão em chama e aqueles de emissão DCP seguem o mesmo diagrama de blocos, exceto que a chama ou o DCP substitui o ICP como pode ser visto na Figura 28-13. Espectrômetros de chama muito frequentemente isolam um único comprimento de onda, enquanto os espectrômetros DCP podem isolar múltiplos comprimentos de onda com um policromador.

Isolamento do Comprimento de Onda

A espectrometria de emissão é normalmente utilizada em determinações multielementares. Em geral, existem dois tipos de instrumentos disponíveis para esse propósito. O **espectrômetro sequencial** usa um monocromador e varre diferentes linhas de emissão em sequência. Geralmente, os comprimentos de onda a serem empregados são determinados pelo usuário em um programa computacional e o monocromador move-se rapidamente de um comprimento de onda para o próximo. Alternativamente, monocromadores podem varrer uma faixa de comprimentos de onda. Os **espectrômetros simultâneos** verdadeiros empregam policromadores ou espectrógrafos. O **espectrômetro de leitura direta** usa um policromador com até 64 detectores localizados em fendas de saída no plano focal. Alguns espectrômetros utilizam os espectrógrafos e um ou mais arranjos de detectores para monitorar múltiplos comprimentos de onda simultaneamente. Alguns deles podem até combinar a função de varredura com a do espectrógrafo para apresentar diferentes regiões de comprimento de onda para o arranjo de detectores. Os dispositivos dispersores desses espectrômetros podem ser grades, combinações de grades e prismas ou grades tipo *echelle*. Os instrumentos simultâneos são mais caros que os sistemas sequenciais.

Para as determinações de rotina por emissão em chama de metais alcalinos e alcalinos terrosos, fotômetros de filtro simples são frequentemente suficientes. Uma chama de baixa temperatura é empregada para prevenir a excitação de muitos outros metais. Em consequência, o espectro é simples e os filtros de interferência podem ser usados para isolar as linhas de emissão desejadas. A emissão em chama foi amplamente utilizada nos laboratórios clínicos para a determinação de sódio e potássio. Esses métodos têm sido substituídos intensivamente por métodos que empregam eletrodos seletivos de íon (veja a Seção 21D).

Transdutores de Radiação

Os instrumentos de comprimento de onda único empregam quase exclusivamente os transdutores fotomultiplicadores, como os espectrômetros de leitura direta. O dispositivo de acoplamento de carga (DAC) tem-se tornado muito popular atualmente como um detector de arranjos para espectrômetros simultâneos e em alguns sequenciais. Tais dispositivos estão disponíveis contendo mais de 1 milhão de pixels para permitir uma cobertura ampla de comprimentos de onda. Um instrumento comercial usa um detector constituído por uma matriz segmentada de dispositivos de acoplamento de carga de forma que permita que mais de uma região de comprimento de onda seja monitorada simultaneamente.

Sistemas Computacionais e Programas

Os espectrômetros comerciais vêm atualmente com computadores e programas potentes. A maioria dos novos sistemas de emissão ICP acompanham programas que podem auxiliar na seleção dos comprimentos de onda, na calibração, na correção de fundo, na correção de efeitos interelementos, na deconvolução espectral, na calibração de adições de padrão, na produção de gráficos de controle e na geração de relatórios.

28C-2 Fontes de Não Linearidade em Espectrometria de Emissão Atômica

Os resultados quantitativos na espectrometria de emissão atômica são baseados geralmente no método dos padrões externos (veja a Seção 8D-2). Por muitas razões, preferimos que as curvas de calibração sejam lineares ou que, pelo menos, sigam uma relação preestabelecida. A altas concentrações, a principal causa da não linearidade quando se empregam as transições de ressonância é a **autoabsorção**. Mesmo a altas concentrações, a maior parte dos átomos do analito está no estado fundamental, com apenas uma pequena fração sendo excitada. Quando os átomos excitados do analito emitem radiação, os fótons resultantes podem ser absorvidos por átomos do analito que estão no estado fundamental, uma vez que estes apresentam exatamente os mesmos níveis de energia para a absorção. Em um meio no qual a temperatura não é homogênea, as linhas de ressonância podem ser severamente alargadas e podem até mesmo apresentar um pico negativo no centro devido ao fenômeno conhecido como **autorreversão**. Na emissão em chama, a autoabsorção é geralmente observada para as soluções de concentração entre 10 e 100 μg mL^{-1}. Em plasmas, a autoabsorção frequentemente não é observada até que as concentrações sejam mais altas, em razão do menor caminho ótico para a absorção no plasma que na chama.

Em concentrações baixas, a ionização do analito pode causar a não linearidade nas curvas de calibração. Com fontes de ICP e de DCP, as altas concentrações de elétrons no plasma tendem a agir como um tampão contra as alterações na extensão da ionização do analito com a concentração. Quando as linhas de emissão iônicas são empregadas com o ICP, as não linearidades devidas à ionização adicional são poucas uma vez que a remoção de um segundo elétron é mais difícil que remover o primeiro elétron. As alterações nas características do atomizador, tais como vazões, temperatura e eficiência com a concentração do analito, podem também ser a causa da não linearidade.

As curvas de calibração de emissão são frequentemente lineares sobre duas ou três dezenas de grandeza na concentração. As fontes de ICP e DCP podem manifestar faixas lineares muito largas, frequentemente de quatro a cinco dezenas de grandeza na concentração.

28C-3 Interferências na Espectroscopia de Emissão Atômica em Plasma e em Chama

Muitos efeitos de interferência causados por concomitantes são similares na emissão atômica em plasma ou em chama. Algumas técnicas, contudo, podem estar sujeitas a certos tipos de interferência e livres de outros tipos. Os efeitos de interferência são convenientemente divididos em interferências do branco ou interferências do analito.

Interferências do Branco

Uma **interferência do branco** ou **aditiva** produz um efeito que é independente da concentração do analito. Esses efeitos poderiam ser reduzidos ou eliminados se um branco perfeito pudesse ser preparado e analisado sob as mesmas condições. Um exemplo é a **interferência espectral**. Na espectroscopia de emissão, qualquer elemento que não o analito que emita radiação na banda de passagem do dispositivo de seleção de comprimento de onda ou que cause o aparecimento de radiação espúria dentro da mesma banda de passagem causa uma interferência do branco.

As **interferências espectrais** são exemplos de interferências do branco. Elas produzem um efeito independente da concentração do analito.

Um exemplo de interferência do branco é o efeito da emissão de Na em 285,28 nm sobre a determinação de Mg em 285,21 nm. Em um espectrômetro de resolução moderada, qualquer quantidade de sódio presente na amostra vai gerar leituras mais altas para o magnésio, a menos que um branco com a quantidade correta de sódio seja subtraído. Essas interferências de linha podem, em princípio, ser reduzidas melhorando-se a resolução do espectrômetro. No entanto, na prática, o usuário raramente tem a possibilidade de alterar essa resolução. Nos espectrômetros multielementares, as medidas tomadas em múltiplos comprimentos de onda podem ser empregadas às vezes para determinar os fatores de correção a serem aplicados para as espécies interferentes. Essas correções interelementos são comuns nos modernos espectrômetros de ICP controlados por computador.

A emissão de banda molecular pode também causar uma interferência do branco. Esse tipo de interferência é particularmente problemático na espectrometria de chama, em que a baixa temperatura e a atmosfera reativa apresentam maior probabilidade de produzir espécies moleculares. Por exemplo, uma alta concentração de Ca em uma amostra pode produzir uma banda de emissão de CaOH, a qual pode causar uma interferência do branco se esta ocorrer no comprimento de onda do analito. Geralmente, a melhoria da resolução do espectrômetro não reduz a emissão de banda, uma vez que as linhas estreitas do analito estão sobrepostas em uma banda de emissão molecular larga. A radiação de fundo em chama ou plasma é geralmente compensada com sucesso por meio de medidas de uma solução do branco.

Interferências do Analito

As **interferências do analito** ou **multiplicativas** alteram a grandeza do próprio sinal do analito. Essas interferências não são normalmente de natureza espectral, mas de efeitos físicos ou químicos.

As interferências químicas, físicas e de ionização são exemplos de **interferências do analito**. Estas interferências influenciam a grandeza do próprio sinal do analito.

As **interferências físicas** podem alterar os processos de aspiração, de nebulização, de dessolvatação e de volatilização. As substâncias presentes na amostra e que alteram a viscosidade da solução, por exemplo, podem alterar a vazão e a eficiência do processo de nebulização. Os constituintes combustíveis como os solventes orgânicos podem alterar a temperatura do atomizador e dessa forma afetar indiretamente a eficiência de atomização.

As **interferências químicas** são geralmente específicas a certos analitos. Elas ocorrem após a dessolvatação, na conversão das partículas sólidas ou fundidas em átomos ou íons elementares. Os constituintes que influenciam a volatilização das partículas do analito causam esse tipo de interferência e são denominados **interferências**

de volatilização do soluto. Por exemplo, em alguns tipos de chama a presença de fosfato na amostra pode alterar a concentração atômica de cálcio na chama em decorrência da formação de complexos relativamente não voláteis. Esses efeitos podem algumas vezes ser eliminados ou minimizados pelo uso de altas temperaturas. Alternativamente, os **agentes liberadores**, constituídos por espécies que reagem preferencialmente com o interferente e previnem sua interação com o analito, podem ser empregados. Por exemplo, a adição de excesso de Sr ou La minimiza a interferência do fosfato sobre o cálcio porque esses cátions formam compostos mais estáveis com o fosfato do que o Ca, liberando, dessa forma, o analito.

Os **agentes liberadores** são cátions que reagem seletivamente com os ânions e os previnem de interferir na determinação de um analito catiônico.

Os **agentes de proteção** previnem a interferência formando preferencialmente com o analito espécies estáveis, porém *voláteis*. Três reagentes comuns empregados para esse fim são o EDTA, 8-hidroxiquinolina e o APDC (sal amoniacal do ácido 1-pirrolidina carboditioico). Por exemplo, a presença de EDTA é efetiva em minimizar ou eliminar a interferência de silicato, fosfato e sulfato na determinação de cálcio.

As substâncias que alteram a ionização do analito podem causar **interferências de ionização**. A presença de um elemento facilmente ionizável, como o K, pode alterar a extensão da ionização de um elemento menos ionizado, como o Ca. Nas chamas, podem ocorrer efeitos relativamente intensos a menos que um elemento facilmente ionizável seja adicionado à amostra em quantidades relativamente altas. Esses **supressores de ionização** contêm elementos como K, Na, Li, Cs ou Rb. Quando ionizados na chama, esses elementos produzem elétrons, os quais deslocam o equilíbrio de ionização do analito favorecendo a formação de átomos neutros.

Um **supressor de ionização** é uma espécie facilmente ionizável que produz uma alta concentração de elétrons em uma chama reprimindo a ionização do analito.

28C-4 Aplicações

O ICP tem-se tornado a fonte espectroscopia de emissão mais utilizada. Seu sucesso deriva de sua alta estabilidade, baixo ruído, baixa intensidade de emissão de fundo e imunidade a muitos tipos de interferências. Entretanto, o ICP é relativamente caro para se adquirir e para operar. Além disso, os usuários necessitam de treinamento extensivo para operar e manter esses tipos de instrumentos. Porém, os sistemas modernos computadorizados, com seus programas sofisticados, têm aliviado essa tarefa substancialmente.

O ICP é amplamente empregado na determinação de traços de metais em amostras ambientais, como em águas potáveis, efluentes e poços artesianos. O ICP é usado também na determinação de traços de metais em produtos de petróleo, em alimentos, em amostras geológicas, em materiais biológicos e no controle de qualidade industrial. O DCP tem encontrado um nicho considerável nas determinações de traços de metais em solo e amostras geológicas. A emissão em chama ainda é aplicada em alguns laboratórios clínicos para a determinação de Na e K.

As determinações simultâneas multielementares empregando fontes de plasma têm se tornado populares. Essas determinações tornam possível estabelecer correlações e tirar conclusões que eram impossíveis com as determinações de um único elemento. Por exemplo, as determinações de traço de metais podem auxiliar a apontar a origem de produtos de petróleo encontrados em derramamentos de óleo ou a identificar fontes de poluição.

28D ESPECTROMETRIA DE ABSORÇÃO ATÔMICA

A espectroscopia de absorção atômica de chama (EAA) é correntemente o método atômico mais empregado entre aqueles listados na Tabela 28-1 em razão de sua simplicidade, efetividade e custo relativamente baixo. A técnica foi introduzida em 1955 por Walsh na Austrália e por Alkemade e Milatz na Holanda.[4] O primeiro espectrômetro de absorção atômica (AA) comercial foi introduzido em 1959 e, depois disso, o uso da técnica cresceu de forma explosiva. A razão de os métodos de absorção atômica não serem utilizados até aquela data estava relacionado diretamente a problemas criados pelas larguras muito estreitas das linhas de absorção atômica, como discutido na Seção 28A-4 (veja as pranchas coloridas para o espectro solar e algumas linhas de absorção atômica).

28D-1 Efeitos de Largura de Linha em Absorção Atômica

Nenhum monocromador comum é capaz de produzir uma banda de radiação tão estreita como a largura de uma linha de absorção atômica (0,002 a 0,005 nm). Como resultado, o uso de radiação que foi isolada de uma fonte contínua por um monocromador inevitavelmente causa desvios instrumentais da lei de Beer (veja a discussão sobre os desvios instrumentais da lei de Beer na Seção 24C-3). Além disso, uma vez que a fração de radiação absorvida desse feixe é pequena, o transdutor recebe um sinal que é menos atenuado (isto é, $P \rightarrow P_0$) e a sensibilidade da medida é reduzida. Esse efeito é ilustrado na curva que se encontra logo abaixo no gráfico da Figura 24-17.

❮ As larguras das linhas de absorção são muito menores que as larguras de banda efetivas da maioria dos monocromadores.

O problema criado pelas linhas de absorção estreitas foi contornado pelo uso de fontes de radiação que emitem não apenas uma *linha com o mesmo comprimento de onda* como aquele selecionado para a medida de absorção, mas também uma linha que é *mais estreita*. Por exemplo, uma lâmpada de vapor de mercúrio é selecionada como uma fonte externa na determinação de mercúrio. Os átomos gasosos de mercúrio que estão excitados eletricamente nessa lâmpada retornam para o estado fundamental *emitindo* radiação cujos comprimentos de onda são idênticos àqueles *absorvidos* pelos átomos de mercúrio presentes na chama. Uma vez que a lâmpada é operada a uma temperatura mais baixa que aquela da chama, os alargamentos Doppler e de pressão das linhas de emissão do mercúrio da lâmpada são menores que o alargamento correspondente das linhas de absorção do analito na chama quente que contém a amostra. As larguras de bandas efetivas das linhas emitidas pela lâmpada são, portanto, significativamente menores que as larguras de banda das linhas de absorção para o analito na chama.

A **Figura 28-14** ilustra a estratégia geralmente empregada para se medir a absorbância em métodos de absorção atômica. A Figura 28-14a mostra quatro linhas de *emissão* estreitas de uma fonte típica de absorção atômica. Também é mostrado como uma dessas linhas é isolada por meio de um filtro ou um monocromador. A Figura 28-14b apresenta o *espectro de absorção* do analito entre os comprimentos de onda λ_1 e λ_2. Observe que a largura da linha de absorção na chama é significativamente maior que a largura da linha de emissão da lâmpada. Como mostrado na Figura 28-14c, a intensidade do feixe incidente P_0 decresceu para P após a passagem pela amostra. Uma vez que a largura de banda da linha de emissão da lâmpada é significativamente menor que a largura de banda da linha de absorção na chama, espera-se que log P_0/P esteja linearmente correlacionado com a concentração.

[4]A. Walsh, *Spectrochim. Acta*, v. 7, p. 108, **1955**, **DOI**: 10.1016/0371-1951(55)80013-6; C. Th. J. Alkemade e J. M. W. Milatz, J., *Opt. Soc. Am.*, v. 45, p. 583, **1955**.

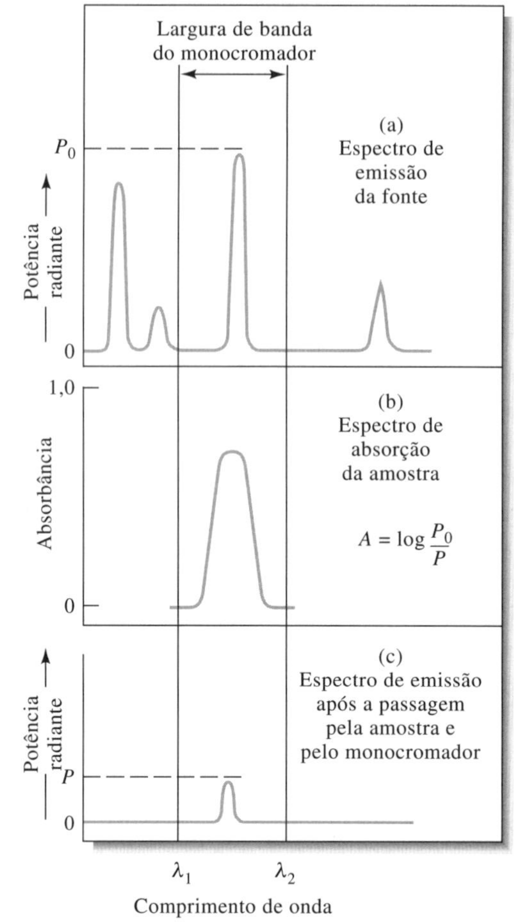

Figura 28-14 Absorção atômica de uma linha de emissão estreita de uma fonte. As linhas de fonte em (a) são muito estreitas. Uma linha é isolada por um monocromador. A linha é absorvida pela linha de absorção mais larga do analito na chama (b), resultando na atenuação (c) da radiação da fonte. Uma vez que a maior parte da radiação da fonte ocorre no pico da linha de absorção, a lei de Beer é obedecida.

28D-2 Instrumentação

A instrumentação para AA pode ser muito simples, como mostrado na **Figura 28-15**, para um espectrômetro de AA de feixe único.

Fontes de Linhas

A fonte de radiação mais útil para a espectroscopia de absorção atômica é a **lâmpada de catodo oco**, mostrada esquematicamente na **Figura 28-16**. Esta consiste em um anodo de tungstênio e um catodo cilíndrico selados em um tubo de vidro, contendo um gás inerte, como o argônio, a pressões de 1 a 5 torr. O catodo é fabricado com o metal do analito ou serve de suporte para um recobrimento desse metal.

Pulverização catódica é um processo no qual átomos ou íons são ejetados de uma superfície por um feixe de partículas carregadas.

Se uma diferença de potencial de cerca de 300 V é aplicada através dos eletrodos, o argônio ioniza-se e, à medida que os cátions e elétrons migram para os dois elétrodos, é gerada uma corrente de 5 a 10 mA. Se o potencial é suficientemente alto, os cátions de argônio se chocam com o catodo com energia suficiente para desalojar alguns dos átomos do metal e assim produzir uma nuvem atômica. Esse processo é denominado **pulverização catódica**. Alguns dos átomos metálicos removidos do catodo encontram-se no estado excitado e emitem seus comprimentos de onda característicos quando retornam ao estado fundamental. É importante lembrar-se de que os átomos que produzem as linhas de emissão na lâmpada estão a uma temperatura e pressão significativamente mais baixas que os átomos do analito na chama. Como resultado, as linhas de emissão da lâmpada são mais estreitas que os picos de absorção na chama. Os átomos de metal removidos eventualmente difundem-se voltando para a superfície do catodo ou indo para as paredes da lâmpada, onde se depositam.

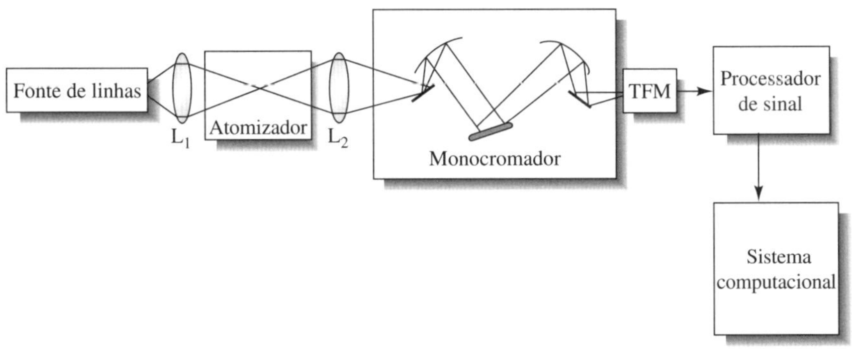

Figura 28-15 Diagrama de blocos de um espectrômetro de absorção atômica de feixe único. A radiação de uma fonte de linhas é focada no vapor atômico em uma chama ou em um atomizador eletrotérmico. A radiação atenuada da fonte entra então em um monocromador que isola a linha de interesse. Depois, a potência radiante da fonte, atenuada pela absorção, é convertida em um sinal elétrico pelo tubo fotomultiplicador (TFM). O sinal é então processado e dirigido para um sistema computacional para fornecer a saída.

Estão disponíveis comercialmente lâmpadas de catodo oco para cerca de 70 elementos. Para certos elementos, lâmpadas de alta intensidade estão disponíveis. Estas fornecem uma intensidade que é cerca de uma ordem de grandeza maior que a das lâmpadas normais. Algumas lâmpadas de catodo oco apresentam um catodo que contém mais de um elemento e assim fornecem linhas espectrais para a determinação de diversas espécies. O desenvolvimento da lâmpada de catodo oco é considerado o mais importante evento na evolução da espectroscopia de absorção atômica.

Além das lâmpadas de catodo oco, as **lâmpadas de descarga sem eletrodos** são fontes úteis de espectros de linhas. Essas lâmpadas são frequentemente uma ou duas ordens de grandeza mais intensas que as de catodo oco. Uma lâmpada típica é construída com um tubo de quartzo selado contendo um gás inerte, como argônio, a uma pressão de poucos torr e uma pequena quantidade do metal do analito (ou de seu sal). A lâmpada não apresenta nenhum eletrodo, sendo energizada por um campo intenso de radiofrequência ou radiação de micro-ondas. O argônio ioniza-se nesse campo e os íons são acelerados pelo componente de alta frequência do campo até que ganhem energia para excitar (por colisão) os átomos do metal do analito.

As lâmpadas de catodo oco tornaram prática a espectroscopia de absorção atômica.

As lâmpadas de descarga sem eletrodos estão disponíveis comercialmente para diversos elementos. Essas lâmpadas são particularmente úteis para elementos como As, Se e Te, para os quais as lâmpadas de catodo oco apresentam baixas intensidades.

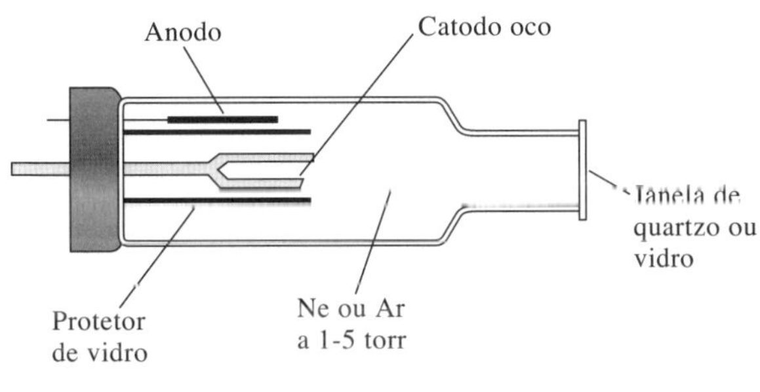

Figura 28-16 Diagrama de uma lâmpada de catodo oco.

Modulaçao da Fonte

Em uma medida de absorção atômica é necessário discriminar a radiação das lâmpadas de catodo oco ou de descarga sem eletrodos da radiação proveniente do atomizador. A maior parte dessa última é eliminada pelo monocromador, o qual está localizado sempre entre o atomizador e o detector. A excitação térmica de uma fração dos átomos do analito em uma chama, contudo, produz radiação do mesmo comprimento de onda no qual o monocromador é ajustado. Em virtude de esta radiação não ser removida, ela age como uma potencial fonte de interferência.

A **modulação** é definida como a alteração de alguma propriedade de uma forma de onda, chamada **portadora**, pelo sinal que se deseja monitorar, de forma que possa carregar informação sobre o sinal desejado. As propriedades que são tipicamente alteradas são a frequência, a amplitude ou o comprimento de onda. Na EAA, a fonte de radiação é modulada em amplitude, porém a radiação de fundo e a emissão do analito não o são, sendo então observados como sinais de cc.

O efeito da emissão do analito é contornado pela **modulação** da saída da lâmpada de catodo oco de forma que sua intensidade flutue a uma frequência constante. Assim, o transdutor recebe um sinal alternado da lâmpada de catodo oco e um sinal contínuo da chama e converte esses sinais em tipos correspondentes de correntes elétricas. Um sistema eletrônico então elimina o sinal de cc não modulado produzido pela chama e passa o sinal de ca da fonte para o amplificador e finalmente para o dispositivo de leitura.

A modulação da fonte é frequentemente efetuada por um recortador de feixe ou pela pulsação eletrônica da fonte.

A modulação pode ser efetuada interpondo-se um recortador circular acionado por um motor *entre a fonte e a chama*, conforme mostrado na **Figura 28-17**. Os segmentos do recortador metálico foram removidos de forma que a radiação passe pelo dispositivo na metade do tempo e é bloqueada na outra metade. Girando o recortador a uma velocidade constante, o feixe que atinge a chama varia a intensidade de zero a um máximo e então de volta ao zero. Alternativamente, o fornecimento de potência para a fonte pode ser projetado para pulsar as lâmpadas de catodo oco de uma maneira alternada.

Instrumentos Completos de Absorção Atômica

Um instrumento de absorção atômica contém os mesmos componentes básicos dos instrumentos projetados para as medidas de absorção molecular, como exposto na Figura 28-15, para um sistema de feixe único. Ambos os tipos de instrumentos, de feixe único e duplo feixe, são oferecidos por um grande número de fabricantes. A faixa de sofisticação e o custo (a partir de alguns poucos milhares de dólares) são ambos substanciais.

Fotômetros. No mínimo, um instrumento para espectroscopia de absorção atômica deve ser capaz de fornecer uma largura de banda suficientemente estreita para isolar a linha escolhida para a medida das outras linhas que possam interferir ou diminuir a sensibilidade do método. Um fotômetro equipado com uma fonte de catodo oco e filtros é adequado para as medidas de concentração de metais alcalinos, os quais apresentam somente poucas linhas de ressonância bastante espaçadas entre si na região do visível. Um fotômetro mais versátil é vendido com filtros e lâmpadas que podem ser trocados rapidamente. Um filtro e uma lâmpada separados são empregados para cada elemento. Alega-se que é possível a obtenção de resultados satisfatórios para a determinação de 22 metais.

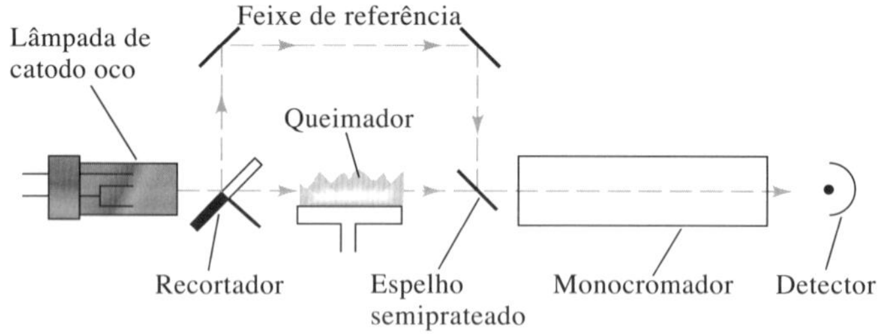

Figura 28-17 Caminhos óticos em um espectrofotômetro de absorção atômica de duplo feixe. O recortador converte a radiação do catodo oco em um sinal alternado no detector, enquanto a emissão da chama é um sinal cc contínuo.

Espectrofotômetros. A maioria das medidas em EAA é feita com instrumentos equipados com um monocromador de grade ultravioleta/visível. A Figura 28-17 mostra um diagrama esquemático de um instrumento típico de feixe duplo. A radiação da lâmpada de catodo oco é recortada e mecanicamente dividida em dois feixes; um deles passa através da chama e o outro, ao redor da chama. Um espelho semiprateado retorna ambos os feixes para um único caminho pelo qual eles passam alternativamente através do monocromador e para o detector. O processador de sinal separa o sinal ca gerado pela luz recortada do sinal de cc produzido pela chama. O logaritmo da razão entre os componentes de referência e da amostra do sinal ca é então computado e enviado para um computador ou dispositivo de leitura que mostra como absorbância.

Correção de Fundo

A absorção pelo próprio atomizador de chama e também por concomitantes introduzidos na chama ou atomizador eletrotérmico pode causar sérios problemas em absorção atômica. Raramente existem interferências causadas pela absorção da linha do analito por outros átomos, uma vez que as linhas de catodo oco são muito estreitas. Por outro lado, as espécies moleculares podem absorver a radiação e causar erros em medidas de AA.

A absorbância total medida A_T na AA é a soma da absorbância do analito, A_A, mais a absorbância do fundo A_F:

$$A_T = A_A + A_F \tag{28-1}$$

Os esquemas de correção do fundo buscam medir a soma de A_F e A_T e obter a absorbância verdadeira do analito por subtração $A_A = A_T - A_F$.

Correção de Fundo com Fonte Contínua. Um esquema popular de correção de fundo em espectrômetros de AA comerciais é a técnica da lâmpada contínua. Nesse caso, uma lâmpada de deutério e o catodo oco do analito são dirigidos através da atomizador em momentos distintos. A lâmpada de catodo oco mede a absorbância total A_T, enquanto a lâmpada de deutério fornece uma estimativa da absorbância do fundo A_F. O sistema computacional ou a eletrônica de processamento calcula a diferença e determina a absorbância corrigida pelo fundo. Esse método apresenta limitações para elementos com linhas na região do visível porque a intensidade da lâmpada de D_2 começa a tornar-se muito baixa nessa região.

A **correção de fundo com fonte contínua** emprega uma lâmpada de deutério para obter uma estimativa da absorbância de fundo. Uma lâmpada de catodo oco obtém a absorbância total. Então a absorbância corrigida é obtida calculando-se a diferença entre as duas.

Correção de Fundo com Lâmpada de Catodo Oco Pulsada. Nessa técnica, frequentemente denominada **correção de fundo de Smith-Hieftje**, o catodo oco do analito é pulsado a uma corrente baixa (5 a 20 mA) normalmente por 10 ms e então a uma corrente alta (100 a 500 mA) por 0,3 ms. Durante o pulso de corrente baixa, a absorbância do analito mais a absorbância do fundo são medidas (A_T). Durante o pulso de corrente alta, a linha de emissão do catodo oco torna-se mais larga. O centro da linha pode ser fortemente autoabsorvido de forma que a maior parte da intensidade no comprimento de onda de absorção do analito seja atenuada. Consequentemente, durante o pulso de corrente alta, é obtida uma boa estimativa da absorbância do fundo (A_F). O computador do instrumento calcula a diferença, que é uma estimativa de A_A, a absorção verdadeira do analito.

A **correção de fundo de Smith-Hieftje** utiliza uma única lâmpada de catodo oco pulsada com, primeiramente, uma baixa corrente e, em seguida, com uma corrente alta. O modo em baixa corrente obtém a absorbância total, enquanto a absorbância de fundo é estimada durante o pulso de corrente alta.

Correção de Fundo por meio do Efeito Zeeman. A correção de fundo em atomizadores eletrotérmicos pode ser feita por meio do efeito Zeeman. Nesse caso, um campo magnético é empregado para separar as linhas espectrais normalmente de mesma energia (degeneradas) em componentes com diferentes características de polarização. As absorções do analito e do fundo podem ser diferenciadas por causa dos seus diferentes comportamentos magnéticos e comportamentos de polarização.[5]

28D-3 Absorção Atômica de Chama

A absorção atômica de chama fornece um meio sensível de determinar cerca de 60 a 70 elementos. Esse método é bastante adequado para as medidas de rotina feitas por

[5] Para mais informações, veja D. A. Skoog; F. J. Holler e S. R. Crouch, *Principles of Instrumental Analysis*, 6. ed., Belmont, CA: Brooks/Cole, 2007, pp. 242-243.

operadores relativamente inexperientes. Uma vez que é necessário uma lâmpada de catodo oco para cada elemento, apenas um único elemento pode ser determinado por vez e esta é a maior limitação da EAA.

Região da Chama para Medidas Quantitativas

A **Figura 28-18** exibe a absorbância de três elementos em função da distância da extremidade do queimador. Para o magnésio e a prata, o aumento inicial da absorbância é consequência de uma exposição mais longa à alta temperatura da chama, o que leva a uma maior concentração de átomos no caminho da radiação. Para o magnésio, contudo, a absorbância atinge um máximo próximo ao centro da chama e então decresce à medida que a oxidação do elemento a óxido de magnésio ocorre. Esse efeito não é observado para a prata porque esse elemento é muito mais resistente à oxidação. Para o cromo, que forma óxidos mais estáveis, o máximo de absorbância ocorre imediatamente acima da chama. A formação do óxido de cromo inicia-se assim que os átomos de cromo são formados.

A Figura 28-18 mostra que a parte da chama a ser empregada em análises deve variar de elemento para elemento e que a posição da chama em relação à fonte deve ser reproduzida proximamente durante a calibração e a análise. Geralmente, a posição da chama é ajustada para obter-se um máximo de leitura de absorbância para o elemento sendo determinado.

Análise Quantitativa

Frequentemente, as análises quantitativas são baseadas em calibração com padrões externos (veja a Seção 8D-2). Na absorção atômica, os desvios da linearidade são encontrados com maior frequência do que na absorção molecular. Assim, as análises *nunca* devem ser baseadas na medida de um único padrão, presumindo-se que a lei de Beer esteja sendo obedecida. Além disso, a produção do vapor atômico envolve variáveis não controladas o suficiente para que se possa assegurar a necessidade de que uma medida de absorbância de pelo menos uma solução padrão seja feita cada vez que uma análise é realizada. Com frequência, dois padrões são empregados cujas absorbâncias definem uma faixa que incorpora a absorbância da amostra desconhecida. Qualquer desvio do padrão do seu valor de calibração original pode então ser aplicado como correção aos resultados analíticos.

Os métodos de adição de padrão, discutidos na Seção 8D-3, também são utilizados extensivamente em EAA com a finalidade de compensar as diferenças entre a composição dos padrões e das amostras.

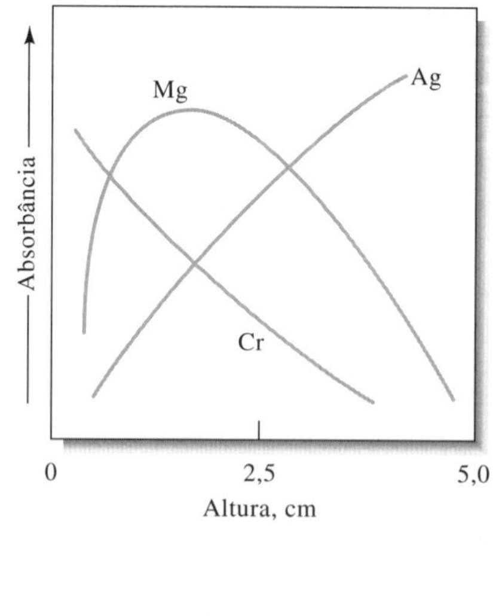

Figura 28-18 Perfis de altura para três elementos na EAA. O gráfico de absorbância *versus* altura acima do queimador para Mg, Ag e Cr.

TABELA 28-4

Limites de Detecção (ng/mL) para Alguns Elementos em Espectrometria Atômica*

Elemento	AA de Chama	AA de Eletrotérmica†	Emissão em Chama	Emissão de ICP	ICP-MS
Ag	3	0,02	20	0,2	0,003
Al	30	0,2	5	0,2	0,06
Ba	20	0,5	2	0,01	0,002
Ca	1	0,5	0,1	0,0001	2
Cd	1	0,02	2000	0,07	0,003
Cr	4	0,06	5	0,08	0,02
Cu	2	0,1	10	0,04	0,003
Fe	6	0,5	50	0,09	0,45
K	2	0,1	3	75	1
Mg	0,2	0,004	5	0,003	0,15
Mn	2	0,02	15	0,01	0,6
Mo	5	1	100	0,2	0,003
Na	0,2	0,04	0,1	0,1	0,05
Ni	3	1	600	0,2	0,005
Pb	5	0,2	200	1	0,007
Sn	15	10	300	1	0,02
V	25	2	200	8	0,005
Zn	1	0,01	200	0,1	0,008

*Valores obtidos de V. A. Fassel e R. N. Knisely, *Anal. Chem.*, v. 46, p. 111A, **1974**, **DOI**: 10.1021/ac60349a023; J. D. Ingle, Jr. e S. R. Crouch, *Spectrochemical Analysis*, Upper Saddle River, NJ: Prentice-Hall, 1988; C. W. Fuller, *Electrothermal Atomization for Atomic Absorption Spectroscopy*, Londres: The Chemical Society, 1977; *Ultrapure Water Specifications. Quantitative ICP-MS Detection Limits.* Fremont, CA: Balazs Analytical Services, 1993.

†Com base em uma amostra de 10 μL.

Limites de Detecção e Exatidão

A coluna 2 da **Tabela 28-4** mostra os limites de detecção para uma série de elementos comuns determinados por absorção atômica de chama e os compara com aqueles obtidos com outros métodos espectroscópicos atômicos. Sob condições usuais, o erro relativo de uma análise por absorção atômica de chama é da ordem de 1% a 2%. Com precauções especiais, esses valores podem ser reduzidos a poucos décimos por cento. Observe que os limites de detecção para AA de chama são geralmente melhores que os limites de detecção para EA de chama, exceto para os metais alcalinos que são facilmente excitáveis.

28D-4 Absorção Atômica com Atomização Eletrotérmica

Os atomizadores eletrotérmicos oferecem a vantagem não usual de uma alta sensibilidade para pequenos volumes de amostra. Tipicamente, são utilizados os volumes de amostra entre 0,5 e 10 μL. Sob essas circunstâncias, os limites de detecção absolutos frequentemente estão na faixa de picogramas. Em geral, os limites de detecção da AA eletrotérmica são melhores para os elementos mais voláteis. Os limites de detecção para AA eletrotérmica variam consideravelmente de um fabricante para outro porque dependem do desenho do atomizador e das condições de atomização.

A precisão relativa dos métodos eletrotérmicos situa-se geralmente na faixa de 5% a 10%, comparada com aquela de 1%, ou melhor, que pode ser esperada para a atomização em chama ou plasma. Além disso, os métodos que empregam fornos são lentos e tipicamente requerem vários minutos por elemento. Outra desvantagem ainda é que os efeitos de interferência química são frequentemente mais severos na atomização eletrotérmica que na atomização em chama. Uma desvantagem final é que a faixa analítica é estreita, geralmente menor que duas ordens de grandeza. Por causa destas desvantagens, a atomização eletrotérmica é normalmente aplicada somente quando a atomização por plasma ou por chama produz limites de detecção inadequados ou quando a quantidade da amostra é extremamente limitada.

Outro método de AA que se aplica a elementos voláteis é a técnica de vapor frio. O mercúrio é um metal volátil e pode ser determinado pelo método descrito no Destaque 28-1 (veja as pranchas coloridas para a absorção do mercúrio). Outros metais formam hidretos voláteis, que podem ser determinados também pela técnica de vapor frio.

DESTAQUE 28-1

Determinação de Mercúrio por Espectroscopia de Absorção Atômica por Vapor a Frio

Nossa fascinação pelo mercúrio iniciou-se quando os habitantes pré-históricos das cavernas descobriram o mineral cinábrio (HgS) e o utilizaram como pigmento vermelho. Nosso primeiro registro escrito do elemento vem de Aristóteles, que o descreveu, no século IV a.C., como "prata líquida". Atualmente, há milhares de usos para o mercúrio e para seus compostos na medicina, metalurgia, agricultura e muitos outros campos. Em virtude de ser um metal líquido à temperatura ambiente, o mercúrio é empregado para fabricar contatos elétricos flexíveis eficientes em aplicações científicas, industriais e domésticas. Os termostatos, os interruptores de luz silenciosos e as lâmpadas fluorescentes constituem apenas poucos exemplos de sua aplicação na eletricidade.

Uma propriedade útil do mercúrio metálico é que este forma amálgamas com outros metais, que apresentam uma grande quantidade de usos. Por exemplo, o sódio metálico é produzido como amálgama por eletrólise de cloreto de sódio fundido. Os dentistas empregam um amálgama a 50% com uma liga de prata para fazer obturações.

Os efeitos toxicológicos do mercúrio são conhecidos há muitos anos. O comportamento bizarro do Chapeleiro Maluco na obra *Alice no País das Maravilhas* de Lewis Carroll (veja **Figura 28D-1**) era um resultado dos efeitos do mercúrio e de seus compostos sobre o cérebro do Chapeleiro. O mercúrio absorvido através da pele e dos pulmões destrói as células do cérebro, as quais não são regeneradas. Os chapeleiros do século XIX usavam compostos de mercúrio no processamento das peles para confeccionar o feltro dos chapéus. Esses e outros trabalhadores de outras indústrias sofreram de sintomas debilitantes do mercurismo, tais como a perda dos dentes, tremores, espasmos musculares, alterações de personalidades, irritabilidade e nervosismo.

A toxicidade do mercúrio é complicada por causa da sua tendência a formar compostos orgânicos e inorgânicos. Pelo fato de o mercúrio inorgânico ser relativamente insolúvel nos tecidos e fluidos corporais, ele é expelido do corpo cerca de dez vezes mais rapidamente que o mercúrio orgânico. O mercúrio orgânico, geralmente na forma de compostos de alquila, como o metilmercúrio, é mais solúvel em tecidos gordurosos como o fígado. O metilmercúrio acumula-se em níveis tóxicos e é expelido do corpo muito lentamente. Mesmo os cientistas experientes devem ser extremamente cautelosos ao manipular os compostos orgânicos de mercúrio. Em 1997, a Dra. Karen Wetterhahn do Colégio Dartmouth morreu em consequência de envenenamento por mercúrio apesar do fato de ser uma especialista líder em manipulação de metilmercúrio.

O mercúrio concentra-se no ambiente, como ilustrado na **Figura 28D-2**. O mercúrio inorgânico é convertido em mercúrio orgânico por bactérias anaeróbicas nos sedimentos depositados no fundo dos lagos, riachos e outros organismos aquáticos. Pequenos animais aquáticos consomem o mercúrio orgânico e, por sua vez, são comidos por formas de vida maiores. À medida que o elemento move-se para cima na cadeia alimentar desde os micróbios até o camarão e o peixe e, por último, para animais maiores como o peixe-espada, o mercúrio torna-se cada vez mais concentrado. Algumas espécies marinhas, como as ostras, podem concentrar o mercúrio por um fator de 100.000. No topo da cadeia alimentar, a concentração de mercúrio atinge níveis tão altos como 20 ppm. O Food and Drug Administration estabeleceu um limite legal de 1 ppm de mercúrio em peixe destinado ao consumo humano. Em consequência disso, os níveis de mercúrio em certas áreas ameaçam as indústrias da pesca locais. A Environmental Protection Agency determinou o limite de 2 ppb de mercúrio em água potável e a Occupational Safety and Health Administration fixou um limite de 0,1 mg m^{-3} no ar.

Figura 28D-1 O Chapeleiro Maluco de Alice no País das Maravilhas

Figura D-2 Concentração biológica de mercúrio no ambiente.

Os métodos analíticos para a determinação de mercúrio desempenham um importante papel no monitoramento da segurança dos suprimentos de alimentos e água. Um dos métodos mais úteis é baseado na absorção atômica da radiação de 253,7 nm pelo mercúrio. A prancha colorida 18 mostra a intensa absorção da luz ultravioleta pelo vapor de mercúrio que se forma sobre o metal líquido à temperatura ambiente. A **Figura 28D-3** apresenta um aparelho que é empregado para determinar mercúrio através de absorção atômica à temperatura ambiente.[6]

Uma amostra suspeita de conter mercúrio é decomposta a quente em uma mistura de ácidos nítrico e sulfúrico, a qual converte o mercúrio ao estado +2. O Hg^{2+} resultante e quaisquer de seus compostos são reduzidos ao metal com uma mistura de sulfato de hidroxilamina e sulfato de estanho(II). O ar é então bombeado através da solução para carregar o vapor resultante contendo mercúrio por um tubo de secagem e para a célula de medida. O vapor d'água é retido por Drierite em um tubo de secagem de forma que somente o mercúrio e o ar passam através da célula. O monocromador de um espectrofotômetro de absorção atômica é sintonizado em uma banda próxima a 254 nm. A radiação da linha de uma lâmpada de catodo oco de mercúrio de 253,7 nm passa através das janelas de quartzo da célula de medida, a qual é colocada no caminho ótico do instrumento. A absorbância é diretamente proporcional à concentração de mercúrio na célula, que por sua vez é proporcional à concentração de mercúrio na amostra. As soluções de concentrações conhecidas de mercúrio são tratadas de forma similar com a finalidade de calibração do instrumento. Esse método depende da baixa solubilidade do mercúrio na mistura da reação e na sua pressão de vapor apreciável, a qual é de 2×10^{-3} torr a 25°C. A sensibilidade do método é de cerca de 1 ppb e ele é empregado para determinar mercúrio em alimentos, metais, minérios e amostras ambientais. Esse método apresenta as vantagens de sensibilidade, simplicidade e de operar à temperatura ambiente.

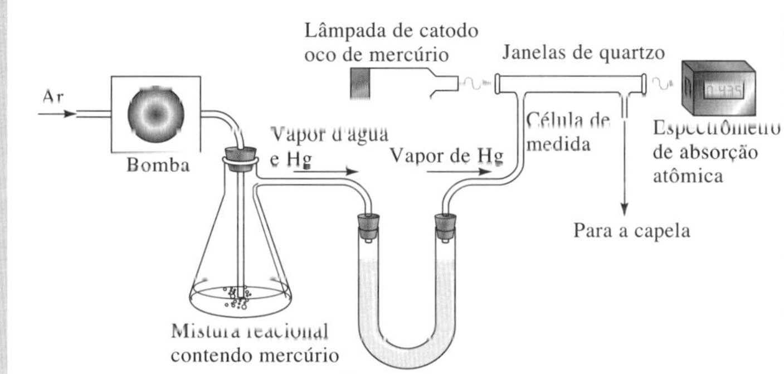

Figura 28D-2 Instrumentação para a determinação da absorção atômica de vapor a frio de mercúrio.

[6] W. R. Hatch e W. L. Ott, *Anal. Chem.* v. 40, 2085, **1968, DOI:** 10.1021/ac50158a025.

28D-5 Interferências em Absorção Atômica

Um **tampão de radiação** é uma substância que é adicionada em grande excesso às amostras e aos padrões para nivelar o efeito de espécies presentes na matriz, minimizando, assim, a interferência.

A absorção atômica de chama está sujeita a muitas das interferências encontradas na emissão atômica em chama (veja a Seção 28C-2). As interferências espectrais por elementos que absorvem no comprimento de onda do analito são raras na AA. Contudo, os constituintes moleculares e o espalhamento da radiação podem causar interferências. Essas são geralmente corrigidas por meio de métodos de correção de fundo discutidos na Seção 28D-2. Em alguns casos, se a fonte de interferência for conhecida, um excesso de interferente poderá ser adicionado às amostras e aos padrões. A substância adicionada é denominada **tampão de radiação.**

28E ESPECTROMETRIA DE FLUORESCÊNCIA ATÔMICA

A espectrometria de fluorescência atômica (EFA) é o mais recente dos métodos espectroscópicos atômicos. Assim como em absorção atômica, uma fonte externa é utilizada para excitar o elemento de interesse. No entanto, em vez de medir-se a atenuação da fonte, mede-se a radiação emitida resultante da absorção, frequentemente a um ângulo reto para evitar-se a medida da radiação da fonte.

Apesar de suas vantagens potenciais em relação à sensibilidade e à seletividade, a espectrometria de fluorescência atômica não tem obtido sucesso comercial. As dificuldades podem ser atribuídas parcialmente à falta de reprodutibilidade das fonte de alta intensidade necessárias à sua natureza monoelementar.

Para muitos elementos, a fluorescência atômica com fontes de catodo oco convencional ou de descarga sem eletrodos não tem vantagens significativas sobre a absorção ou sobre a emissão atômica. Como consequência, o desenvolvimento da instrumentação comercial para a fluorescência atômica tem sido muito lento. Contudo, vantagens com relação à sensibilidade têm sido demonstradas para os elementos como Hg, Sb, As, Se e Te.

A espectrometria de fluorescência atômica excitada por laser é capaz de obter limites de detecção extremamente baixos, particularmente quando combinada com a atomização eletrotérmica. Os limites de detecção na faixa de femtogramas (10^{-15} g) a atogramas (10^{-18} g) têm sido demonstrados para muitos elementos. A instrumentação comercial para a EFA baseada em laser não tem sido desenvolvida, provavelmente por causa do custo e da natureza não rotineira dos lasers de potência. A fluorescência atômica apresenta a desvantagem de ser um método monoelementar, a menos que lasers sintonizáveis, com a sua complexidade inerente, sejam empregados.

TRABALHO NA WEB

Use um mecanismo de busca na web para encontrar o Laboratory for Spectrochemistry na Indiana University. Encontre uma lista de projetos de pesquisa que abordam o efeito de matriz em ICP e descreva o projeto em detalhes. Inclua a proposta do projeto, a instrumentação usada e os resultados obtidos. Clique na lista de publicações do laboratório. Encontre um artigo intitulado "Algorithm to dtermine matrix-effect crossover points for overcoming interferences in inductively coupled plasma-atomic emission spectrometry." Descreva as quarto caracterísiticas incorporadas no algoritmo.

QUESTÕES E PROBLEMAS

***28-1.** Descreva as diferenças básicas entre a espectroscopia de absorção atômica e a espectroscopia de fluorescência atômica.

28-2. Defina
- *(a) atomização.
- (b) alargamento colisional.
- *(c) alargamento Doppler.
- (d) nebulização.
- *(e) plasma.
- (f) queimador de fluxo laminar.
- *(g) lâmpada de catodo oco.
- (h) pulverização catódica.

*(i) interferência aditiva.
(j) interferência espectral.
*(k) interferência química.
(l) tampão de radiação.
*(m) agente protetor.
(n) supressor de ionização.

***28-3.** Por que a emissão atômica é mais sensível à instabilidade da chama que a absorção atômica?

28-4. Por que as interferências de ionização não são geralmente tão severas em ICP como o são em chamas?

***28-5.** Por que se emprega a modulação da fonte na espectroscopia de absorção atômica?

28-6. Por que as resoluções dos monocromadores encontradas nos espectrômetros de emissão atômica com ICP são maiores que as dos monocromadores encontrados nos espectrômetros de absorção atômica de chama?

***28-7.** Por que as linhas de uma lâmpada de catodo oco são em geral mais estreitas que as linhas emitidas pelos átomos em uma chama?

28-8. Na AA com uma chama de hidrogênio/oxigênio, a absorbância do ferro decresce na presença de uma grande concentração de íons sulfato.

(a) Sugira uma explicação para essa observação.

(b) Sugira três métodos possíveis de contornar a interferência potencial do sulfato em uma determinação quantitativa de ferro.

***28-9.** Enumere quatro características dos plasmas acoplados indutivamente que os tornam adequados para a espectrometria de emissão e atômica.

28-10. Por que um ICP raramente é empregado em medidas de absorção atômica?

***28-11.** Discuta as diferenças que resultam na emissão atômica em ICP quando o plasma é observado axialmente em vez de radialmente.

28-12. Na determinação de urânio por absorção atômica, existe uma relação linear entre a absorbância em 351,5 nm e a concentração de 500 a 2.000 ppm de U. A concentrações muito mais baixas que 500 ppm, a relação torna-se não linear a menos que cerca de 2.000 ppm de um sal de metal alcalino sejam adicionados. Explique.

***28-13.** Uma amostra 5,00 mL de sangue foi tratada com ácido tricloroacético para precipitar proteínas. Após a centrifugação, a solução resultante foi levada a pH 3 e extraída com duas porções de 5 mL de isobutilmetilcetona contendo o agente complexante de chumbo APCD. O extrato foi aspirado diretamente para uma chama de ar/acetileno e rendeu uma absorbância de 0,502 a 283,3 nm. Alíquotas de 5 mililitros de soluções padrão contendo 0,400 e 0,600 ppm de chumbo foram tratadas da mesma forma e forneceram absorbâncias de 0,396 e 0,599. Encontre a concentração em ppm de chumbo na amostra presumindo que a lei de Beer seja obedecida.

28-14. O cromo em uma série de amostras de aços foi determinado por espectroscopia de emissão ICP. O espectrômetro foi calibrado com uma série de padrões contendo 0; 2,0; 4,0; 6,0 e 8,0 μg de $K_2Cr_2O_7$ por mililitro. As leituras do instrumento para essas soluções foram 3,1; 21,5; 40,9; 57,1 e 77,3, respectivamente, em unidades arbitrárias.

(a) Faça um gráfico dos dados.
(b) Encontre a equação para a reta de regressão.
(c) Calcule os desvios padrão para a inclinação e para a interseção da linha em (b).
(d) Os seguintes dados foram obtidos para as replicatas de amostras de 1,00 g de cimento dissolvidos em HCl e diluídos para 100,0 mL após a neutralização.

	Leituras de Emissão			
	Branco	Amostra A	Amostra B	Amostra C
Replicata 1	5,1	28,6	40,7	73,1
Replicata 2	4,8	28,2	41,2	72,1
Replicata 3	4,9	28,9	40,2	derramada

Calcule a porcentagem de Cr_2O_3 em cada amostra. Quais são os desvios padrão absolutos e relativos para a média de cada determinação?

28-15. O cobre em uma amostra aquosa foi determinado por espectrometria de absorção de chama. Primeiramente, 10,0 mL de uma solução da amostra foram pipetados em cada um de cinco balões volumétricos de 50,0 mL. Vários volumes de um padrão contendo 12,2 ppm de Cu foram adicionados aos balões e seus volumes completados.

Amostra, mL	Padrão, mL	Absorbância
10,0	0,0	0,201
10,0	10,0	0,292
10,0	20,0	0,378
10,0	30,0	0,467
10,0	40,0	0,554

(a) Construa um gráfico da absorbância em função do volume de padrão.
*(b) Derive uma expressão que relacione a absorbância com as concentrações dos padrões e a amostra (c_p e c_x) e os volumes dos padrões e da amostra (V_p e V_x), assim como com os volumes para o qual as soluções foram diluídas (V_t).
*(c) Derive as expressões para o coeficiente angular e para o coeficiente linear da reta obtida (a) em termos das variáveis listadas em (b).
(d) Mostre que a concentração do analito é dada pela relação $c_x = bc_p/mV_x$, onde m e b são o coeficiente angular e linear da reta em (a).

*(e) Determine os valores de *m* e *b* pelo método dos mínimos quadrados.

(f) Calcule o desvio padrão para os coeficientes angular e linear em (e).

*(g) Calcule a concentração de cobre em ppm do metal na amostra utilizando a relação dada em (d).

28-16. Problema Desafiador: Amostras de água do mar foram examinadas por ICP-EAA em um estudo multielementar. O vanádio foi um dos elementos determinados. As soluções padrão em uma matriz de água do mar foram preparadas e determinadas por ICP-EAA. Foram obtidos os seguintes resultados:

Concentração, pg mL^{-1}	Intensidade, unidades Arbitrárias
0,0	2,1
2,0	5,0
4,0	9,2
6,0	12,5
8,0	17,4
10,0	20,9
12,0	24,7

(a) Determine a reta de regressão por mínimos quadrados.

(b) Estabeleça os desvios padrão dos coeficientes angular e linear.

(c) Teste a hipótese de que o coeficiente angular é igual a 2,00.

(d) Teste a hipótese de que o coeficiente linear é igual a 2,00.

(e) Três soluções de água do mar forneceram leituras para vanádio de 3,5; 10,7 e 15,9. Determine suas concentrações e seus desvios padrão.

(f) Determine os limites de confiança de 95% para as três amostras na parte (e).

(g) Estime o limite de detecção para a determinação de vanádio na água do mar a partir dos dados (veja a Seção 8D-1). Use um valor de k igual a 3 em sua estimativa do LD.

(h) A segunda amostra de água com uma leitura de 10,7 unidades era um padrão de referência certificado com uma concentração conhecida de 5,0 pg mL^{-1}. Qual foi o erro absoluto na sua determinação?

(i) Teste a hipótese de que o valor determinado no item (e) para a segunda amostra de água do mar (leitura de 10,7) é idêntico à concentração certificada de 5,0 pg mL^{-1}.

Espectrometria de Massas

capítulo 29

A espectrometria de massas tem se tornado uma das mais importantes de todas as técnicas analíticas. A foto mostra o laboratório de espectrometria de massas itinerante a bordo de um jato DC-8. O espectrômetro de massas está sendo usado para estudar o impacto da poluição do ar em áreas remotas do planeta como a região do Ártico. As quantidades e tipos de partículas transportadas pelo ar são medidas pelo espectrômetro de massas para estudar a influência da poluição na variação climática. A espectrometria de massas é largamente usada na química e na biologia para determinar as estruturas de moléculas complexas e para identificar as moléculas presentes em muitas amostras diferentes. Ela tem se tornado também muito importante na geologia, na paleontologia, na ciência forense e na química clínica.

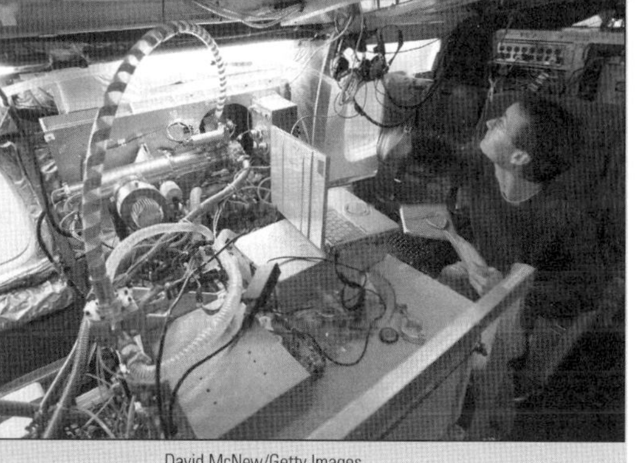

David McNew/Getty Images

A espectrometria de massas (EM) é uma ferramenta poderosa e versátil para obter informações sobre a identidade de um composto desconhecido, sua massa molecular, sua composição elementar e, em muitos casos, sua estrutura química. A espectrometria de massas pode ser convenientemente dividida em espectrometria de massas atômicas ou elementares e espectrometria de massas moleculares. A espectrometria de massas é uma ferramenta quantitativa que pode determinar aproximadamente todos os elementos na tabela periódica. Os limites de detecção são frequentemente várias ordens de grandeza melhores que os métodos óticos. Por outro lado, a espectrometria de massas moleculares é capaz de fornecer informações sobre as estruturas de moléculas inorgânicas, orgânicas e biológicas e sobre a composição qualitativa e quantitativa de misturas complexas. Inicialmente discutimos os princípios que são comuns a todas as formas de espectrometria de massas e os componentes que constituem um espectrômetro de massas.

29A PRINCÍPIOS DA ESPECTROMETRIA DE MASSAS

No espectrômetro de massas, as moléculas de analito são convertidas em íons aplicando-se energia a elas. Os íons formados são separados com base na razão massa-carga deles (m/z) e dirigidos para o transdutor sequencialmente através da varredura ou fazendo-os atingir um transdutor multicanal simultaneamente. A abundância do íon colocada em gráfico contra a razão massa-carga é chamada de um **espectro de massas**. Frequentemente, íons com carga única são produzidos na fonte de ionização e a razão massa-carga é encurtada para apenas massa de tal forma que o espectro é colocado em gráfico como número de íons *versus* a massa, como mostrado na **Figura 29-1** para um espectro de massas elementares de uma amostra geológica. Esta simplificação conveniente é apenas aplicável, entretanto, a íons com carga única.

Um **espectro de massas** é um gráfico de abundância iônica em função da razão massa-carga (veja a Seção 29A-2) ou apenas massa para íons de carga única.

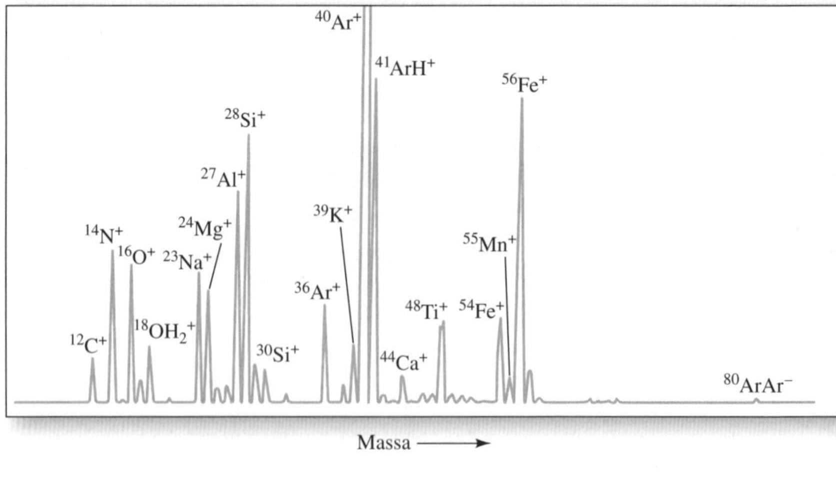

Figura 29-1 Espectro de massas de uma amostra geológica obtida por ablação a laser/ICP-MS. A corrente de íon no eixo *y* é proporcional ao número de íons (abundância iônica). A massa no eixo *x* é proporcional à razão massa-carga para íons com carga única. Componentes majoritários (%): Na, 1,80; Mg, 3,62; Al, 4,82; Si, 26,61; K, 0,37; Ti, 0,65; e Fe, 9,53; Mn 0,15. (Reproduzido (adaptado) de A. L. Gray, *Analyst*, v. 110, n. 55, **1985**, **DOI**: 10.1039/AN9851000551, com permissão da Royal Society of Chemistry.)

29A-1 Massas Atômicas

Atribui-se um valor exato de 12 unidades unificadas de massa atômica ou comumente 12 daltons do isótopo $^{12}_{6}C$.

As massas atômicas e moleculares normalmente são expressas em termos da **escala de massas atômicas**, baseada em um isótopo específico do carbono. Uma **unidade de massa atômica unificada** nesta escala é igual a 1/12 da massa de um átomo neutro de $^{12}_{6}C$. A massa atômica unificada é dada pelo símbolo u. Uma unidade de massa atômica unificada é normalmente chamada de um Dalton (Da), que se tornou um termo aceitável mesmo não sendo uma unidade SI oficial. O termo mais antigo, unidade de massa atômica (u.m.a.), deve ser desencorajado uma vez que ele era baseado no isótopo estável mais abundante do ^{16}O.

Na espectrometria de massas, em contraste aos muitos tipos de química, estamos frequentemente interessados na massa exata *m* de isótopos específicos de um elemento ou na massa exata de compostos contendo um conjunto específico de isótopos. Portanto, devemos distinguir entre as massas de compostos tais como

$$\begin{aligned} ^{12}C^1H_4 \quad & m = 12{,}0000 \times 1 + 1{,}008 \times 4 \\ & = 16{,}03200 \text{ Da} \\ ^{13}C^1H_4 \quad & m = 13{,}0000 \times 1 + 1{,}008 \times 4 \\ & = 17{,}03200 \text{ Da} \\ ^{12}C^1H_3{}^2H_1 \quad & m = 12{,}0000 \times 1 + 1{,}008 \times 3 + 2{,}0160 \times 1 \\ & = 17{,}0400 \text{ Da} \end{aligned}$$

As massas isotópicas nos cálculos acima são mostradas com quatro casas decimais. Normalmente cotamos massas exatas com três ou quatro casas decimais porque os típicos espectrômetros de massas de alta resolução fazem medidas até este nível de precisão.

A **massa atômica química**, ou **massa atômica média**, de um elemento na natureza é dada pela soma das massas exatas de cada isótopo ponderado pela sua abundância fracionária na natureza. A massa atômica química é o tipo de massa de interesse para os químicos para a maioria dos propósitos. A massa molecular média ou química de um composto é então a soma das massas atômicas para os átomos que aparecem na fórmula do composto. Portanto, a massa molecular química do CH_4 é 12,011 + 4 × 1,008 = 16,043 Da. A massa atômica ou molecular expressa sem as unidades é o **número de massa**.

O **número de massa** é a massa atômica ou massa molecular expressa em unidades.

29A-2 Razão Massa-Carga

A **razão massa-carga**, *m/z*, de um íon é a grandeza de maior interesse porque o espectrômetro de massas separa os íons de acordo com esta razão. A razão massa-carga de um íon é a razão adimensional dos seu número de massa em relação ao número de cargas fundamentais z no íon. Portanto, para $^{12}C^{1}H_4^{+}$, m/z = 16,032/1 = 16,032. Para $^{13}C^{1}H_4^{2+}$, m/z =17,032/2 = 8,516. Estritamente falando, referir-se à razão massa-carga como a massa de um íon só é correto para íons com carga única, mas esta terminologia é comumente usada na literatura de espectrometria de massas.

29B ESPECTRÔMETROS DE MASSAS

O **espectrômetro de massas** é um instrumento que produz íons, os separa de acordo com os seus valores de m/z, os detecta e faz o gráfico do espectro de massas. Tais instrumentos variam largamente em tamanho, resolução, flexibilidade e custo. Os seus componentes, entretanto, são notavelmente similares.

29B-1 Componentes do Espectrômetro de Massas

A **Figura 29-2** ilustra os principais componentes de todos os tipos de espectrômetros de massas. Na espectrometria de massas moleculares, as amostras entram na região evacuada do espectrômetro de massas através do sistema de entrada. Sólidos, líquidos e gases podem ser introduzidos dependendo da natureza da fonte de ionização. O propósito do sistema de entrada é introduzir uma quantidade micro de amostra na fonte de íon onde os componentes da amostra são convertidos em íons gasosos pelo bombardeamento com elétrons, fótons, íons ou moléculas. Na espectrometria de massas atômicas, a fonte de ionização está fora da região evacuada e também serve como a entrada. Nos espectrômetros de massas atômicas, a ionização é realizada aplicando-se energia térmica ou elétrica. A saída da fonte de íon é uma corrente de íons gasosos positivos (mais comum) ou negativos. Estes íons são acelerados para o analisador de massas, que então os separa de acordo com as razões massa-carga deles. Os íons de valores m/z específicos são então coletados e convertidos em um sinal elétrico pelo transdutor de íon. O sistema de manipulação de dados processa os resultados para produzir o espectro de massas. O processamento também pode incluir a comparação dos espectros conhecidos, a tabulação de resultados e o armazenamento de dados.

Os espectrômetros de massas exigem um sistema de vácuo elaborado para manter uma baixa pressão em todos os componentes exceto no processador de sinal e na tela. A baixa pressão garante uma frequência de colisões relativamente baixa entre várias espécies no espectrômetro de massas que é fundamental para a produção e manutenção dos íons e elétrons livres.

❮ Os espectrômetros de massas são operados a baixa pressão de tal forma que os íons e elétrons livres podem ser preservados.

Nas seções a seguir, descrevemos primeiramente os analisadores de massas que são usados nos espectrômetros de massas. Então, consideramos os vários sistemas

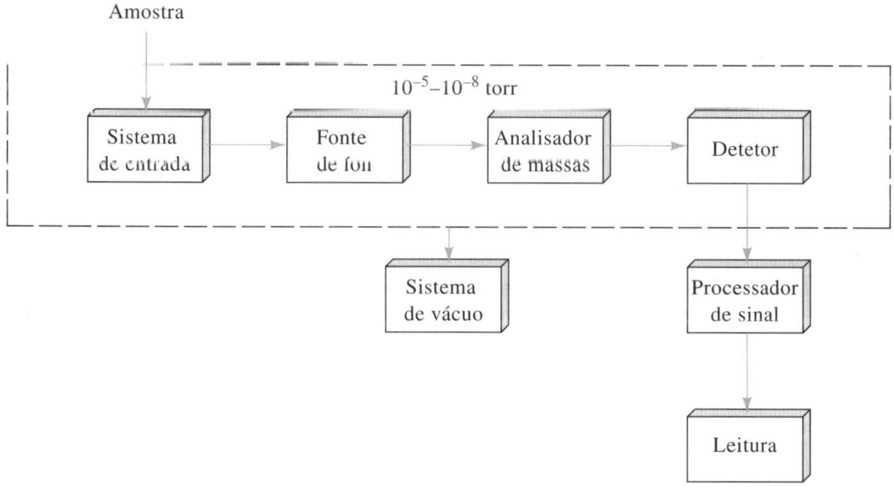

Figura 29-2 Componentes de um espectrômetro de massas.

TABELA 29-1

Analisadores de Massas Comuns para Espectrometria de Massas

Tipo Básico	Princípio de Análise
Setor magnético	Deflexão de íons em um campo magnético. As trajetórias dos íons dependem do valor *m/z*.
Duplo foco	Focalização eletrostática seguida de deflexão de campo magnético. As trajetórias dependem do valor *m/z*.
Quadrupolar	Movimento de íon em campos cc e de radiofrequência. Apenas determinados valores de *m/z* são passados.
Íons trap	Armazenagem de íons no espaço definido pelos eletrodos de anel e *end-cap*. O campo elétrico ejeta sequencialmente íons de valores *m/z* crescentes.
Ressonância de íon cíclotron	O aprisionamento de íons em uma célula cúbica sob a influência de voltagem de aprisionamento e campo magnético.
Tempo de voo	Os íons de energia cinética iguais entram no tubo de fluxo. A velocidade de fluxo e, portanto, o tempo de chegada ao detector depende da massa.

transdutores que são usados na espectrometria de massas tanto molecular quanto elementar. A Seção 29C-1 contém material sobre a natureza e a operação de fontes de íons comuns para os espectrômetros de massas, enquanto a Seção 29D-2 descreve as fontes de ionização para moléculas.

29B-2 Os Analisadores de Massas

Idealmente, o analisador de massas deve distinguir diferenças de massas diminutas e simultaneamente permitir a passagem de um número suficiente de íons para produzir correntes de íons mensuráveis. Uma vez que estas duas propriedades não são totalmente compatíveis, os ajustes de desenho resultaram em muitos tipos diferentes de analisadores de massas. A **Tabela 29-1** lista seis dos analisadores mais comuns. Descrevemos em detalhes os analisadores de setor magnético e elétrico, os analisadores quadrupolares de massas e os sistemas de tempo de voo. Vários outros analisadores são usados na espectrometria de massas, incluindo os íons traps e espectrômetros de ressonância cíclotron iônica com transformada de Fourier.[1]

Resolução de Espectrômetros de Massas

Uma resolução de 100 significa que a massa unitária (1 Da) pode ser distinguida em uma massa nominal de 100.

A capacidade de um espectrômetro de massas de diferenciar entre as massas é normalmente expressa em termos de sua *resolução*, *R*, que é definida como

$$R = \frac{m}{\Delta m} \tag{29-1}$$

onde Δm é a diferença de massas entre dois picos adjacentes que são exatamente resolvidos e m é a massa nominal do primeiro pico (a massa média dos dois picos é algumas vezes usada como alternativa).

A resolução necessária em um espectrômetro de massas depende enormemente da sua pretensão de uso. Por exemplo, para detectar diferenças na massa dentre íons de mesma massa nominal, tais como $C_2H_4^+$, CH_2N^+, N_2^+ e CO^+ (todos íons de massa 28 Da, mas massas exatas de 28,054, 28,034, 28,014 e 28,010 Da, respectivamente), é necessário um instrumento com resolução de vários milhares. Por outro lado, íons de baixa massa molecular diferindo em uma unidade de massa ou mais, assim como NH_3^+ (m = 17) e CH_4^+ (m = 16), podem ser distinguidos com um instrumento tendo uma resolução menor que 50. Estão disponíveis comercialmente espectrômetros com resoluções variando de aproximadamente 500 a 500.000.

[1] Para informações sobre espectrômetros de íons traps e de ressonância cíclotron, veja D. A. Skoog; F. J. Holler e S. R. Crouch, *Principles of Instrumental Analysis*, 6. ed., Belmont, CA: Brooks/Cole, 2007, pp. 369-373.

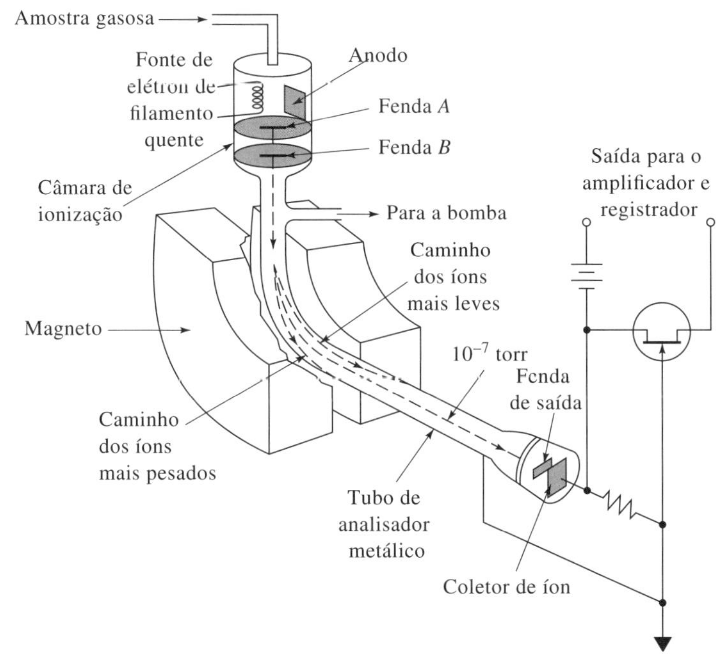

Figura 29-3 Esquema de um espectrômetro de setor magnético. A energia cinética, EC, de um íon de massa m e carga z saindo da fenda é EC = $zeV = \frac{1}{2} mv^2$. Se todos os íons têm a mesma energia cinética, os íons mais pesados trafegam a uma velocidade mais baixa que os íons mais leves. O balanceamento das forças centrípeta e magnética resulta em íons de diferentes massas percorrendo caminhos diferentes, como mostrado.

Analisadores de Setor[2]

No analisador de setor magnético, mostrado na **Figura 29-3**, a separação é baseada na deflexão de íons em um campo magnético. As trajetórias que os íons tomam dependem de seus valores m/z. Tipicamente, o campo magnético é mudado lentamente para levar os íons de valor m/z diferente para um detector. No espectrômetro de massas de foco duplo, um setor elétrico precede o setor magnético. O campo eletrostático serve para focar um feixe de íons tendo apenas uma faixa estreita de energias cinéticas em uma fenda que leva ao setor magnético. Tais instrumentos são capazes de resolução muito alta.

Analisadores Quadrupolares de Massas

O analisador quadrupolar de massas consiste em quatro hastes cilíndricas, como ilustrado na **Figura 29-4**. Os analisadores quadrupolares são filtros de massas que permitem apenas a passagem de íons de determinadas razões massa-carga. O movimento dos íons nos campos elétricos é a base da separação. Hastes opostas entre si são conectadas a voltagens cc e de radiofrequência. Com o ajuste apropriado das voltagens, é criado um caminho estável para íons de determinadas razões m/z passarem através do analisador para o transdutor. O espectro de massas é obtido varrendo-se as voltagens aplicadas às hastes. Os analisadores quadrupolares têm alta produtividade mas resolução relativamente baixa. A massa unitária (1 Da) é a resolução típica de um analisador quadrupolar. Esta resolução pode ser suficiente em muitas formas de espectrometria de massas ou em casos onde um espectrômetro de massas serve como um detector para moléculas separadas pela cromatografia de gás ou de líquido.

[2] Para informações sobre analisadores de massas, veja D. A. Skoog; F. J. Holler e S. R. Crouch, *Principles of Instrumental Analysis*, 6. ed., Belmont, CA: Brooks/Cole, 2007, pp. 366-73.

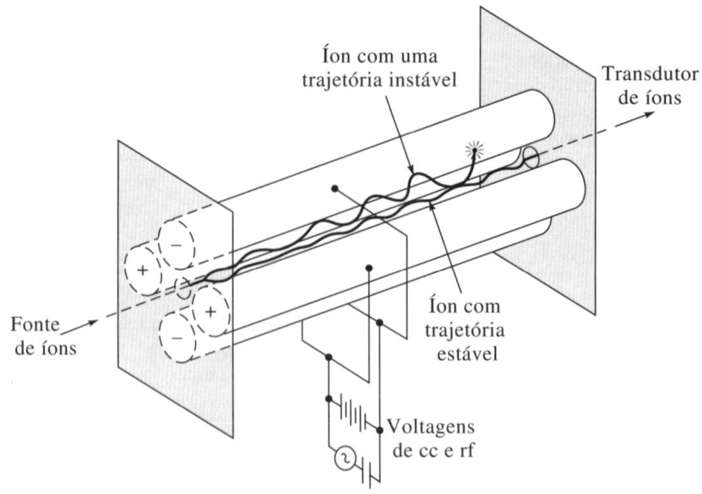

Figura 29-4 Um analisador quadrupolar de massas.

Analisadores de Tempo de Voo

O espectrômetro de massas de tempo de voo (TOF) representa outra abordagem para a análise de massas. Em um analisador TOF, um pacote de íons com energias cinéticas aproximadamente iguais é rapidamente amostrado e os íons entram em uma região livre de campo. Uma vez que a energia cinética, EC, é $1/2mv^2$, a velocidade do íon v varia inversamente com a sua massa, como mostrado pela Equação 29-2:

$$v = \sqrt{\frac{2\text{EC}}{m}} \qquad (29\text{-}2)$$

O tempo necessário para os íons percorrerem uma distância fixa até o detector está então relacionado de maneira inversa à massa do íon. Em outras palavras, os íons com baixa razão m/z chegam ao detector mais rapidamente que aqueles com razão m/z alta. Cada valor de m/z é então detectado em sequência. Os tempos de voo são bastante breves, levando a tempo de análises que são tipicamente na ordem de microssegundos.

Os instrumentos de tempo de voo são relativamente simples e robustos e têm faixa de massas aproximadamente ilimitada. Como um resultado, os analisadores TOF são menos utilizados que os analisadores de setor magnético e quadrupolar.

29B-3 Transutores para Espectrometria de Massas

Estão disponíveis vários tipos de transdutores de íon para a espectrometria de massas.[3] O transdutor mais comum é o multiplicador de elétron, ilustrado na **Figura 29-5**. O multiplicador de elétron de dínodo discreto opera de forma muito semelhante ao transdutor fotomultiplicador para a radiação UV/visível, discutido na Seção 25A-4. Quando os íons ou elétrons energéticos atingem o catodo Cu-Be, são emitidos elétrons secundários. Estes elétrons são atraídos para dínodos que são mantidos cada um em uma voltagem positiva sucessivamente mais alta. Estão disponíveis multiplicadores de elétrons com até 20 dínodos. Estes dispositivos podem multiplicar a força do sinal por um fator de até 10^7.

Os multiplicadores de elétron de dínodo contínuo também são populares. Estes dispositivos são multiplicadores na forma de trompete feitos de gás altamente dopado com chumbo. Um potencial de 1,8 a 2 kV é imposto através do comprimento do dispositivo. Os íons que atingem a superfície ejetam elétrons, que saltam ao longo da superfície ejetando mais elétrons com cada impacto.

---

[3] Para informações sobre transdutores de íon, veja D. A. Skoog; F. J. Holler e S. R. Crouch, *Principles of Instrumental Analysis*, 6. ed., Belmont, CA: Brooks/Cole, 2007, pp. 284-287.

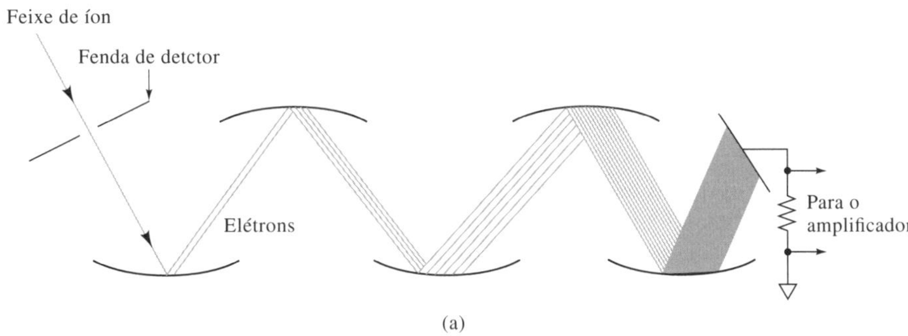

Figura 29-5 Multiplicador de elétron de dínodo discreto. Os dínodos são mantidos em voltagens sucessivamente mais altas por meio de um divisor de voltagem multiestágio.

Em adição aos transdutores multiplicadores de elétrons, os transdutores de copo de Faraday e transdutores de rede têm se tornado disponíveis para a espectrometria de massas. Como na espectrometria ótica, os transdutores de rede permitem a detecção de elementos de resolução múltipla. As redes de placas multicanal e redes micro-Faraday têm sido usadas.

29C ESPECTROMETRIA DE MASSAS ATÔMICAS

A espectrometria de massas tem estado em cena há muitos anos, mas a introdução do plasma indutivamente acoplado (ICP) em meados dos anos 1970 e seu subsequente desenvolvimento para a espectrometria de massas[4] levou à comercialização bem-sucedida de ICP-MS por várias companhias de instrumentos. Atualmente, o ICP-MS é uma técnica largamente utilizada para a determinação simultânea de mais de 70 elementos em alguns minutos. A fonte de íon é a principal diferença entre a espectrometria de massas atômica e molecular. Para a espectrometria atômica, a fonte de íon deve ser muito energética para converter a amostra para íons e átomos simples na fase gasosa. Na espectrometria de massas, a fonte de íon é muito menos energética e converte a amostra em íons moleculares e íons de fragmentos.

29C-1 Fontes para Espectrometria de Massas Atômicas

Várias fontes de ionização têm sido propostas para a espectrometria de massas atômicas. A **Tabela 29-2** lista os pontos de ionização mais comuns e os analisadores de massas típicos usados com cada uma dessas fontes.

TABELA 29-2

Fontes Comuns de Ionização para a Espectrometria de Massas

Nome	Símbolo	Fontes de Íons Atômicos	Analisador de Massas Típico
Plasma indutivamente acoplado	ICP-MS	Plasma de argônio de alta temperatura	Quadrupolar
Plasma de corrente direta	DCPMS	Plasma de argônio de alta temperatura	Quadrupolar
Plasma induzido por micro-ondas	MIPMS	Plasma de argônio de alta temperatura	Quadrupolar
Fonte de faísca	SSMS	Faísca elétrica de radiofrequência	Foco duplo
Descarga radiante (*glow discharge*)	GDMS	Plasma de descarga radiante	Foco duplo

[4] S. Houk; V. A. Fassel; G. D. Flesch; H. J. Svec; A. L. Gray e C. E. Taylor, *Anal. Chem.*, v. 52, p. 2283, **1980**, **DOI**: 10.1021/ac50064a012.

O Plasma Indutivamente Acoplado

O plasma indutivamente acoplado é descrito extensivamente na Seção 28B-2 em conexão com seu uso na espectroscopia de emissão atômica. A geometria axial mostrada na Figura 28-7 é a mais frequentemente usada em ICP-MS. Nas aplicações de EM, o ICP serve tanto como atomizador quanto ionizador. As amostras em solução podem ser introduzidas por um nebulizador convencional ou de ultrassom. As amostras sólidas podem ser dissolvidas em solução ou volatilizadas por meios de faísca de alta voltagem ou laser de alta potência antes de ser introduzida no ICP. Os íons formados no plasma são então introduzidos no analisador de massas, normalmente quadrupolar, onde eles são classificados de acordo com a razão massa-carga e detectados.

A extração de íons do plasma pode se apresentar como um importante problema técnico no ICP-MS. Enquanto um ICP opera a pressão atmosférica, um espectrômetro de massas opera a alto vácuo, tipicamente 10^{-6} torr. A região de interface entre o ICP e o espectrômetro de massas é então crítica para garantir que uma fração substancial dos íons produzidos seja transportada para o analisador de massas. A interface geralmente consiste em dois cones metálicos, denominados **amostrador** (*sampler*) e ***skimmer***. Cada cone possui um pequeno orifício ($\approx$ 1 mm) para permitir que os íons passem pela ótica de íons, a qual os guia para o analisador de massas.[5] O feixe introduzido no espectrômetro de massas apresenta aproximadamente a mesma composição iônica da região do plasma da qual foi extraído. A **Figura 29-6** mostra que os escpectros de ICP-MS são com frequência impressionantemente simples comparados com os espectros de emissão atômica ICP convencionais. O espectro de ICP-MS mostrado na figura consiste em uma série de picos de isótopos para cada elemento presente com picos iônicos de fundo (*background*). Os íons de fundo incluem Ar^+, ArO^+, ArH^+, H_2O^+, O^+, O_2^+ e Ar_2^+, bem como os adutos com metais. Além desses, encontram-se, nos espectros de massa com ICP, alguns íons poliatômicos que se formam a partir de constituintes da amostra. Esses íons de fundo podem interferir na determinação dos analitos como descrito na Seção 29C-2.

Os instrumentos comerciais para ICP-MS estão no mercado desde 1983. Os espectros de ICP-MS são usados para identificar os elementos presentes na amostra e para determinar quantitativamente estes elementos. Normalmente, as análises quantitativas são baseadas nas curvas de calibração nas quais a razão entre o sinal do íon para o analito e aquele para um padrão interno possa ser colocada no gráfico como uma função da concentração.

Outras Fontes de Ionização para a Espectrometria de Massas

Das fontes listadas na Tabela 29-2, a fonte de faísca e a descarga radiante têm recebido a maior atenção. A espectrometria de massas atômicas de fonte de faísca (SSMS) foi inicialmente introduzida nos anos 1930 como uma ferramenta geral para análises multielementares e de traços de isótopos. Entretanto foi só após 1958 que o primeiro espectrômetro de massas de fonte de faísca comercial apareceu no mercado. Após um período de rápido desenvolvimento nos anos 1960, o uso desta técnica parou de crescer e então caiu com o aparecimento do ICP-MS. Atualmente a espectrometria de massas de fonte de faísca ainda é aplicada a amostras sólidas que não são facilmente dissolvidas e analisadas por ICP. Além disso, as fontes de faísca são usadas em conjunção com as fontes de ICP para volatilizar e atomizar amostras sólidas antes da introdução no plasma.

Em um sistema de vácuo, diz-se que duas câmaras são bombeadas diferencialmente se elas estão conectadas por um pequeno orifício e evacuadas por duas bombas separadas. As bombas estão conectadas às câmaras através de canos grandes. Tal arranjo permite que o gás entre para uma câmara com pouca variação de pressão na segunda câmara.

Como abordado na Seção 28B-5, a fonte de descarga radiante é um dispositivo útil para vários tipos de espectroscopia atômica. Além de atomizar as amostras, ele também produz uma nuvem de íons positivos de analito de amostras sólidas. Este dispositivo consiste em um sistema de dois eletrodos simples contendo argônio a uma pressão de 0,1 a 10 torr. Uma voltagem de 5 a 15 kV de um suprimento de potência

[5] Para mais informações, veja R. S. Houk, *Acc. Chem. Res.*, v. 27, p. 333, **1994**, **DOI**: 10.1021/ar00047a003.

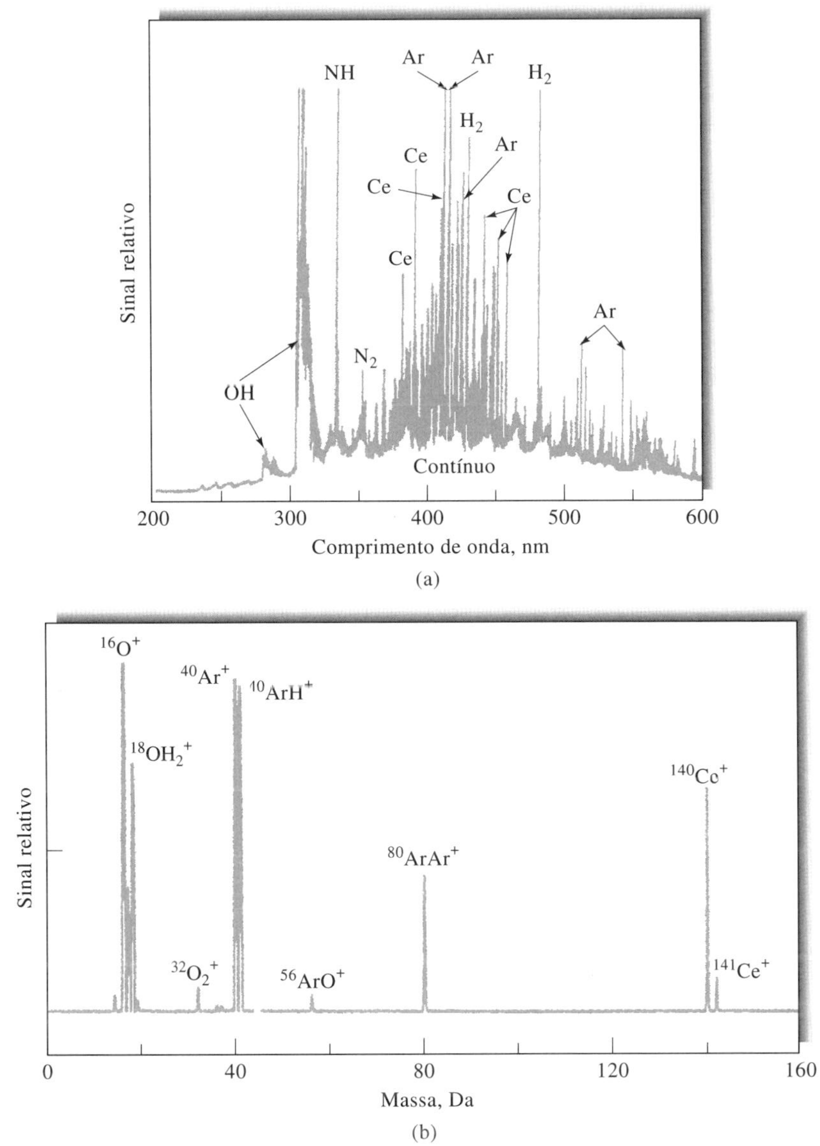

Figura 29-6 Comparação entre o espectro de emissão atômica de ICP para 100 ppm de cério (a) e o espectro de massas ICP para 10 ppm de cério (b). (Adaptado de M. Selby and G. M. Hieftje, Amer. Lab., v. 19, n.16, **1987**.)

cc é aplicado entre os eletrodos, provocando a formação de íons positivos de argônio, que são então acelerados em direção ao catodo. O catodo é fabricado a partir da amostra, ou a amostra é depositada em um catodo metálico inerte. Exatamente como na lâmpada de catodo oco (veja a Seção 28D-2), os átomos da amostra são lançados do catodo para a região entre os dois eletrodos, onde eles são convertidos em íons positivos por colisão com elétrons ou íons positivos de argônio. Os íons do analito são então puxados para o espectrômetro de massas por **bombeamento diferencial**.

A seguir, os íons são então filtrados em um analisador quadrupolar ou dispersados com um analisador de setor magnético para a detecção e determinação. As fontes de descarga radiante, como as fontes de faísca, são frequentemente empregadas com tochas ICP. A descarga radiante serve como o atomizador e a tocha ICP, como o ionizador.

29C-2Espectros de Massas e Interferências

Uma vez que a fonte ICP predomina na espectrometria de massas atômicas, focamos nossa discussão no ICP-MS. A simplicidade dos espectros de ICP-MS, como o espectro de cério mostrado na Figura 29-6b, levou os primeiros trabalhadores no assunto a ter esperanças em "um método livre de interferências". Infelizmente, esta esperança

❮ Os analisadores de massas de alta resolução, como os analisadores de foco duplo, podem reduzir ou eliminar muitas interferências espectrais no ICP-MS.

não se concretizou nos estudos posteriores e sérios problemas de interferência são algumas vezes encontrados na espectrometria de massas, da mesma forma que na espectroscopia atômica ótica. Os efeitos de interferências na espectrometria de massas pertencem a duas classes: as interferências espectroscópicas e os efeitos de matriz. As interferências espectroscópicas ocorrem quando as espécies iônicas no plasma têm o mesmo valor *m/z* do íon do analito. A maior parte dessas interferências é causada por íons poliatômicos, por elementos que têm isótopos essencialmente com a mesma massa, por íons duplamente carregados e por íons de óxidos refratários.[6] Os espectrômetros de alta resolução podem reduzir ou eliminar muitas dessas interferências.

Os efeitos de matriz tornam-se detectáveis para concentrações de espécies de matriz maiores que cerca de 500 a 1.000 μg mL^{-1}. Geralmente, esses efeitos causam a redução do sinal do analito, embora algumas vezes observe-se um aumento do sinal. Normalmente esses efeitos podem ser minimizados diluindo-se a amostra, alterando-se o procedimento de introdução ou por meio da remoção das espécies interferentes. Os efeitos também podem ser minimizados pelo uso de um padrão interno apropriado, um elemento que tenha aproximadamente a mesma massa e potencial de ionização que o analito (veja a Seção 8D-3).

29C-3 Aplicações da Espectrometria de Massas

O ICP-MS é bem apropriado para análises multielementares e para determinações tais como as de razões isotópicas. A técnica apresenta uma ampla faixa dinâmica, tipicamente de quatro ordens de grandeza, e produz espectros que são, geralmente, mais simples e mais fáceis de ser interpretados que os espectros de emissão ótica. O ICP-MS tem encontrado uso amplo nas indústrias de semicondutores e eletrônica, na geoquímica, nas análises ambientais, nas pesquisas médica e biológica e em muitas outras áreas.

Os limites de detecção para instrumentos ICP-MS quadrupolar são frequentemente menores que 1 ppb.

Os limites de detecção para ICP-MS estão listados na Tabela 28-4, onde eles são comparados com aqueles de diversos outros métodos espectrométricos atômicos. A maioria dos elementos pode ser detectada em níveis abaixo de partes por bilhão. Os instrumentos quadrupolares permitem, normalmente, a detecção em nível de ppb em toda a sua faixa de massas. Os instrumentos de alta resolução podem atingir limites de detecção rotineiros de subpartes por trilhão pelo fato de os níveis de fundo nesses instrumentos serem extremamente baixos.

A análise quantitativa normalmente é realizada por meio da preparação de curvas de calibração empregando-se padrões externos. Para compensar os flutuações, as instabilidades e os efeitos de matriz, um padrão interno pode ser adicionado aos padrões e à amostra. Os padrões internos múltiplos são empregados às vezes para otimizar a semelhança das características dos padrões com aquelas dos vários analitos.

Para as soluções simples nas quais a composição é conhecida ou a matriz das amostras e dos padrões pode ser igualada, a exatidão pode ser melhor do que 2% para concentrações do analito de 50 vezes o limite de detecção. Para as soluções de composição desconhecida, consegue-se uma exatidão típica de 5%.

29D ESPECTROMETRIA DE MASSAS MOLECULARES

A espectrometria de massas foi primeiramente usada no início dos anos 1940 para a análise química de rotina, quando a indústria de petróleo adotou a técnica para a análise quantitativa de misturas de hidrocarbonetos produzida nas quebras catalíticas. No início dos anos 1950, os instrumentos comerciais começaram a ser adaptados

[6] Para uma discussão adicional sobre as interferências em ICP-MS, veja K. E. Jarvis; A. L. Gray e R. S. Houk, *Handbook of Inductively Coupled Plasma Mass Spectrometry*, New York: Blackie, 1992, Cap. 5; G. Horlick e Y. Shao, em *Inductively Coupled Plasmas in Analytical Atomic Spectrometry*, 2. ed., A. Montaser e D. W. Golightly, eds., Nova York: VCH-Wiley, 1992, pp. 571-596.

pelos químicos para a identificação e elucidação estrutural de uma ampla variedade de compostos orgânicos. Este uso dos espectrômetros de massas combinado com a invenção da ressonância magnética nuclear e o desenvolvimento da espectroscopia no infravermelho revolucionou a maneira como os químicos orgânicos identificam e determinam a estrutura de moléculas. Esta aplicação da espectrometria de massas ainda é extremamente importante.

As aplicações da espectrometria de massas moleculares mudou dramaticamente na década de 1980 como consequência do desenvolvimento de novos métodos para a produção de íons a partir de moléculas não voláteis ou instáveis termicamente, tais como aquelas encontradas nas ciências biológicas. Desde aproximadamente 1990, tem havido um crescimento expressivo na área da espectrometria de massas biológicas trazido por estes novos métodos de ionização. Atualmente, a espectrometria de massas está sendo aplicada na determinação da estrutura de polipeptídeos, proteínas e outros biopolímeros de alta massa molecular.

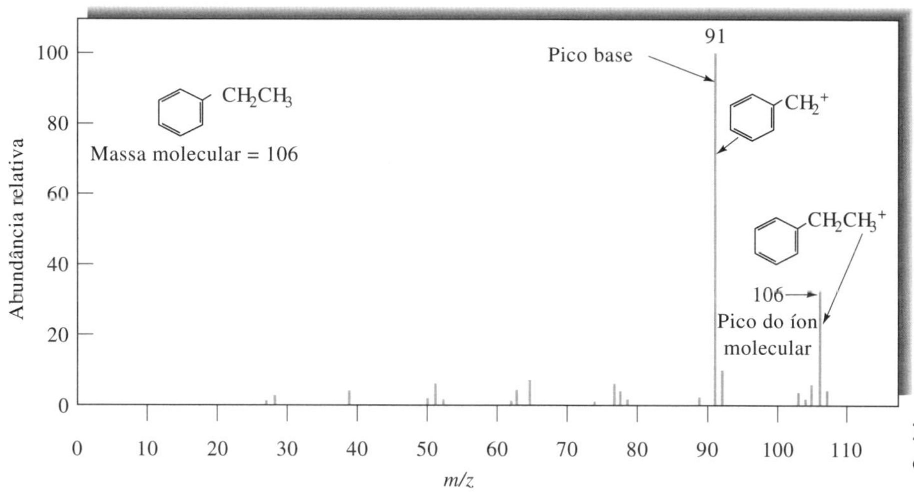

Figura 29-7 Espectro de massas do etilbenzeno.

Consideramos aqui a natureza dos espectros de massas moleculares e os tipos de informação que podem ser obtidos. As fontes de ionização comumente empregadas são descritas com a instrumentação espectrométrica. Finalmente, descrevemos várias aplicações atuais.[7]

29D-1 Espectros de Massas Moleculares

A **Figura 29-7** ilustra a maneira na qual os dados espectrais de massas são normalmente apresentados. O analito é o etilbenzeno, que tem uma massa molecular nominal de 106 daltons (Da). Para obter este espectro, o vapor de etilbenzeno foi bombardeado com um feixe de elétrons que levou à perda de um elétron pelo analito e a formação do íon molecular M^+, como mostrado pela reação

$$C_6H_5CH_2CH_3 + e^- \rightarrow C_6H_5CH_2H_3^{\cdot+} + 2e^- \qquad (29\text{-}3)$$

A espécie carregada $C_6H_5CH_2H_3^{\cdot+}$ é o **íon molecular**. Como indicado pelo ponto, o íon molecular é um íon radicalar que tem a mesma massa molecular da molécula.

[7] Para uma discussão detalhada de espectrometria de massas, veja D. M. Desiderio e N. M. Nibbering, eds., *Mass Spectrometry: Instrumentation, Interpretation and Applications*, Hoboken, NJ: Wiley, 2009; J. T. Watson e O. D. Sparkman, *Introduction to Mass Spectrometry*: Instrumentation, *Applications and Strategies for Data Interpretation*, 4. ed., Chichester, UK: Wiley, 2007; R. M. Smith, *Understanding Mass Spectra: A Basic Approach*, 2. ed., Nova York: Wiley, 2004.

Os íons de fragmentos podem dominar os espectros de massas moleculares.

A colisão entre elétrons energéticos e moléculas do analito geralmente fornece energia suficiente para as moléculas, deixando-as em um estado excitado. Então, frequentemente, ocorre o relaxamento pela fragmentação de parte dos íons moleculares para produzir íons de massas mais baixas. Por exemplo, um produto principal no caso do etilbenzeno é $C_6H_5CH_2^+$, que resulta da perda de um grupo CH_3. Também são formados outros fragmentos com carga positiva em quantidades menores.

Os íons positivos produzidos no impacto do elétron são atraídos através da fenda de um espectrômetro de massas, onde eles são classificados de acordo com as suas razões massa-carga e exibidos na forma de gráfico de barras de um espectro de massas. Observe na Figura 29-7 que o maior pico em $m/z = 91$, chamado de **pico base**, recebeu, arbitrariamente, um valor de 100. As alturas dos picos restantes são computadas como uma porcentagem da altura do pico base.

29D-2 Fontes de Íons

O ponto de partida para uma análise espectrométrica de massas é a formação de íons gasosos do analito e o objetivo e a utilidade de um método espectrométrico de massas é ditado pelo processo de ionização. A aparência dos espectros de massas para uma determinada espécie molecular é altamente dependente do método usado para a formação do íon. A **Tabela 29-3** lista muitas das fontes de íons que têm sido usadas na espectrometria molecular.[8] Observe que estes métodos encaixam-se em duas categorias principais: **fontes de fase gasosa** e **fontes de dessorção**. Com uma fonte de fase gasosa, a amostra é inicialmente vaporizada e então ionizada. Com uma fonte de dessorção, a amostra no estado sólido ou líquido é convertida diretamente em íons gasosos. Uma vantagem das fontes de dessorção é que elas são aplicáveis a amostras não voláteis e instáveis termicamente. Atualmente, os espectrômetros de massas comerciais são equipados com acessórios que permitem o uso de várias dessas fontes de forma intercambiável.

Muitas fontes de íons para a espectrometria molecular são fontes de fase gasosa ou fontes de dessorção.

A maioria das bibliotecas espectrais de massas são coletadas usando o impacto eletrônico.

A fonte mais amplamente usada é o impacto eletrônico (IE). Nesta fonte, as moléculas são bombardeadas com um feixe de alta energia de elétrons. Isso produz íons positivos, íons negativos e espécies neutras. Os íons positivos são dirigidos na direção do analisador pela repulsão eletrostática.

No IE, o feixe de elétrons é tão energético que muitos fragmentos são produzidos. Esses fragmentos, entretanto, são muito úteis na identificação das espécies moleculares entrando no espectrômetro de massas. Os espectros de massas para muitas bibliotecas de dados de EM foram coletados usando fontes IE.

Tem havido uma boa quantidade de atividades na área de amostras ambientais e fontes de ionização para espectrometria de massas.[9] Essas fontes usam muitos dos métodos de ionização estabelecidos, como o ESI, CI e plasmas, exceto em um ambiente de ionização direta exposto ao ar. Tal ambiente permite a ionização com um pré-tratamento mínimo da amostra em amostras de tamanhos e formas não usuais que não são facilmente examinadas sob condições de alta pressão. Existe uma grande variedade de técnicas de EM ambientais, mas a ionização por desorção de *electrospray* (DESI) e a análise direta em tempo real (DART) são as técnicas principais. Além disso, a ionização por sonda de plasma de baixa temperatura (LTP), a ionização ambiental por *spray* sônico (EASI) e a ionização por *electrospray* de ablação a laser (LAESI) têm-se mostrado promissoras.

[8] Para mais informações sobre fontes modernas de íons, veja D. A. Skoog; F. J. Holler e S. R. Crouch, *Principles of Instrumental Analysis*, 6th ed., Belmont, CA: Brooks/Cole, 2007, pp. 551-563; J. T. Watson e O. D. Sparkman, *Intorduction to Mass Spectrometry: Instrumentation, Applications and Strategies for Data Interpretation*, 4.ed., Chichester, UK: Wiley, 2007.

[9] G. A. Harris; A. S. Galhena e F. M. Fernandez, *Anal. Chem.*, v. 83, p. 4508, **2011**, **DOI**: 10.1021/ac200918u.

TABELA 29-3

Fontes de Íons Comuns para a Espectrometria de Massas Moleculares

Tipo Básico	Nome e Abreviatura	Método de Ionização	Tipo de Espectros
Fase gasosa	Impacto de elétrons (EI)	Elétrons energéticos	Padrões de fragmentação
	Ionização química (IQ)	Íons gasosos reagentes	Adutos de prótons, poucos fragmentos
Dessorção	Bombardeamento rápido de átomos (FAB)	Feixe atômico energético	Íons moleculares e fragmentos
	Ionização/desorção a laser assistida por matriz (MALDI)	Fótons de alta energia	Íons moleculares, íons de carga múltipla
	Ionização por *electrospray* (ESI)	O campo elétrico produz *spray* carregado com dessolvatos	Íons moleculares de carga múltipla

29D-3 Instrumentação Espectrométrica de Massas Moleculares

Os espectrômetros de massas moleculares seguem o diagrama de blocos básico da Figura 29-2. Nós nos concentramos aqui nos componentes dos espectrômetros moleculares que diferem dos espectrômetros de massas atômicas descritos na Seção 29C.

Sistemas de Entrada[10]

O propósito do sistema de entrada é introduzir uma amostra representativa para a fonte de íon com a perda mínima de vácuo. Muitos espectrômetros modernos são equipados com vários tipos de entradas para acomodar vários tipos de amostras. Os principais tipos de entrada podem ser classificados como **entradas em série**, **entradas por sonda direta**, **entradas cromatográficas** e **entradas eletroforéticas**.

O sistema de entrada convencional (e mais simples) é o tipo em série no qual a amostra é volatilizada externamente e então deixada vazar para dentro da região evacuada de ionização. Os líquidos e gases podem ser introduzidos dessa maneira.

A entrada em série é a mais comum para introduzir líquidos e gases.

Os sólidos podem ser colocados na ponta de uma sonda, inseridos na câmara de vácuo e evaporados ou sublimados por aquecimento. Os líquidos não voláteis podem ser introduzidos através de entradas de fluxo controlado, ou eles podem ser dessorvidos de uma superfície na qual eles estão revestidos com um filme fino. Em geral, as amostras para a espectrometria de massas moleculares devem ser puras porque a fragmentação que ocorre faz com que o espectro de massas de misturas seja difícil de interpretar. A cromatografia de gás (veja Capítulo 32) é uma maneira ideal de introduzir misturas porque os componentes são separados da mistura pela cromatografia antes da introdução no espectrômetro de massas. A combinação da cromatografia de gás com a espectrometria de massas é normalmente chamada de CG/EM. A **Figura 29-8** mostra o esquema de um instrumento de CG/EM típico. A cromatografia de líquido de alta eficiência e a eletroforese capilar também podem ser acopladas com a espectrometria de massas por meio do uso de interfaces especializadas.

Analisadores de Massas

Todos os analisadores listados na Tabela 29-1 são usados na espectrometria de massas moleculares. O analisador de massas quadrupolar é normalmente empregado com sistemas CG/EM. Os espectrômetros de alta resolução (setor magnético, foco duplo, tempo de voo, transformada de Fourier) são frequentemente usados quando os padrões de fragmentação devem ser analisados para os propósitos estruturais ou de identificação.

[10] Para mais informações sobre sistemas de entrada, veja D. A. Skoog; F. J. Holler e S. R. Crouch, *Principles of Instrumental Analysis*, 6. ed. Belmont, CA: Brooks/Cole, 2007, pp. 564-566.

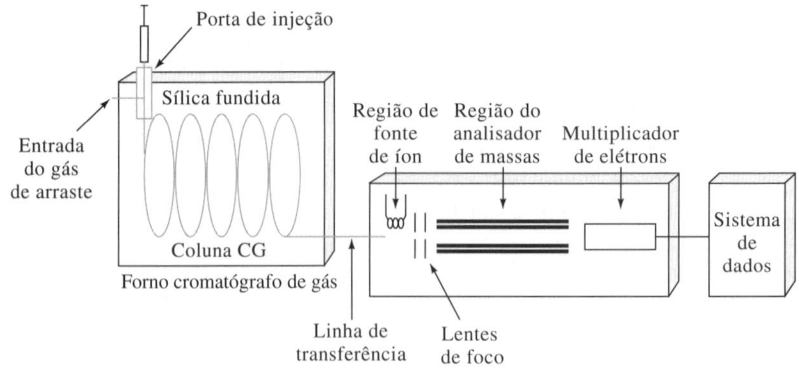

Figura 29-8 Esquema de um instrumento CG/EM capilar típico. O efluente da CG é passado para a entrada do espectrômetro de massas, onde as moléculas no gás são ionizadas e fragmentadas, analisadas e detectadas.

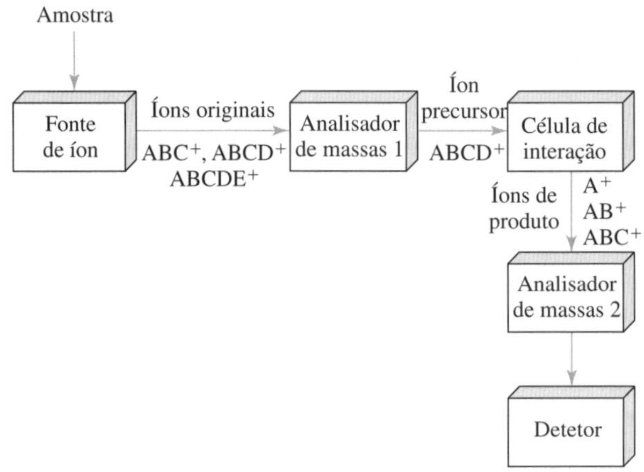

Figura 29-9 Diagrama de blocos de um espectrômetro de massas tandem.

A **espectrometria de massas tandem**, também chamada de **espectrometria de massas-espectrometria de massas** (EM/EM), é uma técnica que permite que o espectro de massas de um íon pré-selecionado ou fragmentado seja obtido. A **Figura 29-9** ilustra o conceito básico. Com um espectrômetro de massas tandem, uma fonte de ionização produz íons moleculares e íons de fragmentos. Estes então entram no primeiro analisador de massas, que seleciona um íon específico (o **íon precursor**) e o envia para a célula de interação. Na célula de interação, o íon precursor pode se decompor espontaneamente, reagir com um gás de colisão ou interagir com um feixe de laser intenso para produzir fragmentos, ou **íons de produtos**. Estes íons são então analisados por massas por um segundo analisador de massas e detectados pelo detector.

Muitos tipos diferentes de espectros podem ser produzidos com a espectrometria de massas tandem.

Os espectrômetros de massas tandem podem produzir uma variedade de espectros diferentes. Os **espectros de produção** são obtidos varrendo-se o analisador de massas 2 enquanto o analisador de massas 1 é mantido constante para agir como um seletor para o íon precursor. Um **espectro do íon precursor** pode ser obtido varrendo-se o analisador de massas 1 e selecionando um determinado íon de produto com o analisador de massas 2. Se ambos os analisadores são varridos com uma pequena compensação na massa entre eles, pode-se obter um **espectro de perda neutra**. Um espectro de perda neutra pode ser usado, por exemplo, para identificar os valores de *m/z* de todos os íons que perdem uma molécula comum, como a água. Finalmente, um **espectro tridimensional EM/EM** completo pode ser obtido registrando um espectro do íon de produto para cada íon precursor selecionado, isto é, varrendo-se o analisador de massas 2 para vários ajustes do analisador de massas 1.

A espectrometria de massas tandem pode produzir uma enorme quantidade de informações e têm se mostrado útil na elucidação estrutural, bem como na análise de misturas. A espectrometria de massas de misturas normalmente requer separações cromatográficas ou eletroforéticas para apresentar um único composto de cada vez para o espectrômetro de massas.

29D-4 Aplicações da Espectrometria de Massas Moleculares

As aplicações da espectrometria de massas moleculares são tão numerosas e abrangentes que descrevê-las em um pequeno espaço é impossível. A **Tabela 29-4** lista várias das mais importantes aplicações para fornecer alguma ideia das capacidades da espectrometria de massas. Descrevemos algumas destas aplicações nesta seção.

Identificação de Compostos Puros

O espectro de massas de um composto puro fornece vários tipos de dados que são úteis para a sua identificação. O primeiro é a massa molecular do composto e o segundo é sua fórmula molecular. Além disso, o estudo dos padrões de fragmentação revelado pelo espectro de massas em geral fornece informações sobre a presença ou ausência de vários grupos funcionais. Finalmente, a identidade real de um composto pode frequentemente ser estabelecida comparando-se seu espectro de massas com aqueles de compostos conhecidos até que uma combinação seja encontrada.

TABELA 29-4

Aplicações da Espectrometria de Massas Moleculares
Elucidação da estrutura de moléculas orgânicas e biológicas
Determinação da massa molecular de peptídeos, proteínas e oligonucleotídeos
Identificação de componentes de cromatogramas em papel e de camada delgada fina
Determinação de sequências de aminoácidos em amostra de polipetídeos e proteínas
Detecção e identificação de espécies separadas por cromatografia e eletroforese capilar
Identificação de drogas ilícitas e metabólitos de drogas ilícitas no sangue, urina e saliva
Monitoramento de gases no bafo de pacientes durante a cirurgia
Teste da presença de drogas no sangue nas corridas de cavalos puro sangue e nos atletas olímpicos
Datação de espécies arqueológicas
Análise de partículas de aerossol
Determinação de resíduos de pesticidas nos alimentos
Monitoramento de espécies orgânicas voláteis nos abastecimentos de água

Análise de Misturas

Enquanto a espectrometria de massas comum é uma ferramenta poderosa para a identificação de compostos puros, sua utilidade para a análise de misturas mais simples é limitada por causa do imenso número de fragmentos de diferentes valores *m/z* produzidos. É frequentemente impossível interpretar o espectro complexo resultante. Por esta razão, os químicos têm desenvolvido métodos nos quais os espectrômetros de massas são acoplados com vários dispositivos de separação eficientes. Quando duas ou mais técnicas ou instrumentos analíticos são combinados para formar um novo dispositivo mais eficiente, a metodologia resultante é com frequência chamada de **método hifenado**.

A cromatografia de gás/espectrometria de massas tem se tornado uma das mais poderosas ferramentas disponíveis para a análise de misturas orgânicas e biológicas complexas. Nesta aplicação, os espectros são coletados para compostos à medida que eles saem de uma coluna cromatográfica. Estes espectros são então estocados em um computador para processamento subsequente. A espectrometria de massas também tem sido acoplada com cromatografia de líquido (CL/EM) para a análise de amostras que contêm constituintes não voláteis.

A espectrometria de massas Tandem oferece algumas das mesmas vantagens que a CG/EM e a CL/EM e é significativamente mais rápida. Enquanto as separações em uma coluna cromatográfica são realizadas em uma escala de alguns minutos a horas, as separações igualmente satisfatórias nos espectrômetros de massas tandem são completadas em milissegundos. Além disso, as técnicas cromatográficas exigem a diluição da amostra com um grande excesso de uma fase móvel e subsequente remoção da fase móvel, aumentando enormemente a probabilidade de introduzir interferentes. Como consequência, a espectrometria de massas tandem é potencialmente mais sensível que qualquer uma das técnicas cromatográficas hifenadas porque o ruído químico associado com seu uso geralmente é menor. Uma desvantagem atual da espectrometria de massas tandem com relação aos outros dois procedimentos cromatográficos é o maior custo do equipamento exigido; esta diferença parece estar se estreitando à medida que os espectrômetros de massas tandem ganham uso mais amplo.

Para algumas misturas complexas, a combinação de CG ou CL e EM não fornece resolução suficiente. Nos anos recentes, tem sido possível se acoplar métodos cromatográficos com os espectrômetros de massas tandem para formar sistemas CG/EM/EM e CL/EM/EM.

Determinações Quantitativas

As aplicações da espectrometria de massas para análises quantitativas encaixam-se em duas categorias. A primeira é a determinação quantitativa de espécies moleculares ou tipos de espécies moleculares em amostras orgânicas, biológicas e ocasionalmente inorgânicas. Várias dessas aplicações estão listadas na Tabela 29-4. A segunda categoria é a determinação da concentração de elementos em amostras inorgânicas e, menos comumente, orgânicas e biológicas, como discutido na Seção 29C-3.

TRABALHO NA WEB

Use um sistema de buscas na web para encontrar "espectrometria de distância de voo" (DOF). Localize uma patente emitida na abordagem DOF. Para quem a patente foi emitida? Descreva essa técnica e como ela difere da abordagem de tempo de voo (TOF). Quais são as vantagens e desvantagens? A abordagem DOF pode ser usada em um arranjo EM tandem? Descreva como o espectrômetro tandem poderia ser acoplado com um analisador TOF para atingir um espectro bidimensional de íon de produto/precursor.

QUESTÕES E PROBLEMAS

29-1. Defina
- *(a) Dalton.
- (b) filtro de massas quadrupolar.
- *(c) número de massa.
- (d) analisador de setor.
- *(e) analisador de tempo de voo.
- (f) multiplicador de elétron.

29-2. Enumere três características de plasmas indutivamente acoplados que os tornam apropriados para a espectrometria de massas atômicas.

***29-3.** Qual é a função da tocha ICP na espectrometria de massas?

29-4 Quais são a ordenada e a abscissa em um espectro de massas comum?

***29-5.** Quais os tipos de interferências são encontradas no ICP-MS?

29-6. Qual é o propósito de um padrão interno na ICP-MS?

***29-7.** Por que os limites de detecção para o ICP-MS frequentemente são mais baixos com espectrômetros de massas de duplo foco que com espectrômetros de massas quadrupolares?

29-8. Como as fontes de ionização gasosa e de desorção diferem entre si? Quais são as vantagens de cada uma?

***29-9.** Por que normalmente são produzidos fragmentos com a ionização de impacto de elétrons?

29-10. Discuta por que é mais fácil acoplar um cromatógrafo de líquido com um espectrômetro de massas.

***29-11.** Qual é a diferença entre um íon precursor e um íon de produto na espectrometria de massas?

29-12. Algumas fontes de ionização, conhecidas como fontes de ionização macias, não produzem tantos fragmentos como uma fonte de impacto de elétron, que é uma fonte de ionização mais dura. Qual tipo de fonte de ionização (dura ou macia) é mais útil para a elucidação de estrutura? E para a determinação de massa molecular? E para a identificação de compostos? Qual é o seu raciocínio para a resposta?

29-13. Problema Desafiador:

(a) A energia cinética EC fornecida a um íon de massa m contendo uma carga z em um analisador TOF é EC $= zeV = \frac{1}{2} mv^2$, onde e é a carga eletrônica, V é a voltagem do campo elétrico e v é a velocidade do íon. Se o tubo de flutuação livre de campo tem um comprimento L, mostre que o tempo de voo t_F é dado por

$$t_F = L\sqrt{\frac{m}{2zeV}}$$

(b) Um íon M^+ tem uma massa de 286,1930 Da. Qual é a massa do íon em kg?

(c) Mostre que a energia cinética de 1 eV é igual a $1{,}6 \times 10^{-19}$ kg m^2 s^{-2}.

(d) Se o íon recebe uma energia cinética de 3.000 eV antes da introdução em um tubo de voo, qual é a sua velocidade em m s^{-1}?

(e) Se o tubo de voo tem um comprimento de 1,5 m, quanto tempo o íon levará para atingir o detector na extremidade do tubo de voo?

(f) Qual seria o tempo de voo para um íon de impureza de massa 285,0410 Da?

(g) Qual é a resolução necessária para separar M^+ da impureza?

PARTE VI

Cinética e Separações

Métodos Cinéticos de Análise

capítulo 30

Um automóvel moderno é equipado com um conversor catalítico de três caminhos para diminuir para níveis aceitáveis as emissões de óxidos de nitrogênio, hidrocarbonetos não queimados e monóxido de carbono. O conversor deve oxidar o CO e os hidorcarbonetos não queimados a CO_2 e H_2O e ele deve reduzir os óxidos de nitrogênio a N_2 gasoso. Consequentemente, dois catalisadores diferentes são usados, um catalisador de oxidação e um catalisador de redução. Três estilos diferentes de conversor são mostrados na fotografia. Muitos carros usam a estutura de catalisador na forma de favos de mel, mostrado na direita inferior, para maximizar a exposição do catalisador ao fluxo de exaustão. Os catalisadores geralmente são de metais como platina, ródio e paládio.

A quantidade de catalisador pode ser determinada medindo-se quanto a velocidade de uma reação química é afetada. Os métodos catalíticos, que estão dentre os mais sensíveis de todos os métodos catalíticos, são usados para a análise de traços de metais no ambiente, de orgânicos em uma variedade de amostras e de enzimas em sistemas biológicos.

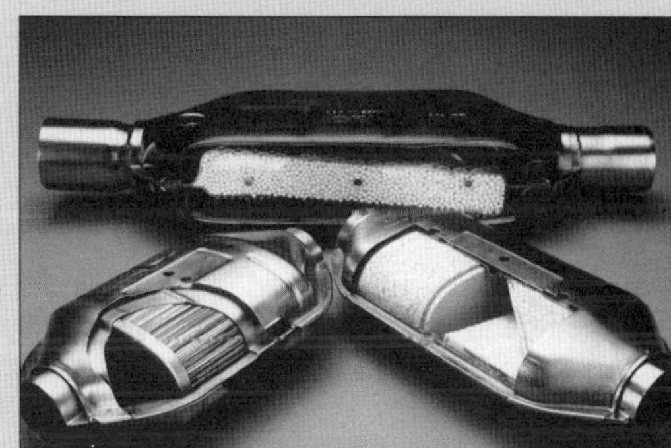

Os métodos cinéticos de análise diferem de forma fundamental daqueles de equilíbrio analíticos, ou termodinâmicos, que abordamos nos capítulos anteriores. Nos **métodos cinéticos**, as medidas são feitas sob condições dinâmicas nas quais as concentrações dos reagentes e produtos estão mudando em função do tempo. Em contraste, os métodos termodinâmicos são realizados em sistemas que atingiram o equilíbrio ou estado estacionário, de forma que as concentrações são estáticas.

Nos **métodos cinéticos**, as medidas são feitas enquanto as variações líquidas estão ocorrendo ao longo da reação. Nos **métodos de equilíbrio**, as medidas são feitas sob condições de equilíbrio ou estacionárias.

A distinção entre os dois tipos de métodos é ilustrada na **Figura 30-1**, que mostra o progresso no tempo da reação

$$A + R \rightleftharpoons P \qquad (30\text{-}1)$$

onde A representa o analito, R o reagente e P o produto. Os métodos termodinâmicos operam na região além do tempo t_e quando as concentrações globais de reagentes e produtos tornam-se constantes e o sistema químico está em equilíbrio. Em contraste, os métodos cinéticos são realizados durante o intervalo de tempo de 0 a t_e quando as concentrações do reagente e produto estão variando continuamente.

A seletividade nos métodos cinéticos é obtida pela seleção de reagentes e condições que produzem diferenças nas velocidades nas quais o analito e as interferências em potencial reagem. A seletividade nos métodos termodinâmicos é obtida pela escolha de reagentes e condições que geram diferenças nas constantes de equilíbrio.

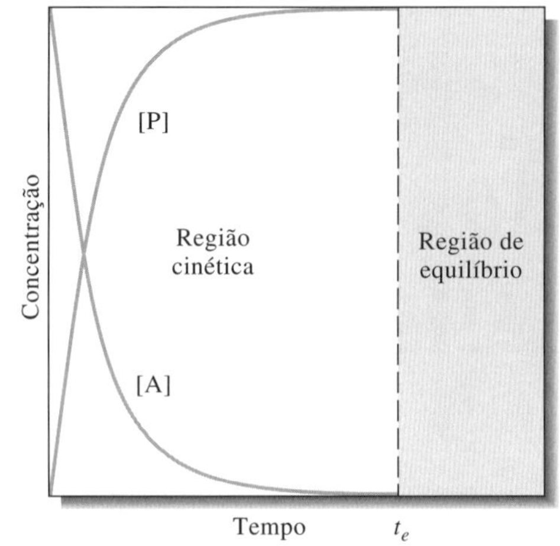

Figura 30-1 Alteração na concentração do analito [A] e do produto [P] em função do tempo. Até o tempo t_e, as concentrações do analito e do produto estão mudando continuamente. Esse é o regime cinético. Após t_e, as concentrações do analito e do produto são estáticas.

Os métodos cinéticos estendem bastante o número de reações químicas que podem ser utilizadas para finalidades analíticas porque eles permitem o uso de reações que são muito lentas ou bastante incompletas para os procedimentos baseados em métodos termodinâmicos. Os métodos cinéticos podem ser baseados em reações de complexação, reações ácido-base, reações redox e muitas outras. Muitos métodos cinéticos são baseados em reações catalisadas. Em um tipo de método catalítico o analito é o catalisador e este é determinado a partir do seu efeito sobre uma reação de indicador que envolve regentes ou produtos que são determinados convenientemente. Esses métodos estão entre as reações analíticas mais sensíveis. Em outra reação catalisada, o catalisador é introduzido para acelerar a reação entre o analito e o reagente. Essa abordagem é com frequência altamente seletiva, ou mesmo específica, particularmente quando uma enzima atua como catalisador. Sem dúvida, o uso mais difundido dos métodos cinéticos se dá nos laboratórios bioquímicos e clínicos, onde inúmeras análises baseadas em cinética excedem àquelas fundamentadas na Termodinâmica.[1]

30A VELOCIDADES DAS REAÇÕES QUÍMICAS

Esta seção fornece uma breve introdução à Cinética Química, que é necessária para se entender as bases dos métodos cinéticos de análise.

30A-1 Mecanismos de Reação e Leis de Velocidade

O **mecanismo** pelo qual uma reação química prossegue consiste em uma série de equações químicas que descrevem as etapas elementares individuais que levam à formação dos produtos a partir dos reagentes. Muito do que os químicos sabem sobre os mecanismos foi adquirido com base em estudos nos quais a velocidade na qual os reagentes são consumidos ou os produtos são formados é medida em função de variáveis como as concentrações dos reagentes e produtos, a temperatura, a pressão, o pH e a força iônica. Esses estudos levam a uma **lei de velocidade** empírica que relaciona a velocidade da reação com as concentrações dos reagentes, dos produtos e dos intermediários a qualquer instante. Os mecanismos são descobertos postulando-se uma série de etapas elementares que fazem sentido químico e que são consistentes com a lei de velocidade empírica. Frequentemente, esses mecanismos são posteriormente testados fazendo-se estudos planejados para descobrir ou monitorar qualquer espécie intermediária transiente prevista pelo mecanismo.

A **lei de velocidade** para uma reação é uma relação determinada experimentalmente entre a velocidade de uma reação e as concentrações dos reagentes, produtos e quaisquer outras espécies como os catalisadores, ativadores e inibidores.

Termos de Concentração nas Leis de Velocidade

As leis de velocidade são expressões algébricas constituídas por termos de concentração e constantes, as quais geralmente se parecem com as expressões de constantes

[1] H. O. Mottola, *Kinetic Aspects of Analytical Chemistry*, Nova York: Wiley, 1988.

de equilíbrio (veja Equação 30-2). Contudo, você deve observar que os termos entre colchetes em uma expressão de velocidade representam as concentrações molares *em um instante específico* em vez das concentrações molares de equilíbrio (como nas expressões das constantes de equilíbrio). Esse significado é enfatizado com frequência adicionando-se um índice inferior para indicar o tempo ao qual a concentração se refere. Assim, $[A]_t$, $[A]_0$ e $[A]_\infty$ indicam as concentrações de A no tempo t, tempo zero e infinito, respectivamente. O tempo infinito é tomado como qualquer intervalo de tempo maior que o requerido para atingir o equilíbrio. Isto é, $t_\infty > t_e$ na Figura 30-1.

No contexto da Cinética Química, as concentrações molares, simbolizadas por colchetes, variam com o tempo.

Ordem de Reação

Vamos supor que a lei de velocidade empírica para a reação geral mostrada pela Equação 30-1 foi encontrada experimentalmente e tem a forma

$$\text{velocidade} = -\frac{d[A]}{dt} = -\frac{d[R]}{dt} = \frac{d[P]}{dt} = k[A]^m[R]^n \quad (30\text{-}2)$$

onde a velocidade é a derivada da concentração de A, R ou P em relação ao tempo. Observe que as duas primeiras velocidades têm um sinal negativo porque as concentrações de A e R decrescem no decorrer da reação. Nessa expressão da velocidade, k é a **constante de velocidade**; m é a **ordem da reação em relação a A**; e n é a **ordem da reação em relação a R**. A **ordem global da reação** é $p = m + n$. Assim, se $m = 1$ e $n = 2$, a reação é dita ser de primeira ordem em relação a A, de segunda ordem em relação a R e de terceira ordem global.

Em decorrência de A e R estarem sendo consumidos, as velocidades de variação de [A] e [R] em relação ao tempo são negativas.

Unidades das Constantes de Velocidade

Uma vez que as velocidades das reações são sempre expressas em termos de concentração por unidade de tempo, as unidades da constante de velocidade são determinadas pela ordem global p da reação de acordo com a relação

$$\frac{\text{concentração}}{\text{tempo}} = (\text{unidades de } k)(\text{concentração})^p$$

onde $p = m + n$. Rearranjando obtém-se

$$\text{unidades de } k = (\text{concentração})^{1-p} \times \text{tempo}^{-1}$$

Dessa forma, as unidades de uma constante de velocidade de primeira ordem são s^{-1} e as unidades para uma constante de segunda ordem são $mol^{-1}\,L\,s^{-1}$.

As unidades da constante de velocidade k dependem da ordem global da reação. Para uma reação de primeira ordem, as unidades são s^{-1}.

30A-2 A Lei de Velocidade para as Reações de Primeira Ordem

O caso mais simples na análise matemática de uma cinética de reação é a da decomposição espontânea e irreversível de uma espécie A:

O decaimento radioativo é um exemplo de uma decomposição espontânea.

$$A \xrightarrow{k} P \quad (30\text{-}3)$$

A reação é de primeira ordem em relação a A e a velocidade é

$$\text{velocidade} = -\frac{d[A]}{dt} = k[A] \quad (30\text{-}4)$$

Reações de Pseudoprimeira Ordem

Uma reação de decomposição de primeira ordem geralmente não apresenta nenhuma utilidade na Química Analítica porque uma análise é ordinariamente baseada em reações que envolvem pelo menos duas espécies, um analito e um reagente.[2] Entretanto, geralmente, a lei de velocidade para uma reação envolvendo duas espécies é tão suficientemente complexa que tornam necessárias as simplificações com objetivo analítico. De fato, a maioria dos métodos cinéticos úteis é realizada sob condições que permitem ao químico simplificar as leis complexas de velocidades a uma forma análoga à Equação 30-4. Uma reação de ordem alta que é realizada de forma que essa simplificação seja possível é denominada reação de **pseudoprimeira ordem**. Os métodos de conversão de reações de ordens mais altas para as reações de pseudoprimeira ordem serão mostrados nas próximas seções.

A Matemática para a Descrição do Comportamento de Primeira Ordem

Em virtude de a maioria das determinações cinéticas serem realizadas sob condições de pseudoprimeira ordem, é importante examinar em detalhe algumas das características das reações que têm leis de velocidade que se aproximam da Equação 30-4.

Rearranjando-se a Equação 30-4, obtemos

$$\frac{d[\mathrm{A}]}{[\mathrm{A}]} = -kdt \tag{30-5}$$

A integral dessa equação desde o tempo zero, quando $[\mathrm{A}] = [\mathrm{A}]_0$ até o tempo t, quando $[\mathrm{A}] = [\mathrm{A}]_t$, é

$$\int_{[\mathrm{A}]_0}^{[\mathrm{A}]_t} \frac{d[\mathrm{A}]}{[\mathrm{A}]} = -k\int_0^t dt$$

A avaliação das integrais fornece

$$\ln\frac{[\mathrm{A}]_t}{[\mathrm{A}]_0} = -kt \tag{30-6}$$

Finalmente, tomando-se a exponencial de ambos os lados da Equação 30-6, obtemos

$$\frac{[\mathrm{A}]_t}{[\mathrm{A}]_0} = e^{-kt} \qquad \text{ou } [\mathrm{A}]_t = [\mathrm{A}]_0 e^{-kt} \tag{30-7}$$

Essa forma integrada da lei de velocidade fornece a concentração de A em função da concentração inicial $[\mathrm{A}]_0$, da constante de velocidade k e do tempo t. Um gráfico dessa relação está representado na Figura 30-1. O Exemplo 30-1 ilustra o uso dessa equação para se encontrar a concentração de um reagente a um instante específico.

EXEMPLO 30-1

Uma reação de primeira ordem apresenta $k = 0{,}0370\ \mathrm{s}^{-1}$. Calcule a concentração restante do reagente aos 18,2 s após o início da reação se a sua concentração inicial era de 0,0100 mol L^{-1}.

Resolução

Substituindo na Equação 30-7 obtém-se

$$[\mathrm{A}]_{18,2} = (0{,}0100\ \mathrm{mol\ L}^{-1})e^{-(0{,}0370\ s^{-1})\times(18{,}2\ s)} = 0{,}00510\ \mathrm{mol\ L}^{-1}$$

[2] O decaimento radioativo é uma exceção a essa afirmação. A técnica de análise por ativação neutrônica é baseada na medida do decaimento espontâneo de radionuclídeos gerados por irradiação de uma amostra em um reator nuclear.

Quando a velocidade de uma reação está sendo acompanhada pela velocidade de aparecimento de um produto P em vez da velocidade de desaparecimento do analito A, é útil modificar a Equação 30-7 para relacionar a concentração de P no tempo t com a concentração inicial do analito $[A]_0$. A concentração de A a qualquer instante é igual à sua concentração original menos a concentração do produto (quando 1 mol do produto forma 1 mol do analito). Assim

$$[A]_t = [A]_0 - [P]_t \tag{30-8}$$

Substituindo essa expressão para $[A]_t$ na Equação 30-7 e rearranjando, obtém-se

$$[P]_t = [A]_0(1 - e^{-kt}) \tag{30-9}$$

Um gráfico dessa relação também é mostrado na Figura 30-1.

A forma das Equações 30-7 e 30-9 é de uma exponencial pura, a qual sempre aparece em Ciência e Engenharia. Uma exponencial pura nesse caso tem a característica útil que iguala os tempos gastos e fornece decréscimos fracionais iguais na fração da concentração de reagente ou aumentos na concentração do produto. Como exemplo, considere um intervalo de tempo $t = \tau = 1/k$. Quando substituímos este tempo na Equação 30-7 temos

A fração de reagente usada (ou produto formado) em uma reação de primeira ordem é a mesma para qualquer período.

$$[A]_\tau - [A]_0 e^{-k\tau} - [A]_0 e^{-k/k} = (1/e)[A]_0$$

e da mesma forma para um período $t = 2\tau = 2/k$,

$$[A]_{2\tau} = (1/e)^2[A]_0$$

e assim por diante para períodos sucessivos, como mostrado na **Figura 30-2**.

DESAFIO: Derive uma expressão para $t_{1/2}$ em termos de τ.

O período $\tau = 1/k$ é algumas vezes referido como **tempo de vida natural** das espécies A. Durante o tempo τ, a concentração de A decresce para $1/e$ do seu valor original. Um segundo período, de $t = \tau$ a $t = 2\tau$, produz um decréscimo de uma fração equivalente para $1/e$ do valor no início do segundo intervalo, o qual é $(1/e)^2$ de $[A]_0$. Um exemplo mais familiar dessa propriedade das exponenciais é encontrado na meia-vida $t_{1/2}$ de radionuclídeos. No período igual a $t_{1/2}$, metade dos átomos de uma amostra de um elemento radioativo decai para os produtos; um segundo período de $t_{1/2}$ reduz a quantidade do elemento a um quarto do número original, e assim por diante para períodos sucessivos. Independentemente do intervalo e do tempo escolhidos, tempos iguais produzem reduções fracionais iguais na concentração do reagente para um processo de primeira ordem.

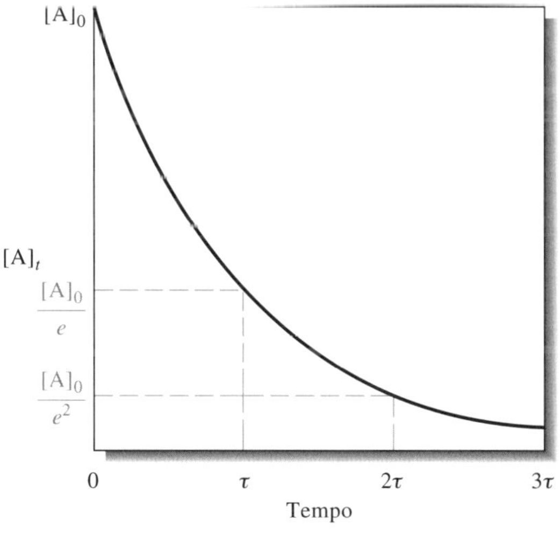

Figura 30-2 Curva de evolução para uma reação de primeira ordem mostrando que os intervalos de tempos iguais produzem reduções fracionais idênticas na concentração do analito.

EXEMPLO 30-2

Calcule o tempo necessário para que uma reação de primeira ordem com $k = 0{,}0500\ s^{-1}$ se processe até se tornar 99,0% completa.

Resolução

Para se completar a 99,0%, $[A]_t/[A]_0 = (100 - 99)/100 = 0{,}010$. A substituição na Equação 30-6 fornece

$$\ln 0{,}010 = -kt = -(0{,}0500\ s^{-1})t$$

$$t = -\frac{\ln 0{,}010}{0{,}0500\ s^{-1}} = 92\ s$$

30A-3 Leis de Velocidade para Reações de Segunda Ordem e de Pseudoprimeira Ordem

Considere uma reação analítica típica na qual 1 mol do analito A reage com 1 mol do reagente B para gerar um único produto P. Por hora, presumimos que a reação seja irreversível e escrevemos

$$A + R \xrightarrow{k} P \qquad (30\text{-}10)$$

Se a reação ocorre em uma única etapa elementar, a velocidade é proporcional à concentração de cada um dos reagentes e a lei de velocidade é

$$-\frac{d[A]}{dt} = k[A][R] \qquad (30\text{-}11)$$

A reação é de primeira ordem em relação a cada um dos reagentes e de segunda ordem global. Se a concentração de R for selecionada de forma que [R] >> [A], a concentração de R varia muito pouco durante o andamento da reação e podemos escrever $k[R]$ = constante = k'. A Equação 30-11 é então reescrita como

$$-\frac{d[A]}{dt} = k'[A] \qquad (30\text{-}12)$$

As reações de segunda ordem ou de ordem superior podem, em geral, se tornar reações de pseudoprimeira ordem por controle das condições experimentais.

a qual apresenta a forma idêntica à Equação 30-4 para o caso de primeira ordem. Dessa forma, a reação é dita ser de **pseudoprimeira ordem** em relação a A (veja Exemplo 30-3).

EXEMPLO 30-3

Para uma reação de pseudoprimeira ordem na qual o reagente está presente em excesso de cerca de 100 vezes, encontre o erro relativo resultante da suposição de que $k[R]$ é constante quando a reação estiver 40% completa.

Resolução

A concentração inicial do reagente pode ser expressa como

$$[R]_0 = 100[A]_0$$

A 40% da reação, 60% de A permanece sem reagir. Dessa forma,

$$[A]_{40\%} = 0{,}60[A]_0$$

$$[R]_{40\%} = [R]_0 - 0{,}40[A]_0 = 100[A]_0 - 0{,}40[A]_0 = 99{,}6[A]_0$$

Pressupondo um comportamento de pseudoprimeira ordem, a velocidade da reação a 40% é

$$-\frac{d[A]_{40\%}}{dt} = k[R]_0[A]_{40\%}$$

A velocidade verdadeira a 40% da reação é $k(99{,}6[A]_0)(0{,}60[A]_0)$. Assim, o erro relativo é

$$\frac{k(100[A]_0)(0{,}60[A]_0) - k(99{,}6[A]_0)(0{,}60[A]_0)}{k(99{,}6[A]_0)(0{,}60[A]_0)} = 0{,}004 \quad \text{(ou 0,4\%)}$$

Como o Exemplo 30-3 mostra, o erro associado com a determinação da velocidade de uma reação de pseudoprimeira ordem com um excesso de 100 vezes de reagente é muito pequeno. Um excesso de 50 vezes de reagente leva a um erro de 1%, o qual é geralmente aceitável em métodos cinéticos. Além disso, o erro é ainda menos significativo quando a reação for menos de 40% completa.

Raramente as reações são inteiramente irreversíveis e uma descrição rigorosa da cinética de uma reação de segunda ordem que ocorra em uma única etapa deve levar em conta a reação inversa. A velocidade da reação é a diferença entre a velocidade da reação direta e a velocidade da reação inversa:

$$-\frac{d[A]}{dt} = k_1[A][R] - k_{-1}[P]$$

onde k_1 é a constante de velocidade de segunda ordem para a reação direta e k_{-1} a constante de velocidade de primeira ordem para a reação inversa. Ao derivar essa equação, supomos para simplificação que um único produto seja formado, porém casos mais complexos podem também ser descritos.[3] Desde que as condições sejam mantidas de forma que k_{-1} e/ou [P] sejam relativamente pequenos, a velocidade da reação inversa será desprezível e um erro pequeno será introduzido ao pressupor-se o comportamento de pseudoprimeira ordem.

30A-4 Reações Catalisadas

> As enzimas são moléculas de alta massa molecular que catalisam reações em sistemas biológicos. Elas podem servir como reagentes altamente seletivos.

As reações catalisadas, particularmente aquelas nas quais as enzimas servem como catalisador, são amplamente empregadas para a determinação de muitas espécies bioquímicas e biológicas, bem como de inúmeros cátions e ânions inorgânicos. Deveríamos, então, utilizar as reações catalisadas por enzimas para ilustrar as leis de velocidade catalíticas e para mostrar como essas leis de velocidade podem ser reduzidas a expressões algébricas relativamente simples, como a Equação 30-12 de pseudoprimeira ordem. Essas relações simplificadas podem ser utilizadas para finalidades analíticas.

Reações Catalisadas por Enzimas

As enzimas são moléculas de proteínas de alta massa molecular que catalisam reações importantes em Biologia e Biomedicina. O Destaque 30-1 mostra as características

[3] Veja J. H. Esperson, *Chemical Kinetics and Reaction Mechanisms*, 2. ed., Nova York: McGraw-Hill, 1995, pp. 49-52.

As espécies sobre as quais a enzima atua são chamadas **substratos**. As espécies que aumentam a velocidade de uma reação, mas não tomam parte na reação estequiométrica, são conhecidas como **ativadores**. As espécies que não participam da reação estequiométrica, porém diminuem a sua velocidade, são ditas **inibidores**.

básicas das enzimas. A enzimas são particularmente úteis como reagentes analíticos pois muitas são catalisadores bastante seletivos para reações com moléculas conhecidas como **substratos**. Por exemplo, a enzima glicose oxidase catalisa de forma bastante seletiva a reação de seu substrato β-D-glicose com o oxigênio para formar a gliconolactona. Além da determinação de substratos, as reações catalisadas por enzimas são empregadas para a determinação de ativadores, inibidores e, naturalmente, das próprias enzimas.[4]

O comportamento de um grande número de enzimas é consistente com o mecanismo geral

$$E + S \underset{k_{-1}}{\overset{k_1}{\rightleftharpoons}} ES \xrightarrow{k_2} P + E \tag{30-13}$$

Nesse **mecanismo de Michaelis-Menten**, a enzima E reage reversivelmente com o substrato S para formar o complexo enzima-substrato ES. Esse complexo então se decompõe irreversivelmente para formar o(s) produto(s) e regenerar a enzima. A lei de velocidade para esse mecanismo assume uma de duas formas, dependendo das velocidades relativas das duas etapas. No caso mais geral, as velocidades das duas etapas são comparáveis em grandeza. Nesse caso, ES se decompõe tão rapidamente como quando foi formado e a sua concentração pode ser considerada pequena e relativamente constante no decorrer da maior parte da reação. Se a segunda etapa for consideravelmente mais lenta que a primeira, os reagentes e o ES estarão essencialmente no equilíbrio. Este caso de equilíbrio pode ser derivado do caso geral de equilíbrio. Nas seções que se seguem, mostramos que, em ambos os casos, as condições da reação podem ser arranjadas de modo que produza relações simples entre a concentração do analito e a velocidade.

DESTAQUE 30-1

Enzimas

As enzimas são proteínas que catalisam as reações necessárias à manutenção da vida. Assim como outras proteínas, as enzimas consistem em cadeias de aminoácidos. As fórmulas estruturais de alguns aminoácidos importantes são mostradas na **Figura 30D-1**. As moléculas formadas pela ligação de dois ou mais aminoácidos são denominadas **peptídeos**. Cada aminoácido em um peptídeo é chamado **resíduo**. As moléculas com muitas ligações de aminoácidos são **polipeptídeos** e aquelas com cadeias longas de polipeptídeos são **proteínas**. As enzimas diferem das outras proteínas pelo fato de que uma área específica das suas estruturas, conhecida como sítio ativo, auxilia na catálise. Como resultado, a catálise enzimática é frequentemente muito específica, favorecendo um substrato em particular sobre outros compostos muito similares.

A estrutura da proteína é muito importante para a sua função. A **estrutura primária** é a sequência de aminoácidos da proteína. A **estrutura secundária** é a forma que a cadeia polipeptídica assume. Existem dois tipos de estruturas secundárias, a α-hélice e a fita β-pregueada (*β-pleated sheet*). A α-hélice, apresentada na **Figura 30D-2**, é a forma mais comum adotada pelas proteínas animais. Nessa estrutura, a forma helicoidal é mantida pelas ligações de hidrogênio entre os resíduos vizinhos. A estrutura de fita β-pregueada é mostrada na **Figura 30D-3**. Nessa estrutura, a cadeia peptídica está quase completamente estendida e as ligações de hidrogênio se dão entre as secções paralelas das cadeias em vez de entre os vizinhos próximos, como na α-hélice. A estrutura de fita β-pregueada pode ser encontrada em fibras, como na seda.

A **estrutura terciária** é a forma global tridimensional na qual a α-hélice ou fita β-pregueada se dobra em consequência das interações entre resíduos distantes na estrutura primária. As proteínas também podem apresentar uma **estrutura quaternária**, a qual descreve como as cadeias de polipeptídeos se juntam em uma proteína que contém mais de uma cadeia.

A efetividade de uma enzima como catalisador é denominada **atividade enzimática**. A atividade está intimamente relacionada com o formato tridimensional da proteína, particularmente do seu sítio ativo. Em geral, o sítio ativo é a parte da proteína à qual o substrato se liga. A especificidade da enzima depende em grande parte da estrutura da região do sítio ativo. Uma explicação do papel do sítio ativo é o modelo

[4] Para uma revisão sobre as reações catalisadas para métodos cinéticos, veja S. R. Crouch; A. Scheeline e E. W. Kirkor, *Anal. Chem.*, v. 72, n. 53R, **2000**, **DOI**: 10.1021/a1000004b.

"fechadura e chave". O encaixe estereoquímico preciso do substrato no sítio ativo é responsável pela especificidade da catálise. Vários modelos mais complexos, como o modelo de encaixe induzido, têm sido propostos.

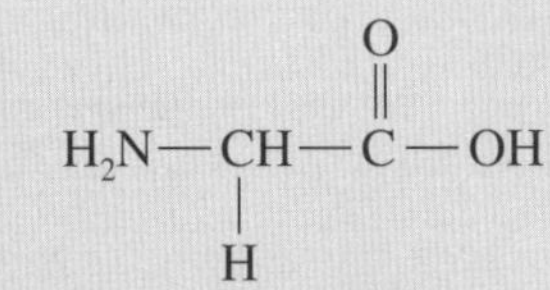

glicina (gli)

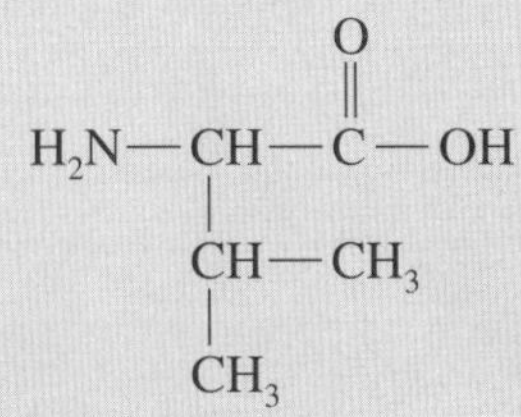

valina (val)

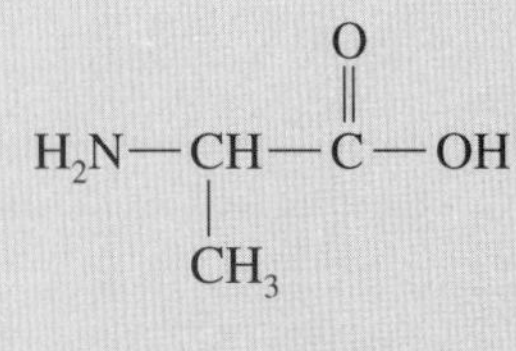

alanina (ala)

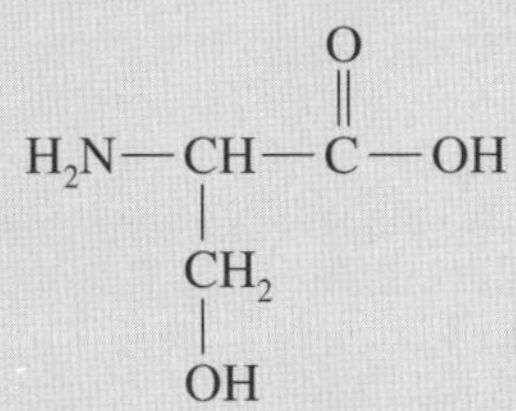

serina (ser)

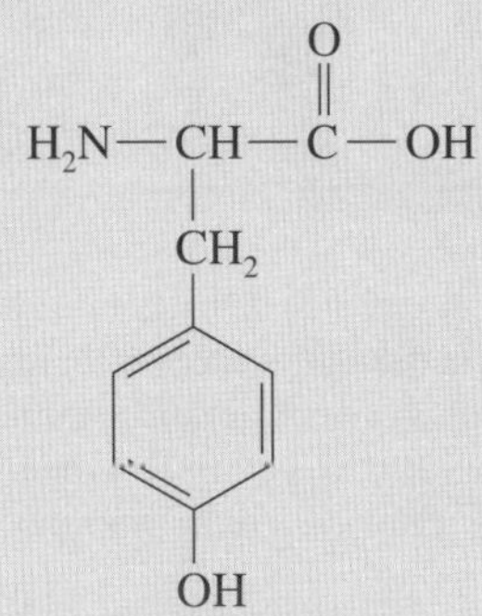

tirosina (tir)

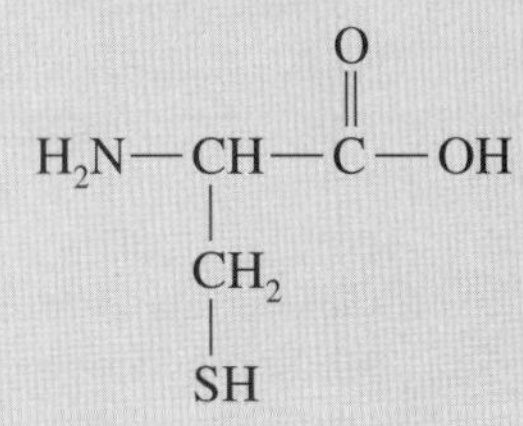

cisteína (cis)

Figura 30D-1 Alguns aminoácidos importantes. Há 20 aminoácidos diferentes encontrados na natureza.

Um número enorme de enzimas já foi descoberto. Porém apenas uma fração delas tem sido isolada e purificada. A disponibilidade comercial de algumas das enzimas mais úteis tem impulsionado um grande interesse no seu uso analítico. As enzimas têm sido ligadas covalentemente a suportes sólidos ou têm sido encapsuladas em géis e membranas para tornarem-se reutilizáveis e, assim, reduzir o custo das análises.

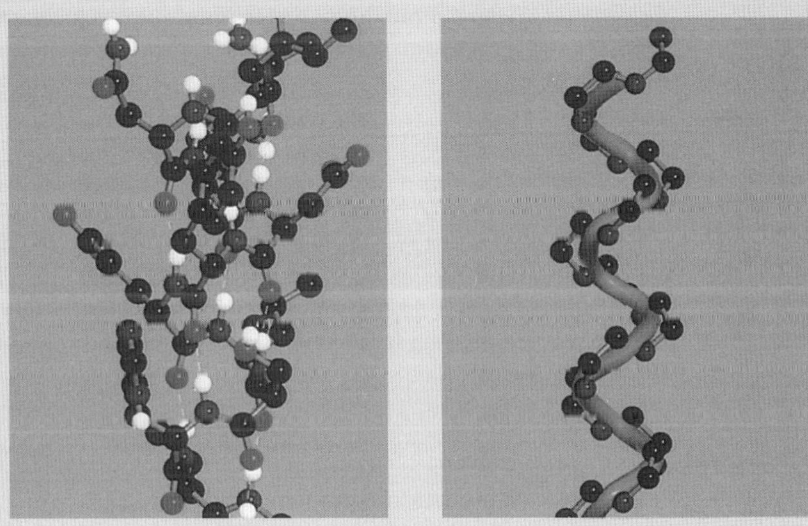

Figura 30D-2 A α-hélice. No modelo à esquerda são apresentadas as ligações de hidrogênio entre os resíduos de aminoácidos vizinhos que levam à estrutura helicoidal. No modelo à direita, somente os átomos na cadeia polipeptídica são mostrados para revelar com mais clareza a estrutura helicoidal. (Adaptado de D. L. Reger; S. R. Goode e E. E. Mercer, *Chemistry: Principles and Practice*, 3. ed., Belmont, CA: Brooks/Cole, 2010.)

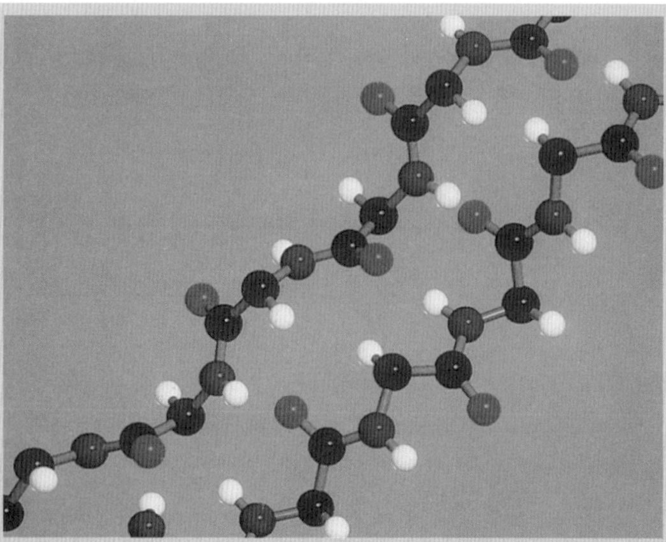

Figura 30D-3 A fita β pregueada. Observe que as ligações de hidrogênio ocorrem entre diferentes secções de uma cadeia polipeptídica ou entre as diferentes cadeias, levando a uma estrutura mais estendida. (Adaptado de D. L. Reger; S. R. Goode e E. E. Mercer, *Chemistry: Principles and Practice*, 3. ed., Belmont, CA: Brooks/Cole, 2010.)

Situação de Estado Estacionário

No tratamento mais geral, a lei de velocidade correspondente ao mecanismo da Equação 30-13 é derivada utilizando-se a **aproximação do estado estacionário**. Nessa aproximação, a concentração de ES é considerada pequena e relativamente constante no decorrer da reação. O complexo enzima-substrato forma-se na primeira etapa com uma constante de velocidade k_1. Ele se decompõe por dois caminhos: pela inversão da primeira etapa (constante de velocidade k_{-1}) e pela segunda etapa para formar o produto (constante de velocidade k_2). Assumir que [ES] permaneça constante no decorrer da reação é o mesmo que pressupor que a velocidade de variação da [ES], $d[\text{ES}]/dt$, seja igual a zero. Assim, matematicamente a hipótese do estado estacionário é escrita como

$$\frac{d[\text{ES}]}{dt} = k_1[\text{E}][\text{S}] - k_{-1}[\text{ES}] - k_2[\text{ES}] = 0 \qquad (30\text{-}14)$$

Na Equação 30-14, as concentrações da enzima [E] e do substrato referem-se às concentrações livres a qualquer instante t. Geralmente, queremos expressar a lei de velocidade em termos da concentração total da enzima, a qual é conhecida ou possível de ser medida. Pelo balanço de massas, a concentração total (inicial) de enzima $[\text{E}]_0$ é dada por

$$[\text{E}]_0 = [\text{E}] + [\text{ES}] \qquad (30\text{-}15)$$

A velocidade de formação do produto é dada por

$$\frac{d[\text{P}]}{dt} = k_2[\text{ES}] \qquad (30\text{-}16)$$

Se resolvermos a Equação 30-14 para [ES], obtemos

$$[ES] = \frac{k_1[E][S]}{k_{-1} + k_2} \quad (30\text{-}17)$$

Se agora substituirmos [E] pela expressão dada na Equação 30-15 e resolvermos novamente para [ES], obtemos

$$[ES] = \frac{k_1[E]_0[S]}{k_{-1} + k_2 + k_1[S]} \quad (30\text{-}18)$$

Substituindo esse valor para [ES] na Equação 30-16 e rearranjando-a leva à lei de velocidade

$$\frac{d[P]}{dt} = \frac{k_2[E]_0[S]}{\dfrac{k_{-1} + k_2}{k_1} + [S]} = \frac{k_2[E]_0[S]}{K_m + [S]} \quad (30\text{-}19)$$

onde o termo $K_m = (k_{-1} + k_2)/k_1$ é conhecido como a **constante de Michaelis**. A Equação 30-19 é frequentemente denominada **equação de Michaelis-Menten**. A partir da Equação 30-17, pode-se observar que a constante de Michaelis K_m é dada por

$$K_m = \frac{k_{-1} + k_2}{k_1} = \frac{[E][S]}{[ES]} \quad (30\text{-}20)$$

A constante de Michaelis é bastante parecida com a constante de equilíbrio para a dissociação do complexo enzima-substrato. Ela é algumas vezes chamada **constante de pseudoequilíbrio** uma vez que k_2 no numerador previne que ela seja uma constante de equilíbrio "verdadeira". A constante de Michaelis é normalmente expressa em unidades de milimols litro^{-1} (mmol L^{-1}) e varia de 0,01 a 100 mmol L^{-1} para muitas enzimas, como pode ser visto na **Tabela 30-1**.

A equação de velocidade dada pela Equação 30-19 pode ser simplificada de forma que a velocidade da reação seja proporcional à concentração da enzima ou do substrato. Por exemplo, se a concentração do substrato for grande o suficiente de forma que exceda muito a constante de Michaelis, $[S] \gg K_m$, a Equação 30-19 se reduzirá a

❮ Para determinar enzimas, a concentração do substrato deve ser grande quando comparada com a constante de Michaelis, $[S] \gg K_m$.

$$\frac{d[P]}{dt} = k_2[E]_0 \quad (30\text{-}21)$$

Sob essas condições, quando a velocidade for independente da concentração do substrato, a reação é dita **pseudo-ordem zero** em relação ao substrato e a velocidade é diretamente proporcional à concentração da enzima. Diz-se, então, que a enzima está **saturada** com o substrato.

Quando as condições são tais que a concentração de S é pequena ou K_m é relativamente grande, então $[S] \ll K_m$ e a Equação 30-19 simplifica-se para

$$\frac{d[P]}{dt} = \frac{k_2}{K_m}[E]_0[S] = k'[S]$$

onde $k' = k_2[E]_0/K_m$. Consequentemente, as cinéticas são de primeira ordem em relação ao substrato. Para se empregar essa equação na determinação de concentrações do analito, é necessário medir-se $d[P]/dt$ no início da reação, no qual $[S] \approx [S]_0$, de forma que

❮ Para determinar os substratos, as condições devem ser arranjadas de forma que a concentração do substrato seja pequena quando comparada com a constante de Michaelis: $[S] \ll K_m$.

$$\frac{d[P]}{dt} \approx k'[S]_0 \quad (30\text{-}22)$$

TABELA 30-1

Constantes de Michaelis para Algumas Enzimas

Enzima	Substrato	K_m, mmol L^{-1}
Fosfatase alcalina	*p*-Nitrofenilfosfato	0,1
Catalase	H_2O_2	25
Hexoquinase	Glicose	0,15
	Frutose	1,5
Creatina fosfoquinase	Creatinina	19
Anidrase carbônica	HCO_3^-	9,0
Quimotripsina	*n*-Benzoiltirosinamida	2,5
	n-Formiltirosinamida	12,0
	n-Aceltiltirosinamida	32
	Gliciltirosinamida	122
Glicose oxidase	Glicose saturada com O_2	0,013
Lactato desidrogenase	Lactato	8,0
	Piruvato	0,125
L-aminoácido oxidase	L-leucina	1,0
Urease	Ureia	2,0
Uricase	Ácido úrico saturado com O_2	0,0175

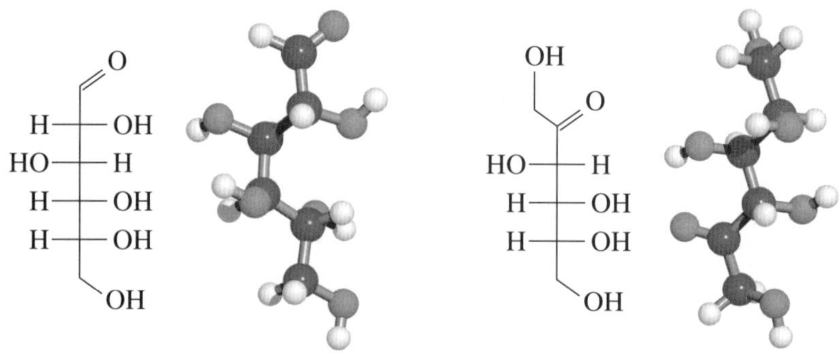

Modelos moleculares para a glicose e frutose. A glicose e a frutose são monossacarídeos importantes. A glicose é um poli-idroxialdeído, enquanto a frutose é uma poli-idroxicetona. A glicose é o combustível primário para as células biológicas. A frutose é o açúcar predominante nas frutas e vegetais. Os dois açúcares são substratos para uma ou mais enzimas.

Para determinar os substratos, as condições devem ser arranjadas de forma que a concentração do substrato seja pequena quando comparada com a constante de Michaelis: $[S] \ll K_m$.

$$\frac{d[P]}{dt} \approx k'[S]_0 \qquad (30\text{-}22)$$

As regiões nas quais as Equações 30-21 e 30-22 são aplicáveis estão ilustradas na **Figura 30-3**, na qual a velocidade inicial da reação catalisada por uma enzima é colocada em forma de gráfico em função da concentração do substrato. Quando a concentração do substrato é pequena, a Equação 30-22, que é linear em relação à concentração do substrato, rege o formato da curva, e essa região é empregada para se determinar a quantidade de substrato presente.

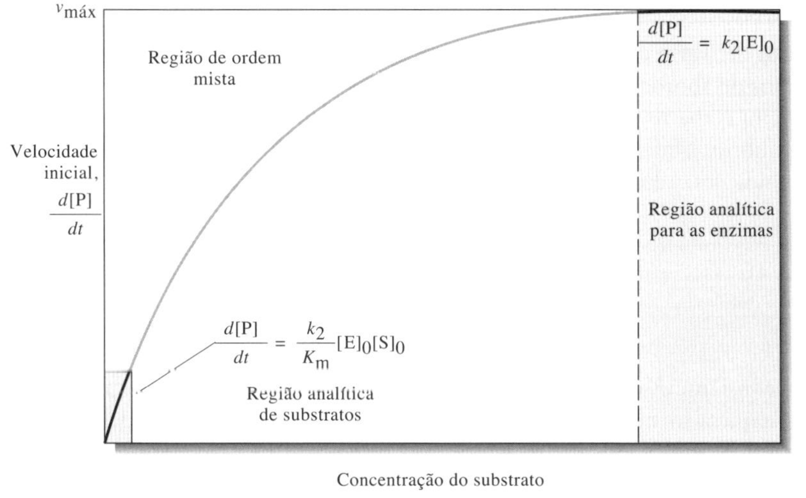

Figura 30-3 Gráfico da velocidade inicial de formação do produto em função da concentração do substrato, mostrando as partes da curva que são úteis para a determinação do substrato e da enzima.

Se quisermos determinar a quantidade de enzima, a região de alta concentração de substrato é empregada, onde a Equação 30-21 se aplica e a velocidade é independente da concentração do substrato. A velocidade limitante da reação em valores altos de [S] é a velocidade máxima que pode ser obtida a uma dada concentração de enzima, $v_{máx}$, como indicado na Figura 30-3. Pode ser demonstrado que o valor da concentração do substrato a exatamente $v_{máx}/2$ é igual à constante de Michaelis, K_m. O Exemplo 30-4 ilustra o uso da equação de Michaelis-Menten.

EXEMPLO 30-4

A enzima urease, que catalisa a hidrólise da ureia, é muito empregada para a determinação desta substância no sangue. Os detalhes dessa aplicação são fornecidos no Destaque 30-3. A constante de Michaelis para a urease à temperatura ambiente é 2,0 mmol L^{-1} e $k_2 = 2{,}5 \times 10^4\ s^{-1}$ em pH 7,5. (a) Calcule a velocidade inicial da reação quando a concentração de ureia for 0,030 mmol L^{-1} e a concentração de ureia for 5,0 mmol L^{-1} e (b) encontre $v_{máx}$.

Resolução

(a) Da Equação 30-19,

$$\frac{d[P]}{dt} = \frac{k_2[E]_0[S]}{K_m + [S]}$$

No início da reação, $[S] = [S]_0$, e

$$\frac{d[P]}{dt} = \frac{(2{,}5 \times 10^4\ s^{-1})(5{,}0 \times 10^{-6} mol\ L^{-1})(0{,}030 \quad \times 10^{-3} mol\ L^{-1})}{2{,}0 \times 10^{-3} mol\ L^{-1} + 0{,}030 \times 10^{-3} mol\ L^{-1}}$$

$$= 1{,}8 \times 10^{-3} mol\ L^{-1} s^{-1}$$

(b) A Figura 30-3 revela que $d[P]/dt = v_{máx}$ quando a concentração do substrato é alta e, consequentemente, a Equação 30-21 pode ser aplicada. Assim,

$$d[P]/dt = v_{máx} = k_2[E]_0 = (2{,}5 \times 10^4\ s^{-1})(5{,}0 \times 10^{-6}\ mol\ L^{-1}) = 0{,}125\ mol\ L^{-1}\ s^{-1}$$

A Situação de Equilíbrio

Podemos derivar o caso de equilíbrio a partir do caso geral de estado estacionário que acabamos de abordar. Quando a conversão de ES a produtos é lenta comparada com a primeira etapa reversível da Equação 30-13, a primeira etapa está essencialmente em equilíbrio. Matematicamente, isso ocorre quando k_2 é muito menor que k_{-1}. Sob essas condições, a Equação 30-19 torna-se

$$\frac{d[\mathrm{P}]}{dt} = \frac{k_2[\mathrm{E}]_0[\mathrm{S}]}{\frac{k_{-1}}{k_1} + [\mathrm{S}]} = \frac{k_2[\mathrm{E}]_0[\mathrm{S}]}{K + [\mathrm{S}]} \tag{30-23}$$

onde a constante K é agora a constante de equilíbrio verdadeira dada por $K = k_{-1}/k_1$. Observe que a forma da Equação 30-23 é idêntica à equação de Michaelis-Menten (veja a Equação 30-19). Há somente uma diferença sutil nas definições de K_m e de K. Portanto, as concentrações da enzima e do substrato podem ser determinadas da mesma maneira que na situação de estado estacionário para as reações enzimáticas nas quais k_2 é pequena e a condição de equilíbrio pode ser assumida. As concentrações da enzima são determinadas sob condição onde a concentração do substrato é alta, enquanto as concentrações do substrato são determinadas quando $[\mathrm{S}] \ll K$.

Há muitos outros mecanismos complexos para as reações enzimáticas envolvendo reações reversíveis, múltiplos substratos, ativadores e inibidores. Estão disponíveis técnicas para se modelar e analisar esses sistemas.[5]

Embora nossa discussão até aqui tenha se preocupado com métodos enzimáticos, um tratamento análogo para a catálise comum fornece leis de velocidade que são similares na forma àquelas para enzimas. Estas expressões frequentemente se reduzem para situação de primeira ordem para facilitar o tratamento de dados e são encontrados muitos exemplos de métodos cinéticos catalíticos na literatura.[6]

DESTAQUE 30-2

Reações Rápidas e Mistura Seguida por Interrupção de Fluxo

Um dos mais populares e confiáveis métodos para se realizar reações rápidas é a mistura seguida por interrupção de fluxo. Nessa técnica, as correntes de reagente e da amostra são misturadas rapidamente e o fluxo da solução resultante é interrompido abruptamente. O progresso da reação é então monitorado em uma posição ligeiramente além do ponto de mistura. O aparato mostrado na **Figura 30D-4** é projetado para realizar a mistura seguida por interrupção de fluxo.

Para ilustrar a operação desse equipamento, começamos com as seringas cheias com o reagente e a amostra e com as válvulas A, B e C fechadas. A seringa de interrupção está vazia. O mecanismo de propulsão é então ativado de forma a mover rapidamente os êmbolos das seringas para a frente. O reagente e a amostra passam por dentro do misturador, onde são misturados e passam imediatamente para dentro da célula de observação, como indicado pelas setas verdes. A mistura de reação passa então para a seringa de interrupção. Quando a seringa de interrupção é preenchida, o seu êmbolo bate contra um bloco fixo. Esse evento interrompe o fluxo quase instantaneamente com uma porção de solução recém-misturada que se encontra na célula de observação. Nesse exemplo, a célula de observação é transparente de forma que um feixe de luz pode passar para que sejam efetuadas as medidas de absorbância. Dessa forma, o progresso da reação pode ser monitorado. Tudo que se requer é que o tempo morto, ou o tempo entre a mistura dos reagentes e a chegada da amostra na célula de observação, seja pequeno em relação ao tempo requerido para que a reação se processe até o seu final. Para sistemas bem projetados, nos quais o fluxo turbulento no misturador permite uma mistura rápida e eficiente, o tempo morto é da ordem de 2 a 4 ms. Assim, as reações de primeira ordem ou de pseudoprimeira ordem com $\tau \approx 25$ ms ($k \approx 40\ \mathrm{s}^{-1}$) podem ser examinadas empregando-se a técnica de interrupção de fluxo.

---

[5] Veja, por exemplo, Heino Prinz, *Numerical Methods for the Life Scientist*, Heidelberg: Springer-Verlag, 2011; P. F. Cook e W. W. Cleland, *Enzyme Kinetics and Mechanisms*. Nova York: Garland Science, 2007.

[6] Veja D. Perez-Bendito e M. Silva, *Kinectics Methods in Analytical Chemistry*, Nova York: Halsted Press-Wiley, 1988; H. A. Mottola, *Kinectics Aspects of Analytical Chemistry*, Nova York: Wiley, 1988.

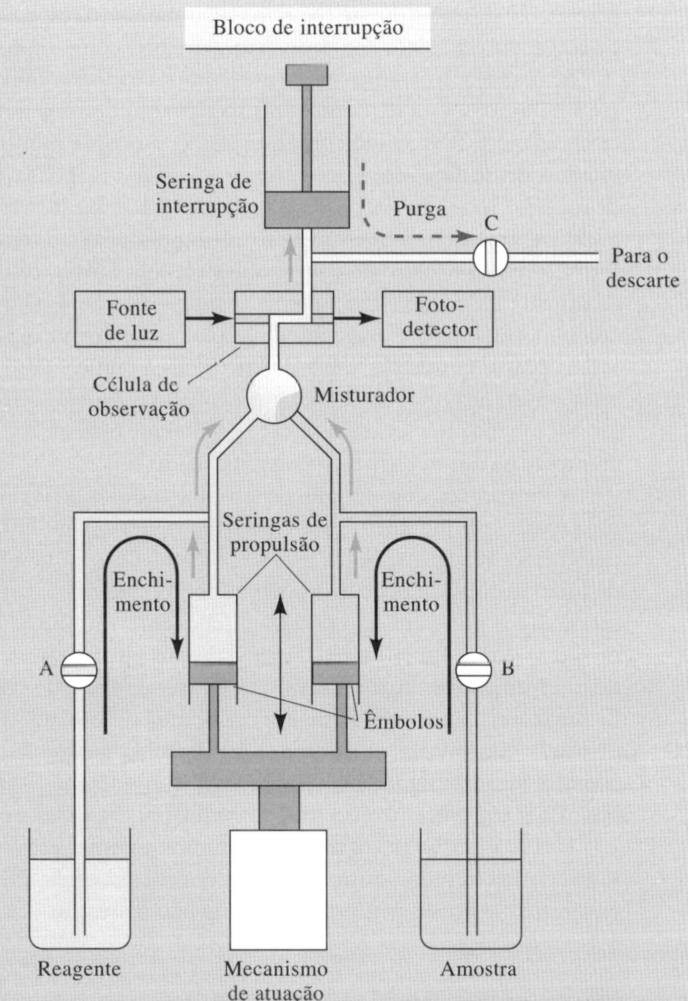

Figura 30F-4 Aparato para mistura seguida por interrupção de fluxo.

Quando a reação se completa, a válvula C é aberta e o êmbolo da seringa é empurrado de volta para purgar seu conteúdo (seta cinza). A válvula C é fechada e as válvulas A e B são abertas e o mecanismo de propulsão move-se para baixo para encher as seringas com as soluções (setas pretas). Nesse ponto, o aparelho está pronto para outro experimento de mistura rápida. Todo o instrumento pode ser controlado por um computador, o qual pode também coletar e analisar os dados da velocidade da reação. A mistura seguida por interrupção de fluxo tem sido empregada em estudos fundamentais de reações rápidas e para determinações cinéticas rotineiras de analitos envolvidos em reações rápidas. Os princípios da dinâmica dos fluidos que tornam a mistura seguida por interrupção de fluxo possível e a capacidade deste e de dispositivos similares de manipular soluções são empregados em muitos contextos para misturar automaticamente as soluções e medir as concentrações do analito em inúmeros laboratórios industriais e clínicos.

30B DETERMINAÇÃO DA VELOCIDADE DE REAÇÃO

Vários métodos são empregados para a determinação das velocidades de reação. Nesta seção, descrevemos alguns desses métodos e como eles são empregados.

30B-1 Métodos Experimentais

O método pelo qual as velocidades das reações são medidas depende de a reação de interesse ser rápida ou lenta. Uma reação é geralmente considerada rápida se ela se processa até 50% do seu final em 10 s ou menos. Os métodos analíticos baseados em

Uma **reação rápida** atinge 50% do seu final em 10 s ou menos.

reações rápidas geralmente requerem equipamentos especiais que permitem a mistura de reagentes e a coleta dos dados rapidamente, como discutido no Destaque 30-2.

Se uma reação é suficientemente lenta, os métodos convencionais de análise podem ser empregados para determinar a concentração do reagente ou produto em função do tempo. Porém, frequentemente, a reação de interesse é muito rápida para muitas técnicas estáticas de medida, isto é, as concentrações variam apreciavelmente durante o processo de medida. Sob essas circunstâncias, a reação deve ser interrompida, enquanto a medida é feita ou uma técnica instrumental, que monitora as concentrações continuamente conforme a reação ocorre, deve ser empregada. No último caso, uma alíquota é removida da mistura de reação e é rapidamente interrompida pela adição de um reagente que se combina com um dos reagentes de forma que interrompa a reação. Alternativamente, a interrupção é obtida por meio de uma redução rápida da temperatura para desacelerar a reação em um nível aceitável para a etapa de medida. Infelizmente, as técnicas de interrupção tendem a ser trabalhosas e geralmente demandam tempo e, portanto, não são empregadas com frequência para as finalidades analíticas.

A forma mais conveniente de se obter dados cinéticos é monitorar o progresso de uma reação continuamente por espectrofotometria, condutimetria, potenciometria, amperometria ou alguma outra técnica instrumental. Com o advento dos computadores de baixo custo, as leituras instrumentais proporcionais às concentrações dos reagentes e/ou produtos puderam ser gravadas diretamente em função do tempo, armazenadas na memória do computador e recuperadas mais tarde para processamento. Os princípios de interrupção de fluxo também podem ser empregados com analisadores de injeção de fluxo (veja Seção 8C) desligando a bomba ou parando o fluxo enquanto a mistura de reação está na câmara de obsevação.[7] Embora nenhuma técnica para reações rápidas como as misturas da interrupção de fluxo convencional, a injeção de fluxo parado tem sido usada com sucesso em várias determinações baseadas em enzimas.

Nas seções que se seguem, exploramos algumas estratégias empregadas nos métodos cinéticos para permitir que as concentrações do analito sejam determinadas a partir dos gráficos que mostram o progresso da reação.

30-B2 Tipos de Métodos Cinéticos

Os métodos cinéticos são classificados de acordo com o tipo de relação que existe entre a variável medida e a concentração do analito.

O Método Diferencial

No **método diferencial**, as concentrações são computadas a partir das velocidades de reação por meio de uma forma diferencial da expressão da velocidade. As velocidades são determinadas medindo-se a inclinação da curva que relaciona a concentração do analito ou produto com o tempo de reação. Para ilustrar, vamos substituir $[A]_t$ da Equação 30-7 por [A] na Equação 30-4:

$$\text{velocidade} = -\left(\frac{d[\text{A}]}{dt}\right) = k[\text{A}]_t = k[A]_0 e^{-kt} \qquad (30\text{-}24)$$

Alternativamente, a velocidade pode ser expressa em termos da concentração do produto. Isto é,

$$\text{velocidade} = \left(\frac{d[\text{P}]}{dt}\right) = k[A]_0 e^{-kt} \qquad (30\text{-}25)$$

As Equações 30-24 e 30-25 mostram a dependência da velocidade com k, t e, mais importante, com $[A]_0$, a concentração inicial do analito. A qualquer tempo fixo t, o

[7] J. Ruzicka e E. H. Hansen, *Anal. Chim. Acta*, v. 99, n. 37, **1978**. J. Ruzicka e E. H. Hansen, *Anal. Chim. Acta*, v. 106, n. 207, **1979**.

fator ke^{-kt} é uma constante e a velocidade é diretamente proporcional à concentração inicial do analito. O Exemplo 30-5 ilustra o uso do método diferencial para calcular a concentração inicial do analito.

EXEMPLO 30-5

A constante de velocidade para uma reação de pseudoprimeira ordem é 0,156 s^{-1}. Encontre a concentração inicial do reagente se a sua velocidade de consumo após 10,00 s do início da reação for $2{,}79 \times 10^{-4}$ mol L^{-1} s^{-1}.

Resolução

A constante de proporcionalidade ke^{-kt} é

$$ke^{-kt} = (0{,}156\ s^{-1})e^{-(0{,}156\ s^{-1})(10{,}00\ s)} = 3{,}28 \times 10^{-2}\ s^{-1}$$

Rearranjando a Equação 30-24 e substituindo os valores numéricos, temos

$$\begin{aligned}[A]_0 &= \text{velocidade}/ke^{-kt}\\ &= (2{,}79 \times 10^{-4}\ \text{mol L}^{-1}\ s^{-1})/(3{,}28 \times 10^{-2}\ s^{-1})\\ &= 8{,}51 \times 10^{-3}\ \text{mol L}^{-1}\end{aligned}$$

A escolha do tempo no qual a velocidade da reação é medida normalmente é baseada em fatores como a conveniência, a existência de reações paralelas interferentes e na precisão inerente de se fazer a medida em um tempo específico. Frequentemente é vantajoso realizar a medida próximo a $t = 0$ porque essa porção da curva exponencial é aproximadamente linear (veja, por exemplo, as partes iniciais das curvas na Figura 30-1) e a inclinação é prontamente estimada a partir da tangente à curva. Além disso, se a reação for de pseudoprimeira ordem, uma pequena quantidade de reagente em excesso é consumida de forma que nenhum erro seja produzido por alterações em k resultantes de variações na concentração do reagente. Finalmente, o *erro relativo* na determinação da inclinação é mínimo no início da reação porque ela é máxima nessa região.

A **Figura 30-4** ilustra como o método diferencial é empregado para a determinação da concentração de um analito $[A]_0$ a partir de medidas experimentais da velocidade da reação mostrada na Equação 30-1. As curvas contínuas na Figura 30-4a são obtidas a partir de dados das concentrações do produto [P] medidas experimentalmente em função do tempo de reação para quatro soluções padrão de A. Essas curvas são empregadas para se preparar a curva de calibração mostrada na Figura 30-4b. Para se obter as velocidades, traçam-se tangentes a cada uma das curvas na Figura 30-4a a um tempo próximo a zero (linhas pontilhadas). As inclinações das tangentes são colocadas em um gráfico em função de [A], fornecendo a linha reta mostrada na Figura 30-4b. As amostras desconhecidas são tratadas da mesma forma e as concentrações do analito determinadas a partir da curva de calibração.

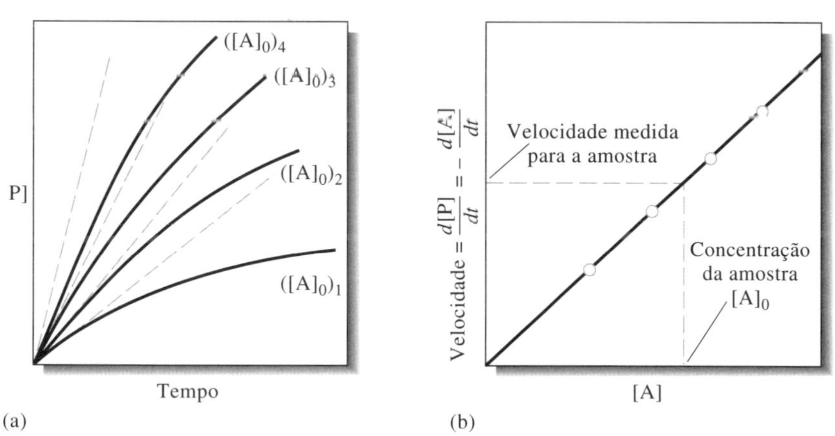

Figura 30-4 Um gráfico dos dados de uma determinação de A pelo método diferencial. (a) Linhas contínuas representam os dados experimentais da concentração do produto em função do tempo para quatro concentrações iniciais de A. As linhas pontilhadas são as tangentes às curvas a $t \rightarrow 0$. (b) Um gráfico das inclinações obtidas a partir das tangentes em (a) em função da concentração do analito.

Não é necessário registrar toda a curva de velocidade, como foi feito na Figura 30-4a, uma vez que somente uma pequena parte do gráfico é empregada para se obter a inclinação. Tão logo um número suficiente de pontos tenha sido coletado para se determinar a inclinação inicial com precisão, pode-se economizar tempo e simplificar o processo como um todo. Procedimentos mais sofisticados de manipulação dos dados e de análise numérica permitem a medida da velocidade com precisão mesmo a tempos maiores; sob certas circunstâncias essas medidas são mais exatas e mais precisas do que aquelas feitas próximo a $t = 0$.

Métodos Integrais

Contrastando com os métodos diferenciais, os **métodos integrais** aproveitam as formas integradas das leis de velocidade, como aquelas mostradas pelas Equações 30-6, 30-7 e 30-9.

Métodos Gráficos. A Equação 30-6 pode ser rearranjada para fornecer

$$\ln [A]_t = -kt + \ln [A]_0 \qquad (30\text{-}26)$$

Assim, um gráfico do logaritmo natural das concentrações de A (ou P) medidas experimentalmente em função do tempo deveria fornecer uma linha reta com coeficiente angular igual a $-k$ e com coeficiente linear igual a $\ln [A]_0$. O uso desse procedimento para a determinação de nitrometano é ilustrado pelo Exemplo 30-6.

EXEMPLO 30-6

Os dados da primeira coluna da **Tabela 30-2** foram registrados para a decomposição de pseudoprimeira ordem do nitrometano na presença de excesso de base. Encontre a concentração inicial de nitrometano e a constante de velocidade de pseudoprimeira ordem da reação.

Resolução

Os valores computados para os logaritmos naturais das concentrações de nitrometano são apresentados na terceira coluna da Tabela 30-2. Os dados dão origem ao gráfico da **Figura 30-5**. Uma análise dos mínimos quadrados dos dados (veja a Seção 8D-2) leva a um coeficiente linear b igual a

$$b = \ln[CH_3NO_2]_0 = -5{,}129$$

a qual após exponenciação fornece

$$[CH_3NO_2]_0 = 5{,}92 \times 10^{-3} \text{ mol L}^{-1}$$

A análise de quadrados mínimos também fornece a inclinação da linha m, a qual nesse caso é

$$m = -1{,}62 = -k$$

e, assim,

$$k = 1{,}62 \text{ s}^{-1}$$

TABELA 30-2

Dados para a Decomposição de Nitrometano

Tempo, s	$[CH_3NO_2]$, mol L^{-1}	$\ln[CH_3NO_2]$
0,25	$3{,}86 \times 10^{-3}$	−5,557
0,50	$2{,}59 \times 10^{-3}$	−5,956
0,75	$1{,}84 \times 10^{-3}$	−6,298
1,00	$1{,}21 \times 10^{-3}$	−6,717
1,25	$0{,}742 \times 10^{-3}$	−7,206

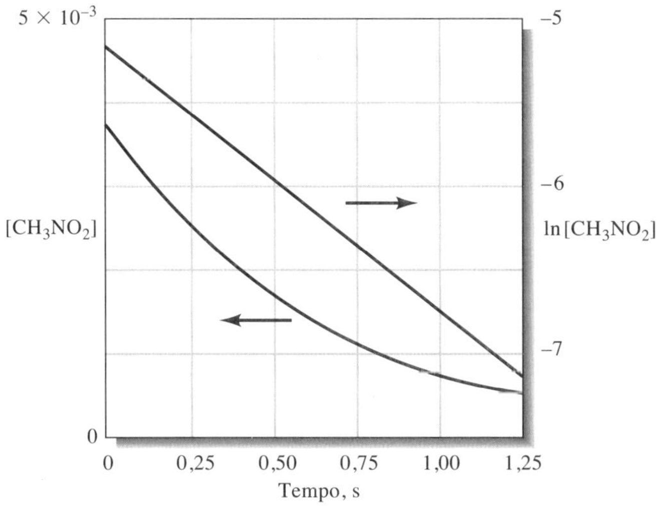

Figura 30-5 Gráficos da concentração de nitrometano e do logaritmo natural da concentração de nitrometano em função do tempo. Os dados são do Exemplo 30-6.

Métodos de Tempo Fixo Os métodos de tempo fixo são baseados na Equação 30-7 ou 30-9. A primeira pode ser rearranjada para

$$[\mathrm{A}]_0 = \frac{[\mathrm{A}]_t}{e^{-kt}} \tag{30-27}$$

A maneira mais simples de se empregar essa relação é realizar um experimento de calibração com uma solução padrão que apresente uma concentração conhecida $[\mathrm{A}]_0$. Após um tempo de reação cuidadosamente medido t, $[\mathrm{A}]_t$ é determinada e utilizada para se avaliar a constante e^{-kt} pela Equação 30-27. As amostras de concentrações desconhecidas são então analisadas medindo-se $[\mathrm{A}]_t$ após exatamente o mesmo tempo de reação e empregando o valor para e^{-kt} para computar as concentrações do analito.

A Equação 30-27 pode ser facilmente modificada para a situação onde [P] é medida experimentalmente em vez de [A]. A Equação 30-9 pode ser rearranjada para determinar $[\mathrm{A}]_0$, isto é

$$[\mathrm{A}]_0 = \frac{[\mathrm{P}]_t}{1-e^{-kt}} \tag{30-28}$$

Uma abordagem mais interessante é medir [A] ou [P] em dois tempos, t_1 e t_2. Por exemplo, se a concentração do produto está sendo determinada, podemos escrever

$$[\mathrm{P}]_{t_1} = [\mathrm{A}]_0(1 - e^{-kt_1})$$
$$[\mathrm{P}]_{t_2} = [\mathrm{A}]_0(1 - e^{-kt_2})$$

Subtraindo a primeira equação da segunda e rearranjando, obtém-se

$$[\mathrm{A}]_0 = \frac{[\mathrm{P}]_{t_2} - [\mathrm{P}]_{t_1}}{e^{-kt_1} - e^{-kt_2}} = C([\mathrm{P}]_{t_2} - [\mathrm{P}]_{t_1}) \tag{30-29}$$

A recíproca do denominador, C, é constante para t_1 e t_2 constantes.

O uso da Equação 30-29 tem uma vantagem fundamental comum a muitos métodos cinéticos no sentido de que a determinação absoluta da concentração ou de uma variável proporcional à concentração é desnecessária. É a diferença entre as duas concentrações que é proporcional à concentração inicial do analito.

Uma das maiores vantagens dos métodos cinéticos está na sua imunidade a erros resultantes de variações de longo prazo do sistema de medida.

Um exemplo importante de um método não catalisado é a determinação pelo método do tempo fixo do íon tiocianato com base em medidas espectrofotométricas do seu complexo vermelho com ferro(III). A reação nessa aplicação é

$$Fe^{3+} + SCN^- \underset{k_{-1}}{\overset{k_1}{\rightleftharpoons}} Fe(SCN)^{2+}$$

Na condição de excesso de Fe^{3+}, a reação é de pseudoprimeira ordem em relação ao SCN^-. As curvas mostradas na **Figura 30-6a** indicam o aumento da absorbância em virtude do aparecimento do $Fe(SCN)^{2+}$ ao longo do tempo que se segue à mistura rápida de 0,100 mol L^{-1} de Fe^{3+} com várias concentrações de SCN^- em pH 2. Uma vez que a concentração de $Fe(SCN)^{2+}$ está relacionada com a absorbância pela lei de Beer, os dados experimentais podem ser empregados diretamente sem a conversão para concentração. Assim, a variação na absorbância ΔA entre os tempos t_1 e t_2 é computada e representada por gráfico em função de $[SCN^-]_0$, como na **Figura 30-6b**. As concentrações desconhecidas são então determinadas pela avaliação de ΔA sob as mesmas condições experimentais, obtendo-se a concentração do íon tiocianato a partir da curva de calibração ou pela equação dos mínimos quadrados.

Os métodos de tempo fixo são vantajosos porque a quantidade medida é diretamente proporcional à concentração do analito e porque as medidas podem ser feitas *a qualquer instante* durante o progresso das reações de primeira ordem. Quando os métodos instrumentais são empregados para monitorar as reações por meio de procedimentos de tempo fixo, a precisão dos resultados analíticos se aproxima da precisão do instrumento utilizado.

Métodos de Ajuste de Curvas. Com os computadores conectados aos instrumentos, o ajuste de um modelo matemático para a curva do sinal ou concentração em função do tempo é muito fácil. Essas técnicas computam os valores dos parâmetros do modelo, incluindo a concentração inicial do analito, que "melhor se ajusta" aos dados. Dentre esses, o método mais sofisticado emprega os parâmetros do modelo para estimar a resposta no estado estacionário ou de equilíbrio. Esses métodos podem fornecer uma compensação de erros porque a posição de equilíbrio é menos sensível às variáveis experimentais como a temperatura, pH e concentrações de reagentes. A **Figura 30-7** ilustra o uso dessa abordagem para prever a absorbância de equilíbrio a partir dos dados obtidos durante o regime cinético da curva de resposta. A absorbância no equilíbrio é então relacionada à concentração do analito da forma usual.

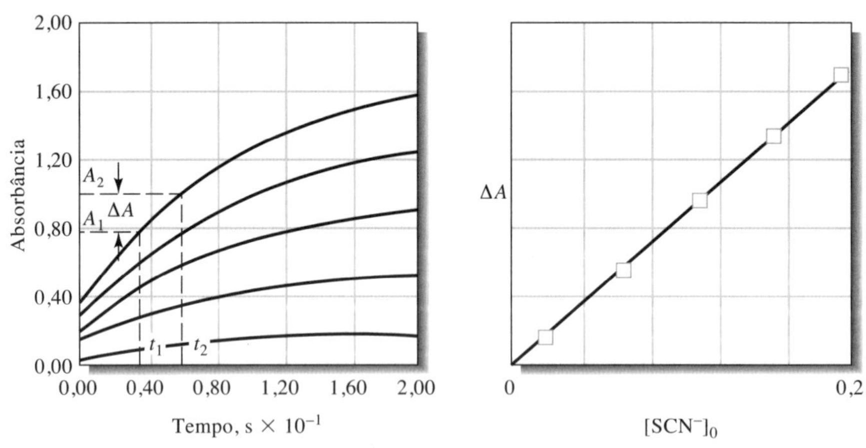

Figura 30-6 (a) Absorbância devida à formação do $Fe(SCN)^{2+}$ em função do tempo para cinco concentrações de SCN^-. (b) Gráfico da diferença de absorbância ΔA nos tempos t_1 e t_2 em função da concentração de SCN^-.

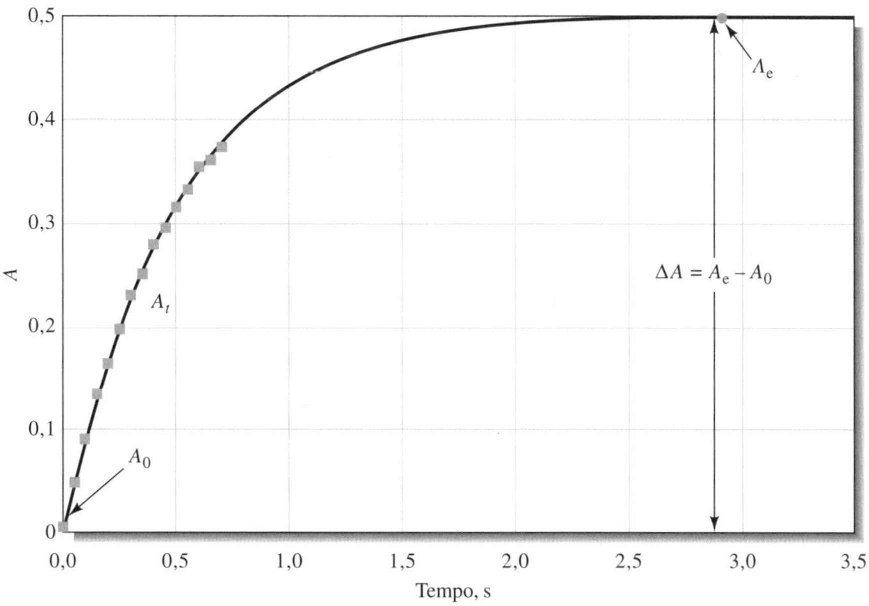

Figura 30-7 A abordagem por pressão nos métodos cinéticos. Um modelo matemático, mostrado como quadrados cinzas, é empregado no ajuste da resposta, apontado pela linha contínua, durante o regime cinético da reação. O modelo é então utilizado para prever o valor da concentração de equilíbrio do sinal, A_e, o qual está relacionado com a concentração do analito. No exemplo mostrado a absorbância é colocada no gráfico em função do tempo e os dados anteriores ao equilíbrio empregados para prever A_e, o valor de equilíbrio, expostos como círculo cinza. Reproduzido (adaptado) com permissão de G. L. Mieling e H. L. Pardue, *Anal. Chem.*, v. 50, p. 1611, **1978**, **DOI**: 10.1021/ac5003a011. Copyright 1978 American Chemical Society.

O computador permite a implementação de muitas técnicas inovadoras junto aos métodos cinéticos. Alguns dos métodos recentes de compensação de erros não requerem o conhecimento *a priori* da ordem da reação para o sistema empregado, eles usam um modelo generalizado. Ainda, outros métodos calculam os parâmetros do modelo à medida que os dados são coletados em vez de empregar os métodos de processamento em batelada.

30C APLICAÇÕES DOS MÉTODOS CINÉTICOS

As reações utilizadas nos métodos cinéticos se distribuem em duas categorias: **catalisadas** e **não catalisadas**. Como observado anteriormente, as reações catalisadas são as mais amplamente empregadas por causa da sua maior sensibilidade e seletividade. Entretanto, as reações não catalisadas são empregadas com vantagem quando são necessárias medidas automatizadas de alta velocidade ou quando a sensibilidade do método de detecção é alta.[8]

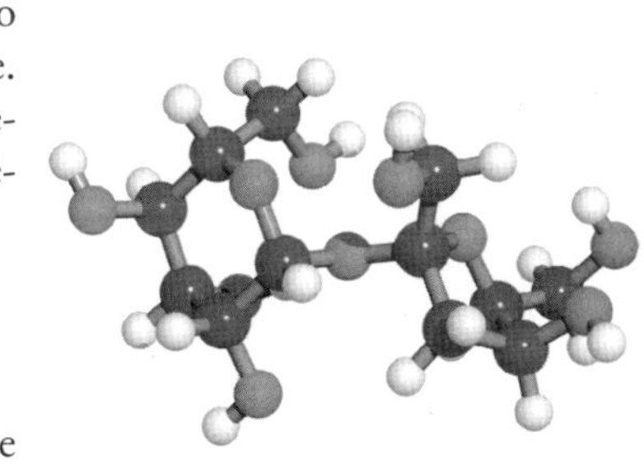

Modelo molecular da sacarose. A sacarose é um dissacarídeo e consiste em duas unidades de monossacarídeos ligadas. Uma das unidades da sacarose é um anel de glicose (seis membros) e o outro é um anel de frutose (cinco membros). A sacarose é o açúcar comum.

30C-1 Métodos Catalíticos

Os métodos catalíticos têm sido usados para determinar compostos inorgânicos e orgânicos.

Determinação de Espécies Inorgânicas

Muitos cátions e ânions catalisam reações indicadoras, isto é, reações cujas velocidades são medidas por métodos instrumentais, como a espectrofotometria de absorção, a espectrometria de fluorescência ou eletroquímica. As condições são então empregadas de forma que a velocidade seja proporcional à concentração do catalisador e, a partir dos dados sobre a velocidade, a concentração do catalisador é determinada. Esses métodos catalíticos frequentemente permitem a detecção extremamente sensível da concentração do catalisador. Os métodos cinéticos baseados em catálise por analitos inorgânicos são amplamente aplicados. Por exemplo, a literatura nessa área lista mais de 40 cátions e 15 ânions que têm sido determinados por uma variedade

[8] Para uma revisão sobre as aplicações dos métodos cinéticos, veja H. O. Mottola, *Kinetic Aspects of Analytical Chemistry*, Nova York: Wiley, 1988, pp. 88-121; D. Perez-Bendito e M. Silva, *Kinetic Methods in Analytical Chemistry*. Nova York: Halsted Press-Wiley, 1988, pp. 31-189.

de reações indicadoras.[9] A **Tabela 30-3** fornece os métodos catalíticos para várias espécies inorgânicas juntamente com as reações indicadoras empregadas, o método de detecção e o limite de detecção.

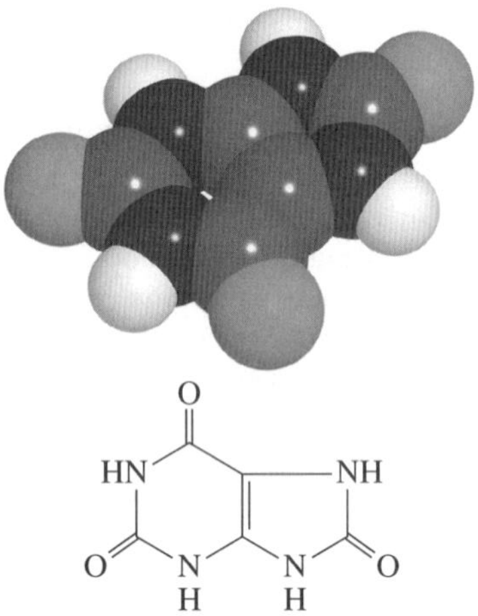

Modelo molecular do ácido úrico. O ácido úrico é essencial ao processo digestivo. Contudo, se o corpo produz muito ácido úrico ou se ele não for excretado o suficiente, os altos níveis no sangue podem levar à concentração de cristais de uriato de sódio nas juntas e tendões. Isso causa inflamação, pressão e dores agudas associadas à gota.

Determinação de Espécies Orgânicas

As aplicações mais importantes das reações catalisadas em análises orgânicas envolvem o uso de enzimas como catalisadores. Esses métodos têm sido empregados para a determinação tanto de enzimas como de substratos e servem de base para muitos testes de rotina automatizados realizados em milhares de laboratórios clínicos ao redor do mundo.

Muitos tipos diferentes de substratos enzimáticos têm sido determinados com o uso de reações catalisadas por enzimas. A **Tabela 30-4** mostra alguns substratos que são determinados em diversas aplicações. Uma aplicação importante é a determinação da quantidade de ureia no sangue, chamada teste de nitrogênio de ureia sanguínea (NUS). Uma descrição dessa determinação é fornecida no Destaque 30-3.

TABELA 30-3

Métodos Catalíticos para Espécies Inorgânicas

Analito	Reação Indicadora	Método de Detecção	Limite de detecção, ng mL^{-1}
Cobalto	Catecol + H_2O_2	Espectrofotometria	3
Cobre	Hidroquinona + H_2O_2	Espectrofotometria	0,2
Ferro	H_2O_2 + I^-	Potenciometria	50
Mercúrio	$Fe(CN)_6^{4-}$ + C_6H_5NO	Espectrofotometria	60
Molibdênio	H_2O_2 + I^-	Espectrofotometria	10
Brometo	Decomposição de BrO_3^-	Espectrofotometria	3
Cloreto	Fe^{2+} + ClO_3^-	Espectrofotometria	100
Cianeto	Redução de *o*-dinitrobenzeno	Espectrofotometria	100
Iodeto	Ce(IV) + As(III)	Potenciometria	0,2
Oxalato	Rodamina B + $Cr_2O_7^{2-}$	Espectrofotometria	20

TABLE 30-4

Alguns Substratos Importantes[10]

Substrato	Enzima	Aplicação
Etanol	Álcool desidrogenase	Forense, alcoolismo
Galactose	Galactose oxidase	Diagnóstico da galactosemia
Glicose	Glicose oxidase	Diagnóstico da diabetes
Lactose	Lactase	Produtos alimentícios
Maltose	α-Glicosidase	Produtos alimentícios
Penicilina	Penicilinase	Preparações farmacêuticas
Fenol	Tirosinase	Água e efluentes
Sacarose	Invertase	Produtos alimentícios
Ureia	Urease	Diagnóstico de doenças do fígado e rins
Ácido úrico	Uricase	Diagnóstico da gota, leucemia e linfoma

[9] M. Kopanica; V. Stara, em *Comprehensive Analytical Chemistry*, G. Svehla, ed., Nova York: Elsevier, 1983, v. 18, pp. 11-227.

[10] Para mais informações, ver G. G. Guilbault, *Analytical Uses of Immobilized Enzymes*, Nova York: Dekker, 1984; P. W. Carr e L. D. Bowers, *Immobilized Enzymes in Analytical Chemistry*, Nova York: Wiley, 1980.

DESTAQUE 30-3

Determinação Enzimática de Ureia

A determinação de ureia no sangue e urina é feita frequentemente pela medida da velocidade da hidrólise da ureia $CO(NH_2)_2$ na presença da enzima urease. A equação para a reação é

$$CO(NH_2)_2 + 2H_2O \xrightarrow{\text{urease}} NH_4^+ + HCO_3^-$$

Como sugerido pelo Exemplo 30-4, a ureia pode ser determinada pela medida da velocidade inicial da formação dos produtos dessa reação. A alta seletividade da enzima permite o uso de métodos de detecção não seletivos, como a condutividade elétrica, para as medidas da velocidade inicial. Existem instrumentos comerciais que operam com base nesse princípio. A amostra é misturada com uma pequena quantidade de solução tamponada contendo a enzima em uma célula de condutividade. A velocidade máxima de aumento da condutância é medida após 10 s da mistura e a concentração de ureia é estabelecida a partir de uma curva de calibração que consiste em um gráfico da velocidade máxima inicial em função da concentração de ureia. A precisão do instrumento é da ordem de 2% a 5% para as concentrações na faixa fisiológica de 2 a 10 mmol L^{-1}.

Outro método de acompanhamento da velocidade da hidrólise da ureia está baseado no uso de um eletrodo específico para os íons amônio (veja Seção 21D). Nesse caso, a produção de NH_4^+ é monitorada potenciometricamente e utilizada para se obter a velocidade da reação. Ainda em outra abordagem, a urease pode ser imobilizada sobre a superfície de um eletrodo de pH e a velocidade de variação do pH é monitorada. Muitas enzimas têm sido imobilizadas sobre suportes como géis, membranas, paredes de tubos, pequenas esferas de vidro, polímeros e filmes finos. As **enzimas imobilizadas** mostram com frequência um aumento de estabilidade em relação a forma em solução. Além disso, elas podem ser reutilizadas, frequentemente por centenas ou milhares de análises.

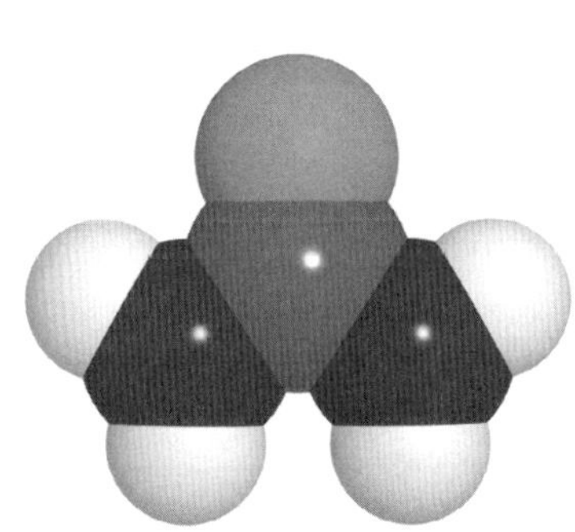

$$H_2N-\overset{\overset{\displaystyle O}{\|}}{C}-NH_2$$

Modelo molecular da ureia. A ureia é a diamida do ácido carbônico. Ela é excretada pelos mamíferos como produto do metabolismo das proteínas.

As enzimas podem ser imobilizadas por incorporação em um gel, por adsorção sobre um suporte sólido ou por ligações covalentes com um sólido.

Inúmeras espécies inorgânicas também podem ser determinadas por reações catalisadas por enzimas. Essas espécies incluem a amônia, o peróxido de hidrogênio, o dióxido de carbono e a hidroxilamina, bem como os íons nitrato, fosfato e pirofosfato.

Métodos cinéticos têm sido descritos visando à determinação quantitativa de centenas de enzimas. Algumas das enzimas que são importantes para o diagnóstico de doenças hepáticas são a transaminase glutâmica-oxaloacética presente no soro (TGO), glutamato piruvato transaminase no soro (GPT) e a lactato desidrogenase (LDH). Níveis elevados de TGO, GPT e LDH podem ocorrer também após os ataques cardíacos. Essas enzimas e a creatina fosfoquinase frequentemente diagnosticam o infarto do miocárdio. Outras enzimas de interesse para diagnósticos incluem as hidrolases como amilase, lipase e fosfatase alcalina, fosfohexose isomerase e aldolase.

Os métodos cinéticos são necessários na determinação das atividades das enzimas, uma vez que a enzima é um catalisador e afeta somente a velocidade da reação.

Além disso, sabe-se que cerca de duas dúzias de cátions e ânions inorgânicos desconhecidos diminuem a velocidade de certas reações indicadoras catalisadas por enzimas. Esses **inibidores** podem ser determinados a partir do decréscimo da velocidade causado pela sua presença.

Os **ativadores enzimáticos** são substâncias, geralmente íons inorgânicos, que são necessários para que certas enzimas se tornem catalisadores ativos. Os ativadores podem ser determinados pelo seu efeito nas velocidades das reações catalisadas por enzimas. Por exemplo, foi relatado que concentrações de magnésio tão baixas como 10 ppb podem ser determinadas em plasma sanguíneo com base na ativação da enzima desidrogenase isocítrica por esse íon.

As enzimas podem ser empregadas na determinação de ativadores e inibidores. Os ativadores aumentam a velocidade da reação, enquanto os inibidores a diminuem.

30C-2 Reações Não catalisadas

Como observado anteriormente, os métodos cinéticos baseados em reações não catalisadas não são tão empregados como aqueles nos quais um catalisador esteja envolvido. Já descrevemos dois desses métodos.

Geralmente as reações não catalisadas são úteis quando reagentes seletivos são empregados conjuntamente com métodos de detecção sensíveis. Por exemplo, a seletividade dos agentes complexantes pode ser controlada ajustando-se o pH do meio na determinação de íons metálicos, como discutido na Seção 17D-8. A sensibilidade pode ser obtida pelo uso de detecção espectrofotométrica para monitorar reagentes que formam complexos com altas absortividades molares. A determinação de Cu^{2+}, apresentada no Problema 30-13, é um exemplo. Uma alternativa altamente sensível é selecionar complexos que fluorescem de forma que a velocidade de variação da fluorescência possa ser utilizada como medida da concentração do analito (veja Problema 30-14).

A precisão dos métodos cinéticos catalíticos e não catalíticos depende das condições experimentais como o pH, força iônica e temperatura. Com o controle cuidadoso dessas variáveis, desvios padrão relativos de 1% a 10% são típicos. A automação dos métodos cinéticos e a análise computadorizada dos dados podem com frequência levar à precisão relativa para 1% ou melhor.

30C-3 Determinação Cinética de Componentes em Misturas

Uma aplicação importante dos métodos cinéticos está na determinação de espécies muito semelhantes entre si em misturas, como os cátions de metais alcalinos terrosos ou os compostos orgânicos com os mesmos grupos funcionais. Por exemplo, suponha que duas espécies A e B reajam com um reagente comum em excesso para formar produtos sob condições de pseudoprimeira ordem:

$$A + R \xrightarrow{k_A} P$$

$$B + R \xrightarrow{k_B} P'$$

Em geral, k_A e k_B diferem uma da outra. Assim, se $k_A > k_B$, A é totalmente consumido antes de B. É possível mostrar que se a razão k_A/k_B for maior que cerca de 500, o consumo de A estará completo a 99% antes que 1% de B tenha sido gasto. Dessa forma, é possível a determinação diferencial de A sem a interferência significativa de B desde que a velocidade seja medida logo após a mistura.

Quando a razão das duas constantes de velocidade for pequena, a determinação das duas espécies ainda é possível por meio de métodos mais complexos de tratamento de dados. Muitos desses métodos empregam técnicas quimiométricas multivariadas similares àquelas descritas no Destaque 8-3. Os detalhes sobre os **métodos cinéticos multicomponentes** estão além do escopo deste livro.[11]

TRABALHO NA WEB

Use um mecanismo de busca na web para encontrar fabricantes de instrumentos que produzem analisadores de glicose baseados em reações enzimáticas. Encontre uma companhia que produza um analisador espectrofotométrico e uma que produza um analisador eletroquímico. Compare e contraponha as características dos dois instrumentos, incluindo exatidão, precisão, faixa dinâmica e custo.

[11] Para algumas aplicações de métodos cinéticos a misturas multicomponentes, veja H. O. Mottola, *Kinetic Aspects of Analytical Chemistry*, Nova York: Wiley, 1988, pp. 122-148.; D. Perez-Bendito e M. Silva, *Kinetic Methods in Analytical Chemistry*, Nova York: Halsted Press-Wiley, 1988, pp. 172-189

QUESTÕES E PROBLEMAS

30-1. Defina os seguintes termos na forma como são empregados nos métodos cinéticos de análise.
*(a) ordem de uma reação
(b) pseudoprimeira ordem
*(c) enzima
(d) substrato
*(e) constante de Michaelis
(f) método diferencial
*(g) método integral
(h) reação indicadora

30-2. A análise de uma mistura multicomponente por métodos cinéticos é, algumas vezes, referida como "separação cinética". Explique o significado desse termo.

***30-3.** Liste três vantagens dos métodos cinéticos. Você pode estabelecer duas possíveis limitações dos métodos cinéticos quando comparados com os métodos de equilíbrio?

30-4. Explique por que as condições de pseudoprimeira ordem são empregadas em muitos métodos cinéticos.

***30-5.** Desenvolva uma expressão para a meia-vida do reagente em um processo de primeira ordem em termos da constante de velocidade k.

30-6. Encontre o tempo de vida natural em segundos para as reações de primeira ordem correspondentes a
*(a) $k = 0{,}497\ s^{-1}$.
(b) $k = 6{,}62\ h^{-1}$.
*(c) $[A]_0 = 3{,}16$ mol L^{-1} e $[A]_t = 0{,}496$ mol L^{-1} em $t = 3876$ s.
(d) $[P]_\infty = 0{,}176$ mol L^{-1} e $[P]_t = 0{,}0423$ mol L^{-1} em $t = 9.54$ s (Suponha que 1 mol do produto seja formado para cada mol do analito que reage.)
*(e) meia-vida, $t_{1/2}$, = 26,5 anos.
(f) $t_{1/2} = 0{,}583$ s.

30-7. Encontre a constante de primeira ordem para uma reação que se completa em 75,0% após
*(a) 0,0100 s. *(c) 1,00 s. *(e) 26,8 μs.
(b) 0,100 s. (d) 5.280 s. (f) 8,86 ns.

30-8. Calcule o número de tempos de meia-vida necessário para atingir os seguintes níveis de finalização:
*(a) 10%. *(c) 90%. *(e) 99,9%.
(b) 50%. (d) 99%. (f) 99,99%.

30-9. Encontre o número de meias-vidas τ necessário para que uma reação de pseudoprimeira ordem atinja os níveis de finalização listados no Problema 30-8.

30-10. Encontre o erro relativo associado com a hipótese de que k' não varia no decorrer de uma reação de pseudoprimeira ordem sob as seguintes condições:

	Extensão da Reação,%	Excesso de Reagente
*(a)	1	5×
(b)	1	10×
*(c)	1	50×
(d)	1	100×
*(e)	5	5×
(f)	5	10×
*(g)	5	100×
(h)	63,2	5×
*(i)	63,2	10×
(j)	63,2	50×
*(k)	63,2	100×

30-11. Mostre que, para uma reação enzimática que obedece à Equação 30-19, a concentração do substrato para a velocidade $v_{máx}/2$ é igual a K_m.

***30-12.** A Equação 30-19 pode ser rearranjada para produzir a equação

$$\frac{1}{d[P]/dt} = \frac{K_m}{v_{max}[S]} + \frac{1}{v_{max}}$$

onde $v_{máx} = k_2[E]_0$, a velocidade máxima quando [S] é grande.
(a) Sugira uma forma de empregar essa equação na construção de uma curva de calibração (de trabalho) para a determinação enzimática do substrato.
(b) Descreva como a curva de trabalho resultante pode ser empregada para determinar K_m e $v_{máx}$.

***30-13.** O cobre(II) forma um complexo 1:1 com o agente complexante R em meio ácido. A formação do complexo pode ser monitorada por espectrofotometria a 480 nm. Use os seguintes dados coletados sob condições de pseudoprimeira ordem para construir uma curva de calibração da velocidade em função da concentração de R. Encontre a concentração de cobre(II) em uma amostra cuja velocidade sob as mesmas condições seja $6{,}2 \times 10^{-3}\ A\ s^{-1}$. Encontre também o desvio padrão da concentração.

$c_{Cu^{2+}}$, ppm	Velocidade, $A\ s^{-1}$
3,0	$3{,}6 \times 10^{-3}$
5,0	$5{,}4 \times 10^{-3}$
7,0	$7{,}9 \times 10^{-3}$
9,0	$1{,}03 \times 10^{-2}$

30-14. O alumínio forma um complexo 1:1 com 2-hidroxi-1-naftaldeído p-metoxibenzoilhidraxonal que exibe emissão fluorescente a 475 nm. Sob condições de pseudoprimeira ordem, um gráfico da velocidade inicial da reação (unidades de emissão por segundo) em função da concentração de alumínio (em mmol L^{-1}) fornece a reta descrita pela equação

$$\text{velocidade} = 1{,}74c_{Al} - 0{,}225$$

Encontre a concentração de alumínio em uma solução que exibe uma velocidade de 0,76 unidades de emissão por segundo sob as mesmas condições experimentais.

***30-15.** A enzima monoamina oxidase catalisa a oxidação de aminas a aldeídos. Para a triptamina, o K_m para a enzima é $4{,}0 \times 10^{-4}$ mol L^{-1} e $v_{máx} = k_2[E]_0 = 1{,}6 \times 10^{-3}$ μmol L^{-1} min^{-1} em pH 8. Encontre a concentração de uma solução de triptamina que reage a uma velocidade de 0,22 μmol L^{-1} min^{-1} na presença de monoamina oxidase sob essas condições. Assuma que [triptamina] $\ll K_m$.

30-16. Os seguintes dados representam a concentração do produto em função do tempo durante os estágios iniciais de reações de pseudoprimeira ordem para diferentes concentrações iniciais do analito $[A]_0$.

t, s	[P], mol L^{-1}				
0	0,00000	0,00000	0,00000	0,00000	0,00000
10	0,00004	0,00018	0,00027	0,00037	0,00014
20	0,00007	0,00037	0,00055	0,00073	0,00029
50	0,00018	0,00091	0,00137	0,00183	0,00072
100	0,00036	0,00181	0,00272	0,00362	0,00144
$[A]_0$,M	0,01000	0,05000	0,07500	0,10000	desconhecido

Para cada concentração do analito, encontre a velocidade inicial média para as cinco janelas de tempo fornecidas. Faça um gráfico da velocidade inicial em função da concentração do analito. Obtenha os coeficientes angular e linear por mínimos quadrados e determine a concentração desconhecida. Dica: Uma boa forma de se calcular a velocidade inicial para uma dada concentração consiste em encontrar $\Delta[P]/\Delta t$ para o intervalo de 0 a 10 s, para 10 a 20 s, para 20 a 50s e para 50 a 100 s e então faça uma média dos quatro valores obtidos. Alternativamente, o coeficiente angular obtido por mínimos quadrados de um gráfico de [P] em função de *t* para o intervalo de 0 a 100 s pode ser utilizada.

***30-17.** Calcule as concentrações do produto em função do tempo para uma reação de pseudoprimeira ordem com $k' = 0{,}015$ s^{-1} e $[A]_0 = 0{,}005$ mol L^{-1}. Use tempos de 0,000 s; 0,001 s; 0,01 s; 0,1 s; 0,2 s; 0,5 s; 1,0 s; 2,0 s; 5,0 s; 10,0 s; 20,0 s; 50,0 s; 100,0 s; 200,0 s; 500,0 s e 1.000,0 s. A partir dos dois primeiros valores de tempo, encontre a velocidade inicial "verdadeira" da reação. Determine aproximadamente qual é a porcentagem de finalização da reação que ocorre antes que a velocidade inicial caia a (a) 99% e (b) 95% do seu valor verdadeiro.

30-18. Problema Desafiador: A hidrólise da *N*-glutaril-L-fenilanina-*p*-nitroanilida (GFNA) pela enzima α-quimotripsina (QT) para formar a *p*-nitroanilina e *N*-glutaril-L-fenilalanina segue o mecanismo de Michaelis-Menten nos seus estágios iniciais.

(a) Mostre que a Equação 30-19 pode ser manipulada para fornecer a seguinte transformação:

$$\frac{1}{v_i} = \frac{K_m}{v_{max}[S]_0} + \frac{1}{v_{max}}$$

onde v_i corresponde à velocidade inicial, $(d[P]/dt)_i$, $v_{máx}$ é igual a $k_2[E]_0$ e $[S]_0$ se refere à concentração inicial de GFNA. Essa equação é frequentemente denominada equação de Lineweaver-Burke. Um gráfico de $1/v_i$ em função de $1/[S]_0$ é chamado gráfico de Lineweaver-Burke.

(b) Para $[QT] = 4{,}0 \times 10^{-6}$ mol L^{-1}, empregue os seguintes resultados e o gráfico de Lineweaver-Burke para determinar K_m, $v_{máx}$ e k_2.

$[GFNA]_0$, mmol L^{-1}	v_i, μmol L^{-1} s^{-1}
0,250	0,037
0,500	0,063
10,0	0,098
15,0	0,118

(c) Mostre que a equação de Michaelis-Menten para a velocidade inicial pode ser transformada para fornecer a equação de Hanes-Woolf:

$$\frac{[S]}{v_i} = \frac{[S]_0}{v_{max}} + \frac{K_m}{v_{max}}$$

Use um gráfico de Hanes-Woolf dos dados do item (b) para determinar K_m, $v_{máx}$ e k_2.

(d) Mostre que a equação de Michaelis-Menten para a velocidade inicial pode ser transformada para fornecer a equação de Eadie-Hofster:

$$v_i = -\frac{K_m v_i}{[S]_0} + v_{max}$$

Empregue um gráfico de Eadie-Hofster com os dados do item (b) para determinar K_m, $v_{máx}$ e k_2.

(e) Comente sobre qual desses gráficos deve ser mais exato para a determinação de K_m e $v_{máx}$, sob as circunstâncias fornecidas. Justifique su resposta!

(f) O substrato GFNA deve ser determinado em uma amostra biológica empregando-se os dados do item (b) na construção de uma curva de calibração. Três amostras foram analisadas sob as mesmas condições do item (b) e forneceram velocidades iniciais de 0,069; 0,102 e 0,049 μmol L^{-1} s^{-1}. Quais eram as concentrações de GFNA nessas amostras?

Introdução às Separações Analíticas

capítulo 31

Separações são extremamente importantes na química industrial, nas ciências biomédicas e nas análises químicas. Uma refinaria de petróleo está mostrada na fotografia. A primeira etapa no processo de refino do petróleo é separá-lo em duas frações com base no ponto de ebulição em grandes torres de destilação. O petróleo é enviado a um grande destilador e a mistura, aquecida. Os materiais com os menores pontos de ebulição vaporizam-se primeiro. O vapor move se para cima na alta coluna de destilação ou torre onde é recondensado em um líquido muito mais puro. Regulando-se a temperatura da caldeira e da coluna, a faixa de ponto de ebulição da fração condensada pode ser controlada.

As separações analíticas ocorrem em uma escala muito menor de laboratório que a destilação em escala industrial mostrada na fotografia. Os métodos de separação apresentados neste capítulo incluem precipitação, destilação, extração, troca iônica e várias técnicas cromatográficas

Poucas, se alguma, técnicas de medida usada na análise química são específicas para uma única espécie química. Por causa disso, para muitas análises, devemos considerar como tratar espécies estranhas que atenuam o sinal do analito ou produz um sinal que seja indistinguível daquele do analito. Uma substância que afeta um sinal analítico ou o fundo é chamado de uma **interferência** ou um **interferente**.

Vários métodos podem ser usados para lidar com as interferências em procedimentos analíticos, como discutido na Seção 8D-3. As **separações** isolam o analito dos constituintes interferentes em potencial. Além disso, técnicas como modificação de matriz, mascaramento, diluição e saturação são frequentemente usadas para compensar os efeitos dos interferentes. Os métodos de padrão interno e de adição de padrão podem algumas vezes serem usados para compensar ou para reduzir os efeitos de interferência. Neste capítulo, focamos nos métodos de separação que são mais poderosos e métodos largamente usados para tratar as interferências.

Um **interferente** é uma espécie química que produz um erro sistemático em uma análise pelo aumento ou atenuação do sinal analítico ou do sinal de fundo.

Os princípios básicos de uma separação estão representados na **Figura 31-1**.[1] Como mostrado, as separações podem ser completas ou parciais. No processo de separação, o material é transportado enquanto seus componentes são espacialmente redistribuídos. Devemos observar que uma separação sempre requer energia porque o processo reverso, *misturar* a volume constante, é espontâneo, sendo acompanhado por um aumento na entropia. As separações podem ser *preparativas* ou *analíticas*. Focamos nas separações analíticas embora muitos dos mesmos princípios tomam parte nas separações preparativas.

[1] Veja J. C. Giddings, *Unified Separation Science*, Nova York: Wiley, 1991, pp. 1-7.

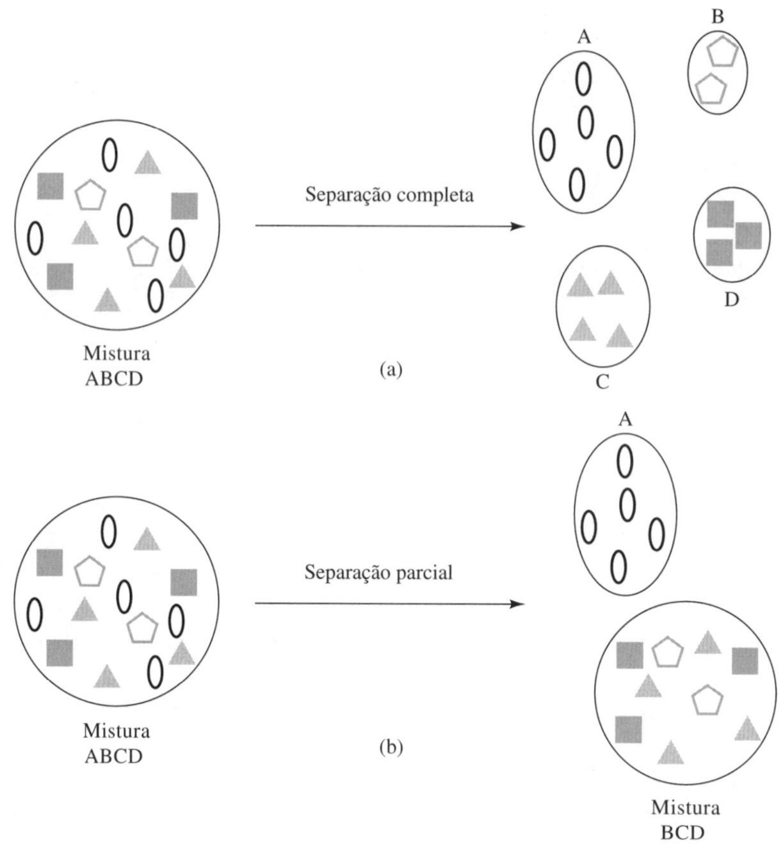

Figura 30-1 Princípios de uma separação. Em (a), uma mistura de quatro componentes é separada completamente de forma que cada componente ocupa uma região do espaço diferente. Em (b) uma separação parcial é mostrada. Na separação parcial, a espécie A é isolada do restante da mistura de B, C e D. O inverso dos processos de separação apresentados é a mistura a volume constante.

Os objetivos de uma separação analítica geralmente são eliminar ou reduzir interferências de tal forma que a informação analítica possa ser obtida a partir de misturas complexas. As separações também podem permitir a identificação dos constituintes separados se as correlações apropriadas forem feitas ou se uma técnica de medida sensível à estrutura, como espectrometria de massas, for empregada. Em técnicas como a cromatografia, a informação quantitativa é obtida quase simultaneamente com a separação. Em outros procedimentos, a etapa de separação é distinta e bastante independente da etapa de medida posterior.

A **Tabela 31-1** lista vários métodos de separação que são de uso comum, incluindo (1) a precipitação química ou eletrolítica, (2) a destilação, (3) a extração por solventes, (4) a troca iônica, (5) a cromatografia, (6) a eletroforese e (7) o fracionamento por campo e fluxo. Os quatro primeiros são discutidos da Seção 31A até a 31D deste capítulo. Uma introdução à cromatografia é apresentada na Seção 31E. Os Capítulos 32 e 33 tratam da cromatografia de gás e de líquidos, respectivamente, enquanto o Capítulo 34 aborda a eletroforese, fracionamento por campo e fluxo e outros métodos de separação.

31A SEPARAÇÃO POR PRECIPITAÇÃO

As separações por precipitação exigem grandes diferenças de solubilidade entre o analito e os interferentes em potencial. A viabilidade teórica desse tipo de separação pode ser determinada por meio de cálculos de solubilidade, tais como aqueles mostrados na Seção 11C. Infelizmente, muitos outros fatores podem impedir o uso da precipitação para produzir uma separação. Por exemplo, os vários fenômenos de coprecipitação descritos na Seção 12A-5 podem causar uma contaminação extensiva do precipitado por um componente indesejado, mesmo que o produto de solubilidade do contaminante não tenha sido excedido. Da mesma forma, a velocidade de uma precipitação pode ser tão lenta que impeça o seu uso em uma separação. Finalmente, quando os precipitados formam-se como suspensões coloidais, a coagulação pode ser

TABELA 31-1

Métodos de Separação

Método	Base do Método
1. Separação mecânica de fases	
a. Precipitação e filtração	Diferenças na solubilidade dos compostos formados
b. Destilação	Diferenças na volatilidade dos compostos
c. Extração	Diferenças na solubilidade em dois líquidos imiscíveis
d. Troca iônica	Diferenças na interação de reagentes com uma resina de troca iônica
2. Cromatografia	Diferenças na velocidade de movimentação de solutos passando por uma fase estacionária
3. Eletroforese	Diferenças na velocidade de migração de espécies com carga em um campo elétrico
4. Fracionamento por campo e fluxo	Diferenças na interação com um campo ou gradiente aplicado perpendicularmente à direção de transporte

difícil ou lenta, particularmente quando se pretende isolar uma pequena quantidade de fase sólida.

Muitos agentes precipitantes têm sido usados para separações inorgânicas quantitativas. Alguns daqueles mais úteis são descritos nas seções que seguem.

31A-1 Separações Baseadas no Controle da Acidez

Existem enormes diferenças entre as solubilidades dos hidróxidos, óxidos hidratados e ácidos de vários elementos. Além disto, a concentração de íons hidrogênio e hidróxido em uma solução podem ser variada por um fator de 10^{15} ou mais e pode ser facilmente controlada pelo uso de tampões. Como um resultado, muitas separações baseadas em controle de pH são na teoria possíveis. Na prática, essas separações podem ser agrupadas em três categorias: (1) aquelas feitas em soluções relativamente concentradas de ácidos fortes, (2) aquelas feitas em soluções tamponadas em valores intermediários de pH e (3) aquelas feitas em soluções concentradas de hidróxido de potássio ou sódio. A **Tabela 31-2** lista algumas separações comuns que podem ser feitas pelo controle de acidez.

TABELA 31-2

Separações Baseadas no Controle de Acidez

Reagente	Espécies de Precipitados Formados	Espécies que Não Precipitam
HNO_3 concentrado quente	Óxidos de W(VI), Ta(V), Nb(V), Si(IV), Sn(IV), Sb(V)	A maioria dos outros íons metálicos
Tampão NH_3/NH_4Cl	Fe(III), Cr(III), Al(III)	Metais alcalinos e alcalinos terrosos, Mn(II), Cu(II), Zn(II), Ni(II), Co(II)
Tampão $HOAc/NH_4OAc$	Fe(III), Cr(III), Al(III)	Cd(II), Co(II), Cu(II), Fe(II) Mg(II), Sn(II), Zn(II)
$NaOH/Na_2O_2$	Fe(III), a maioria dos íons +2, terras raras	Zn(II), Al(III), Cr(VI), V(V), U(VI)

31A-2 Separações de Sulfetos

Lembre-se da Equação 11-42,

$$[S^{2-}] = \frac{1,2 \times 10^{-22}}{[H_3O^+]^2}$$

Com exceção dos metais alcalinos e metais alcalinos terrosos, a maioria dos cátions forma sulfetos muito pouco solúveis cujas solubilidades diferem grandemente entre si. Em virtude do fato de que é relativamente fácil controlar a concentração de íons sulfeto em uma solução aquosa de H_2S pelo ajuste do pH (veja Seção 11C-2), as separações baseadas na formação de sulfetos encontraram uso extensivo. Os sulfetos podem ser convenientemente precipitados a partir de uma solução homogênea, com o ânion sendo gerado pela hidrólise da tioacetamida (veja Tabela 12-1).

Os equilíbrios iônicos que influenciam a solubilidade dos precipitados de sulfeto foram considerados na Seção 11C-2. Contudo, esses tratamentos podem não fornecer conclusões realísticas sobre a viabilidade das separações quando se considera a coprecipitação e a velocidade lenta com a qual alguns sulfetos se formam. Por estas razões, frequentemente nos baseamos em resultados anteriores ou observações empíricas para indicar se uma determinada separação é provável de ser bem-sucedida.

A **Tabela 31-3** mostra algumas separações comuns que podem ser obtidas com o sulfeto de hidrogênio por meio do controle do pH.

31A-3 Separações por Outros Precipitantes Inorgânicos

De forma geral, não há outros íons inorgânicos que sejam úteis para separações como os íons hidróxido e sulfeto. Os íons fosfato, carbonato e oxalato são normalmente usados como precipitantes para cátions, mas eles não são seletivos. Por causa do empecilho, as separações são geralmente realizadas antes da precipitação.

O cloreto e o sulfato são úteis em razão de seu comportamento altamente seletivo. O cloreto pode separar a prata da maioria dos outros metais e o sulfato pode isolar um grupo de metais incluindo chumbo, bário e estrôncio.

31A-4 Separações por Precipitantes Orgânicos

Os reagentes orgânicos selecionados para isolar diversos íons inorgânicos foram discutidos na Seção 12C-3. Alguns destes precipitantes orgânicos, como a dimetilglioxima, são úteis por causa da incrível seletividade deles em formar precipitados com apenas alguns íons. Outros reagentes, como a 8-hidroxiquinolina, produz compostos ligeiramente solúveis com muitos cations diferentes. A seletividade deste tipo de reagente é devido à larga faixa de solubilidade dentre seus produtos de reação e também devido ao fato de o reagente precipitante ser normalmente um ânion que é a base conjugada de um ácido fraco. Assim, as separações baseadas no controle de pH podem ser realizadas exatamente como com o sulfeto de hidrogênio.

TABELA 31-3

Precipitação de Sulfetos

Elementos	Condições para Precipitação*	Condições para a Não Precipitação*
Hg(II), Cu(II), Ag(I)	1, 2, 3, 4	
As(V), As(III), Sb(V), Sb(III)	1, 2, 3	4
Bi(III), Cd(II), Pb(II), Sn(II)	2, 3, 4	1
Sn(IV)	2, 3	1, 4
Zn(II), Co(II), Ni(II)	3, 4	1, 2
Fe(II), Mn(II)	4	1, 2, 3

*1 = HCl 3 mol L^{-1}; 2 = HCl 0,3 mol L^{-1}; 3 = tamponado a pH 6 com acetato; 4 = tamponado a pH 9 com $NH_3/(NH_4)_2S$.

31A-5 Separação por Precipitação de Espécies Presentes em Níveis de Traços

Um problema normalmente encontrado na análise de traços é aquele de isolar as espécies de interesse, que podem estar presentes em quantidades de microgramas, dos componentes principais da amostra. Embora tal separação algumas vezes seja baseada na precipitação, as técnicas exigidas diferem daquelas usadas quando o analito está presente em grandes quantidades.

Vários problemas podem acompanhar a separação quantitativa de um elemento traço pela precipitação, mesmo quando as perdas por solubilidade não são importantes. A supersaturação com frequência atrasa a formação do precipitado e a coagulação de pequenas quantidades de uma substância coloidal dispersa é sempre difícil. Além disto, é comum perder uma fração apreciável de sólido durante a transferência e filtração. Para minimizar essas dificuldades, uma certa quantidade de algum outro íon, que também forma um precipitado com o reagente, é frequentemente adicionada à solução. O precipitado do íon adicionado é denominado **coletor** e remove a espécie desejada presente em menor quantidade da solução. Por exemplo, para isolar o manganês, como o seu dióxido é muito pouco solúvel, uma pequena quantidade de ferro(III) é geralmente adicionada à solução do analito antes da introdução da amônia como agente precipitante. O óxido básico de ferro(III) precipita até os menores traços do dióxido de manganês. Outros exemplos incluem o óxido básico de alumínio como um coletor de quantidades traço de sulfeto de titânio e cobre para a coleta de traços de zinco e chumbo. Muitos outros coletores são descritos por Sandell e Onishi.[2]

Um **coletor** é empregado para remover constituintes de traço de uma solução.

Um coletor pode remover um constituinte como resultado de similaridades nas suas solubilidades. Outros coletores funcionam por coprecipitação, na qual o componente de menor concentração é adsorvido ou incorporado no precipitado coletor como resultado da formação de cristais mistos. Devemos nos certificar de que o coletor não interfira com o método selecionado para determinar o componente traço.

31A-6 Separação por Precipitação Eletrolítica

A precipitação eletrolítica é um método muito útil para efetuar separações. Nesse processo, a espécie mais facilmente reduzida, seja o componente desejado ou o não desejado, é isolada como uma fase em separado. O método particularmente eficiente quando o potencial do eletrodo de trabalho é controlado em um nível pré-determinado (veja Seção 22B).

O catodo de mercúrio tem encontrado ampla aplicação na remoção de muitos íons metálicos antes da análise da solução residual. Em geral, os metais mais facilmente reduzidos que o zinco são convenientemente depositados no mercúrio, deixando íons como alumínio, berílio, os metais alcalinos terrosos e os metais alcalinos em solução. O potencial necessário para diminuir a concentração de um íon metálico para qualquer nível desejado pode ser calculado a partir dos dados voltamétricos. Os métodos de redissolução (veja Seção 23H) usam uma etapa de eletrodeposição para a separação para a finalização da análise

31A-7 Precipitação de Proteínas Induzida por Sais

Uma forma comum de separar as proteínas é pela adição de altas concentrações de sais. Esse procedimento é chamado ***salting out*** da proteína. A solubilidade de moléculas de proteína mostra uma complexa dependência do pH, temperatura, força iônica, natureza da proteína e a concentração do sal usado. Em baixas concentrações de sal, a solubilidade é normalmente aumentada com o aumento da concentração de

---

[2] E. B. Sandell e H. Onishi, *Colorimetric Determination of Traces of Metals*, 4. ed., Nova York: Interscience, 1978, pp. 709-721.

sal. Esse **efeito *salting in*** é explicado pela teoria de Debye-Hückel. Os contraíons do sal envolvem a proteína e o efeito resultante é um decréscimo na atração eletrostática entre as moléculas de proteína. Esta diminuição, por sua vez, leva ao aumento da solubilidade com o aumento da força iônica.

A altas concentrações de sal, contudo, o efeito repulsivo de cargas iguais é reduzido, assim como as forças que levam à solvatação da proteína. Quando essas forças são reduzidas o suficiente, a proteína precipita e o *salting out* é observado. O sulfato de amônio é um sal de baixo custo, amplamente empregado em razão de sua efetividade e alta solubilidade inerentes.

A altas concentrações, a solubilidade de uma proteína, S, é dada pela seguinte equação empírica:

$$\log S = C - K\mu \qquad (31\text{-}1)$$

onde C é uma constante que é função do pH, da temperatura e da proteína; K é a constante de *salting out* que é função da proteína e do sal empregado e μ é a força iônica.

As proteínas são comumente menos solúveis nos seus pontos isoelétricos. Dessa forma, a combinação de uma alta concentração salina com o controle do pH é empregada para efetuar o *salting out*. As misturas de proteínas podem ser separadas aumentando-se a força iônica em etapas. Deve-se tomar cuidado com algumas proteínas, pois o sulfato de amônio pode desnaturá-las. Os solventes alcoólicos são algumas vezes utilizados no lugar de sais. Eles reduzem a constante dielétrica e subsequentemente reduzem a solubilidade por meio da diminuição das interações entre a proteína e o solvente.

31B SEPARAÇÕES DE ESPÉCIES POR DESTILAÇÃO

A destilação é largamente empregada para separar analitos voláteis de interferentes não voláteis. A destilação é baseada nas diferenças nos pontos de ebulição dos materiais na mistura. Um exemplo comum é a separação de analitos que contêm nitrogênio de muitas outras espécies pela conversão do nitrogênio em amônia. Outros exemplos incluem a separação do carbono como dióxido de carbono e enxofre como dióxido de enxofre. A destilação é largamente empregada na Química Orgânica para separar componentes nas misturas para propósitos de purificação.

Existem muitos tipos de destilação. A **destilação a vácuo** é usada para compostos que têm pontos de ebulição muito altos. A diminuição da pressão para a pressão de vapor do composto de interesse provoca a ebulição e é normalmente mais eficiente para compostos com altos pontos de ebulição que aumentar a temperatura. A **destilação molecular** ocorre em pressão muito baixa (< 0,01 torr) de tal forma que usa-se a mais baixa temperatura possível com o mínimo dano ao destilado. A **pervaporação** é um método para separar misturas pela volatização parcial através de uma membrana não porosa. A **evaporação flash** é um processo no qual um líquido é aquecido e então enviado através de uma câmara de pressão reduzida. A redução na pressão provoca a vaporização parcial do líquido.

31C SEPARAÇÃO POR EXTRAÇÃO

A extensão na qual os solutos, tanto inorgânicos quanto orgânicos, distribuem-se entre dois líquidos imiscíveis difere enormemente e estas diferenças têm sido usadas por décadas para separar espécies químicas. Essa seção considera as aplicações do fenômeno de distribuição nas separações analíticas.

31C-1 Princípios

A partição de um soluto entre duas fases imiscíveis é um processo de equilíbrio que é governado pela **lei de distribuição**. Se as espécies do soluto A distribuem-se entre a água e uma fase orgânica, o equilíbrio resultante pode ser escrito como

$$A(aq) \rightleftharpoons A(org)$$

onde as letras entre parênteses referem-se às fases aquosa e orgânica, respectivamente. Idealmente, a razão para as atividades de A nas duas fases será constante e independente da quantidade total de A de tal forma que, em uma dada temperatura,

$$K = \frac{(a_A)_{org}}{(a_A)_{aq}} \approx \frac{[A]_{org}}{[A]_{aq}} \qquad (31\text{-}2)$$

onde $(a_A)_{org}$ e $(a_A)_{aq}$ são as atividades de A em cada fase e os termos entre colchetes são as concentrações em mol L^{-1} de A. Como em muitos equilíbrios, sob muitas circunstâncias, as concentrações molares podem substituir as atividades sem que se cause um erro significativo. A constante de equilíbrio K é conhecida como a **constante de distribuição**. Geralmente, o valor numérico de K aproxima-se da razão entre a solubilidade de A em cada um dos solventes.

As constantes de distribuição são úteis porque nos permitem calcular a concentração do analito que permanece em solução após um número i de extrações. Também fornecem orientação sobre a forma mais eficiente de se realizar uma separação extrativa. Assim, podemos mostrar (veja Destaque 31-1) que para o sistema simples, descrito pela Equação 31-2, a concentração de A que permanece na fase aquosa após i extrações com um solvente orgânico ($[A]_i$) é dada pela equação

$$[A]_i = \left(\frac{V_{aq}}{V_{org}K + V_{aq}}\right)^i [A]_0 \qquad (31\text{-}3)$$

onde $[A]_i$ é a concentração de A que permanece na solução aquosa após extrair V_{aq} mL da solução de concentração original de $[A]_0$ com i porções do solvente orgânico, cada uma com volume de V_{org}. O Exemplo 31-1 ilustra como essa equação pode ser empregada para decidir sobre a forma mais eficiente de se realizar uma extração.

EXEMPLO 31-1

A constante de distribuição do iodo entre um solvente orgânico e H_2O é 85. Encontre a concentração de I_2 que permanece na camada aquosa após a extração de 50,0 mL de iodo $1{,}00 \times 10^{-3}$ mol L^{-1} com as seguintes quantidades de solvente orgânico: (a) 50,0 mL; (b) duas porções de 25,0 mL; (c) cinco porções de 10,0 mL.

Resolução

Substituindo-se na Equação 31-3, obtém-se

(a) $$[I_2]_1 = \left(\frac{50{,}0}{50{,}0 \times 85 + 50{,}0}\right)^1 \times 1{,}00 \times 10^{-3} = 1{,}16 \times 10^{-5}\ \text{mol L}^{-1}$$

(b) $$[I_2]_2 = \left(\frac{50{,}0}{25{,}0 \times 85 + 50{,}0}\right)^2 \times 1{,}00 \times 10^{-3} = 5{,}28 \times 10^{-7}\ \text{mol L}^{-1}$$

(c) $$[I_2]_5 = \left(\frac{50{,}0}{10{,}0 \times 85 + 50{,}0}\right)^5 \times 1{,}00 \times 10^{-3} = 5{,}29 \times 10^{-10}\ \text{mol L}^{-1}$$

Note o aumento das eficiências de extração que resulta da divisão do volume original de 50 mL do solvente em duas porções de 25 mL ou cinco de 10 mL.

É sempre melhor empregar pequenas porções do solvente para se extrair uma amostra do que extrair com uma única porção de maior volume.

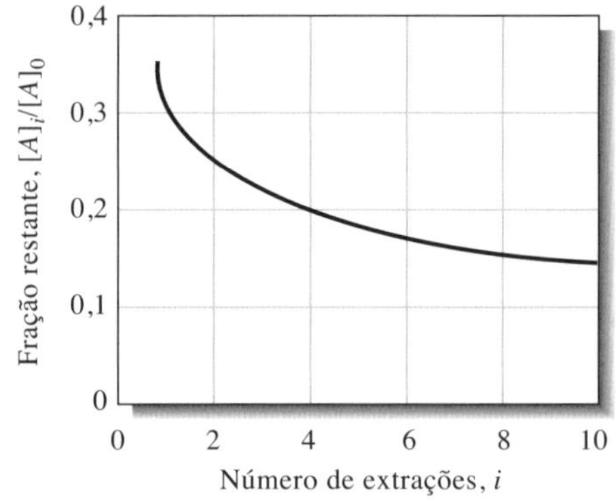

Figura 31-2 Gráfico da Equação 31-3 presumindo que $K = 2$ e $V_{aq} = 100$ mL. O volume total de solvente orgânico foi pressuposto como 100 mL, de forma que $V_{org} = 100/n_i$.

A **Figura 31-2** mostra que a melhoria da eficiência de múltiplas extrações cai rapidamente à medida que o volume total é subdividido em menores e menores porções. Vemos que existe pouco a ser ganho dividindo o solvente extrator em mais de cinco ou seis porções.

DESTAQUE 31-1

Dedução da Equação 31-3

Considere um sistema simples, descrito pela Equação 31-2. Suponha n_0 mmol do soluto A em V_{aq} mL de uma solução aquosa, extraído com V_{org} mL de um solvente orgânico imiscível. No equilíbrio, n_1 mmol de A vai restar na fase aquosa e $(n_0 - n_1)$ mmols serão transferidos para a fase orgânica. As concentrações de A nas duas fases serão então

$$[A]_1 = \frac{n_1}{V_{aq}}$$

e

$$[A]_{org} = \frac{(n_0 - n_1)}{V_{org}}$$

A substituição dessas quantidades na Equação 31-2 e após os rearranjos resulta

$$n_1 = \left(\frac{V_{aq}}{V_{org}K + V_{aq}}\right)n_0$$

De maneira similar, a quantidade de matéria em milimols, n_2, restantes após a segunda extração com o mesmo volume de solvente será

$$n_2 = \left(\frac{V_{aq}}{V_{org}K + V_{aq}}\right)n_1$$

A substituição da equação anterior nessa expressão fornece

$$n_2 = \left(\frac{V_{aq}}{V_{org}K + V_{aq}}\right)^2 n_0$$

Pelo mesmo argumento, a quantidade de matéria em milimols, n_i, que resta após i extrações é dada pela expressão

$$n_i = \left(\frac{V_{aq}}{V_{org}K + V_{aq}}\right)^i n_0$$

Finalmente, essa equação pode ser escrita em termos das concentrações iniciais e finais de A na fase aquosa pela substituição das relações

$$n_i = [A]_i V_{aq} \quad e \quad n_0 = [A]_0 V_{aq}$$

Consequentemente,

$$[A]_i = \left(\frac{V_{aq}}{V_{org}K + V_{aq}}\right)^i [A]_0$$

que é a Equação 31-3.

31C-2 Extração de Espécies Inorgânicas

Uma extração frequentemente é mais atrativa que um método de precipitação para separar espécies inorgânicas. Os processos de equilíbrio e separação de fases em um funil de separação são menos enfadonhos e demandam menor tempo que a precipitação convencional, a filtração e a lavagem.

Separação de Metais como Quelatos

Muitos agentes quelantes são constituídos de ácidos fracos que reagem com os íons metálicos para formar complexos neutros altamente solúveis em solventes orgânicos, tais como éteres, hidrocarbonetos, cetonas e espécies cloradas (incluindo o clorofórmio e o tetracloreto de carbono).[3] A maioria dos metais sem carga formam quelatos, por outro lado, são praticamente insolúveis em água. De forma similar, os agentes quelantes por si mesmos são frequentemente bastante solúveis em solventes orgânicos, mas apresentam solubilidade limitada em água.

A **Figura 31-3** mostra o equilíbrio que se desenvolve quando uma solução aquosa de um cátion bivalente, tal como o zinco(II), é extraído com uma solução orgânica contendo um grande excesso de 8-hidroxiquinolina (veja a Seção 12C-3 para a estrutura e reações desse agente quelante). Quatro equilíbrios são mostrados. No primeiro, a 8-hidroquinolina, HQ, está distribuída entre as camadas orgânica e aquosa. A segunda é a dissociação da HQ para fornecer os íons H^+ e Q^- na camada aquosa. O terceiro equilíbrio refere-se à reação de formação do complexo gerando MQ_2. O quarto corresponde à distribuição do quelato entre os dois solventes. Se não fosse pelo quarto equilíbrio, MQ_2 iria precipitar da solução aquosa. O equilíbrio total é a soma dessas quatro reações, ou

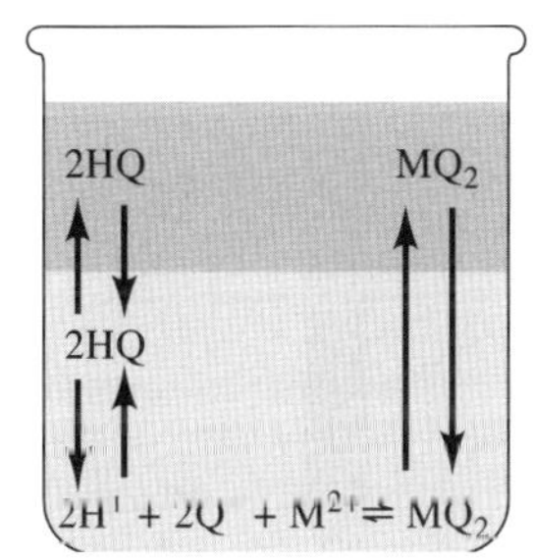

Figura 31-3 Equilíbrios na extração de um cátion metálico M^{2+} em um solvente orgânico imiscível contendo 8-hidroxiquinolina.

$$2HQ(org) + M^{2+}(aq) \rightleftharpoons MQ_2(org) + 2H^+(aq)$$

A constante de equilíbrio para essa reação é

$$K' = \frac{[MQ_2]_{org}[H^+]^2_{aq}}{[HQ]^2_{org}[M^{2+}]_{aq}}$$

Normalmente, o HQ está presente na camada orgânica em grande excesso em relação ao M^{2+} na fase aquosa de forma que a $[HQ]_{org}$ permanece basicamente constante durante a extração. A expressão da constante de equilíbrio pode ser então simplificada para

[3] O uso de solventes clorados está diminuindo por causa da preocupação com seus efeitos sobre a saúde humana e por causa do seu possível papel na depleção da camada de ozônio.

$$K'[HQ]^2_{org} = K = \frac{[MQ_2]_{org}[H^+]^2_{aq}}{[M^{2+}]_{aq}}$$

ou

$$\frac{[MQ_2]_{org}}{[M^{2+}]_{aq}} = \frac{K}{[H^+]^2_{aq}}$$

Assim, vemos que a razão de concentração das espécies metálicas nas duas fases é inversamente proporcional ao quadrado da concentração de íons hidrogênio na fase aquosa. As constantes de equilíbrio K variam enormemente para cada íon metálico e estas diferenças frequentemente tornam possível extrair seletivamente um cátion de outro tamponando a solução aquosa onde um é extraído quase que completamente e o segundo permanece em grande parte na solução aquosa.

Existem vários outros agentes quelantes que comportam-se de maneira similar e estão descritos na literatura.[4] Como um resultado, as extrações com pH controlado podem ser ferramentas poderosas para separar íons metálicos.

Extraindo Cloretos e Nitratos Metálicos

Várias espécies inorgânicas podem ser separadas por meio de extração com solventes adequados. Por exemplo, uma única extração em éter de uma solução de ácido clorídrico 6 mol L^{-1} vai proporcionar a transferência de mais de 50% de íons para a fase orgânica, incluindo ferro(III), antimônio(V), titânio(III), ouro(III), molibdênio(VI) e estanho(IV). Outros íons, tais como o alumínio(III) e os cátions divalentes do cobalto, chumbo, manganês e níquel, não são extraídos.

O urânio(VI) pode ser separado de elementos como o chumbo e o tório pela extração com éter de uma solução de ácido nítrico 1,5 mol L^{-1} e saturada com nitrato de amônio. O bismuto e o ferro(III) são também extraídos em alguma extensão nesse meio.

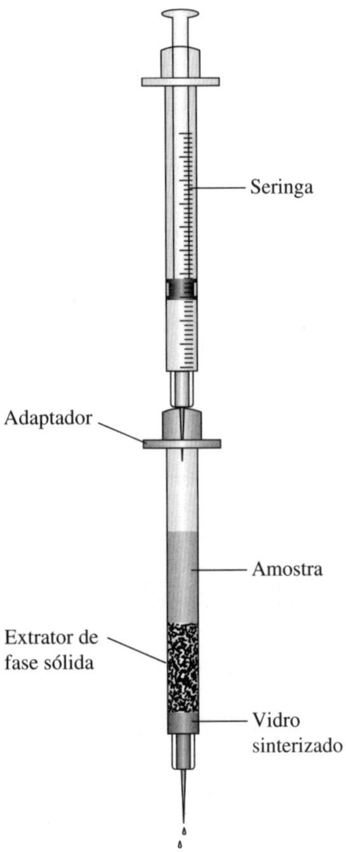

Figura 31-4 Extração em fase sólida realizada em um pequeno cartucho. A amostra é colocada no cartucho e aplica-se pressão por meio do êmbolo da seringa. Alternativamente, vácuo pode ser empregado para aspirar a amostra através do agente extrator.

31C-3 Extração em Fase Sólida

As extrações líquido-líquido têm várias limitações. Com as extrações a partir de soluções aquosas, os solventes que podem ser empregados devem ser imiscíveis com a água e não devem formar emulsões. Uma segunda dificuldade é que as extrações liquido-líquido usam volumes de solventes relativamente grandes, o que causa problemas com o descarte de resíduos. Também, muitas extrações são realizadas manualmente, o que as torna mais demoradas e tediosas.

A **extração em fase sólida**, ou extração líquido-sólido, pode contornar muitos desses problemas.[5] As técnicas de extração em fase sólida empregam membranas, pequenas colunas descartáveis na forma de seringas ou cartuchos. Um composto orgânico hidrofóbico recobre ou está quimicamente ligado à sílica granulada formando a fase sólida extratora. Os compostos podem ser apolares, moderadamente polares ou polares. Por exemplo, um octadecil (C_{18}) ligado à sílica (ODS) é uma fase sólida comum. Os grupos funcionais ligados à fase sólida atraem os compostos hidrofóbicos presentes na amostra por meio de interações de van der Waals e os extraem da solução aquosa.

Um sistema típico de cartucho para as extrações em fase sólida é apresentado na **Figura 31-4**. A amostra é colocada no cartucho e aplica-se pressão através de uma seringa ou por uma linha de ar ou nitrogênio. Alternativamente, vácuo pode ser empregado para passar a amostra pelo extrator. As moléculas orgânicas são extraídas da

[4] Por exemplo, veja J. A. Dean, *Analytical Chemistry Handbook*, Nova York: McGraw-Hill, 1995, p. 2.24.

[5] Para mais informações, veja N. J. Simpson, ed., *Solid-Phase Extraction: Principles, Techniques and Applications*, Nova York: Dekker, 2000; M. J. Telepchak; T. F. August e G. Chaney, *Forensic and Clinical Applications of Solid Phase Extraction*, Totowa, NJ: Human Press, 2004; J. S. Fritz, *Analytical Solid-Phase Extraction*, Nova York: Wiley, 1999; E. M. Thurman e M. S. Mills, *Solid-Phase Extraction: Principles and Pratice*, Nova York:Wiley, 1998.

amostra e concentradas na fase sólida. Estas podem ser posteriormente desalojadas da fase sólida por um solvente como o metanol. Os componentes podem ser concentrados através da extração de um grande volume de água e posterior remoção com um pequeno volume de solvente. Os métodos de pré-concentração são frequentemente necessários para os métodos analíticos de traços. Por exemplo, as extrações em fase sólida são utilizadas para a determinação de constituintes orgânicos em água potável por meio de métodos aprovados pela Agência de Proteção Ambiental (Environmental Protection Agency – EPA). Em alguns procedimentos de extração, as impurezas são extraídas pela fase sólida, enquanto os compostos de interesse passam sem serem retidos.

Além dos cartuchos empacotados, a extração em fase sólida pode ser realizada usando-se pequenas membranas ou discos de extração. Estes têm a vantagem de reduzir o tempo de extração e diminuir o uso de solvente. A extração em fase sólida também pode ser feita em sistemas de fluxo contínuo, que podem automatizar os processos de pré-concentração.

Uma técnica correlata, denominada **microextração em fase sólida**, emprega uma fibra de sílica fundida recoberta com um polímero não volátil para extrair os analitos orgânicos diretamente de amostras aquosas ou do espaço livre (*headspace*) sobre as amostras.[6] O analito distribui-se entre a fibra e a fase líquida. Os analitos são posteriormente desorvidos termicamente na cabeça de um injetor de um cromatógrafo de gás (veja o Capítulo 32). A fibra extratora é montada em um suporte que se parece com uma seringa comum. Essa técnica combina a amostragem e a pré-concentração em uma única etapa.

31D SEPARAÇÃO DE ÍONS POR TROCA IÔNICA

A troca iônica é um processo pelo qual os íons presos em um sólido poroso praticamente insolúvel são trocados pelos íons em uma solução que é colocada em contato com o sólido. As propriedades de troca iônica de argilas e zeólitas têm sido reconhecidas e estudadas por mais de um século. As resinas sintéticas de troca iônica foram produzidas pela primeira vez em meados da década de 1930 e desde então têm encontrado larga aplicação no amolecimento da água, deionização da água, purificação de soluções e separações de íons.

No processo de troca iônica, os íons presos em uma resina de troca iônica são trocados por íons da solução que é colocada em contato com a resina.

31D-1 Resinas de Troca Iônica

As resinas de troca iônica são polímeros de alta massa molecular que contêm grandes números de um grupo funcional iônico por molécula. As resinas de trocas catiônicas contêm grupos ácidos, enquanto as resinas de trocas aniônicas possuem grupos básicos. Trocadores do tipo ácido forte têm grupos ácido sulfônico ($—SO_3^-H^+$) ligados à matriz polimérica (veja a **Figura 31-5**) e têm aplicação mais ampla que os trocadores do tipo ácido fraco, os quais devem a sua ação aos grupos ácido carboxílico (—COOH). De forma similar, os trocadores de ânions tipo base forte possuem grupos amínicos quaternários [$—N(CH_3)_3^+OH^-$], enquanto os do tipo base fraca contêm aminas secundárias ou terciárias.

A troca de cátion é ilustrada pelo equilíbrio

$$\underset{\text{sólido}}{x\text{RSO}_3^-\text{H}^+} + \underset{\text{solução}}{\text{M}^{x+}} \rightleftharpoons \underset{\text{sólido}}{(\text{RSO}_3^-)_x\text{M}^{x+}} + \underset{\text{solução}}{x\text{H}^+}$$

[6] Para mais informações, veja S. A. S. Wercinski, ed., *Solid-Phase Microextraction: A Practical Guide*, Nova York, 1999; J. Pawlisyn, ed., *Applications of Solid Phase Microextraction*, Londres: Royal Society of Chemistry, 1999.

onde M^{x+} representa um cátion e R, *a parte da molécula da resina que contém um grupo ácido sulfônico*. O equilíbrio análogo envolvendo um trocador de ânion tipo base forte e o ânion A^{x-} é

$$\underset{\text{sólido}}{x\text{RN}(\text{CH}_3)_3{}^+\text{OH}^-} + \underset{\text{solução}}{A^{x-}} \rightleftharpoons \underset{\text{sólido}}{[\text{RN}(\text{CH}_3)_3{}^+]_x A^{x-}} + \underset{\text{solução}}{x\text{OH}^-}$$

31D-2 Equilíbrio de Troca Iônica

A lei da ação das massas pode ser usada para tratar os equilíbrios de troca iônica. Por exemplo, quando uma solução diluída contendo íons cálcio passa através de uma coluna empacotada com uma resina de ácido sulfônico, o seguinte equilíbrio é estabelecido:

$$\text{Ca}^{2+}(aq) + 2\text{H}^+(res) \rightleftharpoons \text{Ca}^{2+}(res) + 2\text{H}^+(aq)$$

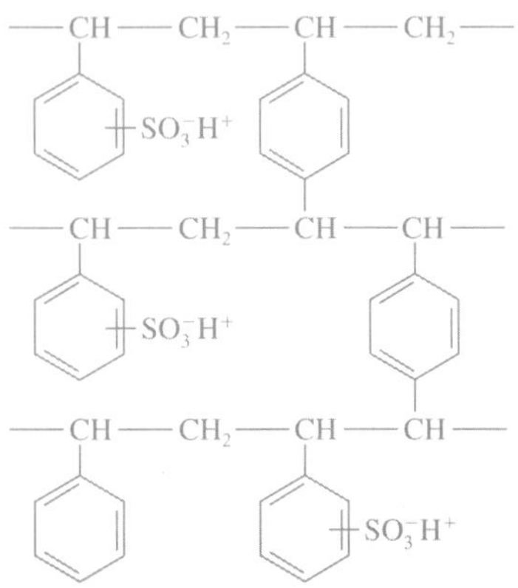

Figura 31-5 Estrutura de uma resina de troca iônica de poliestireno com ligações cruzadas. São usadas resinas similares nas quais os grupos $—SO_3H^+$ são substituídos por grupos $—COO^-H^+$, $—NH_3{}^+OH$ e $—N(CH_3)_3{}^+OH$.

para o qual a constante de equilíbrio K' é dada por

$$K' = \frac{[\text{Ca}^{2+}]_{\text{res}}[\text{H}^+]^2_{\text{aq}}}{[\text{Ca}^{2+}]_{\text{aq}}[\text{H}^+]^2_{\text{res}}} \qquad (31\text{-}4)$$

Como sempre, os termos entre colchetes são concentrações molares (estritamente falando, atividades) das espécies nas duas fases. Note que $[Ca^{2+}]_{res}$ e $[H^+]_{res}$ são as concentrações molares dos dois íons *na fase sólida*. Em contraste à maioria dos sólidos, entretanto, essas concentrações podem variar de zero até algo como o valor máximo onde todos os sítios negativos na resina estão ocupados por apenas uma espécie.

As separações por troca iônica normalmente são realizadas sob condições nas quais um íon predomina em *ambas* as fases. Assim, na remoção de íons cálcio de uma solução diluída e um pouco ácida, a concentração do íon cálcio será muito menor que aquela do íon hidrogênio em ambas as fases aquosa e da resina; isto é

$$[\text{Ca}^{2+}]_{\text{res}} \ll [\text{H}^+]_{\text{res}}$$

e

$$[\text{Ca}^{2+}]_{\text{aq}} \ll [\text{H}^+]_{\text{aq}}$$

Como um resultado, a concentração de íon hidrogênio é praticamente constante em ambas as fases e a Equação 31-4 pode ser rearranjada para

$$\frac{[\text{Ca}^{2+}]_{\text{res}}}{[\text{Ca}^{2+}]_{\text{aq}}} = K'\frac{[\text{H}^+]^2_{\text{res}}}{[\text{H}^+]^2_{\text{aq}}} = K \qquad (31\text{-}5)$$

onde K é uma constante de distribuição análoga àquela que governa um equilíbrio de extração (veja Equação 31-2). Observe que K na Equação 31-5 representa a afinidade da resina pelo íon cálcio em relação a outro íon (no caso o H^+). Em geral, onde o K para um íon é grande, existe uma forte tendência para a fase de resina reter aquele íon. Com um valor pequeno de K, existe apenas uma pequena tendência para a retenção do íon pela fase de resina. A seleção de um íon comum como referência (tal como o H^+) permite uma comparação das constantes de distribuição para vários íons em relação a um dado tipo de resina. Esses experimentos revelam que os íons polivalentes são muito mais fortemente retidos do que as espécies monocarregadas. Dentro de um determinado grupo, as diferenças entre os valores de K parecem estar relacionadas com o tamanho do íon hidratado bem como com outras propriedades. Consequentemente, para uma resina de troca catiônica sulfonada típica, os valores de K para íons univalentes decresce na ordem $Ag^+ > Cs^+ > Rb^+ > K^+ > NH_4{}^+ > Na^+ > H^+ > Li^+$. Para cátions bivalentes, a ordem é $Ba^{2+} > Pb^{2+} > Sr^{2+} > Ca^{2+} > Ni^{2+} > Cd^{2+} > Cu^{2+} > Co^{2+} > Zn^{2+} > Mg^{2+} > UO_2{}^{2+}$.

31D-3 Aplicações dos Métodos de Troca Iônica

Existem vários usos para as resinas de troca iônica. Elas são usadas em muitos casos para eliminar íons que de outra forma interfeririam com a análise. Por exemplo, o ferro(III), o alumínio(III) e muitos outros cátions tendem a coprecipitar com o sulfato de bário durante a determinação de íon sulfato. Passar a solução que contém sulfato através de uma resina de troca catiônica leva à retenção destes cátions interferentes e a liberação de um número equivalente de íons hidrogênio. Os íons sulfato passam livremente através da coluna e podem ser precipitados como sulfato de bário a partir do efluente.

Outra aplicação valiosa das resinas de troca iônica é concentrar íons de uma solução diluída. Assim, traços de elementos metálicos em grandes volumes de águas naturais podem ser coletados em uma coluna de troca catiônica e subsequentemente liberado da resina por tratamento com um pequeno volume de uma solução ácida. O resultado é uma solução consideravelmente mais concentrada para a análise por absorção atômica ou espectrometria de emissão em plasma (veja o Capítulo 28).

O conteúdo salino total de uma amostra pode ser determinado pela titulação do íon hidrogênio liberado quando uma alíquota da amostra passa através de um trocador de cátion na sua forma ácida. De maneira similar, uma solução padrão de ácido clorídrico pode ser preparada pela diluição para um volume conhecido do efluente resultante do tratamento de uma resina de troca catiônica com uma massa conhecida de cloreto de sódio. A substituição por uma resina de troca aniônica em sua forma básica permitirá a preparação de uma solução padrão de base. As resinas de troca iônica são empregadas também de forma ampla nos equipamentos domésticos de tratamento de água, como discutido no Destaque 31-2. Como mostrado na Seção 33D, as resinas de troca iônica são particularmente úteis para as separações cromatográficas de espécies inorgânicas e orgânicas.

DESTAQUE 31-2

Tratamento de Água de Uso Doméstico

A água dura é aquela rica em sais de cálcio, magnésio e ferro. Os cátions da água dura combinam-se com os ânions dos ácidos graxos do sabão para formar sais insolúveis conhecidos como **coalho** ou **coalho de sabão**. Em áreas nas quais a água é particularmente dura, esses precipitados podem ser observados como anéis cinza ao redor das banheiras e pias.

Um método de resolver o problema da água dura nas casas consiste em trocar os íons de cálcio, de magnésio e de ferro por íons de sódio que formam sais solúveis de ácidos graxos. Um amolecedor comercial de água é composto por um tanque que contém uma resina de troca iônica, um reservatório de armazenamento para o cloreto de sódio e várias válvulas e reguladores para controlar o fluxo de água, como mostrado na **Figura 31D-1**. Durante a recarga ou ciclo de regeneração, a água do reservatório contendo uma alta concentraçao de sal é dirigida através da resina de troca iônica, de forma que os sítios da resina sejam ocupados pelos íons Na^+

$$\underset{\text{sólido}}{(RSO_3^-)_xM^{x+}} + \underset{\text{água}}{xNa^+} \rightleftharpoons \underset{\text{sólido}}{xRSO_3^-Na^+} + \underset{\text{água}}{M^{x+}} \text{(regeneração)}$$

Os cátions M^{x+} (cálcio, magnésio ou ferro) liberados são dirigidos para o descarte durante esse ciclo.

Após o ciclo de regeneração, as válvulas que controlam o acesso à resina de troca iônica e à saída dela são alteradas de forma que a água do encanamento da residência passa pela resina e daí para as torneiras da casa. Quando a água dura passa através da resina, os cátions M^{x+} são trocados por íons Na^+ e a água é amolecida.

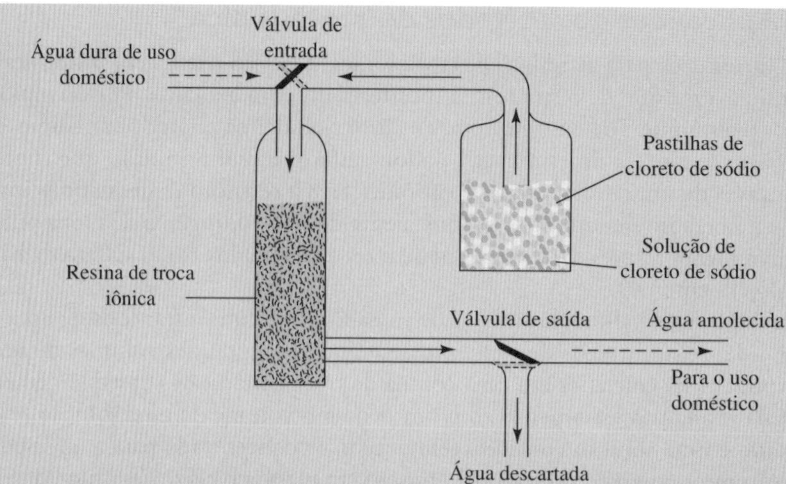

Figura 31D-1 Esquema de um amolecedor de água de uso doméstico. Durante o ciclo de recarga as válvulas estão nas posições mostradas. A água contendo sal do reservatório passa através da resina de troca iônica e é descartada. Os íons sódio da água salgada são trocados com os íons presentes na resina deixando-a na forma sódica. Durante o uso da água, as válvulas são acionadas e a água dura passa através da resina na qual os cátions de cálcio, de magnésio e de ferro substituem os íons de sódio ligados à resina.

$$\underset{\text{sólido}}{x\text{RSO}_3^-\text{Na}^+} + \underset{\text{água}}{\text{M}^{x+}} \rightleftharpoons \underset{\text{sólido}}{(\text{RSO}_3^-)_x\text{M}^{x+}} + \underset{\text{água}}{x\text{Na}^+} \quad \text{(uso na residência)}$$

Com o uso, a resina de troca iônica acumula gradualmente os cátions da água dura. Consequentemente, o amaciador deve ser recarregado periodicamente passando água salgada através dele desviando os íons da água dura para o esgoto.[7] Após o amolecimento, os sabões são muito mais efetivos porque se mantêm dispersos na água e não formam o coalho de sabão. O cloreto de potássio é também usado ao invés do cloreto de sódio e é particularmente vantajoso para as pessoas com uma dieta restrita em sódio. Entretanto, o cloreto de potássio é mais caro para ser usado que o cloreto de sódio.

31E SEPARAÇÕES CROMATOGRÁFICAS

Cromatografia é uma técnica na qual os componentes de uma mistura são separados com base nas diferenças de velocidade nas quais são transportados através de uma **fase estacionária** ou fixa por uma **fase móvel** líquida ou gasosa.

A cromatografia é um método largamente usado para a separação, identificação e determinação dos componentes químicos em misturas complexas. Nenhum outro método de separação é tão poderoso e de aplicação tão generalizada como a cromatografia.[8] O restante deste capítulo é dedicado aos princípios gerais que se aplicam a todos os tipos de cromatografia. Dos capítulos 32 até o 34 lidamos com algumas das aplicações da cromatografia e métodos relacionados para as separações analíticas.

[7] NRT: O mais correto é recolher este rejeito para posterior tratamento e assim evitar a poluição do ambiente.

[8] Algumas referências gerais em cromatografia incluem J. M. Miller, *Chromatography: Concepts and Contrasts*, 2. ed., Nova York: Wiley, 2005; R. L. Wixom eC. W. Gehrke, eds., *Chromatography: A Science of Discovery*, Hoboken, NJ: Wiley, 2010; E. F. Heftman, ed., *Chromatography: Fundamentals of Chromatography and Related Differential Migration Methods*, Amsterdã: Elsevier, 2004; C. F. Poole, *The Essence of Chromatography*, Amsterdã: Elsevier, 2003; J. Cazes; R. P. Scott, *Chromatography Theory*, Nova York: Dekker, 2002; A. Braithwaite; F. J. Smith, *Chromatography Methods*, 5. ed., Londres: Blackie, 1996; R. P. W. Scott, *Techniques and Practice of Chromatography*, Nova York: Dekker, 1995; J. C. Giddings, *Unified Separation Science*, Nova York: Wiley, 1991.

31E-1 Descrição Geral da Cromatografia

O termo **cromatografia** é difícil de ser definido rigorosamente porque o nome tem sido aplicado a diversos sistemas e técnicas. Todos esses métodos, contudo, apresentam em comum o uso de uma **fase estacionária** e de uma **fase móvel**. Os componentes de uma mistura são transportados através da fase estacionária pelo fluxo da fase móvel e as separações ocorrem com base nas diferenças de velocidade de migração entre os componentes da fase móvel.

A **fase estacionária** na cromatografia é uma fase que está imobilizada sobre uma superfície ou em uma coluna.

A **fase móvel** na cromatografia é uma fase que se move através da fase estacionária carregando com ela a mistura de analito. A fase móvel pode ser um gás, um líquido ou um fluido supercrítico.

31E-2 Classificação dos Métodos Cromatográficos

Os métodos cromatográficos são de dois tipos básicos. Na **cromatografia em coluna**, a fase estacionária é mantida em um tubo estreito e a fase móvel, forçada através do tubo sob pressão ou por gravidade. Na **cromatografia planar**, a fase estacionária está apoiada em uma placa plana ou nos poros de um papel e a fase móvel move-se através da fase estacionária por ação capilar ou sob a influência de gravidade. Consideramos aqui apenas a cromatografia de coluna. A cromatografia planar é abordada na Seção 34B.

As **cromatografias planar** e de **coluna** são baseadas nos mesmos tipos de equilíbrios.

Como mostrado na primeira coluna da **Tabela 31-4**, os métodos cromatográficos dividem-se em três categorias baseadas na natureza da fase móvel: de líquidos, de gás e de fluido supercrítico. A segunda coluna da tabela revela que há cinco tipos de cromatografia de líquidos e dois tipos de cromatografia de gases que diferem na natureza da fase estacionária e nos tipos de equilíbrios entre as fases.

❮ A cromatografia de gás e a cromatografia com fluido supercrítico requerem o uso de uma coluna. Somente as fases móveis líquidas podem ser empregadas em superfícies planas.

TABELA 31-4

Classificação dos Métodos Cromatográficos em Coluna

Classificação Geral	Método Específico	Fase Estacionária	Tipo de Equilíbrio
1. Cromatografia de gás (CG)	a. Gás-líquido (CGL)	Líquido adsorvido ou ligado à superfície de um sólido	Partição entre o gás e o líquido
	b. Gás-sólido	Sólido	Adsorção
2. Cromatografia de líquido (CL)	a. Líquido-líquido ou partição	Líquido adsorvido ou ligado à superfície de um sólido	Partição entre líquidos imiscíveis
	b. Líquido-sólido ou adsorção	Sólido	Adsorção
	c. Troca iônica	Resina de troca iônica	Troca iônica
	d. Exclusão por tamanho	Líquido nos interstícios de um sólido polimérico	Partição/peneiração
	e. Afinidade	Líquido específico para determinado grupo ligado a uma superfície sólida	Partição entre líquido superficial e o líquido móvel
3. Cromatografia de fluido supercrítico (CS) (a fase móvel é um fluido supercrítico)		Espécies orgânicas ligadas a uma superfície sólida	Partição entre o fluido supercrítico e a fase ligada

31E-3 Eluição em Cromatografia em Coluna

A **Figura 31-6a** mostra como dois componentes A e B em uma amostra são separados em uma coluna empacotada pela **eluição**. A coluna consiste de um tubo estreito que é empacotada com sólido inerte finamente dividido que mantém a fase estacionária na sua superfície. A fase móvel ocupa os espaços entre as partículas de empacotamento. Inicialmente, a solução da amostra contendo a mistura de A e B na fase móvel é introduzida na cabeça da coluna como uma zona estreita, como mostrado na Figura 31-6 no tempo t_0. Os dois componentes distribuem-se entre a fase móvel e a fase estacionária. A eluição ocorre forçando os componentes da amostra através da coluna, introduzindo-se a fase móvel continuamente.

A **eluição** é um processo no qual os solutos são lavados através da fase estacionária pelo movimento de uma fase móvel. A fase móvel que deixa a coluna é denominada **eluato**.

Um **eluente** é um solvente empregado para transportar os componentes de uma mistura através de uma fase estacionária.

Com a primeira introdução da fase móvel nova, o **eluente** – a porção da amostra contida na fase móvel – desloca-se através da coluna e uma partição adicional entre a fase móvel recém-introduzida e a fase estacionária vai ocorrer (tempo t_1). A partição entre a fase nova recém-introduzida e a fase estacionária ocorre simultaneamente no local da amostra original.

Outras adições do solvente transportam as moléculas do soluto através da coluna em uma série contínua de transferências entre as duas fases. Em virtude do fato de que o movimento do soluto pode ocorrer somente na fase móvel, a *velocidade* média com a qual o soluto migra *depende da fração de tempo que permanece nessa fase.* Esta fração é pequena para solutos que são fortemente retidos pela fase estacionária (o componente B na Figura 31-6a, por exemplo) e grande quando a retenção na fase móvel é mais provável (componente A). Idealmente, as diferenças resultantes nas velocidades levam os componentes da mistura a se separar em **bandas** ou **zonas** ao longo do comprimento da coluna (veja **Figura 31-7**). O isolamento das espécies separadas pode ser conseguido passando-se uma quantidade suficiente de fase móvel através da coluna de forma que transporte as bandas individuais para além do final da coluna (para serem **eluídas** da coluna), onde elas possam ser coletadas ou detectadas (tempos t_3 e t_4 na Figura 31-6a).

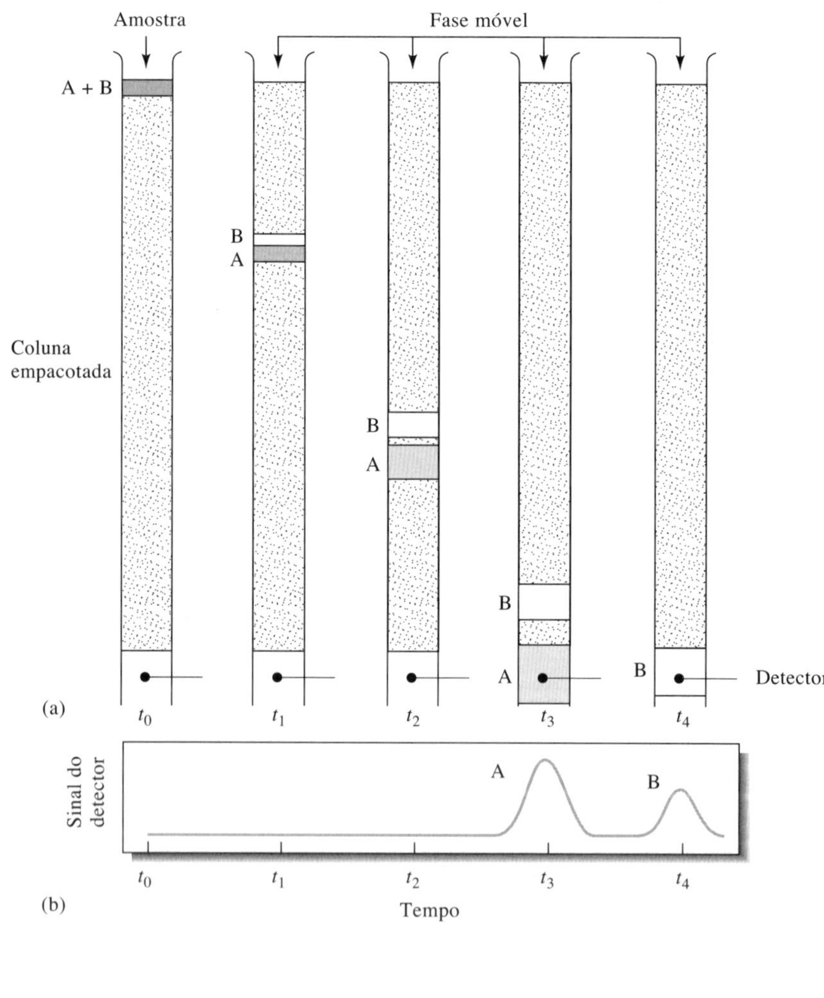

Figura 31-6 (a) Diagrama descrevendo a separação de uma mistura dos componentes A e B por eluição em cromatografia em coluna. (b) O sinal do detector em vários estágios da eluição mostrados em (a).

Cromatogramas

Um **cromatograma** é um gráfico de alguma função da concentração do soluto em função do tempo de eluição ou volume de eluição.

Se um detector que responde à concentração do soluto for posicionado no final da coluna durante a eluição e seu sinal for registrado em função do tempo (ou do volume de fase móvel), uma série de picos será obtida, como mostrado na parte de baixo da Figura 31-6. Esse gráfico, chamado **cromatograma**, é útil para análises qualitativas e quantitativas. As posições dos máximos do pico no eixo de tempo podem ser usados para identificar os componentes da amostra. As áreas dos picos fornecem uma medida quantitativa da quantidade de cada espécie.

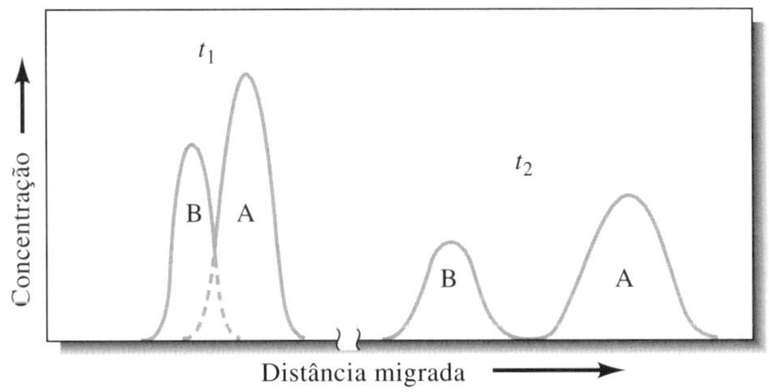

Figura 31-7 Perfis de concentração das bandas dos solutos A e B em dois diferentes momentos durante sua migração através da coluna, mostrada na Figura 31-6. Os tempos t_1 e t_2 são indicados na Figura 31-6.

O botânico russo Mikhail Tswett (1872-1919) inventou a cromatografia logo após a virada do século XX. Ele usou a técnica para separar vários pigmentos vegetais como a clorofila e a xantofila, passando soluções destas espécies através de colunas de vidro empacotadas com carbonato de cálcio finamente dividido. As espécies separadas apareceram como bandas coloridas na coluna, o que explica o nome que ele escolheu para o método (do grego *chroma*, que significa "cor", e *graphein*, que significa "escrever").

Métodos para Melhorar a Performance da Coluna

A Figura 31-7 mostra os perfis de concentração para as bandas que contêm os solutos A e B na coluna da Figura 31-6 no tempo t_1 e mais tarde no tempo t_2.[9] Uma vez que B é mais fortemente retido pela fase estacionária que A, B se atrasa durante a migração. Vemos que a distância entre os dois aumenta à medida que eles se movem para baixo na coluna. Entretanto, ao mesmo tempo, ocorre o alargamento de ambas as bandas, diminuindo a eficiência da coluna como um dispositivo separador. Enquanto o alargamento da banda é inevitável, as condições para que isso ocorra de forma mais lenta que a separação das bandas podem ser frequentemente determinadas. Assim, como exposto na Figura 31-7, uma separação total das espécies é possível se a coluna for suficientemente longa.

Muitas variáveis físicas e químicas influenciam as velocidades de separação das bandas e o seu alargamento. Como um resultado, separações melhores podem frequentemente ser realizadas pelo controle de variáveis que (1) aumentam a velocidade de separação das bandas ou (2) diminuindo a velocidade de alargamento das bandas. Essas alternativas estão ilustradas na **Figura 31-8.**

As variáveis que influenciam as velocidades relativas nas quais os solutos migram através da fase estacionária são descritas na próxima seção. Após essa discussão, voltaremos aos fatores que exercem um papel relevante no alargamento das zonas.

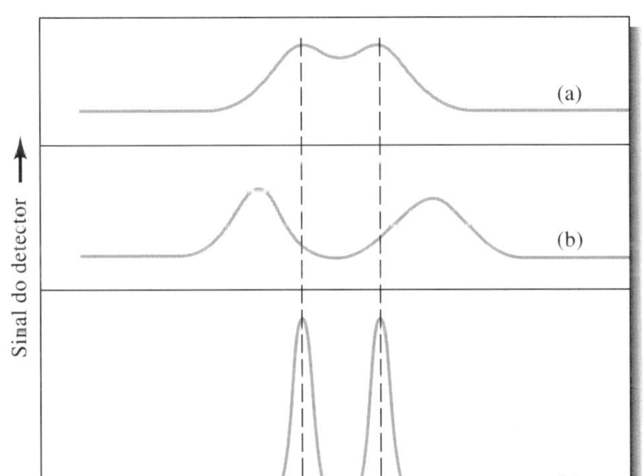

Figura 31-8 Cromatograma de dois componentes ilustrando dois métodos para melhorar a separação. (a) Cromatograma original com picos superpostos. (b) Melhoramento realizado por um aumento na banda de separação. (c) Melhoramento realizado por uma diminuição nas larguras das bandas.

[9] Observe que as posições relativas das bandas para A e B no perfil de concentração da Figura 31-7 parecem estar invertidas em relação às suas posições na Figura 31-6b. A diferença é que a abscissa é a distância ao longo da coluna na Figura 31-7, mas na Figura 31-6b ela corresponde ao tempo. Assim, na Figura 31-6b, a parte *frontal* do pico está à esquerda e a *cauda* à direita; na Figura 31-7 o inverso é verdadeiro.

31E-4 Velocidades de Migração dos Solutos

A eficiência de uma coluna cromatográfica em separar dois solutos depende em parte das velocidades relativas segundo as quais as duas espécies são eluídas. Essas velocidades, por sua vez, são determinadas pelas razões das concentrações dos solutos em cada uma das fases.

Constantes de Distribuição

Todas as separações cromatográficas estão baseadas em diferenças de extensão na qual os solutos são distribuídos entre as fases móvel e estacionária. Para o soluto de espécie A, o equilíbrio envolvido é descrito pela equação

$$\text{A}(\textit{móvel}) \rightleftharpoons \text{A}(\textit{estacionária}) \qquad (31\text{-}6)$$

A **constante de distribuição** para um soluto em cromatografia é igual à razão da sua concentração na fase estacionária e à sua concentração na fase móvel.

A constante de equilíbrio K_c para essa reação é denominada **constante de distribuição**, a qual é definida como

$$K_c = \frac{(a_A)_E}{(a_A)_M} \qquad (31\text{-}7)$$

onde $(a_A)_E$ é a atividade do soluto na fase estacionária e $(a_A)_M$, a atividade na fase móvel. Frequentemente substituímos c_E, a concentração molar analítica do soluto na fase estacionária, por $(a_A)_E$ e c_M, a concentração molar analítica na fase móvel, por $(a_A)_M$. Consequentemente, escrevemos a Equação 31-7 como

$$K_c = \frac{c_E}{c_M} \qquad (31\text{-}8)$$

Idealmente, a constante de distribuição permanece invariável sobre uma faixa ampla de concentração do soluto; isto é, c_E é diretamente proporcional a c_M.

Tempos de Retenção

O **tempo morto** (tempo de retenção da fase móvel), t_M, é o tempo necessário para que um soluto não retido passe através de uma coluna cromatográfica. Todos os componentes permanecem por esse intervalo de tempo na fase móvel. As separações são baseadas nos tempos distintos t_E que os componentes permanecem na fase estacionária.

A **Figura 31-9** é um cromatograma simples de uma mistura de dois componentes. O pico pequeno à esquerda é devido às espécies que *não* são retidas pela fase estacionária. O tempo t_M após a injeção da amostra para este pico aparecer é algumas vezes chamado de **tempo morto** ou **tempo de retenção da fase móvel**. O tempo morto fornece uma medida da velocidade média de migração da fase móvel e constitui-se em um parâmetro importante na identificação dos picos dos analitos. Todos os componentes gastam pelo menos o tempo t_M na fase móvel. Para auxiliar na medida de t_M, uma espécie não retida pode ser adicionada se não estiver já presente na amostra ou na fase móvel. O pico maior à direita na Figura 31-9 é o do analito. O tempo requerido para que essa zona atinja o detector após a injeção da amostra é chamado **tempo de retenção**, sendo representado pelo símbolo t_R. O analito foi retido porque permanece por um tempo t_E na fase estacionária. O tempo de retenção é então

$$t_R = t_E + t_M \qquad (31\text{-}9)$$

O **tempo de retenção**, t_R, é o tempo decorrido entre a injeção da amostra e o aparecimento do pico do soluto no detector de uma coluna cromatográfica.

A velocidade de migração linear média do soluto, $\bar{v}$ (geralmente em cm s^{-1}), é (31-10)

$$\bar{v} = \frac{L}{t_R} \qquad (31\text{-}10)$$

onde L é o comprimento do empacotamento da coluna. De forma semelhante, a velocidade média linear, u, das moléculas da fase móvel é

$$u = \frac{L}{t_M} \tag{31-11}$$

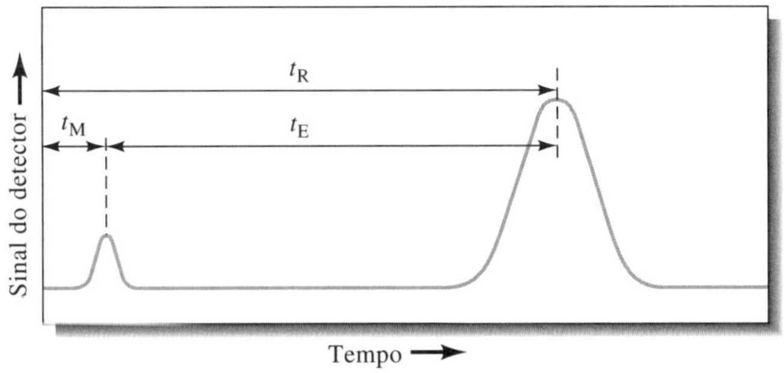

Figura 31-9 Um cromatograma típico para uma mistura de dois componentes. O pico pequeno à esquerda representa um soluto que não é retido na coluna e, portanto, atinge o detector quase imediatamente após o início da eluição. Assim, seu tempo de retenção t_M é aproximadamente igual ao tempo requerido por uma molécula da fase móvel para passar pela coluna.

A Relação entre a Vazão Volumétrica e a Velocidade Linear

Experimentalmente, em cromatografia o fluxo de fase móvel é caracterizado pela sua vazão volumétrica, F (cm^3 min^{-1}), na saída da coluna. Para uma coluna tubular aberta, F está relacionada com a velocidade linear na saída da coluna u_o por

$$F = u_o A = u_o \times \pi r^2 \tag{31-12}$$

onde A é a área transversal do tubo (πr^2). Para uma coluna empacotada, o volume total da coluna não está disponível para o líquido, e assim, a Equação 31-12 deve ser modificada para

$$F = \pi r^2 u_o \varepsilon \tag{31-13}$$

onde ε é a fração do volume total da coluna disponível para o líquido (porosidade da coluna).

Velocidades de Migração e Constantes de Distribuição

Para relacionar a velocidade de migração do soluto com a sua constante de distribuição, expressamos a velocidade como uma fração da velocidade na fase móvel:

$$\bar{v} = u \times \text{fração de tempo que o soluto permanece na fase móvel}$$

Contudo, essa fração é igual à quantidade de matéria média do soluto na fase móvel a qualquer instante dividido pela quantidade de matéria total do soluto na coluna:

$$\bar{v} = u \times \frac{\text{quant. de mat. de soluto na fase móvel}}{\text{quant. de mat. total do soluto}}$$

A quantidade de matéria total do soluto na fase móvel é igual à concentração molar, c_M, do soluto naquela fase multiplicado pelo seu volume, V_M. De forma semelhante, a quantidade de matéria do soluto na fase estacionária é dada pelo produto da concentração c_E do soluto na fase estacionária o seu volume, V_E. Portanto,

$$\bar{v} = u \times \frac{c_M V_M}{c_M V_M + c_E V_E} = u \times \frac{1}{1 + c_E V_E / c_M V_M}$$

A substituição da Equação 31-8 nesta equação fornece uma expressão para a velocidade de migração do soluto em função da sua constante de distribuição, bem como em função dos volumes das fases estacionária e móvel:

$$\bar{v} = u \times \frac{1}{1 + K_c V_E / V_M} \qquad (31\text{-}14)$$

Os dois volumes podem ser estimados pelo método de preparação da coluna.

O Fator de Retenção, k

O fator de retenção é um parâmetro experimental importante amplamente empregado na comparação das velocidades de migração de solutos em colunas.[10] Para o soluto A, o fator de retenção k_A é definido como

$$k_A = \frac{K_A V_E}{V_M} \qquad (31\text{-}15)$$

onde K_A é a constante de distribuição para o soluto A. A substituição da Equação 31-15 na 31-14 produz

$$\bar{v} = u \times \frac{1}{1 + k_A} \qquad (31\text{-}16)$$

Para mostrar como k_A pode ser calculado a partir de um cromatograma, substituímos as Equações 31-10 e 31-11 na Equação 31-16:

O **fator de retenção**, k_A, para o soluto A está relacionado à velocidade com a qual A migra através da coluna. É o intervalo de tempo que um soluto permanece na fase estacionária relativo ao tempo que este permanece na fase móvel.

$$\frac{L}{t_R} = \frac{L}{t_M} \times \frac{1}{1 + k_A} \qquad (31\text{-}17)$$

Rearranjamos esta equação para

$$k_A = \frac{t_R - t_M}{t_M} = \frac{t_E}{t_M} \qquad (31\text{-}18)$$

Como mostrado na Figura 31-9, t_R e t_M são facilmente obtidos de um cromatograma. Quando os fatores de retenção são maiores que talvez 20 a 30, os tempos de eluição tornam-se anormalmente longos. Idealmente, as separações são realizadas sob condições nas quais os fatores de retenção para os solutos de interesse em uma mistura localizam-se entre 1 e 5.

Idealmente, os **fatores de retenção** para os analitos em uma amostra situam-se entre 1 e 5.

Na cromatografia de gás, os fatores de retenção podem ser variados mudando-se a temperatura e o empacotamento da coluna, como discutido no Capítulo 32. Na cromatografia de líquidos, os fatores de retenção podem ser manipulados para fornecer melhores separações por meio da variação da composição das fases móvel e estacionária, como ilustrado no Capítulo 33.

O Fator de Seletividade

O **fator de seletividade**, α, de uma coluna para dois solutos A e B é definido como

O **fator de seletividade** α para os solutos A e B é definido como a razão entre a constante de distribuição do soluto mais retido (B) e a constante de distribuição para o soluto menos retido (A).

$$\alpha = \frac{K_B}{K_A} \qquad (31\text{-}19)$$

onde K_B é a constante de distribuição para a espécie mais fortemente retida B e K_A, a constante para a espécie menos retida A, que é eluída mais rapidamente. De acordo com essa definição, *α é sempre maior que a unidade.*

O fator de seletividade para dois analitos em uma coluna fornece uma medida de quão bem a coluna vai separá-los.

[10] Na literatura antiga, essa constante era chamada fator de capacidade e recebia o símbolo k'. Em 1993, contudo, o comitê da IUPAC sobre nomenclatura analítica recomendou que essa constante fosse denominada *fator de retenção* e simbolizada por k.

Se substituirmos a Equação 31-15 e a equação análoga para o soluto B na Equação 31-19, obtemos a relação entre o fator de seletividade para dois solutos e seus fatores de retenção:

$$\alpha = \frac{k_B}{k_A} \tag{31-20}$$

onde k_B e k_A são os fatores de retenção para B e para A, respectivamente. Substituindo a Equação 31-18 para os dois solutos na Equação 31-20, obtemos uma expressão que permite a determinação de α a partir do cromatograma experimental:

$$\alpha = \frac{(t_R)_B - t_M}{(t_R)_A - t_M} \tag{31-21}$$

Na Seção 31E-7, mostramos como os fatores de retenção e seletividade influenciam a resolução da coluna.

31E-5 Alargamento de Banda e Eficiência da Coluna

O tamanho do alargamento da banda que ocorre à medida que o soluto passa através de uma coluna cromatográfica afeta fortemente a eficiência da coluna. Antes de definir a eficiência de uma coluna em termos mais quantitativos, vamos examinar as razões pelas quais as bandas se tornam largas à medida que se movem através da coluna.

Teoria do Não Equilíbrio (Rate Theory) da Cromatografia

A **teoria do não equilíbrio** (*rate theory*) **da cromatografia** descreve os formatos e larguras das bandas de eluição em termos quantitativos com base em um mecanismo de movimentação aleatória de migração das moléculas através da coluna. Uma discussão detalhada dessa teoria está além do escopo deste texto. Podemos, contudo, fornecer uma visão qualitativa de por que as bandas se alargam e quais variáveis melhoram a eficiência de uma coluna.[11]

Se você examinar os cromatogramas mostrados neste e nos próximos capítulos, irá ver que os picos de eluição parecem muito mais a Guassiana ou curvas normais de erros discutidas nos Capítulos 6 e 7. Como mostrado na Seção 6A-2, as curvas normais de erro são racionalizadas presumindo-se que a incerteza associada com qualquer medida seja a soma de um grande número de incertezas individualmente indetectáveis e aleatórias. Cada uma delas tem probabilidade igual de assumir um valor positivo ou negativo. De uma maneira similar, a forma Gaussiana típica de uma banda cromatográfica pode ser atribuída à combinação aditiva dos movimentos aleatórios das várias moléculas à medida que elas se movem através da coluna. Pressupomos, na discussão que se segue, que uma zona estreita contendo o analito fora introduzida de forma que a largura da injeção não seja um fator determinante para a largura total da banda eluída. É importante observar que as larguras das bandas eluídas nunca podem ser menores que a largura da zona de injeção.

Considere uma única molécula do soluto à medida que esta sofre milhares de transferências entre as fases estacionária e móvel durante a eluição. O tempo de residência em qualquer uma das fases é altamente irregular. A transferência de uma fase para a outra requer energia e a molécula deve adquiri-la de sua vizinhança. Consequentemente, o tempo de permanência em uma determinada fase pode ser muito curto após algumas transferências e relativamente longo após outras. Lembre-se que o movimento através da coluna pode ocorre *apenas enquanto a molécula está na fase móvel*. Como um resultado, determinadas partículas movem-se rapidamente em virtude

[11] Para mais informações, veja J. C. Giddings, *Unified Separation Science*, Nova York: Wiley, 1991, pp. 94-96.

da inclusão acidental delas na fase móvel por uma maioria do tempo enquanto outras demoram porque acontece de elas serem incorporadas na fase estacionária a maior parte do tempo. O resultado desses processos individuais é um espalhamento simétrico de velocidades ao redor de um valor médio, o qual representa o comportamento médio da molécula do analito.

Como mostrado na **Figura 31-10**, alguns picos cromatográficos não são ideais e exibem uma **cauda** ou **alargamento frontal**. No primeiro caso, a cauda do pico, que aparece à direita no cromatograma, se estende bastante, enquanto a parte frontal do pico é bem abrupta. No alargamento frontal o inverso é verdadeiro. Uma causa comum de ocorrência de caudas e alargamentos frontais é a variação da constante de distribuição com a concentração. O alargamento frontal também surge quando a quantidade de amostra introduzida na coluna é muito grande. As distorções desse tipo são indesejáveis porque levam a uma separação mais pobre e a tempos de eluição menos reprodutíveis. Na discussão que se segue, presume-se que os efeitos de cauda e frontal sejam mínimos.

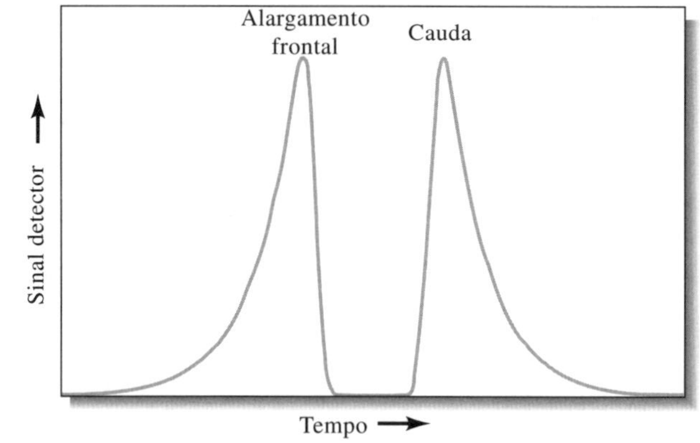

Figura 31-10 Ilustração dos efeitos de cauda e alargamento frontal em picos cromatográficos.

Descrição Quantitativa da Eficiência da Coluna

Dois termos relacionados são empregados amplamente para as medidas quantitativas da eficiência da coluna cromatográfica: (1) **altura de prato** H e (2) **contagem de pratos** ou **número de pratos teóricos** N. Os dois estão relacionados pela equação

$$N = \frac{L}{H} \tag{31-22}$$

onde L é o comprimento (geralmente em cm) do empacotamento da coluna. A eficiência cromatográfica aumenta à medida que o número de pratos se torna maior, conforme a altura do prato H torna-se menor. Enormes diferenças em eficiência são encontradas entre as colunas em virtude das diferenças no tipo da coluna e nas fases estacionárias e móveis. As eficiências em termo do número de pratos podem variar de algumas centenas a centenas de milhares, enquanto altura de pratos varia de alguns décimos a um milésimo de centímetro ou menores não incomuns.

Na Seção 6B-2 apontamos para a largura de uma curva gaussiana, descrita pelo desvio padrão σ e pela variância σ^2. Uma vez que as bandas cromatográficas frequentemente são Gaussianas e uma vez que a eficiência de uma coluna é refletida na largura dos picos, a variância por unidade de comprimento de coluna é usada pelos cromatográficos como uma medida da eficiência da coluna. Isto é, a eficiência da coluna H é definida como

$$H = \frac{\sigma^2}{L} \tag{31-23}$$

Esta definição de eficiência de coluna está ilustrada na **Figura 31-11**, a qual mostra uma coluna tendo um empacotamento de L cm de comprimento (Figura 31-11a) e um gráfico (Figura 31-11b) mostrando a distribuição de moléculas ao longo do comprimento da coluna no momento que o pico do analito atinge o fim do empacotamento (isto é, no tempo de retenção). A curva é gaussiana e as regiões $L + 1\sigma$ e $L - 1\sigma$ são indicadas por linhas tracejadas verticais. Observe que L tem unidades de centímetros e σ^2, de centímetros ao quadrado. Portanto, H representa também uma distância linear em centímetros (veja Equação 31-23). De fato, a altura de prato pode ser pensada como o comprimento de coluna que contém uma fração do analito que está entre L e $L - \sigma$. Uma vez que a área sob a curva normal de erro limitada por $\pm\sigma$ é de cerca de 68% da área total, a altura de prato, como definida, contém 34% do analito.

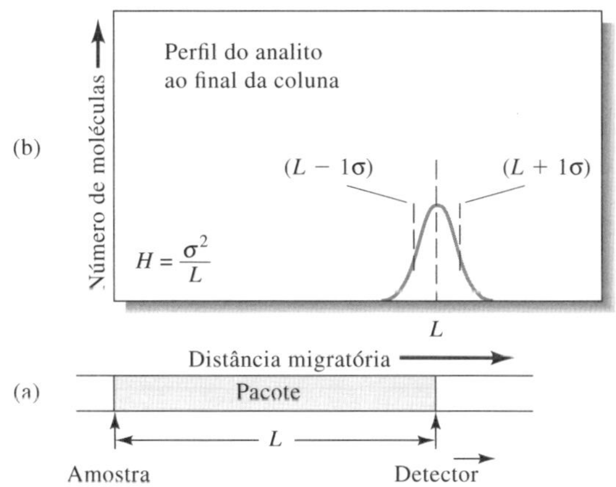

Figura 31-11 Definição da altura de prato, $H = \sigma^2/L$. Em (a), o comprimento da coluna é mostrado como a distância do ponto de injeção até o detector. Em (b), a distribuição gaussiana das moléculas é exibida.

DESTAQUE 31-3

Qual é a Origem dos Termos Prato e Altura de Prato?

O Prêmio Nobel de 1952 foi concedido a dois ingleses, A. J. P. Martin e R. L. M. Synge, pelo seu trabalho no desenvolvimento da cromatografia moderna. Nos seus estudos teóricos, eles adaptaram um modelo que foi originalmente desenvolvido nos anos 1920 para descrever as separações ou fracionamentos em colunas de destilação. As colunas de fracionamento, que foram usadas pela primeira vez na indústria do petróleo para separar hidrocarbonetos muito similares, consistem em pratos tipo bolha recobertos e interconectados (veja **Figura 31D-2**) nos quais estabelece-se o equilíbrio vapor/líquido quando a coluna é operada sob condições de refluxo.

Martin e Synge trataram a coluna cromatográfica como se fosse feita de uma série de pratos nos quais as condições de equilíbrio sempre prevaleciam. Este modelo de prato é bem sucedido em explicar a forma de Gaussiana dos picos cromatográficos bem como os fatores que influenciam as velocidades de migração de soluto. Entretanto, o modelo de pratos não é bem-sucedido ao tentar explicar o alargamento das zonas por causa da suposição básica de que as condições de equilíbrio prevalecem através da coluna durante a eluição. Esta suposição nunca pode ser válida no estado dinâmico de uma coluna cromatográfica, onde as fases estão se movendo uma sobre as outras rápido o suficiente de tal forma que não há tempo adequado para que o estado de equilíbrio seja obtido.

Uma vez que o modelo de prato não é uma boa representação de uma coluna cromatográfica, recomendamos fortemente a você que (1) evite atribuir qualquer significado especial aos termos pratos e altura de prato e (2) veja estes termos como designadores de eficiência de coluna que são mantidos apenas por razões históricas e não por eles terem um significado físico. Infelizmente, estes termos estão bem enraizados na literatura cromatográfica que a substituição deles parece improvável, no mínimo em um futuro próximo.

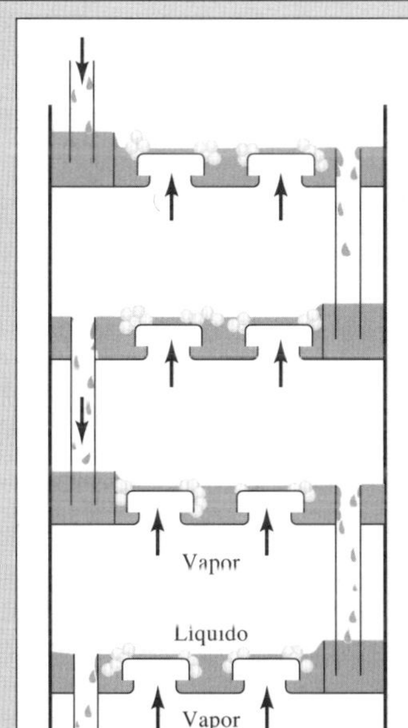

Figura 31D-2 Pratos em uma coluna de fracionamento.

Determinação Experimental do Número de Pratos em uma Coluna

O número de pratos teóricos, N, e a altura de prato, H, são amplamente utilizados na literatura e pelos fabricantes de instrumentos como uma medida do desempenho da coluna. A **Figura 31-12** indica como N pode ser determinado a partir de um cromatograma. Na figura, são medidos o tempo de retenção de um pico t_R e a altura do pico na sua base W (em unidades de tempo). Pode-se mostrar (veja Destaque 31-4) que o número de pratos pode ser calculado pela relação

$$N = 16\left(\frac{t_R}{W}\right)^2 \qquad (31\text{-}24)^{12}$$

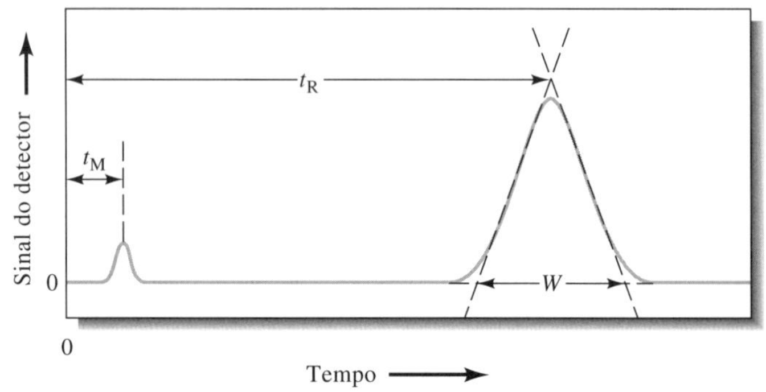

Figura 31-12 Determinação do número de pratos, $N = 16\left(\frac{t_R}{W}\right)^2$.

DESTAQUE 31-4

Dedução da Equação 31-24

A variância do pico mostrado na Figura 31-12 tem unidades de segundo ao quadrado porque o eixo x é tempo em segundos (ou algumas vezes em minutos). Essa variância em base de tempo é designada geralmente como τ^2 para distingui-la de σ^2, a qual tem unidades de centímetros ao quadrado. Os dois desvios padrão τ e σ estão relacionados por

$$\tau = \frac{\sigma}{L/t_R} \qquad (31\text{-}25)$$

onde L/t_R é a velocidade linear média de um soluto em centímetros por segundo.

A Figura 31-12 ilustra um método para se obter o valor aproximado de τ a partir de um cromatograma experimental. As tangentes nos pontos de inflexão nos dois lados do pico cromatográfico são estendidas para formar um triângulo com a linha de base. Pode-se mostrar que a área sob esse triângulo é aproximadamente 96% da área total sob o pico. Na Seção 6B-2, mostrou-se que cerca de 96% da área sob um pico gaussiano está incluída entre mais ou menos dois desvios padrão ($\pm 2\sigma$) do seu máximo. Assim, as interseções mostradas na Figura 31-12 ocorrem a aproximadamente $\pm 2\tau$ do máximo e $W = 4\tau$, onde W é a grandeza da base do triângulo. Substituindo essas relações na Equação 31-25 e rearranjando-a obtém-se

$$\sigma = \frac{LW}{4t_R}$$

Quando o σ desta equação é substituído na Equação 31-23, obtemos

$$H = \frac{LW^2}{16t_R^2} \qquad (31\text{-}26)$$

Para se obter N, substituímos na Equação 31-22 e rearranjamos para obter

$$N = 16\left(\frac{t_R}{W}\right)^2$$

Assim, N pode ser calculado a partir de duas medidas de tempo, t_R e W. Para obter H, o comprimento do empacotamento da coluna L deve ser conhecido também.

[12] Muitos sistemas cromatográficos relatam a largura na meia-altura, $W_{1/2}$, em qual caso $N = 5{,}54(t_R/W_{1/2})^2$.

31E-6 Variáveis que Afetam a Eficiência da Coluna

O alargamento de banda reflete a perda de eficiência de uma coluna. Quanto mais lentos forem os processos de transferência de massa que ocorrem quando o soluto migra através da coluna, mais larga será a banda na saída da coluna. Algumas das variáveis que afetam as velocidades de transferência de massa podem ser controladas e exploradas para melhorar as separações. A **Tabela 31-5** lista as variáveis mais importantes.

O Efeito da Vazão da Fase Móvel

A extensão do alargamento de uma banda depende do tempo que a fase móvel esteja em contato com a fase estacionária, o qual por sua vez depende da vazão da fase móvel. Por esta razão, geralmente têm sido realizados estudos de eficiência para determinar H (pela Equação 31-26) como uma função da velocidade da fase móvel. Os gráficos para as cromatografias de líquido e de gás representados na **Figura 31-13** são típicos dos resultados obtidos nesses estudos. Enquanto ambos mostram um mínimo para H (ou um máximo em eficiência) a baixas velocidades lineares, o mínimo para cromatografia de líquidos geralmente ocorre a vazões que estão bem abaixo daquelas para a cromatografia de gás. Frequentemente essas vazões são tão baixas que o mínimo valor de H não é obtido na cromatografia de líquidos sob condições normais de operação.

TABELA 31-5

Variáveis que Influenciam a Eficiência de uma Coluna

Variável	Símbolo	Unidades Usuais
Velocidade linear da fase móvel	u	cm s^{-1}
Coeficiente de difusão na fase móvel*	D_M	$cm^2 s^{-1}$
Coeficiente de difusão na fase estacionária*	D_S	$cm^2 s^{-1}$
Fator de retenção (veja Equação 31-18)	k	sem unidade
Diâmetro das partículas do empacotamento	d_p	cm
Espessura da camada de líquido que recobre a fase estacionária	d_f	cm

*Aumenta com a elevação da temperatura e com o decréscimo da viscosidade.

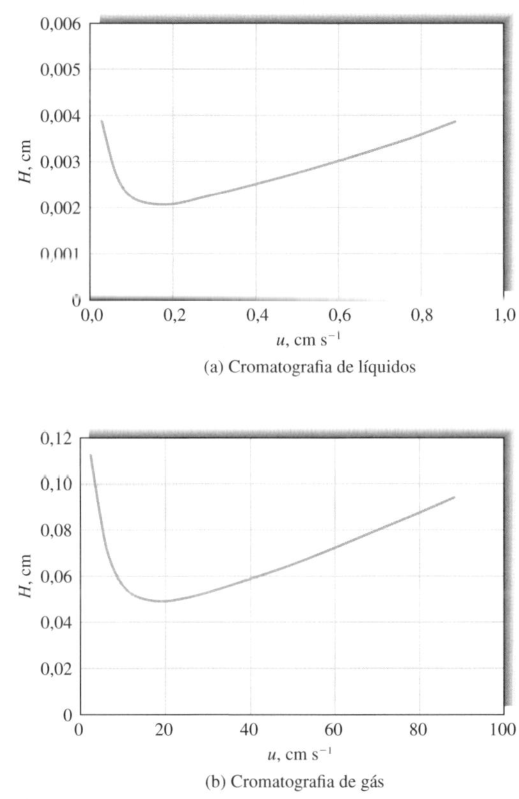

Figura 31-13 O efeito da vazão da fase móvel sobre a altura de prato para (a) cromatografia de líquido e (b)cromatografia de gás.

A **velocidade linear** e a **vazão** são duas quantidades diferentes, porém relacionadas. Lembre-se que a velocidade do fluxo linear está relacionada com a vazão através da área transversal e da porosidade (coluna empacotada) da coluna (Equações 31-12 e 31-13).

Geralmente os cromatogramas de líquidos são obtidos a menores velocidades lineares que os cromatogramas de gás. Também, como mostradas na Figura 31-13, as alturas dos pratos para colunas cromatográficas de líquidos são pelo menos uma ordem de grandeza menor que aquelas encontradas em colunas para a cromatografia de gás. Compensando esta vantagem está o fato de que é impraticável usar colunas cromatográficas de líquido que sejam mais longas que aproximadamente 25 a 50 cm por causa das altas quedas de pressão. Por outro lado, as colunas para a cromatografia de gás podem apresentar comprimentos de 50 m ou superior. Como um resultado, o número total de pratos, e assim a eficiência global da coluna, são normalmente superiores com colunas cromatográficas de gás.

Teoria do Alargamento de Banda

Pesquisadores têm devotado um enorme esforço teórico e experimental para desenvolver relações quantitativas para descrever os efeitos das variáveis experimentais listadas na Tabela 31-5 nas alturas dos pratos para vários tipos de coluna. Talvez uma dúzia de equações ou mais tenha sido divulgada e aplicada com vários graus de sucesso para se calcular a altura de prato. Nenhum destes modelos é inteiramente adequado para explicar as complexas interações físicas e efeitos que levam ao alargamento de zona e assim a eficiências de coluna mais baixas. Algumas das equações, embora imperfeitas, têm, entretanto, sido muito úteis em apontar o caminho na direção de desempenho de coluna melhorado. Uma delas é apresentada aqui.

A eficiência de uma coluna para cromatografia capilar e colunas empacotadas operando a baixas vazões pode ser aproximada pela expressão

$$H = \frac{B}{u} + C_E u + C_M u \qquad (31\text{-}27)$$

onde H é a altura de prato em centímetros e u, a velocidade linear da fase móvel em centímetros por segundo.[13] A quantidade B é o **coeficiente de difusão longitudinal** e C_E e C_M são os coeficientes de transferência de massa para a fase estacionária e móvel, respectivamente.

As velocidades altas em colunas empacotadas, nas quais os efeitos de fluxo predominam sobre a difusão, a eficiência pode ser aproximada por

$$H = A + \frac{B}{u} + C_E u \qquad (31\text{-}28)$$

Os estudos teóricos sobre o alargamento de zona realizados em 1950 por engenheiros químicos holandeses levaram **à equação de van Deemter**, a qual pode ser escrita na forma

$$H = A + B/u + Cu$$

onde as constantes A, B e C são os coeficientes do efeito de múltiplos caminhos, da difusão longitudinal e de transferência de massa, respectivamente. Hoje, consideramos a equação de van Deemter apropriada somente para colunas empacotadas operando a altas vazões. Para os outros casos, a Equação 31-27 fornece geralmente melhor descrição.

O Termo de Difusão Longitudinal, B/u A difusão é um processo no qual as espécies migram de uma região mais concentrada de um meio para uma mais diluída. A velocidade de migração é proporcional à diferença de concentração entre as regiões e ao **coeficiente de difusão** D_M das espécies. Esse último, que constitui uma medida da mobilidade da substância em um dado meio, é uma constante para uma dada espécie e igual à velocidade de migração sob um gradiente unitário de concentração.

Em cromatografia, a difusão longitudinal resulta na migração do soluto do centro da banda (na qual a concentração é maior) para as regiões mais diluídas de qualquer lado (isto é, na direção do fluxo e na direção oposta do fluxo). A difusão é uma fonte comum de alargamento de banda na cromatografia de gás, na qual a velocidade de difusão das moléculas é alta. O fenômeno é de pequena importância na cromatografia de líquido, na qual as velocidades de difusão são muito menores. A grandeza do termo B na Equação 31-27 é predominantemente determinada pelo coeficiente de difusão D_M do analito na fase móvel e é diretamente proporcional a essa constante.

Como mostrado pela Equação 31-27, a contribuição da difusão longitudinal na altura do prato é inversamente proporcional à velocidade linear do eluente. Essa

[13] S. J. Hawkes, *J. Chem. Educ.*, v. 60, p. 393, **1983**, **DOI**: 10.1021/ed060p393.

relação não é surpreendente, uma vez que o analito permanece na coluna por um período mais breve quando a vazão é alta. Assim, a difusão a partir do centro da banda para as duas laterais tem menos tempo para ocorrer.

A diminuição inicial de H mostrada em ambas as curvas na Figura 31-13 são um resultado direto da difusão longitudinal. Observe que o efeito é muito menos pronunciado na cromatografia de líquidos por causa das velocidades de difusão menores na fase líquida móvel. A diferença marcante nas alturas de prato indicadas pelas duas curvas na Figura 31-13 pode ser explicada também se considerando as velocidades relativas de difusão longitudinal nas duas fases móveis. Em outras palavras, os coeficientes de difusão nos meios gasosos são ordens de grandeza maiores que nos líquidos. Consequentemente, ocorre o alargamento da banda em uma extensão muito maior na cromatografia de gás que na cromatografia de líquido.

Os coeficientes de difusão em gases são normalmente cerca de 1.000 vezes maiores que os coeficientes de difusão em líquidos.

O Termo de Transferência de Massa na Fase Estacionária, $C_E u$. Quando a fase estacionária é um líquido imobilizado, o coeficiente de transferência de massa é diretamente proporcional ao quadrado da espessura do filme sobre as partículas, d_f^2, e inversamente proporcional ao coeficiente de difusão, D_E, do soluto no filme. Estes efeitos podem ser entendidos compreendendo-se que ambas quantidades reduzem a frequência média na qual as moléculas de analito atingem a interface onde pode ocorrer a transferência para a fase móvel. O resultado é uma velocidade mais lenta de transferência de massa e um aumento na altura do prato.

Quando a fase estacionária é uma superfície sólida, o coeficiente de transferência de massa C_E é diretamente proporcional ao tempo requerido para as espécies serem adsorvidas ou desorvidas, o que, por sua vez, é inversamente proporcional à constante de primeira ordem para os processos.

O Termo de Transferência de Massa na Fase Móvel, $C_M u$. Os processos de transferência de massa que ocorrem na fase móvel são suficientemente complexos para que não tenhamos ainda uma descrição quantitativa completa. Por outro lado, temos um bom entendimento qualitativo das variáveis que afetam o alargamento da zona por causa disso e este entendimento tem levado a vastos melhoramentos em todos os tipos de colunas cromatográficas.

Sabe-se que coeficiente de transferência de massa na fase móvel C_M é inversamente proporcional ao coeficiente de difusão do analito na fase móvel D_M. Para as colunas empacotadas, C_M é proporcional ao quadrado do diâmetro das partículas do material de empacotamento, d_p^2. Para as colunas capilares, C_M é proporcional ao quadrado do diâmetro da coluna, d_c^2 e é uma função da vazão.

A contribuição de transferência de massa na fase móvel para a altura do prato é o produto do coeficiente de transferência de massa C_M (que é função da velocidade do solvente), bem como da velocidade do solvente em si. Desse modo, a contribuição líquida para a altura de prato não é linear em u (veja a curva indicada por $C_M u$ na Figura 31-15), mas carrega uma dependência complexa em relação à velocidade do solvente.

O alargamento da zona na fase móvel é devido em parte aos múltiplos caminhos pelos quais uma molécula (ou íon) percorre através de uma coluna empacotada. Como mostrado na **Figura 31-14**, os comprimentos destes caminhos podem diferir significativamente. Esta diferença significa que os tempos de permanência na coluna para moléculas da mesma espécie variam. As moléculas de soluto então atingem o fim da coluna sobre uma faixa de tempos, levando a um alargamento da banda. Esse efeito dos múltiplos caminhos, que às vezes é denominado **difusão turbulenta**, deveria ser independente da velocidade do solvente se este não fosse parcialmente afetado pela difusão ordinária, a qual leva as moléculas a serem transferidas de uma corrente que segue um determinado caminho para outra que percorre outra rota. Se a velocidade de fluxo é muito baixa, um grande número dessas transferências vai ocorrer e cada molécula vai experimentar numerosos caminhos ao se deslocar pela coluna,

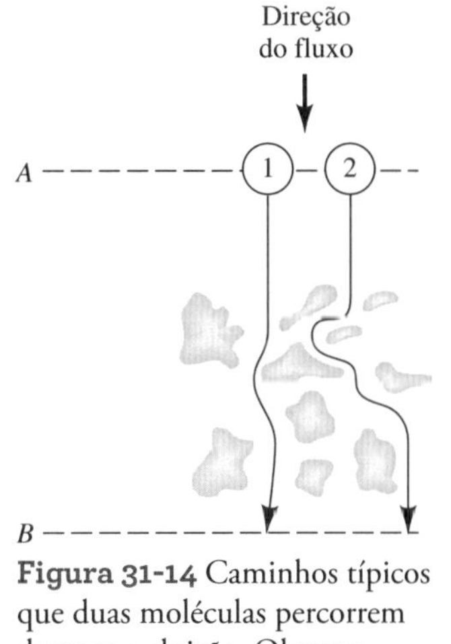

Figura 31-14 Caminhos típicos que duas moléculas percorrem durante a eluição. Observe que a distância percorrida pela molécula 2 é maior que aquela percorrida pela molécula 1. Consequentemente, a molécula 2 chegará em B depois da molécula 1.

permanecendo um breve intervalo de tempo em cada um deles. Como um resultado, a velocidade na qual cada molécula se move na coluna tende a se aproximar àquela da média. Dessa maneira, a velocidades baixas da fase móvel, as moléculas não são significativamente dispersas pelo efeito dos múltiplos caminhos. A velocidades moderadas ou altas, contudo, não há tempo suficiente para a média por difusão ocorrer e o alargamento de banda em razão dos diferentes caminhos é observado. A velocidades suficientemente altas, o efeito dos caminhos múltiplos torna-se independente da vazão.

Os caminhos da fase móvel através da coluna são numerosos e têm diferentes comprimentos.

Superposto ao efeito dos múltiplos caminhos está aquele devido às regiões estagnadas da fase móvel, retida na fase estacionária. Assim, quando um sólido serve como fase estacionária, seus poros são preenchidos com volumes estáticos de fase móvel. As moléculas do soluto devem então difundir-se através dessas regiões estagnadas antes que a transferência entre a fase móvel em movimento e a fase estacionária possa ocorrer. Essa situação não ocorre somente com as fases sólidas estacionárias, mas também com as fases líquidas imobilizadas sobre os sólidos porosos porque o líquido imobilizado não preenche completamente os poros.

Regiões estagnadas de solvente contribuem para o aumento de H.

A presença de regiões estagnadas de fase móvel diminui o processo de troca e resulta em uma contribuição para a altura de prato que é diretamente proporcional à velocidade da fase móvel e inversamente proporcional ao coeficiente de difusão para o soluto na fase móvel. Um acréscimo no volume interno acompanha então um aumento no tamanho da partícula.

Efeito da Velocidade da Fase Móvel nos Termos na Equação 31-27. A **Figura 31-15** mostra a variação dos três termos na Equação 31-27 em função da velocidade da fase móvel. A curva acima é a soma desses vários efeitos. Observe que existe uma vazão ótima na qual a altura do prato é mínima e a eficiência de separação é máxima.

Sumário de Métodos para a Redução do Alargamento de Banda. Para as colunas empacotadas, uma variável que afeta a eficiência da coluna é o diâmetro das partículas que constituem o material de empacotamento. Para as colunas capilares, o diâmetro da coluna por si mesmo é uma variável importante. O efeito do diâmetro de partícula é demonstrado pelos dados apresentados na **Figura 31-16** para a cromatografia de gás.

Para as colunas empacotadas, o alargamento de banda é minimizado pelo diâmetro pequeno das partículas. Para as colunas capilares, diâmetros pequenos da própria coluna reduzem o alargamento de banda.

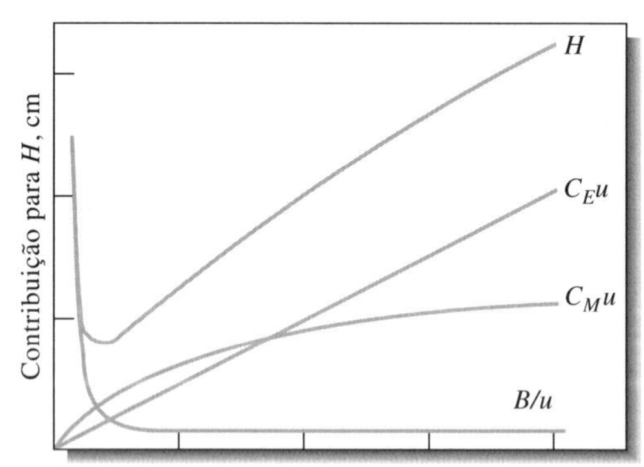

Figura 31-15 Contribuição dos vários termos de transferência de massa para a altura de prato. $C_E u$ surge da velocidade de transferência de massa para e da fase estacionária; $C_M u$ vem da limitação na velocidade de transferência de massa na fase móvel; e B/u está associado com a difusão longitudinal.

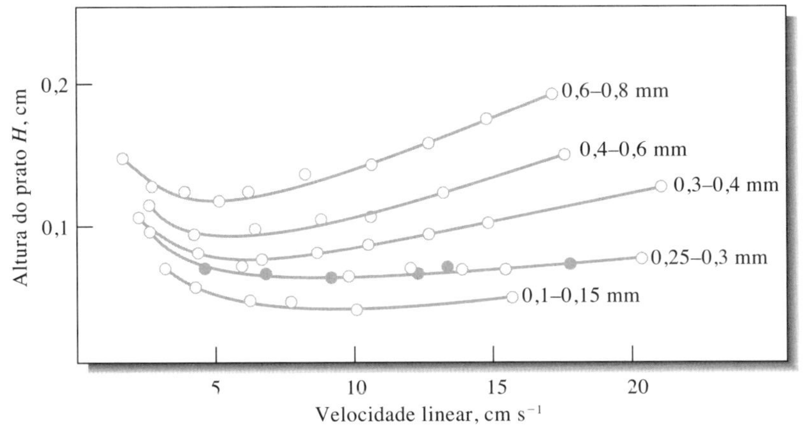

Figura 31-16 O efeito do tamanho de partícula na altura de prato para colunas empacotadas para a cromatografia de gás. Os números à direita de cada curva são os diâmetros das partículas. (De J. Boheman; J. H. Purnell, em *Gas Chromatography 1958*, D. H. Desty, ed., Nova York: Academic Press, 1958.)

Um gráfico semelhante para a cromatografia de líquido é mostrado na Figura 33-1. Para obter vantagem do efeito do diâmetro da coluna, colunas cada vez mais finas têm sido empregadas ultimamente.

Em fases móveis gasosas, a velocidade de difusão longitudinal pode ser reduzida apreciavelmente pela redução da temperatura e assim do coeficiente de difusão. O resultado é alturas de prato significativamente menores em temperaturas mais baixas. Esse efeito não é em geral observado na cromatografia de líquido porque a difusão é lenta, de forma que o termo de difusão longitudinal exerce um pequeno efeito sobre a altura de prato global. Com fases estacionárias líquidas, a espessura da camada líquida adsorvida deve ser minimizada uma vez que C_E na Equação 31-27 é proporcional ao quadrado dessa variável.

O coeficiente de difusão D_M exerce um efeito maior na cromatografia de gás que na cromatografia de líquido.

31E-7 Resolução de uma Coluna

A **resolução**, R_s, de uma coluna nos diz quanto duas bandas se distanciam uma em relação a outra em comparação com as suas larguras. A resolução fornece uma medida quantitativa da habilidade da coluna em separar dois analitos. O significado desse termo é ilustrado na **Figura 31-17**, que consiste em cromatogramas para as espécies A e B em três colunas com diferentes poderes de resolução. A resolução de cada coluna é definida como

A **resolução** de uma coluna cromatográfica é uma medida quantitativa da sua habilidade em separar os analitos A e B.

$$R_s = \frac{\Delta Z}{\frac{W_A}{2} + \frac{W_B}{2}} = \frac{2\Delta Z}{W_A + W_B} = \frac{2[(t_R)_B - (t_R)_A]}{W_A + W_B} \qquad (31\text{-}29)$$

onde todos os termos do lado direito são definidos como na figura.

É evidente a partir da Figura 31-17 que uma resolução de 1,5 fornece uma separação basicamente completa de A e B, mas uma resolução de 0,75 não fornece. Em uma resolução de 1,0 a zona A contém 4% de B. A uma resolução de 1,5, a sobreposição é aproximadamente de 0,3%. A resolução para uma dada fase estacionária pode ser melhorada aumentando-se o comprimento da coluna e, dessa forma, o número de pratos. Entretanto, os pratos adicionados resultam em um aumento no tempo exigido para separar os componentes.

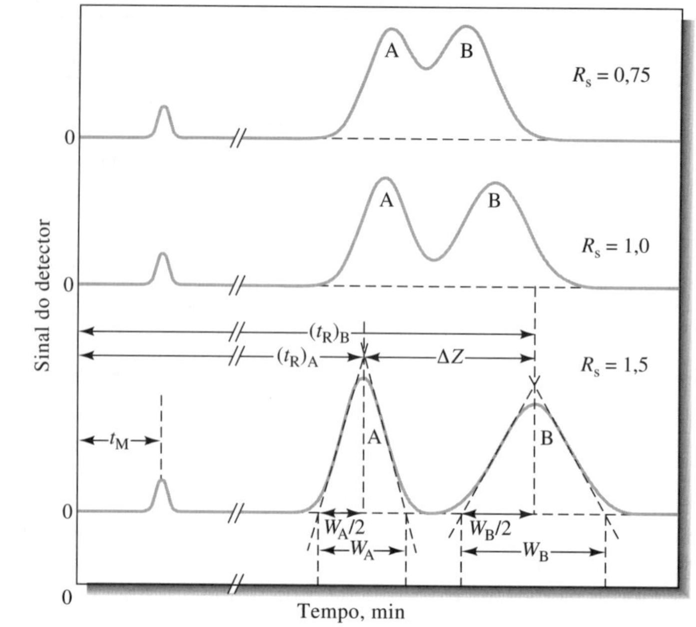

Figura 31-17 Separação de três valores de reolução: $R_s = 2\Delta Z/(W_A + W_B)$.

O Efeito do Fator de Retenção e do Fator de Seletividade sobre a Resolução

Podemos deduzir uma equação útil que relaciona a resolução de uma coluna ao número de pratos que ela contém bem como aos fatores de retenção e seletividade de um par de solutos na coluna. Assim, pode ser demonstrado[14] que, para os dois solutos A e B na Figura 31-17, a resolução é dada pela equação

$$R_s = \frac{\sqrt{N}}{4}\left(\frac{\alpha - 1}{\alpha}\right)\left(\frac{k_B}{1 + k_B}\right) \tag{31-30}$$

onde k_B é o fator de retenção da espécie mais lenta e α é o fator de seletividade. Essa equação pode ser rearranjada para fornecer o número de pratos necessários para se obter uma dada resolução:

$$N = 16R_s^2\left(\frac{\alpha}{\alpha - 1}\right)^2\left(\frac{1 + k_B}{k_B}\right)^2 \tag{31-31}$$

O Efeito da Resolução no Tempo de Retenção

Como mencionado anteriormente, o objetivo da cromatografia é a resolução mais alta possível no menor intervalo de tempo possível. Infelizmente, estes objetivos tendem a ser incompatíveis e é normalmente necessário um ajuste entre eles. O tempo $(t_R)_B$ requerido para a eluição dos dois componentes na Figura 31-17 com uma resolução de R_s é dado por

$$(t_R)_B = \frac{16R_s^2H}{u}\left(\frac{\alpha}{\alpha - 1}\right)^2\frac{(1 + k_B)^3}{(k_B)^2} \tag{31-32}$$

onde u é a velocidade linear da fase móvel.

[14] Veja D. A. Skoog; F. J. Holler e S. R. Crouch, *Principles of Instrumental Analysis*, 6. ed., Belmont, CA: Brooks/Cole, 2007, pp. 776-777.

EXEMPLO 31-2

As substâncias A e B apresentam tempo de retenção de 16,40 e 17,63 min, respectivamente, em uma coluna de 30,0 cm. Uma espécie não retida passa através da coluna em 1,30 min. As larguras de pico (na base) para A e B são 1,11 e 1,21 min, respectivamente. Calcule (a) a resolução da coluna, (b) o número médio de pratos na coluna, (c) a altura de prato, (d) o comprimento da coluna necessário para se obter uma resolução de 1,5 e (e) o tempo necessário para se eluir a substância B da coluna com R_s igual a 1,5.

Resolução

(a) Usando a Equação 31-29, encontramos

$$R_s = \frac{2(17{,}63 - 16{,}40)}{1{,}11 + 1{,}21} = 1{,}06$$

(b) A Equação 31-24 permite o cálculo de N:

$$N = 16\left(\frac{16{,}40}{1{,}11}\right)^2 = 3.493 \quad \text{e} \quad N = 16\left(\frac{17{,}63}{1{,}21}\right)^2 = 3.397$$

$$N_{méd} = \frac{3.493 + 3.397}{2} = 3.445$$

(c) $H = \dfrac{L}{N} = \dfrac{30{,}0}{3.445} = 8{,}7 \times 10^{-3}$ cm

(d) As quantidades k e α não variam enormemente com o aumento de N e L. Assim, substituindo N_1 e N_2 na Equação 31-30 e dividindo uma das equações resultantes pela outra, obtém-se

$$\frac{(R_s)_1}{(R_s)_2} = \frac{\sqrt{N_1}}{\sqrt{N_2}}$$

onde os índices inferiores 1 e 2 referem-se à coluna original e à mais longa, respectivamente. Substituindo os valores apropriados para N_1, $(R_s)_1$ e $(R_s)_2$, têm-se

$$\frac{1{,}06}{1{,}5} = \frac{\sqrt{3.445}}{\sqrt{N_2}}$$

$$N_2 = 3.445\left(\frac{1{,}5}{1{,}06}\right)^2 = 6{,}9 \times 10^3$$

But

$$L = NH = 6{,}9 \times 10^3 \times 8{,}7 \times 10^{-3} = 60 \text{ cm}$$

(e) Substituindo $(R_s)_1$ e $(R_s)_2$ na Equação 31-32 e dividindo, temos

$$\frac{(t_R)_1}{(t_R)_2} = \frac{(R_s)_1^2}{(R_s)_2^2} = \frac{17{,}63}{(t_R)_2} = \frac{(1{,}06)^2}{(1{,}5)^2}$$

$$(t_R)_2 = 35 \text{ min}$$

Portanto, para obter uma resolução melhorada, o comprimento da coluna e assim o tempo de separação devem ser dobrados.

Técnicas de Otimização

As Equações 31-30 e 31-32 servem como guias para escolher as condições que levam a um grau desejado de resolução com o mínimo de gasto de tempo. Cada equação é constituída de três partes. A primeira descreve a eficiência da coluna em termos de $\sqrt{N}$ ou H. A segunda, que é um quociente que contém α, é um termo de seletividade que depende das propriedades dos dois solutos. O terceiro componente é o termo do fator de retenção, que é o quociente contendo k_B, o termo que depende das propriedades tanto do soluto quanto da coluna.

Variação na Altura de Prato. Como mostrado pela Equação 31-30, a resolução de uma coluna aumenta com a raiz quadrada do acréscimo do número de pratos que ela contém. Contudo, o Exemplo 31-2e revela que o aumento do número de pratos eleva o tempo de separação, a menos que o aumento possa ser feito pela redução da altura de prato e não pelo aumento do comprimento da coluna.

Os métodos de minimização da altura de prato, discutidos na Seção 31E-6, incluem a redução do tamanho de partícula do material de empacotamento, do diâmetro da coluna e da espessura do filme líquido. A otimização da vazão da fase móvel também é útil.

Variação no Fator de Retenção. Frequentemente, uma separação pode ser melhorada significativamente por meio da manipulação do fator de retenção k_B. O aumento de k_B geralmente eleva a resolução (mas à custa do tempo de eluição). Para determinar a faixa ótima de valores para k_B é conveniente que se escreva a Equação 31-30 na forma

$$R_s = Q\left(\frac{k_B}{1 + k_B}\right)$$

e a Equação 31-32 como

$$(t_R)_B = Q'\left(\frac{(1 + k_B)^3}{(k_B)^2}\right)$$

onde Q e Q' contêm o restante dos termos nas duas equações. A **Figura 31-18** mostra um gráfico de R_s/Q e $(t_R)_B/Q'$ em função de k_B, assumindo que Q e Q' permanecem aproximadamente constantes. É evidente que os valores de k_B maiores que cerca de 10 devem ser evitados porque fornecem um pequeno aumento na resolução elevando significativamente o tempo requerido para a separação. O mínimo na curva de eluição-tempo ocorre a $k_B \approx 2$. Em geral, então, o valor ótimo de k_B encontra-se entre 1 e 5.

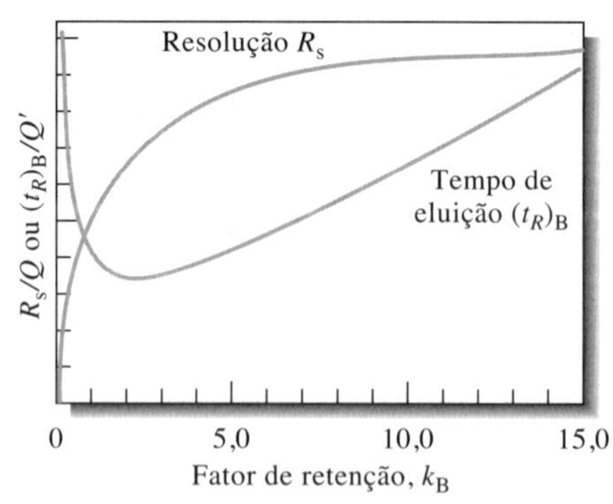

Figura 31-18 Efeito do fator de retenção k_B sobre a resolução R_s e o tempo de eluição $(t_R)_B$. Presume-se que Q e Q' permanecem constantes com variações em k_B.

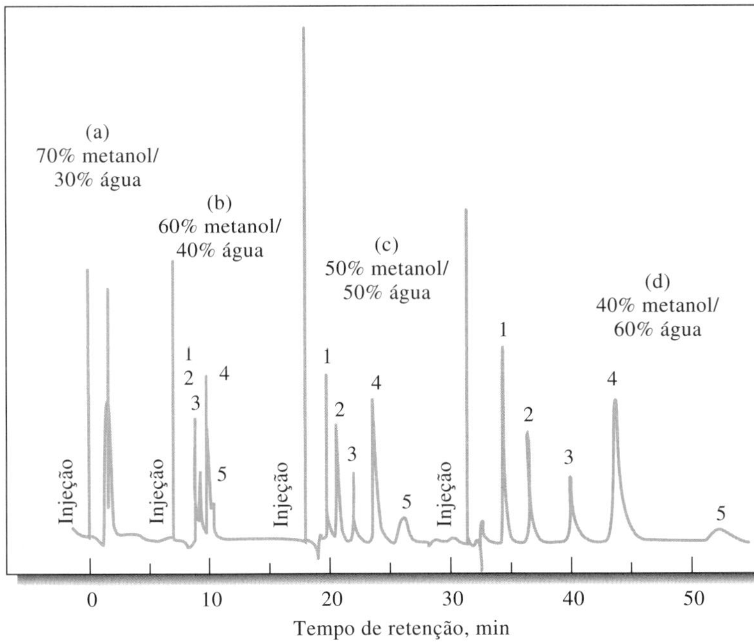

Figura 31-19 O efeito da variação do solvente nos cromatogramas. Os analitos são: (1) 9,10-antraquinona; (2) 2-metil-9,10-antraquinona; (3) 2-etil-9,10-antraquinona; (4) 1,4-dimetil-9,10-antraquinona; (5) 2-*t*-butil-9,10-antraquinona.

Normalmente, a maneira mais fácil de melhorar a resolução é pela otimização de k. Para as fases móveis gasosas, k pode ser frequentemente melhorado com a alteração da temperatura. Para as fases móveis líquidas, a variação na composição do solvente, com frequência, permite a manipulação de k para se obter melhores separações. Um exemplo de efeito drástico que uma variação relativamente simples na composição do solvente pode ocasionar está demonstrado na **Figura 31-19**. Na figura, as variações modestas na proporção entre metanol e água convertem os cromatogramas insatisfatórios (a e b) em cromatogramas com picos bem separados para cada componente (c e d). Para a maioria dos casos, o cromatograma mostrado em (c) é o melhor, uma vez que este mostra uma resolução adequada em um tempo menor. O fator de retenção é influenciado também pela espessura do filme da fase estacionária.

Variação do Fator de Seletividade. A otimização de k e o aumento de N não são suficientes para fornecer uma separação satisfatória de dois solutos em um tempo razoável quando α se aproxima da unidade. Estão disponíveis no mínimo quatro opções. Estas opções em ordem decrescente de desejo como determinado pelo potencial e conveniência são (1) variação da composição da fase móvel, (2) variação da temperatura da coluna, (3) variação na composição da fase estacionária e (4) utilização de efeitos químicos especiais.

Um exemplo do uso da opção 1 foi relatada para a separação de anisol ($C_6H_5OCH_3$) e benzeno.[15] Com uma fase móvel constituída por uma mistura de 50% de água e metanol, k era igual a 4,5 para o anisol e 4,7 para o benzeno, enquanto α era igual a apenas 1,04. A substituição da fase móvel aquosa contendo 37% de tetraidrofurano forneceu valores de k iguais a 3,9 e 4,7 e um valor de α de 1,20. A sobreposição dos picos era significativa com o primeiro sistema de solvente e desprezível com o segundo.

Uma forma menos conveniente, mas em geral altamente efetiva de se melhorar α, mantendo-se os valores de k na sua faixa ótima, é alterar a composição da fase estacionária. Para tirar vantagem desta opção, muitos laboratórios que frequentemente usam cromatografia mantêm várias colunas que podem ser facilmente trocadas.

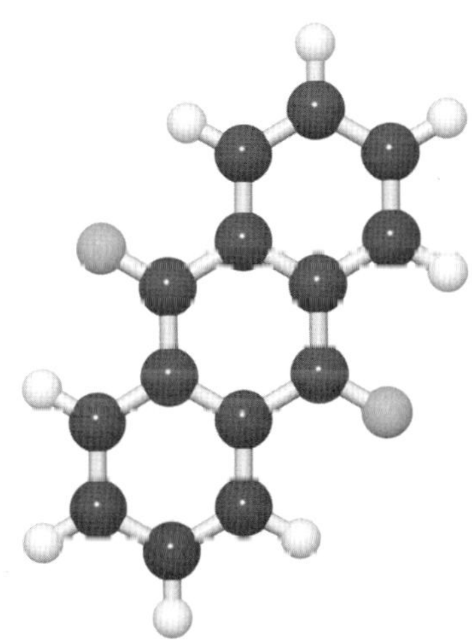

Modelo molecular da 9,10-antraquinona.

[15] L. R. Snyder e J. J. Kirkland, *Introduction to Modern Liquid Chromatography*, 2. ed., Nova York: Wiley, 1979, p. 75.

As elevações na temperatura causam normalmente um aumento de k, contudo, tem pouco efeito sobre os valores de α na cromatografia líquido-líquido e líquido-sólido. Em contraste, na cromatografia por troca iônica, os efeitos da temperatura podem ser grandes o suficiente para que valha a pena explorar essa opção antes de se buscar a troca do material de empacotamento da coluna.

Um método final para melhorar a resolução é incorporar na fase estacionária uma espécie que se complexa com ou interage de outra forma com um ou mais componentes da amostra. Um exemplo bem conhecido do uso dessa opção ocorre quando um adsorvente impregnado com sal de prata é empregado para melhorar a separação de olefinas. O melhoramento é um resultado da formação de complexos entre os íons prata e compostos orgânicos insaturados.

O Problema Geral da Eluição

A **Figura 31-20** mostra alguns cromatogramas hipotéticos para uma mistura de seis componentes constituída por três pares de componentes com ampla diferença de constantes de distribuição e, dessa forma, com fatores de retenção também bastante diferentes. No cromatograma (a), as condições foram ajustadas de forma que os fatores de retenção para os componentes 1 e 2 (k_1 e k_2) estejam na faixa ótima de 1 a 5. Contudo, os fatores para os outros componentes estão longe do ótimo. Assim, as bandas correspondentes aos componentes 5 e 6 aparecem somente após um longo intervalo de tempo; além disso, as bandas são tão largas que torna difícil a sua identificação de forma inequívoca.

Como mostrado no cromatograma (b), a variação das condições para se otimizar a separação dos componentes 5 e 6 aproxima os picos dos quatro primeiros componentes de forma que sua resolução não seja satisfatória. Entretanto, neste caso, o tempo total de eluição é o ideal.

O fenômeno ilustrado na Figura 31-20 é encontrado com frequência suficiente para receber um nome: o **problema geral de eluição**. Uma solução comum para esse problema está na variação das condições que determinam os valores de k à medida que a separação se processa. Essas variações podem ser realizadas em batelada ou de forma contínua. Consequentemente, para a mistura mostrada na Figura 31-20, as condições na saída poderiam ser aquelas que produzem o cromatograma (a). Imediatamente após a eluição dos componentes 1 e 2, as condições podem ser alteradas para aquelas que melhor separam os componentes 3 e 4 (como no cromatograma (c)). Com o aparecimento dos picos para esses componentes, a eluição pode ser finalizada sob condições empregadas para produzir o cromatograma (b). Frequentemente, esse procedimento leva a uma separação satisfatória de todos os componentes da mistura em um tempo mínimo.

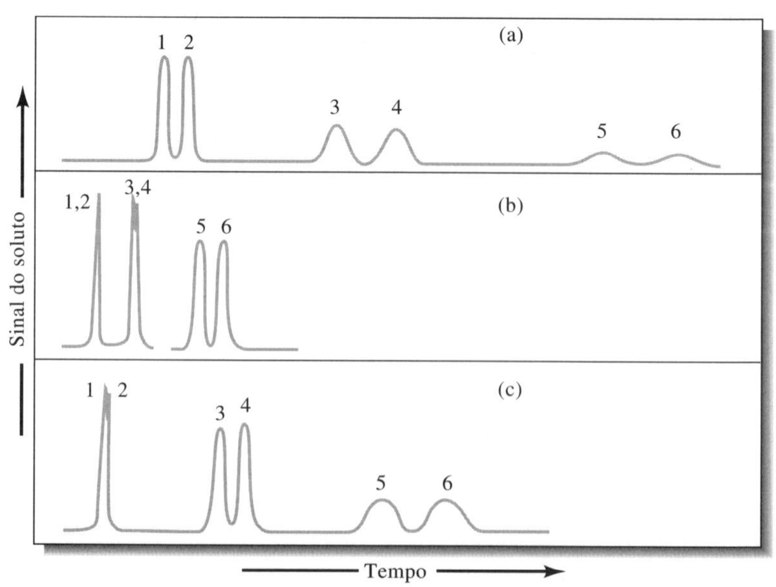

Figura 31-20 O problema geral da eluição na cromatografia.

Para a cromatografia de líquido, as variações em k são produzidas pela variação da composição da fase móvel durante a eluição. Esse procedimento é denominado **eluição por gradiente** ou **programação de solvente**. A eluição sob condição de composição constante da fase móvel é chamada **eluição isocrática**. Para a cromatografia de gás, a temperatura pode ser variada em uma forma conhecida para modificar os valores de k. Este modo de **programação de temperatura** pode ajudar a atingir as condições ótimas para muitas separações.

31E-8 Aplicações da Cromatografia

A cromatografia é uma ferramenta versátil e poderosa para separar espécies químicas semelhantes. Além disso, ela pode ser usada para a identificação qualitativa e para a determinação quantitativa de espécies separadas. Exemplos das aplicações dos vários tipos de cromatografia são dados nos Capítulos 32 até o 34.

TRABALHO NA WEB

Use um mecanismo de busca para localizar sites na web que lidam com cauda de picos na cromatografia de líquidos de fase reversa. Descreva como a temperatura influencia as separações cromatográficas de líquidos. Baseado no que você aprendeu, a programação de temperatura seria uma ajuda valorosa para a separação na cromatografia de líquidos? Sim ou não? Por quê?

QUESTÕES E PROBLEMAS

***31-1.** O que é um íon coletor e como ele é usado?

31-2. O que significa o termo *salting out* uma proteína? O que é o efeito *salting in*?

***31-3.** Quais os dois eventos que acompanham o processo de separação?

31-4. Identifique três métodos baseados na separação mecânica de fase.

31-5. Defina
- *(a) eluição.
- (b) fase móvel.
- *(c) fase estacionária.
- (d) constante de distribuição.
- *(e) tempo de retenção.
- (f) fator de retenção.
- *(g) fator de seletividade.
- (h) altura de prato.

31-6. Qual é a diferença na estrutura das resinas de troca iônica sintética de ácido forte e fraco?

***31-7.** Liste as variáveis que levam ao alargamento de banda na cromatografia.

31-8. Quais são as principais diferenças entre a cromatografia gás-líquido e líquido-líquido?

***31-9.** Descreva um método para determinar o número de pratos em uma coluna.

31-10. Descreva dois métodos gerais para melhorar a resolução de duas substâncias em uma coluna cromatográfica.

***31-11.** As constantes de distribuição para X entre o n-hexano e a água é 8,9. Calcule a concentração de X permanecendo na fase aquosa após 50,0 mL de X 0,200 mol L^{-1} ser tratado por extração com as seguintes quantidades de n-hexano:
- (a) uma porção de 40 mL.
- (b) duas porções de 20 mL.
- (c) quatro porções de 10 mL.
- (d) oito porções de 5 mL.

31-12. O coeficiente de distribuição de Z entre n-hexano e água é 5,85. Calcular a porcentagem de Z que resta em 25,0 mL de água que era originalmente 0,0550 mol L^{-1} em Z, após a extração com os seguintes volumes de n-hexano:
- (a) uma porção de 25,0 mL.
- (b) duas porções de 12,5 mL.
- (c) cinco porções de 5,00 mL.
- (d) dez porções de 2,50 mL.

***31-13.** Qual é o volume de n-hexano necessário para reduzir a concentração de X no Problema 31-11 a $1{,}00 \times 10^{-4}$ mol L^{-1} se 25,0 mL de uma solução 0,0500 mol L^{-1} de X forem extraídos com
- (a) porções de 25,0 mL?
- (b) porções de 10,0 mL?
- (c) porções de 2,0 mL?

31-14. Qual é o volume de n-hexano necessário para reduzir a concentração de Z no Problema 31-12 a $1{,}00 \times 10^{-5}$ mol L^{-1} se 40,0 mL de uma solução 0,0200 mol L^{-1} de Z forem extraídos com
- (a) porções de 50,0 mL de n-hexano?
- (b) porções de 25,0 mL?
- (c) porções de 10,0 mL?

***31-15.** Qual é o valor mínimo do coeficiente de distribuição que permite a remoção de 99% de um soluto de 50,0 mL de água com
(a) duas extrações com 25,0 mL de tolueno?
(b) cinco extrações com 10,0 mL de tolueno?

31-16. Se 30,0 mL de água que tem 0,0500 mol L^{-1} de Q tiver que ser extraída com quatro porções de 10,0 mL de um solvente orgânico imiscível, qual é o coeficiente de distribuição mínimo que permite transferir as seguintes porcentagens do soluto para a camada orgânica:
*(a) $1{,}00 \times 10^{-4}$
(b) $1{,}00 \times 10^{-3}$
(c) $1{,}00 \times 10^{-2}$

***31-17.** Uma solução aquosa de 0,150 mol L^{-1} de um ácido fraco HA foi preparada a partir do composto puro e três alíquotas de 50,0 mL foram transferidas para balões volumétricos de 100,0 mL. A solução 1 foi diluída para 100,0 mL com 1,0 mol L^{-1} de $HClO_4$; a solução 2, com 1,0 mol L^{-1} de NaOH e a solução 3, com água. Uma alíquota de 25,0 mL de cada uma das soluções foram extraídas com 25,0 mL de *n*-hexano. O extrato da solução 2 não continha nenhum traço detectável de espécies com A, indicando que a espécie A^- não é solúvel no solvente orgânico. O extrato da solução 1 não continha nenhum ClO_4^- ou $HClO_4$, mas tinha 0,0454 mol L^{-1} de HA (encontrado por re-extração com NaOH padrão e retrotitulação com HCl padrão). O extrato da solução 3 continha 0,0225 mol L^{-1} de HA. Pressuponha que o HA não se dissocie ou se associe no solvente orgânico e calcule
(a) a razão de distribuição para o HA entre os dois solventes.
(b) a concentração das *espécies* HA e A^- na solução aquosa 3 após a extração.
(c) a constante de dissociação de HA em água.

31-18. Para determinar a constante de equilíbrio para a reação

$$I_2 + 2SCN^- \rightleftharpoons I(SCN)_2^- + I^-$$

25,0 mL de uma solução aquosa 0,0100 mol L^{-1} de I_2 foi extraída com 10,0 mL de $CHCl_3$. Após a extração, as medidas espectrofotométricas revelaram que a concentração de I_2 *na camada aquosa* era igual a $1{,}12 \times 10^{-4}$ mol L^{-1}. Uma solução aquosa que era 0,0100 mol L^{-1} em I_2 e 0,100 mol L^{-1} em KSCN foi preparada. Depois da extração de 25,0 ml dessa solução com 10,0 mL de $CHCl_3$, a concentração de I_2 *na camada de* $CHCl_3$ foi determinada por medidas espectrofotométricas como $1{,}02 \times 10^{-3}$ mol L^{-1}.
(a) Qual é a constante de distribuição do I_2 entre $CHCl_3$ e H_2O?
(b) Qual é a constante de formação do $I(SCN)_2^-$?

***31-19.** O conteúdo total de cátions em águas naturais é frequentemente determinado pela troca dos cátions por íons hidrogênio, empregando-se uma resina de troca iônica fortemente ácida. Uma amostra de 25,0 mL de uma água natural foi diluída para 100 mL com água destilada e foi adicionado 2,0 g de resina de troca catiônica. Após agitação, a mistura foi filtrada e o sólido retido no papel de filtro foi lavado com três porções de 15,0 mL de água. O filtrado e as águas de lavagem requereram 15,3 mL de uma solução 0,0202 mol L^{-1} de NaOH para obter o ponto final com verde de bromocresol.
(a) Calcule a quantidade de matéria em milimols de cátion presente em exatamente 1,00 L de amostra.
(b) Relate os resultados em termos de miligramas por litro de $CaCO_3$.

31-20. Descreva a preparação de exatamente 2,00 L de HCl 0,1500 mol L^{-1} a partir de NaCl de grau de padrão primário usando uma resina de troca catiônica.

***31-21.** Uma solução aquosa contendo $MgCl_2$ e HCl foi analisada primeiramente titulando-se uma alíquota de 25,00 mL até o ponto final do verde de bromocresol com 17,53 mL de uma solução 0,02932 mol L^{-1} de NaOH. Uma alíquota de 10,00 mL foi diluída para 50,00 mL com água destilada e passada através de uma resina de troca iônica fortemente ácida. O eluato e as lavagens requereram 35,94 mL da solução de NaOH para atingir o mesmo ponto final. Determine as concentrações molares de HCl e $MgCl_2$ na amostra.

31-22. Uma coluna tubular empregada em cromatografia gasosa tinha um diâmetro interno de 0,25 mm. Uma vazão de 0,95 mL min^{-1} foi empregada. Encontre a velocidade linear em cm s^{-1} na saída da coluna.

***31-23.** Uma coluna empacotada de cromatografia de gás tinha um diâmetro interno de 5,0 mm. A vazão medida na saída da coluna era de 48 mL min^{-1}. Se a porosidade da coluna era de 0,43, qual era a velocidade de fluxo linear em cm s^{-1}?

31-24. Os seguintes dados são para uma coluna de cromatografia de líquido:

Comprimento do empacotamento	24,7 cm
Vazão	0,313 mL min^{-1}
V_M	1,37 mL
V_E	0,164 mL

O cromatograma de uma mistura das espécies A, B, C e D forneceu os seguintes dados:

	Tempo de Retenção, min	Largura do Pico na Base (W), min
Não retido	3,1	—
A	5,4	0,41
B	13,3	1,07
C	14,1	1,16
D	21,6	1,72

Calcule
(a) o número de pratos de cada pico.
(b) a média e o desvio padrão para N.
(c) a altura de prato para a coluna.

***31-25.** A partir dos dados do Problema 31-24, calcule para A, B, C e D
(a) o fator de retenção.
(b) a constante de distribuição.

31-26. A partir dos dados do Problema 31-23, calcule para as espécies B e C
(a) a resolução.
(b) o fator de seletividade.
(c) o comprimento da coluna necessário para separar as duas espécies com uma resolução de 1,5.
(d) o tempo necessário para separar as duas espécies na coluna na parte (c).

31-27. A partir dos dados do Problema 31-24, calcule para as espécies C e D
(a) a resolução.
(b) o comprimento da coluna necessário para separar as duas espécies com uma resolução de 1,5.

31-28. Os seguintes dados foram obtidos para a cromatografia gás-líquido em uma coluna empacotada de 40 cm:

Composto	t_R, min	W, min
Ar	1,9	—
Metilciclo-hexano	10,0	0,76
Metilciclo-hexeno	10,9	0,82
Tolueno	13,4	1,06

Calcule
(a) o número médio de pratos a partir dos dados.
(b) o desvio padrão para a média em (a).
(c) a altura média de prato da coluna.

31-29. Com relação ao Problema 31-28, calcule a resolução para
(a) metilciclo-hexeno e metilciclo-hexano.
(b) metilciclo-hexeno e tolueno.
(c) metilciclo-hexano e tolueno.

***31-30.** Se a resolução de 1,75 for desejada na separação de metilciclo-hexano e metilciclo-hexeno no Problema 31-28
(a) quantos pratos são necessários?
(b) quão longa deve ser a coluna se o mesmo empacotamento é usado?
(c) qual é o tempo de retenção para o metilciclo-hexano na coluna do item b?

31-31. Se V_E e V_M para a coluna no Problema 31-28 são 19,6 e 62,6 mL, respectivamente, e o pico do ar não retido aparece após 1,9 min, calcule:
(a) o fator de retenção para cada composto.
(b) a constante de distribuição para cada composto.
(c) o fator de seletividade para o metilciclo-hexano e metilciclo-hexeno.

***31-32.** A partir de estudos de distribuição, as espécies M e N mostram as constantes de distribuição água/hexano de 5,99 e 6,16 ($K = [X]_{H_2O}/[X]_{hex}$), onde X = M ou N. As duas espécies devem ser separadas por eluição com o hexano em uma coluna empacotada com sílica gel contendo água adsorvida. A razão V_E/V_M para o recheio é 0,425.
(a) Calcule o fator de retenção para cada soluto.
(b) Calcule o fator de seletividade.
(c) Quantos pratos são necessários para se obter uma resolução de 1,5?
(d) Qual deve ser o comprimento da coluna se a altura de prato do empacotamento é $1,5 \times 10^{-3}$ cm?
(e) Se a vazão é 6,75 cm min^{-1}, quanto tempo levará para eluir as duas espécies?

31-33. Repita os cálculos do Problema 31-32 presumindo que K_M = 5,81 e K_N = 6,20.

31-34. Problema Desafiador: Um cromatograma de uma mistura de dois componentes em uma coluna empacotada de 25 cm de cromatografia de líquidos é mostrado na figura abaixo. A vazão foi de 0,40 mL min^{-1}.

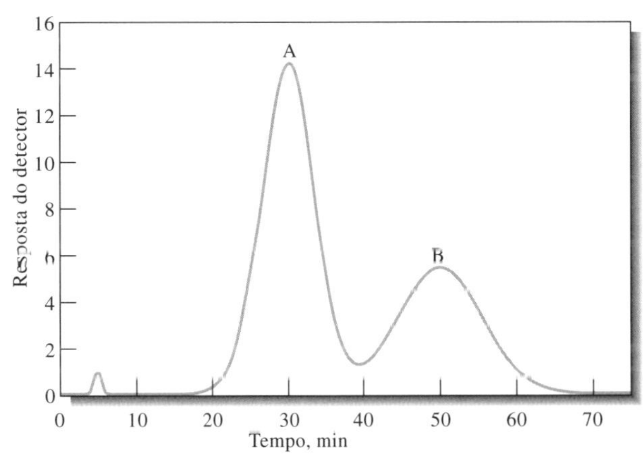

Um cromatograma de uma mistura de dois componentes

(a) Encontre os tempos nos quais os componentes A e B permanecem na fase estacionária.
(b) Encontre os tempos de retenção para A e B.
(c) Determine os fatores de retenção para os dois componentes.
(d) Encontre as larguras de cada pico e aquelas a meia-altura para cada pico.
(e) Ache a resolução para os dois picos.

(f) Encontre o número médio de pratos para a coluna.
(g) Ache a altura média do prato.
(h) Qual comprimento de coluna seria necessário para se obter uma resolução de 1,75?
(i) Quanto tempo seria necessário para se obter a resolução da parte (h)?
(j) Suponha que o comprimento da coluna seja estabelecido em 25 cm e que o material de empacotamento seja fixo. Quais medidas você poderia tomar para aumentar a resolução de forma a obter uma separação ao nível da linha de base?
(k) Existem algumas medidas que você poderia tomar para obter melhor separação em um período de tempo mais curto com a mesma coluna da parte (j)?

Cromatografia de Gás

capítulo 32

A cromatografia de gás é uma das técnicas mais largamente utilizadas para a análise qualitativa e quantitativa. A foto mostra um sistema de cromatógrafo de gás/espectrômetro de massas de bancada que pode realizar separações e identificação de alta resolução dos compostos. Tais sistemas são inestimáveis nos laboratórios industriais, biomédicos e forenses.

Este capítulo considera a cromatografia de gás em detalhe, incluindo as colunas e as fases estacionárias que são mais amplamente utilizadas. Vários sistemas de detecção, incluindo espectrometria de massas, são descritos. Embora o capítulo seja basicamente devotado à cromatografia gás-líquido, há uma breve discussão da cromatografia gás-sólido.

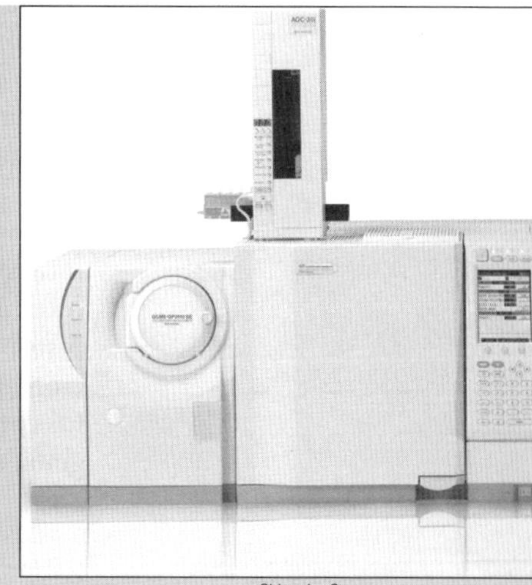

Shimadzu Corp

Na cromatografia de gás, os componentes de uma amostra vaporizada são separados em consequência da distribuição deles entre uma fase móvel gasosa e uma fase estacionária líquida ou sólida mantida em uma coluna.[1] Ao realizar uma separação cromatográfica de gás, a amostra é vaporizada e injetada na cabeça de uma coluna cromatográfica. A eluição é realizada pelo fluxo de uma fase móvel gasosa inerte. Em contraste com a maioria dos outros tipos de cromatografia, a fase móvel não interage com as moléculas do analito. A única função da fase móvel é transportar o analito através da coluna.

Dois tipos de cromatografia de gás são encontrados: a **cromatografia gás líquido** (CGL) e a **cromatografia gás-sólido** (CGS). A cromatografia gás líquido encontra amplo uso em todos os campos da ciência onde seu nome é normalmente encurtado para **cromatografia de gás** (CG). A cromatografia gás-sólido é baseada em uma fase estacionária na qual a retenção de analitos ocorre por causa da adsorção. A cromatografia gás-sólido tem aplicação limitada por causa da retenção semipermanente de moléculas ativas ou polares e efeitos de cauda severos nos picos de eluição. O efeito de cauda é devido ao caráter não linear do processo de adsorção. Portanto, esta técnica não tem encontrado larga aplicação exceto para a separação de determinadas espécies gasosas de baixa massa molecular; discutiremos o método brevemente na Seção 32D.

Na **cromatografia gás líquido**, a fase móvel é um gás e a fase estacionária é um líquido que está retido na superfície de um sólido inerte por adsorção ou ligaçao química.

Na **cromatografia gás-sólido**, a fase móvel é um gás e a fase estacionária é um sólido que retém os analitos por adsorção física. A cromatografia gás-sólido permite a separação de gases de baixa massa molecular, como os componentes do ar, sulfeto de hidrogênio, monóxido de carbono e óxido de nitrogênio

A cromatografia gás-líquido é baseada na partição do analito entre uma fase móvel gasosa e uma fase líquida imobilizada na superfície de um sólido inerte empacotando ou nas

[1] Para um tratamento detalhado da CG, veja C. Poole, ed., *Gas Chromatography*. Amsterdã: Elsevier, 2012; H. M. McNair e J. Miller, *Basic Gas Chromatography*, 2. ed., Hoboken, NJ: Wiley, 2009; R. L. Grob e E. F. Barry, ed., *Modern Practice of Gas Chromatography*, 4. ed., Hoboken, NJ: Wiley-Interscience, 2004; R. P. W. Scott, Introduction to *Analytical Gas Chromatography*, 2. ed., Nova York: Marcel Dekker, 1997.

paredes de um tubo capilar. O conceito da cromatografia gás-líquido foi primeiramente enunciado em 1941 por Martin e Synge, que foram também responsáveis pelo desenvolvimento da cromatografia de partição líquido-líquido. Contudo, mais de uma década se passou antes que o valor da cromatografia gás-líquido fosse demonstrado experimentalmente e que essa técnica passasse a ser empregada como uma ferramenta rotineira no laboratório. Em 1955, o primeiro instrumento comercial para a cromatografia gás-líquido surgiu no mercado. Desde essa época, o crescimento nas aplicações dessa técnica tem sido extraordinário. Atualmente, muitas centenas de milhares de cromatógrafos de gás estão em uso em todo o mundo.

32A INSTRUMENTOS PARA A CROMATOGRAFIA GÁS-LÍQUIDO

Muitas alterações e melhorias nos instrumentos para a cromatografia de gás apareceram no mercado desde o seu lançamento comercial. Nos anos 1970, os integradores eletrônicos e os processadores de dados baseados em computadores tornaram-se comuns. A década de 1980 viu os computadores sendo usados para o controle automático de tais parâmetros de instrumentos, como temperatura de coluna, vazões e injeção de amostra. Esta mesma década também viu o desenvolvimento de instrumentos de alto desempenho a custos moderados e, talvez mais importante, a introdução de colunas tubulares abertas que são capazes de separar componentes de misturas complexas em tempos relativamente curtos. Hoje, cerca de 50 fabricantes de instrumentos oferecem aproximadamente 150 modelos diferentes de equipamentos cromatográficos de gás a um custo que varia de US$ 1.000 até mais de US$50.000. Os componentes básicos de um instrumento típico que permite realizar a cromatografia de gás são mostrados na **Figura 32-1** e são brevemente descritos nesta seção.

32A-1 Sistema de Gás de Arraste

A fase móvel em cromatografia de gás é denominada **gás de arraste** e deve ser quimicamente inerte. O hélio é a fase móvel gasosa mais comum, embora o argônio, o nitrogênio e o hidrogênio sejam também empregados. Esses gases estão disponíveis em cilindros pressurizados. Reguladores de pressão, manômetros e medidores de vazão são necessários para se controlar a vazão do gás.

Classicamente, as vazões no cromatógrafos de gás foram reguladas controlando-se a pressão de entrada de gás. Foram usados um regulador de pressão de dois estágios no cilindro de gás e algum tipo de regulador de pressão ou regulador de fluxo montado no cromatógrafo. As pressões de entrada variam de 10 a 50 psi (lb in^{-2}) acima da pressão ambiente, produzindo vazões de 25 a 150 mL min^{-1} com colunas empacotas e de 1 a 25 mL min^{-1} para colunas capilares de tubos abertos. Com os

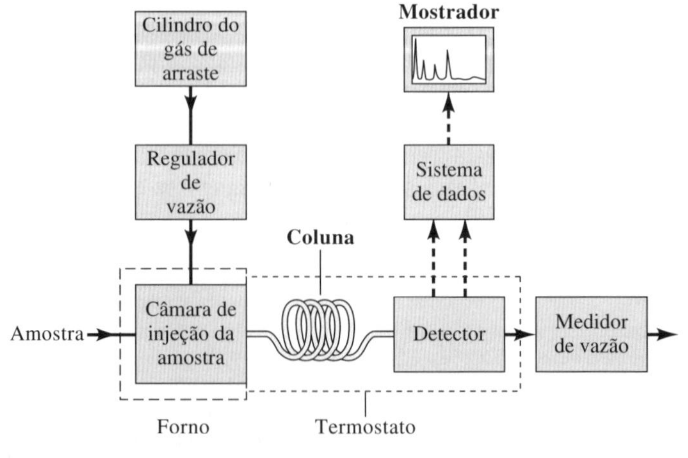

Figura 32-1 Diagrama de blocos de um cromatógrafo de gás típico.

dispositivos de pressão controlada, supõe-se que as vazões são constantes se a pressão de entrada permanece constante. Novos cromatógrafos usam controladores eletrônicos de pressão tanto para colunas empacotadas quanto para colunas capilares.

Com qualquer cromatógrafo, é desejável medir o fluxo através da coluna. O medidor clássico de bolha de sabão na **Figura 32-2** ainda é largamente utilizado. Um filme de sabão é formado no caminho do gás quando um bulbo de borracha contendo uma solução aquosa de sabão ou detergente é pressionado; o tempo necessário para que esse filme se mova entre duas graduações em uma bureta é medido e convertido em vazão volumétrica (veja Figura 32-2). Note que as vazões e as velocidades lineares de fluxo são relacionadas pelas Equações 31-12 ou pela 31-13. Os medidores de fluxo de bolha estão agora disponíveis com leituras digitais que eliminam qualquer erro humano de leitura. Normalmente, o medidor de fluxo está localizado no final da coluna, como mostrado na Figura 32-1. O uso de medidores eletrônicos de fluxo tem se tornado cada vez mais comum. Os medidores digitais de fluxo que estão disponíveis medem fluxo de massa, fluxo de volume ou ambos. Os medidores de fluxo de massa são calibrados para composições de gás específicas, mas, diferentemente dos medidores volumétricos, eles são independentes de temperatura e pressão.

Figura 32-2 Um medidor de fluxo de bolha de sabão

32A-2 Sistema de Injeção da Amostra

Para alta eficiência de coluna, uma amostra de tamanho apropriado deve ser introduzida como uma zona "estreita" de vapor. A injeção lenta ou de amostras muito volumosas causa o espalhamento das bandas e uma resolução pobre. Seringas calibradas, como as mostradas na **Figura 32-3**, são empregadas para a injeção de amostras líquidas por meio de diafragmas ou septos de silicone em uma porta de admissão da amostra aquecida localizada na cabeça da coluna. A porta de admissão da amostra (veja **Figura 32-4**) é normalmente mantida a aproximadamente 50°C acima do ponto de ebulição do componente menos volátil da amostra. Para as colunas analíticas empacotadas normais, o tamanho da amostra pode variar de poucos décimos de microlitro até 20 μL. As colunas capilares necessitam de amostras menores por um fator de 100 ou maior. Para estas colunas, um divisor de amostra é normalmente necessário para desviar para a coluna uma fração pequena e conhecida (1:100 para 1:500) da amostra injetada, sendo o restante enviado para o descarte. Os cromatógrafos de gás projetados para uso com colunas capilares incorporam tais divisores e eles também permitem a injeção sem divisores quando são usadas colunas empacotadas.

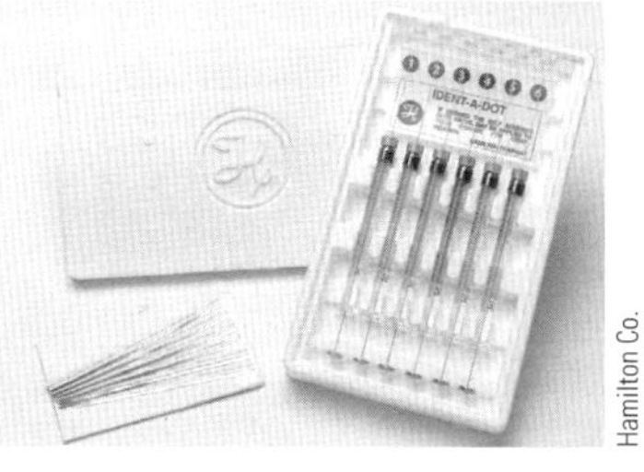

Figura 32-3 Um conjunto de microsseringas para injeção de amostra.

Para a injeção de amostra mais reprodutível, os mais novos cromatógrafos de gás usam autoinjetores e autoamostradores, como o sistema mostrado na **Figura 32-5**. Com tais autoinjetores, as seringas são enchidas e a amostra, injetada no cromatógrafo automaticamente. No autoamostrador, as amostras estão contidas em frascos em uma mesa giratória de amostra. A seringa do autoinjetor pega a amostra através de um septo no frasco e injeta a amostra através de um septo no cromatógrafo. Com a unidade mostrada, até 150 frascos de amostras podem ser colocados nesta mesa giratória. Os volumes de injeção podem variar de 0,1 μL com uma seringa de 10 μL até 200 μL com uma seringa de 200 μL. Desvios padrão tão baixos quanto 0,3% são comuns com sistemas de autoinjeção.

Para introduzir gases, uma válvula de amostra, como aquela mostrada na **Figura 32-6**, é frequentemente usada ao invés de uma seringa. Com tais dispositivos, os tamanhos das amostras podem ser reproduzidos para algo melhor que 0,5% relativo. As amostras líquidas também podem ser introduzidas através de uma válvula de amostragem. As amostras sólidas são introduzidas como soluções ou, alternativamente, são seladas em recipientes de paredes finas que podem ser inseridos na cabeça da coluna e furados ou amassados de fora.

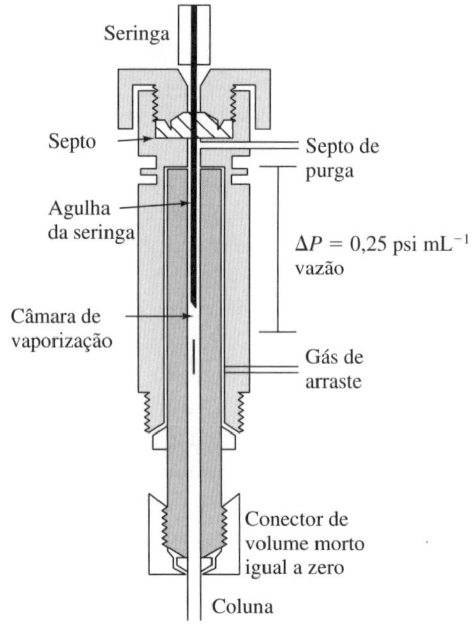

Figura 32-4 Vista da secção transversal de um injetor vaporizador direto tipo *microflash*.

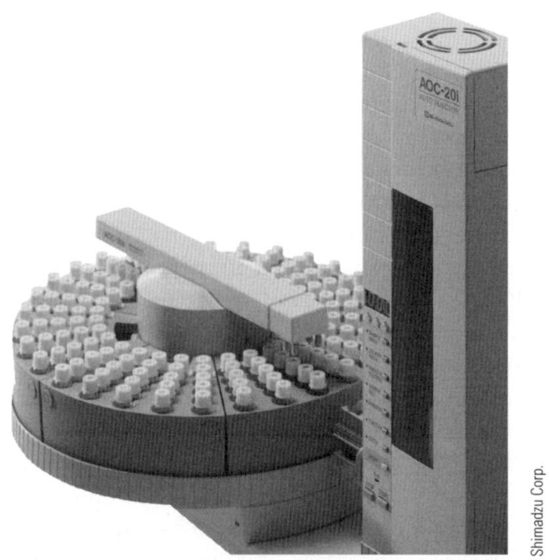

Figura 32-5 Um sistema de autoinjeção com um autoamostrador para cromatografia de gás.

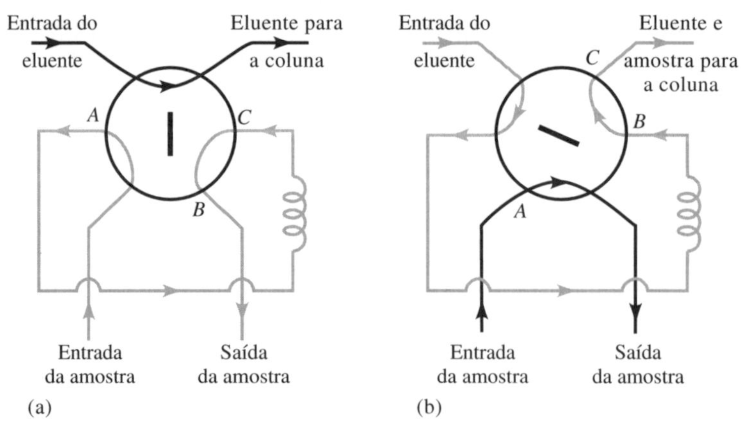

Figura 32-6 Uma válvula de amostragem tipo rotatória. A válvula permanece na posição (a) para que a alça *ACB* seja preenchida com a amostra; na posição (b) a amostra é introduzida na coluna.

32A-3 Configurações de Colunas e Fornos para as Colunas

As colunas na cromatografia de gás são de dois tipos gerais: **colunas empacotadas** (ou **colunas tubulares abertas**) ou **colunas capilares**. No passado, a ampla maioria das análises cromatográficas empregava as colunas empacotadas. Para muitas aplicações atuais, colunas empacotadas têm sido substituídas pelas mais eficientes e mais rápidas colunas capilares.

As colunas cromatográficas variam em comprimento de menos de 2 m até 60 m ou mais. São construídas de aço inoxidável, vidro, sílica fundida ou Teflon. Para serem inseridas em um forno para termostatização, elas são geralmente formadas como bobinas tendo diâmetros de 10 a 30 cm (veja **Figura 32-7**). Uma discussão detalhada sobre as colunas, materiais de empacotamento de colunas e fases estacionárias pode ser encontrada na Seção 32B.

A temperatura da coluna é uma variável importante que deve ser controlada dentro de poucos décimos de grau para se obter boa precisão. Assim, a coluna é normalmente abrigada em um forno termostatizado. A temperatura ótima da coluna depende do ponto de ebulição da amostra e do grau de separação requerido. Grosseiramente, uma temperatura igual ou ligeiramente superior ao ponto de ebulição médio da amostra proporciona tempos de eluição razoáveis (2 a 30 min). Para amostras com uma faixa larga de ebulição, é frequentemente desejável usar a **programação de temperatura** pela qual a temperatura da coluna é aumentada continuamente ou em

Figura 32-7 Colunas capilares de sílica fundida.

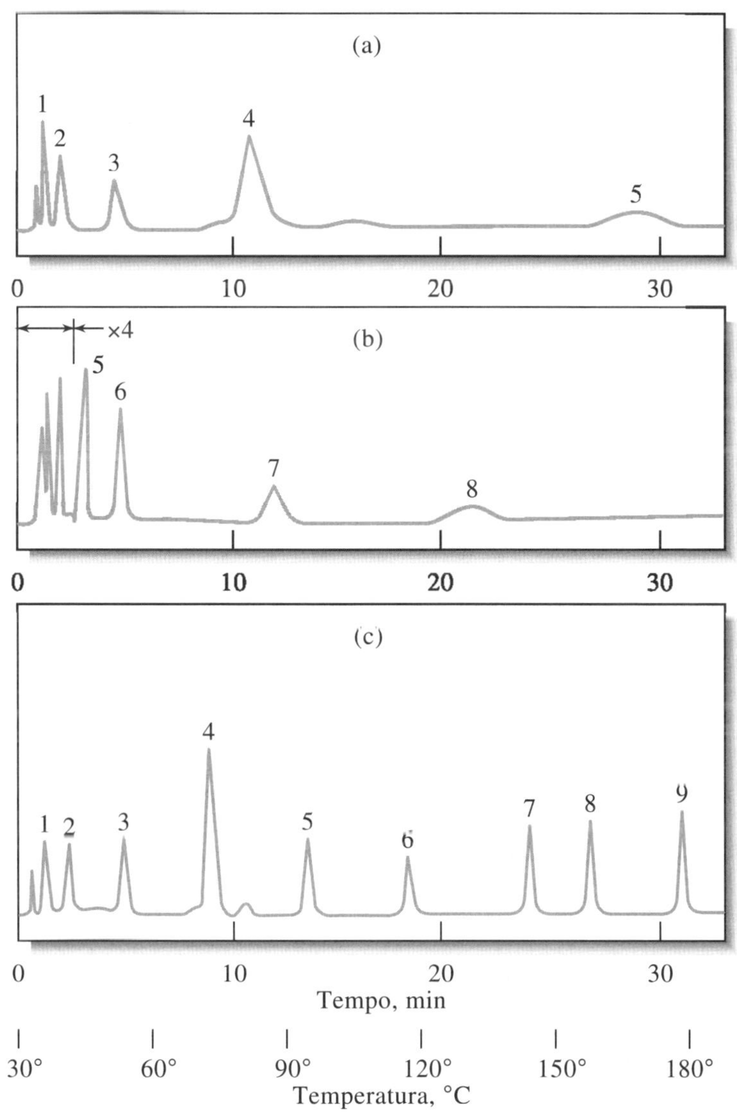

A **programação de temperatura** na cromatografia de gás é atingida aumentando-se a temperatura da coluna continuamente ou em etapas durante a eluição.

Figura 32-8 Efeito da temperatura nos cromatogramas de gás. (a) Isotérmico a 45°C; (b) isotérmico a 145°C. (c) Programado de 30°C a 180°C. (De W. E. Harris e H. W. Habgood, *Programmed Temperature Gas Chromatography*, Nova York: Wiley, 1996, p. 10. Reproduzida com permissão do autor.)

etapas à medida que a separação prossegue. A **Figura 32-8** mostra a melhoria que se consegue em um cromatograma por meio da programação de temperatura.

Geralmente, a resolução ótima está associada com uma temperatura mínima; o preço de se reduzir a temperatura, contudo, é um aumento no tempo de eluição e, portanto, no tempo necessário para se completar a análise. As Figuras 32-8a e 32-8b ilustram esse princípio.

Os analitos de volatilidade limitada podem algumas vezes ser determinados pela formação de derivados que são mais voláteis. Da mesma forma, a derivação é usada para melhorar a detecção ou melhorar o desempenho cromatográfico.

32A-4 Detectores Cromatográficos

Dezenas de detectores têm sido investigados e empregados em separações cromatográficas de gás.[2] Descrevemos inicialmente as características que são mais desejáveis em um detector para cromatografia de gás e então discutimos os dispositivos mais largamente utilizados.

Características de um Detector Ideal

O detector ideal para a cromatografia de gás apresenta as seguintes características:

1. Sensibilidade adequada. Em geral, as sensibilidades nos detectores atuais situam-se na faixa de 10^{-8} a 10^{-15} g s^{-1} do soluto.
2. Boa estabilidade e reprodutibilidade.
3. Resposta linear aos solutos que se estenda a várias ordens de grandeza.
4. Faixa de temperatura desde a ambiente até pelo menos 400°C.
5. Um tempo de resposta curto e independente da vazão.
6. Uma alta confiabilidade e facilidade de uso. Na medida do possível, o detector deve ser à prova de acidentes nas mãos de operadores inexperientes.
7. Similaridade de resposta a todos os solutos ou, alternativamente, uma resposta altamente previsível e seletiva a uma ou mais classes de solutos.
8. Não deve destruir a amostra.

Desnecessário dizer que nenhum detector atual exibe todas essas características. Alguns dos detectores mais comuns são listados na **Tabela 32-1**. Quatro dos detectores mais utilizados são descritos nos parágrafos a seguir.

Detectores de Ionização em Chama

O **detector de ionização em chama** (DIC) é o mais empregado em aplicações da cromatografia de gás em geral. Com um DIC, como aquele mostrado na **Figura 32-9**, o

TABELA 32-1

Detectores para a Cromatografia de Gás

Tipo	Amostras a que São Aplicáveis	Limite de Detecção Típico
Ionização em chama	Hidrocarbonetos	1 pg s^{-1}
Condutividade térmica	Detector universal	500 pg mL^{-1}
Captura de elétrons	Compostos halogenados	5 pg mL^{-1}
Espectrômetro de massas (EM)	Ajustável a qualquer espécie	0,25 a 100 pg
Termiônico	Compostos de nitrogênio e fósforo	0,1 pg s^{-1} (P) 1 pg s^{-1} (N)
Condutividade eletrolítica (Hall)	Compostos contendo halogênios, enxofre ou nitrogênio	0,5 pg s^{-1} (Cl) 2 pg s^{-1} (S) 4 pg s^{-1} (N)
Fotoionização	Compostos ionizáveis pela radiação UV	2 pg s^{-1} (C)
Infravermelho com transformada de Fourier (IVFT)	Compostos orgânicos	0,2 a 40 ng s^{-1}

[2] Veja L. A. Colon e L. J. Baird, em *Modern Practice of Gas Chromatography*, R. L. Grob e E. F. Barry, eds., 4. ed., Hoboken, NJ: Wiley-Interscience, 2004, cap. 6.

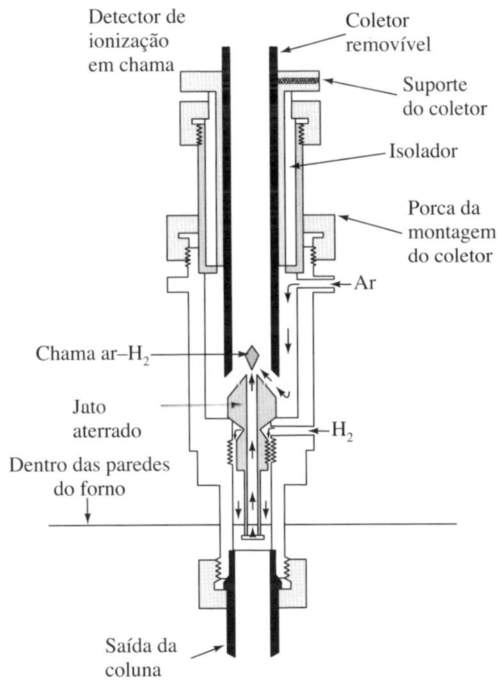

Figura 32-9 Um detector de ionização em chama típico. (Cortesia da Agilent Technologies.)

efluente da coluna é dirigido para uma pequena chama de ar/hidrogênio. A maioria dos compostos orgânicos produz íons e elétrons quando pirolisados à temperatura de uma chama ar/hidrogênio. Estes compostos são detectados monitorando a corrente produzida coletando íons e elétrons. Poucas centenas de volts aplicadas entre a ponta do queimador e um eletrodo, localizado acima da chama, servem para coletar os íons e elétrons. A corrente resultante ($\sim 10^{-12}$ A) é então medida com um picoamperímetro sensível.

A ionização de compostos de carbono em uma chama é um processo muito mal compreendido, embora seja observado que o número de íons produzidos é aproximadamente proporcional ao número de átomos de carbono *reduzidos* na chama. Uma vez que o detector de ionização em chama responde ao número de átomos de carbono que entram no detector por unidade de tempo, ele é um dispositivo *sensível à massa* em vez de sensível à *concentração*. Como tal, este detector tem a vantagem de que as variações na vazão da fase móvel têm pouco efeito na resposta do detector.

Grupos funcionais como carbonila, álcool, halogênicos e amínicos produzem poucos ou nenhum íon na chama. Além disso, o detector é insensível para gases não combustíveis como H_2O, CO_2, SO_2 e NO_x. Essas propriedades tornam o detector de ionização em chama muito mais útil para a análise de amostras orgânicas, incluindo aquelas contaminadas com água e com óxidos de nitrogênio e enxofre. O DIC exibe uma alta sensitividade ($\sim 10^{-13}$ g s^{-1}), maior faixa de resposta linear ($\sim 10^7$) e menor ruído. Geralmente é robusto e fácil de usar. As desvantagens do detector de ionização em chama são que ele destrói a amostra durante a etapa de combustão e requer gases e controladores adicionais.

Detectores de Condutividade Térmica

O **detector de condutividade térmica** (DCT), que foi um dos primeiros detectores para cromatografia de gás, ainda encontra ampla aplicação. Esse dispositivo consiste em uma fonte aquecida eletricamente cuja temperatura à potência elétrica constante depende da condutividade térmica do gás que a envolve. O elemento aquecido pode ser um fio fino de platina, ouro ou tungstênio ou, alternativamente, um pequeno termistor. A resistência elétrica desse elemento depende da condutividade térmica do gás. A **Figura 32-10a** mostra uma visão transversal de um dos elementos sensíveis à temperatura em um DCT.

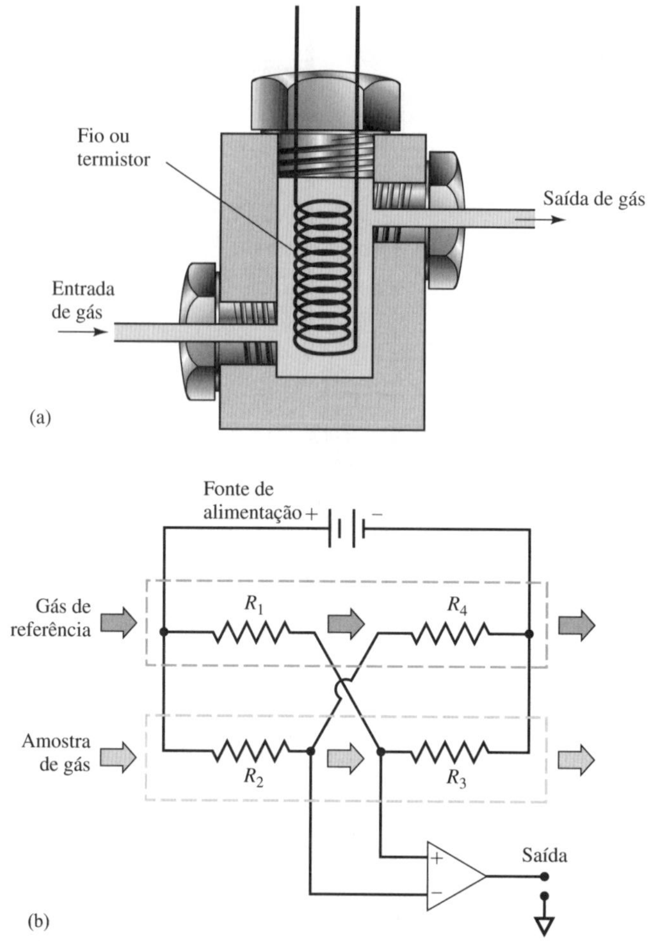

Figura 32-10 Esquema de (a) uma célula de um detector de condutividade térmica e (b) de um arranjo de duas células de detecção da amostra (R_2 e R_3) e duas células de referência (R_1 e R_4). (Reimpresso de F. Rasrelloa; P. Placidi; A. Scorzonia; E. Cozzanib; M. Messinab; I. Elmib; S. Zampollib e G. C. Cardinalli, *Sensors and Actuators A*, v. 178, p. 49, **2012**, **DOI**: 10.1016/j.sna.2012.02.008. Direitos autorais (2012), com a permissão de Elsevier.)

Frequentemente são usados quatro elementos resistentes e sensíveis termicamente. Um *par de referências* está localizado acima da câmera de injeção e um *par de amostras* imediatamente além da coluna. Os detectores são incorporados em dois braços de um circuito em ponte, como mostrado na Figura 32-10b, de tal forma que a condutividade térmica do gás de arraste seja cancelada. Além disso, os efeitos de variação na temperatura, pressão e alimentação elétrica são minimizados. Estão disponíveis DCTs de filamento único modulado.

As condutividades térmicas do hélio e do hidrogênio são aproximadamente seis vezes maiores que aquelas da maioria dos compostos orgânicos. Assim, mesmo pequenas quantidades de espécies orgânicas provocam relativamente grandes diminuições na condutividade térmica do efluente de coluna, resultando em aumento apreciável na temperatura do detector. A detecção por condutividade térmica é menos satisfatória quando se empregam gases cujas condutividades se aproximam muito daquelas dos componentes da amostra.

As vantagens dos DCT são sua simplicidade, sua maior faixa dinâmica linear (aproximadamente cinco ordens de grandeza), sua resposta geral tanto para espécies orgânicas quanto para inorgânicas e seu caráter não destrutivo, que permite a coleta de solutos após a detecção. A principal limitação deste detector é sua relativamente baixa sensibilidade ($\sim 10^8$ g s^{-1} de soluto por mL de gás de arraste). Outros detectores excedem essa sensibilidade por fatores de 10^4 a 10^7. As baixas sensibilidades dos DCTs frequentemente impedem seus usos com colunas capilares onde as quantidades de amostra são muito pequenas.

Detectores de Captura de Elétrons

O **detector de captura de elétrons** (DCE) tornou-se um dos mais amplamente empregados para as amostras ambientais em virtude de ele responder seletivamente aos compostos orgânicos contendo halogênios, como pesticidas e bifenilas policloradas. Nesse detector, a amostra eluída de uma coluna passa sobre uma fonte radioativa emissora β, geralmente níquel-63. Um elétron do emissor causa a ionização do gás de arraste (frequentemente nitrogênio) e a produção de uma rajada de elétrons. Na ausência de espécies orgânicas, produz-se uma corrente constante entre um par de eletrodos em decorrência desse processo de ionização. Contudo, a corrente decresce significativamente na presença de moléculas orgânicas que contêm grupos funcionais eletronegativos que tendem a capturar elétrons. Os compostos halogenados, peróxidos, quinonas e grupos nitro são detectados com alta sensibilidade. O detector é insensível a grupos funcionais como aminas, alcoóis e hidrocarbonetos.

Os detectores de captura de elétrons são altamente sensíveis e apresentam a vantagem de não alterar a amostra significativamente (em contraste com o detector de ionização em chama, que consome a amostra). Contudo, a resposta linear do detector é limitada a cerca de duas ordens de grandeza.

Espectrometria de Massas

Um dos mais poderosos detectores para CG é o **espectrômetro de massas**. A combinação de cromatografia de gás e espectrometria de massas é conhecida como **CG/MS**.[3] Como discutido no Capítulo 29, um espectrômetro de massas mede a razão massa/carga (m/z) de íons que são produzidos pela amostra. A maioria dos íons produzidos apresenta uma carga unitária ($z = 1$), de forma que a maioria dos espectrometristas de massas refere-se à medida de massa dos íons quando, na verdade, a razão massa/carga é que é medida.

Atualmente, aproximadamente 50 companhias de instrumentos oferecem equipamentos de CG/MS. A vazão das colunas capilares normalmente é baixa o suficiente para que a saída de coluna possa alimentar diretamente a câmara de ionização do espectrômetro de massas. O esquema de um sistema CG/MS típico foi mostrado anteriormente na Figura 29-8. Antes do surgimento das colunas capilares, quando colunas empacotadas eram usadas, era necessário minimizar o grande volume de gás de arraste eluindo da CG. Vários separadores de jatos, de membranas e de efusão eram usados para este propósito. Atualmente, as colunas capilares são invariavelmente usadas nos instrumentos de CG/MS e tais separadores não são mais necessários.

As fontes mais comuns de íons para a CG/MS são o impacto de elétrons e a ionização química. Os analisadores de massas mais comuns são os analisadores quadrupolares e de aprisionamento de íons. As fontes e tais analisadores para espectrometria de massas estão também descritos no Capítulo 29.

Na CG/MS, o espectrômetro de massas varre as massas repetidamente durante o experimento cromatográfico. Se a operação do cromatógrafo é por 10 minutos, por exemplo, e uma varredura é feita a cada segundo, são gravados 600 espectros de massas. Um sistema de dados de computador é necessário para processar a grande quantidade de dados obtida. Os dados podem ser analisados de várias maneiras. Primeiramente, a abundância do íon em cada espectro pode ser somada e colocada em um gráfico em função do tempo para fornecer o **cromatograma de íon total**. Este gráfico é similar ao cromatograma convencional. Em segundo lugar, o espectro de massas pode ser exibido em um momento específico durante o cromatograma para identificar as espécies eluindo naquele momento. Finalmente, um único valor da relação massa-carga (m/z) pode ser selecionado e monitorado durante todo o experimento cromatográfico, uma técnica conhecida como **monitoramento seletivo de íon**. Os espectros de massas de íons selecionados durante um experimento cromatográfico são conhecidos como **cromatogramas de massas**.

---

[3] Veja O. D. Sparkaman; Z. E. Pentom e F. G. *Kirson Gas Chromatography and Mass Spectrometry*, 2. ed., Amsterdã: Elsevier, 2011; M. C. McMaster, *GC/MS: A Practical Users Guide*, 2. ed., Nova York: Wiley, 2008.

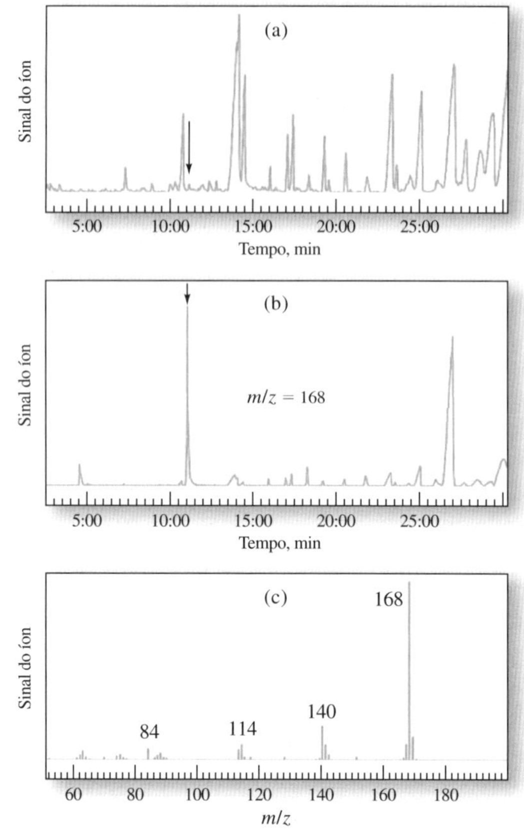

Figura 32-11 Saídas típicas para um sistema CG/MS. Em (a) é mostrado o cromatograma de íon total de um extrato de cupim. Em (b) o íon em *m*/*z* = 168 foi monitorado durante o cromatograma. Em (c), é apresentado o espectro de massas completo do composto eluindo em t = 10,46 minutos, permitindo que ele seja identificado como a β-carbolina norharmano, um importante alcaloide. De S. Ikatura, S. Kawabata, H. Tanaka e A. Enoki, *J. Insect Sci.*, v. 8, p. 13, **2008**.

Os instrumentos de CG/MS têm sido úteis para a identificação de milhares de compostos que estão presentes em sistemas naturais e biológicos. Um exemplo de uma aplicação do CG/MS está mostrado na **Figura 32-11**. O cromatograma de íon total de um extrato metanólico de uma amostra de cupim é mostrado no item (a). O cromatograma de íon selecionado no item (b) é aquele do íon em uma razão massa--carga de 168. Para completar a identificação, foi tomado o espectro de massas completo da espécie eluindo em 10,46 min e mostrado em (c) permitindo identificar o composto como sendo como a β-carbolina norharmano, um alcaloide.

A espectrometria de massas também pode ser usada para obter informação sobre componentes separados de forma incompleta. Por exemplo, o espectro de massas da extremidade frontal de um pico de CG pode ser diferente daquele da extremidade final se componentes múltiplos estão eluindo ao mesmo tempo. Com a espectrometria de massas, podemos não apenas determinar que um pico é devido a mais de um componente, mas também podemos identificar as várias espécies não resolvidas. A CG também tem sido acoplada com espectrômetros de massas em tandem e com espectrômetros de massas com transfromada de Fourier para fornecer sistemas CG/MS/MS ou CG/MS^n, que são ferramentas muito poderosas para identificar componentes em misturas.

Outros Tipos de Detectores para CG

Outros detectores importantes para CG incluem o detector termiônico, o detector de condutividade eletrolítica ou de efeito Hall e o detector de fotoionização. O detector termiônico apresenta uma construção similar ao DIC. No detector termiônico, os compostos contendo nitrogênio e fósforo produzem um aumento da corrente em chamas nas quais um sal de metal alcalino é vaporizado. O detector termiônico é amplamente empregado para pesticidas organofosforados e compostos farmacêuticos.

Nos detectores de condutividade eletrolítica, os compostos contendo halogênios, enxofre ou nitrogênio são misturados com um gás reagente em um pequeno tubo de reação. Os produtos são então dissolvidos em um líquido que produz uma solução condutora. A variação na condutividade resultante da presença de um composto ativo é medida. No detector de fotoionização, as moléculas são fotoionizadas por radiação UV. Os íons e elétrons produzidos são coletados com um par de eletrodos polarizados e a corrente resultante é medida. O detector é frequentemente usado para as moléculas aromáticas ou outras moléculas que são facilmente fotoionizáveis.

A cromatografia de gás é geralmente acoplada a técnicas seletivas da espectroscopia ou eletroquímica. Abordamos a CG/MS, mas a cromatografia de gás pode ser combinada com várias outras técnicas como a espectroscopia no infravermelho e a espectroscopia de RMN para munir o químico de ferramentas poderosas para a identificação de componentes em misturas complexas. Essas técnicas combinadas são muitas vezes chamadas **métodos hifenados**.[4]

Os **métodos hifenados** acoplam a capacidade de separação da cromatografia com a capacidade de detecção qualitativa e quantitativa dos métodos espectrais.

Nos primeiros métodos hifenados, os eluatos da coluna cromatográfica eram coletados como frações separadas em um coletor resfriado e um detector não destrutivo e não seletivo era empregado para indicar seu aparecimento. A composição da fração era investigada por ressonância magnética nuclear, espectrometria no infravermelho ou de massas ou medidas eletroanalíticas. Uma limitação séria desta abordagem eram as quantidades pequenas (normalmente micromolar) de soluto contidas em uma fração.

A maioria dos métodos hifenados modernos monitora o efluente da coluna cromatográfica continuamente por meio de métodos espectroscópicos. A combinação de duas técnicas baseadas em diferentes princípios pode levar a uma alta seletividade. Os instrumentos atuais de CG baseados no uso de computadores incorporam grandes bases de dados para a comparação de espectros e identificação de compostos.

32B COLUNAS DE CROMATOGRAFIA DE GÁS E FASES ESTACIONÁRIAS

Os estudos pioneiros em cromatografia de gás foram realizados, no início dos anos 1950, em colunas empacotadas, nas quais a fase estacionária era constituída de um filme fino de líquido retido por adsorção na superfície de um suporte sólido inerte finamente dividido. A partir de estudos teóricos feitos durante esse período inicial, tornou-se aparente que as colunas não empacotadas com diâmetro de poucos décimos de milímetro poderiam proporcionar separações superiores àquelas obtidas em colunas empacotadas quanto à velocidade e à eficiência da coluna.[5] Em tais **colunas capilares**, a fase estacionária era um filme líquido de algumas dezenas de micrômetro de espessura que revestia uniformemente o interior de um tubo capilar. No final da década de 1950, tais **colunas capilares abertas** eram construídas e as características de desempenho previsto eram confirmadas experimentalmente em vários laboratórios, com colunas tubulares abertas tendo 300.000 pratos ou mais sendo descritos.[6]

A despeito dessas características espetaculares de desempenho, as colunas capilares não ganharam ampla aceitação e uso até mais de duas décadas após a sua invenção. As razões para esse atraso foram muitas, incluindo a pequena capacidade de amostra, fragilidade das colunas, problemas mecânicos associados com a introdução da amostra e com a conexão da coluna com o detector, dificuldades de recobrimento da coluna de forma reprodutível, a vida curta de colunas preparadas de forma ineficiente,

[4] Para revisões sobre métodos hifenados, veja C. L. Wilkins, *Science*, v. 222, p. 291, **1983**, **DOI**: 10.1126/science.6353577; C. L. Wilkins, *Anal. Chem.*, v. 59, p. 571A, **1989**, **DOI**: 10.1021/ac00135a001.

[5] Para uma discussão completa de tecnologia de coluna empacotada e capilar, veja E. F. Barry e R. L. Grob, *Columns for Gas Chromatography*, Hoboken, NJ: Wiley Interscience, 2007.

[6] Em 1987, foi estabelecido um recorde para o comprimento de uma coluna tubular aberta e o número de pratos pela Corporation of the Netherlands, como atestado pelo *Livro Guinness de Recordes*. A coluna era de sílica fundida e desenhada em uma peça e tendo um diâmetro interno de 0,32 mm e um comprimento de 2.100 m ou 1,3 milha. A coluna era revestida com 0,1 m de um filme de siloxano de polimetila. Uma seção de 1.300 m desta coluna continha mais de 2 milhões de pratos.

a tendência das colunas de entupirem e as patentes, que restringiram o desenvolvimento comercial a um único fabricante. (A patente original expirou em 1977.) O desenvolvimento mais significativo na CG capilar ocorreu em 1979, quando foram introduzidos capilares de sílica fundida. Desde então tem aparecido uma impressionante lista de colunas capilares disponíveis comercialmente. Como um resultado, a maioria das aplicações nos últimos cinco anos usa colunas capilares.[7]

32B-1 Colunas Capilares

As colunas capilares também são chamadas de colunas tubulares abertas por causa do caminho de fluxo aberto através delas. Elas são de dois tipos básicos: **coluna tubular aberta de parede revestida** (TAPR) – WCOT, do inglês *wall-coated open tubular* – e **colunas tubulares abertas revestidas com suporte** (TARS) – SCOT, do inglês *support-coated open tubular*.[8] As colunas de paredes revestidas são tubos capilares revestidos com uma fina camada da fase estacionária líquida. Em colunas tubulares abertas revestidas com suporte, a superfície interna do capilar é recoberta com um filme fino (~30 μm) de um material de suporte sólido, como terra diatomácea, no qual a fase estacionária líquida é adsorvida. Esse tipo de coluna retém uma quantidade de fase estacionária muitas vezes maior que uma coluna de parede recoberta e assim apresenta maior capacidade de amostra. Geralmente, a eficiência de uma coluna TARS é menor que uma coluna TAPR, mas significativamente maior que a de uma coluna empacotada.

As **colunas tubulares abertas de sílica fundida (CTAS)** são atualmente as colunas mais amplamente utilizadas em CG.

As primeiras colunas TAPR foram construídas de aço inoxidável, alumínio, cobre ou plástico. Frequentemente, um vidro de borossilicato era corroído por ácido clorídrico gasoso, ácido clorídrico aquoso forte ou hidrogeno fluoreto de potássio para produzir uma superfície inerte. A subsequente corrosão torna áspera a superfície, que mantém a fase estacionária mais firmemente.

Os capilares de sílica fundida são puxados a partir de sílica purificada especial que contém quantidades mínimas de óxidos metálicos. Esses capilares apresentam paredes muito mais finas que as de vidro. Eles têm reforço adicionado por um revestimento externo protetor de poli-imida, que é aplicado à medida que o tubo capilar está sendo puxado. As colunas resultantes são bastante flexíveis e podem ser enroladas em bobinas com diâmetros de poucas polegadas. A Figura 32-7 mostra uma foto de colunas capilares de sílica fundida. As colunas de sílica fundida comerciais oferecem muitas vantagens importantes sobre as colunas de vidro, tais como resistência física, reatividade mais baixa diante dos componentes da amostra e flexibilidade. Para a maioria das aplicações, elas têm substituído as colunas de vidro antigas do tipo TAPR.

Colunas de sílica fundida com diâmetros internos de 0,32 e 0,25 mm são muito populares. As colunas de mais alta resolução são vendidas com diâmetros de 0,20 e 0,15 mm. Essas colunas são de uso mais complexo e são mais restritivas com relação aos sistemas de injeção e detecção. Assim, um divisor de amostra deve ser empregado para reduzir o tamanho da amostra injetada na coluna e um sistema de detecção mais sensível com baixo tempo de resposta é necessário.

As colunas capilares com 530 μm de diâmetro interno, algumas vezes chamadas **colunas megabore**, estão comercialmente disponíveis. As características de desempenho das colunas capilares megabore não são tão boas quanto aquelas de colunas de diâmetro menor, mas são melhores que aquelas de colunas empacotadas.

A **Tabela 32-2** compara as características de desempenho de colunas capilares de sílica fundida com outros tipos de colunas de parede recoberta, bem como com as de colunas com suporte revestido e empacotadas.

---

[7] Para mais informações sobre colunas capilares, veja E. F. Barry, *Modern Practice of Gas Chromatography*, R. L. Grob e E. F. Barry, eds., 4. ed., Nova York: Wiley-Interscience, 2004, cap. 3.

[8] Para uma descrição detalhada das colunas tubulares abertas, veja M. L. Lee; F. J. Yang e K. D. Bartle, *Open Tubular Column Gas Chromatography: Theory and Practice*, Nova York:Wiley, 1984.

32B-2 Colunas Empacotadas

As colunas empacotadas modernas são fabricadas a partir de tubos de vidro ou de metal. Esses tubos são densamente empacotados com um material uniforme e finamente dividido, ou suporte sólido, que é recoberto com uma camada fina (0,05 a 1 μm) de fase estacionária líquida. Os tubos normalmente são formados como bobinas com diâmetros de aproximadamente 15 cm de maneira que eles possam ser colocados de forma conveniente em forno de temperatura controlada.

TABELA 32-2

Propriedades e Características de Colunas Típicas para CG

	Tipo de Coluna			
	CTAS*	TAPR†	TARS‡	Empacotada
Comprimento, m	10–100	10–100	10–100	1–6
Diâmetro interno, mm	0,1–0,3	0,25–0,75	0,5	2–4
Eficiência, prato m^{-1}	2.000–4.000	1.000–4.000	600–1.200	500–1.000
Tamanho da amostra, ng	10–75	10–1.000	10–1.000	10–10^6
Pressão relativa	Baixa	Baixa	Baixa	Alta
Velocidade relativa	Rápida	Rápida	Rápida	Lenta
É flexível?	Sim	Não	Não	Não
Estabilidade química	Melhor ⟶			Pior

* Coluna tubular aberta de sílica fundida.
† Coluna tubular aberta de parede revestita.
‡ Coluna tubular aberta revestida com suporte (também chamada coluna tubular aberta com camada porosa ou TACP).

Materiais Sólidos de Suporte

O material de empacotamento, ou suporte sólido em uma coluna empacotada, serve para fixar a fase estacionária líquida de forma que a maior área superficial possível esteja exposta à fase móvel. O suporte ideal consiste em pequenas partículas uniformes e esféricas com boa resistência mecânica e com uma área superficial de pelo menos 1 m^2 g^{-1}. Além disso, o material deve ser inerte a temperaturas elevadas e deve ser molhado uniformemente pela fase líquida. Nenhuma substância que preencha perfeitamente todos esses critérios se encontra disponível.

Os materiais de empacotamento empregados inicialmente, e ainda os mais amplamente utilizados, para a cromatografia de gás eram preparados com terra diatomácea de ocorrência natural, a qual consiste em esqueletos de milhares de espécies de plantas unicelulares que habitaram os antigos lagos e mares (veja **Figura 32-12**, uma foto ampliada de um diátomo obtida com um microscópio eletrônico de varredura). Esses materiais de suporte são frequentemente tratados quimicamente com dimetilclorosilano, que produz uma camada de grupos metila. Esse tratamento reduz a tendência de o material de empacotamento absorver moléculas polares.

Figura 32-12 Uma fotomicrografia de uma diátomo. Aumento de 5.000×.

Tamanho de Partículas dos Suportes

Como mostrado na Figura 31-16, a eficiência de uma coluna cromatográfica aumenta rapidamente com a diminuição do diâmetro de partícula do empacototamento. Contudo, a diferença de pressão requerida para manter uma vazão aceitável do gás de arraste varia de forma inversa ao quadrado do diâmetro de partícula. A última relação colocou limites mais baixos no tamanho das partículas usadas na cromatografia de gás porque não é conveniente usar diferenças de pressão que são maiores que aproximadamente 50 psi. Como resultado, as partículas de suporte usuais são de 60 a 80 mesh (250 a 170 μm) ou de 80 a 100 mesh (170 a 149 μm).

32B-3 Fases Estacionárias Líquidas

As propriedades desejáveis para a fase líquida imobilizada em uma coluna cromatográfica gás-líquido incluem (1) *baixa volatilidade* (idealmente, o ponto de ebulição do líquido deve ser pelo menos 100 °C maior que a temperatura máxima de operação da coluna), (2) *estabilidade térmica* (3) *inércia química* e (4) *características de solvente* apropriadas para que os valores de k e α (veja a Seção 31E-4) para os solutos a serem resolvidos caiam dentro de uma faixa adequada.

Muitos líquidos têm sido propostos como fases estacionárias no desenvolvimento da cromatografia gás-líquido. Atualmente, menos que uma dezena são comumente usados. A escolha apropriada de uma fase estacionária é frequentemente crucial para o sucesso de uma separação. As orientações qualitativas para a seleção de fase estacionária podem ser baseadas em uma revisão da literatura, uma pesquisa na web ou recomendações de vendedores de equipamento e material cromatográfico.

O tempo de retenção para um analito na coluna depende da sua constante de distribuição que, por sua vez, está relacionada com a natureza química da fase estacionária. Para separar os vários componentes de uma amostra, suas constantes de distribuição devem ser suficientemente diferentes para possibilitar uma separação bem definida. Ao mesmo tempo, estas constantes não devem ser extremamente grandes ou extremamente pequenas porque as constantes de distribuição levam a tempos de retenção proibitivamente longos e pequenas constantes produzem tempos de retenção tão curtos que as separações ficam incompletas.

Para se obter um tempo de permanência razoável na coluna, um analito deve mostrar algum grau de compatibilidade (solubilidade) com a fase estacionária. Nesse caso, o princípio segundo o qual "igual dissolve igual" se aplica, onde "igual" refere-se à polaridade do analito e a do líquido imobilizado. A polaridade de uma molécula, como indicada por seu momento dipolo, é uma medida do campo elétrico produzido pela separação de cargas na molécula. As fases estacionárias polares contêm grupos como —CN, —CO e —OH. As fases estacionárias do tipo hidrocarbonetos e os dialquilsiloxanos são apolares, enquanto as fases de poliésteres são altamente polares. Os analitos polares incluem os alcoóis, ácidos e aminas; os solutos de polaridade média englobam os éteres, as cetonas e os aldeídos. Os hidrocarbonetos saturados são apolares. Geralmente, a polaridade da fase estacionária deve igualar-se à dos componentes da amostra. Quando se tem uma boa igualdade, a ordem de eluição é determinada pelo ponto de ebulição dos eluentes.

As polaridades de grupos funcionais orgânicos na ordem crescente são: hidrocarbonetos $<$ alifáticos $<$ olefinas $<$ hidrocarbonetos aromáticos $<$ haletos $<$ sulfetos $<$ éteres $<$ compostos nitro $<$ ésteres, aldeídos, cetonas $<$ alcoóis, aminas $<$ sulfonas $<$ sulfóxidos $<$ amidas $<$ ácidos carboxílicos $<$ água.

Algumas Fases Estacionárias Comuns

A **Tabela 32-3** lista as fases estacionárias mais empregadas em colunas empacotadas e colunas tubulares abertas de cromatografia de gás na ordem crescente de polaridade. Esses seis líquidos provavelmente podem prover separações satisfatórias para 90% ou mais das amostras.

Cinco dos líquidos listados na Tabela 32-3 são polidimetilsiloxanos que apresentam a estrutura geral

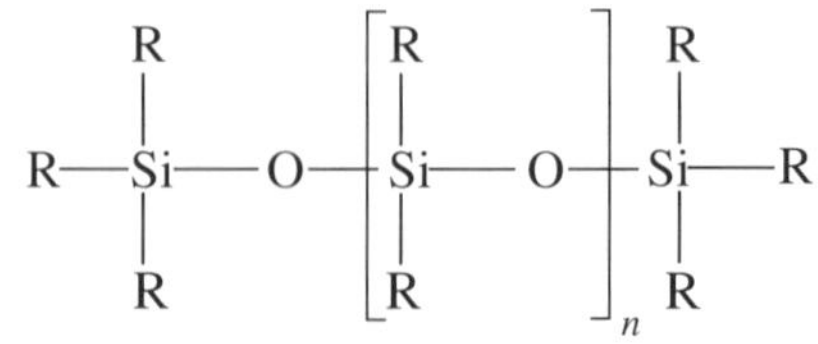

TABELA 32-3

Algumas Fases Líquidas Estacionárias para a Cromatografia Gás-Líquido

Fase Estacionária	Nome Comercial Comum	Temperatura Máxima, °C	Aplicações Comuns
Polidimetilsiloxano	OV-1, SE-30	350	Fase apolar de uso geral, hidrocarbonetos aromáticos, polinucleares, esteroides, PCBs
Fenilpolidimetil siloxano 5%	OV-3, SE-52	350	Éteres metílicos de ácidos graxos, alcaloides, drogas, compostos halogenados
Fenilpolidimetilsiloxano 50%	OV-17	250	Drogas, esteroides, pesticidas, glicóis
Trifluorpropilpolidimetilsiloxano 50%	OV-210	200	Aromáticos clorados, nitroaromáticos, polidimetilsiloxano benzenos alquil substituídos
Polietileno glicol	Carbowax 20M	250	Ácidos livres, alcoóis, éteres, óleos essenciais, glicóis
Cianopropilpolidimetilsiloxano 50%	OV-275	240	Ácidos gaxos poli-insaturados, ácidos rosíneos, ácidos livres, alcoóis

No primeiro deles, polidimetilsiloxano, os grupos —R são todos $—CH_3$, definindo um líquido que é relativamente apolar. Nos outros polissiloxanos mostrados na tabela, uma fração dos grupos metila é substituída por grupos funcionais como fenila ($—C_6H_5$), cianopropila ($—C_3H_6CN$) e trifluoropropila $—C_3H_6CF_3$). As porcentagens antes de algumas das fases estacionárias na Tabela 32-3 fornecem a quantidade de substituição do grupo nomeado por grupos metila no esqueleto do polissiloxano. Assim, por exemplo, fenilpolidimetilsiloxano 5% apresenta um anel fenílico ligado a 5% do número de átomos de silício no polímero. Essas substituições aumentam a polaridade dos líquidos em vários graus.

A quinta entrada na Tabela 32-3 é um polietileno glicol com estrutura

$$—HO—CH_2—CH_2—(O—CH_2—CH_2)_n—OH$$

Esse composto encontra amplo uso na separação de espécies polares.

Fases Estacionárias Ligadas e com Ligações Entrecruzadas

As colunas comerciais são anunciadas como tendo fases estacionárias ligadas e/ou entrecruzadas. O propósito da ligação e do entrecruzamento é a obtenção de maior durabilidade da fase estacionária, que pode ser lavada com um solvente quando o filme se torna contaminado. Com o uso, as colunas não tratadas perdem lentamente a fase estacionária delas devido ao "sangramento" no qual uma pequena quantidade de líquido imobilizado é carregado da coluna durante o processo de eluição. O sangramento é acentuado quando a coluna precisa ser lavada com um solvente para remover os contaminantes. A ligação química e as ligações entrecruzadas inibem o sangramento.

A ligação envolve anexar uma camada monomolecular da fase estacionária à superfície de sílica da coluna por meio de uma ligação química. Para as colunas comerciais, a natureza da reação é normalmente uma propriedade industrial.

As ligações entrecruzadas são feitas *in situ* após a coluna ser revestida com um dos polímeros listados na Tabela 32-3. Uma forma de se obter as ligações entrecruzadas baseia-se na incorporação de um peróxido no líquido original. Quando o filme é aquecido, uma reação entre os grupos metílicos das cadeias do polímero é iniciada por um mecanismo por radicais livres. As moléculas do polímero são então ligadas entre si por ligações carbono–carbono. Os filmes resultantes são mais difíceis de ser extraídos e apresentam maior estabilidade térmica que os filmes não tratados. As ligações entrecruzadas podem ser iniciadas também por exposição das colunas recobertas à radiação gama.

Espessura do Filme

Estão disponíveis colunas comerciais tendo fases estacionárias que variam em espessura de 0,1 a 0,5 μm. A espessura do filme afeta primariamente o caráter da retenção e a capacidade da coluna, como discutido na Seção 31E-6. Os filmes espessos são empregados com compostos altamente voláteis, porque esses filmes retêm os solutos por um tempo mais longo, provendo assim maior intervalo de tempo para que a separação ocorra. Os filmes finos são úteis para separar as espécies de baixa volatilidade em um tempo razoável. Para muitas aplicações de colunas de 0,25 ou 0,32 mm, uma espessura de filme de 0,25 μm é recomendada. Nas colunas megabore, são geralmente empregados filmes de 1 a 1,5 μm. Atualmente, colunas com filmes de 8 μm de espessura estão sendo comercializadas.

32C APLICAÇÕES DA CROMATOGRAFIA GÁS-LÍQUIDO

A cromatografia gás-líquido pode ser aplicada às espécies relativamente voláteis e termicamente estáveis a temperaturas de até poucas centenas de graus Celsius. Um grande número de compostos importantes tem estas qualidades. Como um resultado, a cromatografia de gás tem sido largamente aplicada para a separação e a determinação dos componentes em uma variedade de tipos de amostra. A **Figura 32-13** mostra os cromatogramas para algumas dessas aplicações.

32C-1 Análise Qualitativa

A cromatografia de gás é largamente usada para estabelecer a pureza de compostos orgânicos. Os contaminantes, se presentes, são revelados pela aparecência de picos adicionais no cromatograma. As áreas sob estes picos estranhos fornecem estimativas aproximadas da extensão da contaminação. A técnica é também útil para se avaliar a eficiência dos processos de purificação.

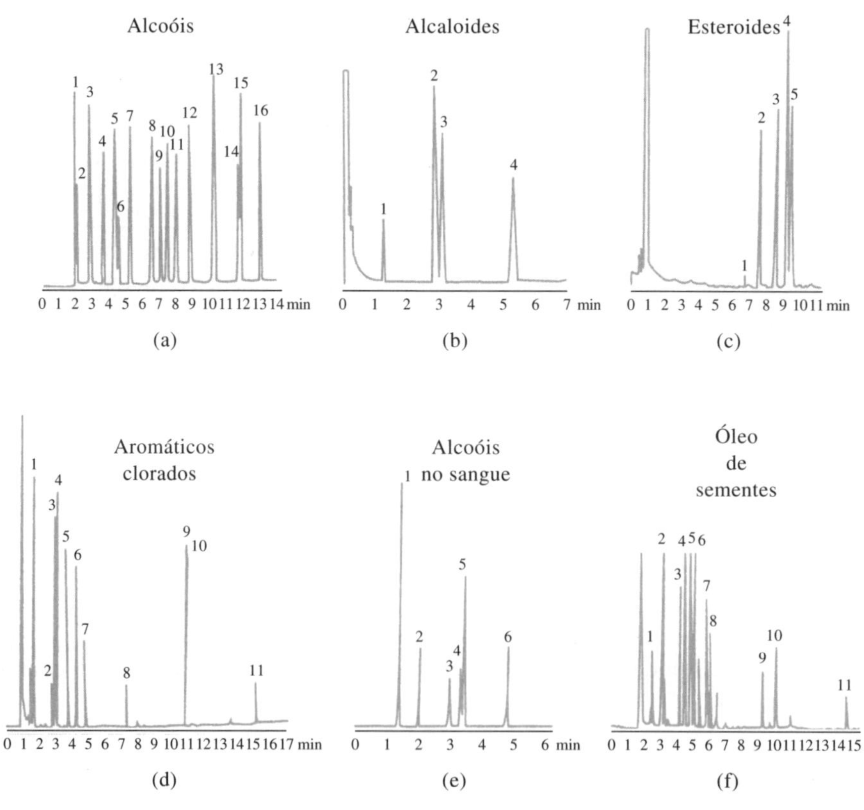

Figura 32-13 Cromatogramas típicos obtidos em colunas tubulares abertas recobertas com (a) polidimetilsiloxano, (b) fenil-polidimetilsiloxano 5%, (c) fenilpolidimetilsiloxano 50%, (d) trifluoropropilpolidimetilsiloxano 50%, (e) polietileno glicol e (f) cianopropil-polidimetilsiloxano 50%. (Cortesia de J & W Scientific.)

Na teoria, os tempos de retenção em CG deveriam ser úteis para identificar os componentes em misturas. Na realidade, entretanto, a aplicabilidade de tais dados é limitada pelo número de variáveis que devem ser controladas para se obter resultados reprodutíveis. Contudo, a cromatografia de gás provê um meio excelente de confirmação da presença ou ausência de compostos suspeitos em uma mistura, supondo que uma amostra autêntica da substância esteja disponível. Se adicionarmos uma pequena quantidade do composto suspeito à mistura, nenhum pico novo deve aparecer no cromatograma da mistura e deve ser observado um aumento de um pico existente. A evidência é particularmente convincente se o efeito puder ser duplicado em colunas diferentes e a diferentes temperaturas. Por outro lado, como um cromatograma fornece uma informação única sobre cada espécie da mistura (o tempo de retenção), a aplicação da técnica na análise qualitativa de amostras complexas de composição desconhecida é limitada. Esta limitação tem sido enormemente superada ligando-se diretamente as colunas cromatográficas com espectrômetros no ultravioleta, infravermelho e de massas para produzir instrumentos hifenados (veja Seção 32A-4). Um exemplo do uso da espectrometria de massas combinada com a cromatografia de gás para a identificação de constituintes do sangue é dado no Destaque 32-1.

Embora um cromatograma possa não levar a uma identificação positiva das espécies presentes em uma amostra, este frequentemente provê uma evidência segura da *ausência* de uma espécie. Assim, se a amostra falha em produzir um pico com o mesmo tempo de retenção que um padrão obtido sob condições idênticas, isso é uma evidência forte de que o composto em questão está ausente (ou presente em concentração abaixo do limite de detecção do procedimento).

DESTAQUE 32-1

Uso da CG-MS na Identificação de um Metabólito de um Medicamento no Sangue[9]

Um paciente em coma estava sob suspeita de ter ingerido uma dose excessiva de um medicamento de glutamida (Doriden^{MR}) porque foi encontrado um frasco vazio do medicamento próximo de onde o paciente foi achado. Um cromatograma de gás foi obtido de um extrato de plasma do seu sangue e dois picos foram encontrados, como mostrado na **Figura 32D-1**. O tempo de retenção para o pico 1 correspondeu ao da glutetimida, mas o composto responsável pelo pico 2 não era conhecido. A possibilidade de que o paciente tivesse ingerido outra droga foi considerada. Entretanto, o tempo de retenção para o pico 2 sob as condições empregadas não correspondia a nenhum outro medicamento acessível ao paciente nem a qualquer droga ilícita. Portanto, uma cromatografia acoplada à espectrometria de massas foi utilizada para se estabelecer a identidade do pico 2 e para confirmar a identidade do pico 1 antes de submeter o paciente a qualquer tratamento.

O extrato de plasma foi submetido a uma análise por CG-MS e o espectro de massas apresentado na **Figura 32D-2a** confirmou que o pico 1 era devido à glutetimida. Um pico no espectro de massas com razão massa-carga de 217 representa a razão correta para o íon molecular da glutetimida e o espectro de massas mostrou-se igual àquele de uma amostra conhecida de glutetimida. O espectro de massas do pico 2, no entanto, mostrou um íon molecular em uma razão massa-carga de 233, como mostrado na **Figura 32D-2b**. Este número difere do íon molecular da glutetimida em 16 unidades de massa. Vários outros picos no espectro de massas do pico 2 diferem daqueles da glutetimida por 16 unidades de massa, indicando a incorporação de oxigênio na molécula de glutetimida. Esta descoberta levou os investigadores a acreditar que o pico molecular 2 era devido ao metabólito 4-hidroxi do medicamento original.

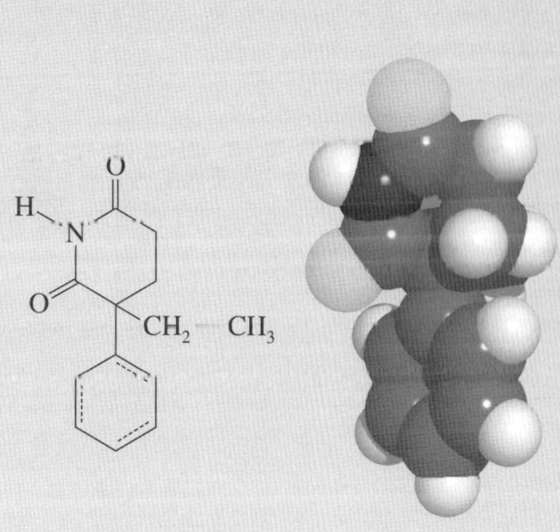

Estrutura e modelo molecular da glutetimida.

[9] De J. T. Watson e O. D. Sparkamn, *Introcuction to Mass Spectrometry*, 4. ed., Nova York: Wiley, 2007, pp. 29-32.

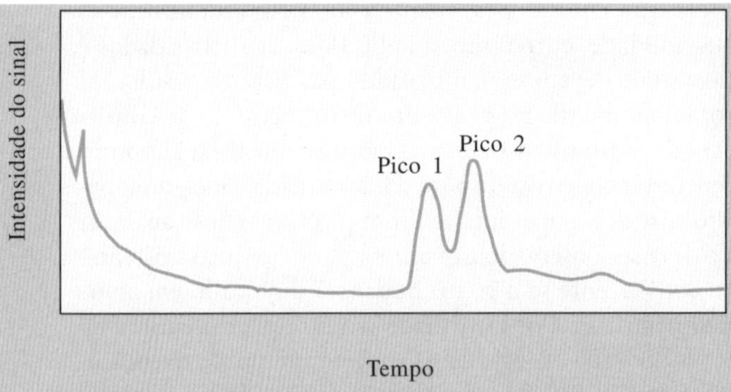

Figura 32D-1 Cromatograma de gás de um extrato de plasma sanguíneo de uma vítima de superdosagem de medicamento. O pico 1 ocorreu a um tempo de retenção apropriado para ser identificado como a glutetimida, porém, o composto responsável pelo pico 2 era desconhecido até que foi feita uma CG-MS.

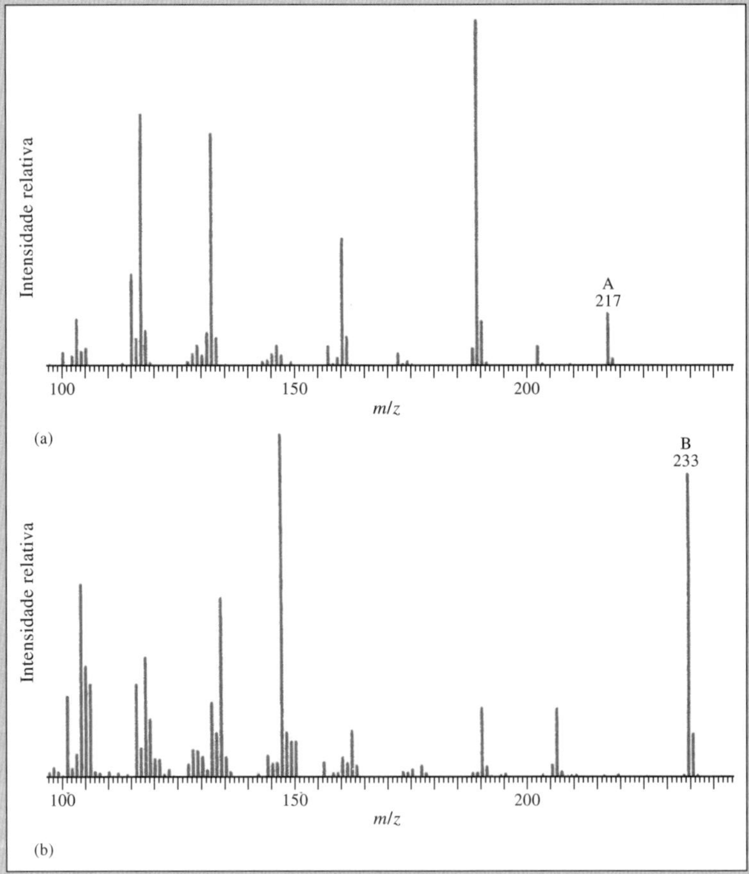

Figura 32D-2 (a) Espectro de massas obtido durante a eluição do pico 1 do cromatograma de gás na Figura 32D-1. Esse espectro de massas é idêntico àquele da glutetimida. (b) Espectro de massas obtido durante a eluição do pico 2 do cromatograma de gás na Figura 32D-1. Em ambos os casos, foi usada a ionização por impacto de elétrons no espectrômetro de massas. Íons diferentes, produzidos pela fragmentação dos dois compostos, ajudam na identificação deles. O pico A em m/z = 217 no espectro (a) corresponde à massa molar da glutetimida e é assim devido ao íon molecular. O espectro de massas identifica conclusivamente o pico 1 no cromatograma como a glutetimida. O pico B no espectro de massas (b) aparece em m/z = 233, exatamente 16 unidades de massa a mais que a glutetimida. Outros picos no espectro (b) também apresentam 16 unidades de massa acima que no espectro de glutetimida. Esta evidência sugere a presença de um átomo de oxigênio extra na molécula, correspondendo ao metabólito 4-hidroxi mostrado a seguir.

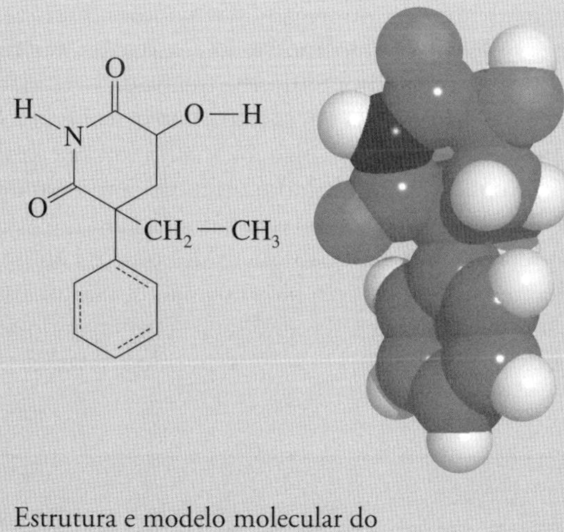

Estrutura e modelo molecular do metabólito 4-hidroxi.

PARA O QUÍMICO EM VIAGEM: CROMATÓGRAFO/ESPECTRO DE MASSAS DE MÃO.

ScienceCartoonsPlus.com

Preparou-se um derivado de anidrido acético do material do pico 2 e descobriu-se que ele é idêntico ao derivado 4-hidróxi-2-etil-2-fenilglutarimida, o metabólito mostrado no modelo molecular acima. Esse metabólito é conhecido por exibir efeitos tóxicos em animais. O paciente foi então submetido a uma hemodiálise, que removeu o metabólito polar mais rapidamente que a droga menos polar que o originou. Rapidamente, o paciente recobrou a consciência.

32C-2 Análise Quantitativa

A cromatografia de gás deve seu enorme crescimento em parte à sua velocidade, simplicidade, custo relativamente baixo e ampla aplicabilidade a separações. É duvidoso, contudo, que a CG poderia ter se tornado tão amplamente utilizada se não fosse capaz de fornecer informações quantitativas sobre as espécies separadas.

A CG quantitativa está baseada na comparação da altura ou da área de um pico analítico com aquele de um ou mais padrões. Se as condições são apropriadamente controladas, ambos os parâmetros variam linearmente com a concentração. A partir deste ponto de vista, consequentemente, a área é uma variável analítica mais satisfatória que a altura de pico. As alturas de pico são mais facilmente medidas que as áreas, entretanto, e para picos estreitos, elas podem ser determinadas mais precisamente. A maioria dos instrumentos cromatográficos modernos é equipada com computadores que fornecem medidas de áreas relativas. Se esse equipamento não está disponível, uma estimativa manual deve ser feita. Um método simples que funciona bem para picos simétricos de larguras razoáveis é multiplicar a altura do pico pela largura medida na metade da altura.

Calibração com Padrões

Na maioria dos métodos diretos para análises quantitativas cromatográficas de gás, é preparada uma série de soluções padrão que se aproximam da composição daquela da amostra (veja Seção 8D-2 para informação geral sobre o método de padrão externo). Os cromatogramas para os padrões são obtidos e as alturas dos picos ou suas áreas são empregadas em um gráfico em função da concentração para se obter uma curva analítica. Um gráfico dos dados deve fornecer uma linha reta passando pela origem; as análises quantitativas são baseadas nesse gráfico. A calibração deve ser frequente para maior exatidão.

O Método do Padrão Interno

A maior precisão em CG quantitativa é obtida empregando-se padrões internos porque as incertezas introduzidas pela injeção da amostra, vazão e variações nas condições da coluna são minimizadas. Nesse procedimento, uma quantidade cuidadosamente medida de um padrão interno é introduzida em cada padrão de calibração e na amostra (veja a Seção 8D-3) e a razão entre a área do pico do analito (ou sua altura de pico) e a área do pico do padrão interno (ou sua altura) é utilizada como parâmetro analítico (veja o Exemplo 32-1). Para que esse método seja bem-sucedido, é necessário que o pico do padrão interno seja bem separado dos picos dos outros componentes da amostra. Entretanto, ele deve aparecer perto do pico do analito. Naturalmente, o padrão interno deve estar ausente na amostra a ser analisada. Empregando-se um padrão interno adequado, precisões relativas de 0,5% a 1% têm sido relatadas.

EXEMPLO 32-1

Os picos cromatográficos podem ser influenciados por uma variedade de fatores instrumentais. Podemos frequentemente compensar as variações nesses fatores empregando o método do padrão interno. Com este método, adicionamos a mesma quantidade de padrão interno para misturas contendo quantidades conhecidas de analito e para as amostras de concentração de analito desconhecida. Calculamos então a razão entre a altura do pico (ou área) para o analito e aquela do padrão interno.

Os dados mostrados na tabela foram obtidos para a determinação de um hidrocarboneto C_7 com um composto muito semelhante adicionado a cada padrão e à amostra como um padrão interno.

Porcentagem do Analito	Altura do Pico para o Analito	Altura do Pico para o Padrão Interno
0,05	18,8	50,0
0,10	48,1	64,1
0,15	63,4	55,1
0,20	63,2	42,7
0,25	93,6	53,8
Amostra	58,9	49,4

Elabore uma planilha de cálculo para determinar as razões entre as alturas dos picos do analito e do padrão interno e coloque em um gráfico esta razão *versus* a concentração de analito. Determine a concentração na amostra e o seu desvio padrão.

Resolução

A planilha é exposta na **Figura 32-14**. Os dados são inseridos nas colunas de A a C, como mostrado. Nas células D4 a D9, as razões das alturas dos picos são calculadas pela fórmula apresentada na célula de documentação A22. Um gráfico da curva analítica também é exibido na figura. A estatística da regressão linear é calculada nas células B11 a B20 usando a mesma abordagem descrita na Seção 8D-2. Os resultados estatísticos são calculados pelas fórmulas nas células de documentação A23 a A31. A porcentagem de analito na amostra foi determinada como (0,163 ± 0,008)%.

	A	B	C	D	E	F	G
1	**CG quantitativa empregando o método do padrão interno**						
2		Altura do pico	Altura do pico para	Razão das alturas dos picos do			
3	Porcentagem do analito	para o analito	o padrão interno	analito/padrão interno			
4	0,050	18,8	50,0	0,38			
5	0,100	48,1	64,1	0,75			
6	0,150	63,4	55,1	1,15			
7	0,200	63,2	42,7	1,48			
8	0,250	93,6	53,8	1,74			
9	Amostra	58,9	49,4	1,19			
10	**Equação de regressão**						
11	Inclinação	6,914515					
12	Intercepto	0,062202					
13	Concentração da amostra	0,163440					
14	**Análise de erro**						
15	Erro padrão em Y	0,049960					
16	*N*	5					
17	S_{xx}	0,025					
18	*y* (razão média)	1,1					
19	*M*	1					
20	Desvio padrão em c	0,007939					
21	**Documentação da Planilha**						
22	Célula D4=B4/C4						
23	Célula B11=INCLINAÇÃO(D4:48,A4:A8)						
24	Célula B12=INTERCEPTO(D4:D8,A4:A8)						
25	Célula B13=(D9-B12)/B11						
26	Célula B15=STEYX(D4:D8,A4:A8)						
27	Célula B16=COUNT(A4:A8)						
28	Célula B17=B16*VARP(A4:A8)						
29	Célula B18=MÉDIA(D4:D8)						
30	Célula B19=insira o número de replicatas						
31	Célula B20=B15/B11*SQRT(B19+/B16+(D19-B18)^2)/((B11^2*B17))						

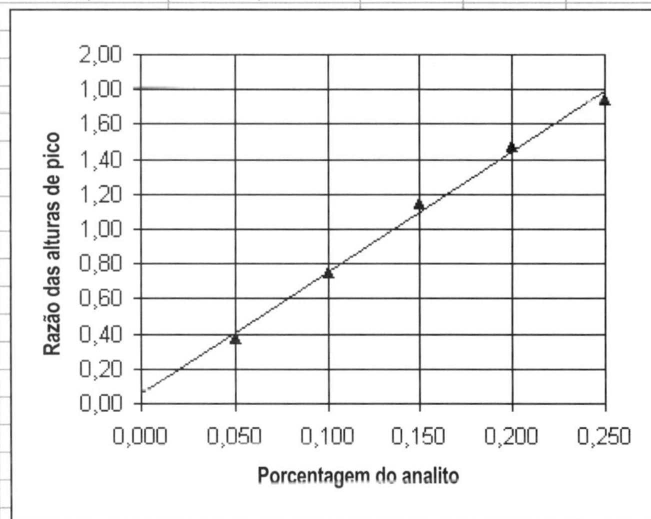

Figura 32-14 Planilha para ilustrar o método do padrão interno para a determinação de um hidrocarboneto C_7 através de CG.

32C-3 Avanços em CG

Embora CG seja uma técnica muito desenvolvida, houve muitos desenvolvimentos em anos recentes na teoria, instrumentação, colunas e aplicações práticas. Alguns desenvolvimentos na CG de alta velocidade, miniaturização e CG multidimensional são descritos brevemente aqui.

Cromatografia de Gás de Alta Velocidade[10]

Pesquisadores em CG frequentemente focam em atingir resolução ainda maior para separar misturas mais e mais complexas. Em muitas separações, as condições são variadas para se separar o par mais difícil de ser separado dos componentes, o assim chamado *par crítico*. Muitos dos componentes de interesse, sob essas condições, são separados muito mais que o necessário. A idéia básica da CG de alta velocidade é que, para muitas separações de interesse, uma alta velocidade pode ser obtida, embora em detrimento da seletividade e da resolução.

Os princípios básicos das separações de alta velocidade podem ser demonstrados substituindo-se a Equação 31-11 na Equação 31-17

$$\frac{L}{t_R} = u \times \frac{1}{1 + k_n} \qquad (32\text{-}1)$$

[10] Para mais informação, veja R. D. Sacks, em *Modern Practice of Gas Chromatography*, R. L. Grob e E. F. Barry, eds., 4. ed., Nova York: Wiley-Interscience, 2004, cap. 5.

onde k_n é o fator de retenção para o último componente de interesse no cromatograma. Se rearranjarmos a Equação 32-1 e resolvermos para o tempo de retenção do último componente de interesse, obtemos

$$t_R = \frac{L}{u} \times (1 + k_n) \tag{32-2}$$

A Equação 32-2 nos diz que podemos obter uma separação mais rápida empregando uma coluna mais curta, vazões do gás de arraste maiores que as usuais e fatores de retenção pequenos. O preço a ser pago é a redução no poder de resolução, causada pelo aumento na largura da banda, e a capacidade de pico reduzida (isto é, o número de picos que pode ser incluído em um cromatograma).

Pesquisadores que trabalham no campo têm desenvolvido condições cromatográficas e de instrumentação para otimizar a velocidade de separação a custos mais baixos em termos resolução e de capacidade de pico.[11] Eles desenvolveram sistemas para produzir colunas sintonizáveis e para realizar uma programação de temperatura de alta velocidade. Uma coluna sintonizável é uma combinação serial de uma coluna polar e uma apolar. A **Figura 32-15** mostra a separação de 12 compostos antes de iniciar uma rampa de temperatura programada e de 19 compostos após o programa de temperatura ter começado. O tempo total necessário foi de 140 s. Esses pesquisadores também têm utilizado a CG de alta velocidade com detecção com espectrometria de massas, incluindo a detecção por tempo de voo.[12]

Sistemas CG Miniaturizados

Por muitos anos, havia um desejo de miniaturizar os sistemas CG para o nível de microchip. Os sistemas CG em miniatura são úteis na exploração espacial, em instrumentos portáteis para uso em trabalhos de campo e no monitoramento ambiental.

A maioria da pesquisa nesta área tem se concentrado em componentes individuais miniaturizados dos sistemas cromatográficos tais como colunas e detectores. As microcolunas fabricadas foram desenhadas usando substratos de sílica, metais e polímeros.[13]

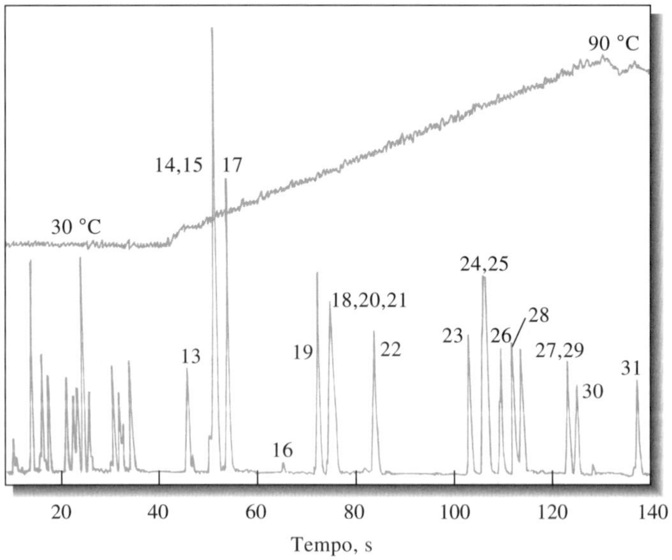

Figura 32-15 Cromatograma de alta velocidade obtido em operação isotérmica (30 °C) por 37 s seguida de uma rampa de temperatura de 35 °C min^{-1} até 90 °C. (Reimpresso (adaptado) com permissão de H. Smith e R. D. Sacks, *Anal. Chem.*, v. 70, p. 4960 **1998**. Copyright da American Chemical Society.)

[11] H. Smith e R. D. Sacks, *Anal. Chem.*, v. 70, p. 4960, **1998**, **DOI**: 10.1021/ac980463b.
[12] C. Leonard e R. Sacks, *Anal. Chem.*, v. 71, p. 5177, **1999**, **DOI**: 10.1021/ac990631f.
[13] G. Lambertus et al., *Anal. Chem.*, v. 76, p. 2629, **2004**, **DOI**: 10.1021/ac030367x

Canais relativamente fundos e estreitos são causticados no substrato. Estes canais têm volume morto baixo para reduzir o alargamento de bandas e área superficial alta para aumentar o volume da fase estacionária. Relatos recentes têm descrito conjuntos microfabricados completos com injetores interconectados, colunas e detectores.[14] Um instrumento foi especificamente projetado para medir vapores de tricloroetileno devido à migração de compostos orgânicos voláteis de solos ou lençóis de água contaminados. A miniatura de CG podia ser preparada no campo e foi capaz de detectar os vapores em nível abaixo de ppb.

Cromatografia de Gás Multidimensional

Na CG multidimensional, duas ou mais colunas capilares de diferentes seletividades estão conectadas em série. Consequentemente, com duas colunas, uma pode conter uma fase estacionária apolar, enquanto a segunda tem uma fase estacionária polar. Sujeitar uma amostra à separação em uma dimensão seguida por separações em uma ou mais dimensões adicionais pode levar a seletividade e resolução extremamente altas.

A CG multidimensional pode tomar várias formas. Em uma implementação chamada ***heart cutting***, uma parte do eluente da primeira coluna contendo as espécies de interesse é desviada para uma segunda coluna para separação adicional.[15] Esta abordagem tem sido implementada com sucesso na instrumentação comercial.

Em outra metodologia, conhecida como CG bidimensional compreensiva ou CG × CG, o efluente da primeira coluna é desviado continuamente para uma segunda coluna curta.[16] Embora o poder de resolução da segunda coluna seja necessariamente limitado, o fato de uma coluna antecedê-la produz separações de alta resolução. Esta abordagem também tem sido desenvolvida em instrumentação comercial.

As técnicas de CG multidimensional têm também sido combinadas com espectrometria de massas, resultando em separações que são não apenas de alta resolução, mas que também são capazes de identificar componentes minoritários, distinguir compostos muito similares e desembaraçar espécies eluindo juntas.[17]

32D CROMATOGRAFIA GÁS-SÓLIDO

A cromatografia gás-sólido é baseada na adsorção das substâncias gasosas sobre as superfícies sólidas. Os coeficientes de distribuição geralmente são muito maiores que aqueles para a cromatografia gás-líquido. Esta propriedade torna a cromatografia gás-sólido útil na separação de espécies que não são retidas pelas colunas gás-líquido, tais como componentes do ar, sulfeto de hidrogênio, dissulfeto de carbono, óxidos de nitrogênio, monóxido de carbono, dióxido de carbono e gases nobres.

A cromatografia gás-sólido é realizada com colunas empacotadas ou tubulares abertas. Para essa última, uma camada fina do adsorvente é fixada às paredes internas do capilar. Essas colunas são denominadas algumas vezes **colunas tubulares abertas com camada porosa**, ou colunas TACP. A **Figura 32-16** mostra uma aplicação típica de uma coluna TACP.

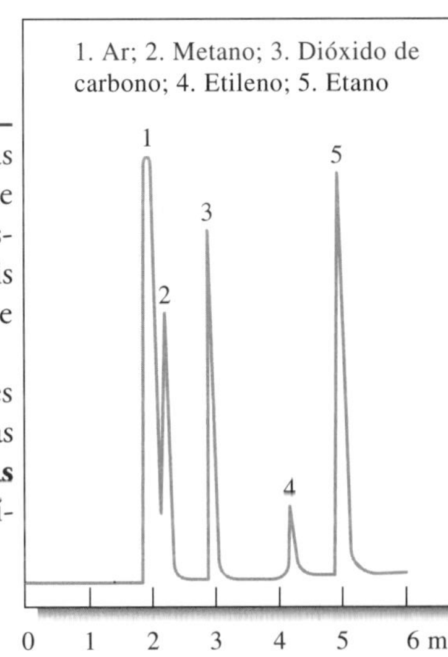

Figura 32-16 Cromatograma típico gás-sólido empregando uma coluna TACP.

[14] S. Zampolli et al., *Sens. Actuators*, B, v. 141, p. 322, **2009**, **DOI**: 10.1016/j.snb.2009.06.021; K. Kim, H. Chang e E. T. Zellers, *Anal. Chem.*, v. 83, p. 7198, **2011**, **DOI**: 10.1021/ac201788q.

[15] P. Q. Tranchida; D. Sciaronne, P. Dugo e L. Mondello, *Anal. Chem. Acta*, v. 716, p. 66, **2012**, **DOI**: 10.1016/j.aca.2011.12.015.

[16] M. Adahchour; J. Beens e U. A. Th. Brinkaman, *J. Chromatogr.* A, v. 1186, p. 67, **2008**, **DOI**: 10.1016/j.chroma.2008.01.002.

[17] T. Veriotti e R. Sacks, *Anal. Chem.*, v. 75, p. 4211, **2003**, **DOI**: 10.1021/ac0s0522s.

TRABALHO NA WEB

Faça uma busca na web e encontre vários fabricantes de instrumentos cromatográficos de gás. Encontre uma companhia de instrumentos que fabrique tanto instrumento CG premium quanto um instrumento CG de rotina. Investigue as características de ambos os tipos de sistemas de CG. Compare e contraste estas características. Preste muita atenção, quando fizer a comparação, no tamanho do forno, na incerteza na temperatura do forno, na habilidade em usar a programação de temperatura, no tipo de detectores e no tipo e sofisticação do sistema de análise de dados. Encontre uma companhia de instrumentos que fabrica um CG multidimensional e discuta se ele é capaz de realizar CG bidimensional compreensivo, CG multidimensional de *heart cutting* ou ambos. O sistema pode ser convenientemente conectado a um espectrômetro de massas?

QUESTÕES E PROBLEMAS

***32-1.** Quais são as diferenças entre a cromatografia gás-líquido e gás-sólido?

32-2. Quais tipos de misturas são separados por cromatografia gás-sólido?

***32-3.** Por que a cromatografia gás-sólido não é extensivamente utilizada como a cromatografia gás-líquido?

32-4. Quais tipos de medidores de fluxo são usados na CG?

***32-5.** Descreva um cromatograma e explique qual tipo de informação ele contém.

32-6. O que significa programação de temperatura em cromatografia gás-líquido?

***32-7.** Descreva as diferenças físicas entre colunas capilares e empacotadas. Quais são as vantagens e desvantagens de cada uma?

32-8. Quais variáveis devem ser controladas para se obter dados qualitativos satisfatórios de um cromatograma?

***32-9.** Quais variáveis devem ser controladas para se obter dados quantitativos satisfatórios de um cromatograma?

32-10. Descreva o princípio no qual cada um dos seguintes detectores para CG são baseados: (a) condutividade térmica, (b) ionização em chama, (c) captura de elétrons, (d) termiônico e (e) fotoionização.

***32-11.** Quais são as principais vantagens e as principais limitações dos detectores listados no Problema 32-10?

32-12. O que são métodos cromatográficos *hifenados*? Descreva brevemente três métodos hifenados.

***32-13.** O que são colunas tubulares abertas tipo *megabore*? Por que elas são empregadas?

32-14. Qual a diferença entre as seguintes colunas capilares?
(a) colunas TACP. (b) colunas TAPR.
(c) colunas TARS.

***32-15.** Por que as fases estacionárias para cromatografia de gás são frequentemente ligadas e interligadas (ligadas de forma entrecruzada)? O que significam esses termos?

32-16. Quais propriedades uma fase líquida estacionária deve apresentar para ser utilizada em cromatografia de gás?

***32-17.** Quais são as vantagens das colunas capilares de sílica fundida quando comparadas às colunas de vidro ou metal?

32-18. Qual é o efeito da espessura da fase estacionária nos cromatogramas de gás?

***32-19.** Liste as variáveis que levam (a) ao alargamento de banda e (b) a separação de bandas em cromatografia gás-líquido.

32-20. Um método para a determinação quantitativa da concentração dos constituintes em uma amostra é o método de normalização da área. Neste método, é necessária a eluição completa dos constituintes da amostra. A área de cada pico é medida e corrigida para a resposta do detector para os diferentes eluatos. Esta correção é realizada dividindo-se a área por um fator de correção determinado empiricamente. A concentração do analito é encontrada a partir da razão entre a sua área corrigida e a área total corrigida de todos os picos. Para um cromatograma contendo três picos, descobriu-se que as áreas relativas são 16,4, 45,2 e 30,2 em ordem crescente de tempo de retenção. Calcule a porcentagem de cada composto se as respostas relativas do detector forem 0,60, 0,78 e 0,88, respectivamente.

***32-21.** As áreas sob os picos e as respostas relativas do detector são empregadas para determinar as concentrações de cinco espécies em uma amostra. O método da normalização de área descrito no Problema 32-20 é utilizado. As áreas relativas para cinco picos cromatográficos de gás são dadas na tabela a seguir. Também são mostradas as respostas relativas do detector. Calcule a porcentagem de cada componente na mistura.

Composto	Área Relativa do Pico	Resposta Relativa do Detector
A	32,5	0,70
B	20,7	0,72
C	60,1	0,75
D	30,2	0,73
E	18,3	0,78

32-22. Para os dados fornecidos no Exemplo 32-1, compare o método dos padrões externos com o método do padrão interno. Faça um gráfico da altura do pico do analito *versus* a porcentagem do analito e determine a sua quantidade na amostra empregando os resultados para o padrão interno. Seus resultados são mais precisos quando o método do padrão interno é utilizado? Se forem, forneça algumas possíveis razões para isso.

32-23. **Problema Desafiador**. O cinamaldeído é o componente responsável pelo aroma de canela. Também é um potente composto antimicrobiano presente nos óleos essenciais (veja M. Friedman, N. Kozukue e L. A. Harden, *J. Agric. Food Chem.*, v. 48, p. 5702, **2000**, **DOI:** 10.1021/jf000585g). A resposta de CG de uma mistura artificial contendo seis componentes de óleo essencial e benzoato de metila como padrão interno é mostrada na figura.

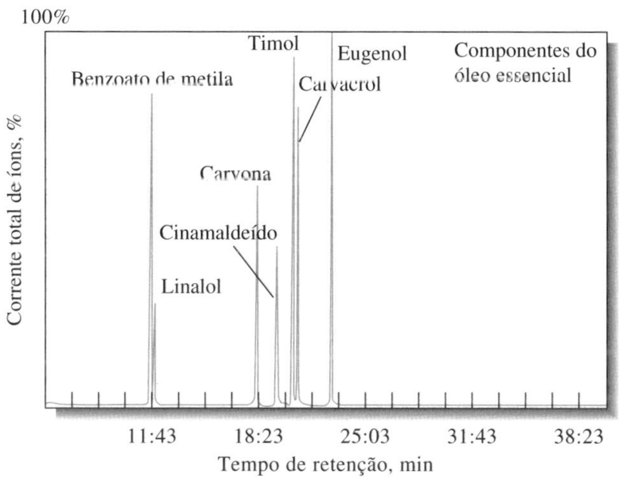

Cromatograma. (M. Friedman, N. Kozukue, e L.A. Harden, *J. Agric. Food Chem.*, v. 48, p. 570, 2**2000**. Copyright 2000 American Chemical Society.)

(a) A figura a seguir é uma ampliação idealizada da região próxima ao pico de cinamaldeído.

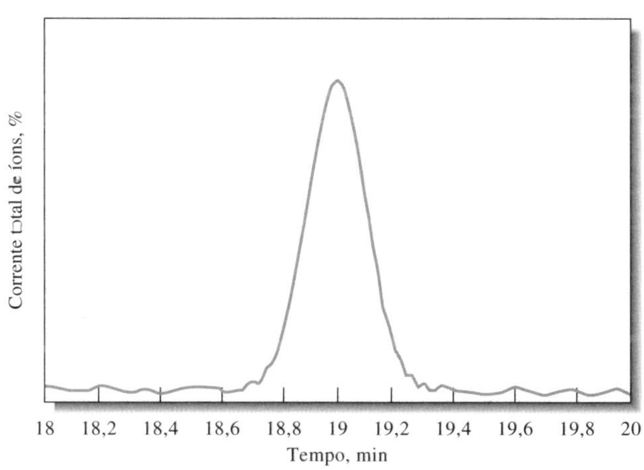

Cromatograma ampliado.

Determine o tempo de retenção para o cinamaldeído.

(b) A partir da figura no item (a), determine o número de pratos teóricos para a coluna.

(c) A coluna de sílica fundida apresentava um diâmetro de 0,25 mm por um comprimento de 30 cm com um filme de 0,25 μm de espessura. Determine a altura equivalente de prato teórico a partir dos dados dos itens (a) e (b).

(d) Os dados quantitativos foram obtidos empregando-se o benzoato de metila como padrão interno. Os seguintes resultados foram obtidos para as curvas analíticas de cinamaldeído, eugenol e timol. Os valores abaixo de cada componente representam a área do pico do componente dividida pela área do pico do padrão interno.

Concentração, mg da amostra/200 μL	Cinamaldeído	Eugenol	Timol
0,50		0,4	
0,65			1,8
0,75	1,0	0,8	
1,10		1,2	
1,25	2,0		
1,30			3,0
1,50		1,5	
1,90	3,1	2,0	4,6
2,50	4,0		5,8

Determine as equações das curvas de calibração para cada componente. Inclua os valores de R^2.

(e) A partir dos dados do item (d), determine qual dos componentes apresenta a maior sensibilidade para a curva de calibração analítica. Qual apresenta a menor?

(f) Uma amostra contendo os três óleos essenciais do item (d) fornece as áreas relativas de picos para a área do padrão interno: cinamaldeído, 2,6; eugenol, 0,9; e timol, 3,8. Determine as concentrações de cada um dos óleos essenciais na amostra e os desvios padrão na concentração.

(g) Um estudo foi feito sobre a decomposição do cinamaldeído em óleo de canela. O óleo foi aquecido por diversos períodos a diferentes temperaturas. Foram obtidos os dados fornecidos a seguir.

Temp, °C	Tempo, min	% Cinamaldeído
25, inicial		90,9
40	20	87,7
	40	88,2
	60	87,9
60	20	72,2
	40	63,1
	60	69,1
100	20	66,1
	40	57,6
	60	63,1
140	20	64,4
	40	53,7
	60	57,1
180	20	62,3
	40	63,1
	60	52,2
200	20	63,1
	40	645
	60	63,3
210	20	74,9
	40	73,4
	60	77,4

Use a ANOVA para determinar se existe um efeito da temperatura na decomposição do cinamaldeído. Da mesma maneira, determine se existe um efeito do tempo de aquecimento.

(h) Com os dados do item (g), presuma que a decomposição se inicie a 60°C. Teste a hipótese de que não há nenhum efeito da temperatura ou do tempo.

Cromatografia de Líquidos de Alta Eficiência

capítulo **33**

Os laboratórios criminais nos dramas forenses e policias da televisão, tais como *NCIS*, *NCIS: Los Angeles*, *CSI*, *CSI: New York*, *CSI Miami* e *Law and Order*, frequentemente usam CLAE no processamento das evidências. A foto mostra a técnica de laboratório do *NCIS* Abby Sciuto (Pauley Perrette) explicando os resultados de uma análise de CLAE para o Agente Especial Leroy Jethro Gibbs (Mark Harmon).

Este capítulo aborda a teoria e a prática da CLAE, incluindo as cromatografias por adsorção, por troca iônica, por exclusão, por afinidade e cromatografia quiral. A CLAE encontra aplicações não apenas em química forense, como também em bioquímica, ciências ambientais, ciências dos alimentos, química farmacológica e em toxicologia.

Sonja Flemming/CBS via Getty Images

A cromatografia de líquido de alta eficiência (CLAE) é o tipo mais versátil e mais amplamente empregado de cromatografia por eluição. A técnica é usada pelos cientistas para separar e determinar espécies em uma variedade de materiais orgânicos, inorgânicos e biológicos. Na cromatografia de líquido, a fase móvel é um solvente líquido, o qual contém a amostra na forma de uma mistura de solutos. Os tipos de cromatografia de líquido de alta eficiência é geralmente definido pelo mecanismo de separação ou pelo tipo de fase estacionária. Estes incluem (1) **partição** ou **cromatografia líquido-líquido**, (2) **adsorção** ou **cromatografia líquido-sólido**, (3) **troca iônica** ou **cromatografia de íons**, (4) **cromatografia por exclusão**, (5) **cromatografia por afinidade** e (6) **cromatografia quiral**.

Inicialmente, a cromatografia de líquido era realizada em colunas de vidro com diâmetro interno de talvez 10 a 50 mm. As colunas eram empacotadas com partículas sólidas com 50 a 500 cm de comprimento recobertas com um líquido adsorvido que formava a fase estacionária. Para assegurar vazões razoáveis através desse tipo de fase estacionária, o tamanho das partículas sólidas era mantido acima de 150 a 200 μm. Mesmo com estas partículas, as vazões eram no máximo alguns décimos de mililitro por minuto. As tentativas de acelerar esse procedimento clássico por meio da aplicação de vácuo ou pressão não foram efetivas porque o aumento na vazão era acompanhado pela elevação na altura de prato e pela redução da eficiência da coluna.

Bem cedo, durante o desenvolvimento da teoria da cromatografia de líquido, foi reconhecido que uma diminuição significativa das alturas de prato poderia ser obtida se o tamanho das partículas do material de empacotamento pudesse ser reduzido. Esse efeito é apontado pelos dados na **Figura 33-1**. Observe que o mínimo mostrado na Figura 31-13a não é atingido em quaisquer dessas curvas. A razão para esta diferença é que a difusão nos líquidos é muito mais lenta que nos gases e, consequentemente, seu efeito nas alturas dos pratos é observado apenas em vazões extremamente baixas.

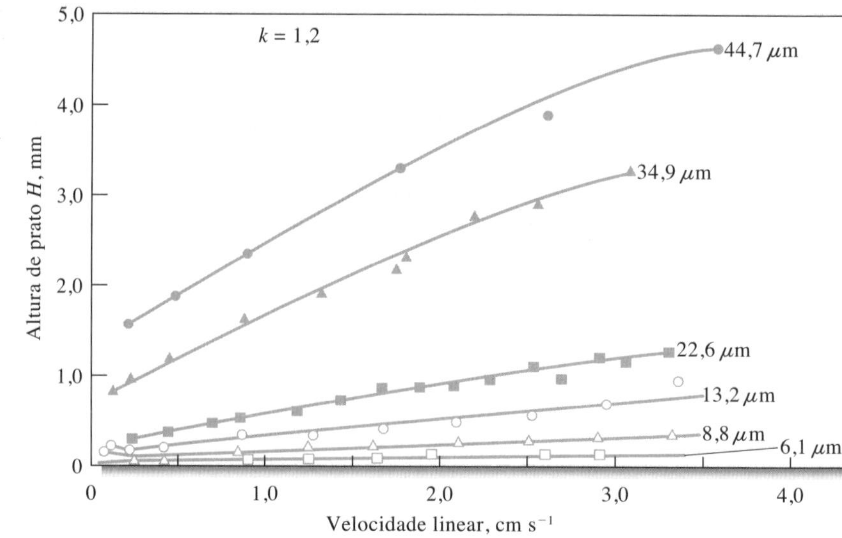

Figura 33-1 O efeito do tamanho de partícula do material de empacotamento e da vazão sobre a altura de prato na cromatografia de líquido. (De R. E. Majors, *J. Chromatogr. Sci.*, v. 11, n. 2, **1973**: p. 88-95, Fig 5. Reimpresso com a permissão de Oxford University Press.)

Não foi antes do final dos anos 1960 que se desenvolveu a tecnologia para produzir e utilizar materiais de empacotamento com diâmetros de partículas tão pequenos como 3 a 10 μm. Essa tecnologia necessitou de instrumentos capazes de fornecer pressões de bombeamento muito mais altas que os dispositivos simples que os precederam. Simultaneamente, os detectores foram desenvolvidos para permitir o monitoramento contínuo dos efluentes das colunas. O nome **cromatografia de líquidos de alta eficiência** (CLAE) é frequentemente usado para distinguir esta tecnologia dos simples procedimentos cromatográficos de coluna que os precedeu.[1] A cromatografia de coluna simples, contudo, ainda encontra considerável uso para propósitos preparativos.

A **cromatografia de líquidos de alta eficiência, CLAE**, é um tipo de cromatografia que combina uma fase móvel líquida e uma fase estacionária muito finamente dividida. Para se obter vazões satisfatórias, o líquido deve ser pressurizado para várias centenas ou mais de libras por polegada ao quadrado.

As aplicações dos tipos mais comuns de CLAE para várias espécies de analitos são mostradas na **Figura 33-2**. Observe que os vários tipos de cromatografia de líquidos tendem a ser complementares em suas aplicações. Por exemplo, para os analitos com massas molares maiores que 10.000, um dos dois tipos de métodos de exclusão por tamanho é com frequencia empregado: permeação em gel para as espécies apolares e filtração em gel para os compostos polares ou iônicos. Para espécies iônicas, a cromatografia de troca iônica frequentemente é o método escolhido. Em muitos casos para pequenas moléculas não iônicas, os métodos de fase reversa são adequados.

33A INSTRUMENTAÇÃO

Pressões de bombeamento de muitas atmosferas são requeridas para se obter vazões razoáveis com os materiais de empacotamento na faixa de tamanho de 3 a 10 μm, que é comum na cromatografia de líquido moderna. Por causa destas altas pressões, o equipamento de cromatografia de líquidos de alta performance tende a ser consideravelmente mais elaborado e mais caro que o que encontramos em outros tipos de cromatografia. A **Figura 33-3** é um diagrama que mostra os componentes importantes de um instrumento de CLAE típico.

[1] Para uma discussão detalhada sobre os sistemas CLAE, veja L. R. Snyder e J. W. Dolan, *Introduction to Modern Liquid Chromatography*, 4. ed., Hoboken, NJ: Wiley, 2010; V. Meyer. *Practical High-Performance Liquid Chromatography*, 5. ed., Chichester, UK: Wiley, 2010.

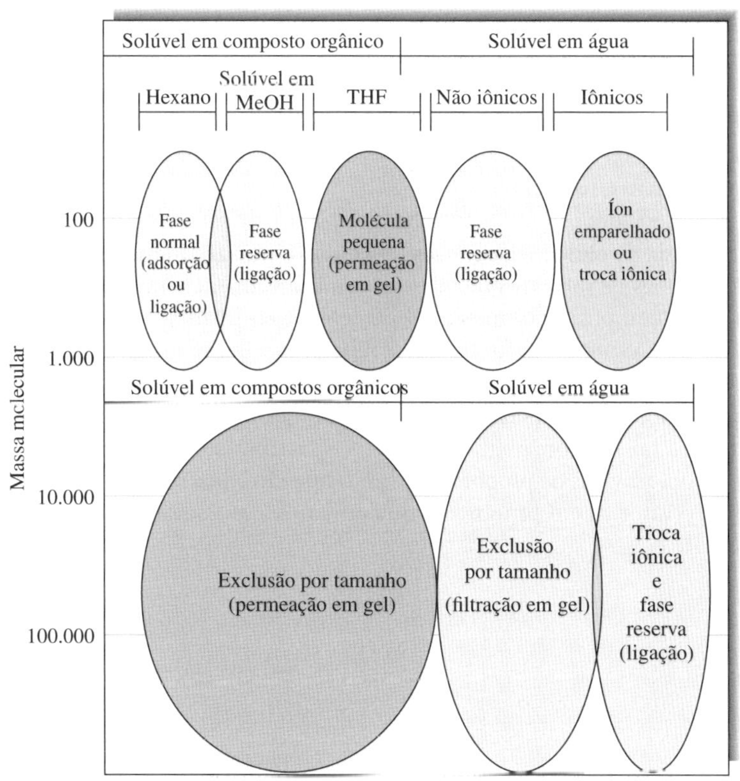

Figura 33-2 Aplicações da cromatografia de líquido. Os métodos podem ser escolhidos com base na solubilidade e na massa molecular. Em muitos casos, para moléculas pequenas, os métodos de fase reversa são apropriados. As técnicas na parte de baixo do diagrama são mais adequadas para as espécies de massa molecular alta ($\mathcal{M} > 2000$). (*High Performance Liquid Chromatography*, 2. ed., S. Lindsay; H. Barnes, eds. Copyright 1987, 1992, Thames Plytechnic, Londres, UK. Nova York: Wiley, 1992.)

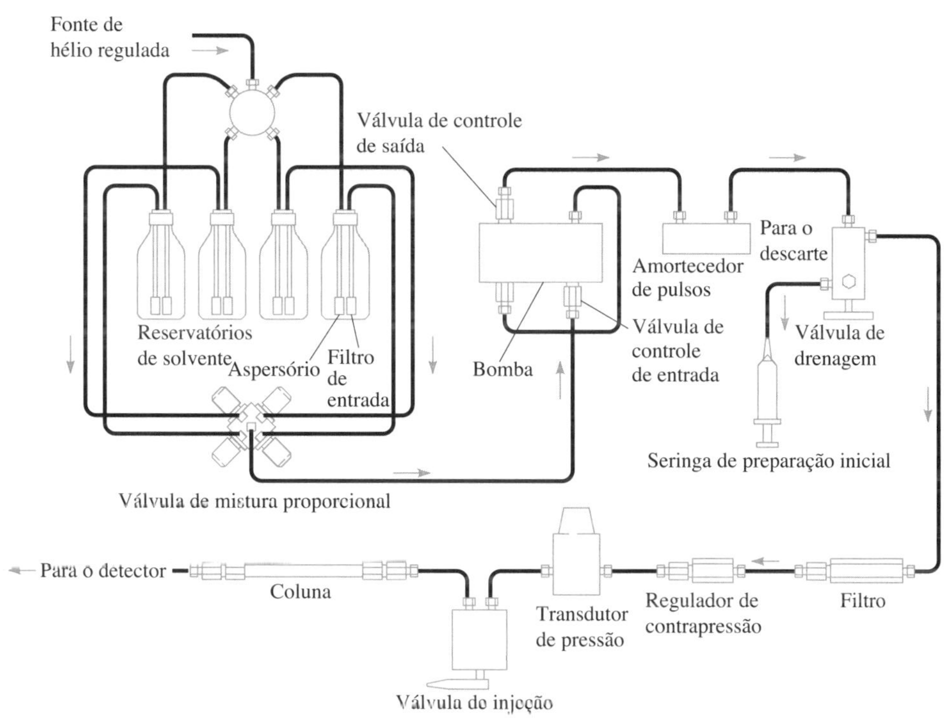

Figura 33-3 Diagrama de blocos mostrando os componentes típicos de um sistema para CLAE. (Cortesia de Perkin Elmer, Inc., Waltham, MA.)

33A-1 Reservatórios de Fase Móvel e Sistemas de Tratamento de Solventes

Um instrumento moderno de CLAE é equipado com um ou mais reservatórios de gás, cada um dos quais contendo 500 mL ou mais de um solvente. Frequentemente são tomadas medidas para a remoção de gases dissolvidos e de partículas presentes nos líquidos. Os gases dissolvidos podem levar à não reprodutividade das vazões e

Purga é o processo pelo qual os gases dissolvidos são arrastados para fora de um solvente por pequenas bolhas de um gás inerte e insolúvel.

Uma **eluição isocrática** na CLAE é aquela na qual a composição do solvente permanece constante.

Uma **eluição por gradiente** na CLAE é aquela na qual a composição do solvente é alterada continuamente ou em uma série de etapas.

ao espalhamento de bandas. Além disso, as bolhas e os particulados interferem no desempenho da maioria dos detectores. Os desgaseificadores podem ser constituídos por sistemas de aplicação de vácuo, sistemas de destilação, um dispositivo de aquecimento e agitação ou, como mostrado na Figura 33-3, um sistema de **purga**, no qual os gases dissolvidos são arrastados para fora da solução por pequenas bolhas de um gás inerte que não é solúvel na fase móvel.

Uma eluição com um único solvente ou mistura de solventes de composição constante é chamada de **eluição isocrática**. Na **eluição por gradiente**, dois (e algumas vezes mais) sistemas de solvente que diferem significativamente em polaridade são usados e variados em composição durante a separação. A razão entre os dois solventes varia de uma forma pré-programada durante a separação, algumas vezes de forma contínua e por vezes em etapas. Como mostrado na **Figura 33-4**, a eluição por gradiente geralmente melhora a eficiência da separação, da mesma forma que a programação de temperatura o faz na cromatografia de gás. Os instrumentos modernos de CLAE são equipados com válvulas de proporcionamento que introduzem líquidos a partir de dois ou mais reservatórios em proporções que podem ser variadas continuamente (veja a Figura 33-3).

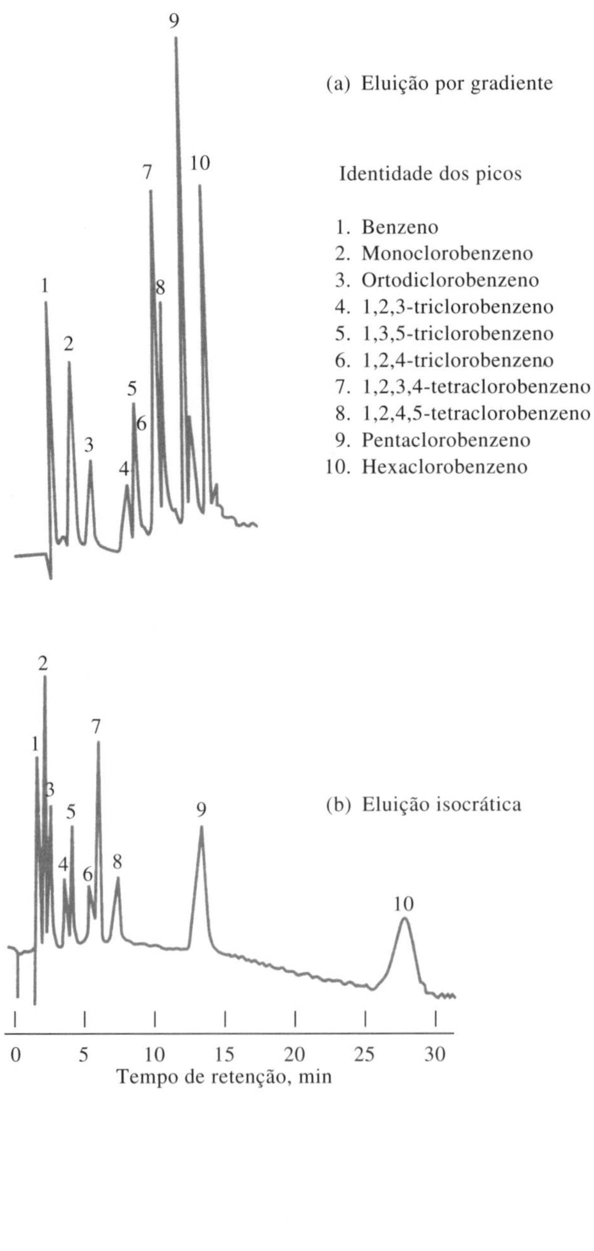

Figura 33-4 Melhoramento na eficácia de separação usando eluição por gradiente. (De J. J. Kirkland, *Modern Practice of Liquid Chromatograph*, p. 88. Nova York: Interscience, 1971. Reimpresso com permissão de Chromatography Fórum of the Delaare Valley.)

33A-2 Sistemas de Bombeamento

As exigências para as bombas cromatográficas de líquidos incluem (1) a geração de pressões de até 6.000 psi (lb in^{-2}), (2) saída livre de pulsação, (3) vazões na faixa de 0,1 a 10 mL min^{-1}, (4) reprodutibilidade relativa da vazão de 0,5% ou melhor e (5) resistência à corrosão por uma grande variedade de solventes. As altas pressões geradas pelas bombas de cromatografia de líquido não representam risco de explosão porque os líquidos não são muito compressíveis. Assim, a ruptura de um componente resulta somente em vazamento do solvente. Contudo, esse vazamento pode constituir um risco de incêndio ou ser nocivo para o ambiente, dependendo do tipo de solvente.

Dois principais tipos de bomba são usadas nos instrumentos de CLAE: tipo de seringa acionada por rosca e a bomba recíproca. Os tipos recíprocos são usados em quase todos os instrumentos comerciais. As bombas de seringa produzem uma saída livre de pulsação cuja vazão pode ser controlada facilmente. Entretanto, elas sofrem de capacidade relativamente baixa (~250 mL) e são inconvenientes quando os solventes devem ser trocados. A **Figura 33-5** ilustra os princípios de operação da bomba recíproca. Esse dispositivo consiste em uma câmara pequena cilíndrica que é preenchida e esvaziada pela movimentação de ida e vinda de um pistão. O movimento da bomba produz uma vazão pulsada que deve ser atenuada porque os pulsos aparecem com ruído da linha de base no cromatograma. Os instrumentos modernos de CLAE usam cabeças de bombas dual ou câmeras elípticas para minimizar tais pulsações. As vantagens das bombas recíprocas incluem o volume interno pequeno (35 a 400 μL), alta pressão de saída (até 10.000 psi), pronta adaptação à eluição por gradiente e vazões constantes, as quais são bastante independentes da queda de pressão imposta pela coluna e da viscosidade do solvente.

Como parte de seus sistemas de bombeamento, muitos instrumentos comerciais são equipados com dispositivos controlados por computador para medir a vazão determinando a queda de pressão através de um restritor localizado na saída da bomba. Qualquer diferença no sinal de um valor pré-ajustado é então usada para aumentar ou diminuir a velocidade do motor da bomba. Muitos instrumentos também têm um meio de variar a composição do solvente continuamente ou em etapas. Por exemplo, o instrumento mostrado na Figura 33-3 contém uma válvula de proporcionamento que permite misturar até quatro solventes de uma maneira pré-programada ou variável continuamente.

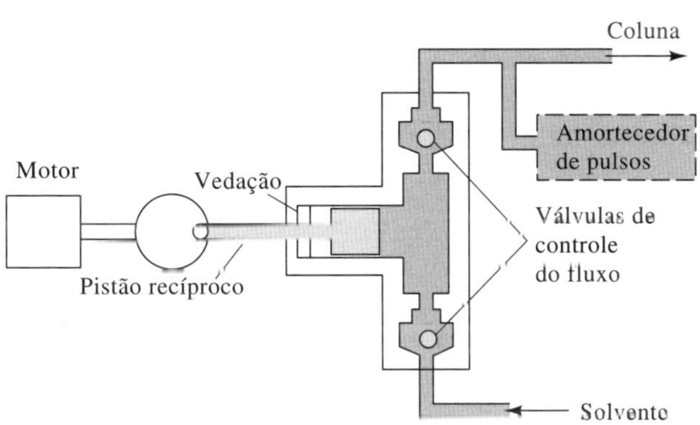

Figura 33-5 Uma bomba recíproca para CLAE.

33A-3 Sistemas de Injeção de Amostra

O método mais empregado de introdução da amostra para cromatografia de líquido é baseado em um sistema com alça de amostragem como aquele mostrado na **Figura 33-6**. Estes dispositivos frequentemente são uma parte integrada de equipamento de cromatografia de líquido e têm alças intercambiáveis capazes de fornecer uma escolha de tamanhos de amostra de 1 a 100 μL ou mais. A reprodutibilidade relativa das injeções com uma alça de amostragem é de poucos décimos por cento. Muitos

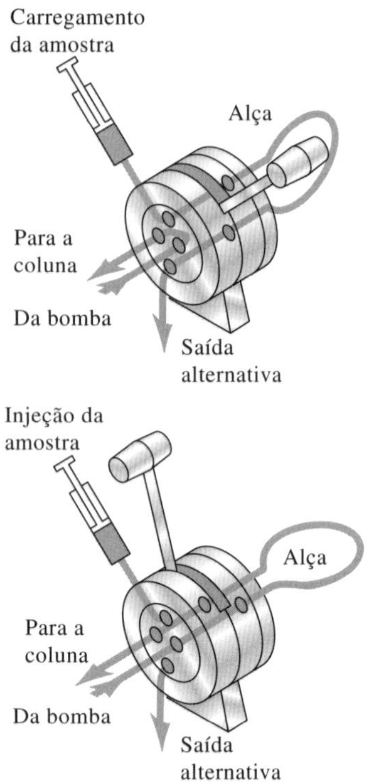

Figura 33-6 Sistema com alça de amostragem para a cromatografia de líquido. (Cortesia da Beckman Coulter, Fullerton, CA.)

instrumentos de CLAE incorporam autoamostradores que operam em conjunto com injetores automáticos. Estes injetores podem introduzir volumes variáveis continuamente a partir de reservatórios de autoamostrador.

33A-4 Colunas para CLAE

As colunas cromatográficas de líquido são normalmente construídas de tubos de aço inoxidável, embora tubos de vidro e de polímeros, tais como poliéteréteercetona (PEEK), são algumas vezes usados. Além disto, também estão disponíveis colunas de aço inoxidável revestidas com vidro ou PEEK. Centenas de colunas empacotadas diferindo no tamanho e no empacotamento podem ser compradas de fornecedores de CLAE. O custo de colunas de tamanho padrão e sem especialidades varia de US$ 200 a mais de US$ 500. Colunas especializadas, como as colunas quirais, podem custar mais de US$ 1.000.

Colunas Analíticas

Muitas colunas variam no comprimento de 5 a 25 cm e têm diâmetro interno de 3 a 5 mm. Colunas retas são invariavelmente usadas. O tamanho de partícula mais comum para empacotamento é de 3 a 5 μm. As colunas comumente usadas têm de 10 a 15 cm de comprimento, 4,6 mm de diâmetro interno e são empacotadas com partículas de 5 μm. As colunas deste tipo fornecem de 40.000 a 70.000 pratos m^{-2}.

Na década de 1980, tornaram-se disponíveis microcolunas com diâmetros internos de 1 a 4,6 mm e comprimentos de 3 a 7,5 cm. Essas colunas, as quais são empacotadas com partículas de 3 a 5 μm, contêm cerca de 100.000 pratos m^{-1} e apresentam vantagens quanto à velocidade e consumo mínimo de solventes. Essa última propriedade é de importância significativa, pois os solventes de altíssima pureza necessários à cromatografia de líquido custam muito caro, tanto para ser adquiridos como para ser descartados após o uso. A **Figura 33-7** ilustra a velocidade com a qual uma separação pode ser realizada usando uma coluna de microbore. Neste exemplo, foi usado MS/MS para monitorar a separação da rosuvastatina de componentes de plasma humano em uma coluna com 5 cm de comprimento e um diâmetro interno de 1,0 mm. A coluna foi empacotada com partículas de 3 μm. Foram necessários menos de 3 min para a separação.

Pré-colunas

Uma **coluna scavenger** entre o recipente de fase móvel e a o injetor é usada para condicionar a fase móvel.

São usados dois tipos de pré-coluna. Uma pré-coluna entre o reservatório de fase móvel e o injetor é usada para o condicionamento da fase móvel e é chamada de **coluna scavenger**. O solvente dissolve parcialmente o empacotamento de sílica e garante que a fase móvel seja saturada com ácido silícico antes de entrar na coluna analítica. Esta saturação minimiza as perdas da fase estacionária da coluna analítica.

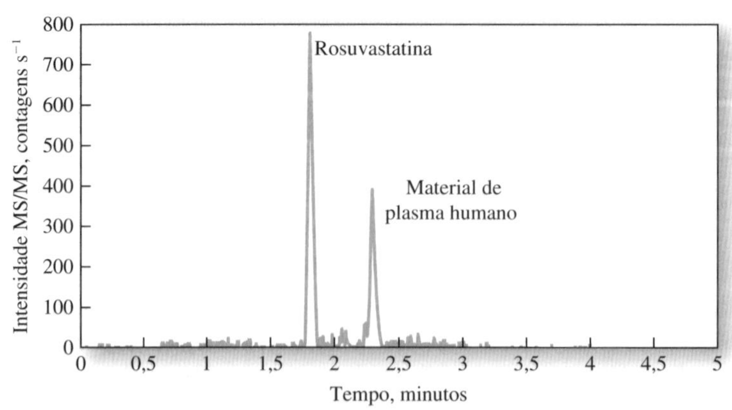

Figura 33-7 Separação por gradiente de alta eficiência da rosuvastatina de componentes similares do plasma humano. Coluna: 5 cm × 1,0 mm d.i. Luna C de 8,3 μm. Monitorada por MS/MS em m/z = 488,2 e 264,2. (Reimpresso de K. A. Oudhoff; T. Sangster e E. Thomas, I. D. Wilson, *J. Chromatogr.*, B, v. 832, p.191, **2006**, Copyright 2006, com a permissão de Elsevier.)

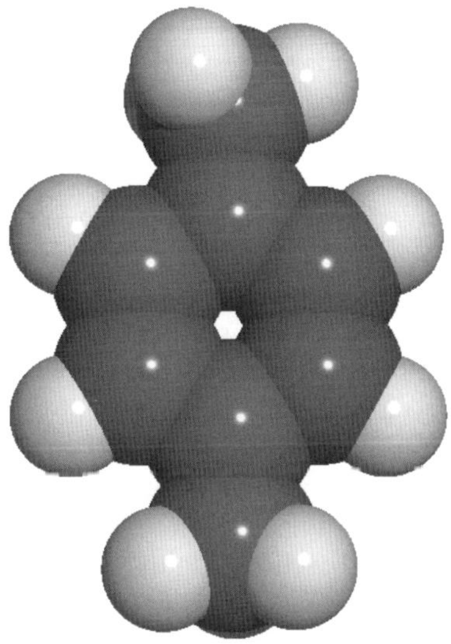

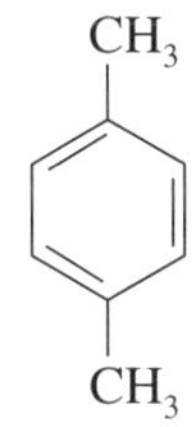

Modelo molecular do *p*-xileno. Existem três isômeros do xileno: orto, meta e para. O paraxileno é utilizado na produção de fibras artificiais. O xilol é uma mistura dos três isômeros e é empregado como solvente.

Um segundo tipo de pré-coluna é uma coluna de guarda, posicionada entre o injetor e a coluna analítica. Uma **coluna de guarda** é uma coluna curta empacotada com uma fase estacionária similar à fase estacionária à da coluna analítica. O propósito da coluna de guarda é prevenir que impurezas, tais como compostos retidos e matéria particulada, atinjam e contaminem a coluna analítica. A coluna de guarda é substituída regularmente e serve para aumentar a vida útil da coluna analítica.

Uma **coluna de guarda** entre o injetor e a coluna remove particulados e outras impurezas.

Coluna de Controle de Temperatura

Para algumas aplicações, um controle rigoroso de temperatura da coluna não é necessário e as colunas são operadas na temperatura ambiente. Entretanto, frequentemente, cromatogramas melhores e mais reprodutíveis são obtidos mantendo-se a temperatura da coluna constante. Muitos instrumentos comerciais modernos são equipados com aquecedores que controlam as temperaturas de colunas até alguns décimos de um grau de próximo à temperatura ambiente até 150°C. As colunas também podem ser munidas de uma camisa de termotização alimentada a partir de um banho de água de temperatura constante para fornecer controle preciso de temperatura. Muitos cromatógrafos consideram o controle de temperatura como essencial para as separações reprodutíveis.

Empacotamentos de Coluna

São usados dois tipos de empacotamentos na CLAE, *partícula pelicular e porosa*. As partículas peliculares originais eram esféricas, não porosas e pérolas de vidro ou de polímero com diâmetros de 30 a 40 μm. Uma camada porosa fina de resina sintética de sílica, alumina e poliestireno divinil benzeno ou uma resina de troca iônica era depositada em uma superfície destas pérolas. Pequenas micropartículas porosas substituíram completamente estas partículas peliculares grandes. Em anos recentes, empacotamentos peliculares pequenos ($\approx$ 5 μm) têm sido reitroduzidos para a separação de proteínas e biomoléculas grandes.

O empacotamento de partícula porosa típico para cromatografia de líquidos consiste de micropartículas porosas tendo diâmetros de 3 a 10 μm; para um determinado tamanho de partícula, uma distribuição muito estreita de tamanho de partícula é desejável. As partículas são compostas resina sintética de sílica, alumina e poliestireno vinil benzeno, ou uma resina de troca iônica. As partículas de sílica são frequentemente revestidas com filmes orgânicos finos, os quais são química ou fisicamente ligados à superfície. Os empacotamentos de colunas para modos cromatográficos específicos serão abordados em seções posteriores deste capítulo.

33A-5 Detectores de CLAE

O detector ideal para CLAE deve ter todas as características do detector ideal de CG listado na Seção 32A-4, exceto que ele não precisa ter uma faixa tão grande de temperatura. Além disso, um detector de CLAE deve ter um volume interno baixo (volume ideal) para minimizar o alargamento de banda da coluna extra. O detector deve ser pequeno e compatível com a vazão de líquido. Infelizmente, nenhum sistema de detector universal altamente sensível está disponível para a cromatografia de líquidos de alta eficiência. Assim, o detector a ser empregado vai depender da natureza da amostra. A **Tabela 33-1** lista alguns dos detectores comuns e suas propriedades.[2]

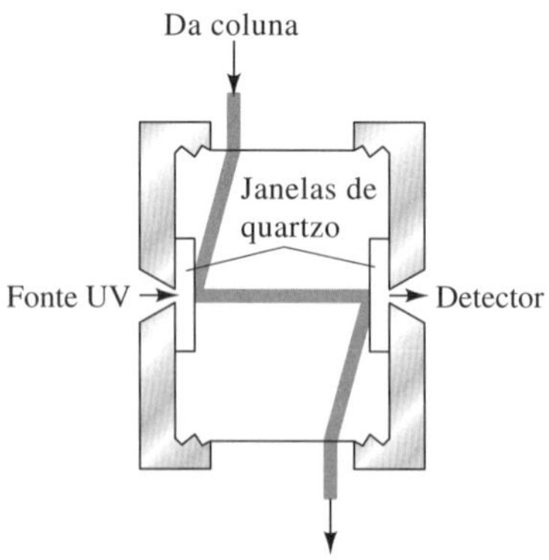

Figura 33-8 Um detector de absorção UV visível para CLAE.

Os detectores mais amplamente empregados em cromatografia de líquido são baseados na absorção de radiação no ultravioleta ou no visível (veja a **Figura 33-8**). Os fotômetros frequentemente fazem uso das linhas 254 e 280 nm de uma fonte de mercúrio porque muitos grupos funcionais orgânicos absorvem nesta região. As fontes de deutério ou de filamento de tungstênio com filtros de interferência fornecem maneiras simples de detectar espécies absorventes. Alguns dos instrumentos modernos são equipados com discos que contêm vários filtros de interferência, os quais podem ser rapidamente trocados. Os detectores espectrofotométricos são consideravelmente mais versáteis que os fotômetros e são amplamente empregados nos instrumentos de alto desempenho. Os instrumentos modernos usam arranjos lineares de fotodiodos que podem adquirir um espectro completo à medida que o analito deixa a coluna.

TABELA 33-1

Desempenho dos Detectores para CLAE*

Detector para CLAE	Disponível Comercialmente	LD† (típico) em Massa	Faixa Linear‡ (décadas)
Absorbância	Sim	10 pg	3–4
Fluorescência	Sim	10 fg	5
Eletroquímico	Sim	100 pg	4–5
Índice de refração	Sim	1 ng	3
Condutividade	Sim	100 pg–1 ng	5
Espectrometria de massas	Sim	< 1 pg	5
FTIV	Sim	1 μg	3
Espalhamento de luz	Sim	1 μg	5
Atividade ótica	Não	1 ng	4
Seletivo a elementos	Não	1 ng	4–5
Fotoionização	Não	< 1 pg	4

*Do manual do fabricante, F. Settle, ed., *Handbook of Instrumental Techniques for Analytical Chemistry*, Upper Saddle River, NJ: Prentice-Hall, 1997; E. S. Yeung; R. E. Synovec, *Anal. Chem.*, v.58, p. 1237A, **1986, DOI**: 10.1021/ac00125a002.

†Limites de detecção (LD) expressos em massa são dependentes do composto, instrumento e condições da CLAE; os valores fornecidos são típicos de sistemas comerciais, quando disponíveis.

‡Valores típicos extraídos da fonte citada.

A combinação de CLAE com um detector de espectrometria de massas produz uma ferramenta muito poderosa como mostrado na Figura 33-7. Tais sistemas CL/MS podem identificar os analitos saindo das colunas de CLAE, como discutido no Destaque 33-1.[3]

Outro detector, que tem encontrado aplicação considerável, é baseado nas mudanças no índice de refração do solvente que é provocada pelas moléculas de analito. Em contraste à maioria dos outros detectores listados na Tabela 33-1, o detector de índice de refração é geral ao invés de seletivo e responde à presença de todos os solutos.

[2] Para uma discussão mais extensa de detectores de CLAE, veja D. A. Skoog; F. J. Holler, e S. R. Crouch, *Principles of Instrumental Analysis*, 6. ed. Belmont, CA: Brooks/Cole, 2007, pp. 823-828.

[3] Veja W. M. Niessen, *Liquid Chromatography-Mass Spectrometry*, 3. ed., Boca Raton: CRC Press, 2006; R. E. Ardrey, *Liquid Chromatography-Mass Spectrometry: An Introduction*, Chichester, UK: Wiley, 2003.

A desvantagem desse detector está em sua sensibilidade limitada. Muitos detectores eletroquímicos baseados em medidas potenciométricas, condutimétricas e voltamétricas foram também desenvolvidos. Um exemplo de detector amperométrico encontra-se na **Figura 33-9**.

DESTAQUE 33-1

CL/MS e CL/MS/MS

A combinação da cromatografia de líquido com a espectrometria de massas poderia ser vista como a fusão ideal entre a separação e a detecção. Assim como na cromatografia de gás, o espectrômetro de massas poderia identificar as espécies à medida que elas fossem eluídas da coluna cromatográfica. Contudo, existem problemas importantes no acoplamento dessas duas técnicas. Uma amostra no estado gasoso é necessária para a espectrometria de massas, enquanto a saída de uma coluna de CL é constituída por um soluto dissolvido em um solvente. Como uma primeira etapa, o solvente deve ser evaporado. Quando vaporizado, contudo, o solvente da CL produz um volume de vapor que é cerca de 10 a 1.000 vezes maior que o volume do gás de arraste na cromatografia de gás. Portanto, a maior parte do solvente deve também ser removida. Diversos dispositivos têm sido desenvolvidos para resolver esse problema de remoção do solvente e para o interfaceamento da coluna de CL. Atualmente, as abordagens mais populares são usar uma técnica de ionização à pressão atmosférica de baixa vazão. O diagrama de blocos de um sistema típico CL/MS é mostrado na **Figura 33D-1**. O sistema de CLAE é tipicamente um sistema capilar de CL em nanoescala com vazões na faixa de μL min^{-1}. Alternativamente, algumas interfaces permitem vazões tão altas como de 1 a 2 mL min^{-1}, as quais são típicas das condições convencionais da CLAE. As fontes de ionização mais comuns são a ionização por *eletrospray* e a ionização química à pressão atmosférica (veja Seção 29D-2). A combinação da CLAE com a espectrometria de massas fornece alta seletividade uma vez que picos não resolvidos podem ser isolados pelo monitoramento de uma massa selecionada. A técnica CL/MS pode fornecer impressões digitais de um eluato em particular, em vez de depender do tempo de retenção como na CLAE convencional. A combinação também pode fornecer a massa molecular e informações estruturais bem como a análise quantitativa precisa.[4]

Para algumas misturas complexas, a combinação da CL com MS não fornece uma resolução suficiente. Nos anos mais recentes, tornou-se factível o acoplamento de dois ou mais analisadores de massas em conjunto em uma técnica conhecida como espectrometria de massas tandem (veja a Seção 29D-3). Quando se combina a CL com a espectrometria de massas tandem, recebe o nome de instrumento CL/MS/MS (ou CL-MS/MS). Os espectrômetros de massas tandem geralmente são sistemas do tipo quadrupolo ou espectrômetros de armadilha de íons.

Para se obter maior resolução que a que pode ser obtida com um quadrupolo, o analisador de massas final em um sistema MS tandem pode ser um espectrômetro de massas de tempo de voo. Os espectrômetros de massas de setor também podem ser combinados para gerar sistemas tandem. Os espectrômetros de ressonância de ciclotron de íons e a de armadilha de íons podem ser operados de tal maneira para fornecer não apenas dois estágios de análise de massas, mas n estágios. Esses sistemas MS^n promovem as etapas de análise sequencialmente com um único analisador de massas. Estes espectrômetros têm sido combinados com sistemas CL em instrumentos CL/MS^n.

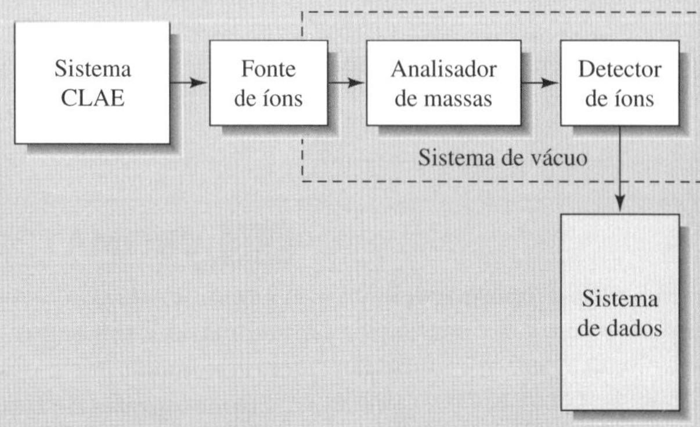

Figura 33D-1 Diagrama de blocos de um sistema CL/MS. O efluente da coluna de CL é introduzido a uma fonte de ionização à pressão atmosférica, como em uma fonte de *eletrospray* ou inonização química. Os íons produzidos são selecionados pelo analisador de massas e detectados pelo detector de íons.

[4] Para uma revisão sobre os sistemas comerciais CL/MS, veja B. E. Erickson, *Anal. Chem.*, v. 72, p. 711A, **2000**, **DOI**: 10.1021/ac0029758.

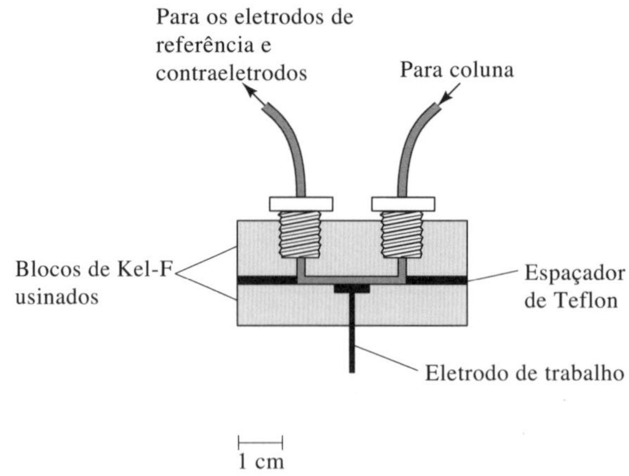

Figura 33-9 Célula amperométrica de camada fina para CLAE.

Na **cromatografia por partição líquido-líquido**, a fase estacionária é um solvente mantido no lugar por adsorção da superfície das partículas de empacotamento.

Na **cromatografia de líquido por partição com fase ligada**, a fase estacionária é uma espécie orgânica que é imobilizada na superfície das partículas do material de empacotamento por meio de ligações químicas.

33B CROMATOGRAFIA POR PARTIÇÃO

O tipo de CLAE mais utilizado é a **cromatografia por partição**, na qual a fase estacionária é um segundo líquido que é imiscível com o líquido da fase móvel. A cromatografia por partição pode ser subdividida em **cromatografia líquido-líquido** e **cromatografia de líquido com fase ligada**. A diferença entre as duas está na forma com a qual a fase estacionária é imobilizada nas partículas de suporte do material de empacotamento. O líquido é imobilizado por adsorção física na cromatografia líquido-líquido, enquanto é retido por meio de ligações químicas na cromatografia de líquido com fase ligada. A cromatografia por partição mais antiga era exclusivamente líquido-líquido; entretanto, atualmente, predominam os métodos de líquido com fase ligada por causa da maior estabilidade deles e a compatibilidade com a eluição por gradiente. Os empacotamentos do tipo líquido-líquido estão hoje em dia relegados a certas aplicações especiais. Restringimos nossa discussão aqui nesta seção à cromatografia de fase ligada.[5]

33B-1 Empacotamentos com Fases Ligadas

A maioria dos materiais de empacotamento com fase ligada é preparada pela reação de um organoclorosilano com os grupos —OH formados na superfície das partículas de sílica por hidrólise em ácido clorídrico diluído quente. O produto é um organosiloxano. A reação para um sítio SiOH sobre a superfície de uma partícula pode ser escrita como

$$\begin{array}{c}/\\ -\mathrm{Si}-\mathrm{OH}\\ \backslash\end{array} + \mathrm{Cl}-\begin{array}{c}\mathrm{CH_3}\\ | \\ \mathrm{Si}\\ | \\ \mathrm{CH_3}\end{array}-\mathrm{R} \longrightarrow \begin{array}{c}/\\ -\mathrm{Si}-\mathrm{O}\\ \backslash\end{array}-\begin{array}{c}\mathrm{CH_3}\\ | \\ \mathrm{Si}\\ | \\ \mathrm{CH_3}\end{array}-\mathrm{R}$$

onde R é geralmente uma cadeia linear de grupo octil ou octildecil. Outros grupos funcionais orgânicos que têm sido ligados às superfícies de sílica incluem as aminas alifáticas, éteres e nitrilas, bem como hidrocarbonetos aromáticos. Assim, as fases estacionárias estão disponíveis com muitas polaridades diferentes.

[5] Para um relatório nos mecanismos de retenção na cromatografia de fase ligada, veja J. G. Dorsey e W. T. Cooper, *Anal. Chem.*, v. 66, p. 857A, **1994**, **DOI**: 10.1021/ac00089a002.

33B-2 Empacotamentos de Fases Normal e Reversa

Dois tipos de cromatografia por partição podem ser distinguidos com base nas polaridades relativas da fase estacionária e móvel. Os trabalhos iniciais em cromatografia de líquido foram baseados em fases estacionárias altamente polares como o trietileno glicol ou água; um solvente relativamente apolar, como o hexano ou o éter *i*-propílico, servia, então, como fase móvel. Por razões históricas, esse tipo de cromatografia é atualmente chamado **cromatografia de fase normal**. Na **cromatografia de fase reversa**, a fase estacionária é apolar, geralmente um hidrocarboneto, e a fase móvel corresponde a um solvente relativamente polar (como água, metanol, acetonitrila ou tetra-hidrofurano).[6]

Na **cromatografia por partição de fase normal**, a fase estacionária é polar e a fase móvel, apolar. Na **cromatografia por partição de fase reversa**, a polaridade dessas fases são invertidas.

Na cromatografia de fase normal, o componente *menos* polar é eluído primeiro; o *aumento* da polaridade da fase móvel então *diminui* o tempo de eluição. Em contraste, na cromatografia de fase reversa, o componente *mais* polar elui primeiro e o *aumento* da polaridade da fase móvel *eleva* o tempo de eluição.

Naromatografia de fase normal, o analito menos polar é eluído primeiro. Na cromatografia de fase reversa, por último.

Foi estimado que mais de três quartos de todas as separações por CLAE são atualmente realizadas em fase reversa com empacotamento ligado de octil- ou octildecil siloxano. Com tais preparações, os grupos de hidrocarbonetos de cadeia longa estão alinhados paralelamente entre si e perpendiculares em relação à superfície da partícula, fornecendo uma superfície de hidrocarbonetos apolar parecida com uma escova. A fase móvel empregada com esses materiais de empacotamento é normalmente uma solução aquosa contendo várias concentrações de solventes como metanol, acetonitrila ou tetra-hidrofurano.

A **cromatografia por par iônico** é um subgrupo da cromatografia em fase reversa no qual as espécies facilmente ionizáveis são separadas em colunas de fase reversa. Neste tipo de cromatografia, um sal orgânico contendo um contraíon orgânico grande, como um íon de amônio quaternário ou sulfonato de alquila, é adicionado à fase móvel como uma agente de emparelhamento de íon. São postulados dois mecanismos para a separação. No primeiro, o contraíon forma um par não carregado com um íon de soluto de carga contrária na fase móvel. Esse par iônico particiona-se na fase apolar estacionária, gerando uma retenção diferencial dos solutos com base na afinidade do par iônico pelas duas fases. Alternativamente, o contraíon é retido fortemente pela fase estacionária, normalmente neutra, atribuindo carga a essa fase. A separação de íons do soluto orgânico de carga oposta ocorre por formação de complexos de pares iônicos, os solutos mais retidos formam os complexos mais fortes com a fase estacionária. Algumas separações excepcionais de compostos iônicos e não iônicos presentes na mesma amostra podem ser realizadas com essa forma de cromatografia por partição. A **Figura 33-10** ilustra a separação de compostos iônicos e não iônicos utilizando sulfonatos alquílicos com cadeias de vários comprimentos como agentes de formação de pares iônicos. Observe que a mistura de sulfonatos alquílicos C_5– e C_7– produz os melhores resultados para a separação.

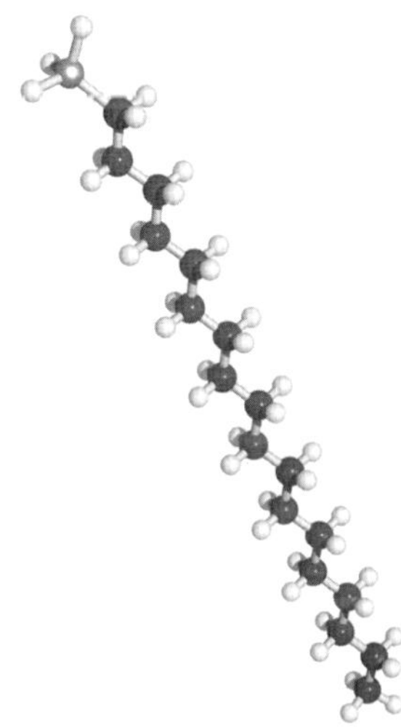

Modelo molecular do octildecil-siloxano.

33B-3 Escolha das Fases Móvel e Estacionária

O sucesso da cromatografia por partição requer um equilíbrio adequado entre as forças intermoleculares existentes entre os três participantes no processo de separação: o analito e as fases móvel e estacionária. Em geral, as polaridades de grupos funcionais orgânicos em ordem crescente são hidrocarbonetos < éteres < cetonas < aldeídos < amidas < alcoóis. A água é mais polar que compostos contendo qualquer um dos grupos funcionais anteriores.

A ordem de polaridade dos solventes comuns utilizados como fases móveis é água > acetonitrila > metanol > etanol > tetraidrofurano > propanol > cicloexano > hexano.

[6] Para uma discussão detalhada sobre CLAE em fase reversa, veja L. R. Snyder; J. J. Kirkland e J. W. Dolan, *Introduction to Modern Liquid Chromatography*, 3. ed., Hoboken, NJ: Wiley, 2010, caps. 6-7.

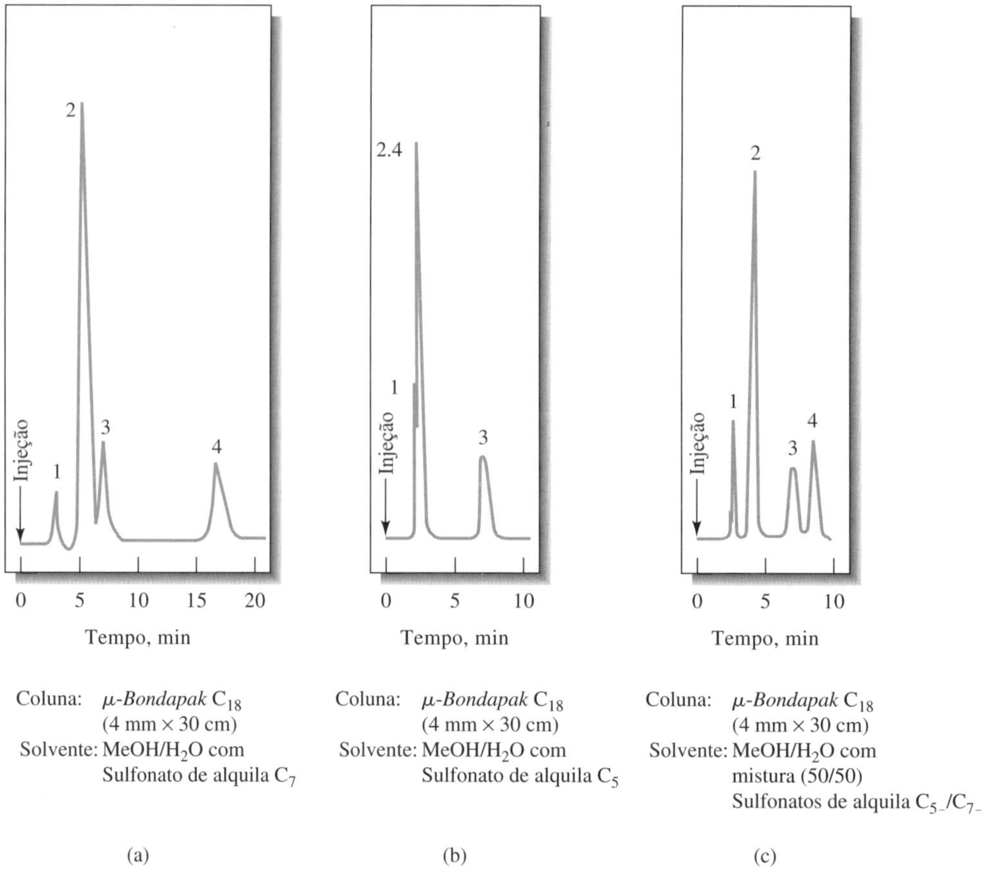

Figura 33-10 Cromatogramas ilustrando as separações de misturas de compostos iônicos e não iônicos por cromatografia por par iônico. Compostos: (1) niacinamida, (2) piridoxina, (3) riboflavina e (4) tiamina. Em pH 3,5 a niacinamida está fortemente ionizada, enquanto a riboflavina é não iônica. A piridoxina e a tiamina estão fracamente ionizadas. Coluna: *μ-Bondapak*, C_{18}, 4 mm × 30 cm. Fase móvel: (a) MeOH/H_2O com sulfonato de alquila C_7–, (b) MeOH/H_2O com sulfonato de alquila C_5 e (c) MeOH/H_2O com mistura 1:1 de sulfonato de alquila C_5– e C_7–. (Cortesia da Waters Corp., Milford, MA.)

Frequentemente, ao escolher uma coluna e a fase móvel, a polaridade da fase estacionária é combinada aproximadamente com aquela dos analitos; uma fase móvel de diferença de polaridade consideravelmente diferente é então usada na eluição. Esse procedimento é mais bem-sucedido que outro no qual as polaridades do analito e da fase móvel são igualadas, sendo diferentes daquela da fase estacionária. Neste último caso, a fase estacionária não pode competir com sucesso pelos componentes da amostra; os tempos de retenção então se tornam muito curtos para aplicação prática. No outro extremo está a situação onde as polaridades do analito e da fase estacionária são muito semelhantes; então, os tempos de retenção tornam-se excessivamente longos.

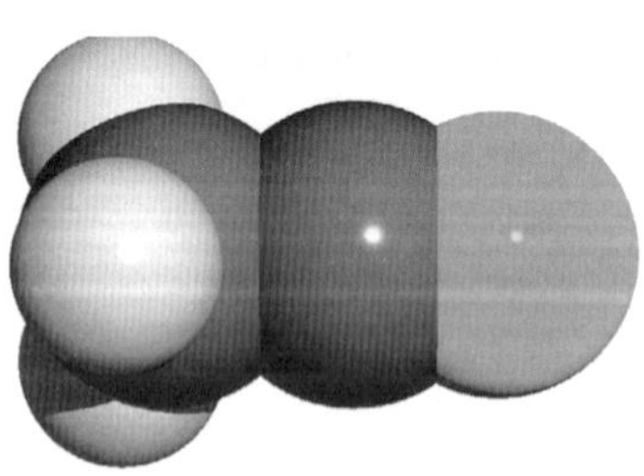

Modelo molecular da acetonitrila. A acetonitrila ($CH_3C{\equiv}N$) é amplamente empregada como solvente orgânico. Seu uso como fase móvel em CL vem do fato de que ela é mais polar que o metanol, porém menos polar que a água.

33B-4 Aplicações

A **Figura 33-11** ilustra algumas aplicações típicas da cromatografia por partição em fase ligada para separar os aditivos de bebidas refrigerantes e inseticidas organofosforados. A **Tabela 33-2** ilustra a variedade de amostras para as quais a técnica pode ser aplicada.

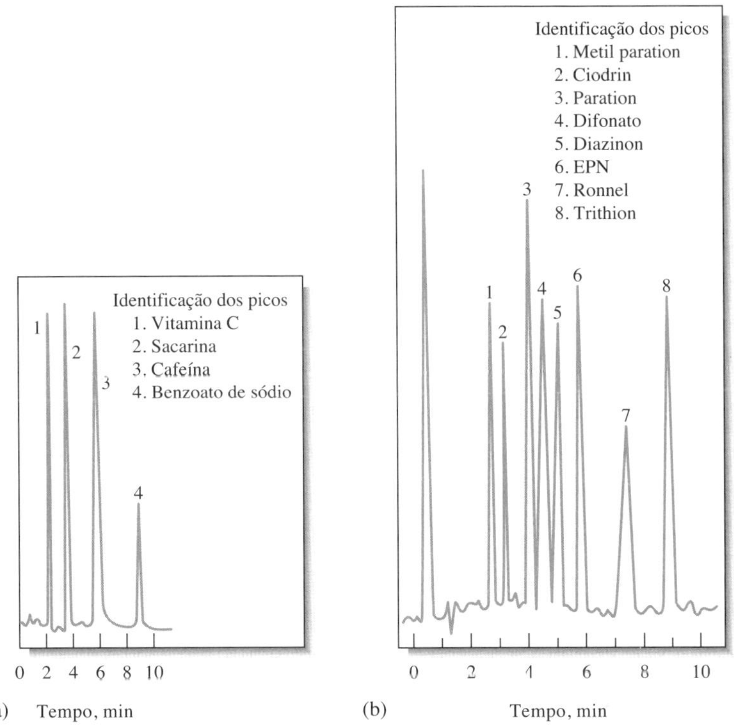

Figura 33-11 Aplicações típicas da cromatografia com fase ligada. (a) Aditivos em refrigerantes. Coluna: 4,6 × 250 mm empacotada com material com fase polar (nitrila) ligada. Eluição isocrática com 6% HOAc/94% H_2O. Vazão: 1,0 mL min^{-1}. (Cortesia de BTR Separations, uma afiliada da DuPont ConAgra.) (b) Inseticidas organofosforados. Coluna 4,5 × 250 mm empacotada com partículas de 5 mm com fase ligada de C_8. Eluição por gradiente: 67% CH_3OH/33% H_2O até 80% CH_3OH/20% H_2O. Vazão: 2 mL min^{-1}. Ambas as aplicações empregaram detectores UV a 254 nm.

TABELA 33-2
Aplicações Típicas da Cromatografia por Partição de Alta Eficiência

Campo	Misturas Típicas Separadas
Farmacêutico	Antibióticos, sedativos, esteroides, analgésicos
Bioquímico	Aminoácidos, proteínas, carboidratos, lipídios
Produtos alimentícios	Adoçantes artificiais, antioxidantes, aflotoxinas, aditivos
Industrial químico	Aromáticos condensados, tensoativos, propelentes, corantes
Poluentes	Pesticidas, herbicidas, fenóis, bifenilas policloradas (PCBs)
Ciência forense	Drogas, venenos, álcool no sangue, narcóticos
Química clínica	Ácidos bílicos, metabólitos de drogas, extratos de urina, estrógenos

33C CROMATOGRAFIA POR ADSORÇÃO

A cromatografia por adsorção, ou líquido-líquido, é a forma clássica de cromatografia de líquidos inicialmente introduzida por Tswett no começo do século 20. Por causa da grande superposição entre a cromatografia por partição de fase normal e a cromatografia por adsorção, muitos dos princípios e técnicas usadas para a anterior se aplicam à cromatografia por adsorção. Na realidade, em muitas separações de fase normal, os processos de adsorção/deslocamento governam a retenção.

Sílica e alumina finamente divididas são as únicas fases estacionárias que são empregadas na cromatografia por adsorção. A sílica é a preferida para a maioria das aplicações por causa de sua capacidade de amostra mais alta. As características de adsorção das duas substâncias são paralelas entre si. Para ambas, os tempos de retenção tornam-se mais longos à medida que a polaridade do analito aumenta.

Por causa da versatilidade e da pronta disponibilidade de fases estacionárias ligadas, a cromatografia por adsorção tradicional com fases estacionárias sólidas tem visto uma diminuição no uso em anos recentes em favor da cromatografia de fase normal.

33D CROMATOGRAFIA POR TROCA IÔNICA

Na Seção 31D, descrevemos algumas das aplicações das resinas de troca iônica nas separações analíticas. Além disso, esses materiais são úteis como fases estacionárias para a cromatografia de líquido, na qual são empregados para separar espécies carregadas. A cromatografia de íons como é praticada hoje foi inicialmente desenvolvida em meados da década de 1970, quando mostrou que as misturas de ânions ou cátions podia ser resolvida em colunas de CLAE empacotadas com resinas de troca iônica aniônica ou catiônica. Naquela época, a detecção normalmente era feita com medidas de condutividade. O desenvolvimento das colunas de baixa capacidade de troca permitiu o uso de fases móveis de força iônica baixa que podiam ser adicionalmente deionizadas (ionização suprimida) para permitir detecção de condutividade de alta sensibilidade. Atualmente, vários outros tipos de detector estão disponíveis para a cromatografia de íons, incluindo espectrométrico e eletroquímico.[7]

Atualmente há dois tipos de cromatografia de íons em uso: **baseada em supressor** e de **coluna única**. Elas diferem no método utilizado para prevenir que a condutividade dos eletrólitos eluentes interfiram com a medida das condutividades dos analitos.

33D-1 Cromatografia de Íons Baseada em Supressores

O detector de condutividade é muito adequado para a cromatografia por troca iônica.

Os detectores de condutividade apresentam muitas propriedades de um detector ideal. Eles podem ser altamente sensíveis, são universais para as espécies carregadas e, como regra, respondem de uma forma previsível às variações de concentração. Além disso, tais detectores são simples de operar, baratos para construir e manter, fácil de miniaturizar e normalmente operam por longos períodos sem necessidade de manutenção. A única limitação no uso dos detectores de condutividade, que atrasou a aplicação geral deles para a cromatografia até meados da década de 1970, era devida às altas concentrações de eletrólito necessárias para eluir a maioria de íons de analito em um tempo razoável. Como um resultado, a condutividade de componentes da fase móvel tende a se sobrepor àquelas dos íons do analito, diminuindo enormemente a sensibilidade do detector.

Em 1975, o problema criado pela alta condutância dos eluentes foi resolvido pela introdução de uma **coluna supressora do eluente** logo após a coluna de troca iônica.[8] A coluna do supressor é empacotada com uma segunda resina de troca iônica que converte efetivamente os íons do solvente de eluição para espécies moleculares de ionização limitada sem afetar a condutividade dos íons dos analitos. Por exemplo, quando se pretende separar e determinar cátions, o ácido clorídrico é selecionado como reagente eluente e a coluna de supressão é constituída por uma resina de troca iônica na forma de hidróxido. O produto da reação na coluna de supressão é a água. Isto é,

$$H^+(aq) + Cl^-(aq) + \text{resina}^+OH^-(s) \rightarrow \text{resina}^+Cl^-(s) + H_2O$$

Os cátions do analito não são retidos por essa segunda coluna.

Para a separação de ânions, o empacotamento supressor está na forma ácida de uma resina de troca catiônica e o agente de eluição é constituído por bicarbonato ou carbonato de sódio. A reação no supressor é

$$Na^+(aq) + HCO_3^-(aq) + \text{resina}^-H^+(s) \rightarrow \text{resina}^-Na^+(s) + H_2CO_3(aq)$$

[7] Para uma revisão curta sobre a cromatografia de íons, veja J. S. Fritz, *Anal. Chem.*, v. 59, p. 335A, **1987**, **DOI**: 10.1021/ac0013a002; P. R. Haddad, *Anal. Chem.*, v. 73, p. 266A, **2001**, **DOI**: 10.1021/ac012440u. Para uma descrição detalhada do método, veja H. Small, *Ion Chromatography*, Nova York: Plenum Press, 1989; J. S. Fritz e D. T. Gjerde, *Ion Chromatography*, 4. ed., Weinheim, Alemanha: Wiley-VCH, 2009.

[8] H. Small; T. S. Stevens e W. C. Bauman, *Anal. Chem.*, v. 47, p. 1801, **1975**, **DOI**: 10.1021/ac60361a017.

O ácido carbônico pouco dissociado não contribui significativamente para a condutividade.

Um inconveniente associado com as colunas supressoras adicionais era a necessidade de regenerá-las periodicamente (normalmente a cada 8 a 10 h) para converter o empacotamento de volta à forma ácida ou básica. Entretanto, na década de 1980, os supressores com micromembranas que operam continuamente tornaram-se disponíveis.[9] Por exemplo, onde o carbonato ou bicarbonato de sódio deve ser removido, o eluente é passado sobre uma série de membranas ultrafinas de troca catiônica que o separa de um fluxo ácido, regenerando a solução que flui continuamente na direção oposta. Os íons sódio do eluente são trocados com os íons hidrogênio na superfície interna da membrana trocadora e então migram para outra superfície para serem trocados com os íons hidrogênio do reagente regenerador. Os íons hidrogênio da solução regeneradora migram na direção inversa preservando, assim, a neutralidade elétrica. Os separadores com micromembrana são capazes de remover basicamente todos os íons sódio de uma solução de NaOH 0,1 mol L^{-1} com uma vazão de 2 mL min^{-1}.

Na **cromatografia de íon baseada em supressor**, a coluna de troca iônica é seguida por uma **coluna supressora**, ou por uma **membrana supressora**, que converte um eluente iônico em uma espécie não iônica que não interfere com a detecção condutométrica de íons do analito.

A **Figura 33-12** mostra duas aplicações da cromatografia de íons baseadas em uma coluna supressora e detecção condutométrica. Em cada uma dessas, os íons estão presentes na faixa de partes por milhão; o volume da amostra foi de 50 μL em um caso e de 100 μL no outro. O método é particularmente importante para a análise de ânions porque não existe outro método rápido e conveniente para resolver as misturas desse tipo.

33D-2 Cromatografia de Íons em Coluna Única

A instrumentação comercial de cromatografia de íons que não exige coluna supressora também está disponível. Essa abordagem depende da pequena diferença de condutividade entre os íons da amostra e os íons prevalentes do eluente. Para amplificar

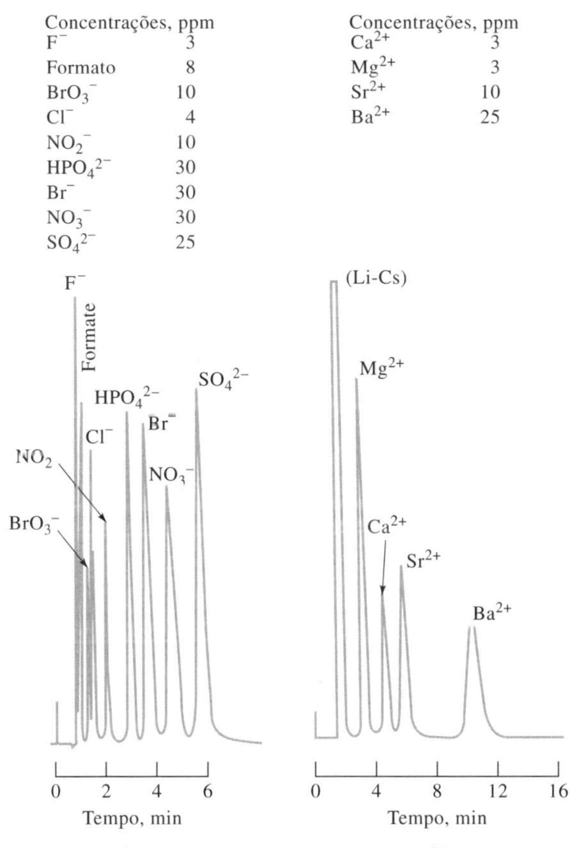

Figura 33-12 Aplicações típicas da cromatografia de íons (a) Separação de ânions em uma coluna de troca aniônica. Eluente: $NaHCO_3$ 0,0028 mol L^{-1}/Na_2CO_3 0,0023 mol L^{-1}. Tamanho da amostra: 50 μL (b) Separação de íons alcalinos terrosos em uma coluna de troca catiônica. Eluente: fenilenodiamina 0,025 mol L^{-1}/ HCl 0,0025 mol L^{-1}. Tamanho da amostra: 100 μL. (Cortesia da Dionex, Inc., Sunnyvale, CA.)

[9] J. S. Fritz e D. T. Gjerde, *Ion Chromatography*, 4. ed., Weinheim, Alemanha: Wiley-VCH, 2009.

Na **cromatografia por troca iônica em coluna única**, os íons dos analitos são separados em uma troca iônica de baixa capacidade por meio de um eluente de pequena força iônica que não interfere com a detecção condutométrica dos íons dos analitos.

essas diferenças, trocadores de baixa capacidade são empregados permitindo a eluição com soluções com baixas concentrações de eletrólitos. Além disso, eluentes de baixa condutividade são selecionados.

A cromatografia de íons com coluna única oferece a vantagem de não requerer equipamentos especiais para a supressão. Entretanto, é um método um pouco menos sensível para a determinação de ânions que os métodos de coluna supressora.

32E CROMATOGRAFIA POR EXCLUSÃO POR TAMANHO

Na **cromatografia por exclusão por tamanho**, o fracionamento é baseado no tamanho das moléculas.

A cromatografia por exclusão por tamanho, ou em gel, é uma técnica poderosa particularmente aplicável às espécies de alta massa molecular.[10] Os materiais de empacotamento para a cromatografia por exclusão por tamanho consistem em partículas pequenas ($\sim$10 μm) de sílica ou polímeros contendo uma rede de poros uniformes dentro dos quais as moléculas do soluto e do solvente podem difundir. Enquanto estão ocupando os poros, as moléculas estão efetivamente presas e são removidas do fluxo da fase móvel. O tempo de residência médio das moléculas do analito depende do seu tamanho efetivo. As moléculas que são muito maiores que o tamanho médio dos poros do material de empacotamento são excluídas e assim não sofrem nenhuma retenção; isto é, elas se deslocam através da coluna na velocidade da fase móvel. As moléculas que são apreciavelmente menores que os poros podem penetrar por meio do labirinto dos poros e são assim retidas por tempos mais longos; elas são as últimas a ser eluídas. Entre esses dois extremos estão as moléculas de tamanho intermediário cuja penetração média nos poros do material de empacotamento depende dos seus diâmetros. O fracionamento que ocorre dentro desse grupo está diretamente relacionado com o tamanho molecular e, em alguma extensão, com a forma da molécula. Observe que as separações por exclusão por tamanho diferem de outros procedimentos cromatográficos em relação ao fato de que não existem interações químicas ou físicas entre os analitos e a fase estacionária. De fato, tais interações são evitadas porque elas levam à diminuição das eficiências da coluna. Observe também que, diferentemente de outras formas de cromatografia, existe um limite superior para o tempo de retenção, uma vez que nenhuma espécie de analito é retida mais tempo que aquelas de moléculas pequenas que permeiam totalmente a fase estacionária.

33E-1 Empacotamentos de Coluna

A **filtração em gel** é um tipo de cromatografia por exclusão por tamanho na qual o material do empacotamento é hidrofílico. É empregada para separar as espécies polares.

A **permeação em gel** é um tipo de cromatografia por exclusão por tamanho na qual o material do empacotamento é hidrofóbico. É utilizada na separação de espécies apolares.

São encontrados dois tipos de empacotamento para a cromatografia de exclusão por tamanho: pérolas de polímero e partículas baseadas em sílica, ambas das quais têm diâmetro de 5 a 10 μm. As partículas de sílica são mais rígidas, o que leva ao empacotamento mais fácil e permite maiores pressões para serem usadas. Elas também são mais estáveis, permitindo uma grande faixa de solventes para serem usados e exibem equilíbrio mais rápido com novos solventes.

Estão no mercado inúmeros empacotamentos de exclusão por tamanho. Alguns são hidrofílicos para uso com fases móveis aquosas; outros são hidrofóbicos e são usados com solventes orgânicos apolares. A cromatografia baseada em empacotamentos hidrofílicos é algumas vezes chamada de **filtração em gel**, enquanto aquela baseada em empacotamentos hidrofóbicos é chamada de **permeação em gel**. Com ambos os tipos de empacotamentos, estão disponíveis muitos diâmetros. Geralmente, um

[10] Para monografias neste assunto, veja A. Striegel; W. W. Yau; J. J. Kirkland e D. D. Bly, *Modern Size-Exclusion Chromatography: Principles of Gel Permeation and Gel Filtration Chromatography*, 2. ed., Nova York: Dekker, 2004; C. S. Wu, ed., *Column Handbook for Size Exclusion Chromatography*, San Diego: Academic Press, 1999.

determinado empacotamento acomodará de 2 a 2,5 dezenas de faixa de massa molecular. A massa molecular média adequada para um determinado empacotamento pode ser tão pequena quando algumas centenas ou tão grande quanto vários milhões.

33E-2 Aplicações

A **Figura 33-13** ilustra as aplicações típicas da cromatografia por exclusão por tamanho. Ambos os cromatogramas foram obtidos com empacotamentos hidrofóbicos nos quais o eluente foi o tetra-hidrofurano. Na Figura 33-13a, está mostrada a separação de ácidos graxos com massa molecular $\mathcal{M}$ de 116 a 344. Na Figura 33-13b, a amostra era uma resina epóxi comercial na qual cada unidade de monômero tinha uma massa de 280 (n = número de unidades de monômero).

Outra aplicação importante da cromatografia por exclusão por tamanho está na determinação rápida da massa molecular ou da distribuição de massas moleculares de polímeros de cadeia longa ou de produtos naturais. A chave para essas determinações está na calibração exata da massa molecular. As calibrações podem ser realizadas pelo uso de padrões de massa molecular conhecida (método da posição do pico) ou pelo "método universal de calibração". O último método baseia-se no princípio de que o produto entre a viscosidade molecular intrínseca η e a massa molecular $\mathcal{M}$ é proporcional ao volume hidrodinâmico (volume efetivo incluindo a camada de solvatação). Idealmente, as moléculas são separadas por cromatografia por exclusão por tamanho de acordo com o volume hidrodinâmico. Portanto, uma curva analítica universal pode ser obtida colocando-se em um gráfico log $[\eta\mathcal{M}]$ *versus* o volume de retenção, V_r, onde $V_r = t_r \times F$. Alternativamente, uma calibração absoluta pode ser realizada empregando-se um detector sensível à massa molar, como o detector de espalhamento de luz a baixo ângulo.

O Destaque 33-2 ilustra como a cromatografia por exclusão por tamanho pode ser empregada na separação de fulerenos.

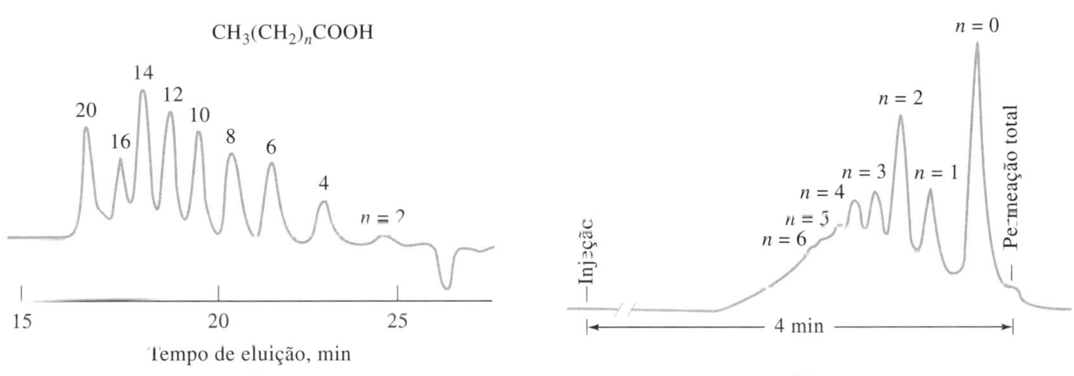

Figura 33-13 Aplicações de cromatografia por exclusão por tamanho. (a) Separação de ácidos graxos. Coluna: baseada em poliestireno, 7,5 × 600 mm. Fase móvel: tetra-hidrofurano. (b) Uma análise de resina epóxi comercial. (n = número de unidades monoméricas no polímero). Coluna: sílica porosa 6,2 × 250 mm. Fase móvel: tetra-hidrofurano. (Adaptado de BTR Separations, uma afiliada da DuPont ConAgra.)

DESTAQUE 33-2

Buckyballs: A Separação Cromatográfica de Fulerenos

Nossas ideias acerca da natureza da matéria são, com frequência, profundamente influenciadas por descobertas feitas ao acaso. Nenhum evento da memória recente capturou a imaginação tanto da comunidade científica quanto do público como a descoberta inesperada em 1985 da molécula C_{60} em forma de bola de futebol. Essa molécula, ilustrada na **Figura 33D-2**, a sua prima C_{70} e outras moléculas similares descobertas desde 1985 são denominadas *fulerenos* ou, mais comumente, ***buckyballs***.[11] Os compostos são assim chamados em consideração a um famoso arquiteto, R. Buckminster Fuller, que projetou muitos edifícios com cúpulas geodésicas apresentando a mesma estrutura hexagonal/pentagonal que os *buckyballs*. Desde a sua descoberta, milhares de grupos de pesquisa em todo o mundo têm estudado várias propriedades físicas e químicas dessas moléculas muito estáveis. Elas representam uma terceira forma alotrópica do carbono, além do grafite e do diamante.

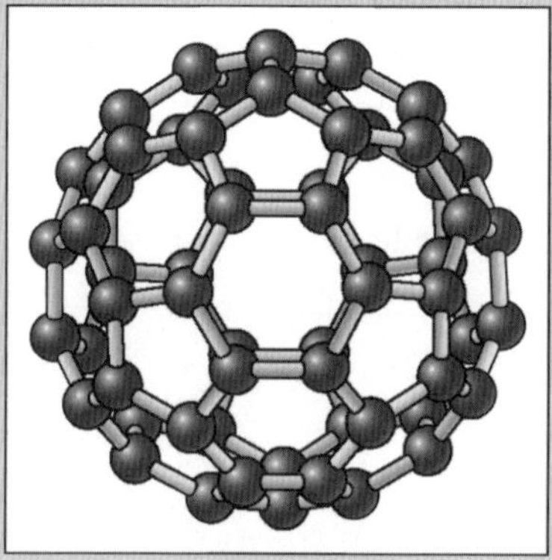

Figura 33D-2 *Buckminster* fulereno, C_{60}.

A preparação das *buckyballs* é quase trivial. Quando um arco *ca* é formado entre dois eletrodos de carbono em um fluxo de atmosfera de hélio, a fuligem coletada é rica em C_{60} e C_{70}. Embora a preparação seja fácil, a separação e a purificação de mais de alguns miligramas de C_{60} se mostrou tediosa e cara. Quantidades relativamente grandes de *buckyballs* têm sido separadas por cromatografia por exclusão por tamanho.[12] Os fulerenos são extraídos da fuligem, preparada como descrito anteriormente, e injetados em uma coluna de 199 mm × 30 cm, 500 Å Ultrastyragel (Waters Corp., Milford, MA), empregando-se o tolueno como fase móvel e detecção UV/visível, após a separação. Um cromatograma típico é mostrado na **Figura 33D-3**. Os picos no cromatograma estão rotulados com suas identificações e tempos de retenção.

Observe que o C_{60} elui antes do C_{70} e dos fulerenos maiores. Isto é o contrário do esperado; a molécula menor, C_{60}, deveria ser retida mais intensamente que a C_{70} e os fulerenos maiores. Tem sido sugerido que a interação entre as moléculas, o soluto e o gel acontece na superfície deste em vez de ocorrer nos poros. Uma vez que o C_{70} e os fulerenos superiores apresentam áreas superficiais maiores que o C_{60}, os fulerenos superiores são retidos mais fortemente na superfície do gel e, assim, são eluídos após o C_{60}. Com um instrumento automático, este método de separação pode ser usado para preparar vários gramas de C_{60} com pureza de 99,8% a partir de 5 a 10 g de uma mistura de C_{60} e C_{70} em um período de vinte e quatro horas. Essas quantidades de C_{60} podem ser então usadas para estudar a química e a física de derivados dessas formas do carbono interessantes e raras.

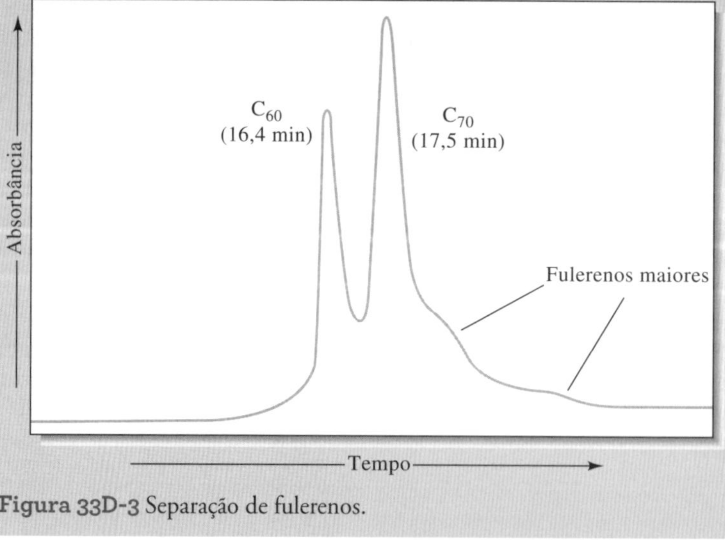

Figura 33D-3 Separação de fulerenos.

[11] R. F. Curl; R. E. Smalley, *Scientific American*, v. 4, p. 54, **1991**.

[12] M. S. Meier; J. P. Selegue, *J. Org. Chem.*, v. 57, p. 1924, **1992**, **DOI**: 10.1021/jo00032a057; A. Gugel; K. Mullen, *J. Chromatogr. A*, v. 628, n. 23, **1993**, **DOI**: 10.1016/0021-9673(93)80328-6.

Em adição à exclusão por tamanho, a CLAE com uma fase estacionária ligada de sílica de octadecila (SOD) tem sido usada para separar fulerenos.[13] Têm sido usadas fases SOD tanto poliméricas quanto monoméricas e elas fornecem uma maior seletividade que outras fases. A **Figura 33D-4** mostra uma separação preparativa a partir do extrato total de fuligem e da fração contendo os fulerenos maiores em uma coluna de SOD polimérica. Essas estão entre as primeiras separações dos fulerenos individuais maiores. Observe a excelente resolução comparada à separação por exclusão por tamanho da Figura 33D-3.

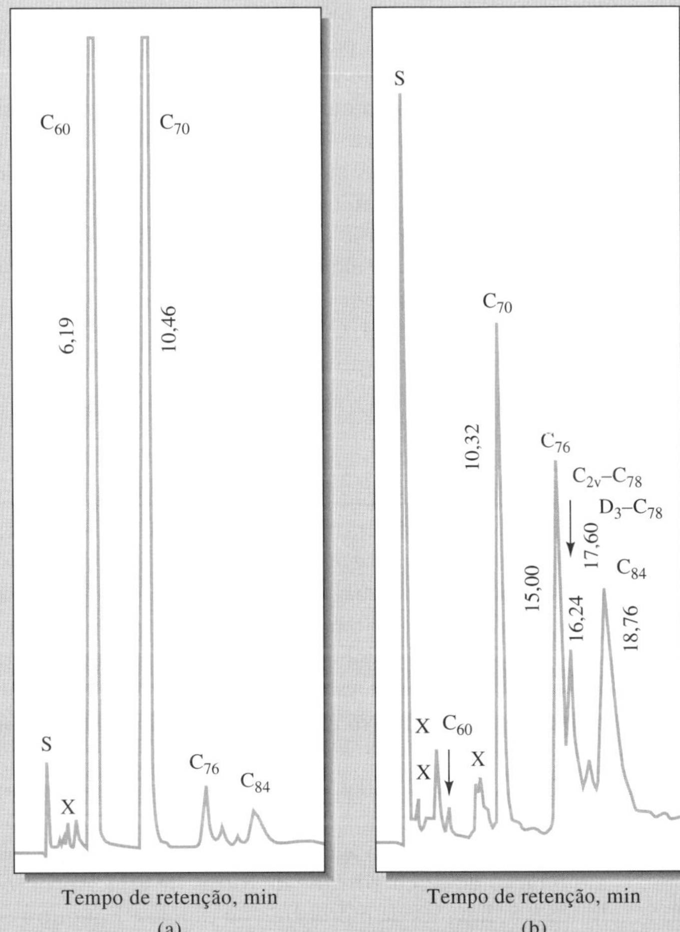

Figura 33D-4 Cromatogramas do extrato total de fuligem (a) e de uma fração contendo os fulerenos maiores (b) obtidos com uma coluna polimérica SOD e com fase móvel constituída de acetonitrila:tolueno. (Reproduzido (adaptado) com permissão de F. Diederich e R. L. Whetten, *Acc. Chem. Res.*, v. 25, p. 121, **1992, DOI**: 10.1021/ar00015a004. Copyright 1992 American Chemical Society.)

[13] K. Jinno e H. Ohta; Y. Sato, em *Separation of Fulerenes by Liquid Chromatography*, K. Jinno, ed., Londres: Royal Society of Chemistry, 1999, cap. 3.

33F CROMATOGRAFIA POR AFINIDADE

Na cromatografia por afinidade, um reagente chamado **ligante de afinidade** está ligado a um suporte sólido.[14] Os ligantes de afinidade típicos são anticorpos, inibidores enzimáticos ou outras moléculas que se ligam reversiva e seletivamente com as moléculas do analito na amostra. Quando uma amostra passa através da coluna, somente as moléculas que se ligam seletivamente ao ligante de afinidade são retidas. As moléculas que não se ligam passam pela coluna juntamente com a fase móvel. Após a remoção das moléculas indesejadas, os analitos retidos podem ser eluídos alterando-se as condições da fase móvel.

A fase estacionária para a cromatografia por afinidade é um sólido, como a agarose ou microesferas de vidro poroso no qual o ligante de afinidade é imobilizado. A fase móvel na cromatografia por afinidade tem dois papéis distintos. Primeiro, ela deve permitir uma forte ligação das moléculas do analito com o ligante. Segundo, uma vez que as espécies indesejáveis tenham sido removidas, a fase móvel deve enfraquecer ou eliminar a interação entre o analito e o ligante de forma que o analito possa ser eluído. Geralmente as variações no pH ou na força iônica são empregadas para se alterar as condições de eluição durante os dois estágios do processo.

A cromatografia por afinidade apresenta uma extraordinária seletividade como sua vantagem principal. O uso primário é no isolamento rápido de biomoléculas durante o trabalho preparativo.

33G CROMATOGRAFIA QUIRAL

Um avanço enorme tem sido realizado nos últimos anos em relação à separação de compostos que são imagens especulares não superponíveis entre si, os chamados **compostos quirais**. Essas imagens especulares são denominadas **enantiômeros**. Os aditivos na fase móvel ou fases estacionárias quirais são requeridos para essas separações.[15] A complexação preferencial entre o agente de resolução quiral (aditivo ou fase estacionária) e um dos isômeros resulta na separação dos enantiômeros. O **agente de resolução quiral** deve ter por si só características quirais para reconhecer a natureza quiral do soluto.

Um **agente de resolução quiral** é um aditivo da fase móvel ou uma fase estacionária quiral que complexa preferencialmente um dos enantiômeros.

As fases estacionárias quirais têm recebido maior atenção.[16] Um agente quiral é imobilizado na superfície de um suporte sólido. Várias formas diferentes de interação podem ocorrer entre o agente de resolução quiral e o soluto.[17] Em uma das formas, a interação dá-se em virtude de forças de atração como aquelas existentes entre as ligações π, ligações de hidrogênio ou dipolos. Em outro tipo, o soluto pode se ajustar em cavidades quirais na fase estacionária para formar complexos de inclusão. Não importando como, a habilidade de separar esses compostos muito semelhantes entre si é de extrema importância em muitas áreas. A **Figura 33-14** mostra a separação de uma mistura racêmica de um éster em uma fase estacionária quiral. Observe a excelente resolução obtida para os enantiômeros *R* e *S*.

---

[14] Para detalhes sobre cromatografia por afinidade, veja M. Zachariou, ed., *Affinity Chromatography: Methods and Protocols*, 2. ed., Totowa, NJ: Humana Press, 2007; D. S. Hage, ed., *Handbook of Affinity Chromatography*, 2. ed., Boca Raton: CRC Press, 2006.

[15] G. Subramanian, Chiral Separation *Techniques: A Parctical Approach*, Weinheim, Alemanha: Wiley-VCH, 2007.

[16] Para uma revisão sobre fases estacionárias quirais, veja D. W. Armstrong e B. Zhang, Anal. Chem., v. 73, p. 557A, **2001**, **DOI**: 10.1021/ac012526n.

[17] Para uma revisão sobre as interações quirais, veja M. C. Ringo e C. E. Evans, *Anal. Chem.*, v. 70, p.315A, **1998**, **DOI**: 10.1021/ac9818428.

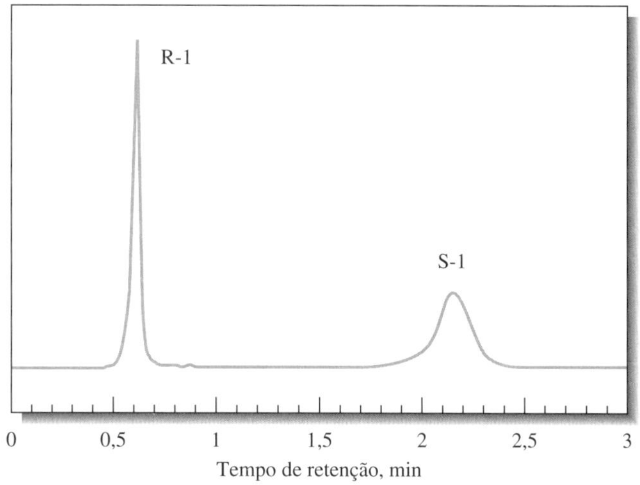

Figura 33-14 Cromatograma de uma mistura racêmica de éster 1 de *N*-(1-Naftil) leucina em uma fase estacionária quiral de dinitrobenzenoleucina. Os enantiômeros *R* e *S* são muito bem separados. Coluna: 4,6 × 50 mm. Fase móvel: 20% 2-propanol em hexano. Vazão: 1,2 mL min^{-1}; detector UV a 254 nm. (Reproduzido (adaptado)com permissão de L. H. Bluhm; Y. Wang e T. Li, *Anal. Chem.*, v. 72, p. 5201, **2000**, **DOI**: 10.1021/ac000568q. Copyright 2000 American Chemical Society.)

33H COMPARAÇÃO ENTRE A CROMATOGRAFIA DE LÍQUIDO DE ALTA EFICIÊNCIA E A CROMATOGRAFIA DE GÁS

A **Tabela 33-3** fornece uma comparação entre a cromatografia de líquidos de alta eficiência e a cromatografia gás-líquido. Quando ambas são aplicáveis, a CG oferece a vantagem de velocidade e simplicidade de equipamento. Por outro lado, a CLAE é aplicável a substâncias não voláteis (incluindo íons inorgânicos) e materiais instáveis termicamente, mas a CG não é. Geralmente os dois métodos são complementares.

TABELA 33-3

Comparação entre a Cromatografia de Líquido de Alta Eficiência e a Cromatografia Gás-Líquido
Características de ambos os métodos • Eficientes, altamente seletivos, amplamente aplicados • Necessitam de uma pequena quantidade de amostra • Podem ser não destrutivos da amostra • Prontamente adaptados à análise quantitativa Vantagens da CLAE • Pode separar compostos não voláteis e termicamente instáveis • Pode ser aplicada de forma geral a íons inorgânicos Vantagens da CG • Equipamento simples e de baixo custo • Rápida • Resolução incomparável (com colunas capilares) • Fácil de ser interfaceada a espectrômetros de massas

QUESTÕES E PROBLEMAS

33-1. Liste os tipos de substâncias para as quais os seguintes métodos cromatográficos são mais adequados:
*(a) gás-líquido.
(b) partição em líquido.
*(c) troca iônica.
(d) afinidade.
*(e) permeação em gel.
(f) filtração em gel.
*(g) quiral.

33-2. Defina
*(a) eluição isocrática.
(b) eluição por gradiente.
*(c) empacotamento de fase normal.
(d) empacotamento de fase reversa.

*(e) empacotamento de fase ligada.
(f) cromatografia quiral.
*(g) cromatografia por par iônico.
(h) coluna supressora de eluente.
*(i) filtração em gel.
(j) permeação em gel.

33-3. Indique a ordem pela qual os seguintes compostos deverão ser eluídos de uma coluna de CLAE contendo um empacotamento de fase reversa:
*(a) benzeno, éter dietílico, *n*-hexano.
(b) acetona, dicloroetano, acetamida.

33-4. Indique a ordem de eluição para os seguintes compostos e uma coluna de fase normal de CLAE:
*(a) acetato de etila, ácido acético, dimetilamina.
(b) propileno, hexano, benzeno, diclorobenzeno.

***33-5.** Descreva a diferença fundamental entre as cromatografias por adsorção e por partição.

33-6. Descreva a diferença fundamental entre as cromatografias por troca iônica e por exclusão por tamanho.

***33-7.** Descreva a diferença entre as cromatografias por permeação em gel e por filtração em gel.

33-8. Quais espécies podem ser separadas por CLAE, mas não podem ser separadas por CG?

***33-9.** Qual é a principal diferença entre a eluição isocrática e a eluição por gradiente? Para quais tipos de compostos estes dois métodos de eluição são mais adequados?

33-10. Descreva dois tipos de bombas usadas na cromatografia de líquidos de alta eficiência. Quais são as vantagens e desvantagens de cada uma?

***33-11.** Descreva as diferenças entre as cromatografias de íons de coluna única e com coluna de supressão.

33-12. A espectrometria de massas constitui um sistema de detecção extremamente versátil para a cromatografia de gás. Contudo, o interfaceamento de um sistema CLAE com um espectrômetro de massas é uma tarefa muito mais difícil. Descreva as razões principais pelas quais é mais difícil combinar a CLAE com a espectrometria de massas do que a CG com a espectrometria de massas.

***33-13.** Quais detectores para CG listados na Tabela 32-1 são adequados para a CLAE? Por que alguns deles são inadequados para a CLAE?

33-14. O detector ideal para CG é descrito na Seção 32A-4. Quais das oito características de um detector ideal para CG se aplicam aos detectores para a CLAE? Que características adicionais deveriam ser adicionadas para descrever um detector ideal para a CLAE?

***33-15.** Embora a temperatura não exerça um grande efeito sobre as separações em CLAE como em CG, ela, entretanto, pode exercer um papel importante. Discuta como a temperatura pode ou não influenciar as seguintes separações:
(a) uma separação de esteroides por cromatografia de fase reversa.
(b) uma separação de uma mistura de isômeros bastante semelhantes por cromatografia por adsorção.

33-16. Em uma separação por CLAE, dois componentes apresentam tempos de retenção que diferem por 22 s. O primeiro pico elui após 10,5 min e as larguras dos picos são proximadamente iguais. Empregue uma planilha de cálculo para encontrar o número mínimo de pratos teóricos necessário para obter os seguintes valores de resolução, R_s: 0,50; 0,75; 0,90; 1,0; 1,10; 1,25; 1,50; 1,75; 2,0 e 2,5. Como os resultados iriam ser alterados se a largura do pico 2 fosse duas vezes a do pico 1?

33-17. Um método de CLAE foi desenvolvido para a separação e determinação de ibuprofeno em amostras de plasma de rato como parte de um estudo do tempo de permanência da droga em animais de laboratório. Vários padrões foram cromatografados e os resultados obtidos são mostrados abaixo:

Concentração de Ibuprofeno μg mL^{-1}	Área Relativa do Pico
0,5	5,0
1,0	10,1
2,0	17,2
3,0	19,8
6,0	39,7
8,0	57,3
10,0	66,9
15,0	95,3

Em seguida, uma amostra de 10 mg kg^{-1} de ibuprofeno foi administrada por via oral para um rato de laboratório. As amostras de sangue foram retiradas a vários intervalos de tempo após a administração da droga e analisadas por CLAE. Os seguintes resultados foram obtidos:

Tempo, h	Área do Pico
0	0
0,5	91,3
1,0	80,2
1,5	52,1
2,0	38,5
3,0	24,2
4,0	21,2
6,0	18,5
8,0	15,2

Encontre a concentração de ibuprofeno no plasma sanguíneo para cada um dos tempos fornecidos acima e coloque em um gráfico de concentração *versus* tempo. Em bases percentuais, em qual período de meia hora (1º, 2º, 3º etc.) a maior parte do ibuprofeno é perdida?

33-18. Problema Desafiador: Suponha por simplicidade que a altura de prato na CLAE, *H*, possa ser dada pela Equação 31-27 como

$$H = \frac{B}{u} + C_S u + C_M u = \frac{B}{u} + Cu$$

onde $C = C_S + C_M$.

(a) Empregando-se os cálculos para encontrar o valor mínimo para H, mostre que a velocidade $u_{ót}$ pode ser expressa como

$$u_{ót} = \sqrt{\frac{B}{C}}$$

(b) Mostre que esta relação leva a uma altura de prato mínima $H_{mín}$ dada por

$$H_{mín} = 2\sqrt{BC}$$

(c) Sob algumas condições para a cromatografia, C_S é desprezível em relação a C_M. Para as colunas empacotadas de CL, C_M é dado por

$$C_M = \frac{\omega d_p^2}{D_M}$$

onde ω é uma constante adimensional, d_p é o tamanho das partículas do empacotamento da coluna e D_M é o coeficiente de difusão na fase móvel. O coeficiente B pode ser expresso como

$$B = 2\gamma D_M$$

onde γ é também uma constante adimensional. Expresse $u_{ót}$ e $H_{mín}$ em termos de D_M, d_p e das constantes adimensionais γ e ω.

(d) Se as constantes adimensionais forem próximas da unidade, mostre que $u_{ót}$ e H_{min} podem ser expressos como

$$u_{ót} \approx \frac{D_M}{d_p} \quad \text{e} \quad H_{mín} \approx d_p$$

(e) Sob as condições do item (d), como a altura de prato poderia ser reduzida em 1/3? O que aconteceria com a velocidade ótima sob essas condições? O que aconteceria com o número de pratos teóricos N para o mesmo comprimento da coluna?

(f) Para as condições do item (e), como você manteria o mesmo número de pratos teóricos mesmo reduzindo sua altura em 1/3?

(g) A discussão anterior supõe que todo alargamento de bandas ocorre dentro da coluna. Indique duas fontes de alargamento de banda extracoluna que podem contribuir também para a largura total dos picos na CL.

capítulo 34

Outros Métodos de Separação

Em cima: Photo Researchers/Getty Images; Em baixo: Dr. David M. Phillips/Getty Images

A eletroforese capilar (EC), um dos métodos de separação discutidos neste capítulo, é a principal técnica usada para se fazer o perfil de DNA para o diagnóstico de doenças. Uma aplicação é a detecção precoce da doença de Lyme, uma doença bactericida transmitida pela picada de um carrapato de cervo (carrapato de pernas pretas, mostrados nas fotos). Os carrapatos tornam-se infectados alimentando-se em ratos que carregam a bactéria. Nas áreas de florestas, os carrapatos podem mover-se de pequenos mamíferos para cervos e para humanos, onde eles podem provocar a doença de Lyme. Nos seus estágios iniciais, a doença pode causar uma erupção de pele vermelha acompanhada por febre, calafrios, dores de cabeça, inchamento dos nódulos linfáticos e outros sintomas. O diagnóstico precoce é fundamental porque a doença de Lyme pode então ser tratada de forma eficaz com antibióticos antes de tornar-se crônica e debilitante. O desenvolvimento dos testes de diagnóstico para a doença de Lyme tem levado os pesquisadores a aplicar a metodologia de perfil de DNA para identificar a bactéria responsável. Em adição ao diagnóstico da doença de Lyme, a EC é também usada em muitas aplicações forenses tais como a identificação ou eliminação de suspeitos em investigações criminais e nos testes de paternidade e familiar.

Este capítulo discute vários métodos de separação que não podem ser classificados facilmente. Descrevemos a cromatografia com fluidos supercríticos, cromatografia em papel, eletroforese capilar, eletrocromatografia capilar e fracionamento por campo e fluxo e suas aplicações.

Neste capítulo, discutiremos vários outros métodos para realizar as separações analíticas: cromatografia e extrações com fluido supercrítico, cromatografia em camada delgada, cromatografia em papel, eletroforese capilar e fracionamento por campo e fluxo. Estes métodos, embora não tão estabelecidos como a CG e a CLAE, podem fornecer separações que são impossíveis ou impraticáveis para atingir por métodos convencionais.

34A CROMATOGRAFIA DE FLUIDO SUPERCRÍTICO

Os fluidos supercríticos são uma importante classe de solventes que têm propriedades de solvatação únicas. Tais fluidos têm se mostrado muito úteis na cromatografia e na extração por solvente. Na cromatografia com fluidos supercríticos (CFS), o fluido supercrítico atua como a fase móvel. Inicialmente, a CFS foi considerada como um híbrido da cromatografia de gás e de líquido, mas atualmente ela é pensada como sendo mais similar à CLAE em sua operação e instrumentação.[1] A extração com fluido supercrítico (EFS) pode fornecer algumas capacidades únicas de separação, particularmente para materiais complexos tais como amostras ambientais, farmacêuticas e alimentares.[2] Inicialmente revisamos as propriedades de fluidos supercríticos antes de discutir os princípios e aplicações da CFS e EFS.

TABELA 34-1

Comparação das Propriedades dos Fluidos Supercríticos, Líquidos e Gases*

Propriedade	Gás (TPP)	Fluido Supercrítico	Líquido
Densidade, $g\ cm^{-3}$	$(0,6–2) \times 10^{-3}$	0,2–0,5	0,6–2
Coeficiente de difusão, $cm^2\ s^{-1}$	$(1–4) \times 10^{-1}$	$10^{-3}–10^{-4}$	$(0,2–2) \times 10^{-5}$
Viscosidade, $g\ cm^{-1}\ s^{-1}$	$(1–3) \times 10^{-4}$	$(1–3) \times 10^{-4}$	$(0,2–3) \times 10^{-2}$

*Dados somente em ordem de grandeza.

33A-1 Propriedades Importantes dos Fluidos Supercríticos

Um **fluido supercrítico** é formado sempre que uma substância é aquecida acima da sua **temperatura crítica**. Acima dessa temperatura, a substância não pode mais ser condensada como um líquido aumentando-se simplesmente a sua pressão. Por exemplo, o dióxido de carbono é um fluido supercrítico a temperaturas acima de 31°C. Nesse estado, as moléculas do dióxido de carbono atuam independentemente umas das outras, assim como fazem em um gás.

Um **fluido supercrítico** é um estado físico de uma substância mantida acima de sua temperatura crítica.

A **temperatura crítica** é aquela acima da qual uma substância não pode ser liquefeita.

Como mostrado na **Tabela 34-1**, as propriedades de um fluido supercrítico podem ser radicalmente diferentes das propriedades tanto do estado líquido como do gasoso. Por exemplo, a densidade do fluido supercrítico é tipicamente 200 a 400 vezes maior que a do gás correspondente, aproximando-se daquela do estado líquido. As propriedades comparadas na Tabela 34-1 são importantes na cromatografia e outras separações.

A densidade de um fluido supercrítico é de cerca de 200 a 400 vezes aquela do seu estado gasoso e próxima à do seu estado líquido.

Uma importante propriedade dos fluidos supercríticos relacionada com a sua alta densidade (0,2 a 0,5 $g\ cm^{-3}$) é a sua habilidade de dissolver moléculas grandes não voláteis. Por exemplo, um dióxido de carbono supercrítico é um excelente solvente para *n*-alcanos contendo de 5 a 22 átomos de carbono, di-*n*-alquilftalatos nos quais os grupos alquila contêm de 4 a 16 átomos de carbono e vários hidrocarbonetos aromáticos policíclicos consistindo em vários anéis.[3]

Os fluidos supercríticos são capazes de dissolver moléculas não voláteis grandes.

As temperaturas críticas para fluidos usados na cromatografia variam enormemente, de aproximadamente 30°C até acima de 200°C. As temperaturas críticas mais baixas são vantajosas na cromatografia sob muitos pontos de vista. Por essa razão, a maioria dos trabalhos até o momento é focalizada nos fluidos supercríticos mostrados na **Tabela 34-2**. Observe que essas temperaturas e as pressões a essas temperaturas situam-se bem dentro das condições usuais da cromatografia de líquido de alta eficiência (CLAE).

[1] Para informações adicionais, veja M. Caude; D. Thiebaut, eds., *Practical Supercritical Fluid Chromatography and Extraction*, Amsterdan: Harwood, 2000; K. Anton; C. Berger, eds., *Supercritical Fluid Chromatography with Packed Columns, Techniques and Applications*, Nova York: Dekker, 1998; L. Taylor, in *Handbook of Instrumental Techniques for Analytical Chemistry*, F. Settle, ed., Cap. 11, Upper Saddle River, NJ: Prentice Hall, 1997. Para revisões mais recentes, veja, L. T. Taylor, *Anal. Chem.*, v. 82, p. 4925, **2010**, **DOI**: 10.1021/ac101194x; L. T. Taylor, *Anal. Chem.*, v. 80, p. 4285, **2008**, **DOI**: 10.1021/ac800482d.

[2] Veja G. Brunner, ed., *Supercritical Fluids As Solvents an Reaction Media*, Cap. 4, Amsterdam: Elsevier, 2004; M. C. Henry; C. R. Yonker, *Anal. Chem.*, v. 78, p. 3909, **2006**, **DOI**: 10.1021/ac0605703.

[3] Alguns processos industriais importantes são baseados na alta solubilidade de espécies orgânicas em dióxido de carbono supercrítico. Por exemplo, este meio tem sido usado na extração da cafeína de grãos de café para obter café descafeinado e na extração da nicotina do tabaco.

TABELA 34-2

Propriedades de Alguns Fluidos Supercríticos

Fluido	Temperatura Crítica, °C	Pressão Crítica, atm	Densidade no Ponto Crítico, g mL^{-1}	Densidade a 400 atm, g mL^{-1}
CO_2	31,3	72,9	0,47	0,96
N_2O	36,5	71,7	0,45	0,94
NH_3	132,5	112,5	0,24	0,40
n-Butano	152,0	37,5	0,23	0,50

*De M. L. Leee K. E. Markides, *Science*, v. 235, 1342, **1987**, **DOI:** 10.1126/science.235.4794.1342. Reimpresso com a permissão de AAAS.

34A-2 Instrumentação e Variáveis Operacionais

Os instrumentos para a cromatografia com fluido supercrítico são similares aos cromatógrafos de líquido de alta eficiência, exceto que na CFS os sistemas de bombeamento devem incluir uma cabeça de bomba resfriada para manter o fluido no estado líquido e deve haver suprimento para controlar e medir a pressão da coluna. Vários fabricantes começaram a oferecer aparelhos para a cromatografia com fluido supercrítico em meados da década de 1980, embora atualmente apenas algumas companhias produzam tal instrumentação.[4]

O Efeito da Pressão

A eluição por gradiente pode ser obtida na CFS alterando-se sistematicamente a pressão da coluna ou a densidade do fluido supercrítico.

A densidade de um fluido supercrítico aumenta rapidamente e de forma não linear com a elevação da pressão. O aumento da densidade altera também os fatores de retenção (k) e, assim, os tempos de eluição. Por exemplo, o tempo de eluição para o hexadecano decresce de 25 para 5 min quando a pressão do dióxido de carbono aumenta de 70 a 90 atm. Um efeito similar ao da programação da temperatura na cromatografia de gás e eluição por gradiente na CLAE pode ser obtido elevando-se linearmente a pressão da coluna ou regulando-se a pressão para se obter um aumento linear da densidade. A **Figura 34-1** ilustra a melhoria nos cromatogramas obtidos por programação de pressão. A descompressão dos fluidos à medida que se deslocam através da coluna pode originar variações de temperatura que podem afetar as separações e as medidas termodinâmicas. Os perfis de pressão mais comuns usados na CFS são frequentemente constantes (isobáricos) para um determinado período de tempo seguido por uma abordagem linear ou assintótica para uma pressão final. Além da programação de pressão, a programação de temperatura e os gradientes de fase móvel têm sido usados.

Colunas

As colunas muito longas podem ser usadas em CFS porque a viscosidade dos fluidos supercríticos é muito baixa.

As colunas empacotadas e tubulares abertas são empregadas na cromatografia de fluido supercrítico. As colunas empacotadas podem fornecer um número maior de pratos teóricos e manipular volumes grandes de amostras que as colunas tubulares abertas. Por causa da baixa viscosidade de meios supercríticos, as colunas podem ser muito mais longas que aquelas usadas na cromatografia de líquidos e são comuns comprimentos de coluna de 10 a 20 m e de diâmetros internos de 50 a 100 μm. Para as separações mais difíceis, as colunas com 60 m de comprimento ou mais longas têm sido utilizadas. Mais de 100.000 pratos podem ser obtidos com colunas empacotadas. As colunas tubulares abertas são similares às colunas tubulares abertas de sílica fundida (CTASF). As colunas empacotadas são as mais largamente aceitas para CFS. A CFS de coluna empacotada é muito similar à CLAE de fase normal.

[4] L. Taylor, *Anal. Chem.*, **2010**, v. 82, p. 4925, **DOI**: 10.1021/ac101194x.

Amostra: 1. octanato de colesteril
2. decilato de colesteril
3. laurato de colesteril
4. miristato de colesteril
5. palmitato de colesteril
6. estearato de colesteril
Coluna: DB – 1
Fase móvel: CO_2
Temperatura: 90°C
Detector: DIC

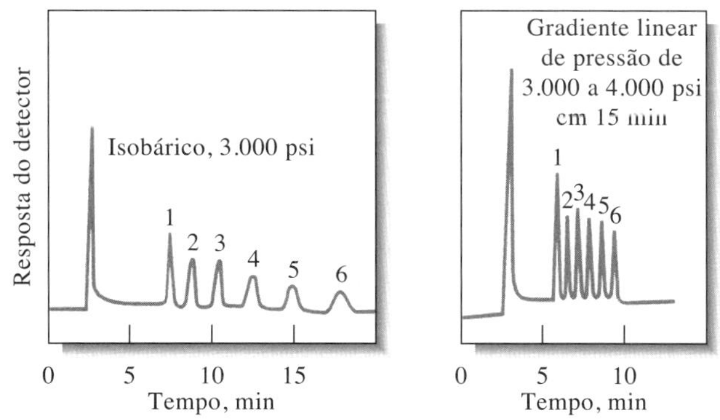

Figura 34-1 O efeito da programação de pressão na cromatografia de fluido supercrítico. Observe o menor tempo para o cromatograma com gradiente de pressão à direita em comparação com o cromatograma isobárico à esquerda. (Cortesia de Brownlee Labs., Santa Clara, CA.)

A maior parte dos revestimentos empregados em cromatografia de líquido tem sido também utilizada na cromatografia de fluido supercrítico. Tipicamente, estes são constituídos de polissiloxanos (veja a Seção 32B-3), que são ligados quimicamente à superfície das partículas de sílica ou na parede interna de sílica dos tubos capilares. A espessura dos filmes é de 0,05 a 0,4 μm.

Fases Móveis

A fase móvel mais empregada na cromatografia de fluido supercrítico é o dióxido de carbono. Este é um excelente solvente para uma grande variedade de moléculas orgânicas apolares. Além disso, ele transmite na região do ultravioleta e é inodoro, atóxico, largamente disponível e de custo notavelmente baixo em relação a outros solventes cromatográficos. Sua temperatura crítica de 31°C e sua pressão de 73 atm na temperatura crítica permite uma ampla seleção de temperaturas e pressões sem exceder os limites de operação de equipamento moderno de CLAE. Em algumas aplicações, os modificadores orgânicos polares, como o metanol, são introduzidos a baixas concentrações ($\approx$ 1%) para modificar os valores de alfa dos analitos.

Várias outras substâncias têm servido como fases móveis na cromatografia com fluido supercrítico, incluindo o etano, pentano, diclorodifluorometano, éter dietílico e tetra-hidrofurano, mas o CO_2 permanece de longe o mais popular.

Detectores

Uma vantagem principal da cromatografia com fluido supercrítico é que a sensibilidade e os detectores universais da cromatografia de gás são aplicáveis a esta técnica também. Por exemplo, o conveniente detector de ionização por chama de CG pode ser aplicado simplesmente permitindo que o fluido supercrítico de arraste expanda através de um construtor e para uma chama de ar-hidrogênio, onde os íons formados a partir dos analitos são coletados em eletrodos polarizados, dando origem a uma corrente elétrica.

A espectrometria de massas tem se tornado um método importante de detecção para CFS.

Muitos outros detectores têm sido usados, incluindo detectores de absorção no UV visível e de espalhamento de luz. Por causa da facilidade com que solventes como o CO_2 podem ser volatizados, os espectrômetros de massas são mais fáceis para serem conectados com os sistemas de CFS que com sistemas de CLAE. Por esta razão, a CFS/MS tem se tornado uma técnica hifenada útil. Os espectrômetros de massas tandem também têm sido conectados aos instrumentos de CFS com sucesso.

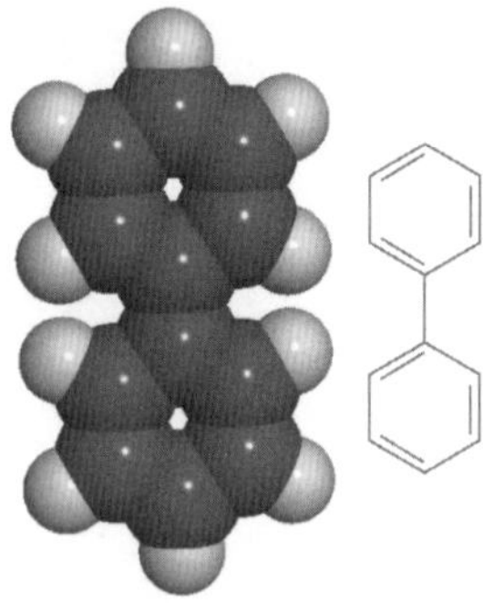

Modelo molecular da estrutura da bifenila, um hidrocarboneto aromático perigoso. Este composto é utilizado como intermediário na produção de emulsificadores, polidores, plásticos e muitos outros compostos. A bifenila tem sido usada como meio de transferência de calor em fluidos de aquecimento, como carga de corantes em têxteis e papel de copiadora e como solvente em preparações farmacêuticas. Um papel impregnado com bifenila é empregado para embalar frutas cítricas de forma a reduzir o ataque por fungos. A exposição a esse composto por curtos intervalos de tempo causa irritação nos olhos e na pele e efeitos tóxicos no fígado, nos rins e no sistema nervoso. A exposição por longos períodos causou danos aos rins em animais de laboratório e pode afetar o sistema nervoso central em seres humanos.

34A-3 Cromatografia de Fluido Supercrítico *versus* Outros Métodos de Coluna

A informação na Tabela 34-1, bem como outros dados, revela que várias propriedades dos fluidos supercríticos são intermediárias entre as propriedades dos gases e dos líquidos. Como um resultado, este tipo de cromatografia de líquidos combina algumas das características da cromatografia tanto de gás quanto de líquido. Assim, como na cromatografia de gás, a cromatografia de fluido supercrítico é inerentemente mais rápida que a cromatografia de líquido por causa da baixa viscosidade e das altas velocidades de difusão na fase móvel.

Contudo, a alta difusibilidade leva ao espalhamento longitudinal da banda, que é um fator significativo para a cromatografia de gás, mas não o é para a cromatografia de líquido. Dessa forma, as difusibilidades e viscosidades intermediárias dos fluidos supercríticos resultam em separações mais rápidas do que podem ser obtidas com a cromatografia de líquido, as quais são acompanhadas por menor espalhamento de zona que o encontrado em cromatografia de gás.

A **Figura 34-2** mostra os gráficos de alturas de pratos H em função da velocidade linear $\bar{u}$ em cm s^{-1} para as cromatografias de líquido de alta eficiência e de fluido supercrítico. Em ambos os casos, o soluto era constituído por pireno e a fase estacionária era uma fase reversa de actadecil silano mantida a 40°C. A fase móvel para a CLAE era a acetonitrila e água, enquanto a fase móvel para a CFS era o dióxido de carbono. Essas condições forneceram aproximadamente o mesmo fator de retenção (k) para ambas as fases móveis. Observe que o mínimo de altura de prato ocorreu a velocidades lineares de 0,13 cm s^{-1} com CLAE e 0,40 cm s^{-1} com a CFS. O significado desta diferença está mostrado na **Figura 34-3**, onde essas mesmas condições são empregadas para a separação de pireno da bifenila. Observe que a separação exigiu mais de duas vezes o tempo da separação com CFS.

Independentemente de suas vantagens, a CFS não tem obtido aceitação ampla por causa da complexidade e custo da instrumentação e devido à falta de aplicações para as quais ela fornece informação única. Entretanto, a CFS ainda preenche um espaço nas separações no mundo e fornece uma significativa ligação entre a CLAE e a CG.

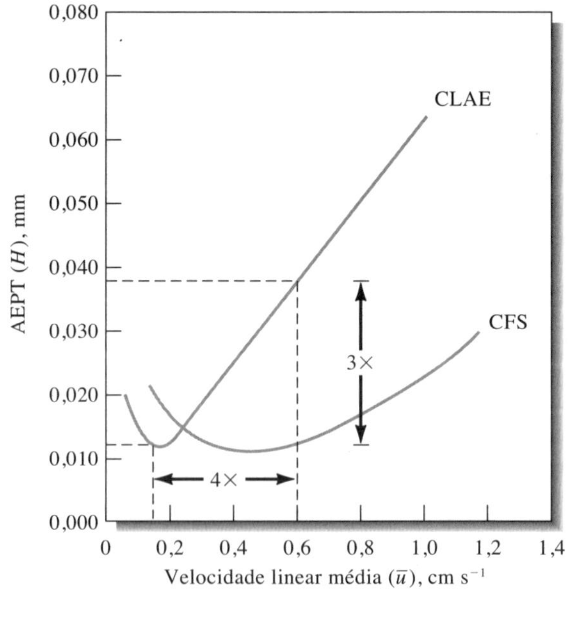

Figura 34-2 Características de desempenho de uma coluna de 5 μm de ODS quando a eluição é feita por uma fase móvel convencional (CLAE) e por dióxido de carbono supercrítico CFS. (Copyright (2012) Hewlett--Pacard Development company, L. P. Reproduzido com permissão.)

33A-4 Aplicações

A cromatografia com fluido supercrítico parece ter um nicho no espectro de métodos de colunas cromatográficas porque ela pode ser aplicada a compostos que não são facilmente separados pelas cromatografias de gás e de líquidos. Esses compostos incluem as espécies que não são voláteis ou que são termicamente instáveis e que, além disso, não contêm grupos cromóforos que possam ser empregados na sua detecção fotométrica. A separação desses compostos é possível na cromatografia de fluido supercrítico a temperaturas abaixo de 100°C; além do mais, a detecção é realizada prontamente através de um detector de ionização em chama altamente sensível.

A cromatografia com fluido supercrítico é atualmente um dos métodos de separação primários para compostos quirais, tais como aqueles encontrados na descoberta de medicamentos. Ela tem o potencial para substituir algumas das separações de CLAE de fase reversa destes compostos.

A CFS é largamente utilizada para separações quirais na indústria farmacêutica.

34B CROMATOGRAFIA PLANAR

Os métodos de cromatografia planar incluem a **cromatografia em camada delgada** (CCD), a **cromatografia em papel** (CP) e a **eletrocromatografia**.[5] Todas elas fazem uso de uma camada relativamente fina de material que é autossuportado ou que recobre uma superfície de vidro, plástico ou metal. A fase móvel movimenta-se através da fase estacionária por ação de capilaridade, algumas vezes assistida pela gravidade ou por um potencial elétrico. A cromatografia planar era chamada no passado de cromatografia bidimensional, embora este termo atualmente tenha passado a significar o acoplamento de duas técnicas cromatográficas com mecanismos de separação diferentes.

Uma vez que a cromatografia planar é baseada na técnica de camada delgada, que é mais rápida, tem melhor resolução e é mais sensível que a sua correlata no papel, esta seção é devotada aos métodos de camada delgada. A eletrocromatografia capilar é descrita na Seção 34D.

34B-1 O Escopo da Cromatografia em Camada Delgada

A cromatografia em camada delgada (CCD) pode ser considerada uma forma de cromatografia de líquidos e sólidos na qual a fase estacionária é uma camada fina na superfície de uma placa apropriada. A fase móvel puxa sobre a superfície por ação capilar. As cromatografias de camada fina e de líquido são bastante similares em relação à teoria e às fases estacionária e móvel. As vantagens de se empregar esse procedimento são a velocidade e o baixo custo dos experimentos exploratórios em camada delgada. O equipamento de CCD é muito mais simples que um sistema de CLAE e muito menos caro para operar.

No passado, os métodos de CCD eram largamente utilizados na indústria farmacêutica para determinar a pureza do produto. Atualmente, técnicas da CLAE têm substituído muito desses métodos. A CCD achou um largo uso nos laboratórios e é a espinha dorsal de muitos estudos bioquímicos e biológicos. Ela também tem uso extensivo nos laboratórios industriais.[6] Por causa destas muitas áreas de aplicação, a CCD permanece como uma técnica muito importante.

[5] Para revisões recentes sobre cromatografia planar, veja J. Sherma, *Anal. Chem.*, v. 82, p. 4895, **2010**, **DOI**: 10.1021/ac7023415.

[6] As monografias devotas para os princípios e aplicações de cromatografia de camada fina incluem B. Spangenberg; C. F. Poole e Ch. Weins, *Quantitative Thin-Layer Chromatography: A Practical Survey*, Berlim: Springer-Verlag, 2011; P. E. Wall, *Thin-Layer Chromatography: A Modern Practical Approach*, Londres: Royal Society of Chemistry, 2005; J. Sherma; B. Fried, eds., *Handbook of Thin Layer Chromatography*, 3. ed., Nova York: Dekker, 2003.

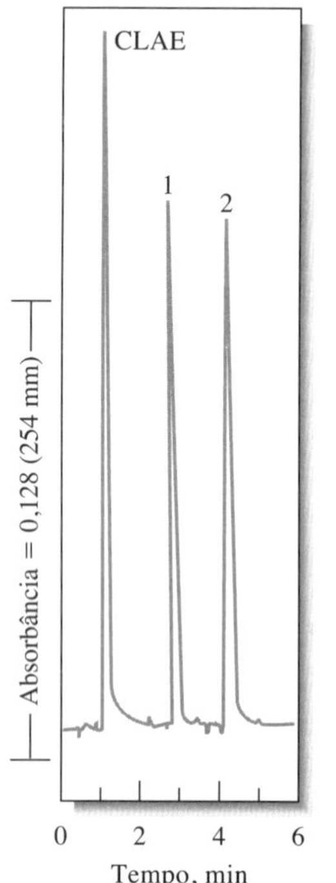

(a)

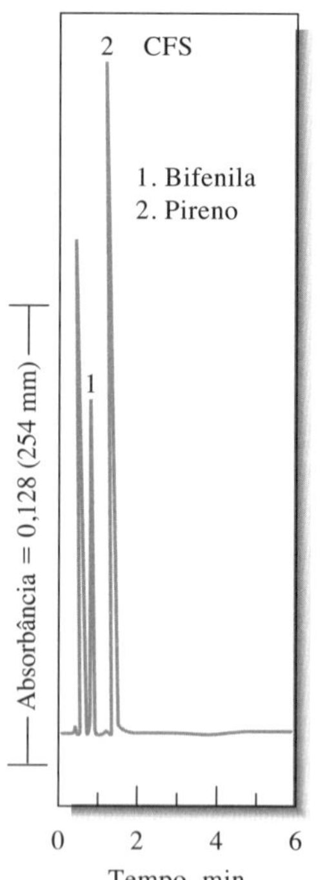

(b)

Figura 34-3 Separação de pireno e bifenila por (a) CLAE e (b) CFS. (De D. R. Gere, *Science*, v. 222, p. 253, **1983**, **DOI**: 10.1126/science.6414083. Reimpresso com a permissão de AAAS.)

O processo de localizar os analitos em uma placa de camada delgada é denominado **visualização** ou **revelação**.

34B-2 Princípios da Cromatografia em Camada Delgada

As separações típicas por camada delgada são realizadas em uma placa de vidro revestida com uma fase estacionária, que consiste em uma camada fina e aderende de partículas finamente divididas. As partículas são similares àquelas descritas na discussão sobre as cromatografias em coluna por adsorção, de partição em fase normal e reversa, troca iônica e exclusão por tamanho. As fases móveis também são similares àquelas usadas em cromatografia de líquidos de alta eficiência.

Preparação das Placas de Camada Delgada

Uma placa de camada delgada é preparada pelo espalhamento de uma suspensão aquosa de um sólido finamente pulverizado sobre uma superfície de vidro ou plástico limpa ou sobre uma lâmina de microscópio. Frequentemente, um agente é incorporado à suspensão para melhorar a adesão entre as partículas e destas com o vidro. A placa permanece em descanso até que a camada seja formada e esteja fortemente aderida à superfície; para alguns usos, pode ser aquecida em um forno por várias horas. Vários fabricantes oferecem placas pré-recobertas de diversos tipos. Os custos são alguns dólares por placa. As dimensões de placas comuns em centímetros são 5×20, 10×10 e 20×20.

As placas comerciais podem ser convencionais ou de alta eficiência. As placas convencionais têm camadas mais grossas (200 a 250 μm) de partículas com tamanhos de 20 μm ou maiores. As placas de alta eficiência normalmente têm espessuras de 100 μm e diâmetros de partícula de 5 μm ou menos.

Aplicação da Amostra

A aplicação da amostra é talvez o aspecto mais crítico da cromatografia de camada delgada. Normalmente a amostra é aplicada como um ponto de 1 a 2 cm da borda da placa. A aplicação manual de amostras é realizada tocando um tubo capilar contendo a amostra na placa ou usando uma seringa. Estão disponíveis dispensadores mecânicos, que aumentam a precisão e exatidão da aplicação da amostra.

Desenvolvimento da Placa

O **desenvolvimento da placa** é o processo pelo qual a amostra é arrastada através da fase estacionária por uma fase móvel. Essa operação é análoga à eluição na cromatografia de líquido. Depois de aplicar o ponto e evaporar o solvente, a placa é colocada em um recipiente fechado saturado com vapores do solvente de desenvolvimento. Uma extremidade da placa é imersa nesse solvente tomando-se cuidado para se evitar o contato direto entre a amostra e o desenvolvedor (veja a **Figura 34-4**). Depois de o desenvolvedor ter atravessado metade ou dois terços do comprimento da placa, esta é removida do recipiente e secada. As posições dos componentes são determinadas de diversas formas.

Localização dos Analitos na Placa

Vários métodos são usados para localizar os componentes da amostra após a separação. Dois métodos comuns que podem ser aplicados a muitas misturas orgânicas envolvem a aspersão com solução de iodo ou ácido sulfúrico. Ambos os reagentes reagem com compostos orgânicos para produzir produtos escuros. Vários reagentes específicos (como a ninidrina) são úteis também para localizar as espécies separadas.[7]

Outro método de detecção é baseado na incorporação de um material fluorescente na fase estacionária. Após o desenvolvimento, a placa é examinada sob a luz ultravioleta. Os componentes da amostra suprimem a fluorescência do material de forma que toda a placa fluoresce, exceto os locais onde os componentes não fluorescentes da amostra estão localizados.

[7] Para informação sobre os cálculos de CCD, veja D. A. Skoog; F. J. Heller e S. R. Crouch, *Principles of Instrumental Analysis*, 6. ed., Belmont, CA: Brooks/Cole, 2007, p. 850-851.

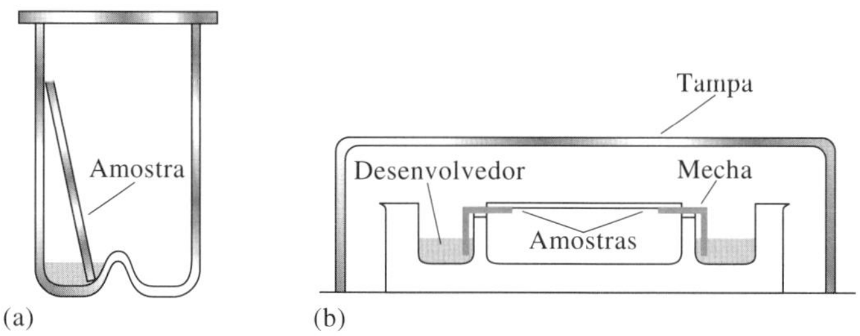

Figura 34-4 (a) Câmara de desenvolvimento de fluxo ascendente. (b) Câmara de desenvolvimento de fluxo horizontal na qual as amostras são colocadas em ambas as extremidades da placa e desenvolvidas para o centro, dobrando, assim, o número de amostras que podem ser processadas.

34B-3 Cromatografia em Papel

As separações em cromatografia em papel são realizadas da mesma forma que em placas de camada delgada. Os papéis são fabricados com celulose altamente purificada, com controle rigoroso da porosidade e espessura. Esses papéis contêm água adsorvida suficiente para formar uma fase aquosa estacionária. Contudo, outros líquidos podem substituir a água, fornecendo diferentes tipos de fases estacionárias. Por exemplo, o papel tratado com silicone ou óleo de parafina permite a realização da cromatografia em papel de fase reversa, na qual a fase móvel é um solvente polar. Estão disponíveis comercialmente, também, papéis especiais contendo um adsorvente ou uma resina de troca iônica, possibilitando, assim, a cromatografia por adsorção e por troca iônica em papel.

34C ELETROFORESE CAPILAR[8]

A **eletroforese** é um método de separação baseado nas velocidades de migração diferenciais de espécies carregadas em um campo elétrico cc. Essa técnica de separação para as amostras de tamanho macro foi desenvolvida inicialmente por Arne Tiselius, um químico sueco nos anos 1930, para o estudo de proteínas do soro sanguíneo; ele que ganhou o Prêmio Nobel por esse trabalho.

A eletroforese em escala macro é aplicada a uma variedade de problemas envolvendo separações analíticas difíceis: ânions e cátions inorgânicos, aminoácidos, catecolaminas, drogas, vitaminas, carboidratos, peptídeos, proteínas, ácidos nucleicos, nucleotídeos, polinucleotídeos e inúmeras outras espécies. Uma característica particular marcante da eletroforese está na sua habilidade única de separar moléculas carregadas de interesse dos bioquímicos, biólogos e químicos clínicos. Por muitos anos, a eletroforese tem sido usada como o método mais empregado para a separação de proteínas (enzimas, hormônios e anticorpos) e ácidos nucleicos (DNA e RNA), para os quais ela oferece resolução sem paralelo.

Até o aparecimento da eletroforese capilar, as separações não eram realizadas em colunas, mas sim em um meio plano estabilizado como papel ou um gel poroso semissólido. Separações surpreendentes foram realizadas nesses meios, porém a técnica era lenta, tediosa e necessitava de uma grande habilidade do operador. No início dos anos 1980, os cientistas começaram a verificar a viabilidade de realizar as mesmas separações com microamostras em tubos capilares de sílica fundida. Seus resultados mostraram-se promissores em termos de resolução, velocidade e potencial para automação. Como um resultado, a eletroforese capilar (EC) se desenvolveu como uma ferramenta importante para uma ampla variedade de problemas de separações analíticas e é o único tipo de eletroforese que consideraremos.[9]

---

[8] Para uma discussão adicional de eltroforese capilar, veja M. L. Marina; A. Rios e M. Valcarcel, eds., *Analysis and Detection by Capillary Electrophoresis*, v. 45 de *Comprehensive Analytical Chemistry*, D. Barcelo, ed., Amsterdã: Elsevier, 2005; M. A. Strege e A. L. Lagu, eds., *Capillary Electrophoresis of Proteins and Peptides*, Totowa, NJ: Human Press, 2004; J. R. Petersen e A. A. Mohamad, eds., *Clinical and Forensic Applications of Capillary Electrophoresis*, Totowa, NJ: Human Press, 2001; R. Weinberger, *Practical Capillary Electrophoresis*, 2. ed., Nova York: Academic Press, 2000.

[9] Para revisões recentes, veja M. Geiger, A. L. Hogerton, e M. T. Bowser, *Anal. Chem.*, v. 84, p. 577, **2012**, **DOI**: 10.1021/ac203205a; N. W. Frost; M. Jing e M. T. Bowser; *Anal. Chem.*, v. 82, p. 4682, **2010**, **DOI**: 10.1021/ac101151k.

34C-1 Instrumentação para a Eletroforese Capilar

Como mostrado na **Figura 34-5**, a instrumentação para a eletroforese capilar é simples. Um capilar de sílica fundida preenchido com um tampão, que normalmente tem de 10 a 100 μm de diâmetro interno e de 40 a 100 cm de comprimento, se estende entre dois reservatórios de tampão que também contêm eletrodos de platina. É aplicado um potencial de 5 a 30 kV cc entre os dois eletrodos. A polaridade positiva da voltagem alta na Figura 34-5 pode ser revertida para permitir a separação de ânions.

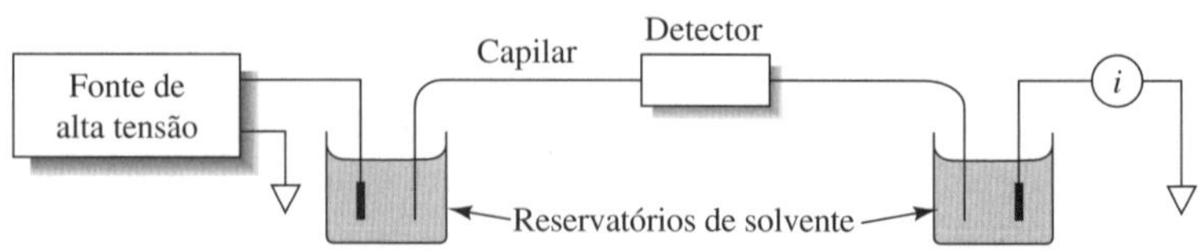

Figura 34-5 Diagrama esquemático de um sistema de eletroforese capilar de zona.

A introdução da amostra é realizada por eletrocinética ou injeção por pressão. Na injeção eletrocinética, uma ponta do capilar e seu eletrodo são removidos de seus compartimentos de tampão e colocados em um pequeno copo. Então, aplica-se uma voltagem por um tempo medido, fazendo com que a amostra entre no capilar por uma combinação de migração iônica e fluxo eletro-osmótico (veja a próxima seção). Na injeção hidrodinâmica, a ponta do capilar de introdução da amostra é também colocada em um pequeno copo contendo a amostra, mas, neste caso, uma diferença de pressão dirige a solução da amostra para dentro do capilar. A diferença de pressão pode ser provocada aplicando-se vácuo na ponta do detector ou elevando a amostra (injeção hidrodinâmica).

Uma vez que, em muitos tipos de eletroforese, os analitos separados se movem passando por um ponto comum, os detectores são similares no desenho e na função àqueles descritos para a CLAE. A **Tabela 34-3** lista os diversos métodos de detecção que têm sido relatados para a eletroforese capilar. A segunda coluna da tabela mostra os limites de detecção para esses detectores.

TABELA 34-3

Detectores para a Eletroforese Capilar*

Tipo de Detector	Limite de Detecção Representativo‡ (atomols detectados)
Espectrometria	1–1.000
Absorção†	1–0,01
Fluorescência	10
Lentes térmicas†	1.000
Raman†	1–0,0001
Quimiluminescência†	1–0,01
Espectrometria de massas	
Eletroquímicos	
Condutividade†	100
Potenciometria†	1
Amperometria	0,1

*B. Huang; J. J. Li; L. Zhang e J. K. Cheng, *Anal. Chem*, v. 68, p. 2366, **1996**, **DOI:** 10.1021/ac9511253; S. C. Beale, *Anal. Chem.*, v. 70, p. 279, **1998**, **DOI:** 10.1021/ac19800141; S. N. Krylov e N. J. Dovichi, *Anal. Chem.*, v. 72, p. 111, **2000**, **DOI:** 10.1021/a1000014c; S. Hu e N. J. Dovichi, *Anal. Chem.*, v. 74, p. 2833, **2002**, **DOI:** 10.1021/ac0202379.

*Os limites de detecção cotados foram determinados com volumes injetados de 18 pL a 10 nL.

†O limite de detecção em massa foi convertido a partir do limite de determinação em concentração empregando-se um volume de injeção de 1 nL.

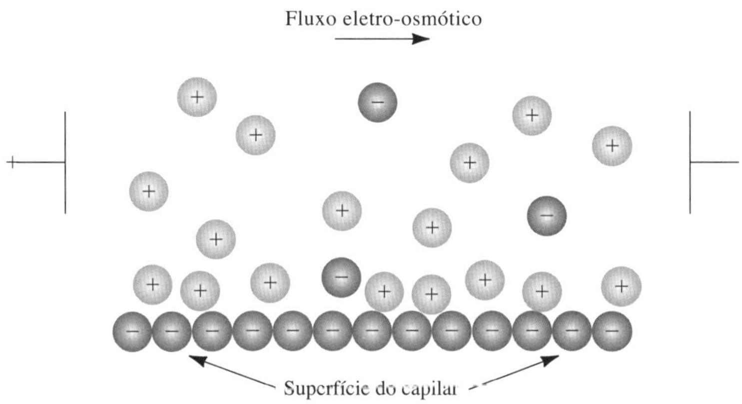

Figura 34-6 Distribuição de cargas na interface sílica/capilar e o fluxo eletro-osmótico resultante. ((Reimpresso (adaptado) com permissão de A. G. Ewing e R. A. Wallingford; T. M. Olefirowicz, *Anal. Chem.*, v. 61, p. 292A. **1989**, **DOI**: 10.1021/ac00179a002. Copyright 1989 American Chemical Society.)

34C-2 Fluxo Eletro-osmótico

Uma característica particular da eletroforese capilar consiste no fluxo **eletro-osmótico**. Quando uma alta voltagem é aplicada por meio de um capilar de sílica fundida contendo uma solução tampão, um fluxo eletro-osmótico é geralmente produzido, causando uma migração do solvente em direção ao catodo. A velocidade de migração pode ser substancial. Por exemplo, foi verificado que um tampão 50 mmol L^{-1} em pH 8 flui através de um capilar de 50 cm em direção ao catodo a aproximadamente 5 cm min^{-1} com um potencial aplicado de 25 kV.[10]

Como mostrado na **Figura 34-6**, o fluxo eletro-osmótico é a camada elétrica dupla que se desenvolve na interface sílica/solução. Em valores de pH maiores que 3, a parede interna de um capilar de sílica está carregada negativamente devido à ionização dos grupos silanóis superficiais (Si—OH). Os cátions do tampão congregam-se em uma dupla camada elétrica adjacente à superfície negativa do capilar de sílica. Os cátions na camada difusa externa à dupla camada são atraídos para o catodo, ou eletrodo negativo, e uma vez que estão solvatados, arrastam o solvente com eles. Como mostrado na **Figura 34-7**, a eletro-osmose leva a um fluxo global da solução que tem um perfil plano ao longo do tubo porque o fluxo origina-se nas paredes do tubo. Esse perfil contrasta com o perfil laminar (parabólico) observado em fluxos gerados por pressão encontrados na CLAE. Visto que o perfil é essencialmente plano, o fluxo eletro-osmótico não contribui significativamente para o alargamento de banda, como o fluxo gerado por pressão o faz em cromatografia de líquido.

A velocidade do fluxo eletro-osmótico é geralmente maior que as velocidades de migração eletroforética dos íons individuais e torna-se efetivamente a bomba da fase móvel da EC. Mesmo que os analitos migrem de acordo com as suas cargas dentro do capilar, a vazão eletro-osmótica é normalmente suficiente para arrastar todas as espécies positivas, neutras e mesmo negativas para a mesma extremidade do capilar, de forma que todas podem ser detectadas quando elas passam por um ponto comum (veja a **Figura 34-8**). O **eletroferograma** resultante mostra-se como um cromatograma, porém com picos mais estreitos.

A eletro-osmose é frequentemente desejável em certos tipos de eletroforeses capilares, mas não o é em outros. Isto pode ser minimizado revestindo-se a parede interna do capilar com um reagente como o trimetilclorosilano para eliminar os grupos silanóis da superfície.

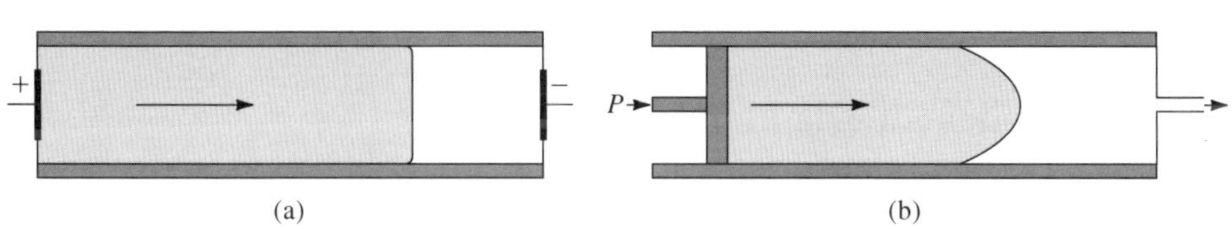

Figura 34-7 Perfis de fluxo para líquidos sob (a) fluxo eletro-osmótico e (b) fluxo induzido por diferença de pressão.

[10] J. D. Olechno; J. M. Y. Tso e J. Thayer; A. Wainright, *Amer. Lab.*, v. 22, n. 17, p. 51, 1990.

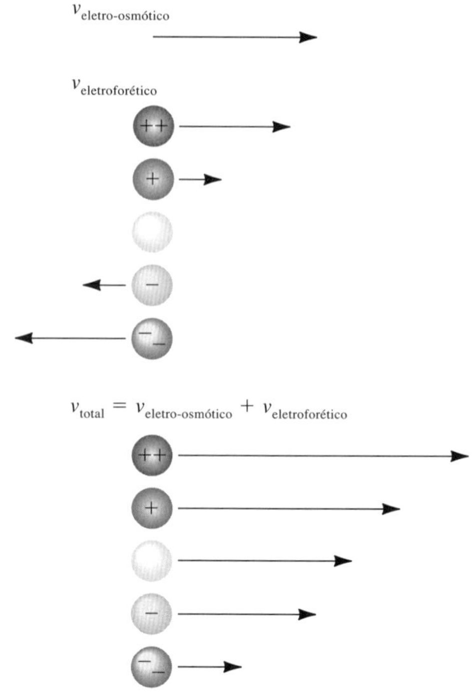

Figura 34-8 Velocidades na presença de um fluxo eletro-osmótico. Os comprimentos das setas próximas aos íons indicam a grandeza de suas velocidades; a seta aponta para a direção de movimentação. O eletrodo negativo estaria à direita e o eletrodo positivo à esquerda dessa seção da solução.

34C-3 As Bases para as Separações Eletroforéticas

A velocidade de migração v de um íon em um campo elétrico é dada por

$$v = \mu_e E = \mu_e \times \frac{V}{L} \tag{34-1}$$

A **mobilidade eletroforética** é a razão entre a velocidade de migração de um íon e o campo elétrico aplicado.

onde E é a força do campo elétrico em volts por centímetro; V, a voltagem aplicada; L, o comprimento do tubo entre os dois eletrodos; e μ_e, a **mobilidade eletroforética**, que é proporcional à carga do íon e inversamente proporcional à força de retardo por fricção sobre o íon. A força de retardo por fricção sobre um íon é determinada pelo tamanho e formato do íon e pela viscosidade do meio.

Embora a EC não seja um processo cromatográfico, as separações frequentemente são descritas de uma maneira similar à cromatografia. Por exemplo, na eletroforese, podemos calcular o número de pratos N por

$$N = \frac{\mu_e V}{2D} \tag{34-2}$$

onde D é o coeficiente de difusão do soluto ($cm^2\ s^{-1}$). Uma vez que a resolução aumenta com o número de pratos, é desejável usar altas voltagens para se atingir separações de alta resolução. Observe que, na eletroforese, ao contrário da situação na cromatografia, o número de pratos não aumenta com o comprimento da coluna. Tipicamente, o número de pratos na eletroforese capilar é de 100.000 a 200.000 com as voltagens usuais aplicadas.

34C-4 Aplicações da Eletroforese Capilar

As separações eletroforéticas são realizadas de diversas formas denominadas modos. Estes modos incluem **focalização isoelétrica**, **isotacoforese** e **eletroforese capilar de zona** (ECZ). Consideraremos apenas a eletroforese capilar de zona na qual a composição do tampão é constante por toda a região da separação. O campo aplicado faz com que cada um dos diferentes componentes iônicos da mistura migrem de acordo com sua própria mobilidade e se separem em zonas que podem ser completamente resolvidas ou podem se superpor parcialmente. As regiões completamente resolvidas apresentam regiões de tampão entre elas. A situação é análoga à cromatografia de eluição em coluna, onde as regiões de fase móvel estão localizadas entre zonas contendo analitos separados.

Separação de Íons Pequenos

Em muitas separações eletroforéticas de íons pequenos, o menor tempo de análise é obtido quando os íons do analito movem-se na mesma direção do fluxo eletro-osmótico. Assim, para a separação de cátions, as paredes do capilar não são tratadas e o movimento do fluxo eletro-osmótico e dos cátions se dá em direção ao catodo. Para a separação de ânions, por outro lado, o fluxo eletro-osmótico é normalmente revertido tratando as paredes do capilar com sal de alquilamônio, como o brometo de cetiltrimetilamônio. Os íons amônio positivamente carregados ligam-se à superfície negativamente carregada da sílica, criando uma dupla camada negativamente carregada de solução, a qual é atraída para o anodo, revertendo o sentido do fluxo eletro-osmótico.

No passado, o método mais comum para a análise de pequenos ânions era a cromatografia de troca iônica. Para cátions, as técnicas preferidas eram espectroscopia de absorção atômica e a emissão em plasma indutivamente acoplada ou espectrometria de massas. Recentemente, os métodos eletroforéticos capilares começaram a competir com estes métodos tradicionais pela análise de pequenos íons. Várias razões relevantes para a adoção dos métodos eletroforéticos têm sido reconhecidas: menor custo dos equipamentos, necessidade de menor quantidade de amostra, velocidade muito maior e melhor resolução. Entretanto, uma vez que as variações nas vazões eletro-osmóticas tornam a reprodução das separações por EC difíceis, os métodos de CL e espectrométricos atômicos ainda são largamente usados para pequenos íons inorgânicos.

O custo inicial de equipamento e a cara manutenção para a eletroforese é significativamente mais baixa que aquelas para instrumentos cromatográficos de íons e espectroscópicos atômicos. O custo de instrumentos de EC varia significativamente dependendo do tipo de sistema de detecção desejado. Instrumentos de EC simples com detecção UV visível podem custar na faixa de US$10.000 a US$20.000, mas os instrumentos com detecção espectrométrica de massas podem custar substancialmente mais.

Os tamanhos de amostras para a eletroforese são na faixa de nanolitros, mas amostras no nível de microlitro ou maiores normalmente são necessárias para outros tipos de análise de pequenos íons. Assim, os métodos eletroforéticos são mais sensíveis que outros métodos em termos de massa (mas geralmente não em termos de concentração).

A **Figura 34-9** ilustra a velocidade e resolução incomparáveis das separações eletroforéticas de ânions pequenos. Aqui, 30 íons foram completamente separados em apenas três minutos. Tipicamente, uma separação por troca iônica de somente três ou quatro ânions poderia ser feita nesse curto intervalo de tempo. A **Figura 34-10** mostra ainda mais a velocidade na qual as separações podem ser realizadas. Como pode ser visto, 19 cátions foram separados em menos de dois minutos.

Separações de Espécies Moleculares

Uma variedade de moléculas de herbicidas, pesticidas e fármacos sintéticos que são ou podem ser convertidas em íons foram separadas e analisadas por EC. A **Figura 34-11** é ilustrativa deste tipo de aplicação, na qual os medicamentos anti-inflamatórios, que têm propriedades ácidas com pK_a característicos, são separados em menos de 15 min.

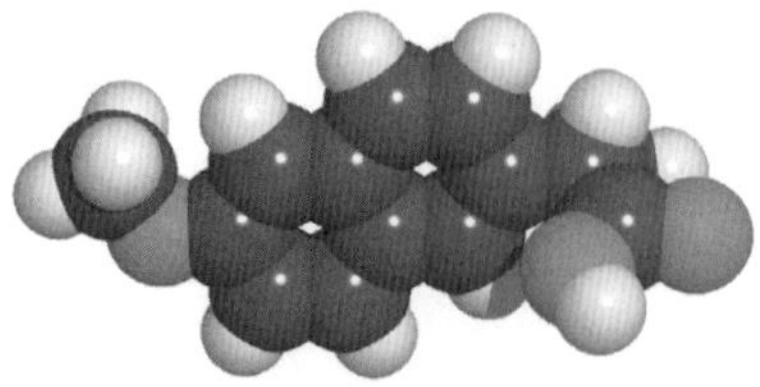

Naproxeno

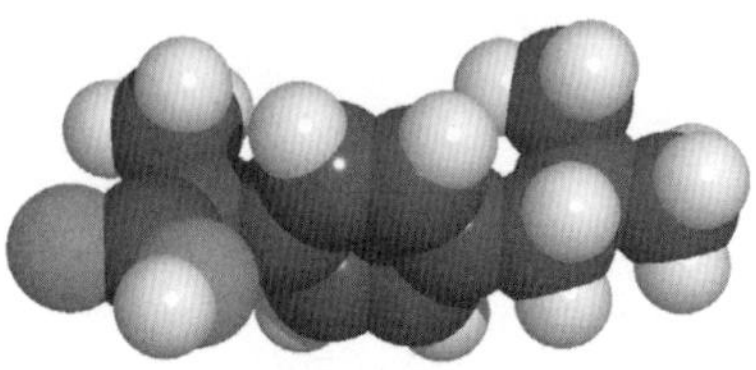

Ibuprofeno

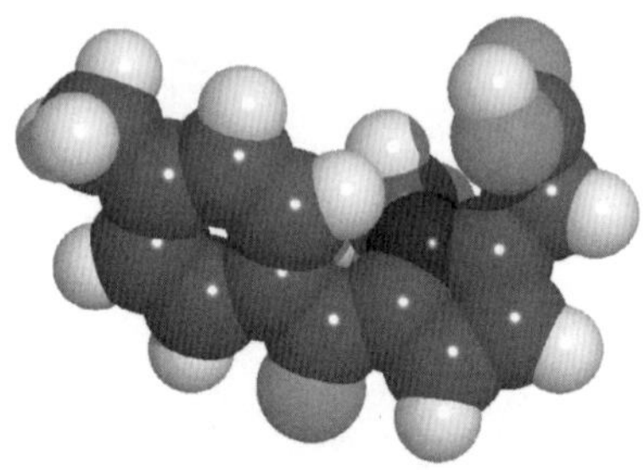

Tolmetino

Modelos moleculares de medicamentos anti-inflamatórios: naproxeno, ibuprofeno e tolmetino. Acredita-se que estes agentes anti-inflamatórios não esteriodais aliviam a dor através da inibição da síntese de prostaglandinas que são produzidas pelo corpo humano em resposta à presença de toxinas, agentes infecciosos e fluidos de tecidos que resultam de um processo inflamatório. As altas concentrações de prostaglandinas provocam febre e dor. O ibuprofeno é também conhecido como Motrin, Advil ou Nuprin. O naproxeno sódico é o Aleve e o tolmetino é o Tolectin. Cada um tem sido usado para tratar sintomas de artrite e para aliviar a dor causada por gota; bursite; tendinite; distensões e outros ferimentos e cólicas menstruais. O ibuprofeno e o naproxeno têm venda livre nos Estados Unidos.

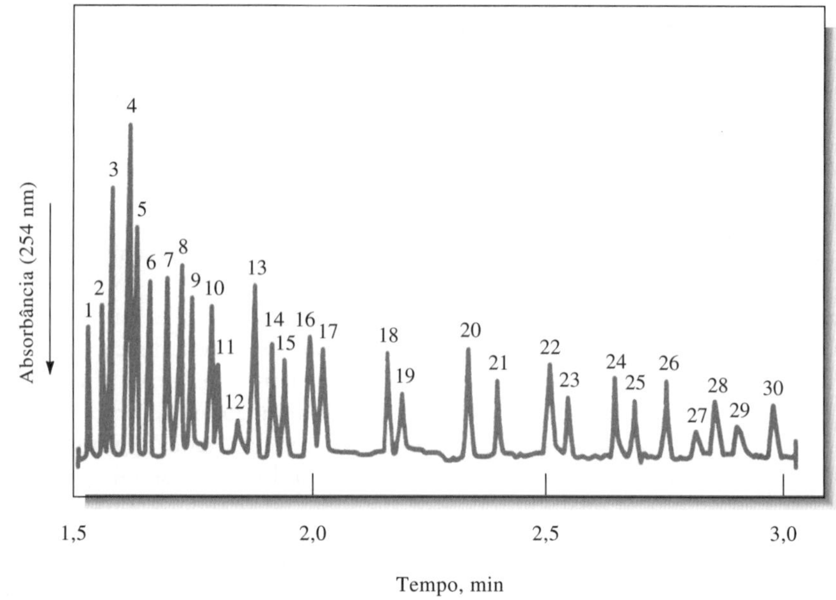

Figura 34-9 Eletroferograma mostrando a separação de 30 ânions. Diâmetro interno do capilar: 50 μm (sílica fundida). Detecção: UV indireta, 254 nm. Picos: 1 = tiossulfato (4 ppm), 2 = brometo (4 ppm), 3 = cloreto (2 ppm), 4 = sulfato (4 ppm), 5 = nitrito (4 ppm), 6 = nitrato (4 ppm), 7 = molibdato (10 ppm), 8 = azida (4 ppm), 9 = tungstato (10 ppm), 10 = monofluorfosfato (4 ppm), 11 = clorato (4 ppm), 12 = citrato (2 ppm), 13 = fluoreto (1 ppm), 14 = formiato (2 ppm), 15 = fosfato (4 ppm), 16 = fosfito (4 ppm), 17 = clorito (4 ppm), 18 = galactarato (5 ppm), 19 = carbonato (4 ppm), 20 = acetato (4 ppm), 21 = etanossulfonato (4 ppm), 22 = propionato (5 ppm), 23 = propanossulfato (4 ppm), 24 = butirato (5 ppm), 25 = butanossulfato (4 ppm), 26 = valerato (5 ppm), 27 = benzoato (4 ppm), 28 = *l*-glutamato (5 ppm), 29 = pentanossulfonato (4 ppm), 30 = *d*-gluconato (5 ppm). (Reproduzido com permissão de W. A. Jones e P. Jandik, *J. Chromatogr.*, v. 546, p. 445, **1991**, **DOI**: 10.1106/s0021-9673(01)93043-2, como permissão da Elsevier.)

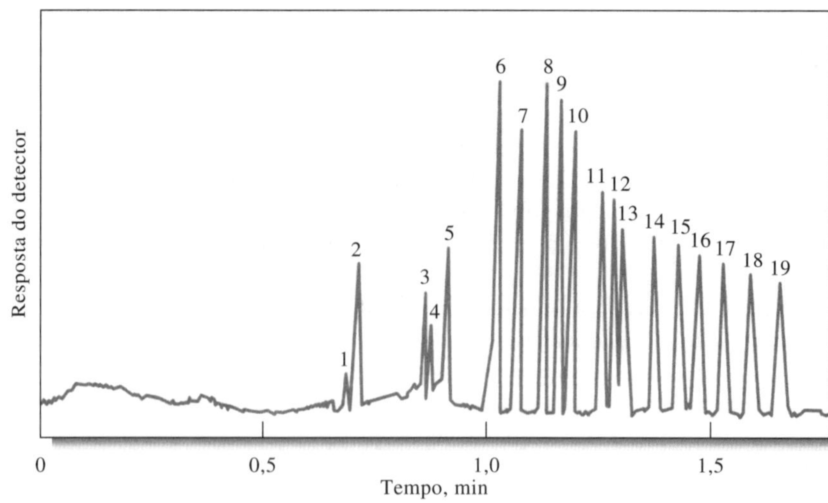

Figura 34-10 Separação de alcalinos, alcalino terrosos e lantanídeos. Capilar: sílica fundida de 36,5 cm × 75 μm, + 30 kV. Injeção: hidrostática, 20 s a 10 cm. Detecção: UV indireta, 214 nm. Picos: 1 = rubídio (2 ppm), 2 = potássio (5 ppm), 3 = cálcio (2 ppm), 4 = sódio (1 ppm), 5 = magnésio (1 ppm), 6 = lítio (1 ppm), 7 = lantânio (5 ppm), 8 = cério (5 ppm), 9 = praseodímio (5 ppm), 10 = neodímio (5 ppm), 11 = samário (5 ppm), 12 = európio (5 ppm), 13 = gadolínio (5 ppm), 14 = térbio (5 ppm), 15 = disprósio (5 ppm), 16 = hólmio (5 ppm), 17 = érbio (5 ppm), 18 = túlio (5 ppm), 19 = itérbio (5 ppm). (Reimpresso de A. Weston; P. R. Brown; P. Jandik; W. R. Jones e A. L. Heckenberg, *J. Chromatog A*, v. 593, p. 289, **1992**, **DOI**: 10.1016/0021-9673(92)80297-8, com a permissão de Elsevier.)

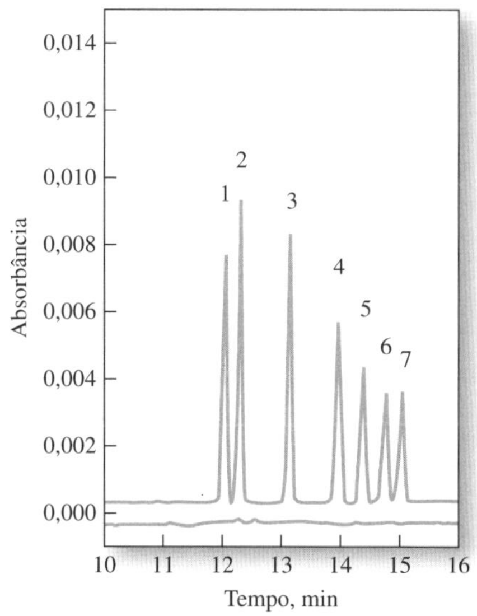

Figura 34-11 Separação de medicamentos anti-inflamatórios por ECZ. Detecção: UV a 200 nm. Analitos: (1) sulindac, (2) indometacina, (3) piroxicam, (4) cetoprofeno, (5) nimesulida, (6) ibuprofeno, (7) naxopreno. (De Y. L. Chen e S. M. Wu, *Anal. Bioanal. Chem.*, v. 381, p. 907, **2005**, **DOI**: 10.1007/s00216-004-2970-x. Com a permissão de Springer-Verlag.

As proteínas, os aminoácidos e os carboidratos têm sido todos separados em tempos mínimos por ECZ. No caso de carboidratos neutros, as separações são precedidas pela formação de complexos com borato negativamente carregados. A separação de misturas de proteínas está ilustrada na **Figura 34-12**. O Destaque 34-1 discute o uso de arranjos de eletroforese capilar no sequenciamento de DNA.

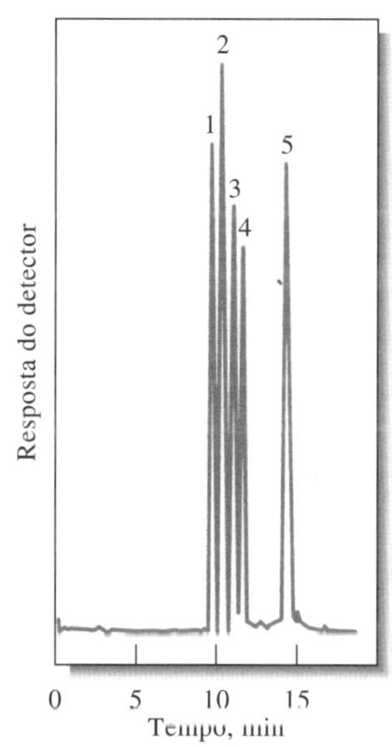

Figura 34-12 Separação por ECZ de uma mistura modelo de proteínas. Condições: tampão pH = 2,7; detecção por absorbância a 214 nm; 22 kV, 10 mA. Os picos podem ser identificados na tabela a seguir.

Proteínas Modelo Separadas a pH 2,7			
Nº do Pico	**Proteínas**	**Massa Molecular**	**Ponto Isoelétrico, pH**
1	Citocromo c	12.400	10,7
2	Lisozima	14.100	11,1
3	Tripsina	24.000	10,1
4	Tripsinogeno	23.700	8,7
5	Inibidor da tripsina	20.100	4,5

DESTAQUE 34-1

Arranjo de Eletroforese Capilar para o Sequenciamento de DNA

O principal objetivo do projeto de genoma humano era determinar a ordem de ocorrência de quatro bases, adenina (A), citosina (C), guanina (G) e timina (T), nas moléculas de DNA. A sequência define o código genético de um indivíduo. A necessidade de sequenciar o DNA tem impulsionado o desenvolvimento de muitos instrumentos analíticos novos. Entre as abordagens mais atraentes encontram-se os arranjos de eletroforese capilar.[11] Nessa técnica, 96 capilares são operados em paralelo. Os capilares são empacotados com uma matriz de separação, geralmente um gel de poliacrilamida linear. Os capilares apresentam diâmetros internos de 35 a 75 μm e comprimento de 30 a 60 cm.

No sequenciamento, o DNA extraído de células é fragmentado por vários métodos. Dependendo da base terminal do fragmento, um de quatro corantes fluorescentes é ligado aos vários fragmentos. A amostra contém muitos fragmentos de diferentes tamanhos, cada um deles com um marcador fluorescente. Sob a influência do campo eletroforético, os fragmentos de massa molecular mais baixa movem-se mais rapidamente e chegam ao detector antes que os fragmentos de maior massa molecular. A sequência do DNA é determinada pela sequência de cor do corante dos fragmentos eluídos. Um laser é empregado para excitação dos corantes fluorescentes. Têm sido descritas várias técnicas para detectar a fluorescência. Um dos métodos emprega um sistema de varredura de forma que o feixe de capilares se move em relação ao laser de excitação e um sistema de detecção de quatro comprimentos de onda. No sistema de detecção, ilustrado pela **Figura 34D-1**, um feixe de laser é focalizado sobre o arranjo de capilares por uma lente. A imagem da região iluminada pelo laser é adquirida por um detector CCD (veja a Seção 25A-4). Os filtros permitem a seleção do comprimento de onda para detectar as quatro cores. A separação simultânea de 11 fragmentos de DNA em 100 capilares tem sido relatada.[12] Outros desenhos incluem sistemas de detecção tipo *sheath-flow* ou detectores que empregam dois lasers de diodo para excitação. Está comercialmente disponível instrumentação de várias companhias de equipamentos. Os sequenciadores de DNA em miniatura têm sido desenvolvidos usando-se a tecnologia de laboratório no chip. Tais sistemas em miniatura estão se tornando mais portáteis, o que deve permitir uso em campo para as aplicações forense, dentre outras.

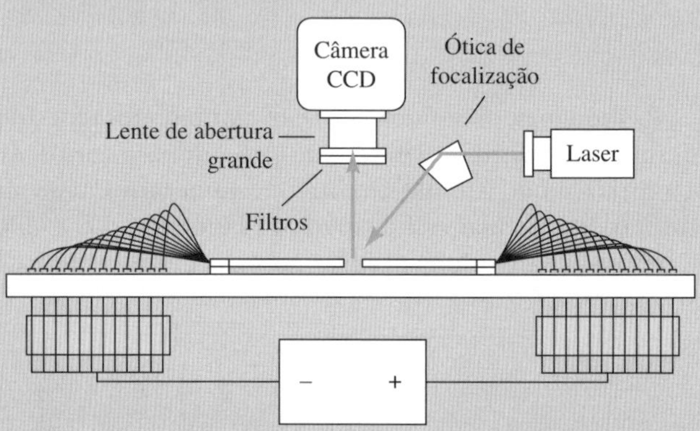

Figura 34D-1 Sistema de detecção em coluna através de fluorescência excitada por laser para arranjos de eletroforese capilar. Um laser é focalizado como uma linha sobre o arranjo de capilares a um ângulo de 45º. A fluorescência é filtrada e detectada por uma câmara de CCD empregando uma lente de grande abertura. (Reimpresso (adaptado) com a permissão de K. Ueno; E. S. Yeung, *Anal. Che.*, v. 66, p. 1424, **1994**, **DOI**: 10.1021/ac00081a010.

34D ELETROCROMATOGRAFIA CAPILAR

A **eletrocromatografia capilar** (EC) é um híbrido da CLAE e da eletroforese capilar que oferece algumas das melhores características dos dois métodos.[13] Como na CLAE, pode ser aplicada à separação de espécies neutras. Como na EC, contudo, fornece separações altamente eficientes empregando microvolumes de solução da amostra, sem a necessidade dos sistemas de bombeamento de alta pressão necessários para a CLAE. Na EC, a fase móvel é transportada por meio de uma fase estacionária por um fluxo eletro-osmótico. Como mostrado na Figura 34-7, o bombeamento eletro-osmótico produz um perfil plano em vez do parabólico, como o que resulta em um fluxo induzido por pressão. O perfil plano do bombeamento osmótico produz bandas estreitas e, assim, altas eficiências de separação.

[11] Para revisões, veja I. Kheterpal e R. A. Mathies, *Anal. Chem.*, v. 71, p. 31A, **1999**, **DOI**: 10.1021/ac990099w; M. Geiger; A. L. Hogerton e M. T. Bowser, *Anal. Chem.*, v. 84, p. 577, **2012**, **DOI**: 10.1021/ac203205a; N. W. Frost; M. Jing e M. T. Bowser, *Anal. Chem.*, v. 82, p. 4682, **2010**, **DOI**: 10.1021/ac101151k.

[12] K. Ueno e E. S. Yeung, *Anal. Chem.*, v. 66, p. 1424, **1994**, **DOI**: 10.1021/ac00081a010.

[13] Para uma discussão sobre esse método, veja L. A. Colon; Y. Guo e A. Fermier, *Anal. Chem.*, v. 69, p.461A, **1997**, **DOI**: 10.1021/ac9717245.

34D-1 Eletrocromatografia em Coluna Empacotada

A eletrocromatografia baseada em colunas empacotadas é a menos madura das técnicas de eletrosseparação. Nesse método, um solvente polar é geralmente impulsionado por fluxo eletro-osmótico através de um capilar empacotado com uma fase reversa de CLAE. As separações dependem da distribuição dos analitos entre a fase móvel e a fase estacionária líquida retida no material de empacotamento. A **Figura 34-13** mostra um eletrocromatograma típico de uma separação de 16 hidrocarbonetos poliaromáticos em um capilar de 33 cm de comprimento com diâmetro interno de 75 μm. A fase móvel era constituída por uma solução 4 mmol L^{-1} de borato de sódio em acetonitrila. A fase estacionária era composta por partículas de octadecilsílica de 3 μm.

34D-2 Cromatografia Eletrocinética Capilar Micelar

Os métodos eletroforéticos capilares que descrevemos até agora não podem ser aplicados à separação de solutos sem cargas. Em 1984, no entanto, Terabe e colaboradores[14] descreveram uma modificação do método que permitiu a separação de fenóis aromáticos e nitrocompostos de baixa massa molecular com equipamento como aquele mostrado na Figuira 34-5. Nesta técnica, é introduzida uma substância tensoativa em um nível de concentração no qual se formam **micelas**. As micelas formam-se em solução aquosa quando a concentração de espécies iônicas apresentando uma cauda longa de hidrocarboneto aumenta acima da chamada **concentração micelar crítica** (CMC). Nesse ponto, o tensoativo começa a formar agregados esféricos constituídos por 40 a 100 íons com suas caudas de hidrocarbonetos voltadas para o interior do agregado e as suas extremidades carregadas expostas à água na parte exterior. As micelas constituem uma segunda fase estável que pode incorporar os compostos apolares no interior das partículas, constituído por hidrocarbonetos, *solubilizando*, dessa forma, espécies apolares. Essa solubilização é a mesma observada no dia a dia quando um material ou superfície gordurosa é lavada com uma solução de detergente.

A eletroforese capilar realizada na presença de micelas é chamada **cromatografia eletrocinética capilar micelar** e recebe o acrônimo CECM. Nessa técnica, os tensoativos são adicionados ao tampão de operação em quantidades que excedem a concentração micelar crítica. Em muitas aplicações descritas até o momento, o tensoativo empregado tem sido o dodecil sulfato de sódio (DSS). A superfície de uma micela

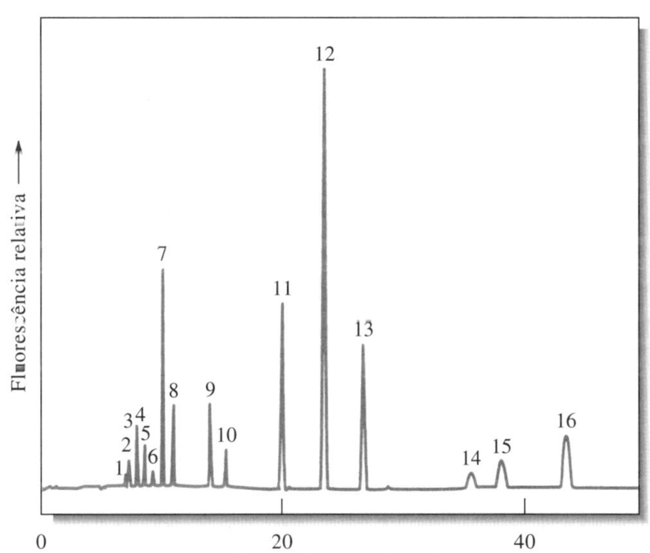

Figura 34-13 Eletrocromatograma mostrando uma separação eletrocromatográfica de 16 HPAs (~10^{-6} a 10^{-8} mol L^{-1} de cada composto). Picos: (1) naftaleno, (2) acenaftaleno, (3) acenafteno, (4) fluoreno, (5) fenantreno, (6) antraceno, (7) fluoranteno, (8) pireno, (9) benz[*a*]antraceno, (10) criseno, (11) benzo[*b*]fluoranteno, (12) benzo[*k*]fluoranteno, (13) benzo[*a*]pireno, (14) dibenz[*a,h*]antraceno, (15) benzo[*ghi*]perileno e (16) indeo [1,2,3-*cd*]pireno. (Reproduzido (adaptado) com permissão de C. Yan, et al., *Anal. Chem.*, v. 67, p. 2026, **1995**, **DOI**: 10.1021/ac00109a020. Copyright 1995 da American Chemical Society.)

[14] S. Terabe; K. Otsuka; K. Ichikawa; A. Tsuchiya e T. Ando, *Anal. Chem.*, v. 56, p. 111, **1984**, **DOI**: 10.1021/ac00265a031; S. Terabe; K. Otsuka e T. Ando, *Anal. Chem.*, v. 57, p. 841, **1985**, **DOI**: 10.1021/ac00281a014; S. Terabe, *Anal. Chem.*, v. 76, p. 240A, **2004**, **DOI**: 10.1021/ac0415859.

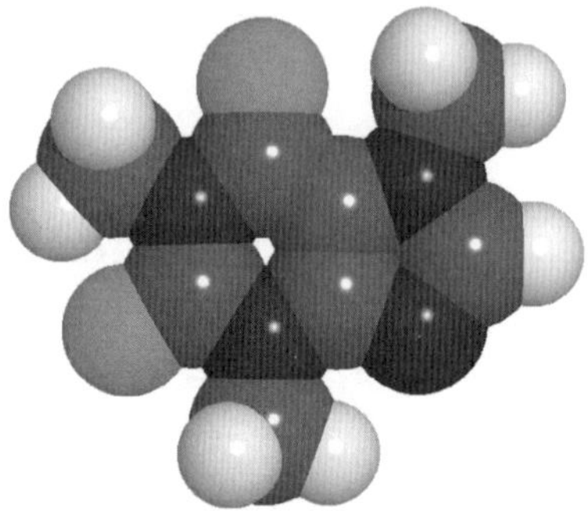

Modelo molecular da cafeína. A cafeína estimula o córtex cerebral por inibição de uma enzima que inativa uma certa forma de trifosfato de adenosina, a molécula que supre energia. A cafeína é encontrada no café, chá e bebidas tipo cola.

iônica desse tipo apresenta alta carga negativa, o que lhe atribui alta mobilidade eletroforética. Entretanto, a maioria dos tampões exibe um fluxo eletro-osmótico tão grande que as micelas aniônicas são também transportadas em direção àquele eletrodo, embora a uma velocidade muito reduzida. Assim, durante um experimento, a mistura de tampão consiste em uma fase aquosa movendo-se mais rapidamente e uma fase micelar movendo mais lentamente. Quando uma amostra é introduzida nesse sistema, os componentes se distribuem entre as fases aquosa e de hidrocarboneto do interior das micelas. A posição do equilíbrio resultante depende da polaridade dos solutos. Para os solutos polares, a solução aquosa é favorecida; com os compostos apolares, o ambiente formado pelos hidrocarbonetos é preferido.

Os fenômenos que acabamos de descrever são bem similares àquele que ocorre em uma cromatografia de líquido de partição em coluna, exceto que a "fase estacionária" está se movendo ao longo do comprimento da coluna, embora a uma velocidade muito mais baixa que a da fase móvel. O mecanismo de separações é idêntico nos dois casos e depende das diferenças nas constantes de distribuição para analitos entre a fase móvel aquosa e a **fase pseudoestacionária**. O processo é, na verdade, uma cromatografia; daí o nome *cromatografia* eletrocinética micelar. A **Figura 34-14** ilustra duas separações típicas por CECM.

A cromatografia capilar na presença de micelas parece ter um futuro promissor. Uma vantagem dessa técnica híbrida sobre a CLAE está na eficiência da coluna (100.000 pratos ou mais). Além disso, a troca da segunda fase na CECM é simples, envolvendo apenas a mudança da composição micelar do tampão. Em contraste, na CLAE, a segunda fase só pode ser alterada mudando-se o tipo de empacotamento de

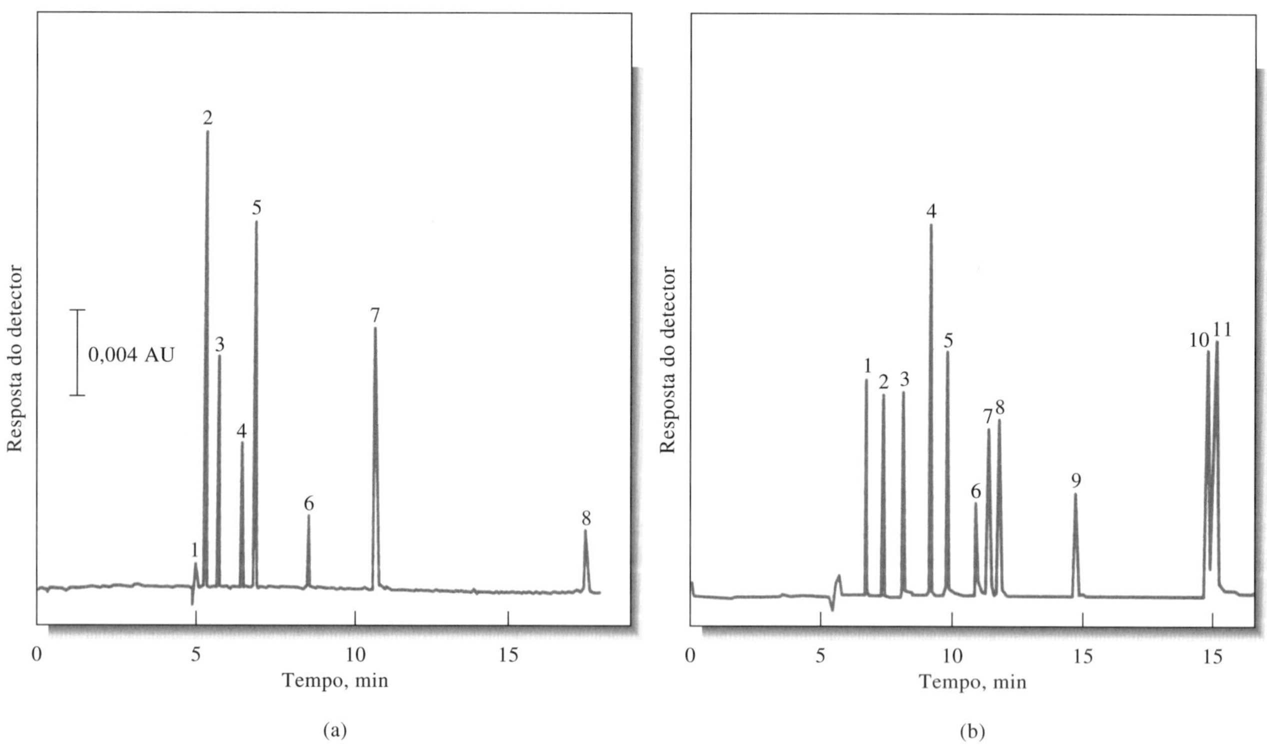

Figura 34-14 Separações típicas por CECM. (a) Alguns compostos teste: 1 = metanol, 2 = resorcinol, 3 = fenol, 4 = *p*-nitroanilina, 5 = nitrobenzeno, 6 = tolueno, 7 = 2-naftol, 8 = Sudan III. Capilar: 50 μm de diâmetro interno, 500 mm até o detector. Voltagem aplicada: c. 15 kV. Detecção: absorção no UV, 210 nm. (b) Análise de um medicamento para a gripe. Compostos: 1 = acetoaminofen, 2 = cafeína, 3 = sulpirina, 4 = naproxeno, 5 = guaifenesina, 6 = impureza, 7 = fenacetina, 8 = etenazamida, 9 = 4-isopro-filantipirina, 10 = noscapina, 11 = clorofeniramina e tipepidina. Voltagem aplicada: 20 kV. Capilar: igual ao do item anterior. Detecção: absorção no UV, 220 nm. (Reimpresso de S. Terabe, *Trends Anal.Chem.*, v. 8, p. 129, **1989**, **DOI**: 10.1016/0165-9936(89)85022-8 com a permissão de Elsevier.)

coluna. A técnica de CECM parece particularmente útil para separar pequenas moléculas que são impossíveis de se separar pela eletroforese tradicional.

34E FRACIONAMENTO POR CAMPO E FLUXO

O fracionamento por campo e fluxo (FCF) descreve um grupo de técnicas analíticas que têm se tornado bastante úteis para a separação e caracterização de matérias em suspensão como polímeros, partículas grandes e coloides. O conceito de FCF foi descrito pela primeira vez por Giddings em 1966.[15] Entretanto, apenas recentemente teve aplicações práticas e vantagens sobre outros métodos mostrados aqui.[16]

34E-1 Mecanismos de Separação

As separações por FCF ocorrem em um canal de fluxo estreito semelhante a uma fita, como aquele mostrado na **Figura 34-15**. O canal tem comprimento típico de 25 a 100 cm e de 1 a 3 cm de largura. A espessura da estrutura em fita é normalmente de 50 a 500 μm. O canal é geralmente recortado em um espaçador fino que é inserido entre duas paredes. Um campo elétrico, térmico ou centrífugo é aplicado perpendicularmente à direção do fluxo. Alternativamente, um fluxo transversal perpendicular ao fluxo principal pode ser empregado.

Na prática, a amostra é injetada na entrada do canal. O campo externo é aplicado logo após através da face do canal, como ilustrado na Figura 34-15. Na presença do campo, os componentes da amostra migram em direção à **parede de acumulação** a uma velocidade determinada pela intensidade da interação do componente com o campo. Os componentes da amostra rapidamente atingem uma distribuição de concentração estacionária próximo à parede de acumulação, como pode ser visto na Figura 34-17. A espessura média da camada do componente, *l*, está relacionada com o coeficiente de difusão *D* da molécula e a velocidade *U* induzida pelo campo em direção à parede. Quanto mais rapidamente o componente se move no campo, mais fina será a camada próxima à parede. Quanto maior o coeficiente de difusão, mais grossa é a camada. Uma vez que os componentes têm valores de *D* e *U* diferentes, a espessura média da camada vai variar entre os componentes.

Uma vez que os componentes tenham atingido seus perfis estacionários próximo à parede de acumulação, o fluxo no canal é iniciado. O fluxo é laminar, resultando em um perfil parabólico, como mostrado à esquerda na **Figura 34-16**. O fluxo principal de arraste apresenta sua maior velocidade no centro do canal e a sua menor

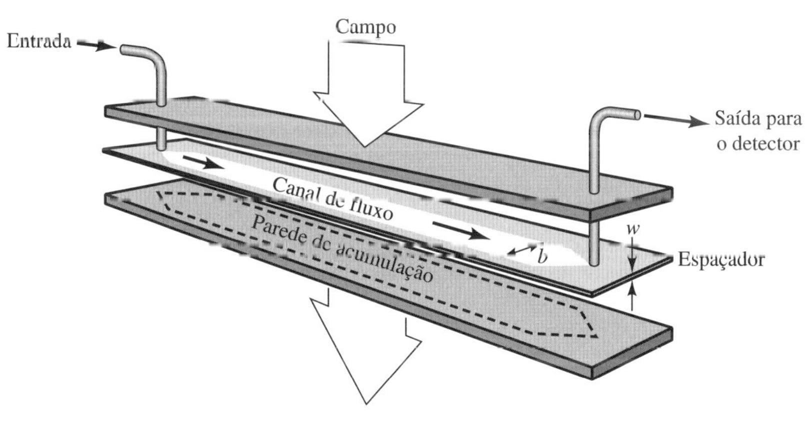

Figura 34-15 Diagrama esquemático de um canal de FCF inserido entre duas paredes. Um campo externo (elétrico, térmico ou centrífugo) é aplicado perpendicularmente à direção do fluxo.

[15] J. C. Giddings, *Sep. Sci.* v. 1, p. 123, **1966**, **DOI**: 10.1080/496396608049439.

[16] Para uma revisão sobre os métodos FCF, veja J. C. Giddings, *Anal. Chem.*, v. 67, p. 592A, **1995**, **DOI**: 10.1021/ac00115a001.

velocidade próximo às paredes. Os componentes que interagem mais fortemente com o campo são comprimidos muito próximos à parede, como exposto pelo componente A na **Figura 34-17**. Nesse caso, eles são eluídos pelo solvente que se move lentamente nas proximidades da parede. Os componentes B e C projetam-se mais no canal e experimentam uma região de maior velocidade do solvente. A ordem de eluição é, portanto, C, então B e finalmente A. Os componentes que são separados por FCF fluem através de detectores de absorção no UV visível, de índice de refração ou de fluorescência localizados no final do canal de fluxo. Os detectores usados são similares àqueles usados nas separações por CLAE. Os resultados da separação são revelados por um gráfico de resposta do detector *versus* tempo, chamado **fractograma**, que é similar a um cromatograma na cromatografia.

34E-2 Métodos de FCF

As subtécnicas de FCF diferentes resultam da aplicação de diferentes tipos de campos ou gradientes.[17] Os métodos que têm sido usados são **FCF por sedimentação**, **FCF de campo elétrico**, **FCF de campo térmico** e **FCF por fluxo**.

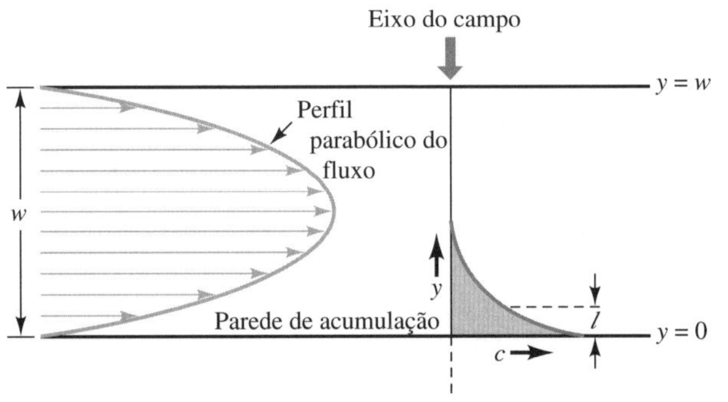

Figura 34-16 Quando o campo é aplicado no FCF, os componentes migram para a parede de acumulação onde existe um perfil de concentração exponencial como visto à direita. Os componentes se estendem por uma distância y para dentro do canal. A espessura média da camada é igual a l, que difere para cada componente. O fluxo principal do canal é então iniciado e o perfil parabólico do fluxo do solvente de eluição é apresentado à direita.

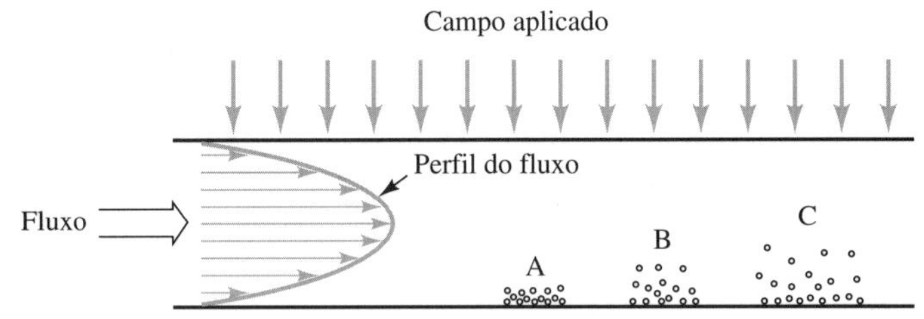

Figura 34-17 São mostrados três componentes A, B, C no estado comprimido contra a parede de acumulação no FCF para diferentes graus por causa das diferentes interações com o campo externo. Quando o fluxo inicia-se, o componente A experimenta a menor velocidade do solvente. O componente B projeta-se mais no canal, no qual experimenta uma velocidade de fluxo maior. O componente C, que interage menos com o campo, experimenta a maior velocidade de fluxo do solvente e, assim, é deslocado mais rapidamente pelo fluxo.

[17] Para uma discussão sobre os vários métodos de FCF, veja J. C. Giddings, *Unified Separation Science*, Nova York: Wiley, 1991cap. 9; M. E. Schimpf; K. Caldwell e J. C. Giddings, eds., *Field-Flow Fractionation Handbook*, Nova York: Wiley, 2000.

FCF por Sedimentação

O FCF por sedimentação tem sido a forma mais largamente usada. Nessa técnica, o canal é enrolado e colocado dentro de uma centrífuga, como ilustrado na **Figura 34-18**. Os componentes com maior massa e densidade são dirigidos para a parede pela força de sedimentação (centrifugação) e eluem por último. As espécies de massa menor são eluídas primeiro. Existe uma seletividade alta entre as partículas de tamanhos diferentes em FCF por sedimentação. A separação de pequenas esferas de poliestireno de vários diâmetros em FCF por sedimentação é mostrada na **Figura 34-19**.

Uma vez que as forças de centrifugação são relativamente muito fracas para moléculas pequenas, o FCF por sedimentação é mais aplicável a moléculas com massas moleculares acima de 10^6. Os sistemas como polímeros, macromoléculas biológicas, coloides naturais e industriais, emulsões e partículas subcelulares parecem ser adequadas para a separação em FCF por sedimentação.

FCF de Campo Elétrico

No FCF de campo elétrico, um campo elétrico é aplicado perperdicularmente à direção do fluxo. A retenção e a separação ocorrem com base na carga elétrica. As espécies com maior carga são dirigidas com mais eficiência para a parede de acumulação. As espécies de carga mais baixa não estão tão compactadas e projetam-se para a região de maior fluxo. Dessa forma, as espécies de menor carga são eluídas primeiro e as de maior carga são mais retidas.

Figura 34-18 Aparelho de FCF por sedimentação. (Cortesia de Postnova Analytics.)

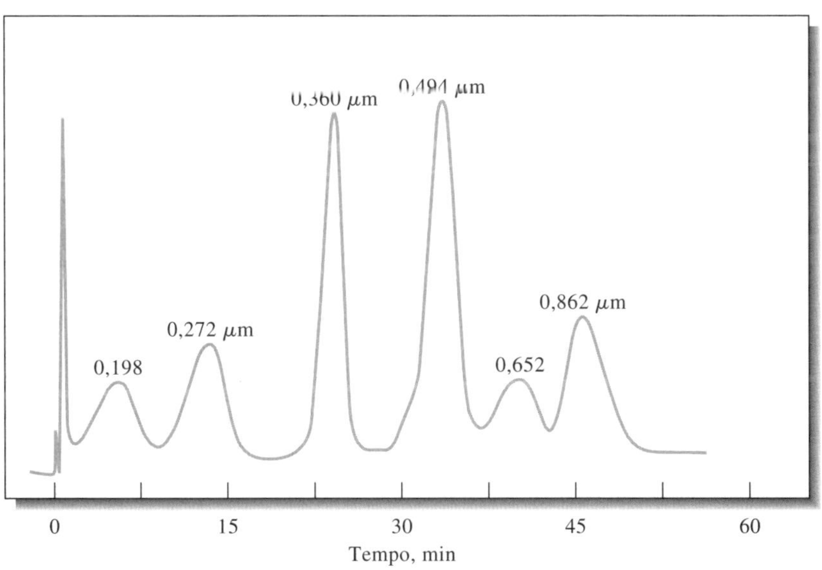

Figura 34-19 Fractograma ilustrando a separação de pequenas esferas de poliestireno de vários diâmetros em FCF por sedimentação. O fluxo no canal foi de 2 mL min^{-1}. (Cortesia da FFFractionation, LLC, Salt Lake City, UT.)

Em virtude de os campos elétricos serem muito intensos, mesmo os íons pequenos podem estar sujeitos à separação por FCF no campo elétrico. Entretanto, os efeitos de eletrólise têm limitado as aplicações deste método para a separação de misturas de proteínas e outras moléculas grandes.

FCF de Campo Térmico

No FCF de campo térmico, um campo térmico é aplicado perpendicularmente à direção do fluxo formando um gradiente de temperatura através do canal de FCF. A diferença de temperatura induz a difusão térmica, na qual a velocidade de movimentação está relacionada com o coeficiente de difusão térmica das espécies.

O FCF de campo térmico é particularmente bem adequada para a separação de polímeros sintéticos com massas moleculares na faixa de 10^3 até 10^7. A técnica tem vantagens significativas sobre a cromatografia de exclusão por tamanho para polímeros de alta massa molecular. Por outro lado, os polímeros de baixa massa molecular parecem ser mais bem separados por métodos de exclusão por tamanho. Além dos polímeros, partículas e coloides são separados por FCF de campo térmico.[18]

FCF por Fluxo

Talvez a técnica mais versátil de todas as subtécnicas de FCF seja o FCF de fluxo, no qual um campo externo é substituído por um fluxo lento, transversal ao líquido de arraste.[19] O fluxo perpendicular transporta material para a parede de acumulação de uma forma não seletiva. Entretanto, as espessuras de camada de fase estacionária são diferentes para vários componentes porque elas dependem não apenas da velocidade de transporte, mas também da difusão molecular. As distribuições exponenciais de diferentes espessuras são formadas, assim como no FCF normal.

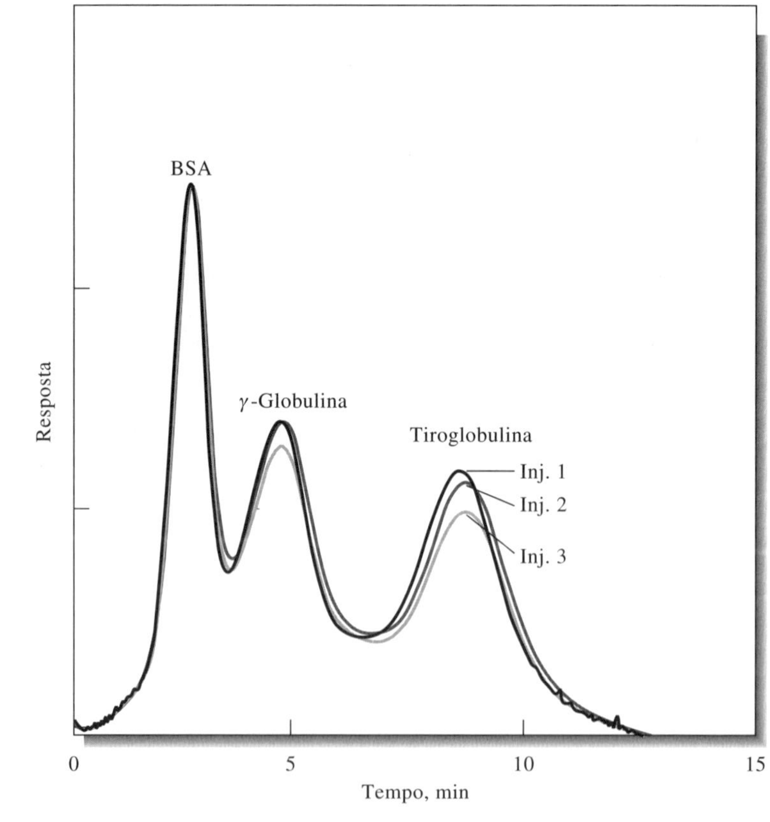

Figura 34-20 Separação de três proteínas por FCF de fluxo. Três injeções distintas são apresentadas. Neste experimento, a amostra foi concentrada no início do canal por meio de um fluxo oposto. (Reproduzido (adaptado) com permissão de H. Lee; S. K. R. Williams e J. C. Giddings, *Anal. Chem.*, v. 70, p. 2495, **1998**, **DOI**: 10.1021/ac9710792. Copyright da American Chemical Society.)

---

[18] P. M. Shiundu; G. Liu e J. C. Giddings, *Anal. Chem.*, v. 67, p. 2705, **1995**, **DOI**: 10.1021/ac00111a032

[19] Veja K. Wahlund; L. Nilsson, em *Field-Flow Fractionation in Biopolymer Analysis*, S. K. R. Williams e K. D. Caldwell, eds., Nova York: Springer-Verlag, 2012.

O FCF de fluxo tem sido aplicada na separação de proteínas, polímeros sintéticos e uma variedade de partículas coloidais. A **Figura 34-20** ilustra a separação de três proteínas por FCF de fluxo. A reprodutibilidade é mostrada pelos fractogramas para três injeções.

34E-3 Vantagens do FCF sobre os Métodos Cromatográficos

O fracionamento por campo e fluxo tem várias vantagens aparentes sobre os métodos cromatográficos normais para algumas aplicações. Primeiro, nenhum material de empacotamento ou fase estacionária é necessário para que a separação ocorra. Em alguns sistemas cromatográficos, podem existir interações indesejáveis entre o material de empacotamento ou a fase estacionária com os constituintes da amostra. Alguns solventes ou materiais da amostra adsorvem ou reagem com a fase estacionária ou com seu suporte. As macromoléculas e partículas são particularmente sujeitas a esses tipos de interações adversas.

A geometria e os perfis do FCF são bem caracterizados. Da mesma forma, os efeitos de muitos campos externos podem ser prontamente modelados. Como um resultado, previsões teóricas razoavelmente exatas de retenção e altura de prato podem ser feitas no FCF. Em comparação, as previsões em cromatografia ainda são bastante imprecisas.

Finalmente, o campo externo governa a retenção em FCF. Com FCF de campo elétrico, centrífuga e de fluxo, as forças perpendiculares podem ser variadas rapidamente e de forma programada no tempo. Esta capacidade fornece ao FCF uma determinada versatilidade em se adaptar a diferentes tipos de amostra. Similarmente, os métodos podem ser facilmente otimizados para velocidade de resolução e separação.

Embora o fracionamento de campo e fluxo seja uma adição razoavelmente recente ao grupo de métodos analíticos, ele tem se mostrado ser altamente complementar à cromatografia. Os métodos de FCF são atualmente mais bem adequados para macromoléculas e partículas que, na sua maioria, situam-se além da faixa de massa molecular dos métodos cromatográficos. Por outro lado, os métodos cromatográficos são superiores para substâncias de baixa massa molecular.

TRABALHO NA WEB

Use um mecanismo de busca para encontrar artigos sobre eletroforese capilar com detecção por espectrometria de massas. Quais são os principais desafios no acoplamento de um capilar de EC a um espectrômetro de massas? Quais tipos de espectrômetros de massas são mais largamente usados nas aplicações de EC-MS? Os espectrômetros de massas tandem são usados? Quais são modos de EC mais úteis para a EC-MS? Quais são os sistemas comerciais de EC-MS disponíveis? Quais companhias de instrumentos produzem sistemas de EC-MS? Descreva as principais aplicações para as quais a EC-MS tem sido útil. Qual informação singular tem sido fornecida pela EC-MS?

QUESTÕES E PROBLEMAS

34-1. Liste os tipos de substâncias para as quais cada um dos seguintes métodos de separação é mais adequado:

*(a) cromatografia com fluido supercrítico.
(b) cromatografia em camada delgada.
*(c) eletroforese capilar de zona.
(d) FCF de campo térmico.
*(e) FCF de fluxo.
(f) cromatografia eletrocinética capilar micelar.

34-2. Defina:

*(a) fluido supercrítico.
(b) ponto crítico.
*(c) cromatografia em camada delgada bidimensional.
(d) mobilidade eletroforética.
*(e) concentração micelar crítica.
(f) FCF por sedimentação.

***34-3.** Quais propriedades de um fluido supercrítico são importantes em cromatografia?

34-4. Descreva o efeito da pressão em cromatogramas com fluidos supercríticos.

***34-5.** De que forma os instrumentos para a cromatografia com fluido supercrítico diferem daqueles para (a) a CLAE e (b) a CG?

34-6. Liste algumas das propriedades vantajosas do CO_2 supercrítico como uma fase móvel para separações cromatográficas.

***34-7.** Qual é a propriedade importante dos fluidos supercríticos relacionada com as suas densidades?

34-8. Compare a cromatografia com fluido supercrítico com outros métodos de cromatografia em coluna.

***34-9.** Para o dióxido de carbono supercrítico, preveja o efeito que cada uma das seguintes variações terá no tempo de eluição em um experimento de CFS.

(a) Aumento da vazão (a temperatura e pressão constantes).

(b) Aumento da pressão (a temperatura e vazão constantes).

(c) Aumento da temperatura (a pressão e vazão constantes).

34-10. Qual é o efeito do pH na separação de aminoácidos por eletroforese? Por quê?

***34-11.** O que é fluxo eletro-osmótico? Por que ele ocorre?

34-12. Como o fluxo eletro-osmótico poderia ser represado? Por que alguém gostaria de represá-lo?

***34-13.** Qual é o princípio de separação em eletroforese capilar de zona?

34-14. Certo cátion inorgânico apresenta uma mobilidade eletroforética de $5{,}13 \times 10^{-4}$ cm^2 s^{-1} V^{-1}. Esse mesmo íon mostra um coeficiente de difusão de $9{,}1 \times 10^{-6}$ cm^2 s^{-1}. Se esse íon for separado por eletroforese capilar de zona em um capilar de 50,0 cm, qual seria o número de pratos esperado nas seguintes voltagens aplicadas

(a) 5 kV? (b) 10 kV?
(c) 20 kV? (d) 30 kV?

***34-15.** O analito catiônico do Problema 34-14 foi separado por eletroforese capilar de zona em um capilar de 50 cm a 20 kV. Sob essas condições de separação, a velocidade linear do fluxo eletro-osmótico foi de 0,65 mm s^{-1} em direção ao catodo. Se o detector fosse colocado a 40 cm do final da injeção, quanto tempo levaria em minutos para o cátion do analito atingir o detector após o campo ser aplicado?

34-16. Qual é o princípio da cromatografia eletrocinética micelar? Como ela difere da eletroforese capilar de zona?

***34-17.** Descreva a maior vantagem da cromatografia eletrocinética capilar sobre a cromatografia de líquidos convencional.

34-18. O que determina a ordem de eluição no FCF por sedimentação?

***34-19.** Três proteínas grandes estão ionizadas em um pH no qual uma separação por FCF de campo elétrico é efetuada. Se os íons são designados como A^{2+}, B^+ e C^{3+}, preveja a ordem de eluição.

34-20. Liste as principais vantagens e limitações do FCF comparado aos métodos cromatográficos.

34-21. Problema Desafiador: A doxurrubicina (DOX) é uma antraciclina largamente usada que tem sido eficiente nos tratamentos de leucemia e câncer de seio em humanos (A. B. Anderson; C. M. Ciriaks; K. M. Fuller e E. A. Ariaga, *Anal. Chem.*, v. 75, p. 8, **2003**, **DOI:** 10.1021/ac020426r). No estudo, Anderson et. al. usaram fluorescência induzida por laser (FIL) como o modo de detecção para a eletroforese capilar (EC) para investigar os metabólitos da DOX em células únicas e frações subcelulares. Os seguintes resultados são similares aos obtidos por Anderson et al. na quantificação de dexorrubicina por FIL. As áreas de pico da EC foram medidas como função da concentração de DOX para construir uma curva de calibração.

Concentração de DOX, nmol L^{-1}	Área do Pico
0,10	0,10
1,00	0,80
5,00	4,52
10,00	8,32
20,00	15,7
30,00	26,2
50,00	41,5

(a) Encontre a equação para a curva analítica e os desvios padrão para a inclinação e para a interseção. Encontre o valor de R^2.

(b) Rearranje a equação encontrada no item (a) para expressar a concentração em termos da área medida.

(c) O limite de detecção (LD) para a DOX foi determinado como 3×10^{-11} mol L^{-1}. Se o volume era de 100 pL, qual é o limite de detecção em quantidade de matéria?

(d) Duas amostras de concentração desconhecidas de DOX foram injetadas e as áreas dos picos iguais a 11,3 e 6,97 foram obtidas. Quais são as concentrações e seus desvios padrão?

(e) Sob certas condições, o pico referente à DOX requer 300 s para atingir o detector de FIL. Qual seria o tempo necessário se a voltagem aplicada fosse dobrada? Quanto tempo seria necessário se o comprimento do capilar fosse dobrado e a voltagem aplicada, mantida igual?

(f) O capilar empregado no item (e) sob condições normais apresenta um número de pratos igual a 100.000. Qual seria o valor de N se o comprimento do capilar fosse dobrado e a voltagem mantida constante? Qual seria o valor de N se a voltagem fosse dobrada e o comprimento do capilar mantido constante?

(g) Para um capilar de 40,6 cm de comprimento e de diâmetro interno de 50 μm, qual seria a altura de prato para um capilar com $N = 100.000$?

(h) Para o mesmo capilar descrito no item (g) qual é a variância σ^2 para um pico típico?

GLOSSÁRIO

1-pirrolidinacarboditiolato de amônio (PDCA) Agente de proteção, usado em espectroscopia atômica, que forma espécies voláteis com o analito.

8-Hidroxiquinolina Agente quelante versátil; é empregado na análise gravimétrica, na análise volumétrica, como agente de proteção na espectroscopia atômica e como agente extrator; também é conhecido como *oxina*. Sua fórmula é HOC_9H_6N.

A

Absorbância, *A* Logaritmo da razão entre a potência inicial de um feixe de radiação P_0 e sua potência, P, após ter atravessado um determinado meio. $A = \log(P_0/P) = -\log(P/P_0)$.

Absorção Processo no qual uma substância é incorporada ou absorvida por outra; é também um processo no qual um feixe de radiação eletromagnética é atenuado durante a passagem através de um meio.

Absorção atômica Processo pelo qual átomos não excitados em uma chama, forno ou plasma, absorvem radiação específica de uma fonte de radiação e atenua a potência radiante dessa fonte.

Absorção de radiação eletromagnética Processo no qual a radiação provoca transições para estados excitados em átomos e moléculas. A energia absorvida é geralmente perdida como calor quando a espécie excitada retorna ao estado fundamental.

Absorção molecular Absorção de radiação no ultravioleta, visível e no infravermelho realizada por meio de transições quantizadas em moléculas.

Absorção primária Absorção do feixe de excitação na espectroscopia de fluorescência ou de fosforescência; compare com *absorção secundária*.

Absorção secundária Absorção da radiação emitida na espectroscopia de fluorescência ou de fosforescência; compare com *absorção primária*.

Absortividade molar, ε Constante de proporcionalidade da lei de Beer; $\varepsilon = A/bc$, onde A é a absorbância; b, o caminho ótico em centímetros; e c, a concentração em mols por litro; é característica da espécie absorvente.

Absortividade, *a* Constante de proporcionalidade na equação da lei de Beer, $A = abc$, onde b é o caminho ótico da radiação (normalmente em cm) e c é a concentração da espécie absorvente (usualmente em mol L^{-1}). Assim sendo, a tem a unidade de comprimento^{-1} concentração^{-1}.

Ácido etilenodiaminotetracético Provavelmente o reagente mais versátil para titulações de complexação. forma quelatos com a maioria dos cátions. Veja *EDTA*.

Ácidos Na teoria de Brønsted-Lowry, as espécies que são capazes de doar prótons para outras espécies, que por sua vez são capazes de aceitar esses prótons.

Ácidos e bases de Brønsted-Lowry Uma descrição do comportamento ácido-base na qual um ácido é definido como um doador de próton e uma base é uma receptora de próton. A perda de um próton por um ácido resulta na formação de uma espécie que é um receptor de próton em potencial, ou *base conjugada* do ácido.

Ácidos e bases polifuncionais Espécies que contêm mais de um grupo funcional ácido ou básico.

Ácidos fortes e bases fortes Ácidos e bases que estão completamente dissociados em um dado solvente.

Ácidos fracos e bases fracas Ácidos e bases que se dissociam apenas parcialmente em um dado solvente.

Adsorção Processo no qual uma substância torna-se fisicamente ligada à superfície de um sólido.

Adsorção superficial Retenção de espécies normalmente solúveis na superfície de um sólido.

Ágar Polissacarídeo que forma um gel condutor em soluções eletrolíticas; é utilizado em pontes salinas para prover contato elétrico em soluções diferentes que não estão em contato físico.

Agente de proteção Na espectroscopia atômica, são as espécies que formam complexos com o analito e assim previnem a formação de compostos que tenham baixa volatilidade.

Agente liberador Na espectroscopia de absorção atômica, é a espécie introduzida para combinar-se com o componente da amostra que iria apresentar interferência devido à formação de compostos de baixa volatilidade com o analito.

Agente mascarante Reagente que se combina com as espécies presentes na matriz e que inativa aquelas que, de outra forma, causariam interferência na determinação do analito.

Agente oxidante Substância que recebe elétrons em uma reação de oxidação-redução.

Agente redutor Espécie que fornece elétrons em uma reação de oxidação-redução.

Agentes quelantes Substâncias com múltiplos sítios capazes de coordenar ligações com íons metálicos. Essas ligações resultam tipicamente na formação de anéis de cinco ou seis membros.

Água adsorvida Água não essencial que fica retida na superfície de sólidos.

Água de adsorção Água não essencial que fica retida nos interstícios de um material sólido.

Água de constituição Água essencial derivada da composição molecular de uma espécie.

Água de cristalização Água essencial que é parte integrante da estrutura cristalina de um sólido.

Água de oclusão Água não essencial que foi arrastada por um cristal em formação.

Água essencial A água presente em um sólido que existe em quantidade fixa, tanto em sua estrutura molecular (*água de constituição*) quanto em sua estrutura cristalina (*água de cristalização*).

Água não essencial Água retida em um sólido por forças físicas em vez de forças químicas.

Água régia Uma potente solução oxidante feita pela mistura contendo três partes de ácido clorídrico e uma parte de ácido nítrico concentrados; solução fortemente oxidante.

Ajuste de cem por cento de *T* Ajuste de um instrumento de absorção ótica para registrar 100% de transmitância (*T*) por meio da utilização de um branco apropriado.

Ajuste de zero por cento de *T* Etapa da calibração que compensa a corrente de escuro na resposta de um espectrofotômetro.

Ajuste *T* 0% Etapa de calibração que elimina a corrente de escuro e outros sinais de fundo da resposta de um espectrofotômetro.

Ajuste *T* 100% Ajuste de um espectrofotômetro para registrar 100% de transmitância com um branco no caminho ótico.

Alargamento de banda Tendência de as zonas se espalharem ao passarem por uma coluna cromatográfica; é causado por vários processos de difusão e transferência de massa.

Alargamento Doppler Absorção ou emissão de radiação por uma espécie em rápido movimento, que resulta no alargamento de linhas espectrais. Os comprimentos de onda são ligeiramente mais curtos ou longos que os normais que são recebidos pelo detector, dependendo da direção do movimento da espécie.

Alargamento frontal Descreve um pico cromatográfico não ideal no qual a porção inicial tende a se alongar. Compare com *cauda*.

Alargamento por pressão Efeito que aumenta a largura de uma linha espectral; causado pela colisão entre átomos resultando em pequenas variações em seus estados de energia.

Alça de amostragem Pequeno pedaço de tubo usado na cromatografia e que se adapta a uma válvula de amostragem para injetar pequenas quantidades da amostra.

Alíquota Volume de um líquido que é uma fração conhecida de um volume maior.

Almofariz de diamante de Plattner Dispositivo para triturar pequenas quantidades de materiais quebradiços.

Altura de prato, *H* Quantidade que descreve a eficiência de uma coluna cromatográfica. O termo origina-se de altura de um prato, ou estágio de destilação, em uma coluna de destilação tradicional.

Altura equivalente de prato teórico, *H* (AEPT) Medida da eficiência de uma coluna cromatográfica; é igual ao comprimento da coluna dividido pelo número de pratos teóricos da coluna.

Alumina Nome comum do óxido de alumínio. Na forma finamente dividida, é usada como fase estacionária na cromatografia por adsorção; também é utilizada como suporte para uma fase estacionária líquida em CLAE.

Amido solúvel β-amilose, uma suspensão aquosa que é um indicador específico para o iodo.

Amilose Componente do amido, a forma β-amilose que serve de indicador específico para o iodo.

Aminas Derivados da amônia com um ou mais grupos orgânicos substitutos do hidrogênio.

Aminoácidos Ácidos orgânicos fracos que também contêm grupos aminas básicos. O grupo amina está em posição α em relação ao grupo carboxílico em aminoácidos derivados de proteínas.

Amortecedor a ar Dispositivo que acelera a obtenção do equilíbrio do braço de uma balança analítica mecânica.

Amostra bruta Porção representativa de uma amostra analítica, que com tratamento adicional, torna-se a amostra de laboratório.

Amostra de dados Grupo finito de réplicas de resultados.

Amostra estatística Um conjunto finito de medidas, retirado de uma população de dados, frequentemente de um número infinito hipotético de possíveis medidas.

Amostragem Processo de coleta de uma pequena porção de um material cuja composição é representativa do todo da qual ela foi retirada.

Amperostato Instrumento que mantém uma corrente constante em uma célula eletroquímica. Ele pode ser usado em titulações coulométricas.

Amplificador operacional Amplificador eletrônico analógico versátil empregado para realizar tarefas matemáticas e para condicionar sinais de saída dos transdutores de instrumentos.

Analisador eletrotérmico Qualquer um dos vários dispositivos que produzem um gás atomizado, que contém uma espécie de interesse no caminho ótico de um instrumento, por aquecimento elétrico; usado para medidas em absorção atômica e fluorescência atômica.

Análise de regressão Técnica estatística usada na determinação dos parâmetros de um modelo. Veja também *método dos mínimos quadrados*.

Análise de variância (ANOVA) Conjunto de procedimentos estatísticos para análise de respostas de experimentos. A *ANOVA* de fator único permite a comparação de mais de duas médias de populações.

Análise eletrogravimétrica Ramo das análises gravimétricas, que envolve a medida da massa da espécie depositada no eletrodo de uma célula eletroquímica.

Análise gravimétrica Grupo de métodos analíticos nos quais a quantidade do analito é determinada pela medida da massa de uma substância pura que contém o analito.

Análise por redissolução catódica Método eletroquímico no qual o analito é depositado por oxidação em um eletrodo de pequeno volume e depois é redissolvido por redução.

Análise semimicro Análise de amostras com massas de 0,01g a 0,1 g.

Análise ultramicro Análise de amostras cujas massas são menores que 10^{-4} g.

Analito As espécie presentes em uma amostra e sobre a qual informações analíticas estão sendo almejadas.

Angstrom, Å Unidade de comprimento igual a 1×10^{-10} m.

Anhydrona® Nome comercial do perclorato de magnésio, um agente secante.

Anodo Eletrodo de uma célula eletroquímica onde ocorre oxidação.

Aparato de Schöniger Dispositivo para a combustão de amostras em meio rico em oxigênio.

Aprisionamento mecânico Incorporação de impurezas em um cristal em crescimento.

Aproximação do estado estacionário Suposição de que a concentração de um intermediário em uma reação com múltiplas etapas permanece essencialmente constante com o tempo.

Aproximações sucessivas Procedimento para resolução de equações de ordens superiores por meio do uso de aproximações intermediárias da quantia estimada.

Área do pico, altura do pico Propriedades de sinais em forma de pico que podem ser utilizadas para análise quantitativa; podem ser usadas na cromatografia, absorção atômica eletrotérmica e outras técnicas.

Área superficial específica Razão entre a área superficial de um sólido e sua massa.

Arranjo de fotodiodos Arranjo linear ou bidimensional de fotodiodos que pode detectar múltiplos comprimentos de onda simultaneamente. Veja *detector de arranjo de diodos*.

Asbestos (amianto) Materiais minerais fibrosos do quais algumas de suas variedades são carcinogênicas. Foi utilizado no passado como meio de filtração em cadinhos Gooch. Atualmente seu uso está regulado e com sérias restrições.

Aspiração Processo pelo qual uma solução da amostra é atraída por sucção na espectroscopia atômica.

Aspirador Um dispositivo que pode ser ligado a uma torneira de laboratório para criar um vácuo para filtrar soluções. A água da torneira passa através de um canal estreitado onde a pressão é diminuída pelo efeito de Venturi. Uma mangueira é conectada ao dispositivo no canal estreitado onde o vácuo é produzido.

Atenuação Na espectroscopia de absorção, um decréscimo na potência de um feixe de energia radiante. Mas geralmente, qualquer diminuição em um sinal ou quantidade medida.

Atenuador Dispositivo para diminuir a potência radiante de um feixe em um instrumento ótico.

Atividade, *a* Concentração efetiva de uma espécie participante de um equilíbrio químico. A atividade de uma espécie é dada pelo produto da sua concentração molar no equilíbrio pelo seu coeficiente de atividade.

Atomização Processo de geração de um gás atômico devido à aplicação de energia a uma amostra.

Atomizador Um dispositivo, como plasma, chama ou forno, que produz vapor atômico.

Autoabsorção Processo no qual moléculas do analito absorvem radiação emitida por outras moléculas do analito.

Autocatálise Condição na qual o produto de uma reação catalisa a própria reação.

Autoprotólise Processo no qual uma molécula de solvente transfere um próton (H^+) para outra molécula de solvente, produzindo um íon protonado e um desprotonado.

Avaliação da qualidade Protocolo para garantir que métodos de controle de qualidade estejam gerando as informações necessárias para avaliar satisfatoriamente o desempenho de um produto ou serviço.

B

Banda Idealmente, uma distribuição gaussiana (1) de comprimentos de onda adjacentes encontrados em espectroscopia, ou (2) da quantidade de um composto obtida na saída de uma coluna cromatográfica ou eletroforética.

Banda cromatográfica Distribuição (idealmente gaussiana) da concentração de espécies eluídas ao redor de um valor central. É o resultado das variações do tempo que a espécie de interesse reside na fase móvel.

Bandas de fluorescência Grupos de linhas de fluorescência que são geradas a partir do mesmo estado eletrônico excitado.

Balança analítica Um instrumento para a determinação exata da massa.

Balança auxiliar Termo genérico para uma balança que é menos sensível, porém mais robusta que uma balança analítica; sinônimo de *balança de laboratório*.

Balança de braço triplo Balança robusta de laboratório, porém primitiva na era de balanças eletrônicas, que é usada para pesar quantidades aproximadas.

Balança de laboratório Sinônimo de *balança técnica*.

Balança de prato único Balança de braço desigual com o prato e pesos de um lado do fulcro e um amortecedor no outro; a operação de pesagem envolve a remoção de pesos padrão em quantidade igual à massa do objeto que está no prato da balança.

Balança eletrônica Balança na qual um campo eletromagnético suporta o prato e seus componentes. A corrente necessária para devolver o prato à sua posição original é proporcional à massa contida no prato da balança.

Balança microanalítica Balança analítica com capacidade entre 1 e 3 g e precisão de 0,0001 mg.

Balança semimicroanalítica Balança com capacidade de 30 g e uma precisão de 0,01 mg.

Bases Espécies que são capazes de aceitar prótons de doadores (ácidos).

Balão volumétrico Frasco para preparação de soluções com volume preciso.

β-amilose Componente do amido que serve como indicador específico para o iodo.

Bolômetro Detector de radiação no infravermelho baseado nas variações na resistência em função de mudanças de temperatura.

Braço Principal parte móvel de uma balança analítica mecânica.

Bureta Tubo graduado a partir do qual volumes exatos podem ser liberados.

C

Cadinho de vidro sinterizado Cadinho de filtração equipado com um vidro poroso no fundo.

Cadinho Gooch Cadinho de filtração de porcelana. A filtração é realizada por meio de um fundo poroso com camadas de fibra de vidro ou fibra de amianto.

Calcinação Processo no qual um material orgânico é queimado ao ar. Veja também *mineralização a seco* e *mineração por via úmida*.

Calibração Determinação empírica da relação entre a quantidade medida e uma referência conhecida ou valor padrão. É empregada para estabelecer relações entre o sinal analítico e as concentrações em uma curva de calibração ou curva analítica.

Calomelano O composto Hg_2Cl_2

Camada de adsorção primária Camada na superfície de um sólido carregada de íons; resultado da atração entre íons do retículo por contra-íons de carga oposta da solução.

Camada de depleção Região não condutora de um semicondutor reversamente polarizado.

Camada de difusão de Nernst, δ Camada fina de solução estagnada na superfície de um eletrodo no qual o transporte de massas é controlado pela difusão. Fora da camada, a concentração das espécies eletroativas é mantida constante por convecção.

Camada do contra-íon Uma camada de solução rodeando uma partícula coloidal na qual existe uma quantidade de íons suficiente para balancear a carga na superfície da partícula. Além disto, na eletrólise, uma camada de íons eletroatrativos de carga oposta da carga no eletrodo. Uma segunda camada de íons com cargas opostas da primeira camada e com a mesma carga do eletrodo é chamada de camada de contra-íon.

Capacidade de tamponamento A quantidade de matéria de ácido forte (ou base forte) necessária para alterar o pH de 1,00 L de uma solução tampão em 1,00 unidade.

Catodo Em uma célula eletroquímica é o eletrodo no qual ocorre redução.

Cauda Condição não ideal em um pico cromatográfico na qual a sua parte posterior é alargada; compare com *alargamento frontal*.

Célula (1) Na eletroquímica, um arranjo consistindo de um par de eletrodos imersos em soluções que estão em contato elétrico; os eletrodos são connectados externamente por um condutor metálico. (2) Na espectroscopia, é o recipiente que contém a amostra mantendo-a no caminho ótico em um instrumento espectrométrico. (3) Em uma balança eletrônica, refere-se ao sistema de constritores que assegura o alinhamento do prato. (4) Em uma planilha de cálculo, corresponde ao local de interseção de uma linha e uma coluna onde os dados ou fórmulas podem ser inseridos.

Célula eletrolítica Célula eletroquímica que requer uma fonte externa de energia para governar a reação da célula. Compare com *célula galvânica*.

Célula eletroquímica Arranjo que consiste em dois eletrodos, cada um deles em contato com uma solução eletrolítica. Tipicamente, os dois eletrólitos estão em contato elétrico através de uma *ponte salina*. Um condutor metálico externo conecta os dois eletrodos.

Célula fotocondutiva Detector de radiação eletromagnética cuja condutividade elétrica aumenta com a intensidade de radiação nele incidente.

Célula galvânica Célula eletroquímica que gera energia durante seu funcionamento. Sinônimo de *célula voltaica*.

Célula irreversível Célula eletroquímica na qual a reação química, como uma célula galvânica, é diferente daquela que ocorre quando a corrente é invertida.

Célula reversível Célula eletroquímica na qual a transferência de elétrons é rápida em ambas as direções.

Célula voltaica Sinônimo de *célula galvânica*.

Células sem junção líquida Células eletroquímicas nas quais o anodo e o catodo estão imersos em um mesmo eletrólito.

CG-MS Técnica combinada na qual a espectrometria de massas é utilizada como detector para cromatografia de gás.

Chemical Abstracts Importante fonte impressa de informações mundiais sobre química. Ele tem sido amplamente superado pelo Scifinder Scholar®, um banco de dados online com um rico conjunto de ferramentas de pesquisa para a informação em química.

Chuva ácida Água da chuva que se tornou ácida a partir da absorção de óxidos de nitrogênio e enxofre, presentes na atmosfera, produzidos principalmente por humanos.

Circuito de controle Dispositivo eletroquímico de três eletrodos que mantém um potencial constante entre o eletrodo de trabalho e o eletrodo de referência; veja *potenciostato*.

Circuito de eletrólise Em um arranjo de três eletrodos, a fonte cc e um divisor de voltagem, que permitem regular o potencial entre o eletrodo de trabalho e o contra-eletrodo.

Coagulação Processo no qual partículas de dimensões coloidais formam agregados maiores.

Coeficiente de atividade, γ_X Quantidade adimensional cujo valor numérico depende da força iônica de uma solução. Ele é a constante de proporcionalidade entre atividade e concentração.

Coeficiente de atividade média, $\gamma\pm$ Coeficiente de atividade para um composto iônico medido experimentalmente. Não é possível expressar o coeficiente de atividade média dos íons participantes individuais.

Coeficiente de difusão (*polarográfico, D, cromatográfico, D_m*) medida da mobilidade de espécies, normalmente em unidades de $cm^2\ s^{-1}$.

Coeficiente de difusão longitudinal, B Medida da tendência do analito de migrar de regiões de concentrações mais elevadas para regiões de concentrações mais baixas; contribui para o alargamento de bandas na cromatografia.

Coeficiente de partição Constante de equilíbrio para a distribuição de um soluto entre duas fases líquidas imiscíveis. Veja *constante de distribuição*.

Coeficiente de seletividade, $k_{A,B}$ O coeficiente de seletividade para um eletrodo seletivo de íon é a medida da sua resposta relativa aos íons A e B.

Coeficiente de transferência de massa da fase móvel, $C_M u$ Quantidade que afeta o alargamento de banda e consequentemente a altura de prato; ela não é linear com relação à velocidade do solvente *u* e influenciada pelo coeficiente de difusão do analito, pelo tamanho da partícula da fase estacionária e pelo diâmetro interno da coluna.

Coeficiente de variação (CV) Desvio padrão relativo, expresso em termos percentuais.

Coeficientes de transferência de massas, C_S, C_M Termos que se relacionam à transferência de massas nas fases estacionária e móvel na cromatografia; efeitos de transferência de massas contribuem para o *alargamento de banda.*

Colorímetro Instrumento ótico relativamente simples, geralmente utilizando filtros coloridos, para medir transmitância ou absorbância de radiação eletromagnética na região do visível do espectro.

Colorímetro fotoeletrônico Fotômetro que responde à radiação no visível.

Coluna capilar Coluna cromatográfica de pequeno diâmetro para CG ou CLAE, fabricada em metal, vidro ou sílica fundida. Para CG, a fase estacionária é uma fina camada de líquido que recobre a parede interior de um tubo; para CLAE, as colunas capilares são frequentemente empacotadas.

Coluna megabore Coluna tubular aberta que pode acomodar amostras maiores que são similares àquelas utilizadas em colunas empacotadas comuns.

Coluna de proteção Pré-coluna antes da entrada da coluna de CLAE. A composição da coluna de proteção é selecionada para aumentar o tempo de vida útil da coluna analítica devido à remoção de material particulado e outros contaminantes e pela saturação do eluente com a fase estacionária.

Coluna supressora de eluente Na cromatografia por troca iônica, coluna de corrente descendente, a partir da coluna analítica, na qual eluentes iônicos são convertidos a espécies não condutoras, enquanto os íons do analito permanecem livres de influência.

Coluna tubular aberta Coluna capilar de vidro ou sílica fundida usada na cromatografia de gás; as paredes do tubo são revestidas com uma fina camada da fase estacionária.

Coluna tubular aberta com camada porosa (TACP) Coluna capilar para cromatografia gás-sólido na qual uma fina camada de uma fase estacionária é adsorvida nas paredes da coluna.

Coluna tubular aberta de parede revestida (WCOT) Coluna capilar de cromatografia de gás recoberta com uma fina camada da fase estacionária.

Coluna tubular aberta de sílica fundida (FSOT) Coluna cromatográfica de parede recoberta que foi preparada usando-se sílica purificada.

Colunas empacotadas Colunas cromatográficas empacotadas com materiais porosos para gerar uma área superficial elevada visando promover a interação com os analitos presentes na fase móvel.

Colunas tubulares abertas revestidas com suporte (SCOT) Colunas utilizadas em cromatografia de gás capilar cujas paredes interiores são revestidas com um suporte sólido.

Complexo enzima-substrato (ES) Intermediário formado no processo Enzima (E) + substrato (S) ES $\longrightarrow$ produto (P) + E

Complexos de transferência de carga Complexos que são constituídos de um grupo doador de elétrons e de um grupo receptor de elétrons. A absorção de radiação por esses complexos envolve a transferência de elétrons do doador para o receptor.

Compostos de coordenação Espécies formadas entre íons metálicos e grupos doadores de pares de elétrons. O produto pode ser aniônico, catiônico ou neutro.

Comprimento de onda nominal O comprimento de onda principal fornecido por um dispositivo de seleção de comprimentos de onda.

Comprimento de onda, da radiação eletromagnética, λ Distância entre máximos (ou mínimos) sucessivos de uma onda.

Concentração analítica molar, c_X Quantidade de matéria de soluto, X, que foi dissolvida em solvente suficiente para fornecer um litro de solução. Também numericamente igual à quantidade de matéria em milimols de soluto por mililitro de solução. Compare com *concentração molar no equilíbrio.*

Concentração em quantidade de matéria, *c* Quantidade de matéria de uma espécie contida em um litro de solução ou a quantidade de matéria em milimols contida em um mililitro.

Concentração molar de equilíbrio Concentração das espécies de um soluto (em mol L^{-1} ou mmol mL^{-1}).

Concentração molar de espécies Concentração de equilíbrio de uma espécie expressa em mols por litro e simbolizada com colchetes [ ]; sinônimo de *concentração molar de equilíbrio.*

Condução de eletricidade Movimento de cargas por meio de íons presentes em solução, por reações eletroquímicas na superfície de eletrodos, ou pelo movimento de elétrons em metais.

Constante de dissociação ácida, K_a Constante de equilibro para a reação de dissociação de um ácido fraco.

Constante de dissociação de uma base, K_b Constante de equilíbrio da reação de uma base fraca com a água.

Constante de distribuição A constante de equilíbrio para a distribuição do analito entre dois solventes imiscíveis. É aproximadamente igual à razão das concentrações molares nos dois solventes.

Constante de equilíbrio baseada na concentração, K' Constante de equilíbrio baseada nas concentrações molares no equilíbrio. O valor numérico de K depende da força iônica do meio.

Constante de equilíbrio termodinâmico, K Constante de equilíbrio expressa em termos das atividades de todos os reagentes e produtos.

Constante de Michaelis Conjunto de constantes de velocidades de reação para cinética enzimática; medida da dissociação de um complexo enzima-substrato.

Constante de velocidade, k Constante de proporcionalidade que faz parte da expressão de velocidade.

Constante do produto de solubilidade, K_{ps} Constante numérica que descreve o equilíbrio entre solução saturada de um sal iônico pouco solúvel e o sal sólido que deve estar presente.

Constituinte em traço Um constituinte cuja concentração está entre 1 ppb e 100 ppm.

Constituinte em ultratraço Constituinte cuja concentração é menor que 1 ppb.

Constituinte minoritário Constituinte cuja concentração está entre 0,01% (100 ppm) e 1%.
Constituinte principal Um constituinte cuja concentração está entre 1% e 100%.
Contraeletrodo O eletrodo que juntamente com o eletrodo de trabalho forma o circuito de eletrólise em uma célula de três eletrodos.
Controle estatístico Condição na qual se estima que o desempenho de um produto ou serviço esteja dentro de valores estabelecidos para assegurar sua qualidade; são definidos pelos limites de controle inferior e superior.
Convecção Transporte de uma espécie em um meio líquido ou gasoso por meio de movimento, agitação mecânica ou gradiente de temperatura.
Convenção da IUPAC Conjunto de definições relacionadas a células eletroquímicas e seus potenciais; também é conhecida como *Convenção de Estocolmo*.
Convenção de Estocolmo Conjunto de convenções relacionadas às células eletroquímicas e seus potenciais; também é conhecida como a *Convenção da IUPAC*.
Convenção dos algarismos significativos Sistema que transmite ao leitor informações sobre a confiança de um dado numérico na ausência de quaisquer dados estatísticos; em geral, todos os dígitos exatamente conhecidos, mais o primeiro dígito incerto, são considerados significativos.
Conversor corrente-voltagem Dispositivo para conversão de corrente elétrica em voltagem que é proporcional ao circuito do dispositivo.
Coprecipitação Arraste de uma espécie solúvel no interior de um sólido ou na sua superfície quando este precipita.
Corrente de carga Corrente não farádicas positiva ou negativa que resulta de um excesso ou deficiência de elétrons em uma gota de mercúrio no instante de sua liberação.
Corrente de difusão, i_d Corrente limitante na voltametria quando a difusão é a forma predominante de transporte de massa.
Correntes de escuro Pequenas correntes que ocorrem mesmo quando nenhuma radiação incide no transdutor fotométrico.
Corrente farádica Corrente elétrica produzida por processos de oxidação-redução em uma célula eletroquímica.
Corrente limite, i_l Platô de corrente alcançado na voltametria quando a velocidade de reação no eletrodo é limitada pela velocidade de transporte de massa.
Corrente média Corrente polarográfica dada pela divisão da carga total acumulada em uma gota de mercúrio pelo tempo de vida da gota.
Corrente residual Correntes não farádicas devido a impurezas e acúmulo de carga na dupla camada elétrica.
Corrente, i Quantidade de carga elétrica que passa através de um circuito elétrico por unidade de tempo. As unidades de corrente são em ampères, A.
Coulomb, C A quantidade de cargas fornecida por uma corrente constante de um ampère em um segundo.
Coulômetro Dispositivo que mede a quantidade de carga consumida durante um processo eletroquímico. Os coulômetros eletrônicos avaliam a integral da curva da corrente/tempo. O coulômetros químicos funcionam medindo a quantidade de um reagente consumido ou um produto formado em uma reação em uma célula auxiliar.
Creeping Tendência de alguns precipitados de se espalharem sobre uma superfície úmida.
Crepitação Fragmentação de um sólido cristalino devido ao aquecimento; causada pela vaporização de água de oclusão.
Crescimento de partícula Estágio da formação de sólidos.
Cromatografia Termo que designa os métodos de separação baseadas na interação das espécies com uma fase estacionária enquanto elas são transportadas por uma fase móvel.
Cromatografia baseada em supressor Técnica cromatográfica envolvendo uma coluna ou uma membrana localizada entre a coluna analítica e o detector de condutividade; seu propósito é converter íons de um solvente em espécies não condutoras deixando passar os íons da amostra.
Cromatografia de exclusão iônica de alta eficiência Veja *cromatografia de troca iônica.*
Cromatografia de exclusão por tamanho Tipo de cromatografia na qual o empacotamento é um sólido finamente dividido que tem tamanho de poros uniforme; a separação é baseada no tamanho das moléculas do analito.
Cromatografia de exclusão por tamanho de alta eficiência Veja *cromatografia de exclusão por tamanho.*
Cromatografia de fase normal Tipo de cromatografia de partição que envolve uma fase estacionária polar e uma fase móvel apolar; compare com *cromatografia de fase reversa.*
Cromatografia de fase reversa Tipo de cromatografia de partição líquido-líquido que utiliza uma fase estacionária apolar e uma fase móvel polar; compare com *cromatografia de fase normal.*
Cromatografia de fluido supercrítico Cromatografia que envolve um fluido supercrítico como fase móvel.
Cromatografia de troca iônica Técnica CLAE baseada na partição de espécies iônicas entre a fase líquida móvel e um trocador iônico polimérico sólido; é também chamada cromatografia de íons.
Cromatografia de gás (CG) Métodos de separação que fazem uso de uma fase móvel gasosa e uma fase estacionária líquida ou sólida.
Cromatografia de líquido com fase ligada Cromatografia de partição que emprega uma fase estacionária que é quimicamente ligada ao material de empacotamento da coluna.
Cromatografia de líquidos de alta eficiência (CLAE) Cromatografia em coluna na qual a fase móvel é um líquido, geralmente forçado por pressão, através de uma fase estacionária.
Cromatografia em camada delgada Termo usado para descrever métodos cromatográficos que fazem uso de uma fase estacionária fina e plana; a fase móvel migra ao longo da superfície por gravidade ou capilaridade.

Cromatografia em coluna Método cromatográfico no qual a fase estacionária é retida no interior ou presa à superfície de um tubo estreito e a fase móvel é forçada a passar através do tubo, no qual acontece a separação dos compostos; compare com *cromatografia em camada delgada*.
Cromatografia líquido-líquido Cromatografia na qual as fases móvel e estacionária são líquidas.
Cromatografia líquido-sólido Cromatografia na qual a fase móvel é um líquido e a fase estacionária é um sólido polar; sinônimo de *cromatografia de adsorção*.
Cromatografia por adsorção Técnica de separação na qual o soluto se mantém em equilíbrio entre o eluente e a superfície de um sólido finamente dividido.
Cromatografia por adsorção de alta eficiência Sinônimo de *cromatografia líquido-sólido*; veja também *cromatografia por adsorção*.
Cromatografia por eluição Descreve os processos nos quais os analitos são separados uns dos outros devido a diferenças no tempo de permanência das espécies na coluna.
Cromatografia por filtração em gel Um tipo de *cromatografia de exclusão por tamanho* que emprega um empacotamento hidrofílico. É usada para separar espécies polares.
Cromatografia por partição Tipo de cromatografia baseada na distribuição de solutos entre uma fase móvel líquida e uma fase estacionária líquida retida na superfície de um sólido.
Cromatografia por permeação em gel Um tipo de *cromatografia de exclusão por tamanho* que emprega um empacotamento hidrofóbico. É utilizada para separar espécies apolares.
Cromatógrafo Instrumento no qual se realizam separações cromatográficas.
Cromatograma Um gráfico de um sinal do analito proporcional à concentração ou massa como uma função do tempo de eluição ou volume de eluição.
Cubeta Recipiente que mantém o analito no caminho da luz na espectroscopia de absorção.
Cunha ótica Dispositivo, cuja transmissão decresce linearmente com seu comprimento, usado na espectroscopia ótica.
Curva com segmentos lineares Curva de titulação na qual o ponto final é obtido pela extrapolação de regiões lineares logo antes e após o ponto de equivalência; é útil para reações nas quais a formação dos produtos não é fortemente favorecida.
Curva da segunda derivada Gráfico de $\Delta^2 E/\Delta V^2$ para uma titulação potenciométrica; a função apresenta uma mudança de sinal no ponto de inflexão da curva de titulação convencional.
Curva de erro normal Gráfico de uma distribuição gaussiana da frequência de resultados de erros aleatórios em uma medida.
Curva de titulação derivada Gráfico da variação da quantidade medida por unidade de volume contra o volume de titulante adicionado. A curva derivada exibe um máximo que corresponde ao ponto de inflexão em uma curva de titulação convencional. Veja também *curva da segunda derivada*.
Curva sigmóide Curva em forma de S; é típica dos gráficos de uma função p de um analito *versus* o volume do reagente, na titulometria.
Cutelo Contato praticamente livre de fricção existente entre as partes móveis que compõem uma balança analítica mecânica.

D

Dalton Unidade de massa atômica. Um Dalton é igual a uma unidade unificada de massa atômica.
Decantação Transferência do líquido sobrenadante de um recipiente para um filtro sem perturbação do sólido precipitado contido no recipiente.
Dehidrita® Nome comercial do perclorato de magnésio, um agente secante.
Densidade A razão entre a massa de um objeto e seu volume, normalmente medida em unidades de g cm^{-3} para líquidos e sólidos e g L^{-1} para gases. A unidade SI é kg m^{-3}.
Densidade de corrente Corrente por unidade de área de um eletrodo, em A m^{-2}.
Desidratação Perda de água por um sólido.
Deslocamentos de Stokes Diferenças nos comprimentos de onda da radiação incidente e emitida ou espalhada.
Despolarizador Aditivo que sofre reação em um eletrodo preferencialmente a um processo indesejado. Veja *despolarizador do catodo*.
Despolarizador do catodo Substância que é mais facilmente reduzida que o íon hidrogênio. Usado para prevenir a liberação de hidrogênio durante uma eletrólise.
Dessecador Recipiente que fornece uma atmosfera livre de Umidade para o resfriamento e armazenamento de amostras, cadinhos e precipitados.
Dessecante Agente absorvente de umidade.
Desvio Diferença entre uma medida individual e o valor médio (ou mediano) de um conjunto de dados.
Desvio padrão absoluto Estimativa da precisão baseada nas diferenças entre membros individuais de um conjunto de dados e a média deste mesmo conjunto (veja a Equação 6-4).
Desvio padrão da amostra, $\bar{x}$ Estimativa da precisão baseada nos desvios de dados individuais em relação à média, $\bar{x}$ de uma amostra de dados; também é denominado *desvio padrão*.
Desvio padrão da população, σ Uma medida da precisão baseada em uma população de dados.
Desvio padrão de uma regressão, s_r Erro padrão dos desvios a partir de uma reta de mínimos quadrados. Sinônimo de *erro padrão da estimativa*.
Desvio padrão global, s_o Raiz quadrada da soma das variâncias dos processos de medida e das variâncias das etapas da amostragem.
Desvio padrão relativo (DPR) Desvio padrão dividido pelo valor da média de um conjunto de dados; quando expresso em porcentagem, o desvio padrão relativo é denominado *coeficiente de variação*.

Desvio padrão, σ ou s Medida de quão próximos os dados de replicatas agrupam-se em torno da média; em uma distribuição normal, espera-se que 67% dos dados possam estar dentro de um desvio padrão em relação à média.

Desvios instrumentais da lei de Beer Desvios da linearidade nas relações entre absorbância e concentração atribuídos ao dispositivo de medição.

Desvios químicos da lei de Beer Desvios da lei de Beer resultantes da associação ou dissociação de espécies absorventes, ou da interação com o solvente, gerando um produto que absorve diferentemente da espécie de interesse. Na espectroscopia atômica, é a interação química do analito com interferentes, afetando suas propriedades de absorção.

Detector Dispositivo que responde a alguma característica de um sistema em observação e converte esta resposta em um sinal mensurável.

Detector de arranjo de diodos Circuito integrado de silício que normalmente contém de 64 a 4.096 fotodiodos dispostos linearmente. Este dispositivo fornece a capacidade de coletar dados de toda região espectral simultaneamente.

Detector de calor Dispositivo que é sensível a variações na temperatura do seu ambiente; é empregado para monitorar a radiação no infravermelho.

Detector de condutividade Detector para espécies carregadas que frequentemente é usado em cromatografia.

Detector de condutividade térmica Detector utilizado na cromatografia de gás que depende da medida da condutividade térmica do eluente da coluna.

Detector de fotoionização Detector cromatográfico que usa radiação no ultravioleta intensa para ionizar os analitos; as correntes resultantes, que são amplificadas e registradas, são proporcionais à concentração do analito.

Detector de fótons Termo genérico usado para transdutores que convertem um sinal ótico em sinal elétrico.

Detector de ionização por chama (DIC) Detector usado na cromatografia de gás que é baseado na coleta de íons produzidos durante a pirólise de analitos orgânicos em uma chama.

Detector no ultravioleta-visível, CLAE Detector para cromatografia de líquido de alta eficiência que utiliza absorção no ultravioleta-visível para monitorar espécies eluídas, à medida que elas deixam uma coluna cromatográfica.

Detector piroelétrico Detector térmico baseado em um potencial dependente da temperatura que se desenvolve entre eletrodos separados por um material piroelétrico. Um material piroelétrico torna-se polarizado e produz uma diferença de potencial através de suas superfícies quando sua temperatura varia.

Detector pneumático Transdutor que converte variações na energia radiante em variações na pressão que um gás exerce em um diafragma flexível. As variações no volume do diafragma produzem uma variação no sinal na saída do transdutor.

Detector sensível à massa, cromatografia Detector que responde à massa do analito. O *detector de ionização em chama* é um exemplo.

Detector térmico Detector infravermelho que produz calor como resultado da absorção de radiação e o converte em sinal mecânico ou elétrico.

Detector termoiônico (DTI) Detector para cromatografia de gás similar ao detector de ionização em chama; particularmente sensível para analitos que contenham nitrogênio ou fósforo.

Determinação em branco Processo de realização de todas as etapas de uma análise na ausência da amostra. É utilizada para detectar e compensar erros sistemáticos em uma análise.

Difeniltiocarbazida Agente quelante, também conhecido como *ditizona*. Seus adutos formados com cátions possuem solubilidade reduzida em água, mas são extraídos facilmente por solventes orgânicos.

Difusão Migração de espécies de uma região de elevada concentração para uma região mais diluída em uma solução.

Difusão de Eddy Difusão de solutos que contribui para o alargamento de bandas cromatográficas, resultado de diferenças no percurso para solutos à medida que eles atravessam a coluna.

Digestão Prática de manter uma mistura não perturbada do precipitado formado recentemente e a solução no qual ele foi formado sob temperaturas próximas do ponto de ebulição; resulta em aumento da pureza e tamanho das partículas.

Dimetilglioxima Agente precipitante que é específico para níquel(II). Sua fórmula é $CH_3(C{=}NOH)_2CH_3$.

Dinodo Eletrodo intermediário de um tubo fotomultiplicador.

Diodo de junção *p-n* Dispositivo semicondutor que contém uma junção entre uma região rica e uma região deficiente em elétrons; permite movimento de corrente em uma única direção.

Dispersão angular, $dr/d\lambda$L Medida da variação no ângulo de reflexão ou refração da radiação provocada por um prisma ou grade, em função do comprimento de onda.

Dispositivo de acoplamento de carga (CCD) Detector bidimensional de estado sólido usado em espectroscopia e imagem.

Dispositivo de injeção de carga (CID) Fotodetector de estado sólido em rede usado em espectroscopia.

Dissociação Separação de moléculas de uma substância, comumente em duas espécies mais simples.

Distribuição gaussiana Distribuição teórica de resultados na forma de sino obtida a partir de medidas repetidas, que são afetadas por erros aleatórios.

Ditizona Nome comum da *difeniltiocarbazida.*

Divisor de amostras Dispositivo que permite a introdução de porções reprodutíveis da amostra em uma coluna cromatográfica. Na cromatografia de gás capilar, uma fração reprodutível da amostra injetada é introduzida na coluna, enquanto a outra porção é direcionada para o descarte.

Divisor de feixe Dispositivo para dividir a radiação da fonte em dois feixes.

Divisor de voltagem Rede resistiva que fornece uma fração da voltagem de entrada como sinal de saída.

Dopagem Introdução intencional de traços de elementos dos grupos III ou IV para melhorar as propriedades de semicondutores de cristais de silício e germânio.

Dosagem Processo para determinar quanto de uma amostra é o material indicado pela sua descrição.

Drierita® Nome comercial para o agente secante.

Dupla camada elétrica Refere-se à carga localizada na superfície de uma partícula coloidal e à camada do contra-íon que neutraliza essa carga. Também as duas camadas adjacentes carregadas na superfície de um eletrodo de trabalho usado em voltametria.

E

EDTA Abreviação para o *ácido etilenodiaminotetractico*, agente quelante largamente usado em titulações que envolvem a formação de complexos. Sua fórmula é : $(HOOCCH_2)_2NCH_2CH_2N(CH_2COOH)_2$.

Efeito Bernoulli Na espectroscopia atômica, o mecanismo pelo qual gotas de uma amostra são aspiradas para uma chama ou plasma.

Efeito da ação das massas Deslocamento na posição do equilíbrio devido à adição ou remoção de uma espécie participante do sistema. Veja *Princípio de Le Châtelier.*

Efeito de eletrólito Dependência das constantes de equilíbrio de valores numéricos da força iônica da solução.

Efeito de filtro interno Fenômeno que causa não linearidade em curvas de calibração na fluorescência, resultante da absorção excessiva do feixe incidente ou do feixe emitido.

Efeito do íon comum O deslocamento do equilíbrio causado pela adição de um íon dele participante.

Efeito salino Influência de íons nas atividades de solutos.

Efeito Tyndall Espalhamento de radiação por partículas de dimensões coloidais presentes em uma solução ou gás.

Eficiência da coluna Medida do grau de alargamento de uma banda cromatográfica. Frequentemente expressa em termos de altura de prato, H, ou número de pratos teóricos, N. Desde que a distribuição do analito na banda seja gaussiana, a altura de pratos é dada pela variância, σ^2, dividida pelo comprimento, L, da coluna.

Eficiência de corrente Medida da efetividade de uma quantidade de eletricidade necessária para produzir uma quantidade equivalente de uma variação química em um analito. Os métodos coulométricos requerem uma eficiência de corrente de 100%.

Eletrodo Condutor em cuja superfície ocorre transferência de elétrons a partir ou para a soluçao que está ao seu redor.

Eletrodo de calomelano Um eletrodo de referência versátil baseado na semirreação $Hg_2Cl_2(s) + 2e^- \rightleftharpoons 2Hg(l) + 2Cl^-$.

Eletrodo de calomelano saturado (ECS) Eletrodo de referência que pode ser formulado como $Hg|Hg_2Cl_2(sat), KCl(sat)||$. Sua semirreação é $Hg_2Cl_2(s) + 2e^- \rightleftharpoons 2Hg(l) + 2Cl^-$

Eletrodo de filme de mercúrio Eletrodo que foi revestido com uma fina camada de mercúrio; é usado no lugar do *eletrodo de gota pendente de mercúrio* em voltametria de redissolução anódica.

Eletrodo de membrana Eletrodo indicador cuja resposta deve-se a processos de troca iônica que ocorrem em cada um dos lados de uma membrana fina.

Eletrodo de membrana cristalina Eletrodo no qual o elemento sensível é um sólido cristalino que responde seletivamente perante a atividade de uma espécie iônica de interesse.

Eletrodo de mercúrio Eletrodo estático ou gotejante de mercúrio usado em voltametria.

Eletrodo de mercúrio de gota pendente (EMGP) Microeletrodo que pode concentrar traços de metais por meio da eletrólise em um pequeno volume; a análise é completada pela redissolução voltamétrica do metal da gota de mercúrio.

Eletrodo de platina Usado extensivamente em sistemas eletroquímicos nos quais um eletrodo metálico inerte se faz necessário.

Eletrodo de prata-cloreto de prata Eletrodo de referência amplamente utilizado, que pode ser representado como $Ag|AgCl(s), KCl(x \text{ mol L}^{-1})||$. A semirreação do eletrodo é $AgCl(s) + e^- \rightleftharpoons Ag(s) + Cl^- (x \text{ mol L}^{-1})$

Eletrodo de primeira classe (ou primeiro tipo) Eletrodo metálico cujo potencial é proporcional ao logaritmo da concentração (a rigor, a atividade) de um cátion (ou a razão de cátions) derivado do metal do eletrodo.

Eletrodo de referência Eletrodo cujo potencial em relação ao eletrodo padrão de hidrogênio é conhecido e contra o qual os potenciais de eletrodos não conhecidos podem ser medidos; o potencial de um eletrodo de referência é completamente independente da concentração do analito.

Eletrodo de segunda classe (ou segundo tipo) Eletrodo metálico cujo potencial é proporcional ao logaritmo da concentração do ânion (a rigor, a atividade) que forma tanto uma espécie relativamente pouco solúvel quanto um complexo estável com um cátion (ou a razão de cátions) derivado do metal do eletrodo.

Eletrodo de vidro Eletrodo no qual o potencial se desenvolve através de uma fina membrana de vidro. Ele fornece a medida do pH de uma solução na qual o eletrodo está imerso.

Eletrodo gotejante de mercúrio Eletrodo no qual o mercúrio é forçado a passar por um tubo capilar produzindo gotas idênticas.

Eletrodo indicador Eletrodo cujo potencial está relacionado ao logaritmo da atividade de uma ou mais espécies que estejam em contato com o eletrodo.

Eletrodo inerte Eletrodo que responde ao potencial de um sistema, $E_{sistema}$, mas que não está envolvido nas reações da célula.

Eletrodo normal de hidrogênio (ENH) Sinônimo de *eletrodo padrão de hidrogênio.*

Eletrodo padrão de hidrogênio (EPH) Um eletrodo de gás que consiste em um eletrodo de platina platinizada imersa em uma solução que apresenta uma atividade do íon hidrogênio de 1,00 e que é mantida saturada com hidrogênio à pressão de 1,00 atm. Ao seu potencial é atribuído o valor 0,000 V a qualquer temperatura.

Eletrodo redox Eletrodo inerte que responde ao potencial de eletrodo de um sistema redox.

Eletrodo sensível a gás Eletrodo que envolve formação ou consumo de um gás durante sua operação.

Eletroforese Método de separação baseado nas diferenças de velocidades de migração de espécies carregadas em um campo elétrico.

Eletroforese capilar Eletroforese de alta velocidade e alta resolução realizada em tubos capilares ou *microchips*.

Eletrólito suporte Sal adicionado à solução em uma célula voltamétrica para eliminar a migração do analito para a superfície do eletrodo.

Eletrólitos Espécies de solutos cujas soluções aquosas conduzem eletricidade.

Eletrólitos fortes Solutos que estão completamente dissociados em íons em um determinado solvente.

Eletrólitos fracos Solutos que se dissociam parcialmente para formar íons em um determinado solvente.

Eluente Fase móvel, em cromatografia, que é usada para carregar solutos através de uma fase estacionária.

Eluição isocrática Eluição com um único solvente; compare com *gradiente de eluição*.

Emissão atômica Emissão de radiação por átomos que tenham sido excitados no plasma, na chama, no arco elétrico ou centelha.

Empacotamento com fase ligada Na CLAE, meio de suporte no qual a fase estacionária líquida está quimicamente ligada.

Empuxo Deslocamento do meio (geralmente ar) por um objeto que produz uma aparente perda de massa. Uma fonte significativa de erros quando as densidades do objeto e dos padrões de comparação são diferentes.

Equação de balanço de carga Expressão que relaciona as concentrações de ânions e cátions e que se baseia na neutralidade de carga de qualquer solução.

Equação de balanço de massas Expressão que relaciona as concentrações de várias espécies em solução no equilíbrio, uma em relação às outras e também em relação às concentrações analíticas dos vários solutos.

Equação de Debye-Hückel Expressão que permite o cálculo de coeficientes de atividade em meios com força iônica menor que 0,1.

Equação de Henderson-Hasselbalch Expressão para calcular o pH de uma solução-tampão; pH = p*K*a + log (c_{NaA}/c_{HA}), onde p*K*a é o logaritmo negativo da constante de dissociação do ácido e c_{NaA} e c_{HA} são as concentrações molares dos compostos que compõem o tampão. Popular entre os bioquímicos.

Equação de Ilkovic Equação que relaciona a corrente de difusão com variáveis que a afetam, isto é, o número de elétrons (n) envolvido na reação com o analito, a raiz quadrada do coeficiente de difusão ($D^{1/2}$), a vazão de mercúrio em massa ($m^{2/3}$) e o tempo de vida da gota ($t^{1/6}$) de um eletrodo gotejante de mercúrio.

Equação de Nernst Expressão matemática que relaciona o potencial de um eletrodo com as atividades daquelas espécies em solução responsáveis pelo potencial.

Equação de van Deemter Equação que expressa a altura de pratos em termos dos múltiplos caminhos, difusão longitudinal e transporte de massa.

Equilíbrio químico Estado dinâmico no qual as velocidades das reações direta e inversa são idênticas. Um sistema em equilíbrio não sofre alterações desta condição espontaneamente.

Equivalente Para uma reação de oxidação-redução, é a massa de uma espécie que pode doar ou aceitar 1 mol de elétrons. Para uma reação ácido-base, refere-se à massa de uma espécie que pode doar ou aceitar 1 mol de prótons.

Erro Diferença entre a medida experimental e seu valor verdadeiro ou aceito.

Erro absoluto Medida da exatidão que é igual à diferença numérica entre uma medida experimental e o valor verdadeiro (ou aceito).

Erro ácido A tendência de um eletrodo de vidro de fornecer valores anômalos de pH mais elevados que o verdadeiro em soluções excessivamente ácidas.

Erro alcalino A tendência de muitos eletrodos de vidro de fornecer valores de pH mais baixos em soluções fortemente alcalinas.

Erro constante Erro sistemático que independe do tamanho da amostra tomada para análise. Seu efeito no resultado da análise aumenta com a diminuição do tamanho da amostra.

Erro de carga Erro em uma medida de voltagem em razão de a corrente ter sido atraída pelo dispositivo de medida; ocorre quando o dispositivo de medida tem uma resistência comparável àquela da fonte de voltagem que está sendo medida.

Erro de titulação Diferença entre o volume do titulante utilizado para atingir o ponto final em uma titulação e o volume teórico necessário para obter o ponto de equivalência.

Erro determinado Classe de erros que, pelo menos em princípio, tem causa conhecida. Sinônimo de *erro sistemático*.

Erro devido ao carbonato Erro sistemático causado pela absorção de dióxido de carbono por soluções padrão de bases que serão utilizadas na titulação de ácidos fracos.

Erro grosseiro Erro ocasional, nem aleatório nem sistemático, que resulta na ocorrência de um resultado fora da faixa.

Erro indeterminado Sinônimo de *erro aleatório*.

Erro padrão da estimativa Sinônimo de desvio padrão de uma regressão.

Erro padrão da média, σ_m ou s_m O desvio padrão dividido pela raiz quadrada do número de medidas no conjunto.

Erro proporcional Erro cuja grandeza aumenta em função do aumento do tamanho da amostra.

Erro relativo Erro em uma medida dividido pelo valor verdadeiro (ou aceito); é frequentemente representado em porcentagem.

Erro sistemático Erros que têm uma fonte conhecida; eles afetam a medida apenas de uma única maneira e podem, em princípio, ser determinados. Também são chamados *erros determinados*.

Erros aleatórios Incertezas resultantes da ação de variáveis de pequena grandeza e incontroláveis que são inevitáveis quando sistemas de medidas são empregados no seu limite ou além.

Espalhamento, *w*, de dados Estimativa da precisão; sinônimo de *faixa*.

Especificidade Refere-se a métodos ou reagentes que respondem ou reagem com um único analito.

Espectro contínuo Radiação que consiste em uma banda de comprimentos de onda e não de linhas discretas. Sólidos incandescentes fornecem um sinal contínuo (*radiação de corpo negro*) nas regiões do visível e infravermelho. As lâmpadas de deutério e hidrogênio produzem espectros contínuos na região do ultravioleta.

Espectro de absorção Gráfico da absorbância em função do comprimento de onda.

Espectro de bandas Espectro molecular constituído em uma ou mais regiões de comprimento de onda nas quais as linhas são numerosas e próximas devido a transições rotacionais e vibracionais.

Espectro de emissão Conjunto de linhas ou bandas espectrais que são observadas quando espécies em estados excitados relaxam liberando o excesso de energia na forma de radiação eletromagnética.

Espectro de excitação Na espectroscopia de fluorescência, é o gráfico da intensidade de fluorescência em função do com primento de onda de excitação.

Espectro de fluorescência Gráfico da intensidade de fluorescência *versus* o comprimento de onda no qual o comprimento de onda de excitação (espectro de emissão) ou o comprimento de onda de excitação (espectro de excitação) é mantido constante (veja a Figura 27-8b).

Espectro eletromagnético Potência ou intensidade de radiação eletromagnética colocada em um gráfico em função do comprimento de onda ou frequência.

Espectrofluorímetro Instrumento para fluorescência que tem monocromadores para seleção dos comprimentos de onda de excitação e emissão; em alguns casos, os instrumentos híbridos têm um filtro e um monocromador.

Espectrofotômetro Espectrômetro projetado para a medida da absorção de radiação no ultravioleta, visível ou no infravermelho. O instrumento inclui uma fonte de radiação, um monocromador e uma maneira de medir eletricamente a razão das intensidades dos feixes da amostra e de referência.

Espectrógrafo Instrumento ótico equipado com um elemento dispersivo, como, por exemplo, uma rede ou um prisma, que permite que uma faixa de comprimentos de onda atinja um detector espacial sensível, como um arranjo de diodos, dispositivo de acoplamento de carga ou placa fotográfica.

Espectrometria de massas Métodos baseados na formação de íons na fase gasosa e na sua separação com base na razão massa-carga.

Espectrômetro Instrumento equipado com um monocromador ou um policromador, um fotodetector de radiação eletromagnética e um dispositivo de leitura eletrônico, que mostra um número proporcional à intensidade de uma banda espectral isolada.

Espectrômetro com transformada de Fourier Espectrômetro no qual um interferômetro e a transformação matemática de Fourier são usados na obtenção de um espectro.

Espectros Gráficos de absorbância, transmitância ou intensidade de emissão em função do comprimento de onda, frequência ou número de onda.

Espectroscopia Termo genérico usado para descrever técnicas baseadas na medida da absorção, emissão ou luminescência da radiação eletromagnética.

Espectroscopia com plasma acoplado indutivamente (ICP) Método que emprega um plasma de gás inerte (geralmente argônio) formado pela absorção de radiação de radiofrequência na atomização e excitação de uma amostra na espectroscopia de emissão atômica.

Espectroscopia de absorção atômica (EAA) Um método analítico que é baseado na absorção de radiação eletromagnética (REM) em um reservatório de átomos de analito.

Espectroscopia de emissão atômica (EEA) Um método analítico baseado na emissão de radiação eletromagnética a partir de átomos em um reservatório.

Espectroscopia de emissão por chama Método que emprega a chama para fazer que uma espécie de interesse atomizada emita seu espectro característico; também conhecida como fotometria de chama.

Espectroscopia de fluorescência atômica (EFA) Método analítico baseado na medida da intensidade de REM de átomos fluorescentes em um reservatório.

Espectroscopia de plasma cc (PCC) Método que utiliza um plasma de argônio induzido eletricamente para excitar o espectro de emissão de analitos.

Espectroscópio Instrumento ótico similar ao espectrômetro, exceto que a linha espectral pode ser observada visualmente.

Espelho setorizado Disco com porções que são alternadamente espelhadas ou não refletoras; quando submetido à rotação, direciona a radiação proveniente de um monocromador de um espectrofotômetro de duplo feixe através da amostra e da célula de referência alternadamente.

Estado fundamental Estado de mais baixa energia de um átomo ou molécula.

Estados rotacionais Estados quantizados associados com a rotação de uma molécula sobre o seu centro de massa.

Estequiometria Refere-se às razões de combinação entre quantidades molares de espécies envolvidas em uma reação química.

Estribo Ligação entre o braço e o prato (ou pratos) em uma balança analítica mecânica.

Etapa determinante da velocidade Etapa lenta na sequência de reações elementares que compõem um mecanismo.

Exatidão Estimativa da concordância entre um resultado analítico e o valor verdadeiro ou aceito para uma quantidade medida; a concordância é estimada em termos do erro.

Excitação Promoção de um átomo, íon ou molécula para um estado que é mais energético que um estado de mais baixa energia.

Expressão da constante de equilíbrio Expressão matemática que descreve a relação de equilíbrio entre os participantes de uma reação química.

Extração exaustiva ou de refluxo Ciclo no qual um solvente orgânico, após percolação por meio de uma fase aquosa contendo o soluto de interesse, é destilado, condensado e passado novamente pela fase aquosa.

F

Faixa de transição de pH Intervalo de acidez (normalmente duas unidades de pH) na qual um indicador ácido-base muda da sua cor da forma ácida para aquela da sua base conjugada.

Faixa, *w*, de dados Diferença entre valores extremos em um conjunto de dados.

Fantasmas Imagens duplas na emissão de uma rede, o resultado de imperfeições no sistema empregado em sua elaboração.

Faraday, F Quantidade de eletricidade associada a 6,022 $\times$ 10^{23} elétrons.

Fase estacionária Na cromatografia, refere-se a um sólido ou um líquido imobilizado no qual os analitos são distribuídos durante a passagem da fase móvel.

Fase estacionária com ligações cruzadas Fase estacionária polimérica em uma coluna cromatográfica na qual ligações covalentes unem diferentes cadeias do polímero, criando assim uma fase mais estável.

Fase estacionária ligada Fase líquida estacionária que está quimicamente ligada ao meio de suporte.

Fase móvel Na cromatografia, trata-se do líquido ou gás que arrasta o analito através da fase estacionária líquida ou sólida.

Fator de difusão longitudinal, B/u Fator nos modelos cromatográficos de alargamento de banda que considera o efeito da difusão longitudinal.

Fator de retenção, k Termo usado para descrever a migração de uma espécie através de uma coluna cromatográfica. Seu valor numérico é dado por $k = (t_R - t_M)/t_M$, onde t_R é o tempo de retenção para um pico e t_M é o tempo morto; também é chamado *fator de capacidade.*

Fator de seletividade, α Na cromatografia, $\alpha = K_B/K_A$, onde K_B é a constante de distribuição para a espécie menos fortemente retida e K_A é a constante para a espécie mais fortemente retida.

Fator gravimétrico, FG Razão estequiométrica entre a massa do analito e o sólido pesado na análise gravimétrica.

Ferroína Nome comum para o complexo de ferro(II) com a 1,10-fenantrolina, que é um indicador redox bastante versátil. Sua fórmula é $(C_{12}H_8N2)_3Fe^{2+}$.

Filtro de absorção Meio colorido (normalmente vidro) que transmite uma banda relativamente estreita do espectro visível.

Filtro de interferência Filtro ótico que gera bandas estreitas devido à interferência construtiva.

Fluido supercrítico Substância que é mantida acima de sua temperatura crítica; suas propriedades são intermediárias entre aquelas do líquido e as do gás.

Fluorescência Radiação produzida por um átomo ou uma molécula que tenha sido excitada por fótons para um estado excitado simpleto.

Fluorescência atômica Emissão radiante a partir de átomos que tenham sido excitados pela absorção de radiação eletromagnética.

Fluorescência de ressonância Emissão de fluorescência em um comprimento de onda que é idêntico àquele de excitação.

Fluorescência molecular Processo pelo qual elétrons de moléculas, excitados em estado simpleto, retornam a um estado quântico mais baixo, com a energia resultante sendo liberada na forma de radiação eletromagnética.

Fluorímetro Instrumento de filtro para medidas quantitativas de fluorescência.

Fluxo eletroosmótico Fluxo líquido resultante de um fluido como um todo devido à aplicação de um campo elétrico através de um material poroso, tubo capilar, membrana ou microcanal.

Fluxo laminar Fluxo de forma aerodinâmica em um líquido que ocorre próximo e paralelo a um sólido fronteiriço. Em um tubo, este fluxo resulta em um fluxo de perfil parabólico; próximo à superfície de um eletrodo, isto resulta em camadas paralelas que deslizam umas sobre as outras.

Fluxo turbulento Descreve o movimento aleatório de um líquido no interior de uma solução que flui; compare com *fluxo laminar.*

Fluxos Substâncias que no estado fundido possuem propriedades ácidas ou básicas. Empregados para solubilizar a espécie de interesse em amostras refratárias.

Fonte contínua Fonte que emite radiação constantemente com o tempo.

Fonte de linhas Na espectroscopia atômica, corresponde a uma fonte de radiação que emite linhas atômicas estreitas características de átomos do analito. Veja *lâmpadas de catodo oco* e *lâmpadas de descarga sem eletrodos.*

Fonte de Nernst Fonte de radiação no infravermelho que consiste em um cilindro de óxidos de zircônio e ítrio aquecidos a altas temperaturas pela passagem de uma corrente elétrica.

Fonte de radiação contínua Fonte que emite um espectro contínuo de comprimentos de onda. Exemplos incluem as lâmpadas de filamento de tungstênio e aquelas de deutério usadas na espectroscopia de absorção.

Força iônica, μ Propriedade da solução que depende da concentração total de íons presentes na solução, assim como da carga de cada uma das espécies iônicas, isto é, $\mu = \frac{1}{2}\sum c_i Z_i^2$, onde c_i é a concentração molar de cada íon e Z_i sua carga.

Forma de pesagem Na análise gravimétrica, refere-se à espécie coletada cuja massa é proporcional à quantidade de analito na amostra.

Formação de complexo Processo pelo qual uma espécie com um ou mais pares de elétrons não compartilhados formam ligações de coordenação com íons metálicos.

Formação de cristal misto Tipo de coprecipitação encontrada em precipitados cristalinos nos quais alguns íons do analito no cristal são substituídos por outras espécies iônicas.

Formalidade, F A quantidade de matéria do soluto contido em um litro de solução. Um sinônimo de *concentração molar analítica*.
Fórmula empírica Combinação mais simples de números inteiros de átomos em uma molécula.
Fórmula molecular Fórmula que inclui informação estrutural além do número e da identidade dos átomos que compõem a molécula.
Fórmula-grama Soma de todas as massas atômicas na fórmula química de uma substância. Um sinônimo de *massa molar*.
Fosforescência Emissão de luz de um estado excitado tripleto; a fosforescência é mais lenta que fluorescência e pode ocorrer por muitos minutos.
Fotodecomposição Formação de novas espécies a partir de moléculas excitadas por radiação; uma das várias formas pelas quais a energia de excitação é dissipada.
Fotodiodo (1) Tubo com vácuo que consiste em um anodo e um catodo fotossensível, ou fotocatodo que produz um elétron para cada fóton absorvido na superfície. (2) Semicondutor de silício reversamente polarizado que produz elétrons e lacunas quando irradiado por radiação eletromagnética. A corrente resultante fornece uma medida do número de fótons que incide no dispositivo a cada segundo.
Fotodiodo de silício Detector de fótons baseado em um diodo de silício reversamente polarizado; sua exposição à radiação cria novas lacunas e elétrons, aumentando assim a fotocorrente. Veja *fotodiodo*.
Fotoelétron Elétron liberado pela absorção de um fóton que incide em uma superfície fotoemissiva.
Fotômetro Instrumento para a medida da absorbância que incorpora um filtro para a seleção do comprimento de onda e um detector de fótons.
Fótons Pacotes de energia de radiação eletromagnética; também conhecidos como *quanta*.
Fototubo Veja *fotodiodo*.
Frasco Kjeldahl Frasco com gargalo longo usado na digestão de amostras com ácido sulfúrico concentrado a quente.
Frequência, ν, da radiação eletromagnética Número de oscilações por segundo com unidade em hertz (Hz), que significa uma oscilação por segundo.
Fundente ácido Sal que exibe propriedades ácidas em seu estado fundido. Os fluxos são usados para converter substâncias refratárias em produtos solúveis em água.
Fundente alcalino Substância com características alcalinas no estado fundido. É usado para solubilizar amostras refratárias, principalmente silicatos.
Fundido Massa derretida produzida pela ação de um fluxo; geralmente um sal derretido.

G

Galvanostato Sinônimo de *amperostato*.
Garantia de qualidade Protocolo planejado para demonstrar que um produto ou serviço satisfaz os critérios estabelecidos para um desempenho satisfatório.
Gás de arraste Fase móvel na cromatografia de gás.
Gradiente de eluição Na cromatografia líquida, corresponde à alteração sistemática da composição da fase móvel para otimizar a resolução cromatográfica dos componentes de uma mistura. Veja também programação de solvente.
Gráfico de controle Gráfico que demonstra o controle estatístico de um produto ou serviço em função do tempo.
Graus de liberdade O número de membros de uma amostra estatística que fornece uma medida independente da precisão do conjunto.
Gravidade específica, gr. esp. Razão entre a densidade de uma substância e a da água a uma determinada temperatura (frequentemente 4°C).
Grupo ácido sulfônico - RSO_3H.

H

HCl de ponto de ebulição constante Soluções de ácido clorídrico cujas concentrações dependem da pressão atmosférica.
Hipótese nula Alegação de que uma característica de uma população única seja igual a algum valor específico ou que duas ou mais características da população sejam idênticas; testes estatísticos são recomendados para validar ou invalidar a hipótese nula, em um nível de probabilidade especificado.
Histograma Gráfico de barras no qual réplicas de resultados são agrupadas de acordo com faixas de grandeza ao longo do eixo horizontal e pela frequência de ocorrência dos resultados no eixo vertical.

I

Incerteza da amostragem, s_s Desvio padrão associado com a amostragem; um fator – com a incerteza do método – que determina o desvio padrão global de uma análise.
Incerteza do método, s_m Desvio padrão associado ao método analítico; fator que juntamente com o desvio padrão da amostragem, s_a, é usado na determinação do desvio padrão global, s_g, de uma análise.
Inclinação, m, de uma curva de calibração Parâmetro do modelo linear $y = mx + b$; é determinado por análise de regressão.
Indicador específico Espécie que reage com uma espécie específica em uma reação redox.
Indicadores azo Grupo de indicadores ácido-base que têm em comum a estrutura R—N=N—R.
Indicadores ftaleínicos Indicadores ácido-base derivados do anidrido ftálico; o mais comum deles é a fenolftaleína.
Indicadores redox universais Indicadores que respondem a variações no E_{sistema}.
Índice de refração Razão entre a velocidade da radiação eletromagnética no vácuo e sua velocidade em algum outro meio.
Inibidor catalítico Espécie que diminui a velocidade de uma reação catalisada por uma enzima.
Injeção em fluxo interrompido Na análise por injeção em fluxo interrompido, o desligamento do fluxo permite medidas cinéticas em um plugue estático de solução.
Instrumento de feixe duplo Instrumento ótico projetado para eliminar a necessidade de alternar manualmente soluções do controle (branco) e do analito no caminho ótico. Um *divisor de feixe* separa a radiação em dois feixes nos espectrômetros espaciais. Um *modulador* direciona o feixe

alternadamente entre o branco e o analito em instrumentos de duplo feixe temporais.
Instrumentos de feixe único Instrumentos fotométricos que usam apenas um feixe; requerem que o operador posicione a amostra e o branco alternadamente em um único caminho ótico.
Instrumentos óticos Termo amplo utilizado para instrumentos que medem absorção, emissão ou fluorescência do analito baseado em radiação no ultravioleta, visível ou no infravermelho.
Intensidade, *I*, de radiação eletromagnética A potência por ângulo sólido unitário; é usado frequentemente como sinônimo de potência radiante, *P*.
Interseção, *b*, em uma regressão O valor de *y* em uma regressão quando *x* é igual a zero; na curva de calibração analítica, refere-se ao valor hipotético do sinal analítico quando a concentração do analito é igual a zero.
Interferência construtiva Aumento na amplitude de uma onda resultante na região onde duas ou mais ondas estão em fase uma com a outra.
Interferência destrutiva Diminuição na amplitude de ondas resultante da superposição de duas ou mais ondas que não estão em fase uma com a outra.
Interferência espectral Emissão ou absorção por espécies outras que não seja a do analito, que ocorrem na mesma faixa de comprimento de onda selecionado no dispositivo; causa interferência do branco.
Interferências ou interferentes Espécies que afetam o sinal no qual uma análise está baseada.
Interferômetro Dispositivo não dispersivo que obtém informações espectrais por meio de interferências construtivas e destrutivas; é empregado em instrumentos de infravermelho com transformadas de Fourier.
Intervalo de confiança Define os limites ao redor da média experimental entre os quais o valor verdadeiro – para uma certa probabilidade – deve estar localizado.
Íon hidrônio Próton hidratado cujo símbolo é H_3O^+.
International Union of Pure and Applied Chemistry (IUPAC) Organização internacional devotada ao desenvolvimento de definições e seu uso pela comunidade química mundial.

J

Janelas de células Superfícies das células através das quais passa a radiação.
Joule Unidade de trabalho, igual a Newton-metro.
Junção líquida Interface entre dois líquidos com diferentes composições.

L

Lâmpada alógena de tungstênio Lâmpada de tungstênio que contém uma pequena quantidade de I_2 em um invólucro de quartzo que permite que a lâmpada seja operada a elevadas temperaturas; é mais brilhante que a lâmpada de filamento de tungstênio.
Lâmpada de catodo oco Fonte usada na espectroscopia de absorção atômica que emite linhas estreitas para um único elemento ou mesmo para vários elementos.
Lâmpada de descarga sem eletrodos Fonte de espectros atômicos de linhas que é alimentada por radiofrequência ou radiação de microondas.
Lâmpada de deutério Fonte que fornece um espectro contínuo na região do ultravioleta do espectro. A radiação resultante da aplicação de cerca de 40 V a um par de eletrodos mantidos em atmosfera de deutério.
Lâmpada de filamento de tungstênio Fonte conveniente de radiação no visível e no infravermelho próximo.
Lâmpada de hidrogênio Fonte de radiação contínua na região do ultravioleta que tem estrutura similar à da lâmpada de deutério.
Largura de banda Geralmente, é a faixa de comprimentos de onda ou frequências de um pico de absorção, ou de emissão espectral, na metade da sua altura. É a faixa que passa por um dispositivo de isolamento de comprimento de onda.
Largura de banda efetiva Largura de banda de um monocromador ou filtro de interferência no qual a transmitância é 50% daquela do comprimento de onda nominal.
Lei de Beer Relação fundamental da absorção de radiação pela matéria, isto é, $A = abc$, em que *a* é a absortividade; *b*, o caminho ótico percorrido pelo feixe de radiação e *c*, a concentração da espécie absorvente.
Lei de velocidade Relação empírica que descreve a velocidade de uma reação em termos das concentrações das espécies envolvidas.
Lei limitante de Debye-Hückel Forma simplificada da equação de Debye-Hückel aplicável a soluções cuja força iônica é menor que 0,01.
Levitação Quando aplicado em balanças eletrônicas, a suspensão do prato de uma balança no ar pelo efeito de um campo magnético.
Liga de Devarda Liga de cobre, alumínio e zinco usada para reduzir nitratos e nitritos a amônia em meio alcalino.
Ligante Molécula ou íon com pelo menos um par de elétrons não compartilhados disponíveis para ligações covalentes com metais.
Limite de detecção Quantidade mínima de analito que um método ou sistema é capaz de medir.
Limite inferior de controle (LIC) Limite inferior que foi determinado para o desempenho satisfatório de um processo ou medida.
Limites de confiança Valores que definem o intervalo de confiança.
Linha de ressonância Linha espectral resultante de uma transição de ressonância.
Litro Um decímetro cúbico ou 1.000 centímetros cúbicos.
Luminescência Radiação que resulta da fotoexcitação (fotoluminescência), excitação química (quimiluminescência) ou excitação térmica (termoluminescência).

M

Macroanálise Análise de amostras de massas maiores que 0,1 g.

Macrobalança Balança analítica com capacidade entre 160 e 200 g e precisão de 0,1 mg.

Massa Medida constante da quantidade de matéria contida em um objeto.

Massa constante Condição na qual a massa de um objeto não é mais alterada devido o aquecimento ou resfriamento.

Massa equivalente Base especial para expressar a massa em termos químicos similar à, mas diferente de, *massa molar*. Como consequência da definição, um equivalente de um analito que reage com um equivalente de um reagente, mesmo quando a estequiometria da reação não é um para um; equivalente-grama.

Massa molar, M Massa, em gramas, de um mol de uma substância química.

Materiais padrão de referência (MPRs) Amostras de diversos materiais para os quais as concentrações de uma ou mais espécies são conhecidas com exatidão muito alta.

Materiais refratários Substâncias que resistem a ataques por ácidos e bases normais; são solubilizados por fusão com fundente realizada a altas temperaturas.

Matriz Meio que contém um analito.

Matriz da amostra Meio que contém um analito.

Mecanismo de reação Etapas básicas envolvidas na formação dos produtos de uma reação.

Média Número obtido pela soma dos valores de um conjunto de dados dividido pelo número de valores do conjunto. Também usado para relatar o que é considerado o valor mais representativo para um conjunto de medidas. Sinônimo de *média aritmética*.

Média aritmética sinônimo de *média*.

Média da amostra, Média aritmética de um conjunto finito de medidas.

Média da população, μ Valor médio para uma população de dados; valor verdadeiro para uma quantidade que é livre de erros sistemáticos.

Mediana Valor central de um conjunto de réplicas de medidas. Para um conjunto com número ímpar de dados, existe um número igual de pontos acima e abaixo da mediana; para um número par de dados, a mediana é a média do par central.

Medidor de bolhas Dispositivo para medida da vazão de gás na cromatografia de gás.

Medidor de pÍon Instrumento que mede diretamente a concentração (estritamente, a atividade) de um analito; consiste em um eletrodo indicador íon-específico, um eletrodo de referência e um dispositivo de medida de potencial.

Meia-vida, $t_{1/2}$ Intervalo de tempo no qual a quantidade de reagente diminui para a metade do valor original.

Membrana microporosa Membrana hidrofóbica com tamanho de poro que permite a passagem de gases e é impermeável a outras espécies; é o elemento sensível de um sensor sensível a gás.

Menisco Superfície curva formada por um líquido mantido em um tubo.

Método catalítico Método analítico para determinação da concentração de um catalisador baseado na medida da velocidade de uma reação catalítica.

Método das adições de padrão Método de determinação da concentração de um analito em solução. Pequenas quantidades conhecidas do analito são adicionadas à solução da amostra e as leituras do instrumento são registradas após uma ou mais adições. O método compensa as interferências causadas pelos efeitos de matriz.

Método de Dumas Método de análise baseado na combustão de amostras orgânicas contendo nitrogênio por CuO para converter o nitrogênio em N_2, que então é medido volumetricamente.

Método de Kjeldahl Método titulométrico de determinação de nitrogênio em compostos orgânicos no qual o nitrogênio é convertido a amônia, a qual é destilada e determinada por titulação de neutralização.

Método dos mínimos quadrados Método estatístico de obtenção dos parâmetros de um modelo matemático (tal como a equação de uma reta) pela minimização da soma dos quadrados das diferenças entre os pontos experimentais e os pontos previstos pelo modelo.

Métodos cinéticos Métodos analíticos baseados na relação da cinética de uma reação com a concentraçao do analito.

Métodos cinéticos gráficos Métodos de determinação de velocidades de reações que usam gráficos da concentração de um reagente, ou produto, em função do tempo.

Métodos das velocidades iniciais Métodos cinéticos baseados em medidas feitas próximo do início das reações.

Métodos de análise de precipitação Métodos gravimétricos e titulométricos que envolvem a formação (ou menos frequentemente, o desaparecimento) de um precipitado.

Métodos de análises por volatilização Variante dos métodos gravimétricos que está baseada na perda de massa causada por aquecimento ou ignição.

Métodos de potencial controlado Métodos eletroquímicos que usam um potenciostato para manter um potencial constante entre o eletrodo de trabalho e o eletrodo de referência.

Métodos eletroanalíticos Um extenso grupo de métodos que têm em comum a medida de uma propriedade elétrica do sistema que é proporcional à quantidade da espécie de interesse presente na amostra.

Métodos espectrométricos Métodos baseados na absorção, emissão ou fluorescência da radiação eletromagnética que está relacionada com a quantidade de analito presente na amostra.

Métodos espectroquímicos Sinônimo de *métodos espectrométricos*.

Métodos hifenados Métodos que envolvem a combinação de dois ou mais tipos de instrumentação; o produto é um instrumento com melhor desempenho que qualquer um dos instrumentos considerados individualmente.

Métodos integrais Métodos cinéticos baseados na forma integrada da lei de velocidade.

Métodos óticos Sinônimo de *métodos espectroquímicos*.

Métodos potenciostáticos Métodos eletroquímicos que empregam um potencial controlado entre o eletrodo de trabalho e um eletrodo de referência.

Métodos volumétricos Métodos de análise nos quais a medida final é o volume de um titulante padrão necessário para reagir com o analito presente em uma quantidade conhecida de amostra.

Microanálise Análise de amostras com massas de 0,0001 a 0,01 g.

Microeletrodo Eletrodo com dimensões na escala micrométrica; usado na voltametria.

Micrograma, μg 1×10^{-6} g.

Microlitro, μL 1×10^{-6} L.

Migração Na eletroquímica, refere-se ao transporte de massa devido à atração ou repulsão eletrostática; na cromatografia, corresponde ao transporte de massa na coluna.

Miligrama, mg 1×10^{-3} g ou 1×10^{-6} kg.

Mililitro, mL 1×10^{-3} L.

Milimol, mmol 1×10^{-3} mol.

Mineralização a seco Eliminação da matéria orgânica de uma amostra por aquecimento direto ao ar.

Mineralização por via úmida Uso de reagentes líquidos fortemente oxidantes para decompor a matéria orgânica presente em uma amostra.

Mistura em fluxo interrompido Técnica na qual os reagentes são misturados rapidamente e o curso da reação é monitorado a partir do momento no qual o fluxo foi interrompido abruptamente.

Misturador em V Dispositivo que é usado para misturar vigorosamente amostras secas.

Modulação Processo de superimposição do sinal analítico em uma onda portadora. Na modulação da amplitude, a grandeza da onda portadora varia de acordo com a alteração do sinal analítico; em modulação da frequência, a frequência da onda portadora varia com o sinal analítico.

Modulador Dispositivo mecânico que transmite e bloqueia alternadamente a radiação de uma fonte.

Moinho de bolas Dispositivo para diminuição do tamanho das partículas de uma amostra.

Mol Quantidade de matéria contida em $6{,}022 \times 10^{23}$ partículas da substância.

Molalidade Concentração de um titulante expressa em milimols por grama, ou mais comumente em mols por quilograma.

Monocromador Dispositivo para decompor radiação policromática em seus comprimentos de onda.

Mufla Forno de alta potência capaz de manter temperaturas acima de 1.100 °C.

N

Nanômetro, nm 1×10^{-9} m.

National Institute of Standards and Technology (NIST) Agência do Departamento do Comércio norte-americano; antigamente, denominava-se National Bureau of Standards (NBS); é a principal fonte de padrões primários e materiais padrão de referência analisados.

Nebulização Transformação de um líquido em um aerossol de gotas minúsculas.

Níquel-cromo Liga de níquel-cromo; quando aquecida até a incandescência, é uma fonte de radiação no infravermelho.

Nivelamento Introdução de um interferente em potencial tanto nos padrões de calibração quanto na solução do analito para minimizar o efeito do interferente na matriz da amostra.

Normalidade, C_N O número de equivalentes-grama de uma espécie em um litro de solução.

Nucleação Processo envolvendo a formação de agregados muito pequenos de um sólido durante a precipitação.

Número de onda, $\bar{\nu}$ Recíproco do comprimento de onda; tem unidade cm^{-1}.

Número de pratos teóricos, *N* Característica de uma coluna cromatográfica empregada para descrever sua eficiência.

O

Oclusão Associação física de impurezas solúveis a um cristal em formação.

Occupational Safety and Health Administration (OSHA) Agência federal norte-americana encarregada de proporcionar segurança em laboratórios e demais locais de trabalho.

Onda de oxigênio Nos eletrodos de mercúrio, o oxigênio produz duas ondas: a primeira é devido à formação de peróxido e, a segunda, à redução subsequente à água; isso pode constituir-se em uma interferência na determinação de outras espécies, porém é empregada na determinação de oxigênio dissolvido.

Onda transversal Movimento ondulatório no qual a direção do deslocamento é perpendicular à direção de propagação.

Onda voltamétrica Curva na forma de ∫ que é produzida em um experimento voltamétrico onde a voltagem varre através do potencial de meia onda de uma espécie eletroativa.

Ordem de difração, n Múltiplos inteiros de comprimentos de onda nos quais ocorre interferência construtiva.

Ordem de interferência, n Número inteiro que juntamente com a espessura e índice de refração do material dielétrico determina o comprimento de onda transmitido por um filtro de interferência.

Ordem de reação global Soma dos expoentes para as concentrações das espécies que fazem parte de uma reação química.

Ordem de reação Expoente associado com a concentração de uma espécie na lei de velocidade de uma reação química.

Oxidação Perda de elétrons por uma espécie em uma reação de oxidação-redução.

Oxidante Sinônimo de *agente oxidante*.

Oxina Nome comum para a 8-hidroxiquinolina.

P

Padrão interno Quantidade conhecida de uma espécie com propriedades similares às do analito que é introduzida nas soluções dos padrões e das amostras desconhecidas; a razão entre os sinais do padrão interno e do analito serve de base para a análise.

Padrão primário Composto químico de alta pureza que é utilizado na preparação ou determinação de concentrações de soluções padrão usadas em titulometria.

Padrão secundário Substância cuja pureza tenha sido estabelecida e verificada por análise química.

Padrões de referência Materiais complexos que foram extensivamente analisados; uma das principais fontes desses materiais é o National Institute of Standards Technology (NIST).

Padronização Determinação da concentração de uma solução por calibração, direta ou indiretamente, com um padrão primário.

Papel de filtro sem cinzas Papel produzido a partir de fibras de celulose, tratado para eliminar espécies inorgânicas, de forma que não deixe resíduos após a queima.

Paralaxe Mudança aparente na posição de um objeto que ocorre em razão da mudança de posição do observador; resulta em erros sistemáticos em leituras de buretas, pipetas e em equipamentos com ponteiros.

Pares ácido-base conjugados Espécies que diferem uma da outra por um próton.

Pares ácidos fracos-base conjugados Na teoria de Brønsted-Lowry, corresponde ao par de solutos que diferem um do outro por um próton.

Partes por milhão, ppm Forma conveniente de expressar a concentração de um soluto que existe em quantidades-traço; para soluções aquosas diluídas, ppm é sinônimo de miligramas do soluto por litro de solução.

Pentóxido de sódio, P_2O_5 Agente secante.

Peptização Processo no qual um colóide coagulado retorna a seu estado disperso.

Perfil de concentração Distribuição das concentrações de analitos com o tempo à medida que eles emergem de uma coluna cromatográfica; também se refere a comportamento de reagentes ou produtos de uma reação em função do tempo.

Período da radiação eletromagnética Tempo necessário para que picos sucessivos de uma onda eletromagnética passem por um ponto fixo no espaço.

Pesafiltro Frasco leve para estocagem e pesagem de amostras analíticas.

Pesagem por diferença Processo de pesagem de um frasco mais a amostra, seguida da pesagem do frasco após remoção da amostra.

Peso Atração entre um objeto e sua vizinhança, no nosso caso, o planeta Terra.

Peso molecular Sinônimo obsoleto de massa molecular.

pH Negativo do logaritmo da atividade do íon hidrogênio em uma solução.

Pipeta Dispositivo tubular de vidro ou plástico para transferir volumes conhecidos de solução de um frasco para outro.

Pipeta de transferência Sinônimo de *pipeta volumétrica*.

Pipeta Eppendorf Tipo de pipeta que libera volumes ajustáveis de líquido.

Pipeta graduada Pipeta calibrada para dispensar qualquer volume até sua capacidade máxima; compare com *pipeta volumétrica*.

Pipeta volumétrica Dispositivo que vai transferir um volume preciso a partir de um frasco original para outro; também é denominada *pipeta de medição*.

Pixel Elemento único de detecção em um detector de arranjo de diodos ou detector de transferência de carga.

Plano focal Plano no qual a radiação dispersada em um prisma ou rede de difração é focalizada.

Plasma Meio condutor gasoso contendo íons e elétrons.

Plataforma de L'vov Dispositivo para atomização eletrotérmica de amostras na espectroscopia de absorção atômica.

Polarização (1) Em uma célula eletroquímica, um fenômeno no qual a grandeza da corrente é limitada pela baixa velocidade de reação eletródica (polarização cinética) ou pela lentidão no transporte de reagentes para a superfície do eletrodo (polarização de concentração). (2) Processo que leva a radiação eletromagnética a vibrar em um plano ou padrão circular.

Polarização cinética Comportamento não linear de uma célula eletroquímica causado pela lentidão da reação na superfície de um ou ambos os eletrodos.

Polarização de concentração Desvio do potencial de eletrodo de uma célula eletroquímica de seu valor Nernstiano devido à passagem de corrente como resultado do transporte lento de espécies para, ou da, superfície do eletrodo.

Polarografia Voltametria com eletrodo gotejante de mercúrio.

Polarografia de onda quadrada Uma variedade de *polarografia de pulso*.

Polarografia de pulso Métodos voltamétricos que periodicamente impõem um pulso sobre uma rampa crescente de potencial de excitação; a diferença na corrente medida, Δi, gera um pico cuja altura é proporcional à concentração do analito.

Polarograma Gráfico de corrente-voltagem obtido por uma medida polarográfica.

Policial Um tubo curto de borracha que é adaptado por uma extremidade a um bastão de vidro; é utilizado para a remoção de partículas aderentes da parede de um béquer.

Ponte salina Dispositivo usado em uma célula eletroquímica que permite um fluxo de carga entre as duas soluções eletrolíticas, minimizando a mistura de ambas.

Ponto de equivalência Aquele ponto na titulação no qual a quantidade de titulante adicionada é quimicamente equivalente à quantidade de analito presente na amostra.

Ponto final Mudança observável que ocorre durante uma titulação sinalizando que a quantidade de titulante adicionada é quimicamente equivalente à quantidade de analito presente na amostra.

Ponto isoelétrico pH no qual um aminoácido não apresenta tendência de migrar sob a influência de um campo elétrico.

População de dados Número total de valores (algumas vezes assume-se como infinito) que uma medida pode ter; é também expressa como *universo de dados*.

Porcentagem em massa (m/m) Razão entre a massa de um soluto e a massa da sua solução multiplicada por 100%.

Porcentagem em massa por volume (m/v) Razão entre a massa de um soluto e o volume da solução na qual ele está dissolvido multiplicada por 100%.

Potência, *P*, da radiação eletromagnética Energia que atinge uma determinada área por segundo; frequentemente é usada como sinônimo de intensidade, embora os termos não tenham exatamente o mesmo significado.

Potencial de assimetria Pequeno potencial que resulta de diferenças mínimas existentes entre as duas superfícies de um eletrodo de membrana de vidro.
Potencial de eletrodo Potencial de uma célula eletroquímica na qual o eletrodo de interesse está à direita e o eletrodo padrão de hidrogênio à esquerda na célula.
Potencial de junção Potencial que se desenvolve na interface entre soluções de composições diferentes; sinônimo de potencial de junção líquida.
Potencial de meia-onda, $E_{1/2}$ Potencial contra um eletrodo de referência no qual a corrente de uma onda voltamétrica equivale à metade da corrente limite.
Potencial de redução Potencial de um processo de eletrodo que é escrito como uma redução; sinônimo de *potencial de eletrodo*.
Potencial de semicélula Potencial de uma semi-célula eletroquímica medido em relação ao eletrodo padrão de hidrogênio.
Potencial de transição Faixa de $E_{sistema}$ na qual um indicador redox muda da cor da espécie reduzida para aquela de sua forma oxidada.
Potencial de um único eletrodo Sinônimo de *potencial relativo de eletrodo*.
Potencial do ponto de equivalência Potencial de eletrodo do sistema em uma titulação de oxidação-redução quando a quantidade de titulante que foi adicionada é quimicamente equivalente à quantidade de analito presente na amostra.
Potencial formal, $E^{0'}$ Potencial de eletrodo para um par quando as concentrações analíticas de todos os participantes são unitárias e as concentrações das outras espécies em solução são definidas.
Potencial limite, E_b A diferença entre dois potenciais que se desenvolvem nas superfícies opostas de uma membrana de um eletrodo de vidro.
Potencial padrão de eletrodo, E^0 O potencial (relativo ao eletrodo padrão de hidrogênio) da semirreação escrita como redução quando as atividades de todos os reagentes e produtos são iguais à unidade.
Potencial relativo de eletrodo Potencial de um eletrodo em relação a outro eletrodo (normalmente, o eletrodo padrão de hidrogênio ou o eletrodo de referência).
Potenciometria Ramo da eletroquímica que trata das relações existentes entre o potencial de uma célula eletroquímica e as concentrações (atividades) de espécies que compõem a célula.
Potenciostato Dispositivo eletrônico que altera o potencial aplicado de forma que o potencial entre o eletrodo de trabalho e o eletrodo de referência seja mantido fixo em um valor.
Precipitação a partir de solução homogênea Técnica na qual um agente precipitante é gerado vagarosamente na solução da espécie de interesse, produzindo um precipitado denso facilmente filtrável em análises gravimétricas.
Precipitação induzida por sais Técnica utilizada para precipitar proteínas. A baixas concentrações salinas, a adição de sais aumenta a solubilidade (efeito *salting-in*), enquanto elevadas concentrações de sais induzem à precipitação (efeito *salting-out*).
Precipitados cristalinos Sólidos que possuem a tendência de formar partículas grandes, cristais facilmente filtráveis.
Precisão Medida da concordância interna entre os dados individuais e um conjunto de réplicas de observações.
Princípio de Le Châtelier Relata que a aplicação de uma perturbação a um sistema químico em equilíbrio resultará em uma mudança na posição do equilíbrio no sentido de minimizar o efeito da perturbação.
Prisma Um poliedro de vidro ou quartzo transparente compreendendo duas faces triangulares paralelas e três faces quadradas ou retangulares que dispersa a radiação policromática em seus comprimentos de onda componentes por refração.
Problema geral da eluição Compromisso entre tempo de eluição e resolução que é solucionado por *gradientes de eluição* (na cromatografia de líquido) ou *programações de temperatura* (na cromatografia de gás).
Programação de solvente Alteração sistemática da composição da fase móvel para otimizar a velocidade de migração dos solutos em uma coluna cromatográfica.
Programação de temperatura Ajuste sistemático da temperatura da coluna na cromatografia de gás para otimizar as velocidades de migração dos solutos.
Propriedades ondulatórias, radiação eletromagnética Comportamento da radiação como uma onda eletromagnética.
Propriedades de partícula da radiação eletromagnética Comportamento que é consistente com a radiação agindo como pequenas partículas ou *quanta* de energia.
Purga Remoção de um gás dissolvido indesejado pela passagem de um fluxo de um gás inerte.

Q

Quantum Uma quantidade microscópica de energia que pode ter apenas valores discretos. Os quanta são absorvidos por e emitidos de átomos com energias correspondendo a diferenças nas energias de orbitais atômicos. Os quanta emitidos e absorvidos são chamados de *fótons*, os quais têm frequência determinada pela relação de Planck, $E = h\nu$.
Queda *IR* Queda de potencial em uma célula devido à resistência ao movimento de carga; também conhecida como *queda ôhmica*.
Queda de potencial ôhmico Sinônimo de *queda IR*.
Queimador premix Queimador no qual os gases são misturados previamente à combustão.
Quelação Reação entre um íon metálico e um agente quelante.
Quilograma Unidade base de massa no sistema SI.
Quimiluminescência Emissão de energia na forma de radiação eletromagnética durante uma reação química.

R

Radiação de corpo negro Radiação contínua produzida por um sólido aquecido.
Radiação eletromagnética (REM) Forma de energia com propriedades que podem ser descritas em termos de ondas ou, alternativamente, de partículas denominadas fótons, dependendo do método de observação.

Radiação espúria Radiação de comprimento de onda diferente daquele selecionado para a medida ótica.

Radiação no infravermelho Radiação eletromagnética na faixa entre 0,78 e 300 μm.

Radiação monocromática Idealmente, é a radiação eletromagnética que consiste em um único comprimento de onda; na prática, corresponde a uma banda muito estreita de comprimentos de onda.

Radiação policromática Radiação eletromagnética que consiste em mais de um comprimento de onda; compare com *radiação monocromática.*

Radiação no visível Aquela porção do espectro eletromagnético (380 a 780 nm) que é perceptível ao olho humano.

Razão sinal-ruído, *S/R* Razão entre sinal médio do analito e o desvio padrão do sinal.

Reação catalítica Reação cujo deslocamento em direção ao equilíbrio é acelerado por uma substância que não é consumida no processo global.

Reação eletroquímica irreversível Reação que gera um voltamograma insuficientemente definido devido à irreversibilidade de transferência de elétrons no eletrodo.

Reação indicadora, cinética Reação rápida envolvendo uma espécie indicadora que pode ser utilizada para acompanhar uma reação de interesse.

Reação rápida Reação que se completa à metade em dez segundos ou menos.

Reações de pseudoprimeira ordem Sistemas químicos nos quais a concentração de um reagente (ou regantes) é grande e essencialmente invariável em relação à concentração do composto de interesse.

Reagente de grau analítico Reagente de elevada pureza que satisfaz os critérios do Reagent Chemical Committe da American Chemical Society.

Reagente de Karl Fischer Reagente empregado na determinação titulométrica de água.

Reagente de Zimmermann-Reinhardt Solução de manganês(II) em H_2SO_4 e H_3PO_4 concentrados usada para prevenir a oxidação de íons cloreto por permanganato durante a titulação de ferro(II).

Reagentes para uso especial Reagentes que foram especialmente purificados para um uso particular.

Reator com enzima imobilizada Reator tubular ou superfície do detector no qual uma enzima tenha sido fixada por adsorção, ligação covalente ou aprisionamento.

Rede Dispositivo que consiste em ranhuras proximamente espaçadas entre si que é usado para dispersar a radiação policromática por meio da sua difração em seus respectivos comprimentos de onda.

Rede de reflexão Corpo ótico que dispersa radiação policromática em seus comprimentos de onda. Consiste de linhas gravadas sobre uma superfície refletora; a dispersão é resultado da interferência construtiva e destrutiva.

Rede *echelle* Rede que é confeccionada com superfícies refletoras que são mais largas que as faces não refletoras.

Rede holográfica Rede que foi produzida por interferência ótica, em vez de ranhuras mecânicas, feitas na superfície de vidros recobertos por uma camada fina de polímero.

Rede replicada Cópia de uma rede mestra; é utilizada como elemento de dispersão na maioria dos instrumentos devido ao alto custo da rede mestra.

Redox Sinônimo de *oxidação-redução.*

Redução O processo pelo qual uma espécie ganha elétrons.

Redutor Uma coluna empacotada com metal granulado através do qual uma amostra é passada para pré-reduzir um analito. Também sinônimo de *agente redutor.*

Redutor de Jones Coluna preparada com zinco amalgamado; é empregada na redução prévia de analitos.

Redutor de Walden Coluna empacotada com grãos de prata finamente divididos; é usado para pré-reduzir analitos.

Reflexão Retorno da radiação a partir de uma superfície.

Região do ultravioleta-visível Região do espectro eletromagnético entre 180 e 780 nm; associada a transições eletrônicas em átomos e moléculas.

Relaxamento Retorno da espécie excitada a um estado de mais baixa energia. O processo é acompanhado pela liberação da energia de excitação na forma de calor ou luminescência.

Relaxamento vibracional Processo bastante eficiente no qual moléculas excitadas relaxam para níveis vibracionais mais baixos de um estado eletrônico.

Rendimento quântico de fluorescência Fração de fótons absorvidos que são emitidos como fótons de fluorescência.

Reostato Um resistor variável usado para controlar a corrente em um circuito. Se configurado apropriadamente, pode ser usado como um divisor de voltagem.

Réplicas de uma amostra Porções de um material, com aproximadamente o mesmo tamanho, que são analisadas precisamente ao mesmo tempo e da mesma forma.

Reprecipitação Método usado para melhorar a pureza de um precipitado e que envolve a formação e filtração de um sólido seguidas pela sua dissolução e nova formação do precipitado.

Resíduo Diferença entre o valor previsto por um modelo e o valor experimental.

Resinas de troca aniônica Polímeros de alta massa molar nos quais grupos amino estão ligados. Permitem a troca de ânions presentes em solução por íons hidróxido do trocador.

Resinas de troca catiônica Polímeros de alta massa molar aos quais grupos ácidos são ligados. Essas resinas permitem a substituição de cátions presentes em solução por íons hidrogênio do trocador.

Resinas de troca iônica Polímeros de alta massa molecular nos quais um grande número de grupos funcionais ácidos ou básicos foi ligado. Resinas catiônicas permitem a troca dos cátions presentes em solução por íons hidrogênio; resinas aniônicas substituem íons hidróxido por ânions.

Resolução da coluna, *R* Medida da capacidade de uma coluna de separar as bandas de dois analitos.

Resolução, R_s Medida da habilidade de uma coluna cromatográfica em separar dois analitos; é definida como a diferença entre os tempos de retenção dos dois picos dividida pela média de suas larguras.

Retrotitulação Titulação de um excesso de uma solução padrão que tenha reagido completamente com o analito.

Reversibilidade eletroquímica Capacidade de algumas células em reverter a si próprias quando a direção da corrente é invertida. Em uma célula irreversível, a inversão da corrente provoca uma reação diferente em um ou ambos os eletrodos.
Ruído Flutuações aleatórias de um sinal analítico que resultam de um grande número de variáveis não controláveis e que afetam o sinal; refere-se a qualquer sinal que interfira na detecção do sinal do analito.

S

Sal Espécie iônica formada pela reação entre um ácido e uma base.
Sal ácido Base conjugada que possui hidrogênio ácido.
Sal de Mohr Nome comum do sulfato de ferro(II) e amônio hexahidratado.
Sal de Oesper Nome comum para o sulfato de etilenodiamina de ferro(II) tetrahidratado.
Saponificação Clivagem de um grupo éster para regenerar o álcool e o ácido dos quais o éster foi derivado.
Seletividade Tendência de um reagente ou método instrumental de provocar uma reação ou responder similarmente apenas a poucas espécies.
Seletor de comprimento de onda Dispositivo que limita a faixa de comprimentos de onda empregada em uma medida ótica (veja Seção 25A-3).
Semicondutor Material com condutividade elétrica que é intermediária entre a do metal e a do isolante.
Semirreação Método de representação da oxidação ou redução de uma espécie. Uma equação balanceada que mostra as formas oxidada e reduzida de uma espécie, as quantidades de H_2O ou H^+ necessárias para balancear os átomos de hidrogênio e oxigênio do sistema e o número de elétrons requeridos para balancear as cargas.
Sensor de Clark para oxigênio Sensor voltamétrico para oxigênio dissolvido.
Sensor enzimático Eletrodo de membrana que foi recoberto com uma enzima imobilizada. O eletrodo é sensível à quantidade de analito presente na amostra.
Separação por sulfeto Uso de precipitações com sulfeto para separar cátions.
Sistema servo Dispositivo no qual um pequeno sinal de erro é amplificado e empregado para retornar o sistema para a posição de nulo.
Sílica Nome comum do dióxido de silício; é usada na preparação de cadinhos e células para análise ótica e meio de suporte cromatográfico.
Sobrepotencial, sobrevoltagem, Π Excesso de voltagem necessária para produzir corrente em uma célula eletroquímica polarizada.
Solução padrão Uma solução na qual a concentração de um soluto é conhecida com grande confiabilidade.
Solução mãe Solução que permanece após a precipitação de um sólido.
Soluções tampão Soluções que tendem a resistir a variações no pH como resultado de diluição ou da adição de pequenas quantidades de ácidos ou bases.
Solvente diferenciador Solventes nos quais as diferenças nas forças de ácidos ou bases são aumentadas. Compare com *solventes niveladores*.
Solventes niveladores Solventes nos quais a força de solutos ácidos ou alcalinos tende a ser a mesma; compare com *solventes diferenciadores*.
Sondas sensíveis a gás Um sistema de eletrodo indicador-referência que é isolado da solução do analito por uma membrana hidrofóbica. A membrana é permeável a um gás; o potencial é proporcional à quantidade do gás presente na solução de análise.
Sputtering Processo pelo qual um vapor atômico é produzido por meio de colisões com íons excitados sobre uma superfície, como o catodo em uma lâmpada de catodo oco.
Substâncias anfipróticas Espécies que tanto podem doar quanto receber prótons, dependendo do ambiente químico.
Substrato (1) Substância sobre a qual geralmente a enzima atua. (2) Sólido no qual são realizadas modificações na superfície.
Supersaturação Condição na qual uma solução contém temporariamente uma quantidade de soluto que excede a sua solubilidade no equilíbrio.
Supersaturação relativa Diferença entre as concentrações instantânea (Q) e no equilíbrio (S) de um soluto em uma dada solução; fornece informação quanto ao tamanho das partículas de um precipitado formado pela adição de um reagente a uma solução do analito.
Supressão (1) Processo no qual as moléculas em um estado excitado perdem energia para outras espécies sem florescerem. (2) Ação que provoca a interrupção de uma reação química.
Supressor de ionização Na espectroscopia atômica, uma espécie facilmente ionizável, como o potássio, que é introduzida para suprimir a ionização do analito.
Suspensão coloidal Mistura (geralmente de um sólido em um líquido) na qual as partículas são tão finamente divididas que elas têm a tendência de não decantarem.
Suspensões cristalinas Partículas com dimensões maiores que as coloidais dispersas temporariamente em um líquido.

T

Tampões de radiação Interferentes potenciais que são intencionalmente adicionados em grandes quantidades a amostras e padrões para nivelar seu efeito em medidas de emissão atômica.
Tara Contrapeso usado em uma balança analítica para compensar a massa do frasco de pesagem, ato de zerar a balança.
Temperatura crítica Temperatura acima da qual uma substância não pode mais existir no estado líquido, independentemente da pressão.
Tempo de retenção, t_R Na cromatografia, corresponde ao tempo entre a injeção da amostra em uma coluna cromatográfica e a chegada do pico de um analito no detector.
Tempo de vida natural, τ Tempo de vida radiativo de um estado excitado; período durante o qual a concentração do reagente decresce para $1/e$ de seu valor original em um processo de primeira ordem.

Tempo morto Na *cromatografia em coluna*, o tempo, t_M, requerido para uma espécie não retida atravessar uma coluna. Também na cinética com fluxo interrompido, é o tempo entre a mistura dos reagentes e a chegada da mistura à célula de observação.
Teoria dos processos fora do equilíbrio Teoria que explica as formas dos picos cromatográficos.
Termistor Semicondutor sensível à temperatura; usado em alguns bolômetros. A resistência elétrica varia com a temperatura.
Termo de transferência de massa de fase estacionária, $C_S u$ Medida da razão com a qual a molécula do analito entra e é liberada de uma fase estacionária.
Terra diatomácea Esqueleto à base de silício de algas unicelulares; empregada como suporte sólido na CG.
Teste de hipótese O processo de verificar uma afirmação em vários testes estatísticos. Veja *teste-t, teste-F, teste-Q* e *ANOVA*.
Teste *F* Método estatístico que permite a comparação das variâncias de dois conjuntos de medidas.
Teste Q Teste estatístico que indica – com um nível específico de probabilidade – quando um valor crítico, contido em uma série de réplicas de dados, pode ser considerado membro de uma dada distribuição gaussiana.
Teste *t* Teste estatístico utilizado para decidir quando um dado experimental é igual a um valor teórico ou conhecido ou quando dois ou mais dados experimentais são idênticos, com um certo nível de confiança; é empregado com s e $\bar{x}$ quando boas estimativas de σ e μ não estão disponíveis.
Teste *t* de student: Veja *teste t*.
THAM *tris*-(hidroximetil)aminometano, um padrão primário para bases; sua fórmula é $(HOCH_2)3CNH_2$.
TISAB (tampão de ajuste total da força iônica) Solução usada para fornecer uma força iônica grande e constante e assim nivelar o efeito de eletrólitos na análise potenciométrica direta.
Titulação Procedimento pelo qual uma solução padrão reage, com estequiometria conhecida, com um analito até o ponto de equivalência, medido experimentalmente como o ponto final. O volume ou massa do padrão necessário para atingir o ponto final é usado para calcular a quantidade de analito presente.
Titulação amperométrica Método baseado na aplicação de um potencial constante sobre um eletrodo de trabalho em uma solução sob agitação e registrando-se a corrente resultante. Uma curva com segmentos lineares é obtida.
Titulação argentimétrica Titulação na qual o reagente é uma solução de um sal de prata (normalmente $AgNO_3$).
Titulação coulométrica Tipo de análise coulométrica que envolve medidas do tempo necessário para uma corrente constante produzir reagente suficiente para reagir completamente com o analito.
Titulação espectrofotométrica Titulação monitorada por espectrometria no ultravioleta-visível.
Titulação potenciométrica Método titulométrico que envolve a medida do potencial gerado entre um eletrodo de referência e um eletrodo indicador, em função do volume de titulante adicionado.
Titulador Instrumento que realiza titulações automaticamente.
Titulometria de pesagem Sinônimo de *titulometria gravimétrica*.
Titulometria gravimétrica Titulações nas quais a massa do titulante padrão é medida, em vez de seu volume. A concentração do titulante é expressa em mmol g^{-1} de solução (em vez de mmol mL^{-1}).
Titulometria Processo de introduzir sistematicamente uma quantidade de titulante quimicamente equivalente à quantidade de analito presente em uma amostra.
Transdutor Dispositivo que converte um fenômeno químico ou físico em um sinal elétrico.
Transportador majoritário Principal espécie responsável pelo transporte de carga em um semicondutor.
Transição de ressonância Uma transição de ou para um estado eletrônico fundamental.
Transição eletrônica Promoção de um elétron de um estado eletrônico para um segundo estado eletrônico e vice-versa.
Transição rotacional Variação nos estados de energia rotacionais quantizados em uma molécula.
Transições vibracionais Transições entre estados vibracio nais de um estado eletrônico que são responsáveis pela absorção no infravermelho.
Transistor de efeito de campo de semicondutor de óxido metálico (MOSFET) Dispositivo à base de um semicondutor; quando adequadamente revestido, pode ser utilizado como um eletrodo seletivo de íon.
Transmitância, *T* Razão da potência, *P*, de um feixe de radiação após sua passagem por um meio absorvedor e a sua potência original, P_0; normalmente é expressa em porcentagem: $\%T = (P/P_0) \times 100\%$.
Transporte de massa Movimento de espécies através de uma solução devido à difusão, convecção e forças eletrostáticas.
Trava Mecanismo que levanta o braço da sua superfície de apoio quando a balança analítica não está em uso ou quando sua carga está sendo alterada.
Trava do prato Dispositivo para dar suporte aos pratos de uma balança quando a carga está sendo colocada neles.
TRIS Sinônimo de *THAM*.
Tubo fotomultiplicador Detector sensível de radiação eletromagnética; a amplificação do sinal é efetuada por uma série de dinodos que produzem uma cascata de elétrons para cada fóton recebido pelo tubo.

U

Ultramicroeletrodo Sinônimo de *microeletrodo*.
Umidade relativa Razão, normalmente expressa em porcentagem, entre a pressão de vapor da água no ambiente e sua pressão de vapor saturado a uma determinada temperatura.
Unidade de massa atômica Veja *unidade de massa atômica unificada*.

Unidade de massa atômica unificada Unidade de massa básica igual a 1/12 da massa do isótopo do carbono mais abundante, ^{12}C. Igual a 1 Dalton.
Unidades SI Sistema internacional de medidas que faz uso de sete unidades fundamentais; todas as outras unidades são derivadas a partir dessas sete unidades.
Universo de dados Sinônimo de *população de dados.*

V

Valinomicina Antibiótico que tem sido usado em um eletrodo de membrana sensível a potássio.
Valor alfa (α) Razão entre a concentração molar de uma espécie específica e a concentração molar analítica do soluto do qual ela é derivada.
Valor anômalo Resultado que parece ser discrepante de outros membros de um conjunto de resultados.
Valor p Expressão da concentração de um soluto na forma de seu logaritmo negativo; o uso do valor p permite a expressão de uma faixa enorme de concentração em termos numéricos de pequena grandeza. Por exemplo: pH, pCl^-, pOH etc.
Válvula de amostragem Válvula rotatória usada para injetar pequenas quantidades de amostra na coluna cromatográfica; empregada geralmente em conjunto com a *alça de amostragem.*
Variância, σ^2 ou s^2 Estimativa da precisão que consiste no desvio padrão elevado ao quadrado. Também se refere à medida da eficiência de uma coluna; é dada pelo símbolo τ^2 onde a abscissa do cromatograma tem unidade de tempo.
Velocidade da radiação eletromagnética, v *No vácuo*, 3×10^{10} cm s^{-1}.
Velocidade de migração, $\bar{v}$ Velocidade na qual um analito atravessa uma coluna cromatográfica.
Velocidade linear média, u Comprimento, L, de uma coluna cromatográfica, dividido pelo tempo requerido por uma espécie não retida, t_M, para passar através da coluna.
Vernier Dispositivo para auxiliar a realização de estimativas entre marcas graduadas em uma escala.
Vidro higroscópico Vidro que absorve pequenas quantidades de água em sua superfície; higroscopicidade é uma propriedade essencial da membrana de um eletrodo de vidro.
Viés Termo que descreve a ação de levar as estimativas na direção que favorece o resultado esperado. É também usado para descrever o efeito de um *erro sistemático* sobre um conjunto de medidas. Ainda uma voltagem cd que é aplicada a um elemento de circuito.
Volatilização Processo de conversão de um líquido (ou sólido) ao estado gasoso.
Voltametria Grupo de métodos eletroanalíticos que medem a corrente em função de uma voltagem aplicada a um eletrodo de trabalho.
Voltametria de varredura linear Métodos eletroanalíticos que envolvem a medida da corrente em uma célula quando o potencial é linearmente aumentado, ou diminuído, com o tempo; é a base para a *voltametria hidrodinâmica* e *polarografia.*
Voltametria hidrodinâmica Voltametria realizada com a solução do analito em constante movimento em relação à superfície do eletrodo, é produzida pelo bombeamento da solução na direção de um eletrodo estacionário ou pela movimentação do eletrodo na solução, ou por agitação.
Voltamograma Gráfico de corrente em função do potencial aplicado a um eletrodo de trabalho.
Porcentagem em volume (v/v) Razão entre o volume de um líquido e o volume de sua solução multiplicado por 100%.

Z

Zonas cromatográficas Sinônimo de *bandas cromatográficas.*
Zwitterion Espécie que resulta da transferência em solução de um próton de um grupo ácido para um sítio receptor presente na mesma molécula.

Apêndice 1

A Literatura da Química Analítica

TRATADOS

Como usado aqui, o termo tratado significa uma apresentação completa de uma ou mais áreas abrangentes da química analítica.

BARCELO, D. (Series Ed.) *Compreensive Analytical Chemistry*. Nova York: Elsevier, 1959-2010. (A partir de 2012, surgiram 58 volumes desta obra.)

FURMAN, N. H.; WELCHER, F. J. (Eds.). *Standard Methods of Chemical Analysis*. 6. ed. Nova York: Van Nostrand, 1962-1966. (Em cinco partes; amplamente dedicado a aplicações específicas.)

KOLTHOFF, I. M.; ELVING, P. J. (Eds.). *Treatise on Analytical Chemistry*. 2. ed. Nova York: Willey, 1961-1986. (Parte I (14 volumes) – é dedicado à teoria. Parte II (17 volumes) – ocupa-se com métodos analíticos para compostos orgânicos e inorgânicos. Parte III (quatro volumes) – trata da Química Analítica Industrial.)

MEYERS, R. A. (Ed.). *Encyclopedia of Analytical Chemistry: Applications Theory and Instrumentation*. Nova York: Wiley, 2000. (Uma série de consulta com 15 volumes para todas as áreas de Química Analítica.)

ROSSITOR, B. W.; BAETZOLD, R. C. (Eds.). *Physical Methods of Chemistry*. 2. ed. Nova York: Wiley, 1986-1993. (Essa série consiste em 12 volumes dedicados a vários tipos de medidas físicas e químicas utilizadas pelos químicos.)

WORSFOLD, P.; TOWNSHEND, A.; POOLE, C. (Eds.). *Encyclopedia of Analytical Science*. 2. ed. Amsterdam: Elsevier, 2005. (Dez volumes de obras de referência que abrangem todas as áreas da Ciência Analítica. Disponível em versão impressa e on-line.)

MÉTODOS OFICIAIS DE ANÁLISES

Estas publicações são frequentemente constituídas por um único volume e representam uma fonte útil de métodos analíticos para a determinação de substâncias específicas em produtos comerciais. Os métodos têm sido desenvolvidos por várias sociedades científicas e servem como padrões tanto em arbitragens como em tribunais.

Annual Book of ASTM Standards. Filadélfia: American Society for Testing Materials. (Esse trabalho com 70 volumes é revisado anualmente e contém métodos não só para testes físicos, como também análises químicas. Os volumes 3.05, *Analytical Chemistry for Metals, Ores and Related Materials*, e 3.06, *Molecular Spectroscopy and Surface Analysis*, são fontes particularmente úteis.)

CLESCERI L. S.; GREENBERG, A. E.; EATON, A. D. (Eds.). *Standard Methods for the Examination of Water and Wastewater*. 20. ed. Nova York: American Public Health Association, 1998.

Official Methods of Analysis. 18. ed. Washington, DC: Association of Official Analytical Chemists, 2005. (Essa é uma fonte muito útil de métodos para análise de materiais tais como drogas, alimentos, pesticidas, materiais agrícolas, cosméticos, vitaminas e nutrientes. A edição on-line é uma edição contínua com métodos novos e revisados a serem publicados tão logo sejam aprovados.)

WATSON, C. A. *Official and Standardized Methods of Analysis*. 3. ed. Londres: Royal Society of Chemistry, 1994.

REVISÕES SERIADAS

As revisões listadas a seguir são revisões gerais no campo da Química Analítica. Além disso, há revisões seriadas específicas dedicadas a avanços em áreas tais como cromatografia, eletroquímica, espectrometria de massas, e muitas outras.

Analytical Chemistry, "Fundamental Review" e "Application Reviews". Washington, DC: American Chemical Society. (Até a edição de 15 junho de 2010 da *Analytical Chemisty*, "Fundamental Reviews" era publicada em anos pares, enquanto a "Application Reviews" era publicada em anos ímpares. A "Fundamental Reviews" tratava dos desenvolvimentos mais significativos em muitas áreas da Química Analítica, enquanto a "Application Reviews" era dedicada a áreas específicas, como a análise da água, química clínica e produtos petrolíferos. Em 2011, os dois tipos de artigos de revisão foram publicados na edição de 15 de junho. A partir de 2012, os artigos de revisão anuais aparecem na edição de janeiro e se concentram em temas da ciência de alcance contemporâneo.)

Annual Review of Analytical Chemistry. Palo Alto, CA: Annual Reviews. (Traz competentes artigos de revisão sobre aspectos importantes da Química Analítica moderna. A revisão anual tem sido publicada anualmente desde 2008.)

Critical Reviews in Analytical Chemistry. Boca Raton, FL: CRC Press. (Essa publicação ocorre trimestralmente e provê artigos detalhados que abrangem os mais novos desenvolvimentos em análise de substâncias bioquímicas.)

Reviews in Analytical Chemistry. Berlin: De Gruyter GMBH. (Revista dedicada a artigos de revisão nesta área. São publicados quatro volumes por ano em todas as áreas da Química Analítica moderna.)

COMPILAÇÕES TABULARES

BARD, A. J.; PARSONS, R.; JORDAN, T. (Eds.). *Standard Potencials in Aqueous Solution*. Nova York: Marcel Dekker, 1985.

DEAN, J. A. *Analytical Chemistry Handbook*. Nova York: McGraw-Hill, 1995.

MARTELL, A. E.; SMITH, R. M. *Critical Stability Constants*. Nova York: Plenum Press, 1974-1989. 6 v.

MILAZZO, G.; CAROLI, S.; SHARMA, V. K. *Tables of Standard Electrode Potencial*. Nova York: Wiley, 1978.

LIVROS-TEXTOS DE ANALÍTICA AVANÇADA E INSTRUMENTAL

BUTLER J. N. *Ionic Equilibrium: A Mathematical Approach. Reading*, M.A: Addison--Wesley, 1964.

________. *Ionic Equilibrium: Solubility and pH Calculations*. Nova York: Wiley, 1998.

CHRISTIAN, G. D.; O'REILLY, J. E. *Instrumental Analysis*. 2. ed. Boston: Allyn and Bacon, 1986.

GUENTHER, W. B. *Unified Equilibrium Calculations*. Nova York: Wiley, 1991.

LAITINEN, H. A.; HARRIS, W. E. *Chemical Analysis*. 2. ed. Nova York: McGraw-Hill, 1975.

SETTLE, F. A. (Ed.) *Handbook of Instrumental Techniques for Analytical Chemistry*. Upper Saddle River, NJ: Prentice-Hall, 1997.

SKOOG, D. A.; HOLLER, F. J.; CROUCH, S. R. *Principles of Instrumental Analysis*. 6. ed. Belmont, CA: Brooks/Cole, 2007.

STROBEL, H.; HEINEMAN, W. R. *Chemical Instrumentation: A Systematic Approach*. 3. ed. Boston: Addison-Wesley, 1989.

MONOGRAFIAS

Estão disponíveis centenas de monografias dedicadas a áreas especializadas da Química Analítica. Em geral, são escritas por especialistas e consistem em excelentes fontes de informação. Algumas monografias representativas em várias áreas são listadas a seguir.

Métodos Gravimétricos e Titulométricos

ASHWORTH, M. R. F. *Titrimetic Organic Analysis*. Nova York: Interscience, 1965. 2 v.

DELEVIE, R. *Aqueous Acid-Base Equilibria and Titrations*. Oxford: Oxford University Press, 1999.

ERDEY, L. *Gravimetric Analysis*. Oxford: Pergamon, 1965.

FRITZ, J. S. *Acid-Base Titration in Nonaqueous Solvents*. Boston: Allyn and Bacon, 1973.

HILLEBRAND, W. F. et al. *Applied Inorganic Analysis*. 2. ed. Nova York: Wiley, 1953. (Reeditado em 1980.)

KOLTHOFF, I. M. ; STENGER, V. A.; BELCHER, R. *Volumetric Analysis*. Nova York: Interscience, 1942-1957. 3 v.

MA, T. S.; RITNER, R. C. *Modern Organic Elemental Analysis*. Nova York: Marcel Dekker, 1979.

SAFARIK, L.; STRANSKY, Z. *Titrimetic Analysis in Organic Solvents*. Amsterdã: Elsevier, 1986.

SERJEANT, E. P. *Potenciometry and Potentiometric Titrations*. Nova York: Wiley, 1984.

WAGNER, W.; HULL, C. J. *Inorganic Titrimetic Analysis*. Nova York: Marcel Dekker, 1971.

Análise Orgânica

SIGGIA, S.; HANNA, J. G. *Quantitative Organic Analysis via Functional Groups*. 4. ed. Nova York: Wiley, 1979.

WEISS, F. T. *Determination of Organic Compounds: Methods and Procedures*. Nova York: Wiley-Interscience, 1970.

Métodos Espectrométricos

BOLTZ, D. F.; HOWELL, J. A. *Colorimetric Determination of Nonmetals*. 2. ed. Nova York: Wiley-Interscience, 1978.

BROEKAERT, J. A. C. *Analytical Atomic Spectrometry with Flames and Plasmas*. Weinheim. Cambridge University Press: Wiley-VCH, 2002.

HILL, S. J. *Inductively Coupled Plasma Spectrometry and Its Applications*. Boca Raton, FL: CRC Press, 1999.

INGLE, J. D.; CROUCH, S. R. *Spectrochemical Analysis*. Upper Saddle River, NJ: Prentice-Hall, 1988.

LAJUNEN, L. H. J.; PERAMAKI, P. *Spectrochemical Analysis by Atomic Absorption and Emission*. 2. ed. Cambridge: Royal Society of Chemistry, 2004.

LAKOWIZ, J. R. *Principles of Fluorescence Spectroscopy*. Nova York: Plenum Press, 1999.

MONTASER, A.; GOLIGHTLY, D. W. (Eds.). *Inductively Coupled Plasmas in Analytical Atomic Spectroscopy*. 2. ed. Nova York: Wiley-VCH, 1992.

MONTASER, A. (Ed.). *Inductively Coupled Plasma Mass Spectrometry*. Nova York: Wiley, 1998.

SANDELL, E. B.; ONISHI, H. *Colorimetric Determination of Traces of Metals*. 4. ed. Nova York: Wiley, 1978-1989. 2 v.

SCHULMAN, S. G. (Ed.). *Molecular Luminescence Spectroscopy*. Nova York: Wiley, 1985. (Em duas partes.)

SNELL, F. D. *Photometric and Fluorometric Methods of Analysis*. Nova York: Wiley, 1978-1981. 2 v.

Métodos Eletroanalíticos

BARD, A. J.; FAULKNER, L. R. *Eletrochemical Methods*. 2. ed. Nova York: Wiley, 2001.

KISSINGER, P. T.; HEINEMANN, W. R. (Eds.). *Laboratory Techniques in Eletroanalytical Chemistry*. 2. ed. Nova York: Marcel Dekker, 1996.

LINGANE, J. J. *Eletroanalytical Chemistry*. 2. ed. Nova York: Interscience, 1954.

SAWYER, D. T.; SOBKOWIAK, A.; ROBERTS JR., J. L. *Experimental Eletrochemistry for Chemists*. 2. ed. Nova York: Wiley, 1995.

WANG, J. *Analytical Eletrochemistry*. Nova York: Wiley, 2000.

Separações Analíticas

ANTON, K.; BERGER, C. (Eds.). *Supercritical Fluid Chromatography with Packed Columns, Techniques and Applications*. Nova York: Dekker, 1998.

CAMILLERI, P. (Ed.). *Capillary Electrophoresis: Theory and Practice*. Boca Raton, FL: CRC Press, 1993.

CAUDE, M.; THIEBAUT, D. (Eds.). *Practical Supercritical Fluid Chromatography and Extraction*. Amsterdã: Harwood, 2000.

FRIED, B.; SHERMA, J. *Thin Layer Chromatography*. 4. ed. Nova York: Marcel Dekker, 1999.

GIDDINGS, J. C. *Unified Separation Science*. Nova York: Wiley, 1991.

KATZ, E. *Quantitative Analysis Using Chromatographic Techniques*. Nova York: Wiley, 1987.

MCMASTER, M.; MCMASTER, C. *GC/MS: A Practical User's Guide*. Nova York: Wiley-VCH, 1998.

MCNAIR, H. M.; MILLER, J. M. *Basic Gas Chromatography*. Nova York: Wiley, 1998.

NIESSEN, W. M. A. *Liquid Chromatography-Mass Spectrometry*. 2. ed. Nova York: Marcel Dekker, 1999.

SCHIMPF, M. E.; CALDWELL, K.; GIDDINGS, J. C. (Eds.). *Field-Flow Fractionation Handbook*. Nova York: Wiley, 2000.

SCOTT, R. P. W. *Introduction to Analytical Gas Chromatography*. 2. ed. Nova York: Marcel Dekker, 1997.

________. *Liquid Chromatography for the Analyst*. Nova York: Marcel Dekker, 1995.

SMITH, R. M. *Gas and Liquid Chromatography in Analytical Chemistry*. Nova York: Wiley, 1988.

SNYDER, L. R.; KIRKLAND, J. J.; DOLAN, J. W. *Introduction to Modern Liquid Chromatography*. 3. ed. Nova York: Wiley, 1996.

WEINBERGER, R. *Practical Capillary Electrophoresis*. Nova York: Academic Press, 2000.

Miscelânea

BATES, R. G. *Determination of pH: Theory and Practice*. 2. ed. Nova York: Wiley, 1973.

BOCK, R. *Decomposition Methods in Analytical Chemistry*. Nova York: Wiley, 1979.

CHRISTIAN, G. D.; CALLIS, J. B. *Trace Analysis*. Nova York: Wiley, 1986.

DEVORE, J. L. *Probability and Statistics for Engineering and the Sciences*. 8. ed. Boston: Brooks/Cole, 2012.

DEVORE, J. L.; FARNUM, N. R. *Applied Statistic for Engineers and Scientists*. Pacific Grove, CA: Duxbury/Brooks/Cole, 1999.

MOTTOLA, H. A. *Kinetic Aspects of Analytical Chemistry*. Nova York: Wiley, 1988.

PEREZ-BENDITO, D.; SILVA, M. *Kinetic Methods in Analytical Chemistry*. Nova York: Halsted Press-Wiley, 1988.

PERRIN, D. D. *Masking and Demasking Chemical Reactions*. Nova York: Wiley, 1970.

RIEMAN, W.; WALTON, H. F. *Ion Exchange in Analytical Chemistry*. Oxford: Pergamon, 1970.

RUZICKA, J.; HANSEN, E. H. *Flow Injection Analysis*. 2. ed. Nova York: Wiley, 1988.

WATSON, J. T.; SPARKMAN, O. D. *Introduction to Mass Spectrometry*. 4. ed. Chichester: Wiley, 2007.

PERIÓDICOS

Numerosos periódicos são dedicados à Química Analítica. São as principais fontes de informação na área. Alguns dos melhores e mais conhecidos títulos estão listados a seguir. As partes dos títulos em negrito são as abreviaturas do Chemical Abstracts para os periódicos.

***Analyst**, The*
***Anal**ytical and **Bioanal**ytical **Chem**istry*
***Anal**ytical **Biochem**istry*

***Anal**ytical **Chem**istry*
Anal**ytica **Chim**ica **Acta
***Anal**ytical **Lett**ers*
***Appl**ied **Spectros**copy*
***Clin**ical **Chem**istry*
***Int**ernational Journal of **Mass Spectrom**etry*
***Instr**umentation **Sci**ence and **Tech**nology*
*Journal of the **Am**erican **Soc**iety for **Mass Spectrom**etry*
*Journal of the **Assoc**iation of **Off**icial **Anal**ytical **Chem**ists*
*Journal of **Chromatogr**aphic **Sci**ence*
*Journal of **Chromatogr**aphy*
*Journal of **Eletroanal**ytical **Chem**istry*
*Journal of **Liq**uid **Chromatog**raphy and Related Techniques*
*Journal of **Microcol**umn **Separ**ation*
***Microchem**ical Journal*
Mikrochim**ica **Acta
***Separ**ation **Sci**ence*
Spectrochim**ica **Acta
Talanta
***TrAC – Trends Anal**ytical **Chem**istry*

Apêndice 2

Constantes dos Produtos de Solubilidade a 25°C

Composto	Fórmula	K_{ps}	Notas
Hidróxido de alumínio	$Al(OH)_3$	3×10^{-34}	
Carbonato de bário	$BaCO_3$	$5,0 \times 10^{-9}$	
Cromato de bário	$BaCrO_4$	$2,1 \times 10^{-10}$	
Hidróxido de bário	$Ba(OH)_2 \cdot 8H_2O$	3×10^{-4}	
Iodato de bário	$Ba(IO_3)_2$	$1,57 \times 10^{-9}$	
Oxalato de bário	BaC_2O_4	1×10^{-6}	
Sulfato de bário	$BaSO_4$	$1,1 \times 10^{-10}$	
Carbonato de cádmio	$CdCO_3$	$1,8 \times 10^{-14}$	
Hidróxido de cádmio	$Cd(OH)_2$	$4,5 \times 10^{-15}$	
Oxalato de cádmio	CdC_2O_4	9×10^{-8}	
Sulfeto de cádmio	CdS	1×10^{-27}	
Carbonato de cálcio	$CaCO_3$	$4,5 \times 10^{-9}$	Calcita
	$CaCO_3$	$6,0 \times 10^{-9}$	Aragonita
Fluoreto de cálcio	CaF_2	$3,9 \times 10^{-11}$	
Hidróxido de cálcio	$Ca(OH)_2$	$6,5 \times 10^{-6}$	
Oxalato de cálcio	$CaC_2O_4H_2O$	$1,7 \times 10^{-9}$	
Sulfato de cálcio	$CaSO_4$	$2,4 \times 10^{-5}$	
Carbonato de cobalto(II)	$CoCO_3$	$1,0 \times 10^{-10}$	
Hidróxido de cobalto(II)	$Co(OH)_2$	$1,3 \times 10^{-15}$	
Sulfeto de cobalto(II)	CoS	5×10^{-22}	α
	CoS	3×10^{-26}	β
Brometo de cobre(I)	$CuBr$	5×10^{-9}	
Cloreto de cobre(I)	$CuCl$	$1,9 \times 10^{-7}$	
Hidróxido de cobre(I)*	Cu_2O*	2×10^{-15}	
Iodeto de cobre(I)	CuI	1×10^{-12}	
Tiocianato de cobre(I)	$CuSCN$	$4,0 \times 10^{-14}$	
Hidróxido de cobre(II)	$Cu(OH)_2$	$4,8 \times 10^{-20}$	
Sulfeto de cobre(II)	CuS	8×10^{-37}	
Carbonato de ferro(II)	$FeCO_3$	$2,1 \times 10^{-11}$	
Hidróxido de ferro(II)	$Fe(OH)_2$	$4,1 \times 10^{-15}$	
Sulfeto de ferro(II)	FeS	8×10^{-19}	
Hidróxido de ferro(III)	$Fe(OH)_3$	2×10^{-39}	
Iodato de lantânio	$La(IO_3)_3$	$1,0 \times 10^{-11}$	
Carbonato de chumbo	$PbCO_3$	$7,4 \times 10^{-14}$	
Cloreto de chumbo	$PbCl_2$	$1,7 \times 10^{-5}$	
Cromato de chumbo	$PbCrO_4$	3×10^{-13}	
Hidróxido de chumbo	$PbO^{\dagger}$	8×10^{-16}	Amarelo
	$PbO^{\dagger}$	5×10^{-16}	Vermelho
Iodeto de chumbo	PbI_2	$7,9 \times 10^{-9}$	
Oxalato de chumbo	PbC_2O_4	$8,5 \times 10^{-9}$	$\mu = 0,05$
Sulfato de chumbo	$PbSO_4$	$1,6 \times 10^{-8}$	
Sulfeto de chumbo	PbS	3×10^{-28}	
Fosfato de magnésio e amônio	$MgNH_4PO_4$	3×10^{-13}	
Carbonato de magnésio	$MgCO_3$	$3,5 \times 10^{-8}$	
Hidróxido de magnésio	$Mg(OH)_2$	$7,1 \times 10^{-12}$	
Carbonato de manganês	$MnCO_3$	$5,0 \times 10^{-10}$	

Composto	Fórmula	K_{ps}	Notas
Hidróxido de manganês	$Mn(OH)_2$	2×10^{-13}	
Sulfeto de manganês	MnS	3×10^{-11}	Rosa
	MnS	3×10^{-14}	Verde
Brometo de mercúrio(I)	Hg_2Br_2	$5,6 \times 10^{-23}$	
Carbonato de mercúrio(I)	Hg_2CO_3	$8,9 \times 10^{-17}$	
Cloreto de mercúrio(I)	Hg_2Cl_2	$1,2 \times 10^{-18}$	
Iodeto de mercúrio(I)	Hg_2I_2	$4,7 \times 10^{-29}$	
Tiocianato de mercúrio(I)	$Hg_2(SCN)_2$	$3,0 \times 10^{-20}$	
Hidróxido de mercúrio(II)	HgO‡	$3,6 \times 10^{-26}$	
Sulfeto de mercúrio(II)	HgS	2×10^{-53}	Preto
	HgS	5×10^{-54}	Vermelho
Carbonato de níquel	$NiCO_3$	$1,3 \times 10^{-7}$	
Hidróxido de níquel	$Ni(OH)_2$	6×10^{-16}	
Sulfeto de níquel	NiS	4×10^{-20}	α
	NiS	$1,3 \times 10^{-25}$	β
Arsenato de prata	Ag_3AsO_4	6×10^{-23}	
Brometo de prata	$AgBr$	$5,0 \times 10^{-13}$	
Carbonato de prata	Ag_2CO_3	$8,1 \times 10^{-12}$	
Cloreto de prata	$AgCl$	$1,82 \times 10^{-10}$	
Cromato de prata	Ag_2CrO_4	$1,2 \times 10^{-12}$	
Cianeto de prata	$AgCN$	$2,2 \times 10^{-16}$	
Iodato de prata	$AgIO_3$	$3,1 \times 10^{-8}$	
Iodeto de prata	AgI	$8,3 \times 10^{-17}$	
Oxalato de prata	$Ag_2C_2O_4$	$3,5 \times 10^{-11}$	
Sulfeto de prata	Ag_2S	8×10^{-51}	
Tiocianato de prata	$AgSCN$	$1,1 \times 10^{-12}$	
Carbonato de estrôncio	$SrCO_3$	$9,3 \times 10^{-10}$	
Oxalato de estrôncio	SrC_2O_4	5×10^{-8}	
Sulfato de estrôncio	$SrSO_4$	$3,2 \times 10^{-7}$	
Cloreto de tálio(I)	$TlCl$	$1,8 \times 10^{-4}$	
Sulfeto de tálio(I)	Tl_2S	6×10^{-22}	
Carbonato de zinco	$ZnCO_3$	$1,0 \times 10^{-10}$	
Hidróxido de zinco	$Zn(OH)_2$	$3,0 \times 10^{-16}$	Amorfo
Oxalato de zinco	ZnC_2O_4	8×10^{-9}	
Sulfeto de zinco	ZnS	2×10^{-25}	α
	ZnS	3×10^{-23}	β

A maioria desses dados foi retirada de A. E. Martell; R. M. Smith, *Critical Stability Constants,* v. 3-6. Nova York: Plenum, 1976–1989. Na maioria dos casos, a força iônica era 0,0 e a temperatura 25°C.

*$Cu_2O(s) + H_2O \rightleftharpoons 2Cu^+ + 2OH^-$

†$PbO(s) + H_2O \rightleftharpoons Pb^{2+} + 2OH^-$

‡$HgO(s) + H_2O \rightleftharpoons Hg^{2+} + 2OH^-$

Apêndice 3

Constantes de Dissociação de Ácidos a 25°C

Ácido	Fórmula	K_1	K_2	K_3
Ácido acético	CH_3COOH	$1{,}75 \times 10^{-5}$		
Íon amônio	NH_4^+	$5{,}70 \times 10^{-10}$		
Íon anilínio	$C_6H_5NH_3^+$	$2{,}51 \times 10^{-5}$		
Ácido arsênico	H_3AsO_4	$5{,}8 \times 10^{-3}$	$1{,}1 \times 10^{-7}$	$3{,}2 \times 10^{-12}$
Ácido arsenioso	H_3AsO_3	$5{,}1 \times 10^{-10}$		
Ácido benzoico	C_6H_5COOH	$6{,}28 \times 10^{-5}$		
Ácido bórico	H_3BO_3	$5{,}81 \times 10^{-10}$		
Ácido 1-Butanoico	$CH_3CH_2CH_2COOH$	$1{,}52 \times 10^{-5}$		
Ácido carbônico	H_2CO_3	$4{,}45 \times 10^{-7}$	$4{,}69 \times 10^{-}$	
	$CO_2(aq)$	$4{,}2 \times 10^{-7}$	$4{,}69 \times 10^{-11}$	
Ácido cloroacético	$ClCH_2COOH$	$1{,}36 \times 10^{-3}$		
Ácido cítrico	$HOOC(OH)C(CH_2COOH)_2$	$7{,}45 \times 10^{-4}$	$1{,}73 \times 10^{-5}$	$4{,}02 \times 10^{-7}$
Íon dimetilamônio	$(CH_3)_2NH_2^+$	$1{,}68 \times 10^{-11}$		
Íon etanolamônio	$HOC_2H_4NH_3^+$	$3{,}18 \times 10^{-10}$		
Íon etilamônio	$C_2H_5NH_3^+$	$2{,}31 \times 10^{-11}$		
Íon etilenodiamônio	$^+H_3NCH_2CH_2NH_3^+$	$1{,}42 \times 10^{-7}$	$1{,}18 \times 10^{-10}$	
Ácido fórmico	$HCOOH$	$1{,}80 \times 10^{-4}$		
Ácido fumárico	*trans*-$HOOCCH{:}CHCOOH$	$8{,}85 \times 10^{-4}$	$3{,}21 \times 10^{-5}$	
Ácido glicólico	$HOCH_2COOH$	$1{,}47 \times 10^{-4}$		
Íon hidrazina	$H_2NNH_3^+$	$1{,}05 \times 10^{-8}$		
Ácido hidrazóico	HN_3	$2{,}2 \times 10^{-5}$		
Cianeto de hidrogênio	HCN	$6{,}2 \times 10^{-10}$		
Fluoreto de hidrogênio	HF	$6{,}8 \times 10^{-4}$		
Peróxido de hidrogênio	H_2O_2	$2{,}2 \times 10^{-12}$		
Sulfeto de hidrogênio	H_2S	$9{,}6 \times 10^{-8}$	$1{,}3 \times 10^{-14}$	
Íon hidroxilamônio	$HONH_3^+$	$1{,}10 \times 10^{-6}$		
Ácido hipocloroso	$HOCl$	$3{,}0 \times 10^{-8}$		
Ácido iódico	HIO_3	$1{,}7 \times 10^{-1}$		
Ácido lático	$CH_3CHOHCOOH$	$1{,}38 \times 10^{-4}$		
Ácido maleico	*cis*-$HOOCCH{:}CHCOOH$	$1{,}3 \times 10^{-2}$	$5{,}9 \times 10^{-7}$	
Ácido málico	$HOOCCHOHCH_2COOH$	$3{,}48 \times 10^{-4}$	$8{,}00 \times 10^{-6}$	
Ácido malônico	$HOOCCH_2COOH$	$1{,}42 \times 10^{-3}$	$2{,}01 \times 10^{-6}$	
Ácido mandélico	$C_6H_5CHOHCOOH$	$4{,}0 \times 10^{-4}$		
Íon metilamônio	$CH_3NH_3^+$	$2{,}3 \times 10^{-11}$		
Ácido nitroso	HNO_2	$7{,}1 \times 10^{-4}$		
Ácido oxálico	$HOOCCOOH$	$5{,}60 \times 10^{-2}$	$5{,}42 \times 10^{-5}$	
Ácido periódico	H_5IO_6	2×10^{-2}	5×10^{-9}	
Fenol	C_6H_5OH	$1{,}00 \times 10^{-10}$		
Ácido fosfórico	H_3PO_4	$7{,}11 \times 10^{-3}$	$6{,}32 \times 10^{-8}$	$4{,}5 \times 10^{-13}$
Ácido fosforoso	H_3PO_3	3×10^{-2}	$1{,}62 \times 10^{-7}$	
Ácido *o*-ftálico	$C_6H_4(COOH)_2$	$1{,}12 \times 10^{-3}$	$3{,}91 \times 10^{-6}$	
Ácido pícrico	$(NO_2)_3C_6H_2OH$	$4{,}3 \times 10^{-1}$		
Íon piperidínio	$C_5H_{11}NH^+$	$7{,}50 \times 10^{-12}$		
Ácido propanoico	CH_3CH_2COOH	$1{,}34 \times 10^{-5}$		

Ácido	Fórmula	K_1	K_2	K_3
Íon piridínio	$C_5H_5NH^+$	$5{,}90 \times 10^{-6}$		
Ácido pirúvico	$CH_3COCOOH$	$3{,}2 \times 10^{-3}$		
Ácido salicílico	$C_6H_4(OH)COOH$	$1{,}06 \times 10^{-3}$		
Ácido succínico	$HOOCCH_2CH_2COOH$	$6{,}21 \times 10^{-5}$	$2{,}31 \times 10^{-6}$	
Ácido sulfâmico	H_2NSO_3H	$1{,}03 \times 10^{-1}$		
Ácido sulfúrico	H_2SO_4	Forte	$1{,}02 \times 10^{-2}$	
Ácido sulfuroso	H_2SO_3	$1{,}23 \times 10^{-2}$	$6{,}6 \times 10^{-8}$	
Ácido tartárico	$HOOC(CHOH)_2COOH$	$9{,}20 \times 10^{-4}$	$4{,}31 \times 10^{-5}$	
Ácido tiociânico	$HSCN$	0,13		
Ácido tiosulfusúrico	$H_2S_2O_3$	0,3	$2{,}5 \times 10^{-2}$	
Ácido tricloroacético	Cl_3CCOOH	3		
Íon trimetilamônio	$(CH_3)_3NH^+$	$1{,}58 \times 10^{-10}$		

A maioria dos dados é para força iônica igual a zero. (De A. E. Martell; R. M. Smith. *Critical Stability Constants*, v. 1-6. Nova York: Plenum Press, 1974-1989.)

Apêndice 4

Constantes de Formação a 25°C

Ligante	Cátion	log K_1	log K_2	log K_3	log K_4	Força iônica
Acetato (CH_3COO^-)	Ag^+	0,73	−0,9			0,0
	Ca^{2+}	1,18				0,0
	Cd^{2+}	1,93	1,22			0,0
	Cu^{2+}	2,21	1,42			0,0
	Fe^{3+}	3,38*	3,1*	1,8*		0,1
	Hg^{2+}	log K_1K_2 = 8,45				0,0
	Mg^{2+}	1,27				0,0
	Pb^{2+}	2,68	1,40			0,0
Amônia (NH_3)	Ag^+	3,31	3,91			0,0
	Cd^{2+}	2,55	2,01	1,34	0,84	0,0
	Co^{2+}	1,99*	1,51	0,93	0,64	0,0
		log K_5 = 0,06	log K_6 = −0,74			0,0
	Cu^{2+}	4,04	3,43	2,80	1,48	0,0
	Hg^{2+}	8,8	8,6	1,0	0,7	0,5
	Ni^{2+}	2,72	2,17	1,66	1,12	0,0
		log K_5 = 0,67	log K_6 = 20,03			0,0
	Zn^{2+}	2,21	2,29	2,36	2,03	0,0
Brometo (Br^-)	Ag^+	$Ag^+ + 2Br^- \rightleftharpoons AgBr_2^-$		log K_1K_2 = 7,5		0,0
	Hg^{2+}	9,00	8,1	2,3	1,6	0,5
	Pb^{2+}	1,77				0,0
Cloreto (Cl^-)	Ag^+	$Ag^+ + 2Cl^- \rightleftharpoons AgCl_2^-$		log K_1K_2 = 5,25		0,0
		$AgCl_2^- + Cl^- \rightleftharpoons AgCl_3^{2-}$		log K_3 = 0,37		0,0
	Cu^+	$Cu^+ + 2Cl^- \rightleftharpoons CuCl_2^-$		log = 5,5*		0,0
	Fe^{3+}	1,48	0,65			0,0
	Hg^{2+}	7,30	6,70	1,0	0,6	0,0
	Pb^{2+}	$Pb^{2+} + 3Cl^- \rightleftharpoons PbCl_3^-$		log $K_1K_2K_3$ = 1,8		0,0
	Sn^{2+}	1,51	0,74	−0,3	−0,5	0,0
Cianeto (CN^-)	Ag^+	$Ag^+ + 2CN^- \rightleftharpoons Ag(CN)_2^-$		log K_1K_2 = 20,48		0,0
	Cd^{2+}	6,01	5,11	4,53	2,27	0,0
	Hg^{2+}	17,00	15,75	3,56	2,66	0,0
	Ni^{2+}	$Ni^{2+} + 4CN^2 \rightleftharpoons Ni(CN)_4^-$		log $K_1K_2K_3K_4$ = 30,22		0,0
	Zn^{2+}	log K_1K_2 = 11,07		4,98	3,57	0,0
EDTA	Ver Tabela 17-3					
Fluoreto (F^-)	Al^{3+}	7,0	5,6	4,1	2,4	0,0
	Fe^{3+}	5,18	3,89	3,03		0,0
Hidróxido (OH^-)	Al^{3+}	$Al^{3+} + 4OH^2 \rightleftharpoons Al(OH)_4^-$		log $K_1K_2K_3K_4$ = 33,4		0,0
	Cd^{2+}	3,9	3,8			0,0
	Cu^{2+}	6,5				0,0
	Fe^{2+}	4,6				0,0
	Fe^{3+}	11,81	11,5			0,0
	Hg^{2+}	10,60	11,2			0,0
	Ni^{2+}	4,1	4,9	3		0,0
	Pb^{2+}	6,4	$Pb^{2+} + 3OH^- \rightleftharpoons Pb(OH)_3^-$	log $K_1K_2K_3$ = 13,9		0,0
	Zn^{2+}	5,0	$Zn^{2+} + 4OH^- \rightleftharpoons Zn(OH)_4^{2-}$	log $K_1K_2K_3K_4$ = 15,5		0,0

Ligante	Cátion	log K_1	log K_2	log K_3	log K_4	Força iônica
Iodeto (I^-)	Cd^{2+}	2,28	1,64	1,0	1,0	0,0
	Cu^+	$Cu^+ + 2I^- \rightleftharpoons CuI_2^-$	log K_1K_2 = 8,9			0,0
	Hg^{2+}	12,87	10,95	3,8	2,2	0,5
	Pb^{2+}	$Pb^{2+} + 3I^- \rightleftharpoons PbI_3^-$	log $K_1K_2K_3$ = 3,9	0,0		
		$Pb^{2+} + 4I^- \rightleftharpoons PbI_4^{2-}$	log $K_1K_2K_3K_4$ = 4,5	0,0		
Oxalato ($C_2O_4^{2-}$)	Al^{3+}	5,97	4,96	5,04		0,1
	Ca^{2+}	3,19				0,0
	Cd^{2+}	2,73	1,4	1,0		1,0
	Fe^{3+}	7,58	6,23	4,8		1,0
	Mg^{2+}	3,42(18 °C)				
	Pb^{2+}	4,20	2,11			1,0
Sulfato (SO_4^{2-})	Al^{3+}	3,89				0,0
	Ca^{2+}	2,13				0,0
	Cu^{2+}	2,34				0,0
	Fe^{3+}	4,04	1,34			0,0
	Mg^{2+}	2,23				0,0
Tiocianato (SCN^-)	Cd^{2+}	1,89	0,89	0,1		0,0
	Cu^+	$Cu^+ + 3SCN^- \rightleftharpoons Cu(SCN)_3^{2-}$		log $K_1K_2K_3$ = 11,60		0,0
	Fe^{3+}	3,02	0,62*			0,0
	Hg^{2+}	log K_1K_2 = 17,26		2,7	1,8	0,0
	Ni^{2+}	1,76				0,0
Tiosulfato ($S_2O_3^{2-}$)	Ag^+	8,82*	4,7	0,7		0,0
	Cu^{2+}	log K_1K_2 = 6,3				0,0
	Hg^{2+}	log K_1K_2 = 29,23	1,4			0,0

De A. E. Martell; R. M. Smith. *Critical Stability Constants*, v. 3-6. Nova York: Plenum Press, 1974-1989.

*20°C.

Apêndice 5

Potenciais de Eletrodo Padrão e Formais

Semirreação	$E°$, V*	Potencial formal, V†
Alumínio		
$Al^{3+} + 3e^- \rightleftharpoons Al(s)$	−1,662	
Antimônio		
$Sb_2O_5(s) + 6H^+ + 4e^- \rightleftharpoons 2SbO^+ + 3H_2O$	+0,581	
Arsênio		
$H_3AsO_4 + 2H^+ + 2e^- \rightleftharpoons H_3AsO_3 + H_2O$	+0,559	0,577 em HCl, $HClO_4$ 1 mol L^{-1}
Bário		
$Ba^{2+} + 2e^2 \rightleftharpoons Ba(s)$	−2,906	
Bismuto		
$BiO^+ + 2H^+ + 3e^2 \rightleftharpoons Bi(s) + H_2O$	+0,320	
$BiCl_4^- + 3e^2 \rightleftharpoons Bi(s) + 4Cl^-$	+0,16	
Bromo		
$Br_2(l) + 2e^- \rightleftharpoons 2Br^-$	+1,065	1,05 em HCl_4 mol L^{-1}
$Br_2(aq) + 2e^- \rightleftharpoons 2Br^-$	+1,087‡	
$BrO_3^- + 6H^+ + 5e^- \rightleftharpoons Br_2(l) + 3H_2O$	+1,52	
$BrO_3^- + 6H^+ + 6e^- \rightleftharpoons Br^- + 3H_2O$	+1,44	
Cádmio		
$Cd^{2+} + 2e^- \rightleftharpoons Cd(s)$	−0,403	
Cálcio		
$Ca^{2+} + 2e^- \rightleftharpoons 8\ Ca(s)$	−2,866	
Carbono		
$C_6H_4O_2$ (quinona) $+ 2H^+ + 2e^- \rightleftharpoons C_6H_4(OH)_2$	+0,699	0,696 em 1 mol L^{-1} HCl, $HClO_4$, H_2SO_4
$2CO_2(g) + 2H^+ + 2e^- \rightleftharpoons H_2C_2O_4$	−0,49	
Cério		
$Ce^{4+} + e^- \rightleftharpoons Ce^{3+}$		+1,70 em $HClO_4$; +1,61 em 1 mol L^{-1} HNO_3; 1,44 em 1 mol L^{-1} H_2SO_4
Chumbo		
$Pb^{2+} + 2e^- \rightleftharpoons Ps(s)$	−0,126	−0,14 em 1 mol L^{-1} $HClO_4$; −0,29 em 1 mol L^{-1} H_2SO_4
$PbO_2(s) + 4H^+ + 2e^- \rightleftharpoons Pb^{2+} + 2H_2O$	+1,455	
$PbSO_4(s) + 2e^- \rightleftharpoons Pb(s) + SO_4^{2-}$	−0,350	
Cobalto		
$Co^{2+} + 2e^- \rightleftharpoons Co(s)$	−0,277	
$Co^{3+} + e^- \rightleftharpoons Co^{2+}$	+1,808	
Cobre		
$Cu^{2+} + 2e^- \rightleftharpoons Cu(s)$	+0,337	
$Cu^{2+} + e^- \rightleftharpoons Cu^+$	+0,153	
$Cu^+ + e^- \rightleftharpoons Cu(s)$	+0,521	
$Cu^{2+} + I^- + e^- \rightleftharpoons CuI(s)$	+0,86	
$CuI(s) + e^- \rightleftharpoons Cu(s) + I^-$	−0,185	
Cloro		
$Cl_2(g) + 2e^- \rightleftharpoons 2Cl^-$	+1,359	
$HClO + H^+ + e^- \rightleftharpoons Cl_2(g) + H_2O$	+1,63	
$ClO_3^- + 6H^+ + 5e^- \rightleftharpoons Cl_2(g) + 3H_2O$	+1,47	
Cromo		
$Cr^{3+} + e^- \rightleftharpoons Cr^{21}$	−0,408	
$Cr^{3+} + 3e^- \rightleftharpoons Cr(s)$	−0,744	
$Cr_2O_7^{2-} + 14H^+ + 6e^- \rightleftharpoons 2Cr^{3+} + 7H_2O$	+1,33	

Semirreação	$E°$, V*	Potencial formal, V[+]
Enxofre		
$S(s) + 2H^+ + 2e^- \rightleftharpoons H_2S(g)$	+0,141	
$H_2SO_3 + 4H^+ + 4e^- \rightleftharpoons S(s) + 3H_2O$	+0,450	
$SO_4^{2-} + 4H^+ + 2e^- \rightleftharpoons H_2SO_3 + H_2O$	+0,172	
$S_4O_6^{2-} + 2e^- \rightleftharpoons 2S_2O_3^{2-}$	+0,08	
$S_2O_8^{2-} + 2e^- \rightleftharpoons 2SO_4^{2-}$	+2,01	
Estanho		
$Sn^{2+} + 2e^- \rightleftharpoons Sn(s)$	−0,136	−0,16 em 1 mol L^{-1} $HClO_4$
$Sn^{4+} + 2e^- \rightleftharpoons Sn^{2+}$	+0,154	0,14 em 1 mol L^{-1} HCl
Ferro		
$Fe^{2+} + 2e^- \rightleftharpoons Fe(s)$	−0,440	
$Fe^{3+} + e^- \rightleftharpoons Fe^{2+}$	+0,771	0,700 em 1 mol L^{-1} HCl; 0,732 em 1 mol L^{-1} $HClO_4$; 0,68 em 1 mol L^{-1} H_2SO_4
$Fe(CN)_6^{3-} + e^- \rightleftharpoons Fe(CN)_6^{4-}$	+0,36	0,71 em 1 mol L^{-1} HCl; 0,72 em 1 mol L^{-1} $HClO_4$, H_2SO_4
Flúor		
$F_2(g) + 2H^+ + 2e^- \rightleftharpoons 2HF(aq)$	+3,06	
Hidrogênio		
$2H^+ + 2e^- \rightleftharpoons H_2(g)$	0,000	−0,005 em HCl, $HClO_4$ 1 mol L^{-1}
Iodo		
$I_2(s) + 2e^- \rightleftharpoons 2I^-$	+0,5355	
$I_2(aq) + 2e^- \rightleftharpoons 2I^-$	+0,615‡	
$I_3^- + 2e^- \rightleftharpoons 3I^-$	+0,536	
$ICl_2^- + e^- \rightleftharpoons \frac{1}{2}I_2(s) + 2Cl^-$	+1,056	
$IO_3^- + 6H^+ + 5e^- \rightleftharpoons \frac{1}{2}I_2(s) + 3H_2O$	+1,196	
$IO_3^- + 6H^+ + 5e^- \rightleftharpoons \frac{1}{2}I_2(aq) + 3H_2O$	+1,178‡	
$IO_3^- + 2Cl^- + 6H^+ + 4e^- \rightleftharpoons ICl_2^- + 3H_2O$	+1,24	
$H_5IO_6 + H^+ + 2e^- \rightleftharpoons IO_3^- + 3H_2O$	+1,601	
Lítio		
$Li^+ + e^- \rightleftharpoons Li(s)$	−3,045	
Magnésio		
$Mg^{2+} + 2e^- \rightleftharpoons Mg(s)$	−2,363	
Manganês		
$Mn^{2+} + 2e^- \rightleftharpoons Mn(s)$	−1,180	
$Mn^{3+} + e^- \rightleftharpoons Mn^{2+}$		1,51 em 1 mol L^{-1} H_2SO_4
$MnO_2(s) + 4H^+ + 2e^- \rightleftharpoons Mn^{2+} + 2H_2O$	+1,23	
$MnO_4^- + 8H^+ + 5e^- \rightleftharpoons Mn^{2+} + 4H_2O$	+1,51	
$MnO_4^- + 4H^+ + 3e^- \rightleftharpoons MnO_2(s) + 2H_2O$	+1,695	
$MnO_4^- + e^- \rightleftharpoons MnO_4^{2-}$	+0,564	
Mercúrio		
$Hg_2^{2+} + 2e^- \rightleftharpoons 2Hg(l)$	+0,788	0,274 em 1 mol L^{-1} de HCl; 0,776 em 1 mol L^{-1} $HClO_4$; 0,674 em 1 mol L^{-1} H_2SO_4
$2Hg^{2+} + 2e^- \rightleftharpoons Hg_2^{2+}$	+0,920	0,907 em 1 mol L^{-1} $HClO_4$
$Hg^{2+} + 2e^- \rightleftharpoons Hg(l)$	+0,854	
$Hg_2Cl_2(s) + 2e^- \rightleftharpoons 2Hg(l) + 2Cl^-$	+0,268	0,244 em satur, KCl; 0,282 em 1 mol L^{-1} KCl; 0,334 em 0,1 mol L^{-1} KCl
$Hg_2SO_4(s) + 2e^- \rightleftharpoons 2Hg(l) + SO_4^{2-}$	+0,615	
Níquel		
$Ni^{2+} + 2e^- \rightleftharpoons Ni(s)$	−0,250	
Nitrogênio		
$N_2(g) + 5H^+ + 4e^- \rightleftharpoons N_2H_5^+$	−0,23	
$HNO_2 + H^+ + e^- \rightleftharpoons NO(g) + H_2O$	+1,00	
$NO_3^- + 3H^+ + 2e^- \rightleftharpoons HNO_2 + H_2O$	+0,94	0,92 em 1 mol L^{-1} HNO_3
Oxigênio		
$H_2O_2 + 2H^+ + 2e^- \rightleftharpoons 2H_2O$	+1,776	
$HO_2^{2} + H_2O + 2e^- \rightleftharpoons 3OH^-$	+0,88	
$O_2(g) + 4H^+ + 4e^- \rightleftharpoons 2H_2O$	+1,229	
$O_2(g) + 2H^+ + 2e^- \rightleftharpoons H_2O_2$	+0,682	
$O_3(g) + 2H^+ + 2e^- \rightleftharpoons O_2(g) + H_2O$	+2,07	

Semirreação	E°, V*	Potencial formal, V†
Paládio		
$Pd^{2+} + 2e^- \rightleftharpoons Pd(s)$	+0,987	
Platina		
$PtCl_4^{2-} + 2e^- \rightleftharpoons Pt(s) + 4Cl^-$	+0,73	
$PtCl_6^{2-} + 2e^- \rightleftharpoons PtCl_4^{2-} + 2Cl^-$	+0,68	
Potássio		
$K^+ + e^- \rightleftharpoons K(s)$	−2,925	
Prata		
$Ag^+ + e^- \rightleftharpoons Ag(s)$	+0,799	0,228 em 1 mol L^{-1} HCl; 0,792 em 1 mol L^{-1} $HClO_4$; 0,77 em 1 mol L^{-1} H_2SO_4
$AgBr(s) + e^- \rightleftharpoons Ag(s) + Br^-$	+0,073	
$AgCl(s) + e^- \rightleftharpoons Ag(s) + Cl^-$	+0,222	0,228 em 1 mol L^{-1} de KCl
$Ag(CN)_2^- + e^- \rightleftharpoons Ag(s) + 2CN^-$	−0,31	
$Ag_2CrO_4(s) + 2e^- \rightleftharpoons 2Ag(s) + CrO_4^{2-}$	+0,446	
$AgI(s) + e^- \rightleftharpoons Ag(s) + I^-$	−0,151	
$Ag(S_2O_3)_2^{3-} + e^- \rightleftharpoons Ag(s) + 2S_2O_3^{2-}$	+0,017	
Selênio		
$H_2SeO_3 + 4H^+ + 4e^- \rightleftharpoons Se(s) + 3H_2O$	+0,740	
$SeO_4^{2-} + 4H^+ + 2e^- \rightleftharpoons H_2SeO_3 + H_2O$	+1,15	
Sódio		
$Na^+ + e^- \rightleftharpoons Na(s)$	−2,714	
Tálio		
$Tl^+ + e^- \rightleftharpoons Tl(s)$	−0,336	−0,551 em 1 mol L^{-1} HCl; −0,33 em 1 mol L^{-1} $HClO_4$, H_2SO_4
$Tl^{3+} + 2e^- \rightleftharpoons Tl^+$	+1,25	0,77 em 1 mol L^{-1} HCl
Titânio		
$Ti^{3+} + e^- \rightleftharpoons Ti^{2+}$	−0,369	
$TiO^{2+} + 2H^+ + e^- \rightleftharpoons Ti^{3+} + H_2O$	+0,099	0,04 em 1 mol L^{-1} H_2SO_4
Urânio		
$UO_2^{2+} + 4H^+ + 2e^- \rightleftharpoons U^{4+} + 2H_2O$	+0,334	
Vanádio		
$V^{3+} + e^- \rightleftharpoons V^{2+}$	−0,255	
$VO^{2+} + 2H^+ + e^- \rightleftharpoons V^{3+} + H_2O$	+0,359	
$V(OH)_4^+ + 2H^+ + e^- \rightleftharpoons VO^{2+} + 3H_2O$	+1,00	1,02 em 1 mol L^{-1} HCl, $HClO_4$
Zinco		
$Zn^{2+} + 2e^- \rightleftharpoons Zn(s)$	−0,763	

*G. Milazzo, S. Caroli; V. K. Sharma. *Tables of Standard Electrode Potencials*. Londres: Wiley, 1978.

†E. H. Swift; E. A. Butler. *Quantitative Measurements and Chemical Equilibria*. Nova York: Freeman, 1972.

‡Esses potenciais são hipotéticos porque correspondem a soluções que são 1,00 mol L^{-1} em Br_2 ou I_2. As solubilidades desses dois compostos a 25°C são 0,18 mol L^{-1} e 0,0020 mol L^{-1}, respectivamente. Em soluções saturadas contendo um excesso de $Br_2(l)$ ou $I_2(s)$, o potencial padrão para as semirreações $Br_2(l)$ 1 $2e^- \rightleftharpoons 2Br^2$ ou $I_2(s)$ 1 $2e^- \rightleftharpoons 2I^-$ deveria ser usado. Ao contrário, nas concentrações de Br_2 e I_2 menores que a saturação, esses potenciais de eletrodos padrão hipotéticos deveriam ser empregados.

Apêndice 6

Uso de Números Exponenciais e Logaritmos

Frequentemente os cientistas acham necessário (ou conveniente) usar a notação exponencial para expressar dados numéricos. Segue uma breve revisão dessa notação.

A6A NOTAÇÃO EXPONENCIAL

O expoente é utilizado para descrever o processo de multiplicação ou divisão repetido. Por exemplo, 3^5 significa

$$3 \times 3 \times 3 \times 3 \times 3 = 3^5 = 243$$

O potencial 5 é o expoente do número (ou base) 3; assim, 3 elevado à potência 5 é igual a 243.

O expoente negativo representa divisões repetidas. Por exemplo, 3^{-5} significa

$$\frac{1}{3} \times \frac{1}{3} \times \frac{1}{3} \times \frac{1}{3} \times \frac{1}{3} = \frac{1}{3^5} = 3^{-5} = 0{,}00412$$

Note que, ao alterar o sinal do expoente, produz-se o *recíproco* do número, que é,

$$3^{-5} = \frac{1}{3^5} = \frac{1}{243} = 0{,}00412$$

É importante observar que um número elevado à potência 1 é o próprio número, e qualquer número elevado à potência zero tem um valor igual a 1. Por exemplo,

$$4^1 = 4$$
$$4^0 = 1$$
$$67^0 = 1$$

A6A-1 Expoentes Fracionários

Um expoente fracionário simboliza o processo de extração da raiz de um número. A raiz quinta de 243 é 3; esse processo é expresso exponencialmente como

$$(243)^{1/5} = 3$$

Outros exemplos

$$25^{1/2} = 5$$
$$25^{-1/2} = \frac{1}{25^{1/2}} = \frac{1}{5}$$

A6A-2 Combinação de Números Exponenciais em Multiplicações e Divisões

A multiplicação e a divisão de números exponenciais de mesma base são efetuadas pela adição e subtração dos expoentes. Por exemplo,

$$3^3 \times 3^2 = (3 \times 3 \times 3)(3 \times 3) = 3^{(3+2)} = 3^5 = 243$$

$$3^4 \times 3^{-2} \times 3^0 = (3 \times 3 \times 3 \times 3)\left(\frac{1}{3} \times \frac{1}{3}\right) \times 1 = 3^{(4-2+0)} = 3^2 = 9$$

$$\frac{5^4}{5^2} = \frac{5 \times 5 \times 5 \times 5}{5 \times 5} = 5^{(4-2)} = 5^2 = 25$$

$$\frac{2^3}{2^{-1}} = \frac{(2 \times 2 \times 2)}{1/2} = 2^4 = 16$$

Observe que na última equação o expoente é dado pela relação

$$3 - (-1) = 3 + 1 = 4$$

A6A-3 Extração da Raiz de um Número Exponencial

Para obter a raiz de um número exponencial, o expoente é dividido pela raiz desejada. Assim,

$$(5^4)^{1/2} = (5 \times 5 \times 5 \times 5)^{1/2} = 5^{(4/2)} = 5^2 = 25$$

$$(10^{-8})^{1/4} = 10^{(-8/4)} = 10^{-2}$$

$$(10^9)^{1/2} = 10^{(9/2)} = 10^{4,5}$$

A6B O USO DE EXPOENTES EM NOTAÇÃO CIENTÍFICA

Os cientistas e os engenheiros são frequentemente obrigados a usar números muito grandes ou muito pequenos para os quais o emprego da notação decimal ordinária é difícil ou impossível. Por exemplo, para expressar o número de Avogadro em notação decimal, seriam necessários 21 zeros após o número 602. Em notação científica o número é escrito como uma multiplicação de dois números, um em notação decimal e o outro expresso como uma potência de 10. Dessa forma, o número de Avogadro é escrito como $6{,}02 \times 10^{23}$. Outros exemplos são

$$4{,}32 \times 10^3 = 4{,}32 \times 10 \times 10 \times 10 = 4320$$

$$4{,}32 \times 10^{-3} = 4{,}32 \times \frac{1}{10} \times \frac{1}{10} \times \frac{1}{10} = 0{,}00432$$

$$0{,}002002 = 2{,}002 \times \frac{1}{10} \times \frac{1}{10} \times \frac{1}{10} = 2{,}002 \times 10^{-3}$$

$$375 = 3{,}75 \times 10 \times 10 = 3{,}75 \times 10^2$$

Deve-se observar que a notação científica para um número pode ser expressa em quaisquer das várias formas equivalentes. Assim,

$$4{,}32 \times 10^3 = 43{,}2 \times 10^2 = 432 \times 10^1 = 0{,}432 \times 10^4 = 0{,}0432 \times 10^5$$

O número no expoente é igual ao número de casas decimais que devem ser deslocadas para converter o número da notação científica para a notação puramente decimal. O deslocamento é para a direita se o expoente for positivo e para a esquerda se o expoente for negativo. O processo é inverso quando o número decimal for convertido para notação científica.

A6C OPERAÇÕES ARITMÉTICAS COM NOTAÇÃO CIENTÍFICA

O uso da notação científica é útil para prevenir erros decimais em cálculos aritméticos. Seguem alguns exemplos.

A6C-1 Multiplicação

Aqui, as partes decimais dos números são multiplicadas e os expoentes, somados; assim,

$$420.000 \times 0{,}0300 = (4{,}20 \times 10^5)(3{,}0 \times 10^{-2})$$
$$= 12{,}60 \times 10^3 = 1{,}26 \times 10^4$$

$$0{,}0060 \times 0{,}000020 = 6{,}0 \times 10^{-3} \times 2{,}0 \times 10^{-5}$$
$$= 12 \times 10^{-8} = 1{,}2 \times 10^{-7}$$

A6C-2 Divisão

Aqui, as partes decimais dos números são divididas; o expoente no denominador é subtraído daquele do numerador. Por exemplo,

$$\frac{0{,}015}{5.000} = \frac{15 \times 10^{-3}}{5{,}0 \times 10^3} = 3{,}0 \times 10^{-6}$$

A6C-3 Adição e Subtração

Adição ou subtração na notação científica requer que todos os números sejam expressos em uma potência de 10 comum. As partes decimais então são somadas ou subtraídas apropriadamente. Assim,

$$2{,}00 \times 10^{-11} + 4{,}00 \times 10^{-12} - 3{,}00 \times 10^{-10}$$
$$= 2{,}00 \times 10^{-11} + 0{,}400 \times 10^{-11} - 30{,}0 \times 10^{-11}$$
$$= -27{,}6 \times 10^{-11} = -27{,}6 \times 10^{-10}$$

A6C-4 Elevando à Potência um Número Escrito em Notação Exponencial

Aqui, cada parte do número é elevada à potência separadamente. Por exemplo,

$$(2\ 3\ 10^{-3})^4 = (2{,}0)^4 \times (10^{-3})^4 = 16 \times 10^{-(3\times4)}$$
$$= 16 \times 10^{-12} = 1{,}6 \times 10^{-11}$$

A6C-5 Extração da Raiz de um Número Escrito em Notação Exponencial

Aqui, o número é escrito de modo que o expoente de 10 seja igualmente divisível pela raiz. Portanto,

$$(4{,}0 \times 10^{-5})^{1/3} = \sqrt[3]{40 \times 10^{-6}} = \sqrt[3]{40} \times \sqrt[3]{10^{-6}}$$
$$= 3{,}4 \times 10^{-2}$$

A6D LOGARITMOS

Nesta discussão, assumiremos que você dispõe de uma calculadora eletrônica para obter logaritmos e antilogaritmos dos números. (A tecla para a função antilogarítmica na maioria das calculadoras é designada por 10^x.) É desejável, entretanto, entender o que é logaritmo, bem como suas propriedades. A discussão que se segue fornece essas informações.

Um logaritmo (ou log) de um número é a potência a qual um número de base (usualmente 10) deve ser elevado de forma a obter o número desejado. Assim, um logaritmo é um expoente da base 10. A partir da discussão nos parágrafos precedentes sobre números exponenciais, podemos obter as seguintes conclusões a respeito dos logs:

1. O logaritmo de um produto é a soma dos logaritmos dos números individuais no produto.

$$\log (100 \times 1.000) = \log 10^2 + \log 10^3 = 2 + 3 = 5$$

2. O logaritmo de um quociente é a diferença entre os logaritmos dos números individuais.

$$\log (100/1.000) = \log 10^2 - \log 10^3 = 2 - 3 = -1$$

3. O logaritmo de um número elevado a alguma potência é o logaritmo do número multiplicado por esta potência.

$$\log (1.000)^2 = 2 \times \log 10^3 = 2 \times 3 = 6$$

$$\log (0{,}01)^6 = 6 \times \log 10^{-2} = 6 \times (-2) = -12$$

4. O logaritmo da raiz de um número é o logaritmo desse número dividido pela raiz.

$$\log (1.000)^{1/3} = \frac{1}{3} \times \log 10^3 = \frac{1}{3} \times 3 = 1$$

Os exemplos seguintes ilustram essas afirmações:

$$\log 40 \times 10^{20} = \log 4{,}0 \times 10^{21} = \log 4{,}0 + \log 10^{21}$$

$$= 0{,}60 + 21 = 21{,}60$$

$$\log 2{,}0 \times 10^{-6} = \log 2{,}0 + \log 10^{-6} = 0{,}30 + (-6) = -5{,}70$$

Para algumas aplicações é útil dispensar o passo da subtração mostrado no último exemplo e escrever o log como um número inteiro *negativo* e um número decimal *positivo*, isto é,

$$\log 2{,}0 \times 10^{-6} = \log 2{,}0 + \log 10^{-6} = \bar{6}{,}30$$

Os últimos exemplos demonstram que o logaritmo de um número é a soma de duas partes, uma *característica* localizada à esquerda do ponto decimal e uma *mantissa* à direita. A característica é o logaritmo de 10 elevado a uma potência e indica a localização do ponto decimal no número original quando o número é expresso em notação decimal. A mantissa é o logaritmo de um número na faixa entre 0,00 e 9,99... Note que a mantissa *sempre é positiva*. Como consequência, a característica no último exemplo é −6 e a mantissa é +0,30.

Apêndice 7

Cálculos Volumétricos Usando Normalidade e Equivalente-gama

A **normalidade** de uma solução expressa o equivalente-grama de soluto contidos em 1 L de solução ou o número de miliequivalentes-grama em 1 mL. O equivalente-grama e o miliequivalente-grama, assim como o mol e o milimol, são unidades empregadas para descrever a quantidade de espécies químicas. Mas os dois primeiros, entretanto, são definidos de modo que possamos afirmar que, no ponto de equivalência de *qualquer* titulação.

$$\text{meq.-gr de analito presente} = \text{meq.-gr de reagente padrão adicionado} \quad \text{(A7-1)}$$

ou

$$\text{eq.-gr de analito presente} = \text{eq.-gr de reagente padrão adicionado} \quad \text{(A7-2)}$$

Como consequência, proporções estequiométricas tais como as descritas na Seção 13C-3 não necessitam ser derivadas a cada cálculo volumétrico realizado. Em vez disso, a estequiometria é levada em consideração na definição de equivalente-grama ou miliequivalente-grama.

A7A-1 A DEFINIÇÃO DE EQUIVALENTE-GRAMA E MILIEQUIVALENTE-GRAMA

Ao contrário do mol, a quantidade de substância contida em um equivalente-grama pode variar de reação para reação. Consequentemente, a massa de um equivalente-grama de um composto não pode ser computado *sem referência à reação química* na qual o composto está, direta ou indiretamente, participando. Similarmente, a normalidade de uma solução não pode ser especificada *sem o conhecimento de como a solução será usada.*

A7A-1 Equivalentes-grama em Reações de Neutralização

O equivalente-grama de uma substância participante de uma reação de neutralização é a quantidade de substância (molécula, íon, ou par de íons tal como NaOH) que reage com ou fornece 1 mol de íons hidrogênio naquela reação.[1] Um miliequivalente-grama é simplesmente 1/1.000 de um equivalente.

A relação entre equivalente-grama (eq) e a massa molar ($\mathcal{M}$) é direta para ácidos ou bases fortes e para outros ácidos e bases que contêm um único íon hidrogênio ou hidroxila reativos. Por exemplo, o equivalente-grama do hidróxido de potássio, ácido clorídrico e ácido acético são iguais a suas massas molares porque cada um tem um único íon hidrogênio ou íon hidroxila reativos. O hidróxido de bário, que possui dois íons hidróxidos idênticos, reage com dois íons hidrogênio em qualquer reação ácido/base, e assim seu equivalente-grama é a metade de sua massa molar:

$$\text{Eq Ba(OH)}_2 = \frac{\mathcal{M}_{\text{Ba(OH)}_2}}{2}$$

[1] A IUPAC define um equivalente-grama como correspondendo à transferência de um íon H^+ em uma reação de neutralização, à transferência de um elétrons em uma reação redox ou à magnitude do número de carga a 1 em íons. Exemplos: 1/2 H_2SO_4, 1/5$KMnO_4$, 1/3Fe^{3+}. **DOI**: 10.1351/goldbook.E02192.

A situação torna-se mais complexa para ácidos e bases que contêm dois ou mais hidrogênios reativos ou íons hidróxidos com diferentes tendências a se dissociar. Com certos indicadores, por exemplo, somente o primeiro dos três prótons no ácido fosfórico é titulado:

$$H_3PO_4 + OH^- \rightarrow H_2PO_4^- + H_2O$$

Com outros indicadores, uma mudança de coloração ocorre somente após dois íons hidrogênio reagirem:

$$H_3PO_4 + 2OH^- \rightarrow HPO_4^{2-} + 2H_2O$$

Para uma titulação envolvendo a primeira reação, o equivalente-grama do ácido fosfórico é igual à sua massa molar; para a segunda, o equivalente-grama é a metade disso. (Por não ser prática a titulação do terceiro próton, um equivalente-grama igual a um terço da massa molar não é geralmente encontrado para H_3PO_4.) Se não for conhecida qual dessas reações está envolvida, uma definição inequívoca do equivalente-grama para o ácido fosfórico *não pode ser feita.*

A7A-2 Equivalentes-grama em Reações de Oxidação/Redução

O equivalente-grama de uma espécie participante de uma reação de oxidação/redução é a quantidade que direta ou indiretamente produz ou consome 1 mol de elétrons. O valor numérico para o equivalente-grama é convenientemente estabelecido dividindo-se a massa molar da substância de interesse pela variação do número de oxidação associado com a reação. Como exemplo, considere a oxidação do íon oxalato pelo íon permanganato:

$$5C_2O_4^{2-} + 2MnO_4^- + 16H^+ \rightarrow 10CO_2 + 2Mn^+ + 8H_2O \qquad \text{(A7-3)}$$

Nessa reação, a mudança no número de oxidação do manganês é 5, porque o elemento passa do estado +7 para o estado +2; os equivalentes-grama para o MnO_4^- e Mn^{+2} são, portanto, um quinto de suas massas molares. Cada átomo de carbono no íon oxalato é oxidado do estado +3 para +4, levando a produção de dois elétrons para cada espécie. Assim, o equivalente-grama do oxalato de sódio é a metade de sua massa molar. É também possível indicar um equivalente-grama para o dióxido de carbono produzido pela reação. Uma vez que essa molécula contém apenas um único átomo de carbono e visto que o carbono sofre uma variação no número de oxidação igual a 1, a massa molar e o equivalente-grama dos dois são idênticos.

É importante notar que na avaliação do equivalente-grama de uma substância, somente sua mudança no número de oxidação durante a titulação é considerada. Por exemplo, supondo que o teor de manganês de uma amostra contendo Mn_2O_3 deva ser determinado por titulação baseada na reação dada na Equação A7-3. O fato de que cada manganês no Mn_2O_3 tem um número de oxidação de +3 não é considerado na determinação do equivalente-grama. Isto é, assumimos que, por tratamento adequado, todo manganês é oxidado para o estado +7 antes de a titulação ser iniciada. Cada manganês do Mn_2O_3 é então reduzido do estado +7 para o estado +2 na titulação. O equivalente-grama é então a massa molar do Mn_2O_3 dividida por $2 \times 5 = 10$.

Assim como nas reações de neutralização, o equivalente-grama para um dado agente oxidante ou redutor não é invariável. O permanganato de potássio, por exemplo, reage sob determinadas condições para formar MnO_2:

$$MnO_4^- + 3e^- + 2H_2O \rightarrow MnO_2(s) + 4OH^-$$

A variação do estado de oxidação do manganês nessa reação é de +7 para +4, e o equivalente-grama de permanganato de potássio é agora igual à sua massa molar dividida por 3 (em vez de 5, como no exemplo anterior).

A7A-3 Equivalente-grama em Reações de Precipitação e Formação de Complexos

O equivalente-grama de uma espécie participante em uma reação de precipitação ou formação de um complexo é aquele que reage com ou fornece um mol do cátion *reativo* se ele for monovalente, meio mol se ele for bivalente, um terço de mol se ele for trivalente e assim por diante. É importante notar que o cátion a que essa definção se refere é sempre o *cátion diretamente envolvido na reação analítica* e não necessariamente o cátion contido no composto cujo equivalente-grama está sendo definido.

EXEMPLO A7-1

Definir o equivalente-grama para $AlCl_3$ e BiOCl se os dois compostos forem determinados pela titulação de precipitação com $AgNO_3$:

$$Ag^+ + Cl^- \rightarrow AgCl(s)$$

Resolução

Nesse exemplo, o equivalente-grama é baseado na quantidade de matéria de *íons prata* envolvidos na titulação de cada composto. Uma vez que 1 mol de Ag^+ reage com um mol de Cl^- fornecido por um terço do $AlCl_3$, podemos escrever:

$$\text{eq AlCl}_3 = \frac{\mathcal{M}_{AlCl_3}}{3}$$

Dado que cada mol de BiOCl reage com um único íon Ag^+,

$$\text{eq BiOCl} = \frac{\mathcal{M}_{BiOCl}}{1}$$

Observe que o fato de Bi^{3+} (ou Al^{3+}) ser trivalente não significa nada porque a definição é baseada *no cátion envolvido na titulação*: Ag^+.

A7-B A DEFINIÇÃO DE NORMALIDADE

A normalidade c_N de uma solução expressa o miliequivalente-grama de soluto contido em 1 mL de solução ou o equivalente-grama contido em 1 L. Desse modo, uma solução de ácido clorídrico 0,20 N contém 0,20 meq de HCl em cada mililitro de solução ou 0,20 eq em cada litro.

A concentração normal de uma solução é definida pela equação análoga à Equação 4-2. Assim, para uma solução da espécie A, a normalidade $c_{N(A)}$ é dada pelas equações

$$c_{N(A)} = \frac{\text{meq A}}{\text{mL solução}} \qquad \text{(A7-4)}$$

$$c_{N(A)} = \frac{\text{eq A}}{\text{L solução}} \qquad \text{(A7-5)}$$

A7-C ALGUMAS RELAÇÕES ALGÉBRICAS ÚTEIS

Dois pares de equações algébricas, análogas às Equações 13-1 e 13-2, bem como as Equações 13-3 e 13-4, no Capítulo 13, podem ser aplicados quando se emprega a concentração normal:

$$\text{quant. de matéria de A} = \text{meq A} = \frac{\text{massa A (g)}}{\text{meqm A}(\text{g meq}^{-1})} \qquad \text{(A7-6)}$$

$$\text{quant. de matéria de A} = \text{eq A} = \frac{\text{massa A (g)}}{\text{eqm A}(\text{g eq}^{-1})} \qquad \text{(A7-7)}$$

$$\text{quant. de mat. de A} = \text{meq A} = V(\text{mL}) \times c_{N(A)}(\text{meq mL}^{-1}) \qquad \text{(A7-8)}$$

$$\text{quant. de mat. de A} = \text{eq A} = V(\text{L}) \times c_{N(A)}(\text{eq L}^{-1}) \qquad \text{(A7-9)}$$

A7-D CÁLCULOS DA NORMALIDADE DE SOLUÇÕES PADRÃO

O Exemplo A7-2 mostra como a normalidade de uma solução padrão é computada dos dados da sua preparação.

EXEMPLO A7-2

Descreva a preparação de 5,000 L de uma solução 0,1000 N de Na2CO3 (105,99 g mol^{-1}) a partir de um padrão primário sólido, assumindo que esta será usada em titulações nas quais a reação será

$$CO_3^{2-} + 2H^+ \rightarrow H_2O + CO_2$$

Resolução

Aplicando a Equação A7-9, temos

$$\text{quant. de mat. de } Na_2CO_3 = \text{V sol. (L)} \times c_{N(Na_2CO_3)}(\text{eq L}^{-1})$$

$$= 5.000 \text{ L} \times 0{,}1000 \text{ eq L}^{-1} = 0{,}5000 \text{ eq de } Na_2CO_3$$

Rearranjando a Equação A7-7, temos

$$\text{massa de } Na_2CO_3 = \text{eq de } Na_2CO_3 \times \text{eq de } Na_2CO_3$$

Mas 2 eq de Na_2CO_3 estão contidos em cada mol do composto, então,

$$\text{massa de } Na_2CO_3 = 0{,}5000 \text{ eq de } Na_2CO_3 \times \frac{105{,}99 \text{ g de } Na_2CO_3}{2 \text{ eq de } Na_2CO_3} = 26{,}50 \text{ g}$$

Portanto, dissolve-se 26,50 g de Na_2CO_3 em água e dilui-se até 5,000 L.

É importante observar que, quando o íon carbonato reage com dois prótons, a massa de carbonato de sódio necessária para preparar uma solução 0,10 N é apenas metade do que é preciso para preparar uma solução 0,10 mol L^{-1}.

A7E TRATAMENTO DOS DADOS DE TITULAÇÃO EMPREGANDO-SE NORMALIDADES

A7E-1 Cálculo da Normalidade a Partir dos Dados de Titulações

Os Exemplos A7-3 e A7-4 ilustram como são computados os dados da padronização. Note que esses exemplos são semelhantes aos Exemplos 13-4 e 13-5 no Capítulo 13.

EXEMPLO A7-3

Exatamente 50,00 mL de uma solução de HCl requerem 29,71 mL de uma solução 0,03926 N $Ba(OH)_2$ para atingir o ponto final com o indicador verde de bromocresol. Calcular a normalidade do HCl.

Note que a molaridade do $Ba(OH)_2$ é metade de sua normalidade. Isto é,

$$c_{Ba(OH)_2} = 0{,}03926 \frac{\text{meq}}{\text{mL}} \times \frac{1\ \text{mmol}}{2\ \text{meq}} = 0{,}01963\ \text{mol L}^{-1}$$

Resolução

Porque estamos baseando nosso cálculo em miliequivalente, escrevemos

$$\text{meq de HCl} = \text{meq de Ba(OH)}_2$$

O número de miliequivalentes-grama do padrão é obtido por substituição na Equação A7-8:

$$\text{quant. de mat. de Ba(OH)}_2 = 29{,}71\ \text{mL de Ba(OH)}_2 \times 0{,}03926 \frac{\text{meq de Ba(OH)}_2}{\text{mL de Ba(OH)}_2}$$

Para obter miliequivalentes-grama do HCl, escrevemos

$$\text{uant. de mat. deHCl} = (29{,}71 \times 0{,}03926)\ \text{meq de Ba(OH)}_2 \times \frac{1\ \text{meq de HCl}}{1\ \text{meq de Ba(OH)}_2}$$

Igualando esse resultado à Equação A7-8

$$\text{quant. de mat. de HCl} = 50{,}00\ \text{mL} \times c_{N(HCl)}$$
$$= (29{,}71 \times 0{,}03926 \times 1)\ \text{meq de HCl}$$
$$c_{N(HCl)} = \frac{(29{,}71 \times 0{,}03926 \times 1)\ \text{meq de HCl}}{50{,}00\ \text{mL de HCl}} = 0{,}02333\ \text{N}$$

EXEMPLO A7-4

Uma amostra de 0,2121 g de $Na_2C_2O_4$ puro (134,00 g mol^{-1}) foi titulada com 43,31 mL de $KMnO_4$. Qual é a normalidade da solução de $KMnO_4$? A reação química é

$$2MnO_4^- + 5C_2O_4^{2-} + 16H^+ \rightarrow 2Mn^{2+} + 10CO_2 + 8H_2O$$

Resolução

Por definição, no ponto de equivalência da titulação,

$$\text{meq de } Na_2C_2O_4 = \text{meq de } KMnO_4$$

Substituindo as Equações A7-8 e A7-6 nessa relação, temos

$$V_{KMnO_4} \times c_{N(KMnO_4)} = \frac{\text{massa de } Na_2C_2O_4\,(g)}{\text{meqm } Na_2C_2O_4\,(g \text{ meq}^{-1})}$$

$$43{,}31 \text{ mL de } KMnO_4 \times c_{N(KMnO_4)} = \frac{0{,}2121 \text{ g de } Na_2C_2O_4}{0{,}13400 \text{ g de } Na_2C_2O_4/2 \text{ meq}}$$

$$c_{N(KMnO_4)} = \frac{0{,}2121 \text{ g de } Na_2C_2O_4}{43{,}31 \text{ mL de } KMnO_4 \times 0{,}1340 \text{ g de } Na_2C_2O_4/2 \text{ meq}}$$

$$= 0{,}073093 \text{ meq mL}^{-1} \text{ de } KMnO_4 = 0{,}07309 \text{ N}$$

Observe que a normalidade encontrada é, nesse caso, cinco vezes a concentração molar computada no Exemplo 13-5.

A7E-2 Cálculos da Quantidade de Analito a Partir de Dados de Titulação

Os exemplos a seguir ilustram como as concentrações de analito são calculadas quando estão envolvidas normalidades. Observe que o Exemplo A7-5 é similar ao Exemplo 13-6 no Capítulo 13.

EXEMPLO A7-5

Uma amostra de 0,8040 g de minério de ferro foi dissolvida em ácido. O ferro foi então reduzido a Fe^{2+} e titulado com 47,22 mL de uma solução 0,1121 N (0,02242 mol L^{-1}) de $KMnO_4$. Calcular o resultado dessa análise em termos de (a) porcentagem de Fe (55,847 g mol^{-1}) e (b) porcentagem de Fe_3O_4 (231,54 g mol^{-1}). A reação do analito com o reagente é descrito pela equação

$$MnO_4^- + 5Fe^{2+} + 8H^+ \rightarrow Mn^{2+} + 5Fe^{3+} + 4H_2O$$

Resolução

(a) No ponto de equivalência, sabemos que

$$\text{meq de } KMnO_4 = \text{meq de } Fe^{2+} = \text{meq de } Fe_3O_4$$

Substituindo as Equações A7-8 e A7-6 conduz a

$$V_{KMnO_4}(\text{mL}) \times c_{N(KMnO_4)}(\text{meq mL}^{-1}) = \frac{\text{massa de } Fe^{2+}\,(g)}{\text{meqm de } Fe^{2+}\,(g \text{ meq}^{-1}}$$

Substituindo dados numéricos nessa equação, temos, após rearranjo,

$$\text{massa de } Fe^{2+} = 47{,}22 \text{ mL de } KMnO_4 \times 0{,}1121 \frac{\text{meq}}{\text{mL de } KMnO_4} \times \frac{0{,}055847 \text{ g}}{1 \text{ meq}}$$

Note que o miliequivalente-grama do Fe^{2+} é igual à sua massa milimolar. A porcentagem de ferro é

$$\text{porcentagem de } Fe^{2+} = \frac{(47{,}22 \times 0{,}1121 \times 0{,}055847) \text{ g de } Fe^{2+}}{0{,}8040 \text{ g de amostra}} \times 100\%$$

$$= 36{,}77\%$$

(b) Aqui,

$$\text{meq de } KMnO_4 = \text{meq de } Fe_3O_4$$

e

$$V_{KMnO_4}(\text{mL}) \times c_{N(KMnO_4)}(\text{meq mL}^{-1}) = \frac{\text{massa de } Fe_3O_4 \text{ (g)}}{\text{meqm de } Fe_3O_4 \text{ (g meq}^{-1})}$$

Substituindo os dados numéricos e rearranjando, temos

$$\text{massa de } Fe_3O_4 = 47{,}22 \text{ mL} \times 0{,}1121 \frac{\text{meq}}{\text{mL}} \times 0{,}23154 \frac{\text{g de } Fe_3O_4}{3 \text{ meq}}$$

Note que o miliequivalente-grama do Fe_3O_4 é um terço da sua massa milimolar, porque cada Fe^{2+} sofre uma variação de um elétron e o composto é convertido para $3Fe^{2+}$ antes da titulação. A porcentagem de Fe_3O_4, então é

$$\text{porcentagem de } Fe_3O_4 = \frac{(47{,}22 \times 0{,}1121 \times 0{,}23154/3) \text{ g de } Fe_3O_4}{0{,}8040 \text{ g de amostra}} \times 100\%$$

$$= 50{,}81\%$$

Observe que as respostas desse exemplo são idênticas àquelas do Exemplo 13-6.

EXEMPLO A7-6

0,4755 g de uma amostra contendo $(NH_4)_2C_2O_4$ e outros compostos inertes foram dissolvidos em água e alcalinizada com KOH. O NH_3 liberado foi destilado e recolhido em 50,00 mL de uma solução 0,1007 N (0,05035 mol L^{-1}) de H_2SO_4. O excesso de H_2SO_4 foi retrotitulado com 11,13 mL de solução 0,1214 N de NaOH. Calcular a porcentagem de nitrogênio (14,007 g mol^{-1}) e de $(NH_4)_2C_2O_4$ (124,10 g mol^{-1}) na amostra.

Resolução

No ponto de equivalência, os miliequivalentes-grama do ácido e da base são iguais. Nessa titulação, entretanto, duas bases estão envolvidas: NaOH e NH_3. Assim,

$$\text{meq de } H_2SO_4 = \text{meq de } NH_3 + \text{meq de NaOH}$$

Após rearranjo,

$$\text{meq de } NH_3 = \text{meq de N} = \text{meq de } H_2SO_4 - \text{meq de NaOH}$$

Substituindo as Equações A7-6 e A7-8 para os miliequivalentes-grama de N e H_2SO_4, respectivamente, temos

$$\frac{\text{massa de N(g)}}{\text{meqm de N(g/meq)}} = 50{,}00 \text{ mL de } H_2SO_4 \times 0{,}1007 \frac{\text{meq}}{\text{mL de } H_2SO_4}$$

$$- 11{,}13 \text{ mL de NaOH} \times 0{,}1214 \frac{\text{meq}}{\text{mL de NaOH}}$$

$$\text{massa de N} = (50{,}00 \times 0{,}1007 - 11{,}13 \times 0{,}1214) \text{ meq} \times 0{,}014007 \text{ g N meq}^{-1}$$

$$\text{porcentagem de N} = \frac{(50{,}00 \times 0{,}1007 - 11{,}13 \times 0{,}1214) \times 0{,}014007 \text{ g N}}{0{,}4755 \text{ g de amostra}} \times 100\%$$

$$= 10{,}85\%$$

O número de miliequivalente-grama de $(NH_4)_2C_2O_4$ é igual ao miliequivalente-grama do NH_3 e N, mas o peso miliequivalente-grama do $(NH_4)_2C_2O_4$ é igual à metade de sua massa molar. Assim,

$$\text{massa de } (NH_4)_2C_2O_4 = (50{,}00 \times 0{,}1007 - 11{,}13 \times 0{,}1214) \text{ meq} \times 0{,}12410 \text{ g/2 meq}$$

porcentagem de $(NH_4)_2C_2O_4$

$$= \frac{(50{,}00 \times 0{,}1007 - 11{,}13 \times 0{,}1214) \times 0{,}06205 \text{ g}(NH_4)_2C_2O_4}{0{,}4755 \text{ g de amostra}} \times 100\%$$

$$= 48{,}07\%$$

Apêndice 8

Compostos Recomendados para a Preparação de Soluções Padrão de Alguns Elementos Comuns*

Elemento	Composto	Massa Molar	Solvente†	Notas
Alumínio	Alumínio metálico	26,9815286	HCl dil. a quente	a
Antimônio	$KSbOC_4H_4O_6H_2O$	333,94	H_2O	c
Arsênio	As_2O_3	197,840	HCl diluído	i,b,d
Bário	$BaCO_3$	197,355	HCl diluído	
Bismuto	Bi_2O_3	465,958	HNO_3	
Boro	H_3BO_3	61,83	H_2O	d,e
Bromo	KBr	119,002	H_2O	a
Cádmio	CdO	128,410	HNO_3	
Cálcio	$CaCO_3$	100,086	HCl diluído	i
Cério	$(NH_4)_2Ce(NO_3)_6$	548,218	H_2SO_4	
Cromo	$K_2Cr_2O_7$	294,185	H_2O	i,d
Cobalto	Cobalto metálico	58,933195	HNO_3	a
Cobre	Cobre metálico	63,546	HNO_3 diluído	a
Flúor	NaF	41,9881725	H_2O	b
Iodo	KIO_3	214,000	H_2O	i
Ferro	Ferro metálico	55,845	HCl, a quente	a
Lantânio	La_2O_3	325,808	HCl, a quente	f
Chumbo	$Pb(NO_3)_2$	331,2	H_2O	a
Lítio	Li_2CO_3	73,89	HCl	a
Magnésio	MgO	40,304	HCl	
Manganês	$MnSO_4 \cdot H_2O$	169,01	H_2O	g
Mercúrio	$HgCl_2$	271,49	H_2O	b
Molibdênio	MoO_3	143,96	1 mol L^{-1} NaOH	
Níquel	Níquel metálico	58,6934	HNO_3, a quente	
Fósforo	KH_2PO_4	136,09	H_2O	
Potássio	KCl	74,55	H_2O	a
	$KHC_8H_4O_4$	204,22	H_2O	i,d
	$K_2Cr_2O_7$	294,182	H_2O	i,d
Silício	Silício metálico	28,085	NaOH, conc.	
	SiO_2	60,083	HF	j
Prata	$AgNO_3$	169,872	H_2O	a
Sódio	NaCl	58,44	H_2O	i
	$Na_2C_2O_4$	133,998	H_2O	i,d
Estrôncio	$SrCO_3$	147,63	HCl	a
Enxofre	K_2SO_4	174,25	H_2O	

Elemento	Composto	Massa Molar	Solvente†	Notas
Estanho	Estanho metálico	118,71	HCl	
Titânio	Titânio metálico	47,867	H_2SO_4; 1 : 1	a
Tungstênio	$Na_2WO_4 \cdot 2H_2O$	329,85	H_2O	h
Urânio	U_3O_8	842,079	HNO_3	d
Vanádio	V_2O_5	181,878	HCl, quente	
Zinco	ZnO	81,38	HCl	a

* Os dados dessa tabela foram tirados de uma lista mais completa elaborada por B. W. Smith e M. L. Parsons, *J. Chem, Educ.*, v. 50, p. 679, 1973. A menos que esteja especificado de outra forma, os compostos devem ser secados até massa constante a 110°C.

† A menos que esteja especificado de outra forma, os ácidos são concentrados e de pureza analítica (PA).

[a] Obedece aos critérios listados na Seção 12A-2 e se aproxima da qualidade dos padrões primários.

[b] Altamente tóxico.

[c] Perde H_2O a 110°C. Após a secagem a massa molar = 324,92. O composto seco deve ser pesado rapidamente após ser retirado do dessecador.

[d] Disponível como padrão primário do Instituto Nacional de Padrões e Tecnologia.

[e] H_3BO_3 deve ser pesado diretamente do frasco. Perde 1 mol de H_2O a 100°C sendo difícil a secagem a massa constante.

[f] Absorve CO_2 e H_2O. Deve ser submetido a ignição imediatamente antes do uso.

[g] Pode ser seco a 110°C sem perda de água.

[h] Perde ambas as águas a 110°C. Massa molar = 293,82. Manter em dessecador após a secagem.

[i] Padrão primário.

[j] HF é altamente tóxico e dissolve o vidro.

Apêndice 9

Derivação das Equações de Propagação de Erros

Neste apêndice, derivamos várias equações que permitem o cálculo de desvio padrão para os resultados de vários tipos de cálculos aritméticos.

A9A PROPAGAÇÃO DE INCERTEZAS DE MEDIDAS

O resultado calculado para uma análise geralmente requer dados de várias medidas experimentais independentes, cada uma das quais está sujeita a incertezas aleatórias e cada uma contribui para o erro aleatório líquido do resultado final. Com o propósito de mostrar como cada incerteza afeta o resultado de uma análise, vamos assumir que um resultado y é dependente das variáveis experimentais, $a, b, c, \ldots$, assim podemos escrever

$$y = f(a, b, c, \ldots) \tag{A9-1}$$

A incerteza dy_i é geralmente dada em termos do desvio da média ou $(y_i - \bar{y})$, que dependerá do tamanho e do sinal da incerteza correspondente $da_i, db_i, dc_i, \ldots$. Isto é,

$$dy_i = (y_i - \bar{y}) = f(da_i, db_i, dc_i, \ldots)$$

A variável em dy em função das incertezas em $a, b, c, \ldots$ pode ser derivada tomando-se a diferencial total da Equação A9-1. Isto é,

$$dy = \left(\frac{\partial y}{\partial a}\right)_{b,c,\ldots} da + \left(\frac{\partial y}{\partial b}\right)_{a,c,\ldots} db + \left(\frac{\partial y}{\partial c}\right)_{a,b,\ldots} dc + \ldots \tag{A9-2}$$

Para desenvolver uma relação entre o desvio padrão de y e o desvio padrão de a, b e c para N medidas em replicata, empregamos a Equação 6-4, que requer que elevemos a Equação A9-2 ao quadrado, somemos entre $i = 0$ e $i = N$, dividamos por N − 1 e tiremos a raiz quadrada do resultado. O quadrado da Equação A9-2 toma forma

$$(dy)^2 = \left[\left(\frac{\partial y}{\partial a}\right)_{b,c,\ldots} da + \left(\frac{\partial y}{\partial b}\right)_{a,c,\ldots} db + \left(\frac{\partial y}{\partial c}\right)_{a,b,\ldots} dc + \ldots\right]^2 \tag{A9-3}$$

Essa equação deve então ser somada entre os limites de $i = 1$ e $i = N$.

Ao quadrar-se a Equação A9-2, dois tipos de termos surgem do lado direito da equação: (1) termos quadrados e (2) termos cruzados. Os termos quadrados tomam a forma

$$\left(\frac{\partial y}{\partial a}\right)^2 da^2, \left(\frac{\partial y}{\partial b}\right)^2 db^2, \left(\frac{\partial y}{\partial c}\right)^2 dc^2, \ldots$$

Os termos quadrados são sempre positivos e então *nunca* podem ser cancelados quando somados. Ao contrário, os termos cruzados podem ter sinais tanto positivos como negativos. Por exemplo,

$$\left(\frac{\partial y}{\partial a}\right)\left(\frac{\partial y}{\partial b}\right) da\,db, \left(\frac{\partial y}{\partial a}\right)\left(\frac{\partial y}{\partial c}\right) da\,dc, \ldots$$

Se da, db e dc representam *incertezas aleatórias e independentes*, alguns dos termos cruzados serão negativos e outros, positivos. Assim, *a soma de todos os termos será próxima de zero*, particularmente quando N for grande.

Como consequência da tendência de os termos cruzados serem cancelados, pode-se assumir que o somatório da Equação A9-3 de $i = 1$ para $i = N$ seja composto exclusivamente dos termos quadrados. Essa soma então toma a forma

$$\Sigma\,(dy_i)^2 = \left(\frac{\partial y}{\partial a}\right)^2 \Sigma\,(da_i)^2 + \left(\frac{\partial y}{\partial b}\right)^2 \Sigma\,(db_i)^2 + \left(\frac{\partial y}{\partial c}\right)^2 \Sigma\,(dc_i)^2 + \ldots \qquad \text{(A9-4)}$$

Dividindo-se por $N - 1$, temos,

$$\frac{\Sigma\,(dy_i)^2}{N-1} = \left(\frac{\partial y}{\partial a}\right)^2 \frac{\Sigma\,(da_i)^2}{N-1} + \left(\frac{\partial y}{\partial b}\right)^2 \frac{\Sigma\,(db_i)^2}{N-1} + \left(\frac{\partial y}{\partial c}\right)^2 \frac{\Sigma\,(dc_i)^2}{N-1} + \ldots \qquad \text{(A9-5)}$$

Da Equação 6-4, entretanto, vemos que

$$\frac{\Sigma\,(dy_i)^2}{N-1} = \Sigma\frac{(y_i - \bar{y})^2}{N-1} = s_y^2$$

onde s_y^2 é a variância de y. De forma similar

$$\frac{\Sigma\,(da_i)^2}{N-1} = \frac{\Sigma(a_i - \bar{a})^2}{N-1} = s_a^2$$

e assim por diante. Dessa forma, a Equação A9-5 pode ser escrita em termos de variâncias das variáveis; isto é,

$$s_y^2 = \left(\frac{\partial y}{\partial a}\right)^2 s_a^2 + \left(\frac{\partial y}{\partial b}\right)^2 s_b^2 + \left(\frac{\partial y}{\partial c}\right)^2 s_c^2 + \ldots \qquad \text{(A9-6)}$$

A9B DESVIO PADRÃO DE RESULTADOS CALCULADOS

Nesta seção, empregamos a Equação A9-6 para derivar as relações que permitem calcular o desvio padrão para resultados produzidos por cinco tipos de operações aritméticas.

A9B-1 Adição e Subtração

Considere o caso no qual desejamos calcular a quantidade y de três quantidades experimentais a, b e c por meio da equação

$$y = a + b - c$$

Assumimos que os desvios padrão para essas quantidades são s_y, s_a, s_b e s_c. A aplicação da Equação A9-6 leva a

$$s_y^2 = \left(\frac{\partial y}{\partial a}\right)^2_{b,\,c} s_a^2 + \left(\frac{\partial y}{\partial b}\right)^2_{a,\,c} s_b^2 + \left(\frac{\partial y}{\partial c}\right)^2_{a,\,b} s_c^2$$

As derivadas parciais de y com respeito às três quantidades experimentais são

$$\left(\frac{\partial y}{\partial a}\right)_{b,c} = 1; \quad \left(\frac{\partial y}{\partial b}\right)_{a,c} = 1; \quad \left(\frac{\partial y}{\partial c}\right)_{a,b} = -1$$

Portanto, a variância de y é dada por

$$s_y^2 = (1)^2 s_a^2 + (1)^2 s_b^2 + (-1)^2 s_c^2 = s_a^2 + s_b^2 + s_c^2$$

ou o desvio padrão dos resultados é dado por

$$s_y = \sqrt{s_a^2 + s_b^2 + s_c^2} \qquad \text{(A9-7)}$$

Assim, o desvio padrão *absoluto* da soma ou diferença é igual à raiz quadrada da soma dos quadrados dos desvios padrão *absolutos* dos números que são somados ou subtraídos.

A9B-2 Multiplicação e Divisão

Vamos agora considerar o caso

$$y = \frac{ab}{c}$$

As derivadas parciais de y com respeito a a, b e c são

$$\left(\frac{\partial y}{\partial a}\right)_{b,c} = \frac{b}{c}; \quad \left(\frac{\partial y}{\partial b}\right)_{a,c} = \frac{a}{c}; \quad \left(\frac{\partial y}{\partial c}\right) = -\frac{ab}{c^2}$$

Substituindo na Equação A9-6, temos

$$s_y^2 = \left(\frac{b}{c}\right)^2 s_a^2 + \left(\frac{a}{c}\right)^2 s_b^2 + \left(\frac{ab}{c^2}\right)^2 s_c^2$$

Dividindo essa equação pelo quadrado da equação original ($y^2 = a^2b^2/c^2$), temos

$$\frac{s_y^2}{y^2} = \frac{s_a^2}{a^2} + \frac{s_b^2}{b^2} + \frac{s_c^2}{c^2}$$

ou

$$\frac{s_y}{y} = \sqrt{\left(\frac{s_a}{a}\right)^2 + \left(\frac{s_b}{b}\right)^2 + \left(\frac{s_c}{c}\right)^2} \qquad \text{(A9-8)}$$

Desse modo, para produtos e quocientes, o quadrado do desvio padrão *relativo* do resultado é igual à soma dos quadrados dos desvios padrão *relativos* dos números que são multiplicados ou divididos.

A9B-3 Cálculos Exponenciais

Considere o seguinte cálculo

$$y = a^x$$

Aqui, a Equação A9-6 toma a forma

$$s_y^2 = \left(\frac{\partial a^x}{\partial y}\right)^2 s_a^2$$

ou

$$s_y = \frac{\partial a^x}{\partial y} s_a$$

Mas

$$\frac{\partial a^x}{\partial y} = xa^{(x-1)}$$

Assim

$$s_y = xa^{(x-1)} s_a$$

e dividindo pela equação original ($y = a^x$), temos

$$\frac{s_y}{y} = \frac{xa^{(x-1)} s_a}{a^x} = x\frac{s_a}{a} \qquad \text{(A9-9)}$$

Portanto, o erro relativo do resultado é igual ao erro relativo dos números a serem exponenciados, multiplicados pelo expoente.

É importante notar que o erro propagado ao se elevar um número a uma potência qualquer é diferente do erro propagado na multiplicação. Por exemplo, considere a incerteza no quadrado de 4,0(±0,2). Aqui o erro relativo no resultado (16,0) é dado pela Equação A9-9

$$s_y/y = 2 \times (0{,}2/4) = 0{,}1 \qquad \text{ou} \qquad 10\%$$

Considere agora o caso quando y é o produto de dois números *medidos independentemente* que por acaso têm valores de $a = 4{,}0(\pm 0{,}2)$ e $b = 4{,}0(\pm 0{,}2)$. Nesse caso, o erro relativo do produto $ab = 16{,}0$ é dado pela Equação A9-8:

$$s_y/y = \sqrt{(0{,}2/4)^2 + (0{,}2/4)^2} \quad \text{ou} \quad 7\%$$

A razão para essa aparente anormalidade é que no último caso o sinal associado com um erro pode ser o mesmo ou diferente do outro. Se acontecer de ser o mesmo, o erro é idêntico ao encontrado no primeiro caso, em que o sinal *deve* ser igual. Ao contrário, existe a possibilidade de que um sinal possa ser positivo e outro negativo; nesse caso, os erros relativos tendem a se cancelar mutuamente. Assim, o erro provável situa-se entre o máximo (10%) e zero.

A9B-4 Cálculos de Logaritmos

Considere o cálculo

$$y = \log_{10} a$$

Nesse caso, podemos escrever a Equação A9-6 como

$$s_y^2 = \left(\frac{\partial \log_{10} a}{\partial y}\right)^2 s_a^2$$

Mas

$$\frac{\partial \log_{10} a}{\partial y} = \frac{0{,}434}{a}$$

e

$$s_y = 0{,}434 \frac{s_a}{a} \quad \text{(A9-10)}$$

Assim, o desvio padrão absoluto de um logaritmo é determinado pelo desvio padrão *relativo* do número.

A9B-5 Cálculos de Antilogaritmos

Considere a relação

$$y = \text{antilog}_{10}\, a = 10^a$$

$$\left(\frac{\partial y}{\partial a}\right) = 10^a \log_e 10 = 10^a \ln 10 = 2{,}303 \times 10^a$$

$$s_y^2 = \left(\frac{\partial y}{\partial a}\right)^2 s_a^2$$

ou

$$s_y = \frac{\partial y}{\partial a} s_a = 2{,}303 \times 10^a s_a$$

Dividindo pela relação original temos

$$\frac{s_y}{y} = 2{,}303 s_a \quad \text{(A9-11)}$$

Assim, o desvio padrão *relativo* do antilog de um número é determinado pelo desvio padrão absoluto do número.

RESPOSTAS ÀS QUESTÕES E AOS PROBLEMAS SELECIONADOS

Capítulo 3

3-1. **(a)** RAIZ, retorna uma raiz quadrada positiva; **(b)** MÉDIA retorna a média aritimética; **(c)** PI, retorna o pi com 15 dígitos; **(d)** FATORIAL, retorna ao fatorial de um número; **(e)** EXP, retorna o valor de *e*, o logaritmo de base natural, elevado a uma potência; **(f)** LOG retorna o logaritmo de um número em uma base especificada pelo usuário ou o logaritmo na base 10 se nenhuma base é identificada.

Capítulo 4

4-1. **(a)** O *milimol* é uma quantidade de uma espécie química, como um átomo, um íon, uma molécula ou um elétron que contém

$$6{,}02 \times 10^{23}\ \frac{\text{partículas}}{\text{mol}} \times 10^{-3}\ \frac{\text{mol}}{\text{milimol}} = 6{,}02 \times 10^{20}\ \frac{\text{partículas}}{\text{milimol}}$$

(c) A *massa milimolar* é a massa em gramas de um milimol de uma espécie química.

4-3.

$$1\ \text{L} = \frac{1.000\ \text{mL}}{1\text{L}} \times \frac{1\ \text{cm}^3}{\text{mL}} \times \left(\frac{\text{m}}{100\ \text{cm}}\right)^3 = 10^{-3}\,\text{m}^3$$

$$1\ \text{M} = \frac{1\ \text{mol}}{\text{L}} \times \frac{\text{L}}{10^{-3}\,\text{m}^3} = \frac{1\ \text{mol}}{10^{-3}\,\text{m}^3}$$

4-4. **(a)** 320 MHz **(c)** 84,3 mmol **(e)** 8,96 mm

4-5. Para o O, 15,999 u = 15,999 g mol^{-1}. Logo 1 u = 1 g mol^{-1} e 1 g = 1 mol de u.

4-7. $3{,}22 \times 10^{22}$ íons de Na^+

4-9. **(a)** 0,251mol **(b)** 3,07 mmol
(c) 0,0650 mol **(d)** 5,20 mmol

4-11. **(a)** 111 mmol **(b)** 2,44 mmol
(c) $7{,}30 \times 10^{-2}$ mg **(b)** 103,5 mmol

4-13. **(a)** $2{,}31 \times 10^4$ mg **(b)** $9{,}87 \times 10^3$ mg
(c) $1{,}00 \times 10^6$ mg **(d)** $2{,}71 \times 10^6$ mg

4-15. **(a)** $1{,}92 \times 10^3$ mg **(b)** 246 mg

4-16. **(a)** 2,25 g **(b)** $2{,}60 \times 10^{-3}$ g

4-17. **(a)** pNa = 0,984; pCl = 1,197, pOH = 1,395
(c) pH = 0,398; pCl = 0,222; pZn = 1,00
(e) pK = 5,94; pOH = 6,291; pFe(CN)_6 = 6,790

4-18. **(a)** $4{,}9 \times 10^{-5}$ mol L^{-1} **(c)** 0,26 mol L^{-1}
(e) $2{,}4 \times 10^{-0}$ mol L^{-1} **(g)** 5,8 mol L^{-1}

4-19. **(a)** pNa = pBr = 1,533 **(c)** pBa = 2,26; pOH = 1,96
(e) pCa = 2,06; pBa = 2,18

4-20. **(a)** 0,0955 mol L^{-1} **(c)** $1{,}70 \times 10^{-8}$ mol L^{-1}
(e) $4{,}5 \times 10^{-13}$ mol L^{-1} **(g)** 0,733 mol L^{-1}

4-21. **(a)** $[Na^+] = 4{,}79 \times 10^{-2}$ mol L^{-1};
$[SO_4^{2-}] = 2{,}87 \times 10^{-3}$ mol L^{-1}
(b) pNa = 1,320; pSO_4 = 2,543

4-23. **(a)** $1{,}04 \times 10^{-2}$ mol L^{-1} **(b)** $1{,}04 \times 10^{-2}$ mol L^{-1}
(c) $3{,}12 \times 10^{-2}$ mol L^{-1} **(d)** 0,288% (v/v)
(e) 0,78 mmol **(f)** 407 ppm
(g) 1,983 **(h)** 1,506

4-25. **(a)** 0,281 mol L^{-1} **(b)** 0,843 mol L^{-1} **(c)** 68,0 g

4-27. **(a)** Dissolva 23,8 g de etanol e adicione água o suficiente para fornecer um volume final de 500 mL.
(b) Misture 23,8 g de etanol com 476,2 g de água.
(c) Dilua 23,8 g de etanol com água o suficiente para fornecer um volume final de 500 mL.

4-29. Dilua 300 mL para 750 mL com água.

4-31. **(a)** Dissolva 6,37 g de $AgNO_3$ em água o suficiente para fornecer um volume final de 500 mL.
(b) Dilua 47,5 mL de HCl 6,00 mol L^{-1} para 1,00 L usando água.
(c) Dissolva 2,98 g de $K_4Fe(CN)_6$ em água o suficiente para fornecer um volume final de 400 mL.
(d) Dilua 216 mL de $BaCl_2$ 0,400 mol L^{-1} usando água.
(e) Dilua 20,3 mL de reagente concentrado para 2,00 L usando água.
(f) Dissolva 1,7 g de Na_2SO_4 em água o suficiente para fornecer um volume final de 9,00 L.

4-33. 5,01 g

4-35. **(a)** $9{,}214 \times 10^{-2}$ g **(b)** $3{,}12 \times 10^{-2}$ mol L^{-1}

4-37. **(a)** 1,5 g **(b)** 0,064 mol L^{-1}

4.39. 2,93 L

Capítulo 5

5-1. **(a)** Os erros aleatórios fazem com que os dados estejam dispersados em torno de um valor médio, enquanto os erros sistemáticos fazem com que a média de um conjunto de dados difira do valor aceitável.
(c) O erro absoluto é a diferença entre o valor medido e o valor real, enquanto o erro relativo é o erro absoluto dividido pelo valor real.

5-2. (1) Bastões de metro mais longos ou mais curtos que 1,0 m – erro sistemático;
(2) Marcas sempre lidas em um determinado ângulo – erro sistemático;
(3) Variabilidade na colocação da régua de metal para medir a largura total de 3 m – erro aleatório; (4) Variabilidade na interpolação da menor divisão do bastão de medir – erro aleatório.

5-4. (1)Balança fora da calibração.
(2) Impressões digitais no recipiente de pesagem.
(3) A amostra absorve água da atmosfera.

5-5. (a) pipeta incorretamente calibrada; (2) temperatura diferente da temperatura de calibração; (3) leitura do menisco em ângulo.

5-7. Erros tanto constantes quanto proporcionais.

5-8. **(a)** −0,08% **(c)** −0,27%

5-9. **(a)** 3,3 g de minério **(c)** 4,2 g de minério

5-10. **(a)** 0,060% **(b)** 0,30% **(c)** 0,12%

5-11. **(a)** −1,3% **(c)** −0,13%

5.12.

	Média	Mediana	Desvio da Média	Desvio Médio
(a)	0,0106	0,0105	0,0004, 0,0002, 0,0001	0,0002
(c)	190	189	2, 0, 4, 3	2
(e)	39,59	39,65	0,24, 0,02, 0,34, 0,09	0,17

Capítulo 6

6-1. **(a)** O *erro padrão da média* é o desvio padrão do conjunto de dados dividido pelo número de medidas.
(c) A *variância* é o desvio padrão elevado ao quadrado.

6-2. **(a)** O *parâmetro* se refere às quantidades que caracterizam uma população de distribuição de dados. Uma *estatística* é uma estimativa de um parâmetro feita a partir de uma amostra.
(c) Os *erros aleatórios* resultam de variáveis incontroláveis; os *erros sistemáticos* têm uma causa específica.

6-3. **(a)** O *desvio padrão da amostra, s*, é aquele de uma amostra de dados:

$$s = \sqrt{\frac{\sum_{i=1}^{N}(x_i - \bar{x})^2}{N-1}}$$

O *desvio padrão da população*, σ, é para uma população inteira:

$$\sigma = \sqrt{\frac{\sum_{i=1}^{N}(x_i - \mu)^2}{N}}$$

onde μ é a média da população.

6-5. A probabilidade de um resultado entre 0 e $+1\sigma$ é 0,342; entre 1σ e 2σ é 0,136.

6-7.

	(a) Média	(b) Mediana	(c) Dispersão	(d) Desvio Padrão	(e) CV, %
A	9,1	9,1	1,0	0,37	4,1
C	0,650	0,653	0,108	0,056	8,5
E	20,61	20,64	0,14	0,07	0,32

6-8.

	Erro Absoluto	Erro Relativo, ppt
A	0,1	11,1
C	0,0195	31
E	0,03	1,3

6-9.

	s_y	CV, %	y
(a)	0,03	−1,4	−2,08(±0,03)
(c)	$0,085 \times 10^{-16}$	1,42	$5,94(\pm 0,08) \times 10^{-16}$
(e)	0,00520	6,9	$7,6(\pm 0,5) \times 10^{-2}$

6-10.

	s_y	CV, %	y
(a)	$2,83 \times 10^{-10}$	4,25	$6,7 \pm 0,3 \times 10^{-9}$
(c)	0,1250	12,5	14(±2)
(e)	25	50	50(±25)

6-11.

	s_y	CV, %	y
(a)	$6,51 \times 10^{-3}$	0,18	$-3,699 \pm 0,006$
(c)	0,11	0,69	$15,8 \pm 0,1$

6-12. **(a)** $s_y = 1,565 \times 10^{-12}$; CV = 2,2%; $y = 7,3(\pm 0,2) \times 10^{-11}$

6-13. $s_V = 0,145$; $V = 5,2(\pm 0,1)$ cm^3

6-15. CV = 0,6%

6.17. **(a)** $c_X = 2,029 \times 10^{-4}$ mol L^{-1} **(b)** $S_{c_X} = 2,22 \times 10^{-6}$
(c) CV = 1,1%

6.19. **(a)** $s_1 = 0,096$, $s_2 = 0,077$, $s_3 = 0,084$, $s_4 = 0,090$, $s_5 = 0,104$, $s_6 = 0,083$
(b) 0,088

6-21. 3,5

Capítulo 7

7-1. A distribuição das médias é mais estreita que a distribuição de resultados únicos. O erro padrão da média dos cinco resultados é, consequentemente, menor que o desvio padrão de um único resultado.

7-4.

	A	C	E
$\bar{x}$	2,86	70,19	0,824
s	0,24	0,08	0,051
95% IC	2,86 ± 0,30	70,19 ± 0.20	0,824 ± 0,081

O IC de 95% é o intervalo dentro do qual se espera que a média real fique 95% do tempo.

7.5. Para o Conjunto A, IC = 2,86 ± 0,26; para o Conjunto C, IC = 70,19 ± 0,079; para o Conjunto E, IC = 0,824 ± 0,088.

7-7. **(a)** 99% IC = 18,5 ± 9,3 μg mL^{-1} de Fe;
95% IC = 18,5 ± 7,1 μg mL^{-1} de Fe
(b) 99% IC = 18,5 ± 6,6 μg mL^{-1} de Fe;
95% IC =18,5 ± 5,0 μg mL^{-1} de Fe
(c) 99% IC = 18,5 ± 4,6 μg mL^{-1} de Fe;
95% IC = 18,5 ± 3,5 μg mL^{-1} de Fe

7-9. Para 95% IC, $N \approx 11$; para 99% IC, $N \approx 18$

7-11. **(a)** 95% IC = 3,22 ± 0,15 mg L^{-1} de Ca L^{-1}
(b) 95% de IC = 3,22 ± 0,06 mg L^{-1} de Ca L^{-1}

7-13. **(a)** 11

7-15. Para dois dos elementos, existe uma diferença significativa, mas para três, não existe. Portanto, o réu pode ter bases para clamar a existência de dúvida razoável.

7-17. O valor de 5,6 não pode ser rejeitado no nível de confiança de 95%.

7-19. H_0: $\mu_{corrente} = \mu_{anterior}$; H_a: $\mu_{corrente} > \mu_{anterior}$. O erro de tipo I é rejeitarmos a H_0 quando ela é real e decidimos que o nível de poluentes é > que o nível anterior quando ele não é. O erro de tipo II é aquele que aceitamos H_0 quando ela é falsa e decidimos que não há variação no nível quando ela é > que antes.

7-20. **(a)** H_0: $\mu_{EIS} = \mu_{EDTA}$, H_a: $\mu_{EIS} \neq \mu_{EDTA}$. O teste de duas caudas. O erro de Tipo I é aquele que decidimos que os métodos concordam entre si quando eles não concordam. O erro de Tipo II é aquele que decidimos que os métodos estão de acordo quando eles não estão.
(c) H_0: $\sigma_X^2 = \sigma_Y^2$; H_a $\sigma_X^2 < \sigma_Y^2$. Teste de uma cauda. O erro do Tipo I é aquele que decidimos que $\sigma_X^2 < \sigma_Y^2$ quando ele não é. O erro de Tipo II é aquele que decidimos que $\sigma_X^2 = \sigma_Y^2$ quando $\sigma_X^2 < \sigma_Y^2$.

7-21. **(a)** $t < t_{crit}$, logo não existe diferença significativa no nível de confiança de 95%.
(b) Diferença significativa no nível de confiança de 95%.
(c) A grande diferença de variabilidade de amostra para amostra faz com que o s_{topo} e o s_{fundo} sejam grandes e mascarem as diferenças.

7-23. Podemos estar entre uma confiança de 99% e 99,9% de que o nitrogênio preparado de duas maneiras é diferente. A probabilidade desta conclusão estando no erro é 0,16%.

7.25. **(a)**

Fonte	SS	df	MS	F
Entre os sucos	4 × 7,715 = 30,86	5 − 1 = 4	0,913 × 8,45 = 7,715	8,45
Nos sucos	25 × 0,913 = 22,825	30 − 5 = 25	0,913	
Total	30,86 + 22,82 = 50,68	30 − 1 = 29		

(b) H_0: $\mu_{\text{marca1}} = \mu_{\text{marca2}} = \mu_{\text{marca3}} = \mu_{\text{marca4}} = \mu_{\text{marca5}}$; H_a: no mínimo duas das médias diferem.
(c) Os teores médios de ácido ascórbico diferem no nível de confiança de 95%.

7-27. **(a)** H_0: $\mu_{\text{analista1}} = \mu_{\text{analista2}} = \mu_{\text{analista3}}$; H_a: no mínimo duas médias diferem.
(b) Os analistas diferem no nível de confiança de 95%.
(c) Diferença significativa entre o analista 2 e os analistas 1 e 4, mas não do analista 3. Diferença significativa entre o analista 3 e o analista 1, mas não no analista 4. Diferença significativa entre o analista 1 e o analista 4.

7-29. **(a)** H_0: $\mu_{\text{EIS}} = \mu_{\text{EDTA}} = \mu_{\text{AA}}$; H_a: pelo menos duas das médias diferem
(b) Concluímos que os três métodos fornecem resultados diferentes no nível de confiança de 95%.
(c) Diferença significativa entre o método AA e a titulação com EDTA. Nenhuma diferença significativa entre o método de titulação com EDTA e o método de EIS e não existe diferença significativa entre o método AA e o método de EIS.

7-31. **(a)** Não podemos rejeitar com confiança de 95%;
(b) podemos rejeitar com confiança de 95%.

Capítulo 8

8-1. Microanálise de constituinte em traços.

8-3. Etapa 1: Identificar a população. Etapa 2: Coletar a amostra bruta. Etapa 3: Reduzir a amostra bruta para amostra de laboratório.

8-5. 0,76%

8-7. **(a)** 1.225; (b) 3.403; (c) 10.000; (d) 122.500

8-9. **(a)** 8.714 partículas; (b) 650 g; (c) 0,32 mm

8-11. **(a)** As concentrações médias variam significativamente de um dia para o outro.
(b) 79,19
(c) Reduzir a variância de amostragem.

8-13. 8

8-15. **(b)** $y = -29{,}74x + 92{,}86$
(d) $pCa_{des} = 2{,}608$; DP = 0,079; DPR = 0,030

8-17. **(a)** $m = 0{,}07014$; $b = 0{,}008286$
(b) $s_m = 0{,}00067$; $s_b = 0{,}004039$; EP = 0,00558
(c) 95% $IC_m = 0{,}07014 \pm 0{,}0019$;
95% $IC_b = 0{,}0083 \pm 0{,}0112$
(d) $c_{desc} = 5{,}77$ mmol L^{-1}; $s_{desc} = 0{,}09$;
95% $IC_{desc} = 5{,}77 \pm 0{,}24$ mmol L^{-1}

8-19. **(b)** $m = -8{,}456$; $b = 10{,}83$; DP = 0,0459
(c) $38{,}7 \pm 1{,}1$ kcal mol^{-1}
(d) Não há razão para duvidar de que E_A não seja 41,00 kcal mol^{-1} no nível de confiança de 95%.

8-21. **(c)** 5,2 ppm

8-23. $6{,}23 \times 10^{-4}$ mol L^{-1}

8-25. Para $k = 2$, LD = 0,14 ng mL^{-1} (nível de confiança de 92,1%); $k = 3$, LD = 0,21 ng mL^{-1} (nível de confiança de 98,3%)

8-27. Média = 96,52; $s_{apurado} = 1{,}27$; LCS = 98,08; LCI = 94,97; fora do controle no dia 22.

Capítulo 9

9-1. **(a)** Um *eletrólito fraco* ioniza-se apenas parcialmente quando dissolvido em água. O H_2CO_3 é um exemplo de um eletrólito fraco.
(c) O *ácido conjugado de uma base de Brønsted-Lowry* é a espécie formada quando uma base de Brønsted-Lowry recebe um próton. O NH_4^+ é o ácido conjugado da base NH_3.
(e) *Um solvente anfiprótico* pode agir tanto como um ácido como uma base. A água é um exemplo.
(g) *Autoprotólise* é uma autoionização de um solvente para produzir ambos, um ácido conjugado e uma base conjugada.
(i) O *princípio de Le Châtelier* afirma que a posição de um equilíbrio sempre desloca-se em uma direção para aliviar uma tesão aplicada.

9-2. **(a)** Um *soluto anfiprótico* é uma espécie química que pode agir como um ácido, ou como uma base. O íon diidrogênio fosfato, H_2PO_4 , é um exemplo de um soluto anfiprótico.
(c) Um *solvente nivelador* é aquele no qual uma série de ácidos (ou bases) dissocia-se totalmente. A água é um exemplo, uma vez que ácidos fortes como HCl e $HClO_4$ se dissociam completamente.

9-3. Para soluções aquosas diluídas, a concentração de água é tão maior que os outros reagentes que pode-se supor que ela seja constante. Portanto, a concentração é incluída na constante de equilíbrio, mas não na expressão da constante de equilíbrio. Assim, sua concentração é incluída na constante de equilíbrio. Para um sólido puro, a concentração das espécies químicas na fase sólida é constante. Desde que exista algum sólido como uma segunda fase, seu efeito no equilíbrio é constante e é incluído na constante de equilíbrio.

9-4.

	Ácido	Base Conjugada
(a)	HOCl	OCl^-
(c)	NH_4^+	NH_3
(e)	$H_2PO_4^-$	HPO_4^{2-}

9-6. **(a)** $2H_2O \rightleftharpoons H_3O^+ + OH^-$
(c) $2CH_3NH_2 \rightleftharpoons CH_3NH_3^+ + CH_3NH^-$

9-7.

(a) $$K_b = \frac{K_w}{K_a} = \frac{1{,}00 \times 10^{-14}}{2{,}3 \times 10^{-11}} = \frac{[C_2H_5NH_2^+][OH^-]}{[C_2H_5NH_2]} = $$
$$= 4{,}3 \times 10^{-4}$$

(c) $$K_a = \frac{[CH_3NH_2][H_3O^+]}{[CH_3NH_3^+]} = 2{,}3 \times 10^{-11}$$

(e) $$K_{total} = \frac{[H_3O^+]^3[AsO_4^{3-}]}{[H_3AsO_4]} = K_{a1}K_{a2}K_{a3} = 2{,}0 \times 10^{-21}$$

9-8. **(a)** $K_{ps} = [Cu^+][Br^-]$; **(b)** $K_{ps} = [Hg^{2+}][Cl^-]\,[I^-]$;
(c) $K_{ps} = [Pb^{2+}][Cl^-]^2$

9-10. **(b)** $K_{ps} = 4{,}4 \times 10^{-11}$; **(d)** $K_{ps} = 3{,}5 \times 10^{-10}$

9-13. **(a)** $7{,}04 \times 10^{-8}$ mol L^{-1}, **(b)** 1,48 mol L^{-1}

9-15. **(a)** 0,0225 mol L^{-1}, **(b)** $1{,}6 \times 10^{-2}$ mol L^{-1},
(c) $1{,}7 \times 10^{-6}$ mol L^{-1}; **(d)** $1{,}5 \times 10^{-2}$ mol L^{-1}

9-17. **(a)** $PbI_2 > BiI_3 > CuI > AgI$
(b) $PbI_2 > CuI > AgI > BiI_3$
(c) $PbI_2 > BiI_3 > CuI > AgI$

9-20. **(a)** $[H_3O^+] = 1{,}34 \times 10^{-3}$ mol L^{-1},
$[OH] = 7{,}5 \times 10^{-12}$ mol L^{-1}
(c) $[OH^-] = 6{,}37 \times 10^{-3}$ mol L^{-1};
$[H_3O^+] = 1{,}57 \times 10^{-12}$ mol L^{-1}
(e) $[OH] = 5{,}66 \times 10^{-6}$ mol L^{-1};
$[H_3O^+] = 1{,}77 \times 10^{-9}$ mol L^{-1}
(g) $[H_3O^+] = 5{,}24 \times 10^{-4}$ mol L^{-1};
$[OH] = 1{,}91 \times 10^{-11}$ mol L^{-1}

9-21. **(a)** $[H_3O^+] = 1{,}58 \times 10^{-2}$ mol L^{-1}
(b) $[H_3O^+] = 8{,}26 \times 10^{-9}$ mol L^{-1}
(e) $[H_3O^+] = 2{,}11 \times 10^{-4}$ mol L^{-1}

9-23. *Capacidade tampão* de uma solução é definida como quantidade de matéria de um ácido forte (ou base forte) que faz um litro de um tampão sofrer uma alteração de 1,00 unidade de pH.

9-25. As soluções são tamponadas com o mesmo pH, mas eles diferem na capacidade de tamponamento com (a) tendo a maior e (b) a menor.

9-26. **(a)** $C_6H_5NH_3^+/C_6H_5NH_2$;
(c) $C_2H_5NH_3^+/C_2H_5NH_2$ ou $CH_3NH_3^+/CH_3NH_2$

9-27. 19,6 g

9-29. 387 mL

Capítulo 10

10-1. **(a)** *Atividade,* a_A, é a concentração efetiva de uma espécie química A em solução. O *coeficiente de atividade,* γ_A, é o fator numérico necessário para converter a concentração molar de uma espécie química A para atividade: $a_A = \gamma_A[A]$.
(b) A *constante de equilíbrio termodinâmico* se refere a um sistema ideal no qual cada espécie química não é afetada por qualquer outra. A *constante de equilíbrio em termos de concentração* leva em conta a influência exercida pelas espécies dissolvidas umas sobre as outras. Uma *constante de equilíbrio de concentração* leva em conta a influência exercida pelas espécies de soluto sobre as outras. A constante de equilíbrio termodinâmica independe da força iônica; a constante de equilíbrio de constante depende da força iônica.

10-3. **(a)** A força iônica deve diminuir.
(b) A força iônica deve ser invariável.
(c) A força iônica deve aumentar.

10-5. A água é uma molécula neutra e sua atividade iguala à sua concentração em todas as forças iônicas de baixas a moderadas. Em tais casos, os coeficientes de atividade de íons diminuem com o aumento da força iônica porque a atmosfera circundando os íons faz com ela perca a efetividade e sua atividade é menor que sua concentração.

10-7. Multiplicar íons carregados desvia da idealidade mais que íons com carga única.

10-9. **(a)** 0,12 **(c)** 2,4

10-10. **(a)** 0,22 **(c)** 0,08

10-12. **(a)** $1,8 \times 10^{-12}$ **(c)** $1,1 \times 10^{-10}$

10-13. **(a)** $5,5 \times 10^{-6}$ mol L^{-1} **(b)** $7,6 \times 10^{-6}$ mol L^{-1}
(c) $2,8 \times 10^{-13}$ mol L^{-1} **(d)** $1,5 \times 10^{-7}$ mol L^{-1}

10-14. **(a)** (1) $1,4 \times 10^{-6}$ mol L^{-1} (2) $1,0 \times 10^{-6}$ mol L^{-1}
(b) (1) $2,1 \times 10^{-3}$ mol L^{-1} (2) $1,3 \times 10^{-3}$ mol L^{-1}
(c) (1) $2,9 \times 10^{-5}$ mol L^{-1} (2) $1,0 \times 10^{-5}$ mol L^{-1}
(d) (1) $1,4 \times 10^{-6}$ mol L^{-1} (2) $2,0 \times 10^{-6}$ mol L^{-1}

10-15. **(a)** (1) $2,2 \times 10^{-4}$ mol L^{-1} (2) $1,8 \times 10^{-4}$ mol L^{-1}
(b) (1) $1,7 \times 10^{-4}$ mol L^{-1} (2) $1,2 \times 10^{-4}$ mol L^{-1}
(c) (1) $3,3 \times 10^{-8}$ mol L^{-1} (2) $6,6 \times 10^{-9}$ mol L^{-1}
(d) (1) $1,3 \times 10^{-3}$ mol L^{-1} (2) $7,8 \times 10^{-4}$ mol L^{-1}

10-16. **(a)** −19% **(c)** −40% **(e)** −48%

10-17. **(a)** −45%

Capítulo 11

11-2. Em uma equação com somas ou diferenças, a suposição de que a concentração é zero leva a um resultado apropriado. Em uma equação de constante de equilíbrio, multiplicar ou dividir por zero leva a um resultado sem sentido.

11-4. Uma equação de balanço de cargas é derivada relacionando a concentração de cátions e ânions de maneira que a quantidade de matéria de mol L^{-1} das cargas positivas seja igual à quantidade mol L^{-1} de cargas negativas. Para um íon de carga dupla, como o Ba^{2+}, a concentração de carga em cada mol é duas vezes a concentração molar. Para Fe^{3+}, ela é três vezes a concentração molar. Assim, a concentração molar de todas espécies multiplamente carregadas é sempre multiplicada pela carga na equação de balanço de cargas.

11-5 **(a)** $0,20 = [HF] + [F^-]$
(c) $0,10 = [H_3PO_4] + [H_2PO_4^-] + [HPO_4^{2-}] + [PO_4^{3-}]$
(e) $0,0500 + 0,100 = [HClO_2] + [ClO_2^-]$
(g) $0,100 = [Na^+] = [OH^-] + 2[Zn(OH)_4^{2-}]$
(i) $[Pb^{2+}] = ½([F^-] + [HF])$

11-7. **(a)** $2,3 \times 10^{-4}$ mol L^{-1} **(c)** $2,2 \times 10^{-4}$ mol L^{-1}

11-8. **(a)** $1,9 \times 10^{-4}$ mol L^{-1} **(c)** $3,1 \times 10^{-5}$ mol L^{-1}

11-9. **(a)** $1,5 \times 10^{-4}$ mol L^{-1} **(b)** $1,5 \times 10^{-7}$ mol L^{-1}

11-11. **(a)** 4,7 mol L^{-1}

11-12. $5,1 \times 10^{-4}$ mol L^{-1}

11-14. **(a)** $Cu(OH)_2$ precipita primeiro
(b) $9,8 \times 10^{-10}$ mol L^{-1}
(c) $9,6 \times 10^{-9}$ mol L^{-1}

11-16. **(a)** $8,3 \times 10^{-11}$ mol L^{-1} **(b)** $1,4 \times 10^{-11}$ mol L^{-1}
(c) $1,3 \times 10^{4}$ **(d)** $1,3 \times 10^{4}$

11-18. 3,754 g

11-20. **(a)** 0,0101 mol L^{-1}; 49%
(b) $7,14 \times 10^{-4}$; 70%

Capítulo 12

12-1. **(a)** *Um precipitado coloidal* consiste em partículas sólidas com dimensões que são menores que 10^{-4} cm. *Um precipitado cristalino* é composto por partículas sólidas com dimensões que são pelo menos de 10^{-4} cm ou mais. Consequentemente, sólidos cristalinos assentam rapidamente, enquanto precipitados coloidais continuam suspensos na solução, a menos que sejam induzidos a se aglomerarem.
(c) Na *precipitação*, uma fase sólida se forma e é carregada para fora da solução quando o produto de solubilidade de uma espécie química é excedido. Na *coprecipitação*, normalmente os compostos solúveis são carregados da solução durante a formação de precipitado.
(e) *A oclusão* é um tipo de coprecipitação na qual o composto é aprisionado dentro de uma cavidade formada durante a formação rápida de cristais. *Formação de cristais mistos ou solução sólida* também é um tipo de coprecipitação na qual um íon contaminante substitui um íon na rede cristalina.

12-2. **(a)** *A digestão* é um processo no qual um precipitado é aquecido na presença da solução na qual foi formado (*água-mãe*). A digestão melhora a pureza e a filtrabilidade do precipitado.
(c) Na *reprecipitação*, o precipitado sólido que foi filtrado é redissolvido e reprecipitado. Como a concentração de impurezas é menor na nova solução, o segundo precipitado contém menos impurezas coprecipitadas.
(e) A *camada de contraíon* é uma camada de uma solução rodeando uma partícula carregada contendo um excesso suficiente de íons com cargas contrárias para balancear a carga superficial de excesso de soluto.
(g) A *supersaturação* é um estado instável no qual uma solução contém uma concentração mais alta de soluto que uma solução saturada. A supersaturação é atenuada pela precipitação do soluto em excesso.

12-3. Um *agente quelante* é um composto orgânico que contém dois ou mais grupos doadores de elétrons localizados em tal configuração que anéis de cinco ou seis membros são formados quando o grupo doador complexa um cátion.

12-5. **(a)** carga positiva **(b)** Ag^+ adsorvido **(c)** íons NO_3^-

12-7. Na *pepetização*, um coloide coagulado retorna ao seu estado dispersado natural por causa de uma diminuição na concentração de eletrólito da solução em contato com o precipitado. A pepetização pode ser evitada lavando-se o coloide com uma solução de eletrólito ao invés de água pura.

12-9. **(a)** massa de SO_2 = massa de $BaSO_4 \times \dfrac{\mathcal{M}_{SO_2}}{\mathcal{M}_{BaSO_4}}$

(c) massa de In = massa de $In_2O_3 \times \dfrac{2\mathcal{M}_{In}}{\mathcal{M}_{In_2O_3}}$

(e) massa de CuO = massa de $Cu_2(SCN)_2 \times \dfrac{2\mathcal{M}_{CuO}}{\mathcal{M}_{Cu_2(SCN)_2}}$

(i) massa de $Na_2B_4O_7 \cdot 10H_2O$ = massa de $B_2O_3 \times \dfrac{\mathcal{M}_{Na_2B_4O_7 \cdot 10H_2O}}{2\mathcal{M}_{B_2O_3}}$

12-10. 60,59%
12-12. 1,076 g
12-14. 0,178 g
12-18. 17,23%
12-20. 44,58%
12-22. 38,74%
12-24. 0,550 g
12-26. **(a)** 0,239 g **(b)** 0,494 g **(c)** 0,406 g
12-28. 4,72% Cl^-, 27,05% I^-
12-30. 0,764 g
12-32. **(a)** 0,369 g **(b)** 0,0149 g

Capítulo 13

13-1. **(a)** O *milimol* é uma quantidade de uma espécie elementar, como um átomo, um íon, uma molécula ou elétron. Um milimol contém $6{,}02 \times 10^{20}$ partículas.
(c) A *razão estequiométrica* é a razão molar entre duas espécies em uma reação química balanceada.

13-3. **(a)** O *ponto de equivalência* em uma titulação é aquele ponto no qual foi adicionado titulante suficiente de tal forma que estejam presentes quantidades estequiometricamente equivalentes de analito e de titulante. O *ponto final* é o ponto no qual um sinal de variação química sinaliza o ponto de equivalência.

13-5. **(a)** $\dfrac{1 \text{ mol de } H_2NNH_2}{2 \text{ mol de } I_2}$ **(c)** $\dfrac{1 \text{ mol de } Na_2B_4O_7 \cdot 10H_2O}{2 \text{ mols de } H^+}$

13-7. **(a)** 0,233 **(b)** 11,34 **(c)** 0,820 **(d)** 11,00
13-9. **(a)** 1,51 g **(b)** 0,00302 g **(c)** 0,058 g **(d)** 0,0776 g
13-11. 3,03 mol L^{-1}
13-13. **(a)** Dissolva 23,70 g de $KMnO_4$ em água e dilua para 1,00 L.
(b) Dilua 139 mL de reagente concentrado (9,00 mol L^{-1}) para 2,50 L.
(c) Dissolva 2,78 g de MgI_2 em água e leve para um volume total de 400 mL.
(d) Dilua 57,5 mL da solução 0,218 mol L^{-1} para um volume de 200 mL.
(e) Dilua 16,9 mL do reagente concentrado para 1,50 L.
(f) Dissolva 42,4 mg de $K_4Fe(CN)_6$ em água e dilua para 1,50 L.
13-15. 0,1281 mol L^{-1}
13-17. 0,2790 mol L^{-1}
13-19. 0,1146 mol L^{-1}
13-21. 165,6 ppm
13-23. 7,317%
13-25. 0,6718 g
13-27. **(a)** 0,02966 mol L^{-1} **(b)** 47,59%
13-29. **(a)** 0,01346 mol L^{-1} **(b)** 0,01346 mol L^{-1}
(c) $4{,}038 \times 10^{-2}$ mol L^{-1} **(d)** 0,374%
(e) 1,0095 mmol **(f)** 526 ppm

Capítulo 14

14-1. Por causa da sensibilidade limitada dos olhos, a mudança de cor exigia grosseiramente dez vezes de excesso de uma forma ou outra do indicador. Esta variação de cor corresponde a uma variação de pH da unidade $pK_a \pm 1$ pH do indicador, uma faixa total de 2 unidades de pH.

14-3. **(a)** O pH inicial da solução de NH_3 será menor que para a solução contendo NaOH. Com a primeira adição de titulante o pH da solução de NH_3 diminuirá rapidamente e então se nivelará e se tornará aproximadamente constante até a metade da titulação. Em contraste, as adições de ácido padrão à solução de NaOH fará com que o pH da solução de NaOH diminua gradualmente e aproximadamente de forma linear até a aproximação do ponto de equivalência. O ponto de equivalência para a solução de NH_3 será bem abaixo de 7, enquanto para a solução de NaOH ele será exatmente 7.
(b) Após o ponto de equivalência, o pH é determinado pelo excesso de titulante. Portanto, as curvas tornam-se idênticas nesta região.

14-5. Temperatura, força iônica, a presença de solventes orgânicos e partículas de coloides.
14-6. **(a)** NaOCl **(c)** metilamina
14-7. **(a)** ácido iódico **(c)** ácido pirúvico
14-9. 3,19
14-11. **(b)** 13,26
14-12. **(b)** 11,26
14-13. 0,078
14-15. 7,04
14-17. **(a)** 2,13 **(b)** 1,74 **(c)** 9,22 **(d)** 9,08
14-19. **(a)** 1,30 **(b)** 1,37
14-21. **(a)** 4,26 **(b)** 4,76 **(c)** 5,76
14-23. **(a)** 11,12 **(b)** 10,62 **(c)** 9,53
14-25. **(a)** 12,04 **(b)** 11,48 **(c)** 9,97
14-27. **(a)** 1,98 **(b)** 2,48 **(c)** 3,56
14-29. **(a)** 2,44 **(b)** 8,32 **(c)** 12,52 **(d)** 3,90
14-31. **(a)** 9,02 **(b)** 9,12
14-33. **(a)** 8,77 **(b)** 12,20 **(c)** 10,11 **(d)** 5,66
14-34. **(a)** 0,00 **(c)** −1,000 **(e)** −0,500 **(g)** 0,000
14-35. **(a)** −5,00 **(b)** −0,097 **(e)** −3,369 **(d)** −0,017
14-37. **(b)** −0,141
14-39. O violeta de cresol (faixa de 7,6 a 9,2, Tabela 14-1) seria adequado.
14-41.

Vol, mL	(a) pH	(c) pH
0,00	2,09	2,44
5,00	2,38	2,96
15,00	2,82	3,50
25,00	3,17	3,86
40,00	3,76	4,46
45,00	4,11	4,82
49,00	4,85	5,55
50,00	7,92	8,28
51,00	11,00	11,00
55,00	11,68	11,68
60,00	11,96	11,96

14-43.

Vol, mL	(a) pH	(c) pH
0,00	2,51	4,26
5,00	2,62	6,57
15,00	2,84	7,15
25,00	3,09	7,52
40,00	3,60	8,12
45,00	3,94	8,48
49,00	4,66	9,21
50,00	7,28	10,11
51,00	10,00	11,00
55,00	10,68	11,68
60,00	10,96	11,96

14-44. **(a)** $\alpha_0 = 0{,}215$; $\alpha_1 = 0{,}785$
(c) $\alpha_0 = 0{,}769$; $\alpha_1 = 0{,}231$
(e) $\alpha_0 = 0{,}917$; $\alpha_1 = 0{,}083$

14-45. 0,105 mol L^{-1}

14-47. As entradas em negrito são pontos de dados faltantes

Ácido	c_T	pH	[HA]	[A^-]	α_0	α_1
Lático	0,120	**3,61**	**0,0768**	**0,0432**	0,640	**0,360**
Butanóico	**0,162**	5,00	0,644	**0,0979**	**0,397**	**0,604**
Sulfâmico	0,250	1,20	**0,095**	**0,155**	**0,380**	**0,620**

Capítulo 15

15-1. O NaHA não é apenas um doador de próton, ele também é a base conjugada do ácido pai H_2A. Para calcular o pH de soluções deste tipo, é necessário levar em conta os equilíbrios tanto ácido quanto básico.

15-4. A espécie HPO_4^{2-} é um ácido tão fraco ($K_{a3} = 4{,}5 \times 10^{-13}$) que a variação do pH na vizinhança do terceiro ponto de equivalência é muito pequena para ser observada.

15-5. **(a)** neutro **(c)** neutro **(e)** básico **(g)** ácido

15-6. O verde de bromocresol seria satisfatório.

15-8. O H_3PO_4 poderia ser determinado com verde de bromocresol como um idicador. Uma titulação com fenoftaleína forneceria a quantidade de matéria em milimols de NaH_2PO_4 mais duas vezes a quantidade de matéria em milimols de H_3PO_4. A quantidade de NaH_2PO_4 é obtida da diferença no volume para as duas titulações.

15-9. **(a)** Violeta de cresol **(c)** Violeta de cresol
(e) Verde de bromocresol **(g)** fenolftaleína

15-10. **(a)** 1,86 **(c)** 1,64 **(e)** 4,21

15-11. **(a)** 4,71 **(c)** 4,28 **(e)** 9,80

15-12. **(a)** 12,32 **(c)** 9,70 **(e)** 12,58

15-14. **(a)** 2,42 **(b)** 7,51 **(c)** 9,43 **(d)** 3,66 **(e)** 3,66

15-16. **(a)** 1,89 **(b)** 1,54 **(c)** 12,58 **(d)** 12,00

15-18. **(a)** $[H_2S]/[HS^-] = 0{,}010$
(b) $[BH^+]/[B] = 8{,}5$
(c) $[H_2AsO_4^-]/[HAsO_4^{2-}] = 9{,}1 \times 10^{-3}$
(d) $[HCO_3^-]/[CO_3^{2-}] = 21$

15-20. 49,0 g

15-22. **(a)** 5,47 **(b)** 2,92

15-24. Misture 366 mL de H_3PO_4 com 634 mL de NaOH.

15-28. O volume do primeiro ponto final teria que ser menor que a metade do volume total para o segundo ponto final porque na titulação a partir do primeiro ao segundo ponto final ambos os analitos são titulados, enquanto para o primeiro ponto final apenas o H_3PO_4 é titulado.

15-32. **(a)** $\dfrac{[H_3AsO_4][HAsO_4^{2-}]}{[H_2AsO_4^-]^2} = 1{,}9 \times 10^{-5}$

(b) $\dfrac{[AsO_4^{3-}][H_2AsO_4^-]}{[HAsO_4^{2-}]^2} = 2{,}9 \times 10^{-5}$

15-34.

	pH	*D*	α_0	α_1	α_2	α_3
(a)	2,00	$1{,}112 \times 10^{-4}$	0,899	0,101	$3{,}94 \times 10^{-5}$	
	6,00	$5{,}500 \times 10^{-9}$	$1{,}82 \times 10^{-4}$	0,204	0,796	
	10,00	$4{,}379 \times 10^{-9}$	$2{,}28 \times 10^{-12}$	$2{,}56 \times 10^{-5}$	1,000	
(c)	2,00	$1{,}075 \times 10^{-6}$	0,931	$6{,}93 \times 10^{-2}$	$1{,}20 \times 10^{-4}$	$4{,}82 \times 10^{-9}$
	6,00	$1{,}882 \times 10^{-14}$	$5{,}31 \times 10^{-5}$	$3{,}96 \times 10^{-2}$	0,685	0,275
	10,00	$5{,}182 \times 10^{-15}$	$1{,}93 \times 10^{-16}$	$1{,}44 \times 10^{-9}$	$2{,}49 \times 10^{-4}$	1,000
(e)	2,00	$4{,}000 \times 10^{-4}$	0,250	0,750	$1{,}22 \times 10^{-5}$	
	6,00	$3{,}486 \times 10^{-9}$	$2{,}87 \times 10^{-5}$	0,861	0,139	
	10,00	$4{,}863 \times 10^{-9}$	$2{,}06 \times 10^{-12}$	$6{,}17 \times 10^{-4}$	0,999	

Capítulo 16

16-1. O ácido nítrico é um agente oxidante e pode reagir com espécies redutíveis nas titulações.

16-3. O dióxido de carbono não está fortemente ligado por moléculas de água e é volatilizado da solução aquosa por breve fervura. Quando dissolvido em água, as moléculas de HCl estão completamente dissociadas em H_3O^+ e Cl^-, que não são volatizadas.

16-5. Inicialmente a massa molecular mais alta do $KH(IO_3)_2$ significa que o erro relativo na massa é menor que do ácido benzoico. Em segundo lugar, o $KH(IO_3)_2$ é um ácido forte e o ácido benzoico não é.

16-7. Se a solução de NaOH é usada para titulações com um indicador de faixa ácida, o CO_3^{2-} na solução básica consome dois íons H_3O^+, o mesmo que dois hidróxidos perdidos formando Na_2CO_3.

16-9. **(a)** Dissolva 11 g de KOH em água e dilua para 2,00 L.
(b) Dissolva 6,3 g de $Ba(OH)_2 \cdot 8H_2O$ em água e dilua para 2,00 L.
(c) Dilua 90 mL de reagente para 2,00 L.

16-11. **(a)** 0,1077 mol L^{-1} **(b)** $s = 0{,}00061$, CV = 0,57%
(c) Rejeite 1,0862 em um nível de confiança de 95% mas mantenha a 99% de NC.

16-13. Erro = −29%

16-15. **(a)** 0,01535 mol L^{-1} **(b)** 0,04175 mol L^{-1}
(c) 0,03452 mol L^{-1}

16-17.

mL HCl	DP de TRIS	DP de Na_2CO_3	DP de $Na_2B_4O_7 \cdot H_2O$
20,00	0,00004	0,00009	0,00003
30,00	0,00003	0,00006	0,00002
40,00	0,00002	0,00005	0,00001
50,00	0,00002	0,00004	0,00001

16-19. 0,1214 g $(100\ mL)^{-1}$
16-21. **(a)** 46,55% **(b)** 88,23% **(c)** 32,21% **(d)** 10,00%
16-23. 23,7%
16-25. 7,216%
16-27. Provavelmente o $MgCO_3$ com uma massa molar de 84,31.
16-29. $3{,}35 \times 10^3$ ppm
16-31. 6,333%
16-33. 22,08%
16-35. 3,93%
16-37. **(a)** 10,09% **(b)** 21,64% **(c)** 47,61% **(d)** 35,81%
16-39. 15,23% $(NH_4)_2SO_4$ e 24,39% NH_4NO_3
16-41. 28,56% de $NaHCO_3$; 45,85% de Na_2CO_3 e 25,59% de H_2.
16-43. **(a)** 12,93 mL (b) 16,17 mL
(c) 24,86 mL (d) 22,64 mL
16-45. **(a)** 4,31 mg mL^{-1} de NaOH
(b) 7,985 mg mL^{-1} de $NaHCO_3$ e 4,358 mg mL^{-1} de Na_2CO_3
(c) 3,455 mg mL^{-1} de $NaHCO_3$ e 4,396 mg mL^{-1} de NaOH
(d) 8,215 mg mL^{-1} de Na_2CO_3
(e) 13,462 mg mL^{-1} de $NaHCO_3$
16-47. **(a)** 126,066 (b) 63,03

Capítulo 17

17-1. **(a)** Um *ligante* é uma espécie que contém um ou mais grupos doadores de par de elétrons para formar ligações com íons metálicos.
(c) Um *agente quelante tetradentado* contém quatro pares de elétrons doadores localizados em posições que podem todos se ligar ao íon metálico, assim formando dois anéis.
(e) *Titulações argentométricas* são baseadas na formação de precipitados com soluções padrão de nitrato de prata.
(g) Em uma *titulação de deslocamento de EDTA*, um excesso não medido de uma solução contendo complexo de magnésio ou zinco com EDTA é introduzido em uma solução de analito que forma um complexo mais estável que aquele de magnésio ou zinco. Os íons de magnésio ou zinco liberados são então titulados com uma solução padrão de EDTA.

17-3. A titulação direta (1), a retrotitulação (2) e a titulação de deslocamento (3). O método (1) é simples e rápido, mas requer um reagente padrão. O método (2) é vantajoso para aqueles metais que reagem muito lentamente com EDTA ou com amostras que formam precipitados. O método (3) é particularmente útil onde não estão disponíveis indicadores adequados para a titulação direta.

17-4. **(a)** $Ag^+ + S_2O_3^{2-} \rightleftharpoons Ag(S_2O_3)^-$ $\quad K_1 = \dfrac{[Ag(S_2O_3)^-]}{[Ag^+][S_2O_3^{2-}]}$

$Ag(S_2O_3)^- + S_2O_3^{2-} \rightleftharpoons Ag(S_2O_3)_2^{3-}$

$$K_2 = \frac{[Ag(S_2O_3)_2^{3-}]}{[Ag(S_2O_3)^-][S_2O_3^{2-}]}$$

17-5. A constante de formação global, β_n, é igual ao produto das constantes individuais por etapa.

17-7. O método de Fajans envolve uma titulação direta, enquanto uma titulação de Volhard requer duas soluções padrão e uma etapa de filtração.

17-9. Nos estágios iniciais de uma titulação, um dos íons de rede está em excesso e sua carga determina o sinal da carga da partícula. Após o ponto de equivalência, o íon de carga oposta está em excesso e determina o sinal da carga.

17-11. **(a)** $\alpha_1 = \dfrac{K_a}{[H^+] + K_a}$

(b) $\alpha_2 = \dfrac{K_{a1}K_{a2}}{[H^+]^2 + K_{a1}[H^+] + K_{a1}K_{a2}}$

(c) $\alpha_3 = \dfrac{K_{a1}K_{a2}K_{a3}}{[H^+]^3 + K_{a1}[H^+]^2 + K_{a1}K_{a2}[H^+] + K_{a1}K_{a2}K_{a3}}$

17-13. $\beta_3' = (\alpha_2)^3\,\beta_3 = \dfrac{[Fe(Ox)_3^{3-}]}{[Fe^{3+}](c_T)^3}$

17-15. $\beta_n = \dfrac{[ML_n]}{[M][L]^n}$

Tomando o logaritmo de ambos os lados obtemos $\beta_n = \log[ML_n] - \log[M] - n\log[L]$.
Convertendo o lado direito em função p, $\log \beta_n = pM + npL - pML_n$.

17-17. 0,00918 mol L^{-1}
17-19. **(a)** 32,28 mL **(b)** 14,98 mL **(c)** 32,28 mL
17-20. **(a)** 34,84 mL **(c)** 45,99 mL **(e)** 32,34 mL
17-21. 3,244%
17-23. **(a)** 51,78 mL **(c)** 10,64 mL **(e)** 46,24 mL
17-25. **(a)** 44,70 mL **(c)** 14,87 mL
17-27. 1,216%
17-29. 184,0 ppm de Fe^{3+} e 213,1 ppm de Fe^{2+}
17-31. 55,16% de Pb e 44,86% de Cd
17-33. 83,75% de ZnO e 0,230% de Fe_2O_3
17-34. 31,48% de NaBr e 48,57% de $NaBrO_3$
17-36. 13,72% de Cr, 56,82% de Ni e 27,44% de Fe
17-38. **(a)** $4{,}7 \times 10^9$ **(b)** $1{,}1 \times 10^{12}$ **(c)** $7{,}5 \times 10^{13}$
17-42. **(a)** 570,5 ppm **(b)** 350,5 ppm **(c)** 185,3 ppm

Capítulo 18

18-1. **(a)** A *oxidação* é um processo no qual a espécie perde um ou mais elétrons.
(c) Uma *ponte salina* é um dispositivo que provê contato elétrico, mas evita a mistura de soluções diferentes na célula eletroquímica.
(e) A *equação de Nernst* relaciona o potencial às concentrações (estritamente, atividades) dos participantes de uma semicélula eletroquímica.

18-2. **(a)** O *potencial de eletrodo* é o potencial de uma célula eletroquímica na qual o eletrodo padrão de hidrogênio atua como eletrodo de referência à esquerda e a semicélula de interesse, à direita.
(c) O *potencial padrão de eletrodo* é o potencial de uma célula consistindo em uma semirreação de interesse à direita e um eletrodo padrão de hidrogênio à esquerda. As atividades de todos os participantes na semirreação são especificadas como tendo o valor unitário. O potencial padrão de eletrodo é sempre um *potencial de redução*.

18-3. **(a)** A *oxidação* é o processo segundo o qual uma substância perde elétrons; um *agente oxidante* provoca a perda de elétrons.
(c) O *catodo* é o eletrodo no qual ocorre a redução. O *eletrodo da direita* é o eletrodo à direita no diagrama da célula.
(e) O *potencial padrão de eletrodo* é o potencial de uma célula na qual o eletrodo padrão de hidrogênio atua como um eletrodo de referência à esquerda e todos

os participantes no processo à direita têm atividade unitária. O *potencial formal* é diferente porque as *concentrações* molares de todos os reagentes e produtos são unitárias e as concentrações das outras espécies na solução são cuidadosamente especificadas.

18-4. O primeiro potencial padrão é para a solução saturada com I_2, que tem uma atividade de $I_2(aq)$ significantemente menor do que um. O segundo potencial é para a semicélula *hipotética* na qual a atividade do $I_2(aq)$ é unitária.

18-5. Mantenha a solução saturada com $H_2(g)$. Somente então a atividade do hidrogênio é constante e o potencial de eletrodo é constante e reprodutível.

18-7. **(a)** $2Fe^{3+} + Sn^{2+} \rightarrow 2Fe^{2+} + Sn^{4+}$
(c) $2NO_3^- + Cu(s) + 4H^+ \rightarrow 2NO_2(g) + 2H_2O + Cu^{2+}$
(e) $Ti^{3+} + Fe(CN)_6^{3-} + H_2O \rightarrow TiO^{2+} + Fe(CN)_6^{4-} + 2H^+$
(g) $2Ag(s) + 2I^- + Sn^{4+} \rightarrow 2AgI(s) + Sn^{2+}$
(i) $5HNO_2 + 2MnO_4^- + H^+ \rightarrow 5NO_3^- + 2Mn^{2+} + 3H_2O$

18-8. **(a)** Agente oxidante Fe^{3+}; $Fe^{3+} + e^- \rightleftharpoons Fe^{2+}$; Agente redutor Sn^{2+}; $Sn^{2+} \rightleftharpoons Sn^{4+} + 2e^-$
(c) Agente oxidante NO_3^-, $NO_3^- + 2H^+ + e^- \rightleftharpoons NO_2(g) + H_2O$; Agente redutor Cu; $Cu(s) \rightleftharpoons Cu^{2+} + 2e^-$
(e) Agente oxidante $Fe(CN)_6^{3-}$; $Fe(CN)_6^{3-} + e^- \rightleftharpoons Fe(CN)_6^{4-}$; Agente redutor Ti^{3+}; $Ti^{3+} + H_2O \rightleftharpoons TiO^{2+} + 2H^+ + e^-$
(g) Agente oxidante Sn^{4+}; $Sn^{4+} + 2e^- \rightleftharpoons Sn^{2+}$; Agente redutor Ag; $Ag(s) + I^- \rightleftharpoons AgI(s) + e^-$
(i) Agente oxidante MnO_4^-; $MnO_4^- + 8H^+ + 5e^- \rightleftharpoons Mn^{2+} + 4H_2O$
Agente redutor HNO_2; $HNO_2 + H_2O \rightleftharpoons NO_3^- + 3H^+ + 2e^-$

18-9. **(a)** $MnO_4^- + 5VO^{2+} + 11H_2O \rightarrow Mn^{2+} + 5V(OH)_4^+ + 2H^+$
(c) $Cr_2O_7^{2-} + 3U^{4+} + 2H^+ \rightarrow 2Cr^{3+} + 3UO_2^{2+} + H_2O$
(e) $IO_3^- + 5I^- + 6H^+ \rightarrow 3I_2 + 3H_2O$
(g) $HPO_3^{2-} + 2MnO_4^- + 3OH^- \rightarrow PO_4^{3-} + 2MnO_4^{2-} + 2H_2O$
(i) $V^{2+} + 2V(OH)_4^+ + 2H^+ \rightarrow 3VO^{2+} + 5H_2O$

18-11. **(a)**
$AgBr(s) + e^- \rightleftharpoons Ag(s) + Br^-$ — $V^{2+} \rightleftharpoons V^{3+} + e^-$
$Ti^{3+} + 2e^- \rightleftharpoons Ti^+$ — $Fe(CN)_6^{4-} \rightleftharpoons Fe(CN)_6^{3-} + e^-$
$V^{3+} + e^- \rightleftharpoons V^{2+}$ — $Zn \rightleftharpoons Zn^{2+} + 2e$
$Fe(CN)_6^{3-} + e^- \rightleftharpoons Fe(CN)_6^{4-}$ — $Ag(s) + Br^- \rightleftharpoons AgBr(s) + e^-$
$S_2O_8^{2-} + 2e^- \rightleftharpoons 2SO_4^{2-}$ — $Ti^+ \rightleftharpoons Ti^{3+} + 2e^-$

(b), (c)	E^0
$S_2O_8^{2-} + 2e^- \rightleftharpoons 2SO_4^{2-}$	2,01
$Ti^{3+} + 2e^- \rightleftharpoons Ti^+$	1,25
$Fe(CN)_6^{3-} + e^- \rightleftharpoons Fe(CN)_6^{4-}$	0,36
$AgBr(s) + e^- \rightleftharpoons Ag(s) + Br^-$	0,073
$V^{3+} + e^- \rightleftharpoons V^{2+}$	−0,256
$Zn^{2+} + 2e^- \rightleftharpoons Zn(s)$	−0,763

18-13. **(a)** 0,295 V **(b)** 0,193 V **(c)** −0,149 V
(d) 0,061 V **(e)** 0,002 V

18-16. **(a)** 0,75 V **(b)** 0,192 V **(c)** −0,385 V
(d) 0,278 V **(e)** 0,177 V **(f)** 0,86 V

18-18. **(a)** −0,281 V, anodo **(b)** −0,089 V, anodo
(c) 1,016 V, catodo **(d)** 0,165 V, catodo
(e) 0,012 V, catodo

18-20. 0,390 V

18-22. −0,96 V

18-24. −1,25 V

18-25. 0,13 V

Capítulo 19

19-1. O potencial de eletrodo de um sistema que contém dois ou mais pares redox é o potencial de eletrodo de todos os processos de semicélulas em equilíbrio no sistema.

19-2. **(a)** O *equilíbrio* é o estado que o sistema assume após cada adição de reagente. A *equivalência* refere-se a um estado de equilíbrio particular onde uma quantidade estequiométrica de titulante foi adicionada.

19-4. Antes do ponto de equivalência, os dados de potencial são computados a partir do potencial padrão do analito e das concentrações analíticas do analito e do produto. Dados após o ponto de equivalência são baseados no potencial padrão do titulante e sua concentração analítica. O potencial do ponto de equivalência é calculado por meio dos dois potenciais padrão e da relação estequiométrica entre analito e titulante.

19-6. Uma curva de titulação assimétrica será encontrada sempre que o titulante e o analito reagirem em proporções diferentes de 1:1.

19-8. **(a)** 0,420 V, oxidação à esquerda, redução à direita.
(b) 0,019 V, oxidação à esquerda, redução à direita.
(c) 0,416 V, oxidação à esquerda, redução à direita.
(d) −0,393 V, redução à esquerda, oxidação à direita.
(e) −0,204 V, redução à esquerda, oxidação à direita.
(f) 0,726 V, oxidação à esquerda, redução à direita.

19-9. **(a)** 0,615 V **(c)** −0,333 V

19-11. **(a)** $2{,}2 \times 10^{17}$ **(c)** 3×10^{22}
(e) 9×10^{37} **(g)** $2{,}4 \times 10^{10}$

19-14. **(a)** fenossafranina
(c) tetrassulfonato índigo ou azul de metileno
(e) erioglaucina A **(g)** nenhum

Capítulo 20

20-1. **(a)** $2Mn^{2+} + 5S_2O_8^{2-} + 8H_2O \rightarrow 10SO_4^{2-} + 2MnO_4^- + 16H^+$
(c) $H_2O_2 + U^{4+} \rightarrow UO_2^{2+} + 2H^+$
(e) $2MnO_4^- + 5H_2O_2 + 6H^+ \rightarrow 5O_2 + 2Mn^{2+} + 8H_2O$

20-2. Somente na presença de íon Cl^- a Ag é um agente redutor suficientemente bom para ser muito útil em pré-reduções.

20-4. As soluções padrão de redutores são susceptiveis à oxidação do ar.

20-6. Soluções recentemente preparadas de permanganato de potássio são inevitavelmente contaminadas com pequenas quantidades de dióxido de manganês sólido, que catalisa as decomposições adicionais do íon permanganato.

20-8. As soluções de $K_2Cr_2O_7$ são usadas extensivamente para soluções de retrotitulação de Fe^{2+} quando o último está sendo usado com um redutor padrão para a determinação de agentes oxidantes.

20-10. Quando um volume medido de uma solução padrão de KIO_3 é introduzido em uma solução ácida contendo um excesso de íon iodeto, uma quantidade conhecida de iodo é produzida como um resultado de:

$$IO_3^- + 5I^- + 6H^+ \rightarrow 3I_2 + 3H_2O$$

20-12. O amido se decompõe na presença de altas concentrações de iodo para levar a produtos que não se comportam satisfatoriamente como indicadores. O atraso da adição do amido até que a concentração de iodo seja muito pequena previne esta reação.

20-13. **(a)** 0,1238 mol L^{-1} **(c)** 0,0475 mol L^{-1}
(e) 0,03094 mol L^{-1}

20-14. Dissolva 8,350 g de $KBrO_3$ em água e dilua para 1,000 L.

20-16. 0,1147 mol L^{-1}
20-18. 81,71%
20-20. 0,0266 mol L^{-1}
20-22. 1,199%
20-24. 2,056%
20-26. 11,2 ppm
20-28. 0,0426 mg mL^{-1} de amostra

Capítulo 21

21-1. **(a)** Um *eletrodo indicador* é um eletrodo usado em potenciometria que responde à variação da atividade de uma molécula ou íon do analito.
(c) Um *eletrodo do primeiro tipo* é um eletrodo metálico que responde à atividade de seu cátion em solução.

21-2. **(a)** Um *potencial de junção líquida* é o potencial que se desenvolve na interface entre duas soluções que apresentam composições eletrolíticas diferentes.
(c) O *potencial assimétrico* é um potencial que se desenvolve através de uma membrana sensível a íon quando as concentrações do íon são as mesmas em ambos os lados da membrana. Este potencial surge das dissimilaridades entre a superfície mais interna e a superfície mais externa da membrana.

21-3. **(a)** Uma titulação é geralmente mais exata que as medidas de potencial de eletrodo. Consequentemente, se é necessária uma exatidão de ppt, deve-se escolher uma titulação.
(b) Os potenciais de eletrodo estão relacionados à atividade do analito. Portanto, escolha medidas de potencial de eletrodo se a atividade é a quantidade desejada.

21-5. O potencial surge das diferenças nas posições dos equilíbrios de dissociação em cada uma das duas superfícies. Esses equilíbrios são descritos por

$$\underset{\text{membrana}}{H^+Gl^-} \rightleftharpoons \underset{\text{solução}}{H^+} + \underset{\text{membrana}}{Gl^-}$$

A superfície exposta à solução tendo maior concentração de H^+ torna-se positiva em relação à outra superfície. Essa diferença de carga, ou potencial, serve como parâmetro analítico quando o pH da solução em um lado da membrana é mantido constante.

21-7. As incertezas incluem (1) o erro ácido em soluções altamente ácidas, (2) o erro alcalino em soluções fortemente básicas, (3) o erro que surge quando a força iônica dos padrões de calibração diferem da força iônica da solução do analito, (4) incertezas no pH das soluções tampão padrão, (5) potenciais de junção não reprodutíveis em soluções de baixa força iônica, e (6) desidratação da superfície ativa do eletrodo de trabalho.

21-9. O *erro alcalino* surge quando um eletrodo de vidro é empregado para medir o pH de uma solução com pH entre 10 e 12 ou maior. Na presença de íons alcalinos, a superfície de vidro passa a responder não somente aos íons hidrogênio, mas também aos íons de metais alcalinos. Em decorrência, os valores de pH medidos são menores.

21-11. **(b)** O *potencial de junção* para um eletrodo de membrana é um potencial que se desenvolve quando a membrana separa duas soluções que têm diferentes concentrações de um cátion ou um ânion que a membrana liga seletivamente.
(d) A membrana em um eletrodo de F^- no estado sólido é LaF_3 cristalina, que quando imerso em solução aquosa, dissocia-se de acordo com a equação

$$LaF_3(s) \rightleftharpoons La^{3+} + 3F^-$$

Um potencial de junção se desenvolve através da membrana quando ele separa duas soluções de concentração de F^-.

21-12. A determinação potenciométrica direta de pH fornece uma medida da atividade de equilíbrio dos íons hidrônio na amostra. A titulação potenciométrica fornece informação da quantidade de prótons reativos, ionizados ou não presentes na amostra.

21-15. **(a)** 0,354 V
(b) SCE $\|$ IO_3^- (x mol L^{-1}), $AgIO_3$(sat)|Ag
(c) $(E_{cél} - 0{,}110)/0{,}0592$
(d) 3,31

21-17. **(a)** SCE $\|$ I^- (x mol L^{-1}), AgI (sat)|Ag
(c) SCE $\|$ PO_4^{3-} (x mol L^{-1}), Ag_3PO_4 (sat)|Ag

21-19. **(a)** 3,36
(c) 2,43

21-20. 6,32

21-21. **(a)** 12,47; $3{,}42 \times 10^{-13}$ mol L^{-1}
(b) 5,47; $3{,}41 \times 10^{-6}$ mol L^{-1}
(c) Para (a), o pH deve ser de 12,43 a 12,50 e a_{H^+} na faixa de 3,17 a $3{,}70 \times 10^{-13}$ mol L^{-1}.
Para (b), o pH deve ser de 5,43 a 5,50 e a_{H^+} na faixa de $3{,}16 \times 10^{-6}$ a $3{,}69 \times 10^{-6}$ mol L^{-1}.

21-22. 173,7 g mol^{-1}

21-26. $3{,}5 \times 10^{-4}$ mol L^{-1}

Capítulo 22

22-1. **(a)** Na *polarização de concentração* a corrente em uma célula eletroquímica é limitada pela velocidade na qual os reagentes são levados ou removidos da superfície de um ou ambos os eletrodos. Na *polarização cinética* a corrente é limitada pela velocidade na qual elétrons são transferidos entre as superfícies dos eletrodos e os reagentes na solução.
(c) A *difusão* é o movimento de espécies sob a influência de um gradiente de concentração. A *migração* é o movimento de um íon sob a influência de uma força eletrostática de atração ou repulsão.
(e) O *circuito de eletrólise* consiste em um eletrodo de trabalho e um contraeletrodo. O *circuito de controle* regula o potencial aplicado de tal forma que o potencial entre o eletrodo de trabalho e o eletrodo de referência no circuito de controle seja constante e em um nível desejado.

22-2. **(a)** O *potencial ôhmico*, ou a queda de *IR*, de uma célula é o produto da corrente na célula em ampères e a resistência da célula em ohms.
(c) Na *eletrólise de potencial controlado*, o potencial aplicado à célula é continuamente ajustado para manter um potencial constante entre o eletrodo de trabalho e um eletrodo de referência.
(e) A *eficiência de corrente* é a medida da concordância entre o número de Faradays de corrente e o número de mols do reagente oxidado ou reduzido em um eletrodo de trabalho.

22-3. A *difusão* surge das diferenças de concentração entre a superfície do eletrodo e o volume de solução. A *migração* resulta da atração ou repulsão eletrostática. A *convecção* resulta da agitação, vibração ou diferenças de temperatura.

22-5. Temperatura, agitação, concentrações de reagentes, presença ou ausência de eletrólitos e área superficial de eletrodo.

22-7. O produto gasoso, particularmente quando o eletrodo é um metal macio como o mercúrio, o zinco ou o cobre; baixas temperaturas e altas densidades de corrente.

22-9. Os métodos potenciométricos são realizados sob condições de corrente zero e o efeito da medida na concentração de analito é normalmente indetectável. Em contraste, os métodos eletrogravimétricos e columétricos dependem da presença de uma corrente líquida e reação de célula. Dois fenômenos adicionais, a queda *IR* e a polarização, devem ser considerados nos métodos eletrogravimétricos onde está presente corrente. Por último, a medida final nos métodos eletrogravimétricos e coulométricos é a massa do produto produzido eletroliticamente, enquanto nos métodos potenciométricos, é o potencial de célula.

22-11. As espécies produzidas no contraeletrodo são interferentes em potencial através da reação com os produtos no eletrodo de trabalho.

22-13. **(b)** $5{,}5 \times 10^{16}$

22-14. **(a)** $-0{,}732$ V **(c)** $-0{,}352$ V

22-15. $-0{,}788$ V

22-17. **(a)** $-0{,}673$ v **(b)** $-0{,}54$ V (c) $-1{,}71$ V **(d)** $-1{,}85$ V

22-19. **(a)** $3{,}6 \times 10^{-6}$ mol L^{-1} **(b)** $-0{,}425$ V
(c) Se o catodo é mantido entre $-0{,}425$ V e $-0{,}438$ V, a separação quantitativa é possível na teoria.

22-21. **(a)** 0,231 V **(b)** $7{,}6 \times 10^{-21}$ mol L^{-1}
(c) $-0{,}12$ a $-0{,}398$ V

22-22. **(a)** 0,237 V **(c)** 0,0513 V **(e)** 0,118 V
(g) 0,264 V **(i)** 0,0789 V

22-23. **(a)** 16,0 min **(b)** 5,34 min

22-25. 132,0 g eq^{-1}

22-27. 173 ppm

22-29. 3,56%

22-34. 50,9 μg

22-35. $2{,}73 \times 10^{-4}$ g

Capítulo 23

23-1. **(a)** A *voltametria* é uma técnica analítica baseada na medida da corrente que se desenvolve em um pequeno eletrodo à medida que o potencial aplicado é variado. A *amperometria* é uma técnica na qual a corrente limitante é medida a um potencial constante.
(c) As voltametrias de *pulso diferencial* e a de *onda quadrada* diferem no tipo de sequência de pulso usada, como mostrado na Figura 23-1b e c e 23-7.
(e) Na voltametria, uma *corrente limitante* é uma corrente que independente do potencial aplicado e limitada pela velocidade na qual um reagente é levado para a superfície do eletrodo por migração, convecção e/ou diluição. Uma *corrente de difusão* é uma corrente limitante quando o transporte de analito é unicamente por difusão.
(g) O *potencial de meia onda* é intimamente relacionado com o *potencial padrão* para uma reação reversível. Isto é,

$$E_{1/2} = E_A^0 - \frac{0{,}0592}{n}\log\left(\frac{k_A}{k_B}\right)$$

onde k_A e k_B são constantes que são proporcionais aos coeficientes de difusão do analito e do produto. Quando estes são praticamente os mesmos, o potencial de meia-onda e o potencial padrão são basicamente iguais.

23-3. Uma alta concentração de eletrólito suportante é usada em muitos procedimentos eletroanalíticos para minimizar a contribuição de migração para a polarização de concentração. O eletrólito suportante também reduz a resistência da célula, que diminui a queda *IR*.

23-5. A maioria dos processos orgânicos em eletrodos consome ou produz íons hidrogênio. A menos que uma solução tampão seja utilizada, podem acontecer significativas alterações de pH na superfície do eletrodo à medida que a reação ocorre.

23-7. O propósito a etapa de eletrodeposição na análise por redissolução é pré-concentrar o analito na superfície do eletrodo de trabalho e separá-lo de muitas espécies interferentes.

23-9. Um gráfico de E_{apl} *versus* $\log \dfrac{i}{i_l - i}$ deve produzir uma reta tendo uma inclinação de $\dfrac{-0{,}0592}{n}$ e n é facilmente obtido da inclinação.

23-12. $1{,}7 \times 10^{-3}$% de Cu^{2+} removido.

23-13. $1{,}77 \times 10^{-4}$ mol L^{-1}

Capítulo 24

24-1. A cor amarela aparece porque a solução absorve luz azul na região de comprimento de onda de 435 a 480 nm e transmite sua cor complementar (amarelo). A cor violeta aparece porque a radiação no verde (500 a 560 nm) é absorvida e sua cor complementar (violeta) é transmitida.

24-2. **(a)** A absorbância, A, é o negativo do logaritmo da transmitância, T ($A = -\log T$).

24-3. Os desvios da linearidade podem ocorrer por causa da radiação policromática, das variações químicas de amostras, da luz espúria e de interações moleculares ou iônicas em concentração alta.

24-6. **(a)** $1{,}13 \times 10^{18}$ Hz
(c) $4{,}32 \times 10^{14}$ Hz
(e) $1{,}53 \times 10^{13}$ Hz

24-7. **(a)** 253,0 cm **(c)** 286 cm

24-9. **(a)** $3{,}33 \times 10^3$ cm^{-1} a 667 cm^{-1}
(b) $1{,}00 \times 10^{14}$ Hz a $2{,}00 \times 10^{13}$ Hz

24-11. $\lambda = 1{,}36$ m; $E = 1{,}46 \times 10^{-25}$ J

24-12. **(a)** 436 nm

24-13. **(a)** ppm^{-1} cm^{-1} **(c)** $\%^{-1}$ cm^{-1}

24-14. **(a)** 92,1% **(c)** 41,8% **(e)** 32,7%

24-15. **(a)** 0,565 **(c)** 0,514 **(e)** 1,032

24-18. **(a)** $\%T = 67{,}3$, $a = 0{,}0211$ cm^{-1} ppm^{-1}, $c = 4{,}07 \times 10^{-5}$ mol L^{-1}, $c_{ppm} = 8{,}13$ ppm
(c) $\%T = 30{,}2$, $a = 0{,}0397$ cm^{-1} ppm^{-1}, $c = 6{,}54 \times 10^{-5}$ mol L^{-1}, $c_{ppm} = 13{,}1$ ppm
(e) $A = 0{,}638$, $\%T = 23{,}0$, $a = 0{,}0187$ cm^{-1} ppm^{-1}, $c_{ppm} = 342$ ppm
(g) $\%T = 15{,}9$, $\varepsilon = 3{,}17 \times 10^3$ L mol^{-1} cm^{-1}, $a = 0{,}0158$ cm^{-1} ppm^{-1}, $c = 1{,}68 \times 10^{-4}$ mol L^{-1}
(i) $A = 1{,}28$, $a = 0{,}0489$ cm^{-1} ppm^{-1}, $b = 5{,}00$ cm, $c = 2{,}62 \times 10^{-5}$ mol L^{-1}

24-21. **(a)** 0,238 **(b)** 0,476 **(c)** 0,578 e 0,334 **(d)** 0,539

24-23. **(a)** 0,528 **(b)** 29,6% **(c)** $2{,}27 \times 10^{-5}$ mol L^{-1}

24-25. $A' = 1{,}81$, erro $= -13{,}6$%

Capítulo 25

25-1. **(a)** Os *fototubos* de uma superfície fotoemissiva única (catodo) e um anodo em um envelope evacuado. Eles exibem uma baixa corrente de escuro, mas não têm amplificação inerente. Os *fotodiodos de estado sólido* são dispositivos semicondutores de junção *pn* que respondem à luz incidente formando pares elétron-buraco. Eles são mais sensíveis que os fototubos, mas menos sensíveis que os tubos fotomultiplicadores.
(c) Os *filtros* isolam uma única banda de comprimento de onda e fornecem seleção de comprimento de onda de baixa resolução adequado para o trabalho quantitativo. Os *monocromadores* produzem alta resolução para trabalhos qualitativos e quantitativos. Com os

monocromadores, o comprimento de onda pode ser variado continuamente, enquanto tal manipulação não é possível com filtros.

25-3. As análises quantitativas podem tolerar fendas mais largas uma vez que as medidas são normalmente realizadas em um comprimento de onda máximo onde a inclinação do espectro $dA/d\lambda$ é relativamente constante. As análises qualitativas exigem fendas estreitas de tal forma que qualquer estrutura no espectro será resolvida.

25-5. O iodo prolonga a vida da lâmpada e permite que ela opere a uma temperatura mais alta. O iodo se combina com o tungstênio gasoso que se sublima do filamento e faz com que o metal seja redepositado, assim aumentando a vida da lâmpada.

25-6. **(a)** Os *espectrômetros* têm monocromadores para operação em comprimentos de ondas múltiplos e para obter espectros enquanto os *fotômetros* utilizam filtros para operação em comprimento de onda fixo. Os espectros fotômetros são mais complexos e mais caros que os fotômetros.
(c) Tanto um *monocromador* quanto um *policromador* usam uma grade de difração para dispersar o espectro, mas um monocromador contém apenas uma fenda de saída e detector, enquanto um policromador contém múltiplas fendas de saída e detectores. Um monocromador pode ser usado para monitorar simultaneamente vários comprimentos de ondas discretos.

25-7. **(a)** 0,73 μm (730 nm) **(c)** 1,45 μm (1.450 nm)

25-9. **(a)** 1.010 nm a 2.870 K e 967 nm a 3.000 K.
(b) 386 W cm^{-2} a 2.870 K e 461 W cm^{-2} a 3.000 K.

25-11. **(a)** A transmitância 0% é medida sem que a luz alcance o detector e é uma medida da corrente de escuro.
(b) O ajuste da transmitância de 100% é feito com um branco no caminho óptico e compensa qualquer perda por absorção ou reflexão causadas pela célula e elementos ópticos.

25-13. Espectrômetros IV com transformada de Fourier apresentam vantagens sobre os instrumentos dispersivos em virtude de sua maior velocidade e sensibilidade, melhor poder de captação de luz, mais precisão e exatidão no ajuste do comprimento de onda, desenho mecânico mais simples e eliminação da radiação espúria e da emissão IV.

25-14. **(a)** $\%T$ = 23,84 e A = 0,623 **(c)** $\%T$ = 5,7

25-15. **(b)** A = 0,509 **(d)** T = 0,096

25-17. Um *detector de fótons* produz uma corrente ou voltagem como um resultado da emissão de elétrons de uma superfície fotossensível quando atingida por fótons. Um *detector térmico* consiste em uma superfície escurecida para absorver radiação no infravermelho e produzir aumento de temperatura. O transdutor térmico produz um sinal elétrico cuja grandeza está relacionada com a temperatura e, dessa forma, com a intensidade da radiação no infravermelho.

25-19. Um *fotômetro de absorção* e um *fotômetro de fluorescência* consistem nos mesmos componentes. A diferença básica está na localização do detector. O detector em um fluorômetro está posicionado em um ângulo de 90° em relação a direção do feixe da fonte de tal forma que a emissão é detectada ao invés da transmissão. Além disto, um filtro é frequentemente posicionado em frente ao detector para remover a radiação do feixe de excitação que pode resultar dos processos de espalhamento ou de não fluorescência. Em um fotômetro de transmissão, o detector é posicionado em uma linha com a fonte, o filtro e o detector.

25-21. **(a)** Um *transdutor* converte as quantidades, como a intensidade de luz, pH, massa e temperatura, em sinais elétricos que podem ser subsequentemente amplificados, manipulados e finalmente convertidos em números proporcionais à grandeza da quantidade original.
(c) Um semicondutor do tipo *n* consiste de elétrons não ligados (por exemplo, produzidos por dopagem do silício com um elemento do Grupo V).
(e) Ocorre uma *camada de destruição* quando um viés reverso é aplicado a um dispositivo de junção do tipo *pn* deixando uma camada de destruição não condutora.

Capítulo 26

26-1. **(a)** Os *espectrofotômetros* usam uma rede ou um prisma para produzir bandas limitadas de radiação, enquanto os *fotômetros* utilizam filtros. Os espectrofotômetros têm maior versatilidade e podem obter os espectros inteiros. Os fotômetros são simples, robustos e têm maior aproveitamento da luz.
(c) Os *espectrofotômetros com arranjos lineares de diodos* detectam essencialmente de forma simultânea toda uma faixa espectral e podem produzir um espectro em menos de um segundo. Os *espectrofotômetros convencionais* requerem vários minutos para varrer o espectro. Consequentemente, os instrumentos com arranjos de diodos podem ser usados para monitorar processos que ocorrem em escala de tempo mais curta. Sua resolução é geralmente menor que a obtida com espectrofotômetros convencionais.

26-3. Concentração de eletrólito, pH, temperatura, natureza do solvente e substâncias interferentes.

26-5. $c_{mín} = 1{,}1 \times 10^{-5}$ mol L^{-1}; $c_{máx} = 9{,}7 \times 10^{-5}$ mol L^{-1}

26-7. $c_{mín} = 1{,}2 \times 10^{-4}$ mol L^{-1}; $c_{máx} = 2{,}4 \times 10^{-3}$ mol L^{-1}

26-9. **(a)** A = 0,611; T = 0,245 **(c)** T = 0,060

26-10. **(b)** A = 0,503 **(d)** T = 0,099

26-13. A absorbância deve diminuir quase linearmente com o volume titulante até o ponto final. Após o ponto final, a absorbância torna-se independente do volume do titulante.

26-16. 0,200 ppm de Fe.

26-18. 132 ppm de Co e 248 ppm de Ni.

26-20. **(a)** A = 0,492 **(c)** A = 0,190

26-21. **(a)** A = 0,301 **(b)** A = 0,413 **(c)** A = 0,491

26-22. Para a solução A, pH = 5,60; Para a solução C, pH = 4,80

26-25. **(a)** [P] = $2{,}08 \times 10^{-4}$ mol L^{-1}; [Q] = $4{,}90 \times 10^{-5}$ mol L^{-1}
(c) [P] = $8{,}36 \times 10^{-5}$ mol L^{-1}; [Q] = $6{,}10 \times 10^{-5}$ mol L^{-1}
(e) [P] = $2{,}11 \times 10^{-4}$ mol L^{-1}; [Q] = $9{,}64 \times 10^{-5}$ mol L^{-1}

26-26. **(b)** $A = 0{,}03939\ c_{Fe} - 0{,}001008$
(c) $s_m = 1{,}1 \times 10^{-4}$ e $s_b = 2{,}7 \times 10^{-3}$

26-28. **(a)** complexo 1:1 **(b)** $1{,}4 \times 10^4$ L mol^{-1} cm^{-1}

26-30. **(a)** complexo 1:1
(b) ε = 1.400 ± 200 L mol^{-1} cm^{-1}
(c) $K_f = 3{,}78 \times 10^5$

26-33. (1) 740 cm^{-1} estiramento C—Cl; (2) 1.270 cm^{-1} deformação CH_2; (3) 2.900 cm^{-1} estiramento C—H alifático.

Capítulo 27

27-1. **(a)** A *fluorescência* é um processo de fotoluminescência no qual os átomos ou moléculas são excitados pela absorção de radiação eletromagnética e então relaxam para o estado fundamental, liberando o excesso da energia como fótons.
(c) *Conversão interna* é o relaxamento não radioativo de uma molécula de um nível de baixa energia vibracional de um estado eletrônico excitado para um nível de alta

energia vibracional de um estado eletrônico de nível energético mais baixo.

(e) O *deslocamento de Stokes* é a diferença no comprimento de onda entre a radiação usada para a fluorescência e o comprimento de onda da radiação emitida.

(g) O *efeito do filtro interno* é um resultado da absorção excessiva do feixe incidente (absorção primária) ou absorção do feixe emitido (absorção secundária).

27-3. (a) A fluoresceína em decorrência de sua maior rigidez estrutural causada pelas pontes —O— dos grupos.

27-5. Os compostos orgânicos que contêm anéis aromáticos frequentemente exibem fluorescência. As moléculas rígidas ou sistemas com múltiplos anéis tendem a ter um grande rendimento quântico de fluorescência, enquanto as moléculas flexíveis geralmente têm um rendimento quântico menor.

27-7. Um fluorômetro de filtro normalmente consiste em uma fonte de luz, um filtro para a seleção do comprimento de onda de excitação, um recipiente de amostra, um filtro emissor e um dispositivo transdutor e de leitura. Um espectrofluorômetro tem dois monocromadores que são os selecionadores de comprimentos de onda.

27-9. Os fluorômetros são mais sensíveis porque os filtros permitem que mais radiação de excitação atinja a amostra e que mais radiação emitida atinja o transdutor. Além disto, os fluorômetros são substancialmente mais baratos e mais robustos que o espectrofluorômetro, tornando-os especialmente adequados para aplicações de quantização e de análises remotas.

27-10. (b) $I_{rel} = 22{,}3c_{NADH} + 0{,}0004$.
(d) 0,510 μ(mol L^{-1}) NADH
(e) 0,016

27-12. 533 mg de quinino

Capítulo 28

28-1. Em *espectroscopia de emissão atômica* a fonte de radiação é a própria amostra. A energia para excitação do átomo do analito é fornecida por um plasma, uma chama, um forno, um arco elétrico ou ignição. O sinal é a medida da intensidade da fonte no comprimento de onda de interesse. Na *espectroscopia de fluorescência atômica*, uma fonte de radiação externa é usada e a fluorescência emitida, normalmente em ângulos retos em relação à fonte, é medida. O sinal é a intensidade da fluorescência emitida.

28-2. (a) *Atomização* é um processo no qual uma amostra, frequentemente em solução, é volatizada e decompõe-se para formar um vapor atômico.

(c) O *alargamento Doppler* é um aumento na largura de uma linha atômica causada pelo efeito Doppler no qual os átomos, que se movem em direção a um detector, absorvem ou emitem comprimentos de onda que são ligeiramente menores que os absorvidos ou emitidos por átomos que se movem a ângulos retos em relação ao detector. O efeito contrário é observado para átomos que se afastam do detector.

(e) Um *plasma* é um gás condutor que contém uma grande concentração de íons e/ou elétrons.

(g) Uma *lâmpada de catodo oco* consiste em um anodo de fio de tungstênio e um catodo cilíndrico selado em um tubo de vidro que contém argônio a uma pressão de 1 a 5 torr. O catodo é construído do, ou suporta o elemento cuja emissão é desejada.

(i) Uma *interferência aditiva*, também chamada de interferência de branco, produz um efeito que é independente da concentração do analito. Ela pode ser eliminada com uma solução de branco perfeita.

(k) Uma *interferência química* é encontrada quando uma espécie interage com o analito de uma forma que altera as características da emissão ou absorção espectral do analito.

(m) Um *agente protetor* previne a interferência formando um composto estável, mas volátil, com o analito.

28-3. Na espectroscopia de emissão atômica, o sinal analítico é produzido por um número relativamente pequeno de átomos *excitados* ou íons, enquanto em absorção atômica o sinal resulta da absorção por um número muito maior de *espécies não excitadas.* Qualquer pequena alteração nas condições da chama influencia consideravelmente o número de *espécies excitadas*, embora essas alterações tenham um efeito muito menor sobre o número de *espécies não excitadas.*

28-5. A fonte de radiação é modulada para criar um sinal ac no detector. O detector é feito para rejeitar o sinal cc da chama e medir o sinal modulado da fonte. Desta maneira, a emissão de fundo do analito é discriminada contra e previne de provocar um efeito de interferência.

28-7. A temperatura e pressão em uma lâmpada de catodo oco são muito menores que aquelas em uma chama comum. Como um resultado, os efeitos de alargamento Doppler e por colisão são muito menores, resultando em linhas mais estreitas.

28-9. As temperaturas são altas, os tempos de residência das amostras são longos e os átomos e íons são formados em ambiente aproximadamente inerte quimicamente. A concentração alta e relativamente constante de elétrons conduz a menores interferências causadas por ionização.

28-11. A geometria radial fornece uma melhor estabilidade e precisão, enquanto a geometria axial pode atingir limites de detecção mais baixos.

28-13. 0,504 ppm de Pb

28-15. (b) $A_s = \dfrac{\varepsilon b V_s c_s}{V_t} + \dfrac{\varepsilon b V_x c_x}{V_t} = kV_s c_s + kV_x c_x$
(c) $m = kc_s$; $b = kV_x c_x$ (e) $m = 0{,}00881$; $b = 0{,}202$
(g) 28,0 ($\pm$0,2) ppm Cu

Capítulo 29

29-1. (a) O *Dalton* é uma massa atômica unificada e igual a 1/12 da massa de um átomo neutro de $^{12}_{6}C$.

(c) O *número de massa* é a massa atômica ou molecular expressa sem unidades.

(e) Em um analisador de *tempo de voo*, os íons com aproximadamente a mesma energia cinética atravessam uma região livre de campo. O tempo necessário para um íon atingir um detector no final da região livre de campo é inversamente proporcional à massa do íon.

29-3. A tocha ICP serve tanto como atomizador quanto como ionizador.

29-5. As interferências são espectroscópicas e de matriz. Em uma interferência espectroscópica, a espécie interferente tem a mesma razão massa-carga do analito. Os efeitos de matriz ocorrem em altas concentrações onde as espécies interferentes podem interagir química ou fisicamente para mudar o sinal do analito.

29-7. A resolução mais alta do espectrômetro de foco duplo permite que os íons sejam mais bem separados dos íons de fundo que com espectrômetro quadrupolar de resolução relativamente baixa. A razão sinal-*background* do instrumento de foco duplo leva a menores limites de detecção que com o instrumento quadrupolar.

29-9. A alta energia do feixe de elétrons usado nas fontes IE é suficiente para quebrar ligações químicas e produzir íons de fragmentos.

29-11. O íon selecionado pelo primeiro analisador é chamado de íon precursor. Ele então sofre decomposição térmica, reação com um gás de colisão ou fotodecomposição para formar íons de produto que são analisados por um segundo analisador de massas.

Capítulo 30

30-1. **(a)** A *ordem de uma reação* é a soma numérica dos expoentes dos termos de concentração na lei de velocidade para a reação.
(c) As *enzimas* são moléculas orgânicas de alta massa molecular que catalisam reações de importância biológica.
(e) A *constante de Michaelis*, K_m, é semelhante a uma constante de equilíbrio para a dissociação do complexo enzima-substrato. Ela é definida pela equação $K_m = (k_{-1} + k_2)/k_1$, onde k_1 e k_{-1} são as constantes de velocidade para as reações direta e inversa na formação do complexo enzima-substrato. O termo k_2 é a constante de velocidade para a dissociação do complexo para fornecer os produtos.
(g) Os *métodos integrais* usam formas integrais das equações de velocidade para calcular as concentrações a partir de dados cinéticos.

30-3. As vantagens incluem o seguinte: (1) as medidas são feitas relativamente cedo na reação antes de as reações laterais poderem ocorrer; (2) as medidas não dependem da determinação da concentração absoluta, mas ao invés disto, das diferenças de concentração; e (3) a seletividade é frequentemente melhorada nos métodos de velocidade de reação, particularmente nos métodos baseados em enzimas. As limitações incluem (1) sensibilidade mais baixa, (2) maior dependência das condições e (3) precisão mais baixa.

30-5. $t_{1/2} = \ln 2/k = 0{,}693/k$

30-6. **(a)** 2,01 s **(c)** $2{,}093 \times 10^3$ s **(e)** $1{,}2 \times 10^9$ s

30-7. **(a)** 28,8 s^{-1} **(c)** 0,288 s^{-1} **(e)** $1{,}07 \times 10^4\ s^{-1}$

30-8. **(a)** 0,152 **(c)** 3,3 **(e)** 10

30-10. **(a)** 0,2% **(c)** 0,02% **(e)** 1,0% **(g)** 0,05%
(i) 6,7% **(k)** 0,64%

30-12. **(a)** Coloque em um gráfico de 1/velocidade *versus* 1/[S] para a amostra para obter uma curva de calibração linear. Meça a velocidade para a amostra [S], calcule 1/Velocidade e 1/[S]amostra a partir da curva de trabalho e encontre [S]amostra.
(b) A interseção da curva de calibração é $1/v_{máx}$ e a inclinação $K_m/v_{máx}$. Use a inclinação e a interseção para calcular K_m = inclinação/interseção e $v_{máx}$ = 1/interseção.

30-13. $5{,}5 \pm 0{,}2$ ppm

30-15. 0,045 mol L^{-1}

30-17. **(a)** ≈ 2% de finalização
(b) um pouco mais de 9% de finalização.

Capítulo 31

31-1. Um *íon coletor* é um íon adicionado a uma solução que forma um precipitado com o reagente que carrega a espécie menos desejada para fora da solução.

31-3. O transporte de material e uma redistribuição espacial dos componentes.

31-5. **(a)** A *eluição* é um processo no qual as espécies são lavadas através de uma coluna cromatográfica por adições de fase móvel fresca.
(c) A *fase estacionária* é uma fase sólida ou líquida que está fixa. A fase móvel então passa por cima ou através da fase estacionária.
(e) O *tempo de retenção* é o intervalo de tempo entre a injeção em uma coluna e a aparição no detector.
(g) O *fator de seletividade*, α, de uma coluna frente a duas espécies é determinado pela equação $\alpha = K_B/K_A$, onde K_B é a constante de distribuição para a espécie B mais fortemente retida e K_A é a constante para a espécie A mantida menos fortemente ou que elui mais rapidamente.

31-7. Diâmetros grandes de partículas para as fases estacionárias; diâmetros grandes de coluna; altas temperaturas (importante apenas na cromatografia de gás); para fases estacionárias líquidas, camadas espessas do líquido imobilizado e vazões muito rápidas ou muito lentas.

31-9. Determinar o tempo de retenção, t_R, para um soluto e a largura do pico na sua base, L. Calcular o número de pratos, N, a partir de $N = 16(t_R/L)^2$.

31-11. **(a)** 0,0246 mol L^{-1} **(b)** $9{,}62 \times 10^{-3}$ mol L^{-1}
(c) $3{,}35 \times 10^{-3}$ mol L^{-1} **(d)** $1{,}23 \times 10^{-3}$ mol L^{-1}

31-13. **(a)** 75 mL **(b)** 50 mL **(c)** 24 mL

31-15. **(a)** $K = 18{,}0$ **(b)** $K = 7{,}56$

31-16. **(a)** $K = 91{,}9$

31-17. **(a)** $K = 1{,}53$
(b) $[HA]_{aq} = 0{,}0147$ mol L^{-1}; $[A^-] = 0{,}0378$ mol L^{-1}
(c) $K_a = 9{,}7 \times 10^{-2}$

31-19. **(a)** 12,36 mmol L^{-1} de cátion
(b) 619 mg L^{-1} de $CaCO_3$

31-21. 0,02056 mol L^{-1} de HCl e 0,0424 mol L^{-1} de $MgCl_2$

31-23. 9,5 cm s^{-1}

31-25. **(a)** $k_A = 0{,}74$; $k_B = 3{,}3$; $k_C = 3{,}5$; $k_D = 6{,}0$
(b) $K_A = 6{,}2$, $K_B = 27$, $K_C = 30$, $K_D = 50$

31-30. **(a)** $N = 6.400$ **(b)** $L = 94$ cm **(c)** $t_R = 26$ min

31-32. **(a)** $k_M = 2{,}55$; $k_N = 2{,}62$ **(b)** $\alpha = 1{,}03$
(c) $9{,}03 \times 10^4$ **(d)** 135 cm **(e)** $(t_R)_N = 73$ min

Capítulo 32

32-1. Na *cromatografia gás-líquido*, a fase estacionária é um líquido que está imobilizado em um sólido. A retenção dos constituintes da amostra envolve os equilíbrios entre uma fase gasosa e uma líquida. Na *cromatografia gás-sólido*, a fase estacionária é uma superfície sólida que retém analitos por adsorção física. A separação envolve equilíbrios de adsorção.

32-3. A cromatografia gás-sólido é usada basicamente para separar espécies gasosas de baixa massa molecular, tais como dióxido de carbono, monóxido de carbono e óxidos de nitrogênio.

32-5. Um cromatograma é um gráfico de resposta do detector *versus* o tempo. A posição do pico, tempo de retenção, pode revelar a identidade do composto sendo eluído. A área do pico está relacionada à concentração do composto.

32-7. Nas *colunas tubulares abertas ou capilares*, a fase estacionária é mantida na superfície interna de um capilar, enquanto nas *colunas empacotadas*, a fase estacionária é suportada em partículas que estão contidas em um tubo de vidro ou metal. As colunas tubulares contêm um enorme número de pratos que permitem separações rápidas de espécies muito similares. Elas toleram pequenas capacidades de amostra.

32-9. O volume de injeção de amostra, a vazão do gás de arraste e a condição da coluna estão dentre os parâmetros que devem ser controlados para CG de maior precisão quantitativa. O uso de um padrão interno pode minimizar o impacto de variações nestes parâmetros.

32-11. **(a)** As vantagens da condutividade térmica: aplicabilidade geral; faixa linear grande, simplicidade e não destrutiva. Desvantagem: baixa sensibilidade.
(b) Vantagens da ionização por chama: alta sensibilidade, faixa linear grande, baixo ruído, robustez, facilidade de

uso e resposta que é enormemente independente da vazão. Desvantagem: destrutiva.

(c) Vantagens da captura de elétrons: alta seletividade sensitiva frente a compostos contendo halogênio e vários outros e não destrutiva.
Desvantagem: pequena faixa linear.

(d) Vantagens do detector termiônico: alta sensibilidade para compostos contendo nitrogênio e fósforo e boa faixa linear.
Desvantagens: destrutivo e não aplicável para muitos analitos.

(e) Vantagens da fotoionização: versatilidade, não destrutiva e faixa linear grande.
Desvantagens: pouca disponibilidade, caro.

32-13. As colunas megabore são colunas tubulares abertas que têm um diâmetro interno maior (530 μ) que as colunas tubulares abertas (150 a 320 μm). As colunas megabore podem tolerar tamanhos de amostras similares àquelas para colunas empacotadas, embora com características de eficiência significativamente melhoradas.

32-15. As fases estacionárias geralmente são ligadas e/ou com ligações cruzadas para fornecer estabilidade térmica e uma fase estacionária mais permanente que não esvaziará a coluna. A ligação envolve prender uma camada monomolecular da fase estacionária à superfície de empacotamento por meios de ligações químicas. A ligação cruzada envolve o tratamento da fase estacionária enquanto ela está na coluna com um reagente químico que cria ligações cruzadas entre as moléculas que constituem a fase estacionária.

32-17. As colunas de sílica fundida têm maiores força física e flexibilidade que as colunas tubulares abertas e são menos reativas frente aos analitos que as colunas de vidro ou metal.

32-19. **(a)** O alargamento de bandas surge de vazões muito altas ou muito baixas, partículas grandes constituindo o empacotamento, camadas mais grossas de fase estacionária, baixa temperatura e baixas velocidades de injeção.

(b) A separação de bandas é melhorada mantendo-se as condições de tal forma que *k* localize-se na faixa de 1 a 10, usando partículas pequenas para o empacotamento, limitando a quantidade de fase estacionária de tal forma que os revestimentos de partícula sejam finos e injetando a amostra rapidamente.

32-21. A = 21,1%, B = 13,1%, C = 36,4%, D = 18,8% e E = 10,7%.

Capítulo 33

33-1. **(a)** Substâncias que são um pouco voláteis e são termicamente estáveis.

(c) Substâncias que são iônicas.

(e) Compostos de alta massa molecular que são solúveis em solventes apolares.

(g) Compostos quirais (enantiômeros).

33-2. **(a)** Em uma *eluição isocrática*, a composição do solvente é mantida constante por toda a eluição.

(c) Em um *empacotamento de fase normal*, a fase estacionária é bastante polar e a fase móvel é relativamente apolar.

(e) Em um *empacotamento de fase ligada*, a fase estacionária líquida é mantida no lugar por ligação química ao suporte sólido.

(g) Na *cromatografia de par iônico*, um contraíon orgânico grande é adicionado à fase móvel como um reagente de emparelhamento iônico. A separação é obtida através do partição do par iônico neutro ou como resultado das interações eletrostáticas entre os íons na solução e cargas na fase estacionária resultantes da adsorção do contraíon orgânico.

(i) A *filtração gel* é um tipo de cromatografia de exclusão por tamanho na qual os empacotamentos são hidrofílicos e os eluentes são aquosos. Ela é usada para separar compostos polares de alta massa molecular.

33-3. **(a)** éter dietílico, benzeno, *n*-hexano.

33-4. **(a)** acetato de etila, dimetilamina, ácido acético.

33-5. Na *cromatografia por adsorção*, as separações são baseadas nos equilíbrios de adsorção entre os componentes da amostra e uma superfície sólida. Na *cromatografia por partição*, as separações são baseadas nos equilíbrios de distribuição entre dois líquidos imiscíveis.

33-7. A *filtração gel* é um tipo de cromatografia de exclusão por tamanho na qual os empacotamentos são hidrofílicos e os eluentes são aquosos. Ela é usada para separar compostos polares de alta massa molecular. A *cromatografia de permeação gel* é um tipo de cromatografia de exclusão por tamanho na qual os empacotamentos são hidrofóbicos e os eluentes são não aquosos. Ela é usada para separar espécies apolares de alta massa molecular.

33-9. Em uma *eluição isocrática*, a composição do solvente é mantida constante por toda a eluição. A eluição isocrática funciona bem para vários tipos de amostras e é a mais simples de implementar. Em uma *eluição por gradiente*, dois ou mais solventes são empregados e a composição do eluente é variada continuamente ou em etapas à medida que a separação prossegue. A eluição por gradiente é mais bem usada para amostras nas quais existem alguns compostos bem separados e outros com tempos de retenção anormalmente longos.

33-11. Na *cromatografia iônica de coluna supressora*, a coluna cromatográfica é seguida por uma coluna cujo propósito é converter os íons usados para a eluição em espécies moleculares que são enormemente não iônicas e assim não interferem na detecção condutimétrica das espécies do analito. Na *cromatografia iônica de coluna única*, as baixas capacidades dos trocadores iônicos são usadas de tal forma que as concentrações de íons na solução de eluente são mantidas baixas.

33-13. A comparação da Tabela 33-1 com a Tabela 32-1 sugere que os detectores de CG que são adequados para CLAE são o espectrômetro de massas, o FTIV e possivelmente a fotoionização. Muitos destes detectores de CG não são adequados para CLAE porque eles requerem que os componentes do analito estejam na fase gasosa.

33-15. **(a)** para uma separação cromatográfica de fase reversa de uma mistura de esteroides, a seletividade e, como uma consequência, a separação poderiam ser influenciadas por variações dependentes da temperatura nos coeficientes de distribuição.

(b) Para uma separação cromatográfica por adsorção de uma mistura de isômeros, a seletividade e, como uma consequência, separação poderiam ser influenciadas por variações dependentes da temperatura nos coeficientes de distribuição.

Capítulo 34

34-1. **(a)** Espécies não voláteis ou instáveis termicamente que não contêm grupos cromofóricos.

(c) Os ânions e cátions inorgânicos, aminoácidos, catecolaminas, medicamentos, vitaminas, ácidos nucleicos e polinucleotídeos.

(e) Proteínas, polímeros sintéticos partículas colodais.

34-2. **(a)** Um *fluido supercrítico* é uma substância que é mantido acima de sua temperatura crítica de tal forma que não possa ser condensada em um líquido independentemente de quão alta seja a pressão.

(c) A *cromatografia bidimensional de camada delgada* é um método no qual o desenvolvimento é realizado com dois solventes que são aplicados sucessivamente em ângulos retos entre si.

(e) A *concentração micelar crítica* é o nível acima do qual as moléculas da substância tensoativa começam a formar agregados esféricos constituídos de de até 40 a 100 íons.

34-3. Densidade, viscosidade e as velocidades nas quais os solutos se difundem.

34-5. (a) Os instrumentos para cromatografia com fluidos supercríticos têm suprimentos para controlar e medir a pressão da coluna.

(b) Os instrumentos de CFS devem ser capazes de operar em pressões de fase móvel muito mais altas que as encontradas normalmente na CG.

34-7. A habilidade deles em dissolver moléculas não voláteis grandes, tais como *n*-alcanos grandes e hidrocarbonetos aromáticos policíclicos.

34-9. (a) Um aumento na vazão resulta em uma diminuição no tempo de retenção.

(b) Um aumento na pressão resulta em uma diminuição no tempo de retenção.

(c) Um aumento na temperatura resulta em uma diminuiçao na densidade dos fluidos supercríticos e, assim, um aumento no tempo de retenção.

34-11. O fluxo *eletro-osmótico* é a migração do solvente na direção do catodo em uma separação eletroforética. Este fluxo é devido à camada elétrica dupla que se desenvolve na interface sílica/solução. Em valores de pH maiores que 3 a parede interna do capilar de sílica torna-se carregada negativamente levando ao desenvolvimento de cátions tampão na camada elétrica dupla adjacente à parede. Os cátions nesta camada duplas são atraídos para o catodo e uma vez que estão solvatados, eles puxam o grosso do solvente junto com eles.

34-13. Sob a influência de um campo elétrico, os íons em solução são atraídos ou repelidos pelo potencial negativo de um dos eletrodos. A velocidade de movimento para ou do eletrodo negativo é dependente da carga líquida no analito e do tamanho e forma das moléculas do analito. Estas propriedades variam de espécie para espécie. Consequentemente, a velocidade na qual as moléculas migram sob a influência do campo elétrico varia e o tempo que elas levam para atravessar o capilar varia, tornando as separações possíveis.

34-15. 2,5 min

34-17. As maiores eficiências de coluna e a facilidade na qual a fase pseudoestacionária pode ser alterada.

34-19. B^+ seguido por A^{2+} seguido por C^{3+}.

Índice Remissivo

As referências de páginas t indicam entradas tabulares, as referências de páginas p indicam exercícios de planilha.

B

C

S

T

U

V

W

Z

Fundamentos de Química Analítica

pranchas coloridas

Charles D. Winters

$$H_2O + I_3^-(aq) + H_3AsO_3(aq) \rightarrow \qquad \leftarrow 3I^-(aq) + H_3AsO_4(aq) + H^+(aq)$$

(a) (b)

Prancha colorida 1 Equilíbrio químico 1: Reação entre o iodo e o arsênio(III) em pH 1. (a) Um mmol de I_3^- adicionado a 1 mmol de H_3AsO_3. (b) Três mmols de I^- adicionados a 1 mmol de H_3AsO_4. Ambas as combinações de soluções produzem o mesmo estado de equilíbrio final (veja a Seção 9B-1).

Charles D. Winters

$$H_2O + I_3^-(aq) + H_3AsO_3(aq) \rightarrow \qquad \leftarrow 3I^-(aq) + H_3AsO_4(aq) + H^+(aq)$$

(a) (b)

Prancha colorida 2 Equilíbrio químico 2: A mesma reação da prancha colorida 1 conduzida em pH 7, resultando em um estado de equilíbrio diferente daquele produzido na prancha colorida 1; mas de maneira similar à situação da prancha colorida 1, o mesmo estado é produzido tanto pela reação no sentido direto (a) ou inverso (b) (veja a Seção 9B-1).

Charles D. Winters

$$I_3^-(aq) + 2Fe(CN)_6^{4-}(aq) \rightarrow \qquad \leftarrow 3I^-(aq) + 2Fe(CN)_6^{3-}(aq)$$

(a) (b)

Prancha colorida 3 Equilíbrio químico 3: Reação entre iodo e ferrocianeto. (a) Um mmol de I_3^- adicionado a 2 mmol de $Fe(CN)_6^{4-}$. (b) Três mmols de I^- adicionados a 2 mmols de $Fe(CN)_6^{3-}$. Ambas as combinações de soluções produz o mesmo estado de equilíbrio (veja a Seção 9B-1).

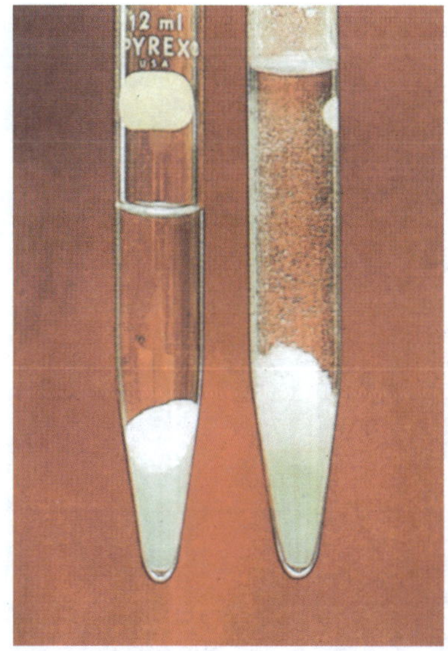

Charles D. Winters

Prancha colorida 4 O efeito do íon comum. O tubo de ensaio à esquerda contém uma solução saturada de acetato de prata, AgOAc. O seguinte equilíbrio é estabelecido no tubo de ensaio:

$$AgOAc(s) \rightleftharpoons Ag^{+}(aq) + OAc^{-}(aq)$$

Quando o $AgNO_3$ é adicionado ao tubo de ensaio, o equilíbrio se desloca para a esquerda para formar mais AgOAc, como mostrado no tubo de ensaio à direita (veja a Seção 9B-5).

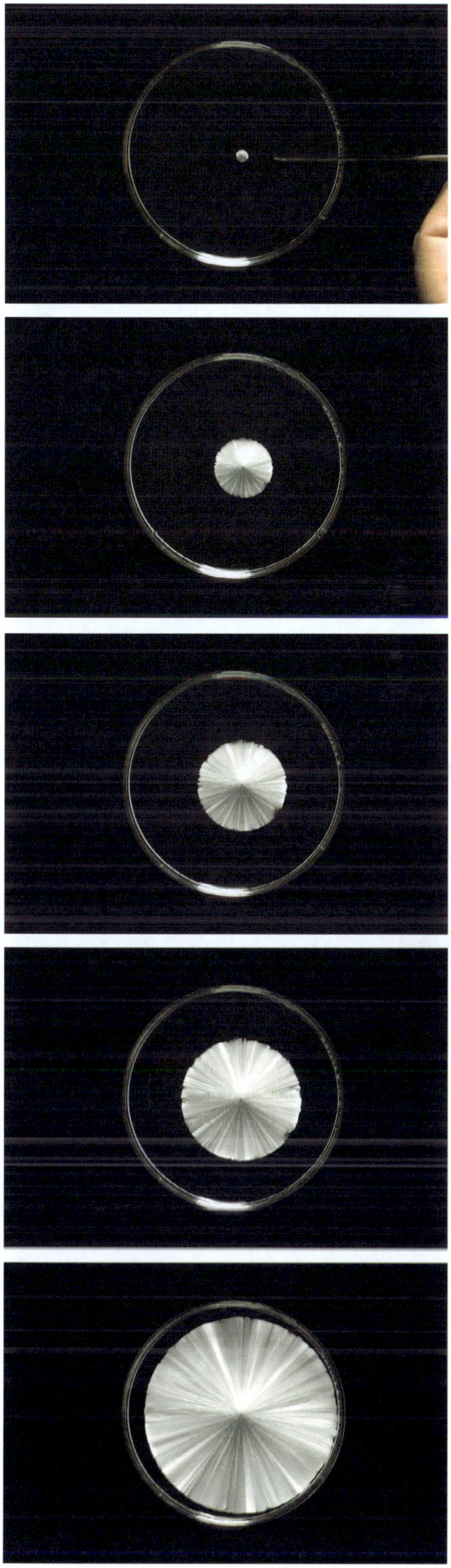

Charles D. Winters

Charles D. Winters

Charles D. Winters

Charles D. Winters

Charles D. Winters

Prancha colorida 5 Cristalização do acetato de sódio a partir de uma solução supersaturada (veja a Seção 12A-2). Um pequeno cristal semente é colocado no centro da placa de petri contendo a solução supersaturada do composto. A sequência de fotos obtida a uma velocidade de 1 foto por segundo mostra o crescimento dos bonitos cristais de acetato de sódio

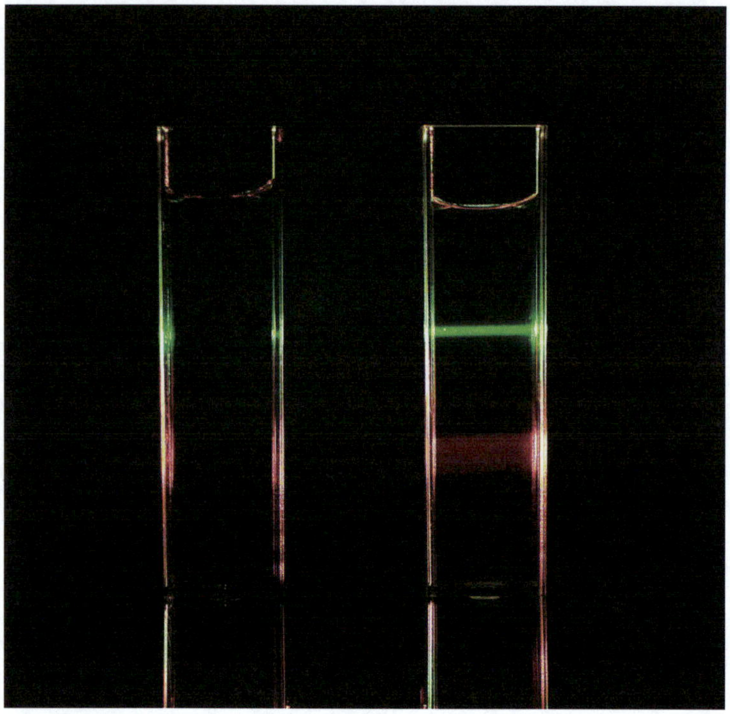

Charles D. Winters

Prancha colorida 6 O efeito Tyndall. A foto mostra duas células espectrofotométricas: a da esquerda contém apenas água e a da direita, uma solução de amido. Quando feixes lasers vermelho e verde passam através da água na célula da esquerda, eles são invisíveis. Partículas coloidais presentes na solução de amido, na célula da direita, desviam a luz proveniente dos lasers e os feixes tornam-se visíveis (veja a Seção 12A-2, nota de margem).

Charles D. Winters

Prancha colorida 7 Quando a dimetilglioxima é adicionada a uma solução levemente alcalina de Ni^{2+}(*aq*), mostrada à esquerda, um precipitado vermelho brilhante de $Ni(C_4H_7N_2O_2)_2$ é formado, como mostrado no béquer à direita (veja a Seção 12C-3).

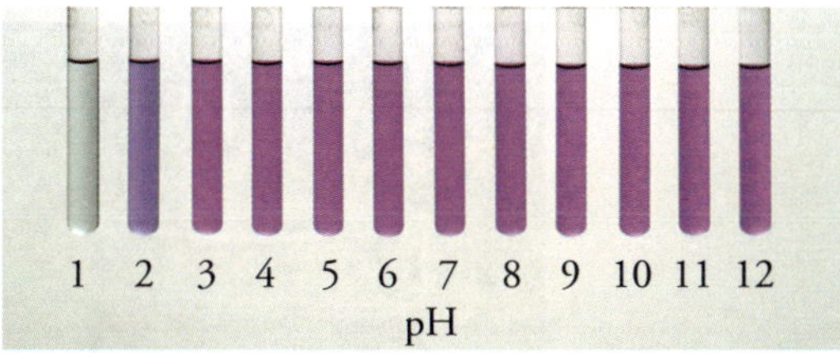

Violeta de metila (0,0–1,6)

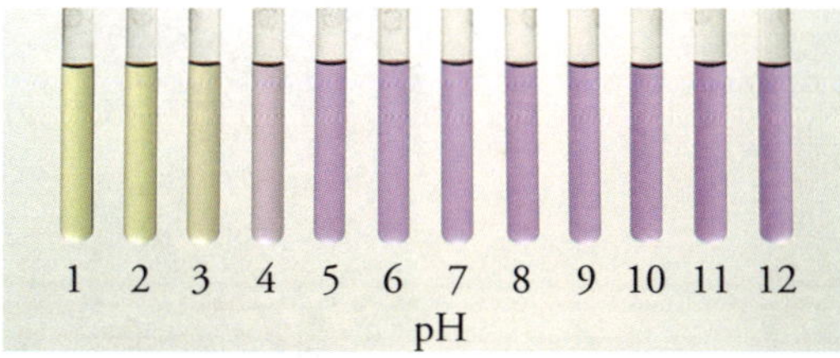

Azul de bromofenol (3,0–4,6)

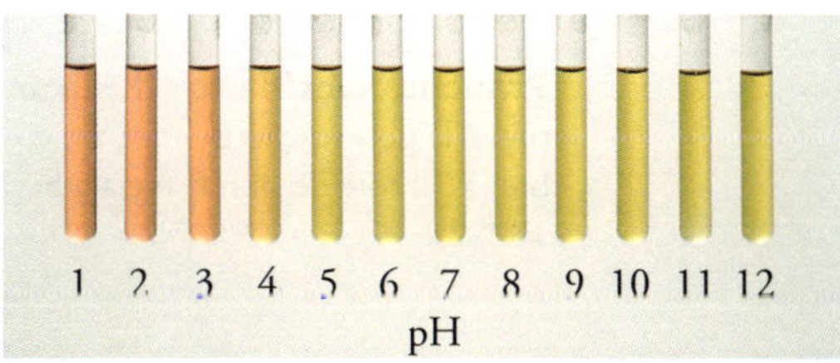

Alaranjado de metila (3,2–4,4)

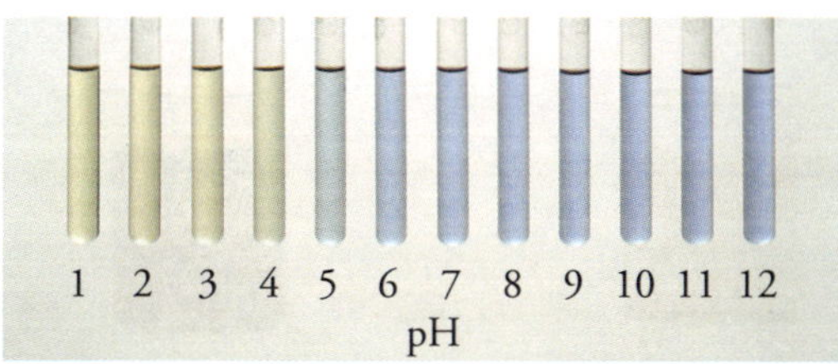

Verde de bromocresol (3,8–5,4)

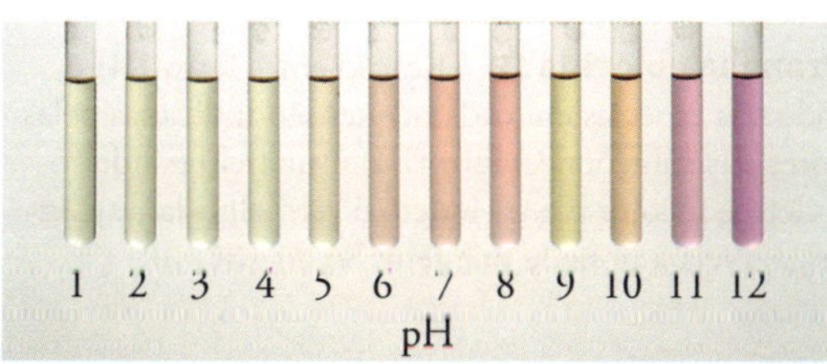

Vermelho de alizarina (4,6–6,0)

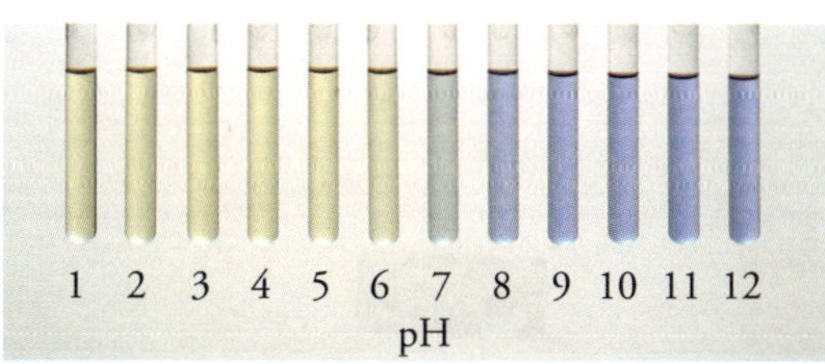

Bromotimol (6,0–7,0)

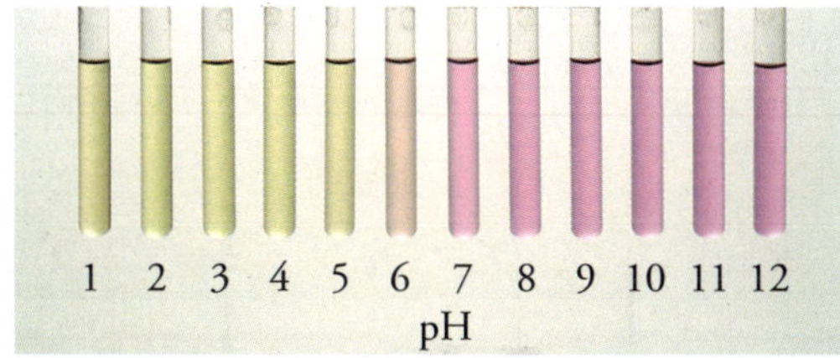

Vermelho de clorofenol (4,8–6,7)

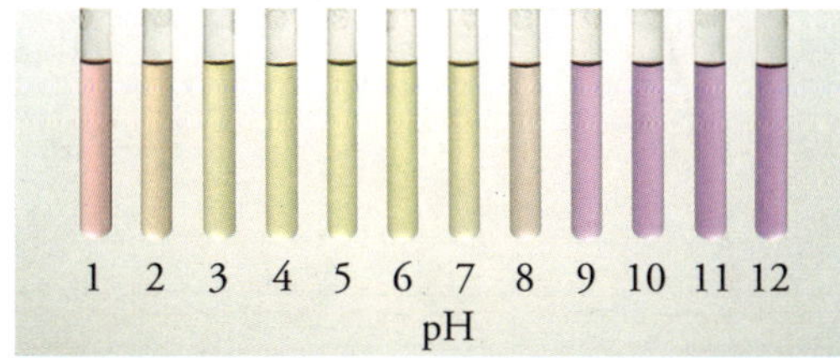

Púrpura de *m*-cresol (7,4–9,0)

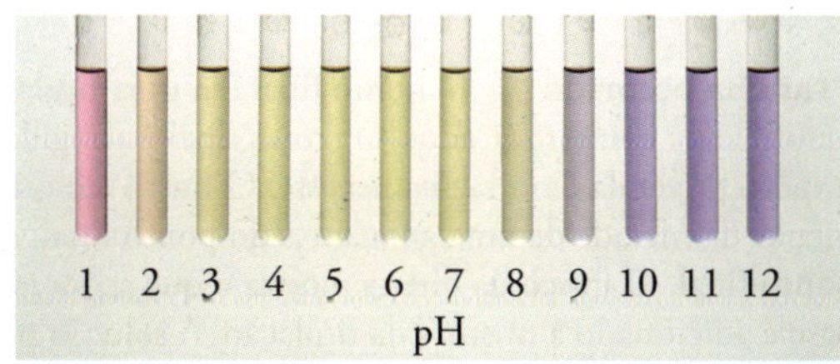

Azul de timol (8,0–9,2)

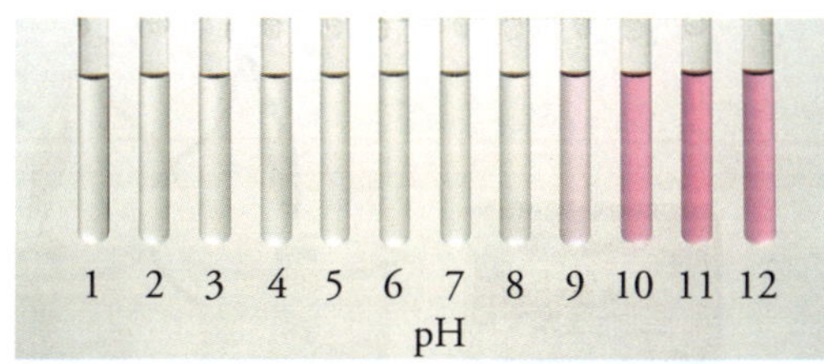

Fenolftaleína (8,0–10,0)

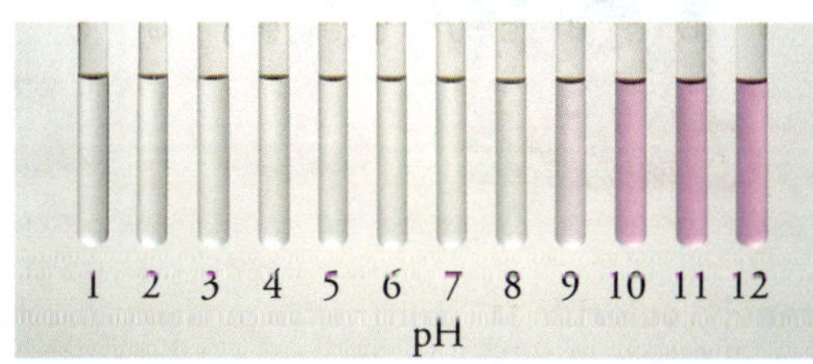

o-Cresolftaleína (8,2–9,8)

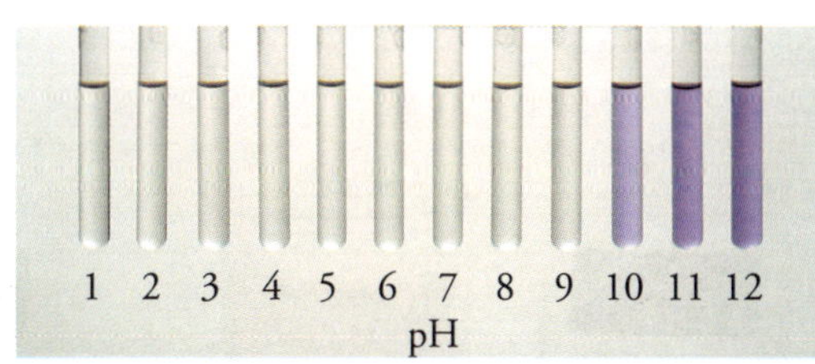

Timolftaleína (8,8–10,5)

Charles D. Winters

Prancha colorida 8 Indicadores ácido-base e suas faixas de pH de transição (veja a Seção 14A-2).

Prancha colorida 9 O ponto final em uma titulação ácido-base com fenoftaleína como indicador. O ponto final é atingido quando a cor rosa quase imperceptível da fenoftaeína persiste. O frasco à esquerda mostra a titulação a menos da metade de uma gota antes do ponto final; o frasco do meio mostra o ponto final. O frasco da direita mostra o que acontece quando um excesso de base é adicionado à mistura da titulação. A solução passa a ter uma cor rosa mais intensa e o ponto final foi ultrapassado (veja aSeção 13A-1).

Prancha colorida 10 Redução da prata(I) pela reação direta com cobre: a "árvore de prata" (veja a Seção 18A-2).

Prancha colorida 11 Uma versão moderna da célula de Daniell (veja o Destaque 18-2).

Prancha colorida 12 Reação entre ferro(III) e iodo. As espécies em cada béquer são indicadas pelas cores das soluções. O ferro(III) é amarelo pálido, o iodeto é incolor e o tri-iodeto é vermelho-laranja intenso (veja a nota de margem, Seção 18C-6).

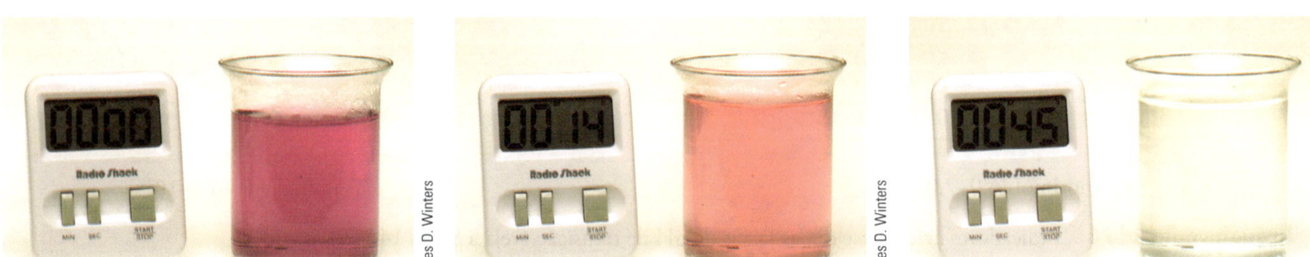

Prancha colorida 13 A dependência da reação entre permanganato e oxalato em relação ao tempo (veja a Seção 20C-1).

Prancha colorida 14 (a) Redes lineares CCD típicas para espectrofotômetros. A rede à direita tem 4.096 pixels e a da esquerda 2.048 pixels. Em ambas as redes, cada pixel tem as dimensões de 14 μm × 14 μm. Estes dispositivos têm uma faixa espectral de 200-1.000 nm, uma faixa dinâmica de 2.500:1 (veja Seção 8E-2) e estão disponíveis com vidro de baixo custo ou janelas de sílica fundida melhorada por UV. Além dos tamanhos mostrados, as redes estão disponíveis em comprimentos de 512 a 1.024 pixels. (b) Fotomiografia de uma seção de uma rede CCD bidimensional que é usada para imagem e espectroscopia. A luz atingindo os milhões de pixels na parte superior à esquerda da foto cria carga que é transferida para os canais verticais na base da foto e deslocada da esquerda para a direita ao longo da corrente de canais até ela atingir a seção do amplificador de saída mostrado em (c). O amplificador fornece uma voltagem proporcional para a carga acumulada em cada pixel, que é por sua vez proporcional à intensidade da luz atingindo o pixel (veja a Seção 25A-4, para uma discussão sobre dispositivos de transferência de carga).

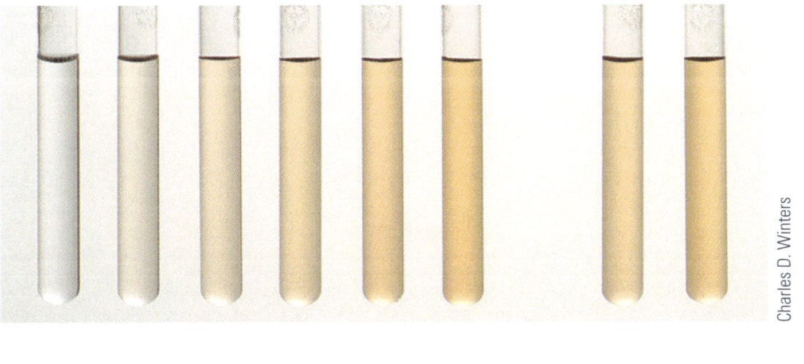

Prancha colorida 15 Uma série de padrões (à esquerda) e duas amostras desconhecidas (à direita) para a determinação espectrofotométrica de Fe(II) empregando 1,10-fenantrolina como reagente (veja a Seção 26A-3 e o Problema 26-26). A cor é devido ao complexo $(Fe(phen)_3^{2+}$. A absorbância dos padrões é medida e uma curva de trabalho é analisada empregando-se quadrados mínimos lineares (veja a Seção 8C-2). A equação da reta é, então, utilizada para determinar as concentrações nas amostras desconhecidas a partir das absorbâncias medidas.

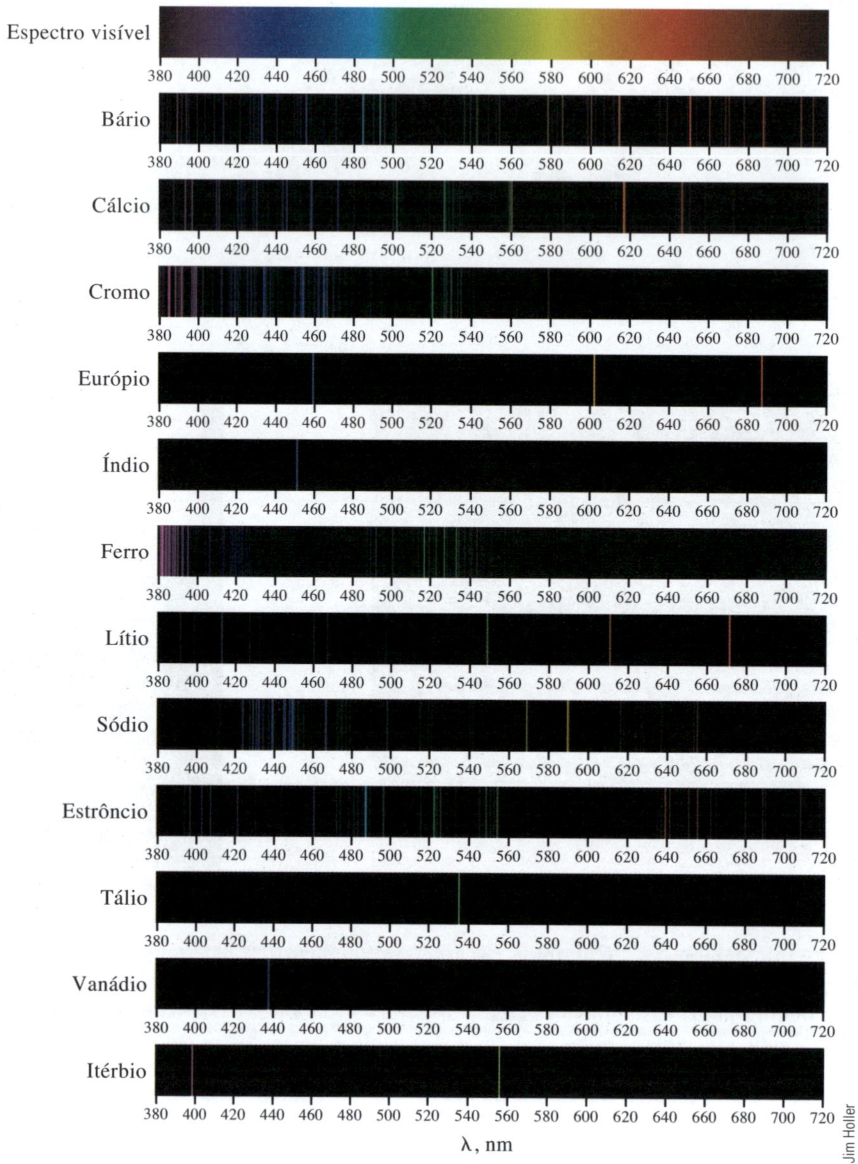

Prancha colorida 16 Espectro da luz branca e espectro de emissão de alguns elementos (veja o Capítulo 28).

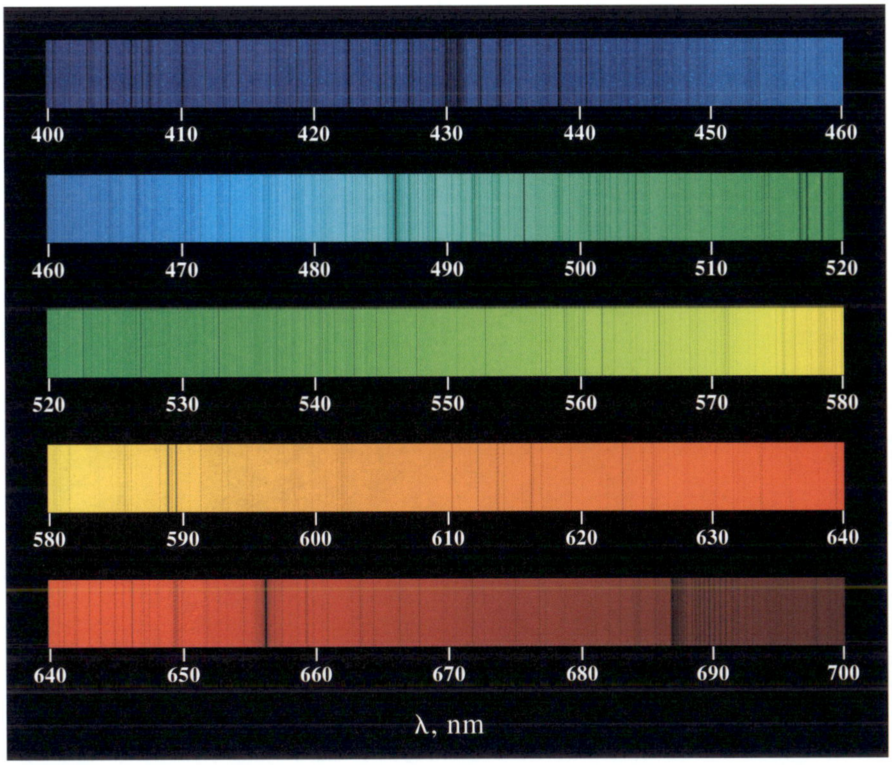

(a)

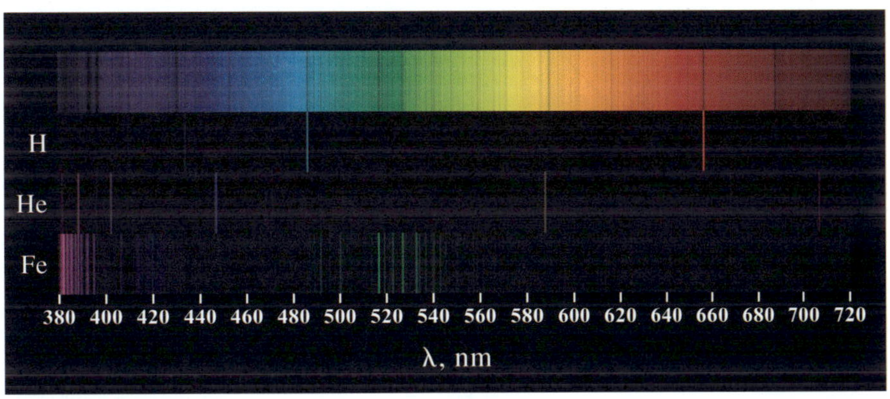

(Dr Donald Mickey)

(a)

Prancha colorida 17 Espectro solar. (a) Versão colorida expandida do espectro solar mostrado em preto e branco no Destaque 24-1 (Figura 24D-1). O grande número de linhas de absorção escuras é produzido por todos os elementos no Sol. Veja se você pode localizar algumas linhas importantes, como o famoso dupleto do sódio. (b) Versão compacta do espectro solar mostrado em (a) comparado com o espectro de emissão do hidrogênio, hélio e ferro. É relativamente fácil localizar as linhas no espectro de emissão do hidrogênio e ferro que correspondem às linhas de absorção do espectro solar, mas as linhas do hélio são bastante obscuras. A despeito desse fato, o hélio foi descoberto quando essas linhas foram observadas no espectro solar. (Imagens criadas pelo Dr. Donald Mickey, University of Hawaii. Institute for Astronomy of National Observatory spectral data/NSO/Kitt Peak FTS data NSF/NOAO.)

(a)

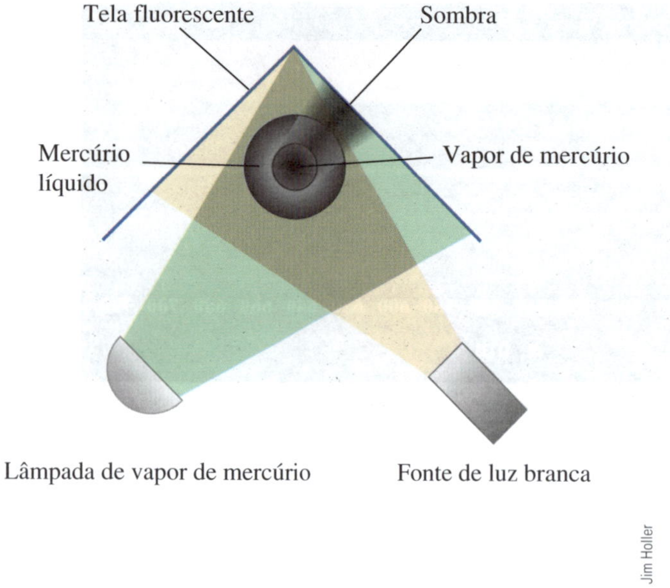

(b)

Prancha colorida 18

(a) Demonstração da absorção atômica pelo vapor de mercúrio. (b) A luz branca da fonte à direita passa através do vapor de mercúrio existente sobre o frasco e nenhuma sombra aparece na tela fluorescente à esquerda. A luz da lâmpada de mercúrio, à esquerda, contendo as linhas UV características do elemento é absorvida pelo vapor acima do frasco, que gera uma sombra, na tela da direita, devido à pluma de vapor de mercúrio (veja a Seção 28D).

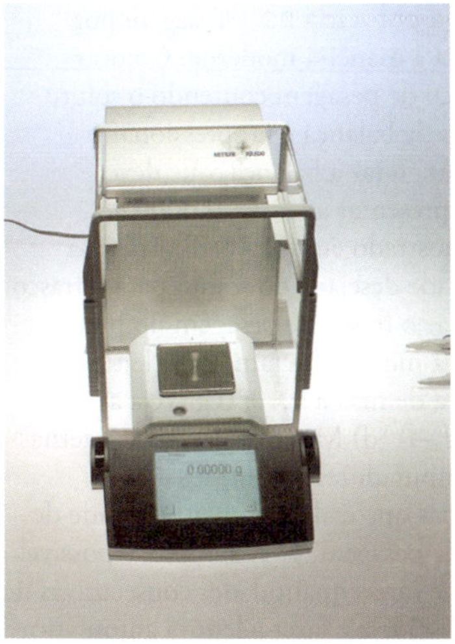

Charles D. Winters

(a)

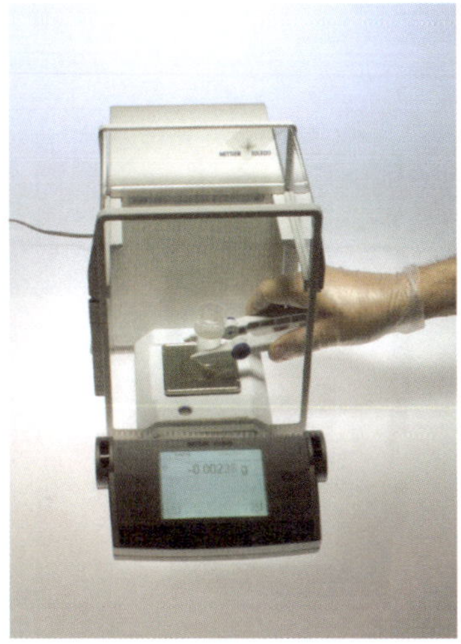

Charles D. Winters

(b)

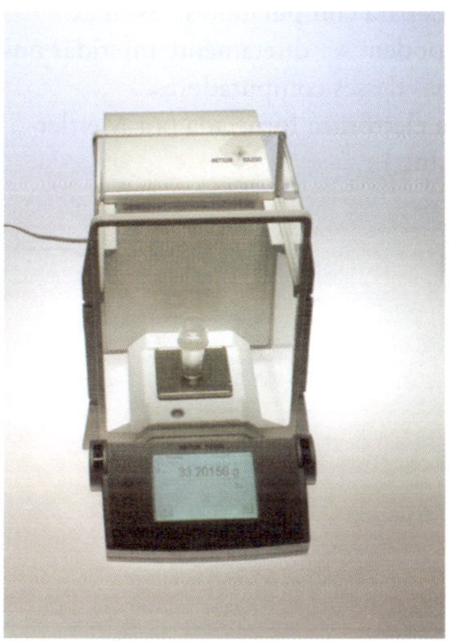

Charles D. Winters

(c)

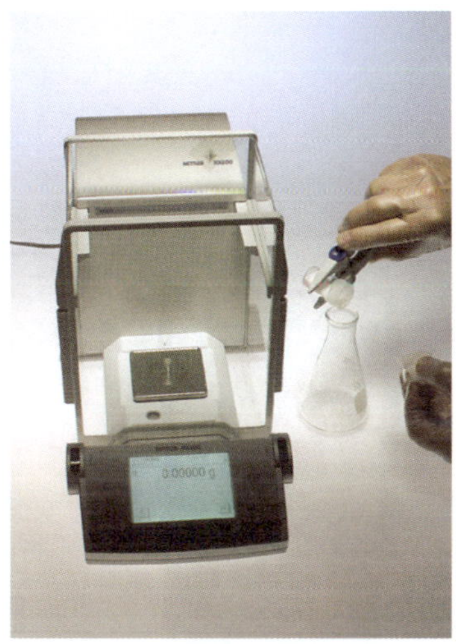

Charles D. Winters

(d)

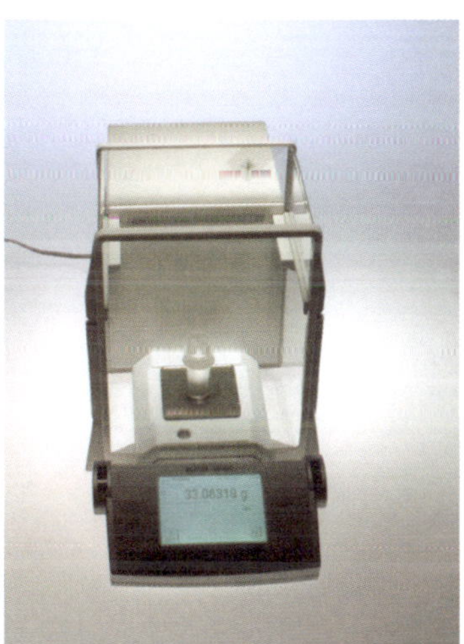

Charles D. Winters

(e)

Prancha colorida 19 Pesagem por diferença à maneira antiga. (a) Zerar a balança. (b) Colocar o frasco de pesagem contendo o soluto no prato da balança. (c) Ler a massa (33,2015 g). (d) Transferir a quantidade desejada do soluto para o frasco. (e) Recolocar o frasco de pesagem no prato e ler a massa (33,0832 g). Finalmente, calcular a massa do soluto transferida para o frasco: 33,2015 g − 33,0832 g = 0,1131 g (veja a Seção 2E-4). (Balança eletrônica fornecida por Mettler-Toledo, Inc.)

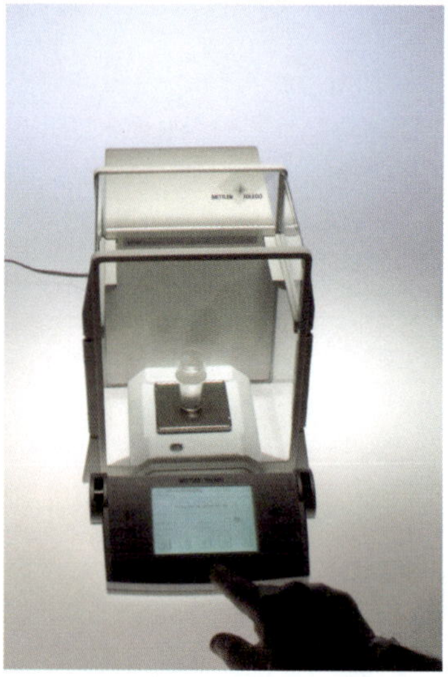

Charles D. Winters

(a)

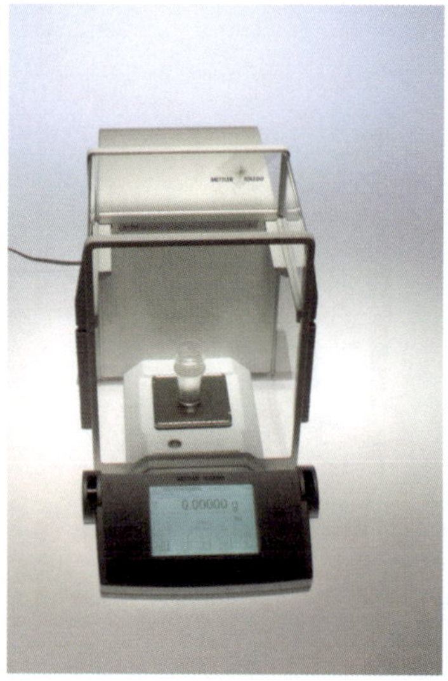

Charles D. Winters

(b)

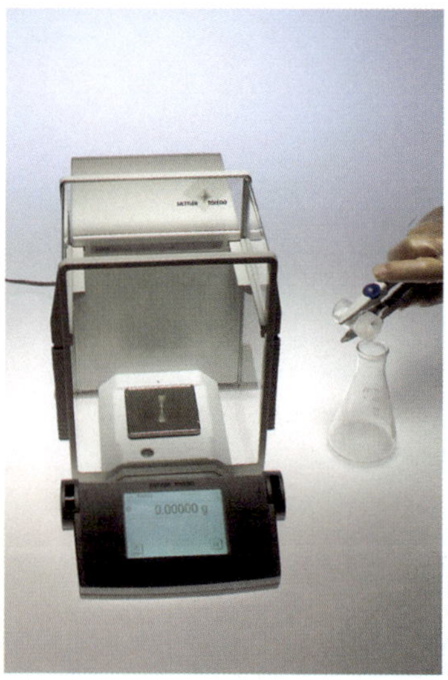

Charles D. Winters

(c)

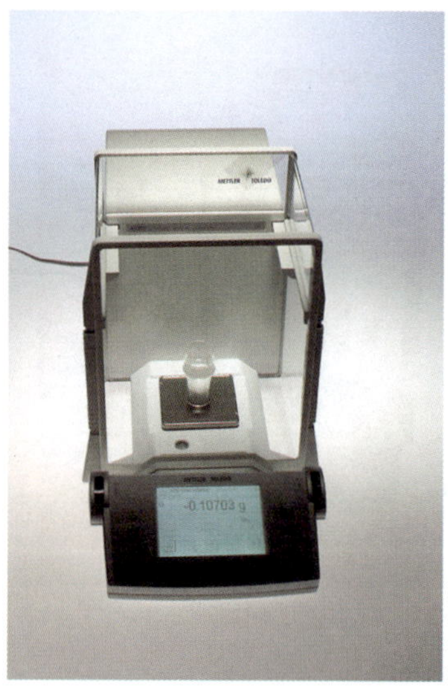

Charles D. Winters

(d)

Prancha colorida 20 Pesagem por diferença à maneira moderna. Colocar um frasco de pesagem contendo o soluto no prato da balança e (a) pressionar o botão para tarar a balança, que deve, então, apresentar a leitura 0,0000 g, como mostrado em (b). (c) Transferir a quantidade desejada do soluto para o frasco. Recolocar o frasco de pesagem no prato; a balança mostra diretamente a leitura da diferença de massa 0,1070 g (veja a Seção 2E-4) (d) Muitas balanças modernas têm computadores embutidos com programas que realizam uma variedade de tarefas de pesagem; por exemplo, é possível dispensar várias quantidades consecutivas de uma substância e fazer a leitura automática da perda de massa após cada etapa de pesagem. Várias balanças também possuem interfaces para computadores, assim as leituras podem ser diretamente inseridas nos programas desses computadores. (Balança eletrônica fornecida por Mettler-Toledo, Inc.)

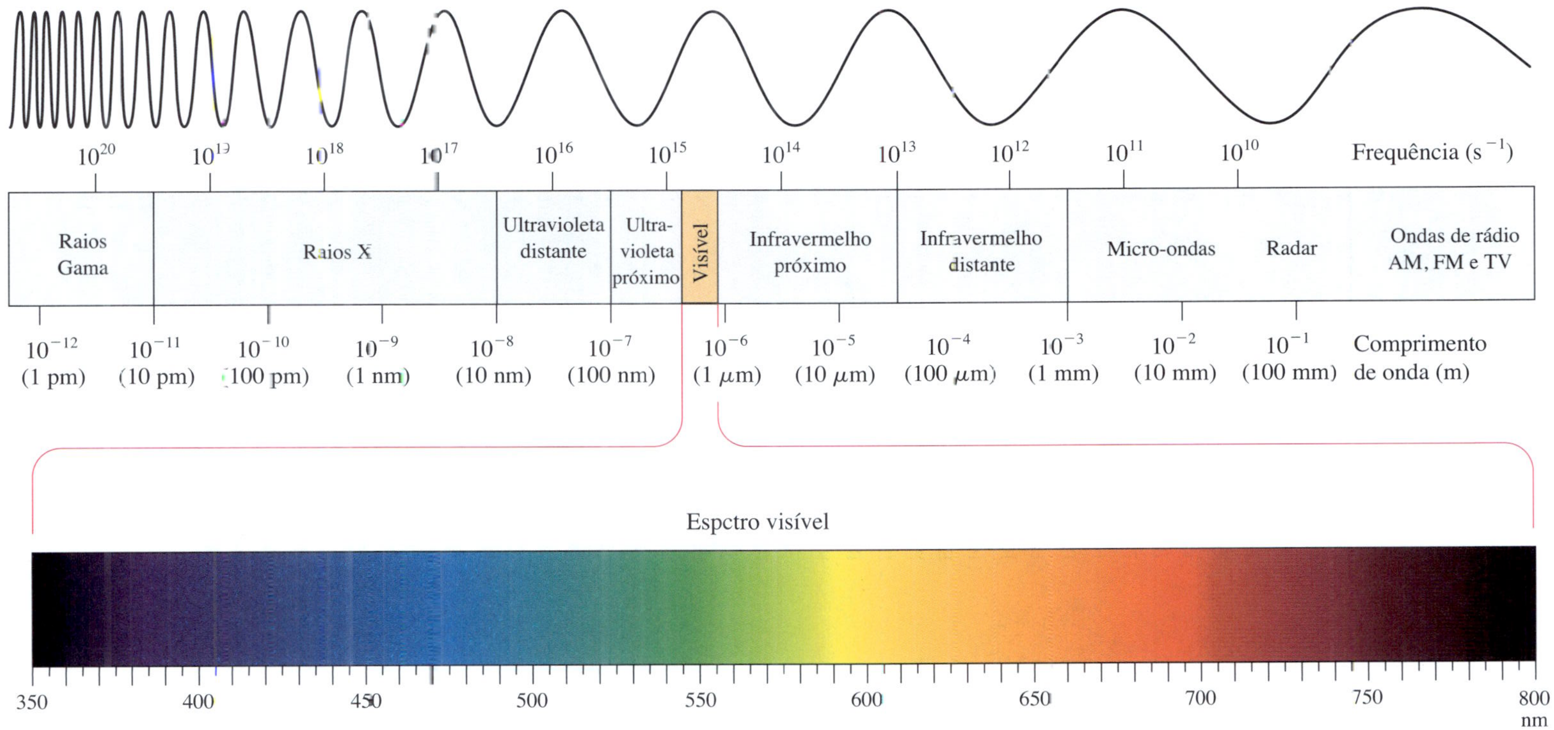

Prancha colorida 21 Espectro eletromagnético. O espectro estende dos raios gama de alta energia (frequência) para as ondas de rádio de baixa energia (frequência) (veja Seção 24B-1). Observe que a região do visível é apenas uma fração minúscula do espectro. A região do visível, quebrada na parte mais baixa, estende do violeta (≈380 nm) até a região do vermelho (≈800 nm). (Cortesia de Ebbing and Gammon, General Chemistry, 10. ed.)

MASSAS ATÔMICAS INTERNACIONAIS

Elemento	Símbolo	Número Atômico	Massa Atômica	Elemento	Símbolo	Número Atômico	Massa Atômica
Actínio	Ac	89	(227)	Mendelévio	Md	101	(258)
Alumínio	Al	13	26,981586	Mercúrio	Hg	80	200,59
Americío	Am	95	(243)	Molibdênio	Mo	42	95,94
Antimônio	Sb	51	121,760	Neodímio	Nd	60	144,242
Argônio	Ar	18	39,948	Neônio	Ne	10	20,1797
Arsênio	As	33	74,92160	Netúnio	Np	93	(237)
Astato	At	85	(210)	Níquel	Ni	28	58,6934
Bário	Ba	56	137,327	Nióbio	Nb	41	92,90638
Berkélio	Bk	97	(247)	Nitrogênio	N	7	14,007
Berílio	Be	4	9,012182	Nobélio	No	102	(259)
Bismuto	Bi	83	208,98040	Ósmio	Os	76	190,23
Bóhrio	Bh	107	(270)	Oxigênio	O	8	15,999
Boro	B	5	10,81	Paládio	Pd	46	106,42
Bromo	Br	35	79,904	Fósforo	P	15	30,973762
Cádmio	Cd	48	112,411	Platina	Pt	78	195,084
Cálcio	Ca	20	40,078	Plutônio	Pu	94	(244)
Califórnio	Cf	98	(251)	Polônio	Po	84	(209)
Carbono	C	6	12,011	Potássio	K	19	39,0983
Cério	Ce	58	140,116	Praseodímio	Pr	59	140,90765
Césio	Cs	55	132,90545	Promécio	Pm	61	(145)
Cloro	Cl	17	35,45	Protactínio	Pa	91	231,03588
Cromo	Cr	24	51,9961	Rádio	Pa	88	(226)
Cobalto	Co	27	58,93395	Radônio	Rn	86	(222)
Cobre	Cu	29	63,546	Rênio	Re	75	186,207
Cúrio	Cm	96	(247)	Ródio	Rh	45	102,90550
Darmstácio	Ds	110	(281)	Rubídio	Rb	37	85,4678
Dúbnio	Db	105	(268)	Rutênio	Ru	44	101,07
Disprósio	Dy	66	162,500	Rutherfórdio	Rf	104	(265)
Einstênio	Es	99	(252)	Samário	Sm	62	150,36
Érbio	Er	68	167,259	Escândio	Sc	21	44,955912
Európio	Eu	63	151,964	Seabórgio	Sg	106	(271)
Férmio	Fm	100	(257)	Selênio	Se	34	78,96
Flevório	Fl	114	(289)	Silício	Si	14	28,085
Flúor	F	9	18,9984032	Prata	Ag	47	107,8682
Frâncio	Fr	87	(223)	Sódio	Na	11	22,98976928
Gadolínio	Gd	64	157,25	Estrôncio	Sr	38	87,62
Gálio	Ga	31	69,723	Enxofre	S	16	32,06
Germânio	Ge	32	72,63	Tântalo	Ta	73	180,94788
Ouro	Au	79	196,966569	Tecnécio	Tc	43	(98)
Háfnio	Hf	72	178,49	Telúrio	Te	52	127,60
Hássio	Hs	108	(277)	Térbio	Tb	65	158,92535
Hélio	He	2	4,002602	Tálio	Tl	81	204,38
Hólmio	Ho	67	164,93032	Tório	Th	90	232,03806
Hidrogênio	H	1	1,008	Túlio	Tm	69	168,93421
Índio	In	49	114,818	Estanho	Sn	50	118,710
Iodo	I	53	126,90447	Titânio	Ti	22	47,867
Irídio	Ir	77	192,217	Tungstênio	W	74	183,84
Ferro	Fe	26	55,845	Urânio	U	92	238,02891
Criptônio	Kr	36	83,798	Ununóctio	Uuo	118	(294)
Lantânio	La	57	138,90547	Unumpêntio	Uup	115	(288)
Laurêncio	Lr	103	(262)	Ununséptio	Uus	117	(294)
Chumbo	Pb	82	207,2	Unúntrio	Uut	113	(284)
Lítio	Li	3	6,94	Vanádio	V	23	50,9415
Lutécio	Lu	71	174,968	Xenônio	Xe	54	131,293
Livermório	Lv	116	(293)	Ytérbio	Yb	70	173,054
Magnésio	Mg	12	24,3050	Ítrio	Y	39	88,90585
Manganês	Mn	25	54,938045	Zinco	Zn	30	65,38
Meitinério	Mt	109	(276)	Zircônio	Zr	40	91,224

Os valores dados entre parênteses são os números de massas atômicas dos isótopos com a meia-vida mais longa. De M. E. Wieser and T. B. Coplen, *Pure Appl. Chem.*, **2011**, 83(2), 359–96, **DOI**: 10.1351/PAC-REP-10-09-14.

MASSAS MOLARES DE ALGUNS COMPOSTOS

Composto	Massa Molar
AgBr	187,772
AgCl	143,32
Ag_2CrO_4	331,729
AgI	234,7727
$AgNO_3$	169,872
AgSCN	165,95
Al_2O_3	101,960
$Al_2(SO_4)_3$	342,13
As_2O_3	197,840
B_2O_3	69,62
$BaCO_3$	197,335
$BaCl_2 \cdot 2H_2O$	244,26
$BaCrO_4$	253,319
$Ba(IO_3)_2$	487,130
$Ba(OH)_2$	171,341
$BaSO_4$	233,38
Bi_2O_3	465,958
CO_2	44,009
$CaCO_3$	100,086
CaC_2O_4	128,096
CaF_2	78,075
CaO	56,077
$CaSO_4$	136,13
$Ce(HSO_4)_4$	528,37
CeO_2	172,114
$Ce(SO_4)_2$	332,23
$(NH_4)_2Ce(NO_3)_6$	548,22
$(NH_4)_4Ce(SO_4)_4 \cdot 2H_2O$	632,53
Cr_2O_3	151,989
CuO	79,545
Cu_2O	143,091
$CuSO_4$	159,60
$Fe(NH_4)_2(SO_4)_2 \cdot 6H_2O$	392,13
FeO	71,844
Fe_2O_3	159,687
Fe_3O_4	231,531
HBr	80,912
$HC_2H_3O_2$ (ácido acético)	60,052
$HC_7H_5O_2$ (ácido benzoico)	122,123
$(HOCH_2)_3CNH_2$ (TRIS)	121,135
HCl	36,46
$HClO_4$	100,45
$H_2C_2O_4 \cdot 2H_2O$	126,064
H_5IO_6	227,938
HNO_3	63,012
H_2O	18,015
H_2O_2	34,014
H_3PO_4	97,994
H_2S	34,08
H_2SO_3	82,07
H_2SO_4	98,07
HgO	216,59
Hg_2Cl_2	472,08
$HgCl_2$	271,49
KBr	119,002
$KBrO_3$	166,999
KCl	74,55
$KClO_3$	122,55
KCN	65,116
K_2CrO_4	194,189
$K_2Cr_2O_7$	294,182

Comoposto	Massa Molar
$K_3Fe(CN)_6$	329,248
$K_4Fe(CN)_6$	368,346
$KHC_8H_4O_4$ (ftalato)	204,222
$KH(IO_3)_2$	389,909
K_2HPO_4	174,174
KH_2PO_4	136,084
$KHSO_4$	136,16
KI	166,0028
KIO_3	214,000
KIO_4	229,999
$KMnO_4$	158,032
KNO_3	101,102
KOH	56,105
KSCN	97,18
K_2SO_4	174,25
$La(IO_3)_3$	663,610
$Mg(C_9H_6NO)_2$ (8-hiidroxiquinolato)	312,611
$MgCO_3$	84,313
$MgNH_4PO_4$	137,314
MgO	40,304
$Mg_2P_2O_7$	222,551
$MgSO_4$	120,36
MnO_2	86,936
Mn_2O_3	157,873
Mn_3O_4	228,810
$Na_2B_4O_7 \cdot 10H_2O$	381,36
NaBr	102,894
$NaC_2H_3O_2$	82,034
$Na_2C_2O_4$	133,998
NaCl	58,44
NaCN	49,008
Na_2CO_3	105,988
$NaHCO_3$	84,006
$Na_2H_2EDTA \cdot 2H_2O$	372,238
Na_2O_2	77,978
NaOH	39,997
NaSCN	81,07
Na_2SO_4	142,04
$Na_2S_2O_3 \cdot 5H_2O$	248,17
NH_4Cl	53,49
$(NH_4)_2C_2O_4 \cdot H_2O$	142,111
NH_4NO_3	80,043
$(NH_4)_2SO_4$	132,13
$(NH_4)_2S_2O_8$	228,19
NH_4VO_3	116,978
$Ni(C_4H_7O_2N_2)_2$ (dimetilglioximato)	288,917
$PbCrO_4$	323,2
PbO	223,2
PbO_2	239,2
$PbSO_4$	303,3
P_2O_5	141,943
Sb_2S_3	339,70
SiO_2	60,083
$SnCl_2$	189,61
SnO_2	150,71
SO_2	64,06
SO_3	80,06
$Zn_2P_2O_7$	304,70

Alguns Indicadores Ácido-Base e suas Variações de Cor

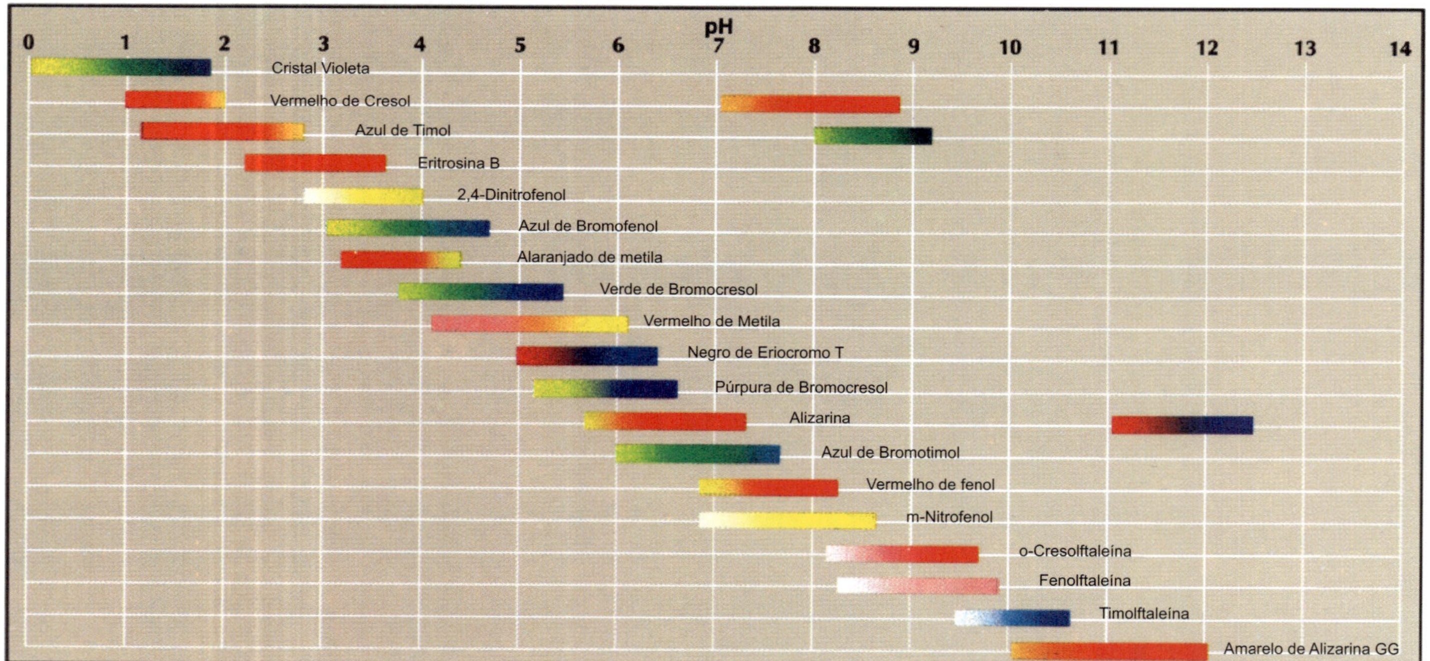

Reimpresso com permissão de Hach Company

TABELA PERIÓDICA DOS ELEMENTOS

Legenda	
Metais	(azul)
Não metais	(bege)
Metaloides	(verde)

Período	IA (1)	IIA (2)	IIIB (3)	IVB (4)	VB (5)	VIB (6)	VIIB (7)	VIIIB (8)	VIIIB (9)	VIIIB (10)	IB (11)	IIB (12)	IIIA (13)	IVA (14)	VA (15)	VIA (16)	VIIA (17)	0 (18)
1	1 **H** 1,0079																1 **H** 1,0079	2 **He** 4,0026
2	3 **Li** 6,941	4 **Be** 9,0122											5 **B** 10,811	6 **C** 12,0107	7 **N** 14,0067	8 **O** 15,9994	9 **F** 18,9984	10 **Ne** 20,1797
3	11 **Na** 22,9898	12 **Mg** 24,3050											13 **Al** 26,9815	14 **Si** 28,0855	15 **P** 30,9738	16 **S** 32,065	17 **Cl** 35,453	18 **Ar** 39,948
4	19 **K** 39,0983	20 **Ca** 40,078	21 **Sc** 44,9559	22 **Ti** 47,867	23 **V** 50,9415	24 **Cr** 51,9961	25 **Mn** 54,9380	26 **Fe** 55,845	27 **Co** 58,9332	28 **Ni** 58,6934	29 **Cu** 63,546	30 **Zn** 65,409	31 **Ga** 69,723	32 **Ge** 72,64	33 **As** 74,9216	34 **Se** 78,96	35 **Br** 79,904	36 **Kr** 83,798
5	37 **Rb** 85,4678	38 **Sr** 87,62	39 **Y** 88,9059	40 **Zr** 91,224	41 **Nb** 92,9064	42 **Mo** 95,94	43 **Tc** (98)	44 **Ru** 101,07	45 **Rh** 102,9055	46 **Pd** 106,42	47 **Ag** 107,8682	48 **Cd** 112,411	49 **In** 114,818	50 **Sn** 118,710	51 **Sb** 121,760	52 **Te** 127,60	53 **I** 126,9045	54 **Xe** 131,293
6	55 **Cs** 132,9054	56 **Ba** 137,327	57 **La** 138,9055 *	72 **Hf** 178,49	73 **Ta** 180,9479	74 **W** 183,84	75 **Re** 186,207	76 **Os** 190,23	77 **Ir** 192,217	78 **Pt** 195,078	79 **Au** 196,9665	80 **Hg** 200,59	81 **Tl** 204,3833	82 **Pb** 207,2	83 **Bi** 208,9804	84 **Po** (209)	85 **At** (210)	86 **Rn** (222)
7	87 **Fr** (223)	88 **Ra** (226)	89 **Ac** (227) **	104 **Rf** (261)	105 **Db** (262)	106 **Sg** (266)	107 **Bh** (264)	108 **Hs** (277)	109 **Mt** (268)	110 **Ds** (281)	111 **Uuu** (272)	112 **Uub** (285)		114 **Uuq** (289)				

*Série cos Lantanídeos

58 **Ce** 140,116	59 **Pr** 140,9076	60 **Nd** 144,24	61 **Pm** (145)	62 **Sm** 150,36	63 **Eu** 151,964	64 **Gd** 157,25	65 **Tb** 158,9253	66 **Dy** 162,50	67 **Ho** 164,9303	68 **Er** 167,259	69 **Tm** 168,9342	70 **Yb** 173,04	71 **Lu** 174,967

** Série dos Actinídeos

90 **Th** 232,0381	91 **Pa** 231,0359	92 **U** 238,0289	93 **Np** (237)	94 **Pu** (244)	95 **Am** (243)	96 **Cm** (247)	97 **Bk** (247)	98 **Cf** (251)	99 **Es** (252)	100 **Fm** (257)	101 **Md** (258)	102 **No** (259)	103 **Lr** (262)

Nota: As massas atômicas são valores da IUPAC (até quatro casas decimais). Valores mais exatos, para alguns elementos, são fornecidos na tabela no final do livro.

*Atalhos de Teclado para PC**

**Os equivalents do Macintosh, se diferentes, aparecem entre colchetes*

PARA REALIZAR ESTA TAREFA	DIGITE ESTAS TECLAS
Alternar entre exibição de valores de células e exibição de fórmulas de células	**Ctrl+` [⌘+`]**
Calcular todas as planilhas em uma pasta de trabalho	**F9**
Calcular a pasta de trabalho ativa	**Shift+F9**
Cancelar um dado em uma célula ou barra de fórmula	**Esc**
Completar um dado de célula e mover para baixo nesta seleção	**Enter [Return]**
Completar um dado de célula e mover para a esquerda nesta seleção	**Shift+Tab**
Completar um dado de célula e mover para a direita nesta seleção	**Tab**
Completar um dado de célula e mover para cima nesta seleção	**Shift1Enter**
Copiar uma formula de uma célula acima da célula ativa na célula	**Ctrl+'** (Apóstrofe) **[⌘+']**
Copiar uma seleção	**Ctrl+C[⌘ +C]**
Copiar o valor de uma célula acima da célula ativa na célula ou na barra de fórmula	**Ctrl+Shift+"** (Marca de cotação) [⌘ +Shift+"]
Cortar uma seleção	**Ctrl+X[⌘ +X]**
Definir um nome	**Ctrl+F3[⌘ +F3]**
Apagar um caractere à esquerda do ponto de inserç*ão, ou apagar a seleção*	**Backspace [Delete]**
Apagar um caractere à direita do ponto de inserç*ão, ou apagar a seleção*	**Delete [Del]**
Exibir a caixa de diálogo de inserir função	**Shift+F3**
Exibir as Dicas-chave para os atalhos de aba	**ALT**
Editar um comentário de célula	**Shift+F2**
Editar uma célula ativa	**F2[Nenhuma]**
Editar uma célula ativa e então apagá-la, ou apagar o caractere anterior na célula ativa à medida que você edita os conteúdos de célula	**Backspace [Delete]**
Entrar uma fórmula como uma fórmula de rede	**Ctrl+Shift+Enter**
Preencher abaixo	**Ctrl+D[⌘ +D]**
Preencher a célula selecionada com a entrada atual	Ctrl+Enter [Nenhuma]
Preencher à direita	**Ctrl+R[⌘ +R]**
Caixa de diálogo de formatar células	**Ctrl+1[⌘ +1]**
Inserir a fórmula AutoSoma	**Alt+=** (Sinal de igual) **[⌘+Shift+T]**
Mover um caractere acima, abaixo, esquerda ou direita	**Teclas de setas**
Mover para o começo da linha	**Home**
Colar um nome em uma fórmula	**F3[Nenhuma]**
Colar uma seleção	**Ctrl+V[⌘ +V]**
Repetir a última ação	**F4 ou Ctrl+Y[⌘ +Y]**
Selecionar toda a planilha	**Ctrl+A**
Começar uma fórmula	**= (sinal de igual)**
Desfazer	**Ctrl+Z[⌘ +Z]**

Aba e Guias do Microsoft® Excel para o Excel 2010

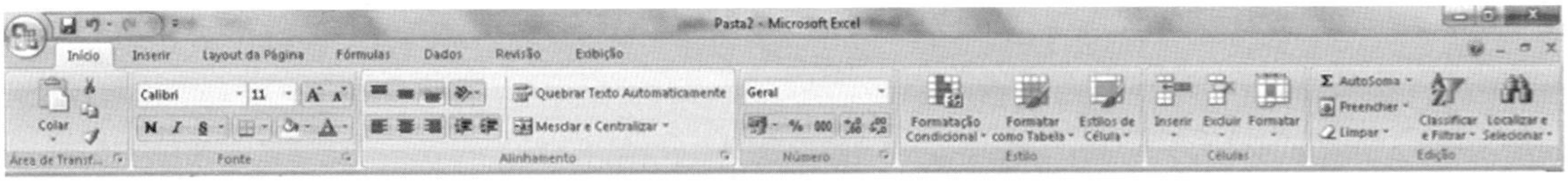

Aba Iniciar Visão Ampla

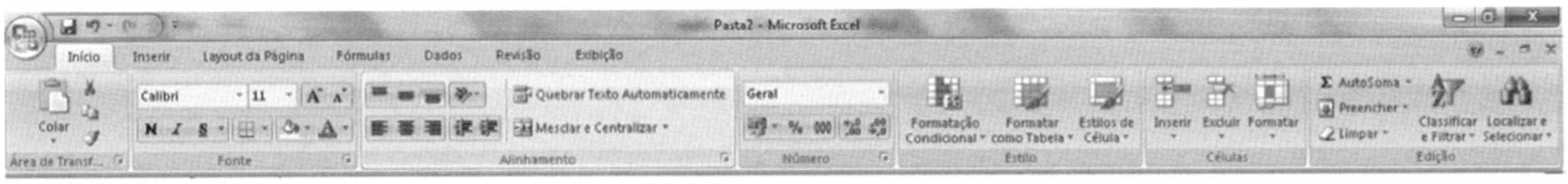

Aba Iniciar Visão Estreita

Guia Inserir

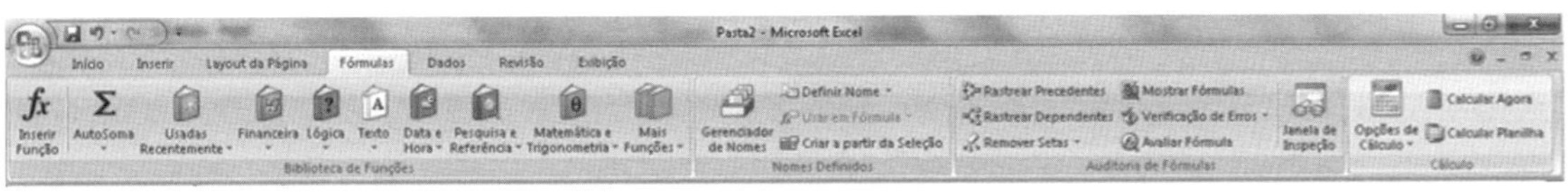

Guia Fórmulas